中文版 AutoCAD 2013 机械制图实例教程

曹利杰　韩炬　王宝中◎编著

人民邮电出版社
北京

图书在版编目（CIP）数据

中文版AutoCAD 2013机械制图实例教程 / 曹利杰，韩炬，王宝中编著. -- 北京 : 人民邮电出版社，2014.2
ISBN 978-7-115-32995-0

Ⅰ. ①中… Ⅱ. ①曹… ②韩… ③王… Ⅲ. ①机械制图－AutoCAD软件－教材 Ⅳ. ①TH126

中国版本图书馆CIP数据核字(2013)第232741号

内 容 提 要

本书根据中文版 AutoCAD 2013 软件功能特点和机械设计行业特点，针对广大初、中级读者精心设计了 300 个经典实战实例，循序渐进地讲述了采用 AutoCAD 2013 进行机械制图所需的知识和常用机械零件图的绘制、标注方法。

本书共 13 章，遵循先易后难的原则，依次按实战实例编排。第 1 章主要介绍直线、矩形的绘制，图层设置及图形观察方法，UCS 的建立，选择对象及复制、偏移、镜像、阵列的使用，删除、修剪、延伸命令的使用等；第 2 章讲述基本二维图形的绘制；第 3 章、第 4 章主要讲述对机械零件图如何进行文本标注和尺寸标注；第 5 章、第 6 章主要讲述机械零件图纸中的标准件、常用件等的绘制；第 7 章讲述装配图的绘制；第 8～12 章讲述轴测图的绘制及三维绘制机械零件图的方法，讲述了三维基础建模、表面建模、实体建模、机械零件的真实化处理方法。第 13 章讲述了 AutoCAD 2013 绘制图形的打印输出方法。

本书配套光盘包含了所有实例的源文件及关键操作视频文件，读者可以配合光盘中的实例文件对书中的讲解进行学习，以便达到更好的效果。

本书通俗易懂、内容丰富、信息量大、结构清晰、技术全面，适用于机械设计相关专业大、中专院校师生，机械设计相关行业的工程技术人员，参加相关机械设计培训的学员，也可作为各类相关专业培训机构和学校的教学参考书和广大 AutoCAD 2013 初级、中级用户和爱好 AutoCAD 2013 人员的首选工具书。

◆ 编　　著　曹利杰　韩　炬　王宝中
　责任编辑　孟飞飞
　责任印制　王　玮

◆ 人民邮电出版社出版发行　　北京市丰台区成寿寺路 11 号
　邮编　100164　　电子邮件　315@ptpress.com.cn
　网址　http://www.ptpress.com.cn
　北京鑫正大印刷有限公司印刷

◆ 开本：787×1092　1/16
　印张：35
　字数：1 232 千字　　2014 年 2 月第 1 版
　印数：1 – 3 500 册　　2014 年 2 月北京第 1 次印刷

定价：69.00 元（附光盘）

读者服务热线：(010)81055410　印装质量热线：(010)81055316
反盗版热线：(010)81055315

前 言

凭借强大的设计整合工具，AutoCAD 2013软件能够连接和简化您的设计和文档编制工作流程。通过新的工具连接Autodesk 360云支持的服务，几乎可以从任何地点访问和协作处理设计。

AutoCAD 2013是美国Autodesk公司推出的最新AutoCAD版本。AutoCAD作为通用计算机辅助设计软件从1982年最初开发的1.0版本，先后经历了十多次的版本升级，发展到今天的AutoCAD 2013版，不仅在机械、建筑、电子、航天、造船、石油化工和土木工程等工程领域得到很大规模的应用，而且也已被应用于气象、地理和航海等特殊领域中图形的绘制，并以其日趋强大丰富的功能命令、友好的用户界面和便捷的操作，赢得了各行各业广大用户的青睐，成为计算机绘图方面使用最广泛的软件。

新版本在功能和运行性能上都有了进一步的提升，它提供的增强功能和新增功能对于各个行业的应用都有很大的帮助。

本书特色

本书最大的特色在于图文并茂和以例带点，注重将每个知识点的讲解都融入到具体的典型实例中，并通过丰富的图形进行说明，这样的设计使读者在学完每一个实例后轻轻松松掌握其中包含的基础知识点，避免了大篇幅文字讲解的枯燥性；在关键操作步骤处都会加入“技巧与提示”，揭示该知识点的难点及前人经验，每个实例后都附有针对本实战的练习，并附操作提示，以帮助读者快速复习并完成实例，迅速提升自己的AutoCAD操作水平。

本书的案例全部是从AutoCAD最为重要的应用领域——机械领域选取实例，保证了实例的实用性，同时它对技术入门篇出现的知识点进行了更全更多的融入综合剖析，这样的设计使读者更容易由浅入深地掌握AutoCAD 2013软件的操作和应用。可以说，读者能完成书中典型实例的操作过程，就具备了使用AutoCAD 2013软件进行辅助设计的基本技能，同时也就掌握了机械设计基础零件的绘制方法。

本书是一本AutoCAD 2013的机械绘图实例教程，将软件功能融入实际应用，使读者在掌握AutoCAD 2013操作的同时，了解机械设计的理念和方法，积累行业经验，为用而学，学以致用。

本书内容

本书共13章，遵循先易后难的原则，依次按实战实例编排。第 1 章主要介绍直线、矩形的绘制，图层设置及图形观察方法，UCS的建立，选择对象及复制、偏移、镜像、阵列的使用，删除、修剪、延伸命令的使用等；第2章讲述基本二维图形的绘制；第 3 章、第 4 章主要讲述对机械零件图如何进行文本标注和尺寸标注；第5章、第6章主要讲述机械零件图纸中的标准件、常用件等的绘制；第 7 章讲述装配图的绘制；第8～12章讲述轴测图的绘制及三维绘制机械零件图的方法，讲述了三维基础建模、表面建模、实体建模、机械零件的真实化处理方法。第13章讲述了AutoCAD 2013绘制图形的打印输出方法。

本书配套光盘包含了所有实例的源文件及关键操作视频文件，读者可以配合光盘中的实例文件对书中的内容进行学习，以便达到更好的效果。

读者对象

本书专为AutoCAD 2013软件的初、中级读者编写，适合于以下读者学习使用。

（1）大、中专院校机械设计相关专业师生。

（2）社会就业培训班的学员。

（3）急于掌握技术用于实际工作，找个好工作挣钱的朋友。

本书创作团队

本书由曹利杰、韩炬、王宝中编写，其中第1～8章由曹利杰编写，第9～11章由韩炬编写，第12～13章由王宝中编写，参与编写的人员还有陈壮、邢建宁、谷迎锋、朱艳东、简学龙等。特别感谢在编写本书过程中给予作者帮助的朋友。

本书在编写过程中秉承严谨的作风，反复校对，但由于水平有限，加之时间仓促，书中难免会存在疏漏之处，恳请各位读者、同行批评指正。

问题反馈邮箱：caolijie@yeah.net。

编 者

2013年12月

目录

第1章 基础实战......12

第2章 基本二维图形绘制......40

第9章 三维绘图基础和简单图形绘制 420

第10章 绘制三维表面模型 452

第11章 绘制三维实体模型 478

第1章
基础实战

本章学习要点：

直线、矩形的绘制

图层设置及图形观察方法

UCS的建立

选择对象及复制、偏移、镜像、阵列的使用

删除、修剪、延伸命令的使用

实战001 绘制直线

实战位置 DVD>实战文件>第1章>实战001.dwg
视频位置 DVD>多媒体教学>第1章>实战.avi
难易指数 ★☆☆☆☆
技术掌握 掌握“直线”命令的使用方法

实战介绍

通过介绍绘制一条简单的直线的过程，介绍AutoCAD 2013中文版的基本绘图界面，使读者对AutoCAD 2013有一个简单的认识和了解。案例效果如图1-1所示。

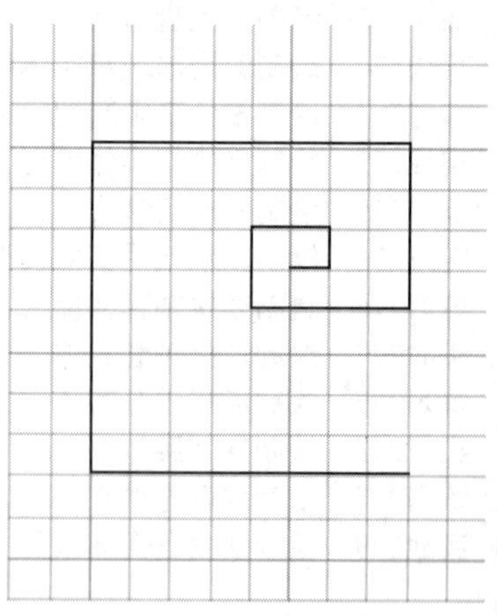

图1-1 最终效果

制作思路

• 首先打开AutoCAD 2013，然后进入操作环境，执行“直线”命令，做出如图1-1所示的图形。

制作流程

01 当正确安装了AutoCAD 2013之后，系统就会自动在Windows桌面上生成一个快捷图标，如图1-2所示，双击该图标即可启动AutoCAD 2013。单击Windows桌面左下角的“开始”按钮，在“开始”菜单中选择“程序>Autodesk>AutoCAD 2013—Simplified Chinese > AutoCAD 2013”，也可以启动AutoCAD 2013软件。

图1-2 AutoCAD 2013的桌面快捷方式图标

02 启动AutoCAD 2013中文版后，打开AutoCAD 2013中文版窗口，如图1-3所示。AutoCAD 2013中文版的操作界面分成以下几个部分：标题栏、菜单栏、工具栏、绘图窗口、世界坐标系、命令行、模型与布局选项卡、十字光标等。

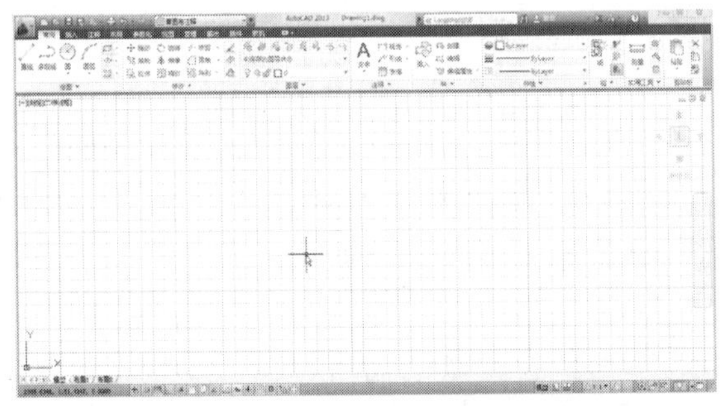

图1-3 AutoCAD 2013中文版窗口

03 中文版AutoCAD 2013的菜单栏位于标题栏的下方，由“常用”、“插入”、“注释”、“布局”及“参数化”等10个功能选项卡组成，集合了AutoCAD 2013中的全部命令，并分门别类地放置在不同的功能区中，供用户选择使用。要绘制如图1-1所示的图形，需要执行直线命令。用户可以执行“常用>绘图>直线”命令，如图1-4所示。也可以利用AutoCAD系统提供的工具栏执行绘图命令，在功能区，执行“常用>绘图>直线”命令，绘制直线。

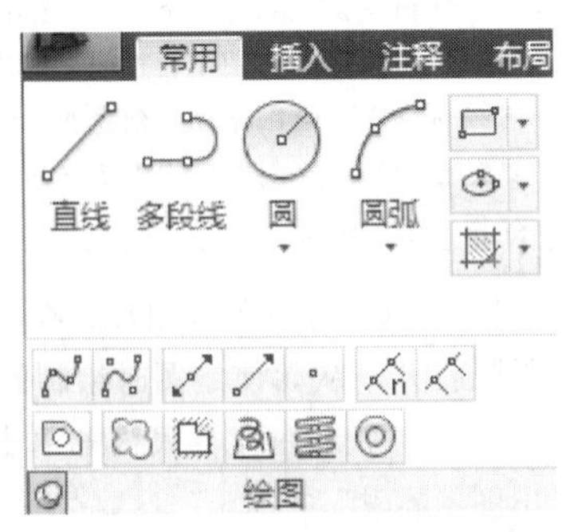

图1-4 “绘图”功能区

04 执行“常用>绘图>直线”命令，按照命令行提示，进行绘图，命令行提示及操作内容如下：

命令：_line 指定第一点：//执行命令后，用鼠标在绘图区域单击鼠标指定第一点

指定下一点或 [放弃(U)]：50//用鼠标指示直线方向为水平向右，输入长度为50

指定下一点或 [放弃(U)]：50//用鼠标指示直线方向为垂直向上，输入长度为50

指定下一点或 [闭合(C)/放弃(U)]：100//用鼠标指示直线方向为水平向左，输入长度为100

指定下一点或 [闭合(C)/放弃(U)]：100//用鼠标指示直线方向为垂直向下，输入长度为100

指定下一点或 [闭合(C)/放弃(U)]：200//用鼠标指示直线方向为水平向右，输入长度为200

指定下一点或 [闭合(C)/放弃(U)]：200//用鼠标指示直线方向为垂直向上，输入长度为200

指定下一点或 [闭合(C)/放弃(U)]：400//用鼠标指示直线方向为水平向左，输入长度为400

指定下一点或 [闭合(C)/放弃(U)]：400//用鼠标指示直线方向为垂直向下，输入长度为400

指定下一点或 [闭合(C)/放弃(U)]：400//用鼠标指示直线方向为水平向右，输入长度为400

指定下一点或 [闭合(C)/放弃(U)]：//按回车键，结束命令。得到结果如图1-1所示

05 执行“另存为>图形”命令，弹出“图形另存为”对话框，如图1-5所示。

图1-5 “图形另存为”对话框

06 选择要保存的文件路径，并修改文件名为“实战001.dwg”，单击“保存”按钮，将绘制的图形进行保存。

07 执行“关闭>当前图形”命令，或单击绘图区右上方的“关闭”按钮，将文件关闭。

技巧与提示

在本例中通过介绍如图1-1所示的直线组合，简单介绍了AutoCAD 2013中文版的执行方法和AutoCAD 2013窗口组成，基本绘图方法，以及保存图形文件的方法。读者应全部掌握，并在以后的绘图过程中熟练应用。

练习001　钢结构

实战位置　DVD>练习文件>第1章>练习001.dwg
难易指数　★☆☆☆☆
技术掌握　巩固直线命令的使用方法

操作指南

参照“实战001”案例进行制作。

首先打开场景文件，进入操作环境，执行“直线”命令，做出如图1-6所示的图形。

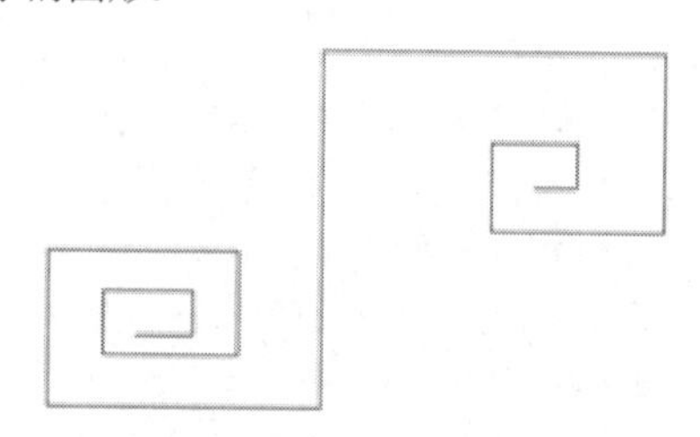

图1-6　钢结构

实战002　绘制A4图框

原始文件位置　DVD>原始文件>第1章>实战002原始文件
实战位置　DVD>实战文件>第1章>实战002.dwg
视频位置　DVD>多媒体教学>第1章>实战002.avi
难易指数　★☆☆☆☆
技术掌握　掌握国家标准图纸设置方法

实战介绍

通过讲解绘制A4图框的过程，介绍国家标准图纸幅面要求，使读者从刚开始就是在标准的要求下进行绘制图形，更加规范地得到图形。本例最终效果如图2-1所示。

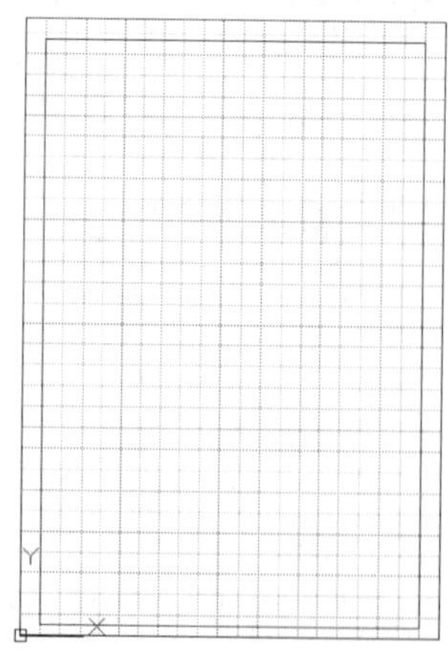

图2-1　最终效果

制作思路

• 了解国家规定的图幅样式标准要求及A4图纸的尺寸（297mm×210mm）。

• 设置模型空间界限，利用矩形工具绘制A4图框。

制作流程

01 在AutoCAD 2013窗口中，执行“新建”命令，弹出“选择样板”对话框，如图2-2所示。选择“acadiso.dwt”，打开一个新的样板文件。

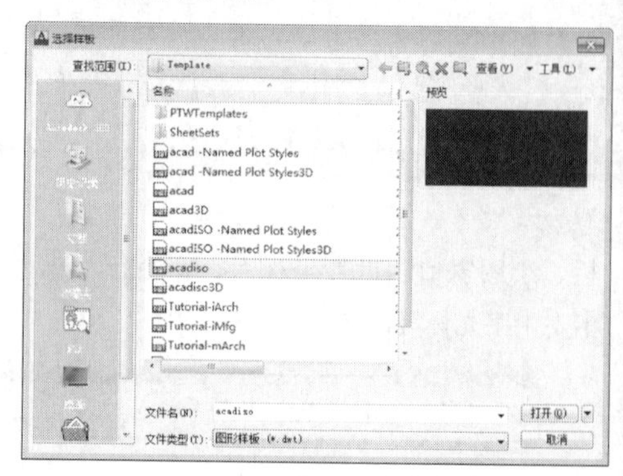

图2-2　“选择样板”对话框

02 执行“布局>布局>页面设置”命令，将绘图界限设置为A4图幅（297mm×210mm）。命令行提示和操作内容如下：

```
命令：'_limits
重新设置模型空间界限：
指定左下角点或 [开(ON)/关(OFF)] <0.0000,0.0000>://按回车键执行默认设置，将（0,0）点设为图幅的最左下角点
指定右上角点 <420.0000,297.0000>: 210,297//输入右上角点的坐标值
```

技巧与提示

机械制图常用A0-A4系列图纸规格，它由我国国家标准(GB/T 14689-1993)规定，包括A0（1189mm×841mm）、A1（841mm×594mm）、A2（594mm×420mm）、A3（420mm×297mm）、A4（297mm×210mm）。AutoCAD默认的绘图界限是A3图纸的幅面，因此如果是创建A3样板图形，可以选择默认绘图界限。创建其他样板图形时，应根据所用图纸的幅面输入绘制界限右上角点的坐标并按回车键，即可完成绘图界限的设置。

03 在命令行输入LIMITS，在命令行提示下将模型空间界限打开，从而使绘图时绘制的图形都处于图形界限内部，当光标不在该界限内部单击时，命令行将给出“超出图形界限”的提示。设置过程中命令行提示和操作内容如下：

```
命令：limits
重新设置模型空间界限：
指定左下角点或 [开(ON)/关(OFF)] <0.0000,0.0000>: on
```

04 执行“常用>绘图>矩形”命令，绘制A4图幅的外边框，如图2-3所示。绘制过程中命令行提示和操作内容如下：

```
命令: _rectang
指定第一个角点或 [倒角(C)/标高(E)/圆角(F)/厚度(T)/宽度(W)]: 0,0
指定另一个角点或 [面积(A)/尺寸(D)/旋转(R)]: 210,297
```

图2-3　绘制图幅外边框

05 再次执行“矩形”命令，绘制A4图幅的内边框线，如图2-4所示。命令行提示及操作内容如下：

```
命令://按回车键再次执行矩形命令
RECTANG
指定第一个角点或 [倒角(C)/标高(E)/圆角(F)/厚度(T)/宽度(W)]: 10,5//输入第一点的绝对坐标
指定另一个角点或 [面积(A)/尺寸(D)/旋转(R)]: @190,282//输入第二点相对第一点的相对坐标
```

图2-4　绘制图幅内边框

技巧与提示

在使用绘图命令绘制图形时，有时需要连续两次或更多次地使用同一个命令，此时可以在第二次及以后连续使用该命令时，直接按回车键即可，使绘图更加快捷方便。

06 在状态栏执行“栅格显示”命令，使用栅格显示图限区域，效果如图2-1所示。在“栅格显示”处单击鼠标右键，在弹出的快捷菜单中选择“设置”，打开“草图设置”对话框，在“捕捉和栅格”选项卡的“栅格间距”栏中可以设置栅格的间距，如图2-5所示。

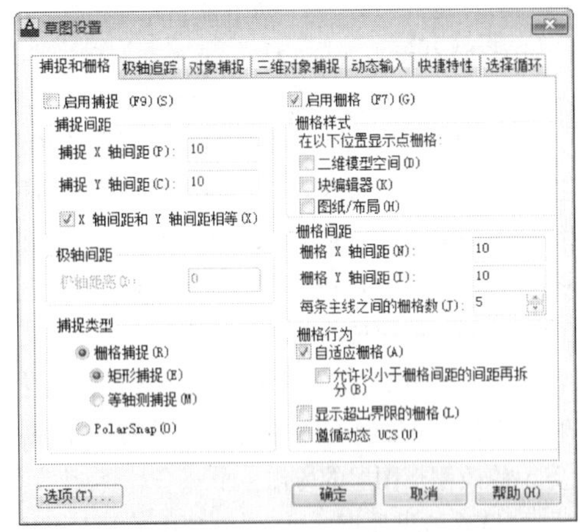

图2-5　设置栅格间距

技巧与提示

如果无法做出图2-1所示的A4图框效果，请右击状态栏“栅格”，打开“草图设置”对话框，确保在“捕捉和栅格”选项卡（如图2-5所示）中的“显示超出界限的栅格”前面小方框中的勾去掉。

07 执行“保存”命令，在“图形另存为”对话框中选择要保存的文件路径，并修改保存文件名为“实战002.dwg”。

练习002　绘制A3图框

实战位置　DVD>练习文件>第1章>练习002.dwg
难易指数　★☆☆☆☆
技术掌握　巩固矩形命令的使用方法，掌握工程图图框的绘制方法

操作指南

参照“实战002”案例进行制作。

新建文件，在“布局>布局>页面设置”中设置页面大小，之后重新设置模型空间界限，再按要求绘制相应尺寸矩形框。

最终效果如图2-6所示。

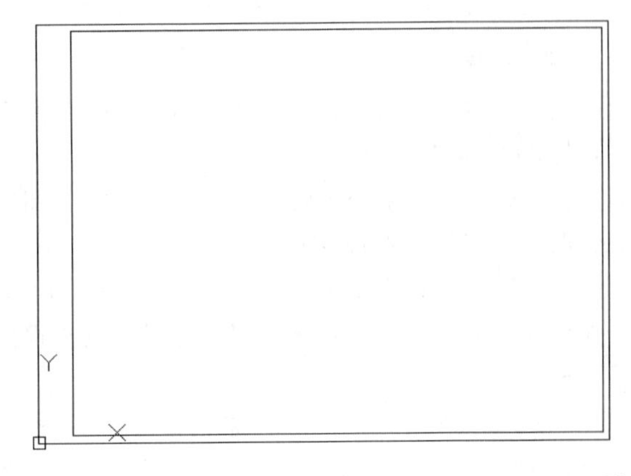

图2-6　A3图框

实战003 图层设置

实战位置	DVD>实战文件>第1章>实战003.dwg
视频位置	DVD>多媒体教学>第1章>实战003.avi
难易指数	★☆☆☆☆
技术掌握	掌握图层特性管理器的使用方法

实战介绍

在绘制图形时，对于简单的图形可以使用一种线型和同一种颜色的线条来表示。但对于复杂的图形，可将构成图形的线条进行分类，每类线条使用同一种样式，把不同的线条设置为不同的样式，并分布在不同的图层上。当绘制某种线条时，可以把别的无关图层关闭，使其暗显，从而使绘图变得简单清晰。

在本例中通过介绍将例2-1所示的A4图框图层修改过程，介绍了创建新图层的方法，并简单介绍了修改图层设置，修改图形图层的方法。

最终效果如图3-1所示，其中外边框颜色为黑色，内边框颜色为深蓝色。

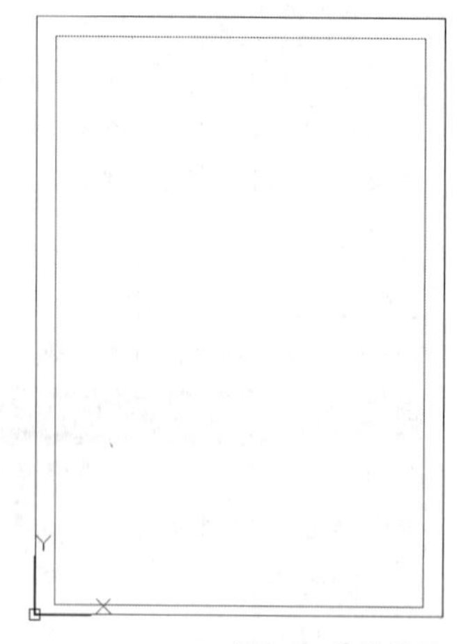

图3-1 最终效果

制作思路

- 打开或新建dwg格式文件，使用图层特性管理器建立不同图层。
- 更改相应图层的线型、线宽及颜色并保存。

制作流程

01 执行“打开”命令，选择“实战002.dwg”图形文件，打开已有图形。

02 执行“常用>图层>图层特性”命令，弹出“图层特性管理器”对话框，如图3-2所示。

03 执行“图层特性管理器>新建图层”命令，即可建立一个新的图层，默认图层名称为“图层1”。可以根据绘图需要，更改图层名。

04 想要修改图层的颜色、线型和线宽等，单击对应的图标即可进入设置对话框。例如需要修改图层的线型，则单击该图层的线型图标，弹出“选择线型”对话框，如图3-3所示。

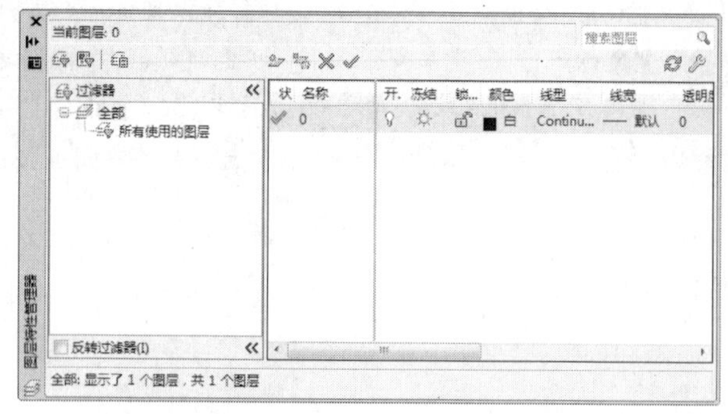

图3-2 “图层特性管理器”对话框

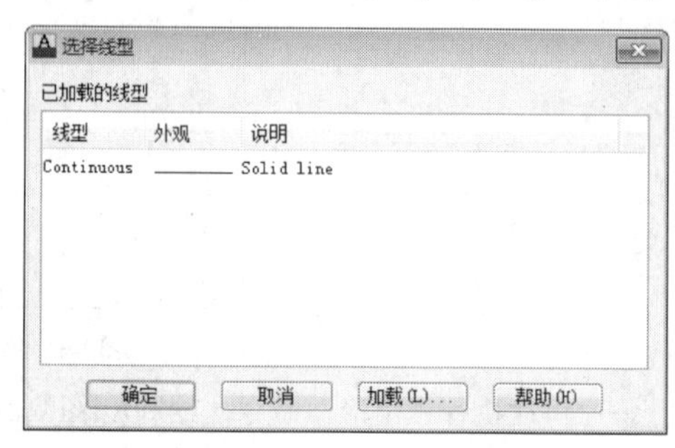

图3-3 “选择线型”对话框

线型列表显示默认的线型设置，单击“加载”按钮，弹出“加载或重载线型”对话框，选择合适的线型，如图3-4所示。单击“确定”按钮，返回“选择线型”对话框，所选择线型显示在线型列表中，单击选择所加载的线型，单击“确定”按钮，返回“图层特性管理器”对话框，图层列表将显示新设置的线型。

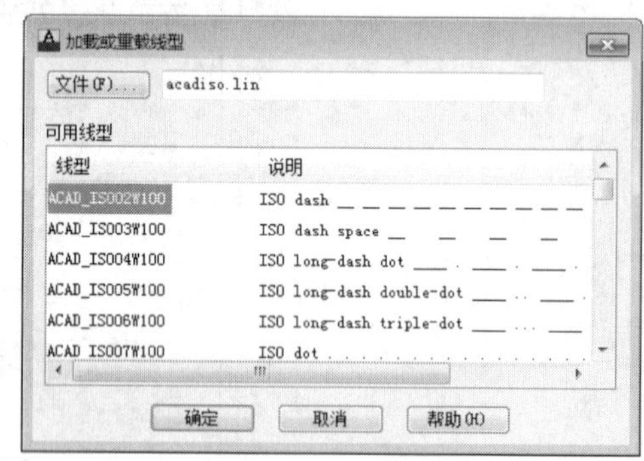

图3-4 “加载或重载线型”对话框

05 创建如图3-5所示的基本图层，其中青色图层（点划线图层）线型为点划线，蓝色图层（虚线图层）线型为虚线，其他图层线型均为实线，而粗实线图层线宽为0.5mm，其他图层线宽为默认线宽。在后面章节中讲述绘制机械图样时，基本上就用到这几种图层样式。

06 通过“图层特性管理器”还可以对图层进行删除、冻结/解冻、锁定/解锁、切换当前图层、设置打印样式和是否打印等操作。

07 设置完成后，关闭“图层特性管理器”对话框。

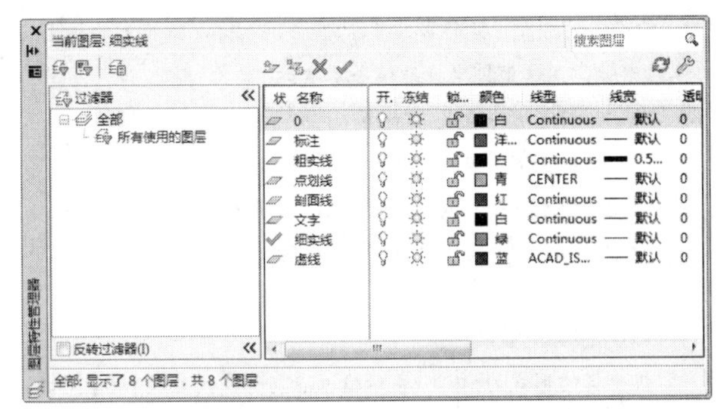

图3-5　新建图层

08 选中绘图区域A4图框的外边框，执行“常用>图层>粗实线”命令，将外边框设置为“粗实线”层，将外边框的图层由“0”层变为“粗实线”层，如图3-6所示。类似地选择A4图幅的内边框，将其修改为“细实线”层。在状态栏选择“显示/隐藏线宽”工具，显示线宽，效果如图3-1所示。

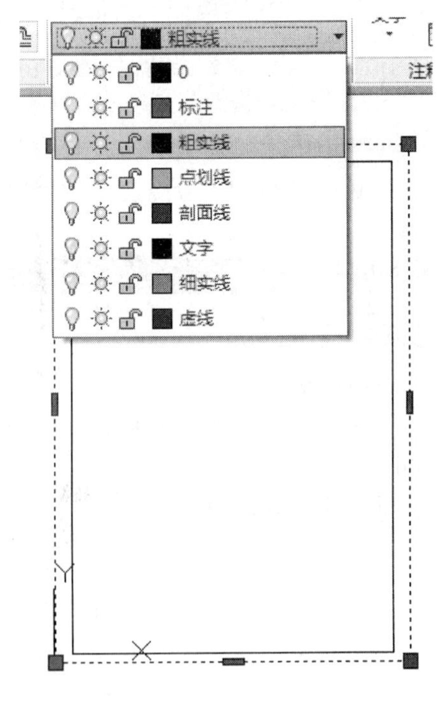

图3-6　修改外边框图层

09 执行“另存为”命令，将文件保存为“实战003.dwg”。

技巧与提示

如果要建立不止一个图层，不需要重复执行“新建图层”命令。更有效的一个方法是：在建立一个新的图层后，改变图层名，在其后输入一个逗号“,”注意是半角逗号，这样就会在其后自动创建一个新的图层“图层1”，改变图层名，再输入一个逗号，又一个新的图层建立了，依次建立各个图层。也可以连续输入多个逗号，创建多个图层，再在图层上右击，在弹出的快捷菜单中选择“重命名图层”，对图层重新命名。

练习003　设置图层

实战位置　DVD>练习文件>第1章>练习003.dwg
难易指数　★☆☆☆☆
技术掌握　巩固“图层特性管理器”的使用方法

操作指南

参照“实战003”案例进行设置。

最终效果如图3-7所示，其中，内边框为虚线。

图3-7　设置新图层

实战004　4种坐标表示法绘制矩形

实战位置　DVD>实战文件>第1章>实战004.dwg
视频位置　DVD>多媒体教学>第1章>实战004.avi
难易指数　★☆☆☆☆
技术掌握　掌握4种坐标表示法绘制图形的方法

实战介绍

在AutoCAD中包括世界坐标系WCS和用户坐标系UCS两种，默认情况下使用世界坐标系。在世界坐标系中，AutoCAD为用户提供了两类坐标：直角坐标和极坐标。每一类又分为绝对坐标和相对坐标两种方式。本例中使用四种不同的方式绘制同样尺寸大小的三角形，本例最终效果如图4-1所示。

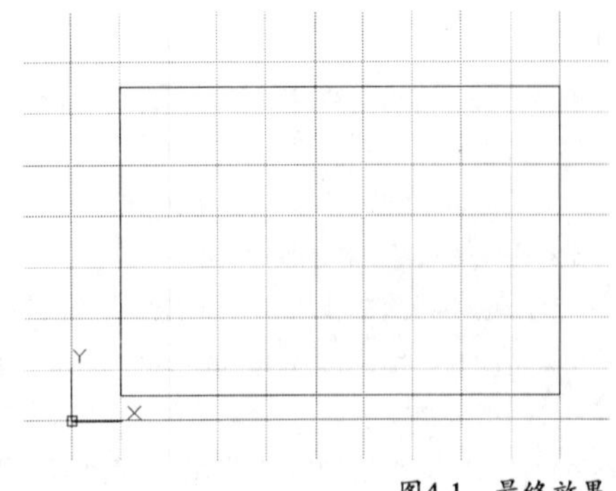

图4-1　最终效果

制作思路

• 首先了解4种坐标系的区别与联系，直角坐标系的绝对坐标与相对坐标以及极坐标的绝对坐标与相对坐标4种。

• 作图时，需根据几种坐标系的定义与用法，且对绝对与相对坐标系的概念加以理解。

制作流程

01 执行“新建”命令，打开新建的“实战004.dwg”图形文件。

02 执行“常用>图层>图层特性>新建图层”命令，新建“粗实线”图层，设置线宽为0.3mm并将“粗实线”图层置为当前层。

03 利用直角坐标的绝对坐标方式绘制矩形，即*x-y*直角坐标系。其中，*x*、*y*分别为所取点至*y*轴、*x*轴为垂直距离，效果图如图4-1所示。为了让读者能够清楚了解，在这里使用“直线”命令绘制。绘制过程中命令行提示和具体操作内容如下：

```
命令: LINE 指定第一点: 10,5//指定起点的绝对坐标位置，中间用“、”隔开，之后按Space键完成输入
LINE 指定下一点或 [放弃(U)]: 100,5
LINE 指定下一点或 [放弃(U)]: 100,65
LINE 指定下一点或 [闭合(C)/放弃(U)]: 10,65
LINE 指定下一点或 [闭合(C)/放弃(U)]: 10,5
LINE 指定下一点或 [闭合(C)/放弃(U)]://按Space键结束绘制
```

技巧与提示

在实际绘制矩形时对于最后一条线段因为其终点与第一条直线的起点重合，并最终形成一个闭合图形，故可以不必输入最后点坐标。键盘键入“C”（大写），或选择“闭合”选项，也可得到同样结果。

04 将“点画线”图层设置为当前层。再次选择“直线”后，利用直角相对坐标绘制矩形，即第二个点与其以后的点的位置相对于前一个点的位置，注加前缀“@”，如“@15,-30”意为该点相对于前一个点（*x,y*）的位置*x*＋15,*y*-30。效果图如图4-1所示，命令行提示及操作内容如下：

```
命令: LINE 指定第一点: 10,5//输入第一点的直角绝对坐标，按回车键
LINE 指定下一点或 [放弃(U)]: @90,0//输入第二点相对于第一点的相对坐标，按回车键
LINE 指定下一点或 [放弃(U)]: @0,60//输入第三点相对于第二点的相对坐标，按回车键
LINE 指定下一点或 [闭合(C)/放弃(U)]: @-90,0//输入第四点相对于第三点的相对坐标，按回车键
LINE 指定下一点或 [放弃(U)]: @0,-60//输入第五点相对于第四点的相对坐标，按回车键
LINE 指定下一点或 [放弃(U)]://按回车键结束绘制
```

05 将“剖面线”图层置为当前层。再次选择“直线”命令，利用极坐标的绝对坐标形式绘制矩形，效果图如图4-1所示。命令行提示和操作内容如下：

```
命令: LINE 指定第一点: 11.18<27//输入点的极坐标的绝对坐标，在这里极坐标的值并不确切
LINE 指定下一点或 [放弃(U)]: 100.12<3
LINE 指定下一点或 [放弃(U)]: 119.27<33
LINE 指定下一点或 [闭合(C)/放弃(U)]: 65.76<81
LINE 指定下一点或 [闭合(C)/放弃(U)]: c
```

技巧与提示

极坐标的形式为r<θ，r表示输入点与原点的距离，θ表示该点与原点的连线与*x*轴正方向的夹角，且逆时针为正、顺时针为负。相对坐标即在绝对坐标的前面加上符号@。

06 将“标注”图层置为当前层。再次执行“直线”命令，利用极坐标的相对坐标形式绘制矩形。效果图如图4-1所示。命令行提示和操作内容如下：

```
命令: LINE 指定第一点: 11.28<27
LINE 指定下一点或 [放弃(U)]: @90<0
LINE 指定下一点或 [放弃(U)]: @60<90
LINE 指定下一点或 [闭合(C)/放弃(U)]: @90<180
LINE 指定下一点或 [闭合(C)/放弃(U)]: @60<-90
LINE 指定下一点或 [闭合(C)/放弃(U)]:
```

07 执行“另存为”命令，将文件保存为“实战004.dwg”。

练习004 矩形组

实战位置 DVD>练习文件>第1章>练习004.dwg
难易指数 ★☆☆☆☆
技术掌握 巩固熟练矩形的4种绘制方法

操作指南

参照“实战004”案例进行设置。注意旋转命令的使用。

最终效果如图4-2所示。

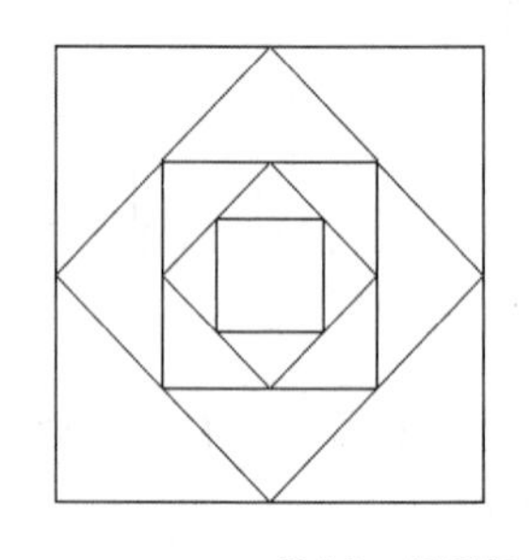

图4-2 矩形组

实战005 利用栅格、捕捉和正交绘制矩形

实战位置 DVD>实战文件>第1章>实战005.dwg
视频位置 DVD>多媒体教学>第1章>实战005.avi
难易指数 ★☆☆☆☆
技术掌握 掌握栅格、捕捉和正交设置方法

实战介绍

作为AutoCAD绘图环境中辅助设置，栅格、捕捉和正交设置，对于有效地提高绘图精度和绘图速度有很大作

用。在本例中通过利用这几种功能绘制简单图形，使读者了解使用这些设置的优点好处，从而绘制出精确的、专业的图形。本例最终效果如图5-1所示。

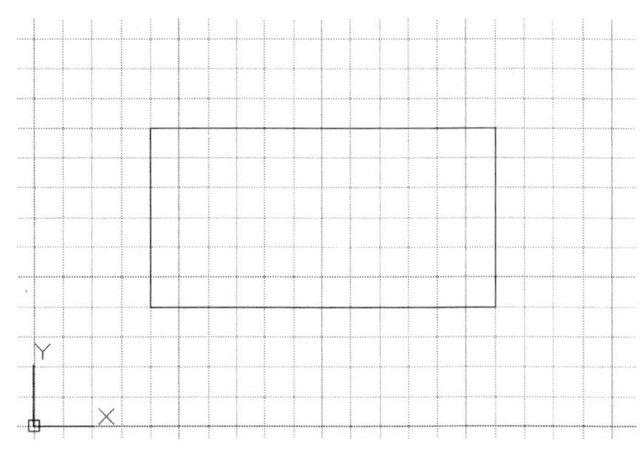

图5-1　最终效果

制作思路

• 新建dwg格式文件，执行栅格命令和捕捉命令，打开正交模式，在工作区移动鼠标至合适位置进行单击，即可绘制出相应的图形。

制作流程

01 打开AutoCAD 2013，新建AutoCAD文件，文件名默认为“Drawing1.dwg”。

02 在命令行输入GRID，并按回车键，执行“栅格”命令，命令行提示和操作内容如下：

```
命令: grid
指定栅格间距(X) 或 [开(ON)/关(OFF)/捕捉(S)/主(M)/自适应(D)/界限(L)/跟随(F)/纵横向间距(A)] <10.0000>: a//输入“a”，选择纵横向间距设置选项
指定水平间距 (X) <10.0000>: 1//设置水平间距，在这里为了让读者看清楚，所以将间距设置值较小，实际绘制时可根据具体情况设置，例如本例中可以设置间距为10，或者更大
指定垂直间距 (Y) <10.0000>: 1//设置垂直间距
```

结果如图5-2所示。

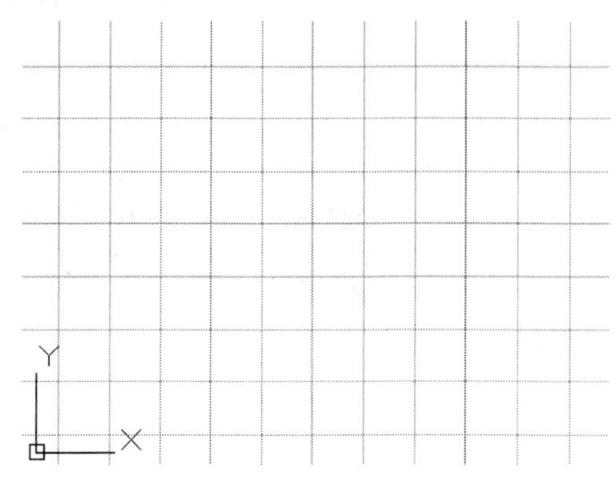

图5-2　设置栅格

03 在命令行输入SNAP后按回车键，执行捕捉功能，命令行提示和具体操作内容如下：

```
命令: snap
指定捕捉间距或 [开(ON)/关(OFF)/纵横向间距(A)/样式(S)/类型(T)] <10.0000>: a
指定水平间距 <10.0000>: 5
指定垂直间距 <10.0000>: 5
```

04 在命令行输入ORTHO按回车键，打开正交模式，命令行提示及操作内容如下：

```
命令: ortho
输入模式 [开(ON)/关(OFF)] <关>: on//打开正交模式
```

此时状态栏样式如图5-3所示。

75.0000, 125.0000, 0.0000

图5-3　状态栏样式

技巧与提示

在绘图过程中利用栅格、捕捉或正交功能时，若不需要修改其设置，可以直接在状态栏中按下相应按钮即可。如果想修改其设置值可以在该按钮上右击，在弹出的快捷菜单中选择“设置”，即可打开“草图设置”对话框，在该对话框中，同样可以设置各个值。

05 将“剖面线”图层置为当前层。输入LINE，按回车键，执行“直线”命令，利用鼠标捕捉点（100, 100），状态栏的坐标显示为（100.0000, 100.0000, 0.0000），然后单击鼠标左键，如图5-4所示。

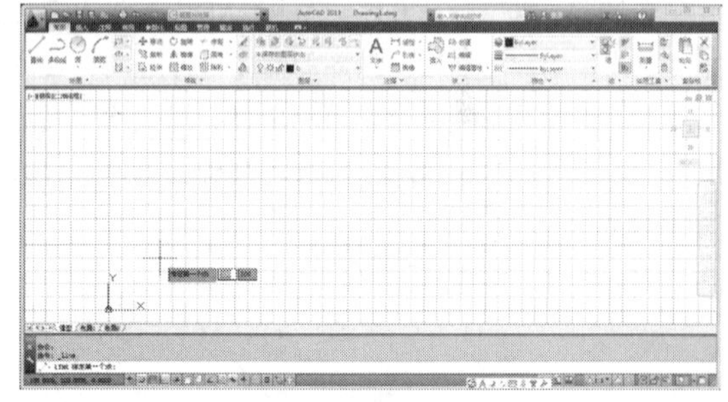

图5-4　捕捉第一点

06 移动光标，当状态栏显示坐标为（400.0000, 100.0000, 0.0000）时，单击鼠标确定第二点。

07 移动光标，当状态栏显示坐标为（400.0000, 250.0000, 0.0000）时，单击鼠标确定第三点。

08 移动光标，当状态栏显示坐标为（100.0000, 250.0000, 0.0000）时，单击鼠标确定第四点。

09 在命令行利用键盘输入C后按回车键，闭合矩形，完成操作。结果如图5-1所示。

10 执行工具栏上“另存为”命令，在弹出的“图形另存为”对话框中选择要保存的文件路径，并修改文件名为“实战005.dwg”，将绘制的图形进行保存。

练习005 绘制正方形

实战位置 DVD>练习文件>第1章>练习005.dwg
难易指数 ★☆☆☆☆
技术掌握 巩固熟悉栅格命令和捕捉命令，打开正交模式绘制相应图形的方法

操作指南

参照“实战005”案例进行设置。注意选取正方形顶点坐标时先行计算好再选，以免绘制的正方形不“正”。

最终效果如图5-5所示。

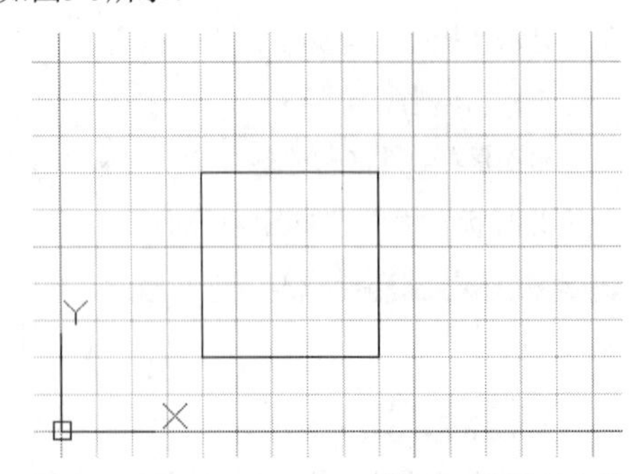

图5-5 绘制正方形

实战006 利用对象捕捉模式绘制图形1

实战位置 DVD>实战文件>第1章>实战006.dwg
视频位置 DVD>多媒体教学>第1章>实战006.avi
难易指数 ★☆☆☆☆
技术掌握 掌握利用目标捕捉绘制图形的方法

实战介绍

在机械绘图过程中，经常需要捕捉一些特殊的点，比如线段的端点、中点，圆心，象限点，垂足等，在通常情况下是比较困难的，而且不够准确。利用对象捕捉方式来拾取这些点，既精确又方便。AutoCAD中提供了多种目标捕捉方式，用户可以根据绘图的需要进行选用。在本例中希望通过绘制图形使读者学习利用目标捕捉绘制图形的方法，为以后绘制复杂机械图样打下基础。本例最终效果如图6-1所示。

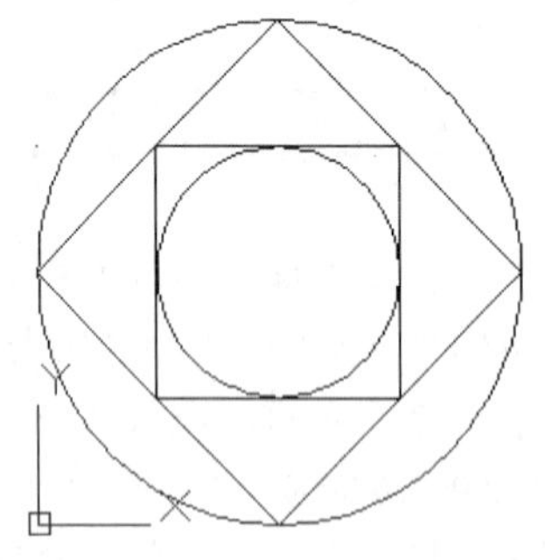

图6-1 最终效果

制作思路

• 新建dwg格式文件，绘制半径为100的圆，打开对象捕捉模式，执行直线命令，依次绘制出如图6-1所示的图形。

制作流程

01 打开AutoCAD 2013，新建AutoCAD文件，文件名默认为“Drawing1.dwg”。

02 执行“绘图>圆”命令，根据命令行提示绘制半径为100的圆，如图6-2所示。命令行提示和操作内容如下：

```
命令: _CIRCLE
指定圆的圆心或 [三点(3P)/两点(2P)/切点、切点、半径(T)]: 100,100
指定圆的半径或 [直径(D)] <100.0000>: 100
```

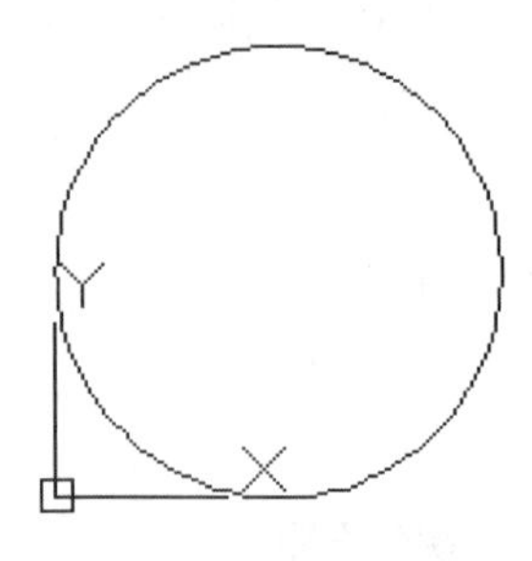

图6-2 绘制半径为100的圆

03 在状态栏的“对象捕捉”按钮上右击，在弹出的快捷菜单中选择“设置”选项，选择“草图设置>对象捕捉”，选中“启用对象捕捉”和“象限点”复选框，如图6-3所示。

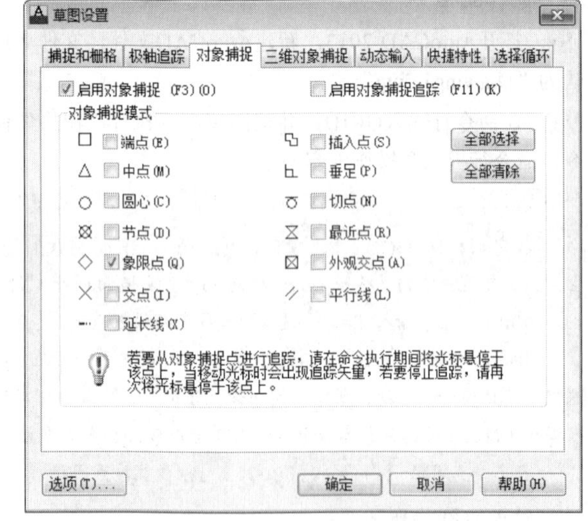

图6-3 设置对象捕捉模式

技巧与提示

在使用对象捕捉模式时，最好每次只选用一种捕捉模式；否则当同时选中多种模式时，经常会因为两类点距离较近导致选择错误。另外，AutoCAD为用户提供了“对象捕捉”工具栏，用户可以直接选择工具栏上相应的按钮□，选择捕捉模式。但利用这种方法选择的模式只能应用一次，想再应用需要重新选择该工具。

04 在命令行输入LINE，执行直线命令，当光标移动到圆的象限点附近时，AutoCAD就会显示象限点的位置，如图6-4所示；此时只要单击鼠标即可确定该点，不必将光标移动到与象限点重合。利用象限点捕捉模式绘制正方形框

如图6-5所示。

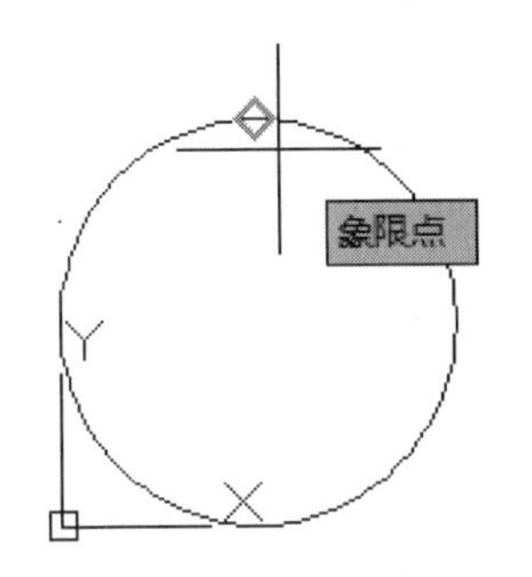

图6-4　指定直线的起点

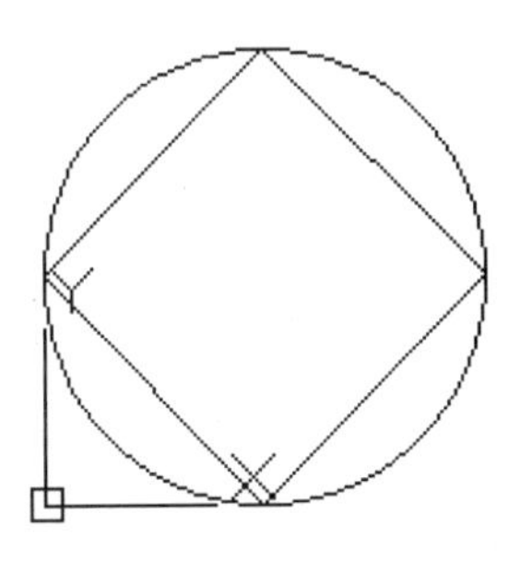

图6-5　利用象限点捕捉绘制正方形框

05 打开“草图设置”对话框的“对象捕捉”选项卡，修改对象捕捉模式为“中点”，执行“直线”命令，捕捉刚绘制正方形边框的各边中点，绘制小正方形，如图6-6所示。

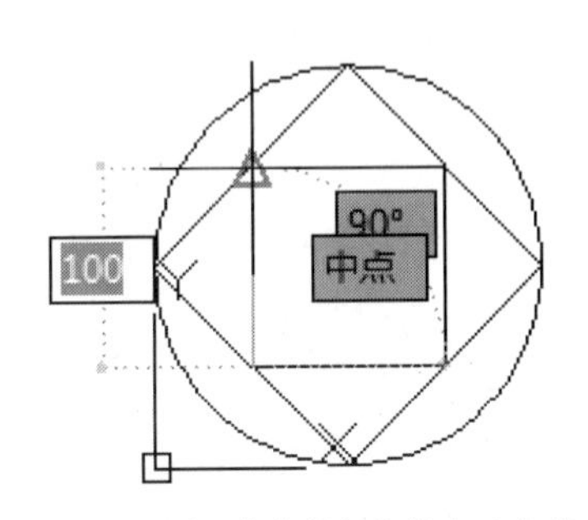

图6-6　利用中点捕捉绘制小正方形

06 打开“草图设置”对话框的“对象捕捉”选项卡，修改对象捕捉模式为“切点”。执行“绘图>圆>三点”命令，捕捉小正方形的三个切点，绘制小圆。效果如图6-1所示。

07 执行“另存为”命令，将文件保存为“实战006.dwg”。

练习006　绘制内接矩形及圆

实战位置	DVD>练习文件>第1章>练习006.dwg
难易指数	★☆☆☆☆
技术掌握	熟悉利用对象捕捉模式绘制图形的方法

操作指南

参照“实战006”案例进行设置。注意对象捕捉模式选用时，只选取一种模式，以免选择距离相近的点时出现选择错误。

最终效果如图6-7所示。

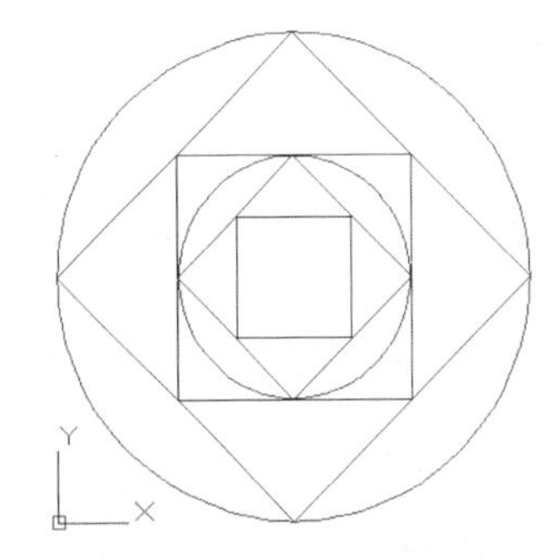

图6-7　利用对象捕捉绘制图形

实战007　利用对象捕捉模式绘制图形2

原始文件位置	DVD>原始文件>第1章>实战007原始文件
实战位置	DVD>实战文件>第1章>实战007.dwg
视频位置	DVD>多媒体教学>第1章>实战007.avi
难易指数	★☆☆☆☆
技术掌握	掌握对象捕捉命令的使用方法

实战介绍

由于对象捕捉模式相对比较重要，并且包含类型较多，特别再列举一个实战，使读者能够更加熟悉该模式的使用。本例最终效果如图7-1所示。

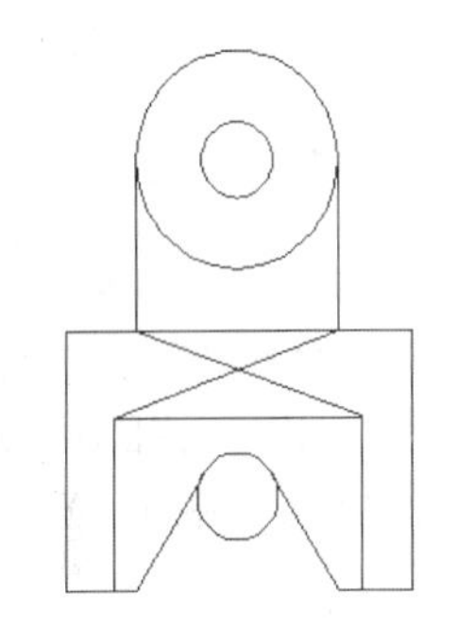

图7-1　最终效果

制作思路

• 打开原始文件，开启对象捕捉模式，执行直线命令完成如图7-1所示图形。

制作流程

01 执行“打开”命令，打开“实战007原始文件.dwg”图形文件，如图7-2所示。

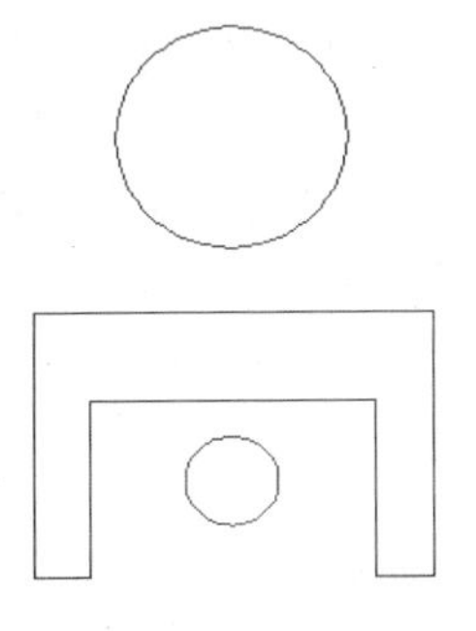

图7-2　原始图形

02 执行“常用>绘图>直线”命令，绘制直线AB与CD。命令行提示和操作内容如下：

```
命令：_line //执行直线命令
指定第一点：_tan 到//在状态栏选择“对象捕捉”，单击鼠标右键，打开快捷菜单，选择“象限点”，捕捉上圆的左侧象限点A
指定下一点或 [放弃(U)]：_per 到//在状态栏选择“对象捕捉”，单击鼠标右键，打开快捷菜单，选择“垂足”，捕捉点B
指定下一点或 [放弃(U)]：//按回车键结束直线命令
命令：_line //再次执行直线命令，利用相同方法绘制得到直线CD
指定第一点：_tan 到
指定下一点或 [放弃(U)]：_per 到
指定下一点或 [放弃(U)]：
```

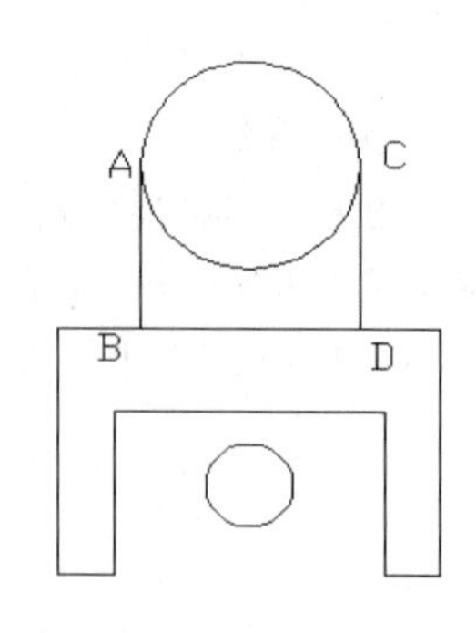

图7-3 绘制直线AB和CD

03 执行“绘图>圆”命令，同时选择状态栏上“对象捕捉”工具，单击鼠标右键，打开快捷菜单，选择“圆心”，捕捉上圆的圆心E，绘制半径为35的圆，如图7-4所示。

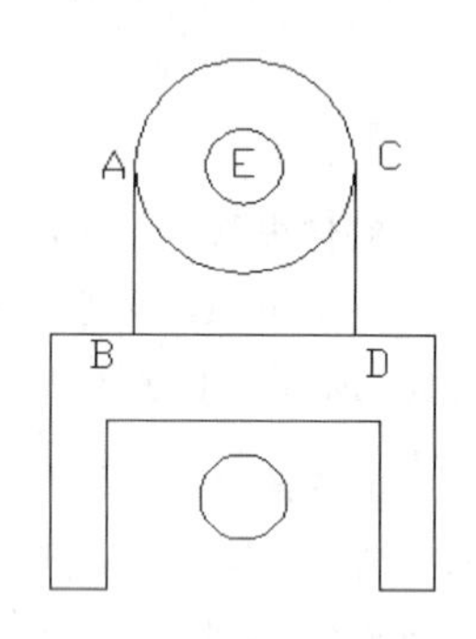

图7-4 绘制半径为35的圆

04 执行“绘图>直线”命令，同时选择状态栏上“对象捕捉”工具，单击鼠标右键，打开快捷菜单，选择“端点”，捕捉点F，选择该点，执行“对象捕捉>范围”命令，捕捉到点G，按回车键结束绘制。类似的绘制直线JK，如图7-5所示。

05 与步骤04相似，捕捉点G，选择该点，执行“对象捕捉>切点”命令，捕捉到点P，并按回车键结束绘制。类似的绘制直线KQ，如图7-6所示。

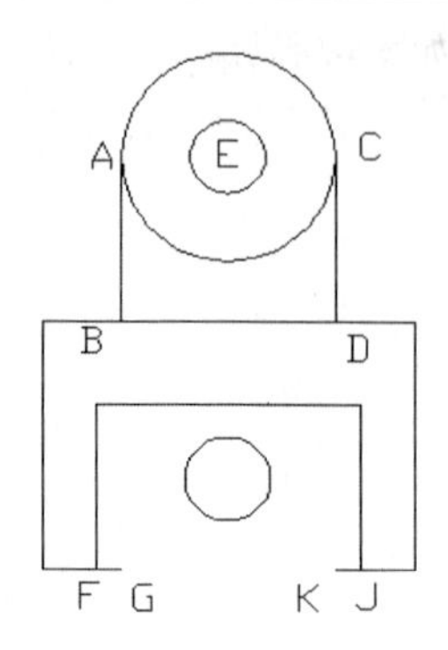

图7-5 绘制直线FG和JK

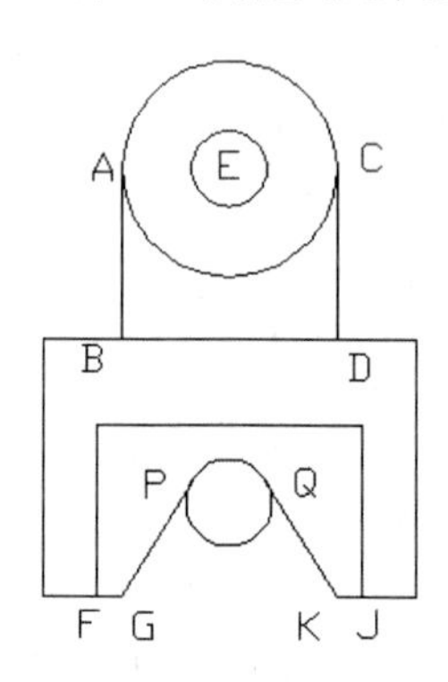

图7-6 绘制直线

06 执行“直线”命令，并执行“对象捕捉>交点”命令，绘制直线BN和DM，如图7-7所示。

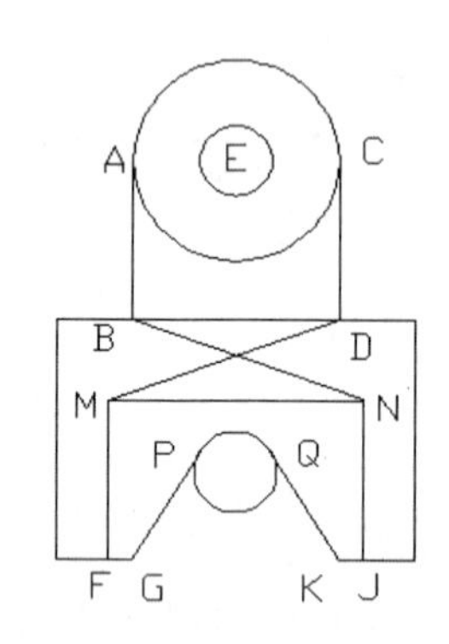

图7-7 绘制直线BN和DM

07 执行“另存为”命令，将文件保存为“实战007.dwg”。

在本例中介绍了借助“对象捕捉”工具栏中的捕捉模式按钮精确绘制图形的过程，这种方法在以后的绘图过程中会经常用到，读者要好好掌握。

练习007 利用对象捕捉绘制图形

实战位置 DVD>练习文件>第1章>练习007.dwg
难易指数 ★☆☆☆☆
技术掌握 巩固对象捕捉模式绘制图形的使用方法

操作指南

参照“实战007”案例进行设置。注意对象捕捉模式选用时，只选取一种模式，以免选择点时出现错误。

最终效果如图7-8所示。

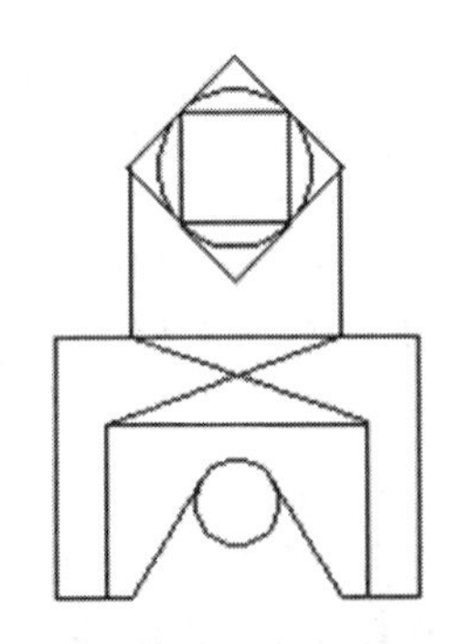

图7-8 利用对象捕捉绘制图形

实战008 利用不同选择方式进行操作

原始文件位置	DVD>原始文件>第1章>实战008原始文件
实战位置	DVD>实战文件>第1章>实战008.dwg
视频位置	DVD>多媒体教学>第1章>实战008.avi
难易指数	★☆☆☆☆
技术掌握	掌握图形对象的基本选择方法

实战介绍

在利用AutoCAD绘制机械图样时，经常需要对已有图形对象进行修改、移动或删除等编辑操作。在对图形进行编辑操作之前，需要首先选择图形对象，然后再对其进行编辑操作。本例通过将原始图形进行部分删除，使读者了解基本的选择方法，从而为以后的绘图编辑打下基础。本例最终效果如图8-1所示。

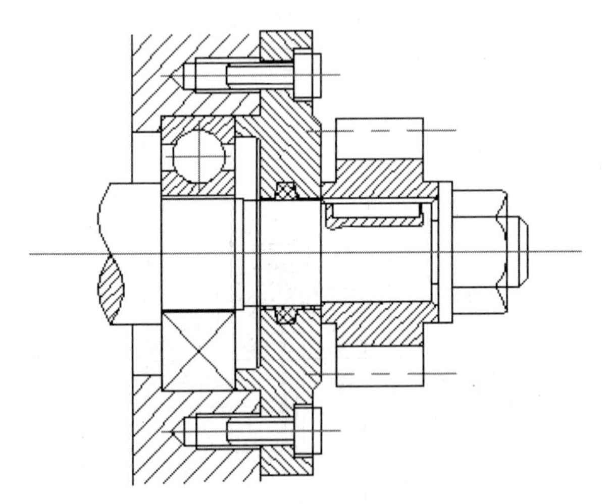

图8-1 最终效果

制作思路

• 打开原始图形文件，执行“常用>修改>删除”命令，采用不同方式选择操作对象，并进行相应对象的删除。

制作流程

01 执行“打开”命令，打开“实战008原始文件.dwg”图形文件，其原始图形如图8-2所示。

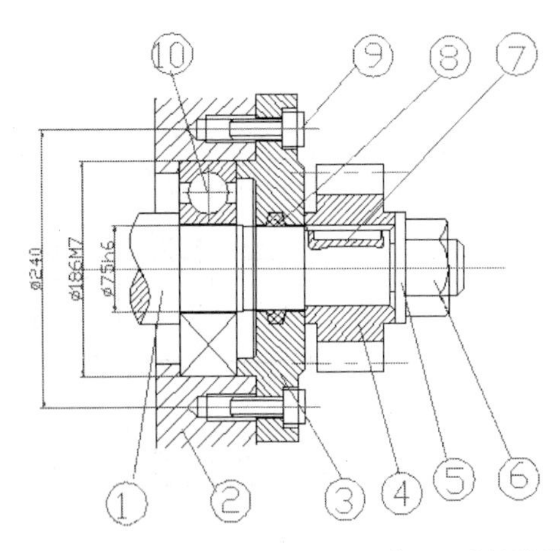

图8-2 原始图形

技巧与提示

当输入一条修改命令或进行一些操作的时候，系统将提示：“选择对象：”即要求从图形中拾取所要进行操作的目标，原来的十字光标将变为一个小方框（称之为目标选择框），此时可以直接在此提示后输入一种选择方式。如果对各种选择方式不熟悉，可以在其提示后输入“？”，然后回车，这时，系统将在命令行中显示AutoCAD中提供的各种选择目标的方式：

```
选择对象：？
*无效选择*
需要点或窗口(W)/上一个(L)/窗交(C)/框(BOX)/全部(ALL)/栏选(F)/圈围(WP)/圈交(CP)/编组(G)/添加(A)/删除(R)/多个(M)/前一个(P)/放弃(U)/自动(AU)/单个(SI)/子对象/对象
```

02 执行“常用>修改>删除”命令，在命令行“选择对象：”的提示下输入W，按回车键，利用窗口选择方式，用鼠标在绘图区指定矩形框的两角点，如图8-3所示；选中各个底部序号，然后单击鼠标右键，删除矩形框中的序号。结果如图8-4所示。

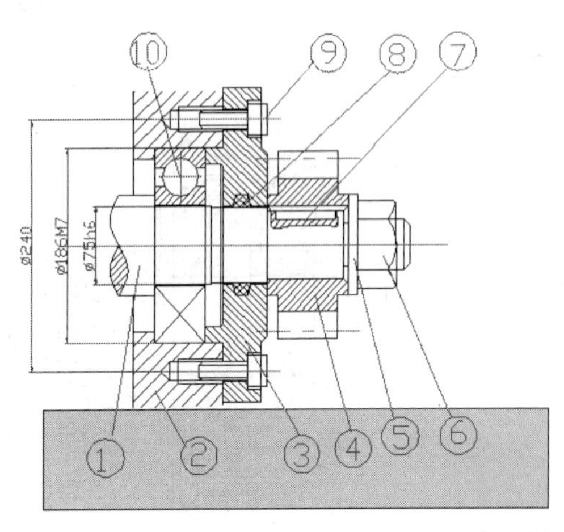

图8-3 窗口选择

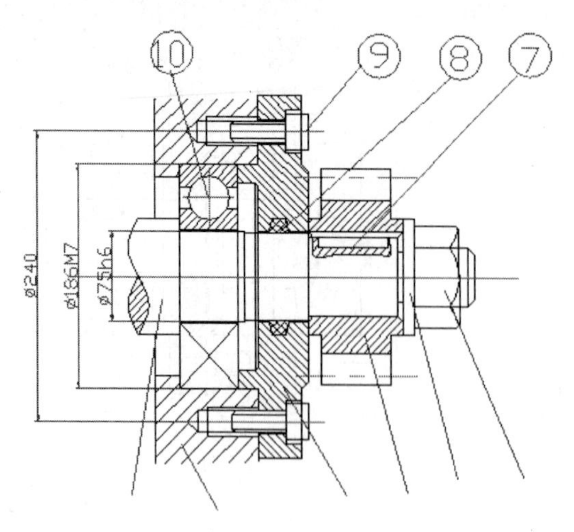

图8-4　删除底部序号

03 执行“常用>修改>删除”命令，在命令行“选择对象：”的提示下输入C，按回车键，利用交叉窗口选择方式（简称窗交），用鼠标在绘图区指定矩形框的两角点，如图8-5所示；选中各条指引线，然后再单击鼠标右键，即删除矩形框中的实体。结果如图8-6所示。

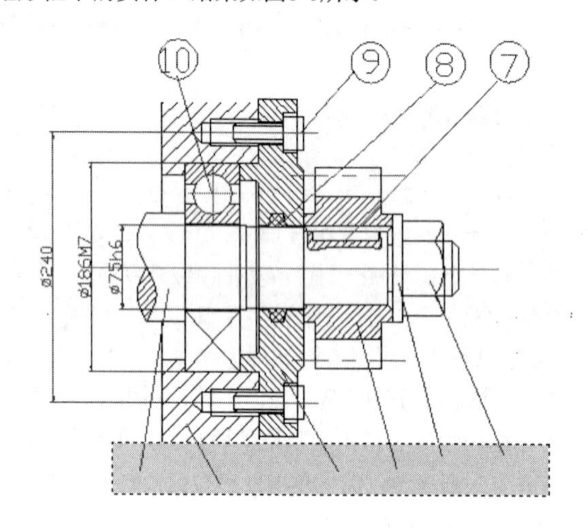

图8-5　窗交选择

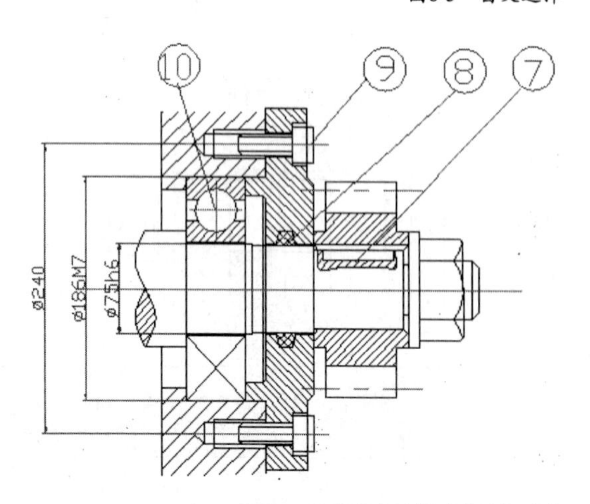

图8-6　删除窗交选择选中的指引线

技巧与提示

窗口选择与窗交选择可以直接通过鼠标完成，而不用提前输入选项。拖动鼠标绘制矩形框时，当符合要求时单击鼠标左键，确定矩形框的对角点。如果由左上角（或左下角）向右下角（或右上角）绘制的矩形，则表示为窗口选择方式，反之，则认为是窗交选择方式。当用窗口选择时，只有全部在该矩形框内部的对象才能被选中。而用窗交选择方式时，在矩形内以及与矩形框任意边相交的图形对象都会被选中。

04 执行“常用>修改>删除”命令，在命令行的“选择对象：”的提示下输入WP，按回车键，利用多边形窗口选择方式（又称圈围），用鼠标在绘图区指定多边形的顶点，如图8-7所示；按回车键结束指定，选中图形上部序号，然后再次按回车键，即删除多边形框内部的对象。结果如图8-8所示。

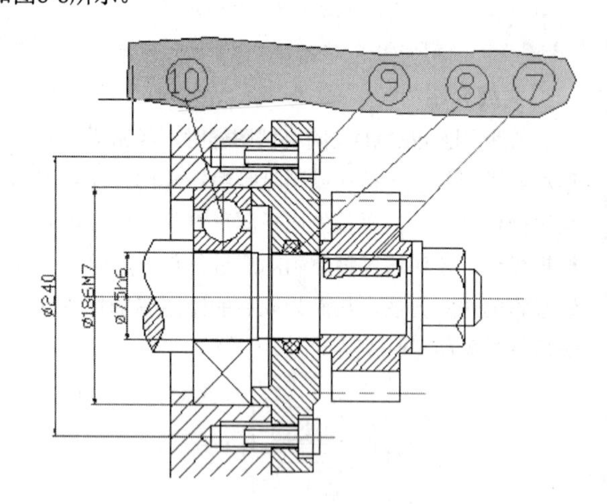

图8-7　圈围选择

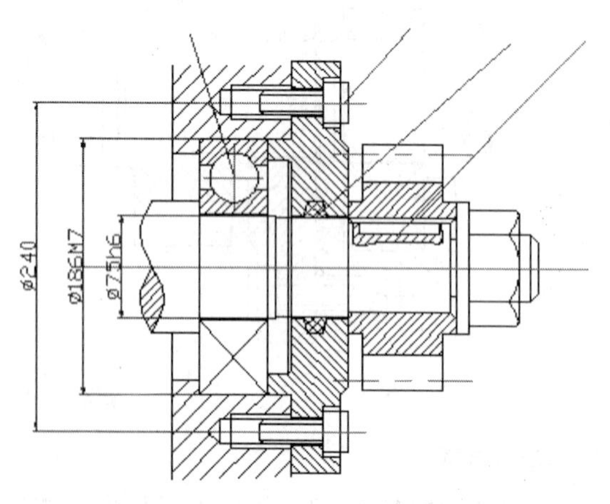

图8-8　删除上部序号

05 执行“常用>修改>删除”命令，在命令行的“选择对象：”的提示下输入CP，按回车键，利用交叉多边形选择方式（又称圈交），用鼠标在绘图区指定多边形的顶点，如图8-9所示；按回车键结束指定，选中图形上部指引线，然后再次按回车键，即删除多边形框内部及与边框相交的对象。结果如图8-10所示。

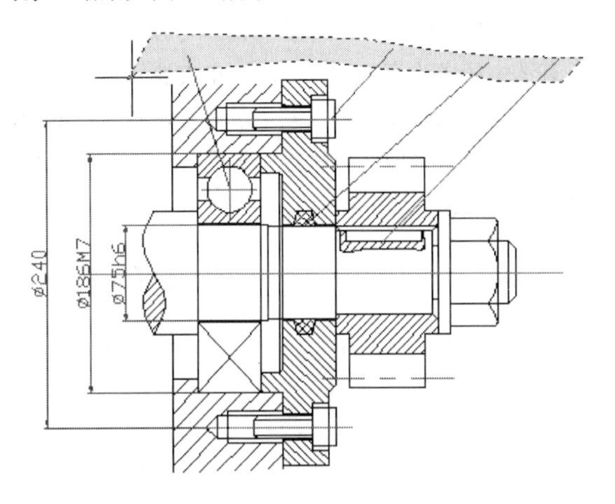

图8-9　圈交选择

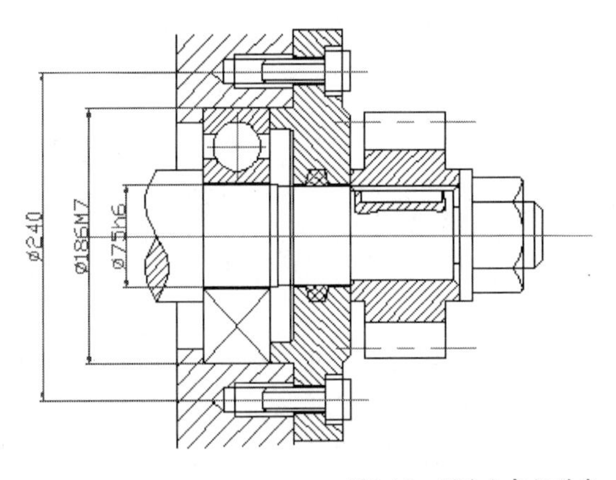

图8-10　删除上部指引线

技巧与提示

圈围选择和圈交选择的区别类似于窗口选择和窗交选择的区别。读者自己练习时应多加体会。

06 执行“常用>修改>删除”命令，在命令行的“选择对象：”的提示下输入M，按回车键，利用多个选择方式，用鼠标分别单击左侧的三个尺寸标注，按回车键结束，选定的目标变为虚线，并在命令行提示选定和找到的对象数目，然后再次按回车键，即可删除对象。结果如图8-1所示。

07 执行“另存为”命令，将文件保存为“实战008.dwg”。

技巧与提示

在本例中通过介绍删除图8-2所示图形中的标号和尺寸标注，简单说明了几种选择对象的方式。在绘制机械图形时选择对象是经常会用到的，读者应好好掌握。

练习008　标注线删除

实战位置	DVD>练习文件>第1章>练习008.dwg
难易指数	★☆☆☆☆
技术掌握	巩固不同方式选择对象的方法

操作指南

原始文件如图8-11所示，参照“实战008”案例进行设置。注意选择对象时，多种方式的使用。

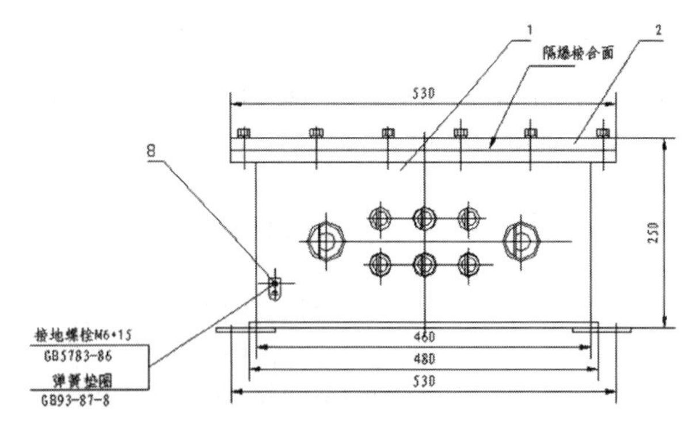

图8-11　原始图形

最终效果如图8-12所示。

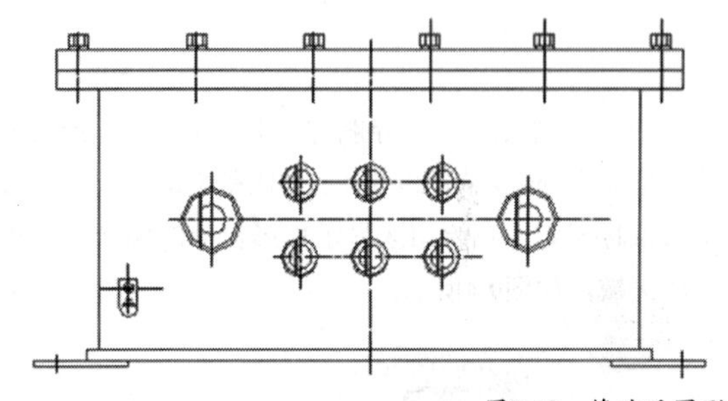

图8-12　修改后图形

实战009　缩放视图以进行部分编辑

原始文件位置	DVD>原始文件>第1章>实战009原始文件
实战位置	DVD>实战文件>第1章>实战009.dwg
视频位置	DVD>多媒体教学>第1章>实战009.avi
难易指数	★☆☆☆☆
技术掌握	掌握缩放命令的使用方法

实战介绍

在利用AutoCAD绘制机械图样时，选择对象对其进行编辑操作时，经常会因为要选择的线条附近有很多的线条，从而不方便进行选择，此时需要对图形进行适当的放大，从而对其进行选择编辑。有时也可能需要缩小对象。希望通过这个例子向读者展示控制视图显示的方法。本例最终效果如图9-1所示。

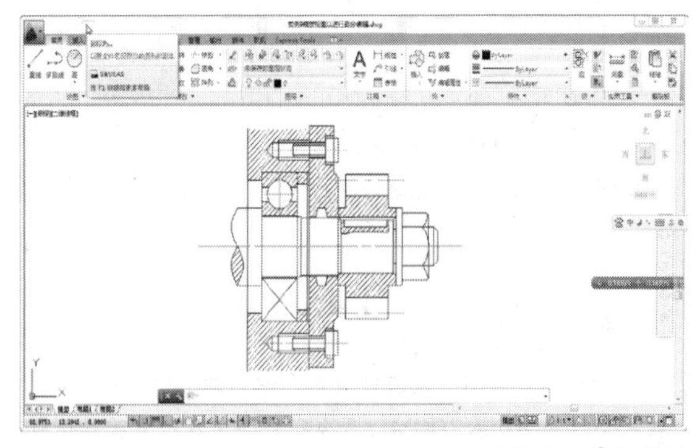

图9-1　最终效果

制作思路

- 打开原始文件，利用缩放命令，放大显示图形的局部细节以删除编辑，缩小整体图形以观察整体效果。

制作流程

01 执行“打开”命令，打开“实战009原始文件.dwg”图形文件，如图9-2所示。

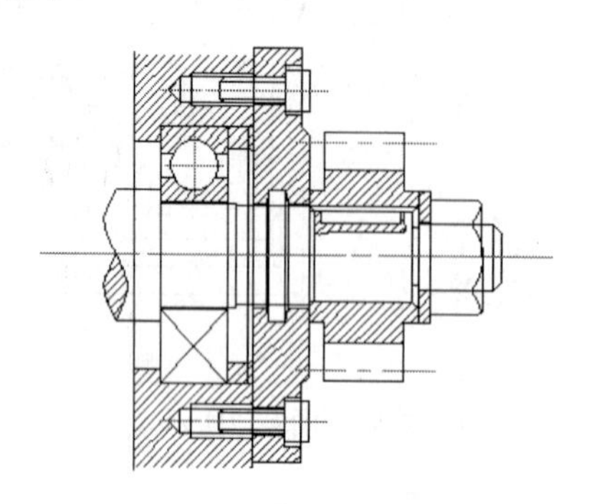

图9-2 原始图形

02 执行“视图>二维导航>窗口”命令，选择该装配图的“垫圈”部分，如图9-3所示，绘制缩放窗口的矩形框。单击鼠标确定，在绘图区显示矩形窗口的两个对角点所指定的区域，如图9-4所示。

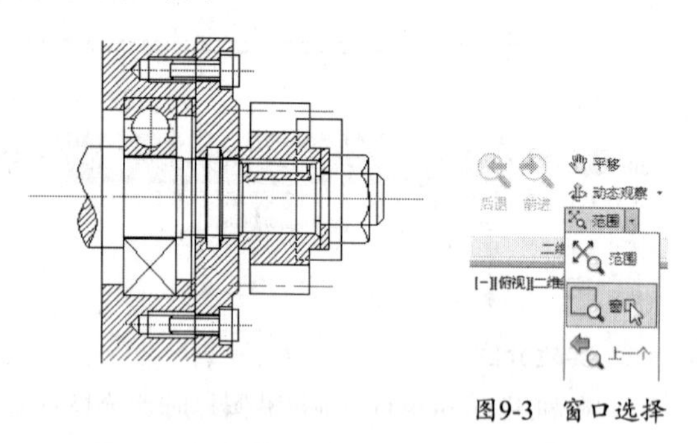

图9-3 窗口选择

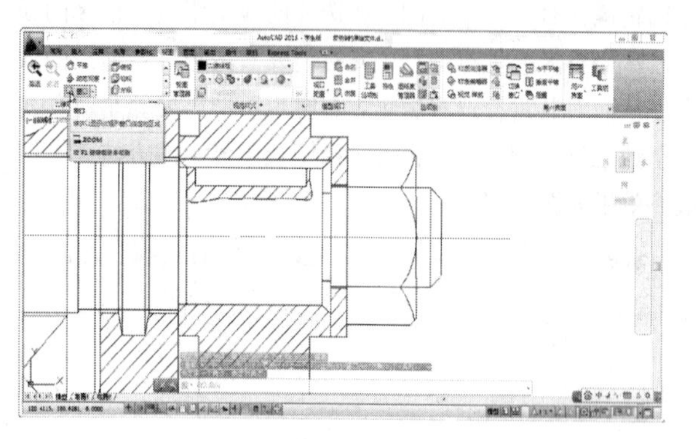

图9-4 放大窗口

技巧与提示

对于缩放视图可以通过执行“视图>缩放”命令，也可以在命令行直接输入ZOOM，命令行将给出各种缩放命令提示，用户可以根据需要进行选择使用。同时AutoCAD为用户提供了“缩放”工具栏，可以直接单击相应按钮执行缩放命令。

03 执行“常用>修改>修剪”工具按钮，在命令行“选择对象：”的提示下利用窗交选择方式，用鼠标在绘图区指定矩形框的两角点，如图9-5所示，按回车键结束选择，所有选中线条均变为虚线显示，单击要修剪的线条，即可将其删除，当一条线条只剩下最后一段时，修剪无效。可按回车键结束修剪，再执行“常用>修改>删除”命令，将其删除。效果如图9-6所示。

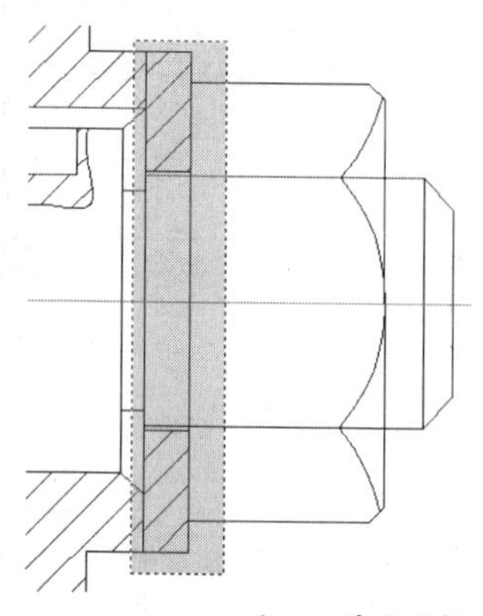

图9-5 窗交选择

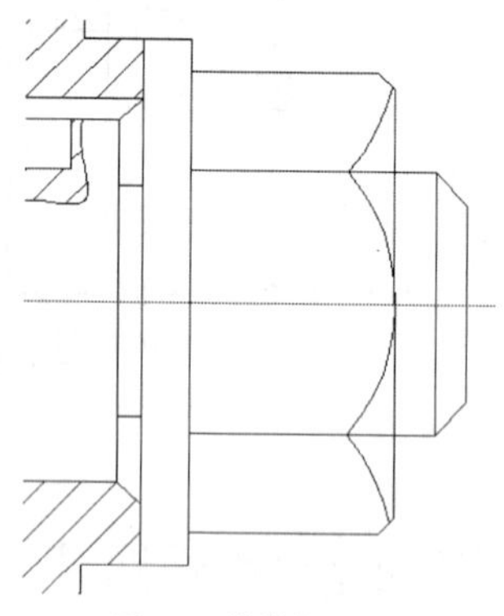

图9-6 修剪与删除后效果

04 执行“视图>二维导航>范围”命令，缩放图形已显示图形范围并使所有对象最大显示，如图9-7所示。

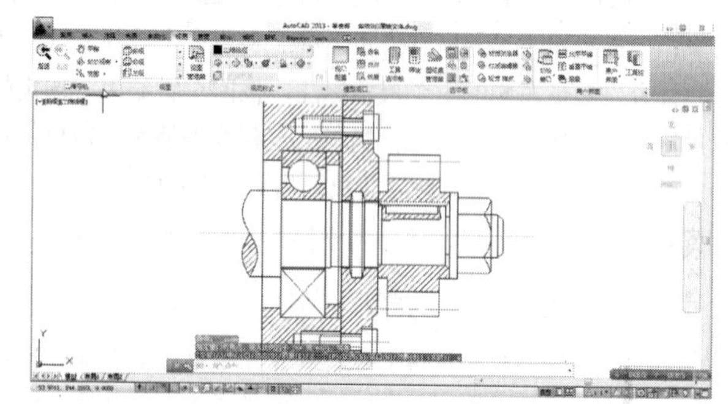

图9-7 “范围”缩放

05 执行“视图>二维导航>居中”命令，在命令行提示下指定中心点，如图9-8所示。单击鼠标指定中心点，在命令行输入“3x”，然后按回车键，图形将局部放大，显示有中心点和比例放大值所定义的窗口，如图9-9所示。

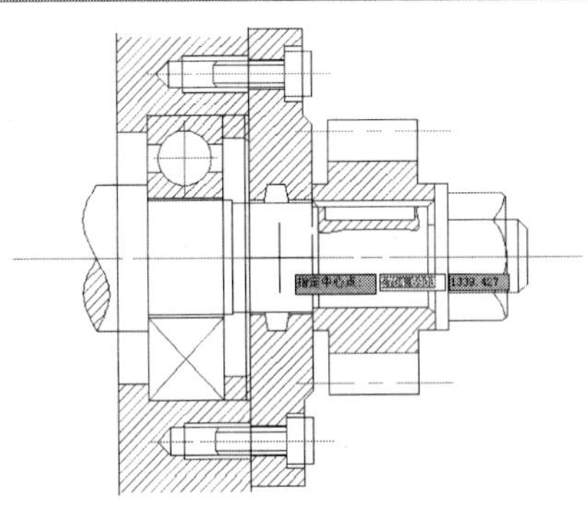

图9-8　指定中心点

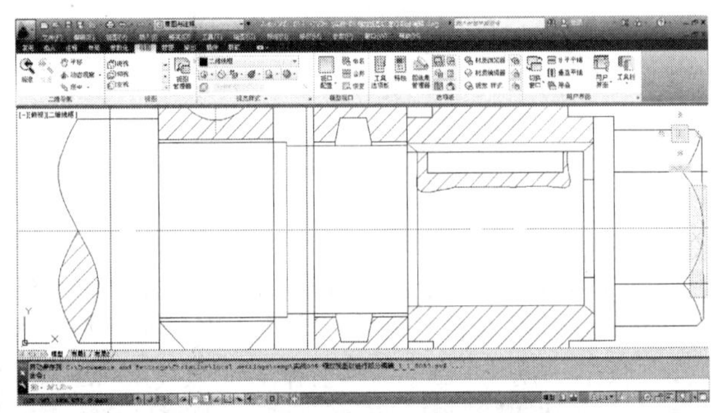

图9-9　缩放后效果

技巧与提示

当命令行提示输入比例值时，若输入值比其给出的当前值小时，图形被放大；相反，当输入的比例值大于当前值时，图形被缩小。

06 类似地，执行“修剪”和“删除”命令，对图形进行修改，结果如图9-10所示。

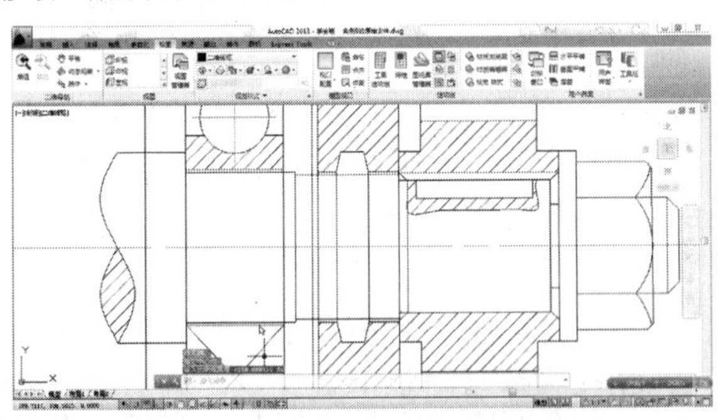

图9-10　修剪图形结果

07 在命令行输入ZOOM，按回车键，再输入字母A，对图形进行“全部缩放”，效果如图9-1所示。

08 执行“另存为”命令，将文件保存为“实战009.dwg”。

技巧与提示

在本例中通过介绍删除图9-2所示图形中的部分多余线条，简单说明了几种缩放视图的方式。这几种缩放方式相对来说是经常用到的，读者应好好掌握；对于其余缩放方式也需要读者自己实践练习一下，以便掌握。

练习009　图形缩放练习

实战位置	DVD>练习文件>第1章>练习009.dwg
难易指数	★☆☆☆☆
技术掌握	巩固熟练缩放命令的使用方法

操作指南

参照“实战009”案例进行设置。

最终效果如图9-11所示。

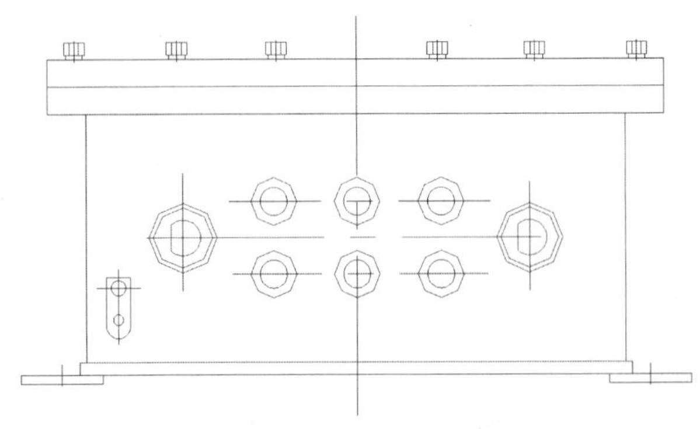

图9-11　图形缩放练习

实战010　平移和缩放查看视图

原始文件位置	DVD>原始文件>第1章>实战010原始文件
实战位置	DVD>实战文件>第1章>实战010.dwg
视频位置	DVD>多媒体教学>第1章>实战010.avi
难易指数	★☆☆☆☆
技术掌握	掌握平移和缩放查看视图的方法

实战介绍

为了在移动或缩放视图时能够掌握好当前视图在整个图形中的位置，可采用平移和缩放命令。本例最终效果如图10-1所示。

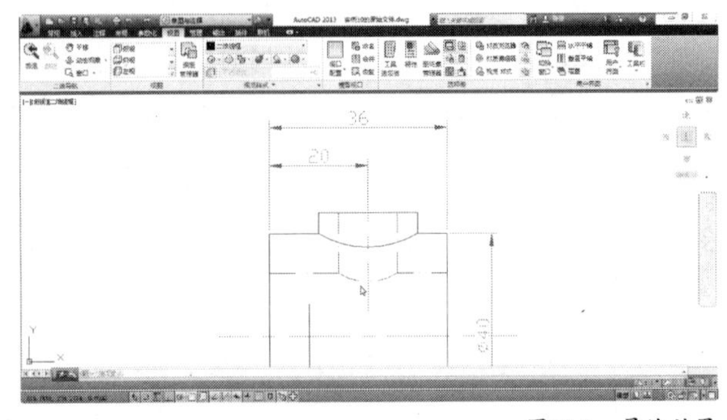

图10-1　最终效果

制作思路

• 打开“实战010原始文件.dwg”，打开视图功能区下的二维导航，选择视图方式“窗口”，即可方便快捷地查看局部图形的全局位置。

制作流程

01 运行Auto CAD 2013，打开“实战010原始文件.dwg”图形文件，如图10-2所示。

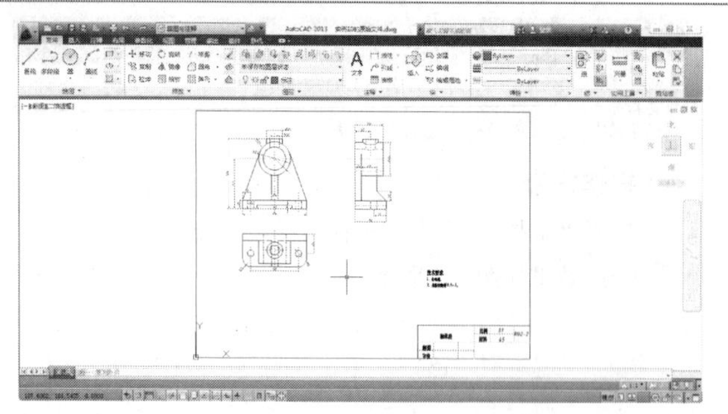

图10-2　原始图形

02 执行“视图>平移”命令，点击左键并拖动，此时鼠标变为抓手形状，如图10-3所示。

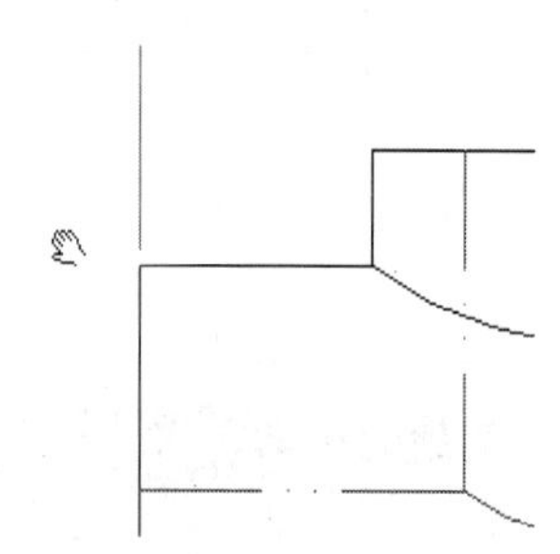

图10-3　抓手-平移窗口

03 选择“视图>二维导航”，单击“范围”按钮右侧的下拉列表，选择“窗口”按钮，如图10-4所示。

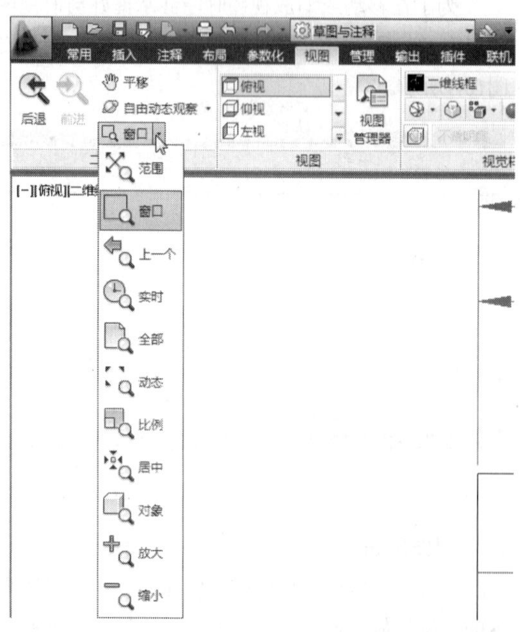

图10-4　窗口视图

04 选择“窗口”按钮，出现一个十字状的选择框，移动线框并调整其大小，如图10-5所示。

05 再次单击鼠标左键，确定放大区域，此时窗口如图10-6所示。

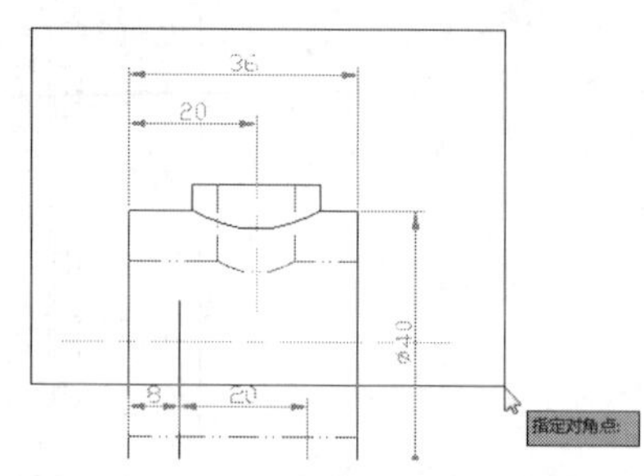

图10-5　调整细线框大小

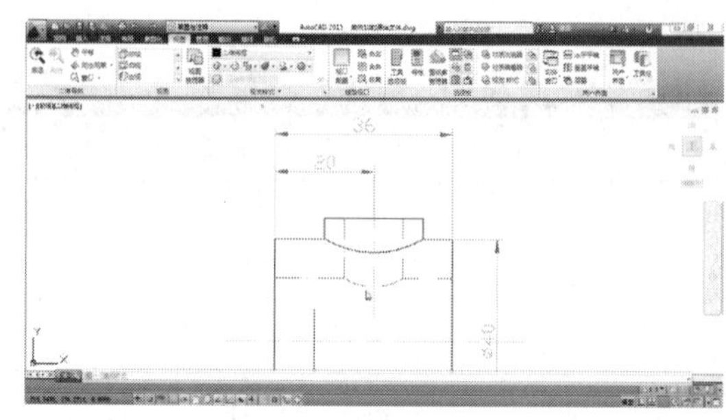

图10-6　确定放大区域

06 执行“另存为”命令，将文件保存为“实战010.dwg”。

练习010　平移缩放视图

实战位置　DVD>练习文件>第1章>练习010.dwg
难易指数　★☆☆☆☆
技术掌握　巩固平移和缩放视图的使用方法

操作指南

参照“实战010”案例进行设置，练习如图10-7所示图形。最终效果如图10-7所示。

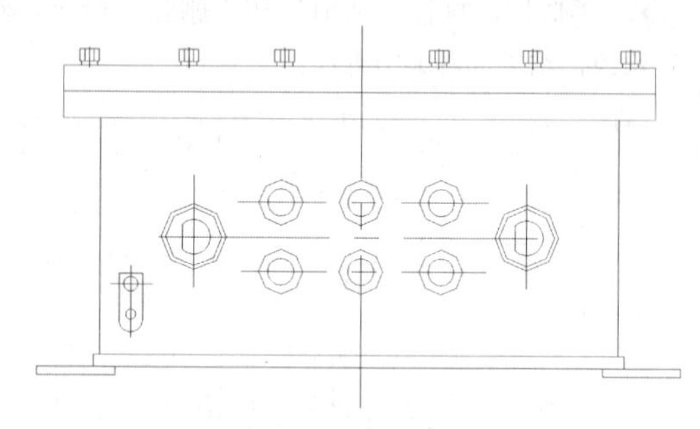

图10-7　最终效果

实战011　利用视图观察三维图形

原始文件位置　DVD原始文件>第1章>实战011原始文件
实战位置　DVD>实战文件>第1章>实战011.dwg
视频位置　DVD>多媒体教学>第1章>实战011.avi
难易指数　★☆☆☆☆
技术掌握　掌握在不同视图下查看图形效果的方法

实战介绍

工程人员在利用图纸解决实际问题时，往往需要图纸能够从不同的角度来反映实物的状态，通过AutoCAD中的“视图”功能，则可以轻易满足这一要求，实现三维立体图形在不同视角下的观察。

制作思路

• 打开原始图形，利用视图命令，查看在不同视点下的图形形状。

制作流程

01 打开“实战011原始文件.dwg”，坐标系为WCS，如图11-1所示。

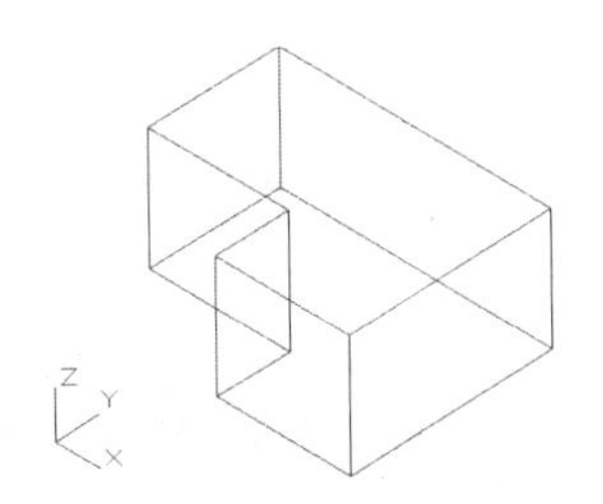

图11-1　打开文件

02 执行“视图>前视”命令，在命令行输入hide，结果如图11-2(a)所示。

03 执行“视图>左视”命令，在命令行输入hide，结果如图11-2(b)所示。

04 执行“视图>俯视”命令，在命令行输入hide，结果如图11-2(c)所示。

05 执行“视图>东南等轴测”命令，在命令行输入hide，结果如图11-2(d)所示。

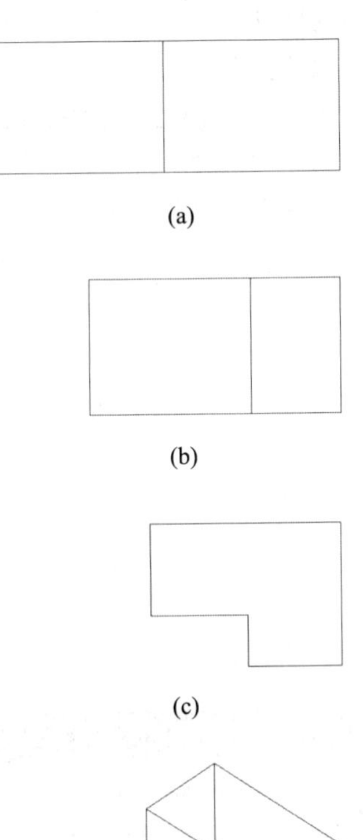

(a)

(b)

(c)

(d)

图11-2　参考坐标系为WCS时的各视图

技巧与提示

视图是模型从空间中的特定位置（视点）观察的图形表示。工程界广泛采用6个方向的投影，得到相应的6个标准二维视图，它们分别是主视图、后视图、俯视图、仰视图、左视图和右视图，AutoCAD也采用了这6个试图标准。另外，还提供了4个标准的轴侧图，分别为西南轴侧视图、东南轴侧视图、东北轴侧视图和西北轴侧视图。视图工具栏如图11-3所示。

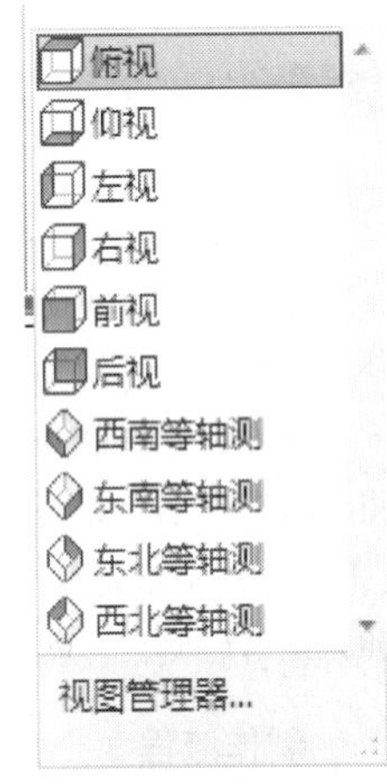

图11-3　视图工具栏

练习011　利用视图观察三维图形

实战位置　DVD>练习文件>第1章>练习011.dwg
难易指数　★☆☆☆☆
技术掌握　巩固学习如何用视图工具栏从不同视点来观察图形

操作指南

参照“实战011”案例进行设置。学习如何用视图工具栏从不同的视点来观察图形，该操作是三维绘图的基础。

最终效果如图11-4所示。

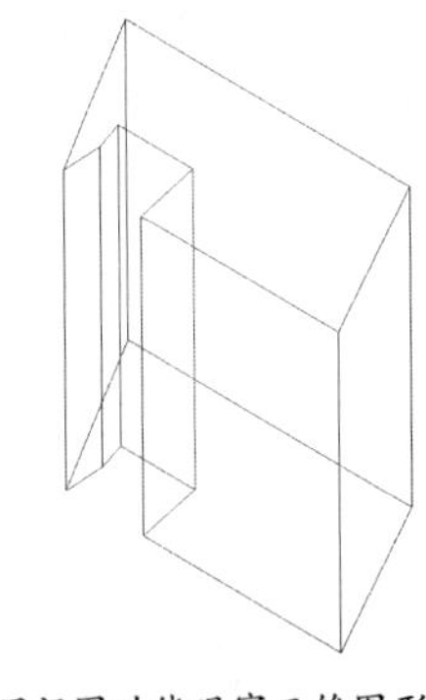

图11-4　利用视图功能观察三维图形

实战012　绘制长方体并设置观察视口

实战位置　DVD>实战文件>第1章>实战012.dwg
视频位置　DVD>多媒体教学>第1章>实战012.avi
难易指数　★☆☆☆☆
技术掌握　掌握AutoCAD中基本三维图形的画法和视图及视口的设置方法

实战介绍

在二维平面中绘制三维图形——长方体，通过在不同视口中设置不同的视点来体会二维绘图与三维绘图的不同。本例最终效果如图12-1所示。

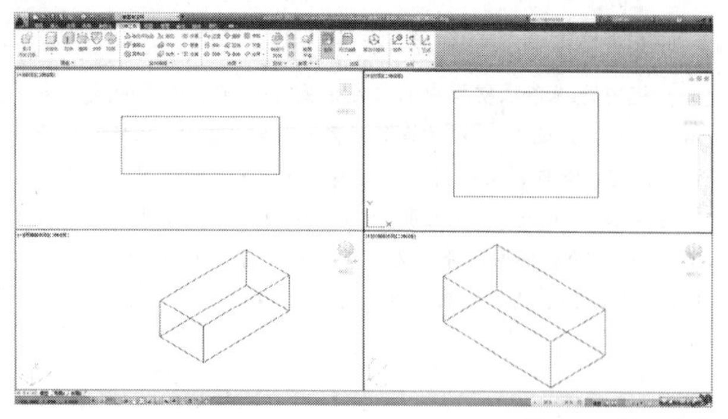

图12-1　最终效果

制作思路

• 新建AutoCAD 2013文件，选择“三维工具>长方体”，根据提示绘制长方体。

• 选择“视图>模型视口>视口配置>四个：相等”，将屏幕分成四个相等的视口。

• 分别指定各个视口为：主视、左视、西南等轴测和东南等轴测。

制作流程

01 选择“三维工具>长方体”，命令行提示及操作内容如下：

```
命令: _box
指定第一个角点或 [中心(C)]:
指定其他角点或 [立方体(C)/长度(L)]: 1
指定长度 <200.0000>: 150
指定宽度 <150.0000>: 100
指定高度或 [两点(2P)] <100.0000>: 70
```

此时在绘图区看到的仍是一个二维图形，如图12-2所示。

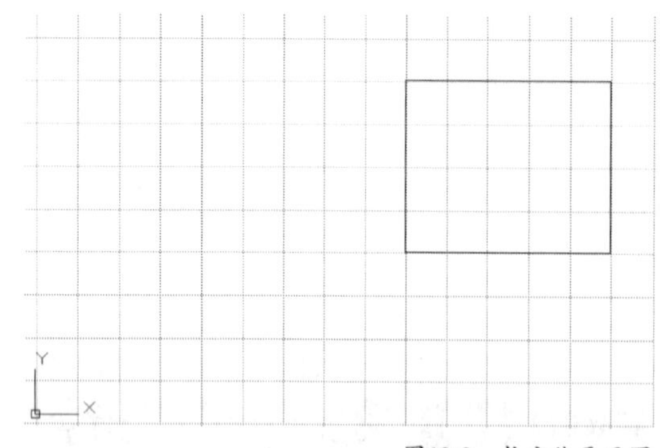

图12-2　长方体平面图

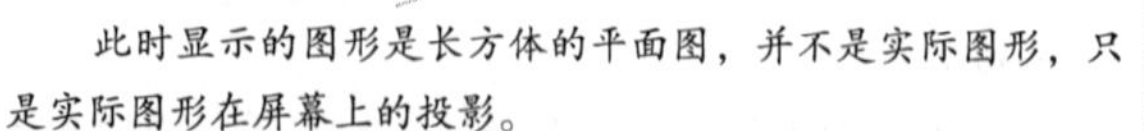

技巧与提示

此时显示的图形是长方体的平面图，并不是实际图形，只是实际图形在屏幕上的投影。

02 执行“视图>模型视口>视口配置>四个：相等”命令将屏幕分成4个视口，如图12-3所示。

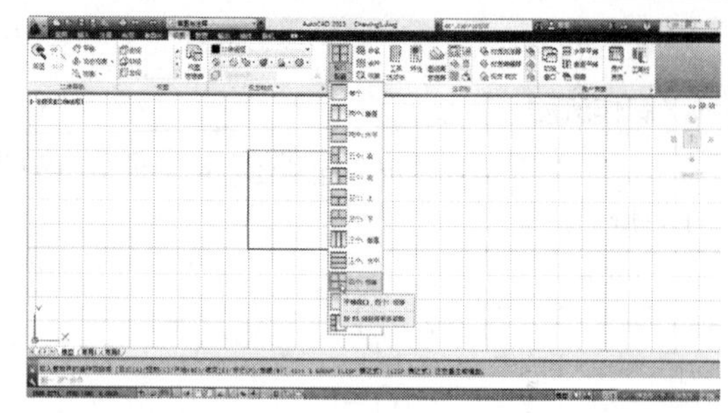

图12-3　视口列表

03 分别指定各个视口为：主视、左视、西南等轴测和东南等轴测。得到的图形如图12-4所示。

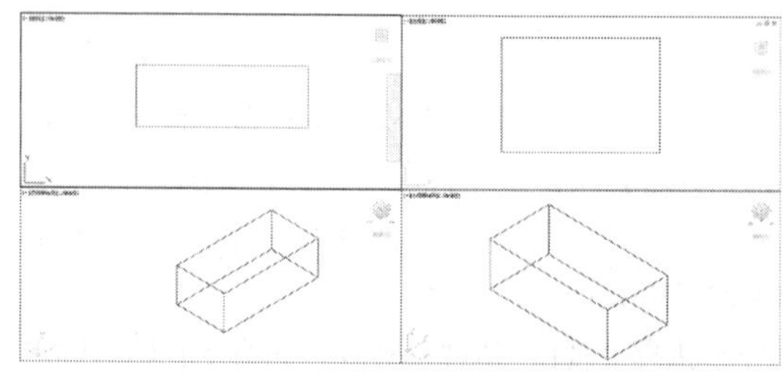

图12-4　长方体的各向视图

练习012　绘制楔形体结构

实战位置	DVD>练习文件>第1章>练习012.dwg
难易指数	★☆☆☆☆
技术掌握	巩固并扩展绘制简单三维体及设置观察视口从不同角度进行观察

操作指南

参照“实战012”案例进行设置。然后在不同视口中设置不同的视点来观察它。

最终效果如图12-5所示。

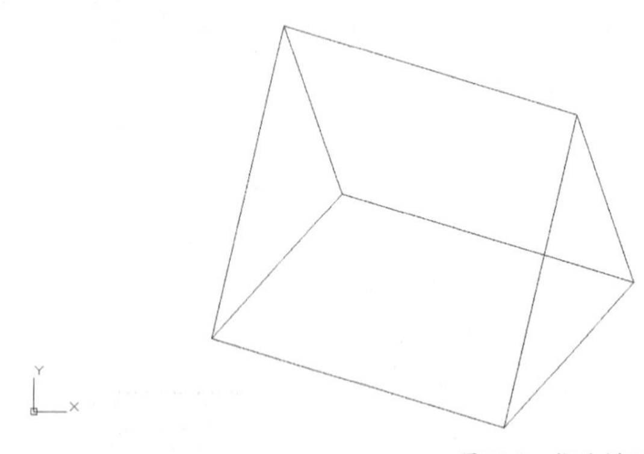

图12-5　楔体模型

实战013　创建并保存UCS

实战位置	DVD>实战文件>第1章>实战013.dwg
视频位置	DVD>多媒体教学>第1章>实战013.avi
难易指数	★☆☆☆☆
技术掌握	掌握UCS命令的使用方法

实战介绍

在二维绘图过程中，基本上都采用在世界坐标下完成的，但在绘制三维图形时，由于每个点的x、y、z坐标值都可能互不相同，因此，如果仍使用世界坐标系或者一个固定坐标系，将会给绘制三维实体带来极大的不方便。

在AutoCAD中，用户可以根据需要定制坐标系统，本例就是对这一功能的一种应用。本例最终效果如图13-1所示，并保存。

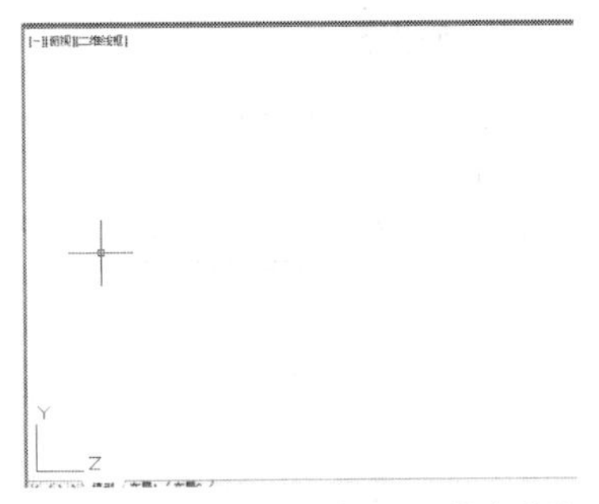

图13-1　最终效果

制作思路

• 输入命令UCS依据提示完成相应操作。

制作流程

01 新建一图形文件。

02 从命令行输入命令：UCS，命令行提示及操作内容如下：

> ？/3点(3)/删除(D)/对象(E)/原点(O)/正交(G)/前次(P)/还原(R)/保存(S)/视图(V)/X/Y/Z/Z轴(ZA)/<世界(W)>：Y//输入Y
>
> 输入绕Y轴的旋转角度 <0>：90　按回车键。得到如图13-1所示坐标系。

03 继续输入UCS命令，命令行提示及操作内容如下：

> ？/3点(3)/删除(D)/对象(E)/原点(O)/正交(G)/前次(P)/还原(R)/保存(S)/视图(V)/X/Y/Z/Z轴(ZA)/<世界(W)>:S//输入S.
>
> 输入要保存的UCS名，或 ？列出：MYUCS　//输入名称：MYUCS

通过以上步骤，即可完成新坐标系的建立与保存。

04 输入命令UCSman，弹出“UCS对话框”，其中列出了当前图形文件的坐标系统，包括新建的坐标系统MYUCS，如图13-2所示。

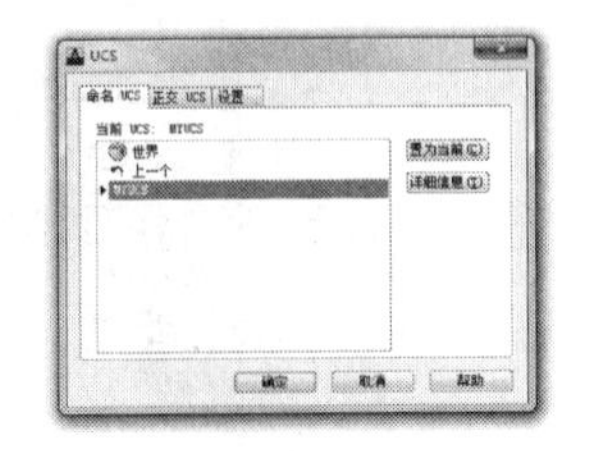

图13-2　UCS对话框

技巧与提示

坐标系是绘图的基础，选用合适的坐标系可以有效地提高绘图效率。本例介绍的用户坐标系的建立方法简单，读者应予以掌握并能根据实际情况够灵活运用、举一反三。

练习013　创建坐标系

实战位置	DVD>练习文件>第1章>练习013.dwg
难易指数	★☆☆☆☆
技术掌握	巩固UCS的建立方法

操作指南

参照“实战013”案例进行设置。

最终效果如图13-3所示。

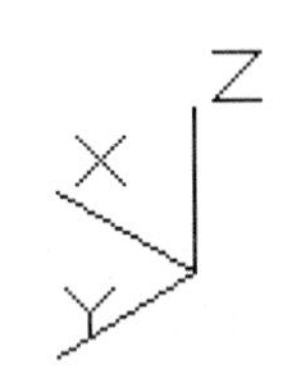

图13-3　创建坐标系

实战014　创建图形文件

实战位置	DVD>实战文件>第1章>实战014.dwg
视频位置	DVD>多媒体教学>第1章>实战014.avi
难易指数	★☆☆☆☆
技术掌握	掌握几种新建文件的方式

实战介绍

在利用AutoCAD绘制机械图样时，启动AutoCAD 2013后，程序会自动新建一个文件，以便进行图形绘制。如果用户希望手动新建文件，可以通过三种方法实现。方法一：通过“新建”按钮新建文件。方法二：通过“新建”选项新建文件。方法三：在命令行中输入NEW（新建），新建文件。本例最终效果如图14-1所示。

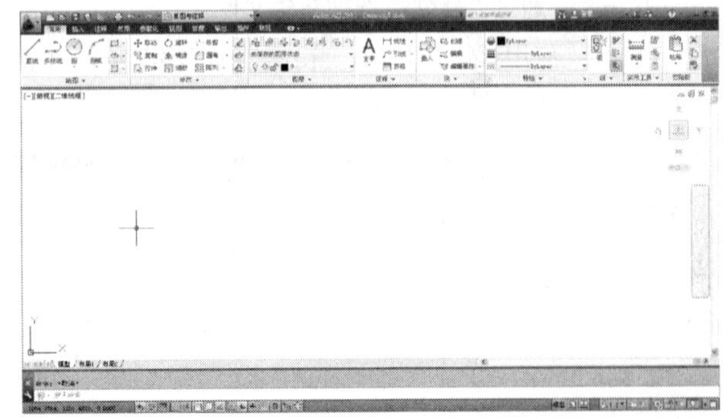

图14-1　最终效果

制作思路

• 用三种不同方法新建dwg格式文件。

制作流程

方法一：通过“新建”按钮新建文件。

01 在快速访问工具栏中，执行“新建”命令新建文件，如图14-2所示。

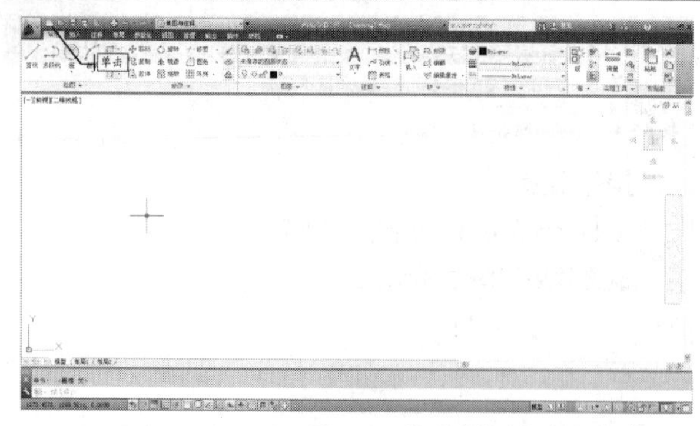

图14-2 使用“新建”按钮新建文件

02 打开样板文件。弹出“选择样板”对话框，选择所需样板文件，单击“打开”按钮即可，如图14-3所示。

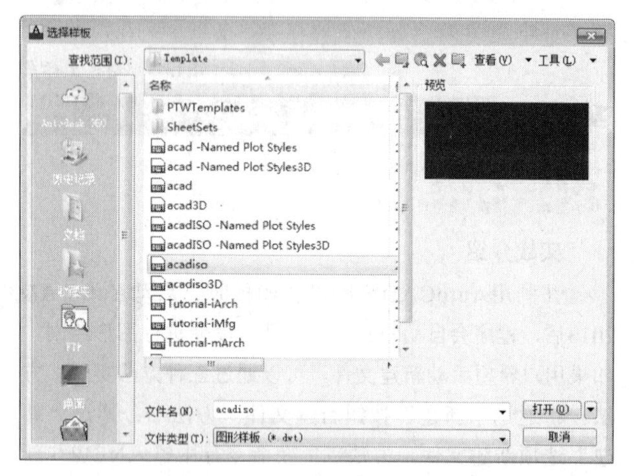

图14-3 “选择样板”对话框

方法二：通过“新建”选项新建文件。

01 执行“应用程序”按钮，弹出应用程序菜单，选择“新建”选项，如图14-4所示。

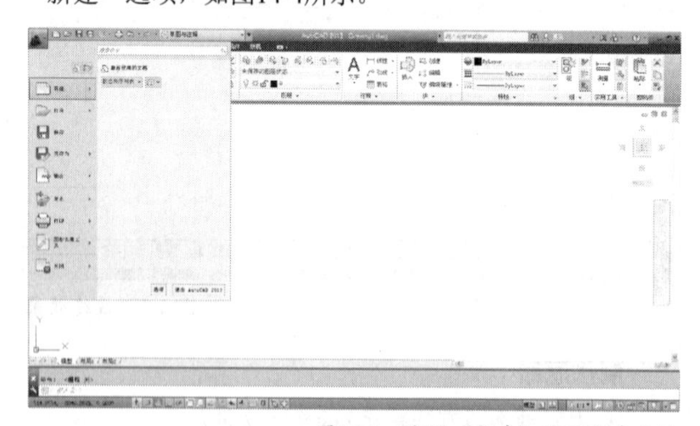

图14-4 使用“新建”选项新建文件

02 打开样板文件。弹出“选择样板”对话框，选择所需样板文件，单击“打开”按钮即可，如图14-3所示。

在本例中通过介绍新建文件，简单说明了几种新建文件的方式。在绘制机械图形时新建文件是经常会用到的，读者应好好掌握。

练习014 新建文件

实战位置 DVD>练习文件>第1章>练习014.dwg
难易指数 ★☆☆☆☆
技术掌握 熟悉新建文件的不同方法

操作指南

参照“实战014”案例进行设置。在命令窗口输入new命令，弹出“选择样板”对话框，选择所需样板文件，创建新图形文件，如图14-5所示。

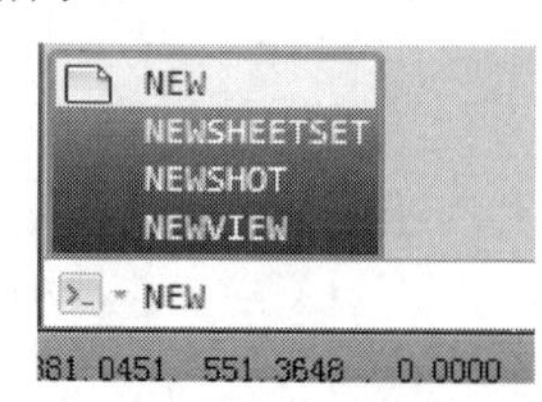

图14-5 通过命令窗口新建文件

实战015 设置图形单位

实战位置 DVD>实战文件>第1章>实战015.dwg
视频位置 DVD>多媒体教学>第1章>实战015.avi
难易指数 ★☆☆☆☆
技术掌握 掌握设置图形单位的方法

实战介绍

AutoCAD在绘图前要先设置单位，在AutoCAD里面主要分为两种单位，一个是长度单位，一个是角度单位。下面介绍在AutoCAD 2013中如何设置图形单位。

制作思路

• 在命令行输入UNITS，在图形单位对话框中完成图形单位相关参数的设置。

制作流程

01 在AutoCAD 2013中执行“新建”命令，新建空白图形文档。

02 在命令行中输入UNITS (单位)，按回车键确认，弹出“图形单位”对话框。选择“长度>类型>小数”，如图15-1所示。

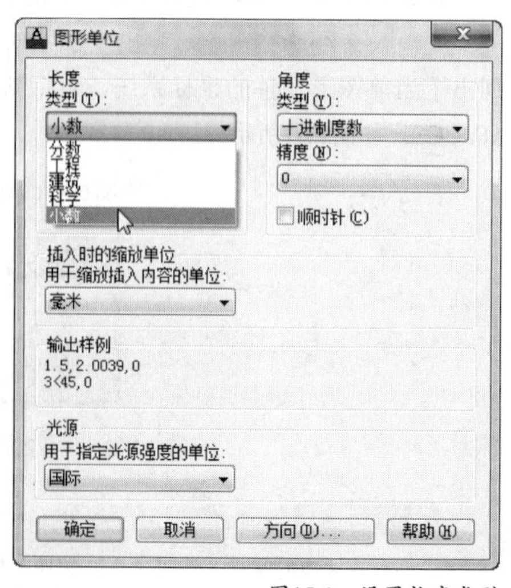

图15-1 设置长度类型

03 选择“精度>0.0000”，如图15-2所示。

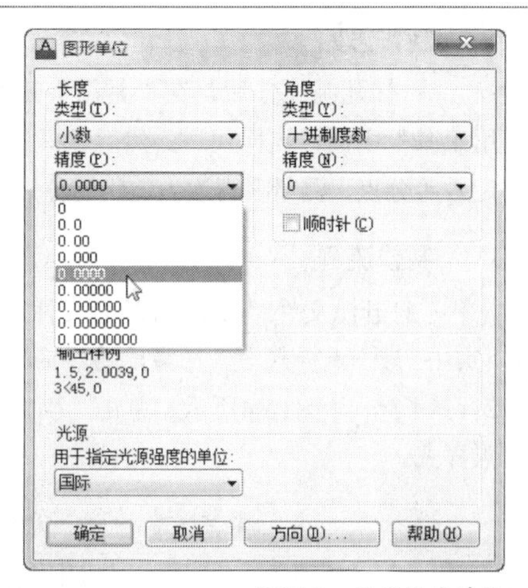

图15-2 设置长度精度

04 单击“确定”按钮，即可设置图形单位的长度。

05 选择“角度>类型>十进制度数”，如图15-3所示。

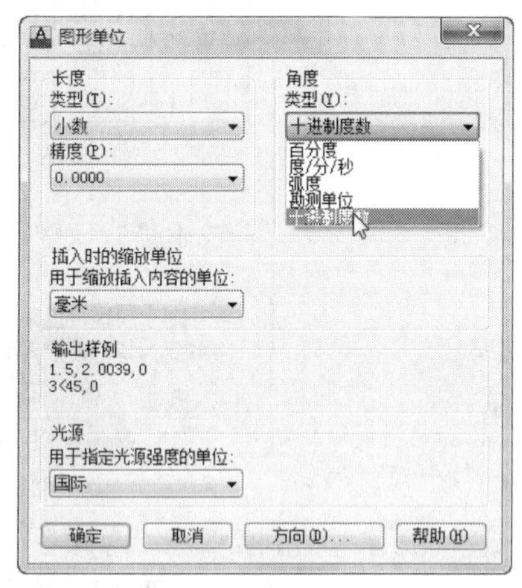

图15-3 设置角度类型

06 选择“角度>精度>0.000”，如图15-4所示。

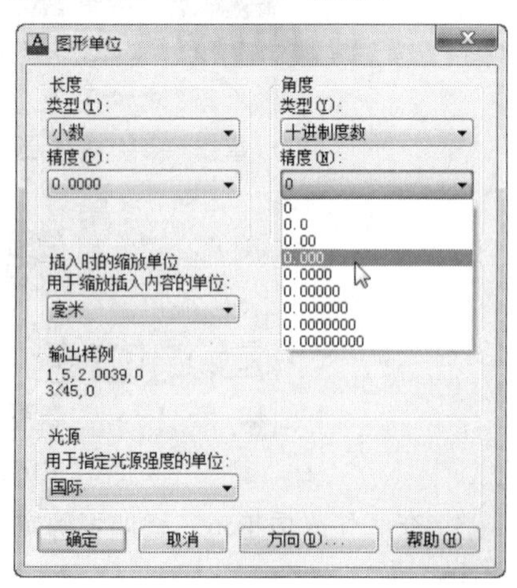

图15-4 设置角度精度

07 单击“确定”按钮，即可设置图形单位的角度。

08 单击“方向”按钮，弹出“方向控制”对话框，在“基准角度”选项组中选中“北”，如图15-5所示。

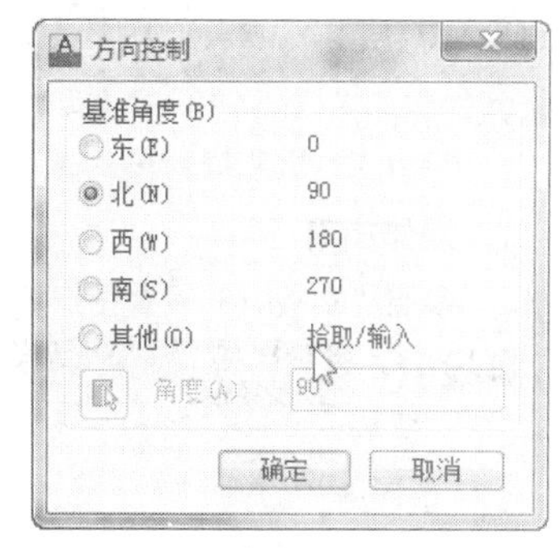

图15-5 设置图形方向

09 单击“确定”按钮，即可设置图形单位的方向。

10 选择“插入时的缩放单位>用于缩放插入内容的单位>厘米”，如图15-6所示。

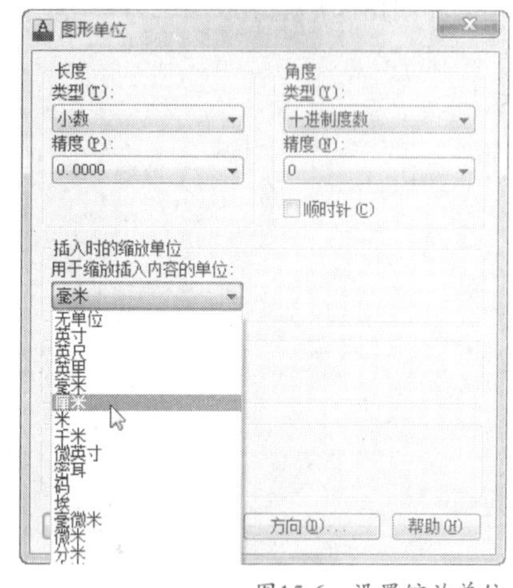

图15-6 设置缩放单位

11 单击“确定”按钮，即可将图形单位的缩放比例设置为“厘米”。

技巧与提示

“图形单位”对话框也可以通过执行应用程序菜单“图形实用工具>单位”命令实现，如图15-7所示。

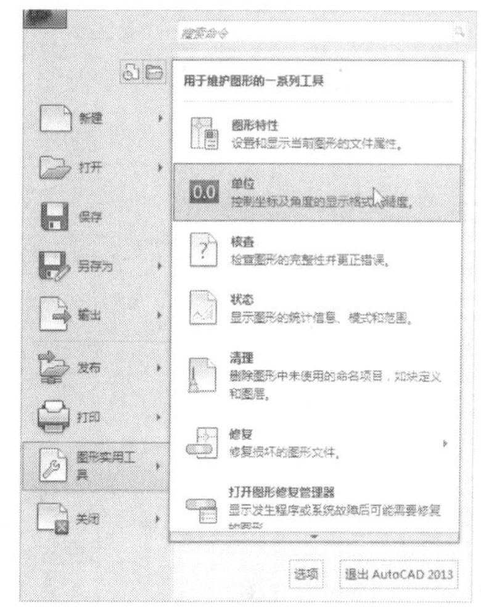

图15-7 应用程序菜单

练习015 设置图形单位

实战位置	DVD>练习文件>第1章>练习015.dwg
难易指数	★☆☆☆☆
技术掌握	巩固熟练图形单位的设置方法

操作指南

参照“实战015 设置图形单位”案例进行设置。

实战016 绘制点

原始文件位置	DVD>实战文件>第1章>实战016原始文件
实战位置	DVD>实战文件>第1章>实战016.dwg
视频位置	DVD>多媒体教学>第1章>实战016.avi
难易指数	★☆☆☆☆
技术掌握	掌握绘制点、定数等分点及定距等分点的方法

实战介绍

通过了解绘制点、定数等分点及定距等分点的方法，可以方便以后标注图形。本实战最终效果图如图16-1、图16-2和图16-3所示。

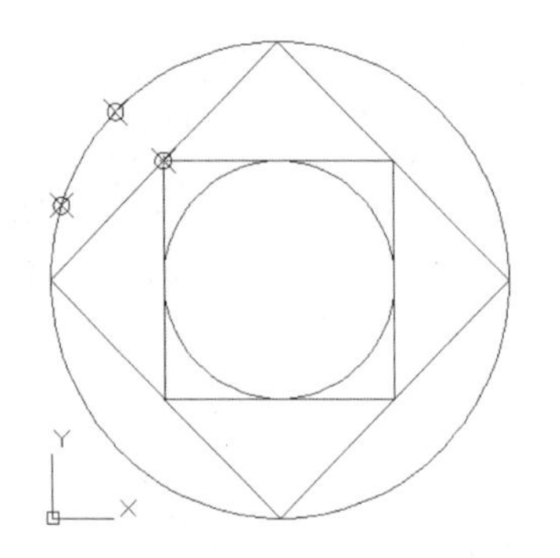

图16-1 绘制点

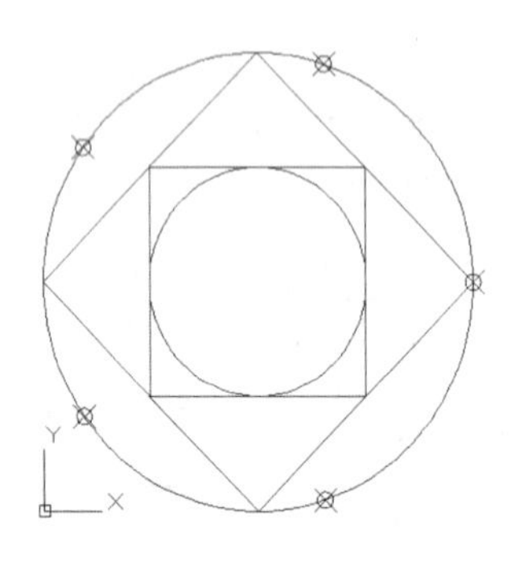

图16-2 绘制定数等分点

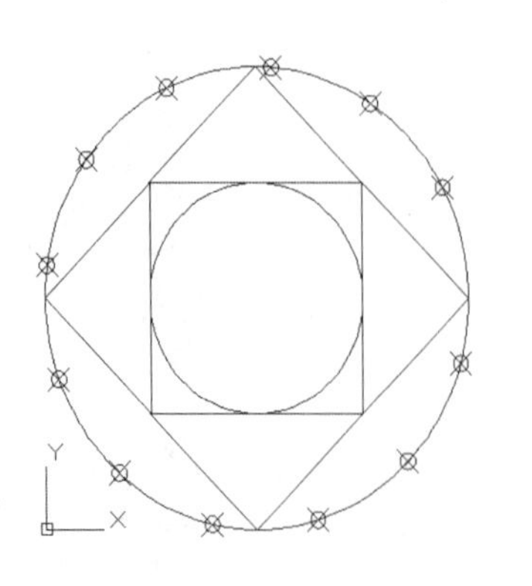

图16-3 绘制定距等分点

制作思路

• 打开源文件后，在“常用”工具栏选中选择“实用工具”中的“点样式”。然后选择“绘图”中的多点、定数等分点、测量（再次为定距等分点）即可。

制作流程

01 打开源文件“实战016原始文件.dwg”，选择“常用>实用工具>点样式”。在弹出的对话框中选择点样式的第2行第4个，如图16-4所示。单击“确定”按钮，即可设置点样式。

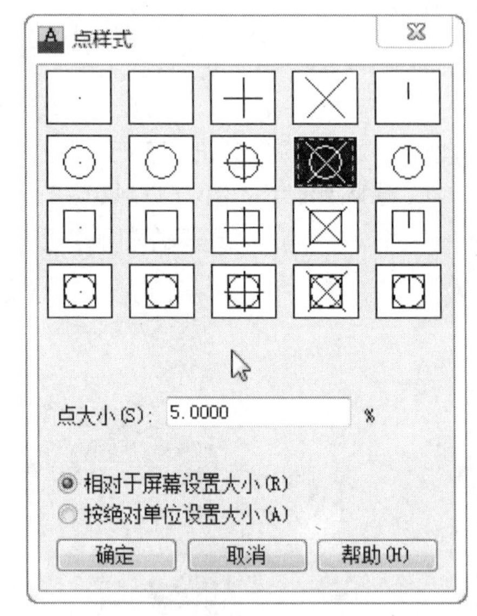

图16-4 “点样式”对话框

02 执行“常用>绘图>多点”命令，如图16-5所示。

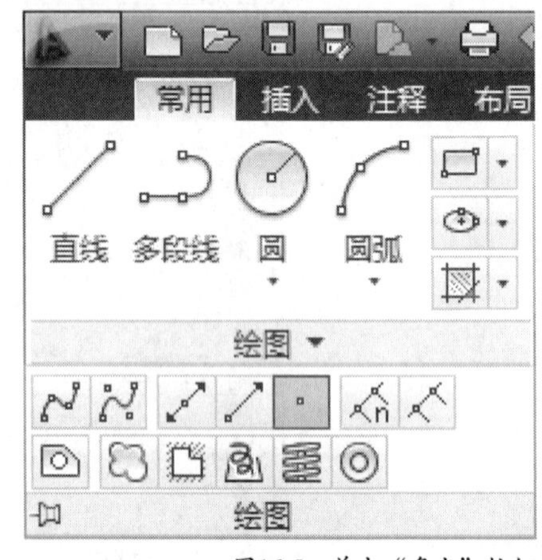

图16-5 单击“多点”按钮

03 在工作界面单击左键即可确定“点”。绘制点如图16-1所示。

04 执行“绘图>定数等分”命令，如图16-6所示。

05 在工作界面中拾取外圆为定数等分对象，在命令行中输入“5”后按Enter键确认，即可绘制该圆的定数等分点，效果如图16-2所示。

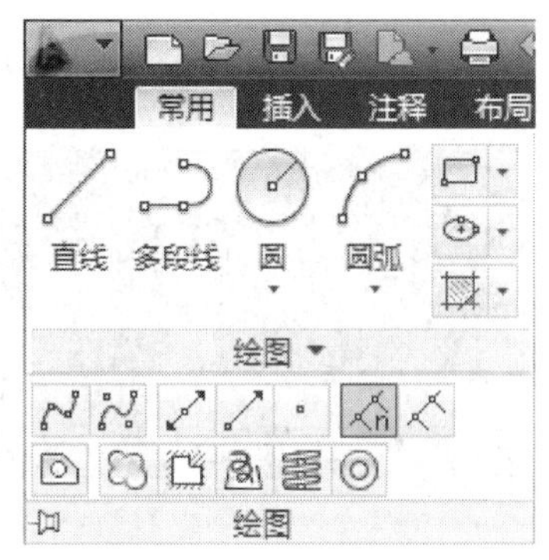

图16-6　单击“定数等分”按钮

06 执行“绘图>测量”命令，如图16-7所示。

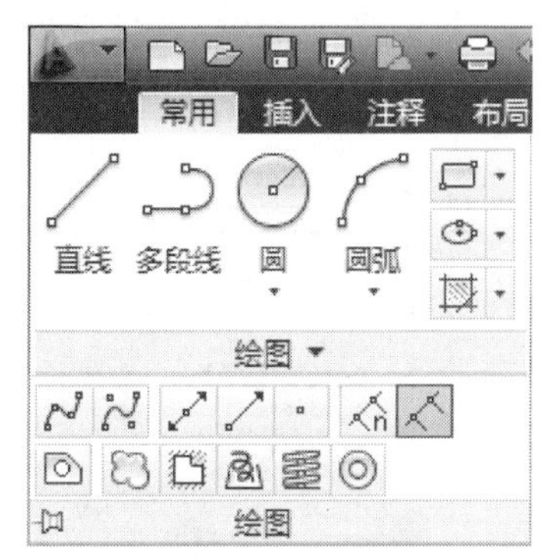

图16-7　单击“测量”按钮

07 在工作界面中拾取外圆为定距等分对象，在命令行中输入“50”后按Enter键确认，即可绘制该圆的定距等分点，效果如图16-3所示。

练习016　绘制正五边形

实战位置	DVD>练习文件>第1章>练习016.dwg
难易指数	★☆☆☆☆
技术掌握	巩固绘制点、定数等分点及定距等分点的方法，加深读者对图形的掌控力和判断

操作指南

参照“实战016”案例进行设置。选择“矩形”工具右侧下拉列表中的“多边形”命令，绘制正五边形。选择正五边形执行“定数等分点”将其12等分。

最终效果如图16-8所示。

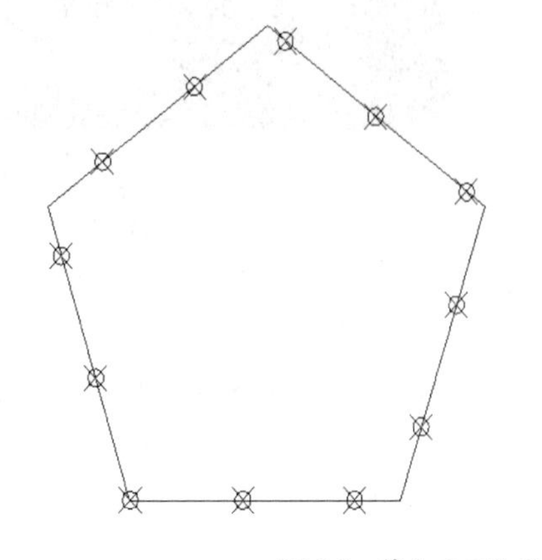

图16-8　等分正五边形

实战017　隐藏UCS图标

实战位置	DVD>实战文件>第1章>实战017.dwg
视频位置	DVD>多媒体教学>第1章>实战017.avi
难易指数	★☆☆☆☆
技术掌握	掌握“UCSICON”命令的使用方法

实战介绍

UCS图标是默认显示于绘图区，用于帮助用户了解当前工作平面的方向。如果用户并不需要用到UCS图标，可以将UCS图标隐藏，从而防止其影响绘图区中图形的显示。本例最终效果如图17-1所示。

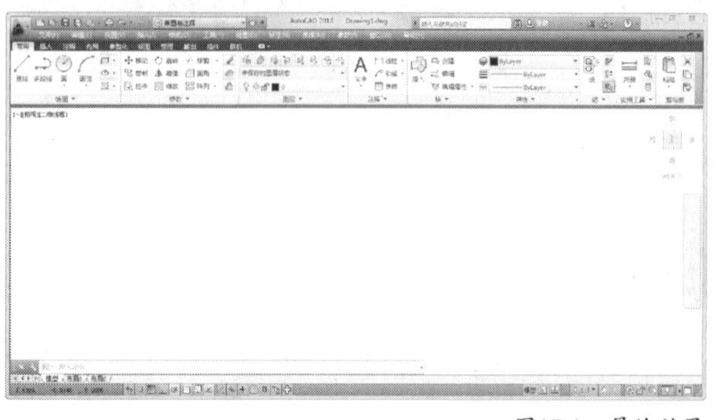

图17-1　最终效果

制作思路

• 执行“UCSICON”命令，完成UCS图标的隐藏。

制作流程

01 打开一个空白文件，UCS图标显示于绘图区中，如图17-2所示。

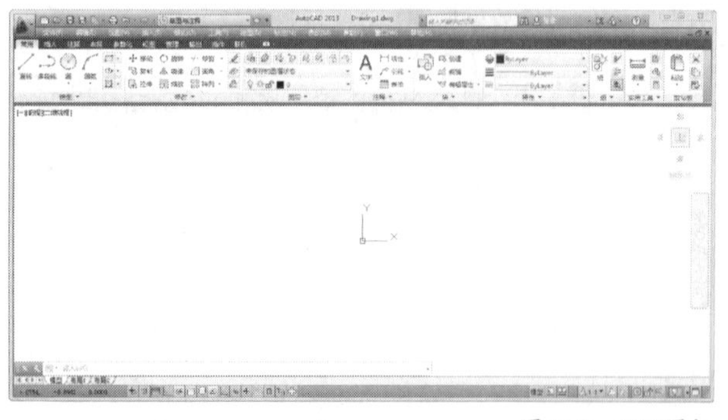

图17-2　UCS图标

02 在命令行中输入UCSICON，并按回车键，然后输入OFF按回车键，关闭UCS图标，命令提示如下：

```
命令：UCSICON
输入选项 [开(ON)/关(OFF)/全部(A)/非原点(N)/原点(OR)/可选(S)/特性(P)] <开>: OFF
命令：UCSICON
输入选项 [开(ON)/关(OFF)/全部(A)/非原点(N)/原点(OR)/可选(S)/特性(P)] <开>: OFF
```

03 查看UCS图标隐藏后的效果，如图17-1所示。选择保存路径，以“实战017”为名进行保存。

练习017 隐藏UCS图标

实战位置　DVD>练习文件>第1章>练习017.dwg
难易指数　★☆☆☆☆
技术掌握　巩固“UCSICON”命令的使用方法

操作指南

参照“实战017”案例进行制作。

执行“UCSICON”命令，完成UCS图标的隐藏。

最终效果如图17-3所示。

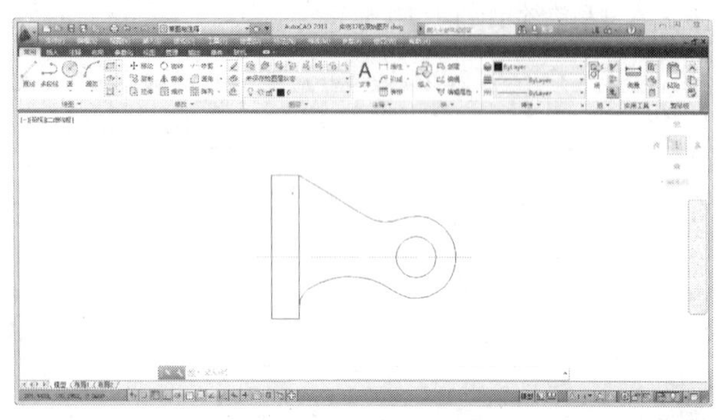

图17-3　隐藏UCS图标

实战018 设置背景颜色

实战位置　DVD>实战文件>第1章>实战018.dwg
视频位置　DVD>多媒体教学>第1章>实战018.avi
难易指数　★☆☆☆☆
技术掌握　掌握“OP”命令的使用方法

实战介绍

AutoCAD 2013的背景颜色默认为深蓝色，用户可以将背景颜色设置为喜欢的颜色。本例介绍背景颜色的设置方法。本例最终效果如图18-1所示。

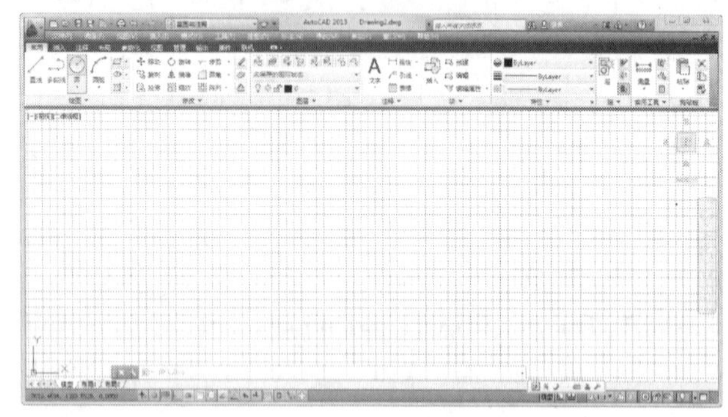

图18-1　最终效果

制作思路

• 执行“OP”命令，选择“选项>显示>颜色”，进行背景颜色的设置。

制作流程

01 打开一个空白文件，背景颜色默认为深蓝色，如图18-2所示。

02 在命令行中输入“OP”，按回车键，选择“选项>显示>颜色”，如图18-3所示。

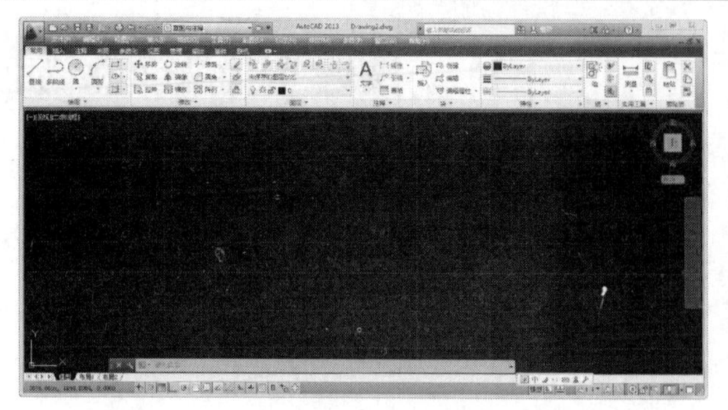

图18-2　背景颜色

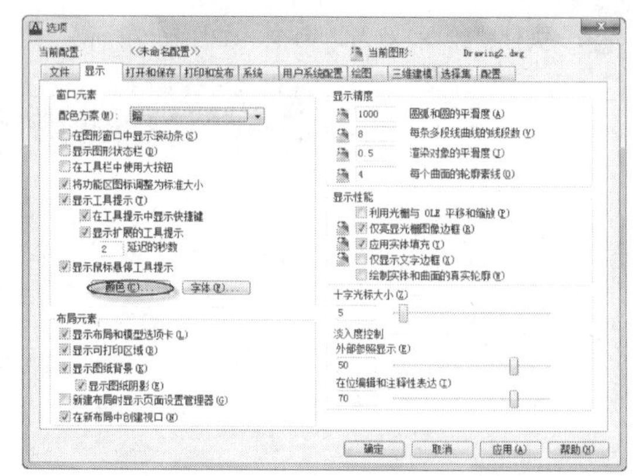

图18-3　“选项”对话框

03 选择“图形窗口颜色>上下文>二维模型空间”，并选择“界面元素>统一背景”，选择“颜色>白色”，效果如图18-4所示。

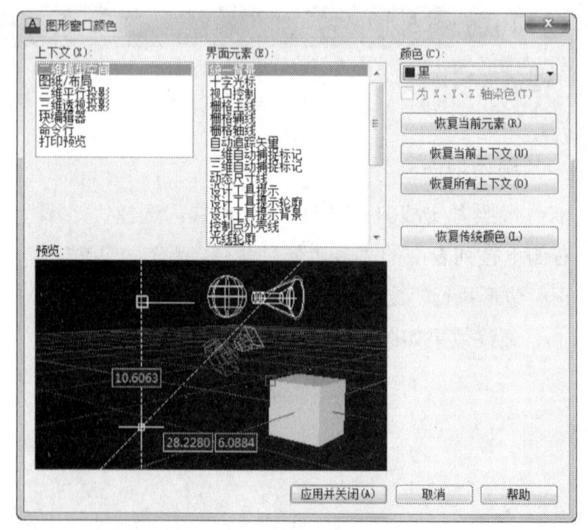

图18-4　“图形窗口颜色”对话框

04 以同样的方法设置其他界面元素的颜色，最后单击“应用并关闭”按钮，如图18-5所示。

05 如果希望恢复原来的颜色，则选择需要回复的上下文和界面元素，执行“恢复传统颜色”命令，弹出“选项>图形窗口颜色”对话框，单击“恢复”按钮，如图18-6所示。

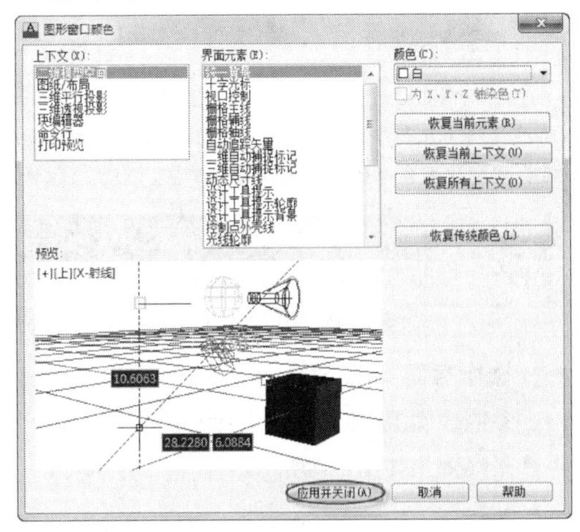

图18-5　“应用并关闭”按钮

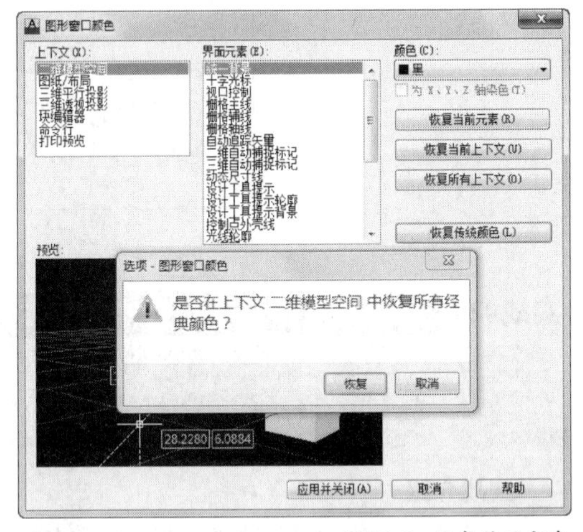

图18-6　恢复传统颜色

06 选择保存路径，以“实战018 设置背景颜色”为名进行保存。

练习018 设置背景颜色

实战位置	DVD>练习文件>第1章>练习018.dwg
难易指数	★☆☆☆☆
技术掌握	巩固“OP”命令的使用方法

操作指南

参照“实战018”案例进行制作。

执行“OP”命令，选择“选项>显示>颜色”，进行背景颜色的设置，设置背景颜色为洋红色。最终结果如图18-7所示。

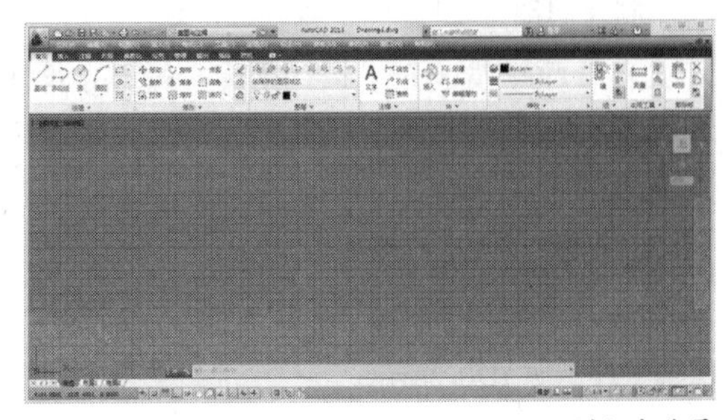

图18-7　洋红色背景

实战019 利用复制、偏移、镜像、阵列改变图形数量

原始文件位置	DVD>原始文件>第1章>实战019原始文件
实战位置	DVD>实战文件>第1章>实战019.dwg
视频位置	DVD>多媒体教学>第1章>实战019.avi
难易指数	★☆☆☆☆
技术掌握	掌握复制命令、偏移命令、镜像命令和阵列命令的使用方法

实战介绍

在利用AutoCAD绘制机械图样时，有时一张图中会出现几个或多个相同的小图形，此时可以使用某些复制命令，从而免除重复绘制的麻烦。本例将原始图形进行复制、偏移、镜像、阵列，使读者了解复制、偏移、镜像、阵列命令的使用，从而为以后的绘图编辑打下基础。本例最终效果如图19-1所示。

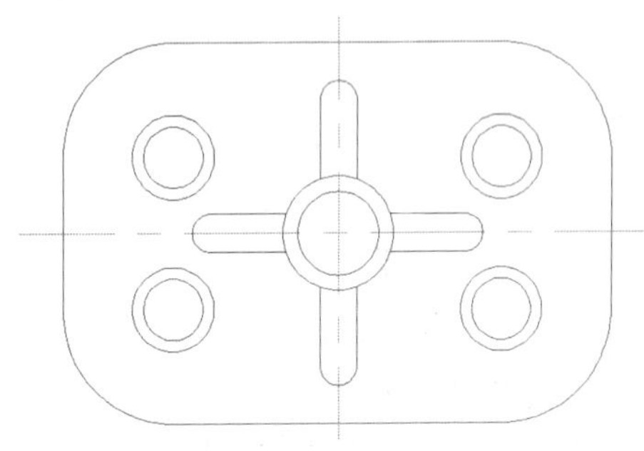

图19-1　最终效果

制作思路

- 打开文件，执行复制命令，然后根据提示完成复制。
- 用类似的方法完成偏移、镜像、阵列的操作。

制作流程

01 执行“打开”命令，打开“实战019原始文件.dwg”图形文件，如图19-2所示。

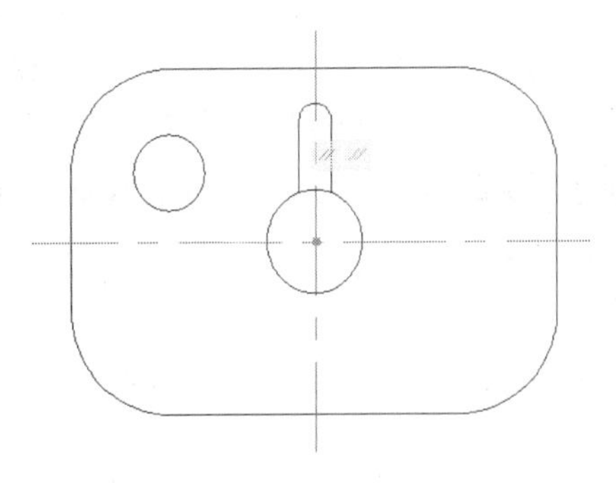

图19-2　原始图形

02 执行“常用>修改>复制”命令，指定小圆中心为复制基点，整个图形中点为第二点，复制小圆，如图19-3所示。

03 执行“常用>修改>偏移”命令，选择左上角的圆，进行偏移处理，指定偏移距离为3，向内偏移，如图19-4所示。

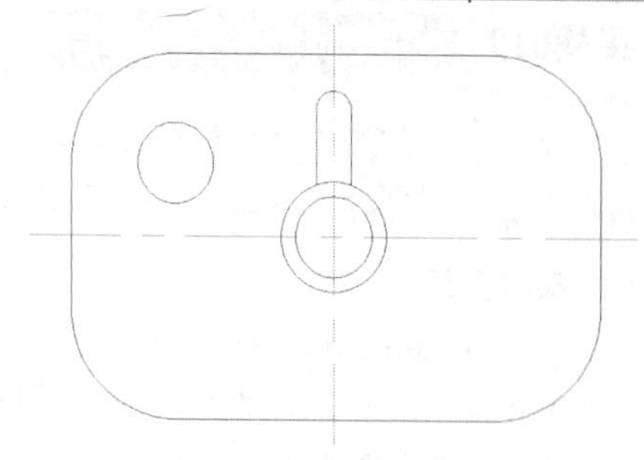

图19-3　复制图形

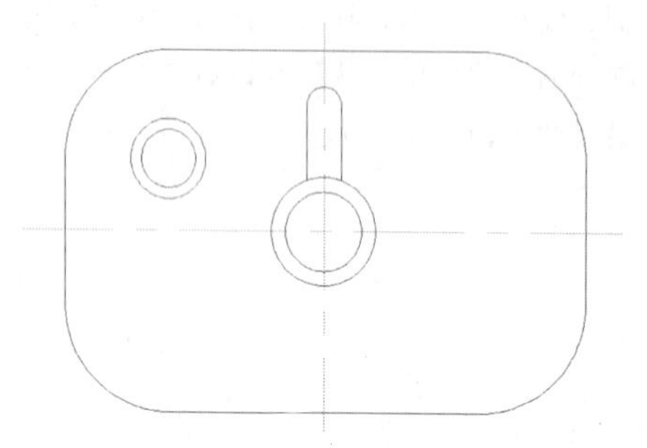

图19-4　偏移处理

04　执行“常用>修改>镜像”命令，选择对象为左上角同心圆，按Enter键确认，选择竖直中心线上的点为镜像点，对同心圆进行镜像处理，如图19-5所示。

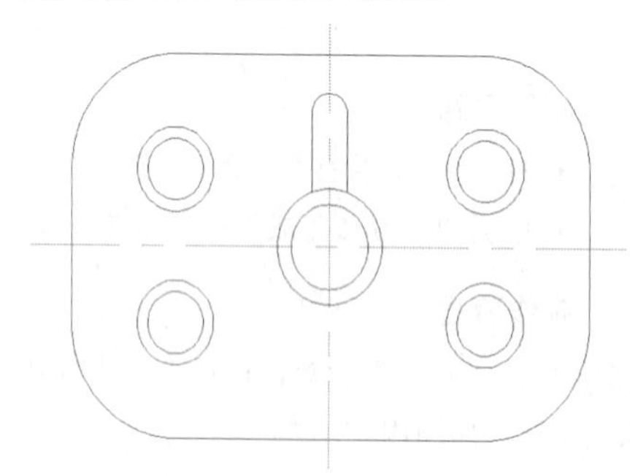

图19-5　镜像处理

05　执行“常用>修改>阵列”命令，对图形进行阵列处理，参数设置如图19-6所示，结果如图19-7所示。

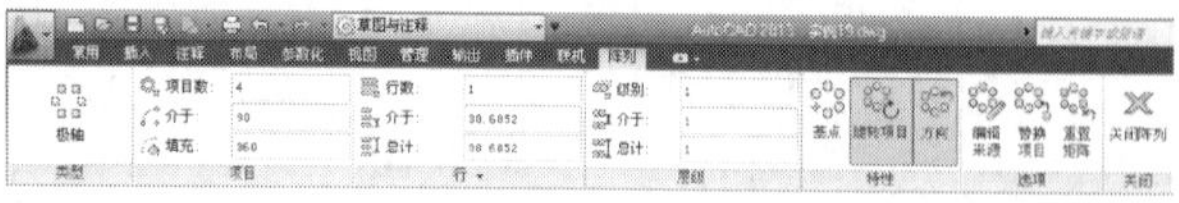

图19-6　参数设置

06　执行“另存为”命令，将文件保存为“实战019.dwg”。

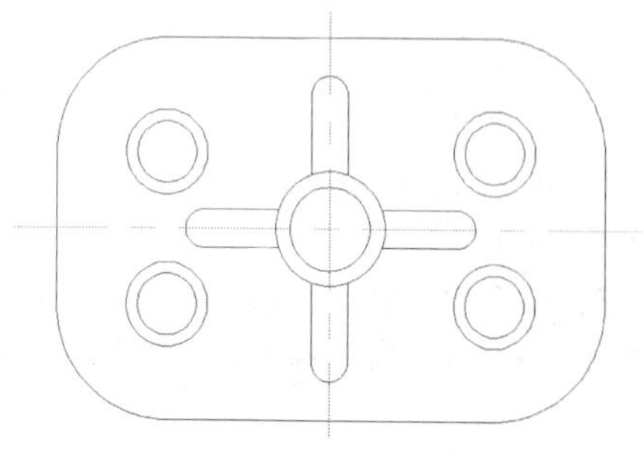

图19-7　镜像处理

技巧与提示

在本例中通过介绍复制、偏移、镜像、阵列命令的使用，简单说明了几种绘制相同图形的方式。在绘制机械图形时是经常会用到这些命令的，读者应好好掌握。

练习019　利用复制、偏移、镜像、阵列改变图形数量

实战位置	DVD>练习文件>第1章>练习019.dwg
难易指数	★☆☆☆☆
技术掌握	巩固复制、偏移、镜像、阵列命令的使用方法

操作指南

参照“实战019”案例进行设置。

最终效果如图19-8所示。

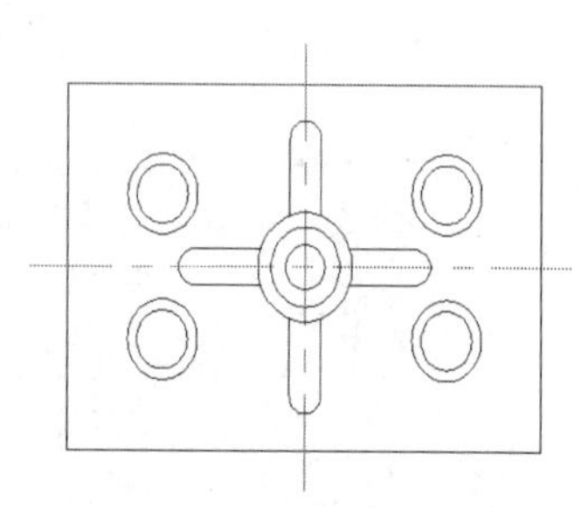

图19-8　修改后图形

实战020　利用删除、修剪、延伸改变图形形状

原始文件位置	DVD>原始文件>第1章>实战020原始文件
实战位置	DVD>实战文件>第1章>实战020.dwg
视频位置	DVD>多媒体教学>第1章>实战020.avi
难易指数	★★☆☆☆
技术掌握	掌握删除、修剪、延伸命令的使用方法

实战介绍

在利用AutoCAD绘制机械图样时，经常需要对已有图形对象进行修改、移动或删除等编辑操作。本例将原始图形进行部分删除、修剪、延伸，使读者了解删除、修剪、延伸命令的使用，从而为以后的绘图编辑打下基础。

本例最终效果如图20-1所示。

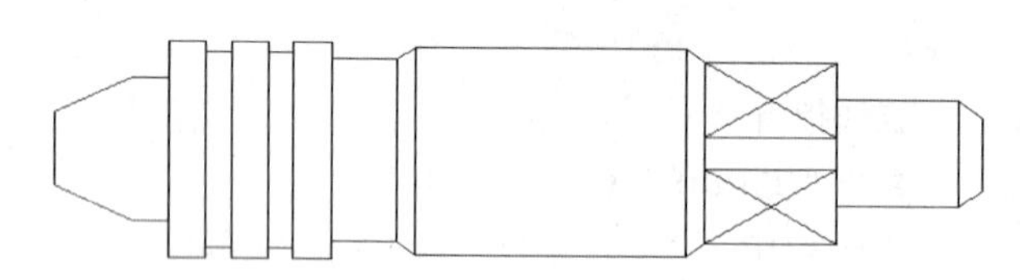

图20-1　最终效果

制作思路

• 打开原始文件，执行删除、修剪、延伸命令，依据提示完成相应操作，需要注意选择被操作图形的次序。

制作流程

01　执行“打开”命令，打开“实战020原始文件.dwg”图形文件，如图20-2所示。

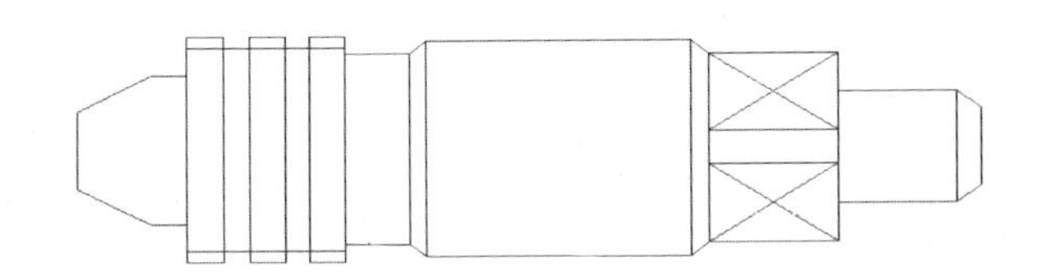

图20-2　原始图形

技巧与提示

在AutoCAD中，可以使用“删除”命令，删除选中的对象；修剪命令式是将超出边界的多余部分修剪删除掉；延伸命令是将没有和边界相交的部分延伸补齐。

删除命令有以下调用方法：

单击“修改”工具栏中的“删除”按钮。

在命令行中执行ERASE/E命令。

修剪命令有以下调用方法：

单击“修改”工具栏中的“修剪”按钮

在执行行中执行TRIM/TR命令

延伸命令有以下调用方法：

单击“修改”工具栏中的“延伸”按钮

在执行命令行中执行EXTEND/EX命令

02 执行“常用>修改>删除”命令，删除多余线条。

03 执行“常用>修改>修剪”命令，修剪多余的线条，命令操作过程如下：

```
命令：_TRIM
当前设置：投影 = UCS,边 = 无
选择剪切边...
选择对象或<全部选择>：
指定对角点：找到4个
选择对象：↙
选择要修剪的对象，或按住shift键选择要延伸的对象，或[栏选（F）/窗交（C）/投影（P）/边（E）/删除（R）/放弃（U）/]：
选择要修剪的对象，或按住shift键选择要延伸的对象，或[栏选（F）/窗交（C）/投影（P）/边（E）/删除（R）/放弃（U）/]：↙
```

04 重复执行“修剪”命令，用同样方法完成其余部分修剪，最终结果如图20-3所示。

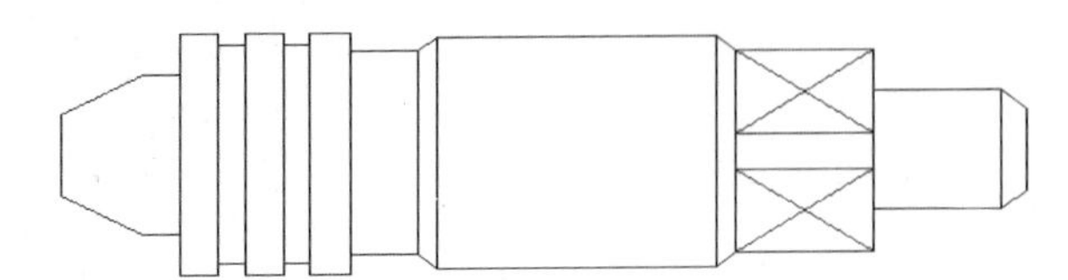

图20-3　修剪

05 执行“常用>修改>延伸”命令，延伸对象，命令操作过程如下：

```
命令：_extend
当前设置：投影 = UCS，边 = 无
选择边界的边...
选择对象或<全部选择>：
找到1个
选择对象：↙
选择要延伸的对象，或按住shift键选择要修剪的对象，或[栏选（F）/窗交（C）/投影（P）/边（E）/删除（R）/放弃（U）/]：
选择要延伸的对象，或按住shift键选择要修剪的对象，或[栏选（F）/窗交（C）/投影（P）/边（E）/删除（R）/放弃（U）/]：↙
```

06 重复执行“修剪”命令，用同样方法完成其余部分修剪，最终结果如图20-1所示。

07 执行“另存为”命令，将文件保存为“实战020.dwg”。

技巧与提示

在本例中通过介绍删除、修剪、延伸命令的使用，简单说明了几种修改图形的方式。在绘制机械图形时是经常会用到这些命令的，读者应好好掌握。

练习020　利用删除、修剪、延伸改变图形形状

实战位置　DVD>练习文件>第1章>练习020.dwg
难易指数　★☆☆☆☆
技术掌握　巩固删除、修剪、延伸命令的使用方法

操作指南

参照“实战020”案例进行制作，原始图形如图20-4所示，使用延伸命令完善图形。

最终效果如图20-5所示。

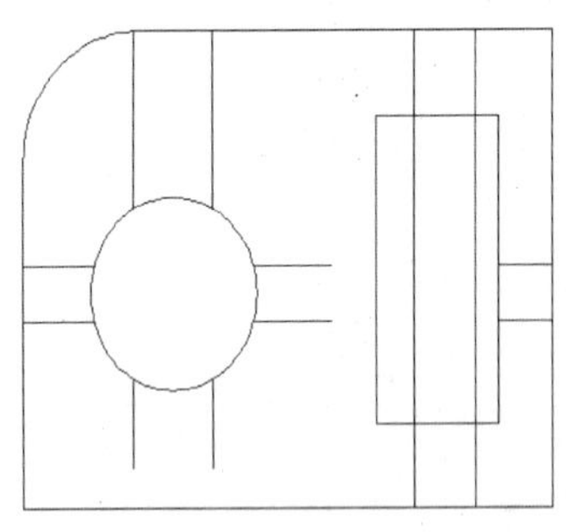

图20-4　原始图形

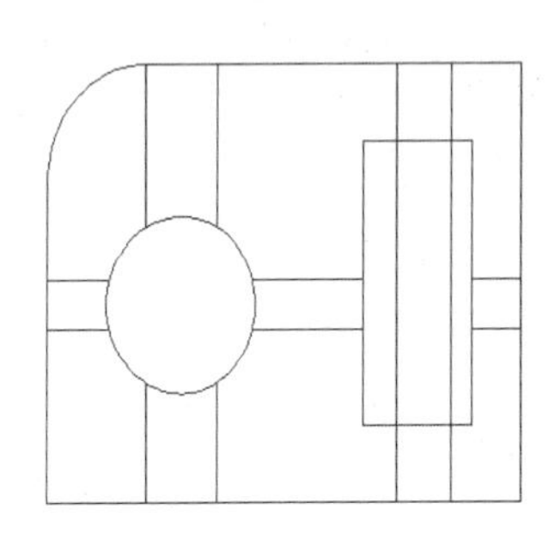

图20-5　修改后图形

第2章
基本二维图形绘制

本章学习要点：

掌握基本二维图形的特点

掌握基本二维图形的绘制思路

掌握“绘图”工具栏中基本绘图工具的使用方法

熟悉“修改”工具栏中的“打断”与“合并”工具的使用方法

了解“修剪”工具的使用方法

实战021 用点等分直线

实战位置	DVD>实战文件>第2章>实战021.dwg
视频位置	DVD>多媒体教学>第2章>实战021.avi
难易指数	★☆☆☆☆
技术掌握	掌握用点等分直线的方法

实战介绍

点是构成图形样式的最基本的元素。点作为一个实体对象是非常有用的，把点对象作为捕捉和偏移对象的节点或参考点，对绘图有很大帮助。本例通过将一条直线进行等定数等分，向读者介绍点样式的设置和点的绘制方法。本例最终效果如图21-1所示。

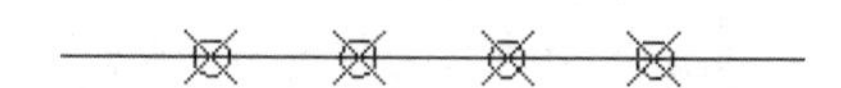

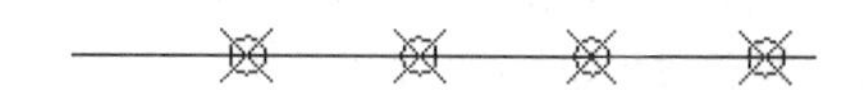

图21-1 最终效果

制作思路

- 首先绘制直线，并且复制直线。
- 然后利用“点样式”对话框设置绘制外边框。
- 最后执行“绘图>定数等分”命令和“绘图>定距等分”命令完成。

制作流程

01 执行“绘图>直线”命令，绘制一条水平直线，如图21-2所示。

图21-2 绘制直线

02 执行“修改>复制”命令，将直线进行复制，如图21-3所示。命令行提示和操作内容如下：

```
命令: _copy
选择对象: 找到 1 个
选择对象:
当前设置:  复制模式 = 多个
指定基点或[位移(D)/模式(O)]<位移>:指定第二个点或<使用第一个点作为位移>:
指定第二个点或 [退出(E)/放弃(U)] <退出>:
```

03 执行“常用>实用工具>点样式”命令，弹出“点样式”对话框，单击选择合适的点样式，如图21-4所示，单击“确定”按钮，关闭该对话框。

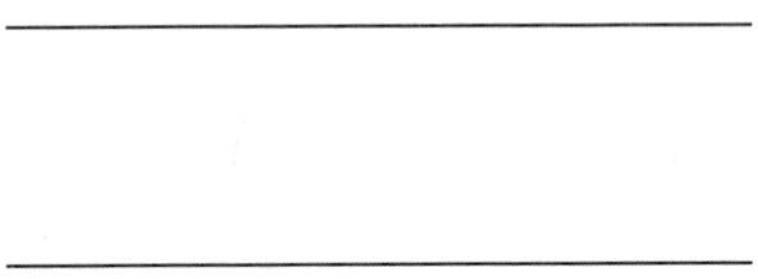

图21-3　复制直线

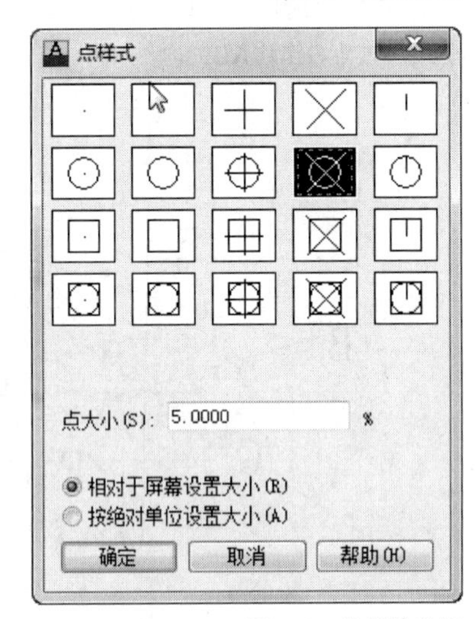

图21-4　绘制外边框

04 执行“常用>绘图>定数等分”命令，将上面的直线进行定数等分，效果如图21-5所示。命令行提示和操作内容如下：

```
命令: _divide
选择要定数等分的对象:
输入线段数目或 [块(B)]: 5
```

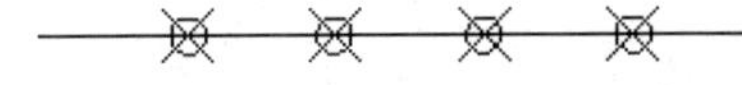

图21-5　定数等分上部直线

05 执行“绘图>定距等分”命令，将下部的直线进行定距等分，效果如图21-1所示。命令行提示和操作内容如下：

```
命令: _measure
选择要定距等分的对象:
指定线段长度或 [块(B)]: 230
```

技巧与提示 

通过“点样式”命令修改点，通过“定数等分”“定距等分”等分对象。

练习021　等分直线

实战位置	DVD>练习文件>第2章>练习021.dwg
难易指数	★☆☆☆☆
技术掌握	巩固“等分直线”的绘制方法

操作指南

参照“实战021”，绘制如图21-6所示的图形。

首先绘制直线，然后用点等分直线。

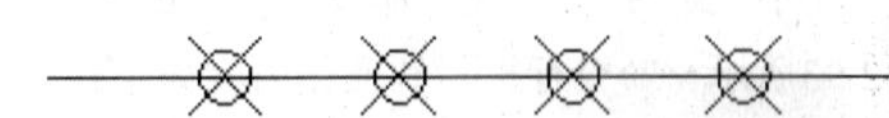

图21-6　等分直线

实战022　绘制三角形的内切圆

实战位置	DVD>实战文件>第2章>实战022.dwg
视频位置	DVD>多媒体教学>第2章>实战022.avi
难易指数	★☆☆☆☆
技术掌握	掌握三角形内切圆的绘制方法

实战介绍

通过寻找三角形的内切圆，介绍对三角形作角平分线的方法，以及构造线和圆命令的使用。本实战最终效果如图22-1所示。

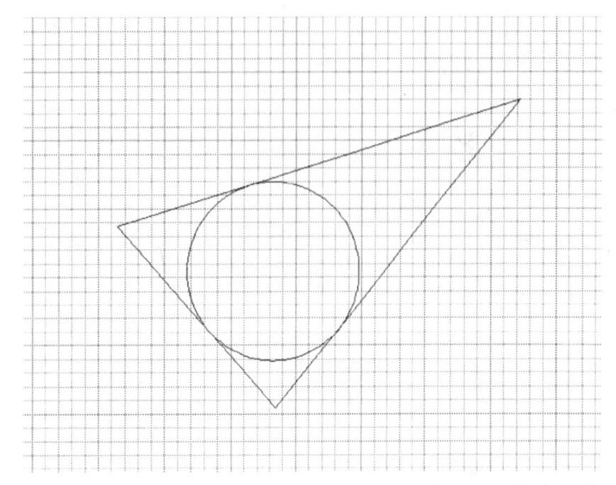

图22-1　最终效果

制作思路

- 新建文件，使用“直线”命令绘制三角形。
- 选择绘图中的“构造线”工具，绘制三角形三个角的角平分线。
- 使用“直线”命令，通过三条角平分线的交点向一边引垂线，以该交点为圆心、垂线段为半径作内切圆。

制作流程

01 执行“绘图>直线”命令，绘制一个三角形，如图22-2所示。

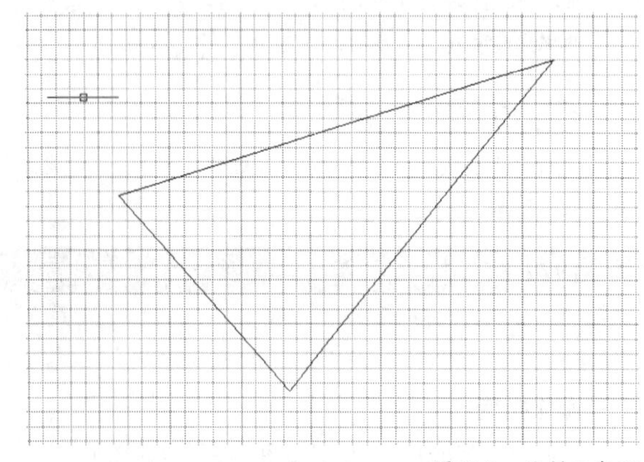

图22-2 绘制三角形

02 执行“绘图>构造线”命令，作∠BAC的角平分线，如图22-3所示。命令行提示和操作内容如下：

```
命令:XLING 指定点或 [水平(H)/垂直(V)/角度(A)/二等分(B)/偏移(O)]: B
指定角的顶点://指定点A
指定角的起点://指定点B
指定角的端点://指定点C
指定角的端点://按回车键结束命令
```

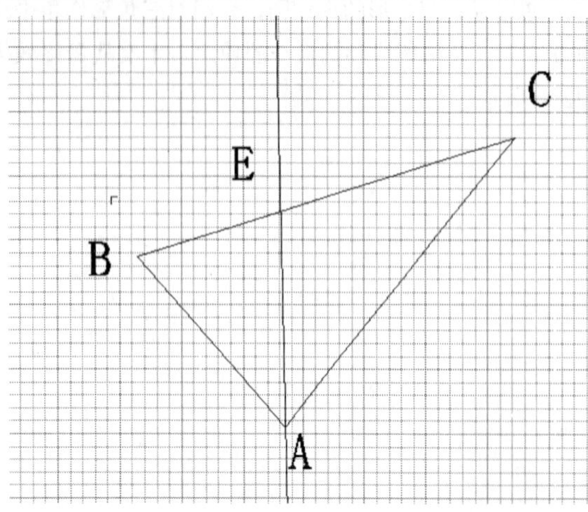

图22-3 作∠BAC的角平分线AE

03 类似地作∠ABC的角平分线BF和∠ACB的角平分线CG，结果如图22-4所示。三条角平分线的交点为三角形内心点H。

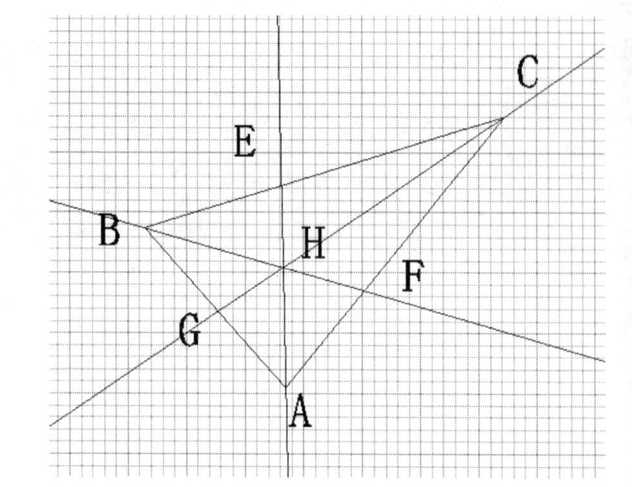

图22-4 绘制BF和CG

04 执行“绘图>直线”命令，借助对象捕捉的垂足捕捉模式，过点G作边AB的垂线HP，如图22-5所示。

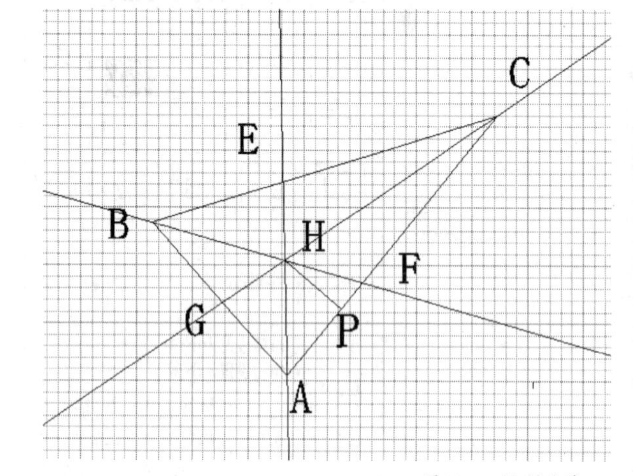

图22-5 绘制垂线HP

05 执行“绘图>圆”命令，以点H为圆心，HP为半径绘制圆，如图22-6所示。

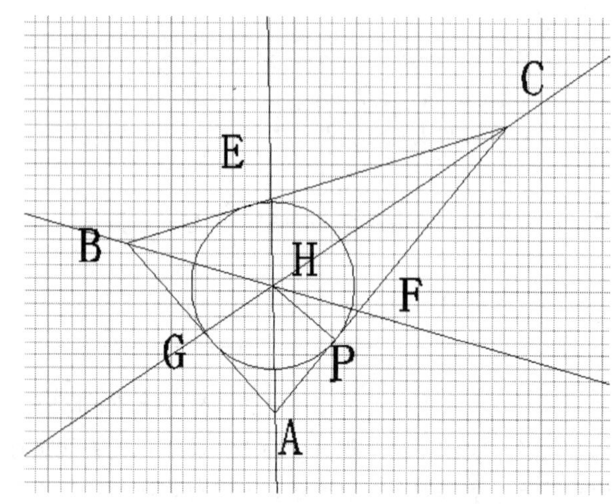

图22-6 绘制圆

练习022　正五边形

实战位置　DVD>练习文件>第2章>练习022.dwg
难易指数　★☆☆☆☆
技术掌握　掌握内切三角形的绘制方法

操作指南

参照“实战022”案例进行制作。

选择“构造线”工具，作各边的垂线。以交点为圆心、垂线段为半径作圆即可，绘制如图22-7所示的图形。

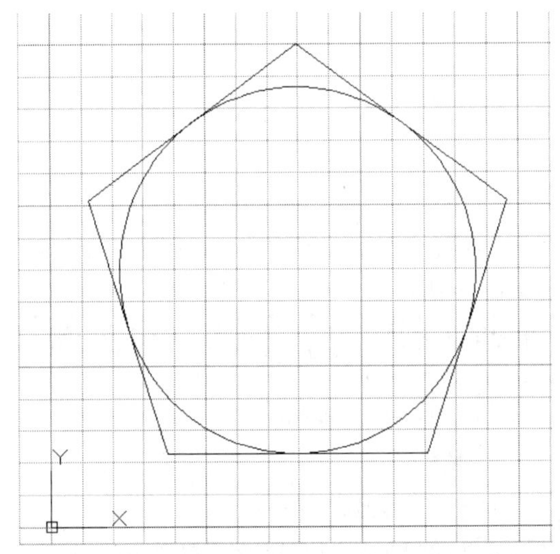

图22-7　绘制正五边形内切圆

实战023　绘制三角形的外接圆

实战位置　DVD>实战文件>第2章>实战023.dwg
视频位置　DVD>多媒体教学>第2章>实战023.avi
难易指数　★☆☆☆☆
技术掌握　掌握“直线”等命令的使用方法

实战介绍

通过介绍绘制三角形的外接圆的过程，介绍绘制三角形的中垂线的方法。本例最终效果如图23-1所示。

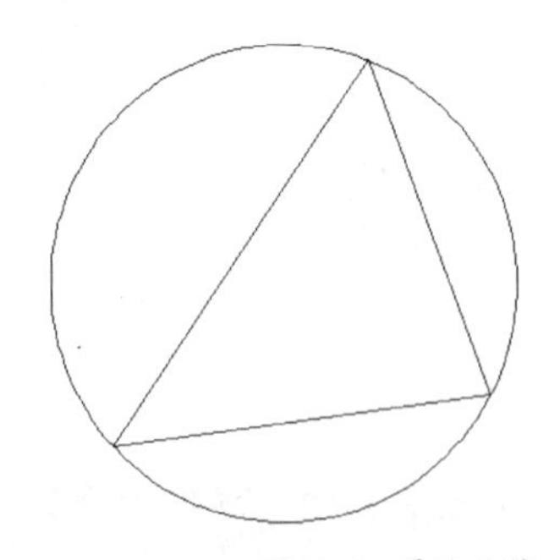

图23-1　最终效果

制作思路

- 首先绘制三角形。
- 然后绘制各边的垂线，找到垂心。
- 最后以垂心为圆心绘制外切圆。

制作流程

01 执行“绘图>直线”命令，绘制一个三角形，如图23-2所示。

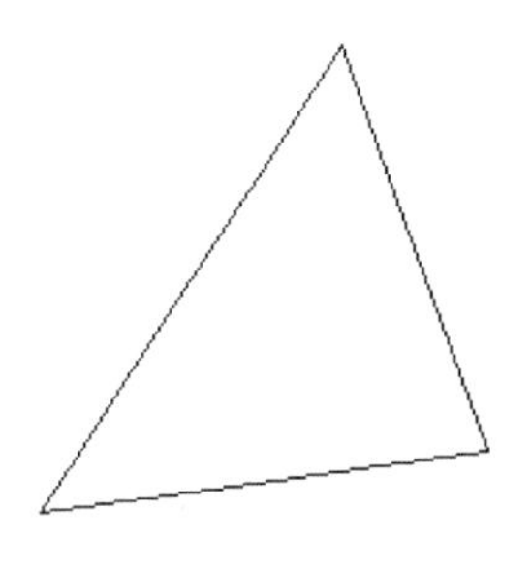

图23-2　绘制三角形

02 右击状态栏上的“对象捕捉”按钮，在弹出的快捷菜单中选择“设置”选项，弹出“草图设置”对话框，选中“垂足”和“端点”复选框，如图23-3所示。单击“确定”按钮，设置完成。

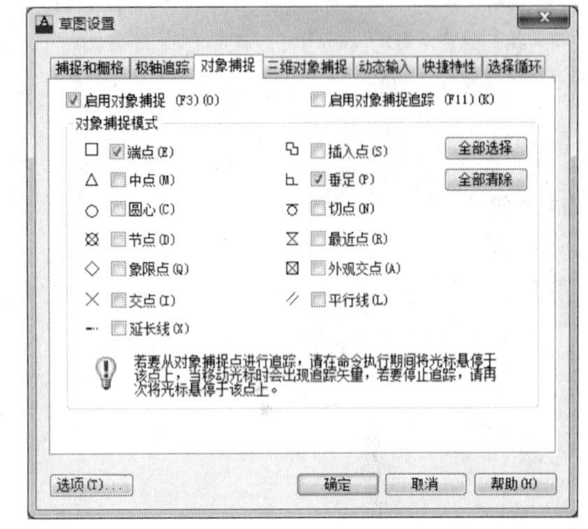

图23-3　设置捕捉模式

03 执行“绘图>直线”命令，绘制边AB的垂线CD，如图23-4所示。命令行提示和操作内容如下：

```
命令: _line 指定第一点://选择点C
指定下一点或 [放弃(U)]://选择点D
指定下一点或 [放弃(U)]://按回车键结束选择
```

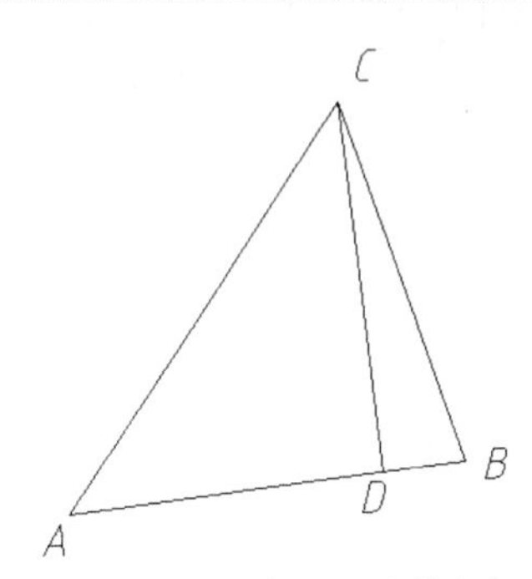

图23-4　绘制垂线CD

04 类似地绘制垂线AE和BF，如图23-5所示。三条垂线的交点为垂心G。

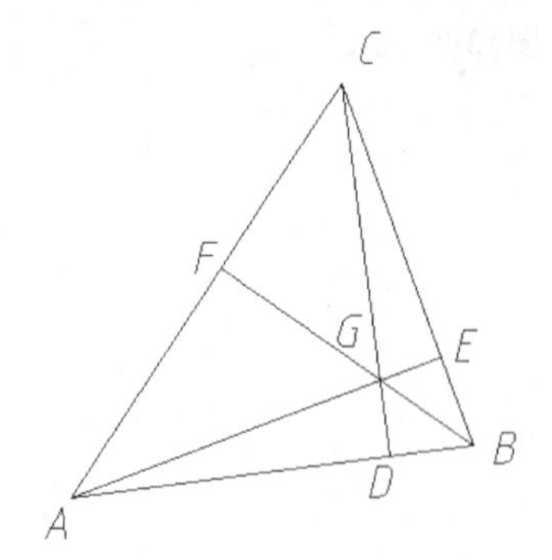

图23-5　绘制垂线AE和BF

05 执行“修改>偏移”命令，借助中点捕捉模式，绘制过边AB中点的平行于垂线CD的直线。结果如图23-6所示。

```
命令：_offset
当前设置：删除源=否　图层=源　OFFSETGAPTYPE=0
指定偏移距离或 [通过(T)/删除(E)/图层(L)] <通过>:t
选择要偏移的对象，或 [退出(E)/放弃(U)] <退出>://选择直线CD
指定通过点或 [退出(E)/多个(M)/放弃(U)] <退出>://指定中点M
选择要偏移的对象，或 [退出(E)/放弃(U)] <退出>:*取消*//按回车键结束偏移命令
```

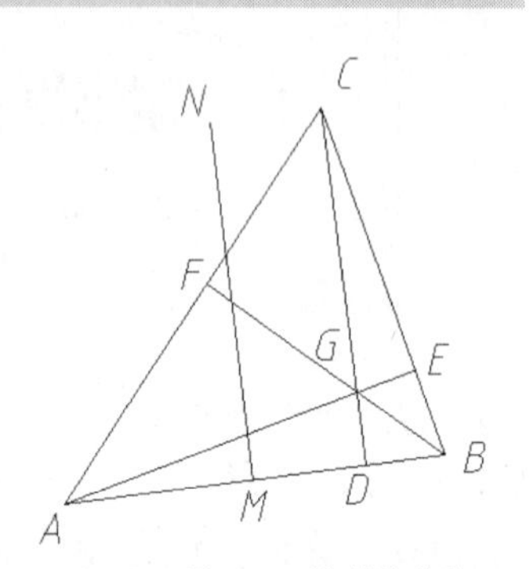

图23-6　绘制偏移线MN

06 类似地绘制另两条偏移线，如图23-7所示。三条偏移线的交点为点I。

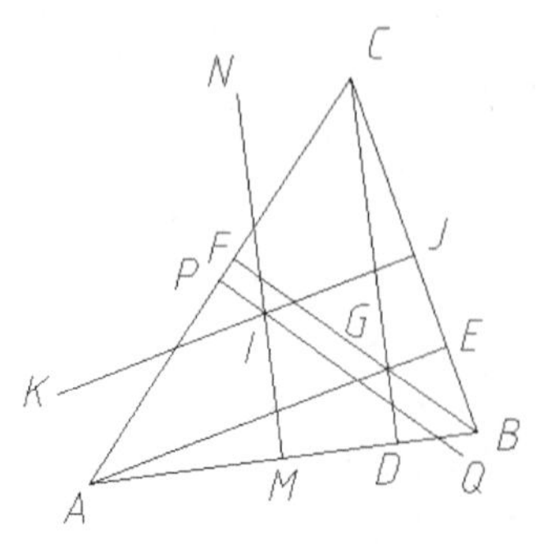

图23-7　绘制偏移线KJ和PQ

07 执行“绘图>圆”命令，以点I为圆心，AI为半径绘制圆，如图23-8所示。

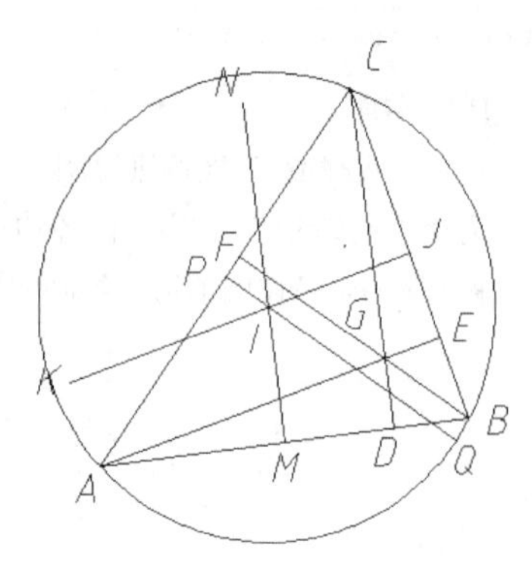

图23-8　绘制圆

08 执行“修改>删除”命令，删除多余线段，得到结果如图23-1所示。

练习023 非正六边形的外接圆

实战位置	DVD>练习文件>第2章>练习023.dwg
难易指数	★☆☆☆☆
技术掌握	掌握外接圆的绘制方法

操作指南

参照“实战023”进行制作。

首先绘制非正六边形，然后找到垂心，以心为圆心绘制外接圆。

绘制如图23-9所示的非正六边形的外接圆图形。

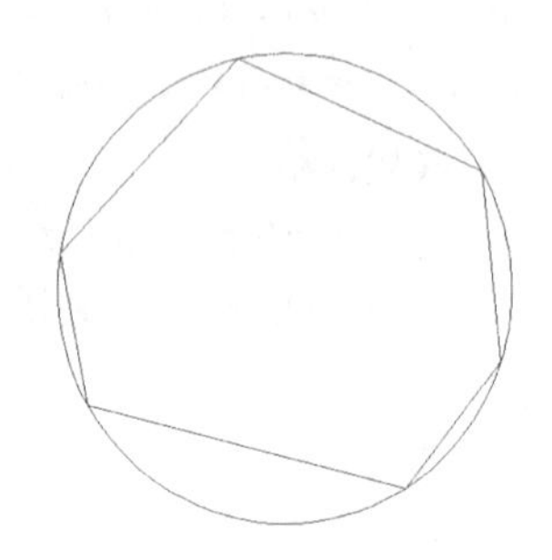

图23-9　绘制六边形的外接圆

实战024 绘制五角星

实战位置	DVD>实战文件>第2章>实战024.dwg
视频位置	DVD>多媒体教学>第2章>实战024.avi
难易指数	★☆☆☆☆
技术掌握	掌握五角星的绘制方法

实战介绍

本实战绘制的五角星，是典型的由线段组成的图形，如果要采用直接绘制的方法绘制，要准确绘制出五角星的形状，必须事先计算好五个角的坐标位置。本例最终效果如图24-1所示。

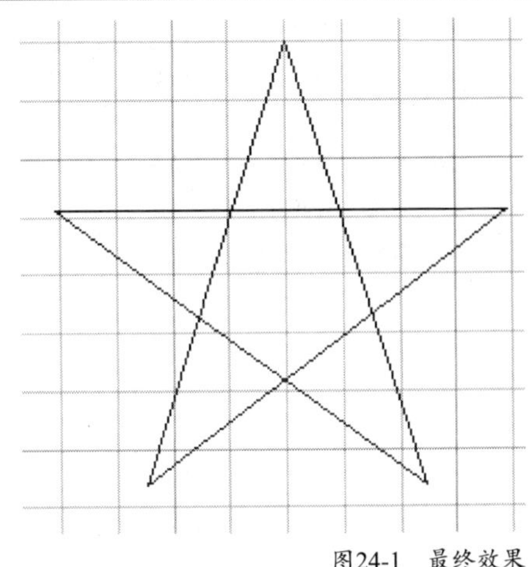

图24-1　最终效果

制作思路

- 执行“直线”命令绘制五角星。

制作流程

01 准备绘图。在命令行输入命令NEW，或者执行“新建”命令，或者单击左上角的“新建”按钮，系统会新建一个新图形。

02 利用直线绘制五角星，如图24-2所示。执行“常用>直线”按钮，命令行提示与操作如下：

```
命令：_line 指定第一点：120,120
指定下一点或 [放弃(U)]：@80,<252
指定下一点或 [放弃(U)]：159.091,90.870
指定下一点或 [闭合(C)/放弃(U)]：@-80,0
指定下一点或 [闭合(C)/放弃(U)]：144.721,43.916
指定下一点或 [闭合(C)/放弃(U)]:C
```

技巧与提示

在实际绘制五角星时对于最后一条线段因为其终点与第一条直线的起点重合，并最终形成一个闭合图形，因此可以不必输入最后点的坐标。而利用键盘键入“C”，即选择闭合选项，也可得到同样结果。

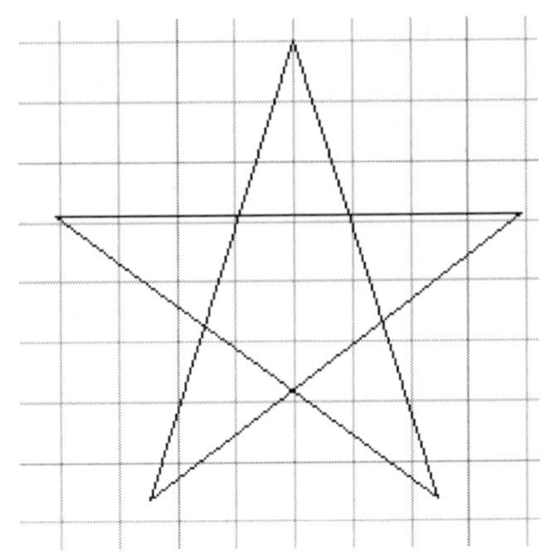

图24-2　利用直线绘制五角星

练习024　绘制五角星

实战位置　DVD>练习文件>第2章>练习024.dwg
难易指数　★☆☆☆☆
技术掌握　掌握“修剪”命令的使用方法

操作指南

参照“实战024”进行制作。

首先执行“直线”命令绘制如图24-1所示的五角星，然后利用“修剪”命令进行操作，最终效果如图24-3所示。

图24-3　五角星

实战025　绘制组合圆

实战位置　DVD>实战文件>第2章>实战025.dwg
视频位置　DVD>多媒体教学>第2章>实战025.avi
难易指数　★☆☆☆☆
技术掌握　掌握组合圆的方法

实战介绍

本实战绘制的组合圆，最终效果如图25-1所示，需要绘制的是一系列的圆，这些圆之间又存在一些对应的位置关系，绘制过程中将用到绘制圆的各种具体方式方法。

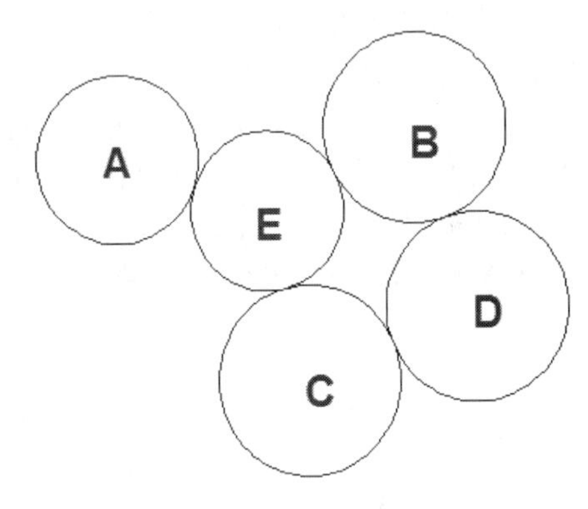

图25-1　最终效果图

制作流程

01 准备绘图，在命令行输入命令NEW，新建一个新图形。

02 绘制A圆，如图25-2所示。

```
命令：CIRCLE
指定圆的圆心或 [三点(3P)/两点(2P)/切点、切点、半径(T)]：150,160
指定圆的半径或 [直径(D)]：40
```

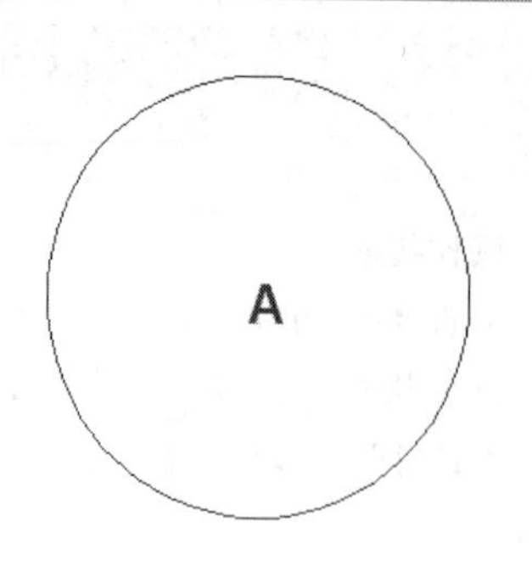

图25-2　A圆

03 绘制B圆，如图25-3所示。

```
命令: CIRCLE
指定圆的圆心或 [三点(3P)/两点(2P)/切点、切点、半径(T)]: 3p
指定圆上的第一个点: 300,220
指定圆上的第二个点: 340,190
```

指定圆上的第三个点: 290,130

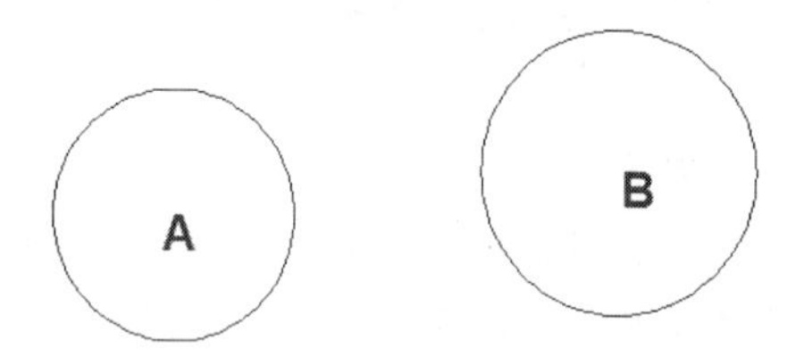

图25-3　B圆

04 绘制C圆，如图25-4所示。

```
命令: CIRCLE
指定圆的圆心或 [三点(3P)/两点(2P)/切点、切点、半径(T)]: 2p
指定圆直径的第一个端点: 250,10
指定圆直径的第二个端点: 240,100
```

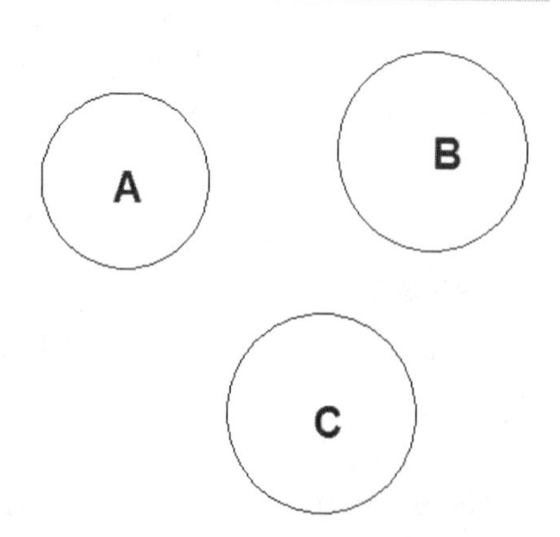

图25-4　C圆

05 绘制D圆，如图25-5所示。

```
命令: CIRCLE
指定圆的圆心或 [三点(3P)/两点(2P)/切点、切点、半径(T)]: T
指定对象与圆的第一个切点:
指定对象与圆的第二个切点:
指定圆的半径 <45.2769>: 45
```

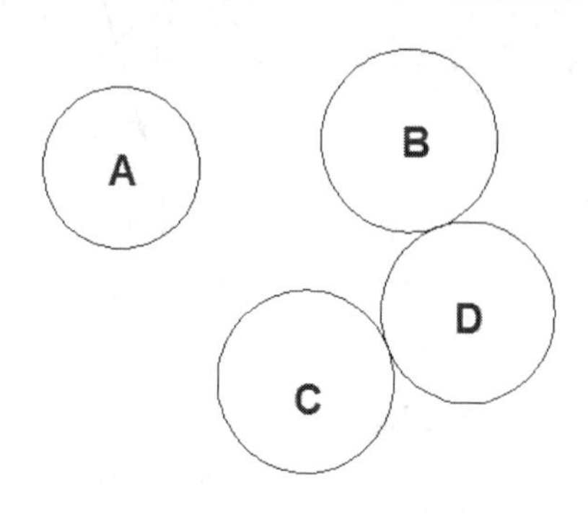

图25-5　D圆

06 绘制E圆，如图25-1所示。

```
命令: CIRCLE
指定圆的圆心或 [三点(3P)/两点(2P)/切点、切点、半径(T)]: 3P
指定圆上的第一个点: _tan
到
指定圆上的第二个点: _tan
到
指定圆上的第三个点: _tan
到
```

07 选择要保存的文件路径，并修改文件名为“实战025.dwg”，执行“保存”命令，将绘制的图形进行保存。

练习025 绘制组合圆

实战位置	DVD>练习文件>第2章>练习025.dwg
难易指数	★☆☆☆☆
技术掌握	巩固绘制圆的方法

操作指南

参照“实战025”进行制作。

首先执行“圆心，半径”命令，绘制如图25-2所示的圆，然后接着利用圆的关系，绘制组合圆，最终效果如图25-6所示。

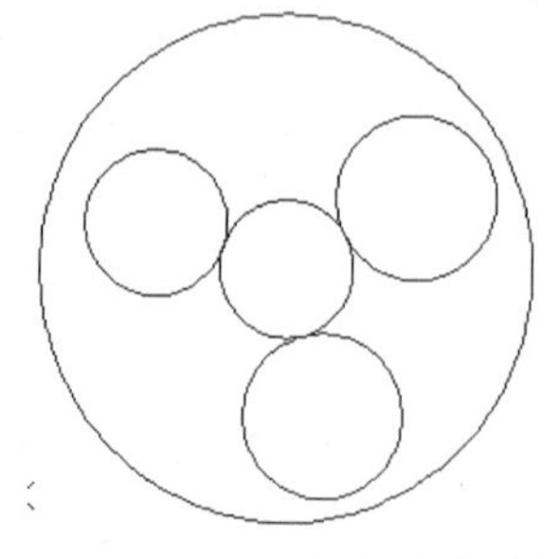

图25-6　组合圆

实战026　绘制矩形

原始文件位置	DVD>原始文件>第2章>实战026原始文件
实战位置	DVD>实战文件>第2章>实战026.dwg
视频位置	DVD>多媒体教学>第2章>实战026.avi
难易指数	★☆☆☆☆
技术掌握	掌握矩形的绘制方法

实战介绍

通过介绍绘制矩形的过程，使读者进一步了解矩形命令的使用方法。本例最终效果如图26-1所示。

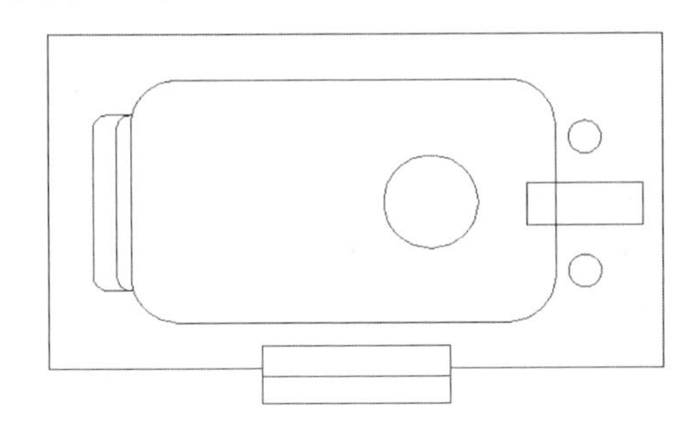

图26-1　最终效果

制作思路

- 执行“矩形”命令，绘制指定矩形。

制作流程

01 打开“实践026原始文件.dng”文件，如图26-2所示。

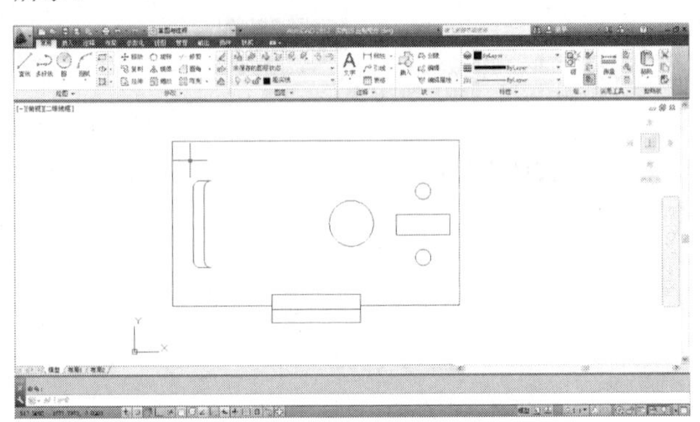

图26-2　原始图形

02 指定矩形的圆角半径，输入F并按Enter键，指定矩形的圆角半径，如指定半径为200，命令如下所示：

```
命令：_rectang
指定第一个角点或[倒角(C)/标高(E)/圆角(F)/厚度(T)/宽度(W)]：f
指定矩形的圆角半径<0.0000>:200
指定第一个角点或[倒角(C)/标高(E)/圆角(F)/厚度(T)/宽度(W)]：
```

03 指定矩形的第一个角点，如图26-3所示。

04 指定矩形的另一个角点，如图26-4所示。

05 查看圆角矩形绘制效果，此时，绘图区中带有圆角的矩形绘制完成，如图26-5所示。

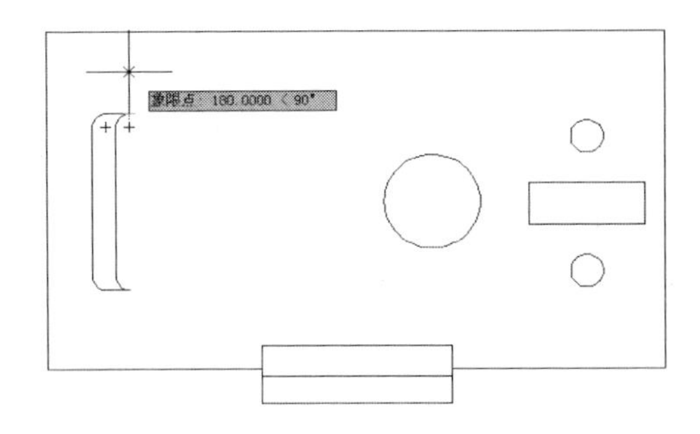

图26-3　指定矩形的第一个角点

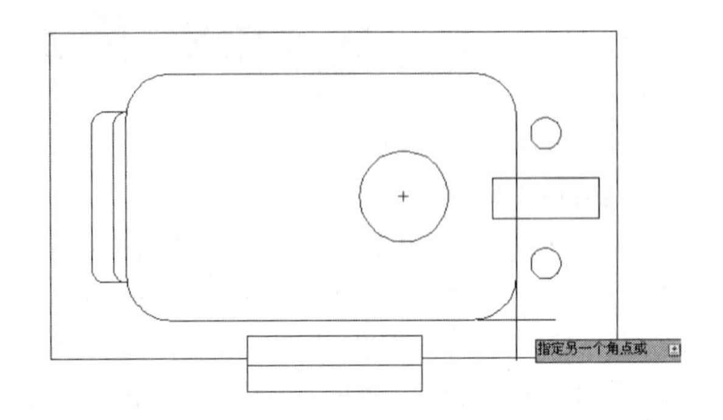

图26-4　绘制矩形

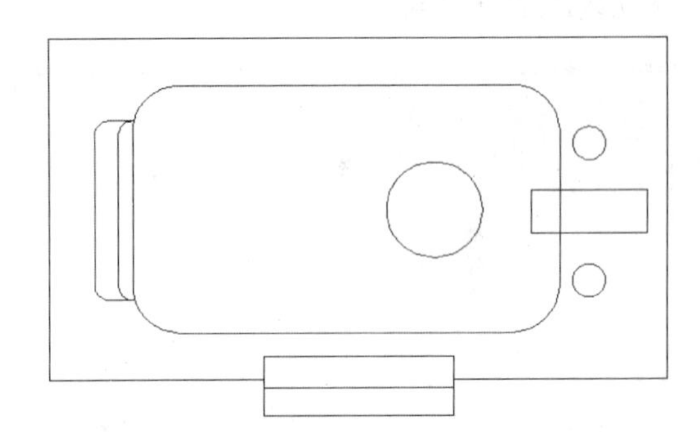

图26-5　圆角矩形绘制效果

06 执行“保存”命令，弹出“另存为”对话框，将该文件保存为“实战026.dwg”。

> **技巧与提示**
>
> 本例通过介绍绘制矩形的过程，主要介绍了矩形命令的使用方法，读者应好好掌握。

练习026　绘制正六边形

实战位置	DVD>练习文件>第2章>练习026.dwg
难易指数	★☆☆☆☆
技术掌握	掌握多边形的绘制方法

操作指南

参照“实战026”案例进行制作。执行“多边形”命令，绘制正六边形，选择“外切于圆”，按照提示依次完成。

最终效果如图26-6所示。

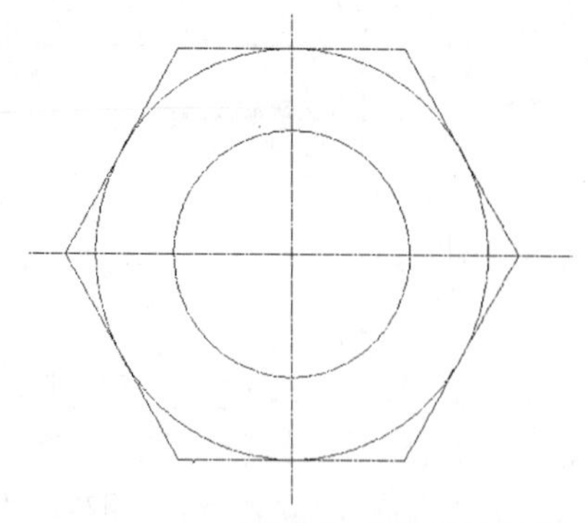

图26-6 多边形绘制效果

实战027 绘制正多边形

实战位置 DVD>实战文件>第2章>实战027.dwg
视频位置 DVD>多媒体教学>第2章>实战027.avi
难易指数 ★☆☆☆☆
技术掌握 掌握正多边形的绘制方法

实战介绍

在机械绘图过程中经常遇到绘制正多边形的情况，绘制六角螺母等。在AutoCAD 2013中创建的的正多边形，是具有3～1024条边且边长相等的封闭多线段。默认情况下，正多边形默认为4条边。使用“正多边形”命令可以创建正三角形、正五边形、正六边形等其他正多边形。

本例效果如图27-1 所示。

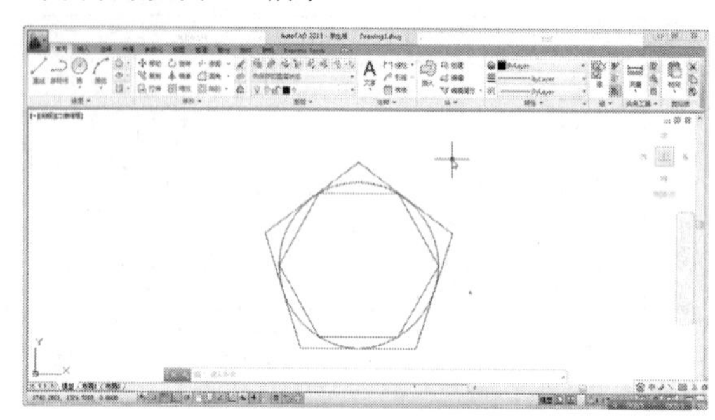

图27-1 本例效果

制作思路

• 执行“圆心，半径”命令，绘制外圆，然后绘制正多边形。

制作流程

01 执行“新建”命令，建立空白图形文档。

02 执行“绘图>圆”命令，绘制一个直径60的圆，如图27-2所示。

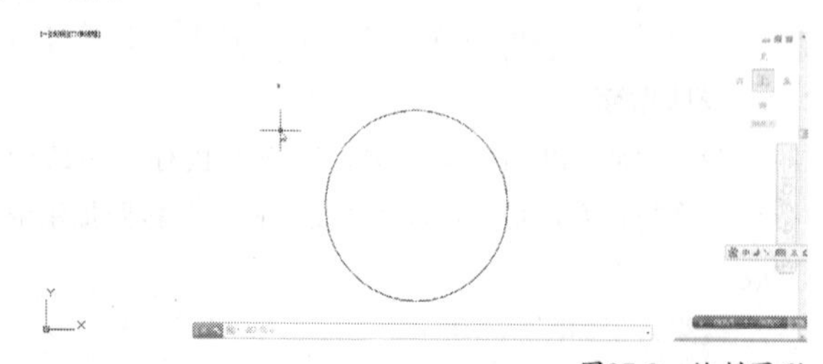

图27-2 绘制圆形

03 执行“绘图>矩形>多边形”命令，如图27-3所示在命令行提示下输入边数：6，按回车键确认。

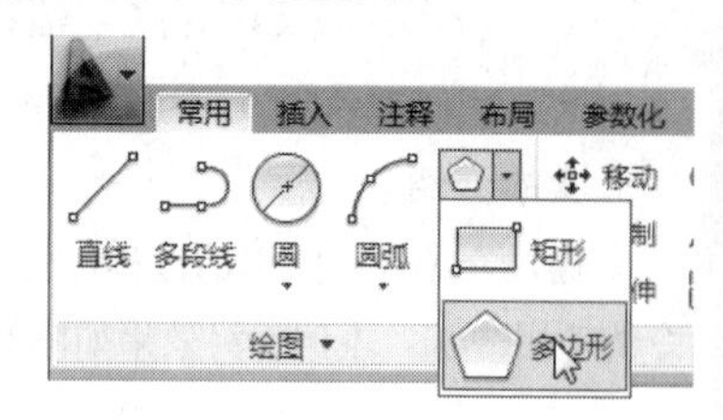

图27-3 “多边形”命令

04 捕捉圆心作为正六边形的中心，按回车键确认。

05 输入选项“内接于圆”还是“外切于圆”，此处选择“内接于圆”。也可以直接输入“i”按回车键确认，如图27-4所示。

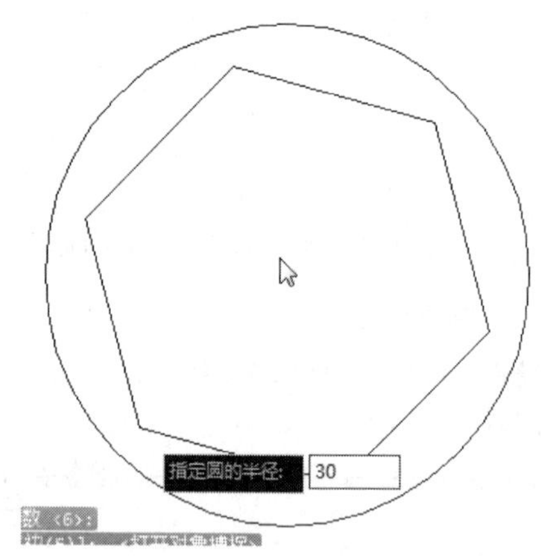

图27-4 内接于圆

06 输入圆的半径：30，按回车键确认，效果如图27-5所示。

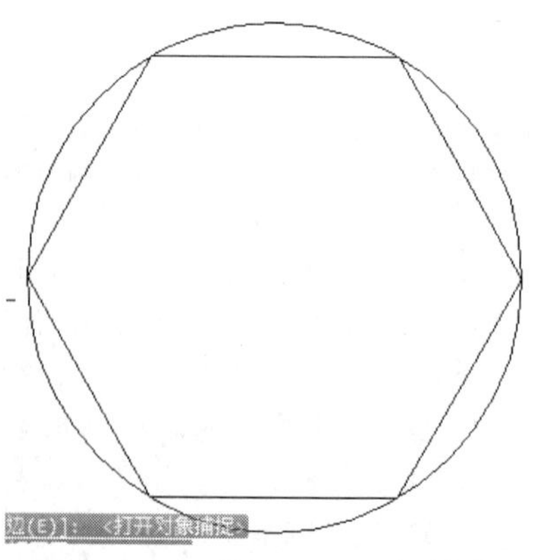

图27-5 正六边形内接于圆

07 重复以上命令，绘制“外切于圆”的“正五边形”。效果如图27-6所示。

技巧与提示

在命令行中输入“POLYGON”（多边形）命令也可以打开绘制多边形命令，快捷命令：POL。按回车键确认即可。

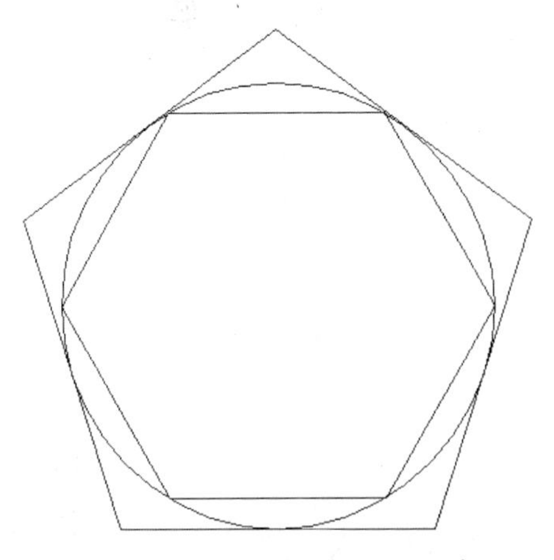

图27-6 正五边形外切于圆

练习027 绘制正多边形

实战位置 DVD>练习文件>第2章>练习027.dwg
难易指数 ★☆☆☆☆
技术掌握 巩固正多边形的绘制方法

操作指南

参照“实战027”进行制作。

首先执行“圆心，半径”命令，绘制内圆，然后根据内切圆绘制正多边形，最终效果如图27-7所示。

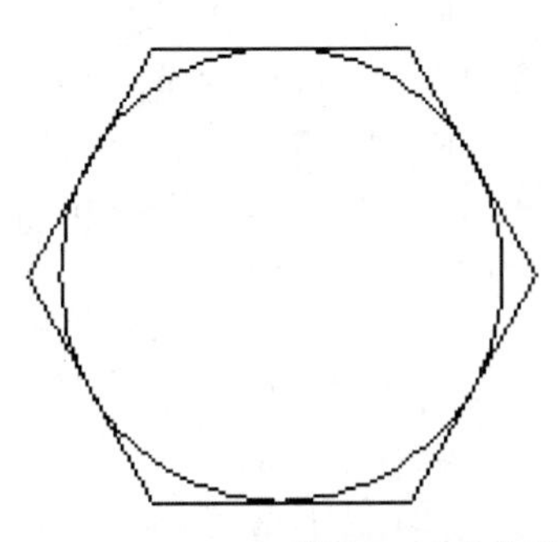

图27-7 正多边形

实战028 利用临时追踪点辅助绘图

实战位置 DVD>实战文件>第2章>实战028.dwg
视频位置 DVD>多媒体教学>第2章>实战028.avi
难易指数 ★★☆☆☆
技术掌握 掌握利用临时追踪点辅助绘图的方法

实战介绍

通过绘制如图28-1所示的图形，使读者了解利用临时追踪点辅助相应绘图命令绘制图形的方法步骤。

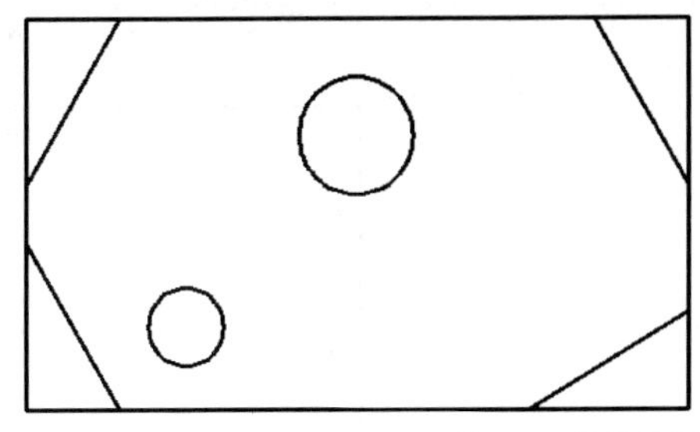

图28-1 最终效果

制作思路

• 先绘制矩形外轮廓线，然后再执行临时追踪点命令，并结合执行绘制直线、圆等命令，完成全图的绘制。

制作流程

01 执行“常用>绘图>直线”命令，绘制矩形外轮廓线，如图28-2所示。具体命令行操作过程如下：

```
命令: _line
指定第一个点: //在绘图区单击左键，拾取任一点作为起点
指定下一点或 [放弃(U)]: @70,0 //输入第2点的相对直角坐标
指定下一点或 [放弃(U)]: @0,40 //输入第3点的相对直角坐标
指定下一点或 [闭合(C)/放弃(U)]: @-70,0 //输入第4点的相对直角坐标
指定下一点或 [闭合(C)/放弃(U)]: @0,-40 //闭合图形。
指定下一点或 [闭合(C)/放弃(U)]: //按回车键结束绘制
```

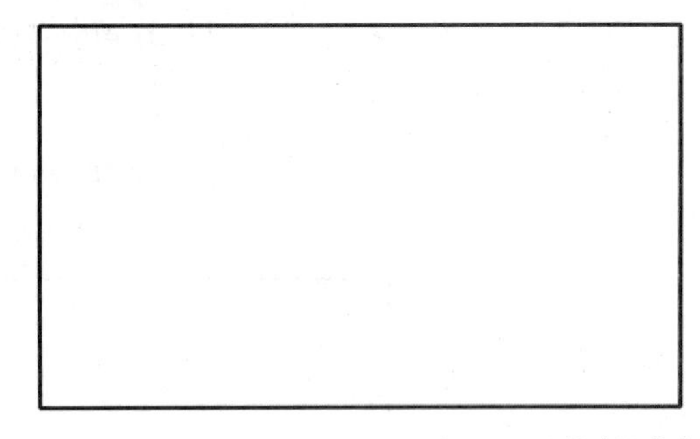

图28-2 绘制外轮廓线

02 激活“临时追踪点”功能，辅助绘制图形。按F12键关闭状态栏上的“动态输入”。执行“对象捕捉>端点”命令，打开端点捕捉功能，执行“常用>绘图>直线”命令，配合执行“临时追踪点”命令，绘制倾斜轮廓线。具体命令行操作过程如下：

```
命令: _line
指定第一个点: _tt 指定临时对象追踪点: //在指定第一个点时，按住Ctrl键单击鼠标右键，选择打开的快捷菜单中的“临时追踪点”，如图28-3所示，同时捕捉外轮廓线左下角点作为临时追踪点
指定第一个点: 10 //水平右移光标，引出如图28-4所示的临时追踪虚线，输入10，定位起点
指定下一点或 [放弃(U)]: _tt 指定临时对象追踪点: //再次激活“临时追踪点”功能，并再次捕捉外轮廓线左下角点作为临时追踪点
指定下一点或 [放弃(U)]: 17 //垂直上移光标，引出如图28-5所示的临时追踪虚线，输入17，定位第二点
指定下一点或 [放弃(U)]: //按回车键结束，效果如图28-6所示
```

技巧与提示

在激活“临时追踪点”功能前，一定得先按F12关闭状态栏上的“动态输入”。否则会导致临时追踪点功能失效。

临时追踪点(K)
自(F)
两点之间的中点(T)
点过滤器(T)
三维对象捕捉(3)
端点(E)
中点(M)
交点(I)
外观交点(A)
延长线(X)
圆心(C)
象限点(Q)
切点(G)
垂直(P)
平行线(L)
节点(D)
插入点(S)
最近点(R)
无(N)
对象捕捉设置(O)...

图28-3　激活“临时追踪点”功能

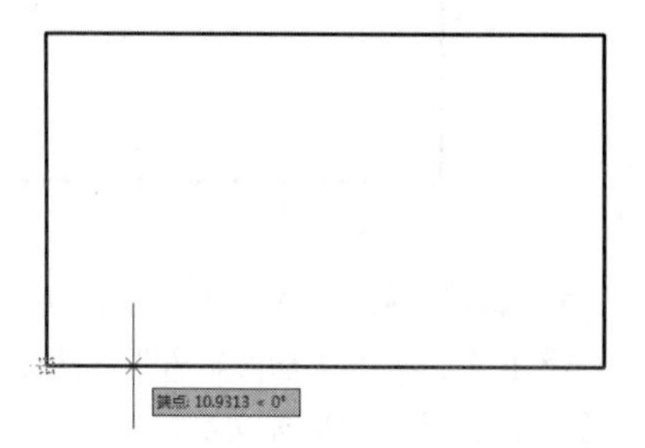

图28-4　引出水平追踪虚线

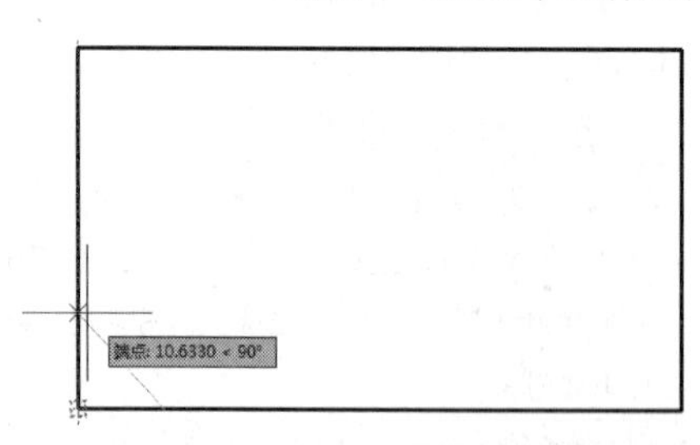

图28-5　引出垂直追踪虚线

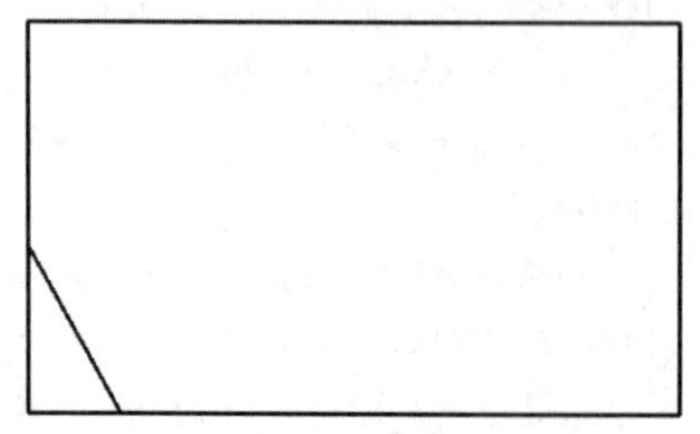

图28-6　利用“临时追踪点”绘制倾斜线效果

03 重复第02步操作，分别以外轮廓图的其他三个顶点作为临时追踪点，类似地绘制出其他三条倾斜轮廓线，效果如图28-7所示。

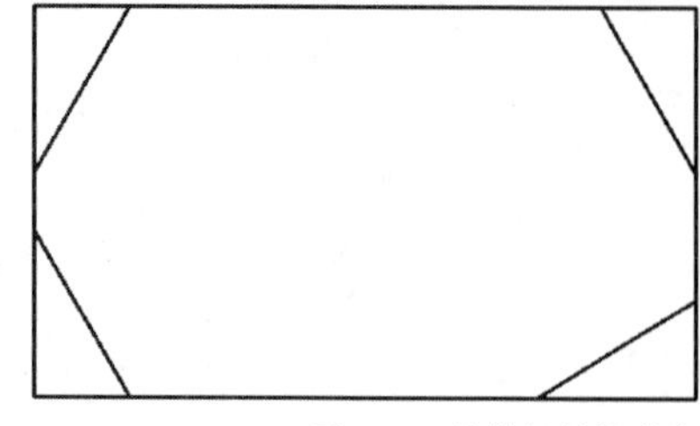

图28-7　绘制倾斜轮廓线

技巧与提示

当引出临时追踪点时，一定要注意当前光标的位置，它决定了目标点的位置。如果光标位于临时追踪点的下端，它所定位的目标点也位于追踪点的下端，反之，目标点就会位于临时追踪点的上端。

04 选择“对象捕捉>中点”，执行“常用>绘图>圆”命令，使用临时追踪点辅助绘制大圆、小圆。具体命令行操作过程如下：

```
命令：_circle //绘制大圆
指定圆的圆心或 [三点(3P)/两点(2P)/切点、切点、半径(T)]：_tt 指定临时对象追踪点： //捕捉如图28-8所示中点
指定圆的圆心或 [三点(3P)/两点(2P)/切点、切点、半径(T)]：12 //垂直下移光标，引出垂直追踪虚线，输入12，定位圆心，如图28-9所示
指定圆的半径或 [直径(D)]：D
指定圆的直径：12 //绘制大圆直径为12
命令：
CIRCLE //绘制小圆
指定圆的圆心或 [三点(3P)/两点(2P)/切点、切点、半径(T)]：_tt 指定临时对象追踪点： //捕捉如图28-10所示斜线中点为临时追踪点
指定圆的圆心或 [三点(3P)/两点(2P)/切点、切点、半径(T)]：12 //水平右移光标，引出水平临时追踪虚线，如图28-11所示
指定圆的半径或 [直径(D)] <6.0000>：4 //绘制小圆半径为4，最终效果如图28-1所示
```

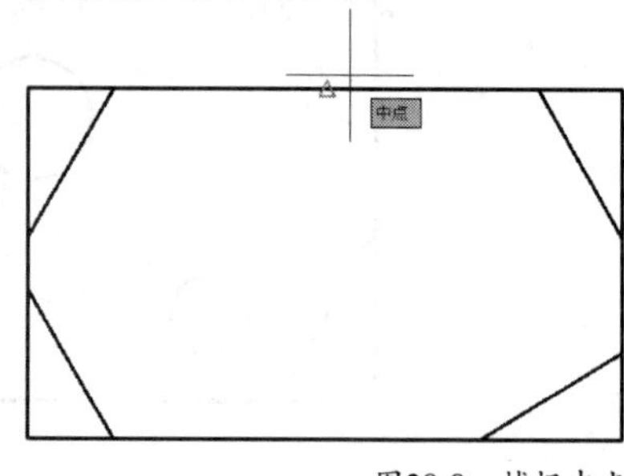

图28-8　捕捉中点

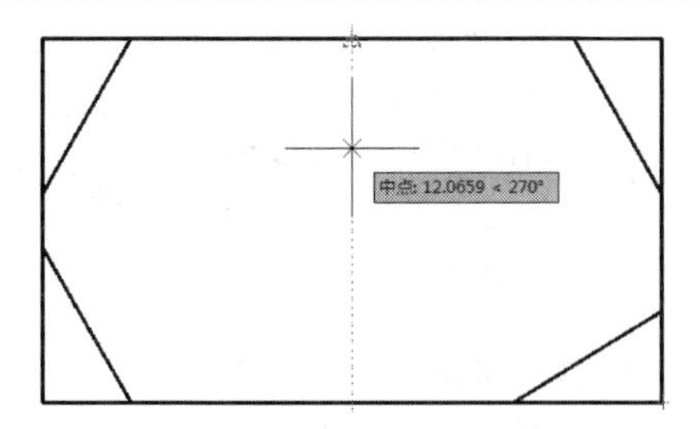

图28-9　引出临时追踪虚线

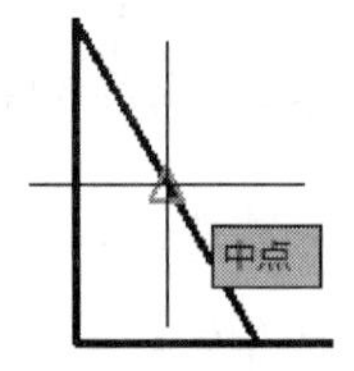

图28-10　捕捉斜边中点作为临时追踪点

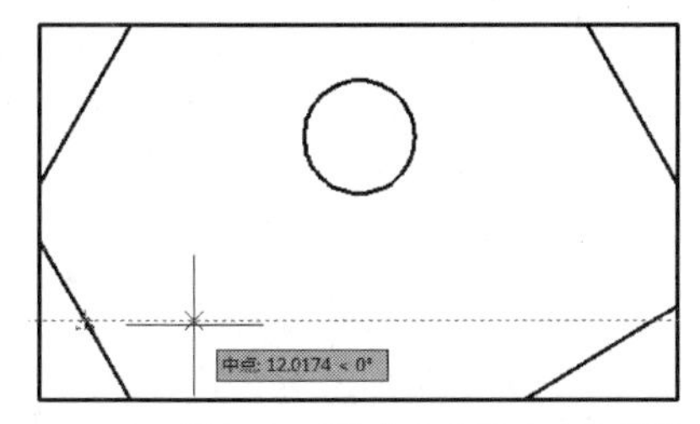

图28-11　引出水平临时追踪虚线

05 执行“保存”命令，将该文件保存为“实战028.dwg”。

技巧与提示 

临时追踪点并非真正确定一个点的位置，而是先临时追踪到该点的坐标，然后在该点的基础上再确定其他点的位置。当命令结束时，临时追踪点也随之消失。

练习028　利用临时追踪点辅助绘图

实战位置　DVD>练习文件>第2章>练习028.dwg
难易指数　★★☆☆☆
技术掌握　掌握利用临时追踪点辅助绘图的方法

操作指南

参照“实战028”进行制作。

最终效果如图28-12所示。

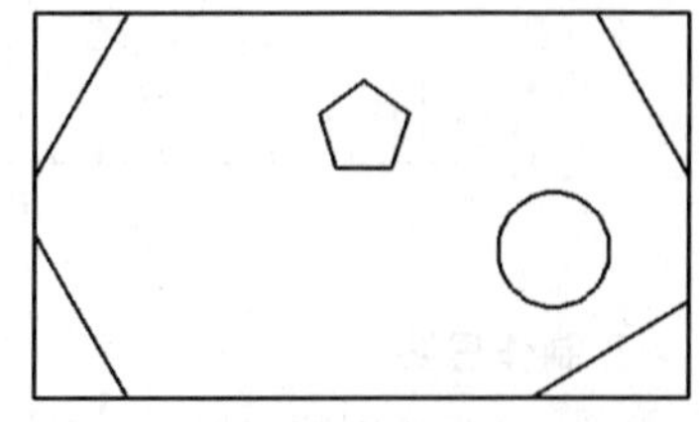

图28-12　利用临时追踪点辅助绘图

实战029　绘制控制按板

实战位置　DVD>实战文件>第2章>实战029.dwg
视频位置　DVD>多媒体教学>第2章>实战029.avi
难易指数　★★☆☆☆
技术掌握　掌握“矩形”与“圆”命令的使用方法

实战介绍

通过介绍绘制控制按板的过程，使读者了解绘制圆角命令和圆环命令。本例最终效果如图29-1所示。

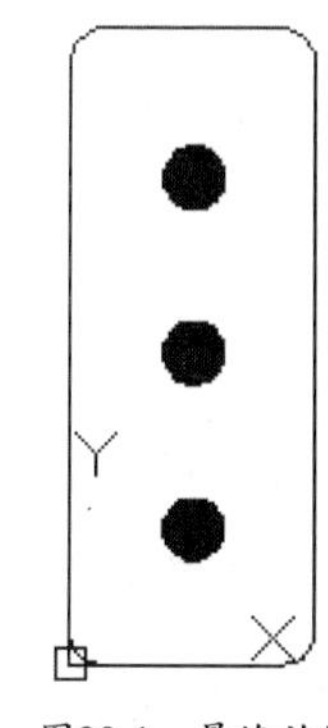

图29-1　最终效果

制作思路

- 首先绘制矩形，然后绘制圆形按钮。

制作流程

01 执行“绘图>矩形”命令，绘制矩形框，如图29-2所示。命令行提示和具体操作如下：

```
命令: _rectang
指定第一个角点或 [倒角(C)/标高(E)/圆角(F)/厚度(T)/宽度(W)]: 0,0
指定另一个角点或 [面积(A)/尺寸(D)/旋转(R)]: @20,40
```

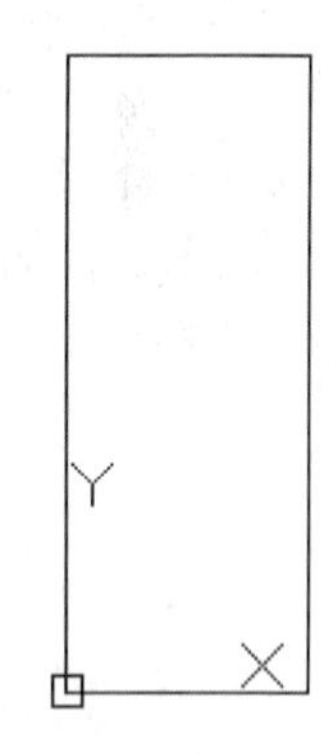

图29-2　绘制控制按板外轮廓线

02 执行“修改>圆角”命令，绘制矩形轮廓的圆角，如图29-3所示。命令行提示和具体操作内容如下：

```
命令: _fillet
当前设置: 模式 = 修剪, 半径 = 0.0000
选择第一个对象或 [放弃(U)/多段线(P)/半径(R)/修剪(T)/多个(M)]: r
指定圆角半径 <0.0000>: 3
选择第一个对象或 [放弃(U)/多段线(P)/半径(R)/修剪(T)/多个(M)]://选择矩形的左侧边
选择第二个对象，或按住 Shift 键选择要应用角点的对象://选择矩形的顶边
```

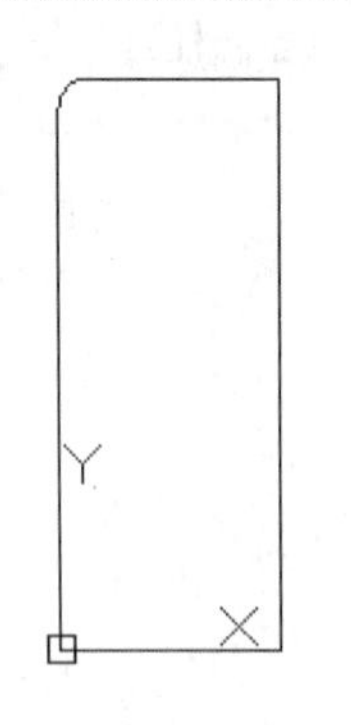

图29-3　绘制圆角

03 类似地依次对其余3条边进行圆角，结果如图29-4所示。

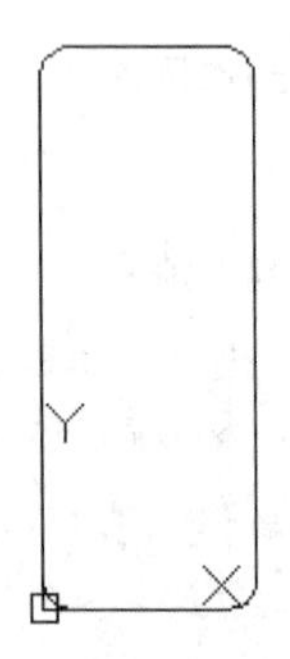

图29-4　绘制其余圆角

04 执行“绘图>圆环”命令，绘制内径为0的圆环，表示控制按板的按钮，如图29-5所示。命令行提示和操作内容如下：

```
命令: _donut
指定圆环的内径 <0.5000>: 0
指定圆环的外径 <1.0000>: 5
指定圆环的中心点或 <退出>: 10,30
```

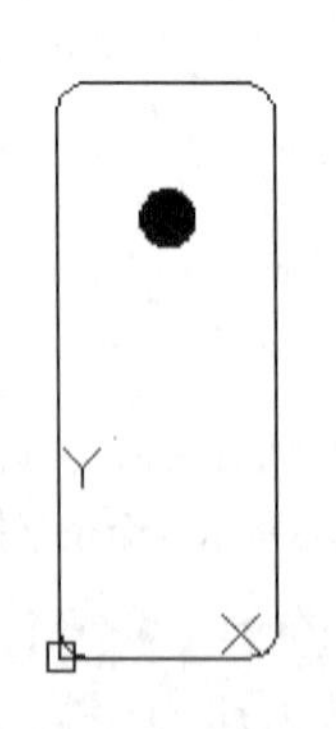

图29-5　绘制内径为0的圆环

05 继续输入其余实心圆环的中心点的位置，得到结果如图29-1所示。命令行提示和操作内容如下：

```
指定圆环的中心点或 <退出>: 10,20
指定圆环的中心点或 <退出>: 10,10
指定圆环的中心点或 <退出>://按回车键结束绘制圆环命令
```

06 执行“标准>另存为”命令，弹出“图形另存为”对话框，将该文件保存为“实战029.dwg”。

练习029　绘制菱形按钮盘

实战位置	DVD>练习文件>第2章>练习029.dwg
难易指数	★★☆☆☆
技术掌握	巩固“矩形”与“圆”命令的使用方法

操作指南

参照“实战029”进行制作。

首先绘制菱形，然后执行“圆心，半径”命令，绘制按钮。最终效果如图29-6所示。

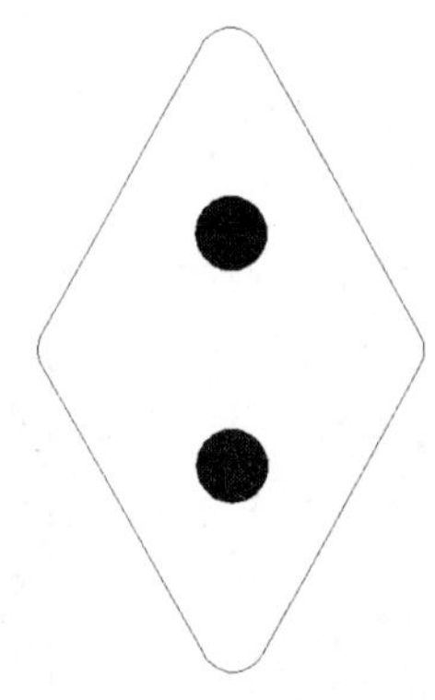

图29-6　绘制菱形按钮盘

实战030　绘制晾衣架

实战位置	DVD>实战文件>第2章>实战030.dwg
视频位置	DVD>多媒体教学>第2章>实战030.avi
难易指数	★★☆☆☆
技术掌握	掌握晾衣架的绘制方法

实战介绍

通过介绍绘制晾衣架的过程，使读者了解多段线、椭圆弧和镜像等命令的使用方法。本例最终效果如图30-1所示。

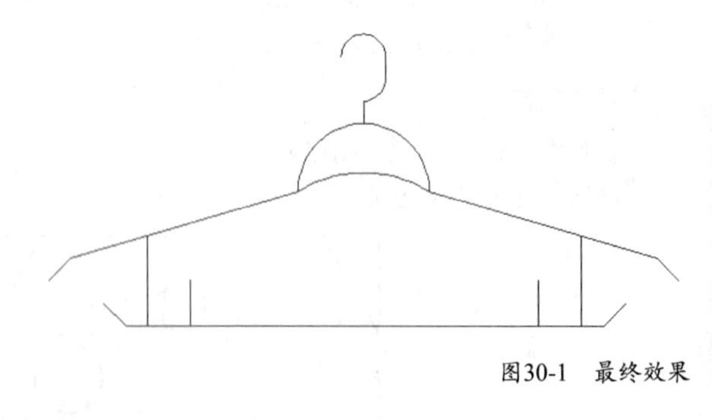

图30-1　最终效果

制作思路

• 首先绘制晾衣架的下部轮廓线，然后绘制左面斜线部分，左后执行“镜像”命令，完成晾衣架的绘制。

制作流程

01 执行“绘图>直线”命令，绘制晾衣架的下部轮廓线，如图30-2所示。绘制过程中命令行提示：

```
命令：_line 指定第一点：80,210
指定下一点或 [放弃(U)]：90,200
指定下一点或 [放弃(U)]：310,200
指定下一点或 [闭合(C)/放弃(U)]：320,210
指定下一点或 [闭合(C)/放弃(U)]：
```

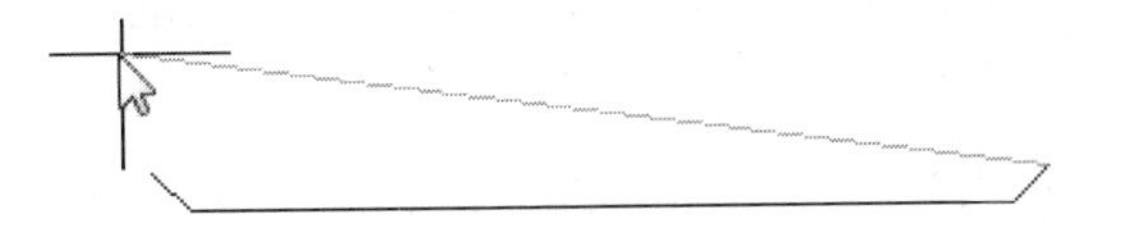

图30-2　绘制晾衣架下部轮廓线

02 执行“直线”命令，绘制晾衣架左半部分的垂直直线，如图30-3所示。绘制过程中命令行提示如下：

```
命令：_line 指定第一点：100,200
指定下一点或 [放弃(U)]：100,240
指定下一点或 [放弃(U)]：
命令:LINE //按回车键重新启动直线命令
指定第一点：120,200
指定下一点或 [放弃(U)]：120,220
指定下一点或 [放弃(U)]：
```

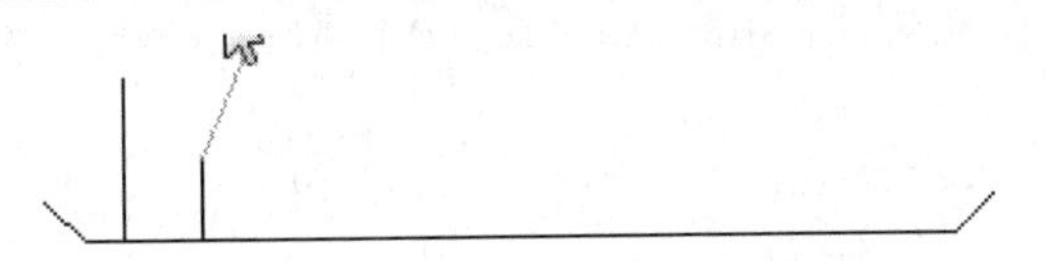

图30-3　绘制晾衣架左半部分垂直直线

03 执行“绘图>直线”命令，绘制斜线部分，如图30-4所示。命令行提示和操作内容如下：

```
命令：_line 指定第一点：170,260
指定下一点或 [放弃(U)]：65,230
指定下一点或 [放弃(U)]：55,220
指定下一点或 [闭合(C)/放弃(U)]：
```

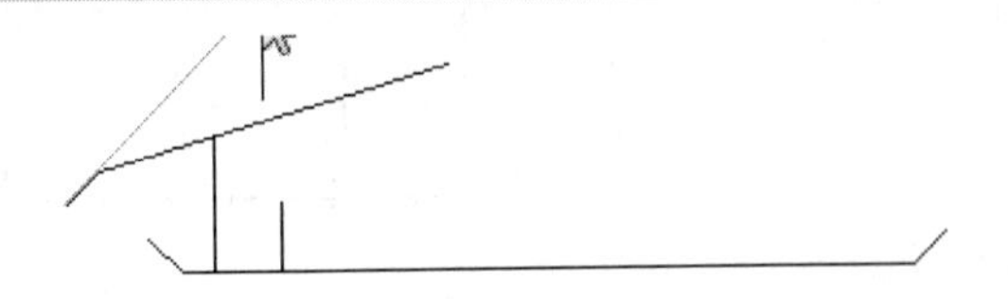

图30-4　绘制斜线部分

04 执行“修改>镜像”命令，将左半部分镜像，结果如图30-5所示。命令行提示和操作内容如下：

```
命令：_mirror
选择对象：指定对角点：找到 4 个//选择图30-4中除了晾衣架下部轮廓线以外的部分
选择对象：
指定镜像线的第一点：200,200
指定镜像线的第二点：200,250
要删除源对象吗？[是(Y)/否(N)] <N>:
```

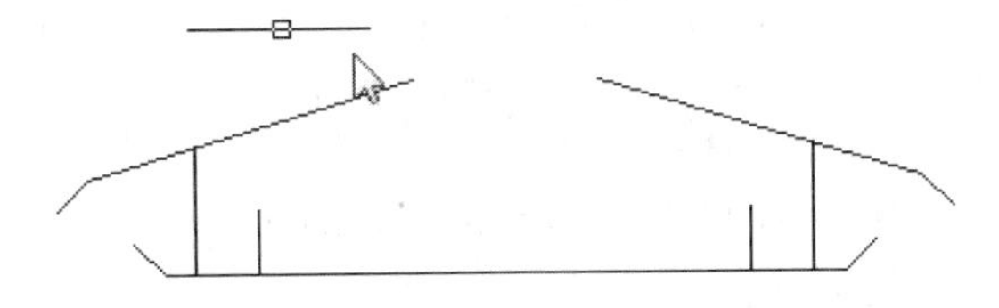

图30-5　镜像直线

05 执行“绘图>圆弧”命令，绘制圆弧，结果如图30-6所示。绘制椭圆弧过程中，命令行提示和操作内容如下：

```
命令：_arc 指定圆弧的起点或 [圆心(C)]://捕捉指定点(230,260)
指定圆弧的第二个点或 [圆心(C)/端点(E)]：c
指定圆弧的圆心：200,260
指定圆弧的端点或 [角度(A)/弦长(L)]： //捕捉指定点(170,260)
命令：_arc 指定圆弧的起点或 [圆心(C)]： //捕捉指定点(230,260)
指定圆弧的第二个点或 [圆心(C)/端点(E)]：c
指定圆弧的圆心：200,210
指定圆弧的端点或 [角度(A)/弦长(L)]： //捕捉指定点(170,260)
```

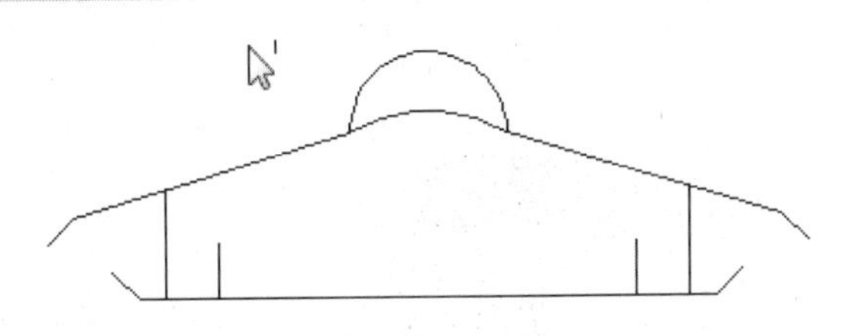

图30-6　绘制圆弧

06 执行“绘图>多段线”命令，绘制多段线，结果如图30-1所示。绘制多段线过程中，命令行提示和操作内容如下：

```
命令：_pline
指定起点：200,290
当前线宽为 0.0000
指定下一个点或 [圆弧(A)/半宽(H)/长度(L)/放弃(U)/宽度(W)]：200,300
指定下一点或 [圆弧(A)/闭合(C)/半宽(H)/长度(L)/放弃(U)/宽度(W)]：a
指定圆弧的端点或[角度(A)/圆心(CE)/闭合(CL)/方向(D)/半宽(H)/直线(L)/半径(R)/第二个点(S)/放弃(U)/宽度(W)]：ce
指定圆弧的圆心：200,310
指定圆弧的端点或[角度(A)/圆心(CE)/闭合(CL)/方向(D)/半宽(H)/直线(L)/半径(R)/第二个点(S)/放弃(U)/宽度(W)]：a
指定包含角：90
放弃(U)/宽度(W)]：210,320
指定下一点或 [圆弧(A)/闭合(C)/半宽(H)/长度(L)/放弃(U)/宽度(W)]：a
```

```
指定圆弧的端点或[角度(A)/圆心(CE)/闭合(CL)/方向(D)/半宽(H)/直线(L)/半径(R)/第二个点(S)/放弃(U)/宽度(W)]: ce
指定圆弧的圆心: 200,320
指定圆弧的端点或 [角度(A)/长度(L)]: a
指定包含角: 180
指定圆弧的端点或[角度(A)/圆心(CE)/闭合(CL)/方向(D)/半宽(H)/直线(L)/半径(R)/第二个点(S)/放弃(U)/宽度(W)]:
```

07 执行“保存”命令，弹出“另存为”对话框，将该文件保存为“实战30.dwg”。

练习030 绘制晾衣架

实战位置	DVD>练习文件>第2章>练习030.dwg
难易指数	★★☆☆☆
技术掌握	巩固绘制晾衣架的方法

操作指南

参照“实战030”进行制作。

首先绘制晾衣架的下部轮廓线，然后绘制左面斜线部分，左后执行“镜像”命令，完成晾衣架的绘制。最终效果如图30-7所示。

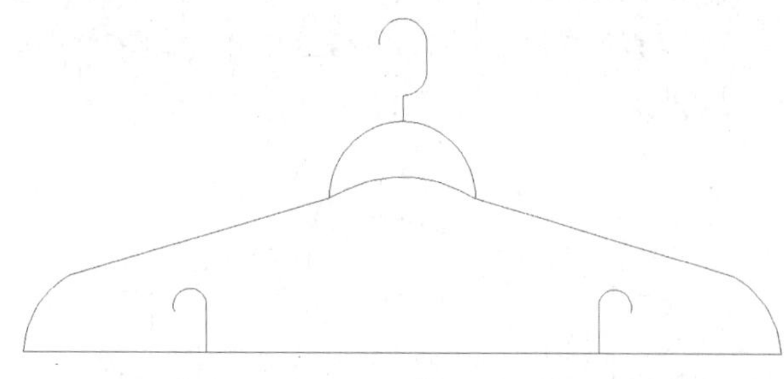

图30-7 绘制晾衣架2

实战031 绘制风车

实战位置	DVD>实战文件>第2章>实战031.dwg
视频位置	DVD>多媒体教学>第2章>实战031.avi
难易指数	★★☆☆☆
技术掌握	掌握“阵列”命令的使用方法

实战介绍

通过介绍绘制风车的过程，使读者进一步了解多段线绘图命令的使用方法，并认识构造线和环形阵列命令的使用方法。本例最终效果如图31-1所示。

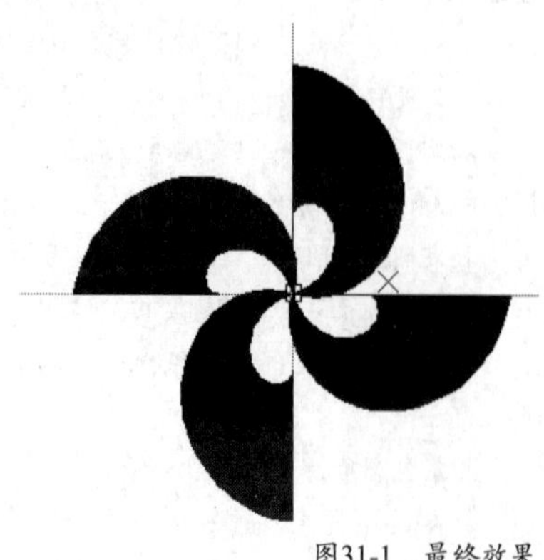

图31-1 最终效果

制作思路

• 首先绘制辅助线，然后绘制一个扇叶，最后执行“阵列”命令，完成风车的绘制。

制作流程

01 执行“图层>图层状态管理器”命令，创建“点画线”图层和“风车”图层，如图31-2所示。

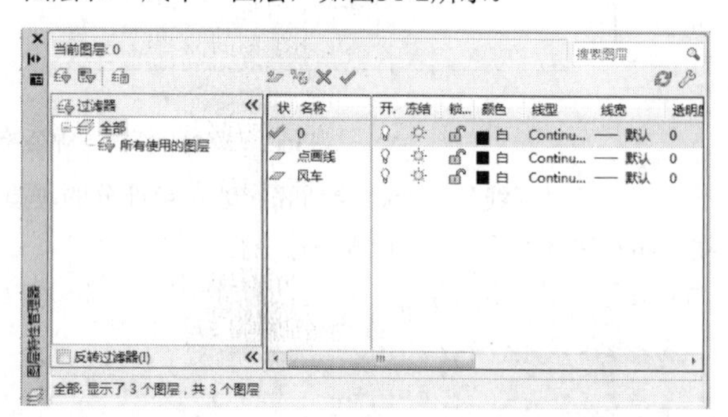

图31-2 创建图层

02 将“点画线”层设置为当前图层。执行“绘图>构造线”命令，绘制辅助线，如图31-3所示。命令行提示和操作内容如下：

```
命令: _xline 指定点或 [水平(H)/垂直(V)/角度(A)/二等分(B)/偏移(O)]: h
指定通过点: 200,200
指定通过点:
命令: _xline 指定点或 [水平(H)/垂直(V)/角度(A)/二等分(B)/偏移(O)]: v
指定通过点: 200,200
指定通过点:
```

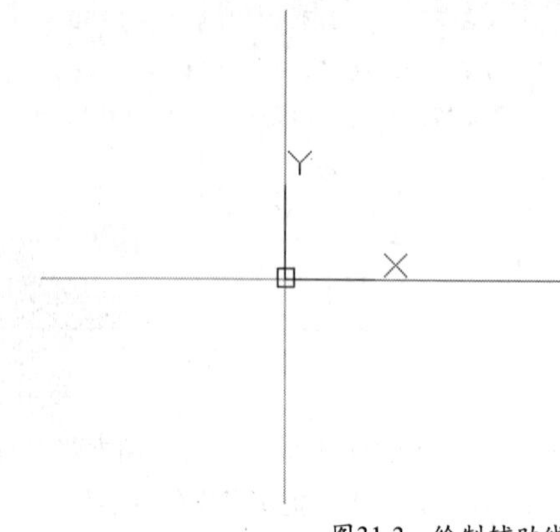

图31-3 绘制辅助线

03 右击状态栏上的“对象捕捉”按钮，在弹出的快捷菜单中选择“设置”选项，设置对象捕捉模式，如图31-4所示。

04 将“风车”层设置为当前图层。执行“绘图>多段线”命令，绘制风车的第一个叶片，结果如图31-5所示。命令行提示和操作内容如下：

```
命令：_pline
指定起点：//捕捉指定起点为辅助线的交点
当前线宽为 0.0000
指定下一个点或 [圆弧(A)/半宽(H)/长度(L)/放弃(U)/宽度(W)]：w
指定起点宽度 <0.0000>：0
指定端点宽度 <0.0000>：5
指定下一个点或 [圆弧(A)/半宽(H)/长度(L)/放弃(U)/宽度(W)]：a
指定圆弧的端点或[角度(A)/圆心(CE)/方向(D)/半宽(H)/直线(L)/半径(R)/第二个点(S)/放弃(U)/宽度(W)]：0,0.5
指定圆弧的端点或[角度(A)/圆心(CE)/闭合(CL)/方向(D)/半宽(H)/直线(L)/半径(R)/第二个点(S)/放弃(U)/宽度(W)]：//按回车键结束命令
```

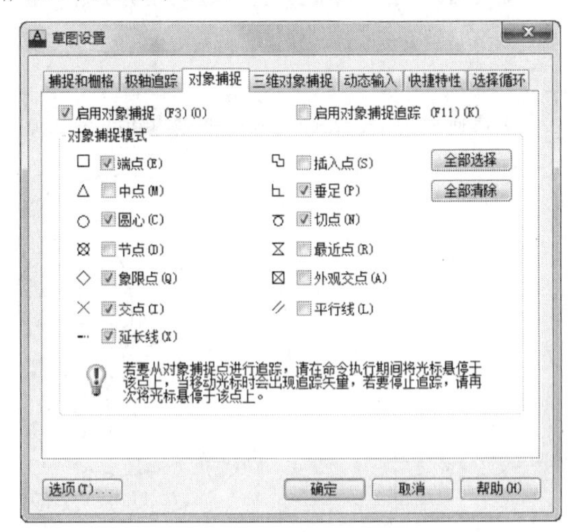

图31-4　设置对象捕捉模式

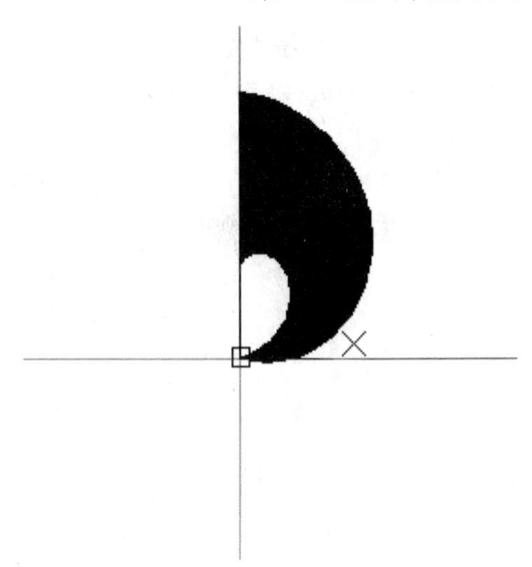

图31-5　绘制风车的第一个叶片

05 执行“修改>阵列”命令，选中“环形阵列”单选框，执行“中心点>拾取中心点”命令，进入绘图区域，单击构造线的交点，输入参数200,200；弹出“阵列创建”对话框。设置保持默认值，如图31-6所示。按回车键，得到图形结果如图17-7所示。

图31-6　“阵列”对话框

图31-7　阵列结果

06 执行“修改>修剪”命令，选择全部图形，将多余的构造线修剪掉，结果如图31-1所示。

07 执行“保存”命令，弹出“另存为”对话框，将该文件保存为“实战31.dwg”。

练习031　绘制风车

实战位置	DVD>练习文件>第2章>练习031.dwg
难易指数	★★☆☆☆
技术掌握	巩固“阵列”命令的使用方法

操作指南

参照“实战031”案例进行制作。

首先绘制辅助线，然后绘制风车的一个扇叶，左后执行“阵列”命令。最终效果如图31-8所示。

图31-8　绘制风车

实战032　绘制梅花图案

实战位置	DVD>实战文件>第2章>实战032.dwg
视频位置	DVD>多媒体教学>第2章>实战032.avi
难易指数	★★☆☆☆
技术掌握	掌握环形阵列、图案填充等命令的使用方法

实战介绍

通过介绍绘制梅花图案的过程步骤，向读者说明使用环形阵列、图案填充等命令的方法。本例最终效果如图32-1所示。

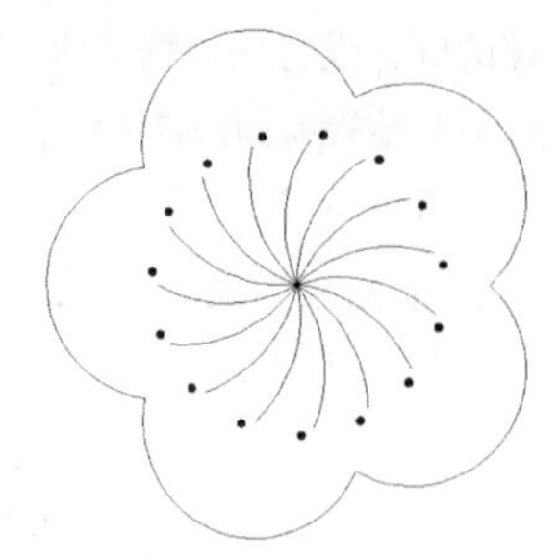

图32-1　梅花图案最终效果

制作思路

• 首先执行“圆弧”命令，绘制梅花的一个花蕊，然后阵列，最后执行“圆弧”与“圆”命令，完成梅花的绘制。

制作流程

01 执行“绘图>圆弧”命令，绘制圆弧，如图32-2所示。命令行提示如下：

```
命令：_arc 指定圆弧的起点或 [圆心(C)]:
指定圆弧的第二个点或 [圆心(C)/端点(E)]:
指定圆弧的端点:
```

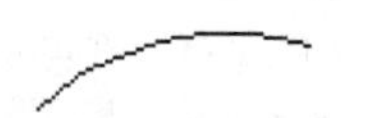

图32-2　绘制圆弧

02 执行“绘图>圆”命令，绘制一半径为4的圆。命令行提示和操作内容如下：

```
命令：_circle 指定圆的圆心或 [三点(3P)/两点(2P)/相切、相切、半径(T)]:
指定圆的半径或 [直径(D)] <6.0000>: 5
```

03 执行“绘图>图案填充”命令，选择图案“SOLID”对圆进行填充，结果如图32-3所示。

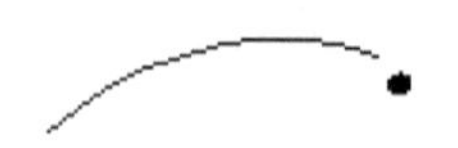

图32-3图案填充后效果

技巧与提示

在对圆进行图案填充时，由于圆的半径比较小，拾取内部点时可先执行“标准>实时缩放”命令，将其放大来便于拾取内部点。对于图案填充在机械制图中一般用来绘制剖面线。

04 执行“修改>环形阵列”命令，执行“拾取中心点”命令，打开“对象捕捉”功能在屏幕上拾取圆弧起始点为中心点，其他阵列参数设置如图32-4所示。

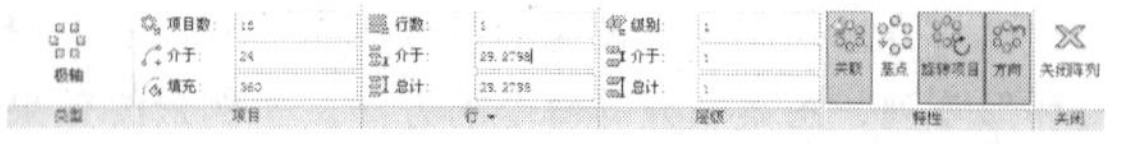

图32-4　设置阵列参数

05 选择图32-2中的图形作为阵列对象，单击“确定”按钮，完成花蕊的绘制，结果如图32-5所示。

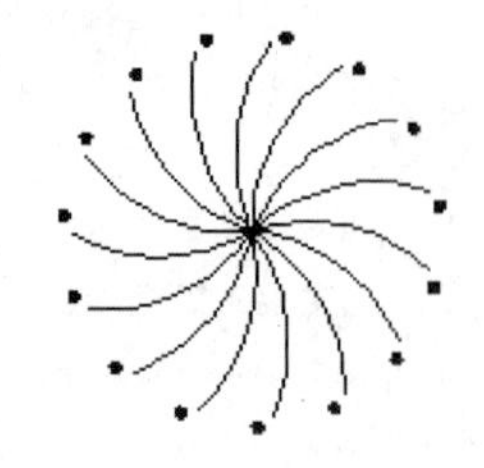

图32-5　梅花花蕊

06 执行“绘图>圆”命令，绘制两半径分别为240、320的同心圆，如图32-6所示。

```
命令：_circle 指定圆的圆心或 [三点(3P)/两点(2P)/相切、相切、半径(T)]:
指定圆的半径或 [直径(D)] <262.2595>: 240
命令：_circle 指定圆的圆心或 [三点(3P)/两点(2P)/相切、相切、半径(T)]:
指定圆的半径或 [直径(D)] <240.0000>: 320
```

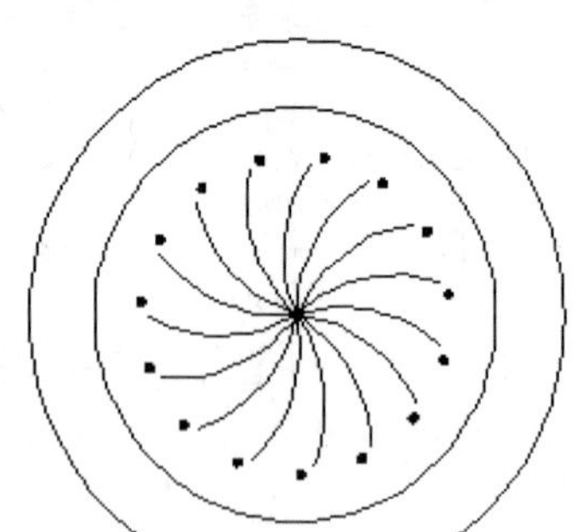

图32-6　绘制同心圆

07 执行“绘图 >定数等分”命令，将两个圆分别平分为5份，如图32-7所示。命令行提示如下：

```
命令：_divide
选择要定数等分的对象:
输入线段数目或 [块(B)]: 5
```

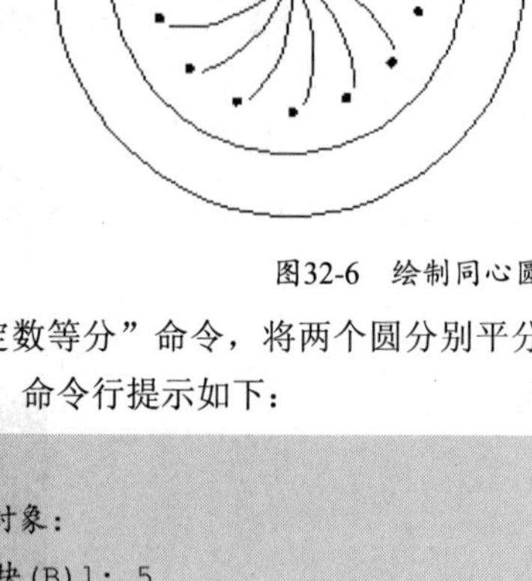

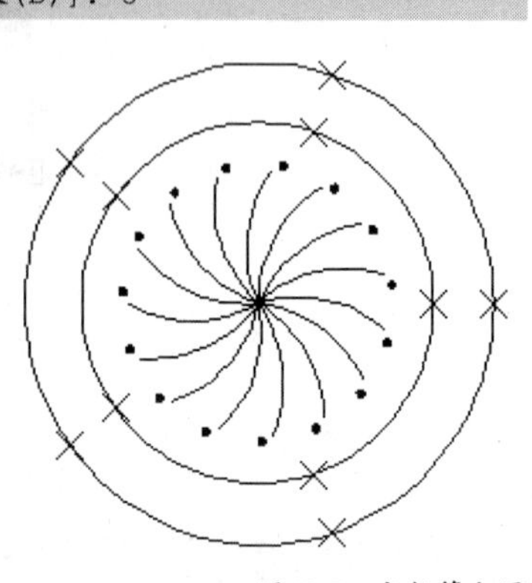

图32-7　定数等分圆

08 执行“修改>旋转”命令，以圆心为基点，将外侧大圆上等分的点旋转36°。命令行提示和具体操作内容如下：

```
命令: _rotate
UCS 当前的正角方向:  ANGDIR=逆时针   ANGBASE=0
选择对象: 找到 1 个
选择对象: 找到 1 个, 总计 2 个
选择对象: 找到 1 个, 总计 3 个
选择对象: 找到 1 个, 总计 4 个
选择对象: 找到 1 个, 总计 5 个
选择对象:
指定基点:
指定旋转角度, 或 [复制(C)/参照(R)] <0>:  36
```

09 执行“绘图>圆弧”命令，利用“对象捕捉”功能，捕捉等分的点作为圆弧所经过的三点，如图32-8所示。

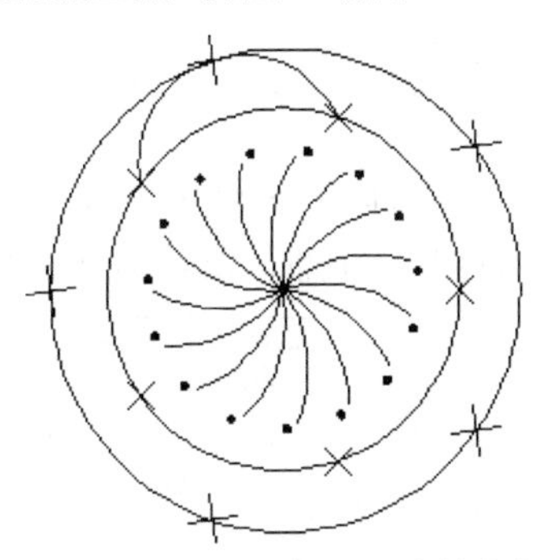

图32-8　绘制圆弧

10 采用相同方法绘制连接其他等分点来绘制圆弧，从而完成花瓣的绘制，如图32-9所示。

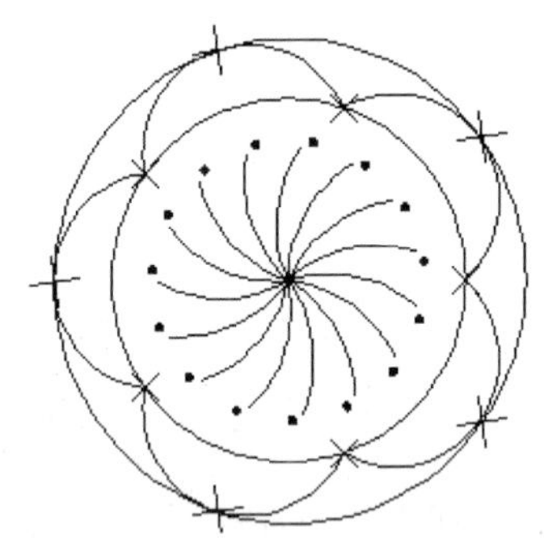

图32-9　绘制花瓣

11 删除多余的圆与点即可得到梅花图案。为了美观还可以对梅花设置颜色，将花瓣设置为红色，花蕊设置为黄色，结果如图32-1所示。执行“保存”命令，将文件保存为“实战032.dwg”。

练习032 绘制野花

实战位置	DVD>练习文件>第2章>练习032.dwg
难易指数	★☆☆☆☆
技术掌握	巩固环形阵列、图案填充等命令的使用方法

操作指南

参照“实战032”案例进行制作。

首先执行“绘图-样条曲线”命令绘制外轮廓，接着执行“绘图>圆弧”，“绘图>填充”，“绘图>直线”与“修改>阵列”命令绘制花蕊，最后执行“修改>修剪”命令修剪多余线条，效果如图32-10所示。

图32-10　绘制野花

实战033 绘制遥控器

实战位置	DVD>实战文件>第2章>实战033.dwg
视频位置	DVD>多媒体教学>第2章>实战033.avi
难易指数	★☆☆☆☆
技术掌握	掌握“矩形”与“圆”命令的使用方法

实战介绍

通过介绍绘制遥控器的过程，使读者了解绘制圆角矩形的方法和矩形阵列命令的使用方法。本例最终效果如图33-1所示。

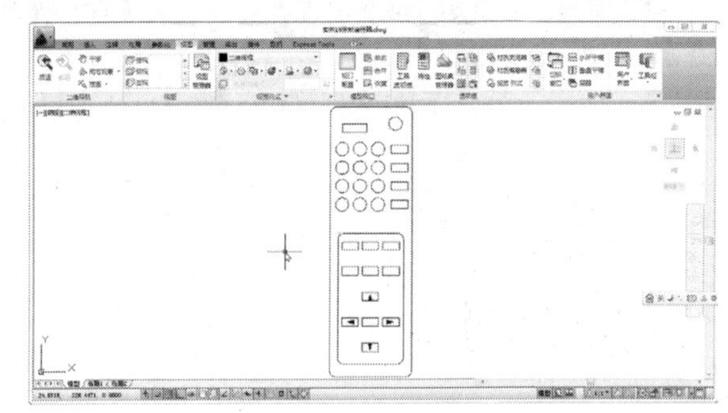

图33-1　最终效果

制作思路

• 首先执行“矩形”命令，绘制外矩形，然后执行“圆”命令，绘制遥控器按钮。

制作流程

01 执行“绘图>矩形”命令，绘制带圆角的矩形，表示遥控器轮廓线，如图33-2所示。命令行提示和操作内容如下：

```
命令: _rectang
指定第一个角点或 [倒角(C)/标高(E)/圆角(F)/厚度(T)/宽度(W)]: f
指定矩形的圆角半径 <0.0000>: 8
指定第一个角点或 [倒角(C)/标高(E)/圆角(F)/厚度(T)/宽度(W)]: 80,80
指定另一个角点或 [面积(A)/尺寸(D)/旋转(R)]: 180, 400
```

图33-2 绘制矩形轮廓线

02 执行“绘图>矩形”命令，绘制矩形表示遥控器电源开关，如图33-3所示。命令行提示和操作内容如下：

```
命令: _rectang
当前矩形模式:  圆角=8.0000
指定第一个角点或 [倒角(C)/标高(E)/圆角(F)/厚度(T)/宽度(W)]: f
指定矩形的圆角半径 <8.0000>: 0
指定第一个角点或 [倒角(C)/标高(E)/圆角(F)/厚度(T)/宽度(W)]:95, 370
指定另一个角点或 [面积(A)/尺寸(D)/旋转(R)]:125, 380
```

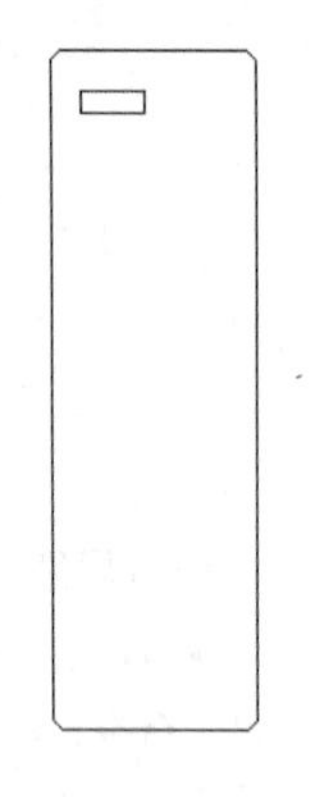

图33-3 绘制遥控器电源开关

03 执行“绘图>圆”命令，生成一个圆，表示频道选择按钮，如图33-4所示。命令行提示和操作内容如下：

```
命令: _circle
指定圆的圆心或 [三点(3P)/两点(2P)/相切、相切、半径(T)]: 95,350
指定圆的半径或 [直径(D)]: 8
```

04 执行“修改>阵列”命令，在下拉列表中选中“矩形阵列”命令，选中刚才绘制的圆，按回车键确认。弹出“阵列创建”选项卡，参数如图33-5所示，按回车键确认。单击“关闭阵列”选项，得到图形结果如图33-7所示。

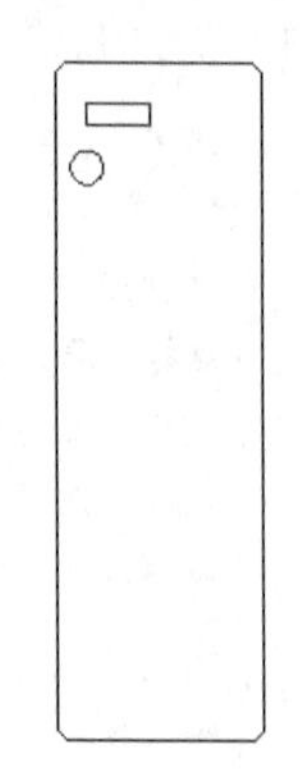

图33-4 绘制一个频道选择按钮

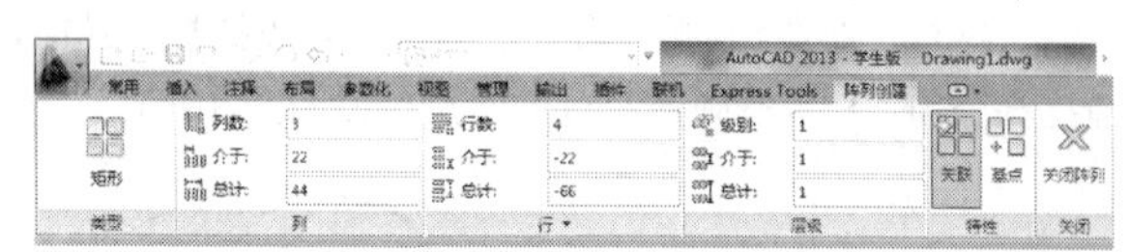

图33-5 “阵列”设置

也可以在命令行中输入ARRAYCLASSIC命令，弹出“阵列”对话框，设置参数如图33-6所示。

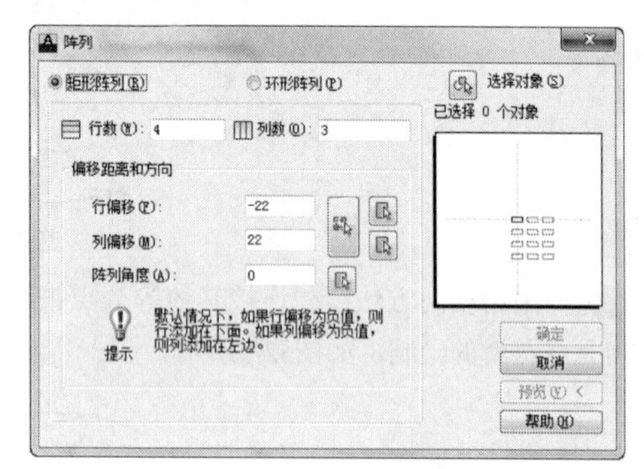

图33-6 “阵列”对话框

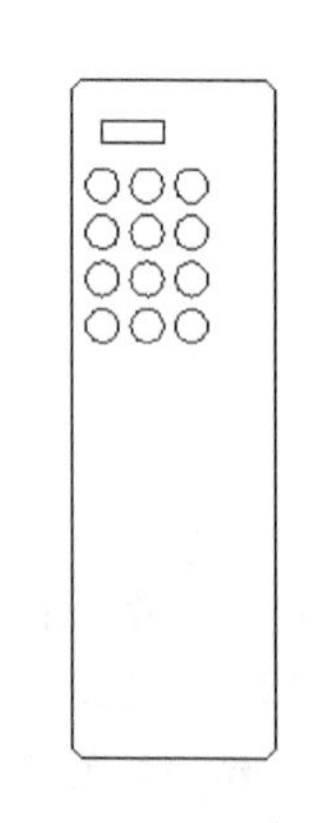

图33-7 阵列结果

05 执行“修改>复制”命令，选择一个圆，将其复制，结果如图33-8所示。命令行提示和操作内容如下：

```
命令: _copy
选择对象: 找到 1 个
选择对象:
当前设置:  复制模式 = 多个
```

```
    指定基点或 [位移(D)/模式(O)] <位移>: 指定第二个点或 <使用第一个点作为位移>: 160,380
    指定第二个点或 [退出(E)/放弃(U)] <退出>:
```

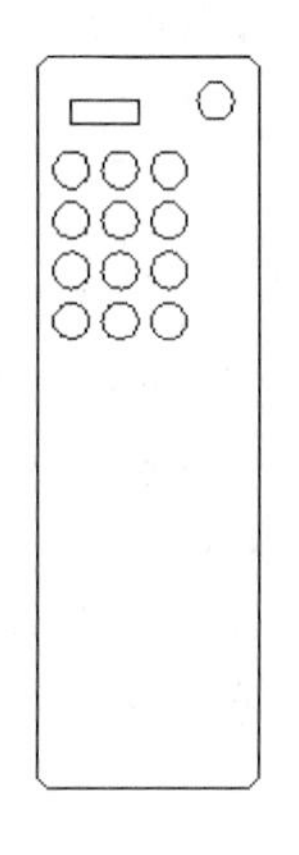

图33-8　复制圆

06 执行“绘图>矩形”命令，绘制方形按钮。结果如图33-9所示。命令行提示和操作内容如下：

```
    命令: _rectang
    指定第一个角点或 [倒角(C)/标高(E)/圆角(F)/厚度(T)/宽度(W)]: 155,355
    指定另一个角点或 [面积(A)/尺寸(D)/旋转(R)]: 175,345
```

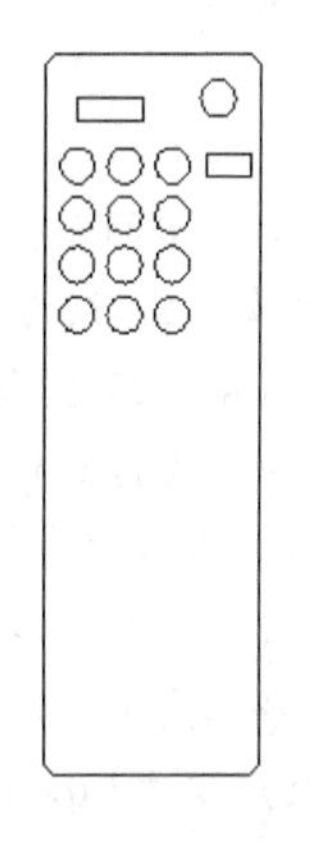

图33-9　绘制方形按钮

07 执行“修改>阵列”命令，在下拉列表中选中“矩形阵列”，选中刚绘制的矩形，按回车键确认，弹出“阵列”选项卡，设置如图33-10所示。按钮，单击“关闭阵列”选项，得到图形结果如图33-11所示。

图33-10　阵列设置

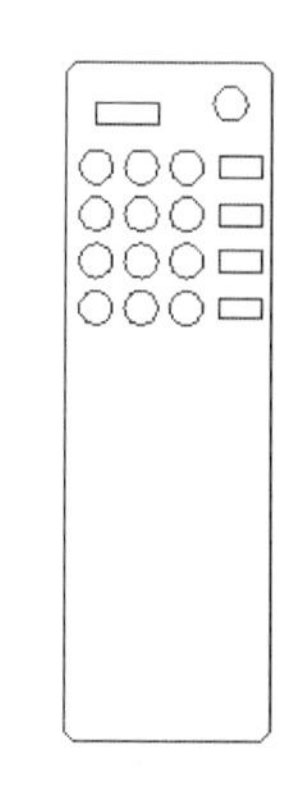

图33-11　阵列结果

08 执行“绘图>矩形”命令，绘制圆角矩形。结果如图33-12所示。命令行提示和操作内容如下：

```
    命令: _rectang
    指定第一个角点或 [倒角(C)/标高(E)/圆角(F)/厚度(T)/宽度(W)]: f
    指定矩形的圆角半径 <0.0000>: 8
    指定第一个角点或 [倒角(C)/标高(E)/圆角(F)/厚度(T)/宽度(W)]: 90,95
    指定另一个角点或 [面积(A)/尺寸(D)/旋转(R)]: 170,250
```

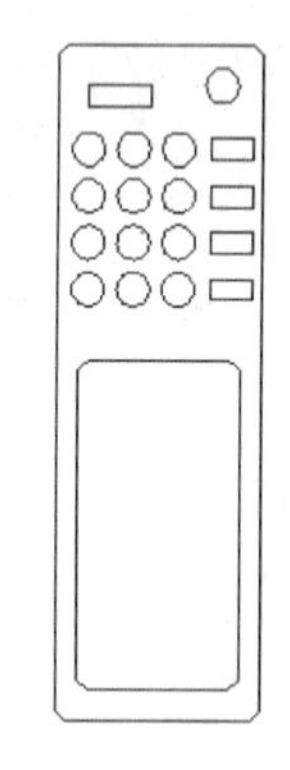

图33-12　绘制圆角矩形

09 执行“绘图>矩形”命令，绘制长方形按钮，结果如图33-13所示。命令行提示和操作内容如下：

```
    命令: _rectang
    当前矩形模式: 圆角=8.0000
    指定第一个角点或 [倒角(C)/标高(E)/圆角(F)/厚度(T)/宽度(W)]: f
    指定矩形的圆角半径 <8.0000>: 0
    指定第一个角点或 [倒角(C)/标高(E)/圆角(F)/厚度(T)/宽度(W)]: 95,230
    指定另一个角点或 [面积(A)/尺寸(D)/旋转(R)]: 115,240
```

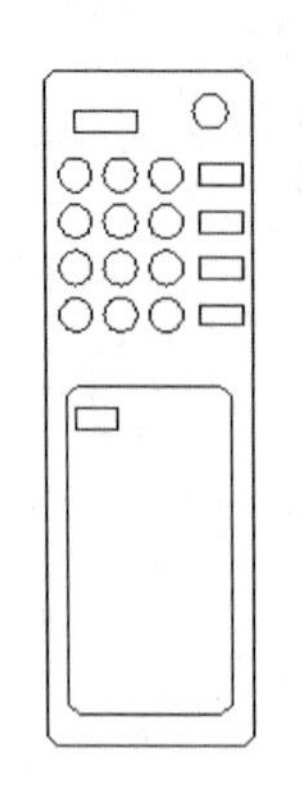

图33-13　绘制长方形按钮

10 执行“修改>阵列”命令，弹出“阵列”对话框，选中“矩形阵列”单选框。执行对话框右侧的“选择对象”命令，进入绘图区选择刚绘制的长方形按钮，按回车键结束选择，返回“阵列”对话框，其余设置如图33-14所示。单击“确定”按钮，关闭“阵列”对话框，得到图形结果如图33-15所示。

图33-14　阵列设置

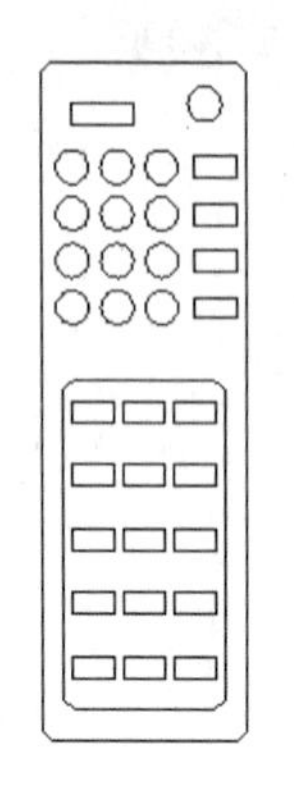

图33-15　阵列结果

11 执行“修改>删除”命令，删除多余长方形按钮。结果如图33-16所示。

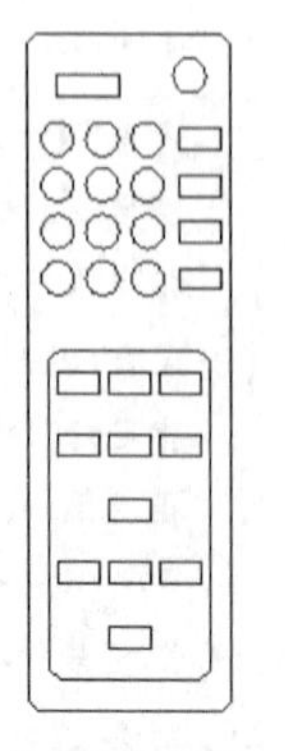

图33-16　删除多余长方形按钮

12 执行“绘图>多段线”命令，绘制上箭头，效果如图33-17所示。命令行提示和操作内容如下：

```
命令: _pline
指定起点: 130,170
当前线宽为 0.0000
指定下一个点或 [圆弧(A)/半宽(H)/长度(L)/放弃(U)/宽度(W)]: w
指定起点宽度 <0.0000>: 5
指定端点宽度 <5.0000>: 0
指定下一个点或 [圆弧(A)/半宽(H)/长度(L)/放弃(U)/宽度(W)]: @8<90
指定下一点或 [圆弧(A)/闭合(C)/半宽(H)/长度(L)/放弃(U)/宽度(W)]:
```

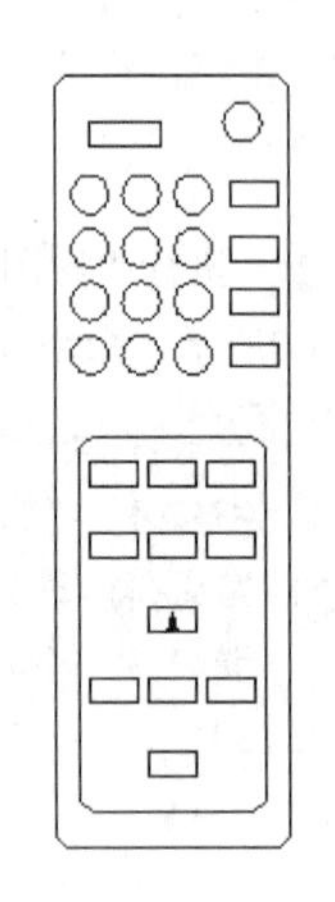

图33-17　绘制上箭头

13 按回车键，再次执行“多段线”命令，绘制初始线宽为5，终点线宽为0，起始点为（130,120），终点为（130,112）的多段线，表示下箭头。

14 按回车键，再次执行“多段线”命令，绘制初始线宽为5，终点线宽为0，起始点为（110,145），终点为（102,145）的多段线，表示左箭头。

15 按回车键再次启动多段线命令，绘制初始线宽为5，终点线宽为0，起始点为（150,145），终点为（158,145）的多段线，表示右箭头。结果如图33-1所示。

16 执行“保存”命令，将文件保存为“实战33.dwg”。

练习033　绘制直板手机

实战位置	DVD>练习文件>第2章>练习033.dwg
难易指数	★☆☆☆☆
技术掌握	巩固“矩形”与“圆”命令的使用方法

操作指南

参照“实战033”案例进行制作。

首先绘制手机的外矩形框和内矩形框，然后绘制按钮。最终效果如图33-18所示。

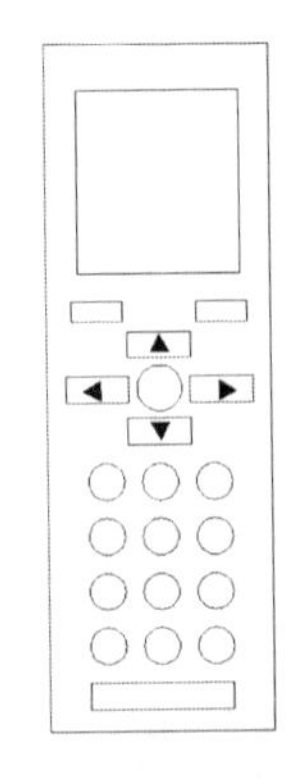

图33-18　绘制直板手机

实战034 绘制磁盘

实战位置	DVD>实战文件>第2章>实战034.dwg
视频位置	DVD>多媒体教学>第2章>实战034.avi
难易指数	★★☆☆☆
技术掌握	掌握磁盘的绘制方法

实战介绍

通过介绍绘制磁盘的过程，使读者进一步了解倒角、圆角和偏移等图形编辑命令的使用方法，并认识图案填充绘图命令的使用方法。本例最终效果如图34-1所示。

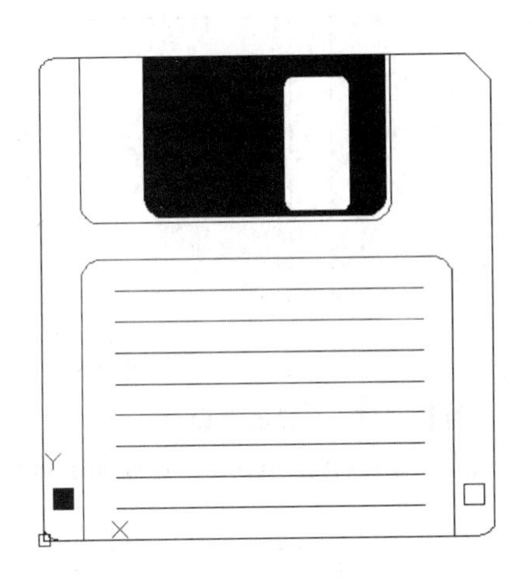

图34-1　最终效果

制作思路

• 首先执行“矩形”命令，绘制磁盘外轮廓和内部结构，然后填充颜色。

制作流程

01 执行“绘图>矩形”命令，绘制磁盘的边界矩形，起点坐标为（0,0），对角点坐标为（90,93），如图34-2所示。

02 执行“修改>倒角”命令，将右上角进行倒角，如图34-3所示。命令行提示和操作内容如下：

```
命令：CHAMFER
（“修剪”模式）当前倒角距离 1 = 0.0000，距离 2 = 0.0000
选择第一条直线或 [放弃(U)/多段线(P)/距离(D)/角度(A)/修剪(T)/方式(E)/多个(M)]： D
指定第一个倒角距离 <0.0000>: 5
指定第二个倒角距离 <5.0000>:5
选择第一条直线或 [放弃(U)/多段线(P)/距离(D)/角度(A)/修剪(T)/方式(E)/多个(M)]:
选择第二条直线，或按住 Shift 键选择要应用角点的直线:
```

图34-2　绘制磁盘边界

图34-3　绘制倒角

03 执行“修改>圆角”命令按钮，设置圆角半径为3，对矩形其余三个角进行圆角处理，效果如图34-4所示。

图34-4　圆角处理

技巧与提示

倒角圆角的操作可以应用于机械绘图中需要倒角或圆角的边、沿等的绘制中。倒角命令是一个比较常用的命令，用户可以根据需要设置不同的第一、第二倒角长度。

04 执行“绘图>矩形”命令，绘制磁盘的滑动挡板轮廓，起点坐标为（8,61），对角点相对坐标为（62,32），结果如图34-5所示。

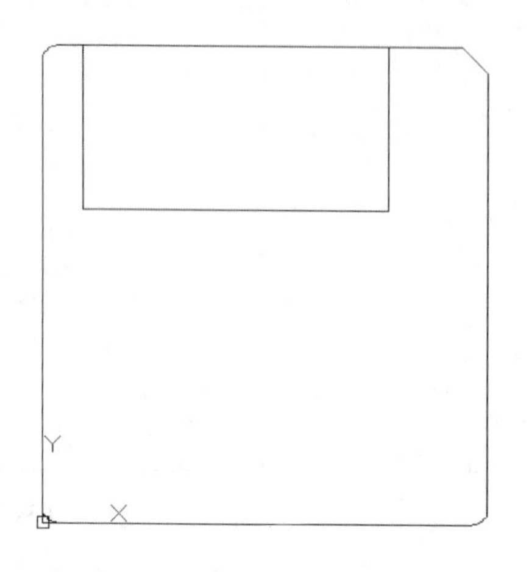

图34-5　绘制滑动挡板轮廓

05 按回车键再次启动绘制矩形命令，绘制起点坐标为（21,62），对角点相对坐标为（48,31）的矩形，以及起点坐标为（49,63），对角点相对坐标为（13,26），效果如图34-6所示。

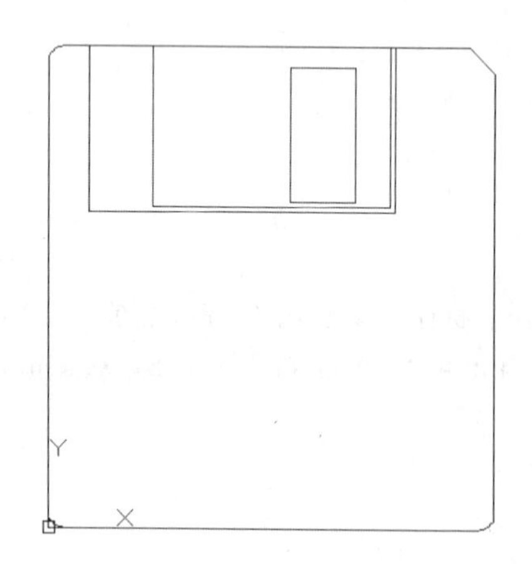

图34-6　绘制矩形

06 执行“修改>圆角”命令，设置圆角半径为4，对两个大矩形下端两个角进行圆角处理；设置圆角半径为2，对小矩形4个角进行圆角处理，结果如图34-7所示。

07 执行“绘图>矩形”命令，绘制磁盘下部标签区域轮廓线，起点坐标为（8,0），对角点坐标为（74，54），结果如图34-8所示。

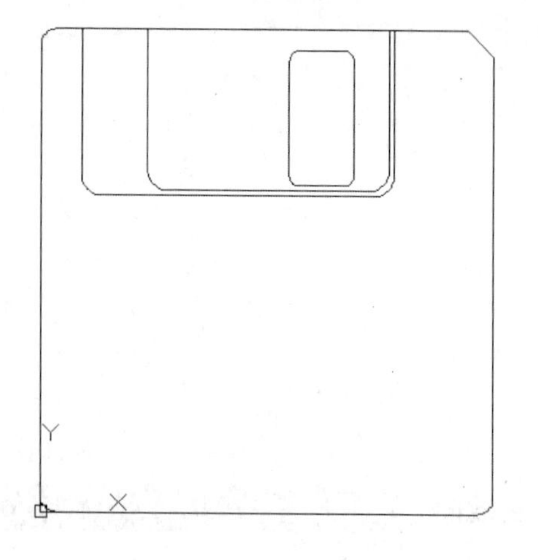

图34-7　圆角处理

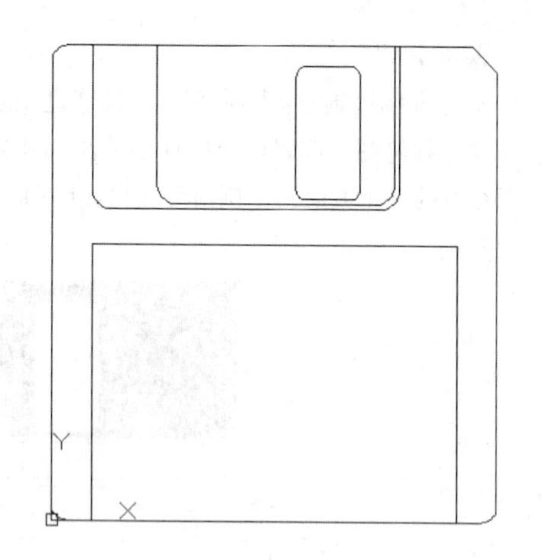

图34-8　绘制标签区域轮廓线

08 执行“修改>圆角”命令，设置圆角半径为4，对矩形上部两个角进行圆角处理，结果如图34-9所示。

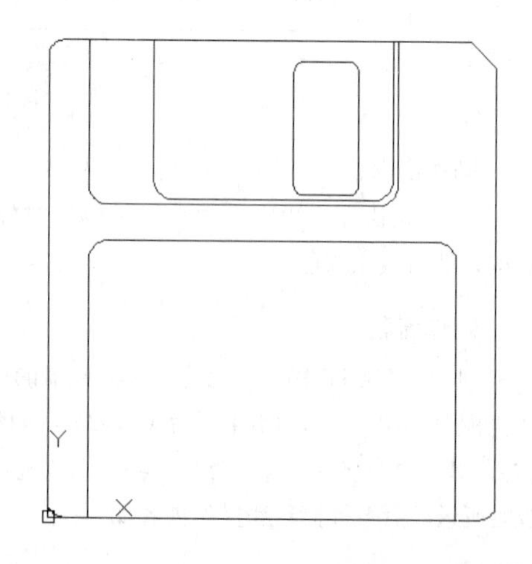

图34-9　圆角处理

09 执行“绘图>直线”命令，绘制起点坐标为（15,48）、长度为61的水平直线，如图34-10所示。

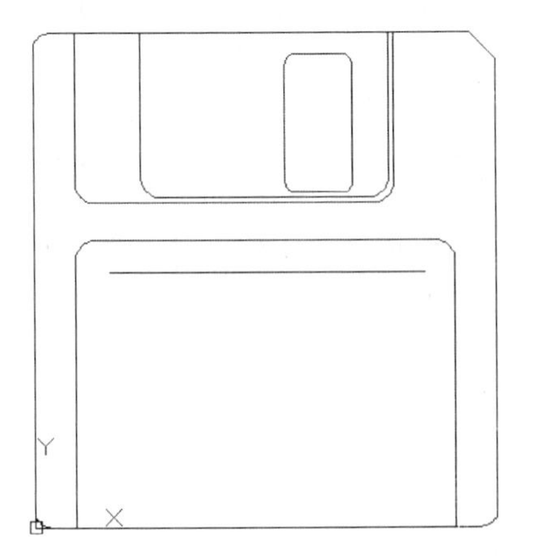

图34-10　绘制直线

10 执行“修改>偏移”命令，将直线进行偏移，结果如图34-11所示。命令行提示和操作内容如下：

命令：OFFSET

当前设置：删除源=否　图层=源　OFFSETGAPTYPE=0

指定偏移距离或 [通过(T)/删除(E)/图层(L)] <通过>: 6//指定偏移距离

选择要偏移的对象，或 [退出(E)/放弃(U)] <退出>://选择刚绘制的直线

指定要偏移的那一侧上的点，或 [退出(E)/多个(M)/放弃(U)] <退出>://在直线下方单击鼠标

…//重复上面两步提示，选择刚得到的直线向下偏移

选择要偏移的对象，或 [退出(E)/放弃(U)] <退出>://当生成所有的标签线后，按回车键结束，结果如图34-11所示

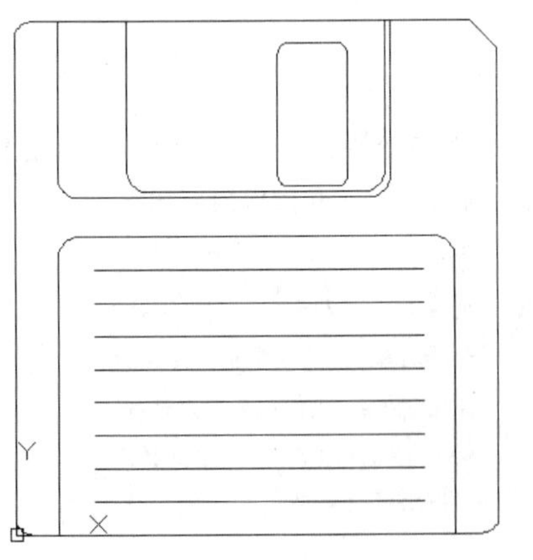

图34-11　偏移结果

技巧与提示

偏移对象可创建其形状与选定对象形状平行的新对象，在机械制图中经常用到。注意在偏移圆或圆弧可创建更大或更小的圆或圆弧，取决于向哪一侧偏移。用户可以以指定的距离偏移对象，也可以指定一点，使偏移对象通过该点。

11 执行“绘图>矩形”命令，绘制两个小矩形，表示写保护孔，如图34-12所示。命令行提示和操作内容如下：

命令：RECTANG

指定第一个角点或 [倒角(C)/标高(E)/圆角(F)/厚度(T)/宽度(W)]: 2,6

指定另一个角点或 [面积(A)/尺寸(D)/旋转(R)]: 4,4

命令：RECTANG

指定第一个角点或 [倒角(C)/标高(E)/圆角(F)/厚度(T)/宽度(W)]: 84,6

指定另一个角点或 [面积(A)/尺寸(D)/旋转(R)]: 4,4

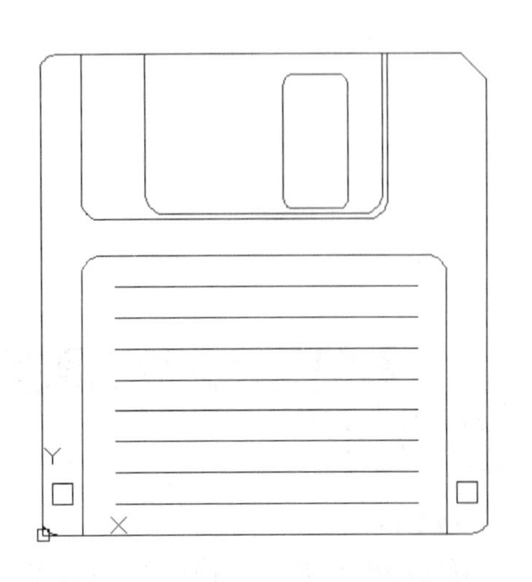

图34-12　绘制写保护孔

12 执行“绘图>图案填充”命令，弹出“图案填充和渐变色”对话框，如图34-13所示。单击“图案”选项栏后的“SOLID”图案。单击“拾取点”按钮，回到绘图区域，拾取填充区域，如图34-14所示。按回车键结束选择，得到填充效果如图34-1所示。

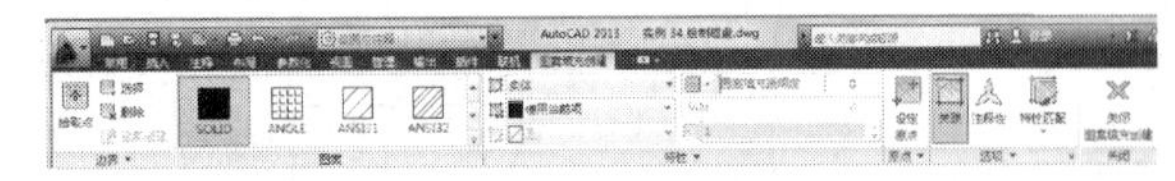

图34-13　“图案填充和渐变色”对话框

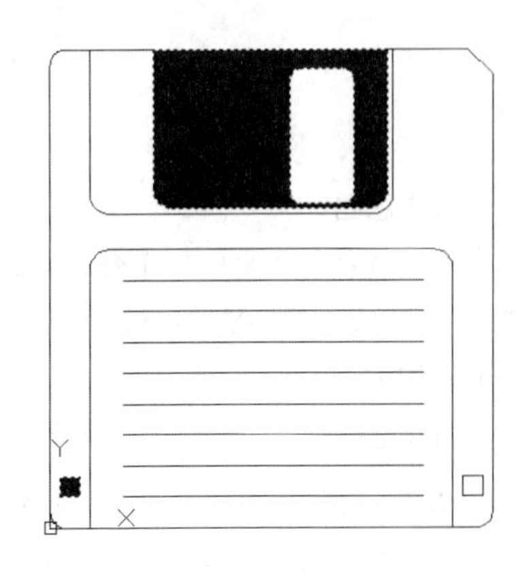

图34-14　选择填充区域

13 保存该文件为“实战034.dwg”。

练习034 绘制ID卡

实战位置 DVD>练习文件>第2章>练习034.dwg
难易指数 ★★☆☆☆
技术掌握 巩固"矩形"命令的使用方法

操作指南

参照"实战034"案例进行制作。

首先执行"矩形"命令，绘制ID卡的整体轮廓，然后填充相应颜色。最终效果如图34-15所示。

图34-15 带磁条的ID卡

实战035 绘制扇形叶片

实战位置 DVD>实战文件>第2章>实战035.dwg
视频位置 DVD>多媒体教学>第2章>实战035.avi
难易指数 ★★☆☆☆
技术掌握 掌握"圆弧"命令的使用方法

实战介绍

通过介绍绘制扇形叶片的过程，使读者进一步了解直线、圆弧、复制和删除等绘图命令的使用方法，并认识旋转、镜像和移动命令的使用方法。本例最终效果如图35-1所示。

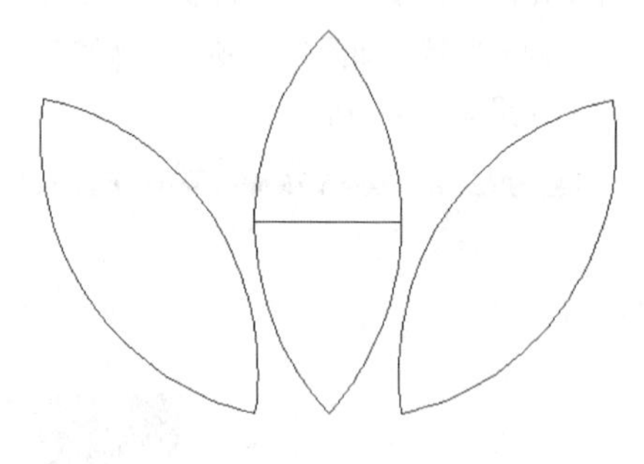

图35-1 最终效果

制作思路

· 首先执行"直线"命令，绘制辅助线，然后执行"圆弧"命令，绘制扇叶，最后执行"镜像"与"复制"命令完成扇形叶片的绘制。

制作流程

01 执行"绘图>直线"命令，绘制两条垂直相交的直线，如图35-2所示。命令行提示和操作内容如下：

```
命令： _line 指定第一点： 200,150
指定下一点或 [放弃(U)]： 200,250
指定下一点或 [放弃(U)]：
命令:LINE//按回车键再次启动直线命令
指定第一点： 180,200
指定下一点或 [放弃(U)]： 220,200
指定下一点或 [放弃(U)]：
```

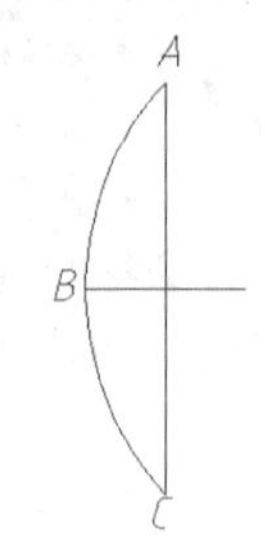

图35-2 绘制两相交直线

02 执行"绘图>圆弧"命令，绘制弧线，如图35-3所示。命令行提示和操作内容如下：

```
命令： _arc 指定圆弧的起点或 [圆心(C)]：//捕捉点A
指定圆弧的第二个点或 [圆心(C)/端点(E)]：//捕捉点B
指定圆弧的端点：//捕捉点C
```


图35-3 绘制弧线

03 执行"修改>镜像"命令，将圆弧镜像，如图35-4所示。命令行提示和操作内容如下：

```
命令： _mirror
选择对象： 找到 1 个//选择圆弧
选择对象：//按回车键结束选择
指定镜像线的第一点： //选择点A
指定镜像线的第二点：//选择点B
要删除源对象吗？ [是(Y)/否(N)] <N>：
```

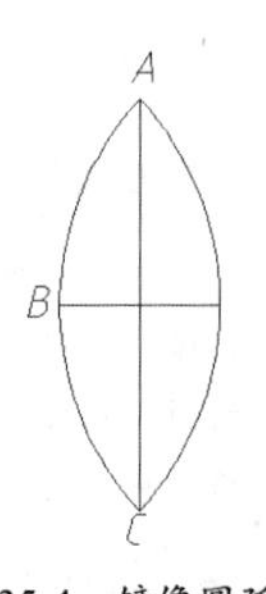

图35-4 镜像圆弧

04 执行“修改>复制”命令，复制两圆弧，结果如图35-5所示。命令行提示和操作内容如下：

```
命令：_copy
选择对象：找到 1 个
选择对象：找到 1 个，总计 1 个
选择对象：找到 1 个，总计 2 个
选择对象：//按回车键结束选择
当前设置：  复制模式 = 多个
指定基点或 [位移(D)/模式(O)] <位移>：//指定基点为两直线的交点(200,200)
指定第二个点或 <使用第一个点作为位移>：158,200
指定第二个点或 [退出(E)/放弃(U)] <退出>：//按回车键结束命令
```

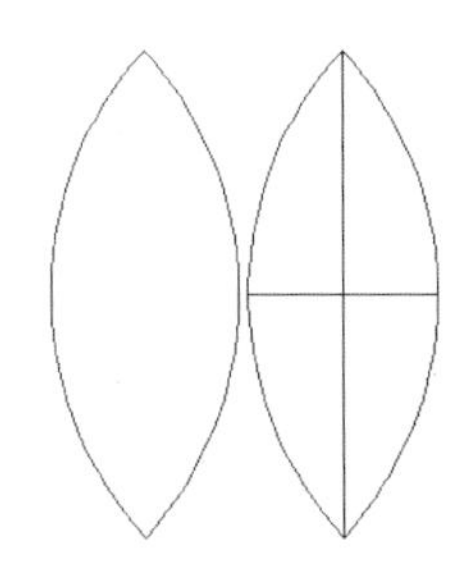

图35-5　复制圆弧

05 执行“修改>旋转”命令，将左侧圆弧旋转，得到结果如图35-6所示。命令行提示和操作内容如下：

```
命令：_rotate
UCS 当前的正角方向：  ANGDIR=逆时针  ANGBASE=0
选择对象：找到 1 个
选择对象：找到 1 个，总计 2 个//选择左侧刚复制的两个圆弧
选择对象：//按回车键结束选择
指定基点：//指定基点为两圆弧下交点D
指定旋转角度，或 [复制(C)/参照(R)] <0>：  35
```

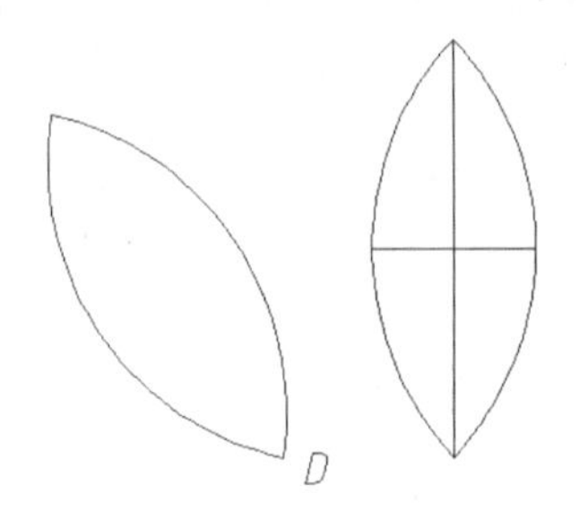

图35-6　旋转圆弧

06 执行“修改>移动”命令，选择左侧两个圆弧，对其进行移动，结果如图35-7所示。命令行提示和操作内容如下：

```
命令：_move
选择对象：找到 1 个
选择对象：找到 1 个，总计 2 个
选择对象：
指定基点或 [位移(D)] <位移>：//指定D点为基点
指定第二个点或 <使用第一个点作为位移>：180,150
```

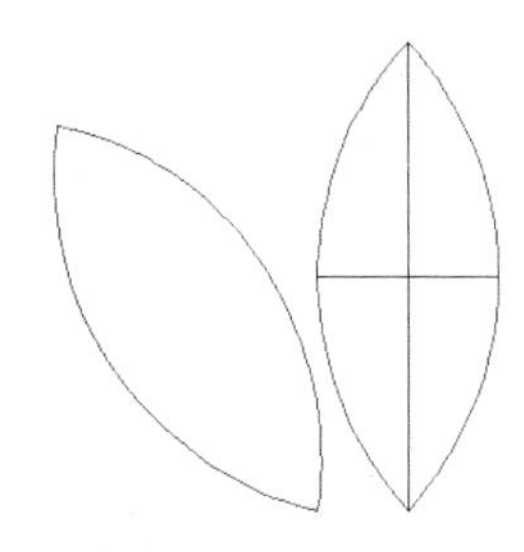

图35-7　移动圆弧

07 执行“修改>镜像”命令，将左侧两圆弧镜像，结果如图35-8所示。

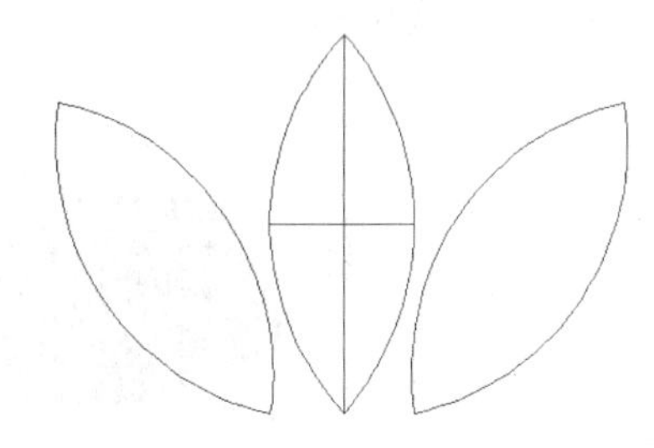

图35-8　镜像圆弧

08 执行“修改>删除”命令，将竖直线删除，结果如图35-1所示。

09 执行“标准>另存为”命令，弹出“另存为”对话框，将该文件保存为“实战035.dwg”。

练习035　绘制扇叶

实战位置	DVD>练习文件>第2章>练习035.dwg
难易指数	★★☆☆☆
技术掌握	巩固“圆弧”命令的使用方法

操作指南

参照“实战035”案例进行制作。

首先执行“直线”与“圆弧”命令，绘制单叶片，然后执行“镜像”与“复制”命令完成扇叶的绘制，最终效果如图35-9所示。

图35-9　绘制扇叶

实战036 绘制足球

实战位置 DVD>实战文件>第2章>实战036.dwg
视频位置 DVD>多媒体教学>第2章>实战036.avi
难易指数 ★★☆☆☆
技术掌握 掌握“镜像”与“修剪”命令的使用方法

实战介绍

通过介绍绘制足球的过程，使读者进一步了解圆形、多边形、镜像、修剪和图案填充绘图命令的使用方法。本例最终效果如图36-1所示。

图36-1 最终效果

制作思路

• 首先执行“多边形”命令，绘制正六边形；然后执行“复制”命令，绘制足球的多个面；最后利用“修剪”工具，完成足球的绘制。

制作流程

01 执行“绘图>正多边形”命令，绘制正六边形，如图36-2所示。命令行提示和操作内容如下：

```
命令: _polygon 输入边的数目 <4>: 6
指定正多边形的中心点或 [边(E)]: 200,190
输入选项 [内接于圆(I)/外切于圆(C)] <I>:I
指定圆的半径: 30
```

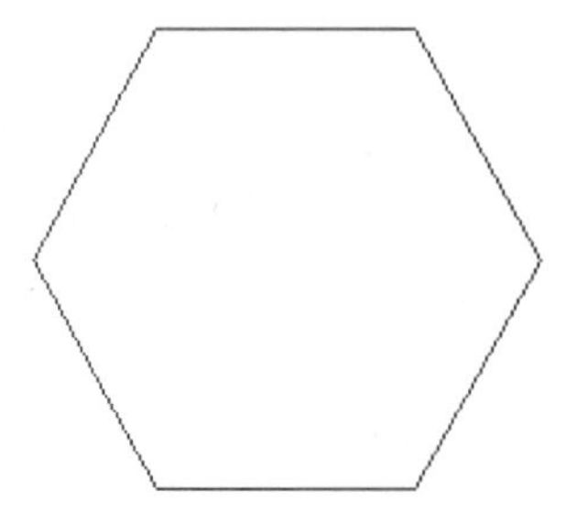

图36-2 绘制正六边形

02 执行“修改>复制”命令，复制正六边形，如图36-3所示。命令行提示和操作内容如下：

```
命令: _copy
选择对象: 找到 1 个//选择正六边形
选择对象://按回车键结束选择
当前设置: 复制模式 = 多个
指定基点或 [位移(D)/模式(O)] <位移>://捕捉指定点A为基点
指定第二个点或 <使用第一个点作为位移>://捕捉指定点B为目标点
指定第二个点或 [退出(E)/放弃(U)] <退出>://按回车键结束复制
```

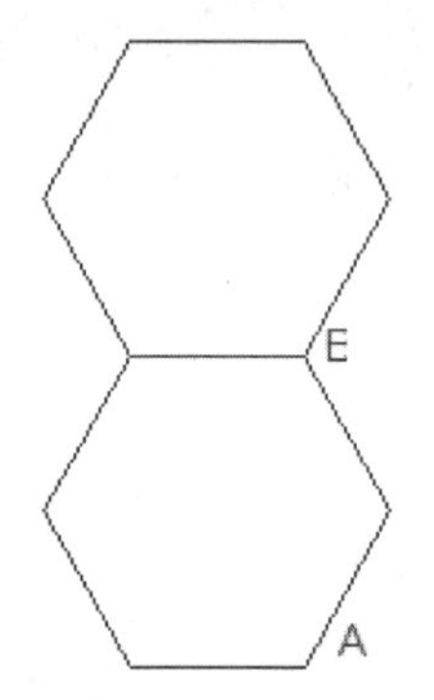

图36-3 复制正六边形

03 执行“修改>复制”命令，将两个六边形复制，得到结果如图36-4所示。命令行提示和操作内容如下：

```
命令: _copy
选择对象: 指定对角点: 找到 2 个//选择两个正多边形
选择对象:
当前设置: 复制模式 = 多个
指定基点或 [位移(D)/模式(O)] <位移>://指定点B为复制基点
指定第二个点或 <使用第一个点作为位移>://指定点C为目标点
指定第二个点或 [退出(E)/放弃(U)] <退出>://按回车键结束选择
```

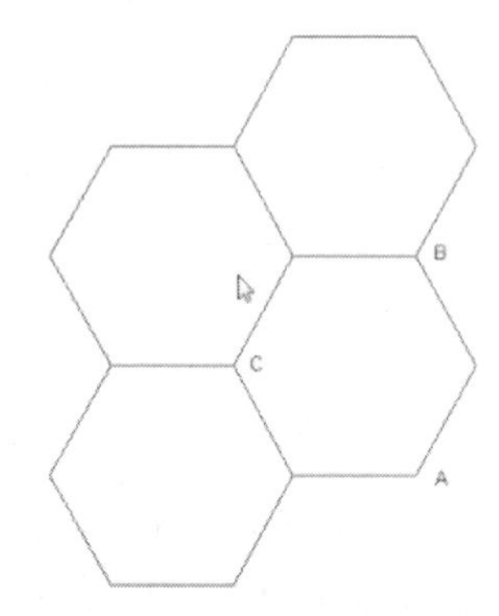

图36-4 复制两个正六边形

04 执行“修改>复制”命令，将右侧下方六边形以点B为基点，点A为目标点进行复制，得到结果如图36-5所示。

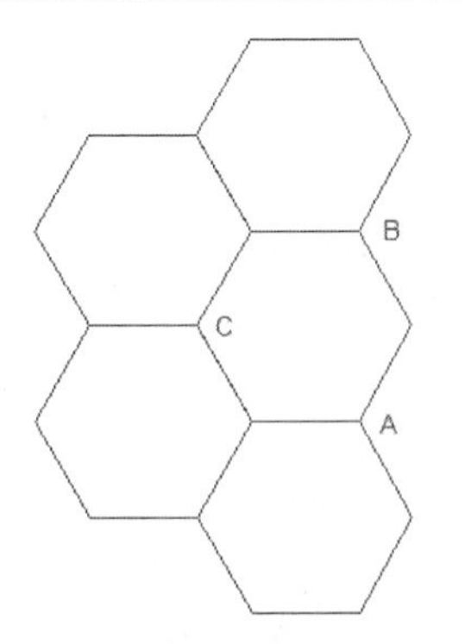

图36-5　复制正六边形

05 执行“修改>镜像”命令，将左侧两个六边形镜像，结果如图36-6所示。命令行提示和操作内容如下：

命令：_mirror

选择对象：指定对角点：找到 2 个//选择左侧两个正六边形

选择对象：//按回车键结束选择

指定镜像线的第一点：_mid 于//利用中点捕捉，捕捉边BF的中点

指定镜像线的第二点：_mid 于//利用中点捕捉，捕捉边AE的中点

要删除源对象吗？[是(Y)/否(N)] <N>://按回车键使用默认不删除设置，将六边形镜像

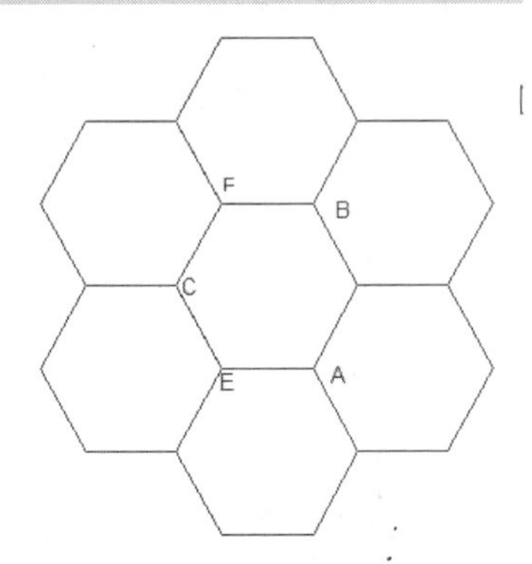

图36-6　镜像左侧两个六边形

06 执行“绘图>圆”命令，以点（210,190）为圆心，绘制半径为60的圆，如图36-7所示。

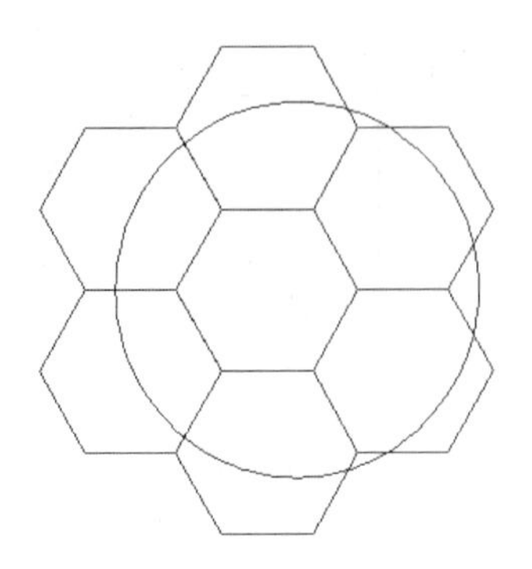

图36-7　绘制圆

07 执行“修改>修剪”命令，对图形进行修剪，得到结果如图36-8所示。

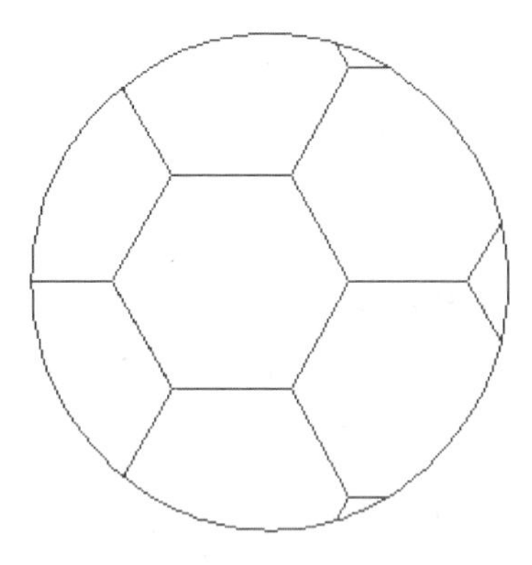

图36-8　修剪图形

08 执行“绘图>图案填充”命令，弹出“图案填充和渐变色”对话框。选择“图案填充”，选择“SOLID”图案，选中后，单击“拾取点”按钮，拾取填充区域，按回车键结束选择，得到填充效果如图36-1所示。

09 执行“保存”命令，弹出“另存为”对话框，将该文件保存为“实战036.dwg”。

练习036　绘制餐桌布

实战位置	DVD>练习文件>第2章>练习036.dwg
难易指数	★★☆☆☆
技术掌握	巩固“直线”的使用方法

操作指南

参照“实战036”案例进行制作。

首先执行“矩形”命令，绘制餐桌方格，然后利用“圆”命令绘制桌布，最后填充颜色。最终效果如图36-9所示。

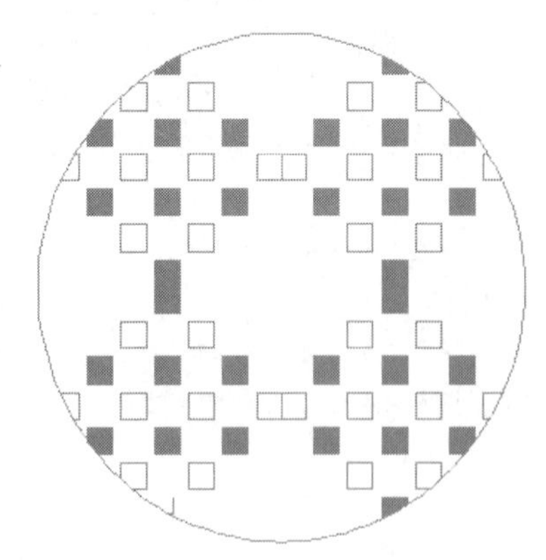

图36-9　绘制方格餐桌布

实战037　绘制螺丝刀

实战位置	DVD>实战文件>第2章>实战037.dwg
视频位置	DVD>多媒体教学>第2章>实战037.avi
难易指数	★★☆☆☆
技术掌握	掌握“样条曲线”命令的使用方法

实战介绍

通过介绍绘制螺丝刀的过程，使读者进一步了解直线、矩形、多段线和偏移命令的使用方法，并认识样条曲

线命令的使用方法。本例最终效果如图37-1所示。

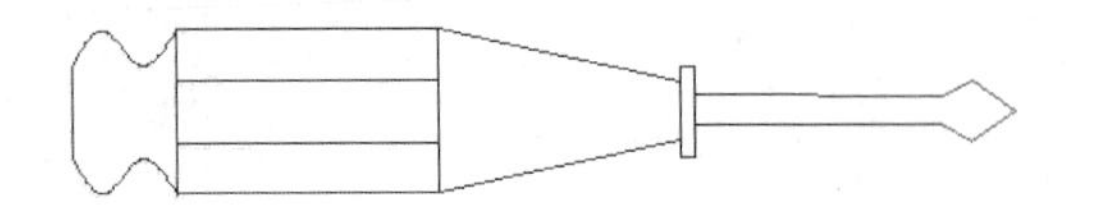

图37-1　最终效果

制作思路

- 首先执行“直线”与“样条曲线”命令，绘制螺丝刀把，然后执行“直线”命令绘制剩余的部分。

制作流程

01 执行“绘图>直线”命令，绘制直线，如图37-2所示。命令行提示和操作内容如下：

```
命令：_line 指定第一点：1000,1000
指定下一点或 [放弃(U)]：0,300
指定下一点或 [放弃(U)]：
```

图37-2　绘制直线

02 执行“绘图>样条曲线”命令，绘制样条曲线，如图37-3所示。命令行提示和操作内容如下：

```
命令：_spline
指定第一个点或 [对象(O)]://捕捉直线上端点
指定下一点：110,118
指定下一点或 [闭合(C)/拟合公差(F)] <起点切向>：120,-112
指定下一点或 [闭合(C)/拟合公差(F)] <起点切向>：130,118
指定下一点或 [闭合(C)/拟合公差(F)] <起点切向>：//按回车键
指定起点切向：//按回车键
指定端点切向：//按回车键
```

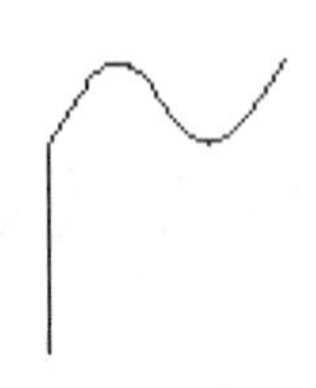

图37-3　绘制样条曲线

03 执行“修改>镜像”命令，将样条曲线镜像，结果如图37-4所示。命令行提示和操作内容如下：

```
命令：_mirror
选择对象：找到 1 个//选择样条曲线
选择对象：//按回车键结束选择
指定镜像线的第一点：_mid 于//利用中点捕捉，捕捉直线中点为第一点
指定镜像线的第二点：<正交 开>//打开正交模式在水平方向单击鼠标指定第二点
要删除源对象吗？[是(Y)/否(N)] <N>：//按回车键使用默认设置
```

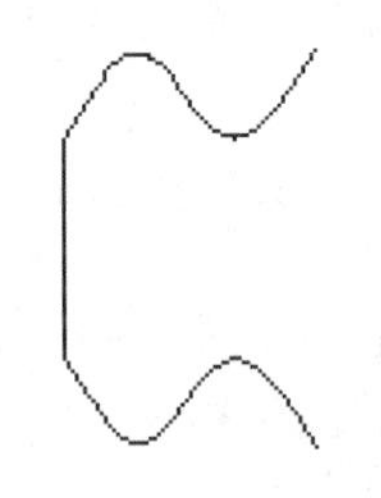

图37-4　镜像样条曲线

04 执行“绘图>矩形”命令，绘制矩形，起点坐标为（130,118），对角点坐标为（900,-542），结果如图37-5所示。

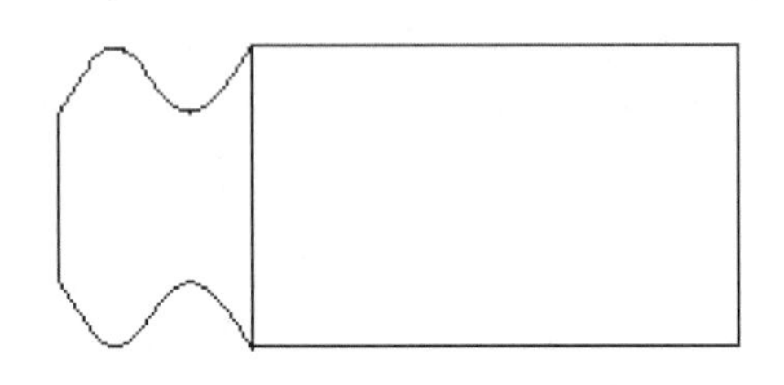

图37-5　绘制矩形

05 执行“绘图>直线”命令，绘制起点为（130,102）、终点为（900,102）的水平直线，表示握把棱线，如图37-6所示。

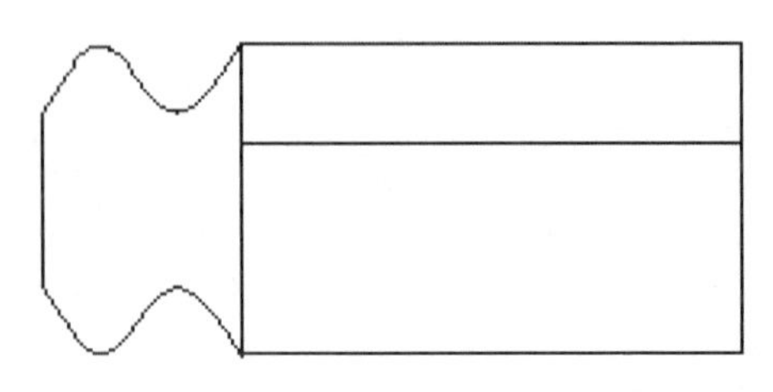

图37-6　绘制直线

06 执行“修改>偏移”命令，将刚绘制的直线向下偏移，偏移距离为200，结果如图37-7所示。

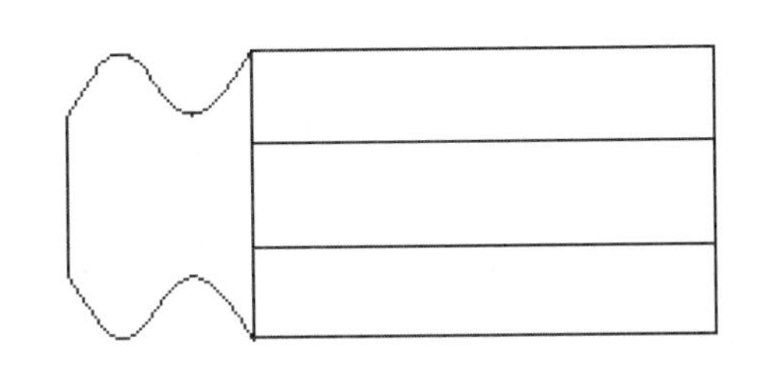

图37-7 偏移直线

07 执行"绘图>直线"命令，绘制起点为（230,118）、终点为（270,105）的直线和起点为（230,78）、终点为（270,91）的直线，如图37-8所示。

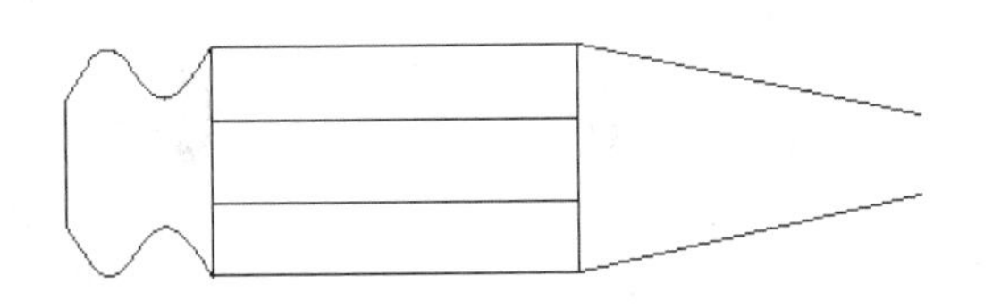

图37-8 绘制倾斜直线

08 执行"绘图>矩形"命令，绘制矩形，绘制起点坐标为（270,108）、对角点坐标为（274,88）的矩形，表示握把沿，如图37-9所示。

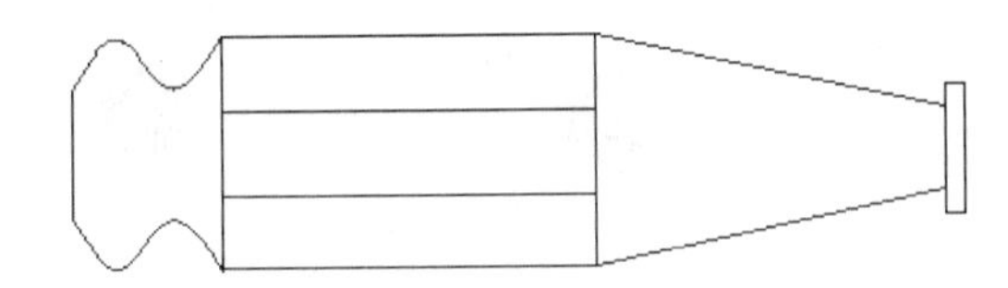

图37-9 绘制矩形

09 执行"绘图>多段线"命令，绘制螺丝刀的工作杆，结果如图37-1所示。命令行提示和操作内容如下：

```
命令：_pline
指定起点：274,101
当前线宽为 0.0000
指定下一个点或 [圆弧(A)/半宽(H)/长度(L)/放弃(U)/宽度(W)]：364,101
指定下一点或 [圆弧(A)/闭合(C)/半宽(H)/长度(L)/放弃(U)/宽度(W)]：372,104
指定下一点或 [圆弧(A)/闭合(C)/半宽(H)/长度(L)/放弃(U)/宽度(W)]：388,100
指定下一点或 [圆弧(A)/闭合(C)/半宽(H)/长度(L)/放弃(U)/宽度(W)]：388,96
指定下一点或 [圆弧(A)/闭合(C)/半宽(H)/长度(L)/放弃(U)/宽度(W)]：372,92
指定下一点或 [圆弧(A)/闭合(C)/半宽(H)/长度(L)/放弃(U)/宽度(W)]：364,95
指定下一点或 [圆弧(A)/闭合(C)/半宽(H)/长度(L)/放弃(U)/宽度(W)]：274,95
指定下一点或 [圆弧(A)/闭合(C)/半宽(H)/长度(L)/放弃(U)/宽度(W)]：
```

10 执行"保存"命令，弹出"另存为"对话框，将该文件保存为"实战37.dwg"。

练习037 绘制电子温度计

实战位置 DVD>练习文件>第2章>练习037.dwg
难易指数 ★☆☆☆☆
技术掌握 掌握"直线"与"圆"命令的使用方法

操作指南

参照"实战037"案例进行制作。

首先执行"直线"命令，绘制温度计基本外形，然后执行"圆"命令，完成电子温度计的绘制。最终效果如图37-10所示。

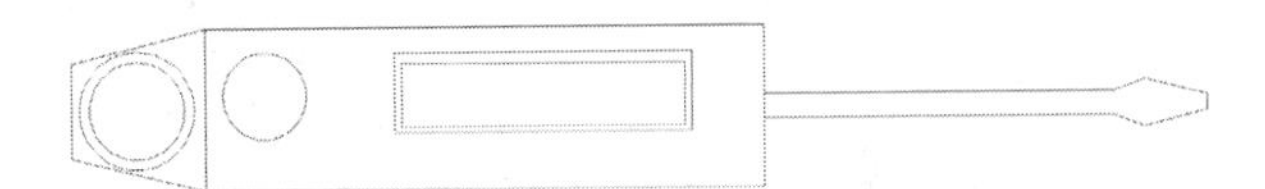

图37-10 绘制电子温度计

实战038 绘制链条

实战位置 DVD>实战文件>第2章>实战038.dwg
视频位置 DVD>多媒体教学>第2章>实战038.avi
难易指数 ★★☆☆☆
技术掌握 掌握图块的创建及插入的使用方法

实战介绍

通过介绍绘制链条的过程，使读者认识图块的创建及插入的使用方法。本例最终效果如图38-1所示。

图38-1 最终效果

制作思路

• 首先执行"多段线"命令，绘制链条的结构；然后执行"圆"命令，绘制链条的圆环；最后执行"绘图-定距等分"命令，完成链条的绘制。

制作流程

01 打开一个新的AutoCAD文件，在命令行输入ZOOM，将绘图区域放大10倍，命令行提示和操作内容如下：

```
命令：zoom
指定窗口的角点，输入比例因子 (nX 或 nXP)，或者[全部(A)/中心(C)/动态(D)/范围(E)/上一个(P)/比例(S)/窗口(W)/对象(O)] <实时>：10
```

02 单击“绘图”面板上的“多段线”命令，绘制单个链环的轮廓，如图38-2所示。命令行提示和操作内容如下：

```
命令： _pline
指定起点：//在绘图区域适当位置指定起点
当前线宽为 0.0000
指定下一个点或 [圆弧(A)/半宽(H)/长度(L)/放弃(U)/宽度(W)]: a
指定圆弧的端点或[角度(A)/圆心(CE)/方向(D)/半宽(H)/直线(L)/半径(R)/第二个点(S)/放弃(U)/宽度(W)]: a
指定包含角： 243
指定圆弧的端点或 [圆心(CE)/半径(R)]: r
指定圆弧的半径： 2.98
指定圆弧的弦方向 <0>: -90
指定圆弧的端点或[角度(A)/圆心(CE)/闭合(CL)/方向(D)/半宽(H)/直线(L)/半径(R)/第二个点(S)/放弃(U)/宽度(W)]: a
指定包含角： -63
指定圆弧的端点或 [圆心(CE)/半径(R)]: r
指定圆弧的半径： 4.36
指定圆弧的弦方向 <32>: 0
指定圆弧的端点或[角度(A)/圆心(CE)/闭合(CL)/方向(D)/半宽(H)/直线(L)/半径(R)/第二个点(S)/放弃(U)/宽度(W)]: a
指定包含角： 243
指定圆弧的端点或 [圆心(CE)/半径(R)]: r
指定圆弧的半径： 2.98
指定圆弧的弦方向 <328>: 90
指定圆弧的端点或 [角度(A)/圆心(CE)/闭合(CL)/方向(D)/半宽(H)/直线(L)/半径(R)/第二个点(S)/放弃(U)/宽度(W)]: a
指定包含角： -63
指定圆弧的端点或 [圆心(CE)/半径(R)]://捕捉起点作为圆弧端点
指定圆弧的端点或[角度(A)/圆心(CE)/闭合(CL)/方向(D)/半宽(H)/直线(L)/半径(R)/第二个点(S)/放弃(U)/宽度(W)]://按回车键结束绘制
```

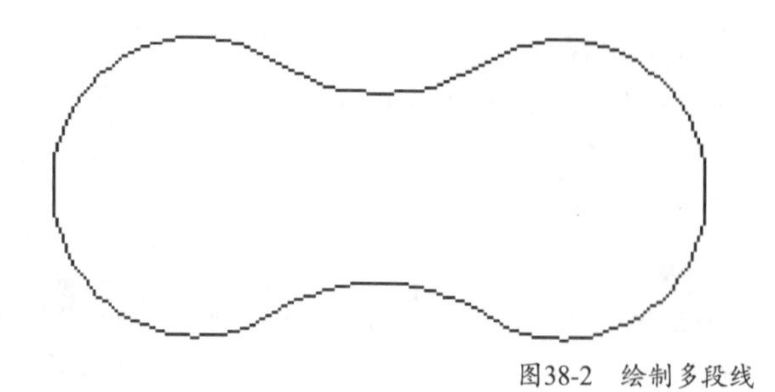

图38-2 绘制多段线

03 执行“绘图>圆环”命令，绘制两个实心圆，如图38-3所示。命令行提示和操作内容如下：

```
命令： _donut
指定圆环的内径 <0.5000>: 0
指定圆环的外径 <1.0000>: 1.68
指定圆环的中心点或 <退出>://捕捉多段线中左侧圆弧的圆心作为中心点
指定圆环的中心点或 <退出>://捕捉多段线中右侧圆弧的圆心作为中心点
指定圆环的中心点或 <退出>://按回车键结束选择
```

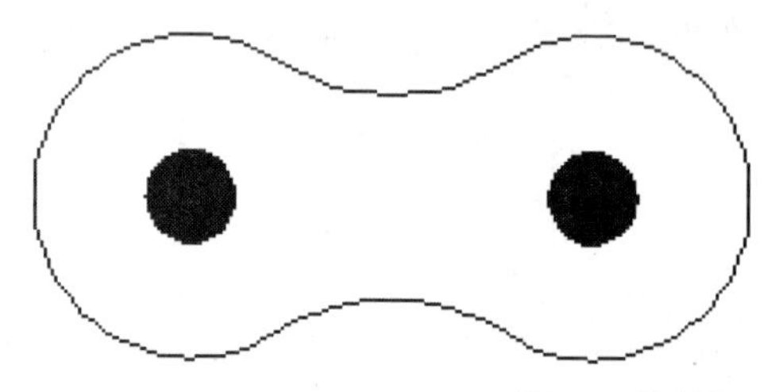

图38-3 绘制实心圆

04 执行“绘图>直线”命令，在两个实心圆中间，以两个圆心为端点，绘制辅助直线，如图38-4所示。

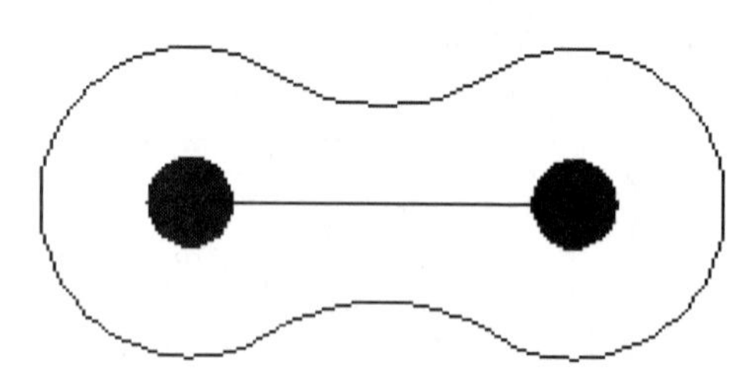

图38-4 绘制辅助直线

05 执行“块>创建块”命令，弹出“块定义”对话框，如图38-5所示。在“名称”文本框中输入名称为“链条”。在“基点”选项组中，单击“拾取点”按钮，进入绘图区，利用中点选择模式，选择刚绘制直线的中点作为基点，返回“块定义”对话框。在“对象”选项组中，单击“选择对象”按钮，选择刚绘制的全部图形对象，返回“块定义”对话框，此时对话框显示如图38-6所示。单击“确定”按钮，关闭“块定义”对话框。

当多个图形对象创建为一个块后，它们变为一个整体，要想对其中某个对象进行编辑可以单击“修改”工具栏上的“分解”命令，将其分解。如果想对整个块进行修改，可以双击该块，弹出块编辑器，可对其进行动态编辑。详细情况可参见AutoCAD 2013软件的新功能专题演习中关于动态块的讲解。

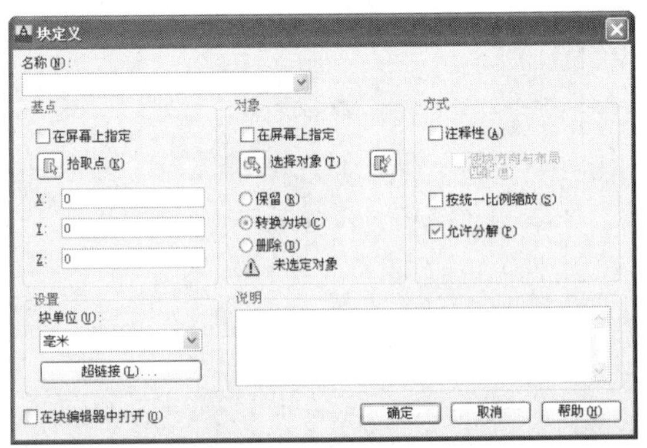

图38-5　“块定义”对话框

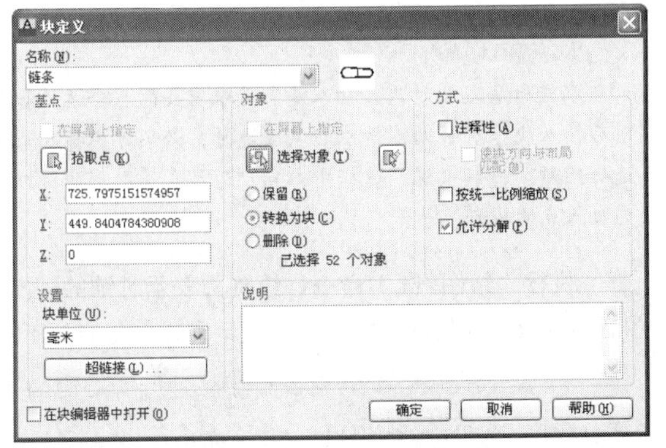

图38-6　链条块定义

06 在命令行输入ZOOM，将绘图区恢复原状。命令行提示如下：

```
命令：zoom
指定窗口的角点，输入比例因子 (nX 或 nXP)，或者[全部(A)/中心(C)/动态(D)/范围(E)/上一个(P)/比例(S)/窗口(W)/对象(O)] <实时>：a
```

07 执行“绘图>多段线”命令，绘制一条封闭多段线作为链条的轨迹线，如图38-7所示。

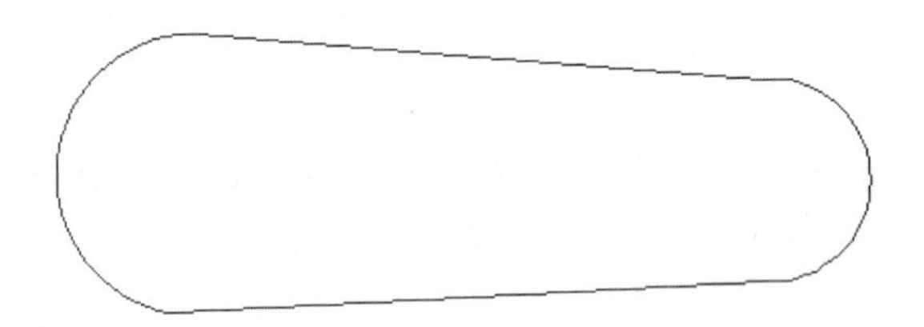

图38-7　链条轨迹线

08 执行“绘图>定距等分”命令，插入图块，结果如图38-1所示。命令行提示和操作内容如下：

```
命令：_measure
选择要定距等分的对象：
指定线段长度或 [块(B)]：b
输入要插入的块名：链条
是否对齐块和对象？[是(Y)/否(N)] <Y>：
指定线段长度：14
```

09 执行“保存”命令，弹出“另存为”对话框，将该文件保存为“实战038.dwg”。

练习038　绘制项链

实战位置　DVD>练习文件>第2章>练习038.dwg
难易指数　★★☆☆☆
技术掌握　巩固图块的创建及插入的使用方法

操作指南

参照“实战038”案例进行制作。

首先执行“多段线”命令，绘制项链的结构；然后执行“圆”命令，绘制项链的圆环；最后执行“绘图-定距等分”命令，完成项链的绘制。最终效果如图38-8所示。

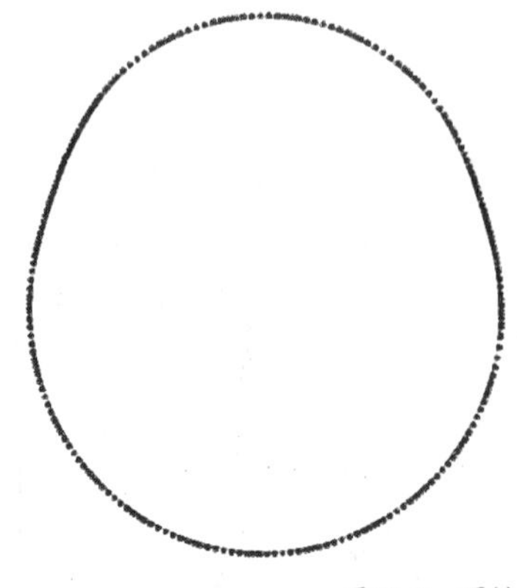

图38-8　项链

实战039　绘制时钟

实战位置　DVD>实战文件>第2章>实战039.dwg
视频位置　DVD>多媒体教学>第2章>实战039.avi
难易指数　★★★☆☆
技术掌握　掌握时钟的绘制方法

实战介绍

在本例中，绘制同心圆表示时钟边框，创建分刻度、时刻度和四分时刻度块，通过定数等分将其插入到时钟内框中，利用宽线命令绘制得到时钟的分针和时针，利用直线命令绘制得到秒针，最后用图案填充时钟边框。本例最终效果如图39-1所示。

图39-1　最终效果

制作思路

• 首先执行"圆"命令，绘制时钟外轮廓；然后执行"绘图>定数等分"命令，绘制分刻度；最后执行"修改"与"直线"命令完成时钟的绘制。

制作流程

01 执行"绘图>直线"命令，绘制起点为（200,200）、长度为5的竖直直线，以及起点为（220,200）、长度为15的竖直直线，如图39-2所示。

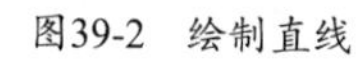

图39-2 绘制直线

02 执行"绘图>矩形"命令，绘制起点坐标为（240,200）、对角点坐标为（390,220），如图39-3所示。

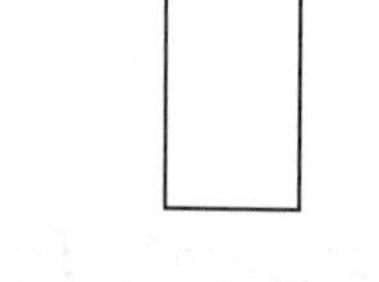

图39-3 绘制矩形

03 执行"绘图>图案填充"命令，在弹出的"图案填充和渐变色"选项卡中设置填充图案为"SOLID"，将矩形进行填充，效果如图39-4所示。

图39-4图案填充矩形

04 执行"常用>块>创建块"命令，弹出"块定义"弹窗。在"名称"文本框中输入名称为"分刻度"。单击"拾取点"按钮，进入绘图区，选择短直线的下端点作为基点，返回"块定义"对话框。单击"选择对象"按钮，选择短直线，返回"块定义"对话框，此时对话框显示如图39-5所示。单击"确定"按钮，关闭"块定义"对话框。

05 重复上述操作，将长直线创建为名称为"时刻度"，下端点为插入基点的块。

06 重复上述操作，将矩形及填充图案创建为名称为"四分时刻度"，矩形底边中点为插入基点的块。

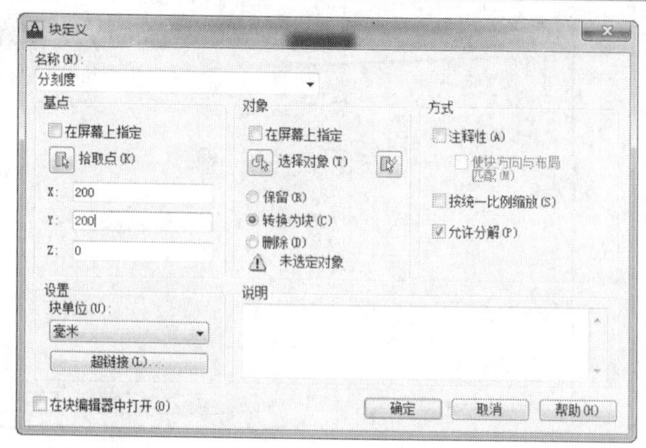

图39-5 分刻度块定义

技巧与提示

在进行块定义时选择插入基点是很重要的。合适的基点对以后插入块很有帮助，所以在生成块时，必须考虑插入基点的选择问题。一般来说，选择中心点、边界点等图形的特征点作为插入点比较好。

07 执行"绘图>圆"命令，绘制圆表示时钟的外框，如图39-6所示。绘制过程中命令行提示和操作内容如下：

```
命令： _circle 指定圆的圆心或 [三点(3P)/两点(2P)/相切、相切、半径(T)]: 350,150
指定圆的半径或 [直径(D)]: 80
```

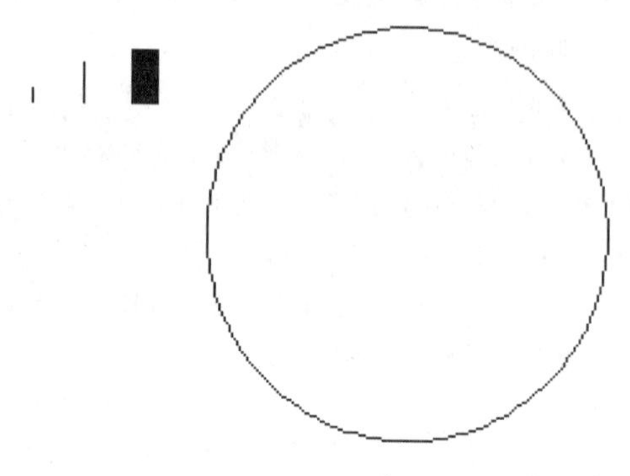

图39-6 绘制时钟外框

08 执行"绘图>圆"命令，绘制圆心为（350,150）、半径为65的圆，表示时钟的内框。如图39-7所示。

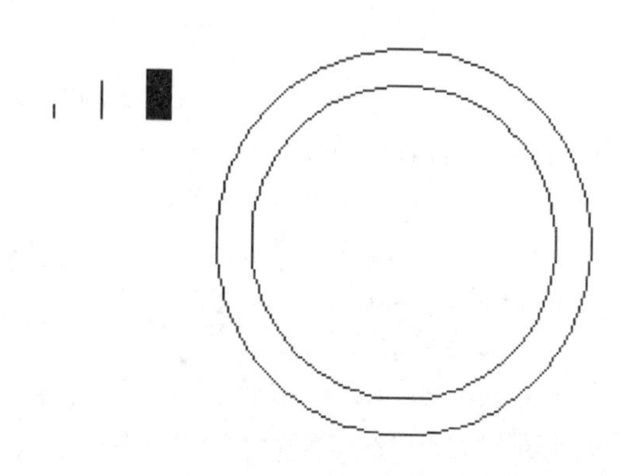

图39-7 绘制时钟内框

09 执行“绘图>定数等分”命令，插入分刻度块，结果如图39-8所示。插入过程命令行提示和操作内容如下：

```
命令: _divide
选择要定数等分的对象://选择时钟内框
输入线段数目或 [块(B)]: b
输入要插入的块名: 分刻度
是否对齐块和对象? [是(Y)/否(N)] <Y>:
输入线段数目: 60
```

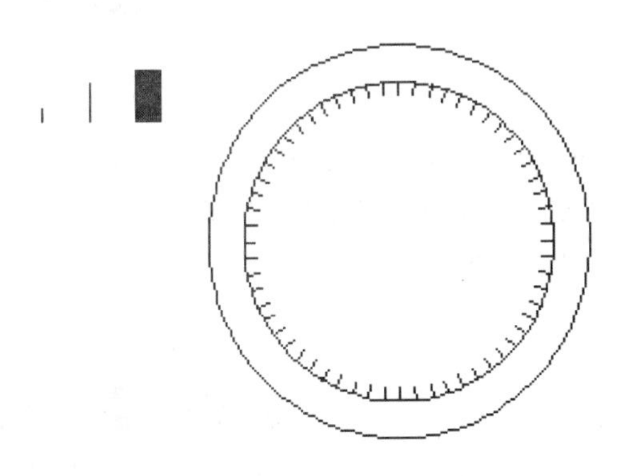

图39-8　插入分刻度

10 重复上述操作，插入时刻度，如图39-9所示。命令行提示和操作内容如下：

```
命令:
DIVIDE
选择要定数等分的对象:
输入线段数目或 [块(B)]: b
输入要插入的块名: 时刻度
是否对齐块和对象? [是(Y)/否(N)] <Y>:
输入线段数目: 12
```

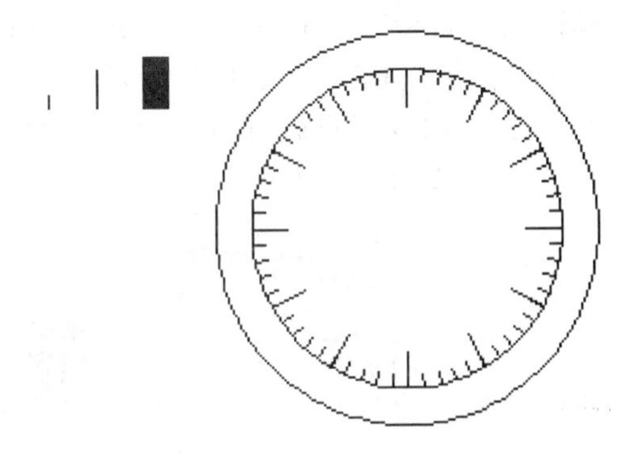

图39-9　插入时刻度

11 重复上述操作，插入四分时刻度，如图39-10所示。命令行提示和操作内容如下：

```
命令:
DIVIDE
选择要定数等分的对象:
输入线段数目或 [块(B)]: b
输入要插入的块名: 四分时刻度
是否对齐块和对象? [是(Y)/否(N)] <Y>:
输入线段数目: 4
```

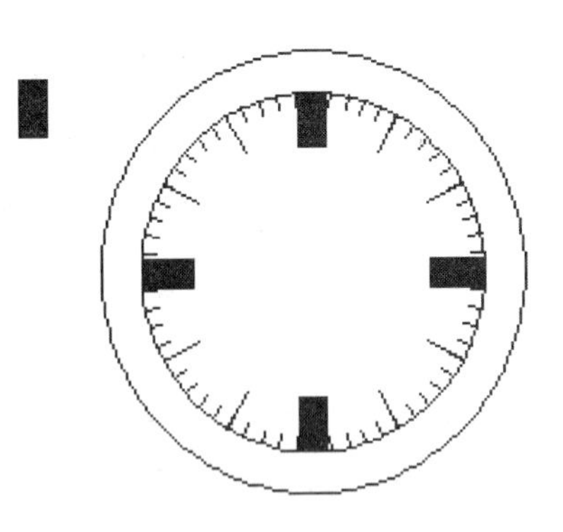

图39-10　插入四分时刻度

12 执行“修改>删除”命令，将图39-10所示的左上角的三个块删除。

13 执行“绘图>圆环”命令，绘制实心圆环，结果如图39-11所示。绘制过程中命令行提示和操作内容如下：

```
命令: _donut
指定圆环的内径 <0.5000>: 0
指定圆环的外径 <1.0000>: 8
指定圆环的中心点或 <退出>://捕捉指定圆心为圆环的中心点
指定圆环的中心点或 <退出>://按回车键结束选择
```

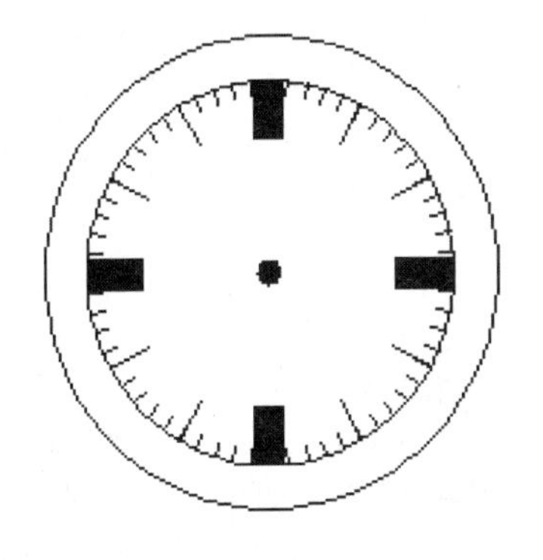

图39-11　绘制时钟中心点

14 在命令行输入TRACE，绘制宽线，用来表示分针，如图39-12所示。命令行提示和操作内容如下：

```
命令: trace
指定宽线宽度 <1.0000>: 2
指定起点: 350,150
指定下一点: 372,110
指定下一点: 350,150
指定下一点:
```

图39-12　绘制分针

15 按回车键再次执行绘制宽线命令，绘制时钟的时针，如图39-13所示。命令行提示和操作内容如下：

```
命令:TRACE
指定宽线宽度 <2.0000>: 4
指定起点: 350,150
指定下一点: 370,188
指定下一点: 350,150
指定下一点:
```

图39-13　绘制时针

技巧与提示

绘制宽线命令在菜单栏及工具栏中均没有对应的选项，只能通过命令行直接输入命令来启动它。宽线的端点在中心线上，且始终被剪切成方形。TRACE自动计算连接到邻近线段的合适倒角。指定下一线段或按回车键后，将绘制所有线段。考虑到倒角的处理方法，TRACE没有放弃选项。如果填充模式打开，则宽线是实心的。如果填充模式关闭，则只显示宽线的轮廓。

16 执行“绘图>直线”命令，绘制直线表示秒针，如图39-14所示。命令行提示和操作内容如下：

```
命令: _line 指定第一点: 350,150
指定下一点或 [放弃(U)]: @50<200
指定下一点或 [放弃(U)]:
```

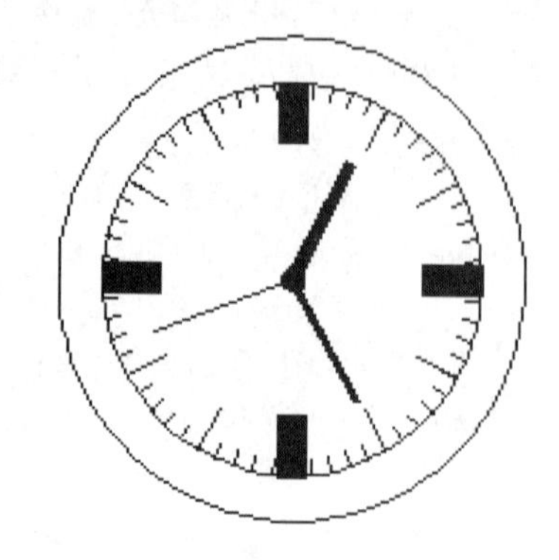

图39-14　绘制秒针

17 执行“绘图>图案填充”命令，弹出“图案填充和渐变色”对话框，将时钟框内填充图案“HEX”，结果如图39-15所示。

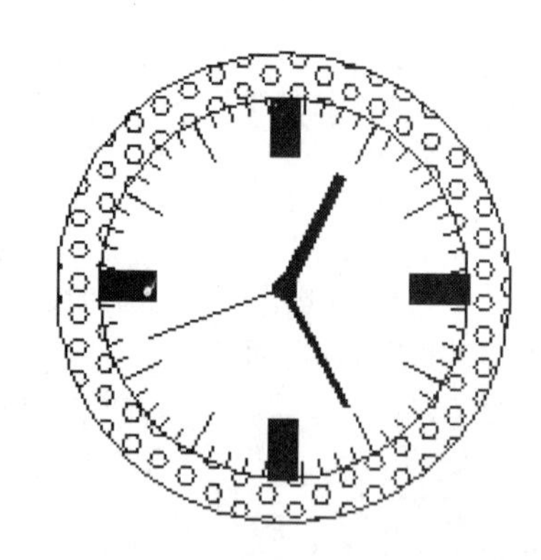

图39-15　填充时钟框

18 由于四分时刻度块较宽，使得紧邻的分刻度看不清，需要将其变窄。执行“块>编辑”命令，弹出“块编辑定义”对话框，如图39-16所示。单击“确定”按钮，进入块编辑器。单击选中四分时刻度块，在块的四个顶点出现夹点，通过改变夹点坐标，将块向中间宽度缩小一半。修改完成后，单击“关闭块编辑器”按钮，弹出是否将修改保存的提示，单击“是”按钮，返回图形，结果如图39-1所示。

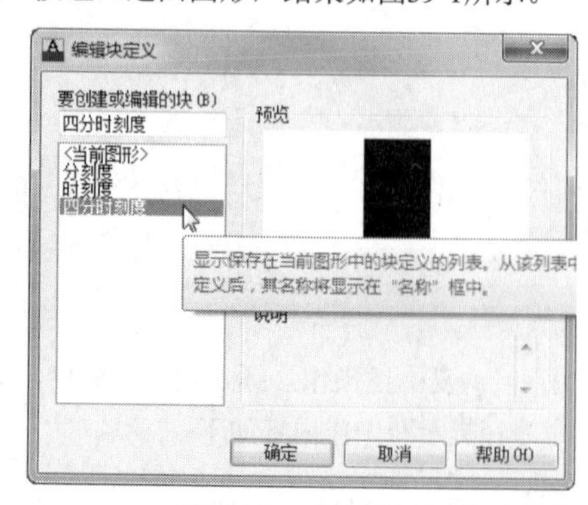

图39-16　“编辑块定义”对话框

19 执行“保存”命令，将该文件保存为“实战039.dwg”。

练习039　绘制机械零件

实战位置　DVD>练习文件>第2章>练习039.dwg
难易指数　★★★☆☆
技术掌握　掌握“阵列”命令的使用方法

操作指南

参照“实战039”案例进行制作。

首先执行“圆”命令，绘制零件内轮廓；然后执行“样条曲线”命令绘制零件一个外形块；最后执行“阵列”与“修改”命令，完成最终效果如图39-17所示。

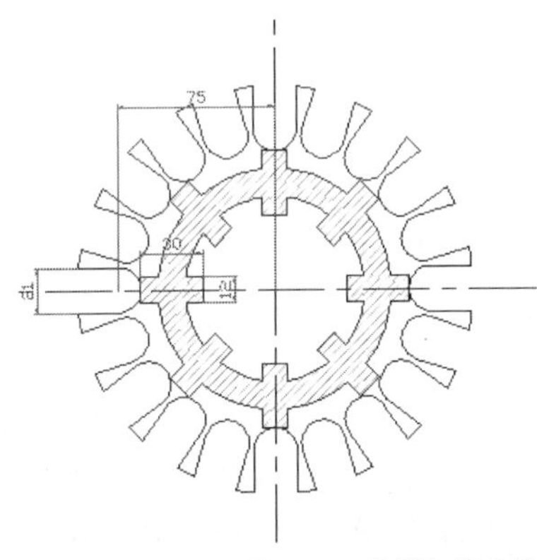

图39-17　绘制机械零件

实战040　绘制螺栓块

实战位置　DVD>实战文件>第2章>实战040.dwg
视频位置　DVD>多媒体教学>第2章>实战040.avi
难易指数　★★☆☆☆
技术掌握　掌握螺栓块的绘制方法

实战介绍

通过上面两个例子的方法创建的图块，只能在当前图形文件插入使用，在其他文件中并不能使用。因此需要将图块存盘，从而可以再任意调用。对于已经创建好的图块可以对其进行分解、修改特性等操作。本例最终效果如图40-1所示。

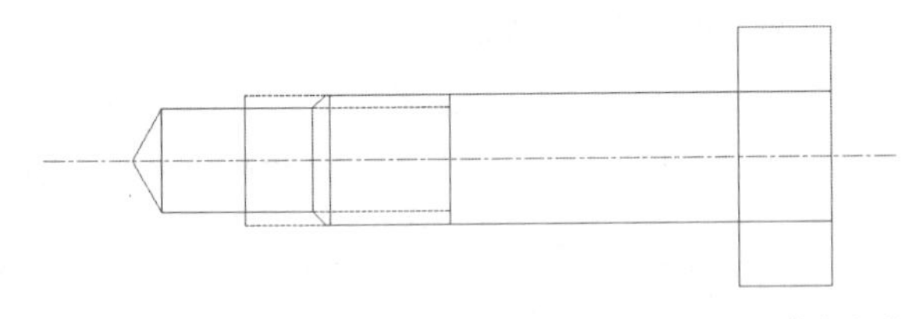

图40-1　最终效果

制作思路

• 首先执行“直线”命令，绘制辅助线基本外轮廓线；然后执行“偏移”命令，完成外部结构的绘制；最后执行“修剪”命令，完成螺栓块的绘制。

制作流程

01 执行“格式>图形界限”命令，命令行提示如下：

```
命令: LIMITS
重新设置模型空间界限:
指定左下角点或 [开(ON)/关(OFF)] <0.0000,0.0000>: on
命令:LIMITS
重新设置模型空间界限:
指定左下角点或 [开(ON)/关(OFF)] <0.0000,0.0000>:
指定右上角点 <12.0000,9.0000>:
```

02 在命令行输入GRID，设置栅格间距为1。再执行ZOOM命令，使绘图区在整个窗口显示，命令行提示如下：

```
命令: GRID
指定栅格间距(X) 或 [开(ON)/关(OFF)/捕捉(S)/主(M)/自适应(D)/界限(L)/跟随(F)/纵横向间距(A)] <10.0000>: 1
命令: ZOOM
指定窗口的角点，输入比例因子 (nX 或 nXP)，或者
[全部(A)/中心(C)/动态(D)/范围(E)/上一个(P)/比例(S)/窗口(W)/对象(O)] <实时>: a
```

03 执行“常用>图层>图层特性>新建图层”命令，创建三个新图层，如图40-2所示。

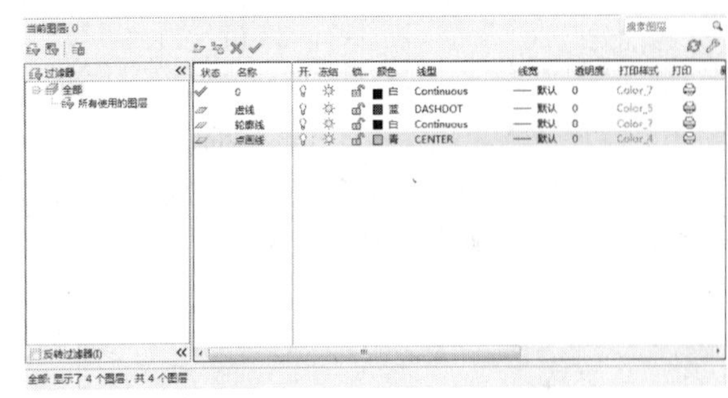

图40-2　创建图层

04 将“轮廓线”层设置为当前图层。执行“绘图>直线”命令，在适当位置绘制两条互相垂直的直线，结果如图40-3所示。

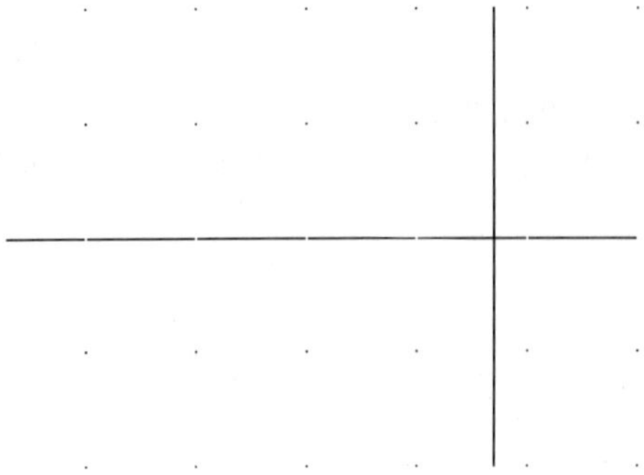

图40-3　绘制两条互相垂直的直线

05 执行“修改>偏移”命令，偏移竖直直线，得到图形结果如图40-4所示。

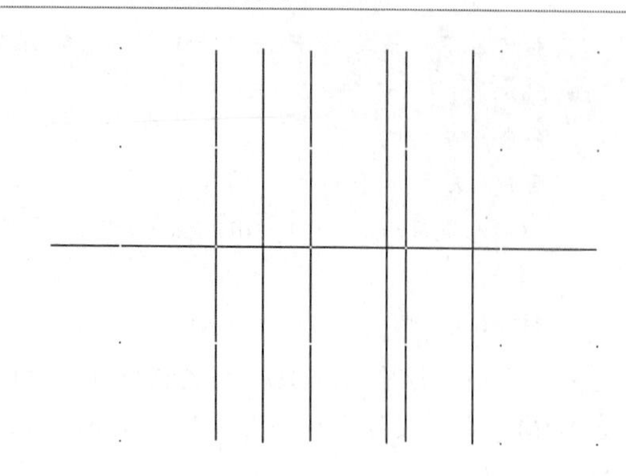

图40-4　偏移垂直直线

06 执行“修改>偏移”命令，偏移水平直线，得到图形结果如图40-5所示。

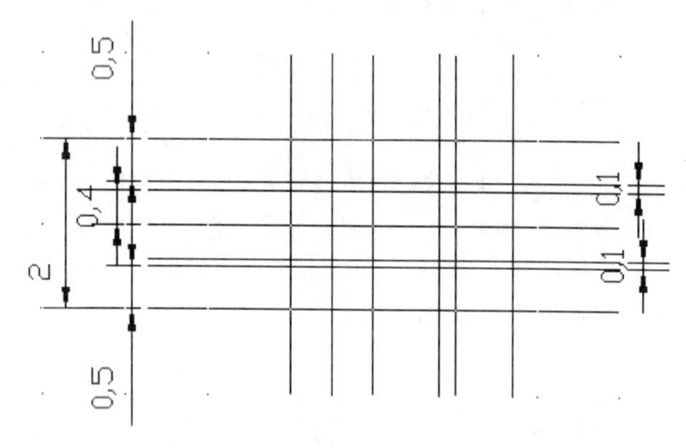

图40-5　偏移水平直线

07 执行“修改>修剪”命令，修剪多余线条，并将水平中心线适当缩短，结果如图40-6所示。

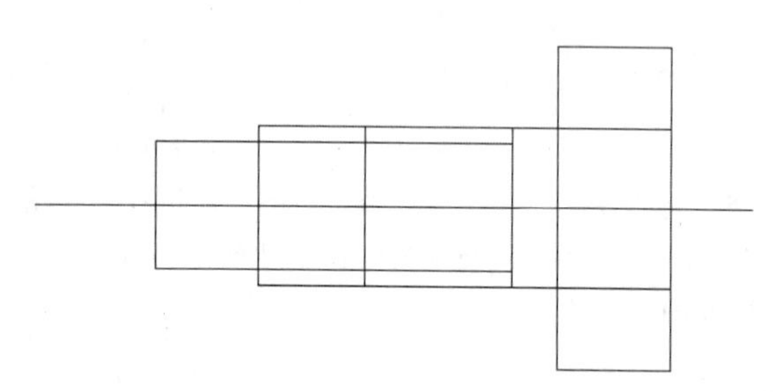

图40-6　修剪图形

08 执行“修改>倒角”命令，绘制距离为0.1的倒角，并利用LINE命令补充必要直线。结果如图40-7所示。

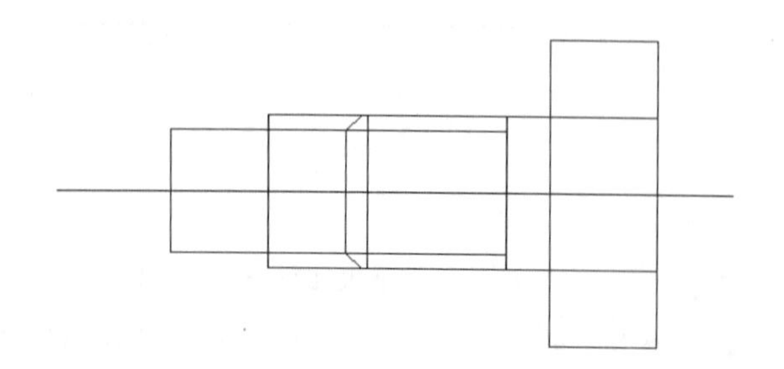

图40-7　绘制倒角

09 利用“图层”工具栏，将图40-8所示的4条直线的图层由“轮廓线”层改为“虚线”层。结果如图40-9所示。

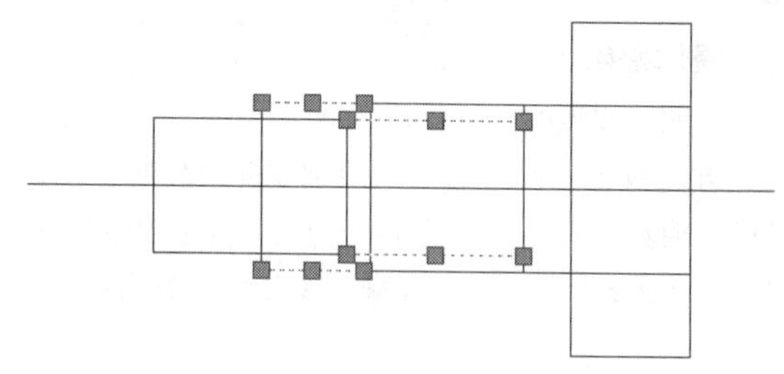

图40-8　需要修改图层的直线

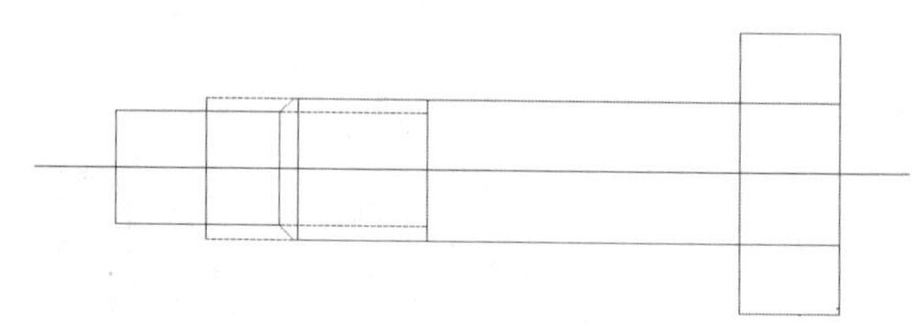

图40-9　修改图层为“虚线”层

10 利用上述方法将水平中心线由“轮廓线”修改为“点画线”图层，如图40-10所示。

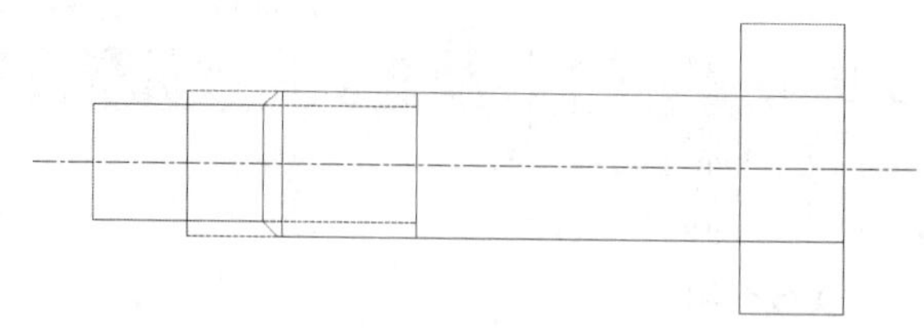

图40-10　修改图层为“点画线”层

11 右击状态栏上的“极轴”按钮，在弹出的快捷菜单中选择“设置”选项，弹出“草图设置”对话框，如图40-11所示。在“极轴追踪”选项卡中设置“增量角”为60°。切换至“对象捕捉”选项卡，选中“交点”捕捉模式，然后单击“确定”按钮。

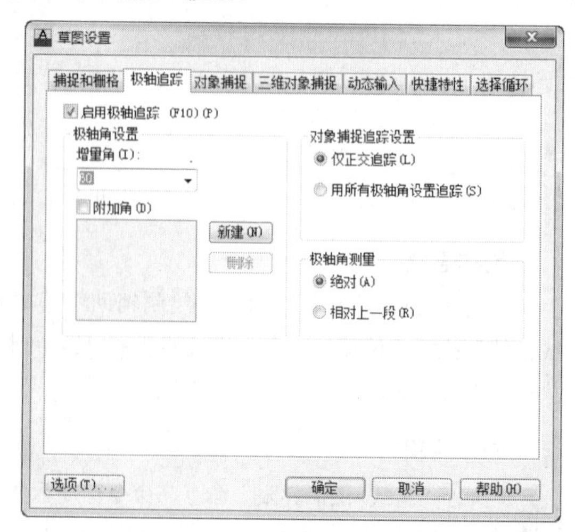

图40-11　“草图设置”对话框

12 使用直线命令绘制两条斜线，结果如图40-12所示。

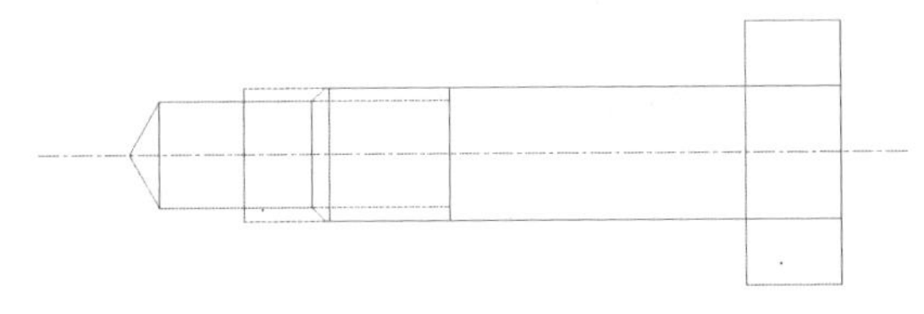

图40-12　绘制斜线

技巧与提示

利用极轴追踪可以帮助用户以特定的角度关系来绘制对象。打开极轴追踪模式后，先在绘图区拾取一点后，第二点即可使用所设置的增量角用鼠标结合“对象捕捉”方法来定位。当光标落在读者指定的极轴角附近时，极角方向上就会出现一条追踪线，并将用户拾取的点锁定在该追踪线上。

13 在命令行输入WBLOCK，弹出“写块”对话框，如图40-13所示。在“文件名和路径”文本框中选择合适的保存路径，文件名为“螺栓块.dwg”。选择图中合适的一点作为基点，选择整个螺栓作为块对象，如图40-14所示。单击“确定”按钮即可生成一个螺栓块文件。

图40-13　“写块”对话框

图40-14　写块设置

14 执行“插入>块>插入”命令，弹出“插入”对话框，选择刚生成的螺栓块，如图40-15所示。

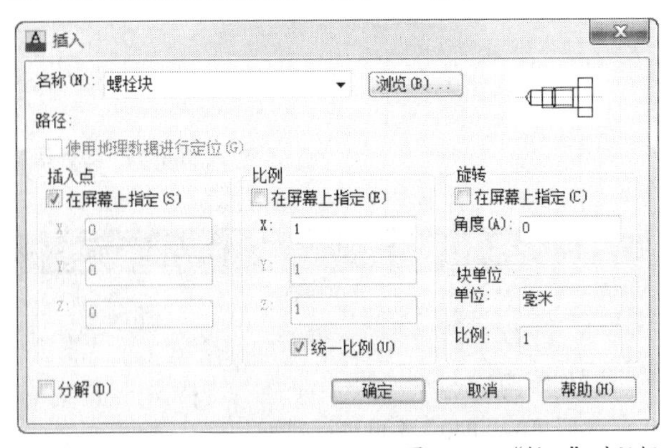

图40-15　“插入”对话框

15 单击“确定”按钮，在绘图区指定一点即可以该点为基点插入螺栓块。

16 执行“常用>修改>分解”命令，将刚插入的图块分解。

技巧与提示

要对一个块中的实体对象进行编辑，或进行重新定义，都需要先将其分解。可以像步骤16一样，利用命令分解，也可以在插入该块时即选中“插入”对话框中的“分解”复选框。另外，可以利用“插入”对话框中的“缩放比例”，改变整个块的大小。

17 在命令行输入STRETCH命令，或执行“常用>修改>拉伸”命令，对分解后的螺栓进行拉伸操作。命令行提示和操作内容如下：

```
命令: STRETCH
以交叉窗口或交叉多边形选择要拉伸的对象...
选择对象: 指定对角点: 找到 18 个//如图40-16所示选择拉伸对象
选择对象:
指定基点或 [位移(D)] <位移>:  D
指定位移 <0.0000, 0.0000, 0.0000>:  -2,0//得到结果如图40-17所示
```

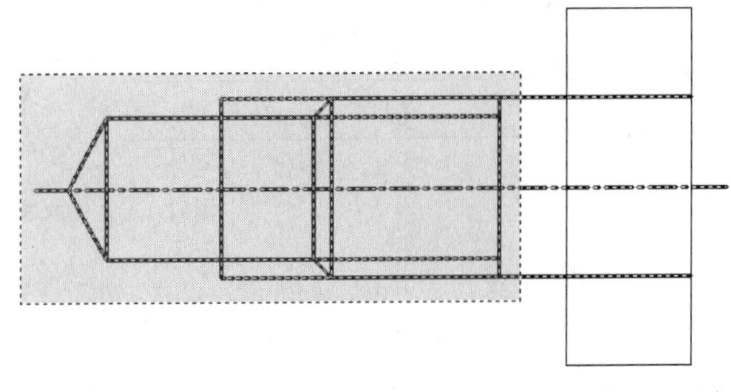

图40-16　交叉窗口选择拉伸对象

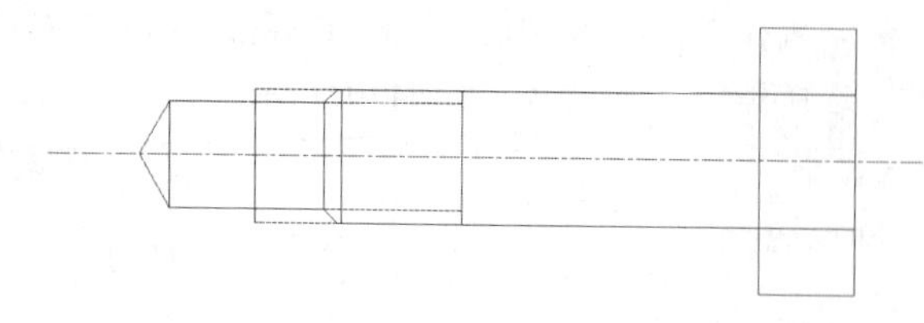

图40-17 拉伸结果

18 最后将该文件保存为“实战040.dwg”。

练习040 绘制块模型

实战位置 DVD>练习文件>第2章>练习040.dwg
难易指数 ★★☆☆☆
技术掌握 掌握“多段线”命令的使用方法

操作指南

参照“实战040”案例进行制作。

首先执行“直线”命令，绘制块的外部结构；然后执行“多段线”命令，绘制基本样式；最后填充颜色，完成块模型的绘制。最终效果如图40-18所示。

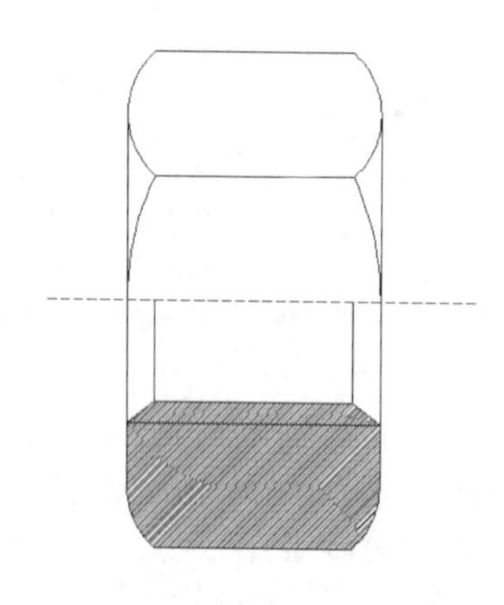

图40-18 最终效果

实战041 绘制扳手

实战位置 DVD>实战文件>第2章>实战041.dwg
视频位置 DVD>多媒体教学>第2章>实战041.avi
难易指数 ★★☆☆☆
技术掌握 掌握“镜像”命令的使用方法

实战介绍

在本例中绘制一个扳手，主要用到绘制矩形、正多边形、直线和面域命令，并用到了拉伸和布尔运算。本例最终效果如图41-1所示。

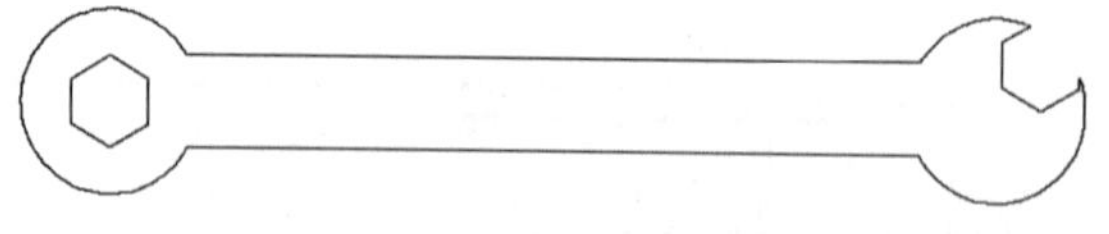

图41-1 最终效果

制作思路

• 首先执行“直线”命令，绘制扳手的长杆；然后执行“圆”与“多边形”命令，绘制扳手头；最后执行“镜像”与“修剪”命令，完成扳手的绘制。

制作流程

01 执行“绘图>矩形”命令，绘制起点为（20,10）、终点为（70,20）的矩形，如图41-2所示。

图41-2 绘制矩形

02 执行“绘图>圆”命令，以点（20,15）为圆心，绘制半径为10的圆，如图41-3所示。

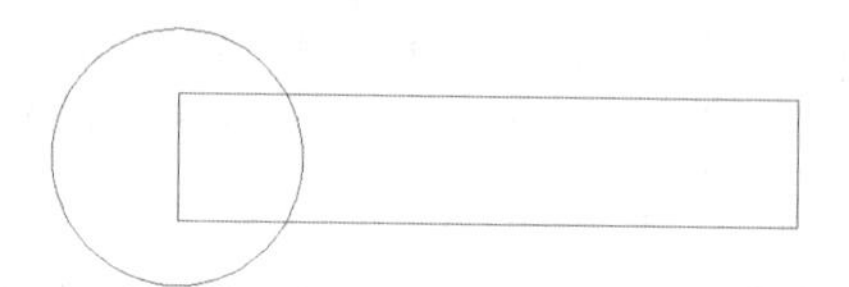

图41-3 绘制圆

03 执行“绘图>正多边形”命令，绘制正六边形，如图41-4所示。命令行提示和操作内容如下：

```
命令：_polygon 输入边的数目 <4>: 6
指定正多边形的中心点或 [边(E)]: 20,15
输入选项 [内接于圆(I)/外切于圆(C)] <I>://按回车键使用默认的内接于圆
指定圆的半径://捕捉矩形左下角点
```

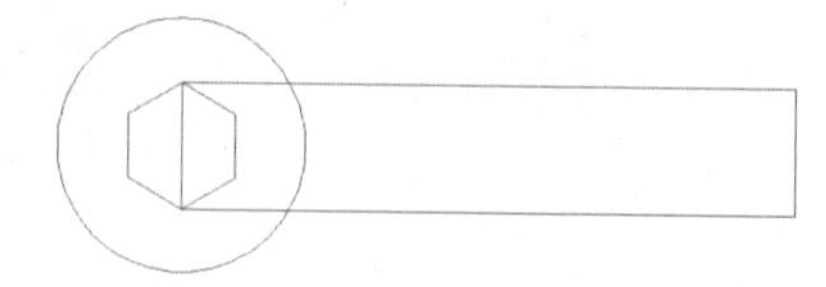

图41-4 绘制正多边形

04 执行“修改>镜像”命令，将全部图形镜像，结果如图41-5所示。

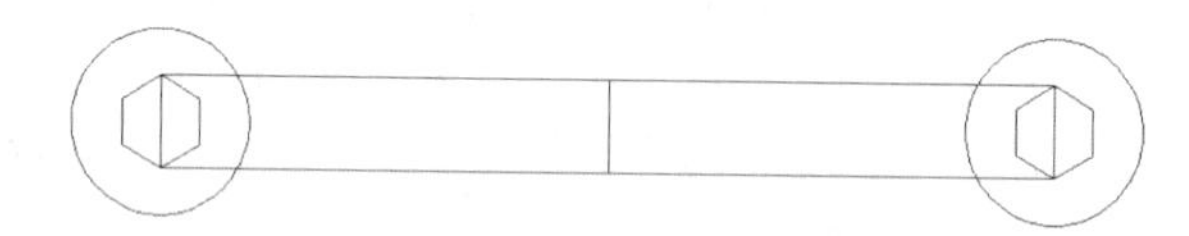

图41-5 镜像结果

05 执行“绘图>面域”命令，创建面域。命令行提示和操作内容如下：

```
命令：_region
选择对象：指定对角点：找到 6 个//选择全部对象
选择对象：//按回车键结束选择
已提取 6 个环
已创建 6 个面域
```

技巧与提示

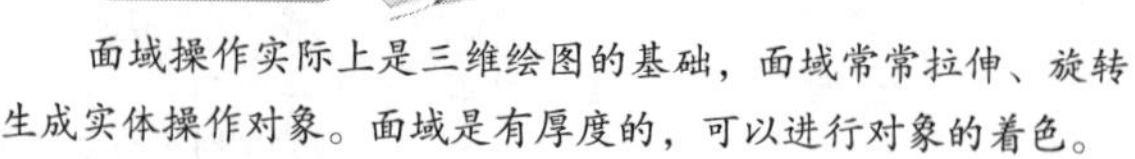

面域操作实际上是三维绘图的基础，面域常常拉伸、旋转生成实体操作对象。面域是有厚度的，可以进行对象的着色。

06 执行“修改>实体编辑>并集”命令，选择如图41-6所示的对象，结果如图41-7所示。命令行提示如下：

```
命令：_union
选择对象：找到 1 个
选择对象：找到 1 个，总计 2 个
选择对象：找到 1 个，总计 3 个
选择对象：找到 1 个，总计 4 个//选择如图41-6所示的4个对象
选择对象：//按回车键结束选择，得到结果如图41-7所示
```

图41-6　选择结果

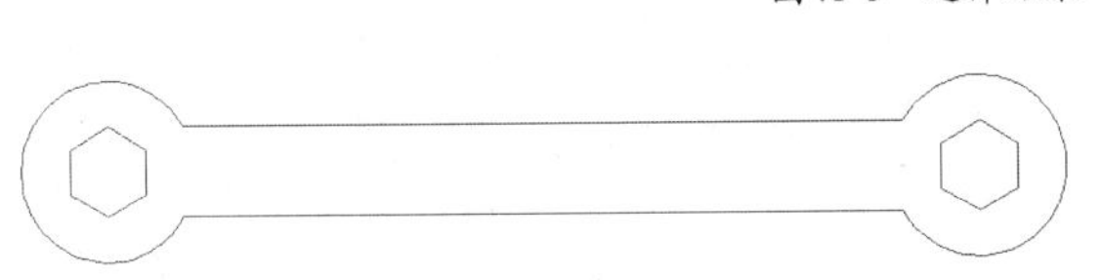

图41-7　并集结果

07 执行“修改>移动”命令，移动正六边形，结果如图41-8所示。命令行提示和操作内容如下：

```
命令：_move
选择对象：找到 1 个
选择对象：
指定基点或 [位移(D)] <位移>：  120,15
指定第二个点或 <使用第一个点作为位移>：125,20
```

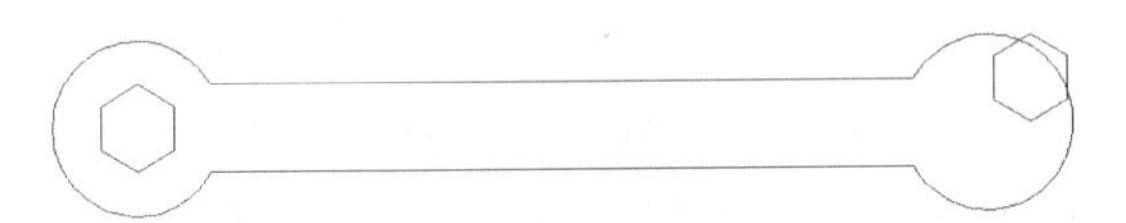

图41-8　移动结果

08 执行“修改>实体编辑>差集”命令，结果如图41-9所示。命令行提示如下：

```
命令：_subtract 选择要从中减去的实体或面域...
选择对象：找到 1 个//选择并集得到的面域
选择对象：//按回车键结束选择
选择要减去的实体或面域...
选择对象：找到 1 个//选择刚移动的正六边形
选择对象：//按回车键结束选择
```

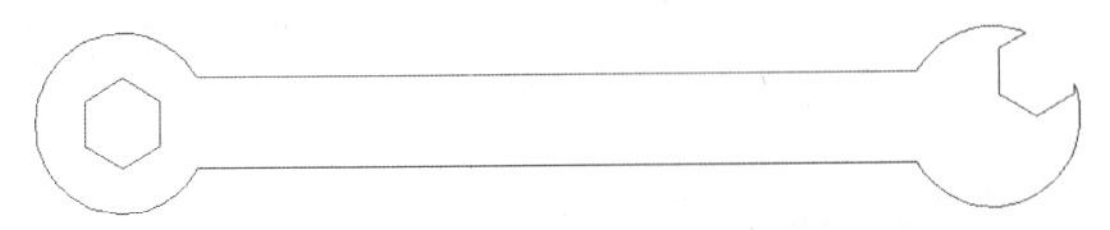

图41-9　差集结果

09 选中所有图形，单击“特性”工具栏上的“线宽控制”下拉按钮，选择“0.5毫米”。在状态栏上按下“线宽”按钮，并取消图形选择，得到结果如图41-1所示。

10 执行“标准>另存为”命令，弹出“另存为”对话框，将该文件保存为“实战041.dwg”。

练习041　绘制扳手

实战位置	DVD>练习文件>第2章>练习041.dwg
难易指数	★★☆☆☆
技术掌握	巩固“镜像”命令的使用方法

操作指南

参照“实战041”案例进行制作。

绘制如图41-10所示的图形。用“并集、差集”命令等。

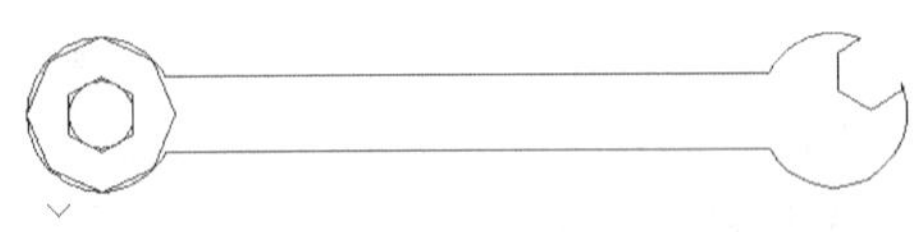

图41-10　扳手

实战042　夹点编辑

实战位置	DVD>实战文件>第2章>实战042.dwg
视频位置	DVD>多媒体教学>第2章>实战042.avi
难易指数	★☆☆☆☆
技术掌握	掌握“多段线”命令的使用方法

实战介绍

在本例中绘制一个简单图形，向读者介绍夹点编辑绘制图形的方法。本例最终效果如图42-1所示。

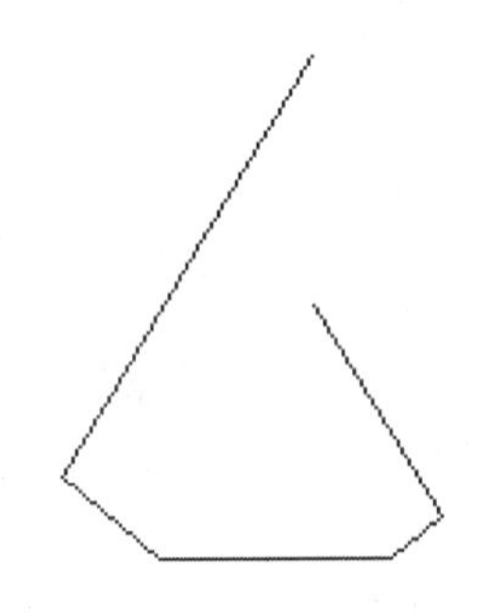

图42-1　最终效果

制作思路

• 首先执行“多段线”命令，绘制外形；然后利用修改工具进行修改。

制作流程

01 执行“绘图>多段线”命令，绘制多段线，如图42-2所示。

```
命令：_pline
指定起点：200,200
当前线宽为 0.0000
指定下一个点或 [圆弧(A)/半宽(H)/长度(L)/放弃(U)/宽度(W)]：@10<-144
指定下一点或 [圆弧(A)/闭合(C)/半宽(H)/长度(L)/放弃(U)/宽度(W)]：@10<-72
指定下一点或 [圆弧(A)/闭合(C)/半宽(H)/长度(L)/放弃(U)/宽度(W)]：@5<0
```

指定下一点或 [圆弧(A)/闭合(C)/半宽(H)/长度(L)/放弃(U)/宽度(W)]:

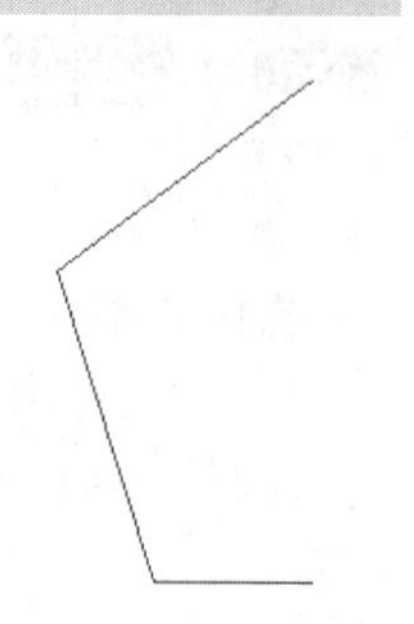

图42-2 绘制多段线

02 选中该多段线后，出现4个蓝色矩形框，它们即是夹点，如图42-3所示。

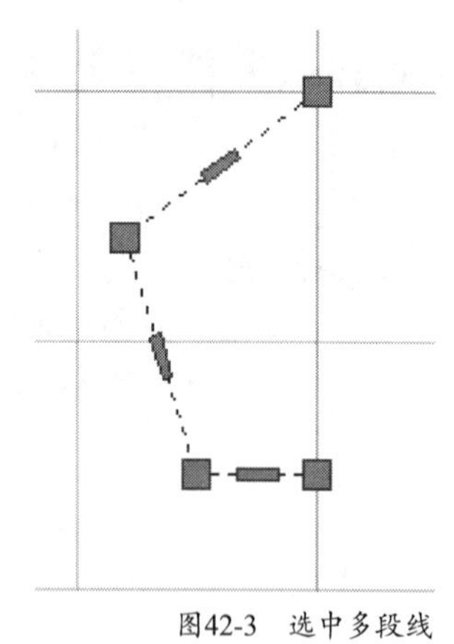

图42-3 选中多段线

技巧与提示

在未执行任何命令的情况下，选择要编辑的对象，此时被选择的对象上将出现若干个带颜色的小方框，这些小方框即被称为夹点。夹点一般出现在用定点设备指定的对象关键点上。可以拖动这些夹点执行拉伸、移动、旋转、缩放或镜像操作。

03 执行“工具>选项”命令，弹出“选项”对话框，打开“选择集”选项卡，如图42-4所示。在该选项卡的右半部分可以修改夹点的大小、颜色等特性。单击“确定”按钮关闭对话框。

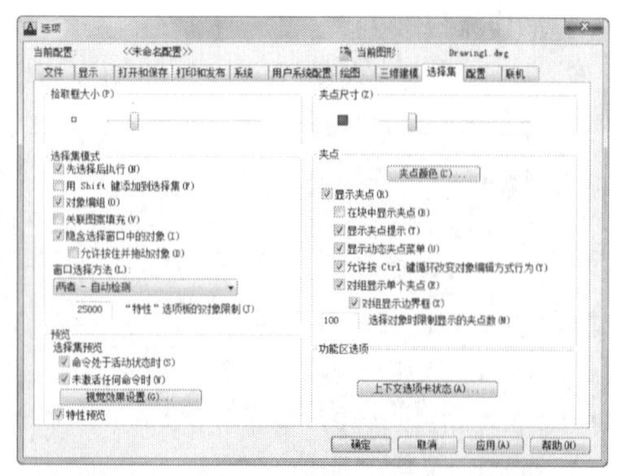

图42-4 “选择集”选项卡

04 选中多段线，在点B处单击鼠标，该夹点变为红色，如图42-5所示。

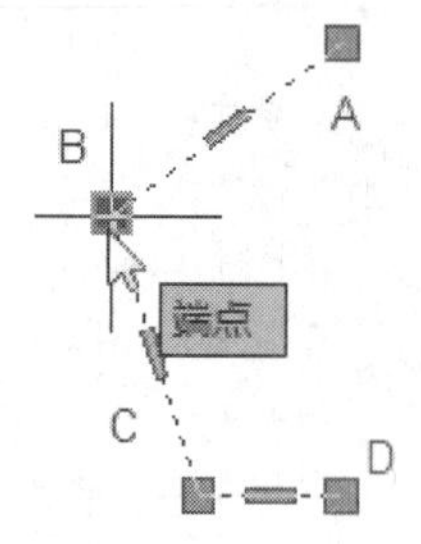

图42-5 选中夹点

05 向下拖动B点，按F8键打开正交模式，到达目标位置单击鼠标，B点即移动到指定位置。如图42-6所示。

命令:

** 拉伸 **

指定拉伸点或 [基点(B)/复制(C)/放弃(U)/退出(X)]: <正交 开> 7

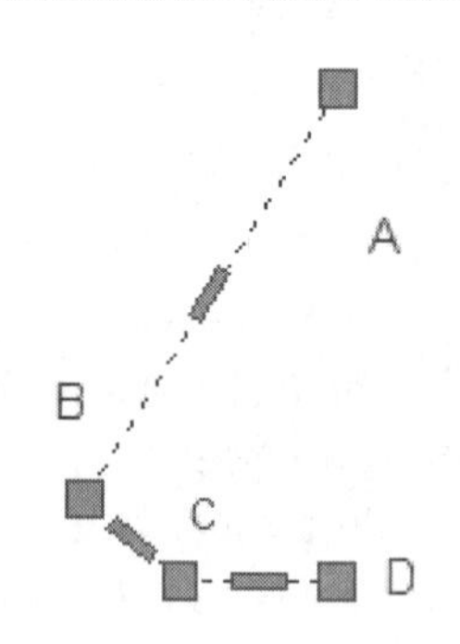

图42-6 移动点B

06 按住Shift键，单击点B和点C，松开Shift键再单击点A，在命令行提示中输入MI，按回车键，启动镜像命令。在命令行输入C，并按回车键。移动鼠标到点D，单击鼠标，结果如图42-7所示。

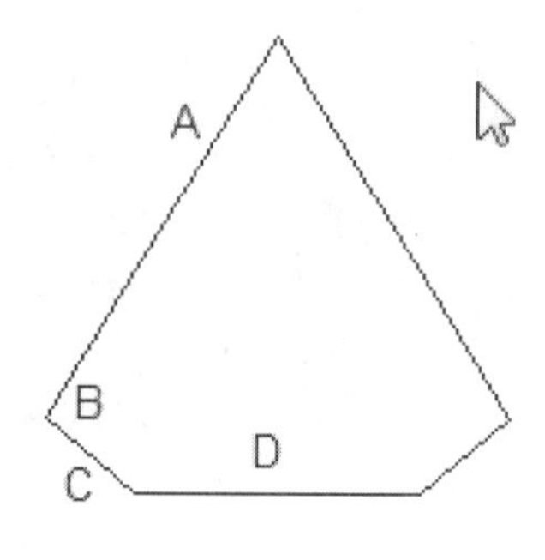

图42-7 镜像结果

技巧与提示

在步骤6中，注意必须在命令行输入C，表示复制该多段线，然后再捕捉点D，否则，将多段线镜像，但是不保留原图形，结果将如图42-8所示。

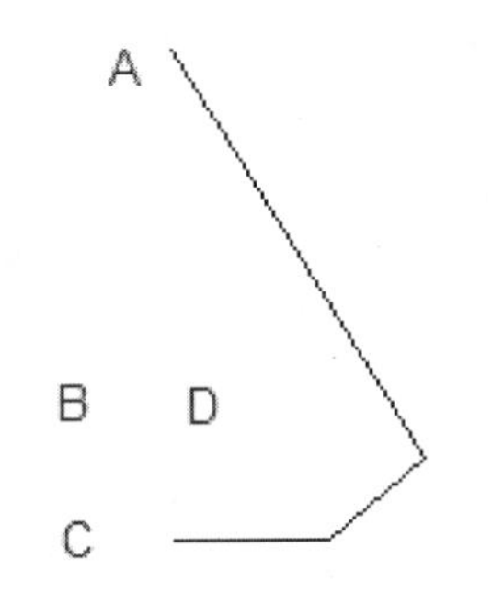

图42-8 镜像但不保留原图

07 单击选择镜像的图形，按住Shift键，单击所有夹点，松开Shift键，然后单击点D，在命令行提示下输入SC，按回车键。此时命令行提示输入缩放比例因子0.5，按回车键，得到结果如图42-9所示。

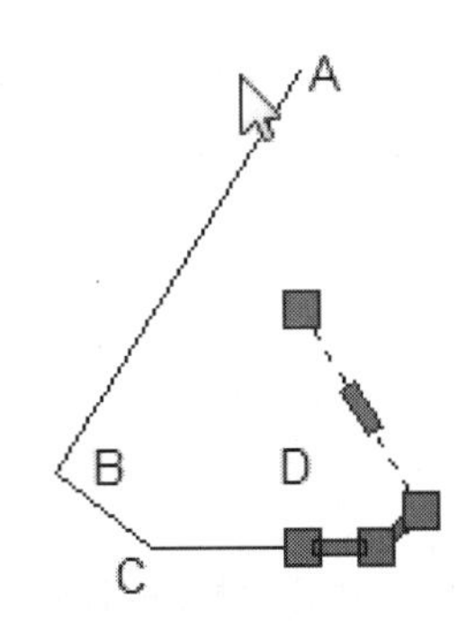

图42-9 缩放结果

08 在绘图区任意位置右击鼠标，在弹出的快捷菜单中选择“全部不选”选项，完成操作，结果如图42-1所示。

09 执行“保存”命令，弹出“另存为”对话框，将该文件保存为“实战042.dwg”。

练习042 夹点编辑

实战位置	DVD>练习文件>第2章>练习042.dwg
难易指数	★☆☆☆☆
技术掌握	巩固“多段线”命令的使用方法

操作指南

参照“实战042”案例进行制作。

绘制如图42-1所示的图形。

实战043 打断与合并

实战位置	DVD>实战文件>第2章>实战043.dwg
视频位置	DVD>多媒体教学>第2章>实战043.avi
难易指数	★☆☆☆☆
技术掌握	掌握“打断”与“合并”命令的使用方法

实战介绍

在本例中绘制一个简单图形，向读者简单介绍“打断”命令以及“合并”命令。打断命令可以使一个对象拆分为两个对象或将其中一部分删除。合并命令将不同的多个对象合并为一个整体。本例最终效果如图43-1所示。

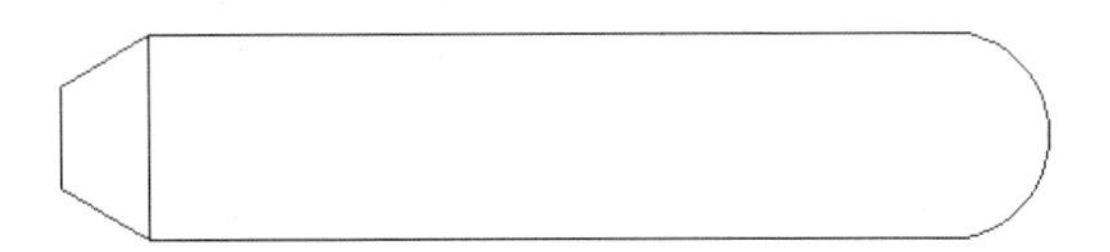

图43-1 最终效果

制作思路

• 首先绘制一个简单图形，然后执行“打断”与“合并”命令。

制作流程

01 执行“绘图>矩形”命令，绘制起点为（200,200）、终点为（80,20）的矩形，如图43-2所示。

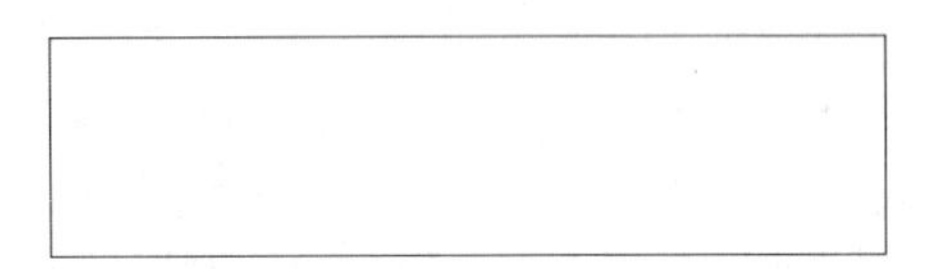

图43-2 绘制矩形

02 执行“绘图>圆”命令，以点（280,210）为圆心，绘制半径为10的圆，如图43-3所示。

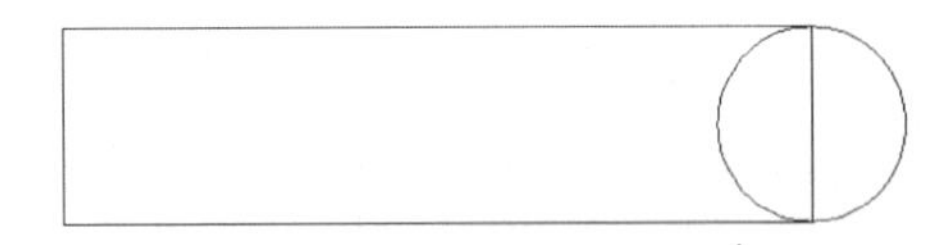

图43-3 绘制圆

03 执行“绘图>正多边形”命令，绘制正六边形，如图43-4所示。命令行提示和操作内容如下：

```
命令: _polygon 输入边的数目 <4>: 6
指定正多边形的中心点或 [边(E)]: 200,210
输入选项 [内接于圆(I)/外切于圆(C)] <I>://按回车键使用默认的内接于圆
指定圆的半径://捕捉矩形左下角点
```

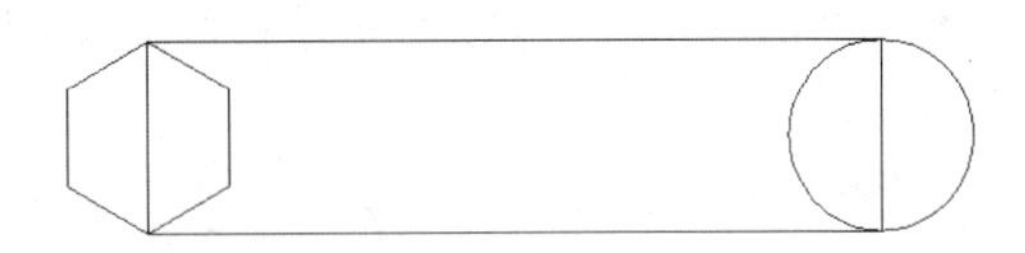

图43-4 绘制正六边形

04 执行“修改>缩放”命令，将全部图形放大1.5倍，结果如图43-5所示。命令行提示和操作内容如下：

```
命令: _scale
选择对象: 指定对角点: 找到 3 个//选择全部图形
选择对象:
指定基点: 200,200
指定比例因子或 [复制(C)/参照(R)] <1.0000>: 1.5
```

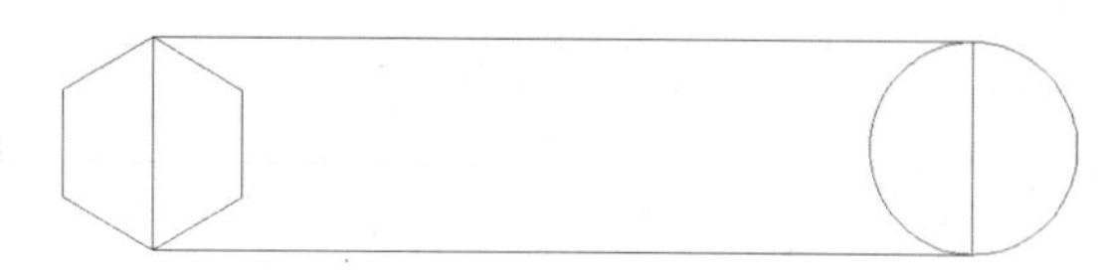

图43-5 放大图形

技巧与提示

在绘制图形时如果图形较小不利于捕捉对象时，可以使用缩放按钮，将图形放大一定倍数，当绘制完成后再将其缩小。在命令行提示输入缩放比例时，若输入的数字大于1，则图形将被放大；若输入的数字小于1，则图形将被缩小。

05 执行“修改>打断”命令，删除左半圆，如图43-6所示。命令行提示和操作内容如下：

命令：_break 选择对象：//单击选择右侧圆

指定第二个打断点 或 [第一点(F)]：f//输入F，重新指定第一点，否则刚单击圆时的点确定为第一点

指定第一个打断点：//单击圆与矩形的上交点

指定第二个打断点：//单击圆与矩形的下交点

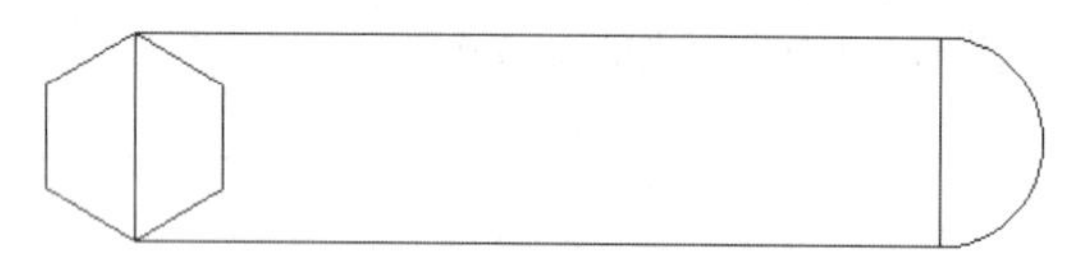

图43-6 打断结果

技巧与提示

AutoCAD删除两个指定的打断点之间的部分。如果第二点不在对象上，则AutoCAD选择对象上与之最接近的点，因此，要删除直线、圆弧或多段线的一端，请在要删除的一端以外指定第二个打断点。直线、圆弧、圆、多段线、椭圆、样条曲线、圆环以及其他几种对象类型都可以拆分为两个对象或者将其中的一端删除。AutoCAD按逆时针方向删除圆上第一个打断点到第二个打断点之间的部分，从而将圆转换为圆弧。

06 再次执行“打断”命令，将矩形右侧边删除，结果如图43-7所示，正六边形被分为左右两部分。命令行提示如下：

命令：_break 选择对象：

指定第二个打断点 或 [第一点(F)]：f

指定第一个打断点：//指定矩形右下角点

指定第二个打断点：//指定矩形右上角点

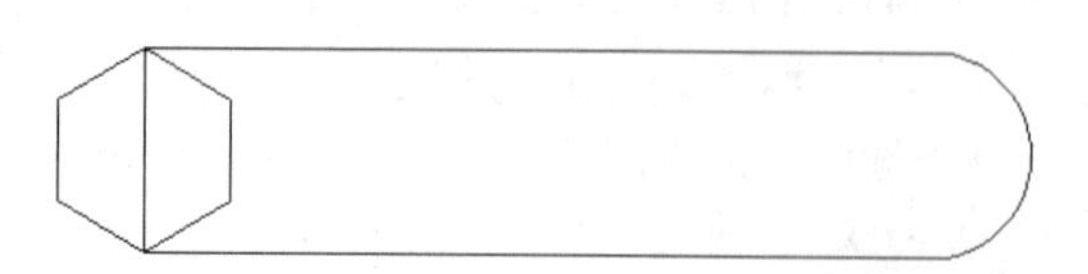

图43-7 删除矩形右侧边

07 执行“修改>打断于点”命令，打断正六边形，结果如图43-8所示。命令行提示和操作内容如下：

命令：_break 选择对象：//选择正六边形

指定第二个打断点 或 [第一点(F)]：_f

指定第一个打断点：//指定矩形左下角点

指定第二个打断点：@

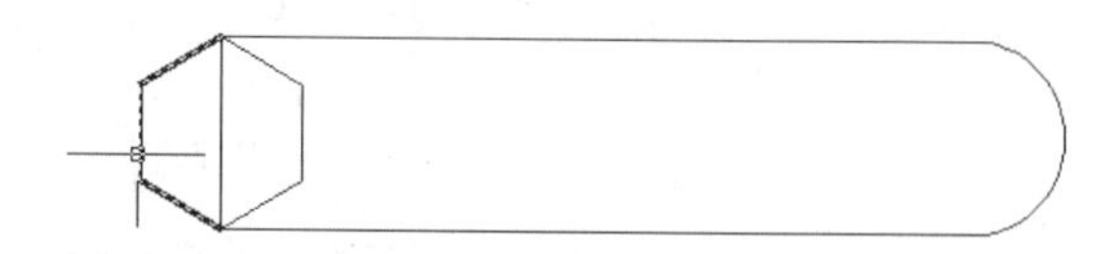

图43-8 打断于点结果

技巧与提示

“打断于点”命令与“打断”命令类似，只是“打断于点”命令在打断后并不删除对象，只是将对象分为两部分。

08 单击选中打断的正六边形的右侧部分，按Delete键，将其删除，结果如图43-9所示。

图43-9 删除结果

09 执行“修改>打断于点”命令，打断矩形，结果如图43-10所示。命令行提示和操作内容如下：

命令：_break 选择对象：//选择矩形相连的三边

指定第二个打断点 或 [第一点(F)]：_f

指定第一个打断点：<对象捕捉 开>//捕捉左下角点

指定第二个打断点：@

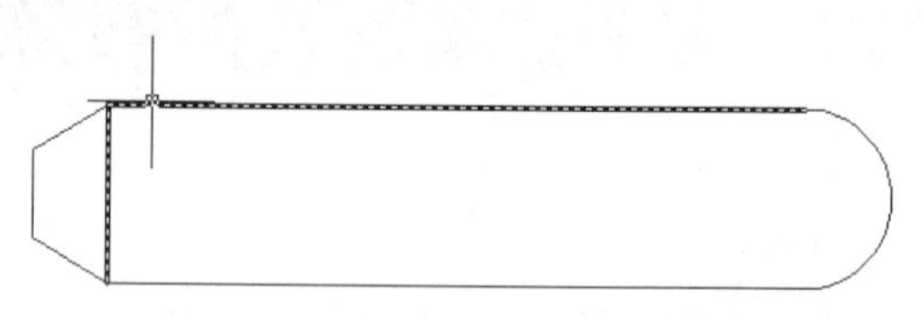

图43-10 打断矩形相连的三边

10 执行“修改>合并”命令，合并多段线，结果如图43-11所示。命令行提示和操作内容如下：

命令：_join 选择源对象：//选择原矩形下侧边

选择要合并到源的对象： 找到 1 个//选择正六边形左侧部分

选择要合并到源的对象： 找到 1 个，总计 2 个//选择矩形相连的两边

选择要合并到源的对象： 找到 1 个，总计 3 个//选择半圆弧

选择要合并到源的对象：//按回车键结束选择

6 条线段已添加到多段线

图43-11　合并结果

11 执行“保存”命令，弹出“另存为”对话框，将该文件保存为“实战043.dwg”。

练习043 打断与合并

实战位置　DVD>练习文件>第2章>练习043.dwg
难易指数　★☆☆☆☆
技术掌握　巩固“打断”与“合并”命令的使用方法

操作指南

参照“实战43”案例进行制作。

绘制图43-1所示图形。

实战044 修订云线

实战位置　DVD>实战文件>第2章>实战044.dwg
视频位置　DVD>多媒体教学>第2章>实战044.avi
难易指数　★☆☆☆☆
技术掌握　掌握“修订云线”命令的使用方法

实战介绍

修订云线是由连续圆弧组成的多段线。用于在检查阶段提醒用户注意图形的某个部分。在检查或用红线圈阅图形时，可以使用修订云线功能亮显标记以提高工作效率。本例中通过简单的绘图向读者展示绘制修订云线的方法。本例最终效果如图44-1所示。

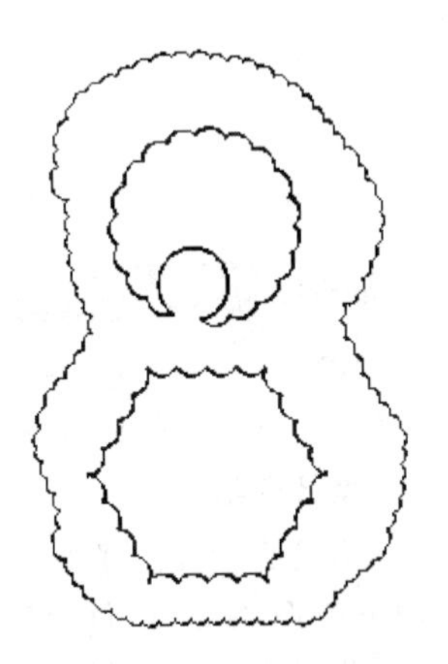

图44-1　最终效果

制作思路

• 首先绘制简单的外形，然后执行“修订云线”命令，完成修订云线的绘制。

制作流程

01 执行“绘图>正多边形”命令，绘制正六边形，如图44-2所示。

```
命令: _polygon 输入边的数目 <4>:6
指定正多边形的中心点或 [边(E)]: 200,200
输入选项 [内接于圆(I)/外切于圆(C)] <I>:
指定圆的半径: 40
```

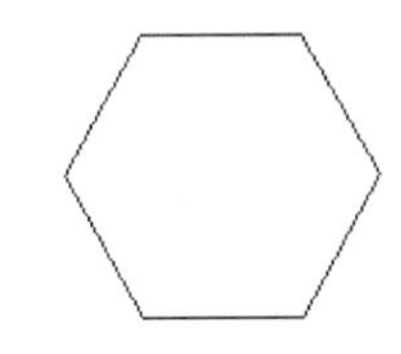

图44-2　绘制正六边形

02 执行“绘图>圆”命令，以点（200,280）为圆心，绘制半径为30的圆，如图44-3所示。

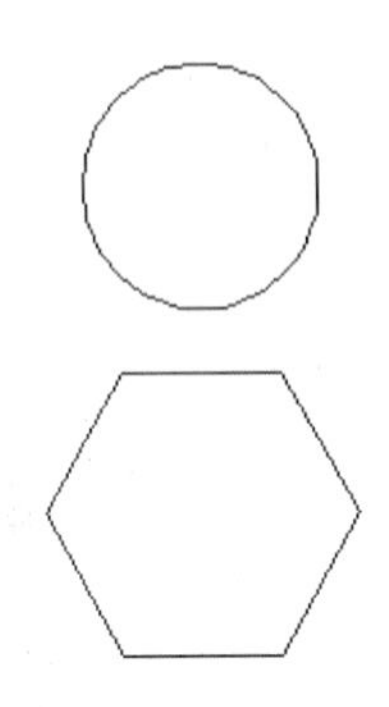

图44-3　绘制圆

03 执行“绘图>修订云线”命令，手绘修订云线，如图44-4所示。命令行提示和操作内容如下：

```
命令: _revcloud
最小弧长: 5    最大弧长: 5    样式: 手绘
指定起点或 [弧长(A)/对象(O)/样式(S)] <对象>:
沿云线路径引导十字光标...
修订云线完成。
```

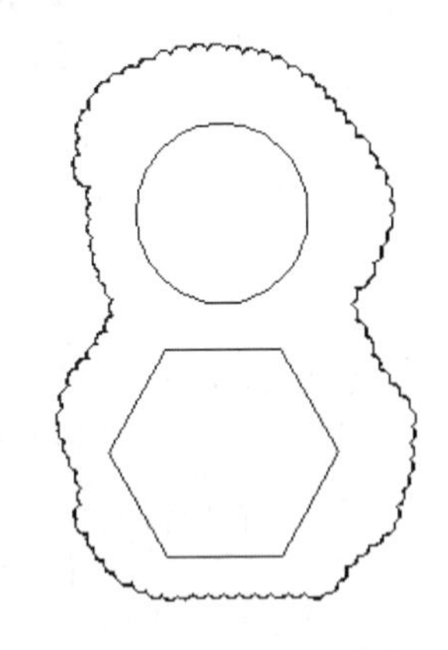

图44-4　绘制正多边形

技巧与提示

手绘修订云线时只需在起点处单击鼠标确定位置，移动鼠标则将沿移动轨迹绘制修订云线。当光标移动到起点位置时，修订云线自动闭合，绘制结束。

04 执行“绘图>修订云线”命令，转换图形中的圆为修订云线样式，如图44-5所示。命令行提示和操作内容如下：

```
命令：_revcloud
最小弧长：5　　最大弧长：5　　样式：手绘
指定起点或 [弧长(A)/对象(O)/样式(S)] <对象>：a
指定最小弧长 <5>：10
指定最大弧长 <10>：
指定起点或 [弧长(A)/对象(O)/样式(S)] <对象>：//按回车键使用默认选择对象设置
选择对象：//单击选择圆
反转方向 [是(Y)/否(N)] <否>：//按回车键不反转方向
修订云线完成。
```

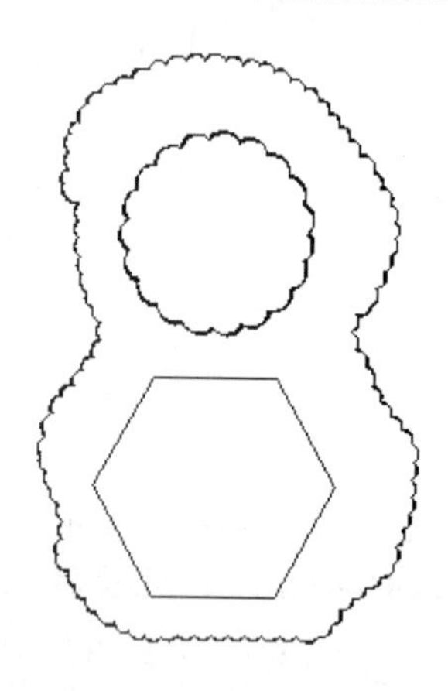

图44-5　转换圆为修订云线

技巧与提示

修改修订云线的弧长时，指定弧长的最大值不能超过最小值的三倍。选中已绘制好的修订云线，利用夹点编辑，移动夹点位置，从而可以修改单个圆弧的弧长和弦长。

05 执行“绘图>修订云线”命令，将图形中的正六边形也转换为修订云线样式，如图44-6所示。命令行提示和操作内容如下：

```
命令：
REVCLOUD
最小弧长：10　　最大弧长：10　　样式：手绘
指定起点或 [弧长(A)/对象(O)/样式(S)] <对象>：
选择对象：//选择正六边形
反转方向 [是(Y)/否(N)] <否>：y//反转方向，
修订云线完成
```

06 选择由圆转换的修订云线，单击选择一个夹点，移动夹点位置，修改该段弧线的弧长，结果如图44-1所示。

07 执行“保存”命令，将该文件保存为“实战044.dwg”。

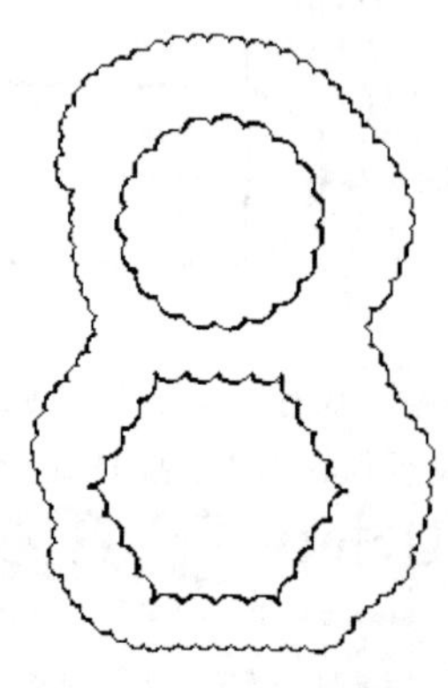

图44-6　转换多边形为修订云线

练习044　修订云线

实战位置　DVD>练习文件>第2章>练习044.dwg
难易指数　★☆☆☆☆
技术掌握　巩固“修订云线”命令的使用方法

操作指南

参照“实战044”案例进行制作。

绘制如图44-7所示的图形。用“椭圆”、“矩形”、“修剪”“修订云线”等命令。

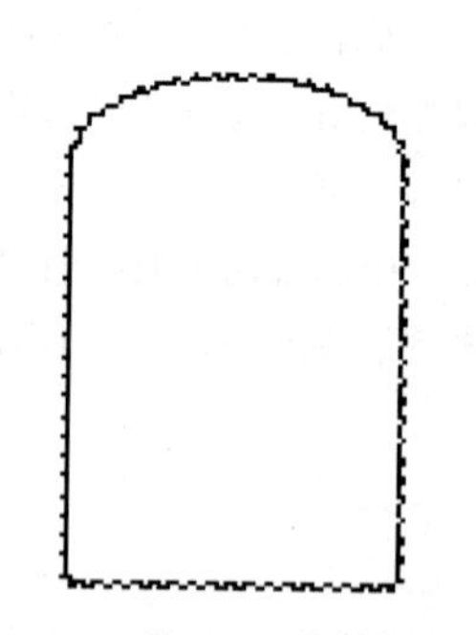

图44-7　绘制新图形

实战045　绘制平行线结构图

实战位置　DVD>实战文件>第2章>实战045.dwg
视频位置　DVD>多媒体教学>第2章>实战045.avi
难易指数　★★☆☆☆
技术掌握　掌握多线样式及多线命令的使用方法

实战介绍

多线是一种由多条平行线组成的组合图形对象。它可以由1-16条平行线组成，每一条直线都称为多线的一个元素。

本例最终效果如图45-1所示。

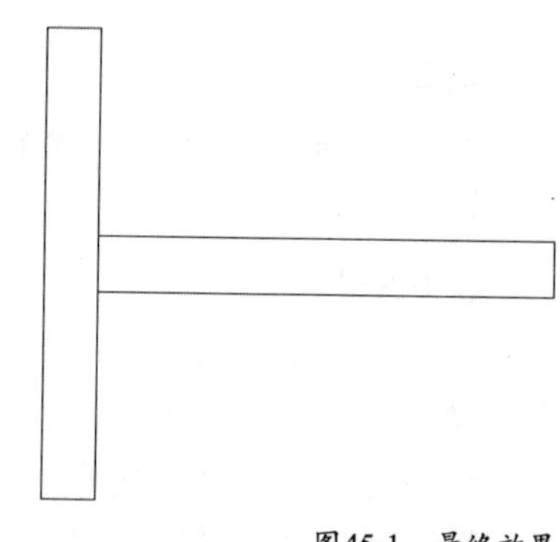

图45-1　最终效果

制作思路

• 选择“正交模式”，新建多线样式，执行“多线”命令绘制图形轮廓。

制作流程

01 选择状态栏“正交模式”。

02 执行“格式>多线样式”命令，或者在命令行输入：MLSTYLE，打开“多线样式”对话框，如图45-2所示。

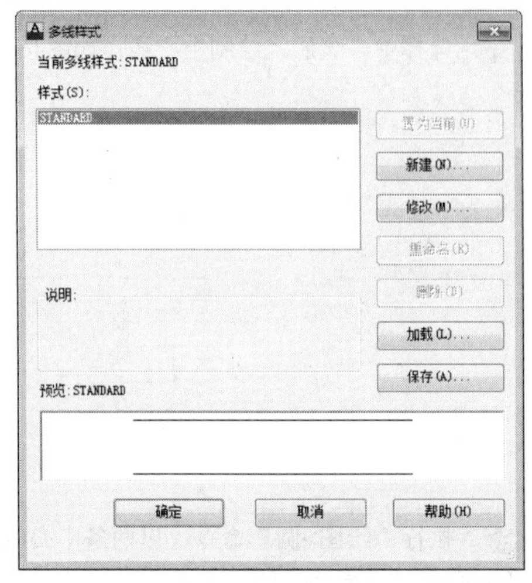

图45-2　多线样式

单击“新建”按钮，在“新样式名”文本中输入“样式1”作为新的名称，如图45-3所示。

图45-3　创建新的多线样式

单击“继续”按钮，设置封口形式，勾选“直线”右侧对应的“起点”和“端点”两个复选项，使用线段将多段线两端封闭，其他默认设置，单击“确定”按钮，如图45-4所示。

图45-4　新建多线样式1设置

03 执行“格式>多线样式”命令，打开“多线样式”对话框，选择“样式1”，单击“置为当前”按钮，并单击确定按钮完成新样式参数的设置，如图45-5所示。

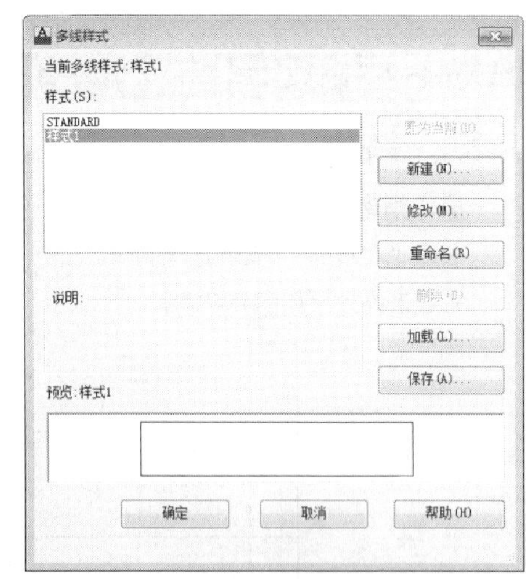

图45-5　样式1置为当前

04 执行“绘图>多线”命令，或在命令行输入“ML”或“MLINE”，绘制图形的轮廓线，如图45-6所示。具体命令行操作过程如下：

```
命令: ml
MLINE
当前设置: 对正 = 上, 比例 = 20.00, 样式 = 样式1
指定起点或 [对正(J)/比例(S)/样式(ST)]:  J
输入对正类型 [上(T)/无(Z)/下(B)] <上>:  Z
当前设置: 对正 = 无, 比例 = 20.00, 样式 = 样式1
指定起点或 [对正(J)/比例(S)/样式(ST)]:  S
输入多线比例 <20.00>:  2.5
当前设置: 对正 = 无, 比例 = 2.50, 样式 = 样式1
指定起点或 [对正(J)/比例(S)/样式(ST)]:
指定下一点:  @0,21.5
指定下一点或 [放弃(U)]:
```

图45-6　绘制多线

05 重复执行“多线”命令，选择状态栏“对象捕捉>中点”，捕捉绘制如图45-1所示的多线。

06 执行“保存”命令，将该文件保存为“实战045.dwg”。

练习045 绘制平行线结构图

实战位置 DVD>练习文件>第2章>练习045.dwg
难易指数 ★★☆☆☆
技术掌握 掌握多线样式及多线命令的使用方法

操作指南

参照“实战045”案例进行制作。

完成最终效果如图45-7所示。

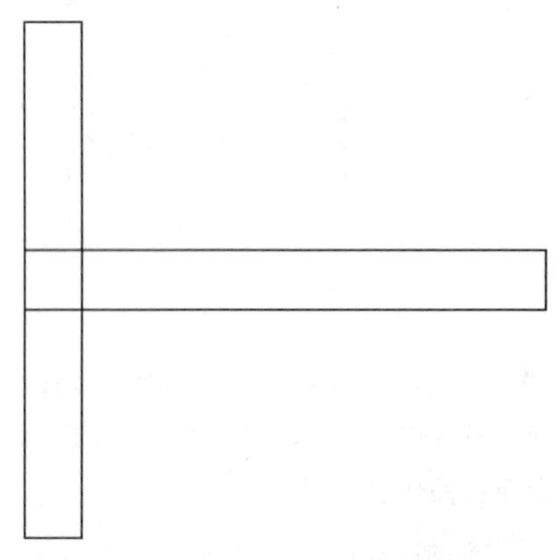

图45-7 绘制平行线结构图

实战046 绘制圆盘类文件

实战位置 DVD>实战文件>第2章>实战046.dwg
视频位置 DVD>多媒体教学>第2章>实战046.avi
难易指数 ★★☆☆☆
技术掌握 掌握“修改”工具的使用方法

实战介绍

通过介绍圆盘类零件的绘制过程，向读者说明中心线的绘制方法，并进一步熟悉圆、圆弧、偏移图形、标注等的绘制方法。本例最终效果如图46-1所示。

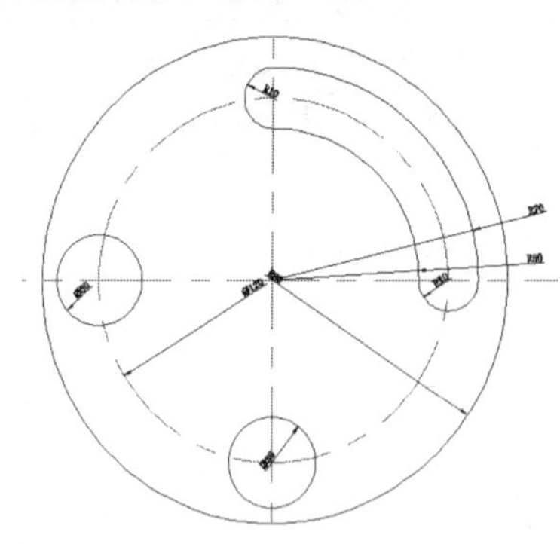

图46-1 最终效果

制作思路

• 首先设置好图层，绘制圆时需注意对象捕捉的设置。

制作流程

01 执行“格式>图层”命令，建立两个新图层，分别是实现层和中心线层，并设置线性和线宽，具体设置如图46-2所示。

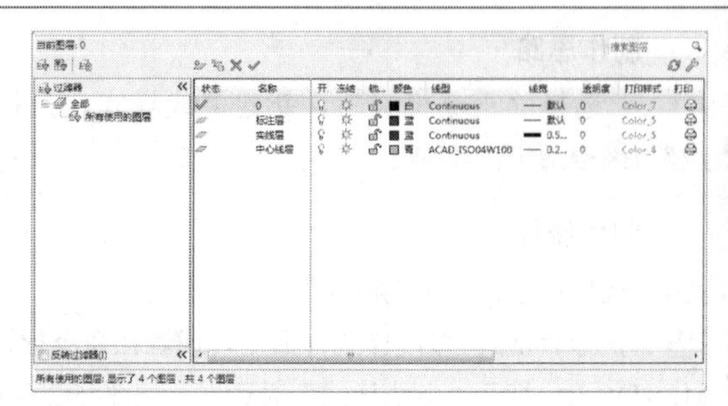

图46-2 建立新图层

02 选择中心线层，绘制中心线，如图46-3所示。

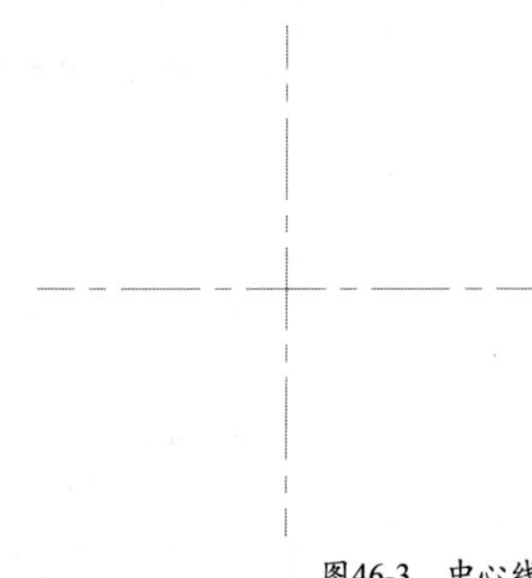

图46-3 中心线

03 执行“绘图>圆”命令，以两条中心线的交点为圆心绘制圆，半径为80，如图46-4所示。

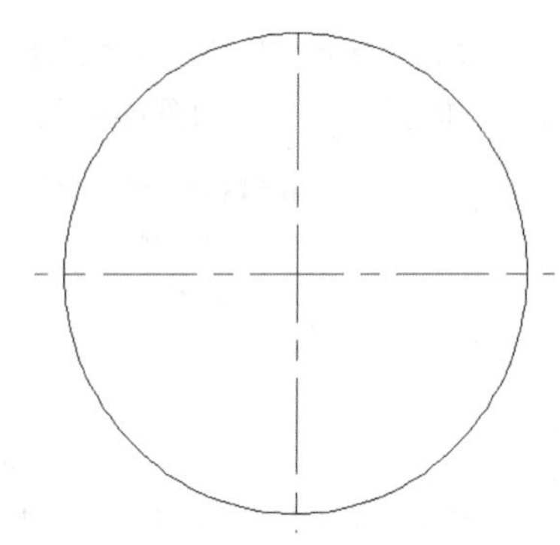

图46-4 绘制圆

04 单击图层下拉列表框，选择“中心线层”，将其设置为当前层。

05 执行“绘图>圆”命令，半径为60，如图46-5所示。

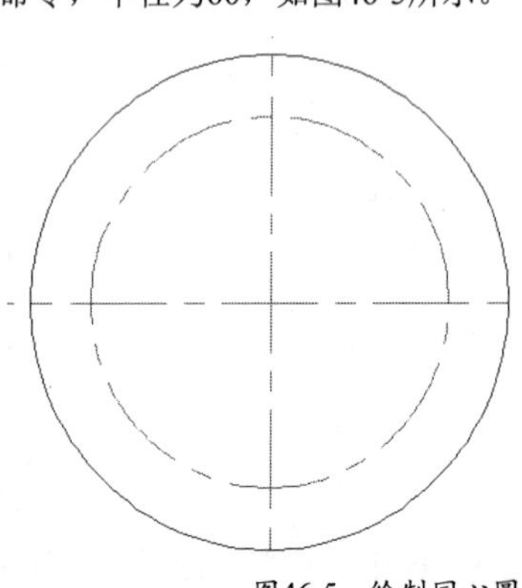

图46-5 绘制同心圆

06 单击图层下拉列表框，选择“实线层”，将其设置为当前层。

07 执行“绘图>圆”命令，绘制小圆，半径为15，如图46-6所示。

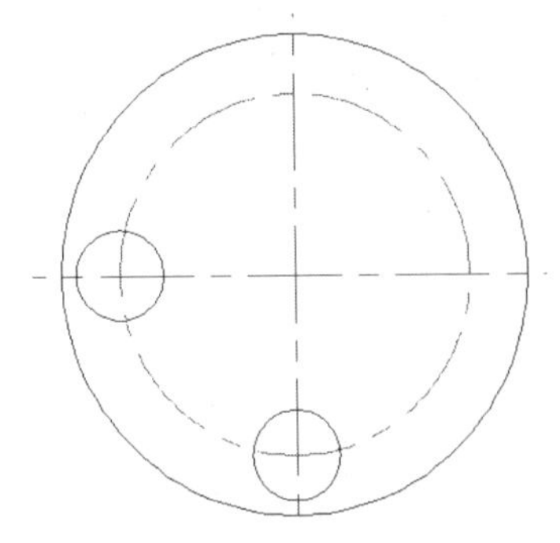

图46-6　绘制小圆

08 执行“绘图>圆弧”命令，命令行提示如下：

```
ARC指定圆弧的起点或[圆心(C)]:C  //按回车键
指定圆弧的圆心：  //单击中心线交点
指定圆弧的起点：  70  //按回车键//将鼠标指针放在上半部分竖直中心线上
指定圆弧的端点或[角度(A)/弦长(L)]: A  //按回车键
指定包含角度: 90  //按回车键
```

09 选择所绘圆弧，执行“偏移”命令。命令行提示如下：

```
指定偏移距离或[通过（T）/删除（E）/图层（L）]: 20 回车
指定要偏移的那一侧上的点或[退出（E）/多个（M）/放弃（U）]: //在所绘圆弧的下侧单击，如图46-7所示
```

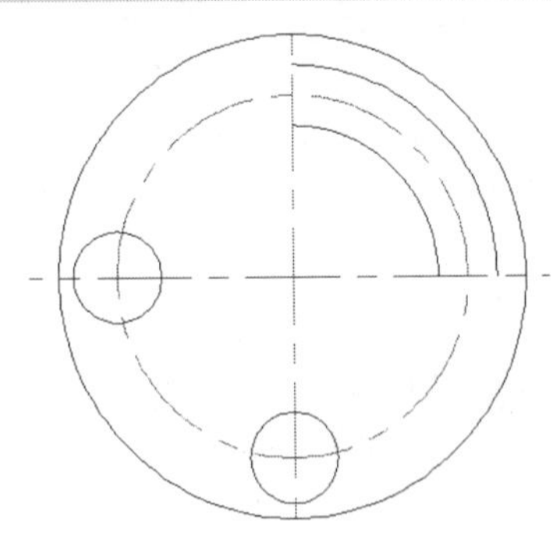

图46-7　绘制圆弧

10 执行“绘图>圆弧”命令，命令行提示如下：

```
ARC指定圆弧的起点或[圆心(C)]: //单击小圆弧的上端点
指定圆弧的第二点或[圆心（C）/端点（E）]:  C 回车
指定圆弧的端点或[角度(A)/弦长(L)]: A 回车
指定包含角度: -180 回车
```

11 重复步骤10的操作，绘制另一个圆弧如图46-8所示。

12 在标注工具栏中分别选择“直径”和“半径”命令，对圆和圆弧进行标注，从而得到最终图形。

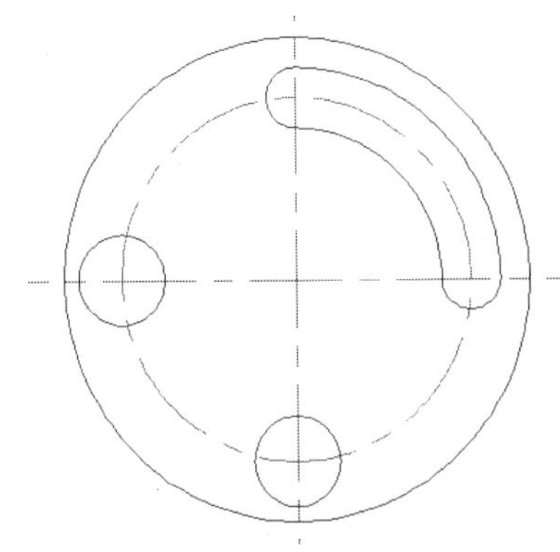

图46-8　绘制小圆弧

练习046　零件平面图

实战位置	DVD>练习文件>第2章>练习046.dwg
难易指数	★★☆☆☆
技术掌握	巩固“修改”工具的使用方法

操作指南

参照“实战046”案例进行制作。

首先执行“矩形”与“圆”命令，绘制外轮廓，然后标注。

绘制如图46-9所示零件平面图并进行标注。

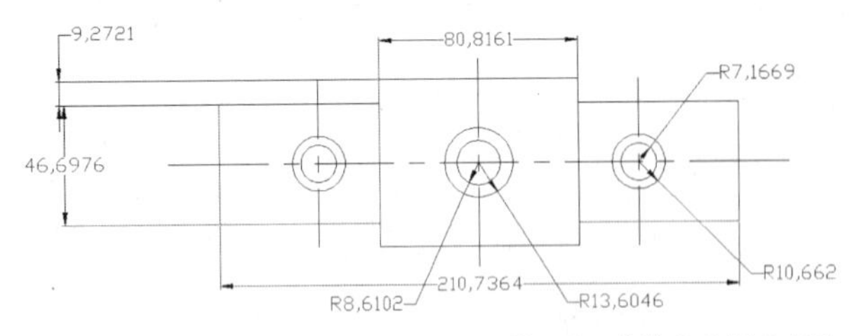

图46-9　零件平面图及标注

实战047　绘制莲花图案

实战位置	DVD>实战文件>第2章>实战047.dwg
视频位置	DVD>多媒体教学>第2章>实战047.avi
难易指数	★★☆☆☆
技术掌握	掌握“阵列”命令的使用方法

实战介绍

本例通过绘制莲花图案，进一步介绍了“修改”、“环形阵列”等修改命令功能，同时介绍了一种快速修剪的方法。本例最终效果如图47-1所示。

图47-1　最终结果

制作思路

· 首先执行“圆”与“直线”命令，绘制出一个花瓣；然后执行“阵列”命令，完成图形的绘制。

制作流程

01 执行“绘图>圆”命令，绘制一个直径为100的圆，使用CO（复制）命令将该圆向右复制一个，它们的中心距为75，结果如图3-47所示。命令行提示如下：

```
命令： _circle 指定圆的圆心或 [三点(3P)/两点(47P)/相切、相切、半径(T)]:
指定圆的半径或 [直径(D)]: 100
命令： CO
COPY
选择对象： 找到 1 个
选择对象：
当前设置： 复制模式 = 多个
指定基点或 [位移(D)/模式(O)] <位移>:
指定位移 <0.0000, 0.0000, 0.0000>: @75,0
```

效果如图47-2所示。

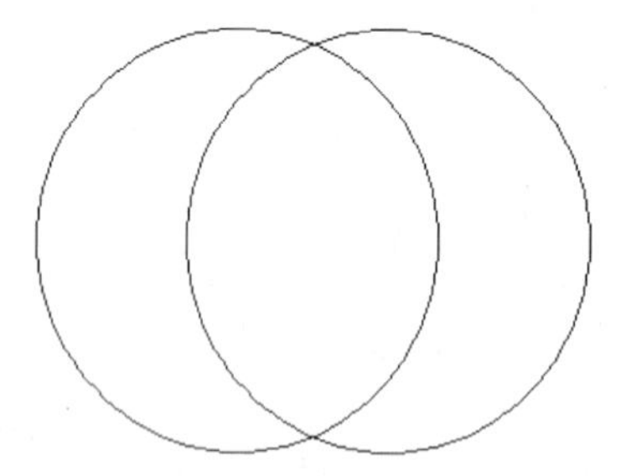

图47-2 绘制两个圆

02 执行“绘图>直线”命令连接两圆的二个交点，并修剪，命令行提示如下：

```
命令： _line 指定第一点：
指定下一点或 [放弃(U)]://用鼠标点击两圆交点
指定下一点或 [放弃(U)]: //用鼠标点击两圆交点
指定下一点或 [放弃(U)]: //回车键结束命令
命令： _trim
当前设置:投影=UCS, 边=无
选择剪切边...
选择对象或 <全部选择>: 找到 1 个
选择对象： 找到 1 个，总计 47 个
选择对象： 找到 1 个，总计 3 个
选择对象：
选择要修剪的对象，或按住 Shift 键选择要延伸的对象，或
[栏选(F)/窗交(C)/投影(P)/边(E)/删除(R)/放弃(U)]://用鼠标点击要剪切的一侧大弧部分
选择要修剪的对象，或按住 Shift 键选择要延伸的对象，或
[栏选(F)/窗交(C)/投影(P)/边(E)/删除(R)/放弃(U)]: //用鼠标点击要剪切的另一侧大弧部分
选择要修剪的对象，或按住 Shift 键选择要延伸的对象，或
[栏选(F)/窗交(C)/投影(P)/边(E)/删除(R)/放弃(U)]://按回车键结束命令
```

结果如图47-3所示。

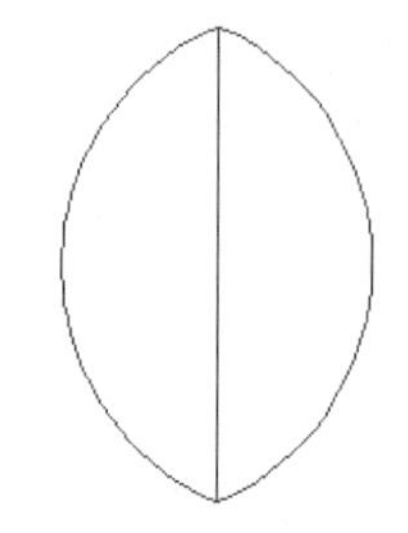

图47-3 绘制直线并修剪圆

03 执行“修改>阵列”命令，弹出如图47-4所示“阵列”对话框，设置对话框属性。

```
命令： _arraypolar
选择对象： 找到 1 个//选择中心线
选择对象://按回车键结束选择
类型 = 极轴 关联 = 是
//用鼠标选取椭圆上部端点
指定阵列的中心点或 [基点(B)/旋转轴(A)]:
选择夹点以编辑阵列或 [关联(AS)/基点(B)/项目(I)/项目间角度(A)/填充角度(F)/行(ROW)/层(L)/旋转项目(ROT)/退出(X)] <退出>:
```

图47-4 “阵列”对话框

环形阵列中间的直线，中心点为直线最上方端点，填充角度为35°，数量为16，结果如图47-5所示。

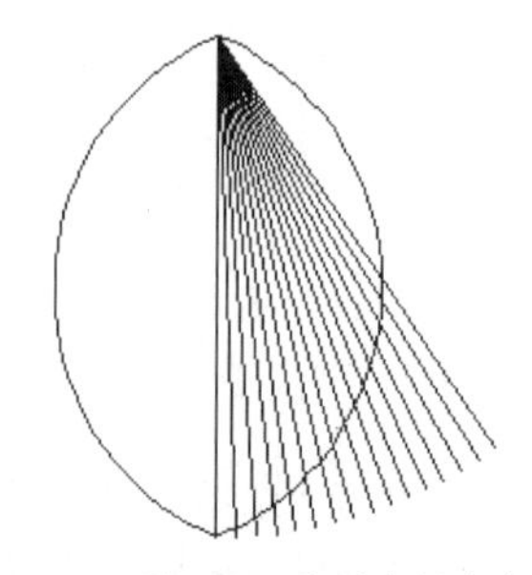

图47-5 阵列中间直线

04 执行“修改>分解”命令，将16条边线分解。执行“修改>修剪”命令，将阵列直线剪掉，就画出了花瓣了，命令行提示如下：

```
命令： _line
指定第一个点:圆弧顶点
指定下一点或 [放弃(U)]://画直线，与第一条阵列直线
```

```
在弧上相交//按回车键
    命令: _line
    指定第一个点:圆弧顶点
    指定下一点或 [放弃(U)]://画直线，与第二条阵列直线
在弧上相交//按回车键
    依次画出16条直线
    命令: _erase
    选择对象: 找到 1 个//选择阵列直线//按回车键
```

结果如图47-6所示。

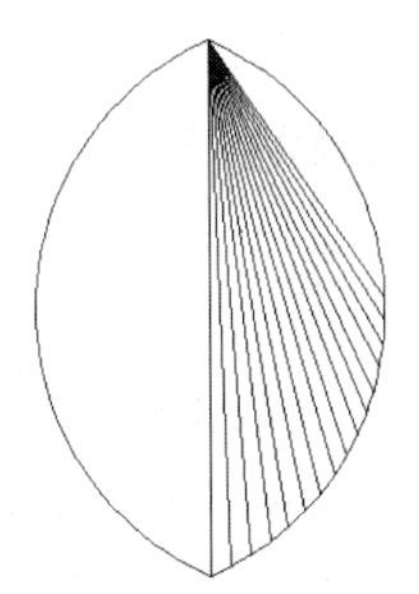

图47-6　修剪阵列直线

05 执行“修改>阵列”命令，环形阵列花瓣，中心点为花瓣最上方顶点，填充角度为360°，数量为16，结果如图47-1所示。

练习047　绘制花墙

实战位置　DVD>练习文件>第2章>练习047.dwg
难易指数　★★☆☆☆
技术掌握　巩固“阵列”命令的使用方法

操作指南

参照“实战047”案例进行制作。

执行“矩形”与“阵列”命令，绘制如图47-7所示花墙图形。

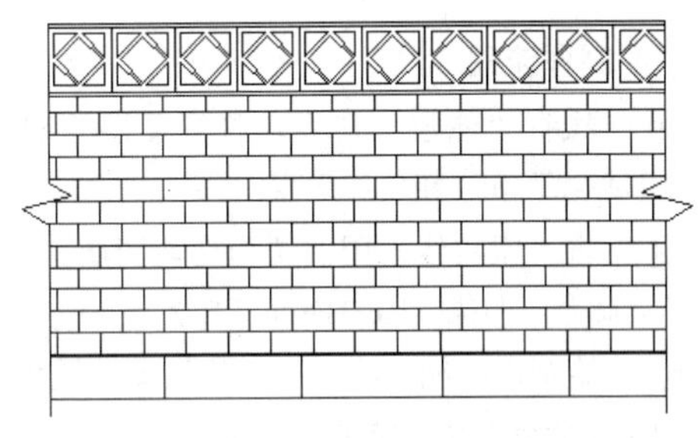

图47-7　花墙

其中，镂空花砖如图47-8所示。用到“偏移”、“剪切”等命令。

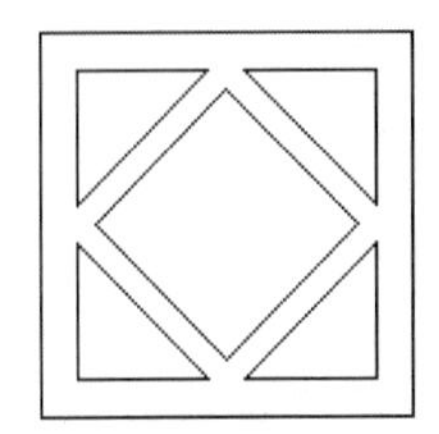

图47-8　镂空花砖

实战048　绘制特殊齿轮图案

实战位置　DVD>实战文件>第2章>实战048.dwg
视频位置　DVD>多媒体教学>第2章>实战048.avi
难易指数　★★☆☆☆
技术掌握　掌握“阵列”命令的使用方法

实战介绍

本例主要运用面域命令来绘制特殊齿轮图案。本例最终效果如图48-1所示。

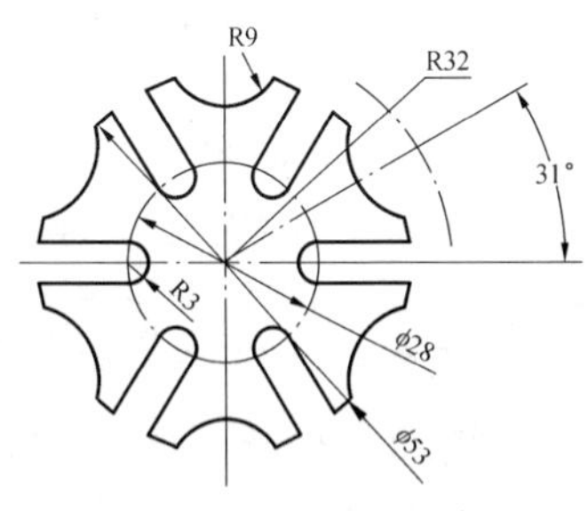

图48-1　最终效果

制作思路

• 首先执行“圆”、“直线”命令，绘制一个齿；然后执行“阵列”命令，完成图形的绘制。

制作流程

01 执行“绘图>圆”和“绘图>直线”命令，绘制出如图48-2所示的图形，命令行提示和操作内容如下：

```
命令: _line 指定第一点:
指定下一点或 [放弃(U)]://
指定下一点或 [放弃(U)]://自己画一条中心线
```

02 命令: _line 指定第一点:

```
指定下一点或 [放弃(U)]:
指定下一点或 [放弃(U)]://绘制正交中心线
```

03 命令:_line 指定第一点:

```
指定下一点或 [放弃(U)]:
指定下一点或 [放弃(U)]://绘制斜线，角度为31°
```

04 命令: _arc 指定圆弧的起点或 [圆心(C)]: c

```
指定圆弧的圆心://点击大圆圆心
指定圆弧的起点://用鼠标任选合适一点
指定圆弧的端点或 [角度(A)/弦长(L)] //用鼠标任选合
适一点
```

05 命令: _circle 指定圆的圆心或 [三点(3P)/两点(2P)/相切、相切、半径(T)]://选择中心线交点

```
指定圆的半径或 [直径(D)] <26.5000>://输入大圆半径
```

06 命令: _circle 指定圆的圆心或 [三点(3P)/两点(2P)/相切、相切、半径(T)]://选择斜线与圆弧交点

```
指定圆的半径或 [直径(D)] <9.0000>://输入小圆半
径，回车确认。
```

07 命令: _circle 指定圆的圆心或 [三点(3P)/两点(2P)/相切、相切、半径(T)]://选择大圆半径中点

```
指定圆的半径或 [直径(D)] <400.0000>://输入最小圆半径，回车确认。
```

08 命令: _line 指定第一点:

```
指定第一点:
指定下一点或 [放弃(U)]: //绘制与最小圆相切直线，长度自定。
```

09 命令: _mirror 找到 1 个//选择与最小圆相切直线

```
指定镜像线的第一点: <对象捕捉 开> >>
正在恢复执行 MIRROR 命令。
指定镜像线的第一点: 指定镜像线的第二点:
要删除源对象吗? [是(Y)/否(N)] <N>://回车结束命令
```

10 命令: _line 指定第一点://绘制直线封闭两切线

```
指定第一点:
指定下一点或 [放弃(U)]://闭合两条直线，回车结束命令
```

11 将圆A、B、C和矩形D创建成面域。

```
REGION
选择对象: 找到 1 个
选择对象:
已提取 1 个环。
已创建 1 个面域。//重复此命令创建面域B、C、D
```

12 建立圆B、C及矩形D的环形阵列，如图48-2所示。

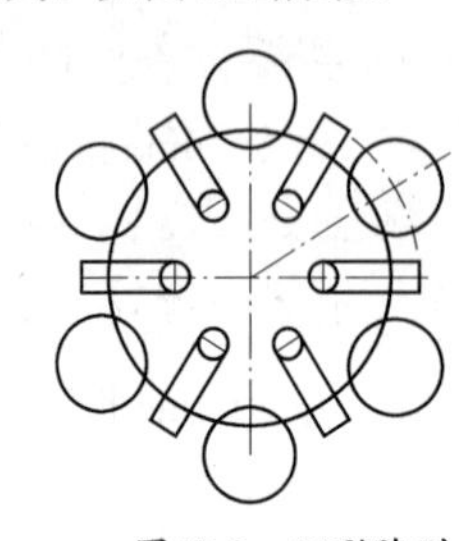

图48-2 环形阵列

命令行提示和操作内容如下:

```
命令: _array
指定阵列中心点://大圆中心
选择对象: 找到 1 个//选择小圆、最小圆和矩形
选择对象: 找到 1 个, 总计 2 个
选择对象: 找到 1 个, 总计 3 个
```

13 进行布尔操作，用面域A减去面域B、C、D，完成图形绘制，如图48-1所示。

练习048 绘制零件图

实战位置	DVD>练习文件>第2章>练习048.dwg
难易指数	★☆☆☆☆
技术掌握	巩固"阵列"命令的使用方法

操作指南

参照"实战048"案例进行制作。

利用"圆"、"多边形"命令，绘制如图4-3所示的图形。

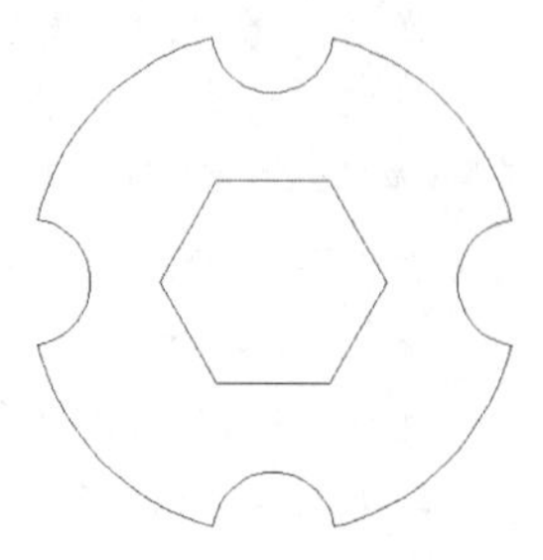

图48-3 零件图

实战049 绘制螺纹主视图与左视图

实战位置	DVD>实战文件>第2章>实战049.dwg
视频位置	DVD>多媒体教学>第2章>实战049.avi
难易指数	★★☆☆☆
技术掌握	掌握基本二维命令的使用方法

实战介绍

本例主要利用基本二维命令绘制出简单螺纹视图。本例最终效果如图49-1所示。

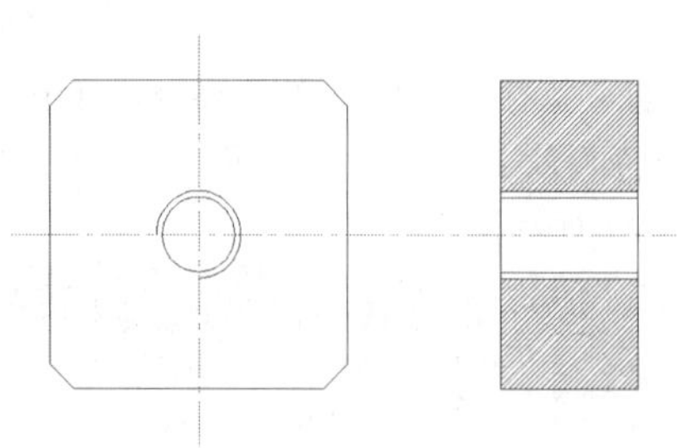

图49-1 螺纹视图最终效果

制作思路

• 首先设置图层，然后执行"矩形"命令，绘制外轮廓；最后用"修改"工具进行修改，完成图形的绘制。

制作流程

01 执行"图层"命令，打开图层管理器，新建图层"中心线"和"粗实线"层。

02 将"粗实线"图层置为当前图层。执行"绘图>矩形"命令，即执行RECTANGLE命令。

03 绘制中心线。将"中心线"图层置为当前图层。执行LINE命令。执行结果如图49-2所示。

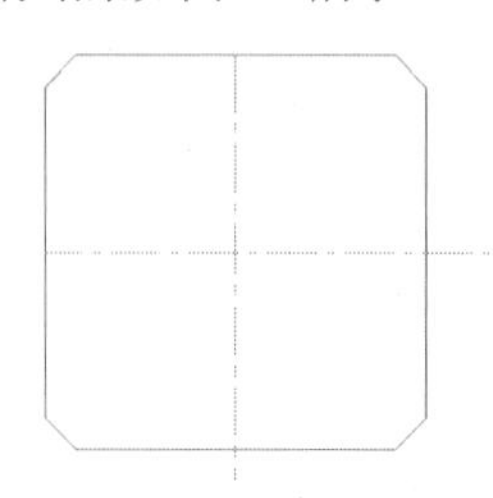

图49-2 绘制中心线

04 调整中心线位置。由于中心线起始点是从已有线的中点处绘制的，所以其位置不符合要求。利用MOVE命令，

也可以使用LENGTHEN命令进行调整，如图49-3所示。

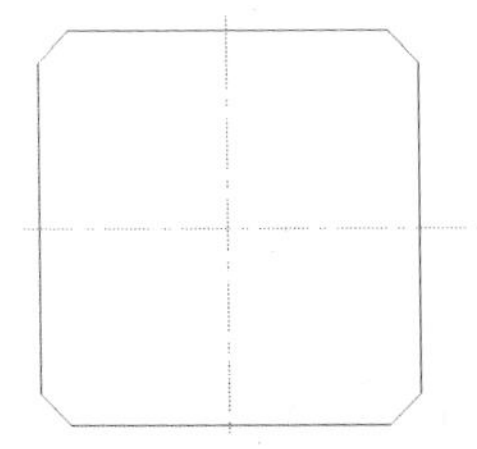

图49-3　调整中心线位置

05 绘制螺纹孔。①将“粗实线”图层置为当前图层。执行“绘图>圆”命令，即执行CIRCLE命令。②将“细实线”图层置为当前图层。执行CIRCLE命令。③执行“修改>打断”命令，即执行BREAK命令。执行结果如图49-4所示。

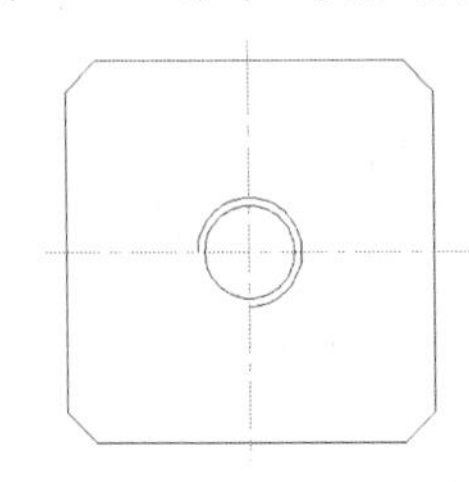

图49-4　绘制螺纹孔

06 绘制左视图。①绘制垂直线：将“粗实线”图层置为当前图层，执行LINE命令。②偏移直线：执行OFFSET命令。③绘制水平线：执行LINE命令，按下状态栏的对象捕捉、对象追踪按钮，根据高平齐绘制水平线，如图49-5所示。

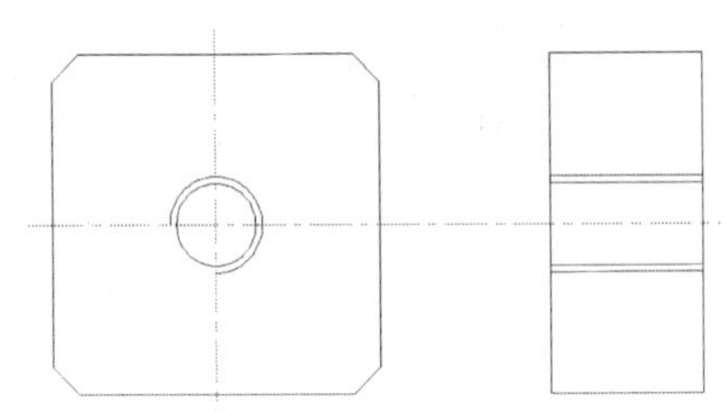

图49-5　绘制水平线

07 填充剖面线。执行“绘图>图案填充”命令，即执行BHATCH命令，AutoCAD弹出“图案填充和渐变色”对话框。利用该对话框进行填充设置，如图49-6所示。

图49-6　“图案填充和渐变色”对话框

08 完成剖面线的填充，结果如图49-1所示。

练习049　绘制螺纹主视图和右视图

实战位置　DVD>练习文件>第2章>练习049.dwg
难易指数　★★☆☆☆
技术掌握　巩固基本二维命令的使用方法

操作指南

参照“实战049”案例进行制作。

利用“多边形”、“直线”、“圆”、“修剪”命令，绘制如图49-7所示的绘制螺纹主视图与右视图。

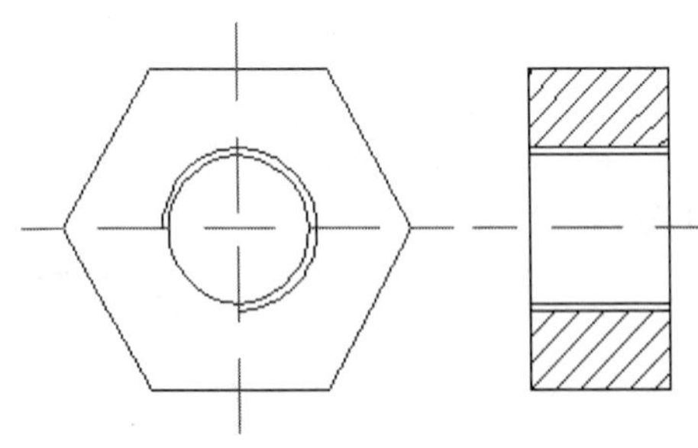

图49-7　螺纹主视图和右视图

实战050　绘制闭合边界

实战位置　DVD>实战文件>第2章>实战050.dwg
视频位置　DVD>多媒体教学>第2章>实战050.avi
难易指数　★★☆☆☆
技术掌握　掌握环形阵列、边界、面域等命令的使用方法

实战介绍

边界命令是用于从多个相交对象中提取一个或多个闭合的多段线边界，也可提取面域。本例最终效果如图50-1所示。

图50-1　最终效果

制作思路

- 首先执行“圆”命令绘制圆和正八边形。
- 执行“环形阵列”命令将正八边形阵列成8个。
- 创建边界，然后创建面域，最后执行“交集”命令做出如图50-1所示的图形。

制作流程

01 设置捕捉模式。在AutoCAD 2013下方状态栏上，找到“捕捉模式”，单击鼠标右键，选择设置，选择“对象捕捉”选项卡，清除“对象捕捉模式”其他选项，仅保留“圆心”、“象限点”两项，如图50-2所示。

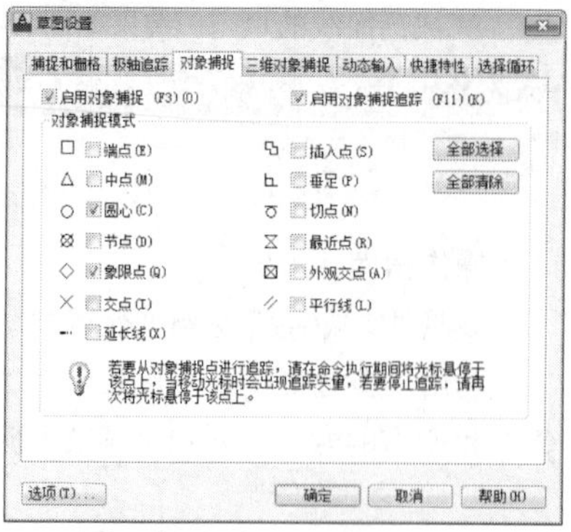

图50-2　捕捉设置

02 执行“绘图>圆”命令，绘制半径为25的圆。如图50-3所示。

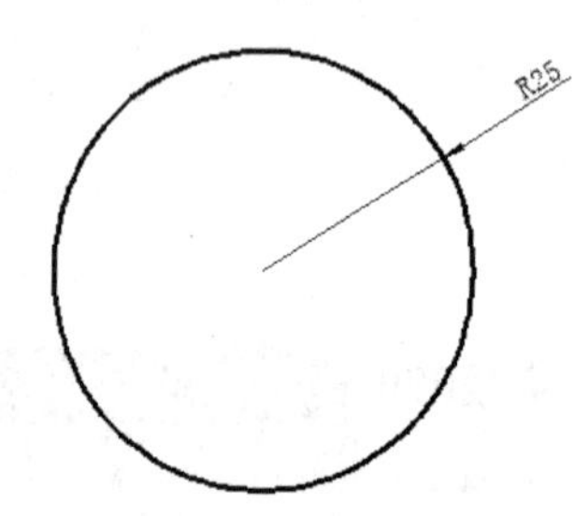

图50-3　绘制圆

03 执行“绘图>多边形”命令，创建正八边形，它以上侧象限点为中心，边长为3，如图50-4所示。

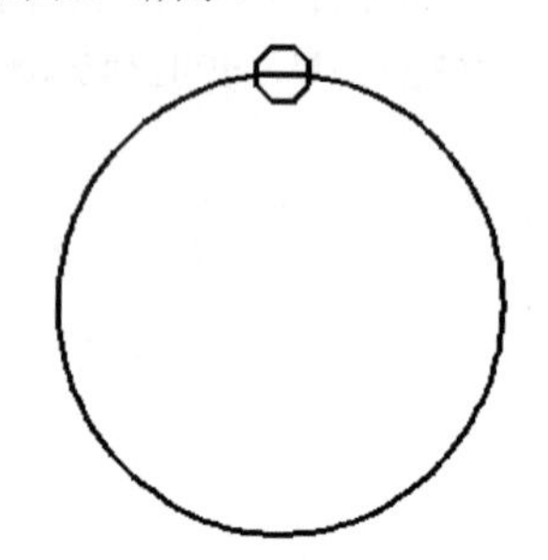

图50-4　绘制正八边形

04 执行“修改>环形阵列”命令，并设置参数如图50-5所示，设置“项目数”为8，不要选择“关联”项。

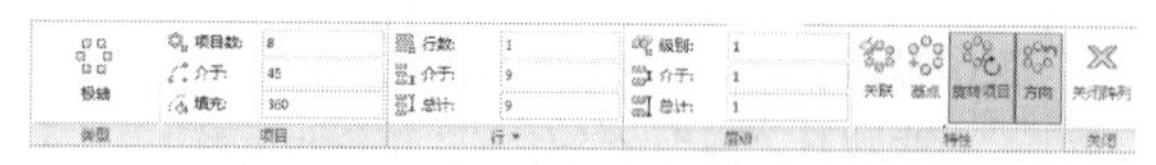

图50-5　设置阵列参数

正八边形阵列后，如图50-6所示。

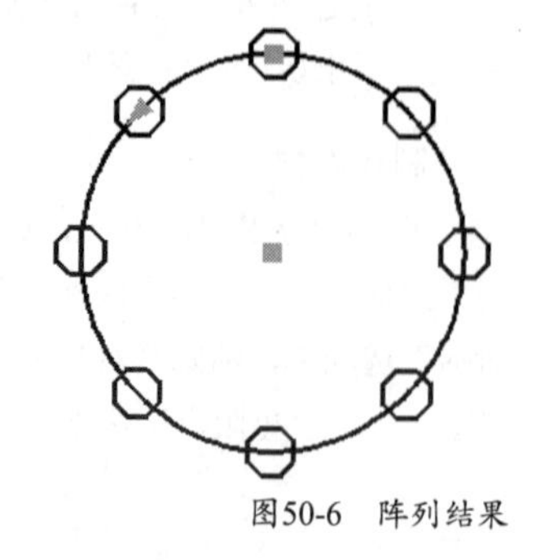

图50-6　阵列结果

技巧与提示

在执行环形阵列时，必须要取消选中图50-5中的“关联”选项，否则不能进行本实战后续操作。

05 执行“常用>绘图>边界”命令，边界创建对话框如图50-7所示。

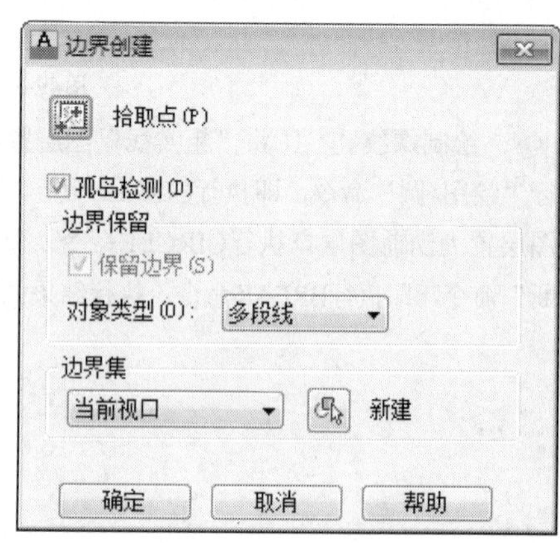

图50-7　边界创建

对话框中设置采用默认设置，单击“边界对话框”中“拾取点”按钮。同时在圆的内部拾取一点，此时系统会自动分析出一个闭合的虚线边界，如图50-8所示。

执行“绘图>移动”命令，选择刚创建的闭合边界，将其外移，如图50-9所示。

技巧与提示

边界命令是用于从多个相交对象中提取一个或多个闭合的多段线边界，也可以提取面域，其快捷键为“BO”。

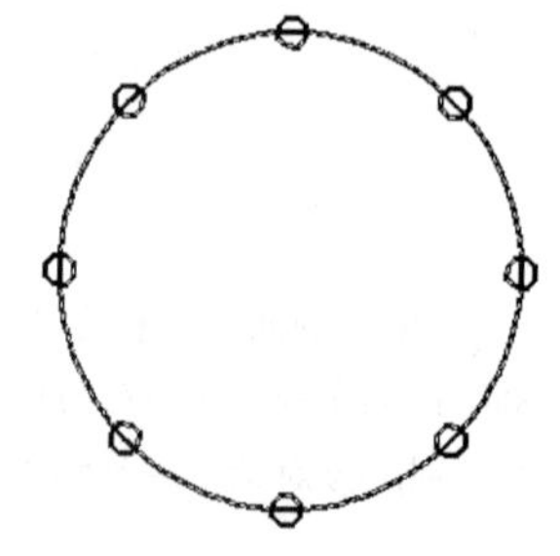

图50-8　创建虚拟边界

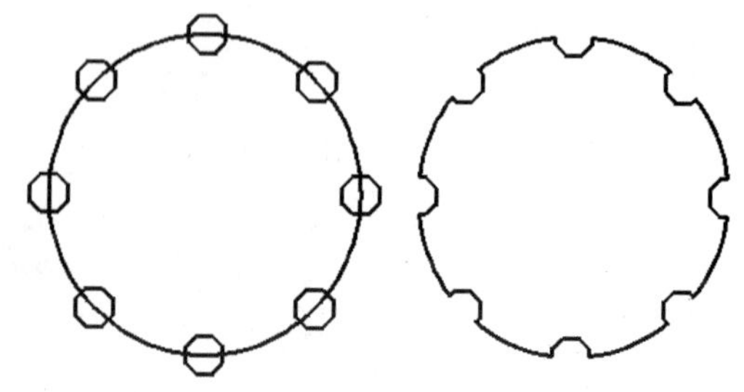

图50-9　移出边界

06 执行“绘图>面域”命令，将9个图形转换成9个面域。命令行提示和操作内容如下：

```
命令: _region
选择对象: 指定对角点: 找到 9 个
选择对象:
已提取 9 个环。
已创建 9 个面域。
```

07 执行“三维工具>实例编辑>并集”命令，将刚刚创建的9个面域合并。最终效果如图50-1所示。

08 执行“保存”命令，将该文件保存为“实战050.dwg”。

练习050 绘制闭合边界

实战位置	DVD>练习文件>第2章>练习050.dwg
难易指数	★★☆☆☆
技术掌握	掌握环形阵列、边界、面域等命令的使用方法

操作指南

参照“实战050”案例进行制作。

与实战050类似，仅需要在环形阵列时，将“项目数”设置为6即可。最终效果如图50-10所示。

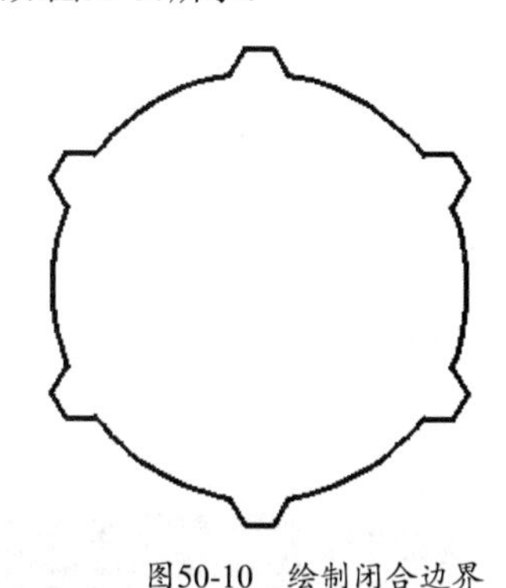

图50-10　绘制闭合边界

实战051 绘制空间连杆

实战位置	DVD>实战文件>第2章>实战051.dwg
视频位置	DVD>多媒体教学>第2章>实战051.avi
难易指数	★★☆☆☆
技术掌握	掌握“偏移”命令的使用方法

实战介绍

本例主要通过利用直线命令和偏移命令对圆弧的圆心进行定位，然后再利用圆命令和修剪命令完成整个图形的绘制。本例最终效果如图51-1所示。

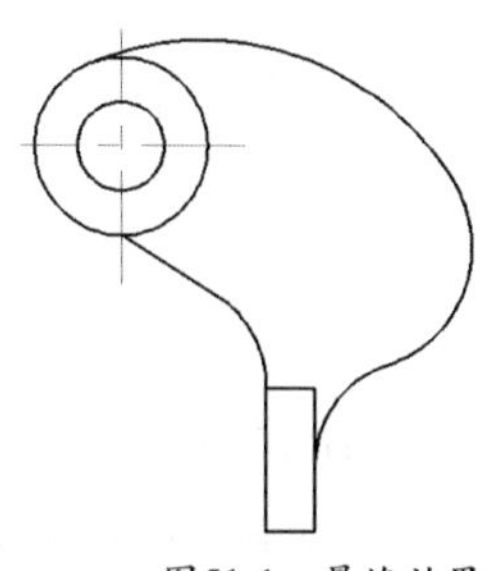

图51-1　最终效果

制作思路

• 首先设置图层，然后执行“直线”命令，绘制辅助线；执行“圆”命令，绘制外轮廓；最后利用“修改”工具完成图形的绘制。

制作流程

01 执行“图层>图形特性管理器”命令，新建两个图层：“轮廓线”层，“中心线”层，颜色设置为青色，线形为CENTER。

02 绘制中心线，将“中心线”层设置为当前图层，执行“绘图>直线”命令，绘制互相垂直的两条中心线，如图51-2所示。

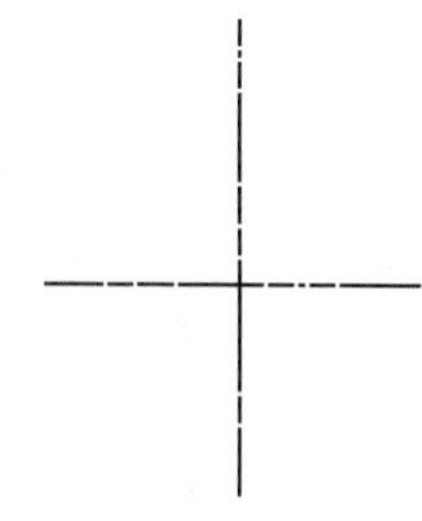

图51-2　绘制中心线

03 执行“绘图>圆”命令，将“轮廓线”设置为当前层，绘制半径为12.5和25的同心圆，结果如图51-3所示。

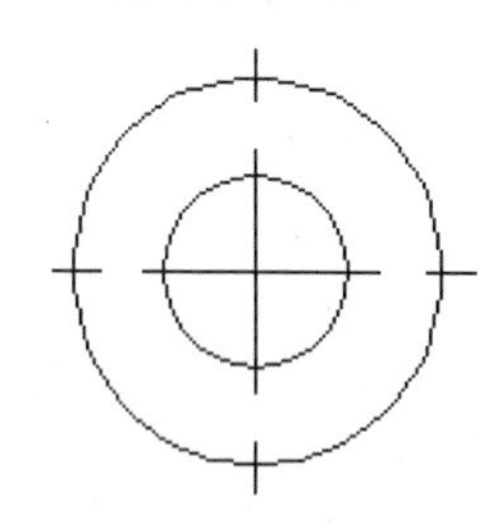

图51-3　绘制圆

04 执行“修改>偏移”命令，将水平中心线向下分别偏移28、68、108，将竖直中心线分别向右偏移42、56、66，如图51-4所示。

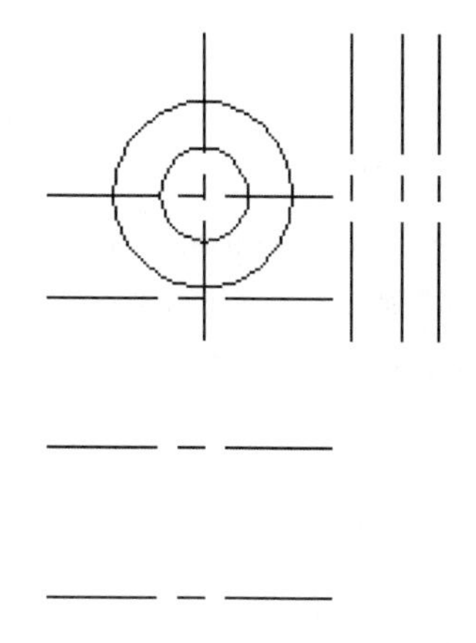

图51-4　偏移直线

05 执行“修改>延伸”命令，进行延伸操作，如图51-5所示。

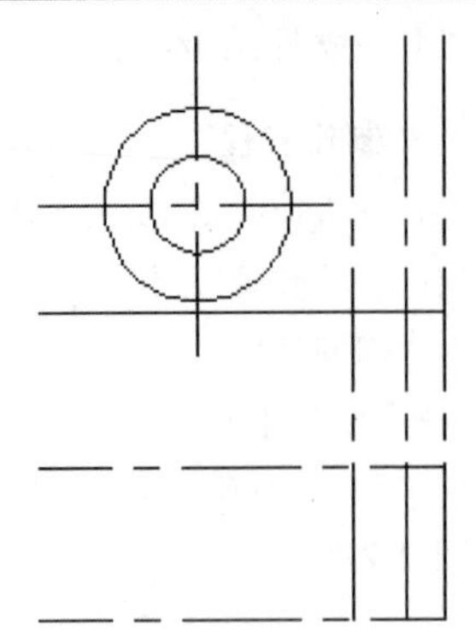

图51-5　延伸处理

06 执行“绘图>圆”命令，将“轮廓线”设置为当前层，以延伸线与偏移线的交点为圆心，绘制半径为35和25的相切圆和85的圆，得到结果如图51-6所示。

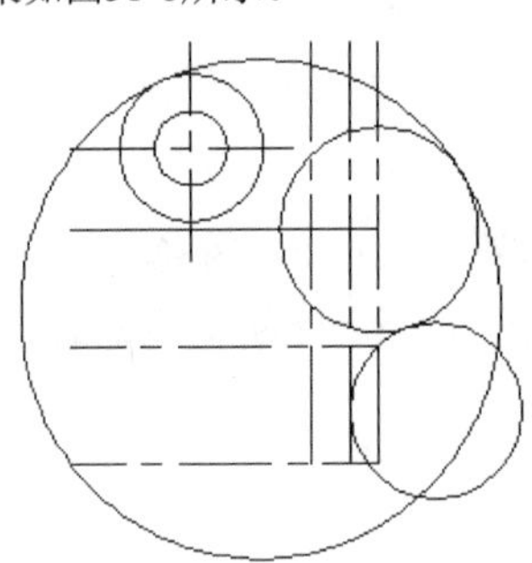

图51-6　绘制圆

07 执行“修改>修剪”命令，进行修剪处理，效果如图51-7所示。

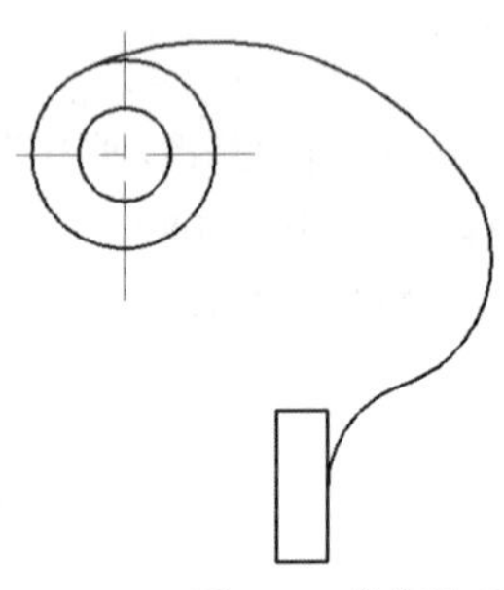

图51-7　修剪处理

08 执行LINE命令,绘制一条斜线，然后执行“绘图>圆”命令，将“轮廓线”设置为当前层，绘制相切的半径为20的圆，效果如图51-8所示。

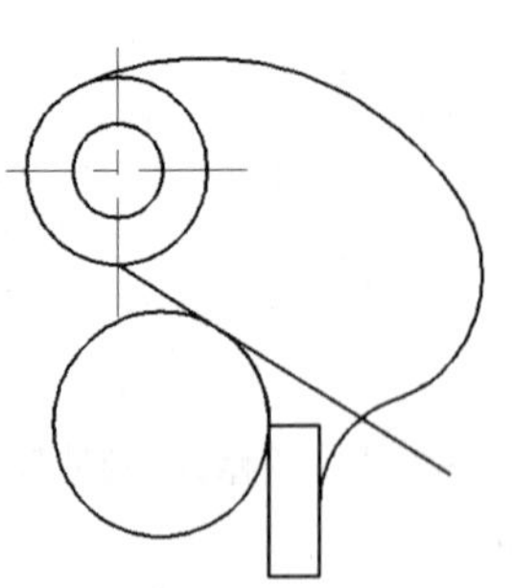

图51-8　绘制圆和线

09 执行“修改>修剪”命令，进行修剪处理，效果如图51-1所示。

技巧与提示

在删除线条时，可以直接选中该对象，按键盘上的Delete键，即可将该对象删除，而不必利用命令工具。

练习051　绘制内切圆

实战位置	DVD>练习文件>第2章>练习051.dwg
难易指数	★☆☆☆☆
技术掌握	巩固“圆”命令的使用方法

操作指南

参照“实战051”案例进行制作。

首先执行“多边形”命令，绘制正五边形；然后执行“圆”命令，绘制内切圆。

绘制如图51-9所示的图形。

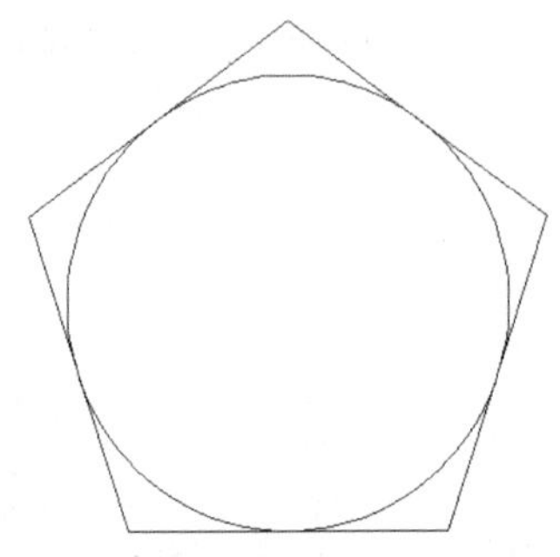

图51-9　绘制正五边形内切圆

实战052　绘制构造线

实战位置	DVD>实战文件>第2章>实战052.dwg
视频位置	DVD>多媒体教学>第2章>实战052.avi
难易指数	★☆☆☆☆
技术掌握	掌握“构造线”命令的使用方法

实战介绍

构造线是一条没有起点和终点的无限延伸的直线，通常用作辅助绘图线，还可修改成射线和直线，如图52-1所示的角平分线。

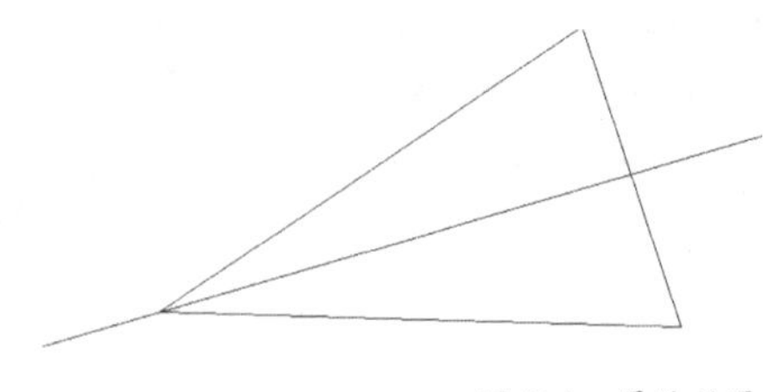

图52-1　最终效果

制作思路

- 绘制三角形的角平分线。使用“直线”命令绘制一个三角形，然后使用“构造线”命令做出一个角平分线。

制作流程

01 执行“绘图>直线”命令，绘制一个三角形，如图52-2所示。

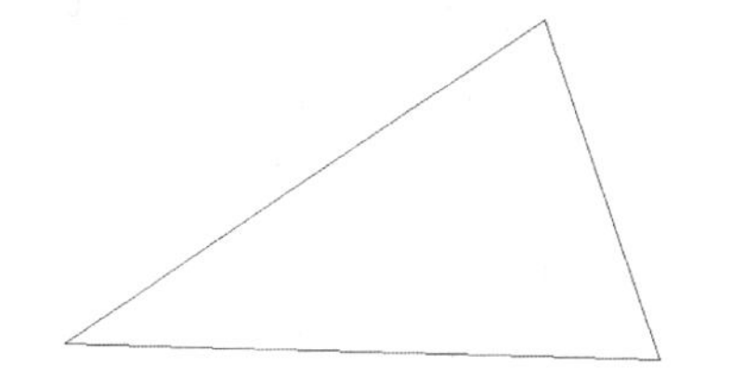

图52-2　绘制三角形

02 执行“绘图>构造线”命令，作的平分线，如图52-3所示。命令行提示和操作内容如下：

```
命令:XLING 指定点或 [水平(H)/垂直(V)/角度(A)/二等分(B)/偏移(O)]:
指定角的顶点://指定一点
指定角的起点://指定另一点
指定角的端点://指定第三点
指定角的端点://按回车键结束命令
```

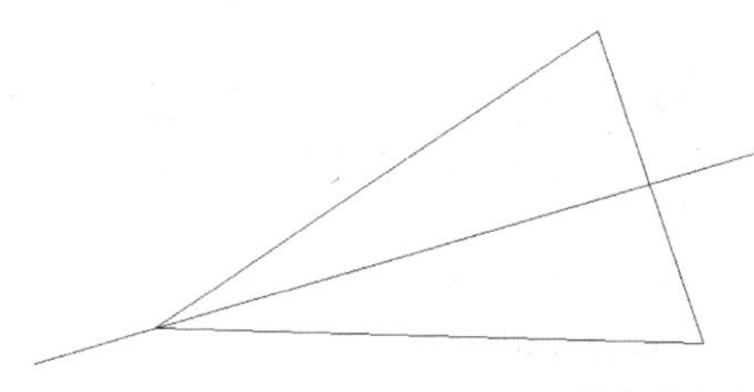

图52-3　绘制角平分线

练习052　绘制矩形

实战位置	DVD>练习文件>第2章>练习052.dwg
难易指数	★☆☆☆☆
技术掌握	巩固“构造线”命令的使用方法

操作指南

参照“实战052”案例进行制作。

选择“修剪”工具删除多余的“构造线”即可。最终效果如图52-4所示。

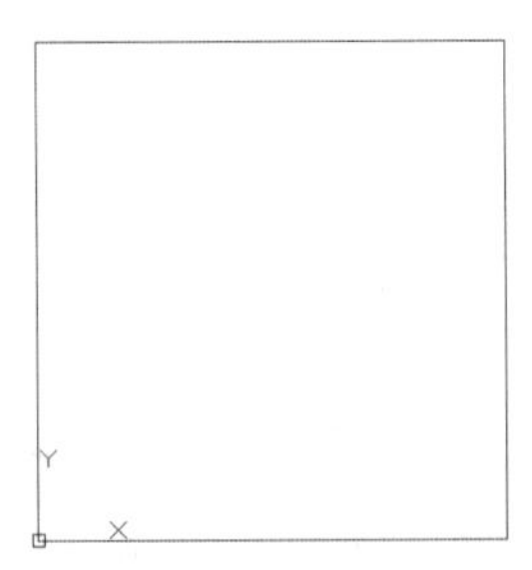

图52-4　构造线绘制矩形

实战053　绘制定距等分点

实战位置	DVD>实战文件>第2章>实战053.dwg
视频位置	DVD>多媒体教学>第2章>实战053.avi
难易指数	★☆☆☆☆
技术掌握	掌握“定距等分”命令的使用方法

实战介绍

工程人员在利用图纸解决实际问题时，往往需要将线段等距分成多段，通过AutoCAD 2013中的“定距等分”功能，则可以轻易满足这一要求。本例最终效果如图53-1所示。

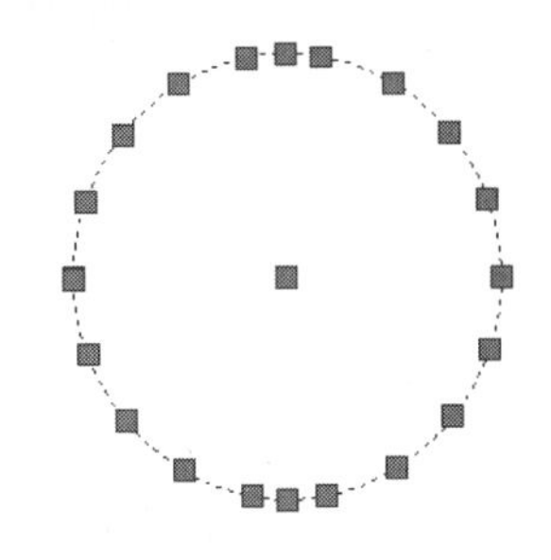

图53-1　最终效果

制作思路

• 首先执行“圆”命令，绘制一个圆；然后执行“定距等分”命令，完成图形绘制。

制作流程

01 执行“绘图>圆”命令，绘制矩形框，如图53-2所示。命令行提示和具体操作如下：

```
命令: _circle
指定圆的圆心或 [三点(3P)/两点(2P)/切点、切点、半径(T)]:
指定圆的半径或 [直径(D)] <0.0000>: 100
```

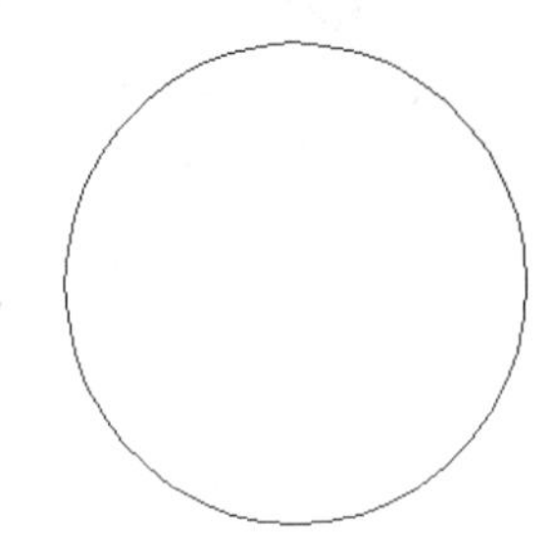

图53-2　绘制半径为100的圆

02 执行“绘图>点>定距等分”命令，将圆等距分成35cm长的圆弧，如图53-1所示。命令行提示和具体操作如下：

```
命令: _measure
选择要定距等分的对象:选取该圆
指定线段长度或 [块(B)]: 35
```

练习053　定距等分矩形

实战位置	DVD>练习文件>第2章>练习053.dwg
难易指数	★☆☆☆☆
技术掌握	巩固“定距等分”命令的使用方法

操作指南

参照“实战053”案例进行制作。

首先执行“矩形”命令，绘制一个圆；然后执行“定距等分”命令，绘制如图53-3所示的图形。

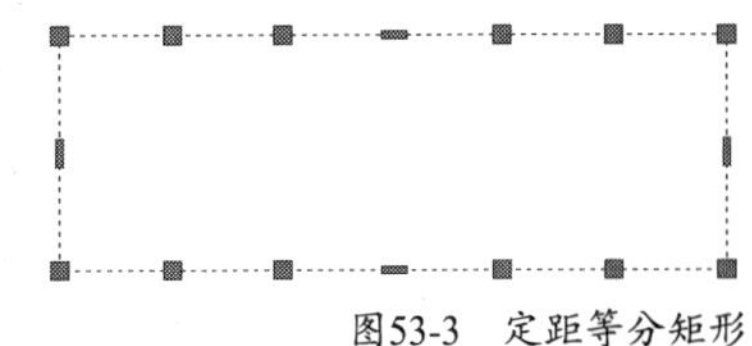

图53-3　定距等分矩形

实战054 绘制样条曲线

实战位置	DVD>实战文件>第2章>实战054.dwg
视频位置	DVD>多媒体教学>第2章>实战054.avi
难易指数	★☆☆☆☆
技术掌握	掌握“样条曲线”命令的使用方法

实战介绍

在AutoCAD 2013中，可以通过指定点来创建样条曲线，也可以封闭样条曲线，使起始点和端点重合，本例通过在长方形中绘制样条曲线来熟悉这个工具的运用。本例最终效果如图54-1所示。

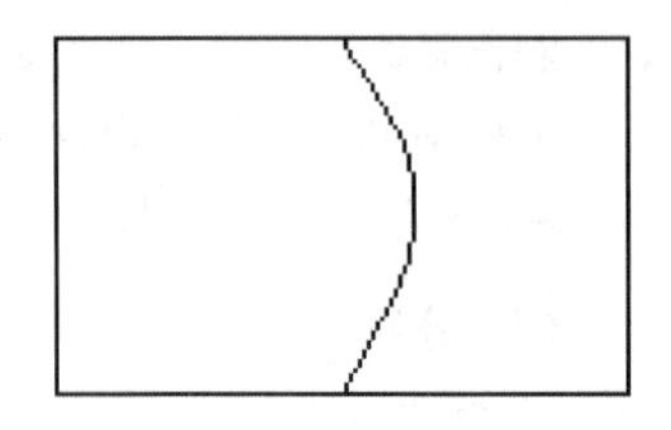

图54-1　最终效果

制作思路

• 首先执行“矩形”命令，绘制一个矩形；然后执行“样条曲线”命令，绘制样条曲线。

制作流程

01 执行“绘图>矩形”命令，绘制一个矩形，如图54-2所示。

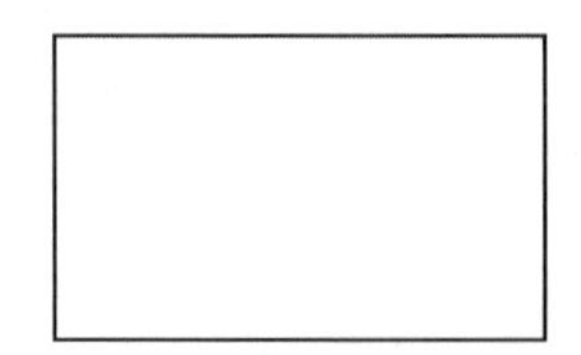

图54-2　绘制矩形

02 在命令行中输入spline（样条曲线）命令，按Enter键确认；在命令行提示下，捕捉合适的点，如图54-3所示。

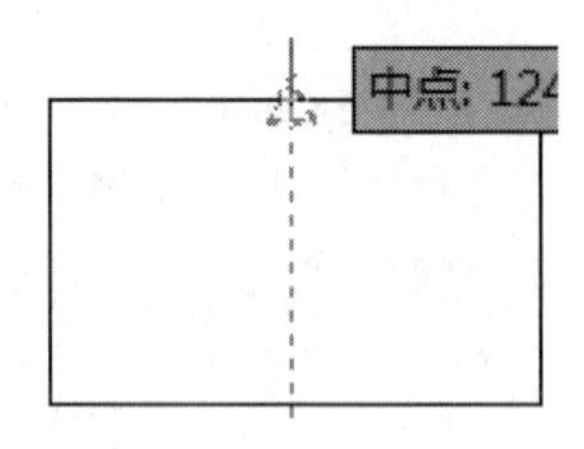

图54-3　捕捉上方合适的点

03 在绘图区中，一次捕捉3个端点，并捕捉下方合适的点，按Enter键确认，如图54-4所示。

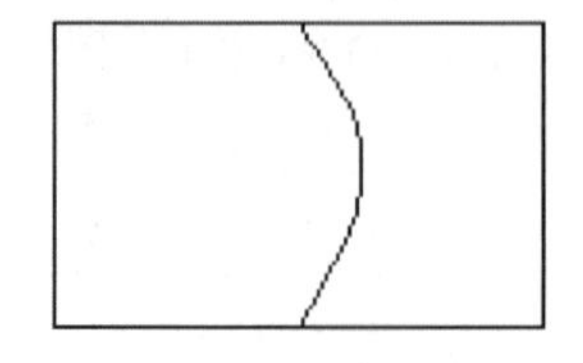

图54-4　绘制下方合适的点及最终效果

练习054 绘制样条曲线

实战位置	DVD>练习文件>第2章>练习054.dwg
难易指数	★☆☆☆☆
技术掌握	巩固“样条曲线”命令的使用方法

操作指南

参照“实战054”案例进行制作。

首先绘制一个圆，然后执行“样条曲线”命令，绘制样条曲线。

效果如图54-5所示。

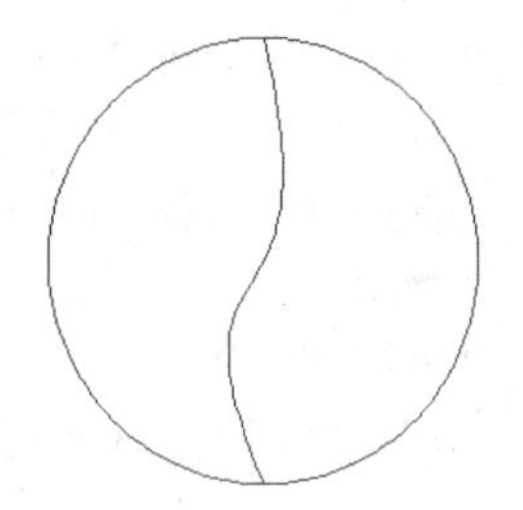

图54-5　样条曲线

实战055 绘制圆环和圆弧

实战位置	DVD>实战文件>第2章>实战055.dwg
视频位置	DVD>多媒体教学>第2章>实战055.avi
难易指数	★☆☆☆☆
技术掌握	掌握“圆弧”命令的使用方法

实战介绍

圆环是由两个同心圆组成的组合图形，默认情况下圆环的两个圆形中间的面积填充为实心；圆弧是圆的一部分曲线，是与其半径相等的圆周的一部分。本例通过介绍圆环和圆弧的画法，使读者了解了AutoCAD 2013中绘图工具的基本使用方法。

本例最终效果如图55-1和图55-2所示。

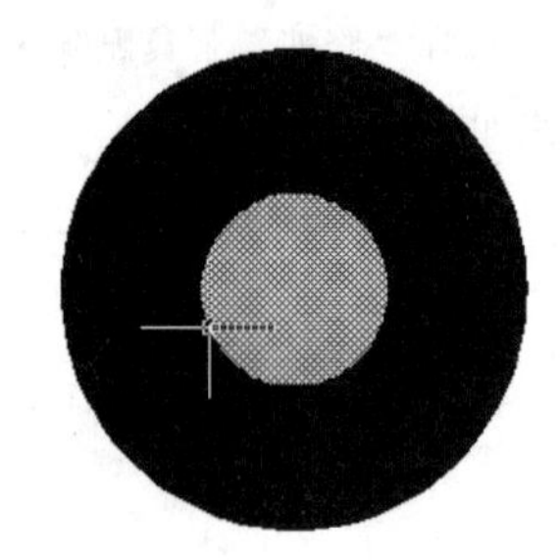

图55-1　圆环

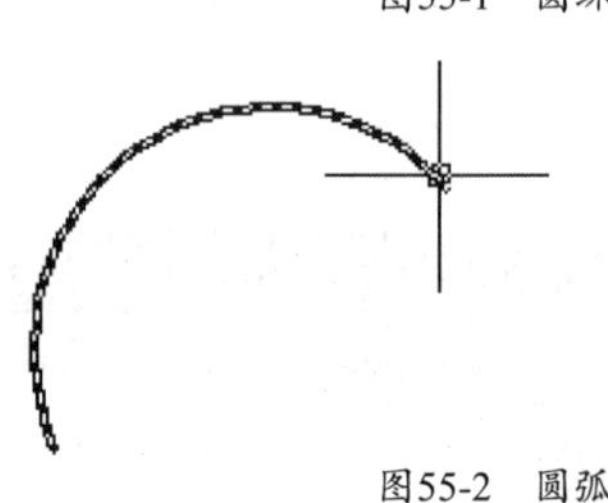

图55-2　圆弧

制作思路

• 执行“圆弧”命令绘制圆弧，执行“圆”命令，绘制圆环。

制作流程

01 执行“绘图>圆环”命令，如图55-3所示。

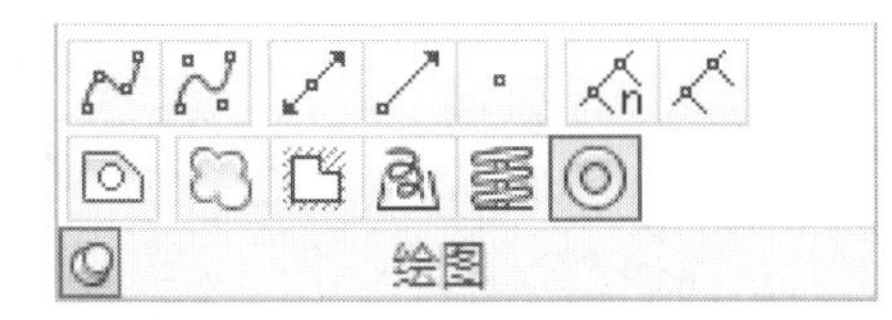

图55-3　选择圆环

02 在命令行中执行DONUT命令。将圆环内径设置为0，外径为50绘制实心圆面，如图55-4所示。

03 在命令行中执行DONUT命令。将圆环内径设置为0，外径为20绘制实心圆面,如图55-5所示。

图55-4　实心圆面

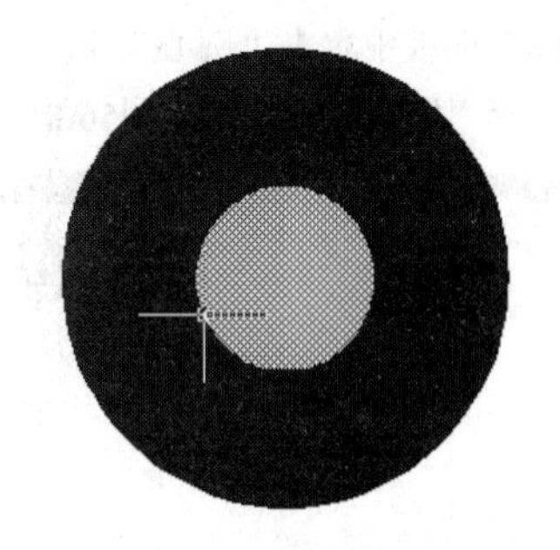

图55-5　实心圆面

04 执行“绘图>圆弧”命令，如图55-6所示。

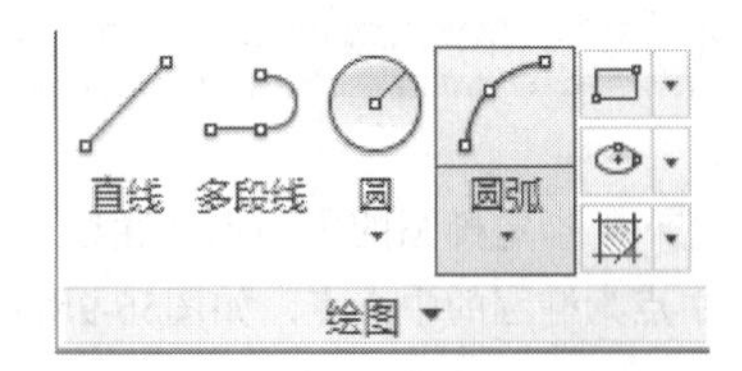

图55-6　选择圆弧

05 在命令行中执行ARC命令，如图55-7所示。

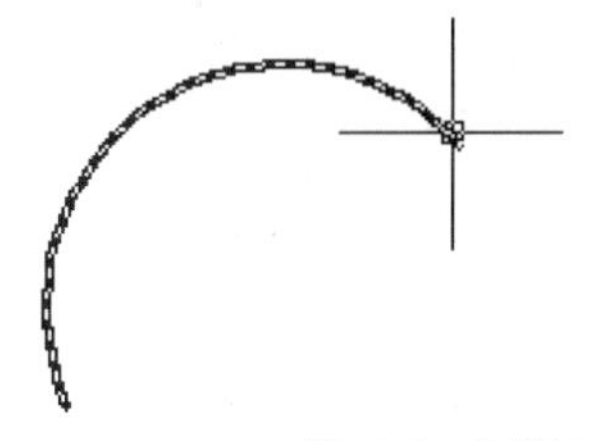

图55-7　绘制圆弧

06 选择要保存的文件路径，并修改并保存文件名为“实战055.dwg”。

练习055 绘制圆弧与圆环

实战位置　DVD>练习文件>第2章>练习055.dwg
难易指数　★☆☆☆☆
技术掌握　巩固“圆弧”命令的使用方法

操作指南

参照“实战055”案例进行制作。

执行“圆弧”与“圆”命令，绘制圆弧与圆环。

效果如图55-8和图55-9所示。

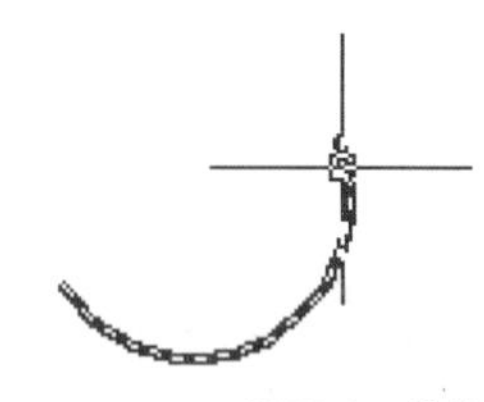

图55-8　圆弧

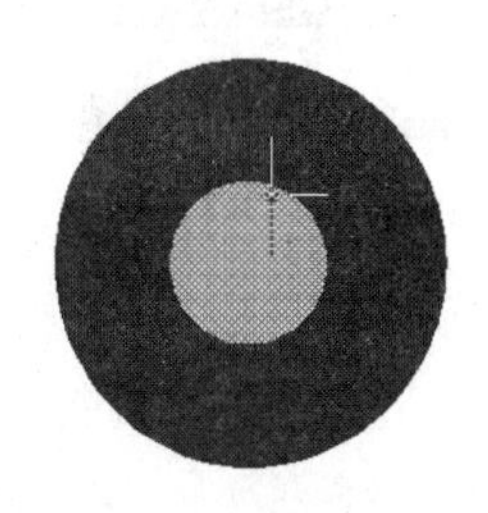

图55-9　圆环

实战056 绘制椭圆和椭圆弧

原始文件位置　DVD>原始文件>第2章>实战056原始文件
实战位置　DVD>实战文件>第2章>实战056.dwg
视频位置　DVD>多媒体教学>第2章>实战056.avi
难易指数　★★☆☆☆
技术掌握　掌握圆心点绘制椭圆和使用“椭圆弧”命令

实战介绍

通过介绍绘制椭圆和椭圆弧的过程步骤，向读者说明使用圆心点绘制椭圆和使用“椭圆弧”命令的方法。本例最终效果如图56-1所示。

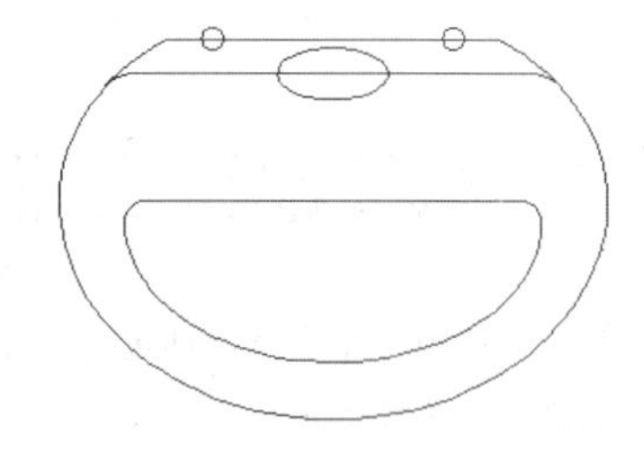

图56-1　最终效果

制作思路

• 首先执行“椭圆弧”命令，绘制椭圆弧；然后执行“圆心”命令，绘制椭圆。

制作流程

01 打开“实战056.原始文件dwg”文件，如图56-2所示。

02 选择“椭圆弧”选项，在“绘图”面板中单击“圆心”下拉按钮，在弹出的下拉列表中选择“椭圆弧”选项，如图56-3所示。

03 指定椭圆弧轴端点，通过对象捕捉模式指定轴端点，如图56-4所示。

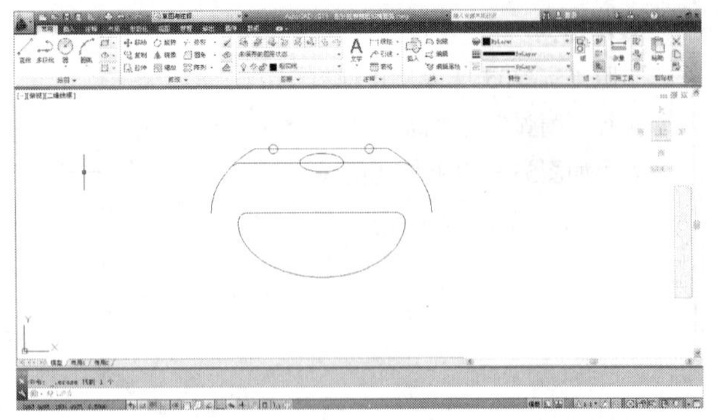
图56-2　绘制椭圆、椭圆弧

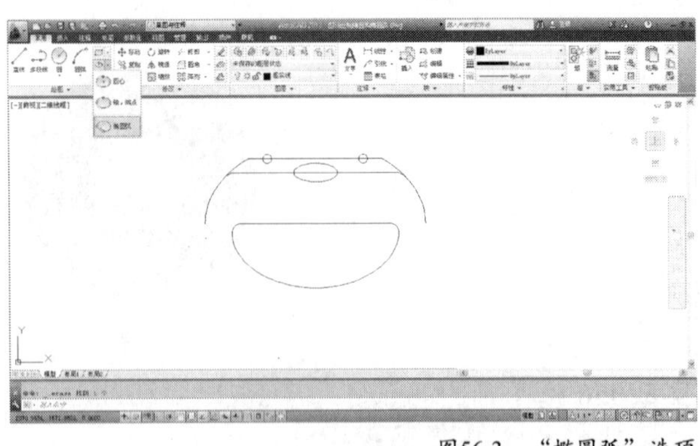
图56-3　“椭圆弧”选项

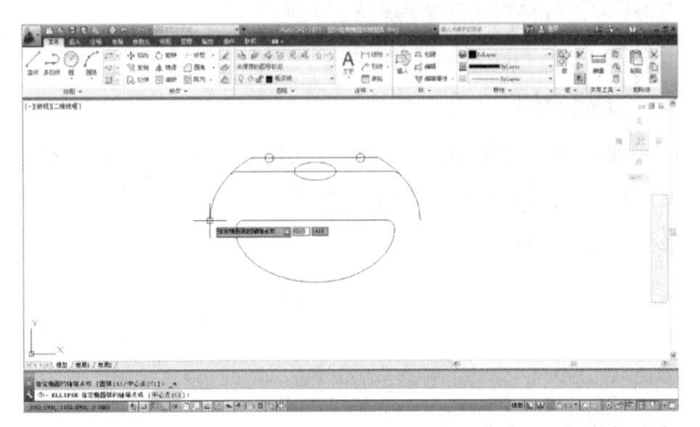
图56-4　指定轴端点

04 指定轴的另一个端点，通过对象捕捉模式指定轴的另一个端点，如图56-5所示。

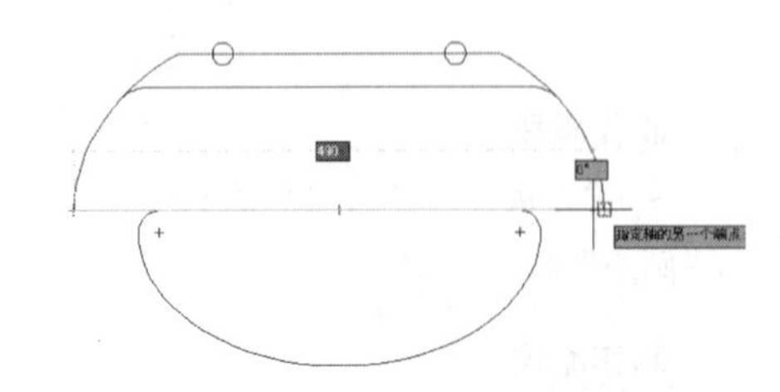

图56-5　指定轴的另一个端点

05 指定半轴长度，输入190，按Enter键确定半轴长度，如图56-6所示。

06 指定椭圆弧起始角度和终止角度，如图56-7所示。

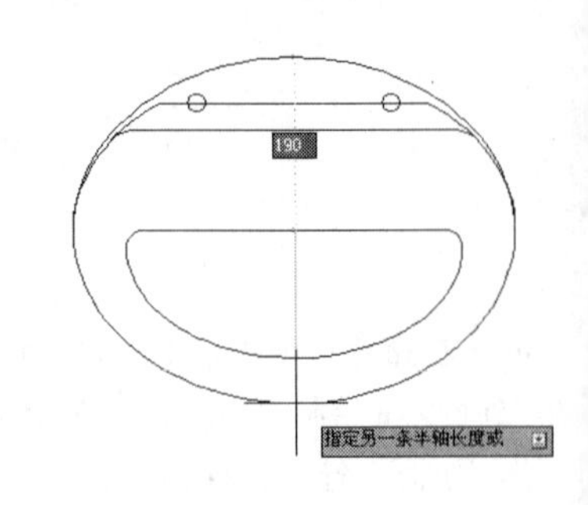

图56-6　指定半轴长度

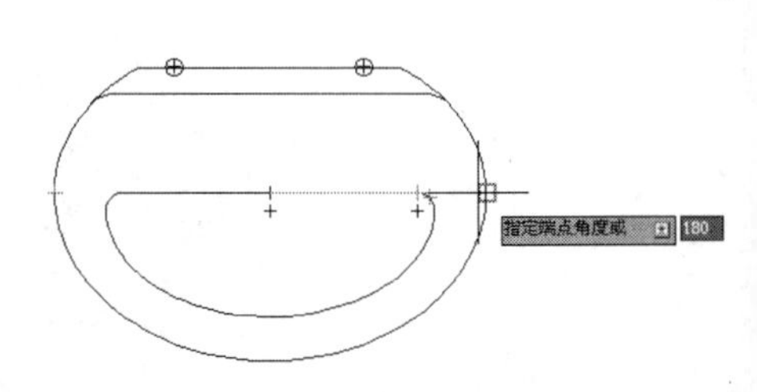

图56-7　指定起始角度和终止角度

07 选择“圆心”选项，选择“常用”选项卡，在“绘图”面板中单击“圆心”下拉按扭，在弹出的下拉列表中选择“圆心”选项，如图56-8所示。

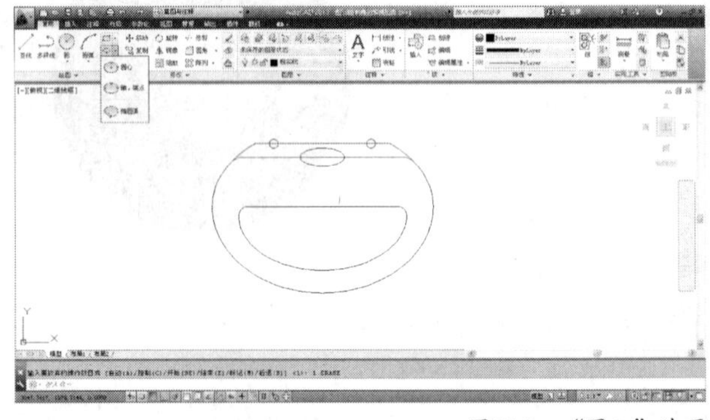
图56-8　“圆心”选项

08 指定椭圆的中心点，通过对象捕捉模式指定横线的中点为椭圆的中心点，如图56-9所示。

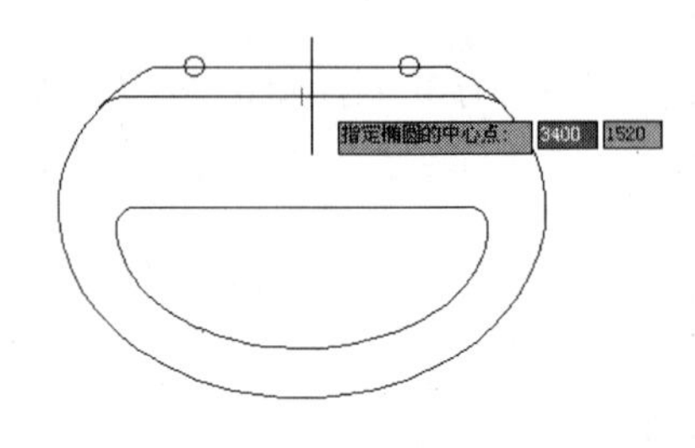

图56-9　定数等分圆

09 指定椭圆短轴的端点，指定椭圆短轴的端点，如图56-10所示。

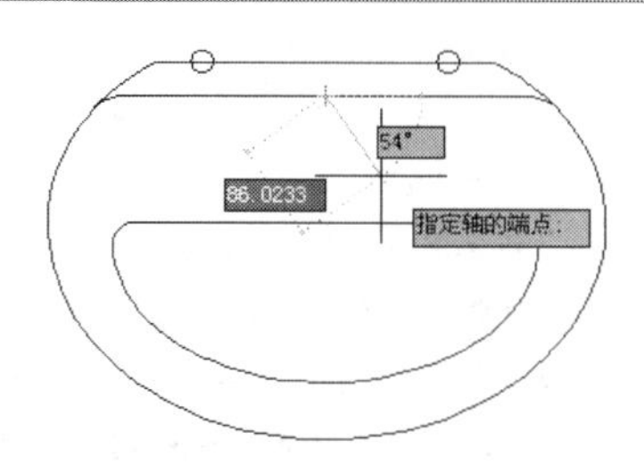

图56-10 椭圆短轴的端点

10 指定椭圆短轴的端点，指定椭圆短轴的端点，如图56-11所示。

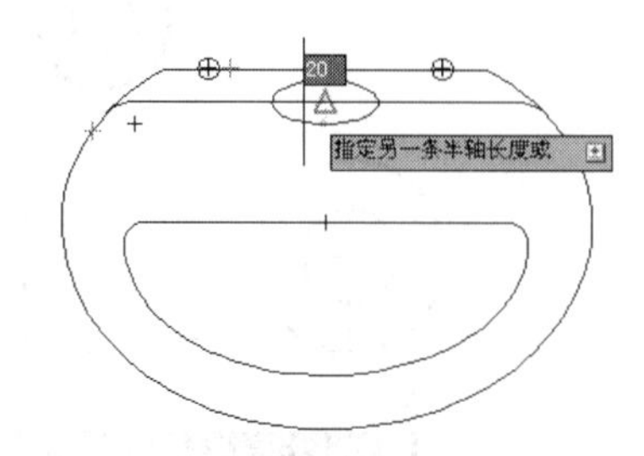

图56-11 椭圆短轴的端点

11 查看椭圆、椭圆弧绘制结果，如图56-12所示。

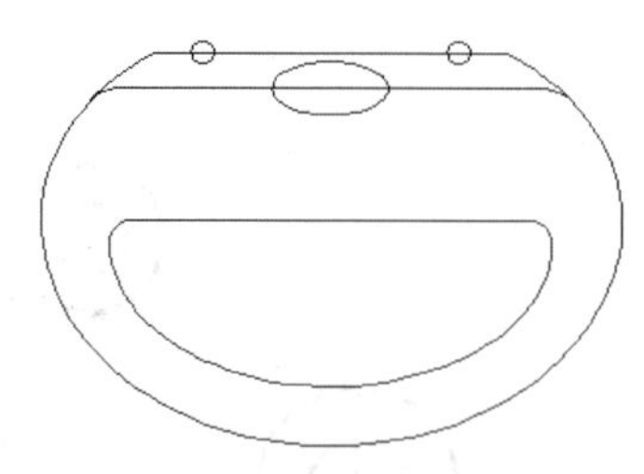

图56-12 绘制花瓣

12 执行"保存"命令，在弹出的"图形另存为"对话框中选择要保存的文件路径，并修改文件名为"实战056.dwg"，执行"保存"命令，将绘制的图形进行保存。

练习056 绘制椭圆与椭圆弧

实战位置	DVD>练习文件>第2章>练习056.dwg
难易指数	★★☆☆☆
技术掌握	掌握圆心、椭圆弧命令的使用方法

操作指南

参照"实战056"案例进行制作。

执行"直线"、"椭圆"、"修剪"命令，绘制如图56-13所示的洗脸盆。

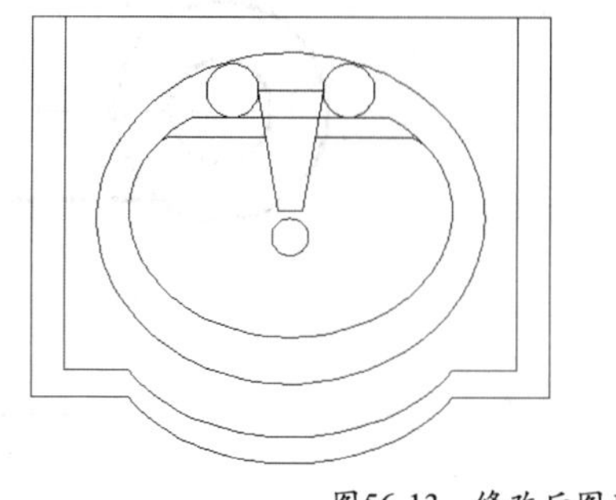

图56-13 修改后图形

实战057 绘制工件的倒角

原始文件位置	DVD>原始文件>第2章>实战057原始文件
实战位置	DVD>实战文件>第2章>实战057.dwg
视频位置	DVD>多媒体教学>第2章>实战057.avi
难易指数	★☆☆☆☆
技术掌握	掌握"倒角"命令的使用方法

实战介绍

通过对实战的操作，使读者熟练使用倒角和圆角命令。本例最终效果如图57-1所示。

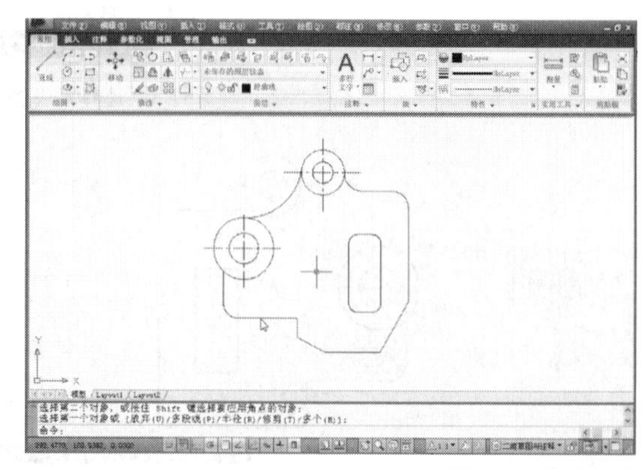

图57-1 最终效果

制作思路

• 执行"倒角"命令，选择工件要求倒角的结构，完成倒角。

制作流程

01 打开"实战057原始文件.dwg"文件，如图57-2所示。

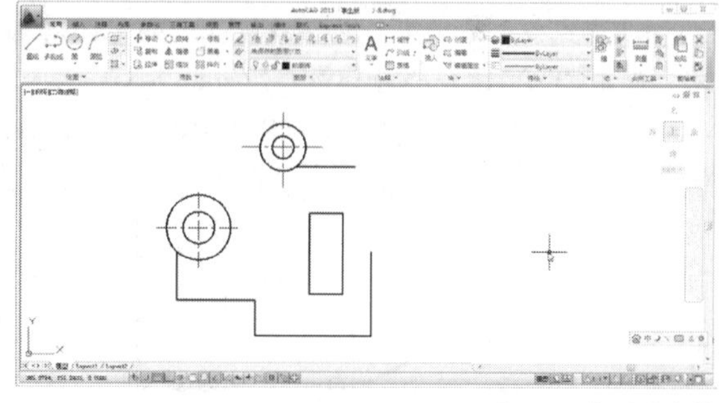

图57-2 打开源文件

02 执行"修改>圆角"命令，选中"倒角"。命令行提示和操作内容如下：

```
命令: _chamfer
选择第一条直线[放弃(U)/多线段(P)/距离(D)/角度(A)]/修剪(T)/方式(E)/多个(M)]: d
指定第一个倒角距离<3.0000>: 5
指定第二个倒角距离<5.0000>: 10
选择第一条直线[放弃(U)/多线段(P)/距离(D)/角度(A)]/修剪(T)/方式(E)/多个(M)]:  //如图57-3所示
选择第二条直线，或按住shift键选择要应用角点的支线: //如图57-4所示。
```

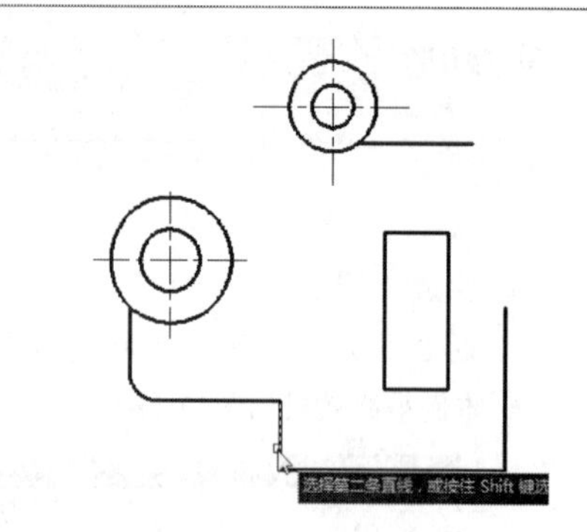

图57-3　选择第一条直线

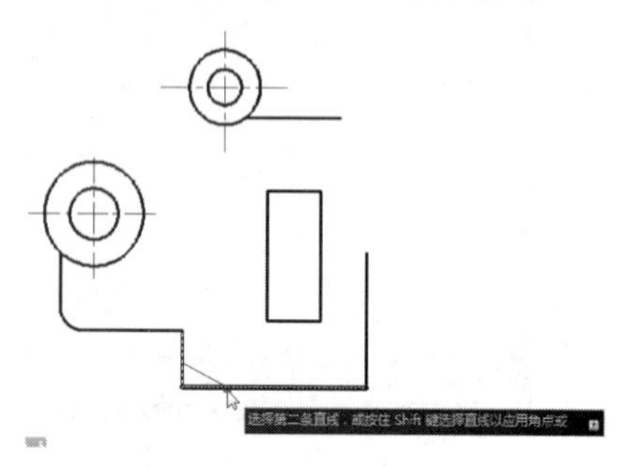

图57-4　选择第二条直线

03 执行“倒角”命令，命令行提示和操作内容如下：

命令：_chamfer

选择第一条直线[放弃(U)/多线段(P)/距离(D)/角度(A)]/修剪(T)/方式(E)/多个(M)]：a

指定第一个倒角距离<3.0000>：10

指定第一个倒角角度<30.0000>：60

选择第一条直线[放弃(U)/多线段(P)/距离(D)/角度(A)]/修剪(T)/方式(E)/多个(M)]：//如图57-5所示

选择第二条直线，或按住shift键选择要应用角点的线//如图57-6所示。

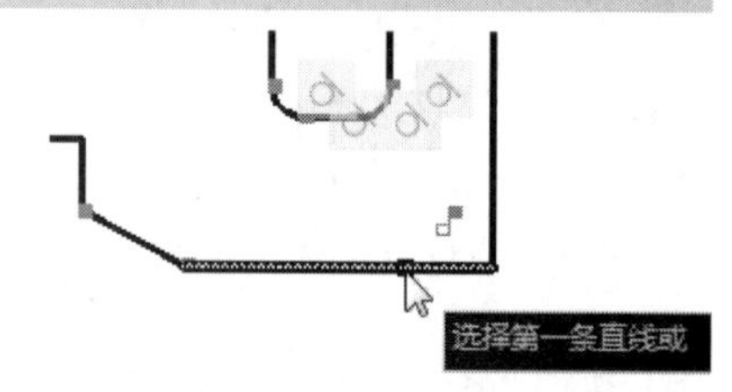

图57-5　选择第一条直线

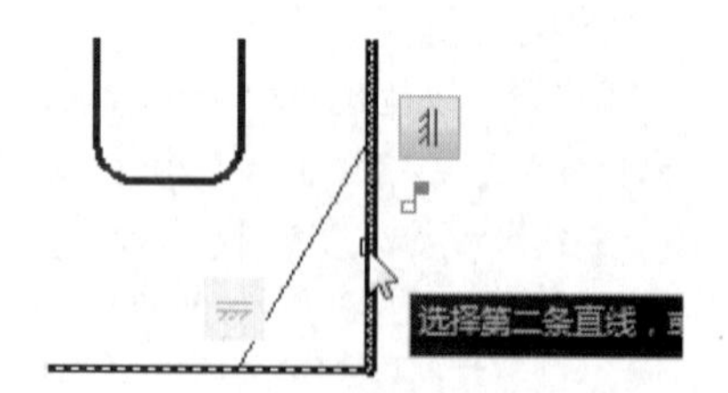

图57-6　选择第二条直线

04 执行“修改>圆角”命令。命令行提示和操作内容如下：

命令：_fillet

指定第一个角点或　[放弃(U)/多线段(P)/半径(R)/修剪(T)/多个(M)]：r

指定圆角半径 <3.0000>：5

选择第一个对象或　[放弃(U)/多线段(P)/半径(A)/修剪(T)/多个(M)]：　//如图57-7所示

选择第二个对象，或按住shift键选择要应用角点的对象：//如图 57-8所示

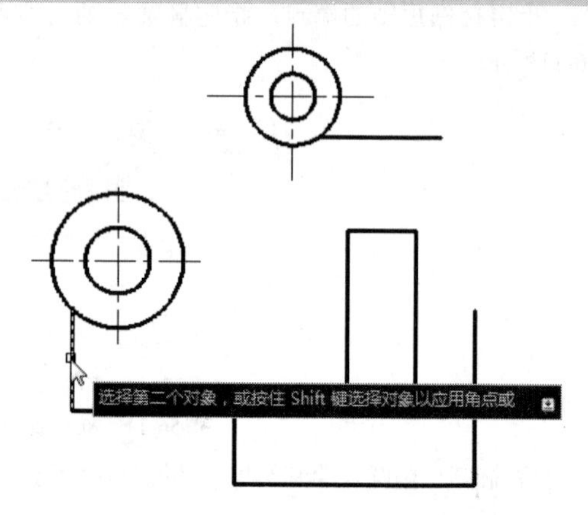

图57-7　选择第一条直线

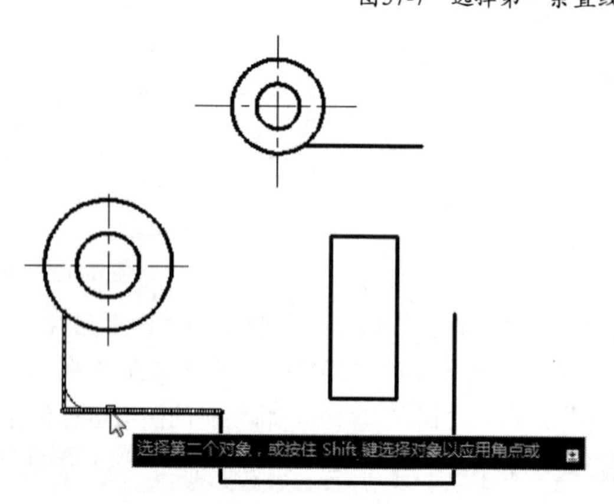

图57-8　选择第二条直线

05 “圆角”命令的操作对象包括直线、多线段、样条线、圆、圆弧等。分别设置圆角半径为6和20，对线段和圆进行圆角修改，效果如图57-9、图57-10所示。

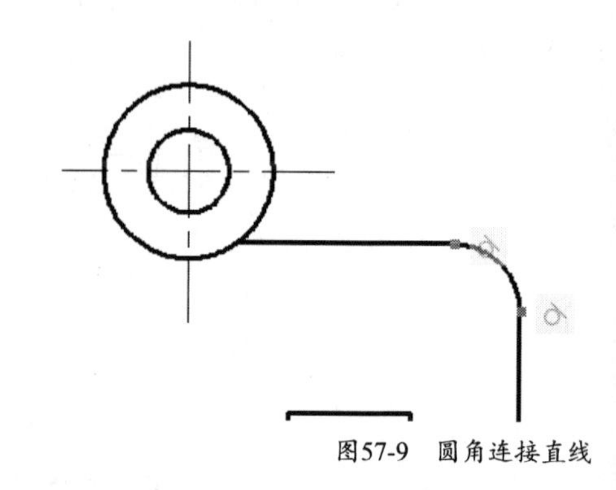

图57-9　圆角连接直线

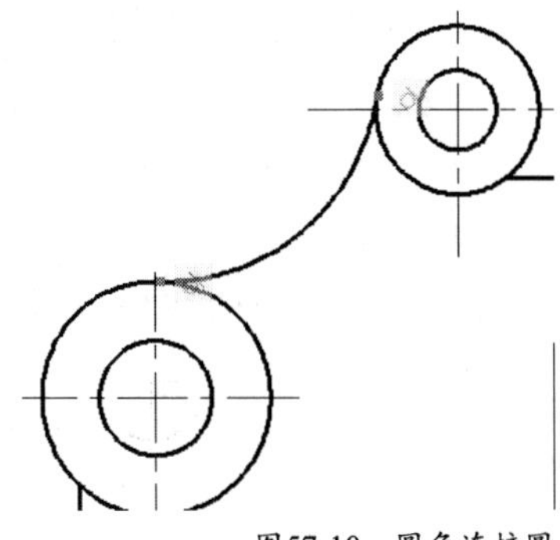

图57-10　圆角连接圆

06 请读者自己完成其他圆角倒角的修改。其中圆角矩形的圆角半径为3，圆与直线的连接处半径为6。

练习057 工件的倒角

实战位置	DVD>练习文件>第2章>练习057.dwg
难易指数	★☆☆☆☆
技术掌握	巩固“倒角”命令的使用方法

操作指南

参照“实战057”案例进行制作。

首先打开源文件，然后执行“倒圆角”命令，完成倒角，如图57-11所示。

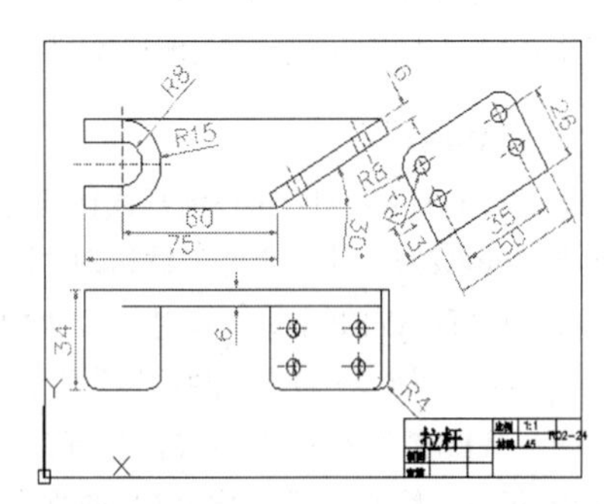

图57-11　工件的倒角

实战058 对矩形进行圆角操作

实战位置	DVD>实战文件>第2章>实战058.dwg
视频位置	DVD>多媒体教学>第2章>实战058.avi
难易指数	★☆☆☆☆
技术掌握	掌握“倒圆角”命令的使用方法

实战介绍

对矩形进行圆角操作是较为简单的一种图形操作。本例最终效果如图58-1所示。

图58-1　最终效果

制作思路

• 首先绘制矩形，然后设置好圆角半径大小，再确定该圆角所对应的两条相交直线即可，还应注意命令行的提示内容。

制作流程

01 新建文件为“dwg”类型，执行“常用>绘图>矩形”命令，如图58-2所示。

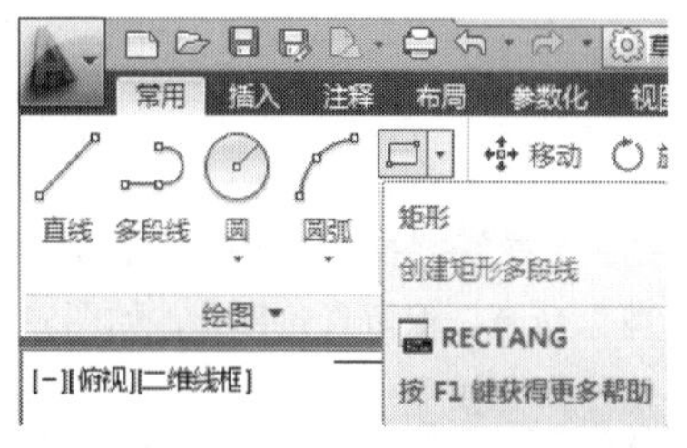

图 58-2　点击“矩形”按钮

02 执行“矩形”命令后，在命令行内输入第一个角点坐标（5,10），接着输入另一个角点的相对坐标（25,30），结果如图58-3所示。

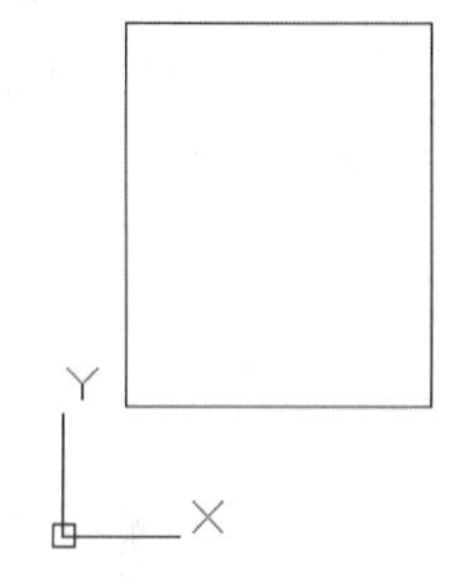

图 58-3　绘制矩形

03 执行“常用>修改>圆角”命令，确定圆角半径，结果如图 58-4 所示。命令行提示及操作内容如下：

```
FILLET 选择第一个对象或[放弃（U）多段线（P）半径（R）修剪（T）多个（M）]：R 回车
指定圆角半径 <0.0000>: 5 回车
选择第一个对象或[放弃（U）多段线（P）半径（R）修剪（T）多个（M）]：确定第一条直线
选择第二个对象，或按住 Shift 键选择对象以应用角点或 [半径（R）]：确定第二条直线
```

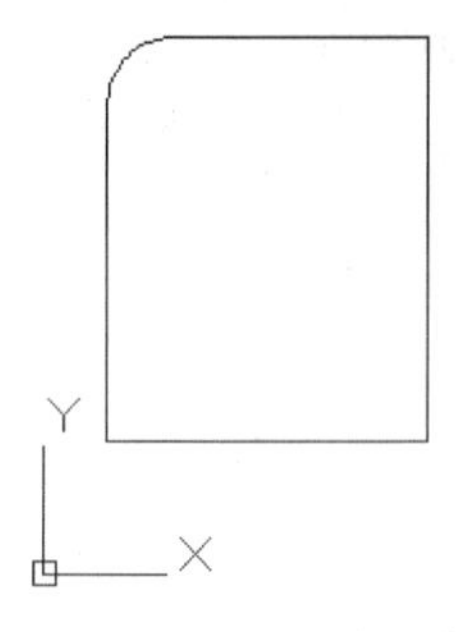

图58-4　圆角操作01

04 重复03操作，将矩形另外两个角也进行圆角操作，如图58-5 所示。

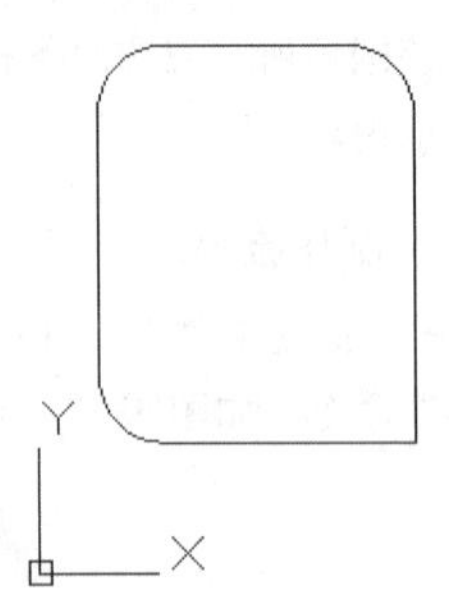

图58-5 圆角操作02

05 重复03操作，进行“圆角”操作时，选择“不修剪”命令，保留直角部分，如图58-6所示。命令行提示及操作内容如下：

```
FILLET 选择第一个对象或[放弃（U）多段线（P）半径（R）修剪（T）多个（M）]： T 回车
输入修剪模式选项[修剪（T）不修剪（N）]： N 回车
选择第一个对象或[放弃（U）多段线（P）半径（R）修剪（T）多个（M）]：确定第一条直线
选择第二个对象，或按住 Shift 键选择对象以应用角点或 [半径（R）]：确定第二条直线
```

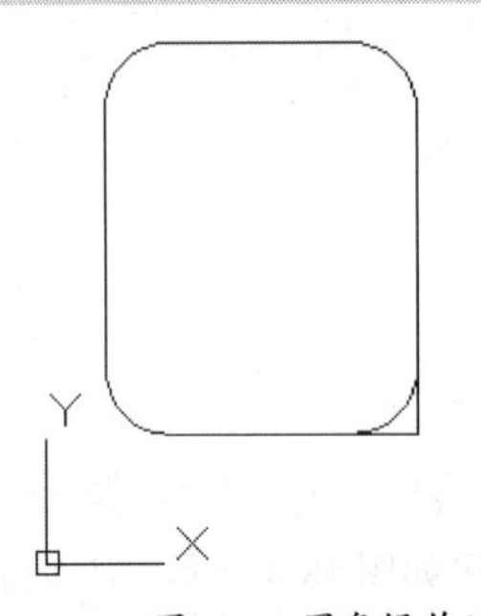

图58-6 圆角操作03

练习058 对正三角形进行圆角操作

实战位置 DVD>练习文件>第2章>练习058.dwg
难易指数 ★☆☆☆☆
技术掌握 巩固“倒圆角”命令的使用方法

操作指南

参照“实战058”案例进行制作。

首先绘制一个正三角形，然后执行“倒圆角”命令，完成倒角。

效果如图 58-7 所示。

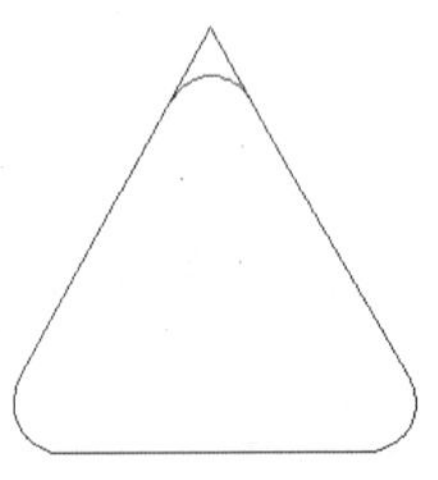

图58-7 正三角形倒圆角

实战059 绘制零件剖面图

实战位置 DVD>实战文件>第2章>实战059.dwg
视频位置 DVD>多媒体教学>第2章>实战059.avi
难易指数 ★★☆☆☆
技术掌握 掌握“修剪”命令的使用方法

实战介绍

本实战运用基础的绘图工具来介绍剖面图。本例最终效果如图59-1所示。

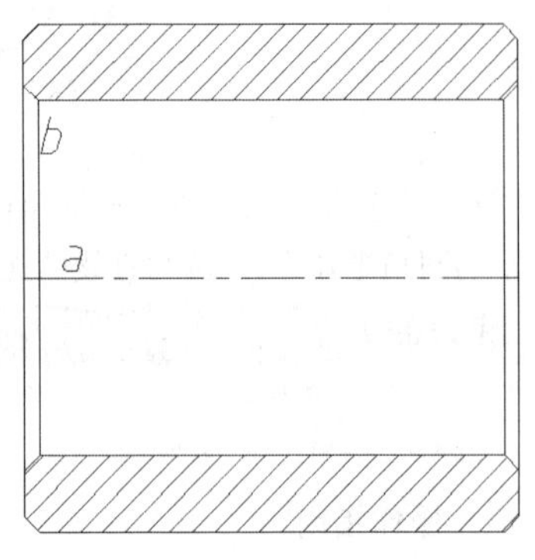

图59-1 最终效果

制作思路

• 首先执行“直线”命令，绘制辅助线和外轮廓；然后执行“修剪”命令，完成图形绘制；最后填充剖面线。

制作流程

01 双击AutoCAD 2013的桌面快捷方式图标，打开一个新的AutoCAD文件，文件名默认为“Drawing1.dwg”。

02 执行LAYER命令，新建一个“中心线”图层，设置其“线型”为CENTER“颜色”为青色。

03 按F8键开启正交模式，执行LINE命令，在绘图区指定起点，绘制一条长度为100的垂直直线b。以直线b的中点为起点绘制长度为100的水平直线a，并将直线a移至“中心线”图层，效果如图59-2所示。

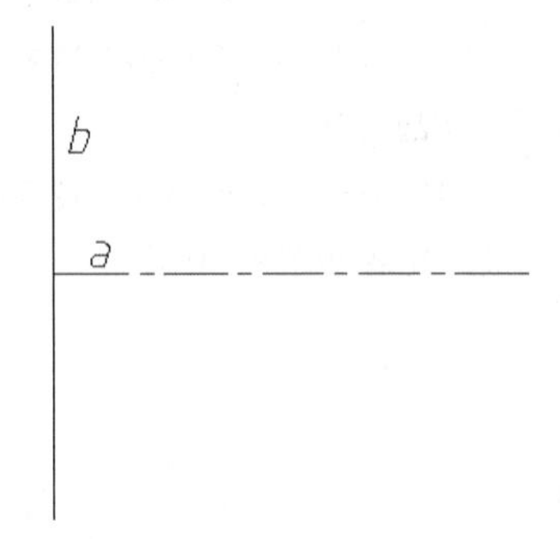

图59-2 绘制中心线

04 执行OFFSET命令，将直线a分别向上和向下各偏移35、50，将直线b向右分别偏移3、97、100，并将偏移的直线移至0图层，效果如图59-3所示。

05 执行CHAMFER命令，对图形的4个顶点进行倒角，其距离为3，效果如图59-4所示。

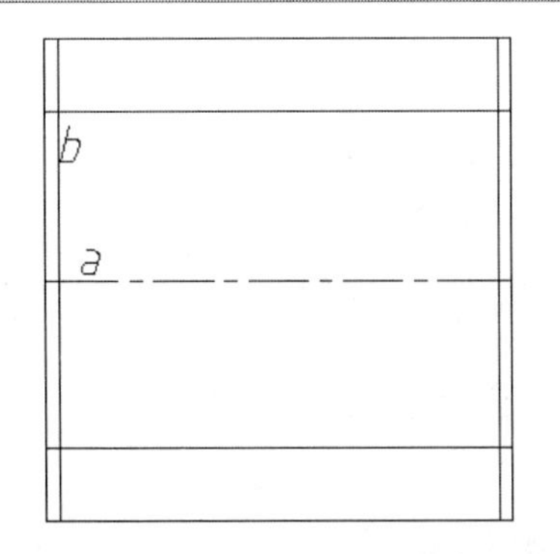

图59-3　偏移处理

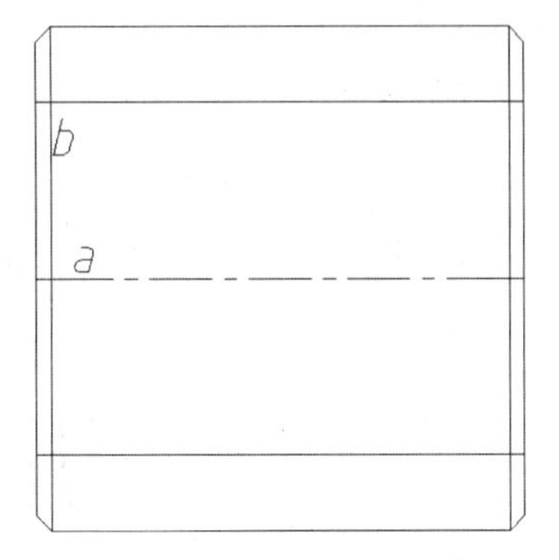

图59-4　倒角处理

06 执行CHANFER命令，选择修剪模式，设置第一个和第二个倒角距离均为3，分别选择需要倒角的边。对图形进行倒角，效果如图59-5所示。

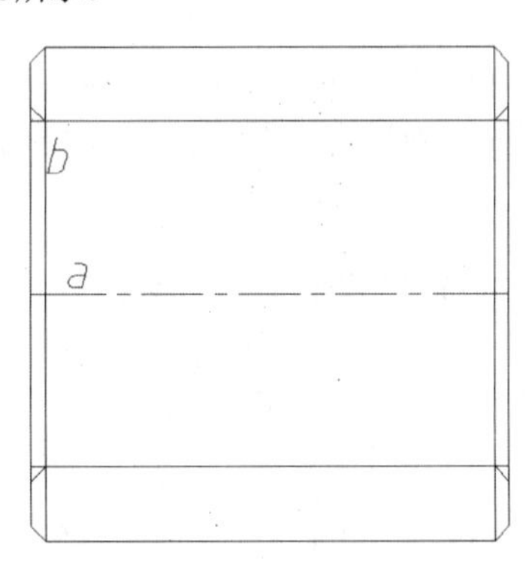

图59-5　倒角处理

07 执行TRIM命令，对图形进行修剪，效果如图59-6所示。

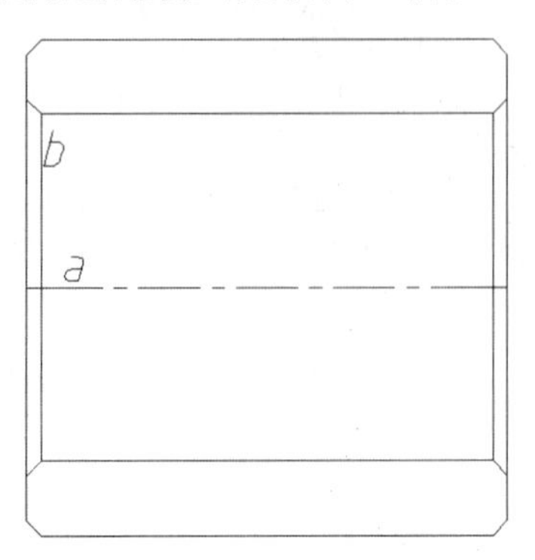

图59-6　修剪处理

08 执行BHATCH命令，弹出“图案填充和渐变色”对话框，如图59-7所示。

图59-7　“图案填充和渐变色”对话框

09 执行“图案”命令，弹出“填充图案选项板”对话框，选择ANSI选项卡中的ANSI31选项（如图59-8所示），选择需要填充的图形，按Enter键确认，效果如图59-1所示。

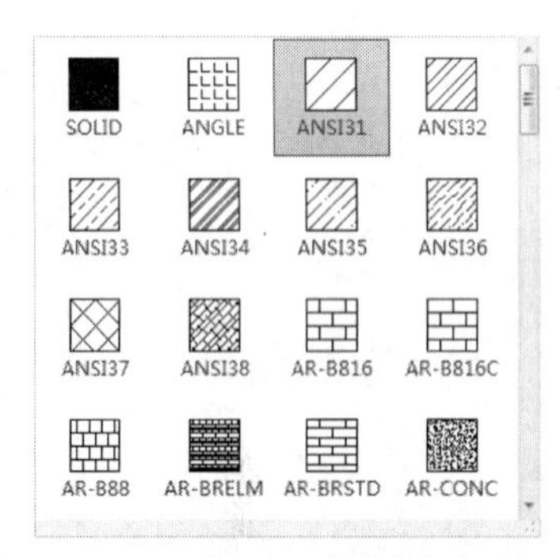

图59-8　填充图案选项板

10 执行“保存”命令，将图形另存为“实战059.dwg”。

练习059　零件剖面图

实战位置　DVD>练习文件>第2章>练习059.dwg
难易指数　★★☆☆☆
技术掌握　巩固“修剪”命令的使用方法

操作指南

参照“实战059”案例进行制作。

首先执行“直线”命令，绘制辅助线和外轮廓；然后执行“修剪”命令，完成图形绘制；最后填充剖面线。

最终效果如图59-9所示。

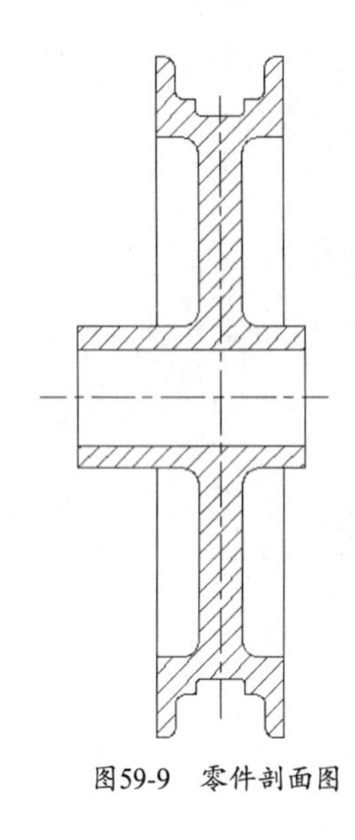

图59-9　零件剖面图

第3章 文本标注

本章学习要点：

文字样式的创建与应用
设置单、多行文字标注
标题栏和图框的绘制
绘制明细栏
标注技术要求
创建和编辑表格样式

实战060 创建文字样式并应用

实战位置	DVD>实战文件>第3章>实战060.dwg
视频位置	DVD>多媒体教学>第3章>实战060.avi
难易指数	★☆☆☆☆
技术掌握	掌握“创建文字样式”命令的使用方法

实战介绍

在绘制图形时，对于一些需要说明的问题经常会用到文本标注，将设计意图、注意事项等通过文字标注在图形上，使图形更加清楚。首先就需要用户创建文字样式。案例效果如图60-1所示。

机械文字
123abc

图60-1　最终效果

制作思路

• 首先打开AutoCAD 2013，然后进入操作环境，执行“常用>注释>文字样式”命令，弹出“文字样式”对话框，进行设置，做出如图60-1所示的图形。

制作流程

01 执行“常用>注释>文字样式”命令，弹出“文字样式”对话框，如图60-2所示。

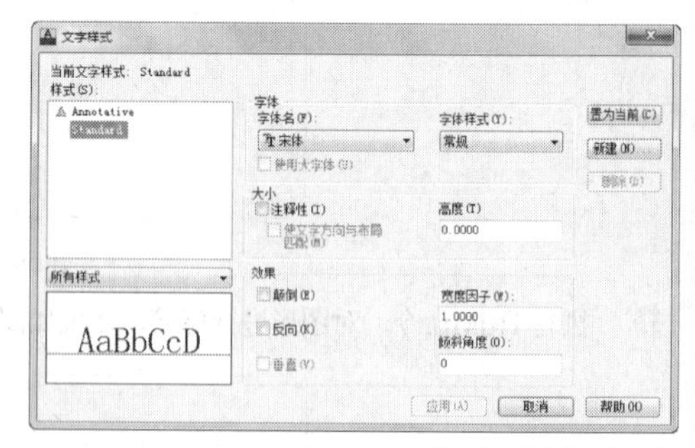

图60-2　“文字样式”对话框

02 单击“新建”按钮，打开“新建文字样式”对话框。在“样式名”的文本框中输入文字样式名为“数字与字母”，如图60-3所示，单击“确定”按钮，返回“文字样式”对话框。

图60-3　“新建文字样式”对话框

03 在“文字样式”对话框中，选择“字体名”为“italict.shx”，在“宽度比例”中输入“0.5”，其他设置为默认状态，如图60-4所示。单击“应用”按钮，完成“数字和字母”文字样式的创建。

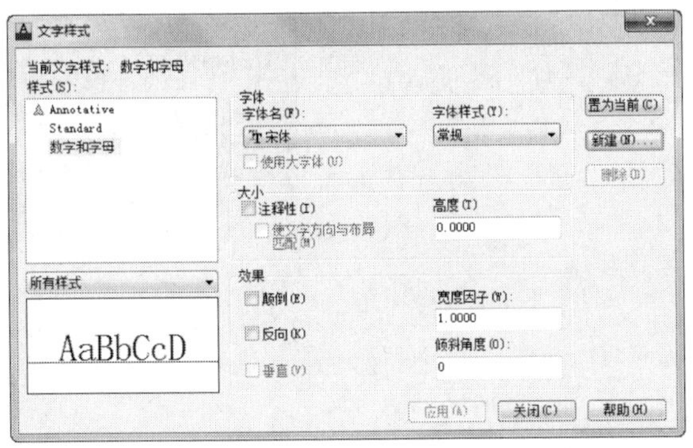

图60-4　设置“数字和字母”文字样式

不要将文字样式和字体混淆起来。字体控制的是每个字符的书写风格，如宋体、楷体等，它们是由系统预先定义好的，不仅规定字体，还规定了字高、字宽、倾斜角等；而文字样式则是由用户定义，文字标注总是采用一定的文本样式，和字体之间并没有关系。设置文字样式时，若设高度为0，则在文字标注时，系统将提示指定字高；如果字体样式中的字高设置为非零值，系统将跳过指定字高的提示，直接使用文字样式中设置的字高。

04 在“文字样式”对话框中单击“新建”按钮，打开“新建文字样式”对话框。在“样式名”文本框中输入文字样式名为“机械文字”，单击“确定”按钮，返回“文字样式”对话框。

05 在“文字样式”对话框中，将“使用大字体”复选框取消选择，然后选择“字体名”为“仿宋”，在“宽度比例”中输入“1.0”，在“倾斜角度”中输入“15”，其他设置为默认状态，如图60-5所示。

06 执行“应用”命令，完成创建。单击“关闭”按钮，关闭“文字样式”对话框。

07 执行“绘图>多行文字”命令，光标变为十字光标，在绘图区绘制文本边界框，如图60-6所示。

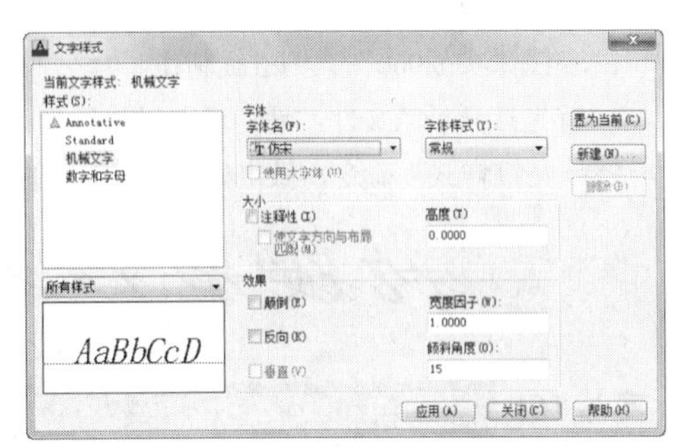

图60-5　设置“机械文字”样式

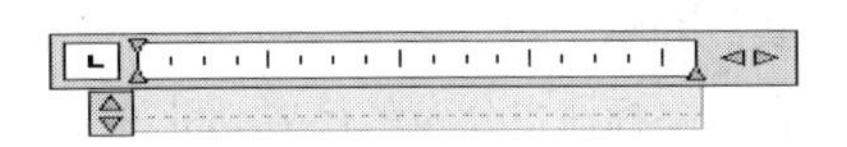

图60-6　指定文本边界框

08 在“样式”文本框列表中选择“机械文字”，在下面的文字编写区输入“机械文字”，单击“确定”按钮，得到结果如图60-7所示。

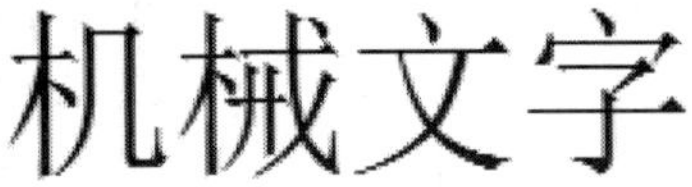

机械文字

图60-7　编写文字

09 执行“绘图>文字>多行文字”命令，再次启动“多行文字”命令，在指定边界框的对角点后，打开“文字样式”对话框，修改文字样式为“数字与字母”，在文字编写区域输入“123abc”，单击“确定”按钮，得到结果如图60-8所示。

机械文字
123abc

图60-8　编写数字与字母

10 执行“保存”命令，在弹出的“图形另存为”对话框中选择要保存的文件路径，并修改文件名为“实战060.

dwg”，执行“保存”命令，将绘制的图形进行保存。

技巧与提示

在本例中介绍了创建文字样式的方法过程，这是进行文字标注的基础。

练习060 输入文字

实战位置	DVD>练习文件>第3章>练习060.dwg
难易指数	★☆☆☆☆
技术掌握	巩固“多行文字标注设置”的使用方法

操作指南

参照“实战060”案例进行制作。

首先打开场景文件，然后进入操作环境，执行“常用>注释>文字样式”命令，做出如图60-9所示的图形。

机械设计2008

图60-9 输入文字

实战061 设置单行文本标注

实战位置	DVD>实战文件>第3章>实战061.dwg
视频位置	DVD>多媒体教学>第3章>实战061.avi
难易指数	★☆☆☆☆
技术掌握	掌握“设置单行文本标注”命令的使用方法

实战介绍

在文字标注中分为单行文本和多行文本两种。在本例中向读者介绍单行文本标注的标注方法。案例效果如图61-1所示。

机械文字
123abc

图61-1 最终效果

制作思路

• 首先打开AutoCAD 2013，然后进入操作环境，执行“常用>注释>文字样式”命令，弹出“文字样式”对话框，进行设置，做出如图61-1所示的图形。

制作流程

01 打开AutoCAD 2013，执行“标准>打开”命令，弹出“选择文件”对话框，打开“实战060.dwg”文件。利用删除工具将绘图区的文字删除。

02 执行“实用工具>点样式”命令，在弹出“点样式”对话框中选择一种点样式，如图61-2所示。

03 执行“绘图>点”命令，在绘图区绘制点，结果如图61-3所示。命令行提示如下：

```
命令：_point
当前点模式： PDMODE=35  PDSIZE=0.0000
指定点：200,200
命令：_point
当前点模式： PDMODE=35  PDSIZE=0.0000
指定点：200,400
命令：_point
当前点模式： PDMODE=35  PDSIZE=0.0000
指定点：*取消*
```

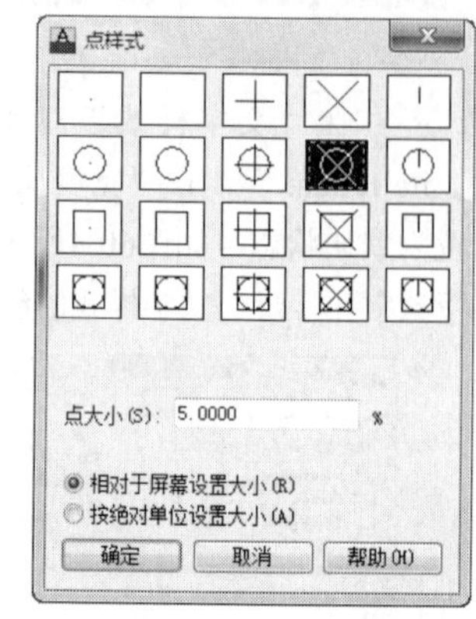

图61-2 选择点样式

图61-3 绘制点

技巧与提示

在利用工具栏上的点命令绘制点时，实际上使用的是绘制多点命令。当绘制完一个点后，命令行继续提示指定点，只有用户按下Esc键后，绘制点命令才结束。

04 在“注释”工具栏中选择“机械文字”样式为当前文字样式，执行“绘图>文字>单行文字”命令，在点(200,400)位置标注单行文本，结果如图61-5所示。命令行提示和操作内容如下：

```
命令：_dtext
当前文字样式： “机械文字”  文字高度： 2.5000
注释性： 否
指定文字的起点或 [对正(J)/样式(S)]：j//选择对正选项
输入选项 [对齐(A)/调整(F)/中心(C)/中间(M)/右(R)/左上(TL)/中上(TC)/右上(TR)/左中(ML)/正中(MC)/右中(MR)/左下(BL)/中下(BC)/右下(BR)]：m//选择中间对正方式
```

指定文字的中间点：_nod 于//按住Shift键，右击鼠标，在弹出的快捷菜单中选择“节点”选项（如图61-4所示），捕捉点（200,400），单击鼠标左键

指定高度 <2.5000>: 30

指定文字的旋转角度 <0>: 15

临时追踪点(K)
自(F)
两点之间的中点(T)
点过滤器(T)
三维对象捕捉(3)
端点(E)
中点(M)
交点(I)
外观交点(A)
延长线(X)
圆心(C)
象限点(Q)
切点(G)
垂直(P)
平行线(L)
节点(D)
插入点(S)
最近点(R)
无(N)
对象捕捉设置(O)...

图61-4　捕捉快捷菜单

以中心方式标注单行文字

图61-5　标注单行机械文字

05 在“样式”工具栏中选择“数字与字母”样式为当前文字样式，执行“绘图>文字>单行文字”命令，在点（200,200）位置标注单行文本，结果如图61-6所示。命令行提示和操作内容如下：

命令：_dtext

当前文字样式：　“数字与字母”　文字高度：　2.5000　注释性：　否

指定文字的起点或 [对正(J)/样式(S)]: j

输入选项 [对齐(A)/调整(F)/中心(C)/中间(M)/右(R)/左上(TL)/中上(TC)/右上(TR)/左中(ML)/正中(MC)/右中(MR)/左下(BL)/中下(BC)/右下(BR)]: tl//选择左上对正方式

指定文字的左上点：_nod 于//利用节点捕捉，指定点（200,200）

指定高度 <2.5000>: 30

指定文字的旋转角度 <15>:

以中心方式标注单行文字

abcd1234

图61-6　标注单行数字与字母

06 执行“另存为”命令，在弹出的“图形另存为”对话框中选择要保存的文件路径，并修改文件名为“实战061设置单行文本标注.dwg”，单击“保存”按钮，将绘制的图形进行保存。

技巧与提示

在本例中介绍了使用单行文本标注对象，在指定位置标注的方法。使用单行文本标注文本时，即使再长，所有文字也在同一行中，当按回车键换行后，输入的文本属于另一个单行文本，在选择时可以分开选中。

练习061　单行文本标注设置

实战位置　DVD>练习文件>第3章>练习061.dwg
难易指数　★☆☆☆☆
技术掌握　巩固“单行文本标注设置”的使用方法

操作指南

参照“实战061”案例进行制作。

首先打开场景文件，然后进入操作环境，执行“常用>注释>文字样式”命令，在弹出的“文字样式”对话框中进行设置，做出如图61-7所示的图形。

机械设计2013

图61-7　单行文本标注设置

实战062　设置多行文本标注

实战位置　DVD>实战文件>第3章>实战062.dwg
视频位置　DVD>多媒体教学>第3章>实战062.avi
难易指数　★☆☆☆☆
技术掌握　掌握“多行文本标注”命令的使用方法

实战介绍

多行文本用于输入较长、较复杂的多行文字。该命令允许指定文本边界框，设置多行文字对象中单个字或字

符的格式。在本例中介绍多行文本标注方法，在以后绘制机械图样时会经常用到，读者应好好掌握。案例效果如图62-1所示。

对于所创建的
多行文字，无
论它是多少
行，每个多行
文字对象都只
被看作是一个
单独的对象。
圆的直径为φ14，
公差为±0.03。

图62-1　最终效果

制作思路

• 首先打开AutoCAD 2013，然后进入操作环境，执行“注释>多行文字”命令，做出如图62-1所示的图形。

制作流程

01 执行“文件>打开”命令，系统弹出“选择文件”对话框，选择“实战062 设置多行文本标注.dwg”图形文件，单击“打开”按钮，打开已有图形。利用删除工具将绘图区的文字删除。

02 执行“注释>多行文字”命令，在命令行提示下绘制文本边界框，如图62-2所示。命令行提示如下：

```
命令: _mtext
当前文字样式: "数字与字母" 文字高度: 30 注释性: 否
指定第一角点://鼠标指定第一角点
指定对角点或 [高度(H)/对正(J)/行距(L)/旋转(R)/样式(S)/宽度(W)/栏(C)]: r//选择旋转选项
指定旋转角度 <0>: 15
指定对角点或 [高度(H)/对正(J)/行距(L)/旋转(R)/样式(S)/宽度(W)/栏(C)]: w//选择宽度选项
指定宽度: 200
```

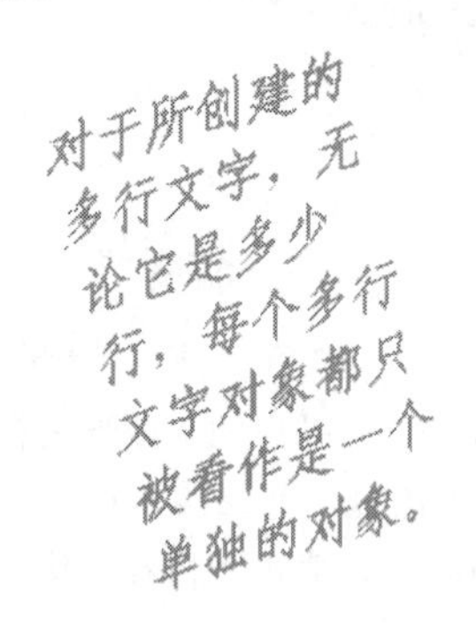

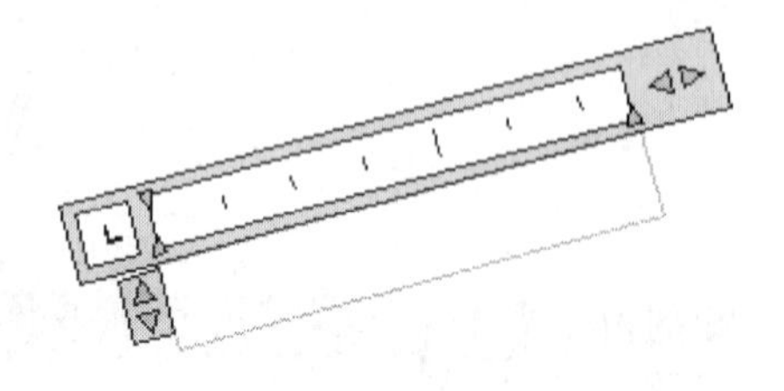

图62-2　指定文本边界框

03 在指定文本边界框后，弹出“文字格式”编辑器对话框，修改文字样式为“机械文字”，设置字符高度为“20”，设置字体颜色为“洋红”，如图62-3所示。

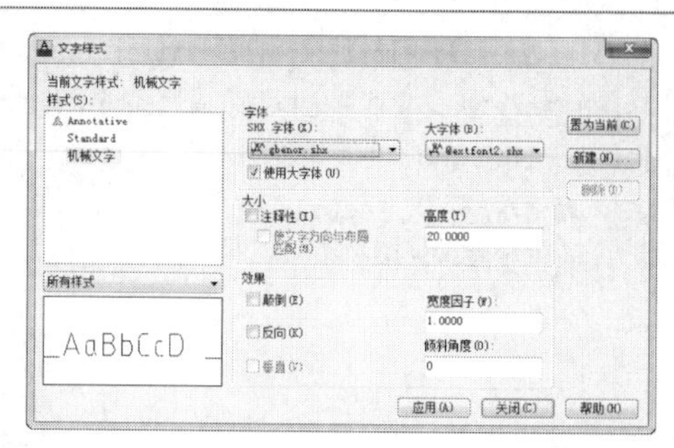

图62-3　“文字格式”编辑器对话框

04 在文本边界框内输入多行文字，如图62-4所示。

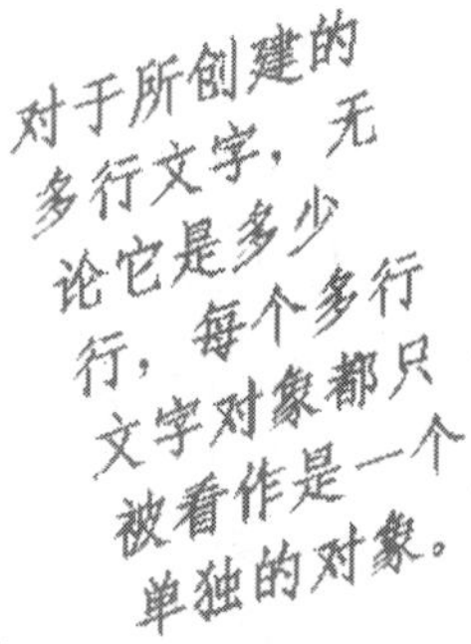

对于所创建的
多行文字，无
论它是多少
行，每个多行
文字对象都只
被看作是一个
单独的对象。

图62-4　多行文本标注

05 执行“标注>多行文字”命令，绘制文本边界框。在指定文本边界框后，弹出“文字格式”编辑器对话框，修改文字样式为“机械文字”，设置字符高度为“20”，设置字体颜色为“绿色”，如图62-5所示。

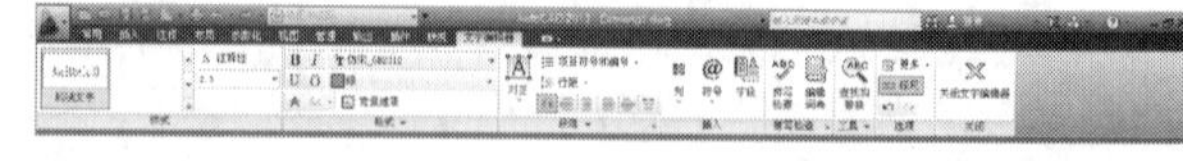

图62-5　文字格式设置

06 在文本边界框内，输入文本“圆的直径为φ14，公差为±0.03。”，结果如图62-6所示。

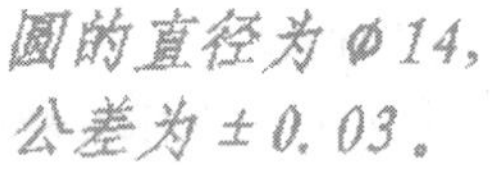

圆的直径为φ14，
公差为±0.03。

图62-6　多行文本标注

技巧与提示

在进行各种文本标注时，常常需要输入一些特殊的字符，如直径、度数、公差符号等。这些符号如果使用键盘输入需要使用软键盘输入，很繁琐。在多行文本命令中，在“多行文本”对话框中提供了绝大多数特殊符号。单击对话框中的“符号”按钮，弹出下拉列表，如图62-7所示。可以直接选择相应的选项，输入相应的符号；也可以直接输入代表该字符的组合键。在列表中没有的符号，选择“其他”选项，将弹出“字符映射表”对话框，在表中选择相应的符号复制。在文本边界框内粘贴即可。注意，在输入特殊字符的过程中，在命令结束之前，这些字符不会转换出来。

度数(D)	%%d
正/负(P)	%%p
直径(I)	%%c
几乎相等	\U+2248
角度	\U+2220
边界线	\U+E100
中心线	\U+2104
差值	\U+0394
电相位	\U+0278
流线	\U+E101
标识	\U+2261
初始长度	\U+E200
界碑线	\U+E102
不相等	\U+2260
欧姆	\U+2126
欧米加	\U+03A9
地界线	\U+214A
下标 2	\U+2082
平方	\U+00B2
立方	\U+00B3
不间断空格(S)	Ctrl+Shift+Space
其他(O)...	

图62-7　特殊字符下拉列表

07 输入完成后，单击“确定”按钮，关闭“文字格式”对话框，退出多行文本编辑状态。

08 执行“另存为”命令，将文件另保存为“实战062.dwg”。

技巧与提示

在本例中通过介绍如图62-1所示的多行文字，简单介绍了AutoCAD 2013中文版中多行文本标注的设置，读者应好好掌握，尤其是特殊符号的输入，在以后会经常用到。对一些常用的特殊符号的组合键，最好能熟记。在实战061和实战062中，介绍了两种添加文字的方法，它们各有优缺点：单行文字标注，即使输入的文字非常长，也都在一行里面显示；多行文字标注可以使文字在多行中显示。具体采用哪种方法，可根据绘图者自己的习惯而定。作为一个熟练的制图者，这两种方法都是必需的。

练习062　多行文字输入技术要求

实战位置　DVD>练习文件>第3章>练习062.dwg
难易指数　★☆☆☆☆
技术掌握　巩固“多行文字标注设置”的使用方法

操作指南

参照“实战062”案例进行制作。

首先打开场景文件，然后进入操作环境，执行“注释>多行文字”命令，做出如图62-8所示的图形。

技术要求：
1、图中所标尺寸为生产后的产品净尺寸。
2、产品中直径的孔径公差为±0.001。
3、数据单位为毫米（mm）。

图62-8　多行文字输入技术要求

实战063　编辑标注文本

原始文件位置　DVD>原始文件>第3章>实战063原始文件
实战位置　DVD>实战文件>第3章>实战063.dwg
视频位置　DVD>多媒体教学>第3章>实战063.avi
难易指数　★☆☆☆☆
技术掌握　掌握“编辑标注文本”的方法

实战介绍

对于已经存在的文字，经常会需要进行一定的修改。在本例中向读者讲解编辑标注文本的方法。案例效果如图63-1所示。

单行文本的高度为20.

正确的多行文本标注0.03³。

图63-1　最终效果

制作思路

• 首先打开AutoCAD 2013，然后进入操作环境，执行“打开”按钮，打开“实战060.dwg”图形文件，利用删除工具将绘图区的文字删除，执行“注释>多行文字”命令，做出如图63-1所示的图形。

制作流程

01 执行“打开”命令，打开“实战063原始文件.dwg”图形文件。利用删除工具将绘图区的文字删除。

02 执行“单行文字”命令，使用“机械文字”样式，输入单行文字，如图63-2所示。

单行文本倾斜角度为15°

图63-2　输入单行文本

03 执行“多行文本”命令，使用“机械文字”样式，输入多行文字，如图63-3所示。

单行文本倾斜角度为15°

错误的多行文本标注0.03²

图63-3　输入多行文字

04 双击要编辑的文本，可以使文本进入编辑状态。弹出“文字编辑器”选项卡，如图63-5所示。

图63-4　文字编辑器

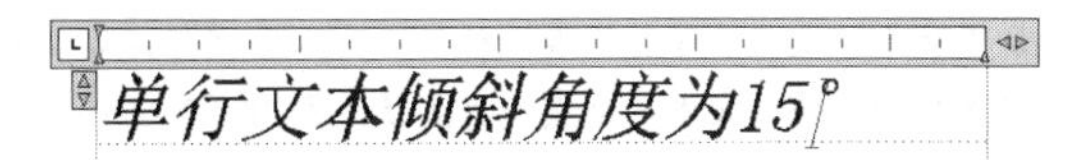

图63-5　可编辑状态的单行文本

05 直接更改文字内容，单击“关闭文字编辑器”，退出编辑文字，结果如图63-6所示。

单行文本高度为20。

图63-6 修改单行文本内容

06 执行“注释>文字>缩放”命令，将单行文本缩小一半，结果如图63-7所示。命令行提示和操作内容如下：

```
命令: _scaletext
选择对象: 找到 1 个//选择单行文本
选择对象:
输入缩放的基点选项[现有(E)/左(L)/中心(C)/中间(M)/右(R)/左上(TL)/中上(TC)/右上(TR)/左中(ML)/正中(MC)/右中(MR)/左下(BL)/中下(BC)/右下(BR)] <现有>: TL(指定以左上角点为基点)
指定新模型高度或 [图纸高度(P)/匹配对象(M)/比例因子(S)] <2.5>: s
指定缩放比例或 [参照(R)] <2>: 0.5
1 个对象已更改
```

单行文本的高度为20.

错误的多行文本标注0.03 2

图63-7 缩小单行文本

07 双击多行文本，打开“文字编辑器”选项卡，与编写多行文字时格式相同。用户可在此重新设置文本的属性、字符高度、转角、文本区域宽度等。拖动文本区域标尺修改文本区域宽度，更改文本内容，结果如图63-8所示。

单行文本的高度为20.

正确的多行文本标注0.03 3。

图63-8 编辑多行文本

08 执行“另存为”命令，将文件另存为“实战063.dwg”。

技巧与提示

在本例中通过介绍如图63-1所示的多行文字，简单介绍了AutoCAD 2013中文版中多行文本标注的编辑，用户可在此重新设置文本的属性、字符高度、转角、文本区域宽度等。拖动文本区域标尺修改文本区域宽度，更改文本内容等，读者应好好掌握。

练习063 编辑多行文本

实战位置	DVD>练习文件>第3章>练习063.dwg
难易指数	★☆☆☆☆
技术掌握	巩固“标注文本编辑”的方法

操作指南

参照“实战063”案例进行制作。

首先打开场景文件，然后进入操作环境，执行“注释>多行文字”命令，做出如图63-9所示的图形，其中，第一行文字颜色为黑色，第二行带下划线部分文字颜色为红色。

AutoCAD在机械中的应用

AutoCAD在机械中的应用

图63-9 编辑多行文本

实战064 绘制标题

原始文件位置	DVD>原始文件>第3章>实战064原始文件
实战位置	DVD>实战文件>第3章>实战064.dwg
视频位置	DVD>多媒体教学>第3章>实战064.avi
难易指数	★☆☆☆☆
技术掌握	掌握“绘制标题栏”的方法

实战介绍

文字标注是机械图形中很重要的一部分内容。在绘制图样时，除了要绘制出图形，还要在图形中标注一些文字，如技术要求、注释说明、标题栏以及装配图中的明细栏等，对图形对象加以解释说明。在本例中将介绍标题栏的绘制，这是在以后必然会经常用到的内容，读者应认真学习掌握。案例效果如图64-1所示。

（零件名称）			比例		（编号）
			材料		
制图					
审核					

图64-1 最终效果

制作思路

• 首先打开AutoCAD 2013，然后进入操作环境，执行“打开”命令，打开“实战060创建文字样式并应用.dwg”图形文件，利用删除工具将绘图区的文字删除，执行“图层>新建”命令创建图层，接着执行“直线>多行文字”命令，做出如图64-1所示的图形。

制作流程

01 执行“打开”命令，打开“实战06d原始文件.dwg”图形文件。利用删除工具将绘图区的文字删除。

02 执行“图层>图层特性管理器”命令，新建“粗实线”和“细实线”图层，如图64-2所示。单击“确定”按钮，完成新建图层。

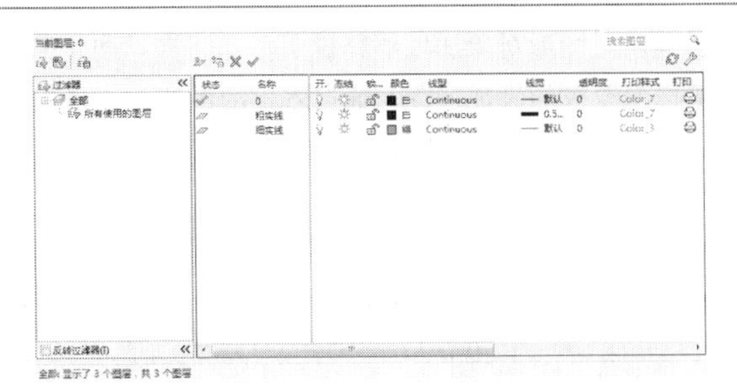

图64-2　新建图层

03 将“粗实线”层置为当前层。执行“绘图>矩形”命令，绘制标题栏的外边框，如图64-3所示。命令行提示和操作内容如下：

```
命令: _rectang
指定第一个角点或 [倒角(C)/标高(E)/圆角(F)/厚度(T)/宽度(W)]: 0,0
指定另一个角点或 [面积(A)/尺寸(D)/旋转(R)]: 140,40
```

图64-3　绘制标题栏外边框

04 将“细实线”层置为当前图层。执行“绘图>直线”命令，绘制内框，结果如图64-4所示。命令行提示和操作内容如下：

```
命令: LINE指定第一点: 0,10
指定下一点或 [放弃(U)]: 140,10
指定下一点或 [放弃(U)]:
命令:LINE 指定第一点: 0,20
指定下一点或 [放弃(U)]: 140,0
指定下一点或 [放弃(U)]:
命令:LINE 指定第一点: 0,30
指定下一点或 [放弃(U)]: 140,0
指定下一点或 [放弃(U)]:
命令:LINE 指定第一点: 20,0
指定下一点或 [放弃(U)]: 0,40
指定下一点或 [放弃(U)]:
命令:LINE 指定第一点: 50,0
指定下一点或 [放弃(U)]: 0,40
指定下一点或 [放弃(U)]:
命令:LINE 指定第一点: 70,0
指定下一点或 [放弃(U)]: 0,40
指定下一点或 [放弃(U)]:
命令:LINE 指定第一点: 90,0
指定下一点或 [放弃(U)]: 0,40
指定下一点或 [放弃(U)]:
命令:LINE 指定第一点: 120,0
指定下一点或 [放弃(U)]: 0,40
指定下一点或 [放弃(U)]:
```

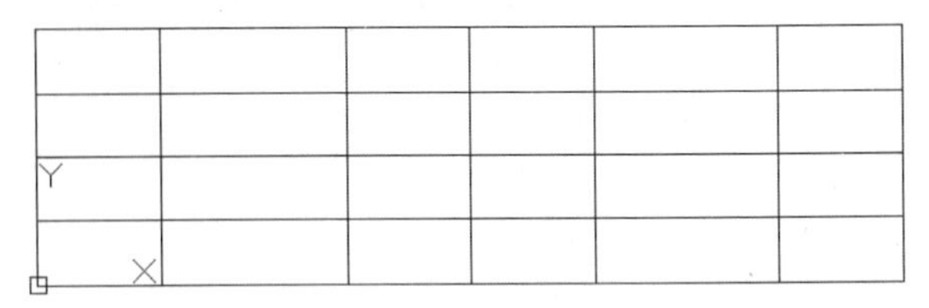

图64-4　绘制标题栏内框

05 执行“修改>修剪”命令，修剪掉多余线条，结果如图64-5所示。

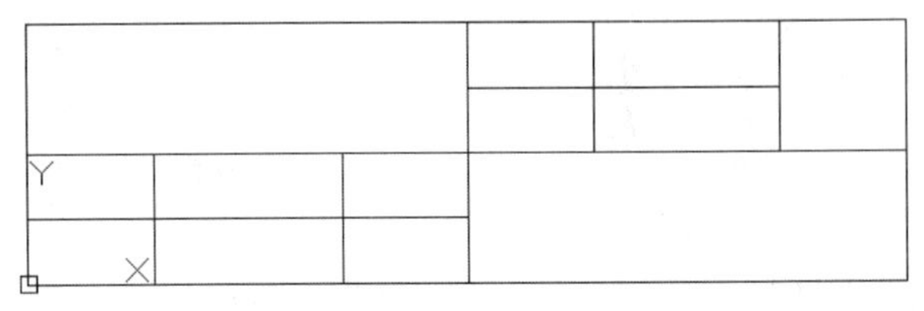

图64-5　修剪标题栏

06 执行“绘图>多行文字”命令，在命令行提示下指定多行文字的边界角点为标题栏左上角的两个对角点。使用“机械文字”样式，字高设置为7.5，单击“多行文字对正”按钮，在弹出的下拉列表中选择“正中MC”选项，如图64-6所示。输入文字“（零件名称）”，效果如图64-7所示。

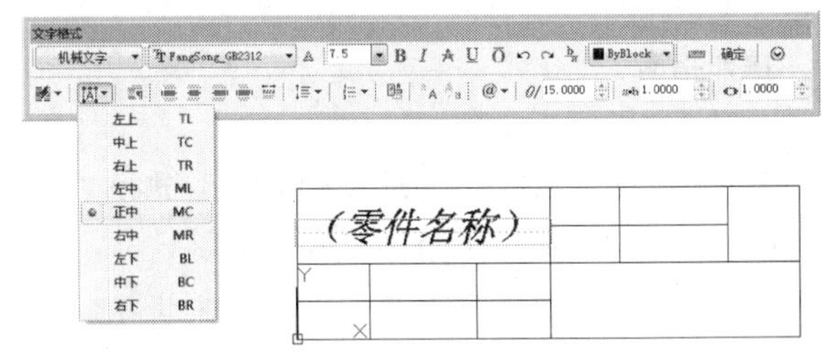

图64-6　设置多行文本格式

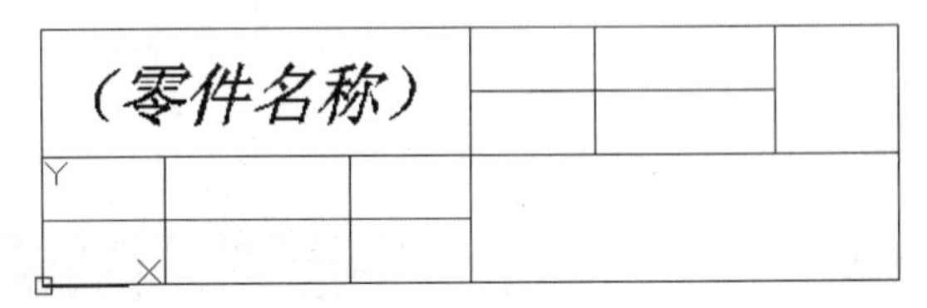

图64-7　输入文字效果

07 执行“绘图>文字>单行文字”命令，书写单行文字“制图”，如图64-8所示。

```
命令:DTEXT
当前文字样式: "机械文字"  文字高度: 2.5000  注释性: 否
```

指定文字的起点或 [对正(J)/样式(S)]: j

输入选项 [对齐(A)/调整(F)/中心(C)/中间(M)/右(R)/左上(TL)/中上(TC)/右上(TR)/左中(ML)/正中(MC)/右中(MR)/左下(BL)/中下(BC)/右下(BR)]: mc//选择正中对齐方式

指定文字的中间点: _m2p 中点的第一点://按住Shift键，右击鼠标，选择“两点之间的中点”选项，捕捉矩形框的左下角点

中点的第二点://捕捉矩形框的右上角点

指定高度 <2.5000>: 5

指定文字的旋转角度 <0>:

（零件名称）

制图

图64-8 标注单行文本

08 类似06或07步骤，输入其余文字，效果如图64-1所示。

09 执行“另存为”命令，另存为“实战064.dwg”。

在本例中介绍了绘制标题栏的过程，主要希望读者通过本例掌握标题栏的绘制，文本的添加与对齐。

练习064 绘制新标题栏

实战位置 DVD>练习文件>第3章>练习064.dwg
难易指数 ★☆☆☆☆
技术掌握 巩固“绘制标题栏”的方法

操作指南

参照“实战064”案例进行制作。

首先打开场景文件，然后进入操作环境，执行“注释>多行文字”命令，做出如图64-9所示的图形。

序号 代号 名称 数量 材料 单件 总计 备注
15
标记 处数 分区 更改文件号 签名 年 月 日
设计 标准化 阶段标记 重量 比例
1:1
审核
工艺 批准 共 张 第 张

图64-9 绘制新标题栏

实战065 标注技术要求

实战位置 DVD>实战文件>第3章>实战065.dwg
视频位置 DVD>多媒体教学>第3章>实战065.avi
难易指数 ★☆☆☆☆
技术掌握 掌握“标注”的技术要求

实战介绍

文字标注是机械图形中很重要的一部分内容。在绘制图样时，除了要绘制出图形，还要在图形中标注一些文字，如技术要求、注释说明、标题栏以及装配图中的明细栏等，对图形对象加以解释说明。本例将详细介绍齿轮油泵技术要求的添加过程，通过本例的讲解，读者应加强对以上实战的掌握。案例效果如图65-1所示。

技 术 要 求

1.本齿轮油泵的输油量可按下式计算：

Qv=0.007n 式中 Qv-体积流量，L/min。

n-转速，r/min

2.吸入高度不得大于500mm。

3.Φ5H7两圆柱销孔装配时钻。

4.件4从动齿轮，件6主动齿轮轴的轴间隙，用改变件7垫片的厚度来调整，装配完毕后，用手转动主动齿轮轴应能灵活旋转。

图65-1 最终效果

制作思路

• 首先打开AutoCAD 2013，然后进入操作环境，执行“常用>文字>多行文字”命令，做出如图65-1所示的图形。

制作流程

01 执行“注释>文字>文字样式”命令，弹出“文字样式”对话框，如图65-2所示。

图65-2 “文字样式”对话框

02 执行“新建>新建文字样式”命令。在“样式名”的文本框中输入文字样式名为“Mytext”，如图65-3所示，单击“确定”按钮，返回“文字样式”对话框。

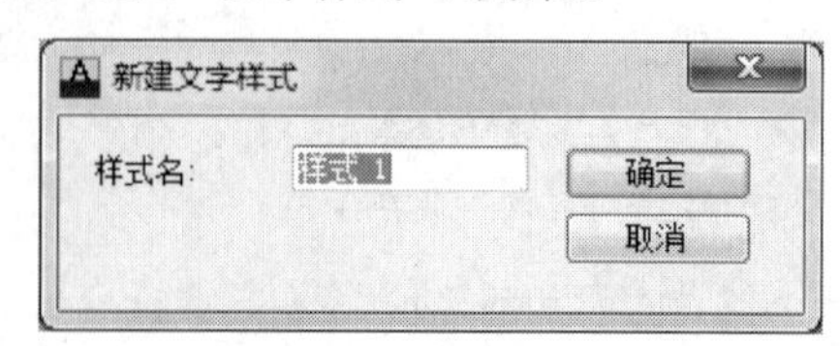

图65-3 “新建文字样式”对话框

03 在“字体”选项组中的“SHX字体”下拉列表中选择gbenor.shx（标注直体字母与数字）；在“大字体”下拉列表中采用gbcbig.shx；在“高度”文本框中输入5；在“倾斜角度”文本框中输入15，如图65-4所示。

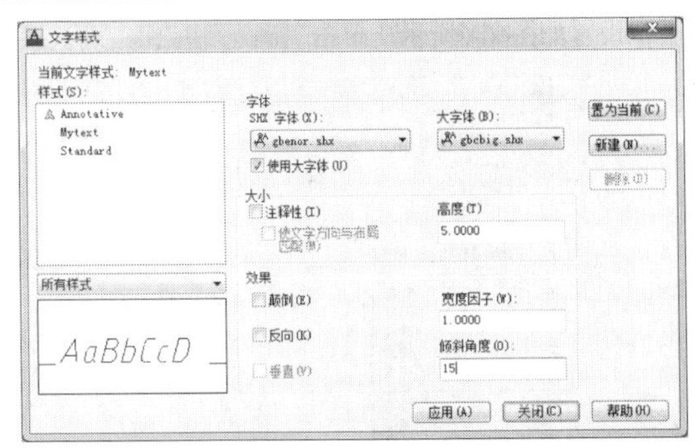

图65-4 设置文字样式

04 执行“应用”命令，应用该文字样式，单击“关闭”按钮关闭“文字样式”对话框，并将Mytext置为当前样式。

05 执行“常用>注释>文字>多行文字”命令，在绘图窗口中拖动，创建一个用来放置多行文字的巨型区域。

06 在文字输入口中输入需要创建的多行文字内容。

07 执行“应用”命令，输入的文字显示在矩形窗口中，如图65-1所示。

在本例中介绍了标注技术要求。本例实质上就是应用多行文本进行标注。主要希望读者通过本例掌握标注技术要求，文本的添加与对齐，读者应在以后的绘图过程中熟练应用。

练习065 绘制技术要求

实战位置 DVD>练习文件>第3章>练习065.dwg
难易指数 ★☆☆☆☆
技术掌握 巩固“绘制技术要求”的方法

操作指南

参照“实战065”案例进行制作。

首先打开场景文件，然后进入操作环境，执行“注释>文字>多行文字”命令，做出如图65-9所示的图形。

技术要求：
1.两面平行度不大于公差值0.02
2.热处理：渗碳0.5，淬火HRC55-60
3.未标注尺寸公差接IT15级

图65-5 绘制技术要求

实战066 绘制标题栏和明细表

实战位置 DVD>实战文件>第3章>实战066.dwg
视频位置 DVD>多媒体教学>第3章>实战066.avi
难易指数 ★☆☆☆☆
技术掌握 掌握“绘制标题栏和明细表”的方法

实战介绍

在绘制图样时，除了要绘制出图形，还要在图形中标注一些文字，如技术要求、注释说明、标题栏以及装配图中的明细栏等，对图形对象加以解释说明。在本例中将介绍标题栏和明细表的绘制，这是在以后必然会经常用到的内容，读者应认真学习掌握。案例效果如图66-1所示。

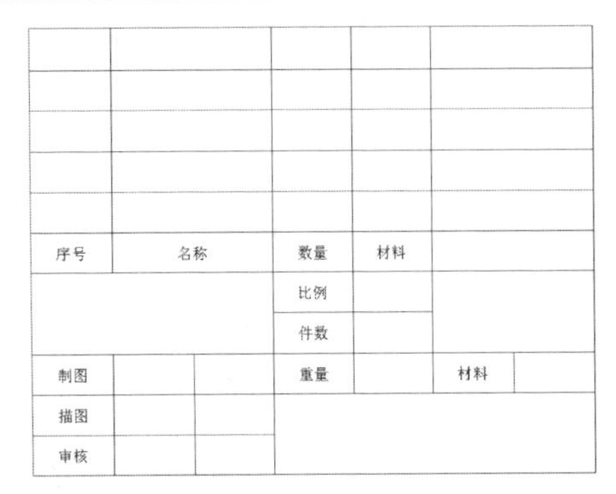

序号	名称	数量	材料	
		比例		
		件数		
制图		重量		材料
描图				
审核				

图66-1 最终效果

制作思路

• 首先打开AutoCAD 2013，然后进入操作环境，执行“打开”命令，执行“常用>注释>单行文字”命令，做出如图66-1所示的图形。

制作流程

01 执行“注释>表格”命令，弹出“插入表格”对话框，执行“表格样式”命令，弹出“表格样式”对话框，如图66-2所示。

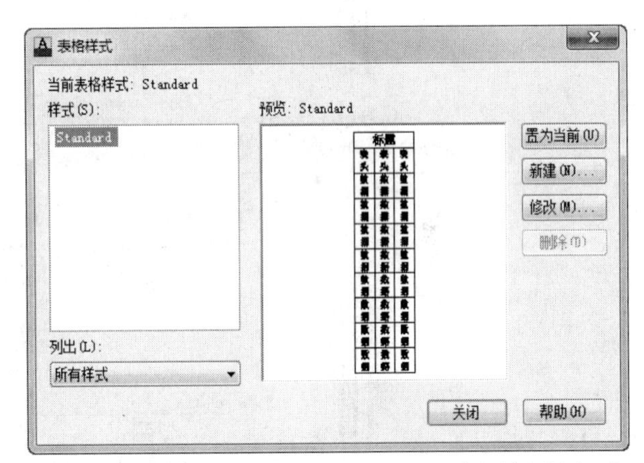

图66-2 “表格样式”对话框

02 执行“新建”命令，弹出“创建新的表格样式”对话框，如图66-3所示。

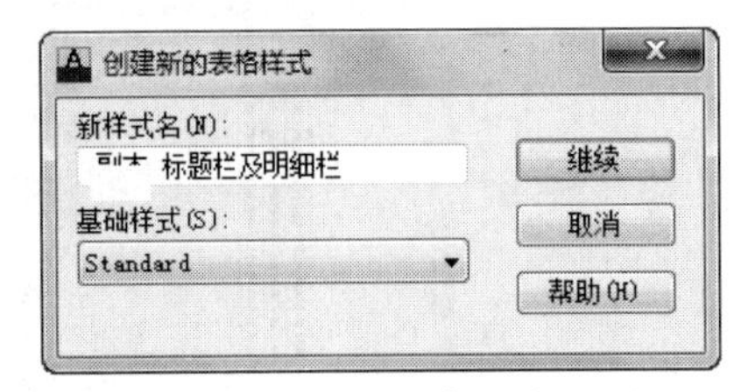

图66-3 “创建新的表格样式”对话框

03 在新样式名文本框中输入“标题栏及明细表”，单击“继续”按钮，弹出“新建表格样式”对话框，如图66-4所示。

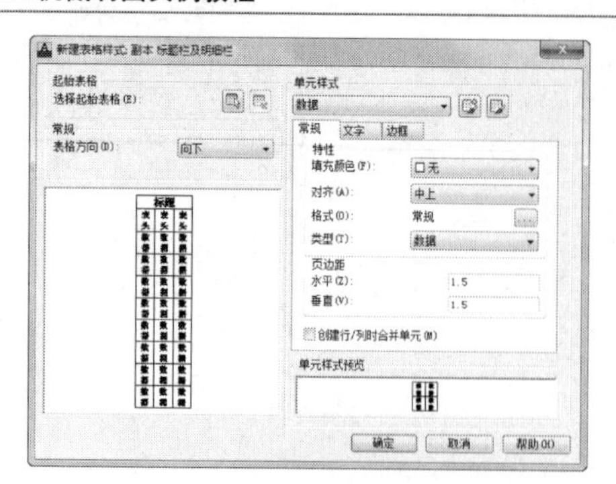

图66-4 “新建表格样式”对话框

04 在“新建表格样式”对话框中“单元样式”的“数据”、“标题”、“标头”选项中分别进行如图66-5所示的设置。

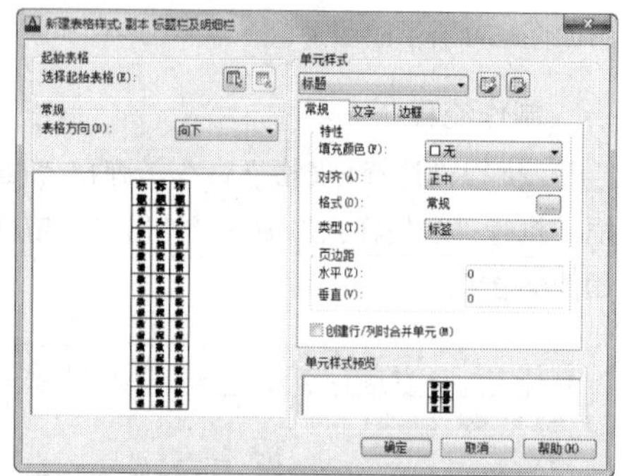

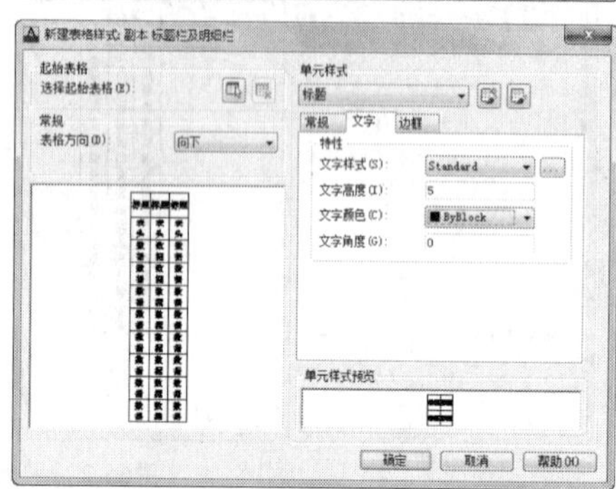

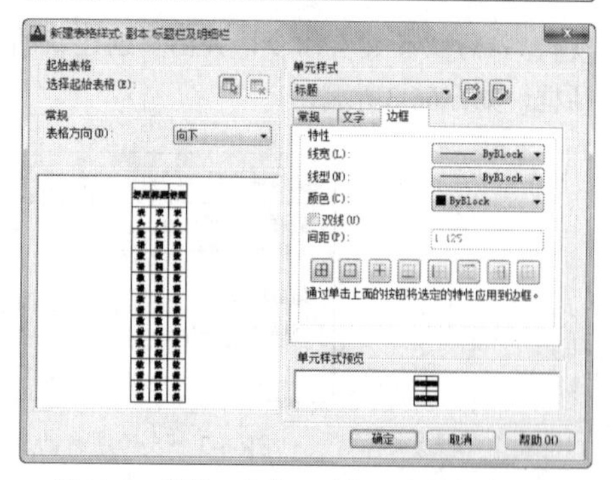

图66-5 常规、文字、边框三个选项卡的设置

单击“确定”后，关闭“新建表格样式”对话框，完成表格样式的设置。

05 执行“绘图>表格”命令，弹出“插入表格”对话框，基本设置如图66-6所示。单击“确定”按钮，确认设置。

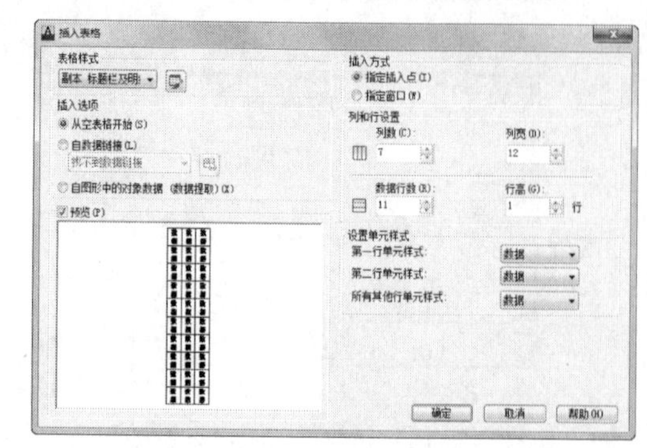

图66-6 “插入表格“对话框

06 在绘图区域制定插入点，则插入如图66-7所示空表格，并显示多行文字编辑器。不输入文字，直接在多行文字编辑器中单击“确定”按钮。

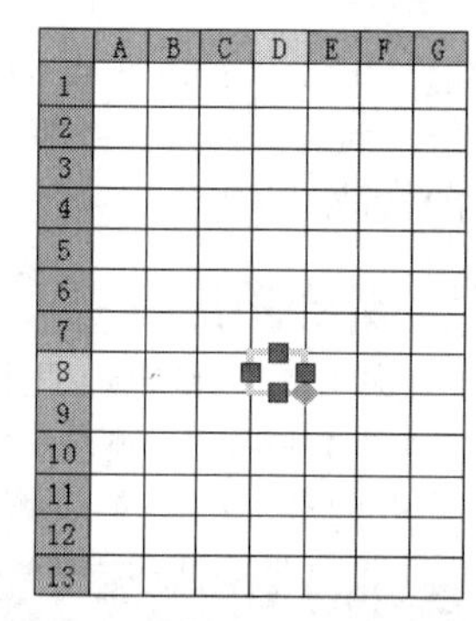

图66-7 多行文字编辑器其表格

07 编辑表格。选中表格中的任一单元格右击，弹出如图66-8所示快捷键，选择“特性”命令，弹出如图66-9所示选项板。参数设置如图66-9所示。

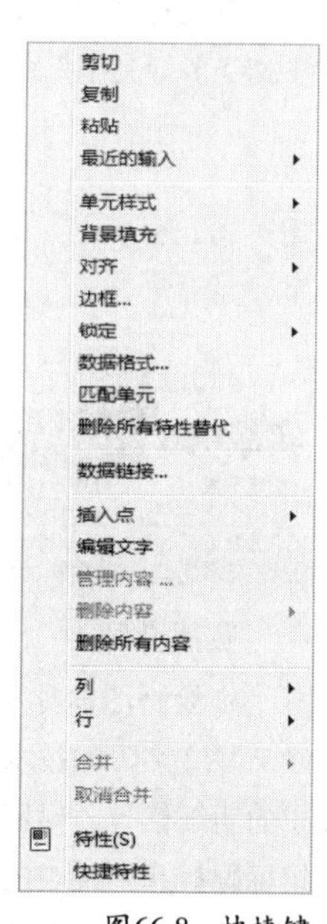

图66-8 快捷键

图66-9　特性选项板的设置

08 选中7、8行的3～5列这6个单元格右击，弹出如图66-10所示快捷键，选择合并单元格中的“全部”命令，合并这6个单元格。用同样的方法合并其他单元格。

图66-10　合并单元格快捷菜单

09 双击需要输入文字的单元，打开多行文字编辑器，分别输入图66-1所示文字即可。

技巧与提示

在本例主要介绍了如何应用AutoCAD 2013中自带的表格编辑命令来绘制标题栏和明细表。

练习066 绘制标题栏和明细表

实战位置　DVD>练习文件>第3章>练习066.dwg
难易指数　★☆☆☆☆
技术掌握　巩固“标题栏和明细表”的方法

操作指南

参照“实战066”案例进行制作。

首先打开场景文件，然后进入操作环境，执行“注释>单行文字”命令，做出如图66-11所示的图形。

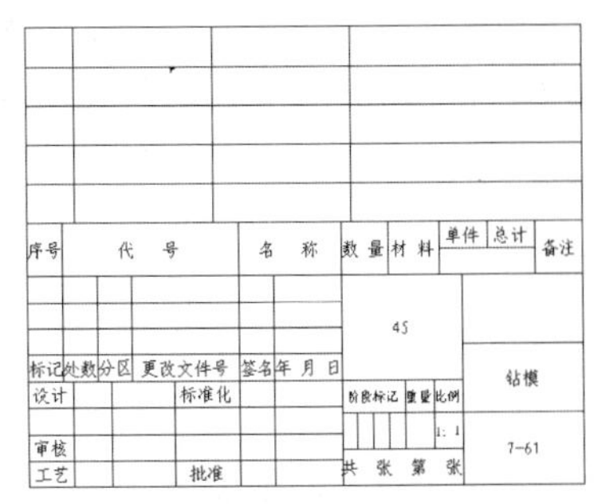

图66-11　绘制标题栏和明细表

实战067 绘制图框和标题栏

实战位置　DVD>实战文件>第3章>实战067.dwg
视频位置　DVD>多媒体教学>第3章>实战067.avi
难易指数　★☆☆☆☆
技术掌握　掌握“绘制图框和标题栏”的方法

实战介绍

在机械图样中必须用粗实线绘制出图框及标题栏，装配图中还要绘制明细栏。在本例中将重点介绍图框和标题栏的绘制，这是在以后必然会经常用到的内容，读者应认真学习掌握。案例效果如图67-1所示。

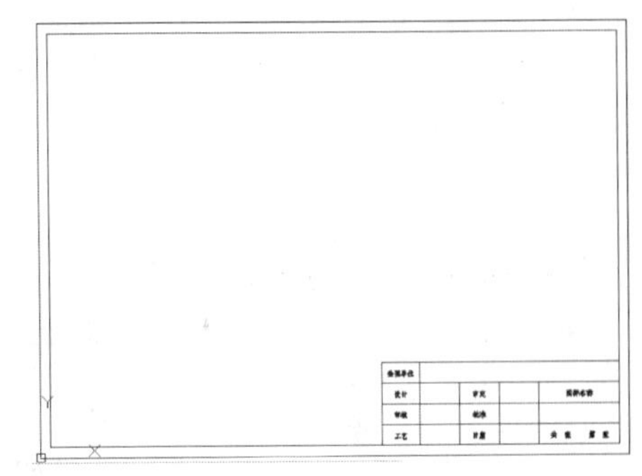

图67-1　最终效果

制作思路

• 首先打开AutoCAD 2013，然后进入操作环境，先绘制图框，再绘制标题栏，并添加文字，做出如图67-1所示的图形。

制作流程

01 执行“绘图>矩形”命令。以原点为起点，绘制297×210矩形，得到如图67-2所示矩形。

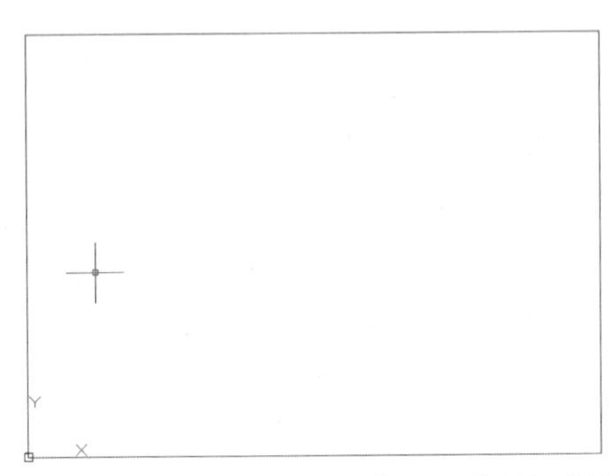

图67-2　绘制矩形框

02 执行“修改>偏移”命令，将图67-2中的矩形向内偏移5，得到如图67-3所示图形。

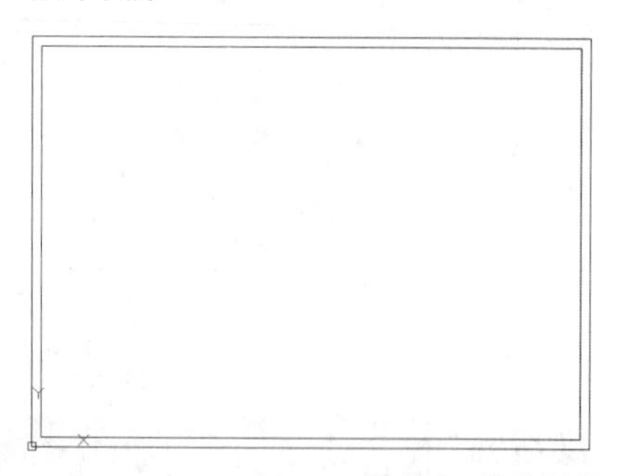

图67-3 偏移矩形

技巧与提示

标题栏位于图纸的右下角，其格式和尺寸按国家标准GB/T 1609.1-1989的规定绘制。

03 调用“矩形”命令，捕捉偏移后的矩形右下角点为起点，在命令行中输入另一点坐标（-120,40）得到如图67-4所示的矩形。

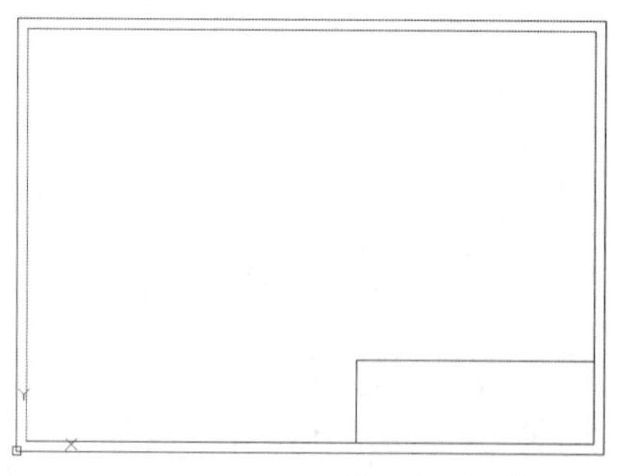

图67-4 绘制小矩形

04 执行“修改>分解”命令，将图67-4中的矩形进行分解，并调用“删除”命令，将分解后的多余直线删除掉，得到如图67-5所示的两条直线。

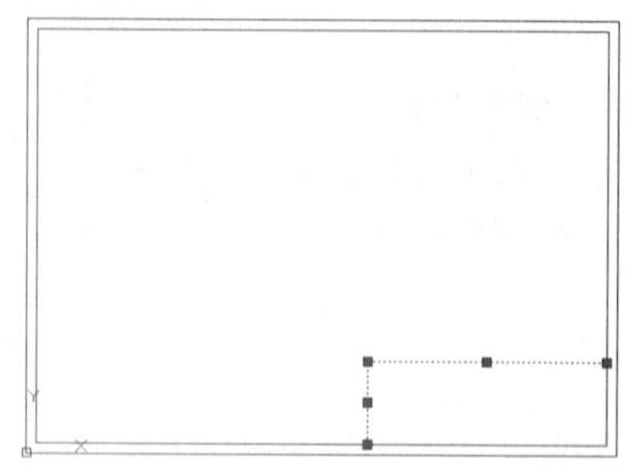

图67-5 分解矩形

技巧与提示

图框和标题栏均由一些线段组成，因此可以用绘制直线命令和有关的编辑命令绘制即可，然后再在其中用创建多行文字命令TEXT填写文字。

05 执行“修改>偏移”命令，将图67-5中的水平直线向下偏移10，垂直直线向右偏移20，得到如图67-6所示的图形效果。

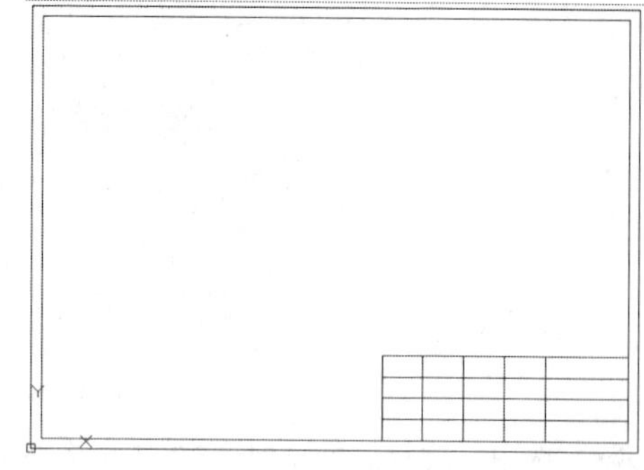

图67-6 偏移直线

06 执行“修改>修剪”命令，将多余的直线进行修剪，最终得到如图67-7所示的图形效果。

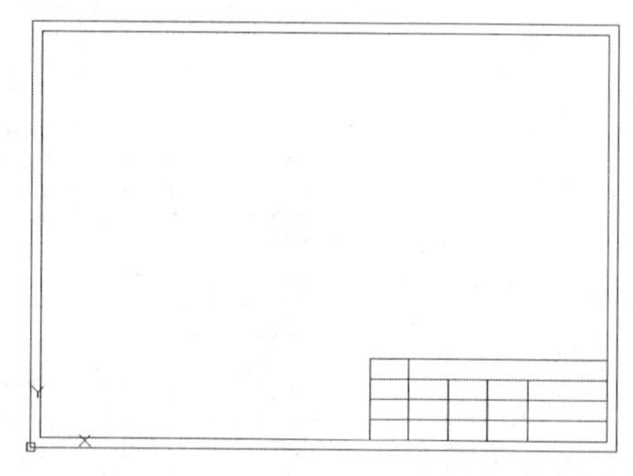

图67-7 修剪直线

07 执行“绘图>多行文字”命令，在左上角单击一点，向右下移动鼠标，弹出如图67-8所示“文字格式”对话框。

图67-8 “文字格式”对话框

技巧与提示

本例主要介绍了如何应用AutoCAD 2013绘制图框和标题栏。

练习067 绘制新图框和标题栏

实战位置	DVD>练习文件>第3章>练习067.dwg
难易指数	★☆☆☆☆
技术掌握	巩固“图框和标题栏”的方法

操作指南

参照“实战067”案例进行制作。

首先打开场景文件，然后进入操作环境，先绘制图框和标题栏，再执行“常用>注释>单行文字”命令添加文本，做出如图67-9所示的图形。

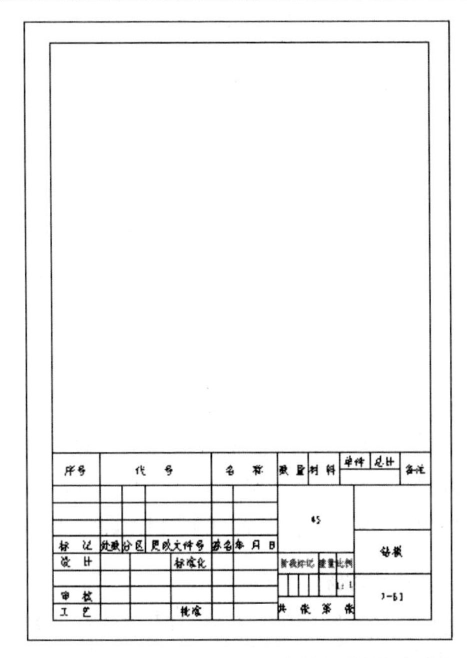

图67-9　绘制新图框和标题栏

实战068　删除文字样式

原始文件位置	DVD>原始文件>第3章>实战068原始文件
实战位置	DVD>实战文件>第3章>实战068.dwg
视频位置	DVD>多媒体教学>第3章>实战068.avi
难易指数	★☆☆☆☆
技术掌握	掌握"删除文字样式"的方法

实战介绍

文字样式会占用一定的系统存储空间，可以将一些不需要的文字样式删除，以节约系统资源。本例中通过删除文字样式向读者展示删除文字样式的方法。案例效果如图68-1所示。

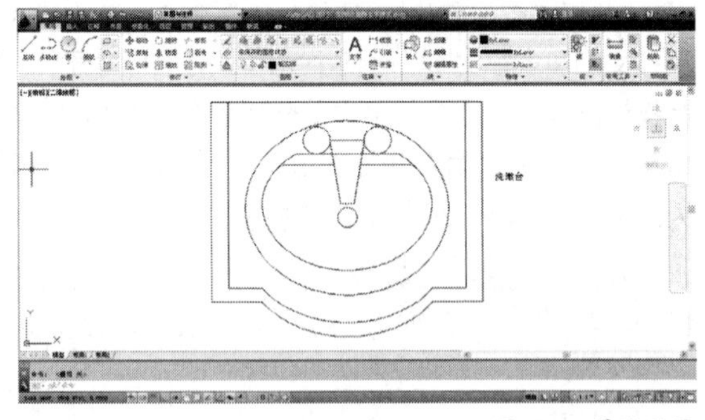

图68-1　最终效果

制作思路

• 首先打开AutoCAD 2013，然后进入操作环境，打开"实战068原始文件.dwg"图形文件，执行"注释>文字样式"命令，编辑出如图68-1所示的图形。

制作流程

01 启动AutoCAD 2013，打开"实战068原始文件.dwg"图形文件，如图68-2所示。

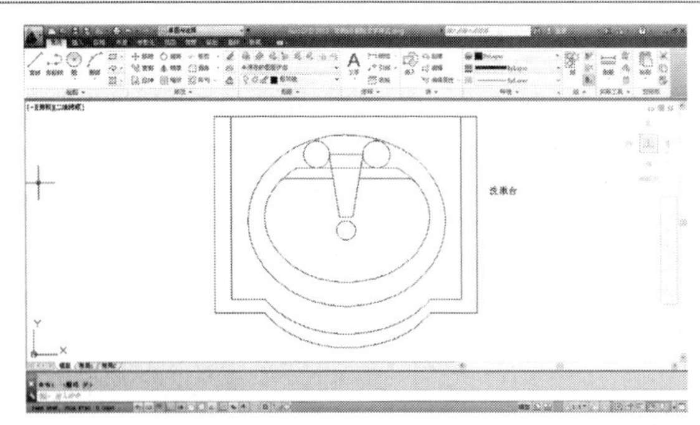

图68-2　原始图形

02 执行"常用>注释>文字样式"命令，打开"文字样式"对话框，选择要删除的文字样式名，单击"删除"按钮，如图68-3所示。

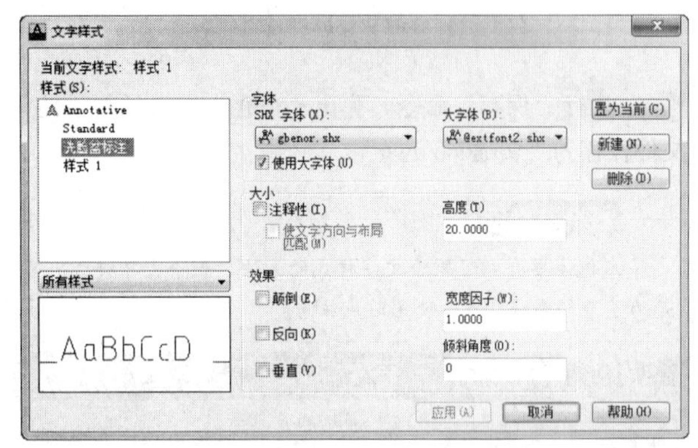

图68-3　"文字样式"对话框

03 在打开的"acad警告"对话框中单击"确定"按钮，如图68-4所示。

图68-4　"acad警告"对话框

04 返回"文字样式"对话框，单击"关闭"按钮即可，如图68-5所示。

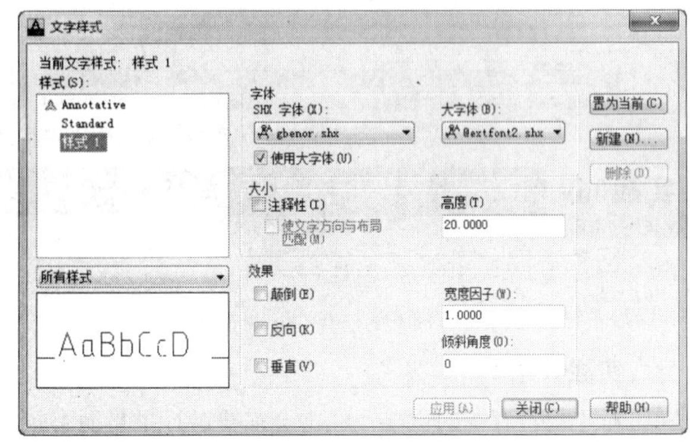

图68-5　"文字样式"对话框

技巧与提示

在“文字样式”对话框的“样式”列表框中选中要编辑的样式名，右击鼠标，在弹出的快捷菜单中选择相应的命令，可以实现样式的“置为当前”、“重命名”、“删除”操作，如图68-6所示。

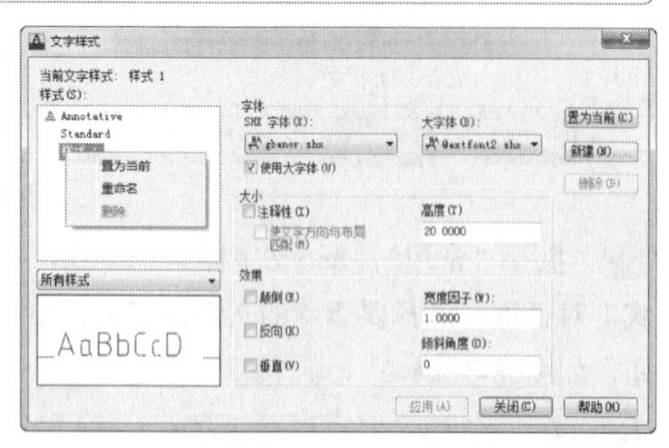

图68-6 样式设置

05 执行“保存”命令，弹出“另存为”对话框，将该文件保存为“实战068.dwg”。

技巧与提示

本例主要介绍了删除文字样式的方法。删除文字样式一般是为了节约系统资源，使用时应注意。

练习068 删除不需要文字样式

实战位置	DVD>练习文件>第3章>练习068.dwg
难易指数	★☆☆☆☆
技术掌握	巩固“删除文字样式”的方法

操作指南

参照“实战068”案例进行制作。

首先打开场景文件，然后进入操作环境，首先打开“练习068.dwg”图形文件，然后执行“注释>文字样式”命令删除不需要的文字样式，做出如图68-7所示的图形。

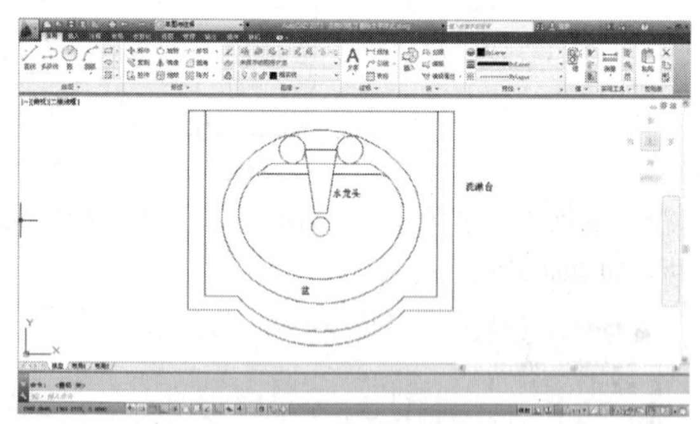

图68-7 删除文字样式

实战069 查找与替换标注文字

原始文件位置	DVD>原始文件>第3章>实战069原始文件
实战位置	DVD>实战文件>第3章>实战069.dwg
视频位置	DVD>多媒体教学>第3章>实战069.avi
难易指数	★☆☆☆☆
技术掌握	掌握“查找与替换标注文字”的方法

实战介绍

对于已经存在的文字，经常会需要进行批量而有规则的修改。在本例中向读者讲解编辑标注文本中查找替换的方法。案例效果如图69-1所示。

单行文本的高度为20.

正确的多行文本标注0.03³.

图69-1 最终效果

制作思路

• 首先打开AutoCAD 2013，然后进入操作环境，打开“实战069原始文件.dwg”图形文件，执行“注释>文字面板>选择对象”命令，编辑出如图69-1所示的图形。

制作流程

01 执行“打开”命令，打开“实战069原始文件.dwg”图形文件。

02 在“注释”选项卡下“文字面板”查找文本框内输入全角句号“。”，单击查找按钮，如图69-2所示，弹出“查找和替换”对话框。

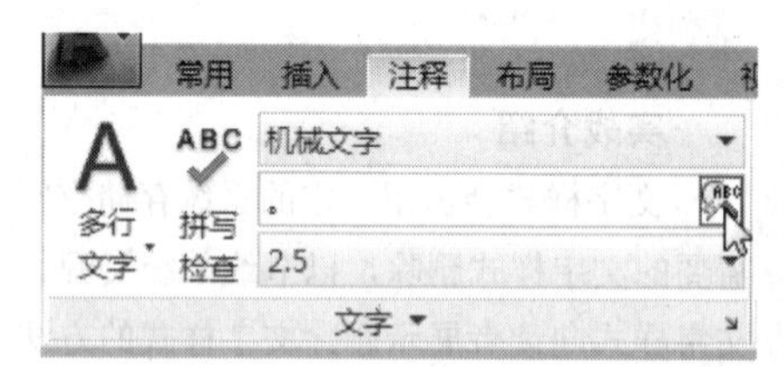

图69-2 “查找”

03 执行“查找和替换>选择对象”命令，在绘图区选择单行文本和多行文本，将两个文本中的全角句号“。”都替换为半角句号“.”，单击“全部替换”按钮，勾选“列出结果”复选框如图69-3所示。在对话框底部显示状态为：AutoCAD已将2个“。”替换为“.”。

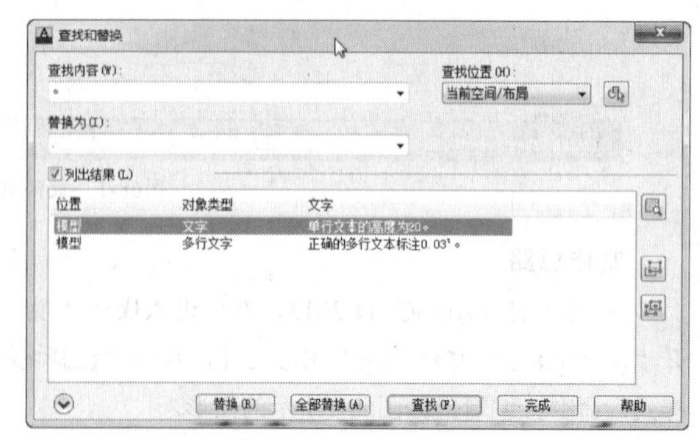

图69-3 设置查找和替换

04 单击对话框的“完成”或“关闭”按钮，关闭该对话框，结果如图69-1所示。

05 执行“另存为”命令，将文件另存为“实战069.dwg”。

在本例中向读者讲解编辑标注文本中查找替换的方法，使用时应注意。

练习069　查找并替换标注文字

实战位置　DVD>练习文件>第3章>练习069.dwg
难易指数　★☆☆☆☆
技术掌握　巩固“查找与替换标注文字”的方法

操作指南

参照“实战069”案例进行制作。

首先打开场景文件，然后进入操作环境，打开“练习069查找并替换标注文字.dwg”图形文件，再执行“注释>文字面板>选择对象”命令完成文字替换，做出如图69-4所示的图形。

技术要求:
1、图中所标尺寸为生产后的产品净尺寸。
2、产品中直径的孔径公差为±0.001。
3、数据单位为毫米（mm）。

图69-4　查找与替换标注文字

实战070　新建表格样式

实战位置　DVD>实战文件>第3章>实战070.dwg
视频位置　DVD>多媒体教学>第3章>实战070.avi
难易指数　★☆☆☆☆
技术掌握　掌握“新建表格样式”的方法

实战介绍

在绘制图样时，除了要绘制出图形，还要在图形中标注一些文字，如技术要求、注释说明、标题栏以及装配图中的明细栏等，对图形对象加以解释说明。在本例中将介绍该类表格样式的创建，这是在以后必然会经常用到的内容，读者应认真学习掌握。案例效果如图70-1所示。

机械零件				
表头	表头	表头	表头	表头
数据	数据	数据	数据	数据
数据	数据	数据	数据	数据
数据	数据	数据	数据	数据
数据	数据	数据	数据	数据
数据	数据	数据	数据	数据

图70-1　最终效果

制作思路

• 首先打开AutoCAD 2013，然后进入操作环境，在快速工具栏中单击“注释”面板中的表格，创建一个新的表格样式，以便以后应用于各种素材图纸中，提高可读性，编辑出如图70-1所示的图形。

制作流程

01 执行“注释>表格”命令，弹出“表格样式”对话框，如图70-2所示。

02 执行“新建”命令，弹出“创建新的表格样式”对话框，如图70-3所示。

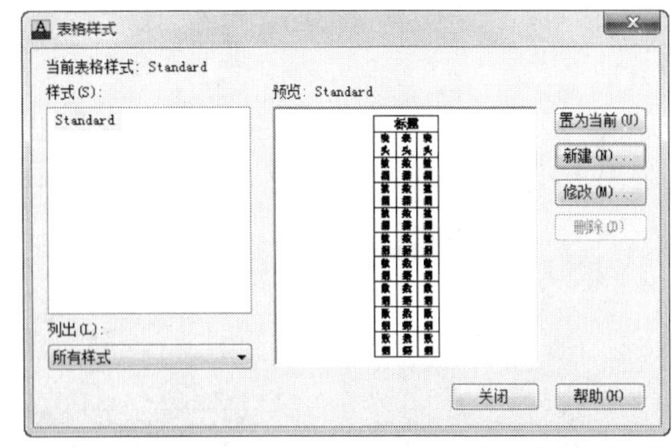

图70-2　“表格样式”对话框

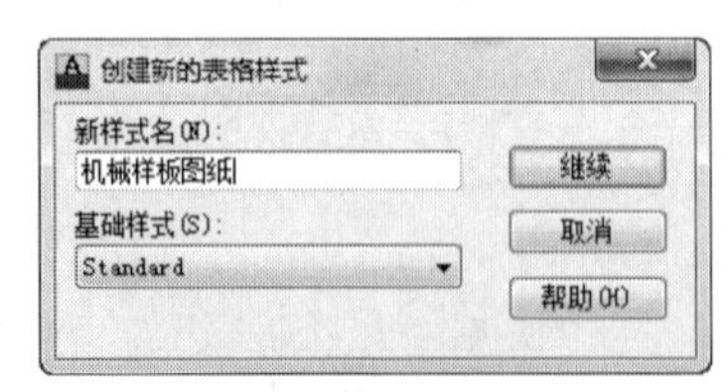

图70-3　“创建新的表格样式”对话框

03 在新样式名文本框中输入“机械样板图纸”，单击“继续”按钮，弹出“修改表格样式”对话框，如图70-4所示。

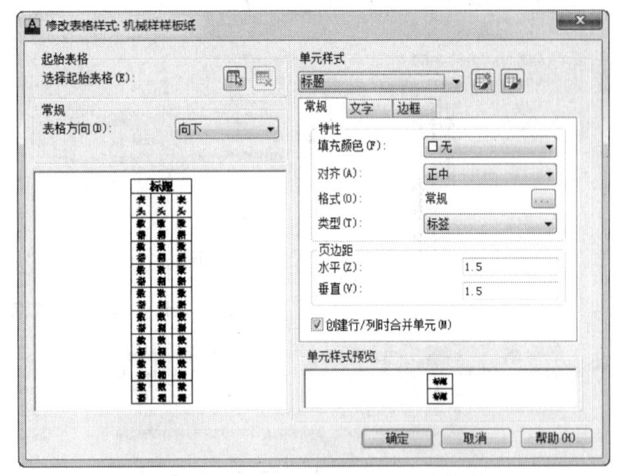

图70-4　“新建表格样式”对话框

04 在“新建表格样式”对话框中“单元样式”的“数据”、“标题”、“表头”选项中分别进行如图70-5所示的设置。

05 单击“确定”后，依次单击“置为当前”和“关闭”按钮，关闭“表格样式”对话框，完成表格样式的创建。

06 执行“绘图>表格”命令，弹出“插入表格”对话框，基本设置如图70-6所示。单击“关闭”按钮，将其关闭。

07 在绘图区域制定插入点，则插入如图70-7所示空表格，并显示多行文字编辑器。不输入文字，直接在多行文字编辑器中单击“确定”按钮。

08 确定插入点坐标后，双击需要输入文字的单元，打开多行文字编辑器，分别输入图70-1所示文字即可。

图70-5　常规、文字、边框三个选项卡的设置

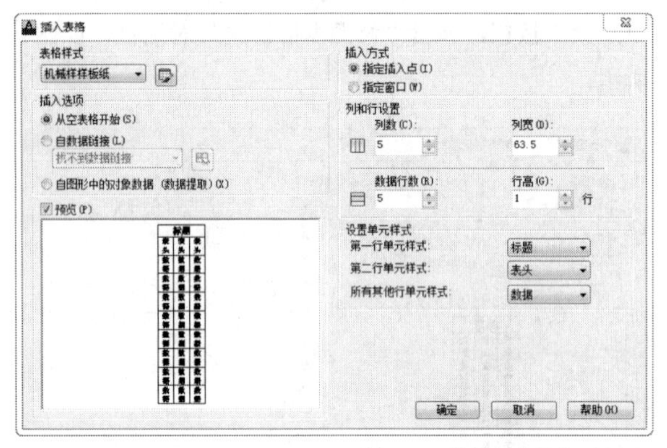

图70-6　“插入表格”对话框

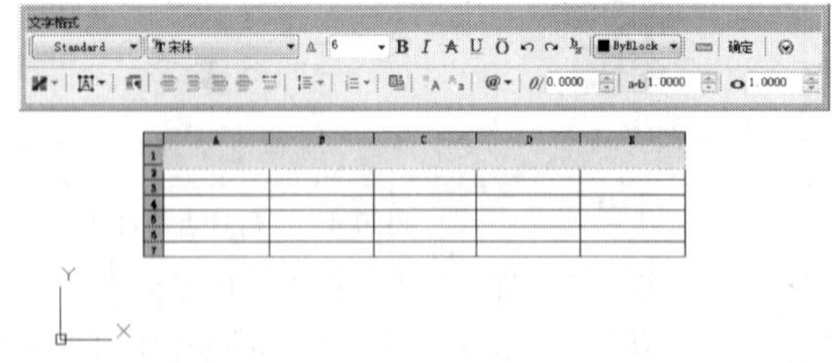

图70-7　多行文字编辑器及表格

本例主要介绍了如何应用AutoCAD 2013中自带的表格创建和编辑命令来绘制标题栏及明细表。

练习070　绘制标题栏和明细表

实战位置	DVD>练习文件>第3章>练习070.dwg
难易指数	★☆☆☆☆
技术掌握	巩固“新建表格样式”的方法

操作指南

参照“实战070”案例进行制作。

首先打开场景文件，然后进入操作环境，根据“实战070”所学的新建表格样式命令绘制如图70-8所示的标题栏和明细表，先执行“注释>多行文字”命令完成明细表的创建，做出如图70-8所示的图形。

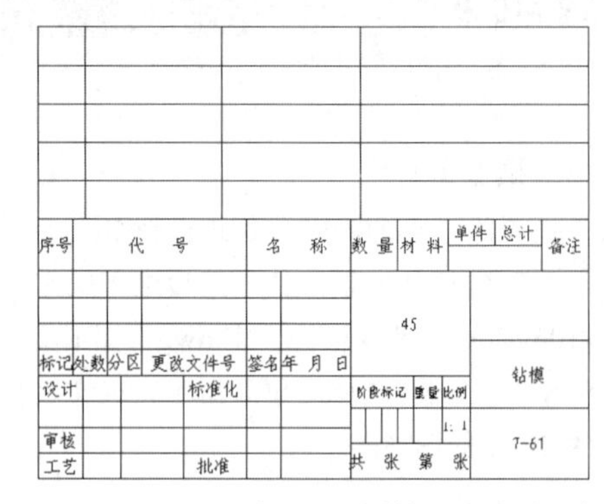

图70-8　绘制标题栏和明细表

实战071　编辑表格和单元格

原始文件位置	DVD>原始文件>第3章>实战071原始文件
实战位置	DVD>实战文件>第3章>实战071.dwg
视频位置	DVD>多媒体教学>第3章>实战071.avi
难易指数	★☆☆☆☆
技术掌握	掌握“编辑表格和单元格”的方法

实战介绍

在AutoCAD 2013中，创建好表格后，用户可以根据需要调整表格的行高和列宽，添加行和列，合并单元格以及设置表格等。本例将介绍编辑表格的方法。案例效果如图71-1所示。

螺帽			
序号	名称	数量	材料
1	底座	3	HT157
2	钻套	4	45
3	钻模板	1	20
4	垫片	2	30

图71-1　最终效果

制作思路

• 首先打开AutoCAD 2013，然后进入操作环境，对表格进行编辑，选择整个表格后右击可对表格进行设置，选择单个单元格然后右击可对该单元格进行设置，创建好表格后，用户可以根据需要调整表格的行高和列宽，添加行和列，合并单元格以及设置表格等，编辑出如图71-1所示的表格。

制作流程

01 启动AutoCAD 2013，打开“实战071原始文件.dwg”图形文件，如图71-2所示。

02 添加行和列。在绘图区中，在左上方的位置上，单击鼠标右键，在弹出的快捷菜单中选择“在下方插入行”；在左上方的位置上，单击鼠标右键，在弹出的快捷菜单中选择“在右侧插入列”，结果如图71-3所示。

螺帽				
序号	名称	数量	材料	
1	底座	3	HT157	
2	钻套	4	45	
3	钻模板	1	20	
4	垫片	2	30	

图71-2 原始图形

螺帽				
序号	名称	数量	材料	
1	底座	3	HT157	
2	钻套	4	45	
3	钻模板	1	20	
4	垫片	2	30	

图71-3 插入行和列

03 合并单元格，在绘图区中，选择右侧下方单元格为合并对象，如图71-4所示。

04 在弹出的“表格单元”选项卡中单击“合并单元”按钮，弹出提示对话框，单击“是”按钮，即可合并单元格，如图71-5所示。

	A	B	C	D	E
1	螺帽				
2	序号	名称	数量	材料	
3	1	底座	3	HT157	
4	2	钻套	4	45	
5	3	钻模板	1	20	
6	4	垫片	2	30	
7					

图71-4 选择单元格

螺帽				
序号	名称	数量	材料	
1	底座	3	HT157	
2	钻套	4	45	
3	钻模板	1	20	
4	垫片	2	30	

图71-5 合并单元格

05 删除行和列，在绘图区中，选择最下方一行单元格，如图71-6所示。

	A	B	C	D	E
1	螺帽				
2	序号	名称	数量	材料	
3	1	底座	3	HT157	
4	2	钻套	4	45	
5	3	钻模板	1	20	
6	4	垫片	2	30	
7	30	30	30	30	

图71-6 选择行

06 在选中行的左上方右击鼠标，在弹出的快捷菜单中选择“删除行”命令；删除列方法同上，结果如图71-7所示。

螺帽				
序号	名称	数量	材料	
1	底座	3	HT157	
2	钻套	4	45	
3	钻模板	1	20	
4	垫片	2	30	

图71-7 删除行

07 设置表格，选择整个表格为设置对象，在左上方单击，使表格呈全选状态，结果如图71-8所示。

	A	B	C	D	E
1	螺帽				
2	序号	名称	数量	材料	
3	1	底座	3	HT157	
4	2	钻套	4	45	
5	3	钻模板	1	20	
6	4	垫片	2	30	

图71-8 选择表格

08 弹出“表格单元”选项卡，在“单元样式”面板中的“表格单元背景色”下拉列表框中选择“青”选项，单击“单元边框”按钮，弹出“单元边框特性”对话框，在“线宽”下拉列表框中选择0.40mm选项，设置“颜色”为“红”，单击“所有边框”按钮，单击“确定”按钮，结果如图71-9所示。

螺帽				
序号	名称	数量	材料	
1	底座	3	HT157	
2	钻套	4	45	
3	钻模板	1	20	
4	垫片	2	30	

图71-9 最终结果

09 执行“保存”命令，弹出“另存为”对话框，将该文件保存为“实战071.dwg”。

本例主要介绍了编辑表格的方法。编辑表格主要是方便用户，使用时应注意。

练习071 编辑表格和单元格

实战位置 DVD>练习文件>第3章>练习071.dwg
难易指数 ★☆☆☆☆
技术掌握 巩固“编辑表格和单元格”的方法

操作指南

参照“实战071”案例进行制作。

首先打开场景文件，然后进入操作环境，根据“实战071”所学的编辑表格和单元格的方法，先执行“注释>多行文字”命令完成表格的创建，并对表格和单元格进行编辑，其中单元格背景为洋红色，最终做出如图71-10所示的图形。

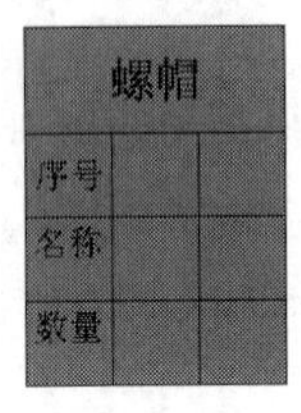

螺帽		
序号		
名称		
数量		

图71-10 编辑表格和单元格

第4章
尺寸标注

本章学习要点：

掌握尺寸标注的组成

掌握修改标注样式的方法

掌握“对齐标注”、“直径和半径标注”、“角度标注”的使用方法

掌握标注样式的创建方法

了解标注机械零件的基本方法

实战072 尺寸标注的组成

实战位置	DVD>实战文件>第4章>实战072.dwg
视频位置	DVD>多媒体教学>第4章>实战072.avi
难易指数	★☆☆☆☆
技术掌握	掌握“尺寸标注”命令的使用方法

实战介绍

通过介绍标注一个简单的实例的过程，介绍AutoCAD 2013中基本的标注组成，使读者对AutoCAD 2013中的标注组成有一个简单的认识和了解。案例效果如图72-1所示。

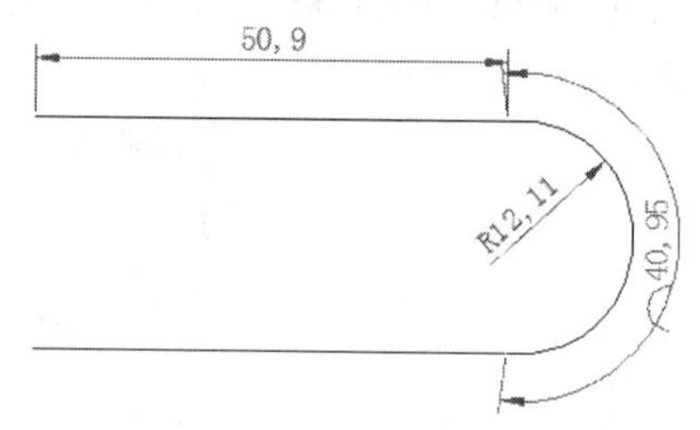

图72-1 最终效果

制作思路

· 首先打开AutoCAD 2013，然后进入操作环境，绘制图示图形，并进行尺寸标注，最终完成如图72-1所示的图形。

制作流程

01 执行“绘图>直线和圆弧”命令，绘制图形，如图72-2所示。

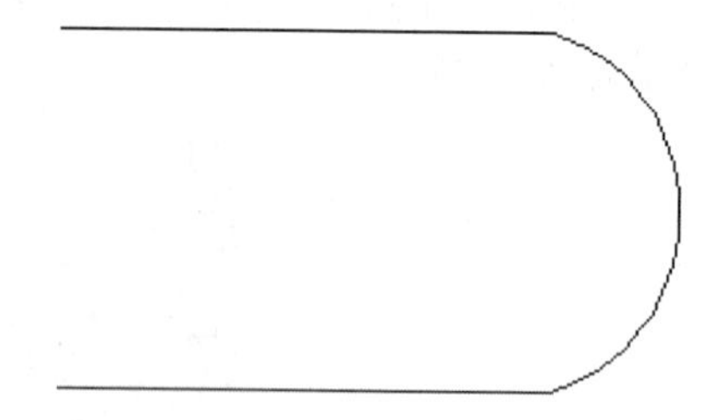

图72-2 绘制图形

02 执行“注释>线性”命令，对该图进行线性标注，如图72-3所示。

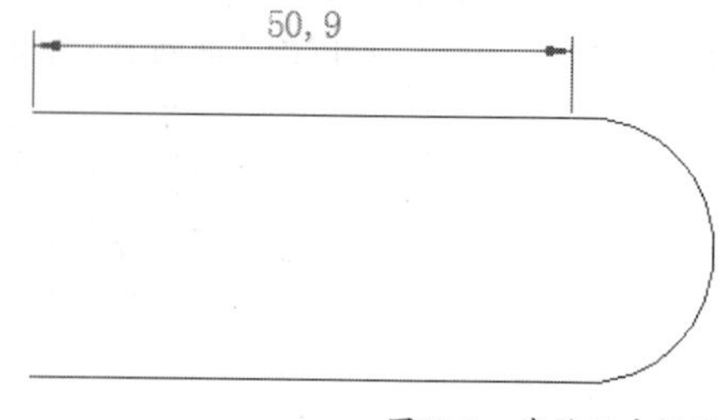

图72-3 线性尺寸标注

03 执行“注释>标注>半径”命令，对该图形进行半径尺寸标注，如图72-4所示。

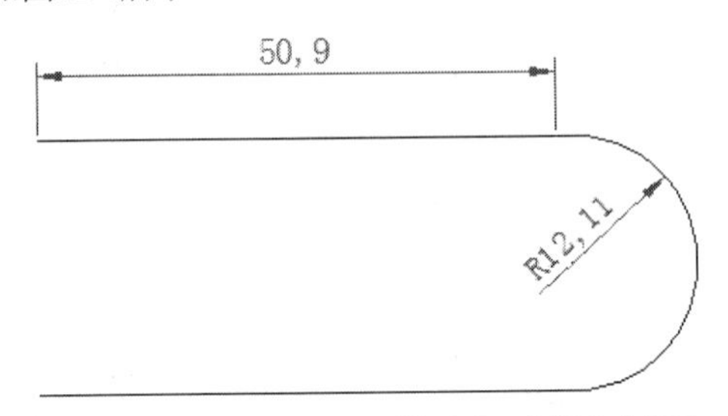

图72-4 半径尺寸标注

04 执行“注释>标注>弧长”命令，按命令提示进行操作，如图72-5所示。

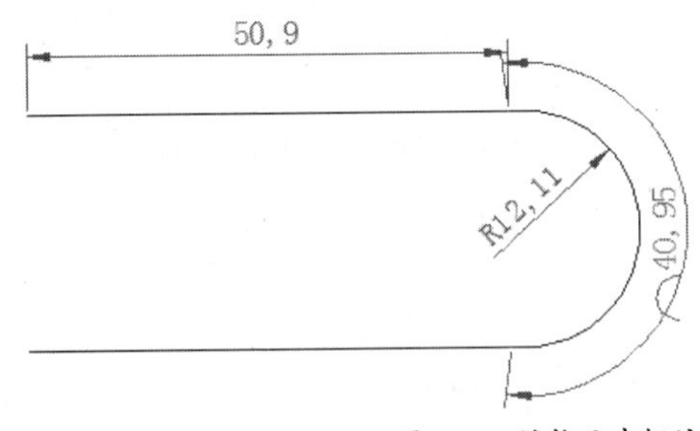

图72-5 弧长尺寸标注

05 执行“保存”命令，在弹出的“图形另存为”对话框中选择要保存的文件路径，并修改文件名为“实战072.dwg”，单击“保存”按钮，将绘制的图形进行保存。

技巧与提示

在本例中介绍了尺寸标注的组成及简单运用的过程，这是以后进行尺寸标注的基础。读者应全部掌握，并在以后的绘图过程中熟练应用。

练习072 标注正六边形及其内切圆

实战位置	DVD>练习文件>第4章>练习072.dwg
难易指数	★☆☆☆☆
技术掌握	巩固“尺寸标注”的使用方法

操作指南

参照“实战072”案例进行制作。

结合本实战所讲的知识点，首先打开场景文件，然后进入操作环境，执行“线性标注”命令，绘制如图72-6所示的图形。

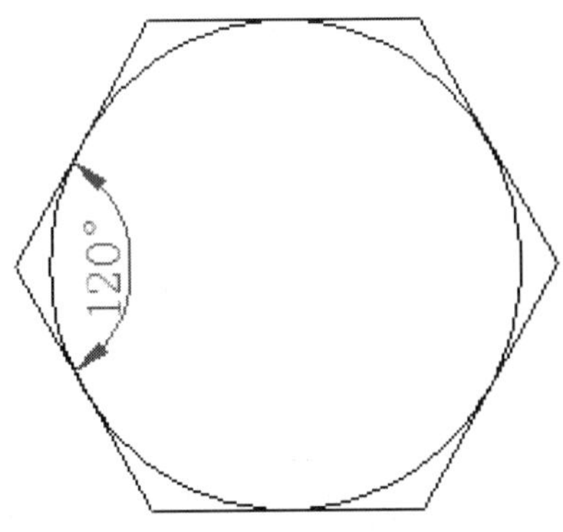

图72-6 标注该图形

实战073 修改标注样式

原始文件位置	DVD>原始文件>第4章>实战073原始文件
实战位置	DVD>实战文件>第4章>实战073.dwg
视频位置	DVD>多媒体教学>第4章>实战073.avi
难易指数	★★☆☆☆
技术掌握	掌握“标注样式”命令的使用方法

实战介绍

通过介绍修改标注样式的过程，介绍标注样式的修改。在绘图的过程中，设置完成后，如果感觉有部分不满意，可以通过本例对标注样式进行修改。案例效果如图73-1所示。

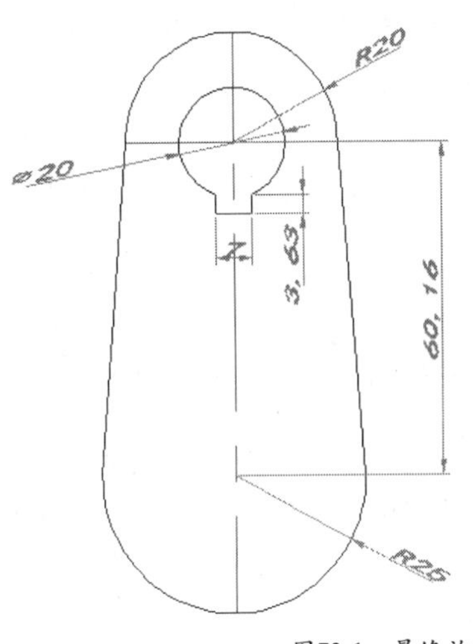

图73-1 最终效果

制作思路

• 首先打开AutoCAD 2013，然后进入操作环境，打开源文件标注样式，做出如图73-1所示的图形。

制作流程

01 打开“实战073原始文件.dwg”标注样式，如图73-2所示。

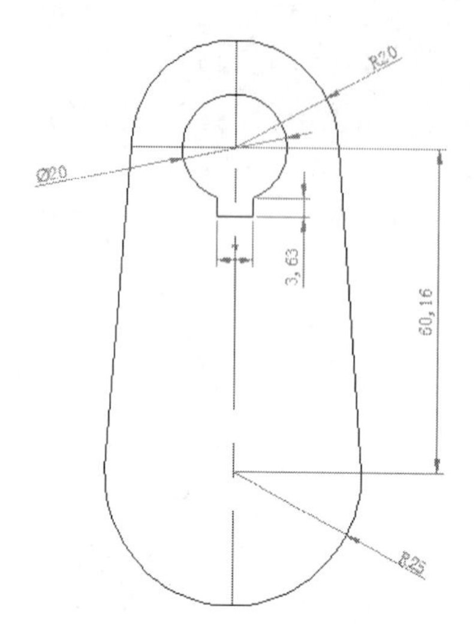

图73-2　标注样式

02 在功能区执行“注释>标注>标注样式”命令，在打开的“标注样式管理器”中单击“修改”按钮，弹出“修改标注样式：凸轮”对话框，激活“文字”选项卡，如图73-3所示。

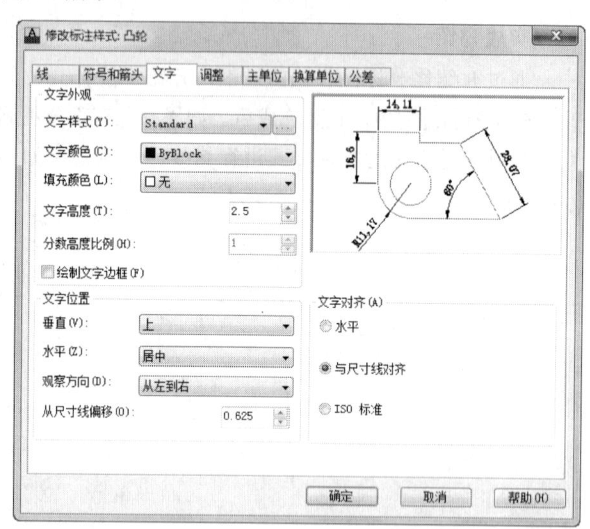

图73-3　激活“文字”选项卡

03 在“文字外观”选项区域，单击“文字样式”右侧的按钮，弹出“文字样式”对话框，在其中进行字体修改，然后单击“应用”按钮，应用修改后的字体，如图73-4所示。

04 单击“文字样式”对话框中的“关闭”按钮，返回“修改标注样式”对话框。在“文字高度”右侧的文本框中，将文字高度改为“3”，如图73-5所示。

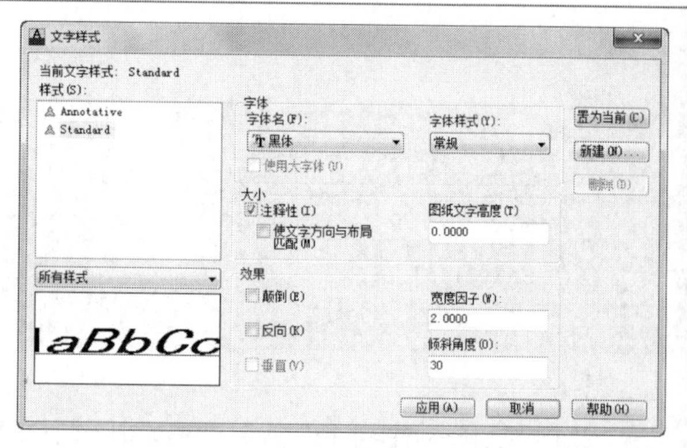

图73-4　修改文字样式

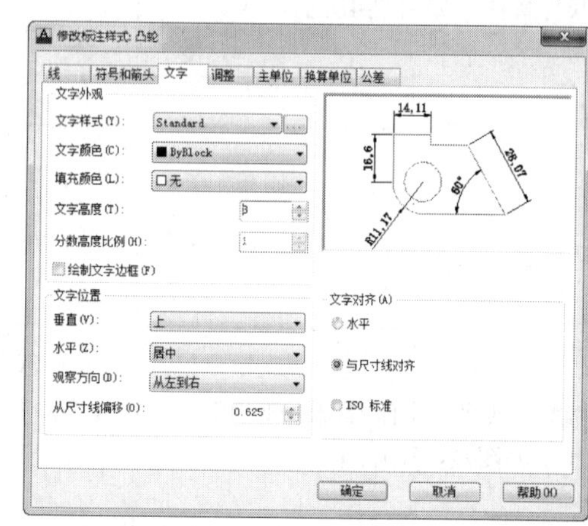

图73-5　修改文字高度

05 单击对话框中的“符号和箭头”选项卡，将箭头样式修改为“建筑标记”，如图73-6所示。

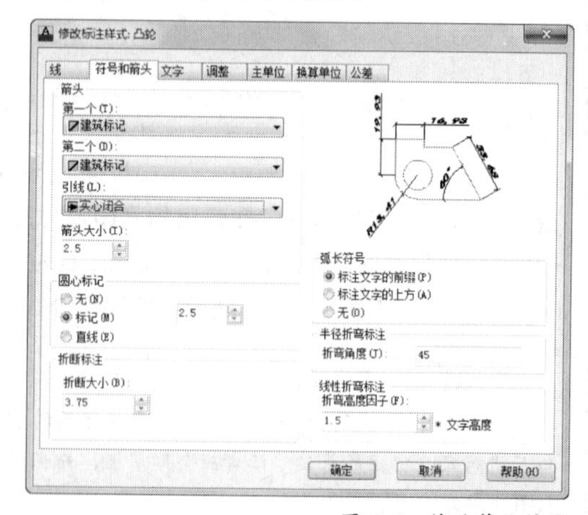

图73-6　修改箭头符号

06 单击“确定”按钮，并关闭“标注样式管理器”对话框，最终效果如图73-1所示。

07 选择要保存的文件路径，并修改文件名为“实战073.dwg”，单击“保存”按钮，将绘制的图形进行保存。

在本例中通过对标注样式的修改，使读者进一步了解在标注的同时，如何能够根据自己指定的要求进行修改。

练习073　修改标注样式

实战位置　DVD>练习文件>第4章>练习073.dwg
难易指数　★☆☆☆☆
技术掌握　巩固“尺寸标注”的修改方法

操作指南

参照“实战073”案例完成。

实战074　对齐标注

原始文件位置　DVD>原始文件>第4章>实战074原始文件
实战位置　DVD>实战文件>第4章>实战074.dwg
视频位置　DVD>多媒体教学>第4章>实战074.avi
难易指数　★☆☆☆☆
技术掌握　掌握“对齐标注”命令的使用方法

实战介绍

如果需要测量长度的对象并不平行x轴或y轴，可以通过“对齐”工具创建与该对象平行的标注。本例中通过简单的创建对齐标注向读者展示对齐标注的使用方法。本例最终效果如图74-1所示。

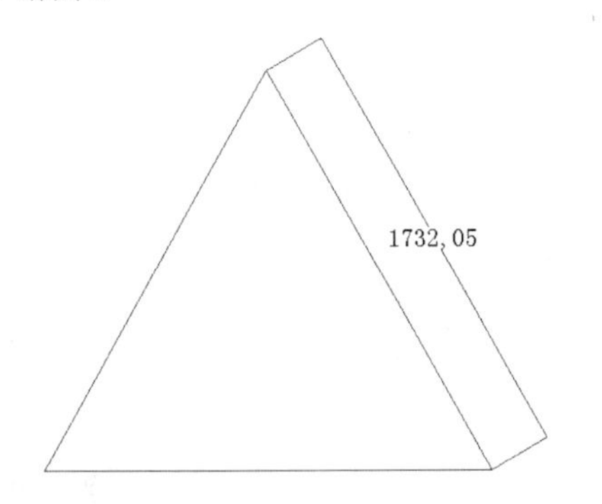

图74-1　最终效果

制作思路

- 绘制一个等边三角形，然后对其进行对齐标注。

制作流程

01 打开“实战074原始文件.dwg”图形文件，如图74-2所示。

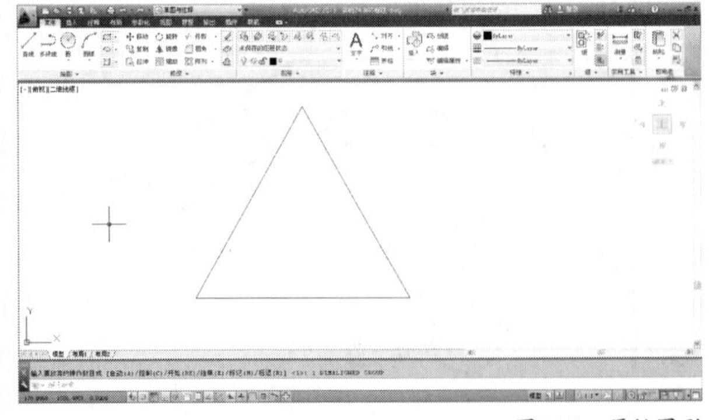

图74-2　原始图形

02 执行“注释>线性>对齐”命令，如图74-3所示。

03 指定第一条延伸线原点。指定三角形上方的顶点为第一条延伸线原点，如图74-4所示。

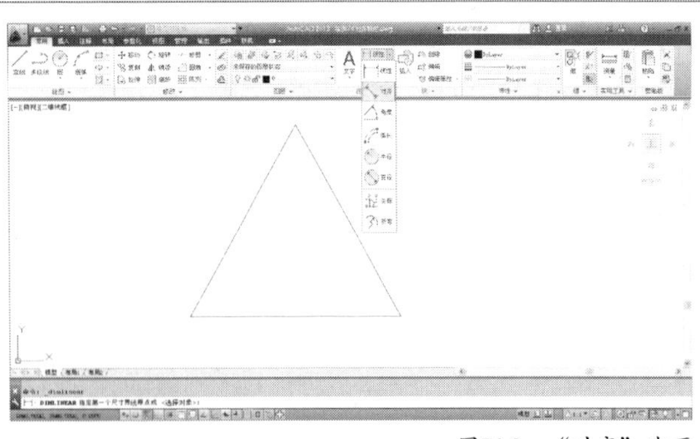

图74-3　“对齐”选项

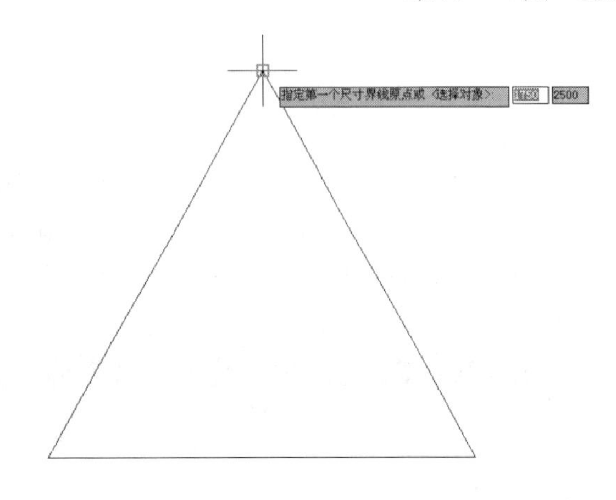

图74-4　第一条延伸线原点

04 指定第二条延伸线原点。指定三角形右侧的顶点为第二条延伸线原点，如图74-5所示。

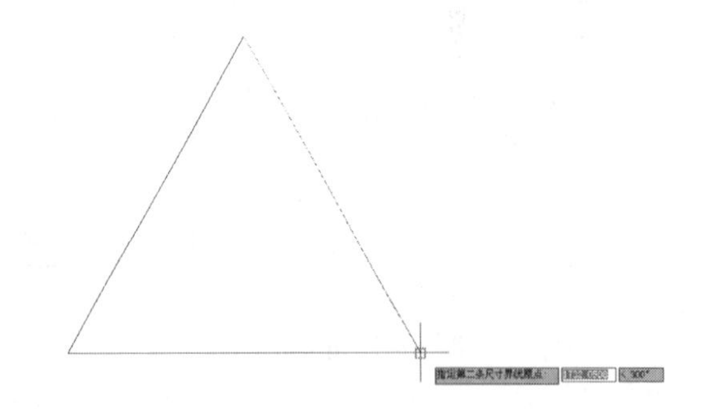

图74-5　第二条延伸线原点

05 指定尺寸线位置。移动光标，指定对齐标注的尺寸线位置，如图74-6所示。

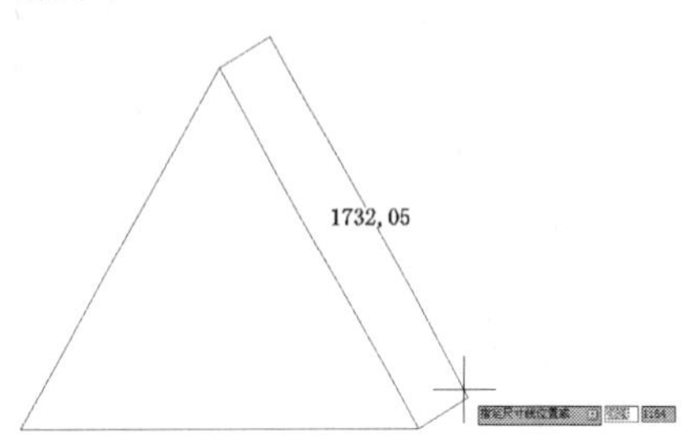

图74-6　尺寸线位置

06 调整标注文字大小。通过“修改标注样式”对话框适当调整标注文字的大小，如图74-7所示。

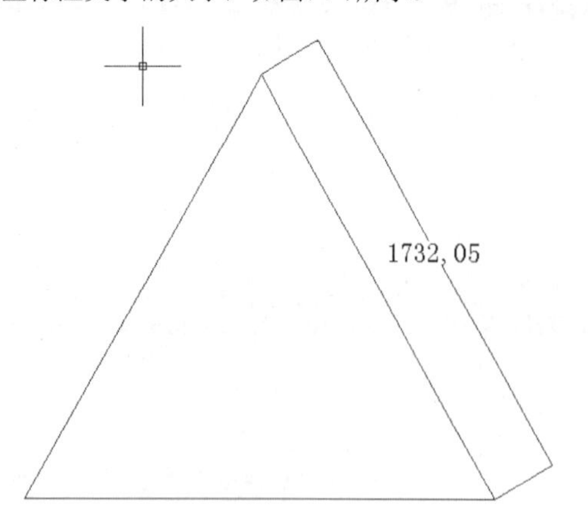

图74-7　标注文字大小

07 调整文字对齐方式。通过“修改标注样式”对话框的“文字对齐”选项区调整文字对齐方式为“水平”，如图74-8所示。

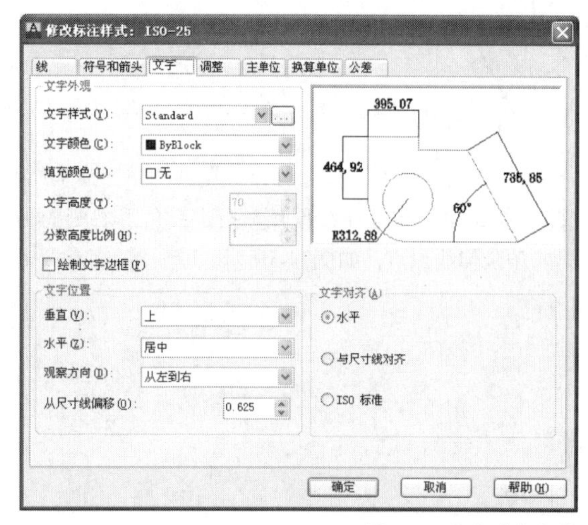

图74-8　文字对齐方式

08 查看标注效果，如图74-9所示。

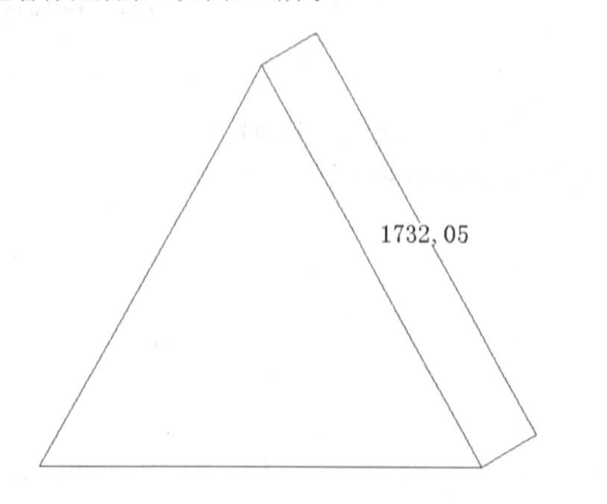

图74-9　标注效果

09 执行“保存”命令，弹出“另存为”对话框，将该文件保存为“实战074.dwg”。

技巧与提示

本例主要介绍了对齐标注命令的使用方法。对齐标注一般用于标注不平行x轴或y轴的对象，使用相关人员多加注意。

练习074　对齐标注

实战位置　DVD>练习文件>第4章>练习074.dwg
难易指数　★☆☆☆☆
技术掌握　巩固“对齐标注”的使用方法

操作指南

参照“实战074”案例进行制作。最终标注如图74-10所示的图形

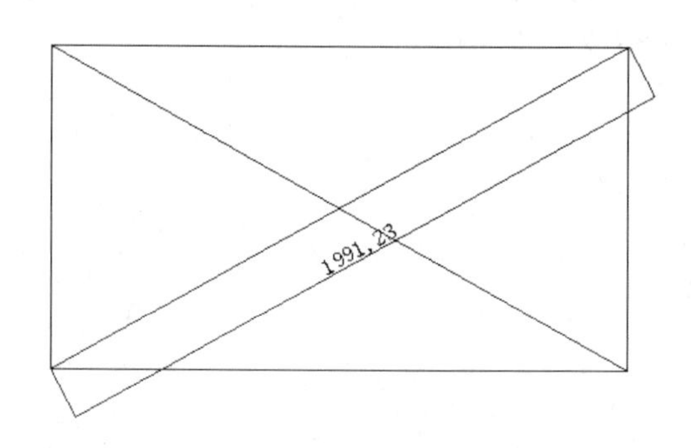

图74-10　标注新图形效果

实战075　直径和半径标注

原始文件位置　DVD>原始文件>第4章>实战075原始文件
实战位置　DVD>实战文件>第4章>实战075.dwg
视频位置　DVD>多媒体教学>第4章>实战075.avi
难易指数　★☆☆☆☆
技术掌握　掌握“直径和半径标注”命令的使用方法

实战介绍

在标注直径和半径尺寸时，AutoCAD 2013自动在标注文字前面加入“ϕ”或“R”符号。本例介绍直径和半径的标注方法，最终结果如图75-1所示。

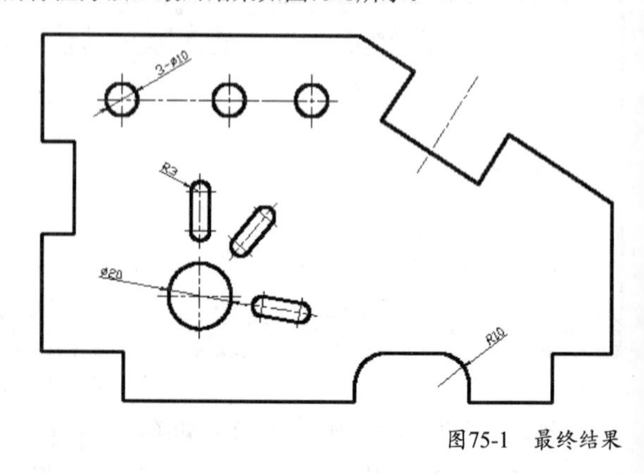

图75-1　最终结果

制作思路

• 首先打开AutoCAD 2013，然后进入操作环境，执

行“直线”命令，做出如图75-1所示的图形。

制作流程

01 打开文件“实战075原始文件”，如图75-2所示。

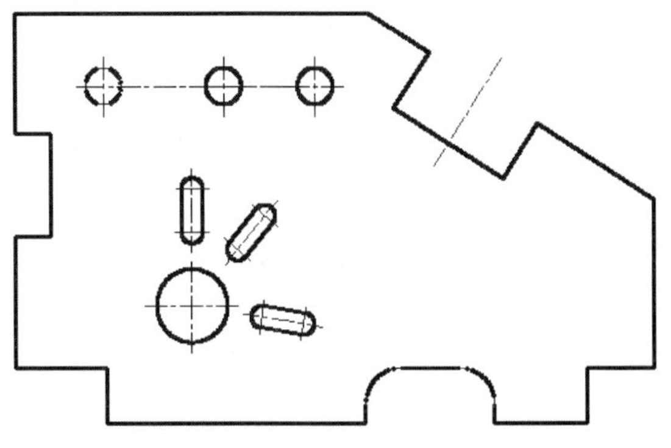

图75-2　原始图片

02 创建直径和半径尺寸，如图75-3所示。将“标注层”设置为当前图层，执行“注释>标注>标注直径”命令。

```
命令: _dimdiameter
选择圆弧或圆:  //选择圆D
标注文字 = 10
指定尺寸线位置或 [多行文字(M)/文字(T)/角度(A)]: t
输入标注文字 <10>: 3-%%C10
指定尺寸线位置或 [多行文字(M)/文字(T)/角度(A)]://移动鼠标光标指定标注文字的位置
单击“标注”工具栏上的按钮，启动半径标注命令。
命令: _dimradius
选择圆弧或圆://选择圆弧E
标注文字 = 10
指定尺寸线位置或 [多行文字(M)/文字(T)/角度(A)]://移动鼠标光标指定标注文字的位置
```

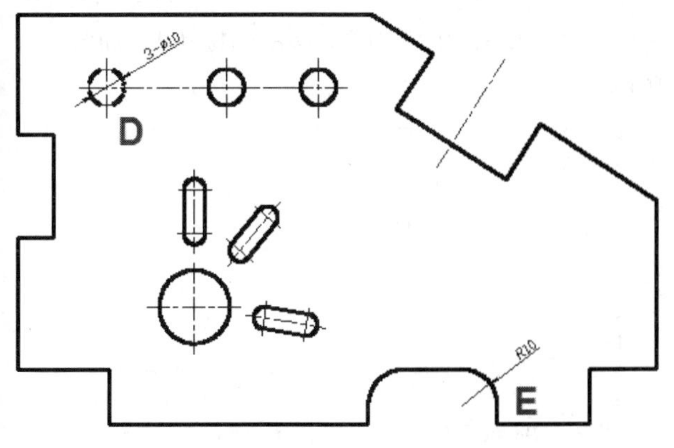

图75-3　标注圆D和圆弧E

03 继续标注直径尺寸“ϕ20”及半径尺寸“R3”，结果如图75-4所示。

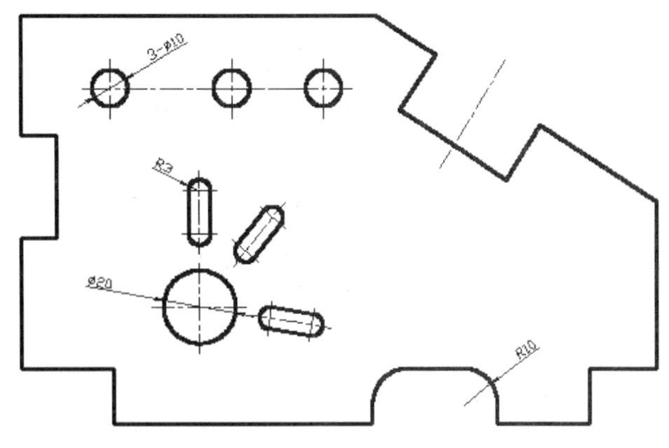

图75-4　标注直径与半径

04 执行“保存”命令，选择要保存的文件路径，并修改文件名为“实战075.dwg”，单击“保存”按钮，将绘制的图形进行保存。

技巧与提示

标注半径和直径的时候，选择好基点后拖到一个合适的位置再松开鼠标左键，使标注位置看起来舒服。

练习075　直径和半径标注

实战位置	DVD>练习文件>第4章>练习075.dwg
难易指数	★☆☆☆☆
技术掌握	巩固“直径和半径标注”的使用方法

操作指南

参照“实战075”案例完成。

实战076　角度标注

原始文件位置	DVD>原始文件>第4章>实战076原始文件
实战位置	DVD>实战文件>第4章>实战076.dwg
视频位置	DVD>多媒体教学>第4章>实战076.avi
难易指数	★☆☆☆☆
技术掌握	掌握“角度标注”命令的使用方法

实战介绍

在本例中向读者介绍一种基本标注方法——角度标注。角度标注是最基本的标注之一，读者应认真学习并掌握好本部分。本例最终效果如图76-1所示。

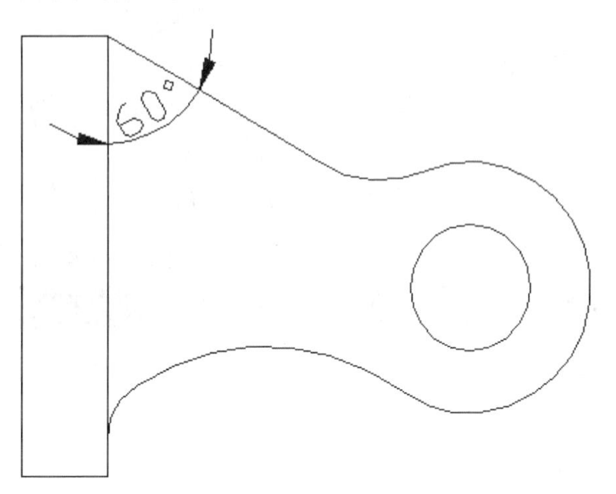

图76-1　最终效果

制作思路

• 首先打开“实战076原始文件”，图形中只需一处缺少角度标注，选择“角度标注”工具，对确定的两边进行角度标注即可。

制作流程

01 执行“打开”命令，打开“实战076原始文件.dwg”图形文件，如图76-2所示。

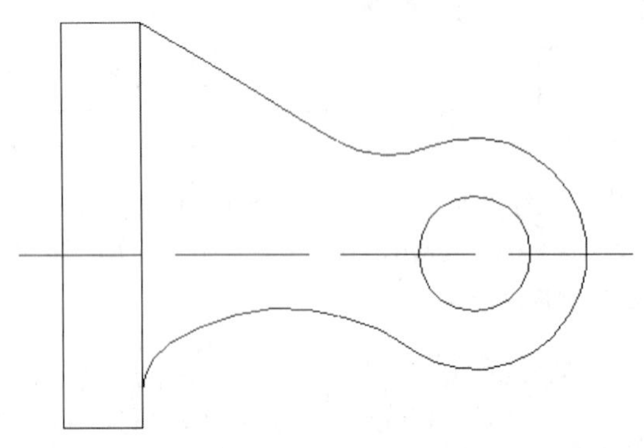

图76-2 原始图形

02 执行“注释>标注>角度”命令，标注两边之间的夹角，结果如图76-1所示。

03 执行“另存为”命令，将图形另存为“实战076.dwg”。

选择标注对象的时候，要选择对对象，按命令行提示进行操作。

练习076 角度标注

实战位置	DVD>练习文件>第4章>练习076.dwg
难易指数	★☆☆☆☆
技术掌握	巩固“角度标注”的使用方法

操作指南

参照“实战076”案例进行制作。

标注效果如图76-3所示的角度标注。

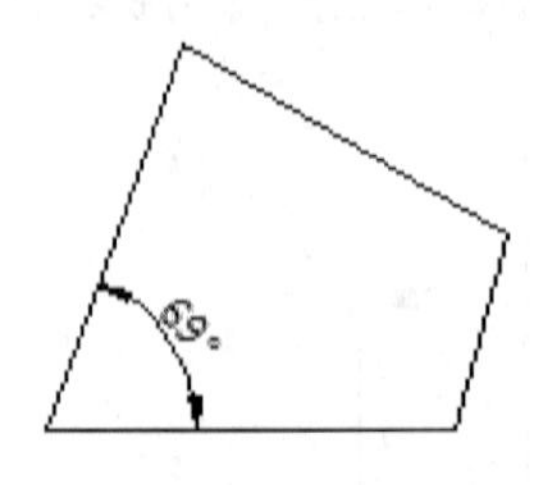

图76-3 角度标注

实战077 弧长标注

原始文件位置	DVD>原始文件>第4章>实战077原始文件
实战位置	DVD>实战文件>第4章>实战077.dwg
视频位置	DVD>多媒体教学>第4章>实战077.avi
难易指数	★☆☆☆☆
技术掌握	掌握“弧长标注”命令的使用方法

实战介绍

如果需要测量长度的对象并不是直线，可以通过“DIMARC”命令对该对象进行标注。本例中通过简单的弧长标注向读者介绍弧长标注的使用方法。本例最终效果如图77-1所示。

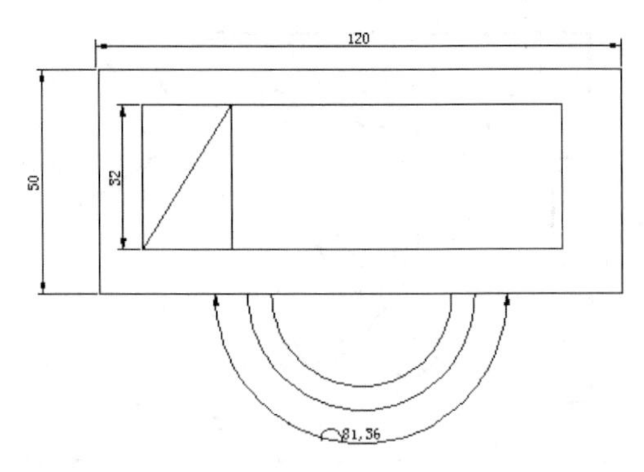

图77-1 最终效果

制作思路

• 打开原始图形文件，执行DIMARC命令，根据提示完成对原始图形文件弧长标注。

制作流程

01 打开“实战077原始文件.dwg”图形文件，如图77-2所示。

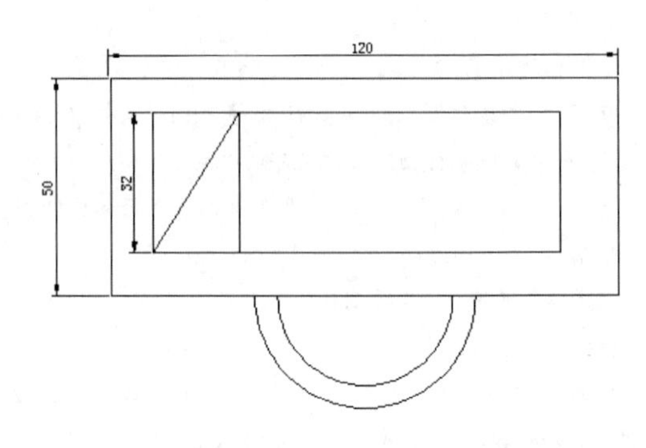

图77-2 打开图形

02 输入“DIMARC”命令，按Enter键确认，如图77-3所示。

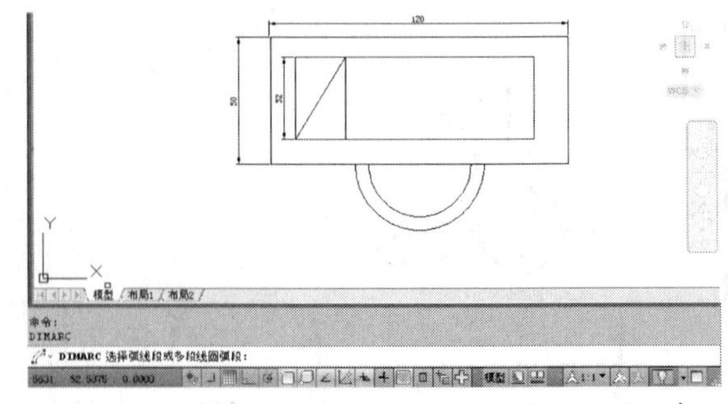

图77-3 输入命令

03 在命令行提示下，选择最下方的圆弧对象，向下引导光标，如图77-4所示。

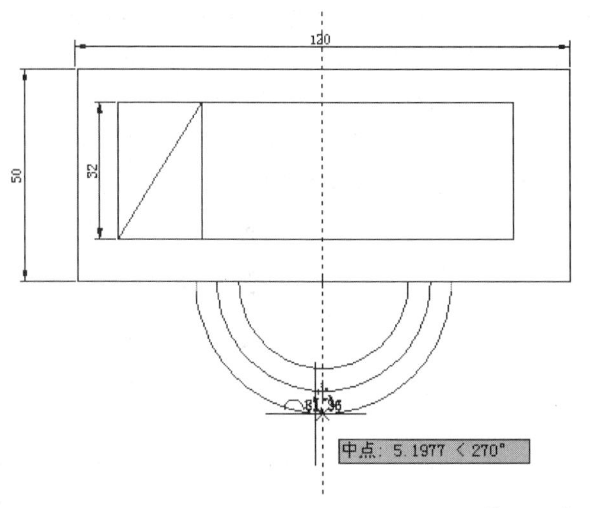

图77-4　标注

04 在合适位置处单击鼠标左键，即可创建弧长尺寸标注，如图77-1所示。

05 执行“保存”命令，弹出“另存为”对话框，将该文件保存为“实战077.dwg”。

本例主要介绍了弧长标注命令的使用方法。弧长标注一般用于标注圆弧对象，相关使用人员多加注意。

练习077　弧长标注图形

实战位置	DVD>练习文件>第4章>练习077.dwg
难易指数	★☆☆☆☆
技术掌握	巩固“弧长标注”的使用方法

操作指南

打开原始图形标注文件，参照“实战077”案例完成图形弧形部分的标注。最终效果如图77-5所示。

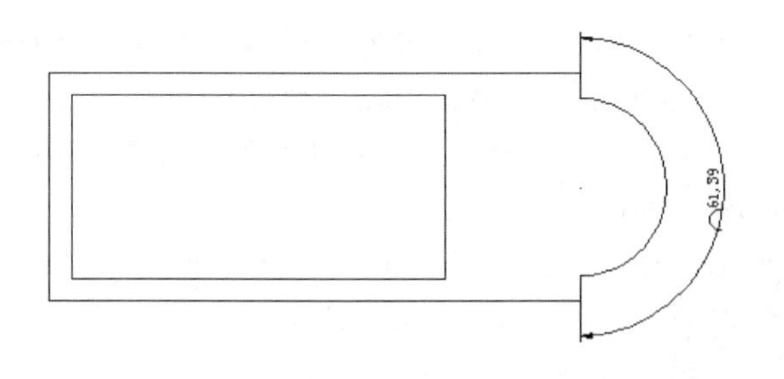

图77-5　弧长标注图形效果

实战078　坐标标注

实战位置	DVD>实战文件>第41章>实战078.dwg
视频位置	DVD>多媒体教学>第4章>实战078.avi
难易指数	★☆☆☆☆
技术掌握	掌握“坐标标注”命令的使用方法

实战介绍

对于在AutoCAD 2013已经绘制出的图形，经常会因为所绘制图形过大或者过小，给续后的操作带来一定的麻烦，那么怎么更好地知道自己所绘制的图形的坐标呢？在本例中将向读者讲解对于所绘制图形的坐注标注的方法。本例最终效果如图78-1所示。

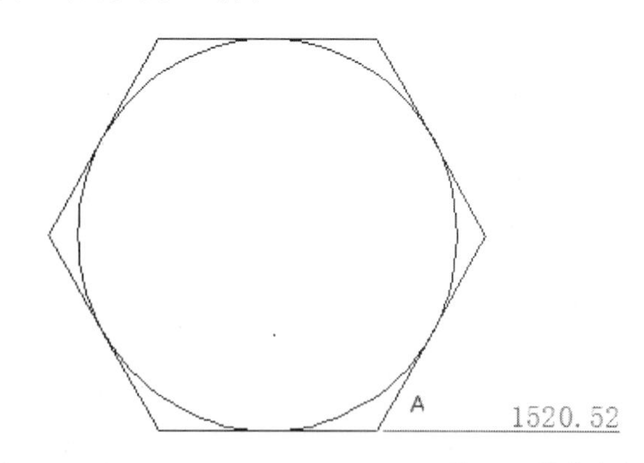

图78-1　最终效果

制作思路

• 首先打开AutoCAD 2013，然后进入操作环境，执行“直线”命令，做出如图78-1所示的图形。

制作流程

01 执行“绘图>多边形”命令，根据命令提示绘制一个外切于圆的正六变形，如图78-2所示。

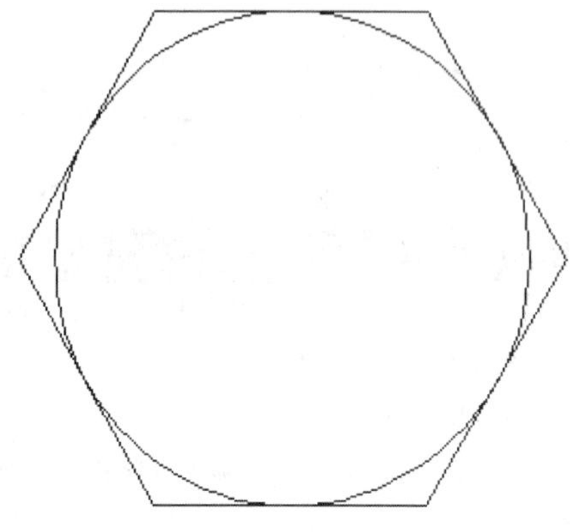

图78-2　绘制正六边形

02 执行“注释>标注>坐标标注”命令，如图78-3所示。

03 按操作执行命令，选择A点位置为指定点坐标，结果如图78-4所示。

04 执行“另存为”命令，将文件另存为“实战078.dwg”。

技巧与提示

除了可以使用菜单命令编辑文本，单击“功能区”选项板中的“常用”选项卡，在“注释”面板上单击“线性”右侧的下拉按钮，在弹出的列表框中单击“坐标”按钮，也可以进行坐标标注。

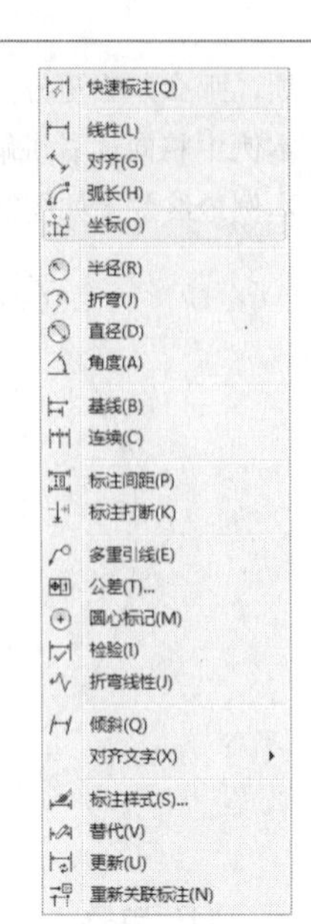

图78-3　坐标标注命令

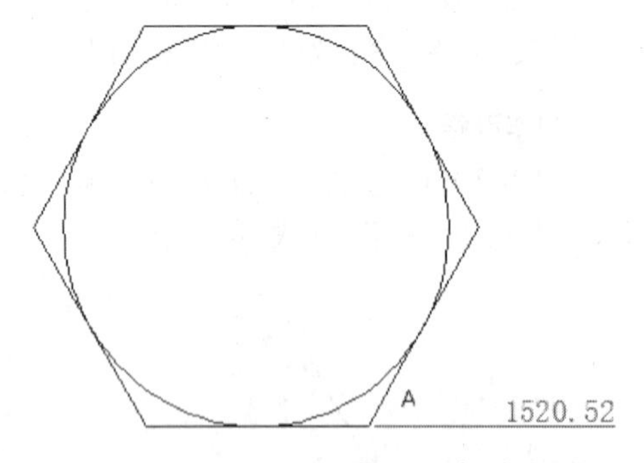

图78-4　对A点坐标标注

练习078　坐标标注

实战位置　DVD>练习文件>第4章>练习078.dwg
难易指数　★☆☆☆☆
技术掌握　巩固“坐标标注”的使用方法

操作指南

参照“实战078”案例进行制作。最终效果如图78-5所示。

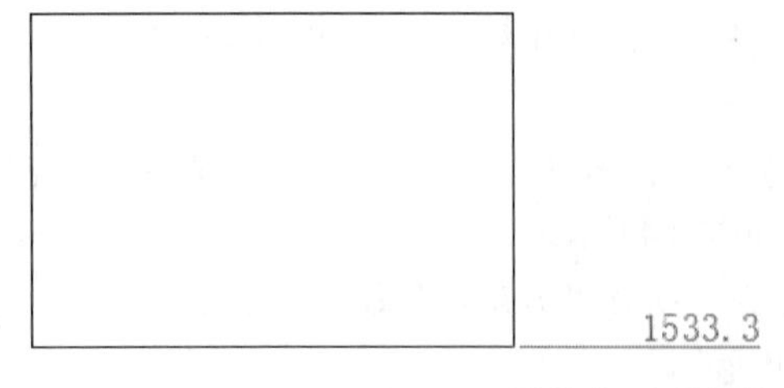

图78-5　坐标标注

实战079　卡盘的绘制与标注

实战位置　DVD>实战文件>第4章>实战079.dwg
视频位置　DVD>多媒体教学>第4章>实战079.avi
难易指数　★☆☆☆☆
技术掌握　掌握卡盘类零件的绘制与标注方法

实战介绍

本实例绘制的卡盘，最终效果如图79-1所示。该图形主要由圆、圆弧和直线组成，并且上下、左右均匀对称，因此可以用绘制圆的命令CIRCLE、绘制多段线命令PLINE，并配合修剪命令TRIM绘制出图形的右上部分，然后再利用镜像命令分别进行上下及左右的镜像操作，即可绘制完成该图形。最后对其进行标注。

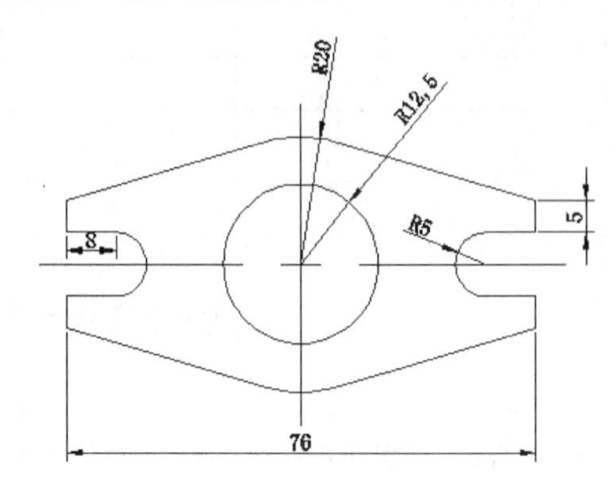

图79-1　最终效果

制作思路

• 首先打开AutoCAD 2013，然后进入操作环境，执行“标注”命令，做出如图79-1所示的图形。

制作流程

01　设置绘图环境。用LIMITS命令设置图幅：297×210mm。

02　设置图层。执行“工具栏>图形特性”命令，新建三个图层。

（1）第一图层命名设为“粗实线”，线宽属性为0.3mm，其余属性默认。

（2）第二图层名称设为“标注”，颜色设为洋红，其余属性默认。

（3）第三图层名称设为“中心线”，颜色设为青色，线性加载为CENTER，其余属性默认。

单击状态栏上的“线宽”按钮，将线宽显示打开。如图79-2所示。

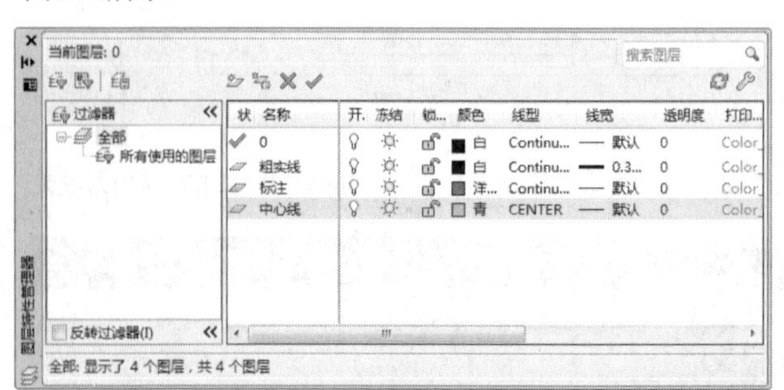

图79-2　图层设置

03　绘制图形的对称中心线。将当前图层设置为中心线图层。

命令：LINE

指定第一个点：57,100

指定下一点或 [放弃(U)]：143,100

指定下一点或 [放弃(U)]：

同样的方法，绘制线段，两个端点坐标为（100,75）和（100,125）。

命令：LINE

指定第一个点：100,75

指定下一点或 [放弃(U)]：100,125

指定下一点或 [放弃(U)]：

结果如图79-3所示。

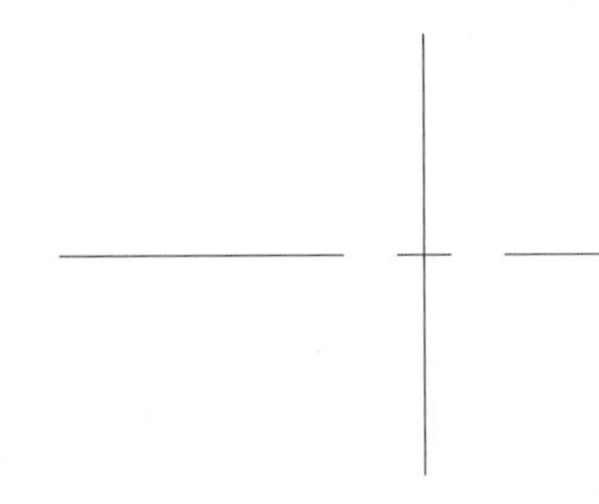

图79-3 中心线

04 绘制图形的右上部分。将当前图层设置为粗实线图层。

命令：CIRCLE

指定圆的圆心或 [三点(3P)/两点(2P)/切点、切点、半径(T)]： //打开交点捕捉，捕捉对称中心线的交点作为圆心

指定圆的半径或 [直径(D)]：D

指定圆的直径：40

相同的方法绘制直径为25的圆。

命令：CIRCLE

指定圆的圆心或 [三点(3P)/两点(2P)/切点、切点、半径(T)]： //打开交点捕捉，捕捉对称中心线的交点作为圆心

指定圆的半径或 [直径(D)] <12.5000>：D

指定圆的直径 <25.0000>：25

结果如图79-4所示。

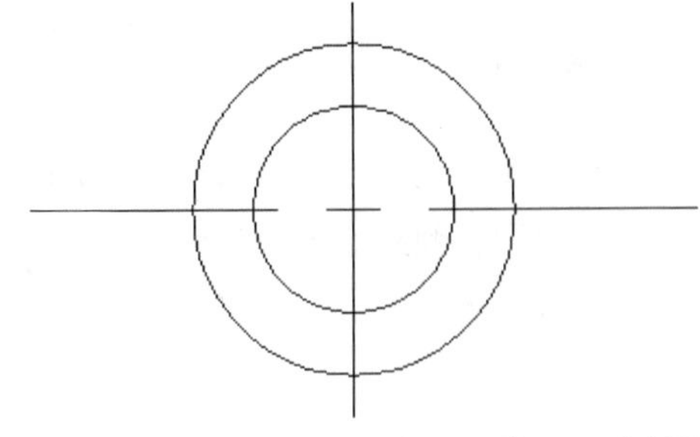

图79-4 绘制圆

命令：PLINE

指定起点：125,100

当前线宽为 0.0000

指定下一个点或 [圆弧(A)/半宽(H)/长度(L)/放弃(U)/宽度(W)]：A

指定圆弧的端点或

[角度(A)/圆心(CE)/方向(D)/半宽(H)/直线(L)/半径(R)/第二个点(S)/放弃(U)/宽度(W)]：CE

指定圆弧的圆心：130, 100

指定圆弧的端点或 [角度(A)/长度(L)]：A

指定包含角：-90

指定圆弧的端点或

[角度(A)/圆心(CE)/闭合(CL)/方向(D)/半宽(H)/直线(L)/半径(R)/第二个点(S)/放弃(U)/宽度(W)]：L

指定下一点或 [圆弧(A)/闭合(C)/半宽(H)/长度(L)/放弃(U)/宽度(W)]：@8,0

指定下一点或 [圆弧(A)/闭合(C)/半宽(H)/长度(L)/放弃(U)/宽度(W)]：@0,5

指定下一点或 [圆弧(A)/闭合(C)/半宽(H)/长度(L)/放弃(U)/宽度(W)]：_tan

到（捕捉直径为40圆的切点）

指定下一点或 [圆弧(A)/闭合(C)/半宽(H)/长度(L)/放弃(U)/宽度(W)]：

结果如图79-5所示。

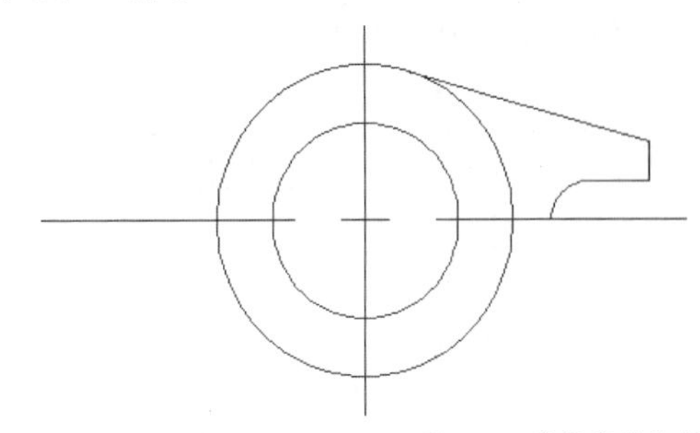

图79-5 多段线的绘制

05 镜像所绘制的图形。将当前图层转换为中心线图层。

命令：LINE

指定第一个点：130,110

指定下一点或 [放弃(U)]：@0,-20

指定下一点或 [放弃(U)]：

命令：MIRROR

选择对象：找到 1 个

选择对象： //选择绘制的多段线

指定镜像线的第一点：_endp

于 //捕捉中间水平对称中心线的左端点

指定镜像线的第二点：_endp

于 //捕捉中间水平对称中心线的右端点

要删除源对象吗？[是(Y)/否(N)] <N>：

相同的方法，选择右端的多段线与中心线，以中间竖直对称中心线为对称轴，不删除源对象，进行镜像编辑。结果如图79-6所示。

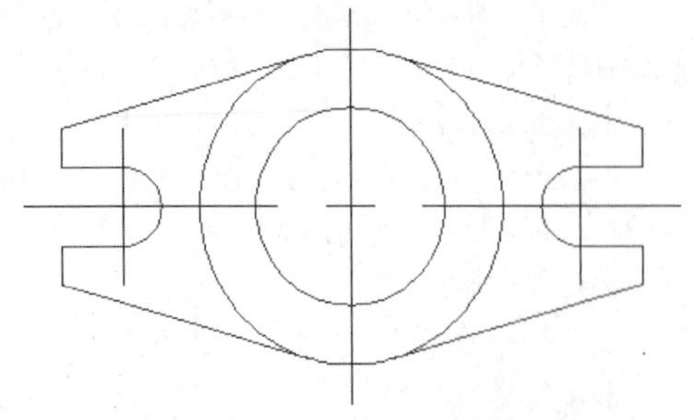

图79-6　镜像处理

```
命令: TRIM
当前设置:投影=UCS, 边=无
选择剪切边...
选择对象或 <全部选择>:  找到 1 个
选择对象: 找到 1 个, 总计 2 个
选择对象: 找到 1 个, 总计 3 个
选择对象: 找到 1 个, 总计 4 个
选择对象: //选择多段线
选择要修剪的对象, 或按住 Shift 键选择要延伸的对象, 或
[栏选(F)/窗交(C)/投影(P)/边(E)/删除(R)/放弃(U)]:  //分别选择中间大圆的左右段
```

修剪后图形如图79-7所示。

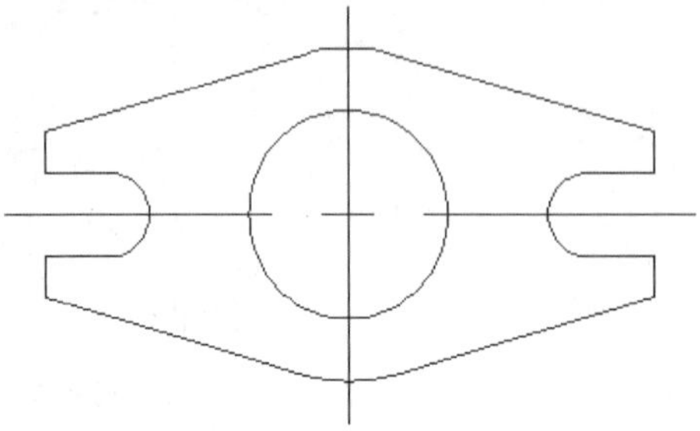

图79-7　修剪处理

06 标注图形。将当前图层设置为标注图层。单击图层工具栏中的半径标注和线性标注对图形进行标注，标注结果如图79-1所示。

07 保存图形。选择要保存的文件路径，并修改文件名为“实战079.dwg”，单击“保存”按钮，将绘制的图形进行保存。

绘图的过程中要根据需要来切换图层，从而达到我们所要的效果。

练习079　卡盘的绘制与标注

实战位置	DVD>练习文件>第4章>练习079.dwg
难易指数	★☆☆☆☆
技术掌握	巩固“直线、标注和剪切”的使用方法

操作指南

参照“实战079”案例完成。

实战080　折弯标注

原始文件位置	DVD>原始文件>第4章>实战080原始文件
实战位置	DVD>实战文件>第4章>实战080.dwg
视频位置	DVD>多媒体教学>第4章>实战080.avi
难易指数	★☆☆☆☆
技术掌握	掌握“折弯标注”命令的使用方法

实战介绍

折弯标注可以标注圆和圆弧的半径，该标注方式与半径标注方式基本相同，但需要指定一个位置代替圆或圆弧的圆心。本例中通过简单的创建折弯标注向读者展示折弯标注的使用方法。本例最终效果如图80-1所示。

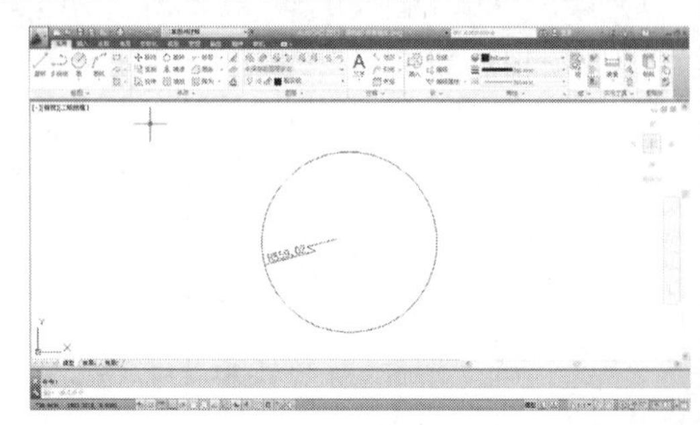

图80-1　最终效果

制作思路

• 首先打开AutoCAD 2013，然后进入操作环境，执行“绘图>圆”命令，然后进行折弯标注，做出如图80-1所示的图形。

制作流程

01 打开“实战080原始文件.dwg”文件，如图80-2所示。

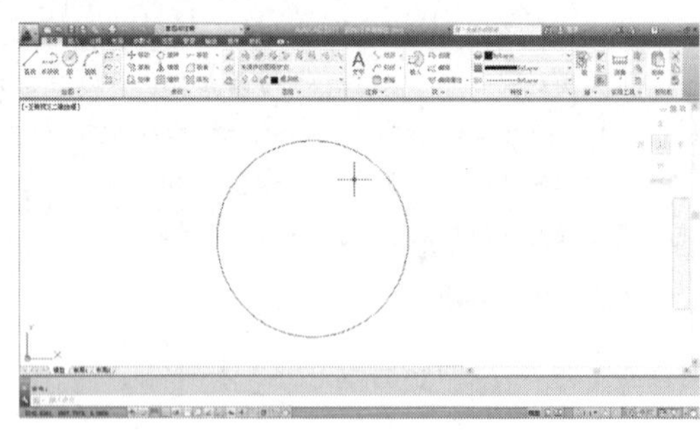

图80-2　弯折标注

02 执行“注释>线性>弯折”命令，如图80-3所示。

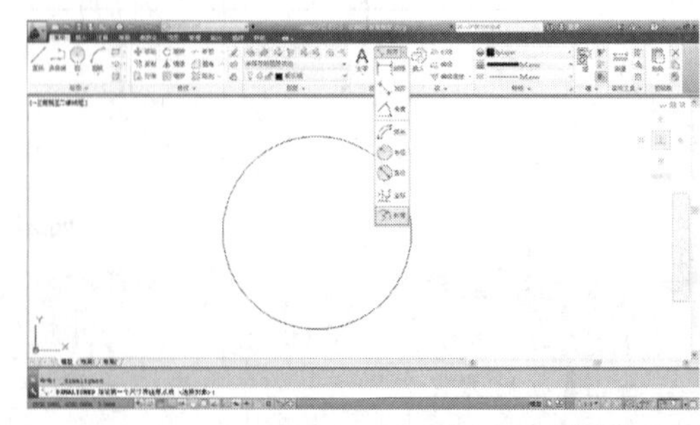

图80-3　“弯折”选项

03 选定对象为圆，指定圆内任意一点，然后指定尺寸线位置，如图80-4所示。

图80-4　最终完成如果

04 执行“保存”命令，弹出“另存为”对话框，将该文件保存为“实战080.dwg”。

技巧与提示

本例主要介绍了折弯标注命令的使用方法。折弯标注一般用于圆弧半径标注，相关使用人员多加注意。

练习080　折弯标注

实战位置　DVD>练习文件>第4章>练习080.dwg
难易指数　★☆☆☆☆
技术掌握　巩固“圆和折弯标注”的使用方法

操作指南

打开“练习080”图形文件，如图80-5所示。

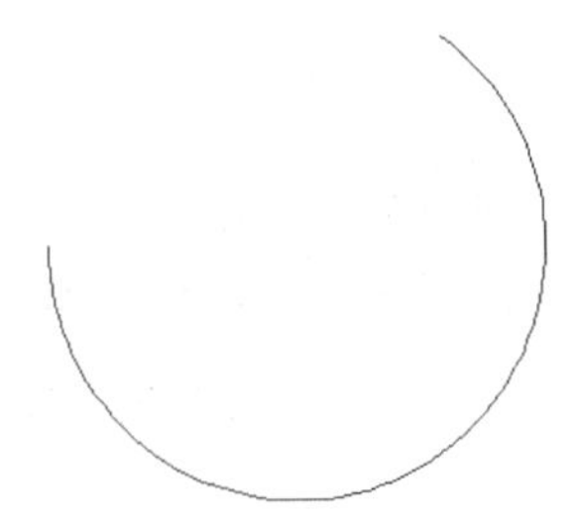

图80-5　绘制新图形

参照“实战080”案例进行制作。最终效果如图80-6所示。

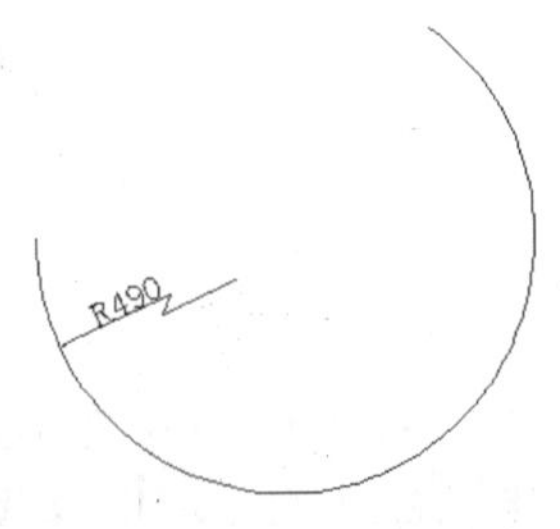

图80-6　绘制新图形效果

实战081　绘制并标注图形直线

实战位置　DVD>实战文件>第4章>实战081.dwg
视频位置　DVD>多媒体教学>第4章>实战081.avi
难易指数　★☆☆☆☆
技术掌握　掌握“直线、圆和剪切”命令的使用方法

实战介绍

本实例运用基础的绘图工具来介绍剖面图，并将其进行标注。本例最终效果如图81-1所示。

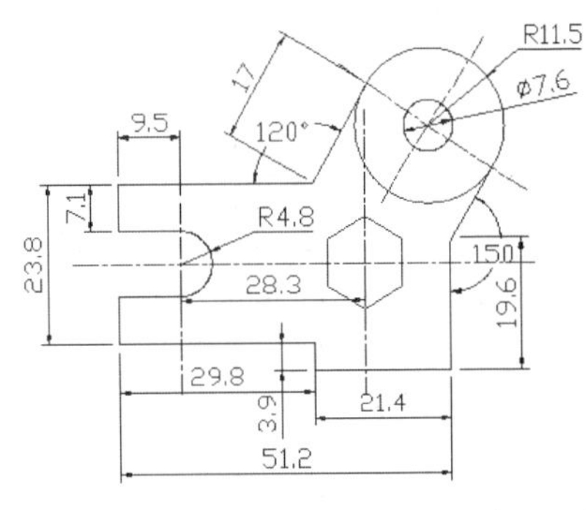

图81-1　最终效果

制作思路

• 首先打开AutoCAD 2013，然后进入操作环境，绘制零件，并进行尺寸标注，最终做出如图81-1所示的图形。

制作流程

01 双击AutoCAD 2013的桌面快捷方式图标，打开一个新的AutoCAD文件，文件名默认为“Drawing1.dwg”。

02 执行LAYER命令，新建一个“中心线”图层，设置其“线型”为CENTER、“颜色”为青色，双击该图层，将其设为当前图层；新建一个“虚线”图层，设置其“线型”为HIDDEN、“颜色”为白色。

03 按F8键开启正交模式，执行LINE命令，在绘图区指定起点，绘制一条任意长度的水平直线a，绘制一条垂直于水平直线的直线b，效果如图81-2所示。

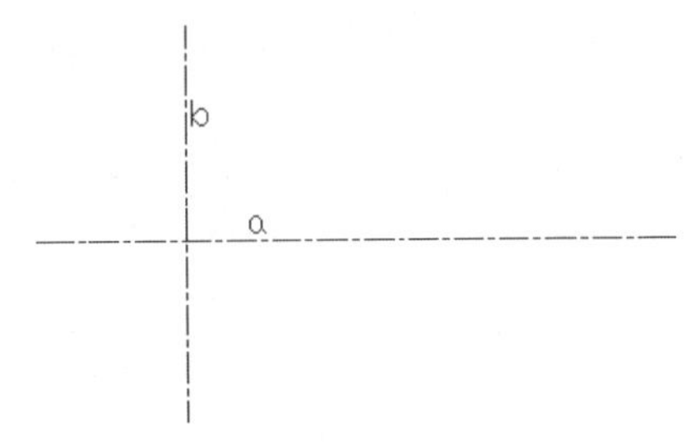

图81-2　绘制中心线

04 执行OFFSET命令，将直线b向右偏移20.3、28.3、41.7，向左偏移9.5；重复执行OFFSET命令，将直线a分别向上和向下偏移4.8、11.9，将直线a向下偏移15.8，效果如图81-3所示。

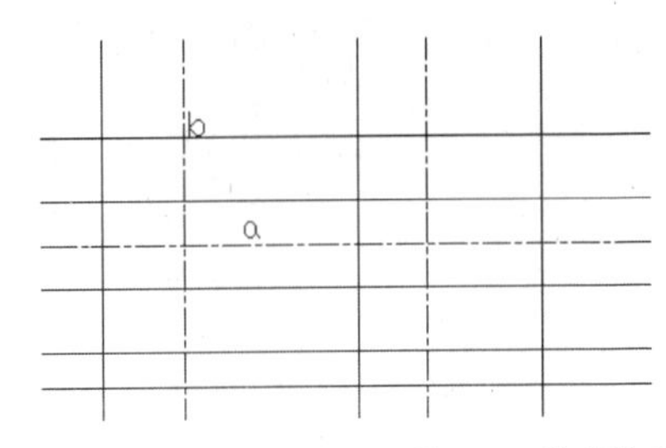

图81-3　偏移处理

05 执行CIRCLE命令，输入圆半径4.8，捕捉中心线的左交点绘制圆，效果如图81-4所示。

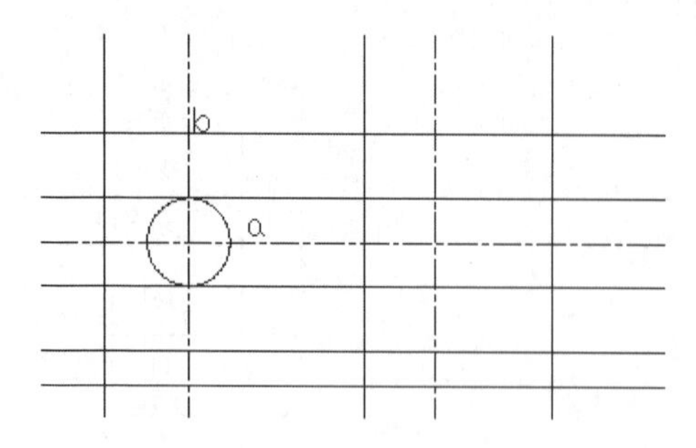

图81-4　绘制圆

06 执行TRIM命令，对图形进行修剪，效果如图81-5所示。

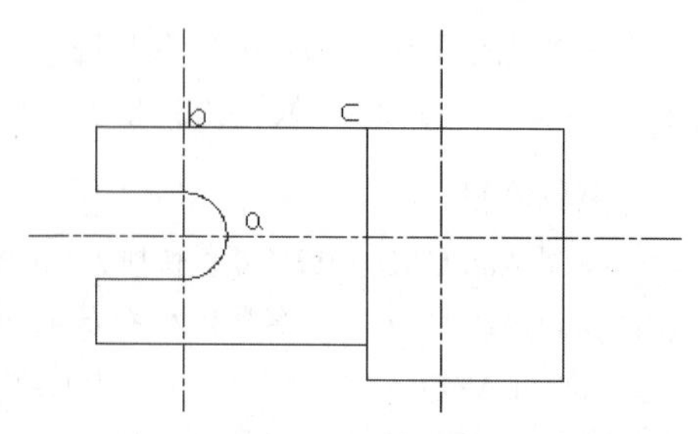

图81-5　修剪处理

07 按F10执行极轴追踪，执行LINE直线命令，绘制角度为60°，长17的直线，效果如图81-6所示。

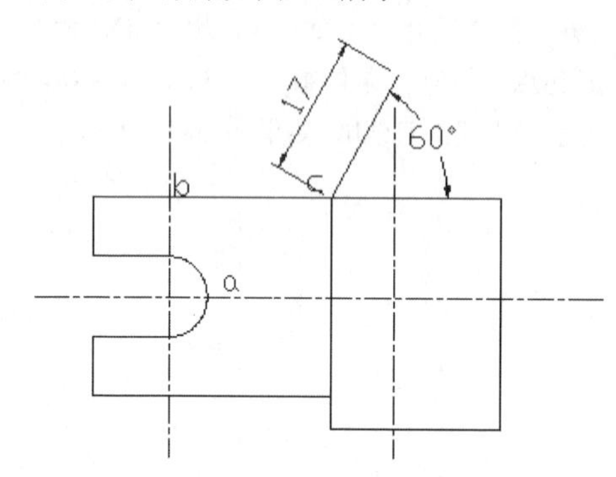

图81-6　绘制直线

08 执行OFFSET命令，将直线c向右偏移23，连接偏移直线，效果如图81-7所示。

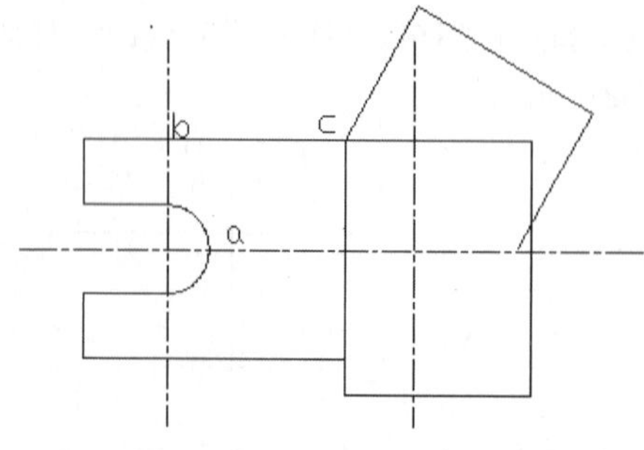

图81-7　偏移处理

09 按F3启用对象捕捉命令，捕捉d执行中点；执行CIRCLE命令，半径分别为3.8、11.5，绘制同心圆，效果如图81-8所示。

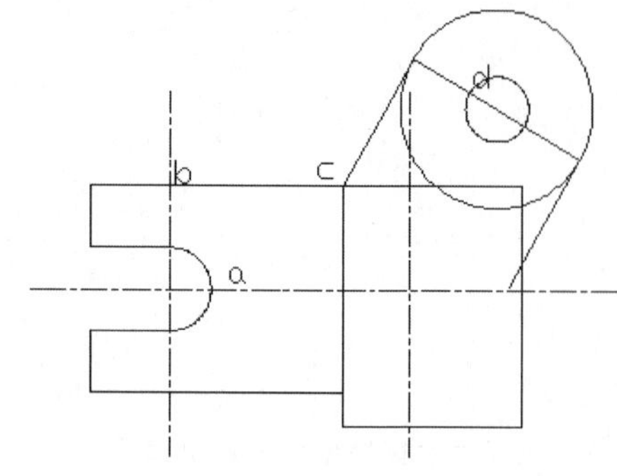

图81-8　绘制同心圆

10 执行TRIM命令，对图形进行修剪，效果如图81-9所示。

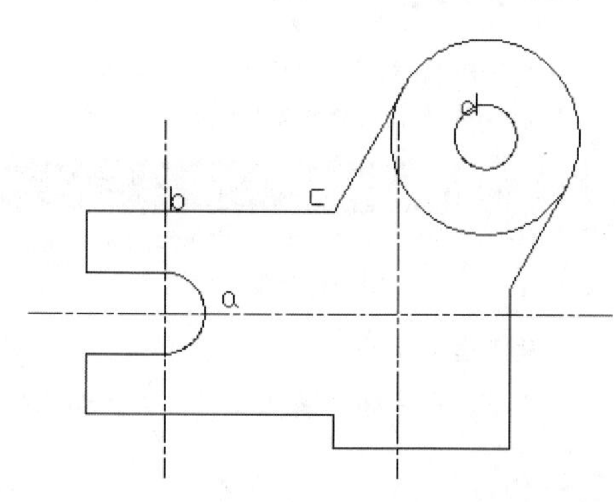

图81-9　修剪处理

11 执行ROTATE命令，选择右侧的正六边形，外切于圆，半径为6；执行ROTATE旋转命令，效果如图81-10所示。

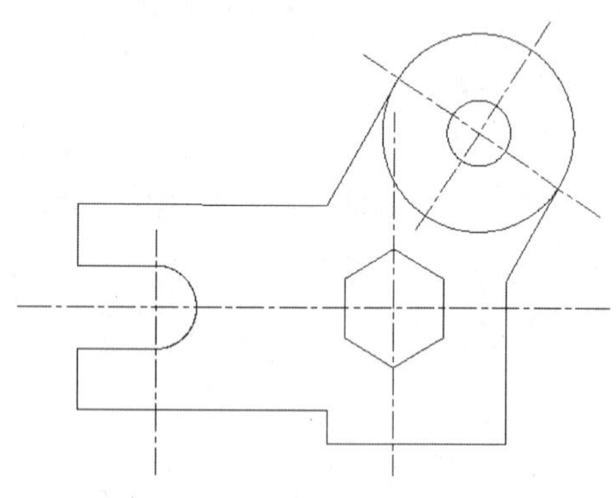

图81-10　绘制正六边形

12 将“标注”层置为当前层。利用尺寸标注方法对该零件图进行尺寸标注，如图81-1所示。

13 执行“保存”命令，将图形另存为“实战081.dwg”。

执行偏移命令的时候，要看好偏移的距离，重复偏移命令可按空格键。

练习081　绘制并标注图形直线

实战位置　DVD>练习文件>第4章>练习081.dwg
难易指数　★☆☆☆☆
技术掌握　巩固“直线、圆和剪切”命令的使用方法

操作指南

参照“实战081”案例进行制作。

实战082　拨叉零件的标注

原始文件　DVD>原始文件>第4章>实战082
实战位置　DVD>实战文件>第4章>实战082.dwg
视频位置　DVD>多媒体教学>第4章>实战082.avi
难易指数　★☆☆☆☆
技术掌握　掌握“文字样式的创建”命令的使用方法

实战介绍

本实例运用基础的绘图工具来介绍拨叉零件的标注方法。本例最终效果如图82-1所示。

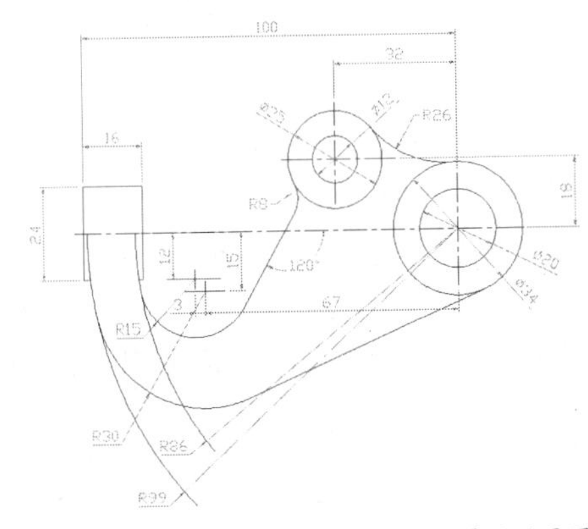

图82-1　最终效果图

制作思路

• 首先打开原始文件，观察零件，做出需要的辅助线，并进行尺寸标注，最终做出如图82-1所示的图形。

制作流程

01 双击AutoCAD 2013的桌面快捷方式图标，执行“打开”命令，打开“实践082原始文件”图形文件，如图83-2所示。

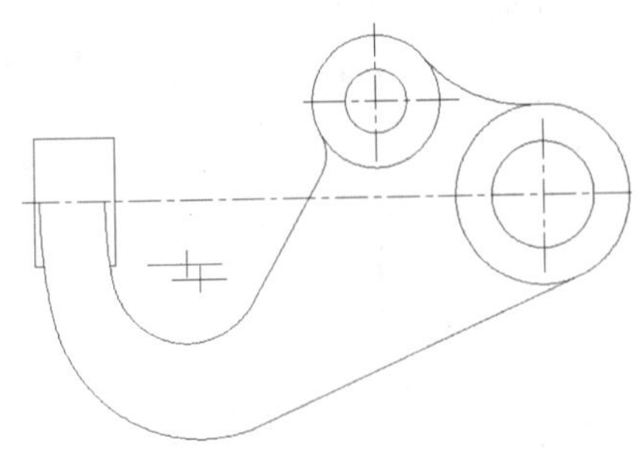

图82-2　原始图形

02 将标注层设置为当前，执行“注释-线性”命令，对拨叉零件进行标注，效果如图82-3所示。

03 执行“注释-直径”，对拨叉的直径进行标注，效果如图82-4所示。

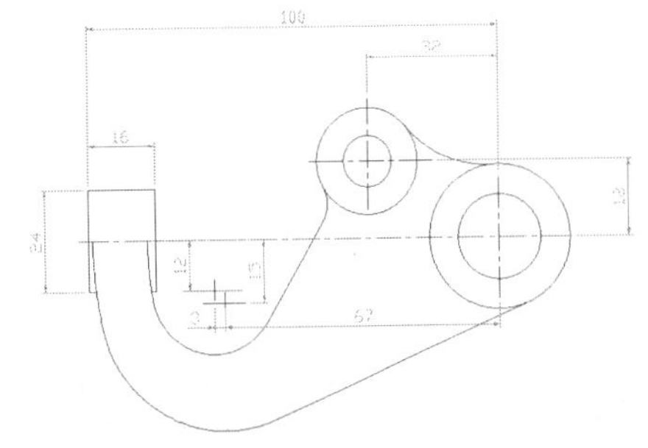

图82-3　线性标注

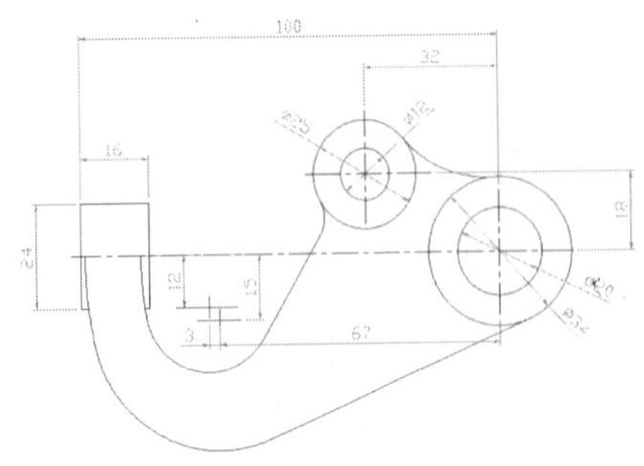

图82-4　直径标注

04 选择“o”图层为当前图层，执行“绘图-圆弧-起点，圆心，长度”命令，绘制适当长度的圆弧作为辅助线，如图82-5所示。

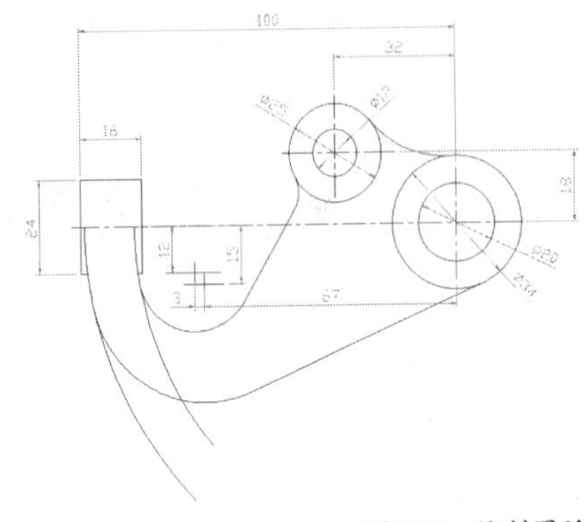

图82-5　绘制圆弧

05 选择“标注”层设置为当前，执行“注释-半径”命令，对图形进行标注，效果如图82-6所示。

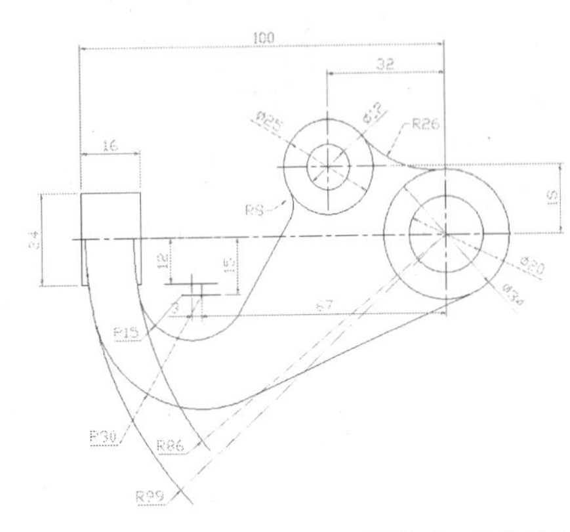

图82-6　半径标注

06 执行“注释-角度”命令，对图形进行标注，效果如图82-1所示。

07 执行“保存”命令，将图形另存为“实践082”。

在对图形进行标注时，可以适当地增加辅助线，方便读取。

练习082 固定支架的标注

实战位置	DVD>练习文件>第4章>练习082.dwg
难易指数	★☆☆☆☆
技术掌握	巩固“基本尺寸标注命令”的使用方法

操作指南

参照“实战082”案例进行制作。最终效果图如图82-7所示。

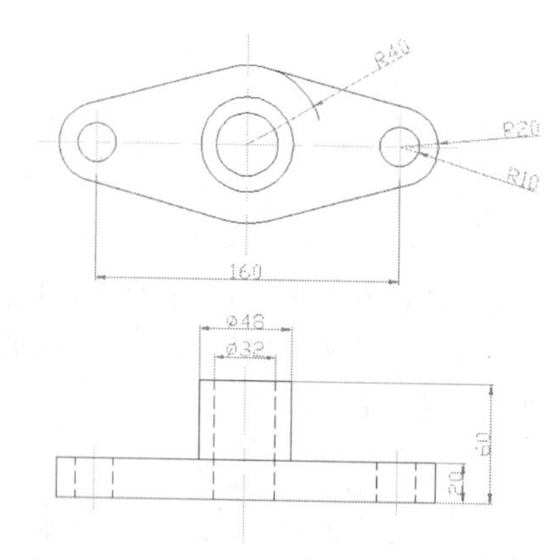

图82-7　固定支架

实战083 基本尺寸的标注

原始文件位置	DVD>原始文件>第4章>实战083原始文件
实战位置	DVD>实战文件>第4章>实战083.dwg
视频位置	DVD>多媒体教学>第4章>实战083.avi
难易指数	★☆☆☆☆
技术掌握	掌握“标注”命令的使用方法

实战介绍

尺寸标注格式设置好以后，就可以用相应的标注命令对需要标注的对象进行尺寸标注了。在本例中向读者介绍各种基本标注方法。这些标注方法都是最基本的，读者应认真学习并掌握好本部分。本例最终效果如图83-1所示。

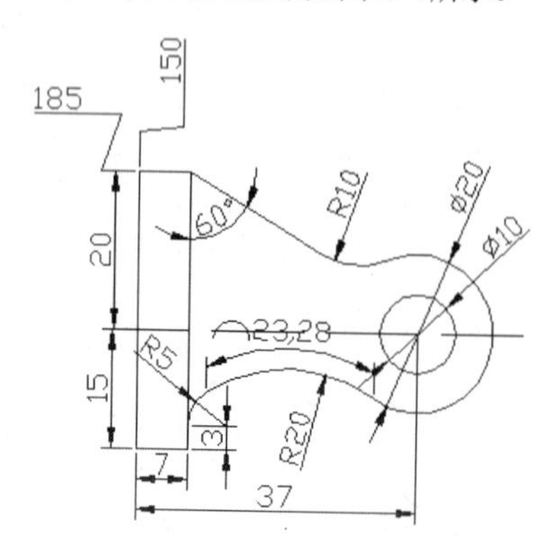

图83-1　最终效果

制作思路

• 首先打开AutoCAD 2013，然后进入操作环境，绘制零件图，进行尺寸标注，做出如图83-1所示的图形。

制作流程

01 执行“打开”命令，打开“实战083原始文件.dwg”图形文件，如图83-2所示。

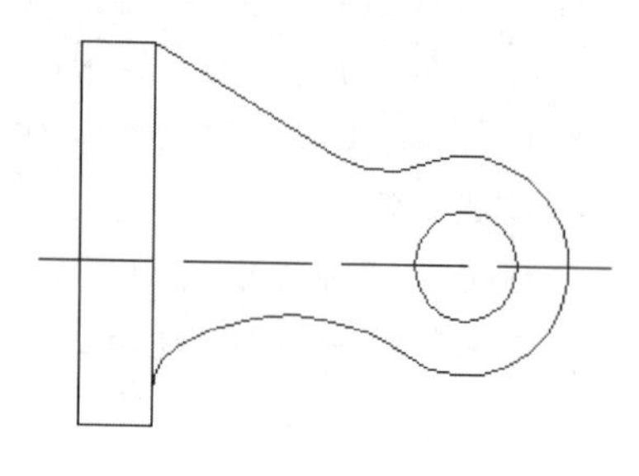

图83-2　原始图形

02 执行“注释”命令，在弹出的快捷菜单中选择“标注”选项。弹出“标注”工具栏。

03 执行“注释>标注>线性”命令，启动线性标注命令，捕捉并单击要标注的两个端点，移动鼠标确定尺寸线的位置，从而标注起重钩的两点间的垂直距离，如图83-3所示。

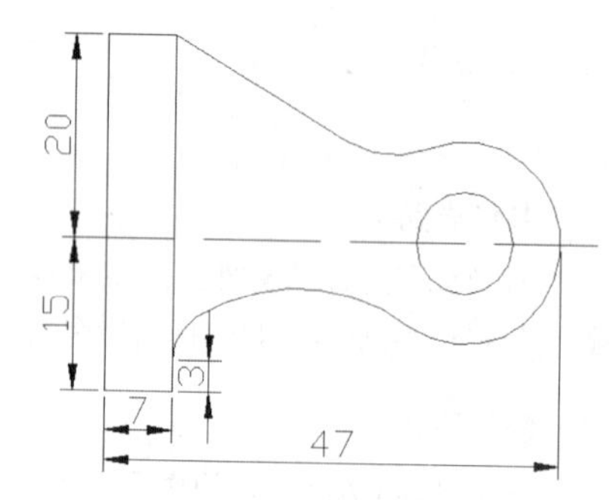

图83-3　线性标注效果

04 执行“注释>标注>角度”命令，标注两边之间的夹角，结果如图83-4所示。

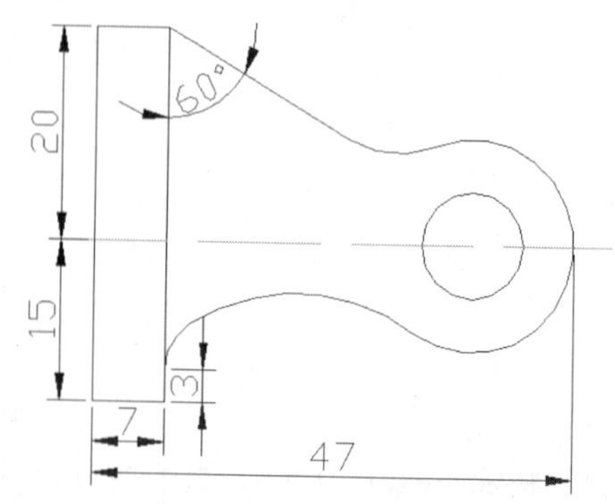

图83-4　角度标注效果

05 执行“注释>标注>直径”命令，对起重钩中的圆及圆弧进行直径标注，效果如图83-5所示。

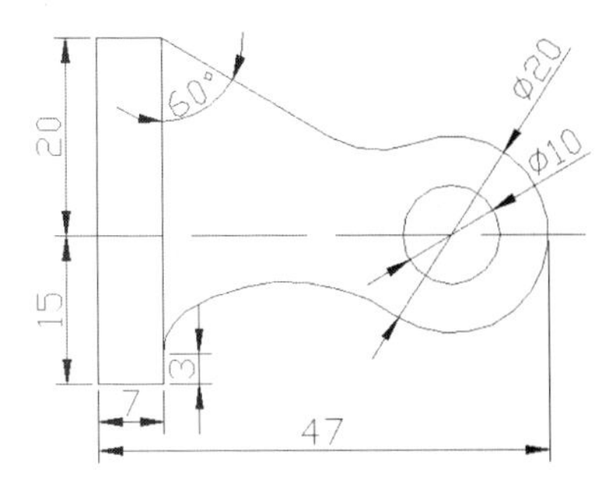

图83-5　直径标注效果

06 执行“注释>标注>半径”命令，对圆弧进行标注，效果如图83-6所示。

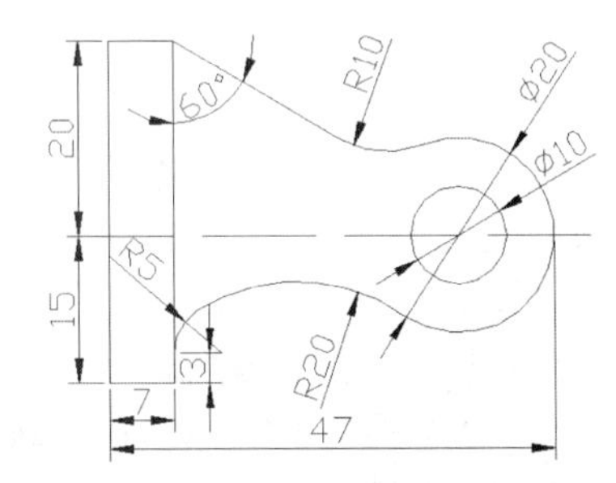

图83-6　半径标注效果

07 执行“注释>标注>弧长”命令，标注R20的弧长，效果如图83-7所示。

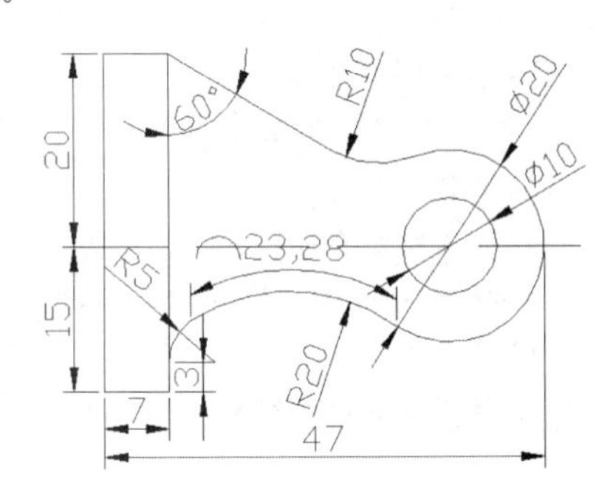

图83-7　弧长标注效果

08 执行“注释>标注>坐标”命令，对起重钩左上角点进行坐标标注，效果如图83-8所示。由图中标注可知，该点的坐标为（150,185）。命令行提示和操作内容如下：

```
命令: _dimordinate
指定点坐标: _endp 于//按住Shift键，捕捉图形左上角点并单击鼠标
指定引线端点或 [X 基准(X)/Y 基准(Y)/多行文字(M)/文字(T)/角度(A)]://竖直移动鼠标，拖出一竖直引线并单击
标注文字 = 150
命令://按回车键再次启动坐标标注命令
DIMORDINATE
指定点坐标: _endp 于//按住Shift键，单击鼠标右键，在弹出的快捷菜单中选择“端点”选项，捕捉图形左上角点并单击鼠标
指定引线端点或 [X 基准(X)/Y 基准(Y)/多行文字(M)/文字(T)/角度(A)]: //水平移动鼠标，拖出一水平引线并单击
标注文字 = 185
```

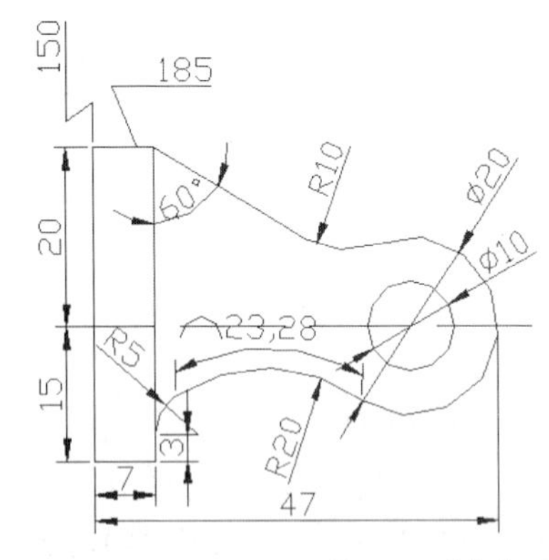

图83-8　坐标标注

09 执行“另存为”命令，将图形另存为“实战083.dwg”。

技巧与提示

在本例中通过介绍如图83-1所示的标注的组合，简单介绍了AutoCAD 2013标注的组成。标注的时候注意弧长等的特殊标注。读者应全部掌握，并在以后的绘图过程中熟练应用。

练习083　标注机械零件

实战位置　DVD>练习文件>第4章>练习083.dwg
难易指数　★☆☆☆☆
技术掌握　巩固“标注”的使用方法

操作指南

参照“实战083”案例进行制作。

利用本例所学的知识，对图83-9所示机械零件中的半径、圆孔间距等相关尺寸进行标注。

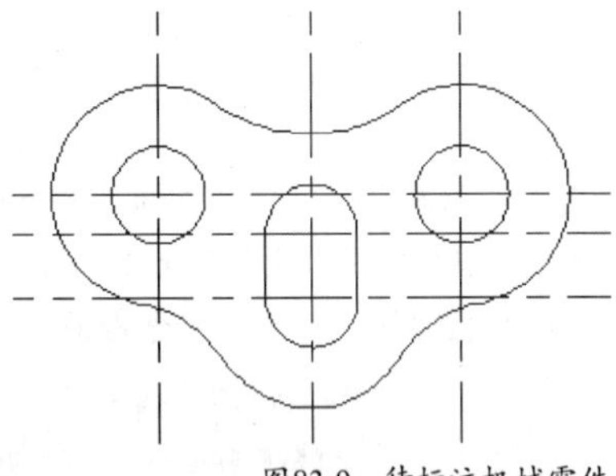

图83-9　待标注机械零件

实战084　基线标注与连续标注

实战位置　DVD>实战文件>第4章>实战084.dwg
视频位置　DVD>多媒体教学>第4章>实战084.avi
难易指数　★☆☆☆☆
技术掌握　掌握“连续标注”命令的使用方法

实战介绍

除了各种基本的标注命令外，AutoCAD 2013还为用户提供了快速标注尺寸命令。本例中将介绍基线标注与连续标注，以及快速标注尺寸的方法。本例最终效果如图84-1所示。

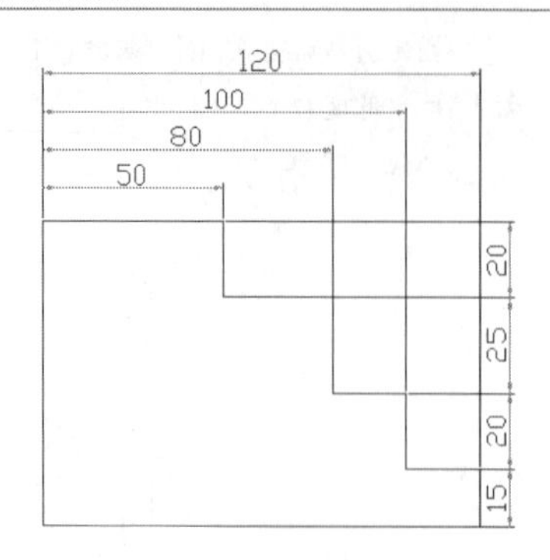

图84-1　最终效果

制作思路

• 首先打开AutoCAD 2013，然后进入操作环境，执行“标注”命令，做出如图84-1所示的图形。

制作流程

01 打开一个新的AutoCAD文件。执行“格式>标注样式”命令，创建“直线”标注样式，采用与实战83中相同的设置，并在关闭“标注样式管理器”对话框之前，选中“直线”标注样式，单击“置为当前”按钮，将直线标注样式设置为当前标注样式。

02 单击“绘图”工具栏上的“多段线”工具按钮，绘制如图84-2所示的图形。

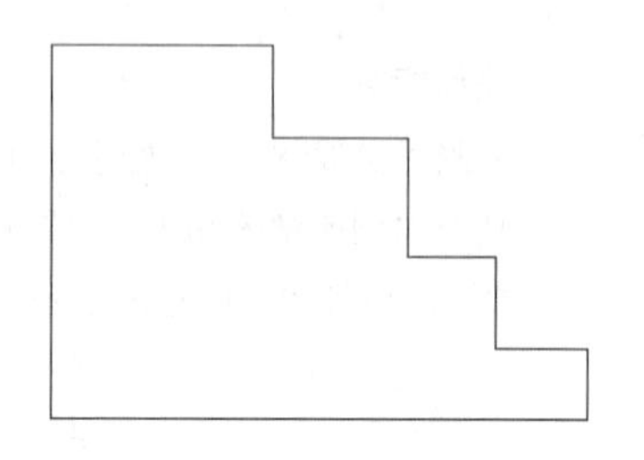

图84-2　绘制多段线图形

03 在状态栏上的“对象捕捉”按钮单击鼠标右键，在弹出的快捷菜单中选择“设置”选项，弹出“草图设置”对话框，显示“对象捕捉”选项卡，设置捕捉模式，如图84-3所示。

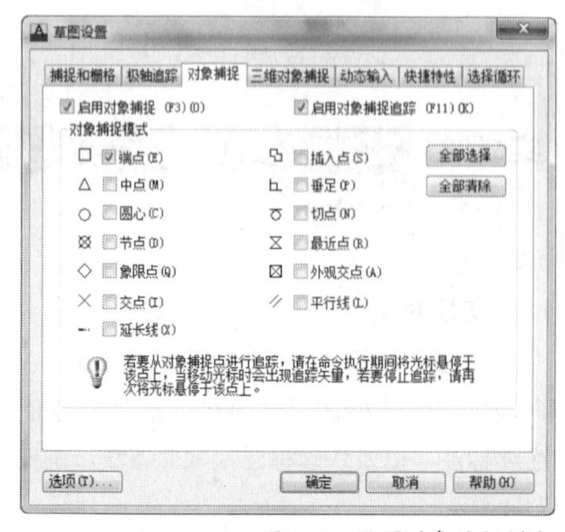

图84-3　设置对象捕捉模式

04 执行“注释>标注>线性”命令，对图形进行线性标注，效果如图84-4所示。

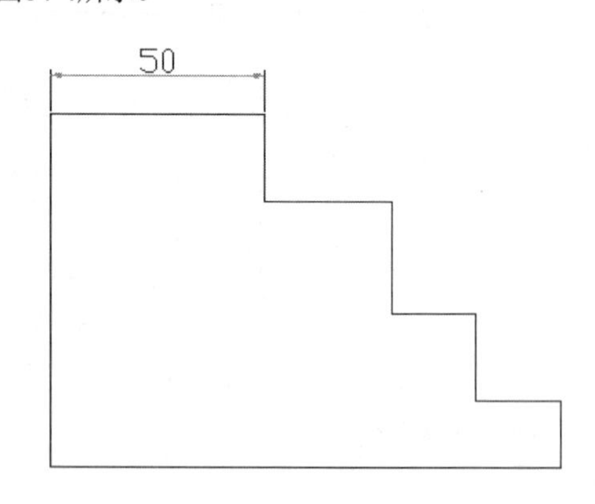

图84-4　线性标注

05 执行“注释>标注>基线”命令，对图形进行标注，效果如图84-5所示。命令行提示和操作内容如下：

```
命令: _dimbaseline
选择基准标注://选择标注50
指定第二条尺寸界线原点或 [放弃(U)/选择(S)] <选择>://捕捉指定点A
标注文字 = 80
指定第二条尺寸界线原点或 [放弃(U)/选择(S)] <选择>://捕捉指定点B
标注文字 = 100
指定第二条尺寸界线原点或 [放弃(U)/选择(S)] <选择>://捕捉指定点C
标注文字 = 120
指定第二条尺寸界线原点或 [放弃(U)/选择(S)] <选择>://按回车键
选择基准标注://按回车键
```

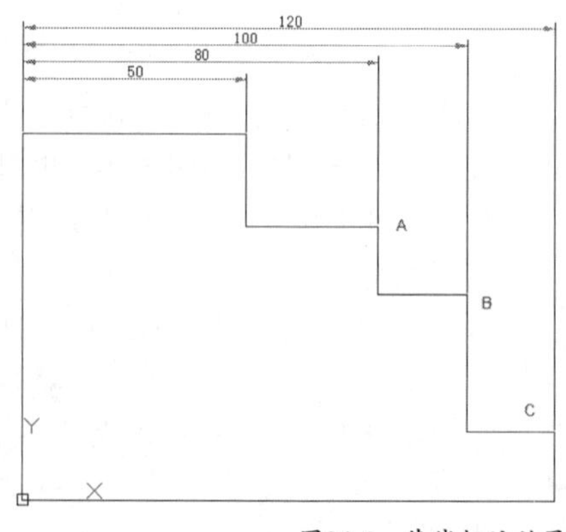

图84-5　基线标注效果

06 执行“样式>标注样式”命令，弹出“标注样式管理器”，选中“直线”标注样式，单击“修改”按钮，弹出“修改标注样式：直线”对话框，打开“线”选项卡，修改“基线间距”值为10，如图84-6所示。

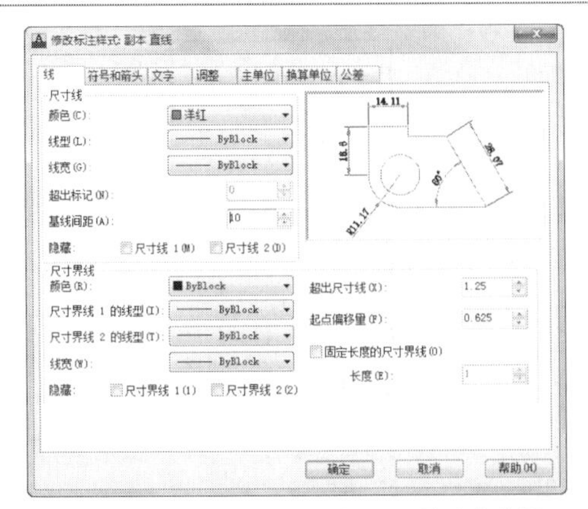

图84-6　修改基线间距

07 将标注80、100和120删除，重新进行基线标注，得到效果如图84-7所示。

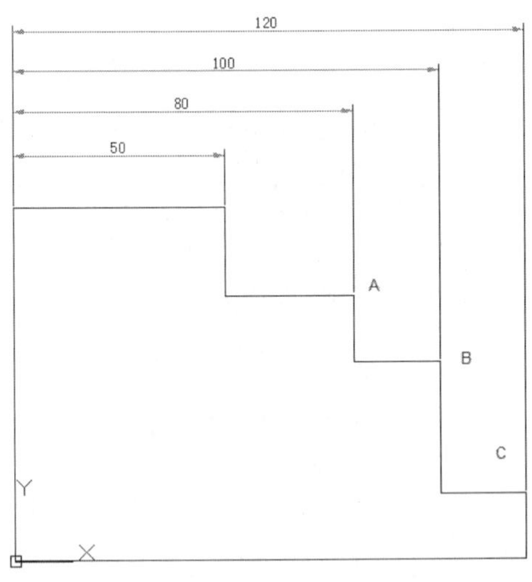

图84-7　重新进行基线标注

08 执行“注释>标注>线性”命令，对图形右下方竖线进行线性标注，效果如图84-8所示。

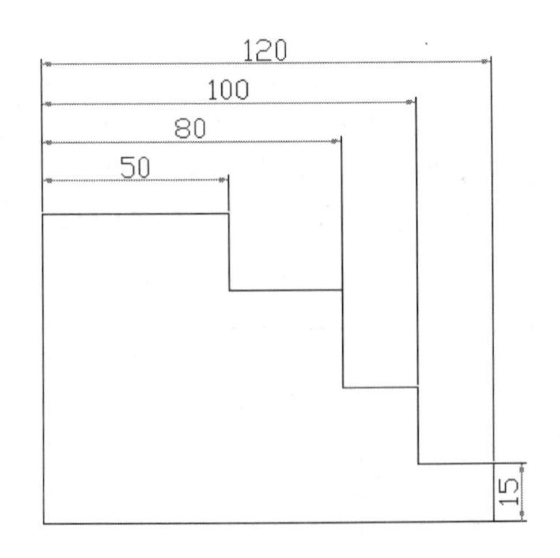

图84-8　线性标注

09 执行“注释>标注>连续”命令，对图形右侧竖线进行连续标注，效果如图84-9所示。

```
命令: _dimcontinue
指定第二条尺寸界线原点或 [放弃(U)/选择(S)] <选择>://选择点M
标注文字 = 30
指定第二条尺寸界线原点或 [放弃(U)/选择(S)] <选择>://选择点N
标注文字 = 25
指定第二条尺寸界线原点或 [放弃(U)/选择(S)] <选择>://选择点P
标注文字 = 20
指定第二条尺寸界线原点或 [放弃(U)/选择(S)] <选择>://按回车键
选择连续标注: *取消*//按回车键
```

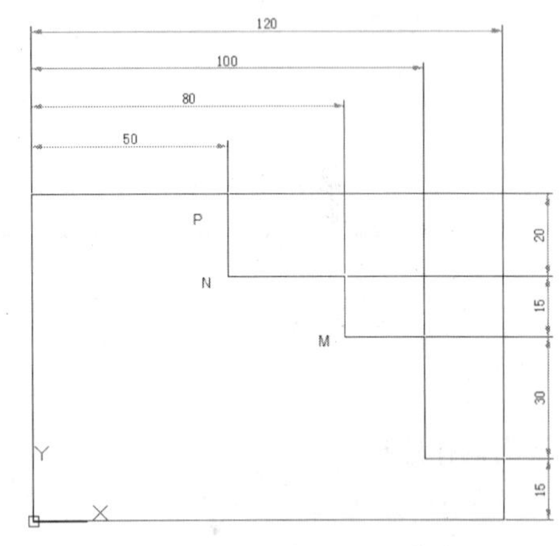

图84-9　连续标注效果

10 执行“另存为”命令，将文件保存为“实战084.dwg”。

技巧与提示

在本例在本例中通过对一个图形进行尺寸标注，向读者介绍了使用基线标注与连续标注的方法。利用这两种标注方法都可提高标注效率，是经常会用到的标注方法。读者应理解二者的区别与联系，并在标注时能灵活应用。

练习084　标注轴

实战位置　DVD>练习文件>第4章>练习084.dwg
难易指数　★☆☆☆☆
技术掌握　巩固“标注”的使用方法

操作指南

参照“实战084”案例进行制作，利用“线性标注”、“基线标注”和“连续标注”命令按钮对图84-10中的轴进行标注。

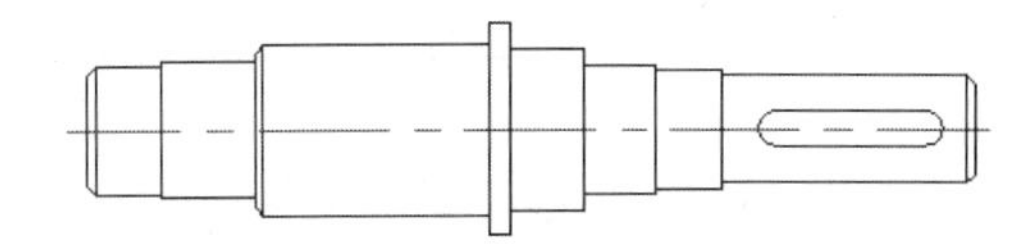

图84-10　待标注轴

实战085 快速标注

原始文件位置	DVD>原始文件>第4章>实战085原始文件
实战位置	DVD>实战文件>第4章>实战085.dwg
视频位置	DVD>多媒体教学>第4章>实战085.avi
难易指数	★☆☆☆☆
技术掌握	掌握"快速标注"命令的使用方法

实战介绍

在实战084中，利用基线标注和连续标注标注尺寸，已经提高了尺寸标注的效率，但是在进行这两种标注之前，都需要先进行基本标注。在本例中，将介绍一种更快速的标注尺寸的方法——快速标注。本例最终效果如图85-1所示。

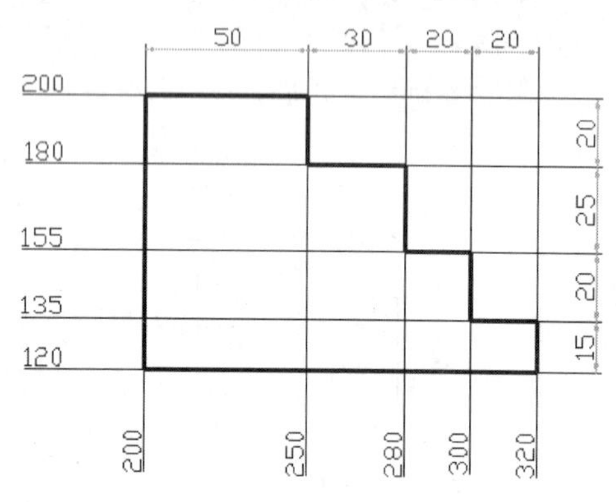

图85-1 最终效果

制作思路

• 首先打开AutoCAD 2013，然后进入操作环境

执行"直线"命令，绘制图形后并进行标注，做出如图85-1所示的图形。

制作流程

01 执行"打开"命令，系统弹出"选择文件"对话框，选择"实战085原始文件.dwg"图形文件，单击"打开"按钮，打开已有图形，如图85-2所示。

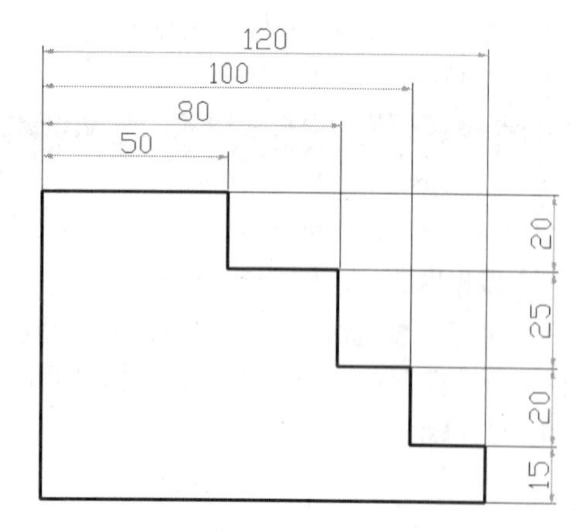

图85-2 原始图形

02 执行"修改>删除"命令，将图形中的标注删除，效果如图85-3所示。

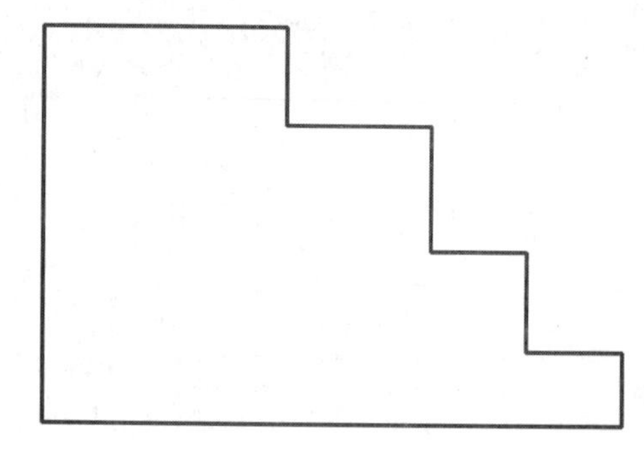

图85-3 删除后效果

03 单击"特性"工具栏上的"颜色控制"下拉列表，将当前图层的颜色设置为"绿色"。

04 执行"注释>标注>快速标注"命令，创建水平方向上的标注，结果如图85-4所示。命令行提示和操作内容如下：

```
命令：_qdim
关联标注优先级 = 端点
选择要标注的几何图形：找到 1 个//选择多段线图形
选择要标注的几何图形://按回车键结束选择
指定尺寸线位置或 [连续(C)/并列(S)/基线(B)/坐标(O)/半径(R)/直径(D)/基准点(P)/编辑(E)/设置(T)] <连续>://移动鼠标确定尺寸线的位置，然后单击鼠标左键
```

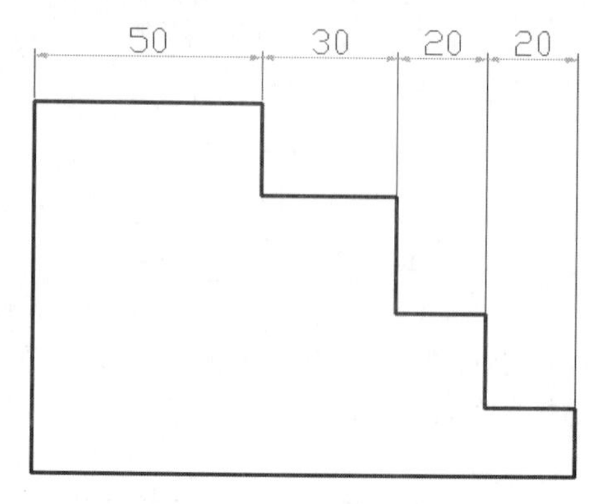

图85-4 标注水平尺寸

05 在绘图区单击鼠标右键，在弹出的快捷菜单中选择"重复快速标注"选项，重新启动快速标注命令，对图形竖直方向上进行标注。效果如图85-5所示。

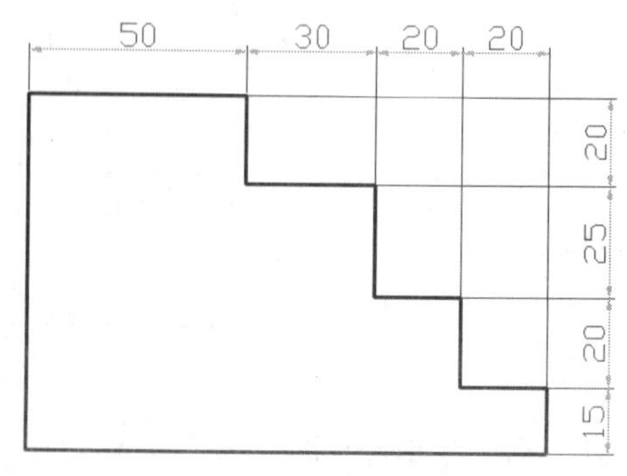

图85-5 标注竖直尺寸

06 单击鼠标右键，在弹出的快捷菜单中选择“重复快速标注”选项，对图形各端点进行横坐标标注，如图85-6所示。命令行提示和操作内容如下：

```
命令：_qdim
关联标注优先级 = 端点
选择要标注的几何图形：找到 1 个
选择要标注的几何图形：
指定尺寸线位置或 [连续(C)/并列(S)/基线(B)/坐标(O)/半径(R)/直径(D)/基准点(P)/编辑(E)/设置(T)] <坐标>://输入坐标选项O
指定尺寸线位置或 [连续(C)/并列(S)/基线(B)/坐标(O)/半径(R)/直径(D)/基准点(P)/编辑(E)/设置(T)] <坐标>://向下移动鼠标，在适当位置单击，得到各端点的横坐标，如图85-6所示
```

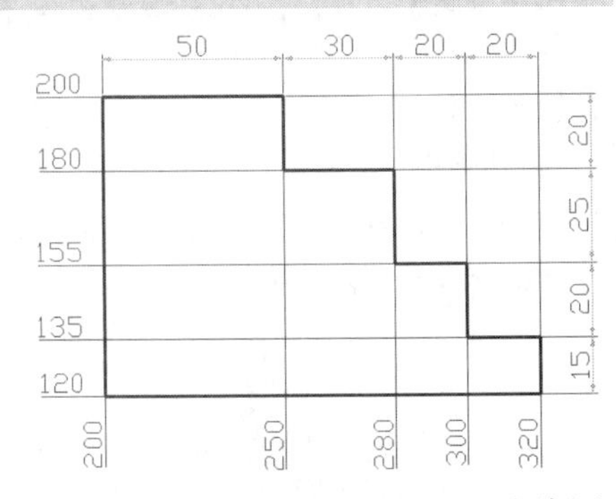

图85-6　标注端点横坐标

07 单击鼠标右键，在弹出的快捷菜单中选择“重复快速标注”选项，对图形各端点进行纵坐标标注，如图85-1所示。命令行提示和操作内容如下：

```
命令：_qdim
关联标注优先级 = 端点
选择要标注的几何图形：找到 1 个
选择要标注的几何图形：
指定尺寸线位置或 [连续(C)/并列(S)/基线(B)/坐标(O)/半径(R)/直径(D)/基准点(P)/编辑(E)/设置(T)] <坐标>://向左移动鼠标，在适当位置单击，得到各端点的纵坐标，如图85-1所示
```

08 执行“另存为”命令，将文件另存为“实战085.dwg”。

在本例中通过对图形进行尺寸标注和坐标标注，向读者讲解了创建快速标注的方法。

练习085 快速标注

实战位置	DVD>练习文件>第4章>练习085.dwg
难易指数	★☆☆☆☆
技术掌握	巩固“标注”的使用方法

操作指南

参照“实战085”案例进行制作，最终效果图如图85-7所示。

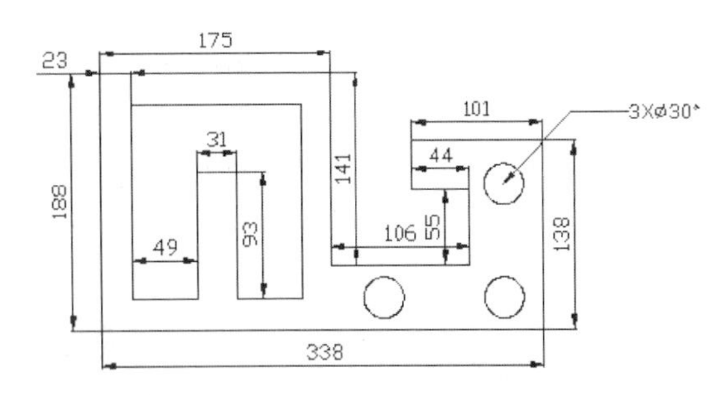

图85-7　标注尺寸

实战086 引线标注多行文字

原始文件位置	DVD>原始文件>第4章>实战086原始文件
实战位置	DVD>实战文件>第4章>实战086.dwg
视频位置	DVD>多媒体教学>第4章>实战086.avi
难易指数	★☆☆☆☆
技术掌握	掌握“标注”命令的使用方法

实战介绍

通过在本例中介绍引线标注的使用，将尺寸标注与文字标注结合起来。本例最终效果如图86-1所示。

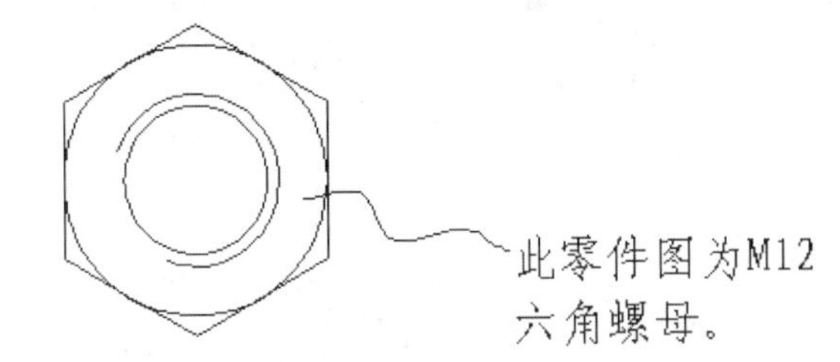

图86-1　最终效果

制作思路

- 首先打开AutoCAD 2013，然后进入操作环境，执行“标注”命令，做出如图86-1所示的图形。

制作流程

01 执行“打开”命令，打开“实战086原始文件.dwg”图形文件，如图86-2所示，为一个M12的螺母。

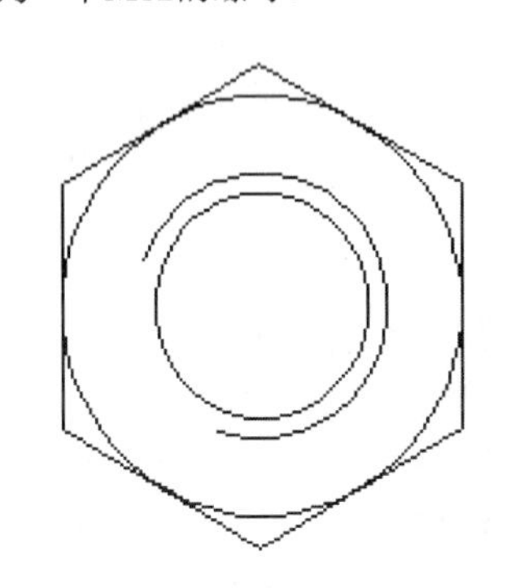

图86-2　原始图形

02 执行“注释>引线”命令，启动引线标注命令，在命令行输入S，按回车键，弹出“引线设置”对话框，如图86-3所示。

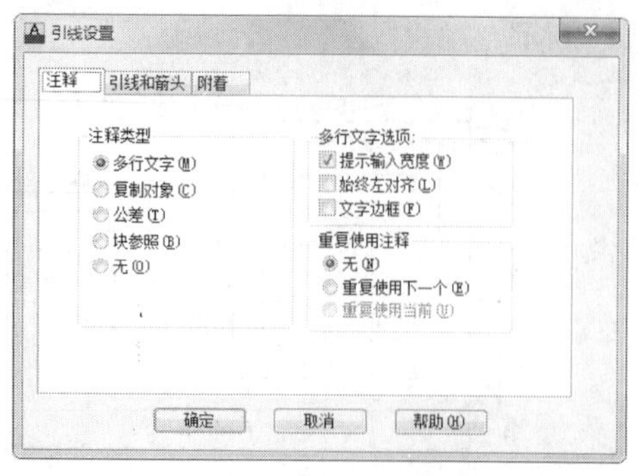

图86-3　“引线设置”对话框

03 “引线设置”对话框的“注释”选项卡设置如图86-3所示即可。打开“引线和箭头”选项卡，设置引线样式为“样条曲线”，点数为“无限制”，箭头为“无”如图86-4所示。

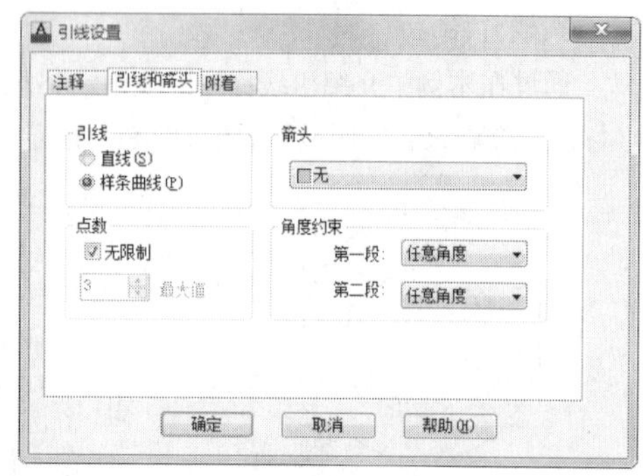

图86-4　设置“引线和箭头”选项卡

04 单击“确定”按钮，完成引线设置。

05 在适当位置拾取点以绘制一条样条曲线，如图86-5所示。

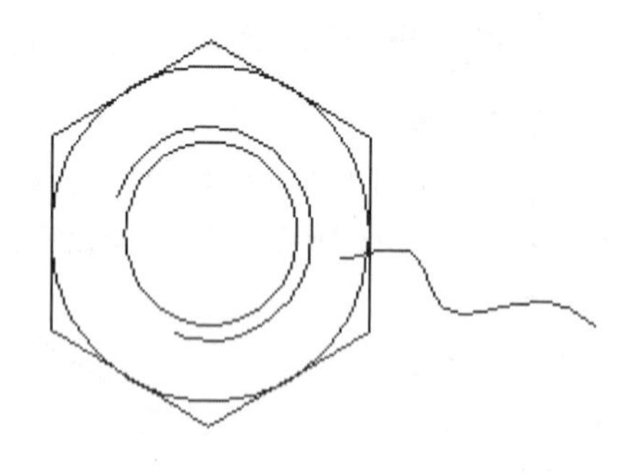

图86-5　绘制样条曲线

06 绘制样条曲线完成后，按回车键，在命令行指定字体宽度为0，按回车键，在系统的提示下再按回车键，系统弹出书写多行文字的对话框，设置字体为“仿宋_GB2312”，字号为“2.5”。然后在输入框输入“此零件图为M12六角螺母。”，如图86-6所示。

07 单击“确定”按钮，完成操作，结果如图86-1所示。

08 执行“另存为”命令，将文件另存为“实战086.dwg”。

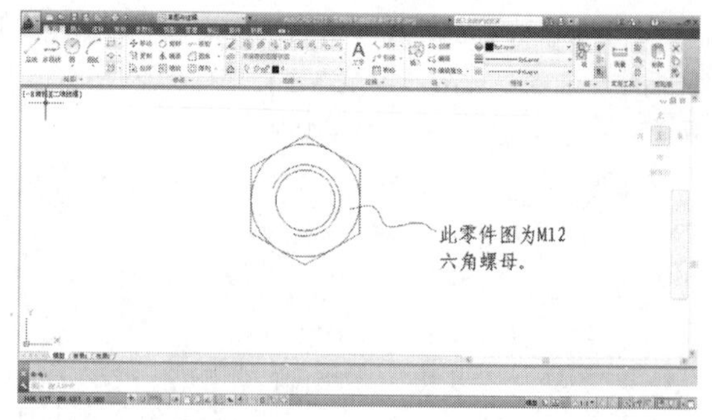

图86-6　编写多行文字标注

技巧与提示

在本例中介绍了引线标注图形的方法。这种方法主要用来标注图形的一些说明文字。

练习086　引线标注多行文字

实战位置	DVD>练习文件>第4章>练习086.dwg
难易指数	★☆☆☆☆
技术掌握	巩固“标注”的使用方法

操作指南

参照“实战086　引线标注多行文字”案例进行制作，最终效果如图86-7所示。

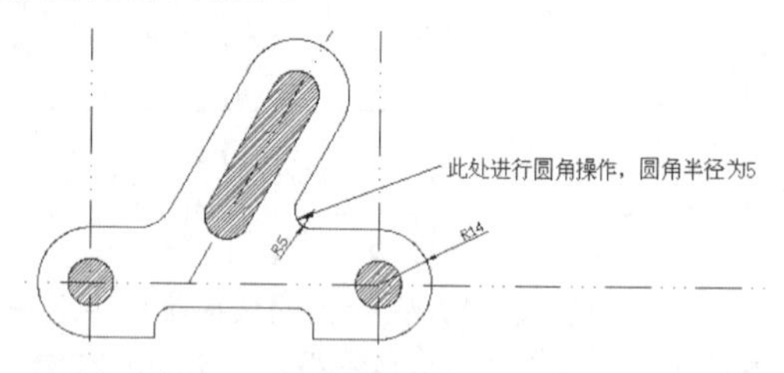

图86-7　新引线标注多行文字

实战087　设置尺寸公差并进行标注

原始文件位置	DVD>原始文件>第4章>实战087原始文件
实战位置	DVD>实战文件>第4章>实战087.dwg
视频位置	DVD>多媒体教学>第4章>实战087.avi
难易指数	★☆☆☆☆
技术掌握	掌握“尺寸公差标注”命令的使用方法

实战介绍

尺寸公差用于指定标注可以变动的数目。通过指定制造公差，可以控制部件所需的精度等级。可以通过给标注文字附加公差，直接将公差应用到标注中。这些标注公差指示标注的最大和最小允许尺寸。本例最终效果如图87-1所示。

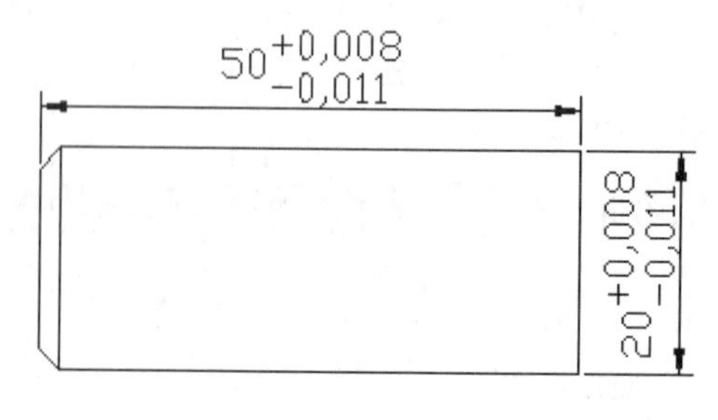

图87-1　最终效果

制作思路

• 首先打开AutoCAD 2013，然后进入操作环境，执行“标注”命令，做出如图87-1所示的图形。

制作流程

01 执行“打开”命令，打开“实战087原始文件.dwg”图形文件，如图87-2所示。

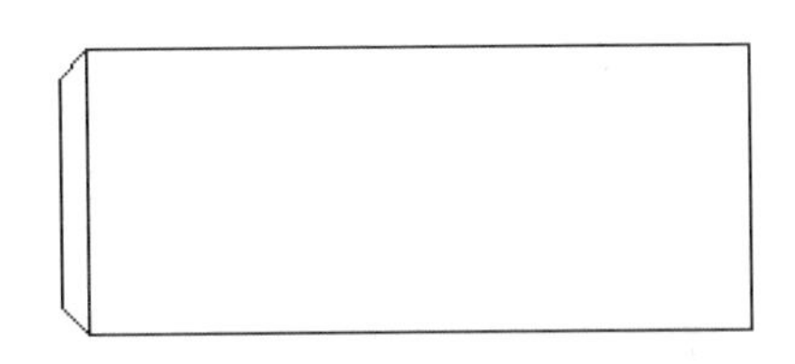

图87-2　原始图形

02 执行“注释>标注”命令，弹出“标注样式管理器”对话框，如图87-3所示。

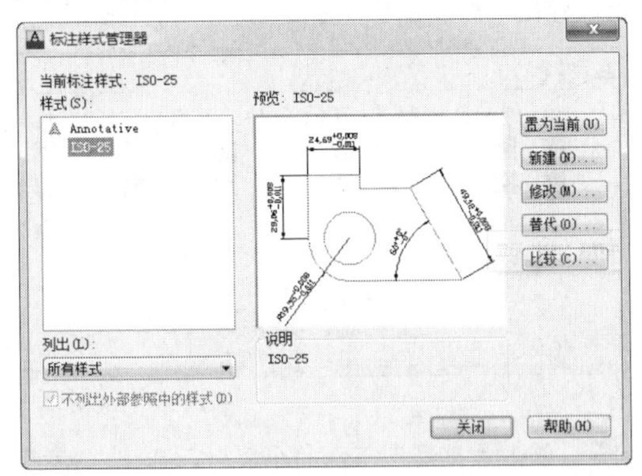

图87-3　“标注样式管理器”对话框

03 在“标注样式管理器”对话框中选择默认的“ISO-25”样式，单击“修改”按钮，弹出“修改标注样式：ISO-25”对话框，单击打开“公差”选项卡，如图87-4所示。

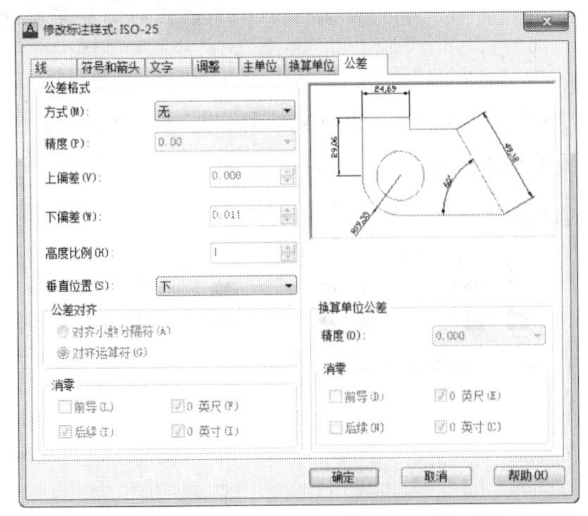

图87-4　“公差”选项卡

04 对“公差”选项卡进行设置。设置公差格式为“极限偏差”，具体值设置如图87-5所示。

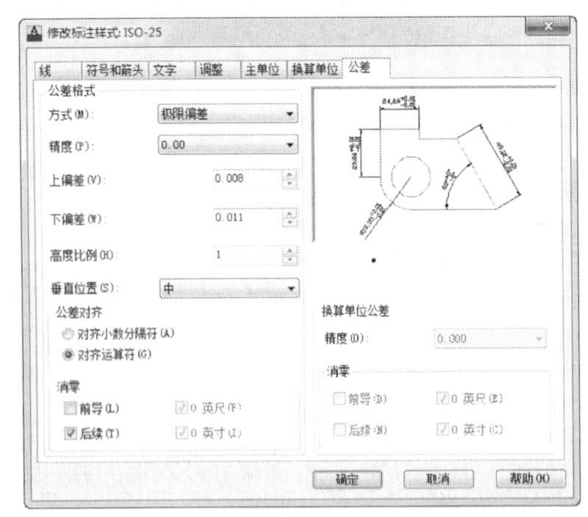

图87-5　设置公差格式

05 单击“确定”按钮，完成公差设置，返回“标注样式管理器”对话框，如图87-6所示。单击“关闭”按钮，完成修改。

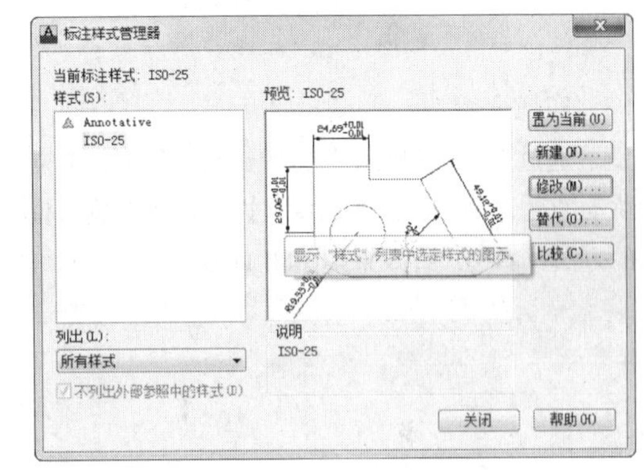

图87-6　修改后的标注样式

06 执行“注释>标注>线性”命令，对图形的宽度进行线性标注，效果如图87-7所示。

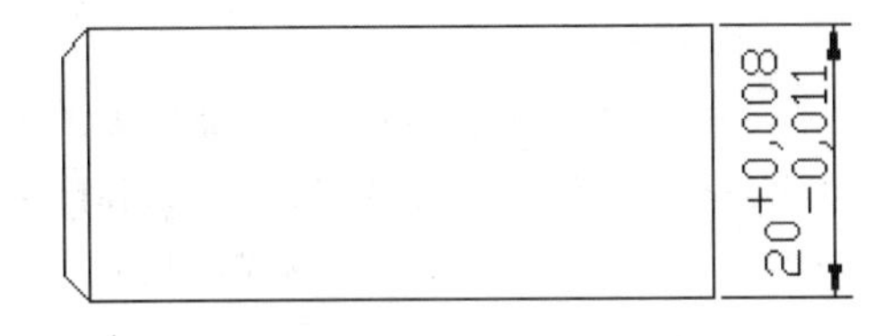

图87-7　标注图形宽度

07 按回车键，再次启动线性标注，对图形长度进行线性标注，效果如图87-1所示。

08 执行“另存为”命令，将文件另存为“实战087.dwg”。

在本例中通过对图形长度和宽度进行尺寸标注，向读者介绍了标注尺寸公差的方法，读者应好好掌握。

练习087 轴环图公差标注

实战位置	DVD>练习文件>第4章>练习087.dwg
难易指数	★☆☆☆☆
技术掌握	巩固“公差标注”的使用方法

操作指南

参照“实战087”案例完成，最终效果如图87-8所示。

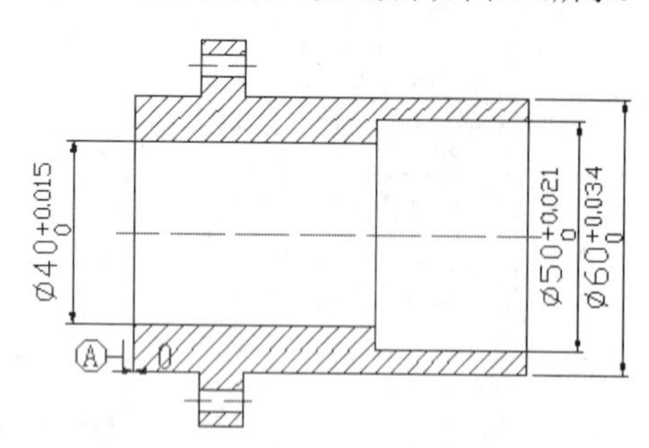

图87-8　标注轴环公差

实战088 创建形位公差标注

原始文件位置	DVD>原始文件>第4章>实战088原始文件
实战位置	DVD>实战文件>第4章>实战088.dwg
视频位置	DVD>多媒体教学>第4章>实战088.avi
难易指数	★☆☆☆☆
技术掌握	掌握“形位公差标注”的使用方法

实战介绍

通过形位公差表示特征的形状、轮廓、方向、位置和跳动的允许偏差。在本例中将详细讲解创建形位公差标注的方法。本例最终效果如图88-1所示。

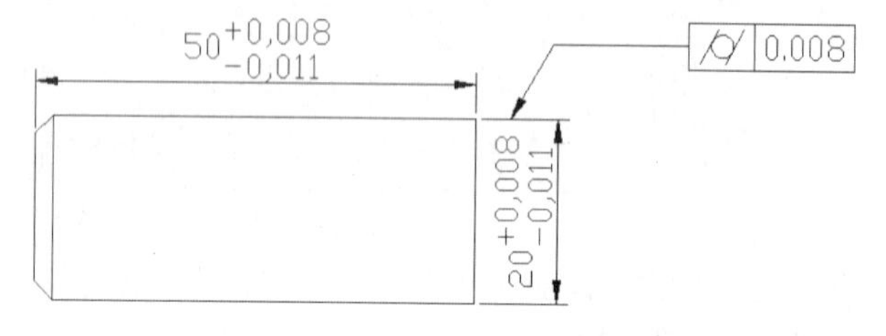

图88-1　最终效果

制作思路

• 进行形位公差标注时，首先要确认好要标注的是哪个公差类型。选择好形位公差后，再选择标注对象进行标注即可，读者应尤为注意标注类型、位置。

制作流程

01 执行“打开”命令，打开“实战087原始文件.dwg”图形文件，如图88-2所示。

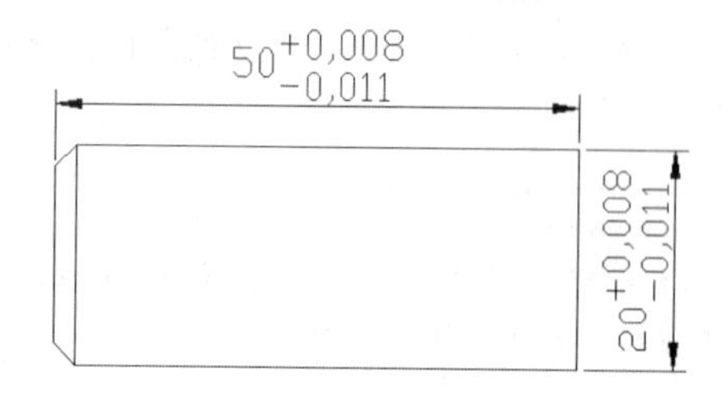

图88-2　原始图形

02 在命令行输入LEADER，并按回车键，启动“引线”命令，在屏幕中适当单击以绘制引线，如图88-3所示。

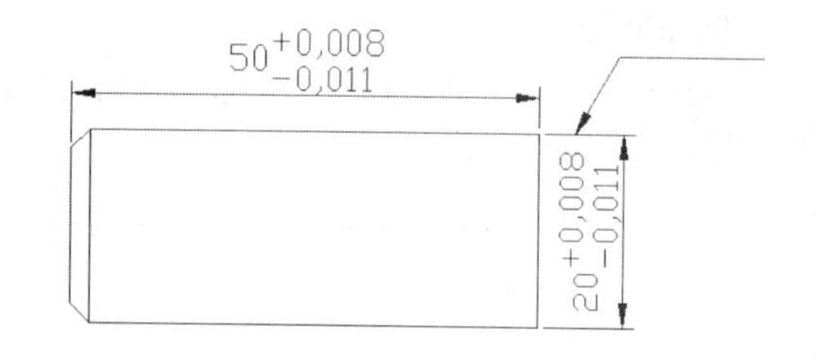

图88-3　绘制引线

03 绘制完成后，连续按两次回车键，系统提示“输入注释选项 [公差(T)/副本(C)/块(B)/无(N)/多行文字(M)] <多行文字>:”，在命令行输入公差选项字母“T”，按回车键，弹出“形位公差”对话框，如图88-4所示。

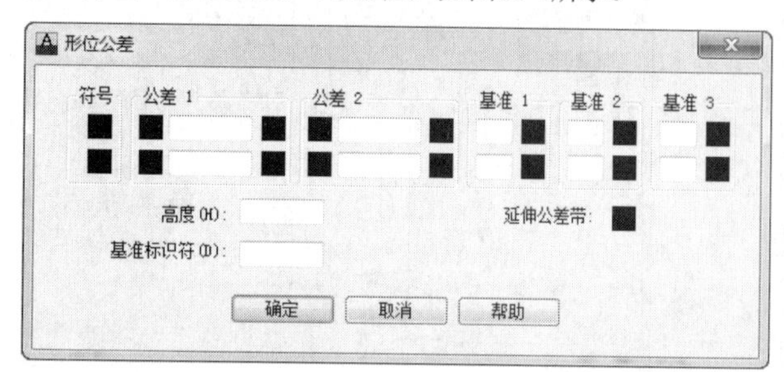

图88-4　“形位公差”对话框

04 单击“符号”下面的小黑框，弹出“特征符号”对话框，如图88-5所示。单击选择一种特征符号。

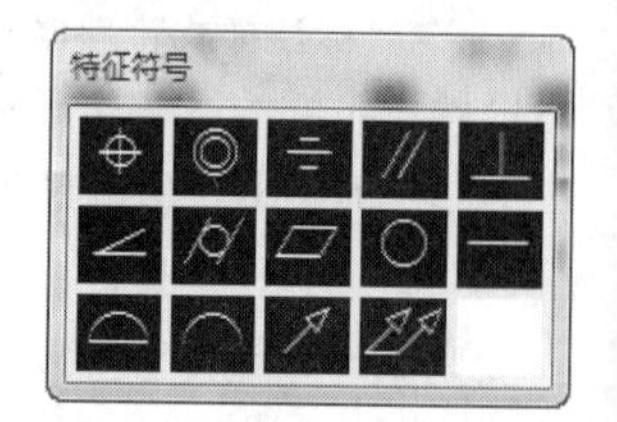

图88-5　“特征符号”对话框

05 在“公差1”选项区域中单击上方的小黑框，再在后面的输入框中输入“0.008”，如图88-6所示。

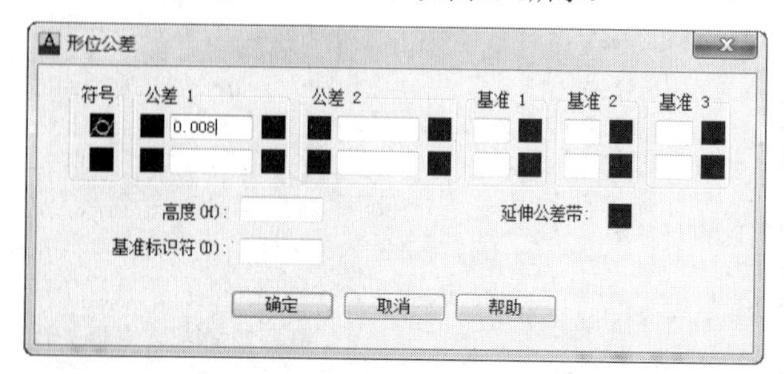

图88-6　设置形位公差格式

06 单击“确定”按钮，完成形位公差标注，效果如图88-7所示。

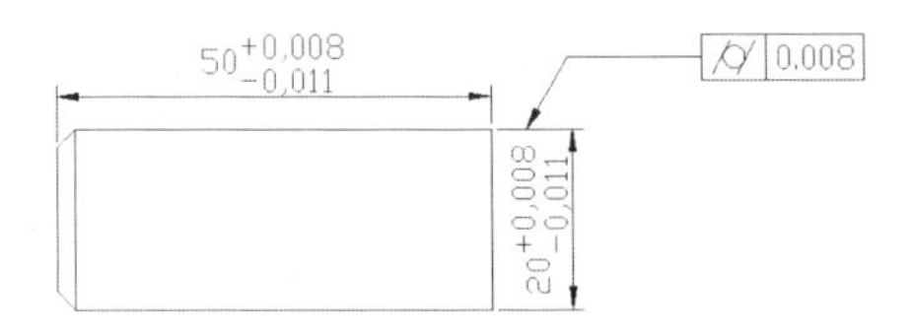

图88-7　标注形位公差效果

07 执行“另存为”命令，将文件另存为“实战088.dwg”。

技巧与提示

在本例中通过对图形标注形位公差，向读者介绍了创建形位公差的方法。在实际标注机械图样时，经常还需要标注形位公差的基准，绘制基准符号，这些知识在新工程考核中将会被用到。

练习088　轴环图形位公差标注

实战位置　DVD>练习文件>第4章>练习088.dwg
难易指数　★☆☆☆☆
技术掌握　巩固“标注”的使用方法

操作指南

参照“实战088”案例进行制作，最终效果如图88-8所示。

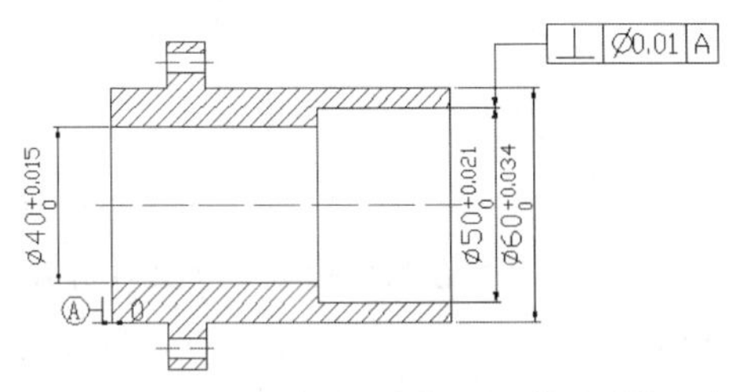

图88-8　标注形位公差

实战089　编辑尺寸标注

原始文件位置　DVD>原始文件>第4章>实战089原始文件
实战位置　DVD>实战文件>第4章>实战089.dwg
视频位置　DVD>多媒体教学>第4章>实战089.avi
难易指数　★☆☆☆☆
技术掌握　掌握“编辑尺寸标注”命令的使用方法

实战介绍

对于已经标注完成的尺寸，经常还需要进行修改，调整位置，修改标注文字，更新标注等。在本例中将介绍基本编辑尺寸标注的方法。本例最终效果如图89-1所示。

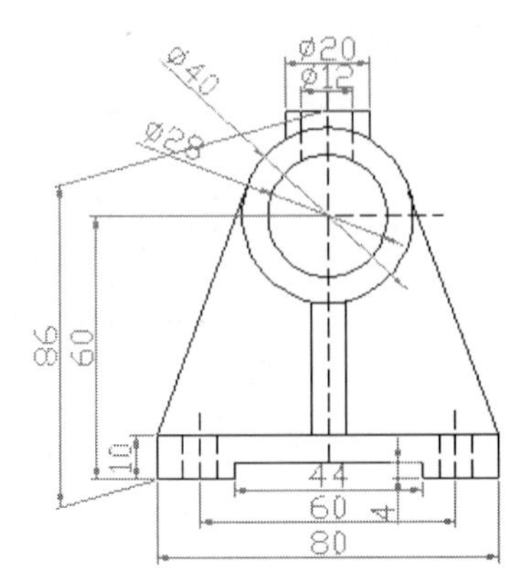

图89-1　最终效果

制作思路

• 首先打开AutoCAD 2013，然后进入操作环境，绘制零件后，执行“标注”命令标注尺寸，并进行编辑，标注如图89-1所示的图形。

制作流程

01 执行“打开”命令，打开“实战089原始文件.dwg”图形文件，如图89-2所示。

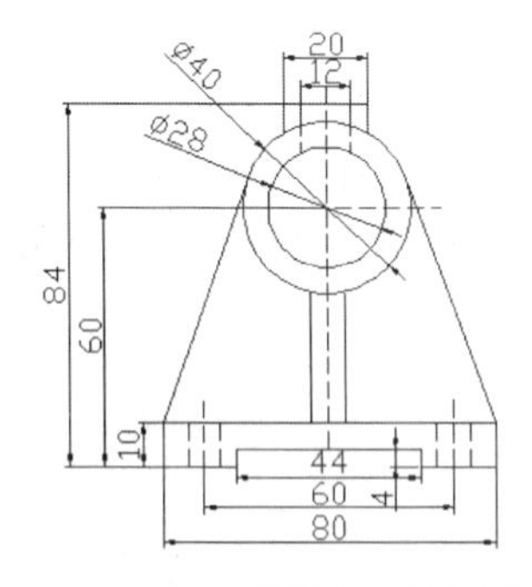

图89-2　原始图形

02 双击标注尺寸“84”，系统将弹出“文字格式”文字编辑对话框，如图89-3所示。

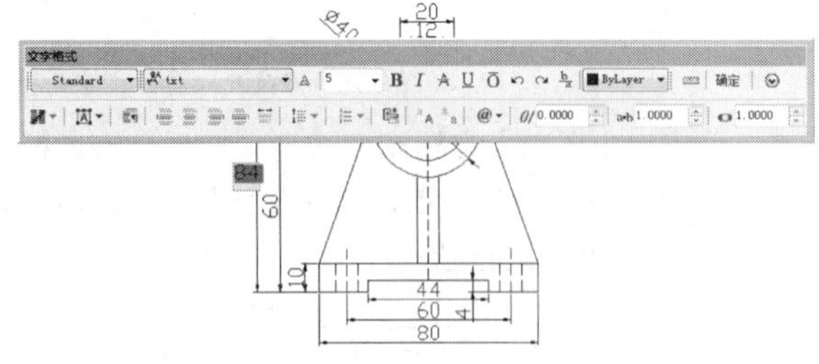

图89-3　文字编辑对话框

03 将编辑框中的文字删除，重新输入“86”。单击“确定”按钮，即将标注文字改为了“86”，如图89-4所示。

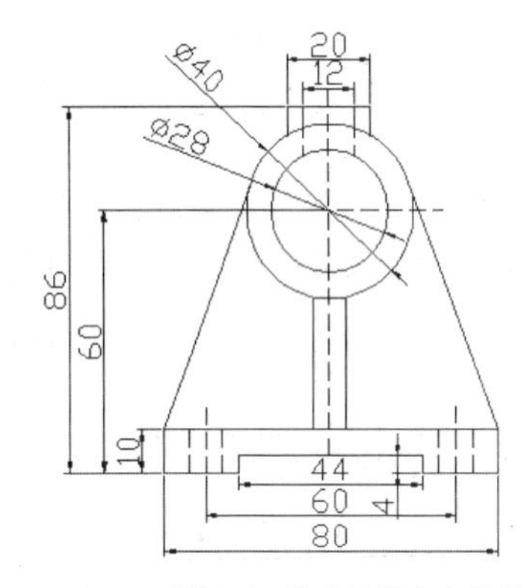

图89-4　修改标注文本效果

04 执行“标注”工具栏上的“倾斜”命令，选择刚修改的尺寸标注，在命令行提示下输入倾斜角度为“15”，按回车键，得到倾斜标注，效果如图89-5所示。

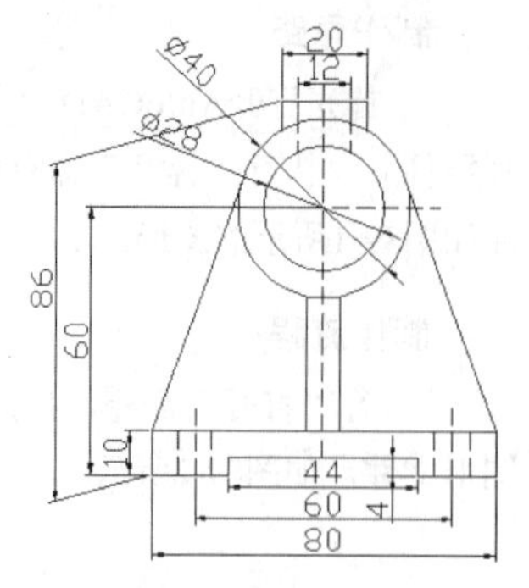

图89-5　倾斜尺寸标注效果

05 执行“注释>标注>编辑标注文字”命令，将刚修改的标注文字“86”移至尺寸线的中间，如图89-6所示。

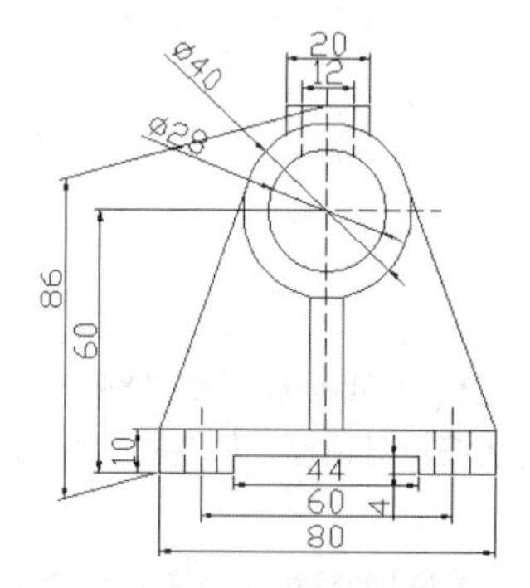

图89-6　修改尺寸标注文字的位置

06 单击选中图中上方标注“20”，然后单击鼠标右键，在弹出的快捷菜单中选择“特性”选项，弹出“特性”对话框，如图89-7所示。

图89-7　“特性”对话框

07 下拉“特性”选项卡，打开“文字”选项卡，在“文字替代”文本框中输入“%%C<>”，如图89-8所示。

08 在绘图区选择图形上方尺寸标注“12”，将其文字替代文本框中同样输入“%%C<>”。执行“关闭”命令，得到效果如图89-9所示。

图89-8　修改尺寸标注文字

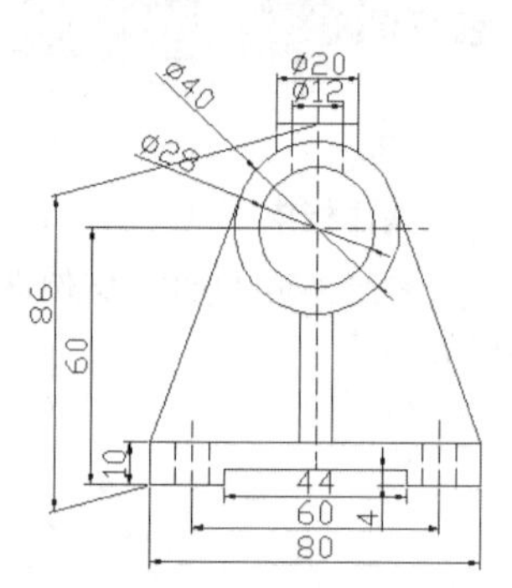

图89-9　修改标注文字效果

09 执行“另存为”命令，将文件另存为“实战089.dwg”。

技巧与提示

在本例中通过介绍修改图形的已有尺寸标注，向读者介绍了编辑尺寸标注的方法。

练习089　修改标注文字

实战位置　DVD>练习文件>第4章>练习089.dwg
难易指数　★☆☆☆☆
技术掌握　巩固“尺寸编辑”的使用方法

操作指南

参照“实战089”案例，修改标注文字。最终效果如图89-10所示。

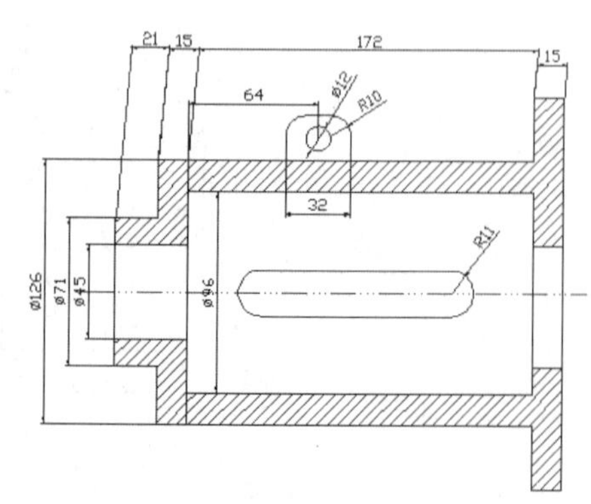

图89-10　修改标注文字效果

实战090　标注办公桌

原始文件位置	DVD>原始文件>第4章>实战090原始文件
实战位置	DVD>实战文件>第4章>实战090.dwg
视频位置	DVD>多媒体教学>第4章>实战090.avi
难易指数	★☆☆☆☆
技术掌握	掌握三维图形标注方法

实战介绍

本例主要介绍如何合理地对办公桌形进行标注。本例最终效果如图90-1所示。

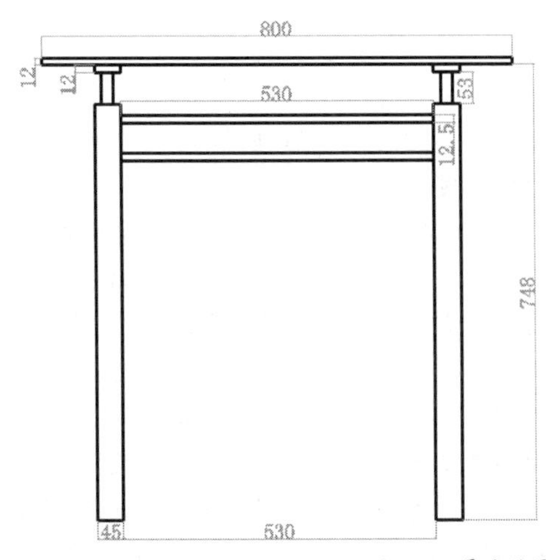

图90-1　最终效果

制作思路

• 首先打开AutoCAD 2013，然后进入操作环境，执行“标注”命令，标注如图90-1所示的图形。

制作流程

01 执行“打开”命令，打开“实战090原始文件.dwg”图形文件，如图90-2所示。

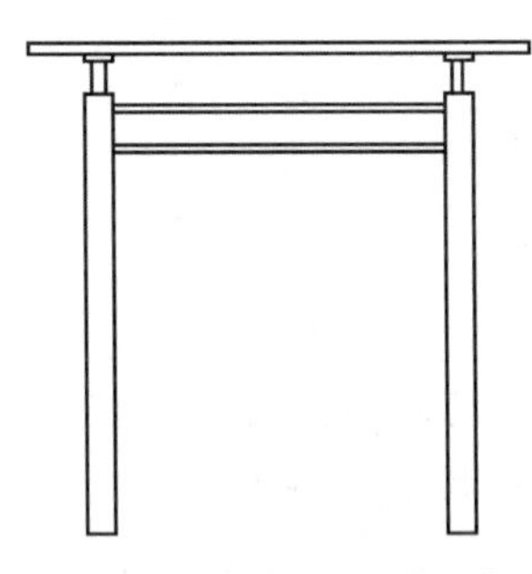

图90-2　原始图形

02 执行“格式>图层”命令，打开“图层特性管理器”对话框，单击“新建”按钮，在“名称”列中输入“标注”，执行“颜色”命令，系统弹出“选择颜色”对话框，在其中选择红色，如图90-3所示。单击“确定”按钮，返回“图层特性管理器”对话框，在单击“完成”按钮，将“标注”层舍为当前层，其他图层参数采用默认值，最后单击“确定”按钮，完成图层的创建，如图90-4所示。

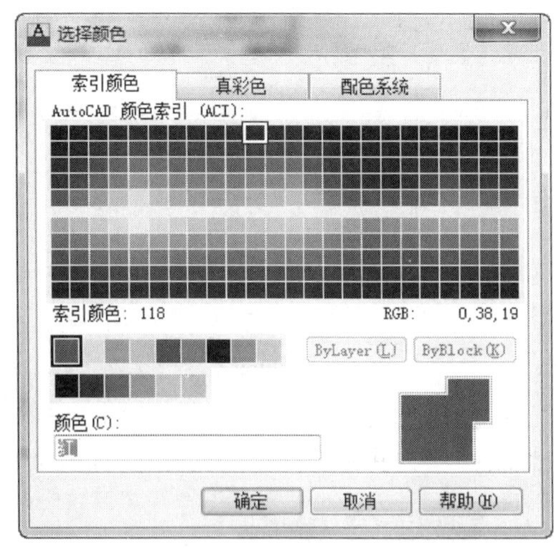

图90-3　“选择颜色”对话框

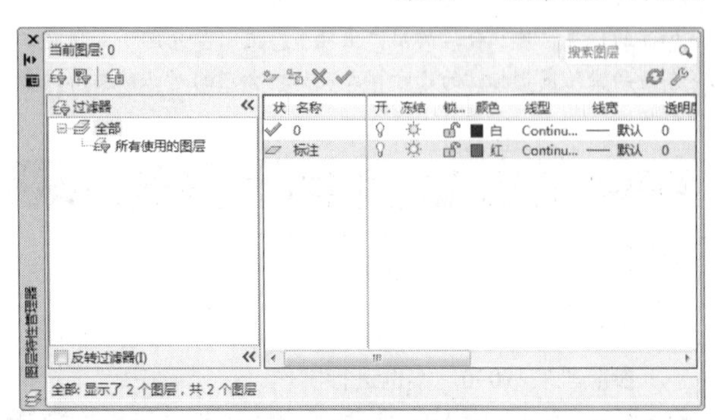

图90-4　“图层特性管理器”对话框

03 建立文字标注样式。执行“格式>文字样式”命令，打开“文字样式”对话框，如图90-5所示。执行“新建”命令，打开“新建文字样式”对话框，在“样式名”文本框中输入“标注”，单击“确定”按钮，返回文字样式对话框，选取“使用大字体”复选项，然后在“SHX字体”下拉列表中选择“gbenor.shx”，“大字体”下拉列表中选择“gbcbig.shx”，“高度”文本框中输入“0”，“宽度比例”文本框中输入“1”，其他使用系统默认值。如图90-6所示。单击“应用”，再单击“关闭”按钮，完成文字样式的设置。

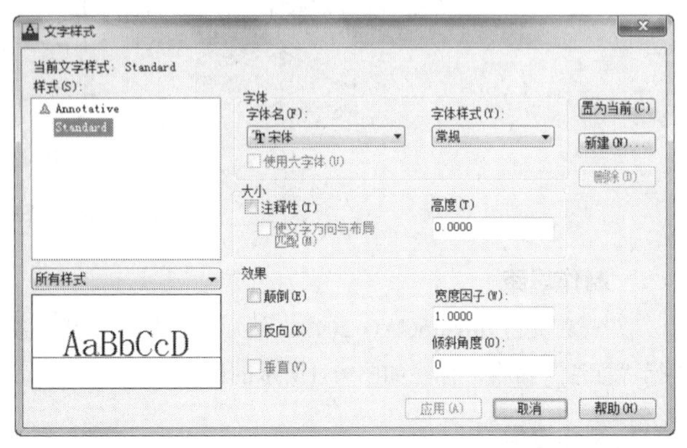

图90-5　“文字样式”对话框

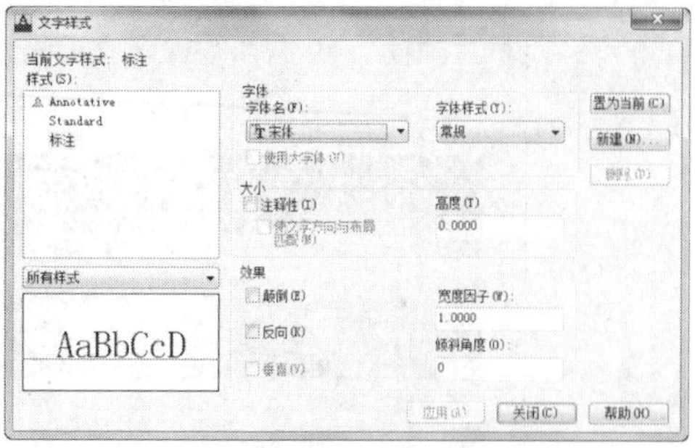

图90-6 设置后的“文字样式”对话框

04 把标注图层置为当前层，然后单击“注释>标注>线性标注”，对其进行标注，得到的效果如图90-1所示。

在本例中通过对办公桌的标注，向读者介绍了如何根据要标注的位置，建立合适的用户坐标系，进一步介绍了如何建立合适的三维图形标注的尺寸样式及如何合理的对三维图形进行标注。

练习090 标注办公桌

实战位置 DVD>练习文件>第4章>练习090.dwg
难易指数 ★☆☆☆☆
技术掌握 巩固“标注”的使用方法

操作指南

参照“实战090”案例进行制作。

实战091 标注机械零件

原始文件位置 DVD>原始文件>第4章>实战091原始文件
实战位置 DVD>实战文件>第4章>实战091.dwg
视频位置 DVD>多媒体教学>第4章>实战091.avi
难易指数 ★☆☆☆☆
技术掌握 掌握“标注”命令的使用方法

实战介绍

通过本实战，将进一步介绍三维图形的标注方法。本例最终效果如图91-1所示。

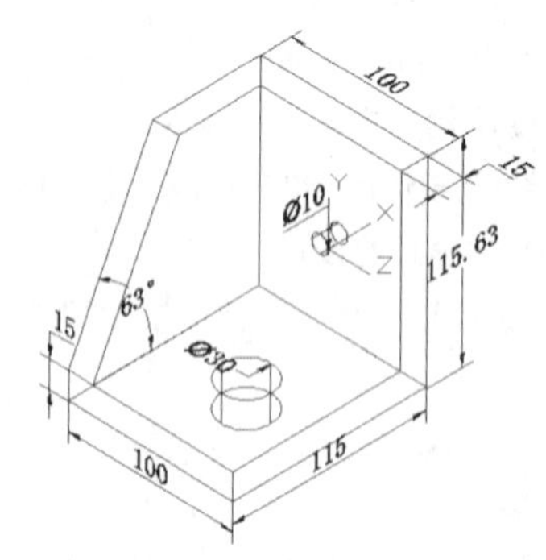

图91-1 最终结果

制作思路

• 首先打开AutoCAD 2013，然后进入操作环境，执行“标注”命令，标注如图91-1所示的图形。

制作流程

01 执行“打开”命令，打开“实战091原始文件.dwg”图形文件，如图91-2所示。

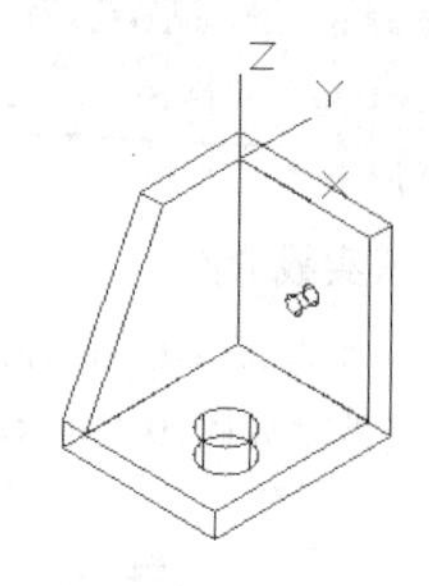

图91-2 要标注的图形

02 打开图层特性管理器，新建“标注”层，颜色设为洋红，其余属性按系统默认。

03 新建“尺寸标注”样式，并将其设置为当前值。在“直线”选项卡“超出尺寸线”文本框中输入6，其他只保持默认。在“符号和箭头”选项卡“箭头大小”文本框中输入7，其他保持默认值。在“文字”选项卡的“文字样式”下拉列表中选择“Standard”，“文字颜色”下拉列表中选择“Bylayer”，“文字高度”文本框中输入10，“从尺寸线偏移”文本框中输入3。“主单位”选项卡中的设置如图91-3所示。其他选项卡保持默认值。

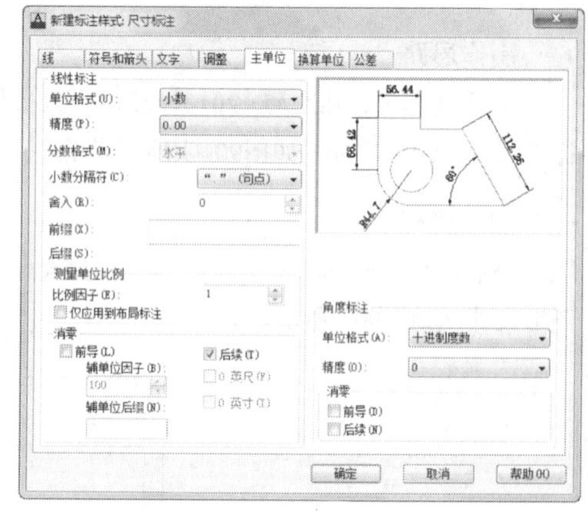

图91-3 主单位选项卡

04 新建角度和中心高度标注样式。在“标注样式管理器”对话框中单击“新建”按钮，然后在“用于”下拉列表中选择“角度标注”，如图91-4所示。

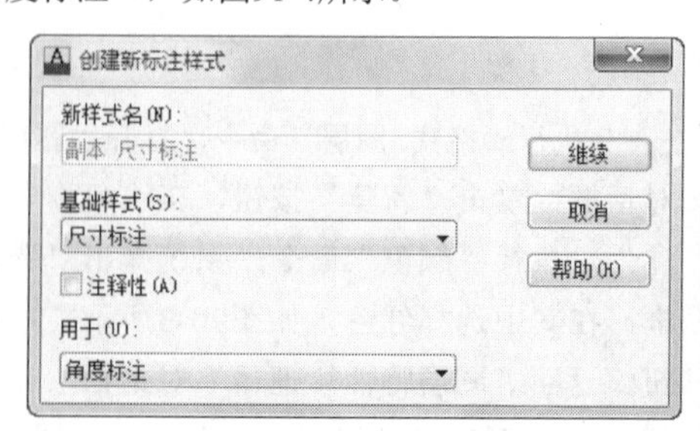

图91-4 “创建新标注样式”对话框1

单击“继续”按钮，打开“新建标注样式”对话框，单击“文字”选项卡，“文字对齐”分组框中选取“水平”选项，单击“确定”按钮，返回“标注样式管理器”对话框，单击“新建”按钮，打开“创建新标注样式”对话框，设置如图91-5所示。

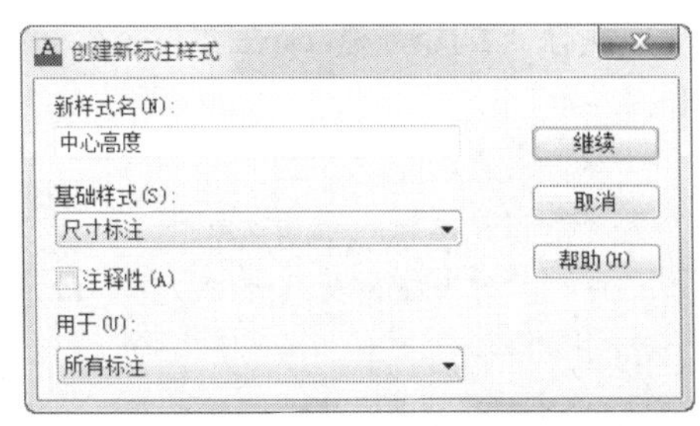

图91-5　“创建新标注样式”对话框2

单击“继续”按钮，打开“新建标注样式”对话框，单击“文字”选项卡，在“文字对齐”分组框中选取“水平”选项，单击“确定”按钮，返回“标注样式管理器”对话框。单击“关闭”按钮，完成尺寸标注样式的建立。

05 执行“工具>新建UCS>三点”命令，命令行提示和操作内容如下：

```
命令: UCS
当前 UCS 名称: *没有名称*
指定 UCS 的原点或 [面(F)/命名(NA)/对象(OB)/上一个(P)/视图(V)/世界(W)/X/Y/Z/Z 轴(ZA)] <世界>: 3
指定新原点 <0,0,0>:捕捉O点
在正 X 轴范围上指定点 <-13.9780,-100.0000,-115.0029>:捕捉P点
在UCS XY 平面的正 Y 轴范围上指定点 <-14.9780,-99.0000,-115.0029>:捕捉Q点
```

执行“注释>标注>线性”命令，命令行提示和操作内容如下：

```
命令: _dimlinear
指定第一条尺寸界线原点或 <选择对象>://捕捉O点
指定第二条尺寸界线原点: //捕捉P点
指定尺寸线位置或
[多行文字(M)/文字(T)/角度(A)/水平(H)/垂直(V)/旋转(R)]:
标注文字 = 100
命令://按回车键重复命令
DIMLINEAR
指定第一条尺寸界线原点或 <选择对象>:
指定第二条尺寸界线原点:
指定尺寸线位置或
[多行文字(M)/文字(T)/角度(A)/水平(H)/垂直(V)/旋转(R)]:
标注文字 = 15.63
```

结果如图91-6所示。

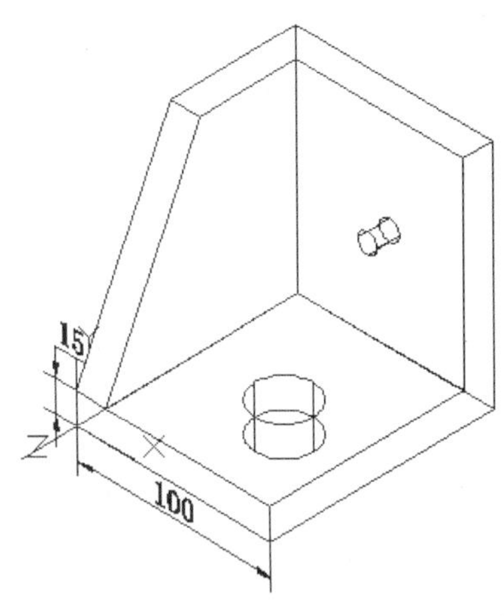

图91-6　标注尺寸

06 执行“工具>新建ucs>三点”命令，命令行提示和操作内容如下：

```
命令: UCS
当前 UCS 名称: *没有名称*
指定 UCS 的原点或 [面(F)/命名(NA)/对象(OB)/上一个(P)/视图(V)/世界(W)/X/Y/Z/Z 轴(ZA)] <世界>: 3
指定新原点 <0,0,0>://捕捉P点
在正 X 轴范围上指定点 <101.0000,0.0000,0.0000>://捕捉R点
在 UCS XY 平面的正 Y 轴范围上指定点 <100.0000,1.0000,0.0000>://捕捉T点
```

执行“注释>标注>线性”命令，命令行提示和操作内容如下：

```
命令: _dimlinear
指定第一条尺寸界线原点或 <选择对象>://捕捉P点
指定第二条尺寸界线原点: //捕捉R点
指定尺寸线位置或
[多行文字(M)/文字(T)/角度(A)/水平(H)/垂直(V)/旋转(R)]:
标注文字 = 115
```

在“标注样式”下拉列表中，将“中心高度”标注样式置为当前标注样式，然后执行“注释>标注>线性”命令，命令行提示和操作内容如下：

```
命令: _dimlinear
指定第一条尺寸界线原点或 <选择对象>://捕捉S点，如图91-7所示。
指定第二条尺寸界线原点: //捕捉R点
指定尺寸线位置或
[多行文字(M)/文字(T)/角度(A)/水平(H)/垂直(V)/旋转(R)]:
标注文字 = 115.63
```

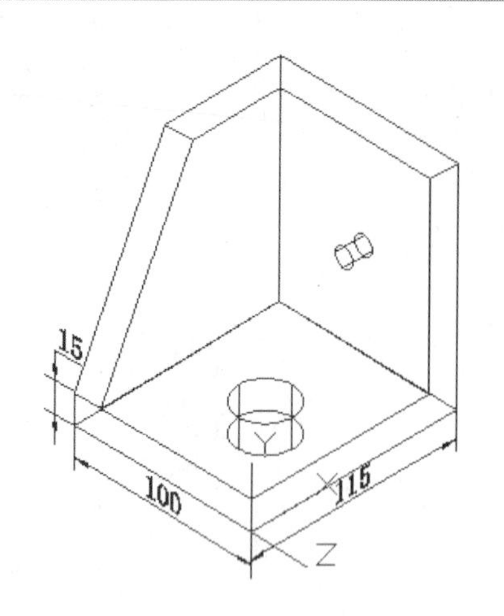

图91-7　尺寸标注

在“标注样式”下拉列表中，将“尺寸高度”标注样式置为当前标注样式，如图91-8所示。

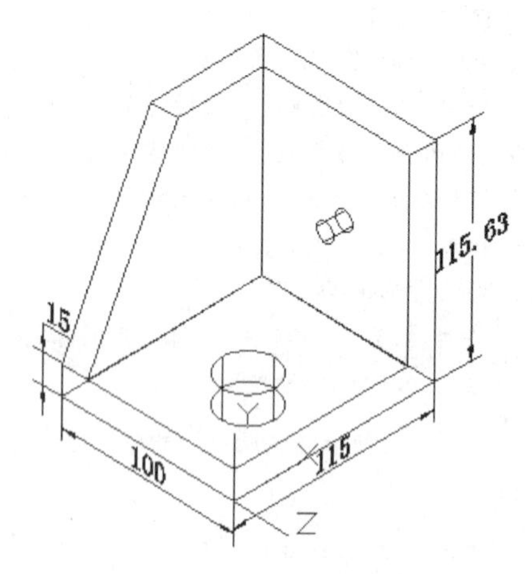

图91-8　尺寸标注

07 执行“工具>新建ucs>原点”命令，命令行提示和操作内容如下：

```
命令: UCS
当前 UCS 名称: *没有名称*
指定 UCS 的原点或 [面(F)/命名(NA)/对象(OB)/上一个(P)/视图(V)/世界(W)/X/Y/Z/Z 轴(ZA)] <世界>: 3
指定新原点 <0,0,0>:
在正 X 轴范围上指定点 <101.0000,115.0000,-85.0000>:
在 UCS XY 平面的正 Y 轴范围上指定点 <100.0000,116.0000,-85.0000>:
```

执行“注释>标注>角度”命令，命令行提示和操作内容如下：

```
命令: _dimangular
选择圆弧、圆、直线或 <指定顶点>:
选择第二条直线:
指定标注弧线位置或 [多行文字(M)/文字(T)/角度(A)/象限点(Q)]:
标注文字 = 63
```

执行“工具>新建ucs>三点”命令，命令行提示和操作内容如下：

```
命令: UCS
当前 UCS 名称: *没有名称*
指定 UCS 的原点或 [面(F)/命名(NA)/对象(OB)/上一个(P)/视图(V)/世界(W)/X/Y/Z/Z 轴(ZA)] <世界>: 3
指定新原点 <0,0,0>:
在正 X 轴范围上指定点 <16.0000,100.0000,115.0000>:
在 UCS XY 平面的正 Y 轴范围上指定点 <15.0000,101.0000,115.0000>:
```

执行“注释>标注>线性”命令，命令行提示和操作内容如下：

```
命令: _dimlinear
指定第一条尺寸界线原点或 <选择对象>:
指定第二条尺寸界线原点:
指定尺寸线位置或
[多行文字(M)/文字(T)/角度(A)/水平(H)/垂直(V)/旋转(R)]:
标注文字 = 100
命令: _dimlinear
指定第一个尺寸界线原点或 <选择对象>:
指定第二条尺寸界线原点:
指定尺寸线位置或
[多行文字(M)/文字(T)/角度(A)/水平(H)/垂直(V)/旋转(R)]:
标注文字 = 15
```

结果如图91-9所示。

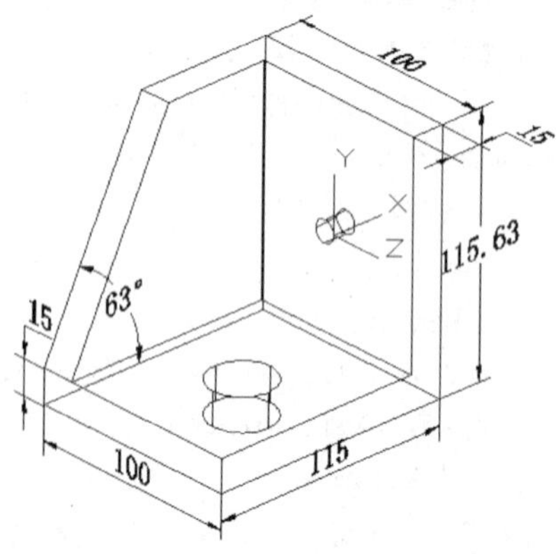

图91-9　尺寸标注

08 标注直径。将坐标原点移到T点。执行“注释>标注>直径”命令，命令行提示和操作内容如下：

```
命令: _dimdiameter
选择圆弧或圆:
标注文字 = 30
指定尺寸线位置或 [多行文字(M)/文字(T)/角度(A)]:
```

结果如图91-10所示。

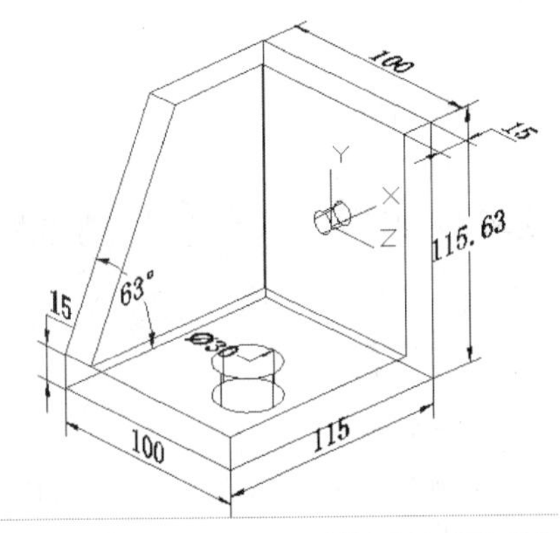

图91-10 标注直径

09 执行“工具>新建ucs>三点”命令，命令行提示和操作内容如下：

```
命令: UCS
当前 UCS 名称: *没有名称*
指定 UCS 的原点或 [面(F)/命名(NA)/对象(OB)/上一个(P)/视图(V)/世界(W)/X/Y/Z/Z 轴(ZA)] <世界>: 3
指定新原点 <0,0,0>:
在正 X 轴范围上指定点 <10.8501,53.7733, 50.3462>:
在 UCS XY 平面的正 Y 轴范围上指定点 <8.8501,53.7733, 50.3462>:
```

执行“注释>标注>直径”命令，命令行提示和操作内容如下：

```
命令: _dimdiameter
选择圆弧或圆:
标注文字 = 10
指定尺寸线位置或 [多行文字(M)/文字(T)/角度(A)]:
```

结果如图91-11所示。

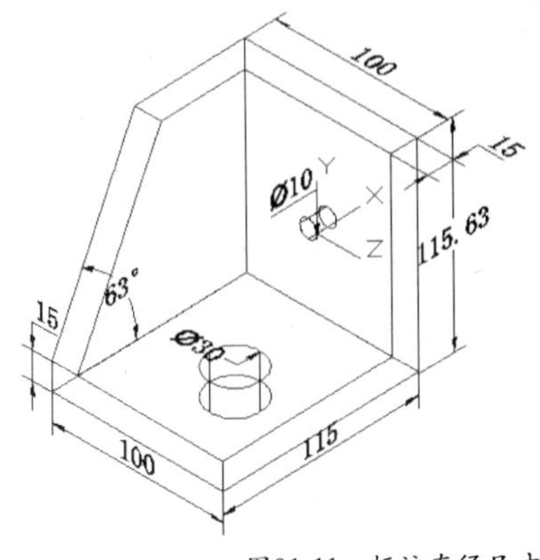

图91-11 标注直径尺寸

10 执行消隐命令，得到最终结果。

技巧与提示

本实战在上一实战的基础上加入了直径和角度等的基本标注方法，可见标注二位图形和标注三维图形的主要区别和关键就在于坐标系的合理转换。

练习091 标注机器零件

实战位置	DVD>练习文件>第4章>练习091.dwg
难易指数	★☆☆☆☆
技术掌握	巩固“标注”命令的使用方法

操作指南

参照“实战091”案例进行制作。最终效果如图91-12所示。

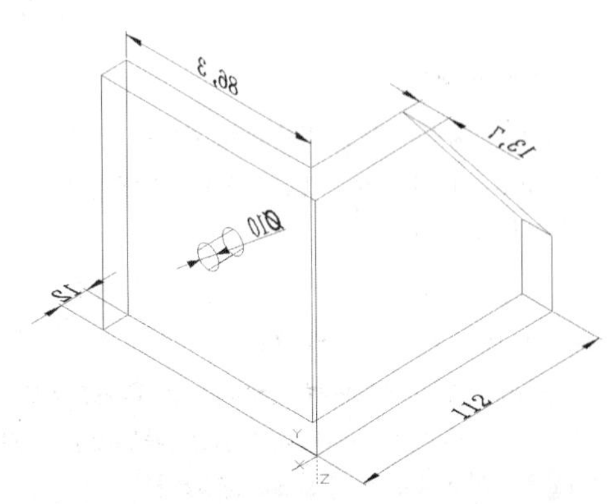

图91-12 标注东北等轴侧视图

实战092 修改尺寸标注1

原始文件位置	DVD>原始文件>第4章>实战092原始文件
实战位置	DVD>实战文件>第4章>实战092.dwg
视频位置	DVD>多媒体教学>第4章>实战092.avi
难易指数	★☆☆☆☆
技术掌握	掌握“修改尺寸标注”命令的使用方法

实战介绍

在尺寸标注的过程中，可能会出现后续尺寸标注的尺寸界限穿越了先前尺寸标注的文字，或者用户根据需要可能会更改尺寸标注的文字、位置、方向等，以使之更符合国家标准的要求。从实战中可以看出，顶面宽度标注尺寸线穿越其他的图线，应该对其进行修改。AutoCAD提供了一系列的修改尺寸标注的方法。本例主要应用夹点编辑修改尺寸标注。本例最终效果如图92-1所示。

制作思路

- 首先打开AutoCAD 2013，然后进入操作环境，执行“标注”命令，标注如图92-1所示的图形。

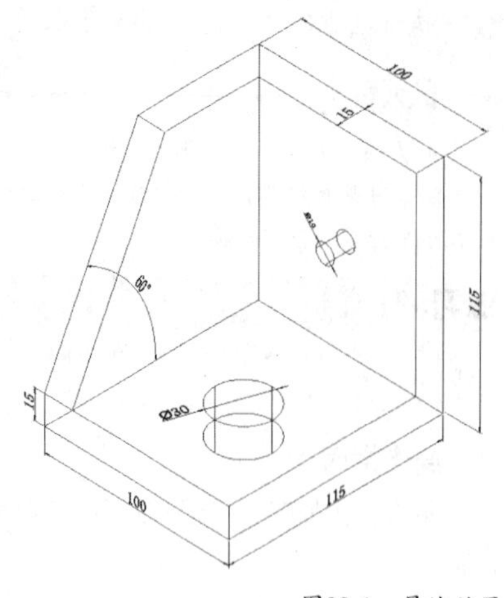

图92-1 最终效果

制作流程

01 打开文件“实战092原始文件”，执行“视图>工具栏>AutoCAD>UCS>三点”命令来切换坐标系。命令行提示和操作内容如下：

```
命令：_ucs
当前 UCS 名称：*世界*
指定 UCS 的原点或 [面(F)/命名(NA)/对象(OB)/上一个(P)/视图(V)/世界(W)/X/Y/Z/Z 轴(ZA)] <世界>：_3
指定新原点 <0,0,0>://捕捉O点
在正 X 轴范围上指定点 <73.4312,515.6097, 0.0000>://捕捉P点
在UCSXY平面的正Y轴范围上指定点 <73.4312,515.6097, 0.0000>://捕捉Q点
```

02 单击鼠标左键选中修改尺寸，然后单击A点，此时A点呈蓝色。

03 将鼠标向左上方移动，如图92-2所示，移动到B点后，单击鼠标左键，完成尺寸位置修改。

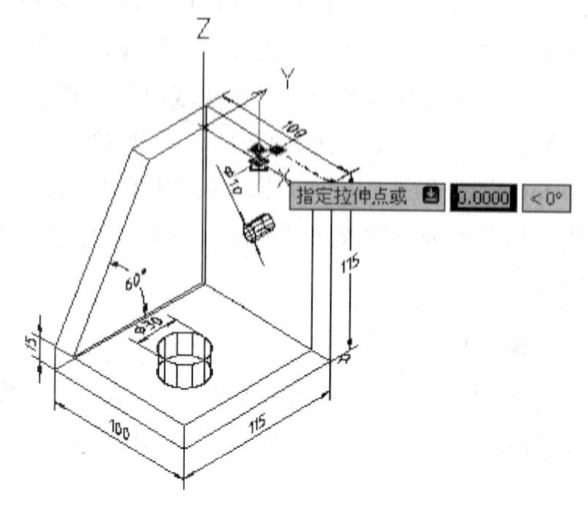

图92-2 利用夹点编辑修改尺寸位置

04 按回车键取消操作，执行消隐命令，结果如图92-1所示。

技巧与提示

本例主要介绍了如何用夹点编辑修改尺寸标注。它是最基本也是最常用的方法之一，读者应予以掌握。

练习092 修改尺寸标注1

实战位置	DVD>练习文件>第4章>练习092.dwg
难易指数	★☆☆☆☆
技术掌握	巩固“标注”的使用方法

操作指南

参照“实战092”案例的方法，对图92-1进行修改。

实战093 修改尺寸标注2

原始文件位置	DVD>原始文件>第4章>实战093原始文件
实战位置	DVD>实战文件>第4章>实战093.dwg
视频位置	DVD>多媒体教学>第4章>实战093.avi
难易指数	★☆☆☆☆
技术掌握	掌握“修改尺寸标注”命令的使用方法

实战介绍

本例主要介绍利用标注工具栏按钮和“特性”窗口来修改尺寸标注的方法。本例最终效果如图93-1所示。

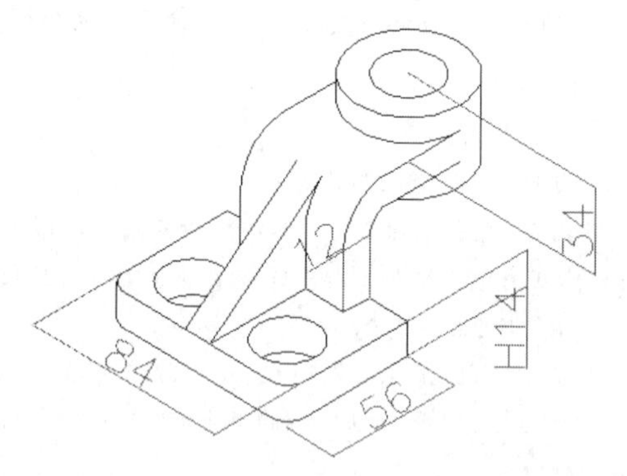

图93-1 最终效果

制作思路

• 首先打开AutoCAD 2013，然后进入操作环境，使用修改尺寸的“新建”选项来改正尺寸标注。

01 执行“打开”命令，系统弹出“选择文件”对话框，选择“实战093原始文件.dwg”图形文件，单击“打开”按钮，打开已有图形，如图93-2所示。

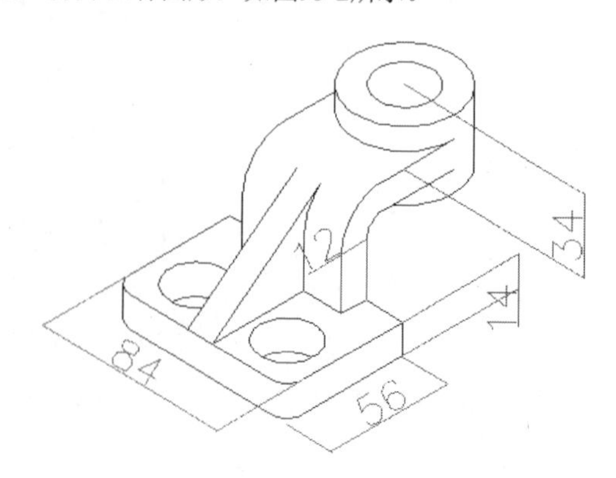

图93-2 需要修改的尺寸标注

02 执行命令DIMEDIT，如图93-3所示。命令行提示和操作内容如下：

```
命令：DIMEDIT
输入标注编辑类型 [默认(H)/新建(N)/旋转(R)/倾斜(O)] <默认>：N  //选取新建选项，打开如图93-3所示对话框
//删除原来标记，输入"H14"，在对话框外单击
选择对象：找到 1 个    //选择要修改的标注尺寸
选择对象：//回车结束选择
```

图93-3　文字编辑器

03 利用"特性"窗口来修改对象属性。单击"常用>修改"功能区"特性"按钮，打开"特性"对话框，如图93-4所示。

图93-4　"特性"对话框1

04 单击图中要修改的标注尺寸，"特性"对话框内容如图93-5所示。

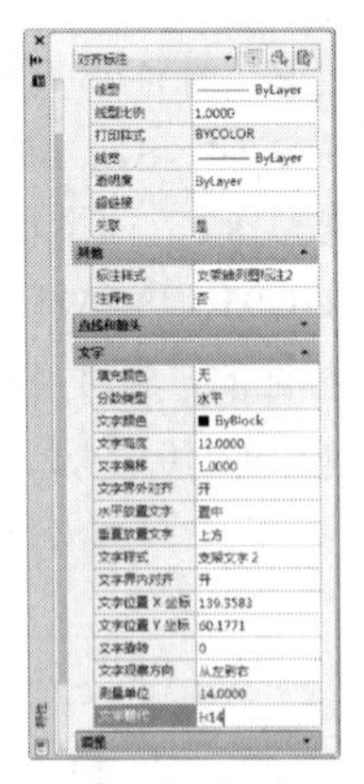

图93-5　"特性"对话框 2

05 在"文字代替"文本框中输入"H14"，按回车键，再按Esc键取消选定，结果如图93-1所示。

技巧与提示

AutoCAD中，"特性"对话框几乎可以修改所有对象的特性，因此读者应该掌握并灵活运用此工具，以提高绘图效率。

练习093　修改尺寸标注2

实战位置	DVD>练习文件>第4章>练习093.dwg
难易指数	★☆☆☆☆
技术掌握	巩固特性编辑的使用方法

操作指南

参照"实战093修改尺寸标注2"进行修改，最终效果如图93-6所示。

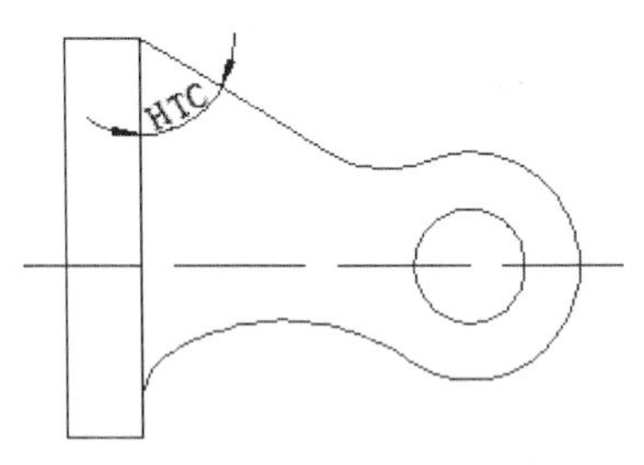

图93-6　修改尺寸标注2

实战094　标注玩具小汽车

原始文件位置	DVD>原始文件>第4章>实战094原始文件
实战位置	DVD>实战文件>4章>实战094.dwg
视频位置	DVD>多媒体教学>第4章>实战094.avi
难易指数	★☆☆☆☆
技术掌握	掌握综合标注的方法

实战介绍

利用前面例子中介绍的各种标注方法，本例主要介绍玩具小汽车的标注方法。本例最终效果如图94-1所示。

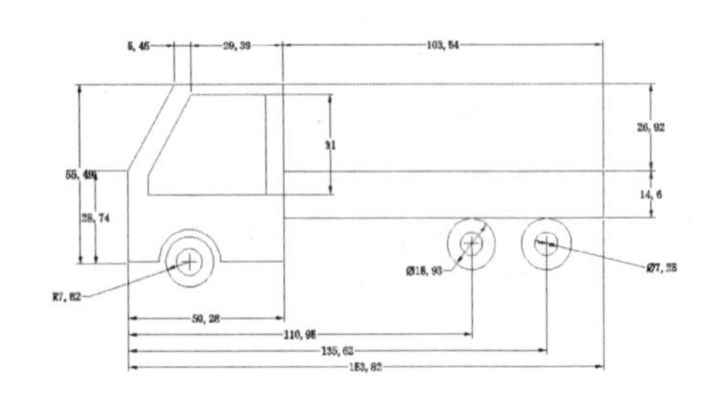

图94-1　最终效果

制作思路

• 打开源文件，利用前几节学过的知识，对玩具小汽车进行标注如线性标注、角度标注、半径和直径标注等。读者应考虑全面，标注要明确，方便阅读。

制作流程

01 执行"打开"命令，打开源文件"实战094原始文件"。如图94-2所示。

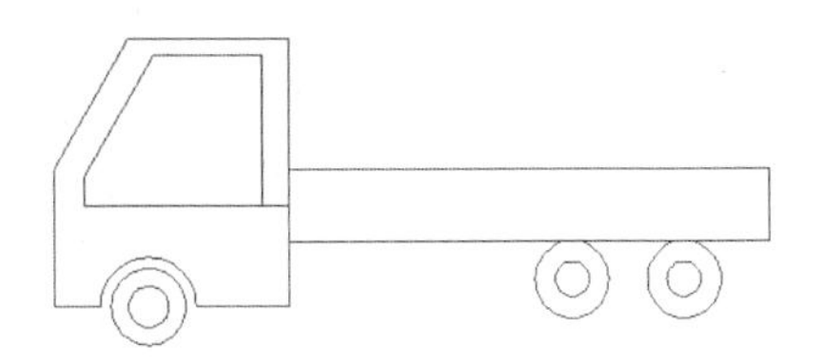

图94-2　标注原文件

02 执行“注释>标注>标注样式”命令，弹出“标注样式管理器”对话框，单击“新建”按钮，创建新的标注样式“玩具小汽车”，用于标注图形尺寸。

03 单击“继续”按钮，在弹出的“新建标注样式：玩具小汽车“对话框中对各项选项卡进行设置。设置各项如图94-3～图94-5所示。

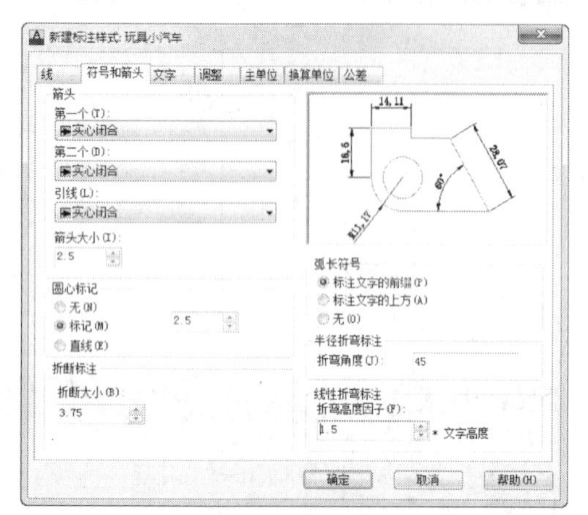

图94-3 “符号和箭头”选项卡

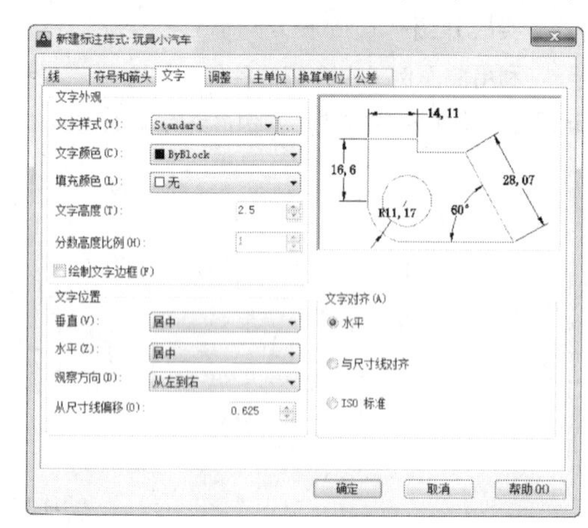

图94-4 “文字”选项卡

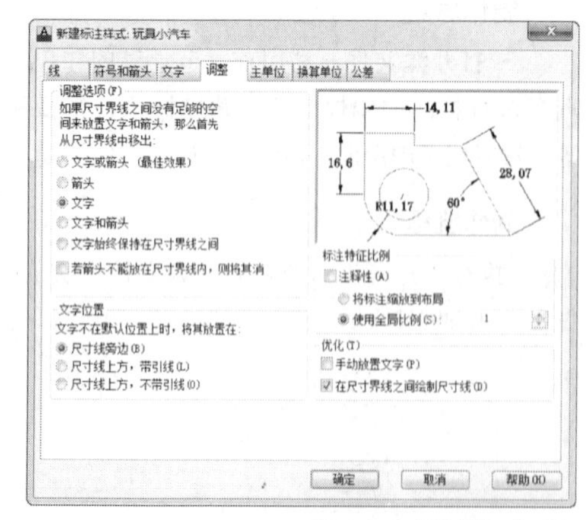

图94-5 “调整”选项卡

04 选择“玩具小汽车”，单击“新建”按钮，分别对半径、直径和角度标注样式进行设置，其中半径和直径标注样式的“调整”选项卡如图94-6所示。角度的标注样式的“文字”选项卡如图94-7所示。

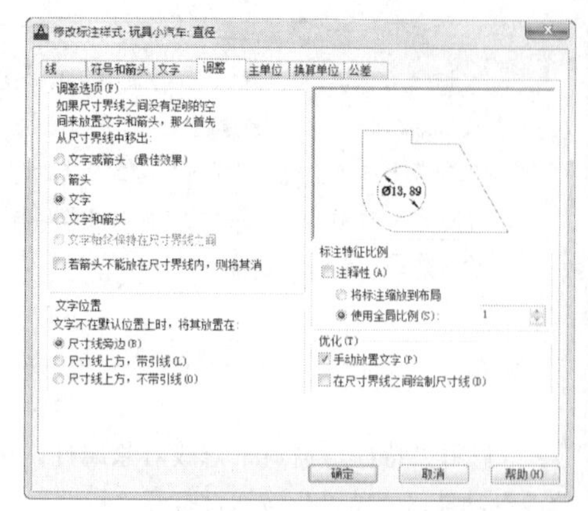

图94-6 半径和直径“调整”选项卡

图94-7 角度的“文字”选项卡

在“标注样式管理器”对话框中选取“玩具小汽车”标注样式，单击“置为当前”按钮，将设为当前标注样式。

05 标注小汽车中的线性尺寸。包括5.45、29.39、103.54、31、55.49、28.74、50.28、110.95、135.62、153.82、14.6和26.92，如图94-8所示。其中50.28、110.95、135.62和153.82四个尺寸是利用“基线标注”命令标注的，利用“标注间距”调整标注之间的距离。5.45、29.39、103.54是利用“连续标注”标注的。

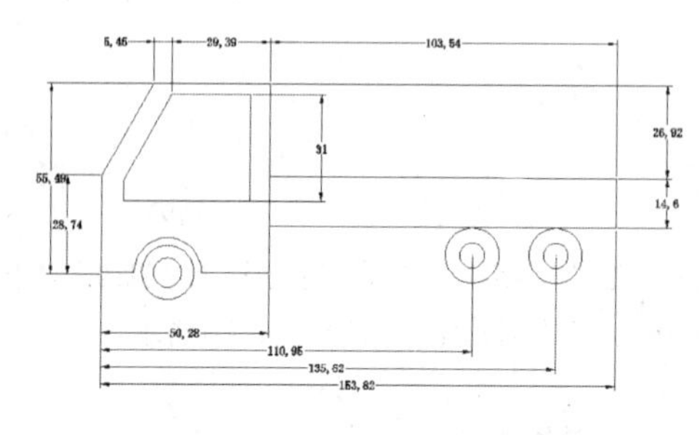

图94-8 标注小汽车线性尺寸

06 标注小汽车半径和直径尺寸，如图94-9所示。

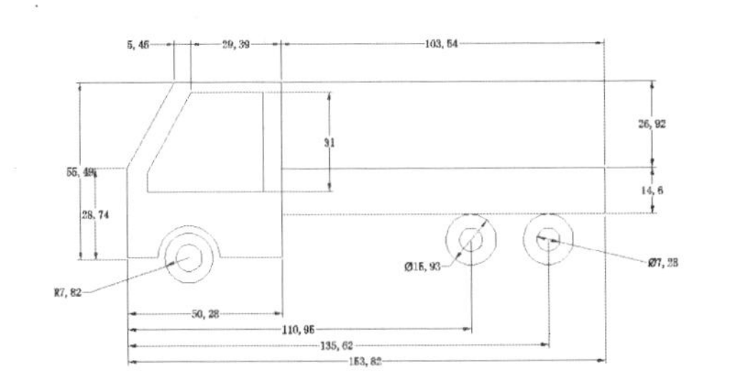

图94-9 标注小汽车直径和半径

07 执行“注释>标注>圆心标记”命令，为轮胎圆心作标记。最终标注结果如图94-1所示。

本例综合运用了线性标注、直径和半径标注、连续标注、基线标注、标注间距调整和圆心标记等标注命令，读者应加深掌握。

练习094 图形标注

实战位置	DVD>练习文件>第4章>练习094.dwg
难易指数	★☆☆☆☆
技术掌握	巩固“标注”的使用方法

操作指南

参照“实战094”案例进行制作，图形标注最终效果如图94-10所示。

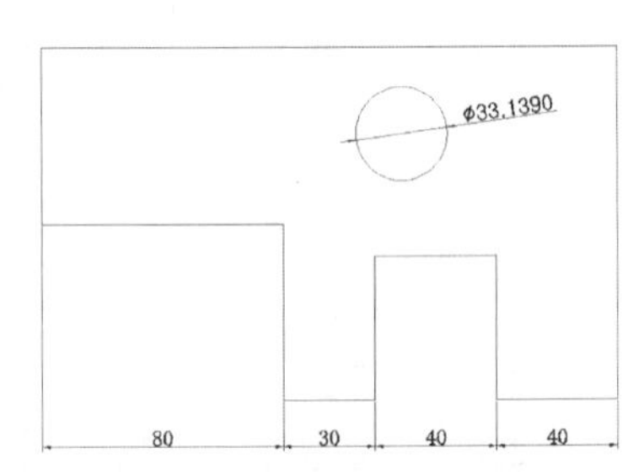

图94-10 标注图形

实战095 标注密封垫

原始文件位置	DVD>原始文件>第4章>实战095原始文件
实战位置	DVD>实战文件>第4章>实战095.dwg
视频位置	DVD>多媒体教学>第4章>实战095.avi
难易指数	★☆☆☆☆
技术掌握	掌握“标注”命令的使用方法

实战介绍

在本例中将介绍密封垫零件图标注的方法。这些标注都是最基本的标注，读者应认真学习加强对以上实战的掌握。本例最终效果如图95-1所示。

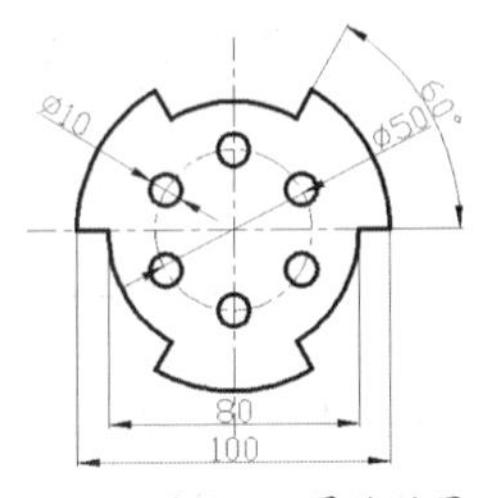

图95-1 最终效果

制作思路

• 首先打开AutoCAD 2013，然后进入操作环境，执行“标注”命令，标注如图95-1所示的图形。

制作流程

01 执行“打开”命令，打开“实战095原始文件.dwg”图形文件，如图95-2所示。

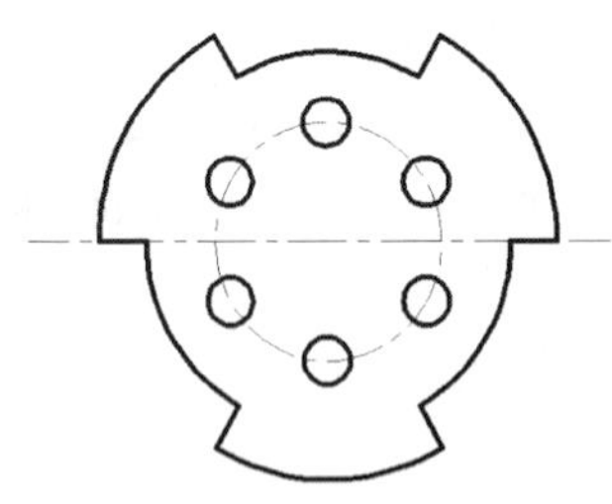

图95-2 原始图形

02 执行“常用>注释>标注”，查看“标注”工具栏。

03 执行“注释>标注>线性”命令，启动线性标注命令，捕捉并单击要标注的两个直径端点，移动鼠标确定尺寸线的位置，从而标注密封垫的两点间的水平距离，如图95-3所示。

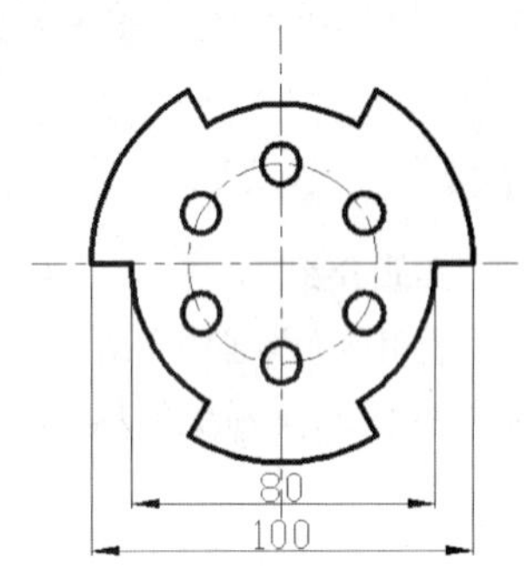

图95-3 线性标注效果

04 执行“注释>标注>直径”命令，对密封垫中的圆进行直径标注，效果如图95-4所示。

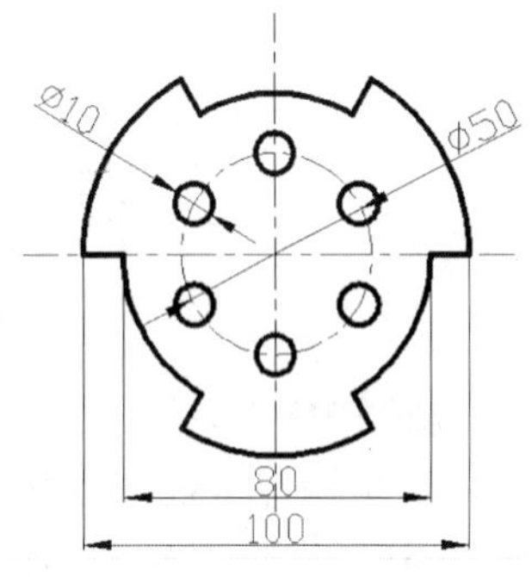

图95-4 直径标注效果

05 执行“注释>标注>角度”命令，标注圆弧的角度，效果如图95-1所示。

06 执行“另存为”命令，将图形另存为“实战095.dwg”。

技巧与提示

在本例中通过对如图95-2所示的密封垫的尺寸标注，向读者介绍了最基本的尺寸标注命令，读者都应完全掌握。

练习095 标注机械零件尺寸

实战位置 DVD>练习文件>第4章>练习095.dwg
难易指数 ★☆☆☆☆
技术掌握 巩固尺寸标注的使用方法

操作指南

参照“实战095”案例，对图95-5所示机械零件半径、圆孔间距等相关尺寸进行标注。

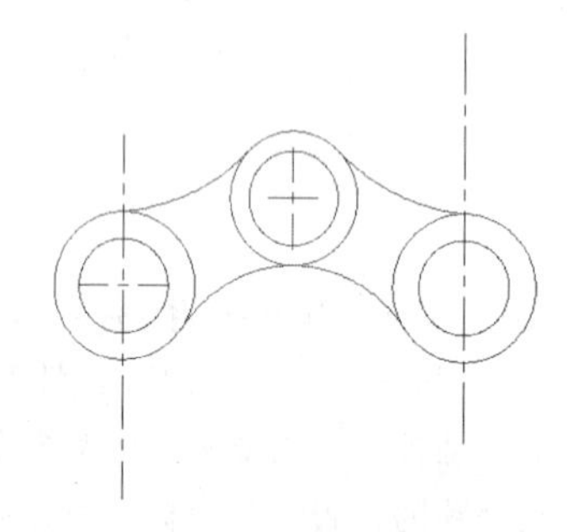

图95-5 标准零件1

实战096 标注支座

原始文件位置 DVD>原始文件>第4章>实战096原始文件
实战位置 DVD>实战文件>第4章>实战096.dwg
视频位置 DVD>多媒体教学>第4章>实战096.avi
难易指数 ★☆☆☆☆
技术掌握 掌握支座类零件的标注方法

实战介绍

利用前面例子中介绍的各种标注方法，本例主要介绍轴承支座尺寸的标注方法。本例最终效果如图96-1所示。

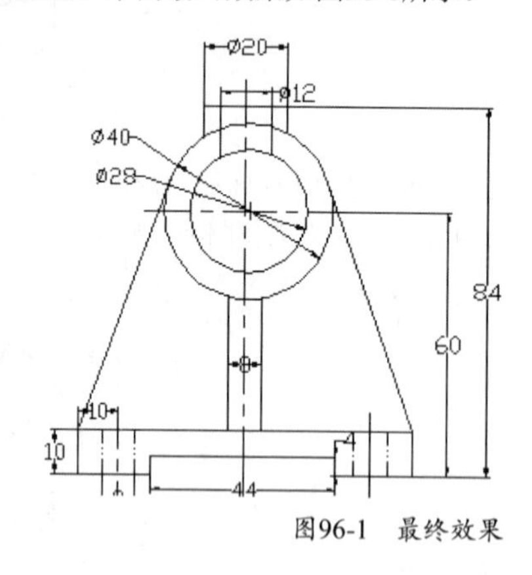

图96-1 最终效果

制作思路

• 首先打开AutoCAD 2013，然后进入操作环境，执行“标注”命令，标注如图96-1所示的图形。

制作流程

01 打开“实战132原始文件”，删除左视图和俯视图以及标注的部分，如图96-2所示。执行“标注>标注样式”命令，弹出“标注样式管理器”对话框，单击“新建”按钮，创建新的标注样式“轴承座尺寸”，用于标注图形尺寸。

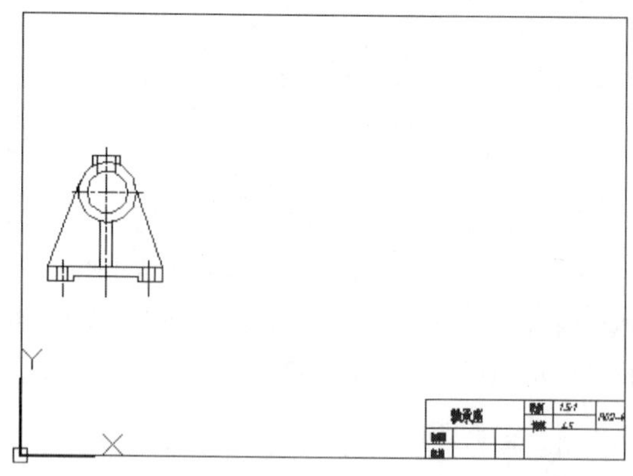

图96-2 删除左视图和俯视图以及标注的部分

02 单击“继续”按钮，在弹出的“新建标注样式：轴承座尺寸”对话框中对各项选项卡进行设置。设置各项如图96-3～图96-5所示。

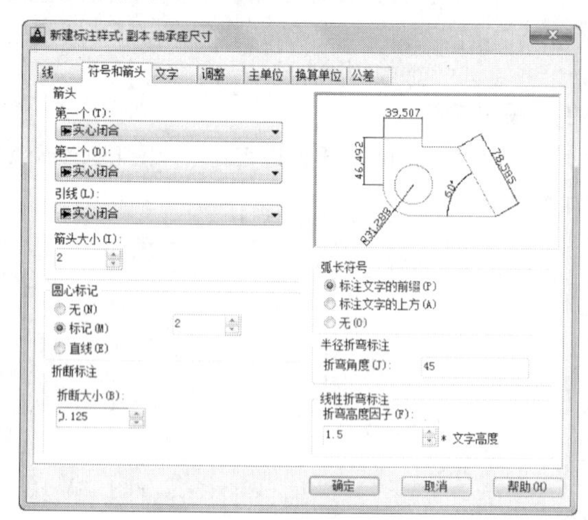

图96-3 “符号和箭头”选项卡

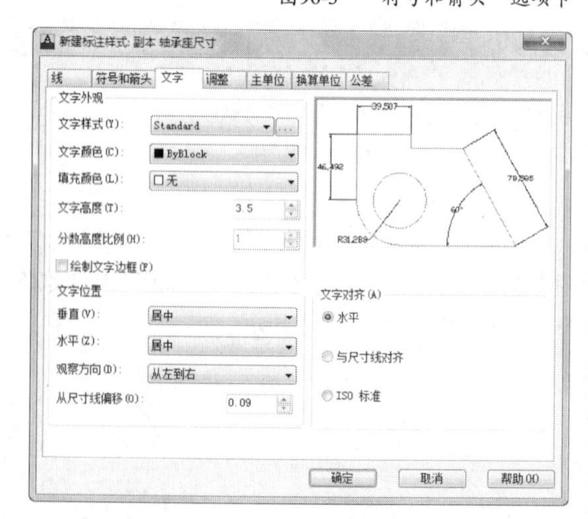

图96-4 “文字”选项卡

03 选择“轴承座尺寸”，单击“新建”按钮，分别对半径、直径和角度标注样式进行设置，其中半径和直径标注样式的“调整”选项卡如图96-6所示。角度的标注样式的“文字”选项卡如图96-7所示。

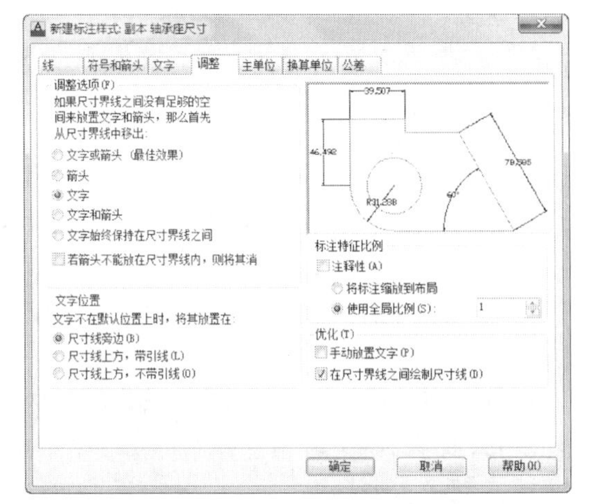

图96-5 “调整”选项卡

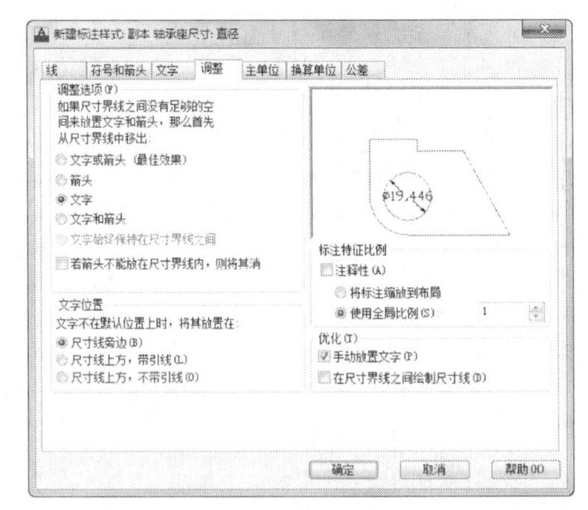

图96-6 半径和直径“调整”选项卡

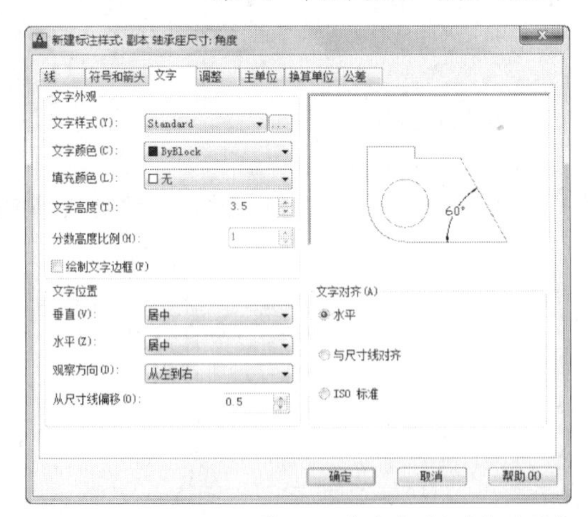

图96-7 角度的“文字”选项卡

在“标注样式管理器”对话框中选取“轴承座尺寸”标注样式，单击“置为当前”按钮，将设为当前标注样式。

04 将标注图层置为当前层，标注线型尺寸，如图96-8所示。

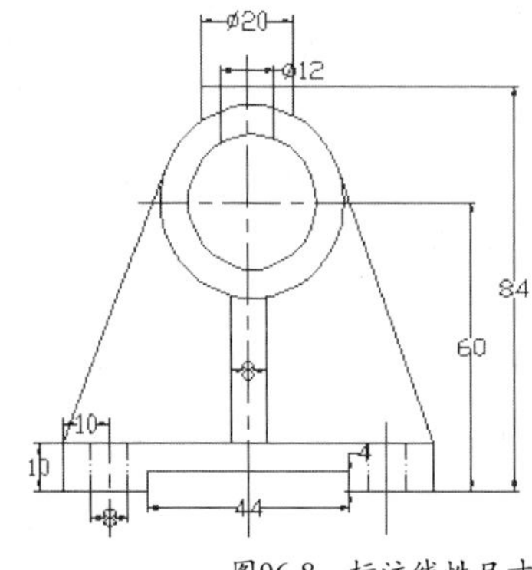

图96-8 标注线性尺寸

05 标注半径和直径尺寸，如图96-9所示。

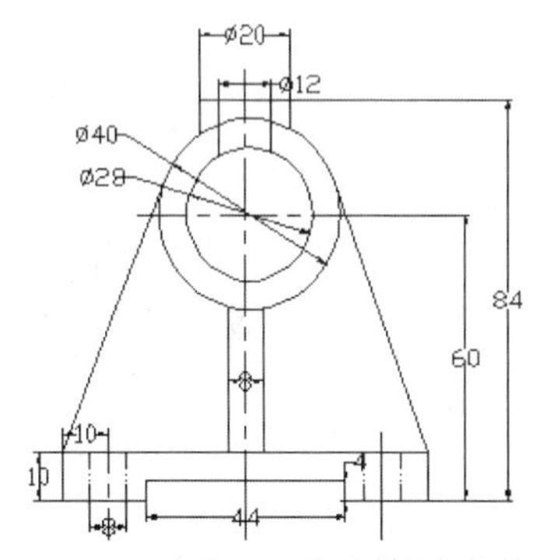

图96-9 标注直径和半径

06 执行“注释>标注>圆心标记”命令，为轴承座圆心作标记。最终标注结果如图96-1所示。

技巧与提示

本例综合运用了线性标注、直径和半径的标注、连续标注、基线标注、标注间距调整和圆心标记等标注命令，读者应加深掌握。

练习096 综合标注

实战位置 DVD>练习文件>第4章>练习096.dwg
难易指数 ★☆☆☆☆
技术掌握 巩固综合标注的方法

操作指南

参照“实战096”案例完成，标注结果如图96-10所示。

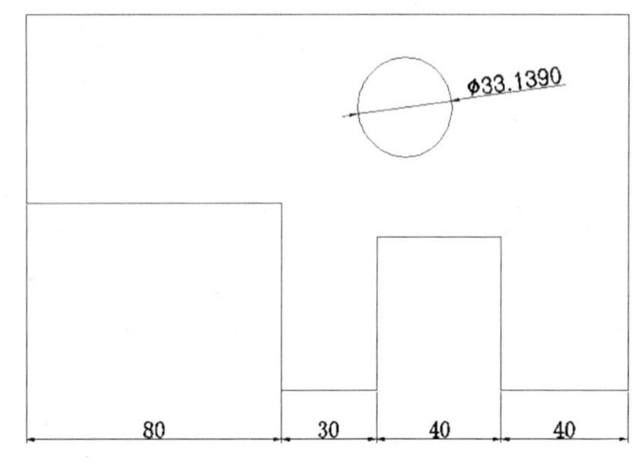

图96-10 标注图形

实战097 标注钓钩零件图

原始文件位置	DVD>原始文件>第4章>实战097原始文件
实战位置	DVD>实战文件>第4章>实战097.dwg
视频位置	DVD>多媒体教学>第4章>实战097.avi
难易指数	★☆☆☆☆
技术掌握	掌握“标注”命令的使用方法

实战介绍

标注钓钩零件图，主要有线性尺寸和半径尺寸。线性尺寸采用命令DIMLINEAR；半径尺寸采用命令DIMRADIUS。本例最终效果如图97-1所示。

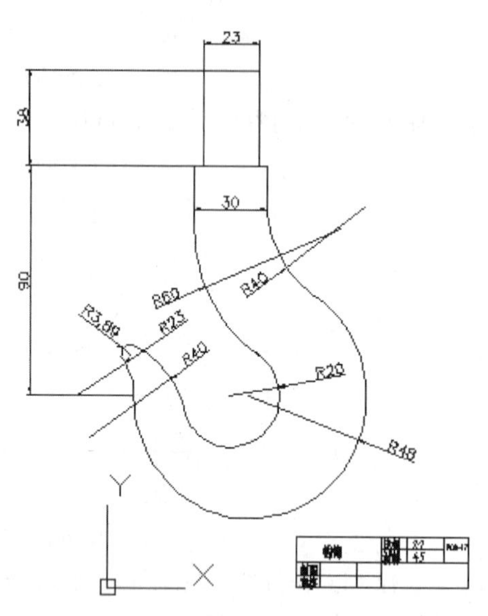

图97-1　最终效果

制作思路

• 首先打开AutoCAD 2013，然后进入操作环境，绘制零件，执行“标注”命令，标注如图97-1所示的图形。

制作流程

01 打开源文件“实战097原始文件.dwg”，如图97-2所示。

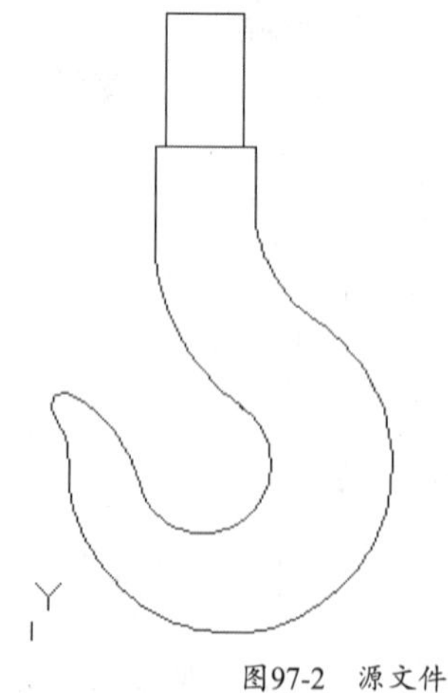

图97-2　源文件

02 标注钓钩的半径尺寸，如图97-3所示。

```
命令: _dimradius
选择圆弧或圆:
标注文字 = 48
指定尺寸线位置或 [多行文字(M)/文字(T)/角度(A)]:
命令: _dimradius
选择圆弧或圆:
标注文字 = 20
指定尺寸线位置或 [多行文字(M)/文字(T)/角度(A)]:
命令: _dimradius
选择圆弧或圆:
标注文字 = 40
指定尺寸线位置或 [多行文字(M)/文字(T)/角度(A)]:
命令: _dimradius
选择圆弧或圆:
标注文字 = 60
指定尺寸线位置或 [多行文字(M)/文字(T)/角度(A)]:
命令: _dimradius
选择圆弧或圆:
标注文字 = 40
指定尺寸线位置或 [多行文字(M)/文字(T)/角度(A)]:
命令: _dimradius
选择圆弧或圆:
标注文字 = 3.89
指定尺寸线位置或 [多行文字(M)/文字(T)/角度(A)]:
命令: _dimradius
选择圆弧或圆:
标注文字 = 23
指定尺寸线位置或 [多行文字(M)/文字(T)/角度(A)]:
命令: _dimradius
选择圆弧或圆:
标注文字 = 23
指定尺寸线位置或 [多行文字(M)/文字(T)/角度(A)]:
```

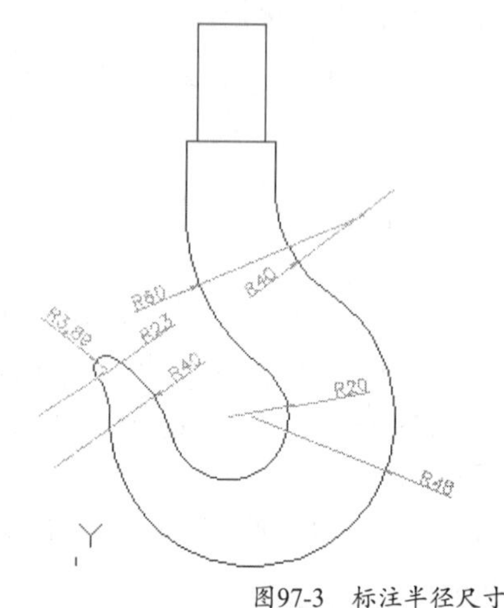

图97-3　标注半径尺寸

03 标注钓钩的线性尺寸，如图97-4所示。

```
命令: _dimlinear
指定第一个尺寸界线原点或 <选择对象>:
指定第二条尺寸界线原点:
指定尺寸线位置或
[多行文字(M)/文字(T)/角度(A)/水平(H)/垂直(V)/旋转(R)]:
标注文字 = 23
命令: _dimlinear
指定第一个尺寸界线原点或 <选择对象>:
指定第二条尺寸界线原点:
指定尺寸线位置或
[多行文字(M)/文字(T)/角度(A)/水平(H)/垂直(V)/旋转(R)]:
标注文字 = 38
命令: _dimlinear
指定第一个尺寸界线原点或 <选择对象>:
指定第二条尺寸界线原点:
指定尺寸线位置或
[多行文字(M)/文字(T)/角度(A)/水平(H)/垂直(V)/旋转(R)]:
标注文字 = 90
命令: _dimlinear
指定第一个尺寸界线原点或 <选择对象>:
指定第二条尺寸界线原点:
指定尺寸线位置或
[多行文字(M)/文字(T)/角度(A)/水平(H)/垂直(V)/旋转(R)]:
标注文字 = 30
```

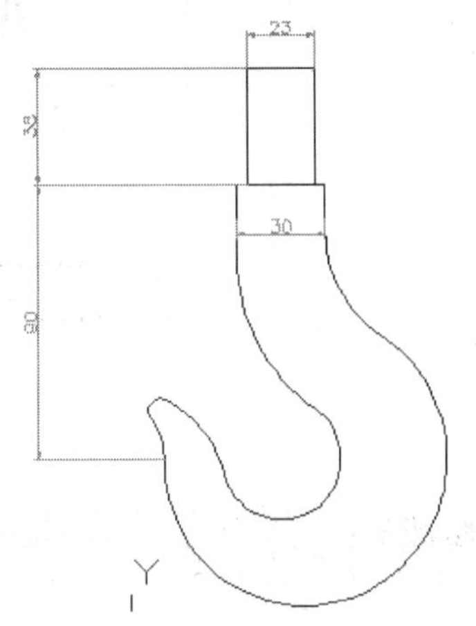

图97-4　标注线性尺寸

04 取消隐藏，最终效果如图97-1所示。选择要保存的文件路径，并修改文件名为“实战097.dwg”，执行“保存”命令，将绘制的图形进行保存。

技巧与提示

标注的时候要注意位置的选区，让标注完后看起来比较工整。

练习097　标注钓钩零件图

实战位置　DVD>练习文件>第4章>练习097.dwg
难易指数　★☆☆☆☆
技术掌握　巩固“标注”的使用方法

操作指南

参照“实战097”案例完成。

实战098　标注V带轮、轴连接图

原始文件位置　DVD>原始文件>第4章>实战098原始文件
实战位置　DVD>实战文件>第4章>实战098.dwg
视频位置　DVD>多媒体教学>第4章>实战098.avi
难易指数　★☆☆☆☆
技术掌握　掌握V带轮、轴连接图的标注方法

实战介绍

尺寸标注样式用于控制标注的格式和外观。尺寸标注样式包括标注文字、尺寸线、尺寸界线和箭头几个部分。通过本例来练习机械图形标注的基本方法。本例最终效果如图98-1所示。

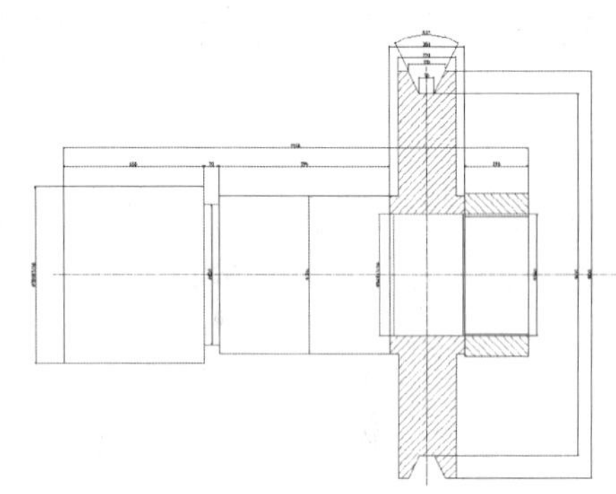

图98-1　最终效果

制作思路

• 首先打开AutoCAD 2013，然后进入操作环境，绘制带轮，并进行尺寸标注，做出如图98-1所示的图形。

制作流程

01 打开“实战098原始文件.dwg”图形文件，如图98-2所示。

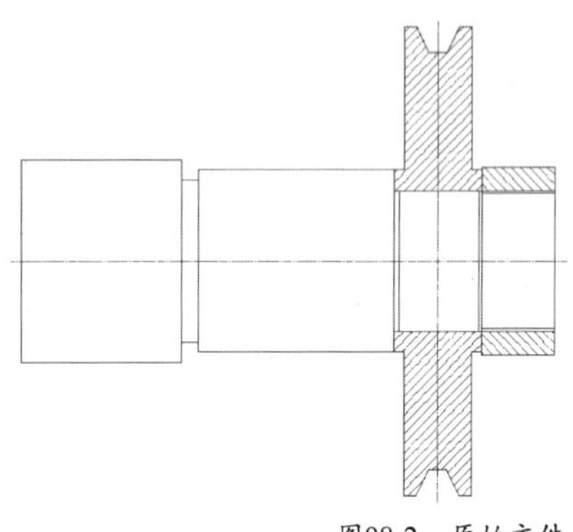

图98-2　原始文件

02 设置标注的文字样式。执行“文字>文字样式”命令，在打开的“文字样式”对话框中新建“样式1”，其参数设置如图96-3所示，并将其置为当前样式。

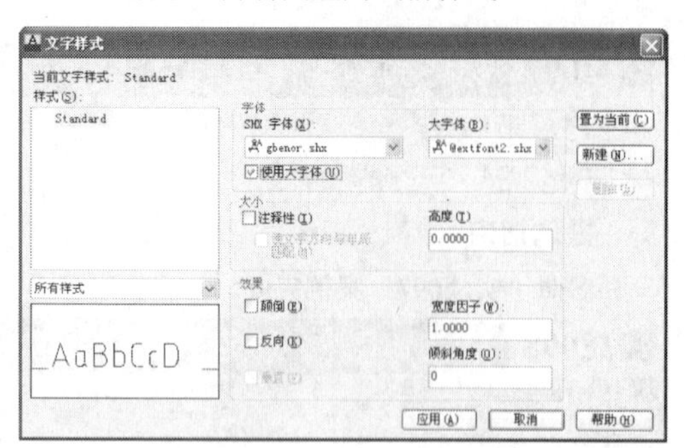

图98-3　文字样式

03 设置标注样式。在打开的“标注样式管理器”对话框中新建“样式1”，在“新建标注样式：样式一”对话框中分别设置“线”选项卡中的“基线间距”为1，“符号和箭头”选项卡中的“箭头大小”为2，“文字”选项卡中的“文字高度”为5。

04 执行“线性”命令，标注图形，如图98-4所示。

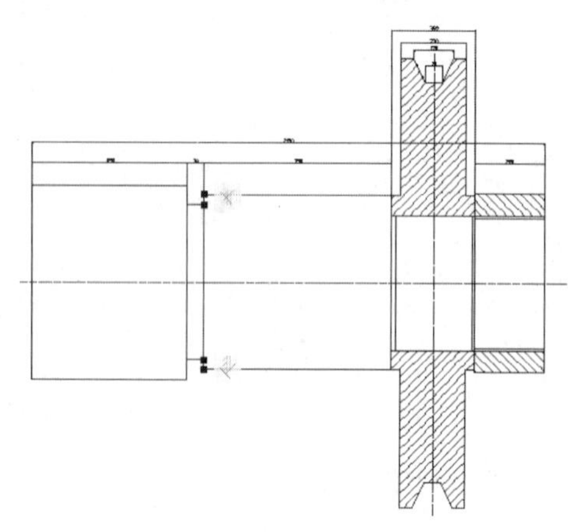

图98-4　线性标注

05 对照04的操作方法，分别选择两点，输入M，按Enter键确认，在文字编辑器中输入%%c780H7/h6，单击确定退出；重复此操作，标注其他位置的尺寸，如图98-5所示。

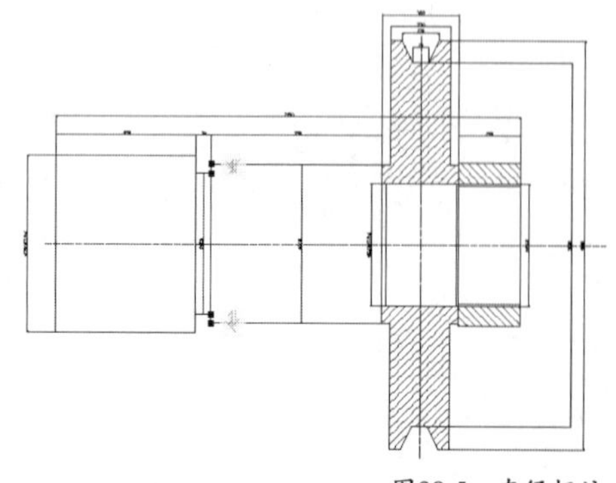

图98-5　直径标注

06 执行“注释>标注>角度”命令，分别选择两条斜边，效果如图98-6所示。

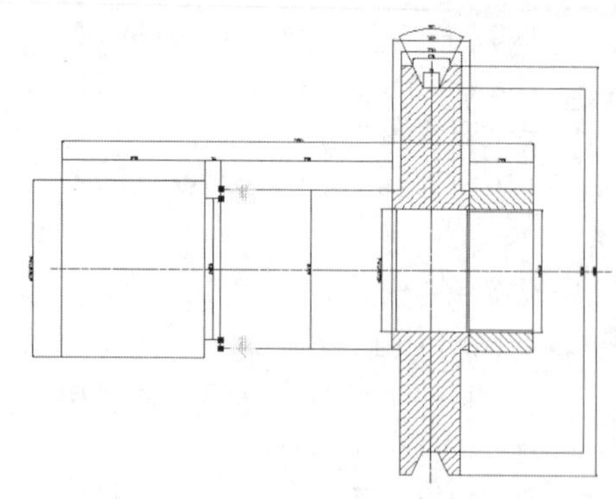

图98-6　角度标注

07 执行“保存”命令，弹出“另存为”对话框，将该文件保存为“实战098.dwg”。

本例主要介绍了基本标注命令的使用方法，相关使用人员多掌握，其中详细标注尺寸见实战源文件。

练习098 标注V带轮

实战位置	DVD>练习文件>第4章>练习098.dwg
难易指数	★☆☆☆☆
技术掌握	巩固“标注”的使用方法

操作指南

参照“实战098”案例进行制作。最终效果如图98-7所示。

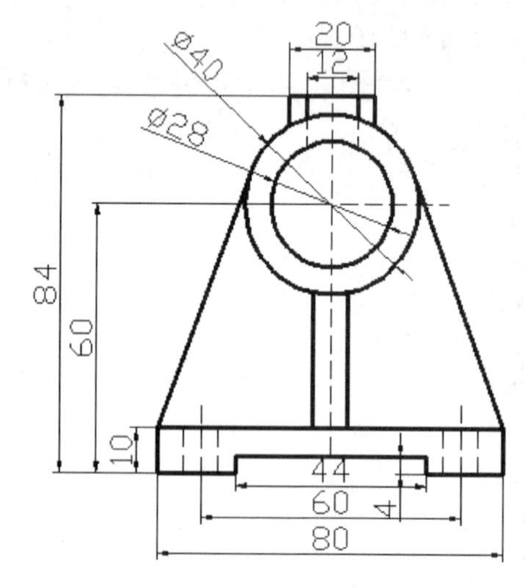

图98-7　标注新图形效果

实战099 标注定位块

原始文件位置	DVD>原始文件>第4章>实战099原始文件
实战位置	DVD>实战文件>第4章>实战099.dwg
视频位置	DVD>多媒体教学>第4章>实战099.avi
难易指数	★☆☆☆☆
技术掌握	掌握“标注定位块”命令的使用方法

实战介绍

本例中通过基础的方法标注机械图形。本例最终效果如图99-1所示。

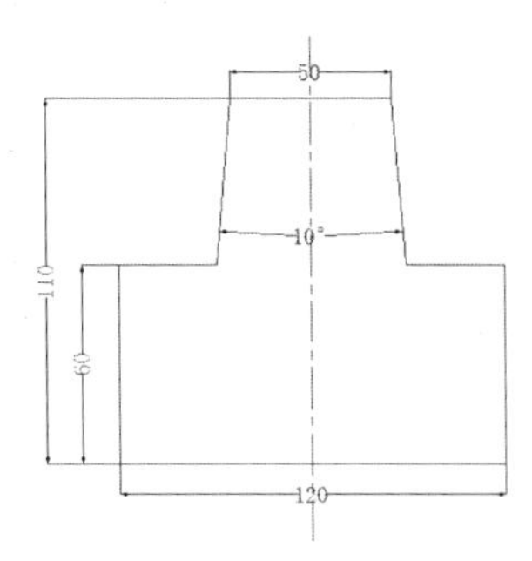

图99-1　最终效果

制作思路

• 首先打开AutoCAD 2013，然后进入操作环境，执行“标注”和“创建块”命令，做出如图99-1所示的图形。

制作流程

01 执行“打开”命令，打开“实战099原始文件.dwg”图形文件。如图99-2所示。

02 执行LAYER命令，新建一个“中心线”图层，设置其“线型”为CENTER、“颜色”为青色。

03 执行“格式>标注样式”命令，新建一个标注样式，分别设置“线”选项卡中的“基线间距”为1、“符号和箭头”选项卡中的“箭头大小”为2、“文字”选项卡中的“文字高度”为5。

04 执行INSERT命令，弹出“插入”对话框，单击“浏览”按钮，在弹出的对话框中选择相应的素材，单击“打开”按钮，然后单击“确定”按钮，在绘图区中任意位置单击鼠标左键，导入一副素材，效果如图99-2所示。

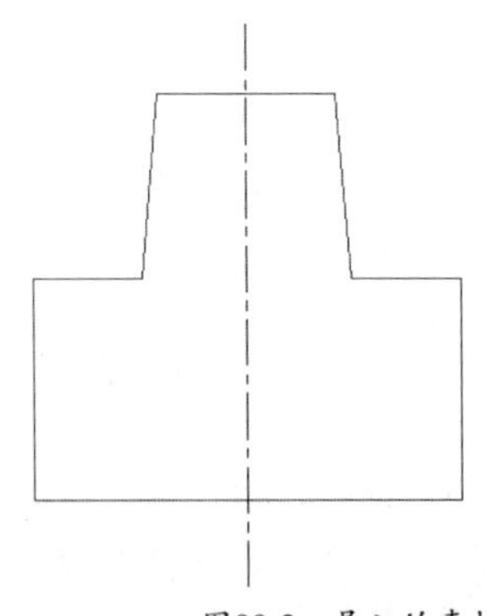

图99-2　导入的素材

05 执行“注释>标注>线性”命令，标注图形，效果如图99-3所示。

06 执行“注释>标注>角度”命令，分别选择两条斜边，效果如图99-1所示。

07 执行“另存为”命令，将图形另存为“实战099.dwg”。

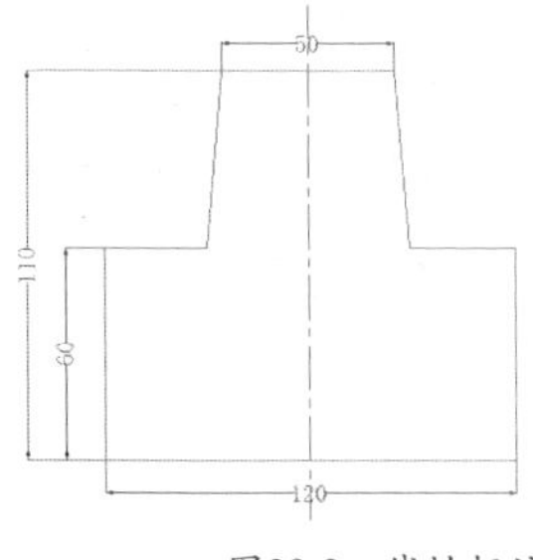

图99-3　线性标注

技巧与提示

创建块的时候要选择完全，切记选漏或多选。

练习099　标注定位块

实战位置　DVD>练习文件>第4章>练习099.dwg
难易指数　★☆☆☆☆
技术掌握　巩固“线性标注”命令的使用方法

操作指南

参照“实战099”案例完成，最终标注效果如图99-4所示。

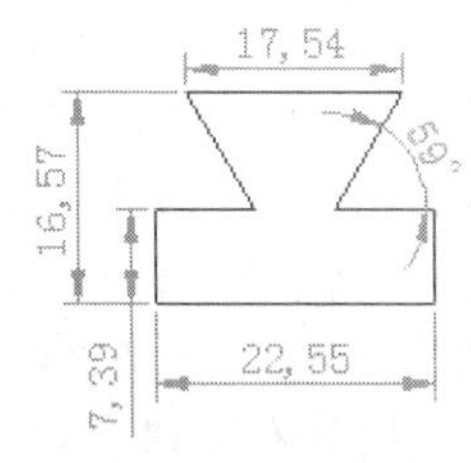

图99-4　最终效果

实战100　标注齿轮轴套尺寸

原始文件位置　DVD>原始文件>第4章>实战100原始文件
实战位置　DVD>实战文件>第4章>实战100.dwg
视频位置　DVD>多媒体教学>第4章>实战100.avi
难易指数　★☆☆☆☆
技术掌握　掌握“标注”命令的使用方法

实战介绍

本例中读者需学到并理解运用的是“引线标注”命令和尺寸偏差的标注方法，以及标注竖直方向的尺寸数字一定布置在尺寸线的左边从下到上方向书写。本例最终效果如图100-1所示。

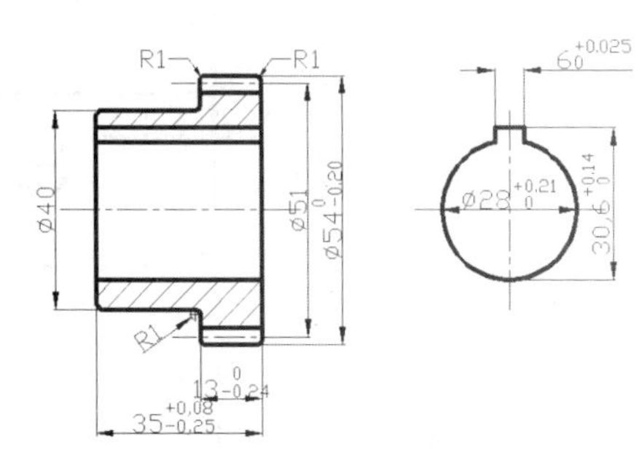

图100-1　最终效果

制作思路

• 本例标注的齿轮轴套尺寸除了前面介绍过的线性

尺寸、直径和半径尺寸外，还有引线标注1×45°、R1，以及带有尺寸偏差的尺寸。本例主要介绍“引线标注”命令LEADER与QLEADER和尺寸偏差的标注方法。

制作流程

01 打开源文件“实战100原始文件.dwg”，显示如|图100-2所示。

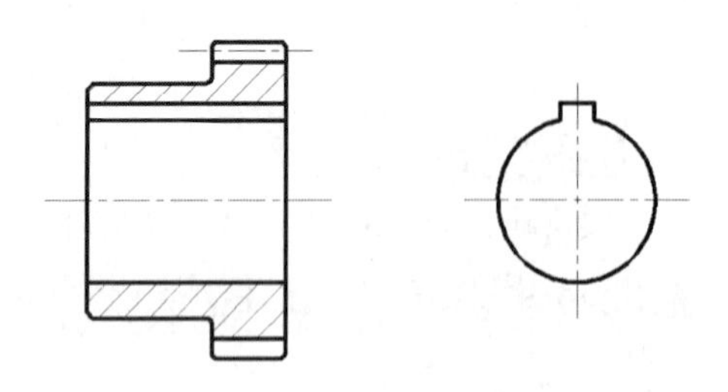

图100-2　齿轮轴套

02 执行“图层>图层特性管理器”命令，设置新层“bz”，线宽为0.09mm，其他设置不变，用于标注尺寸。并将其设置为当前层。

03 执行“常用>注释>文字样式”命令。弹出“文字样式”对话框，设置“机械文字”样式，字体样式为仿宋_GB2312，宽度因子1.0000。

04 执行“常用>注释>标注样式”命令，弹出“标注样式”对话框，新建“机械图样”样式，新建基础样式为“机械图样”的直径和半径、线性标注样式，其中半径标注样式和直径标注样式一样，并将“机械图样”标注样式置为当前。

05 执行“常用>注释>线性”命令，标注齿轮轴套主视图中的线性尺寸13、35及ϕ40、ϕ51、ϕ54，其中13、35用基线标注。结果如图100-3所示。

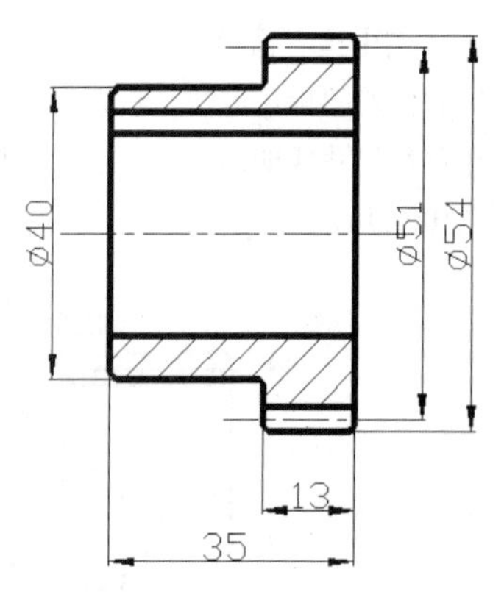

图100-3　标注线性尺寸

06 执行“常用>注释>半径”命令，结果如图100-4所示。

07 执行“常用>注释>引线”命令，指定引线起点位置后输入“R1”。结果如图100-5所示。

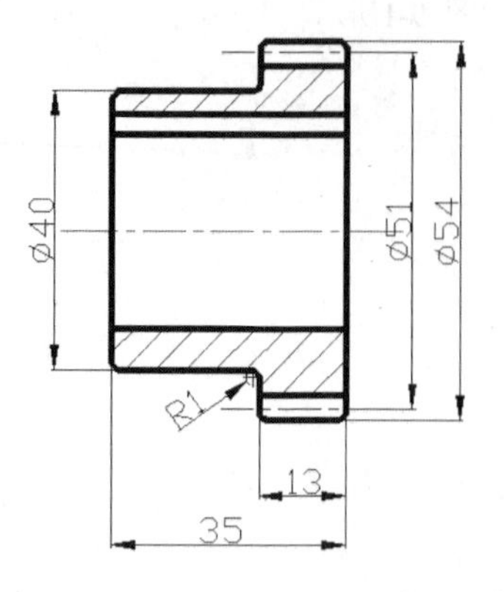

图100-4　标注半径尺寸

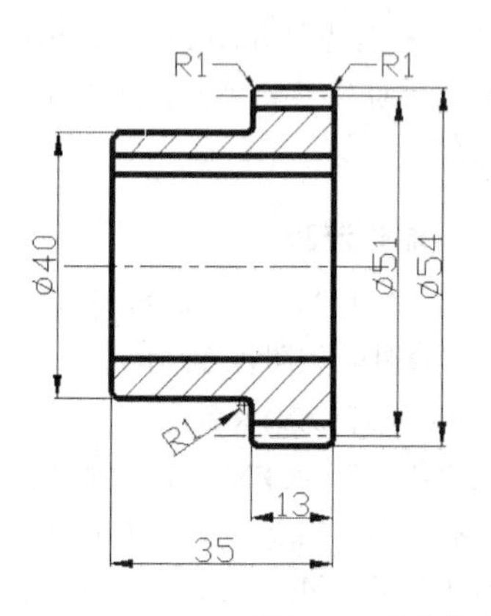

图100-5　引线标注

08 用引线标注齿轮轴套主视图的倒角。输入命令QLEADER，选择命令行中的“设置”，弹出“引线设置”对话框，设置如图100-6所示。

图100-6　设置引线

09 设置完成后，命令行提示及操作内容如下：

```
指定第一个引线点或[设置(S)]<设置>:    //捕捉上端倒角的端点
指定下一点:   //移动鼠标，在适当位置点击
指定下一点  //移动鼠标，在适当位置点击
指定文字宽度<0>:(Enter键)
输入注释文字的第一行<多行文字>:1×45%%d (Enter键)
输入注释文字的下一行:(Enter键)
```

结果如图100-7所示。

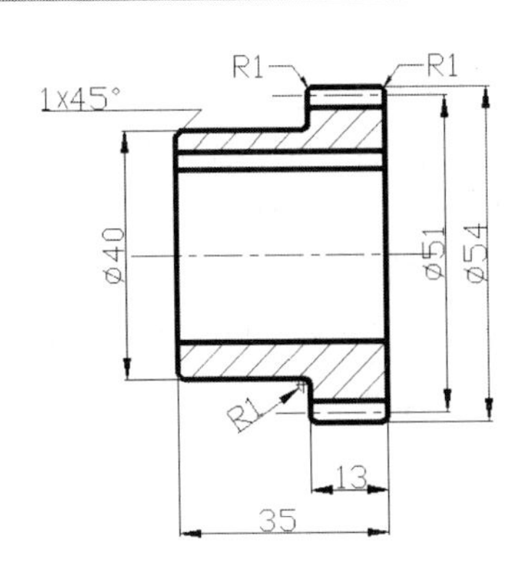

图100-7　标注倒角

10 标注齿轮轴套的局部尺寸，执行“常用>注释>线性标注”命令，对左视图进行标注。

标注直径时“ϕ”直接输入“%%d”即可。对于有尺寸偏差的标注，首先按照线性标注，再双击标注文字，弹出“文字格式”对话框，继续输入文字如 “+0.025^ 0”，然后选中 “+0.025^ 0”，执行对话框中的b/a命令即可，单击“确定”完成标注。结果如图100-8所示。

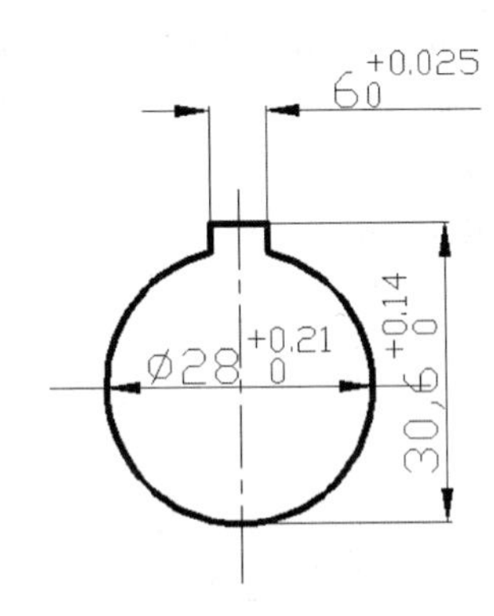

图100-8　标注局部尺寸

11 修改齿轮轴套主视图中的线性尺寸，添加尺寸偏差。执行“格式>标注样式”命令，弹出“标注样式管理器”对话框。

选择“机械图样”样式，执行“替代>替代当前样式”命令，单击“主单位”选项卡，如图100-9所示，将“线性标注”选项区中的精度值设为0.00；单击“公差”选项卡，如图100-10所示，将“方式”设置为“极限偏差”，设置“上偏差”为0，“下偏差”为0.24，“高度比例”为0.7，单击“确定”完成。

执行“注释>标注>更新”命令，选取线性尺寸13，即可添加尺寸偏差。

12 继续设置“替代标注样式”，设置“公差”选项卡中的“上偏差”为0.08，“下偏差”为0.25.选择“标注”工具栏中的“更新”工具，选取对象为线性尺寸35，即可为其添加尺寸偏差，结果如图100-11所示。

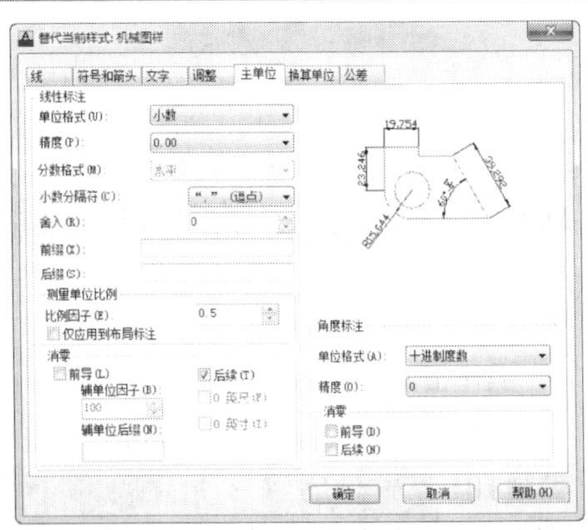

图100-9　修改精度

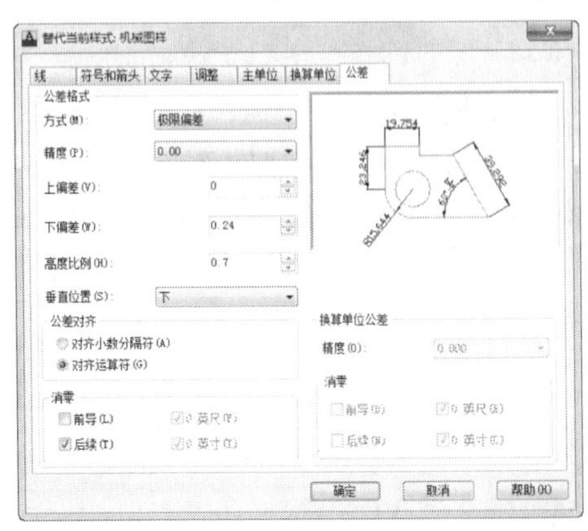

图100-10　设置极限偏差

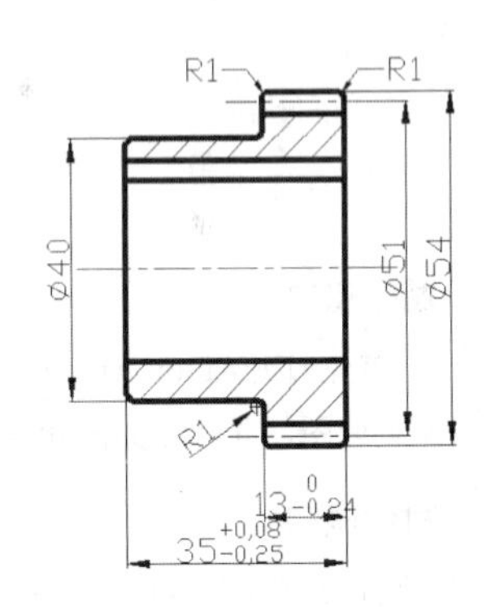

图100-11　添加尺寸偏差（1）

13 修改齿轮轴套主视图中的线性尺寸54，添加尺寸偏差，上偏差为0，下偏差为-0.20，结果如图100-12所示。

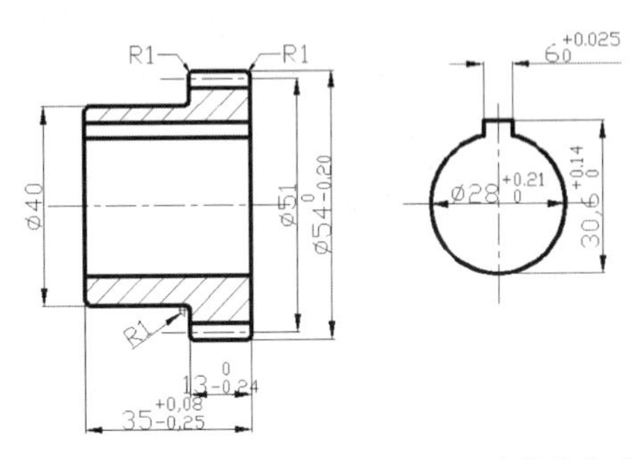

图100-12　添加尺寸偏差（2）

技巧与提示

本例中介绍了几种标注样式的不同方法，读者注意知识的积累，要活学活用。

练习100 标注轴承端盖

实战位置	DVD>练习文件>第4章>练习100.dwg
难易指数	★☆☆☆☆
技术掌握	巩固"标注"的使用方法

操作指南

参考"实战100"案例完成轴承端盖的标注。

实战101 标注箱体装配图

原始文件位置	DVD>原始文件>第4章>实战101原始文件
实战位置	DVD>实战文件>第4章>实战101.dwg
视频位置	DVD>多媒体教学>第4章>实战101.avi
难易指数	★☆☆☆☆
技术掌握	掌握"标注"命令的使用方法

实战介绍

通过标注箱体装配图，从而让读者充分地了解和掌握有关箱体的标注。本例最终效果如图101-1所示。

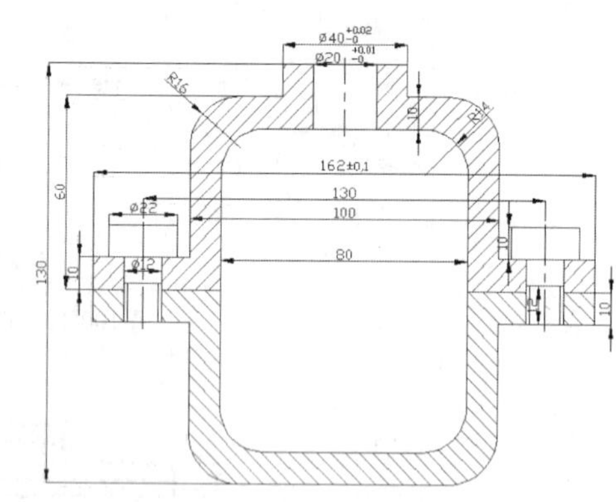

图101-1　最终效果

制作思路

• 首先打开AutoCAD 2013，然后进入操作环境，绘制箱体装配图，并标注如图101-1所示的图形。

制作流程

01 执行"打开"命令，打开"实战101原始文件.dwg"文件，如图101-2所示。

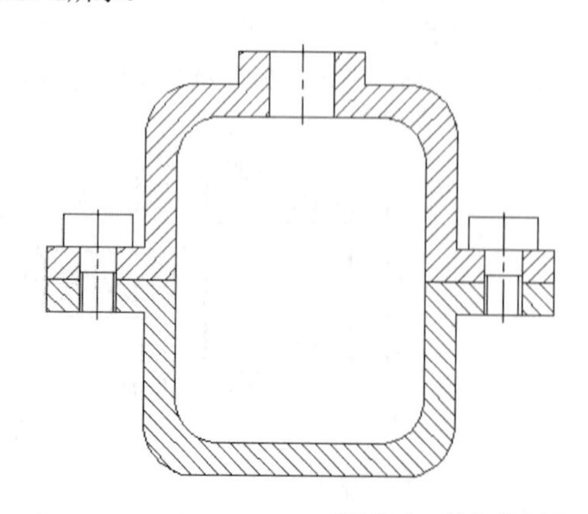

图101-2　箱体装配图

02 执行"格式>标注样式"命令，新建一个标注样式，分别设置"线"选项卡中的"基线距离"为1、"符号和箭头"选项卡中的"箭头大小"为4、"文字"选项卡中的"文字高度"为3、"公差"选项卡中的"高度比例"为0.6，颜色统一为洋红。

03 执行"注释>标注>线性"命令，标注图形，效果如图101-3所示。

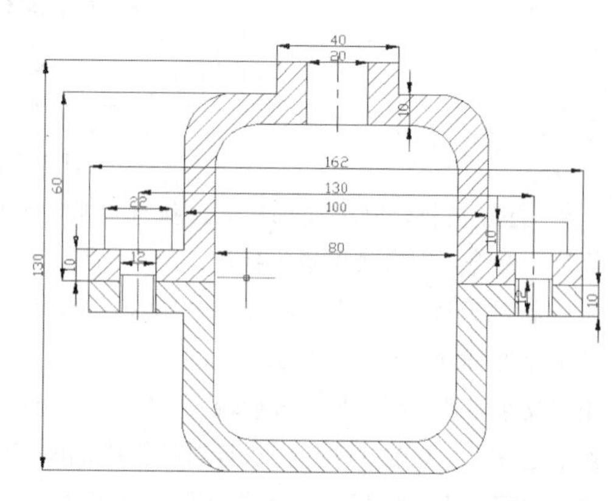

图101-3　线性标注

04 执行ED命令，选择线性标注40，弹出"文字格式"对话框，输入%%c40，单击"确定"按钮；重复执行ED命令编辑线性标注20、22、12为%%c20、22、12，效果如图102-4所示。

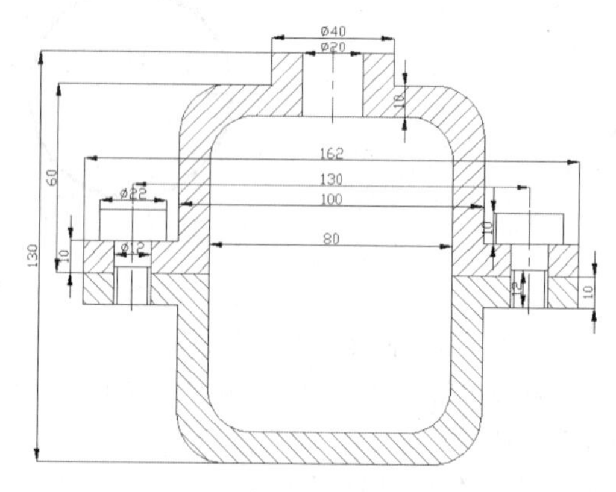

图101-4　编辑标注

05 选择线性标注162，在工具栏中执行"特性"命令，在弹出的工具栏中选择"公差"选项区。设置"显示公差"为"对称"，在"公差下偏差"数值框中输入数值0.1，设置公差文字高度为0.8；重复此操作，标注其余尺寸，效果如图101-5所示。

06 执行"注释>标注>半径"命令，标注图形中圆弧半径，如图101-1所示。

07 执行"保存"命令，将图形另存为"实战101.dwg"。

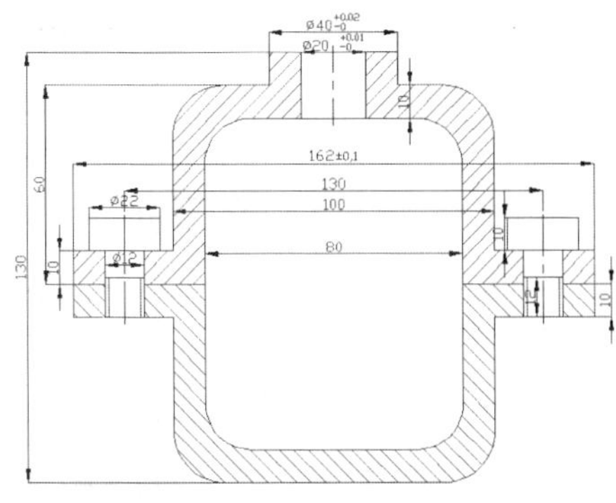

图101-5　公差标注

练习101　标注箱体装配图

实战位置	DVD>练习文件>第4章>练习101.dwg
难易指数	★☆☆☆☆
技术掌握	巩固“标注”的使用方法

操作指南

参照“实战101”案例完成。

实战102　标注支座尺寸

原始文件位置	DVD>原始文件>第4章>实战102原始文件
实战位置	DVD>实战文件>第4章>实战102.dwg
视频位置	DVD>多媒体教学>第4章>实战102.avi
难易指数	★☆☆☆☆
技术掌握	掌握“标注”命令的使用方法

实战介绍

利用前面例子中介绍的各种标注方法，本例主要介绍支座尺寸的标注方法。本例最终效果如图102-1所示。

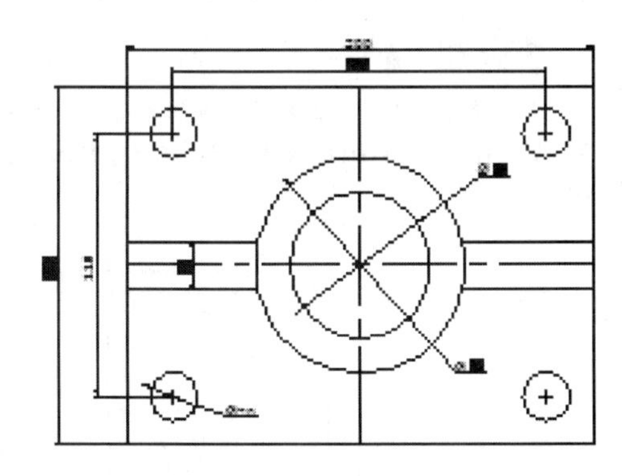

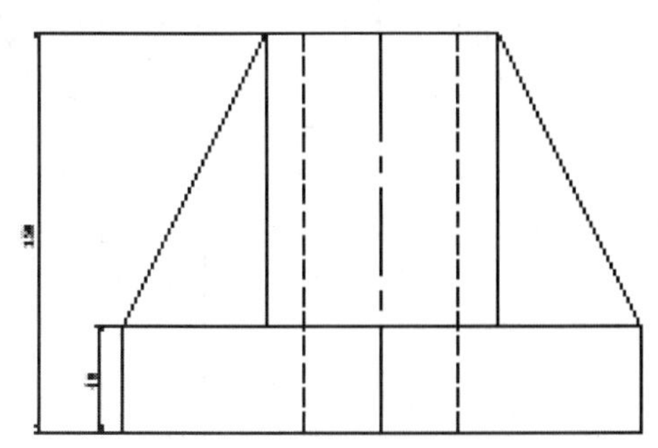

图102-1　最终效果

制作思路

• 首先打开AutoCAD 2013，然后进入操作环境，绘制零件的主视图和俯视图，执行“标注”命令，标注如图102-1所示的图形。

制作流程

01 打开“实战102原始文件”中的素材，如图102-2所示。

02 执行“注释>标注>标注样式”命令，新建一个名为“线性”的标注样式，分别设置“线”选项卡中的“基线间距”为1，“符号和箭头”选项卡中的“箭头大小”为2，“文字”选项卡中的“文字高度”为5。新建标注样式：标注支座尺寸对话框中对各项选项卡进行设置如图102-3～图102-5所示。

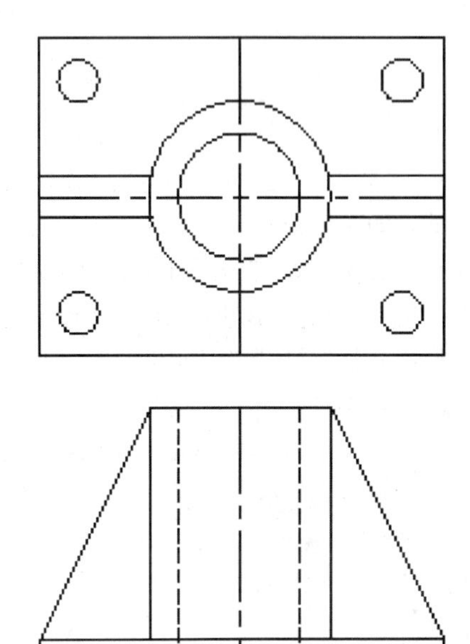

图102-2　导入素材文件

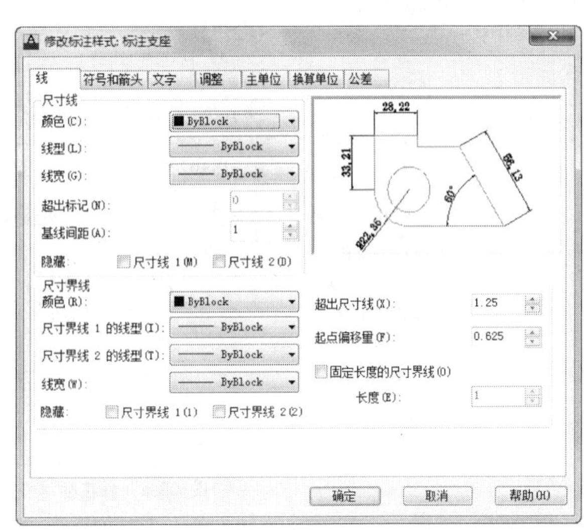

图102-3　“线”选项卡

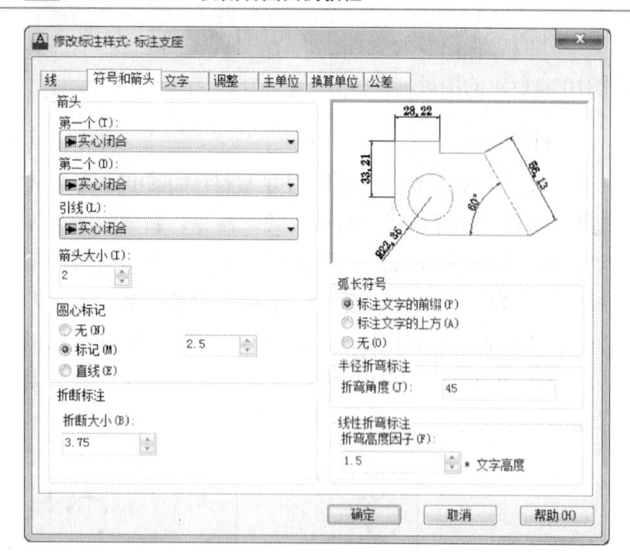

图102-4　“符号和箭头”选项卡

03 参照步骤（2）的操作方法，新建一个“直径标注”样式，如图102-6所示，单击“继续”按钮，在弹出的对话框中选择“文字”选项卡，执行“文字对齐>水平”命令，单击“确定”按钮，返回“样式标注样式管理器”对话框，单击“关闭”按钮退出。

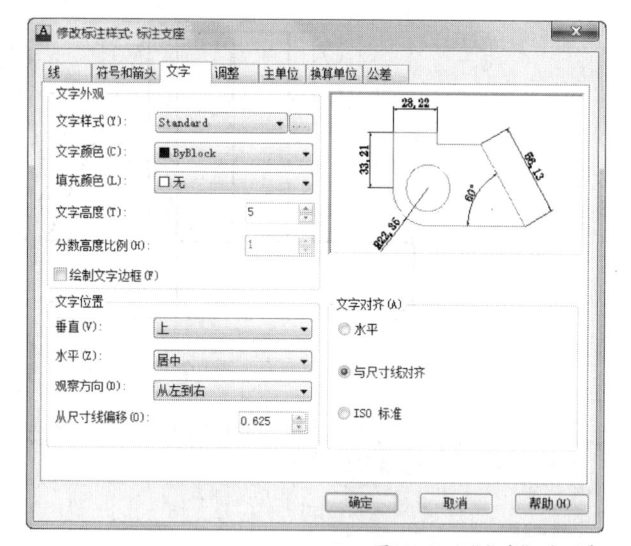

图102-5　“文字”选项卡

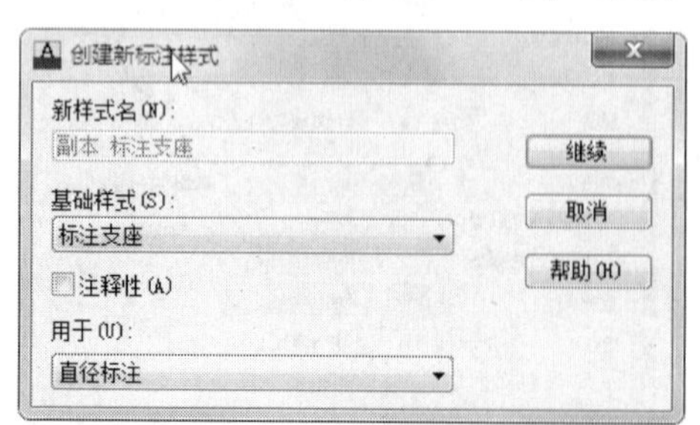

图102-6　新建标注样式

04 执行“注释>标注>圆心标记”命令，分别选择素材中的4个小圆，效果如图102-7所示。

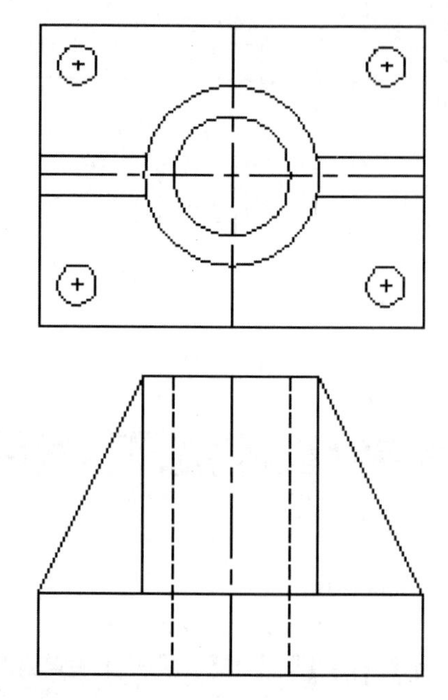

图102-7　标注圆心

05 执行“注释>标注>线性”命令，标记图形，效果如图102-8所示。

06 执行“注释>标注>直径”命令，分别选择各个圆，结果如图102-9所示。

07 执行“保存”命令将文件保存为“实战102.dwg”。

本例综合运用了线性标注、直径和半径的标注、连续标注、基线标注、标注间距调整和圆心标记等标注命令，读者应加深掌握。

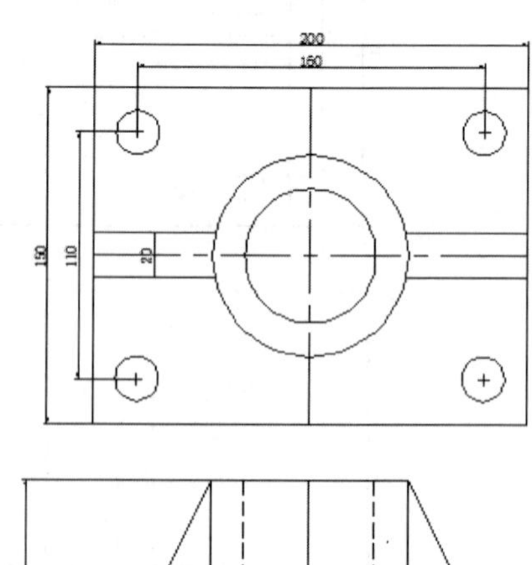

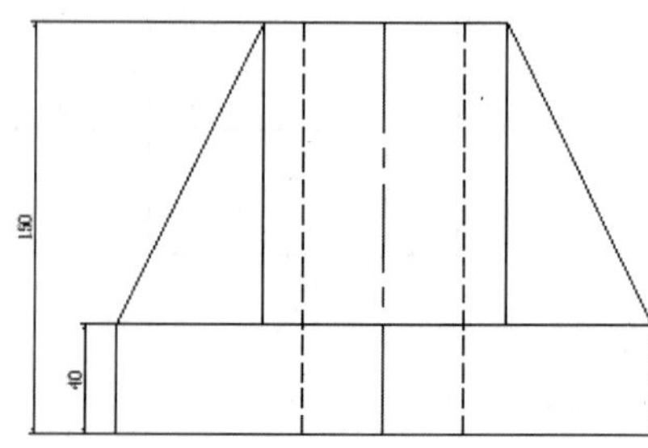

图102-8　线性标注

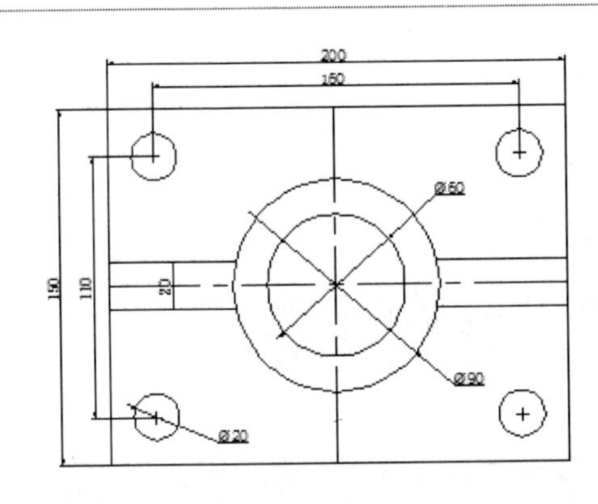

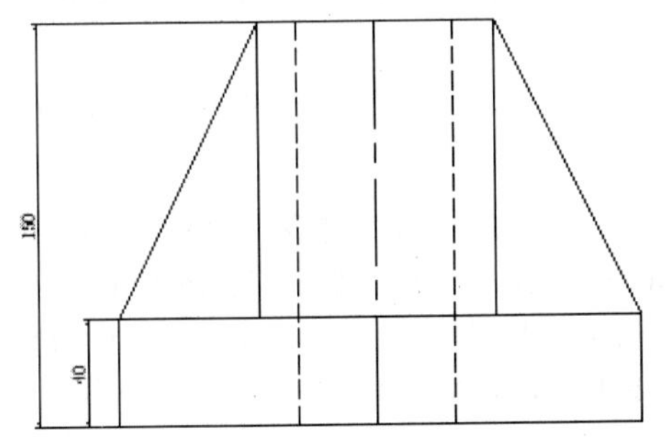

图102-9　标注直径

练习102　图形标注

实战位置　DVD>练习文件>第4章>练习102.dwg
难易指数　★☆☆☆☆
技术掌握　巩固“标注”的使用方法

操作指南

参照“实战102”案例完成，标注结果如图102-10所示。

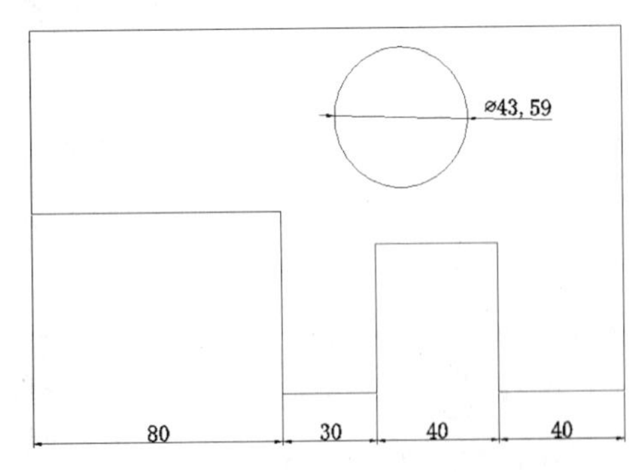

图102-10　标注图形

第5章 标准件与常用件的绘制

本章学习要点：

掌握标准件与常用件的结构特点

掌握标准件与常用件的绘制思路

掌握“修剪”、“打断”、“阵列”工具的使用方法

巩固“绘图”工具栏中基本绘图工具的使用

了解标准件与常用件的用途

实战103 绘制外螺纹

实战位置 DVD>实战文件>第5章>实战103.dwg
视频位置 DVD>多媒体教学>第5章>实战103.avi
难易指数 ★★☆☆☆
技术掌握 掌握绘制外螺纹的方法

实战介绍

螺纹是组成螺钉、螺栓、螺母和垫圈的重要部分。国家对螺纹的牙型、直径、线数、螺距和导程等都有一定的规定。螺纹分为内螺纹和外螺纹。掌握了螺纹的规定画法，在绘制具体螺纹紧固件时将得心应手。在本例中将介绍绘制外螺纹的方法。本例最终效果如图103-1所示。

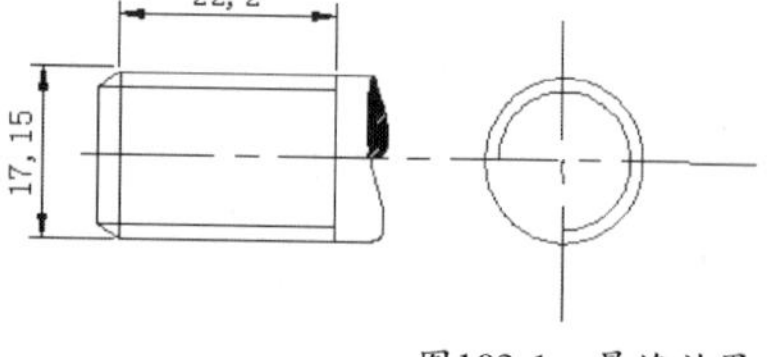

图103-1 最终效果

制作思路

- 打开AutoCAD 2013，然后进入绘图环境，新建所需图层。
- 使用“直线”工具，绘制外轮廓线和中心线，以及样条曲线。
- 最后在指定区域进行图案填充。

制作流程

01 新建一个图形文件，将其命名为“实战103.dwg”。

02 执行“图层>图层状态管理器”命令，创建图层，如图103-2所示。

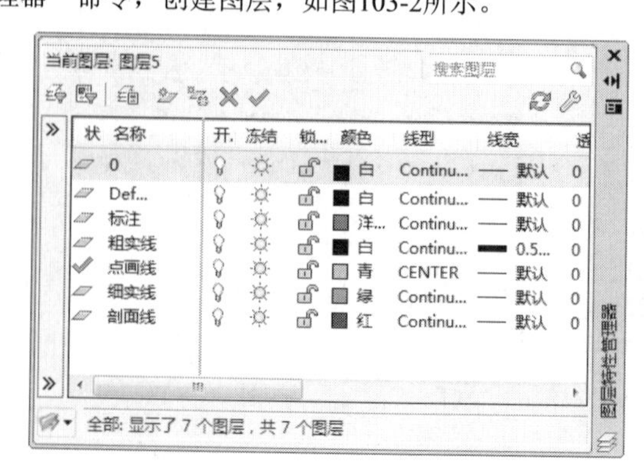

图103-2 创建图层

03 执行“格式> 线型”命令，弹出“线型管理器”对话框，设置“全局比例因子”为0.35，如图103-3所示。单击“确定”按钮，完成设置。

图103-3 设置“全局比例因子”

04 将“点画线”图层置为当前层。执行“绘图>直线”命令，绘制出中心线，如图103-4所示。

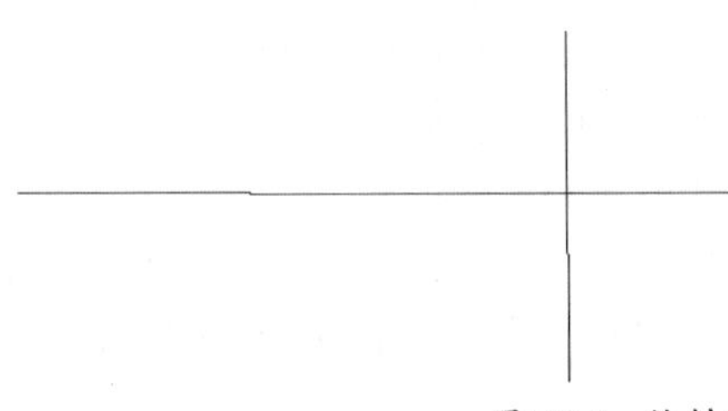

图103-4 绘制中心线

05 将“粗实线”层置为当前层。执行“绘图>圆”命令，在点画线的交点处绘制R6的圆，如图103-5所示。

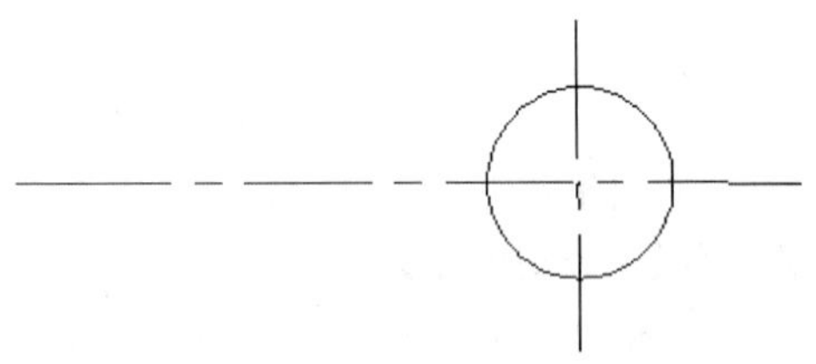

图103-5 绘制螺纹大径

06 将“细实线”层置为当前层。绘制半径为刚绘制圆的半径的85%的圆，如图103-6所示。

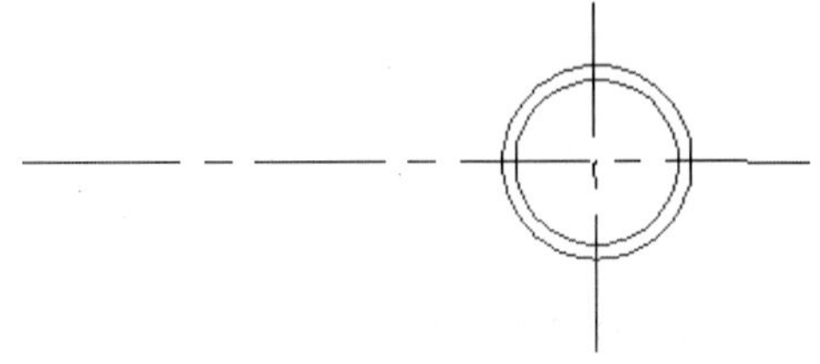

图103-6 绘制螺纹小径

07 执行“修改>打断”命令，将小径圆弧删除约1/4，效果如图103-7所示。

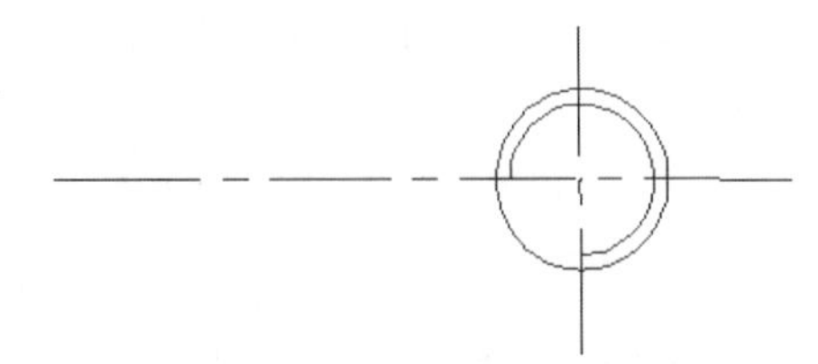

图103-7 打断圆

08 将“粗实线”层置为当前层。执行“绘图>直线”命令，利用“对象捕捉”和“对象追踪”功能，按右侧视图，绘制螺纹左侧视图外部轮廓，如图103-8所示。

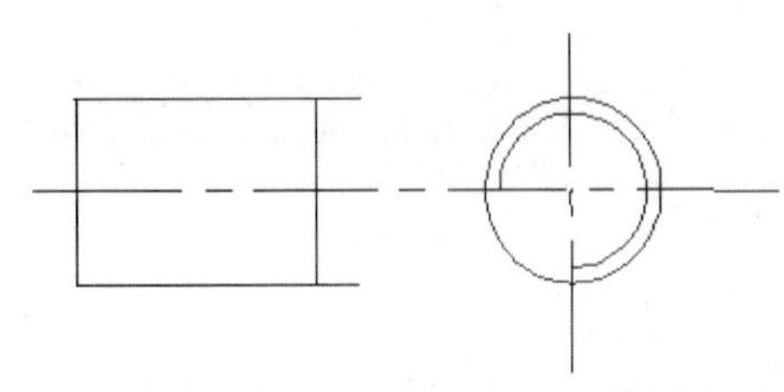

图103-8 绘制左侧视图

09 执行“修改>倒角”命令，绘制出“1×45°”的倒角，使用“直线”命令，补画倒角轮廓线，如图103-9所示。

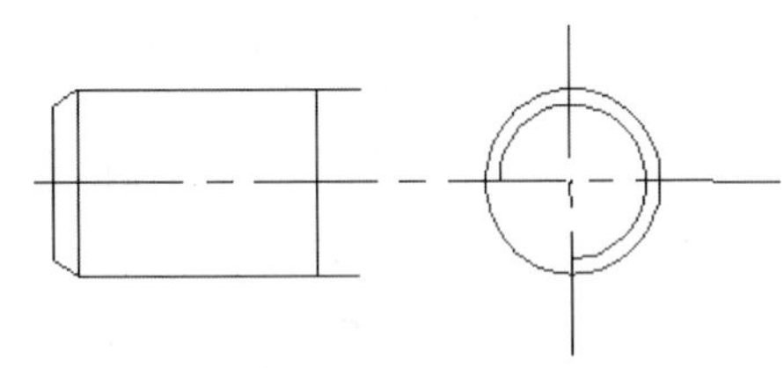

图103-9 绘制倒角

10 将“细实线”层置为当前层。执行“绘图>直线”命令，利用“对象捕捉”和“对象追踪”功能，按右侧视图，绘制出螺纹小径，如图103-10所示。

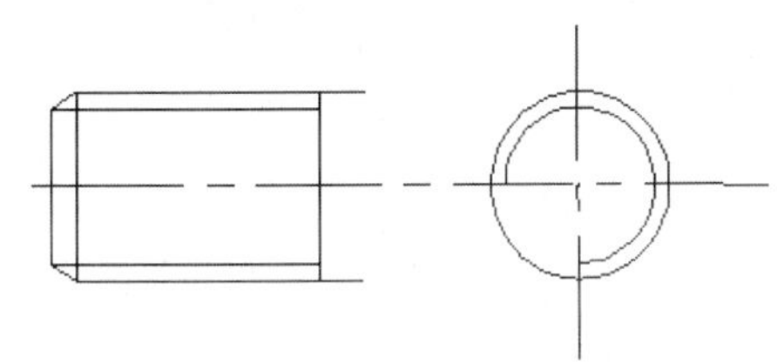

图103-10 绘制左侧视图的螺纹小径

11 执行“绘图>样条曲线”命令，绘制样条曲线，并对其进行图案填充，如图103-11所示。

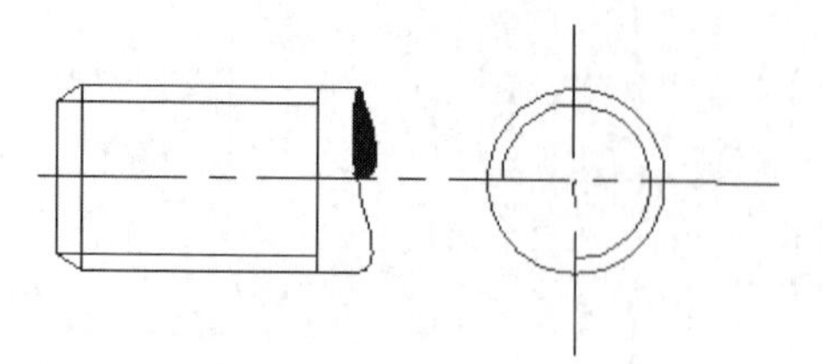

图103-11　绘制螺纹断面

12 将“标注”层置为当前层。利用尺寸标注方法对外螺纹进行尺寸标注，效果如图103-1所示。

13 执行“线宽”命令，显示线宽，得到效果如图103-1所示。

14 执行“保存”命令，将文件保存。

技巧与提示

本例中介绍了绘制外螺纹的画法，读者应主要掌握对于外螺纹的规定画法。在平行于螺纹轴线的投影面上的视图，螺纹的大径用粗实线绘制；小径用细实线绘制，并画入倒角区，通常小径画成大径的85%。在垂直于螺纹曲线的投影面上的视图，螺纹的大径用粗实线圆表示，小径用细实线画约3/4个圆表示，轴端的倒圆角省略不画。

练习103　绘制图形机械零件

实战位置	DVD>练习文件>练习103.dwg
难易指数	★★☆☆☆
技术掌握	巩固绘制外螺纹的方法

操作指南

参照“实战103”案例进行制作。

绘制各圆时，注意其位置关系，根据图103-12所示尺寸，运用直线、圆及标注等相关命令绘制。

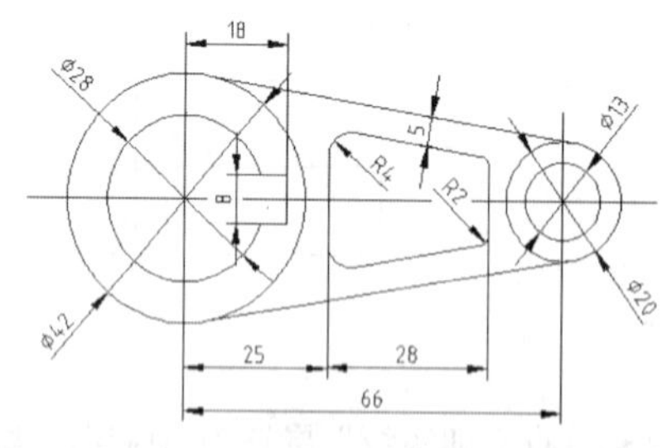

图103-12　绘制图形机械零件

实战104　绘制六角头螺栓

原始文件位置	DVD>原始文件>第5章>实战104原始文件
实战位置	DVD>实战文件>第5章>实战104.dwg
视频位置	DVD>多媒体教学>第5章>实战104.avi
难易指数	★★☆☆☆
技术掌握	掌握对齐标注的方法

实战介绍

螺栓、螺柱、螺钉、螺母和垫圈等都称为螺纹紧固件。它们是标准件，其连接、紧固作用，一般由标准件厂生产。六角头螺栓是最简单也是最常用的标准件，对其各部分尺寸，国家都进行了标准规定。在本例中将讲解绘制标准六角头螺栓的方法，案例效果如图104-1所示。

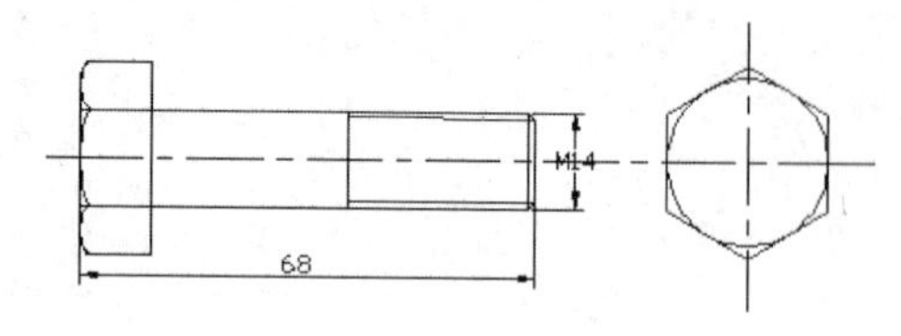

图104-1　最终效果

制作思路

- 首先使用“直线”工具，绘制粗实线和中心线。
- 使用修剪与偏移工具，修改图形。
- 绘制完成，进行简单标注。

制作流程

01 打开“实战103原始文件.dwg”图形文件，将文件中图形删除，并执行“另存为”命令，将其另存为“实战104.dwg”。

在绘图之前首先了解图形的各部分尺寸：

基本参数：M14。

六边形内接于圆的直径：2×14。

螺栓头部的厚度：0.75×14。

螺纹长度：2×14。

倒角：0.15×14×45°。

02 将“点画线”层置为当前层，执行“直线”命令，绘制六角头螺栓的基准线，如图104-2所示。

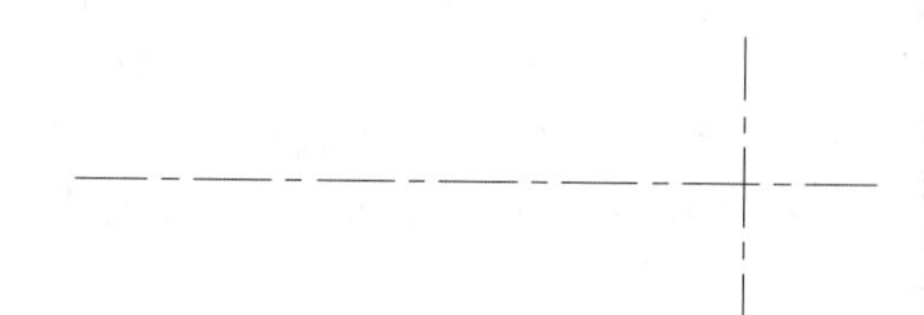

图104-2　绘制六角头螺栓的基准线

03 将“粗实线”层置为当前层，执行“绘图>正多边形”命令，绘制正六边形。

04 执行“修改>旋转”命令，将正六边形旋转30°，效果如图104-3所示。

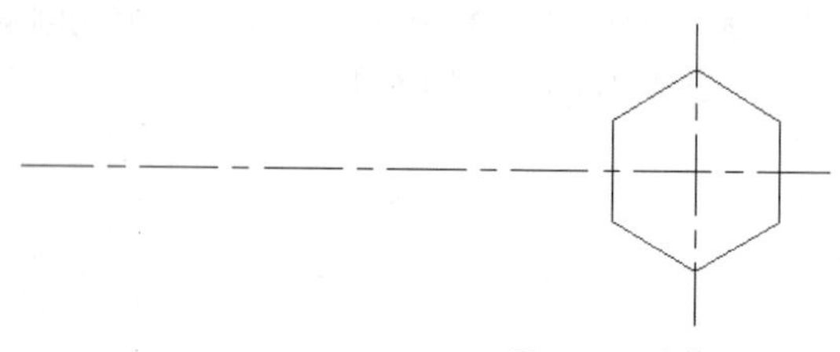

图104-3　旋转正六边形

05 执行“绘图>圆>相切、相切、相切”命令，绘制出正六边形的内切圆，如图104-4所示。绘制方法与绘制六角螺母俯视图中正六边形内切圆相同。

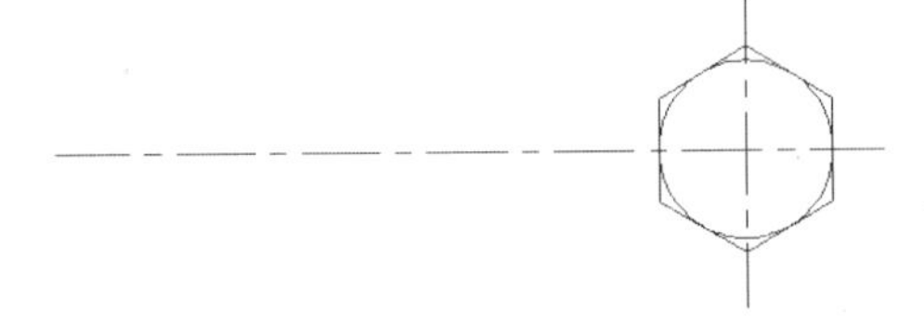

图104-4　绘制六角头螺栓的左视图

06 按照绘制螺母主视图的方法，绘制六角头螺栓的头部的结构图形（螺栓头部的厚度为“0.75×14”），如图104-5所示。

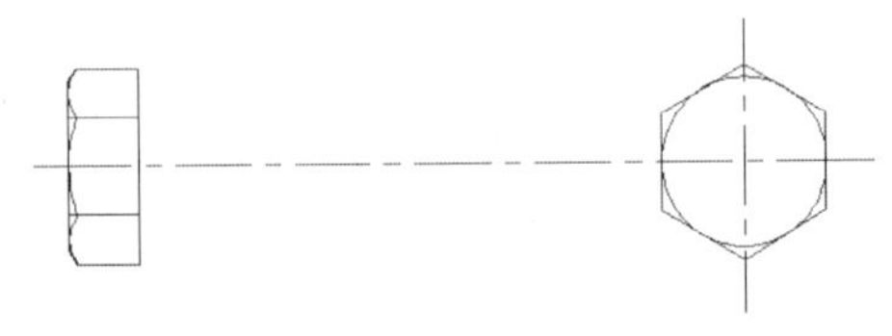

图104-5　绘制六角头螺栓头部结构图形

07 将“点画线”层置为当前层。执行“绘图>直线”命令，设置绘图位置，如图104-6所示。

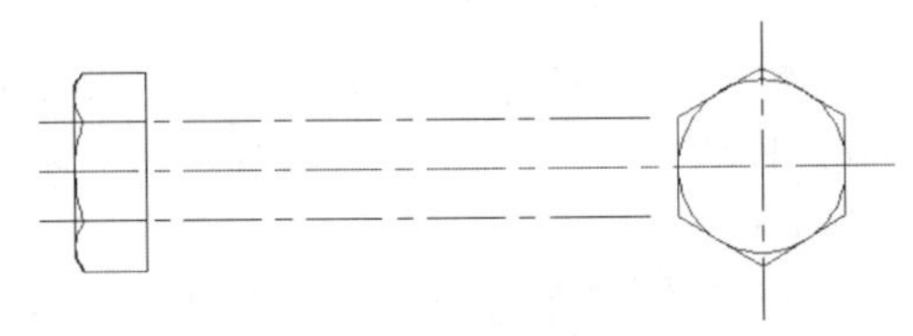

图104-6　确定螺栓螺纹部分结构绘图的位置

08 将“粗实线”层置为当前层。执行“绘图>直线”命令（或在命令行中输入L，按回车键），利用“对象捕捉”和“极轴”功能，按长度为“68”、螺纹长度为“2×14”的尺寸，绘制螺栓长度和螺纹终止线，如图104-7所示。

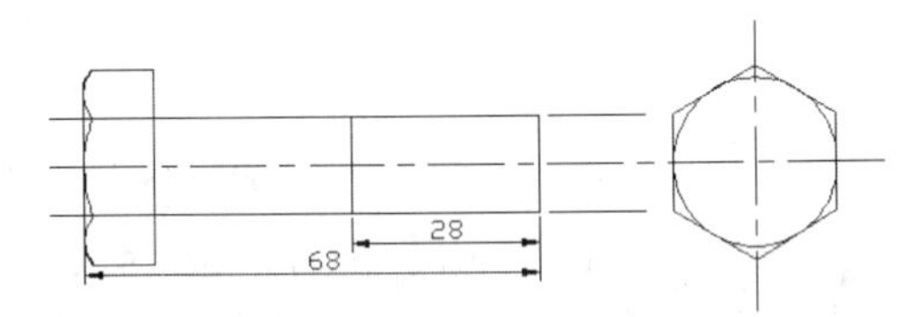

图104-7　绘制六角头螺栓的轮廓

09 执行“修改>倒角”命令，绘制出“1×45°”的倒角，使用“直线”命令，补画倒角轮廓线，如图104-8所示。

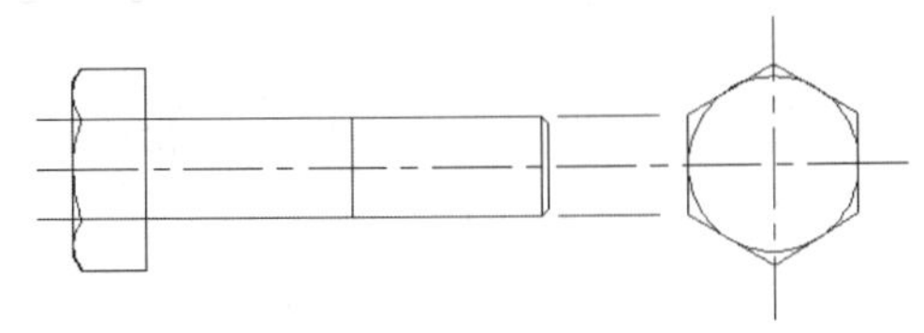

图104-8　绘制倒角及轮廓线

10 将“细实线”层置为当前层。执行“绘图>直线”命令，绘制出螺纹小径（0.85×14），如图104-9所示。

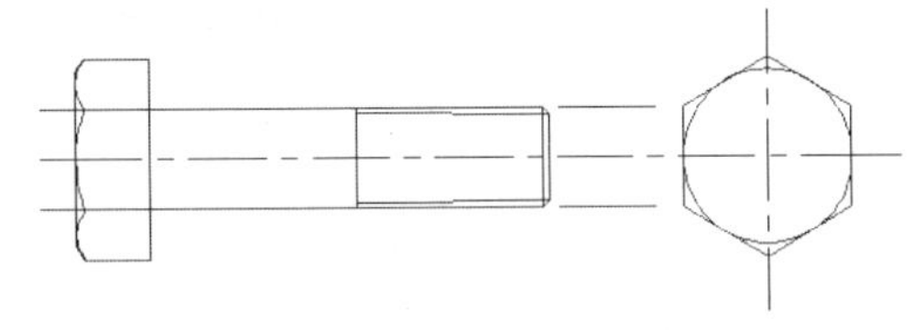

图104-9　绘制螺纹小径

11 执行“修改>删除”命令，删去辅助线，完成作图，如图104-10所示。

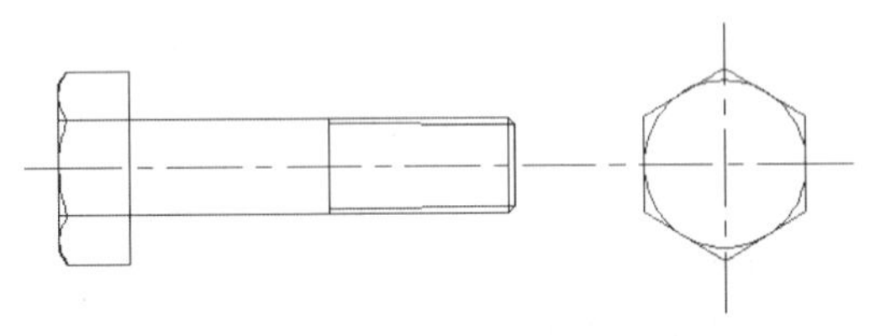

图104-10　完成主视图绘制

12 将“标注”层置为当前层。利用尺寸标注方法对六角螺母零件图进行尺寸标注，效果如图104-1所示。

13 执行“保存”命令，将文件保存。

技巧与提示

在平行于螺纹轴线的投影面上的视图中，螺纹的大径用粗实线绘制；小径用细实线绘制，并画入倒角区，通常小径画成大径的85%。本例中介绍了绘制M14六角头螺栓的零件图画法，读者应主要掌握对于外螺纹的规定画法。

练习104　绘制六角头螺栓

实战位置	DVD>练习文件>第5章>练习104.dwg
难易指数	★★☆☆☆
技术掌握	掌握巩固外螺纹的规定画法及标注

操作指南

参照“实战104”案例进行制作。

打开“实战104”图形文件，绘制新尺寸的六角头螺栓，如图104-11所示。

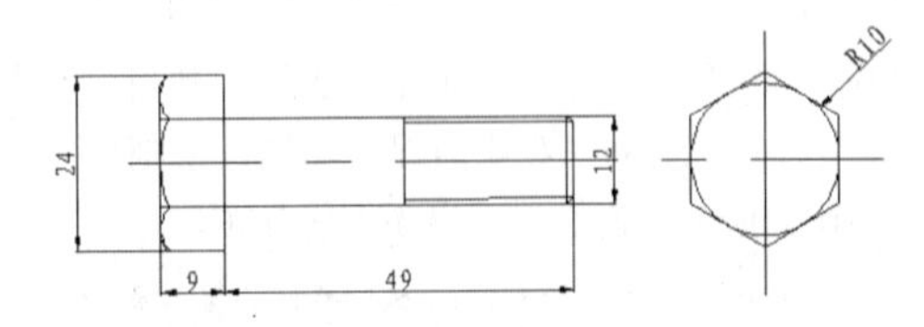

图104-11　绘制六角头螺栓

实战105　绘制六角头螺母

原始文件位置	DVD>原始文件>第5章>实战105原始文件
实战位置	DVD>实战文件>第5章>实战105.dwg
视频位置	DVD>多媒体教学>第5章>实战105.avi
难易指数	★★☆☆☆
技术掌握	掌握“镜像”命令的使用方法

实战介绍

六角螺母是一个常用的螺纹紧固件，它的螺纹部分属于内螺纹。案例效果如图105-1所示。

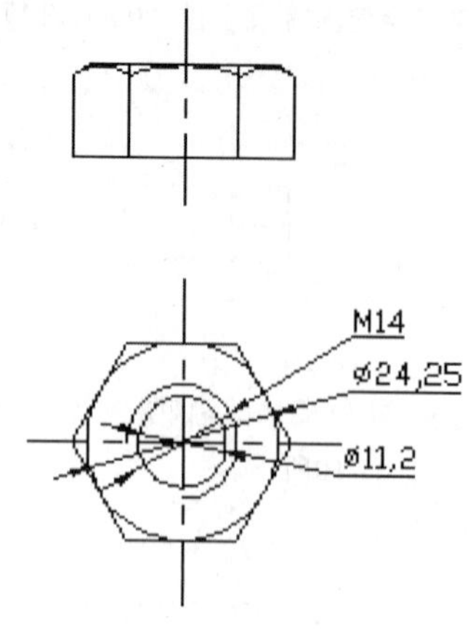

图105-1　最终效果

制作思路

- 首先使用“直线”工具，绘制中心线及粗实线，确定其轮廓线。
- 利用“标注”命令，对图形进行标注。

制作流程

01 执行“打开”命令，打开“实战105原始文件.dwg”图形文件。

02 将“点画线”图层置为当前层，绘制俯视图。执行“绘图>直线”命令，绘制出俯视图中的“中心线”，如图105-2所示。

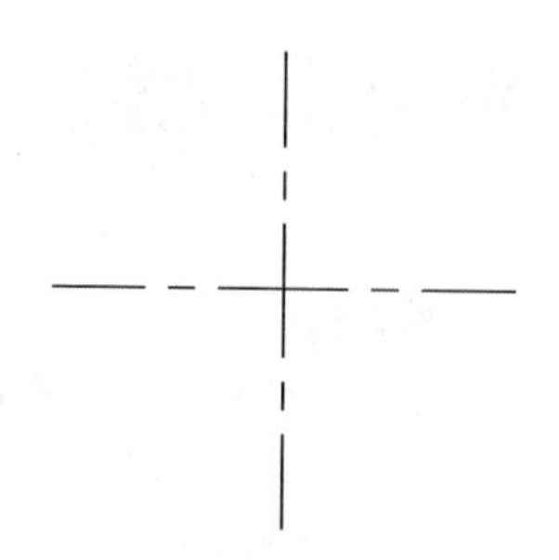

图105-2　绘制螺母俯视图的中心线

03 将“粗实线”层置为当前层。执行“绘图>正多边形”命令，借助“对象捕捉”功能，绘制出正六边形，如图105-3所示。命令行和操作内容如下：

```
命令：_polygon  //执行绘制正多边形命令
输入边的数目 <4>: 6  //输入正多边形边数，按回车键
指定正多边形的中心点或 [边(E)]:  //利用“对象捕捉”功能，捕捉中心线的交点为正六边形的中心，单击鼠标指定
输入选项 [内接于圆(I)/外切于圆(C)] <I>:  //按回车键，确定“默认”选项
指定圆的半径: 14  //输入半径值，按回车键结束绘制
```

04 在“常用”选项卡中，执行“绘图>圆>相切、相切、相切”命令，绘制出正六边形的内切圆，如图105-4所示。

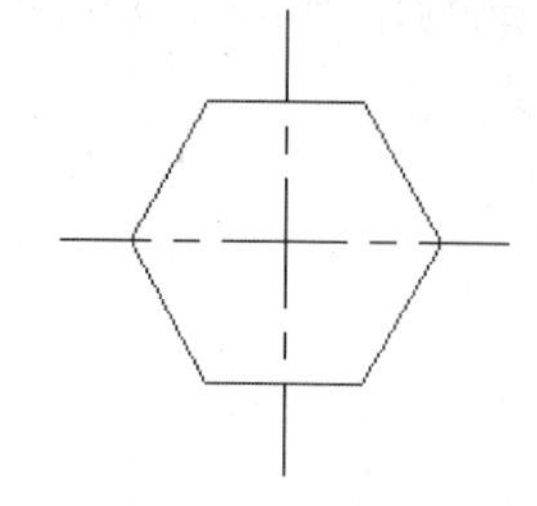

图105-3　绘制正六边形

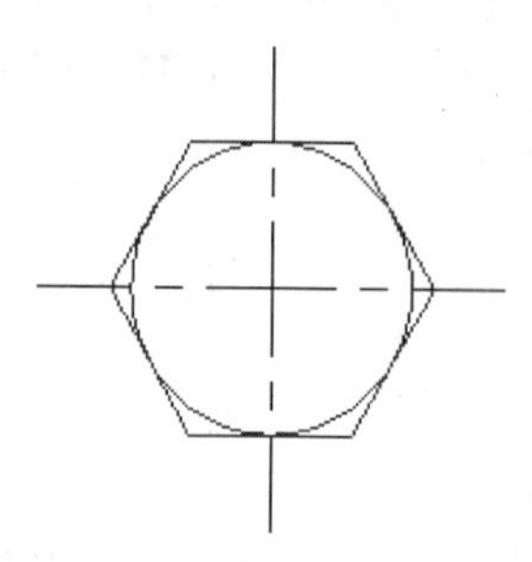

图105-4　绘制内切圆

05 执行“绘图>圆”命令，绘制出内螺纹小径为“0.8×14”的圆，如图105-5所示。命令行和操作内容如下：

```
命令：_circle 指定圆的圆心或 [三点(3P)/两点(2P)/相切、相切、半径(T)]:  //输入命令，捕捉中心线的交点为圆心
指定圆的半径或 [直径(D)] <10.0000>:5.6  //输入半径值
```

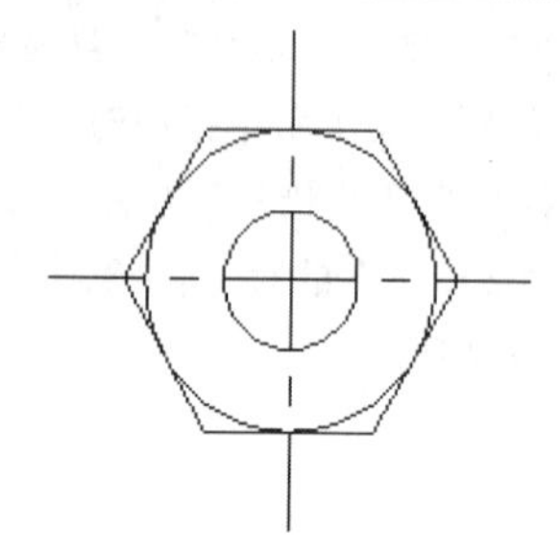

图105-5　绘制内螺纹小径

06 将细实线置为当前层，执行“圆”命令，绘制出直径为“14（内螺纹公称直径）”的圆，如图105-6所示。

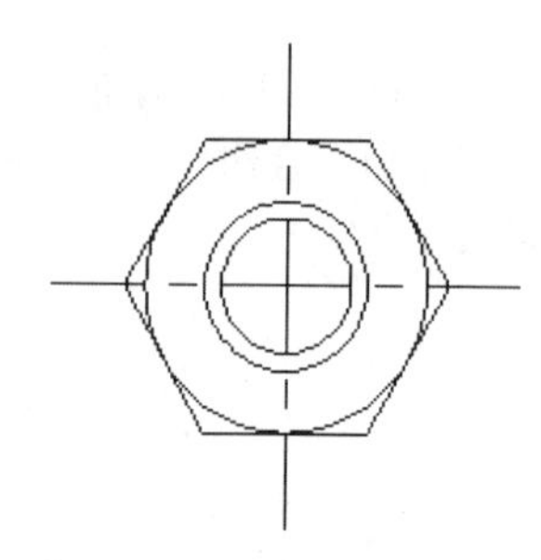

图105-6　绘制内螺纹公称直径

07 执行“修改>打断”命令，剪去直径为“14”的圆的大约1/4圈，如图105-7所示。

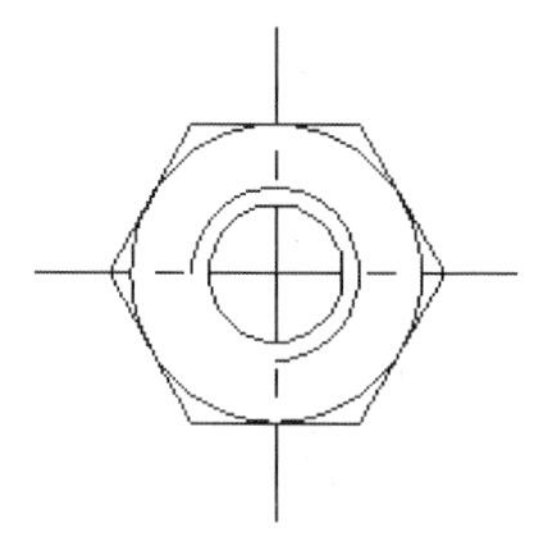

图105-7　打断圆

技巧与提示

螺母属于内螺纹紧固件。内螺纹在垂直于螺纹轴线的投影面上的视图的规定画法为：螺纹的小径用粗实线画整圆，大径用细实线画约3/4个圆表示。倒圆角省略不画。

08 将“点画线”层置为当前层。执行“绘图>直线”命令，利用“对象捕捉”和“对象追踪”功能，确定基准线的起画点，如图105-8所示，绘制主视图的轴线。

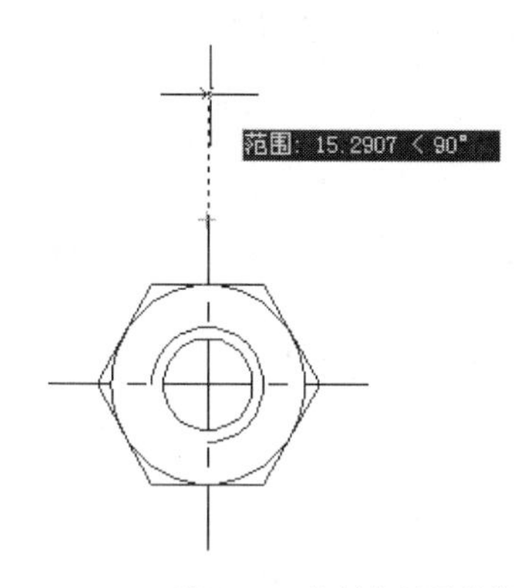

图105-8　绘制主视图轴线

09 将“粗实线”层置为当前层。执行“绘图>矩形”命令，利用“对象捕捉”和“对象追踪”功能，确定主视图的起画点。绘制完成的效果如图105-9所示。

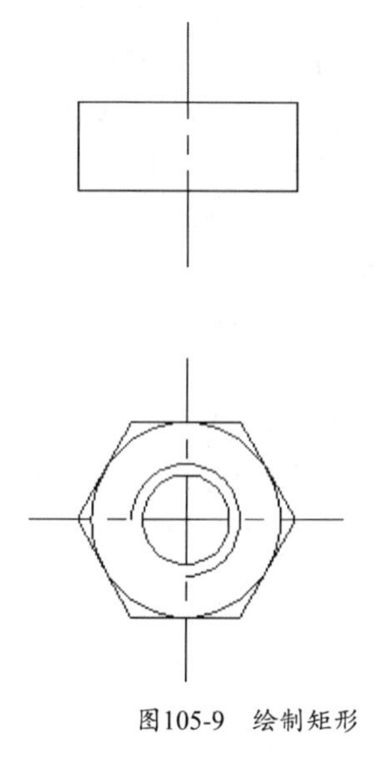

图105-9　绘制矩形

10 执行“绘图>直线”命令，利用“对象捕捉”和“对象追踪”功能绘制菱线。结果如图105-10所示。

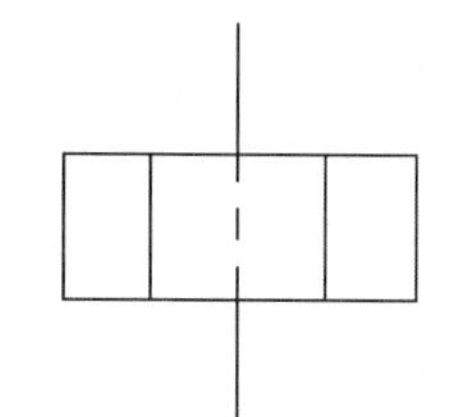

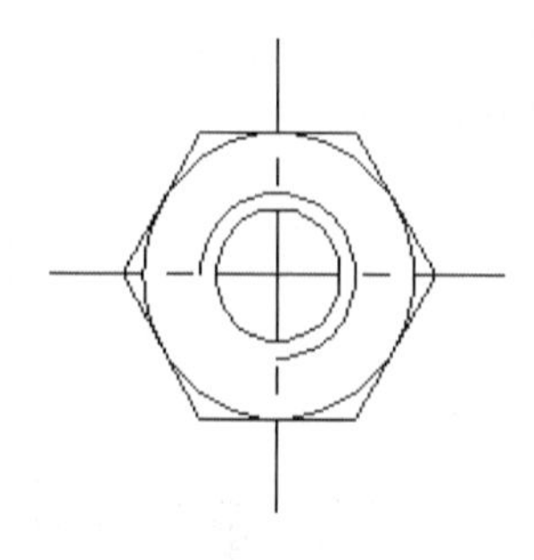

图105-10　绘制棱线

11 将“点画线”层置为当前层，执行“直线”命令，绘制离主视图上轮廓线距离为“1.5×14”的水平直线，延长主视图的轴线，两线交于“*O*”点，如图105-11所示。

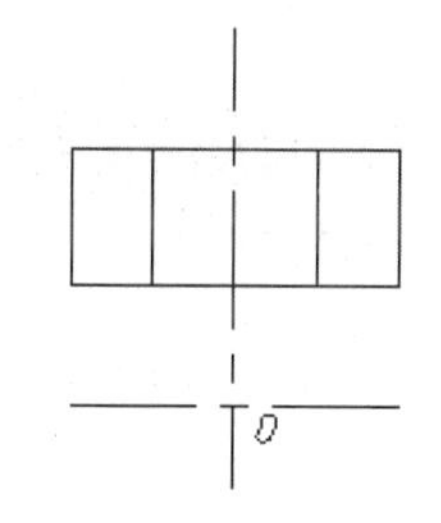

图105-11　绘制辅助直线

12 将“细实线”层置为当前层。执行“圆”命令，以“*O*”点为圆心，半径为21绘制出一个圆，如图105-12所示。

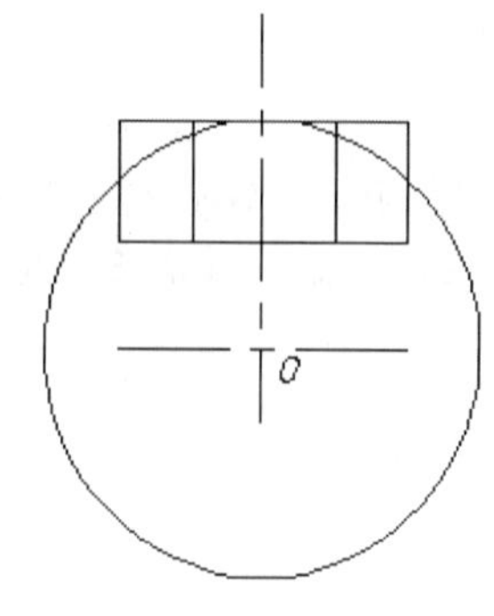

图105-12　绘制R12的圆

13 执行“修改>修剪”命令，修剪多余的图形，如图105-13所示。

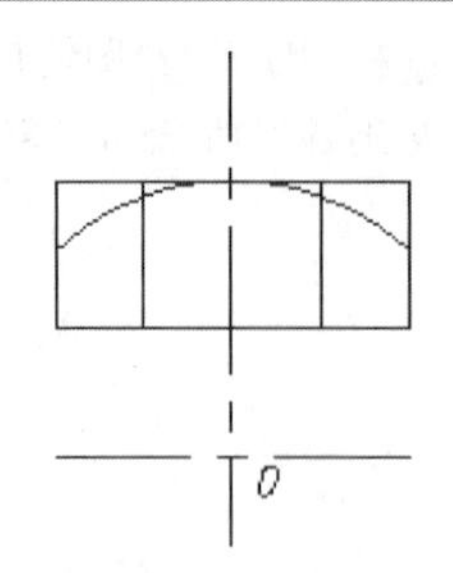

图105-13　修剪圆结果

14 执行“直线”命令，利用“对象捕捉”功能，捕捉圆弧与最左侧轮廓线的交点，绘制水平线与棱线相交，如图105-14所示。

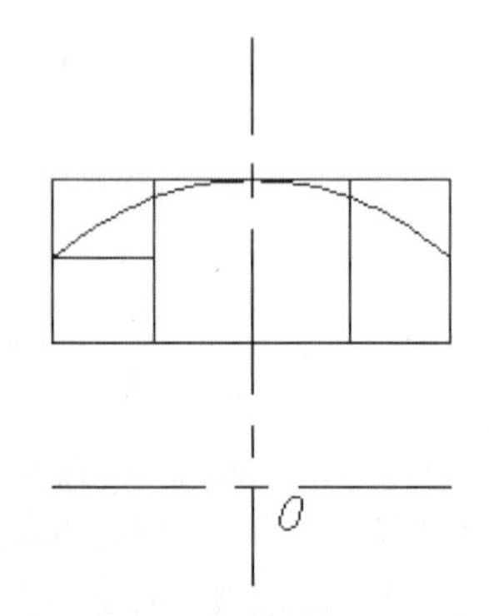

图105-14　绘制水平辅助线

15 执行“圆”命令，利用捕捉到的线的“中心”为圆心，以与最上面轮廓线垂直相交的点为半径绘制圆，如图105-15所示。

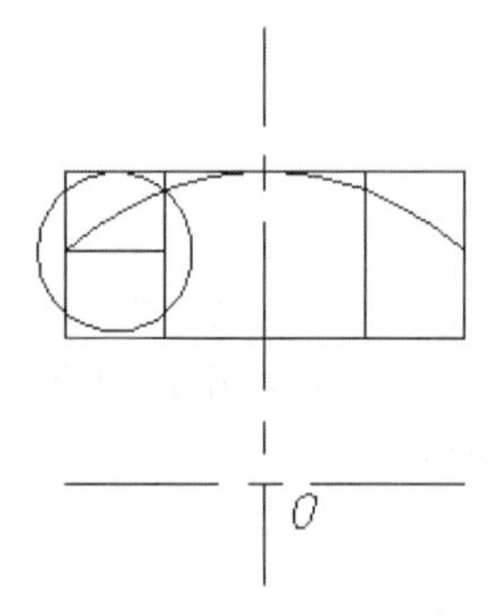

图105-15　绘制圆

16 执行“修改>修剪”命令，修剪多余的图形，使用“删除”命令，删除多余线条。结果如图105-16所示。

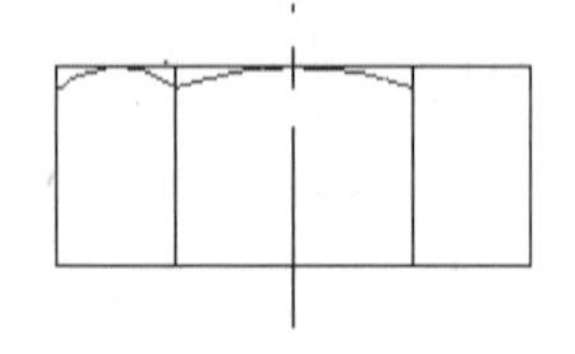

图105-16　修剪多余线条

17 执行“修改>镜像”命令，镜像复制出右边圆弧，并对轴线长度作适当调整，如图105-17所示。

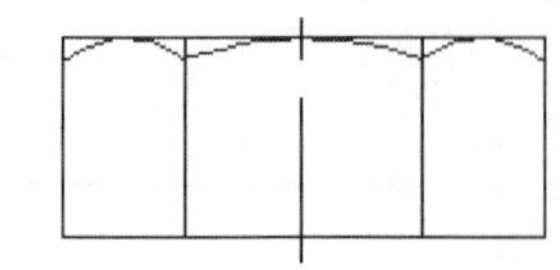

图105-17　镜像圆弧

18 执行“常用>剪贴板>特性匹配”命令，修改三段圆弧为粗实线图层。结果如图105-18所示。

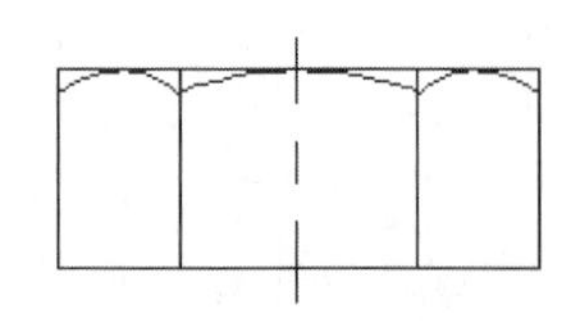

图105-18　修改圆弧特性

19 在状态栏上，用鼠标右键单击“极轴”按钮，在弹出的快捷菜单中选择“设置”选项，弹出“草图设置”对话框。在对话框中，进行极轴追踪的参数设置，如图105-19所示。

图105-19　设置极轴追踪角度

20 将“粗实线”置为当前层，执行“直线”命令，利用“对象捕捉”和“对象追踪”功能，捕捉30°倒角的起画点。利用“极轴”捕捉与最左边轮廓线的交点，绘制出倒角线；执行“镜像”命令，绘制右边倒角线，执行“修剪”命令，修剪去多余的图线，完成螺母主视图的绘制。效果如图105-20所示。

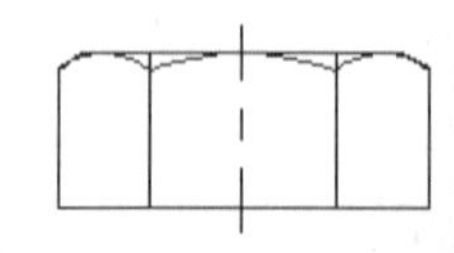

图105-20　完成的主视图

21 将“标注”层置为当前层。利用尺寸标注方法对六角螺母零件图进行尺寸标注。效果如图105-1所示。

22 执行“保存”命令，将文件保存。

本例中介绍了绘制M14六角螺母的零件图画法，读者应主要掌握内螺纹的规定画法。

练习105 六角螺母

实战位置	DVD>练习文件>第5章>练习105.dwg
难易指数	★★☆☆☆
技术掌握	巩固“镜像”的使用方法

操作指南

参照“实战105”进行制作。

根据俯视图，利用构造线确定主视图的位置，绘制如图105-21所示的六角螺母。

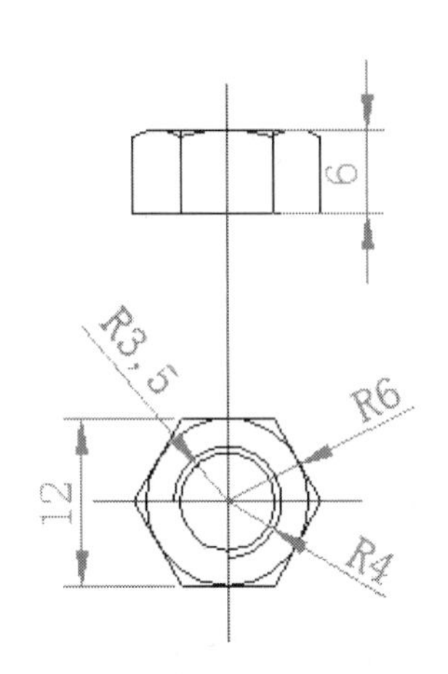

图105-21　绘制六角螺母

实战106 绘制螺钉

原始文件位置	DVD>原始文件>第5章>实战106原始文件
实战位置	DVD>实战文件>第5章>实战106.dwg
视频位置	DVD>多媒体教学>第5章>实战106.avi
难易指数	★★☆☆☆
技术掌握	掌握“倒角”命令的使用方法

实战介绍

螺钉是机械中不可缺少的最基本的零件之一，本例中将绘制一个虎钳所用的螺钉。本例最终效果如图106-1所示。

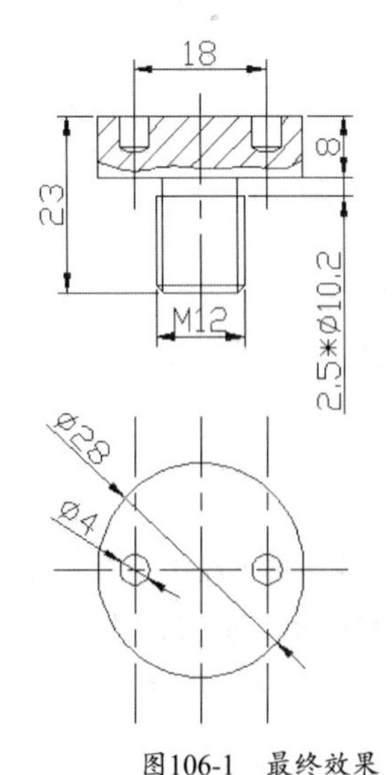

图106-1　最终效果

制作思路

• 首先为了思路清晰，便于分析，需创建几个图层，且用不同颜色加以区分。

• 绘制完成后，应添加标注，要简单、清晰、鲜明地将螺钉表示出来。

制作流程

01 执行“文件>打开”命令，打开“实战106原始文件.dwg”图形文件。

02 将“点画线”层置为当前层，执行“直线”命令，绘制螺钉的基准线，两基准线交点为（100,100），如图106-2所示。

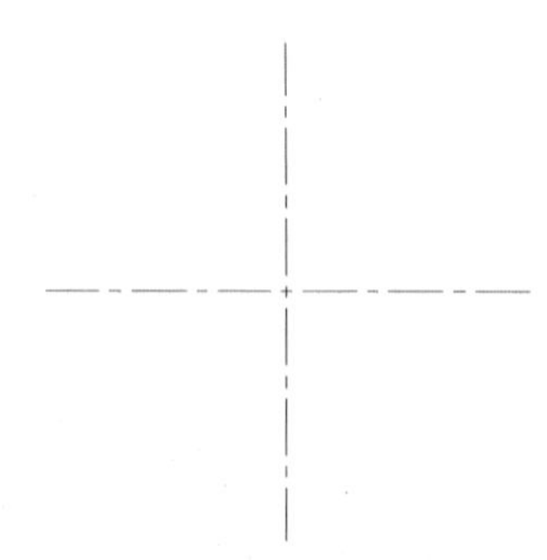

图106-2　绘制螺钉的基准线

03 执行“修改>偏移”命令，将竖直点画线偏移，如图106-3所示。

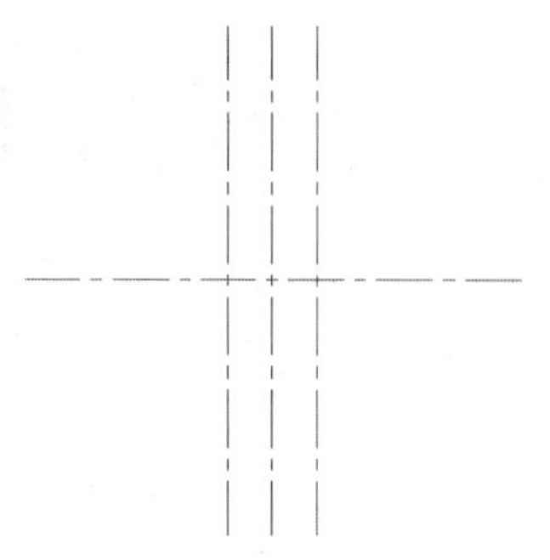

图106-3　偏移竖直直线

04 将“粗实线”层置为当前层。执行“绘图>圆”命令，以点（100,100）为圆心，绘制R14的圆；并分别以点（91,100）和点（109,100）为圆心，绘制半径为2的圆。效果如图106-4所示。

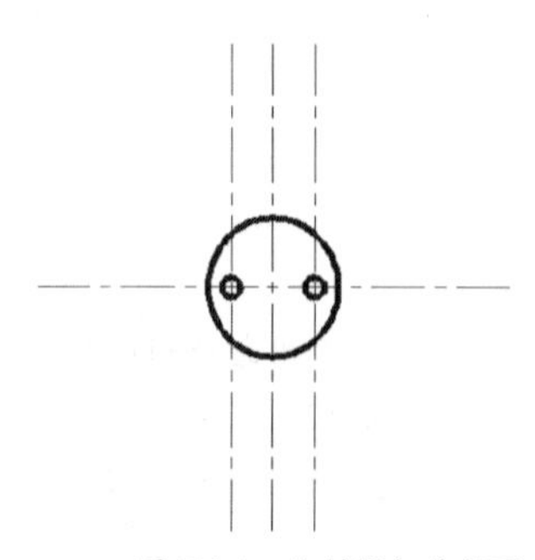

图106-4　绘制螺钉俯视图

05 将“点画线”层置为当前层，在命令行输入LINE，利用端点捕捉和对象追踪模式，绘制主视图的基准线，如图106-5所示。

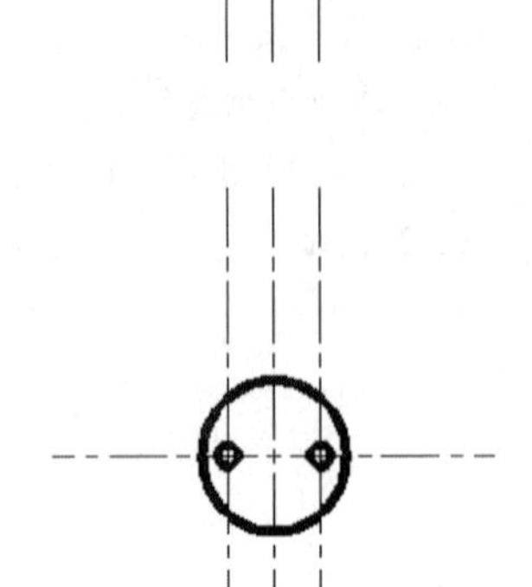

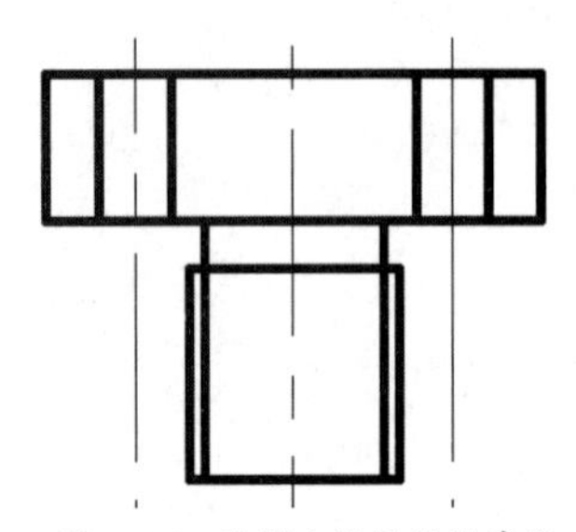

图106-5 绘制主视图的基准线

06 将“粗实线”层置为当前层。执行“绘图>直线”命令，利用对象捕捉和对象追踪模式，绘制主视图的轮廓线，如图106-6所示。

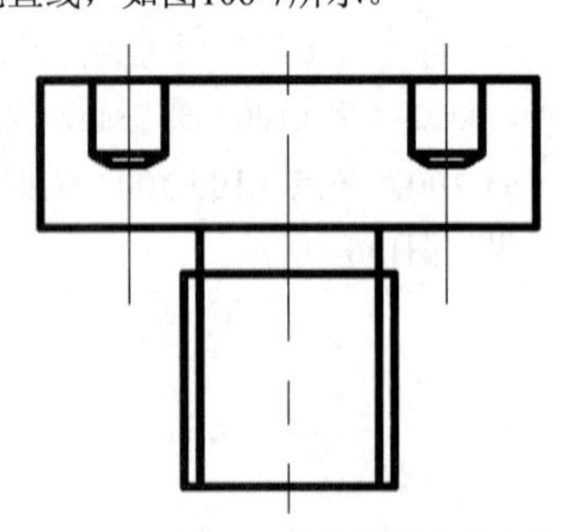

图106-6 绘制主视图的轮廓线

07 执行“修改>修剪”命令，修剪图形。执行“绘图>直线”命令，绘制螺钉孔直线，如图106-7所示。

图106-7 绘制螺钉孔直线

08 利用倒角命令和直线命令，绘制螺纹底部倒角，如图106-8所示。

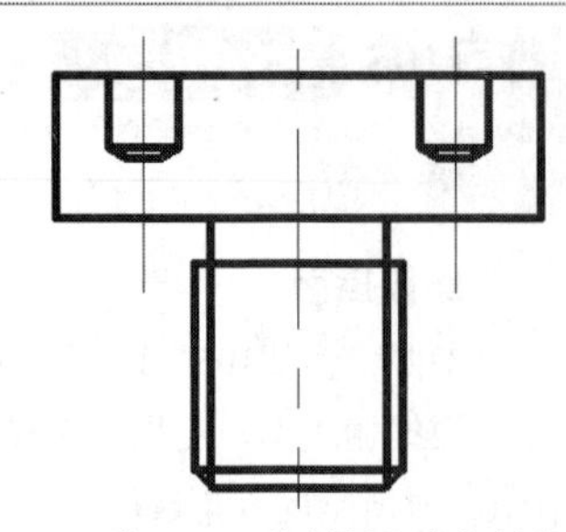

图106-8 绘制螺纹底部倒角

09 修改螺纹小径为“细实线”，如图106-9所示。

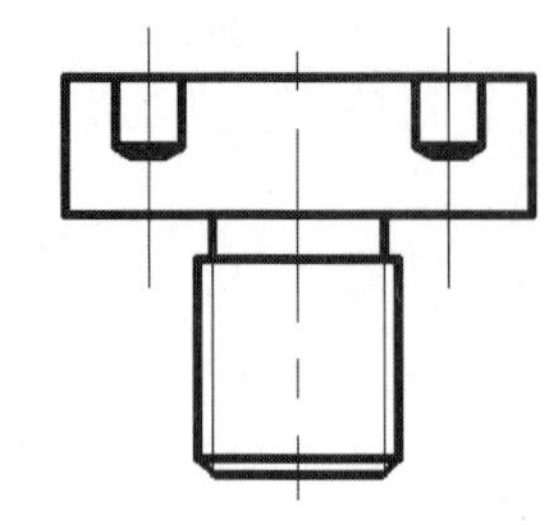

图106-9 修改螺纹小径为细实线

10 将“细实线”层置为当前层。执行“绘图>样条曲线”命令，绘制剖切线，如图106-10所示。

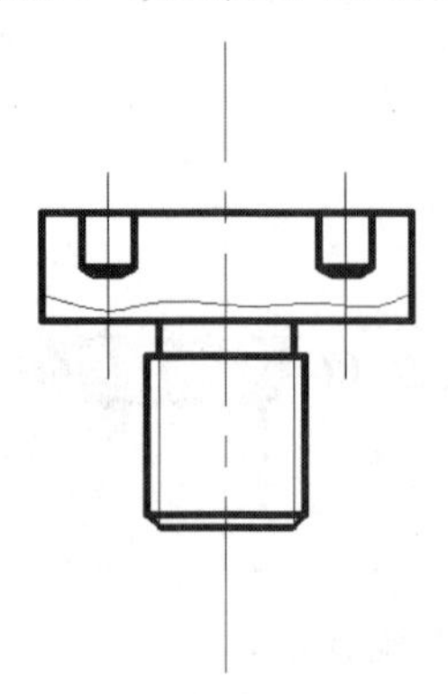

图106-10 绘制剖切线

11 执行“绘图>图案填充”命令，填充剖面线，如图106-11所示。

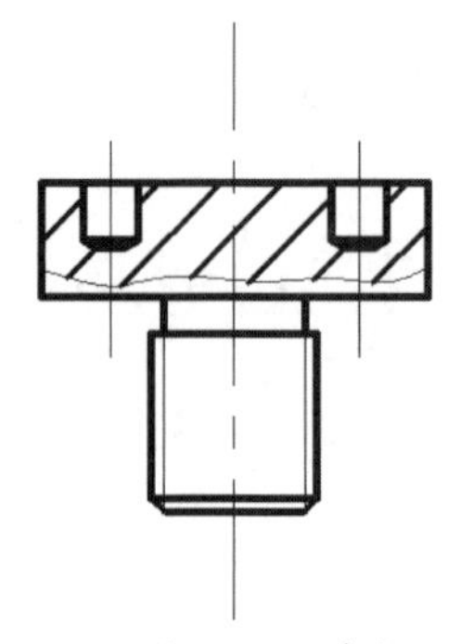

图106-11 填充剖面线

12 将“标注”层置为当前层。利用尺寸标注方法对螺钉零件图进行尺寸标注，效果如图106-1所示。

13 将绘制好的文件另存为“实战106.dwg”。

技巧与提示

本例中介绍了绘制虎钳所用的螺钉的零件图画法，它属于比较复杂的螺钉，绘制过程有一定难度，读者应好好练习。

练习106 绘制新螺钉

实战位置　DVD>练习文件>第5章>练习106.dwg
难易指数　★★☆☆☆
技术掌握　巩固“倒角”的使用方法

操作指南

参照“实战106 绘制螺钉”案例进行制作。

该练习较为简单，绘制图106-12时需注意倒角的设置及使用方法。

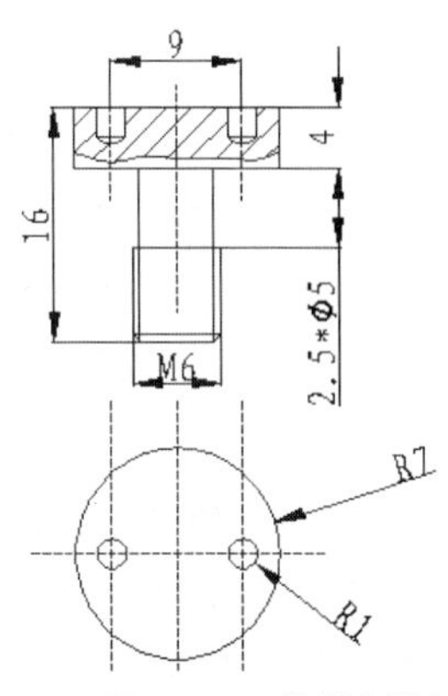

图106-12　绘制新螺钉

实战107 绘制开槽螺母

实战位置　DVD>实战文件>第5章>实战107.dwg
视频位置　DVD>多媒体教学>第5章>实战107.avi
难易指数　★★☆☆☆
技术掌握　掌握“构造线”命令的使用方法

实战介绍

本例将通过打断、阵列、构造线等基本命令，绘制开槽螺母。案例效果如图107-1所示。

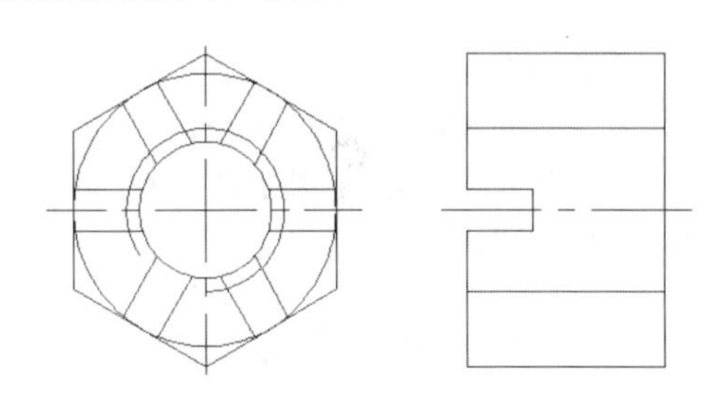

图107-1　最终效果

制作思路

- 首先新建图层，以便清晰明了地读图。
- 绘制同心圆后，通过构造线作为辅助线确定左视图的位置。
- 利用修剪命令修剪图形，得到如图107-1所示的效果图。

制作流程

01 双击AutoCAD 2013的桌面快捷方式图标，打开一个新的AutoCAD文件，文件名默认为“Drawing1.dwg”。

02 执行“图层特性”命令，新建一个“中心线”图层，设置其“线型”为CERTER，“颜色”为青色。

03 按F8键开启正交模式，执行“直线”命令，在绘图区制定的起点，绘制两条垂直的直线，并将两条直线移至“中心线”图层，效果如图107-2所示。

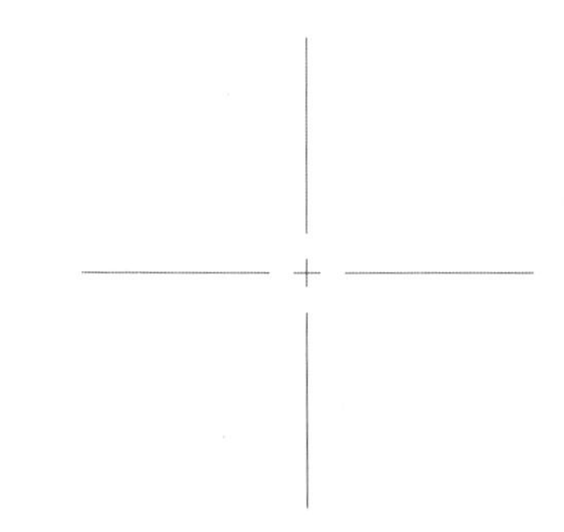

图107-2　绘制中心线

04 按F3键开启“对象捕捉”模式，执行“圆”命令，以两中心线的交点为圆心，绘制半径为10的圆；重复执行“圆”命令，分别绘制半径为5、6的圆。效果如图107-3所示。

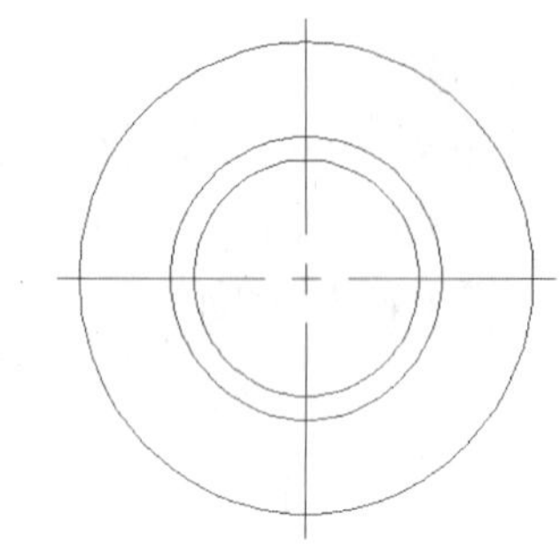

图107-3　绘制圆

05 执行“常用>多边形”命令，捕捉圆心作为中心点，绘制外切圆的半径为10的正六边形，效果如果107-4所示。

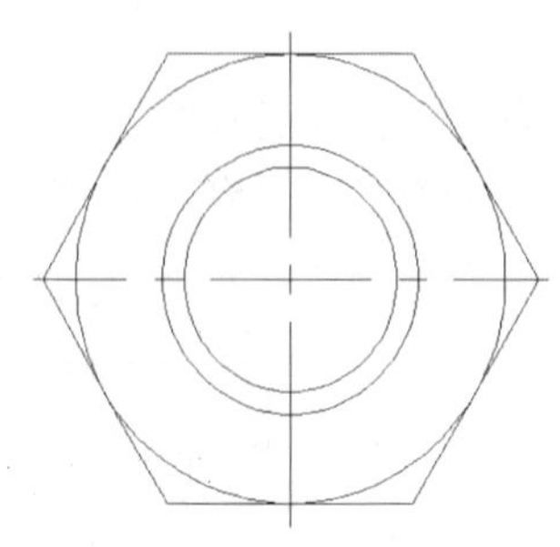

图107-4　绘制正六边形

06 执行“旋转”命令，捕捉圆心为基点，将正六边形逆时针旋转90°；执行“打断”命令，打断半径为6的圆，效果如图107-5所示。

07 执行“偏移”命令，将水平中心线分别向上和向下偏移1.5；执行“修剪”命令，对图形进行修剪。效果如图107-6所示。

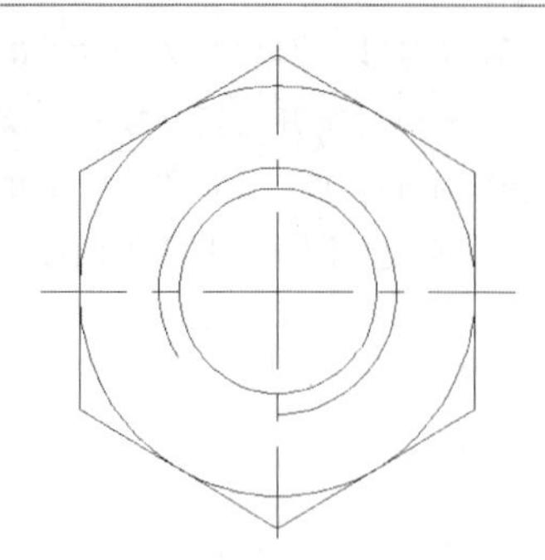

图107-5　打断处理

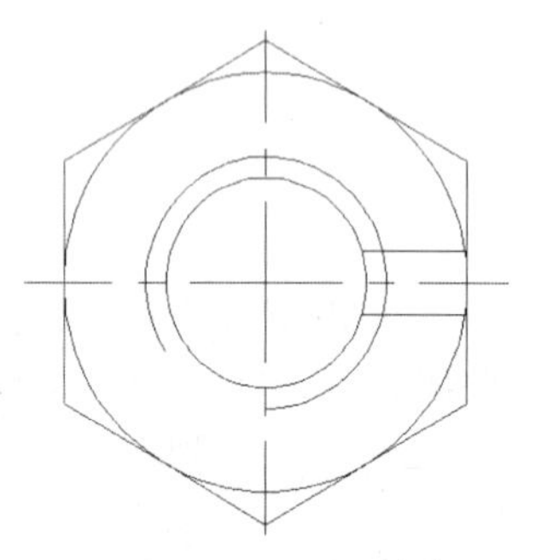

图107-6　偏移、修剪处理

08 执行“阵列”命令，选择“环形阵列”模式，在绘图区中选择需要阵列的对象，捕捉中心线的交点为阵列中心点，选择“项目”，设置项目数为6，单击右键退出编辑，效果如图107-8所示。

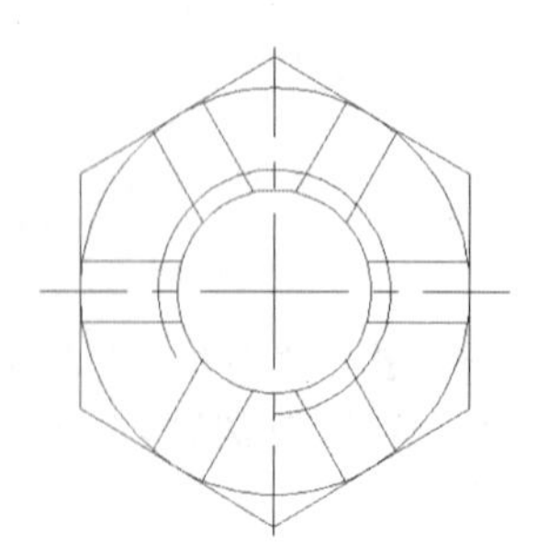

图107-7　环形阵列

09 执行“构造线”命令，输入H，捕捉主视图中的对应点，绘制7条水平构造线，效果如图107-9所示。

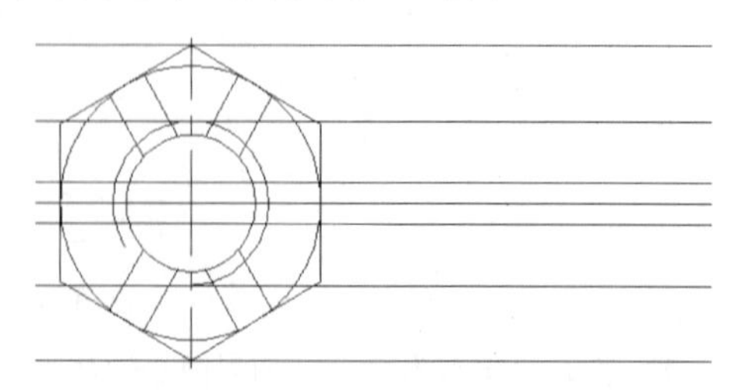

图107-8　绘制构造线

10 执行“直线”命令，绘制一条垂直于水平中心线的直线，效果如图107-10所示。

11 执行“偏移”命令，将垂直线向右分别偏移5、15，效果如图107-11所示。

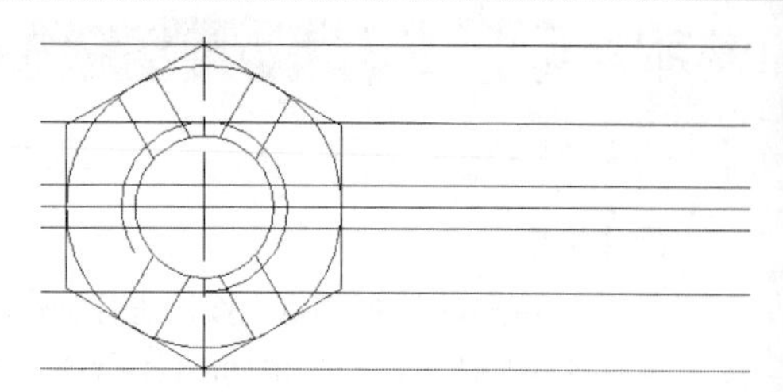

图107-9　绘制直线

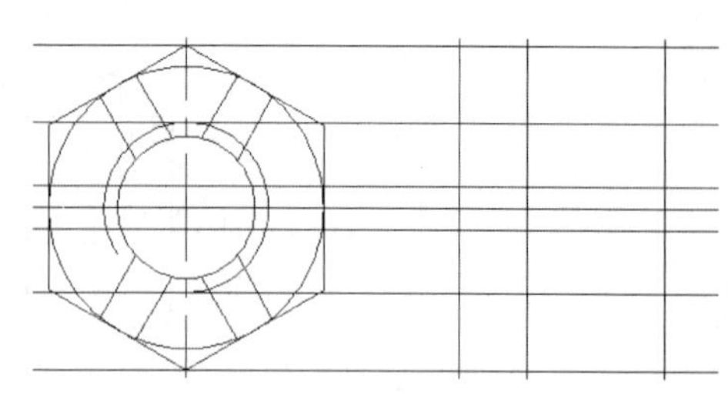

图107-10　偏移处理

12 执行“修剪”命令，修剪该图形，且调整中心线，效果如图107-1所示。

13 执行“保存”命令，将图形另存为“实战107.dwg”。

作图时，需注意绘制多边形的命令使用方法，确定是内接于圆还是外切于圆，避免不必要的麻烦。

练习107　绘制开槽螺母

实战位置	DVD>练习文件>第5章>练习107.dwg
难易指数	★★☆☆☆
技术掌握	巩固“构造线”的使用方法

操作指南

参照“实战107”案例进行制作。

首先打开场景文件，然后进入操作环境，做出如图107-11所示的图形。

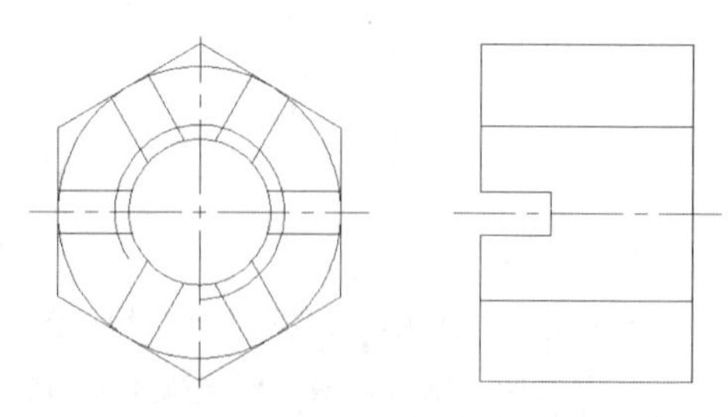

图107-11　绘制开槽螺母

实战108　绘制开槽锥端紧定螺钉

原始文件位置	DVD>原始文件>第5章>实战105原始文件
实战位置	DVD>实战文件>第5章>实战108.dwg
视频位置	DVD>多媒体教学>第5章>实战108.avi
难易指数	★★☆☆☆
技术掌握	掌握“引线”命令的使用方法

实战介绍

开槽锥端紧定螺钉也属于螺纹紧固件。它与一般的螺钉所不同的是，紧定螺钉的全长均有螺纹。

本例最终效果如图108-1所示。

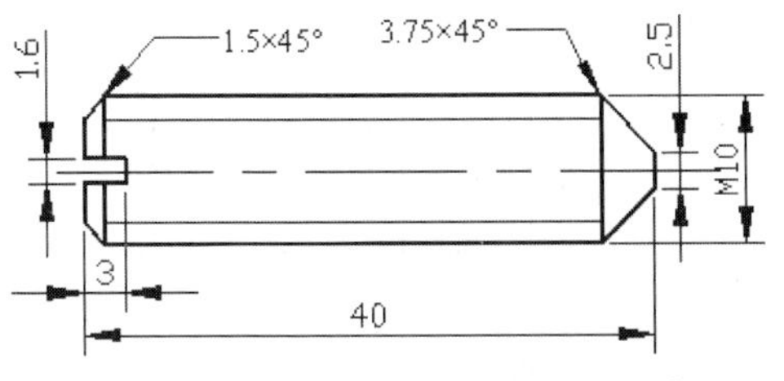

图108-1　最终效果

制作思路

- 打开文件后，删除图形，直接在此绘图。
- 利用正交模式绘制轮廓图，并由修剪、倒角等命令处理，最后添加标注即可。

制作流程

01 打开“实战108原始文件.dwg”文件。

02 将“点画线”置为当前层，执行“绘图>直线”命令，绘制中心线，如图108-2所示。

图108-2　绘制中心线

03 将“粗实线”置为当前层。执行“绘图>直线”命令，绘制紧定螺钉的外轮廓线，如图108-3所示。

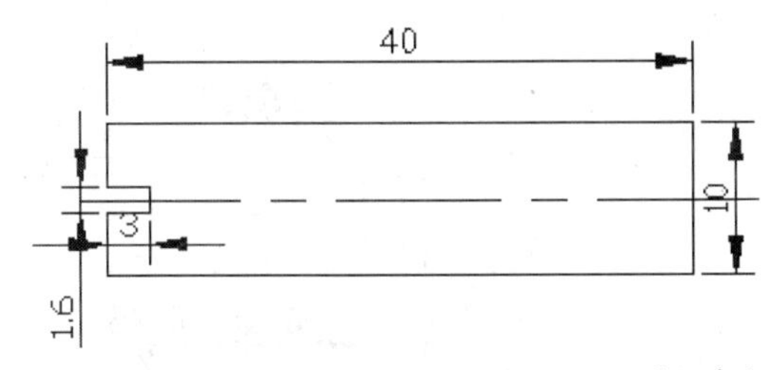

图108-3　绘制紧定螺钉的外轮廓线

04 执行“修改>倒角”命令，在螺纹后端绘制出“3.75×45°”倒角。执行“绘图>直线”命令，补画倒角线，如图108-4所示。

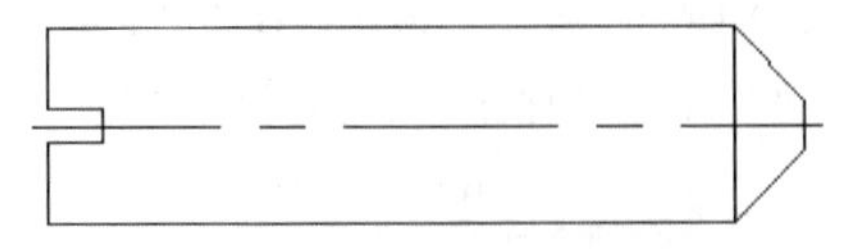

图108-4　绘制3.75×45°倒角

05 执行“修改>倒角”命令，在螺纹前端绘制出“1.5×45°”倒角。执行“绘图>直线”命令，补画倒角线，如图108-4所示。

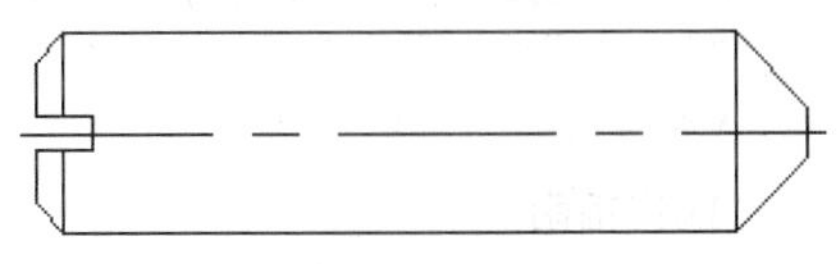

图108-5　绘制1.5×45°倒角

06 将“细实线”置为当前层。执行“绘图>直线”命令，绘制螺纹小径线，如图108-6所示。

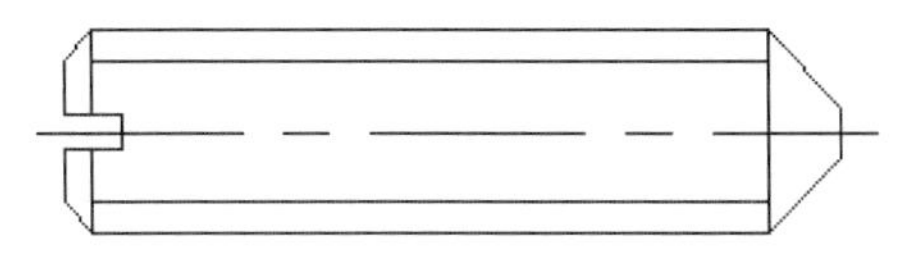

图108-6　绘制螺纹小径线

07 将“标注”层置为当前层。利用尺寸标注方法对螺钉零件图进行尺寸标注，如图108-7所示。

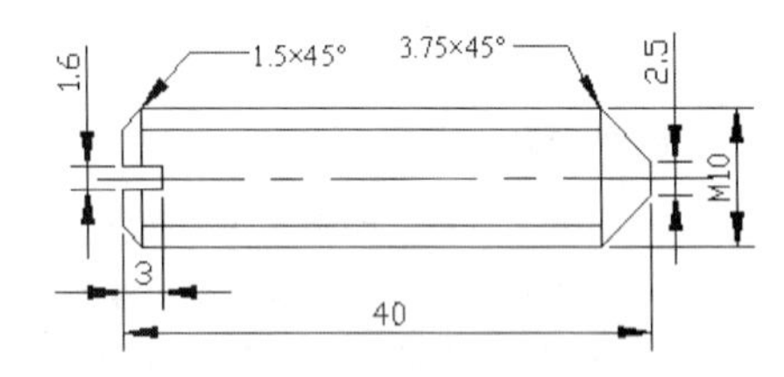

图108-7　标注螺钉尺寸

08 执行“格式>线宽”命令，进行线宽设置，效果如图108-1所示。至此，开槽圆柱头螺钉绘制完成。

09 执行“保存”命令，保存文件。

技巧与提示

对于螺钉两头的倒角角度可以为45°，也可以为60°。本例绘制的紧定螺钉为45°。绘制过程中主要用到了直线、倒角命令，绘制完成了开槽锥端紧定螺钉零件图。该零件图为螺纹规格为M10、公称长度l=40、性能等级为14H级、表面氧化的开槽锥端紧定螺钉。

练习108　绘制开槽平端紧定螺钉

实战位置	DVD>练习文件>第5章>练习108.dwg
难易指数	★★☆☆☆
技术掌握	巩固“引线”的使用方法

操作指南

参照“实战108”案例进行制作。

绘制如图108-8所示的开槽平端紧定螺钉图形。主要使用“修剪”、“引线”等命令及标注方法。

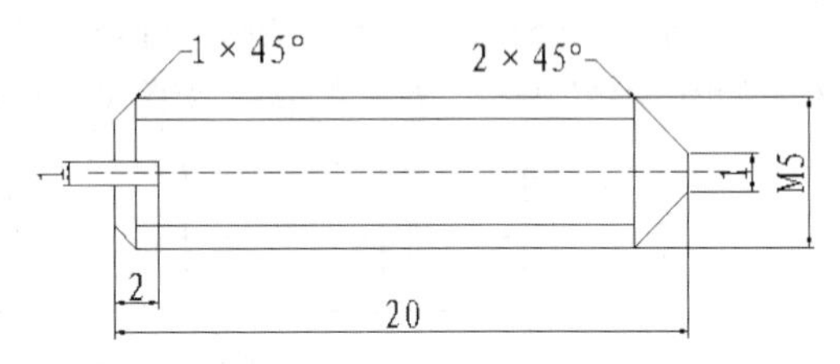

图108-8　绘制开槽锥端紧定螺钉

实战109　绘制双头螺柱

原始文件位置	DVD>原始文件>第5章>实战109原始文件
实战位置	DVD>实战文件>第5章>实战109.dwg
视频位置	DVD>多媒体教学>第5章>实战109.avi
难易指数	★★☆☆☆
技术掌握	掌握双头螺柱的绘制方法

实战介绍

双头螺柱也属于螺纹紧固件的一种，在本例中将绘制一个两端均为粗牙普通螺纹、不经表面处理、螺距为1.5的A型双头螺柱。案例效果如图109-1所示。

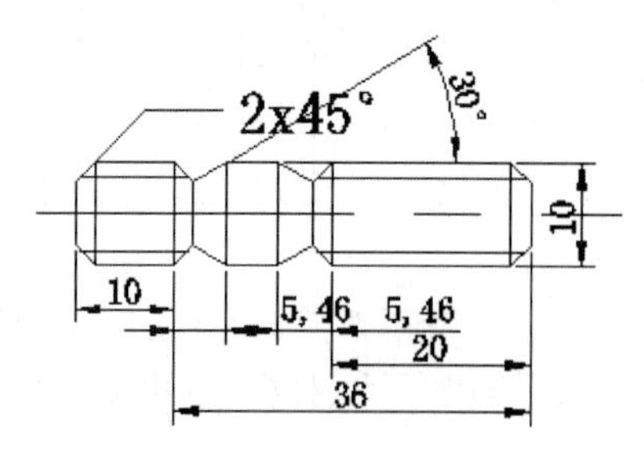

图109-1 最终效果

制作思路

- 打开文件后，删除其内部图形。
- 利用直线命令，绘制其初步轮廓线。
- 使用倒角等命令，对图形进行修改。
- 最后进行标注，即得到图109-1所示图形。

制作流程

01 执行“打开”命令，打开“实战109原始文件.dwg”文件。

02 将“点画线”置为当前层，执行“绘图>直线”命令，绘制中心线，如图109-2所示。

图109-2 绘制中心线

03 将“粗实线”层置为当前层。执行“绘图>直线”命令，绘制双头螺柱的外轮廓线，如图109-3所示。

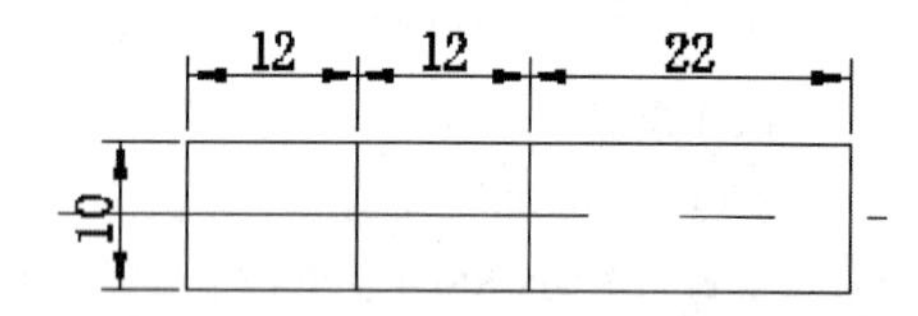

图109-3 绘制双头螺柱的外轮廓线

04 执行“修改>倒角”命令，绘制“2×45°”倒角。执行“绘图>直线”命令，补画倒角线，如图109-4所示。

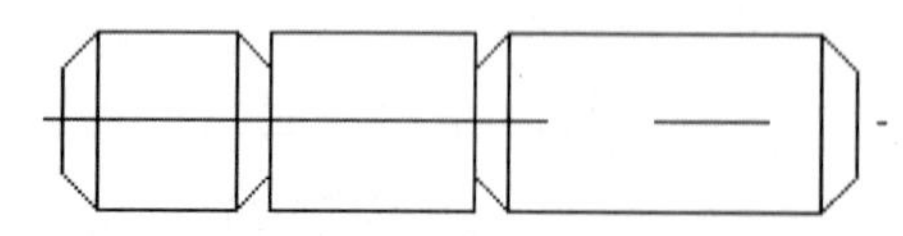

图109-4 绘制2×45°倒角

05 执行“绘图>直线”命令，利用30°极轴追踪功能，绘制倾斜线，如图109-5所示。

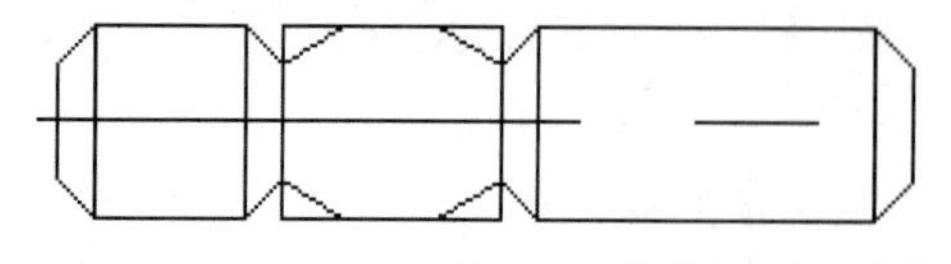

图109-5 绘制30°的倾斜线

06 执行“修改>修剪”命令，修剪多余线条，如图109-6所示。

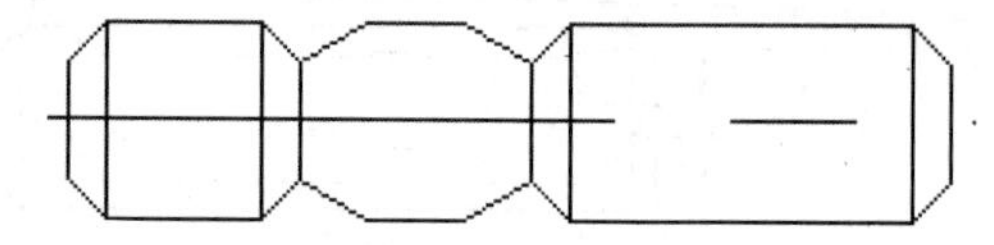

图109-6 修剪效果

07 执行“绘图>直线”命令，补画退刀槽线，如图109-7所示。

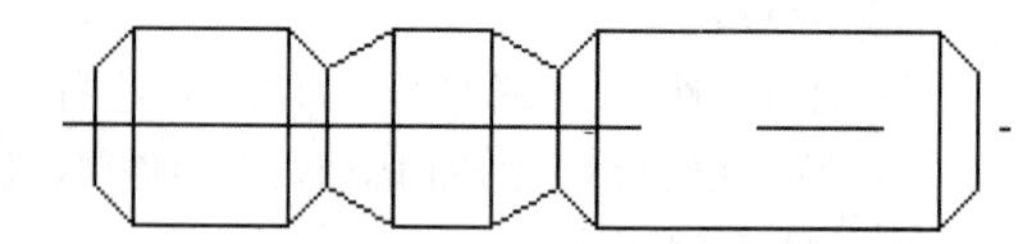

图109-7 补画退刀槽线

08 将“细实线”层置为当前层。执行“绘图>直线”命令，绘制螺纹小径，如图109-8所示。

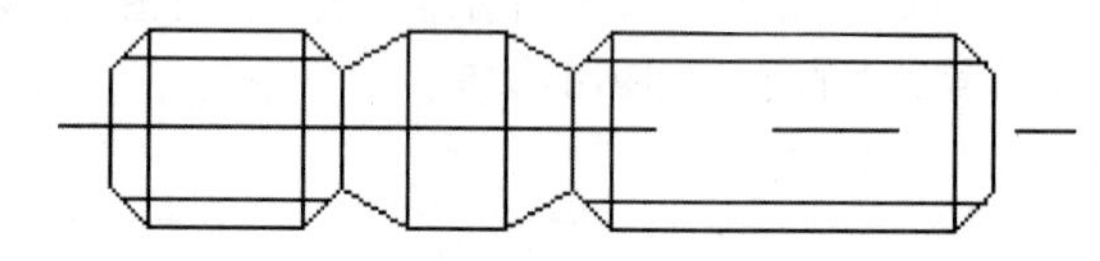

图109-8 绘制螺纹小径

09 将“标注”层置为当前层。利用尺寸标注方法对双头螺柱零件图进行尺寸标注，如图109-9所示。

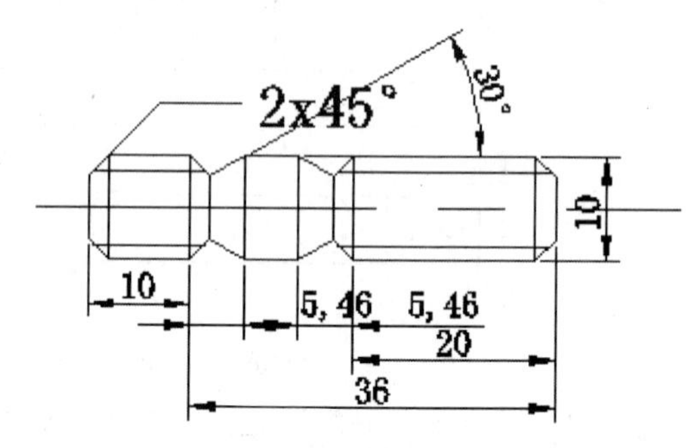

图109-9 标注双头螺柱尺寸

10 执行“格式>线宽”命令，进行线宽设置，效果如图109-1所示。至此，双头螺柱绘制完成。

11 执行“保存”命令，保存文件。

技巧与提示

在本例中主要用到了直线、倒角命令，绘制完成了双头螺柱零件图。该零件图为螺纹规格为M10、公称长度l=36、不经过表面处理的A型双头螺柱。

练习109 绘制双头螺柱

实战位置	DVD>练习文件>第5章>练习109.dwg
难易指数	★★☆☆☆
技术掌握	熟悉双头螺柱的绘制方法

操作指南

参照“实战109”案例进行制作。

新建文件，正交模式下使用直线等命令绘制初步轮廓线，使用修剪、倒角等修改工具对图形进行修改，最后添加标注，作出如图109-10所示的图形。

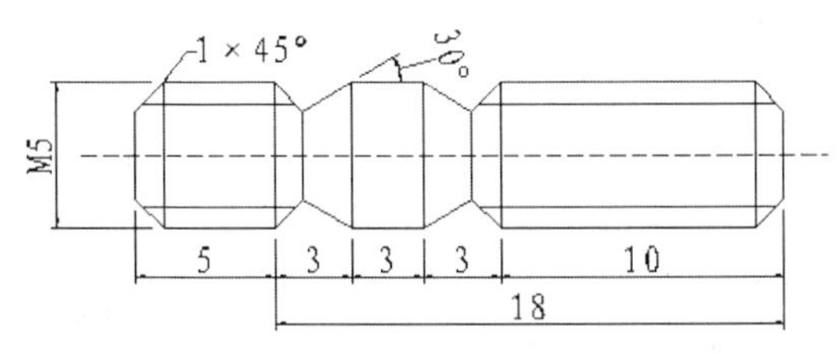

图109-10 绘制双头螺柱

实战110 绘制平垫圈

原始文件位置	DVD>原始文件>第5章>实战110原始文件
实战位置	DVD>实战文件>第5章>实战110.dwg
视频位置	DVD>多媒体教学>第5章>实战110.avi
难易指数	★★☆☆☆
技术掌握	掌握平垫圈的绘制方法

实战介绍

平垫圈也属于螺纹紧固件的一种，对其尺寸要求，国家也有一系列的规定。案例效果如图110-1所示。

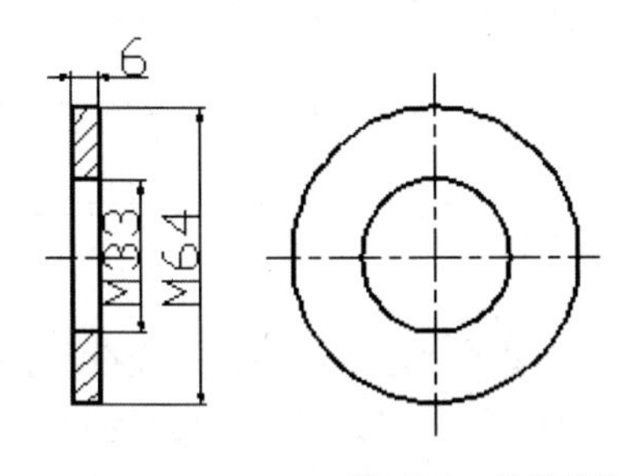

图110-1 最终效果

制作思路

- 打开文件后，删除内部图形。
- 在绘图区域使用圆、直线等命令。

制作流程

01 打开“实战104原始文件.dwg”文件。

02 将“点画线”层置为当前层。执行“绘图>直线”命令，绘制中心线，如图110-2所示。

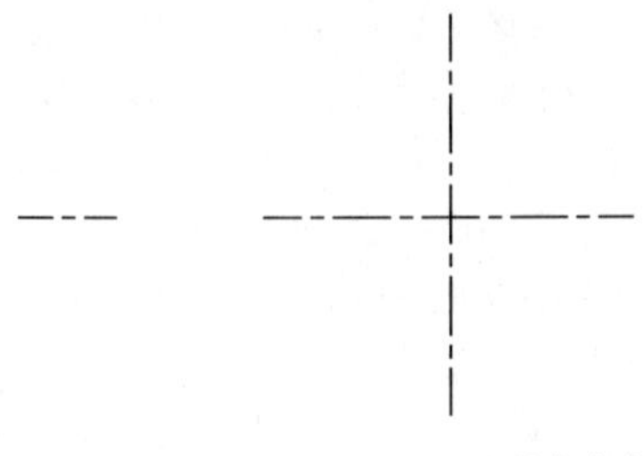

图110-2 绘制基准线

03 将“粗实线”置为当前层。执行“绘图>圆”命令，绘制直径为33和64的同心圆，表示俯视图，如图110-3所示。

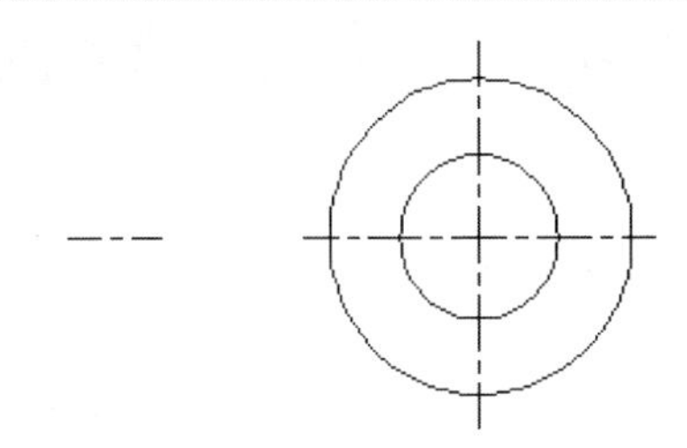

图110-3 绘制俯视图

04 执行“绘图>直线”命令，利用对象捕捉和对象追踪功能，绘制主视图轮廓线，如图110-4所示。

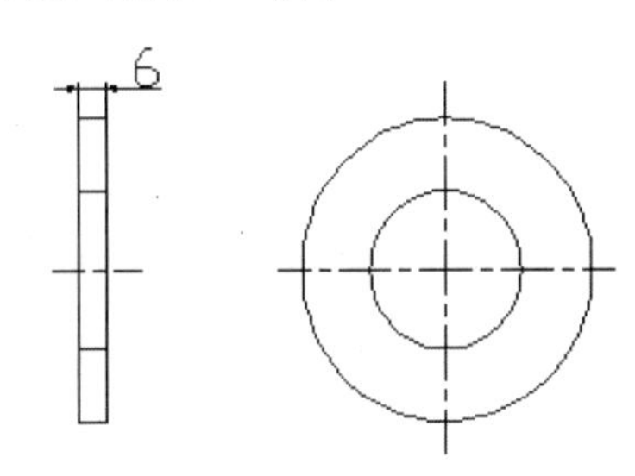

图110-4 绘制主视图轮廓线

05 将“剖面线”层置为当前层。执行“绘图>图案填充”命令，对主视图进行图案填充，效果如图110-5所示。

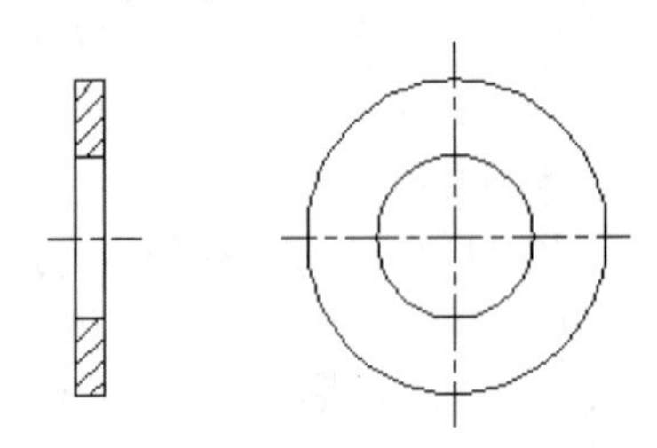

图110-5 图案填充效果

06 将“标注”层置为当前层。利用尺寸标注方法对平垫圈零件图进行尺寸标注，如图110-6所示。

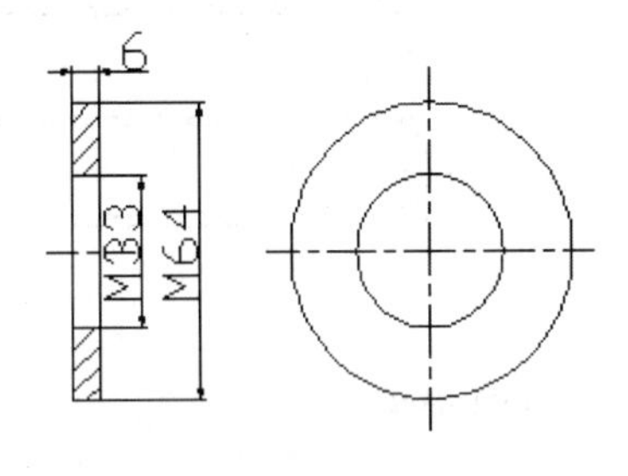

图110-6 标注平垫圈尺寸

07 执行“格式>线宽”命令，进行线宽设置，效果如图110-1所示。至此，平垫圈绘制完成。

08 执行“保存”命令，保存文件。

本例中主要应用了圆、直线、图案填充命令绘制得到了平垫圈。

练习110 绘制平垫圈

实战位置 DVD>练习文件>第5章>练习110.dwg
难易指数 ★★☆☆☆
技术掌握 巩固"平垫圈"的绘制方法

操作指南

参照"实战110"案例进行制作。

新建文件后，新建同案例相同图层，使用直线、圆等绘图工具，修剪、打断等修改工具和标注及图案填充命令，做出如图110-7所示的图形。

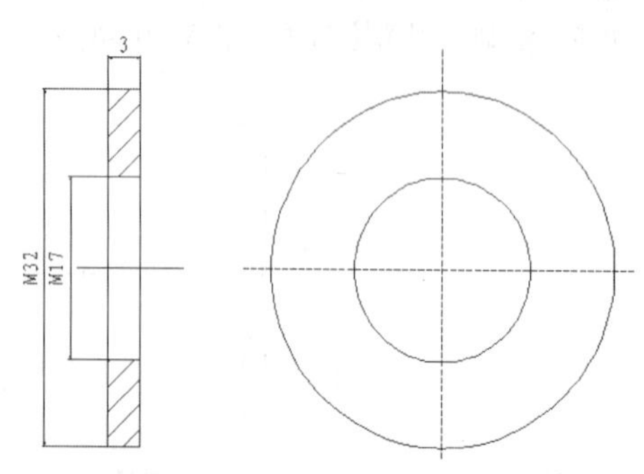

图110-7 绘制新平垫圈

实战111 绘制圆头普通平键

原始文件位置 DVD>原始文件>第5章>实战111原始文件
实战位置 DVD>实战文件>第5章>实战111.dwg
视频位置 DVD>多媒体教学>第5章>实战111.avi
难易指数 ★★☆☆☆
技术掌握 掌握"多段线"命令的使用方法

实战介绍

键是机器上常用的标准件，用来连接轴和装在轴上的零件(如齿轮、皮带轮等)，起传递扭矩的作用。键的种类很多，常用的有普通平键、半圆键、钩头楔键等。在本例中将介绍圆头普通平键的标准画法。案例效果如图111-1所示。

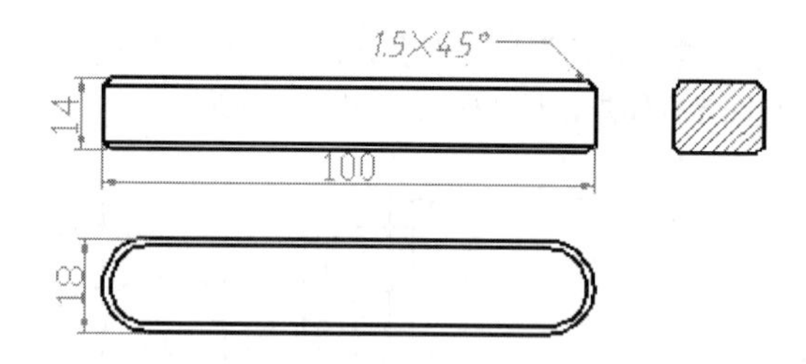

图111-1 最终效果

制作思路

- 首先了解多段线功能特性。
- 打开文件后，删除其内部图形，继续使用原图层。
- 使用直线工具绘制主、左视图轮廓，使用多段线工具绘制平键的俯视图轮廓图。
- 最后对图形进行修剪、倒角处理，标注后即得到如图111-1的图形。

制作流程

01 执行"打开"命令，打开"实战111原始文件.dwg"文件。

02 将"粗实线"层置为当前层。执行"绘图>矩形"命令，按长为100、宽为14绘制主视图的轮廓，如图111-2所示。

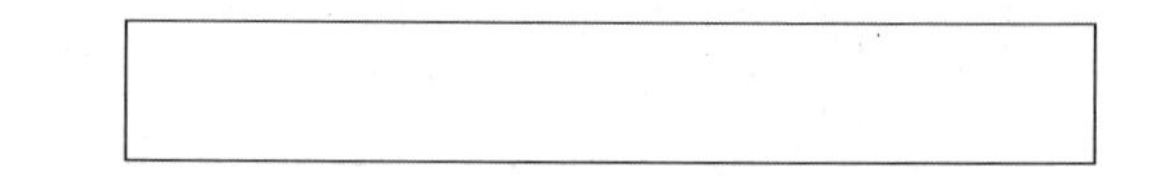

图111-2 绘制主视图轮廓

03 执行"修改>倒角"命令，绘制出"1.5×45°"倒角，如图111-3所示。

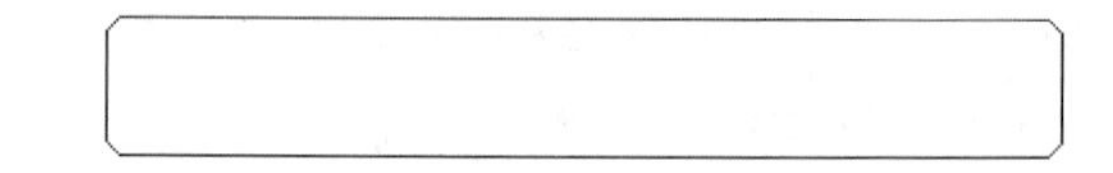

图111-3 绘制倒角

04 执行"绘图>直线"命令，补画主视图的倒角线，主视图绘制完成，如图111-4所示。

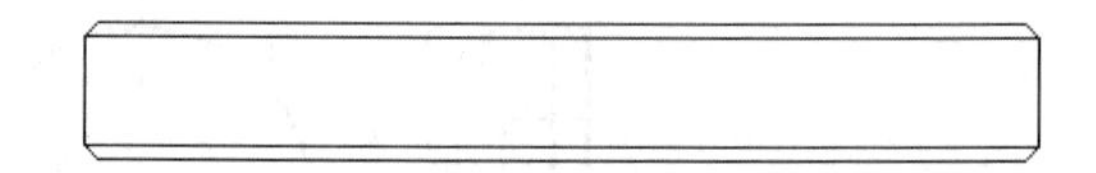

图111-4 补画倒角线

05 执行"绘图>多段线"命令，绘制俯视图的轮廓，如图111-5所示。绘制时命令行提示和操作内容如下：

```
命令: _pline
指定起点:
当前线宽为 0.0000
指定下一个点或 [圆弧(A)/半宽(H)/长度(L)/放弃(U)/宽度(W)]: 82 //水平向右移动鼠标，引用水平追踪虚线
指定下一点或 [圆弧(A)/闭合(C)/半宽(H)/长度(L)/放弃(U)/宽度(W)]: a //选择圆弧选项，转入绘制圆弧模式
指定圆弧的端点或[角度(A)/圆心(CE)/闭合(CL)/方向(D)/半宽(H)/直线(L)/半径(R)/第二个点(S)/放弃(U)/宽度(W)]: 18 //垂直向下移动鼠标，引出垂直追踪虚线
指定圆弧的端点或[角度(A)/圆心(CE)/闭合(CL)/方向(D)/半宽(H)/直线(L)/半径(R)/第二个点(S)/放弃(U)/宽度(W)]: l //选择直线选项，转入绘制直线模式
指定下一点或 [圆弧(A)/闭合(C)/半宽(H)/长度(L)/放弃(U)/宽度(W)]: 82 //水平向左移动鼠标，引用水平追踪虚线
指定下一点或 [圆弧(A)/闭合(C)/半宽(H)/长度(L)/放弃(U)/宽度(W)]: a //选择圆弧选项，转入绘制圆弧模式
指定圆弧的端点或[角度(A)/圆心(CE)/闭合(CL)/方向(D)/半宽(H)/直线(L)/半径(R)/第二个点(S)/放弃(U)/宽度(W)]: cl //键入"CL"，将图形闭合
```

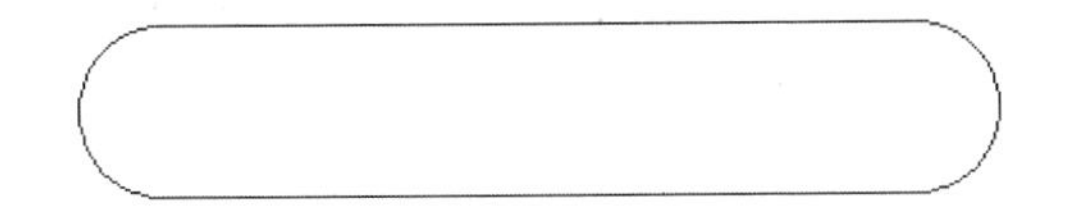

图111-5　绘制俯视图轮廓线

06 执行“修改>偏移”命令，偏移距离为“1.5”，将所有闭合多段线向内侧偏移，得到圆头普通平键的俯视图，如图111-6所示。

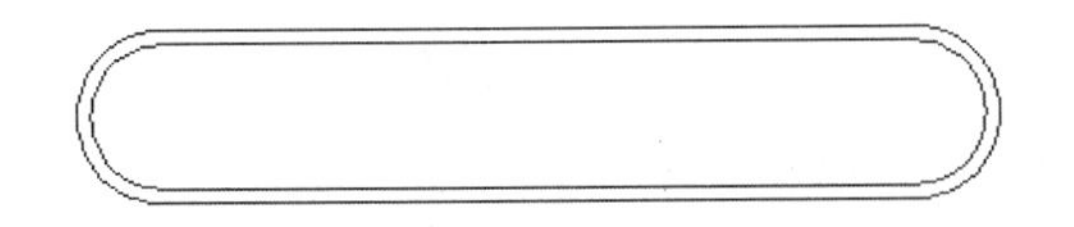

图111-6　圆头普通平键俯视图

07 执行“绘图>矩形”命令，按长为14、宽为10绘制左视图的轮廓，如图111-7所示。

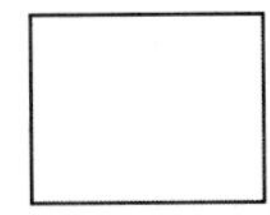

图111-7　绘制左视图轮廓线

08 执行“修改>分解”命令，将矩形分解；再执行“修改>圆角”命令，绘制出半径为“1.5”的圆角，如图111-8所示。

图111-8　绘制圆角

09 将“剖面线”层置为当前层。执行“修改>图案填充”命令，弹出“图案填充和渐变色”对话框。在该对话框中进行图案填充设置，选择填充图案为ANSI31，设置比例为0.5，执行“添加：拾取点”命令，在左视图中点击鼠标左键，确定填充边界，按回车键，返回到“图案填充和渐变色”对话框，单击“确定”按钮，完成填充，效果如图111-9所示。

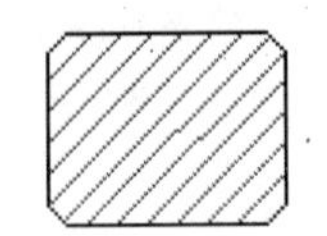

图111-9　图案填充效果

10 将“标注”层置为当前层。利用尺寸标注方法对平键的零件图进行尺寸标注，如图111-10所示。

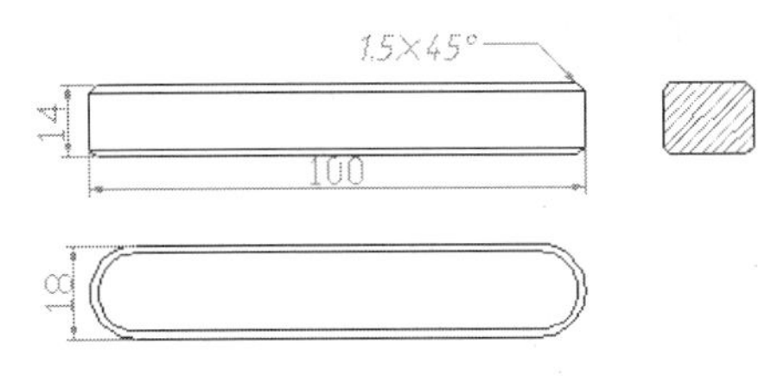

图111-10　标注平键尺寸

11 执行“特性>线宽”命令，进行线宽设置，效果如图111-1所示。至此，圆头普通平键绘制完成。

12 执行“保存”命令，保存文件。

技巧与提示

本例中主要应用了多段线、矩形、圆角、倒角和图案填充命令绘制得到了圆头普通平键，其中多段线工具非常有用，读者需熟练运用。

练习111　绘制圆头普通平键

实战位置	DVD>练习文件>第5章>练习111.dwg
难易指数	★★☆☆☆
技术掌握	巩固“多段线”的使用方法

操作指南

参照“实战111”案例进行制作。

使用多段线工具绘制主视图，按照如图111-11所示的图形尺寸绘制新圆头普通平键。

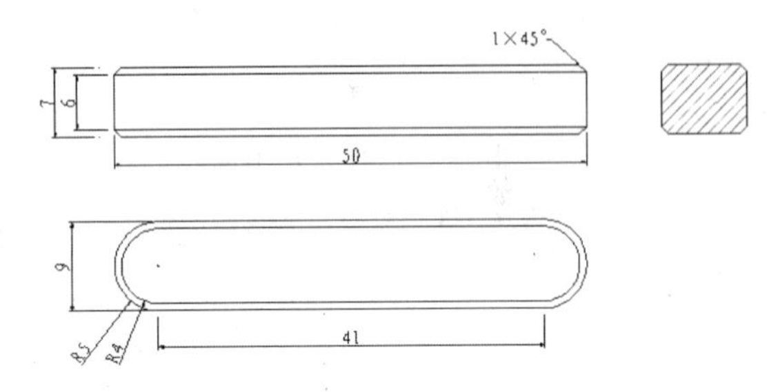

图111-11　绘制新圆头普通平键

实战112　绘制半圆键

原始文件位置	DVD>原始文件>第5章>实战112原始文件
实战位置	DVD>实战文件>第5章>实战112.dwg
视频位置	DVD>多媒体教学>第5章>实战112.avi
难易指数	★☆☆☆☆
技术掌握	掌握“圆弧”命令的使用方法

实战介绍

在本例中将介绍半圆键的标准规定画法。案例效果如图112-1所示。

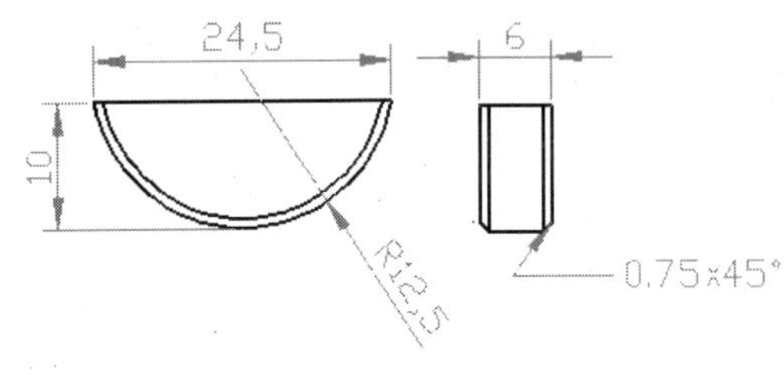

图112-1　最终效果

制作思路

• 在绘图区域，直接使用圆弧、直线工具和偏移修剪等命令，按照一定尺寸要求，即可得到如图112-1所示的图形。

制作流程

01 执行“打开”命令，打开“实战112原始文件.dwg”文件。

02 将“粗实线”置为当前层。执行“绘图>圆弧”命令，绘制主视图的轮廓，如图112-2所示。绘制时命令行提示和操作内容如下：

```
命令: _ARC 指定圆弧的起点或 [圆心(C)]:    //在绘图区任意指定一点为圆弧起点
指定圆弧的第二个点或 [圆心(C)/端点(E)]: E    //选择端点选项
指定圆弧的端点: @24.5,0  //输入圆弧端点相对于起点的相对坐标
指定圆弧的圆心或 [角度(A)/方向(D)/半径(R)]: R
指定圆弧的半径: 12.5
```

图112-2 绘制半圆键的圆弧轮廓线

03 执行“修改>偏移”命令，偏移距离为0.75，将圆弧偏移，如图112-3所示。

图112-3 偏移圆弧轮廓线

04 执行“绘图>直线”命令，绘制辅助线，如图112-4所示。

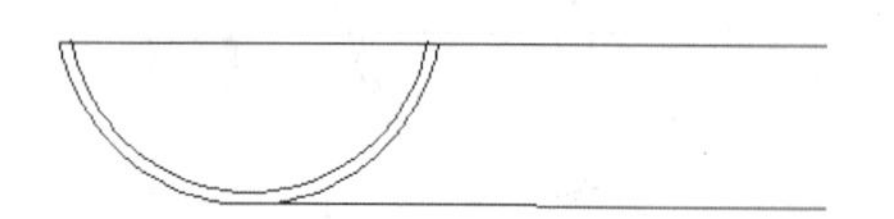

图112-4 绘制辅助线

05 继续执行直线命令，在半圆键主视图右侧绘制一条竖直线段，与两条水平线段相接。将竖直线段向右偏移距离6，如图112-5所示。

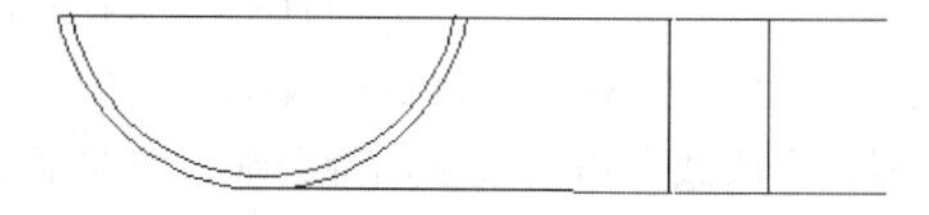

图112-5 绘制左视图的轮廓线

06 执行“修改>修剪”命令，修剪多余线条，得到结果如图112-6所示。

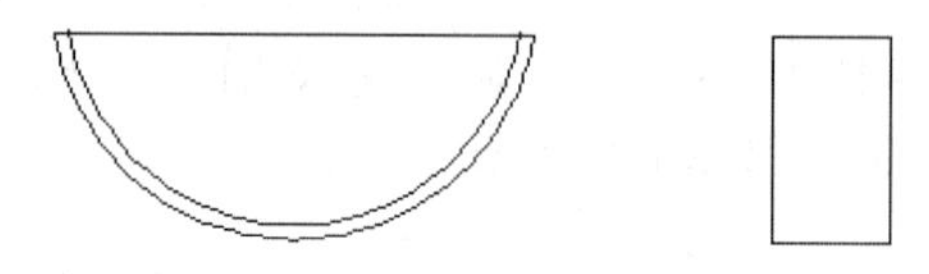

图112-6 修剪多余线条

07 执行“修改>倒角”命令，对左视图矩形框的下方两个角进行倒角绘制，结果如图112-7所示。倒角绘制过程中命令行提示和操作内容如下：

命令: _CHAMFER //执行倒角命令

```
("修剪"模式) 当前倒角距离 1 = 1.5000, 距离 2 = 1.5000
选择第一条直线或 [放弃(U)/多段线(P)/距离(D)/角度(A)/修剪(T)/方式(E)/多个(M)]:  A  //选择角度选项
指定第一条直线的倒角长度 <0.0000>: 0.75   //设置倒角长度
指定第一条直线的倒角角度 <0>: 45   //设置倒角角度
选择第一条直线或 [放弃(U)/多段线(P)/距离(D)/角度(A)/修剪(T)/方式(E)/多个(M)]:   //选择矩形框左侧竖直线段
选择第二条直线, 或按住 Shift 键选择要应用角点的直线:  //选择矩形框底部水平线段
命令: _CHAMFER
("修剪"模式) 当前倒角长度 = 0.7500, 角度 = 45
选择第一条直线或 [放弃(U)/多段线(P)/距离(D)/角度(A)/修剪(T)/方式(E)/多个(M)]:  A
指定第一条直线的倒角长度 <0.7500>:
指定第一条直线的倒角角度 <45>:
选择第一条直线或 [放弃(U)/多段线(P)/距离(D)/角度(A)/修剪(T)/方式(E)/多个(M)]:   //选择矩形框底部水平线段
选择第二条直线, 或按住 Shift 键选择要应用角点的直线:  //选择矩形框右侧竖直线段
```

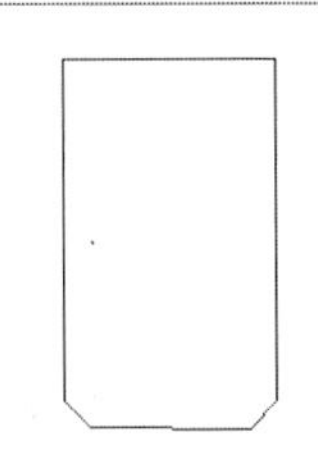

图112-7　绘制倒角

08 执行“绘图>直线”命令，绘制两条垂直线段，半圆键绘制完成。

09 将“标注”层置为当前层。利用尺寸标注方法对半圆键的零件图进行尺寸标注，如图112-8所示。

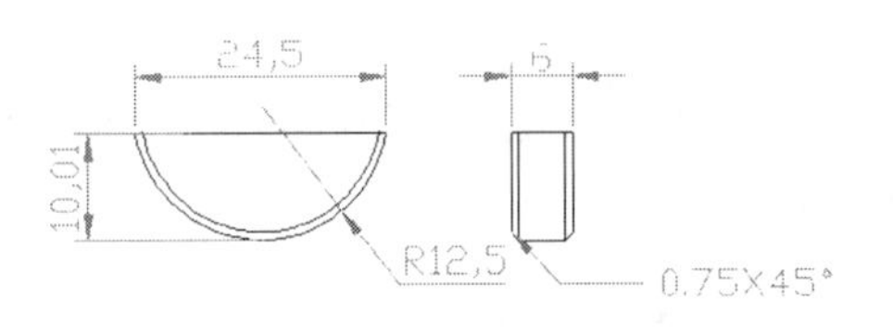

图112-8　标注半圆键尺寸

10 执行“保存”命令，保存文件。

技巧与提示

本例通过直线、圆弧、偏移、修剪和倒角命令，绘制得到了半圆键的零件图。绘制螺母时，读者应当注意线形的切换和标注样式的切换。文字标注的位置要清晰明确。

练习112　绘制半圆键

实战位置　DVD>练习文件>第5章>练习112.dwg
难易指数　★★☆☆☆
技术掌握　巩固“圆弧”命令的使用方法

操作指南

参照“实战112”案例进行制作。

新建文件和图层，根据尺寸要求，做出如图122-9所示的图形。

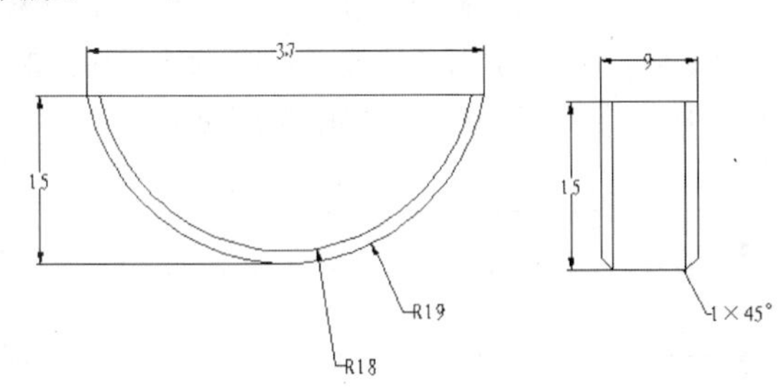

图112-9　绘制半圆键

实战113　绘制螺纹圆柱销

原始文件位置　DVD>原始文件>第5章>实战113原始文件
实战位置　DVD>实战文件>第5章>实战113.dwg
视频位置　DVD>多媒体教学>第5章>实战113.avi
难易指数　★★☆☆☆
技术掌握　掌握绘制螺纹圆柱销的方法

实战介绍

销是标准件，主要用于零件间的连接或定位。常用的销有圆柱销、圆锥销和开口销。根据销与销孔配合精度不同，圆柱销分为A型、B型、C型和D型。本例中将讲解螺纹圆柱销的规定画法。案例效果如图113-1所示。

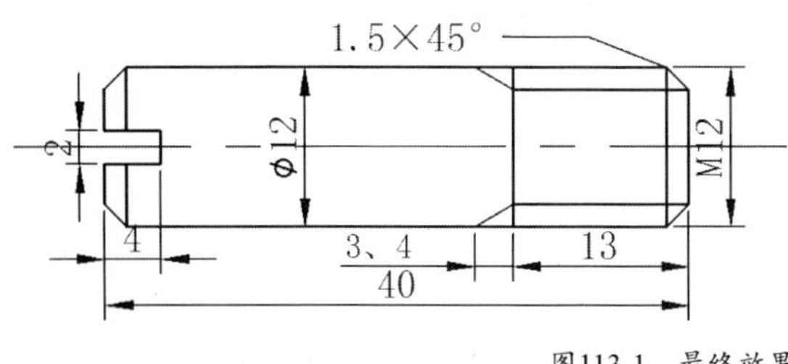

图113-1　最终效果

制作思路

• 绘制图形前。需新建所需的图层如中心线层、粗实线层、标注层等。

• 利用最基本的直线及偏移等命令，绘制图形，再进一步修改，即得到如图113-1所示的图形。

制作流程

01 双击AutoCAD 2013的桌面快捷方式图标，打开一个新的AutoCAD文件，创建常用图层：中心线、粗实线和标注，执行“文件>保存”命令，将文件保存为“实例113.dwg”。

02 将“点画线”置为当前层，执行“绘图>直线”命令，绘制中心线；执行“修改>偏移”命令，偏移距离为“6”，偏移辅助线，如图113-2所示。

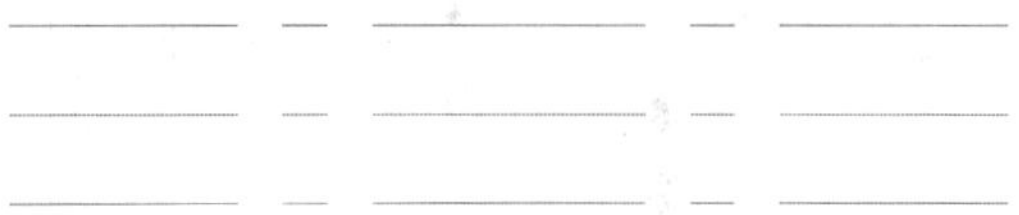

图113-2　绘制中心线

03 将“粗实线”置为当前层。执行“绘图>直线”命令，绘制轮廓；再执行“修改>删除”命令，删除多余辅助线，如图113-3所示。

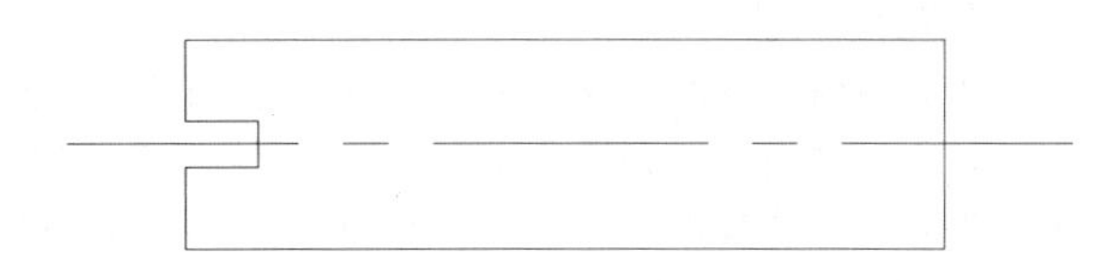

图113-3　螺纹圆柱销的轮廓线

04 执行“修改>倒角”命令，绘制出“1.5×45°”倒角。执行“绘图>直线”命令，补画倒角线，如图113-4所示。

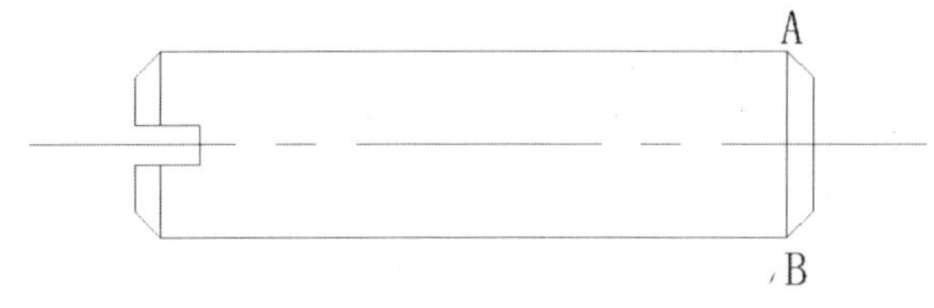

图113-4　绘制倒角

05 执行“修改>偏移”命令，将线段AB向左偏移11.5和14.9，如图113-5所示。

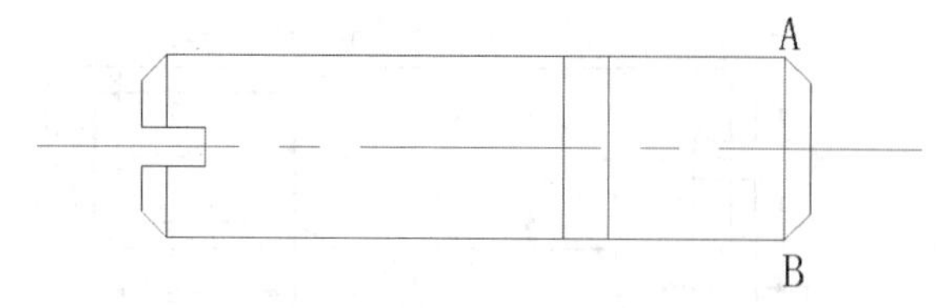

图113-5 绘制偏移直线

06 执行“绘图>直线”命令，绘制连接线。将右侧偏移线删除，如图113-6所示。

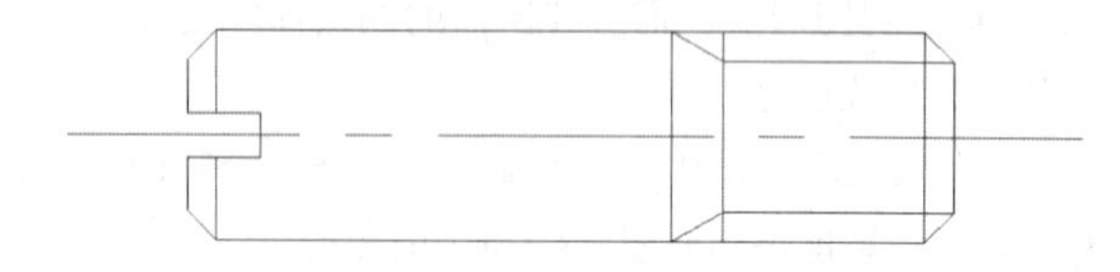

图113-6 补画连接线

07 执行“修改>删除”命令，将右侧偏移线删除。

08 将“标注”层置为当前层。利用尺寸标注方法对螺纹圆柱销零件图进行尺寸标注，如图113-7所示。

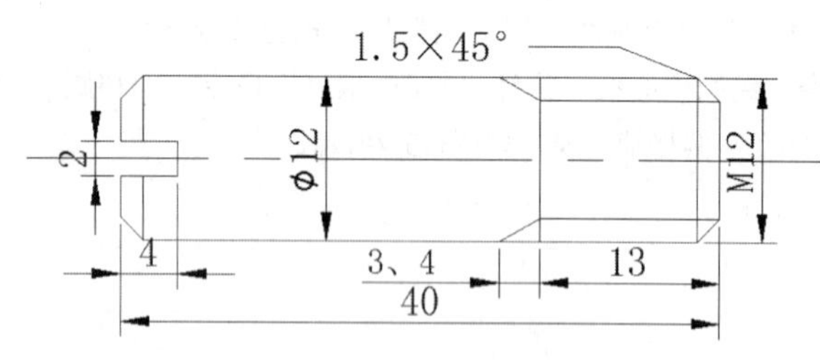

图113-7 标注螺纹圆柱销

09 全部选中图形，执行“特性>线宽”命令，进行线宽设置，效果如图113-1所示。至此，螺纹圆柱销绘制完成。

10 执行“保存”命令，保存文件。

使用“修剪”命令时，缩放工具有着很大的作用，当需要修剪复杂的图形时，不妨先将其放大后再作修剪，可以起到很好的效果。本例中利用直线、偏移、倒角和删除命令，绘制得到了螺纹圆柱销的零件图。

练习113 绘制螺纹圆柱销

实战位置	DVD>练习文件>第5章>练习113.dwg
难易指数	★★☆☆☆
技术掌握	巩固螺纹圆柱销的绘制方法

操作指南

参照“实战113”案例进行制作。

新建同样的图层，使用直线、偏移等命令，按照如图113-8所示的图形尺寸，绘制新的螺纹圆柱销。

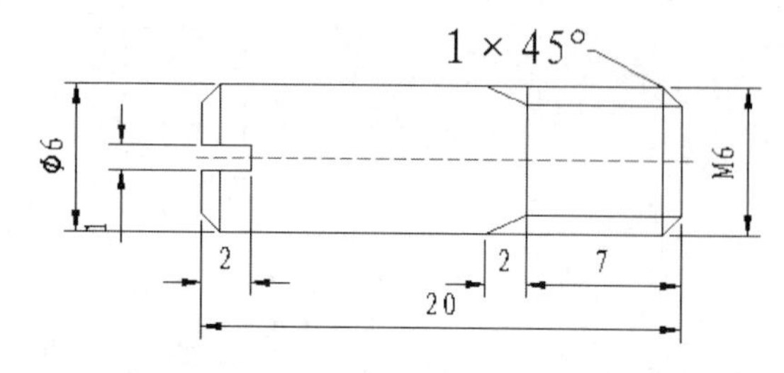

图113-8 绘制新螺纹圆柱销

实战114 绘制圆锥销

原始文件位置	DVD>原始文件>第5章>实战114原始文件
实战位置	DVD>实战文件>第5章>实战114.dwg
视频位置	DVD>多媒体教学>第5章>实战114.avi
难易指数	★★☆☆☆
技术掌握	掌握圆锥销的绘制方法

实战介绍

本例中将介绍圆锥销的规定画法。案例效果如图114-1所示。

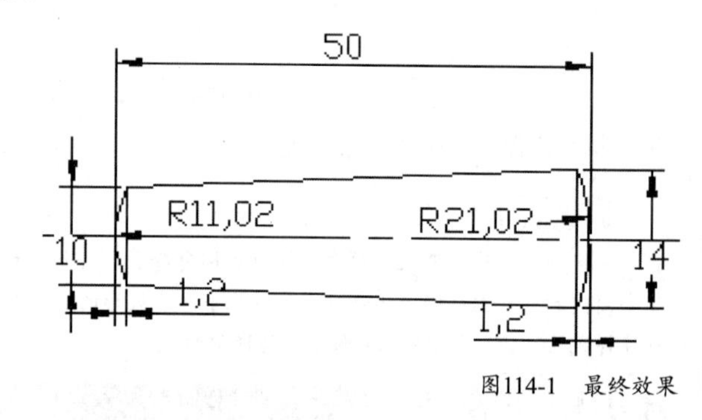

图114-1 最终效果

制作思路

• 新建图层后，使用圆弧工具确定圆锥销的两端，然后直线连接首尾，即得到如图114-1所示的图形。

制作流程

01 打开“实战114原始文件.dwg”文件。

02 将“点画线”置为当前层，执行“绘图>直线”命令，绘制中心线；执行“修改>偏移”命令，偏移距离为5和7，将中心线上下偏移，如图114-2所示。

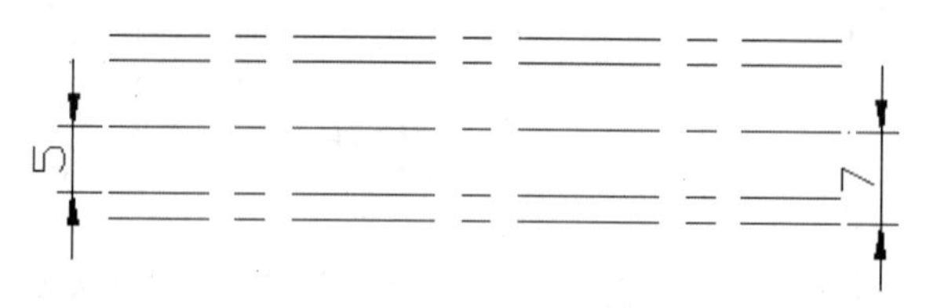

图114-2 绘制圆柱销的中心线

03 将“粗实线”置为当前层，执行“绘图>直线”命令，绘制左右轮廓线，如图114-3所示。

04 执行“绘图>圆弧>三点”命令，绘制圆弧，如图114-4所示。

05 执行“修改>分解”命令，将两个矩形分解。再执行“删除”命令，删除多余线条，效果如图114-5所示。

图114-3　绘制左右轮廓线

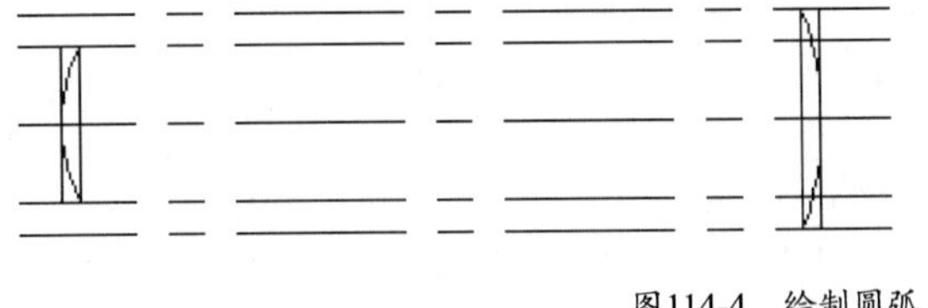

图114-4　绘制圆弧

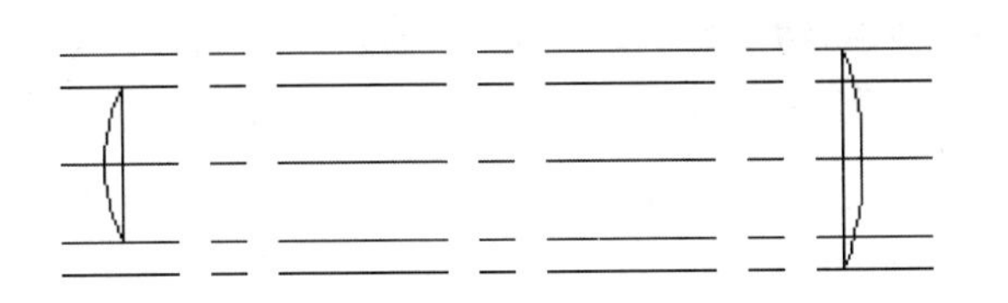

图114-5　删除多余线条

06 执行“绘图>直线”命令，补画上下轮廓线，如图114-6所示。

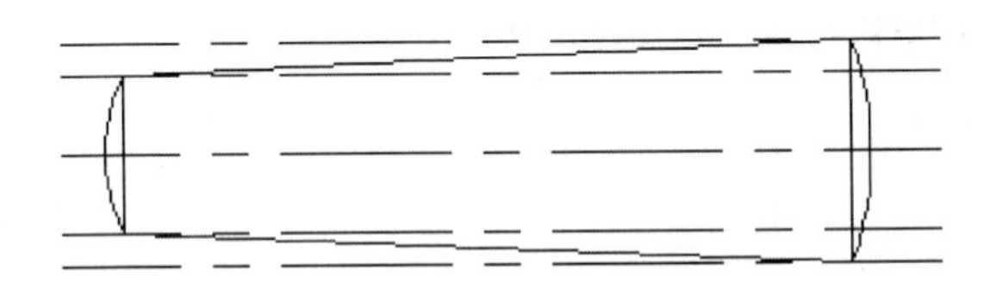

图114-6　补画上下轮廓线

07 执行“修改>删除”命令，删除多余点画线，结果如图114-7所示。

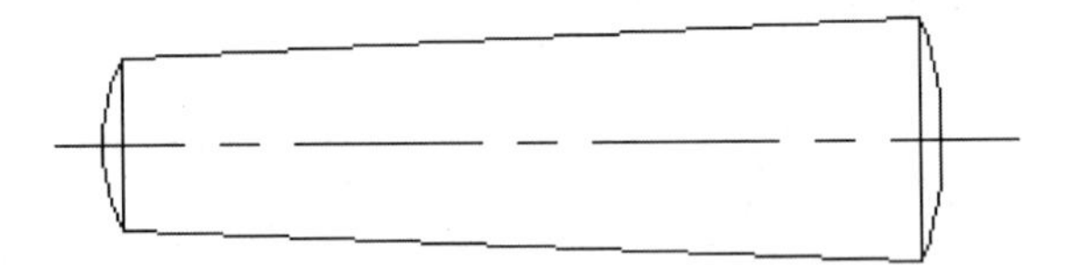

图114-7　删除多余点画线

08 将“标注”层置为当前层。利用尺寸标注方法对圆锥销的零件图进行尺寸标注，如图114-8所示。

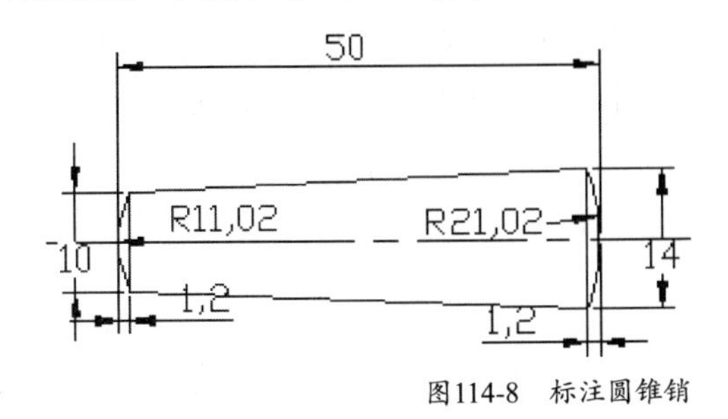

图114-8　标注圆锥销

09 执行“格式>线宽”命令，进行线宽设置，效果如图114-1所示。至此，圆锥销绘制完成。

10 执行“保存”命令，保存文件。

技巧与提示

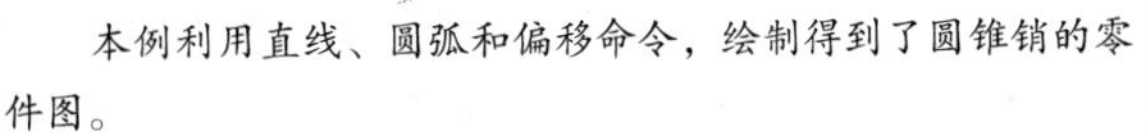

本例利用直线、圆弧和偏移命令，绘制得到了圆锥销的零件图。

练习114　绘制圆锥销

实战位置	DVD>练习文件>第5章>练习114.dwg
难易指数	★★☆☆☆
技术掌握	巩固圆锥销的绘制方法

操作指南

参照“实战114”案例进行制作。

绘图时可通过偏移命令，确定两端距离，再根据如图114-9所示的图形尺寸要求，绘制圆锥销。

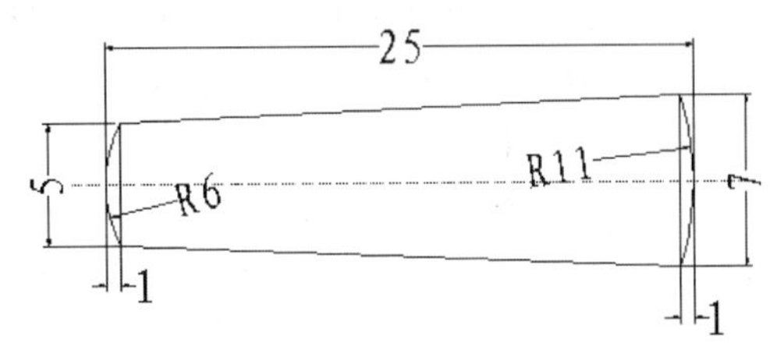

图114-9　绘制圆锥销

实战115　绘制开口销

原始文件位置	DVD>原始文件>第5章>实战115原始文件
实战位置	DVD>实战文件>第5章>实战115.dwg
视频位置	DVD>多媒体教学>第5章>实战115.avi
难易指数	★★☆☆☆
技术掌握	掌握开口销的规定画法

实战介绍

本例中将介绍开口销的规定画法。案例效果如图115-1所示。

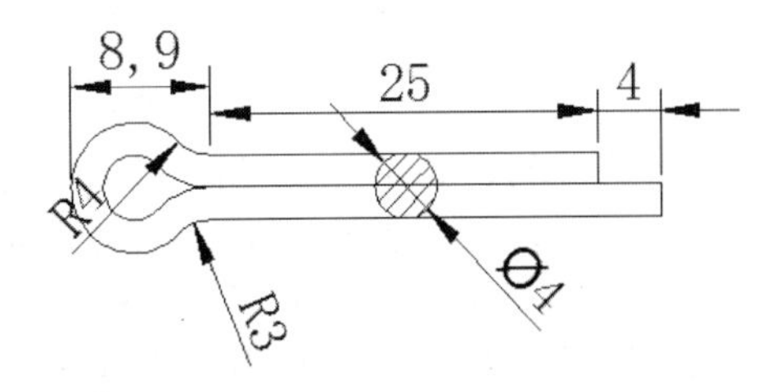

图115-1　最终效果

制作思路

- 利用圆与圆、圆与直线的相切关系确定开口销的轮廓线位置。

制作流程

01 打开“实战105原始文件.dwg”文件。

02 将“粗实线”层置为当前层。执行“绘图>直线”命令，绘制轮廓线，如图115-2所示。

图115-2　绘制开口销的辅助线

03 执行“修改>偏移”命令，偏移距离为2和4，将水平直线段向上偏移，如图115-3所示。

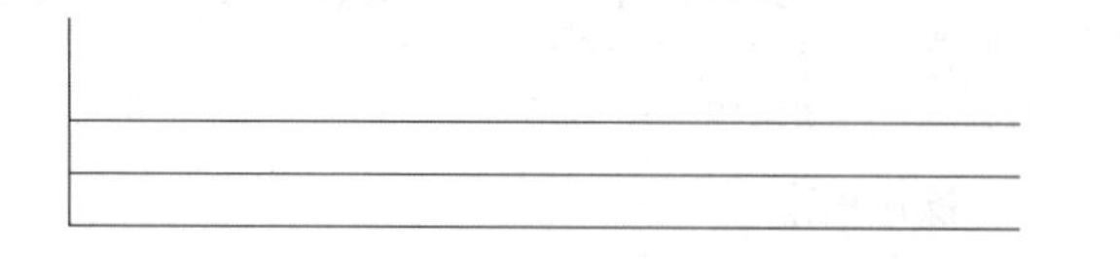

图115-3　偏移直线

04 执行“绘图>圆”命令，以点A为圆心绘制一个直径为8的圆，执行命令“绘图>圆>相切、相切、半径”，绘制两个直径为6的圆，效果如图115-4所示。

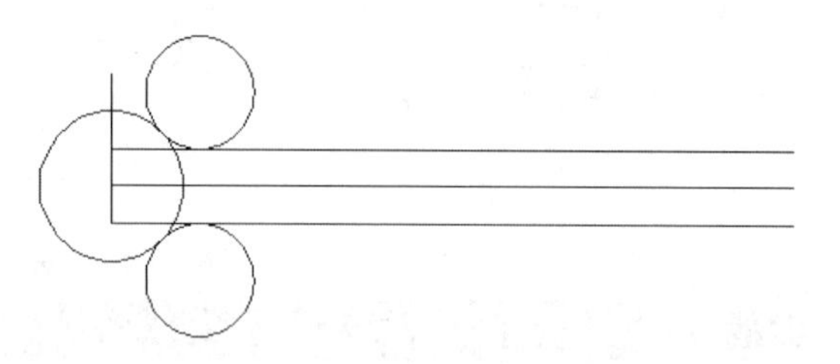

图115-4　绘制圆

05 执行“修改>修剪”命令，修剪掉多余线条，图形效果如图115-5所示。

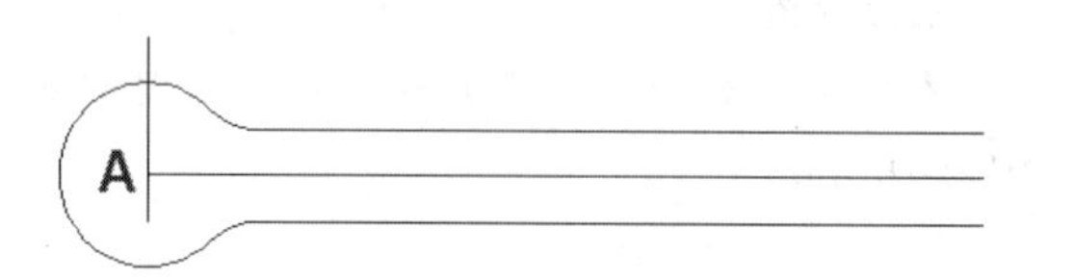

图115-5　修剪多余线条

06 执行“修改>偏移”命令，将竖直直线段向右偏移，如图115-6所示。绘制时命令行提示和操作内容如下：

```
命令：_offset
当前设置：删除源=否　图层=源　OFFSETGAPTYPE=0
指定偏移距离或 [通过(T)/删除(E)/图层(L)] <通过>: t
选择要偏移的对象，或 [退出(E)/放弃(U)] <退出>: //选择竖直直线段
指定通过点或 [退出(E)/多个(M)/放弃(U)] <退出>: //捕捉圆弧与水平直线段的切点
选择要偏移的对象，或 [退出(E)/放弃(U)] <退出>: *取消* //按回车键结束偏移
命令：_offset
当前设置：删除源=否　图层=源　OFFSETGAPTYPE=0
指定偏移距离或 [通过(T)/删除(E)/图层(L)] <通过>: 25 //设置偏移距离
选择要偏移的对象，或 [退出(E)/放弃(U)] <退出>: //选择线段AB作为偏移源对象
指定要偏移的那一侧上的点，或 [退出(E)/多个(M)/放弃(U)] <退出>: //在线段AB的右侧单击
选择要偏移的对象，或 [退出(E)/放弃(U)] <退出>: *取消* //按回车键结束偏移
命令：_offset
当前设置：删除源=否　图层=源　OFFSETGAPTYPE=0
指定偏移距离或 [通过(T)/删除(E)/图层(L)] <25.0000>: 29 //设置偏移距离
选择要偏移的对象，或 [退出(E)/放弃(U)] <退出>: //选择线段AB
指定要偏移的那一侧上的点，或 [退出(E)/多个(M)/放弃(U)] <退出>: //在线段AB的右侧单击
选择要偏移的对象，或 [退出(E)/放弃(U)] <退出>: //按回车键结束偏移
```

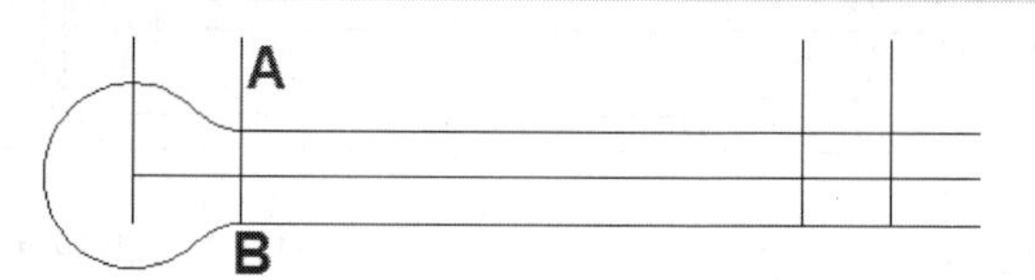

图115-6　偏移直线

07 继续执行“偏移”命令，对图形左部3个圆弧段向内侧偏移2，结果如图115-7所示。

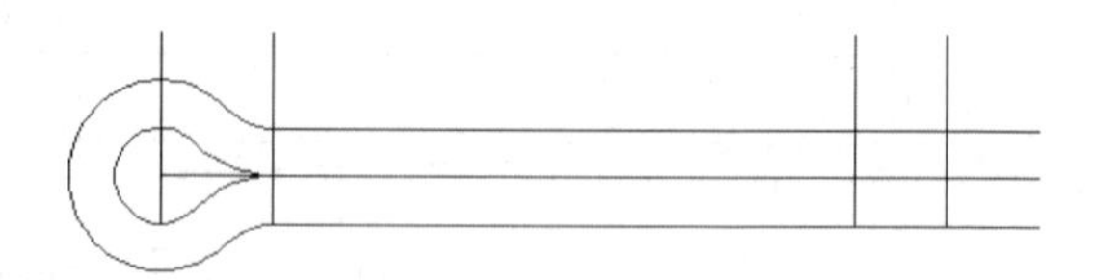

图115-7　偏移圆弧

08 使用修剪（TRIM）和删除（ERASE）命令，修剪掉多余线条，结果如图115-8所示。

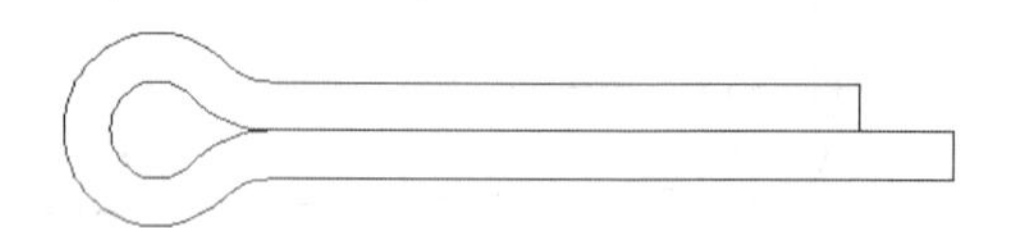

图115-8　修剪多余线条

09 将“细实线”层置为当前层。执行“绘图>圆”命令，利用中点捕捉功能，捕捉最上侧水平轮廓线的中点为圆的圆心，绘制半径为2的圆。使用移动（MOVE）命令，将圆向下移动2，结果如图115-9所示。

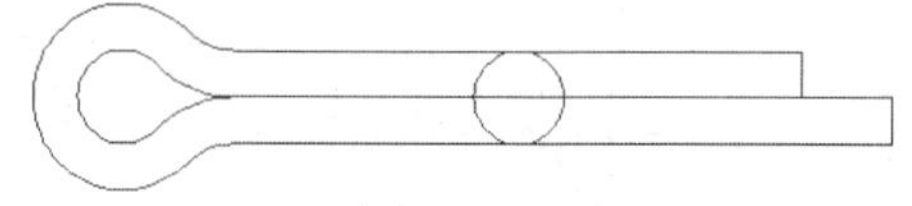

图115-9　绘制并移动圆

10 将“剖面线”层置为当前层。执行“绘图>图案填

充”命令，弹出“图案填充和渐变色”对话框，进行图案填充设置，比例设置为0.25。填充圆内部表示剖面线，效果如图115-10所示。

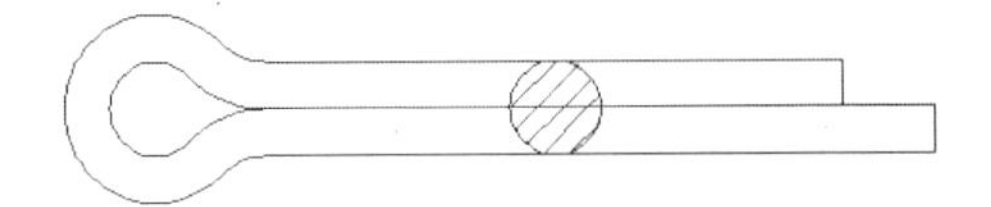

图115-10　图案填充效果

11 将“标注”层置为当前层。利用尺寸标注方法对开口销的零件图进行尺寸标注，如图115-11所示。

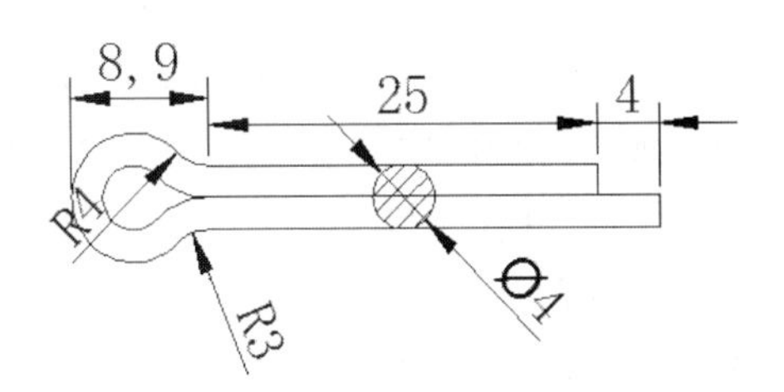

图115-11　标注开口销尺寸

12 执行“格式>线宽”命令，进行线宽设置，效果如图115-1所示。至此，开口销绘制完成。

13 执行“保存”命令，保存文件。

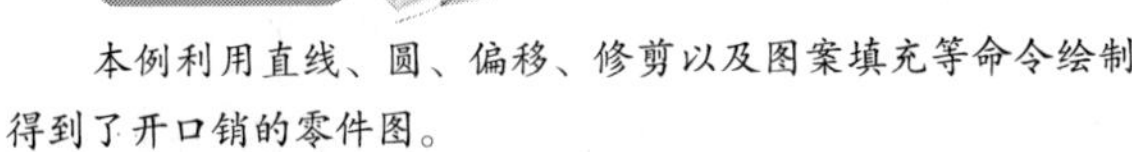
本例利用直线、圆、偏移、修剪以及图案填充等命令绘制得到了开口销的零件图。

练习115　绘制开口销

实战位置	DVD>练习文件>第5章>练习115.dwg
难易指数	★☆☆☆☆
技术掌握	巩固开口销规定画法

操作指南

参照“实战115”案例进行制作。

利用圆、直线的相切关系，确定轮廓线位置，按照如图115-12所示的尺寸要求绘制开口销。

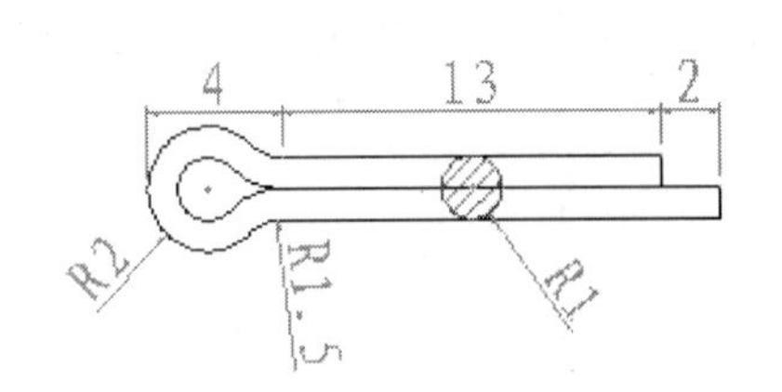

图115-12　绘制开口销

实战116　绘制深沟球轴承

原始文件位置	DVD>原始文件>第5章>实战116原始文件
实战位置	DVD>实战文件>第5章>实战116.dwg
视频位置	DVD>多媒体教学>第5章>实战116.avi
难易指数	★★★☆☆
技术掌握	掌握绘制深沟球轴承的方法

实战介绍

滚动轴承是一种标准部件，其作用是支承旋转轴及轴上的机件，它具有结构紧凑、摩擦力小等特点，在机械中被广泛地应用。常用的滚动轴承有：深沟球轴承、推力球轴承及圆锥滚子轴承。本例中将介绍深沟球轴承的规定画法。案例效果如图116-1所示。

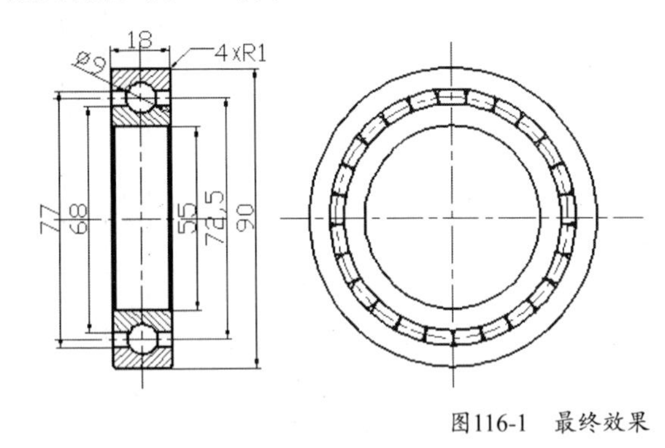

图116-1　最终效果

制作思路

• 打开文件后，删除内部图形。

• 使用直线、圆等基本工具及相关位置关系，绘制其初步轮廓线。

• 使用修剪、阵列等命令完善图形，再进行尺寸标注，即得到图116-1的图形。

制作流程

01 打开“实战105原始文件.dwg”文件。

02 将“点画线”层置为当前层，执行“直线”命令，绘制深沟球轴承的基准线，水平线的间隔为36.25，如图116-2所示。

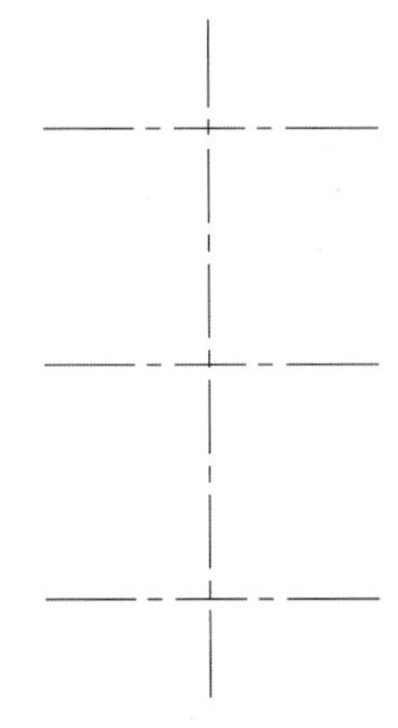

图116-2　绘制深沟球轴承的基准线

03 将“粗实线”层置为当前层，执行“直线”命令，绘制深沟球轴承的轮廓线，如116-3所示。

04 执行“绘图>圆”命令，绘制出一个半径为4.5的圆；再执行“绘图>直线”命令，利用30°角的极轴追踪功能，绘制与水平中心线的夹角为30°辅助直线，如图116-4所示。

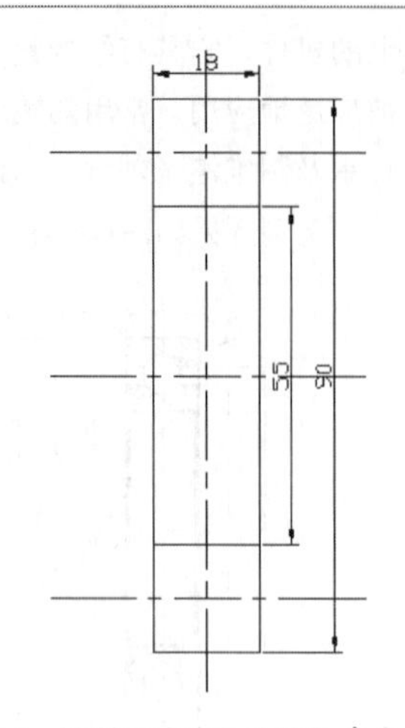

图116-3　绘制深沟球轴承的轮廓线

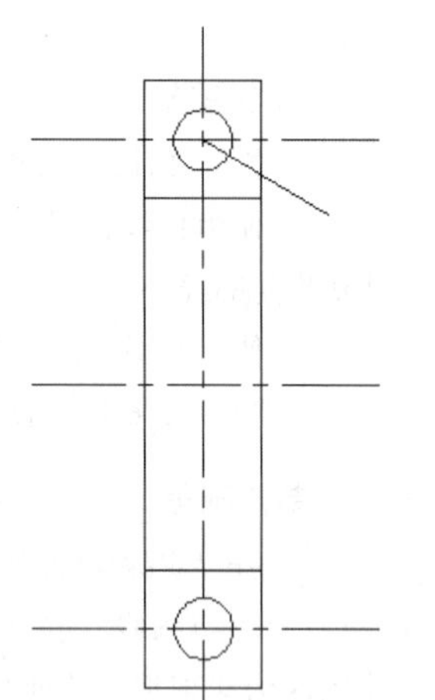

图116-4　绘制滚珠和斜线

05 执行“绘图>直线”命令，利用“对象捕捉”和“对象追踪”功能，绘制水平直线，表示轴承内圈，如图116-5所示。

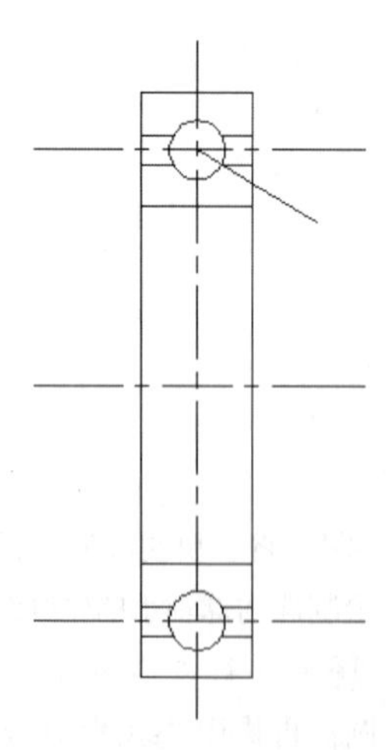

图116-5　绘制内圈

06 执行“修改>圆角”命令，绘制半径为1的圆角。将辅助直线删除，如图116-6所示。

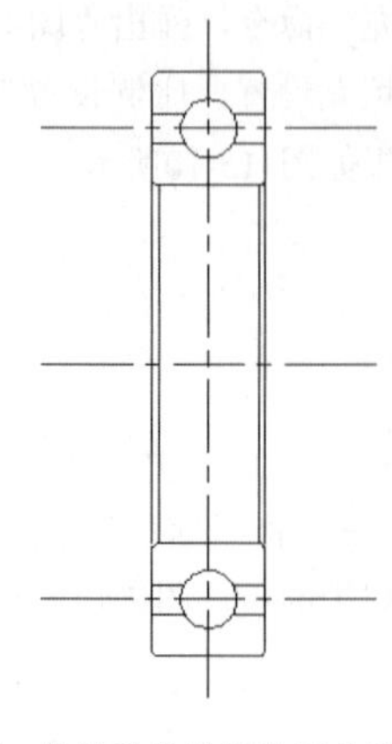

图116-6　绘制圆角并删除辅助线

07 执行“绘图>直线”命令，利用“对象捕捉”功能，绘制直线，如图116-7所示。

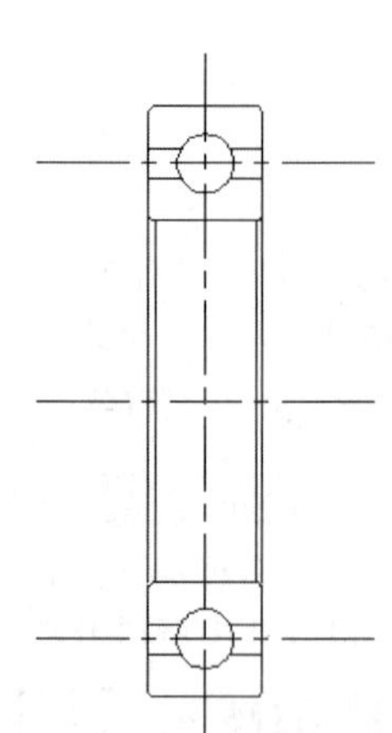

图116-7　绘制直线

08 将“剖面线”层置为当前层。执行“绘图>图案填充”命令，弹出“图案填充和渐变色”对话框。在该对话框中选择图案名为ANSI31的填充图案，设置比例为0.5，执行“添加：拾取点”命令，在弹簧的两个圆断面中单击鼠标左键，确定填充边界，按回车键，返回到“图案填充和渐变色”对话框，单击“确定”按钮，完成填充，如图116-8所示。

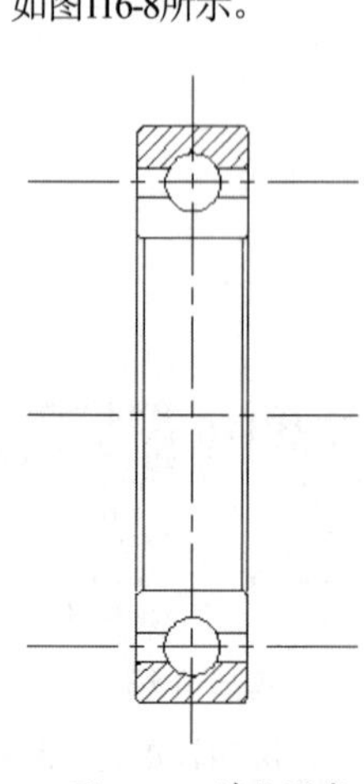

图116-8　填充图案1

09 再次执行“图案填充”命令，弹出“图案填充和渐变色”对话框。在该对话框中选择图案名为ANSI31的填充图案，设置比例为0.5，角度为90°。执行“添加：拾取点”命令，在弹簧的两个圆断面中单击鼠标左键，确定填充边界，按回车键，返回到“图案填充和渐变色”对话框，单击“确定”按钮，完成填充，如图116-9所示。

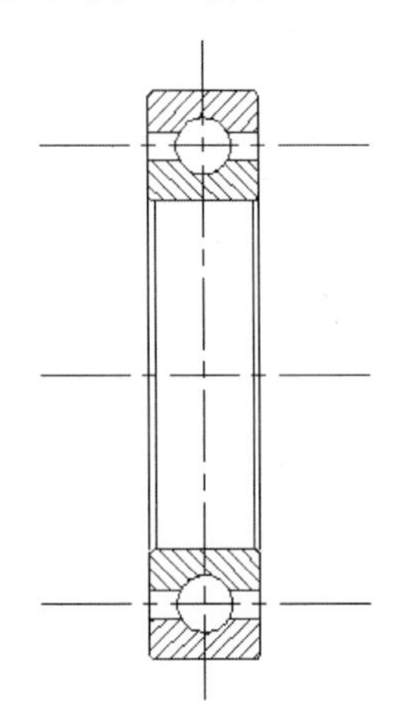

图116-9　填充图案2

10 将“点画线”层置为当前层。执行“直线”命令，利用对象延捕捉和对象追踪功能，绘制深沟球轴承左视图的基准线，如图116-10所示。

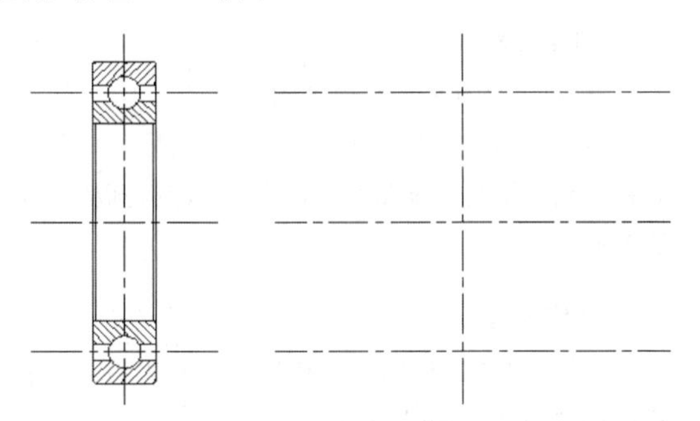

图116-10　绘制左视图定位中心线

11 将“粗实线”层置为当前层，执行“绘图>构造线”命令，绘制深沟球轴承的轮廓线，如116-11所示。

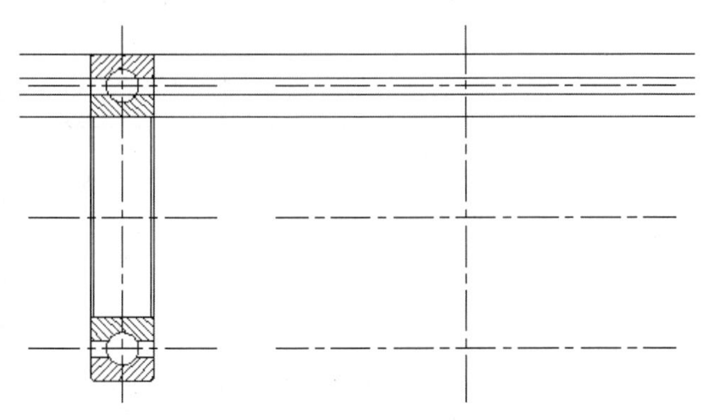

图116-11　绘制辅助直线

12 执行“绘图>圆”命令，圆心为中心线交点，半径依次捕捉辅助线与中心线的交点，注意中间捕捉以基准线交点为半径绘制圆时，更改图层属性为“点画线”，结果如图116-12所示。

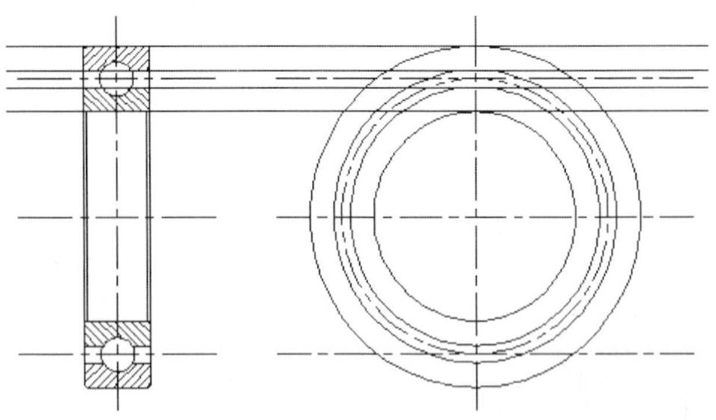

图116-12　绘制左视图轮廓

13 执行“修改>修剪”命令，删除辅助线。执行“绘图>圆”命令，绘制出一个半径为4.5的圆，圆心为中心线圆与垂直中心线的交点，如图116-13所示。

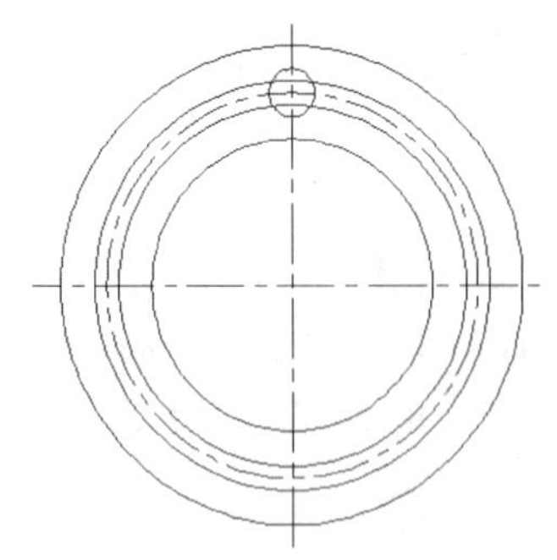

图116-13　绘制左视图的一个圆珠

14 执行“修改>修剪”命令，修剪去多余部分的图线，修剪后的效果如图116-14所示。

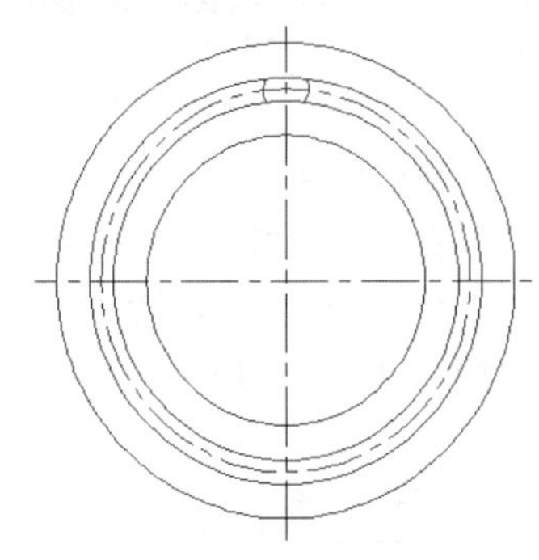

图116-14　绘制圆珠

15 执行“修改>阵列”命令，选择“环形阵列”模式，选择图116-14中绘制的圆珠轮廓线作为阵列对象，以中心线交点为阵列中心点，项目总数25，填充角度为360°，结果如图116-15所示。

16 将“标注”层置为当前层。利用尺寸标注方法对深沟球轴承的零件图进行尺寸标注，如图116-16所示。

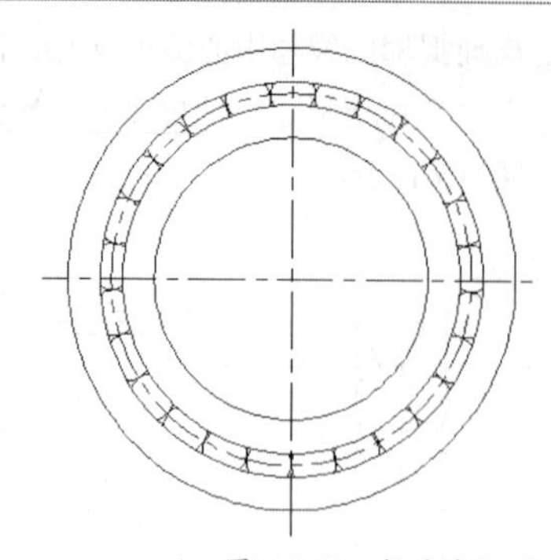

图116-15 轴承左视图

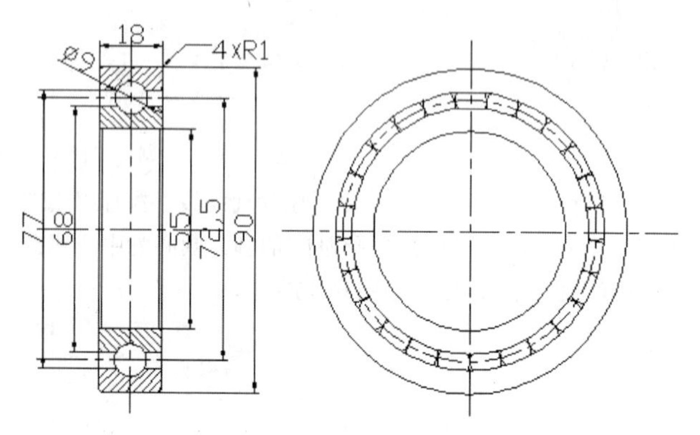

图116-16 标注深沟球轴承尺寸

17 执行"特性>线宽"命令，进行线宽设置，效果如图116-1所示。至此，深沟球轴承绘制完成。

18 执行"保存"命令，保存文件。

技巧与提示

本例利用直线、圆、构造线、删除、修剪，以及阵列等绘图命令绘制得到了深沟球轴承的零件图。

练习116 绘制轴承

实战位置	DVD>练习文件>第5章>练习116.dwg
难易指数	★★★☆☆
技术掌握	巩固深沟球轴承的画法

操作指南

参照"实战116"案例进行制作。

使用直线、圆等基本工具及相关位置关系，绘制其初步轮廓线，按照如图116-17所示的尺寸要求绘制深沟球轴承。

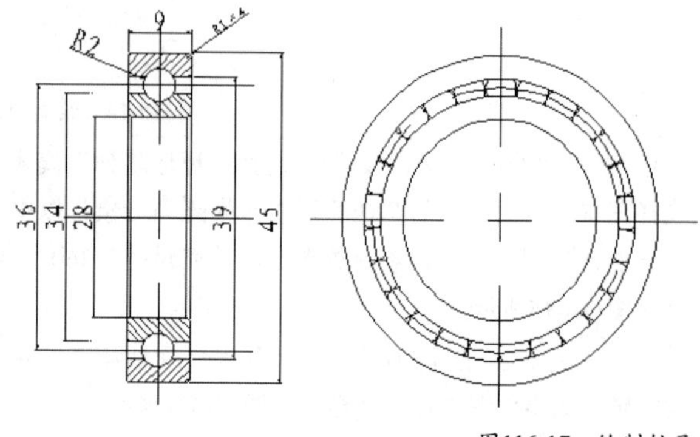

图116-17 绘制轴承

实战117 绘制圆锥滚子轴承

原始文件位置	DVD>原始文件>第5章>实战117原始文件
实战位置	DVD>实战文件>第5章>实战117.dwg
视频位置	DVD>多媒体教学>第5章>实战117.avi
难易指数	★★☆☆☆
技术掌握	掌握圆锥滚子轴承的规定画法

实战介绍

本例中将介绍圆锥滚子轴承的规定画法。案例效果如图117-1所示。

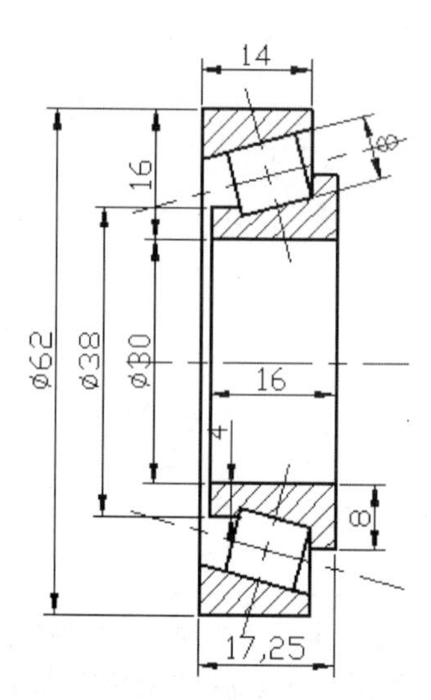

图117-1 最终效果

制作思路

- 打开文件后，将内部图形删除。
- 使用直线等绘图工具绘制结构图，再使用镜像命令将绘制完毕的一半图形进行镜像，即得到如图117-1所示的图形。

制作流程

01 单击"快速访问工具栏""打开"按钮，打开"实战117原始文件.dwg"文件。

02 将"点画线"层置为当前层。执行"直线"命令，绘制圆锥滚子轴承的基准线，如图117-2所示。

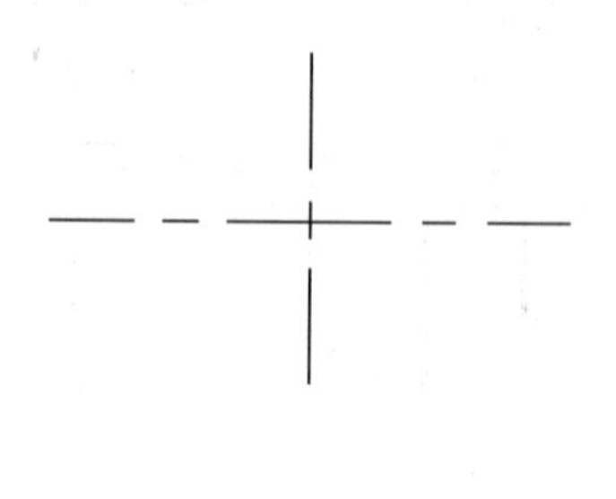

图117-2 绘制圆锥滚子轴承的基准线

03 将"粗实线"层置为当前层，执行"直线"命令，绘制圆锥滚子轴承的轮廓线，如图117-3所示。

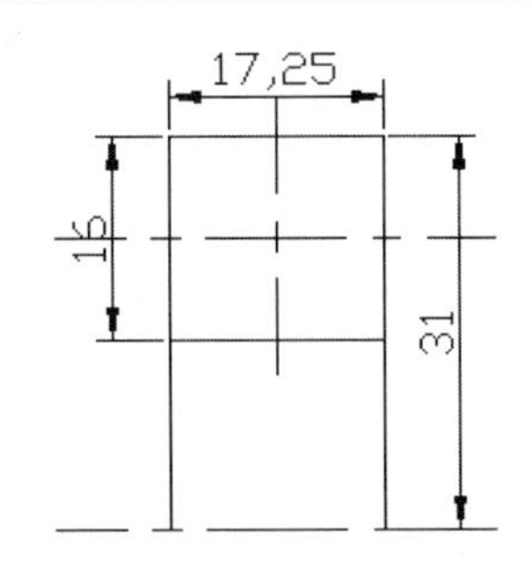

图117-3　绘制圆锥滚子轴承的轮廓线

04 执行“修改>旋转”命令，选择垂直和水平相交点画线，旋转15°角，如图117-4所示。

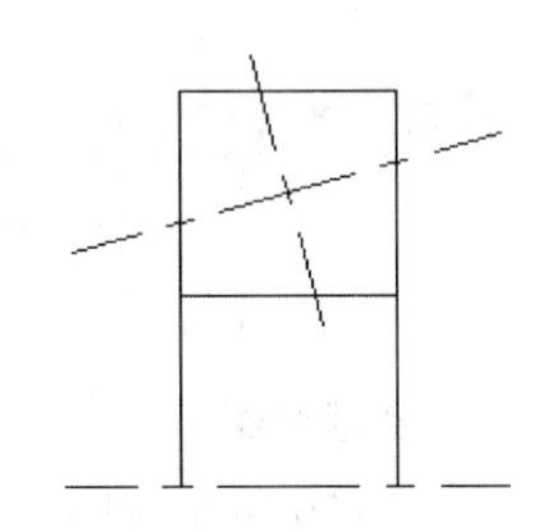

图117-4　旋转点画线

05 执行“修改>偏移”命令，偏移距离为4，对刚旋转的水平点画线进行两侧偏移。

06 执行“修改>偏移”命令，偏移距离为14，将最左侧竖直轮廓线向右侧进行偏移；再执行“偏移”命令，修改偏移距离为16，将最右侧竖直轮廓线向左侧进行偏移；再次执行“偏移”命令，偏移距离为4，向上偏移下部水平轮廓线。效果如图117-5所示。

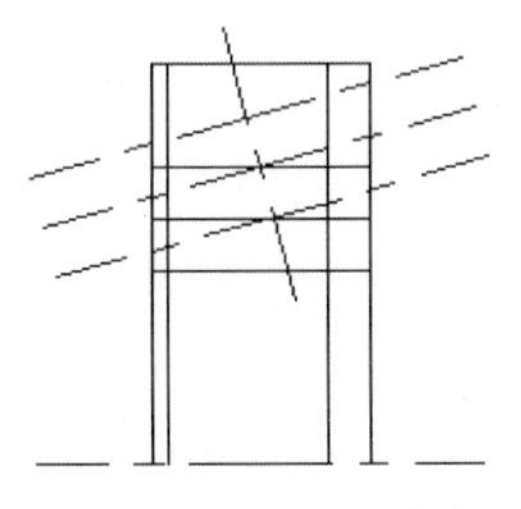

图117-5　偏移直线段

07 执行“偏移”命令，指定通过点A，将旋转15°角的竖直点画线进行偏移。执行“修改>镜像”命令，将偏移的直线进行镜像。结果如图117-6所示。

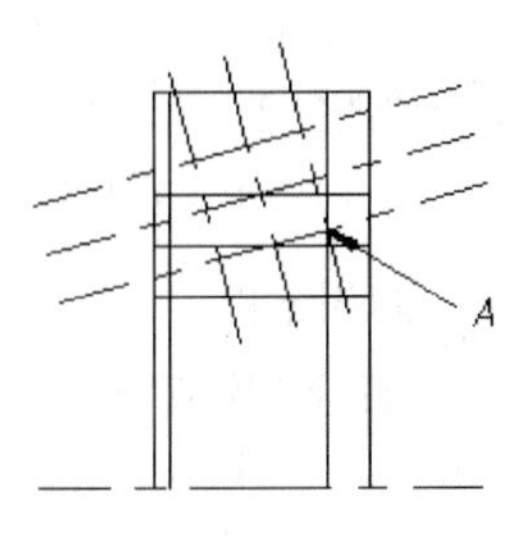

图117-6　偏移与镜像直线

08 执行“修改>修剪”命令，修剪多余线条，结果如图117-7所示。

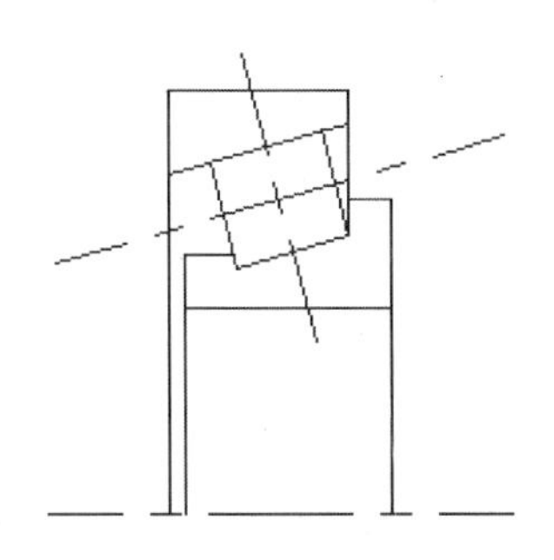

图117-7　修剪多余线条

09 将“粗实线”层置为当前层。执行“绘图>直线”命令，沿点画线绘制滚动体的轮廓线，并删除点画线。也可以直接将轮廓线的图层特性修改为“粗实线”，结果如图117-8所示。

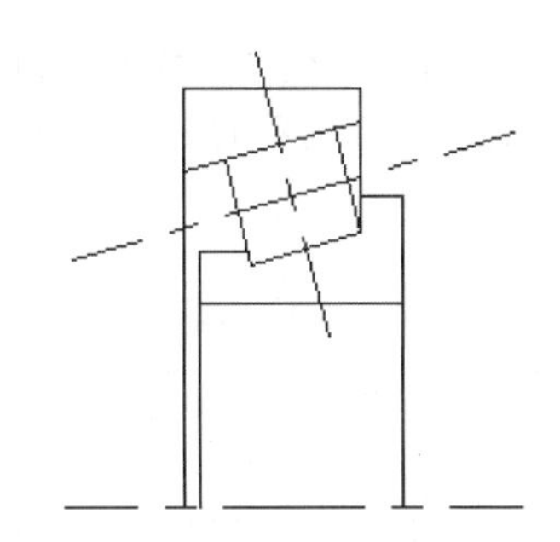

图117-8　修改滚动体轮廓线图层特性

10 执行“修改>镜像”命令，将已经完成轴承的一半图形镜像，效果如图117-9所示。

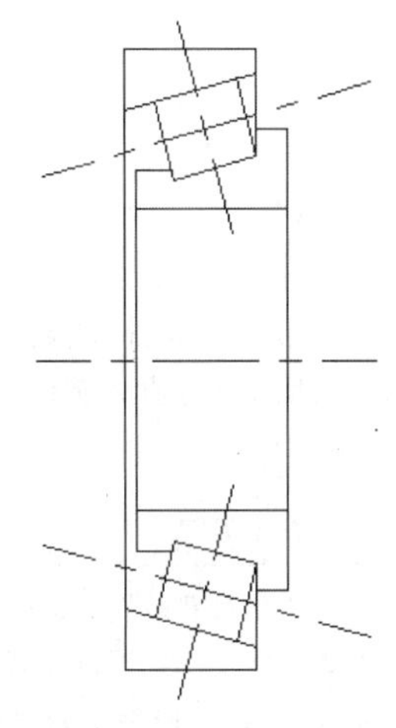

图117-9　镜像圆锥滚子轴承

11 将“剖面线”层置为当前层。执行“修改>图案填充”命令，弹出“图案填充和渐变色”对话框。在该对话框中设置填充图案名为ANSI31，设置比例为0.5。执行“添加：拾取点”命令，在弹簧的两个圆断面中单击鼠标左键，确定填充边界，按回车键，返回到“图案填充和渐变色”对话框，单击“确定”按钮，完成填充，效果如图117-10所示。

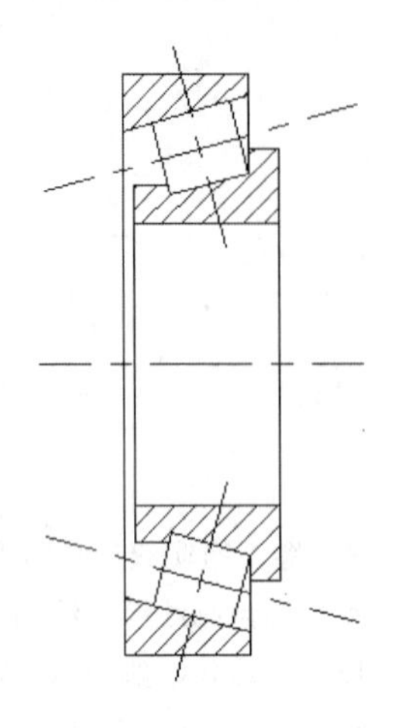

图117-10　填充剖面线

12 将“标注”层置为当前层。利用尺寸标注方法对圆锥滚子轴承的零件图进行尺寸标注，如图117-11所示。

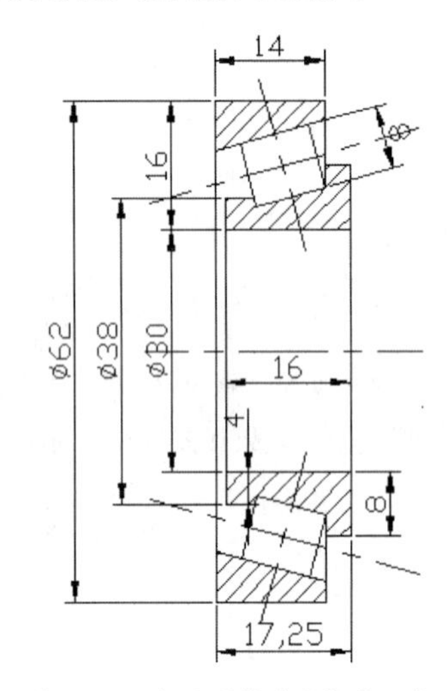

图117-11　标注圆锥滚子轴承尺寸

13 执行“特性>线宽”命令，进行线宽设置，效果如图117-1所示。至此，圆锥滚子轴承绘制完成。

14 执行“保存”命令，保存文件。

本例利用直线、旋转、偏移、修剪、镜像以及图案填充等绘图命令，绘制得到圆锥滚子轴承零件图。

练习117　绘制圆锥滚子轴承

实战位置	DVD>练习文件>第5章>练习117.dwg
难易指数	★★☆☆☆
技术掌握	巩固圆锥滚子轴承的绘制方法

参照“实战117”案例进行制作。

根据本例所学的方法，按照如图117-12所示的尺寸要求绘制圆锥滚子轴承。

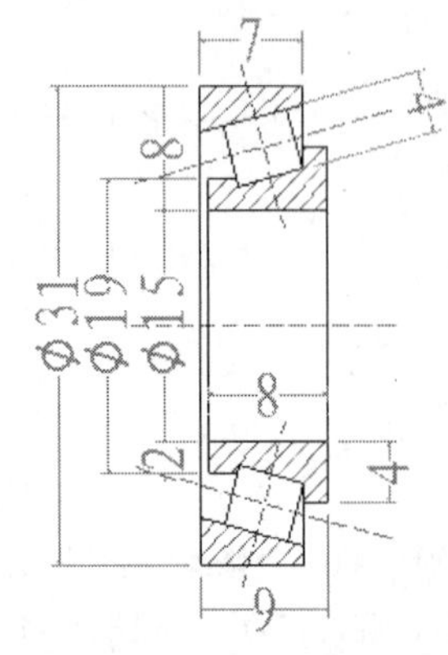

图117-12　绘制圆锥滚子轴承

实战118　绘制推力球轴承

原始文件位置	DVD>原始文件>第5章>实战118原始文件
实战位置	DVD>实战文件>第5章>实战118.dwg
视频位置	DVD>多媒体教学>第5章>实战118.avi
难易指数	★★☆☆☆
技术掌握	掌握推力球轴承的规定画法

实战介绍

本例中将介绍推力球轴承的规定画法。本例最终效果如图118-1所示。

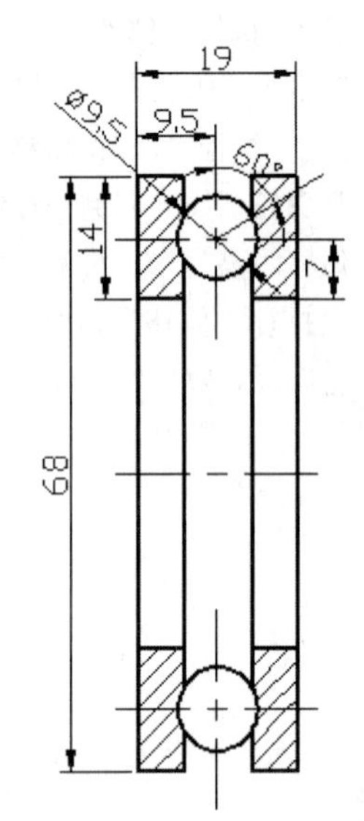

图118-1　最终效果

制作思路

- 打开文件后，删除内部图形。
- 使用直线工具绘制辅助线，再通过修剪、偏移等命令修改完善图形。
- 对图形进行标注，即得到如图118-1所示的图形。

制作流程

01 打开“实战105原始文件.dwg”文件。

02 将“点画线”层置为当前层。执行“绘图>直线”命令，绘制辅助线，如图118-2所示。

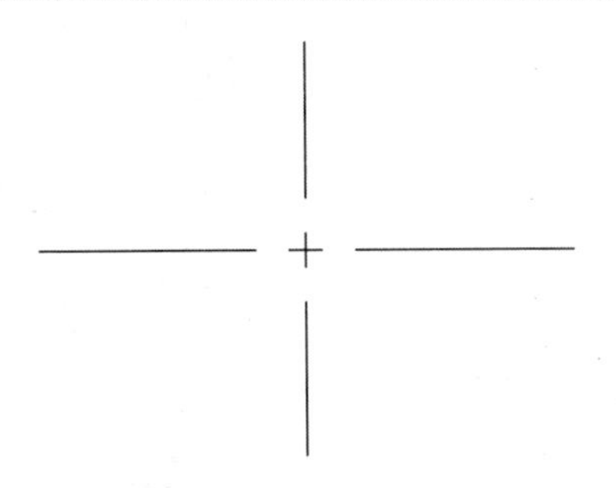

图118-2　绘制辅助线

03 执行“修改>偏移”命令，将点画线进行偏移，结果如图118-3所示。

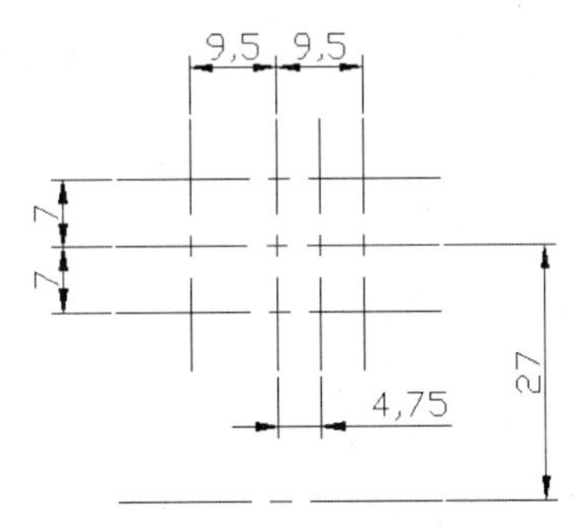

图118-3　偏移点画线结果

04 将“粗实线”层置为当前层。执行“绘图>直线”命令，绘制推力球轴承的轮廓线，如图118-4所示。

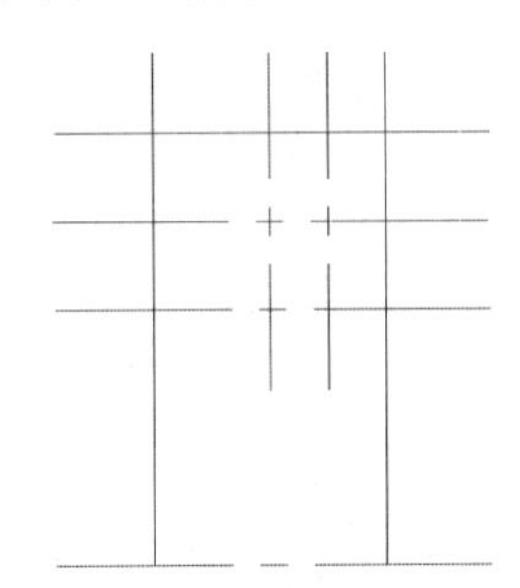

图118-4　绘制推力球轴承的轮廓线

05 执行“绘图>圆”命令，绘制圆，如图118-5所示。

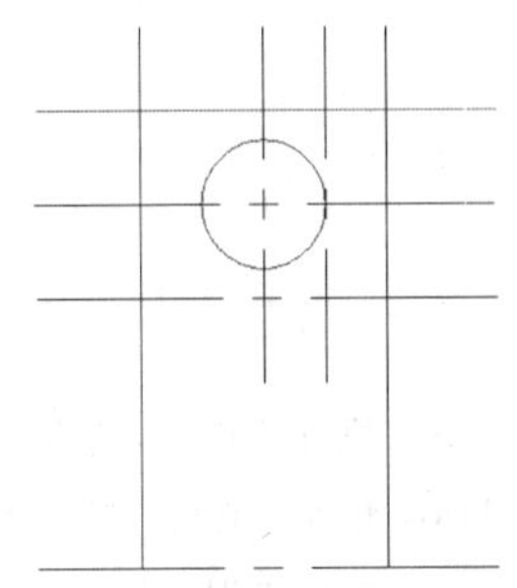

图118-5　绘制圆

06 将“细实线”层置为当前层。右击状态栏上的“极轴”按钮，在弹出的快捷菜单中选择“设置”选项，弹出“草图设置”对话框，设置极轴追踪角为30°，利用极轴追踪，使用LINE命令，绘制与竖直方向成60°角的辅助直线，如图118-6所示。

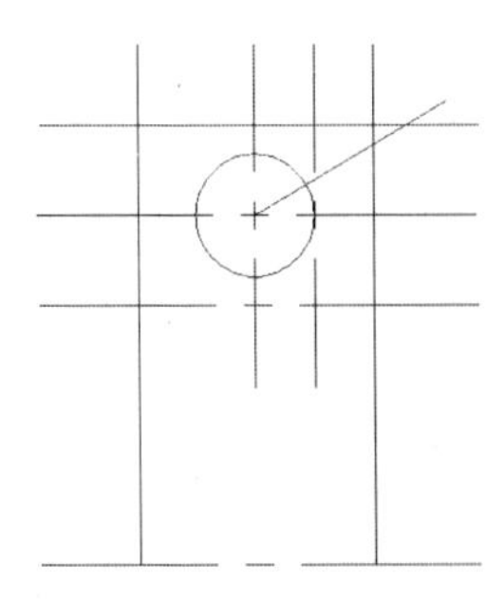

图118-6　绘制辅助斜线

07 将“粗实线”层置为当前层。执行“绘图>直线”命令，绘制直线，如图118-7所示。

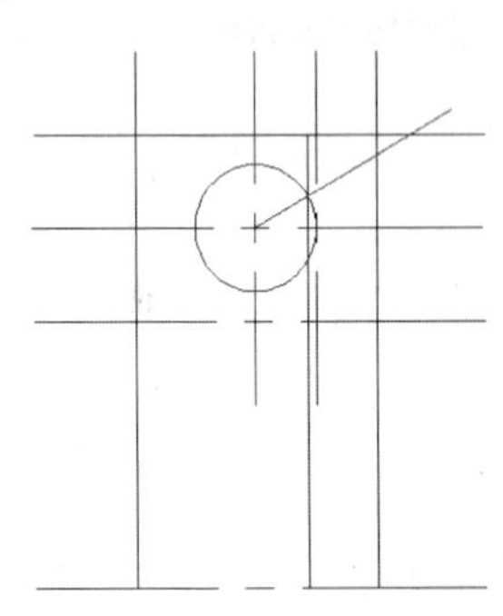

图118-7　绘制直线

08 执行“修改>镜像”命令，将刚绘制的直线，以竖直中心线为对称线进行镜像，结果如图118-8所示。

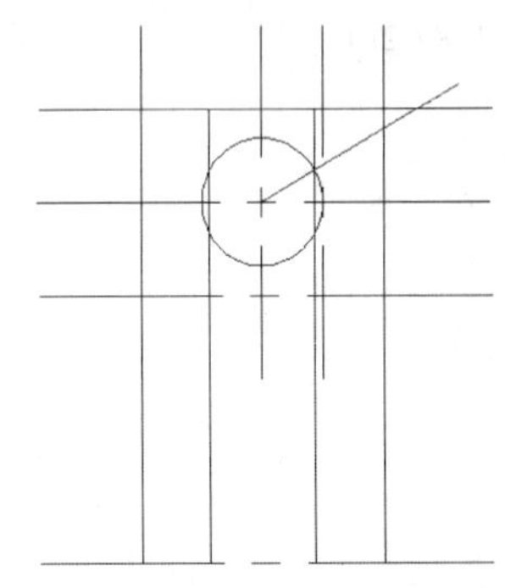

图118-8　镜像直线

09 执行“修改>修剪”命令，将最上方的直线进行修剪，结果如图118-9所示。

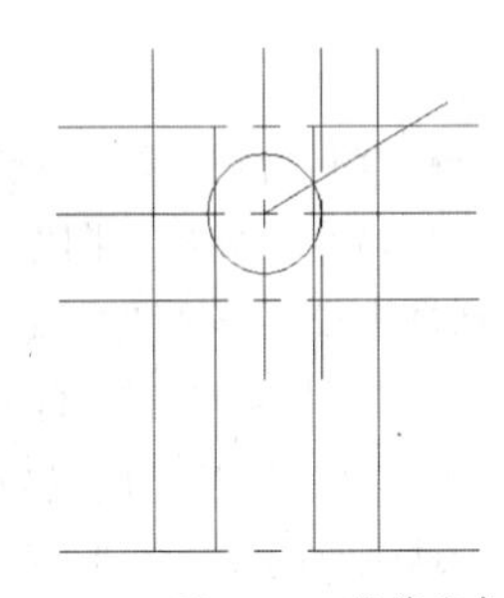

图118-9　修剪线条

10 执行“绘图>直线”命令，绘制两条短直线，如图118-10所示。

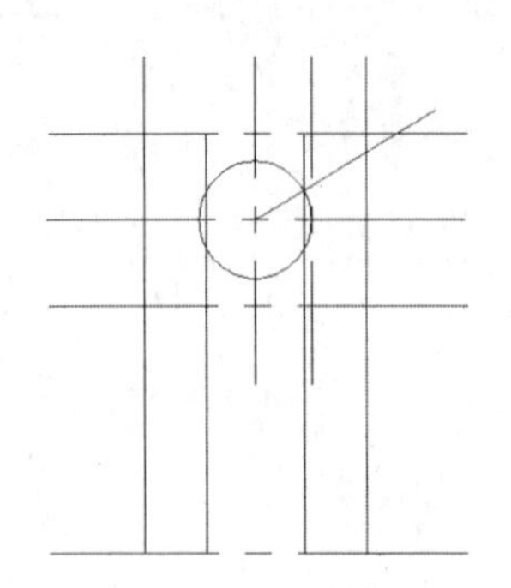

图118-10 绘制两条短直线

11 执行“修改>删除”命令，将多余的辅助线删除，结果如图118-11所示。

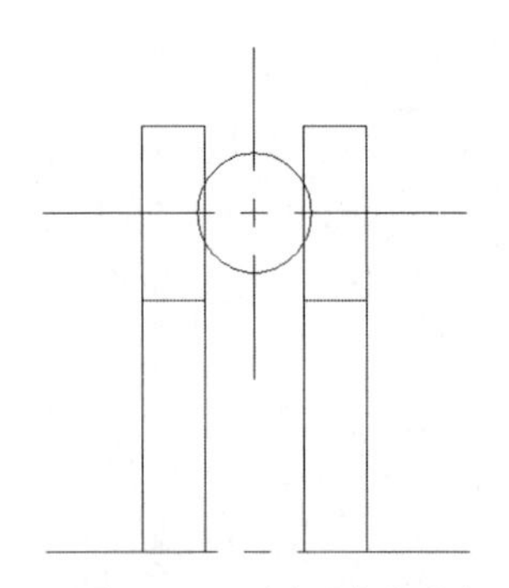

图118-11 删除多余辅助线

12 执行“修改>镜像”命令，将图形进行镜像，如图118-12所示。

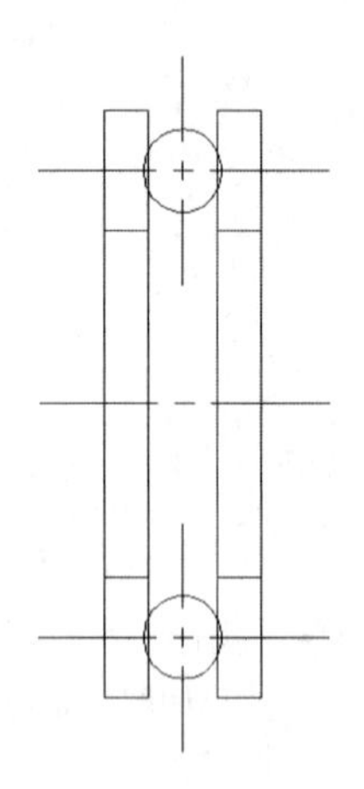

图118-12 镜像图形

13 将“剖面线”层置为当前层。执行“绘图>图案填充”命令，弹出“图案填充和渐变色”对话框。在该对话框中设置填充图案名为ANSI31，设置比例为0.5。如图118-13对图形进行图案填充，效果如图118-14所示。

14 将“标注”层置为当前层。利用尺寸标注方法对推力球轴承的零件图进行尺寸标注，如图118-15所示。

图118-13 “图案填充”选项卡

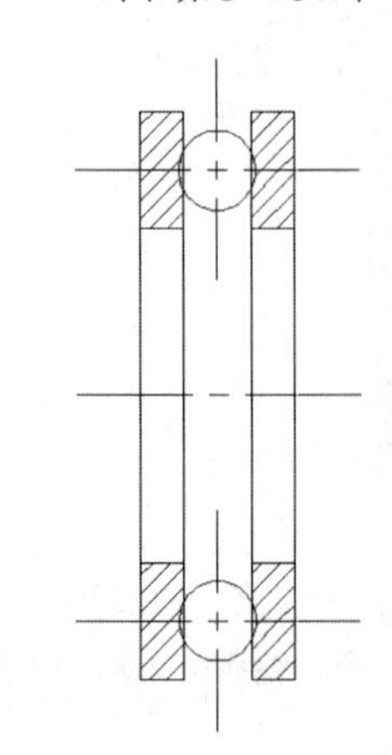

图118-14 图案填充效果

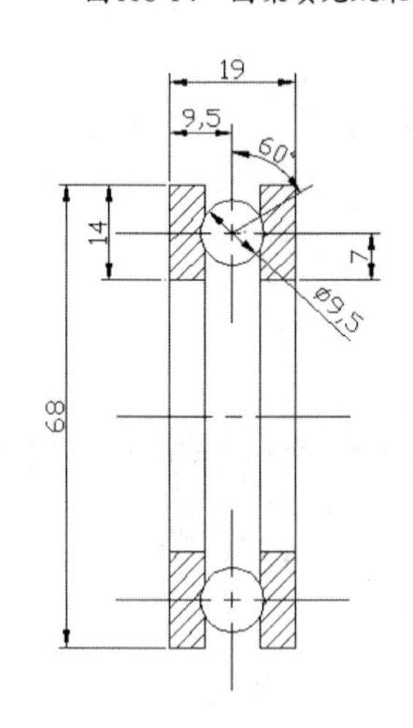

图118-15 标注推力球轴承尺寸

15 执行“格式>线宽”命令，进行线宽设置，效果如图118-1所示。至此，推力球轴承绘制完成。

16 执行“保存”命令，保存该文件。

本例利用直线、圆、镜像、偏移、修剪、删除以及图案填充等绘图命令，绘制完成了推力球轴承的零件图。

练习118 绘制推力球轴承

实战位置　DVD>练习文件>第5章>练习118.dwg
难易指数　★★☆☆☆
技术掌握　巩固推力球轴承的规定画法

操作指南

参照“实战118”案例进行制作。

利用本例所学直线、圆等绘图工具及偏移、镜像等修改工具，按照如图118-16所示的尺寸要求，绘制推力球轴承。

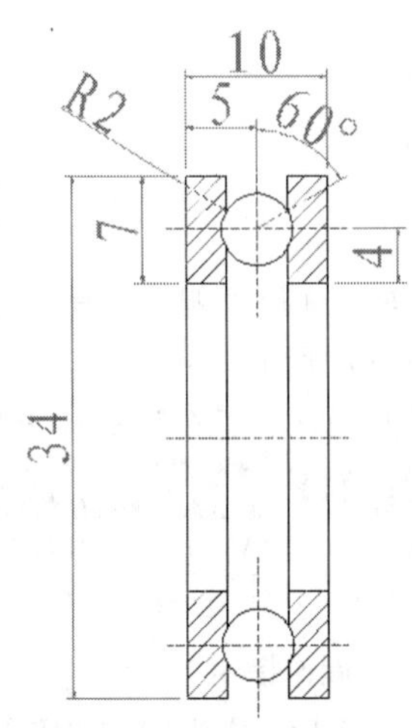

图118-16　绘制推力球轴承

实战119 绘制机座

实战位置　DVD>实战文件>第5章>实战119.dwg
视频位置　DVD>多媒体教学>第5章>实战119.avi
难易指数　★★☆☆☆
技术掌握　掌握机座的绘制方法

实战介绍

本实战介绍机座的绘制。案例效果如图119-1所示。

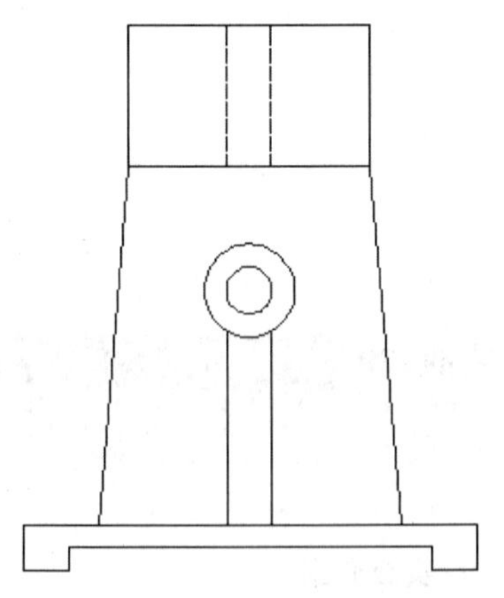

图119-1　最终效果

制作思路

- 新建文件后，新建所需图层。
- 按尺寸要求使用直线、圆等绘图工具，绘制轮廓线，并用修剪、偏移等修改命令对图形进行修剪，即得到如图119-1所示的图形。

制作流程

01 双击AutoCAD 2013的桌面快捷方式图标，打开一个新的AutoCAD文件，文件名默认为“Drawing1.dwg”。

02 执行“图层特性”命令，新建一个“中心线”图层，设置其“线型”为CENTER、“颜色”为青色；新建一个“虚线”图层，设置其“线型”为HIDDEN、“虚线”为白色。

03 按F8键开启正交模式，执行“直线”命令，在绘图区指定起点，绘制一条长度为300的水平直线a，以直线a的中点为起点向上绘制长度为350的直线b，效果如图119-2所示。

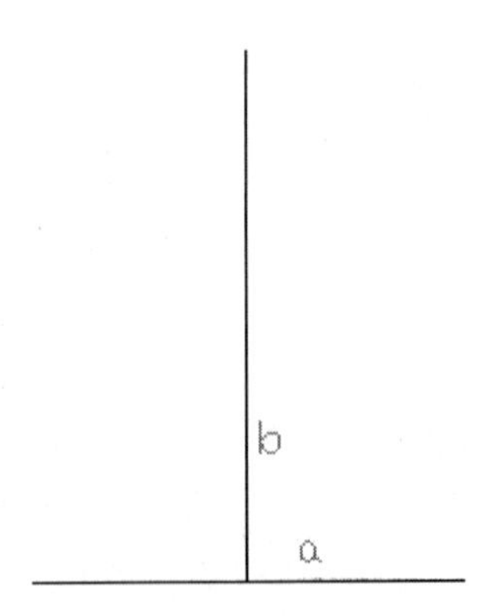

图119-2　绘制直线

04 执行“偏移”命令，将直线a 向上分别偏移15、30、260、350，将直线b分别向左和向右各偏移80、100、120、150，并将偏移15的直线移至“虚线”图层，效果如图119-3所示。

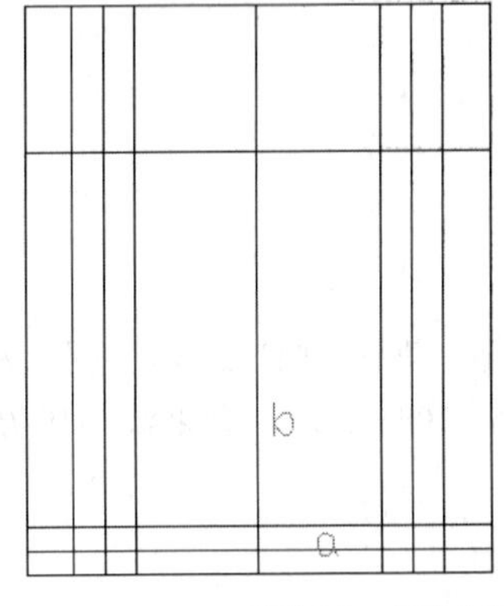

图119-3　偏移处理

05 执行“直线”命令，绘制连接点A、B和点C、D的直线，效果如图119-4所示。

06 执行“修剪”命令，对图形进行修剪，效果如图119-5所示。

07 执行“偏移”命令，将线段AC向下偏移80，将直线b向左和向右分别偏移15，并将偏移15的直线移至“虚线”图层，效果如图119-6所示。

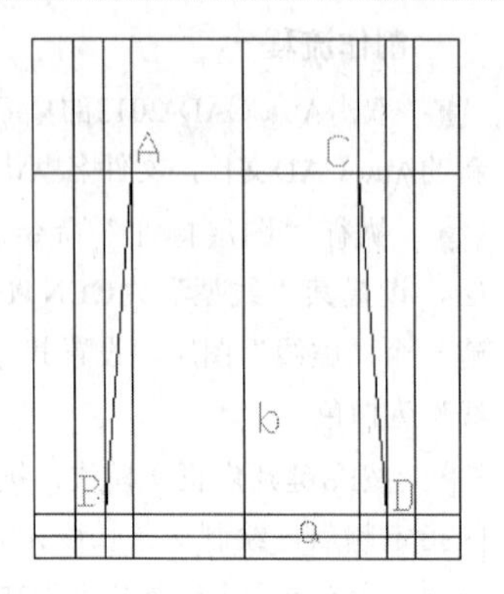

图119-4　绘制直线

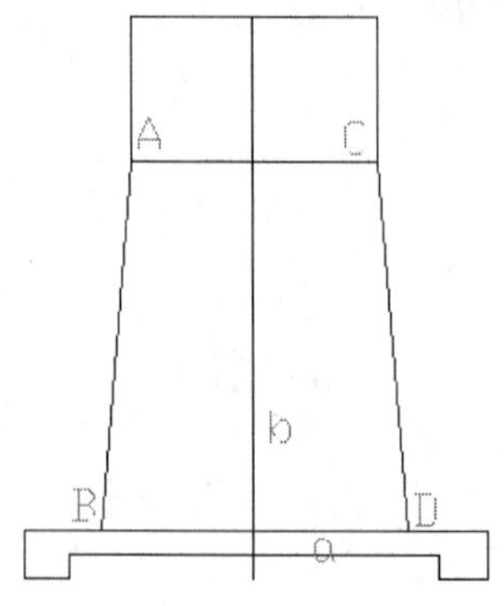

图119-5　修剪处理

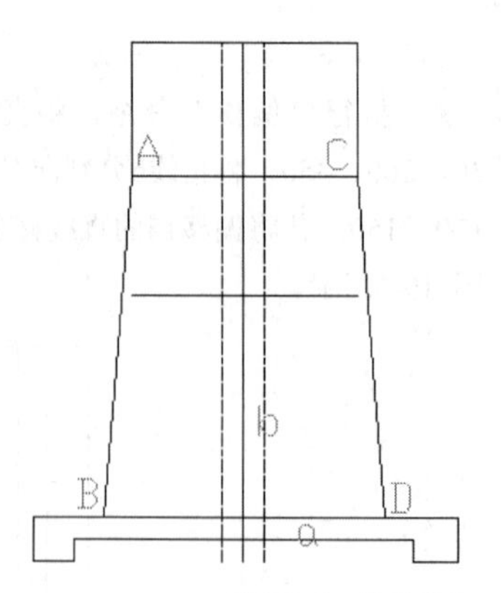

图119-6　偏移处理

08 执行“圆”命令，以点E为圆心，绘制半径分别为15、30的同心圆，效果如图119-7所示。

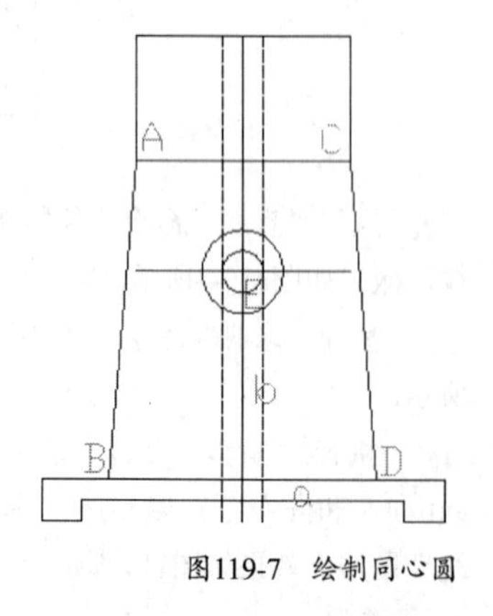

图119-7　绘制同心圆

09 执行“修剪”命令，对图形进行修剪，将引线所指的直线移至0图层，效果如图119-8所示。

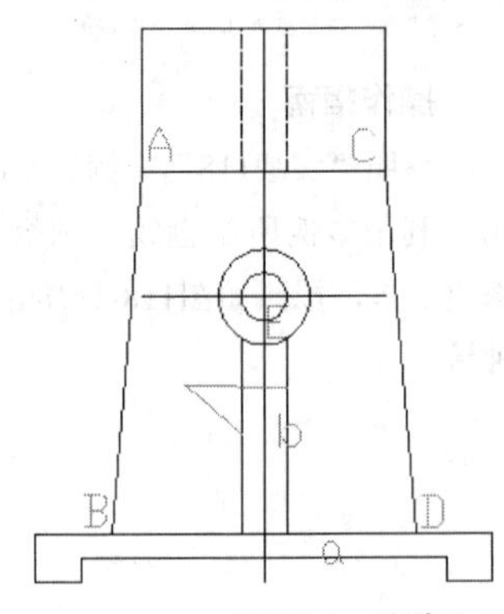

图119-8　修剪处理

10 执行“删除”命令，删除多余的直线，效果如图119-1所示。

11 执行“保存”命令，将图形另存为“实战119.dwg”。

练习119　绘制机座

实战位置	DVD>练习文件>第5章>练习119.dwg
难易指数	★★☆☆☆
技术掌握	巩固机座的绘制方法

操作指南

参照“实战119”案例进行制作。

首先打开场景文件，然后进入操作环境，做出如图119-9所示的图形。

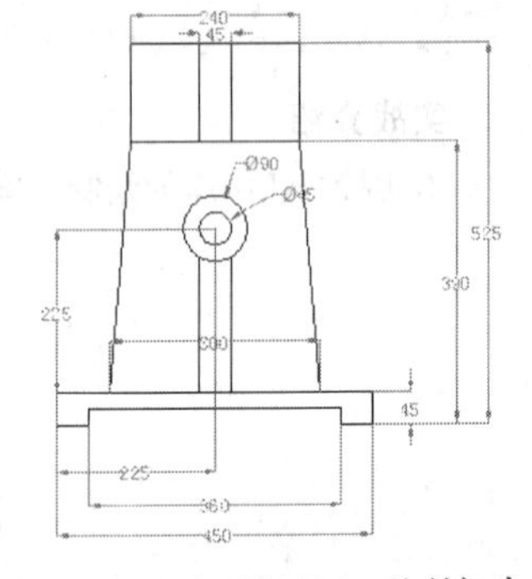

图119-9　绘制机座

实战120　绘制蜗轮

原始文件位置	DVD>原始文件>第5章>实战120原始文件
实战位置	DVD>实战文件>第5章>实战120.dwg
视频位置	DVD>多媒体教学>第5章>实战120.avi
难易指数	★★☆☆☆
技术掌握	掌握蜗轮的规定画法

实战介绍

蜗轮蜗杆主要用于两交叉轴间的传动。本例中将介绍绘制蜗轮零件图的方法。案例效果如图120-1所示。

制作思路

• 绘制蜗轮时，使用直线、圆工具绘制轮廓线，并使用修剪、偏移、倒角等命令进行修改，即得到图120-1的图形。

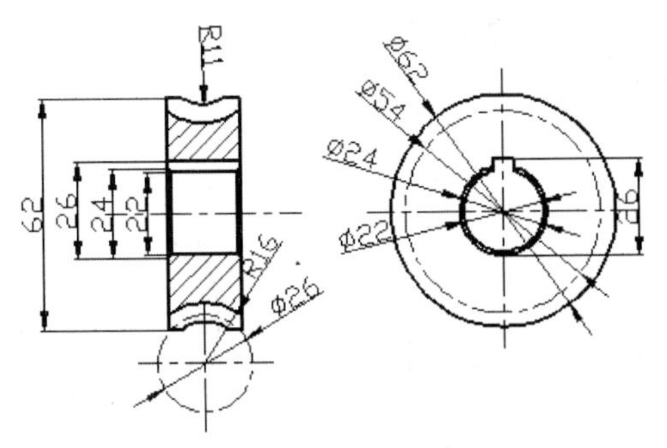

图120-1　最终效果

制作流程

01 打开“实战120原始文件.dwg”文件。

02 将“点画线”层置为当前层。执行“绘图>直线”命令，绘制俯视图中心线。执行“绘图>圆”命令，以中心线交点为圆心，绘制半径为27的圆，如图120-2示。

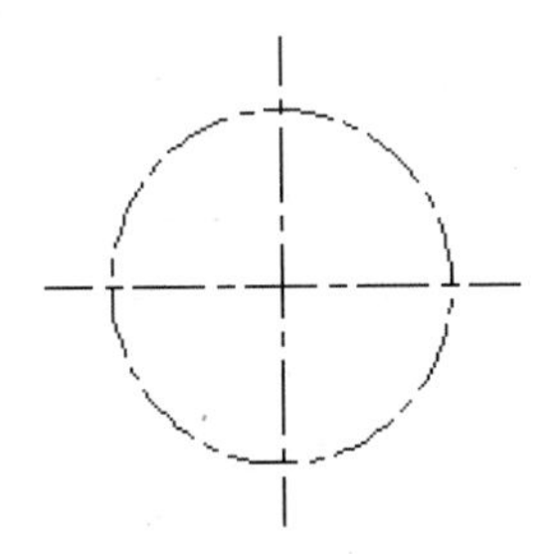

图120-2　绘制中心线

03 修改当前图层为“轮廓线”图层。执行“绘图>圆”命令，绘制半径为11、12、31的同心圆，如图120-3所示。

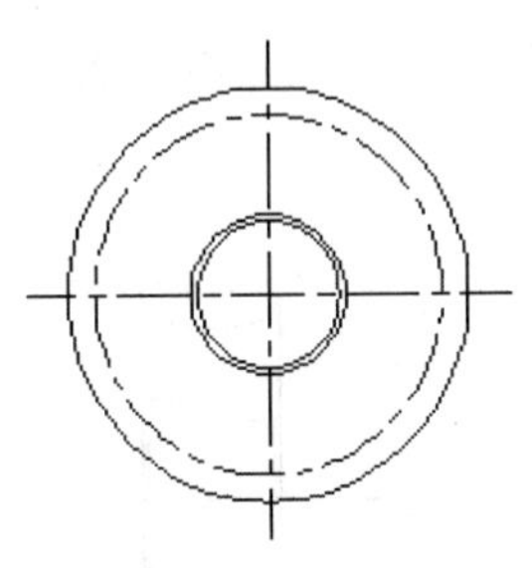

图120-3　绘制同心圆

04 执行“修改>偏移”命令，将水平中心线向上偏移14；将竖直中心线向两侧偏移3。修改偏移直线的图层为“粗实线”层，如图120-4所示。

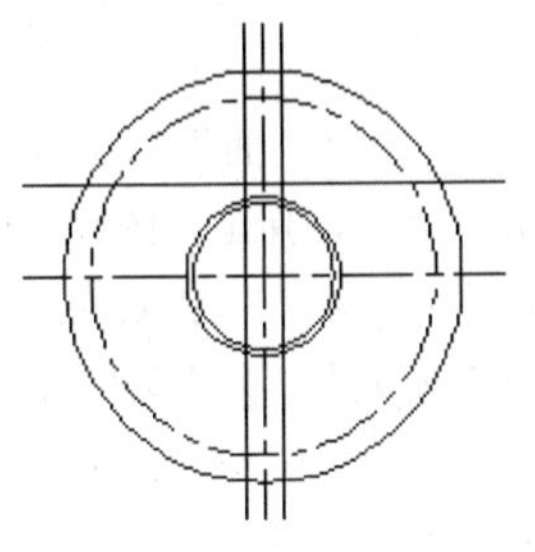

图120-4　偏移直线

05 执行“修改>修剪”命令，修剪掉多余线条，效果如图120-5所示。

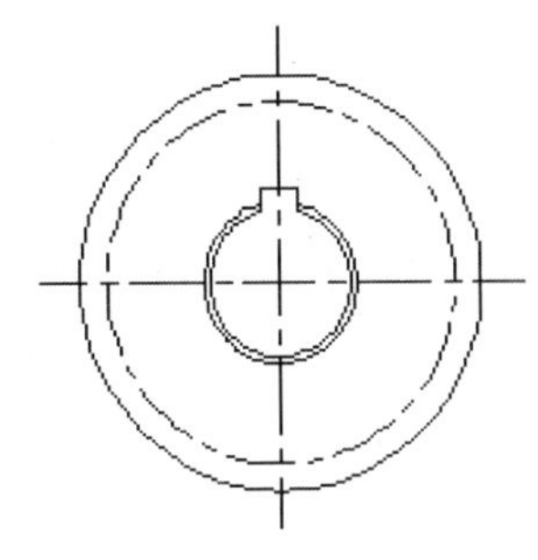

图120-5　修剪图形

06 将“点画线”层置为当前层。执行“绘图>直线”命令，绘制主视图的中心线，将竖直中心线向左右各偏移10，并修改偏移直线的图层为“粗实线”层。结果如图120-6所示。

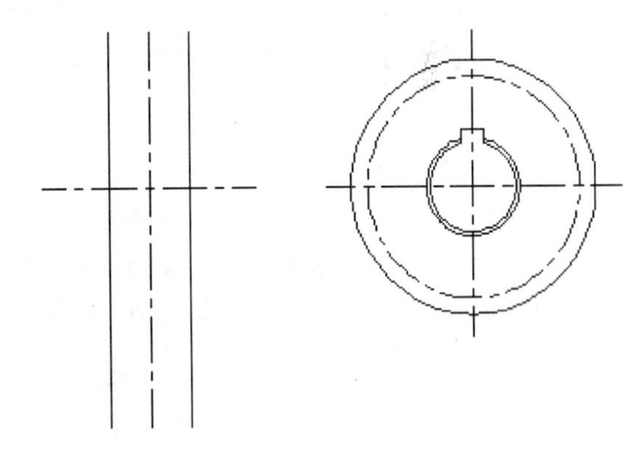

图120-6　绘制主视图中心线并偏移直线

07 将“粗实线”层置为当前层。执行“绘图>直线”命令，绘制直线，如图120-7所示。

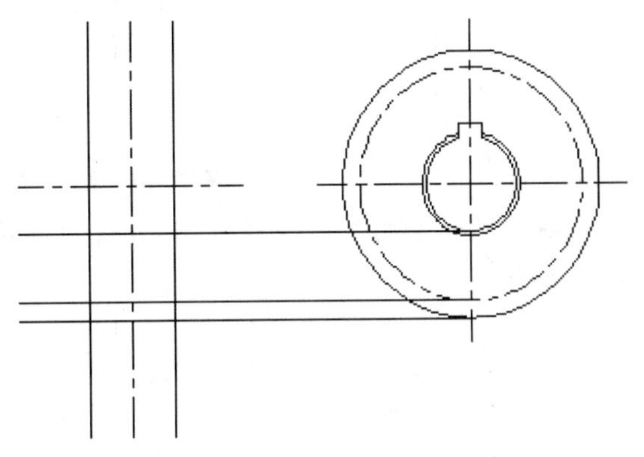

图120-7　绘制直线

08 将“点画线”层置为当前层。执行“绘图>直线”命令，绘制点画线如图120-8所示。

09 将“粗实线”层置为当前层。执行“绘图>圆”命令，以中心线下交点为圆心，绘制半径为11、13、16的同心圆，如图120-9所示。

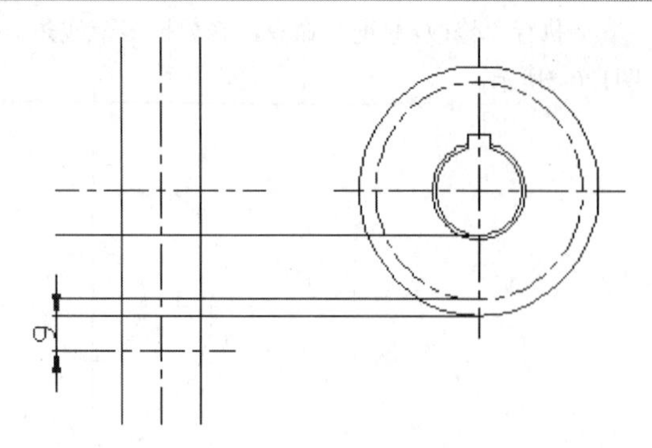

图120-8　绘制点画线

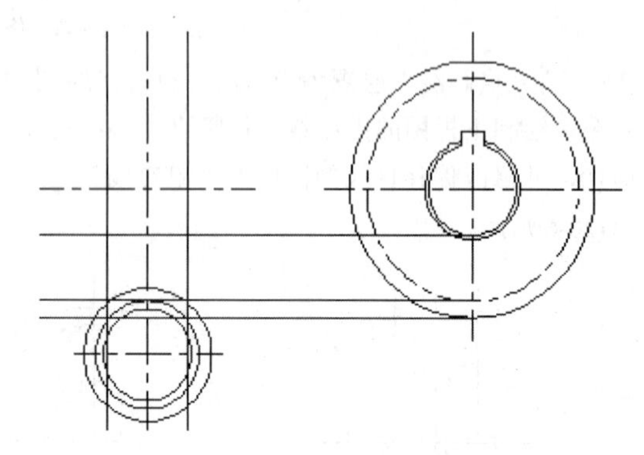
图120-9　绘制同心圆

10 执行“修改>修剪”命令，修剪掉多余线条，并修改半径为13的圆为“点画线”层，效果如图120-10所示。

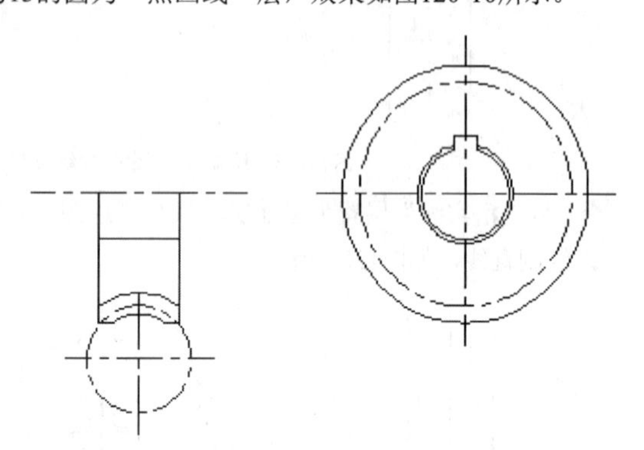
图120-10　修剪多余线条

11 执行“修改>倒角”命令，绘制“1×45°”的倒角，如图120-11所示。

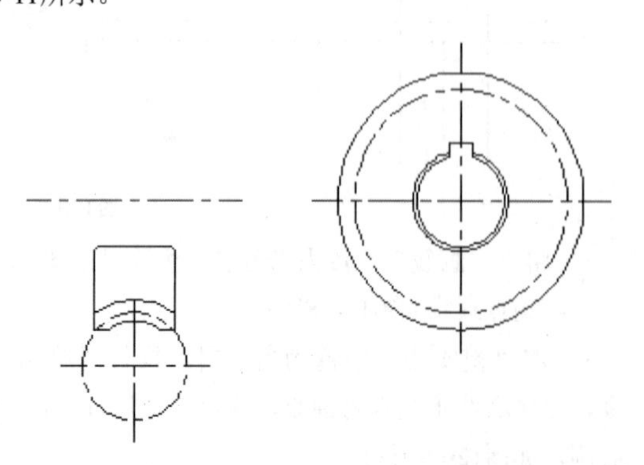
图120-11　进行倒角设置

12 执行“修改>延伸”命令，将直线延伸，如图120-12所示。

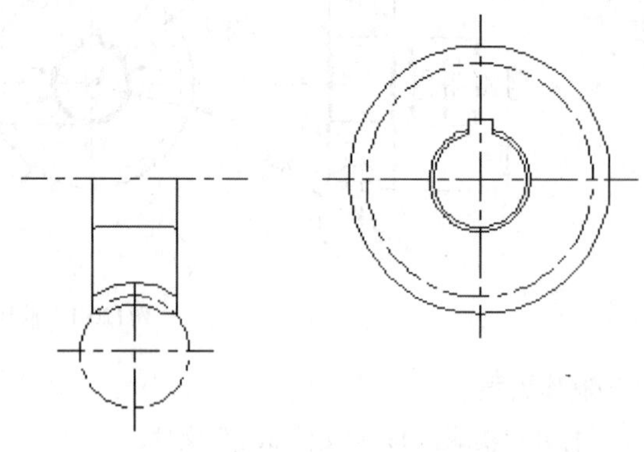
图120-12　延伸直线

13 执行“修改>镜像”命令，将图形进行镜像，结果如图120-13所示。

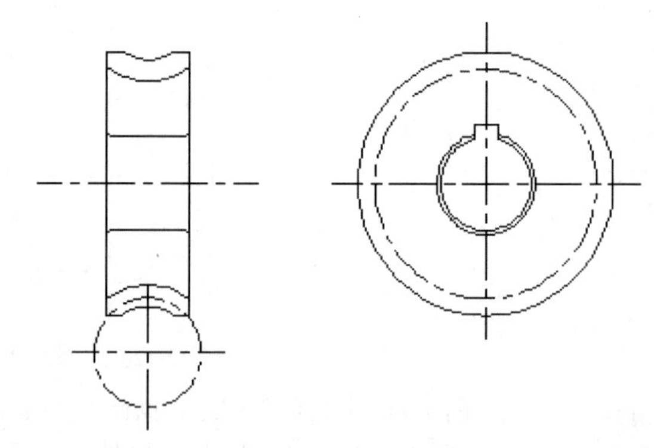
图120-13　镜像图形

14 执行“绘图>直线”命令，绘制点画线如图120-14所示。

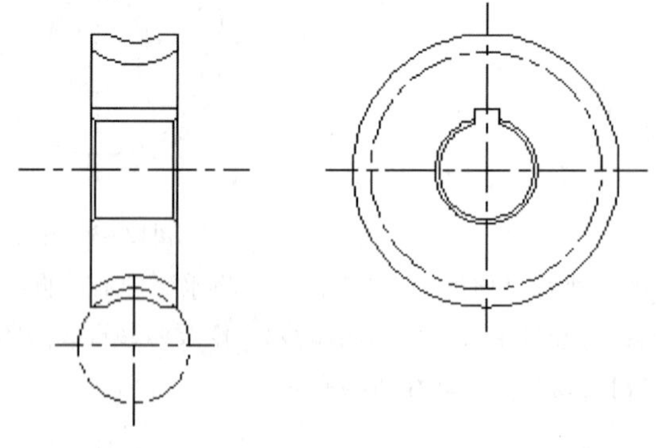
图120-14　绘制直线

15 将“剖面线”层置为当前层。执行“绘图>图案填充”命令，弹出“图案填充和渐变色”对话框。在该对话框中设置填充图案名为ANSI31，设置比例为1。对图形进行图案填充，效果如图120-15所示。

16 将“标注”层置为当前层。利用尺寸标注方法对蜗轮进行尺寸标注，如图120-16所示。

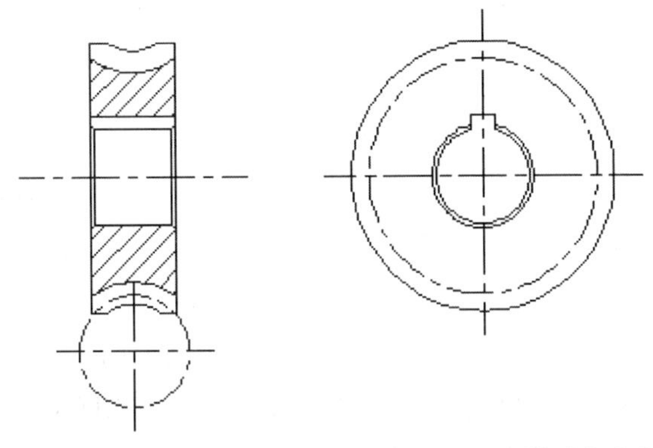

图120-15　图案填充效果

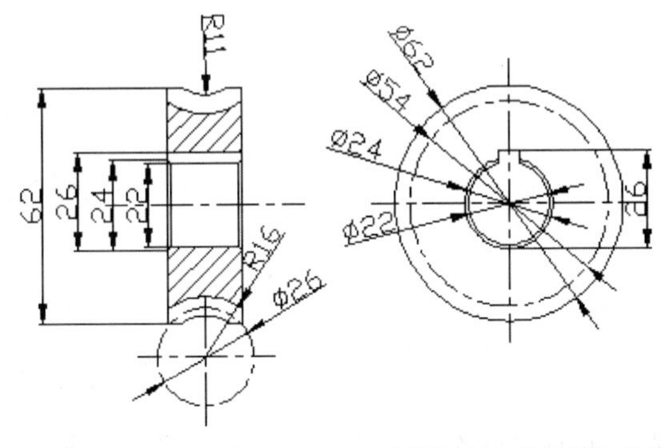

图120-16　标注蜗轮尺寸

17 执行“格式>线宽”命令，进行线宽设置，效果如图120-1所示。至此，蜗轮绘制完成。

18 执行“保存”命令，保存文件。

本例利用直线、圆、偏移、修剪、倒角、延伸、镜像和图案填充等绘图命令绘制完成了蜗轮零件图。

练习120　绘制蜗轮

实战位置	DVD>练习文件>第5章>练习120.dwg
难易指数	★★☆☆☆
技术掌握	巩固蜗轮的规定画法

操作指南

参照“实战120”案例进行制作。

根据本例所学的知识，按照如图64-17所示的尺寸要求，绘制如图120-17所示的蜗轮图形。

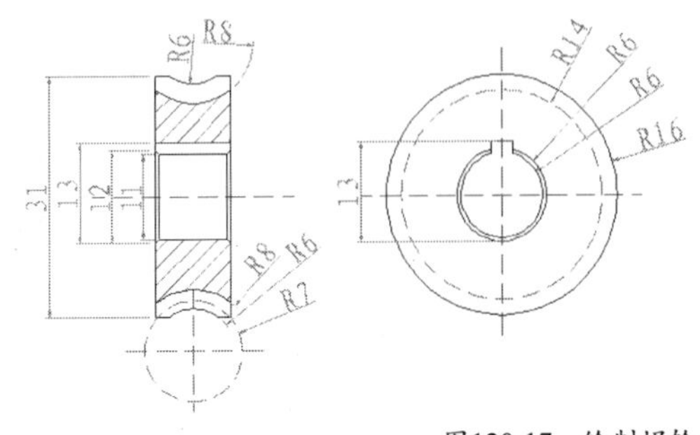

图120-17　绘制蜗轮

实战121　绘制蜗杆

原始文件位置	DVD>原始文件>第5章>实战121原始文件
实战位置	DVD>实战文件>第5章>实战121.dwg
视频位置	DVD>多媒体教学>第5章>实战121.avi
难易指数	★★☆☆☆
技术掌握	掌握绘制蜗杆零件图的方法

实战介绍

在本例中将介绍绘制蜗杆零件图的方法。案例效果如图121-1所示。

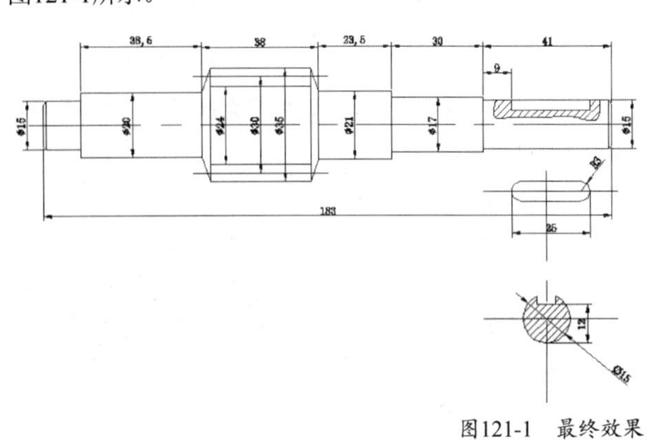

图121-1　最终效果

制作思路

• 打开文件后，将其内部图形删除。

• 使用直线、圆等基本绘图工具绘制初步外轮廓线，并用修剪、镜像、偏移等修改工具进行修改，即得到如图121-1所示的图形。

制作流程

01 打开“实战121原始文件.dwg”文件。

02 将“点画线”层置为当前层。执行“绘图>直线”命令，绘制水平直线作为辅助线，如图121-2所示。

图121-2　绘制水平辅助线

03 修改当前图层为“粗实线”图层。执行“绘图>直线”命令，绘制蜗杆的上半轮廓线，如图121-3所示。

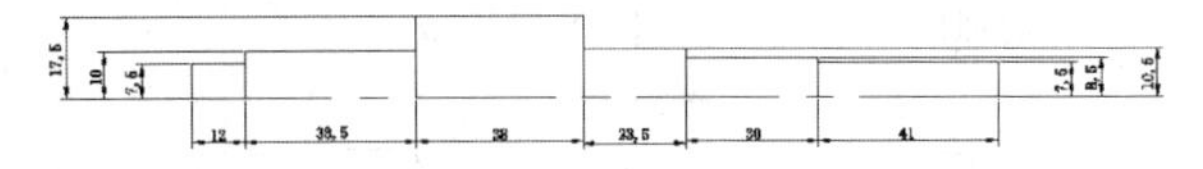

图121-3　绘制上半轮廓线

04 执行“绘图>倒角”命令，在蜗杆两端绘制1×45°的倒角。并利用直线工具，绘制倒角线，如图121-4所示。

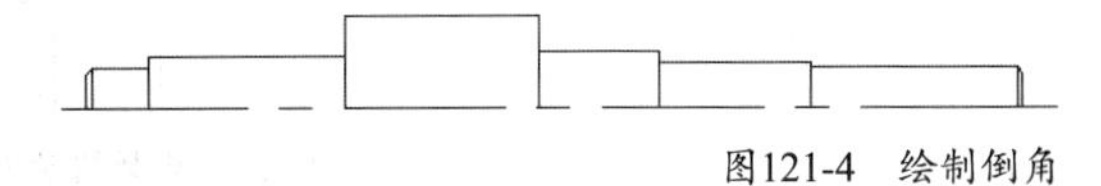

图121-4　绘制倒角

05 执行“绘图>直线”命令，利用极轴追踪功能，绘制两条与竖直方向成20°角的斜线，如图121-5所示。

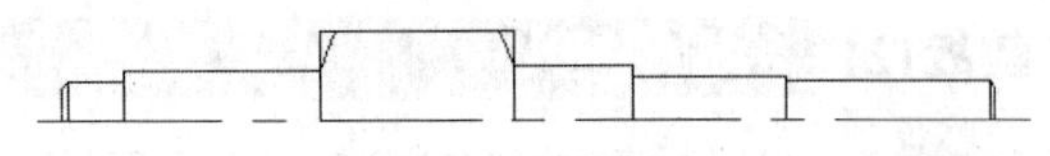

图121-5　绘制两条斜线

06 执行“绘图>直线”命令，绘制直线，如图121-6所示。其中刚绘制的水平直线中上方直线为点画线，下方直线为细实线。

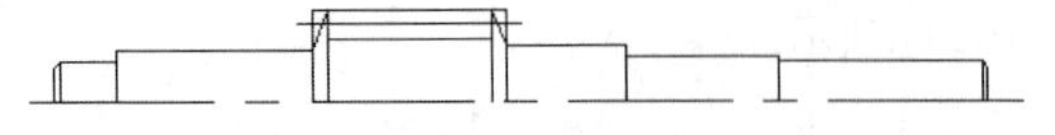

图121-6　绘制直线

07 执行“修改>修剪”命令，将多余线条进行修剪，结果如图121-7所示。

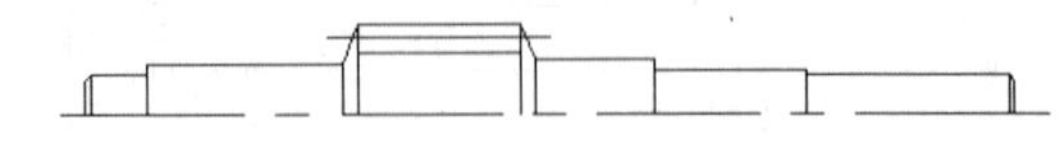

图121-7　修剪图形结果

08 执行“修改>镜像”命令，将所有图线镜像，效果如图121-8所示。

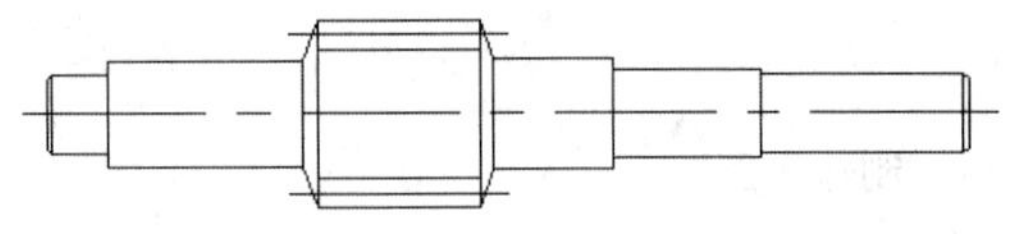

图121-8　镜像结果

09 执行“绘图>直线”命令，绘制键槽部位，结果如图121-9所示。

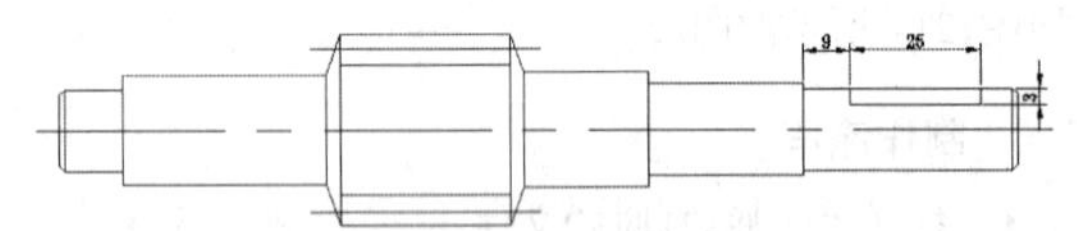

图121-9　绘制键槽位置

10 将“细实线”层置为当前层，执行“绘图>样条曲线”命令，绘制样条曲线，效果如图121-10所示。

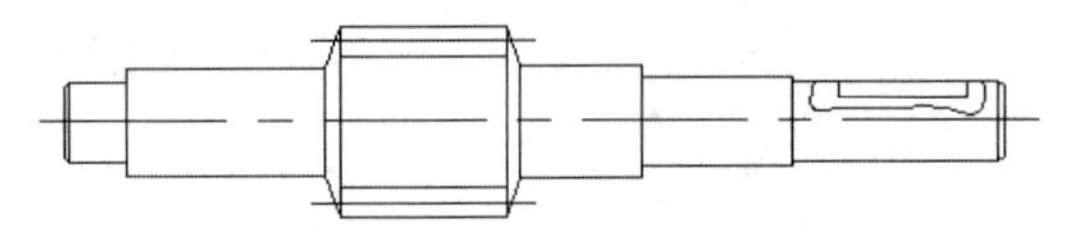

图121-10　绘制样条曲线

11 将“点画线”层置为当前层。执行“绘图>直线”命令，绘制辅助中心线，如图121-11所示。

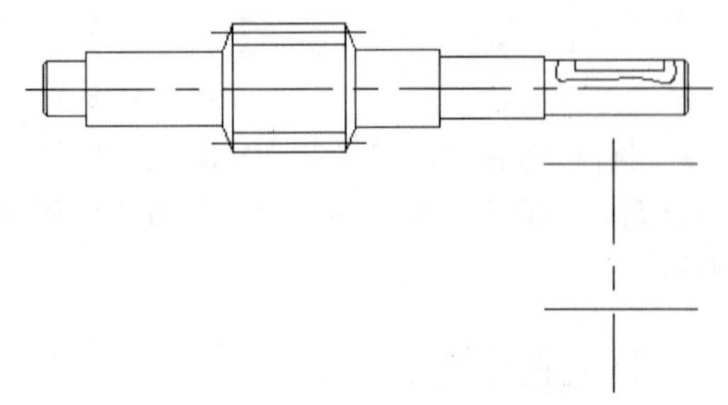

图121-11　绘制辅助中心线

12 执行“绘图>多段线”命令，绘制长圆表示键槽的俯视图，如图121-12所示。

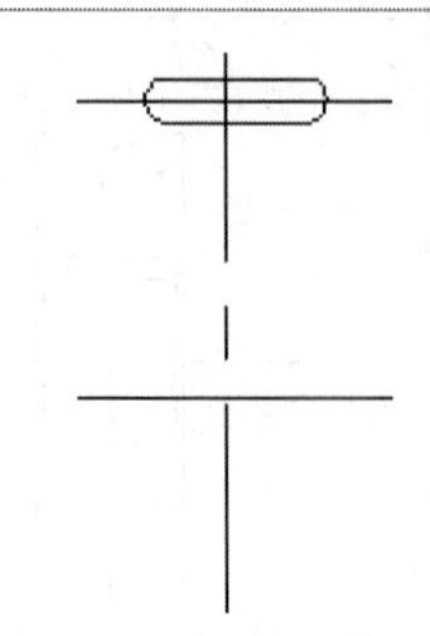

图121-12　绘制长圆

13 执行“绘图>圆”命令，绘制直径为15的圆表示杆剖切面，结果如图121-13所示。

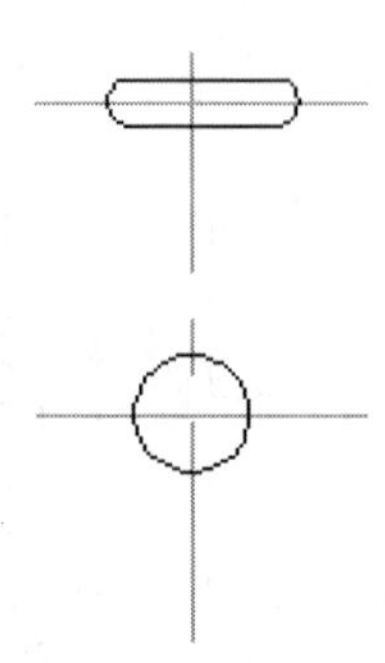

图121-13　绘制圆

14 执行“修改>偏移”命令，将竖直点画线左右各偏移3，水平点画线向上偏移4.5，并修改图层为“粗实线”层，如图121-14所示。

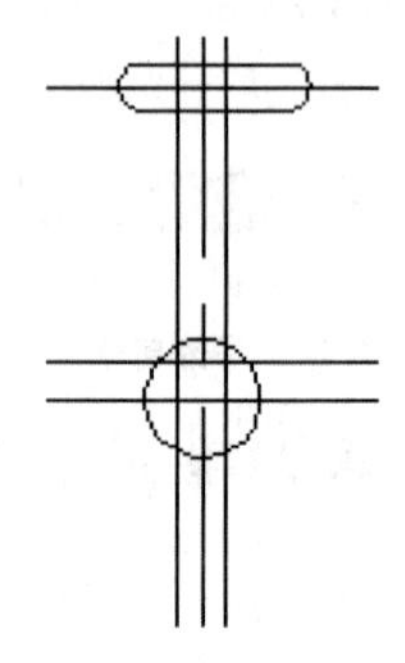

图121-14　偏移直线

15 执行“修改>修剪”命令，修剪图形多余线条，结果如图121-15所示。

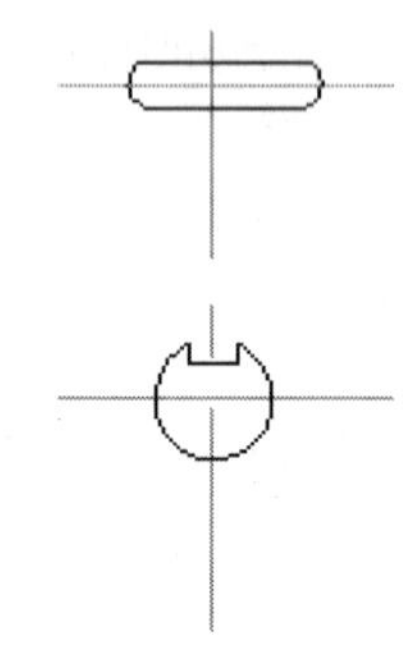

图121-15　修剪结果

16 将“剖面线”层置为当前层。执行“绘图>图案填充”命令，弹出“图案填充和渐变色”对话框。在该对话框中设置填充图案名为ANSI31，设置比例为0.5。对图形进行图案填充，效果如图121-16所示。

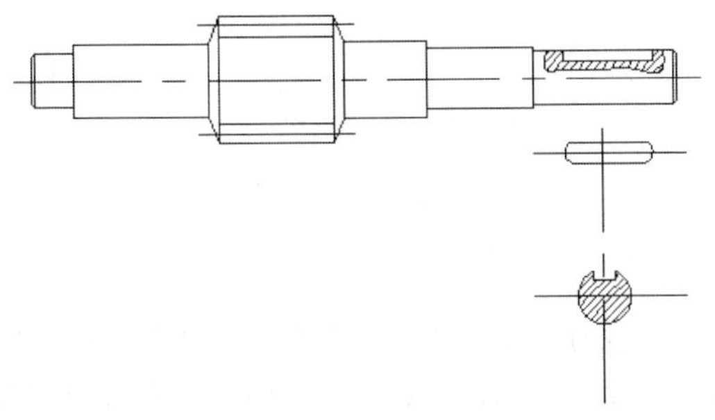

图121-16　图案填充效果

17 将“标注”层置为当前层。利用尺寸标注方法对蜗杆进行尺寸标注，如图121-17所示。

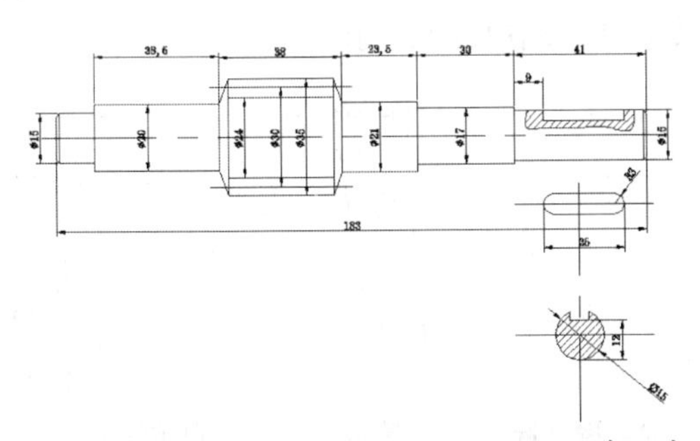

图121-17　标注蜗杆尺寸

18 执行“格式>线宽”命令，进行线宽设置，效果如图121-1所示。至此，蜗杆绘制完成。

19 执行“保存”命令，保存文件。

技巧与提示

本例利用直线、圆、多段线、偏移、修剪、倒角、镜像和图案填充等绘图命令绘制完成了蜗杆零件图。

练习121　绘制蜗杆

练习位置	DVD>练习文件>第5章>练习121.dwg
难易指数	★★☆☆☆
技术掌握	巩固绘制蜗杆的方法

操作指南

参照“实战121”案例进行制作。

根据本例所学的知识，按照如图121-18所示的尺寸要求，绘制如图121-18所示的蜗杆图形。

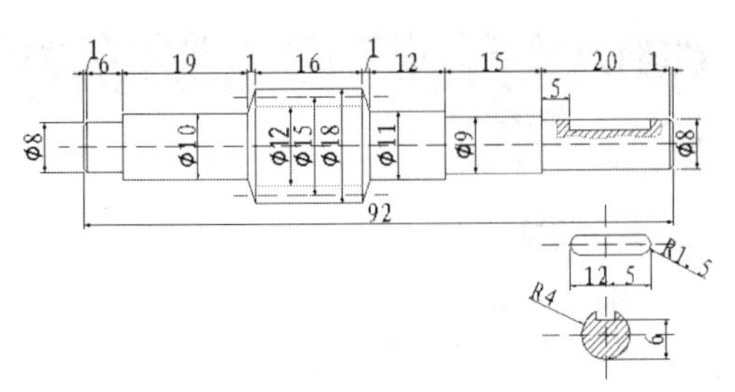

图121-18　绘制蜗杆

实战122　绘制圆柱压缩弹簧

原始文件位置	DVD>原始文件>第5章>实战122原始文件
实战位置	DVD>实战文件>第5章>实战122.dwg
视频位置	DVD>多媒体教学>第5章>实战122.avi
难易指数	★★☆☆☆
技术掌握	掌握圆柱压缩弹簧的画法

实战介绍

弹簧是一种常见的机器零件，它可以储存能量、减震、夹紧以及测力等。弹簧种类很多，常见的有：压缩弹簧、拉伸弹簧、扭力弹簧和蜗卷弹簧等。在本例中将讲解圆柱压缩弹簧的规定画法。案例效果如图122-1所示。

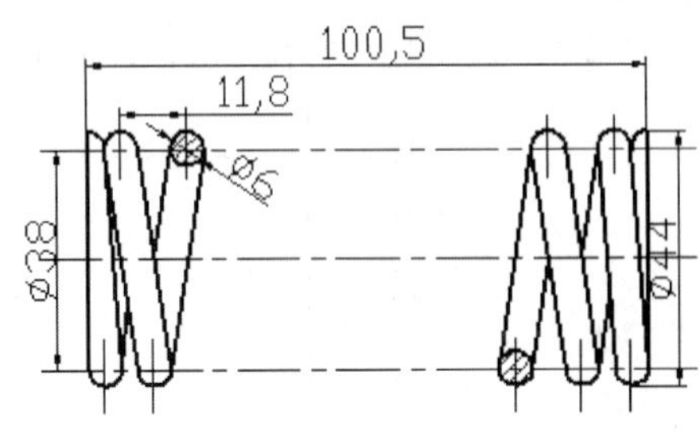

图122-1　最终效果

制作思路

• 打开文件后，删除内部图形。

• 使用直线、圆等基本命令，确定轮廓线，再利用修改命令修改，即得到如图122-1所示的图形。

制作流程

01 打开“实战122原始文件.dwg”文件。

02 将“点画线”层置为当前层。执行“直线”命令，绘制弹簧的基准线，如图122-2所示。

图122-2　绘制弹簧基准线

03 执行“修改>偏移”命令，偏移复制出基准线，确定支撑圈的位置，如122-3所示。

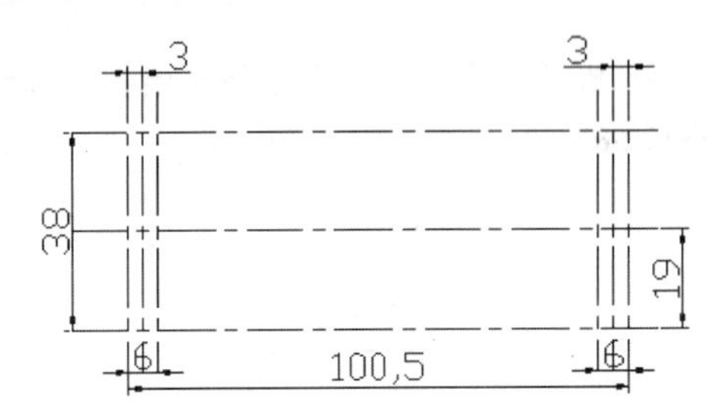

图122-3　偏移基准线

04 继续执行“偏移”命令，根据节距“11.8”，确定有效圈的位置，如图122-4所示。

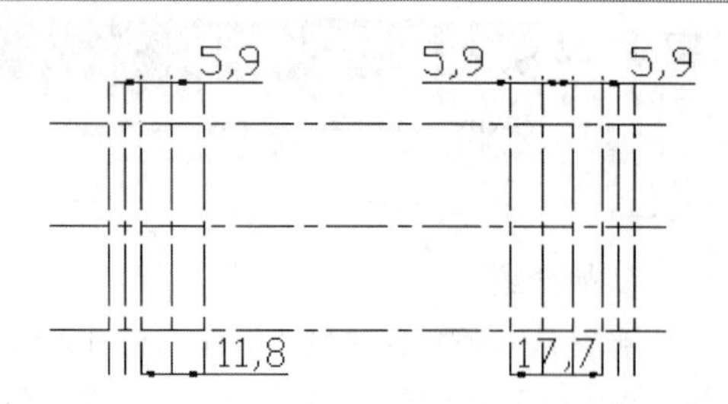

图122-4　确定有效圈的位置

05 将“粗实线”层置为当前层，执行“圆”命令，绘制出一个弹簧截面形状，即一个半径为3的圆。执行“修改>复制”命令，绘制出弹簧的截面形状，如图122-5所示。

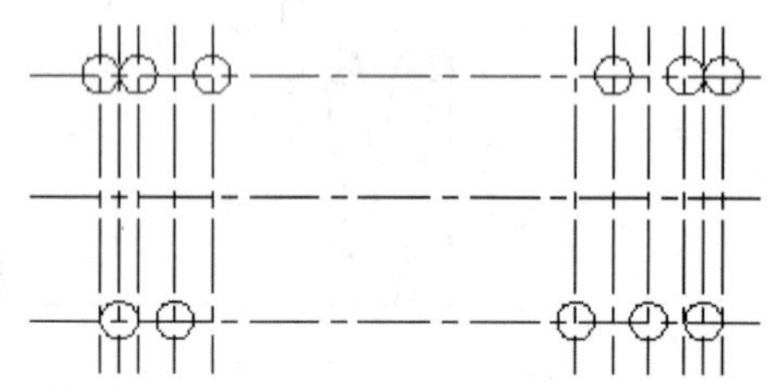
图122-5　绘制弹簧的截面图形

06 执行“直线”命令，利用捕捉“切点”功能作相应圆的公切线，如图122-6所示。

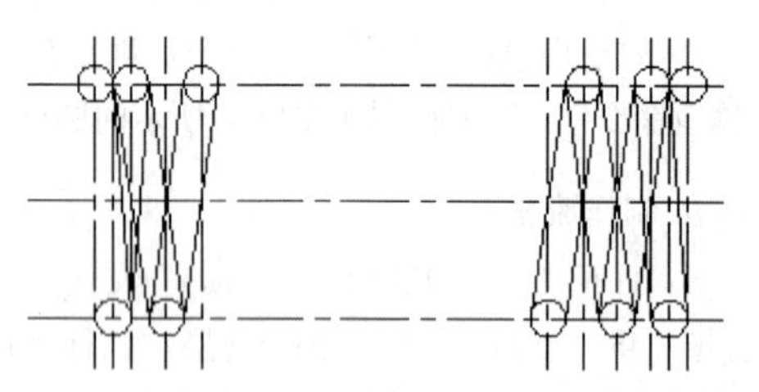
图122-6　作相应圆的公切线

07 执行“修剪”命令，修剪去多余线条，修剪后的效果如图122-7所示。

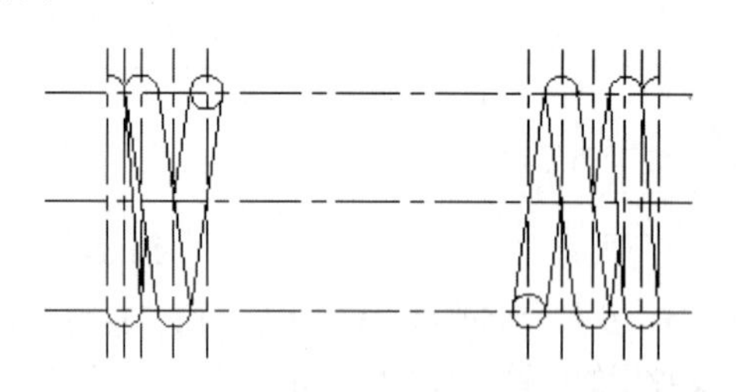
图122-7　修剪效果

08 执行“直线”命令，补充绘制轮廓线。效果如图122-8所示。

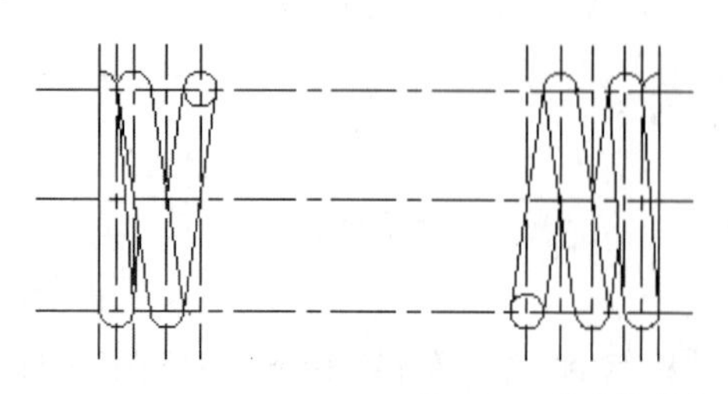
图122-8　补画轮廓线

09 利用删除（OFFSET）和拉伸命令修改辅助线，效果如图122-9所示。

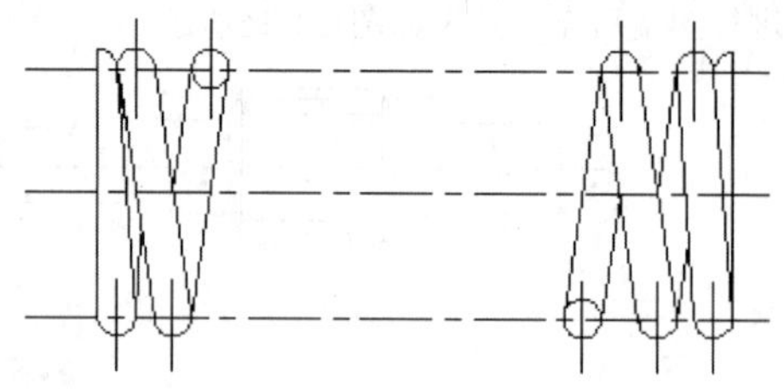
图122-9　修改点画线

10 执行“图案填充”命令，弹出“图案填充和渐变色”对话框。在该对话框中选择填充图案为ANSI31，设置比例为0.5。执行“添加：拾取点”命令，在弹簧的两个圆断面内部单击鼠标左键，确定填充边界，按回车键，返回到“图案填充和渐变色”对话框，单击“确定”按钮，完成填充，如图122-10所示。

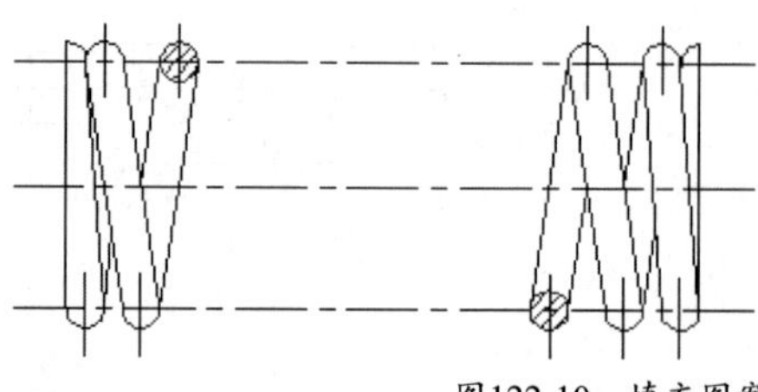
图122-10　填充图案

11 将“标注”层置为当前层。利用尺寸标注方法对圆柱压缩弹簧的零件图进行尺寸标注，如图122-11所示。

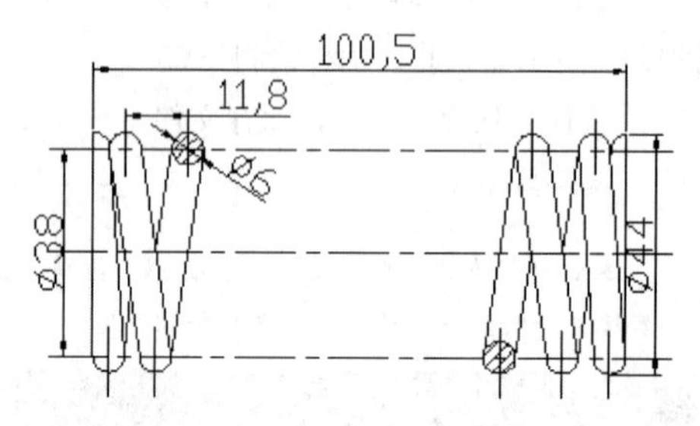

图122-11　标注圆柱压缩弹簧尺寸

12 执行“格式>线宽”命令，进行线宽设置，效果如图122-1所示。至此，圆柱压缩弹簧绘制完成。

13 执行“保存”命令，保存文件。

技巧与提示

本例利用绘图基本命令完成圆柱压缩弹簧的绘制。

练习122　绘制圆柱压缩弹簧

实战位置　DVD>练习文件>第5章>练习122.dwg
难易指数　★★☆☆☆
技术掌握　掌握蜗杆图形的画法

操作指南

参照“实战122”案例进行制作。

利用圆与直线的位置关系，按照如图122-12所示的尺寸要求，绘制如图122-12所示的蜗杆图形。

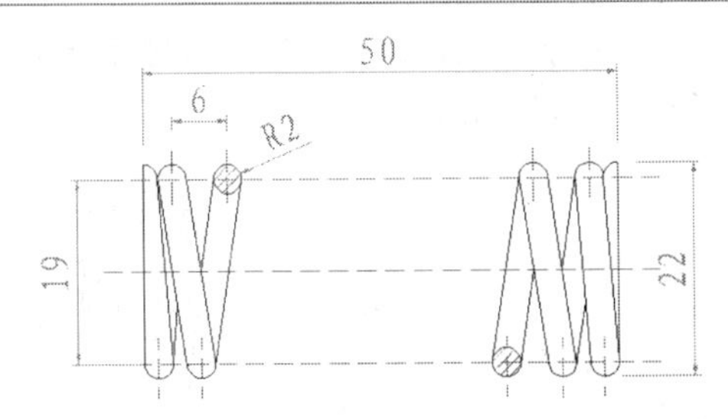

图122-12　绘制圆柱压缩弹簧

实战123　绘制圆柱拉伸弹簧

原始文件位置	DVD>原始文件>第5章>实战123原始文件
实战位置	DVD>实战文件>第5章>实战123.dwg
视频位置	DVD>多媒体教学>第5章>实战123.avi
难易指数	★★☆☆☆
技术掌握	掌握绘制圆柱拉伸弹簧的规定画法

实战介绍

本例中将介绍圆柱拉伸弹簧零件图的规定画法。案例效果如图123-1所示。

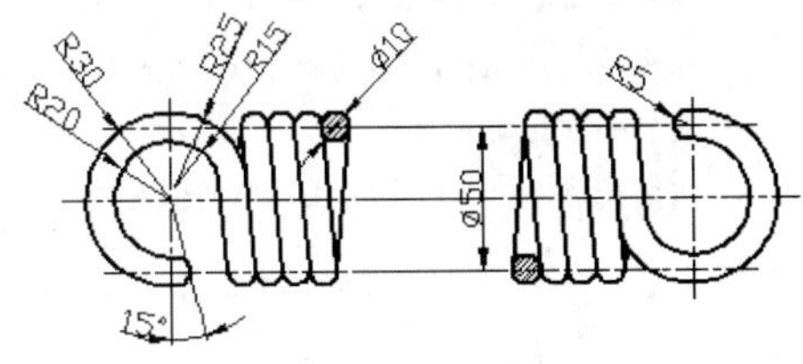

图123-1　最终效果

制作思路

• 利用圆与直线相切，确定轮廓线位置，并进行修改，即得到如图123-1所示的图形。

制作流程

01 打开“实战123原始文件.dwg”文件。

02 将“点画线”层置为当前层。执行“绘图>直线”命令，绘制辅助线，如图123-2所示。

03 执行“修改>偏移”命令，将水平辅助线上下偏移25，如图123-3所示。

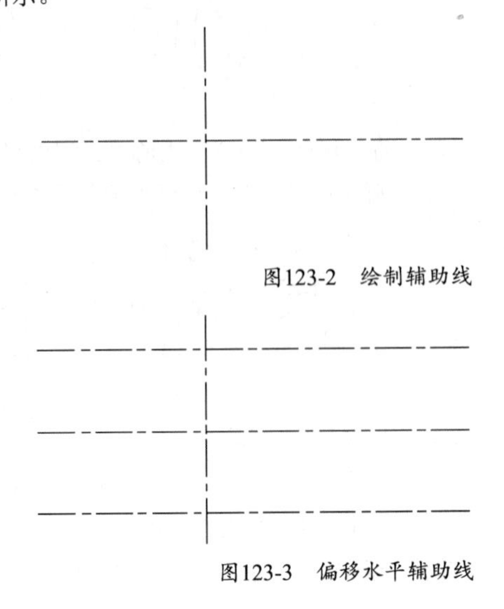

图123-2　绘制辅助线

图123-3　偏移水平辅助线

04 将“粗实线”层置为当前层。执行“圆”命令，绘制半径为5的圆。执行“修改>复制”命令，复制该圆，得到结果如图123-4所示。

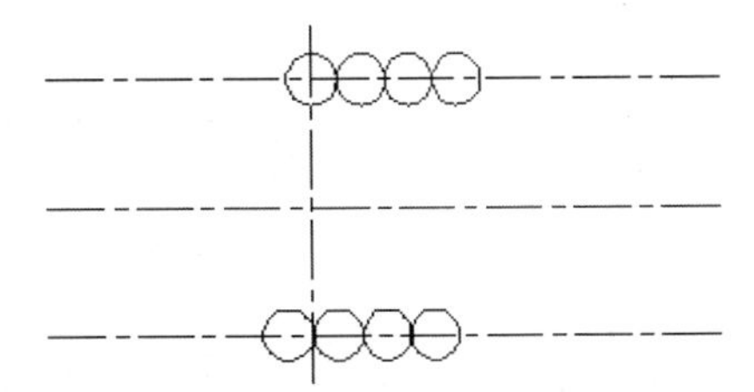

图123-4　绘制并复制圆

05 执行“绘图>直线”命令，绘制圆切线，如图123-5所示。

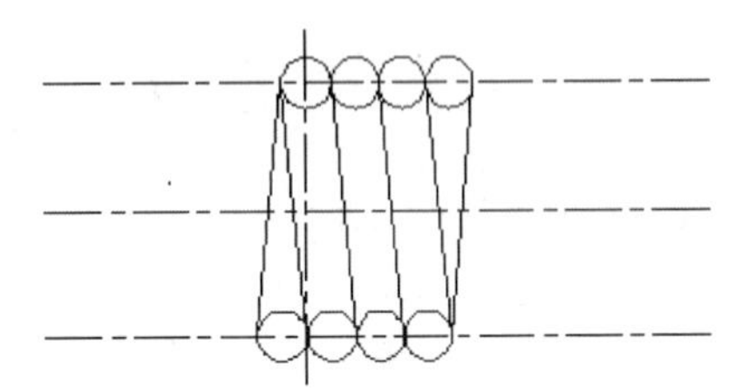

图123-5　绘制圆切线

06 执行“修改>复制”命令，将左侧第二条直线复制，结果如图123-6所示。

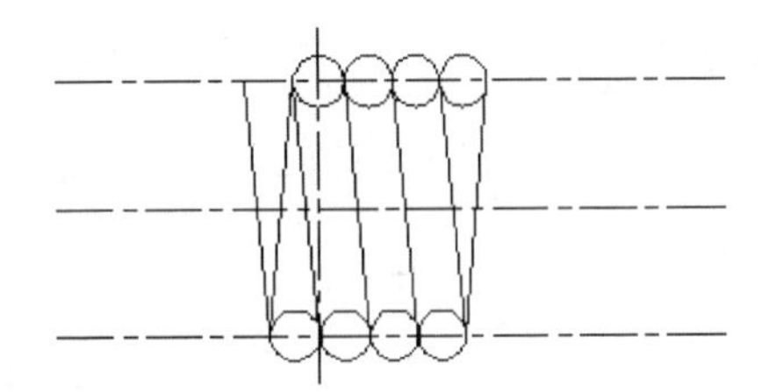

图123-6　复制直线

07 执行“修改>偏移”命令，将竖直辅助线向左侧偏移30，结果如图123-7所示。

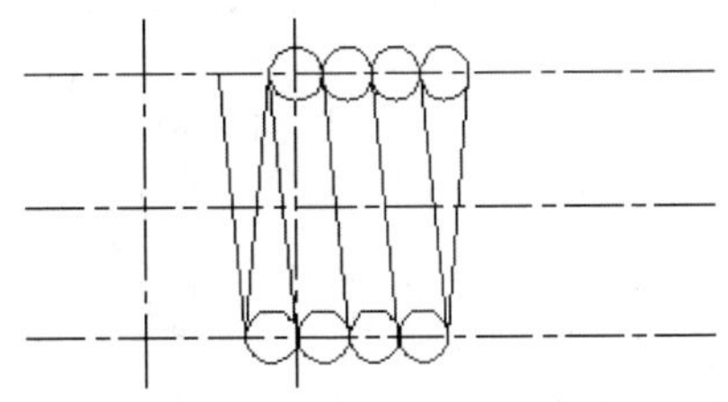

图123-7　偏移竖直辅助线

08 执行“绘图>圆”命令，分别绘制半径为20和30的圆，并将中心点画线适当延长，如图123-8所示。

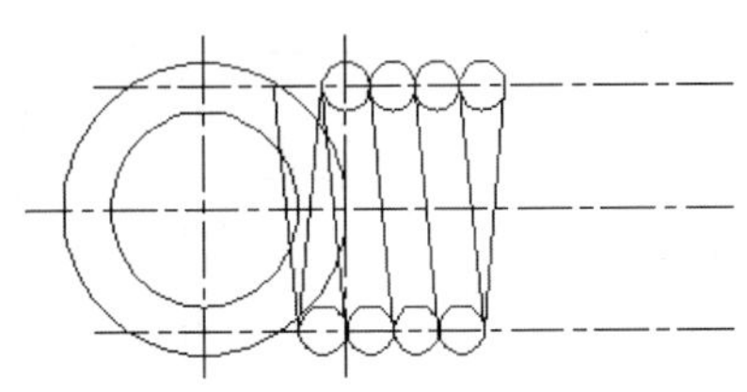

图123-8　绘制两个圆

09 执行“修改>修剪”命令，对图形进行修剪，效果如图123-9所示。

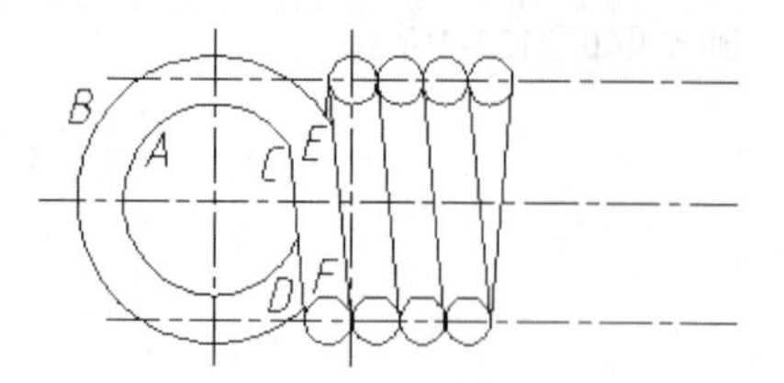

图123-9　修剪图线

10 执行“修改>圆角”命令，对圆弧A与线段CD进行圆角，圆角半径为15；对圆弧B与线段EF进行圆角，圆角半径为25。效果如图123-10所示。

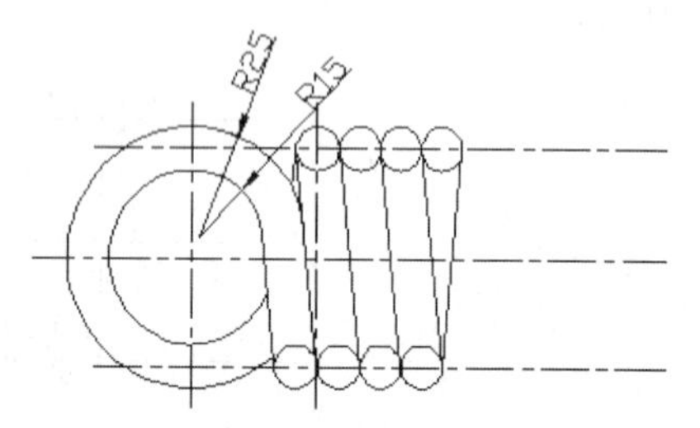

图123-10　对图形进行圆角设置

11 执行“修改>修剪”命令，对图形进行修剪，效果如图123-11所示。

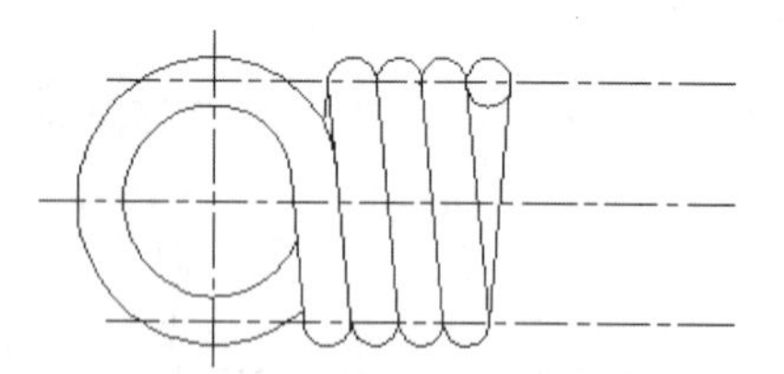

图123-11　修剪多余线条

12 设置15°极轴追踪角。利用LINE命令绘制与竖直辅助线成15°的斜线段，如图123-12所示。

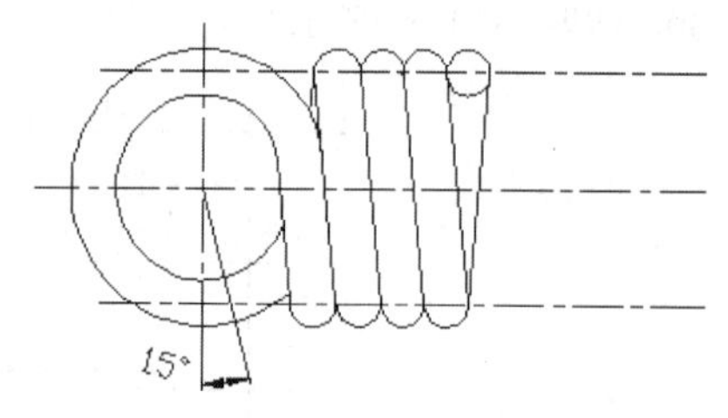

图123-12　绘制斜直线

13 执行“修改>修剪”命令，对图形进行修剪，效果如图123-13所示。

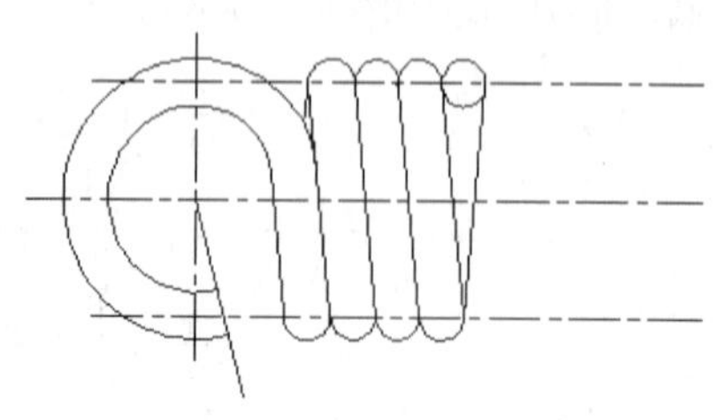

图123-13　修剪多余线条

14 执行“修改>圆角”命令，对弹簧末端进行圆角，半径为5，效果如图123-14所示。

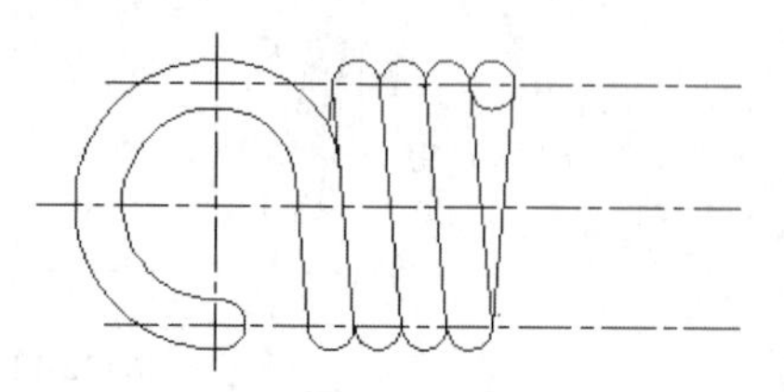

图123-14　对弹簧末端进行圆角

15 执行“修改>旋转”命令，将所有图线进行旋转，如图123-15所示。旋转过程中命令行提示如下：

```
命令: _rotate
UCS 当前的正角方向:  ANGDIR=逆时针  ANGBASE=0
选择对象: 指定对角点: 找到 26 个
选择对象:
指定基点:  <对象捕捉追踪 开>
指定旋转角度, 或 [复制(C)/参照(R)] <0>:  c
旋转一组选定对象。
指定旋转角度, 或 [复制(C)/参照(R)] <0>:  180
```

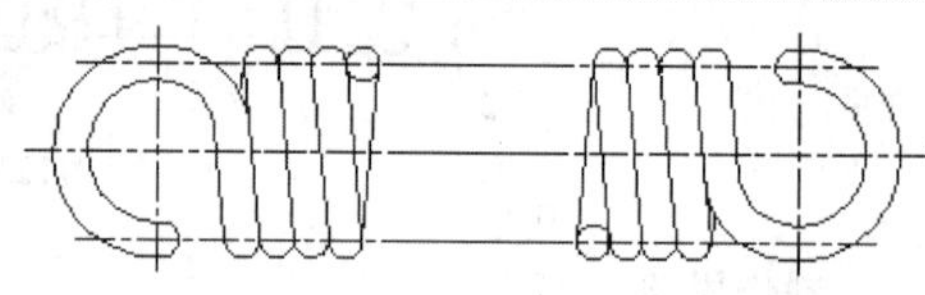

图123-15　将图进行旋转

16 执行“修改>图案填充”命令，弹出“图案填充和渐变色”对话框。在该对话框中选择填充图案为ANSI31，设置比例为0.5。执行“添加：拾取点”命令，在弹簧的两个圆断面内部单击鼠标左键，确定填充边界，按回车键，返回到“图案填充和渐变色”对话框，单击“确定”按钮，完成填充，如图123-16所示。

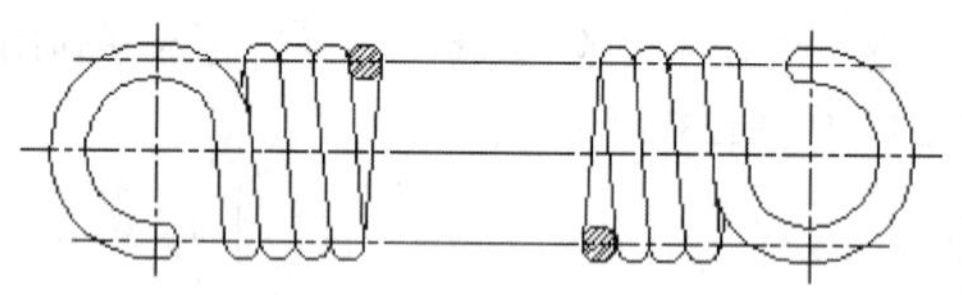

图123-16　填充图案

17 将“标注”层置为当前层。利用尺寸标注方法对圆柱拉伸弹簧的零件图进行尺寸标注，如图123-17所示。

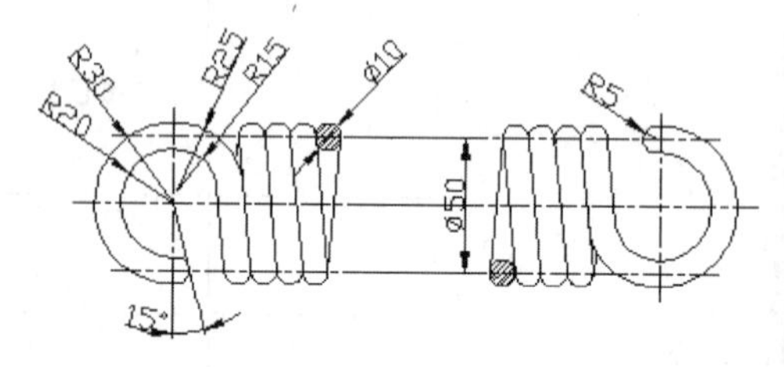

图123-17　标注圆柱拉伸弹簧尺寸

18 执行“线宽”命令，进行线宽设置，效果如图123-1所示。至此，圆柱拉伸弹簧绘制完成。

19 执行“保存”命令，保存文件。

技巧与提示

本例中利用直线、圆、修剪、圆角、旋转、图案填充等绘图命令，绘制完成了圆柱拉伸弹簧的零件图。

练习123　绘制圆柱拉伸弹簧

实战位置　DVD>练习文件>第5章>练习123.dwg
难易指数　★★☆☆☆
技术掌握　巩固圆柱拉伸弹簧的规定画法

操作指南

参照“实战123”案例进行制作。

利用圆与直线、圆与圆的位置相切关系。确定轮廓线，并按如图123-18所示的尺寸要求绘制。

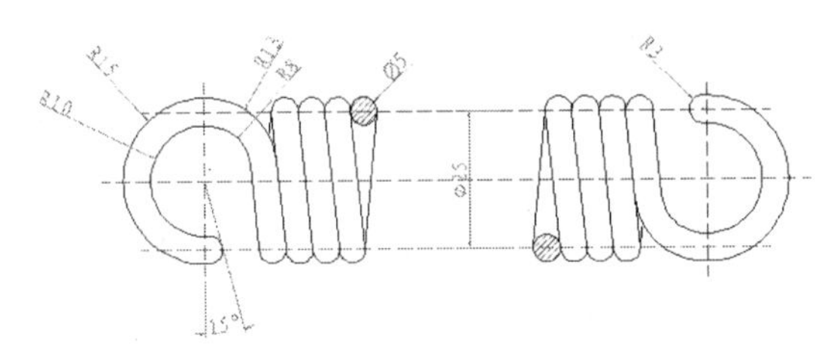

图123-18　绘制新圆柱拉伸弹簧

实战124　绘制护口板

实战位置　DVD>实战文件>第5章>实战124.dwg
视频位置　DVD>多媒体教学>第5章>实战124.avi
难易指数　★★☆☆☆
技术掌握　掌握护口板的画法

实战介绍

本例中将制作台虎钳护口板零件的二维图。案例效果如图124-1所示。

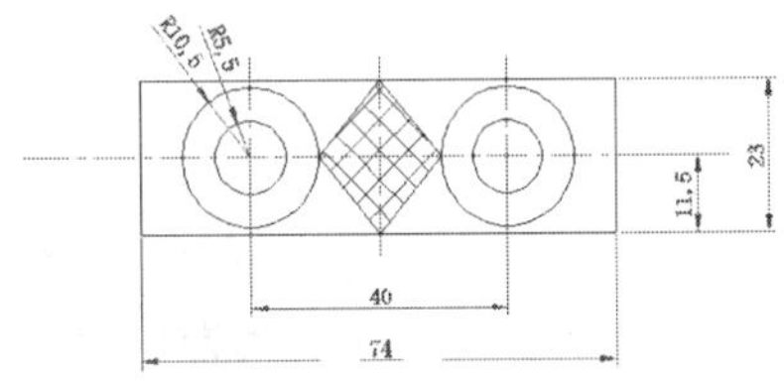

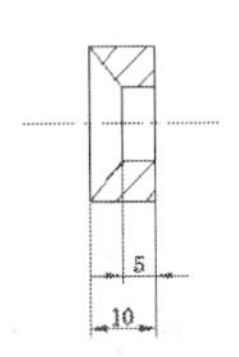

图124-1　最终效果

制作思路

• 使用直线、圆等基本命令，确定其轮廓线，再利用修改命令修改，最后进行图案填充，即得到如图124-1所示的图形。

制作流程

01 双击AutoCAD 2013的桌面快捷方式图标，打开一个新的AutoCAD文件，文件名默认为“Drawing1.dwg”，单击“另存为”按钮，以“实战124.dwg”文件名保存。

02 执行“常用>图层>新建”命令，新建一个“中心线”图层，设置其“线型”为CENTER，“颜色”为红色，并将其置为当前层。执行“绘图>直线”命令，绘制效果如图124-2所示。

图124-2　绘制中心线

03 将“粗实线”层置为当前层，执行“绘图>矩形”命令，根据图124-1所示的尺寸绘制矩形，结果如图124-3所示。

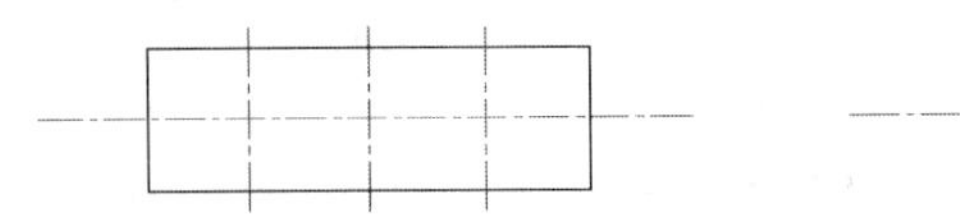

图124-3　绘制矩形

04 执行“圆”命令，绘制半径为5.5和10.5的圆，结果如图124-4所示。

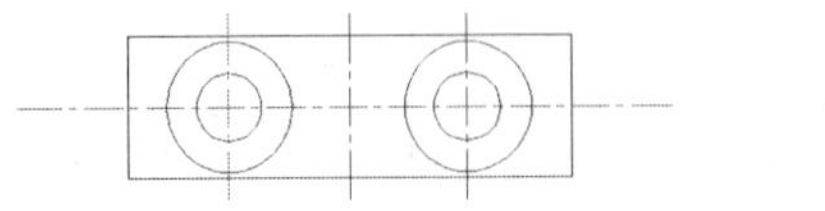

图124-4　绘制圆

05 根据主视图绘制左视图，执行“矩形”按钮，绘制10×23的矩形，结果如图124-5所示。

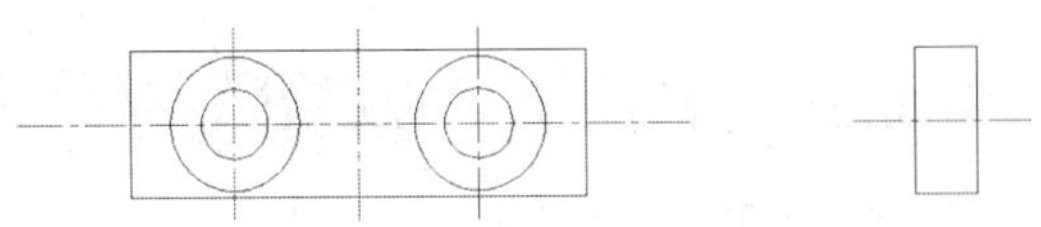

图124-5　绘制直线闭合成矩形

06 执行“直线”命令，在05中绘制的矩形中做孔，结果如图124-6所示。

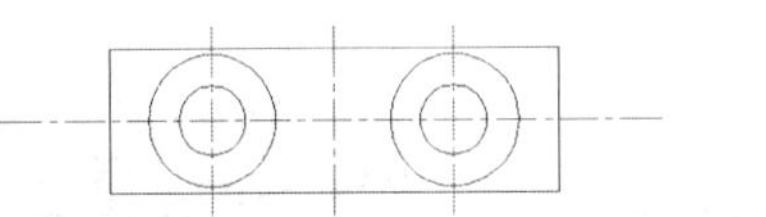

图124-6　作左视图中的孔

07 执行“绘图>直线”命令，绘制菱形填充边界，结果如图124-7所示。

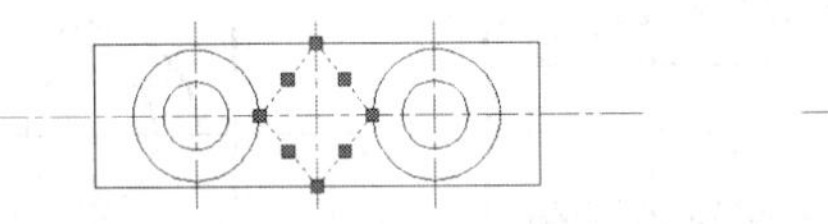

图124-7　绘制菱形填充边界

08 执行“绘图>图案填充”命令，填充剖面线，图案选择ANSI37，然后单击“拾取点”按钮选择菱形内部点；图案选择ANS121，然后执行“拾取点”命令，选择左视图内部点，结果如图124-8所示。

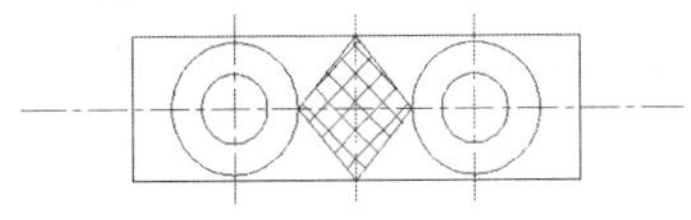
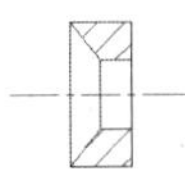

图124-8　绘制剖面线

09 调用“线性标注”和“半径标注”对当前图形进行

尺寸标注，得到如图124-1所示的图形效果。

10 执行“保存”命令，保存文件。

技巧与提示

本例中利用了矩形、直线、图案填充、尺寸标注和图层等命令，完成了护口板的绘制工作。

练习124 绘制护口板

实战位置	DVD>练习文件>第5章>练习124.dwg
难易指数	★★☆☆☆
技术掌握	掌握护口板的画法。

操作指南

参照“实战124”案例进行制作。

利用本例所学绘制方法，绘制如图124-9所示的图形。

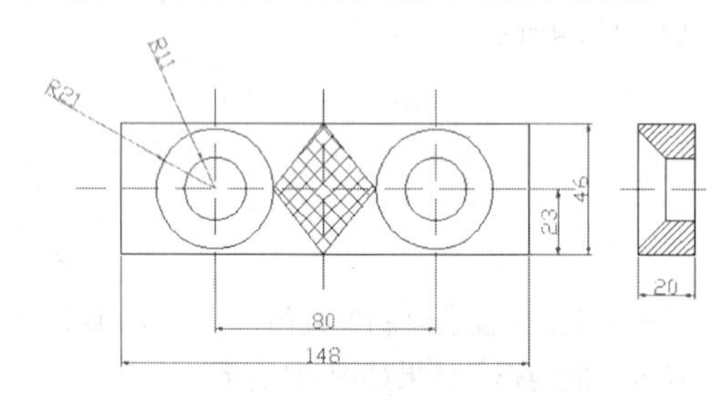

图124-9 绘制护口板

实战125 绘制方块螺母

实战位置	DVD>实战文件>第5章>实战125.dwg
视频位置	DVD>多媒体教学>第5章>实战125.avi
难易指数	★★☆☆☆
技术掌握	掌握方块螺母的画法

实战介绍

本例中将制作台虎钳方块螺母零件二维图。案例效果如图125-1所示。

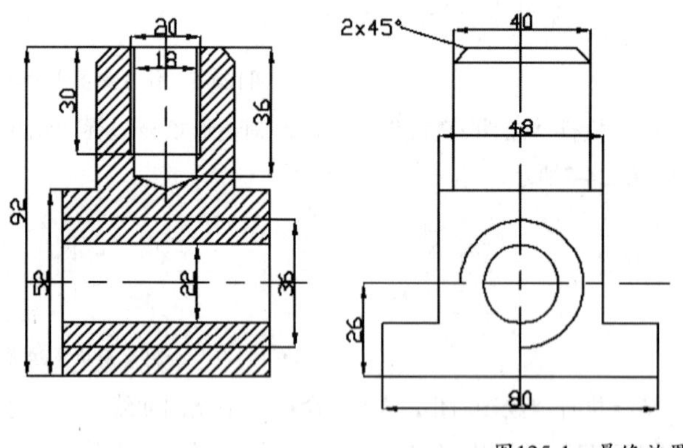

图125-1 最终效果

制作思路

• 使用直线、圆等基本命令，确定其轮廓线，再利用修改命令修改，最后进行图案填充和标注，即得到如图125-1所示的图形。

制作流程

01 在菜单中执行“文件>新建”命令，新建一个AutoCAD文档，文件名默认为“Drawing1.dwg”。

02 执行“常用>图层>图层特性>新建图层”命令，新建一个“中心线”图层，设置其“线型”为CENTER，“颜色”为红色；新建一个“粗实线”图层，线型不变，线宽设置为0.30mm；新建一个“标注”图层，设置其颜色为“洋红”，其他参数不变。将“中心线”层置为当前层。执行“绘图>直线”命令，绘制中心线，如图125-2所示。

03 绘制主视图。将“粗实线”层置为当前层，执行“绘图>矩形”命令，根据图125-1所示的尺寸绘制矩形，结果如图125-3所示。

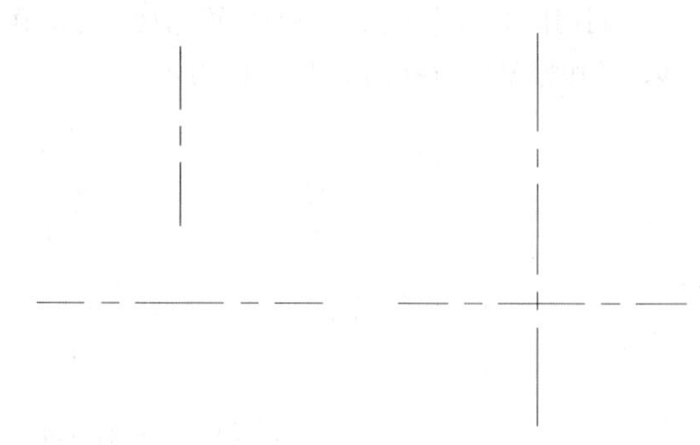

图125-2 绘制中心线

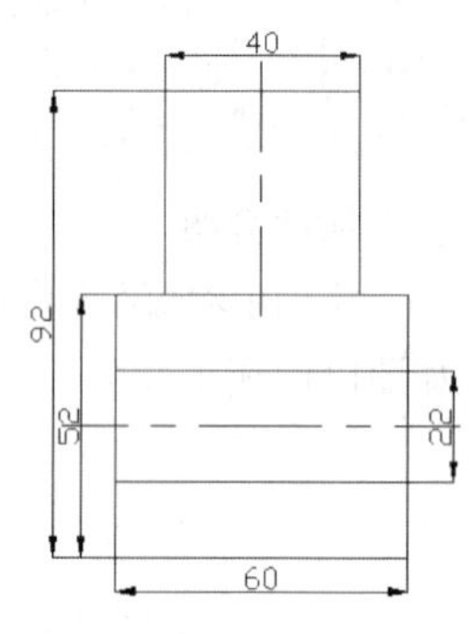

图125-3 绘制矩形

04 执行“修改>倒角”命令，倒角距离为4，执行“直线”命令，根据图125-1所示的尺寸要求，绘制螺纹孔，结果如图125-4所示。

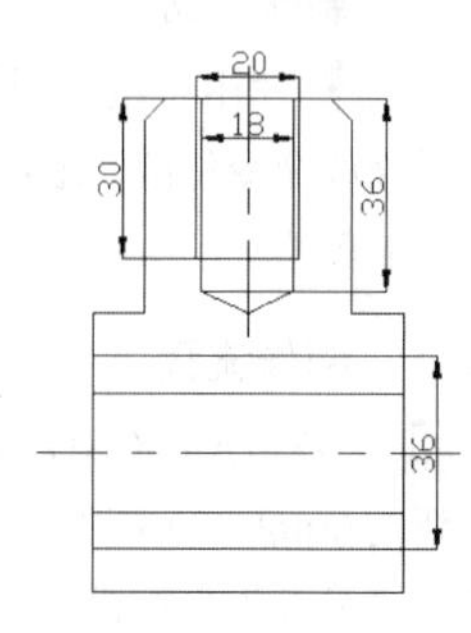

图125-4 倒角处理和绘制螺纹孔

05 绘制左视图，执行“绘图>矩形”命令和执行“绘图>直线”命令，根据如图125-1所示的尺寸要求，绘制图形，结果如图125-5所示。

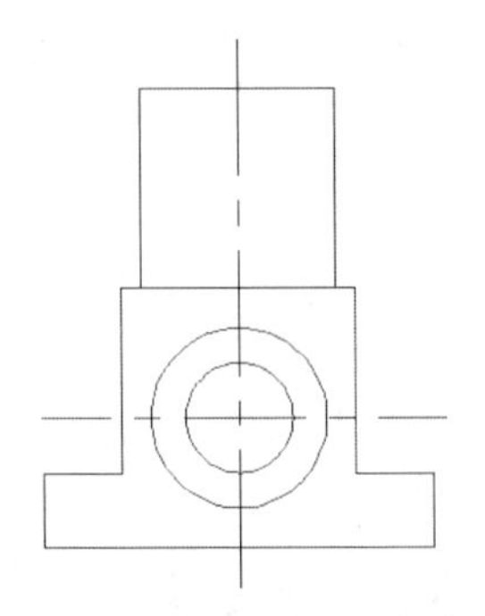

图125-5 绘制左视图轮廓

06 同步骤4类似操作，进行倒角操作，倒角距离为4，使用直线工具补齐所缺直线，修剪处理，最终得到如图125-6所示的图形效果。

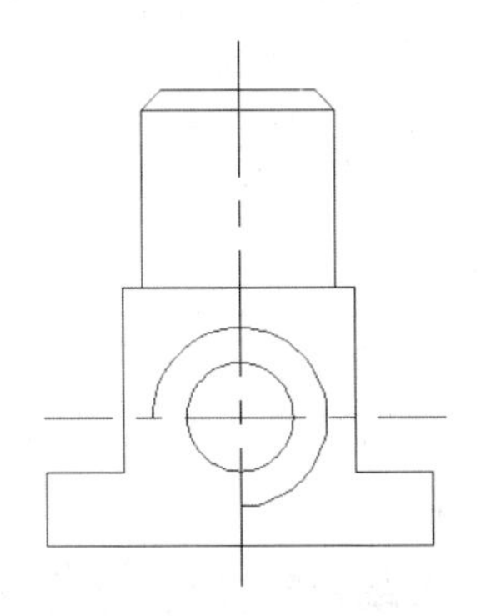

图125-6 对左视图进行修剪

07 执行“绘图>图案填充”命令，绘制剖面线，图案选择ANSI31，然后单击“拾取点”按钮选择内部点，结果如图125-7所示。

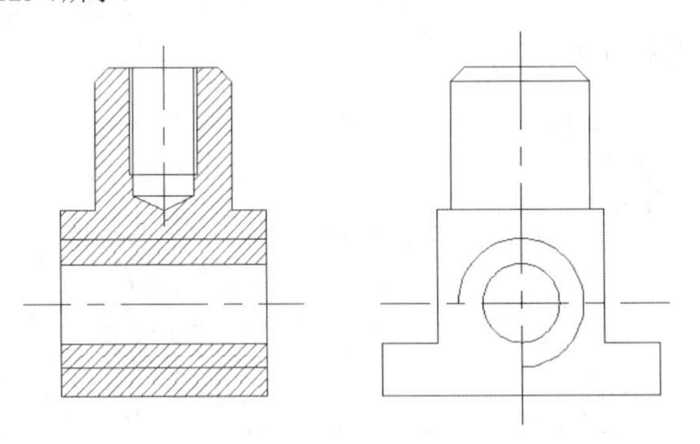

图125-7 绘制剖面线

08 调用“线性标注”和“半径标注”对当前图形进行尺寸标注，最终得到如图125-1所示的图形效果。

09 执行“格式>线宽”命令，进行线宽设置，效果如图125-1所示。至此，圆柱拉伸弹簧绘制完成。

10 执行“标准>另存为”命令，保存为“实战125.dwg”。

本例中利用了矩形、直线、图案填充、尺寸标注和图层等命令，完成了方块螺母的绘制工作。

练习125 绘制方块螺母

实战位置 DVD>练习文件>第5章>练习125.dwg
难易指数 ★★☆☆☆
技术掌握 掌握方块螺母的画法

操作指南

参照“实战125”案例进行制作。

利用本例所学的绘制步骤，绘制如图125-8所示的图形。

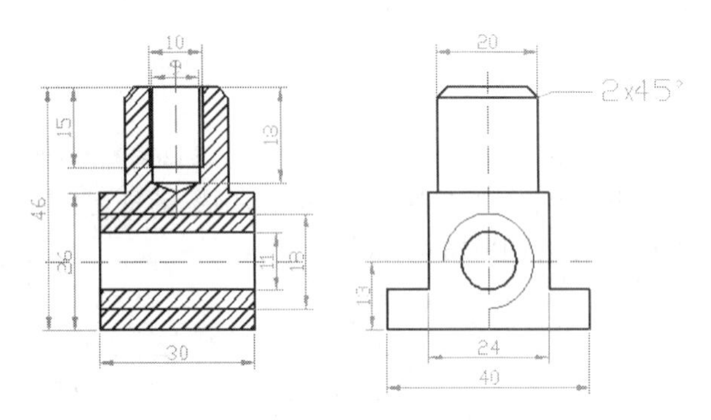

图125-8 绘制新方块螺母

实战126 绘制横杆

实战位置 DVD>实战文件>第5章>实战126.dwg
视频位置 DVD>多媒体教学>第5章>实战126.avi
难易指数 ★★☆☆☆
技术掌握 掌握横杆的画法

实战介绍

本例中将制作千斤顶横杆零件二维图。案例效果如图126-1所示。

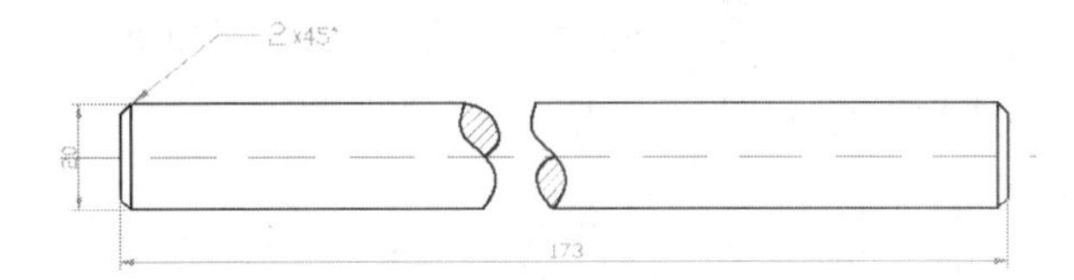

图126-1 最终效果

制作思路

• 使用直线、样条曲线命令绘制图形，再进行图案填充和标注，即得到如图126-1所示的图形。

制作流程

01 在菜单中执行“文件>新建”命令，新建一个AutoCAD文档。

02 执行“常用>图层>图层特性>新建图层”命令，新建一个“中心线”图层，设置其“线型”为CENTER，“颜色”为红色；新建一个“粗实线”图层，线型不变，线宽设置为0.30mm；新建一个“标注”图层，设置其颜色为“洋红”，其他参数不变。将“中心线”层置为当前层。执行“绘图>直线”命令，绘制中心线，如图126-2所示。

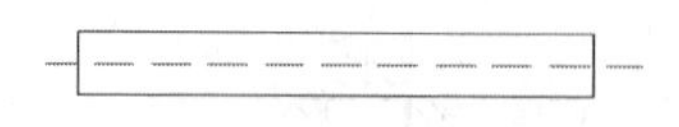

图126-2 绘制中心线

03 绘制主视图。将“粗实线”层置为当前层，执行“绘图>矩形”命令，根据图126-1所示的尺寸绘制矩形，结果如图126-3所示。

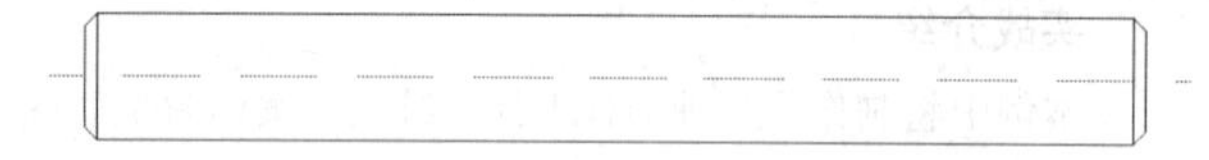

图126-3 绘制矩形

04 执行“直线”命令，根据图126-4所示的尺寸要求绘制直线，结果如图126-4所示。

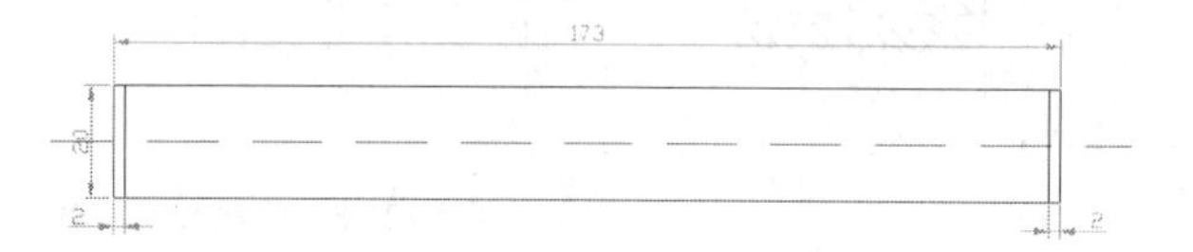

图126-4 绘制直线

05 执行“修改>倒角”命令，倒角距离为2，结果如图126-5所示。

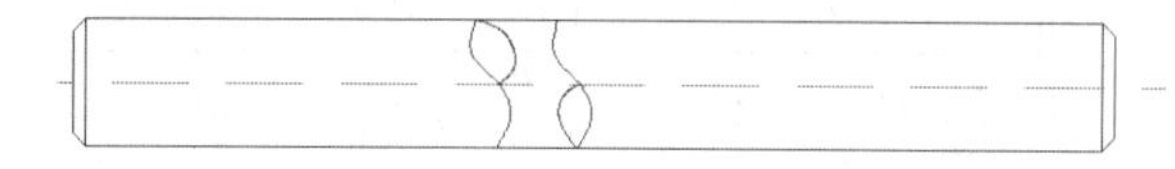

图126-5 倒角操作

06 执行“绘图>样条曲线”命令，最终结果如图126-6所示。

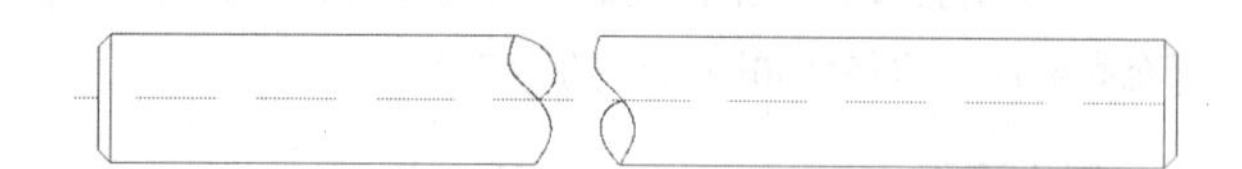

图126-6 绘制样条曲线

07 执行“修改>修剪”命令，结果如图126-7所示。

图126-7 绘制剖面线

08 执行“绘图>图案填充”命令，绘制剖面线，如图126-8所示。

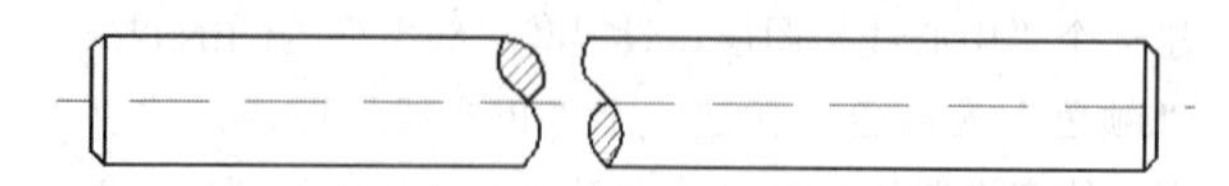

图126-8 绘制剖面线

09 将“标注”层置为当前层，执行“标注>线性标注”命令，标注尺寸。最终结果如图126-1所示。

10 执行“格式>线宽”命令，进行线宽设置，效果如图126-1所示。至此，圆柱拉伸弹簧绘制完成。

11 执行“标准>另存为”命令，保存为“实战126.dwg”。

技巧与提示

本例中利用了矩形、直线、样条曲线、倒角、图案填充、尺寸标注和图层等命令，完成了横杆的绘制工作。

练习126 绘制横杆

实战位置 DVD>练习文件>第5章>练习126.dwg
难易指数 ★★☆☆☆
技术掌握 巩固横杆的画法

操作指南

参照“实战126”案例进行制作。

根据本例绘制横杆的步骤，绘制矩形，添加倒角，绘制样条曲线等步骤绘制如图126-9所示的图形。

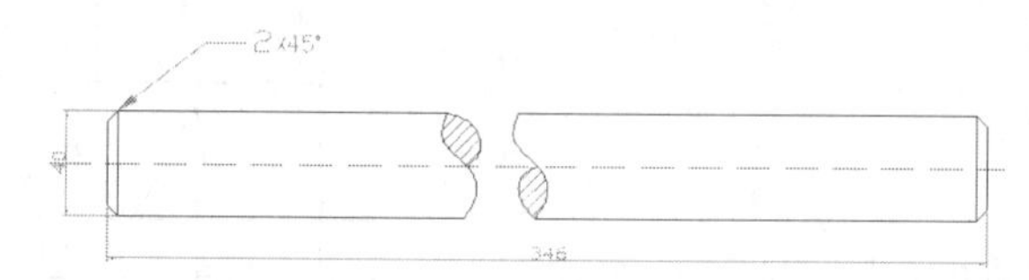

图126-9 绘制横杆

实战127 绘制前盖板

实战位置 DVD>实战文件>第5章>实战127.dwg
视频位置 DVD>多媒体教学>第5章>实战127.avi
难易指数 ★★☆☆☆
技术掌握 掌握前盖板零件的绘制方法

实战介绍

本例中将制作单向节流阀前盖板零件二维图。案例效果如图127-1所示。

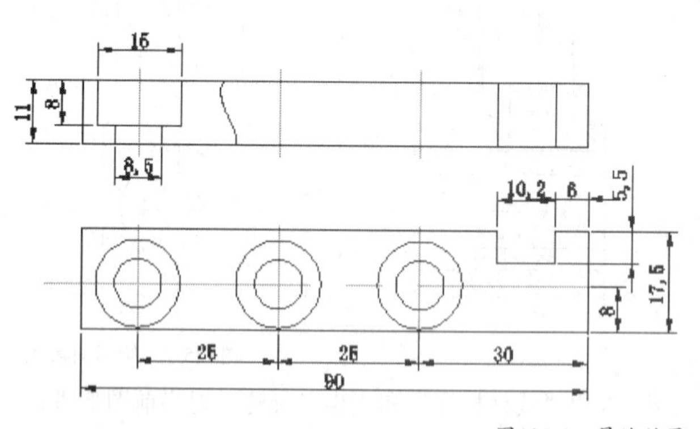

图127-1 最终效果

制作思路

• 使用一些基本命令如直线、圆等，根据一定尺寸即可得到如图127-1所示的图形。

制作流程

01 在菜单中执行“文件>新建”命令，新建一个AutoCAD文档。

02 执行“常用>图层>图层特性>新建图层”命令，新建一个“中心线”图层，设置其“线型”为CENTER，“颜色”为红色；新建一个“粗实线”图层，线型不变，线宽设置为0.30mm；新建一个“标注”图层，设置其颜色为“洋红”，其他参数不变。将“中心线”层置为当前层。执行“绘图>直线”命令，绘制中心线，如图127-2所示。

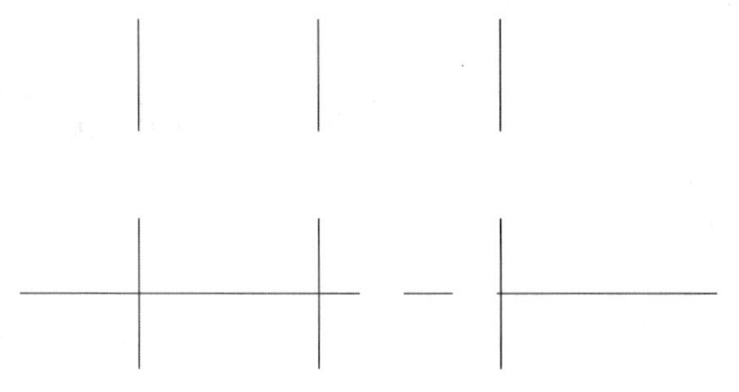

图127-2　绘制中心线

03 绘制主视图。将“粗实线”层置为当前层，执行“绘图>矩形”命令，根据图127-1所示的尺寸绘制矩形，结果如图127-3所示。

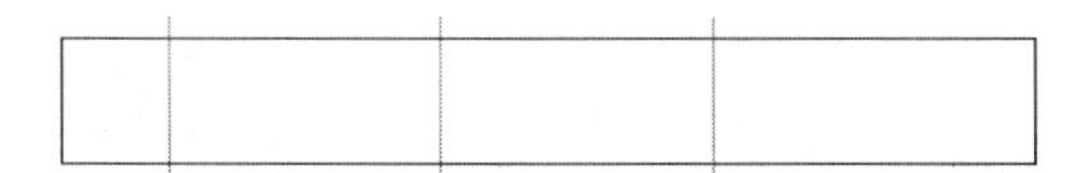

图127-3　绘制矩形

04 执行“直线”命令，根据图127-1所示的尺寸要求绘制直线，结果如图127-4所示。

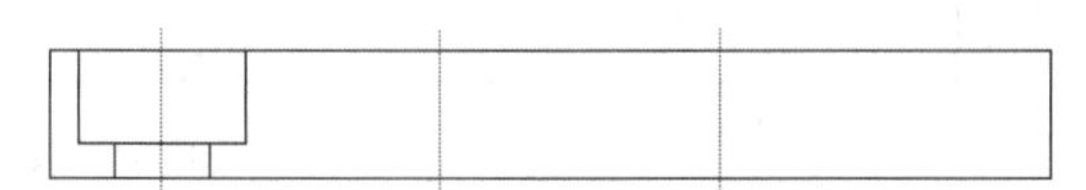

图127-4　绘制直线

05 绘制俯视图。执行“绘图>矩形”命令，根据图127-1所示的尺寸绘制矩形，结果如图127-5所示。

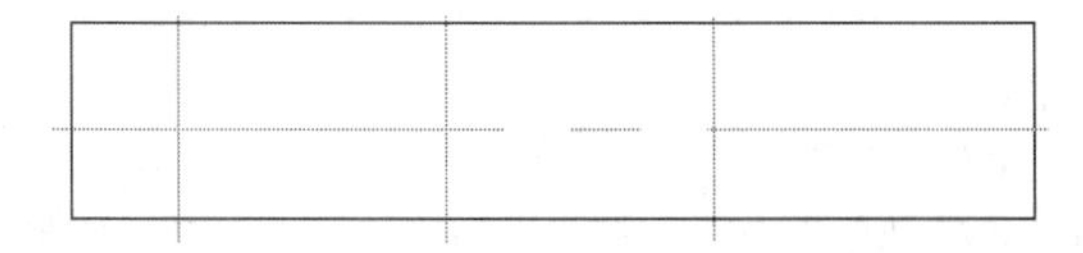

图127-5　绘制俯视图轮廓

06 执行“直线”命令，根据图127-1所示的尺寸要求绘制直线，并对其进行修剪，最终结果如图127-6所示。

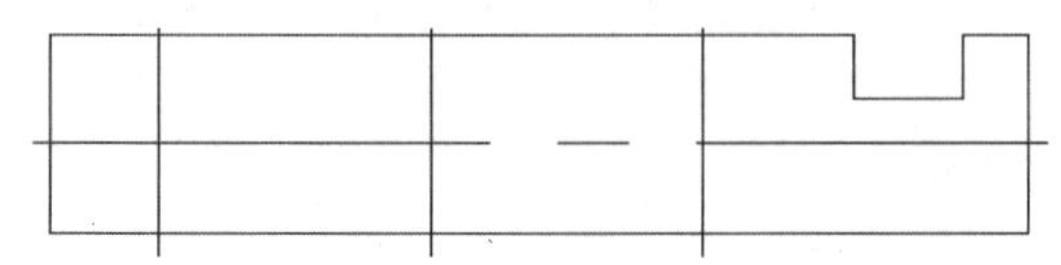

图127-6　绘制直线并修剪

07 执行“圆”命令，根据图127-1所示的尺寸要求，绘制圆，结果如图127-7所示。

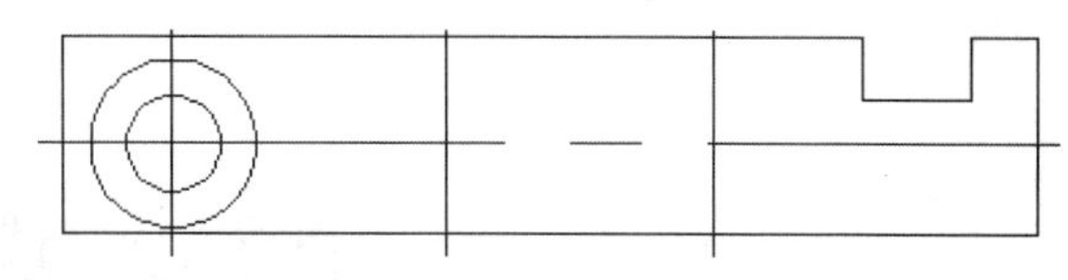

图127-7　绘制圆

08 执行“复制”命令，选择步骤7中绘制中的两个圆进行复制操作，最终的结果如图127-8所示。

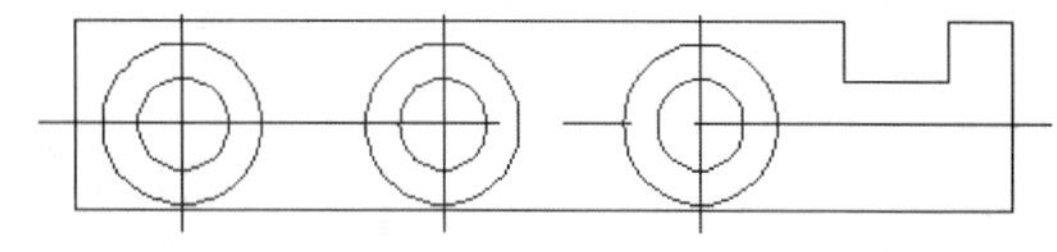

图127-8　复制圆

09 使用直线工具，及样条曲线工具，将主视图补充完整，结果如图127-9所示。

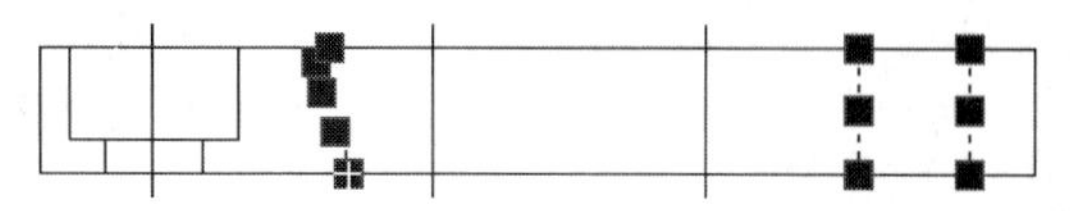

图127-9　绘制样条曲线

10 调用线性标注对图形进行尺寸标注，结果如图127-10所示。

11 执行“格式>线宽”命令，进行线宽设置，效果如图127-1所示。至此，圆柱拉伸弹簧绘制完成。

12 执行“保存”命令，保存文件。

技巧与提示

本例中利用了矩形、直线、图案填充、尺寸标注和图层等命令，完成了前盖板的绘制工作。

练习127　绘制前盖板

实战位置	DVD>练习文件>第5章>练习127.dwg
难易指数	★★☆☆☆
技术掌握	巩固前盖板零件的画法

操作指南

参照“实战127”案例进行制作。

利用直线、圆等基本绘图工具，按照下图尺寸要求，绘制如图127-10所示的图形。

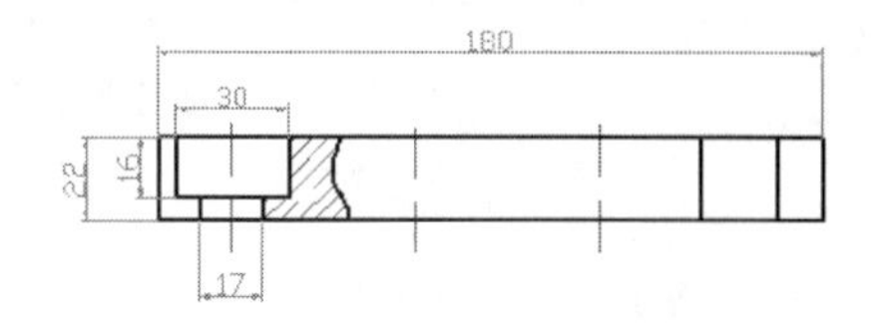

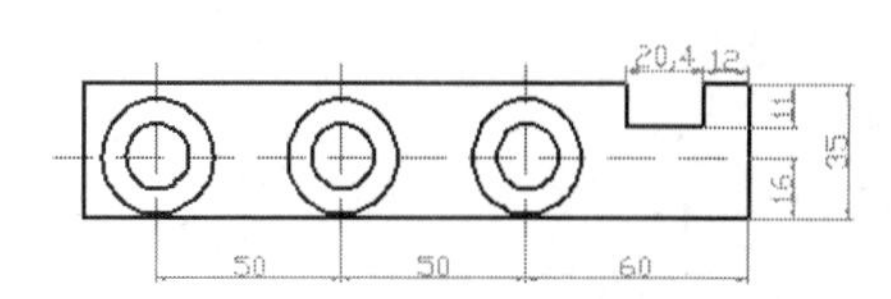

图127-10　绘制前盖板

第6章 其他零部件的绘制

本章学习要点：

各种基本绘制工具的使用

各种修改工具的使用

其他各种零部件的基本绘制方法

实战128 绘制传动齿轮轴零件图1

实战位置 DVD>实战文件>第6章>实战128.dwg
视频位置 DVD>多媒体教学>第6章>实战128.avi
难易指数 ★☆☆☆☆
技术掌握 掌握绘制零件图的方法和标准的机械零件图的样式

实战介绍

利用本例和下例联合，绘制完成一幅完整的传动齿轮轴的零件图，使读者真正了解一幅标准的机械零件图的样式。案例效果如图128-1所示。

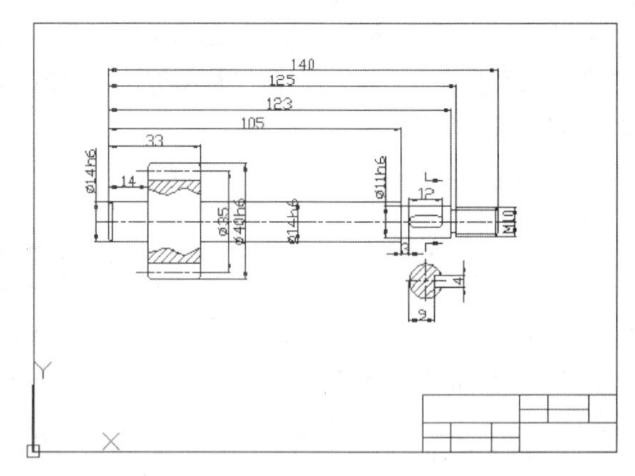

图128-1 最终效果

制作思路

• 首先打开AutoCAD 2013，然后进入操作环境，先绘制图框和标题栏，然后执行相关命令按要求绘制零件图，做出如图128-1所示的图形。

制作流程

01 执行“文件>新建”命令，新建一张图形。

02 执行“图层>图层特性管理器”命令，在弹出的对话框中新建各种图层、加载线型、设置线宽，如图128-2所示。

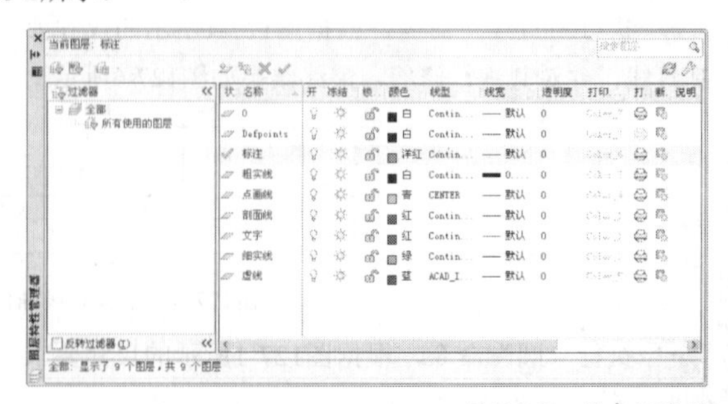

图128-2 创建新图层

03 执行“注释>文字样式”命令，创建“机械文字”以及“数字与字母”文字样式，如图128-3所示。

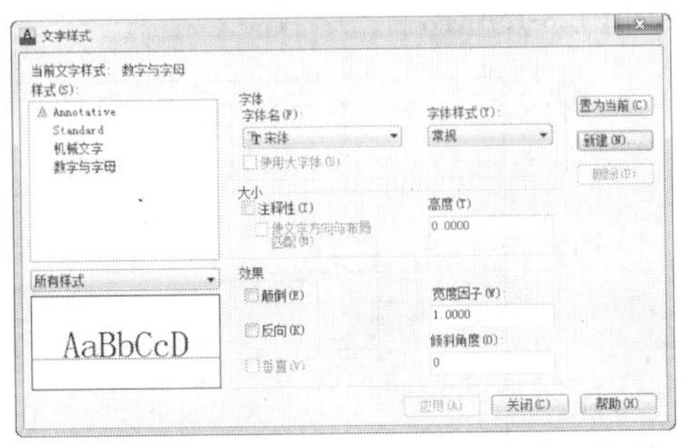

图128-3　创建文字样式

04 执行“注释>标注样式”命令，创建“直线”标注样式，如图128-4所示。

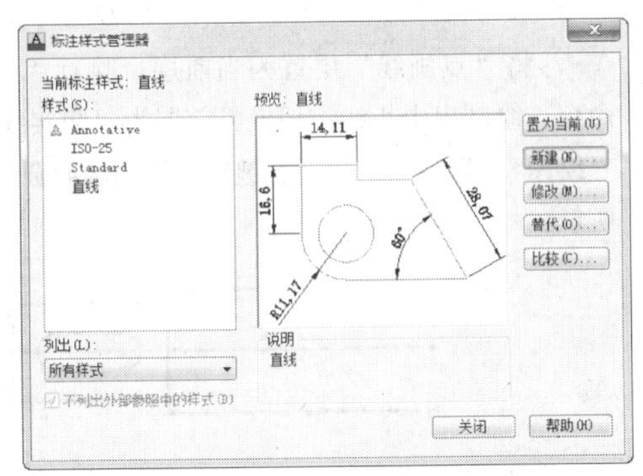

图128-4　创建标注样式

05 将“粗实线”层置为当前层。执行“绘图>矩形”命令，绘制出图纸的图框，如图128-5所示。命令行提示和操作内容如下：

```
命令：_rectang    //单击“绘图”面板上的“矩形”命令
指定第一个角点或 [倒角(C)/标高(E)/圆角(F)/厚度(T)/宽度(W)]: 0,0    //输入图框左下角的绝对坐标值，按回车键
指定另一个角点或 [面积(A)/尺寸(D)/旋转(R)]: 420,297    //输入图框右上角的绝对坐标值，按回车键结束命令
```

06 执行“绘图>直线”命令，或者执行“绘图>多段线”命令，绘制出标题栏。注意外边框使用“粗实线”，内边框使用“细实线”。效果如图128-6所示。

图128-5　绘制图框

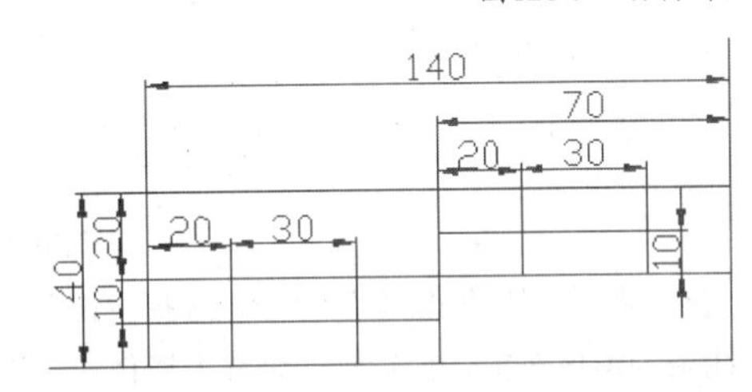

图128-6　绘制标题栏

07 将“点画线”层置为当前层，执行“绘图>直线”命令，绘制出齿轮轴的轴线。

08 将“粗实线”层置为当前层。在“绘图>直线”命令，在轴线上确定起画点，绘制出传动齿轮轴的上半部分轮廓线，如图128-7所示。

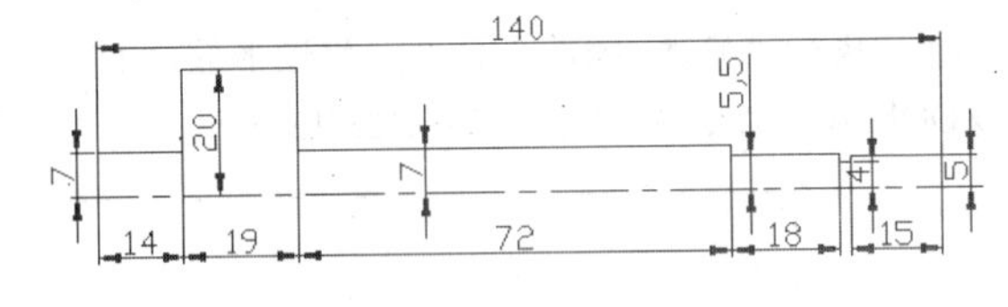

图128-7　绘制传动齿轮轴的上半部分轮廓

09 执行“修改>倒角”命令，绘制输出轴上“1×45°”的倒角，如图128-8所示。

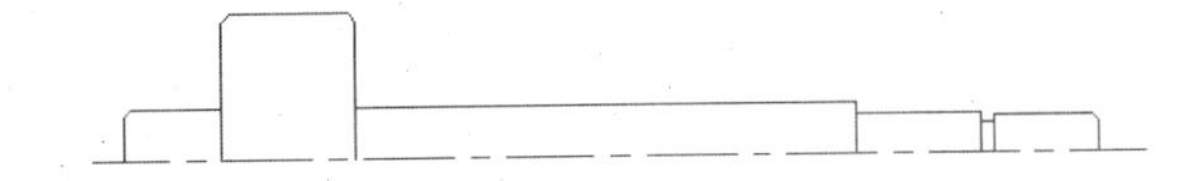

图128-8　绘制倒角

10 执行“绘图>直线”命令，补画出添加倒角后形成的

交线，如图128-9所示。

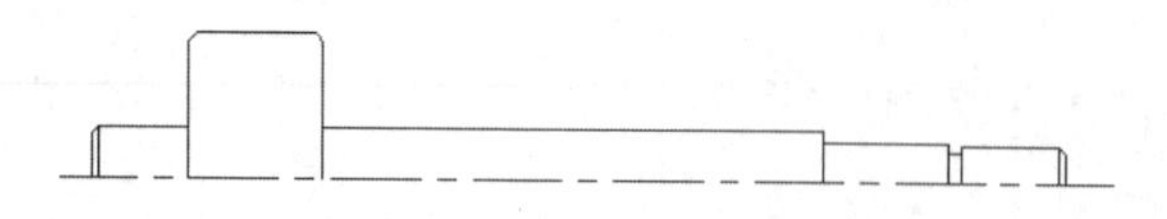

图128-9　补画倒角线

11 执行“绘图>直线”命令，利用对象捕捉和对象追踪功能，绘制齿轮的齿根线。将“点画线”层置为当前层，利用直线工具绘制齿轮的分度线，如图128-10所示。

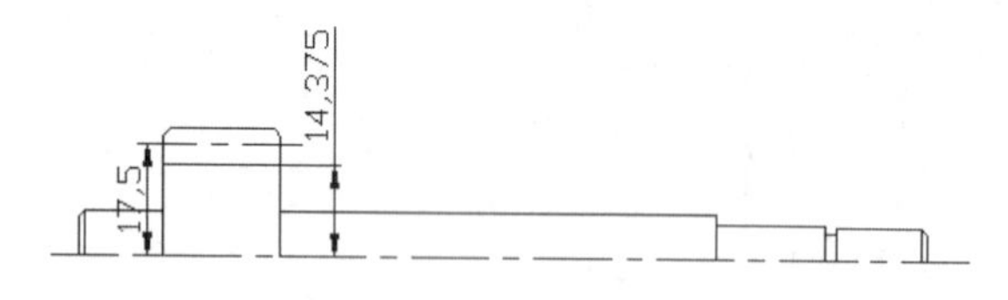

图128-10　绘制齿根线和分度线

12 将“细实线”图层置为当前层，执行“绘图>样条曲线”命令，绘制出剖视图的波浪线，如图128-11所示。可以利用对象捕捉和对象追踪功能指定波浪线的起点和终点，以保证二者在相应的轮廓线上。也可以将起点和终点绘制在轮廓线以外，再利用修剪（TRIM）命令，进行修剪。

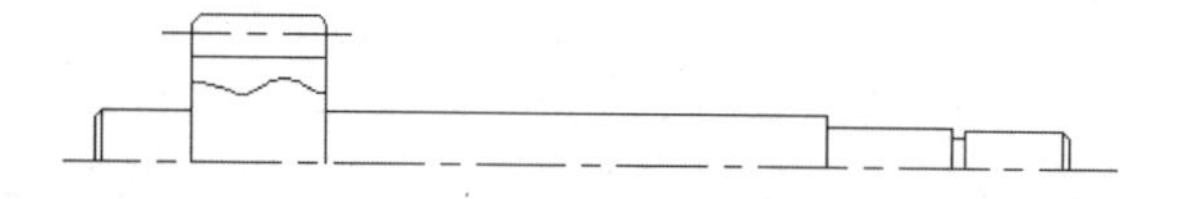

图128-11　绘制波浪线

13 执行“修改>镜像”命令，选择主视图上半部分所有线条为镜像对象，齿轮轴的轴线为镜像线，生成下半部分对称图形，如图128-12所示。

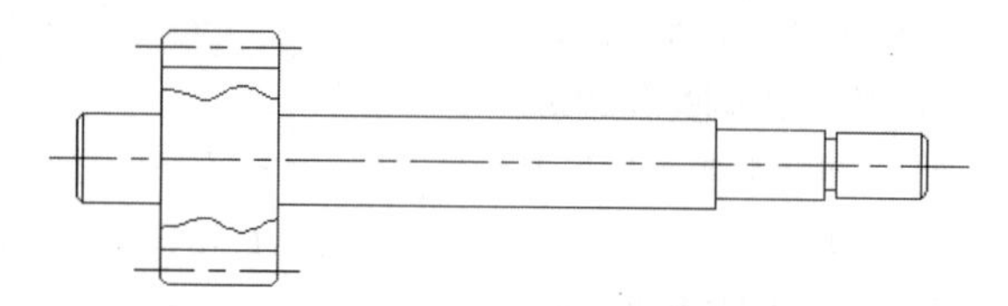

图128-12　镜像生成下半部分

14 执行“修改>缩放”命令，将图形放大2倍。利用ZOOM ALL命令显示全图，如图128-13所示。

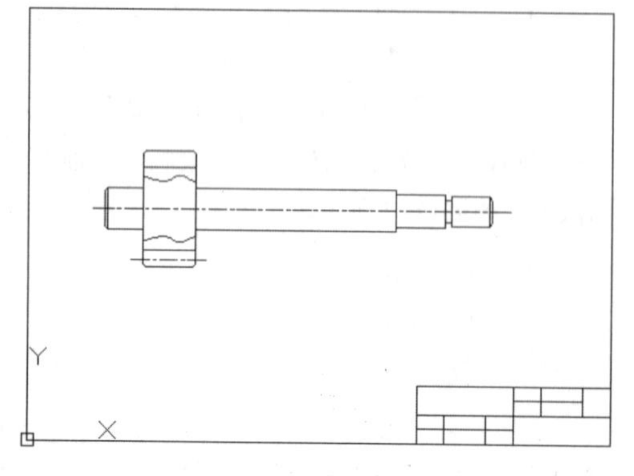

图128-13　图形放大2倍

15 调整显示窗口，可适当放大图形显示。将“粗实线”层置为当前层。在主视图上绘制键槽的长圆，如图128-14所示。

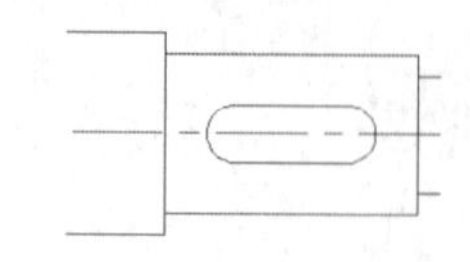

图128-14　绘制键槽长圆

16 将“细实线”层置为当前层。利用直线命令绘制螺纹牙底线（即螺纹小径），牙底线与牙顶线的间隔为1.6，如图128-15所示。

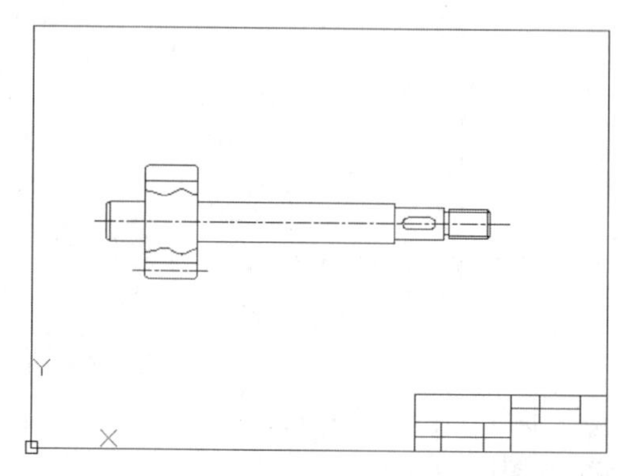

图128-15　绘制螺纹牙底线

17 将“点画线”层置为当前层，执行“绘图>直线”命令，绘制出中心线；切换当前层为“粗实线”层，执行“绘图>圆”命令，绘制出键槽部位的剖面圆，如图128-16所示。

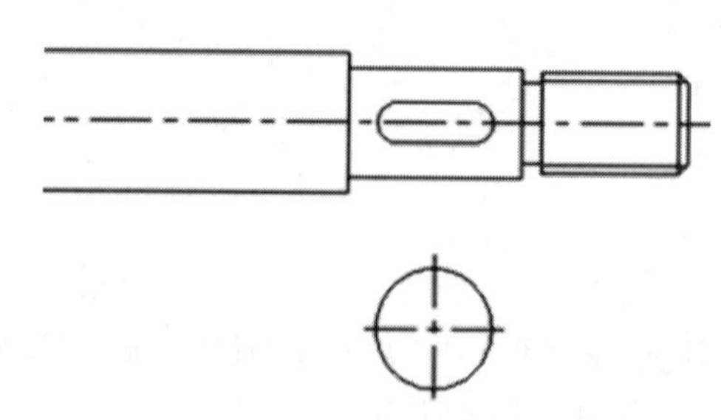

图128-16　绘制键槽剖面圆

18 执行“绘图>矩形”命令，绘制出键槽的结构，如图128-17所示。

```
命令: _rectang
指定第一个角点或 [倒角(C)/标高(E)/圆角(F)/厚度(T)/宽度(W)]: @6,-4  //利用“对象捕捉”功能，捕捉刚绘制圆的圆心为基点，输入第1个角点相对于基点的坐标
指定另一个角点或 [面积(A)/尺寸(D)/旋转(R)]: @10,8  //输入第2个角点相对于第1个角点的坐标
```

19 执行“修改>打断”命令，将圆上多余的圆弧去掉，如图128-18所示。

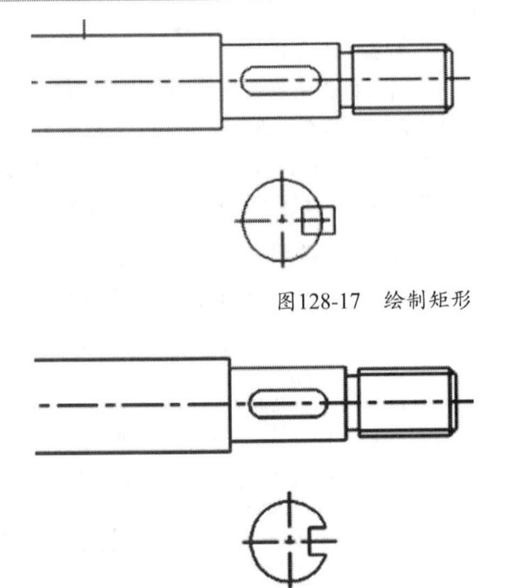

图128-17　绘制矩形

图128-18　修剪移出剖面图

20 绘制移出剖面的剖切符号和投影方向。剖切符号应在移出剖面点画线的延长线上，这样可以省略标注剖面的名称。利用对象捕捉和对象追踪功能，使用多段线命令绘制两个带箭头的多段线，如图128-19所示。

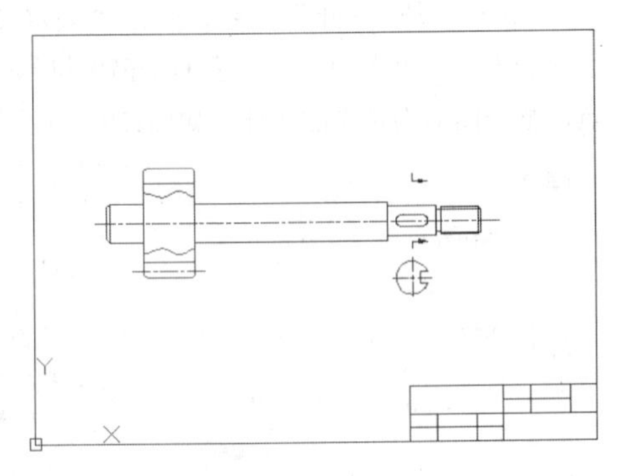

图128-19　绘制剖切符号和投影方向

21 转换"剖面线"图层为当前图层。执行"绘图>图案填充"命令，弹出"图案填充和渐变色"对话框。在"图案"选项卡中选择图案类型为ANSI31，角度设置为0，比例设置为1.25。选择填充区域后，单击对话框中的"确定"按钮即可。效果如图128-20所示。

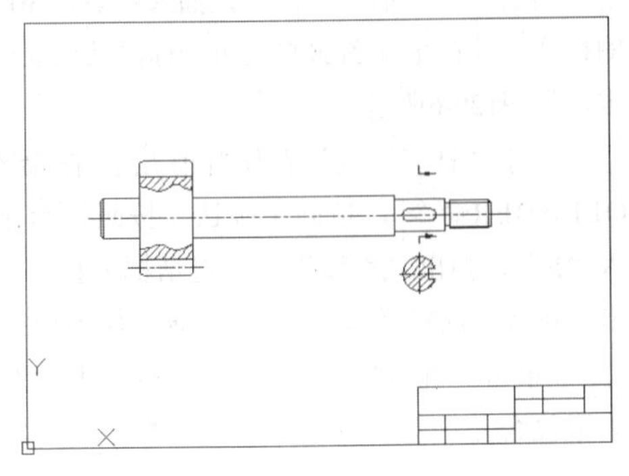

图128-20　填充图案

22 将"标注"层置为当前层。利用尺寸标注方法对传动齿轮轴零件图进行尺寸标注，效果如图128-21所示。

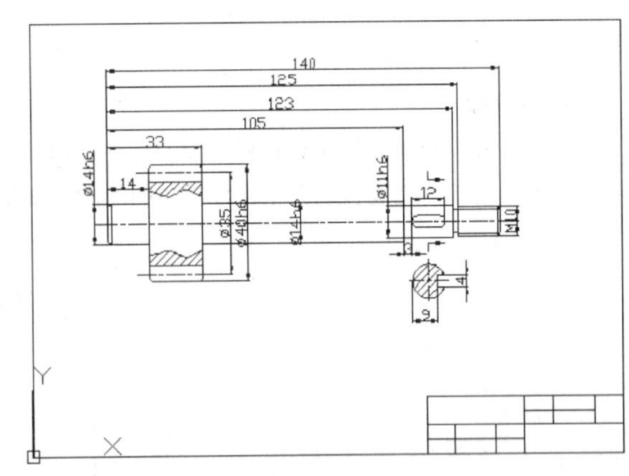

图128-21　对零件图进行尺寸标注

技巧与提示

读者应注意在本图中将图形放大了2倍，但是标注时应标注原尺寸大小。所以在进行尺寸标注之前，注意首先修改尺寸标注的主单位的测量单位的比例因子为0.5。

23 执行"保存"命令，以"实战128.dwg"为图名保存图形文件。

技巧与提示

本例中进行了零件图绘制之前的准备工作：设置图幅（本例使用的为默认A3图幅，不用设置）和图框、设置图层、线型、文字样式和标注样式、绘制标题栏等；并完成了传动齿轮轴的视图绘制。最后对零件图进行了简单的尺寸标注。

练习128　绘制传动齿轮轴零件图1

实战位置　DVD>练习文件>第6章>练习128.dwg
难易指数　★☆☆☆☆
技术掌握　巩固标准零件图的图框和标题栏的绘制方法

操作指南

参照"实战128"案例进行制作。

首先打开场景文件，进入操作环境，最终做出如图128-22所示的图形。

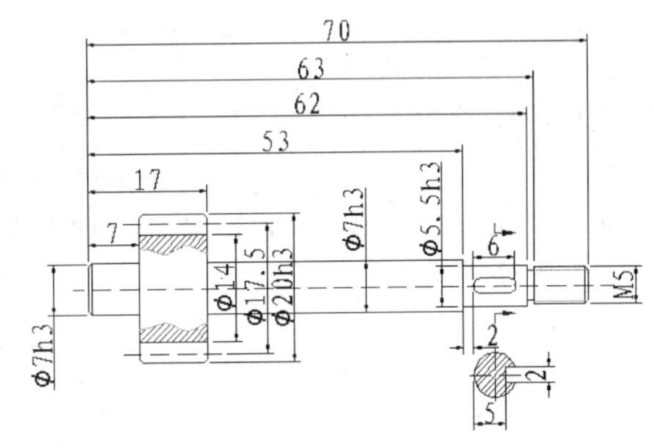

图128-22　绘制传动齿轮轴零件图1

实战129 绘制传动齿轮轴零件图2

原始文件位置	DVD>原始文件>第6章>实战129原始文件
实战位置	DVD>实战文件>第6章>实战129.dwg
视频位置	DVD>多媒体教学>第6章>实战129.avi
难易指数	★★☆☆☆
技术掌握	掌握标注，填写标题栏、技术等方法

实战介绍

本例中将对传动齿轮轴进行进一步的标注，填写标题栏、技术要求等，完成传动齿轮轴零件图的绘制，案例效果如图129-1所示。

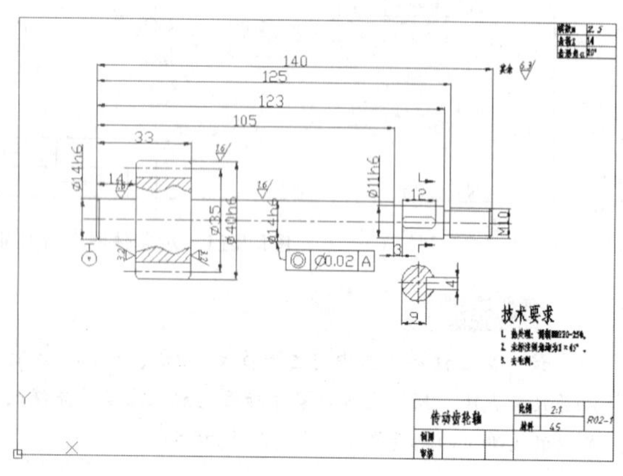

图129-1 最终效果

制作思路

• 首先打开AutoCAD 2013，然后进入操作环境，对现有图形进行修改、添加，做出如图129-1所示的图形。

制作流程

01 执行"快速访问面板>打开"命令，打开"实战128原始文件.dwg"图形文件。

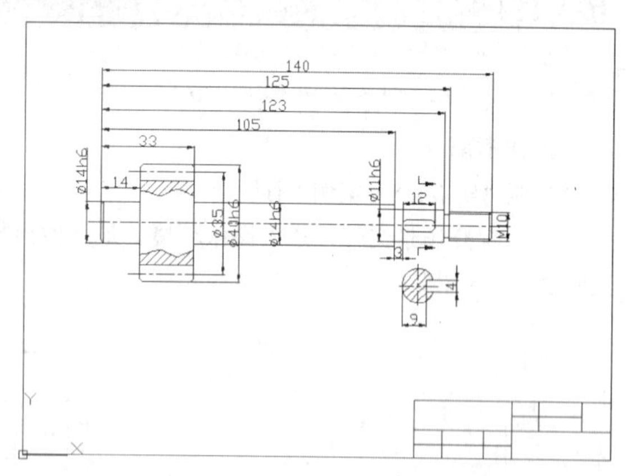

图129-2 原始图形

02 将"细实线"层置为当前层，绘制表面粗糙度符号，如图129-3所示。

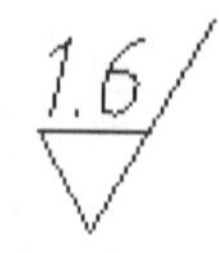

图129-3 绘制表面粗糙度符号

> **技巧与提示**
>
> 国家标注规定了3种常用的表面粗糙度符号，在绘制时国家规定当字体高度为5时，左侧斜线的竖直距离为7，右侧斜线的竖直距离为15；两斜线与水平线的夹角均为60。本例中绘制的是表示用去材料的方法获得的表面粗糙度。

03 执行"常用>块>定义属性"命令，弹出"属性定义"对话框，定义块的属性，如图129-4所示。

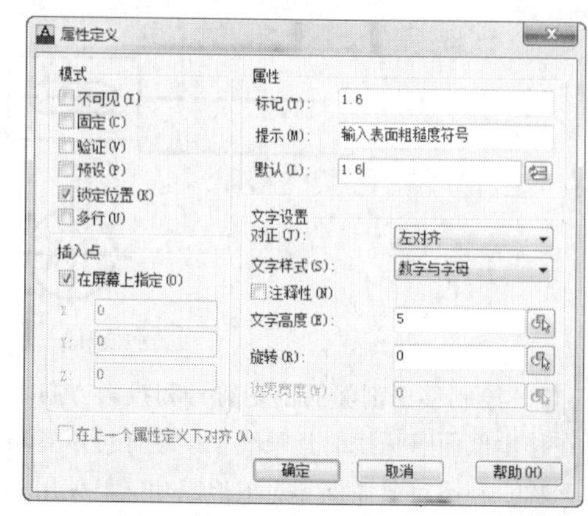

图129-4 定义块属性

04 执行"块>创建"命令，弹出"块定义"对话框，创建表面粗糙度图块。选择表面粗糙度符号的顶尖为插入点，整个图形为定义的实体，如图129-5所示。

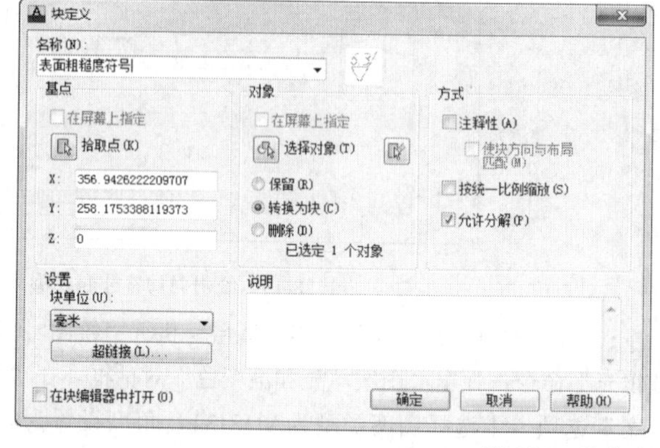

图129-5 块定义

05 单击"确定"按钮，关闭"块定义"对话框。

06 执行"块>插入"命令，插入图块，完成表面粗糙度的标注，并在零件图的右上角，标注其余表面粗糙度的要求，如图129-6所示。

07 将"标注"层置为当前层。在命令行中输入QLEADER命令，按回车确认。按照提示在命令行中输入"S"，弹出"引线设置"对话框，打开"注释"选项卡。执行"注释类型>公差"命令，如图129-7所示。

08 单击"确定"按钮，按提示指定标注位置后，弹出"形位公差"对话框，在该对话框中设置标注参数，如图129-8所示。

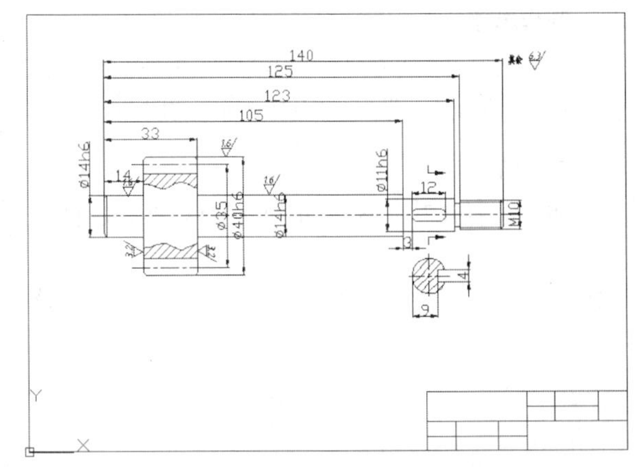

图129-6　标注表面粗糙度

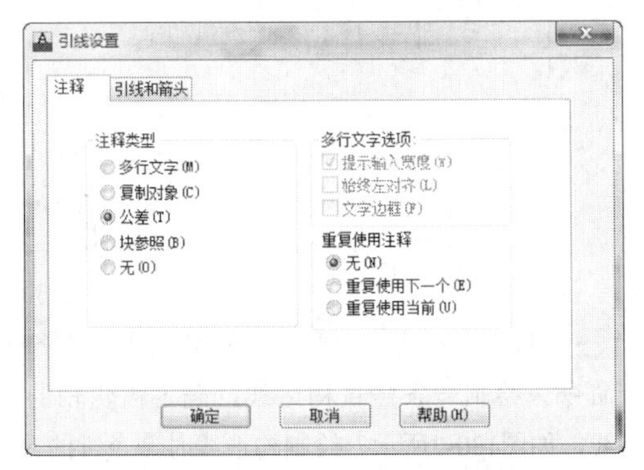

图129-7　“引线设置”对话框

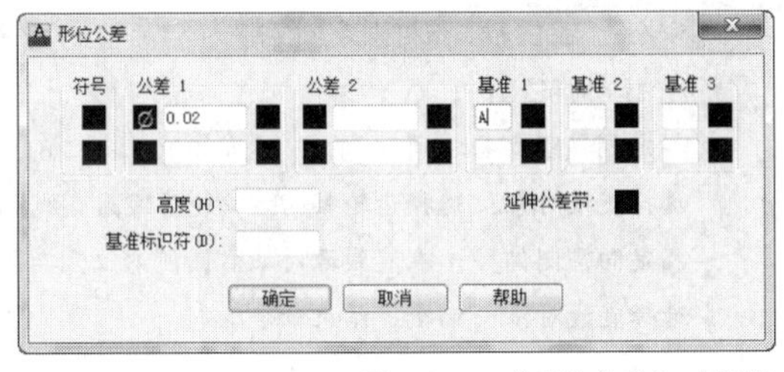

图129-8　“形位公差”对话框

09 执行“确定”命令，标注行为公差，如图129-9所示。

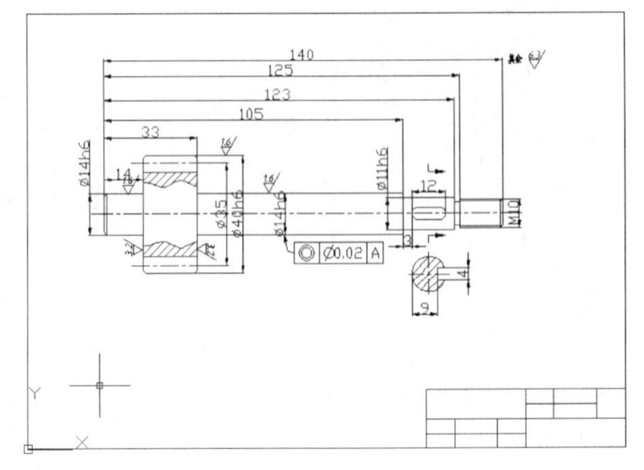

图129-9　标注形位公差

10 利用“直线”、“圆”及“单行文字”绘制工具，绘制形位公差的基准符号，如图129-10所示。

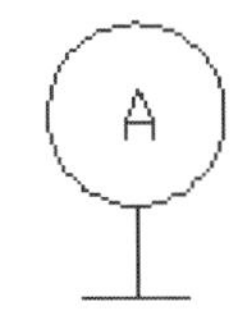

图129-10　基准符号

技巧与提示

基准符号由粗实线短画线、连线、细实线圆圈、字母组成。

11 标注基准符号，完成后的效果如图129-11所示。

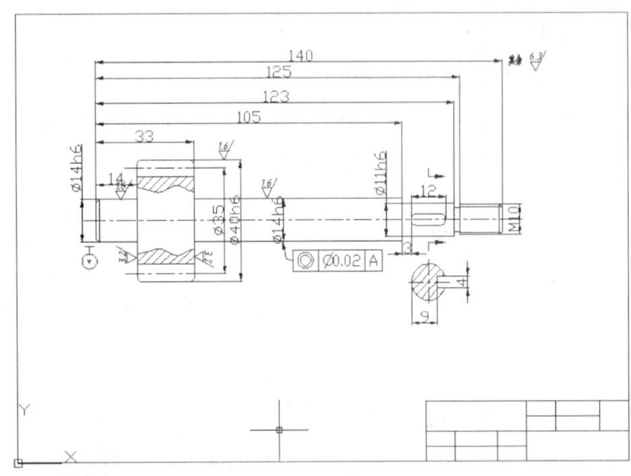

图129-11　标注形位公差基准符号

12 将“细实线”层置为当前层。齿轮零件图中一般会在边框的右下角有一个说明齿轮模数、齿数和齿形角的表格。利用“直线”工具绘制表格。表格尺寸建议为40×24，每个单元格大小相等。利用多行文字或单行文字输入命令输入说明文本，结果如图129-12所示。

模数m	2.5
齿数Z	14
齿形角α	20°

图129-12　填写齿轮轴的表格

13 执行“文字>文字样式”命令，选择“机械文字”文字样式，执行“多行文字”命令，编写技术要求文本，效果如图129-13所示。

技术要求

1. 热处理：调制HB220-250。
2. 未标注倒角均为1×45°
3. 去毛刺。

图129-13　编写技术要求

14 执行“文字标注”命令，填写标题栏，效果如图129-14所示。

传动齿轮轴		比例	2:1	R02-1
		材料	45	
制图				
审核				

图129-14　填写标题栏

15 执行“保存”命令，将文件保存。

练习129　绘制传动齿轮轴零件图2

实战位置　DVD>实战文件>第6章>实战129.dwg
难易指数　★★☆☆☆
技术掌握　巩固标注，填写标题栏、技术等方法

操作指南

参照“实战129”案例进行制作。

首先打开场景文件，然后进入操作环境，对图形进行修改，做出如图129-15所示的图形。

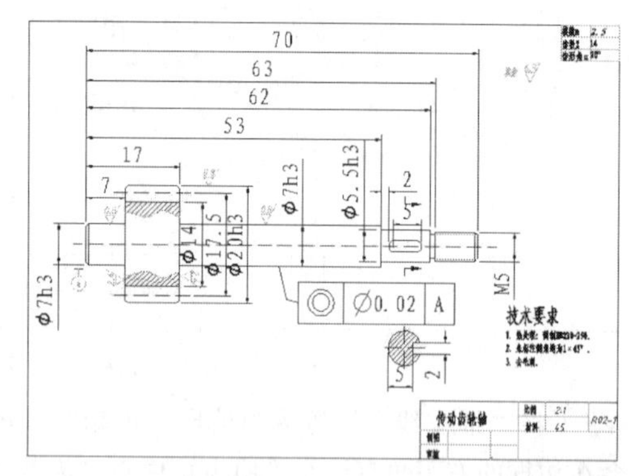

图129-15　绘制传动齿轮轴零件图2

实战130　绘制齿轮轴零件图

原始文件位置　DVD>原始文件>第6章>实战130原始文件
实战位置　DVD>实战文件>第6章>实战130.dwg
视频位置　DVD>多媒体教学>第6章>实战130.avi
难易指数　★★☆☆☆
技术掌握　掌握“修改”零件图的方法

实战介绍

本实战介绍将现有零件图进行修改，得到新的零件图，案例效果如图130-1所示。

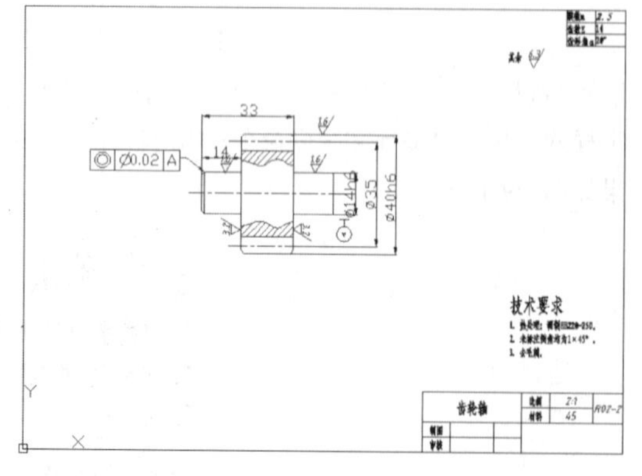

图130-1　最终效果

制作思路

• 首先打开AutoCAD 2013，然后进入操作环境，对现有图形进行修改，做出如图130-1所示的图形。

制作流程

01 执行“打开”命令，打开“实战130原始文件.dwg”文件。

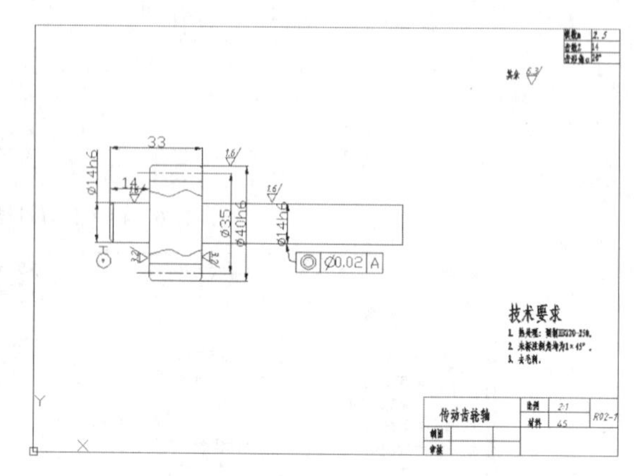

图130-2　删除结果

02 将“粗实线”层置为当前层。执行“绘图>构造线”命令。绘制一条竖直构造线，确定齿轮轴的右端面轮廓线，如图130-3所示。绘制构造线时命令行的提示和操作内容如下：

```
命令：_xline 指定点或 [水平(H)/垂直(V)/角度(A)/二等分(B)/偏移(O)]：O
指定偏移距离或 [通过(T)] <14.0000>：28
选择直线对象：选择齿轮轴的右端轮廓线为直线源对象
指定向哪侧偏移：在直线源对象右侧任意位置单击
选择直线对象：回车，结束命令
```

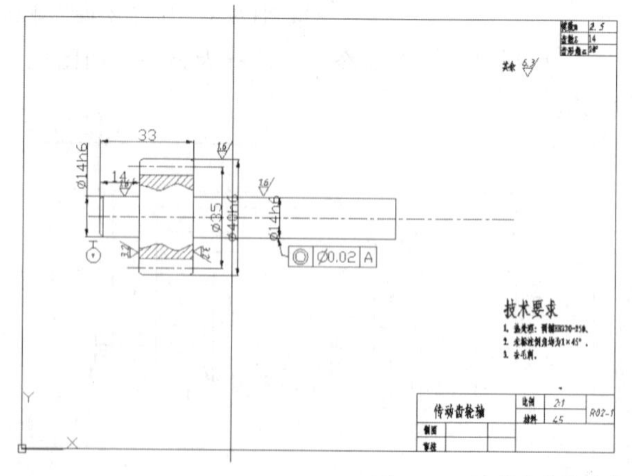

图130-3　绘制竖直构造线

03 执行“修改>修剪”命令，对图形进行修剪，效果如图130-4所示。

04 利用DIMTEDIT命令调整标注尺寸位置，利用MOVE命令调整表面粗糙度符号位置。并重新标注形位公差。结

果如图130-5所示。

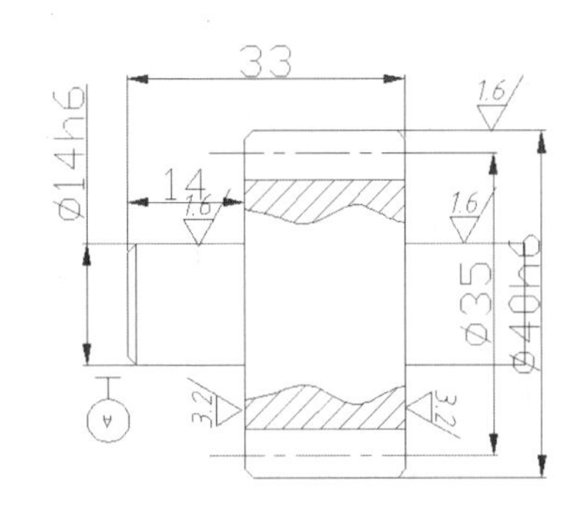

图130-4 修剪处理

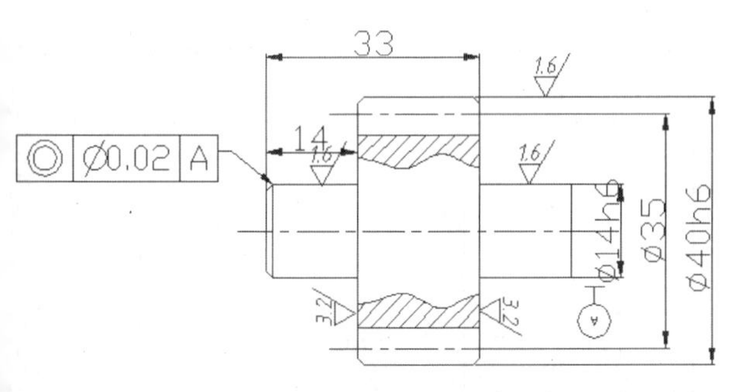

图130-5 修改零件图的尺寸标注

05 执行“修改>移动”命令，将图形进行适当移动，结果如图130-6所示。

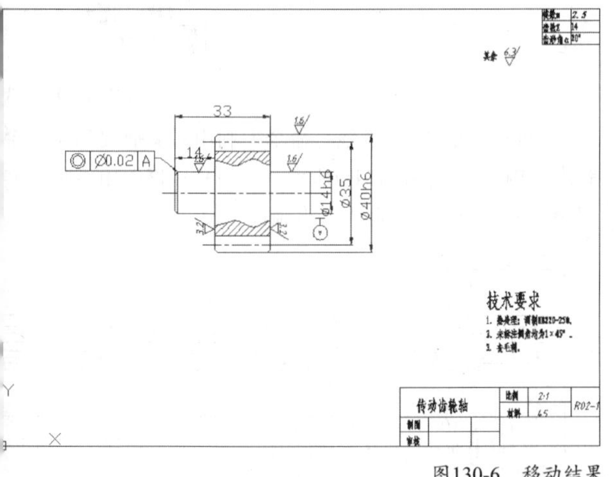

图130-6 移动结果

06 利用文字标注，填写标题栏，效果如图130-7所示。

齿轮轴		比例	2:1	R02-2
		材料	45	
制图				
审核				

图130-7 填写标题栏

07 执行“另存为”命令，将文件另存为“实战130.dwg”。

练习130 绘制轴零件

实战位置	DVD>练习文件>第6章>练习130.dwg
难易指数	★☆☆☆☆
技术掌握	巩固“修改”零件图的方法

操作指南

参照“实战130”案例进行修改。

首先打开场景文件，然后进入操作环境，进行修改零件图，做出如图130-8所示的图形。

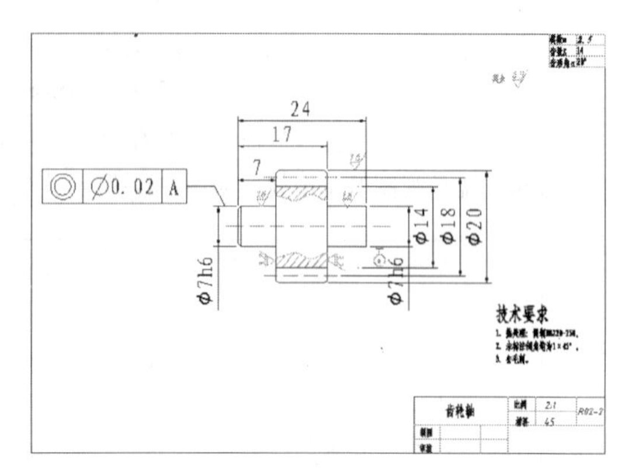

图130-8 绘制轴零件

实战131 绘制轴承端盖零件图

原始文件位置	DVD>原始文件>第6章>实战131原始文件
实战位置	DVD>实战文件>第6章>实战131.dwg
视频位置	DVD>多媒体教学>第6章>实战131.avi
难易指数	★★★☆☆
技术掌握	掌握绘制轴承端盖类零件图的方法

实战介绍

在本例中将介绍绘制轴承端盖零件图的过程。案例最终效果如图131-1所示。

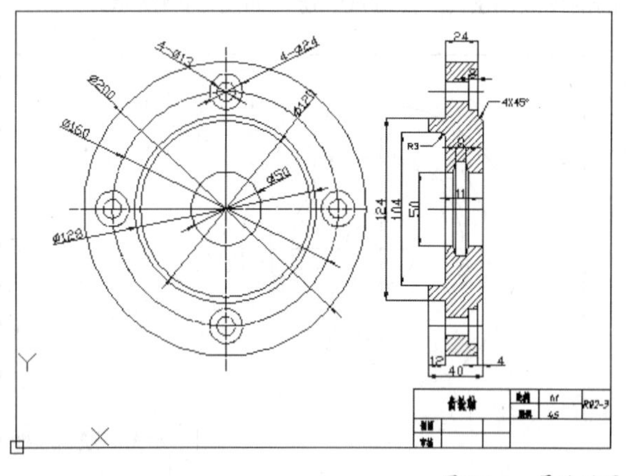

图131-1 最终效果

制作思路

• 首先绘制轴承端盖，再进行轴承剖面的绘制，做出如图131-1所示的图形。

制作流程

01 在菜单中执行“打开”菜单命令，打开“实战131原始文件.dwg”。

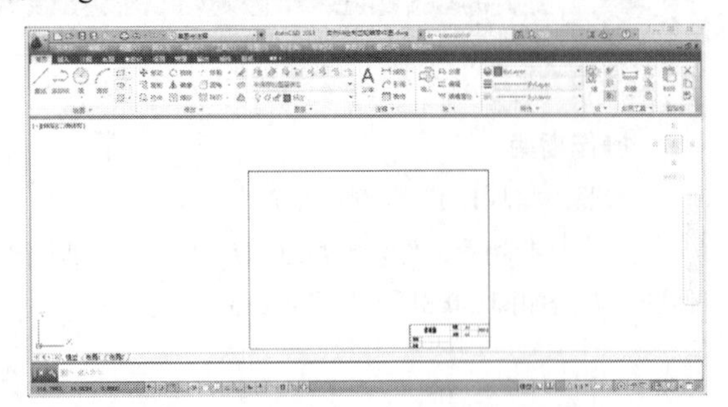

图131-2　删除图形结果

02 将“点画线”层置为当前层，执行“直线”命令，绘制轴承端盖俯视图的基准线，如图131-3所示。

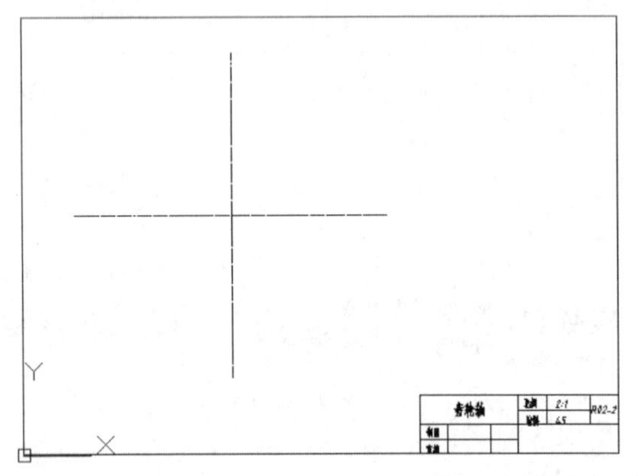

图131-3　绘制俯视图的基准线

03 将“粗实线”层置为当前层，执行“绘图>圆”命令，绘制半径为25、60、64、80、100的圆，将半径为80的圆修改图层为“点画线”层，如图131-4所示。

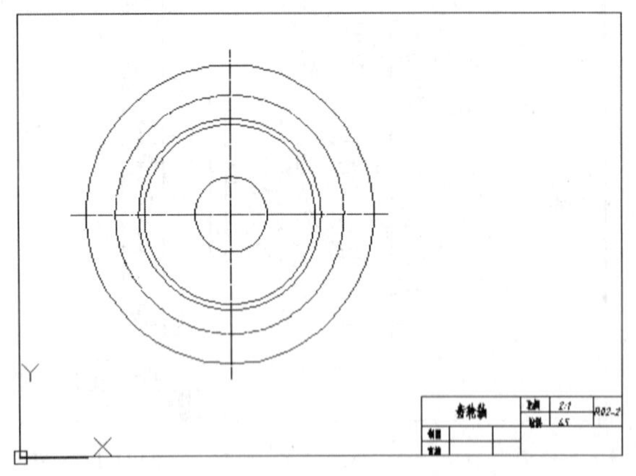

图131-4　绘制圆

04 执行“绘图>圆”命令，以竖直点画线与点画线圆的交点为圆心，绘制半径为6.5和12的圆。效果如图131-5所示。

05 执行“修改>复制”命令，将两个小圆复制，效果如图131-6所示。

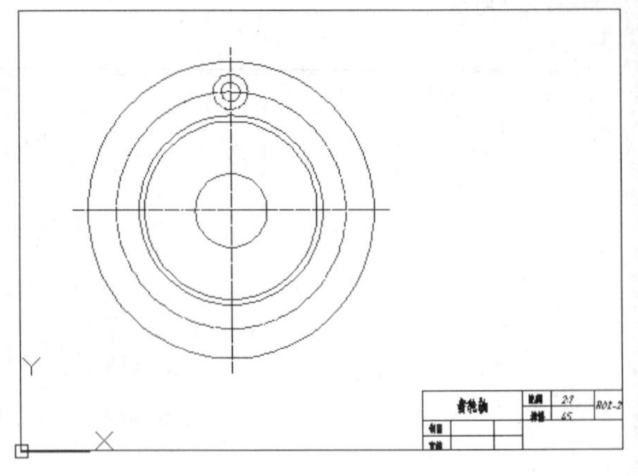

图131-5　绘制两个小圆

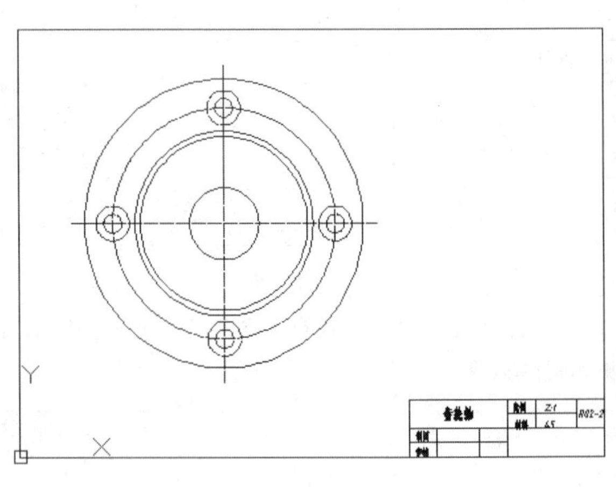

图131-6　复制圆

06 执行“绘图>构造线”命令，利用对象捕捉功能，绘制水平构造线，如图131-7所示。（注意：修改由点画线位置确定的构造线的图层为“点画线”层。）

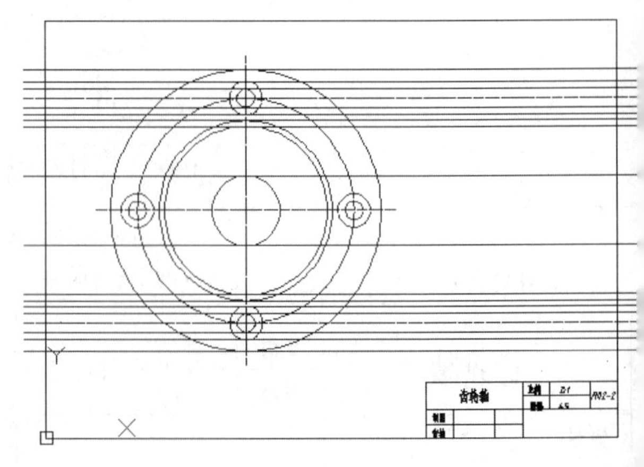

图131-7　绘制水平构造线

07 再次执行“构造线”命令，绘制竖直构造线，各构造线之间的间距为12，6.5，1.5，8，1.5，6.5，4。结果如图131-8所示。

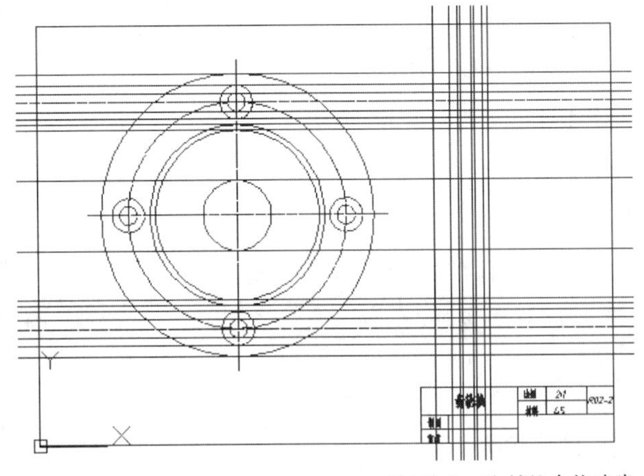

图131-8　绘制竖直构造线

08 执行“修改>修剪”命令，进行初步修剪，效果如图131-9所示。

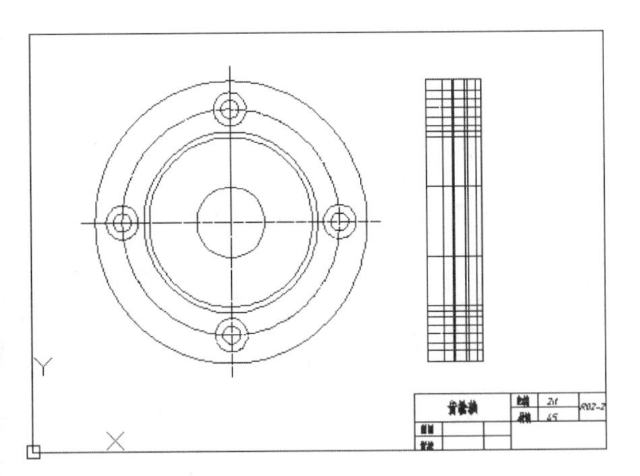

图131-9　初步修剪结果

09 执行“修改>修剪”命令，对图形进一步修剪，效果如图131-10所示。

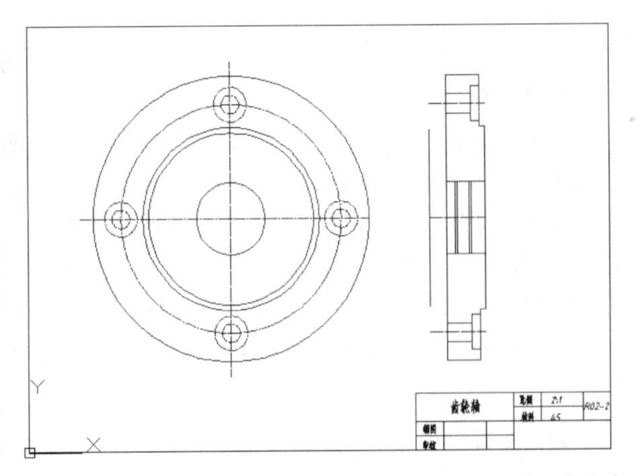

图131-10　进一步修剪

10 执行“绘图>直线”命令，绘制直线，如图131-11所示。

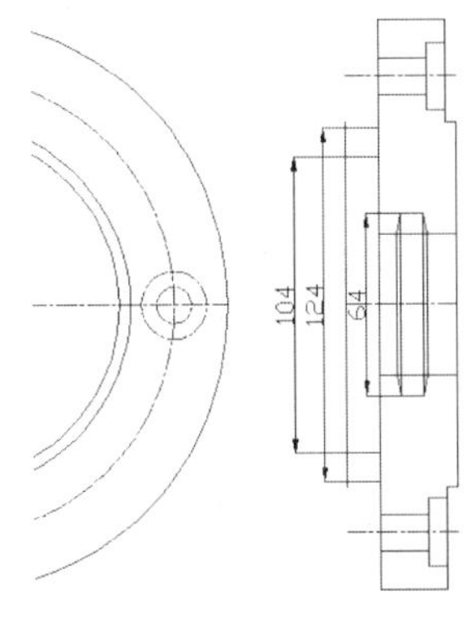

图131-11　绘制直线

11 执行“修改>修剪”命令，对图形进一步修剪，效果如图131-12所示。

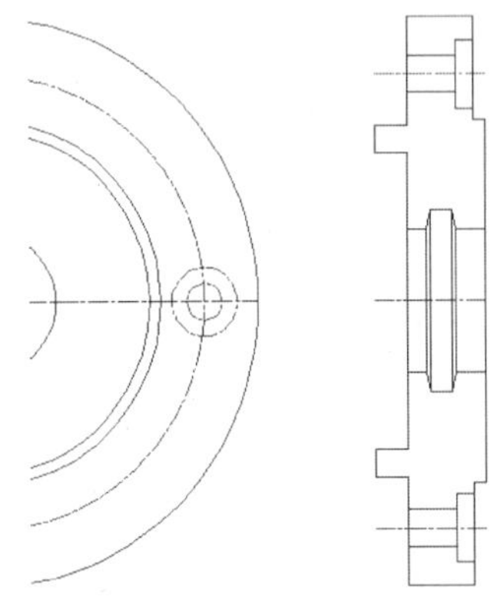

图131-12　修剪图形

12 执行“修改>圆角”命令，对图形进行半径为3的圆角，结果如图131-13所示。

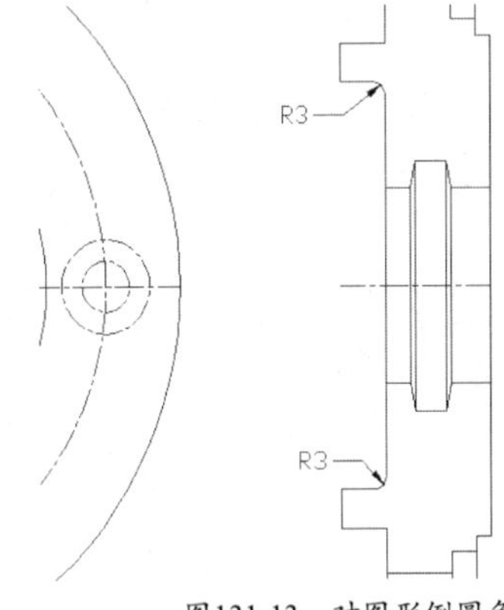

图131-13　对图形倒圆角

13 执行“修改>倒角”命令，对图形进行“4×45°”倒角，结果如图131-14所示。

14 将“剖面线”图层为当前图层。执行“绘图>图案填充”命令，弹出“图案填充和渐变色”对话框。在“图案”选项卡中选择图案类型为ANSI31，角度设置为0，比例设置为1。选择填充区域后，单击对话框中的“确定”按钮即可。效果如图131-15所示。

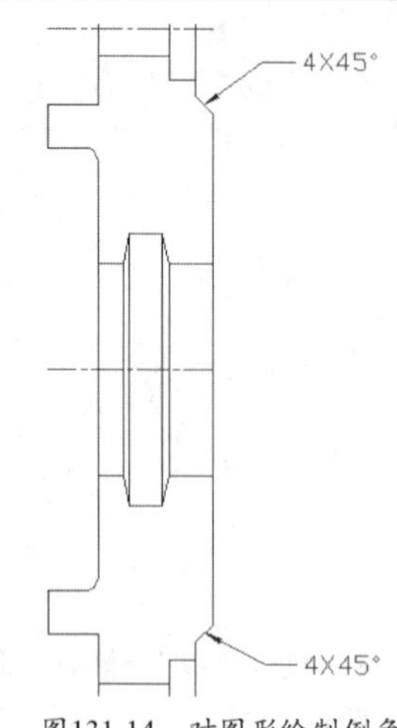

图131-14 对图形绘制倒角

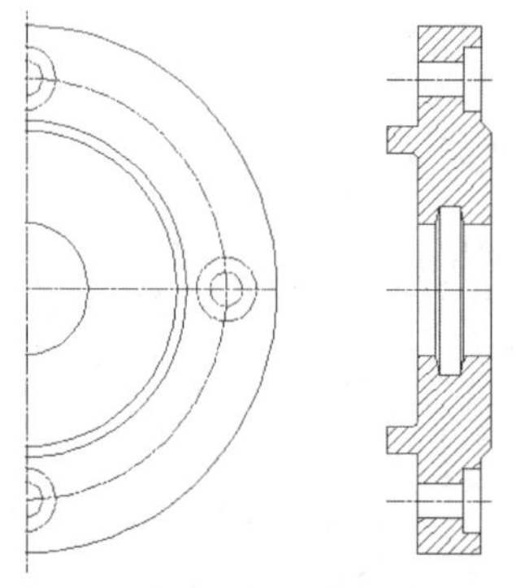

图131-15 填充图案效果

15 将“标注”层置为当前层。利用尺寸标注方法对轴承端盖零件图进行尺寸标注，效果如图131-16所示。

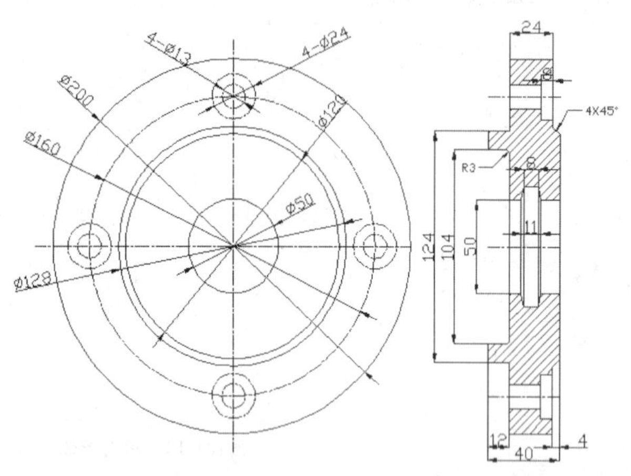

图131-16 对零件图进行尺寸标注

读者应注意在本图是在实战130图形的基础上绘制的，但此图的图形比例为1：1，而实战130图形比例为2：1，所以需要将尺寸标注的比例因子修改为“1”。

16 利用文字标注补充标题栏文字，结果如图131-17所示。

齿轮轴		比例	1:1	R02-3
		材料	45	
制图				
审核				

图131-17 补充标题栏文字

17 执行“保存”命令，保存图形文件。

练习131 绘制轴承端盖零件图

实战位置 DVD>实战文件>第6章>实战131.dwg
难易指数 ★★★☆☆
技术掌握 巩固掌握绘制轴承端盖类零件图的方法

操作指南

参照“实战131”案例进行制作。

首先绘制轴承端盖，再进行轴承剖面的绘制，做出如图131-18所示的图形。

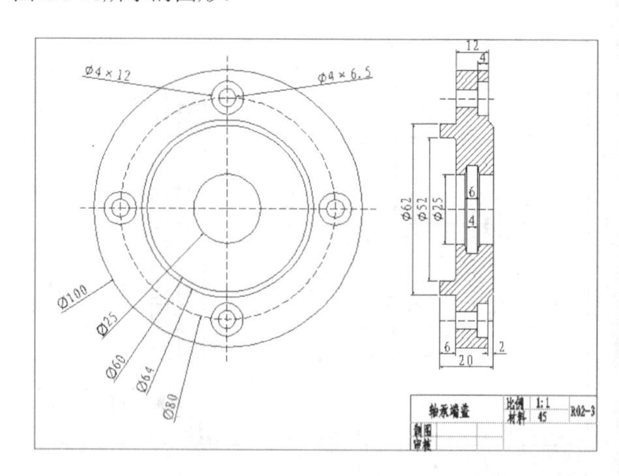

图131-18 绘制轴承盖零件

实战132 绘制轴承座零件图

原始文件位置 DVD>原始文件>第6章>实战132原始文件
实战位置 DVD>实战文件>第6章>实战132.dwg
视频位置 DVD>多媒体教学>第6章>实战132.avi
难易指数 ★★★☆☆
技术掌握 掌握绘制轴承座零件图的方法

实战介绍

在本例中主要用到了直线、圆、镜像、偏移、修剪等绘图命令，绘制得到了轴承座的三视图。

本例中将介绍轴承座零件图的绘制过程。轴承座由5个基本体或简单体组合而成，可以通过3个视图来表达它的形状与结构。在组合过程中，形体之间形成了相切、相交的表面连接关系，本例最终效果如图132-1所示。

制作思路

• 首先打开AutoCAD 2013，然后进入操作环境，先绘制图框和标题栏，再按照机械制图标准绘制完成如图132-1所示的图形。

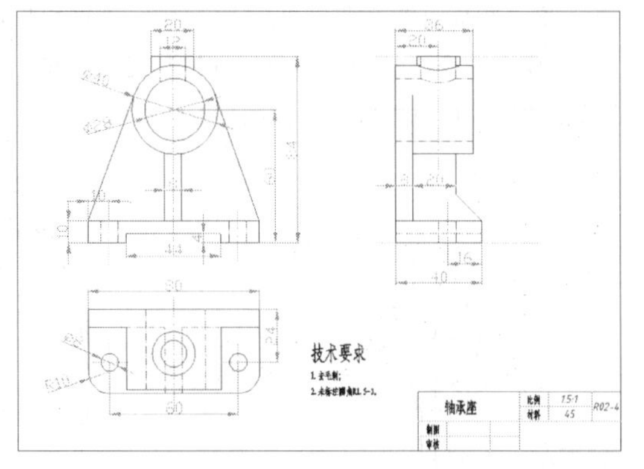

图132-1 最终效果

制作流程

01 在菜单中执行“打开”命令，打开“实战132原始文件.dwg”文件。

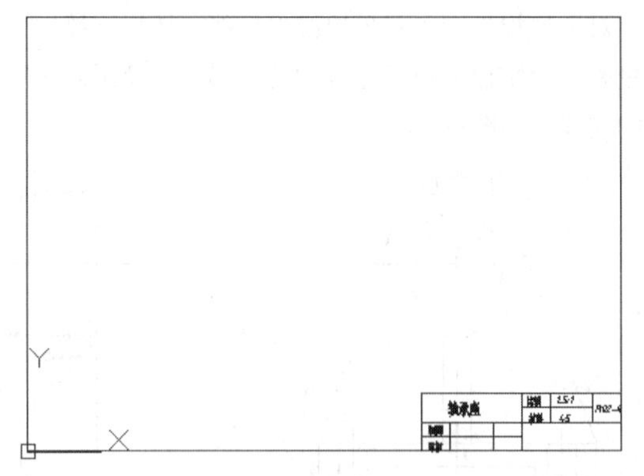

图132-2 修改标题栏文字

02 将“点画线”图层置为当前层，执行“绘图>直线”命令，绘制出主视图的基准线；执行“修改>偏移”命令，确定底板安装孔在主视图上投影的位置及总高度位置，如图132-3所示。

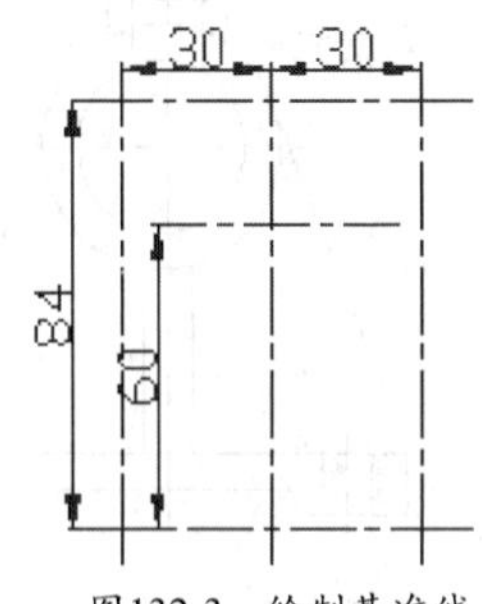

图132-3 绘制基准线

03 将“粗实线”图层置为当前层，执行“圆”命令，利用“对象捕捉”功能，捕捉横竖中心线的交点，绘制出直径为28和40的同心圆，如图132-4所示。

04 执行“直线”命令或“多段线”命令，利用“对象捕捉”功能，捕捉中心线与最下面基准线的交点，用直接给定距离的方式，绘制底板的投影，如图132-5所示。

图132-4 绘制同心圆

图132-5 绘制底板投影轮廓

05 继续执行“直线”命令或“多段线”命令，利用“对象捕捉”、“极轴”功能，绘制出肋板、支撑板和凸台外部结构的投影等，并使用“修剪”命令去掉多余实线，如图132-6所示。

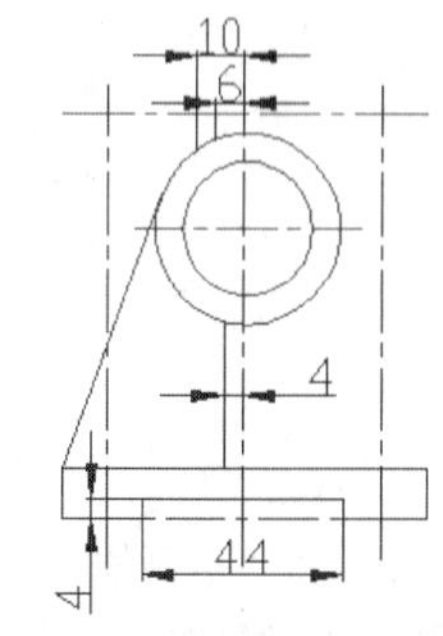

图132-6 绘制肋板、支撑板和凸台外部结构的投影

06 将“虚线”图层置为当前层，执行“直线”命令或“多段线”命令，利用“对象捕捉”功能，绘制出底板的投影，如图132-7所示。

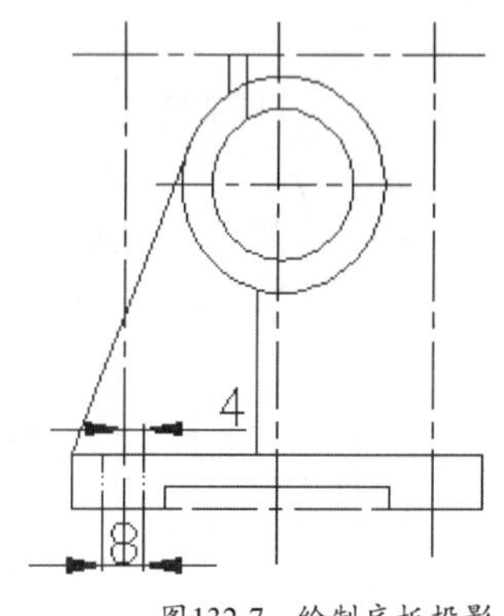

图132-7 绘制底板投影

07 执行“修改>镜像”命令，绘制出右面图形，如图132-8所示。

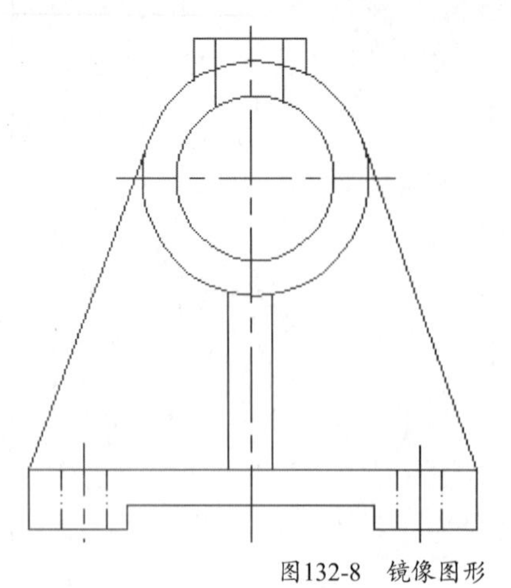

图132-8　镜像图形

08 删除中心线，完成主视图的绘制，效果如图132-9所示。

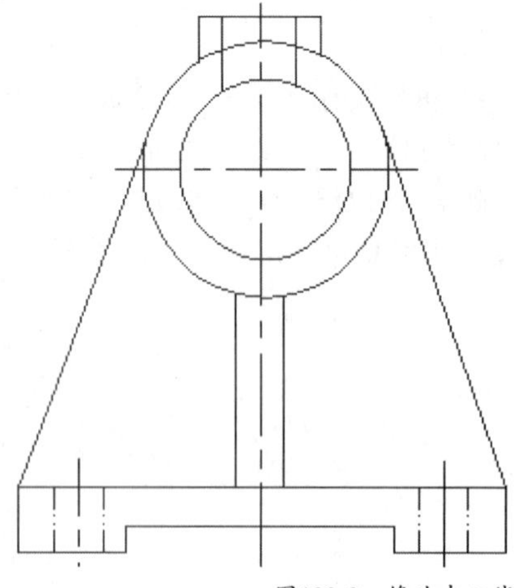

图132-9　修改中心线

09 将“点画线”层置为当前层，执行“直线”命令，利用“对象捕捉”功能，绘制中心线，如图132-10所示。在绘制俯视图的基准线时要与主视图的基准线对齐，以保证投影关系的正确性。

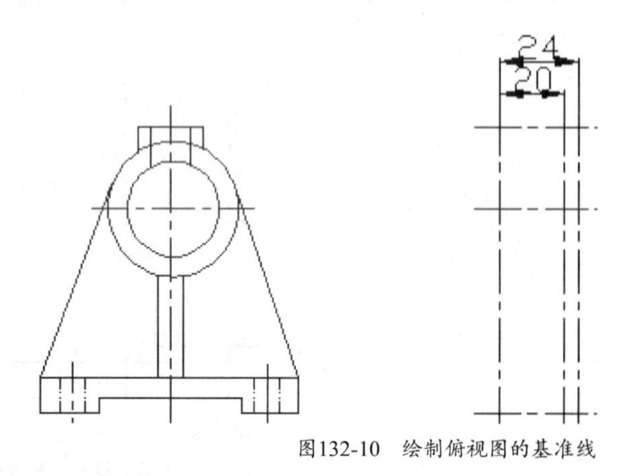

图132-10　绘制俯视图的基准线

10 将“粗实线”层置为当前层。执行“直线”命令或“多段线”命令，利用“对象捕捉”功能，绘制出底板、圆筒、凸台的可见轮廓线，如图132-11所示。

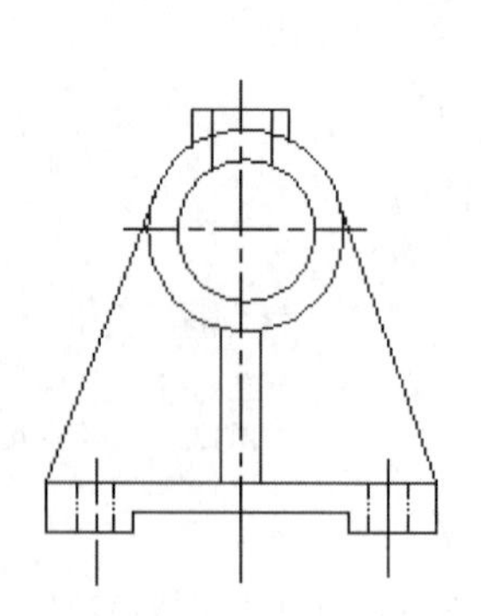

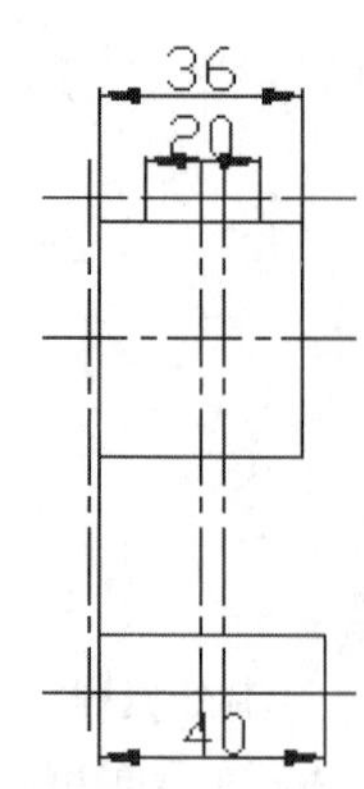

图132-11　绘制底板、圆筒、凸台的可见轮廓线

11 继续执行“直线”命令或“多段线”命令，利用“对象捕捉”和“对象追踪”功能，捕捉支撑板主视图的投影，绘制出支撑板左视图的投影，以及圆筒与肋板之间的交线，如图132-12所示。

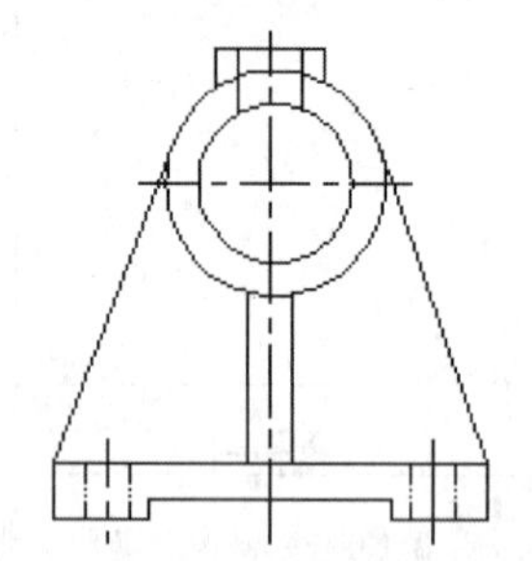

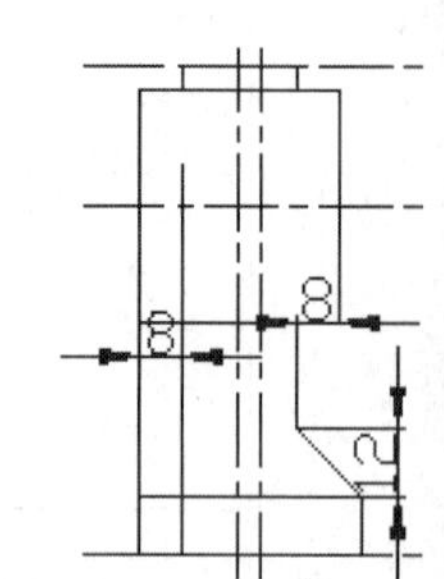

图132-12　绘制支撑板投影及圆筒与肋板间交线

12 执行“圆弧”命令，利用“对象捕捉”和“对象追踪”功能，根据投影原理，绘制出圆筒与凸台之间的可见相贯线，如图132-13所示。

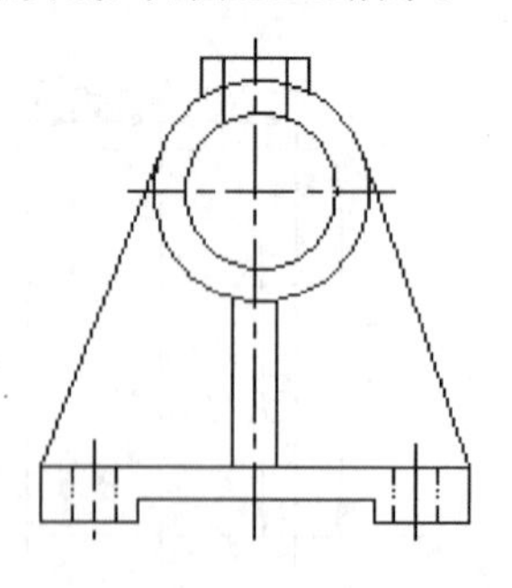

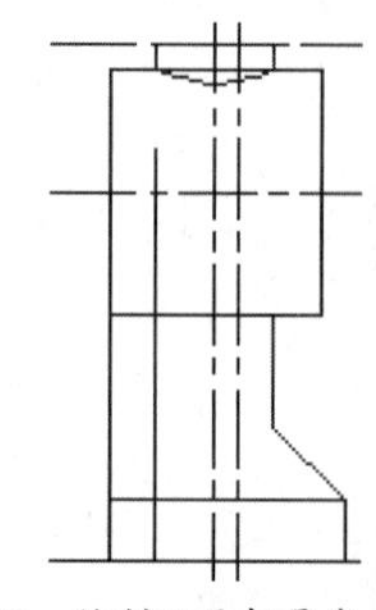

图132-13　绘制可见相贯线

13 将“虚线”层置为当前层，执行“直线”命令，利用“对象捕捉”和“对象追踪”功能，绘制出圆筒的内部结构的投影和底板圆孔的投影；执行“圆弧”命令，利用“对象捕捉”和“对象追踪”功能，根据投影原理，绘制出圆筒内部与凸台内部之间的不可见相关线，完成后的左视图如图132-14所示。

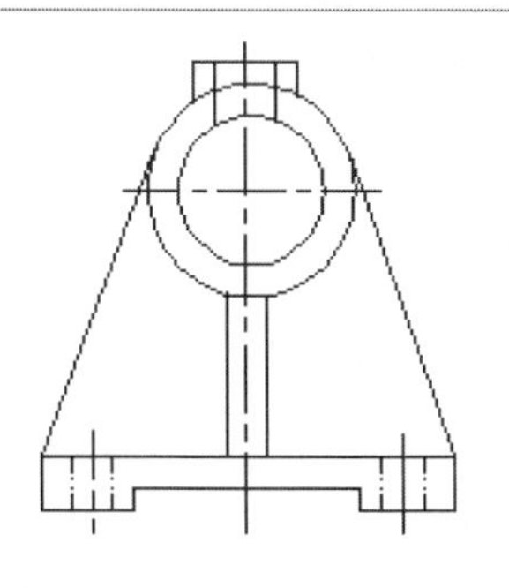
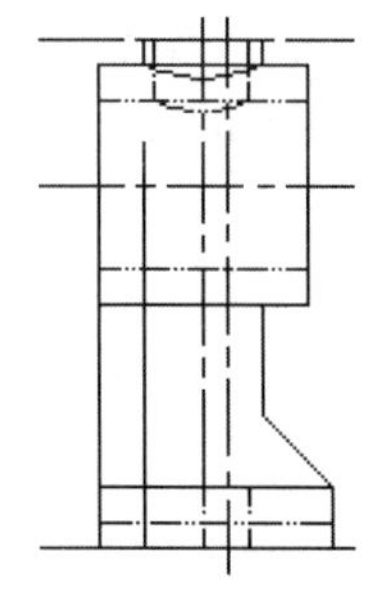

图132-14　绘制隐藏线

14 执行“修改>修剪”命令，修剪去多余部分，修剪后的效果如图132-15所示。至此完成了左视图的绘制。

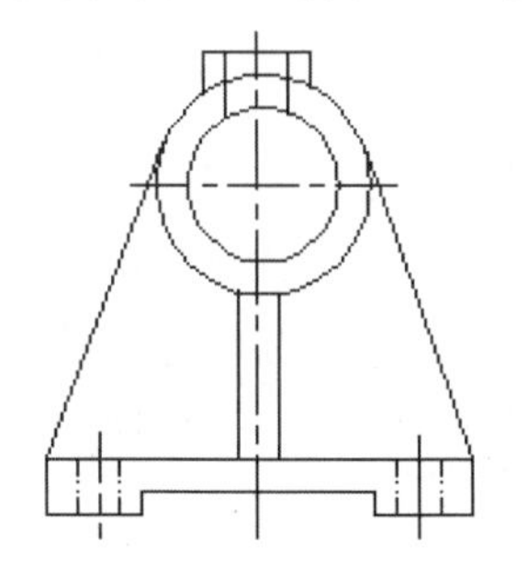
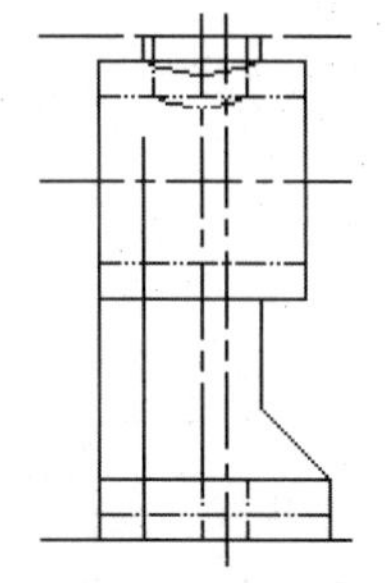

图132-15　修剪图形

15 将“点画线”层置为当前层，执行“直线”命令，利用“对象捕捉”和“对象跟踪”功能，绘制基准线，如图132-16所示。在绘制俯视图的基准线时要与主视图的基准线对齐，以保证投影关系的正确性。

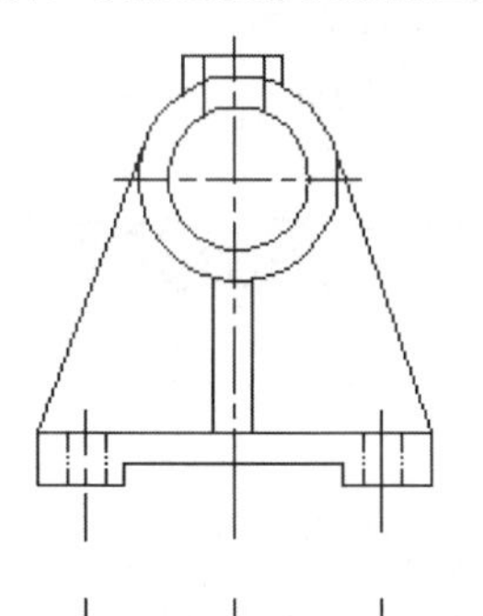
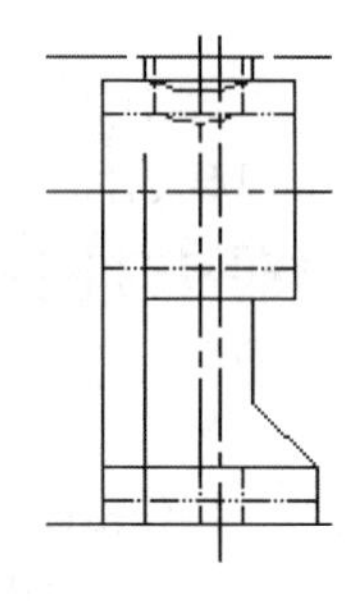
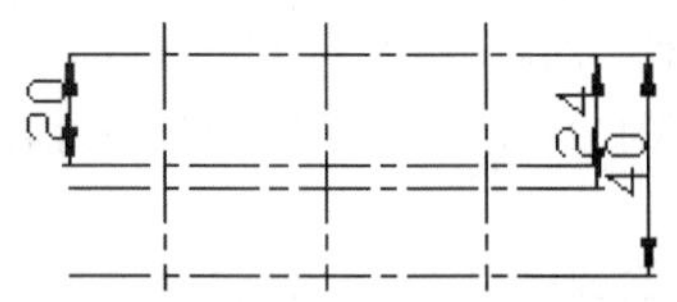

图132-16　绘制俯视图的基准线

16 将“粗实线”层置为当前层，执行“圆”命令，利用“对象捕捉”功能，捕捉中心线的交点，分别绘制出直径为12和20的同心圆，以及两个直径为8的圆，如图132-17所示。

17 执行“直线”命令，利用“对象捕捉”功能，捕捉对称线（左右对称）与后面基准线的交点为起画点，绘制底板的投影。执行“修改>圆角”命令，执行圆角命令，绘制出R10的圆角，如图132-18所示。

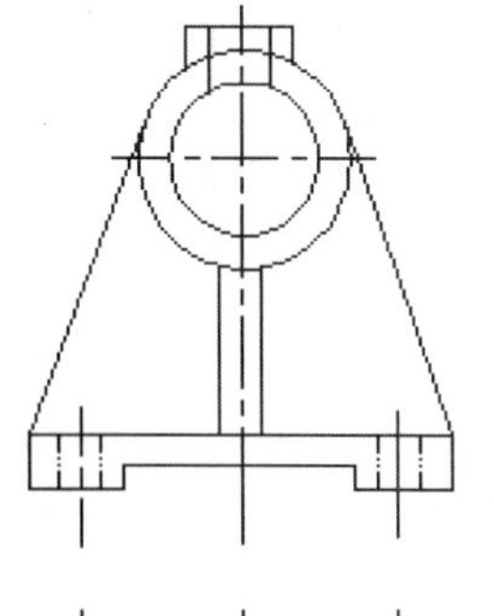
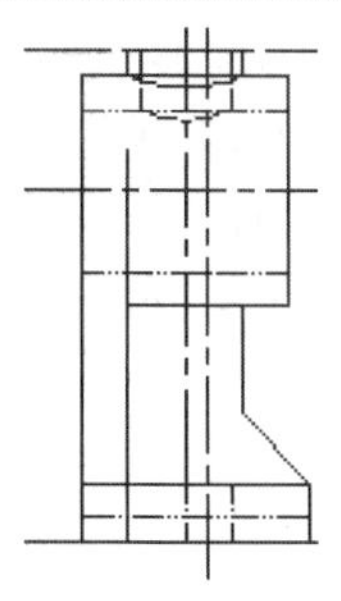
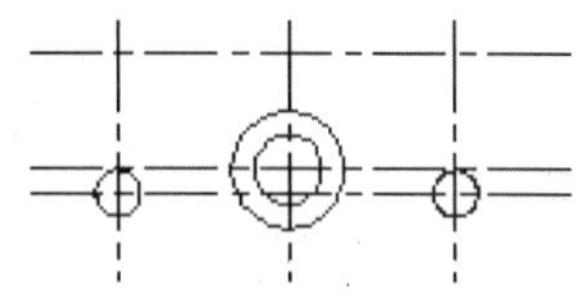

图132-17　绘制圆

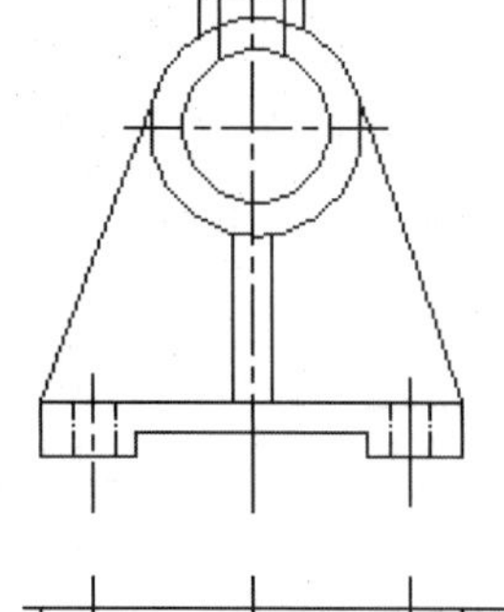
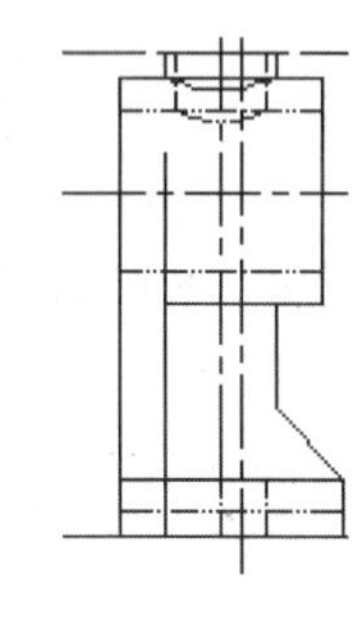
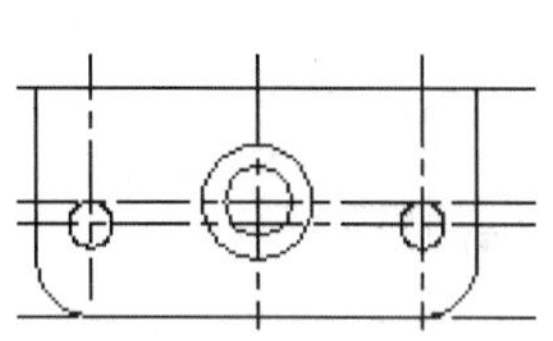

图132-18　绘制俯视图轮廓

18 执行“绘图>直线”命令，利用“对象捕捉”和“对象追踪”功能，捕捉支撑板主视图的投影，画出支撑板俯视图的投影。再次单击“直线”命令 ，利用“对象捕捉”和“对象追踪”功能，绘制圆筒的外轮廓线，如图132-19所示。

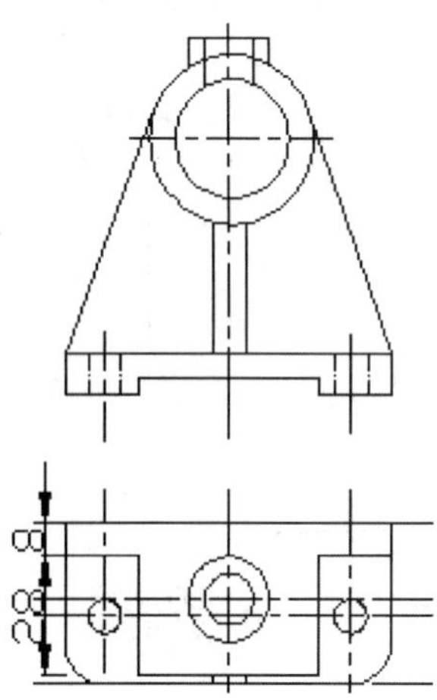

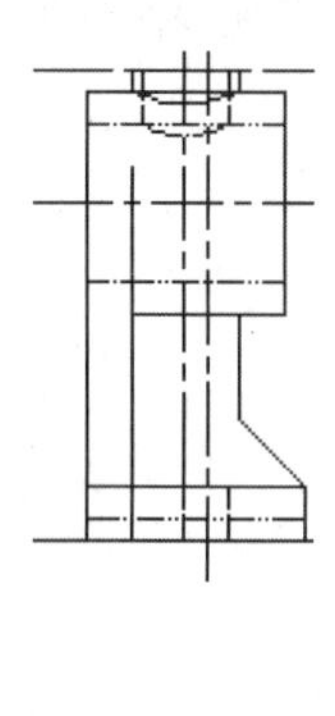

图132-19　绘制支撑板和圆筒投影

19 将“虚线”层置为当前层。单击“直线”命令 或“多段线”命令 ，利用“对象捕捉”和“对象追踪”功能，画出圆筒的内部结构的投影和肋板的投影，如图132-20所示。

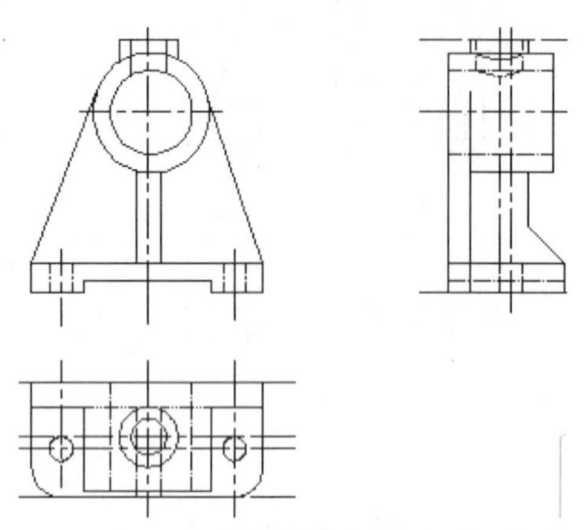

图132-20 绘制圆筒内部结构和肋板的投影

20 修剪辅助基准线，完成俯视图的绘制，效果如图132-21所示。

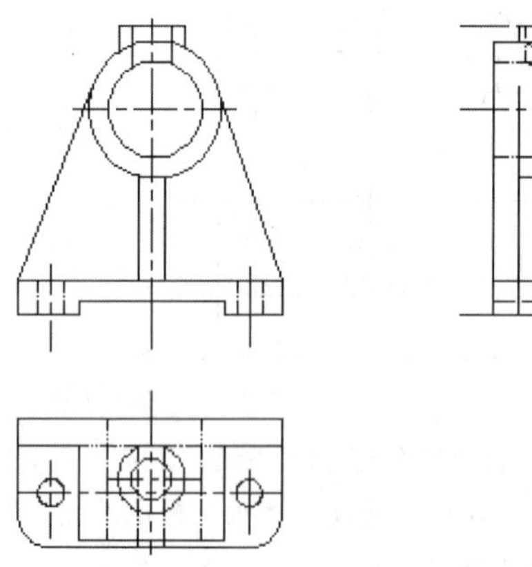

图132-21 修剪线条结果

21 将“标注”层置为当前层。利用尺寸标注方法对轴承座零件图进行尺寸标注，效果如图132-22所示。

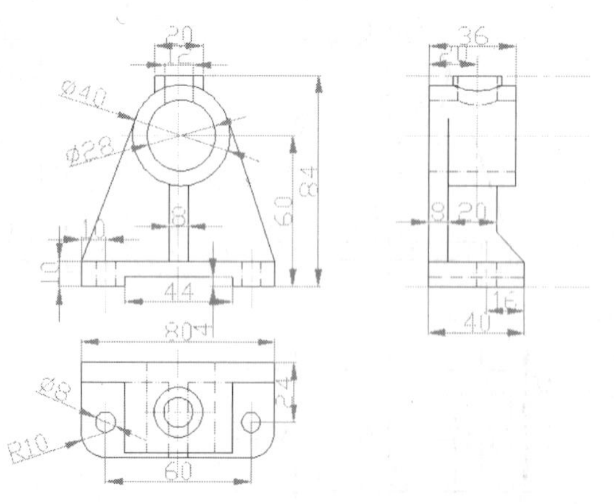

图132-22 对轴承座进行尺寸标注

22 执行“修改>缩放”命令，将图形放大到原图的1.5倍。并修改尺寸标注的主单位的测量单位比例为2/3，得到结果如图132-23所示。

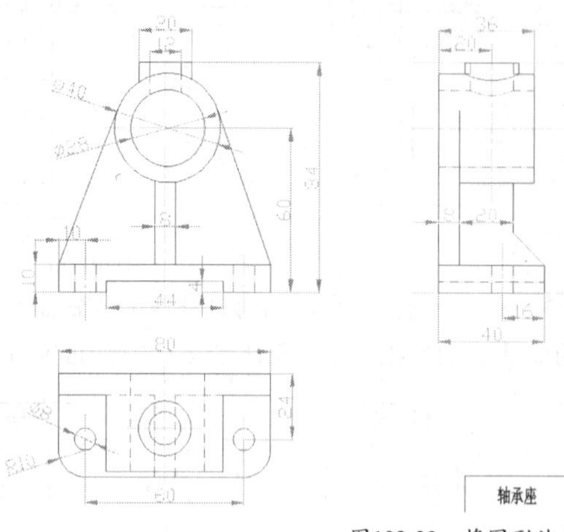

图132-23 将图形放大

23 执行“文字>文字样式”命令，弹出“文字样式”对话框。在“文字样式”下拉列表中，选择“机械文字”文字样式，执行“绘图>多行文字”命令，编写技术要求文本，效果如图132-24所示。

技术要求
1. 去毛刺。
2. 未标注圆角R1.5-3.

图132-24 填写技术要求

24 执行“另存为”命令，以“实战132.dwg”为图名保存图形文件。

练习132 绘制轴承座零件图

实战位置	DVD>练习文件>第6章>练习132.dwg
难易指数	★★★☆☆
技术掌握	巩固直线及文字命令的使用方法

操作指南

参照“实战132”案例进行制作。

首先打开场景文件，然后进入操作环境，利用本例所学的知识点，做出如图132-25所示的图形。绘制如图132-25所示的图形。

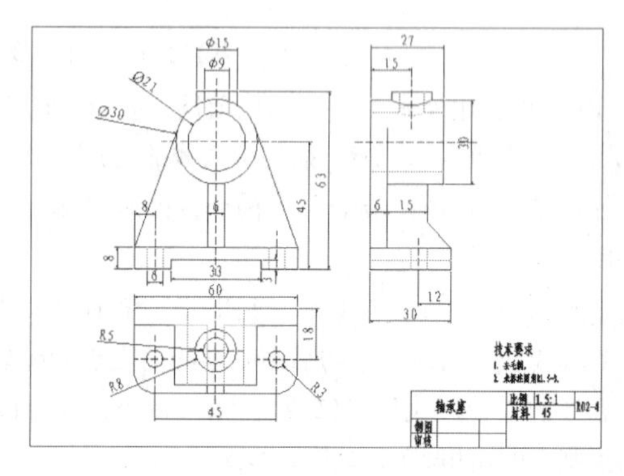

图132-25 绘制轴承座零件图

实战133　绘制曲柄零件图

原始文件位置	DVD>原始文件>第6章>实战133原始文件
实战位置	DVD>实战文件>第6章>实战133.dwg
视频位置	DVD>多媒体教学>第6章>实战133.dwg
难易指数	★★☆☆☆
技术掌握	掌握绘制曲柄的零件图方法

实战介绍

在本例中将绘制一个曲柄的零件图，由主视图和俯视图两个图形表示。本例中图形的图幅为A4（297mm×210mm），案例效果如图133-1所示。

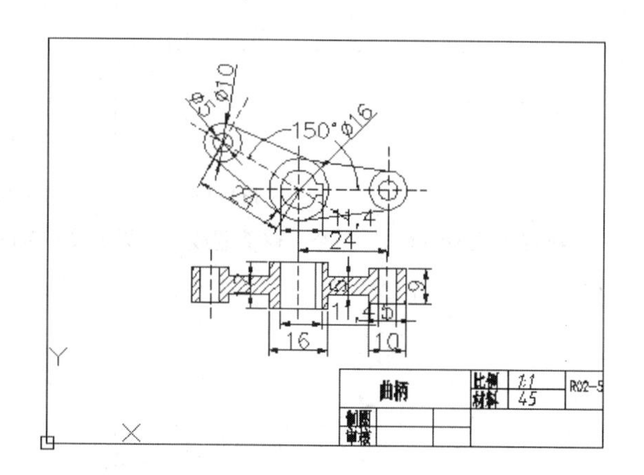

图133-1　最终效果

制作思路

• 首先打开AutoCAD 2013，然后进入操作环境，对现有图形进行修改、添加，用到了直线、圆、镜像、偏移、旋转、修剪和图案填充等绘图命令，绘制得到了曲柄的主视图和俯视图。

制作流程

01 在菜单中执行“打开”命令，打开“实战133原始文件.dwg”文件。

曲柄			比例	1:1	R02-5
			材料	45	
制图					
审核					

图133-2　修改标题栏

02 在命令行输入Limits，设置图纸幅面为297mm×210mm。

03 将“粗实线”层置为当前层。执行“绘图>矩形”命令，绘制图幅边框。并利用MOVE命令移动标题栏到图框的右下角位置，如图133-3所示。

04 将“点画线”层置为当前层。利用LINE命令绘制曲柄的中心线，两个竖直中心线的间距为48，如图133-4所示。

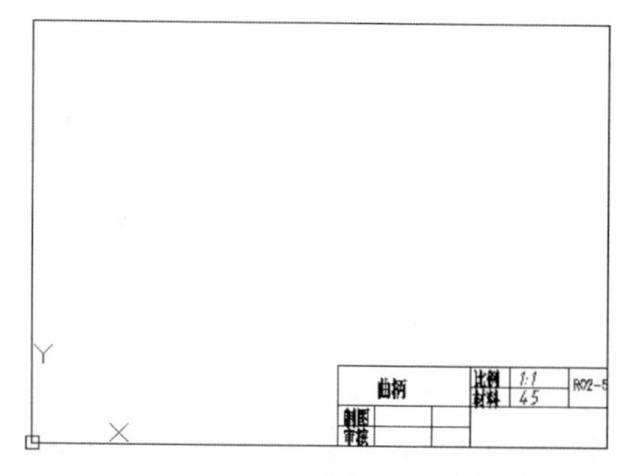

图133-3　移动标题栏位置

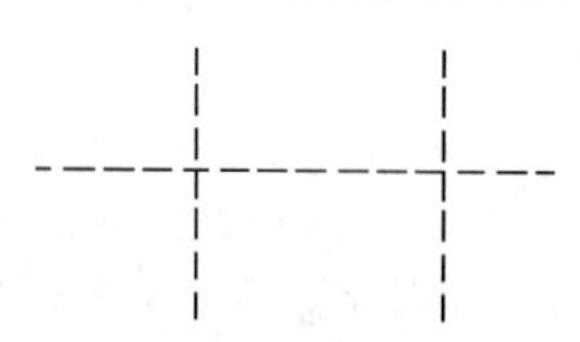

图133-4　绘制曲柄中心线

05 将“粗实线”层置为当前层。执行“绘图>圆”命令，绘制曲柄水平臂上的圆，如图133-5所示。

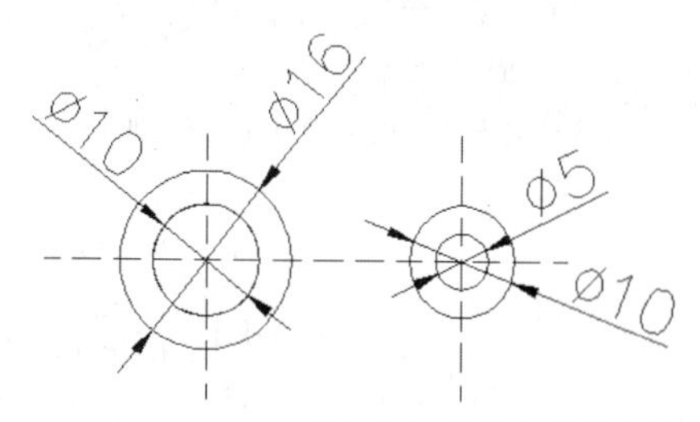

图133-5　绘制水平臂上的圆

06 执行“绘图>直线”命令，利用切点捕捉功能，绘制圆切线，如图133-6所示。

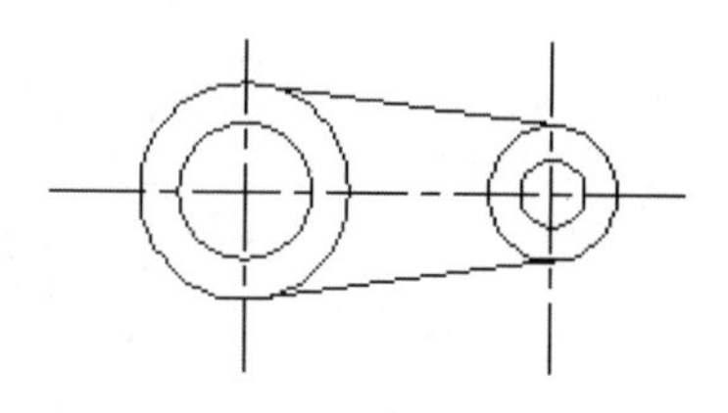

图133-6　绘制切线

07 利用构造线命令绘制直线，确定键槽的位置，如图133-7所示。

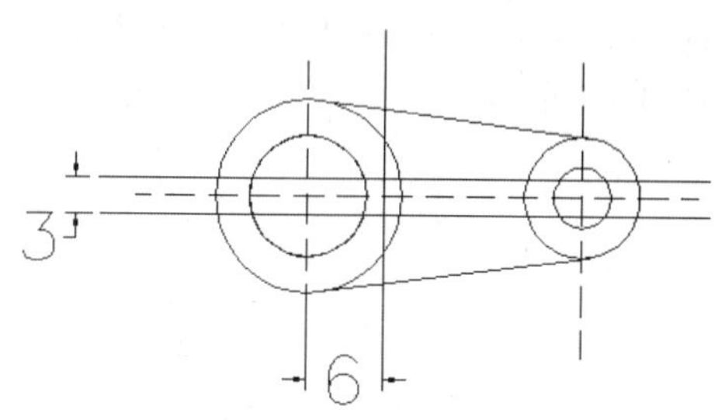

图133-7　绘制直线

08 执行“修改>修剪”命令，修剪图线得到键槽，如图133-8所示。

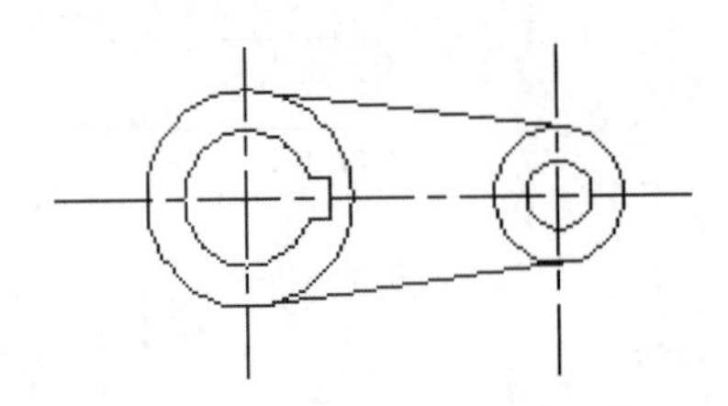

图133-8 修剪键槽

09 执行“修改>旋转”命令，将右侧图形（如图133-9所示选中部分）复制并旋转，得到结果如图133-10所示。至此曲柄主视图绘制完成。复制并旋转过程中命令行提示和操作内容如下：

```
命令: _rotate
UCS 当前的正角方向: ANGDIR=逆时针 ANGBASE=0
选择对象: 指定对角点: 找到 6 个 //选择图形如图133-9所示
选择对象:
指定基点: //捕捉直径为32的圆的圆心作为基点
指定旋转角度, 或 [复制(C)/参照(R)] <0>: c
旋转一组选定对象。
指定旋转角度, 或 [复制(C)/参照(R)] <0>: 150
```

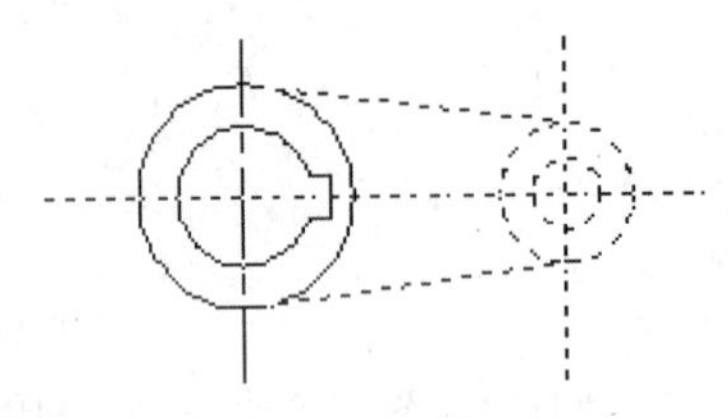

图133-9 选择图形

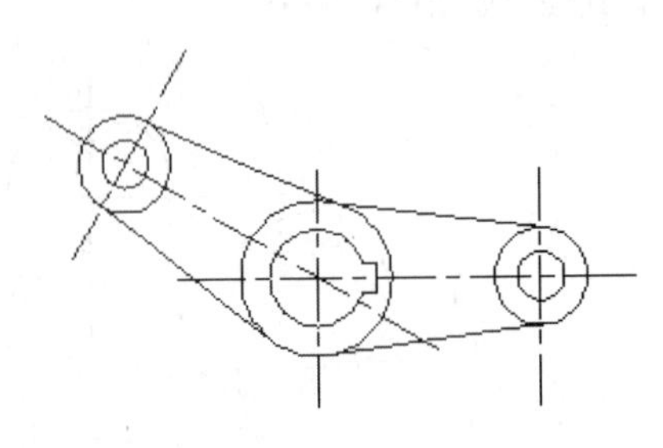

图133-10 复制并旋转结果

10 将“粗实线”层置为当前层。执行“绘图>构造线”命令，利用“对象捕捉”功能，绘制竖直构造线，如图133-11所示。

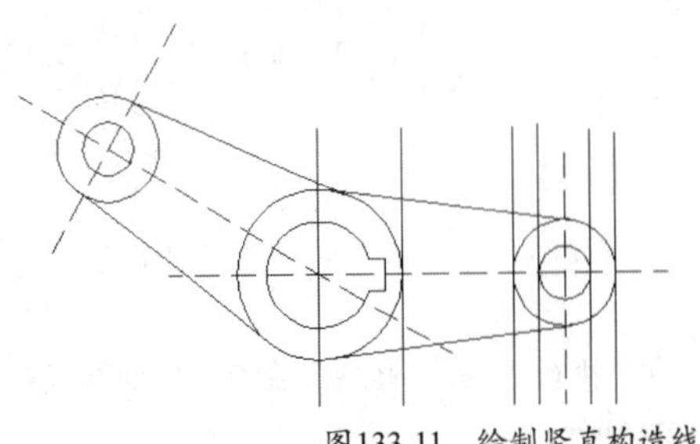

图133-11 绘制竖直构造线

11 利用构造线命令绘制4条水平构造线，构造线间距为3、4、5，如图133-12所示。

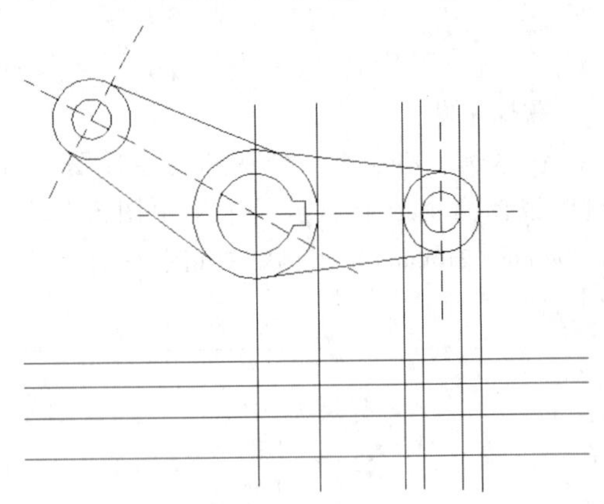

图133-12 绘制水平构造线

12 执行“修改>修剪”命令，修剪图线，结果如图133-13所示。

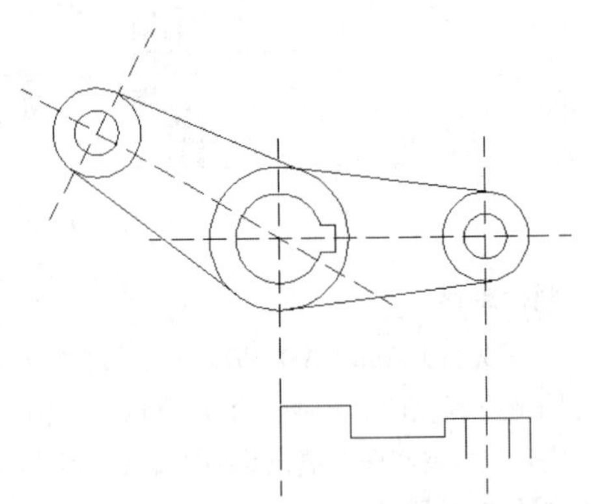

图133-13 修剪结果

13 执行“修改>镜像”命令，将修剪得到的图形进行镜像，结果如图133-14所示。

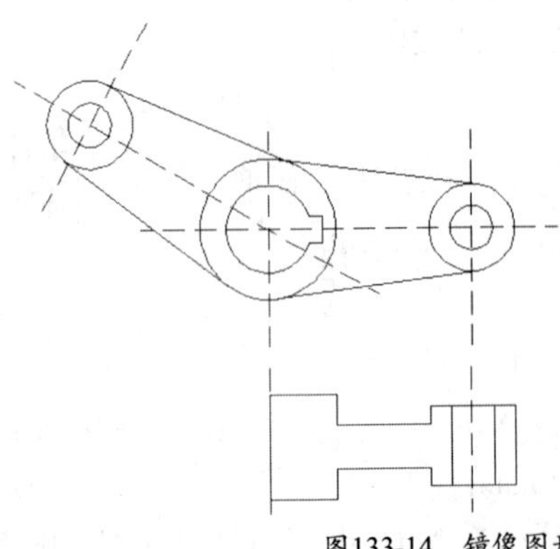

图133-14 镜像图形

14 利用LINE命令绘制中心点画线，如图133-15所示。

15 执行“修改>镜像”命令，将图形进行镜像，结果如图133-16所示。

16 执行“绘图>构造线”命令，利用“对象捕捉”功能，绘制3条竖直线，如图133-17所示。

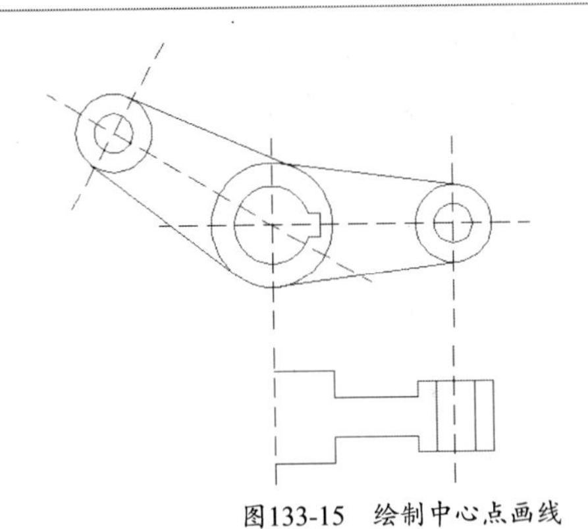

图133-15　绘制中心点画线

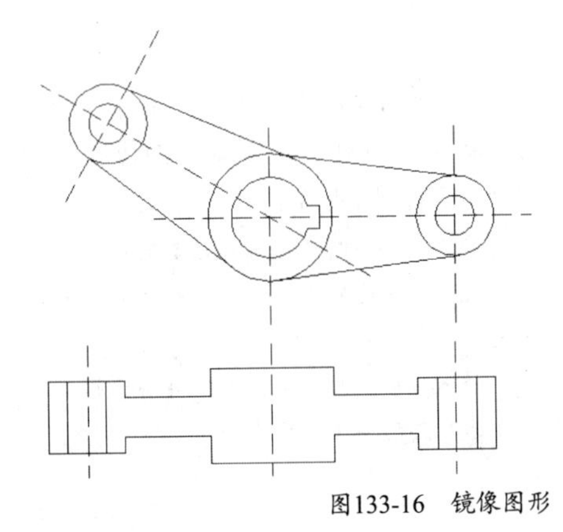

图133-16　镜像图形

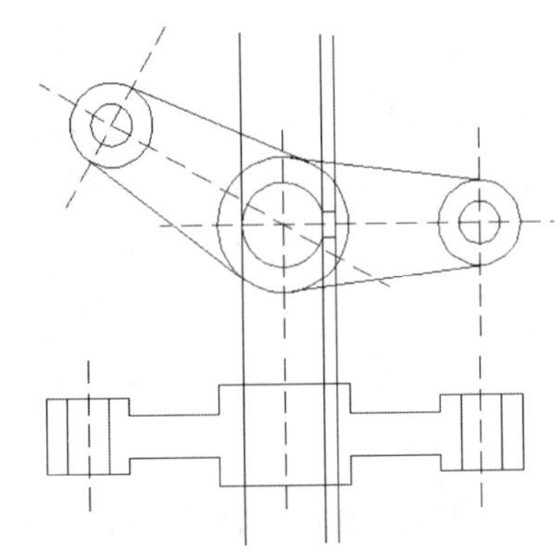

图133-17　绘制竖直构造线

17 执行“修改>修剪”命令，修剪图线，结果如图133-18所示。

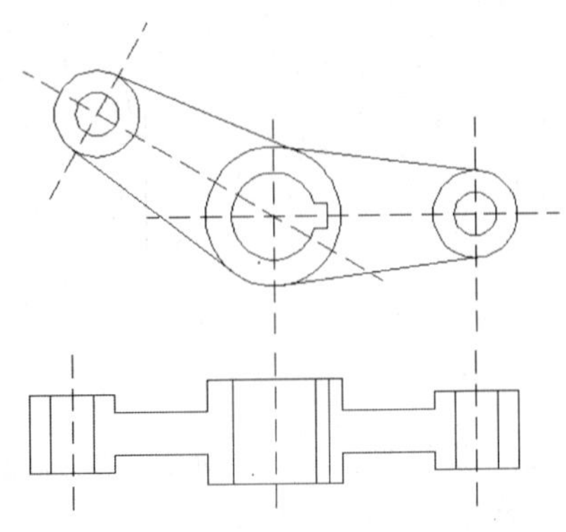

图133-18　修剪图形结果

18 将“剖面线”层置为当前层。执行“绘图>图案填充”命令，对俯视图进行图案填充，效果如图133-19所示。

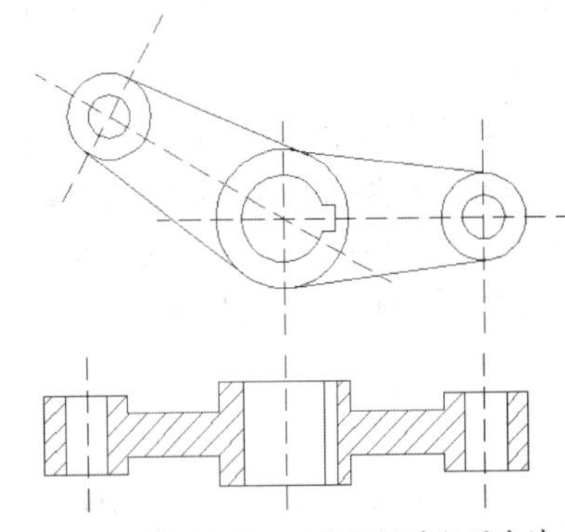

图133-19　对俯视图进行图案填充

19 将“标注”层置为当前层。利用尺寸标注方法对曲柄零件图进行尺寸标注，效果如图133-20所示。

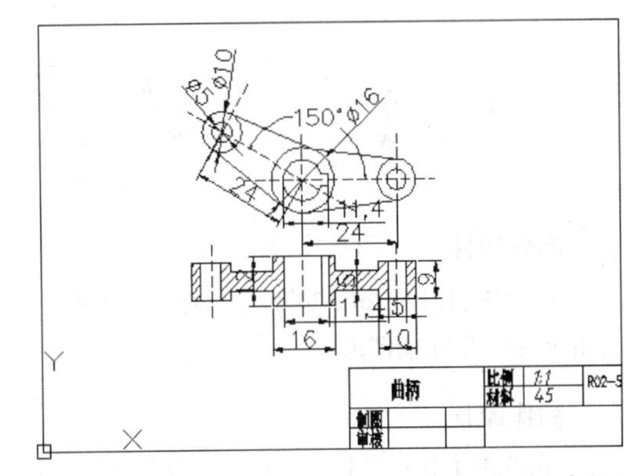

图133-20　对曲柄进行尺寸标注

20 执行“另存为”命令，以“实战133.dwg”为图名保存图形文件。

练习133　绘制曲柄零件图

实战位置	DVD>练习文件>第6章>练习133.dwg
难易指数	★★☆☆☆
技术掌握	巩固绘制曲柄零件图的绘制方法

操作指南

参照“实战133”案例进行制作。

首先打开场景文件，然后进入操作环境，做出如图133-21所示的图形。

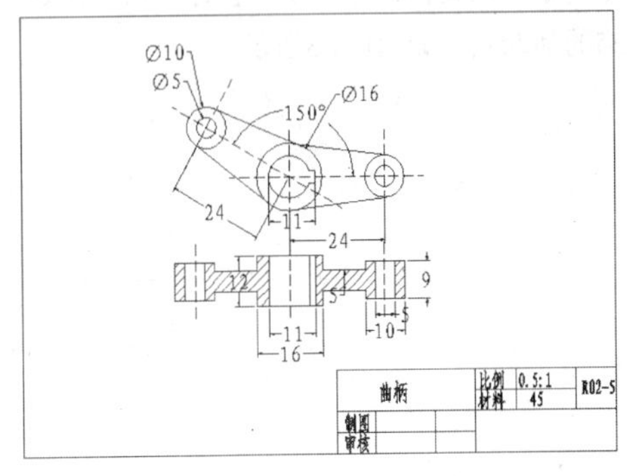

图133-21　绘制新曲柄零件图

实战134 绘制阀盖零件图

原始文件位置	DVD>原始文件>第6章>实战134原始文件
实战位置	DVD>实战文件>第6章>实战134.dwg
视频位置	DVD>多媒体教学>第6章>实战134.avi
难易指数	★★☆☆☆
技术掌握	掌握阀盖剖面图的绘制方法

实战介绍

本例中将利用各绘图辅助命令绘制阀盖的左视图和主视图，共同构成阀盖的零件图。该零件图的图幅也使用A4图幅进行绘制，案例效果如图134-1所示。

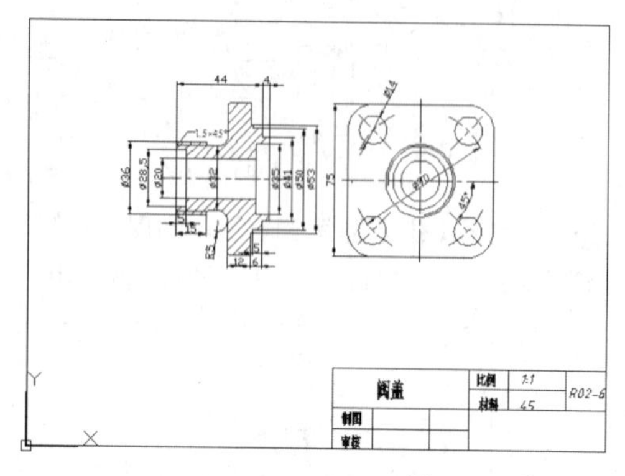

图134-1　最终效果

制作思路

• 首先打开AutoCAD 2013，然后进入操作环境，做出如图134-1所示的图形。

制作流程

01 在菜单中执行“打开”命令，打开“实战134原始文件.dwg”文件。

02 选中文字右击，弹出快捷菜单，单击编辑，修改标题栏中的文字，如图134-2所示。

阀盖			比例	1:1	R02-6
			材料	45	
制图					
审核					

图134-2　修改标题栏

03 将“点画线”层置为当前层。执行“绘图>直线”命令，绘制左视图的中心线；执行“圆”命令，绘制半径为35的辅助圆，如图134-3所示。

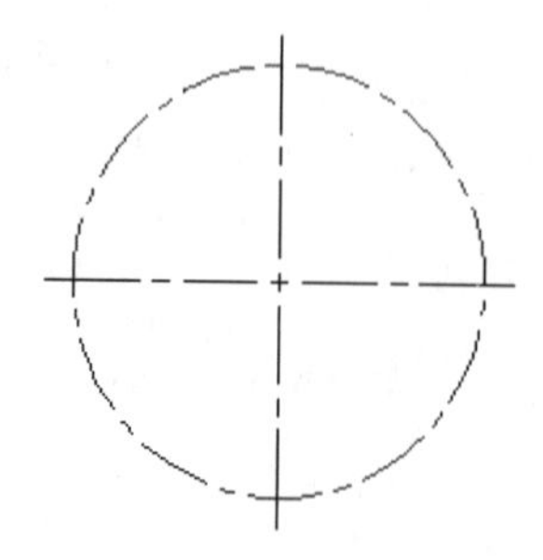

图134-3　绘制左视图中心线与圆

04 执行“绘图>直线”命令，从中心线的交点到点（@45<45）绘制直线，如图134-4所示。

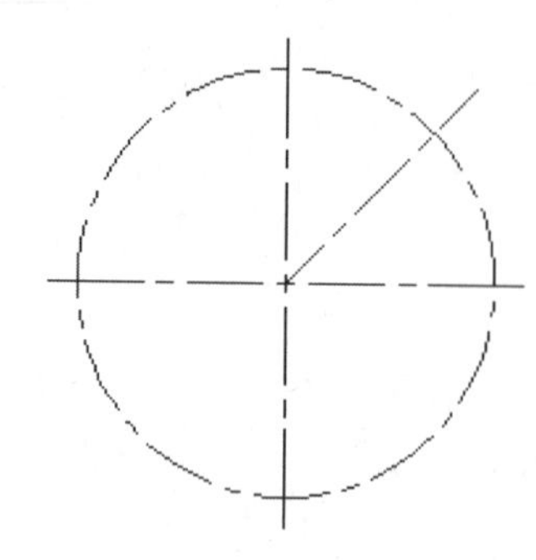

图134-4　绘制45°斜线

05 将“粗实线”层置为当前层。执行“绘图>正多边形”命令，在圆的外围绘制正四边形，如图134-5所示。绘制时命令行提示如下：

```
命令：_polygon 输入边的数目 <4>:
指定正多边形的中心点或 [边(E)]:   //捕捉中心线的交点
输入选项 [内接于圆(I)/外切于圆(C)] <I>: c
指定圆的半径: 37.5
```

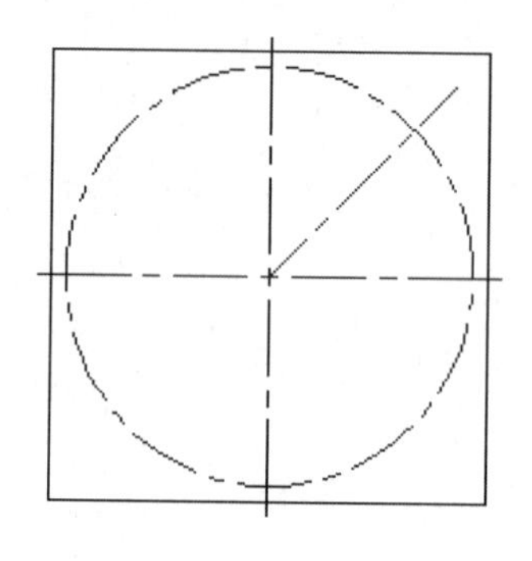

图134-5　绘制正方形

06 执行“修改>圆角”命令，对正方形进行倒圆角操作，圆角半径为12.5，如图134-6所示。

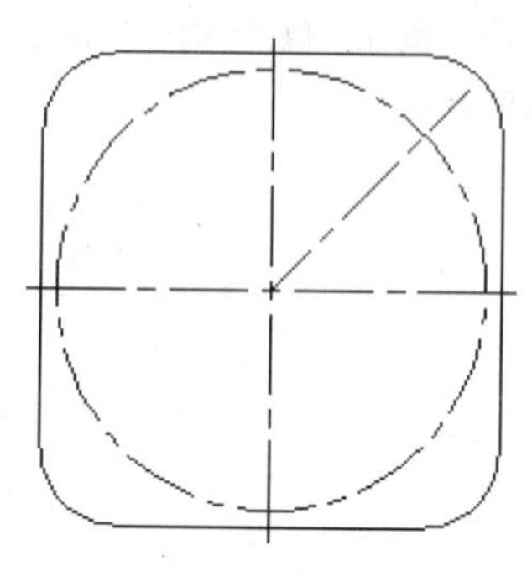

图134-6　倒圆角效果

07 执行“绘图>圆”命令，绘制直径为36、28.5、20及14的圆，如图134-7所示。

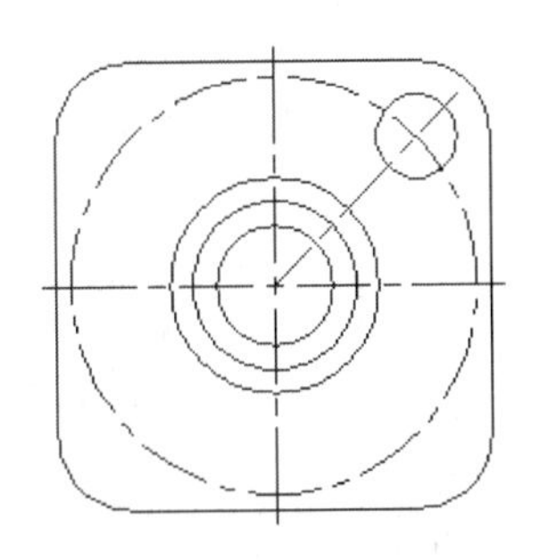

图134-7　绘制圆

08 执行“修改>阵列”命令，将直径为14的圆及倾斜点画线进行环形阵列，如图134-8所示。

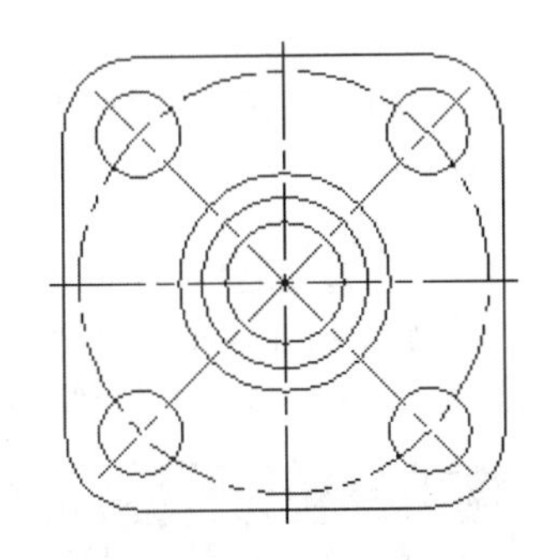

图134-8　环形阵列结果

09 利用夹点编辑修改倾斜直线长度，利用打断于点命令，修剪点画线圆，结果如图134-9所示。

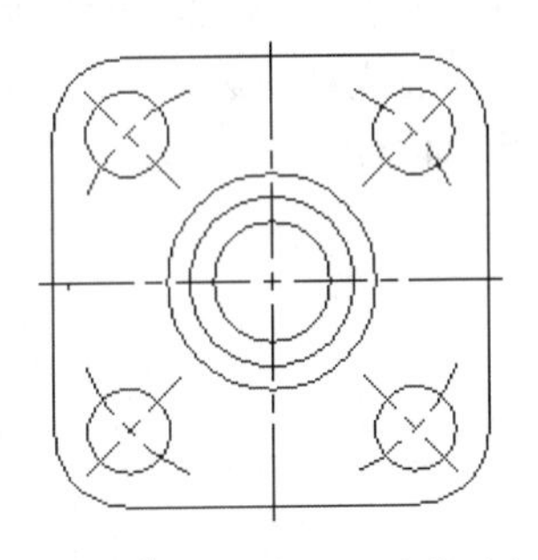

图134-9　修剪图线

10 将“细实线”层置为当前层，执行“绘图>圆”命令，绘制直径为34的圆，并利用TRIM命令将其修剪，剩下3/4圆弧，表示螺纹小径，如图134-10所示。至此，阀盖的左视图绘制完成。

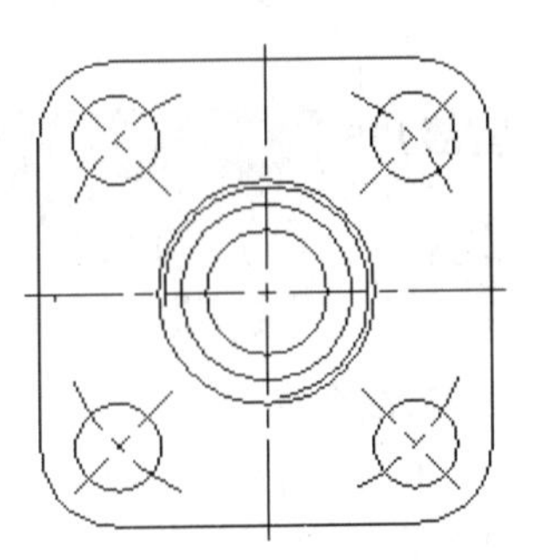

图134-10　绘制螺纹小径

11 将“点画线”层置为当前层。利用LINE命令绘制主视图中心线，如图134-11所示。

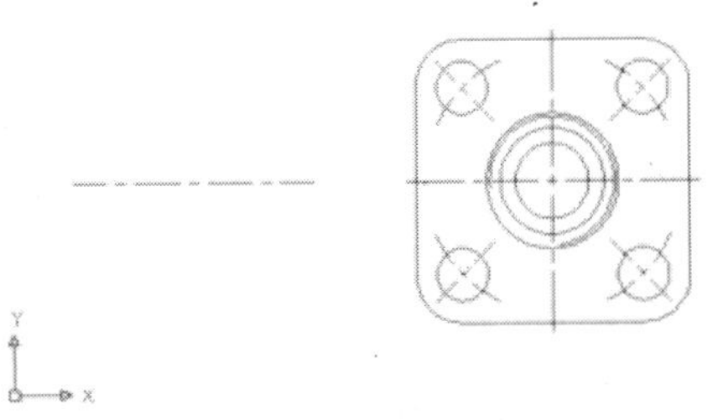

图134-11　绘制主视图中心线

12 将“粗实线”层置为当前层。在正交模式下，利用LINE命令，绘制主视图的轮廓线，起点为刚绘制中心线上左侧一点，以后各点相对坐标为：（@0,18）>（@15,0）>（@0,-2）>（@11,0）>（@0,21.5）>（@12,0）>（@0,-11）>（@1,0）>（@0,-1.5）>（@5,0）>（@0,-4.5）>（@4,0）>（@-20.5,0）。结果如图134-12所示。

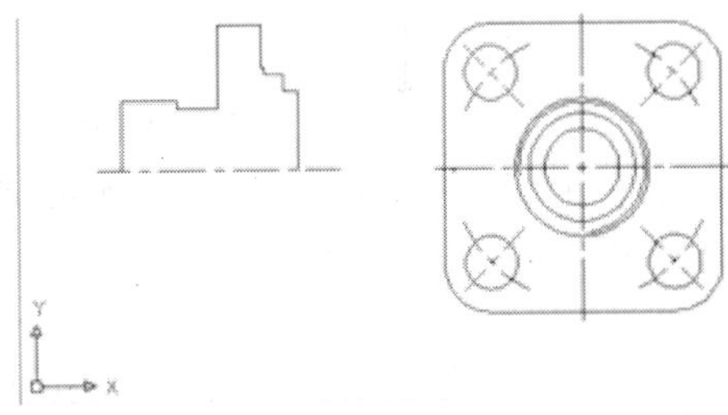

图134-12　绘制主视图的轮廓线

13 执行“绘图>直线”命令，利用对象捕捉与追踪功能，绘制内轮廓线，如图134-13所示。

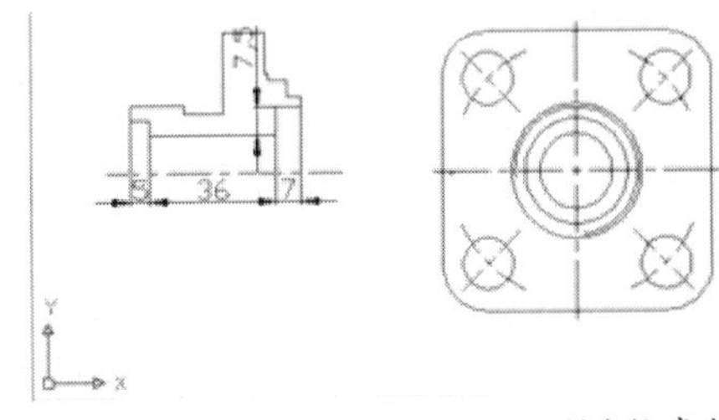

图134-13　绘制内轮廓线

14 执行“修改>倒角”命令，将M36轴段的左端进行1.5×45°的倒角操作，结果如图134-14所示。

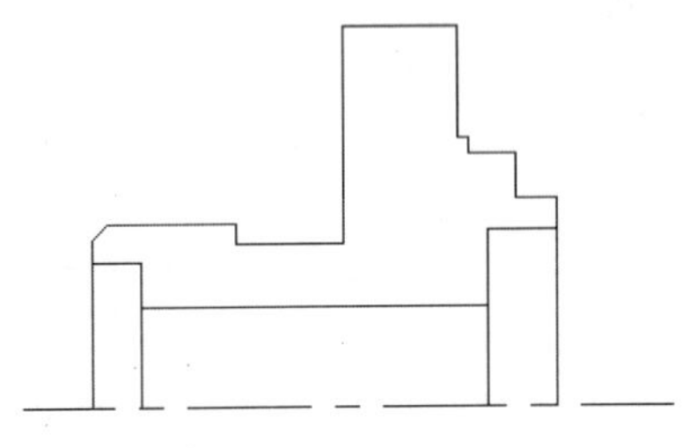

图134-14　绘制倒角

15 执行“修改>圆角”命令，对主视图进行圆角操作，半径分别为2和5，结果如图134-15所示。

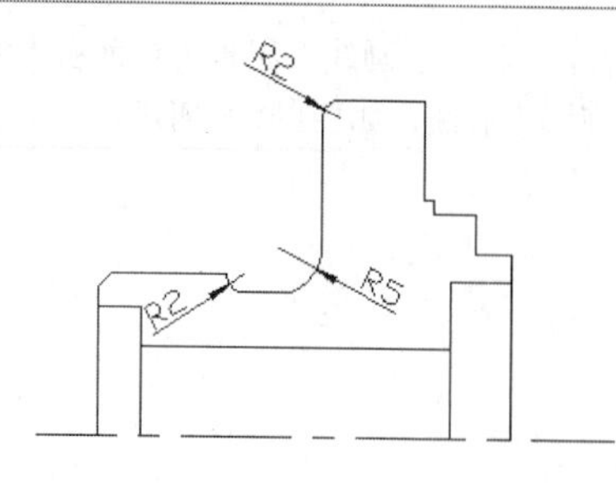

图134-15　倒角操作

16 将“细实线”层置为当前层。利用对象捕捉追踪功能，使用LINE命令绘制主视图中的螺纹小径，如图134-16所示。

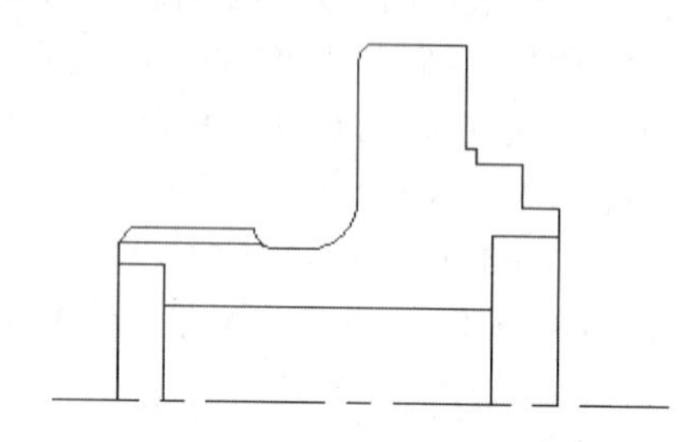

图134-16　绘制主视图的螺纹小径

17 执行“修改>镜像”命令，将图形进行镜像，结果如图134-17所示。

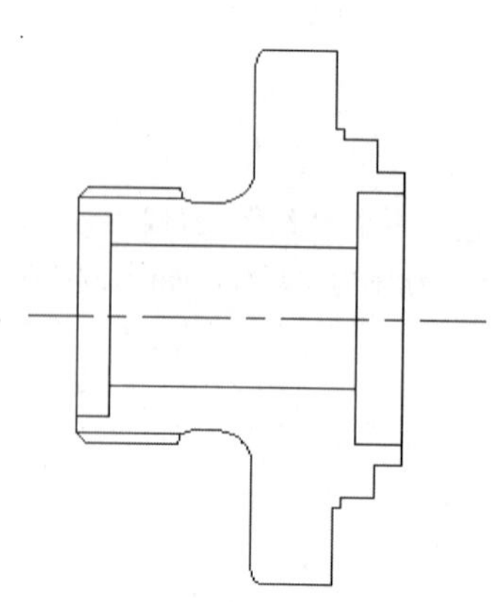

图134-17　将图形镜像

18 将“剖面线”层置为当前层。执行“绘图>图案填充”命令，对俯视图进行图案填充，效果如图134-18所示。

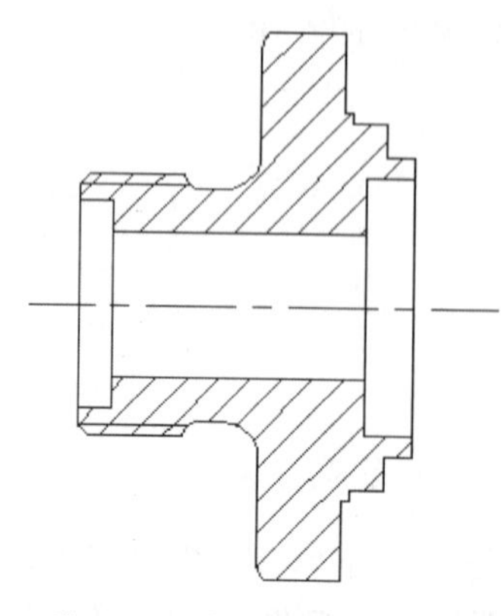

图134-18　对主视图进行图案填充

19 将“标注”层置为当前层。利用尺寸标注方法对阀盖零件图进行尺寸标注，效果如图134-19所示。

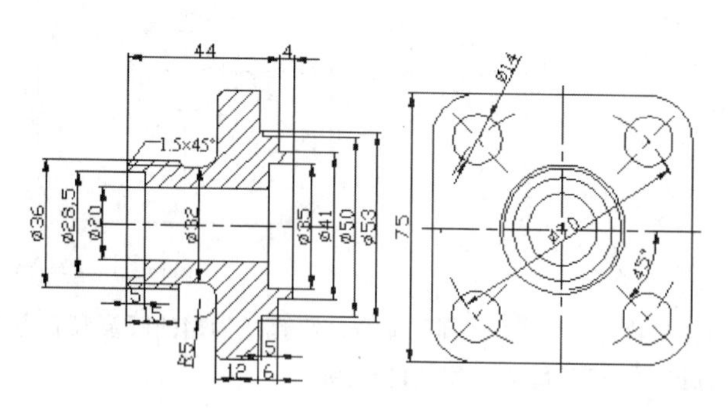

图134-19　对阀盖进行尺寸标注

20 执行“保存”命令，以“实战134.dwg”为图名保存图形文件。

在本例中主要用到了直线、圆、镜像、倒角、圆角、打断于点、修剪及图案填充等绘图命令，绘制完成了阀盖零件图。

练习134　绘制阀盖零件图

实战位置	DVD>练习文件>第6章>练习134绘制.dwg
难易指数	★★☆☆☆
技术掌握	巩固阀盖零件图绘制方法

操作指南

参照“实战134”案例进行制作。

首先打开场景文件，然后进入操作环境，做出如图134-20所示的图形。

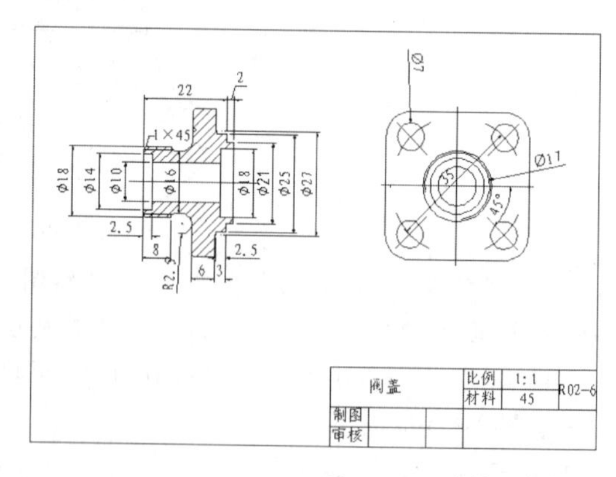

图134-20　绘制阀盖零件图

实战135　绘制齿轮轴套零件图

原始文件位置	DVD>原始文件>第6章>实战135原始文件
实战位置	DVD>实战文件>第6章>实战135.dwg
视频位置	DVD>多媒体教学>第6章>实战135.avi
难易指数	★★☆☆☆
技术掌握	掌握“缩放”命令的使用方法

实战介绍

本例中将绘制齿轮轴套零件图。该零件图也是使用A4的图幅，本例绘制的最终效果如图135-1所示。

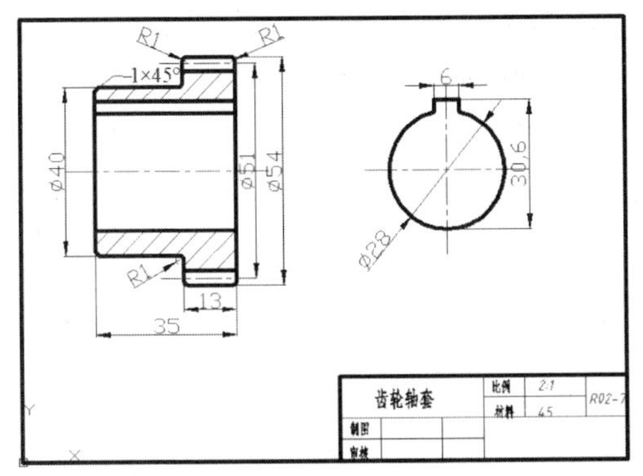

图135-1 最终效果

制作思路

• 首先打开AutoCAD 2013，然后进入操作环境，执行基础绘图命令“缩放”和“标注”等，做出如图135-1所示的图形。

制作流程

01 执行“打开”命令，打开“实战135原始文件.dwg”文件。

02 双击标题栏中的文字，弹出“文字编辑器”选项卡，修改标题栏中的文字，如图135-2所示。单击“关闭文字编辑器”按钮标题栏修改。

齿轮轴套			比例	2:1	R02-7
			材料	45	
制图					
审核					

图135-2 修改标题栏

03 将“点画线”层置为当前层。执行“绘图>直线”命令，绘制齿轮轴套局部视图的中心线，如图135-3所示。

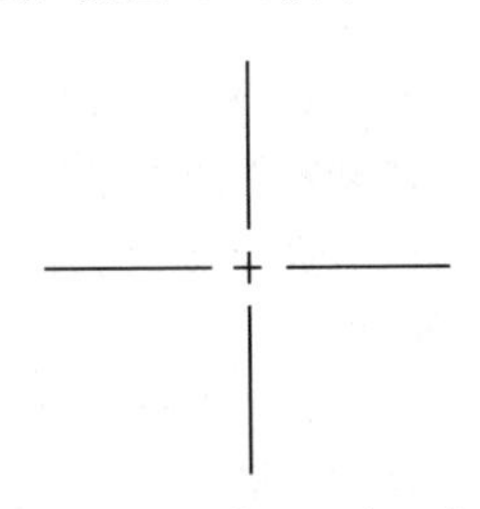

图135-3 绘制局部视图中心线

04 将“粗实线”层置为当前层。执行“绘图>圆”命令，绘制半径为14的圆，如图135-4所示。

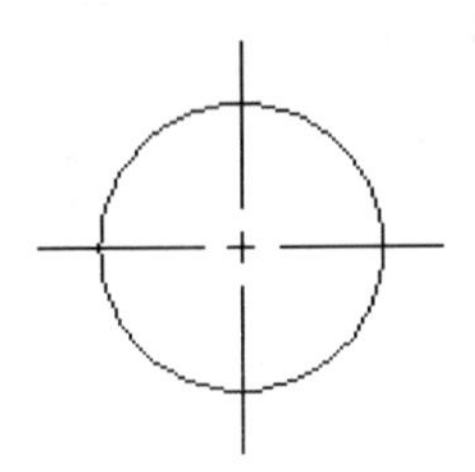

图135-4 绘制半径为14的圆

05 执行“绘图>构造线”命令，绘制构造线如图135-5所示。

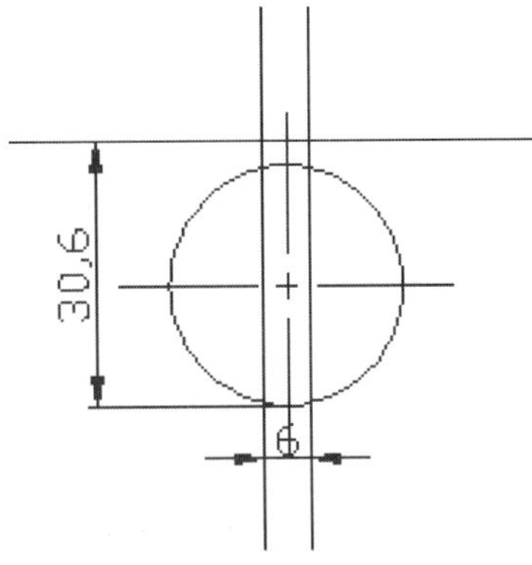

图135-5 绘制构造线

06 执行“修改>修剪”命令，对图形进行修剪，结果如图135-6所示。

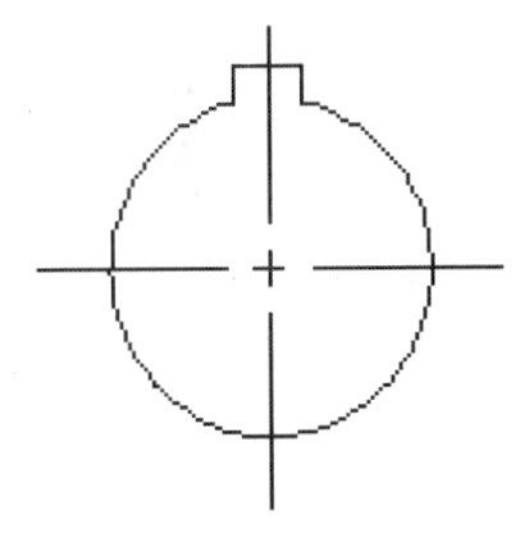

图135-6 修剪结果

07 执行“绘图>直线”命令，绘制直线，如图135-7所示。其中最底部直线所在图层为“点画线”层，其余为“粗实线”层。

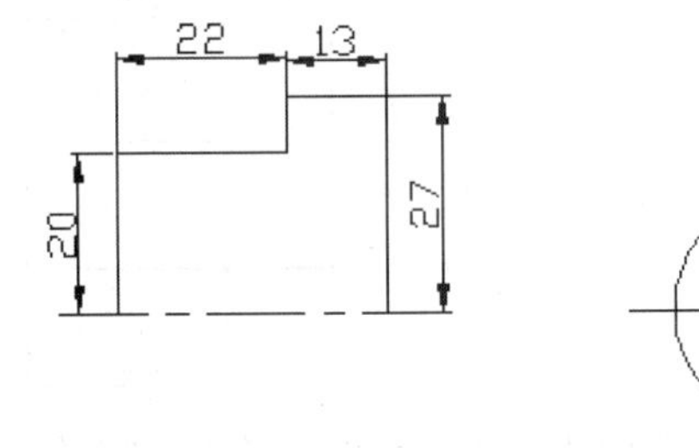

图135-7 绘制齿轮轴套主视图轮廓

08 执行“修改>偏移”命令，将最上端的水平直线向下偏移1.5和3.375，修改偏移1.5的直线为“点画线”层，并利用夹点编辑适当延长其长度，如图135-8所示。

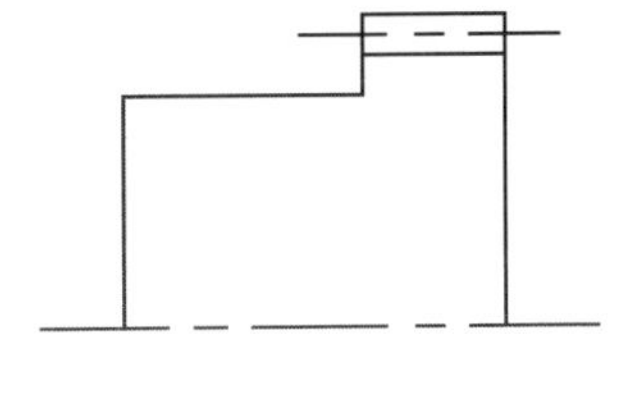

图135-8 偏移直线

09 执行“修改>倒角”命令，绘制1×45°的倒角；执行“圆角”命令，绘制R1的圆角，结果如图135-9所示。

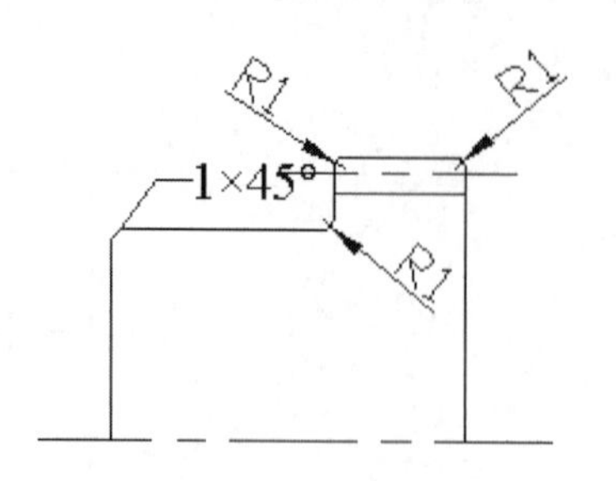

图135-9 对图形进行倒角和倒圆角操作

10 执行“修改>镜像”命令，将图形进行镜像，结果如图135-10所示。

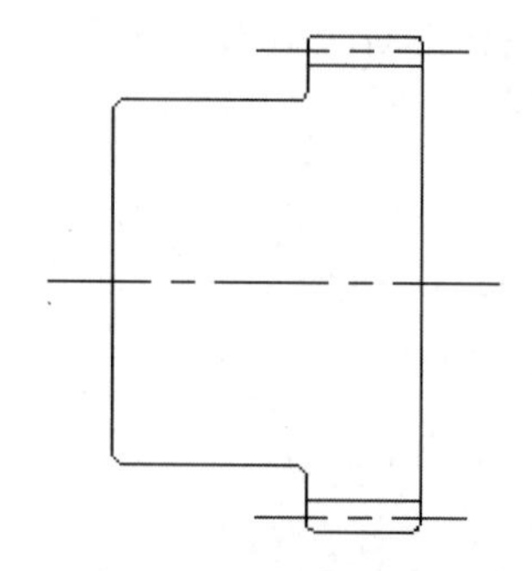

图135-10 镜像结果

11 执行“绘图>直线”命令，利用对象捕捉追踪功能，绘制局部视图的在主视图上的投影线，如图135-11所示。

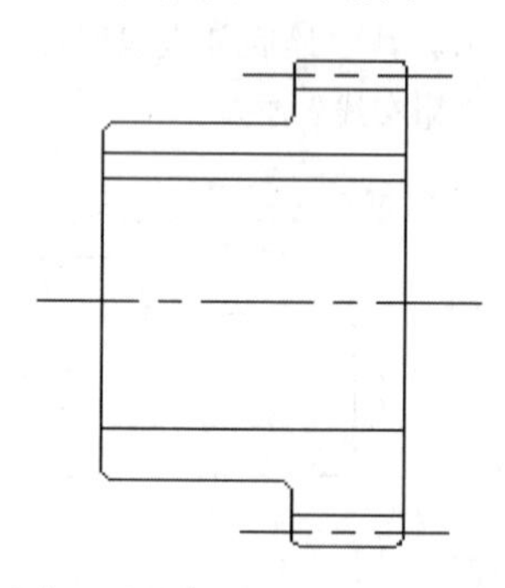

图135-11 绘制局部视图的在主视图上的投影线

12 将“剖面线”层置为当前层。执行“修改>图案填充”命令，对主视图进行图案填充，效果如图135-12所示。

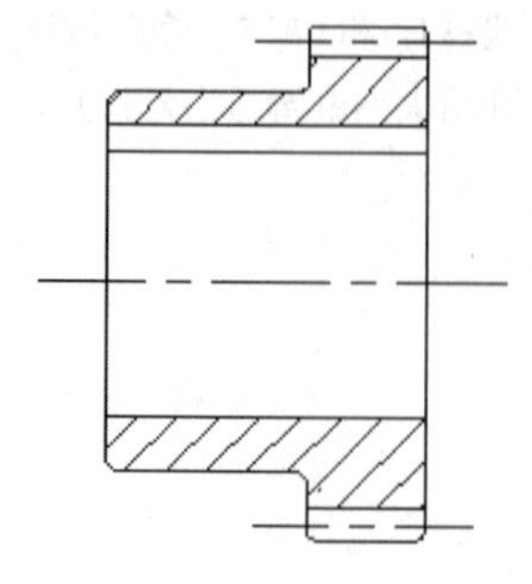

图135-12 对主视图进行图案填充

13 执行“视图>二维导航>全部”命令，显示全部图形，如图135-13所示。

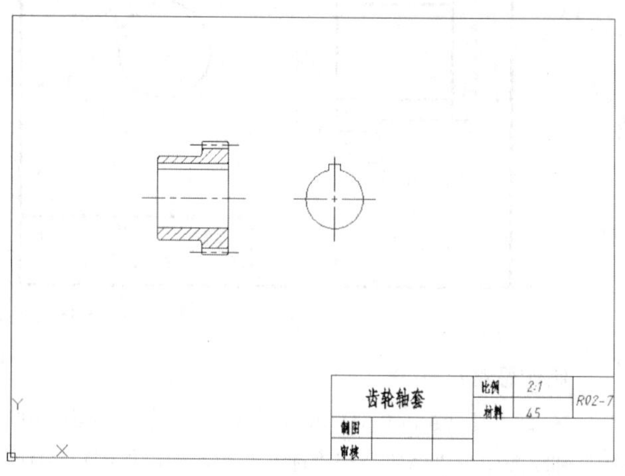

图135-13 显示全图

14 执行“修改>缩放”命令，将二视图放大两倍，如图135-14所示。

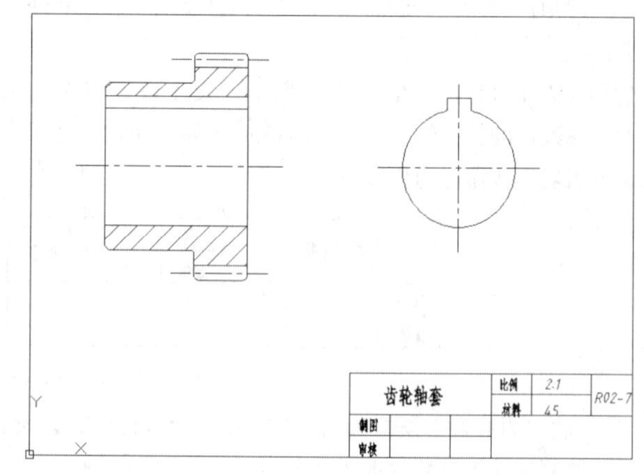

图135-14 将图形放大2倍

15 将“标注”层置为当前层。利用尺寸标注方法对齿轮轴套零件图进行尺寸标注，效果如图135-15所示（注意标注前修改标注比例）。

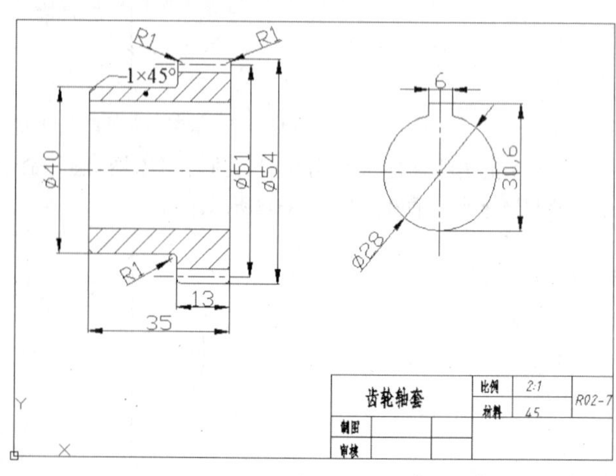

图135-15 对齿轮轴套进行尺寸标注

16 执行“特性>线宽”命令，进行线宽设置，效果如图135-1所示。至此，齿轮轴套零件图绘制完成。

17 执行“保存”命令，以“实战135.dwg”为图名保存图形文件。

练习135 绘制齿轮轴套零件图

实战位置　DVD>练习文件>第6章>练习135.dwg
难易指数　★★☆☆☆
技术掌握　巩固“缩放”的使用方法

操作指南

参照“实战135”案例进行制作。

首先打开场景文件，然后进入操作环境，利用本例所学的知识点，做出如图135-16所示的图形。

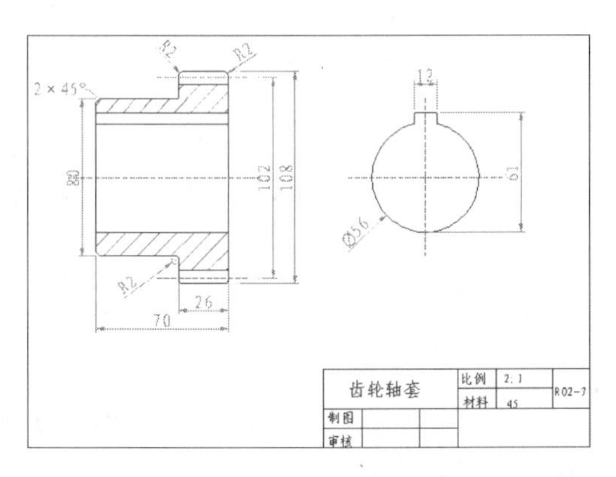

图135-16　绘制齿轮轴套零件图

实战136 绘制法兰盘零件图

实战位置　DVD>实战文件>第6章>实战136.dwg
视频位置　DVD>多媒体教学>第6章>实战136.avi
难易指数　★★☆☆☆
技术掌握　掌握绘制表格的方法

实战介绍

本实战设计法兰盘零件图，以巩固之前所学的“圆心”、命令“半径”、命令“构造线”、命令“修剪”命令和“尺寸标注”命令，以及表格创建等操作知识。

制作思路

• 首先打开AutoCAD 2013，然后进入操作环境，利用CAD中基础的命令，做出如图136-1所示的图形。

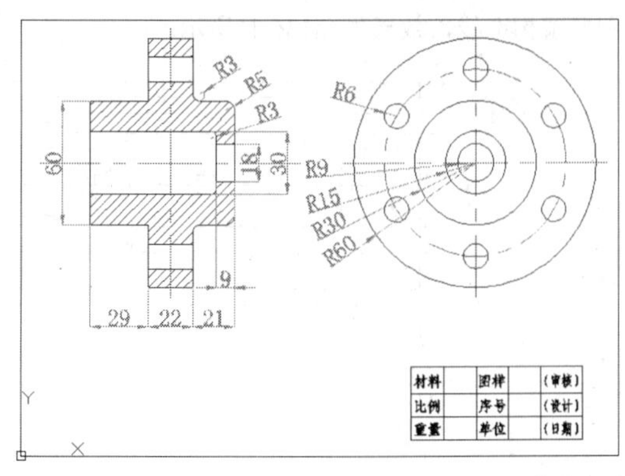

图136-1　最终效果

制作流程

01 双击AutoCAD 2013的桌面快捷方式图标，打开一个新的AutoCAD文件，文件名默认为“Drawing1.dwg”。

02 执行“新建图层”命令，新建一个“线框”图层，设置其“线宽”为0.3mm，效果如图136-2所示。

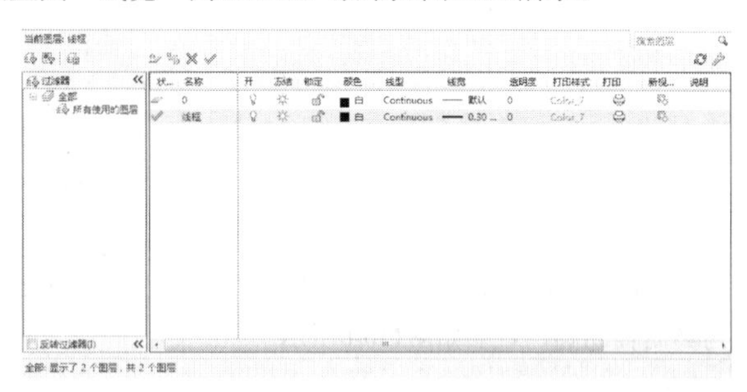

图136-2　新建“线框”图层

03 执行“新建图层”命令，新建一个“中心线”图层，设置其“线型”为CENTER，颜色为红色，效果如图136-3所示。

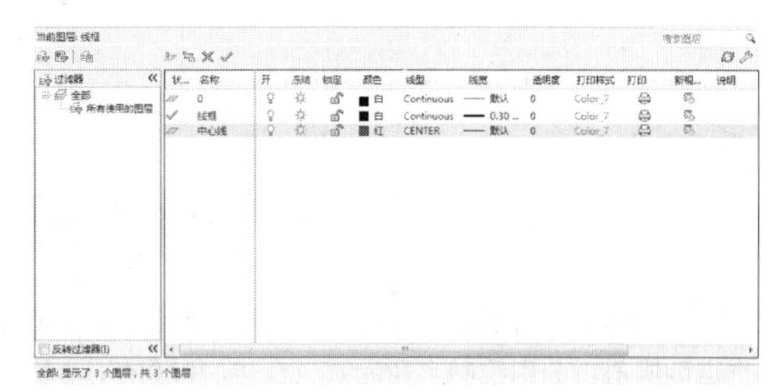

图136-3　新建“中心线”图层

04 将“线框”图层置为当前，执行“矩形”命令，绘制一个长297、宽210的矩形，作为图纸A4边框，结果如图136-4所示。

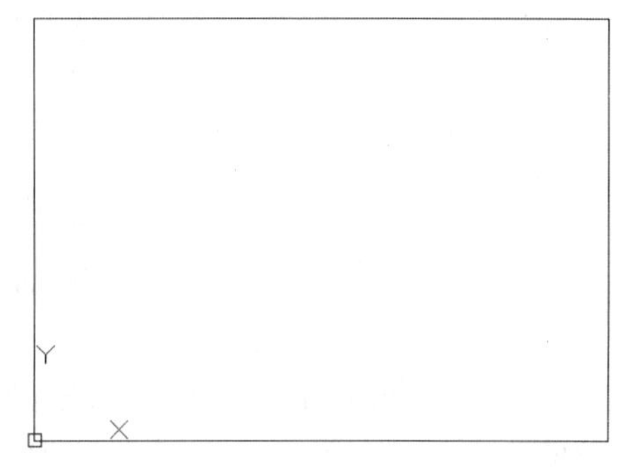

图136-4　绘制A4边框

05 将“中心线”图层置为当前，执行“直线”命令，在边框内绘制长130相互垂直的两条直线，效果如图136-5所示。

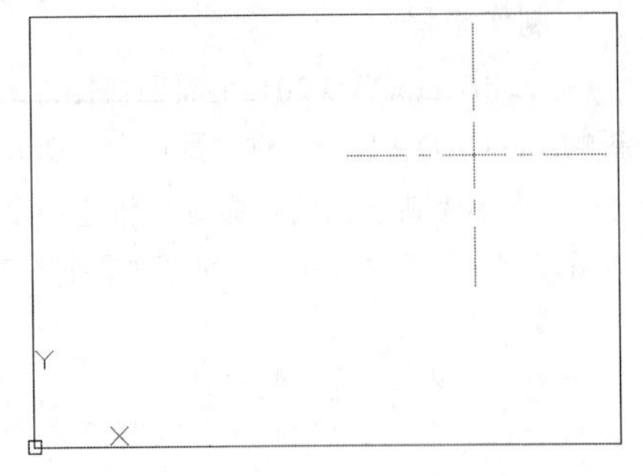

图136-5 绘制中心线

06 执行“圆”命令，以两条中心线为圆心，绘制半径为45的辅助圆，效果如图136-6所示。

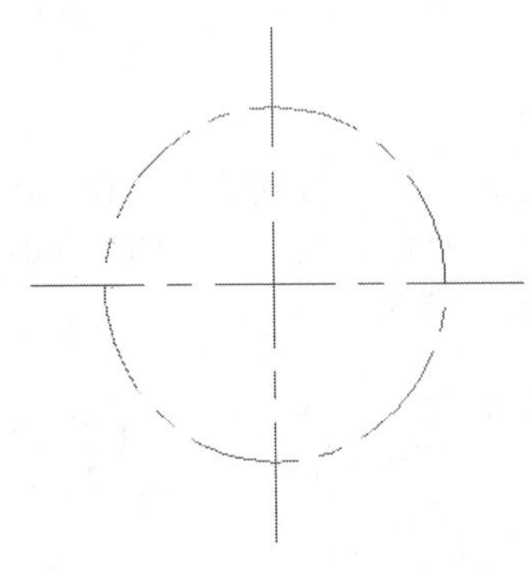

图136-6 绘制辅助圆

07 将0图层置为当前，重复执行“圆”命令，以中心线交点为圆心，分别绘制半径为9、15、30和60的同心圆，效果如图136-7所示。

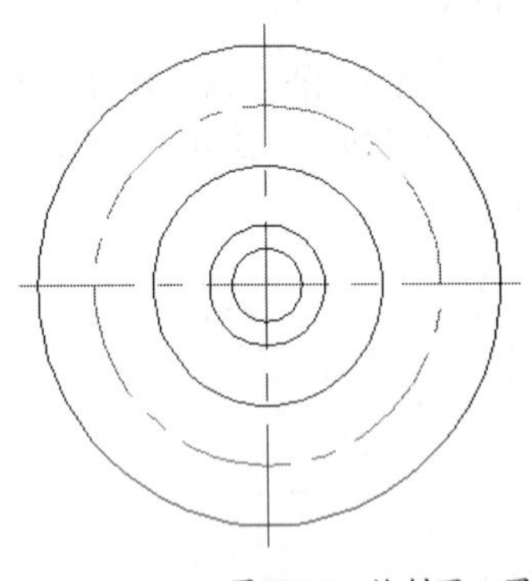

图136-7 绘制同心圆

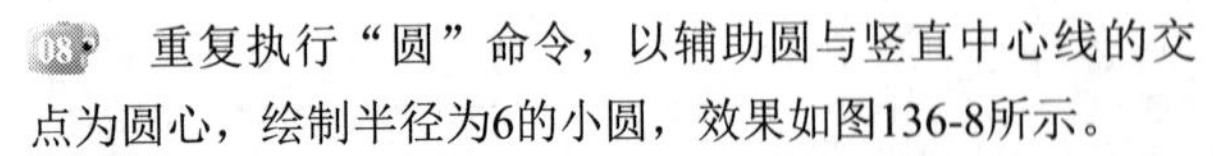

08 重复执行“圆”命令，以辅助圆与竖直中心线的交点为圆心，绘制半径为6的小圆，效果如图136-8所示。

09 执行“阵列”命令，选择“环形”阵列。按命令行提示操作，选择“小圆”为阵列对象，指定阵列中心点为任意圆圆心设置“项目”数为6，效果如图136-9所示。

10 执行“复制”命令，复制两条中心线到左侧适当位置，并保持y坐标不变，效果如图136-10所示。

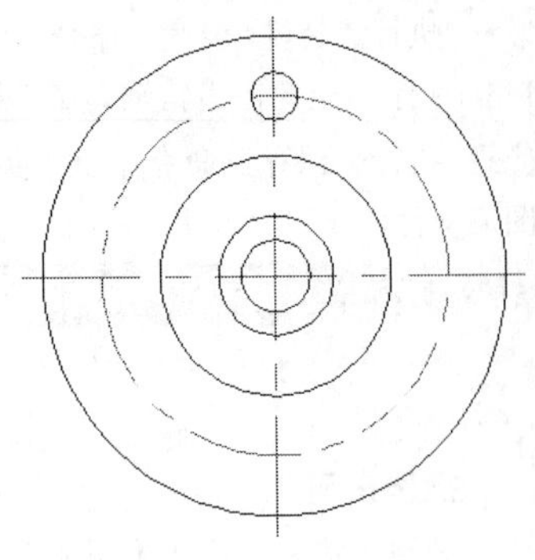

图136-8 绘制小圆

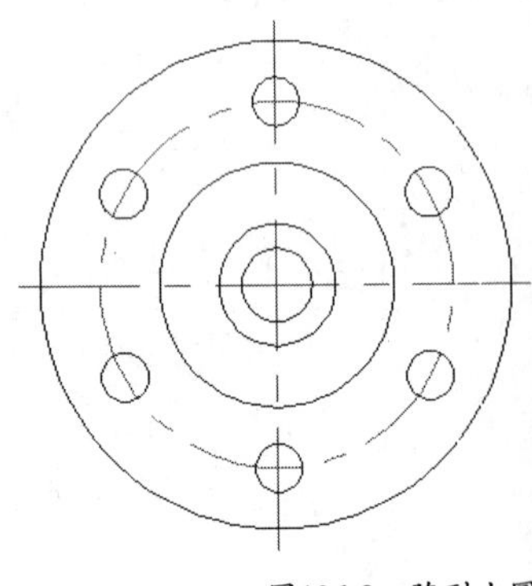

图136-9 阵列小圆

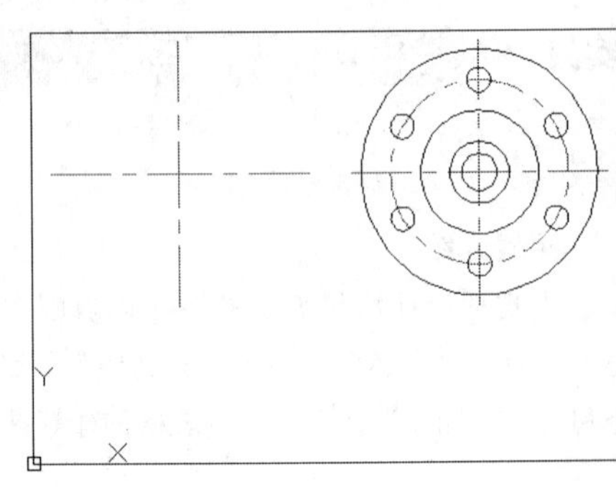

图136-10 复制中心线

11 执行“构造线”命令，通过捕捉圆的上下象限点绘制多条构造线，效果如图136-11所示。

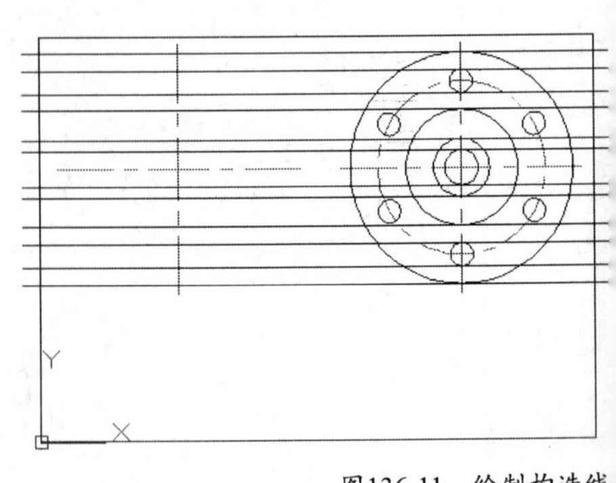

图136-11 绘制构造线

12 重复执行“构造线”命令，沿左侧竖直中心线绘制一条竖直构造线。执行“偏移”命令，将新绘制的构造线向左偏移11、40，再向右偏移11、23、32，效果如图136-12所示。

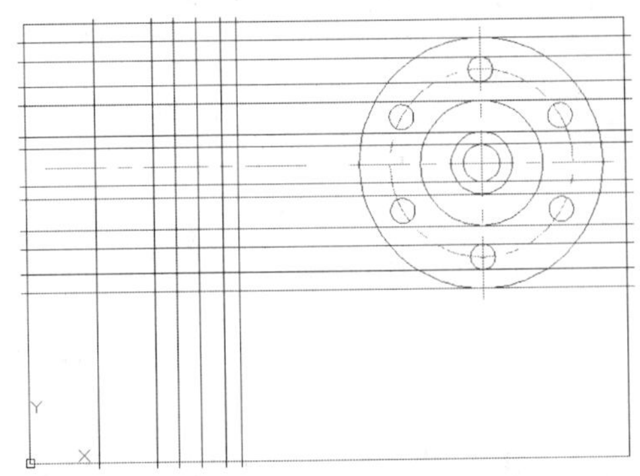

图136-12　偏移构造线

13 执行“修剪”命令，对多余的构造线进行修剪，效果如图136-13所示。

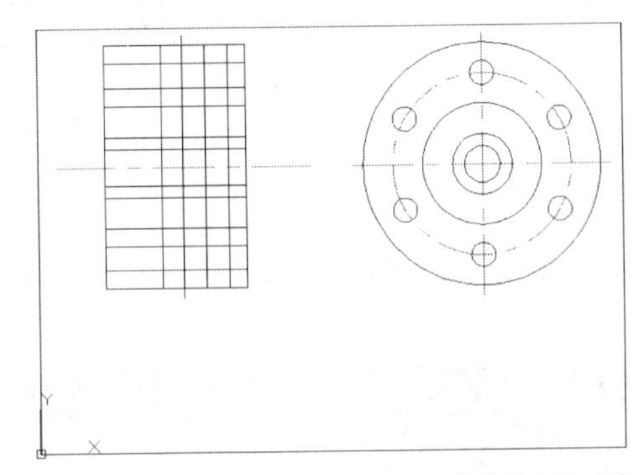

图136-13　修剪多余构造线

14 重复执行“修剪”命令，进一步修剪构造线，效果如图136-14所示。

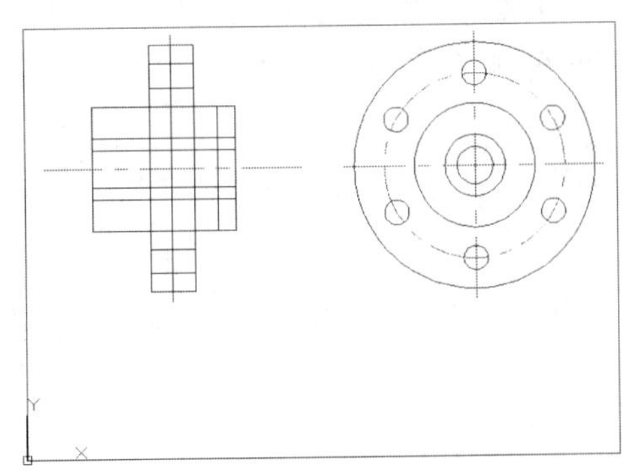

图136-14　进一步修剪构造线

15 重复执行“修剪”命令，再次修剪构造线，效果如图136-15所示。

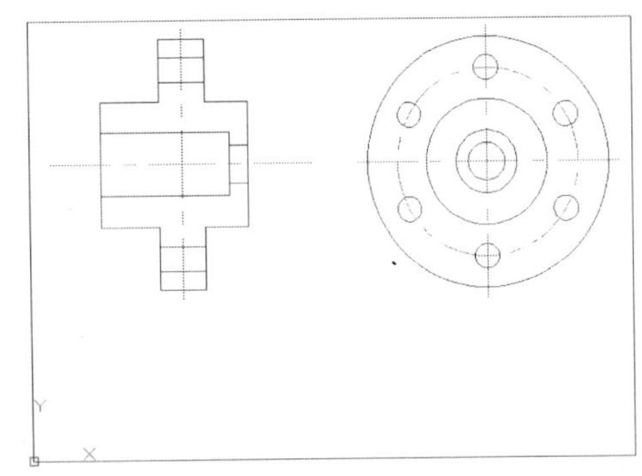

图136-15　再次修剪构造线

16 执行“圆角”命令，设置圆角半径为3，对左侧图形指定角添加圆角；重复执行“圆角”命令，设置圆角半径为5，对左侧图形指定角添加圆角，效果如图136-16所示。

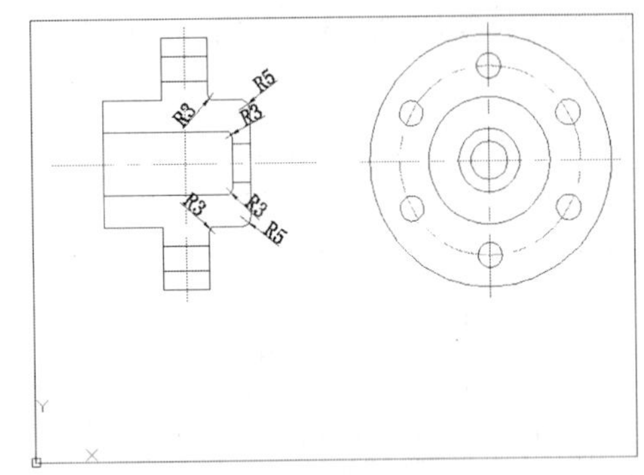

图136-16　添加圆角

17 执行“绘图>图案填充”命令，选择填充图案为ANSI31，对左侧指定区域进行填充，效果如图136-17所示。

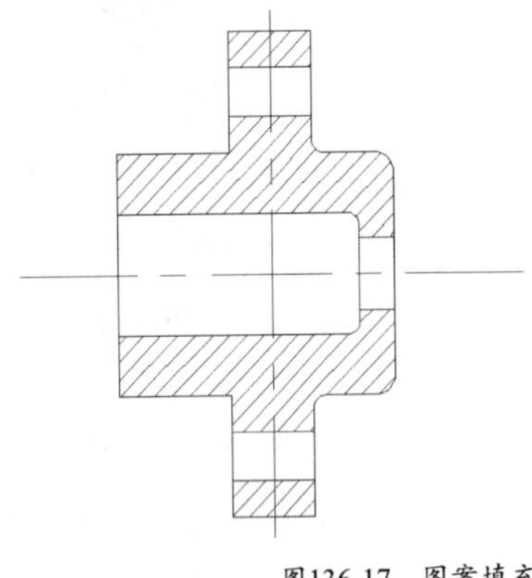

图136-17　图案填充

18 执行“新建图层”命令，新建一个“标注”图层，设置其颜色为洋红，并置为当前。执行“格式>标注样式”命令，弹出“标注样式管理器”对话框。单击“修改”按钮，如图136-18所示。

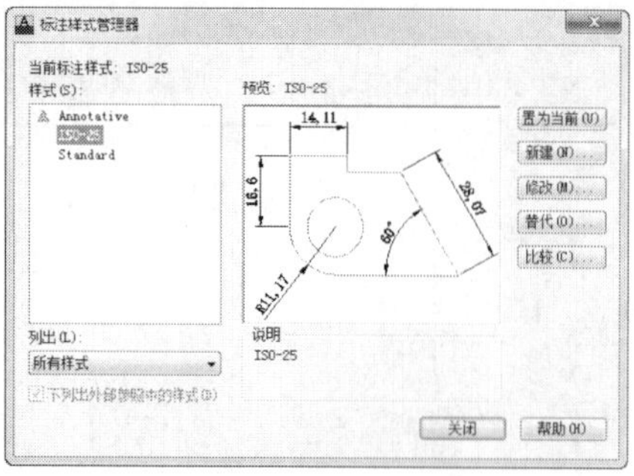

图136-18　标注样式管理器

19 在弹出的“修改标注样式”对话框中，单击“线”选项卡，分别对颜色及其他参数进行修改，如图136-19所示；单击“符号和箭头”选项卡，调整箭头样式和箭头大小，如图136-20所示；单击“文字”选项卡，修改文字高度、文字对齐方式等参数，如图136-21所示。

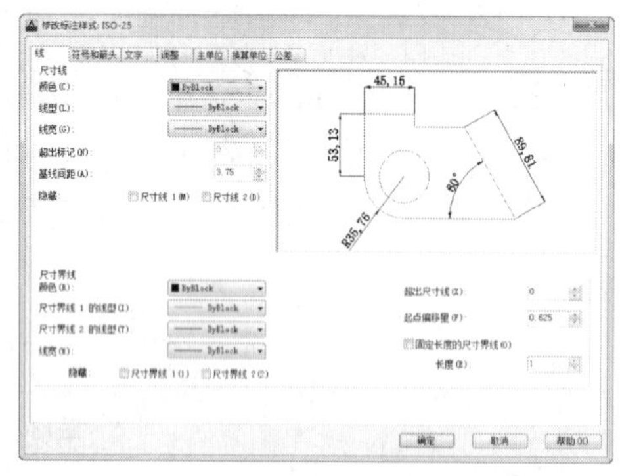
图136-19　修改“线”选项卡

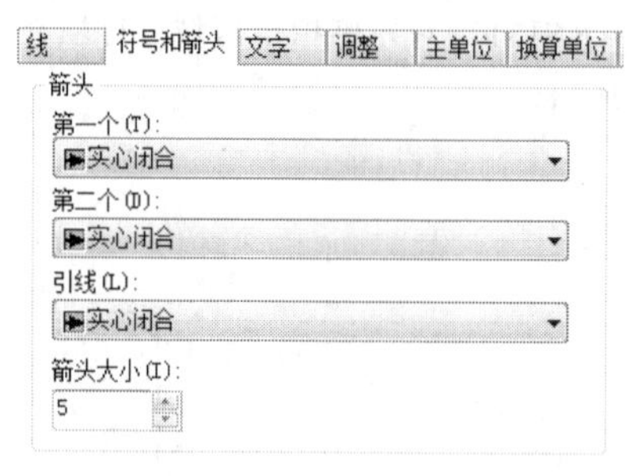

图136-20　修改“符号和箭头”选项卡

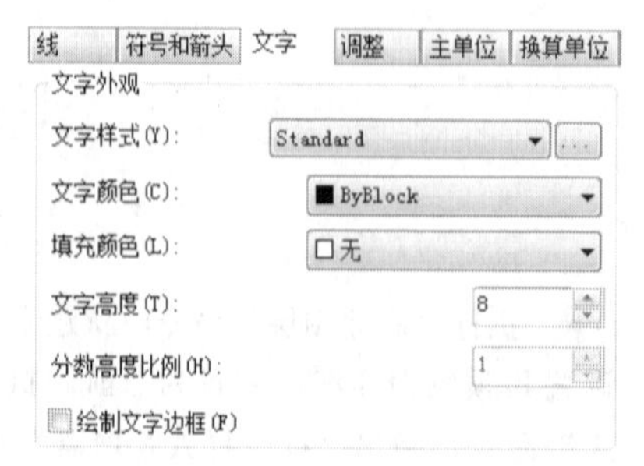

图136-21　修改“文字”选项卡

20 对图形进行标注，效果如图136-22所示。

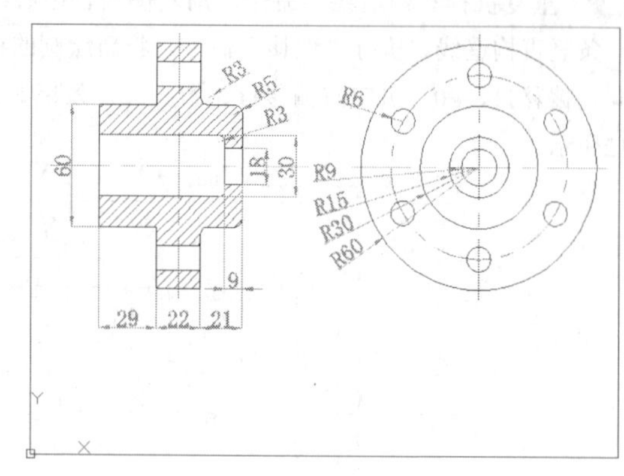

图136-22　标注图形

21 将0图层置为当前，执行“直线”命令，绘制表格，效果如图136-23所示。

材料		图样		（审核）
比例		序号		（设计）
重量		单位		（日期）

图136-23　绘制表格边框

22 执行“另存为”命令，将文件另存为“实战 136.dwg”。

练习136　绘制弹簧盖零件图

实战位置	DVD>练习文件>第6章>练习136.dwg
难易指数	★☆☆☆☆
技术掌握	巩固之前所学的“圆心”命令、“半径”命令、“构造线”命令、“修剪”命令和“尺寸标注”命令，以及表格创建等操作知识

操作指南

参照“实战136”案例进行制作。

首先打开场景文件，然后进入操作环境，做出如图136-24所示的图形。

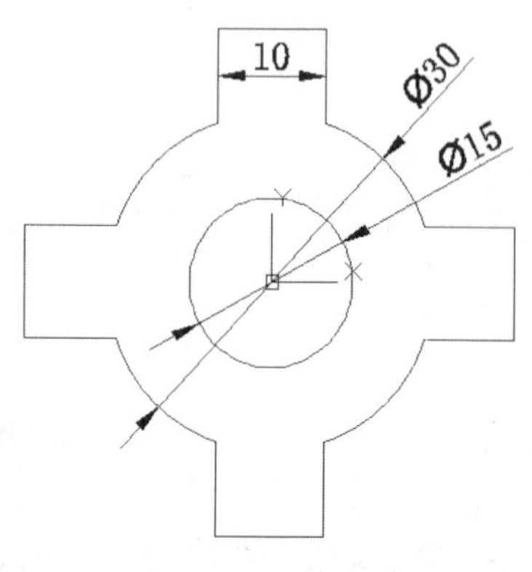

图136-24　绘制弹簧盖

实战137　绘制扇形垫片零件图

原始文件位置	DVD>原始文件>第6章>实战137原始文件
实战位置	DVD>实战文件>第6章>实战137.dwg
视频位置	DVD>多媒体教学>第6章>实战137.avi
难易指数	★★☆☆☆
技术掌握	掌握“夹点”命令的使用方法

实战介绍

本例中将介绍扇形垫片零件图的绘制过程。扇形垫片的主要图线均为弧线，在本例中应多加注意练习并掌握弧线的绘制方法。

制作思路

• 首先打开AutoCAD 2013，然后进入操作环境，利用直线、圆、偏移、修剪等绘图命令，绘制完成扇形垫片的零件图，本例最终效果如图137-1所示。

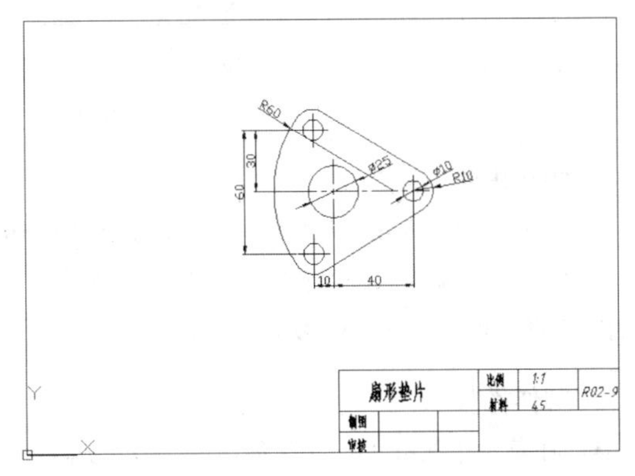

图137-1　最终效果

制作流程

01 在菜单中执行“打开”命令，打开“实战137原始文件.dwg”文件。

02 双击修改标题栏中的文字，如图137-2所示。

扇形垫片		比例	1:1	R02-9
		材料	45	
制图				
审核				

图137-2　修改标题栏

03 将“点画线”层置为当前层。执行“直线”命令，绘制中心线，如图137-3所示。

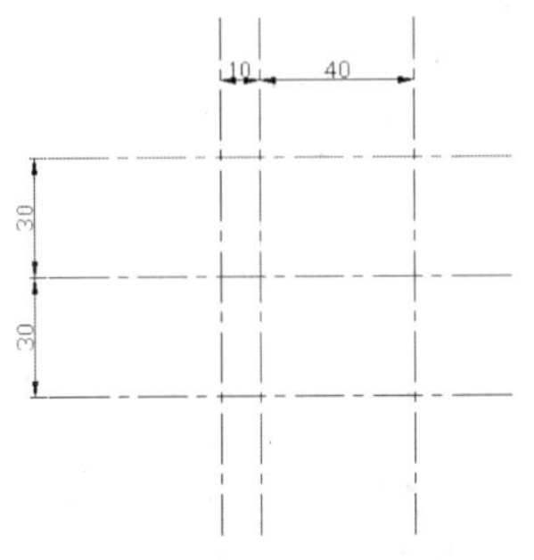

图137-3　绘制中心线

04 将“粗实线”层置为当前层。执行“绘图>圆”命令，绘制直径为25、20、10的圆，如图137-4所示。

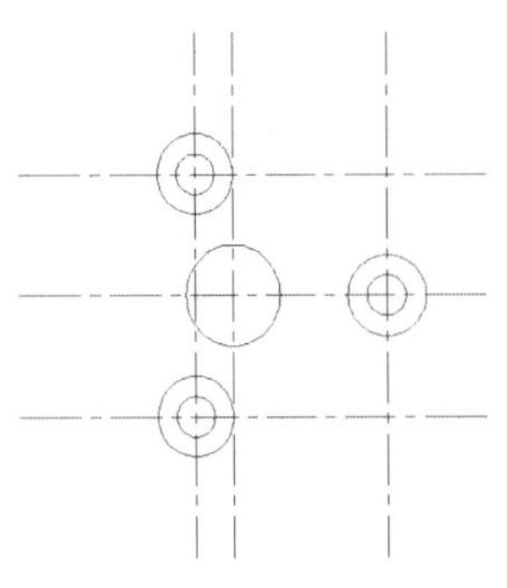

图137-4　绘制圆

05 执行“绘图>圆>相切、相切、半径”命令，绘制与两圆相切、半径为60的圆，如图137-5所示。

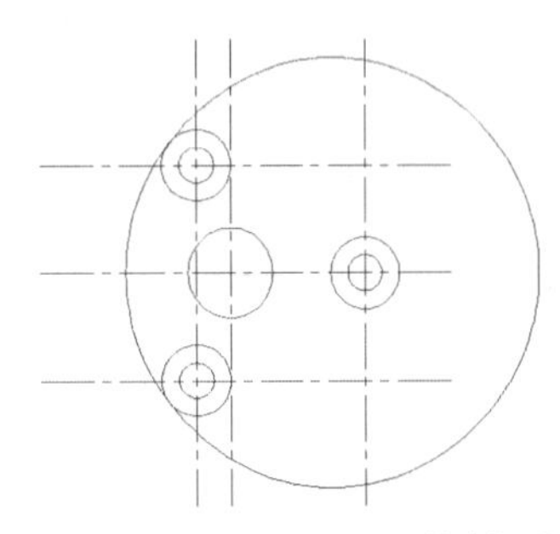

图137-5　绘制外切圆

06 执行“绘图>直线”命令，绘制两个圆的切线，如图137-6所示。

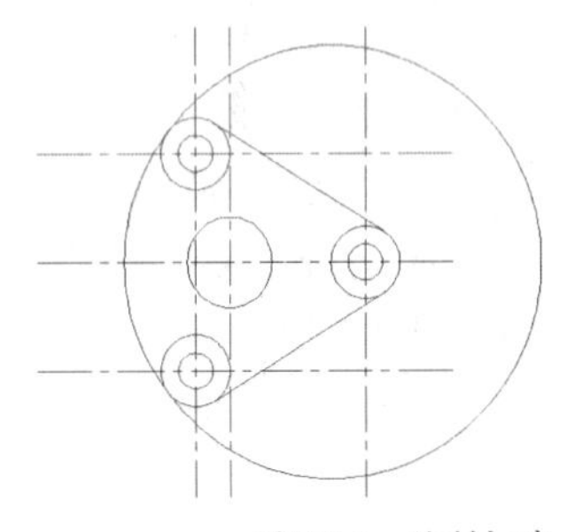

图137-6　绘制切线

07 执行“修改>修剪”命令，修剪圆与圆弧，结果如图137-7所示。

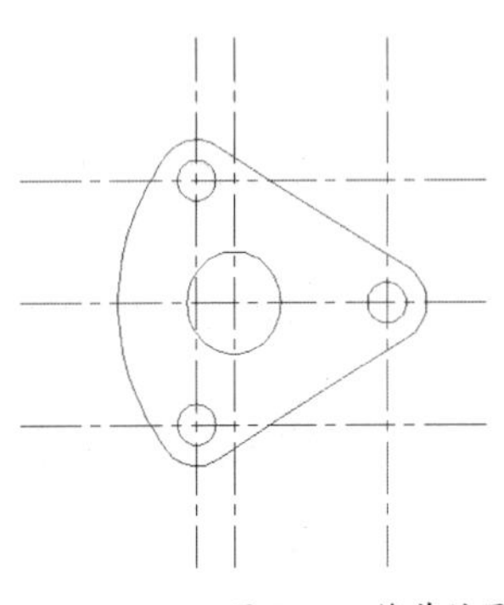

图137-7　修剪结果

08 利用夹点编辑，修改点画线长度，结果如图137-8所示。

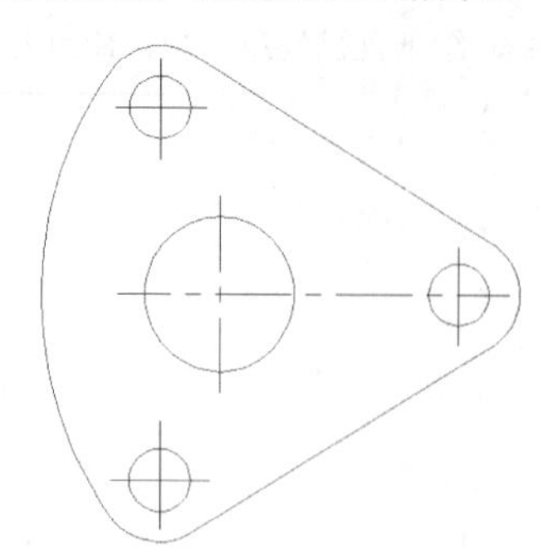

图137-8 修改点画线

09 将“标注”层置为当前层。利用尺寸标注方法对扇形垫片的零件图进行尺寸标注，如图137-9所示。

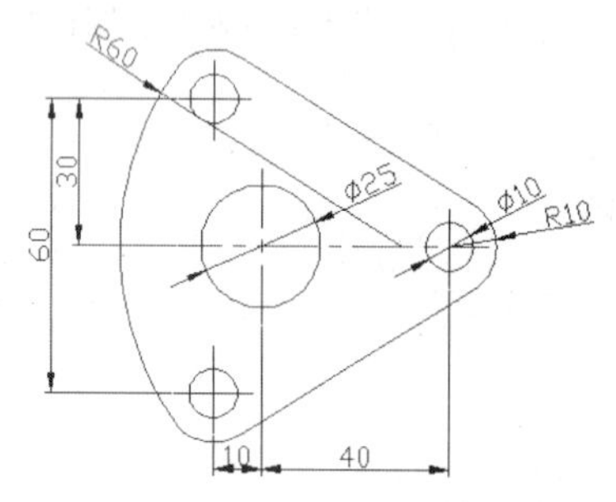

图137-9 标注扇形垫片尺寸

10 执行“保存”命令，保存文件。

练习137 绘制扇形垫片零件图

实战位置	DVD>练习文件>第6章>练习137.dwg
难易指数	★★☆☆☆
技术掌握	巩固基础绘图命令的使用方法

操作指南

参照“实战137”案例进行制作。

首先打开场景文件，然后进入操作环境，绘制如图137-10所示的图形。

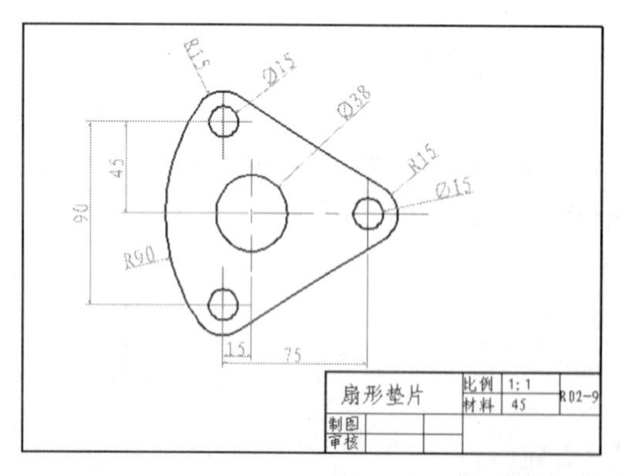

图137-10 绘制新的扇形垫片零件

实战138 绘制密封垫零件图

原始文件位置	DVD>原始文件>第6章>实战138原始文件
实战位置	DVD>实战文件>第6章>实战138.dwg
视频位置	DVD>多媒体教学>第6章>实战138.avi
难易指数	★★☆☆☆
技术掌握	掌握“阵列”命令等使用方法

实战介绍

通过介绍绘制简单零件的过程，熟悉阵列命令。案例效果如图138-1所示。

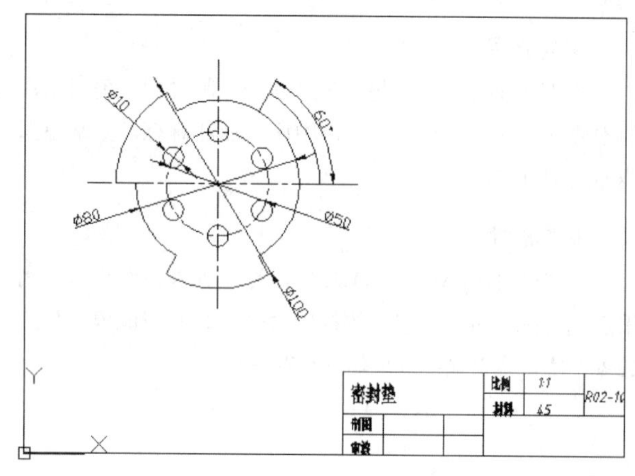

图138-1 最终效果

制作思路

• 首先打开AutoCAD 2013，然后进入操作环境，利用直线、圆、偏移、修剪和阵列命令，绘制得到了密封圈的零件图，做出如图138-1所示的图形。

制作流程

01 在菜单中执行“打开”命令，打开“实战138原始文件.dwg”文件。

02 双击修改标题栏中的文字，如图138-2所示。

密封垫		比例	1:1	R02-10
		材料	45	
制图				
审核				

图138-2 修改标题栏

03 将“点画线”层置为当前层。执行“绘图>直线”命令，绘制视图的中心线；执行“圆”命令，绘制半径为25的辅助圆，如图138-3所示。

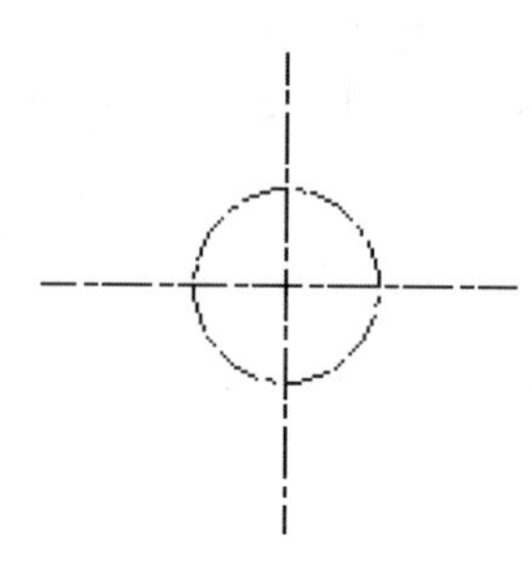

图138-3 绘制中心线和辅助圆

04 执行“绘图>圆”命令，绘制半径为40、50和5的圆，如图138-4所示。

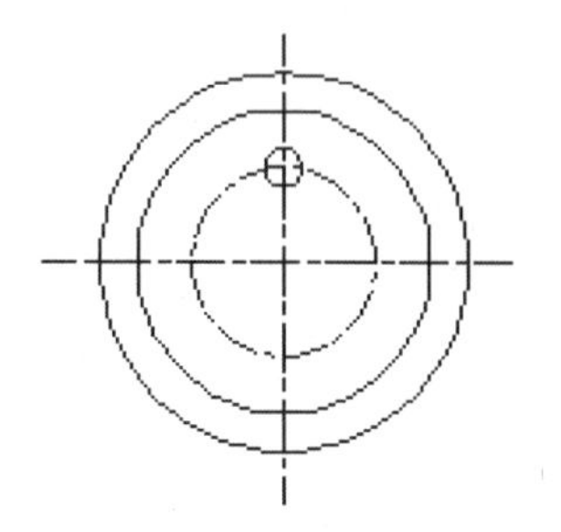

图138-4　绘制圆

05 执行“格式>线宽”命令，进行线宽设置，效果如图138-5所示。

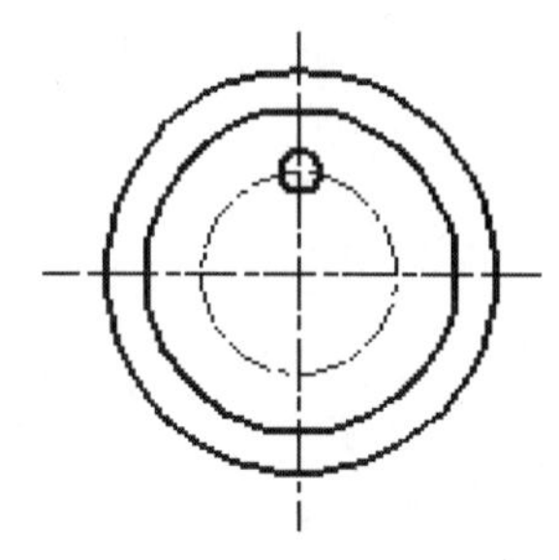

图138-5　线宽显示

06 执行“绘图>直线”命令，绘制短直线，如图138-6所示。

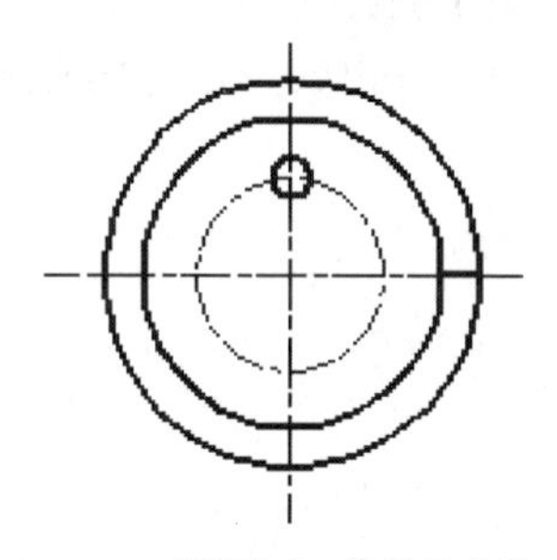

图138-6　绘制短直线

07 执行“修改>阵列”命令，半径为5的圆和短直线进行环形阵列。以圆心为基点，结果如图138-7所示。

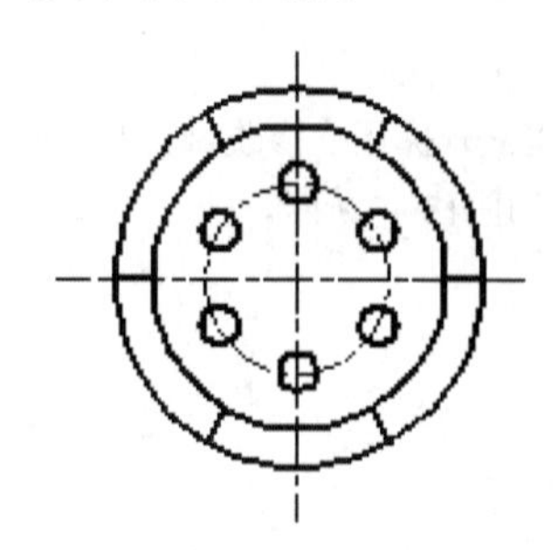

图138-7　环形阵列结果

08 执行“修改>修剪”命令，修剪多余线条，结果如图138-8所示。

09 将“标注”层置为当前层。利用尺寸标注方法对密封圈零件图进行尺寸标注，如图138-9所示。

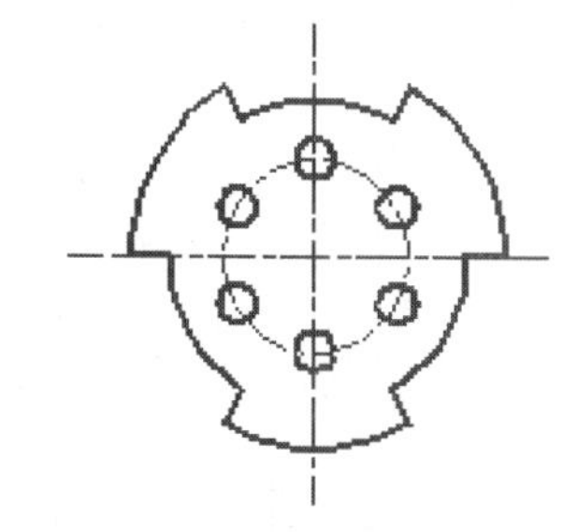

图138-8　修剪线条结果

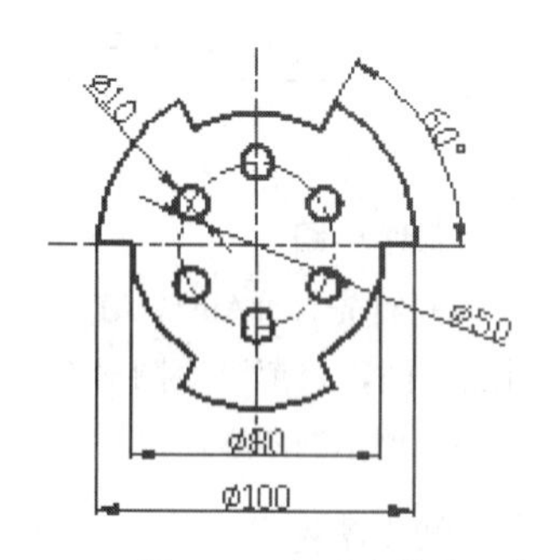

图138-9　标注密封圈尺寸

10 执行“保存”命令，保存文件。

练习138　密封垫零件图

实战位置　DVD>练习文件>第6章>练习138.dwg
难易指数　★☆☆☆☆
技术掌握　巩固“阵列”的使用方法

操作指南

参照“实战138”案例进行制作。

首先打开场景文件，然后进入操作环境，做出如图138-10所示的图形。

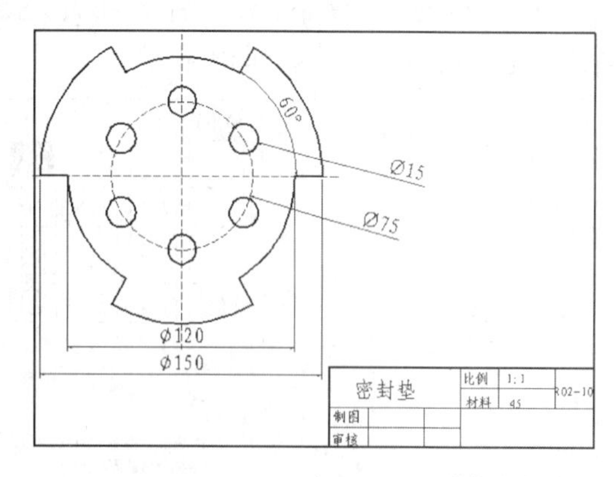

图138-10　绘制密封垫零件图

实战139　绘制模板零件图

原始文件位置　DVD>原始文件>第6章>实战139原始文件
实战位置　DVD>实战文件>第6章>实战139.avi
视频位置　DVD>多媒体教学>第6章>实战139.avi
难易指数　★★☆☆☆
技术掌握　掌握绘制圆命令的使用方法

实战介绍

本例中将利用各种绘图辅助工具尤其是圆的绘制命令，绘制完成模板零件图。案例效果如图139-1所示。

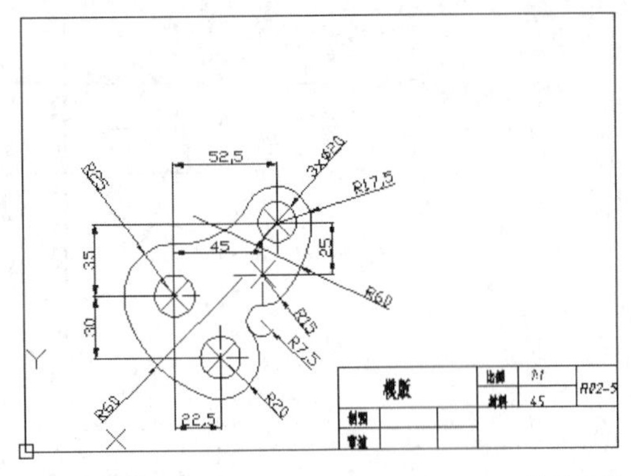

图139-1 最终效果

制作思路

• 首先打开AutoCAD 2013，然后进入操作环境，利用点、圆、修剪等绘图命令，绘制得到了模板，做出如图139-1所示的图形。

制作流程

01 在菜单中执行“打开”命令，打开“实战139原始文件.dwg”文件。

02 双击修改标题栏中的文字，如图139-2所示。

模版			比例	1:1	R02-5
			材料	45	
制图					
审核					

图139-2 修改标题栏

03 将“粗实线”层置为当前层。执行“格式>点样式”命令，设置点的样式，如图139-3所示。

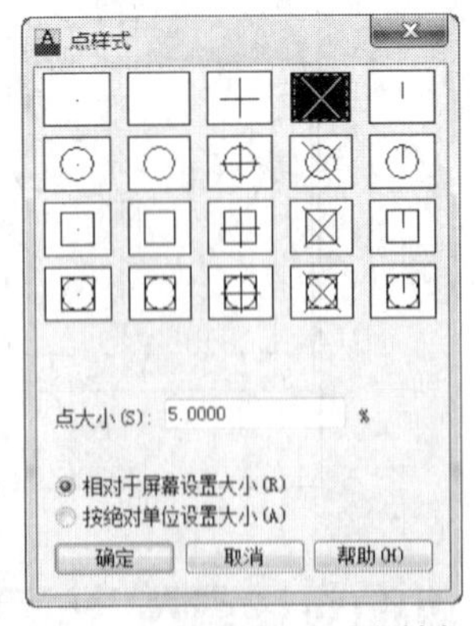

图139-3 设置点样式

04 执行“绘图>点”命令，绘制A（75,75）、B（97.5,45）、C（120,85）和D（127.5,110）4点，如图139-4所示。

05 执行“绘图>圆”命令，分别以A、B、C、D点为圆心，绘制半径为25、20、15、17.5的圆，如图139-5所示。

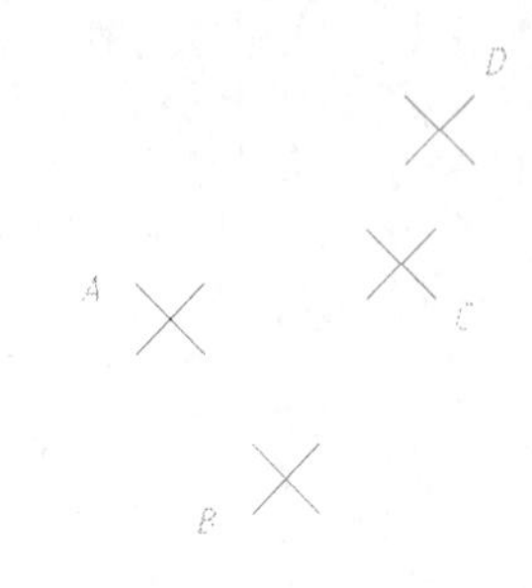

图139-4 绘制4个点

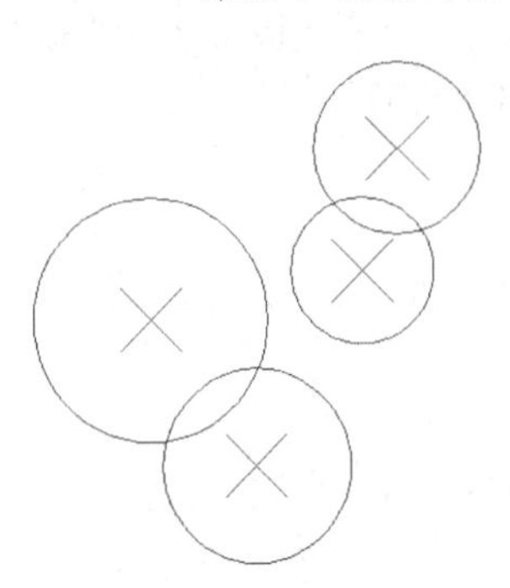

图139-5 绘制圆

06 执行“绘图>圆>相切、相切、半径”命令，绘制与圆A、D相切的半径为40的圆；绘制与圆D、C相切的半径为60的圆；绘制与圆A、B相切的半径为60的圆；绘制与圆B、C相切的半径为7.5的圆，如图139-6所示。

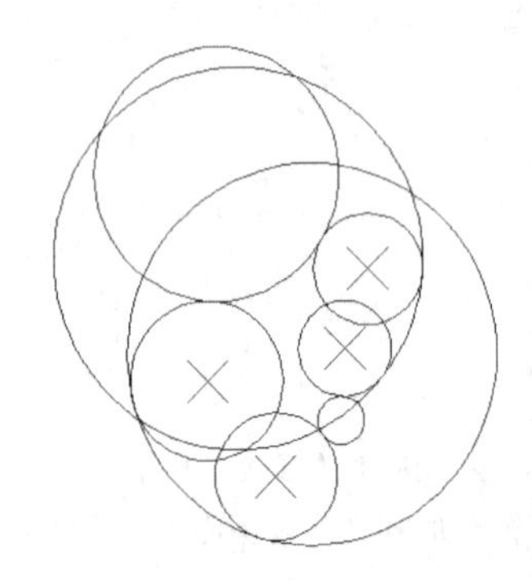

图139-6 绘制相切圆

07 执行“修改>修剪”命令，修剪刚绘制的圆弧，结果如图139-7所示。

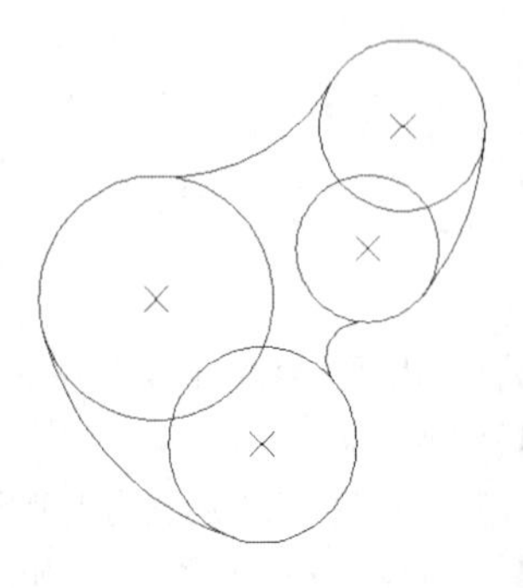

图139-7 修剪线条结果

08 执行“修改>修剪”命令，修剪多余圆弧，结果如图139-8所示。

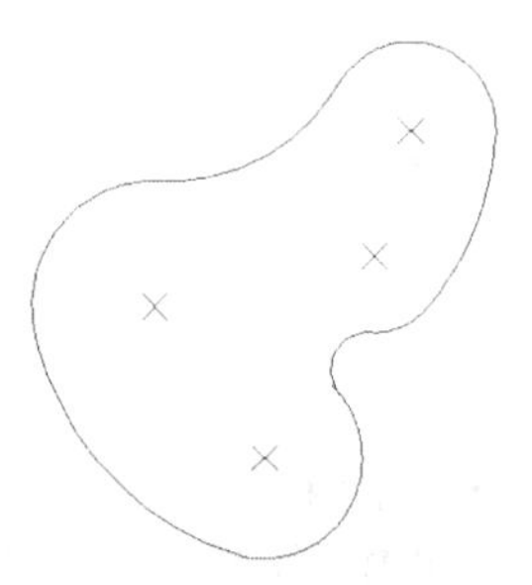

图139-8　修剪圆弧

09 执行“绘图>圆”命令，分别以A、B、D点为圆心，绘制3个半径为10的圆，如图139-9所示。

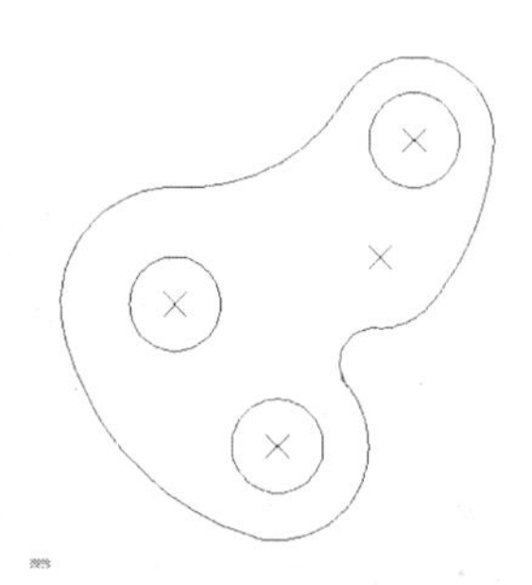

图139-9　绘制3个小圆

10 将“点画线”层置为当前层，在圆心点处绘制点画线，如图139-10所示。

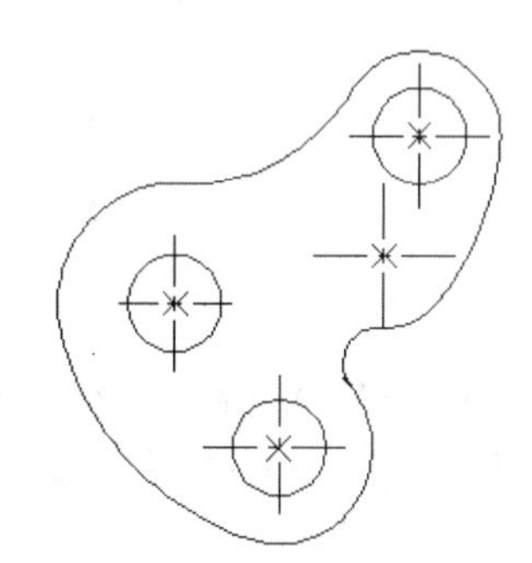

图139-10　绘制点画线

11 将“标注”层置为当前层。利用尺寸标注方法对模板的零件图进行尺寸标注，如图139-11所示。

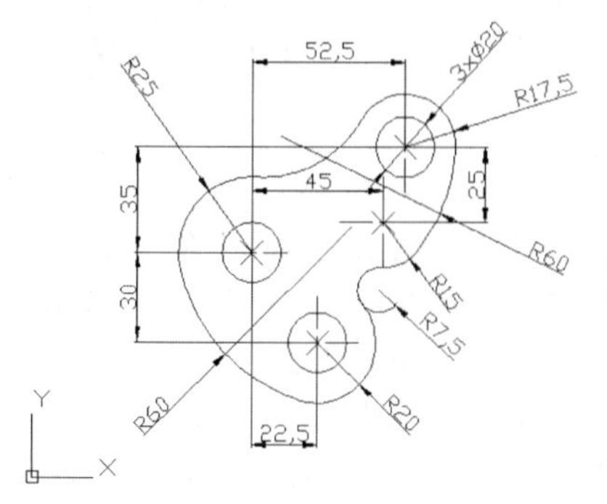

图139-11　标注模板

12 执行“保存”命令，保存文件。

练习139　绘制模板零件图

实战位置　DVD>练习文件>第6章>练习139.dwg
难易指数　★★☆☆☆
技术掌握　巩固“直线”的使用方法

操作指南

参照“实战139”案例进行制作。

首先打开场景文件，然后进入操作环境，做出如图139-12所示的图形。

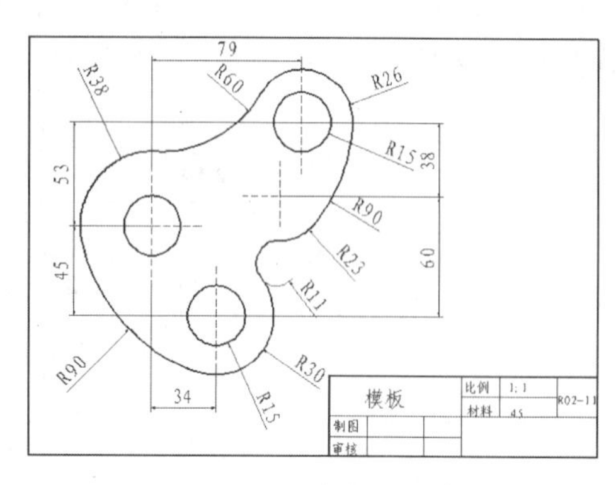

图139-12　绘制模板零件图

实战140　绘制挂轮支臂零件图

原始文件位置　DVD>原始文件>第6章>实战140原始文件
实战位置　DVD>实战文件>第6章>实战140.dwg
视频位置　DVD>多媒体教学>第6章>实战140.avi
难易指数　★★★☆☆
技术掌握　掌握各种绘图辅助命令

实战介绍

本例利用点、直线、圆、圆弧、偏移和修剪等绘图命令，绘制得到了挂轮支臂的零件图。案例效果如图140-1所示。

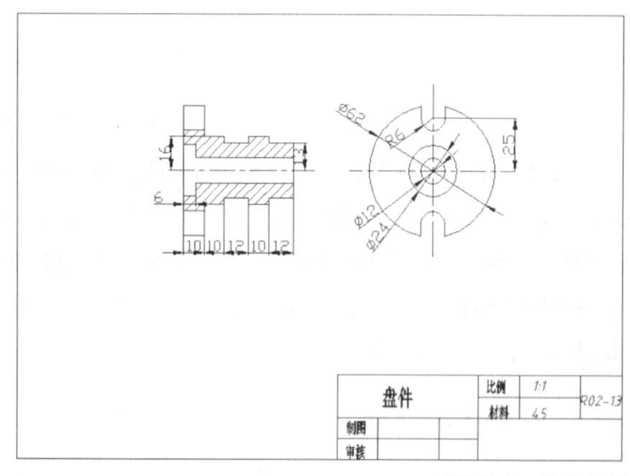

图140-1　最终效果

制作思路

• 首先打开AutoCAD 2013，然后进入操作环境，绘制中心线，绘制相切圆，做出如图140-1所示的图形。

制作流程

01 打开“实战140原始文件.dwg”文件。

02 选择文字右击，在弹出的快捷菜单上单击编辑，修改标题栏中的文字，如图140-2所示。

挂轮支臂			比例	1:1	R02-12
			材料	45	
制图					
审核					

图140-2 修改标题栏

03 将“粗实线”层置为当前层。执行“实用工具>点样式”命令，设置点的样式，如图140-3所示。

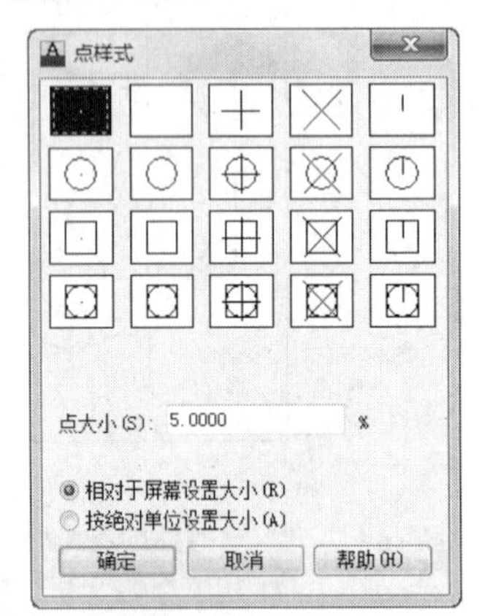

图140-3 设置点样式

04 执行“绘图>点”命令，绘制A（58,90）、B（112,90）、C（198,90）和D点，其中D点相对于B点的坐标为（@54<80），如图140-4所示。

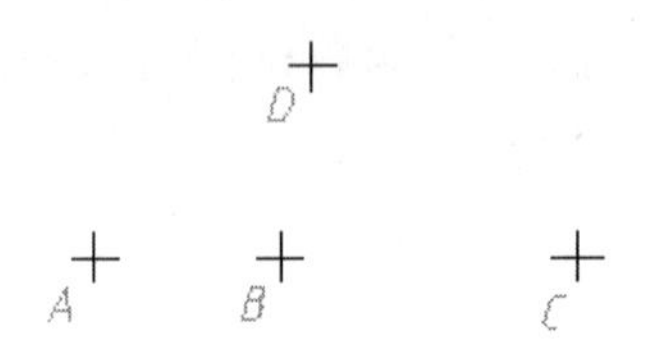

图140-4 绘制四个点

05 执行“绘图>圆”命令，以A点为圆心，绘制直径为25.4和12.75的同心圆；以B点为圆心，绘制直径为15.88和9.52的同心圆；以C点为圆心，绘制直径为50.8、31.75和22.23的同心圆；以D点为圆心，绘制直径为25.4和12.75的同心圆，如图140-5所示。

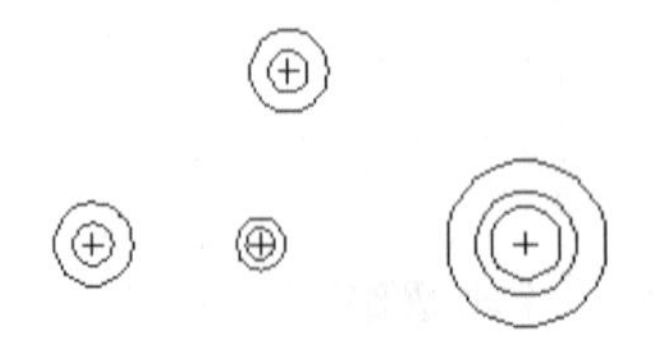

图140-5 绘制同心圆

06 将“点画线”层置为当前层。执行“绘图>直线”命令，绘制从点B到点（@70<80）的直线，如图140-6所示。

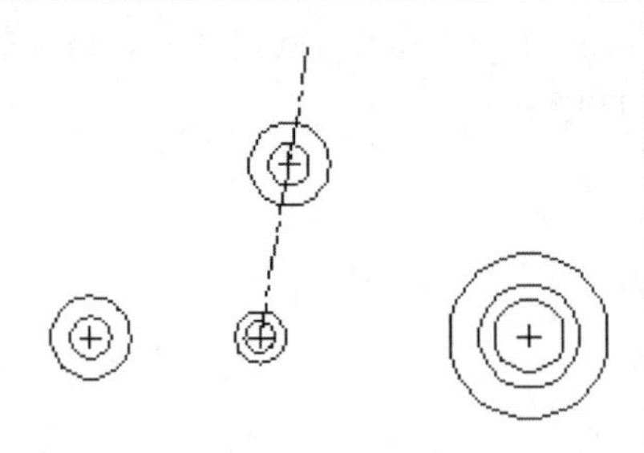

图140-6 绘制倾斜辅助线

07 将“粗实线”层置为当前层。执行“绘图>圆弧”命令，以B点为圆心，捕捉斜线与圆交点为起点，圆的象限点为终点，绘制弧线，结果如图140-7所示。

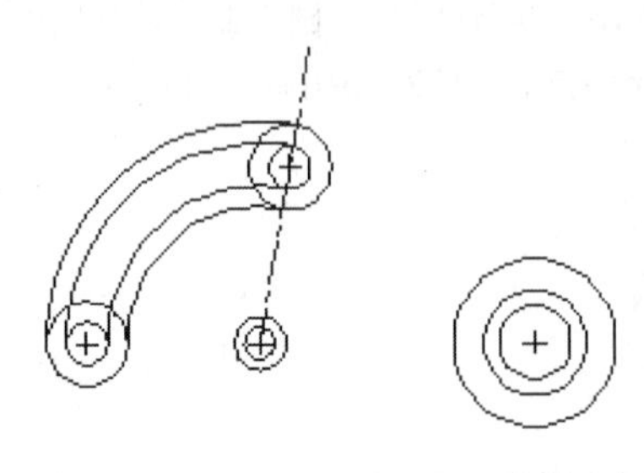

图140-7 绘制弧线

08 执行“修改>修剪”命令，修剪掉多余的圆弧，结果如图140-8所示。

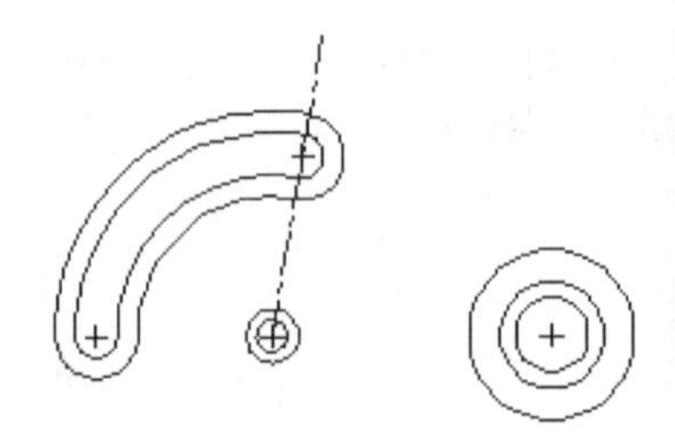

图140-8 修剪圆弧结果

09 利用LINE命令，绘制以点B为起点，右侧大圆的象限点为终点的直线，作为辅助线，结果如图140-9所示。

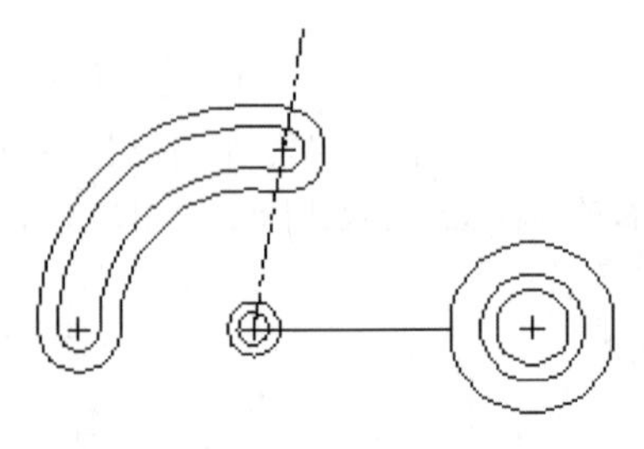

图140-9 绘制辅助直线

10 执行“修改>移动”命令，将辅助直线向下移动19.05。执行“修改>偏移”命令，将右侧的大圆向外偏移12.75，如图140-10所示。

11 执行“绘图>圆”命令，以辅助直线与偏移圆的交点为圆心，绘制半径为12.75的圆，并删除辅助直线及偏移圆，如图140-11所示。

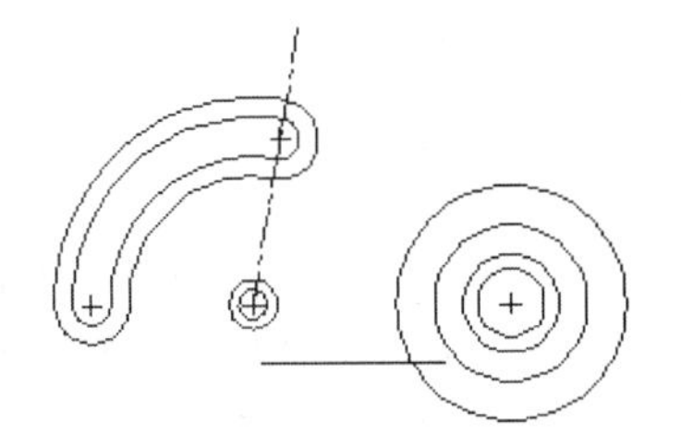

图140-10　移动直线并偏移圆

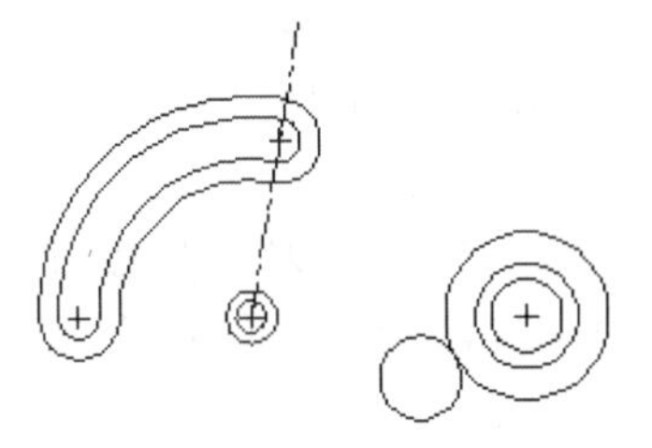

图140-11　绘制圆并删除辅助直线和圆

12 执行“绘图>直线”命令，利用象限点捕捉，绘制直线，如图140-12所示。

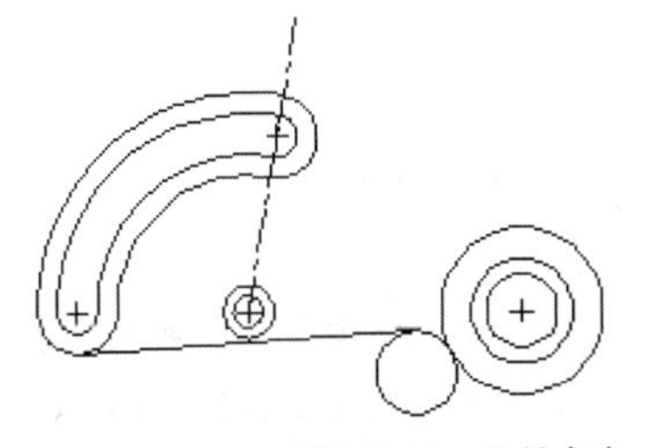

图140-12　绘制直线

13 执行“修改>修剪”命令，修剪掉多余的圆弧，结果如图140-13所示。

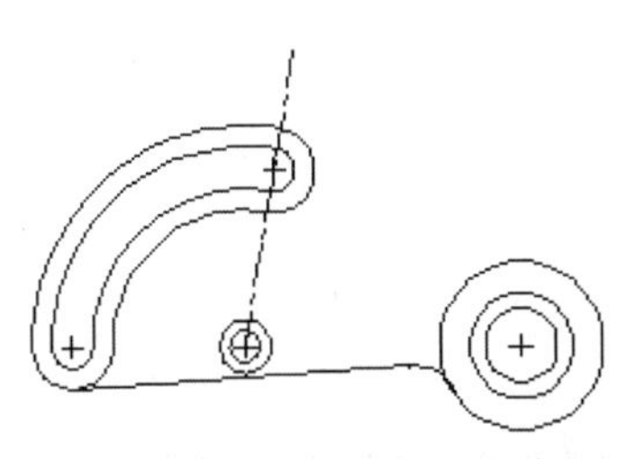

图140-13　修剪结果

14 执行“绘图>圆>相切、相切、半径”命令，绘制与圆心为C的大圆及圆心为D的圆弧相切的半径为51的圆，如图140-14所示。

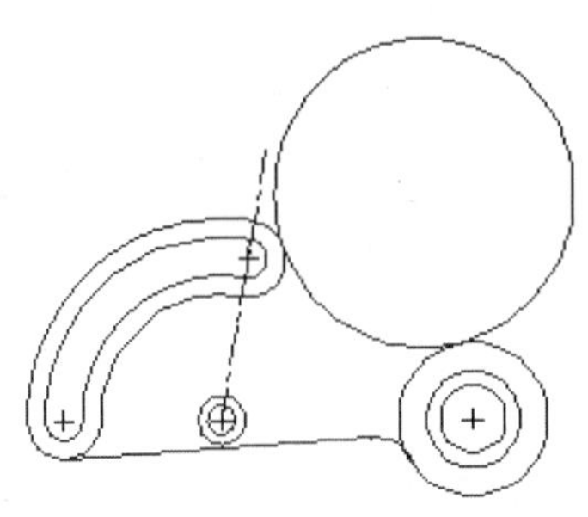

图140-14　绘制相切圆

15 执行“修改>修剪”命令，修剪掉多余的圆弧，结果如图140-15所示。

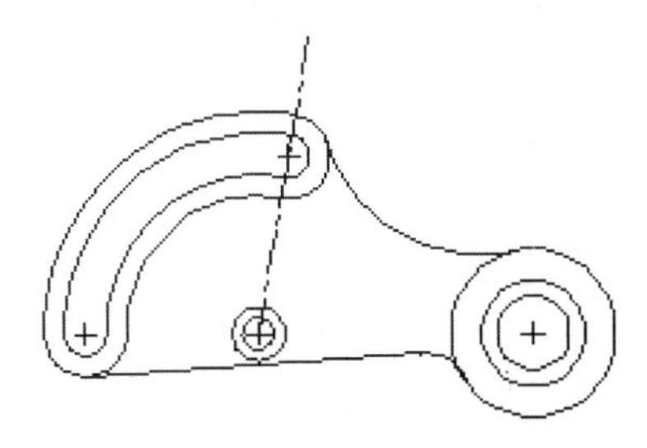

图140-15　修剪掉多余圆弧

16 执行“修改>偏移”命令，将圆弧向内侧偏移6.375，得到中心圆弧线，如图140-16所示。

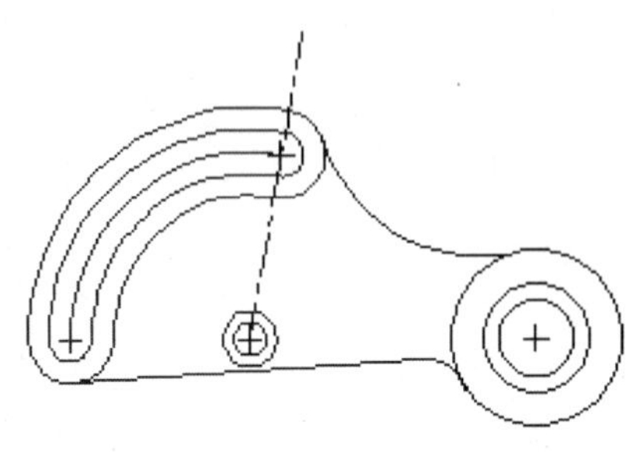

图140-16　偏移圆弧

17 执行“修改>延伸”命令，将刚偏移得到的中心圆弧线，向外延伸，并修改其为“点画线”图层，如图140-17所示。

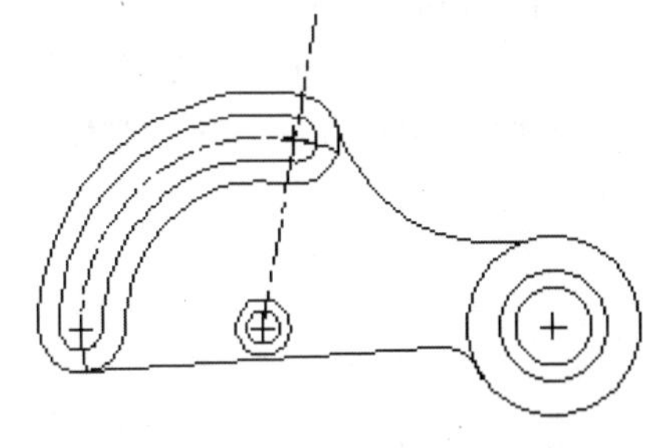

图140-17　延伸圆弧

18 将“标注”层置为当前层。利用尺寸标注方法对挂轮支臂进行尺寸标注，如图140-18所示。

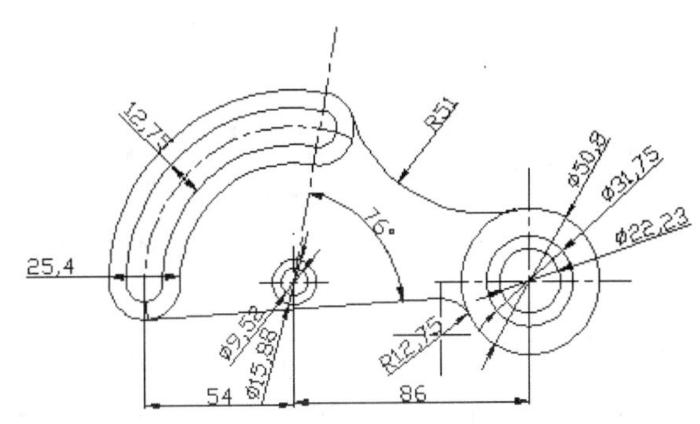

图140-18　标注挂轮支臂

19 执行“保存”命令，保存文件。

练习140 绘制挂轮支臂零件图

实战位置 DVD>练习文件>第6章>练习140.dwg
难易指数 ★☆☆☆☆
技术掌握 巩固圆和圆弧的绘制方法

操作指南

参照“实战140”案例进行制作。

首先打开场景文件，然后进入操作环境，做出如图140-19所示的图形。

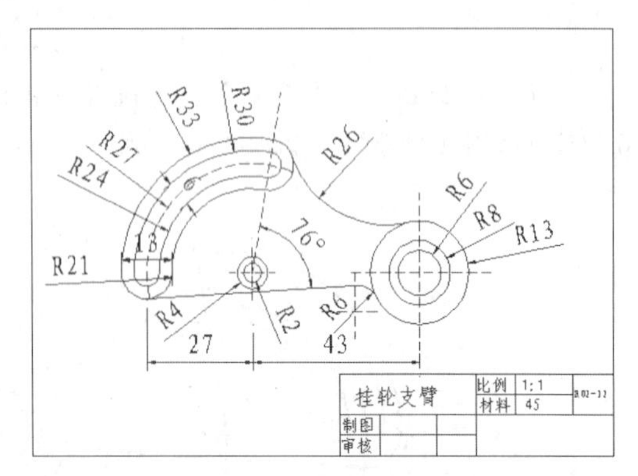

图140-19 绘制新的挂轮支臂零件图

实战141 绘制盘件零件图

原始文件位置 DVD>原始文件>第6章>实战141原始文件
实战位置 DVD>实战文件>第6章>实战141.dwg
视频位置 DVD>多媒体教学>第6章>实战141.avi
难易指数 ★★☆☆☆
技术掌握 掌握基础命令的使用方法

实战介绍

本例利用直线、圆、构造线、偏移、修剪以及图案填充等命令绘制得到了盘件的零件图，本例最终效果如图141-1所示。

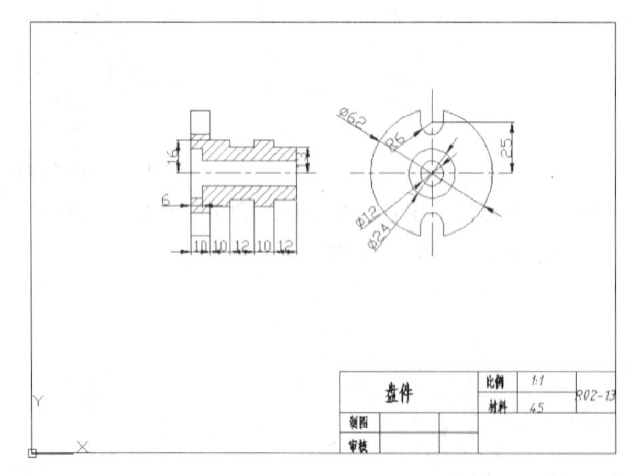

图141-1 最终效果

制作思路

• 首先打开AutoCAD 2013，然后进入操作环境，线绘制正视图，再绘制左剖面图，做出如图141-1所示的图形。

制作流程

01 执行“打开”命令，打开“实战141原始文件.dwg”文件。

02 双击标题栏中的文字，弹出“文字编辑器”选项卡，修改标题栏中的文字，如图141-2所示。

盘件			比例	1:1	R02-13
			材料	45	
制图					
审核					

图141-2 修改标题栏

03 将“点画线”层置为当前层。执行“绘图>直线”命令，绘制视图的中心线，如图141-3所示。

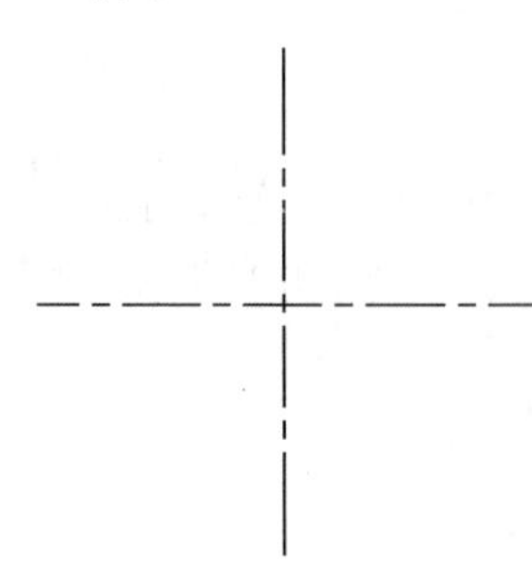

图141-3 绘制中心线

04 将“粗实线”层置为当前层。执行“绘图>圆”命令，绘制半径为6、12和31的圆，如图141-4所示。

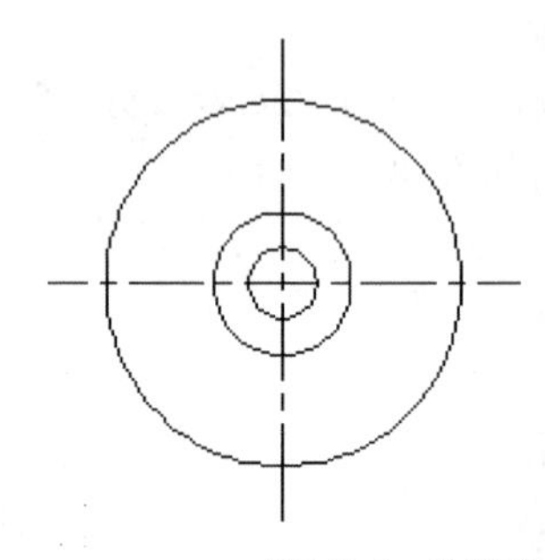

图141-4 绘制圆

05 执行“修改>偏移”命令，将水平点画线向上、下各偏移25，如图141-5所示。

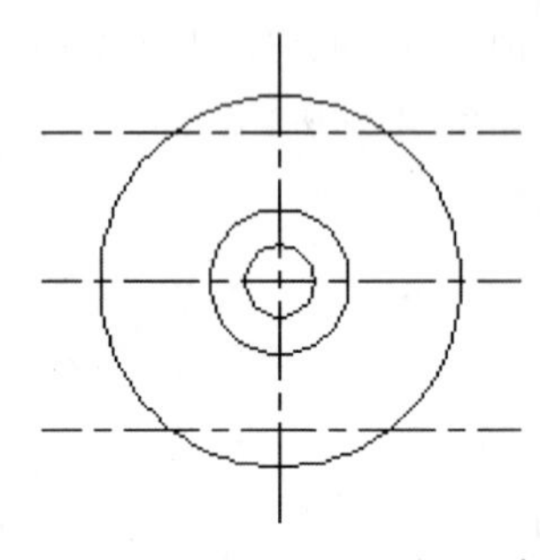

图141-5 偏移点画线

06 执行“绘图>圆”命令，以偏移直线与竖直点画线的交点为圆心，绘制两个半径为6的圆，如图141-6所示。

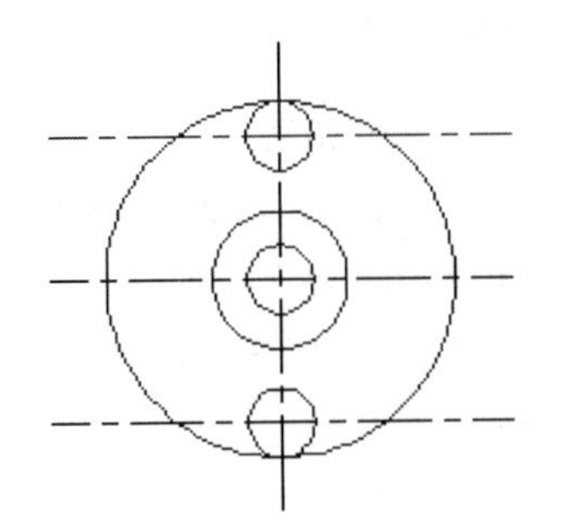

图141-6　绘制两个圆

07 执行“绘图>构造线”命令，绘制竖直构造线，如图141-7所示。

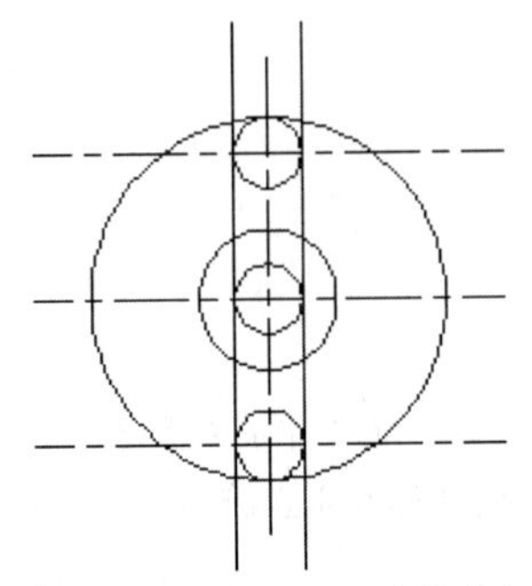

图141-7　绘制竖直构造线

08 执行“修改>修剪”命令，修剪掉多余的线条，并删除偏移得到的点画线，结果如图141-8所示。

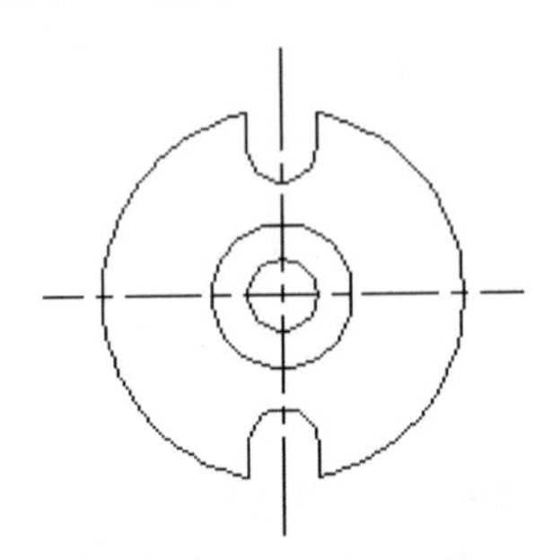

图141-8　修剪多余线条

09 执行“绘图>直线”命令，在“点画线”层绘制主视图的中心线；执行“绘图>构造线”命令，在“粗实线”层绘制水平构造线，如图141-9所示。

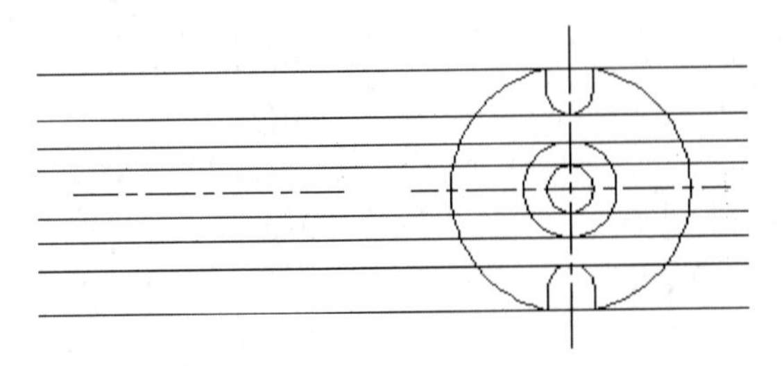

图141-9　绘制竖直构造线

10 执行“绘图>构造线”命令，绘制竖直构造线，各竖直构造线间的间距为6、4、10、12、10和12，如图141-10所示。

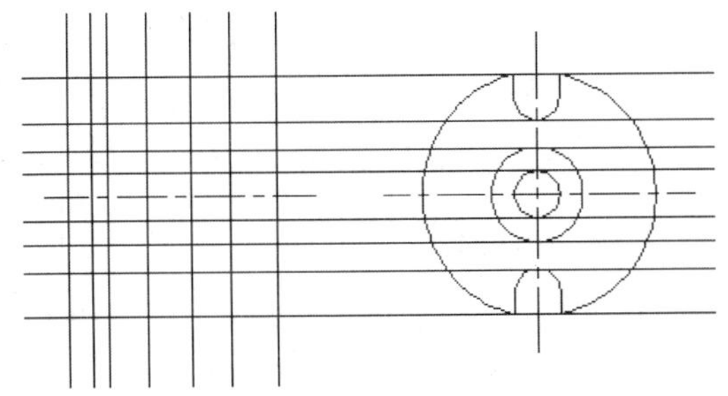

图141-10　绘制竖直构造线

11 执行“修改>偏移”命令，将点画线向上、下各偏移13和16，并将偏移直线图层修改为“粗实线”层，结果如图141-11所示。

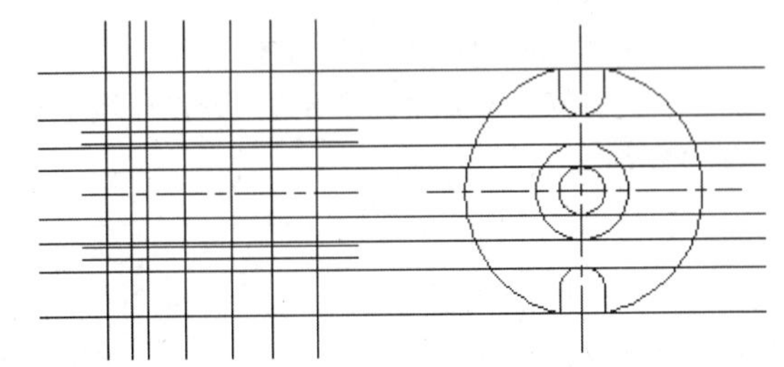

图141-11　偏移直线

12 执行“修改>修剪”命令，修剪掉多余的线条，结果如图141-12所示。

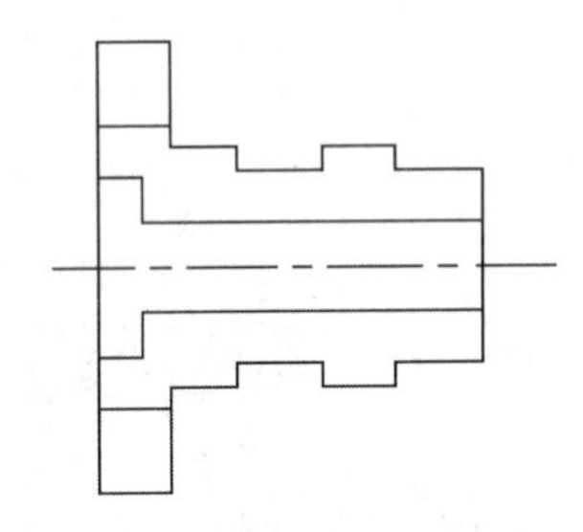

图141-12　修剪多余线条

13 将“剖面线”层置为当前层。执行“绘图>图案填充”命令，对主视图进行图案填充，效果如图141-13所示。

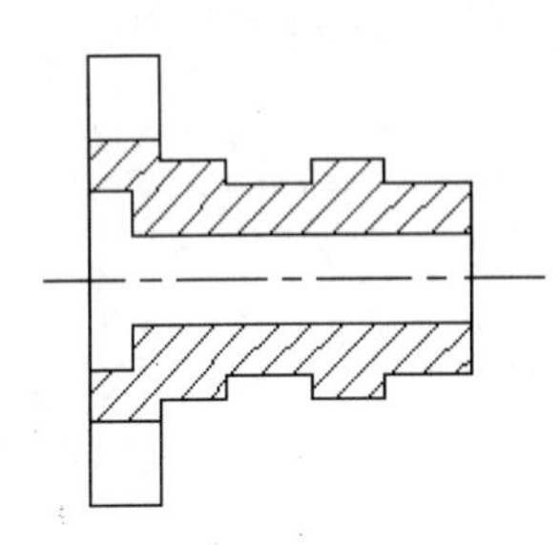

图141-13　对主视图进行图案填充

14 将“标注”层置为当前层。利用尺寸标注方法对盘件零件图进行尺寸标注，效果如图141-14所示。

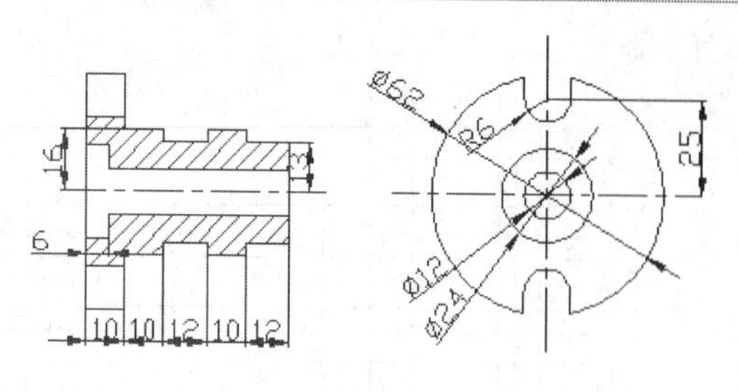

图141-14　对盘件进行尺寸标注

15 执行“保存”命令，保存文件。

练习141　绘制盘件零件图

实战位置　DVD>练习文件>第141章>练习141.dwg
难易指数　★☆☆☆☆
技术掌握　巩固绘制盘件的方法

操作指南

参照“实战141”案例进行制作。

首先打开场景文件，然后进入操作环境，绘制如图141-15所示的图形。

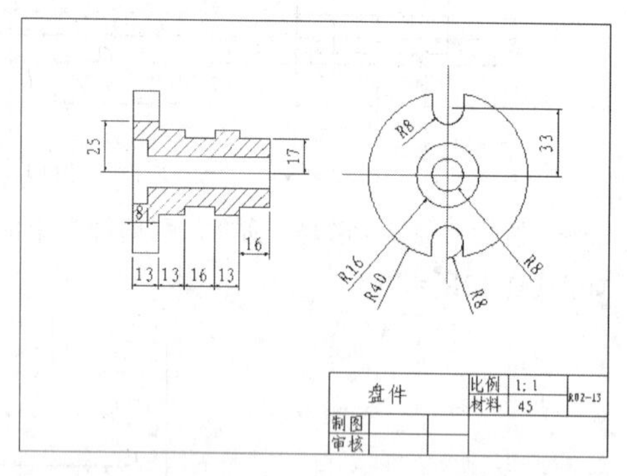

图141-15　绘制盘件零件

实战142　绘制旋钮零件图

实战位置　DVD>实战文件>第6章>实战142.dwg
视频位置　DVD>多媒体教学>第6章>实战142.avi
难易指数　★★★☆☆
技术掌握　掌握旋钮零件绘制方法

实战介绍

本实战绘制时，主要利用圆命令和阵列命令绘制主视图，再利用镜像命令和图案填充命令完成左视图。本实战最终效果如图142-1所示。

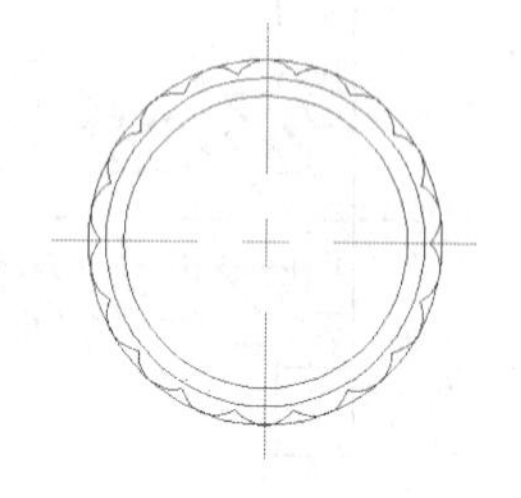

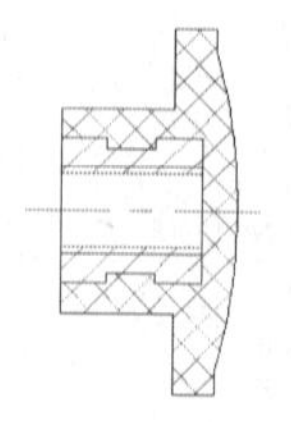

图142-1　最终效果

制作思路

• 首先打开AutoCAD 2013，然后进入操作环境，利用直线、圆、偏移、修剪等绘图命令，做出如图142-1所示的图形。

制作流程

01 双击AutoCAD 2013的桌面快捷方式图标，打开一个新的AutoCAD文件，文件名默认为“Drawing1.dwg”。

02 执行“新建图层”命令，新建一个“轮廓线”图层，设置其“线宽”为0.3mm；新建一个“中心线”图层，设置其“线型”为CENTER，颜色为红色；新建一个“细实线”图层，颜色为蓝色，效果如图142-2所示。

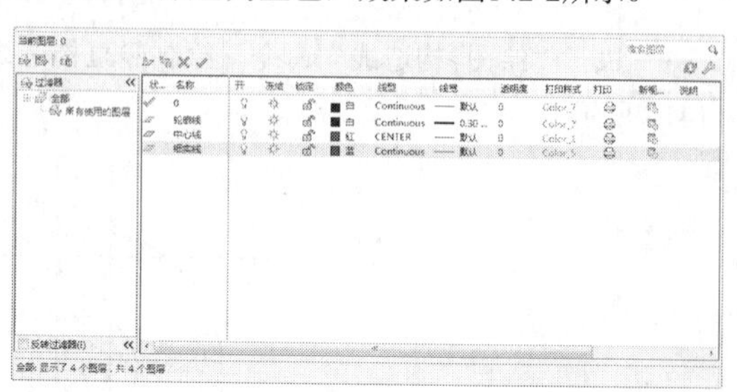

图142-2　新建图层

03 将“中心线”置为当前，执行“直线”命令，绘制两条相互垂直的中心线，效果如图142-3所示。

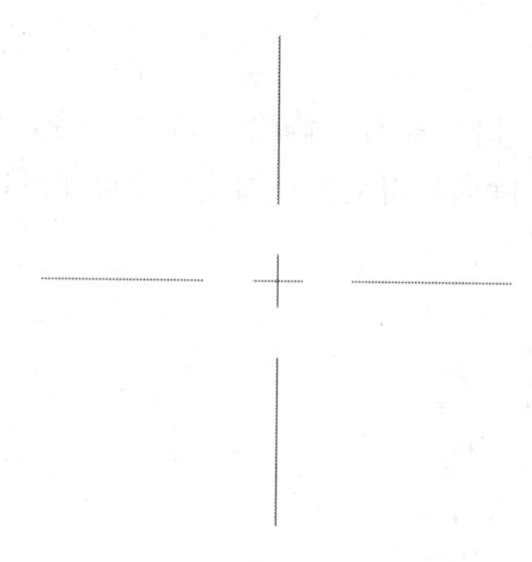

图142-3　绘制中心线

04 将“轮廓线”置为当前，执行“圆”命令，以中心线交点为圆心，分别绘制半径为20、22.5、25的同心圆；以R20的圆与竖直中心线的交点为圆心，绘制半径为5的圆，效果如图142-4所示。

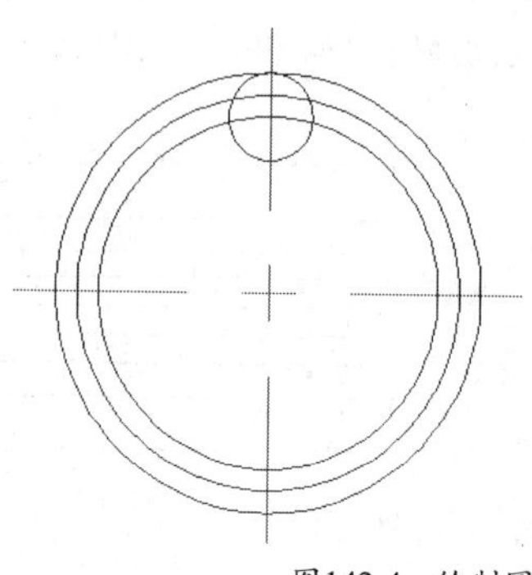

图142-4　绘制圆

05 执行“直线”命令，在指定位置绘制两条辅助线，效果如图142-5所示。

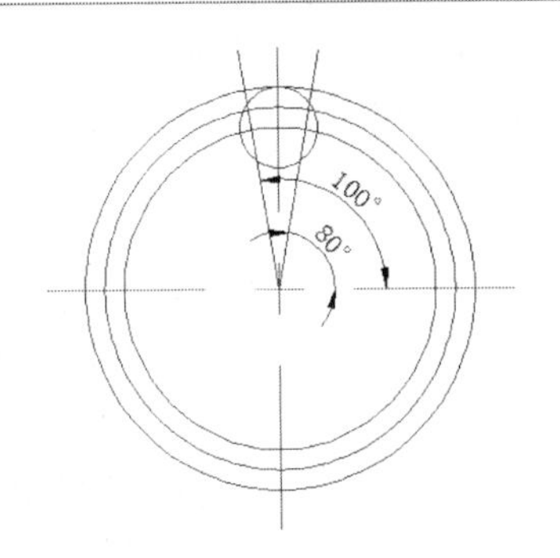

图142-5　绘制辅助线

06 执行“修剪”命令，对图形进行修剪，效果如图142-6所示。

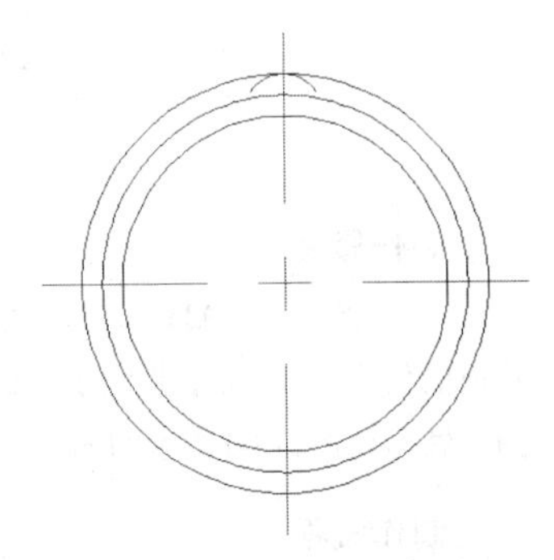

图142-6　修剪处理

07 执行“阵列”命令，选择小圆弧为阵列对象，以中心线交点为中心点选择阵列方式为“环形阵列”，项目数为18，填充角度为360，效果如图142-7所示。

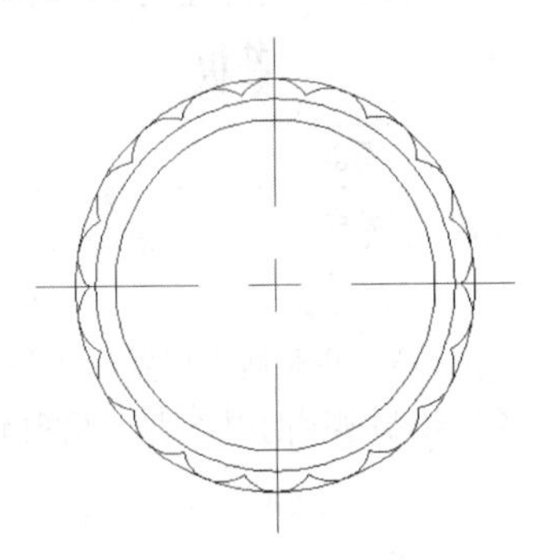

图142-7　阵列处理

08 执行“直线”命令，在图形右侧绘制两条相互垂直的直线，效果如图142-8所示。

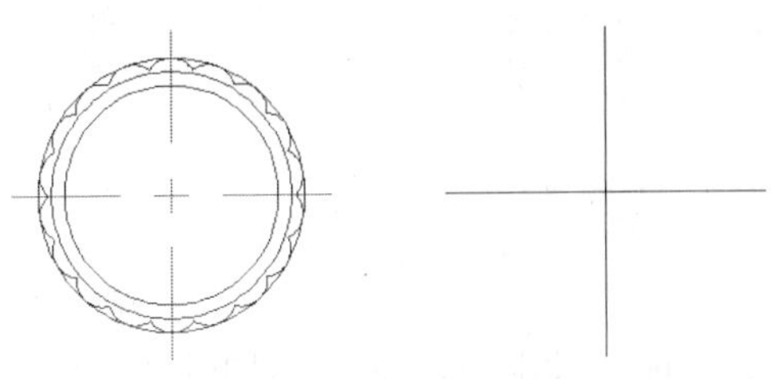

图142-8　绘制直线

09 执行“偏移”命令，将水平直线向上分别偏移5、6、8.5、10、14、25；将竖直直线向右分别偏移6.5、13.5、16、20、22和25，并将距离水平线最近的一条线移至“细实线”层，效果如图142-9所示。

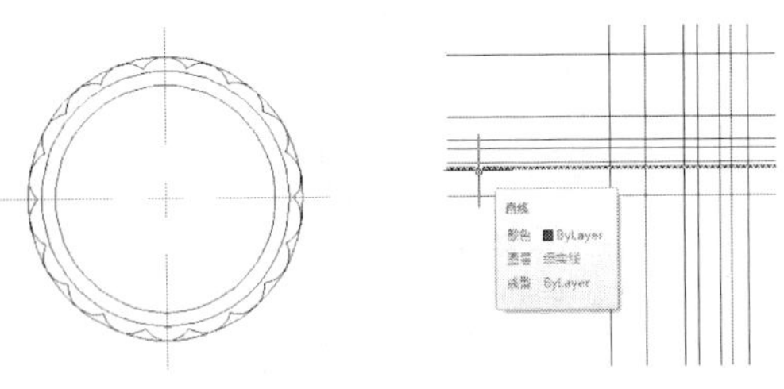

图142-9　偏移直线

10 执行“修剪”命令，对右侧图形进行修剪，并将修剪后的水平直线移至“中心线”层，效果如图142-10所示。

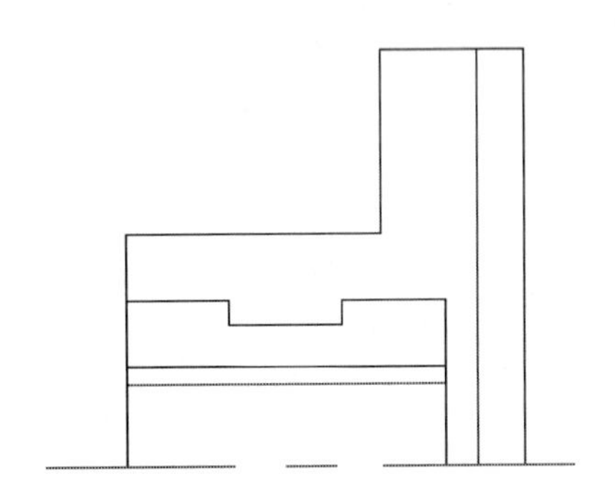

图142-10　修剪处理

11 执行“圆”命令，以最右侧直线与中心线交点为圆心，绘制半径为80的圆，绘制完成后将该圆水平向左移动80，效果如图142-11所示。

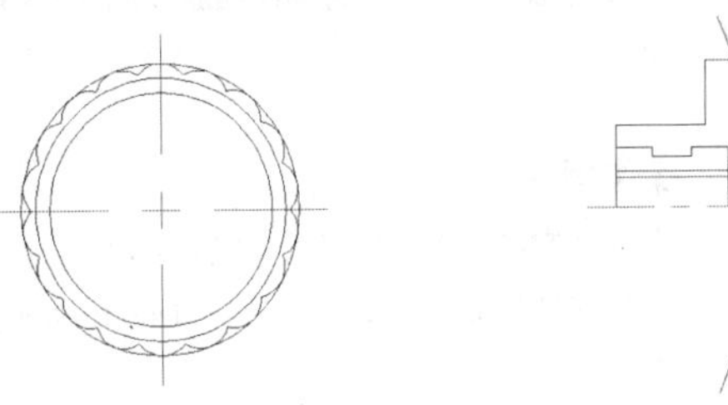

图142-11　绘制圆

12 执行“修剪”命令，继续对右侧图形进行修剪，效果如图142-12所示。

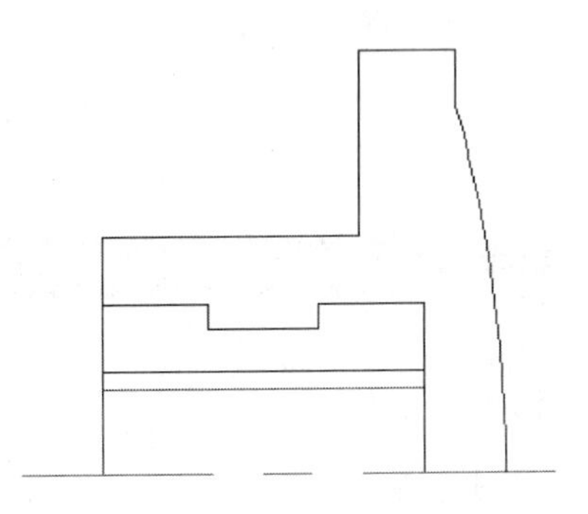

图142-12　修剪处理

13 执行“镜像”命令，将右侧图形以中心线为轴线镜像，效果如图142-13所示。

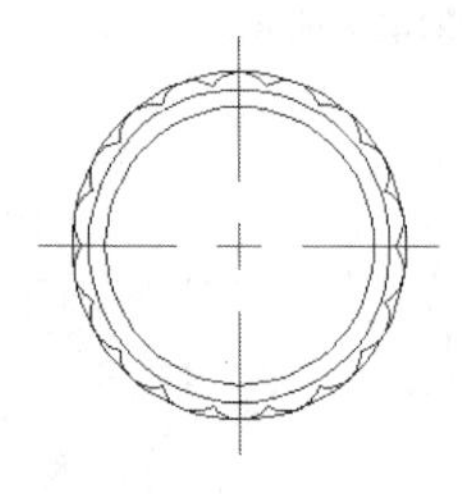

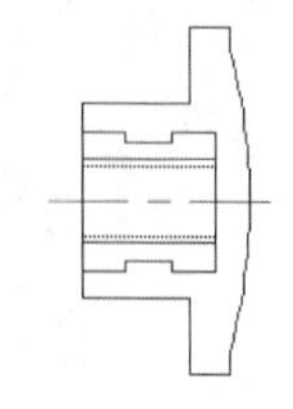

图142-13 镜像处理

14 将“细实线”置为当前层，执行“绘图>图案填充”命令，分别选择图案ANSI37和ANSI31，对右侧图形指定区域进行填充，效果如图142-14所示。

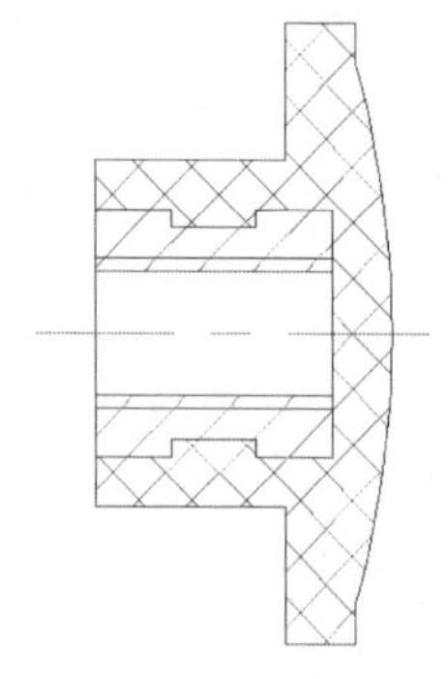

图142-14 填充图案

15 单击“保存”按钮，将文件另存为为“实战 142.dwg”。

练习142 卡盘

实战位置	DVD>练习文件>第6章>练习142.dwg
难易指数	★★☆☆☆
技术掌握	巩固基础命令的使用方法

操作指南

参照“实战142”案例进行制作。

首先打开场景文件，绘制如图142-15所示的零件图。

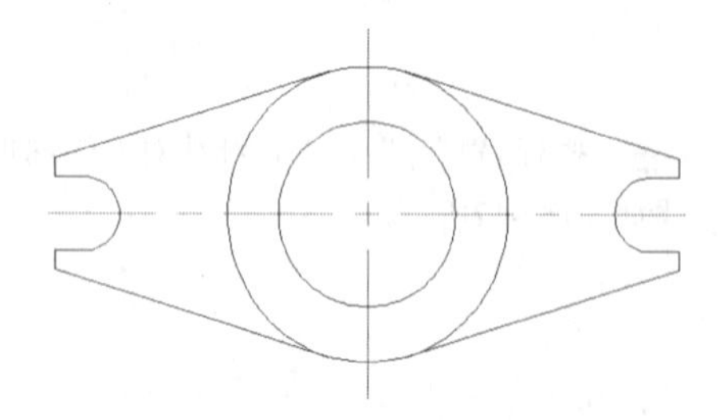

图142-15 卡盘

实战143 绘制基板零件图

原始文件位置	DVD>原始文件>第6章>实战143原始文件
实战位置	DVD>实战文件>第6章>实战143.dwg
视频位置	DVD>多媒体教学>第6章>实战143.avi
难易指数	★★★☆☆
技术掌握	掌握正剖面图的绘制

实战介绍

本例利用直线、圆、构造线、偏移、修剪以及图案填充等绘图命令，绘制得到了基板的零件图，本例最终效果如图143-1所示。

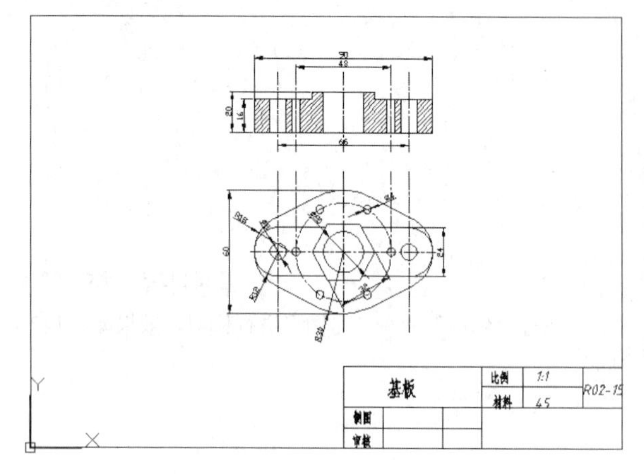

图143-1 最终效果

制作思路

• 打开AutoCAD 2013，然后进入操作环境，先绘制基板的俯视图，再通过“构造线”命令绘制正视图的剖面图，做出如图143-1所示的图形。

制作流程

01 在菜单中执行“打开”命令，打开“实战143原始文件.dwg”文件。

02 双击修改标题栏中的文字，如图143-2所示。

基板		比例	1:1	R02-15
		材料	45	
制图				
审核				

图143-2 修改标题栏

03 将“点画线”层置为当前层。执行“绘图>直线”命令，绘制视图的中心线，如图143-3所示。

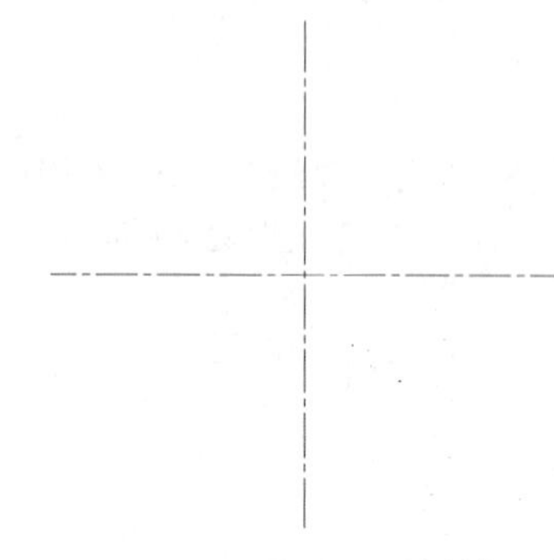

图143-3 绘制中心线

04 执行“绘图>圆”命令，以中心线交点为圆心，绘制半径为24的圆。执行“修改>偏移”命令，将竖直点画线向左右各偏移33。结果如图143-4所示。

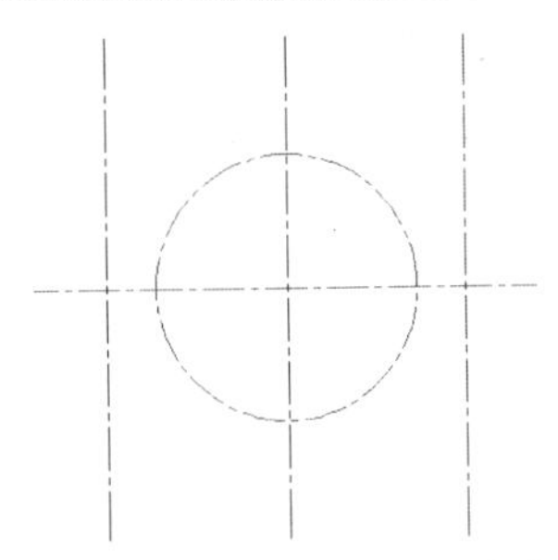

图143-4　绘制点画线圆并偏移直线

05 执行“绘图>圆”命令，以中心线交点为圆心，半径为10的圆。执行“绘图>正多边形”命令，绘制内切于R16圆的正六边型。结果如图143-5所示。

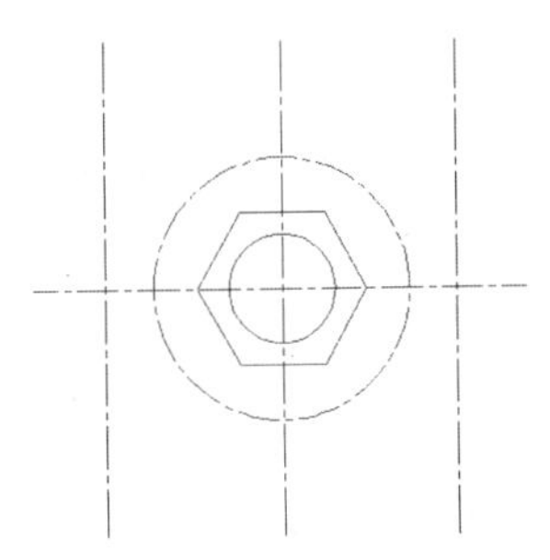

图143-5　绘制圆及正六边形

06 执行“绘图>圆”命令，绘制半径为2和4的圆。结果如图143-6所示。

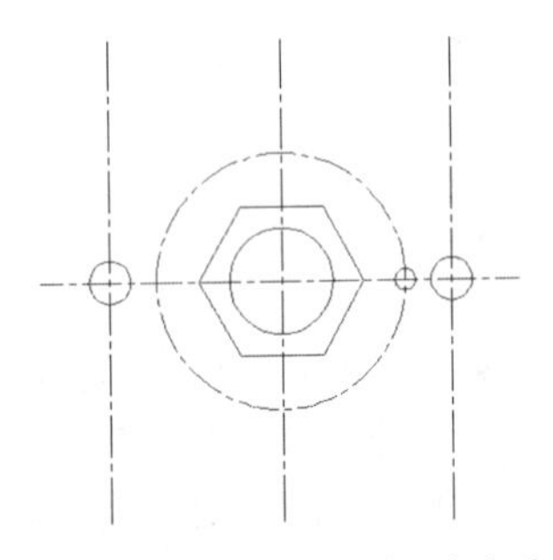

图143-6　绘制两个小圆

07 执行“修改>阵列”命令，选择环形阵列，将半径为2的小圆进行阵列，如图143-7所示。

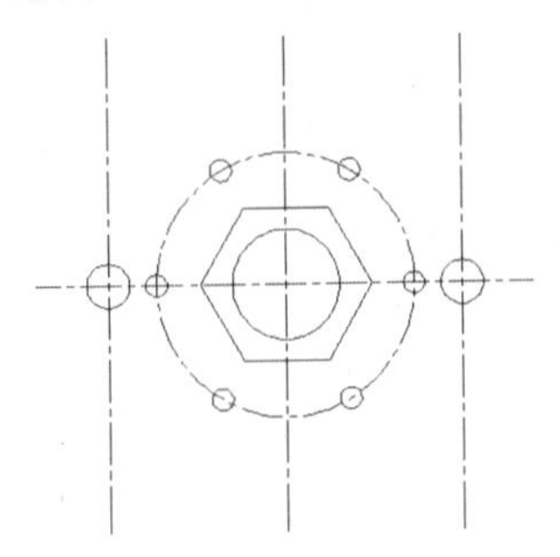

图143-7　阵列小圆

08 执行“绘图>多段线”命令，绘制多段线长圆，圆头半径为12，如图143-8所示。

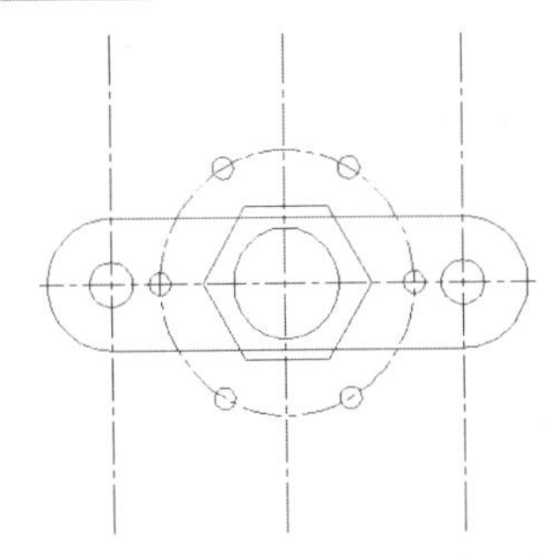

图143-8　绘制长圆多段线

09 执行“修改>修剪”命令，将长圆与正六边形相交处进行修剪，结果如图143-9所示。

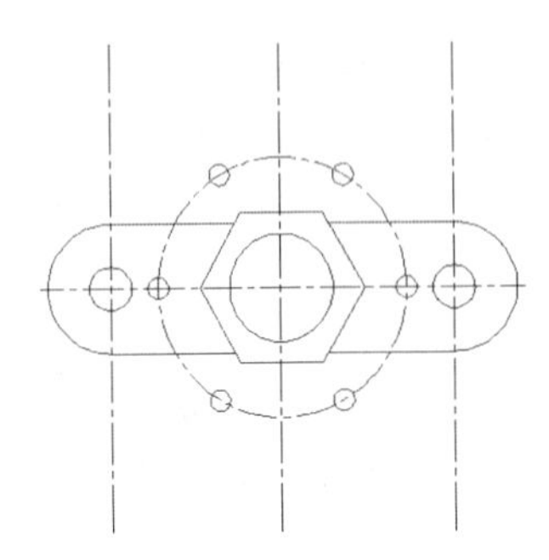

图143-9　修剪长圆

10 执行“绘图>圆”命令，绘制半径为30和18的圆。结果如图143-10所示。绘制过程中命令行提示和操作内容如下：

```
命令： _circle 指定圆的圆心或 [三点(3P)/两点(2P)/相切、相切、半径(T)]：  //指定半径为24的圆的圆心为圆心
指定圆的半径或 [直径(D)]: 30
命令:CIRCLE 指定圆的圆心或 [三点(3P)/两点(2P)/相切、相切、半径(T)]: 2p  //选择两点选项
指定圆直径的第一个端点：  //指定第一个点为多段线长圆与水平点画线的左交点
指定圆直径的第二个端点: @36,0
命令:CIRCLE 指定圆的圆心或 [三点(3P)/两点(2P)/相切、相切、半径(T)]: 2p
指定圆直径的第一个端点：  //指定第一点为多段线长圆与水平点画线的右交点
指定圆直径的第二个端点: @-36,0
```

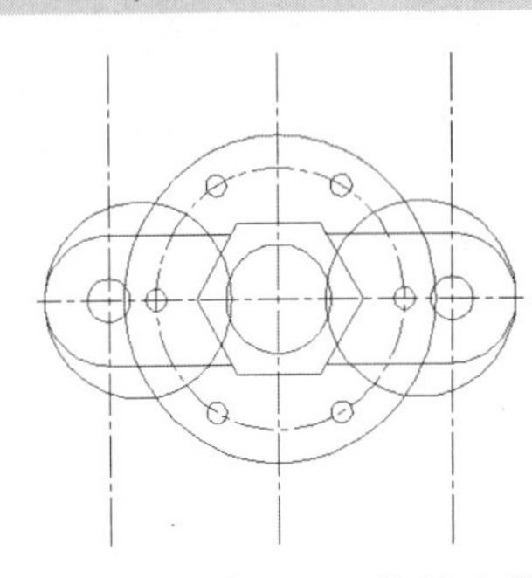

图143-10　绘制3个圆

11 执行“绘图>直线”命令，绘制3个圆的切线，如图143-11所示。

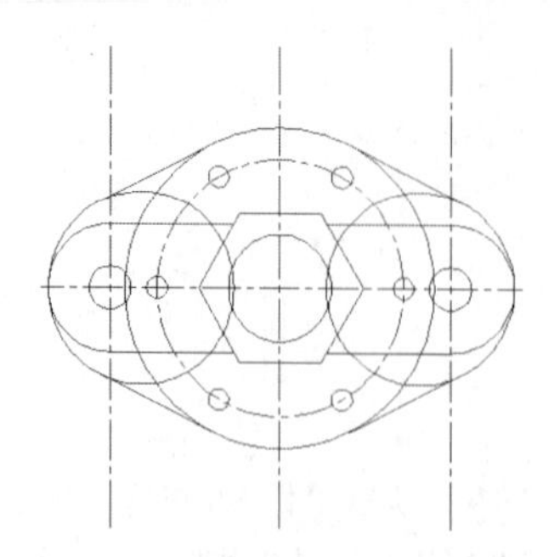

图143-11 绘制切线

12 执行“修改>修剪”命令，修剪多余线条，结果如图143-12所示。

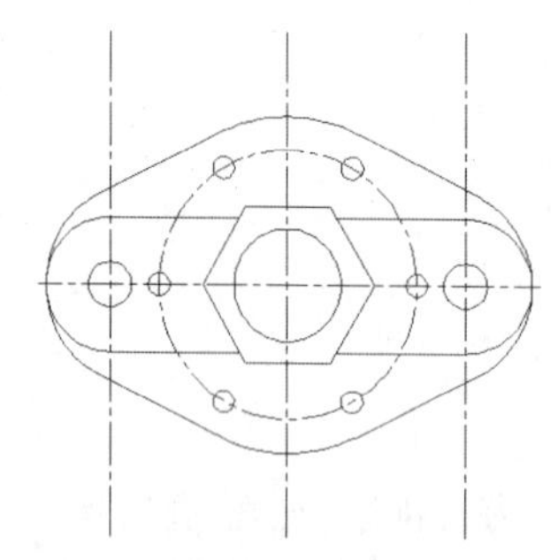

图143-12 修剪多余线条

13 执行“绘图>构造线”命令，绘制竖直构造线，如图143-13所示。

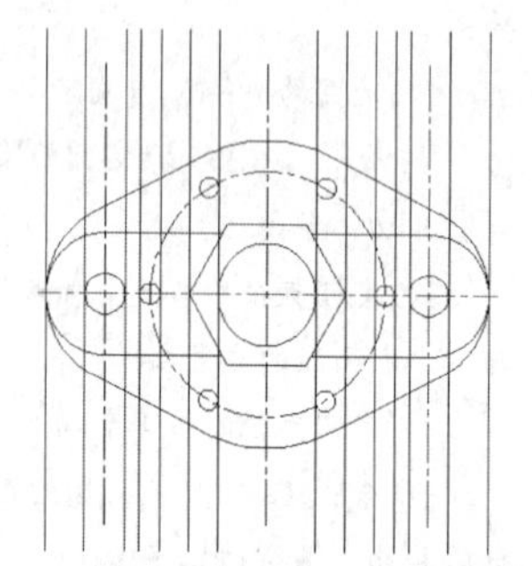

图143-13 绘制竖直构造线

14 执行“绘图>构造线”命令，绘制3条水平构造线，其间隔为16和4，如图143-14所示。

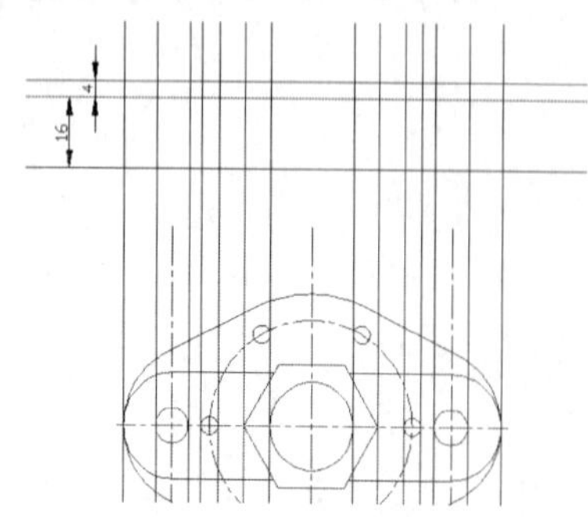

图143-14 绘制水平构造线

15 执行“修改>修剪”命令，修剪多余线条，结果如图143-15所示。

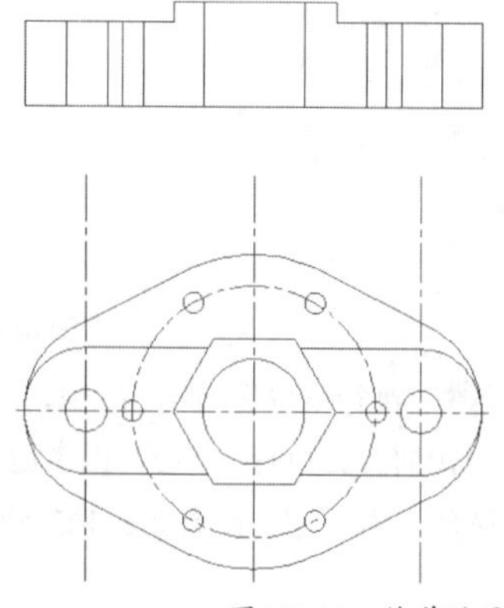

图143-15 修剪结果

16 将“点画线”层置为当前层。执行“绘图>直线”命令，绘制主视图的中心线，如图143-16所示。

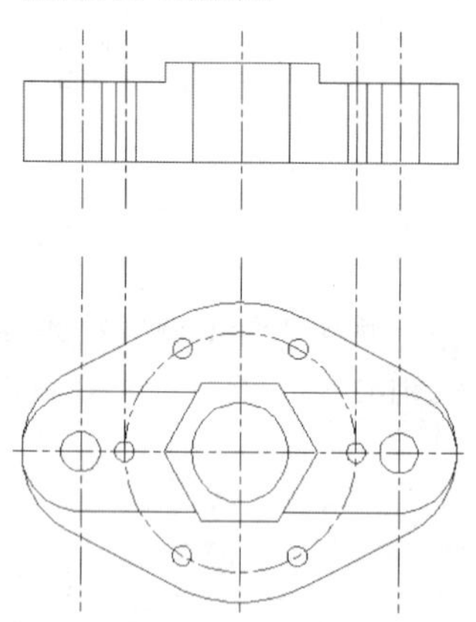

图143-16 绘制主视图中心线

17 将“剖面线”层置为当前层。执行“绘图>图案填充”命令，对主视图进行图案填充，填充图案为ANS31，填充比例为0.5，效果如图143-17所示。

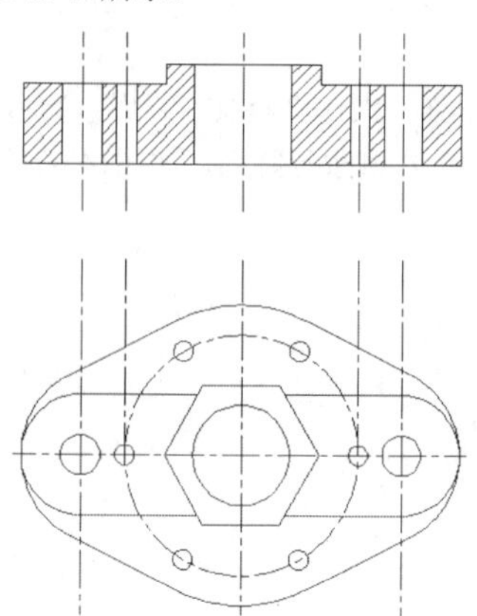

图143-17 图案填充

18 将“标注”层置为当前层。利用尺寸标注方法对基板进行尺寸标注，如图143-18所示。

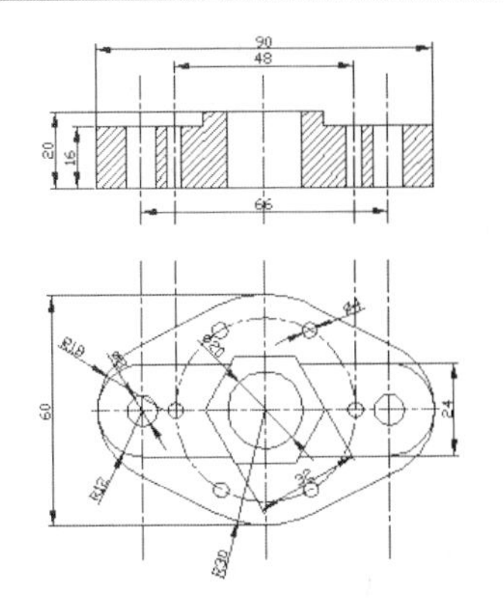

图143-18　标注基板尺寸

19 执行“保存”命令，保存文件。

练习143 绘制基板零件图

实战位置　DVD>练习文件>第6章>练习143.dwg
难易指数　★★★☆☆
技术掌握　巩固“直线”的使用方法

操作指南

参照“实战143”案例进行制作。

首先打开场景文件，绘制如图143-19所示的图形。

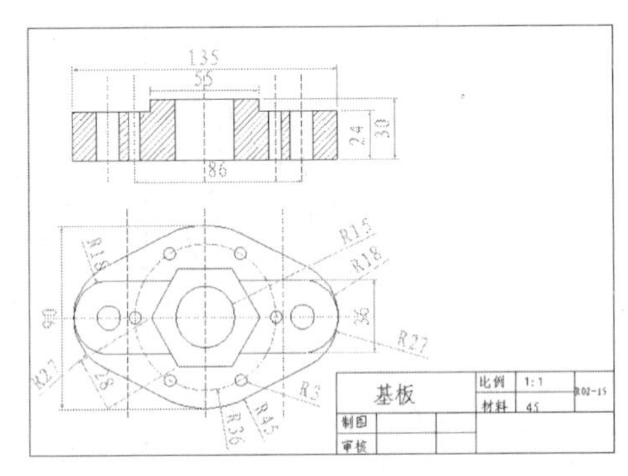

图143-19　绘制基板零件

实战144 绘制摇柄轮廓图

原始文件位置　DVD>原始文件>第6章>实战144原始文件
实战位置　DVD>实战文件>第6章>实战144.dwg
视频位置　DVD>多媒体教学>第6章>实战144.avi
难易指数　★★☆☆☆
技术掌握　掌握轮廓图的方法

实战介绍

本例中将利用直线、圆、偏移、修剪等绘图命令，绘制摇柄轮廓图，本例最终效果如图144-1所示。

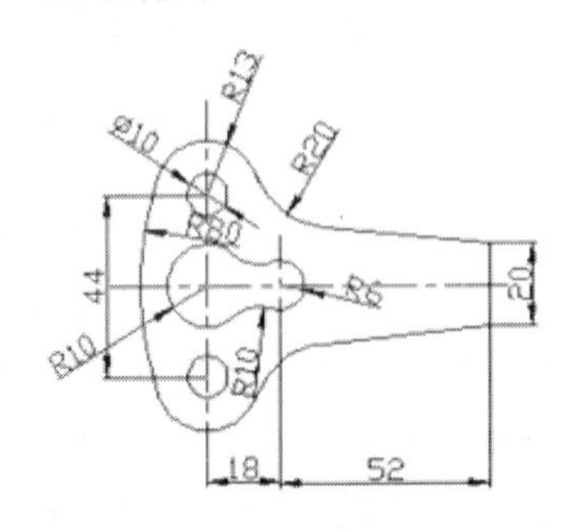

图144-1　最终效果

制作思路

• 首先打开AutoCAD 2013，然后进入操作环境，做出如图144-1所示的图形。

制作流程

01 在菜单中执行“打开”命令，打开“实战144原始文件.dwg”文件。

02 双击修改标题栏中的文字，如图144-2所示。

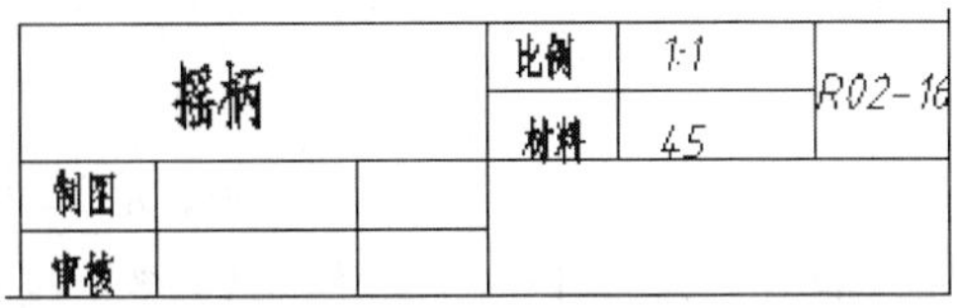

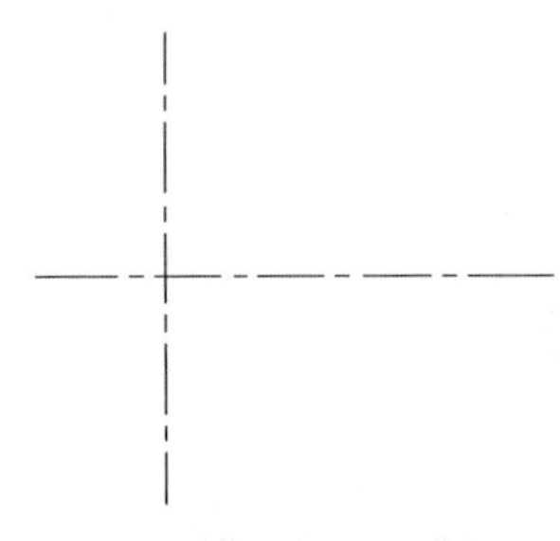

摇柄	比例	1:1	R02-16
	材料	45	
制图			
审核			

图144-2　修改标题栏

03 将“点画线”层置为当前层。执行“绘图>直线”命令，绘制视图的中心线，如图144-3所示。

图144-3　绘制中心线

04 执行“修改>偏移”命令，将点画线进行偏移，如图144-4所示。

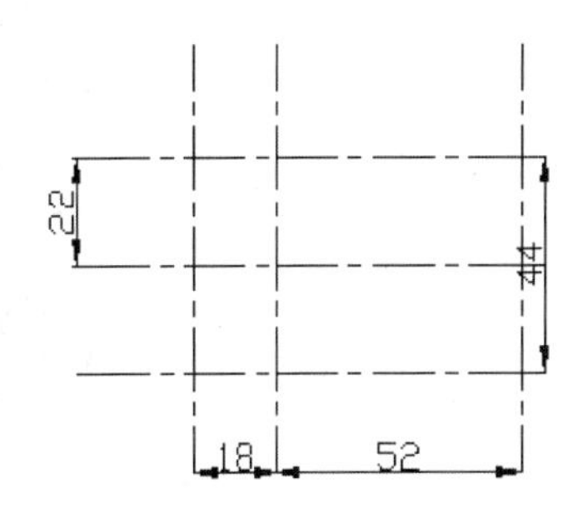

图144-4　偏移点画线

05 将“粗实线”层置为当前层。执行“绘图>圆”命令，绘制圆，如图144-5所示。

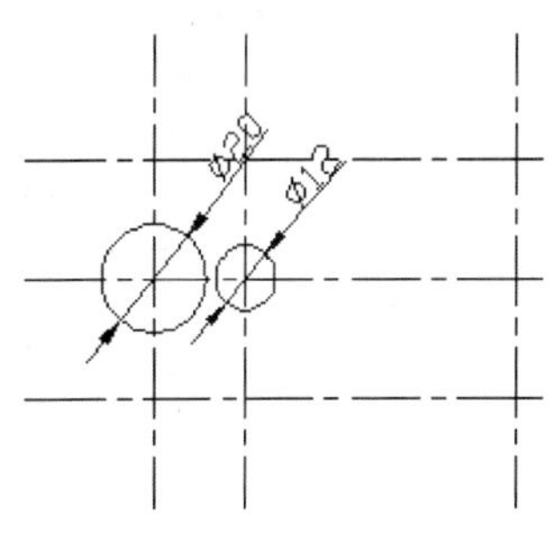

图144-5　绘制圆

06 执行“绘图>圆>相切、相切、半径”命令，绘制两个与两圆相切，半径为10的圆，结果如图144-6所示。

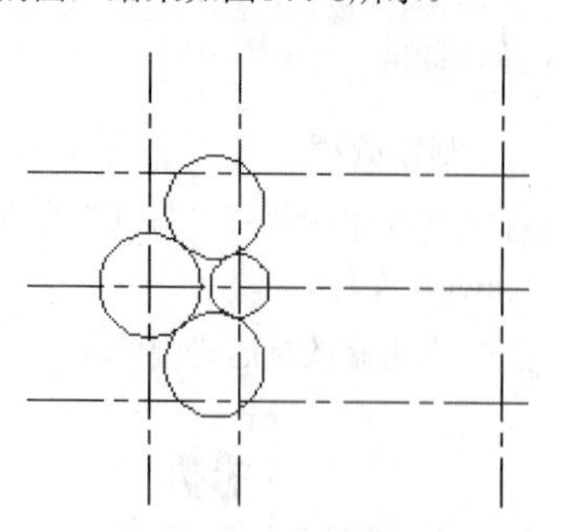

图144-6 绘制2个相切圆

07 执行“修改>修剪”命令，修剪多余线条，如图144-7所示。

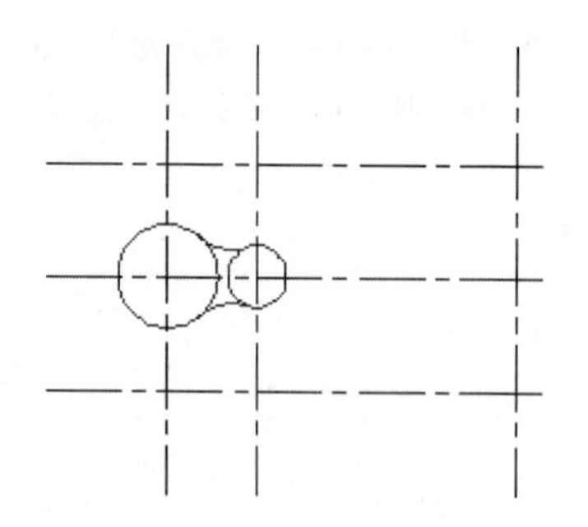

图144-7 修剪多余线条

08 执行“绘图>圆”命令，绘制半径为5和13的同心圆，如图144-8所示。

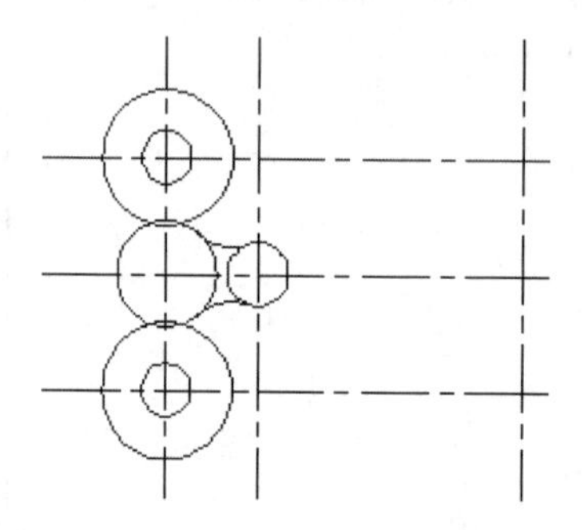

图144-8 绘制同心圆

09 执行“绘图>直线”命令，绘制右侧轮廓线，如图144-9所示。

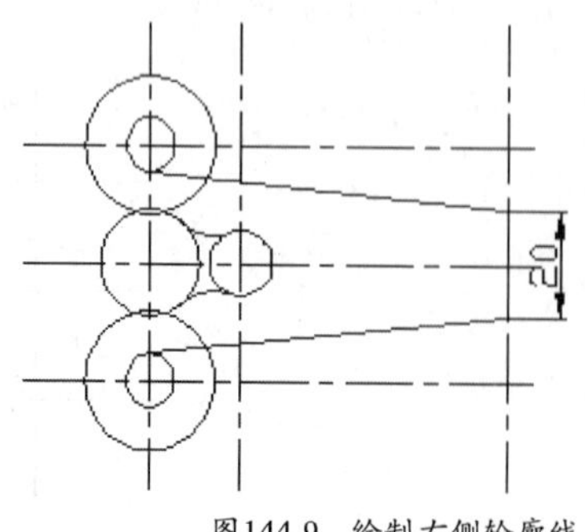

图144-9 绘制右侧轮廓线

10 执行“绘图>圆>相切、相切、半径”命令，绘制两个与半径为13的圆和斜直线相切，半径为20的圆；并绘制与左侧两个半径为13的圆相切，半径为80的圆。结果如图144-10所示。

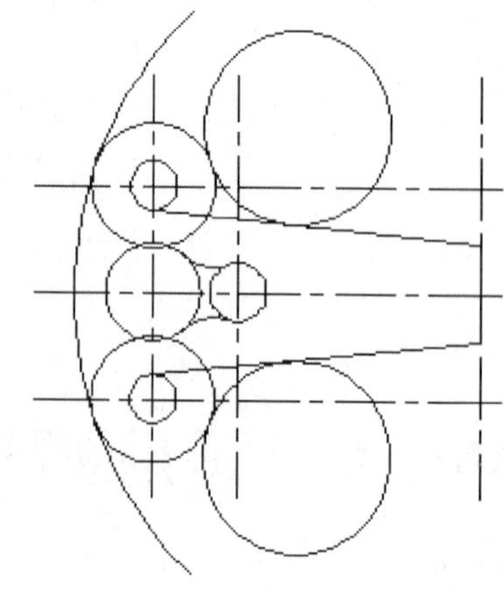

图144-10 绘制相切圆

11 执行“修改>修剪”命令，修剪多余线条，如图144-11所示。

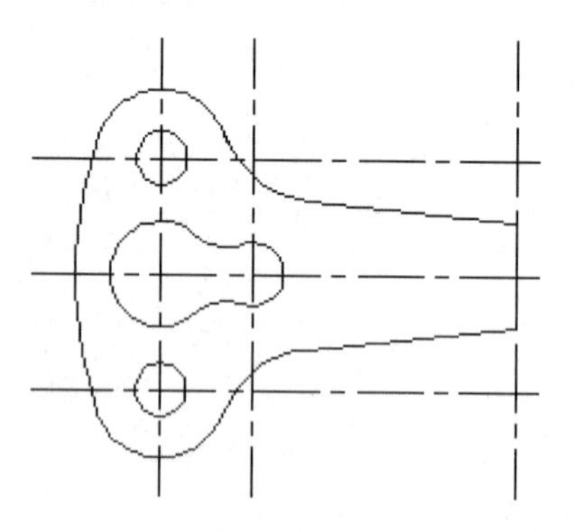

图144-11 修剪多余线条

12 利用夹点编辑修改点画线的长度，并删除多余点画线，结果如图144-12所示。

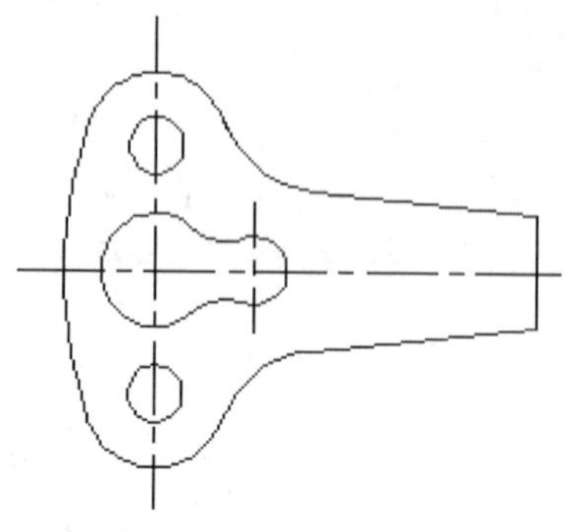

图144-12 修改点画线

13 将“标注”层置为当前层。利用尺寸标注方法对摇柄进行尺寸标注，如图144-13所示。

14 执行“保存”命令，保存文件。

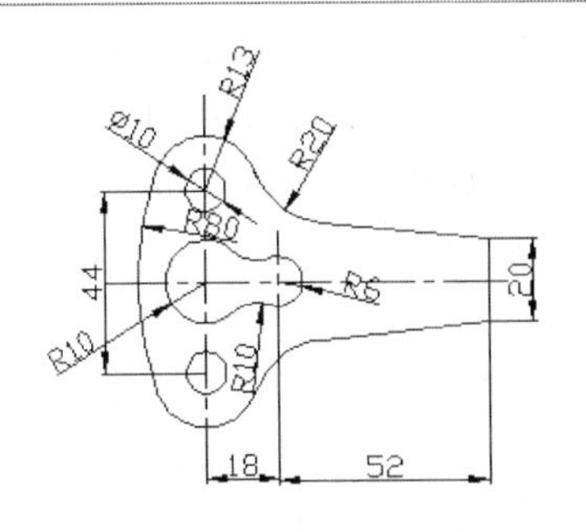

图144-13　标注摇柄尺寸

练习144　绘制摇杆轮廓图

实战位置　DVD>练习文件>第6章>练习144.dwg
难易指数　★★☆☆☆
技术掌握　巩固绘制轮廓图的方法

操作指南

参照“实战144”案例进行制作。

首先打开场景文件，然后进入操作环境，绘制如图144-14所示的图形。

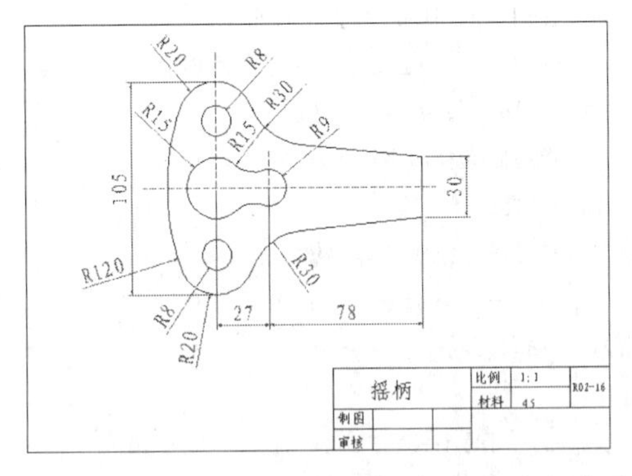

图144-14　绘制摇柄轮廓图

实战145　绘制钓钩零件图

原始文件位置　DVD>原始文件>第6章>实战145原始文件
实战位置　DVD>实战文件>第6章>实战145.dwg
视频位置　DVD>多媒体教学>第6章>实战145.avi
难易指数　★★★☆☆
技术掌握　掌握绘制圆弧的方法

实战介绍

本例利用直线、圆和修剪等绘图命令绘制完成钓钩零件图的绘制，最终效果如图145-1所示。

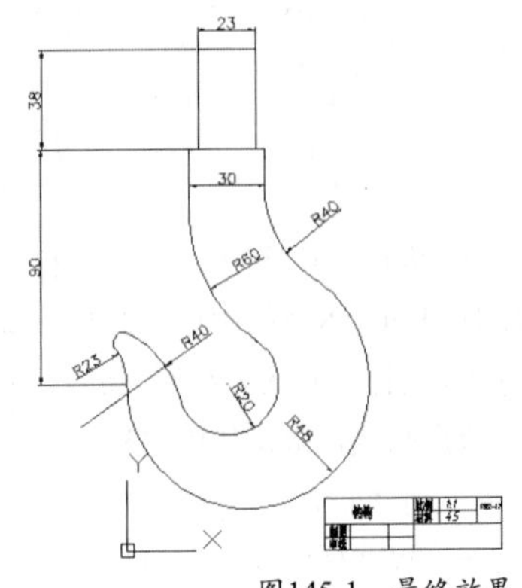

图145-1　最终效果

制作思路

• 首先打开AutoCAD 2013，然后进入操作环境，先绘制图框和标题栏，再绘制零件的三视图，最后进行尺寸标注，最终做出如图145-1所示的图形。

制作流程

01 在菜单中执行“打开”命令，打开“实战145原始文件.dwg”文件。

02 双击修改标题栏中的文字，如图145-2所示。

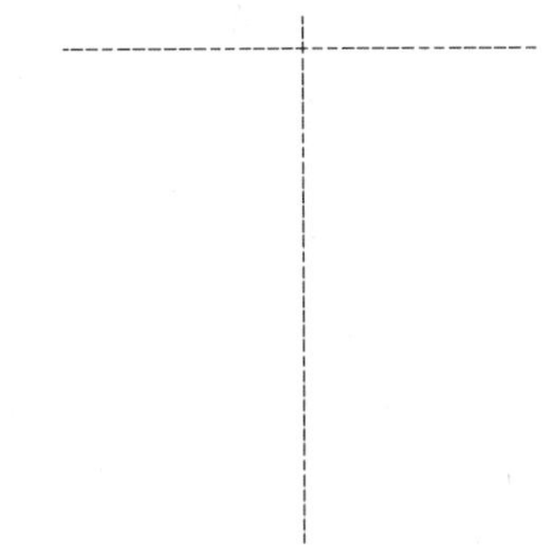

钓钩		比例	1:1	R02-17
		材料	45	
制图				
审核				

图145-2　修改标题栏

03 将“点画线”层置为当前层。执行“绘图>直线”命令，绘制视图的中心线，如图145-3所示。

图145-3　绘制中心线

04 执行“修改>偏移”命令，将点画线进行偏移，如图145-4所示。

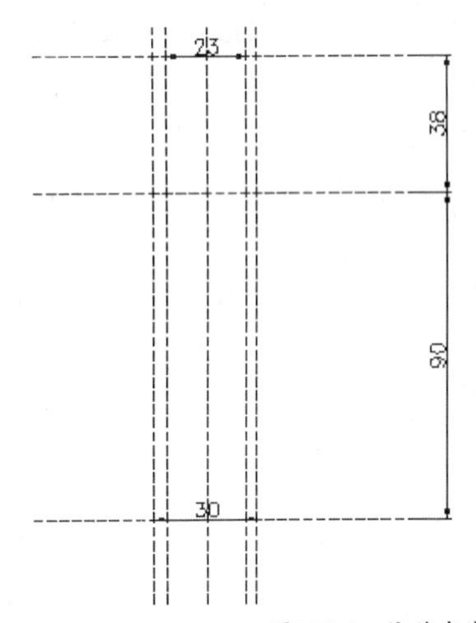

图145-4　偏移直线

05 将“粗实线”层置为当前层。执行“绘图>直线”命令，绘制钓钩上半部分轮廓线，如图145-5所示。

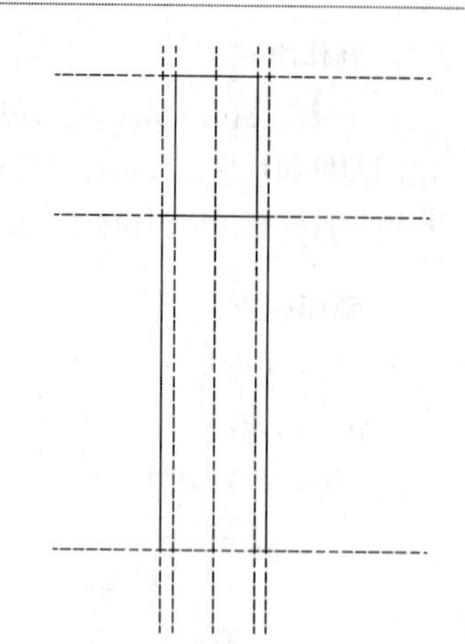

图145-5　绘制钓钩上半部分轮廓线

06 执行“绘图>圆”命令，绘制半径为20的圆，如图145-6所示。

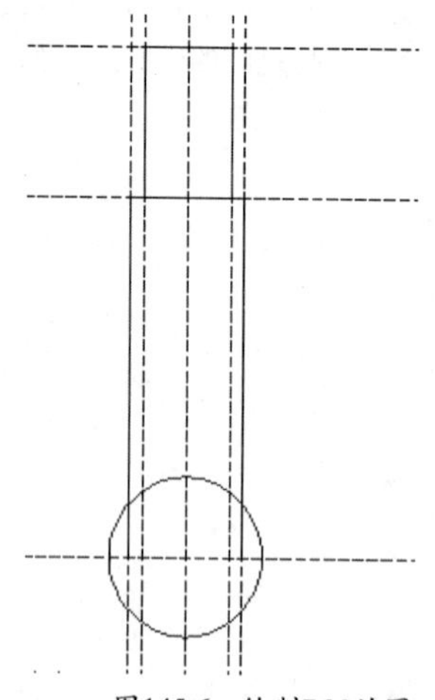

图145-6　绘制R20的圆

07 执行“绘图>圆”命令，绘制以R20圆的圆心相对坐标为（@8,0）位置为圆心，半径为48的圆，如图145-7所示。

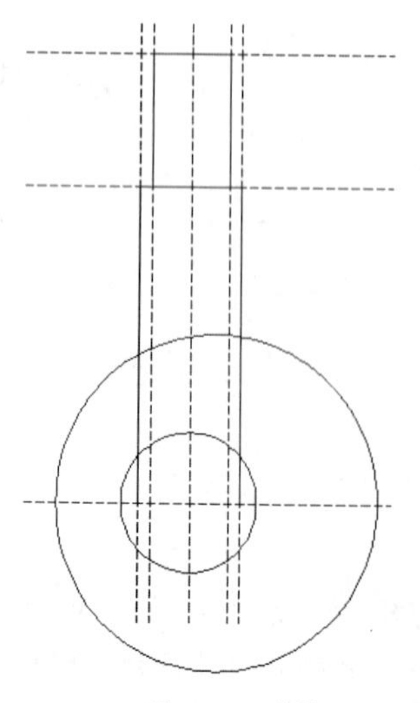

图145-7　绘制R48的圆

08 执行“绘图>圆>相切、相切、半径”命令，绘制与左侧轮廓线及R20圆相切，半径为60的圆；同样绘制与右侧轮廓线及R48圆相切，半径为40的圆，如图145-8所示。

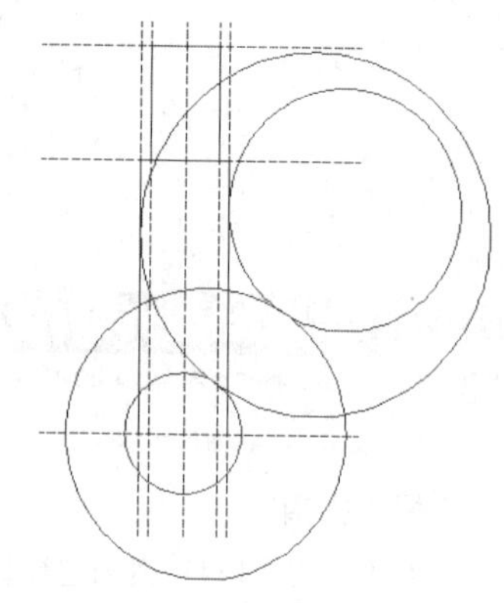

图145-8　绘制两个相切圆

09 执行“绘图>圆”命令，绘制两个圆，如图145-9所示。绘制过程中命令行提示如下：

```
命令： _circle 指定圆的圆心或 [三点(3P)/两点(2P)/相切、相切、半径(T)]: 2p
指定圆直径的第一个端点： //指定第一点为R48圆与水平点画线的交点
指定圆直径的第二个端点: @-46,0
命令： _circle 指定圆的圆心或 [三点(3P)/两点(2P)/相切、相切、半径(T)]: @-58,-15 //捕捉R20圆的圆心
指定圆的半径或 [直径(D)] <23.0000>: 40
```

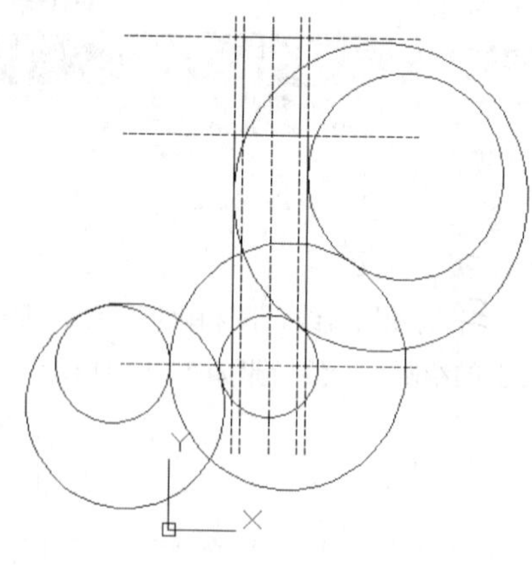

图145-9　绘制R46和R40的圆

10 执行“绘图>圆>相切、相切、相切”命令，绘制与R40、R46、R48的圆相切的圆，如图145-10所示。

11 执行“修改>修剪”命令，修剪掉多余线条，并删除多余点画线，效果如图145-11所示。

12 将“标注”层置为当前层。利用尺寸标注方法对钓钩进行尺寸标注，如图145-12所示。

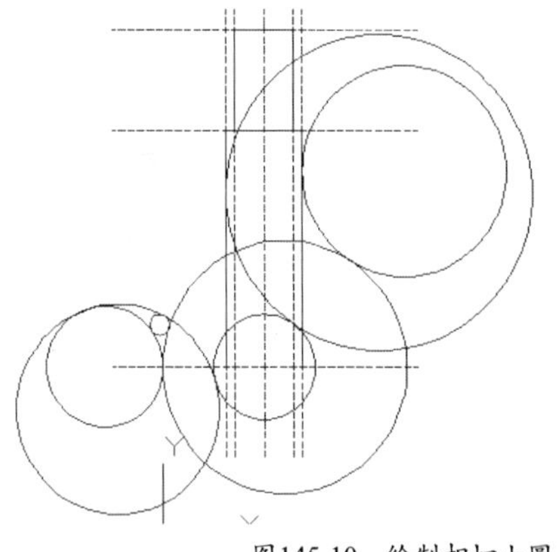

图145-10　绘制相切小圆

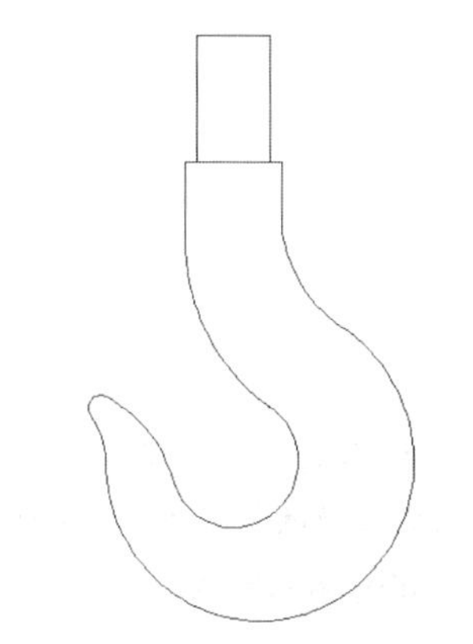

图145-11　修剪图形

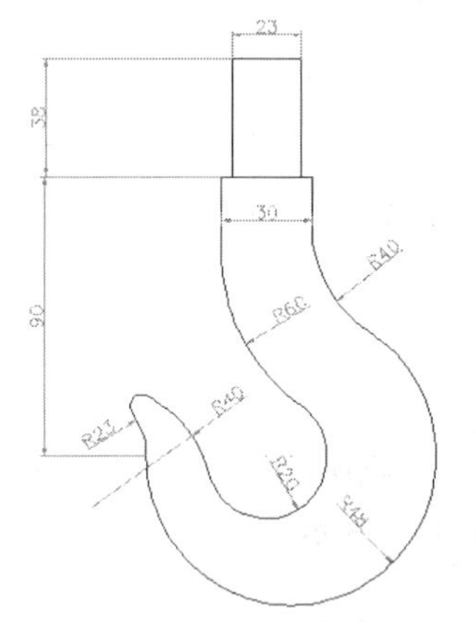

图145-12　标注钓钩尺寸

13 执行“格式>线宽”命令，进行线宽设置，效果如图145-1所示。至此，钓钩绘制完成。

14 执行“保存”命令，保存文件。

练习145　绘制钓钩零件图

实战位置	DVD>练习文件>第6章>练习145.dwg
难易指数	★★★☆☆
技术掌握	巩固绘制圆弧的方法

操作指南

参照“实战145”案例进行制作。

首先打开场景文件，绘制如图145-13所示的图形。

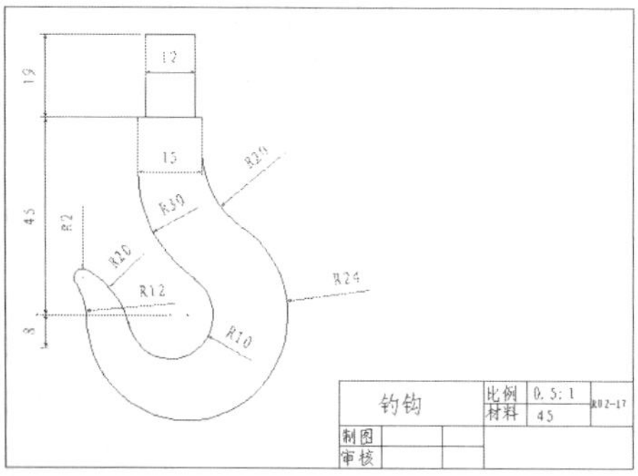

图145-13　绘制钓钩零件图

实战146　绘制拔叉轮零件图

原始文件位置	DVD>原始文件>第6章>实战146原始文件
实战位置	DVD>实战文件>第6章>实战146.dwg
视频位置	DVD>多媒体教学>第6章>实战146.avi
难易指数	★★★☆☆
技术掌握	强化“阵列”命令的使用方法

实战介绍

本例利用直线、圆、阵列和修剪等二维绘图命令绘制得到了拔叉轮零件图，在本例中因零件图尺寸较小，故采用10∶1的绘图比例。本例最终效果如图146-1所示。

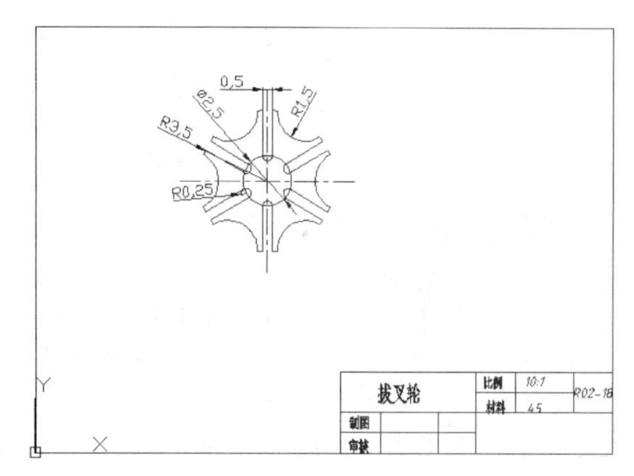

图146-1　最终效果

制作思路

• 首先打开AutoCAD 2013，然后进入操作环境，先绘制图框和标题栏，再绘制拔叉轮的零件图，最后对其进行尺寸标注，做出如图146-1所示的图形。

制作流程

01 在菜单中执行“打开”命令，打开“实战146原始文件.dwg”文件。

02 选择文字右击，在弹出的快捷菜单上单击编辑，修改标题栏中的文字，如图146-2所示。

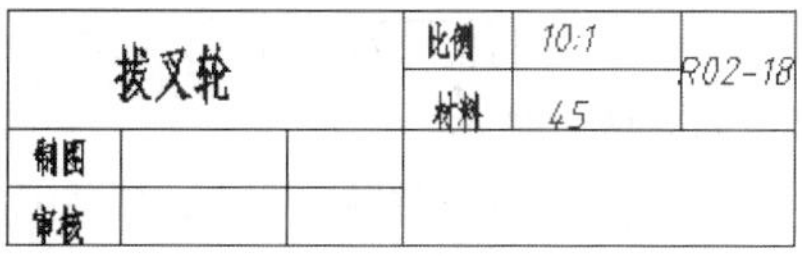

拔叉轮		比例	10:1	R02-18
		材料	45	
制图				
审核				

图146-2　修改标题栏

03 将“点画线”层置为当前层。执行“绘图>直线”命令，绘制中心线，如图146-3所示。

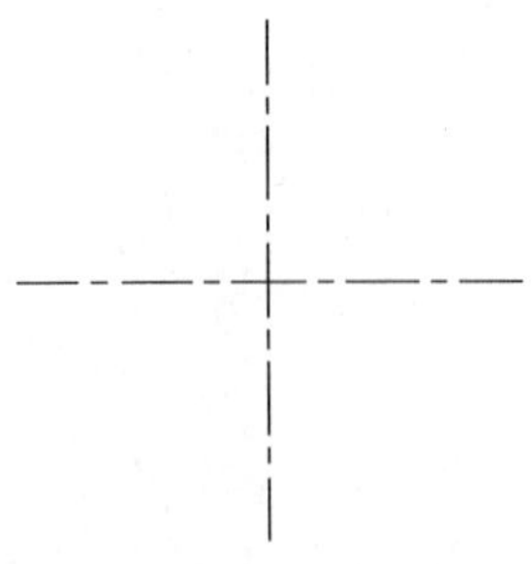

图146-3 绘制中心线

04 将“粗实线”层置为当前层。执行“绘图>圆”命令，绘制半径为40、35和12.5的圆，如图146-4所示。

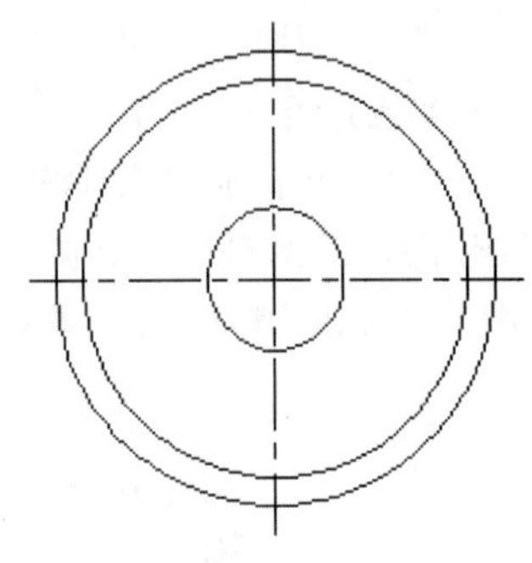

图146-4 绘制R12.5、R35和R40圆

在本例中绘图比例为10：1，与以往绘制过程（先按原始尺寸绘制完成后再将其缩放）不同的是，在本图开始绘制时即按实际尺寸的10倍尺寸绘制图形，只是在最后标注图形时使用0.1的比例因子进行尺寸标注。

05 执行“绘图>圆”命令，以R40的圆与水平点画线的右交点为圆心，绘制R15的圆；以R12.5的圆与竖直点画线的上交点为圆心，绘制R2.5的圆，如图146-5所示。

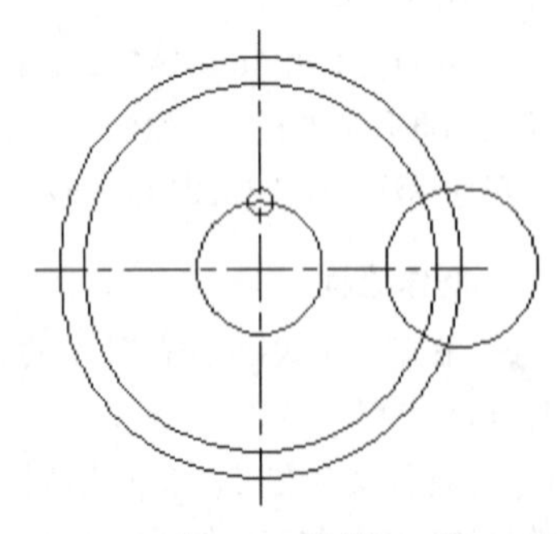

图146-5 绘制R2.5和R15圆

06 执行“绘图>直线”命令，绘制两条竖线，其间距为5，如图146-6所示。

07 执行“修改>修剪”命令，修剪掉多余线条，效果如图146-7所示。

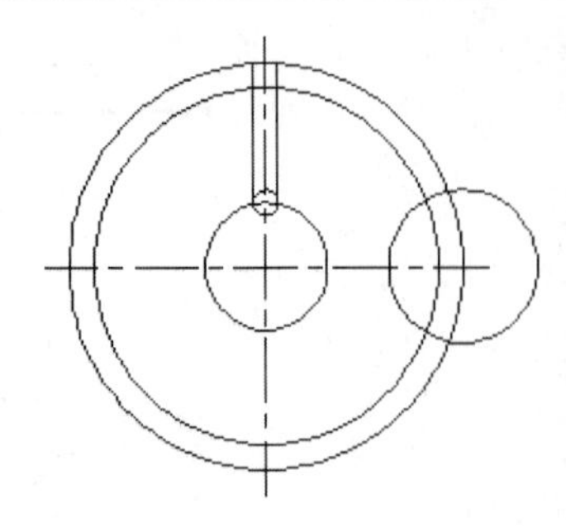

图146-6 绘制间距为5的竖线

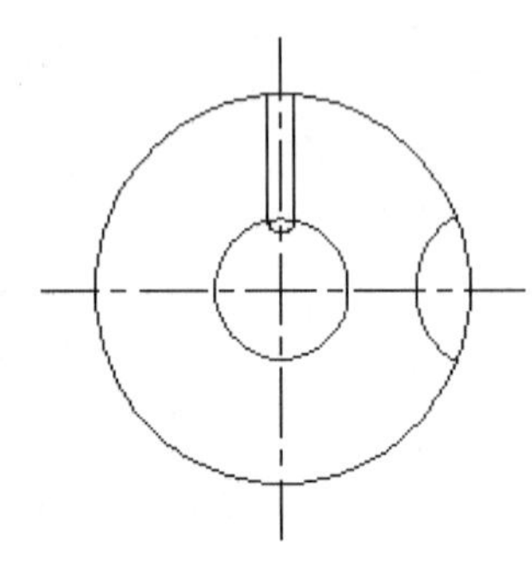

图146-7 修剪结果

08 执行“修改>阵列”命令，将剩余的R15圆弧、R2.5圆弧以及两条短竖线，进行环形阵列，项目总数为6，结果如图146-8所示。

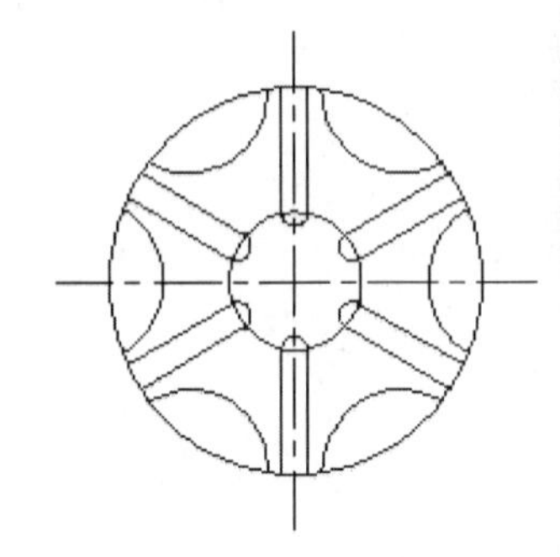

图146-8 阵列图形

09 执行“修改>修剪”命令，修剪掉多余线条，效果如图146-9所示。

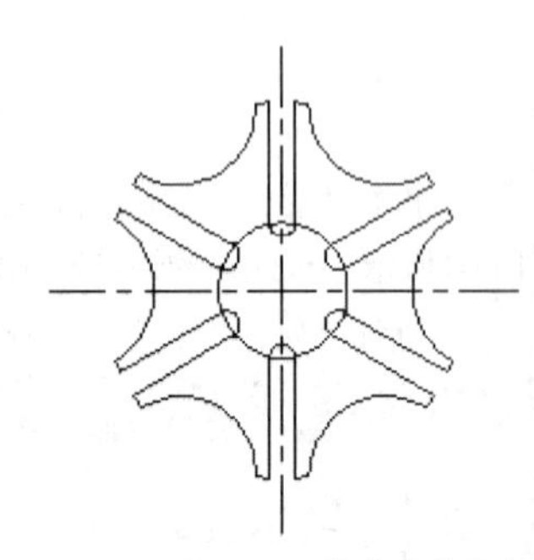

图146-9 修剪多余线条

10 将“标注”层置为当前层。利用尺寸标注方法对拔叉轮进行尺寸标注，如图146-10所示。

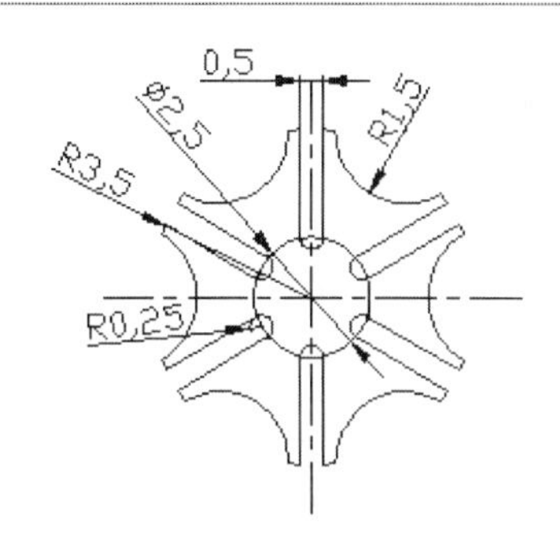

图146-10　标注拔叉轮尺寸

技巧与提示

因拔叉轮零件图是按10：1的比例绘制的，但是尺寸标注需使用真实尺寸，所以在进行尺寸标注之前，首先执行“格式>标注样式”命令，在弹出的“标注样式管理器”对话框中，选择“直线”标注样式，单击“修改”按钮，弹出“修改标注样式：直线”对话框，打开“主单位”选项卡，在“比例因子”文本框中输入0.1，单击“确定”按钮，返回“标注样式管理器”对话框，单击“关闭”按钮。

11 执行“特性>线宽”命令，进行线宽设置，效果如图146-1所示。至此，拔叉轮绘制完成。

12 单击“标准”工具栏上的“保存”命令，保存文件。

练习146　绘制拔叉轮零件图

实战位置	DVD>练习文件>第6章>练习146.dwg
难易指数	★★★☆☆
技术掌握	巩固“阵列”的使用方法

操作指南

参照“实战146”案例进行制作。

首先打开场景文件，然后进入操作环境，做出如图146-11所示的图形。

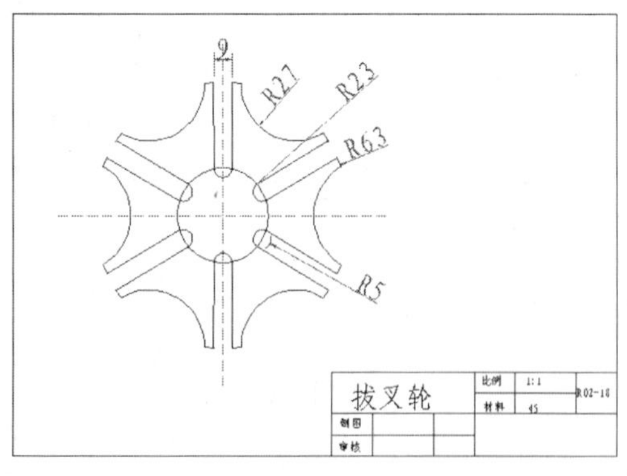

图146-11　绘制拔叉轮零件图

实战147　绘制连杆轮廓图

原始文件位置	DVD>原始文件>第6章>实战147原始文件
实战位置	DVD>实战文件>第6章>实战147.dwg
视频位置	DVD>多媒体教学>第6章>实战147.avi
难易指数	★★★☆☆
技术掌握	掌握圆弧的绘制方法

实战介绍

本例利用直线、圆、偏移和修剪命令绘制完成了连杆的轮廓图，虽然使用的绘图辅助命令较少，但是绘制过程并不简单，读者应好好学习掌握，本例最终效果如图147-1所示。

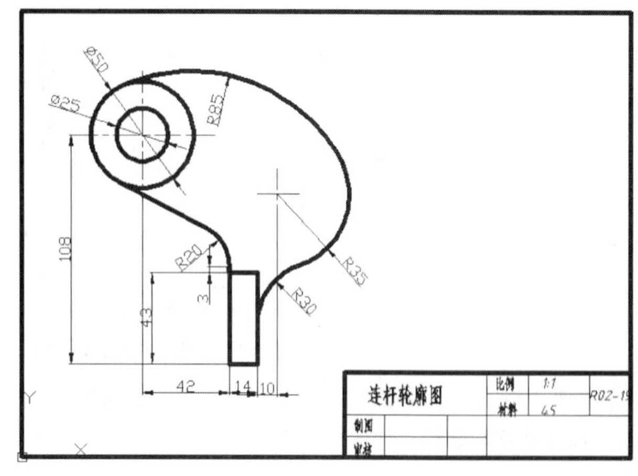

图147-1　最终效果

制作思路

• 首先打开AutoCAD 2013，然后进入操作环境，先绘制图框和标题栏，再绘制连杆轮廓图，最后进行尺寸标注，做出如图147-1所示的图形。

制作流程

01 在菜单中执行“打开”命令，打开“实战147原始文件.dwg”文件。

02 双击修改标题栏中的文字，如图147-2所示。

连杆轮廓图		比例	1:1	R02-19
		材料	45	
制图				
审核				

图147-2　修改标题栏

03 将“点画线”层置为当前层。执行“绘图>直线”命令，绘制中心线，如图147-3所示。

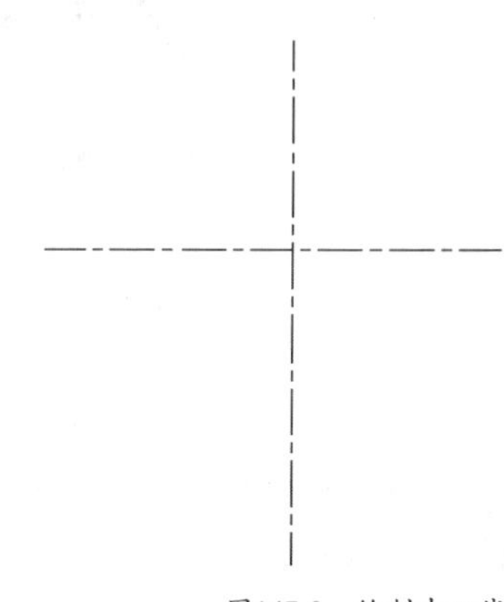

图147-3　绘制中心线

04 执行“修改>偏移”命令，将点画线进行偏移，如图

147-4所示。

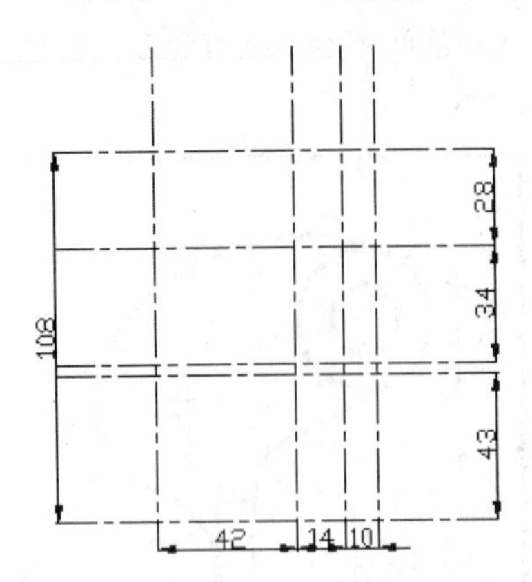

图147-4　将点画线进行偏移

05 将“粗实线”层置为当前层。执行“绘图>直线”命令，绘制底部轮廓线，如图147-5所示。

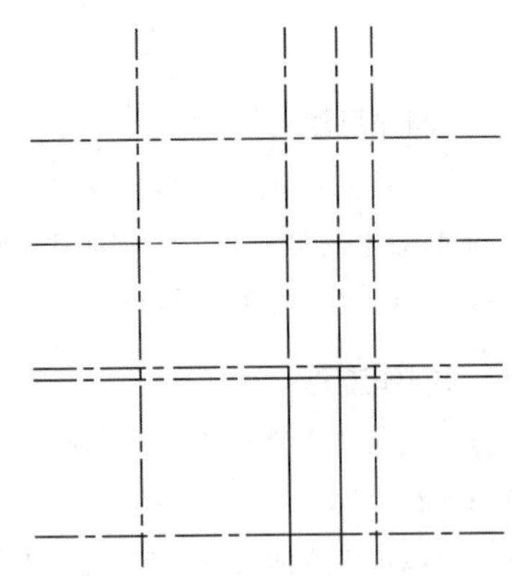

图147-5　绘制底部轮廓线

06 执行“绘图>圆”命令，绘制半径为35、25和12.5的圆，如图147-6所示。

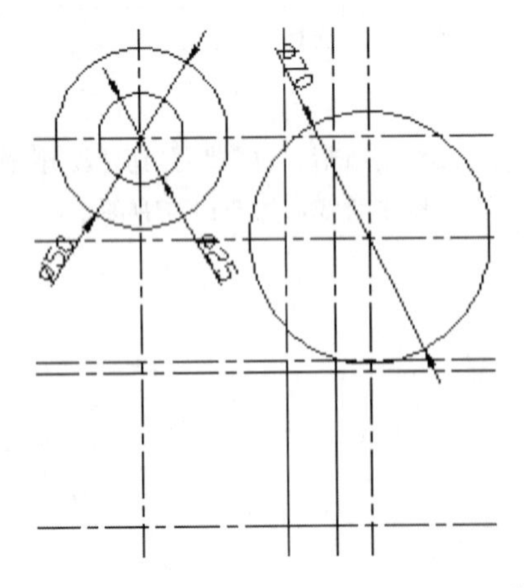

图147-6　绘制R35、R25和R12.5圆

07 执行“绘图>圆”命令，以距图147-5所示的轮廓线的最上方顶点的相对坐标为（@-20,0）的点为圆心，绘制半径为20的圆。执行“绘图>圆>相切、相切、半径”命令，绘制与R35圆和底部轮廓线最右侧竖线相切，半径为30的圆；并绘制与R25和R35的圆相切，半径为85的圆，结果如图147-7所示。

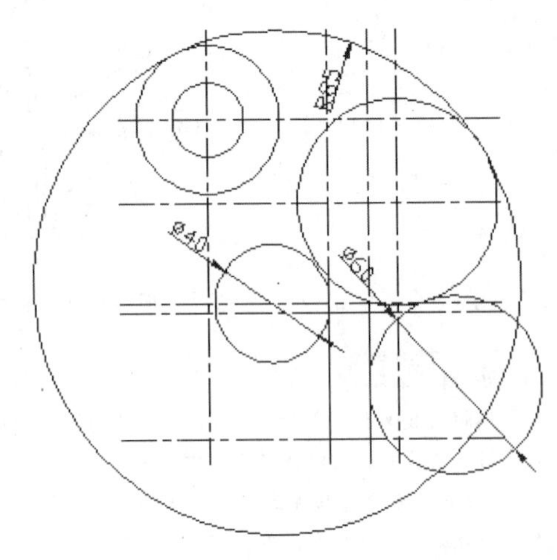

图147-7　绘制R20、R30和R85圆

08 执行“绘图>直线”命令，绘制R25和R20的圆间的切线，如图147-8所示。

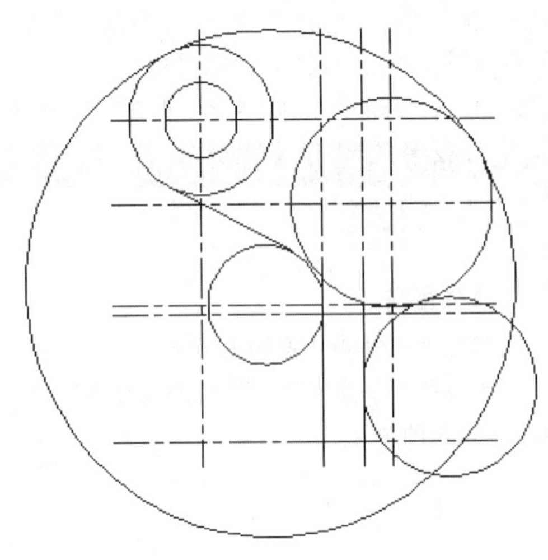

图147-8　绘制切线

09 执行“修改>修剪”命令，修剪掉多余线条，效果如图147-9所示。

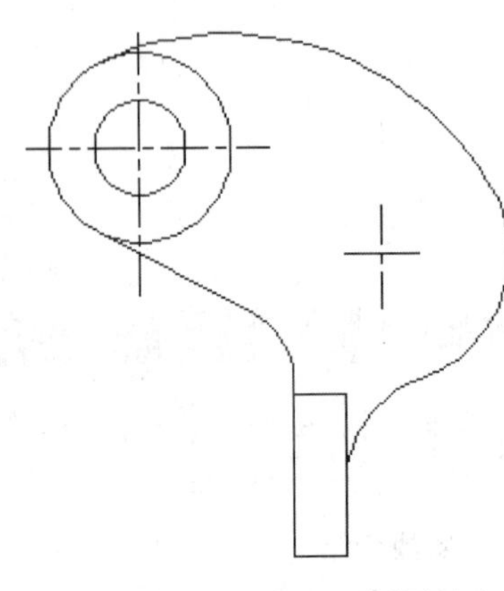

图147-9　修剪多余线条

10 将“标注”层置为当前层。利用尺寸标注方法对连杆进行尺寸标注，如图147-10所示。

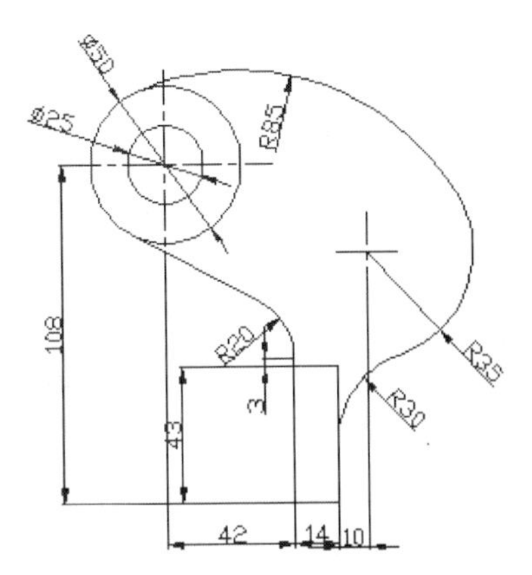

图147-10　标注连杆尺寸

11 执行“保存”命令，保存文件。

练习147　绘制连杆轮廓图

实战位置　DVD>练习文件>第6章>练习147.dwg
难易指数　★★★☆☆
技术掌握　巩固绘制圆弧的方法

操作指南

参照“实战147”案例进行制作。

首先打开场景文件，然后进入操作环境，做出如图147-11所示的图形。

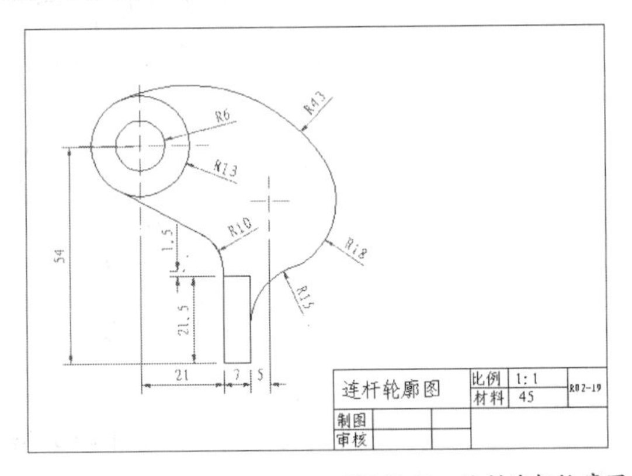

图147-11　绘制连杆轮廓图

实战148　绘制挂轮架零件图

实战位置　DVD>实战文件>第6章>实战148.dwg
视频位置　DVD>多媒体教学>第6章>实战148.avi
难易指数　★★★☆☆
技术掌握　掌握绘制挂轮架零件图的方法

实战介绍

本例绘制挂轮架，主要应用了直线、圆角、圆弧、镜像等命令进行操作。本例最终效果如图148-1所示。

制作思路

• 首先打开AutoCAD 2013，然后进入操作环境，先根据尺寸要求做出一些水平和垂直投影线，再据此完成零件图的绘制，删除投影线，标注尺寸，做出如图148-1所示的图形。

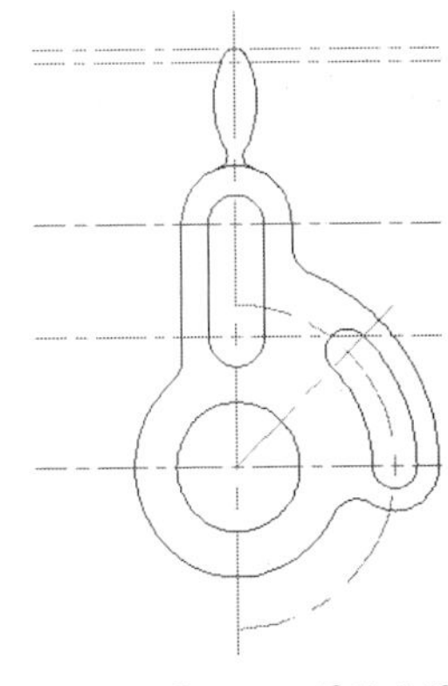

图148-1　最终效果

制作流程

01 双击AutoCAD 2013的桌面快捷方式图标，打开一个新的AutoCAD文件，文件名默认为“Drawing1.dwg”。

02 执行“新建图层”命令，新建一个“中心线”图层，设置其“线型”为CENTER，颜色为红色；新建一个“粗实线”图层，设置其“线宽”为0.3mm，效果如图148-2所示。

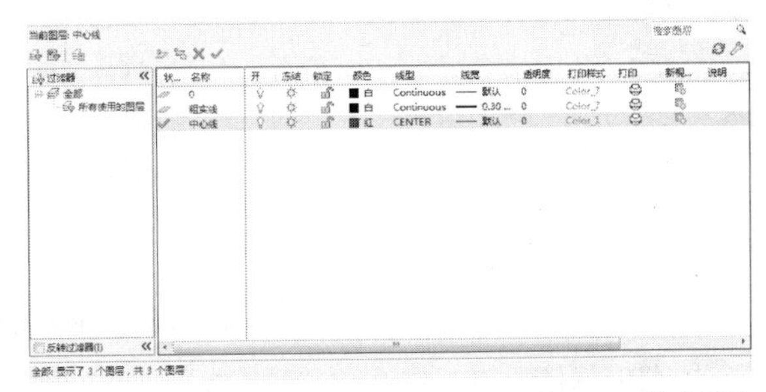

图148-2　新建图层

03 将“中心线”层置为当前层，执行“直线”命令，绘制一条长130的水平线，过其中点绘制一条相垂直的中心线，过交点绘制一条长70与水平方向成45°的直线，效果如图148-3所示。

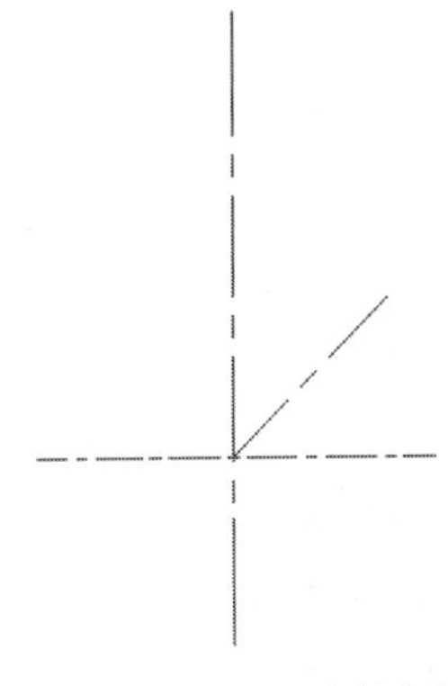

图148-3　绘制直线

04 执行“偏移”命令，将水平线向上偏移40、75、

125、129；执行“圆”命令，以最下方中心线交点为圆心，绘制半径为50的圆，并修剪去除左半圆，效果如图148-4所示。

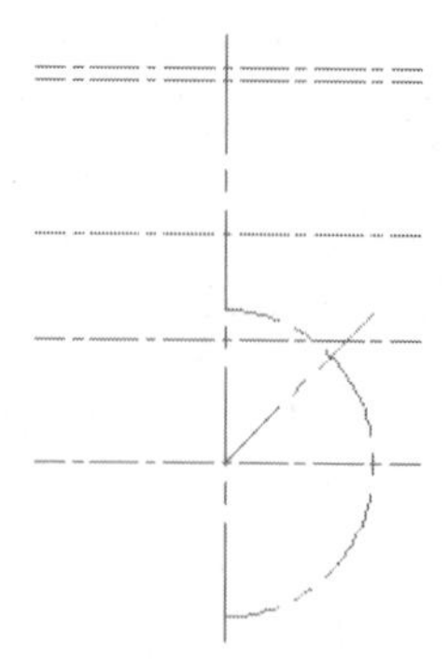

图148-4　偏移直线与绘制半圆

05 将“粗实线”层置为当前层，以最下方中心线交点为圆心，绘制半径分别为20、34的圆；执行“偏移”命令，将竖直中心线分别向左向右偏移9、18，效果如图148-5所示。

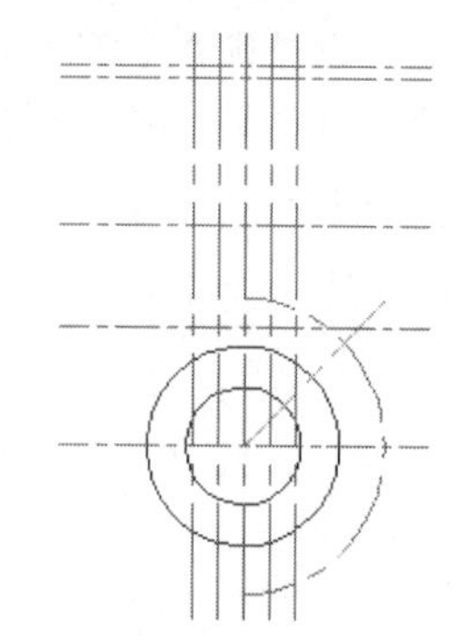

图148-5　绘制圆与偏移处理

06 将05偏移得到的直线移至“粗实线”层，执行“修剪”命令，对图形进行修剪，效果如图148-6所示。

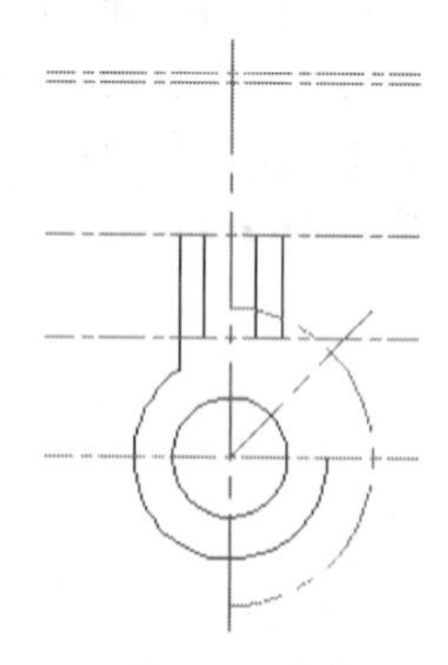

图148-6　修剪处理

07 将“粗实线”层置为当前层，执行“圆弧”命令，绘制圆弧，执行“圆角”命令，设置圆角半径为10，对左侧图形进行操作，效果如图148-7所示。

08 执行“圆”命令，以右半圆与最下方中心线的交点为圆心，绘制半径7的圆；以右半圆与斜线交点为圆心，绘制半径7的圆，效果如图148-8所示。

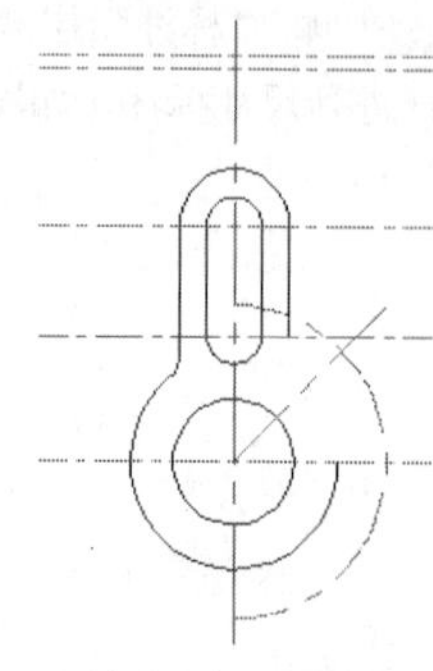

图148-7　绘制圆弧与倒圆角操作

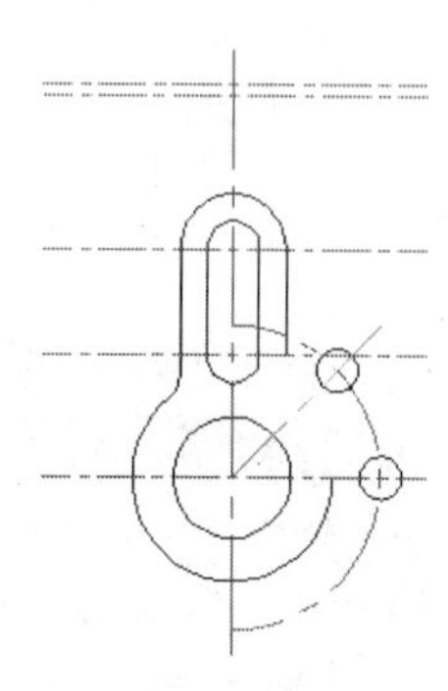

图148-8　绘制圆

09 执行“圆弧”命令，以下方R7圆与水平中心线的左交点为起点，以最下方水平线与竖直线交点为圆心，以斜线与上方R7圆的下交点；重复绘制圆弧，修剪后效果如图148-9所示。

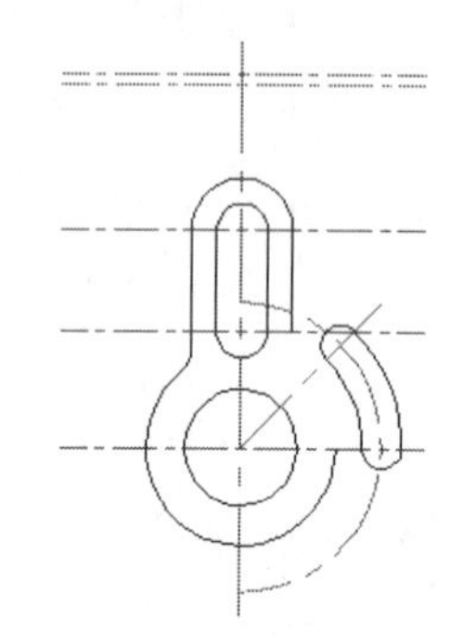

图148-9　绘制圆弧

10 执行“圆”命令，以最下方水平中心线与竖直中心线的交点为圆心，绘制半径64的圆；以下方R7圆心为圆心，绘制半径14的圆，修剪后效果如图148-10所示。

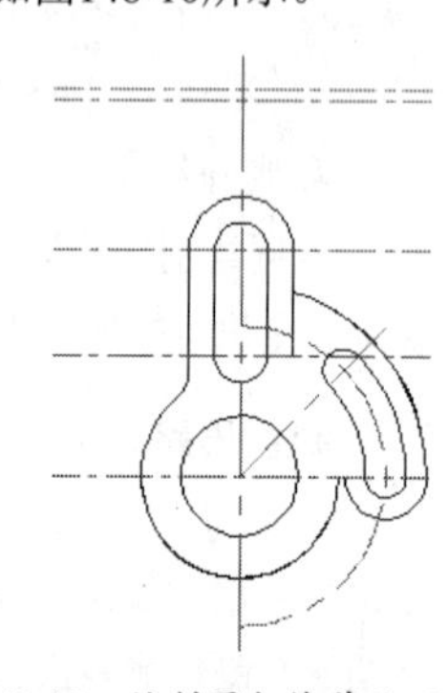

图148-10　绘制圆与修剪处理

11 执行“圆角”命令，设置圆角半径为8，选择R14与R34的两圆进行操作；设置圆角半径为10，选择R64与右侧竖直线进行操作，效果如图148-11所示。

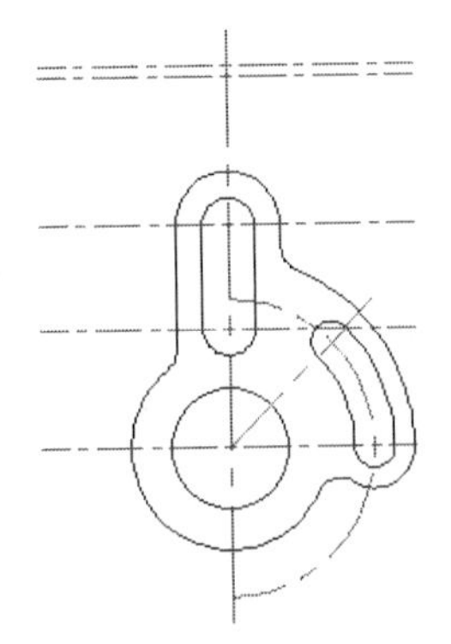

图148-11　圆角操作

12 执行“偏移”命令，将竖直中心线向右偏移23,；单击“圆”按钮，以上方第二条水平中心线与竖直中心线交点为圆心，绘制半径26的圆；以偏移得到的竖直线与R26圆的交点为圆心，绘制半径30的圆，效果如图148-12所示。

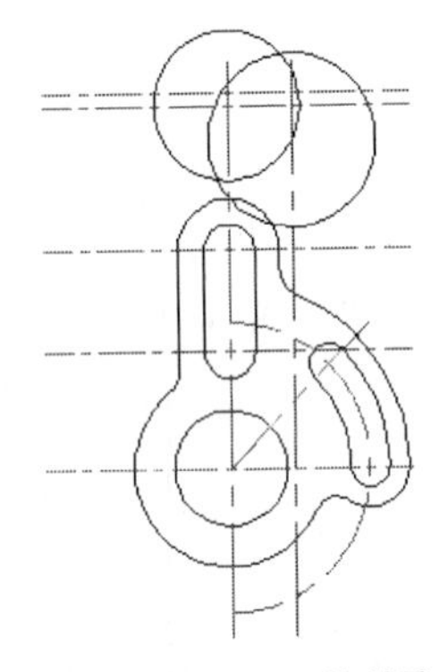

图148-12　绘制圆

13 执行“修剪”命令，对图形进行修剪；执行“镜像”命令，以竖直中心线为轴，将修剪后的R30圆弧进行操作，效果如图148-13所示。

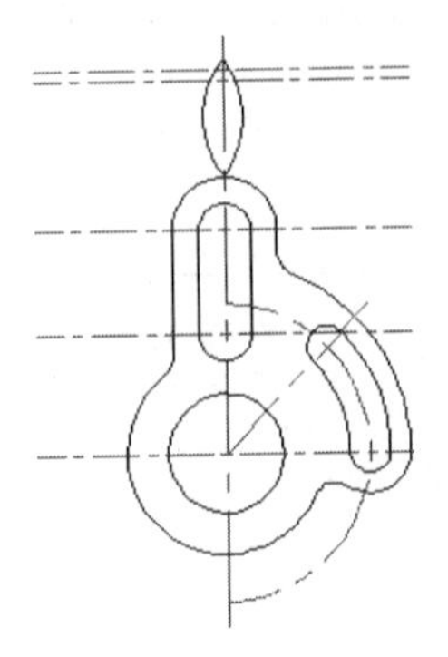

图148-13　修剪与镜像操作

14 执行“圆角”命令，设置圆角半径为4，分别对R30圆弧与R18圆进行操作，效果如图148-14所示。

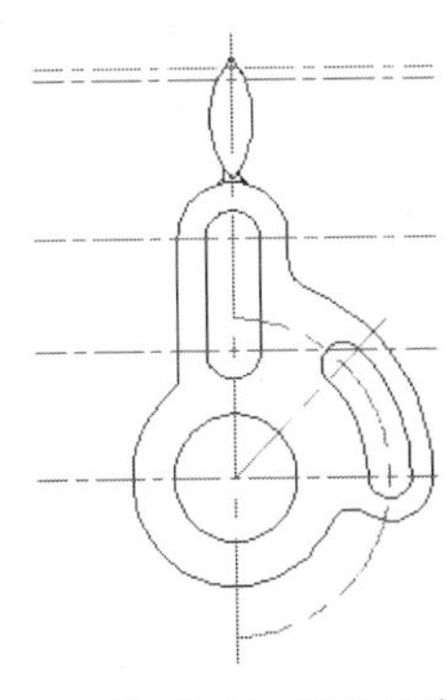

图148-14　圆角操作

15 执行“修剪”命令，对圆角操作部分进行修剪，效果如图148-15所示。

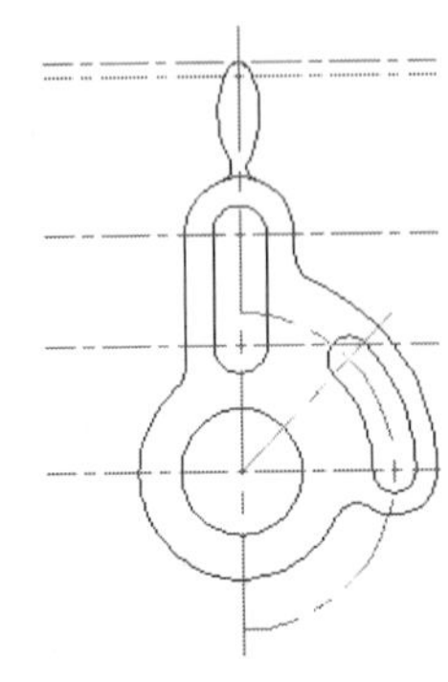

图148-15　修剪处理

16 执行“另存为”命令，将文件另存为为“实战 148.dwg”。

练习148　绘制挂轮架零件图

实战位置	DVD>练习文件>第148章>练习148.dwg
难易指数	★★★☆☆
技术掌握	巩固掌握绘制挂轮架零件图的方法

操作指南

参照“实战148”案例进行制作。

首先打开场景文件，然后进入操作环境，做出如图148-16所示的图形。

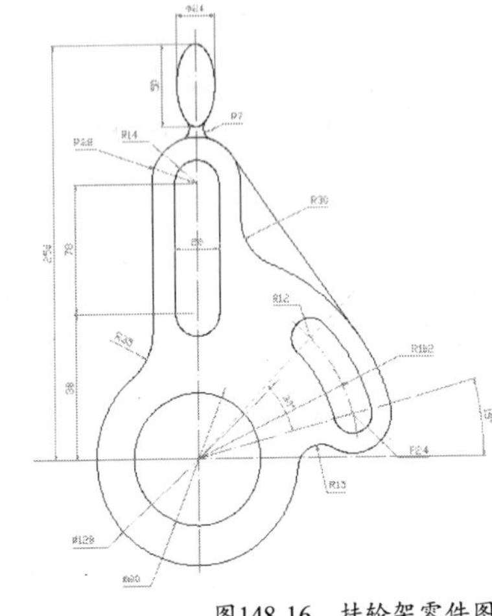

图148-16　挂轮架零件图

实战149 绘制锁钩轮廓图

原始文件位置	DVD>原始文件>第6章>实战149原始文件
实战位置	DVD>实战文件>第6章>实战149.dwg
视频位置	DVD>多媒体教学>第6章>实战149.avi
难易指数	★★★☆☆
技术掌握	掌握锁钩轮廓图的绘制方法

实战介绍

本例利用直线、圆、偏移和修剪等绘图命令，绘制完成锁钩轮廓图，本例最终效果如图149-1所示。

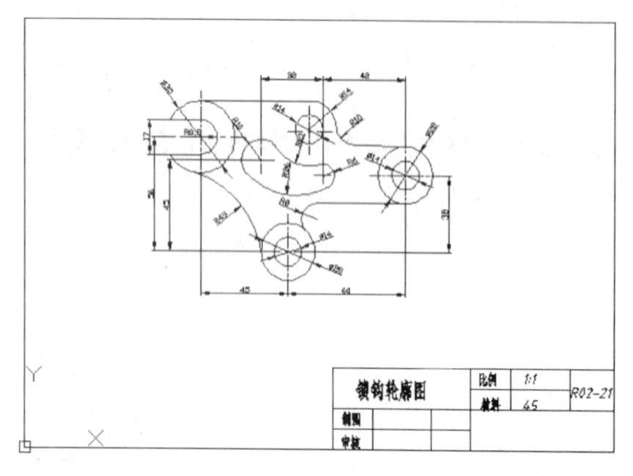

图149-1 最终效果

制作思路

• 首先打开AutoCAD 2013，然后进入操作环境，先绘制图框和标题栏，再根据零件尺寸完成绘制，最后进行尺寸标注，做出如图149-1所示的图形。

制作流程

01 在菜单中执行“打开”命令，打开“实战149原始文件.dwg”文件。

02 双击修改标题栏中的文字，如图149-2所示。

锁钩轮廓图			比例	1:1	R02-21
			材料	45	
制图					
审核					

图149-2 修改标题栏

03 将“点画线”层置为当前层。执行“绘图>直线”命令，绘制中心线，如图149-3所示。

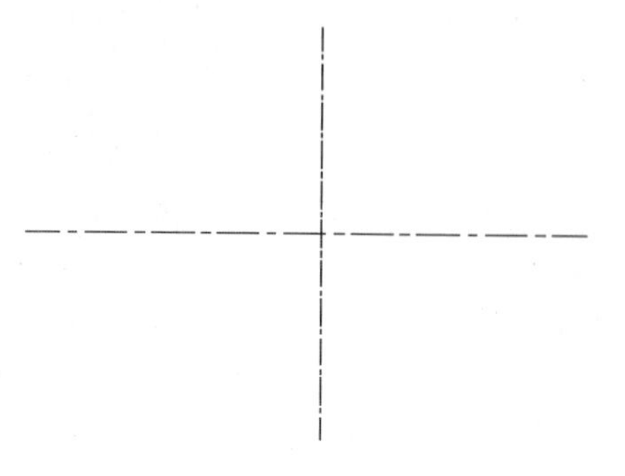

图149-3 绘制中心线

04 执行“修改>偏移”命令，将点画线进行偏移，如图149-4所示。

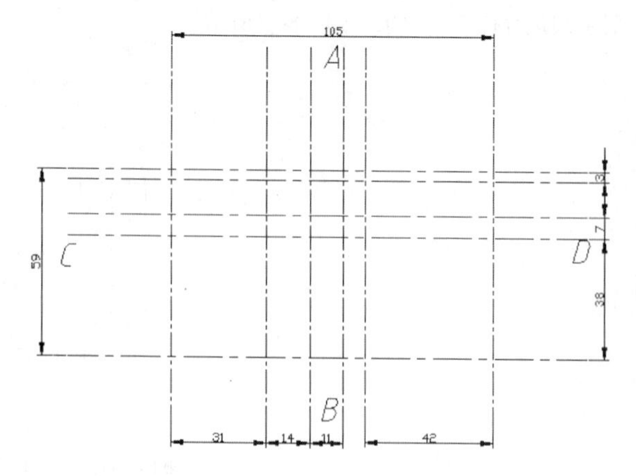

图149-4 将点画线进行偏移

05 将“粗实线”层置为当前层。执行“绘图>圆”命令，以点A为圆心，绘制R8.5和R17.5的同心圆；以点B为圆心，绘制R10的圆；以点E为圆心绘制R6的圆；分别以点C、D、F为圆心，绘制R7和R14的同心圆。效果如图149-5所示。

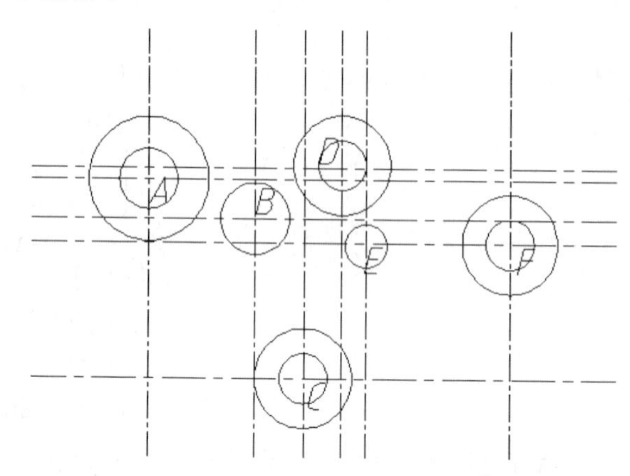

图149-5 绘制圆

06 执行“绘图>直线”命令，利用对象捕捉追踪功能作相应圆的切线，如图149-6所示。

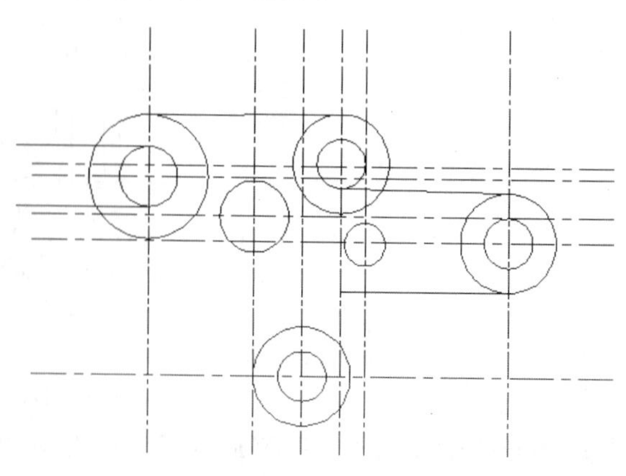

图149-6 作相应圆的切线

07 执行“绘图>圆>相切、相切、半径”命令，绘制与直线和圆相切的圆，如图149-7所示。

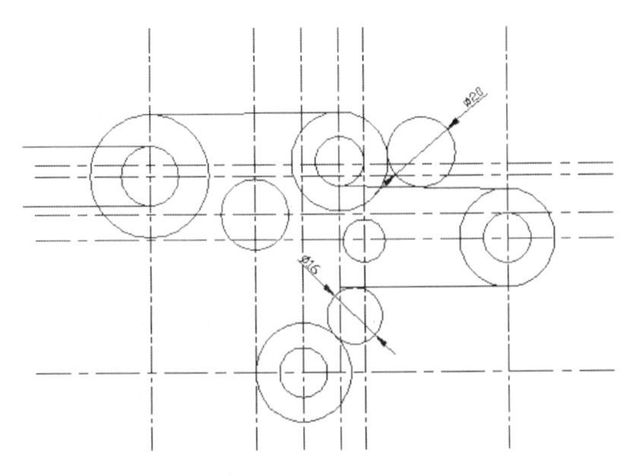

图149-7 绘制相切圆

08 执行“绘图>圆>相切、相切、半径”命令，绘制与两个圆相切的公切圆，如图149-8所示。

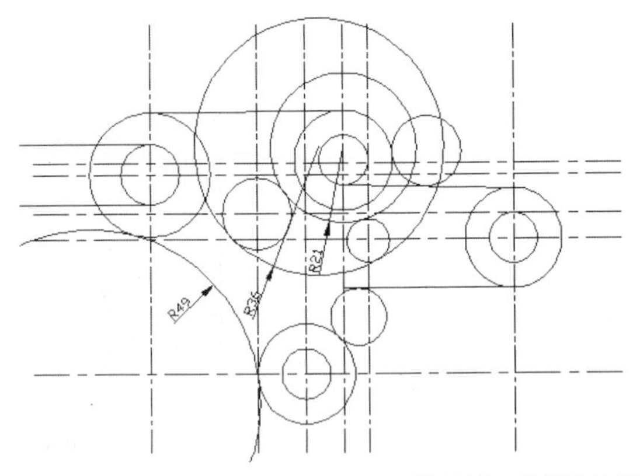

图149-8 绘制共切圆

09 执行“修改>修剪”命令，修剪掉多余线条，效果如图149-9所示。

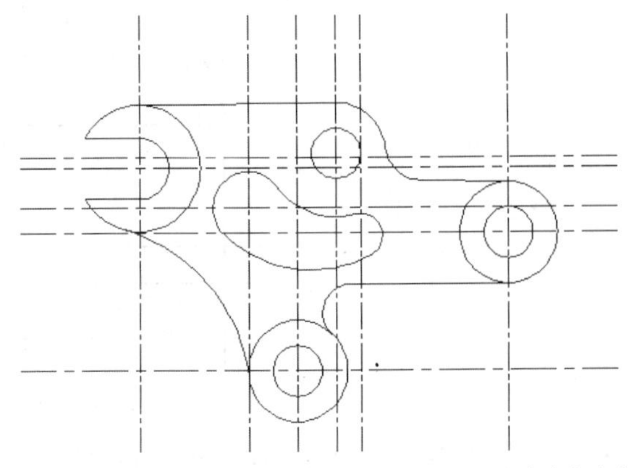

图149-9 修剪多余线条

10 利用夹点编辑命令，修改点画线，结果如图149-10所示。

11 将“标注”层置为当前层。利用尺寸标注方法对锁钩轮廓图进行尺寸标注，如图149-11所示。

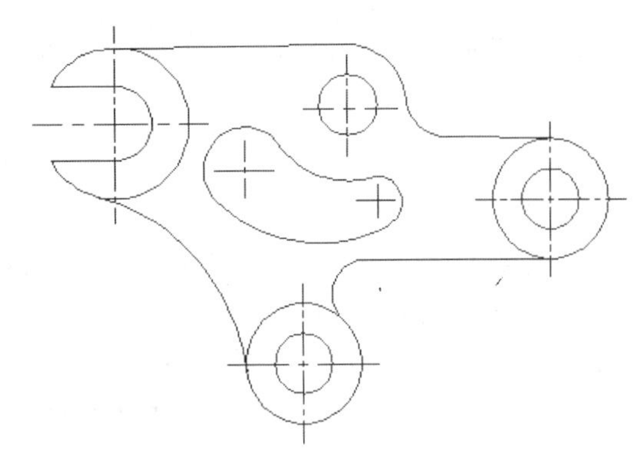

图149-10 夹点编辑点画线

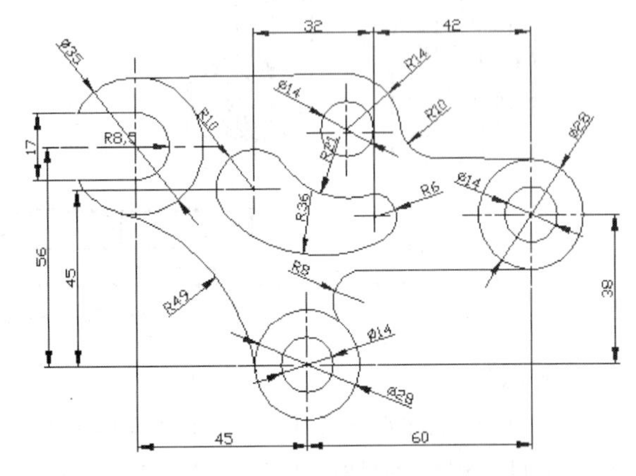

图149-11 标注锁钩轮廓图尺寸

12 执行“格式>线宽”命令，进行线宽设置，效果如图149-1所示。至此，锁钩轮廓图绘制完成。

13 执行“保存”命令，保存文件。

练习149 绘制锁钩轮廓图

实战位置	DVD>实战文件>第6章>实战149.dwg
难易指数	★★★☆☆
技术掌握	巩固锁钩轮廓图的绘制方法

操作指南

参照“实战149”案例进行制作。

首先打开场景文件，然后进入操作环境，绘制如图149-12所示的图形。

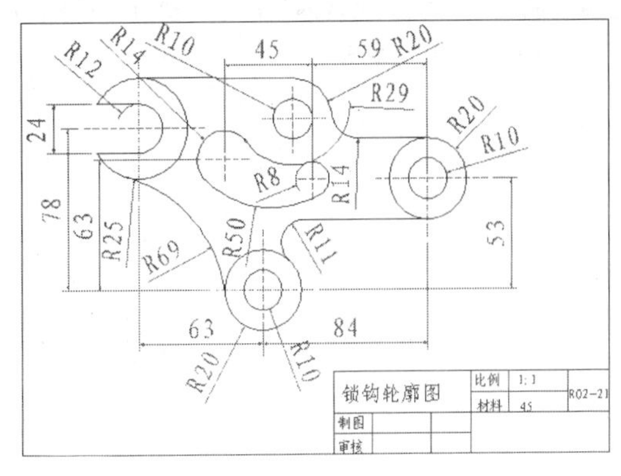

图149-12 绘制锁钩轮廓图

实战150 绘制导向块二视图

原始文件位置	DVD>原始文件>第6章>实战150原始文件
实战位置	DVD>实战文件>第6章>实战150.dwg
视频位置	DVD>多媒体教学>第6章>实战150.avi
难易指数	★★★☆☆
技术掌握	掌握绘制导向块二视图的方法

实战介绍

本例利用直线、圆、多段线、偏移、修剪和图案填充等绘图命令，绘制得到了导向块轮廓图，本例中采用A4图幅绘制，比例为2：1，本例最终效果如图150-1所示。

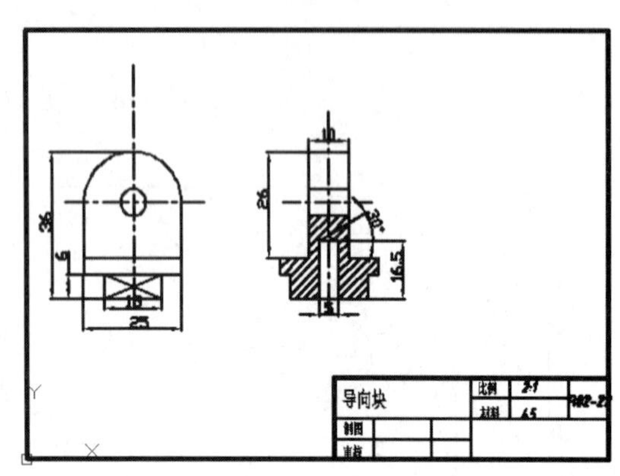

图150-1　最终效果

制作思路

• 首先打开AutoCAD 2013，然后进入操作环境，先绘制图框和标题栏，再绘制零件的主视图和侧视图，完成尺寸标注，做出如图150-1所示的图形。

制作流程

01 在菜单中执行“打开”命令，打开“实战150原始文件.dwg”文件。

02 双击修改标题栏中的文字，如图150-2所示。

导向块		比例	2:1	R02-22
		材料	45	
制图				
审核				

图150-2　修改标题栏

03 将“点画线”层置为当前层。执行“绘图>直线”命令，绘制中心线，如图150-3所示。

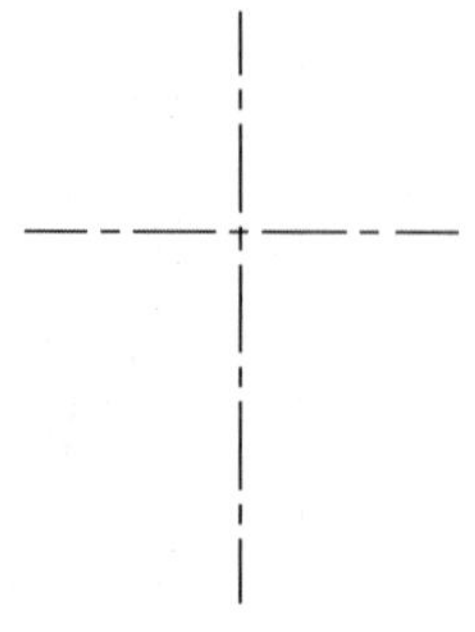

图150-3　绘制中心线

04 执行“修改>偏移”命令，将点画线进行偏移，如图150-4所示。

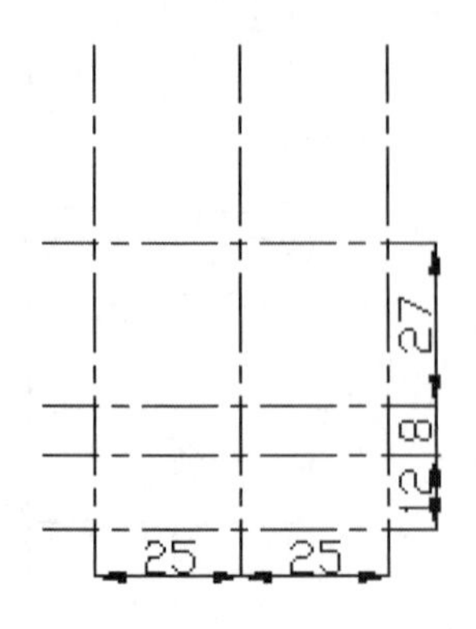

图150-4　将点画线进行偏移

05 将“粗实线”层置为当前层。执行“绘图>多段线”命令，绘制导向块的外轮廓线，如图150-5所示。

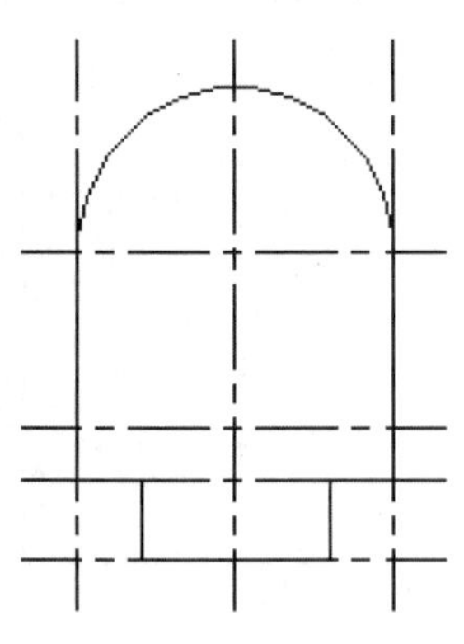

图150-5　绘制圆

06 执行“绘图>直线”命令，绘制内部线条，如图150-6所示。

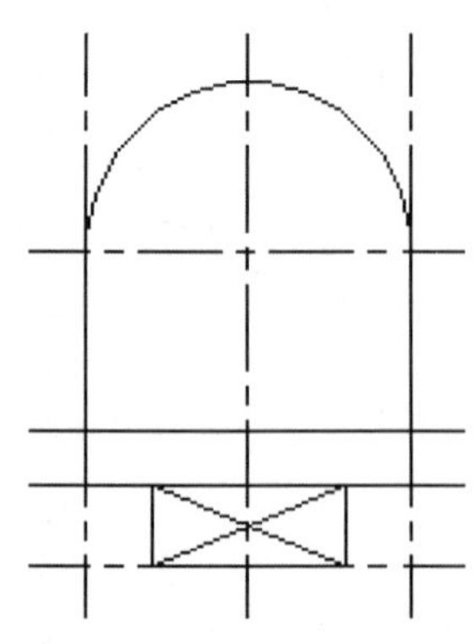

图150-6　绘制内部直线

07 执行“绘图>圆”命令，绘制半径为6.5的圆，结果如图150-7所示。

08 将“点画线”层置为当前层。利用LINE命令，绘制点画线，如图150-8所示。

09 将“粗实线”层置为当前层。执行“绘图>构造线”命令，绘制水平构造线，如图150-9所示。

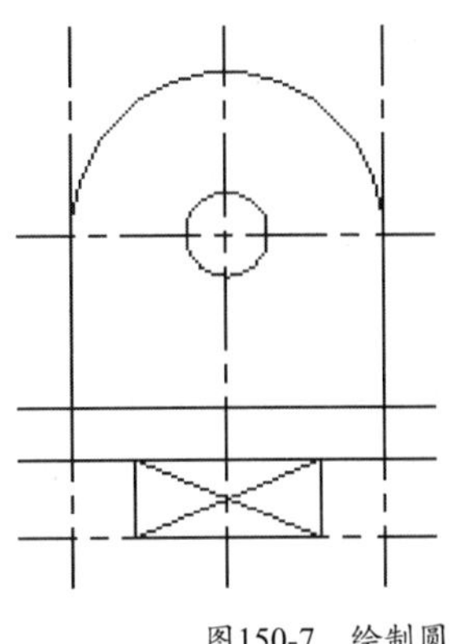

图150-7　绘制圆

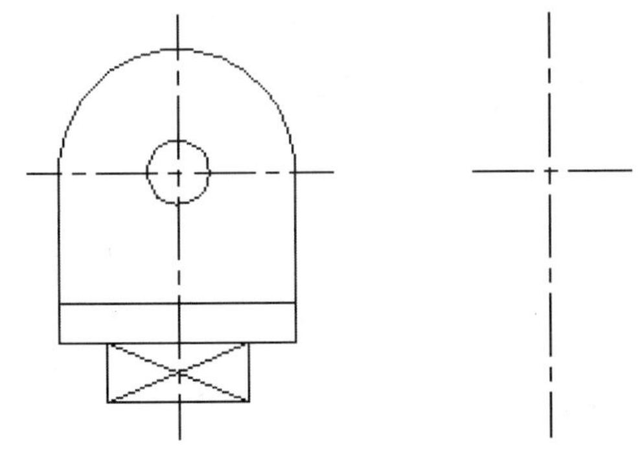

图150-8　绘制点画线

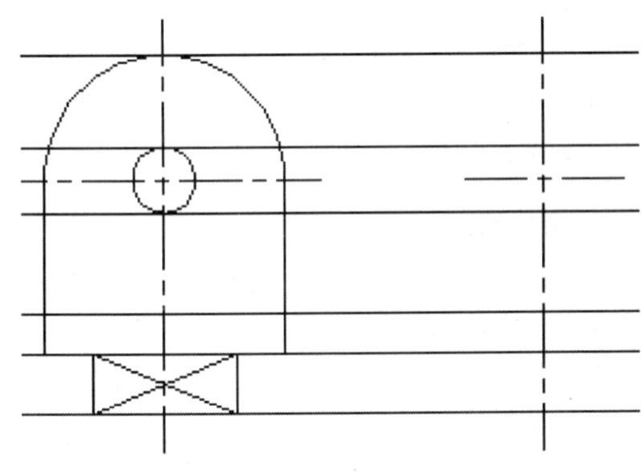

图150-9　绘制水平构造线

10 执行“绘图>构造线”命令，绘制竖直构造线。如图150-10所示。

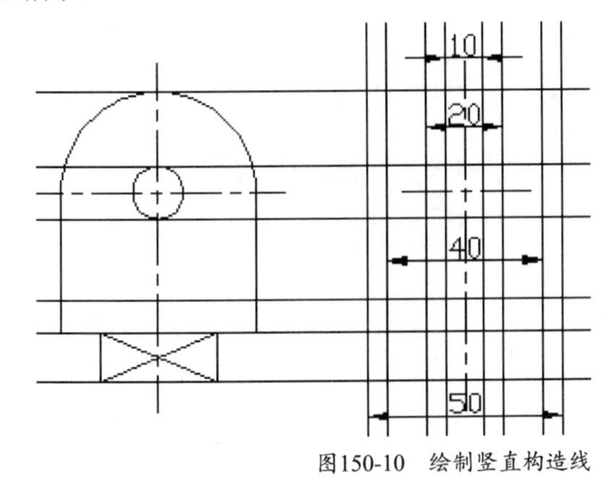

图150-10　绘制竖直构造线

11 执行“修改>修剪”命令，修剪掉多余线条，结果如图150-11所示。

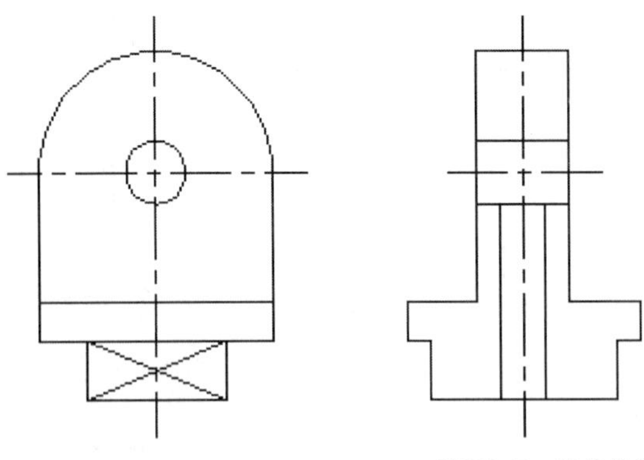

图150-11　修剪结果

12 执行“绘图>直线”命令，利用极轴追踪，绘制与水平方向成30°角的斜线，如图150-12所示。

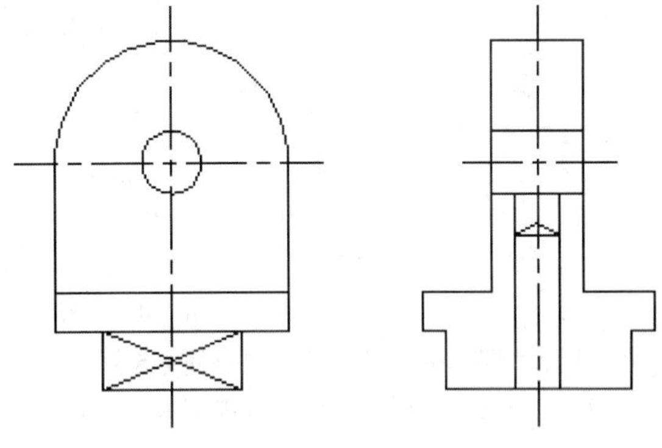

图150-12　绘制斜线

13 执行“修改>修剪”命令，修剪掉多余线条，结果如图150-13所示。

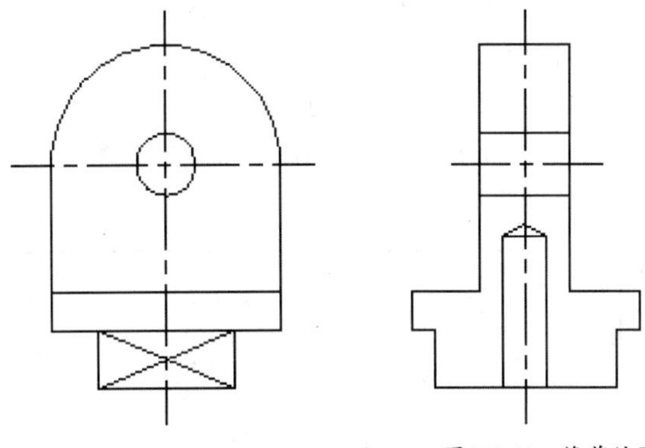

图150-13　修剪结果

14 将“剖面线”层置为当前层。执行“绘图>图案填充”命令，对主视图进行图案填充，填充图案为ANSI31，填充比例为1，效果如图150-14所示。

15 将“标注”层置为当前层。利用尺寸标注方法对导向块进行尺寸标注，如图150-15所示。

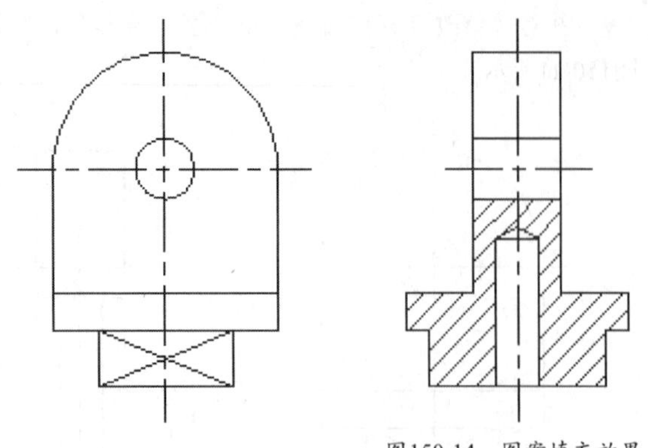

图150-14　图案填充效果

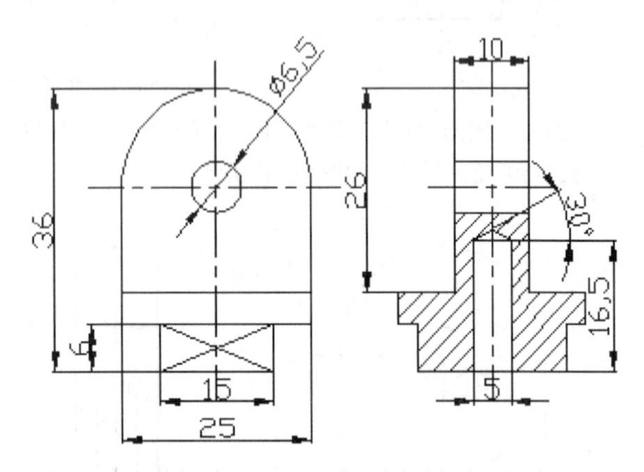

图150-15　标注导向块

16 执行“格式>线宽”命令，进行线宽设置，效果如图150-1所示。至此，导向块轮廓图绘制完成。

17 执行“保存”命令，保存文件。

练习150　绘制导向块二视图

实战位置	DVD>练习文件>第6章>练习150.dwg
难易指数	★★★☆☆
技术掌握	巩固绘制导向块二视图的方法

操作指南

参照“实战150”案例进行制作。

首先打开场景文件，然后进入操作环境，绘制如图150-16所示的图形。

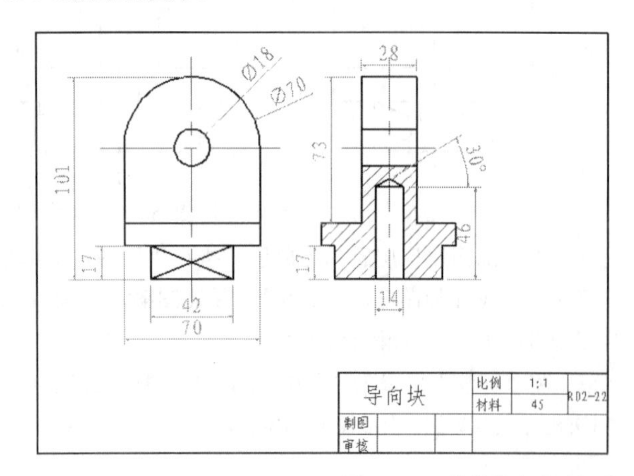

图150-16　绘制导向块二视图

实战151　绘制阀杆二视图

原始文件位置	DVD>原始文件>第6章>实战151原始文件
实战位置	DVD>实战文件>第6章>实战151.dwg
视频位置	DVD>多媒体教学>第6章>实战151.avi
难易指数	★★★☆☆
技术掌握	掌握绘制阀杆二视图的方法

实战介绍

本例利用直线、圆、镜像、倒角、修剪以及图案填充等命令绘制得到了阀杆二视图，本例中也将采用2：1的比例表示阀杆。本例最终效果如图151-1所示。

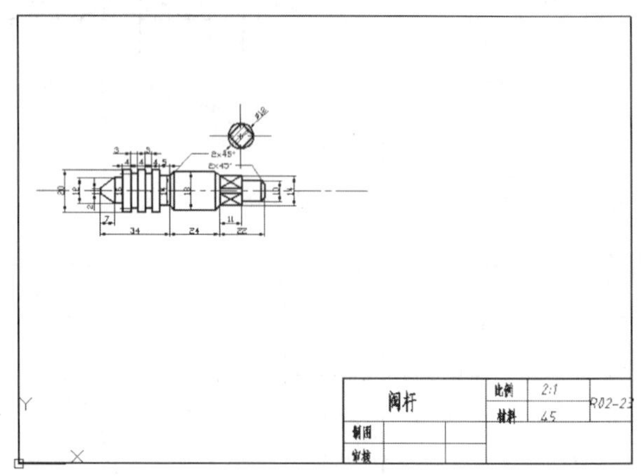

图151-1　最终效果

制作思路

• 首先打开AutoCAD 2013，然后进入操作环境，先绘制图框和标题栏，再绘制零件图，最后进行尺寸标注，做出如图151-1所示的图形。

制作流程

01 在菜单中执行“打开”命令，打开“实战151原始文件.dwg”文件。

02 双击修改标题栏中的文字，如图151-2所示。

阀杆		比例	2:1	R02-23
		材料	45	
制图				
审核				

图151-2　修改标题栏

03 将“点画线”层置为当前层。执行“绘图>直线”命令，绘制一水平点画线，作为阀杆的中心线。

04 将“粗实线”层置为当前层。执行“绘图>直线”命令，绘制阀杆上半轮廓线，如图151-3所示。

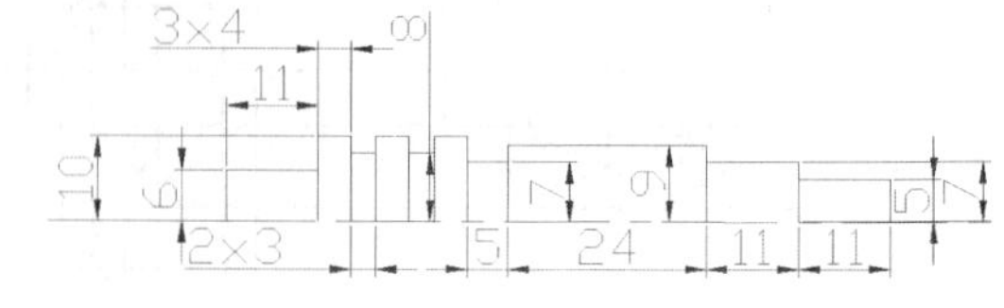

图151-3　绘制上半轮廓线

05 执行“绘图>直线”命令，绘制斜线，如图151-4所示。

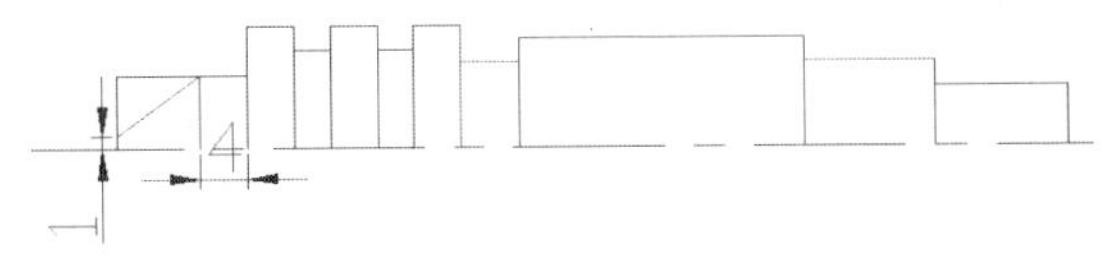

图151-4 绘制斜线

06 执行“修改>修剪”命令，修剪掉多余的线条，结果如图151-5所示。

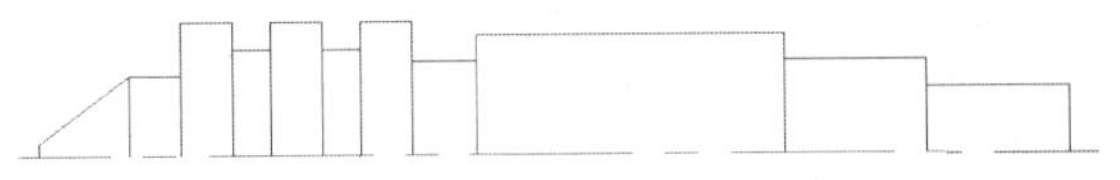

图151-5 修剪图形

07 执行“绘图>倒角”命令，绘制2×45°倒角，并利用LINE命令补画倒角线，如图151-6所示。

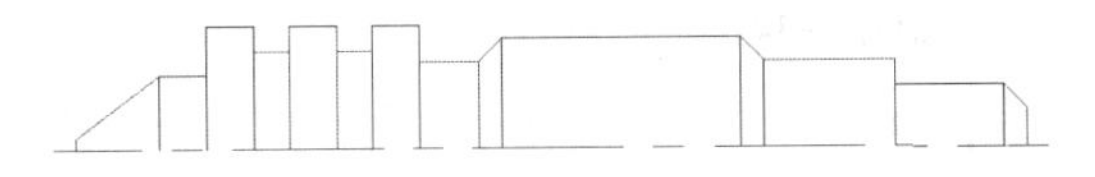

图151-6 进行倒角

08 执行“修改>镜像”命令，将图形向下镜像，结果如图151-7所示。

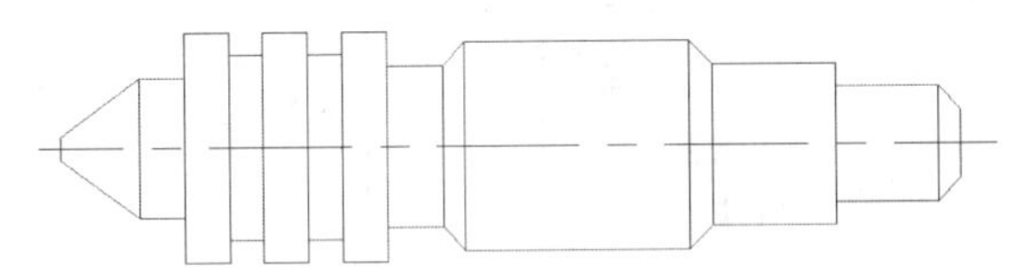

图151-7 镜像结果

09 执行“绘图>直线”命令，绘制斜线，如图151-8所示。

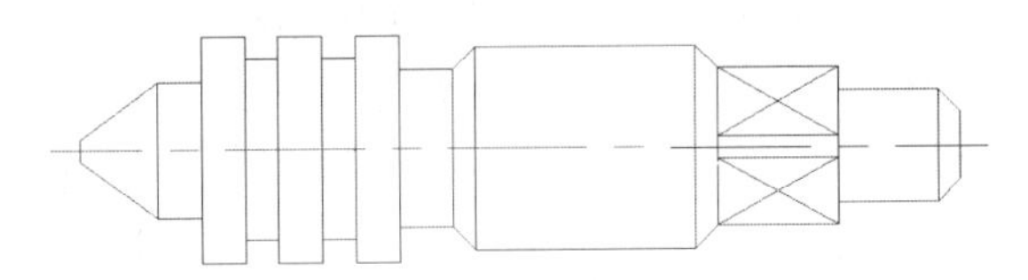

图151-8 绘制直线

10 将“点画线”层置为当前层。执行“绘图>直线”命令，绘制剖视图的中心线，如图151-9所示。

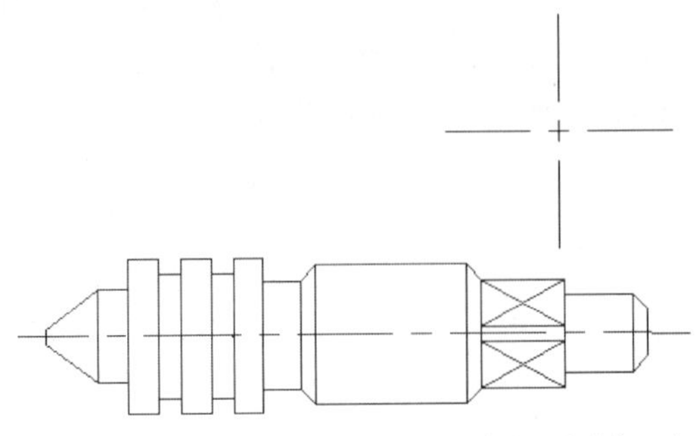

图151-9 绘制剖视图的中心线

11 将“粗实线”层置为当前层。执行“绘图>圆”命令，以点画线中心为圆心，绘制半径为6的圆，如图151-10所示。

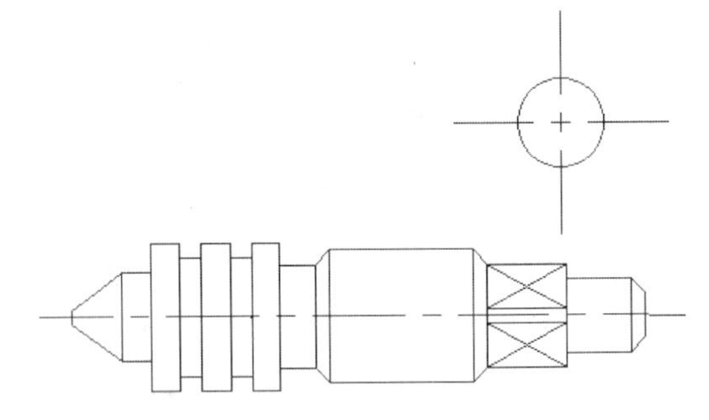

图151-10 绘制圆

12 执行“绘图>正多边形”命令，绘制外接于圆的正方形，如图151-11所示。

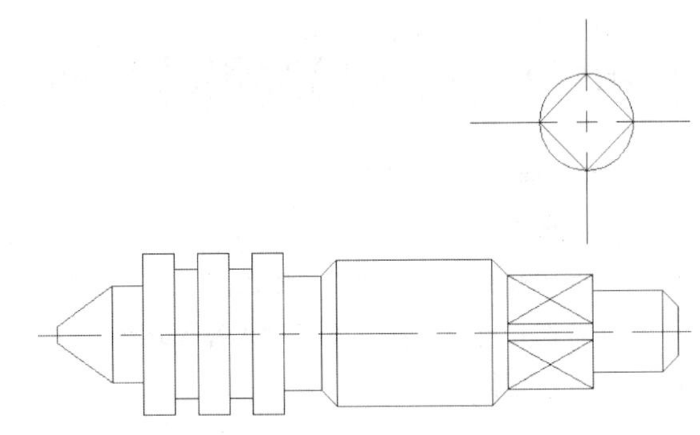

图151-11 绘制正方形

13 执行“绘图>倒角”命令，绘制1×45°倒角，如图151-12所示。

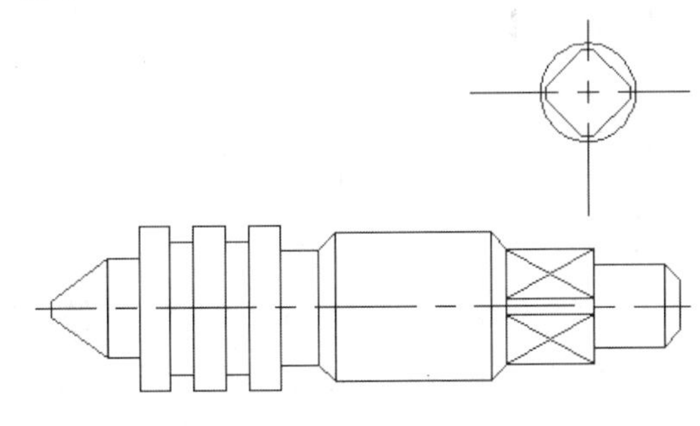

图151-12 倒角正方形

14 将“剖面线”层置为当前层。执行“绘图>图案填充”命令，对主视图进行图案填充，效果如图151-13所示。

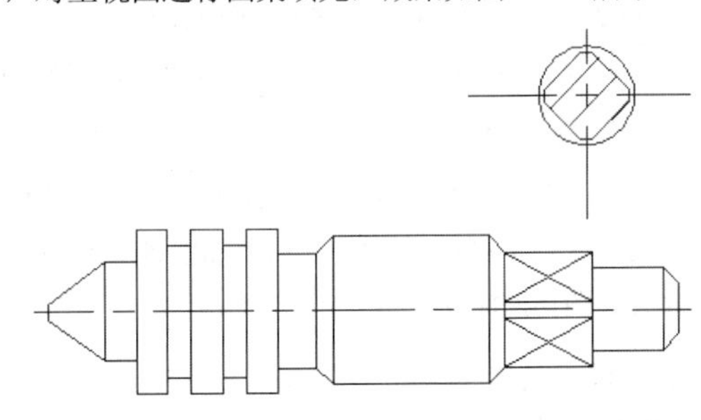

图151-13 对剖视图进行图案填充

15 将“标注”层置为当前层。利用尺寸标注方法对阀杆进行尺寸标注，效果如图151-14所示。

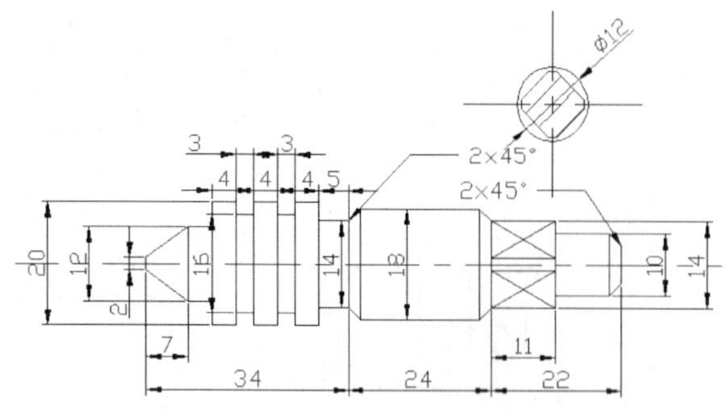

图151-14 对阀杆进行尺寸标注

16 执行“格式>线宽”命令，进行线宽设置，效果如图151-1所示。至此，导向块轮廓图绘制完成。

17 执行“保存”命令，保存文件。

练习151 绘制阀杆二视图

实战位置 DVD>练习文件>第6章>练习151.dwg
难易指数 ★★★☆☆
技术掌握 巩固绘制阀杆零件图的方法

操作指南

参照“实战151”案例进行制作。

首先打开场景文件，然后进入操作环境，做出如图151-15所示的图形。

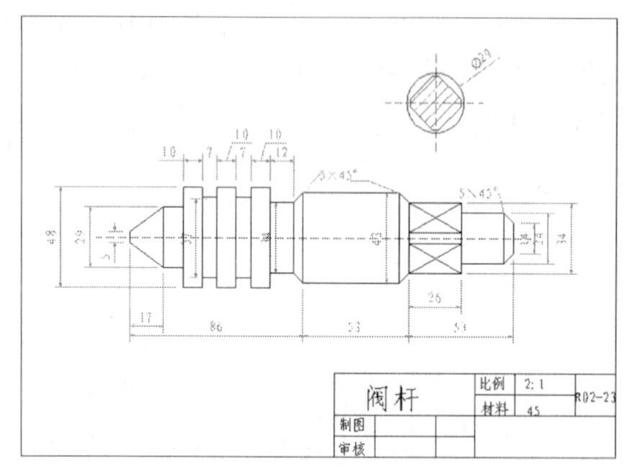

图151-15 绘制新的阀杆二视图

实战152 绘制拉杆三视图

原始文件位置 DVD>原始文件>第6章>实战152原始文件
实战位置 DVD>实战文件>第6章>实战152.dwg
视频位置 DVD>多媒体教学>第6章>实战152.avi
难易指数 ★★★☆☆
技术掌握 掌握直线、圆、多段线、椭圆、修剪、以及圆角等绘图命令

实战介绍

本例中将介绍利用二维绘图辅助工具，绘制拉杆三视图的方法。本例中图形将在A3图幅中进行绘制，本例最终效果如图152-1所示。

制作思路

- 首先打开AutoCAD 2013，然后进入操作环境，先绘制图框和标题栏，再绘制零件图，最后进行尺寸标注，做出如图152-1所示的图形。

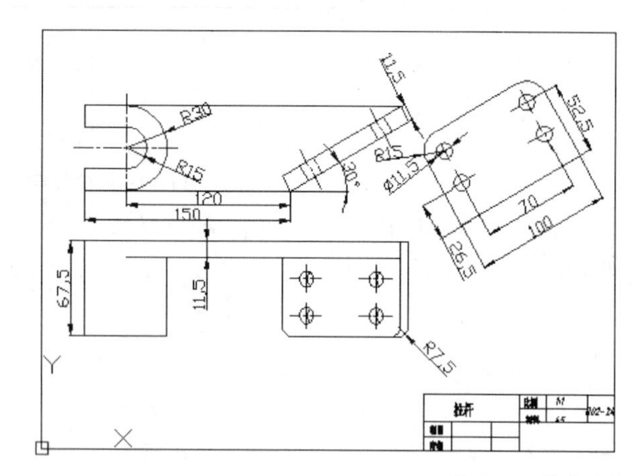

图152-1 最终效果

制作流程

01 在菜单中执行“打开”命令，打开“实战152原始文件.dwg”文件。

02 选中文字右击，弹出快捷菜单，单击编辑，修改标题栏中的文字，如图152-2所示。

拉杆		比例	1:1	R02-24
		材料	45	
制图				
审核				

图152-2 修改标题栏

03 将“点画线”层置为当前层。执行“绘图>直线”命令，绘制主视图中心线，如图152-3所示。

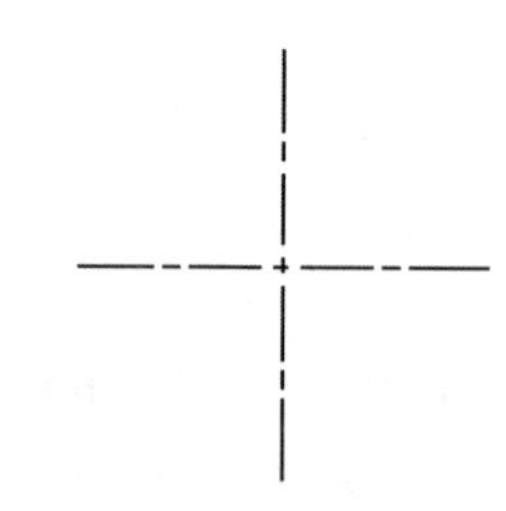

图152-3 绘制主视图中心线

04 将“粗实线”层置为当前层。执行“绘图>多段线”命令，绘制如图152-4所示的多段线。

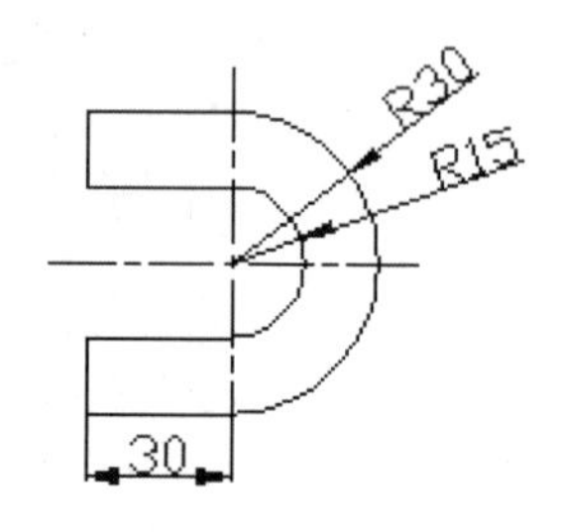

图152-4 绘制多段线

05 执行“绘图>直线”命令，绘制主视图右侧外轮廓线，如图152-5所示。

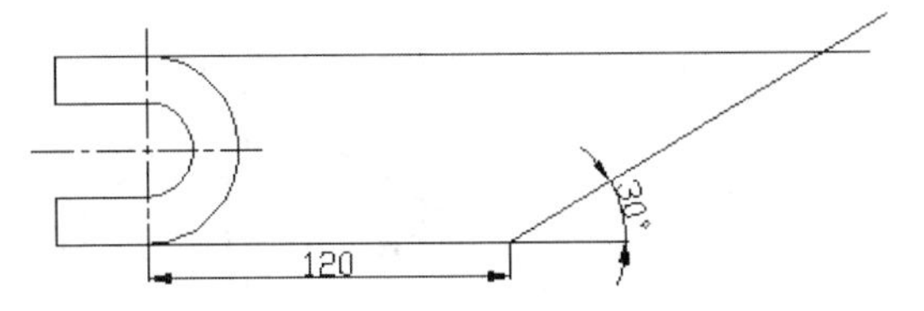

图152-5　绘制右侧外轮廓线

06 执行“绘图>直线”命令，绘制主视图右侧内轮廓线，如图152-6所示。

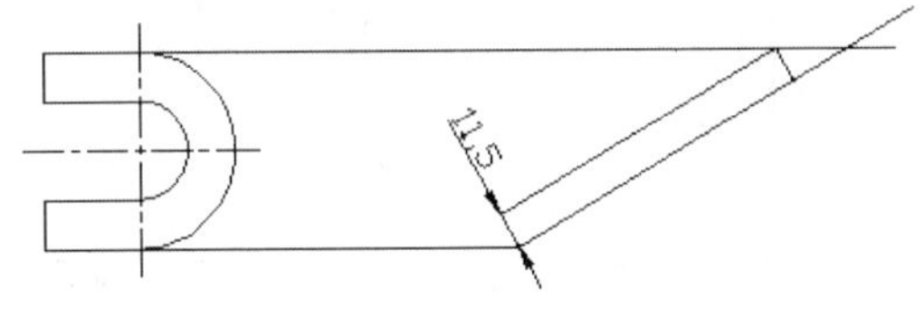

图152-6　绘制右侧内轮廓线

07 执行“修改>修剪”命令，修剪多余线条，结果如图152-7所示。

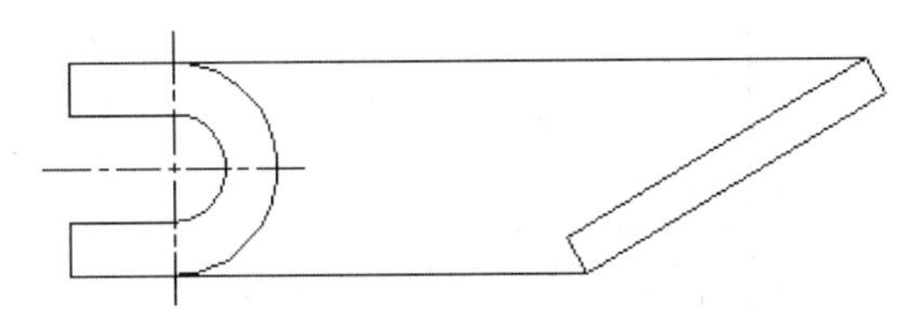

图152-7　修剪图形

08 执行“绘图>直线”命令，使用“虚线”绘制拉杆圆孔位置，使用“点画线”绘制圆孔中心线，如图152-8所示。

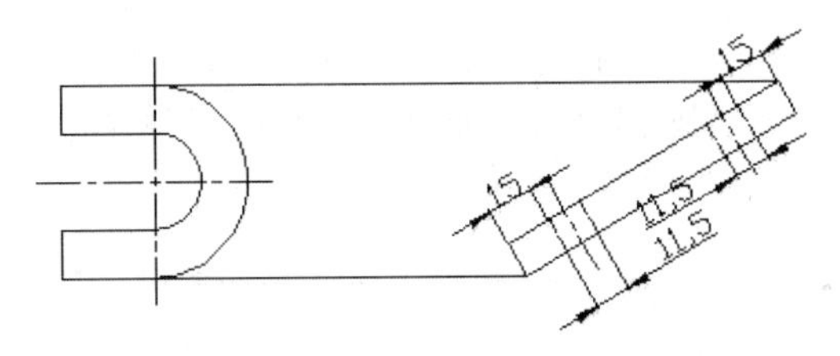

图152-8　绘制圆孔

09 延长主视图的水平中心线，执行“绘图>直线”命令，绘制左视图的基本轮廓矩形，其长为100，宽为67.5，如图152-9所示。

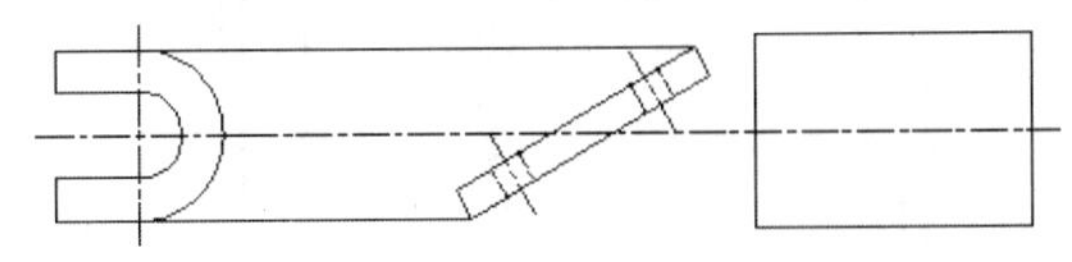

图152-9　绘制基准线

10 利用LINE命令绘制矩形的一条对角线。执行“修改>旋转”命令，将刚绘制的矩形以对角线与延长的点画线的交点为基点，旋转30°。结果如图152-10所示。

11 执行“修改>圆角”命令，对矩形框上面两个角倒圆角，半径为15，如图152-11所示。

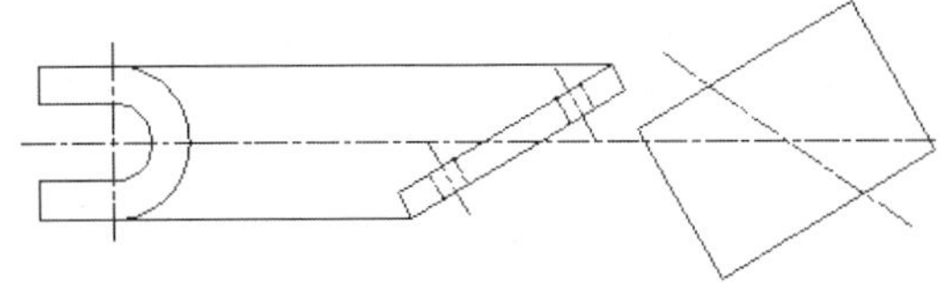

图152-10　旋转矩形框

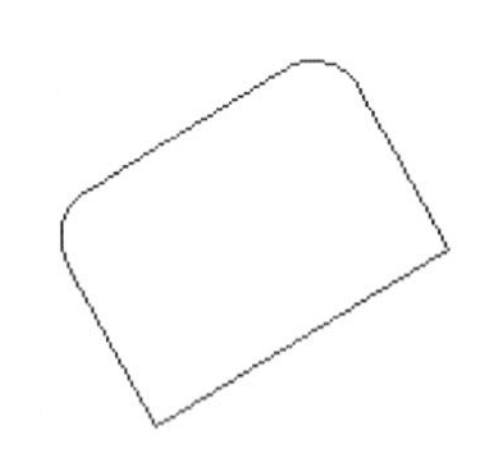

图152-11　倒圆角

12 将“点画线”层置为当前层。执行“绘图>直线”命令，绘制点画线，表示左视图中圆孔的位置，如图152-12所示。

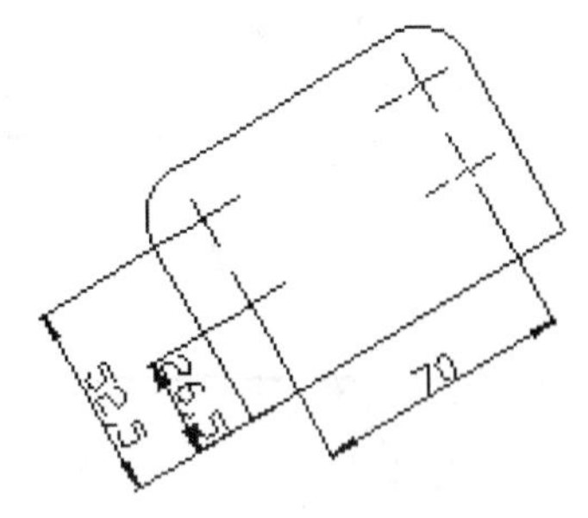

图152-12　绘制圆孔中心点画线

13 将“粗实线”层置为当前层。执行“绘图>圆”命令，绘制直径为11.5的圆，如图152-13所示。

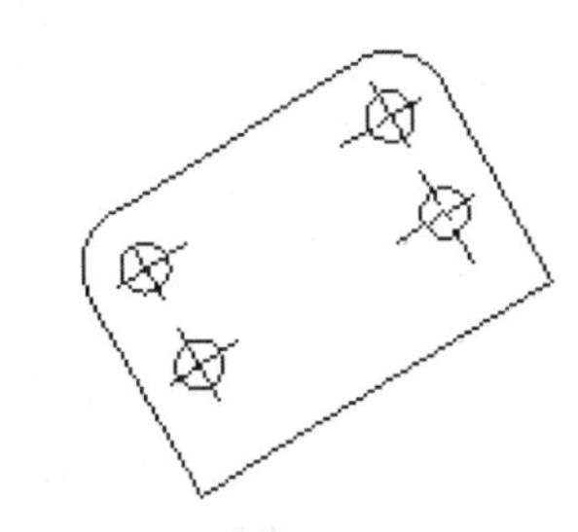

图152-13　绘制直径为11.5的圆

14 执行“绘图>直线”命令，绘制俯视图的轮廓线，如图152-14所示。

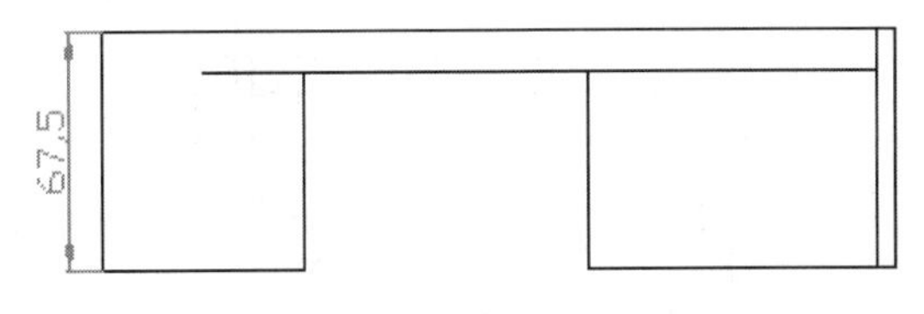

图152-14　绘制俯视图轮廓线

15 执行“修改>圆角”命令，对俯视图倒圆角，半径为

7.5，如图152-15所示。

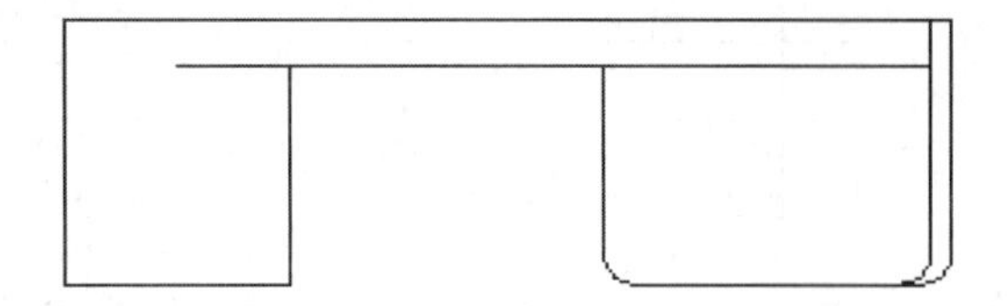

图152-15　对俯视图倒圆角

16 将“点画线”层置为当前层。执行“绘图>直线”命令，绘制辅助点画线，如图152-16所示。

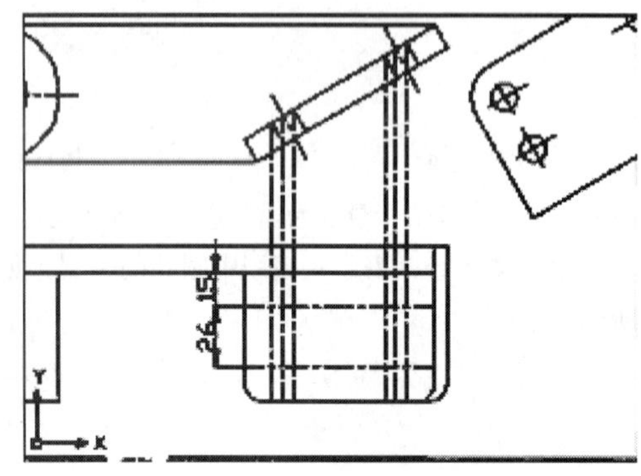

图152-16　绘制辅助点画线

17 执行“绘图>椭圆”命令，绘制椭圆，效果如图152-17所示。

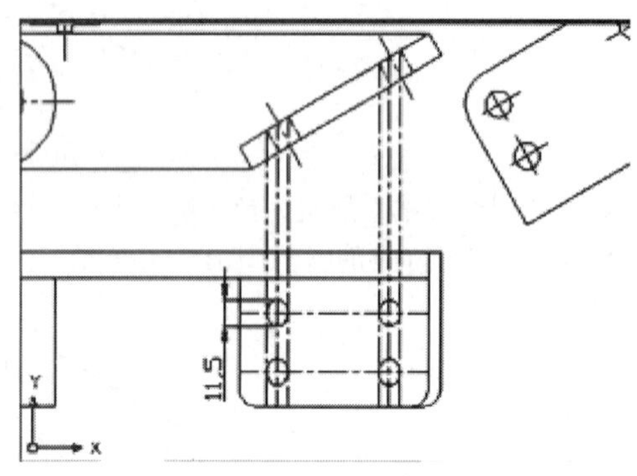

图152-17　绘制椭圆

18 删除图152-17所示的竖直辅助点画线，并利用同样方法，绘制如图152-18所示的点画线。

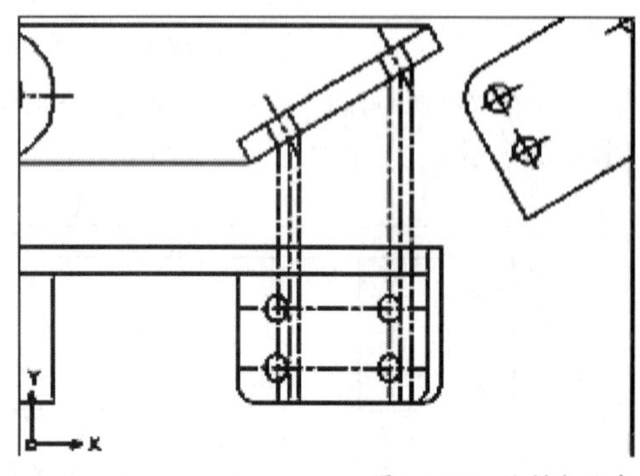

图152-18　绘制点画线

19 执行“绘图>椭圆”命令，绘制椭圆，效果如图152-19所示。

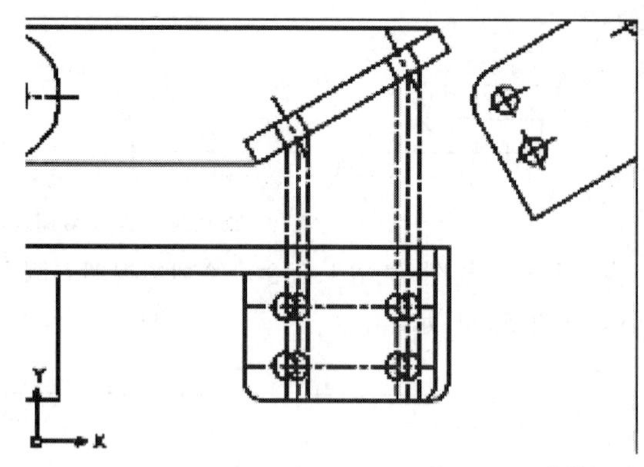

图152-19　绘制椭圆

20 执行“修改>修剪”命令，修剪多余线条，结果如图152-20所示。

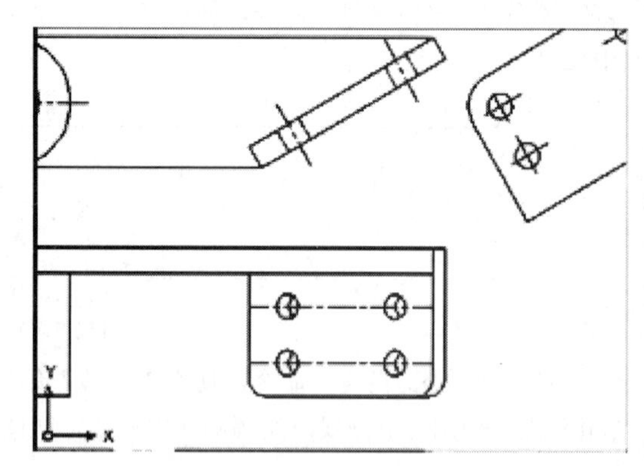

图152-20　修剪多余线条

21 将“点画线”层置为当前层。执行“绘图>直线”命令，绘制点画线，表示俯视图中圆孔的位置，如图152-21所示。

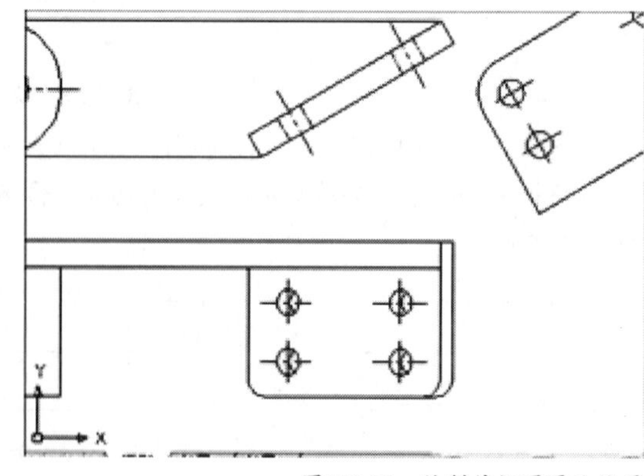

图152-21　绘制俯视图圆孔位置

22 将“标注”层置为当前层。利用尺寸标注方法对拉杆进行尺寸标注，如图152-22所示。

23 执行“保存”命令，保存文件。

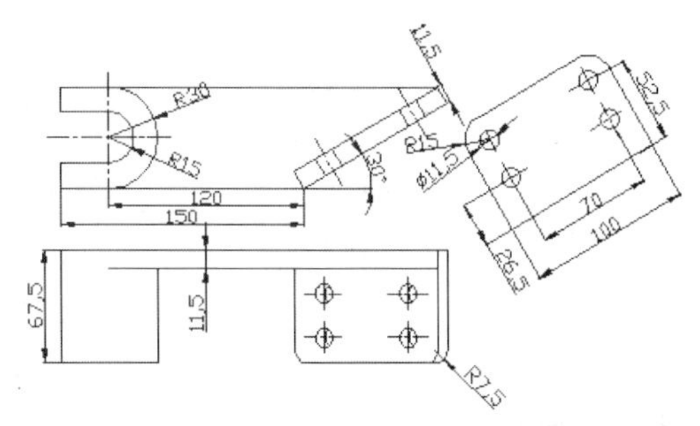

图152-22　对拉杆进行尺寸标注

练习152　绘制拉杆三视图

实战位置　DVD>练习文件>第6章>练习152.dwg
难易指数　★★★☆☆
技术掌握　掌握直线、圆、多段线、椭圆、修剪以及圆角等绘图命令

操作指南

参照“实战152”案例进行制作。

首先打开场景文件，然后进入操作环境，做出如图152-23所示的图形。

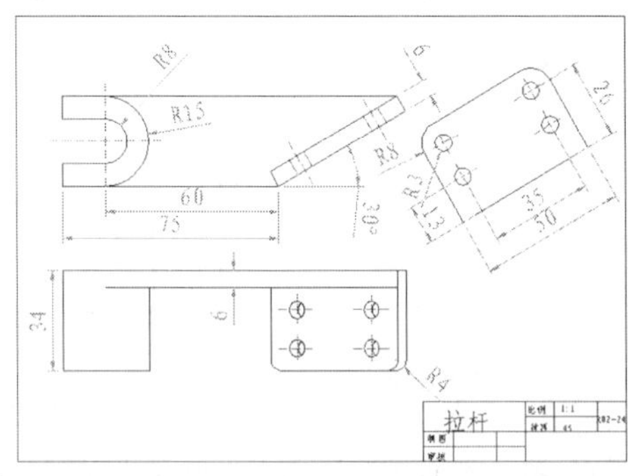

图152-23　绘制拉杆三视图

实战153　绘制壳体三视图

原始文件位置　DVD>原始文件>第6章>实战153原始文件
实战位置　DVD>实战文件>第6章>实战153.dwg
视频位置　DVD>多媒体教学>第6章>实战153.avi
难易指数　★★★☆☆
技术掌握　掌握绘制壳体三视图的方法

实战介绍

本例中将利用各种二维绘图命令绘制壳体三视图。该零件图因尺寸较大，故采用A3图幅进行绘制，本例最终效果如图153-1所示。

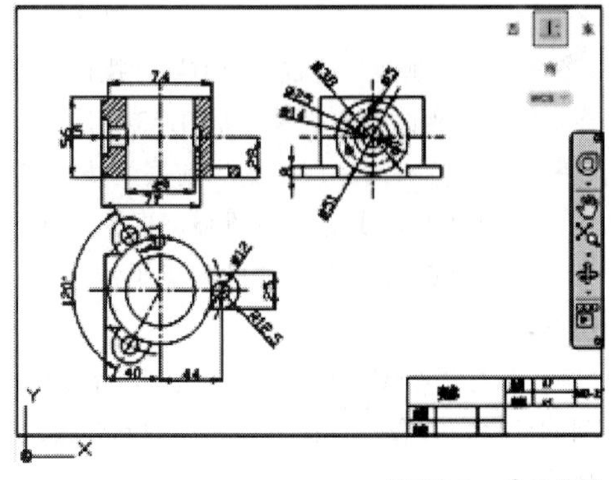

图153-1　最终效果

制作思路

• 首先打开AutoCAD 2013，然后进入操作环境，先绘制图框和标题栏，再绘制零件图，最后进行尺寸标注，做出如图153-1所示的图形。

制作流程

01 执行“打开”命令，打开“实战153原始文件.dwg”文件。

02 双击标题栏中的文字，弹出“文字编辑器”选项卡，修改标题栏中的文字，如图153-2所示。

壳体			比例	1:1	R02-25
			材料	45	
制图					
审核					

图153-2　修改标题栏

03 将“点画线”层置为当前层。执行“绘图>直线”命令，绘制左视图的中心线。执行“绘图>圆”命令，绘制直径为38的圆，如图153-3所示。

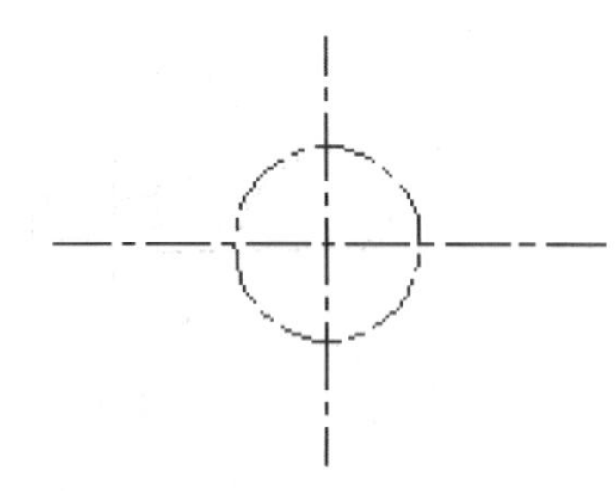

图153-3　绘制左视图中心线及点画线圆

04 将“粗实线”层置为当前层。执行“绘图>圆”命令，以中心线交点为圆心，绘制直径为14、25和51的同心圆，如图153-4所示。

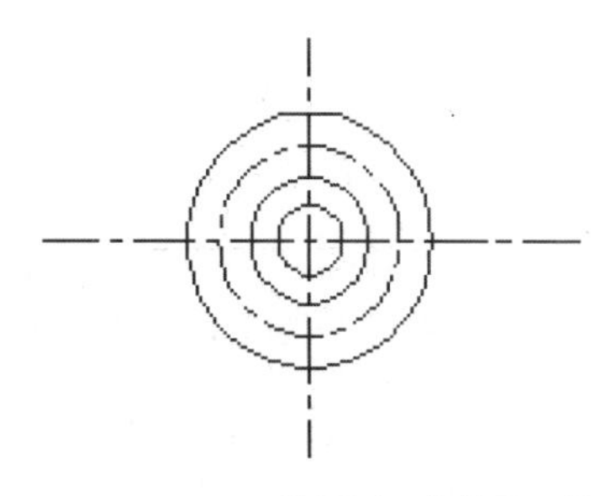

图153-4　绘制同心圆

05 执行“绘图>圆”命令，绘制以竖直中心线与点画线圆的交点为圆心，半径为2.5的圆，如图153-5所示。

06 执行“修改>阵列”命令，将小圆进行环形阵列。结果如图153-6所示。

07 执行“绘图>直线”命令，绘制左视图的外轮廓线，如图153-7所示。

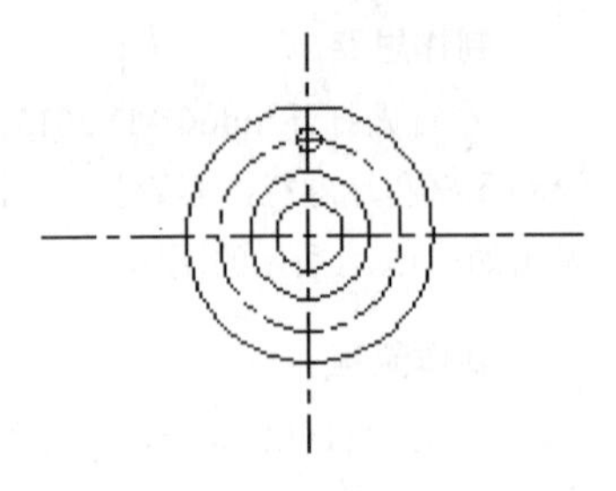

图153-5 绘制R2.5圆

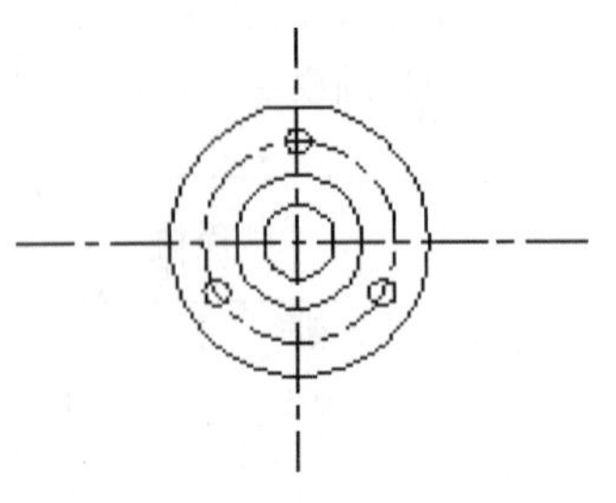

图153-6 环形阵列小圆

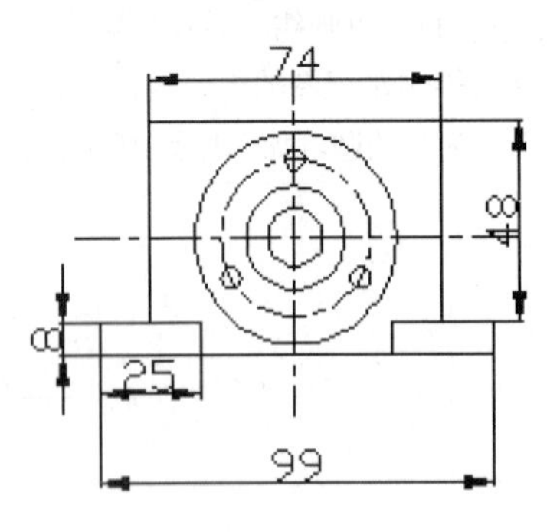

图153-7 绘制左视图轮廓线

08 将“点画线”层置为当前层。执行“绘图>直线”命令，绘制主视图的中心线，如图153-8所示。

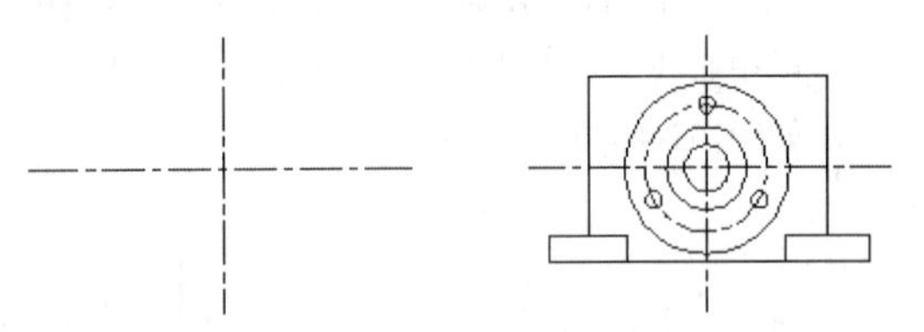

图153-8 绘制主视图中心线

09 将“粗实线”层置为当前层。执行“绘图>构造线”命令，绘制水平构造线，如图153-9所示。

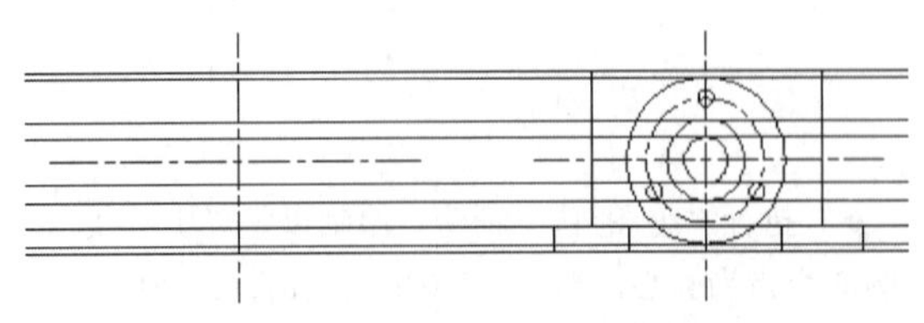

图153-9 绘制水平构造线

10 执行“绘图>构造线”命令，绘制竖直构造线，其间隔为5、12.5、49、4.5、8、1、12、6.5。结果如图153-10所示。

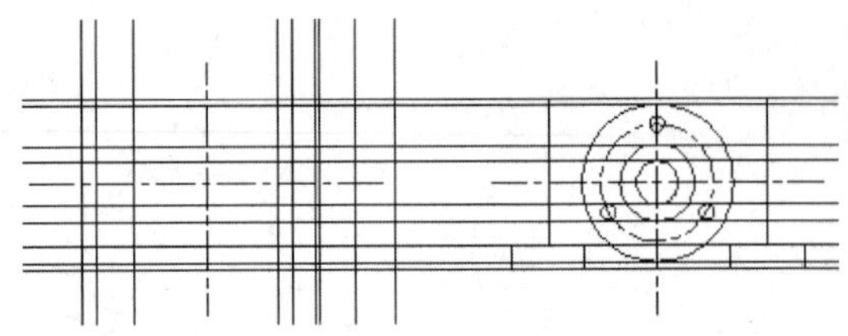

图153-10 绘制竖直构造线

11 执行“修改>修剪”命令，修剪多余线条，结果如图153-11所示。

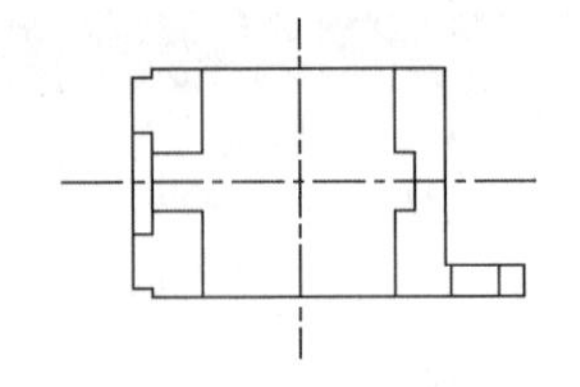

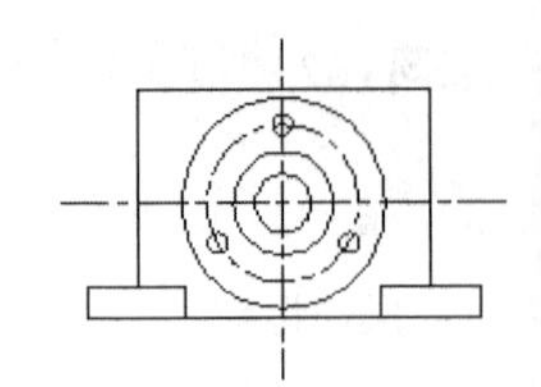

图153-11 修剪构造线

12 执行“绘图>圆弧>起点、端点、半径”命令，绘制半径为25的圆弧，如图153-12所示。

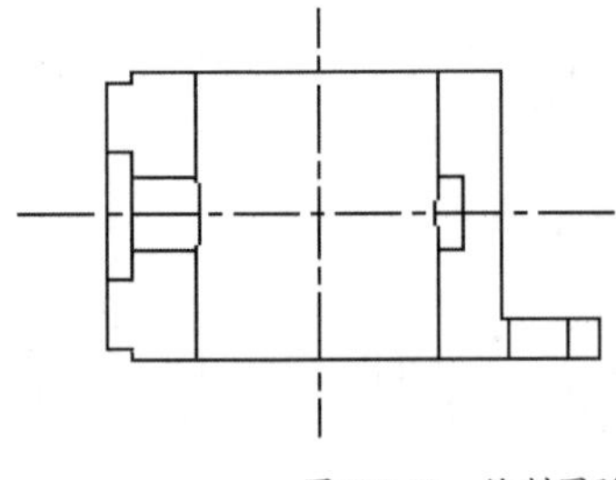

图153-12 绘制圆弧

13 将“剖面线”层置为当前层。执行“绘图>图案填充”命令，对主视图进行图案填充，填充图案为ANS31，填充比例为1，效果如图153-13所示。

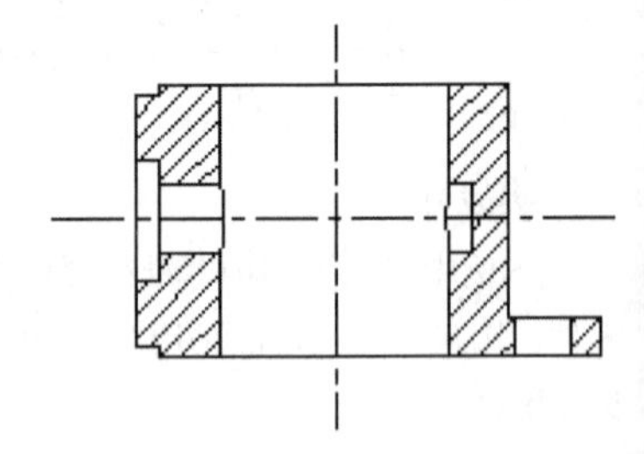

图153-13 图案填充效果

14 将“点画线”层置为当前层。执行“绘图>直线”命令，绘制俯视图的中心线，如图153-14所示。

15 将“粗实线”层置为当前层。执行“绘图>圆”命令，绘制以中心线交点为圆心，直径为49、74和88的同心圆，并修改直径为88的圆为点画线。效果如图153-15所示。

16 执行“绘图>圆”命令，绘制以水平中心线与点画线圆的交点为圆心，直径为12和25的同心圆。效果如图153-16所示。

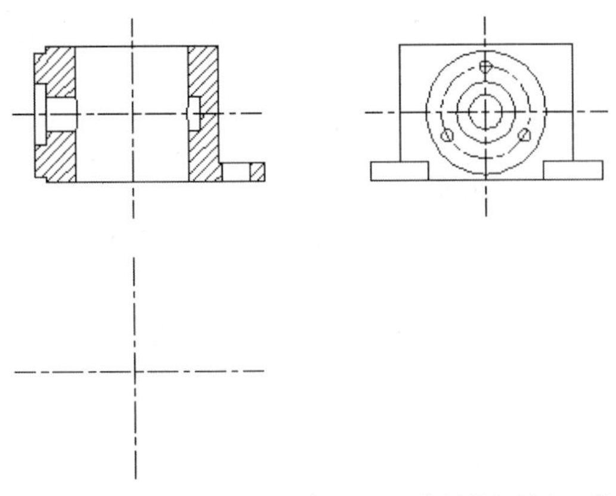

图153-14　绘制俯视图中心线

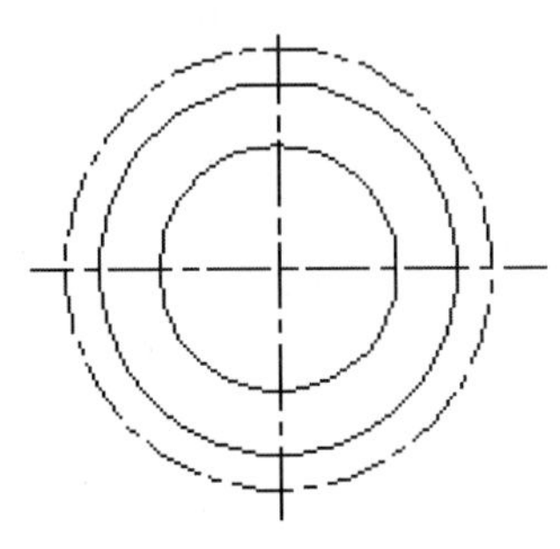

图153-15　绘制直径为49、74和88的同心圆

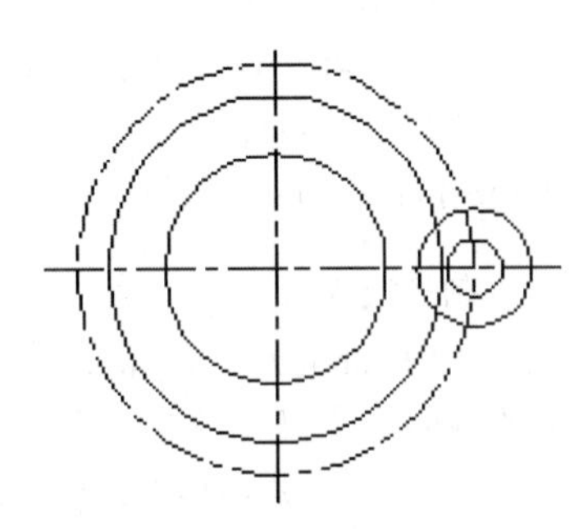

图153-16　绘制直径为12和25的同心圆

17 执行“绘图>直线”命令，绘制水平短直线与直径为74的圆相交，如图153-17所示。

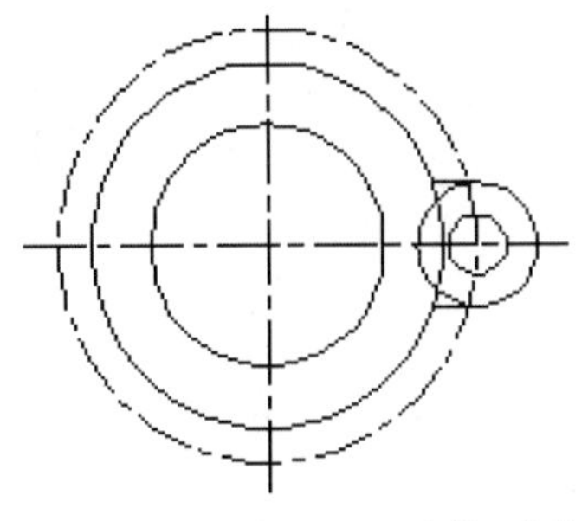

图153-17　绘制短直线

18 执行“修改>修剪”命令，修剪多余线条，结果如图153-18所示。

19 执行“修改>阵列”命令，进行环形阵列。结果如图153-19所示。

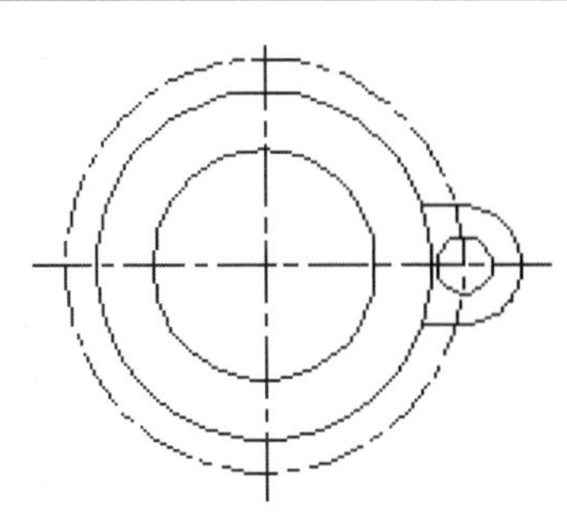

图153-18　修剪多余线条

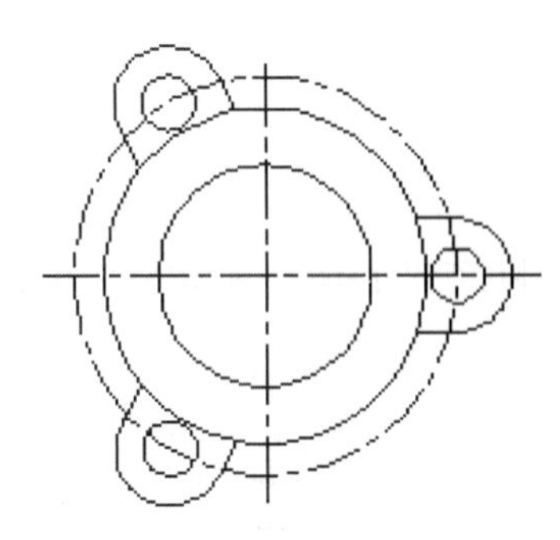

图153-19　环形阵列

20 将“点画线”层置为当前层。执行“绘图>直线”命令，绘制阵列图形的中心线。执行“修改>打断于点”命令，修剪点画线圆。结果如图153-20所示。

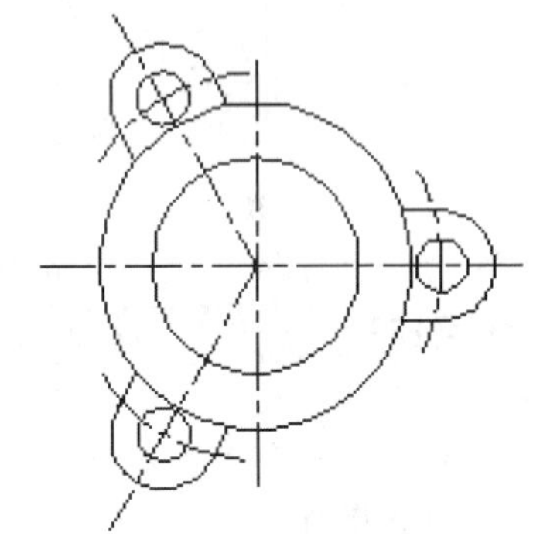

图153-20　打断点画线圆

21 将“粗实线”层置为当前层。执行“绘图>直线”命令，绘制俯视图的外轮廓线，如图153-21所示。

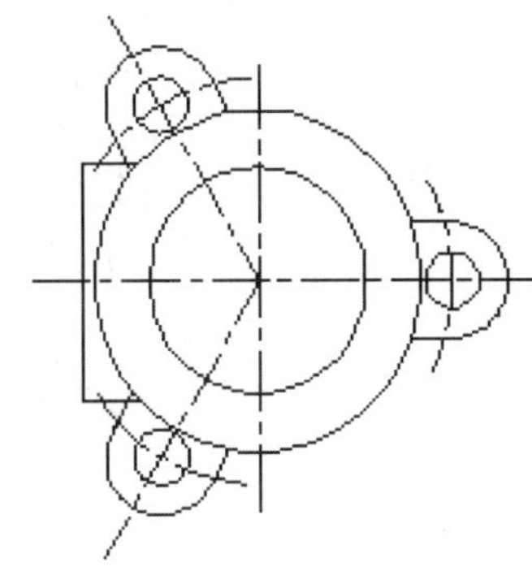

图153-21　绘制俯视图的外轮廓线

22 执行“修改>修剪”命令，修剪多余线条，结果如图153-22所示。

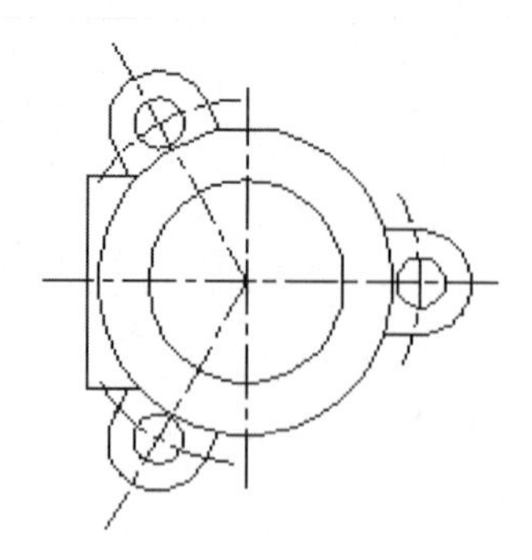

图153-22 修剪多余线条

23 将“标注”层置为当前层。利用尺寸标注方法对壳体进行尺寸标注，如图153-23所示。

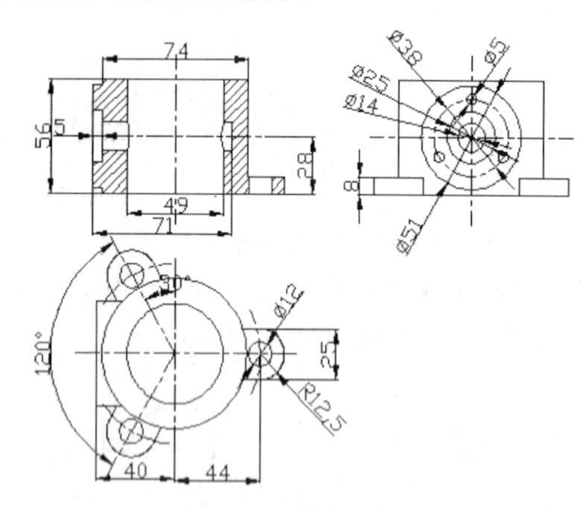

图153-23 标注壳体尺寸

24 执行“保存”命令，保存文件。

练习153 绘制壳体三视图

实战位置 DVD>练习文件>第6章>练习153.dwg
难易指数 ★★★☆☆
技术掌握 巩固绘制壳体三视图的方法

操作指南

参照“实战153”案例进行制作。

首先打开场景文件，然后进入操作环境，绘制如图153-24所示的图形。

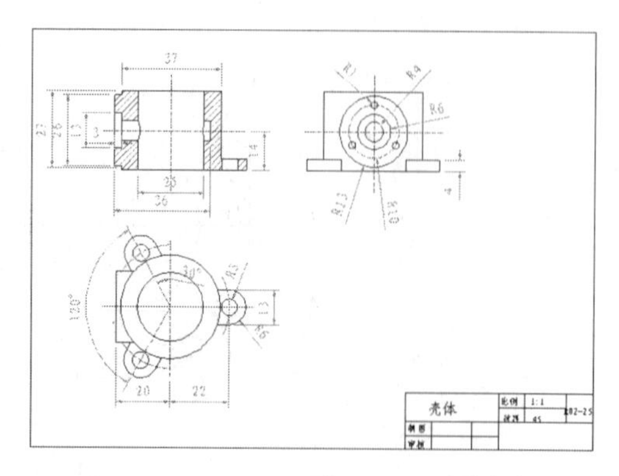

图153-24 绘制壳体三视图

实战154 绘制球阀三视图

实战位置 DVD>实战文件>第6章>实战154.dwg
视频位置 DVD>多媒体教学>第6章>实战154.avi
难易指数 ★★★☆☆
技术掌握 掌握绘制球阀三视图的方法

实战介绍

本例绘制球阀阀体的三视图，属复杂二维图形中较典型的范畴。本例主要应用了圆弧、修剪及圆角等命令，最终效果如图154-1所示。

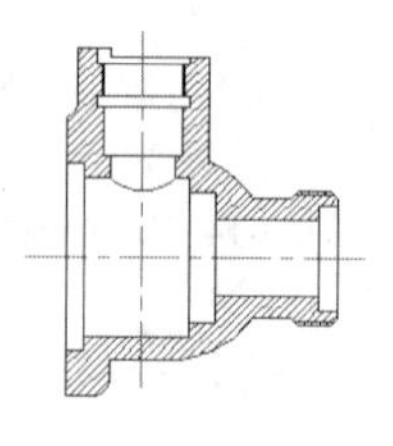

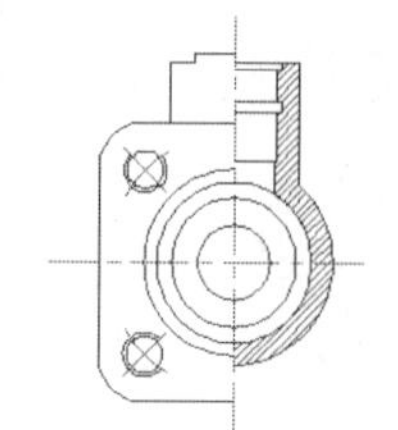

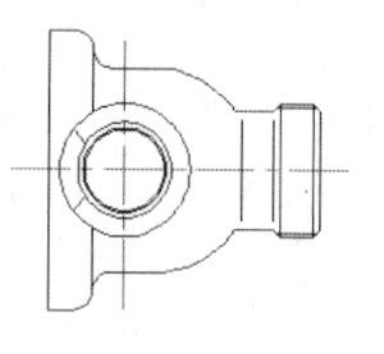

图154-1 最终效果

制作思路

• 首先打开AutoCAD 2013，然后进入操作环境，先绘制图框和标题栏，再绘制零件图，最后进行尺寸标注，做出如图154-1所示的图形。

制作流程

01 双击AutoCAD 2013的桌面快捷方式图标，打开一个新的AutoCAD文件，文件名默认为“Drawing1.dwg”。

02 执行“新建图层”命令，新建一个“中心线”图层，设置其“线型”为CENTER，颜色为红色；新建一个“细实线”图层，参数不变；新建一个“粗实线”图层，设置其“线宽”为0.3mm，效果如图154-2所示。

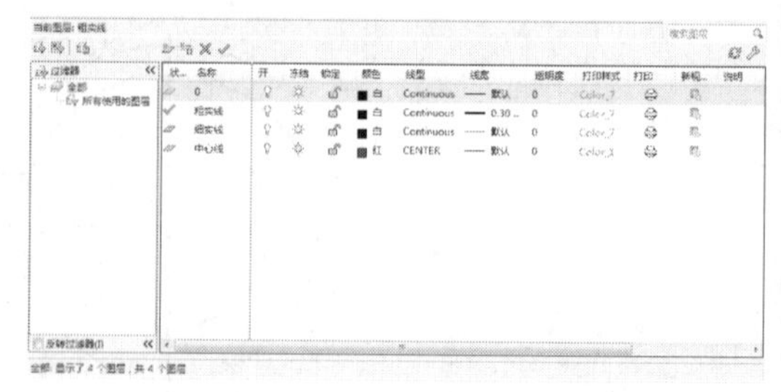

图154-2 新建图层

03 将“中心线”层置为当前层，执行“直线”命令，绘制两条相互垂直的中心线，水平中心线长度为700，竖直中心线长度为500。执行“偏移”命令，将水平中心线向上偏移200，竖直中心线向右偏移400，效果如图154-3所示。

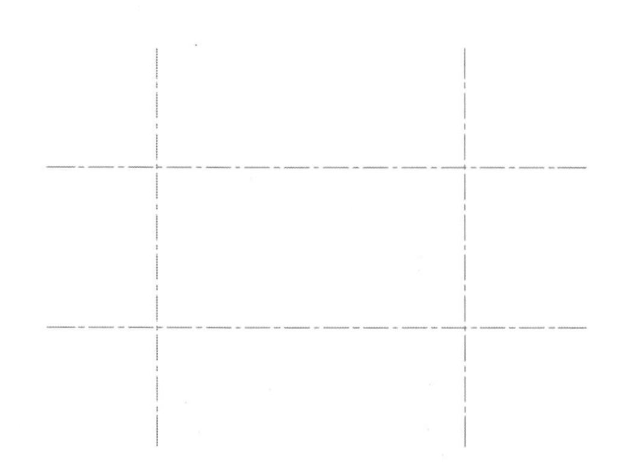

图154-3　绘制中心线

04 执行“直线”命令，在绘图区域指定位置，绘制一条长度为300、倾斜角度为45°的斜线，效果如图154-4所示。

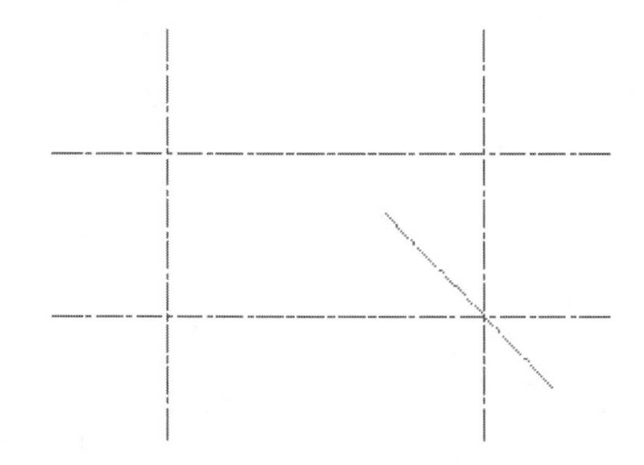

图154-4　绘制斜线

05 执行“偏移”命令，将上方中心线向下偏移75，左方中心线向左偏移42，并将偏移得到的中心线移至“粗实线”层。执行“修剪”命令，对图形进行修剪，效果如图154-5所示。

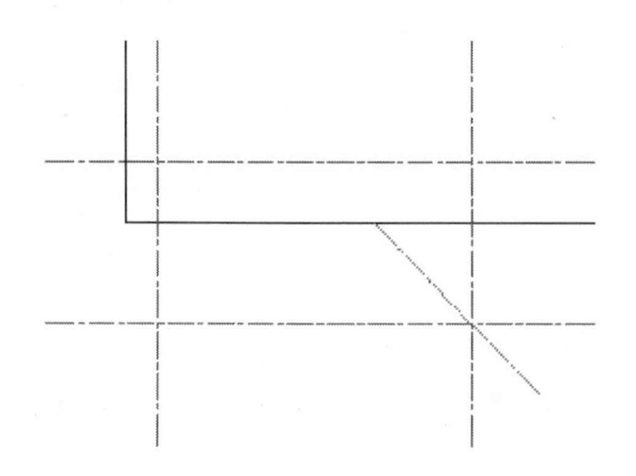

图154-5　绘制基本轮廓线

06 再次执行“偏移”命令，将竖直粗实线向右分别偏移10、24、58、68、82、124、140和150；将水平粗实线向上分别偏移20、25、32、39、40.5、43、46.5和55，效果如图154-6所示。将偏移的直线利用“修剪”命令进行修剪，效果如图154-7所示。

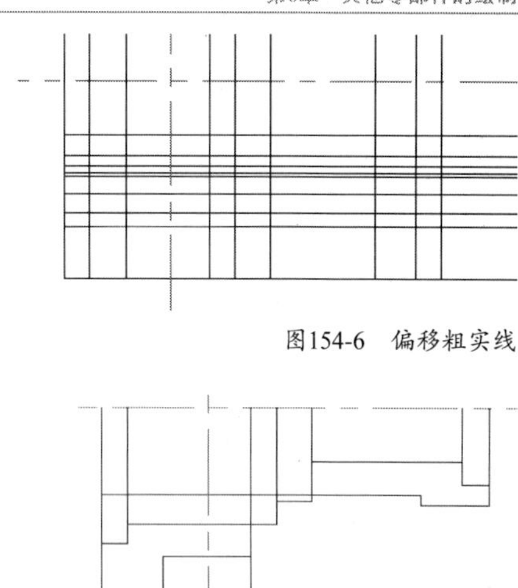

图154-6　偏移粗实线

图154-7　修剪处理

07 执行“圆”命令，以绘图区指定点为圆心适当半径绘制圆，如图154-8所示。将圆弧及其相交的线段利用“修剪”命令进行修剪，效果如图154-9所示。

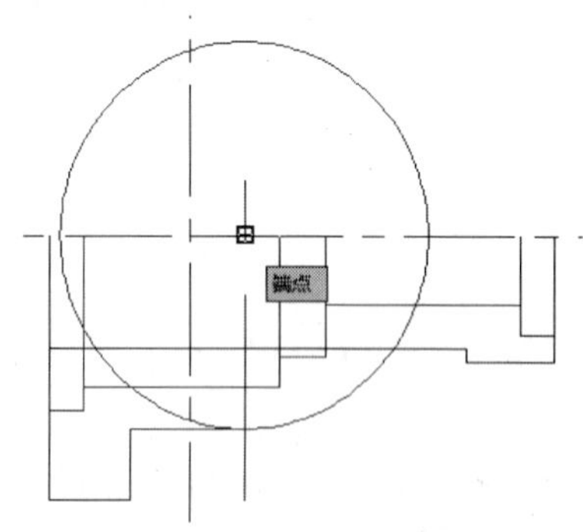

图154-8　绘制圆

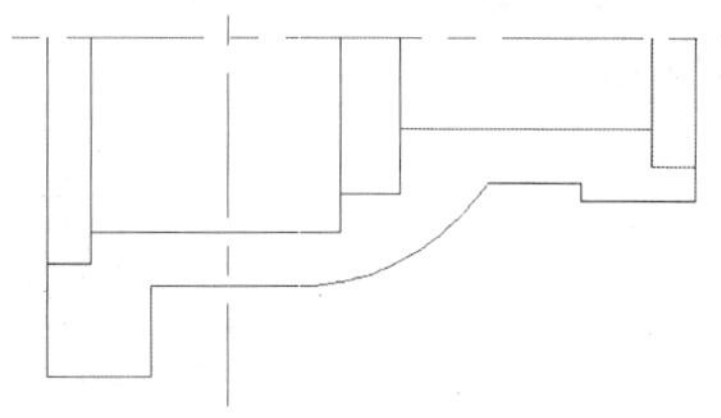

图154-9　修剪处理

08 执行“倒角”命令，选择“修剪模式”，“距离”为4，对指定边进行操作；执行“圆角”命令，选择“修剪模式”，“圆角半径”为10，对指定边进行操作，效果如图154-10所示。

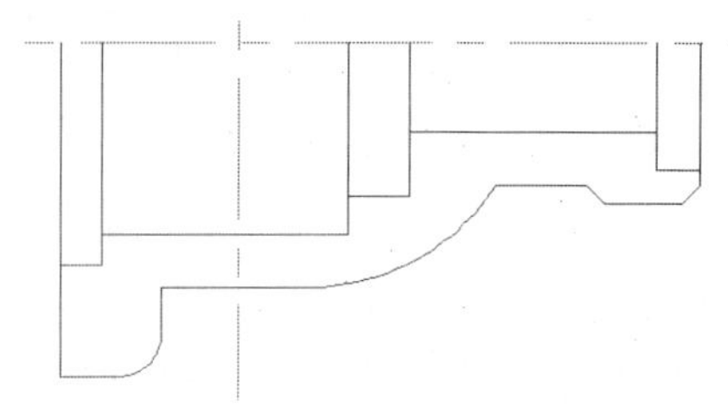

图154-10　倒角、倒圆角处理

09 执行“偏移”命令，将右下水平线向上偏移2，然后进行“延伸”处理，并移至“细实线”层，效果如图154-11所示。

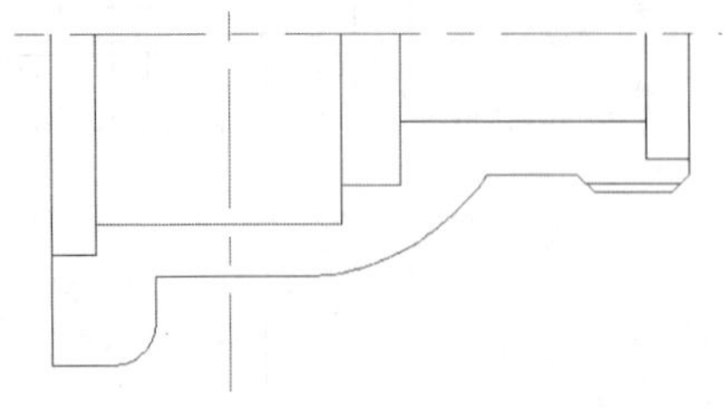

图154-11　绘制螺纹牙底

10 执行“镜像”命令，选择所有实线直线，以水平中心线为轴操作，效果如图154-12所示。

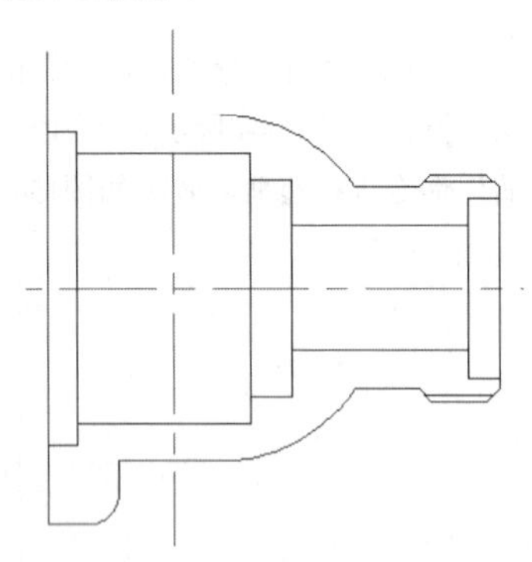

图154-12　镜像处理

11 执行“偏移”命令，将竖直中心线向左右分别偏移18、22、26和36；将水平中心线向上分别偏移54、80、86、104、108和112，并将移至“粗实线”层，效果如图154-13所示。

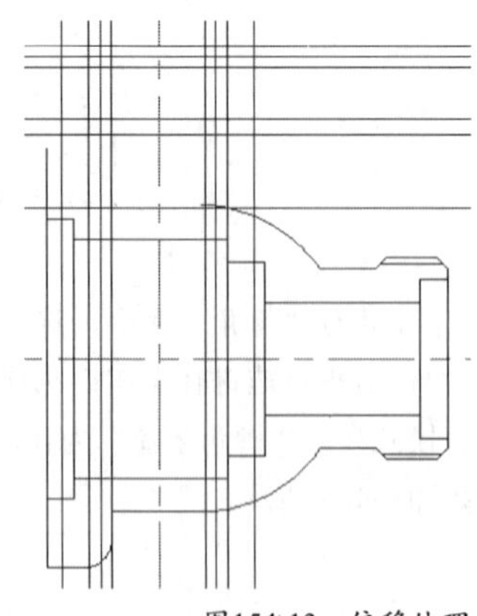

图154-13　偏移处理

12 执行“修剪”命令，对左上侧图形进行修剪，效果如图154-14所示。

13 执行“圆弧”命令，在适当位置绘制两个圆弧并修剪，效果如图154-15所示。

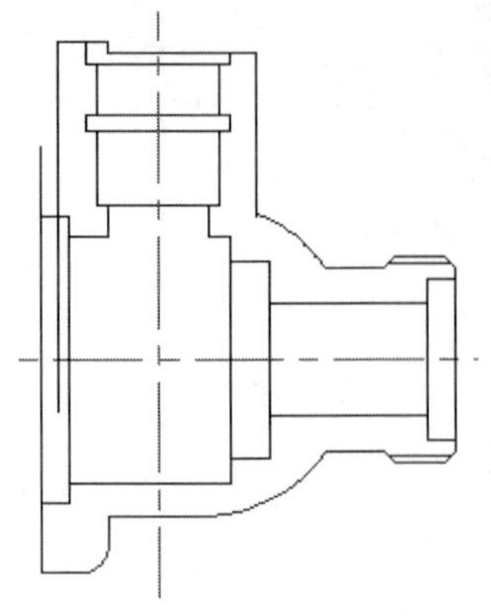

图154-14　修剪处理

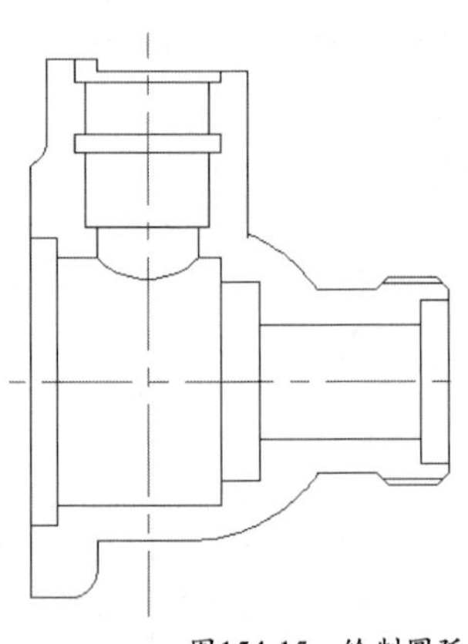

图154-15　绘制圆弧

14 执行“偏移”命令，将图中两条指定线向外偏移1，并将其移至“细实线”层，效果如图154-16所示。

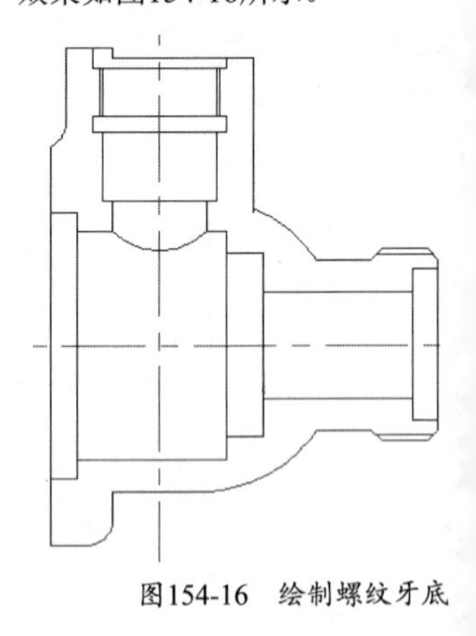

图154-16　绘制螺纹牙底

15 执行“图案填充”命令，选择填充图案为ANSI31，对图中指定区域进行填充，效果如图154-17所示。

16 执行“复制”命令，复制图中指定线，复制到指定位置，效果如图154-18所示。

17 将0图层置为当前层，执行“直线”命令，捕捉主视图上相关点，向下绘制竖直线，效果如图154-19所示。

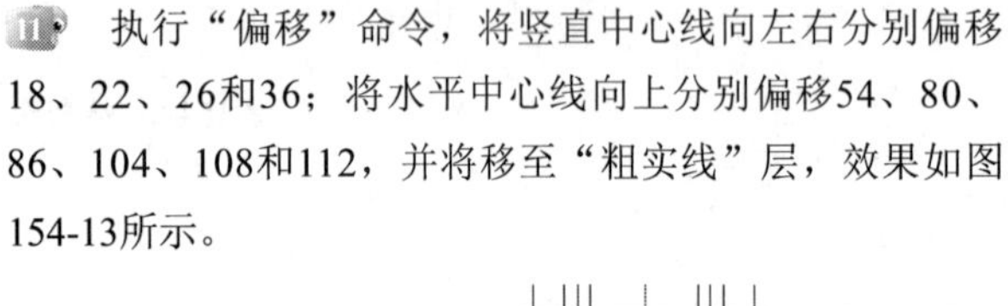

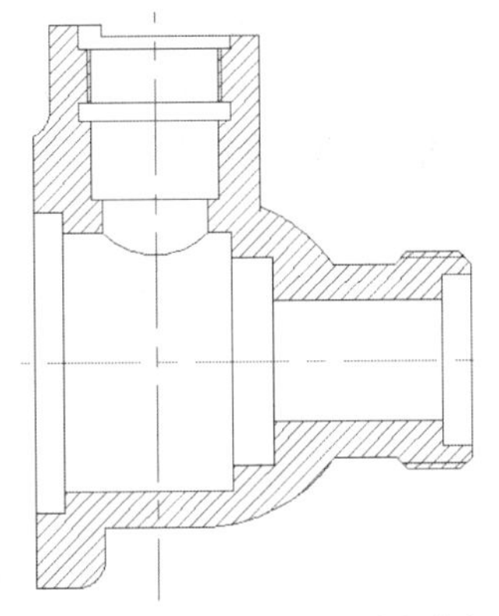
图154-17　图案填充

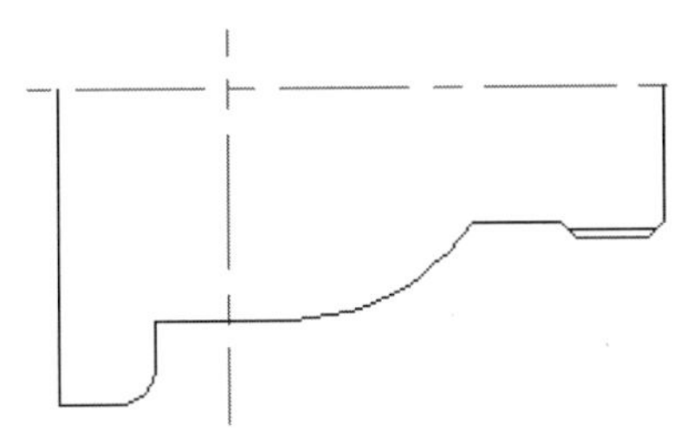
图154-18　复制处理

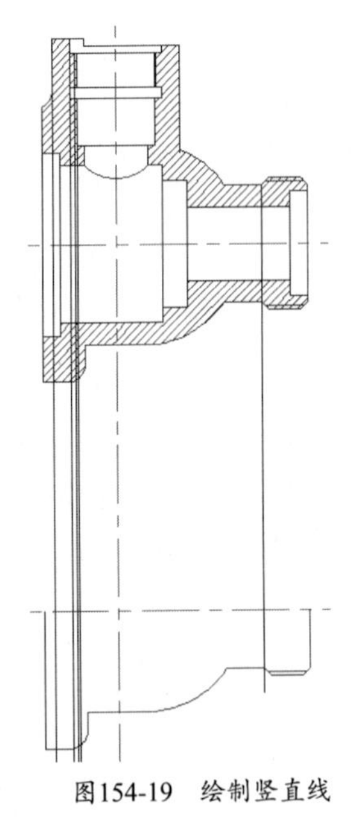
图154-19　绘制竖直线

18 将“粗实线”置为当前，执行“圆”命令，以左下中心线交点为圆心，以竖直线与下侧水平中心线交点为半径，绘制4个同心圆。以左边第四条竖直线与从外至里第二个圆的交点为起点绘制与水平线成232°角的直线，并在图中适当位置添加直线，效果如图154-20所示。

19 执行“修剪”命令，对图形进行修剪，效果如图154-21所示。

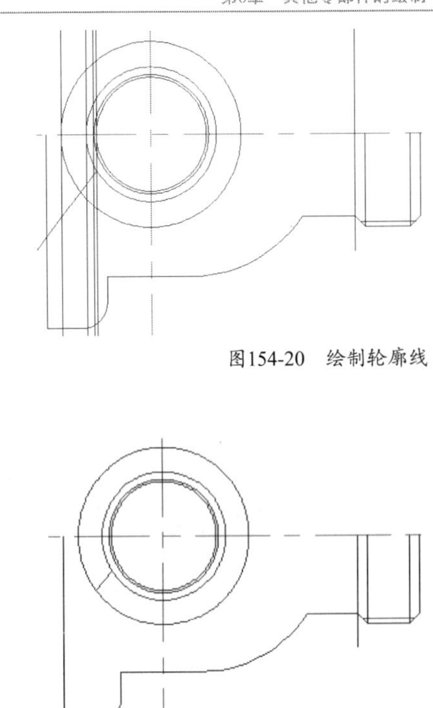
图154-20　绘制轮廓线

图154-21　修剪处理

20 执行“圆角”命令，对俯视图同心圆最下方的直角以10为半径倒圆角；执行“修改>打断”命令，将刚修剪的最右侧竖直线进行打断，效果如图154-22所示。

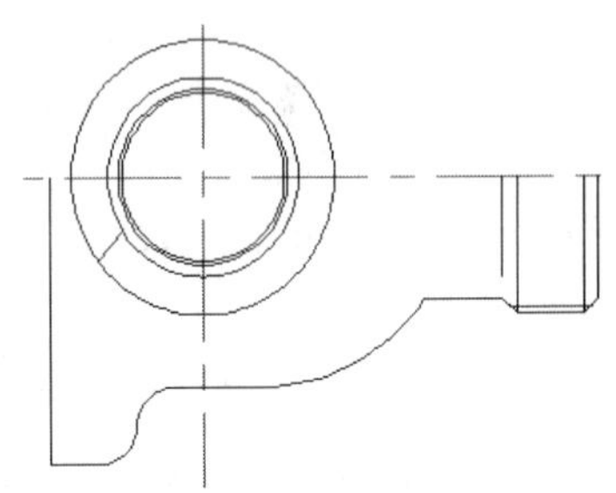
图154-22　倒圆角与打断处理

21 执行“直线”命令，在图中左下方指定位置绘制直线；执行“复制”命令，将刚打断的竖直线复制到指定位置，效果如图154-23所示。

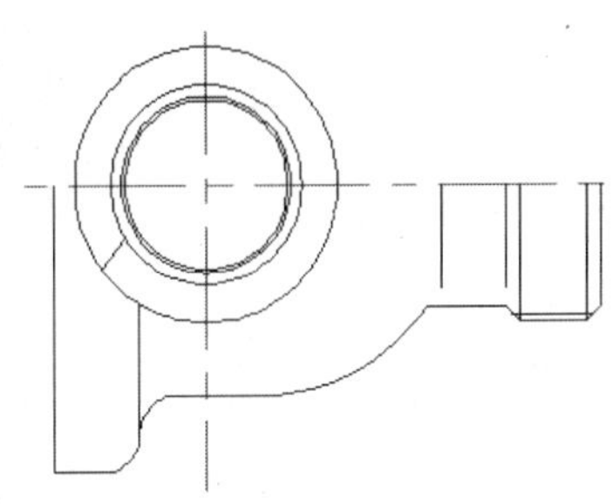
图154-23　绘制直线与复制处理

22 执行“镜像”命令，以水平中心线为轴，将水平中心线下方所有对象进行操作，效果如图154-24所示。

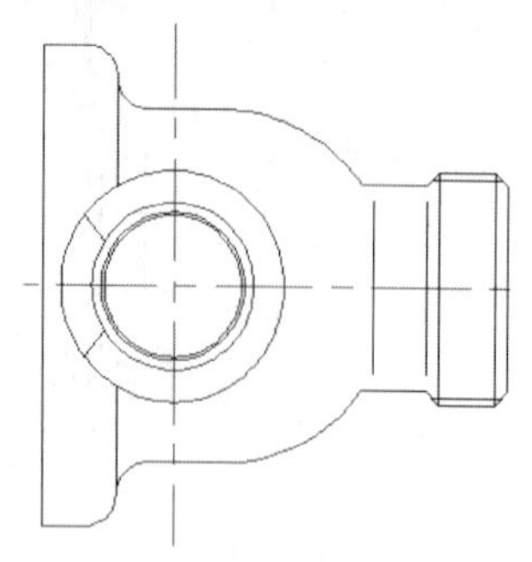

图154-24 镜像处理

23 执行“直线”命令，捕捉主视图与左视图上相关点，绘制水平线与竖直线，效果如图154-26所示。

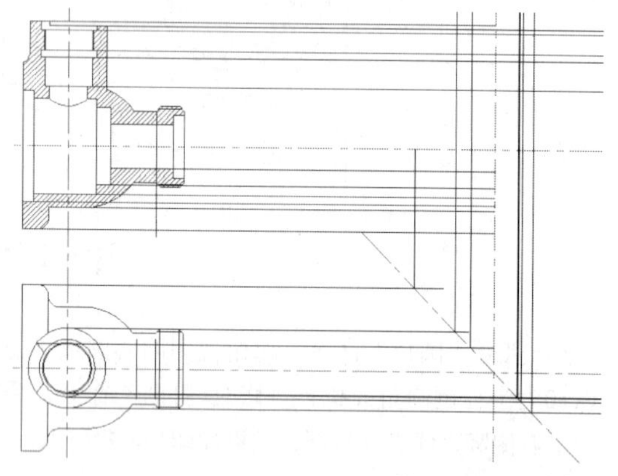

图154-25 绘制直线

24 执行“直线”命令，以左视图中心线交点为圆心，以水平线与中心线交点为半径，绘制初步轮廓线，并初步修剪图形，效果如图154-26所示；进一步修剪图形，效果如图154-27所示。

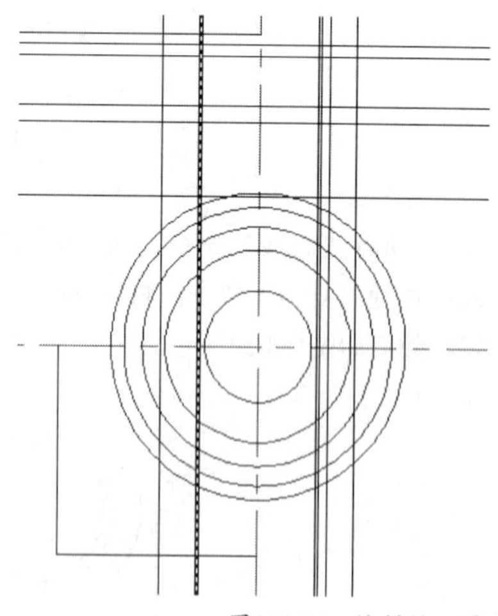

图154-26 绘制同心圆

25 对左视图左下角直角倒圆角，圆角半径为25；将“中心线”层置为当前层，以中心线交点为圆心绘制R70圆；以中心线交点为起点，向左下方绘制45°斜线；将“粗实线”层置为当前，以R70圆与斜线交点为圆心绘制R10圆；将“细实线”层置为当前，以R70圆与斜线交点为圆心绘制R12圆，效果如图154-28所示。

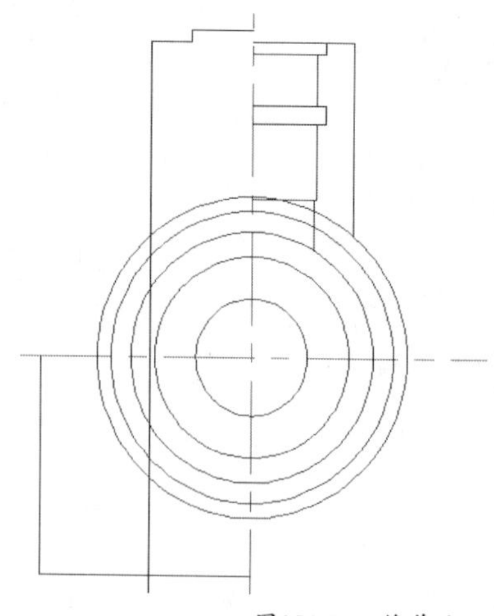

图154-27 修剪处理

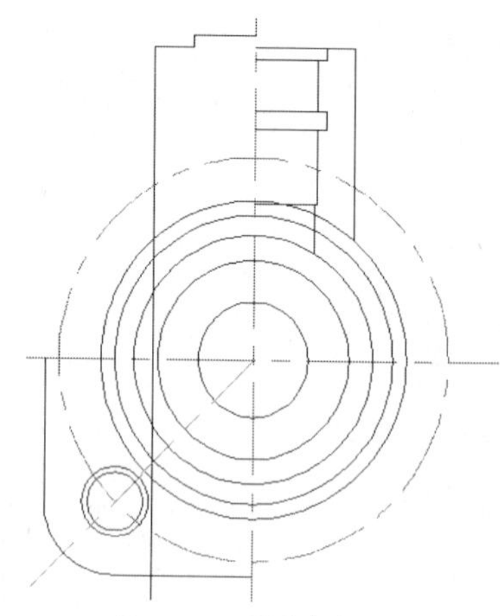

图154-28 倒圆角与绘制同心圆

26 执行“修剪”命令，修剪R12圆和斜线；执行“镜像”命令，以水平中心线为轴对25绘制的对象进行操作，效果如图154-29所示。

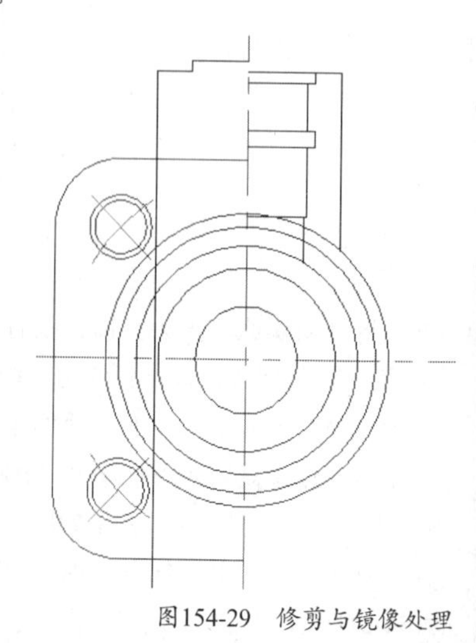

图154-29 修剪与镜像处理

27. 执行“修剪”命令，选择相应边界，对左视图进行操作，效果如图154-30所示。

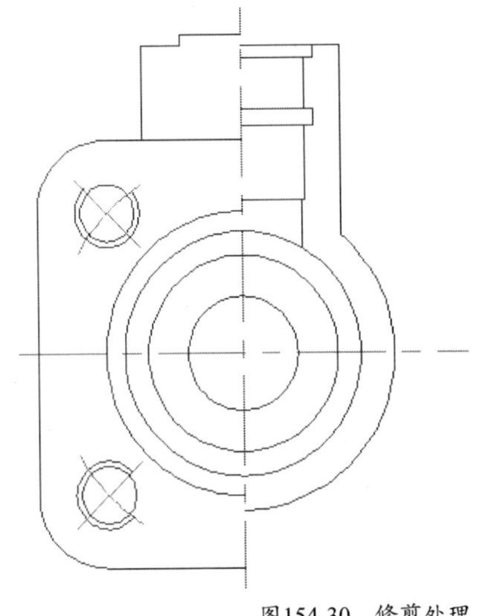

图154-30　修剪处理

28. 执行“图案填充”命令，对左视图进行填充操作，效果如图154-31所示。

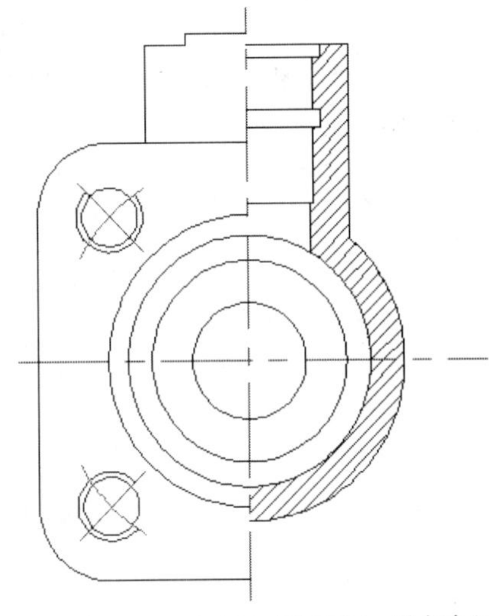

图154-31　图案填充

29. 执行“修剪”命令，对整图中心线进行修剪操作，效果如图154-1所示。

30. 执行“另存为”命令，将文件另存为为“实战 154. dwg”。

练习154　绘制轴承座三视图

实战位置	DVD>练习文件>第6章>练习154.dwg
难易指数	★★★☆☆
技术掌握	巩固绘制三视图的方法

操作指南

参照“实战154”案例进行制作。

首先打开场景文件，然后进入操作环境，绘制如图154-32轴承座三视图。

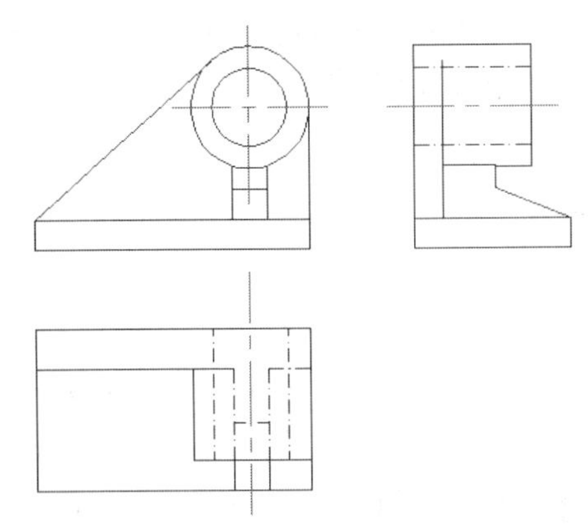

图154-32　轴承座三视图

实战155　绘制轴瓦座二视图

原始文件位置	DVD>原始文件>第6章>实战155原始文件
实战位置	DVD>实战文件>第6章>实战155.dwg
视频位置	DVD>多媒体教学>第6章>实战155.avi
难易指数	★★★☆☆
技术掌握	掌握轴瓦座二视图方法

实战介绍

本例中将利用各种绘图命令绘制轴瓦座二视图。本例采用A4图幅绘制，本例最终效果如图155-1所示。

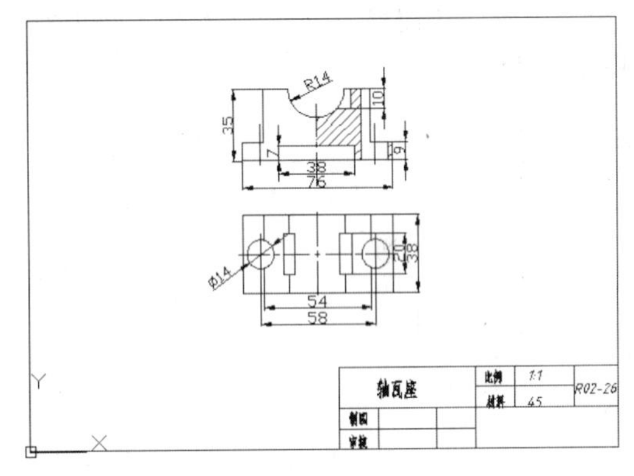

图155-1　最终效果

制作思路

• 首先打开AutoCAD 2013，然后进入操作环境，先绘制图框和标题栏，再绘制零件图，最后进行尺寸标注，做出如图155-1所示的图形。

制作流程

01. 在菜单中执行“打开”命令，打开“实战133原始文件.dwg”文件。

02. 双击修改标题栏中的文字，如图155-2所示。

轴瓦座		比例	1:1	R02-26
		材料	45	
制图				
审核				

图155-2　修改标题栏

03 将“点画线”层置为当前层。执行“绘图>直线”命令，绘制俯视图的中心线，如图155-3所示。

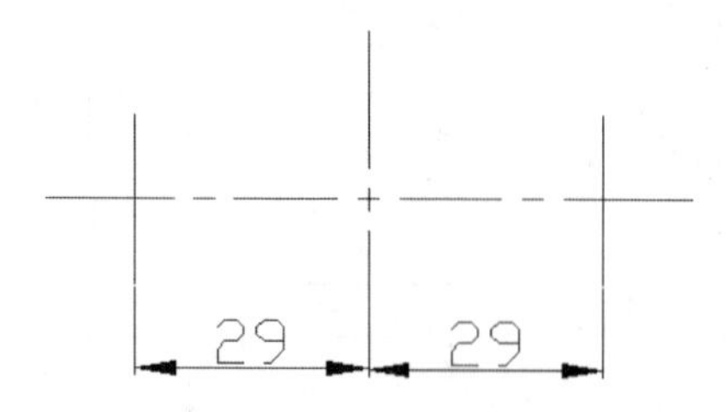

图155-3 绘制中心线

04 将“粗实线”层置为当前层。执行“绘图>直线”命令，绘制矩形框，如图155-4所示。

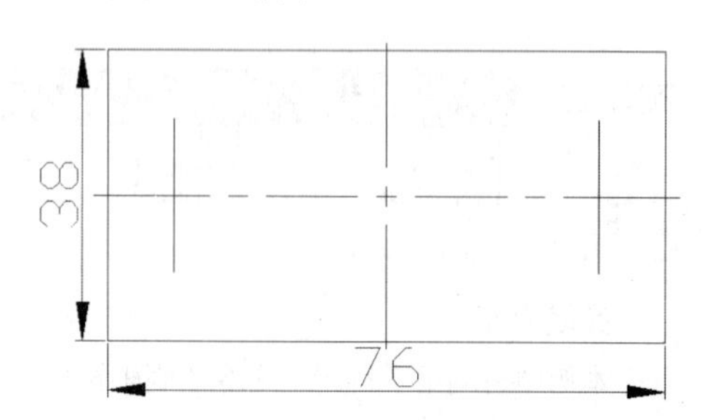

图155-4 绘制矩形框

05 执行“绘图>圆”命令，绘制半径为7的圆，如图155-5所示。

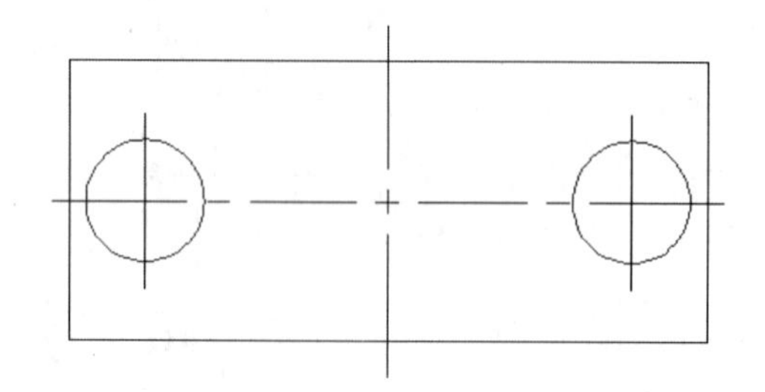
图155-5 绘制R7圆

06 执行“绘图>直线”命令，绘制俯视图其余线条，如图155-6所示。

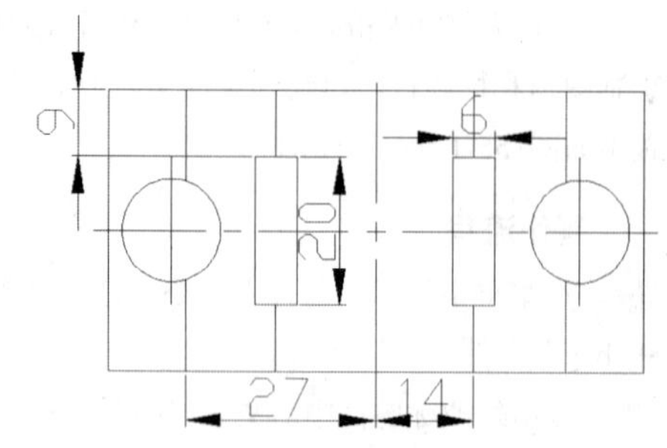

图155-6 绘制俯视图其余线条

07 将“点画线”层置为当前层。执行“绘图>直线”命令，绘制主视图的中心线，如图155-7所示。

08 将“粗实线”层置为当前层。执行“绘图>构造线”命令，绘制竖直构造线，如图155-8所示。

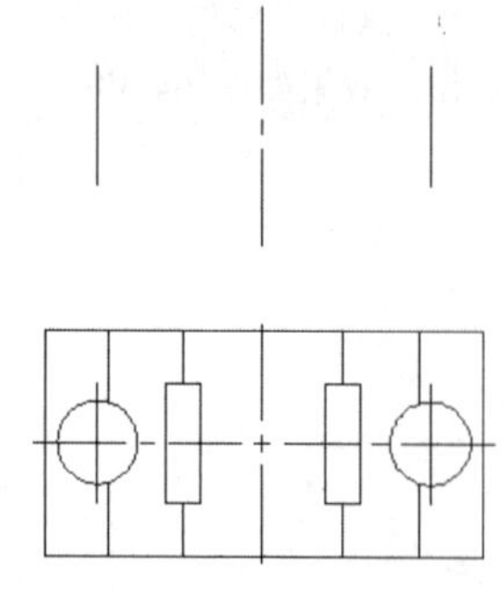
图155-7 绘制主视图中心线

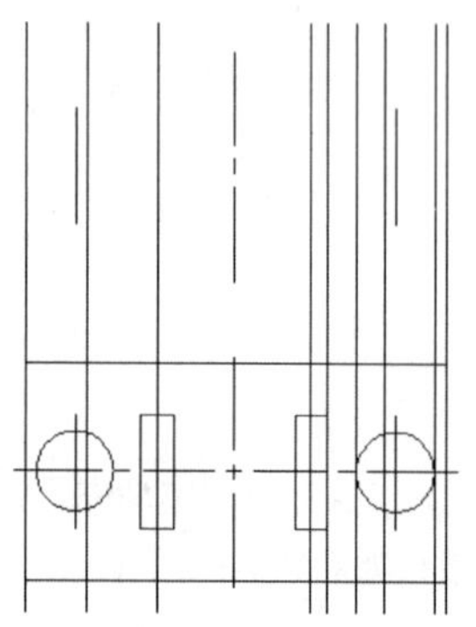
图155-8 绘制竖直构造线

09 执行“绘图>构造线”命令，绘制水平构造线，如图155-9所示。

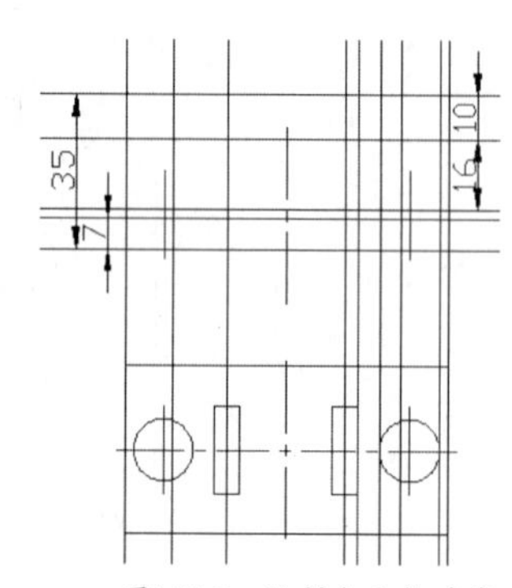

图155-9 绘制水平构造线

10 执行“修改>修剪”命令，修剪多余线条，结果如图155-10所示。

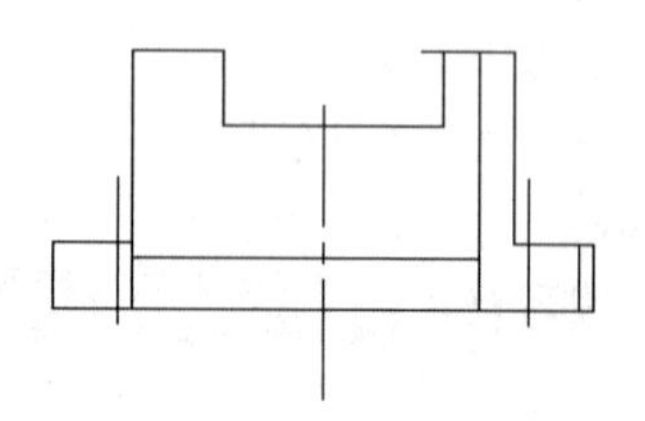
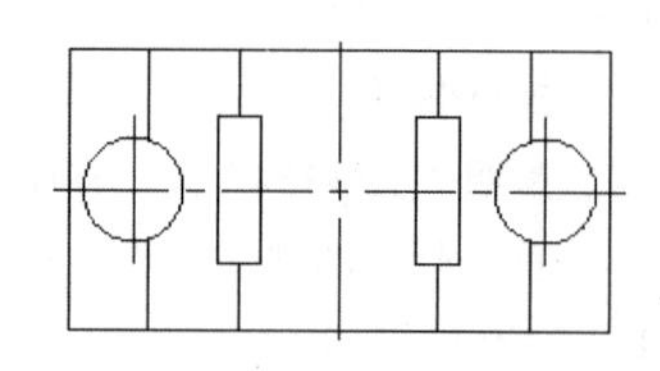
图155-10 修剪多余线

11 执行“绘图>直线”命令，绘制主视图的底座轮廓线。执行“绘图>圆弧”命令，绘制R14的圆弧。利用TRIM命令修剪多余线条，如图155-11所示。

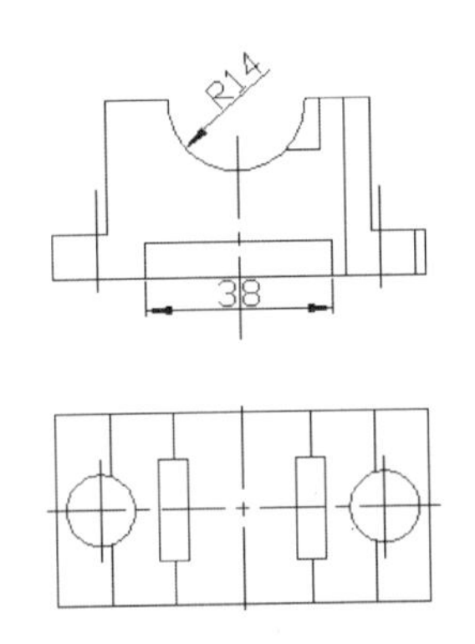

图155-11　补充主视图

12 将“剖面线”层置为当前层。执行“绘图>图案填充”命令，对主视图进行图案填充，填充图案为ANS31，填充比例为1，结果如图155-12所示。

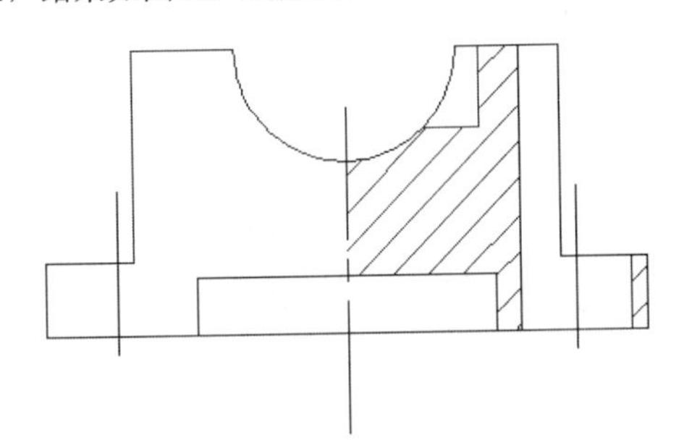

图155-12　图案填充

13 将“标注”层置为当前层。利用尺寸标注方法对轴瓦座进行尺寸标注，如图155-13所示。

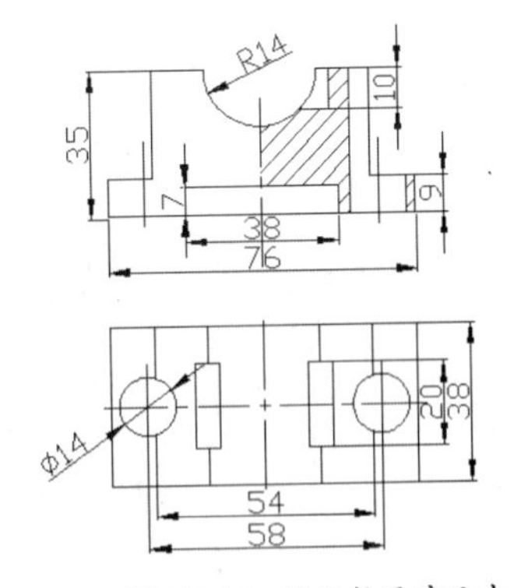

图155-13　标注轴瓦座尺寸

14 执行“保存”命令，保存文件。

练习155　绘制轴瓦座二视图

实战位置	DVD>练习文件>第6章>练习155.dwg
难易指数	★★★☆☆
技术掌握	巩固轴瓦座二视图方法

操作指南

参照“实战155”案例进行制作。

首先打开场景文件，然后进入操作环境，绘制如图155-14所示的图形。

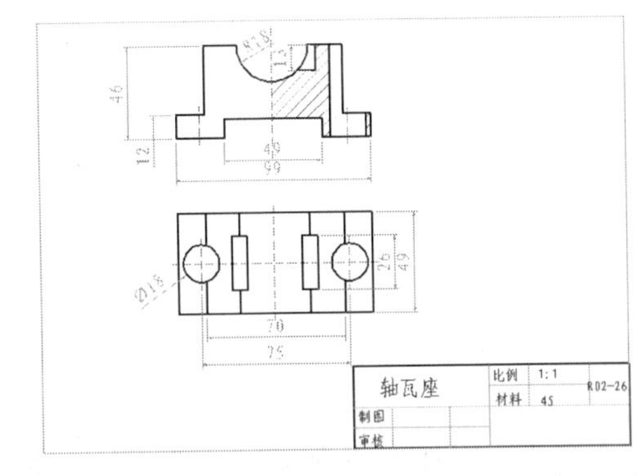

图155-14　绘制新的轴瓦座二视图

实战156　绘制螺塞零件图

原始文件位置	DVD>原始文件>第6章>实战156原始文件
实战位置	DVD>实战文件>第6章>实战156.dwg
视频位置	DVD>多媒体教学>第6章>实战156.avi
难易指数	★★★☆☆
技术掌握	掌握绘制螺塞零件图的方法

实战介绍

本例中将介绍螺塞零件图的绘制方法。螺塞在装配图中起着一种压紧密封材料的作用。主要由主视图和左视图组成，本例最终效果如图156-1所示。

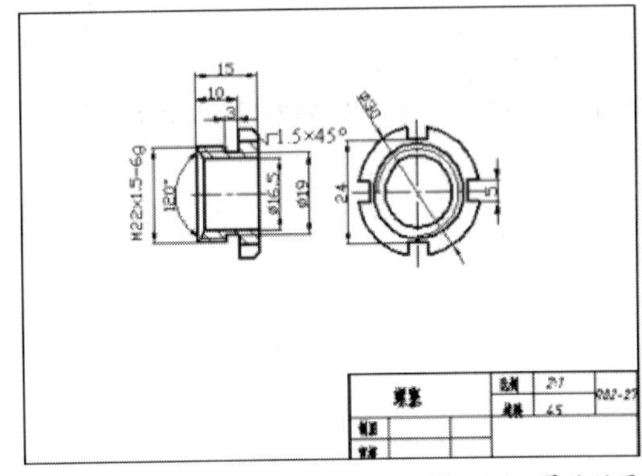

图156-1　最终效果

制作思路

• 首先打开AutoCAD 2013，然后进入操作环境，先绘制图框和标题栏，再绘制零件图，最后进行尺寸标注，做出如图156-1所示的图形。

制作流程

01 在菜单中执行“打开”命令，打开“实战156原始文件.dwg”文件。

02 双击修改标题栏中的文字，如图156-2所示。

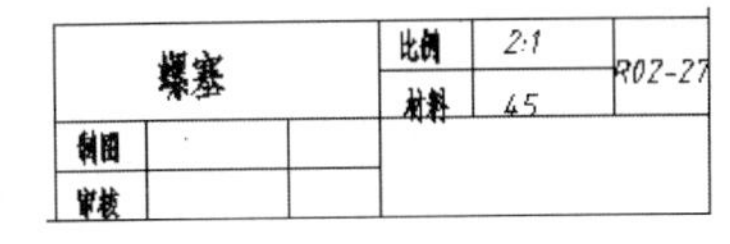

图156-2　修改标题栏

03 将“点画线”层置为当前层。执行“绘图>直线”命令，绘制左视图的中心线，如图156-3所示。

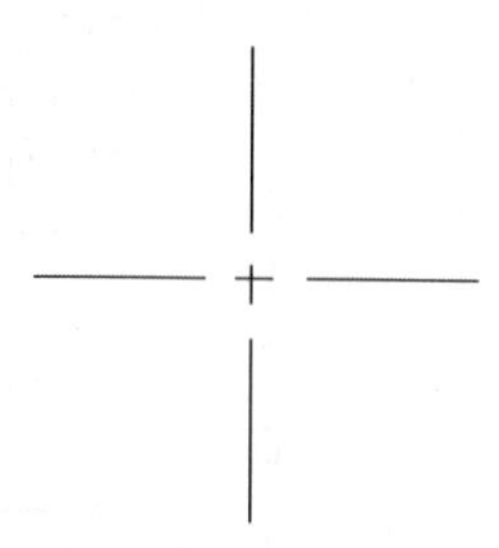
图156-3 绘制左视图中心线

04 将“粗实线”层置为当前层。执行“绘图>圆”命令，以中心线的交点为圆心，绘制半径为15的圆，如图156-4所示。

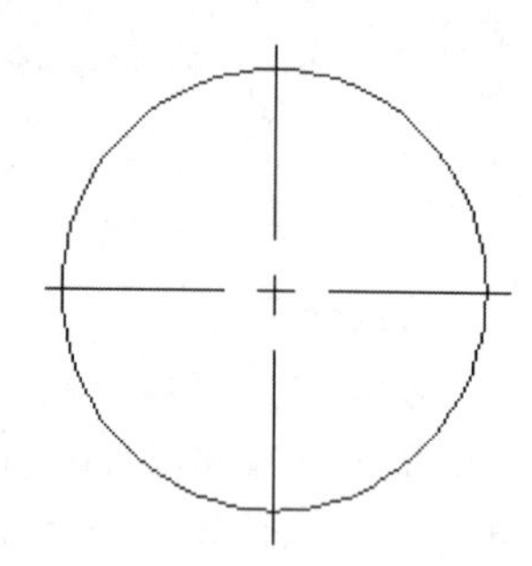
图156-4 绘制R15圆

05 执行“修改>偏移”命令，将水平中心线向上偏移，确定槽的深度，偏移的距离为12，如图156-5所示。

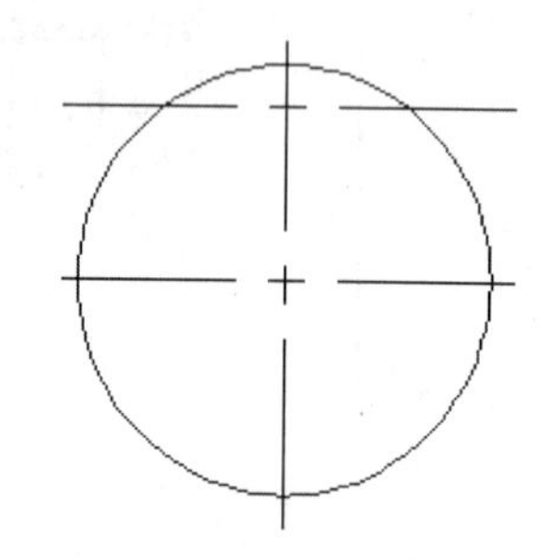
图156-5 偏移水平中心线

06 执行“绘图>直线”命令，利用“捕捉”功能，捕捉偏移后的水平线与竖直中心线的交点为起点，绘制凹槽的形状，如图156-6所示。

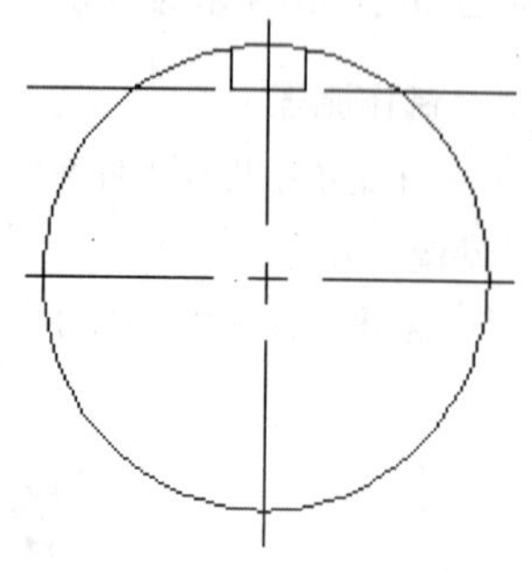
图156-6 绘制凹槽形状

07 执行“修改>阵列”命令，使用环形阵列绘制出另外3个凹槽的形状。阵列后效果如图156-7所示。

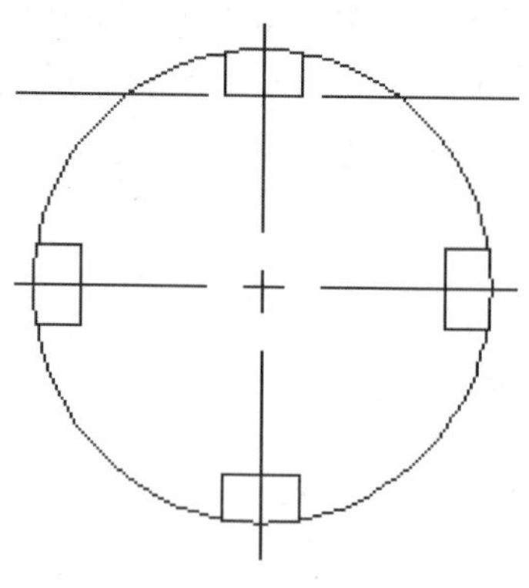
图156-7 环形阵列

08 执行“修改>修剪”命令，修剪凹槽中多余的圆弧线，并删除偏移点画线，如图156-8所示。

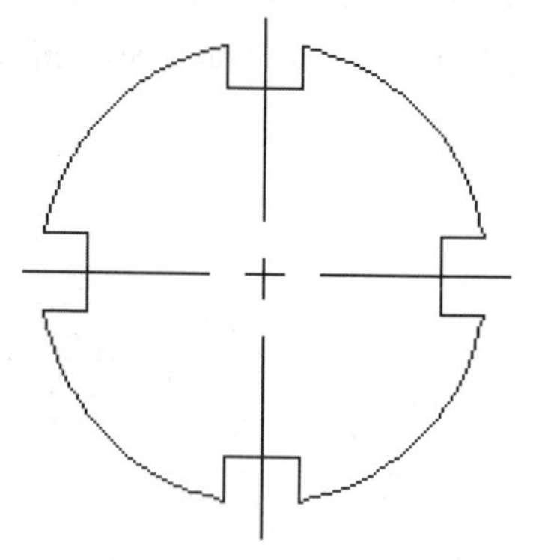
图156-8 修剪多余线条

09 执行“绘图>圆”命令，绘制直径为16.5和22的圆，如图156-9所示。

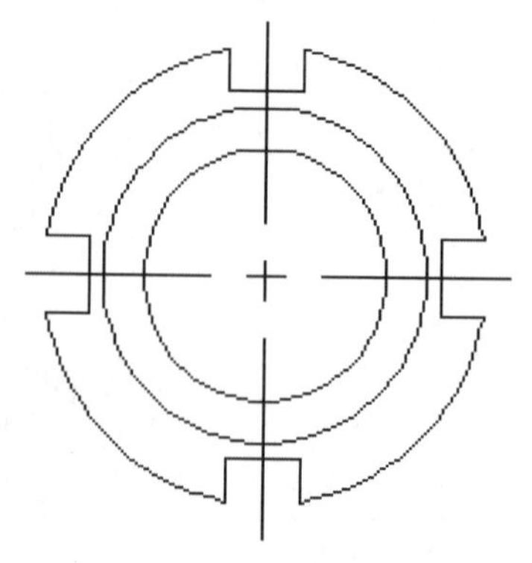
图156-9 绘制直径为16.5和22的圆

10 将“细实线”层置为当前层。执行“绘图>圆”命令，绘制直径为20的圆，表示螺纹小径，如图156-10所示。

11 执行“修改>打断”命令，修剪去约1/4圈，效果如图156-11所示。

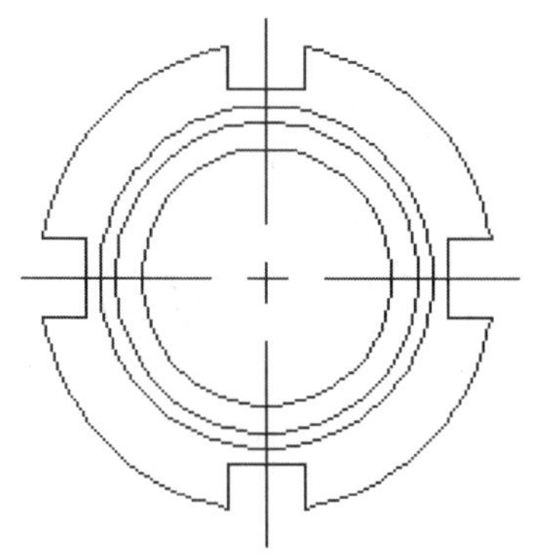

图156-10　绘制螺纹小径

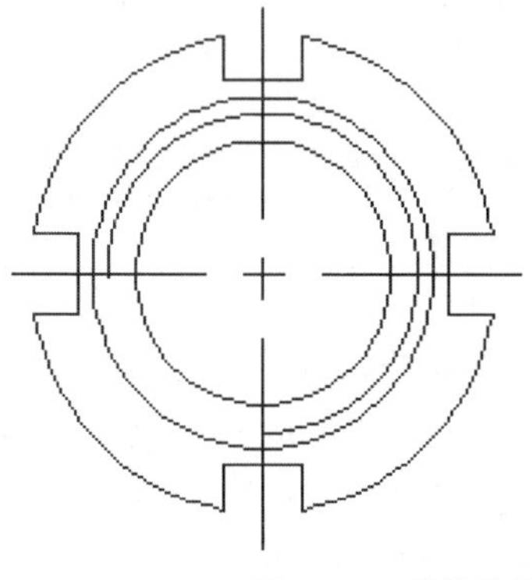

图156-11　修剪图形

12 将“点画线”层置为当前层。执行“绘图>直线”命令，绘制主视图的中心线。切换“粗实线”层为当前层。执行“绘图>直线”命令，利用“对象捕捉”功能，捕捉轴线上的一点为起画点，绘制螺塞的主视图外轮廓线的一半，如图156-12所示。

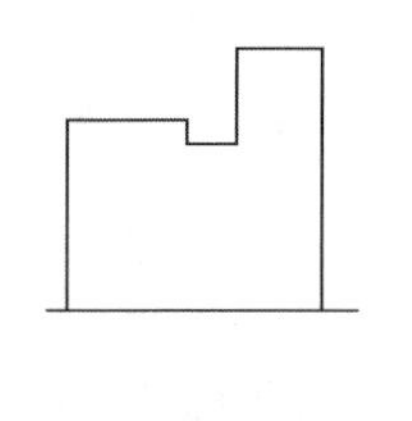

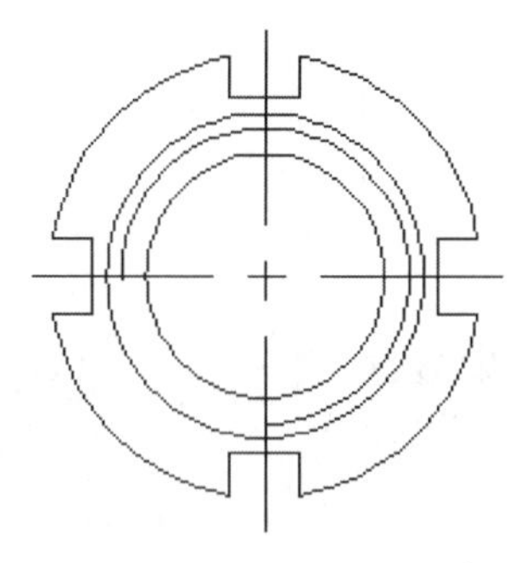

图156-12　绘制主视图上半轮廓线

13 执行“绘图>直线”命令，绘制内孔的轮廓线和凹槽的槽底平面线，如图156-13所示。

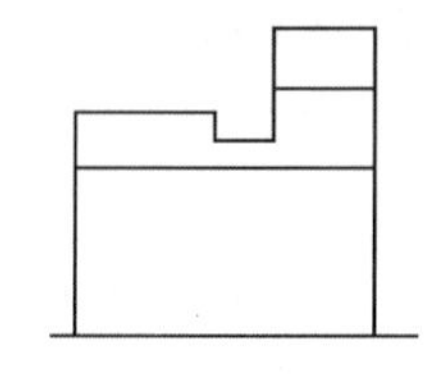

图156-13　绘制内孔轮廓线和凹槽槽底平面线

14 执行“修改>倒角”命令，绘制出螺塞右端1.5×45°的倒角，效果如图156-14所示。

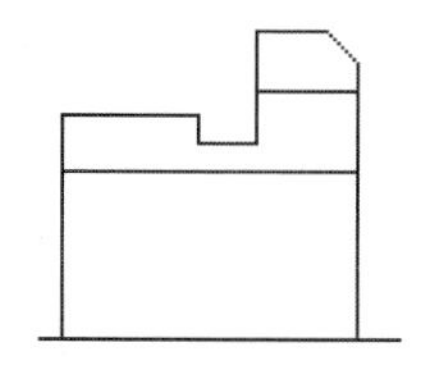

图156-14　绘制倒角

15 执行“绘图>直线”命令，利用极轴追踪功能，绘制出螺塞左端的“120°”内锥面。执行“修改>修剪”命令，修剪去圆锥面中多余的线，完成后的效果如图156-15所示。

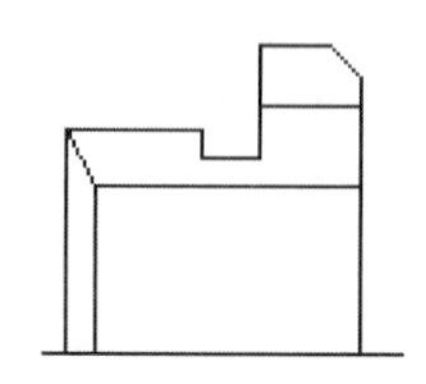

图156-15　绘制圆锥面

16 将“细实线”层置为当前层。执行“绘图>直线”命令，利用捕捉功能，捕捉左视图上螺纹小径圆直径上的点，补画出主视图中螺纹小径线，如图156-16所示。

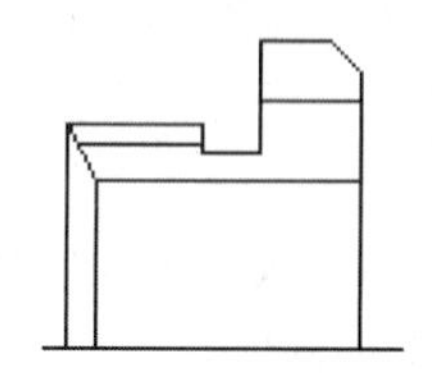

图156-16　绘制主视图中的螺纹小径

17 执行“修改>镜像”命令，完成螺塞外轮廓的绘制，镜像后的效果如图156-17所示。

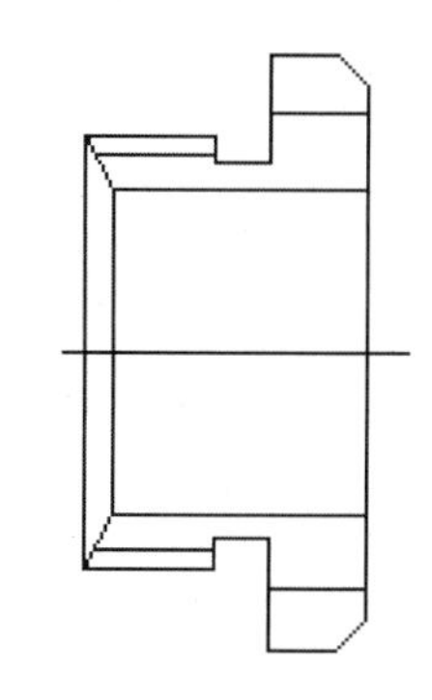

图156-17　镜像结果

18 将“剖面线”层置为当前层。执行“绘图>图案填充”命令，对主视图进行图案填充，填充图案为ANSI31，填充比例为0.5，效果如图156-18所示。

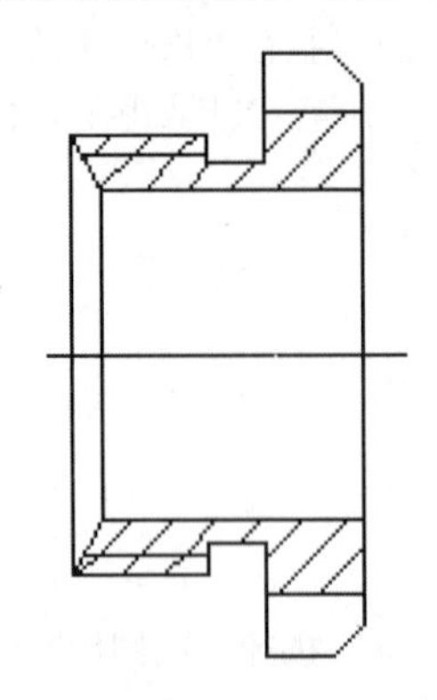

图156-18　填充图案

19 执行“视图>缩放>全部”命令，显示全图，如图156-19所示。

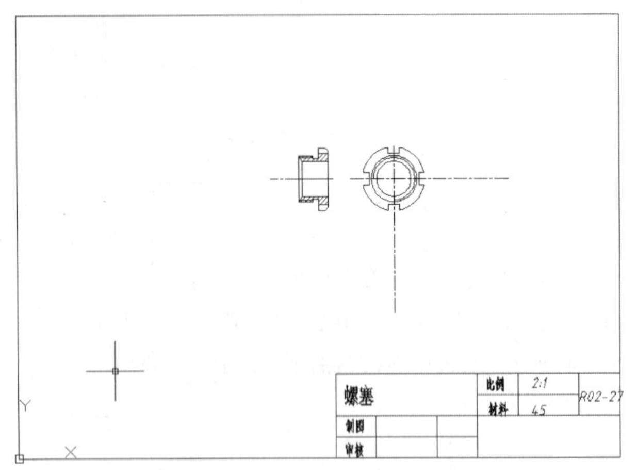

图156-19　显示全图

20 执行“修改>缩放”命令，将图形放大2倍，如图156-20所示。

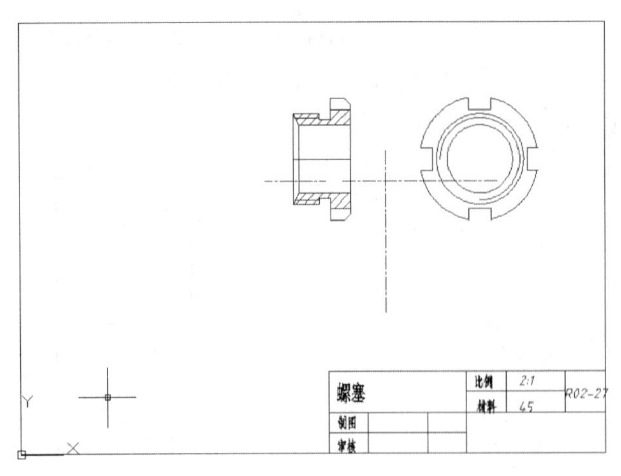

图156-20　将图形放大2倍

21 执行“格式>标注样式”命令，修改标注的主单位的测量单位比例因子为0.5。

22 将“标注”层置为当前层。利用尺寸标注方法对螺塞进行尺寸标注，如图156-21所示。

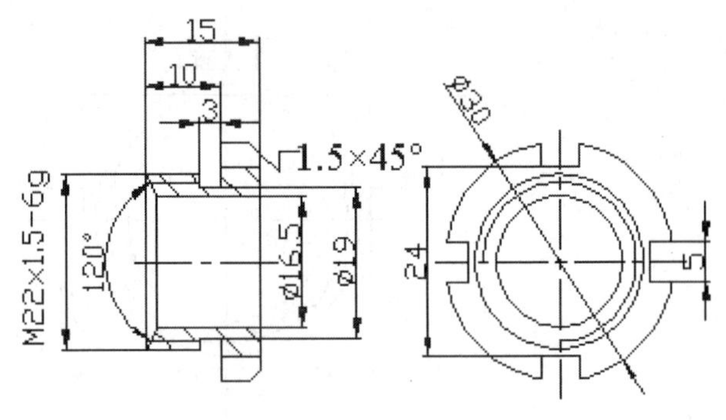

图156-21　标注螺塞尺寸

23 执行“格式>线宽”命令，进行线宽设置，效果如图156-1所示。至此，螺塞绘制完成。

24 执行“保存”命令，保存文件。

练习156　绘制螺塞零件图

实战位置	DVD>练习文件>第6章>练习156.dwg
难易指数	★★★☆☆
技术掌握	巩固绘制螺塞零件图的方法

操作指南

参照“实战156”案例进行制作。

首先打开场景文件，然后进入操作环境，绘制如图156-22所示的图形。

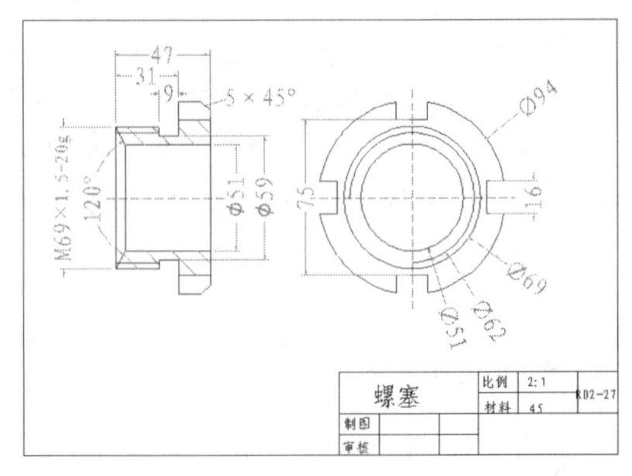

图156-22　绘制螺塞零件图

实战157　绘制蜗轮箱体零件图

实战位置	DVD>实战文件>第6章>实战157.dwg
视频位置	DVD>多媒体教学>第6章>实战157.avi
难易指数	★★★☆☆
技术掌握	掌握直线或矩形命令及各种绘图辅助命令的方法

实战介绍

本例中将利用各种绘图命令绘制蜗轮箱体零件图。蜗轮箱体零件图可以先采用直线或矩形命令绘制其轮廓，再通过各种绘图辅助命令，完成该零件图。本例最终效果如图157-1所示。

制作思路

• 首先打开Auto CAD2013，然后进入操作环境，先绘制图框和标题栏，利用中心线、水平及垂直投影线绘制零件图，最后进行尺寸标注，做出如图157-1所示的图形并进行图形尺寸标注。

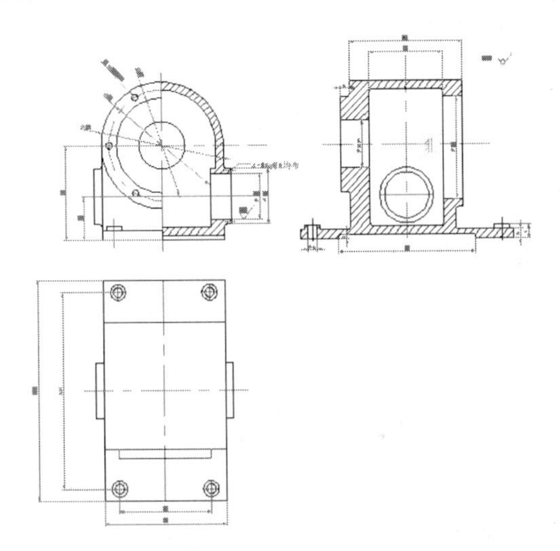

图157-1　最终效果

制作流程

01 创建图形，绘制中心线。结果如图157-2所示。

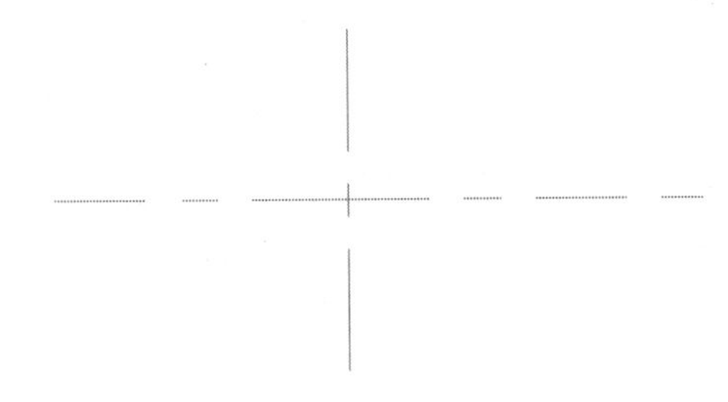

图157-2　绘制中心线

02 使用CIRCLE、OFFSET及TRIM等命令形成主视图细节，如图157-3所示。

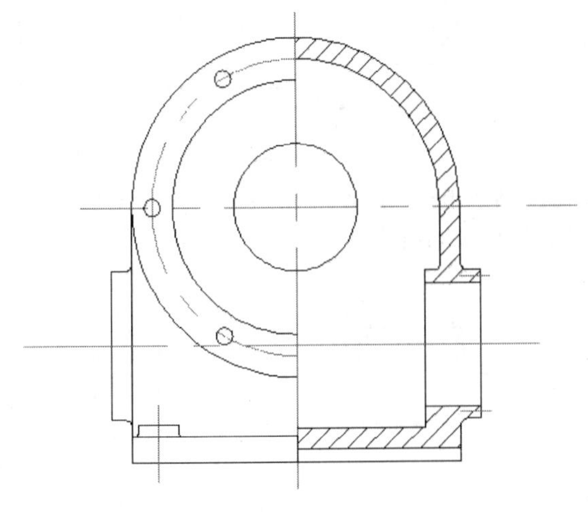

图157-3　主视图

03 从主视图绘制水平投影线，再绘制左视图的对称线，如图157-4所示。

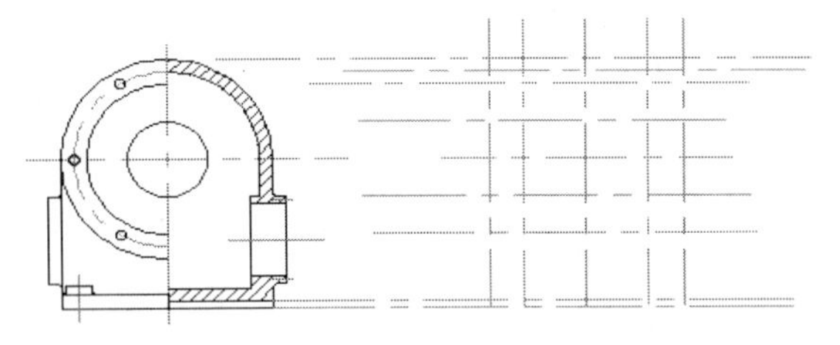

图157-4　参考线

04 使用CIRCLE、OFFSET及TRIM等命令完成左视图细节，如图157-5所示。

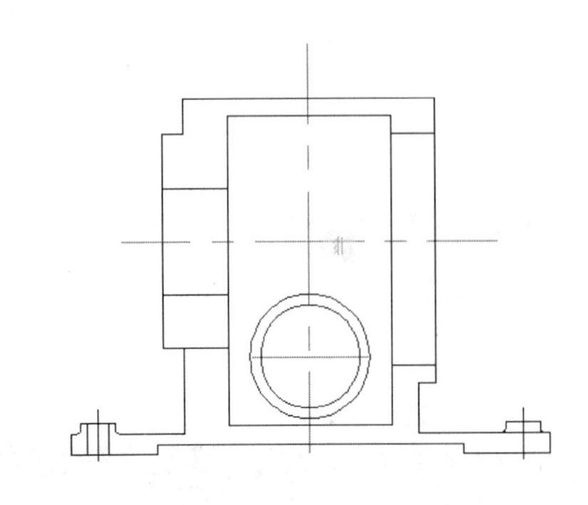

图157-5　左视图

05 复制并旋转左视图，然后向俯视图画投影线，如图157-6所示。

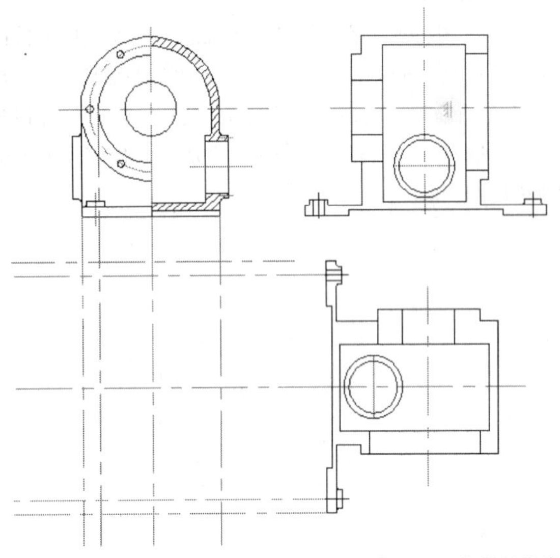

图157-6　绘制投影线

06 使用CIRCLE、OFFSET及TRIM等命令完成俯视图细节，然后将使用图案填充命令绘制剖面线，如图157-7所示。

07 对绘制好的图形进行尺寸标注，如图157-1所示。

08 单击“标准”面板上的“保存”工具按钮，保存文件。

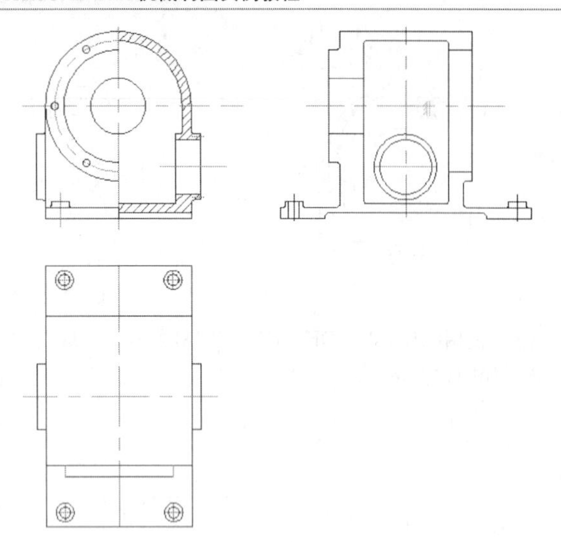

图157-7 绘制虚线孔

练习157 绘制蜗轮箱体类零件图

实战位置 DVD>练习文件>第6章>练习157.dwg
难易指数 ★★★☆☆
技术掌握 巩固绘制蜗轮箱体类零件图的方法

操作指南

参照"实战157"案例进行制作。

实战158 绘制导气连接件零件图

原始文件位置 DVD>原始文件>第6章>实战158原始文件
实战位置 DVD>实战文件>第6章>实战158.dwg
视频位置 DVD>多媒体教学>第6章>实战158.avi
难易指数 ★★★☆☆
技术掌握 掌握绘制导气连接件零件图的方法

实战介绍

本例中将利用各种绘图命令绘制导气连接件零件图。导气元件是机械中尤其是压力容器中常见的零件，其形状类似轴类零件，故可以先采用直线或矩形命令绘制其轮廓，再通过各种绘图辅助命令，完成该零件图，本例最终效果如图158-1所示。

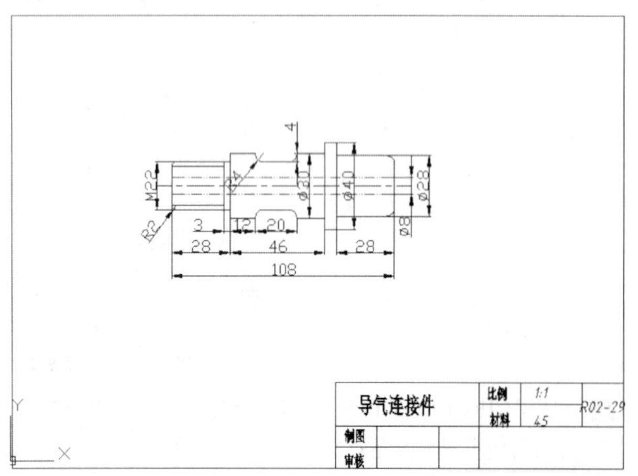

图158-1 最终效果

制作思路

- 首先打开AutoCAD 2013，然后进入操作环境，执行"直线>偏移>修剪"等命令，同时完成标注及标题栏的绘制，最终做出如图158-1所示的图形。

制作流程

01 在菜单中执行"打开"命令，打开"实战158原始文件.dwg"文件。

02 选择文字右击，在弹出的快捷菜单上单击编辑，修改标题栏中的文字，如图158-2所示。

导气连接件		比例	1:1	R02-29
		材料	45	
制图				
审核				

图158-2 修改标题栏

03 将"点画线"层置为当前层。执行"绘图>直线"命令，绘制水平中心线。

04 将"粗实线"层置为当前层。执行"绘图>直线"命令，绘制导气连接件的轮廓图，如图158-3所示。

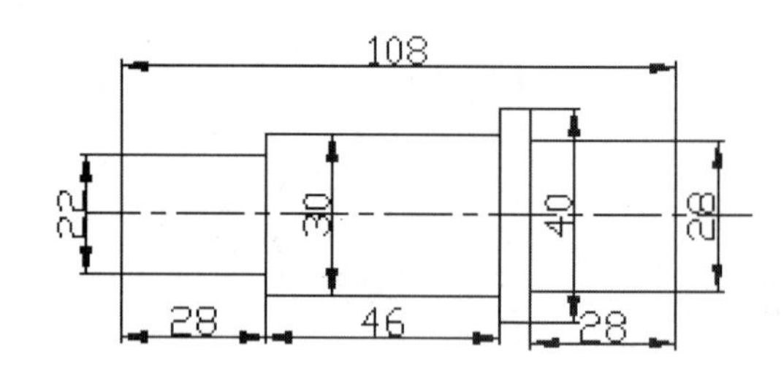

图158-3 绘制轮廓图

05 执行"绘图>直线"命令，绘制导气连接件的内部结构，如图158-4所示。

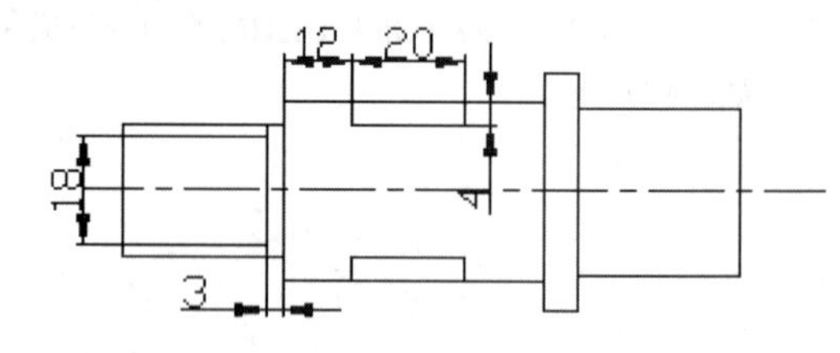

图158-4 绘制导气连接件的内部结构

06 将"虚线"层置为当前层。执行"绘图>直线"命令，绘制导气连接件的中心孔，如图158-5所示。

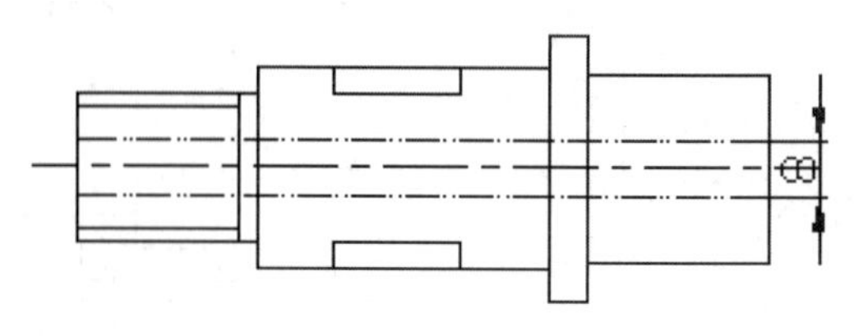

图158-5 绘制虚线孔

07 执行"修改>圆角"命令，绘制圆角，如图158-6所示。

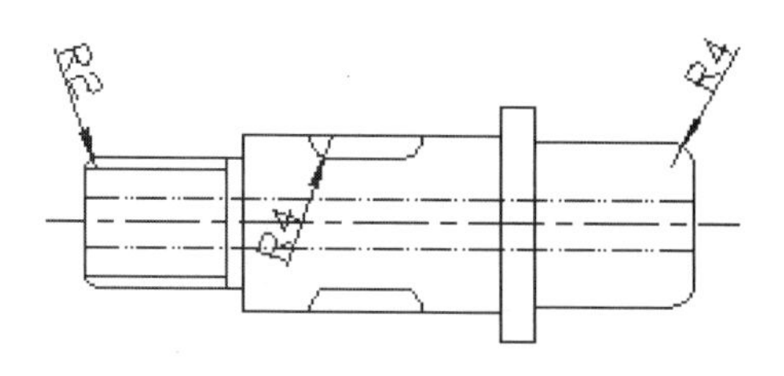

图158-6　绘制圆角

08 执行“修改>修剪”命令，修剪掉多余线条，效果如图158-7所示。

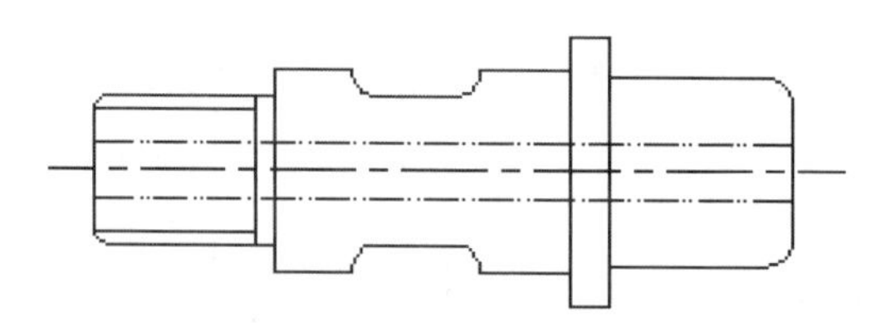

图158-7　修剪图线

09 将“标注”层置为当前层。利用尺寸标注方法对导气连接件进行尺寸标注，如图158-8所示。

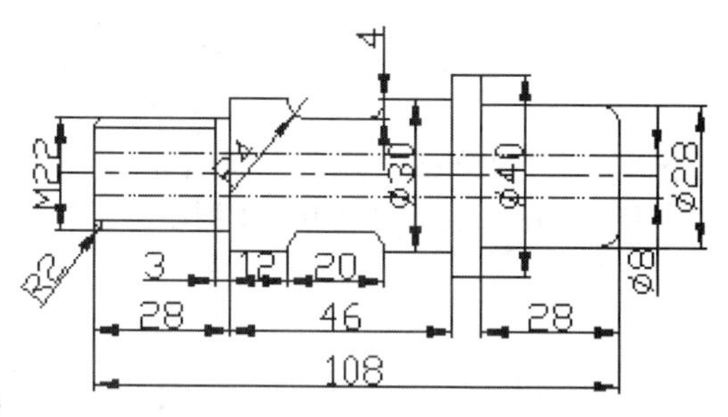

图158-8　标注导气连接件尺寸

10 执行“保存”命令，保存文件。

练习158　绘制导气连接件零件图

实战位置	DVD>练习文件>第6章>练习158.dwg
难易指数	★★★☆☆
技术掌握	巩固绘制导气连接件零件图的方法

操作指南

参照“实战158”案例进行制作。

首先打开场景文件，然后进入操作环境，绘制如图158-9所示图形。

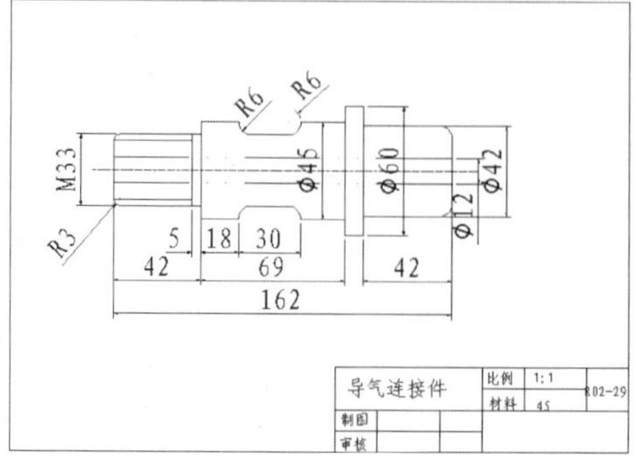

图158-9　绘制导气连接件零件图

实战159　绘制轴定位件零件图

原始文件位置	DVD>原始文件>第6章>实战159原始文件
实战位置	DVD>实战文件>第6章>实战159.dwg
视频位置	DVD>多媒体教学>第6章>实战159.avi
难易指数	★★★☆☆
技术掌握	掌握绘制轴定位件零件图

实战介绍

在本例中将介绍绘制轴定位件零件图的方法，本例最终效果如图159-1所示。

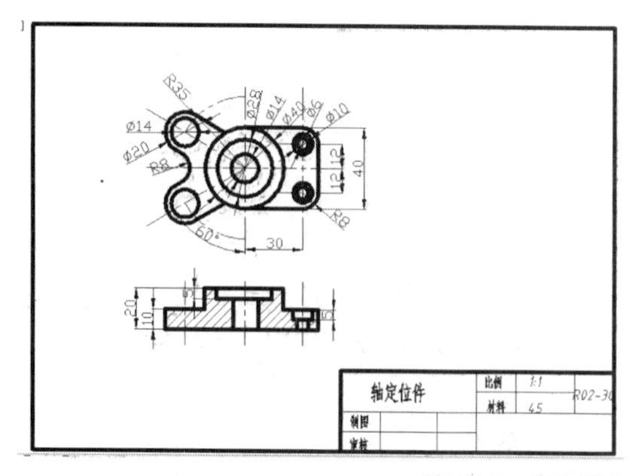

图159-1　最终效果

制作思路

• 首先打开AutoCAD 2013，然后进入操作环境，先绘制图框和标题栏，再绘制零件图，最后进行尺寸标注，做出如图159-1所示的图形。

制作流程

01 单击“快速访问工具栏”上的“打开”按钮，打开“实战159原始文件.dwg”文件。

02 双击标题栏中的文字，弹出“文字编辑器”选项卡，修改标题栏中的文字，如图159-2所示。

轴定位件		比例	1:1	R02-30
		材料	45	
制图				
审核				

图159-2　修改标题栏

03 将“点画线”层置为当前层。执行“绘图>直线”命令，绘制主视图的中心线，如图159-3所示。

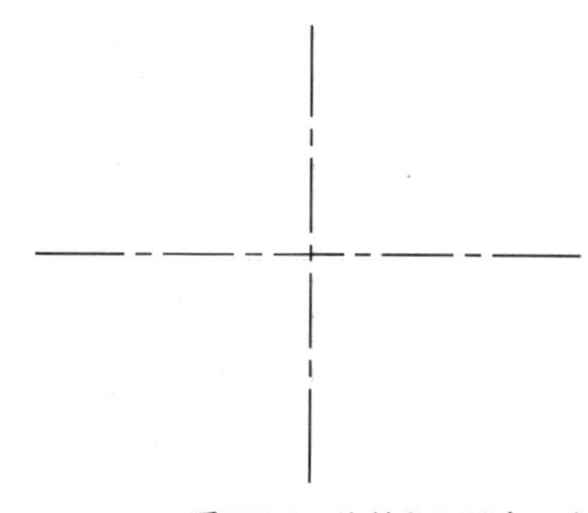

图159-3　绘制主视图中心线

04 执行“修改>偏移”命令，将点画线进行偏移。如图159-4所示。

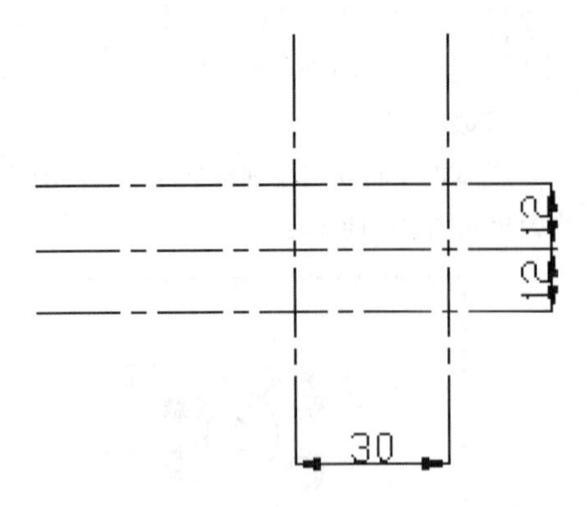

图159-4 偏移中心线

05 将“粗实线”层置为当前层。执行“绘图>直线”命令，绘制主视图的右侧轮廓线，如图159-5所示。

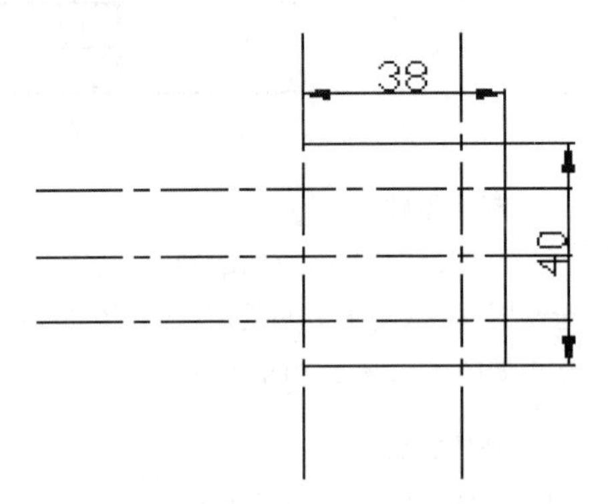

图159-5 绘制主视图右侧轮廓线

06 执行“绘图>圆”命令，以偏移点画线交点为圆心，绘制半径为3和5的同心圆，表示主视图中的小孔，如图159-6所示。

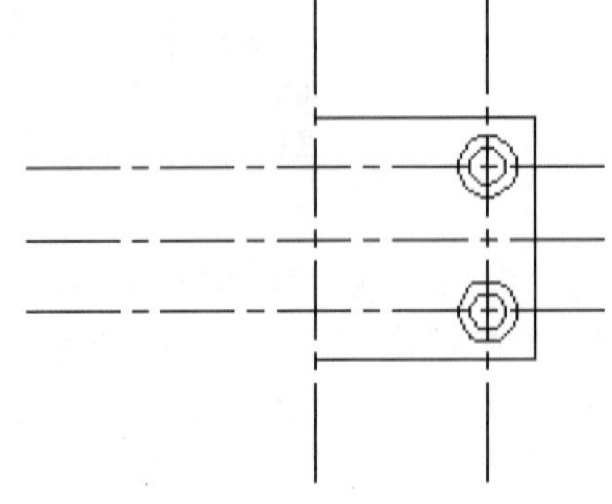
图159-6 绘制小孔

07 执行“绘图>圆”命令，以主视图中心线交点为圆心，绘制半径为7、14和20的同心圆，如图159-7所示。

08 将“点画线”层置为当前层。执行“绘图>直线”命令，利用极轴追踪功能，绘制与水平成30°角的点画线，如图159-8所示。

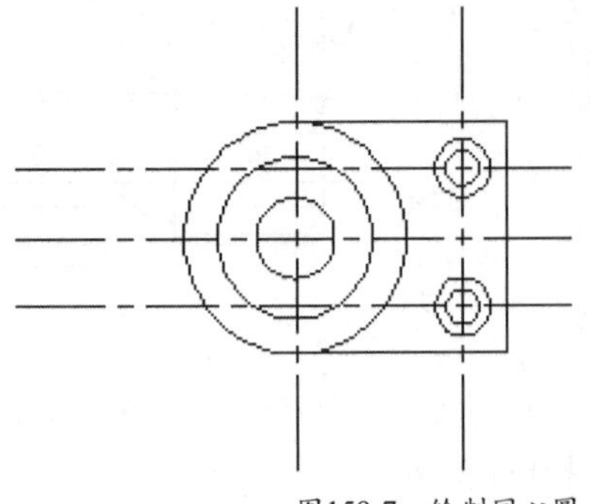
图159-7 绘制同心圆

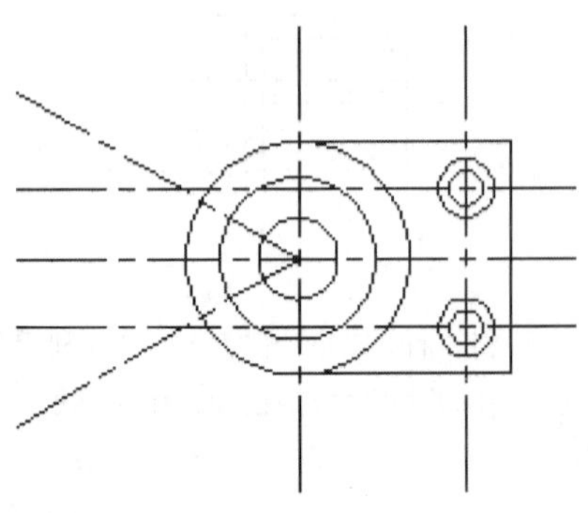
图159-8 绘制倾斜点画线

09 执行“绘图>圆”命令，以主视图中心线交点为圆心，绘制半径为35的点画线圆，如图159-9所示。

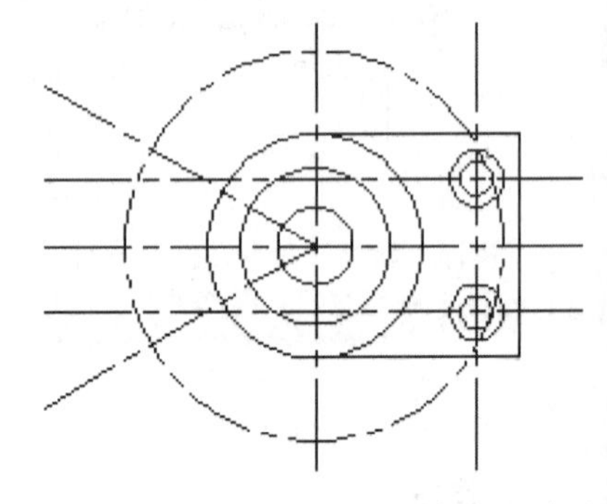
图159-9 绘制点画线圆

10 将“粗实线”层置为当前层。执行“绘图>圆”命令，以点画线圆与倾斜点画线的交点为圆心，绘制半径为7和10的同心圆，如图159-10所示。

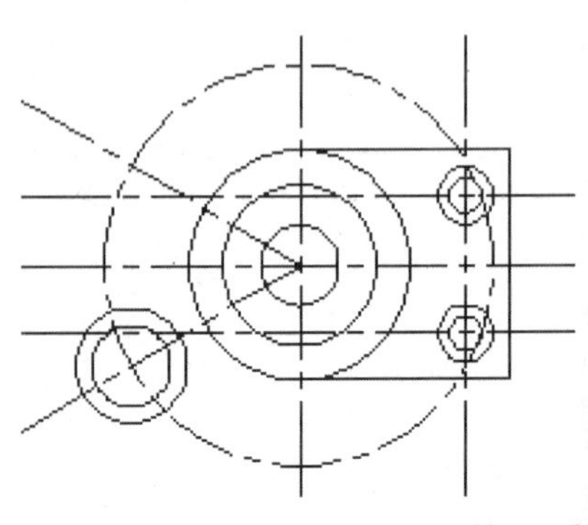
图159-10 绘制同心圆

11 执行“修改>偏移”命令，将倾斜点画线进行偏移，并修改偏移后的直线为“粗实线”，结果如图159-11所示。

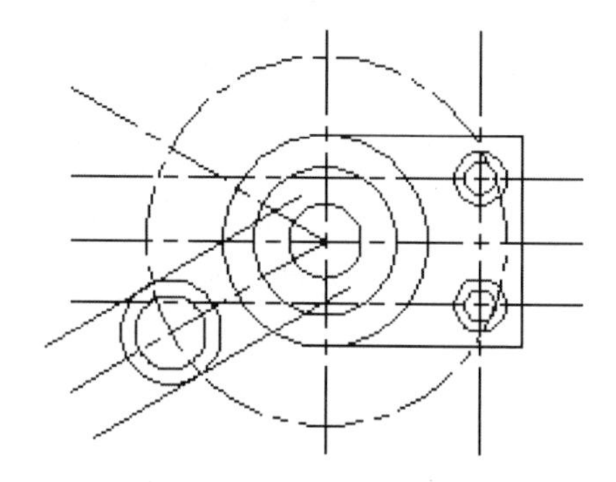

图159-11　偏移斜线

12 执行“修改>修剪”命令，修剪掉多余线条，效果如图159-12所示。

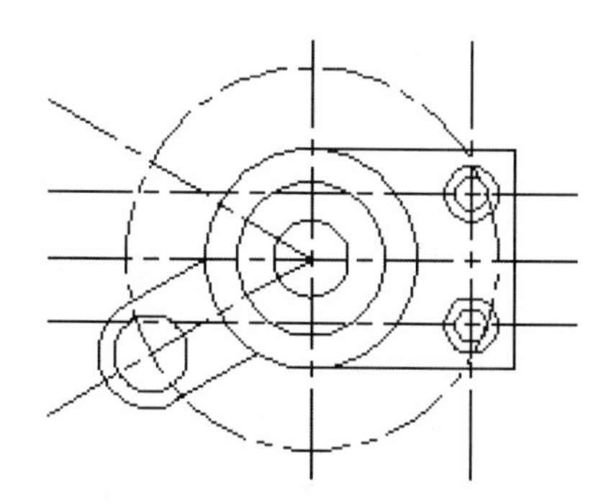

图159-12　修剪多余线条

13 执行“修改>旋转”命令，将刚修剪的部分进行复制并旋转，效果如图159-13所示。

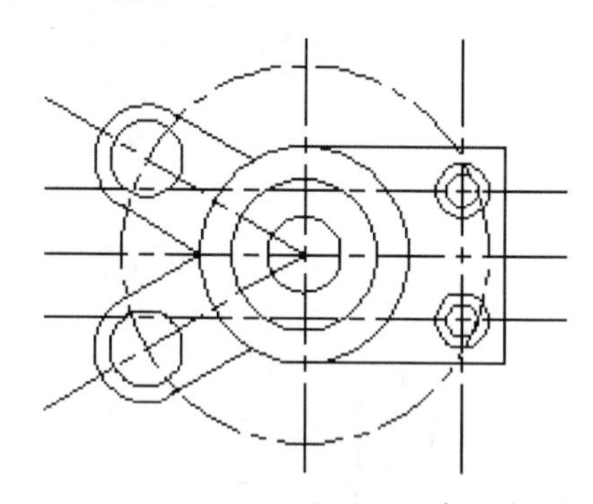

图159-13　复制并旋转

14 执行“修改>圆角”命令，对图形进行圆角操作，结果如图159-14所示。

15 执行“修改>修剪”命令，修剪掉多余线条，效果如图159-15所示。

16 将“点画线”层置为当前层。执行“绘图>直线”命令，利用极轴追踪功能，绘制俯视图的轮廓线，如图159-16所示。

17 将“点画线”层置为当前层。执行“绘图>直线”命令，绘制俯视图的中心线，如图159-17所示。

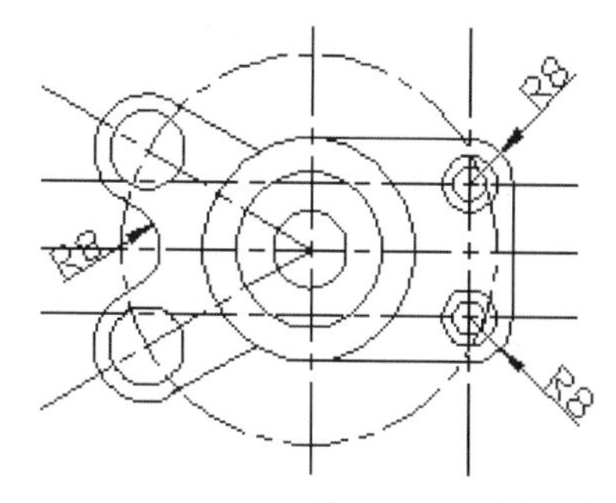

图159-14　圆角操作

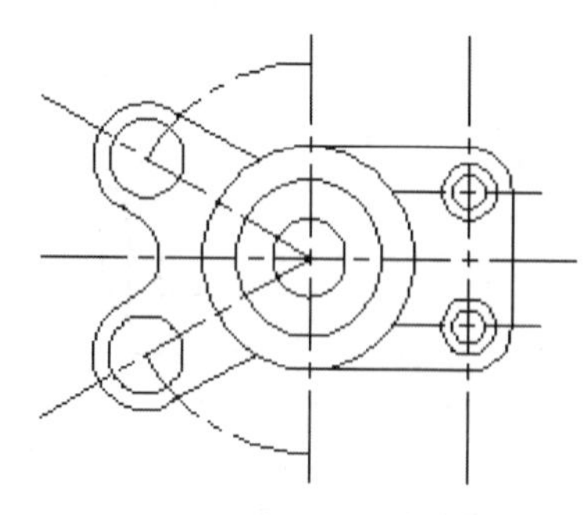

图159-15　修剪多余线条

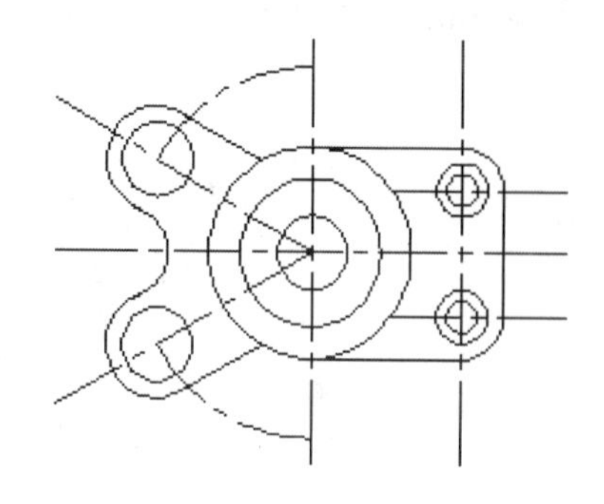

图159-16　绘制俯视图轮廓线

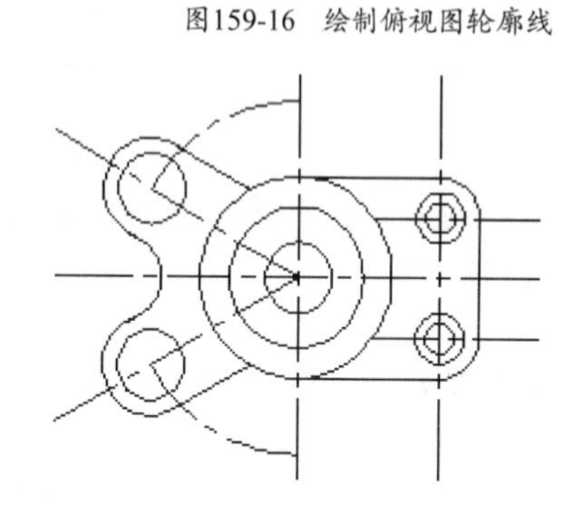

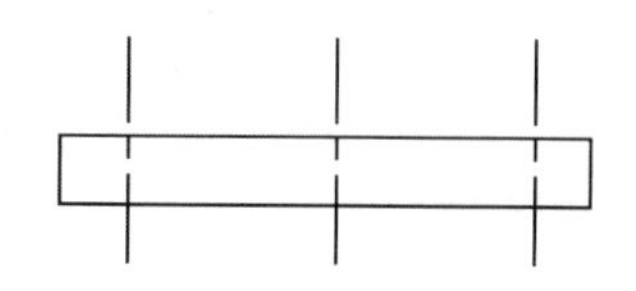

图159-17　绘制俯视图中心线

18. 将“粗实线”层置为当前层。执行“绘图>直线”命令，绘制俯视图的凸台，如图159-18所示。

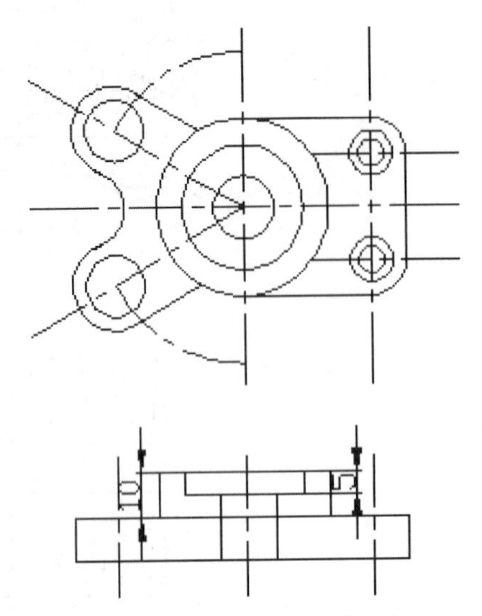

图159-18　绘制俯视图凸台

19. 执行“绘图>直线”命令，绘制俯视图的右侧孔，如图159-19所示。

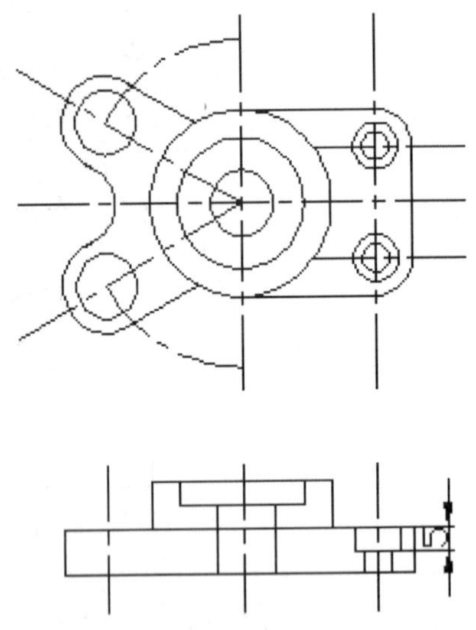

图159-19　绘制俯视图右侧孔

20. 执行“修改>修剪”命令，修剪掉多余线条，效果如图159-20所示。

21. 将“剖面线”层置为当前层。执行“绘图>图案填充”命令，对主视图进行图案填充，填充图案为ANS31，填充比例为1，结果如图159-21所示。

22. 将“标注”层置为当前层。利用尺寸标注方法对轴定位件进行尺寸标注，如图159-22所示。

23. 在“特征”面板“线宽”选项上进行线宽设置，效果如图159-1所示。至此，轴定位件零件图绘制完成。

24. 执行“保存”命令，保存文件。

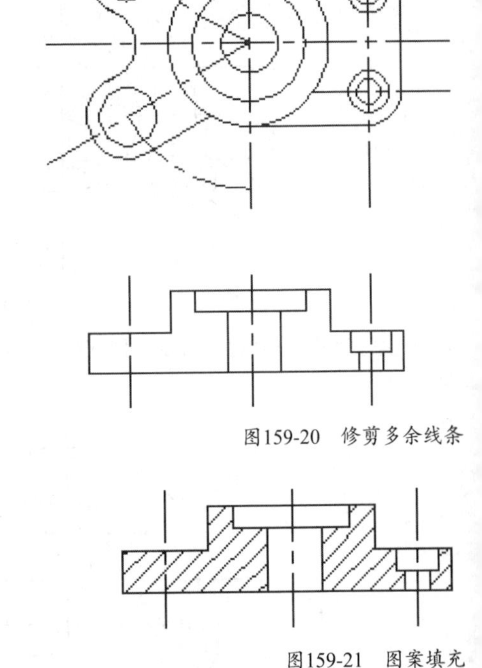

图159-20　修剪多余线条

图159-21　图案填充

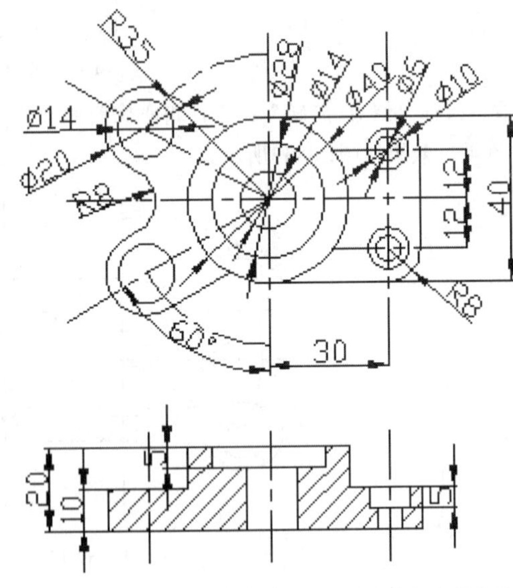

图159-22　尺寸标注轴定位件

练习159　绘制轴定位件零件图

实战位置　DVD>练习文件>第6章>练习159.dwg
难易指数　★★★☆☆
技术掌握　巩固绘制轴定位件零件图的方法

操作指南

参照“实战159”案例进行制作。

首先打开场景文件，然后进入操作环境，绘制如图159-23所示的图形。

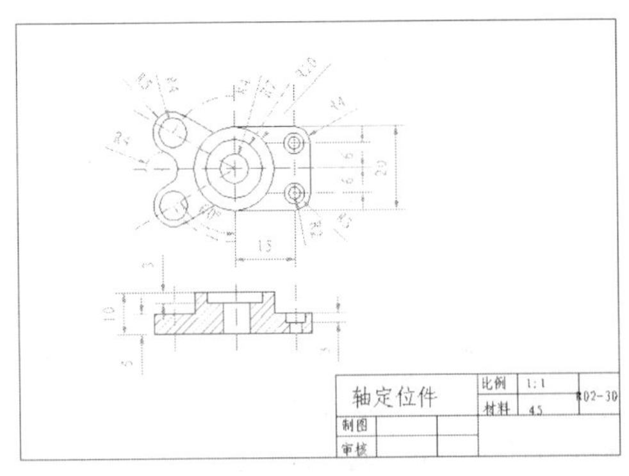

图159-23 绘制轴定位件零件图

实战160 绘制泵轴零件图

实战位置 DVD>实战文件>第6章>实战160.dwg
视频位置 DVD>多媒体教学>第6章>实战160.avi
难易指数 ★★★☆☆
技术掌握 掌握绘制泵轴零件图的方法

实战介绍

本实战绘制泵轴零件。轴类零件是机械加工中常见的零件，其主要作用是支撑传动件和传递转矩。轴类零件大多是同轴旋转体，是对称结构，可利用基本绘图命令来完成，也可以利用镜像命令，后者更为快捷。本例最终效果如图160-1所示。

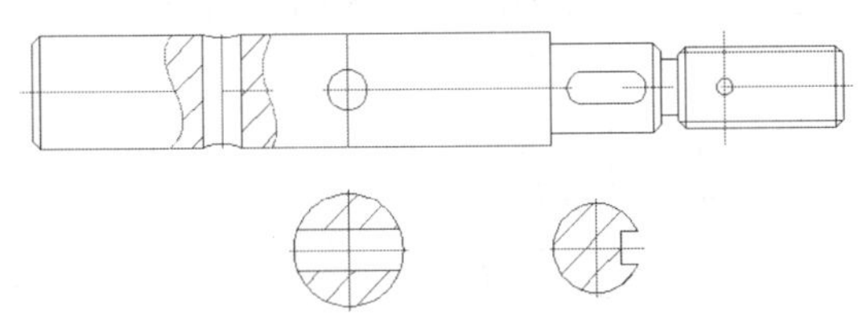

图160-1 最终效果

制作思路

• 首先打开AutoCAD 2013，然后进入操作环境，先绘制图框和标题栏，再绘制零件图，最后进行尺寸标注，做出如图160-1所示的图形。

制作流程

01 双击AutoCAD 2013的桌面快捷方式图标，打开一个新的AutoCAD文件，文件名默认为“Drawing1.dwg”。

02 执行“新建图层”命令，新建一个“中心线”图层，设置其“线型”为CENTER，颜色为红色；新建一个“轮廓线”图层，设置其“线宽”为0.3mm；新建一个“细实线”图层，颜色为蓝色。效果如图160-2所示。

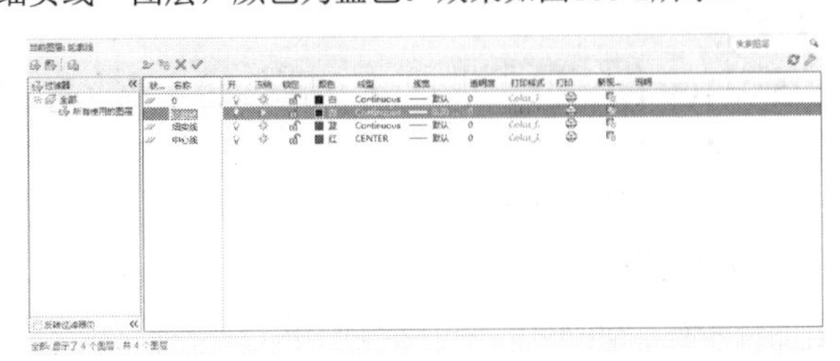

图160-2 新建图层

03 执行“格式>图层界限”命令，设置图幅大小为297mm×210mm。

04 将“中心线”层置为当前层，执行“直线”命令，在适当位置绘制一条长130的水平中心线；将“粗实线”层置为当前层，执行“直线”命令，按F5开启“正交模式，”以中心线为基线绘制直线，并将所有轮廓线合并，效果如图160-3所示。

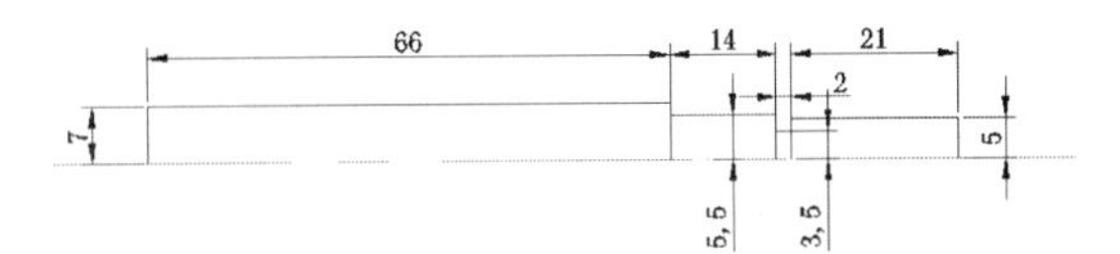

图160-3 绘制直线和中心线

05 执行“偏移”命令，将长21的直线向下偏移0.75，并将偏移得到的直线移至“细实线”层；执行“倒角”命令，设置倒角距离为1，对图形进行操作，效果如图160-4所示。

图160-4 绘制螺纹与倒角处理

06 执行“直线”命令，在倒角位置绘制倒角线，效果如图160-5所示。

图160-5 绘制倒角线

07 执行“镜像”命令，将中心线上方所有直线进行操作，效果如图160-6所示。

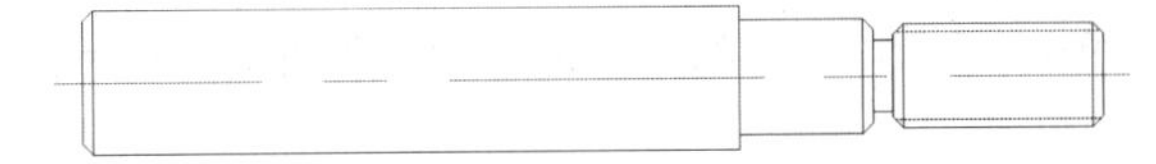

图160-6 镜像处理

08 将“中心线”层置为当前层，在距长66线右上端点26位置处向下绘制直线；执行“偏移”命令，向左偏移16，向右偏移48，效果如图160-7所示。

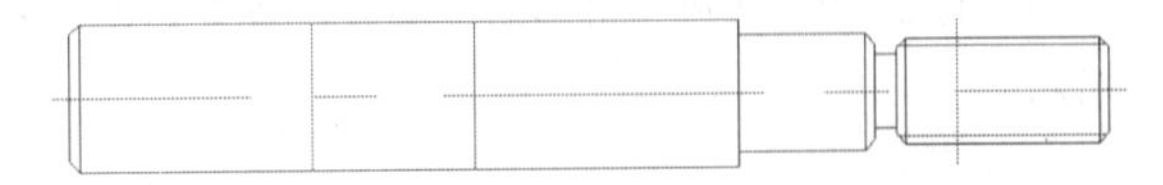

图160-7 绘制中心线

09 将“轮廓线”层置为当前层，执行“圆”命令，以右侧两中心线交点为圆心，分别绘制半径为1和2.5的圆，执行“偏移”命令，将最左侧中心线向左向右均偏移2.5，并将偏移得到的直线移至“轮廓线”层，效果如图160-8所示。

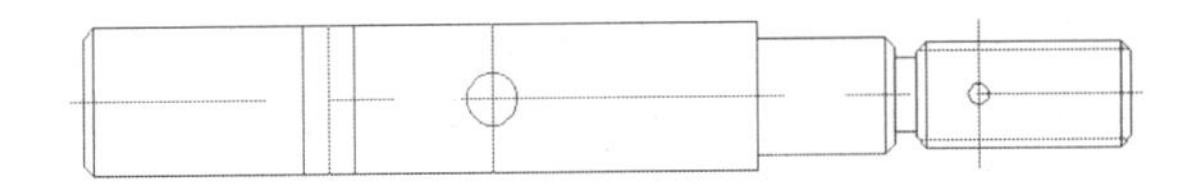

图160-8 绘制直线

10 执行“修剪”命令，对图形进行修剪，效果如图160-9所示。

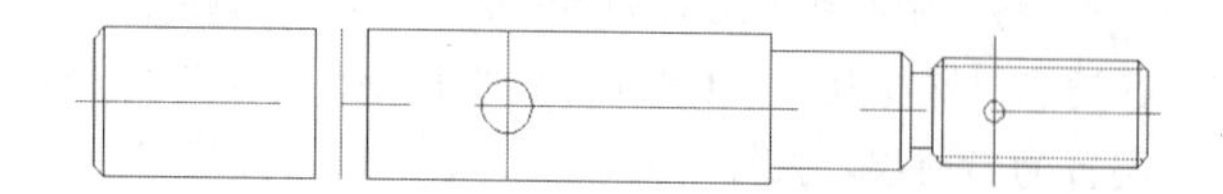

图160-9 修剪处理

11 执行“圆弧”命令，在修剪区域绘制半径为7的圆弧，效果如图160-10所示。

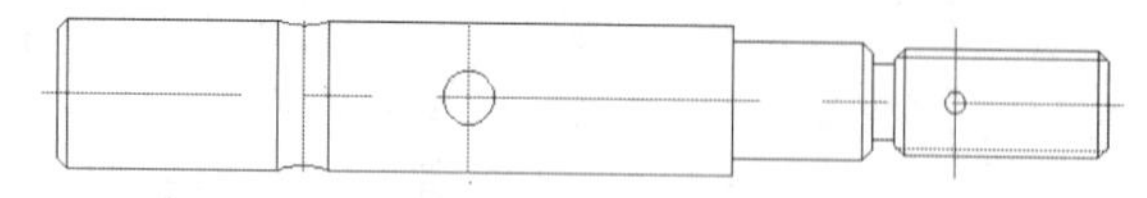

图 160-10 绘制圆弧

12 执行“直线”命令，绘制效果如图160-11所示的多段线。

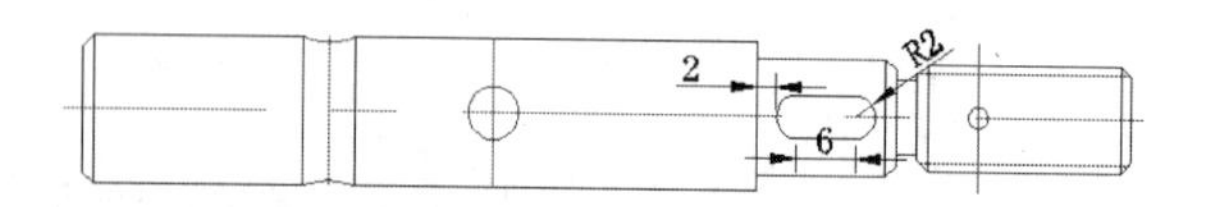

图160-11 绘制多段线

13 将“细实线”层置为当前层，执行“样条曲线”命令，在适当位置绘制样条曲线，效果如图160-12所示。

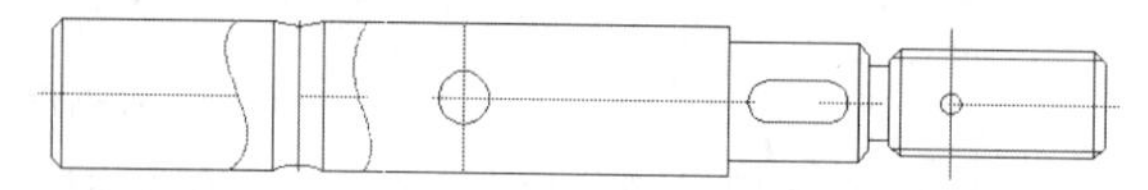

图160-12 绘制样条曲线

14 执行“图案填充”命令，将样条曲线部分区域进行填充，设置填充图案为ANSI31，效果如图160-13所示。

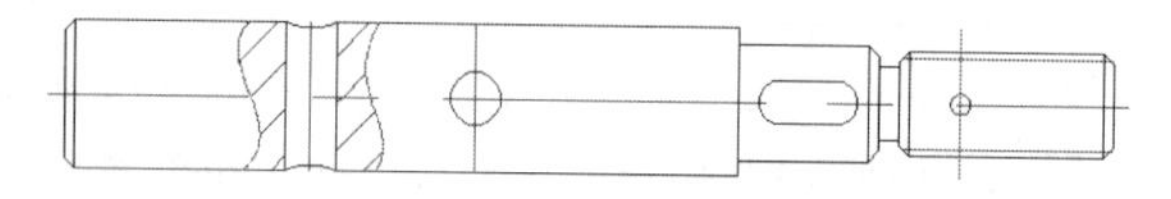

图160-13 图案填充

15 将“中心线”层置为当前层，执行“直线”命令，在指定位置绘制R5圆和键槽的中心线，效果如图160-14所示。

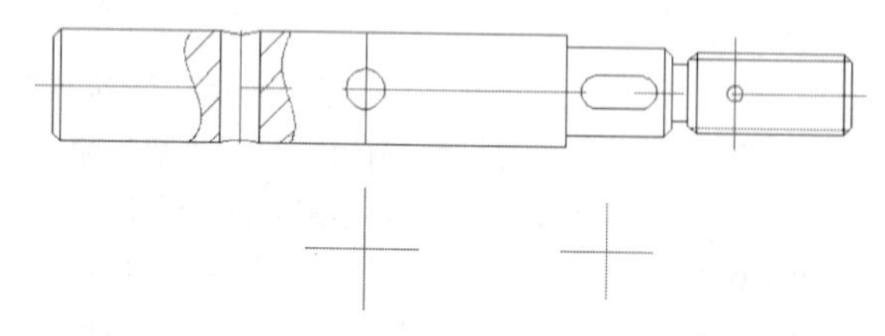

图160-14 绘制中心线

16 将“轮廓线”层置为当前，执行“圆”命令，以下面两个中心线交点为圆心，分别绘制半径为7、5.5的圆，效果如图160-15所示。

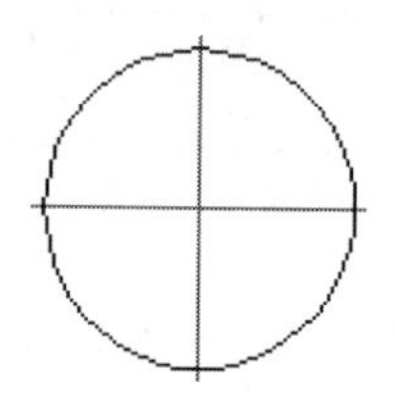
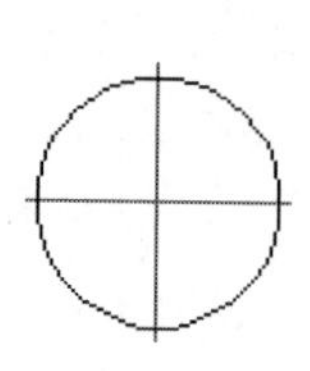

图160-15 绘制圆

17 执行“偏移”命令，将左侧中心线分别向上向下均偏移2.5；将右侧中心线分别向上向下均偏移2，并将偏移得到的直线移至“轮廓线”层，修剪后效果如图160-16所示。

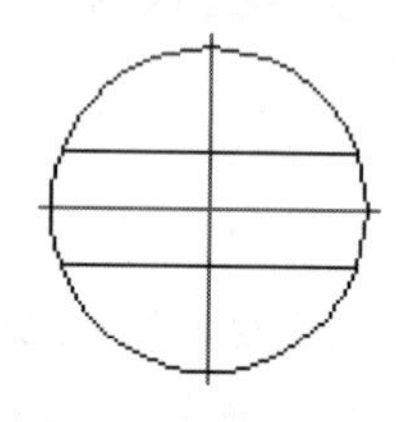
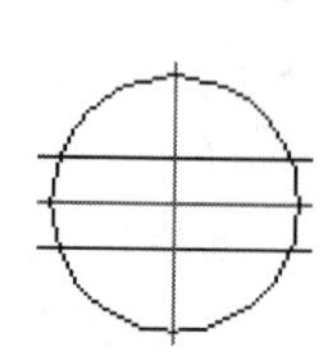

图160-16 修剪处理

18 重复执行“偏移”命令，将右侧竖直中心线向右偏移3，并移至“轮廓线”层，修剪后效果如图160-17所示。

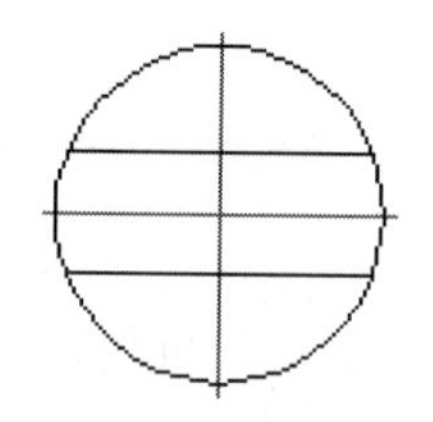
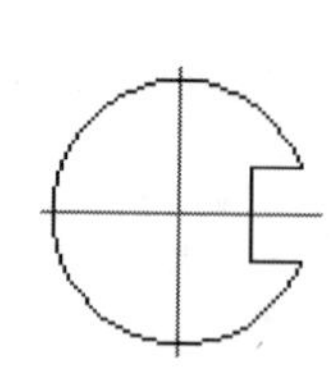

图160-17 偏移处理

19 执行“图案填充”命令，在绘图区域下方进行操作，设置填充图案为ANSI31，效果如图160-18所示。

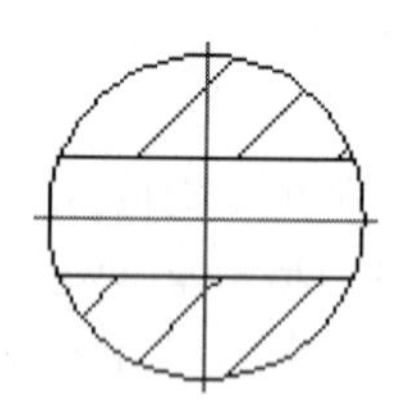
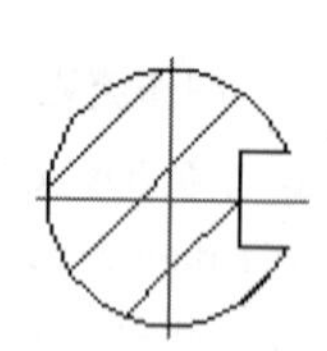

图160-18 图案填充

20 执行“另存为”命令，将文件另存为“实战160.dwg”。

练习160 绘制泵轴零件图

实战位置	DVD>练习文件>第6章>练习160.dwg
难易指数	★★★☆☆
技术掌握	巩固绘制泵轴零件图的方法

操作指南

参照“实战160”案例进行制作。

首先打开场景文件，然后进入操作环境，做出如

图160-19所示图形。

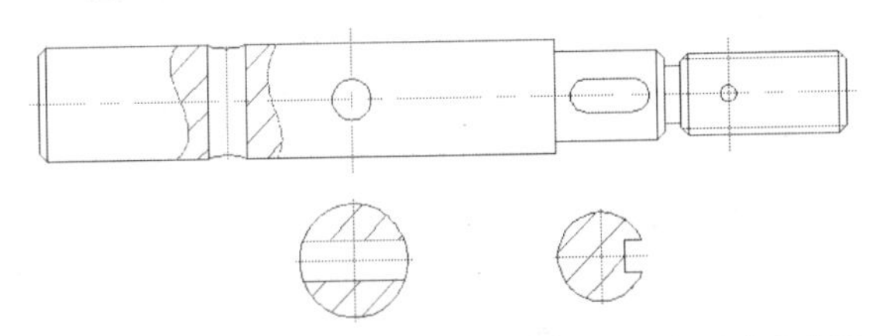

图160-19　绘制泵轴零件图

实战161　绘制垫片零件图

原始文件位置	DVD>原始文件>第6章>实战161原始文件
实战位置	DVD>实战文件>第6章>实战161.dwg
视频位置	DVD>多媒体教学>第6章>实战161.avi
难易指数	★★★☆☆
技术掌握	掌握绘制垫片零件图的方法

实战介绍

本例中将利用各种绘图辅助命令绘制垫片零件图。垫片是位于泵盖和泵体之间的薄板类零件。垫片的底面形状与泵盖形状完全相同，因此，绘制垫片零件图可以以泵盖零件图为基础进行绘制。因垫片的厚度很小，可以只画一个表达形状的主视图，并标注厚度尺寸，本例最终效果如图161-1所示。

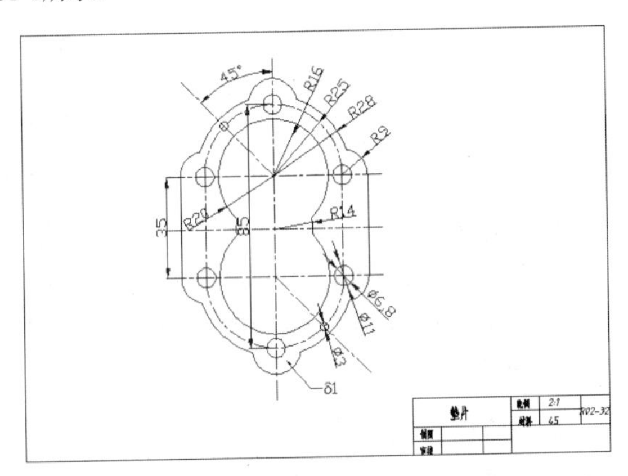

图161-1　最终效果

制作思路

• 首先打开AutoCAD 2013，然后进入操作环境，先绘制图框和标题栏，再绘制零件图，最后进行尺寸标注，做出如图161-1所示的图形。

制作流程

01 在菜单中执行“打开”命令，打开“实战161原始文件.dwg”文件。

02 双击修改标题栏中的文字，如图161-2所示。

垫片		比例	2:1	R02-32
		材料	45	
制图				
审核				

图161-2　修改标题栏

03 执行“修改>删除”命令，删除泵盖零件图文件中与垫片零件图中不同的对象。执行“修改>移动”命令，调整图形的位置。结果如图161-3所示。

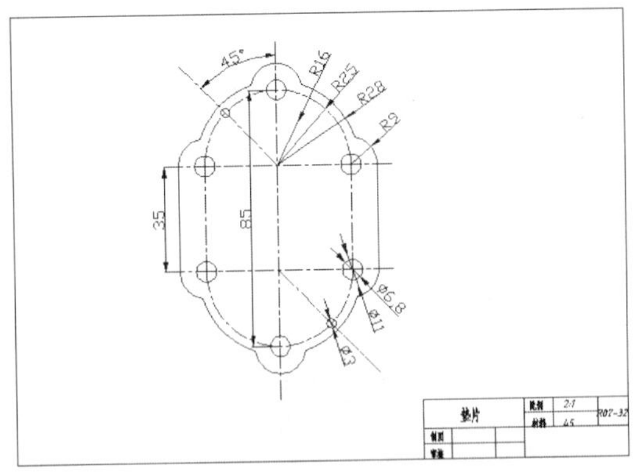

图161-3　修改图形

04 将“点画线”层置为当前层。利用正交模式和对象捕捉功能，绘制一条水平的点画线作为对称中心线，如图161-4所示。

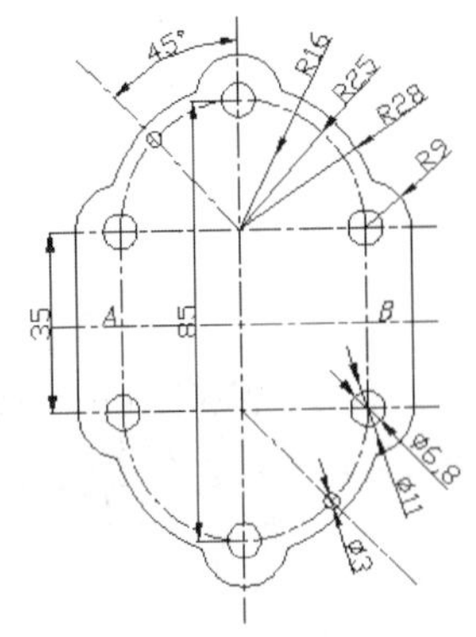

图161-4　绘制垫片中心线

05 将“粗实线”层置为当前层。执行“绘图>圆”命令，绘制出两个半径为40的圆和一个半径为28的圆，如图161-5所示。

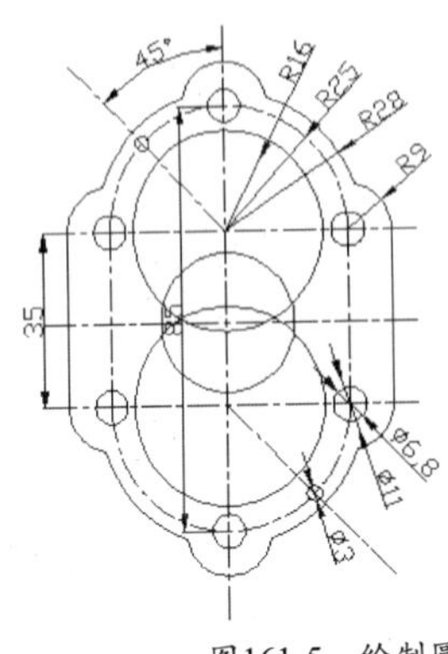

图161-5　绘制圆

06 执行“修改>修剪”命令，以轮廓为边界线，修剪多余弧线，如图161-6所示。

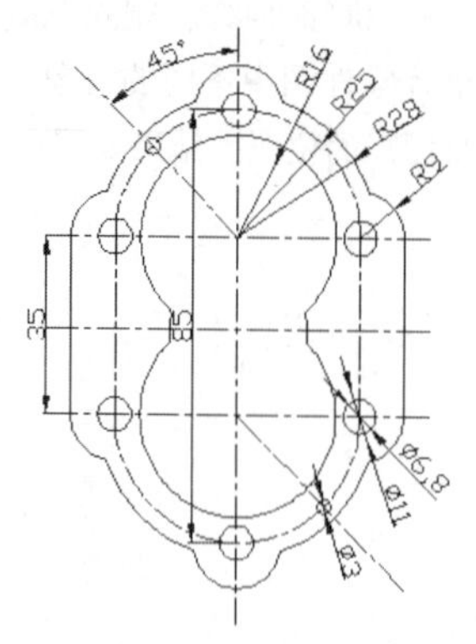

图161-6 修剪多余弧线

07 将“标注”层置为当前层。对图形进行尺寸标注。利用引线标注命令标注厚度尺寸，如图161-7所示。

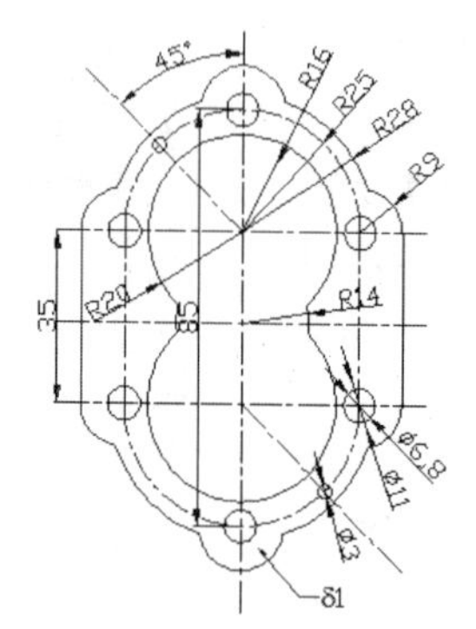

图161-7 标注垫片尺寸

08 执行“保存”命令，保存文件。

练习161 绘制垫片零件图

实战位置 DVD>练习文件>第6章>练习161.dwg
难易指数 ★★★☆☆
技术掌握 巩固绘制垫片零件图的方法

操作指南

参照“实战161”案例进行制作。

首先打开场景文件，然后进入操作环境，绘制如图161-8所示的图形。

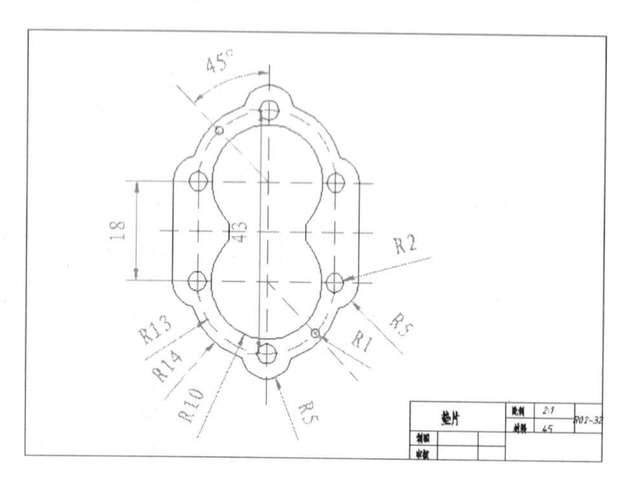

图161-8 绘制新的垫片零件图

实战162 绘制泵体零件图

原始文件位置 DVD>原始文件>第6章>实战162原始文件
实战位置 DVD>实战文件>第6章>实战162.dwg
视频位置 DVD>多媒体教学>第6章>实战162.avi
难易指数 ★★★☆☆
技术掌握 掌握绘制泵体零件图的方法

实战介绍

本例中将介绍泵体零件图的绘制方法。为了简化绘图过程，绘制泵体零件图可以从垫片零件图开始绘制，根据所选择的视图的数目和齿轮油泵的尺寸，选择适当的绘图比例，采用A2图幅进行绘制，本例最终效果如图162-1所示。

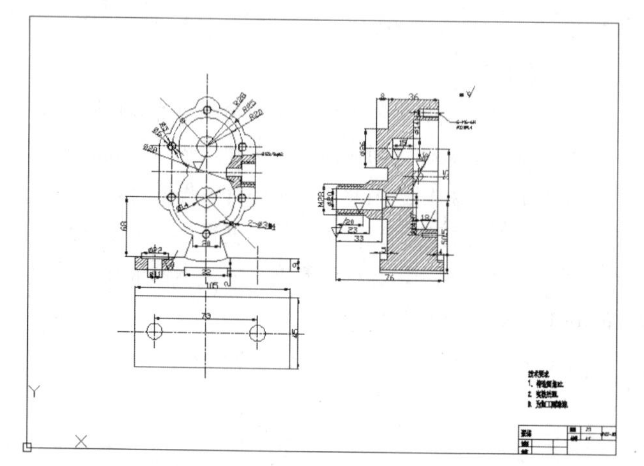

图162-1 最终效果

制作思路

• 首先打开AutoCAD 2013，然后进入操作环境，先绘制图框和标题栏，再绘制零件图，最后进行尺寸标注，做出如图162-1所示的图形。

制作流程

01 在菜单中执行“打开”命令，打开“实战162原始文件.dwg”文件。

02 双击修改标题栏中的文字，如图162-2所示。

泵体			比例	2:1	R02-33
			材料	45	
制图					
审核					

图162-2 修改标题栏

03 执行“修改>删除”命令，删除泵盖零件图文件中与垫片零件图中不同的对象。结果如图162-3所示。

04 执行“格式>图形界限”命令，绘制图形界限为A2图幅。

05 将“粗实线”层置为当前层。执行“绘图>矩形”命令，重新绘制图幅边框。执行“修改>移动”命令，调整图形和标题栏的位置。移动结果如图162-4所示。

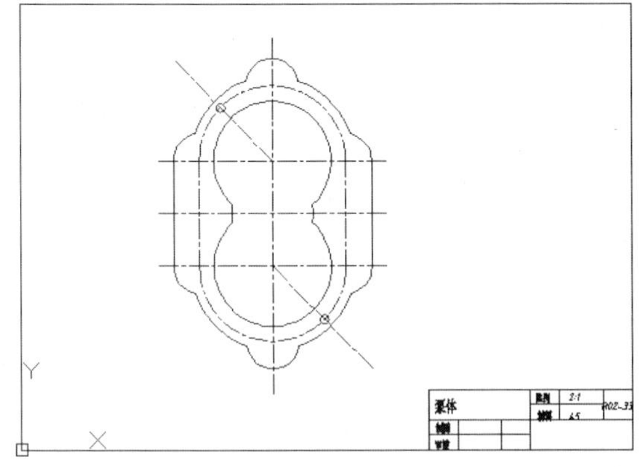

图162-3　删除不同对象

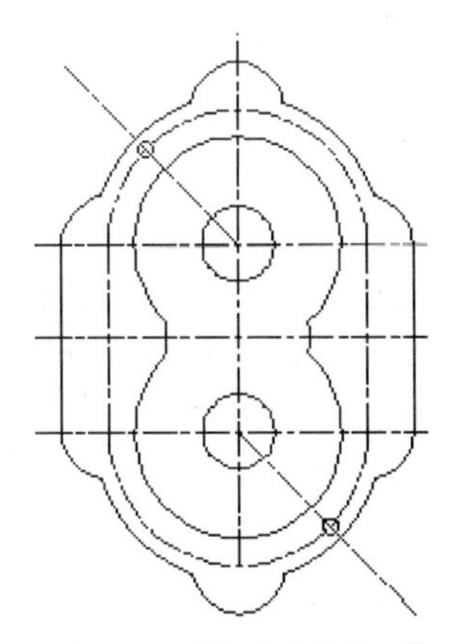

图162-4　重新设置绘图环境

06　执行“绘图>圆”命令，绘制两个半径为14的圆，圆心分别在点画线长圆的上下两个圆心位置，如图162-5所示。

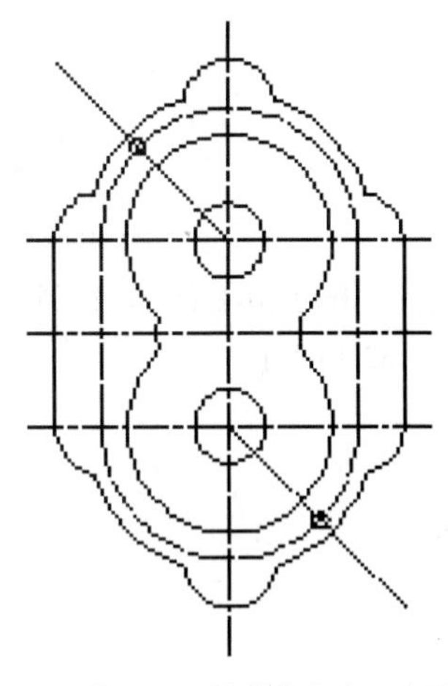

图162-5　绘制半径为14的圆

07　执行“绘图>圆”命令，绘制半径为5和6的同心圆，并修改半径为6的圆为“细实线”层，如图162-6所示。

08　执行“修改>打断于点”命令，将刚绘制得到的细实线圆修剪掉1/4，结果如图162-7所示。

09　执行“修改>复制”命令，启动复制命令，利用重复复制选项，复制螺纹圆到指定位置，如图162-8所示。

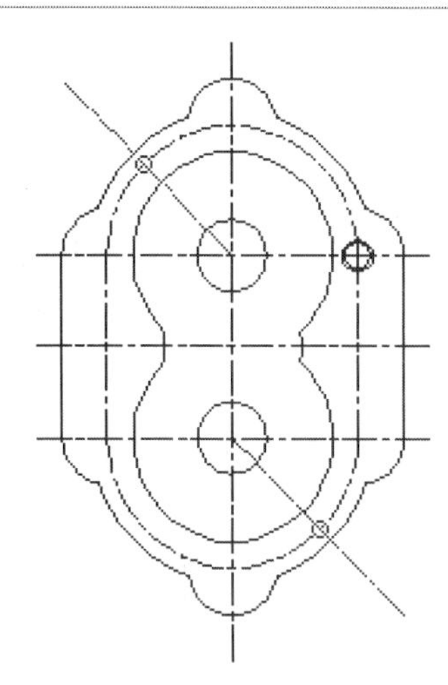

图162-6　绘制同心圆

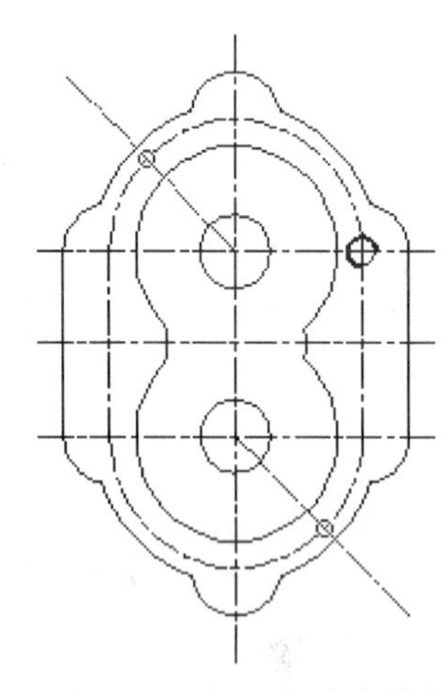

图162-7　打断圆弧

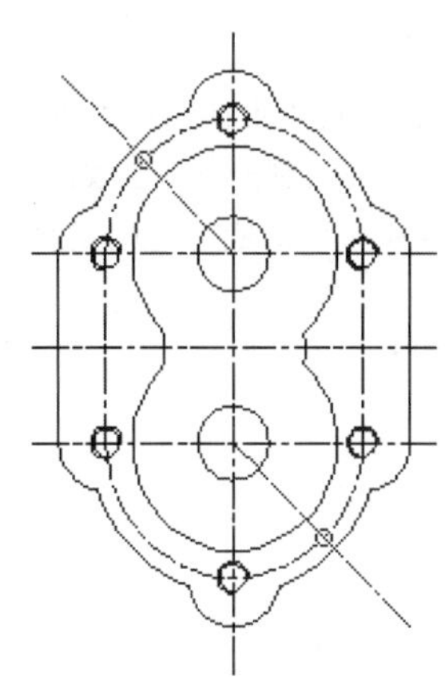

图162-8　复制螺纹圆

10　将“粗实线”层置为当前层。执行“绘图>矩形”命令，绘制底座的外轮廓线，如图162-9所示。

11　将“点画线”层置为当前层。利用夹点编辑，向下延伸主视图原来的垂直点画线，超出底座轮廓线。启动正交模式，执行LINE命令，绘制出两个安装孔的轴线，如图162-10所示。

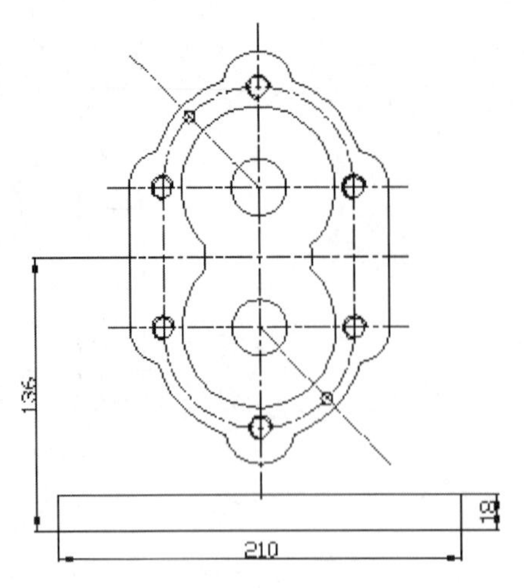

图162-9　绘制底座外轮廓线

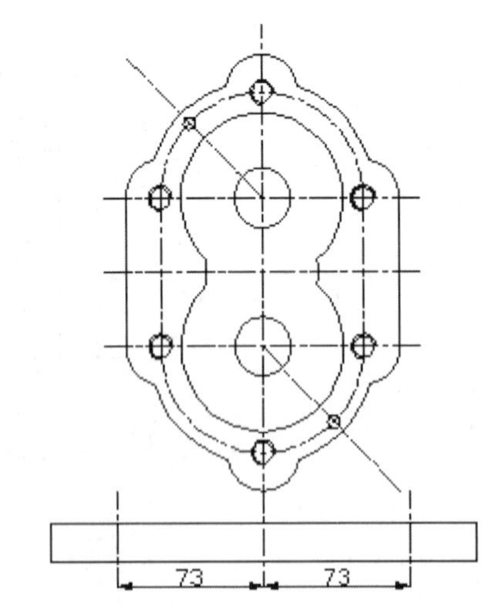

图162-10　绘制安装孔轴线

12 将“虚线”层置为当前层。执行“绘图>构造线”命令，绘制两条与主视图对称中心线距离均为20的垂直构造线。构造线与主视图的交点为A、B两点，如图162-11所示。

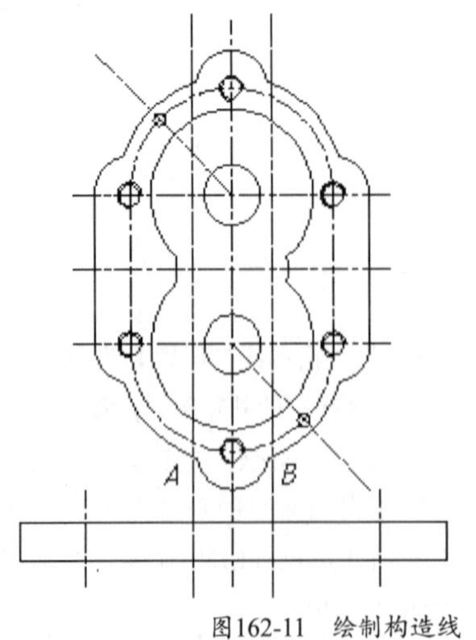

图162-11　绘制构造线

13 将“粗实线”层置为当前层。执行“绘图>圆”命令，以点画线长圆的下方圆心为圆心，以88为半径，绘制一个圆。圆弧与底座轮廓线的交点为C、D两点，如图162-12所示。

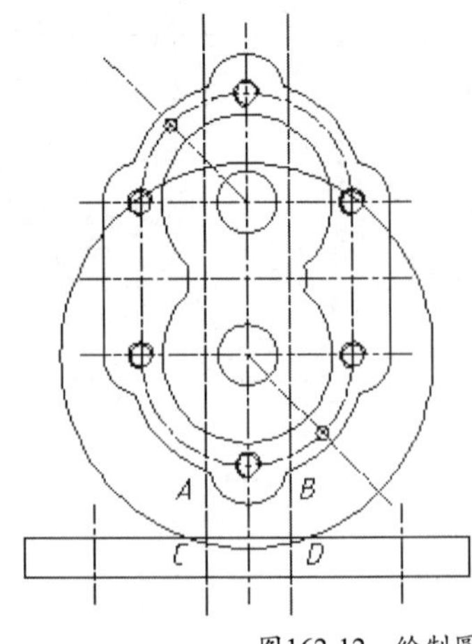

图162-12　绘制圆

14 执行“绘图>直线”命令，连接AC、BD。利用TRIM和ERASE命令，删除多余线条，如图162-13所示。

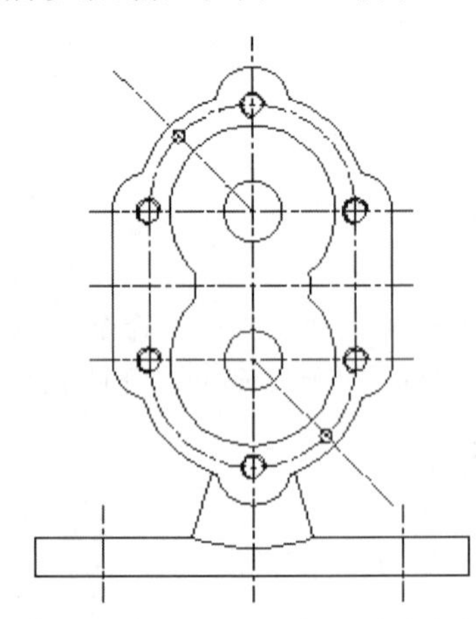

图162-13　连接AC和BD并删除多余线条

15 利用LINE命令，绘制安装孔和底座槽的轮廓线，如图162-14所示。

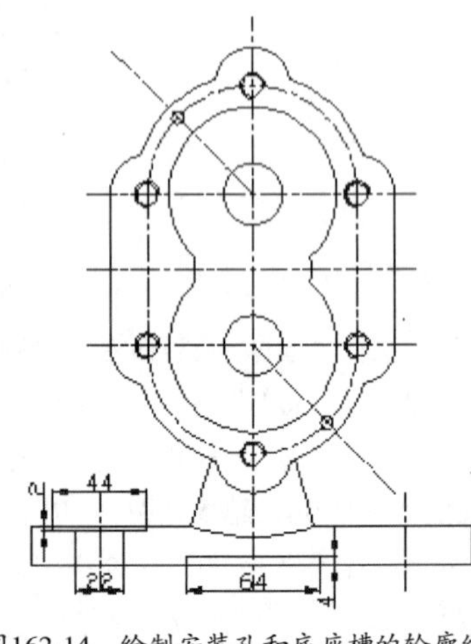

图162-14　绘制安装孔和底座槽的轮廓线

16 将“细实线”层置为当前层。执行“绘图>样条曲线”命令，绘制局部剖开安装孔的波浪线和剖开油孔的波浪线。波浪线的起点和终点指定在轮廓线以外，如图162-15所示。

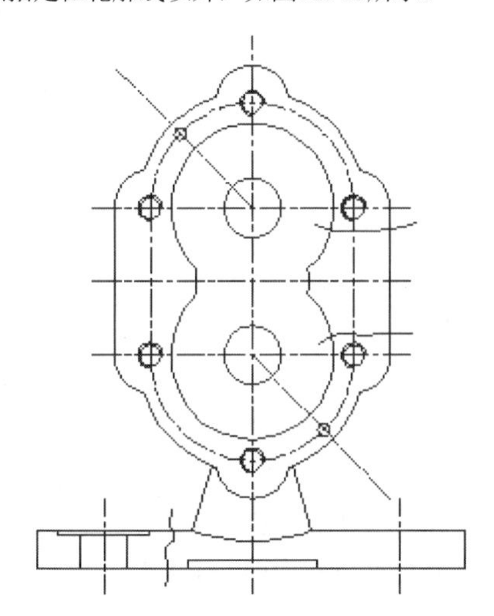

图162-15　绘制剖开安装孔和油孔的波浪线

17 利用LINE命令和临时追踪点捕捉，初步绘制出油孔的轮廓线，如图162-16所示。注意牙底线用细实线绘制。

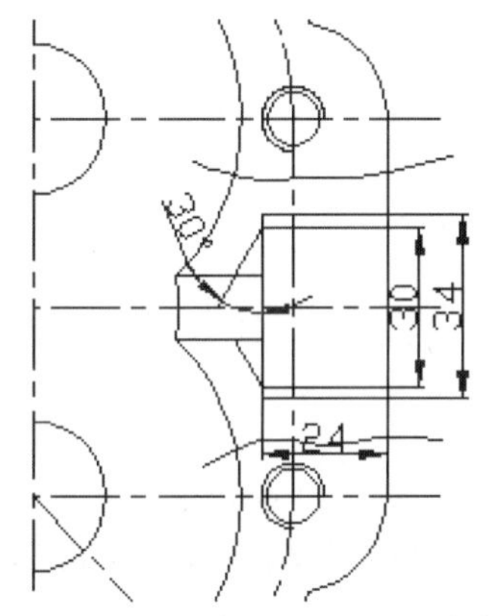

图162-16　绘制油孔轮廓线

18 执行“修改>修剪”命令，修剪多余线条。结果如图162-17所示。

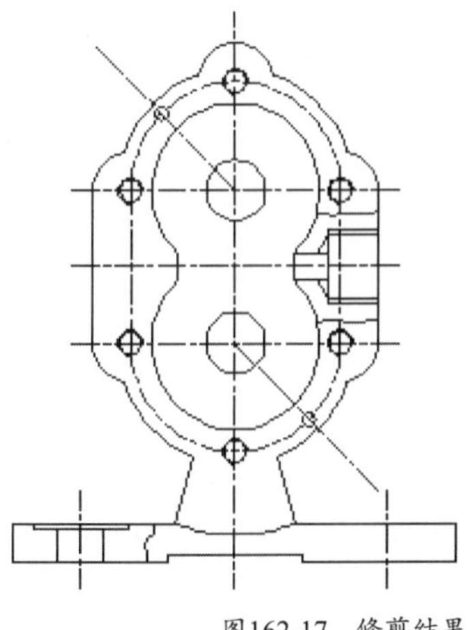

图162-17　修剪结果

19 将“粗实线”层置为当前层。利用XLINE命令绘制水平构造线，如图162-18所示。因为左视图是假设下方销孔旋转到该处，再作剖视图。所以，应在下方螺纹圆处绘制一个同心辅助圆（直径与销孔圆相同），过辅助圆的上、下象限点绘制水平构造线。过螺纹圆的牙底圆的上下象限点绘制构造线时，应将“细实线”层置为当前层。

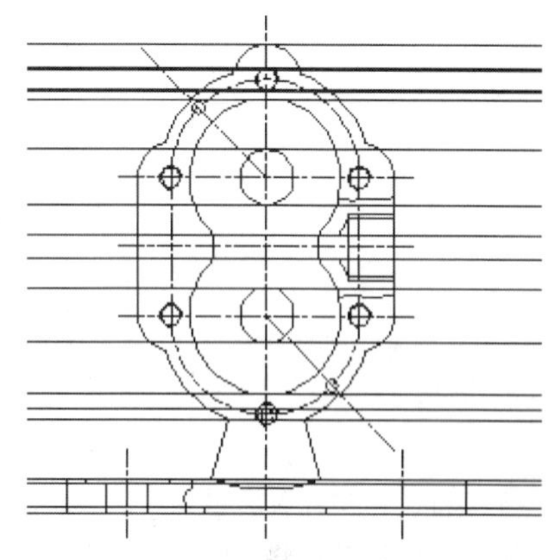

图162-18　绘制水平构造线

20 将“粗实线”层置为当前层。利用XLINE命令绘制垂直构造线。首先在适当位置单击，指定左视图最左轮廓线的位置，然后依次向右移动光标，指定构造线的间隔距离依次为56、6、10、6、30、8、6、22、8，如图162-19所示。

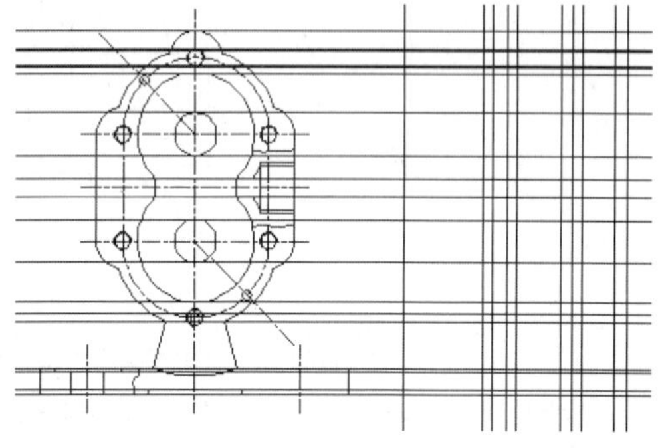

图162-19　绘制竖直构造线

21 执行“修改>修剪”命令，修剪多余线条。修剪后左视图的部分轮廓线便显现出来了。结果如图162-20所示。

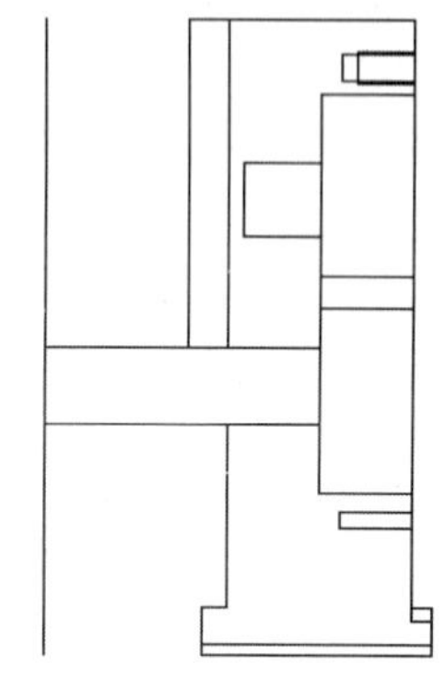

图162-20　修剪左视图结果

22 将“点画线”层置为当前层，利用LINE命令，借助对象捕捉和对象追踪绘制螺纹孔和销孔的轴线，利用延长捕捉绘制传动齿轮轴孔和齿轮轴孔轴线，如图162-21所示。

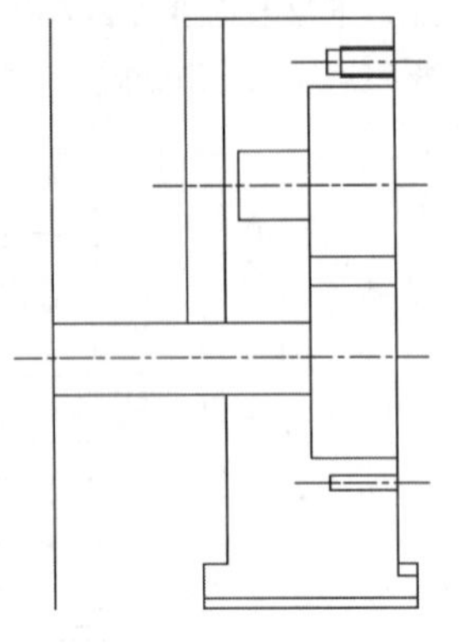

图162-21　绘制轴线

23 将“粗实线”层置为当前层。启动正交模式，利用LINE命令和临时追踪点捕捉，绘制左视图中缺少的外轮廓线，如图162-22所示。

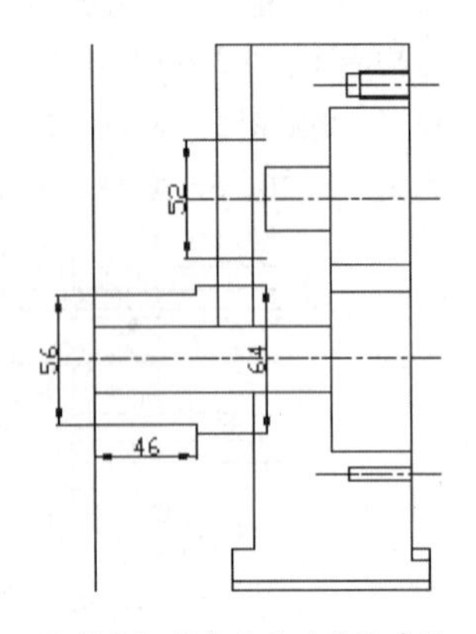

图162-22　绘制左视图中缺少的外轮廓线

24 执行“修改>修剪”命令，修剪多余线条。结果如图162-23所示。

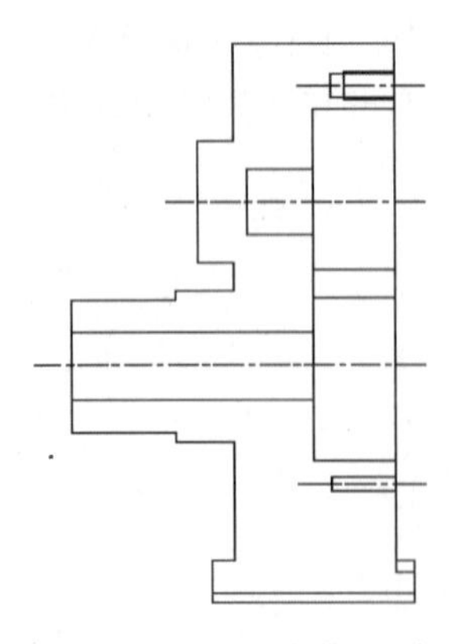

图162-23　修剪多余线条

25 执行“绘图>直线”命令，绘制所缺盲孔的轮廓线，如图162-24所示。

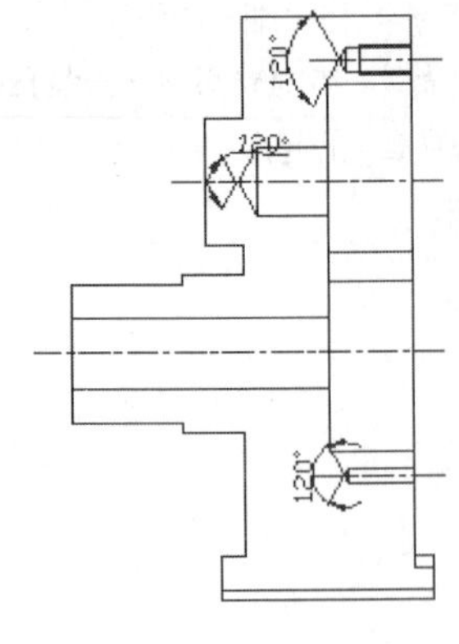

图162-24　绘制所缺盲孔的轮廓线

26 将“点画线”层置为当前层。利用延长捕捉绘制出泵腔内连接圆柱面的轴线，利用捕捉自绘制油孔的垂直点画线。将“粗实线”层置为当前层。利用CIRCLE命令绘制油孔圆，如图162-25所示。

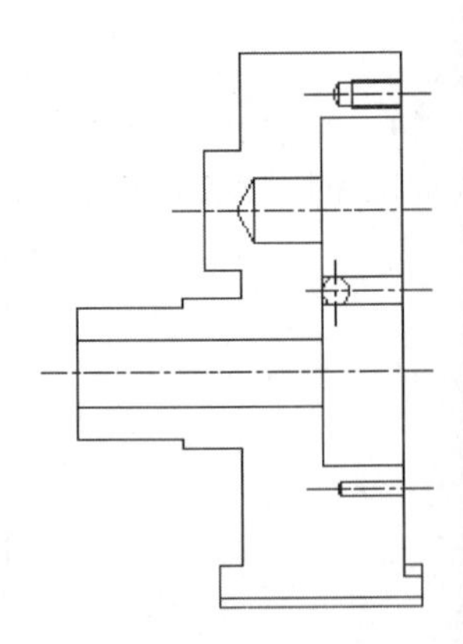

图162-25　绘制油孔圆

27 使用LINE命令，利用对象捕捉功能，采用临时追踪点捕捉模式，绘制传动齿轮轴孔轮廓线，如图162-26所示。

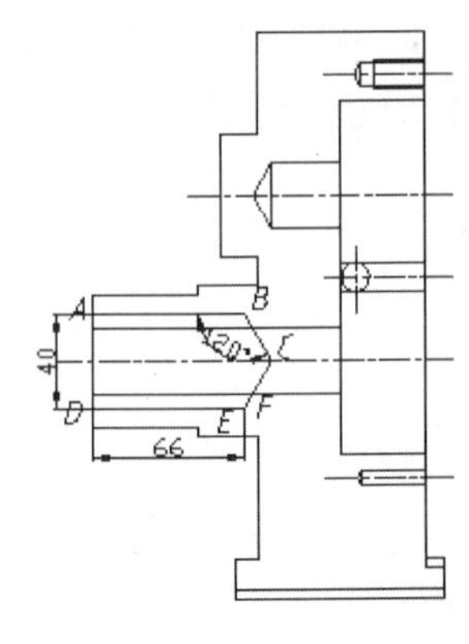

图162-26　绘制传动齿轮轴孔轮廓线

28 使用LINE命令，连接B、E和C、F。利用TRIM命令修剪多余线条。利用倒角（CHAMFER）命令，绘制倒角，如图162-27所示。

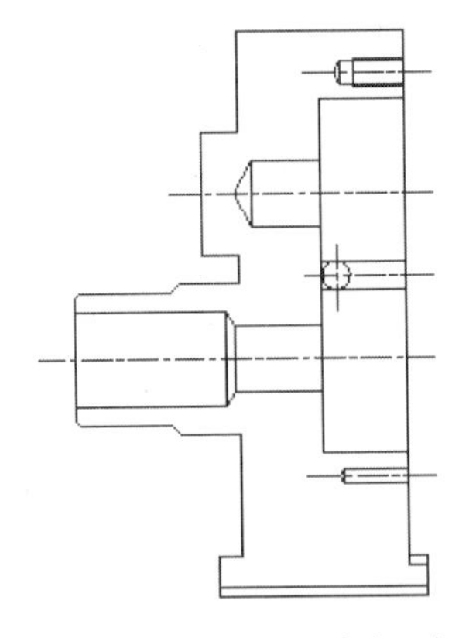

图162-27　绘制轴孔轮廓线倒角

29 将“细实线”层置为当前层。执行“绘图>直线”命令，绘制外螺纹牙底线，并在“粗实线”层绘制螺纹截止线，如图162-28所示。

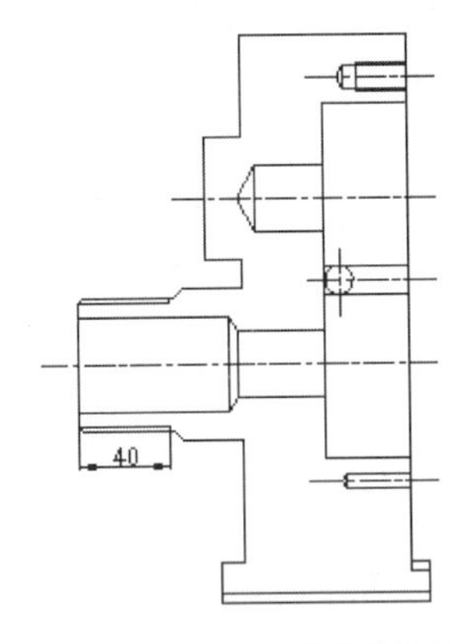

图162-28　绘制外螺纹

30 将“剖面线”层置为当前层。执行“绘图>图案填充”命令，对左视图和主视图进行图案填充，图案填充设置与绘制泵盖时相同。结果如图162-29所示。

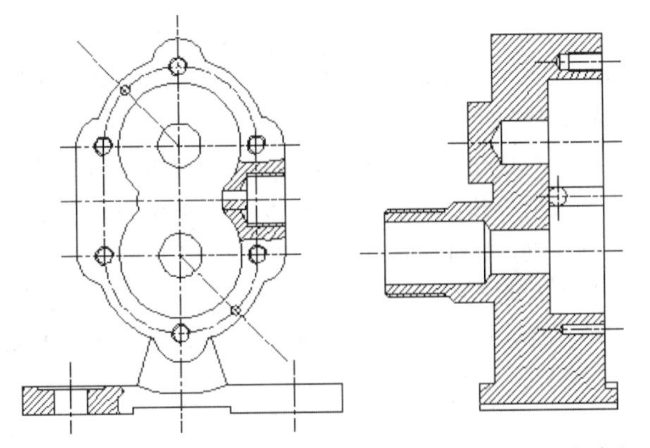

图162-29　图案填充

31 将“粗实线”层置为当前层。执行矩形（RECTANGLE）命令，利用延长捕捉指定第一角点位置，第二角点位置相对于第一角点坐标为（@210,-90）。效果如图162-30所示。

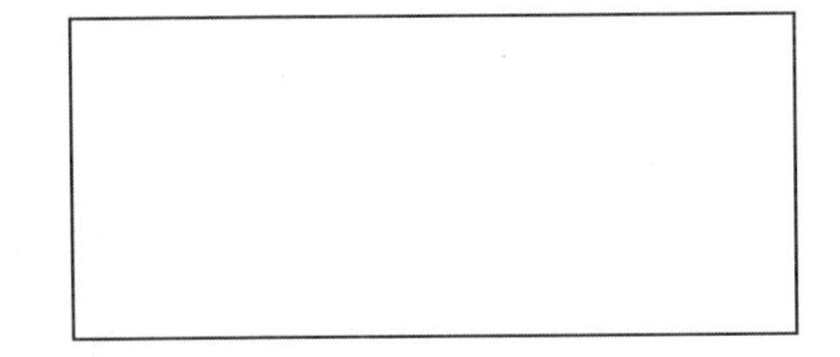

图162-30　绘制左视图轮廓

32 执行LINE命令，利用延长捕捉绘制底座槽的轮廓线。将“点画线”层置为当前层。执行LINE命令绘制水平和垂直点画线，如图162-31所示。

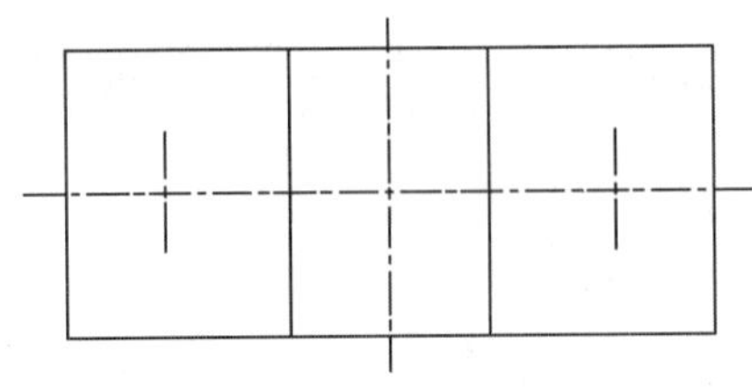

图162-31　绘制点画线

33 将“粗实线”层置为当前层。执行CIRCLE命令绘制两个直径为22的圆。完成局部仰视图的绘制，如图162-32所示。

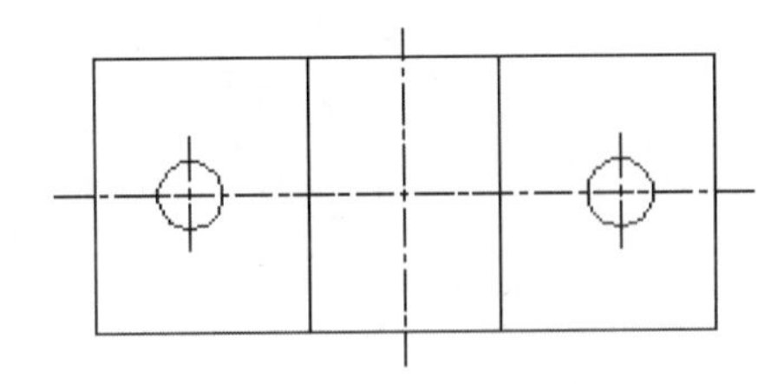

图162-32　完成局部仰视图的绘制

34 将“标注”层置为当前层。利用各种尺寸标注方法对图形进行尺寸标注，如图162-33所示。

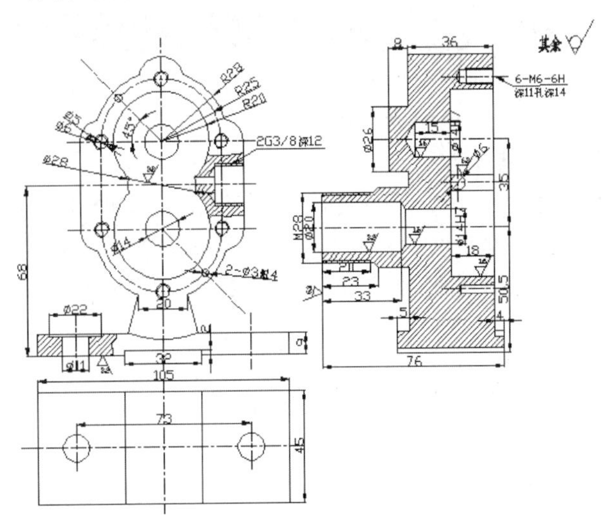

图162-33　标注泵体零件图

35 执行“文字>文字样式”命令，弹出“文字样式”对话框。在“文字样式”下拉列表中，选择“机械文字”文字样式，执行“绘图>多行文字”命令，编写技术要求文本。效果如图162-34所示。

技术要求
1. 铸造圆角R2。
2. 时效处理。
3. 为加工面涂漆。

图162-34 编写技术要求

36 执行“保存”命令，保存文件。

练习162 绘制泵体零件图

实战位置 DVD>练习文件>第6章>练习162.dwg
难易指数 ★★★☆☆
技术掌握 巩固绘制泵体零件图的方法

操作指南

参照“实战162”案例进行制作。

首先打开场景文件，然后进入操作环境，绘制如图162-35所示的图形。

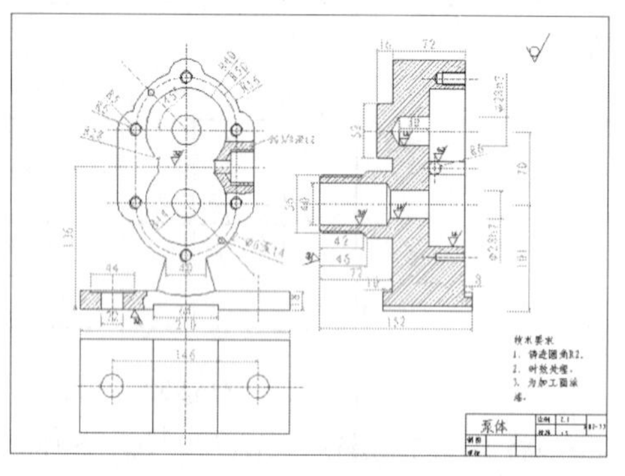

图162-35 绘制泵体零件图

实战163 绘制齿轮轴零件图

实战位置 DVD>实战文件>第6章>实战163.dwg
视频位置 DVD>多媒体教学>第6章>实战163.avi
难易指数 ★★★☆☆
技术掌握 掌握轴类零件图绘制方法

实战介绍

对于轴类零件，一般只需用一个轴向主视图和若干个剖视图，就可以完整地表达。本例以齿轮轴零件为例，讲解轴类零件图的绘制方法，工程最终效果如图163-1所示。

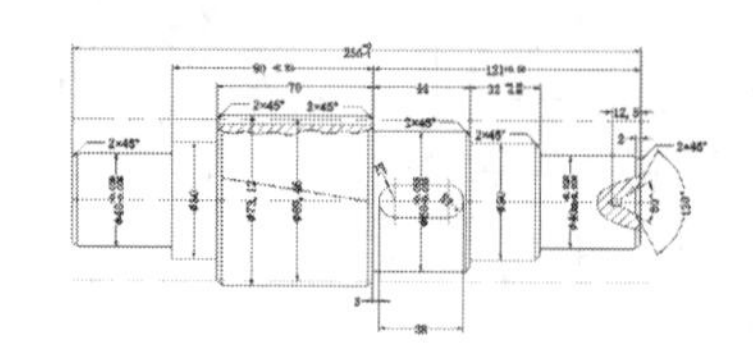

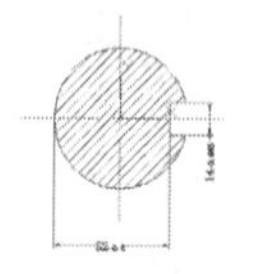

图163-1 最终效果

制作思路

• 首先打开AutoCAD 2013，然后进入操作环境，先绘制零件图，再完成其局部剖面图的绘制，最后进行尺寸标注，做出如图163-1所示的图形。

制作流程

01 选择“常用>图层>图层特性”命令，在如图163-2所示的“图层特性管理器”对话框中，完成图层设置。

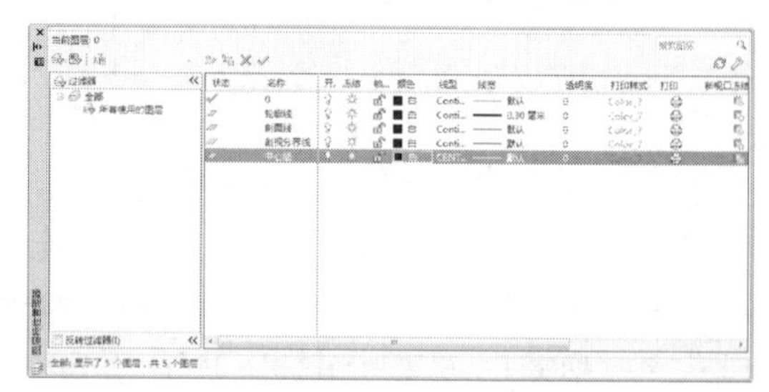

图163-2 设置图层

02 选择“格式>线型”命令，打开“线型管理器”对话框，再单击其中的“显示细节”按钮，对话框显示如图163-3所示。

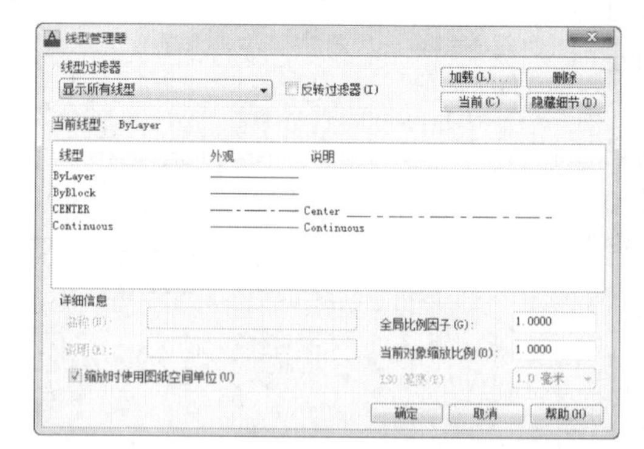

图163-3 “线性管理器”对话框

03 绘制中心线。单击“对象特性”工具条上的图层名称下拉列表框，将中心线图层设置为当前图层。执行“直线”命令，并在绘图区的合适位置单击确定中心线的第一点。按下状态栏的“正交”按钮，移动光标使直线呈水平状态，在命令行输入260，并单击鼠标右键完成第一条中心线的绘制。执行“偏移”命令，输入34.732，拾取刚才绘制的中心线，在中心线的上方单击鼠标左键完成中心线的偏移。再次拾取中心线，并在中心线下方单击鼠标左键，完成两条齿轮分度圆中心线的绘制。选择“工具”→“新建UCS”→“原点”命令，利用“对象捕捉”拾取中心的左端点，完成用户坐标系的创建，如图163-4所示。

图163-4 绘制中心线

04 主动轴上半部外轮廓绘制。将“轮廓线”图层置为当前。执行“直线”命令，命令窗口提示：“_LINE指定第一点：”输入0，0。按下状态栏上的“正交”按钮，向上移动光标，输入20；向右移动光标，输入45；向上移动光标，输入5；向右移动光标，输入20；向上移动光标，输入11.558；向右移动光标，输入70；向下移动光标，输入6.558；向右移动光标，输入44；向下移动光标，输入5；向右移动光标，输入32；向下移动光标，输入5；向右移动光标，输入45；向下移动光标，输入20，完成主动轴上半部外轮廓的绘制，如图163-5所示。

图163-5　主动轴上半部外轮廓绘制

05 倒角与圆角处理。执行“倒角”命令，命令窗口提示：“（“修剪”模式）当前倒角距离 1 = 0.0000，距离 2 = 0.0000 ；CHAMFER选择第一条直线或[放弃(U)多段线(P)距离(D)角度(A)修剪(T)方式(E)多个(M)] D 指定第一个倒角距离:<0.0000>:2 指定第二个倒角的距离<2.0000>:2 选择倒角对象结果如图163-6所示。

执行“圆角”命令，绘制矩形，第一个对角点坐标(138,7)，第二个对角点坐标(38，-14)。绘制完成后对该矩形进行圆角操作，圆角半径为7。结果如图163-7所示。

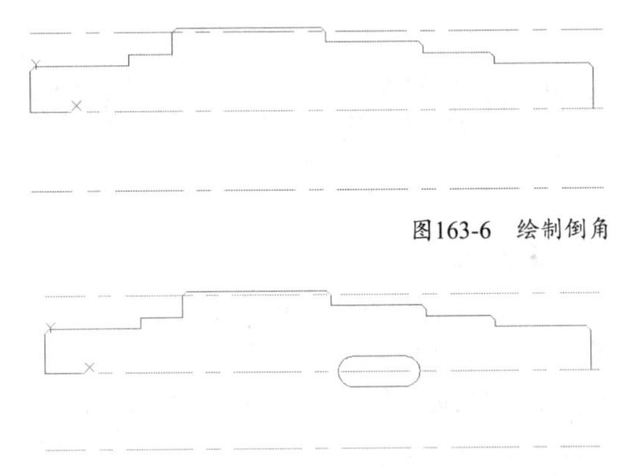

图163-6　绘制倒角

图163-7　绘制圆角矩形

06 完成主动轴绘制。执行“镜像”命令，拾取前面所绘制除圆角矩形以外的全部粗实线。提示指定镜像线时，拾取中心线的左右两端点。当命令行提示“是否删除源对象？[是(Y)/否(N)] <N>:”时，接受缺省选项“N”，完成线段的镜像拷贝，完成主动轴外轮廓，如图163-8所示。

07 图中还缺少许多线段，需用直线命令补齐。执行“直线”命令，按下状态栏中的“对象捕捉”按钮。拾取端点，完成主动轴中间缺少线段的绘制，补齐所有线段，如图163-9所示。

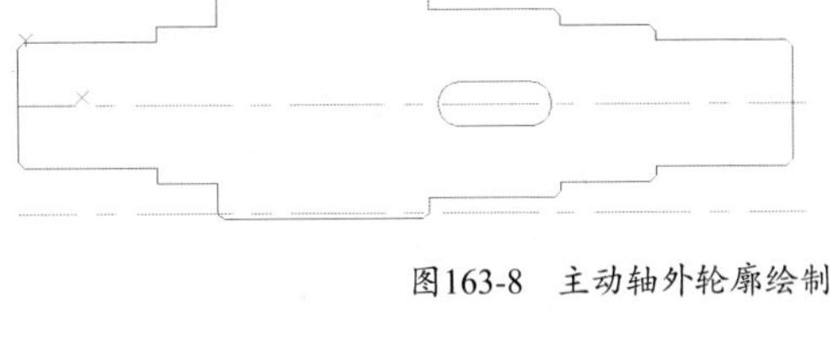

图163-8　主动轴外轮廓绘制

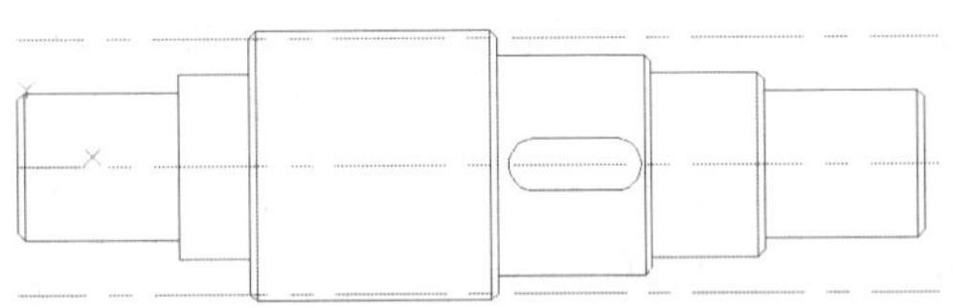

图163-9　主动轴轮廓及键槽绘制

08 中心孔绘制。将用户坐标原点移动到主动轴右端与轴线的交点处。执行“直线”命令，输入-12.5，0。向上移动光标，输入1.5；向右移动光标，输入4，再输入10<30，完成中心线小圆锥轮廓线的绘制，结果如图163-10所示。

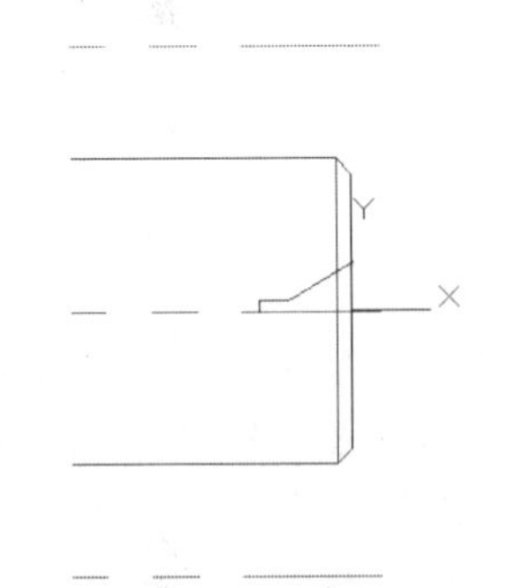

图163-10　中心空的草绘

执行“直线”命令，拾取斜线与倒角投影线的交点，输入10＜60，完成中心线大圆锥轮廓线的绘制。重复执行“直线”命令，拾取绘制的第二点，输入5＜-120，完成钻孔轮廓线的绘制。利用镜像、直线和修剪命令，完成中心孔的绘制。因为中心孔必须经剖视才可见，所以需绘制分界线。将分界线图层置为当前，执行“样条曲线”命令，通过拾取几个控制点完成样条曲线绘制。再用修剪命令删除多余线段，如图163-11所示。

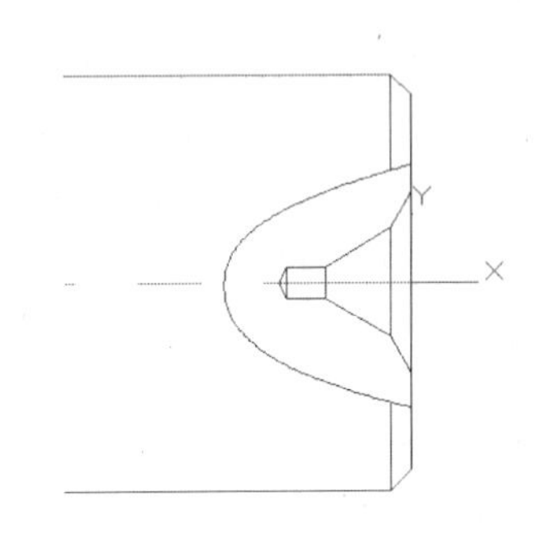

图163-11　中心孔及分界线

09 绘制斜齿示意线。执行“直线”命令，AutoCAD提示“指定第一点”，拾取图163-12中的A点，再输入50<171.9，单击结束斜线绘制。执行“延伸”命令，拾取刚绘制的斜线以及左侧的倒角投影线，单击结束拾取。当命令窗口提示“选择要延伸的对象”时，拾取斜线，将斜线延伸到位，如图163-12所示。

10 绘制齿根轮廓线及局部剖视分界线。齿轮模数为1.75，则齿顶圆与齿根圆的尺寸差为3.9375。执行“偏移 ”命令，输入距离3.9375，拾取齿顶圆投影轮廓线，再向下移动光标并单击鼠标左键，结束线段绘制。利用延伸功能，将该线段延伸到齿轮端面。

将分界线图层置为当前，执行“样条曲线”命令，拾取若干个控制点完成样条曲线绘制。执行“修剪”命令，拾取分界线、两齿轮倒角投影线和两端面投影线。单击结束拾取，再执行“多段线”命令，完成齿轮局部剖视图绘制，如图163-12所示。

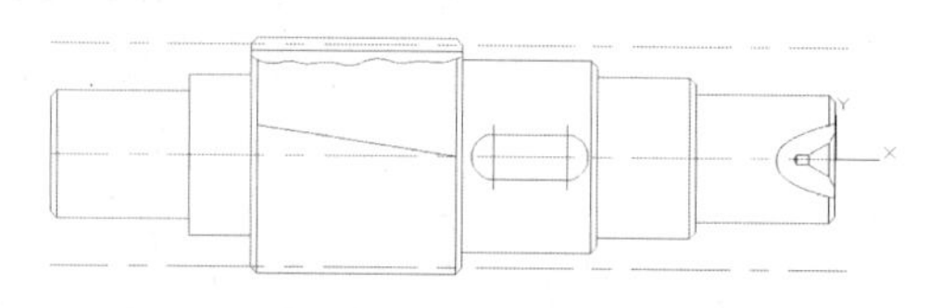

图163-12 齿根投影线及局部剖视分界线

11 键槽剖面图。键槽剖面图是相对分离的一个视图，重新将中心线图层置为当前，使用直线命令完成中心线的绘制。该中心线水平方向应保证与轴线水平对齐。将轮廓线图层置为当前。执行“圆”命令，按下“对象捕捉”按钮拾取中心线交点为圆点，输入直径60，单击完成圆的绘制。执行“直线”命令，按下“对象追踪”按钮。提示指定第一点时，将光标移向键槽圆弧与直线相交处，再向右移动，直到出现交点时单击鼠标左键，如图163-13所示。将用户坐标系的原点移动到两中心线的交点。单击“直线”按钮，输入22，7。向下移动光标，输入14，再向右移动光标直到超出圆轮廓线。

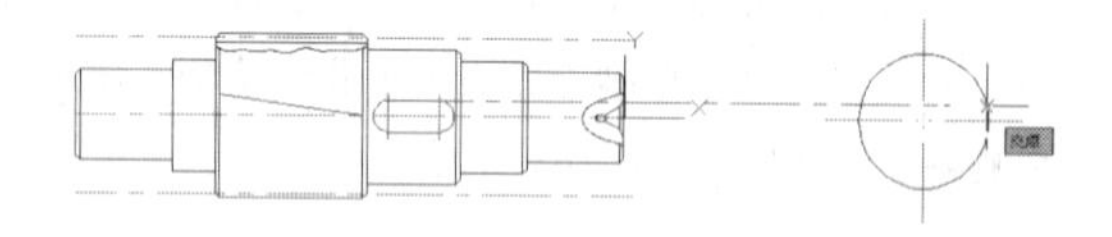

图163-13 对象追踪

12 执行“修剪”命令，拾取刚才绘制的几条线和圆，单击结束拾取。删除多余的线段，完成键槽剖面图的绘制，如图163-14所示。

13 调整中心线长度。执行“延伸”命令进行调整。启动命令后，当命令窗口出现“选择对象或 [增量(DE)/百分数(P)/全部(T)/动态(DY)]: ”时，输入关键字母DY。提示“选择要修改的对象或 [放弃(U)]:”时，依次拾取各中心线端点，移动光标直到长度合适。

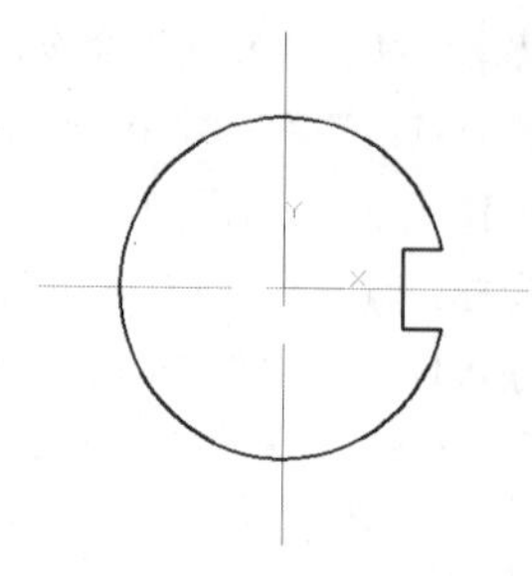

图163-14 剖面图

技巧与提示

此时应保证“正交”和“对象捕捉”按钮为弹起状态。

经过调整后，就完成了齿轮轴视图的绘制，如图163-1所示。

练习163 绘制轴承零件图

实战位置 DVD>练习文件>第6章>练习163.dwg
难易指数 ★★★☆☆
技术掌握 巩固轴类零件图的绘制

操作指南

参照“实战163”案例进行制作。

首先打开场景文件，然后进入操作环境，做出如图163-15所示图形。

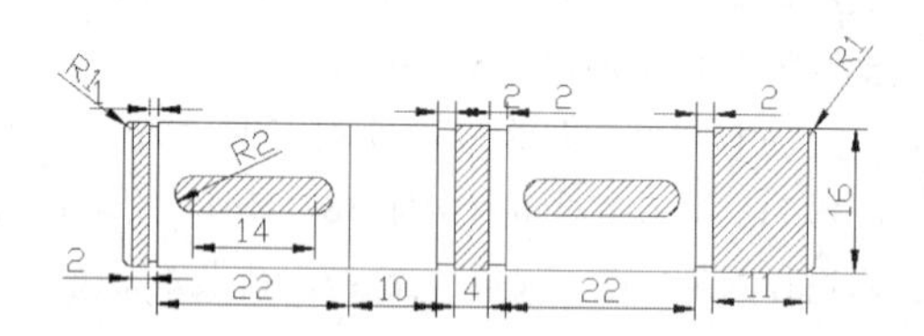

图163-15 绘制轴承零件图

实战164 绘制深沟球轴承零件图

实战位置 DVD>实战文件>第6章>实战164.dwg
视频位置 DVD>多媒体教学>第6章>实战164.avi
难易指数 ★★★☆☆
技术掌握 掌握绘制深沟球轴承零件图的方法

实战介绍

本例中将利用各种绘图命令绘制深沟球轴承。根据图形的特点，通过各种绘图辅助命令进行绘图，采用阵列命令绘制滚珠，利用镜像命令绘制主视图，利用图案填充命令填充主视图剖面，完成该零件图，本例最终效果如图164-1所示。

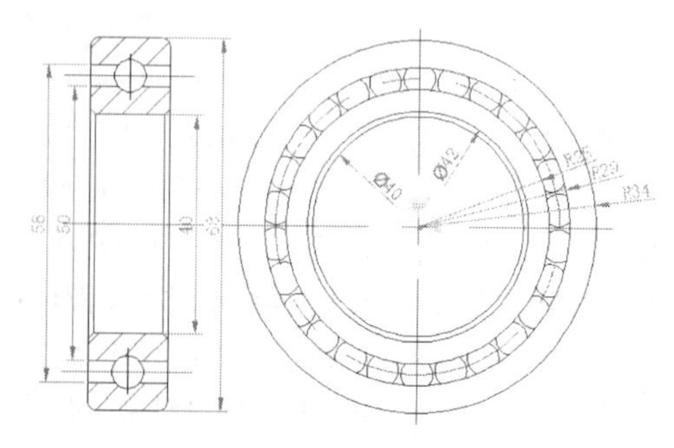

图164-1 最终效果

制作思路

• 首先打开AutoCAD 2013，然后进入操作环境，先绘制零件主视图和侧视图，最后进行尺寸标注，做出如图164-1所示的图形。

制作流程

01 新建文件，在图层面板中单击“图层特性”，在弹出的“图层特性管理器”中新建3个图层。第一个图层命名为“粗实线”，线宽属性为0.7mm，其余属性默认；第二个图层命名为“中心线”颜色设为洋红，线型加载为CENTER，其余属性为默认；第三个图层命名为“细实线”，线宽设置为0.3mm，其余属性为默认。

02 绘制中心线和粗实线，如图164 -2所示。

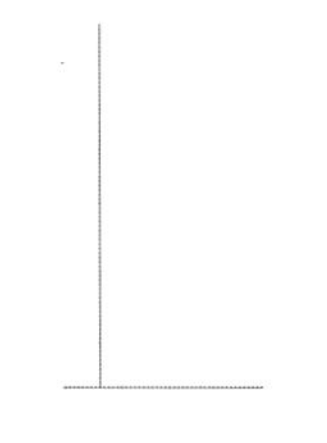

图164-2　绘制直线

03 偏移处理，命令如下：

```
命令：offset　//或单击“修改”面板中的“偏移”按钮
指定偏移距离或[通过（T）] <通过>：20
选择要偏移的对象或<退出>：　//选择水平直线
指定点以确定偏移所在一侧：　//选择水平直线的上侧
选择要偏移的对象或<退出>：
```

重复上述命令将水平直线分别向上偏移25、27、29、34，将竖直线分别向右偏移7.5和15。选取偏移后的直线，将其所在的层修改为“粗实线”层（偏移距离为27的水平点画线除外），如图164-3所示。

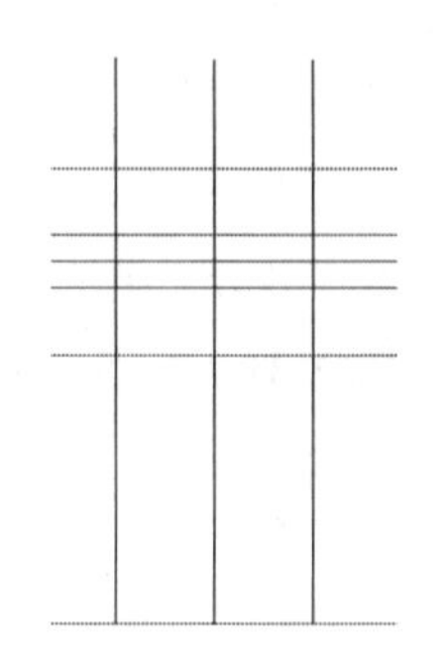

图164-3　绘制直线

04 在绘图面板中执行“圆”命令，指定圆的直径为3，如图164-4所示。

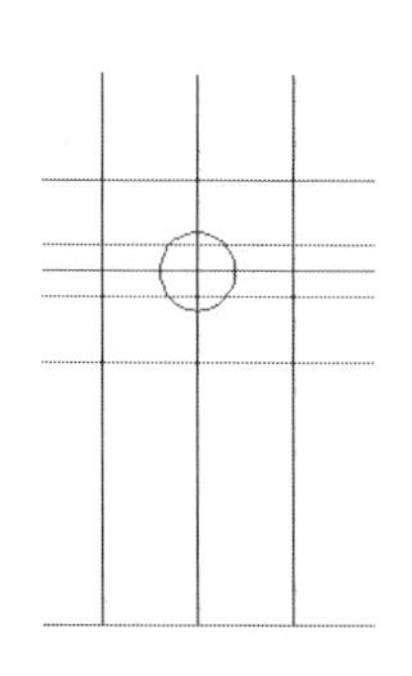

图164-4　绘制圆

05 在修改面板中执行“圆角”命令，进行倒圆角处理，如图164-5所示。命令如下：

```
命令：fillet
当前设置：模式=不修剪，半径=0.0000
选择第一个对象或[多线段(P)/半径(R)/修剪(T)/多个(U)]:R↙
指定圆角半径<0.0000>:1.5↙
选择第一个对象或[多线段(P)/半径(R)/修剪(T)/多个(U)]:t
输入修剪模式选项[修剪(T)/不修剪(N)]<不修剪>：t
选择第一个对象或[多线段(P)/半径(R)/修剪(T)/多个(U)]　//选择线段
选择第二个对象：　//选择线段
```

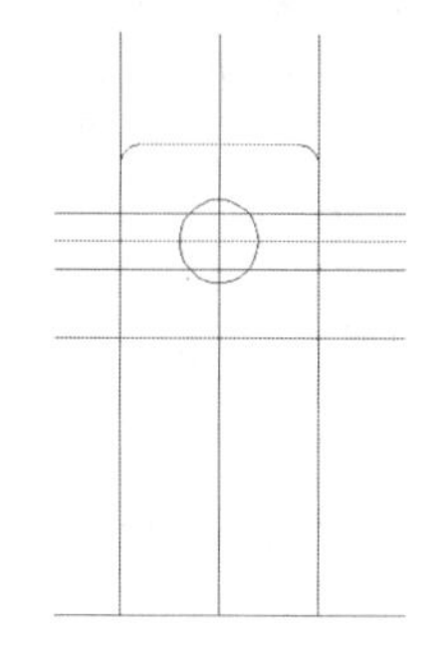

图164-5　倒圆角

06 执行“修改>倒角”命令，进行倒角处理，执行“修改>修剪”命令，如图164-6所示。

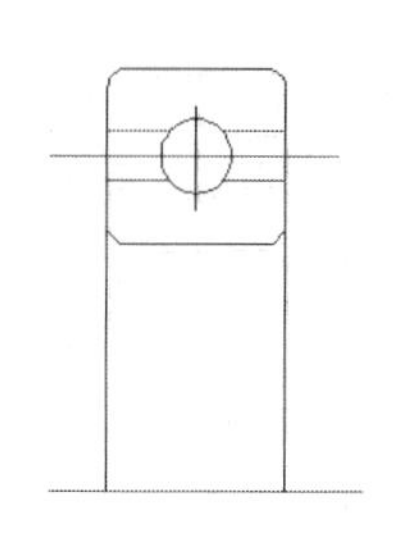

图164-6　倒角

07 绘制倒角线，如图164-7所示。

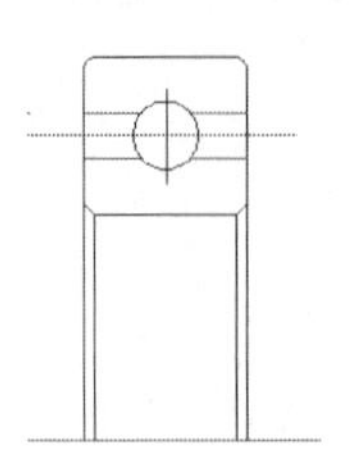

图164-7 绘制圆角

08 执行“修改>镜像”命令，如图164-8所示。

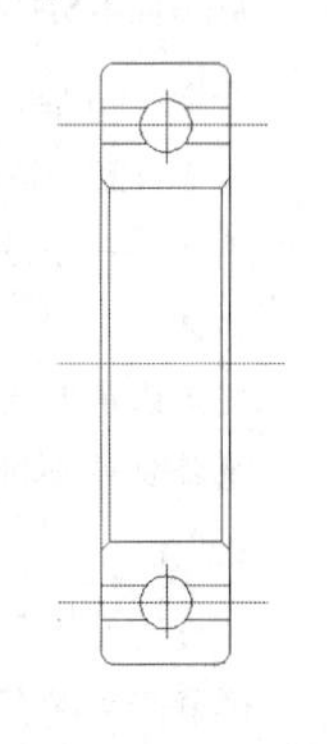

图164-8 镜像

09 绘制中心线，将“中心线”层设置为当前层，如图164-9所示。

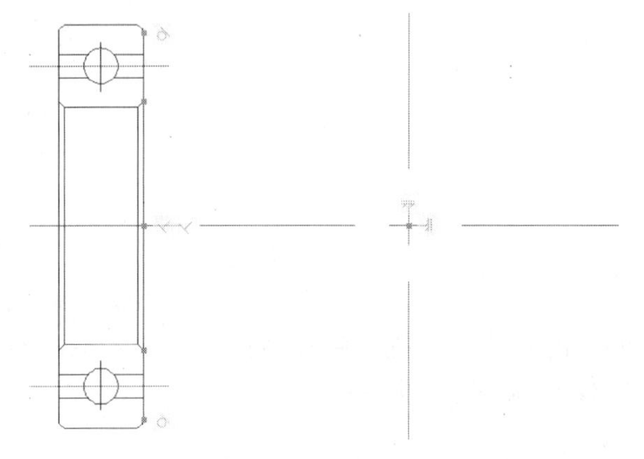

图164-9 绘制中心线

10 绘制圆，转换图层，执行“圆”命令，以中心线的交点为圆心，分别绘制半径为34、29、27、25、21和20的圆，再以半径为27的圆和竖直中心线的交点为圆心，绘制半径为3的圆，并用修剪命令进行修剪。其中半径为27的圆为点画线，其他为粗实线，如图164-10所示。

11 阵列处理，执行“修改>阵列>环形阵列”命令，项目数为26，如图164-11所示。

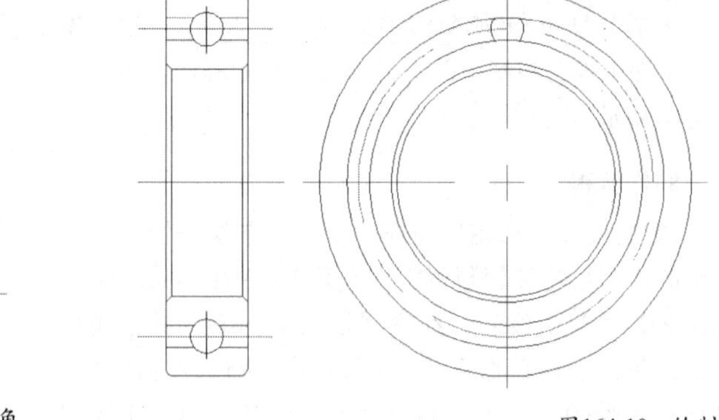

图164-10 绘制圆

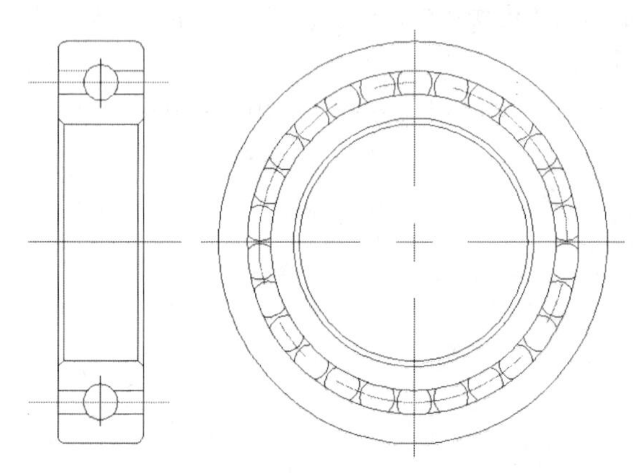

图164-11 阵列处理

12 图案填充和标注。将“细实线”层设置为当前层，执行“绘图>图案填充”命令，进行填充，如图164-12所示。

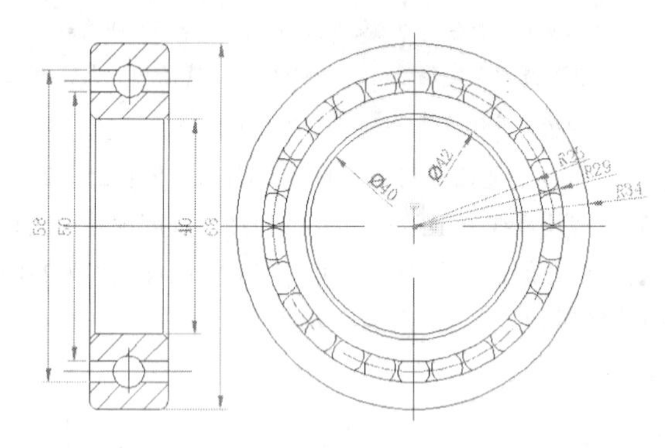

图164-12 图案填充和标注

13 执行“保存”命令，保存文件。

练习164 绘制零件图

实战位置	DVD>练习文件>第6章>练习164.dwg
难易指数	★★★☆☆
技术掌握	巩固深沟球轴承零件图所用命令工具

操作指南

参照“实战164”案例进行制作。

首先打开场景文件，然后进入操作环境，做出如图164-13所示图形。

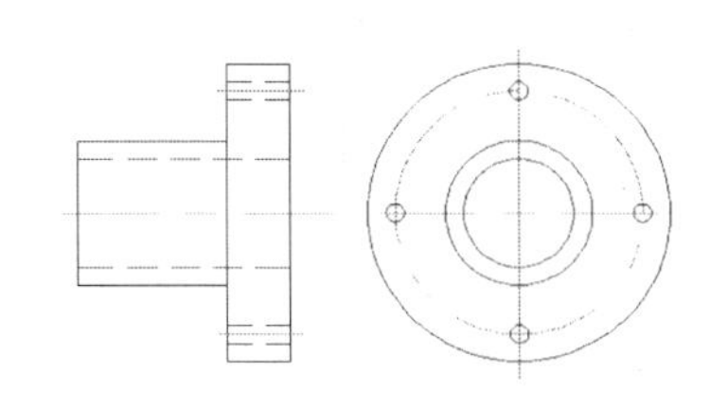

图164-13　绘制零件图

实战165　绘制圆柱齿轮

实战位置	DVD>实战文件>第6章>实战165.dwg
视频位置	DVD>多媒体教学>第6章>实战165.avi
难易指数	★★☆☆☆
技术掌握	掌握绘制圆柱齿轮的方法

实战介绍

齿轮是一种常用的传动件，广泛应用于机械传动中。齿轮用于传递动力，转换转速和改变旋转方向。齿轮的种类很多，有圆柱齿轮、圆锥齿轮、蜗轮蜗杆等。齿形有直齿、斜齿、人字齿和螺旋齿等。本例中将介绍绘制圆柱齿轮零件图的方法，该零件主要用于两平行轴间的传动，本例最终效果如图165-1所示。

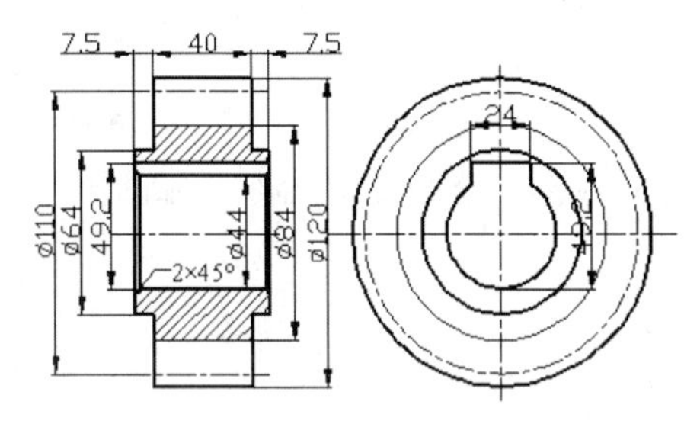

图165-1　最终效果

制作思路

• 首先打开AutoCAD 2013，然后进入操作环境，先绘制零件主视图和侧视图，最后进行尺寸标注，做出如图165-1所示的图形。

制作流程

01 在菜单中执行“文件>新建”命令，并执行“另存为”命令，将文件另存为“实战165.dwg”

02 将“点画线”层置为当前层。执行“绘图>直线”命令，绘制直线作为辅助线，如图165-2所示。

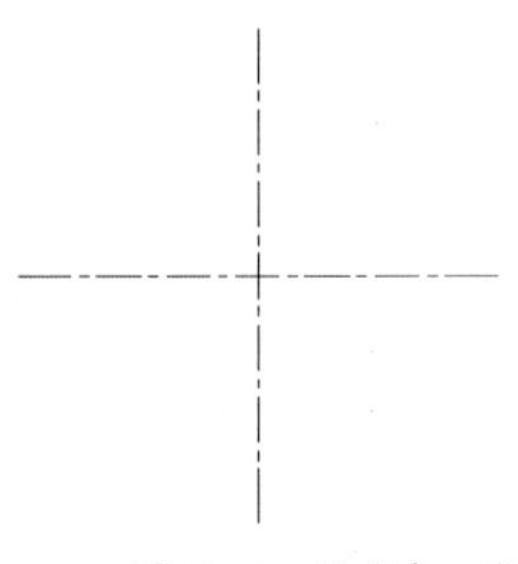

图165-2　绘制中心线

03 将“粗实线”层置为当前层。执行“绘图>圆”命令，依次绘制半径为60、55、42、32、22的同心圆，如图165-3所示。

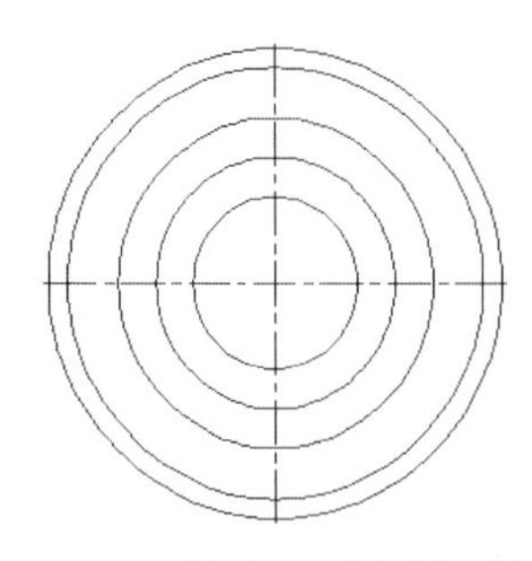

图165-3　绘制同心圆

04 修改半径为55的圆的图层为“点画线”层；修改半径为42的圆的图层为“细实线”层，结果如图165-4所示。

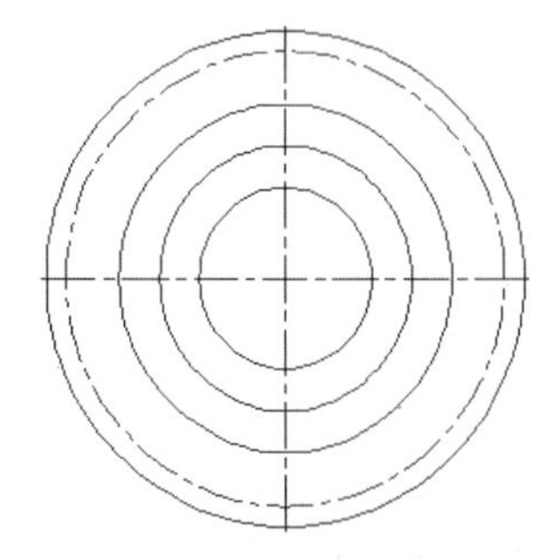

图165-4　修改图层

05 执行“绘图>直线”命令，绘制直线如图165-5所示。

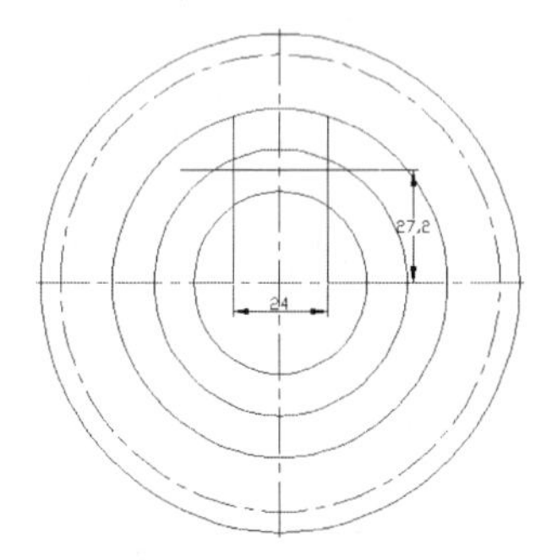

图165-5　绘制直线

06 执行“修改>修剪”命令，修剪掉多余线段，效果如图165-6所示。

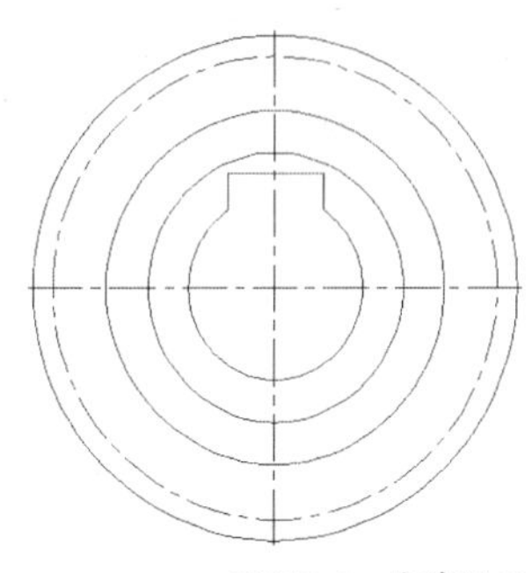

图165-6　修剪图形

07 将“点画线”层置为当前层。执行“绘图>直线”命令，绘制直线作为主视图的中心线，如图165-7所示。

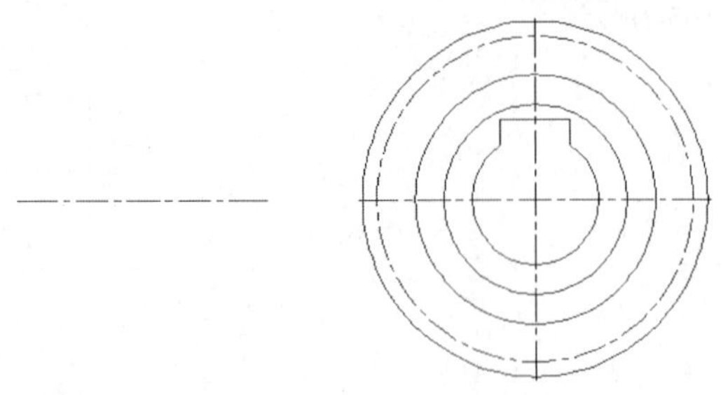

图165-7 绘制主视图中心线

08 将“粗实线”层置为当前层。执行“绘图>构造线”命令，绘制水平构造线，并注意修改个别构造线的图层。结果如图165-8所示。

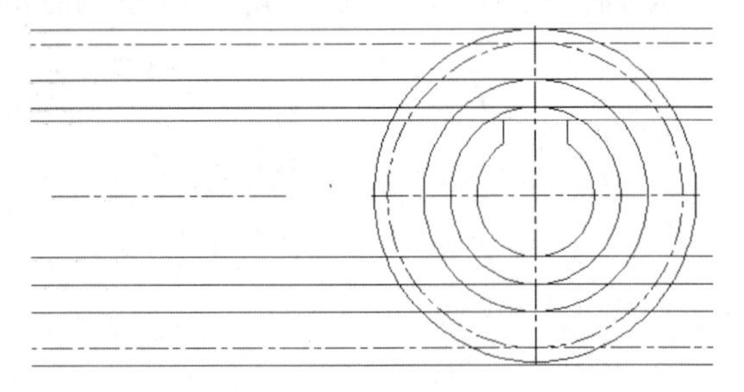

图165-8 绘制水平构造线

09 依类似方法绘制竖直构造线，结果如图165-9所示。

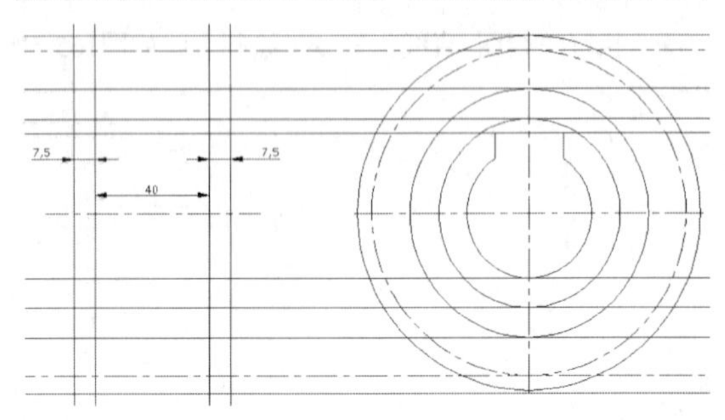

图165-9 绘制竖直构造线

10 执行“修改>修剪”命令，修剪掉多余线段，效果如图165-10所示。

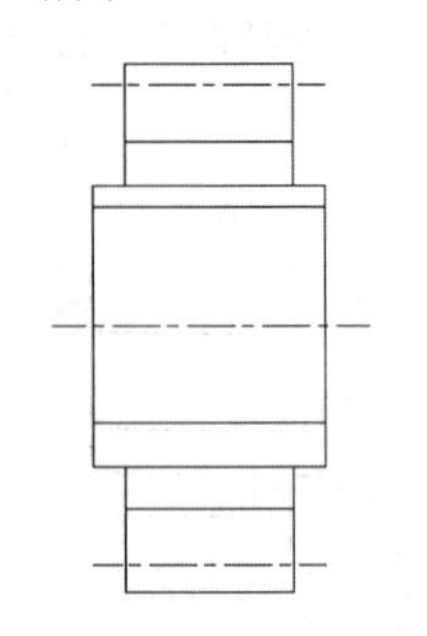

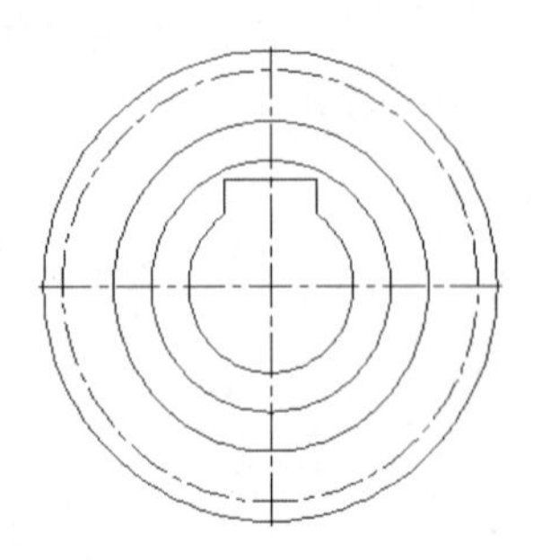

图165-10 修剪多余线条

11 执行“修改>偏移”命令，绘制直线如图165-11所示。

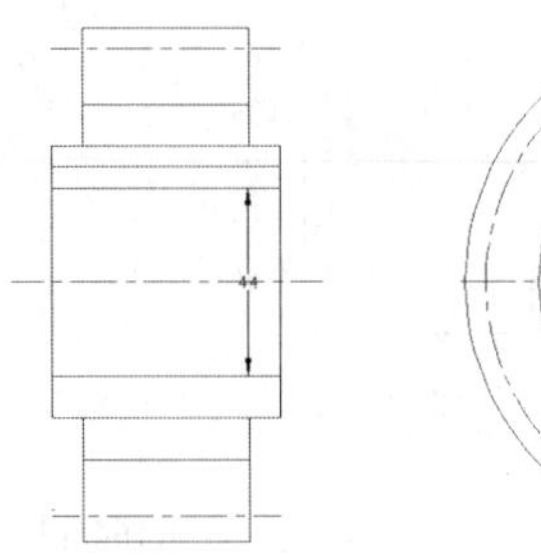

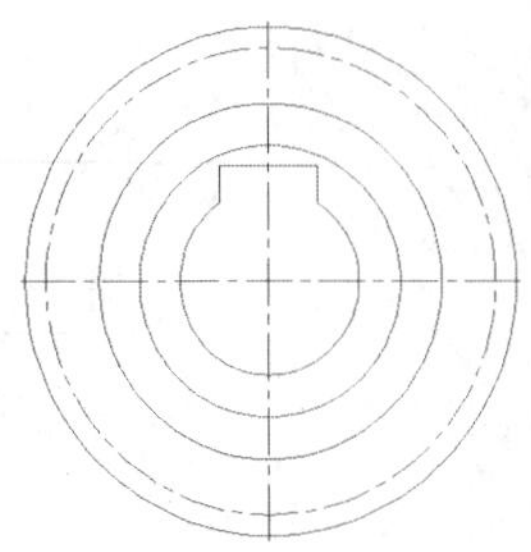

图165-11 绘制直线

12 执行“修改>倒角”命令，对主视图进行“2×45°”倒角，如图165-12所示。

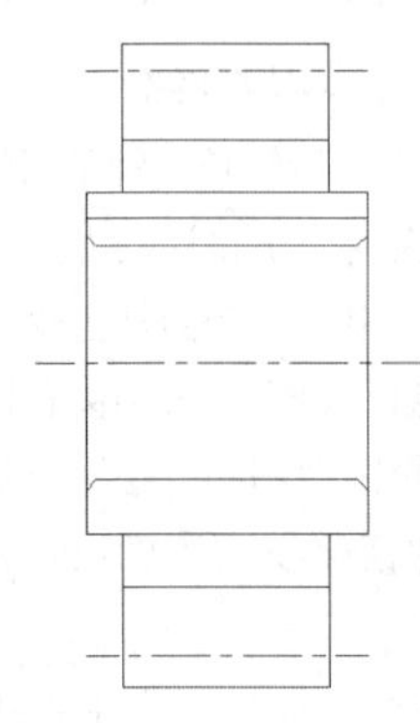

图165-12 对主视图倒角

13 执行“绘图>直线”命令，补画直线，如图165-13所示。

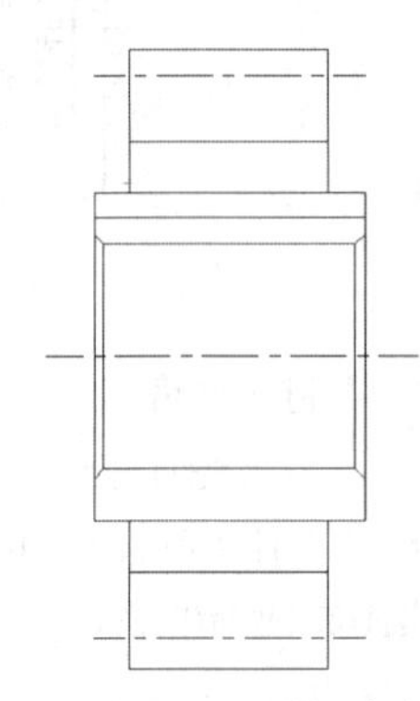

图165-13 补画直线

14 执行“修改>修剪”命令，修剪掉多余线条，效果如图165-14所示。

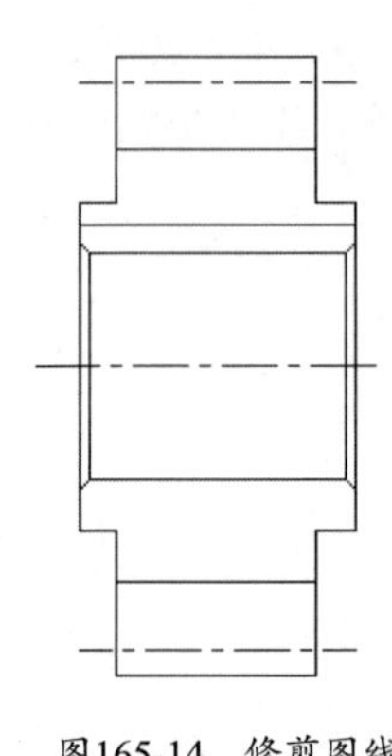

图165-14 修剪图线

15 将“剖面线”层置为当前层。执行“绘图>图案填充”命令，弹出“图案填充和渐变色”对话框。在该对话框中设置填充图案名为ANSI31，设置比例为1。对图形进行图案填充，效果如图165-15所示。

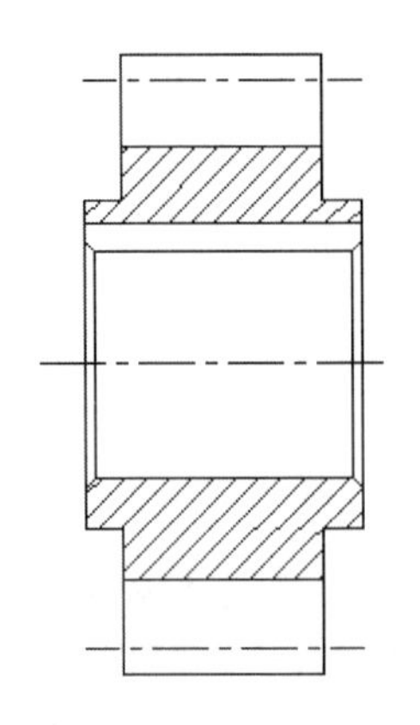

图165-15　图案填充效果

16 将“标注”层置为当前层。利用尺寸标注方法对圆柱齿轮的零件图进行尺寸标注，如图165-16所示。

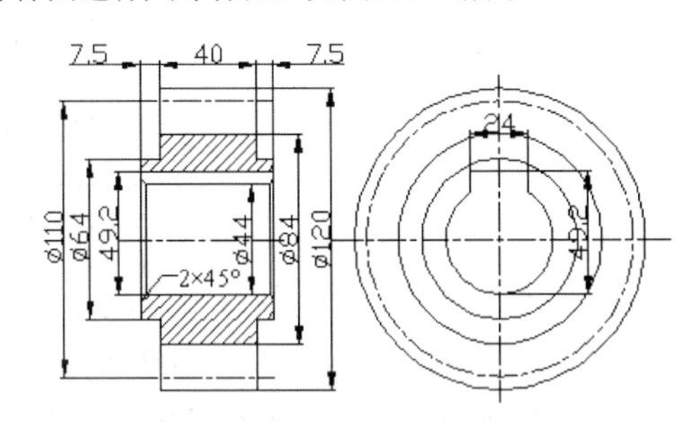

图165-16　标注圆柱齿轮尺寸

17 执行“格式>线宽”命令，进行线宽设置，效果如图165-1所示。至此，圆柱齿轮绘制完成。

18 执行“保存”命令，保存文件。

练习165　绘制圆柱齿轮

实战位置　DVD>练习文件>第6章>练习165.dwg
难易指数　★★★☆☆
技术掌握　巩固绘制圆柱齿轮的方法

操作指南

参照“实战165”案例进行制作。

首先打开场景文件，然后进入操作环境，绘制如图165-17所示的图形。

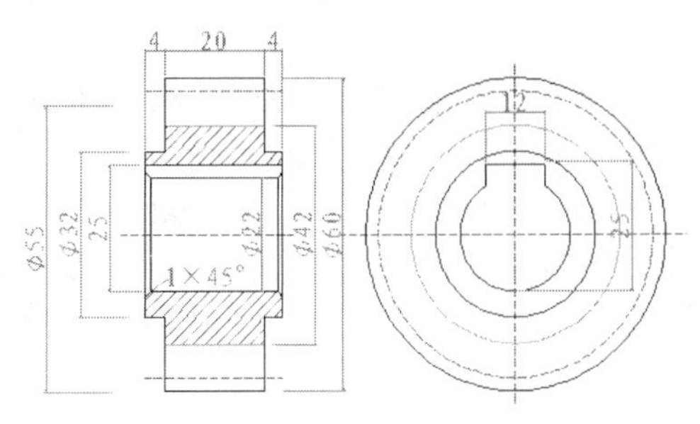

图165-17　绘制圆柱齿轮

实战166　绘制圆锥齿轮

实战位置　DVD>实战文件>第6章>实战166.dwg
视频位置　DVD>多媒体教学>第6章>实战166.avi
难易指数　★★★☆☆
技术掌握　掌握绘制圆锥齿轮的方法

实战介绍

本例绘制圆锥齿轮为剖视图，本例还介绍形位公差的标注及粗糙度符号的标注。本例最终效果如图166-1所示。

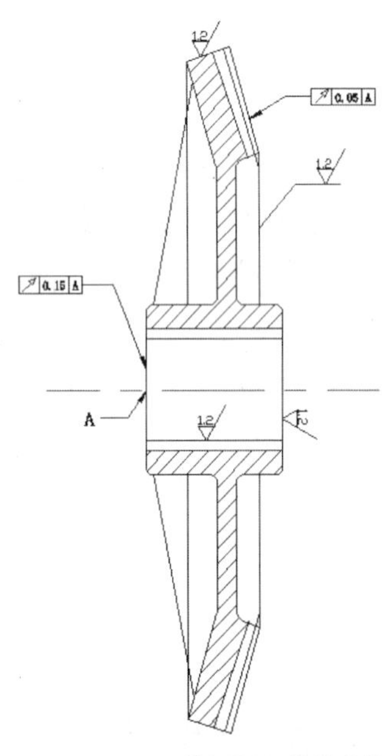

图166-1　最终效果

制作思路

- 首先打开AutoCAD 2013，然后进入操作环境，先绘制零件图，再进行尺寸标注，做出如图166-1所示的图形。

制作流程

01 双击AutoCAD 2013的桌面快捷方式图标，打开一个新的AutoCAD文件，文件名默认为“Drawing1.dwg”。

02 执行“新建图层”命令，新建一个“中心线”图层，设置其“线型”为CENTER，颜色为红色；新建一个“粗实线”图层，设置其“线宽”为0.3mm，效果如图166-2所示。

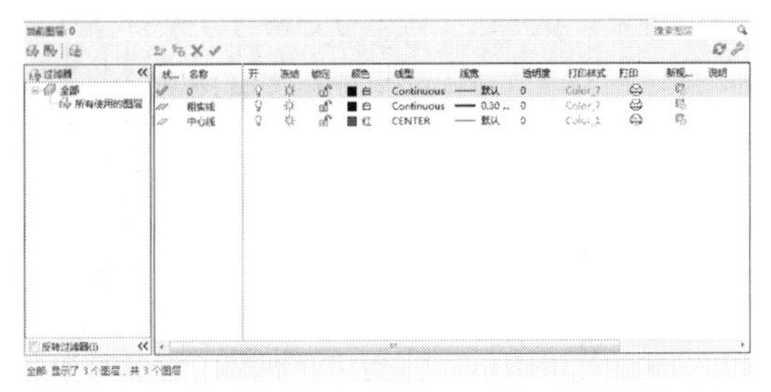

图166-2　新建图层

03 将“中心线”层置为当前层，执行“直线”命令，绘制两条相互垂直的中心线，效果如图166-3所示。

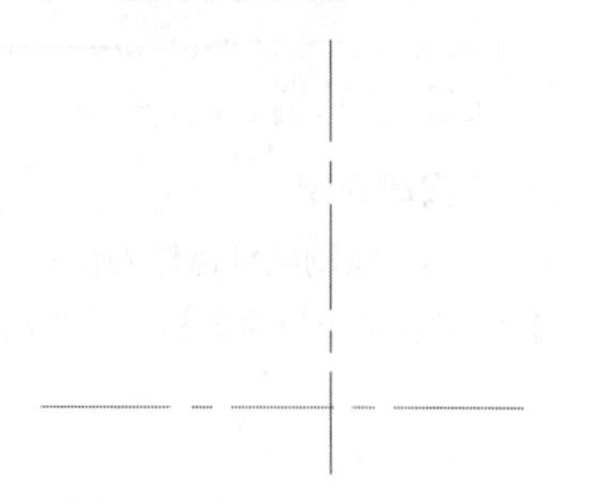

图166-3 绘制中心线

04 执行“偏移”命令，将竖直中心线向右偏移13，再向左分别偏移7、29、42。将“粗实线”层置为当前层，执行“直线”命令，绘制三条直线，效果如图166-4所示。

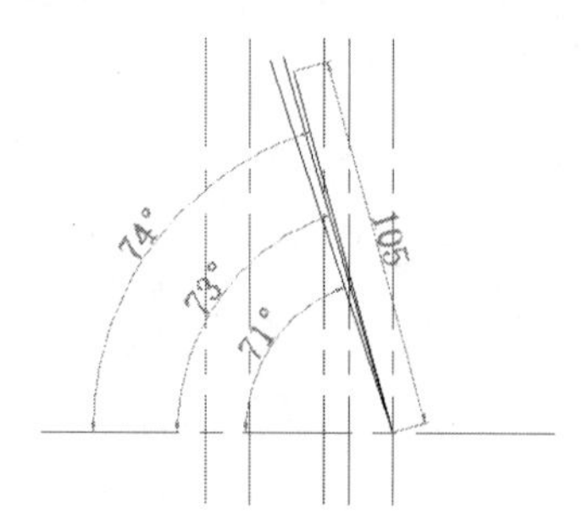

图166-4 偏移处理与绘制直线

05 执行“直线”命令，以长度105直线上端点为起点绘制一条直线。执行“参数>标注约束>角度”命令，进行角度约束，效果如图166-5所示。

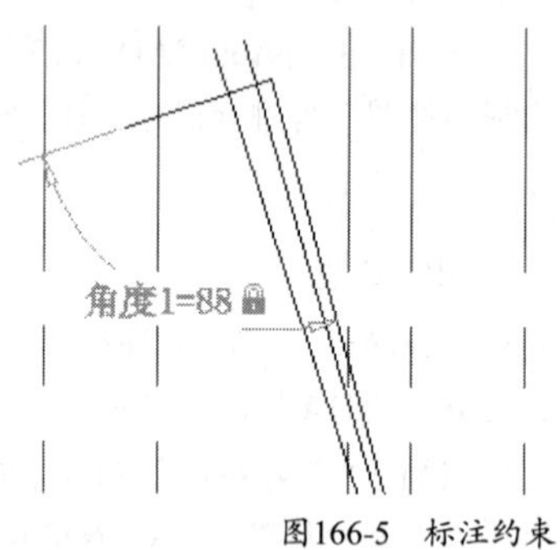

图166-5 标注约束

06 执行“偏移”命令，将水平中心线向上偏移25，效果如图166-6所示。

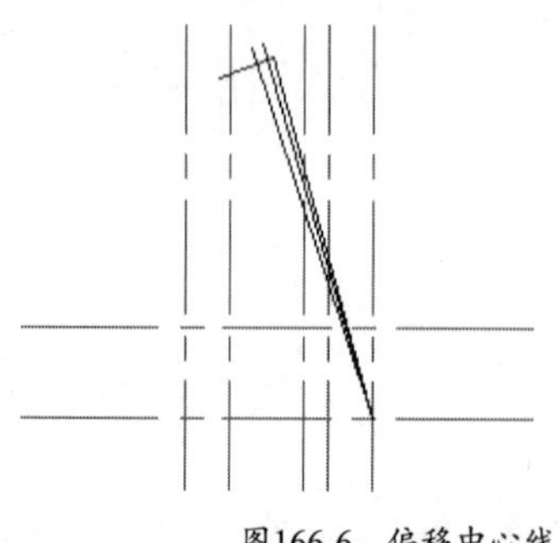

图166-6 偏移中心线

07 执行“修剪”命令，对图形进行修剪，并将修剪后的图形移至“粗实线”层，效果如图166-7所示。

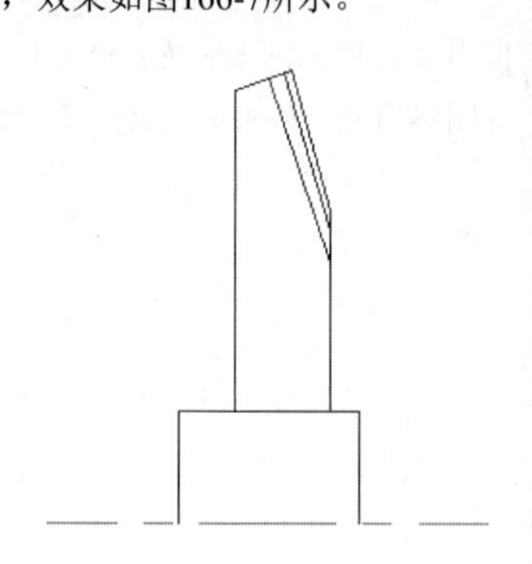

图166-7 修剪处理

08 执行“偏移”命令，将水平中心线向上偏移15和18，并移至“粗实线”层，修剪后效果如图166-8所示。

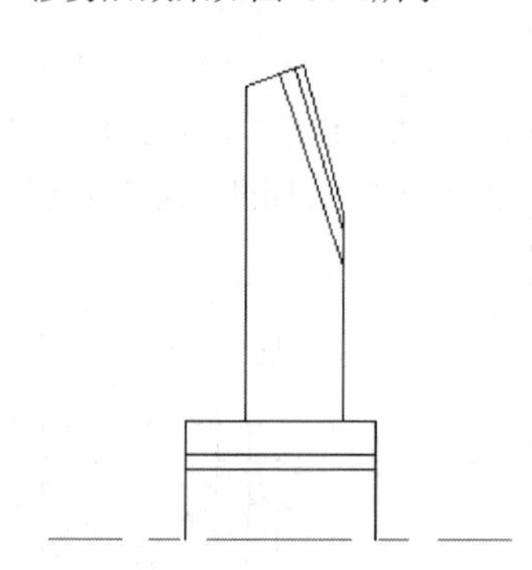

图166-8 偏移与修剪处理

09 执行“圆角”命令，设置圆角半径为2，对图形进行操作，效果如图166-9所示。

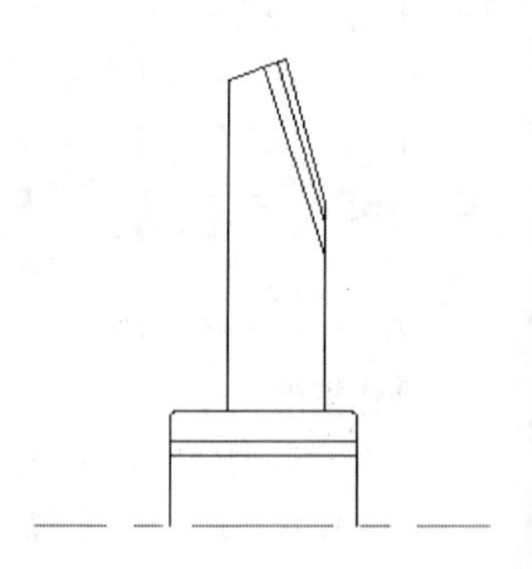

图166-9 圆角处理

10 执行“直线”命令，在绘图区指定位置绘制一条角度为79°的直线，效果如图166-10所示。

11 执行“偏移”命令，将最上端的直线向下偏移30；将右端的线段向左偏移7、13，执行“直线”命令，以左上角顶点为起点，绘制一条角度为74°的直线，效果如图166-11所示。

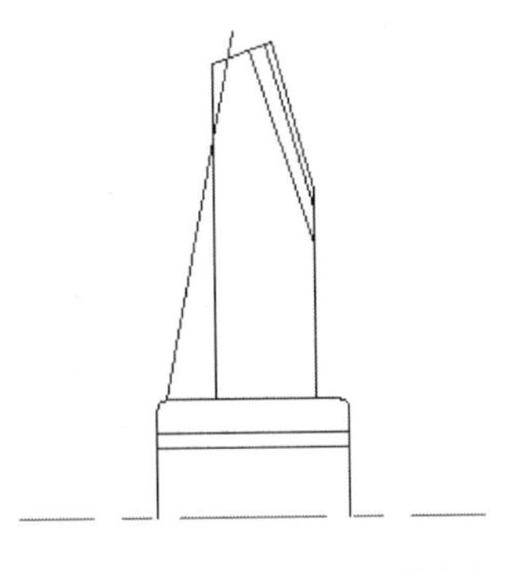
图166-10　绘制直线

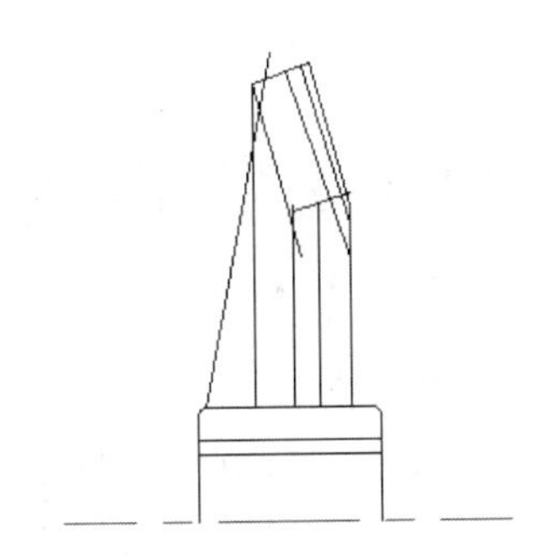
图166-11　偏移处理

12 执行“修剪”命令，对图形进行修剪；执行“圆角”命令，设置圆角半径为3，对图形进行操作，效果如图166-12所示。

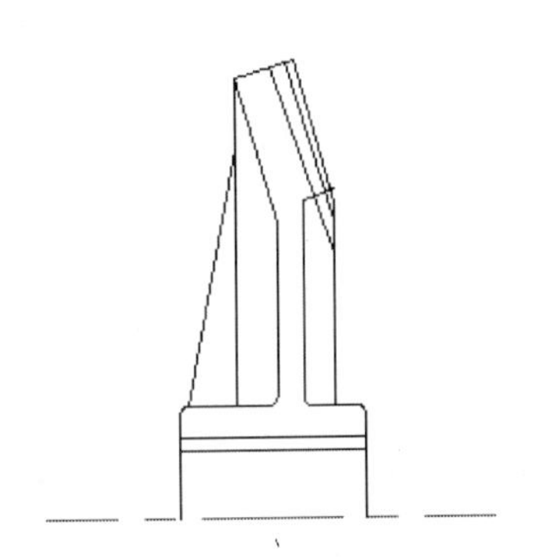
图166-12　修剪与倒圆角处理

13 执行“直线”命令，以右侧指定点为起点，绘制一条角度为-110°的直线，效果如图166-13所示。

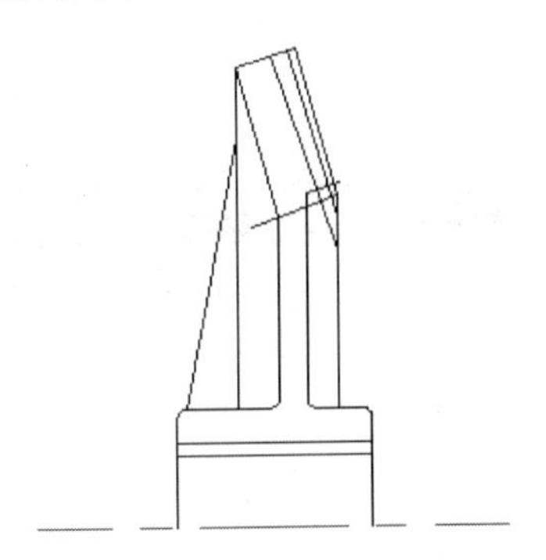
图166-13　绘制直线

14 执行“修剪”命令，修剪图形并进行“圆角”操作，圆角半径为3、5，效果如图166-14所示。

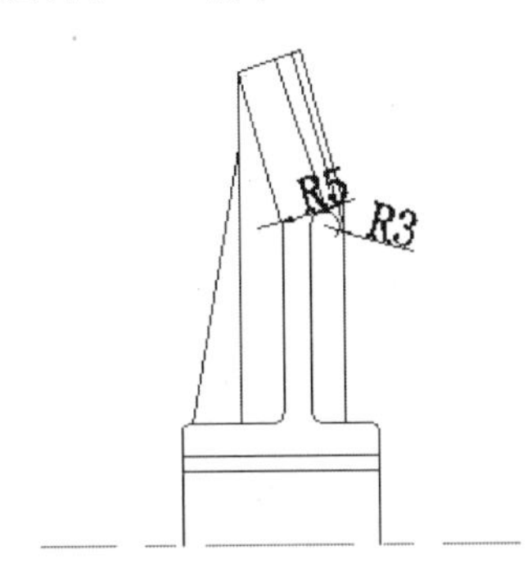

图166-14　修剪与倒圆角处理

15 执行“延伸”命令，将指定直线延伸；执行“图案填充”命令，对指定区域进行填充，设置填充图案为ANSI1，效果如图166-15所示。

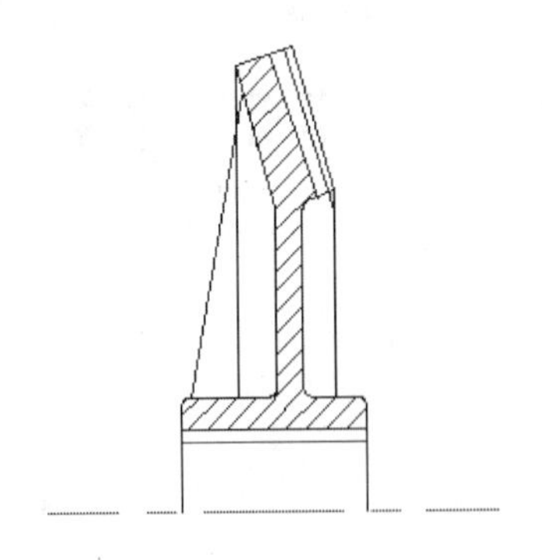
图166-15　图案填充

16 执行“镜像”命令，将中心线以上对象进行操作，效果如图166-16所示。

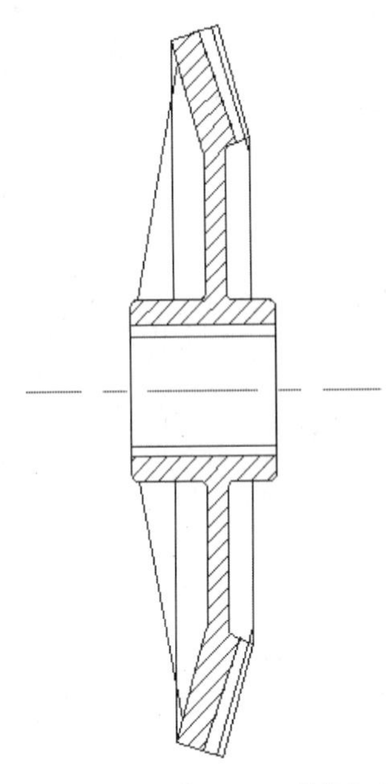
图166-16　镜像处理

17 执行“引线”命令，在指定位置添加引线标注，效果如图166-17所示。

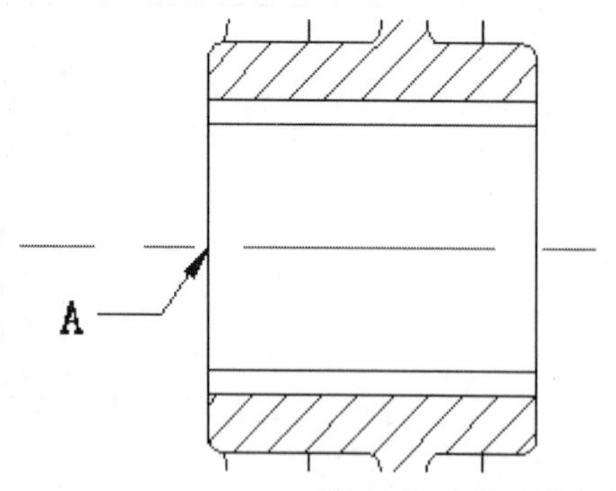

图166-17 添加引线标注

18 执行“标注>公差”命令，设置形位公差，如图166-18所示；在图中指定位置添加形位公差，效果如图166-19和图166-20所示。

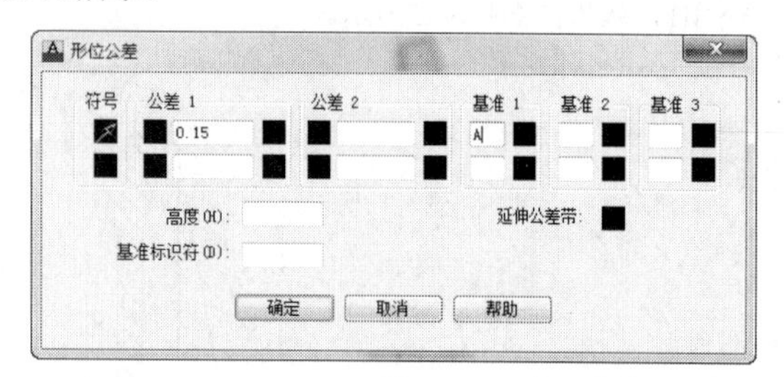

图166-18 设置“形位公差”

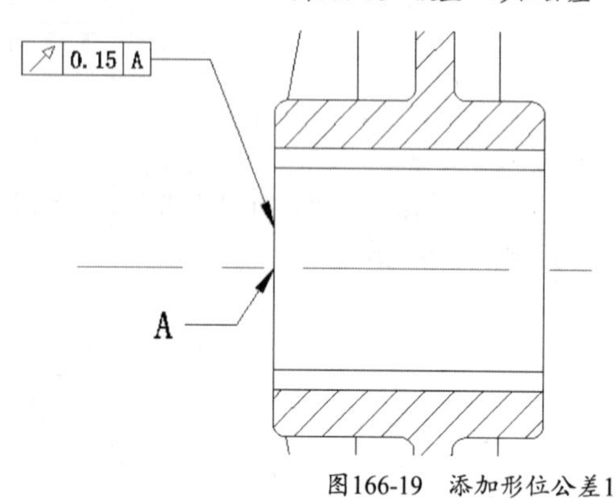

图166-19 添加形位公差1

图166-20 添加形位公差2

19 执行“直线”命令，绘制表面粗糙度符号，执行“多行文字”命令，添加文字，效果如图166-21所示。

20 执行“复制”命令，复制表面粗糙度符号并添加到其他位置，效果如图166-1所示。

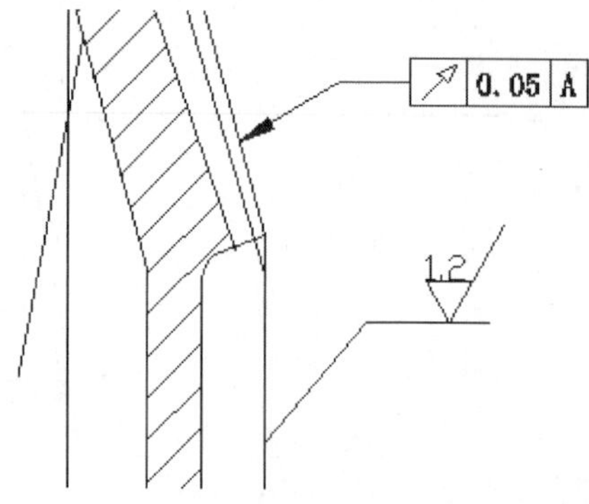

图166-21 添加表面粗糙度

21 执行“另存为”命令，将文件另存为为“实战 166.dwg”。

练习166 绘制圆锥齿轮

实战位置	DVD>练习文件>第6章>练习166.dwg
难易指数	★★★☆☆
技术掌握	巩固绘制圆锥齿轮应用命令工具

操作指南

参照“实战166”案例进行制作。

首先打开场景文件，然后进入操作环境，绘制如图166-22所示图形。

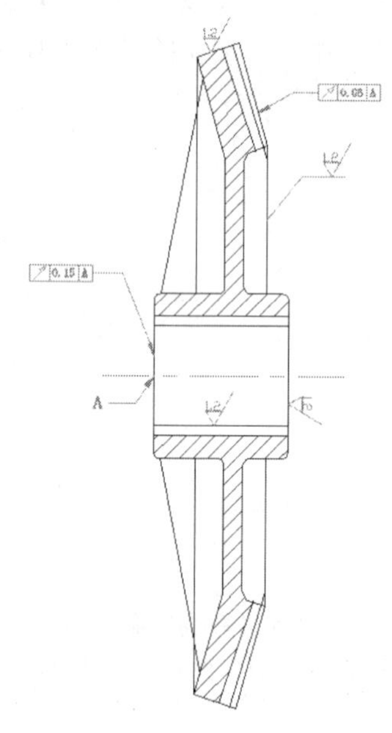

图166-22 绘制圆锥齿轮

实战167 绘制蝶形螺母

实战位置	DVD>实战文件>第6章>实战167.dwg
视频位置	DVD>多媒体教学>第6章>实战167.avi
难易指数	★★☆☆☆
技术掌握	掌握绘制蝶形螺母的方法

实战介绍

本实战是应用镜像等基础功能进行绘制图形，请读者仔细阅读，认真学习，本例最终效果如图167-1所示。

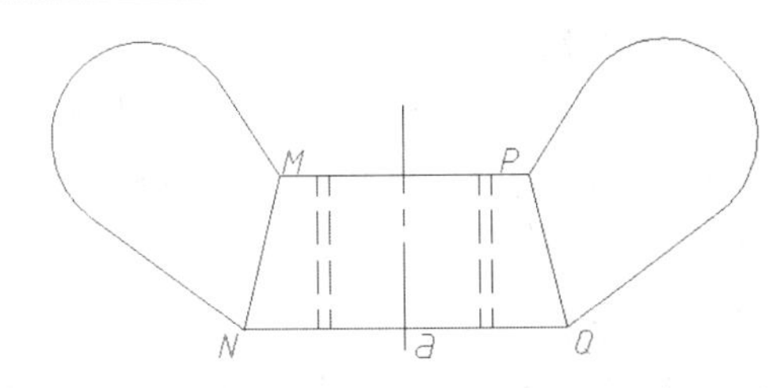

图167-1　最终效果

制作思路

• 首先打开AutoCAD 2013，然后进入操作环境，先绘制零件图，最后进行文本标注，做出如图167-1所示的图形。

制作流程

01 双击AutoCAD 2013的桌面快捷方式图标，打开一个新的AutoCAD文件，文件名默认为“Drawing1.dwg”。

02 执行LAYER命令，新建一个“中心线”图层，设置其“线性”为CENTER，“颜色”为青色；新建一个“虚线”图层，设置其“线型”为BYLAYER，“颜色”为白色。

03 按F8键开启正交模式，执行LINE命令，在绘图区指定起点，绘制一条任意长度的垂直线作为中心线，绘制一条与中心线垂直相交的水平线a，如图167-2所示。

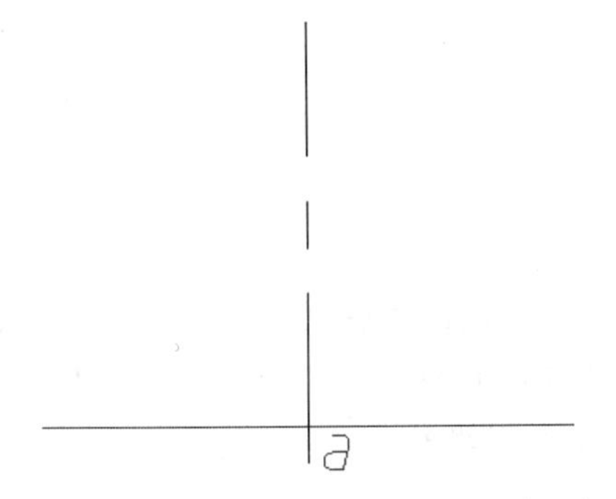

图167-2　绘制中心线

04 执行OFFSET命令，将中心线分别向左和向右偏移6、7、10、13，将水平线a向上偏移12；将偏移6、7的中心线移至“虚线”图层，效果如图167-3所示。

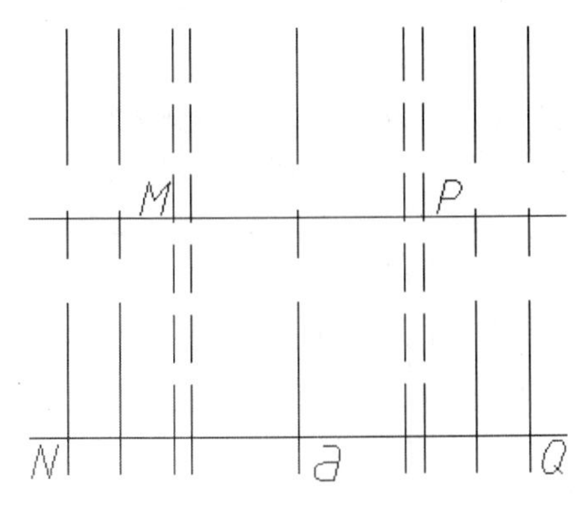

图167-3　偏移处理

05 执行LINE命令，绘制连接点M、N和P、Q的两条直线，效果如图167-4所示。

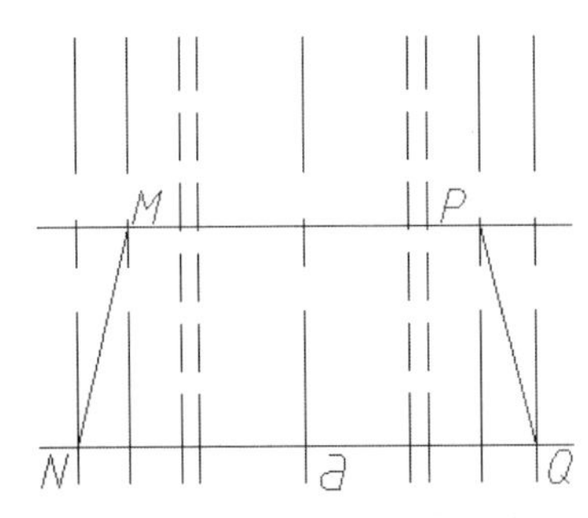

图167-4　绘制中心线

06 执行TRIM命令，对该图形进行修剪；执行ERASE命令，删除辅助线，如图167-5所示。

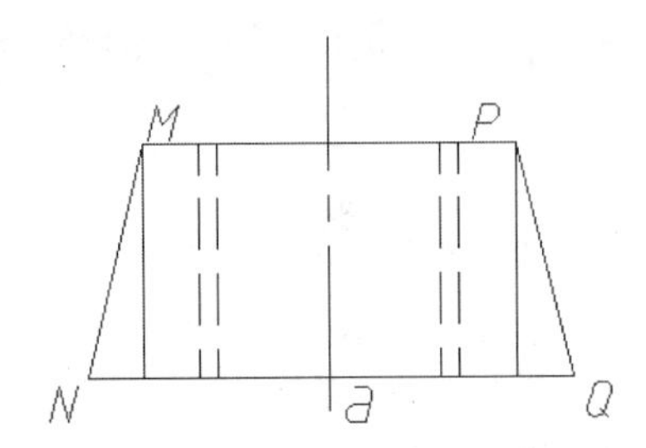

图167-5　修剪处理

07 执行OFFSET命令，将中心线向右偏移21，重复执行PFFSET命令，将直线a向上偏移15，效果如图167-6所示。

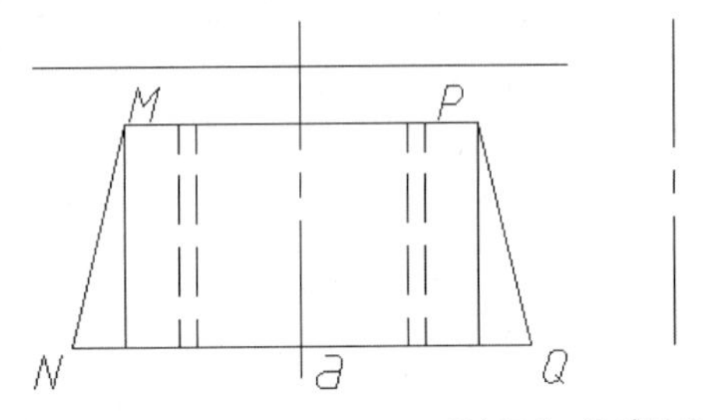

图167-6　偏移处理

08 执行CIRCLE命令，捕捉两条偏移直线的交点为圆心，绘制半径为7.5的圆，效果如图167-7所示。

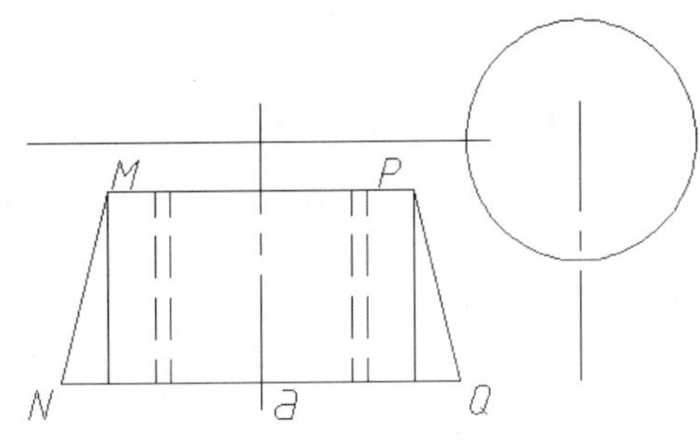

图167-7　绘制圆

09 执行LINE命令，分别捕捉P点和与圆相切的切点绘制直线；重复执行LINE命令，分别捕捉Q点和与圆相切的切点绘制直线；执行ERASE命令，删除辅助线；执行TRIM命令，修剪图形，效果如图167-8所示。

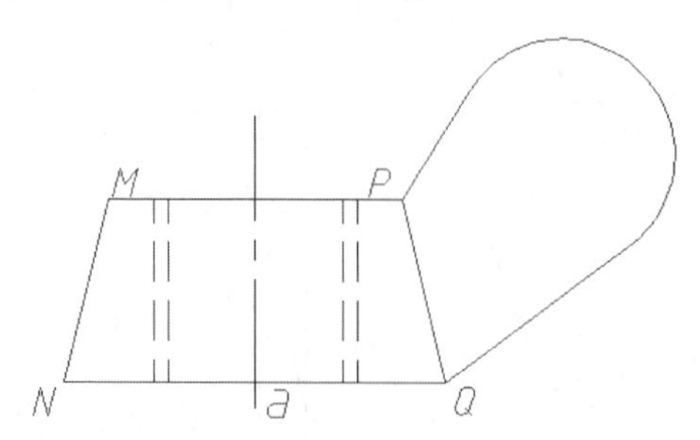

图167-8　绘制切线

10 执行MIRROR命令，以中心线为镜像线，对圆与两条切线进行镜像，效果如图167-1所示。

11 执行“保存”命令，将图形另存为“167.dwg”。

练习167　绘制蝶形螺母

实战位置　DVD>练习文件>第6章>练习167.dwg
难易指数　★★☆☆☆
技术掌握　巩固绘制蝶形螺母的方法

操作指南

参照“实战167”案例进行制作。

首先打开场景文件，然后进入操作环境，做出如图167-9所示图形。

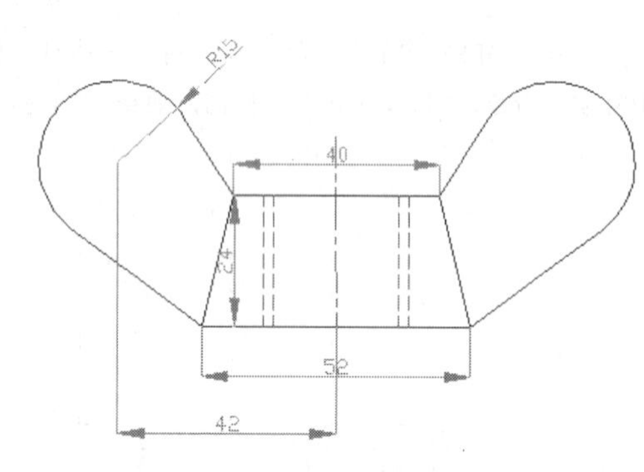

图167-9　绘制楔形螺母

实战168　绘制虎钳螺钉

实战位置　DVD>实战文件>第6章>实战168.dwg
视频位置　DVD>多媒体教学>第6章>实战168.avi
难易指数　★★★☆☆
技术掌握　掌握绘制花键的方法

实战介绍

本例中介绍了绘制虎钳所用的螺钉的零件图画法，它属于比较复杂的螺钉，绘制过程有一定难度，读者应好好练习，本例最终效果如图168-1所示。

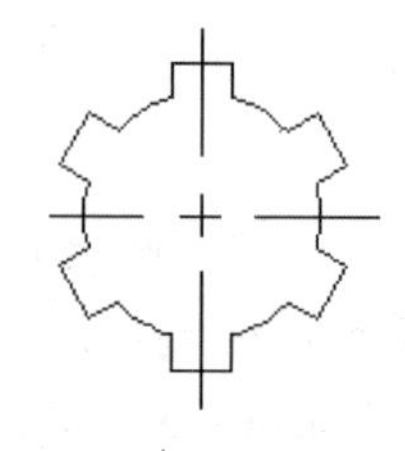

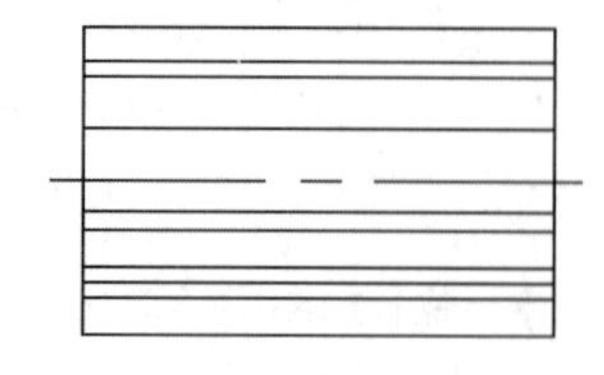

图168-1　最终效果

制作思路

• 首先打开AutoCAD 2013，然后进入操作环境，先绘制中心线，然后绘制零件主视图和侧视图，做出如图168-1所示的图形。

制作流程

01 新建一个CAD文件，执行“图层>图层属性”命令，新建一个“中心线”图层，设置“线型”为CENTER，“颜色”为青色，如图168-2所示。

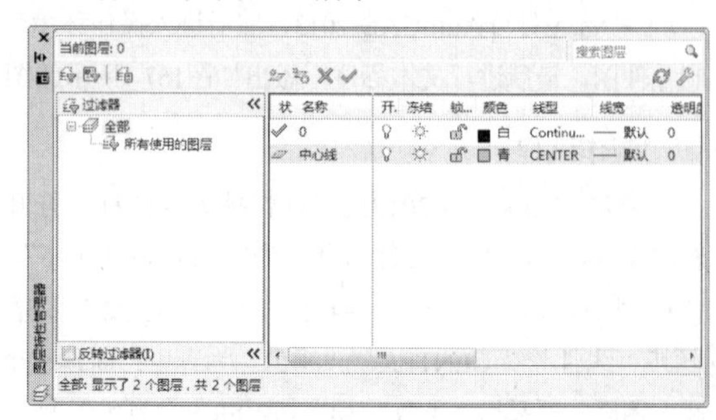

图168-2　新建图层

02 在命令行中输入LINE命令，绘制任意长度且互相垂直的两条直线，效果如图168-3所示。

图168-3　绘制直线

03 开启对象捕捉功能，在命令行输入CENTER命令，捕捉两条直线的交点，输入半径的数值为20，绘制圆，效果如图168-4所示。

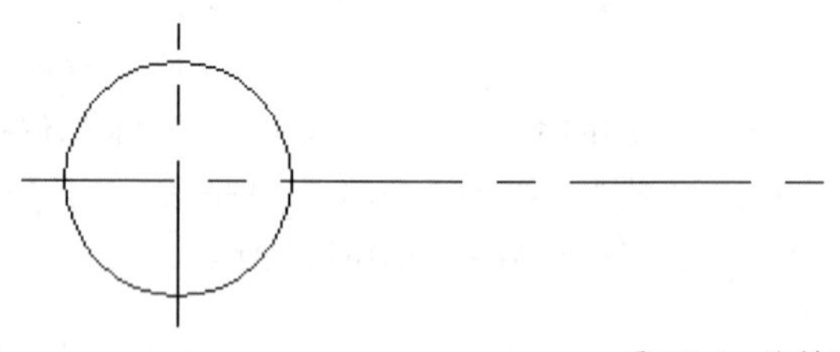

图168-4　绘制圆

04 执行“偏移”命令，将垂直中心线分别向两侧各偏移5；然后再把中心线向上偏移25；效果如图168-5所示。

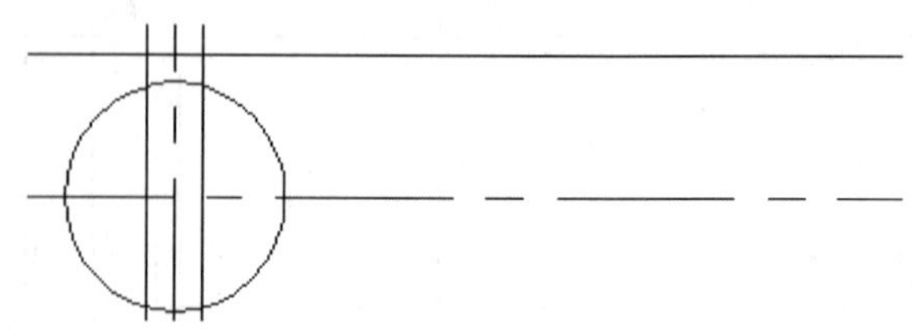

图168-5　偏移中心线

05 在命令行中输入TRIM命令，对该图进行修剪，修剪后将偏移的直线移至0图层，如图168-6所示。

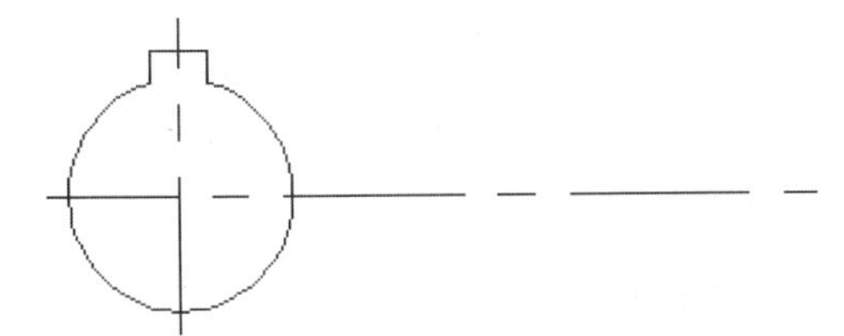

图168-6 修剪图形

06 在命令行输入ARRAY命令，弹出“阵列”对话框，执行“环形阵列”命令，按命令行提示操作，效果如图168-7所示。

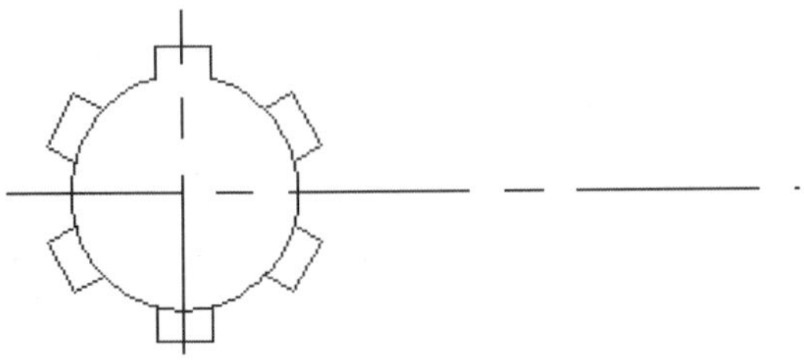

图168-7 环形阵列

07 执行TRIM命令，对该图进行修剪，如图168-8所示。

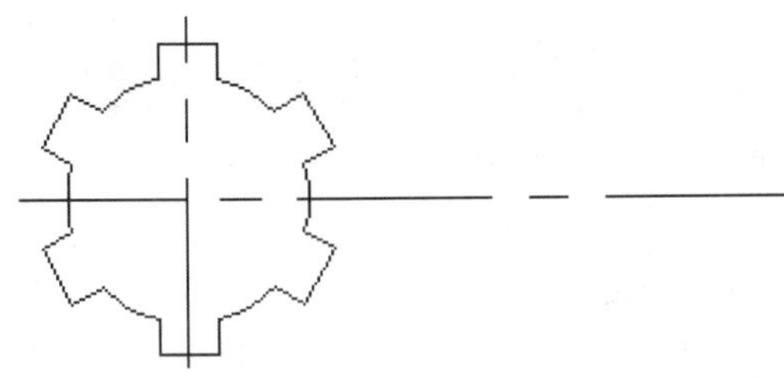

图168-8 修剪图形

08 按F8键开启正交功能，执行LINE命令，捕捉图形对应的端点绘制水平线，重复执行LINE命令，绘制一条垂直线与水平线相交，结果如图168-9所示。

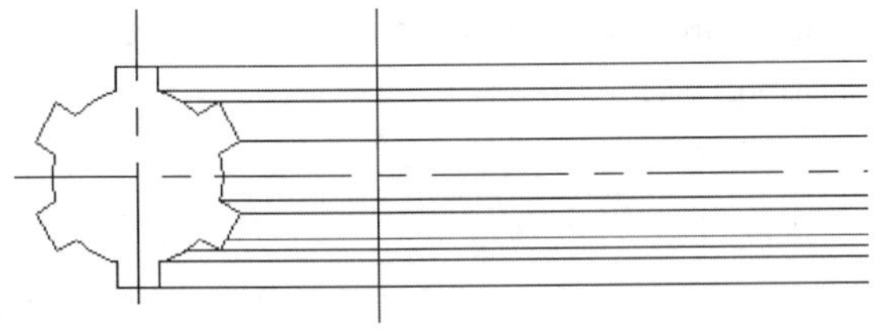

图168-9 绘制水平线

09 执行“偏移”命令，输入数值80，将刚刚绘制的垂直线向右偏移；执行“修剪”命令，修剪图形中多余的部分，效果如图168-1所示。

10 执行“保存”命令，将文件保存。

练习168 绘制螺钉

实战位置	DVD>练习文件>第6章>练习168.dwg
难易指数	★★★☆☆
技术掌握	巩固绘制花键命令工具的应用

操作指南

参照“实战168”案例进行制作。

首先打开场景文件，然后进入操作环境，绘制如图168-10所示的螺钉。

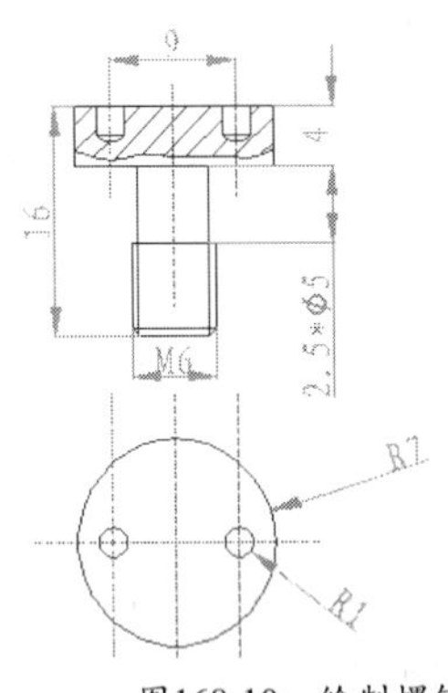

图168-10 绘制螺钉

实战169 绘制楔键

实战位置	DVD>实战文件>第6章>实战169.dwg
视频位置	DVD>多媒体教学>第6章>实战169.avi
难易指数	★☆☆☆☆
技术掌握	掌握绘制楔键的方法

实战介绍

通过介绍楔键的绘制，重点介绍偏移、倒角命令的实用之处，读者应全部掌握，并在以后的绘图过程中熟练应用。本例最终效果如图169-1所示。

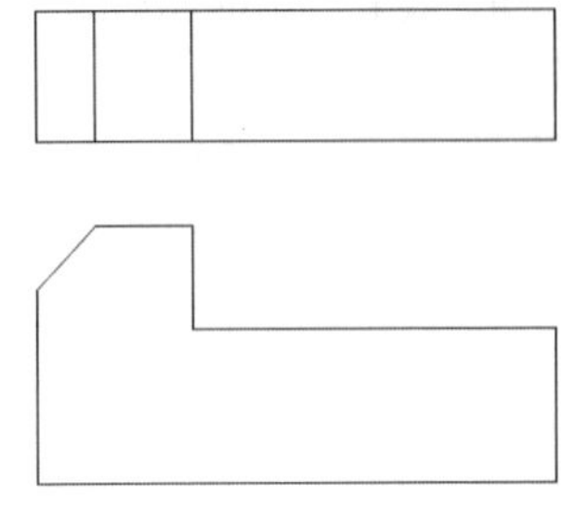

图169-1 楔键

制作思路

- 首先打开AutoCAD 2013，然后进入操作环境，绘制零件视图，做出如图169-1所示的图形。

制作流程

01 按Ctrl + N组合键，新建一个CAD文件。

02 按F8键开启正交功能，执行LINE命令，在绘图区指定起点，绘制长度为50的水平线；捕捉该直线端点向上引导光标，绘制垂直向上的直线，效果如图169-2所示。

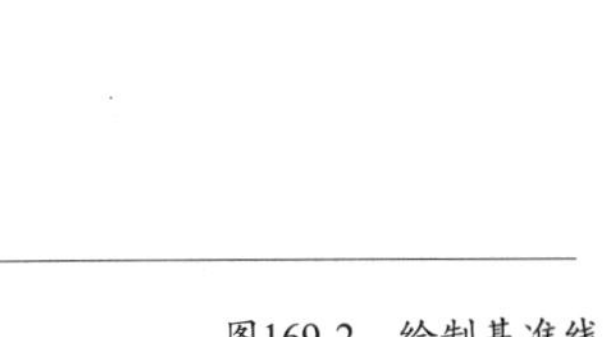

图169-2 绘制基准线

03 执行OFFSET命令，将水平基准线分别向上偏移12和20；重复执行OFFSET命令，将垂直基准线分别向右偏移13和43，如图169-3所示。

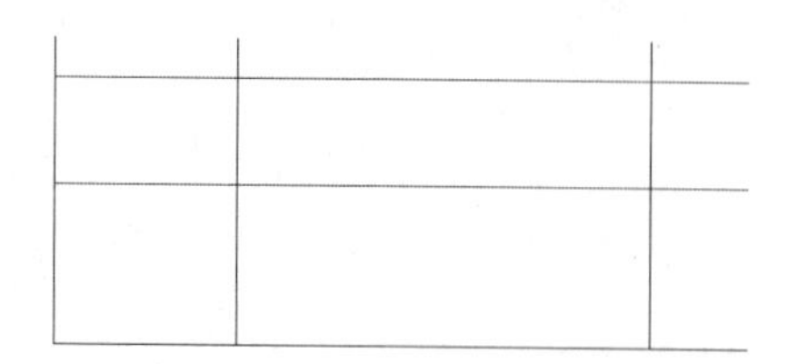

图169-3 偏移处理

04 执行TRIM命令，修剪多余的图形，效果如图169-4所示。

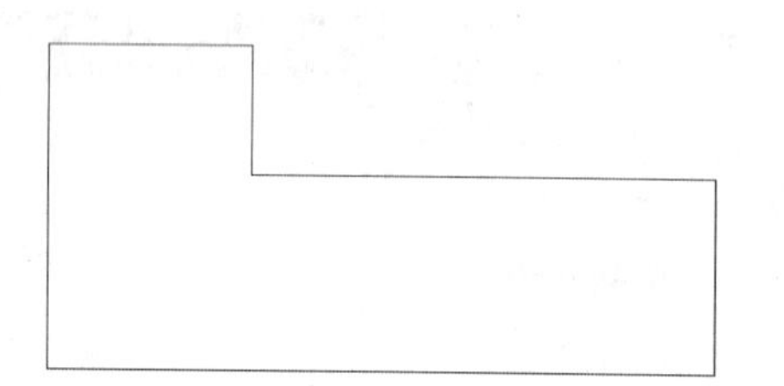

图169-4 修剪处理

05 执行CHAMFER命令，设置距离为5，将图形左端顶角倒角，效果如图169-5所示。

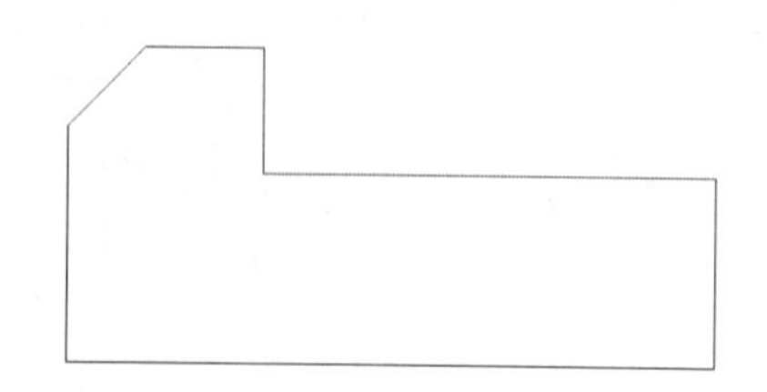

图169-5 倒角处理

06 执行LINE命令，捕捉图形顶点，向上引导光标绘制4条垂直直线；重复执行LINE命令，绘制一条水平线与上述垂直线相交；执行OFFSET命令，将该水平线向上偏移10，效果如图169-6所示。

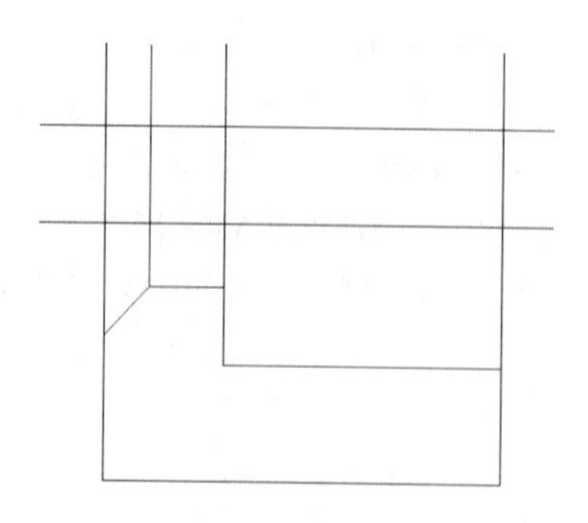

图169-6 偏移处理

07 执行TRIM命令，修剪多余的图形，效果如图169-1所示。

08 选择要保存的文件路径，并修改保存文件名为“实战169.dwg”。

练习169 绘制楔键

实战位置 DVD>练习文件>第6章>练习169.dwg
难易指数 ★☆☆☆☆
技术掌握 巩固绘制楔键应用的命令工具

操作指南

参照“实战169”案例进行制作。

首先打开场景文件，然后进入操作环境，绘制如图169-7所示的图形。

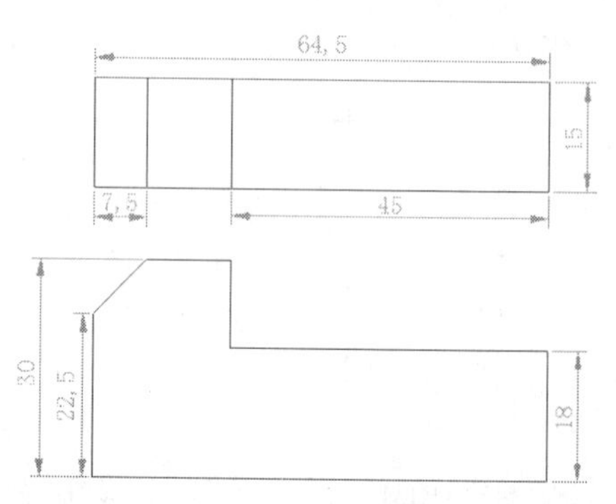

图169-7 绘制楔键

实战170 绘制曲轴

实战位置 DVD>实战文件>第6章>实战170.dwg
视频位置 DVD>多媒体教学>第6章>实战170.avi
难易指数 ★★☆☆☆
技术掌握 掌握绘制曲轴的方法

实战介绍

本例中将利用各种绘图命令绘制曲轴。曲轴产生旋转运动，带动连杆使活塞产生往复运动，并将旋转为直线运动，它在工作过程中将承受周期性的复杂的交变载荷。其主要作用是传递转矩，使连杆获得所需的动力。其形状类似轴类零件，故可以先采用直线或矩形命令绘制其轮廓，再通过各种绘图辅助命令，完成该零件图，本例最终效果如图170-1所示。

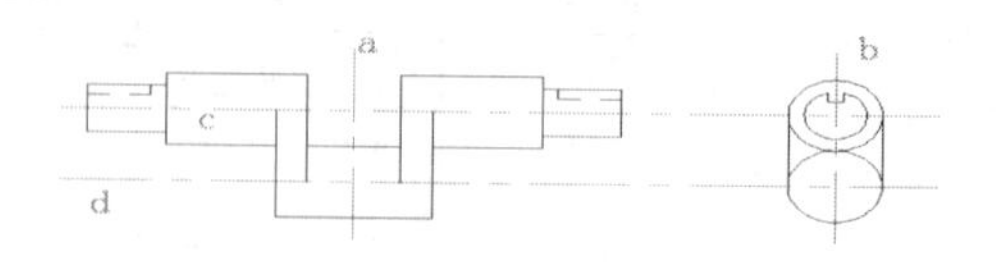

图170-1 最终效果

制作思路

• 首先打开AutoCAD 2013，然后进入操作环境，先绘制中心线，然后绘制零件主视图和侧视图，做出如图170-1所示的图形。

制作流程

01 新建一个文件。

02 在图层面板中执行“图层特性”命令，在弹出的“图层特性管理器”中新建3个图层。第一个图层命名为“粗实线”，线宽属性为0.7mm，其余属性默认；第二个图层命名为“中心线”，颜色设为洋红，线型加载为CENTER，其余属性为默认；第三个图层命名为“虚线”，线宽设置为0.35mm，线型为HIDDEN，其余属性为默认。

03 设置中心线为当前图层，按F8键开启正交模式，执行LINE命令，在绘图区指定起点，绘制一条任意长度的水平直线c，重复LINE命令，绘制两条垂直于该直线c的直线a、b，如图170-2所示。

图170-2　绘制中心线

04 执行“偏移”命令，将直线c向下偏移30，将偏移直线命名为d，如图170-3所示。

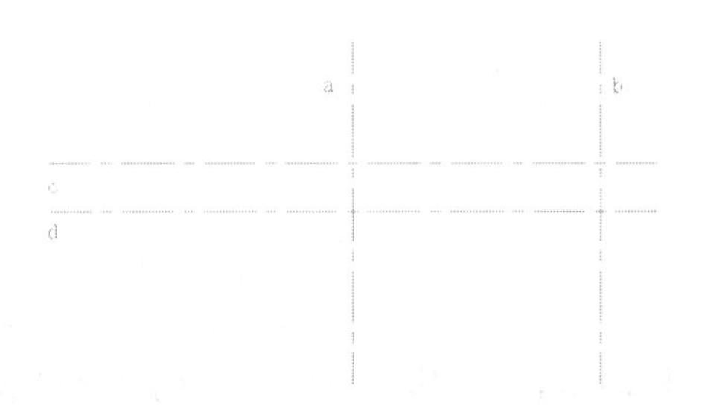

图170-3　偏移中心线

05 执行“偏移”命令，将直线a分别向左偏移15、25、60、65、85，将直线c向上偏移6、10、15，将直线c向下偏移10、15，将直线d向下偏移15，并将偏移的直线移至“粗实线”图层，如图170-4所示。

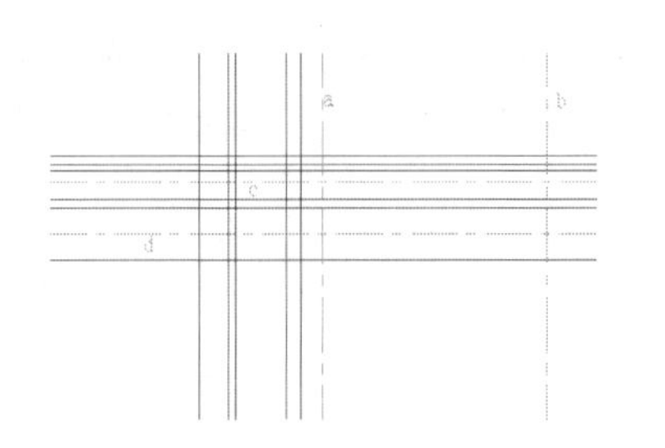

图170-4　偏移处理

06 执行“修剪”命令，对图形进行修剪，如图170-5所示。

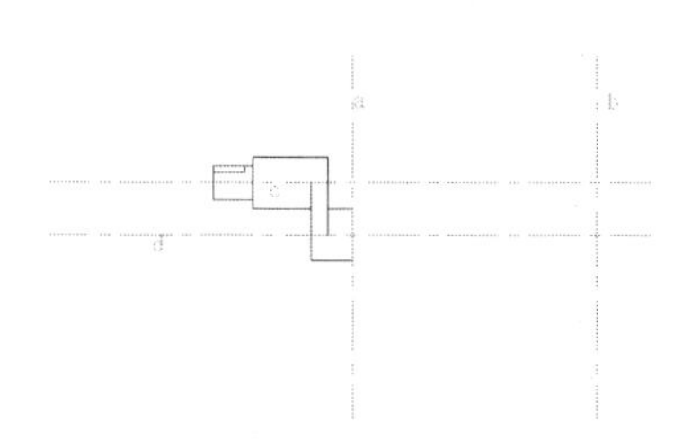

图170-5　修剪处理

07 执行“镜像”命令，在绘图区选择要镜像的图形，选择a的两端为镜像点，镜像图形，如图170-6所示。

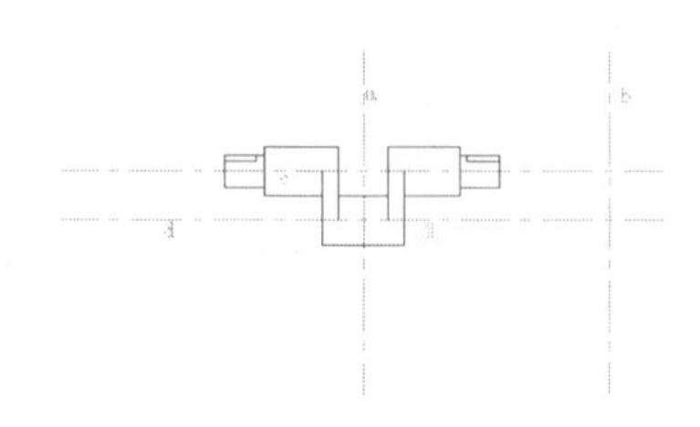

图170-6　镜像处理

08 在绘图面板中执行“圆”命令，捕捉直线b与直线c的交点为圆心，绘制半径为15和10的同心圆；重复执行“圆”命令，捕捉直线b与直线d的交点为圆心，绘制半径为15的圆，如图170-7所示。

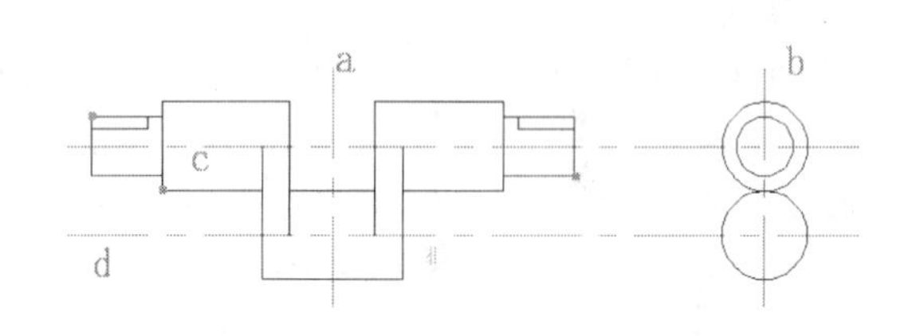

图170-7　绘制圆

09 在绘图面板中执行“直线”命令，捕捉圆与直线c和直线d的象限点，绘制直线，如图170-8所示。

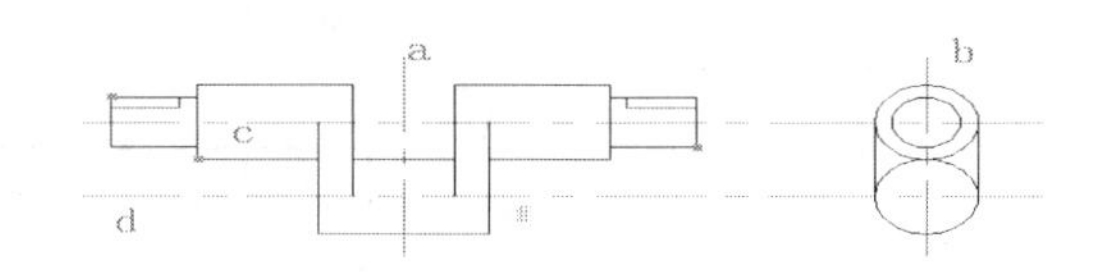

图170-8　绘制直线

10 执行“偏移”命令，将直线b分别向左和向右各偏移2.5；重复执行“偏移”命令，将直线c向上偏移6，且将偏移的直线移至“粗实线”图层，如图170-9所示。

11 在修改面板中执行“修剪”命令，对图形进行修剪，将主视图中修剪的线段移至“虚线”图层，如图170-1所示。

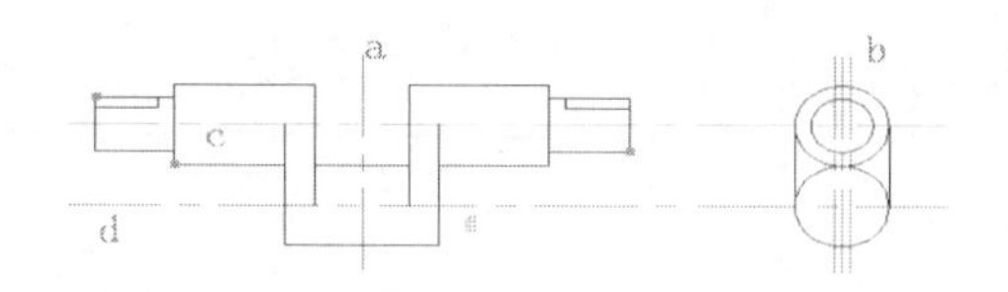

图170-9　偏移处理

12 执行“保存”命令，保存文件。

练习170　绘制图形

实战位置	DVD>练习文件>第6章>练习170.dwg
难易指数	★★☆☆☆
技术掌握	巩固绘制曲轴应用的命令工具

操作指南

参照“实战170”案例进行制作。

首先打开场景文件，然后进入操作环境，做出如图170-10所示图形。

图170-10　绘制图形

实战171　绘制阶梯轴零件图

原始文件位置	DVD>原始文件>第6章>实战171原始文件
实战位置	DVD>实战文件>第6章>实战171.dwg
视频位置	DVD>多媒体教学>第6章>实战171.avi
难易指数	★★★☆☆
技术掌握	掌握绘制阶梯轴零件图的方法

实战介绍

在本例中将介绍绘制阶梯轴零件图的方法，利用直线、圆、偏移、圆角、旋转、修剪和图案填充等绘图命令，绘制完成轴定位件零件图。本例最终效果如图171-1所示。

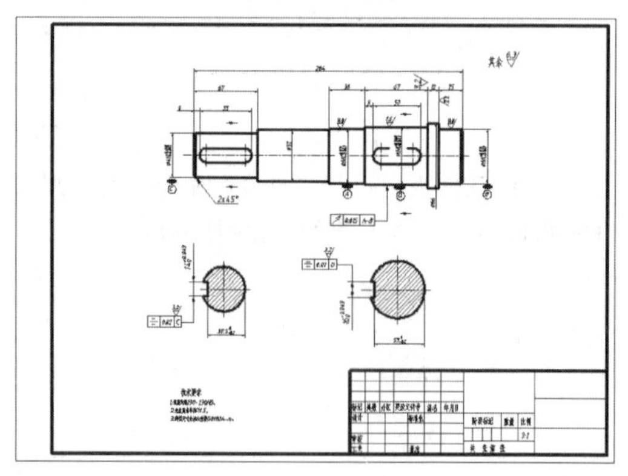

图171-1　最终效果

制作思路

• 首先打开AutoCAD 2013，然后进入操作环境，先绘制图框和标题栏，再绘制零件图，并绘制局部剖视图，最后进行尺寸标注，做出如图171-1所示的图形。

制作流程

01 执行“打开”命令，打开“实战171原始文件.dwg”文件。

02 执行“图层>图层特性>图层特性管理器”命令，修改图层如图171-2所示。

图171-2　修改图层特性

03 将“点画线”层置为当前层。执行“绘图>直线”命令，绘制主视图的中心线，如图171-3所示。

图171-3　绘制主视图中心线

04 将“粗实线”层置为当前层。执行“绘图>直线”命令，绘制轴的左端面线和中心基准线，如图171-4所示。

图171-4　左端面线和中心基准线

05 执行“修改>偏移”命令，选中对象为左端面线，重复执行偏移命令，输入不同偏移距离，绘制主视图的各阶梯端面线，如图171-5所示。

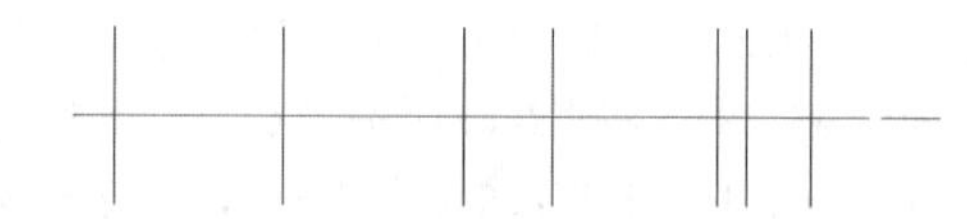

图171-5　偏移端面线

06 执行“修改>偏移”命令，选中对象为中心基准线，绘制阶梯轴第一段的上下素线投影，如图171-6所示。

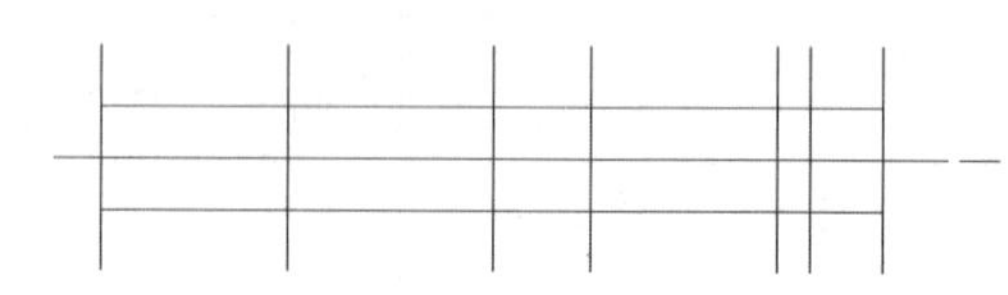

图171-6　偏移素线

07 执行“修改>修剪”命令，剪去多余线段，绘制第一段如图171-7所示。

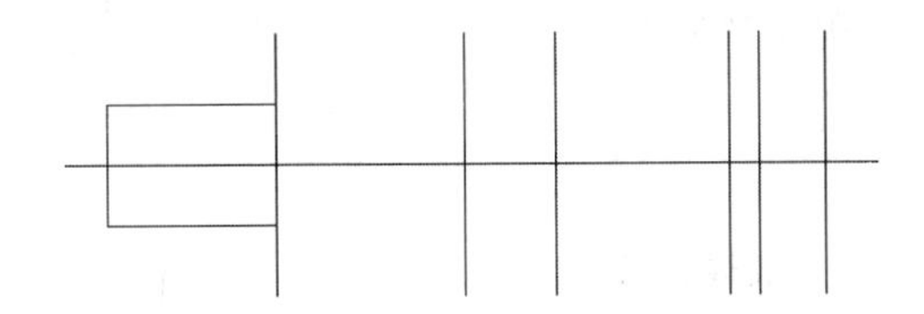

图171-7 绘制第一段

08 重复执行“偏移”和“修剪”命令，绘制阶梯轴各段基本轮廓形状，如图171-8所示。

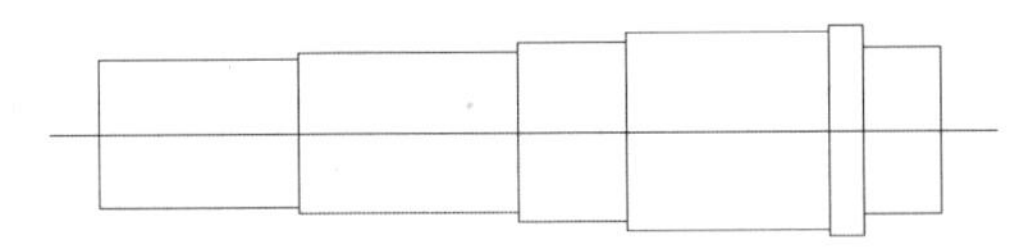

图171-8 阶梯轴基本轮廓

09 执行“修改>删除”命令，删除中心基准线。执行“偏移”命令，绘制键槽圆中心线，再将偏移的中心线图层修改为“点画线”，如图171-9所示。

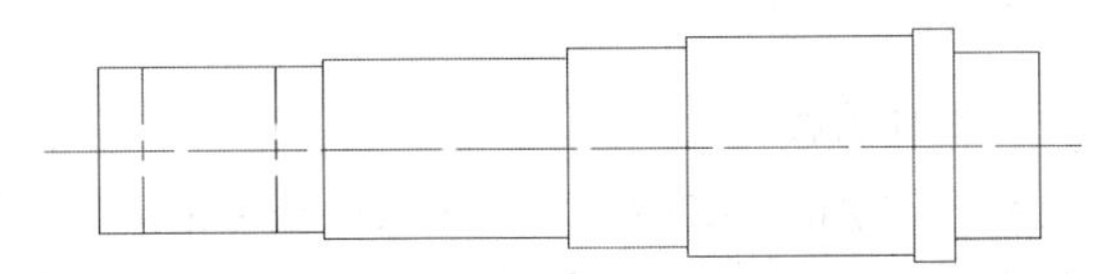

图171-9 绘制键槽圆中心线

10 将“粗实线”层置为当前层。执行“绘图>圆”和直线”按图绘制键槽轮廓，并使用“修剪”命令去除多余线段，调整中心线长度，完成绘制，如图171-10所示。

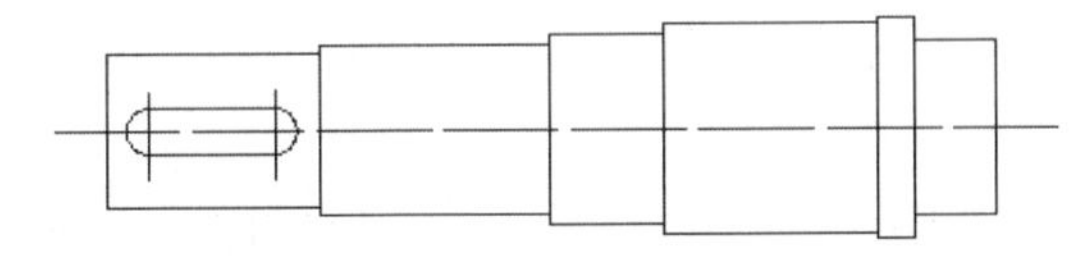

图171-10 绘制键槽轮廓

11 将“点画线”设置为当前层，执行“绘图>直线”命令，绘制键槽剖面圆的中心线，如图171-11所示。

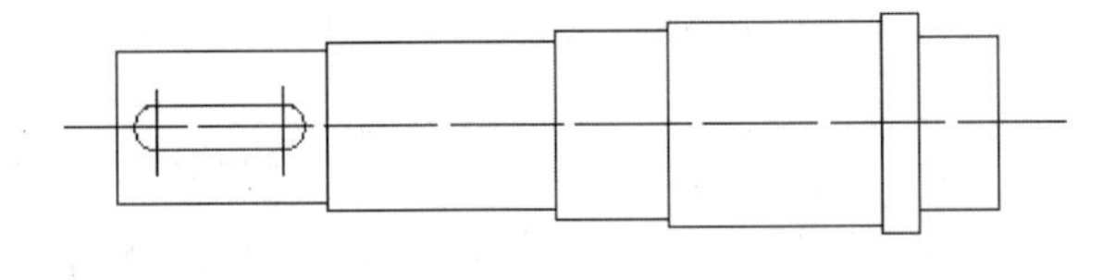

图171-11 剖面圆中心线

12 将“粗实线”层设置为当前层，执行“绘图>圆”命令，绘制键槽圆截面，效果如图171-12所示。

13 执行“绘图>构造线”命令，绘制构造线，执行“修改>偏移”命令，绘制键槽结构，效果如图171-13所示。

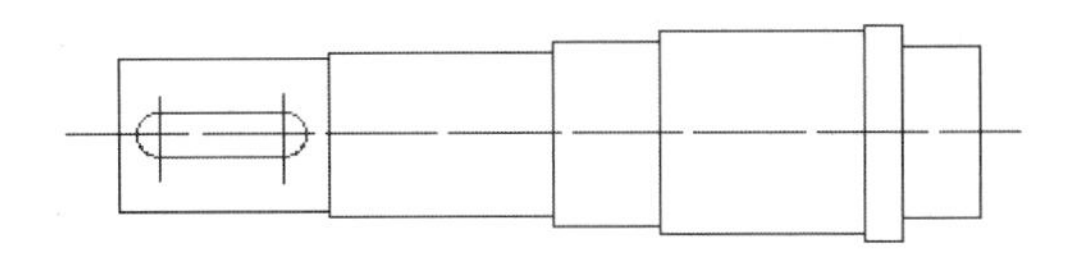

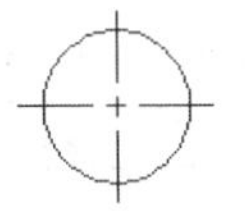

图171-12 键槽截面圆

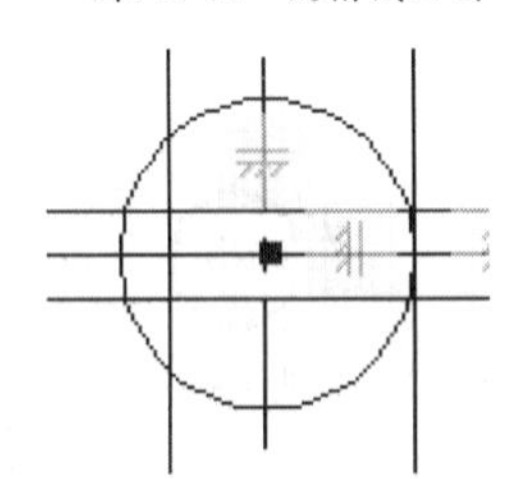

图171-13 构造线偏移

14 执行“修改>修剪”命令，配合“删除”命令，去除多余线条。结果如图171-14所示。

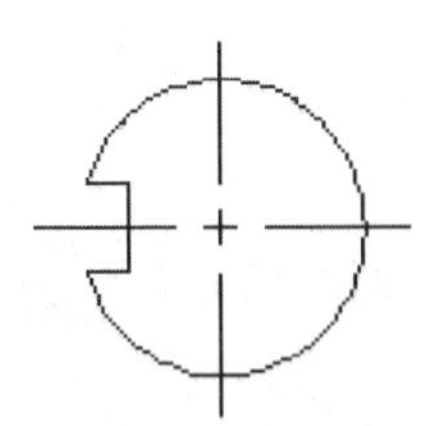

图171-14 键槽剖面

15 同样步骤绘制右键槽的主视图和剖面图，效果如图171-15所示。

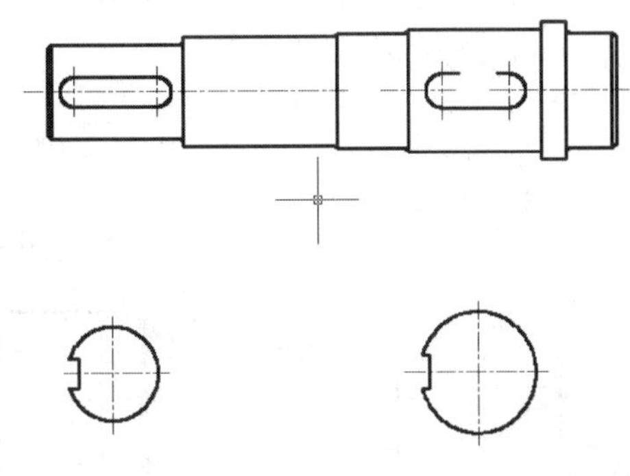

图171-15 剖面图

16 将“剖面线”层置为当前层。执行“绘图>图案填充”命令，选中剖视图，选择合适的填充效果，如图171-16所示。

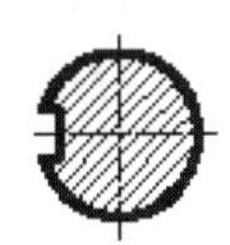

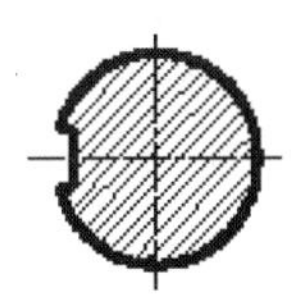

图171-16 图案填充

17 将“标注”层置为当前层。利用尺寸标注方法对阶梯轴件进行尺寸标注，如图171-17所示。

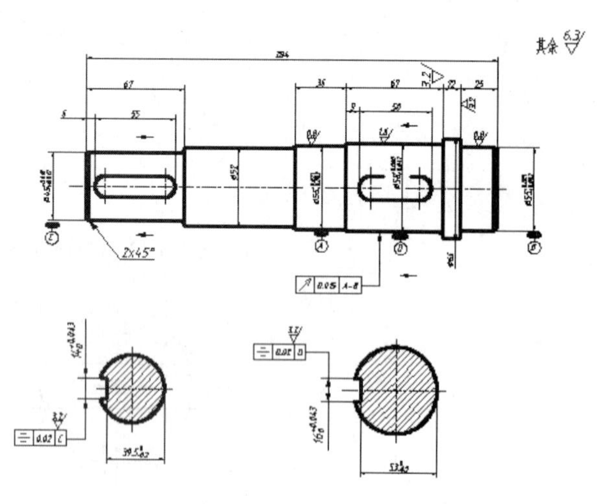

图171-17 尺寸标注

18 执行“特征>线宽”命令，进行线宽设置。

19 将“文字”层设置为当前图层，将标题栏补充完整，填写技术要求，效果如图171-1所示。至此，轴定位件零件图绘制完成。

20 执行“保存”命令，保存文件。

练习171 绘制阶梯轴零件图

实战位置 DVD>练习文件>第6章>练习171.dwg
难易指数 ★★★☆☆
技术掌握 巩固绘制阶梯轴零件图的方法

操作指南

参照“实战171”案例进行制作。

首先打开场景文件，然后进入操作环境，绘制如图171-18所示的图形。

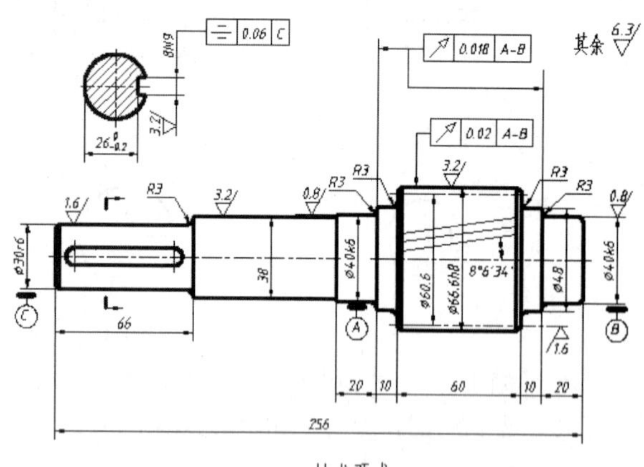

技术要求

1.齿轮表面渗碳深度0.8-1.2，齿部高频淬火58-64HRC。
2.轴部分渗碳深度不小于0.7，表面硬度不低于56HRC。
3.未注倒角2x45°。
4.线性尺寸未注公差按GB1804-m。
5.未注形位公差按GB1184-80，查表取C级。

图171-18 绘制阶梯轴零件图

实战172 绘制双头扳手

实战位置 DVD>实战文件>第6章>实战172.dwg
视频位置 DVD>多媒体教学>第6章>实战172.avi
难易指数 ★★★☆☆
技术掌握 掌握绘制扳手的方法

实战介绍

本实战应用命令较为简单，其中主要有直线、圆、多边形及修剪命令，读者应很容易绘制完成。本例效果如图172-1所示。

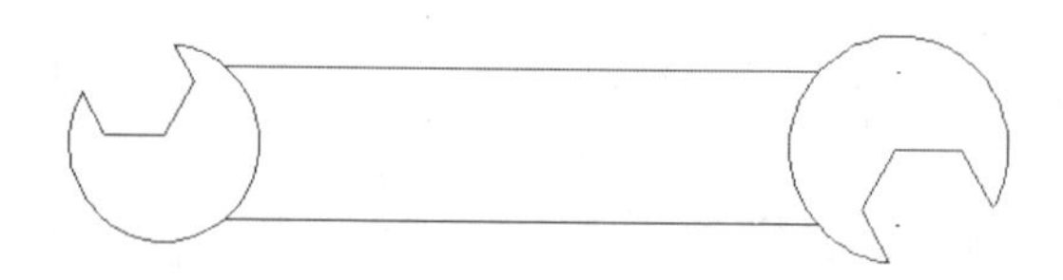

图172-1 最终效果

制作思路

• 首先打开AutoCAD 2013，然后进入操作环境，绘制零件图，做出如图172-1所示的图形。

制作流程

01 双击AutoCAD 2013的桌面快捷方式图标，打开一个新的AutoCAD文件，文件名默认为“Drawing1.dwg”。

02 按F8键开启正交模式，执行“直线”命令，在绘图区指定起点，绘制一条任意长度的水平直线a，再绘制一条与直线a相交的直线b，效果如图172-2所示。

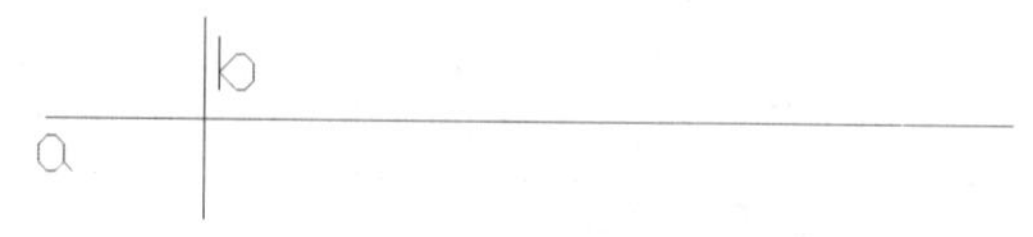

图172-2 绘制辅助线

03 执行“偏移”命令，将直线b向右偏移100，效果如图172-3所示。

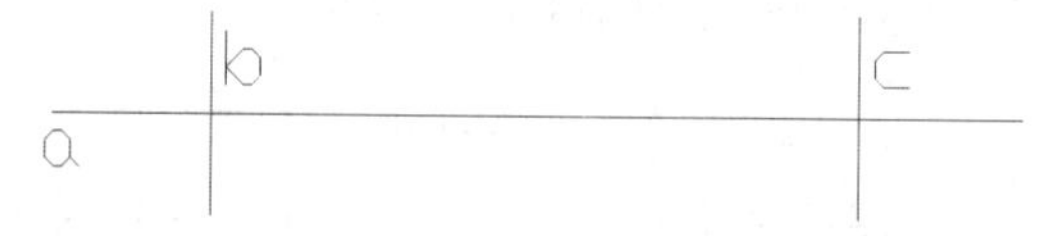

图172-3 偏移处理

04 执行“圆”命令，以直线a与直线b的交点为圆心，绘制半径13的圆；重复执行“圆”命令，以直线a与直线c的交点为圆心，绘制半径为15的圆，效果如图172-4所示。

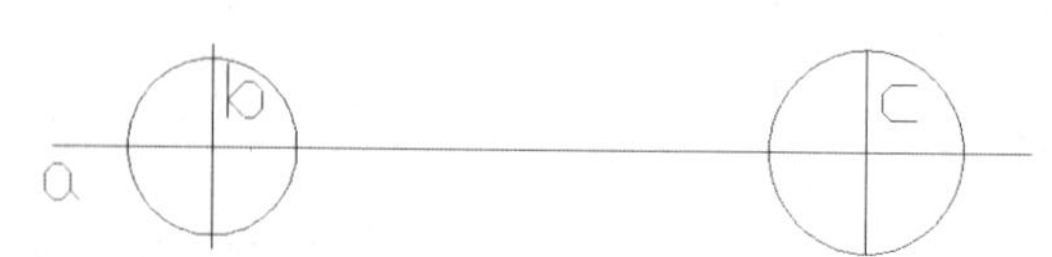

图172-4 绘制圆

05 执行“偏移”命令，将直线a分别向上和向下均偏移10；执行“修剪”命令，对图形进行修剪，效果如图172-5所示。

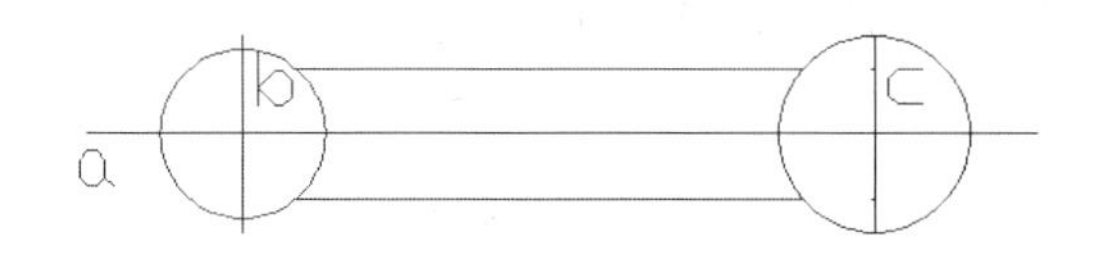

图172-5　偏移和修剪处理

06 执行“偏移”命令，将直线a分别向上和向下均偏移8；重复执行“偏移”命令，将直线b向左偏移4，将直线c向右偏移4，效果如图172-6所示。

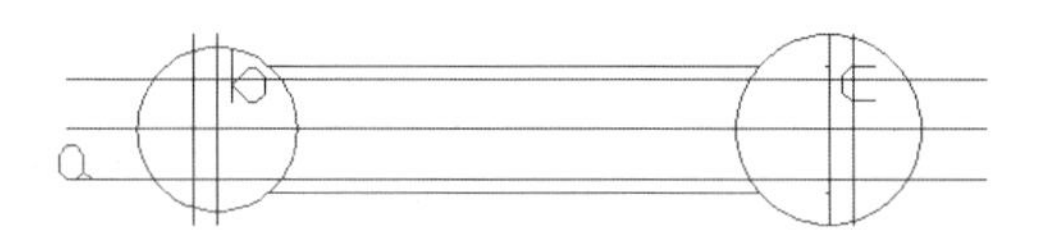

图172-6　偏移处理

07 执行“多边形”命令，以点A为中心绘制外切圆半径为7的正六边形；重复执行“多边形”命令，以点B为中心绘制外切圆半径为8的正六边形，效果如图172-7所示。

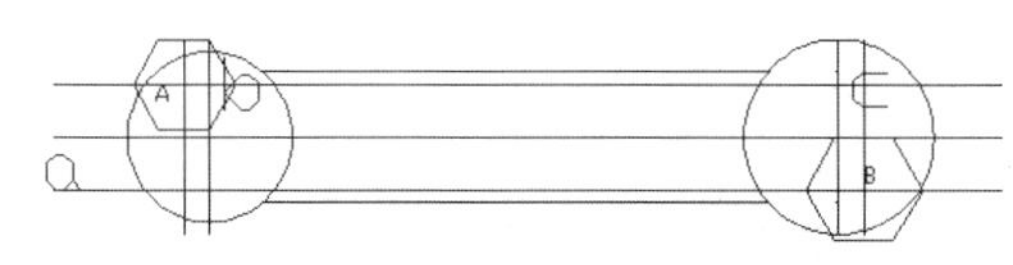

图172-7　绘制多边形

08 选中多余的辅助线并删除，执行“修剪”命令，对图形进行修剪，效果如图172-8所示。

图172-8　删除和修剪处理

练习172 绘制多用扳手

实战位置　DVD>练习文件>第6章>练习172.dwg
难易指数　★★☆☆☆
技术掌握　巩固绘制扳手的方法

操作指南

参照“实战172”案例进行制作。

首先打开场景文件，然后进入操作环境，练习绘制如图172-9所示的多用扳手。

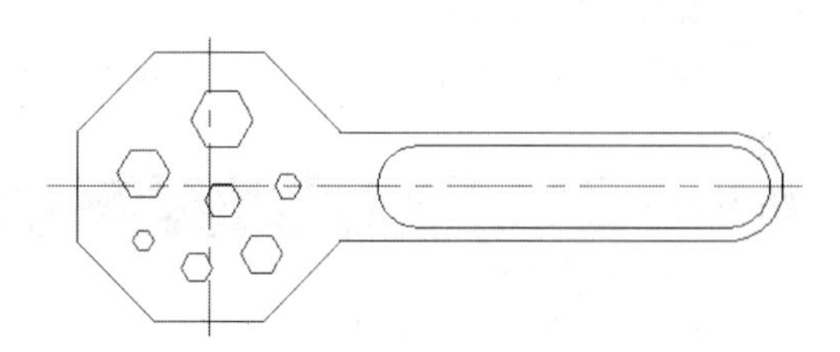

图172-9　绘制多用扳手

实战173 绘制梅花扳手

实战位置　DVD>实战文件>第6章>实战173.dwg
视频位置　DVD>多媒体教学>第6章>实战173.avi
难易指数　★★★☆☆
技术掌握　掌握绘制梅花扳手的方法

实战介绍

本实战应用是对上一实战的巩固及加深，增加了圆角等命令，读者应细心学习。本例效果如图173-1所示。

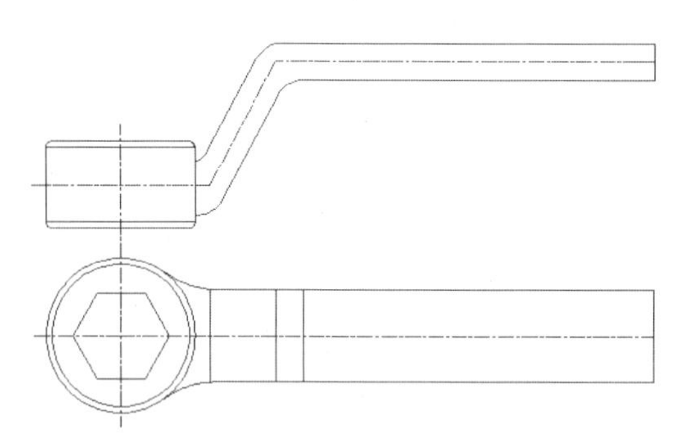

图173-1　最终效果

制作思路

• 首先打开AutoCAD 2013，然后进入操作环境，绘制零件图的主视图和俯视图，做出如图173-1所示的图形。

制作流程

01 双击AutoCAD 2013的桌面快捷方式图标，打开一个新的AutoCAD文件，文件名默认为“Drawing1.dwg”。

02 按F8键开启正交模式，选择“中心线”图层，执行LINE直线命令，在绘图区制定起点并引导光标向右，输入直线长度30，输入坐标（@11,20），输入直线长度64，绘制多段线；执行XLINE直线命令，捕捉线段a的中点，绘制垂直构造线，效果如图173-2所示。

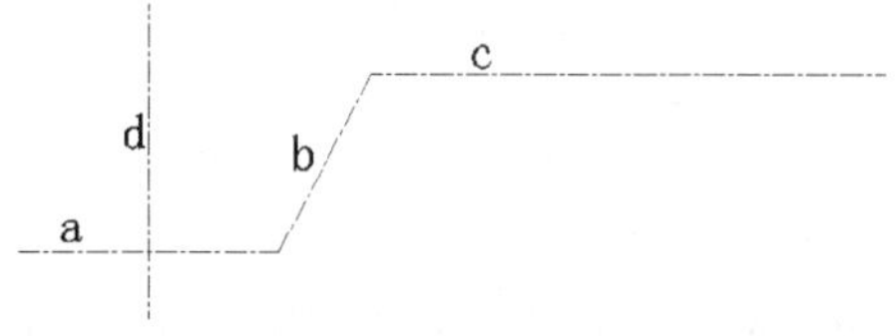

图173-2　绘制中心线

03 执行OFFSET命令，将直线a向上偏移3；重复执行OFFSET命令，选择直线a向上分别偏移6、7，向下分别偏移5、6、7，将直线d分别向左和向右各偏移12.5，效果如图173-3所示。

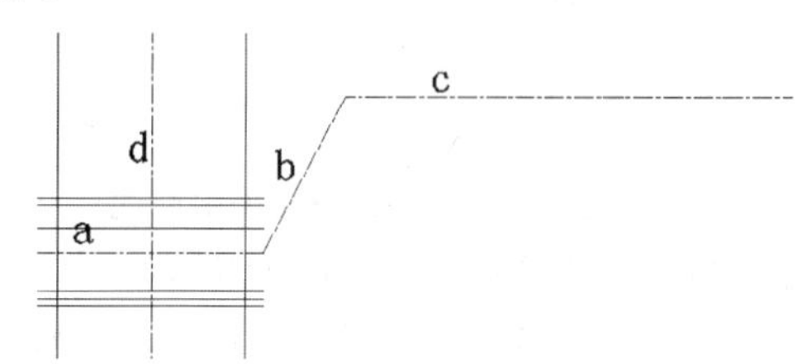

图173-3　偏移处理

04 执行TRIM命令，对图形进行修剪，效果如图173-4所示。

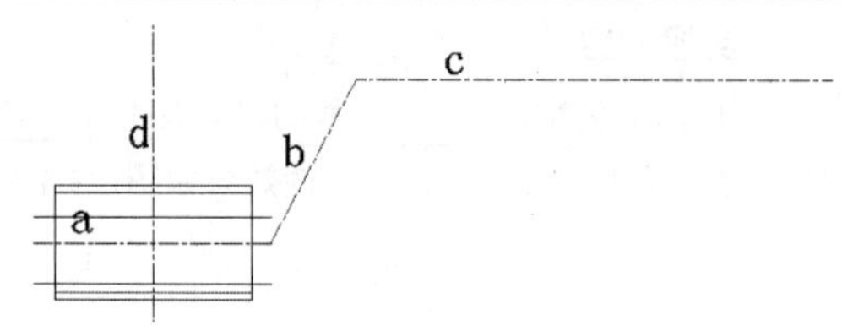

图173-4　修剪处理

05 执行OFFSET命令，选择线段b、c分别向上和向下各偏移3，效果如图173-5所示。

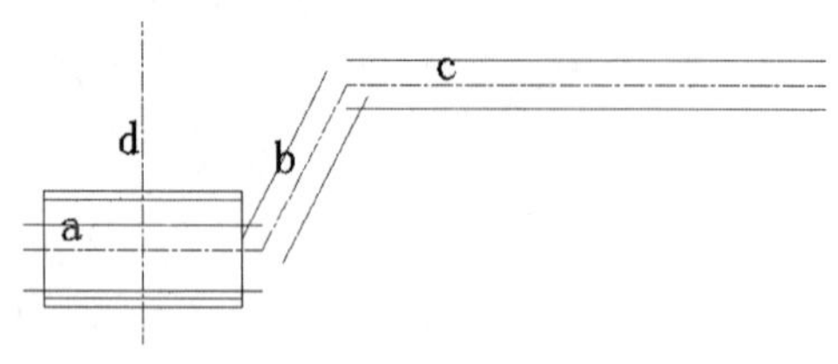

图173-5　偏移处理

06 执行FILLET命令，输入倒角半径5，对偏移的直线进行倒圆角处理，效果如图173-6所示。

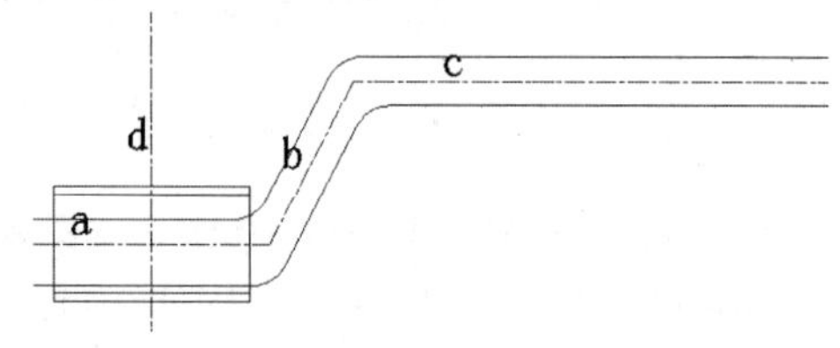

图173-6　倒圆角处理

07 执行TRIM命令，对图形进行修剪，效果如图173-7所示。

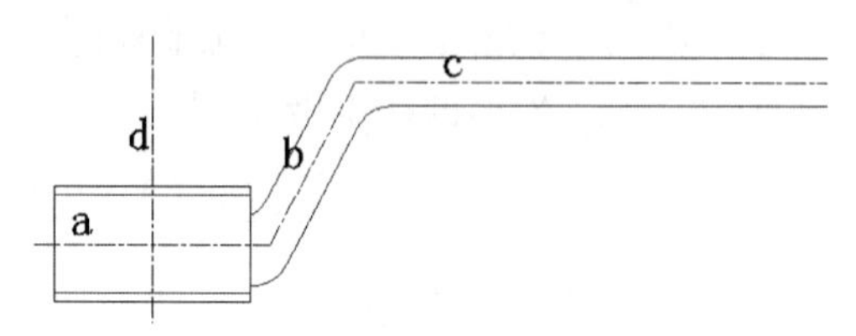

图173-7　修剪处理

08 执行FILLET命令。设置圆角半径为1，对图形进行倒圆角处理，效果如图173-8所示。

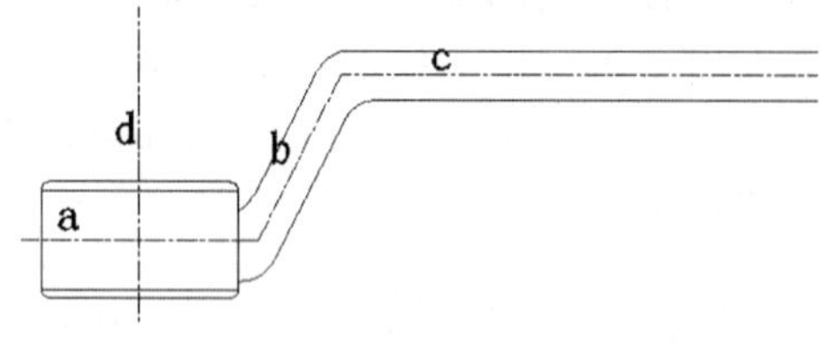

图173-8　倒角处理

09 执行LINE命令，绘制水平中心线f，延长直线d并与绘制的水平直线相交；执行CIRCLE命令，以点A为圆心，绘制半径分别为12.5、11.5的同心圆，效果如图173-9所示。

10 执行OFFSET命令，将直线f分别向上和向下各偏移7.5，并将直线d向右偏移90，执行TRIM命令，对图形进行修剪，效果如图173-10所示。

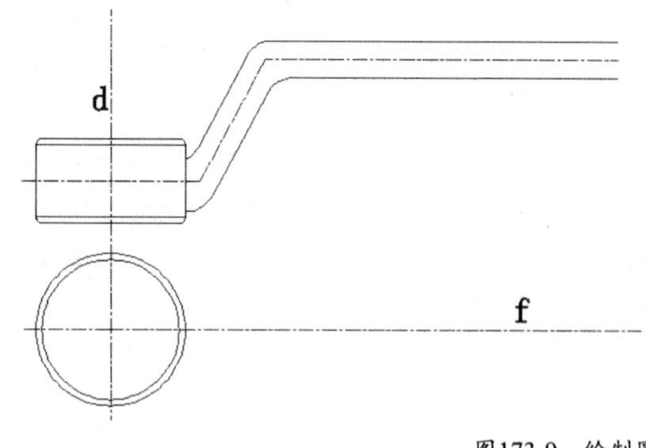

图173-9　绘制圆

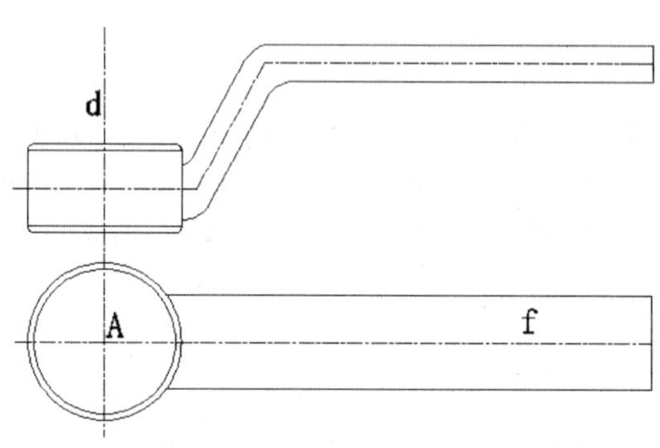

图173-10　修剪处理

11 执行POLYGON命令，以点A为中心点，绘制内切圆半径为8的正六边形，效果如图173-11所示。

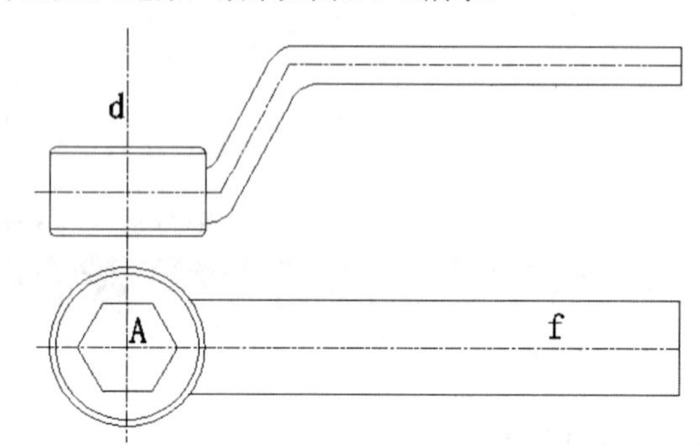

图173-11　绘制正六边形

12 执行FILLET命令，对图形倒半径为15的圆角；执行LINE命令，绘制直线，使其对应俯视图将主视图补充完整，效果如图173-1所示。

13 执行“保存”命令，将图形另存为“实战173.dwg”。

练习173　绘制图形

实战位置	DVD>练习文件>第6章>练习173.dwg
难易指数	★★★☆☆
技术掌握	巩固绘制梅花扳手应用的命令工具

操作指南

参照“实战173”案例进行制作。

首先打开场景文件，然后进入操作环境，绘制如图173-12所示的图形。

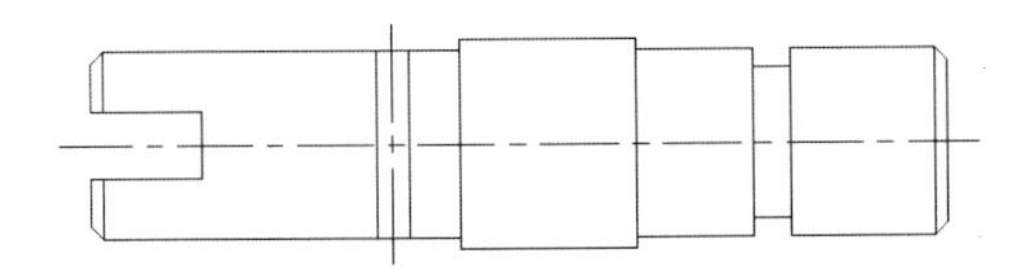

图173-12 绘制图形

实战174 绘制杠杆

实战位置 DVD>实战文件>第6章>实战174.dwg
视频位置 DVD>多媒体教学>第6章>实战174.avi
难易指数 ★★☆☆☆
技术掌握 掌握绘制杠杆的方法

实战介绍

杠杆是机械中不可缺少的最基本的零件之一，本例中将绘制杠杆，本例最终效果如图174-1所示。

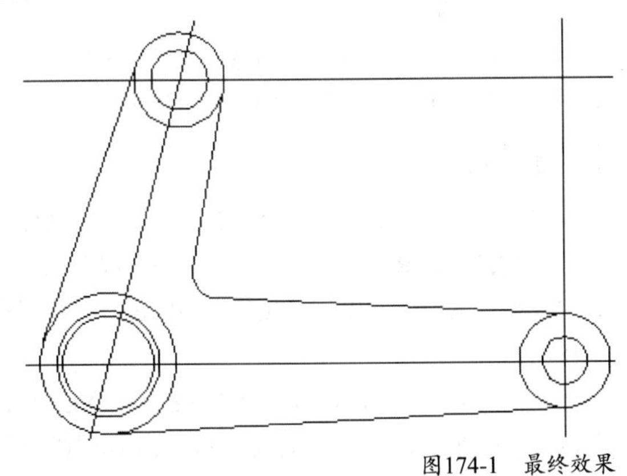

图174-1 最终效果

制作思路

• 首先打开AutoCAD 2013，然后进入操作环境，使用圆及相切等，绘制零件图，做出如图174-1所示的图形。

制作流程

01 新建一个CAD文件，单击“图层>图层属性”，新建一个“中心线”图层，设置“线型”为CENTER，“颜色”为青色，执行LINE命令，绘制一条水平直线a，再绘制一条垂直于该线的直线b，如图174-2所示。

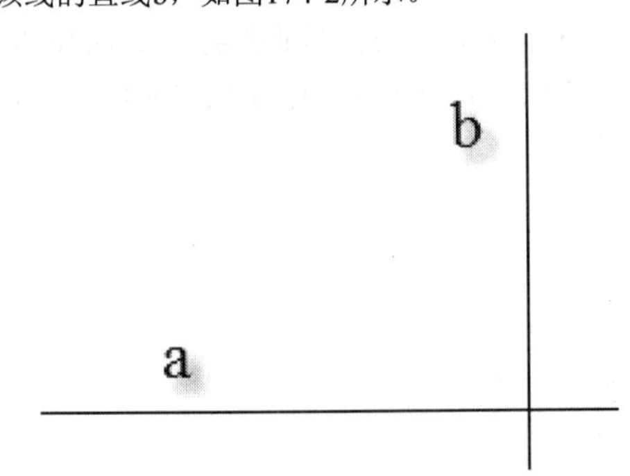

图174-2 绘制直线ab

02 执行“偏移”命令，将直线a向上偏移120，将直线b向左偏移200，如图174-3所示。

03 执行“旋转”命令，选择直线d，以A点为中心旋转-15°，结果如图174-4所示。

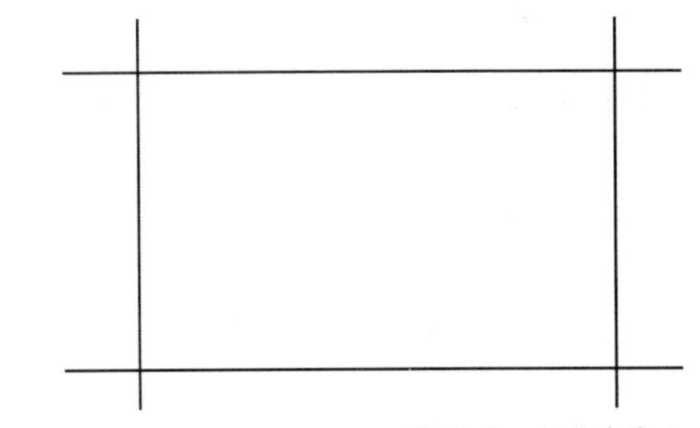

图174-3 偏移直线ab

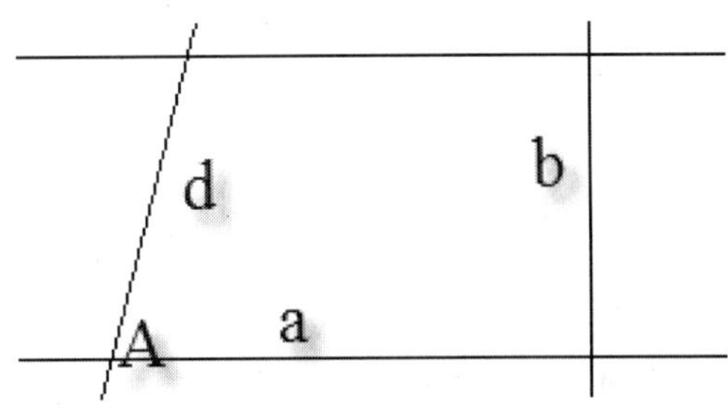

图174-4 旋转直线d

04 以直线a和d的交点A为圆心，绘制半径为20、22.5、30的同心圆；重复执行CIRCLE命令，以B为圆心，绘制半径为12.5、20的同心圆,以C为圆心，绘制半径为10、20的同心圆，如图174-5所示。

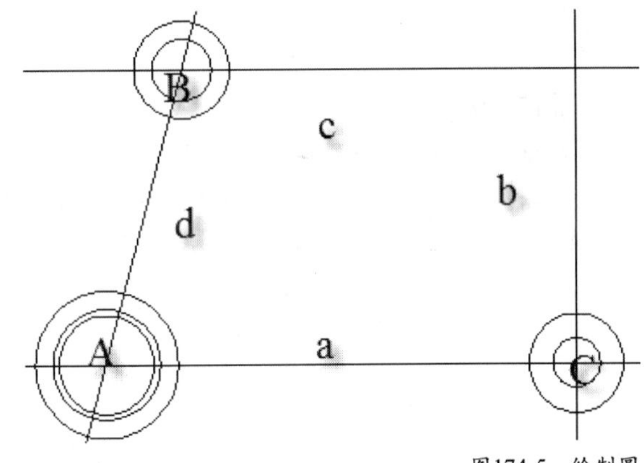

图174-5 绘制圆

05 执行LINE命令，捕捉圆A和圆B的外切点绘制线段；然后重复命令，捕捉圆A和圆C的外切点绘制线段，如图174-6所示。

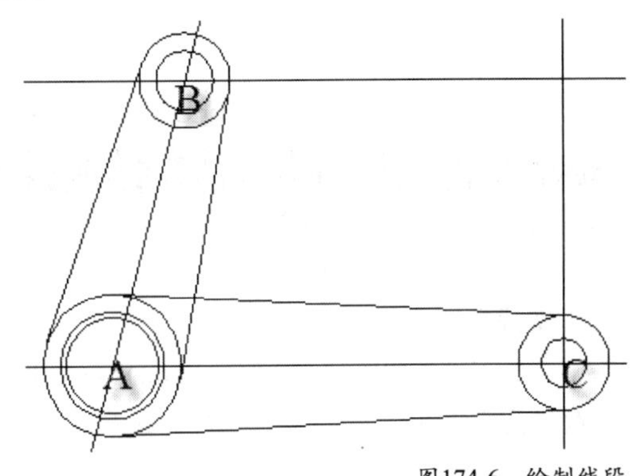

图174-6 绘制线段

06 执行“倒角”命令，按命令行提示，设置倒角半径为10，对图形进行倒角处理，效果如图174-7所示。

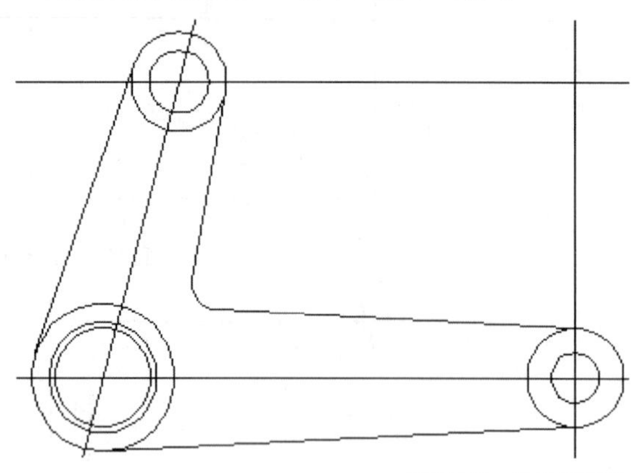

图174-7　绘制倒圆角

07 在命令行中输入TRIM命令，对该图进行修剪，效果如图174-1所示，执行“保存”命令，将文件保存。

技巧与提示 

在删除线条时，可以直接选中该对象，按键盘上的Delete键，即可将该对象删除，而不必利用命令工具。

练习174　绘制正五边形内切圆

实战位置	DVD>练习文件>第6章>练习174.dwg
难易指数	★★☆☆☆
技术掌握	巩固绘制杠杆应用的命令工具

操作指南

参照“实战174”案例进行制作。

首先打开场景文件，然后进入操作环境，绘制如图174-8所示的图形。

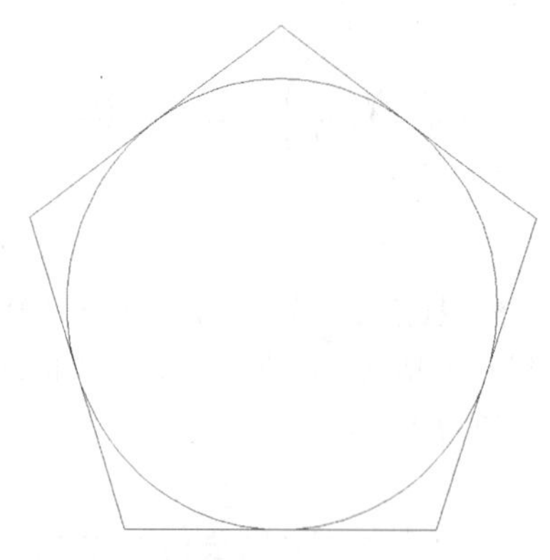

图174-8　绘制正五边形内切圆

实战175　绘制凸轮

实战位置	DVD>实战文件>第6章>实战175.dwg
视频位置	DVD>多媒体教学>第6章>实战175.avi
难易指数	★☆☆☆☆
技术掌握	掌握绘制凸轮的方法

实战介绍

通过对凸轮的绘制，介绍在AutoCAD 2013中文版中修剪工具的使用，重点了解“偏移”命令，本例最终效果如图175-1所示。

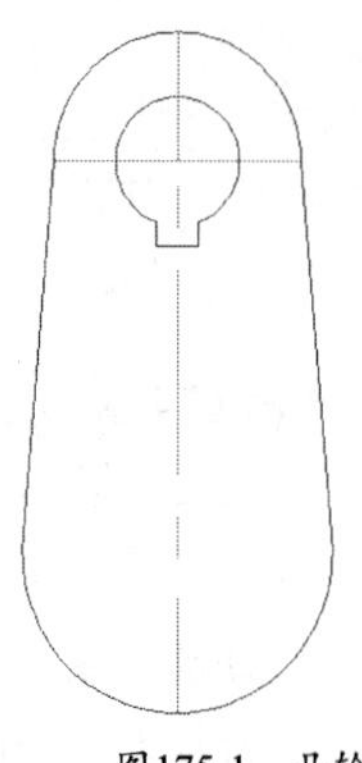

图175-1　凸轮

制作思路

• 首先打开AutoCAD 2013，然后进入操作环境，先绘制中心线，再做出如图175-1所示的图形。

制作流程

01 执行“文件>新建”命令，新建一个CAD文件。

02 执行LAYER命令，新建一个“中心线”图层，设置其“线型”为CENTER，“颜色”为红色，并将其设为当前图层。

03 按F8键开启正交模式，执行LINE命令，在绘图区指定起点，绘制两条互相垂直的直线a与b，效果如图175-2所示。

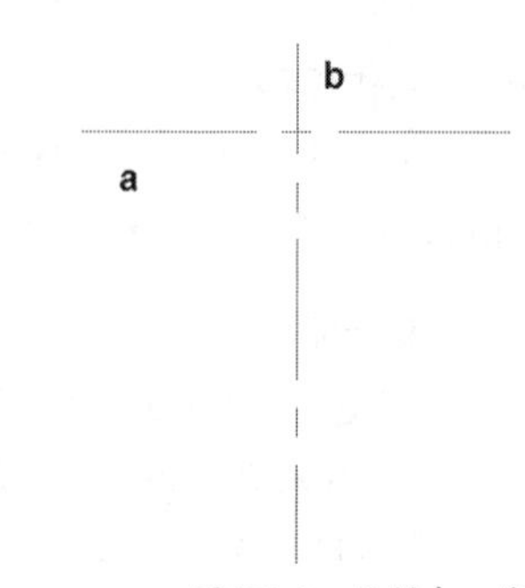

图175-2　绘制中心线

04 将0图层设为当前图层，执行CIRCLE命令，以点A为圆心，绘制半径分别为10、20的同心圆，效果如图175-3所示。

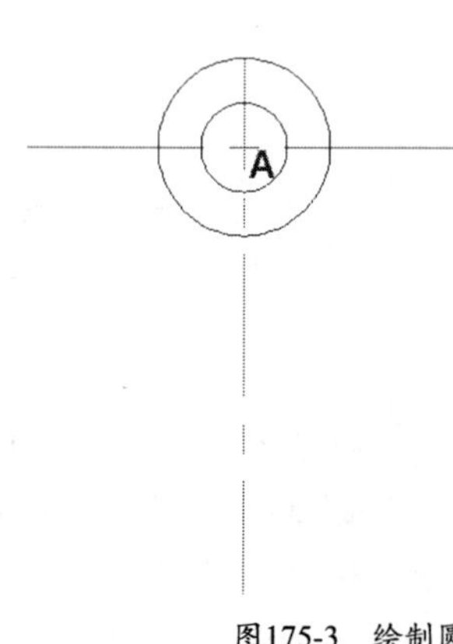

图175-3　绘制圆

05 执行OFFSET命令，将直线a向下偏移60，效果如图175-4所示。

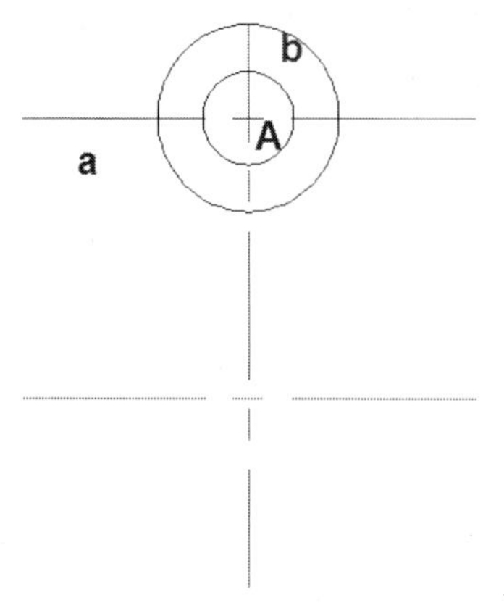

图175-4　偏移处理

06 执行CIRCLE命令，以B点为圆心，绘制半径为25的圆，效果如图175-5所示。

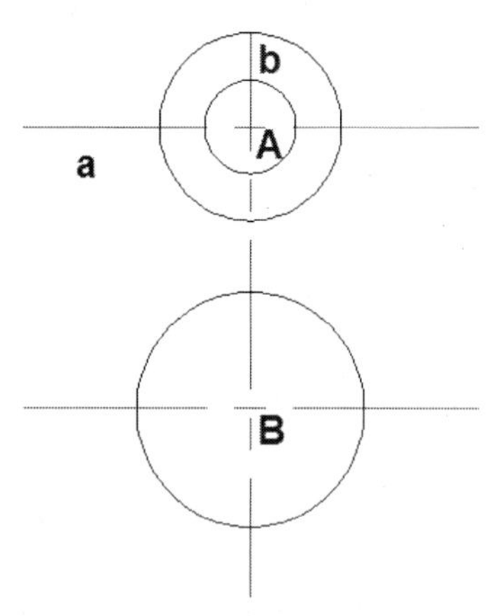

图175-5　绘制圆

07 执行LINE命令，分别捕捉圆A与圆B左侧的切点绘制直线；重复执行LINE命令，分别捕捉圆A与圆B右侧的切点绘制直线，效果如图175-6所示。

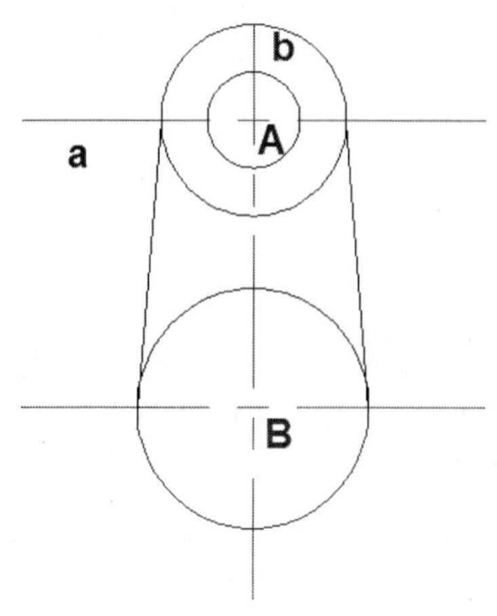

图175-6　绘制直线

08 执行TRIM命令，对图形进行修剪，效果如图175-7所示。

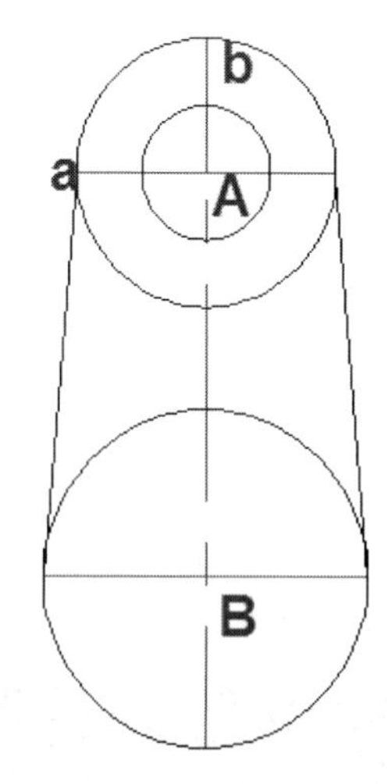

图175-7　修剪处理

09 执行OFFSET命令，将直线b分别向左和向右各偏移3.5，将直线a向下偏移13；并将偏移的直线移至0图层，效果如图175-8所示。

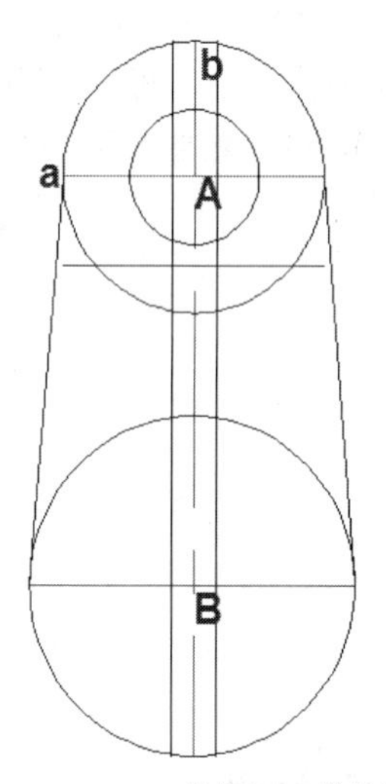

图175-8　偏移处理

10 执行TRIM命令，对图形进行修剪，效果如图175-1所示。

11 选择要保存的文件路径，并修改文件名为“实战175.dwg”，执行“保存”命令，将绘制的图形进行保存。

练习175　绘制凸轮

实战位置	DVD>练习文件>第6章>练习175.dwg
难易指数	★★☆☆☆
技术掌握	巩固绘制凸轮的方法

操作指南

参照“实战175”案例进行制作。

首先打开场景文件，然后进入操作环境，绘制如图175-9所示的图形。

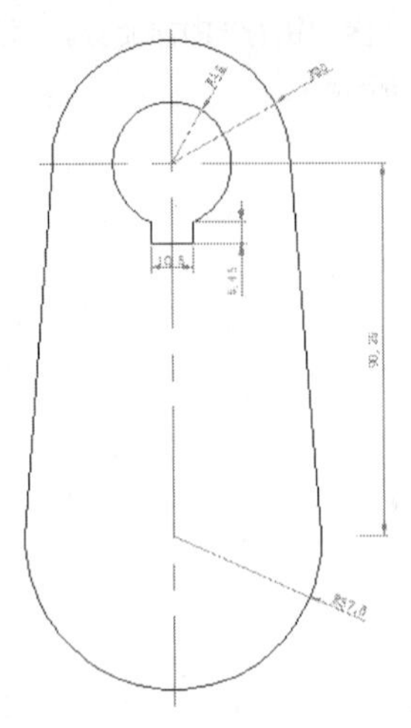

图175-9　绘制凸轮

实战176 绘制V带轮

实战位置	DVD>实战文件>第6章>实战176.dwg
视频位置	DVD>多媒体教学>第6章>实战176.avi
难易指数	★★★☆☆
技术掌握	掌握绘制V带轮的方法

实战介绍

本例中将利用各种绘图命令绘制V带轮。V带轮结构由轮缘、轮辐和轮毂组成，根据轮辐结构，采用直线、圆等命令进行绘制，再通过各种绘图辅助命令，完成该零件图，本例最终效果如图176-1所示。

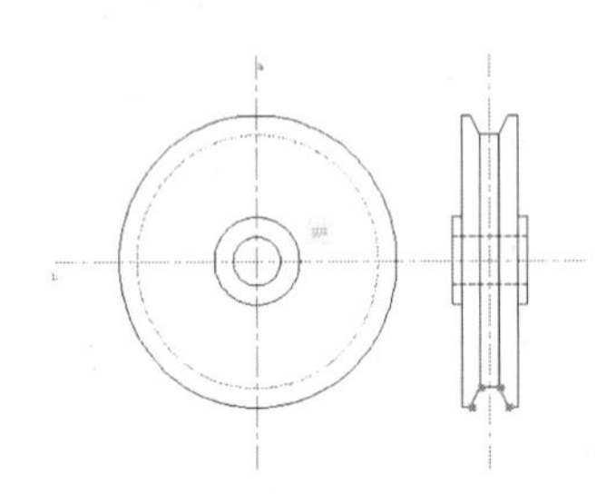

图176-1　最终效果

制作思路

• 首先打开AutoCAD 2013，然后进入操作环境，先绘制中心线，然后绘制零件主视图和侧视图，做出如图176-1所示的图形。

制作流程

01 新建一个文件。

02 执行“图层特性”命令，在弹出的“图层特性管理器”中新建3个图层。第一个图层命名为“粗实线”，线宽属性为0.7mm，其余属性默认；第二个图层命名为“中心线”，颜色设为洋红，线型加载为CENTER，其余属性为默认；第三个图层命名为“虚线”，线宽设置为0.35mm，线型为HIDDEN，其余属性为默认。

03 设置中心线为当前图层，按F8键开启正交模式，执行LINE命令，在绘图区指定起点，绘制一条任意长度的水平直线b，重复LINE命令，绘制一条垂直于该直线b的直线a，如图176-2所示。

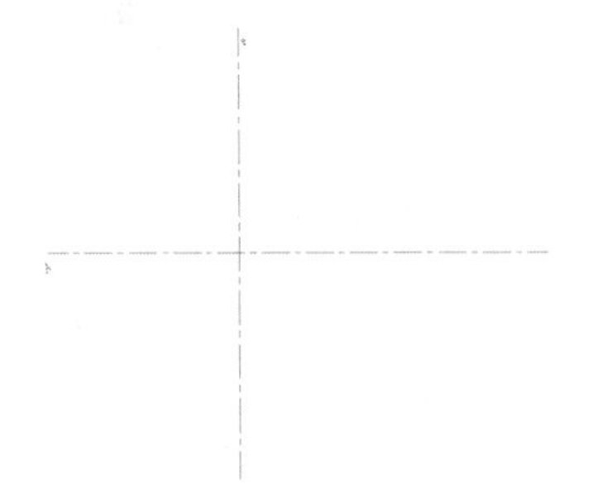

图176-2　绘制中心线

04 在粗实线图层下，执行“圆”命令，以a和b的交点为圆心，绘制半径分别为25、45、130、150的同心圆，然后将半径为130的圆移至“虚线”图层，如图176-3所示。

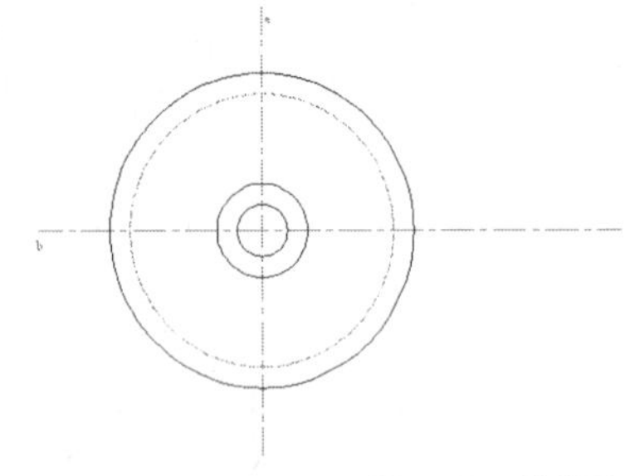

图176-3　绘制同心圆

05 执行“偏移”命令，将直线b向右偏移250，如图176-4所示。

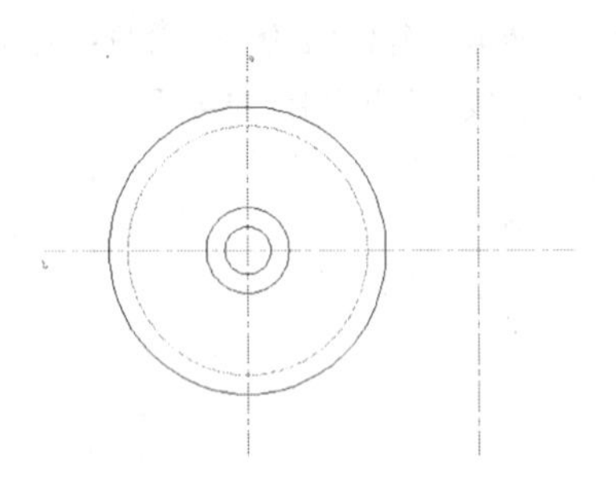

图176-4　偏移处理

06 执行“偏移”命令，将直线a向上分别偏移130、150，将直线c分别向左和向右偏移10、20、30；执行LINE命令，绘制直线；然后将偏移直线移至“粗实线”图层，如图176-5所示。

07 执行“修剪”命令，对图形进行修剪，如图176-6所示。

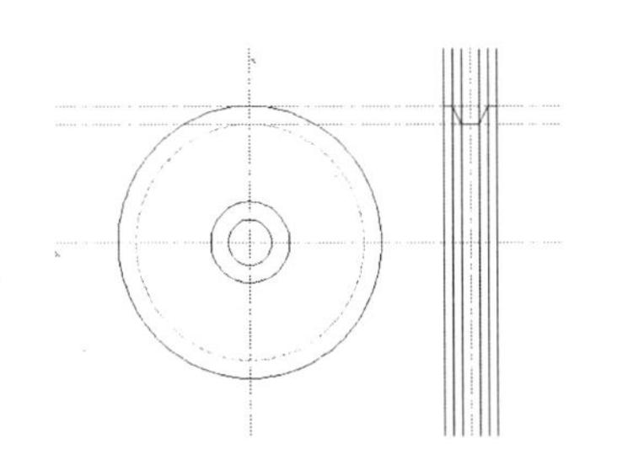

图176-5　偏移处理

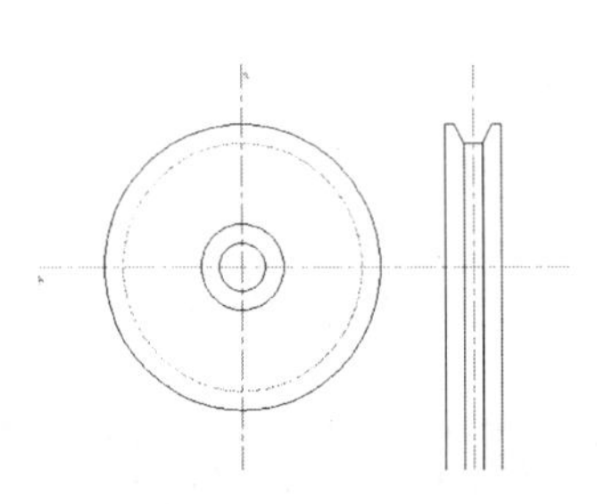

图176-6　修剪处理

08 执行"偏移"命令，将直线a分别向上和向下各偏移25、45，将直线c分别向左和向右各偏移40；并将偏移的直线移至"粗实线"图层，如图176-7所示。

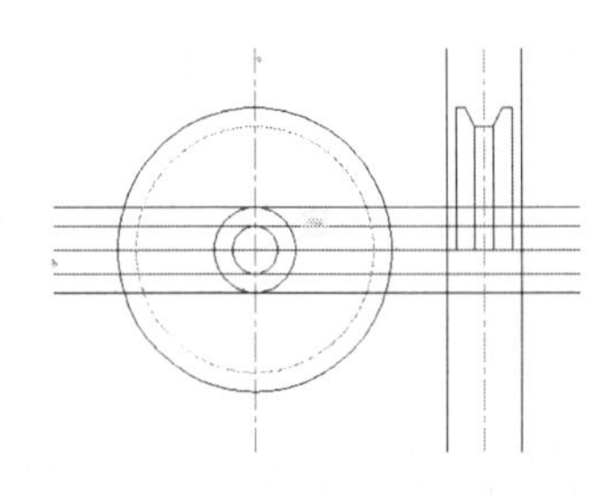

图176-7　偏移处理

09 执行"修剪"命令，对图形进行修剪，并调整图形对应视图的线型，然后执行"镜像"命令，选择需要镜像的图形，分别选择直线a的两个端点为图形进行镜像，如图176-8所示。

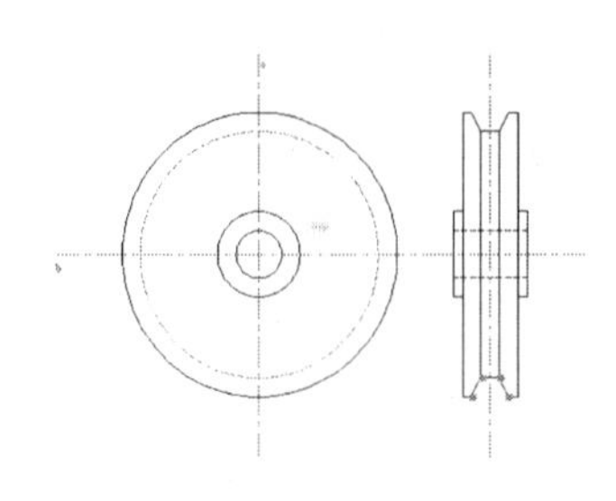

图170-8　修剪镜像

10 执行"保存"命令，保存文件。

练习176　绘制V带轮

实战位置	DVD>练习文件>第6章>练习176.dwg
难易指数	★★★☆☆
技术掌握	巩固绘制V带轮的方法

操作指南

参照"实战176"案例进行制作。

首先打开场景文件，然后进入操作环境，做出如图176-9所示图形。

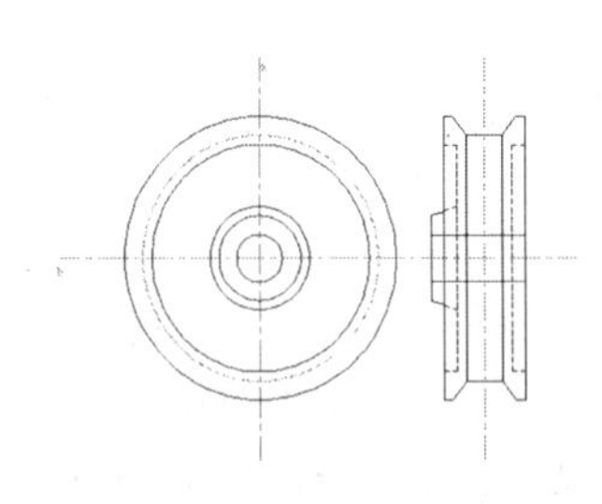

图176-9　绘制V带轮

实战177　绘制套筒

实战位置	DVD>实战文件>第6章>实战177.dwg
视频位置	DVD>多媒体教学>第6章>实战177.avi
难易指数	★★★☆☆
技术掌握	掌握绘制套筒的方法

实战介绍

本实战运用基础的绘图工具来介绍剖面图，本例最终效果如图177-1所示。

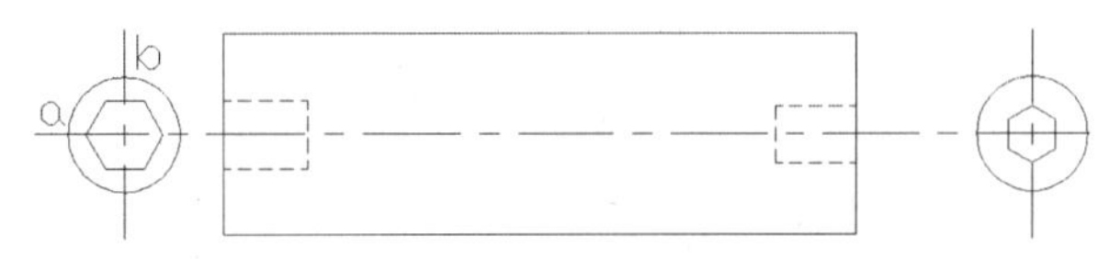

图177-1　最终效果

制作思路

• 首先打开AutoCAD 2013，然后进入操作环境，先绘制中心线，然后绘制零件主视图和侧视图，做出如图177-1所示的图形。

制作流程

01 双击AutoCAD 2013的桌面快捷方式图标，打开一个新的AutoCAD文件，文件名默认为"Drawing1.dwg"。

02 执行LAYER命令，新建一个"中心线"图层，设置其"线型"为CENTER、"颜色"为青色，双击该图层，将其设为当前图层；新建一个"虚线"图层，设置其"线型"为HIDDEN，"颜色"为白色。

03 按F8键开启正交模式，执行LINE命令，在绘图区指定起点，绘制一条任意长度的水平直线a，绘制一条垂直于水平直线的直线b，效果如图177-2所示。

图177-2 绘制中心线

04 执行OFFSET命令，将直线b向右偏移165；重复执行OFFSET命令，将直线b向右偏移33，将该偏移的直线移至0图层，效果如图177-3所示。

图177-3 偏移中心线和基准线

05 执行OFFSET命令，选择基准线分别向右偏移15、85、100；重复执行OFFSET命令，将直线a分别向上和向下各偏移17.5，并将偏移所得直线移至0图层，效果如图177-4所示。

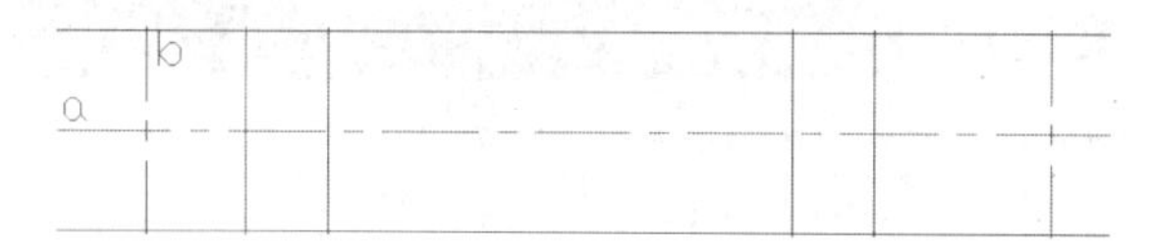

图177-4 偏移处理

06 执行TRIM命令，对图形进行修剪，效果如图177-5所示。

图177-5 修剪处理

07 执行CIRCLE命令，输入圆半径10，捕捉中心线的交点绘制两个圆，效果如图177-6所示。

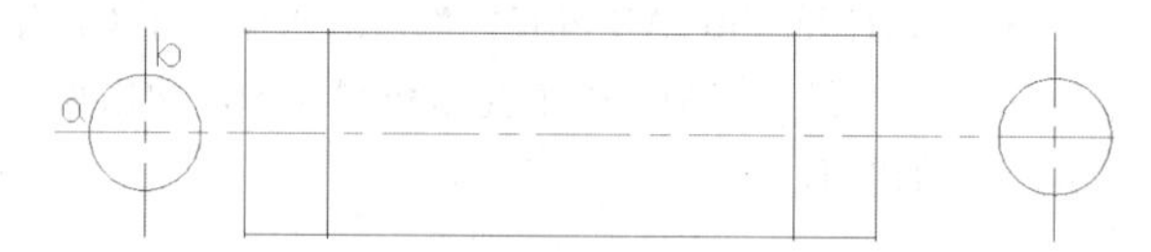

图177-6 绘制圆

08 执行POLYGON命令，捕捉左侧的圆心为中心点，绘制外接于圆、半径为6的正六边形；重复执行PILYGON命令，以右侧圆的圆心为中心，绘制内切于圆、半径为5的正六边形，效果如图177-7所示。

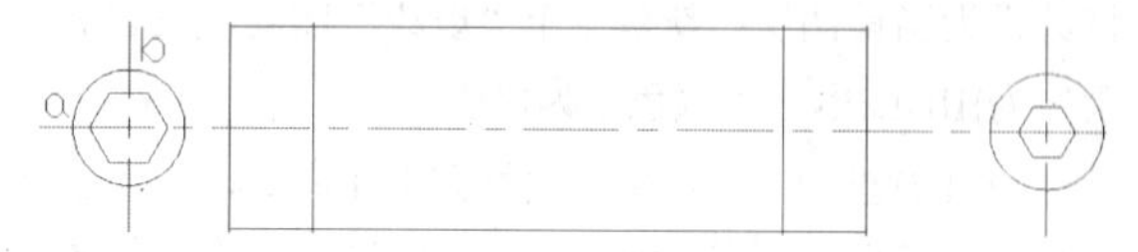

图177-7 绘制正六边形

09 执行ROTATE命令，选择右侧的正六边形，将其逆时针旋转90°，效果如图177-8所示。

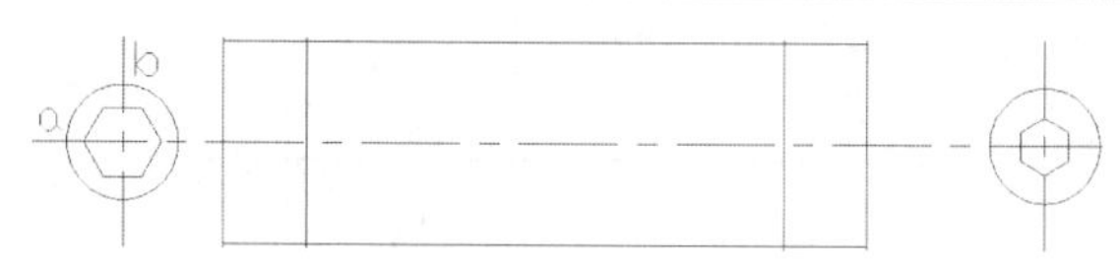

图177-8 旋转处理

10 执行XLINE命令，捕捉正六边形与视图对应顶点，绘制两条水平构造线，效果如图177-9所示。

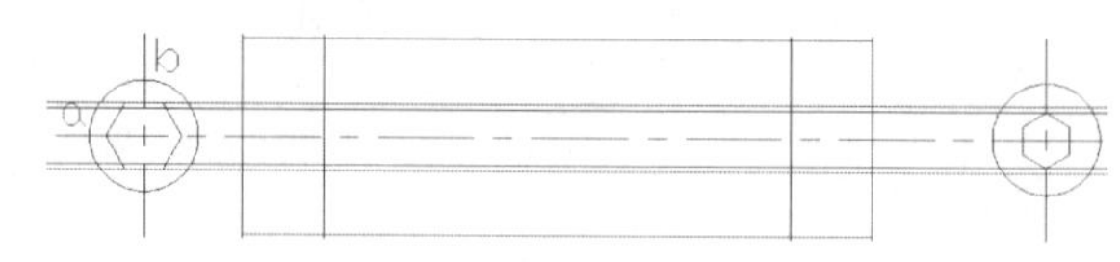

图177-9 绘制构造线

11 执行TRIM命令，对图形进行修剪；将修剪所得图形移至“虚线”图层，效果如图177-1所示。

12 执行“保存”命令，将图形另存为“实战177.dwg”。

练习177 绘制套筒

实战位置	DVD>练习文件>第6章>练习177.dwg
难易指数	★★★☆☆
技术掌握	巩固绘制套筒应用的命令工具

操作指南

参照“实战177”案例进行制作。

首先打开场景文件，然后进入操作环境，绘制如图177-10所示图形。

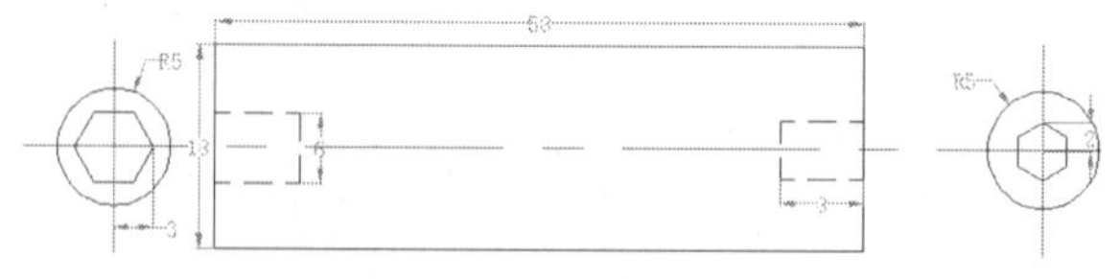

图177-10 绘制套筒

实战178 绘制偏心轮

实战位置	DVD>实战文件>第6章>实战178.dwg
视频位置	DVD>多媒体教学>第6章>实战178.avi
难易指数	★★☆☆☆
技术掌握	掌握绘制偏心轮的方法

实战介绍

本例设计偏心轮，效果如图178-1所示。

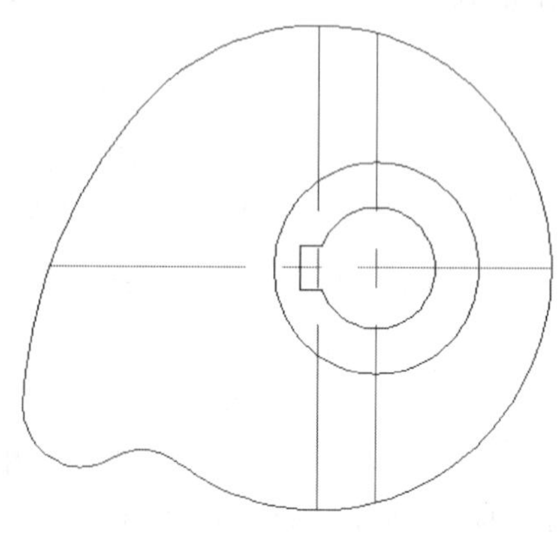

图178-1 最终效果

制作思路

• 首先打开AutoCAD 2013，然后进入操作环境，先绘制中心线，然后绘制偏心轮轮廓线，做出如图178-1所示的图形。

制作流程

01 双击AutoCAD 2013的桌面快捷方式图标，打开一个新的AutoCAD文件，文件名默认为“Drawing1.dwg”。

02 执行“新建图层”命令，新建一个“中心线”图层，设置其“线型”为CENTER，“颜色”为红色，并将其置为当前层。

03 按“F8”键启动“正交模式”，执行“直线”命令，在绘图区指定起点，绘制两条相互垂直的直线a与b，如图178-2所示。

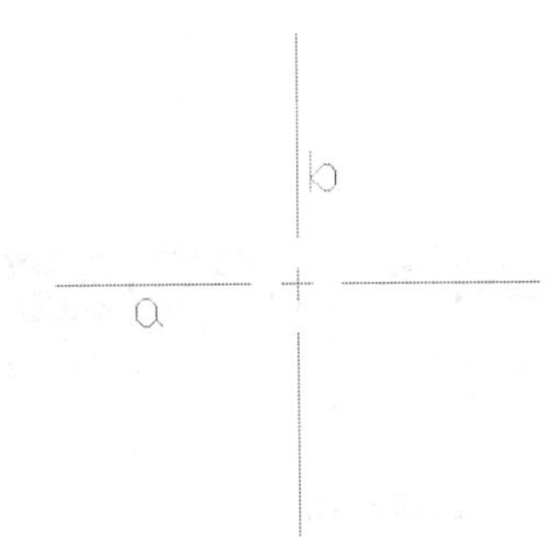

图178-2　绘制中心线

04 执行“偏移”命令，将直线b向左偏移40、向右偏移10，如图178-3所示。

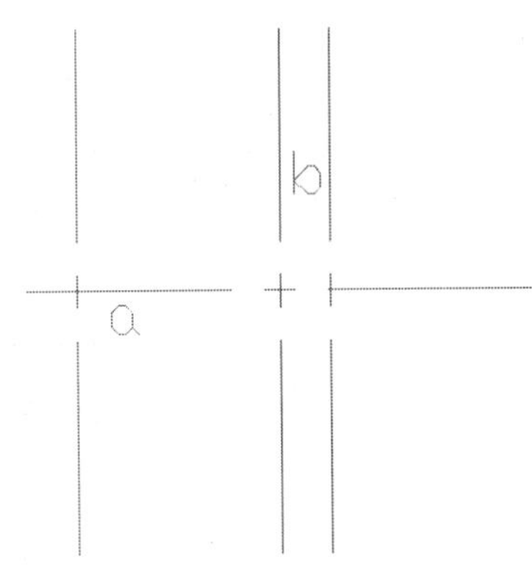

图178-3　偏移处理

05 将0图层置为当前层，执行“圆”命令，以点A为圆心分别绘制半径为10、17.5的同心圆；重复执行“圆”命令，以直线a与直线b的交点为圆心绘制半径为40的圆，效果如图178-4所示。

06 执行“构造线”命令，捕捉直线a与直线b的交点，绘制角度为30°的构造线，如图178-5所示。

07 执行“圆”命令，以B点为圆心，绘制半径为10的圆，效果如图178-6所示。

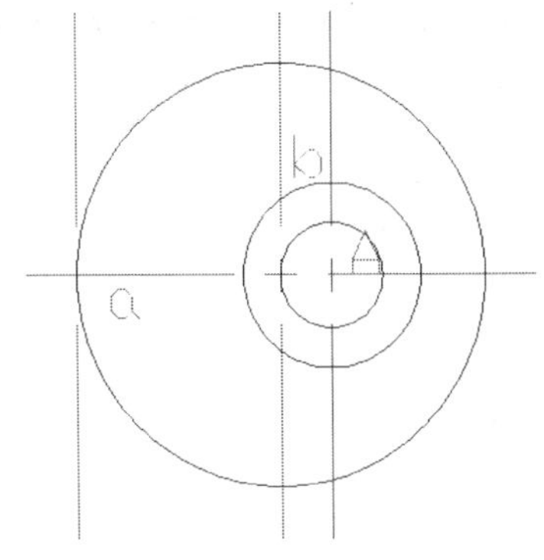

图178-4　绘制圆

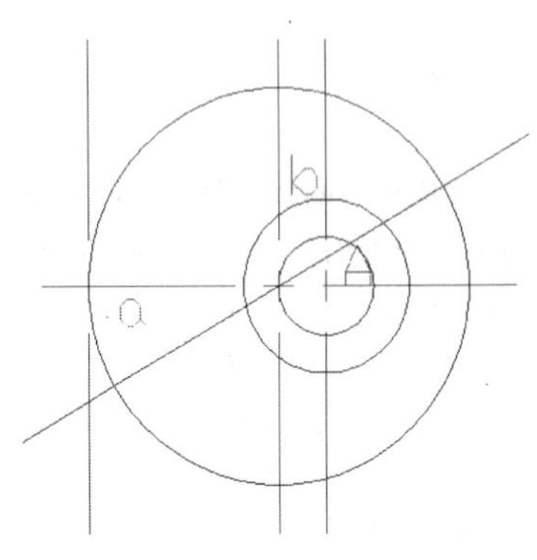

图178-5　绘制构造线

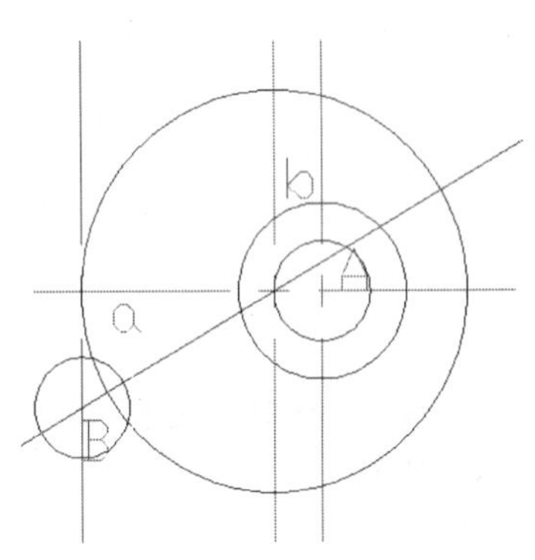

图178-6　绘制圆

08 执行“圆”命令，分别捕捉圆B与半径40的圆的切点，绘制半径为80的圆；重复执行“圆”命令，分别捕捉圆B与半径40的圆的切点，绘制半径10的圆，效果如图178-7所示。

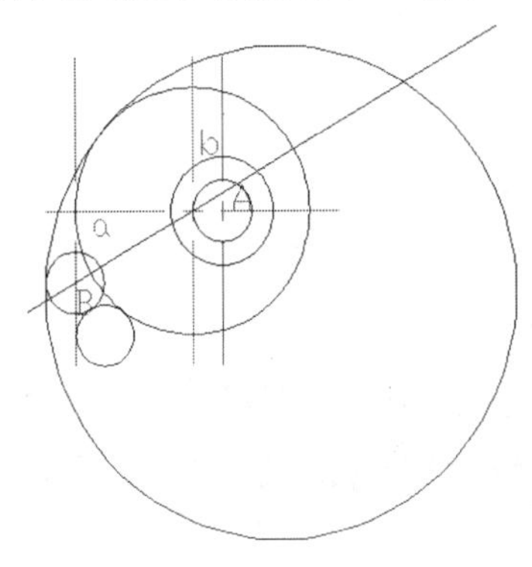

图178-7　绘制圆

09 执行“修剪”命令，对图形进行修剪，效果如图178-8所示。

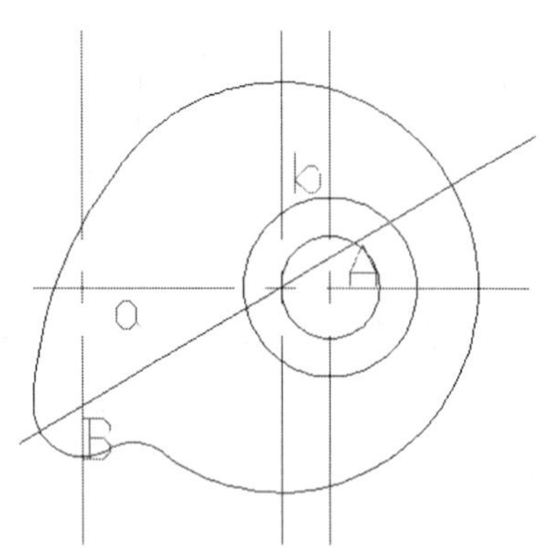

图178-8 修剪处理

10 执行“偏移”命令，将直线b向左偏移3，直线a分别向上和向下均偏移3.5，并将偏移的直线移到0图层，效果如图178-9所示。

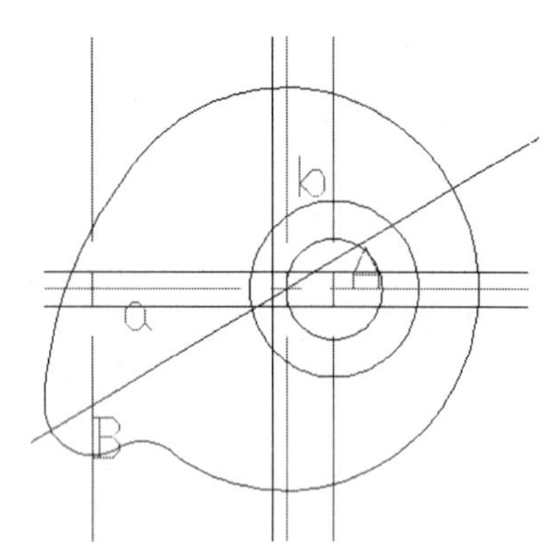

图178-9 偏移处理

11 执行“修剪”命令，对图形进行修剪，效果如图178-10所示。

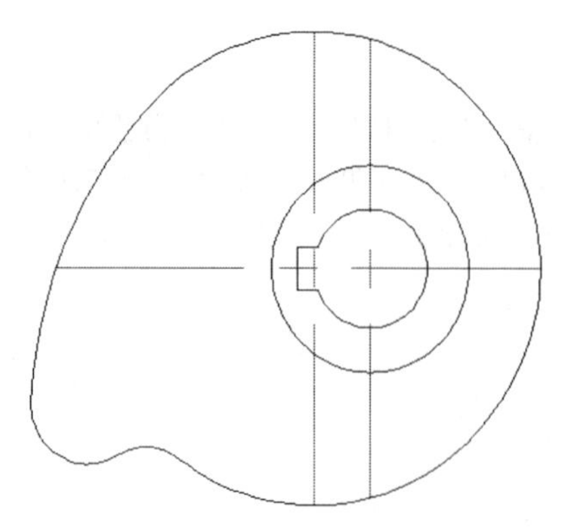
图178-10 修剪处理

12 执行“另存为”命令，将文件另存为“实战178”。

练习178 绘制偏心轮

实战位置	DVD>练习文件>第6章>练习178.dwg
难易指数	★★☆☆☆
技术掌握	巩固绘制偏心轮的方法

操作指南

参照“实战178”案例进行制作。

首先打开场景文件，然后进入操作环境，做出如图178-11所示图形。

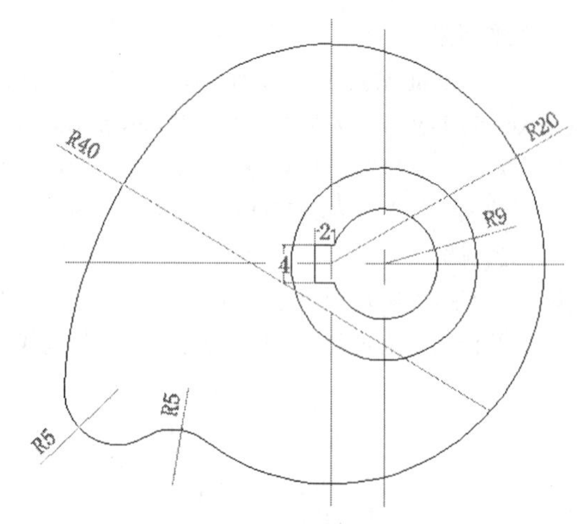

图178-11 绘制偏心轮

实战179 绘制铰链支座

实战位置	DVD>实战文件>第6章>实战179.dwg
视频位置	DVD>多媒体教学>第6章>实战179.avi
难易指数	★★☆☆☆
技术掌握	掌握绘制铰链支座的方法

实战介绍

本例中将介绍铰链支座的绘制方法。铰链支座一般由左视图和俯视图构成，本例最终效果如图179-1所示。

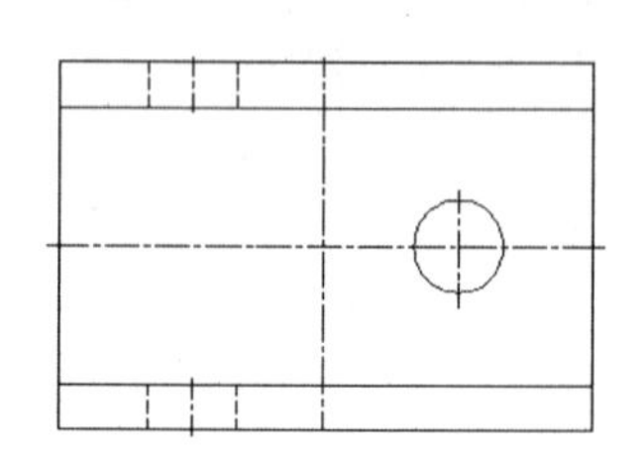
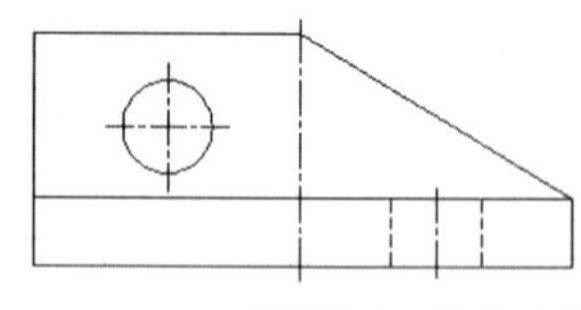
图179-1 最终效果

制作思路

• 首先打开AutoCAD 2013，然后进入操作环境，先绘制中心线，然后绘制零件左视图和俯视图，做出如图179-1所示的图形。

制作流程

01 双击AutoCAD 2013的桌面快捷方式图标，打开一个新的AutoCAD文件，文件名默认为“Drawing1.dwg”。

02 执行LAYER命令，新建一个“中心线”图层，设置其“线型”为CENTER，“颜色”为青色；新建一个“虚线”图层，设置其“线型”为HIDDEN，“颜色”为白色。

03 按F8键开启正交模式，执行LINE命令，在绘图区制定起点，绘制两条互相垂直的直线a与b，将绘制的直线移至“中心线”图层，效果如图179-2所示。

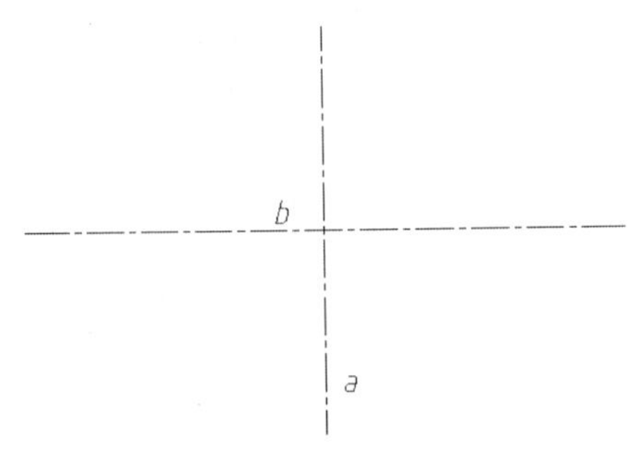

图179-2　绘制中心线

04 执行PFFSET命令，将直线b分别向上和向下各偏移30、40，将直线a分别向左和向右各偏移30、60，并将偏移的水平直线和外侧的垂直直线移至0图层，效果如图179-3所示。

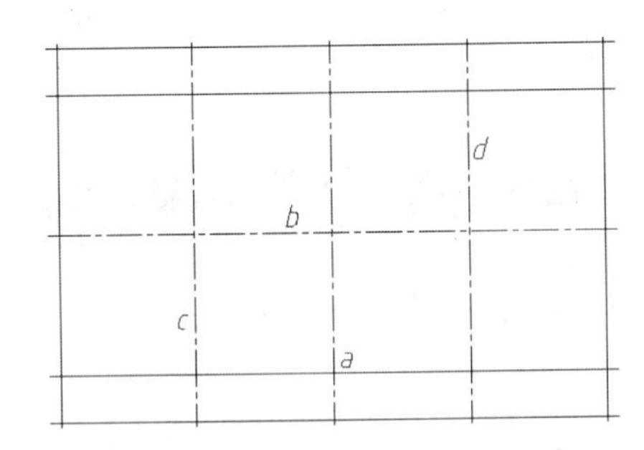

图179-3　偏移处理

05 执行TRIM命令，对图形进行修剪，效果如图179-4所示。

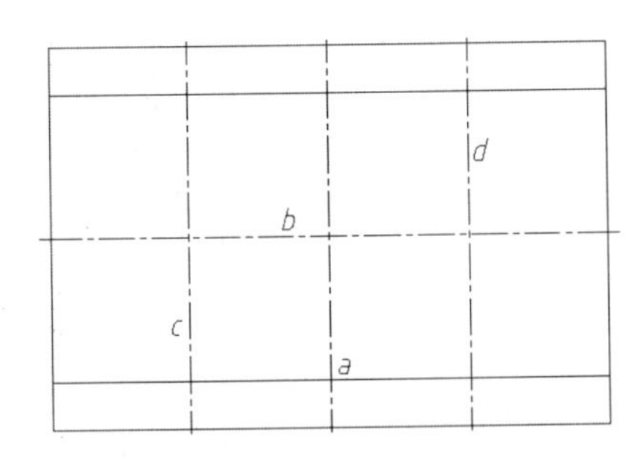

图179-4　修剪处理

06 执行OFFSET命令，将直线c、d分别向左和向右各偏移10，并将偏移的直线移至“虚线”图层；将直线b向下偏移120，并将偏移的直线移至0图层，效果如图179-5所示。

07 执行EXTEND命令，选择直线e，然后分别选择所有垂直线，对其进行延伸，效果如图179-6所示。

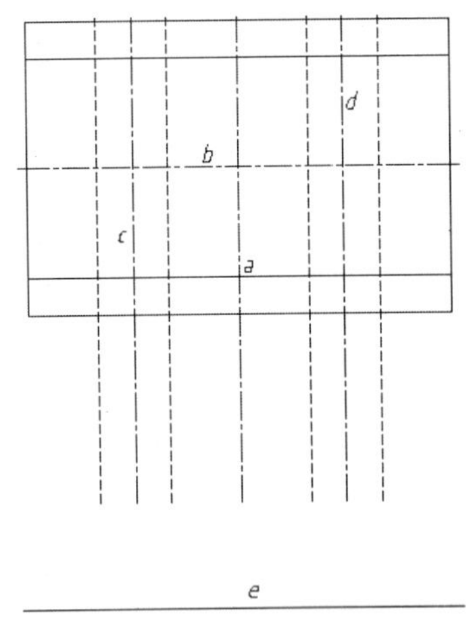

图179-5　偏移处理

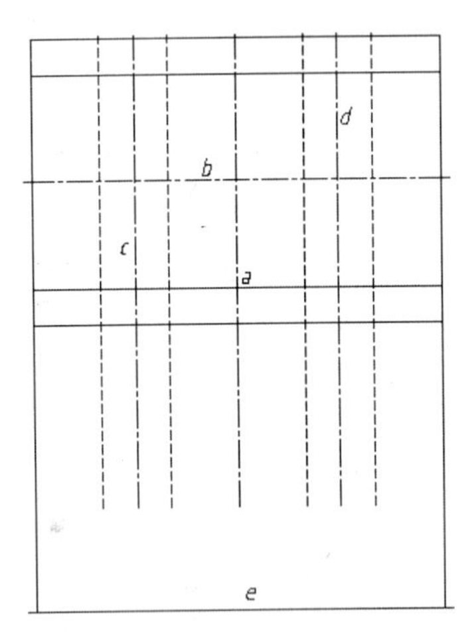

图179-6　延伸处理

08 执行OFFSET命令，将直线e向上分别偏移15、30、50，效果如图179-7所示。

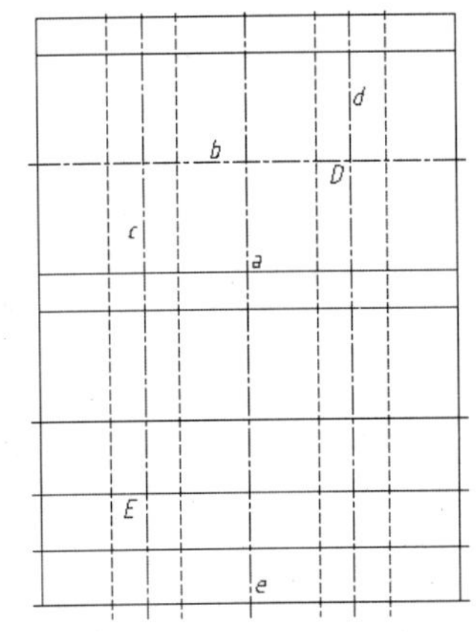

图179-7　偏移处理

09 执行CIRLLE命令，分别以D、E两点为圆心，绘制半径均为10的圆，效果如图179-8所示。

10 执行TRIM命令，对图形进行修剪，效果如图179-9所示。

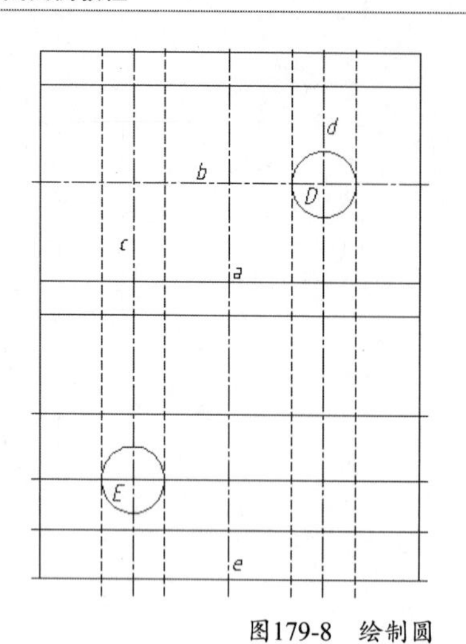

图179-8　绘制圆

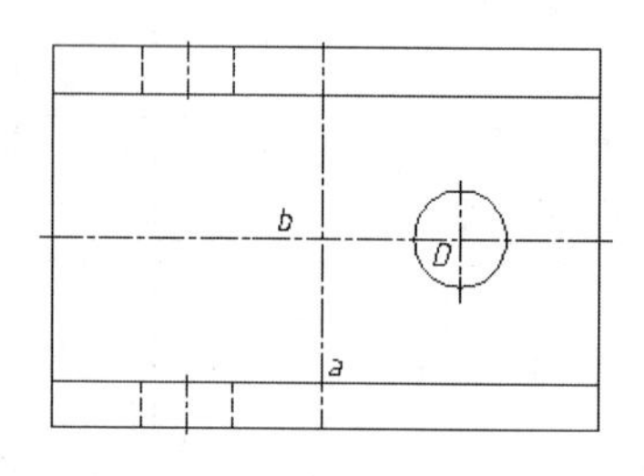

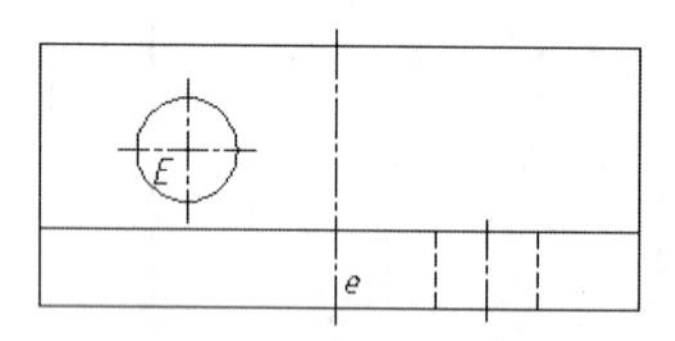

图179-9　修剪处理

11 执行LINE命令，绘制连接A、B两点的直线，效果如果179-10所示。

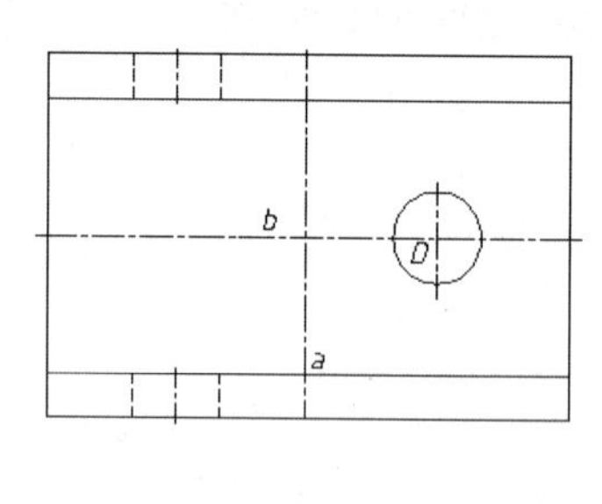

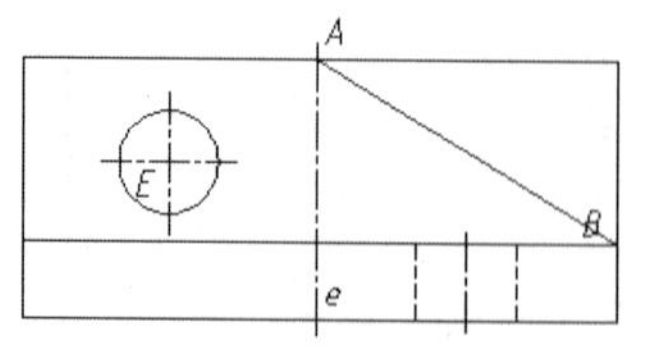

图179-10　绘制直线

12 执行TRIM命令，对图形进行修剪，效果如图179-1所示。

13 执行“保存”命令，将图形另存为“实战179.dwg”。

练习179 绘制铰链支座

实战位置　DVD>练习文件>第6章>练习179.dwg
难易指数　★★☆☆☆
技术掌握　巩固绘制铰链支座的方法

操作指南

参照“实战179”案例进行制作。

首先打开场景文件，然后进入操作环境，做出如图179-11所示图形。

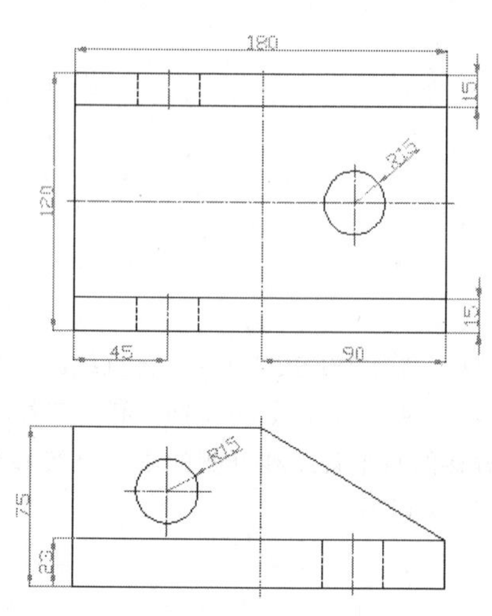

图179-11　绘制铰链支座

实战180 绘制悬臂支座

实战位置　DVD>实战文件>第6章>实战180.dwg
视频位置　DVD>多媒体教学>第6章>实战180.avi
难易指数　★★☆☆☆
技术掌握　掌握绘制悬臂支座的方法

实战介绍

悬臂支座是机械中不可缺少的最基本的零件之一，本例中将绘制悬臂支座，本例最终效果如图180-1所示。

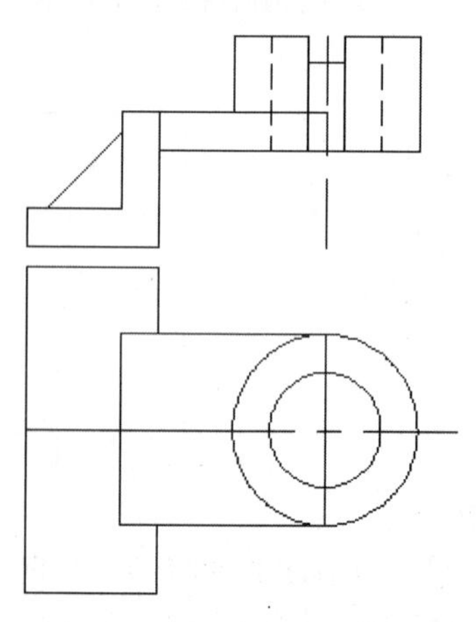

图180-1　最终效果

制作思路

• 首先打开AutoCAD 2013，然后进入操作环境，绘制悬壁支座的主视图和俯视图，并进行尺寸标注，做出如图180-1所示的图形。

制作流程

01 新建一个CAD文件，执行“图层>图层属性”命令，新建一个“中心线”图层，设置“线型”为CENTER，“颜色”为青色；新建一个“虚线”图层，设置“颜色”为蓝色，“线型”为HIDDEN。效果如图180-2所示。

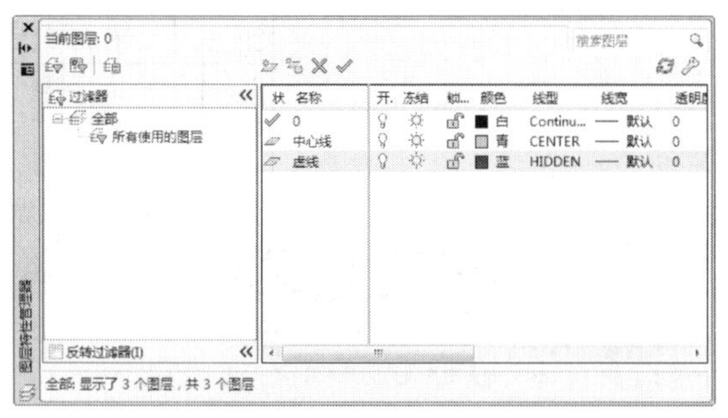

图180-2　新建图层

02 在命令行中输入LINE命令，在绘图区指定起点，绘制长为115的水平直线a，以直线a的左端点为起点向上绘制长为55的直线b，效果如图180-3所示。

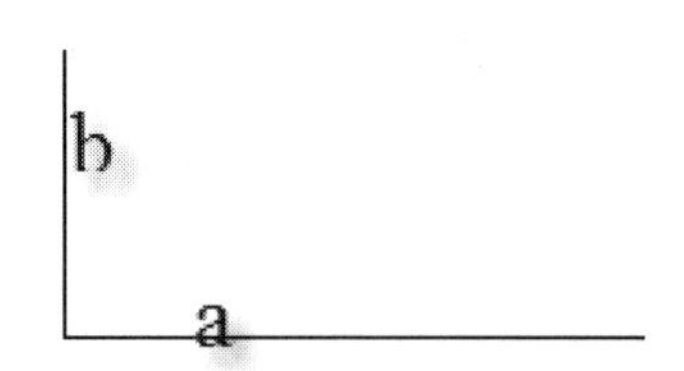

图180-3　绘制直线

03 执行“偏移”命令，将直线b向左偏移25、35、55、65、80、95、105，并将偏移80的直线移至“中心线”图层，将偏移65、95的直线移至“虚线”图层；将直线a向上分别偏移10、25、35、55，效果如图180-4所示。

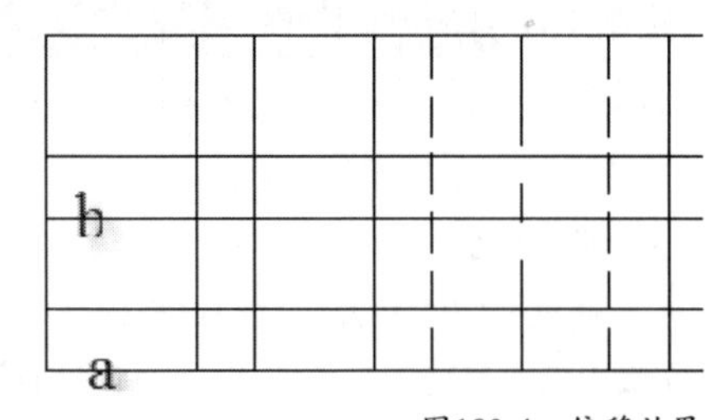

图180-4　偏移效果

04 在命令行中输入TRIM命令，对该图进行修剪，效果如图180-5所示。

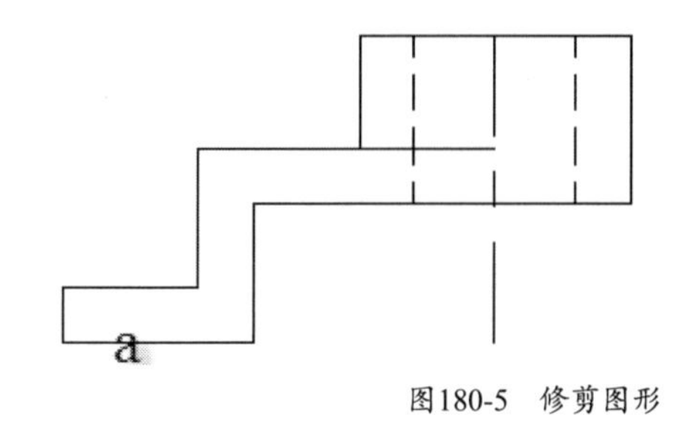

图180-5　修剪图形

05 执行”偏移“命令，将直线b向下偏移7，选择直线c向左和向右分别偏移5，将偏移的中心线移至0图层，如图180-6所示。

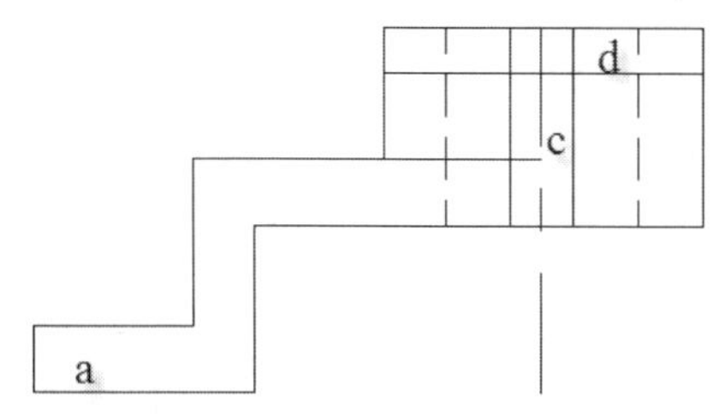

图180-6　偏移处理

06 在命令行中输入TRIM命令，对该图进行修剪，如图180-7所示。

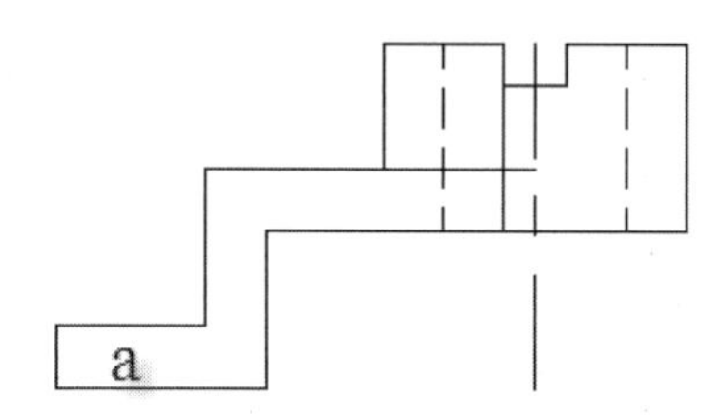

图180-7　修剪处理

07 执行“偏移”命令，将直线a向上偏移30，执行“绘图>构造线”命令，捕捉点A，绘制45°的构造线，如图180-8所示。

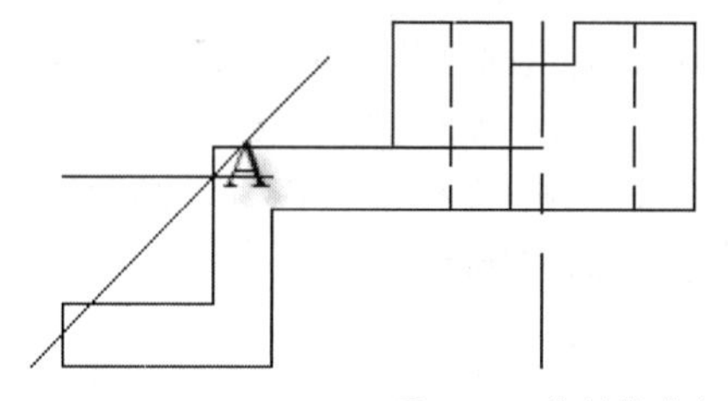

图180-8　绘制构造线

08 在命令行中输入TRIM命令，对该图进行修剪，结果如图180-9所示。

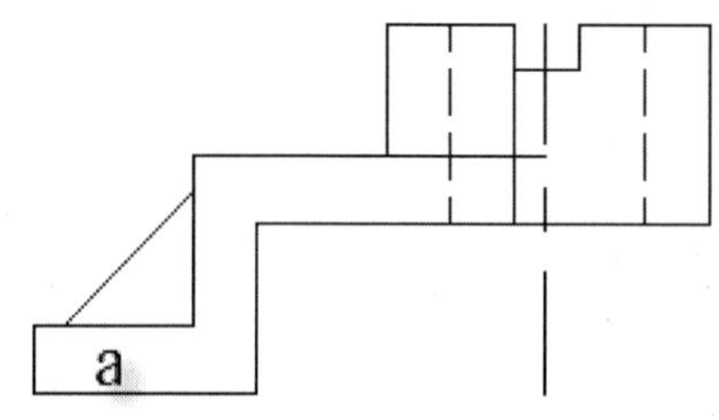

图180-9　修剪图形

09 执行“偏移”命令，将直线a向下偏移5、90；执行“绘图>构造线”命令，捕捉主视图的对应点绘制4条垂直构造线，效果如图180-10所示。

10 在命令行中输入TRIM命令，对该图进行修剪，如图180-11所示。

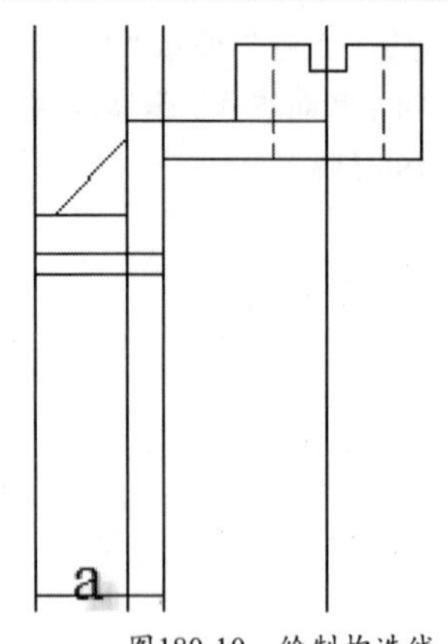

图180-10 绘制构造线

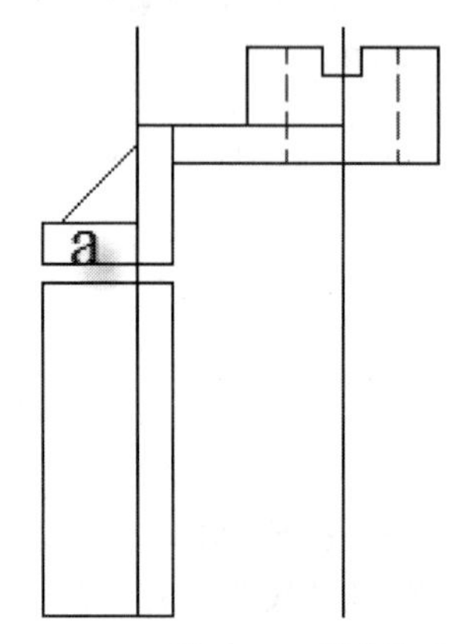

图180-11 修剪处理

11 在命令行中输入LINE命令，捕捉两条修剪直线的中点绘制一条水平线，将直线e、f移至“中心线”图层，执行“偏移”命令，将直线e分别向上和向下偏移5、25，将直线f分别向左和向右偏移5，并将偏移的直线移至0图层，如图180-12所示。

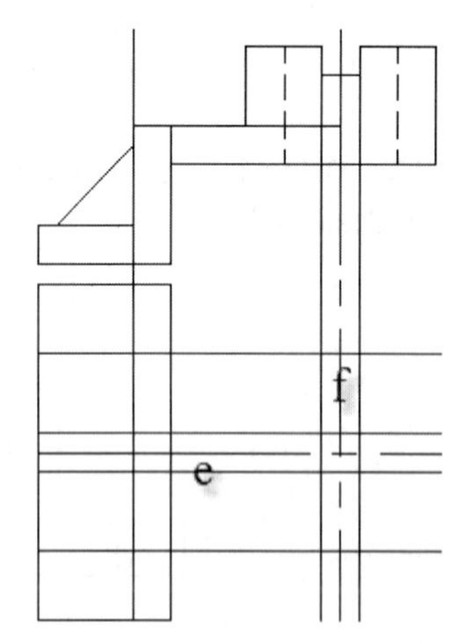

图180-12 绘制直线和偏移处理

12 以直线e和f的交点为圆心，绘制半径为15、25的同心圆，效果如图180-13所示。

13 在命令行中输入TRIM命令，对该图进行修剪，并进行保存，效果如图180-1所示。

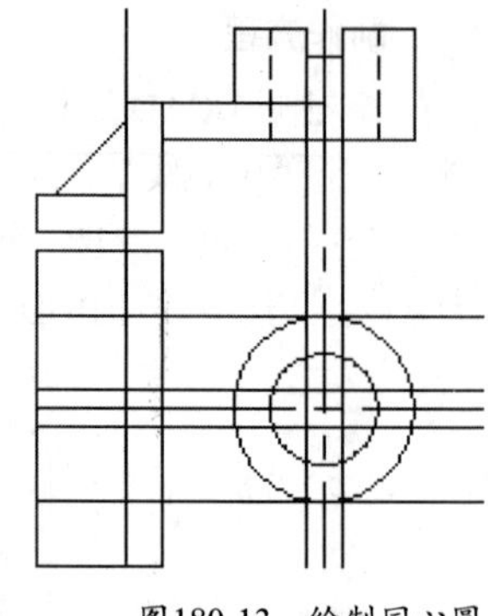

图180-13 绘制同心圆

练习180 绘制螺钉

实战位置	DVD>练习文件>第6章>练习180.dwg
难易指数	★★☆☆☆
技术掌握	巩固绘制悬臂支座应用的命令工具

操作指南

参照“实战180”案例进行制作。

首先打开场景文件，然后进入操作环境，按照本例所学的方法绘制如图180-14所示的螺钉。

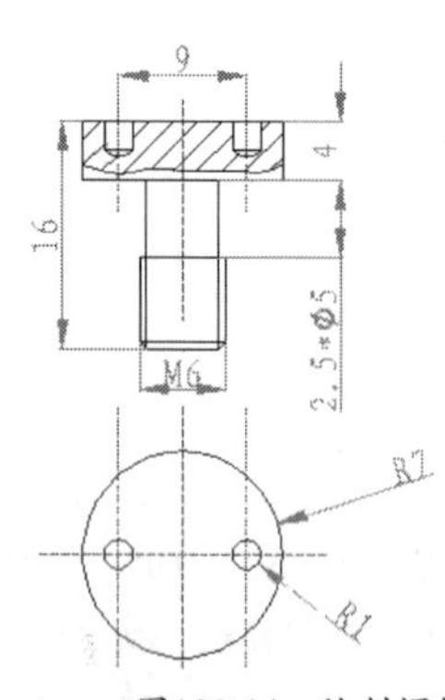

图180-14 绘制螺钉

实战181 绘制方向盘

实战位置	DVD>实战文件>第6章>实战181.dwg
视频位置	DVD>多媒体教学>第6章>实战181.avi
难易指数	★★★☆☆
技术掌握	掌握绘制方向盘的方法

实战介绍

通过介绍绘制方向盘的过程，介绍AutoCAD 2013中文版中圆、修剪工具的实用，使读者对简单的图形绘制进一步了解，本例最终效果如图181-1所示。

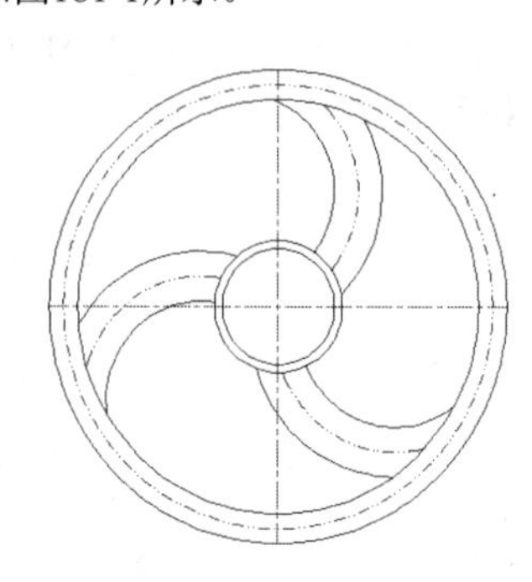

图181-1 方向盘最终效果

制作思路

• 首先打开AutoCAD 2013，然后进入操作环境，先绘制中心线，然后绘制零件图，做出如图181-1所示的图形。

制作流程

01 执行“文件>新建”命令，新建一个CAD文件。

02 执行LAYER命令，新建一个“中心线”图层，设置其“线型”为CENTER，“颜色”为红色。

03 按F8键开启正交模式，执行LINE命令，在绘图区指定起点，绘制一条水平直线a，再绘制一条垂直于该线的直线b，将绘制的直线移至“中心线”图层，效果如图181-2所示。

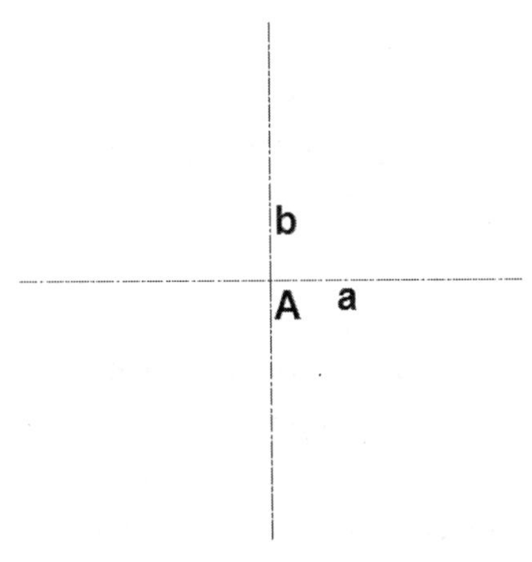

图181-2　绘制基准线

04 执行CIRCLE命令，以两直线的交点A为圆心，绘制半径分别为70、80、270的同心圆，效果如图181-3所示。

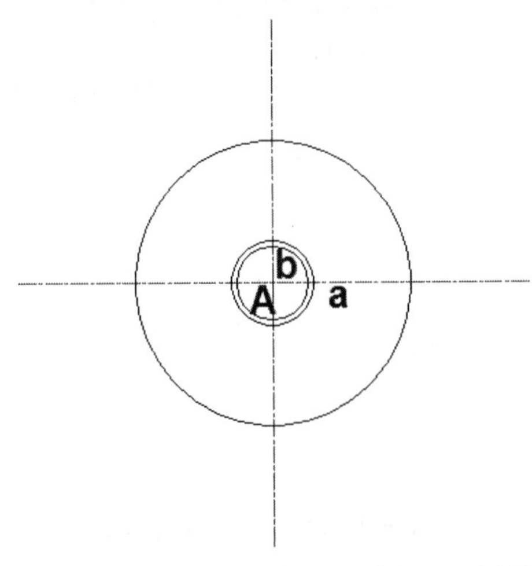

图181-3　绘制圆

05 执行OFFSET命令，将直线a向上偏移140，将直线b向左偏移50，将半径为270的圆向外和向内分别偏移18，并将半径为270的圆的线型改为DIVIDE，效果如图181-4所示。

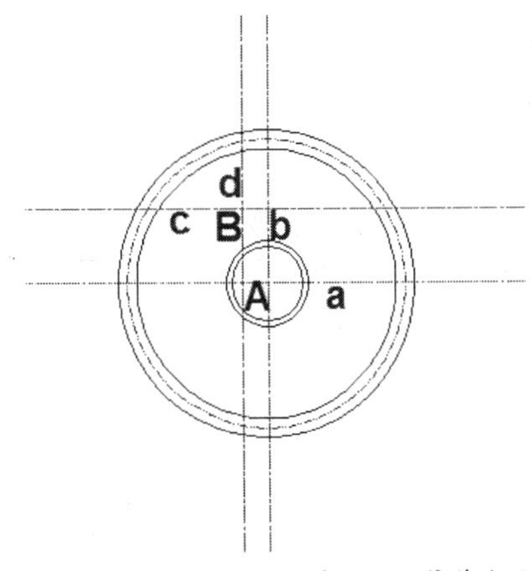

图181-4　偏移处理

06 执行CIRCLE命令，以直线c和d的交点B为圆心，绘制半径分别为120、150、180的同心圆，然后将半径为150的圆的线型改为DIVIDE，如图181-5所示。

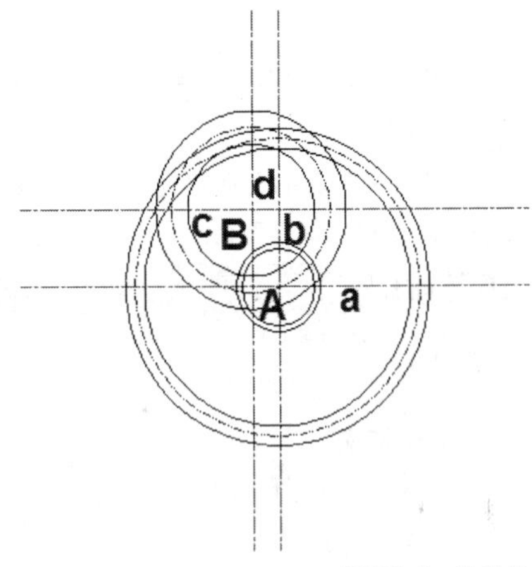

图181-5　绘制圆

07 执行TRIM命令，对图形进行修剪，效果如图181-6所示。

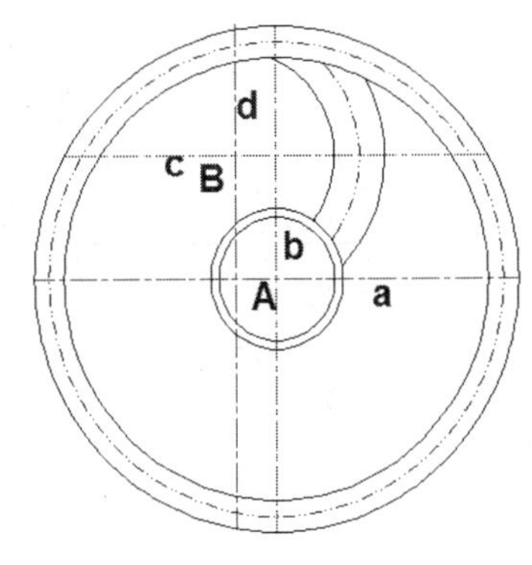

图181-6　修剪处理

08 执行ARRAY命令，弹出“阵列”对话框，选中“环形阵列”单选按钮，在“项目总数”数值框中输入3，在“填充角度”数值框中输入360，如图181-7所示。

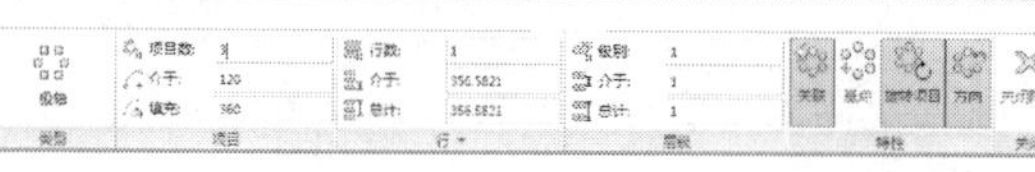

图181-7 “阵列”对话框

09 单击“选择对象”按钮，选择修剪的图形，按Enter键返回，单击“拾取中心点”按钮，选择A点，单击“确定”按钮，效果如图181-8所示。

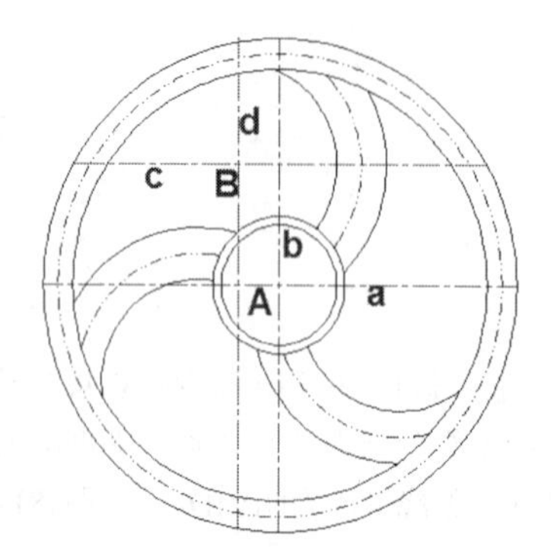

图181-8 环形阵列

10 执行ERASE命令，删除多余图形，效果如图181-1所示。

11 选择要保存的文件路径，并修改文件名为“实战181.dwg”，执行“保存”命令，将绘制的图形进行保存。

练习181 绘制方向盘

实战位置	DVD>练习文件>第6章>练习181.dwg
难易指数	★★★☆☆
技术掌握	巩固方向盘的画法

操作指南

参照“实战181”案例进行制作。

首先打开场景文件，然后进入操作环境，绘制如图181-9所示的图形。

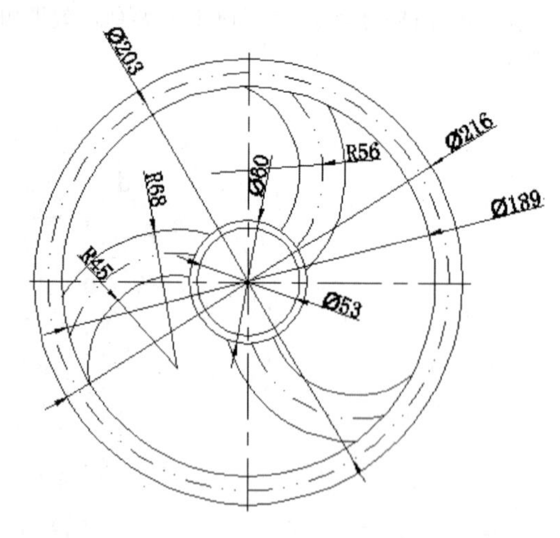

图181-9 绘制方向盘

实战182 绘制摇把

实战位置	DVD>实战文件>第6章>实战182.dwg
视频位置	DVD>多媒体教学>第6章>实战182.avi
难易指数	★★☆☆☆
技术掌握	掌握绘制摇把的方法

实战介绍

本例中将利用各种绘图命令绘制摇把。根据摇把结构，采用直线、圆等命令进行绘制，再通过各种绘图辅助命令，完成该零件图，本例最终效果如图182-1所示。

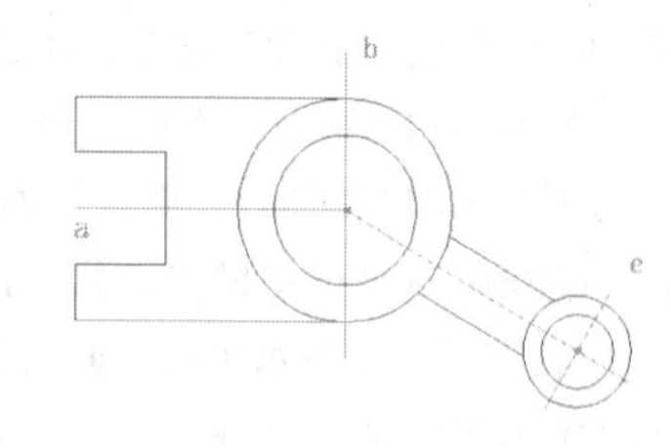

图182-1 最终效果

制作思路

• 首先打开AutoCAD 2013，然后进入操作环境，先绘制中心线，然后绘制摇把零件图，并标注文本，做出如图182-1所示的图形。

制作流程

01 新建一个文件。

02 在图层面板中执行“图层特性”命令，在弹出的“图层特性管理器”中新建2个图层。第一个图层命名为“粗实线”，线宽属性为0.7mm，其余属性默认；第二个图层命名为“中心线”，颜色设为洋红，线型加载为CENTER，其余属性默认。

03 设置“中心线”层为当前图层，按F8键开启正交模式，执行LINE命令，在绘图区指定起点，绘制一条任意长度的水平直线b，重复LINE命令，绘制一条垂直于该直线b的直线a，如图182-2所示。

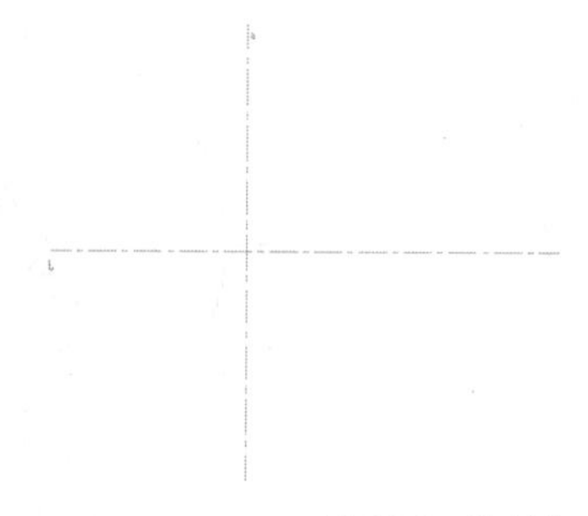

图182-2 绘制中心线

04 执行“直线”命令，捕捉直线a与直线b的交点绘制角度为-30°的构造线d；重复执行LINE命令，捕捉直线a与直线b的交点绘制角度为60°的构造线c，如图182-3所示。

05 执行“偏移”命令，将直线d向下偏移30，如图182-4所示。

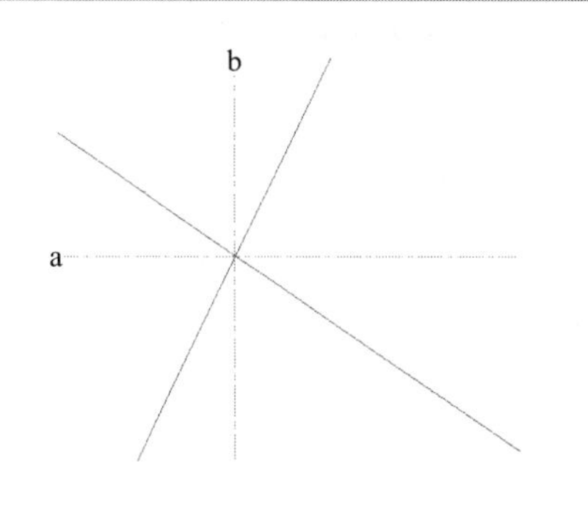

图182-3　绘制构造线

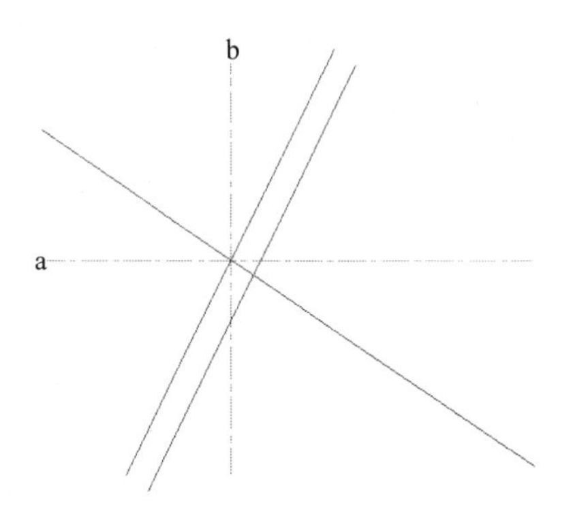

图182-4　偏移处理

06 执行“圆”命令，以直线a与直线b的交点为圆心，绘制半径分别为8和12的同心圆；重复执行CIRCLE命令，以直线c与e的交点为圆心绘制半径分别为4和6的同心圆，如图182-5所示。

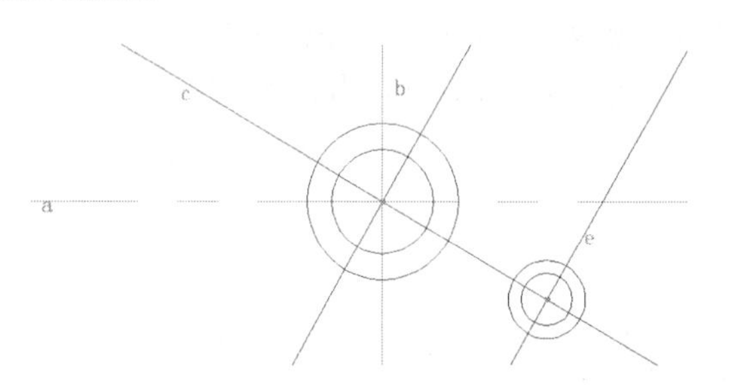

图182-5　绘制同心圆

07 执行“偏移”命令，将直线a分别向上和向下偏移6、12；将直线b分别向左偏移20、30；将直线c向上和向下分别偏移3.5，如图182-6所示。

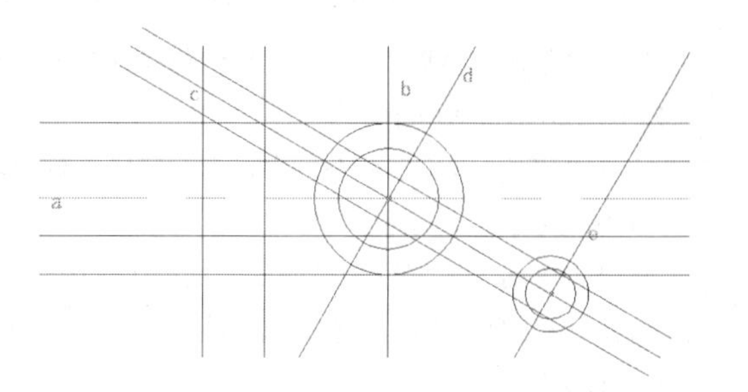

图182-6　偏移处理

08 执行“修剪”命令，对图形进行修剪，并将直线a、b、c和e移至“中心线”图层，如图182-1所示。

09 执行“保存”命令，保存文件。

练习182　绘制手轮

实战位置	DVD>练习文件>第6章>练习182.dwg
难易指数	★★★☆☆
技术掌握	巩固绘制摇把应用的命令工具

操作指南

参照“实战182”案例进行制作。

首先打开场景文件，然后进入操作环境，做出如图182-7所示图形。

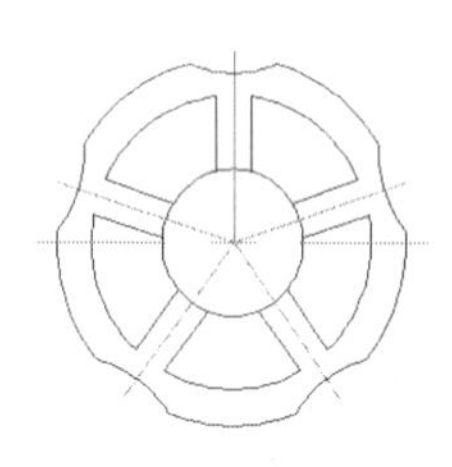

图182-7　绘制手轮

实战183　绘制泵盖零件图

实战位置	DVD>实战文件>第6章>实战183.dwg
视频位置	DVD>多媒体教学>第6章>实战183.avi
难易指数	★★★☆☆
技术掌握	掌握绘制泵盖零件图的方法

实战介绍

本例中将利用各种绘图命令绘制泵盖零件图。泵盖在部件中，起着封闭和支撑齿轮和齿轮轴的作用。根据该零件的实际尺寸，确定应以2∶1的比例绘制在A3图纸的图幅上，本例最终效果如图183-1所示。

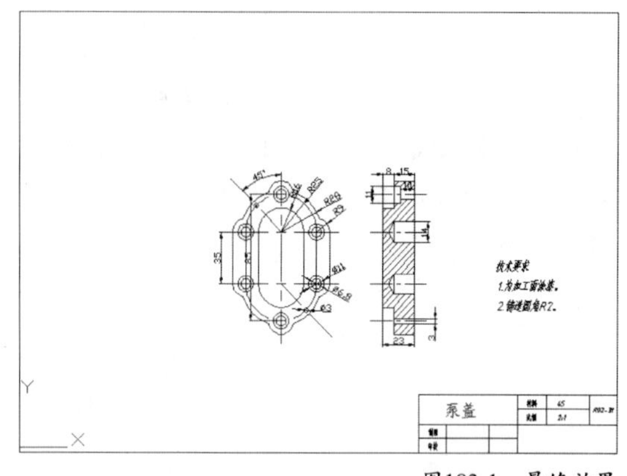

图183-1　最终效果

制作思路

• 首先打开AutoCAD 2013，然后进入操作环境，先绘制图框和标题栏，再绘制零件图，最后进行尺寸标注，并添加技术要求说明，做出如图183-1所示的图形。

制作流程

01 新建一个AutoCAD文件，命名为“实战183.dwg”。

02 双击修改标题栏中的文字，如图183-2所示。

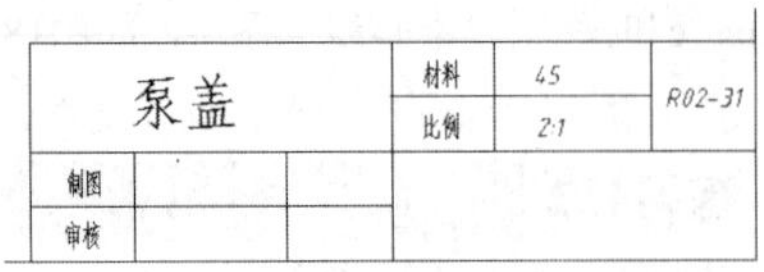

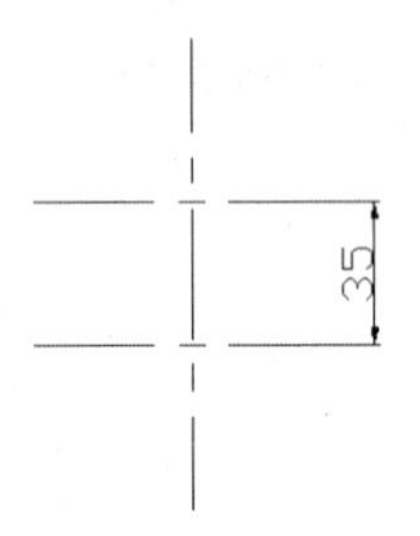

图183-2 修改标题栏

03 将“点画线”层置为当前层。执行“绘图>直线”命令，绘制出泵盖零件左视图的基准线，两水平轴线之间的距离为35，如图183-3所示。

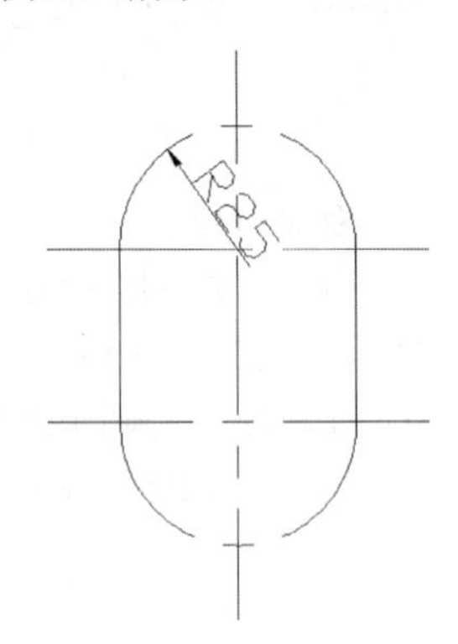

图183-3 绘制左视图中心线

04 执行“绘图>多段线”命令，绘制点画线长圆，表示泵盖左视图上沉孔的中心线，如图183-4所示。

图183-4 绘制泵盖左视图上沉孔的中心线

05 将“粗实线”层置为当前层。执行“绘图>多段线”命令，用同样的方法绘制泵盖的内侧形状轮廓线，如图183-5所示。

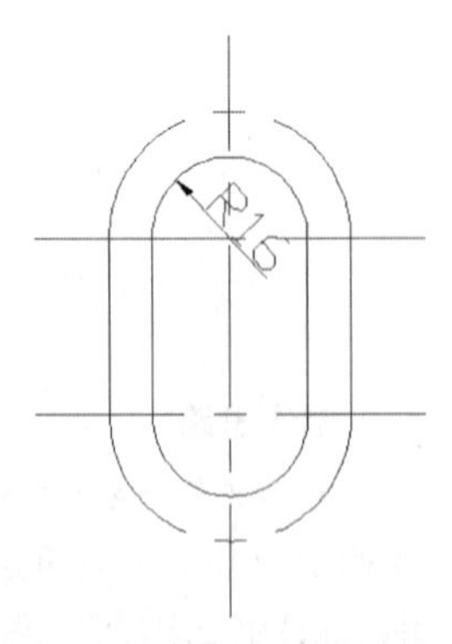

图183-5 绘制泵盖内侧形状轮廓线

06 执行“绘图>圆”命令，利用“对象捕捉”功能，捕捉中心线的交点，绘制出半径尺寸分别为3.4、5.5和9的同心圆，如图183-6所示。

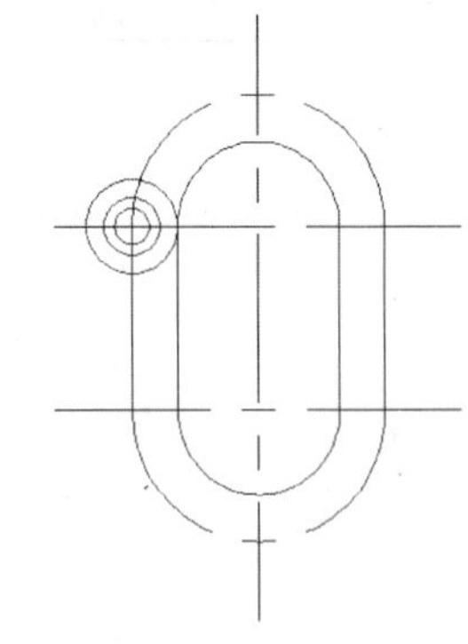

图183-6 绘制3个同心圆

07 执行“修改>复制”命令，复制3个同心圆。结果如图183-7所示。

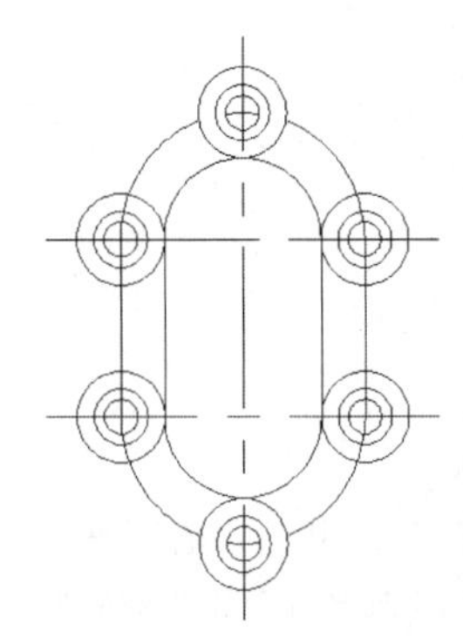

图183-7 复制3个同心圆

08 执行“绘图>圆”命令，利用“对象捕捉”功能绘制外侧轮廓线上下两个圆。其中圆的半径为28，圆心与泵盖的内侧轮廓线的圆心相同，如图183-8所示。

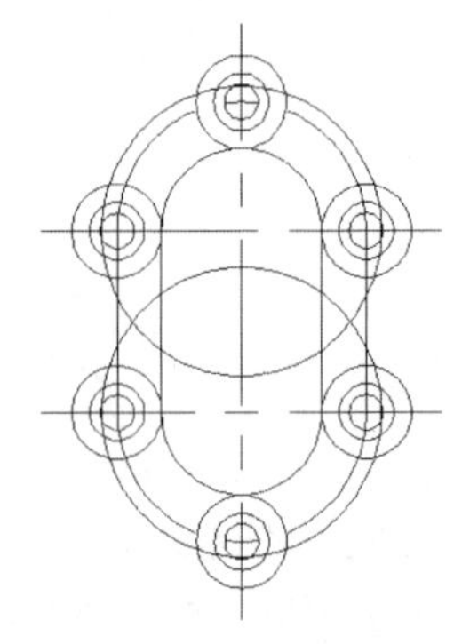

图183-8 绘制外侧轮廓线上下两个圆

09 执行“绘图>直线”命令，利用切点捕捉功能，绘制左右切线，如图183-9所示。

10 执行“修改>修剪”命令，去掉多余线段。修剪结果如图183-10所示。

11 将“点画线”图层置为当前层。执行“绘图>直线”命令，利用极轴的功能，捕捉45°倾斜线，绘制销孔的中心线，如图183-11所示。

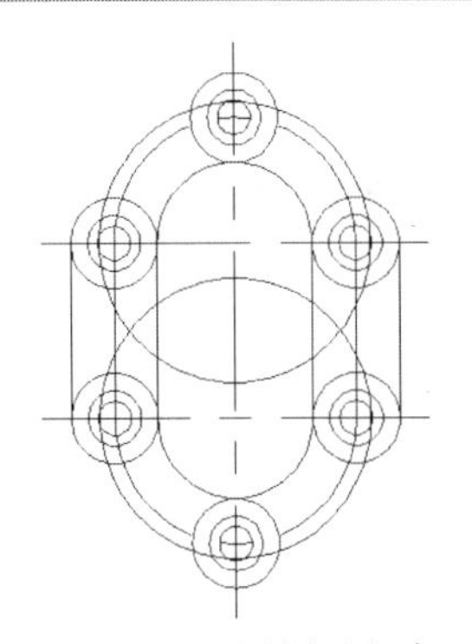

图183-9　绘制左右切线

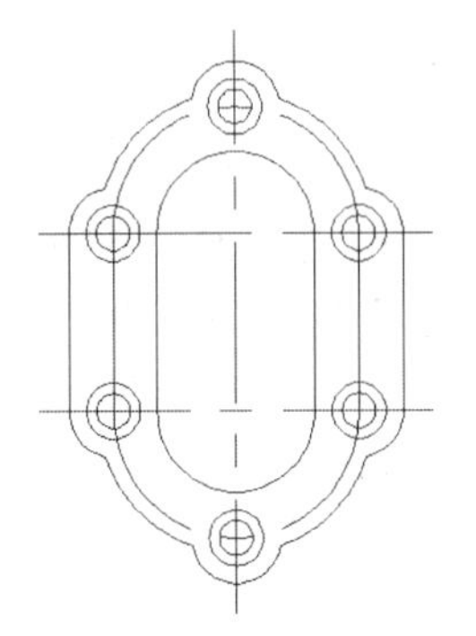

图183-10　修剪结果

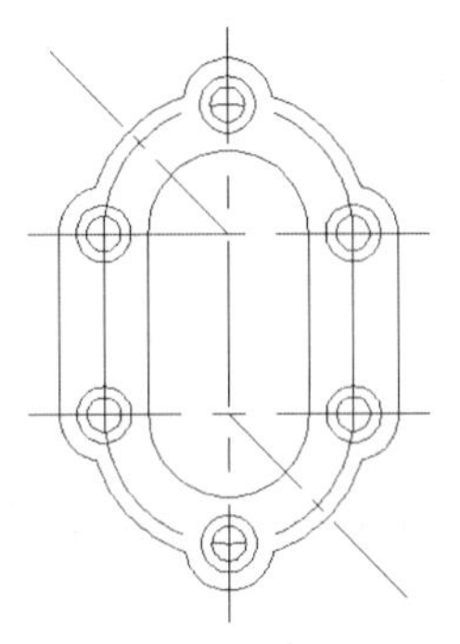

图183-11　绘制销孔中心线

12 将“粗实线”层置为当前层。执行“绘图>圆”命令，以倾斜线与点画线长圆交点为圆心，绘制半径为1.5的圆，表示两个销孔圆，如图183-12所示。

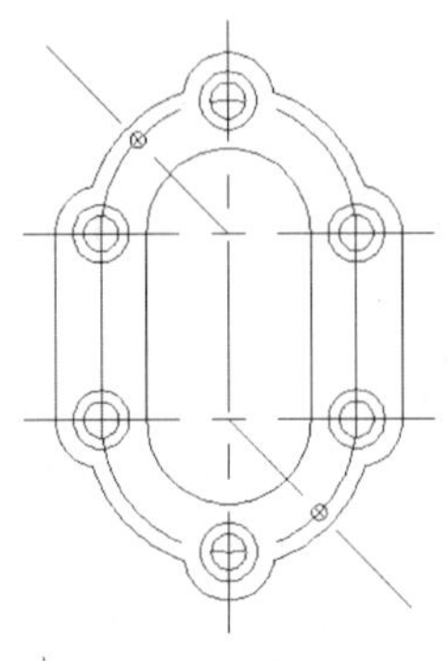

图183-12　绘制销孔圆

13 将“虚线”层置为当前层，执行“绘图>圆”命令，利用“对象捕捉”功能，在左视图上绘制3个辅助圆，如图183-13所示。绘制过程中的命令行和操作内容如下：

```
命令：_circle
指定圆的圆心或 [三点(3P)/两点(2P)/相切、相切、半径(T)]： //利用对象捕捉功能，捕捉长圆的上方圆心
指定圆的半径或 [直径(D)] <1.5000>:7
命令：_circle //按回车键，再次启动绘制圆命令
指定圆的圆心或 [三点(3P)/两点(2P)/相切、相切、半径(T)]： //捕捉长圆的下方圆心
指定圆的半径或 [直径(D)] <7.0000>： //按回车键，使用上次绘制圆的半径值
命令：_circle //按回车键，再次启动绘制圆命令
指定圆的圆心或 [三点(3P)/两点(2P)/相切、相切、半径(T)]： //捕捉下方同心圆的圆心
指定圆的半径或 [直径(D)] <7.0000>: 1.5
```

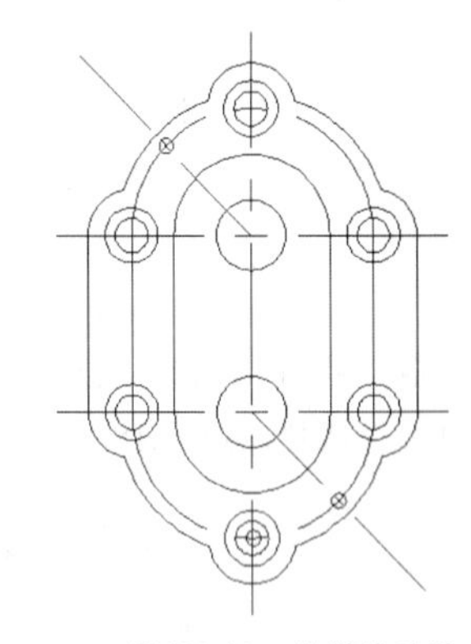

图183-13　绘制辅助圆

14 将“粗实线”层置为当前层，执行“绘图>构造线”命令，利用“对象捕捉”和“对象追踪”功能，绘制水平构造线。绘制结果如图183-14所示。

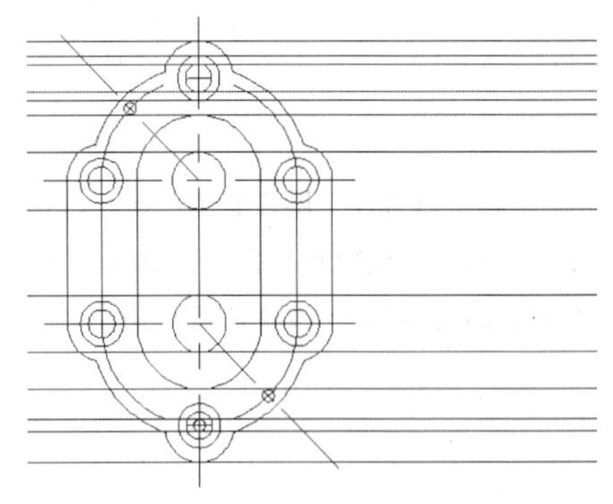

图183-14　绘制水平构造线

15 执行“绘图>构造线”命令，绘制竖直构造线。各构造线间的间距为8、5、10，如图183-15所示。

16 执行“修改>修剪”命令，对构造线进行初步修剪，将主视图区域范围外的线条修剪掉。并删除虚线辅助圆，得到结果如图183-16所示。

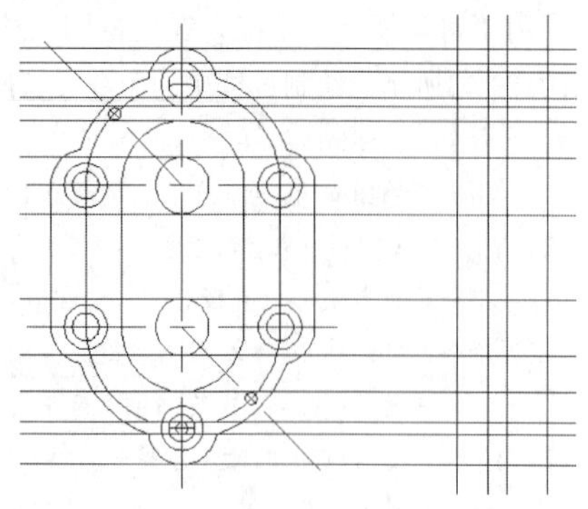
图183-15 绘制竖直构造线

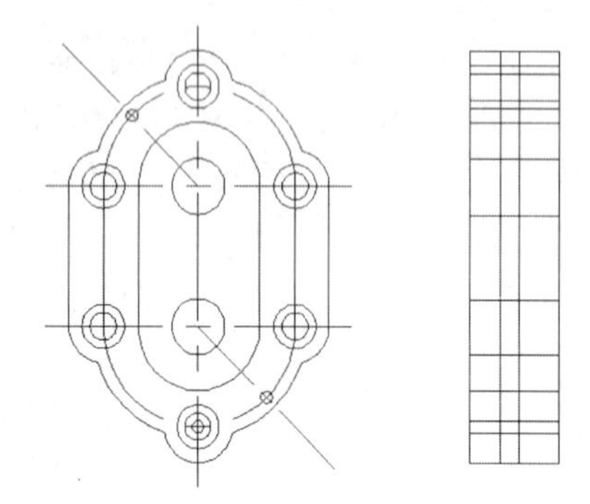
图183-16 初步修剪结果

17 执行“修改>修剪”命令，对构造线进行进一步修剪。得到结果如图183-17所示。

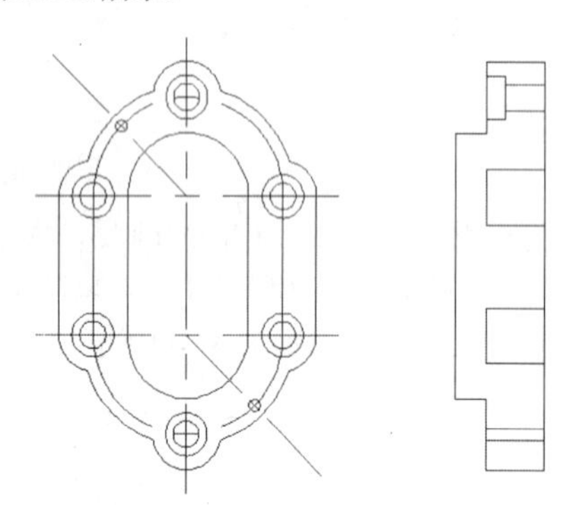
图183-17 绘制俯视图中心线

18 将“点画线”层设置为当前层，执行“绘图>直线”命令，利用正交模式、自动对象捕捉功能，绘制点画线，即主视图的基准线，如图183-18所示。

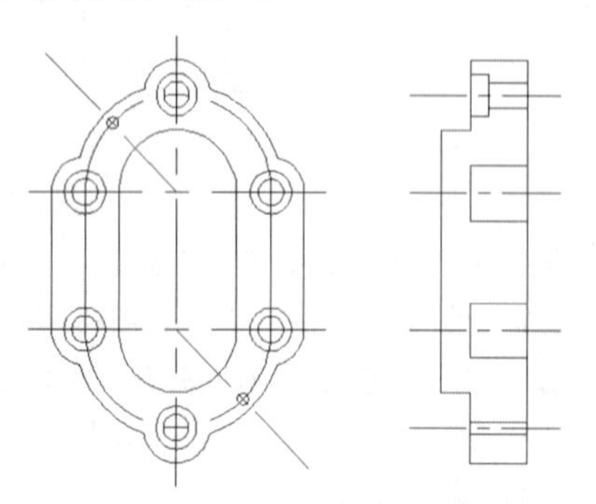
图183-18 绘制主视图基准线

19 将“粗实线”层置为当前层。执行“绘图>直线”命令，绘制主视图上的工艺钻角的倾斜轮廓线，角度为120°，如图183-19所示。

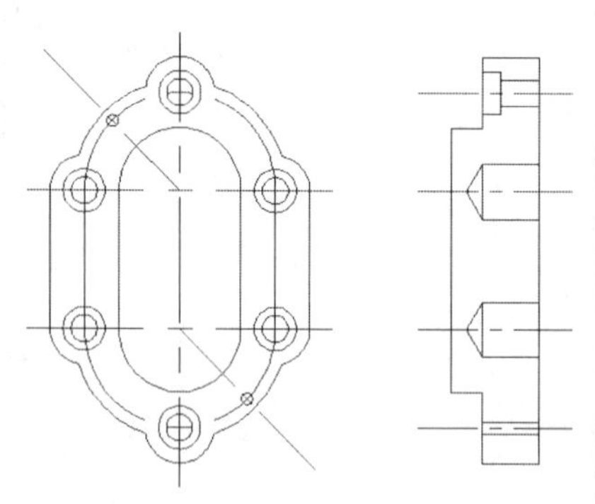
图183-19 绘制主视图倾斜轮廓线

20 将“剖面线”层置为当前层。执行“绘图>图案填充”命令，对主视图进行图案填充，填充图案为ANS31，填充比例为1，结果如图183-20所示。

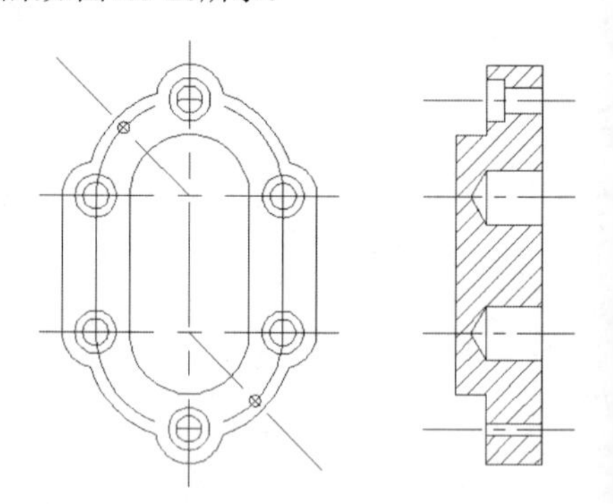
图183-20 图案填充泵盖主视图

21 将“标注”层置为当前层。利用尺寸标注方法对泵盖进行尺寸标注，如图183-21所示。

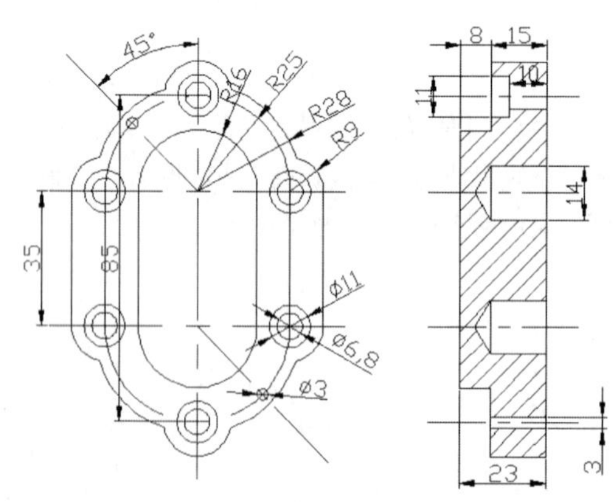

图183-21 尺寸标注泵盖

22 执行“文字>文字样式”命令，弹出“文字样式”对话框。在“文字样式”下拉列表中，选择“机械文字”文字样式，执行“绘图>多行文字”命令，编写技术要求文本。效果如图183-22所示。

23 执行“保存”命令，保存文件。

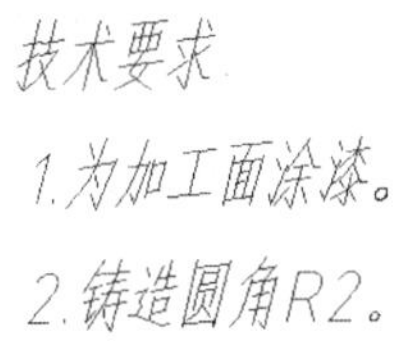

技术要求

1.为加工面涂漆。

2.铸造圆角R2。

图183-22　编写技术要求

练习183　绘制泵盖零件图

实战位置　DVD>练习文件>第6章>练习183.dwg
难易指数　★★★☆☆
技术掌握　巩固泵盖零件图的绘制

操作指南

参照“实战183”案例进行制作。

首先打开场景文件，然后进入操作环境，绘制如图183-23所示的图形。

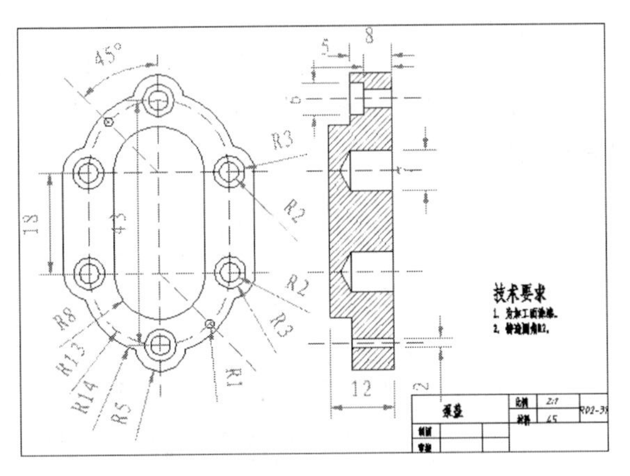

图183-23　绘制泵盖零件图

实战184　绘制间歇轮

实战位置　DVD>实战文件>第6章>实战184.dwg
视频位置　DVD>多媒体教学>第6章>实战184.avi
难易指数　★★☆☆☆
技术掌握　掌握“修剪”命令的使用方法

实战介绍

本例绘制间歇轮，主要应用了直线、圆、修剪、偏移、捕捉等命令。操作较为简单，读者应完全掌握。本例最终效果如图184-1所示。

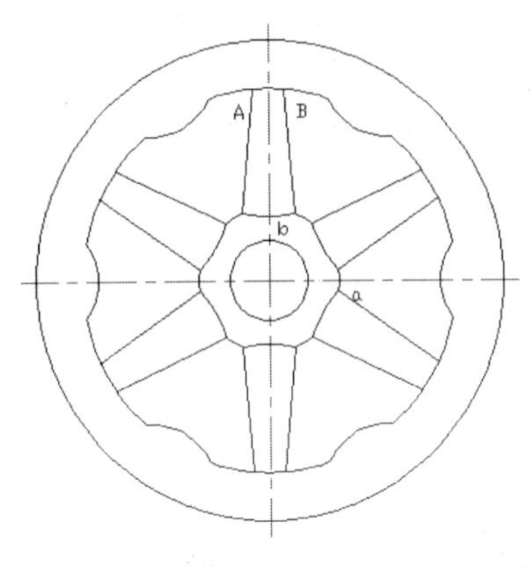

图184-1　最终效果

制作思路

• 首先绘制辅助线，然后执行“圆”命令，绘制相应的圆，最后利用“修改”工具完成图形的绘制。

制作流程

01 双击AutoCAD 2013的桌面快捷方式图标，打开一个新的AutoCAD文件，文件名默认为“Drawing1.dwg”。

02 执行“新建图层”命令，新建一个“中心线”图层，设置其“线型”为CENTER，“颜色”为红色，并将其置为当前层。

03 按“F8”键启动“正交模式”，执行“直线”命令，在绘图区指定起点，绘制两条相互垂直的直线a与b，如图184-2所示。

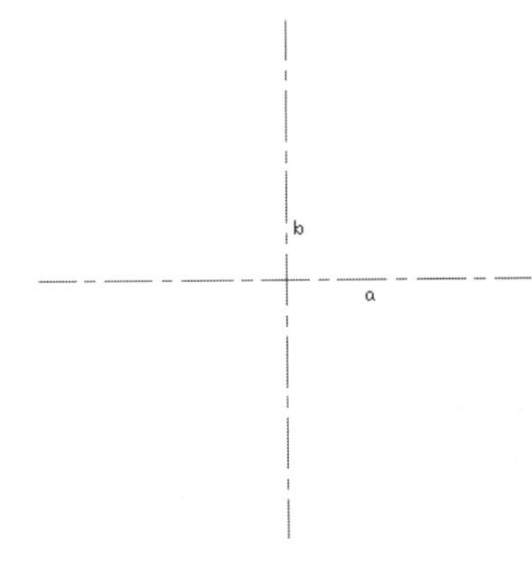

图184-2　绘制中心线

04 将0图层置为当前层，执行“圆”命令，以两直线交点为圆心绘制半径分别为25、45、120、150的同心圆，效果如图184-3所示。

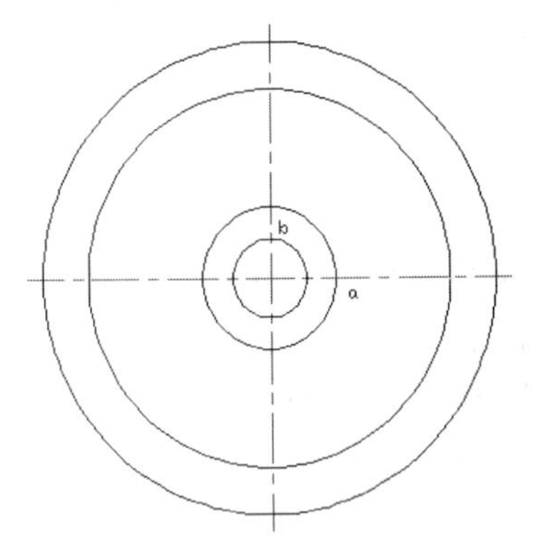

图184-3　绘制同心圆

05 执行“偏移”命令，将直线b分别向左和向右偏移10，并将其移至0图层，效果如图184-4所示。

06 执行“旋转”命令，选择向左偏移的直线，捕捉A点为基点，设置旋转角度为-5°，旋转该直线；重复执行“旋转”命令，捕捉B点为基点，选择向右偏移的直线，设置旋转角度为5°，旋转该直线，效果如图184-5所示。

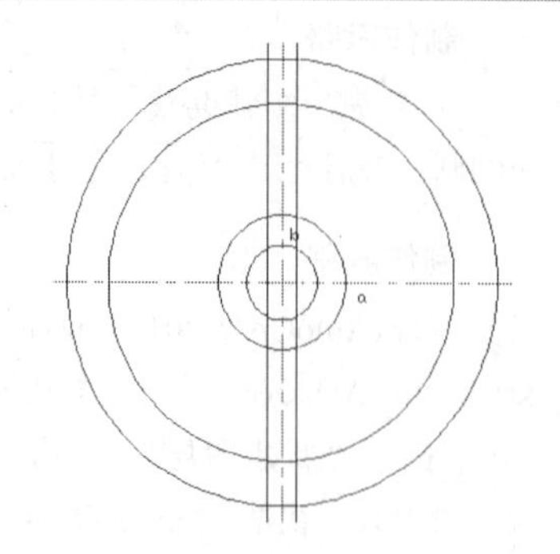

图184-4　偏移处理

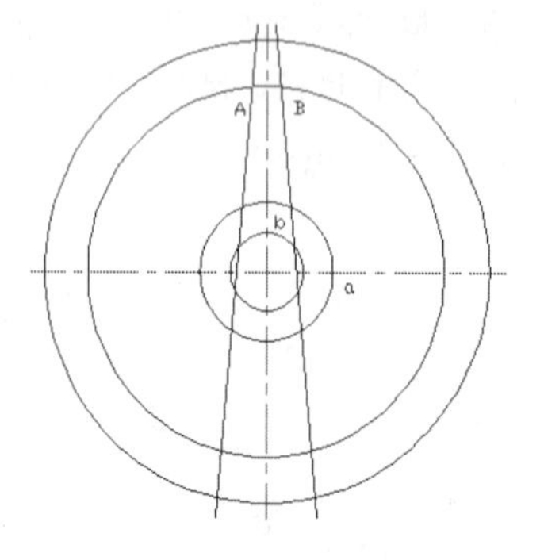

图184-5　旋转处理

07 执行“修剪”命令，对图形进行修剪，效果如图184-6所示。

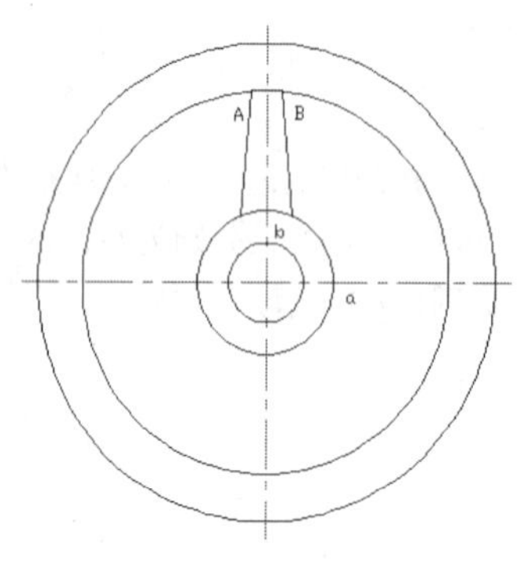

图184-6　修剪处理

08 执行“阵列>环形阵列”按钮，选择对象为修剪后的两直线，指定阵列的中心点为中心线交点，设置命令行中的“项目”为6，“填充角度”为360°，效果如图184-7所示。

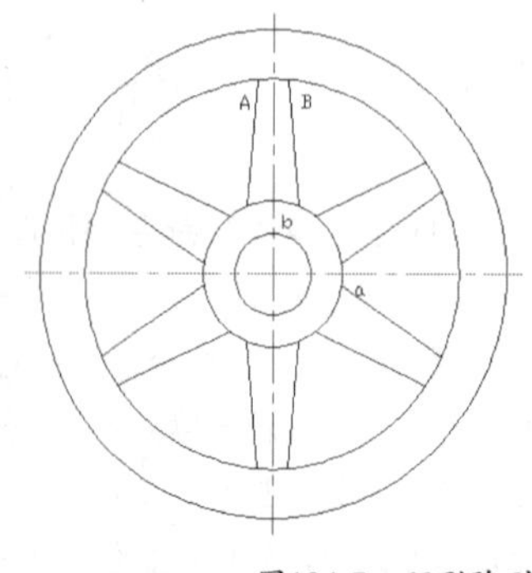

图184-7　环形阵列

09 执行“圆”命令，以半径150的圆的左象限点为圆心，绘制半径为40的圆；重复执行“圆”命令，以半径为120的圆的上象限点为圆心，绘制半径为80的圆，效果如图184-8所示。

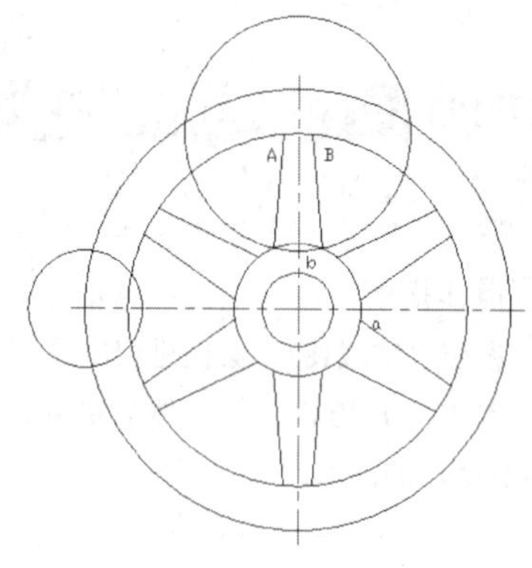

图184-8　绘制圆

10 执行“修剪”命令，对图形进行修剪，效果如图184-9所示。

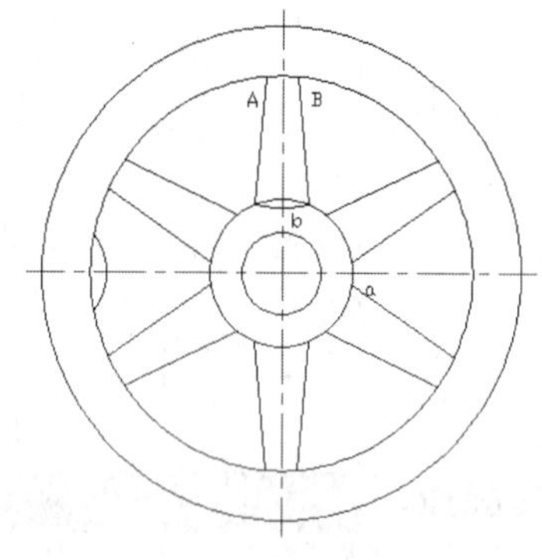

图184-9　修剪处理

11 执行“阵列>环形阵列”按钮，选择对象为修剪后的两圆弧，指定阵列的中心点为中心线交点，设置命令行中的“项目”为6，“填充角度”为360°，效果如图184-10所示。

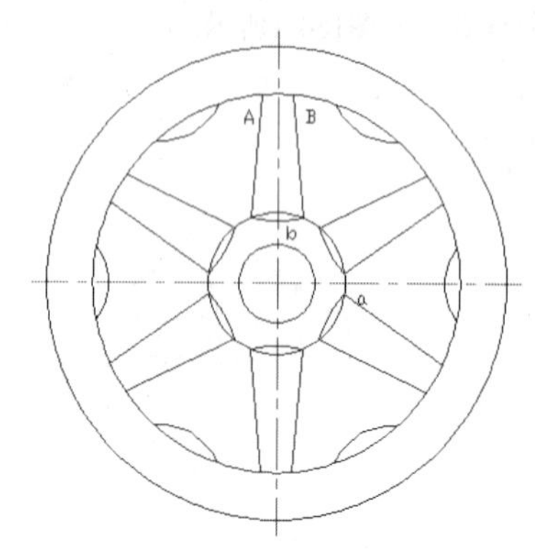

图184-10　环形阵列

12 执行“修剪”命令，对阵列后的图形进行修剪，效果如图184-11所示。

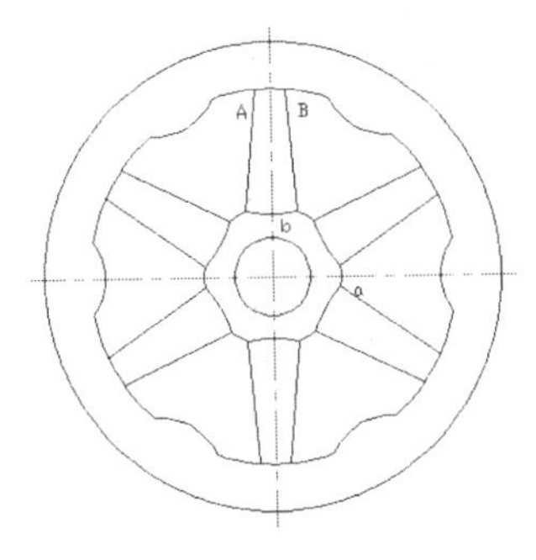

图184-11　修剪处理

13 执行“保存”命令，将图形保存。

练习184　绘制间歇轮

实战位置　DVD>练习文件>第6章>练习184.dwg
难易指数　★★☆☆☆
技术掌握　巩固“修剪”命令的使用方法

操作指南

参照“实战184”案例进行制作。

首先绘制辅助线，然后执行“圆”命令，绘制相应的圆，最后利用“修改”工具完成图形的绘制。最终效果如图184-12所示。

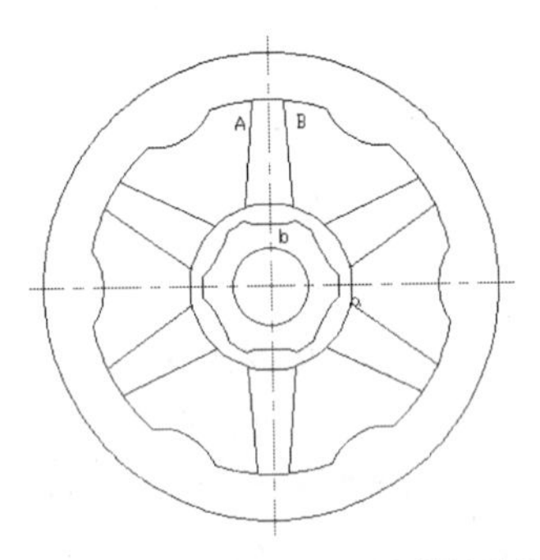

图184-12　绘制间歇轮

实战185　绘制大链轮

实战位置　DVD>实战文件>第6章>实战185.dwg
视频位置　DVD>多媒体教学>第6章>实战185.avi
难易指数　★★☆☆☆
技术掌握　掌握“阵列”命令的使用方法

实战介绍

本实战运用基础的绘图工具来介绍剖面图。本例最终效果如图185-1所示。

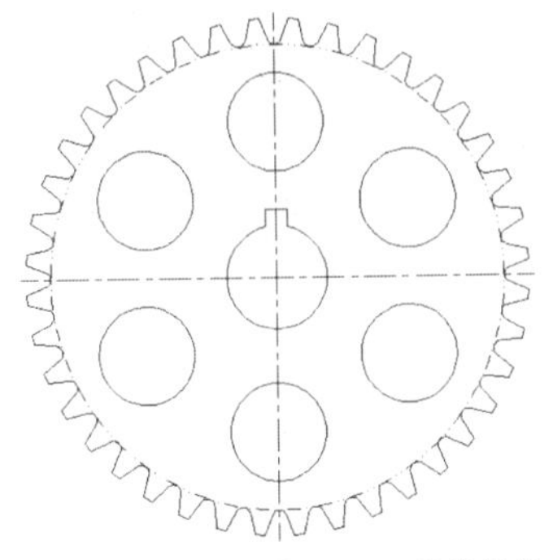

图185-1　最终效果

制作思路

• 首先绘制辅助线，然后执行“圆”命令，绘制图形基本轮廓，最后利用“修改”工具，完成图形的绘制。

制作流程

01 双击AutoCAD 2013的桌面快捷方式图标，打开一个新的AutoCAD文件，文件名默认为“Drawing1.dwg”。

02 执行LAYER命令，新建一个“中心线”图层，设置其“线型”为CENTER，“颜色”为青色。

03 按F8键开启正交模式，执行LINE命令，在绘图区指定起点，绘制两条互相垂直的直线a与b，并将其移至“中心线”图层，效果如图185-2所示。

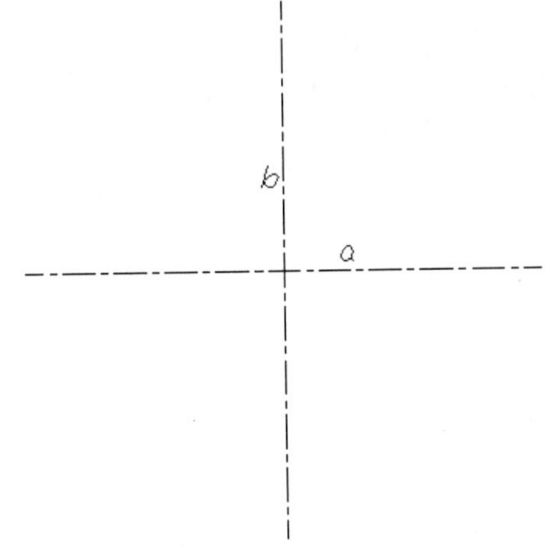

图185-2　绘制中心线

04 执行CIRCLE命令，以A点为圆心，绘制半径分别为20、60、90、100的同心圆，并将半径为90的圆的线型更改为DIVIDE，效果如图185-3所示。

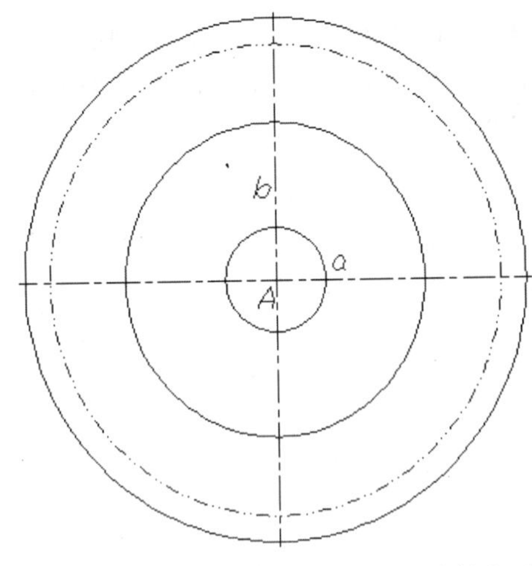

图185-3　绘制同心圆

05 执行OFFSET命令，将直线a向上偏移93，效果如图185-4所示。

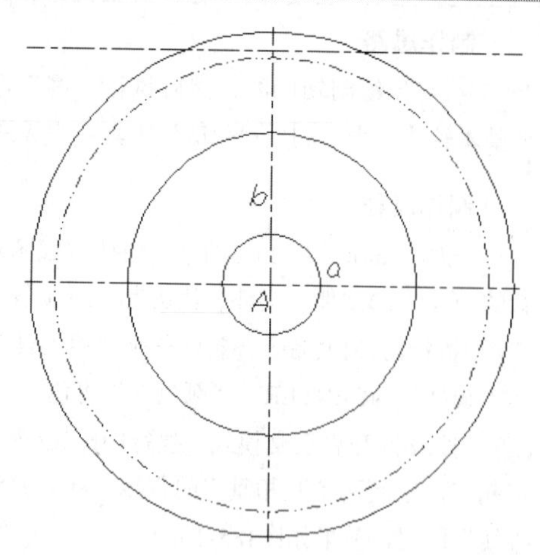

图185-4　偏移处理

06 执行ROTATE命令，选择向上偏移的直线，捕捉B点为基点，将其旋转69°，并将旋转后的直线移至0图层，效果如图185-5所示。

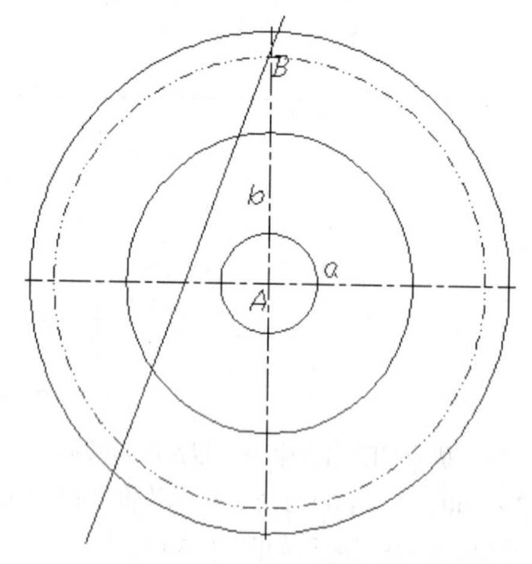

图185-5　旋转处理

07 执行CIRCLE命令，以B点为圆心，绘制半径为3的圆；执行OFFSET命令，将旋转的直线向右偏移3，效果如图185-6所示。

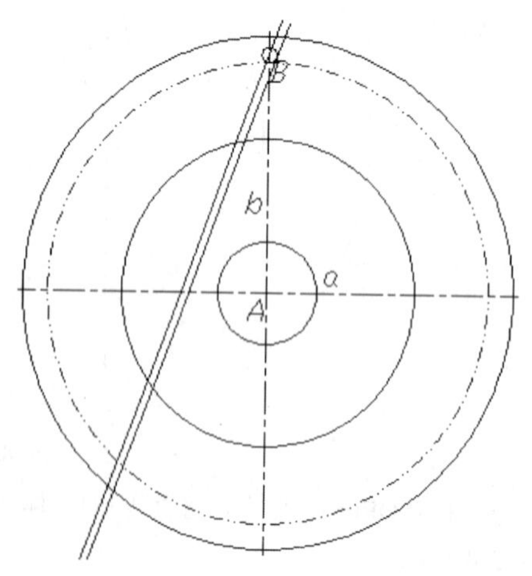

图185-6　绘制圆

08 执行TRIM命令，对图形进行修剪，效果如图185-7所示。

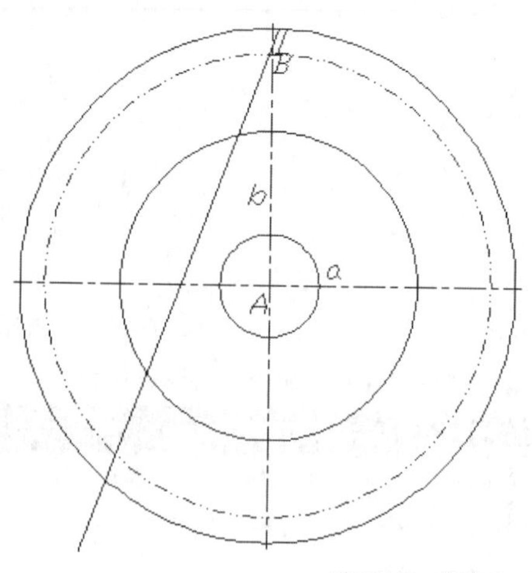

图185-7　修剪处理

09 执行MIRROR命令，以直线b为中心线，选择需要镜像的图形，对其进行镜像操作，并删除旋转的直线，效果如图185-8所示。

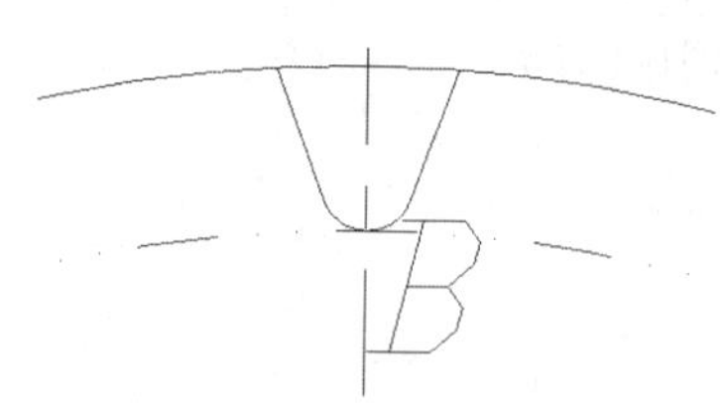

图185-8　镜像处理

10 执行ARRAY命令，弹出“阵列”对话框，选中“环形阵列”单选按钮，在“选目总数”数值框中输入40，在“填充角度”数值框中输入360。

11 单击“选择对象”按钮，选择需要阵列的对象，按Enter键确认，单击“拾取中心点”按钮，捕捉直线a与直线b的交点为中心，单击“确定”按钮，效果如图185-9所示。

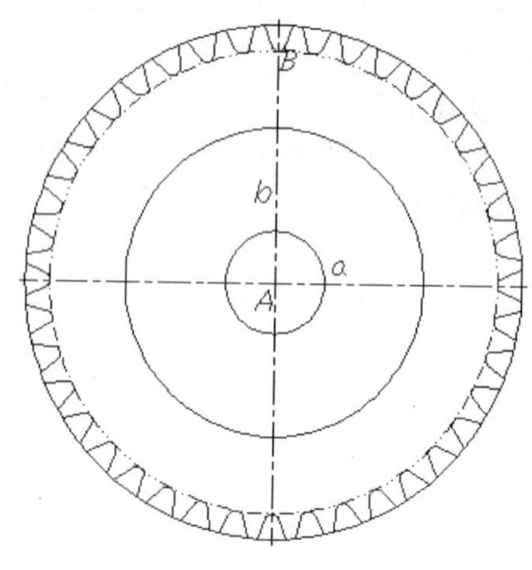

图185-9　环形阵列

12 执行TRIM命令，对图形进行修剪，效果如图185-10

所示。

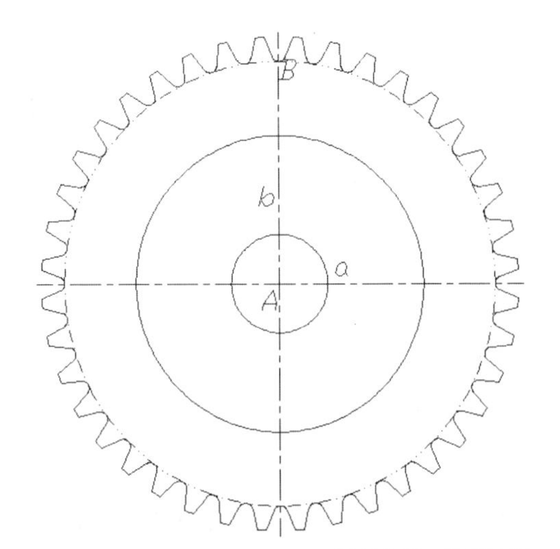

图185-10　修剪处理

13 执行CIRCLE命令，以半径为60的圆与直线b的交点为圆心，绘制半径为19的圆，效果如图185-11所示。

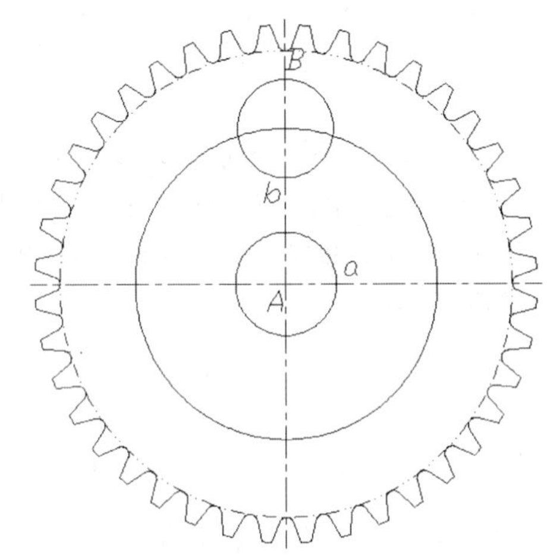

图185-11　绘制圆

14 执行ARRAY命令，选择半径为19的圆，以A点为中心点，环形阵列6个圆，效果如图185-12所示。

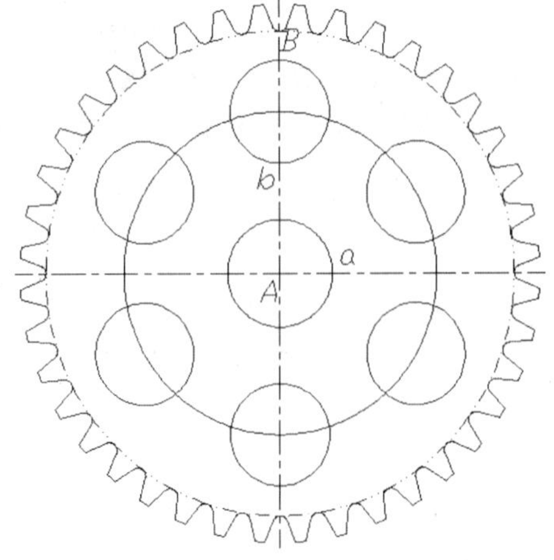

图185-12　阵列处理

15 执行OFFSET命令，将直线a向上偏移26，将直线b分别向左和向右偏移4.5，将偏移直线移至0图层，效果如图185-13所示。

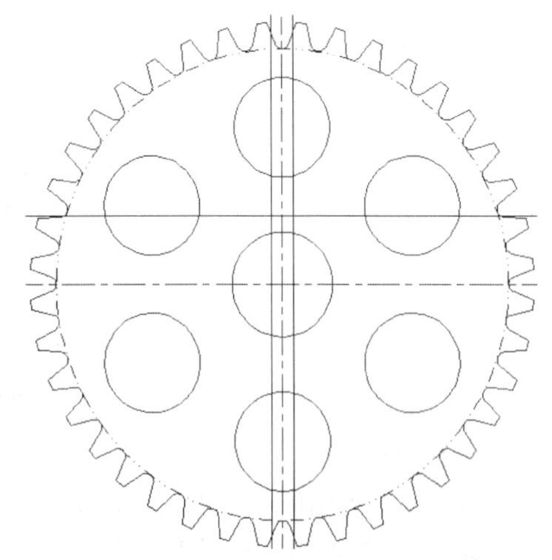

图185-13　偏移处理

16 执行TRIM命令，对图形进行修剪；执行ERASE命令，删除多余的图形，效果如图185-1所示。

17 执行“保存”命令，将图形另存为“实战185.dwg”。

练习185　绘制大链轮

实战位置	DVD>练习文件>第6章>练习185.dwg
难易指数	★★☆☆☆
技术掌握	巩固“阵列”命令的使用方法

操作指南

参照“实战185”案例进行制作。

首先绘制辅助线，然后执行“圆”命令，绘制图形基本轮廓，最后利用“修改”工具，完成图形的绘制。结果如图185-14所示。

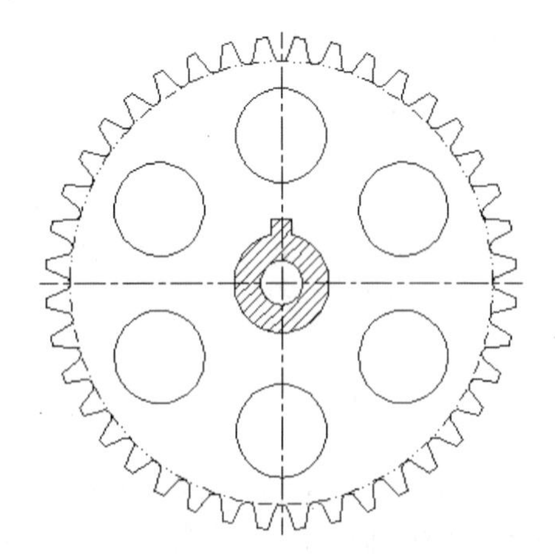

图185-14　绘制大链轮

实战186　绘制斜齿轮

实战位置	DVD>实战文件>第6章>实战186.dwg
视频位置	DVD>多媒体教学>第6章>实战186.avi
难易指数	★★☆☆☆
技术掌握	掌握“偏移”命令的使用方法

实战介绍

斜齿轮是机械中不可缺少的最基本的零件之一，本例中将绘制斜齿轮。本例最终效果如图186-1所示。

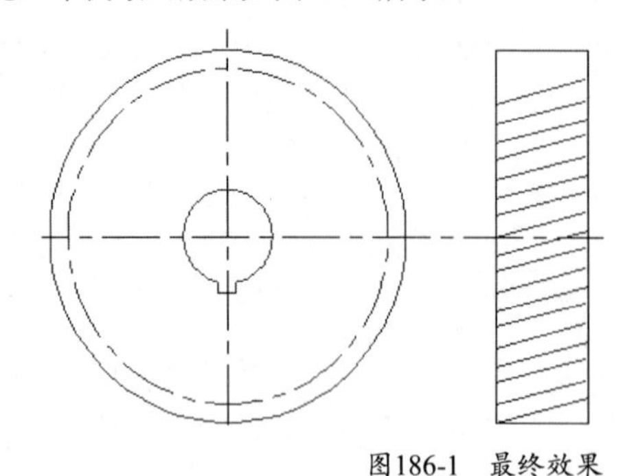

图186-1　最终效果

制作思路

• 首先绘制辅助线，然后执行“圆”命令，绘制基本轮廓，最后借助辅助线和修改工具，完成图形的绘制。

制作流程

01 新建一个CAD文件，单击“图层>图层属性”，新建一个“中心线”图层，设置“线型”为CENTER，“颜色”为青色，如图186-2所示。

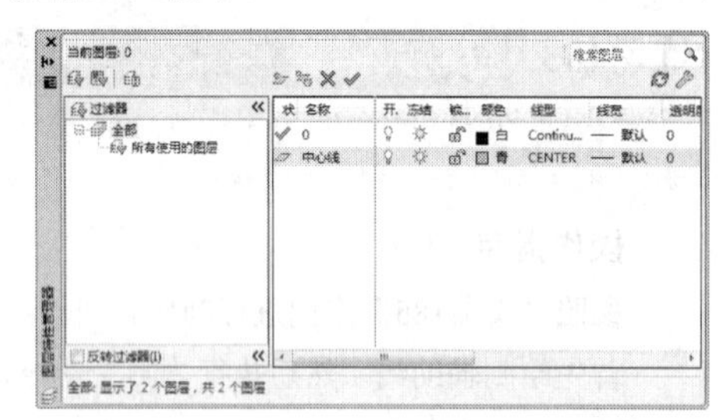

图186-2　新建图层

02 在命令行中输入LINE命令，绘制任意长度且互相垂直的两条直线，效果如图186-3所示。

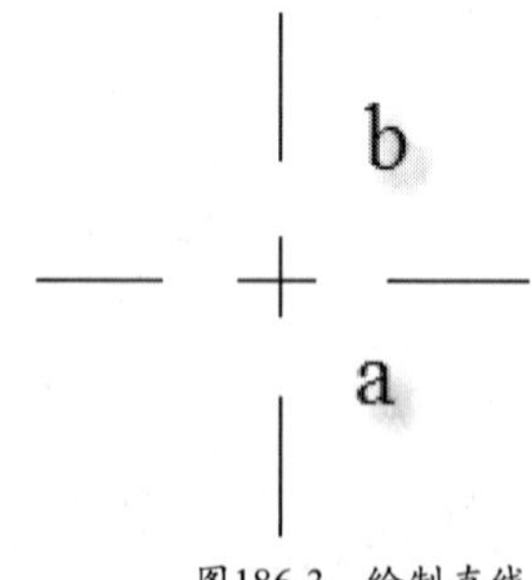

图186-3　绘制直线

03 开启对象捕捉功能，在命令行输入CENTER命令，捕捉两条直线的交点，分别输入半径的数值为20、90、100的同心圆，效果如图186-4所示。

04 执行“偏移”命令，将直线b向右分别偏移150、200，将直线a分别向上和向下偏移100，并将偏移的直线移至0图层，效果如图186-5所示。

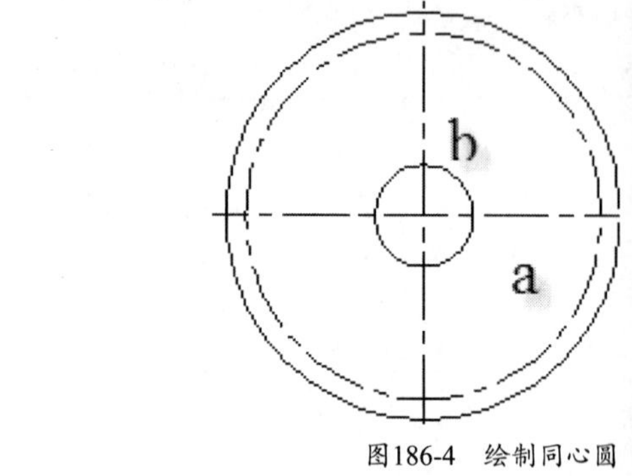

图186-4　绘制同心圆

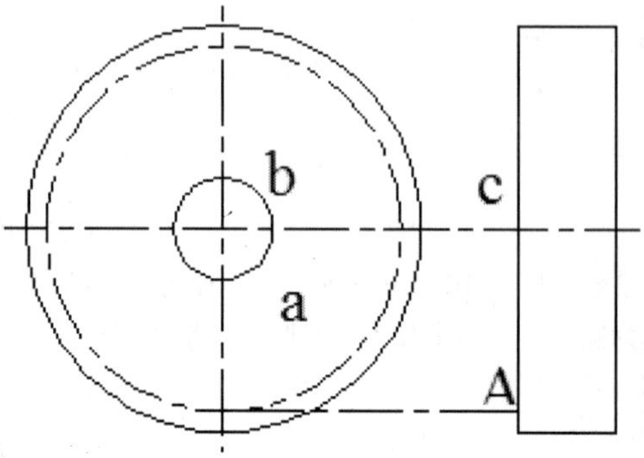

图186-5　偏移中心线

05 在命令行中输入TRIM命令，对该图进行修剪，然后执行LINE命令，捕捉半径为90的圆下方象限点，绘制一条水平线，与直线c相较于点A，将其移至“中心线”图层，如图186-6所示。

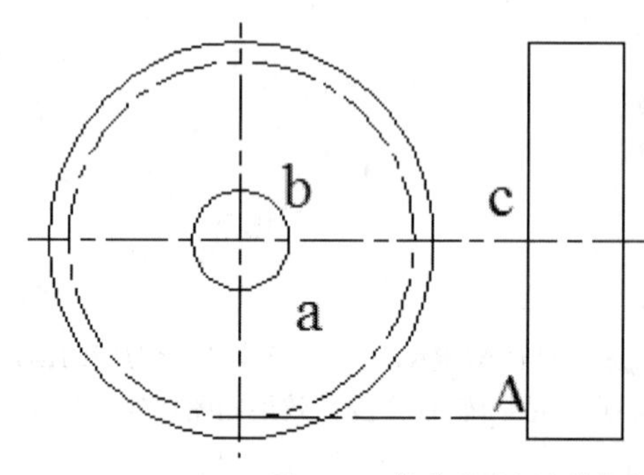

图186-6　修剪图形和绘制直线

06 执行“修改>旋转”命令，选择向下移动的直线，捕捉A点为基点，将所选直线旋转15°，如图186-7所示。

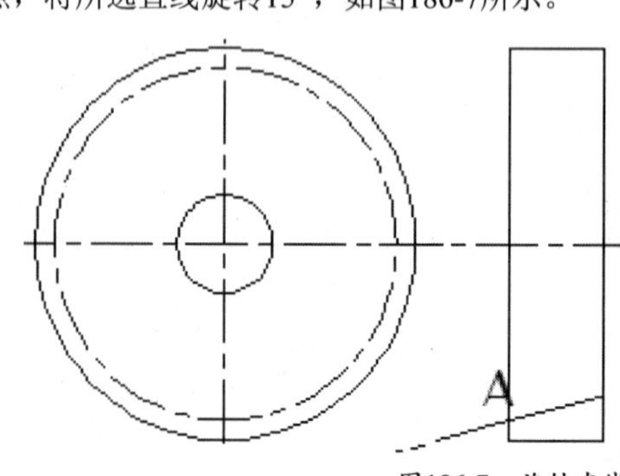

图186-7　旋转直线

07 执行TRIM命令，对该图进行修剪，执行COPY命令，选择刚旋转的直线，设置距离为10，复制该直线，并将复制的直线移至0图层，如图186-8所示。

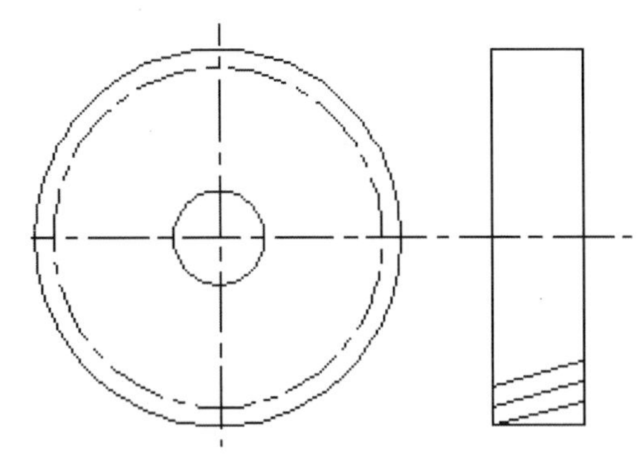

图186-8 复制直线

08 执行“修改>阵列>矩形阵列”命令，按命令行提示，在“行”中输入7，在“列”中输入1，在“间距”中输入10，单击选择对象，选择复制的图形和直线d，按Enter键确认，单击“确定”按钮，结果如图186-9所示。

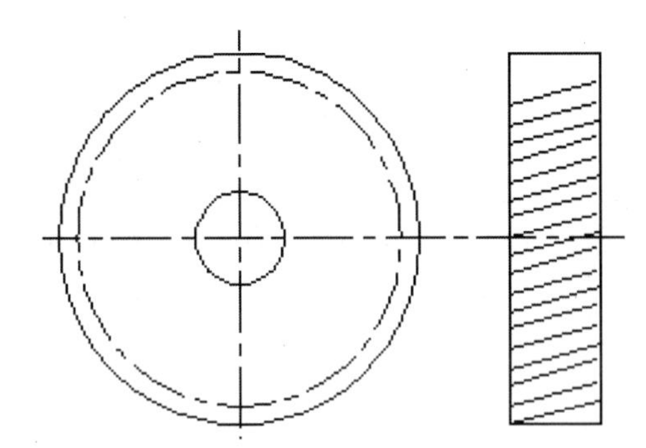

图186-9 阵列图形

09 执行“偏移”命令，将直线a向下偏移30，将直线b向左和右各偏移5，并将偏移的直线移至0图层，效果如图186-10所示。

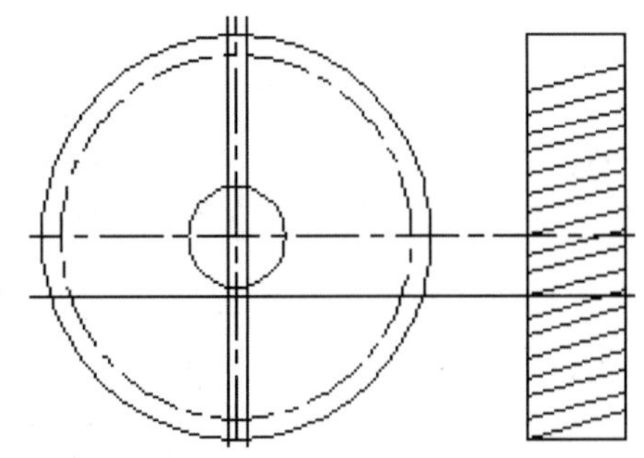

图186-10 偏移处理

10 在命令行中输入TRIM命令，对该图进行修剪，效果如图186-1所示。执行“保存”命令，将文件保存。

练习186 绘制螺钉

实战位置 DVD>练习文件>第6章>练习186.dwg
难易指数 ★★☆☆☆
技术掌握 巩固“偏移”命令的使用方法

操作指南

参照“实战185”案例进行制作。

绘制如图186-11所示的螺钉。

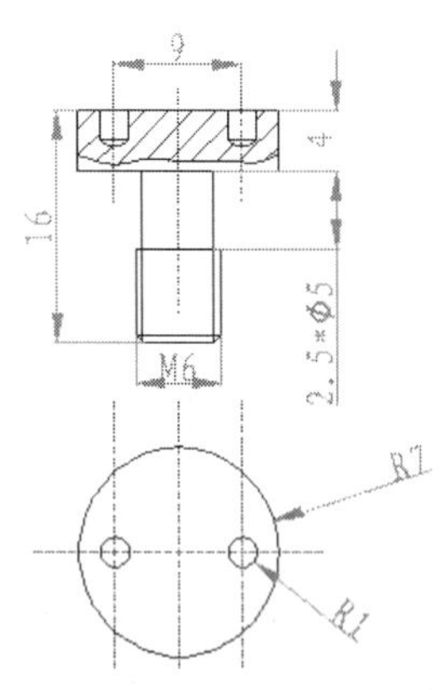

图186-11 绘制螺钉

实战187 绘制槽轮

实战位置 DVD>实战文件>第6章>实战187.dwg
视频位置 DVD>多媒体教学>第6章>实战187.avi
难易指数 ★★☆☆☆
技术掌握 掌握“偏移”命令的使用方法

实战介绍

通过介绍槽轮的绘制方法，介绍在AutoCAD 2013中文版中修剪工具的使用，使读者更好地了解修剪工具的实用之处。本例最终效果如图187-1所示。

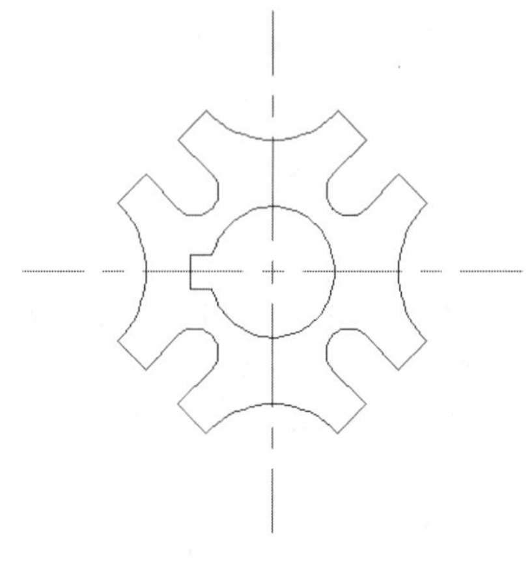

图187-1 槽轮

制作思路

• 首先绘制辅助线，然后执行“圆”命令。绘制基本轮廓，然后利用修改工具完成图形的绘制。

制作流程

01 执行“新建”命令，新建一个CAD文件。

02 执行LAYER命令，新建一个“中心线”图层，设置其“线型”为CENTER，“颜色”为红色，双击该图层，将其设为当前图层。

03 按F8键开启正交模式，执行LINE命令，在绘图区指定起点，绘制两条互相垂直的直线a与b，效果如图187-2所示。

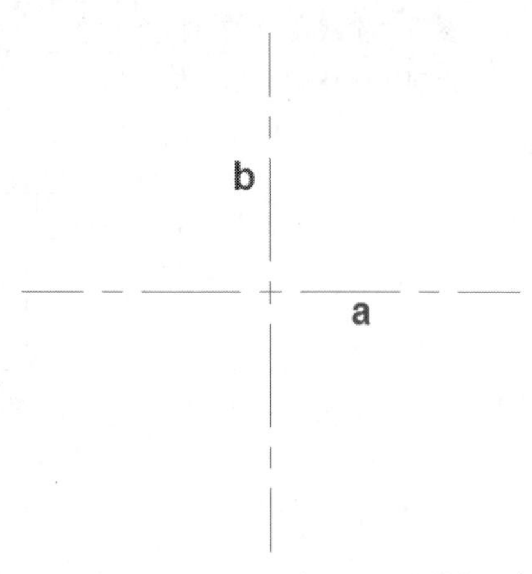

图187-2 绘制中心线

04 执行OFFSET命令，将直线a分别向上和向下偏移50，将直线b向左和向右分别偏移50，并将偏移的直线移至0图层，效果如图187-3所示。

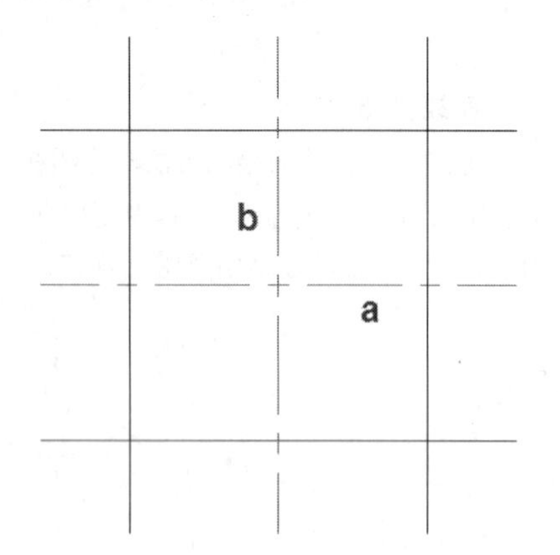

图187-3 偏移处理

05 将0图层设为当前图层，执行CIRCLE命令，以偏移直线的交点为圆心，分别绘制半径为30的圆；以直线a与直线b的交点为圆心，绘制半径为20的圆，效果如图187-4所示。

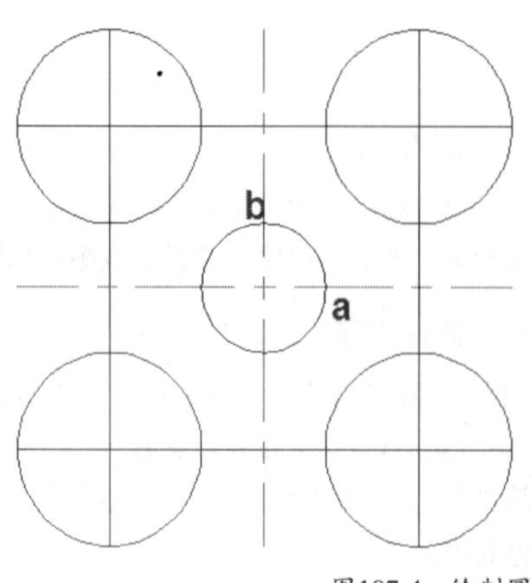

图187-4 绘制圆

06 执行TRIM命令，对图形进行修剪，效果如图187-5所示。

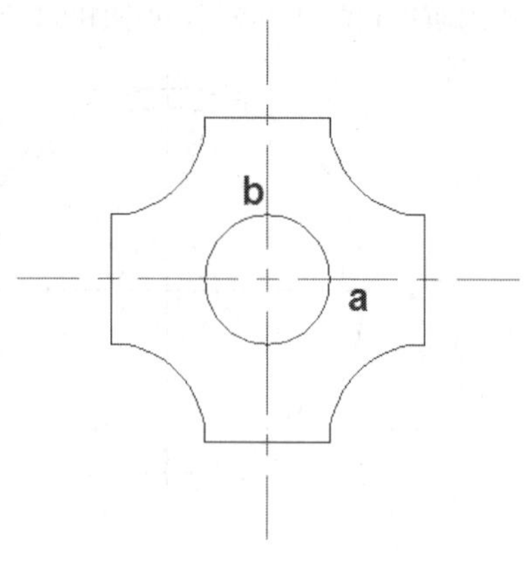

图187-5 修剪处理

07 执行OFFSET命令，将直线a向上和向下分别各偏移7.5、35，将直线b分别向左和向右各偏移7.5、35；并将偏移7.5的直线移至0图层，效果如图187-6所示。

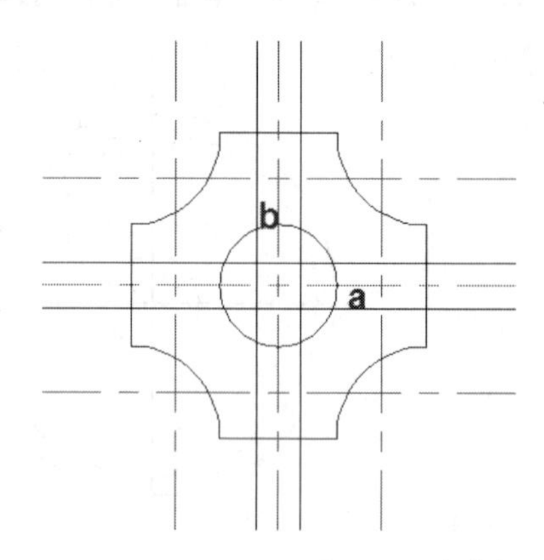

图187-6 偏移处理

08 执行CIRCLE命令，以偏移35的直线与直线a、b的交点为圆心，绘制半径为7.5的圆，效果如图187-7所示。

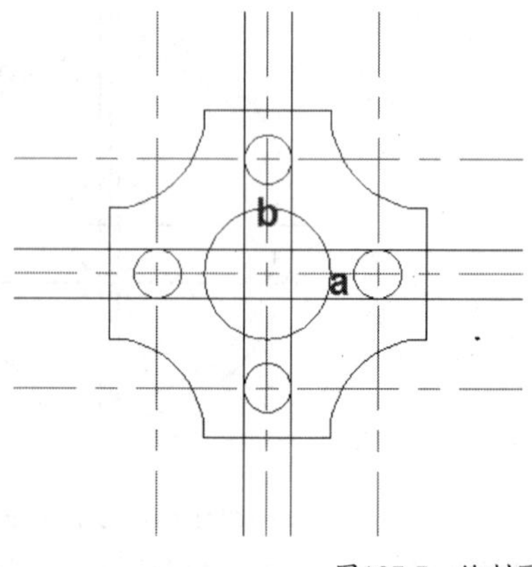

图187-7 绘制圆

09 执行TRIM命令，对图形进行修剪，效果如图187-8所示。

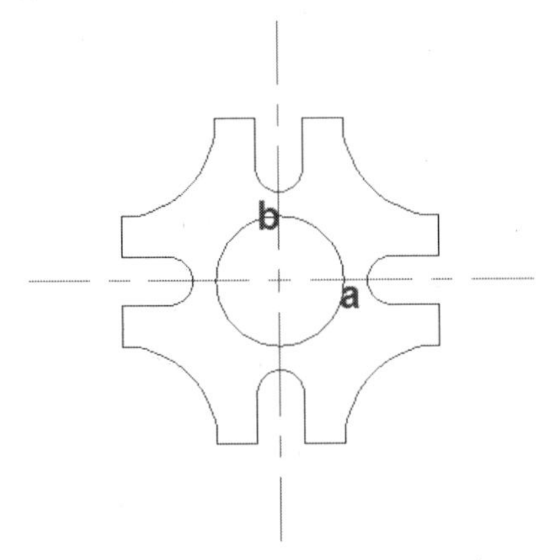

图187-8 修剪处理

10 执行ROTATE命令，选择需要旋转的图形，将其以直线a与直线b的交点为基点，旋转45°，效果如图187-9所示。

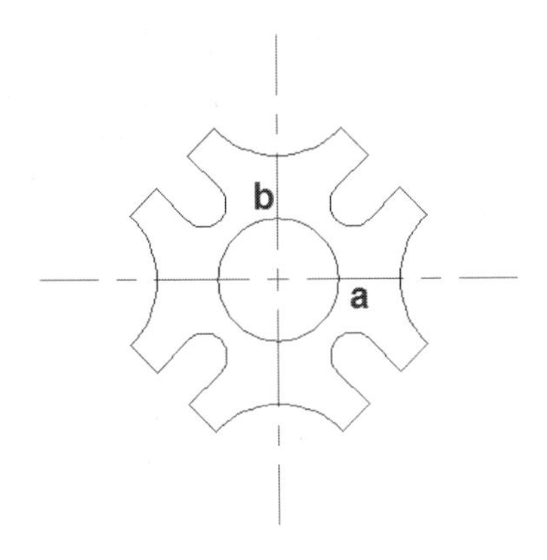

图187-9 旋转处理

11 执行OFFSET命令，将直线a分别向上和向下各偏移5，将直线b向左偏移26，并将偏移的直线移至0图层，效果如图187-10所示。

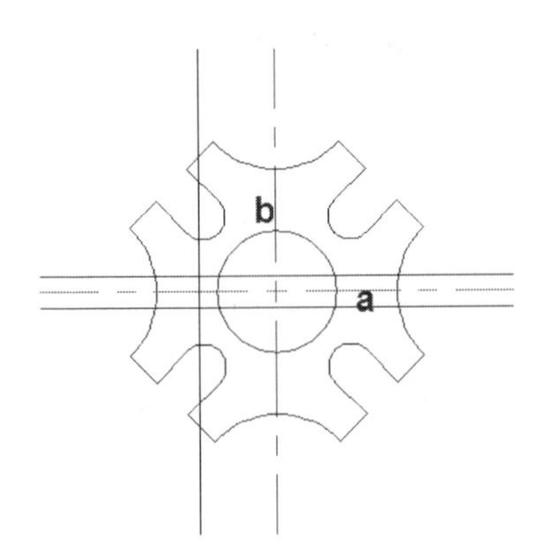

图187-10 偏移处理

12 执行TRIM命令，对图形进行修剪，效果如图187-1所示。

13 选择要保存的文件路径，并修改文件名为“实战187.dwg”，执行“保存”命令，将绘制的图形进行保存。

练习187 绘制槽轮

实战位置 DVD>练习文件>第6章>练习187.dwg
难易指数 ★★☆☆☆
技术掌握 巩固“偏移”命令的使用方法

操作指南

参照“实战187”案例进行制作。

绘制如图187-11所示的图形。

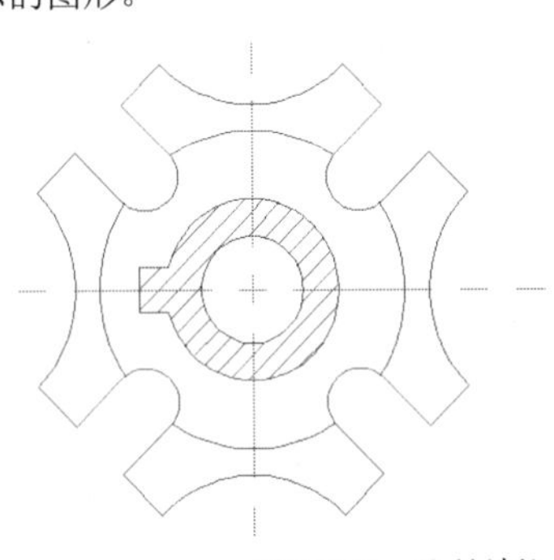

图187-11 绘制槽轮

实战188 绘制涡轮

实战位置 DVD>实战文件>第6章>实战188.dwg
视频位置 DVD>多媒体教学>第6章>实战188.avi
难易指数 ★★☆☆☆
技术掌握 掌握“圆”命令的使用方法

实战介绍

涡轮是一种将流动工质的能量转换为机械功的旋转式动力机械。它是航空发动机、燃气轮机和蒸汽轮机的主要部件之一。本例中将利用各种绘图命令绘制涡轮。根据涡轮结构，采用直线、圆等命令进行绘制，再通过各种绘图辅助命令，完成该零件图。本例最终效果如图188-1所示。

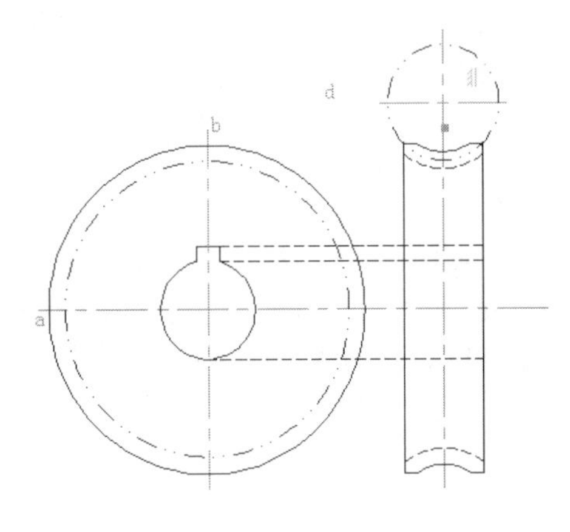

图188-1 最终效果

制作思路

- 首先绘制辅助线，然后执行“圆”命令，绘制基本轮廓，最后借助辅助线和修改工具，完成图形的绘制。

制作流程

01 新建一个文件。

02 在图层面板中执行“图层特性”命令，在弹出的

"图层特性管理器"中新建3个图层。第一个图层命名为"粗实线"，线宽属性为0.7mm，其余属性默认；第二个图层命名为"中心线"，颜色设为洋红，线型加载为CENTER，其余属性为默认；第三个图层命名为"虚线"，线型为"HIDDEN"，颜色为白色。

03 设置"中心线"层为当前图层，按F8键开启正交模式，执行LINE命令，在绘图区指定起点，绘制一条任意长度的水平直线b，重复LINE命令，绘制一条垂直于该直线b的直线a，如图188-2所示。

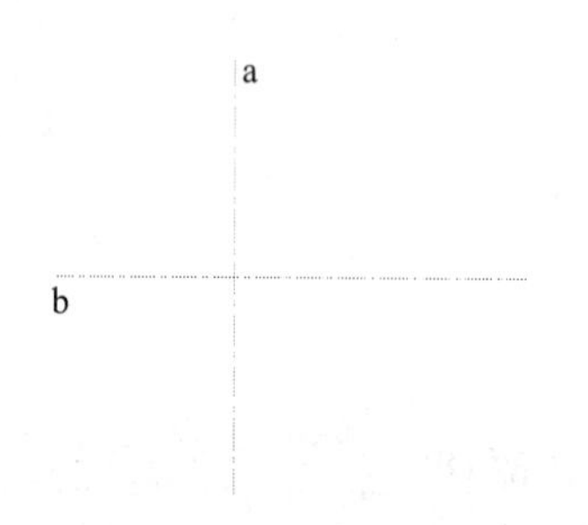

图188-2 绘制中心线

04 执行"圆"命令，以直线a和b的交点为圆心，绘制半径分别为30、90、100的同心圆，将半径为90的圆的线型更改为DIVIDE，如图188-3所示。

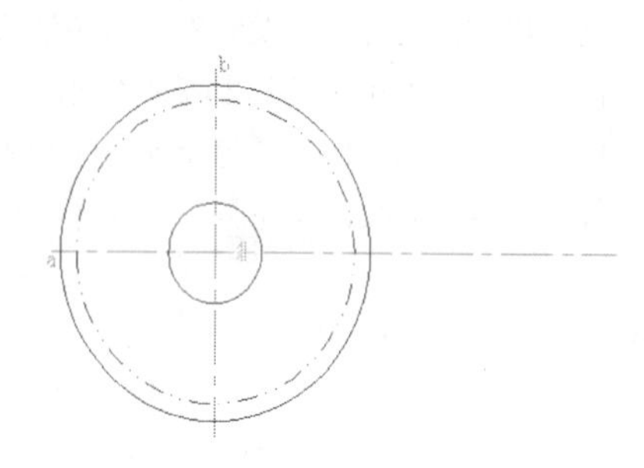

图188-3 绘制圆

05 执行"偏移"命令，将直线a向上偏移38，将直线b分别向左和向右各偏移7.5，并将偏移的直线移至"粗实线"图层，如图188-4所示。

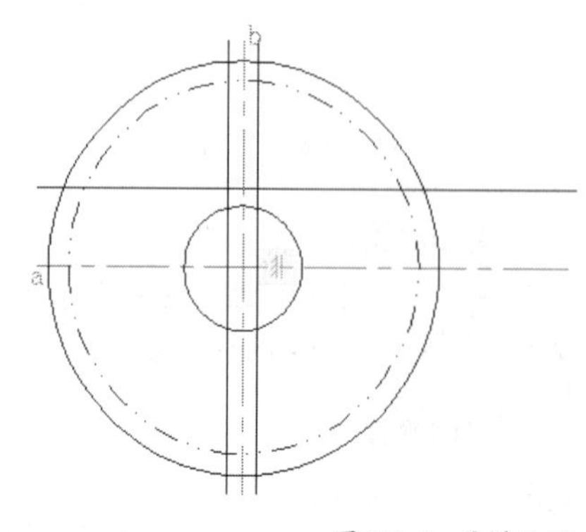

图188-4 偏移处理

06 执行"修剪"命令，对图形进行修剪，如图188-5所示。

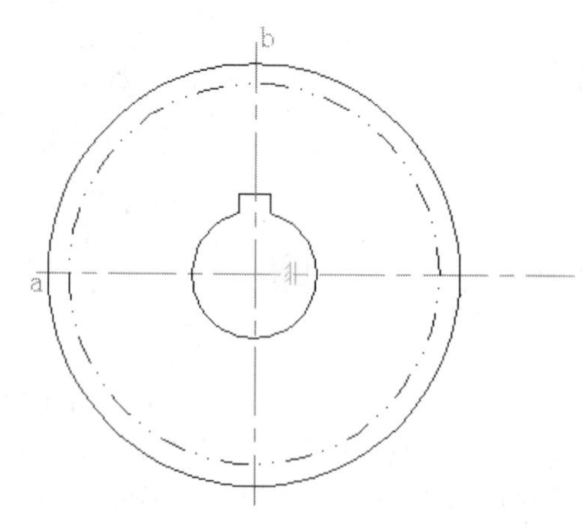

图188-5 修剪处理

07 执行"偏移"命令，将直线b向右偏移150；将直线a向上分别偏移100、125；将直线c向左和向右分别偏移25，并将偏移100的直线与偏移25的直线移至"粗实线"图层，如图188-6所示。

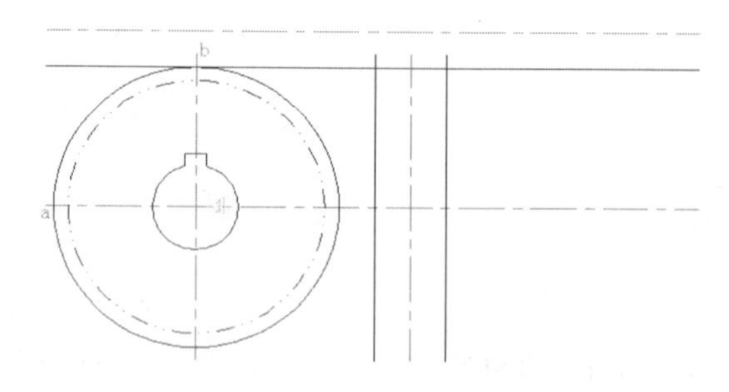

图188-6 偏移处理

08 执行"圆"命令，捕捉直线c与d的交点，绘制半径为35的圆，如图188-7所示。

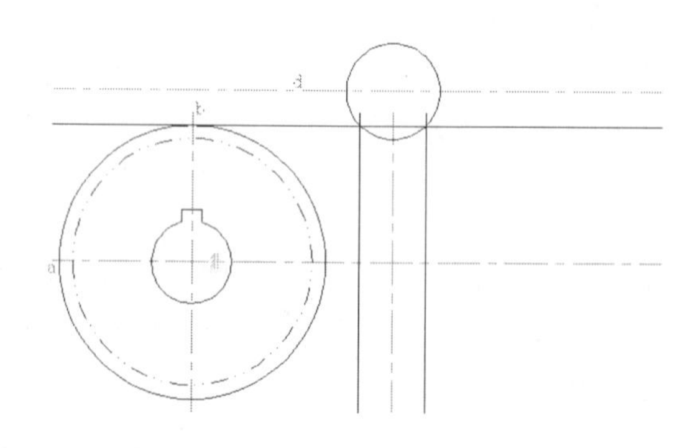

图188-7 绘制圆

09 执行"偏移"命令，将半径为35的圆向内和外分别偏移5，将其线型更改为DIVIDE，将向外偏移的圆移至"虚线"图层，如图188-8所示。

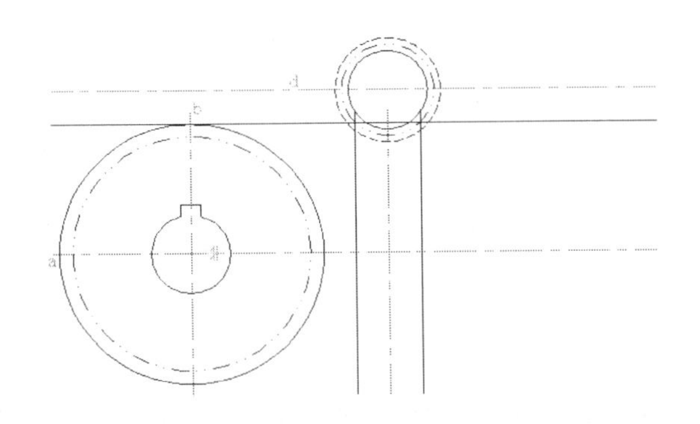

图188-8　偏移处理

10 执行“修剪”命令，对图形进行修剪；调整半径35的圆的中心线，如图188-9所示。

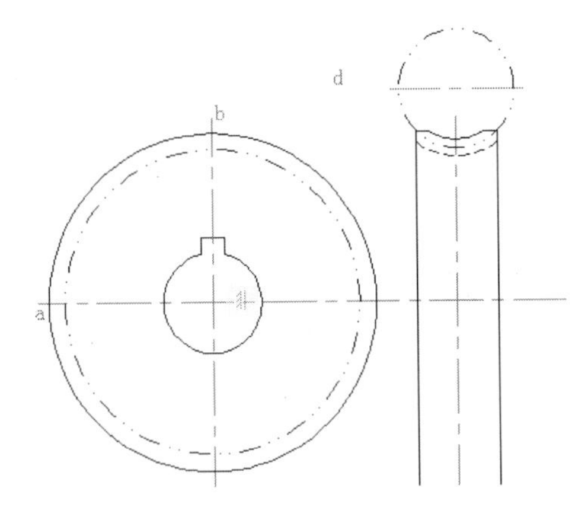

图188-9　修剪处理

11 执行“镜像”命令，选择需要镜像的图形，分别捕捉直线a的左右端点，对其进行镜像，如图188-10所示。

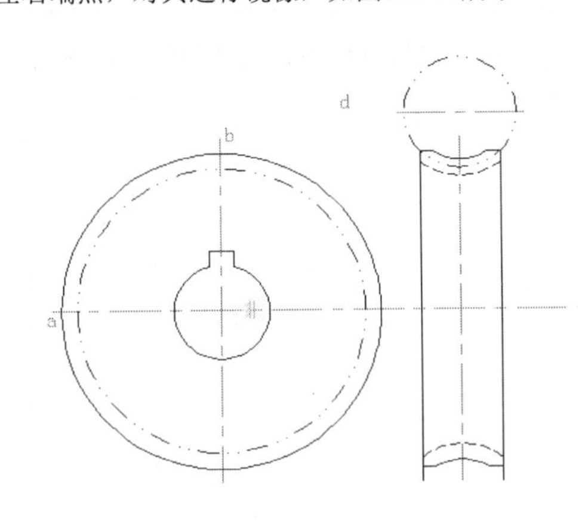

图188-10　镜像处理

12 执行“直线”命令，捕捉指定点绘制直线，并将其移至“虚线”图层，然后修剪图形，如图188-1所示。

13 执行“保存”命令，保存文件。

练习188　绘制涡轮

实战位置　DVD>练习文件>第6章>练习188.dwg
难易指数　★★☆☆☆
技术掌握　巩固“偏移”命令的使用方法

操作指南

参照“实战188”案例进行制作。

首先绘制辅助线，然后执行“圆”命令，绘制基本轮廓，最后借助辅助线和修改工具，完成图形的绘制。

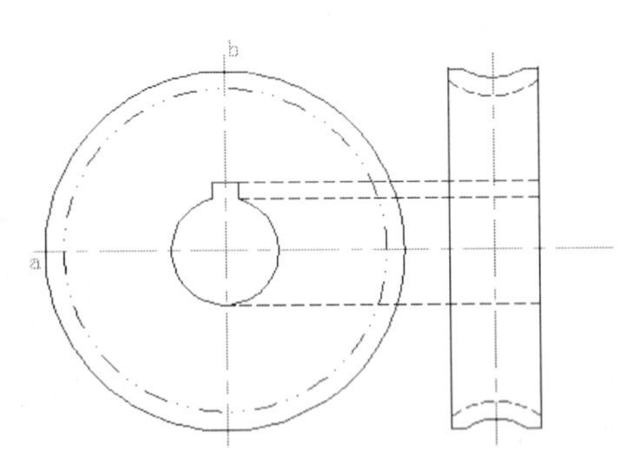

图188-11　绘制涡轮

实战189　绘制卡座

实战位置　DVD>实战文件>第6章>实战189.dwg
视频位置　DVD>多媒体教学>第6章>实战189.avi
难易指数　★★☆☆☆
技术掌握　掌握“偏移”命令的使用方法

实战介绍

本例中将利用多种基本绘图命令绘制卡座。根据卡座结构，采用直线、矩形等命令进行绘制，再通过各种绘图辅助命令，完成该零件图。本例最终效果如图189-1所示。

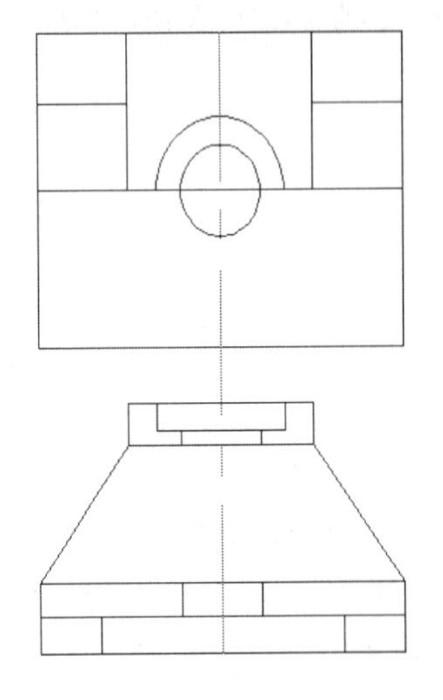
图189-1　最终效果

制作思路

• 首先绘制辅助线，然后执行“偏移”命令，完成图形的基本轮廓，最后利用修改工具完成图形的绘制。

制作流程

01 新建一个文件，创建一个粗实线图层和一个中心线图层，中心线线型为CENTER，颜色为洋红色。

02 执行“矩形”命令，在绘图区指定起点，在命令行中输入（90,68）作为矩形另一点，如图189-2所示。

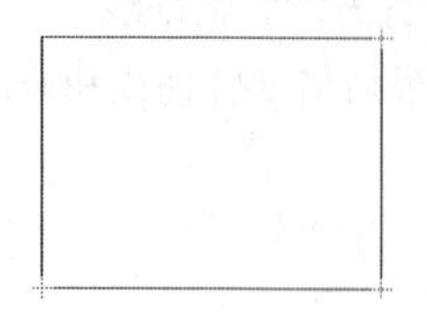

图189-2 绘制矩形

03 按F8键开启正交模式，执行“直线”命令，绘制直线a连接矩形左右两边的中点，绘制直线b连接矩形上下两边的中点，将绘制的直线移至中心线图层，如图189-3所示。

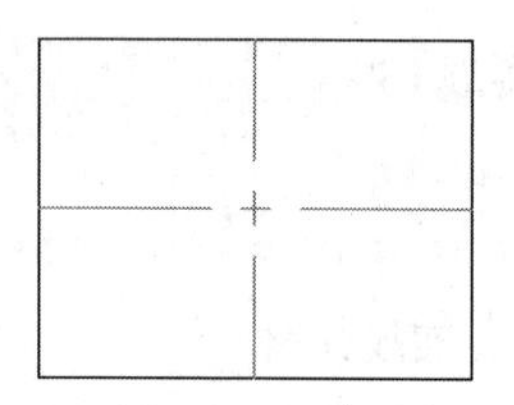

图189-3 绘制中心线

04 执行“圆”命令，以点E为圆心，绘制半径分别为10、16的同心圆，如图189-4所示。

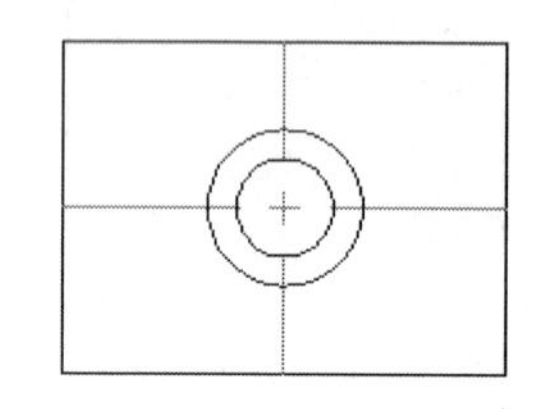

图189-4 绘制同心圆

05 执行“偏移”命令，将直线b向左和向右分别偏移23，将直线a向上分别偏移0、19，如图189-5所示。

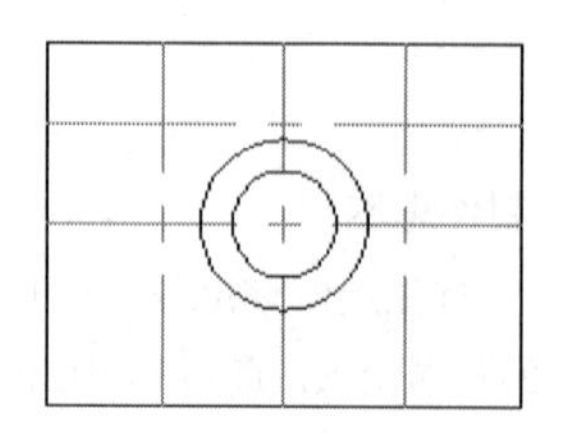

图189-5 偏移处理

06 执行“修剪”命令，对图形进行修剪，并将修剪后的直线移到粗实线图层，如图189-6所示。

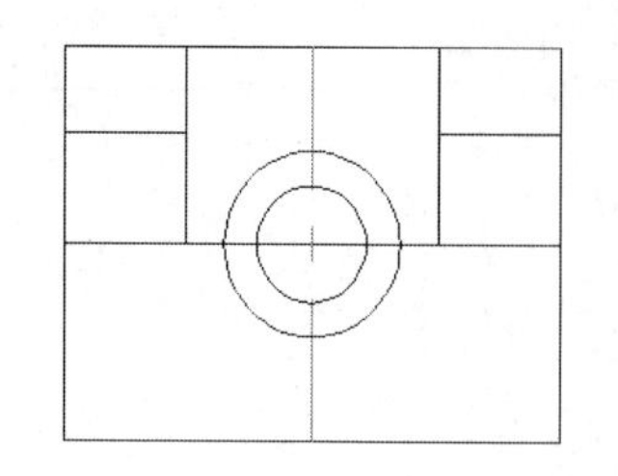

图189-6 修剪处理

07 执行“偏移”命令，将直线a向下偏移100，并将偏移的直线移到粗实线图层，执行“EXTEND”命令，选择直线c，然后选择直线b的下半部分，对直线b进行延伸，如图189-7所示。

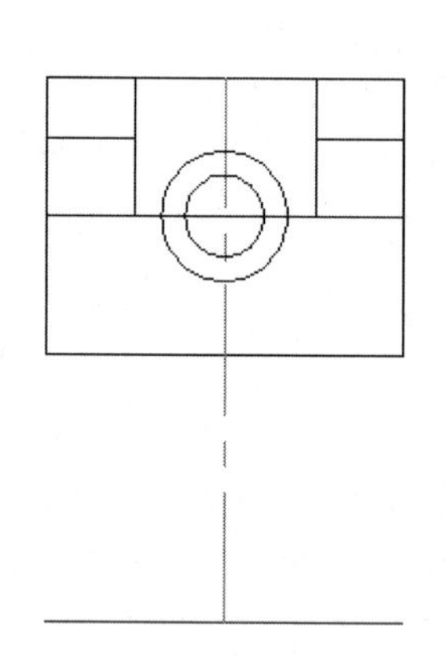

图189-7 偏移、延伸处理

08 执行“偏移”命令，将直线b分别向左向右各偏移10、16、23、30、45，将直线c向上分别偏移8、15、45、48、54，并将偏移的直线移到粗实线图层，如图189-8所示。

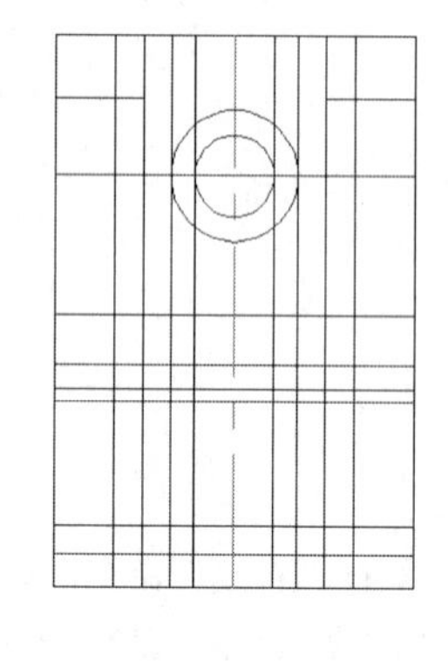

图189-8 偏移处理

09 执行“修剪”命令，对图形进行修剪，如图189-9所示。

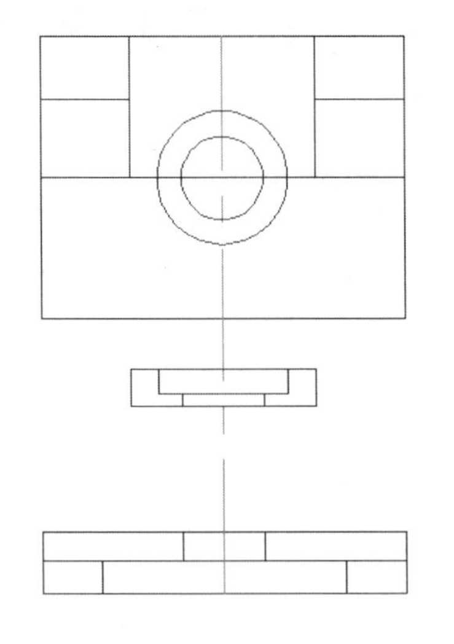

图189-9　修剪处理

10 执行“直线”命令，绘制连接点A、B和C、D的直线，如图189-1所示。

11 执行“保存”命令，保存文件。

练习189　绘制零件图

实战位置　DVD>练习文件>第6章>练习189.dwg
难易指数　★★☆☆☆
技术掌握　巩固“偏移”命令的使用方法

操作指南

参照“实战189”案例进行制作。

新建所需图层并加载线型，绘制如图189-10所示的图形。

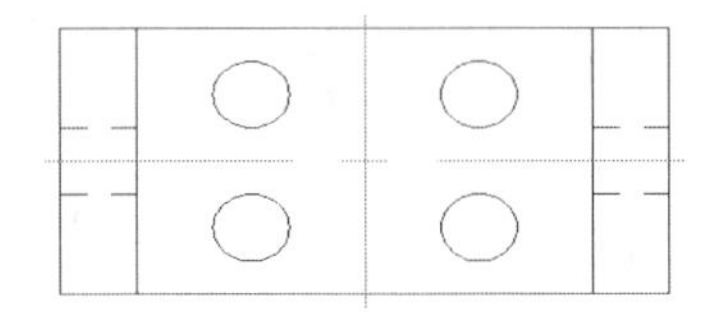

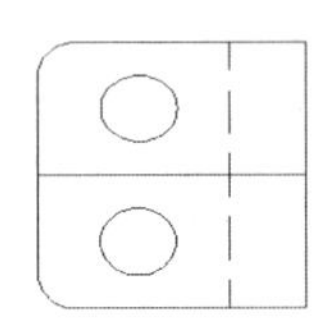

图189-10　绘制零件图

实战190　绘制连接座

实战位置　DVD>实战文件>第6章>实战190.dwg
视频位置　DVD>多媒体教学>第6章>实战190.avi
难易指数　★★☆☆☆
技术掌握　掌握“偏移”命令的使用方法

实战介绍

本例通过绘制连接座，读者应该了解到连接座的基本结构，并完全掌握偏移、修剪等命令的应用。本例设计连接座，最终效果如图190-1所示。

制作思路

• 首先绘制辅助线，然后执行“偏移”命令，完成图形的基本轮廓，最后进行修改。

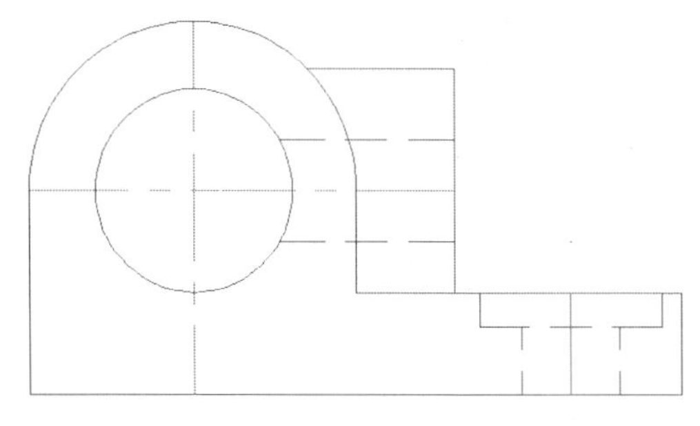

图190-1　最终效果

制作流程

01 双击AutoCAD 2013的桌面快捷方式图标，打开一个新的AutoCAD文件，文件名默认为“Drawing1.dwg”。

02 执行“新建图层”命令，新建一个“中心线”图层，设置其“线型”为CENTER，“颜色”为“红色”；新建一个“虚线”图层，设置其线型为HIDDEN，“颜色”为“白色”。

03 按“F8”开启正交模式，将0图层置为当前层。执行“直线”命令，在绘图区指定起点，绘制一条长100的水平直线b，以其左端点为起点向上绘制长70的直线a，效果如图190-2所示。

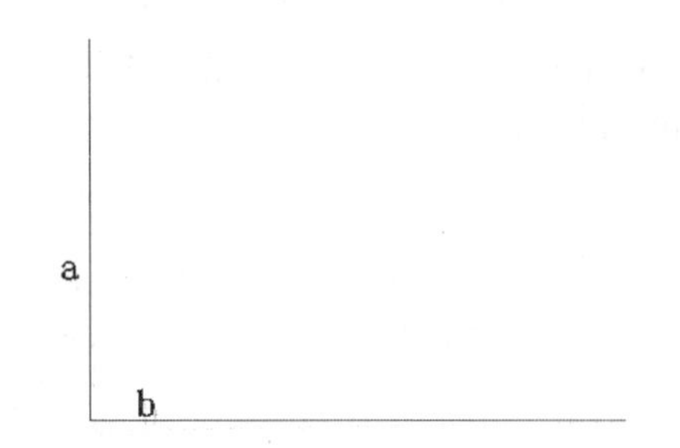

图190-2　绘制直线

04 执行“偏移”命令，将直线b向上偏移15、30、48、55，将直线a向右分别偏移25、50、65、83、100，效果如图190-3所示。

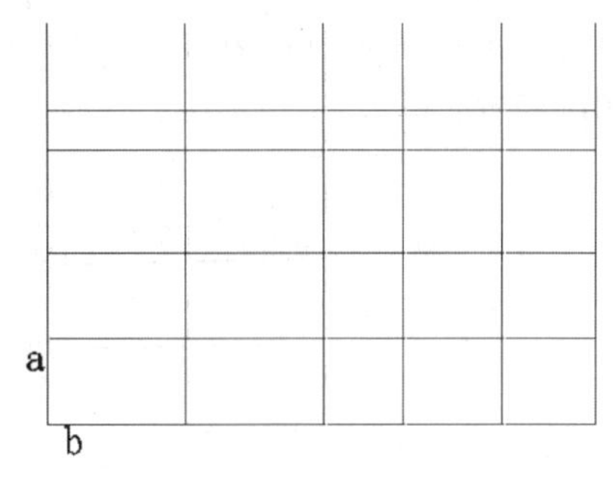

图190-3　偏移处理

05 执行“圆”命令，以A点为圆心，绘制半径分别为15、25的同心圆，效果如图190-4所示。

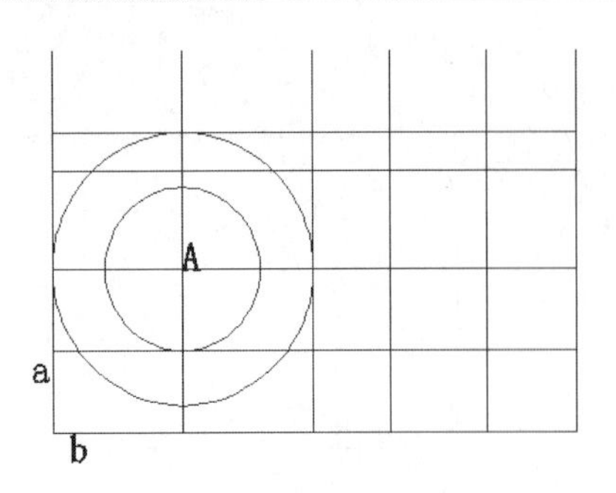

图190-4　绘制同心圆

06 执行“修剪”命令，对图形进行修剪，效果如图190-5所示。

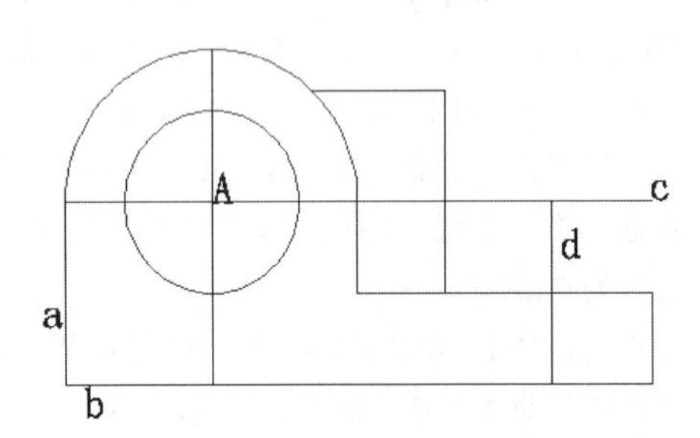

图190-5　修剪处理

07 执行“偏移”命令，将直线c向上和向下分别偏移7.5，将直线b向上偏移10，将直线d分别向左和向右偏移7.5、14，并将偏移的直线移至“虚线”图层。效果如图190-6所示。

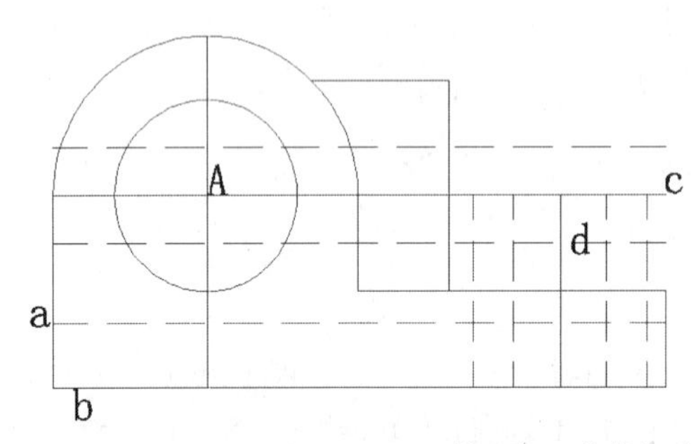

图190-6　偏移处理

08 执行“修剪”命令，对图形进行修剪；将修剪后的直线c、d及点A所在铅垂线移至“中心线”图层，效果如图190-7所示。

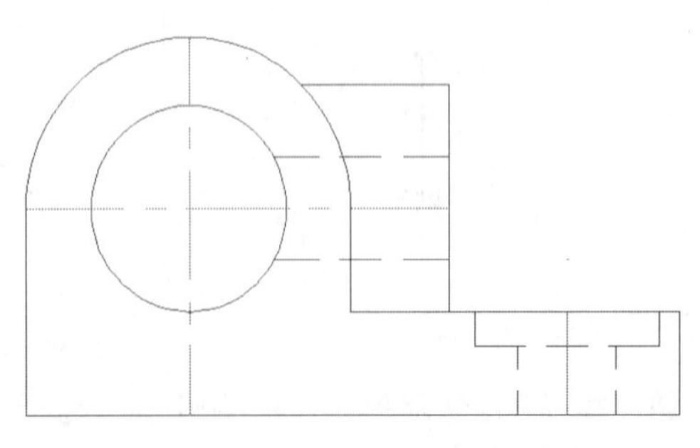

图190-7　修剪及移层处理

练习190　绘制轴承座

实战位置	DVD>练习文件>第6章>练习190.dwg
难易指数	★★☆☆☆
技术掌握	巩固“偏移”命令的使用方法

操作指南

参照“实战190”案例进行制作。

根据下图尺寸要求，绘制如图190-8所示的轴承座。

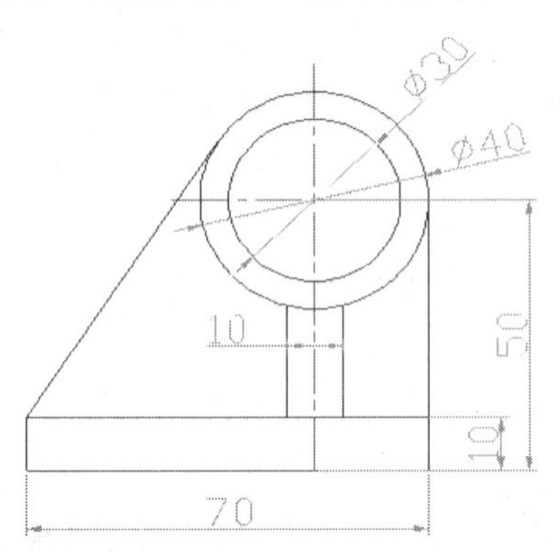

图190-8　绘制轴承座

实战191　绘制钳座

实战位置	DVD>实战文件>第6章>实战191.dwg
视频位置	DVD>多媒体教学>第6章>实战191.avi
难易指数	★★☆☆☆
技术掌握	掌握“偏移”命令的使用方法

实战介绍

本实战运用基础的绘图工具来介绍剖面图。本例最终效果如图191-1所示。

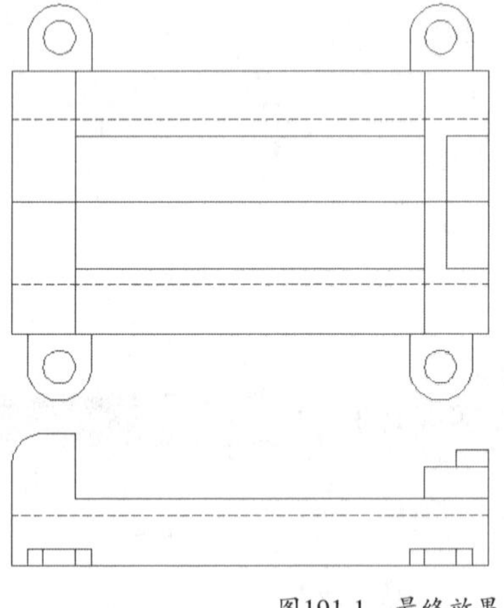

图191-1　最终效果

制作思路

• 首先绘制辅助线，然后执行“偏移”命令，完成图形的基本轮廓，最后利用修改工具完成图形的绘制。

制作流程

01 双击AutoCAD 2013的桌面快捷方式图标，打开一个新的AutoCAD文件，文件名默认为“Drawing1.dwg”。

02 执行LAYER命令，新建一个“中心线”图层，设置其

“线型”为CENTER，“颜色”为青色；新建一个“虚线”图层，设置其“线型”为HIDDEN，“颜色”为白色。

03 按F8键开启正交模式，执行LINE命令，在绘图区指定起点，引导光标向下绘制一条长度为100的直线a，以直线a的中点为起点向右绘制长度为170的水平直线b，效果如图191-2所示。

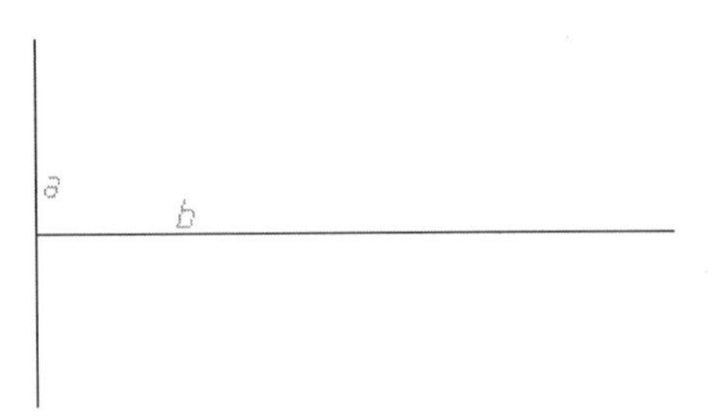

图191-2　绘制直线

04 执行OFFSET命令，将直线b分别向上和向下各偏移20、25、40，将直线a向右分别偏移20、130、137、150，将偏移25的直线移至“虚线”图层，效果如图191-3所示。

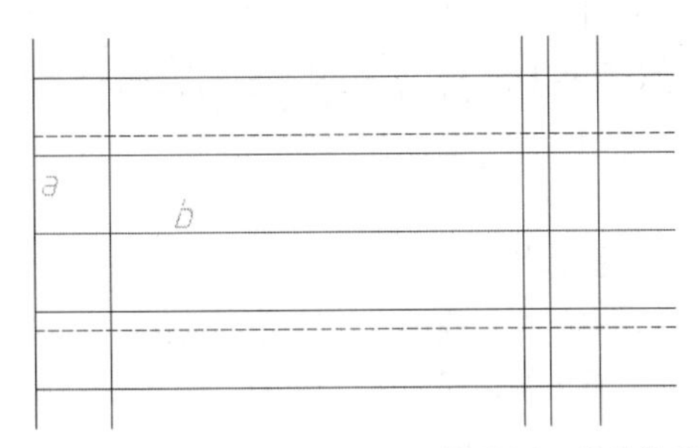

图191-3　偏移处理

05 执行TRIM命令，对图形进行修剪，效果如图191-4所示。

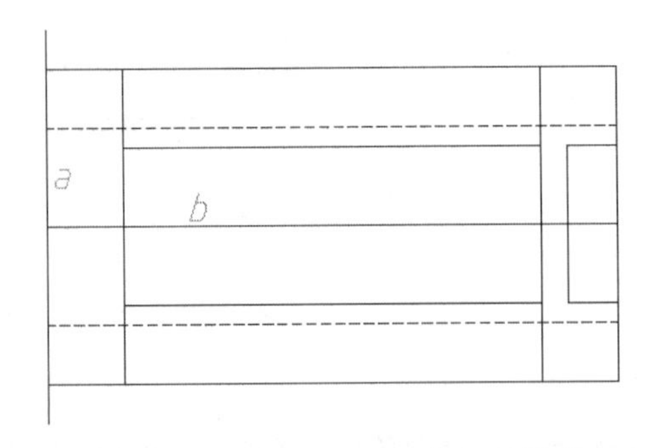

图191-4　修剪处理

06 执行OFFSET命令，将直线b向上和向下分别偏移50，将直线a向右分别偏移15、135，效果如图191-5所示。

07 执行CIRCLE命令，以偏移的直线各交点为圆心，分别绘制半径为5、10的同心圆，效果如图191-6所示。

08 执行OFFSET命令，将直线a1向左和向右分别偏移10，将直线a2向左和向右分别偏移10，效果如图191-7所示。

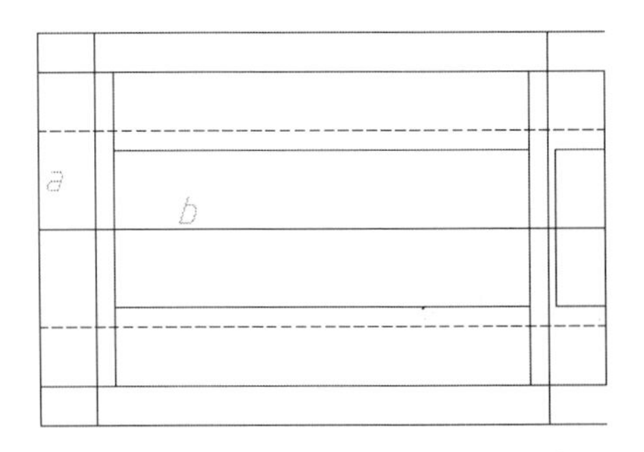

图191-5　偏移处理

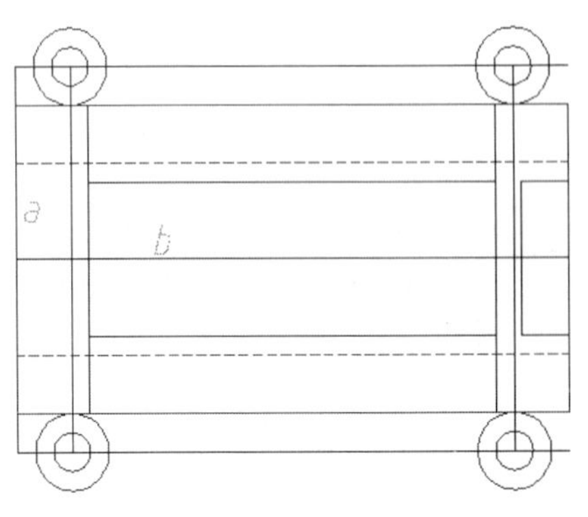

图191-6　绘制同心圆

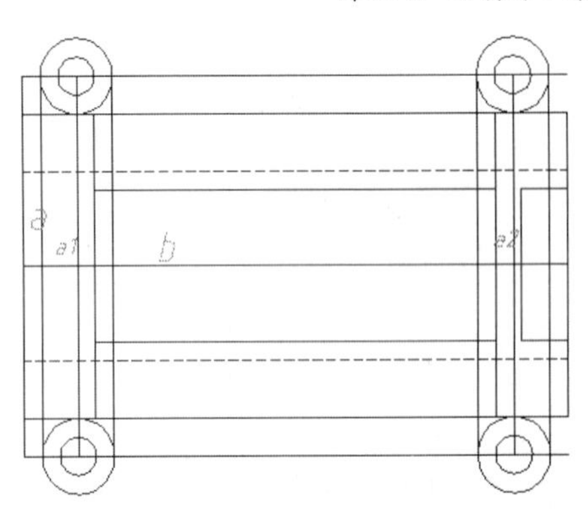

图191-7　偏移处理

09 执行TRIM命令，对图形进行修剪；执行ERASE命令，删除多余的直线，效果如图191-8所示。

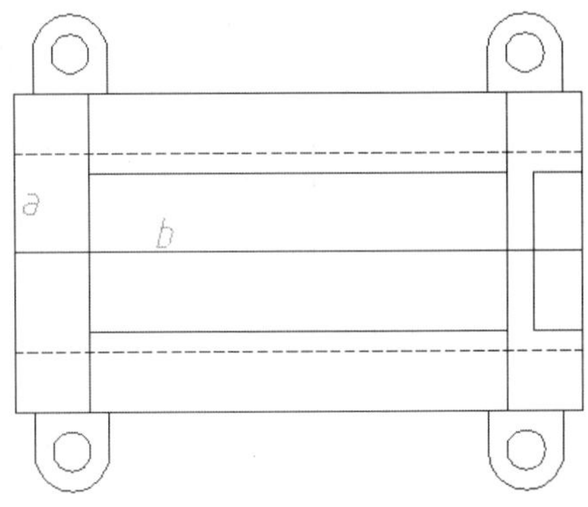

图191-8　修剪处理

10 执行OFFSET命令，将直线b向下偏移110，效果如图191-9所示。

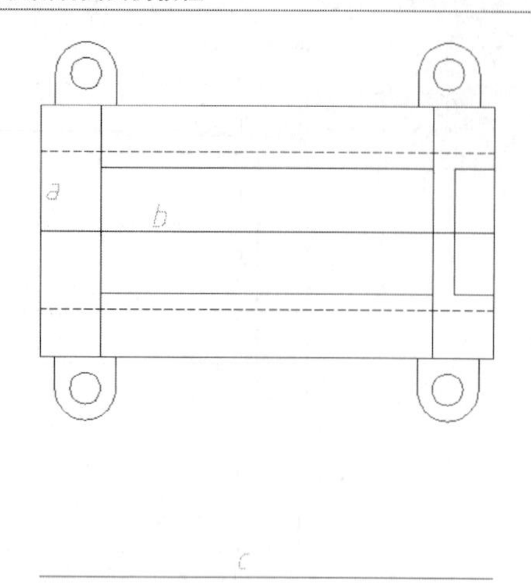

图191-9　偏移处理

11 执行LINE命令，对应主视图绘制10条直线垂直于直线c，并与直线c相交，效果如图191-10所示。

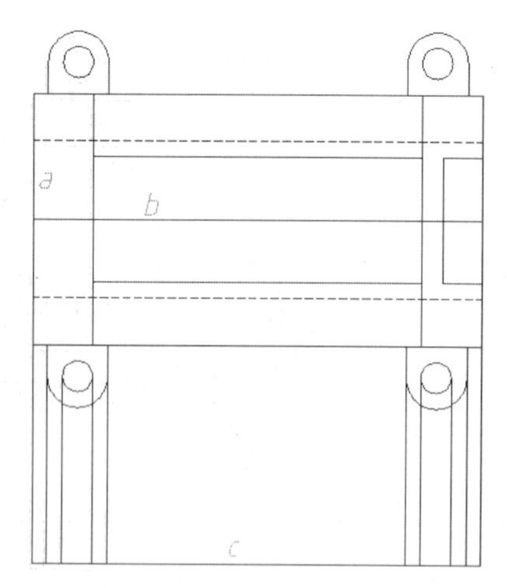

图191-10　绘制直线

12 执行OFFSET命令，将直线c向上分别偏移5、15、20、30、35、40，将偏移15的直线移至“虚线”图层，效果如图191-11所示。

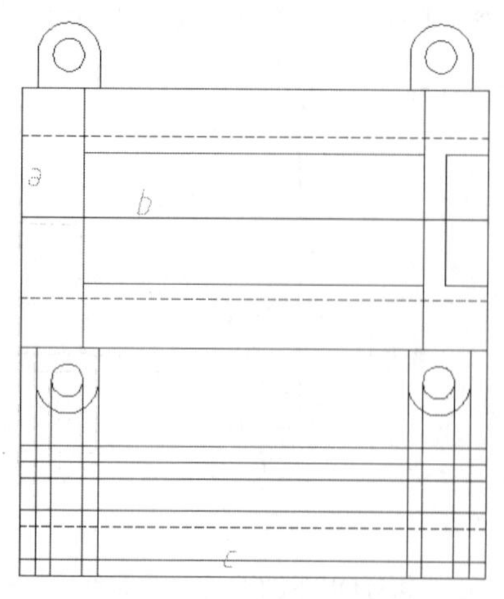

图191-11　偏移处理

13 执行TRIM命令，对图形进行修剪，效果如图191-12所示。

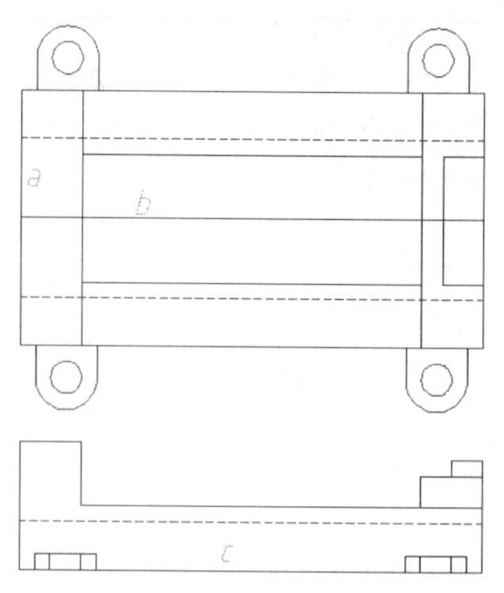

图191-12　修剪处理

14 执行FILLET命令，对图形倒半径为10的圆角，效果如图191-1所示。

15 执行“保存”命令，将图形另存为“实战191.dwg”。

练习191　绘制钳座

实战位置	DVD>练习文件>第6章>练习191.dwg
难易指数	★★☆☆☆
技术掌握	巩固“偏移”命令的使用方法

操作指南

参照“实战191”案例进行制作。

首先绘制辅助线，然后执行“偏移”命令，完成图形的基本轮廓，最后利用修改工具完成图形的绘制。结果如图191-13所示。

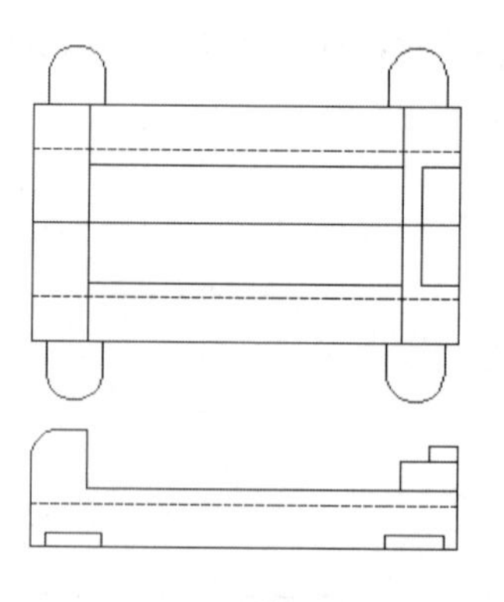
图191-13　绘制钳座

实战192　绘制支座左视图

原始文件位置	DVD>原始文件>第6章>实战192原始文件
实战位置	DVD>实战文件>第6章>实战192.dwg
视频位置	DVD>多媒体教学>第6章>实战192.avi
难易指数	★★★☆☆
技术掌握	掌握“修剪”命令的使用方法

实战介绍

悬臂支座是机械中不可缺少的最基本的零件之一，本例中将绘制悬臂支座。本例最终效果如图192-1所示。

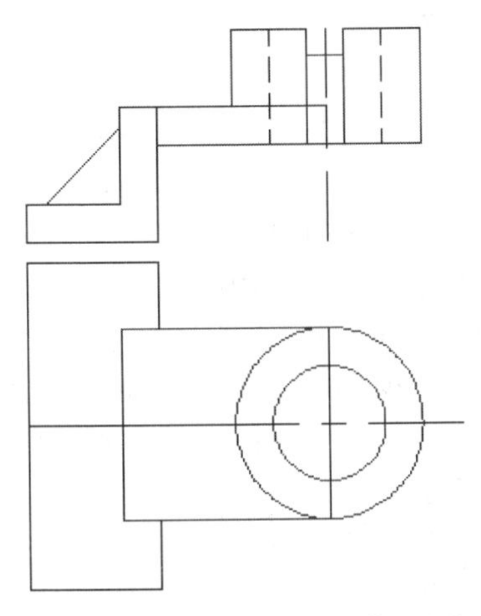

图192-1　最终效果

制作思路

• 首先绘制辅助线，然后执行“偏移”命令，完成图形基本外轮廓，最后执行“圆”命令，结合修改工具，完成图形的绘制。

制作流程

01 执行“打开”菜单命令，打开“实战192原始文件.dwg”文件，如图192-2所示。

02 执行“绘图>构造线”命令，绘制构造线，效果如图192-3所示。

03 再次执行“绘图>构造线”命令，绘制构造线，效果如图192-4所示。

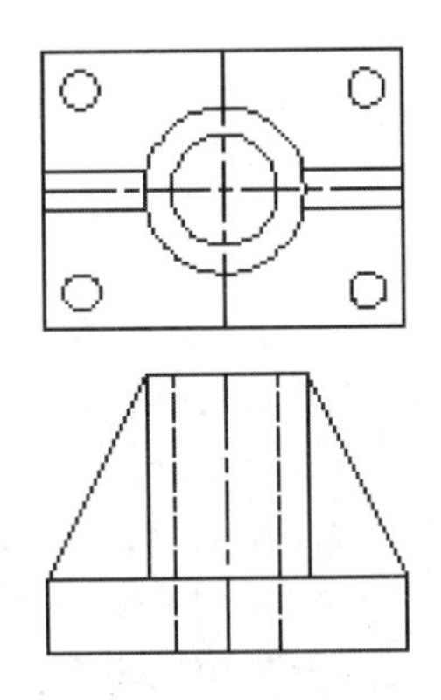

图192-2　打开图形文件

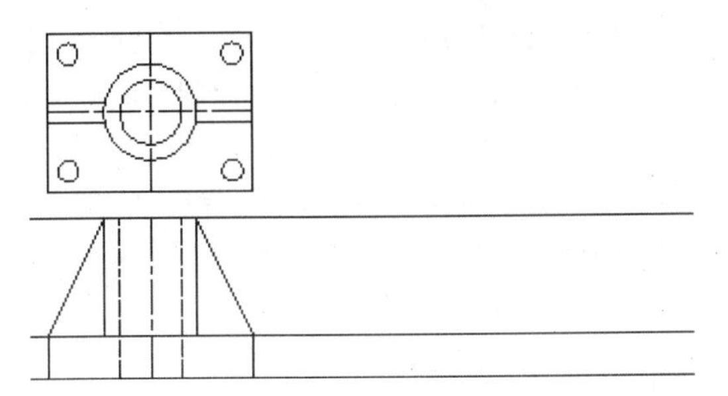

图192-3　绘制构造直线

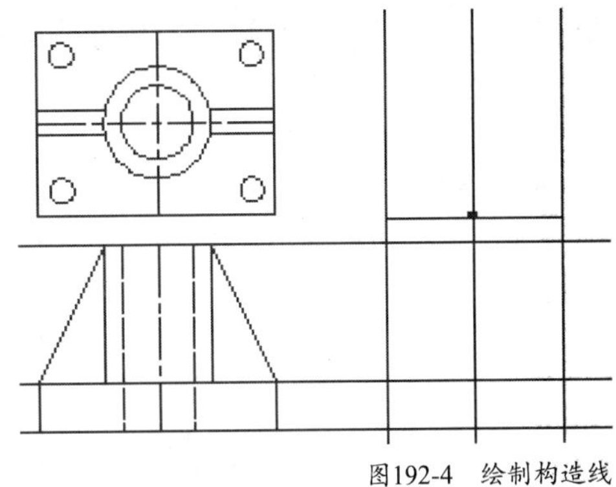

图192-4　绘制构造线

04 执行LINE命令，绘制直线，效果如图192-5所示。

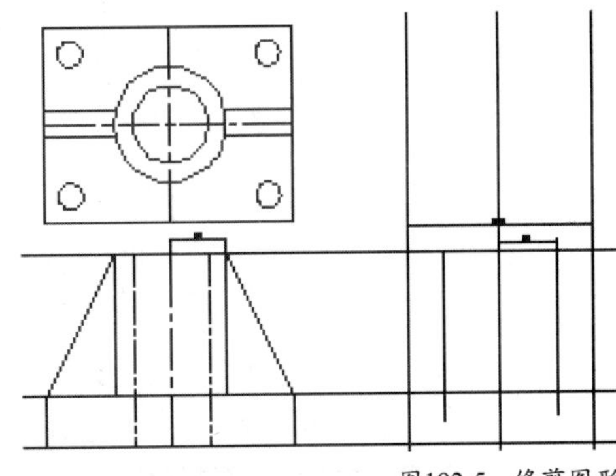

图192-5　修剪图形

05 执行LINE命令，绘制直线，如图192-6所示。

06 执行TRIM命令，对该图进行修剪，如图192-7所示。

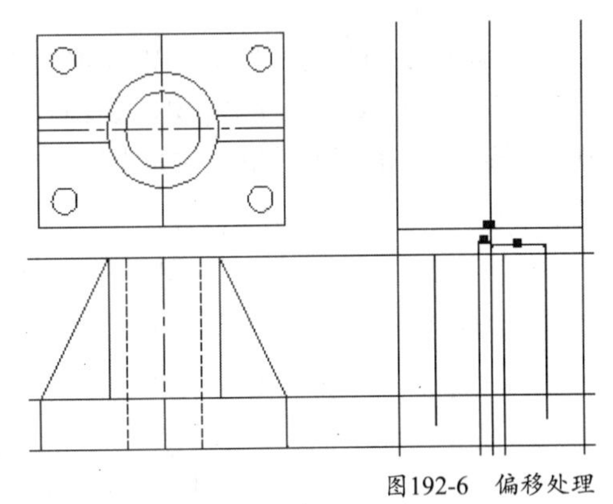

图192-6　偏移处理

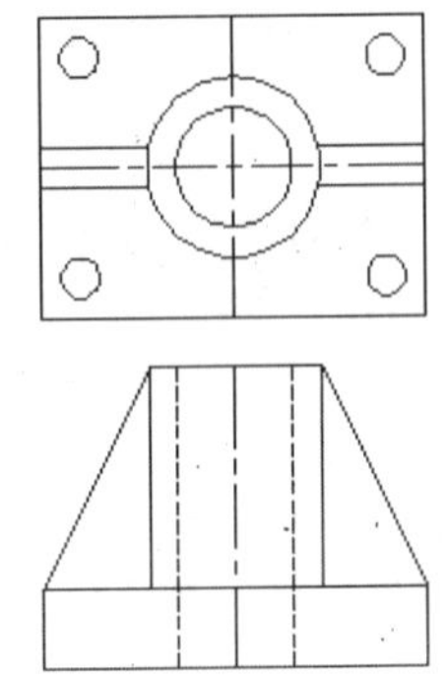

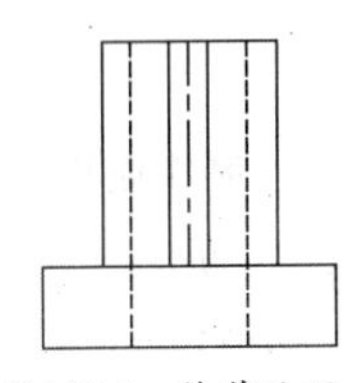

图192-7　修剪处理

练习192 绘制螺钉

实战位置 DVD>练习文件>第6章>练习192.dwg
难易指数 ★★☆☆☆
技术掌握 巩固“修剪”命令的使用方法

操作指南

参照“实战192”案例进行制作，绘制如图192-8所示的螺钉。

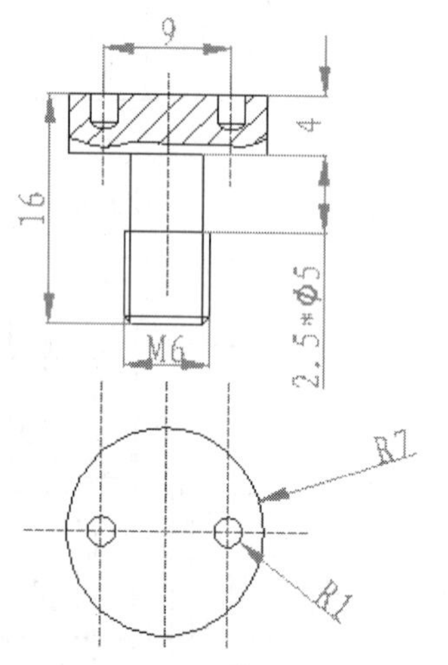

图192-8 绘制螺钉

实战193 绘制机座剖视图

实战位置 DVD>实战文件>第6章>实战193.dwg
视频位置 DVD>多媒体教学>第6章>实战193.avi
难易指数 ★★☆☆☆
技术掌握 掌握“修剪”命令的使用方法

实战介绍

本例绘制的机座主视图和左视图最终效果如图193-1所示。本例将依次绘制机座主视图、左视图，充分利用多视图投影对应关系，绘制辅助定位直线。

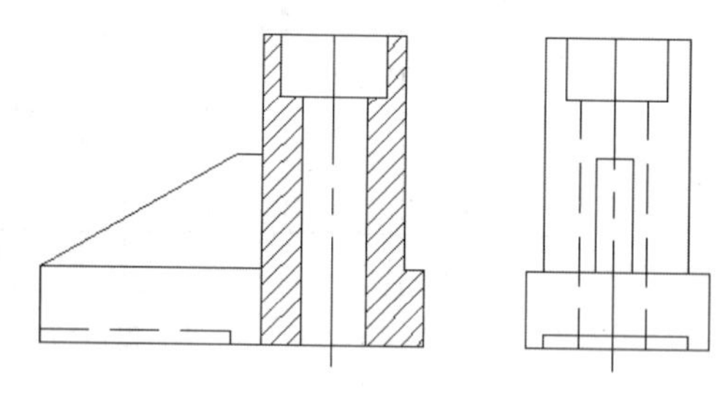

图193-1 机座主视图和左视图

制作思路

• 首先绘制辅助线，然后执行“偏移”命令，完成图形外轮廓的绘制，最后执行“修剪”命令，完成图形的绘制。

制作流程

01 新建文件。执行“标准>新建”命令，新建一个名为“实战193.dwg”的图形文件。

02 设置图幅。利用“LIMITS”命令设置图幅大小为297mm×210mm。

03 新建图层。执行“图层>图层特性”命令，新建4个图层：“CSX”层，线型设为实线，线宽为0.30mm，其余属性保持系统默认设置；“细实线”层，线型设为实线，线宽为0.09mm，颜色设为绿色，其余属性保持系统默认设置；“XDHX”层，线型加载为CENTER，线宽为0.09mm，颜色设为红色，其余属性保持系统默认设置；“虚线”层，线型加载为DASHED，线宽为0.09mm，颜色为蓝色，其余属性保持系统默认设置。结果如图193-2所示。

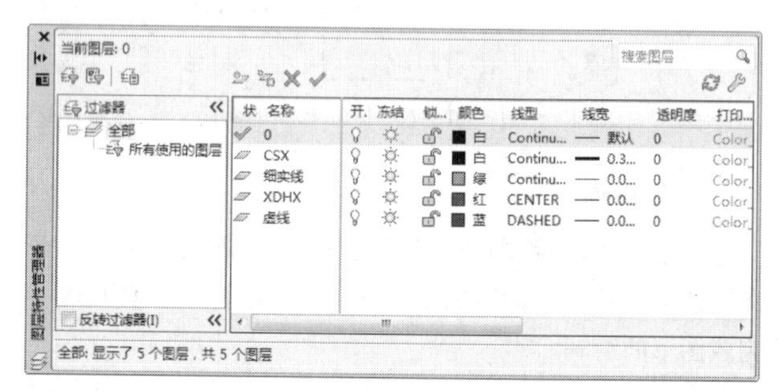

图193-2 图层设置

04 绘制中心线。将“XDHX”层设置为当前图层，绘制一条竖直中心线。

05 绘制直线。将“CSX”层设置为当前图层，单击“绘图”工具栏中的“直线”按钮，绘制一条与竖直中心线相交的水平直线，结果如图193-3所示。

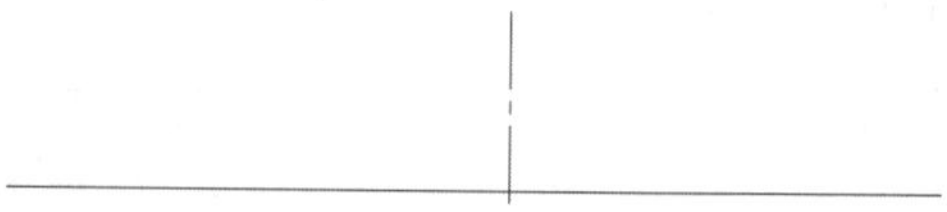

图193-3 绘制直线

06 执行“修改>偏移”命令，将水平直线向上偏移5，命令行的提示与操作如下：

```
命令：_offset
当前设置：删除源=否  图层=源  OFFSETGAPTYPE=0
指定偏移距离或 [通过(T)/删除(E)/图层(L)] <通过>: t
选择要偏移的对象，或 [退出(E)/放弃(U)] <退出>:
指定通过点或 [退出(E)/多个(M)/放弃(U)] <退出>: 5
选择要偏移的对象，或 [退出(E)/放弃(U)] <退出>:
```

重复上述命令，将步骤05中绘制的水平直线分别向上偏移20、50、65、80，将竖直中心线分别向左偏移10、15、20、28.04、30、80，分别向右偏移10、15、20、25，然后将偏移后的中心线图层设置为“CSX ”层和“虚线”层，结果如图193-4所示。

07 执行“修改>修剪”命令，将多余的直线进行修剪。并利用“直线”命令绘制加强筋，结果如图193-5所示。

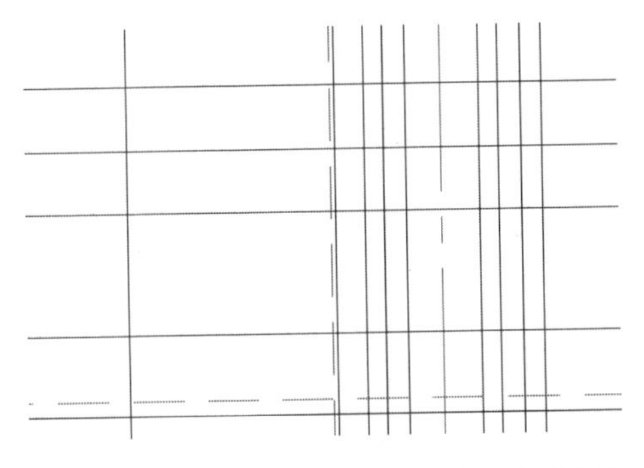

图193-4　偏移直线

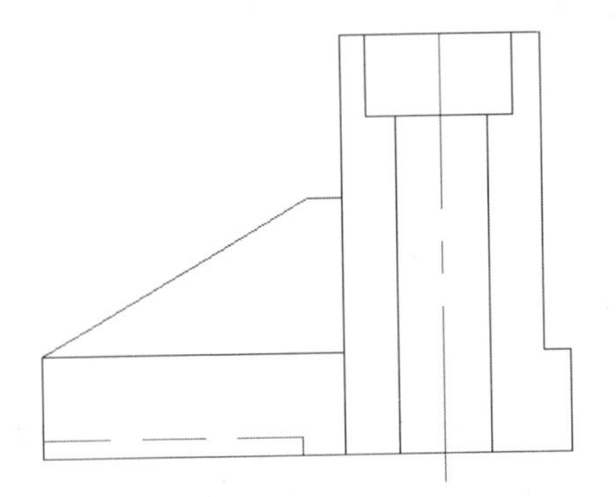

图193-5　修剪处理

08 绘制剖面线。将“细实线”层设置为当前图层，执行“绘图>图案填充”命令，打开“图案填充和渐变色”对话框。选择“用户定义”类型，设置角度为45°、间距为3；取消对“双向”复选框的勾选，选择相应的填充区域进行填充，结果如图193-6所示。

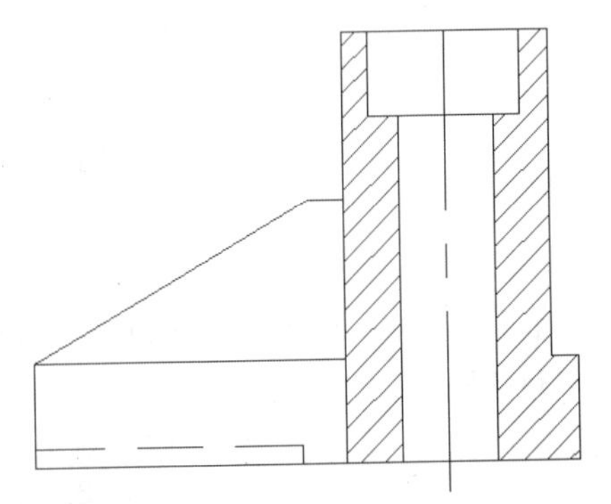

图193-6　绘制剖面线

09 绘制左视图中心线。将“XDHX”层设置为当前图层，执行“绘图>直线”命令，绘制竖直中心线。

10 绘制定位直线。将“CSX”层设置为当前图层，利用直线命令，以主视图中的特征点为起点，利用“对象捕捉”和“正交”功能绘制水平定位线，如图193-7所示。

11 执行“修改>偏移”命令，将竖直中心线向左右两侧分别偏移5、10、15、20、25，然后将偏移后的中心线图层设置为“CSX”层和“虚线”层，结果如图193-8所示。

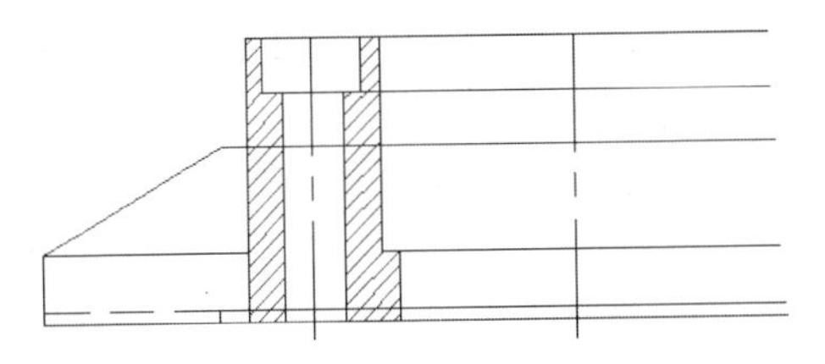

图193-7　绘制水平定位线

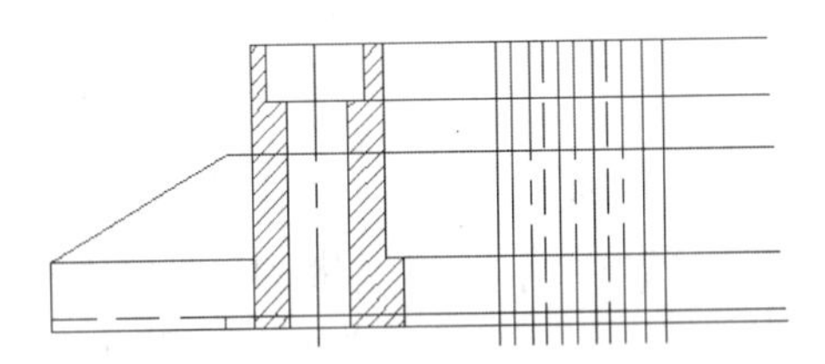

图193-8　偏移直线

12 执行“修改>修剪”命令，将多余直线进行修剪，最终结果如图193-1所示。

练习193　绘制机座

实战位置　DVD>练习文件>第6章>练习193.dwg
难易指数　★★☆☆☆
技术掌握　巩固“修剪”命令的使用方法

操作指南

参照“实战193”案例进行制作。

首先绘制辅助线，然后执行“偏移”命令，完成图形外轮廓的绘制，最后执行“修剪”命令，完成图形的绘制。结果如图193-9所示。

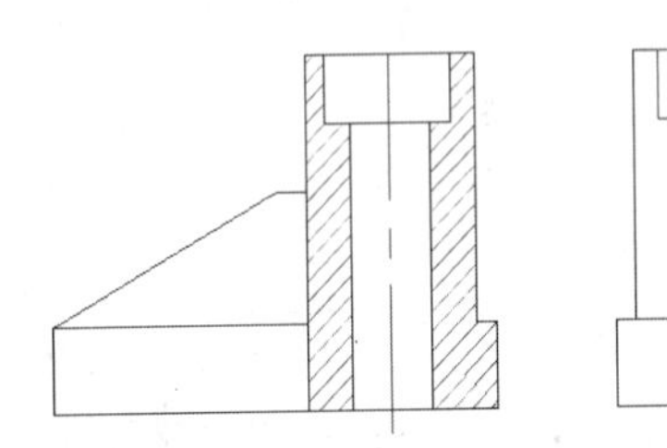

图193-9　绘制机座

实战194　绘制套壳零件三视图

实战位置　DVD>实战文件>第6章>实战194.dwg
视频位置　DVD>多媒体教学>第6章>实战194.avi
难易指数　★★★☆☆
技术掌握　掌握“阵列”命令的使用方法

实战介绍

套壳是保护阀芯的外部壳体，它主要应用于各类机械设备中的液压系统，主要通过阀芯作控制出油口的开启或关闭，还为系统中的各个工作单位提供足够的工作压力。它一般与主油道连接，套壳的外壁开有泄荷孔，当系统中的压力超过一定值，可以快速泄荷以保持系统中的工作压力。本例中将利用各种绘图命令绘制套壳零件三视图，再通过各种绘图辅助命令，完成该零件图。本例最终效果如图194-1所示。

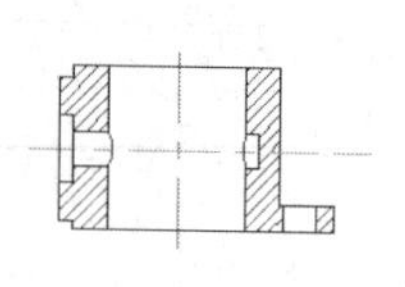
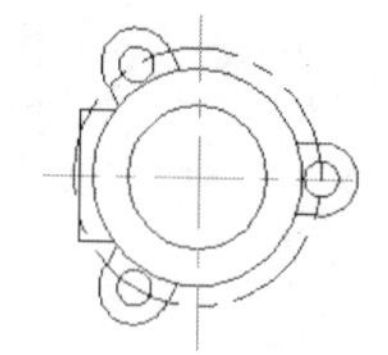
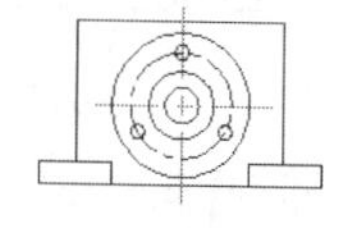

图194-1　最终效果

制作思路

• 首先绘制辅助线，然后执行“圆”命令，绘制图形外轮廓，利用修改工具进行修改，执行“阵列”命令，完成图形的绘制。

制作流程

01 新建一个文件。

02 执行“图层特性”命令，在弹出的“图层特性管理器”中新建图层。其中粗实线图层和细实线图层颜色为黑色，填充图层为灰色，中心线图层为洋红色；粗实线图层线宽为0.7mm，其他图层线宽为0.35mm；中心线图层线型为中心线，其余图层为实线，具体如图194-2所示。

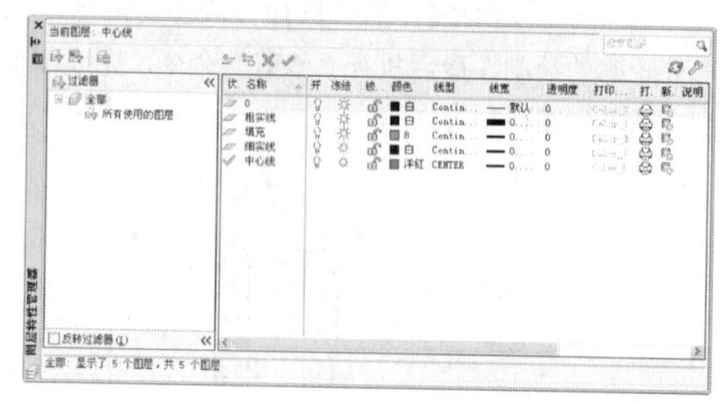

图194-2　图层设置

03 设置中心线为当前图层，按F8键开启正交模式，执行LINE命令，在绘图区指定起点，绘制一条任意长度的水平直线b，重复LINE命令，绘制一条垂直于该直线b的直线a，如图194-3所示。

图194-3　绘制中心线

04 设置“粗实线”为当前图层，执行“圆”命令，以直线a和b的交点为圆心，绘制半径分别为49、74、88的同心圆，将半径为88的圆的线型更改为DIVIDE2，如图194-4所示。

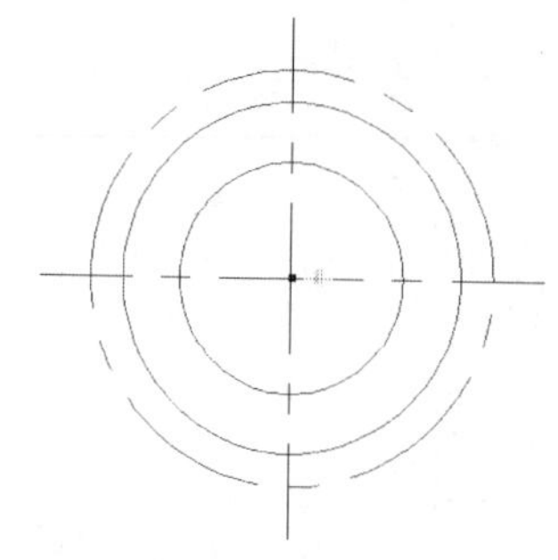

图194-4　绘制圆

05 执行“圆”命令，以直径为88的大圆右象限点为圆心，绘制两个直径为12和25的同心圆，如图194-5所示。

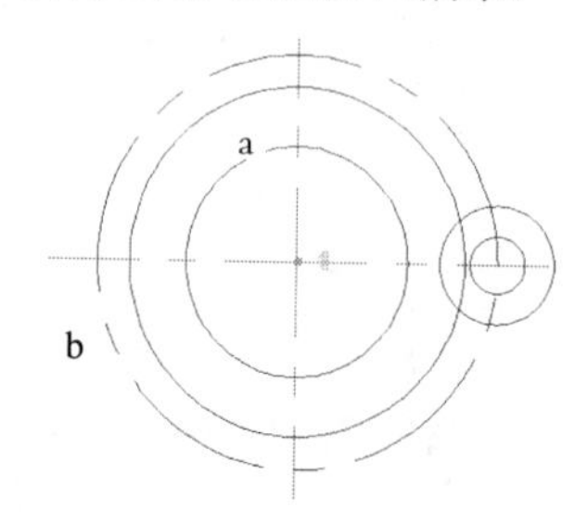

图194-5　绘制同心圆

06 执行“直线”命令，配合“对象捕捉追踪”功能，过直径为25的圆的上、下两象限点分别向左画两条水平直线，直线与直径为74的圆相交，如图194-6所示。

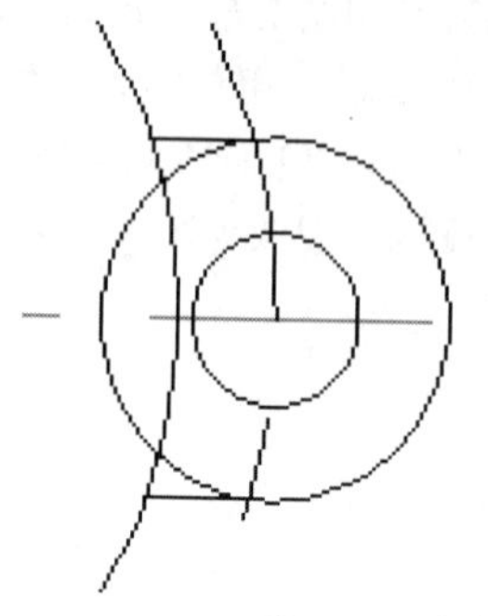

图194-6　修剪处理

07 执行“修剪”命令，对绘制的脚座进行修剪完善，如图194-7所示。

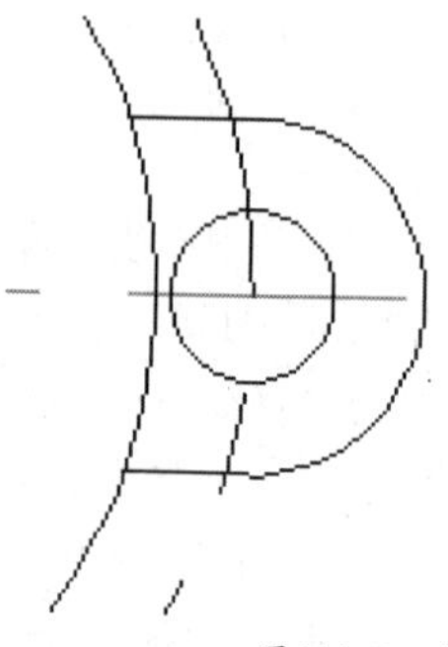

图194-7　偏移处理

08 执行“镜像”命令，选择对象，对脚座进行环形阵列，设置项目总数为3，填充角度为360°，如图194-8所示。

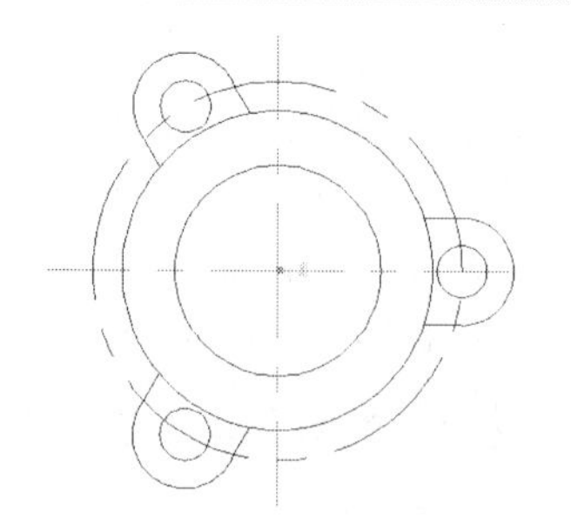

图194-8 绘制圆

09 执行“偏移”命令，将水平轴线分别向上、向下偏移22.5，垂直轴线向左偏移42；执行“直线”命令，过辅助线及其套壳外轮廓的交点绘制直线，如图194-9所示。

10 执行“修剪”命令，对图形进行修剪，如图194-10所示。

11 将绘制完成的图194-9复制一份至绘图区域空白处，将复制的图形旋转90°，如图194-11所示。

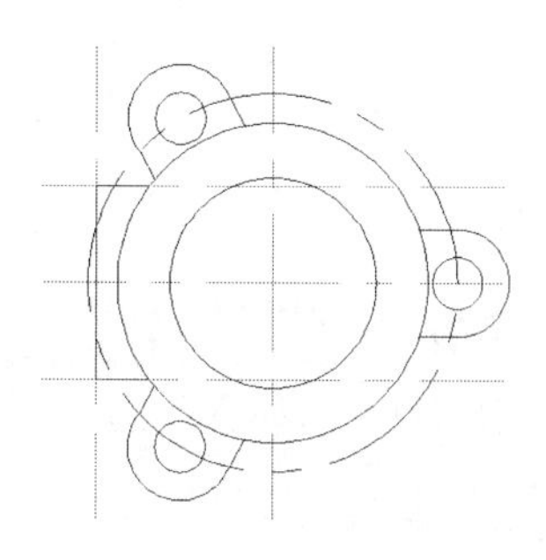

图194-9 偏移处理

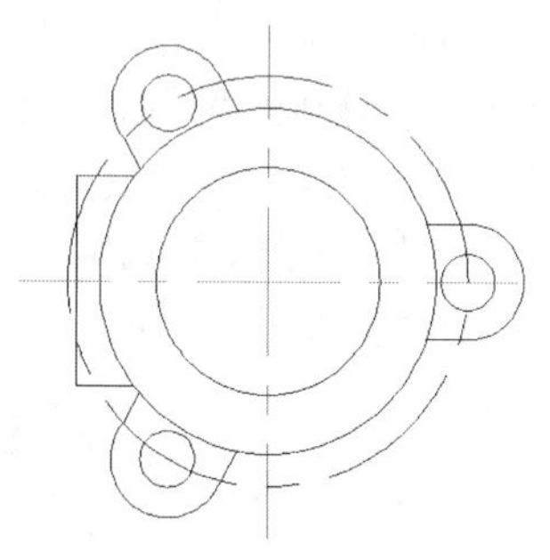

图194-10 修剪处理

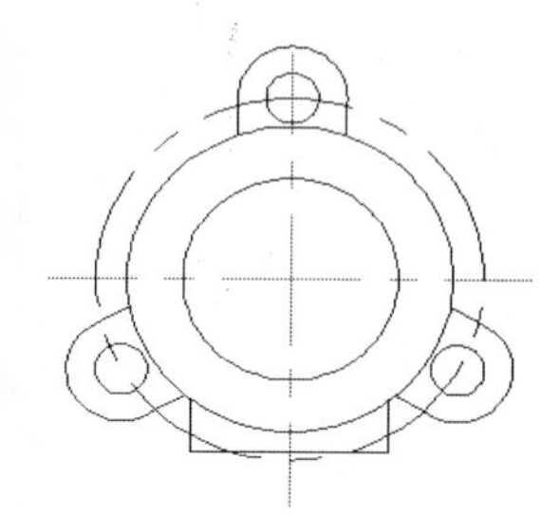

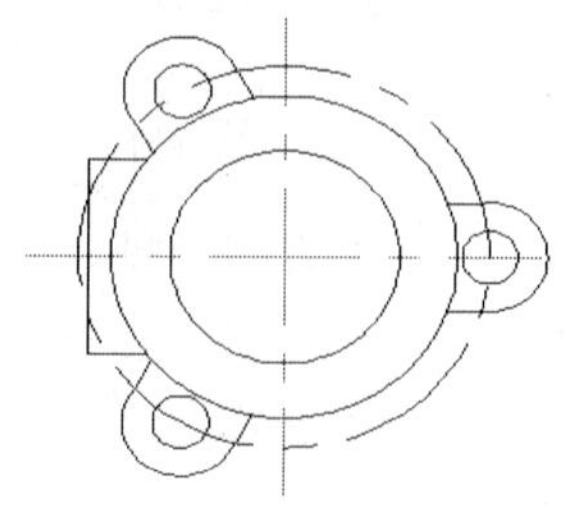

图194-11 复制、旋转图形

12 在“粗实线”图层下，执行“直线”命令，根据图194-11绘制如图194-12所示的6条构造线，从而定位主视图的套壳、脚座和泄荷孔的大体轮廓；在顶视图上方绘制一条水平线，并将其向上偏移56，从而确定零件的高度，如图194-12所示。

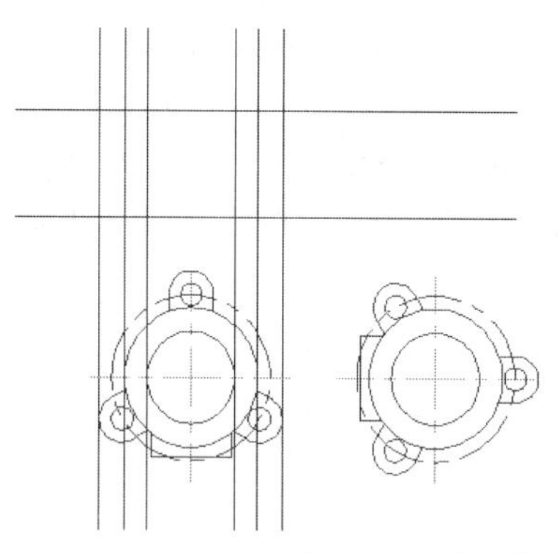

图194-12 定位主视图

13 执行“修剪”命令，对图形进行修剪完善，如图194-13所示。

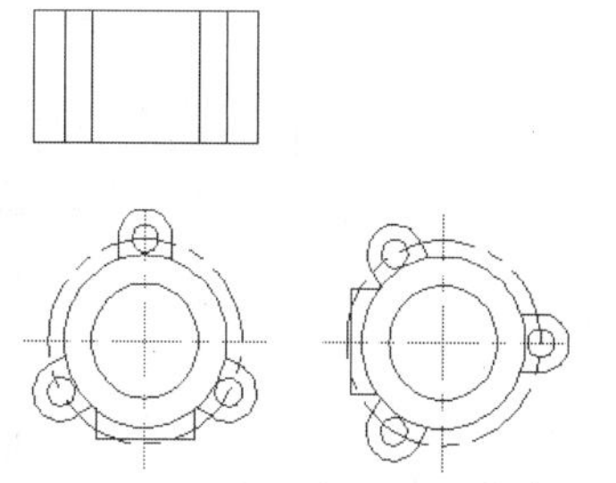

图194-13 修剪图形

14 执行“矩形”命令，绘制左边脚座，用同样的方法完成右边脚座的绘制，对图形进行修剪，如图194-14所示。

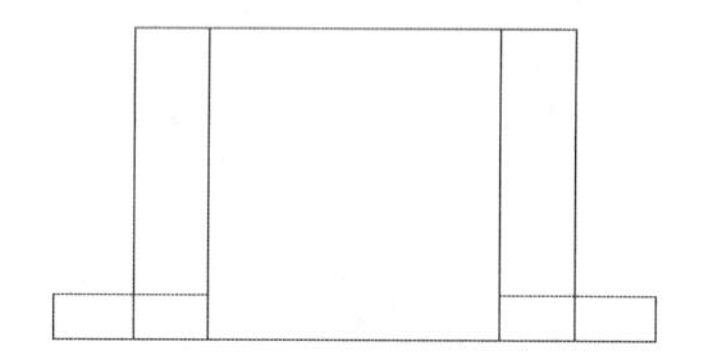

图194-14 绘制、修剪图形

15 绘制轴线，将“中心线”图层置为当前图层，执行“直线”命令，以图194-13的中心为交点，绘制两条互相垂直的轴线；执行“圆”命令，配合“对象捕捉”功能，绘制一个圆，将绘制的圆向内连续偏移3次，偏移量分别为6.5、6.5、5.5，如图194-15所示。

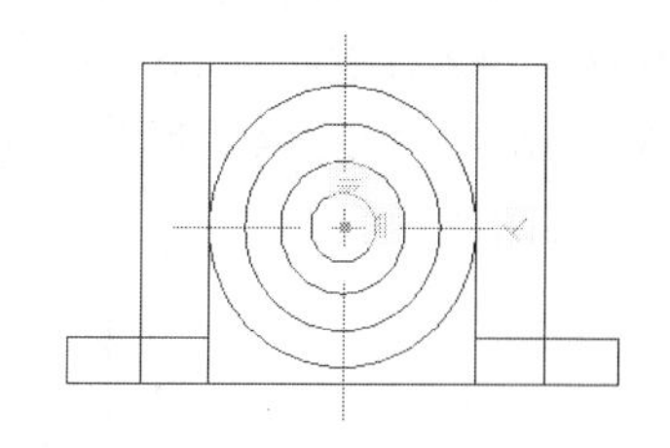

图194-15 绘制轴和圆

16 执行“圆”命令，绘制小圆，选择由外向内的第二个圆的上象限点为圆心，绘制直径为5；执行“阵列”命令，选择小圆进行环形阵列，项目总数为3，填充角度为360°，如图194-16所示。

17 将图194-16和图194-10复制一份；利用复制的顶视图和主视图绘制如图194-17所示的构造线。

18 执行“修剪”命令，对图形进行修剪，并以矩形的中心为交点，将“中心线”层置为当前层，绘制轴线，如图194-18所示。

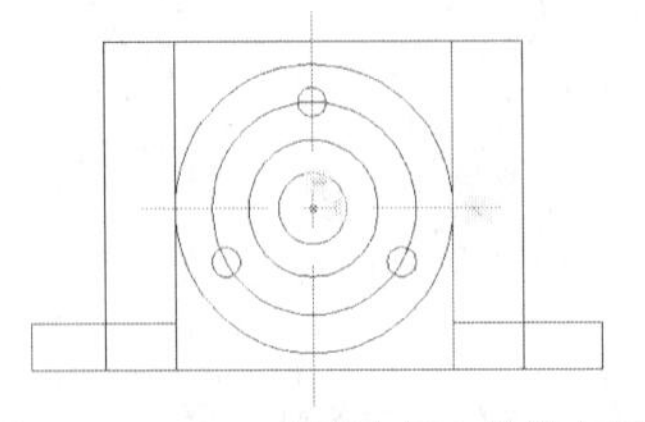

图194-16 绘制小圆

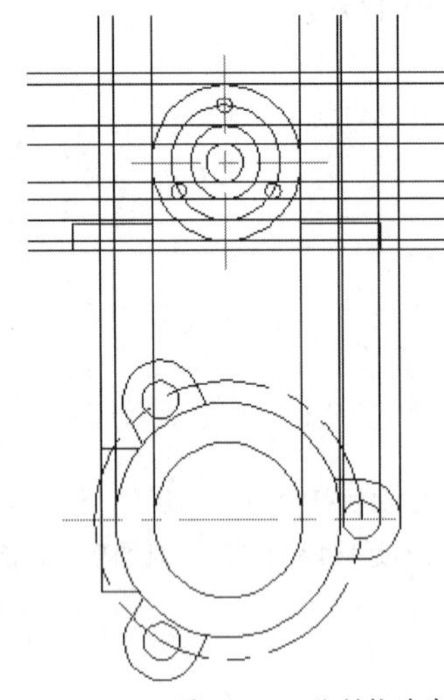

图194-17 绘制构造线

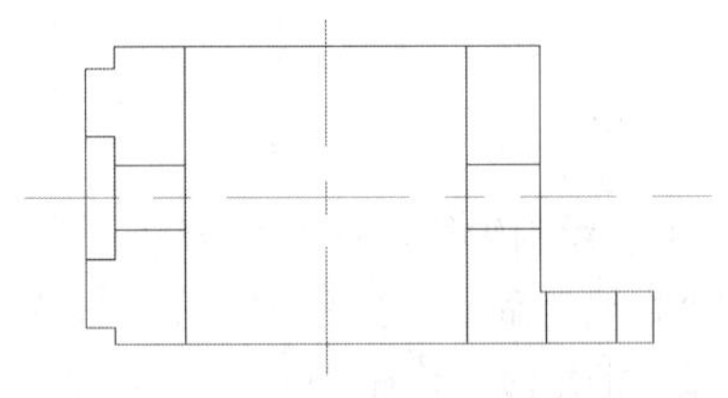

图194-18 修剪处理

19 将“粗实线”层置为当前层，执行“偏移”命令，将图194-18的轮廓线1向右偏移71，轮廓线2和3分别向内部偏移1；在绘图面板中执行“三点圆弧”命令，绘制两段弧形轮廓线，如图194-19所示。

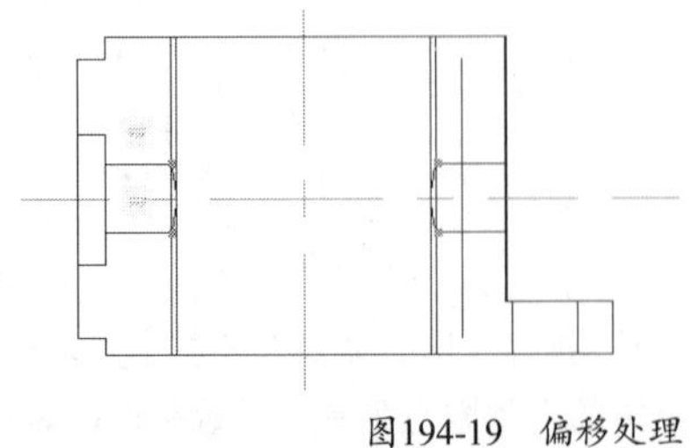

图194-19 偏移处理

20 执行“修剪”命令，对图形进行修剪；将“细实线”图层置为当前图层，执行“填充”命令，选择“ANSI31”进行填充；将绘制好的图形进行重新放置，删除多余图形，如图194-1所示。

21 执行“保存”命令，保存文件。

练习194 绘制套壳零件

实战位置	DVD>练习文件>第6章>练习194.dwg
难易指数	★★★☆☆
技术掌握	巩固“修剪”命令的使用方法

操作指南

参照“实战194”案例进行制作。

首先绘制辅助线，然后执行“圆”命令，绘制图形外轮廓，利用修改工具进行修改，执行“阵列”命令，完成图形的绘制。最终效果图如图194-20所示。

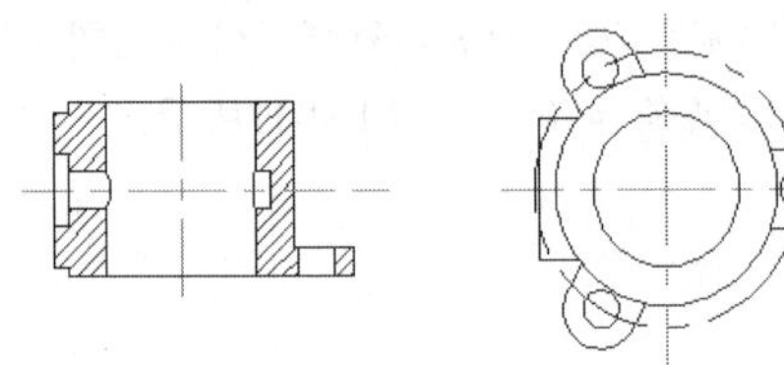

图194-20 绘制套壳零件

实战195 绘制叶片泵三视图

原始文件位置	DVD>原始文件>第6章>实战195原始文件
实战位置	DVD>实战文件>第6章>实战195.dwg
视频位置	DVD>多媒体教学>第6章>实战195.avi
难易指数	★★★☆☆
技术掌握	掌握“拉伸”命令的使用方法

实战介绍

叶片泵是转子槽内的叶片与泵壳（定子环）相接触，将吸入的液体由进油侧压向排油侧的泵。叶片呈放射性安装在转子机架上，用发动机或马达驱动。本例将通过复制、旋转、镜像、阵列等命令来绘制叶片泵的三视图。本例最终效果如图195-1所示。

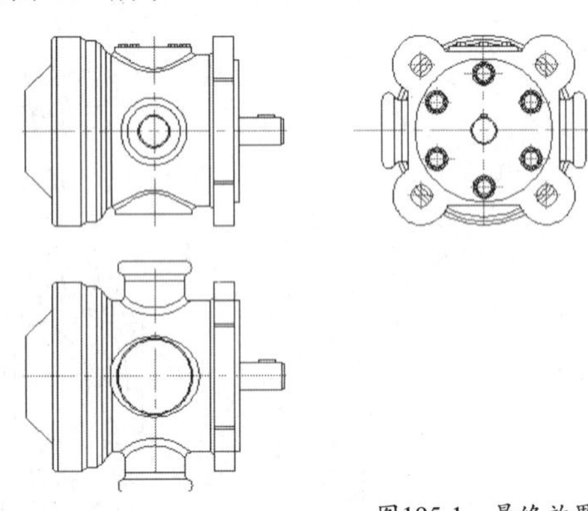

图195-1 最终效果

制作思路

• 首先绘制辅助线，然后执行“复制”命令，完成图形的复制，执行“拉伸”命令，对油口进行拉伸，最后借助修改工具，完成图形的绘制。

制作流程

01 打开“实战195原始文件.dwg”文件，如图195-2所示。

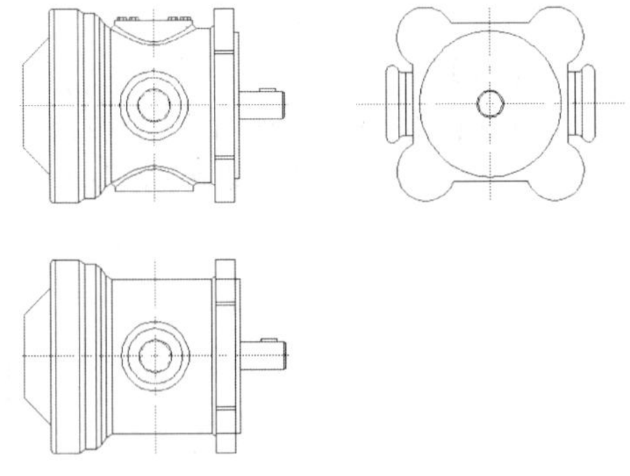

图195-2　原始文件

02 执行“复制”命令，然后旋转90°，并将复制后的视图进行修剪，如图195-3所示。

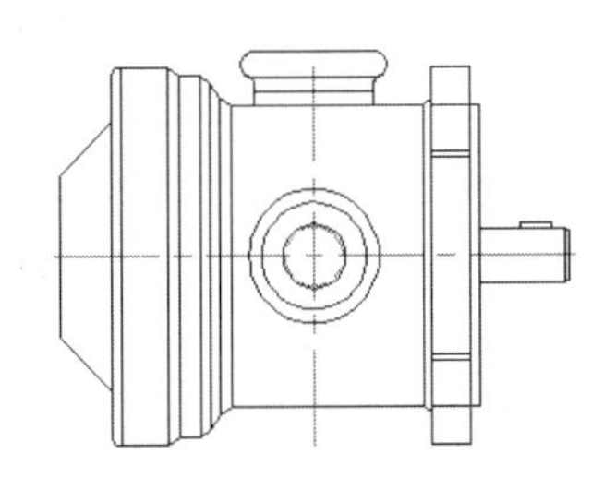

图195-3　复制油口

03 拉伸油口。执行“拉伸”命令，选择油口为拉伸区域，向上垂直移动光标输入拉伸距离，如图195-4所示。

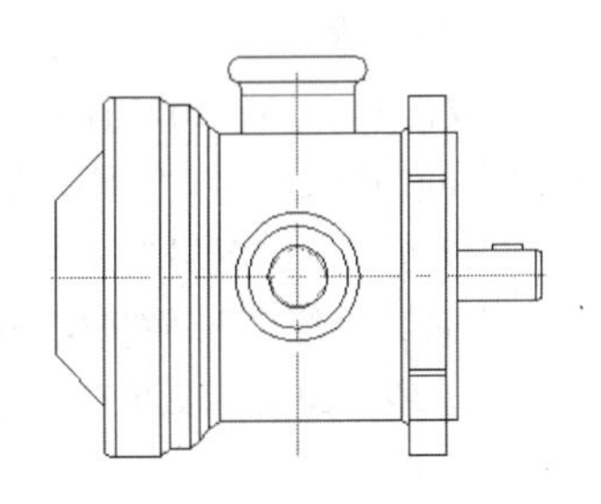

图195-4　拉伸油口

04 执行“圆角”命令，进行圆角处理；在绘图面板中执行“圆弧>起点、端点、半径”命令，绘制圆弧，如图195-5所示。

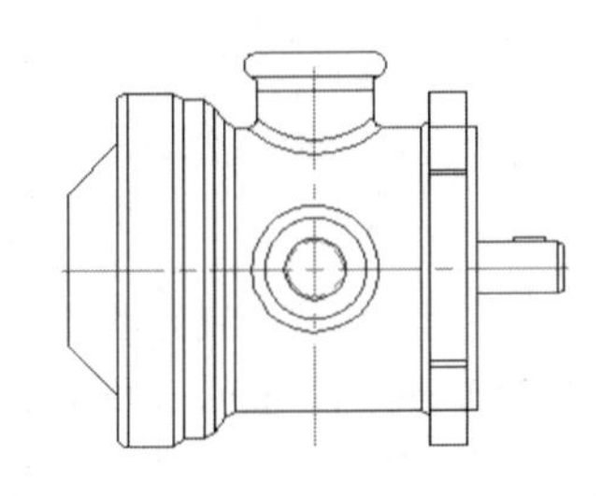

图195-5　绘制圆弧、圆角

05 执行“镜像”命令，镜像油口，并删除多余线段；绘制叶片泵端盖，执行“圆心、半径”命令绘制圆；在绘图面板中执行“椭圆>圆心”命令绘制椭圆，如图195-6所示。

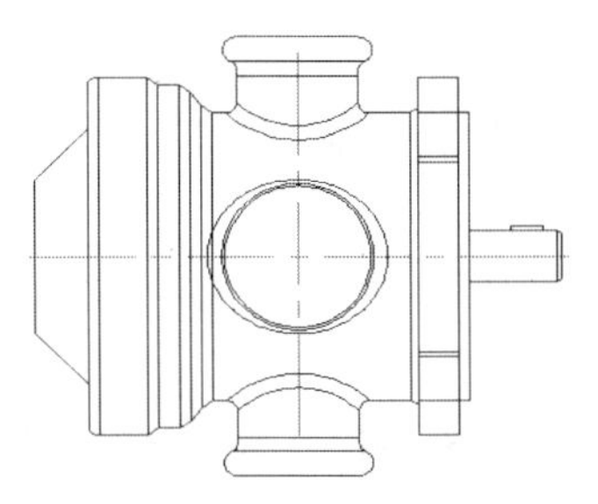

图195-6　镜像油口、绘制端盖

06 执行“修剪”命令修剪轮廓线，如图195-7所示。

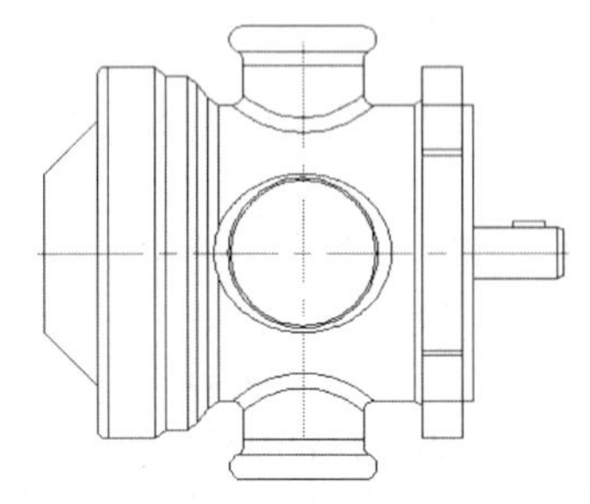

图195-7　修剪处理

07 绘制装配孔，执行“圆心、半径”命令绘制圆；偏移轮廓线，执行“偏移”命令向上50偏移轮廓线；绘制圆柱销，执行“圆心、半径”命令，分别绘制直径为11、13、15、17的圆，对装配孔执行“环形阵列”命令，如图195-8所示。

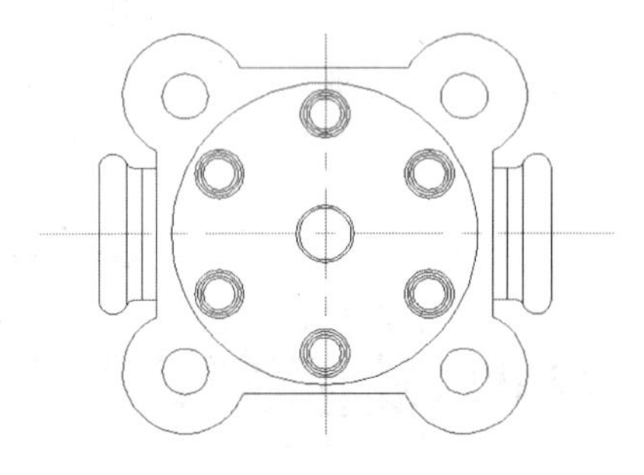

图195-8　阵列处理

08 执行“直线”命令，绘制圆孔的中心线，如图195-8所示。

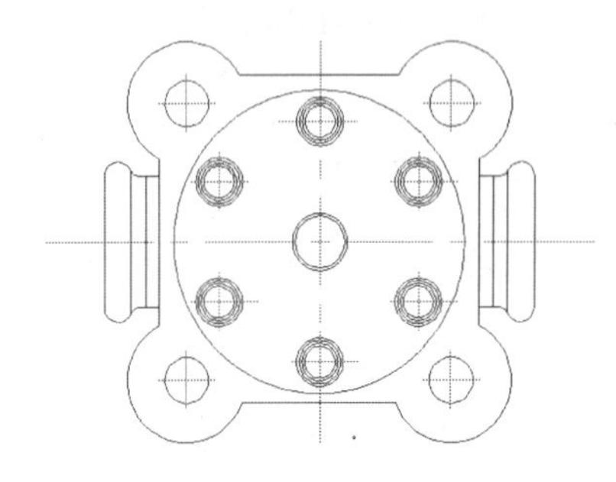

图195-9　绘制中心线

09 执行“直线”命令，绘制辅助线，如图195-10所示。

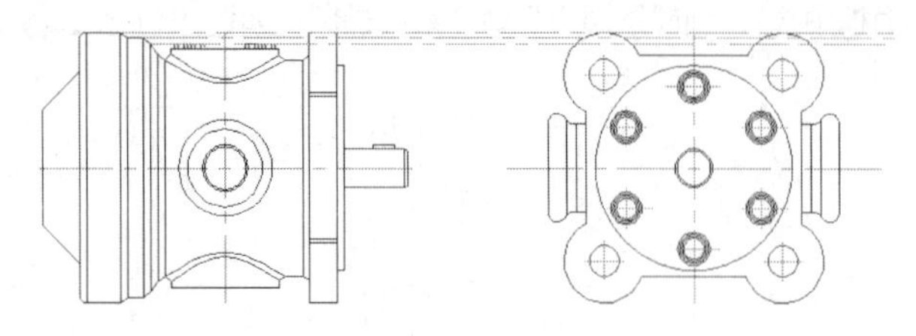

图195-10　绘制辅助线

10 执行“圆心、半径”命令绘制圆，如图195-11所示。

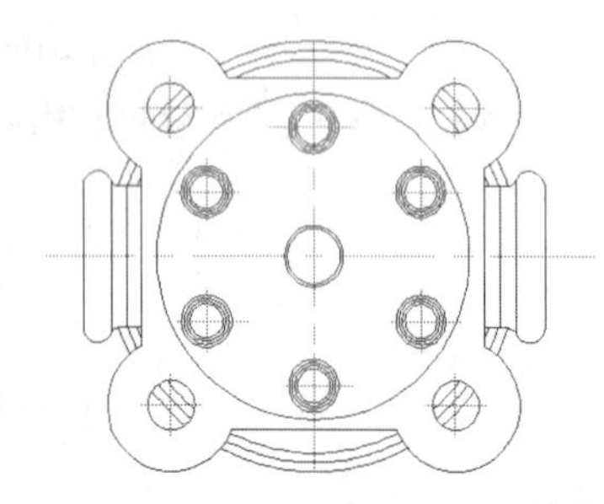

图195-11　绘制圆

11 绘制平键轮廓线，执行“直线”命令绘制辅助线，然后执行“偏移”命令，执行“修剪”命令；绘制螺母头，执行“偏移”命令，执行修剪命令，如图195-12所示。

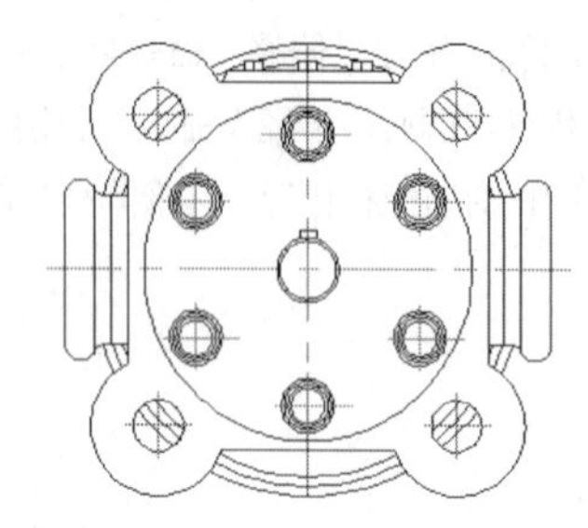

图195-12　绘制平键、螺母头

12 执行“保存”命令，保存文件。

练习195 绘制叶片泵

实战位置　DVD>练习文件>第6章>练习195.dwg
难易指数　★★★☆☆
技术掌握　巩固“拉伸”命令的使用方法

操作指南

参照“实战195”案例进行制作。

绘制如图195-13所示的图形。

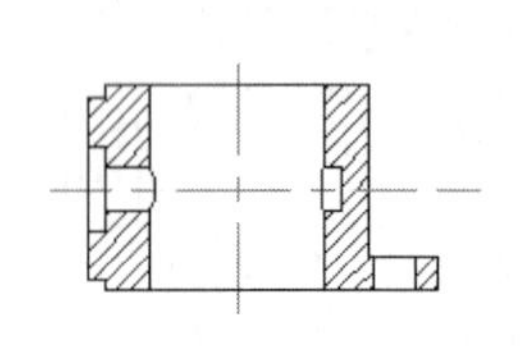

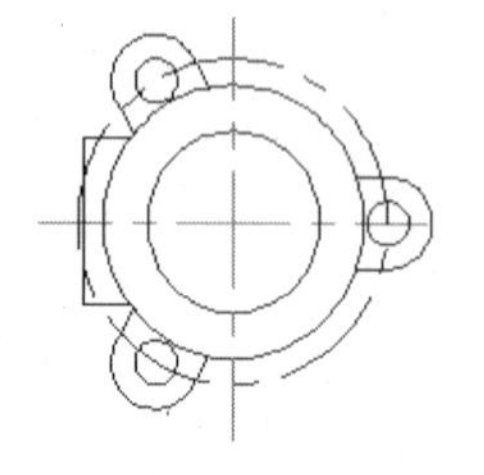

图195-13　绘制叶片泵

实战196 绘制支架三视图

实战位置　DVD>实战文件>第6章>实战196.dwg
视频位置　DVD>多媒体教学>第6章>实战196.avi
难易指数　★★★☆☆
技术掌握　掌握“修剪”命令的使用方法

实战介绍

本例设计绘制支架，绘图时，修剪、偏移命令应用最为广泛，熟练掌握这些命令是必须的。本例最终效果如图196-1所示。

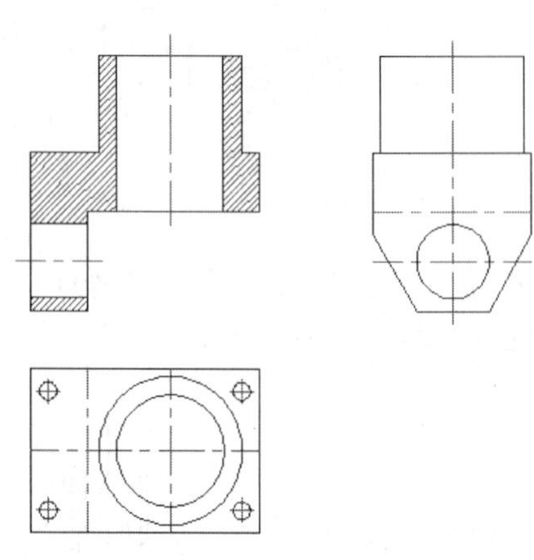

图196-1　最终效果

制作思路

• 首先绘制辅助线，然后执行“偏移”命令，完成图形外轮廓的绘制，最后借助修改工具，完成图形的绘制。

制作流程

01 双击AutoCAD 2013的桌面快捷方式图标，打开一个新的AutoCAD文件，文件名默认为“Drawing1.dwg”。

02 执行“新建图层”命令，新建一个“中心线”图层，设置其“线型”为CENTER，颜色为红色；新建一个“粗实线”图层，设置其“线宽”为0.3mm，效果如图196-2所示。

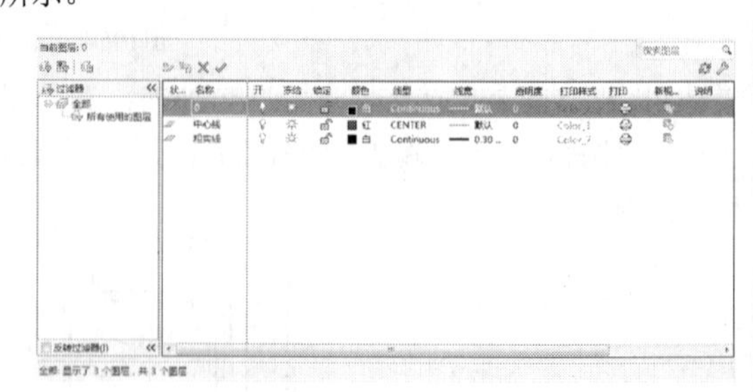

图196-2　新建图层

03 将“粗实线”置为当前，执行“矩形”命令，分别绘制110mm×107mm、100mm×65mm的两个矩形。执行“修改>分解”命令，将两个矩形分解，并删除重合的直线，效果如图196-3所示。

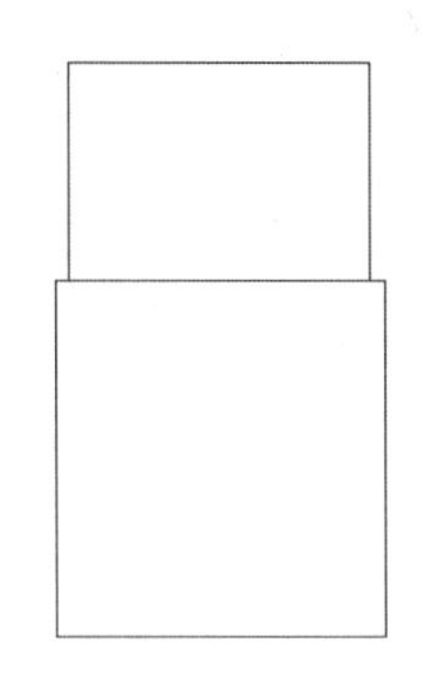

图196-3　绘制矩形

04 将“中心线”层置为当前层。执行“直线”命令，过矩形水平边的中点绘制竖直一条中心线；执行“偏移”命令，将其向两侧分别偏移25，将中间的水平边向下偏移40，并偏移的直线移至“中心线”层，效果如图196-4所示。

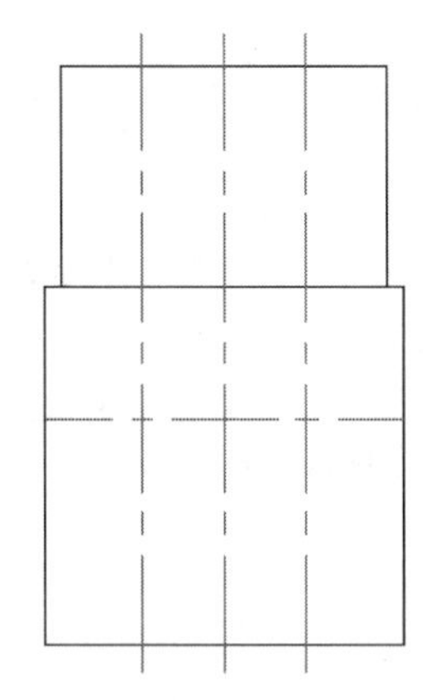

图196-4　绘制中心线

05 将“粗实线”置为当前，执行“直线”命令，在指定位置绘制两条与竖直方向成30°角的直线；执行“修剪”命令，对图形进行修剪操作，效果如图196-5所示。

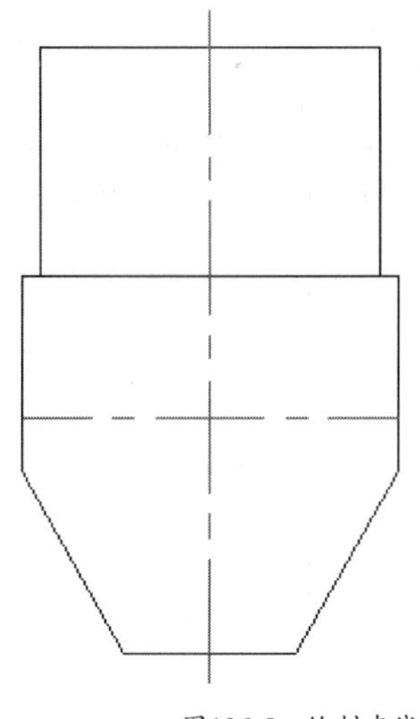

图196-5　绘制直线

06 执行“偏移”命令，将中间水平线向下偏移73，并将其移至“中心线”层；执行“圆”命令，以其余中心线交点为圆心，绘制半径为25的圆，效果如图196-6所示。

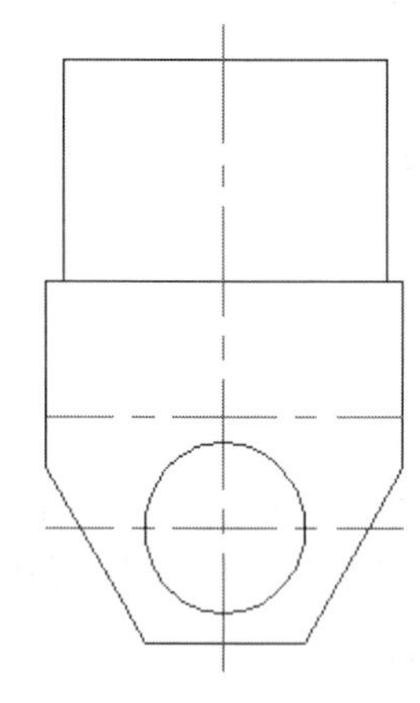

图196-6　绘制圆

07 执行“直线”命令，选择图形相关点向左侧引直线，再在左侧适当区域绘制一条竖直线，执行“偏移”命令，将其向左分别偏移12.5、25、100、112、120、160，效果如图196-7所示。

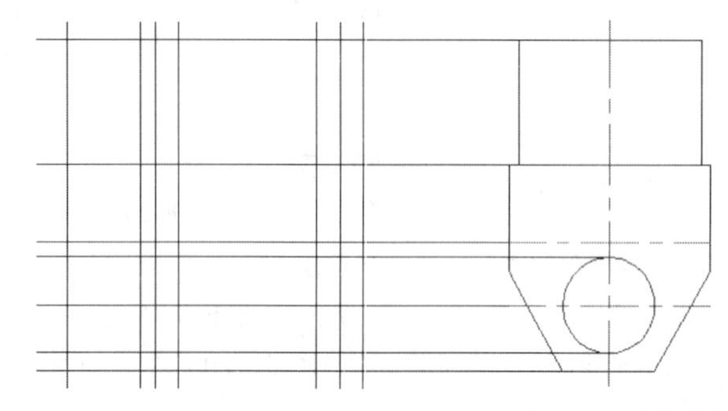

图196-7　绘制引线

08 执行“修剪”命令，对左侧直线进行修剪，效果如图196-8所示。

09 将“中心线”层置为当前层，在左侧图形区域添加若干中心线，效果如图196-9所示。

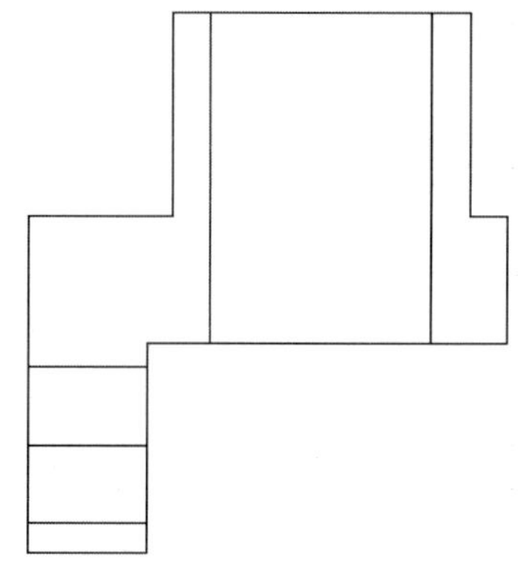

图196-8　修剪处理

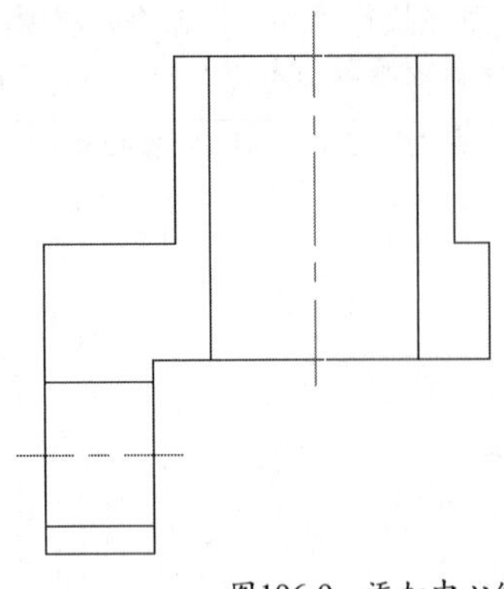

图196-9　添加中心线

10 将0图层置为当前，执行“图案填充”命令，填充图案为ANSI31，填充左侧图形指定区域，效果如图196-10所示。

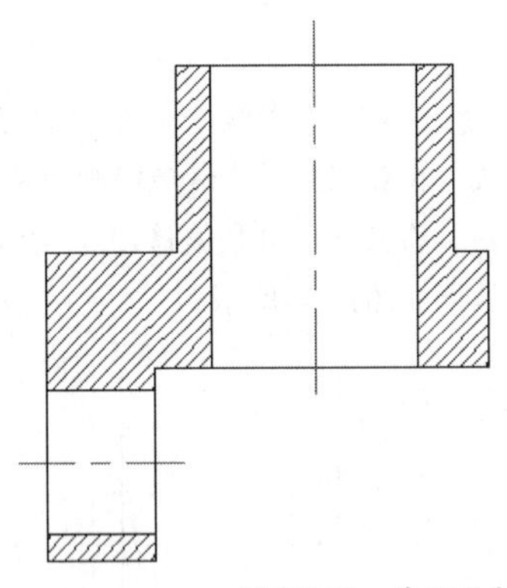

图196-10　填充图案

11 将“粗实线”层置为当前层，执行“直线”命令，选择左侧图形相关点向下引直线，再在下方适当区域绘制一条水平线，并将其向下分别偏移55、110，效果如图196-11所示。

12 执行“修剪”命令，对下方图形进行修剪，并调整其图层，效果如图196-12所示。

13 执行“圆”命令，以右侧中心线交点为圆心，绘制半径分别为37.5、50的同心圆，效果如图196-13所示。

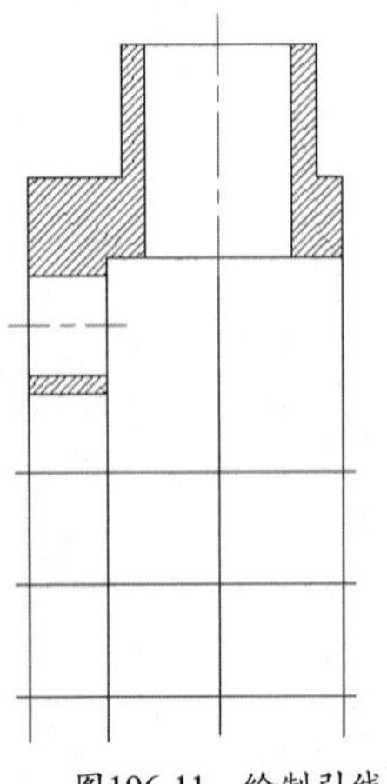

图196-11　绘制引线

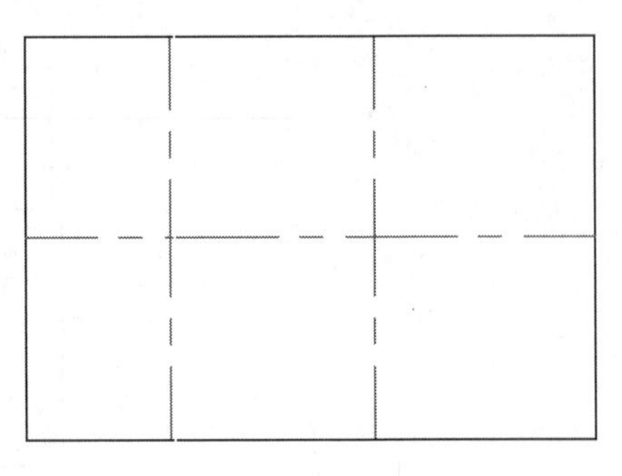

图196-12　修剪处理与移层处理

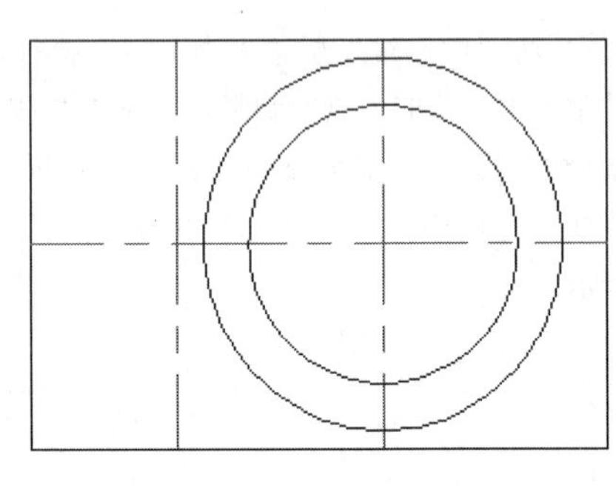

图196-13　绘制同心圆

14 执行“偏移”命令，将左侧与上方的线段分别向右向下偏移12.5、15，并将其移至“中心线”层。执行“圆”命令，绘制半径为6的圆，并进行简单修剪，效果如图196-14所示。

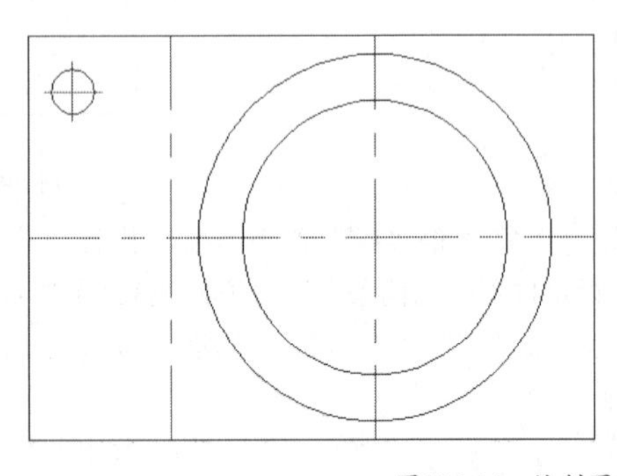

图196-14　绘制圆

15 执行“镜像”命令，将小圆及其相交的中心线作为对象，以各边中点连线为轴操作，效果如图196-15所示。

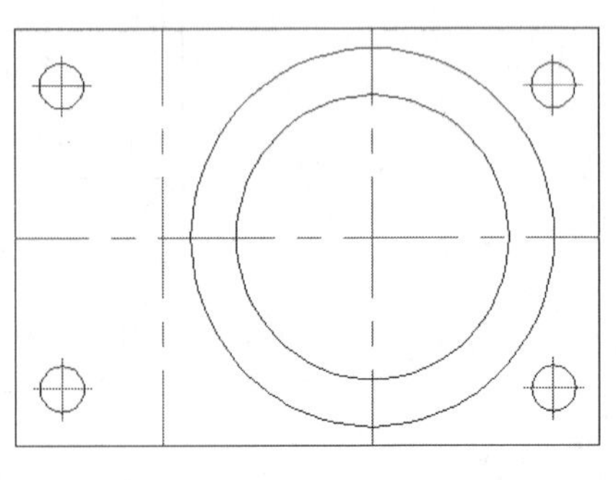

图196-15　镜像处理

16 执行“另存为”命令，将文件另存为为“实战 196.dwg”。

练习196　绘制支架

实战位置　DVD>练习文件>第6章>练习196.dwg
难易指数　★★★☆☆
技术掌握　巩固“修剪”命令的使用方法

操作指南

参照“实战196”案例进行制作。

首先绘制辅助线，然后执行“偏移”命令，完成图形外轮廓的绘制，最后借助修改工具，完成图形的绘制。结果如图196-16所示。

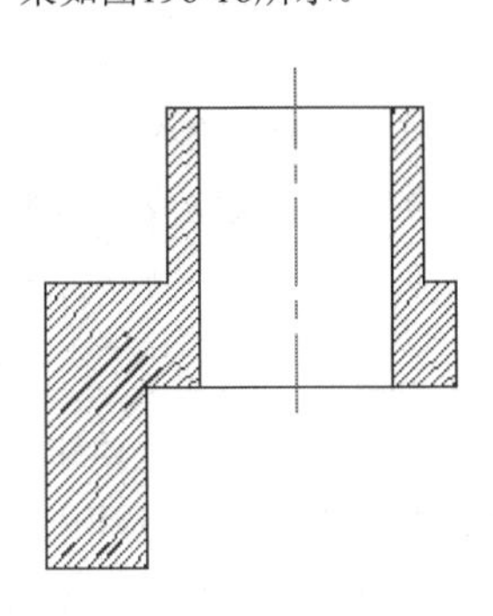

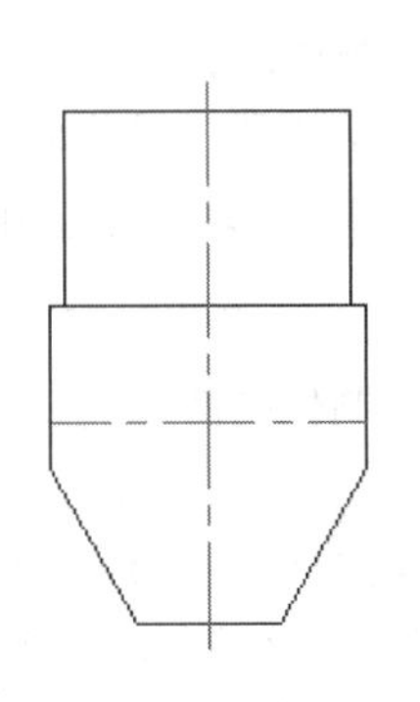

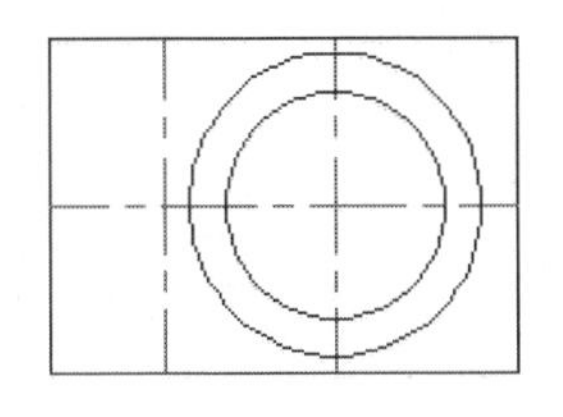

图196-16　绘制支架

实战197　绘制支墩叉架剖视图

实战位置　DVD>实战文件>第6章>实战197.dwg
视频位置　DVD>多媒体教学>第6章>实战197.avi
难易指数　★★☆☆☆
技术掌握　掌握“偏移”命令的使用方法

实战介绍

在机械设计中经常会使用到剖视图或者半剖视图以及局部剖视图，剖视图可以让零件结构表现得更加清楚。本例最终效果如图197-1所示。

制作思路

• 首先绘制辅助线，然后执行“偏移”命令，完成图形基本外轮廓的绘制，最后借助修改工具完成图形的绘制。

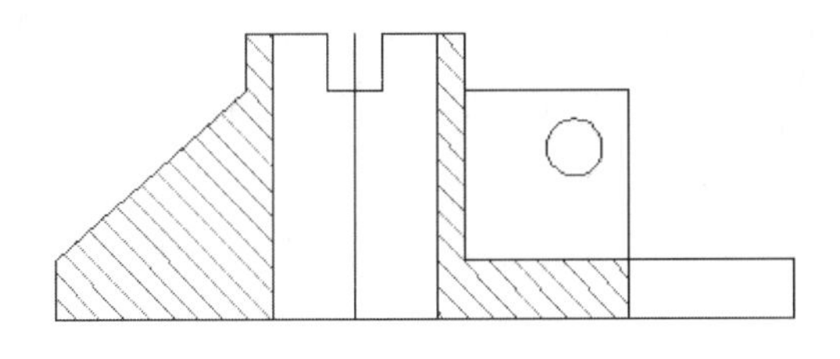

图197-1　最终效果

制作流程

01 双击AutoCAD 2013的桌面快捷方式图标，打开一个新的AutoCAD文件，文件名默认为“Drawing1.dwg”。

02 执行LAYER命令，新建一个“中心线”图层，设置其“线型”为CENTER，“颜色”为青色。

03 按F8键开启正交模式，执行LINE命令，在绘制区指定起点，绘制一条长度为150的水平直线a，以直线a的中点为起点绘制长度为60的垂直直线b，效果如图197-2所示。

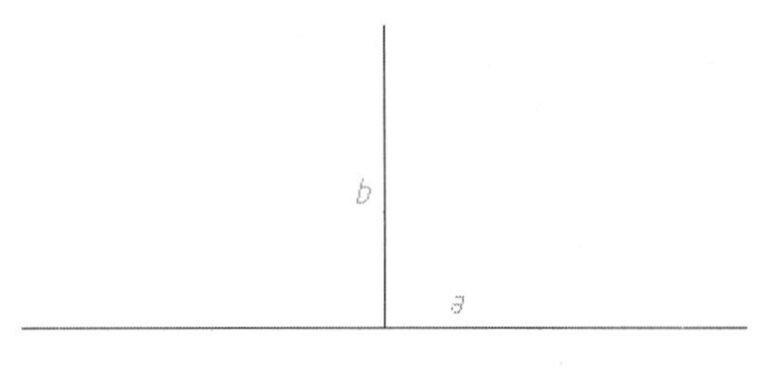

图197-2　绘制中心线

04 执行OFFSET命令，将直线a向上分别偏移10、40、50，将直线b向左分别偏移5、15、20、55，向右分别偏移5、15、20、50、75，效果如图197-3所示。

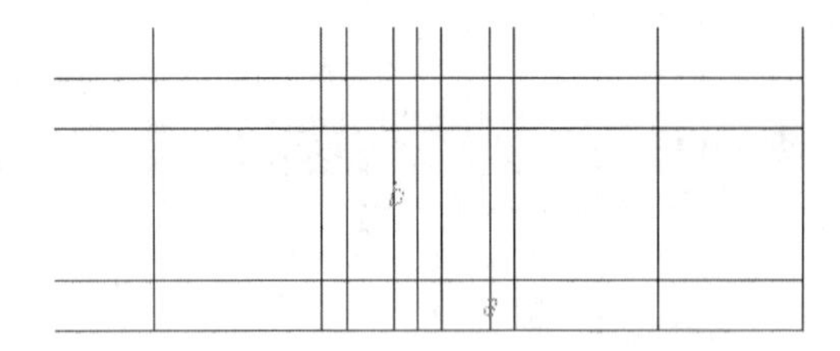

图197-3　偏移处理

05 执行LINE命令，绘制连接点A、B的直线，效果如图197-4所示。

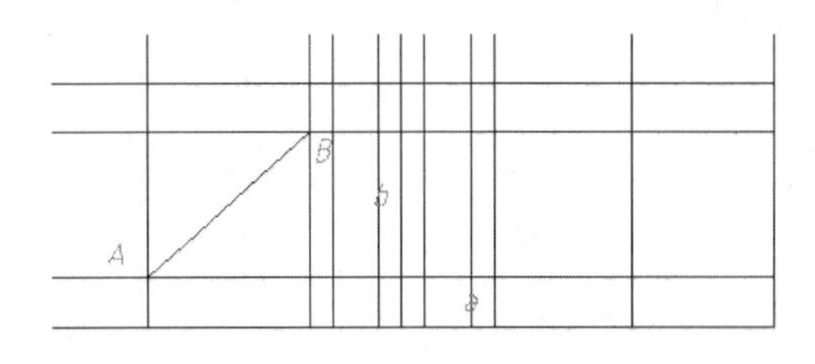

图197-4　绘制直线

06 执行TRIM命令，对图形进行修剪，效果如图197-5所示。

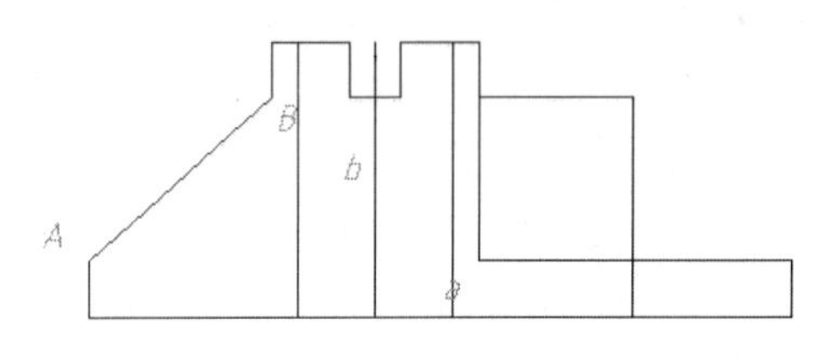

图197-5　修剪处理

07 执行OFFSET命令，将直线a向上偏移30，将直线b向右偏移40，效果如图197-6所示。

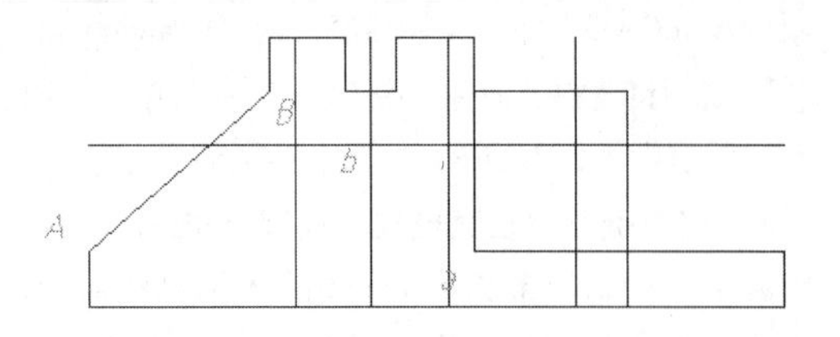

图197-6 偏移处理

08 执行CIRCLE命令，以两条偏移直线的交点为圆心，绘制半径为5的圆；删除偏移的直线，并将直线b移至“中心线”图层，效果如图197-6所示。

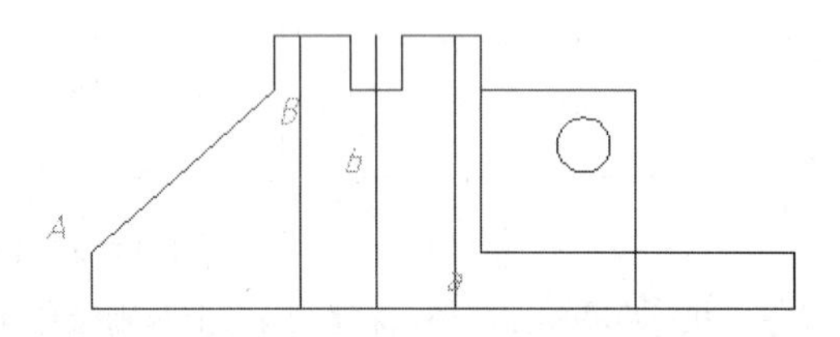

图197-7 绘制圆

09 执行BHATCH命令，选择图形中需要填充的区域，效果如图197-1所示。

10 执行“保存”命令，将图形另存为“实战191.dwg”。

练习197 绘制支墩叉架

实战位置 DVD>练习文件>第6章>练习197.dwg
难易指数 ★★★☆☆
技术掌握 巩固“偏移”命令的使用方法

操作指南

参照“实战197 绘制支墩叉架剖视图”案例进行制作。

首先绘制辅助线，然后执行“偏移”命令，完成图形基本外轮廓的绘制，最后借助修改工具完成图形的绘制。结果如图197-8所示。

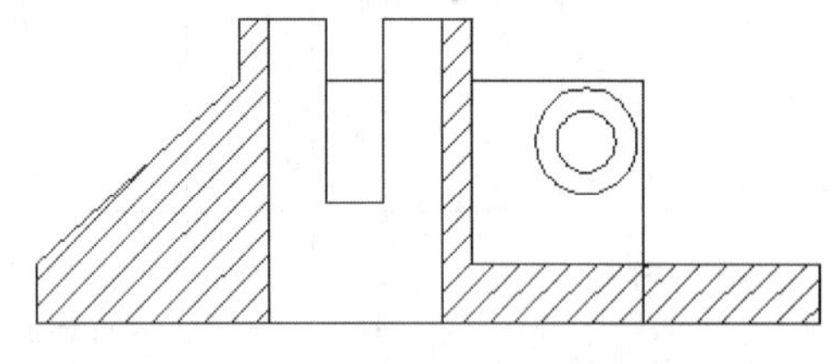

图197-8 支墩叉架

实战198 绘制大齿轮剖视图

实战位置 DVD>实战文件>第6章>实战198.dwg
视频位置 DVD>多媒体教学>第6章>实战198.avi
难易指数 ★★☆☆☆
技术掌握 掌握“偏移”命令的使用方法

实战介绍

本例主要讲述大齿轮剖视图的绘制，读者只有掌握了这些方法和技巧，才能在实际的工作中如鱼得水。本例最终效果如图198-1所示。

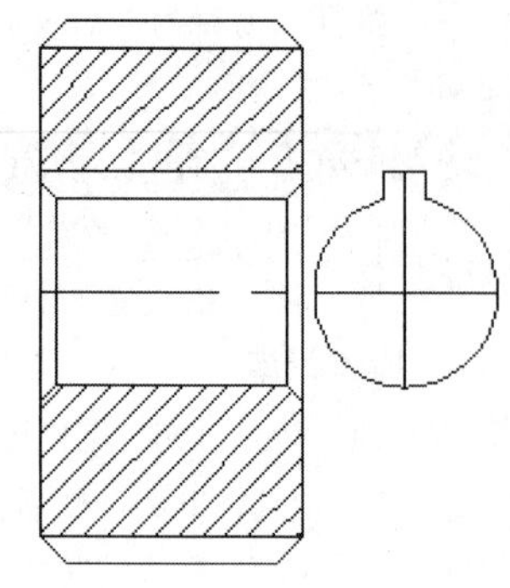

图198-1 最终效果

制作思路

• 首先绘制辅助线，然后执行“偏移”命令，完成图形基本外轮廓的绘制，最后结合修改工具完成图形的绘制。

制作流程

01 新建一个CAD文件，执行“图层>图层属性”命令，新建一个“中心线”图层，设置“线型”为CENTER，“颜色”为青色；新建一个“虚线”图层，“颜色”为蓝色，“线型”为HIDDEN，如图198-2所示。

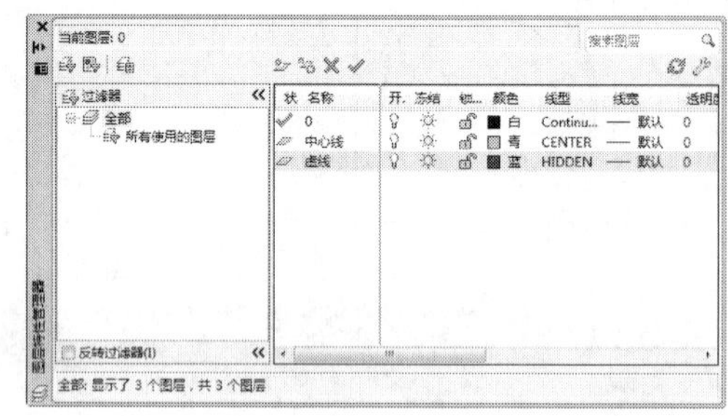

图198-2 新建图层

02 在命令行中输入LINE命令，在绘图区指定起点，绘制长为100的垂直直线b，以直线b的中点为起点绘制长为100的水平直线a，并将直线a移至“中心线”图层，效果如图198-3所示。

03 执行“偏移”命令，将直线a分别向上和向下偏移42、45、50，将直线b向右偏移50、75，并将偏移45、50的直线移至0图层，将偏移75的直线移至“中心线”图层，效果如图198-4所示。

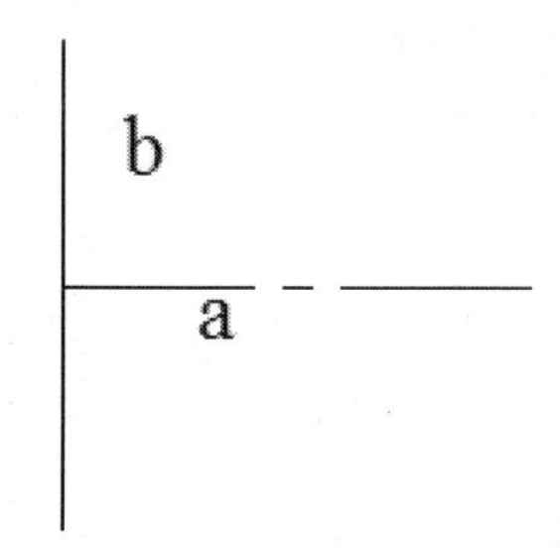

图198-3 偏移直线

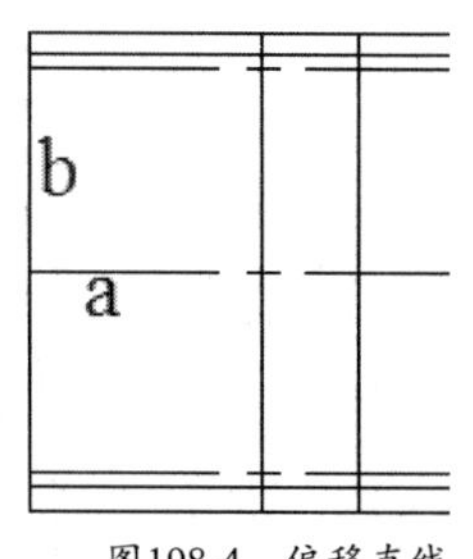

图198-4　偏移直线

04 在命令行中输入TRIM命令，对该图进行修剪，然后执行“修改>倒角”命令，对图形的四个角进行倒角，设置距离为5，效果如图198-5所示。

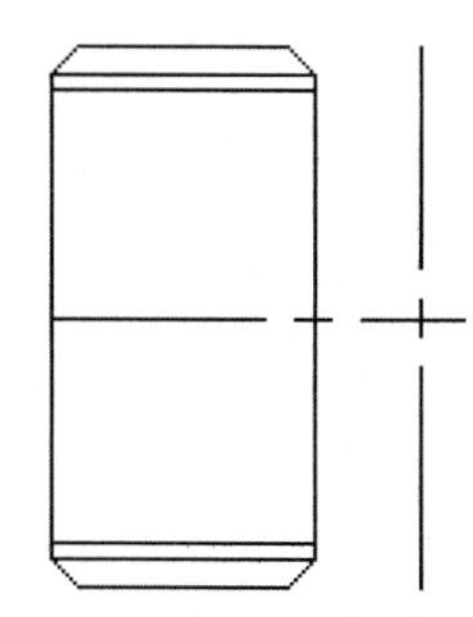

图198-5　修剪和倒角处理

05 以A点位圆心，绘制半径为17.5的圆，执行“偏移”命令，将直线a向上偏移22，将直线b向右偏移3、47，将直线c向左和右偏移4，并将偏移的直线移至0图层，效果如图198-6 所示。

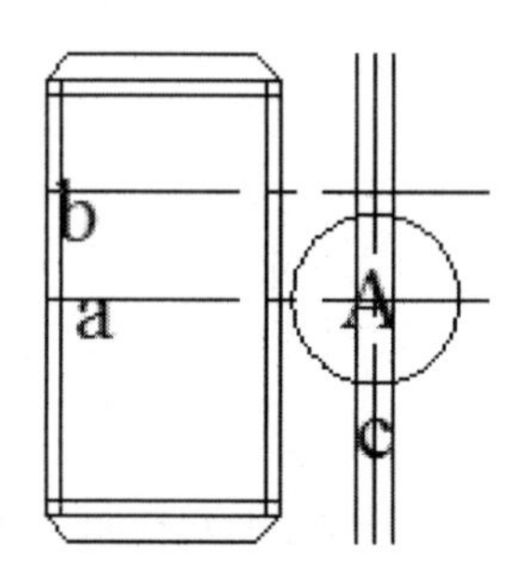

图198-6　修剪和偏移图形

06 执行LINE命令，以B点为起点，向左绘制直线，并与直线b相交。用同样的方法绘制下方的直线，如图198-7所示。

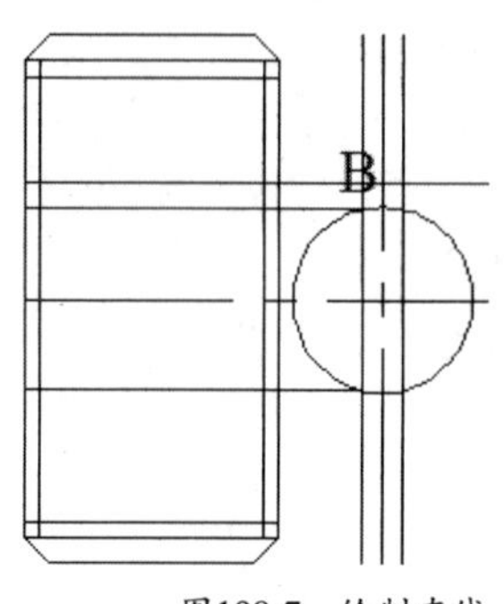

图198-7　绘制直线

07 执行“修改>倒角”命令，设置距离为3，分别选择需要倒角的边，如图198-8所示。

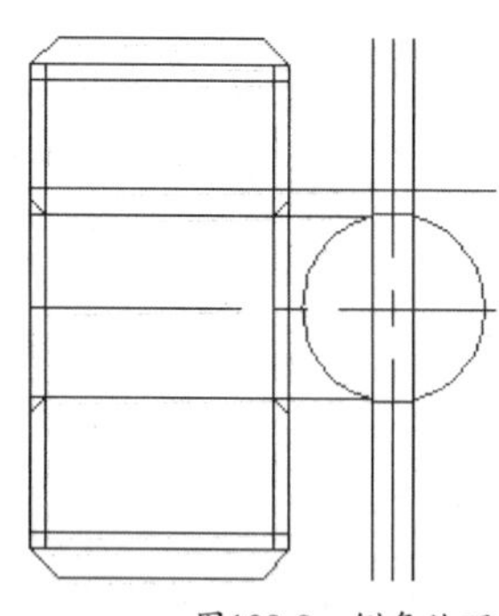

图198-8　倒角处理

08 在命令行中输入TRIM命令，对该图进行修剪，如图198-9所示。

09 执行BHATCH命令，选择图形中需要填充的区域，结果如图198-1所示，在命令行中输入TRIM命令，对该图进行修剪，并进行保存。

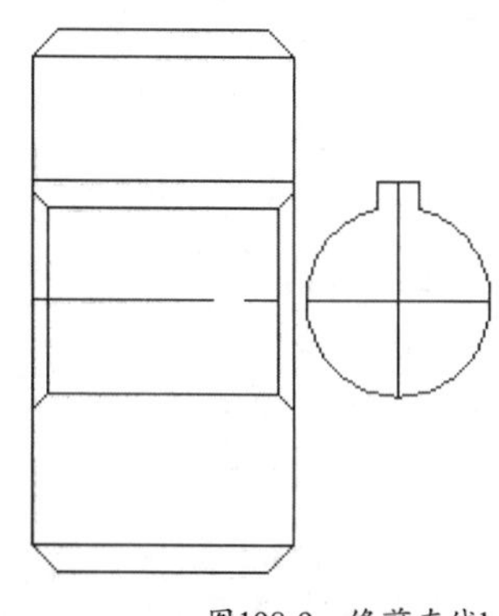

图198-9　修剪直线b

练习198　绘制螺栓块

实战位置	DVD>练习文件>第6章>练习198.dwg
难易指数	★★☆☆☆
技术掌握	巩固“偏移”命令的使用方法

操作指南

参照“实战198”案例进行制作。

先绘制辅助线，然后执行“偏移”命令，结合修改工具完成图形的绘制。结果如图198-10所示。

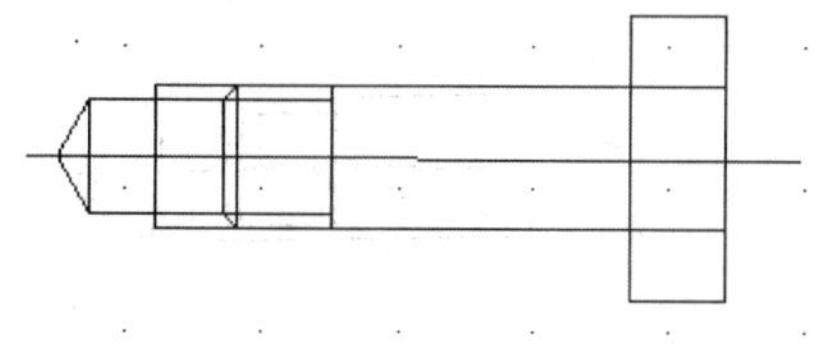

图198-10　绘制螺栓块

第7章 装配图

本章学习要点：

支撑梁装配图的绘制

齿轮装配图的绘制

螺丝连接图的绘制

组合装配图的绘制

箱体装配图的绘制

实战199 绘制支撑梁装配图1

原始文件位置	DVD>原始文件>第7章>实战199原始文件
实战位置	DVD>实战文件>第7章>实战199.dwg
视频位置	DVD>多媒体教学>第7章>实战199.avi
难易指数	★★★☆☆
技术掌握	掌握“偏移”命令的使用方法

实战介绍

本例中将绘制一个支撑梁的装配图。由于此装配图比较简单，本例采用直接绘制的方法，图幅使用标准A1图纸，尺寸为840mm×594mm。本例最终效果如图199-1所示。

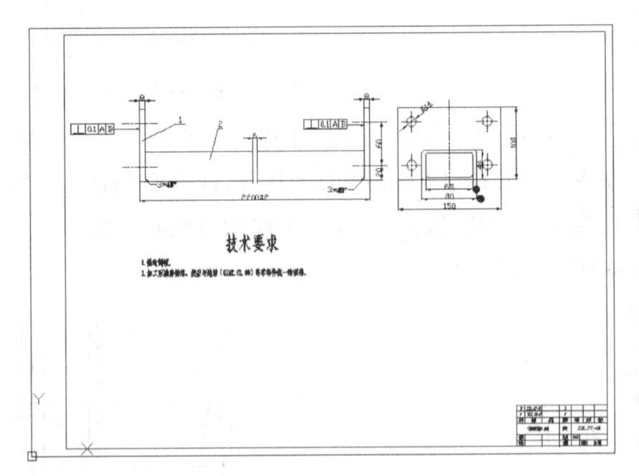

图199-1　最终效果

制作思路

- 首先绘制图框，然后绘制标题栏和明细栏；设置图层，绘制主视图和左视图。

制作流程

01 执行“文件>打开”命令，打开“实战199原始文件.dwg”文件。

02 执行“格式>图形界限”命令，重新设置绘图界限为840mm×594mm。

03 将“细实线”层置为当前层，执行“绘图>矩形”命令，绘制边框表示图幅。命令行提示和操作内容如下：

```
命令: _RECTANG
指定第一个角点或[倒角(C)/标高(E)/圆角(F)/厚度(T)/宽度(W)]: 0,0
指定另一个角点或[面积(A)/尺寸(D)/旋转(R)]: 840,594
```

04 将“粗实线”层置为当前层。执行“绘图>矩形”命令，绘制矩形图框。图框和图幅之间左边的边距为50，其他的边距都为10，如图199-2所示。命令行提示和操作内容如下：

```
命令: _RECTANG
指定第一个角点或[倒角(C)/标高(E)/圆角(F)/厚度(T)/宽度(W)]: 50,10
```

```
指定另一个角点或[面积(A)/尺寸(D)/旋转(R)]:
780,574
```

图199-2 绘制图框

05 执行“绘图>直线”命令，或者执行“绘图>多段线”命令，绘制出标题栏。注意外边框使用“粗实线”，内边框使用“细实线”。在标题栏上方是装配图的明细栏。明细栏的行数由零件的个数决定，需要增加时复制粘贴即可，如图199-3所示。

序号	代号	名称	数量	材料	重量	
(装配图零件)名称			图号			
制图			比例			
审核			重量		材料	日期

图199-3 绘制标题栏和明细栏

技巧与提示

零件明细栏一般画在标题栏上方，并与标题栏对正。标题栏上方位置不够时，可在标题栏左方继续列表。由下向上依次排列，以便于编排序号遗漏时进行补充。对于标准件，应在备注一栏中注明标准编号。明细栏最上方的边线一般用细实线绘制。当装配图中的零部件较多位置不够时，可作为装配图的续页按A4幅面单独绘制出明细栏。若一页不够，可连续加页。其格式和要求参看国标GB10609.2-89。

06 将“粗实线”层置为当前层，执行“绘图>直线”命令，绘制出主视图的左右端线和底线，左右端线之间的距离在图中应该为2200，全部绘制出来将会使得图形的长宽比例失调，影响显示效果，所以只需要绘制出能表达形体的主要形状，略去中间重复的结构。下端线绘制为330，左右端线则按照实际尺寸100。结果如图199-4所示。

图199-4 绘制主视图左右端线和底线

07 执行“修改>偏移”命令，将左右端线向内偏移8，下端线向上偏移40和100，再使用TRIM命令将不需要的线段剪去。结果如图199-5所示。

图199-5 偏移修剪得到主视图轮廓

08 将“虚线”层置为当前层。使用直线工具捕捉中点，绘制中轴。将中轴向两端偏移，生成两条省略线，并使用修剪工具将省略线中间的直线修剪掉。结果如图199-6所示。

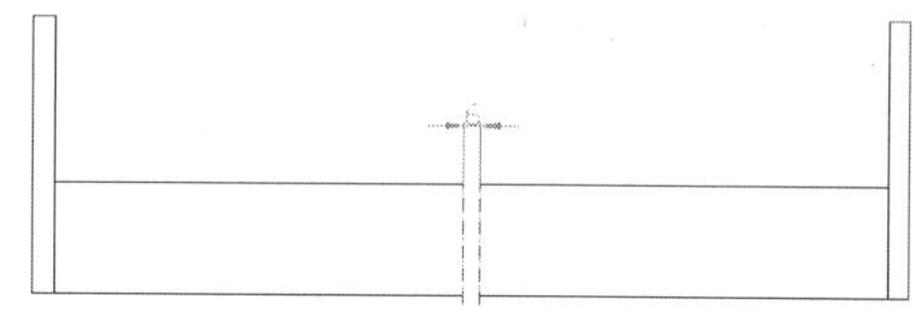
图199-6 绘制虚线

09 执行“修改>倒角”命令，在下端线的两端进行3×45°倒角操作。使用直线工具在“粗实线”层补充缺少图线。结果如图199-7所示。

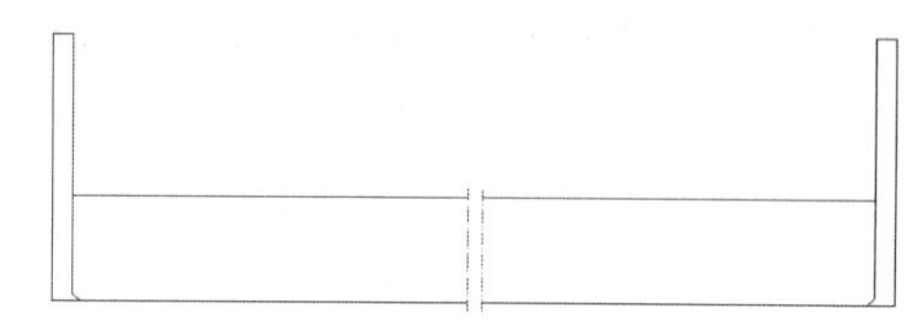
图199-7 倒角操作

10 将“点画线”层置为当前层，执行“绘图>直线”命令，在左右两端的上下分别绘制一条短线，表示圆孔的位置，得到主视图如图199-8所示。

11 执行“绘图>直线”命令，利用“对象捕捉”和“对象捕捉追踪”功能在主视图的右侧，绘制两条垂直的短线作为一个圆孔的中心线，如图199-9所示。

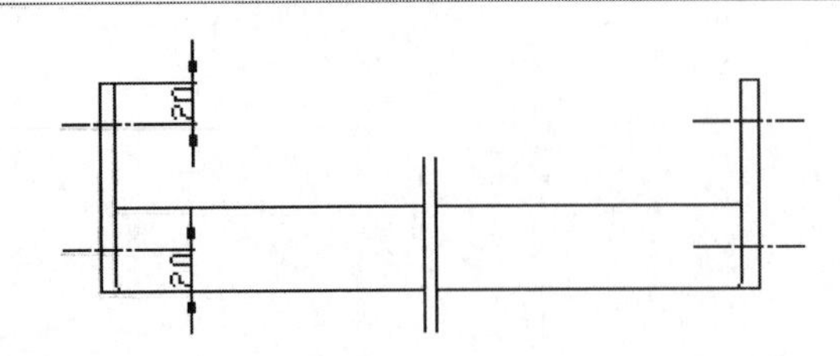

图199-8 绘制点画线

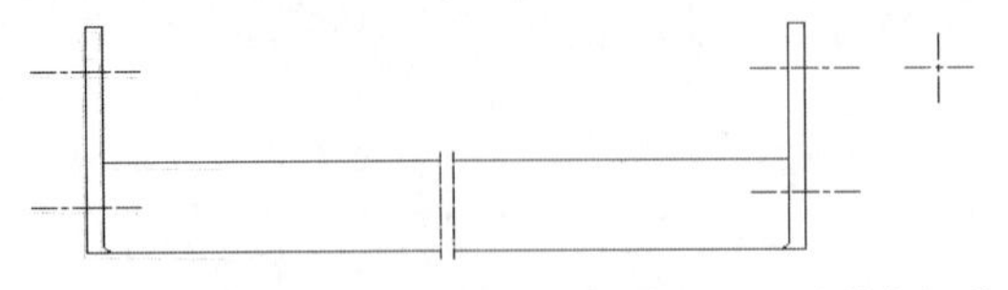

图199-9 绘制左视图

12 将“粗实线”层置为当前层。执行“绘图>圆”命令，以中心线交点为圆心，半径为7，绘制圆。执行“修改>阵列”命令，根据命令行提示，设置行数为2，列数为2，行间距60，列间距110，阵列结果如图199-10所示。

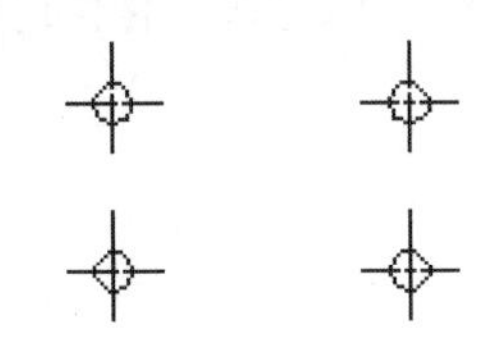

图199-10 阵列结果

13 将“点画线”层置为当前层，执行“绘图>直线”命令，按照尺寸在中心绘制一条竖直中心线，如图199-11所示。

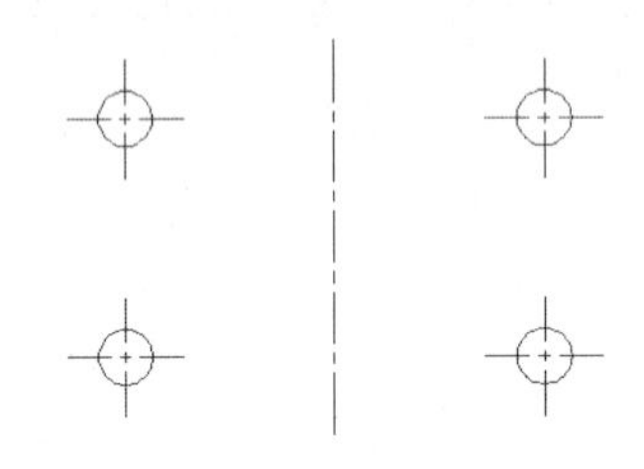

图199-11 绘制竖直中心线

14 将“粗实线”置为当前层，执行“绘图>直线”命令，在左上角圆孔的水平中心线正上方20单位处绘制一条水平直线，正左方20单位处绘制一条竖直直线，如图199-12所示。

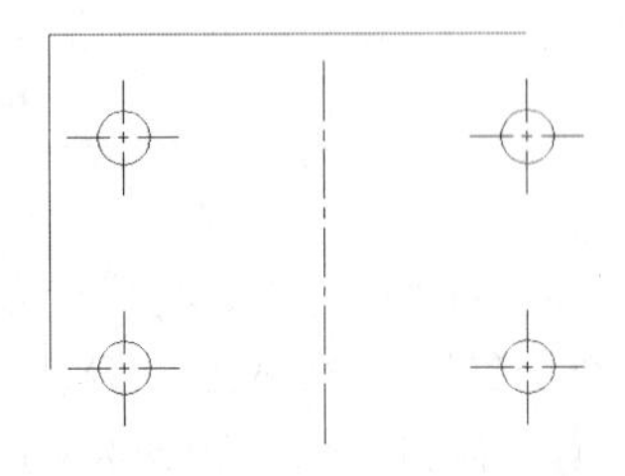

图199-12 偏移点画线

15 执行“绘图>直线”命令，以两条水平、竖直线的交点（或延长线交点）为起点，绘制长为150、宽为100的矩形框，表示左视图的轮廓线，如图199-13所示。

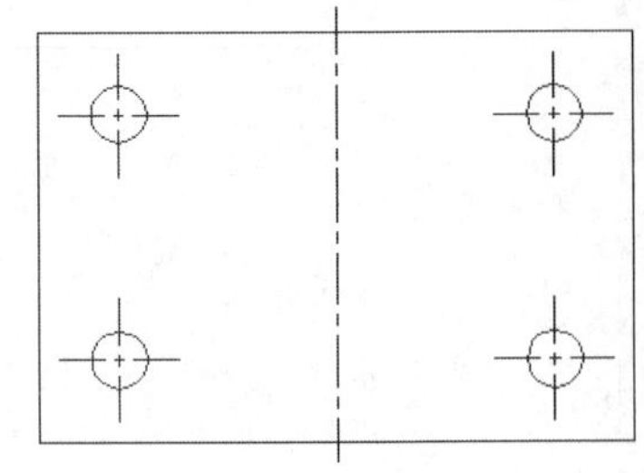

图199-13 绘制左视图轮廓线

16 执行“绘图>矩形”命令，绘制带圆角的矩形，表示环形梁截面的轮廓，如图199-14所示。

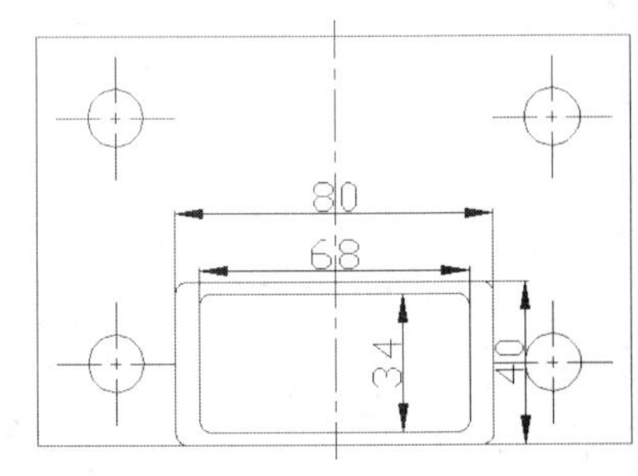

图199-14 环形梁截面的轮廓线

17 将“标注”层置为当前层。使用尺寸标注工具对支撑梁装配图进行尺寸标注，如图199-15所示。

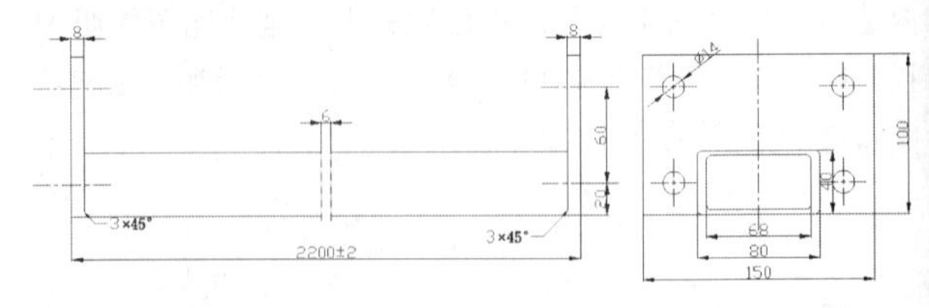

图199-15 标注支撑梁尺寸

18 执行“绘图>圆环”命令，指定圆环内径为0，外径为适当的值，绘制出一个实心的圆点，然后使用直线工具将引线绘制出来。对装配图进行零件标号，如图199-16所示。

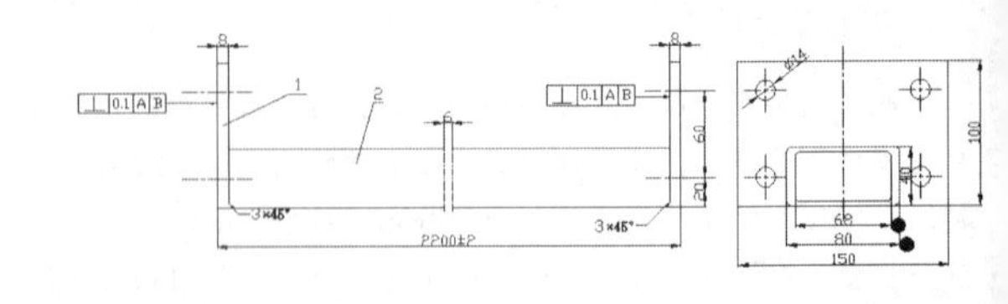

图199-16 标注零件标号

技巧与提示

装配图中所有的零部件都必须编写编号。即使是一个螺钉、一个垫圈这样的小零件也必须编号。装配图中一个部件只编写一个序号；同一张装配图中完全相同的零件均使用同一序号。这里有一个前提，就是必须零件完全相同。例如，两个螺栓都是M12的，但是长度不同，仍然算是不同的，应该有两个不同的编号。装配图中的零部件序号必须与明细栏中一致。

19 执行“格式>文字格式”命令，弹出“文字样式”对话框。在“文字样式”下拉列表中，选择“机械文字”文字样式，执行“注释>多行文字”命令，编写技术要求文本。效果如图199-17所示。

技术要求

1.锐边倒顿。
2.加工后涂防锈漆，然后与地梁（GIM2.01.00）等零部件统一涂面漆。

图199-17 编写技术要求

20 执行“注释>多行文字”命令，填写标题栏和明细栏，注意明细栏中按零件标号顺序从下到上填写，如图199-18所示。

2	ZCL.12-02		2			
1	ZCL.12-01		1			
序号	代号	名称	数量	材料	重量	备注
(装配图零件) 名称			图号	ZCL.77-00		
制图			比例	1:2		
审核			重量		材料	日期

图199-18 填写标题栏和明细栏

21 执行“保存”命令，保存文件。

练习199 绘制支撑梁装配图

实战位置 DVD>练习文件>第7章>练习199.dwg
难易指数 ★★★☆☆
技术掌握 巩固“偏移”命令的使用方法

操作指南

参照“实战199”案例进行制作。

首先绘制图框，然后绘制标题栏和明细栏；设置图层，绘制主视图和左视图。最终效果如图199-19所示。

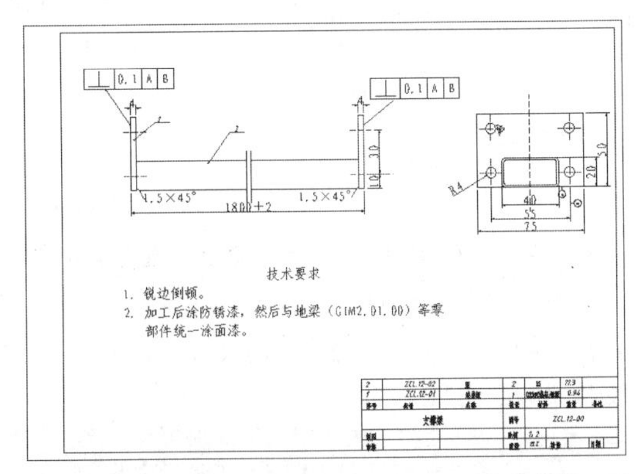

图199-19 绘制支撑梁装配图

实战200 绘图支撑梁装配图2

实战位置 DVD>实战文件>第7章>实战200.dwg
视频位置 DVD>多媒体教学>第7章>实战200.avi
难易指数 ★★★☆☆
技术掌握 掌握如何绘制支撑梁装配图

实战介绍

本例中将绘制一个支撑梁的装配图。由于此装配图比较简单，本例采用直接绘制的方法。案例效果如图200-1所示。

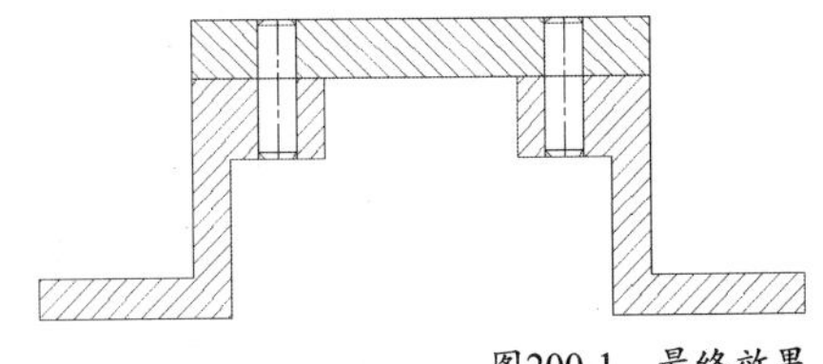

图200-1 最终效果

制作思路

• 首先新建文件，进入操作环境，使用基本绘图工具直线绘制轮廓图，并用修剪、镜像等命令修改，即可做出如图200-1所示的图形。

制作流程

01 打开AutoCAD 2013，创建一个新的AutoCAD文件，文件名默认为“Drawing1.dwg”。

02 执行“图层>图层特性”命令，新建一个“中心线”图层，设置其“线型”为CENTER，“颜色”为青色。

03 按F8键开启正交模式，执行“绘图>直线”命令，在绘图区指定起点，绘制一条长度为200的水平直线a，以直线a的右端点为起点绘制长度为120的垂直直线b，效果如图200-2所示。

04 执行“修改>偏移”命令，将直线a向上分别偏移20、80、120，将直线b向左分别偏移50、65、75、85、100、120、200；并将偏移75的直线移至“中心线”图层，效果如图200-3所示。

图200-2 绘制直线

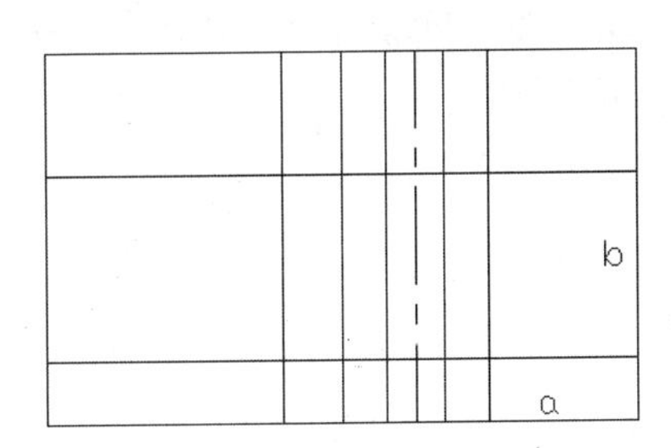

图200-3 偏移处理

05 执行“修改>修剪”命令，对图形进行修剪，效果如图200-4所示。

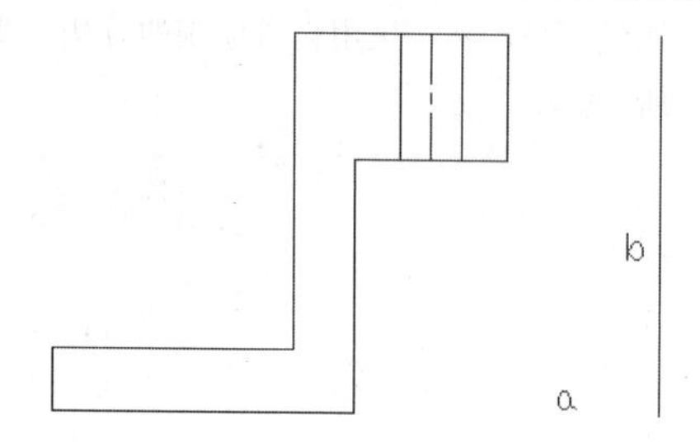

图200-4　修剪处理

06 执行“修改>镜像”命令，选择需要镜像的图形，然后选择直线b上任意两点，对图形进行镜像，效果如图200-5所示。

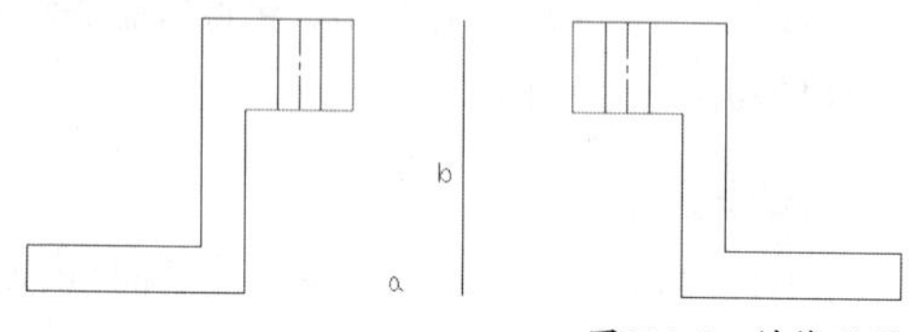

图200-5　镜像效果

07 执行“修改>偏移”命令，将直线a向上分别偏移120、150，效果如图200-6所示。

08 执行“修改>延伸”命令，分别选择直线a1、b1，然后分别选择直线a1、a2、b1、b2，对直线进行延伸，效果如图200-7所示。

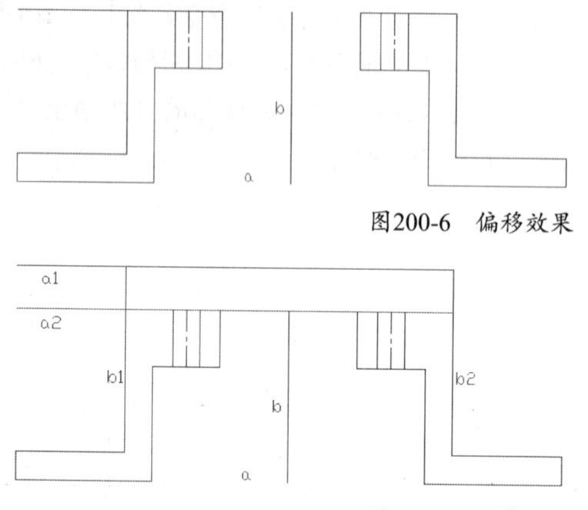

图200-6　偏移效果

图200-7　延伸处理

09 执行“修改>修剪”命令，对图形进行修剪，效果如图200-8所示。

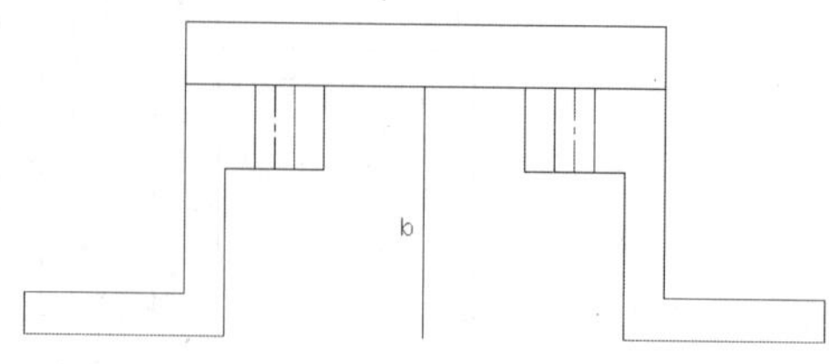

图200-8　修剪处理

10 执行“修改>延伸”命令，选择直线a1，然后分别选择需要延伸的直线，效果如图200-9所示。

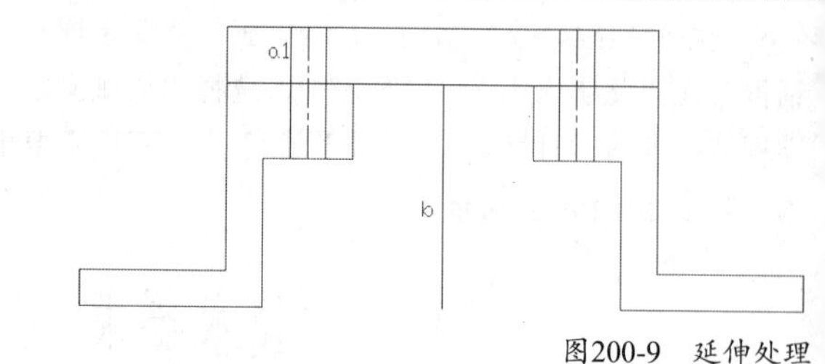

图200-9　延伸处理

11 执行“修改>倒角”命令，对箭头所指的直线进行倒角，其距离为3，效果如图200-10所示。

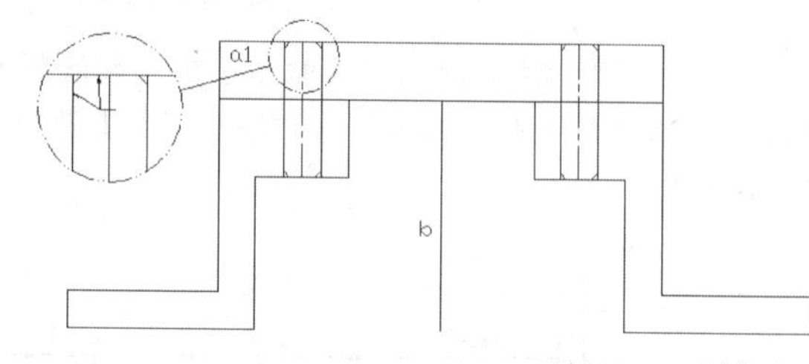

图200-10　倒角处理

12 执行“修改>偏移”命令，将之下a1向下分别偏移3、67，效果如图200-11所示。

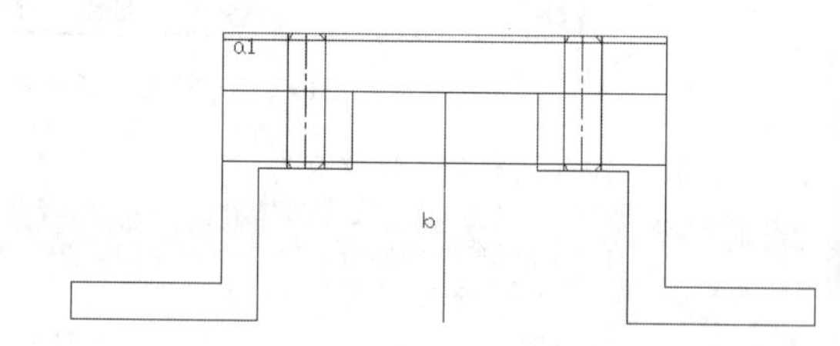

图200-11　偏移效果

13 执行“修改>修剪”命令，对图形进行修剪；删除直线b，效果如图200-12所示。

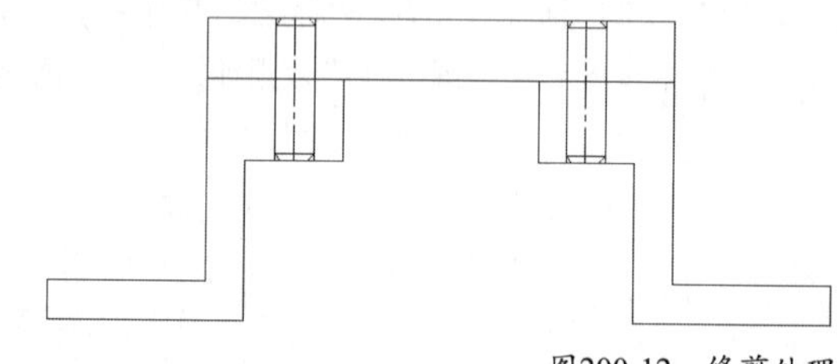

图200-12　修剪处理

14 执行“绘图>图案填充”命令，选择图形中需要填充的区域，效果如图200-1所示。

15 执行“另存为”命令，将文件另存为“实战200绘图支撑梁装配图2.dwg”。

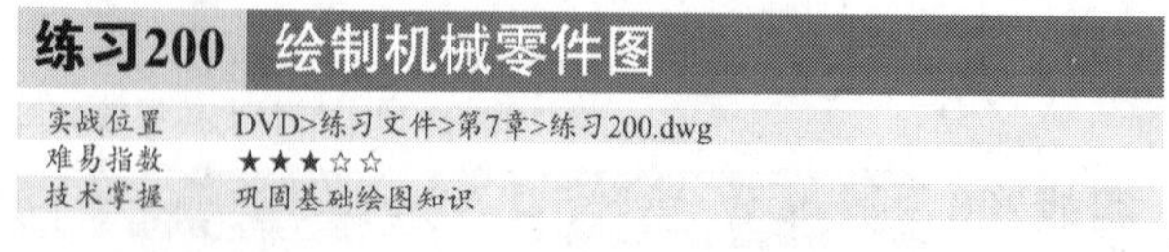

练习200　绘制机械零件图

实战位置	DVD>练习文件>第7章>练习200.dwg
难易指数	★★★☆☆
技术掌握	巩固基础绘图知识

操作指南

参照“实战200”案例操作。

使用基本绘图工具如直线、圆等，按照下图尺寸要求绘制图200-13所示的外螺纹。

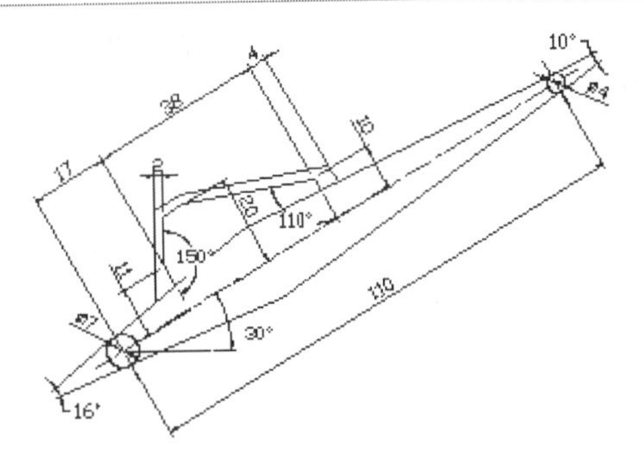

图200-13 绘制机械零件图

实战201 绘制齿轮装配图1

原始文件位置	DVD>原始文件>第7章>实战201原始文件
实战位置	DVD>实战文件>第7章>实战201.dwg
视频位置	DVD>多媒体教学>第7章>实战201.avi
难易指数	★★★☆☆
技术掌握	掌握创建图块的方法

实战介绍

通过绘制齿轮装配图，介绍绘制装配图的方法之一：通过插入图块绘制装配图。在本例中进行绘制装配图前的准备工作，创建图块。本例最终效果如图201-1所示。

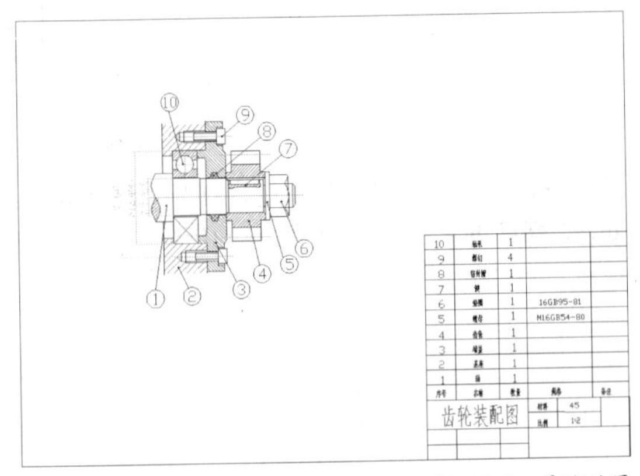

图201-1 最终效果

制作思路

• 首先创建齿轮轴块，然后打开各个零件，进行带基点复制，完成装配。

制作流程

01 执行“文件>打开”命令，打开“实战201原始文件.dwg”文件，如图201-2所示。

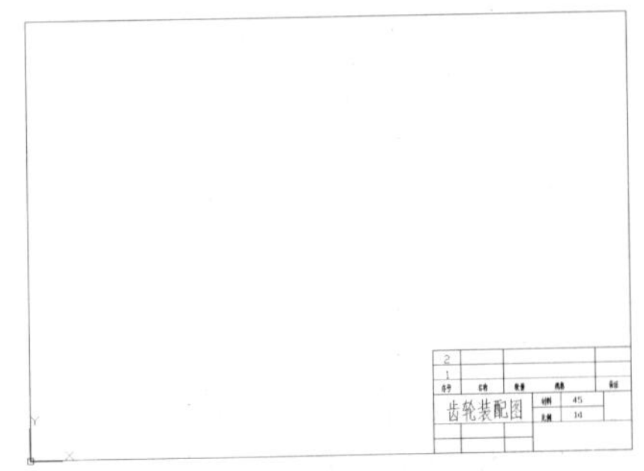

图201-2 打开齿轮轴零件图

02 将文件的图层中的“标注”层冻结。在命令行键入WBLOCK，系统弹出“写块”对话框，勾选“源”的“对象”，“目标”栏设定外部块的存储名称为“外部块-齿轮轴”，设定文件存放位置。选择图中齿轮轴俯视图的图形为对象，回车后回到“写块”对话框，如图201-3所示。

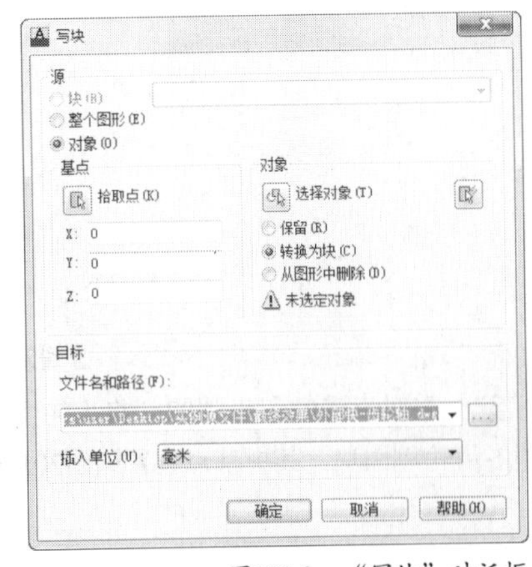

图201-3 “写块”对话框

03 捕捉指定块的插入基点，如图201-4所示。返回“写块”对话框，完成齿轮轴块的创建。

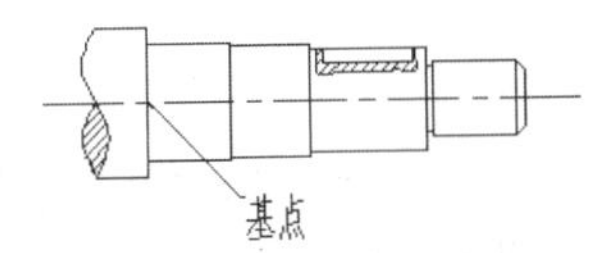

图201-4 捕捉基点

04 执行“文件>打开”命令，打开“端盖.dwg”文件，如图201-5所示。

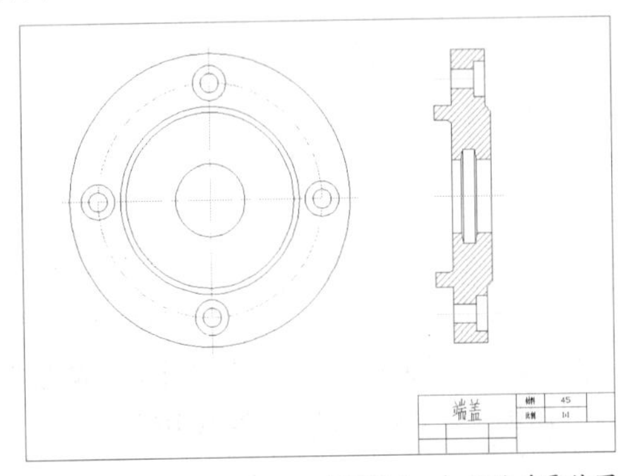

图201-5 打开端盖零件图

05 类似步骤02和步骤03，将端盖主视图创建为“外部块-端盖”图块，其中基点位置如图201-6所示。

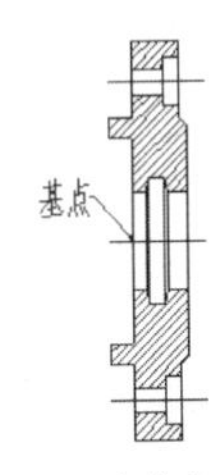

图201-6 端盖基点

06 执行“文件>打开”命令，打开“齿轮.dwg”文件，如图201-7所示。

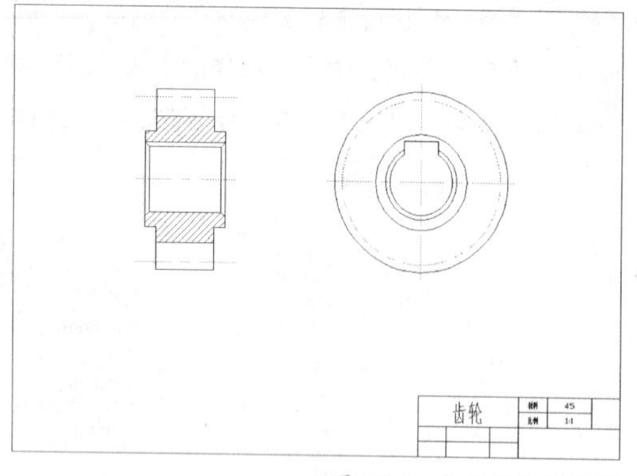

图201-7 打开齿轮零件图

07 类似步骤02和步骤03，将齿轮主视图创建为“外部块-齿轮”图块，其中基点位置如图201-8所示。

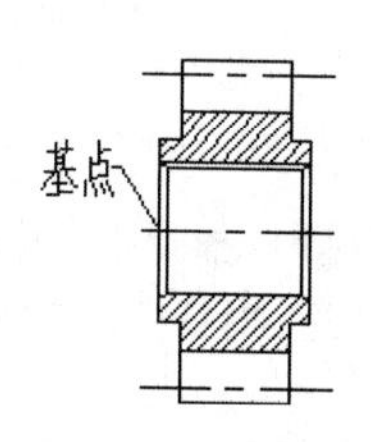

图201-8 齿轮基点

08 执行“文件>打开”命令，打开“基座.dwg”文件，如图201-9所示。

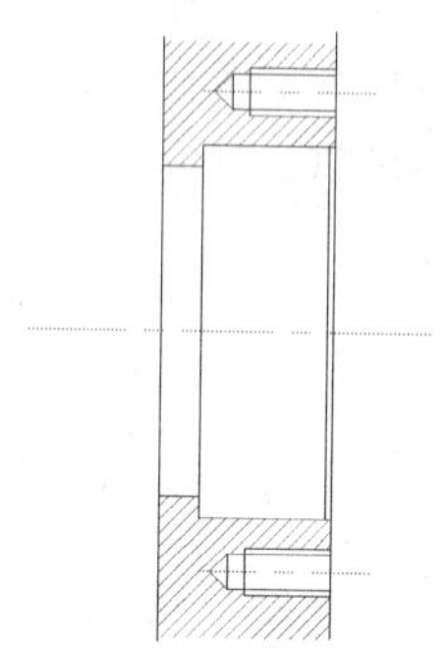

图201-9 打开基座零件图

09 类似步骤02和步骤03，将零件图创建为“外部块-基座”图块，其中基点位置如图201-10所示。

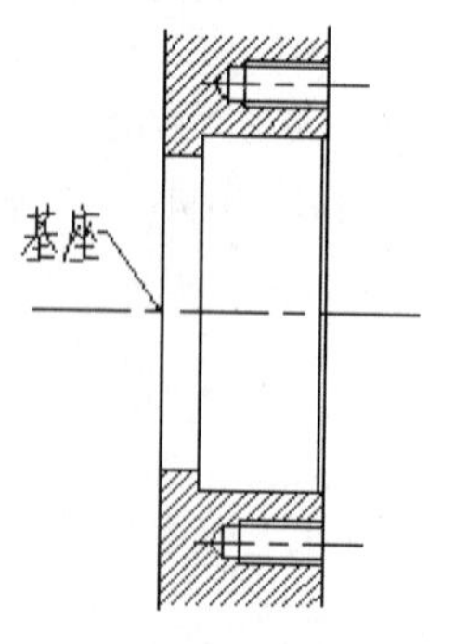

图201-10 基座基点

10 执行“文件>打开”命令，打开“轴承.dwg”文件，如图201-11所示。

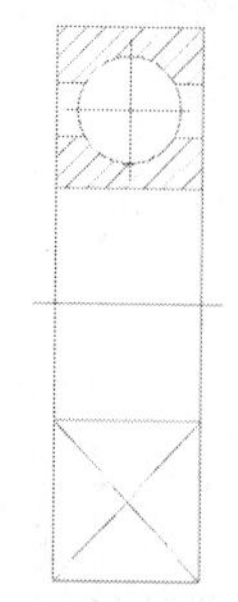

图201-11 打开轴承零件图

11 类似步骤02和步骤03，将轴承零件图创建为“外部块-轴承”图块，其中基点位置如图201-12所示。

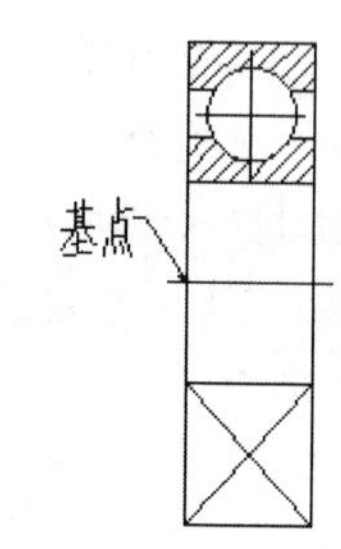

图201-12 轴承基点

12 执行“文件>打开”命令，打开“垫圈.dwg、螺钉.dwg、螺母.dwg”文件，如图201-13所示。

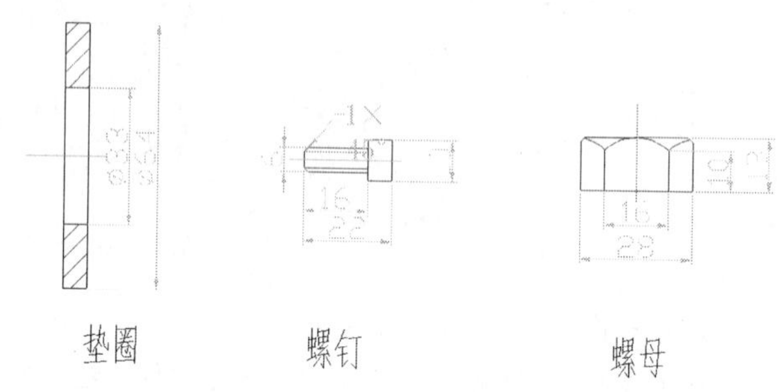

图201-13 打开其他小零件图

13 类似步骤02和步骤03，将垫圈零件图创建为“外部块-垫圈”图块，其中基点位置如图201-14所示。

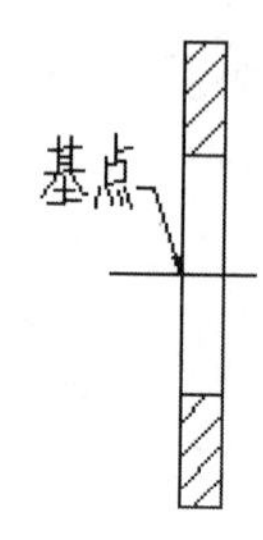

图201-14 垫圈基点

14 类似将螺钉零件图创建为“外部块-螺钉”图块，其中基点位置如图201-15所示。

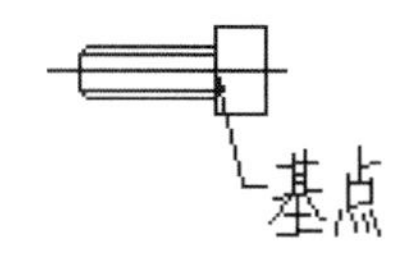

图201-15　螺钉基点

15 类似将螺母零件图创建为“外部块-螺母”图块，其中基点位置如图201-16所示。

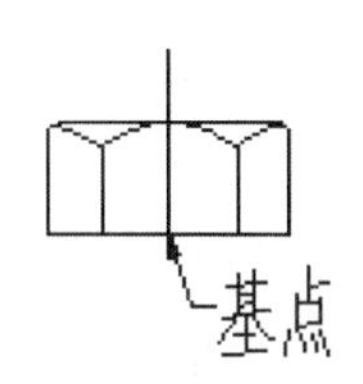

图201-16　螺母基点

16 执行“另存为”命令，将文件另存为“实战201.dwg”。

练习201　绘制零件装配图

实战位置	DVD>练习文件>第7章>练习201.dwg
难易指数	★★★☆☆
技术掌握	巩固创建图块的方法

操作指南

参照“实战201”案例进行制作。

新建文件，新建快，绘制如图201-17所示的图形。

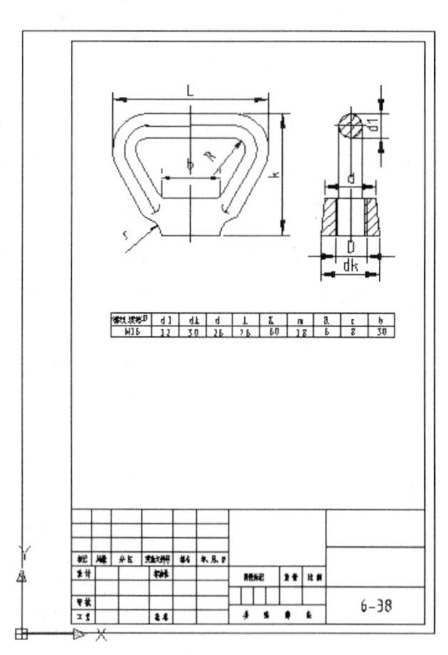

图201-17　绘制零件装配图

实战202　绘制齿轮装配图2

实战位置	DVD>实战文件>第7章>实战202.dwg
视频位置	DVD>多媒体教学>第7章>实战202.avi
难易指数	★★★☆☆
技术掌握	掌握如何插入已有块

实战介绍

在本例中将正式开始绘制齿轮装配图。因装配图连接紧密，所占图纸幅面并不会太大，所以仍采用A3幅面的图纸。案例效果如图202-1所示。

制作思路

• 首先插入块，浏览文件夹，在合适位置插入，得到如图202-1所示的图形。

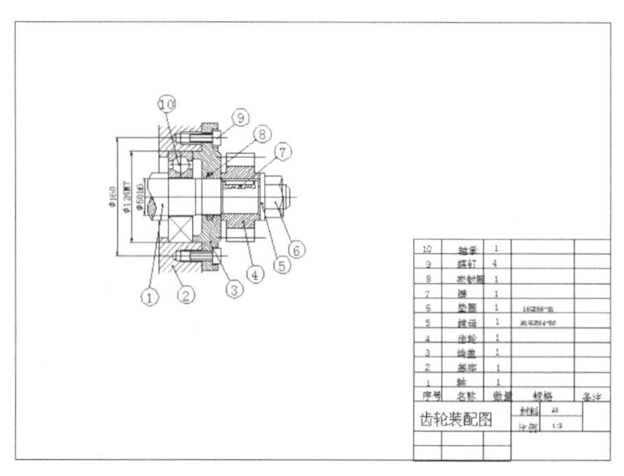

图202-1　最终效果

制作流程

01 新建一个AutoCAD文件，命名为“实战202.dwg”。

02 执行“块>插入”命令，弹出“插入”对话框，提示用户插入图块。插入存放的“外部块-基座.dwg”，并勾选“分解”复选框，如图202-2所示。

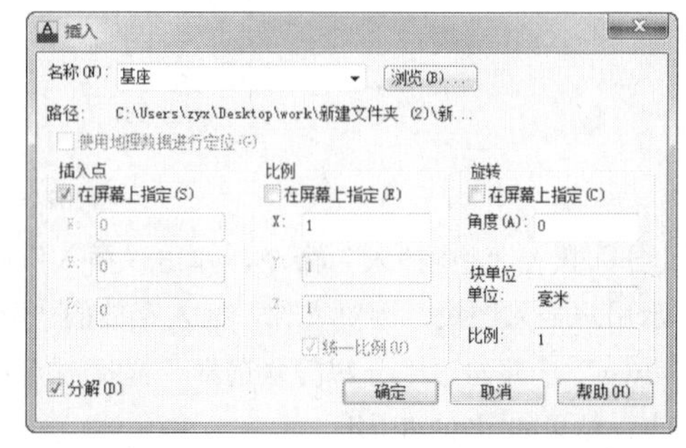

图202-2　“插入”对话框

03 确认后放置图形在适当位置，如图202-3所示。如果位置不合适，可以使用移动工具移动图形进行位置调整。

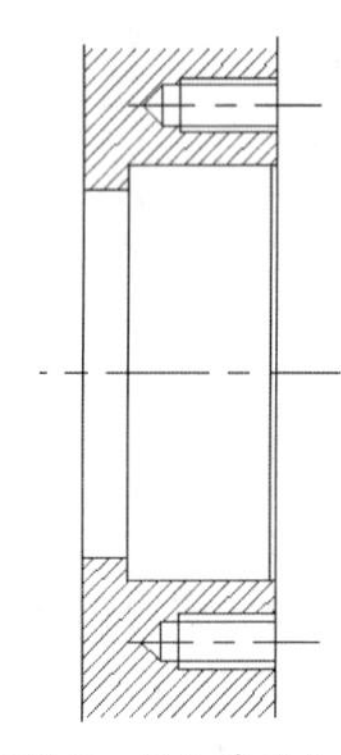

图202-3　插入基座块

04 执行“块>插入”命令，弹出“插入”对话框，提示用户插入图块。浏览文件，插入存放的“外部块-齿轮轴.dwg”，并勾选“分解”复选框，捕捉一点作为插入基点，结果如图202-4所示。

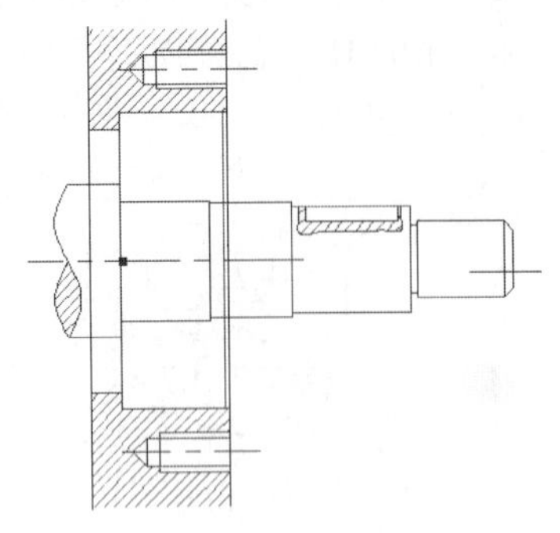

图202-4　插入齿轮轴块

05 执行“块>插入”命令，弹出“插入”对话框，提示用户插入图块。浏览文件，插入存放的“外部块-轴承.dwg”，并勾选“分解”复选框，捕捉一点作为插入基点，结果如图202-5所示。

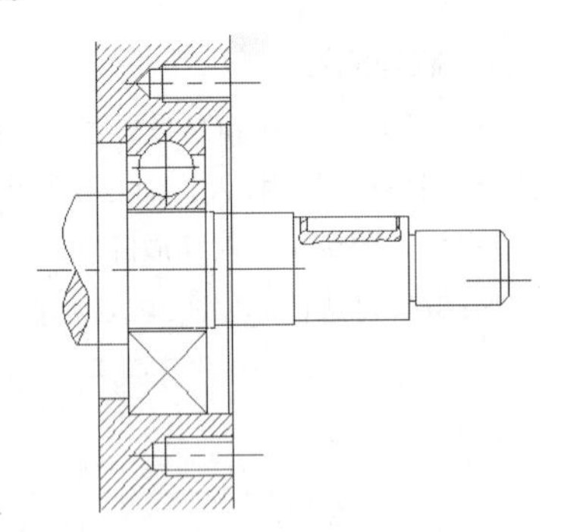

图202-5　插入轴承块

06 执行“块>插入”命令，弹出“插入”对话框，提示用户插入图块。浏览文件，插入存放的“外部块-端盖.dwg”，并勾选“分解”复选框，捕捉一点作为插入基点，结果如图202-6所示。

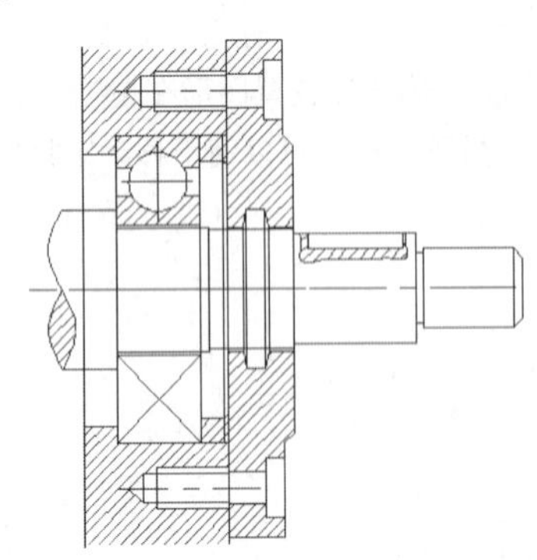

图202-6　插入端盖块

07 执行“块>插入”命令，弹出“插入”对话框，提示用户插入图块。浏览文件，插入存放的“外部块-齿轮.dwg”，并勾选“分解”复选框，捕捉一点作为插入基点，结果如图202-7所示。

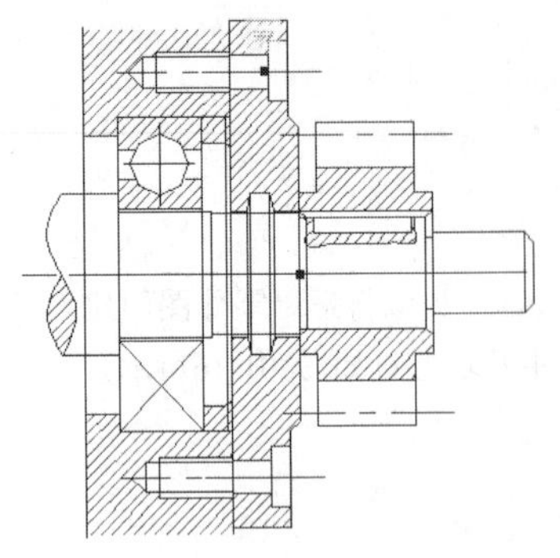

图202-7　插入齿轮块

08 执行“块>插入”命令，弹出“插入”对话框，提示用户插入图块。浏览文件，插入存放的“外部块-垫圈.dwg”，并勾选“分解”复选框，捕捉一点作为插入基点，结果如图202-8所示。

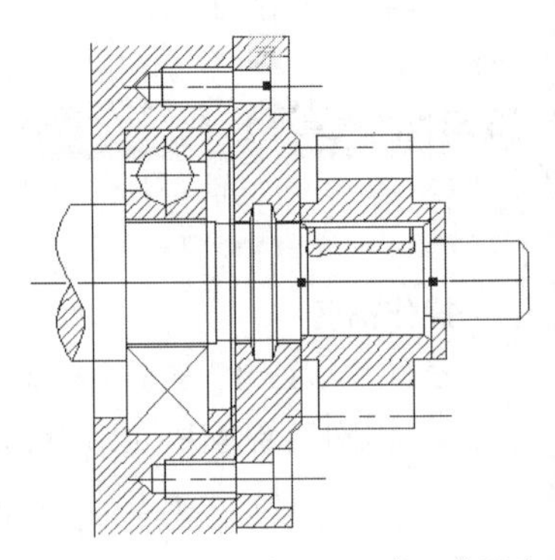

图202-8　插入垫圈块

09 执行“块>插入”命令，弹出“插入”对话框，提示用户插入图块。浏览文件，插入存放的“外部块-螺母.dwg”，并勾选“分解”复选框，选择插入比例为2，设定旋转角度为-90°，捕捉一点作为插入基点。结果如图202-9所示。

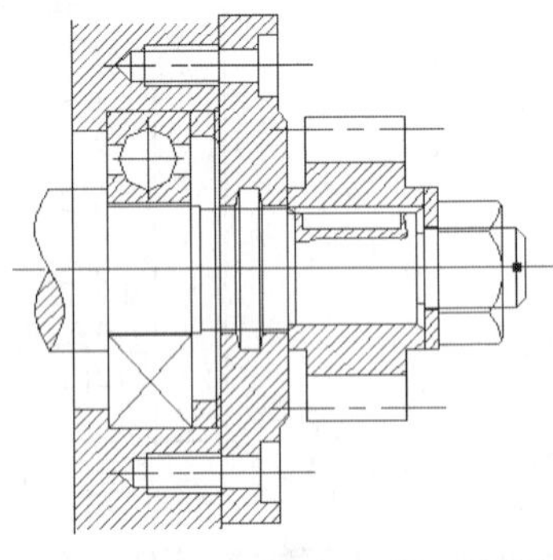

图202-9　插入螺母块

10 执行“块>插入”命令，弹出“插入”对话框，提示用户插入图块。浏览文件，插入存放的“外部块-螺钉.dwg”，并勾选“分解”复选框，设定比例为2，捕捉一点作为插入基点，重复插入块“外部块-螺钉.dwg”，结果如图202-10所示。

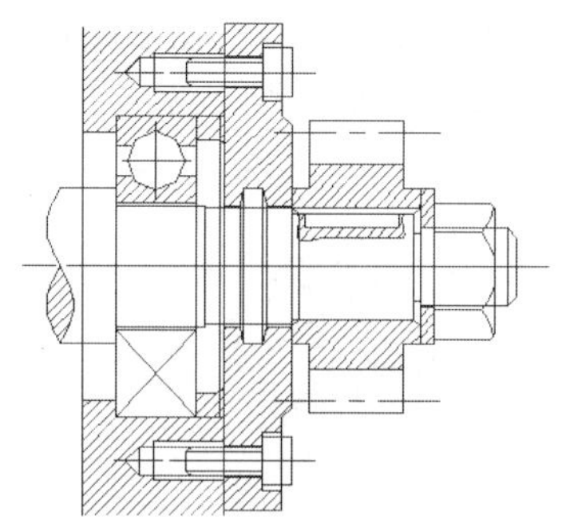

图202-10　插入螺钉块

11 使用修剪工具，修剪图形的多余线条，结果如图202-11所示。

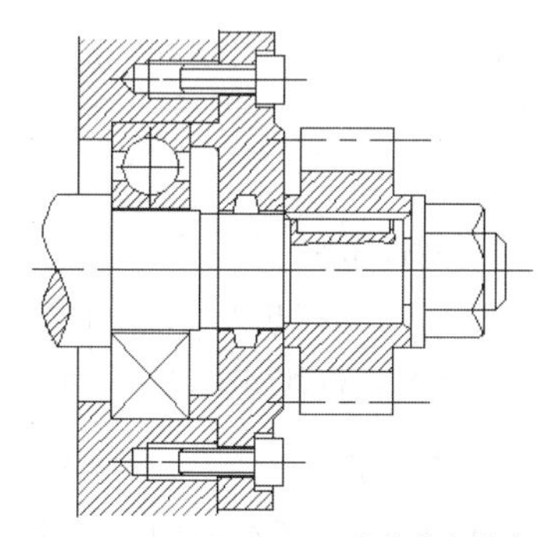

图202-11　修剪多余线条

12 执行“绘图>图案填充”命令，将基座的比例设置为2。将端盖重新填充，旋转角度设置为90°，然后填充密封圈部分。效果如图202-12所示。

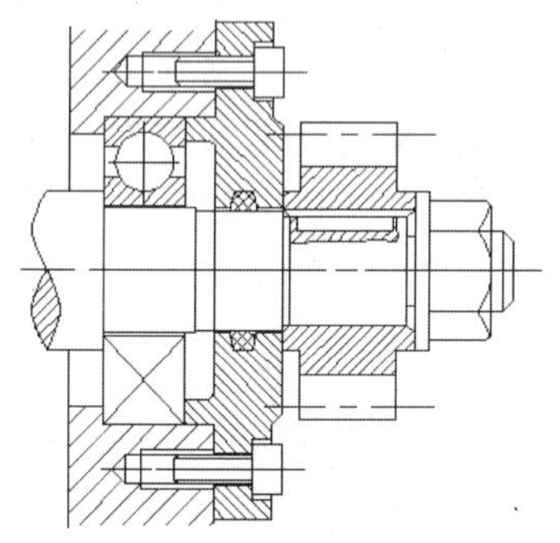

图202-12　重新进行图案填充

13 执行“修改>缩放”命令，将图形缩小，执行“修改>移动”命令，调整图形在图纸空间中的位置。修改标注样式“主单位”选项卡的“测量单位比例因子”为2，标注尺寸如图202-13所示。

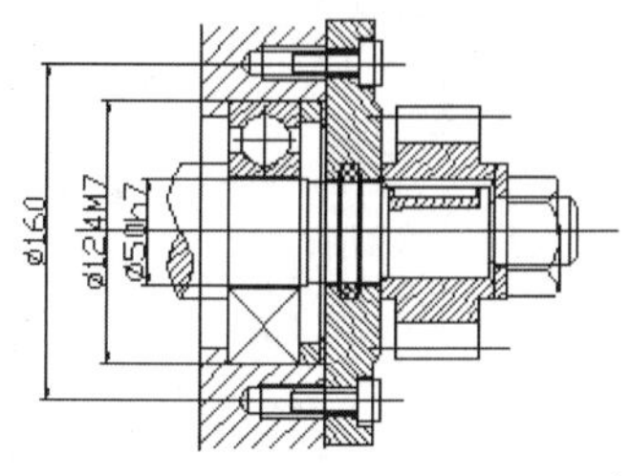

图202-13　标注尺寸

14 执行“绘图>圆”命令，绘制半径为6的圆。执行“块>定义属性”命令，弹出“属性定义”对话框，定义内容如图202-14所示。插入点捕捉为圆的圆心。

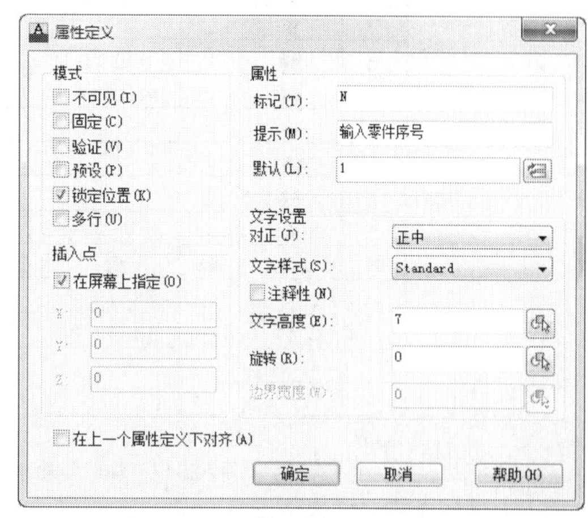

图202-14　“属性定义”对话框

15 执行“块>创建”命令，弹出“块定义”对话框，输入图块的名称为“球标”，捕捉圆心为插入基点，选择圆和字母“N”为对象，如图202-15所示。

图202-15　“块定义”对话框

16 使用直线工具，绘制圆点和零件指引线，并插入图块“球标”，如图202-16所示。

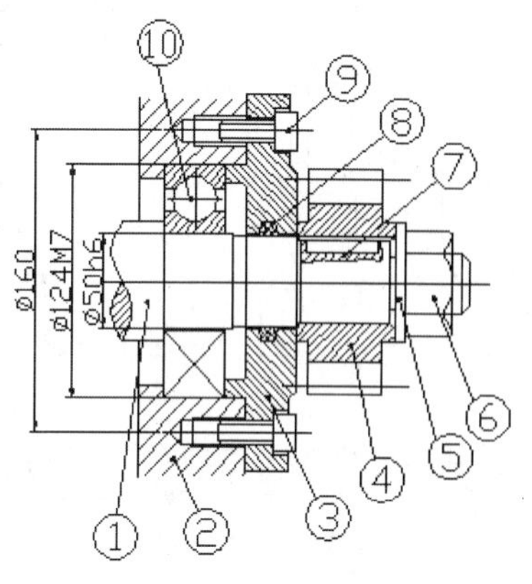

图202-16　对零件标号

17 执行“注释>多行文字”命令，填写明细栏，并编辑修改标题栏。结果如图202-17所示。

10	轴承	1		
9	螺钉	4		
8	密封圈	1		
7	键	1		
6	垫圈	1	16GB95-81	
5	螺母	1	M16GB54-80	
4	齿轮	1		
3	端盖	1		
2	基座	1		
1	轴	1		
序号	名称	数量	规格	备注
齿轮装配图			材料	45
			比例	1:2

图202-17　编辑标题栏和明细栏

18 执行“保存”命令，保存文件。

技巧与提示

在本例中通过介绍将实战201中创建的各图块插入同一个文件中，组合，并对其进行修改，得到了齿轮装配图。

练习202　绘制齿轮装配图

实战位置　DVD>练习文件>第7章>练习201.dwg
难易指数　★★★☆☆
技术掌握　巩固如何插入已有块

操作指南

参照“实战202”案例进行操作。

通过本案例中的步骤方法，在合适位置插入外部块，并进行修改，绘制如图202-18所示的图形。

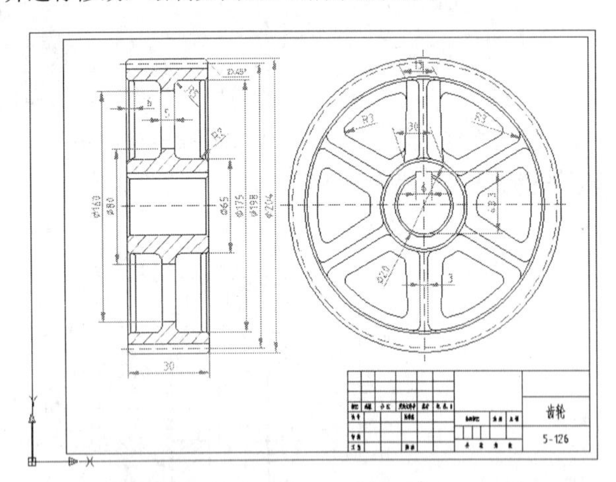

图202-18　绘制齿轮装配图

实战203　绘制齿轮装配图3

实战位置　DVD>实战文件>第7章>实战203.dwg
视频位置　DVD>多媒体教学>第7章>实战203.avi
难易指数　★★★☆☆
技术掌握　掌握如何从设计中心插入已有块

实战介绍

在本例中将利用设计中心插入法绘制齿轮装配图。本例中使用的各个零件图与实战201和实战202中相同。案例效果如图203-1所示。

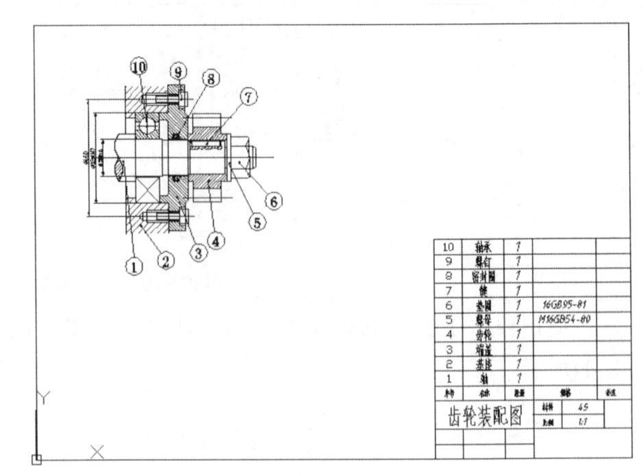

图203-1　最终效果

制作思路

• 首先打开“设计中心”，浏览文件夹，在合适位置插入块，得到如图203-1所示的图形。

制作流程

01 打开AutoCAD 2013，创建一个新的AutoCAD文件，文件名默认为“Drawing1.dwg”。

02 执行“工具>选项板>设计中心”命令，系统弹出“设计中心”选项板，如图203-2所示。

03 在树状图切换窗口中选择存放各个零件的图形文件，例如，单击“原始文件”文件夹左端的“+”并选中该文件夹，在项目列表窗口中显示如图203-3所示的内容。选中任意一个图标则在下方的预览框中显示预览，如图203-3所示。

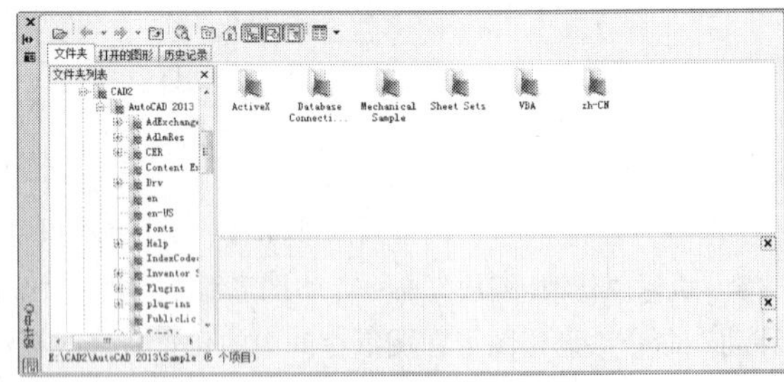

图203-2　打开“设计中心”选项板

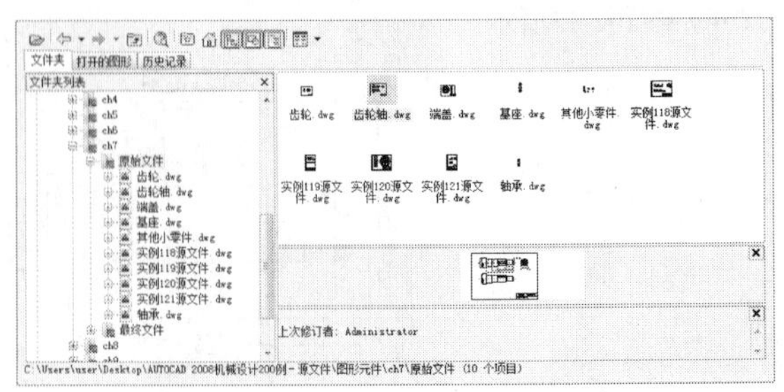

图203-3　找到目标文件

04 右键选择“齿轮轴.dwg”图标，在弹出的快捷菜单中选择“插入为块”选项，系统弹出“插入”对话框，如图203-4所示。

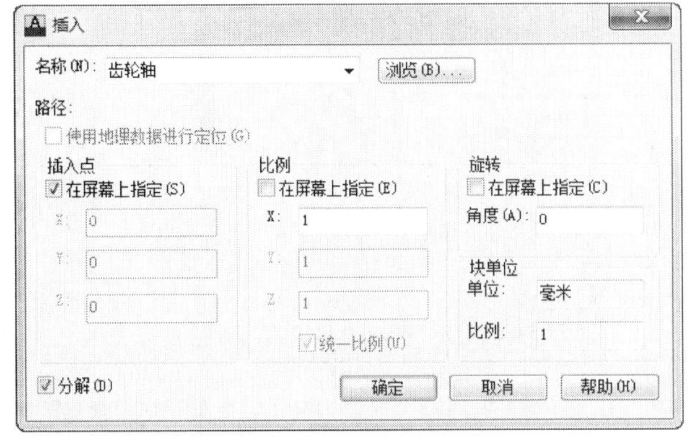

图203-4　“插入”对话框

05 指定插入点为原点（0,0），插入齿轮轴零件图，如图203-5所示。

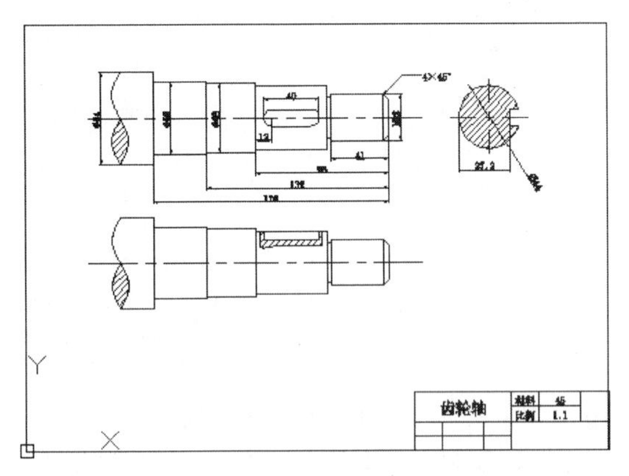

图203-5　插入齿轮轴零件图

06 使用删除工具删除图形文件，保留标题栏，并简单绘制明细栏，执行“另存为”命令，将文件另存为“实战203.dwg”。如图203-6所示。

2				
1				
序号	名称	数量	规格	备注
齿轮装配图		材料	45	
		比例	1:1	

图203-6　绘制简单明细栏并保存文件

07 选中“设计中心”选项板中的“基座.dwg”，并按住鼠标不放，将其拖动到绘图区松开鼠标，此时移动光标时可看到基座零件图随之移动。在绘图区的适当位置插入，则基座零件图以图块的形式插入到图形中，如图203-7所示。

08 执行“修改>分解”命令，将基座零件图分解，并使用删除工具删除尺寸标注，如图203-8所示。

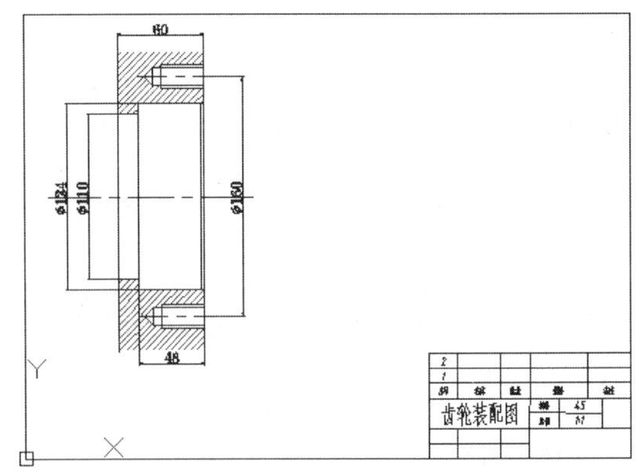

图203-7　插入基座零件图

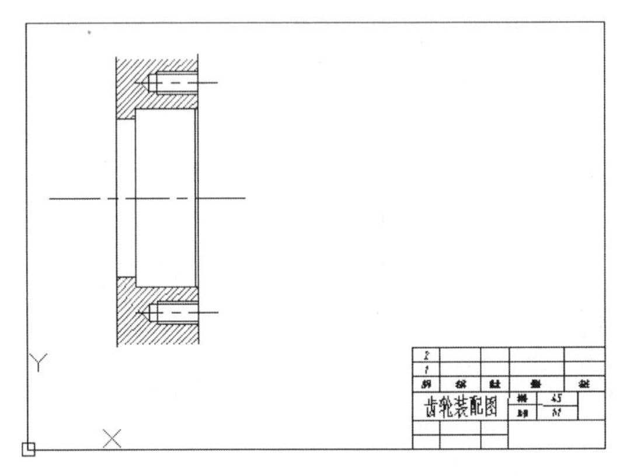

图203-8　分解图形并删除尺寸标注

09 在“设计中心”选项板中选择“外部块-齿轮轴.dwg”，在右键弹出的快捷菜单中选择“插入为块”选项，弹出“插入”对话框，与实战202中设置相同，在指定位置插入齿轮轴，结果如图203-9所示。

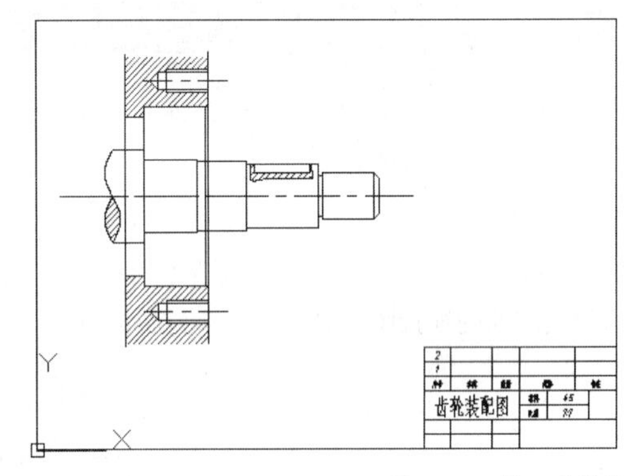

图203-9　插入齿轮轴

10 使用类似的方法将“外部块-轴承.dwg”、“外部块-端盖.dwg”、“外部块-齿轮.dwg”、“外部块-垫圈.dwg”、“外部块-螺母.dwg”和“外部块-螺钉.dwg”插入到装配图中，插入设置以及插入点等与实战201相同，在此不再介绍。

11 后面的步骤与实战202中完全相同，执行“保存”命令，保存文件。

技巧与提示

在本例中介绍了利用设计中心插入法拼画装配图的方法。读者很容易看到它和插入图块方法的原理步骤非常类似，图形都是以图块的形式插入到某一个文件中，再进行一些修剪，添加零件标号，填写好明细栏和标题栏，便完成了装配图的绘制。

练习203 绘制铰链座装配图

实战位置	DVD>练习文件>第7章>练习203.dwg
难易指数	★★★☆☆
技术掌握	巩固如何从设计中心插入已有块

操作指南

参照“实战203”案例操作。

点击打开设计中心，从设计中心插入已有块，绘制如图203-10所示的图形。

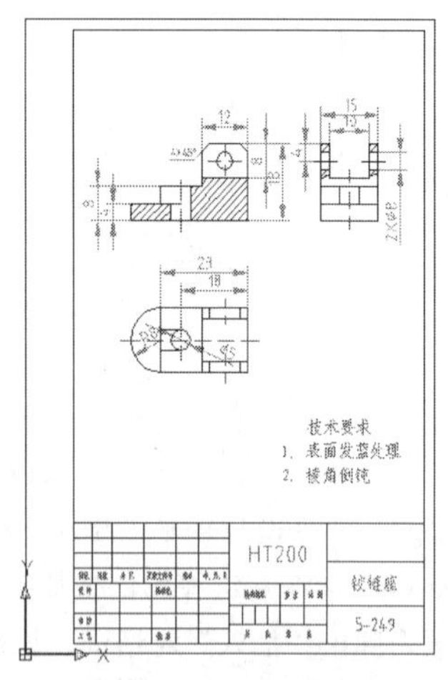

图203-10 绘制铰链座装配图

实战204 绘制螺丝连接图

原始文件位置	DVD>原始文件>第7章>实战204原始文件
实战位置	DVD>实战文件>第7章>实战204.dwg
视频位置	DVD>多媒体教学>第7章>实战204.avi
难易指数	★★★☆☆
技术掌握	掌握如何绘制连接图

实战介绍

螺丝是机械中不可缺少的最基本的零件之一，本例中将绘制螺丝的连接图。案例效果如图204-1所示。

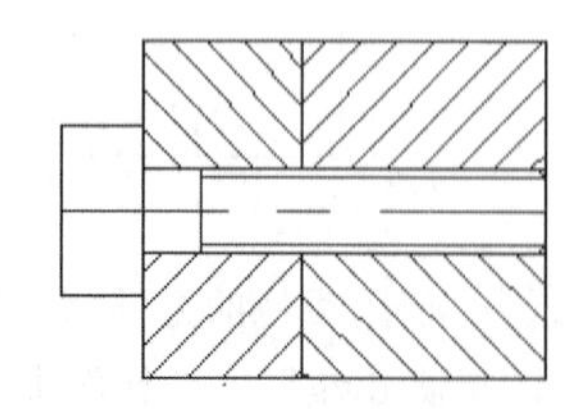

图204-1 最终效果

制作思路

• 首先新建文件，进入操作环境，在适当位置插入所需块，并用修剪、偏移等命令修改，即可作出如图204-1所示的图形。

制作流程

01 新建一个CAD文件，执行“图层>图层特性”命令，新建一个“中心线”图层，设置“线型”为CENTER，“颜色”为青色，如图204-2所示。

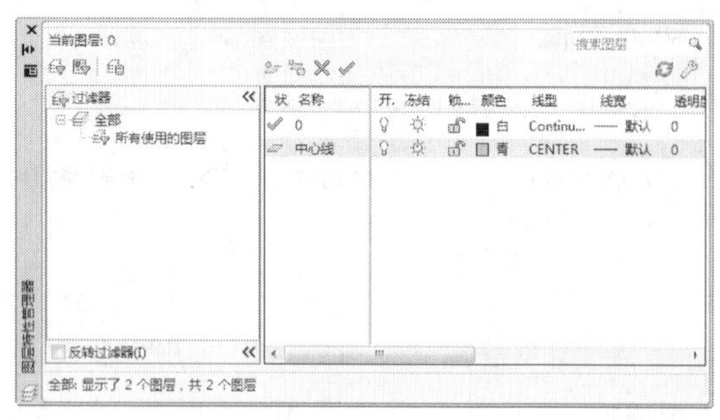

图204-2 新建图层

02 执行“块>插入”命令，弹出“插入”对话框，效果如图204-3所示。

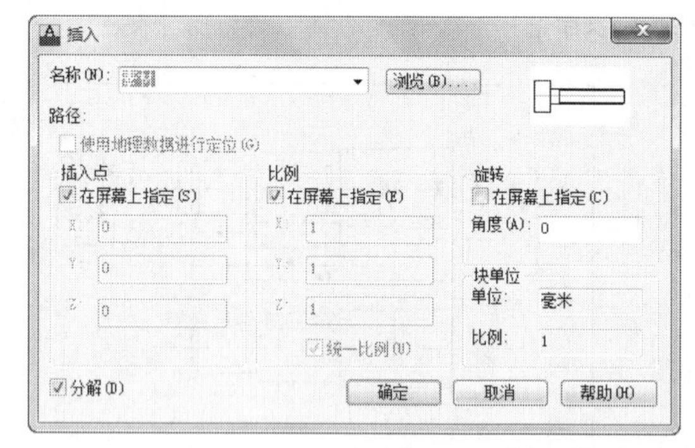

图204-3 “插入”对话框

03 浏览文件，弹出“选择图形文件”对话框，选择“实战204原始文件.dwg”文件，并在绘图区任意一点插入，如图204-4所示。

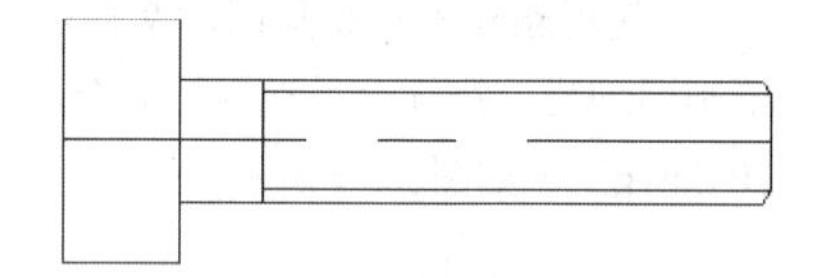

图204-4 导入素材

04 执行“修改>偏移”命令，将水平中心线分别向上和向下各偏移20；并将偏移的直线移至0图层，效果如图204-5所示。

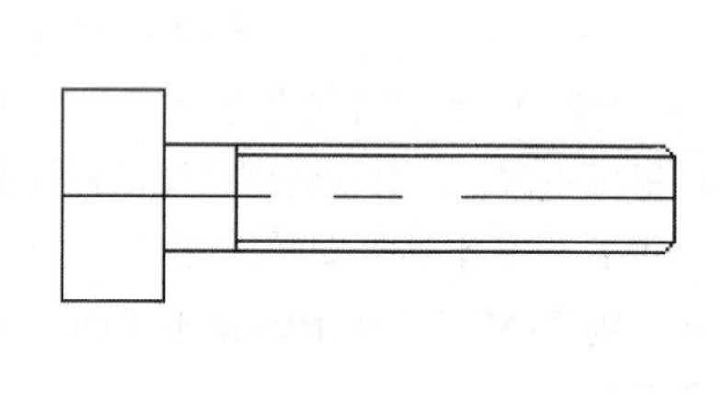

图204-5 偏移水平中心线

05 执行“修改>延伸”命令，选择两条偏移的直线，分别选择箭头所指直线的上下两部分以延伸直线；重复上面命令，选择直线，分别选择直线b、c，延伸直线a，如图204-6所示。

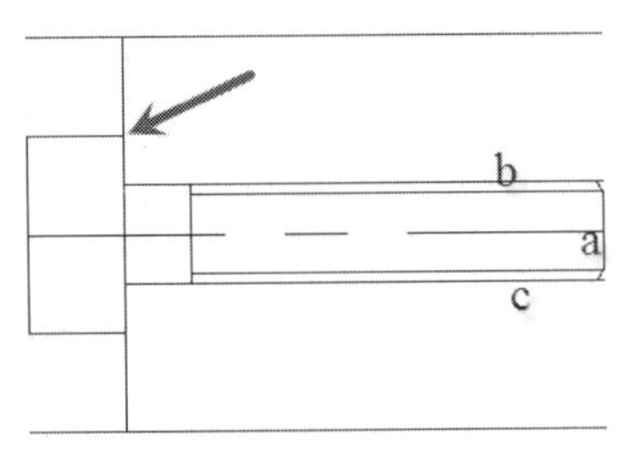

图204-6　延伸处理

06 执行“修改>偏移”命令，将箭头所指的直线向右分别偏移20、50，如图204-7所示。

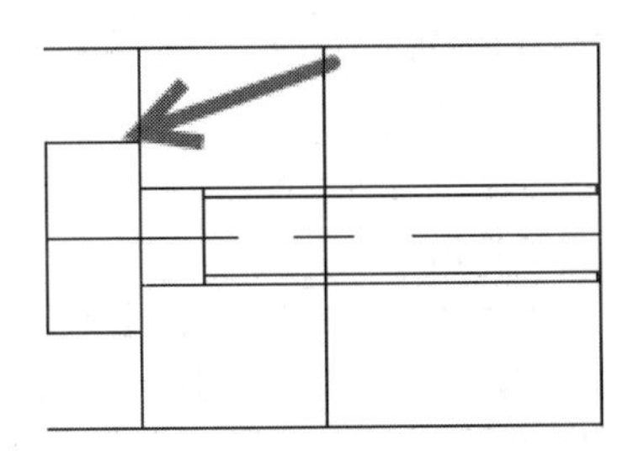

图204-7　偏移处理

07 执行“修改>修剪”命令，修剪图形中多余的部分，如图204-8所示。

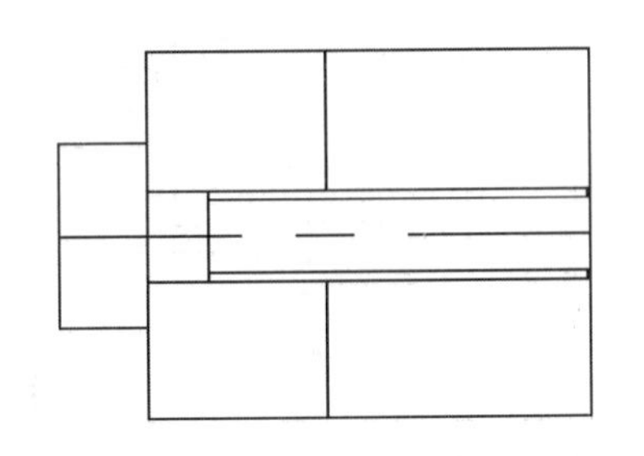

图204-8　修剪图形

08 执行“绘图>图案填充”命令，选择图形中需要填充的区域，结果如图204-1所示。

09 执行“另存为”命令，将文件另存为“实战204.dwg”。

本例中介绍了绘制螺丝连接图所用的零件图画法，它属于比较复杂的螺丝，绘制过程有一定难度，读者应好好练习。

练习204　绘制外螺纹

实战位置	DVD>练习文件>第7章>练习204.dwg
难易指数	★★★☆☆
技术掌握	掌握绘制螺纹的方法

操作指南

参照“实战204”案例操作。

使用基本绘图工具如直线、圆等，按照下图尺寸要求绘制图204-9所示的外螺纹。

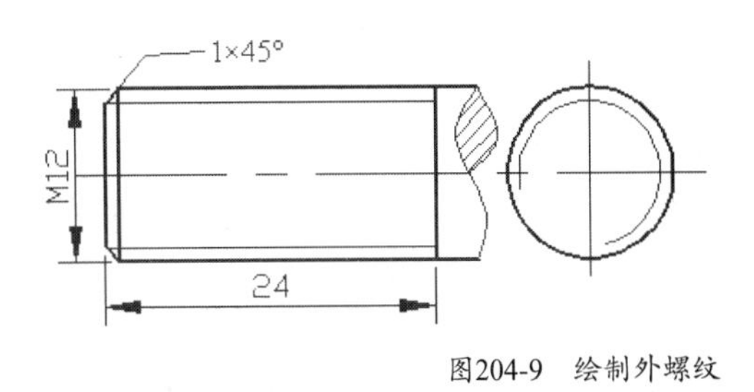

图204-9　绘制外螺纹

实战205　组合装配图

原始文件位置	DVD>原始文件>第7章>实战205原始文件
实战位置	DVD>实战文件>第7章>实战205.dwg
视频位置	DVD>多媒体教学>第7章>实战205.avi
难易指数	★★★☆☆
技术掌握	掌握组合零件图的方法

实战介绍

组合装配图是选取绘制好的机器或部件的零件图，然后按照一定的步骤进行装配。可以考虑利用零件图来拼绘装配图，这样能避免重复劳动，提高工作效率。本例最终效果如图205-1所示。

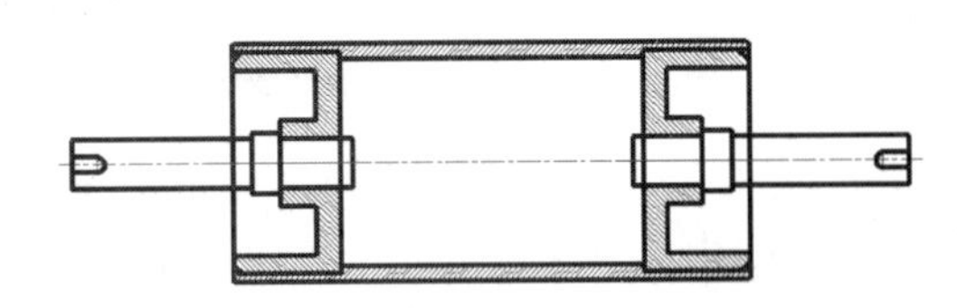

图205-1　最终结果

制作思路

• 打开所需源文件后，在适当位置组合，即得到如图205-1所示的图形。

制作流程

01 打开“实战205源文件1”、“实战205源文件2”、“实战205源文件3”，如图205-2、图205-3、图205-4所示。

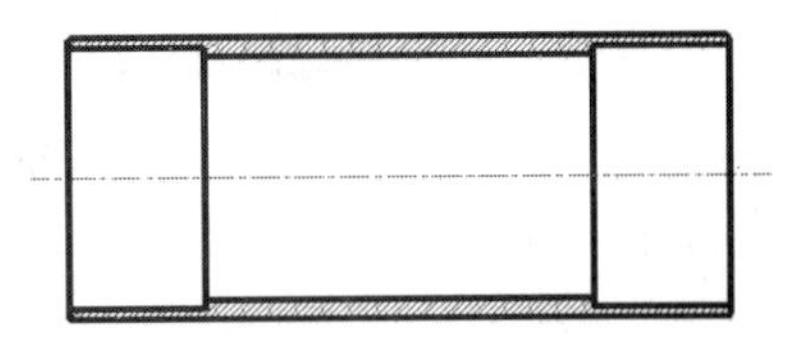

图205-2　源文件1

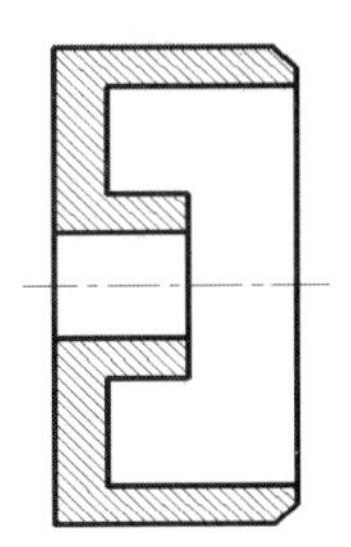

图205-3　源文件2

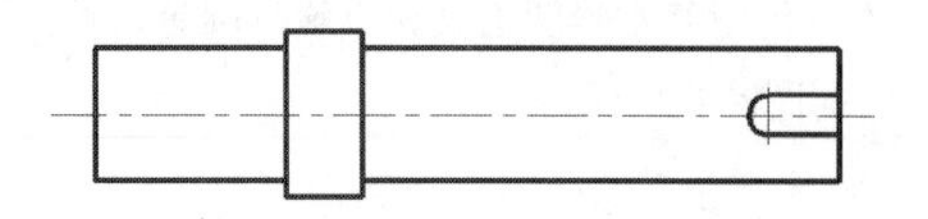

图205-4　源文件3

02 切换到文件“实战205源文件2”，在右键快捷菜单中选择“带基点复制”选项，复制零件图A。如图205-5所示。

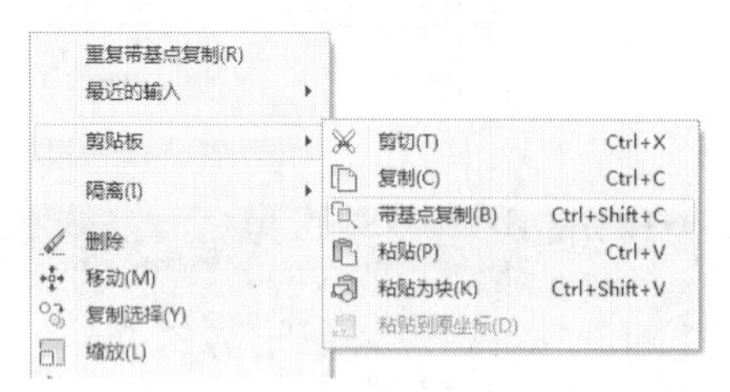

图205-5　选用带基点复制

03 切换到文件“实战205源文件1”，按快捷键Ctrl+V，粘贴零件图A，利用光标选取正确的放置点，如图205-6所示。

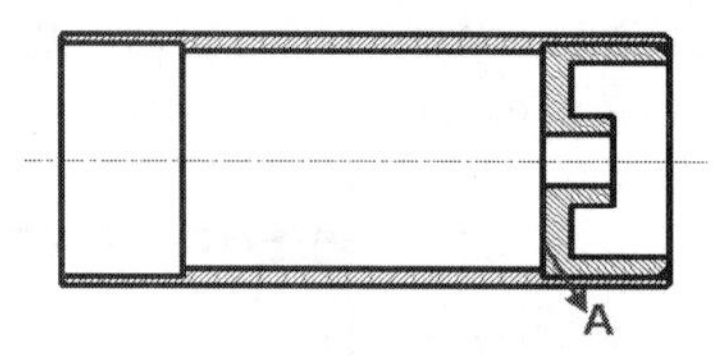

图205-6　装配零件图A

04 切换到文件“实战205源文件2”，将零件图A旋转180°，命名零件图B，在右键快捷菜单中选择“带基点复制”选项，复制零件图B。

05 切换到文件“实战205源文件1”，利用快捷键Ctrl+V，粘贴零件图B，利用光标选取正确的放置点，如图205-7所示。

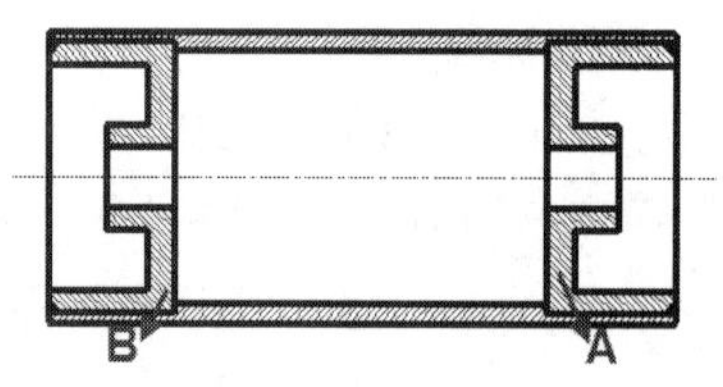

图205-7　装配零件图B

06 切换到文件“实战205源文件3”，在右键快捷菜单中选择“带基点复制”选项，复制零件图C。

07 切换到文件“实战205源文件1”，按快捷键Ctrl+V，粘贴零件图C，利用光标选取正确的放置点，如图205-8所示。

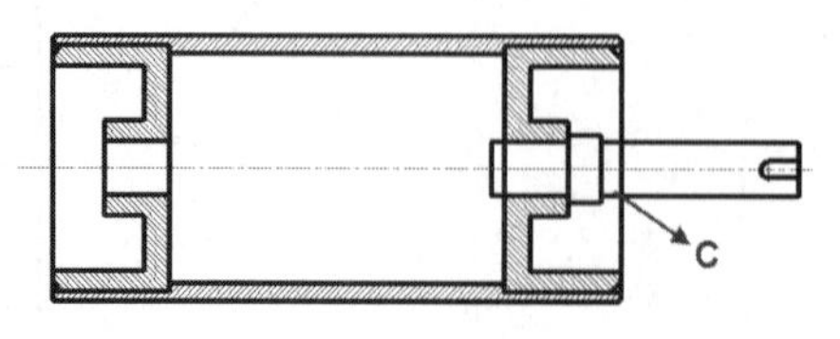

图205-8　装配零件图C

08 切换到文件“实战205源文件3”，将零件图C旋转180°，命名零件图D，在右键快捷菜单中选择“带基点复制”选项，复制零件图D。切换到文件“实战205源文件1”，按快捷键Ctrl+V，粘贴零件图D，利用光标选取正确的放置点，如图205-9所示。

09 执行“另存为”命令，修改文件名为“实战205.dwg”，将绘制的图形进行保存。

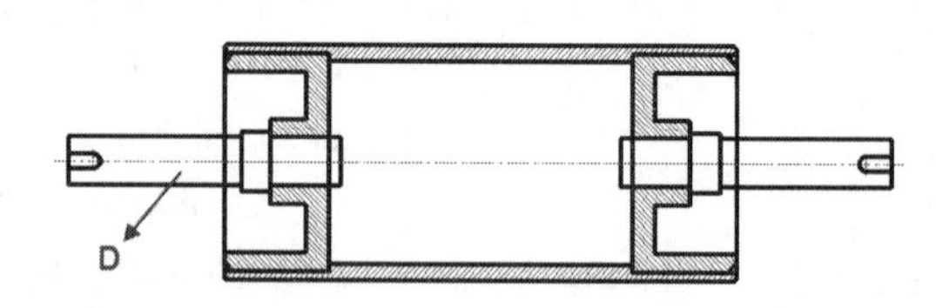

图205-9　装配零件图D

练习205　绘制机械组合装配图

实战位置　DVD>练习文件>第7章>练习205.dwg
难易指数　★★★☆☆
技术掌握　巩固组合装配图的方法

操作指南

参照“实战205”案例进行制作。

新建文件，按照下图尺寸要求绘制图205-10所示的组合装配图。

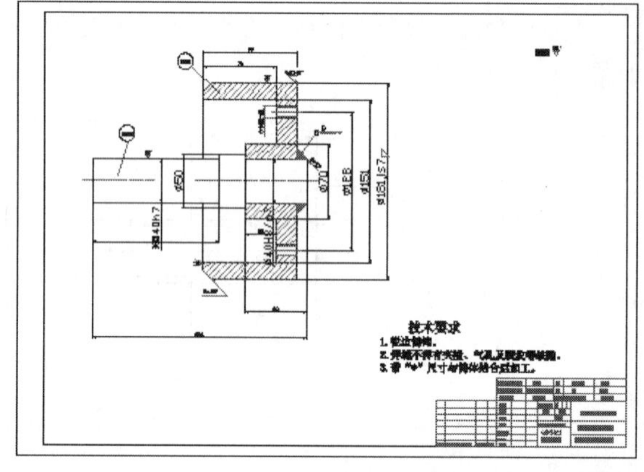

图205-10　组合装配图

实战206　绘制箱体装配图

实战位置　DVD>实战文件>第7章>实战206.dwg
视频位置　DVD>多媒体教学>第7章>实战206.avi
难易指数　★★★☆☆
技术掌握　掌握插入图块的方法

实战介绍

通过绘制箱体装配图，介绍绘制装配图的方法之一——利用插入图块绘制装配图。在本例中进行绘制装配图前的准备工作，创建图块。案例效果如图206-1所示。

制作思路

• 新建文件后，首先使用绘图工具绘制一个标准螺栓，然后再绘制轴承、箱体等，最后在适当位置插入端盖块并组合，即得到如图206-1所示的图形。

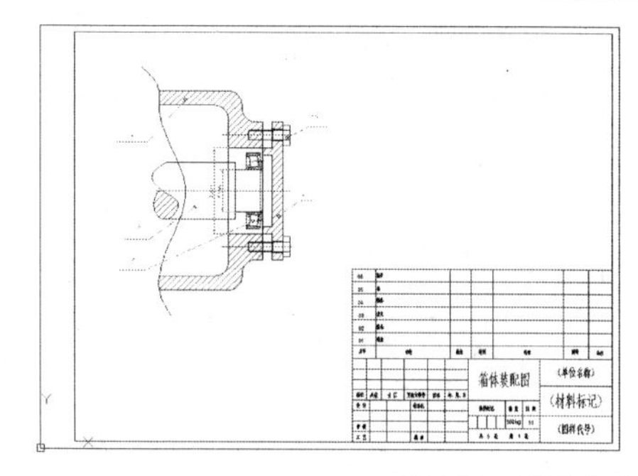

图206-1　最终效果

制作流程

01 打开AutoCAD 2013，创建一个新的AutoCAD文件，文件名默认为“Drawing1.dwg”。绘制标准件螺栓，如图206-2所示。

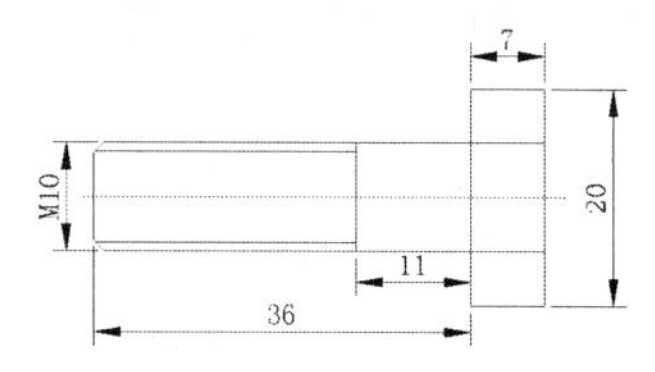

图206-2　绘制螺栓

02 将文件的图层中的“标注”层关闭并冻结。在命令行输入WBLOCK，系统弹出“写块”对话框，勾选“源”的“对象”单选按钮，“目标”栏设定外部块的存储名称为“螺栓”，设定文件存放位置。选择图中齿轮轴俯视图的图形为对象，回车后回到“写块”对话框，如图206-3所示。

图206-3　“写块”对话框

03 绘制轴承，如图206-4所示。

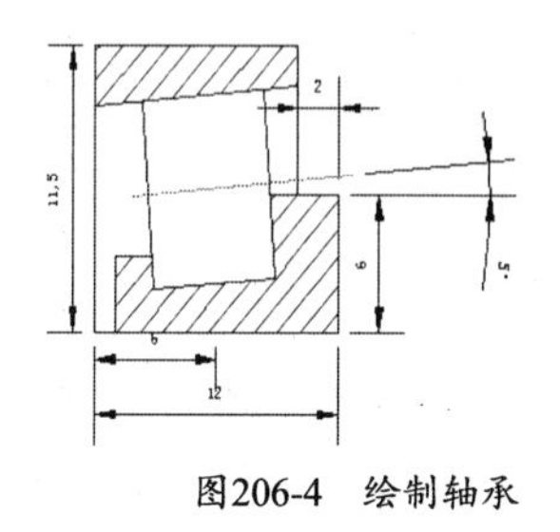

图206-4　绘制轴承

04 打开一个新的CAD文件，将其命名为“端盖”，建立4个图层：①“粗实线”图层，线宽为0.7mm，其余选项默认；②“细实线”图层，线宽为0.35mm，其余选项默认；③标注图层，颜色为洋红，其余默认；④“中心线”图层，线宽为0.35mm，颜色为洋红，其余默认。绘图命令如下：

```
命令：LINE
指定第一点：0,0
指定下一点或[放弃(U)]：@0,30
指定下一点或[放弃(U)]：@7,0
指定下一点或[闭合(C)放弃(U)]：@0,18
指定下一点或[闭合(C)/放弃(U)]：@8,0
指定下一点或[闭合(C)放弃(U)]：@0,-48
指定下一点或[闭合(C)放弃(U)]：
```

同样方法，绘制另外5条线段或连续线段，端点坐标分别为{（7,43,）（@8,0）}、{（7,35），（@8,0）}、{（0,25），（@7,0），（@0，-25）}、{（3,39），（@16,0）}、{（-5,0）,(@25,0)}，如图206-5所示。

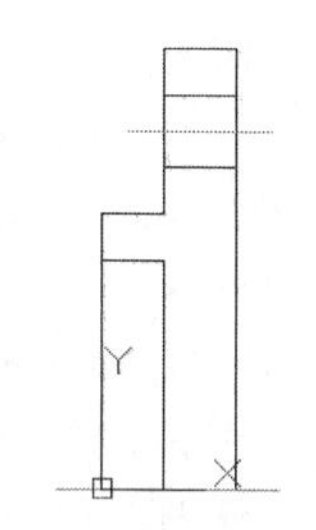

图206-5　绘制端盖

05 使用镜像工具将端盖作镜像处理，然后将当前图层设置为细实线图层，执行“绘图>图案填充”命令，对图案进行填充，如图206-6所示，关闭标注图层，类似步骤02，将端盖制成块体。

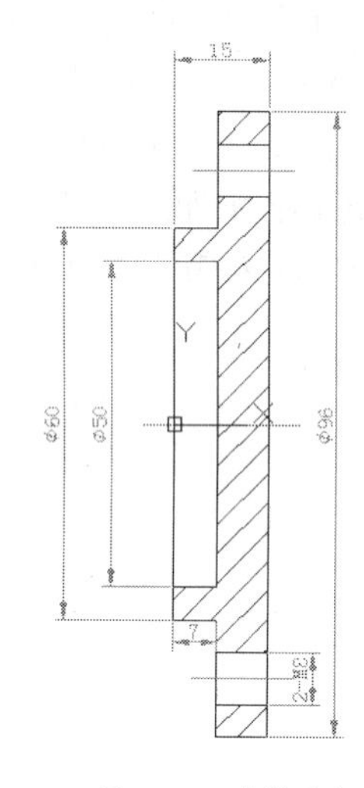

图206-6　齿轮基点

06 新建一个CAD文件，绘制轴。类似步骤02，建立4个图层，命令如下：

```
命令：LINE
指定第一点：0,20
指定下一点或[放弃(U)]：@50,0
指定下一点或[放弃(U)]：@0,-20
指定下一点或[闭合(C)放弃(U)]
```

同样方法，绘制另外3条线段或连续线段，端点坐标分别为{（50,15），（@18,0），（@2-2），（@0,-13）}、{（68,15），（@0,15）}、{（-5,0），（@80,0）}。作镜像处理，然后使用样条曲线和图案填充工具将轴制成如图206-7所示。将轴制成块体，将名称设为“轴”。

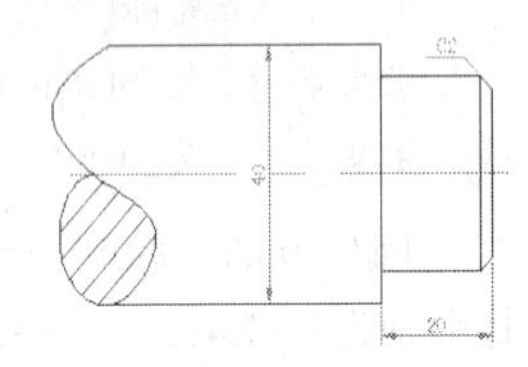

图206-7　绘制轴

07 新建一个CAD文件，绘制箱体，类似步骤02，建立4个图层，命令如下：

```
指定第一点：-50,70
指定下一点或[放弃(U)]：@60,0
指定下一点或[放弃(U)]：@0,-22
指定下一点或[放弃(U)]：@15,0
指定下一点或[放弃(U)]：@0,48
指定下一点或[放弃(U)]：
```

同样方法绘制另外3条线段或连续线段，端点坐标分别为{（-50,60），（@50,0），（@0，-,60）}、{（0,30），（@25,0）}、{（-5,39），（@35,0）}、{（-40，0），（@75,0）}；将图形进行圆角处理，执行“修改>圆角”命令，对图形进行圆角处理；执行“修改>镜像”命令，对图形进行镜像处理；执行“绘图>图案填充”命令，将图中部分区域进行填充；使用样条曲线工具绘制样条曲线，并且剪切图形，如图206-8所示。关闭标注图层，将箱体制成块体，并将名称设为“箱体”。

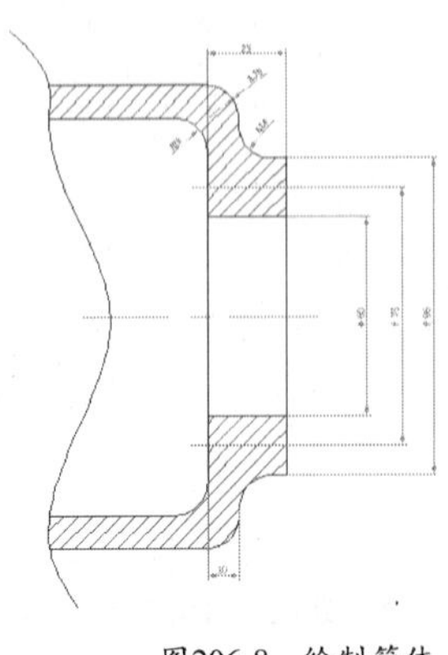

图206-8　绘制箱体

08 新建一个CAD文件，命名为“实战206”，执行“块>插入”命令，弹出如图206-9所示的对话框。

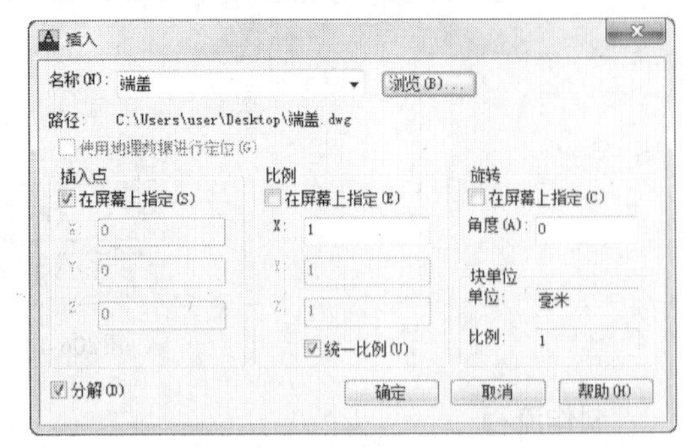

图206-9　“插入”对话框

09 浏览文件，选择“端盖.dwg”块文件，回到如图206-9所示对话框，确定合适的插入点。重复步骤，将其他4个块体均插入图中，如图206-10所示。

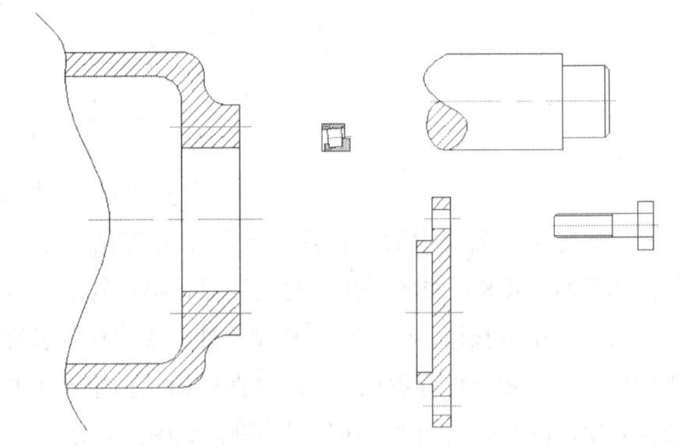

图206-10　插入块

10 将螺栓进行缩放操作，执行“修改>缩放”命令，缩放比例为0.7，使用移动和镜像工具将5个零件移至合适位置，组成箱体装配图，如图206-11所示。

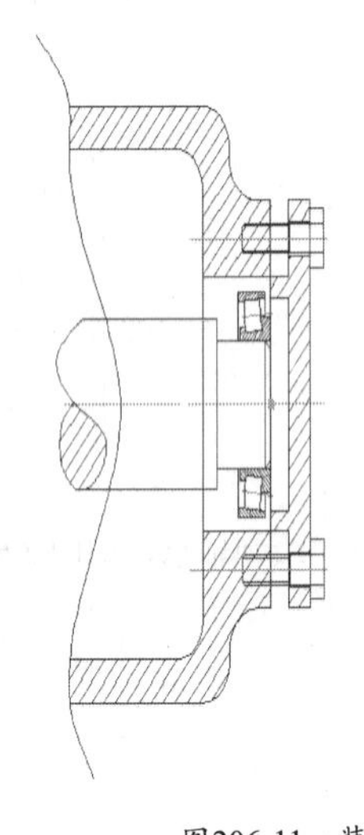

图206-11　装配

11 执行“修改>分解”命令，将5个零件图分解删除多余的直线并且进行标注，如图206-12所示。

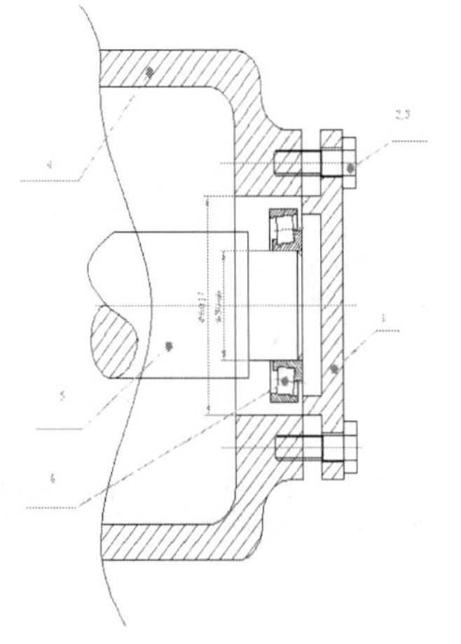

图206-12　标注

12 绘制明细表，最终成果如图206-13所示。

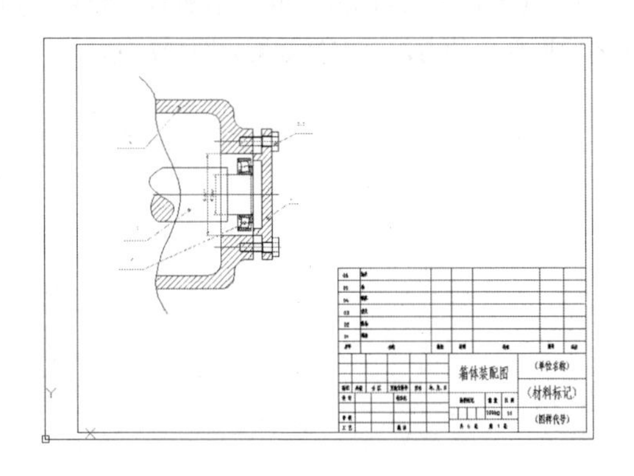

图206-13　螺母基点

13 执行“另存为”命令，将文件另存为“实战206.dwg”。

技巧与提示

在本例中将箱体装配图所用的零件图利用写块命令，创建为各外部块，为下一步得到装配图提供了方便。

练习206　绘制箱体装配图

练习位置　DVD>练习文件>第7章>练习206.dwg
难易指数　★★★☆☆
技术掌握　掌握插入图块的命令

操作指南

参照“实战206”案例进行制作。

新建文件后，在适当位置插入图块，并进行修改，绘制如图206-14所示的图形。

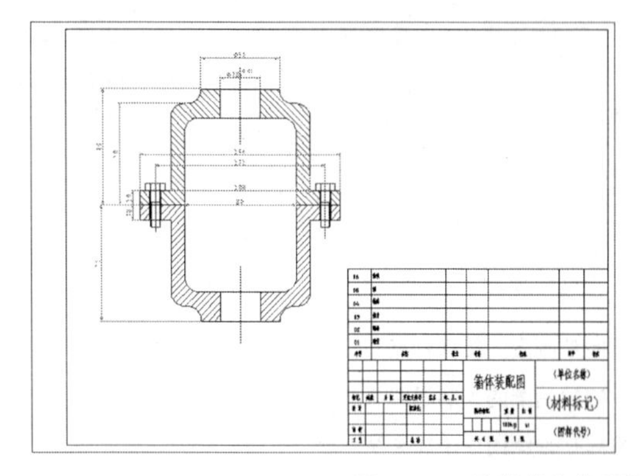

图206-14　绘制箱体装配图

第8章 轴测图

本章学习要点：

掌握轴测图的结构特点

掌握轴测图的绘制思路

掌握在轴测图中添加文字

掌握标注轴测图的方法

了解绘制轴测图的视角转换

实战207 绘制正等轴测图的轴测轴

实战位置	DVD>实战文件>第8章>实战207.dwg
视频位置	DVD>多媒体教学>第8章>实战207.avi
难易指数	★★★☆☆
技术掌握	掌握等轴测捕捉模式的使用方法

实战介绍

正等轴测图简称正等测，其各轴间的角均为120°，各轴向伸缩系数相等。本例中将介绍构建等轴测图的绘图环境的方法。案例效果如图207-1所示。

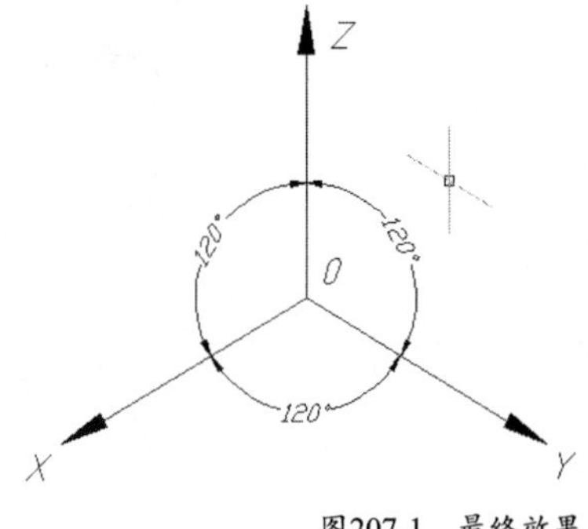

图207-1 最终效果

制作思路

• 新建文件，开启等轴测捕捉模式，在适当位置绘制多段线，即得到如图207-1所示的图形。

制作流程

01 打开AutoCAD 2013，创建一个新的AutoCAD文件，文件名默认为“Drawing1.dwg”。加载线型，新建图层，详细设置见源文件，最终如图207-2所示。

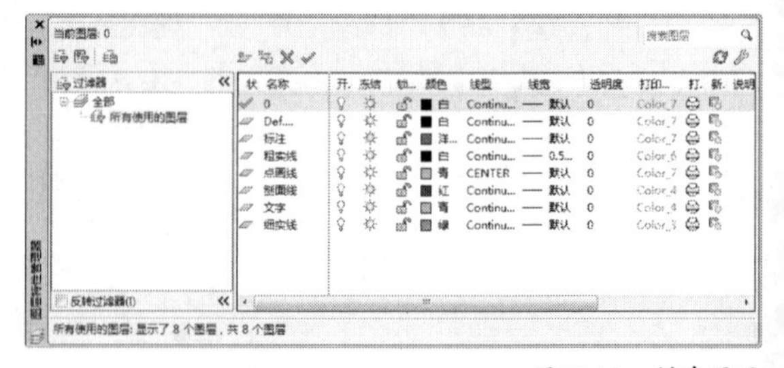

图207-2 创建图层

02 设置自动对象捕捉模式。执行“工具>绘图设置”命令，弹出“草图设置”对话框，选择“对象捕捉”选项卡，对对象捕捉模式进行设置，如图207-3所示。

03 选择“极轴追踪”选项卡，对对象追踪模式进行设置，如图207-4所示。

04 选择“捕捉和栅格”选项卡，在“捕捉类型”栏中选中“等轴测捕捉”，如图207-5所示。

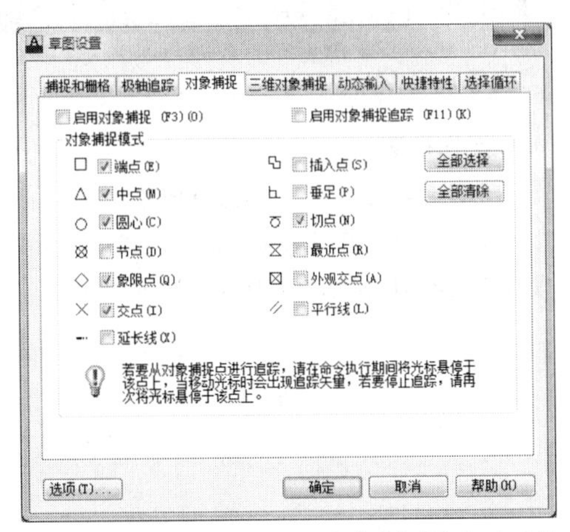

图207-3　设置“对象捕捉”选项卡

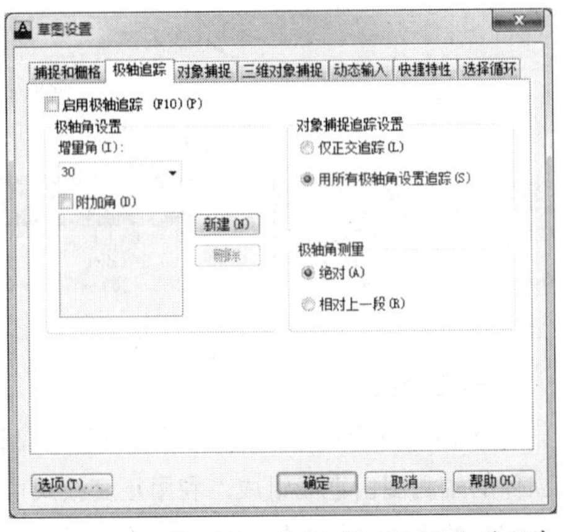

图207-4　设置“极轴追踪”选项卡

图207-5　设置“捕捉和栅格”选项卡

05 启动等轴测启动模式。设置完成后，十字光标样式发生变化，变为如图207-6所示三种形式之一。此时当前的绘图环境即处于轴测模式下。

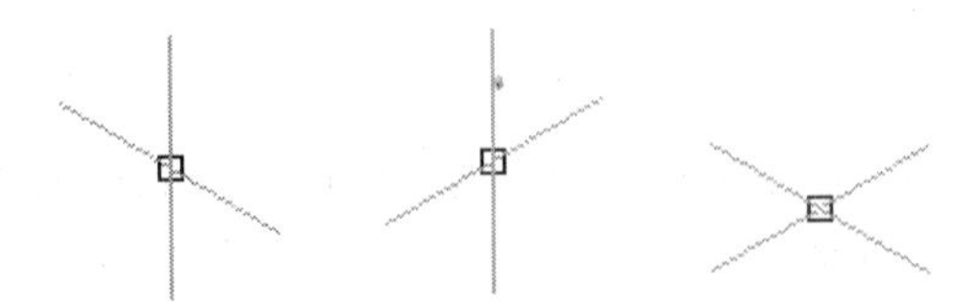

左等轴测面　　右等轴测面　　上等轴测面

图207-6　等轴测绘图环境下的十字光标

06 将“粗实线”层置为当前层。按F5键切换正等测为左等轴测面（*yoz*）或右等轴测面（*xoz*）模式。执行“绘图>多段线”命令，在绘图区的适当位置绘制竖直向上的多段线，表示*z*轴，如图207-7所示。绘制过程中命令行提示和操作内容如下：

```
命令: _pline
指定起点:(在绘图区的适当位置确定起点)
当前线宽为0.0000
指定下一个点或[圆弧(A)/半宽(H)/长度(L)/放弃(U)/宽度(W)]://在绘图区域，指定任意一点
指定下一点或[圆弧(A)/闭合(C)/半宽(H)/长度(L)/放弃(U)/宽度(W)]: w
指定起点宽度 <0.0000>: 1
指定端点宽度 <1.0000>: 0
指定下一点或[圆弧(A)/闭合(C)/半宽(H)/长度(L)/放弃(U)/宽度(W)]:
指定下一点或[圆弧(A)/闭合(C)/半宽(H)/长度(L)/放弃(U)/宽度(W)]:
```

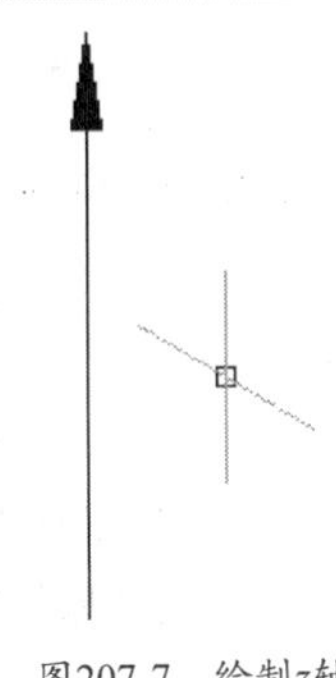

图207-7　绘制*z*轴

07 按F5键切换正等测为左等轴测面（*yoz*）或上等轴测面（*xoy*）模式。执行“绘图>多段线”命令，在绘图区的适当位置绘制多段线，表示*y*轴，如图207-8所示。

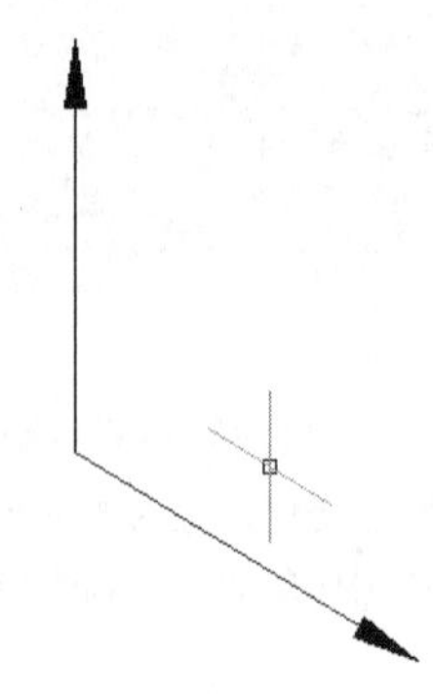

图207-8 绘制*y*轴

08 按F5键切换正等测为左等轴测面（*yoz*）或右等轴测面（*xoz*）模式。执行“绘图>多段线”命令，在绘图区的适当位置绘制多段线，表示*x*轴，如图207-9所示。

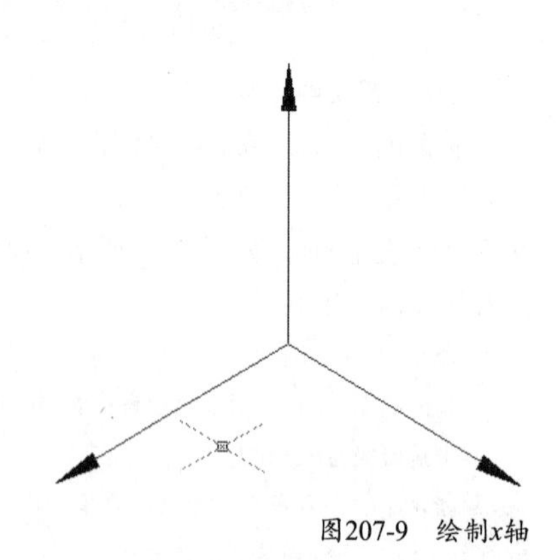

图207-9 绘制*x*轴

09 将“文字”层置为当前层。执行“注释>多段线”命令，对图形进行文字标注，如图207-10所示。

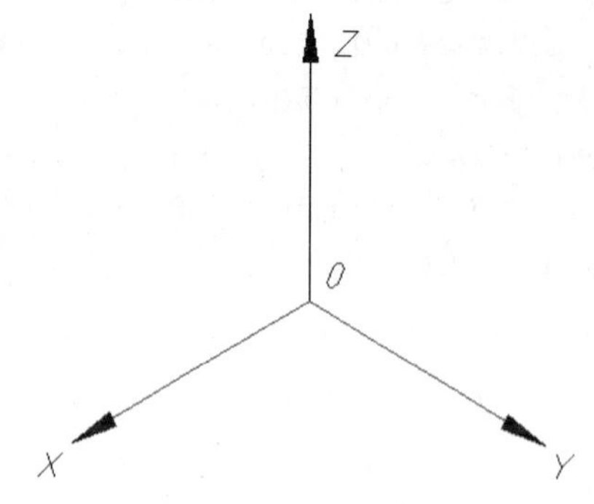

图207-10 标注文字

10 将“标注”层置为当前层。执行“注释>角度”命令，对图形进行角度标注，如图207-1所示。

11 执行“另存为”命令，将文件另存为“实战207.dwg”。

技巧与提示

在等轴测模式下，有3个等轴测面。如果用一个正方体来表示一个三维坐标系，那么在等轴测图中，这个正方体只有3个面可见，这3个面就是等轴测面。这3个面的平面坐标系是各不相同的，因此，在绘制二维等轴测投影图时，首先要在左、上、右3个等轴测面中选择一个设置为当前的等轴测面。本例中通过介绍绘制正等轴测图的轴测轴，介绍了设置等轴测图的绘图环境的方法，并简单介绍了正等轴测图的绘图环境。

练习207 绘制正等轴测图的轴测轴

实战位置	DVD>练习文件>第8章>练习207.dwg
难易指数	★★★☆☆
技术掌握	巩固等轴测捕捉模式的使用方法

操作指南

参照“实战207”案例进行操作。

新建文件，启动等轴测捕捉模式，在绘图区域使用多段线工具绘制如图207-11所示的图形。

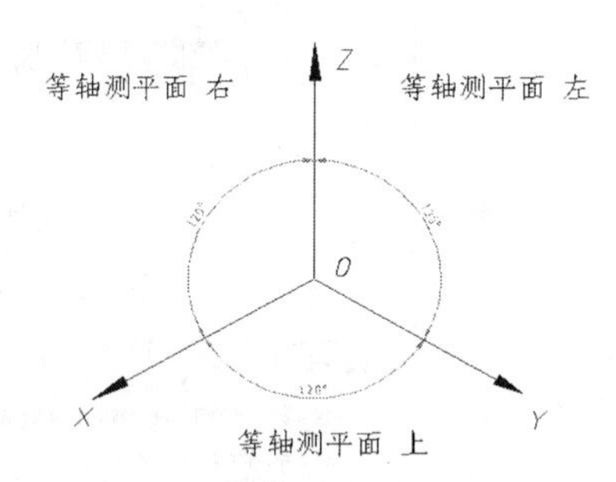

图207-11 绘制正等轴测图的轴测轴

实战208 绘制平面立体的正等轴测图

原始文件位置	DVD>原始文件>第8章>实战208原始文件
实战位置	DVD>实战文件>第8章>实战208.dwg
视频位置	DVD>多媒体教学>第8章>实战208.avi
难易指数	★★☆☆☆
技术掌握	掌握平面立体正等轴测图的规定画法

实战介绍

本例中将绘制一个平面立体的正等轴测图。由于平面立体的轴测图由直线组成，利用正交模式可以绘制平行于轴测轴的直线。如果轴测图上有不平行于轴测轴的直线，可以利用对象捕捉追踪确定出这条直线的两个端点，即可绘制出该直线。案例效果如图208-1所示。

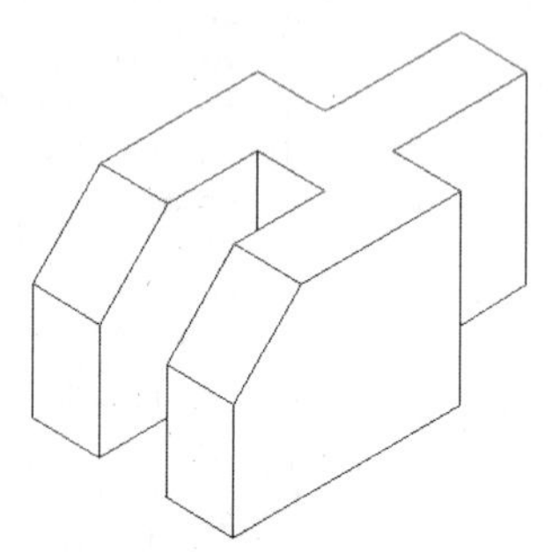

图208-1 最终效果

制作思路

- 打开实战文件，删除内部图形。
- 开启等轴测捕捉模式，在适当位置绘制直线，并进行修改，即得到如图205-1所示的图形。

制作流程

01 执行“文件>打开”菜单命令，打开“实战208原始文件.dwg”文件。

02 首先按F8键启动正交模式，按F5键切换正等测为*xoy*模式。执行“绘图>直线”命令，绘制顶轴侧面上的正交线，如图208-2所示。绘制过程中命令行提示和操作内容如下：

```
命令： <等轴测平面 俯视>
命令： _line指定第一点：   //启动直线命令，用鼠标指定第一点
指定下一点或[放弃(U)]： 15   //向右下方移动鼠标，指定长度，按回车键
指定下一点或[放弃(U)]： 30   //向左下方移动鼠标，指定长度，按回车键
指定下一点或[闭合(C)/放弃(U)]： 15   //向右下方移动鼠标，指定长度，按回车键
指定下一点或[闭合(C)/放弃(U)]： 50   //向左下方移动鼠标，指定长度，按回车键
指定下一点或[闭合(C)/放弃(U)]： 45   //向左上方移动鼠标，指定长度，按回车键
指定下一点或[闭合(C)/放弃(U)]： 50   //向右上方移动鼠标，指定长度，按回车键
指定下一点或[闭合(C)/放弃(U)]： 15   //向右下方移动鼠标，指定长度，按回车键
指定下一点或[闭合(C)/放弃(U)]： 30   //向右上方移动鼠标，指定长度，按回车键
指定下一点或[闭合(C)/放弃(U)]：   //按回车键结束绘制直线命令，结果如图208-2所示
```

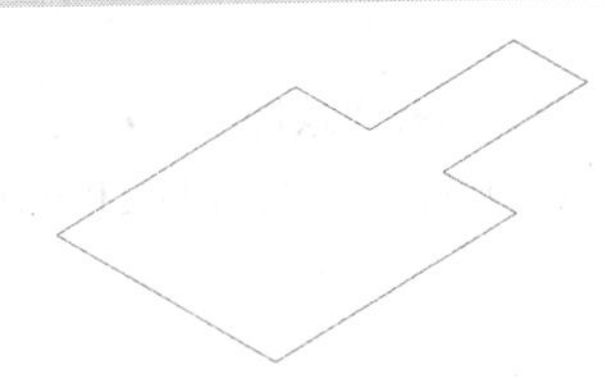

图208-2　绘制顶轴测面上的正交线

03 按F5键切换为*yoz*模式，执行“绘图>直线”命令，绘制左轴测面上的正交线，如图208-3所示。绘制过程中命令行提示和操作内容如下：

```
命令： <等轴测平面 左视>
命令： _line指定第一点：   //启动直线命令，用鼠标捕捉等轴测面上的最左侧点为绘制起点
指定下一点或[放弃(U)]： 40   //向下移动鼠标，指定长度，按回车键
指定下一点或[放弃(U)]： 45   //向右下方移动鼠标，指定长度，按回车键
指定下一点或[闭合(C)/放弃(U)]：   //向上移动鼠标，捕捉顶轴测面上的顶点
指定下一点或[闭合(C)/放弃(U)]：   //按回车键结束绘制命令，结果如图208-3所示
```

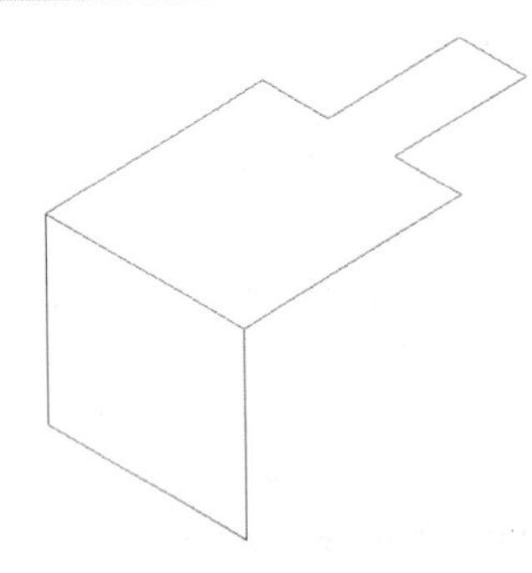

图208-3　绘制左轴测面上的正交线

04 按F5键切换到*xoz*模式。执行“绘图>直线”命令，绘制右轴测平面上的正交线，如图208-4所示。绘制过程中命令行提示和操作内容如下：

```
命令： <等轴测平面 右视>
命令： _line指定第一点：   //启动直线命令，用鼠标捕捉等轴测面上的B点作为绘制起点
指定下一点或[闭合(C)/放弃(U)]：   //向左上方移动鼠标，捕捉G点向下的延长线与其交点即为C点
指定下一点或[闭合(C)/放弃(U)]：   //向上移动鼠标，捕捉G点
指定下一点或[闭合(C)/放弃(U)]   //按回车键结束直线绘制命令
命令： _line指定第一点：   //再次启动直线绘制命令，捕捉F点为起点
指定下一点或[放弃(U)]： 40   //向下移动鼠标，输入直线长度，按回车键
指定下一点或[放弃(U)]：   //向左下方移动鼠标，捕捉直线与线段CG的交点，定为点D
指定下一点或[闭合(C)/放弃(U)]：   //按回车键结束直线绘制命令，效果如图208-4所示
```

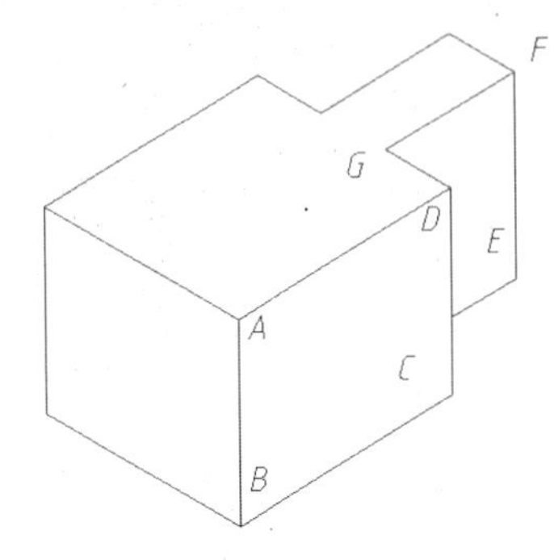

图208-4　绘制右轴测面上的正交线

05 按F5键切换至*xoy*模式，执行“绘图>直线”命令，绘制顶测面上槽的正交线，结果如图208-5所示。绘制过程中命令行提示和操作内容如下：

```
命令： <等轴测平面 右>
命令：_line指定第一点：15  //启动直线命令，用鼠标捕捉等轴测面上的A点，并沿直线AH向左上方移动鼠标，输入距离15，则确定点J为绘制起点
指定下一点或[放弃(U)]：35  //向右上方移动鼠标，输入直线长度，按回车键，确定点K
指定下一点或[放弃(U)]：15  //向左上方移动鼠标，输入直线长度，按回车键，确定点L
指定下一点或[闭合(C)/放弃(U)]：  //向左下方移动鼠标，捕捉与直线AH的交点，确定点I
指定下一点或[闭合(C)/放弃(U)]：  //按回车键结束直线绘制命令，效果如图208-5所示
```

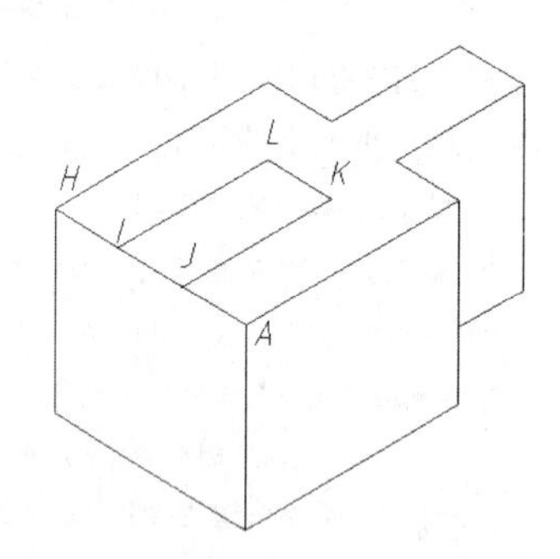

图208-5 绘制槽的正交线

06 按F5键切换至*yoz*模式。执行“绘图>直线”命令，借助对象捕捉和对象追踪功能，绘制左轴测面上槽的正交线IM、JN和LO，如图208-6所示。

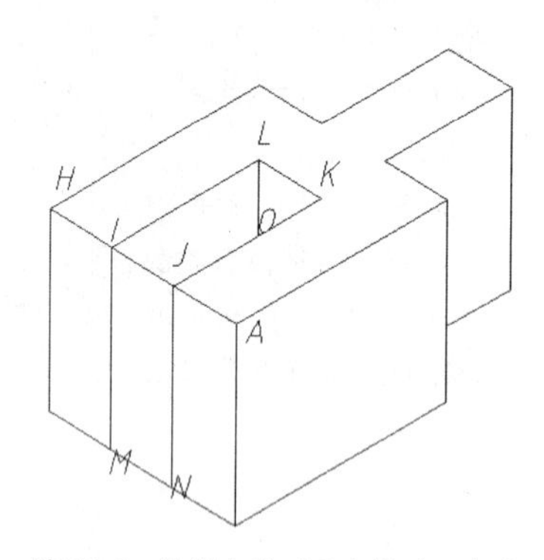

图208-6 绘制左轴测面上槽的正交线

07 按F5键切换至*xoy*模式。执行“绘图>直线”命令，借助对象捕捉和对象追踪功能，绘制底面上槽的正交线MP，如图208-7所示。

08 执行“修改>修剪”命令，修剪掉槽的多余线条，效果如图208-8所示。

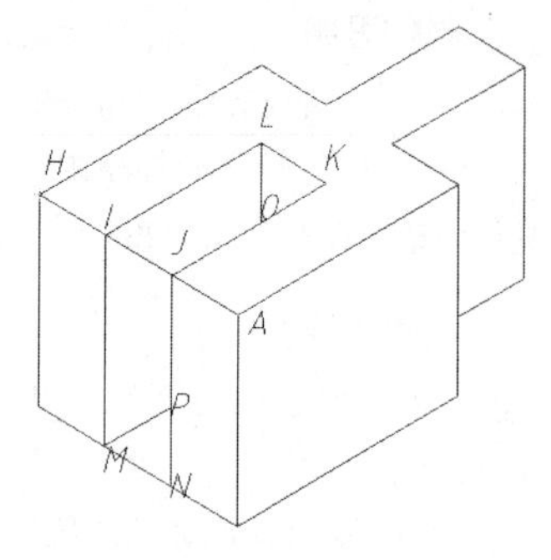

图208-7 绘制底面上槽的正交线

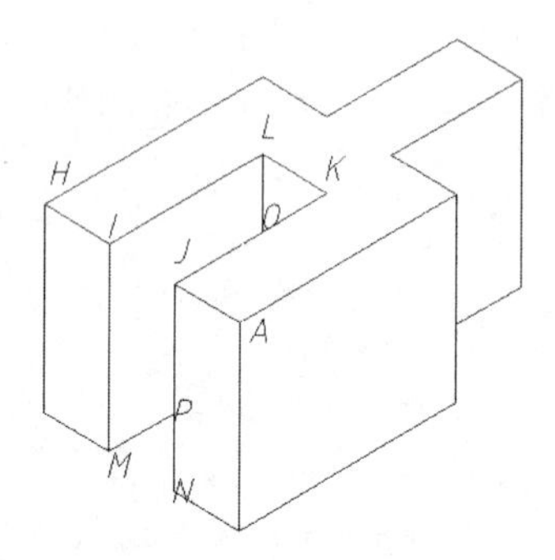

图208-8 修剪槽的多余线条

09 按F8键关闭正交模式。执行“绘图>直线”命令，绘制斜角的倾斜线，如图208-9所示。

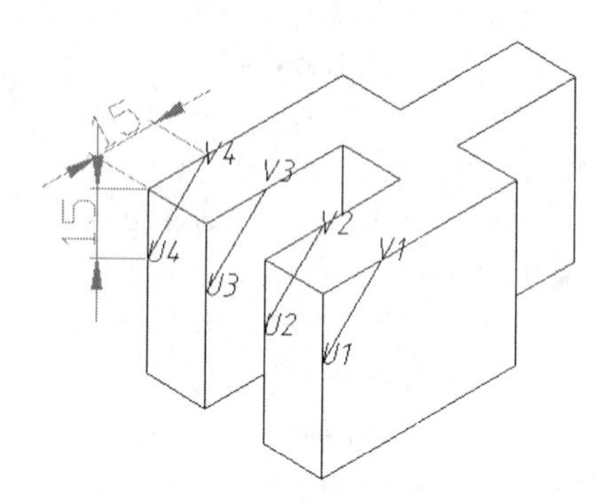

图208-9 绘制斜角的倾斜线

10 执行“绘图>直线”命令，绘制斜角的正交线，即连接U1U2、U3U4、V1V2和V3V4，如图208-10所示。

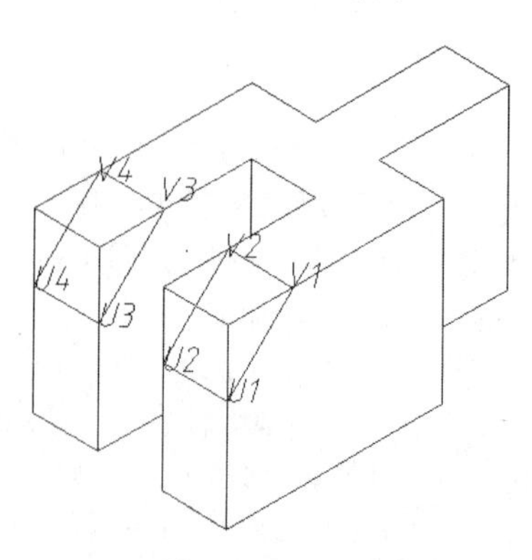

图208-10 绘制斜角的正交线

11 执行“修改>修剪”命令，修剪斜角，删除多余线条，即可得到平面立体的正等轴测图，如图208-1所示。

12 执行“保存”命令，保存文件。

技巧与提示

在本例中利用各种二维绘图工具，绘制得到了平面立体的正等轴测图。

练习208　绘制零件轴测图

实战位置	DVD>练习文件>第8章>练习208.dwg
难易指数	★★★☆☆
技术掌握	巩固平面立体正等轴测图的规定画法

操作指南

参照“实战208”案例进行操作。

按照如图208-11所示的尺寸要求，在等轴测捕捉模式下，使用直线工具绘制如图208-12所示的正等轴测图。

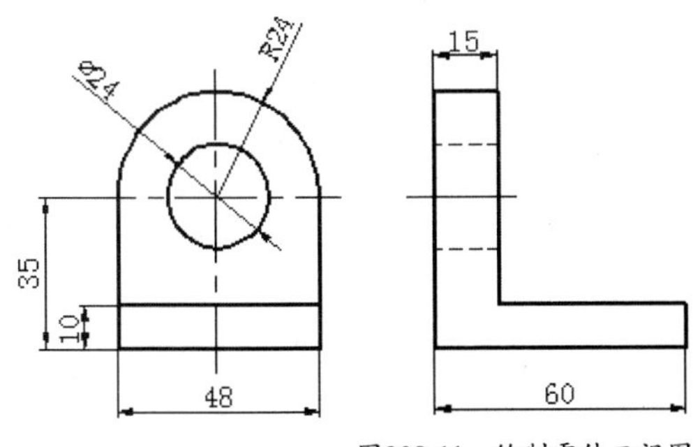

图208-11　绘制零件二视图

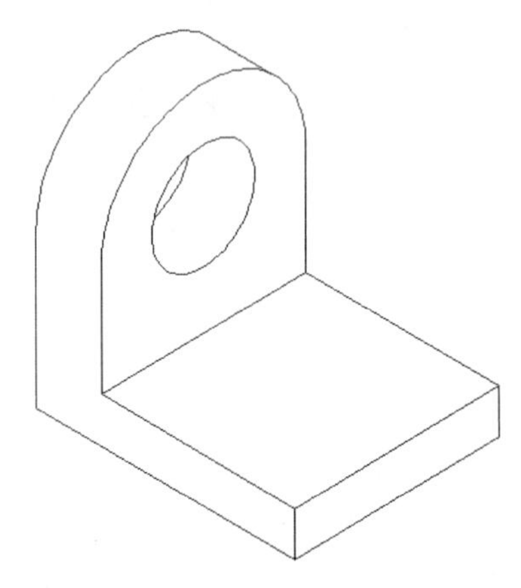

图208-12　零件轴测图

实战209　绘制曲面立体的正等轴测图

原始文件位置	DVD>原始文件>第8章>实战209原始文件
实战位置	DVD>实战文件>第8章>实战209.dwg
视频位置	DVD>多媒体教学>第8章>实战209.avi
难易指数	★★★☆☆
技术掌握	掌握曲面立体正等轴测图的规定画法

实战介绍

在本例中介绍绘制曲面立体的正等轴测图的方法。曲面立体是由回转表面和平面或完全由回转表面构成的立体。其特点是在立体的表面上，至少有一个圆，而圆的轴测投影为椭圆。因此，绘制曲面立体的关键是绘制圆的轴测投影椭圆。案例效果如图209-1所示。

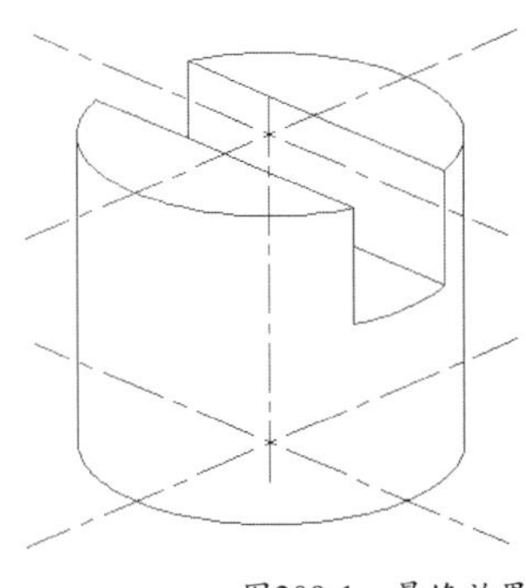

图209-1　最终效果

制作思路

- 打开实战文件，删除内部图形。
- 开启等轴测捕捉模式，在适当位置绘制圆，并绘制直线，进行修改，即得到如图209-1所示的图形。

制作流程

01 执行“文件>打开”菜单命令，系统弹出“选择文件”对话框。打开“实战209原始文件.dwg”图形文件。

02 按F5键切换至xoy模式。执行“绘图>椭圆”命令，选择“轴、端点”命令，绘制顶轴侧面上的椭圆，如图209-2所示。命令行提示和操作内容如下：

```
命令: _ellipse(执行椭圆命令)
指定椭圆轴的端点或[圆弧(A)/中心点(C)/等轴测圆(I)]: i  //选择等轴测圆(I)选项
指定等轴测圆的圆心: _mid于  //在适当位置指定圆心为辅助线的中点
指定等轴测圆的半径或[直径(D)]: 30  //指定椭圆半径
```

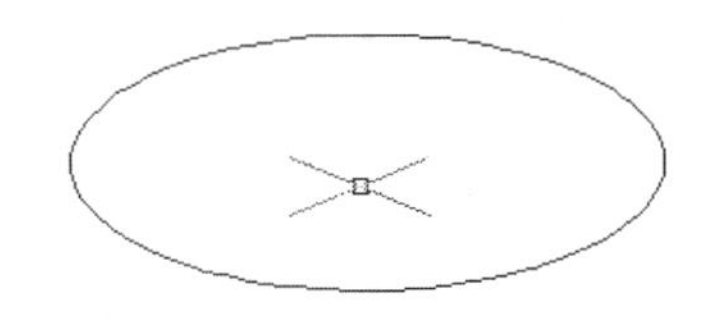

图209-2　绘制顶轴测面上的椭圆

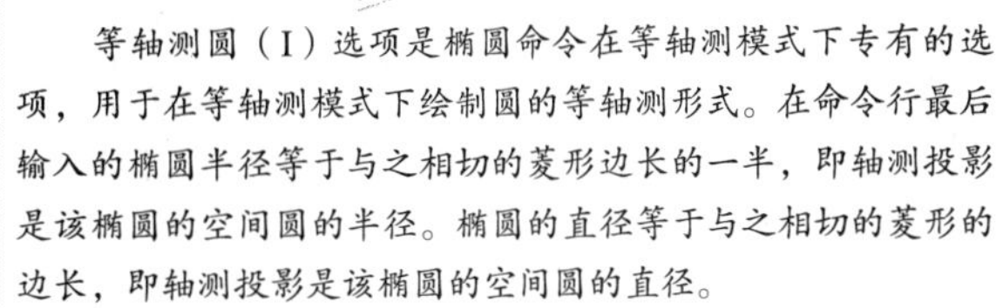

技巧与提示

等轴测圆（I）选项是椭圆命令在等轴测模式下专有的选项，用于在等轴测模式下绘制圆的等轴测形式。在命令行最后输入的椭圆半径等于与之相切的菱形边长的一半，即轴测投影是该椭圆的空间圆的半径。椭圆的直径等于与之相切的菱形的边长，即轴测投影是该椭圆的空间圆的直径。

03 按快捷键Ctrl+E，切换至xoy模式。执行“修改>复制”命令，使用多重复制模式，沿z轴方向复制椭圆，距离分别为30和80，如图209-3所示。

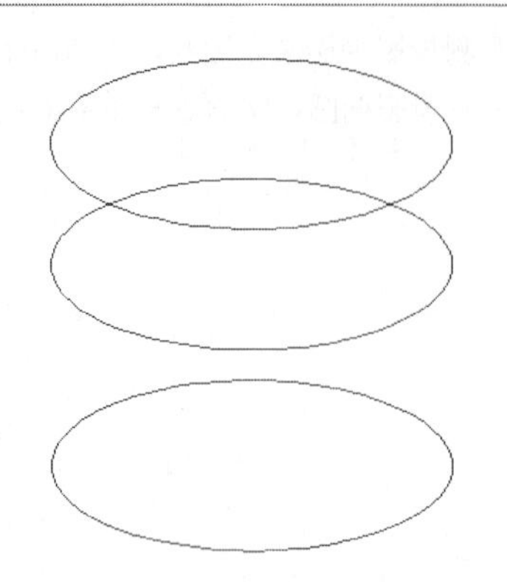

图209-3　复制椭圆

04 按F3、F8、F11键启动对象捕捉、正交、对象追踪模式。按快捷键Ctrl+E，切换至*yoz*模式。选择直线工具，在左轴测面上使用象限点捕捉，将三个圆连接起来，并使用直线工具绘制槽的正交线，如图209-5所示。绘制键槽时命令行提示和操作内容如下：

命令：_line指定第一点：10　//将光标移动到最上面的椭圆的圆心处，捕捉到圆心后，向右上方移动光标，出现30°角追踪线，如图209-4所示，指定追踪距离为10，得到点A

指定下一点或[放弃(U)]：　//向右下方移动光标，在椭圆外确定位置

指定下一点或[放弃(U)　//按回车键，结束直线命令至此得到直线AB，再使用同样方法绘制直线CD，如图209-5所示。

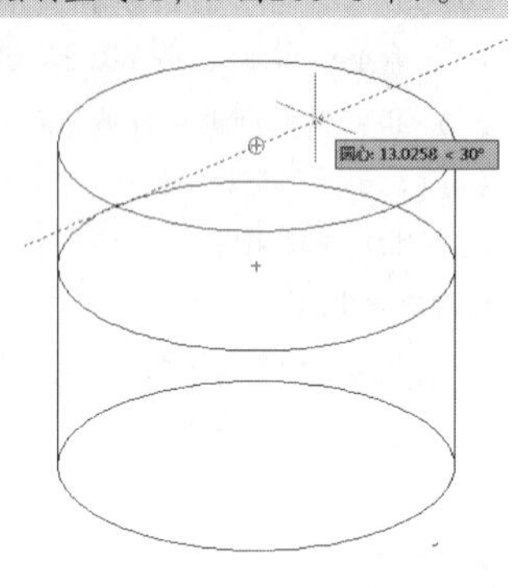

图209-4　捕捉A点

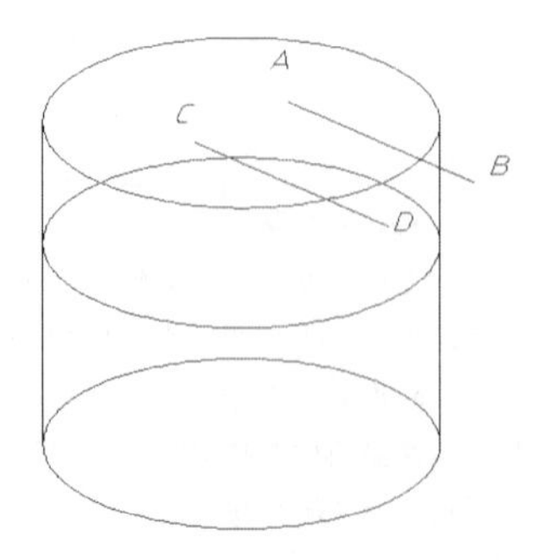

图209-5　绘制槽的正交线

05 选择直线AB，将光标停留在点A上，当拾取框变为绿色时，点击鼠标左键，拾取框变为红色，按住鼠标不放，沿BA方向拖动，则直线段被拉伸，得到直线EB，同样方法得到直线FD，如图209-6所示。

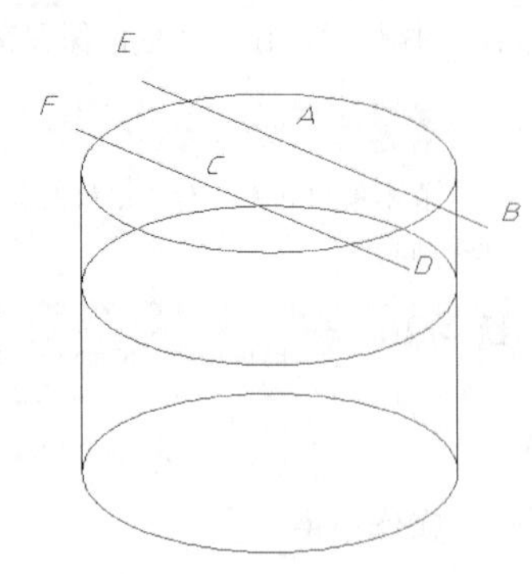

图209-6　拉伸得到EB和FD

06 执行“绘图>直线”命令，绘制槽的其余正交线，如图209-7所示。

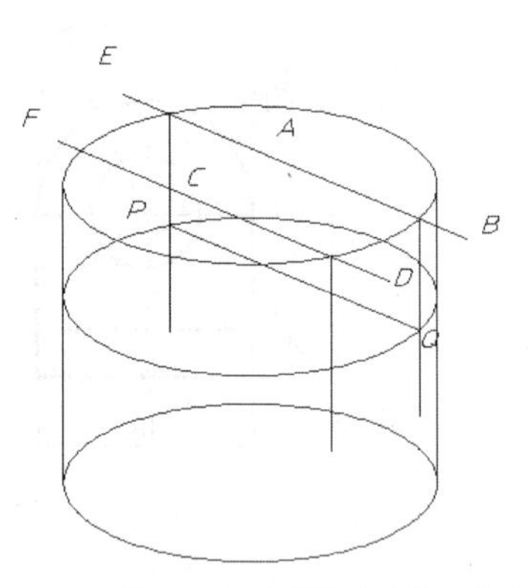

图209-7　绘制槽的其余正交线

07 执行“修改>修剪”命令，将多余线条修剪掉，如图209-8所示。

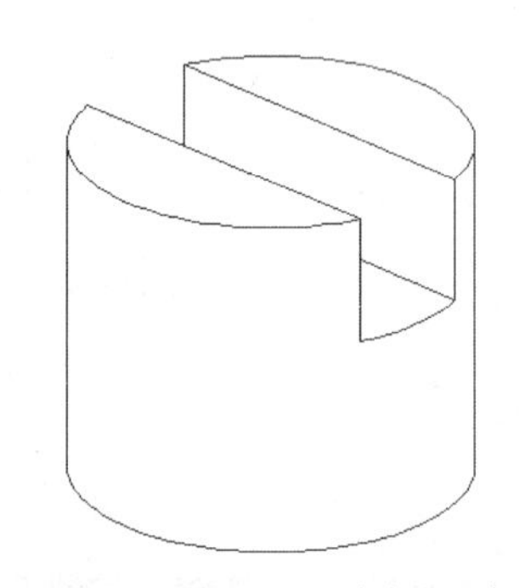

图209-8　修剪多余线条

08 将“点画线”层置为当前层。选择直线工具，借助对象捕捉和对象追踪功能和正交模式，绘制轴测图的点画线，如图209-1所示。

09 执行“保存”命令，保存文件。

在本例中通过绘制如图209-1所示的曲面立体的正等轴测图，介绍了绘制曲面的轴测图的方法。

练习209 绘制轴测图

实战位置	DVD>练习文件>第8章>练习209.dwg
难易指数	★★★☆☆
技术掌握	巩固曲面立体正等轴测图的规定画法

操作指南

参照“实战209”案例进行操作。

新建文件，在等轴测模式下，使用基本绘图工具，绘制如图209-9所示的图形。

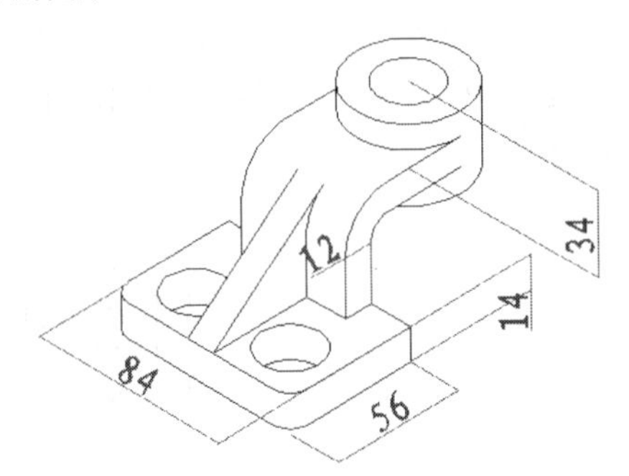

图209-9 绘制轴测图

实战210 绘制组合体的正等轴测图

原始文件位置	DVD>原始文件>第8章>实战210原始文件
实战位置	DVD>实战文件>第8章>实战210.dwg
视频位置	DVD>多媒体教学>第8章>实战210.avi
难易指数	★★★☆☆
技术掌握	掌握曲面立体正等轴测图的规定画法

实战介绍

在本例中将绘制简单组合体的正等轴测图。组合体是由多个基本形体结合在一起的立体，基本形体的结合方式包括堆积、切割和穿孔。掌握了绘制平面立体和曲面立体正等轴测图的方法，就可以很轻松地绘制组合体的正等轴测图。案例效果如图210-1所示。

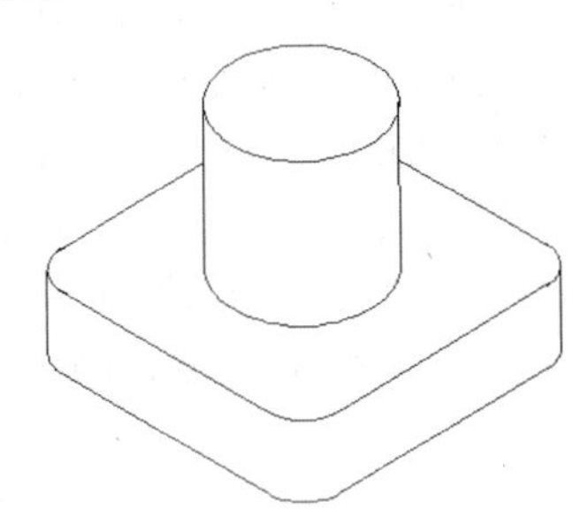

图210-1 最终效果

制作思路

• 打开文件，删除内部图形。

• 开启等轴测模式，使用直线和等轴测圆工具，在绘图区域做出如图210-1所示的图形。

制作流程

01 执行“文件>打开”菜单命令，系统弹出“选择文件”对话框。打开“实战210原始文件.dwg”图形文件。

02 按F5键将视图切换到左等轴测平面。执行“绘图>直线”命令，绘制左视图中的矩形框，如图210-2所示。

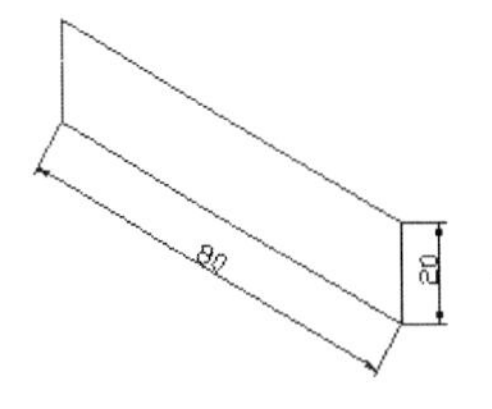

图210-2 绘制左等轴测平面的矩形框

03 按F5键切换视图，完成右等轴测平面和上等轴测平面，执行“绘图>直线”命令，绘制矩形框，即完成了长方体的二维等轴测投影图，结果如图210-3所示。

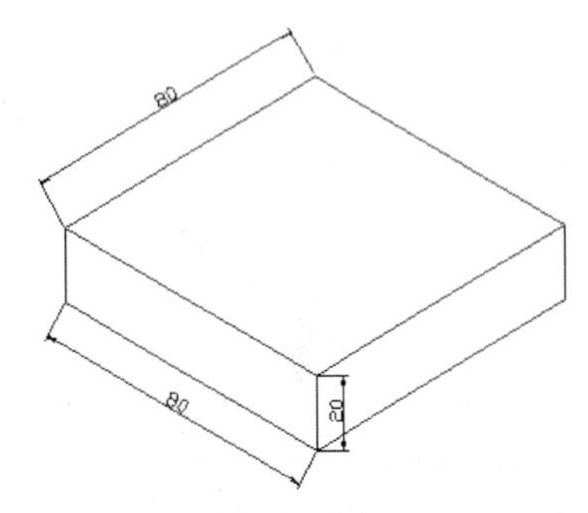

图210-3 绘制长方体的等轴测投影图

04 按F5键切换到上等轴测平面，利用对象捕捉功能，执行“绘图>直线”命令，连接上平面的左右角点，如图210-4所示。这条线是为确定圆柱底面中心点而作的辅助线。

05 执行“绘图>椭圆”命令，绘制圆的轴测投影图。命令行提示和操作内容如下：

```
命令: _ellipse
指定椭圆轴的端点或[圆弧(A)/中心点(C)/等轴测圆(I)]: i  //选择等轴测圆Isocircle选项
指定等轴测圆的圆心: _mid于  //利用中点捕捉功能，指定圆心为辅助线的中点
指定等轴测圆的半径或[直径(D)]: 20
```

06 执行“修改>复制”命令，将绘制的椭圆向z轴正方向复制，距离为40。执行“绘图>直线”命令，利用象限点捕捉功能将两个圆用直线连接起来，这样就完成了圆柱体的二维等轴测投影图，如图210-4所示。

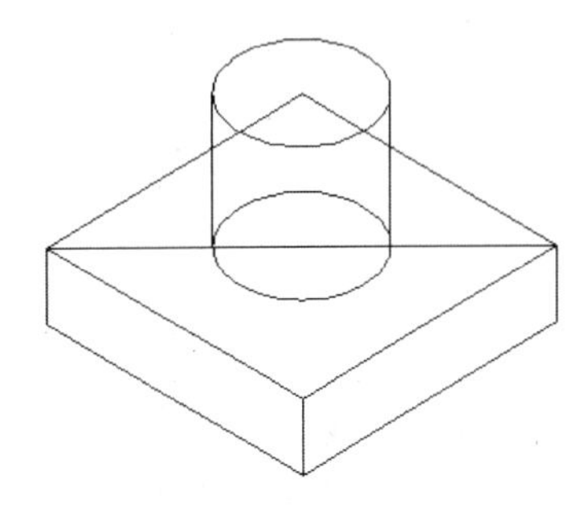

图210-4 绘制圆柱体的等轴测投影图

07 为了更好地表现三维效果，使用修改和删除工具，把辅助线和物体背面的线去掉，此时得到如图210-5所示的图形。

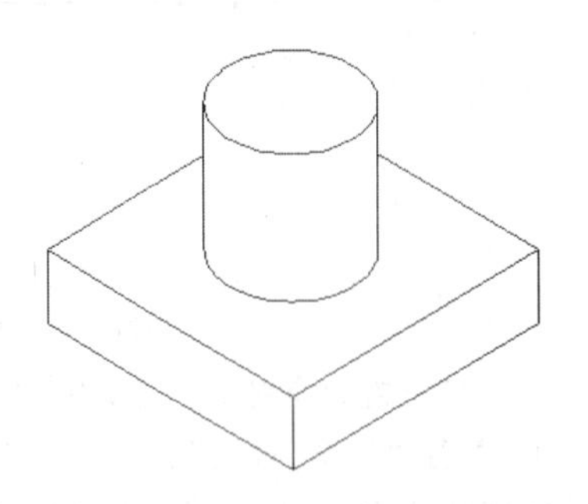

图210-5 修剪多余线条

08 按F5键切换到上等轴测平面，执行“绘图>椭圆”命令，并进行如下操作绘制圆弧。将绘制好的圆弧移动到适当位置，如图210-6所示。

```
命令: _ellipse
指定椭圆轴的端点或[圆弧(A)/中心点(C)/等轴测圆(I)]: a  //选择圆弧选项
指定椭圆弧的轴端点或[中心点(C)/等轴测圆(I)]: i  //选择等轴测圆Isocircle选项
指定等轴测圆的圆心:  //指定圆心
指定等轴测圆的半径或[直径(D)]: 10
指定起始角度或[参数(P)]: 150
指定终止角度或[参数(P)/包含角度(I)]: -150
```

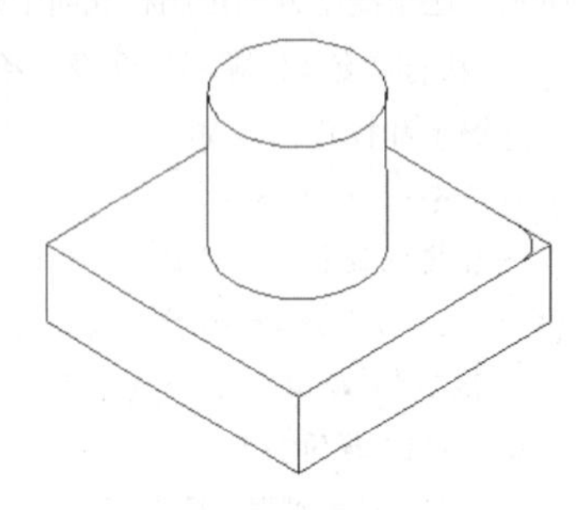

图210-6 绘制圆弧

09 执行“修改>复制”命令，把圆弧向z轴负方向复制，距离为20，执行“绘图>直线”命令，并使用四分圆点捕捉，将两个圆弧用直线连接。执行“修改>修剪”命令，修剪多余线条后即绘制完成了第一个圆角，如图210-7所示。

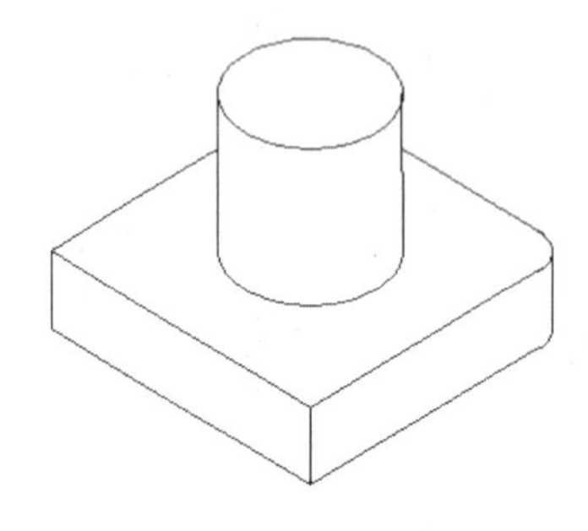

图210-7 绘制长方体的第一个圆角

10 使用类似方法绘制其余圆角，结果如图210-1所示。

11 执行“保存”命令，保存文件。

练习210 绘制连接板轴测图

实战位置	DVD>练习文件>第8章>练习210.dwg
难易指数	★★★☆☆
技术掌握	巩固曲面立体正等轴测图的规定画法

操作指南

参照“实战210”案例进行操作。

新建文件，在等轴测模式下，使用基本绘图工具如直线、等轴测圆等，按照尺寸要求绘制如图210-8所示的图形。

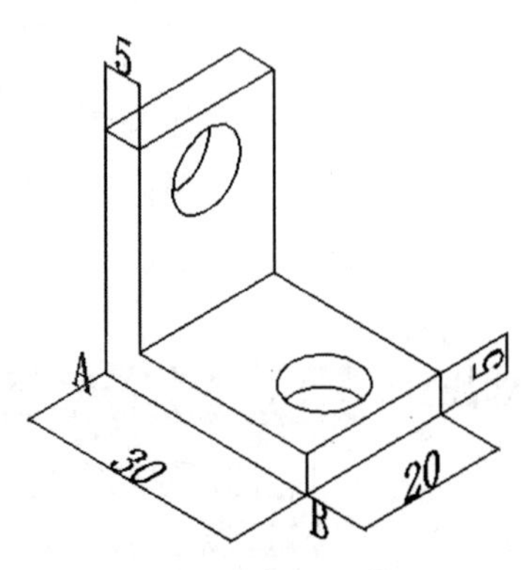

图210-8 绘制连接板轴测图

实战211 正等轴测图的尺寸标注

原始文件位置	DVD>原始文件>第8章>实战211原始文件
实战位置	DVD>实战文件>第8章>实战211.dwg
视频位置	DVD>多媒体教学>第8章>实战211.avi
难易指数	★★★☆☆
技术掌握	掌握正等轴测图尺寸标注的方法

实战介绍

不同于平面图中尺寸标注，轴测图的尺寸标注要求和所在的等轴测平面平行，所以需要将尺寸线和尺寸界限倾斜一定的角度，以使其与相应的轴测轴平行。因此可以首先使用尺寸标注的对图形进行标注，然后再利用编辑标注命令，对标注进行修改即可。本例将介绍轴测图的尺寸标注方法。案例效果如图211-1所示。

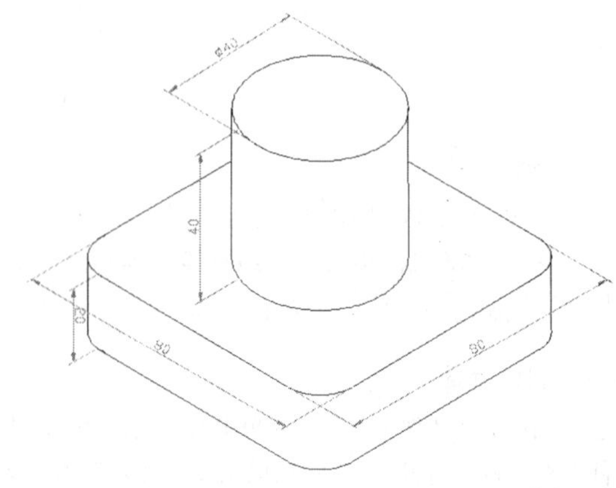

图211-1 最终效果

制作思路

• 打开文件，利用对齐标注和倾斜命令，对图形进行标注，得到如图211-1所示的图形。

制作流程

01 执行“文件>打开”菜单命令，系统弹出“选择文件”对话框。打开“实战210原始文件.dwg”图形文件，如图211-2所示。

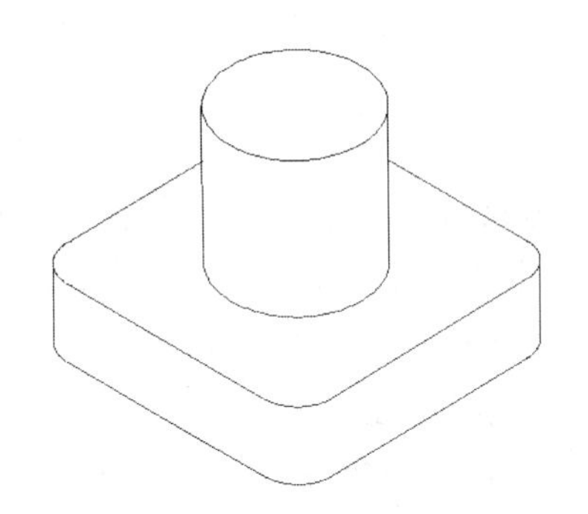

图211-2　原始图形

02 将“标注”层置为当前层。执行“注释>对齐标注”命令，对组合体的线性尺寸进行标注，如图211-3所示。

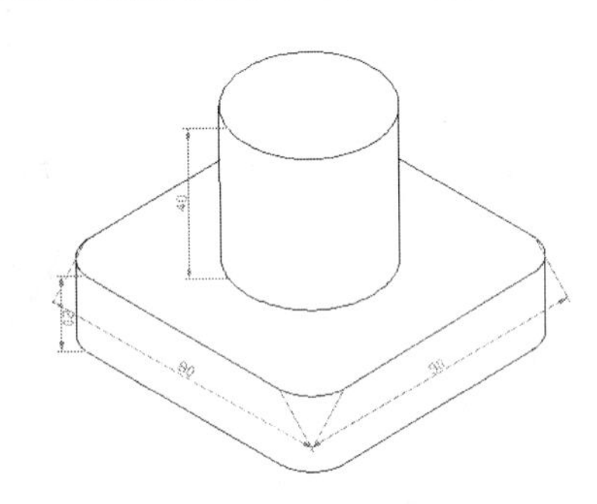

图211-3　初步标注线性标注

03 执行“标注>倾斜”命令，将长方体长度标注80的尺寸标注方向进行倾斜，如图211-4所示。编辑过程中命令行提示和操作内容如下：

```
命令：_DIMEDIT
选择对象：
输入倾斜角度 (按Enter键表示无)：150
```

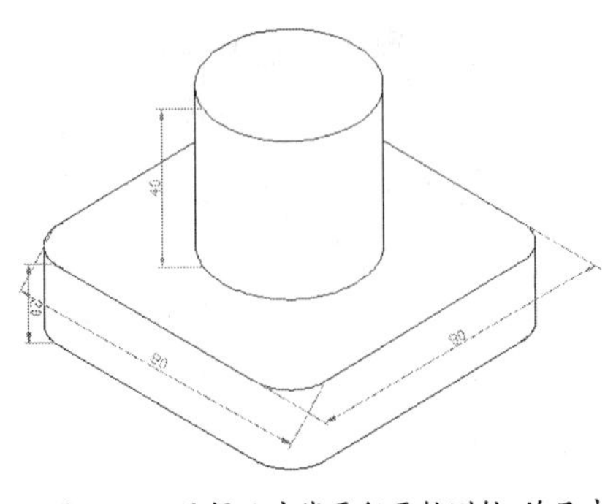

图211-4　编辑尺寸线平行于轴测轴x的尺寸

04 执行“标注>倾斜”命令，将长方体长度标注80的尺寸标注方向进行倾斜，如图211-5所示。编辑过程中命令行提示和操作内容如下：

```
命令：_DIMEDIT
选择对象：找到1个
选择对象：
输入倾斜角度 (按 【ENTER】 表示无)：30
```

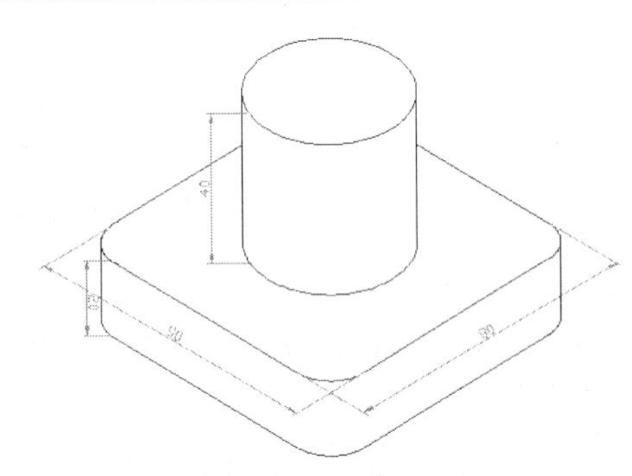

图211-5　编辑尺寸线平行于轴测轴y的尺寸

05 执行“标注>倾斜”命令，将高度标注40、20的尺寸标注方向进行倾斜，如图211-6所示。编辑过程中命令行提示和操作内容如下：

```
命令：_DIMEDIT
选择对象：找到1个
选择对象：找到1个，总计2个
选择对象：
输入倾斜角度 (按 【ENTER】 表示无)：210
```

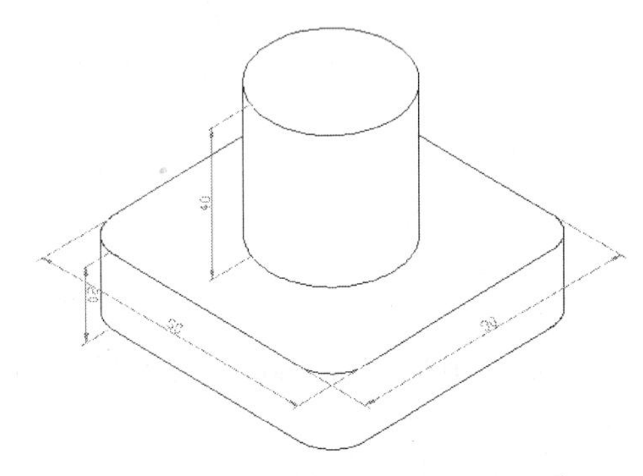

图211-6　编辑尺寸线平行于轴测轴z的尺寸

06 执行“注释>对齐标注”命令，对圆柱的上表面圆进行标注，如图211-7所示。命令行提示如下：

```
命令：_dimaligned  //执行对齐标注命令
指定第一条尺寸界线原点或 <选择对象>：  //捕捉椭圆边一点
指定第二条尺寸界线原点：  //捕捉椭圆另一边点
指定尺寸线位置或[多行文字(M)/文字(T)/角度(A)]：M  //输入M，选择多行文本选项，修改标注文字
指定尺寸线位置或[多行文字(M)/文字(T)/角度(A)]：  //移动光标，在适当位置进行标注
```

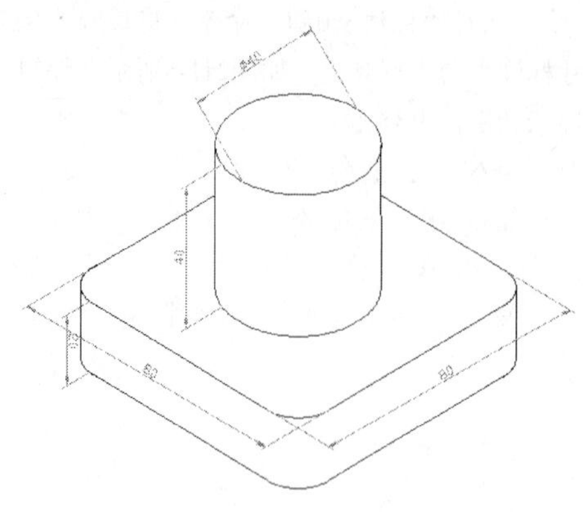

图211-7　利用对齐标注命令标注直径尺寸

07 执行“标注>倾斜”命令，将直径标注40的尺寸标注方向进行倾斜，如图211-8所示。编辑过程中命令行提示和操作内容如下：

```
命令: _DIMEDIT
选择对象: 找到1个
选择对象:
输入倾斜角度 (按 【ENTER】 表示无): 150
```

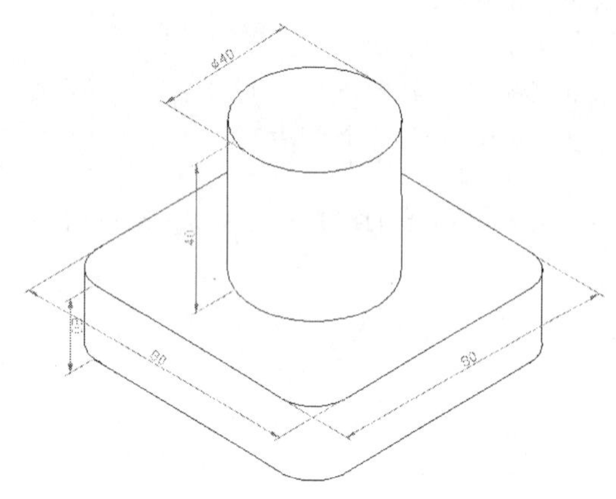

图211-8　直径标注

08 执行“另存为”菜单命令，将文件另存为“实战211.dwg”。

在本例中通过介绍标注组合体的尺寸，介绍了标注正等轴测图的尺寸标注的方法。

练习211　零件轴测图的尺寸标注

练习位置　DVD>实战文件>第8章>练习211.dwg
难易指数　★★★☆☆
技术掌握　巩固正等轴测图尺寸标注的方法

操作指南

参照“实战211”案例进行制作。

对文件“练习208”中的图形进行标注，如图211-9所示。

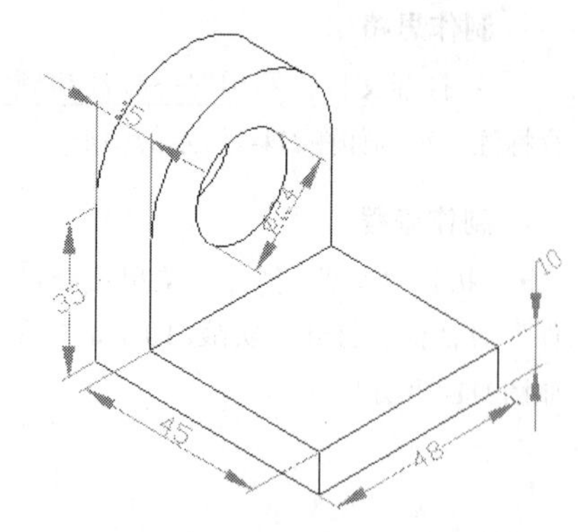

图211-9　标注零件轴测图

实战212　绘制端盖的斜二等轴测图

实战位置　DVD>实战文件>第8章>实战212.dwg
视频位置　DVD>多媒体教学>第8章>实战212.avi
难易指数　★★★☆☆
技术掌握　掌握绘制斜二等轴测图的方法

实战介绍

在生产实践中，使用最多的是正等轴测图和斜二等轴测图。本例中将介绍绘制斜二等轴测图的方法。案例效果如图212-1所示。

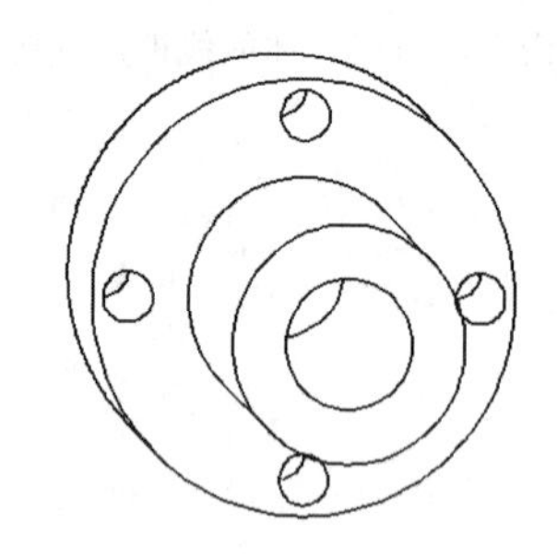

图212-1　最终效果

制作思路

• 根据源文件，在等轴测模式下，按尺寸要求使用直线、圆等基本绘图工具绘制如图212-1所示的图形。

制作流程

01 执行“文件>打开”菜单命令，系统弹出“选择文件”对话框。选择“实战212.dwg”图形文件，打开已有图形，如图212-2所示。

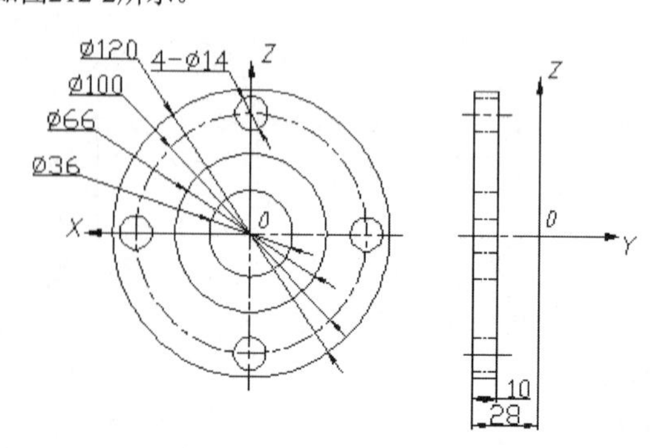

图212-2　原始图形

技巧与提示

斜二等轴测图简称斜二测，其轴间角为：$\angle xoz=90°$，$\angle xoy=\angle yoz=135°$。作图时一般使z轴处于竖直位置，x处于水平位置，y轴与水平方向的夹角为45°，如图212-3所示；轴向伸缩系数为：$p_1=r_1=1$，$q_1=1/2$。由于斜二测中x轴和z轴均没有发生改变，因此，物体上平行于xoz坐标面的圆时，绘制斜二测最简单。本例中端盖由底座和圆柱筒两部分组成，可以依次绘制它们的斜二等轴测图，而且该端盖上所有圆均平行于xoz坐标面，因此，其斜二测反映真形，即仍为圆。

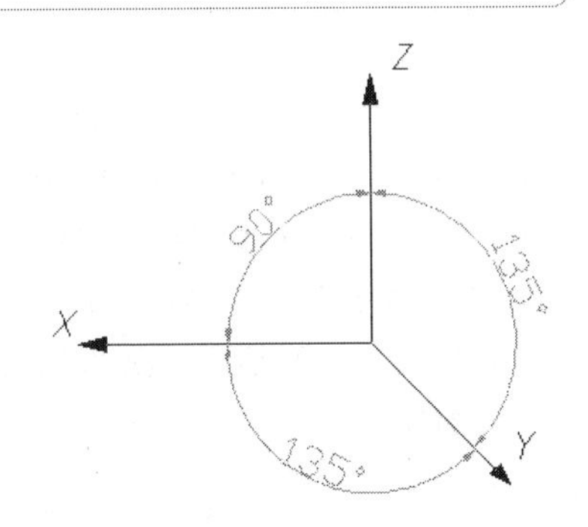

图212-3 斜二等轴测图的轴测轴及轴间角

02 执行"文件>新建"命令，新建一个图形文件。

03 执行"布局>页面设置"菜单命令，设置图形界限为420mm×297mm，即A3图幅。执行"图层>图层特性"命令，创建图层，如图212-4所示。

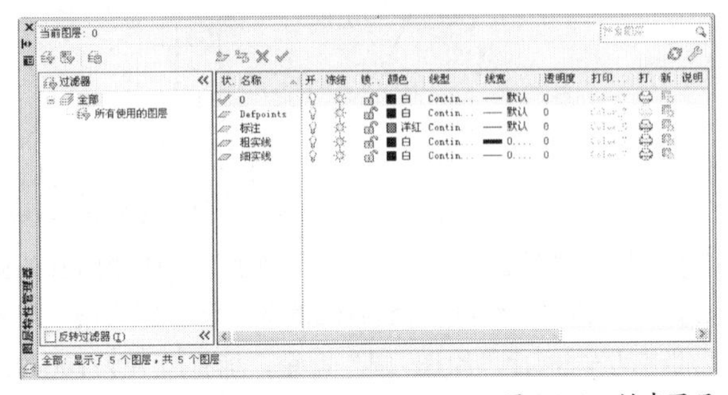

图212-4 创建图层

04 选择"捕捉和栅格"选项卡，在"捕捉类型"选项栏中勾选"等轴测捕捉"，将绘图环境设置为轴测模式。

05 将"细实线"层置为当前层，执行"绘图>构造线"命令，建立坐标系，如图212-5所示。绘制过程中命令行提示和操作内容如下：

```
命令：_xline
指定点或[水平(H)/垂直(V)/角度(A)/二等分(B)/偏移(O)]：h//输入水平选项
指定通过点：//在适当点绘制水平构造线，表示轴测轴的X轴
指定通过点：*取消*//按回车键结束命令
命令：_xline//按回车键重新启动构造线命令
指定点或[水平(H)/垂直(V)/角度(A)/二等分(B)/偏移(O)]：v//输入垂直选项
指定通过点：//在适当位置绘制垂直构造线，表示轴测轴的y轴
指定通过点：*取消*//按回车键结束命令
命令：_xline//按回车键再次启动构造线命令
指定点或[水平(H)/垂直(V)/角度(A)/二等分(B)/偏移(O)]：<对象捕捉 开>//利用对象捕捉功能，捕捉x轴和z轴的交点，为轴测轴y轴的一个通过点
指定通过点：@100<-45//指定第二个通过点的相对极坐标
指定通过点：*取消*//按回车键结束命令
```

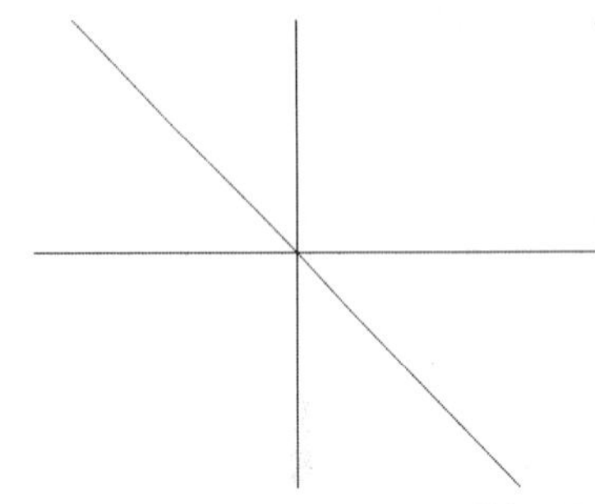

图212-5 绘制轴测轴

06 将"粗实线"层置为当前层。执行"绘图>圆"命令，绘制圆柱筒上部轮廓线，如图212-6所示。

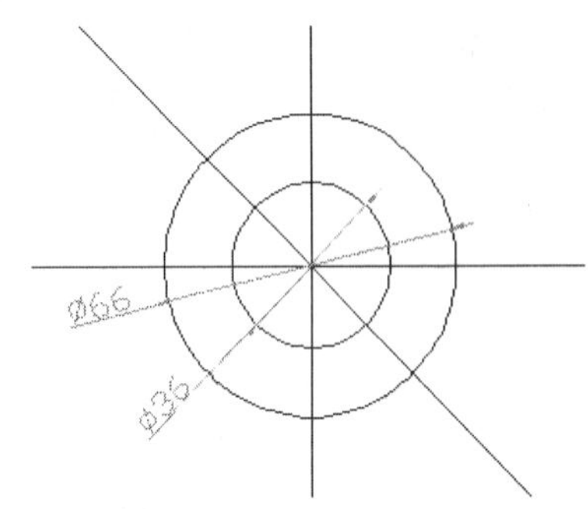

图212-6 绘制同心圆

07 执行"修改>复制"命令，将圆形轮廓线复制到圆柱筒下部，如图212-7所示。复制过程中命令行提示和操作内容如下：

```
命令：_copy
选择对象：找到1个//选择直径为66的圆
选择对象：//按回车键结束选择
当前设置：  复制模式 = 多个
指定基点或[位移(D)/模式(O)] <位移>://指定轴测轴交点为基点
指定第二个点或 <使用第一个点作为位移>：@18<135//指定第二点相对基点的相对极坐标
指定第二个点或[退出(E)/放弃(U)] <退出>：  *取消*//按回车键结束复制命令
命令：_copy//按回车键再次启动复制命令
选择对象：找到1个//选择直径为36的圆为复制源对象
```

选择对象：//按回车键结束选择

当前设置：　复制模式 = 多个

指定基点或[位移(D)/模式(O)]　<位移>：o//输入复制模式选项

输入复制模式选项[单个(S)/多个(M)]　<多个>：s//修改复制模式为单个

指定基点或[位移(D)/模式(O)/多个(M)]　<位移>://指定复制基点为轴测轴的交点

指定第二个点或　<使用第一个点作为位移>：@28<135//输入目标点相对于基点的相对极坐标，结束复制命令，结果如图212-7所示。

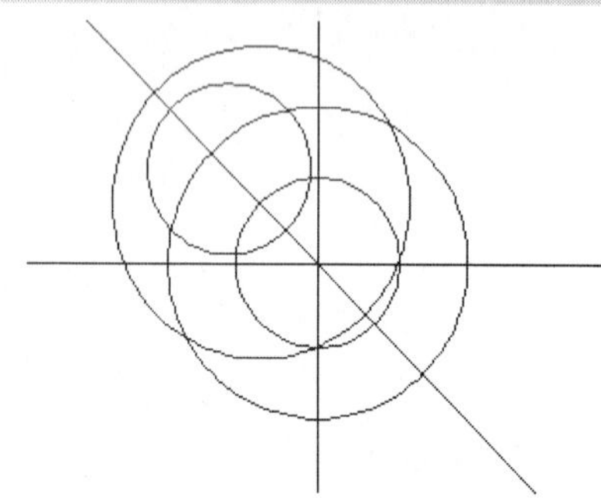

图212-7　复制圆

08 执行“修改>修剪”命令，修剪复制的小圆。结果如图212-8所示。

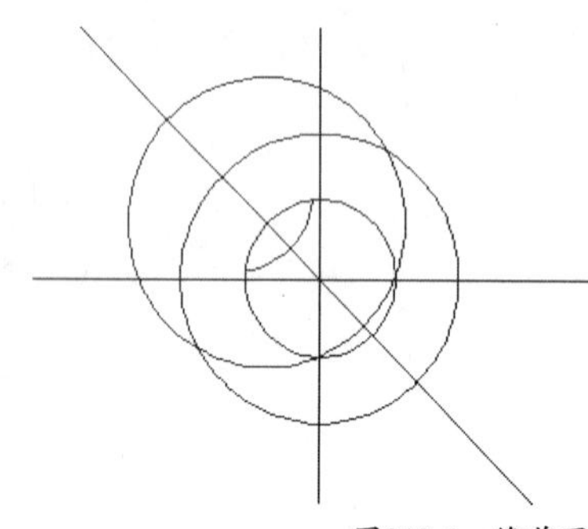

图212-8　修剪圆

09 执行“绘图>直线”命令，利用对象捕捉功能捕捉递延切点，绘制圆柱筒的切线，如图212-9所示。

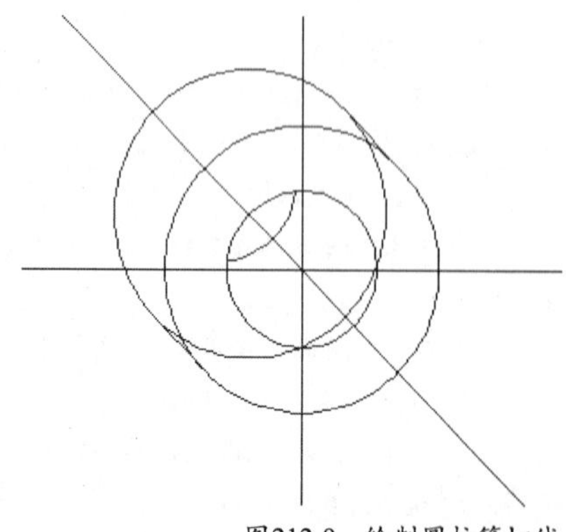

图212-9　绘制圆柱筒切线

10 执行“修改>修剪”命令，修剪复制的大圆。得到圆柱筒的斜二等轴测图，如图212-10所示。

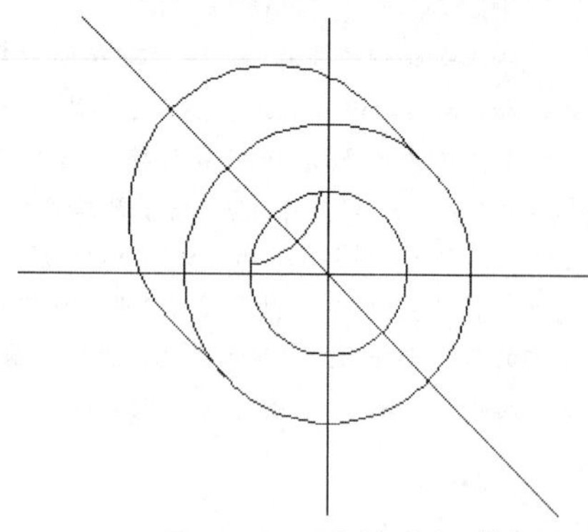

图212-10　圆柱筒的斜二等轴测图

11 执行“绘图>圆”命令，捕捉复制的直径为66的圆的圆心，作为圆心，绘制直径为120的圆。

12 将“细实线”层置为当前层。执行“绘图>构造线”命令，绘制竖直辅助线。构造线通过直径为120的圆的圆心，如图212-11所示。

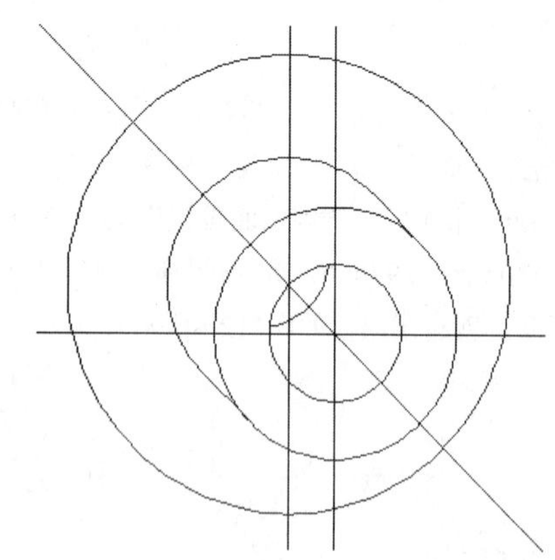

图212-11　绘制竖直辅助线

13 执行“绘图>圆”命令，捕捉直径为120的圆的圆心，作为圆心，绘制直径为100的圆。将“粗实线”层置为当前层，执行“绘图>圆”命令，捕捉直径为100的圆与辅助线的上方交点作为圆心，绘制直径为14的圆，如图212-12所示。

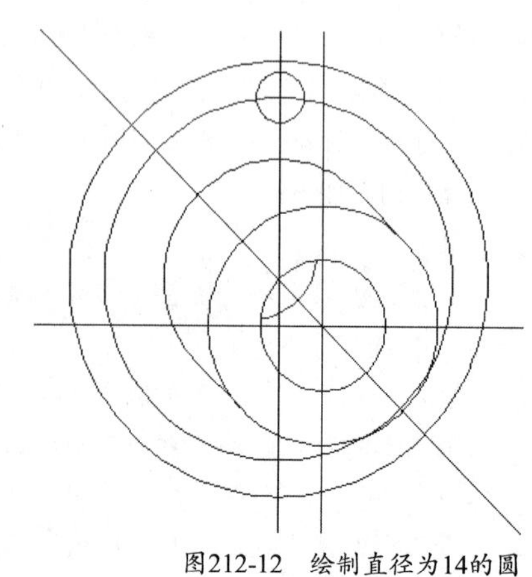

图212-12　绘制直径为14的圆

14 执行“修改>环形阵列”命令，对直径为14的圆进行阵列，阵列中心为直径为100的圆的圆心，得到4个相同的圆，如图212-13所示。

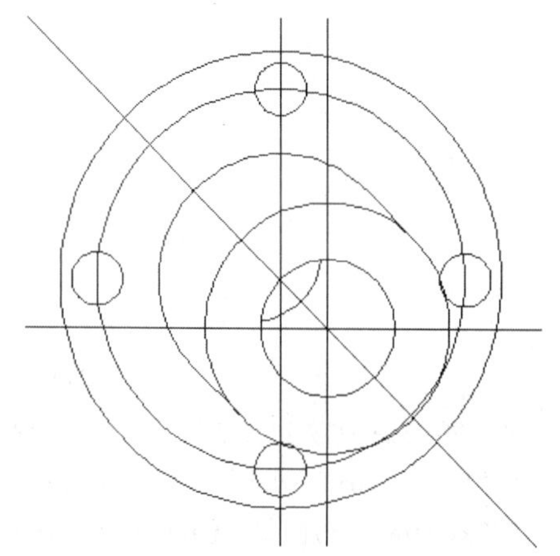

图212-13 阵列直径为14的圆

15 执行“修改>复制”命令，复制直径为120的圆和4个直径为14的圆，如图212-14所示。复制过程中命令行提示和操作内容如下：

```
命令：_copy
选择对象：找到1个，总计1个
选择对象：找到1个，总计2个
选择对象：找到1个，总计3个
选择对象：找到1个，总计4个
选择对象：找到1个，总计5个  //按住Shift键选择直径为120的圆和4个直径为14的圆
选择对象：  //按回车键结束选择
当前设置：  复制模式 = 单个
指定基点或[位移(D)/模式(O)/多个(M)] <位移>:  //捕捉直径为120的圆的圆心作为基点
指定第二个点或 <使用第一个点作为位移>: @10<135 //输入目标点相对基点的相对极坐标
```

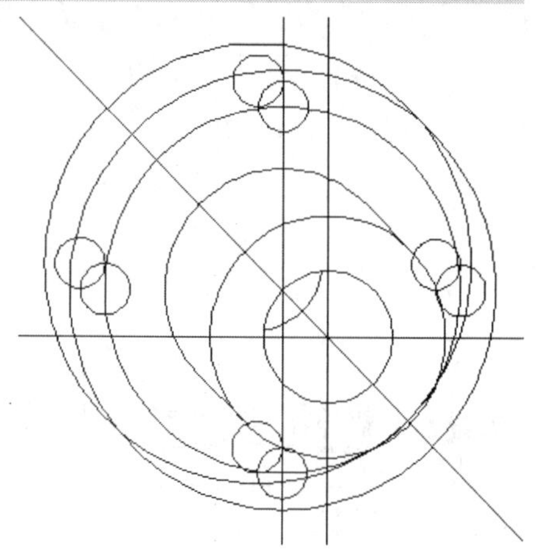

图212-14 复制圆

16 执行“绘图>直线”命令，利用对象捕捉的切线捕捉功能，绘制两个直径为120的圆的左右两个切线。切线很短，并不容易看到，可将图形放大显示。

17 执行“修改>修剪”命令，修剪底座的多余线条，并删除辅助线和轴测轴线。结果如图212-15所示。

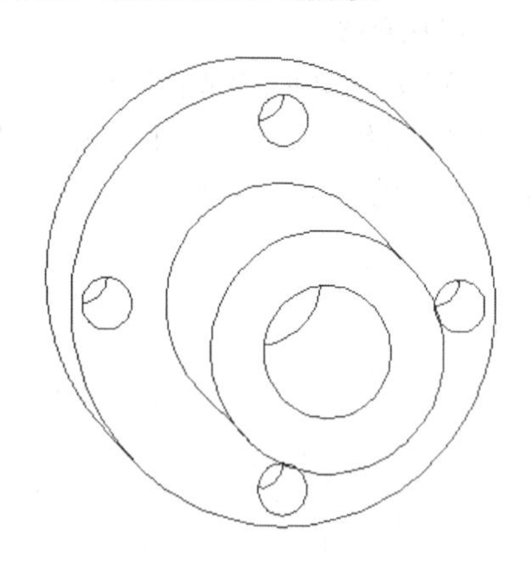

图212-15 修剪图形效果

18 执行“特性>线宽”菜单命令，在弹出的“线宽设置”对话框中，勾选“显示线宽”复选框。得到端盖的斜二等轴测图，如图212-1所示。

19 执行“另存为”命令，将图形另存为“实战212.dwg”。

在本例中通过介绍绘制端盖的斜二等轴测图，介绍了绘制斜二等轴测图的方法。

练习212 绘制等轴测图

练习位置	DVD>练习文件>第8章>练习212.dwg
难易指数	★★★☆☆
技术掌握	掌握巩固各种绘图命令

操作指南

参照“实战212”案例进行制作。

新建文件，按下图比例，利用各种绘图命令绘制如图212-16所示的图形。

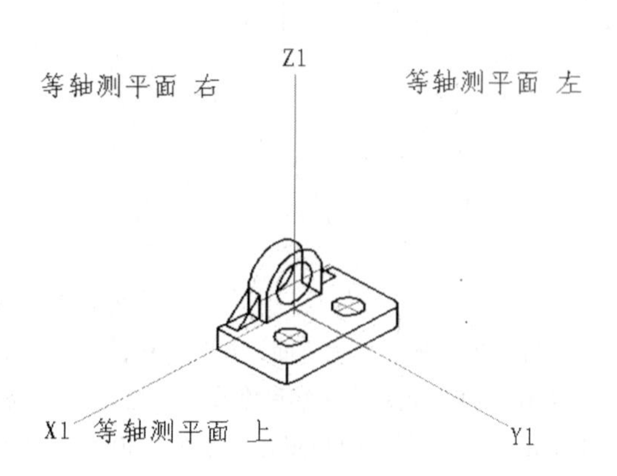

图212-16 绘制等轴测图

实战213 在等轴测投影中添加文字

原始文件位置	DVD>原始文件>第8章>实战213原始文件
实战位置	DVD>实战文件>第8章>实战213.dwg
视频位置	DVD>多媒体教学>第8章>实战213.avi
难易指数	★★★☆☆
技术掌握	掌握在等轴测投影中添加文字的方法

实战介绍

在等轴测图中不能直接生成文字的等轴测投影，本例利用旋转和倾斜来将正交视图中的文字转化成其等轴测投影。案例效果如图213-1所示。

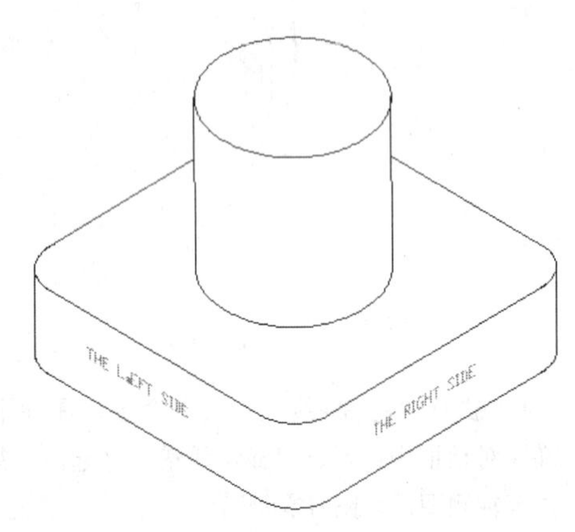

图213-1 最终效果

制作思路

• 首先打开AutoCAD 2013，然后进入操作环境，使用“旋转、倾斜”工具，作出如图213-1所示的图形。

制作流程

01 执行“文件>打开”菜单命令，系统弹出“选择文件”对话框，打开“实战213原始文件.dwg”文件，如图213-2所示。

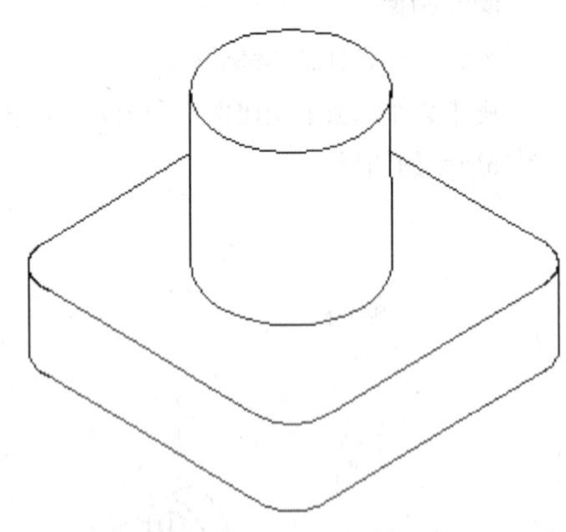

图213-2 原始图形

02 按F5键切换到左轴测面，在长方体的左侧面加上文字“THE LEFT SIDE”，然后修改多行文字属性，将旋转（Retation）与倾斜（Obliquing）均改为-30（或330）。如图213-3所示。

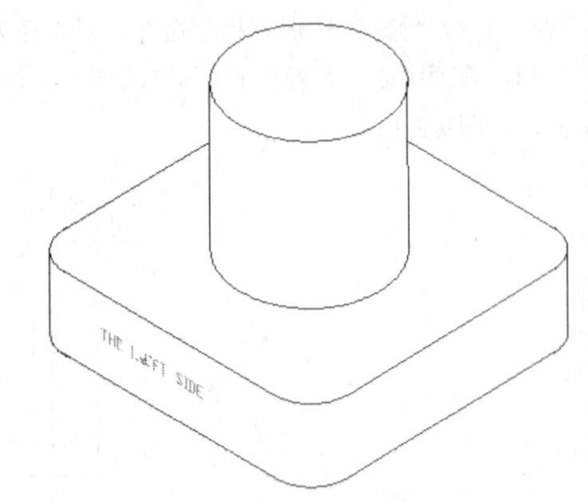

图213-3 在左视图添加文字

03 按F5键 切换到右轴测面，在长方体的右侧面加上文字“THE RIGHT SIDE”，然后修改多行文字属性，将旋转（Retation）与倾斜（Obliquing）均改为30。此时该投影图应如图213-1所示。

> **技巧与提示**
>
> 本例介绍了在等轴测图添加文字的方法。当需要绘制的文字较多时，可分别定义两种文字样式，并设置其字体的倾斜角分别为30和-30（330），用于在右轴测面和左轴测面创建文字。

练习213 在等轴测投影中添加文字

练习位置	DVD>练习文件>第8章>练习213.dwg
难易指数	★★★☆☆
技术掌握	掌握巩固各种绘图命令

操作指南

参照“实战213”案例进行制作。

打开练习208的文件，在其等轴测图的前面添加“平面立体”字样。最终效果如图213-4所示。

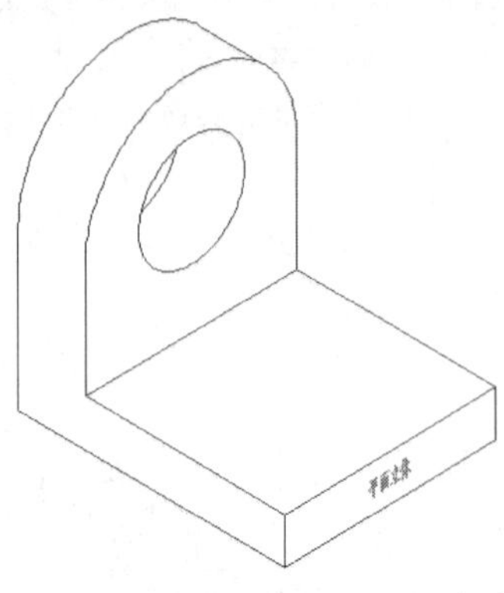

图213-4 添加“平面立体”字样

实战214 绘制垫片轴测图

实战位置	DVD>实战文件>第8章>实战214.dwg
视频位置	DVD>多媒体教学>第8章>实战214.avi
难易指数	★★★☆☆
技术掌握	掌握垫片轴测图的画法

实战介绍

垫片通常是由圆环状材料制成，用于紧固件。其他用途是作为间隔。通过垫片轴测图则能更清楚地了解垫片结构。案例效果如图214-1所示。

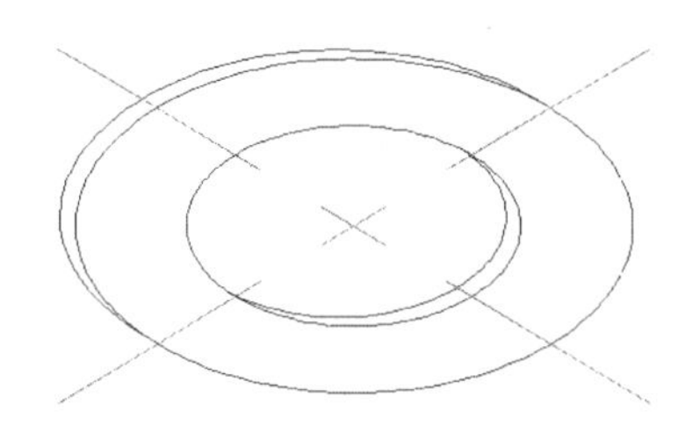

图214-1　最终效果

制作思路

• 新建文件，在等轴测模式下使用基本绘图工具绘制如图214-1所示的图形。

制作流程

01 打开AutoCAD 2013，创建一个新的AutoCAD文件，文件名默认为“Drawing1.dwg”。

02 执行“新建图层”命令，新建一个“中心线”图层，设置其“线型”为CENTER，“颜色”为红色，如图214-2所示。

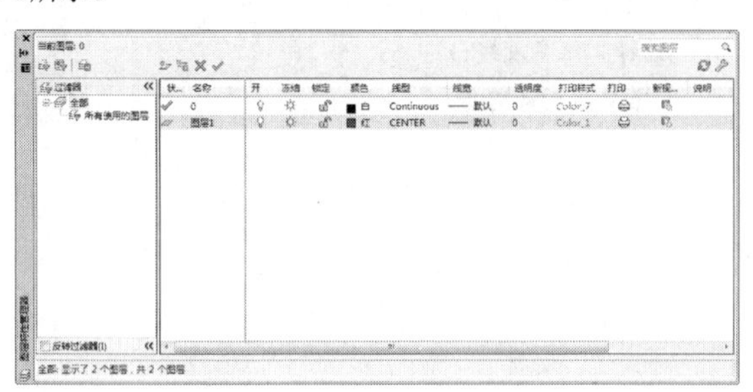

图214-2　设置“中心线”图层

03 执行“工具>绘图设置”命令，弹出“绘图设置”对话框，在“捕捉和栅格”窗口下勾选“启动捕捉”和“等轴测捕捉”，如图214-3所示。

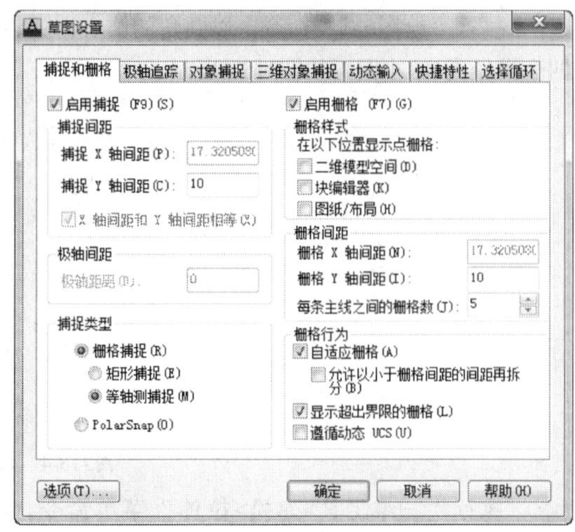

图214-3　启动捕捉和等轴测捕捉

04 按F8键启动“正交模式”，按F5键切换到上轴测面。执行“绘图>直线”命令，绘制两条垂直的中心线，效果如图214-4所示。

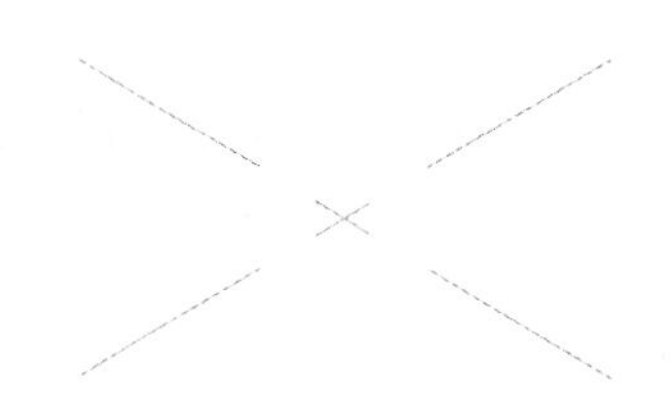

图214-4　启动捕捉和等轴测捕捉

05 执行“绘图>椭圆”命令，选择“轴、端点”，命令行输入“I”，以中心线交点为圆心，绘制半径分别为12和20的等轴测圆，效果如图214-5所示。

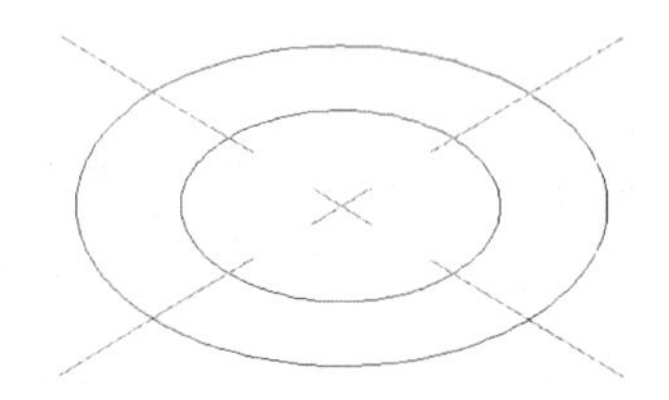

图214-5　绘制等轴测圆

06 执行“修改>复制”命令，复制两等轴测同心圆。在绘图区的任意位置点击并向上引光标，输入数值1.5，效果如图214-6所示。

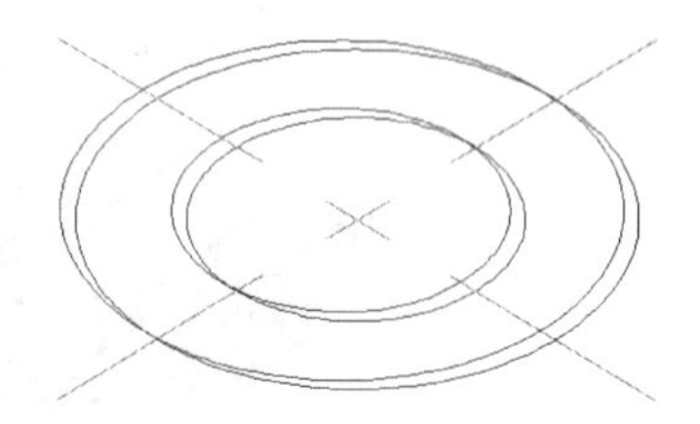

图214-6　复制等轴测圆

07 执行“修改>修剪”命令，对图形进行修剪，效果如图214-7所示。

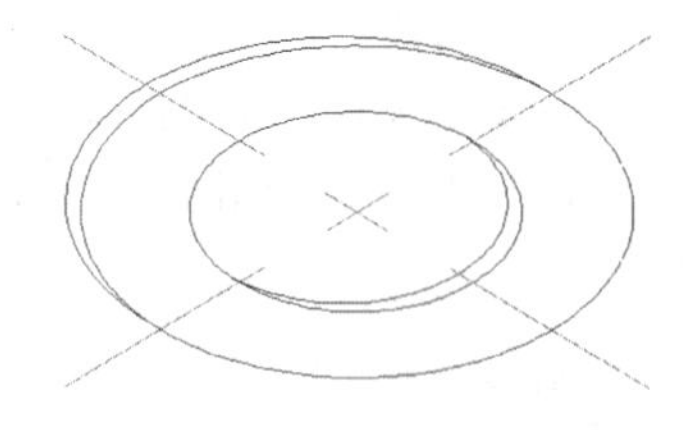

图214-7　修剪处理

08 执行“另存为”命令，将文件另存为“实战214.dwg”。

在本例中利用椭圆工具绘制圆的等轴测图，得到了垫片的正等轴测图。

练习214 绘制开口垫片的正等轴测图

实战位置 DVD>练习文件>第8章>练习214.dwg
难易指数 ★★★☆☆
技术掌握 巩固垫片轴测图的画法

操作指南

参照“实战214”案例进行操作。

打开“实战214”文件，使用直线工具及修剪工具修改图形，如图214-8所示。

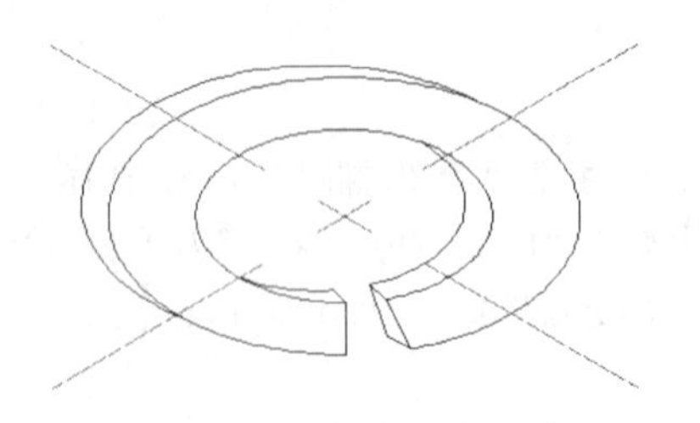

图214-8 绘制缺口垫片

实战215 绘制轴底座实体模型

实战位置 DVD>实战文件>第8章>实战215.dwg
视频位置 DVD>多媒体教学>第8章>实战215.avi
难易指数 ★★★☆☆
技术掌握 掌握轴底座实体模型的规定画法

实战介绍

在本例中使用旋转网面、边界网面、三维旋转和三维镜像操作完成实战的绘制，介绍曲面物体的绘制方法。案例效果如图215-1所示。

图215-1 最终效果

制作思路

• 新建文件，使用建模中的圆柱、拉伸、长方体等工具进行组合，并运用布尔运算，得到如图215-1所示的图形。

制作流程

01 打开AutoCAD 2013，创建一个新的AutoCAD文件，文件名默认为“Drawing1.dwg”。执行“视图>三维视图>西南等轴测”命令，将视图方向改为西南等轴测方向。

02 执行“绘图>正多边形”命令，绘制如图215-2所示的正方形。命令行提示如下：

```
命令: _polygon输入边的数目 <4>:
指定正多边形的中心点或[边(E)]: 0,0,0
输入选项[内接于圆(I)/外切于圆(C)] <I>: c
指定圆的半径: 90
```

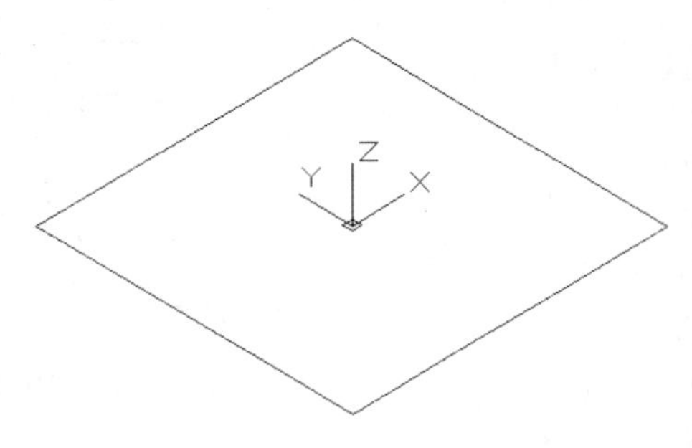

图215-2 绘制正方形

03 执行“修改>圆角”命令，绘制半径为20的圆角，如图215-3所示。命令行提示如下：

```
命令: _fillet
当前设置: 模式 = 修剪，半径 = 0.0000
选择第一个对象或[放弃(U)/多段线(P)/半径(R)/修剪(T)/多个(M)]: r
指定圆角半径 <0.0000>: 20
选择第一个对象或[放弃(U)/多段线(P)/半径(R)/修剪(T)/多个(M)]: p
选择二维多段线:
4条直线已被圆角
```

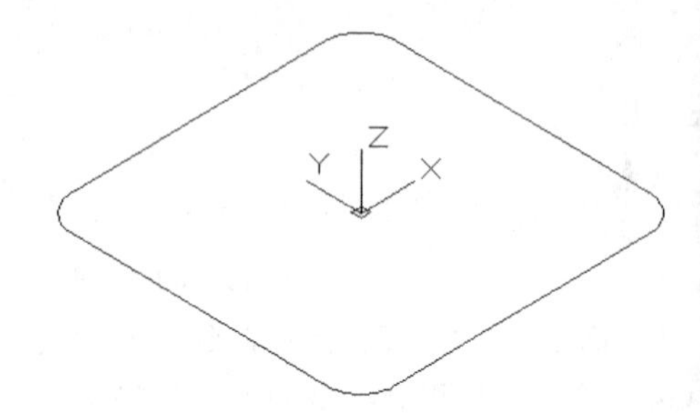

图215-3 绘制圆角

04 执行“绘图>圆”命令，以圆角的圆心为圆心，绘制四个半径为5的小圆，如图215-4所示。

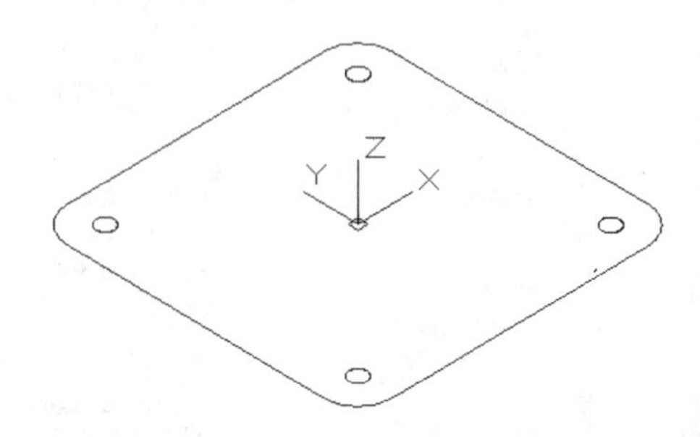

图215-4 修剪图线

05 执行“三维工具>建模>拉伸”菜单命令，将圆角正方形和四个圆向z轴正方向拉伸15个单位，如图215-5

所示。

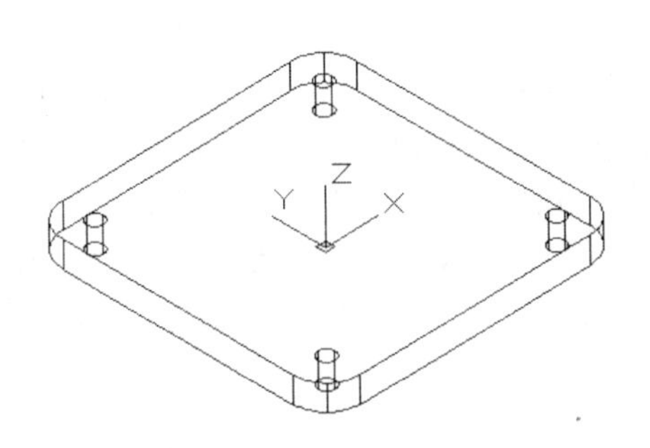

图215-5　拉伸实体

06 执行“三维工具>建模>圆柱体”菜单命令，在原点处绘制半径为10和20，高度均为50的两个圆柱体，如图215-6所示。

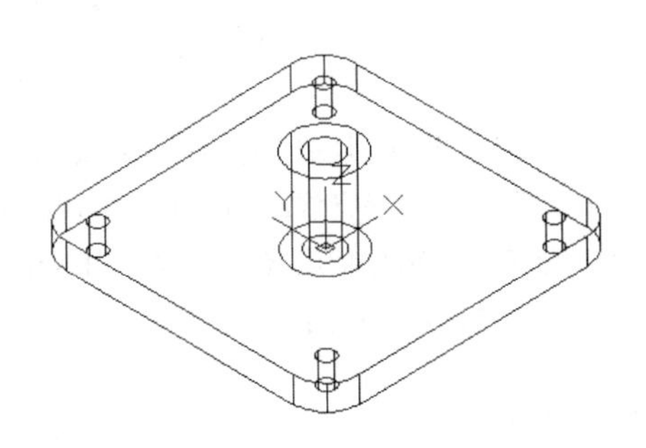

图215-6　绘制圆柱体

07 执行“三维工具>实体编辑>差集”菜单命令，从圆角正方体和半径为20的圆柱体中减去五个小圆柱体，消隐结果如图215-7所示。

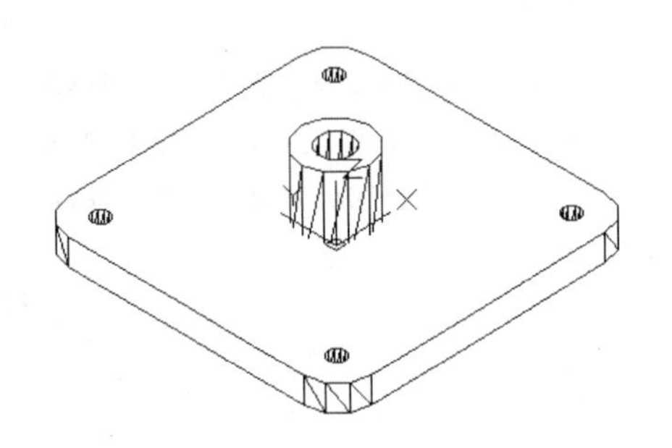

图215-7　差集计算结果

08 执行“三维工具>建模>长方体”菜单命令，绘制长方体，如图215-8所示。命令行提示如下：

```
命令：_box
指定第一个角点或[中心(C)]: c
指定中心： //捕捉圆柱体的圆心
指定角点或[立方体(C)/长度(L)]: l
指定长度 <100.0000>:
指定宽度 <10.0000>: 10
指定高度或[两点(2P)] <-50.0000>: 50
```

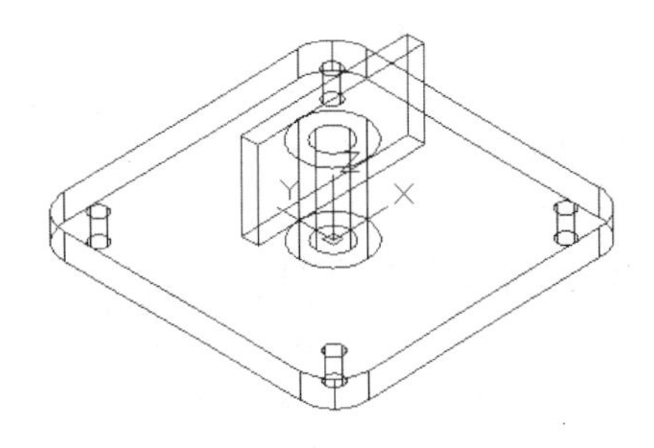

图215-8　绘制长方体

09 执行“三维工具>实体编辑>差集”菜单命令，从原实体中减去刚绘制的长方体，结果如图215-9所示。

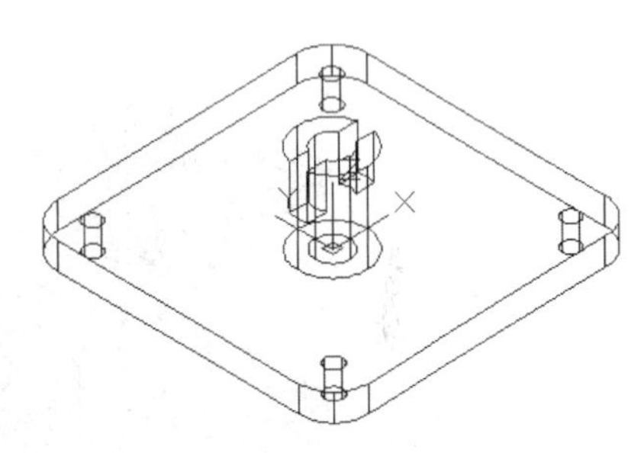

图215-9　差集计算结果

10 执行“视图>视觉样式>隐藏”菜单命令，消隐结果如图215-10所示。

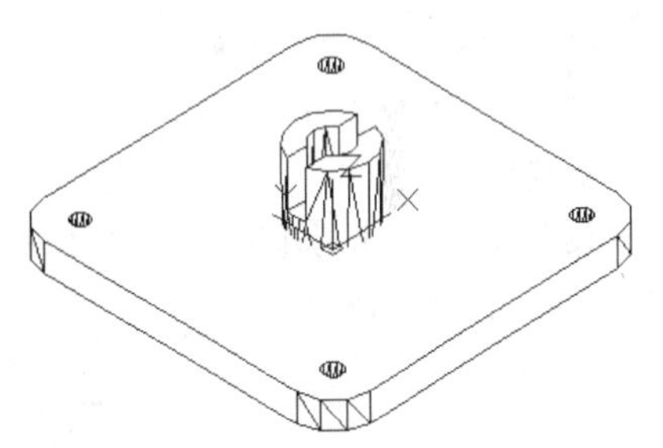

图215-10　消隐结果

11 执行“视图>视觉样式>概念”命令，改变视图样式，结果如图215-11所示。

图215-11　概念视觉样式

12 执行“保存”命令，将图形保存为“实战215.dwg”。

技巧与提示

在本例中利用基本二维绘图编辑命令绘制基本图线，再利用拉伸命令得到轴底座主体模型，利用圆柱体和长方体的差集命令得到顶部切口。

练习215 轴底座实体模型

实战位置 DVD>练习文件>第8章>练习215.dwg
难易指数 ★★★☆☆
技术掌握 巩固工程实体模型的规定画法

操作指南

参照“实战215”案例进行操作。

使用三维建模中的绘图工具及修改工具，绘制如图215-12所示的图形。

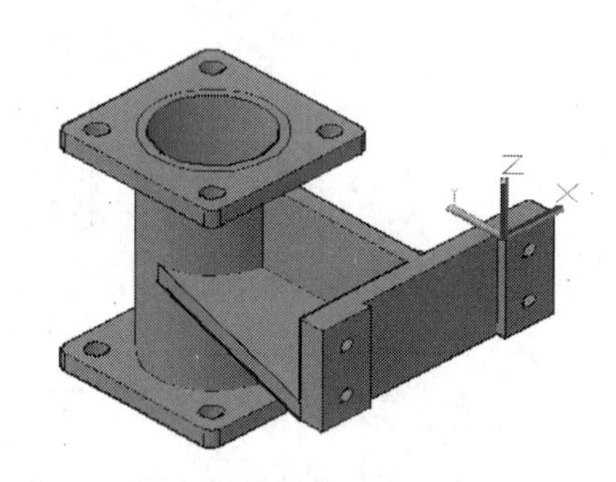

图215-12 新工程考核立体图

实战216 绘制支架轴测图

实战位置 DVD>实战文件>第8章>实战216.dwg
视频位置 DVD>多媒体教学>第8章>实战216.avi
难易指数 ★★★☆☆
技术掌握 掌握绘制支架轴测图的方法

实战介绍

长方体是最基本的几何构型，在本例中将讲解绘制。案例效果如图216-1所示。

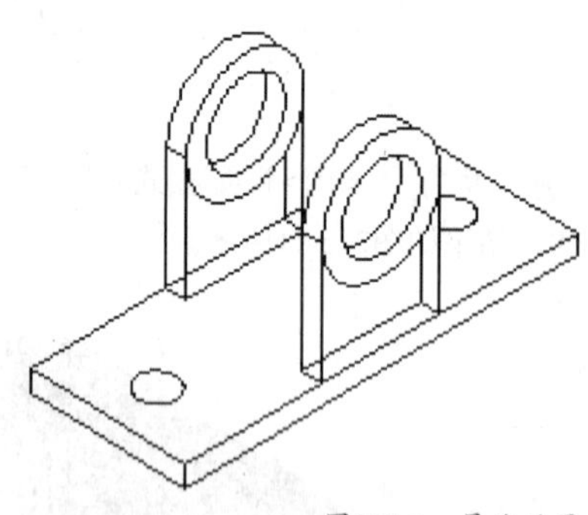

图216-1 最终效果

制作思路

• 新建文件，开启正交模式，在等轴测捕捉模式下，使用直线和等轴测圆绘制轮廓线，并用修改工具修改，绘制如图216-1所示的图形。

制作流程

01 打开AutoCAD 2013，创建一个新的AutoCAD文件，文件名默认为“Drawing1.dwg”。然后再执行“工具>绘图设置”命令，弹出“草图设置”对话框，勾选“启用捕捉”复选框和“等轴测捕捉”，完成设置后退出。

02 按F8键开启正交模式，按F5键调节等轴测平面为“俯视”，执行“绘图>直线”命令，在绘图区指定起点，引导光标向下，输入数值80，引导光标向右，输入数值200，引导光标向上，输入数值80，在命令行输入C封闭图形，效果如图216-2所示。

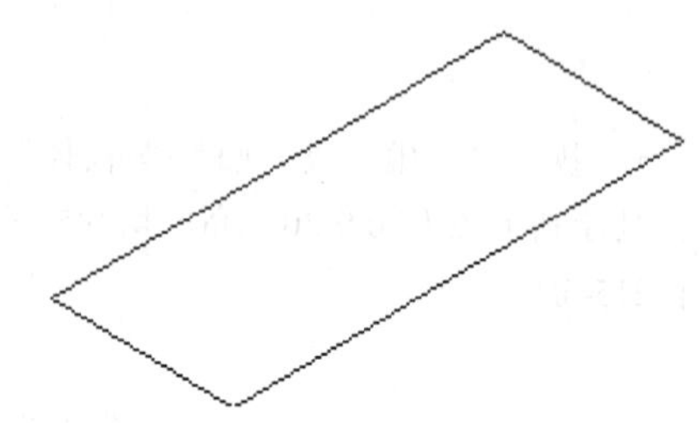

图216-2 绘制直线

03 执行“修改>复制”命令，按F5键调节等轴测平面为“右视”，将选择直线a、b向下复制10；执行“绘图>直线”命令，分别绘制连接点A和A1、B和B1、C和C1的直线，效果如图216-3所示。

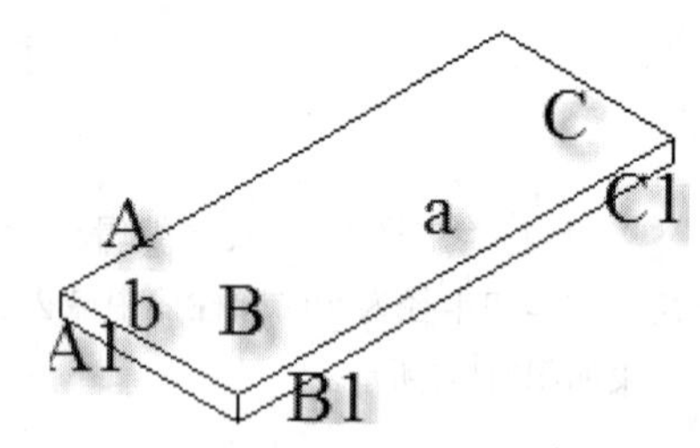

图216-3 复制处理

04 执行“修改>复制”命令，按F5键调节等轴测平面为“俯视”，将选择直线b向右分别复制70、130，将直线a向上分别复制10、70，效果如图216-4所示。

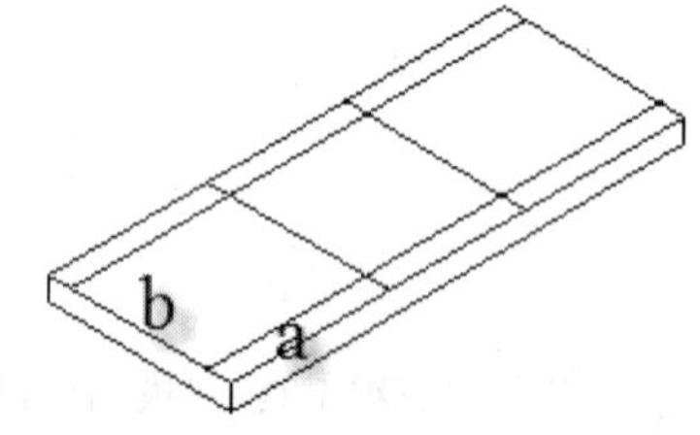

图216-4 复制处理

05 执行“修改>修剪”命令，对图形进行修剪；执行“绘图>直线”命令，按F5键调节等轴测平面为“右视”，分别以修剪图形的各个交点为起点，向上绘制8条长度为60的直线，效果如图216-5所示。

06 执行“绘图>椭圆”命令，输入I，以直线CC1的中心为圆心，绘制半径分别为20、30的同心圆，效果如图216-6所示。

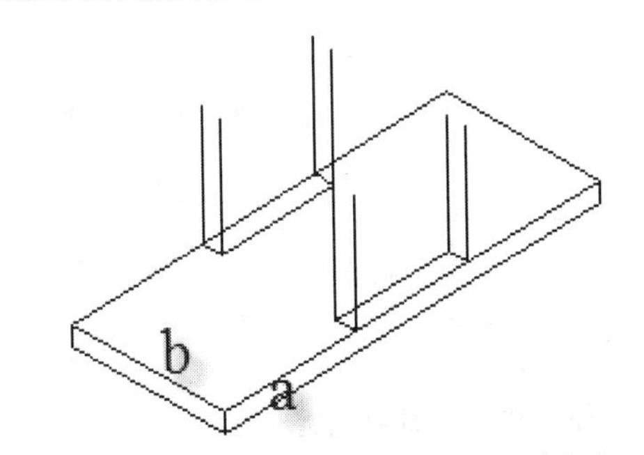

图216-5　修剪处理，绘制连接端点C和C1的直线

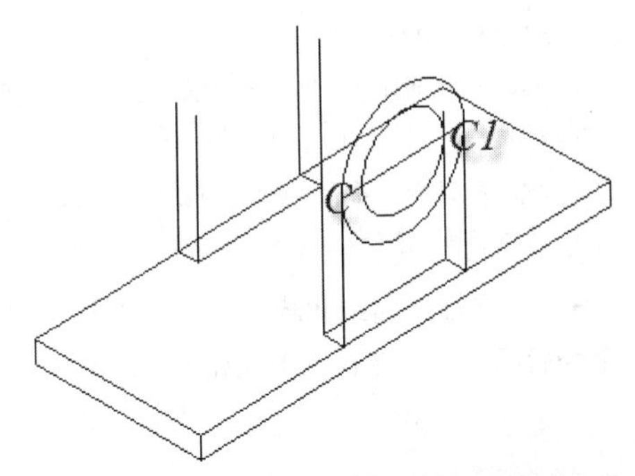

图216-6　绘制直线和圆

07 执行“修改>复制”命令，按F5键调节等轴测平面为“俯视”，将绘制的同心圆向上分别复制10、70、80，效果如图216-7所示。

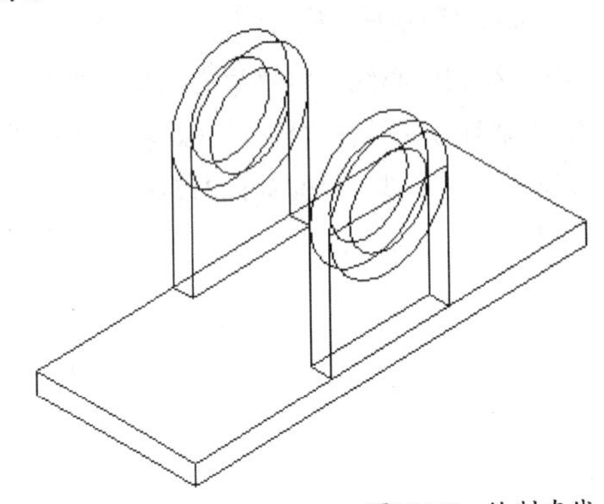

图216-7　绘制直线

08 执行“绘图>直线”命令，绘制分别连接象限点D和D1、E和E1、F和C、G和G1的直线，效果如图216-8所示。

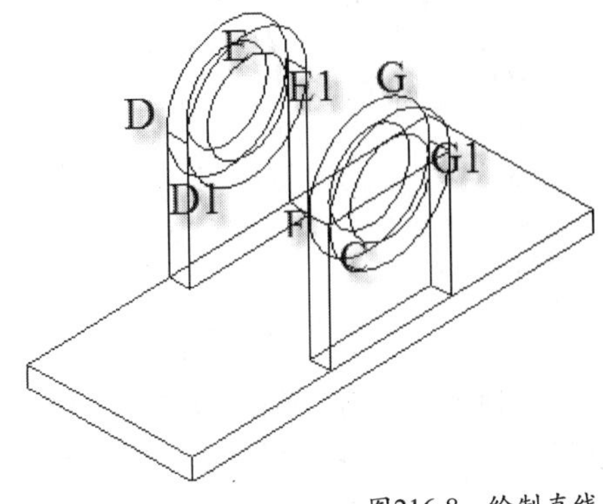

图216-8　绘制直线

09 执行“修改>修剪”命令，对图形进行修剪和删除，然后以直线b的中点为圆心绘制半径为10的圆，执行“修改>移动”命令，将绘制的圆向右移动25；执行“修改>复制”命令，将移动的圆向右复制150，效果如图216-9所示。

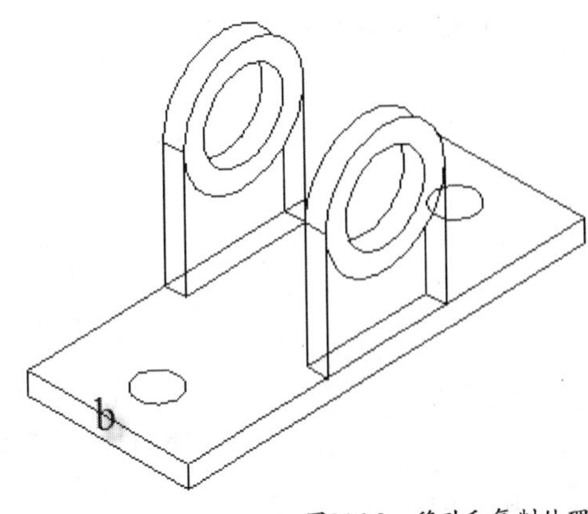

图216-9　移动和复制处理

10 执行“修改>修剪”命令，对图形进行修剪，效果如图216-1所示。

11 执行“另存为”命令，将文件另存为“实战216.dwg”。

技巧与提示 

本例中介绍了绘制长方体的方法，读者应主要掌握对于长方体的规定画法。

练习216　绘制支架轴测图

实战位置	DVD>练习文件>第8章>练习216.dwg
难易指数	★★★☆☆
技术掌握	巩固等轴测图的规定画法

操作指南

参照“实战216”案例进行操作。

使用等轴测圆和直线工具，绘制如图216-10所示的图形。

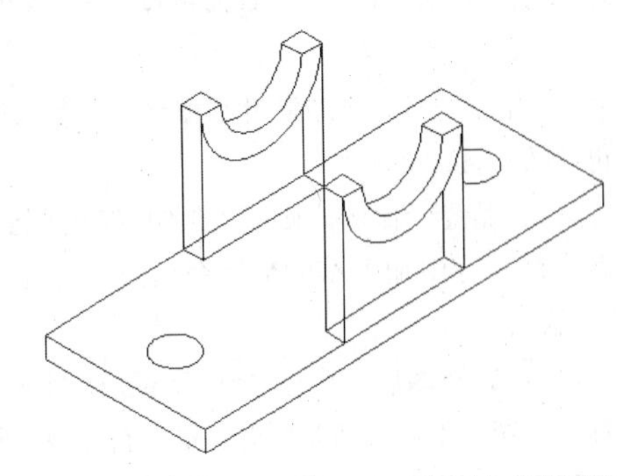

图216-10　绘制支架轴测图

实战217　轴承支座等轴测图

实战位置	DVD>实战文件>第8章>实战217.dwg
视频位置	DVD>多媒体教学>第8章>实战217.avi
难易指数	★★★★☆
技术掌握	掌握等轴测图的规定画法

实战介绍

本实战绘制的轴承支座等轴测图。轴测图是一种在平面上有效表达三维结构的方法，它富有立体感，能快速、直观、清楚地让人们了解产品零件的结构。首先绘制轴承支座的粗外表面轮廓，然后绘制轴承内孔以及注油孔与安装孔。案例效果如图217-1所示。

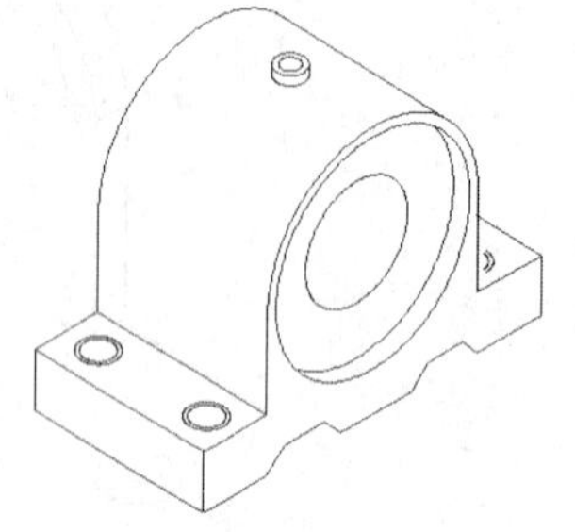

图217-1 轴承支座等轴测图

制作思路

• 在等轴测模式下，使用基本绘图工具图直线、等轴测圆，通过确定关键点、线的位置绘制其轮廓线，之后进行修改，得到如图217-1所示的图形。

制作流程

1. 配置环境

01 建立新文件。执行“文件>新建”命令，打开“选择样板文件”对话框，选择以“无样板打开-公制”方式建立新文件，并将新文件命名为“实战217轴承支座等轴测图.dwg”保存。

02 设置绘图工具栏。执行“视图>工具栏...”命令，打开“自定义”对话框，调出“标准工具栏”、“图层”、“对象特性”、“绘图”、“修改”和“对象捕捉”这6个工具栏，并将它们移动到绘图窗口中的适当位置。

03 设置图幅。在命令行中输入LIMITS命令后回车，输入左下角点（0,0），右上角点（594,420）（即A2图纸）。

04 开启栅格。按F7键开启栅格。若想关闭栅格，可以再次按F7键。

05 调整显示比例。使用“视图>缩放>全部”命令，或者在命令行中输入ZOOM命令后回车后选择“（全部）a”选项。

06 创建新图层。执行“常用>图层>图层特性”命令，打开“图层特性管理器”对话框，新建两个新图层：“实体层”，颜色为“白色”，线型为CONTINUOUS，线宽为“默认”；“中心线层”，颜色为“红色”，线型为“ACAD_ISO10W100”、线宽为“默认”，如图217-2所示。

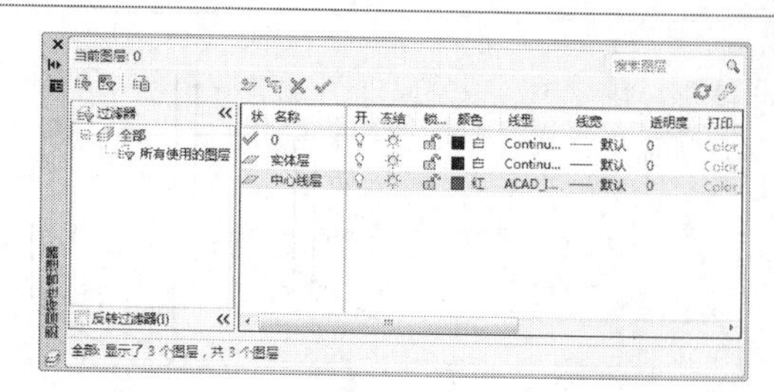

图217-2 新建图层

07 设置等轴测捕捉。在命令行中输入SNAP命令后回车，命令行出现如下提示：

```
命令：SNAP
指定捕捉间距或[开(on)/关(off)/纵横向间距(a)/旋转(r)/样式(s)/类型(t)]<10.0000>:s
输入捕捉栅格类型[标准(s)/等轴测(i)]<s>:i
指定垂直间距<10.0000>:10
```

08 设置轴测面绘图模式。在命令行中输入ISOPLANE命令后回车，命令行中出现如下提示：

```
命令：ISOPLANE
当前等轴测平面：左视
输入等轴测平面设置[左视(l)/俯视(t)/右视(r)]<俯视>:t
当前等轴测平面：俯视
```

2. 绘制轴承支座

01 绘制中心线。将“中心线层”设定为当前图层，执行“绘图>直线”命令，以（268.5,155）为中点，绘制两条交叉的中心线，结果如图217-3所示。

图217-3 绘制中心线

02 执行“绘图>直线”命令，绘制底边轮廓线，结果如图217-4所示。

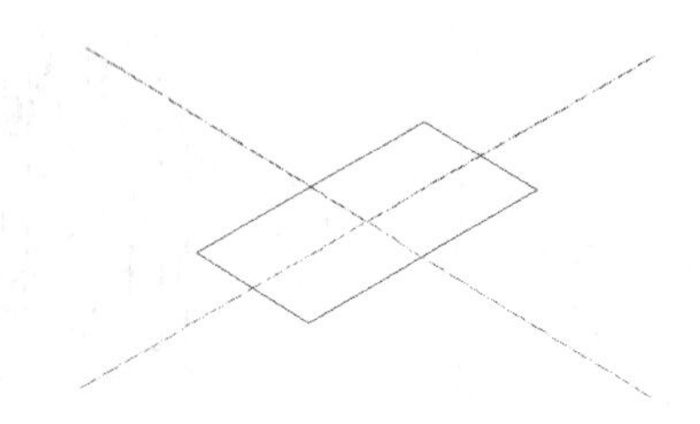

图217-4 绘制底边轮廓线

切换图层：将当前图层从“中心线层”切换到“实体层”。执行“绘图>直线”命令，利用FROM选项和“极轴”模式顺时针方向绘制轴承支座外轮廓，命令行提示如下：

```
命令: _line
指定第一个点: from
基点: <偏移>: @50<330
指定下一点或[放弃(U)]: 100　//将光标向左下角移动，输入100按Enter键
指定下一点或[放弃(U)]: 100　//将光标向左上角移动，输入100按Enter键
指定下一点或[闭合(C)/放弃(U)]: 200　//将光标向右上角移动，输入200按Enter键
指定下一点或[闭合(C)/放弃(U)]: 100　//将光标向右下角移动，输入100按Enter键
指定下一点或[闭合(C)/放弃(U)]: 100　//将光标向左下角移动，输入100按Enter键
指定下一点或[闭合(C)/放弃(U)]:
```

03 绘制顶边轮廓线。执行“修改>复制”命令，选择刚绘制的底边轮廓线，向上复制，距离为30，执行“绘图>直线”命令，形成长方体的4个侧面，如图217-5所示。

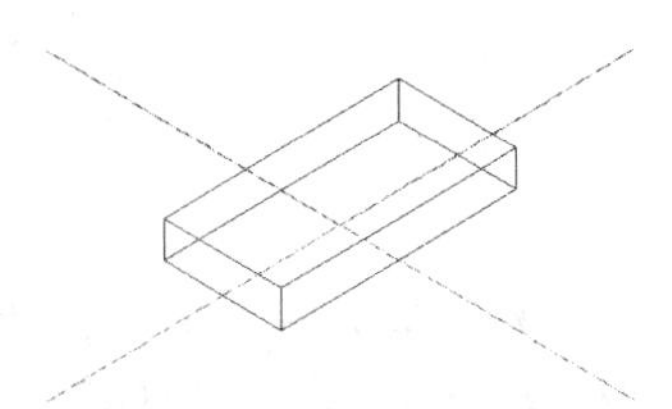

图217-5　轴承底座轮廓线

04 设置轴测面绘图模式。在命令行中输入ISOPLANE命令后按Enter键，设置为“右(r)”。

05 绘制支座轴孔。执行“绘图>直线”命令，在顶面上绘制一条辅助直线。执行“修改>复制”命令，将辅助直线复制到上方距离为50，如图217-6所示直线1-2。执行“绘图>椭圆”命令，在等轴测模式绘制轴测圆，分别以点1和点2为圆心绘制直径为115和125的两个同心圆，如图217-6所示，命令行提示如下：

```
命令: _ellipse
指定椭圆轴的端点或[圆弧(A)/中心点(C)/等轴测圆(I)]: i
指定等轴测圆的圆心:　//选择点1
指定等轴测圆的半径或[直径(D)]: d
指定等轴测圆的直径: 115
```

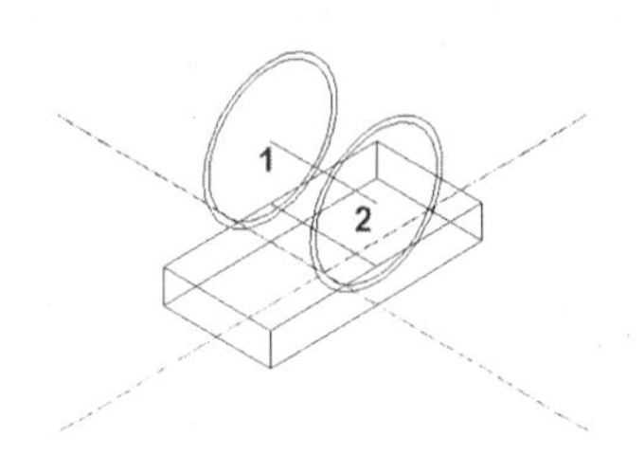

图217-6　绘制支座轴孔

06 绘制轴孔轮廓线。执行“绘图>直线”命令，通过圆心点1和点2绘制十字交叉直线；按F8键开启“正交”模式，绘制4条竖直向下的轮廓线；绘制顶圆连线。绘制结果如图217-7所示。

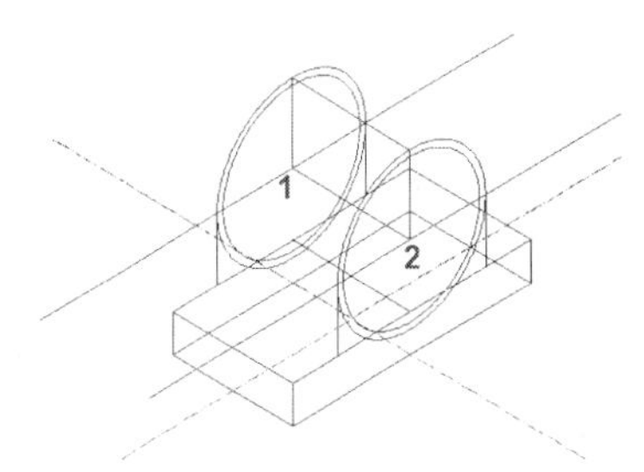

图217-7　绘制轴孔轮廓线

07 绘制两圆的公切线。按F3键开启“对象捕捉”模式。执行“绘图>直线”命令，在选择直线两个端点时都使用“捕捉到切点”功能，分别捕捉点1和点2处的两个大圆的切点，绘制结果如图217-8所示。

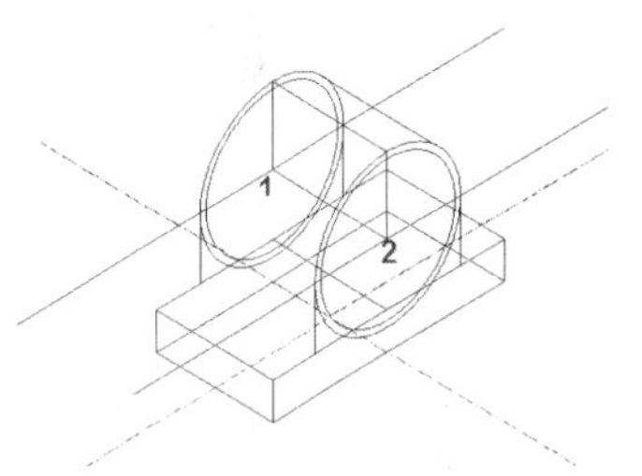

图217-8　绘制两圆公切线

08 修剪图形。执行“修改>修剪”命令，对图形进行修剪，结果如图217-9所示。

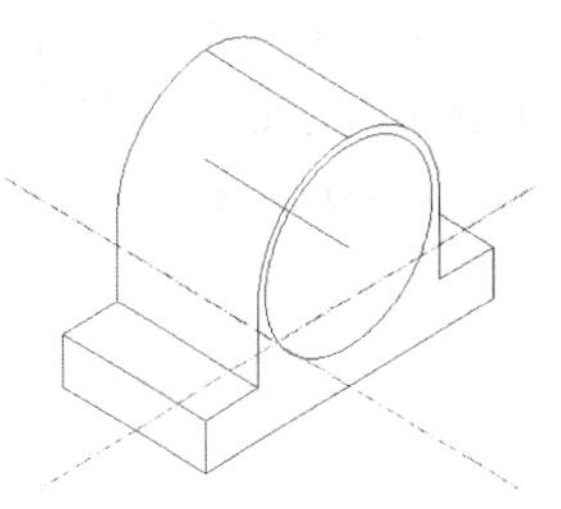

图217-9　图形修剪

09 绘制轴孔内凹。执行“修改>复制”命令，选择直线1-2和点2处小圆，以点2作为基点，“指定位移的第二点或<用第一点作位移>:@10<150”，删除原来的直线1-2，如图217-10所示。

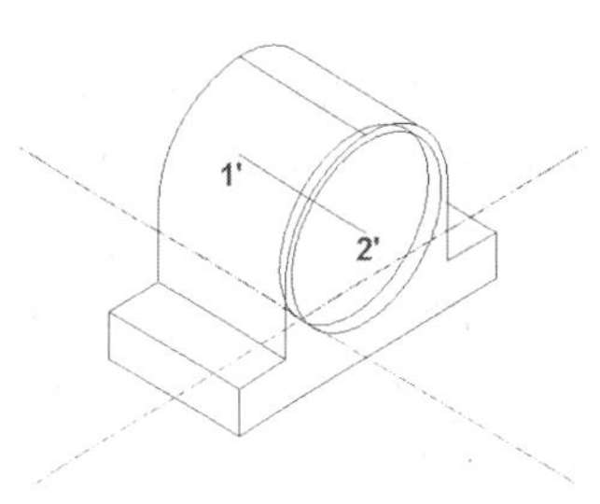

图217-10　绘制轴孔内凹

10 修剪图形。执行“修改>修剪”命令，再次修剪图形，结果如图217-11所示。

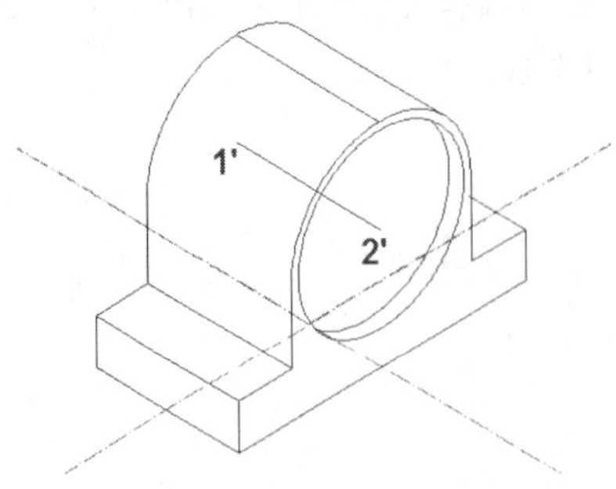

图217-11　绘制轴孔内凹

11 绘制轴承支座内孔。执行“绘图>椭圆”命令，以点2为圆心，绘制直径为60的圆。至此。轴承支座绘制完成，如图217-12所示。

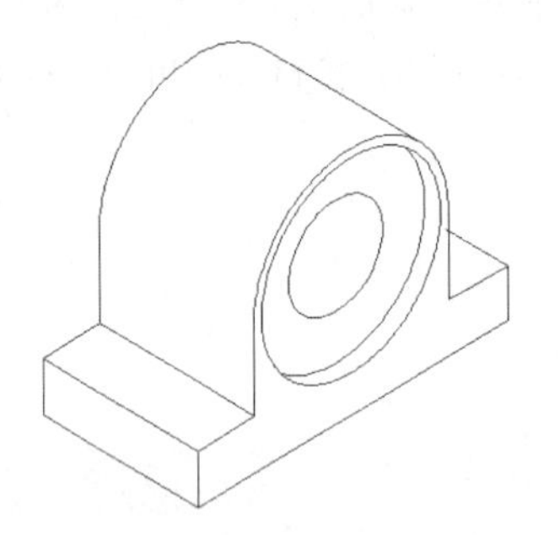
图217-12　绘制轴承支座内孔

12 绘制注油孔。设置轴测面绘图模式：在命令行中输入ISOPLANE命令后按Enter键，设置为“上(t)”。

绘制等轴测圆：执行“绘图>椭圆”命令，以轴承支座顶部中心线交点为圆心，绘制直径分别为10和16的同心圆，如图217-13所示。

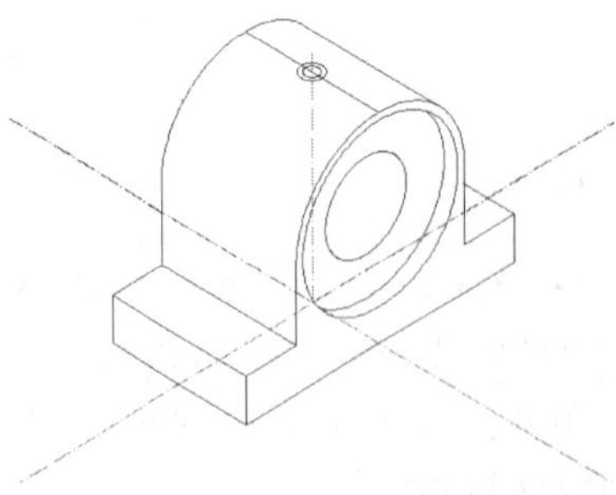
图217-13　绘制等轴测圆

绘制注油孔轮廓线：执行“修改>复制”命令，将绘制的两个同心圆向上复制距离为5，并补充上下两圆公切线，使用修剪工具修剪图形，完成注油孔的绘制，如图217-14所示。

13 绘制安装孔。绘制安装孔定位中心线：执行“修改>偏移”命令，在30°方向上偏移量为16，在150°方向上偏移量为20，绘制安装孔定位中心线。

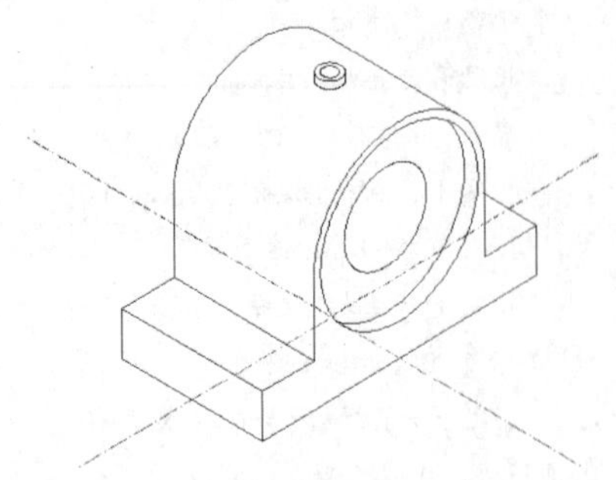
图217-14　绘制注油孔

绘制安装孔：执行“绘图>椭圆”命令，以定位中心为圆心，绘制直径分别为16和20的同心圆，如图217-15所示。

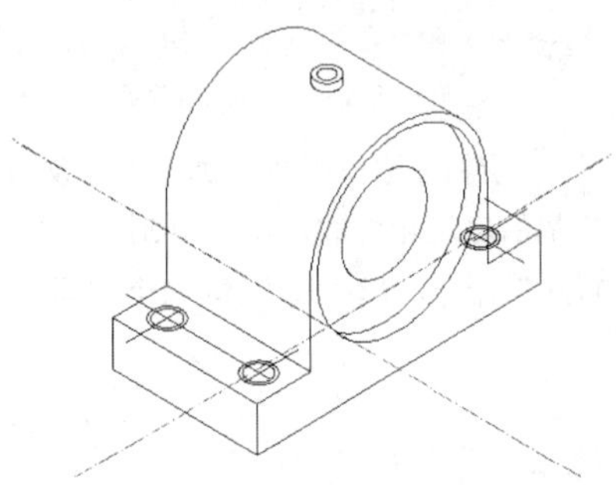
图217-15　绘制安装孔

14 绘制倒圆角。圆柱侧面与底座顶面倒圆角，执行“修改>圆角”命令，圆角半径为5。并对右上方安装孔进行修剪。结果如图217-16所示。

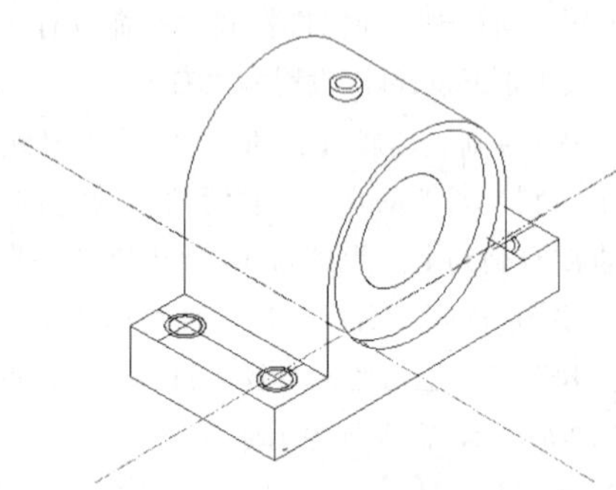
图217-16　图形修剪与倒圆角

15 绘制底板开口槽：执行“修改>复制”命令，将底线向上复制，距离为10。根据开口槽形状绘制轮廓线，如图217-17所示。

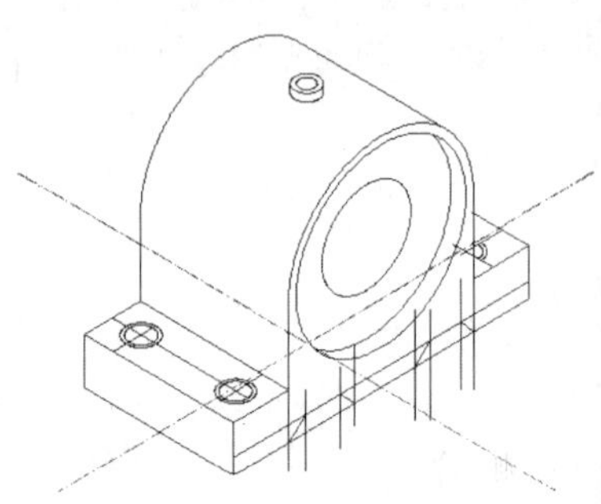
图217-17　绘制底板开口槽

16 修剪图形。执行“修改>修剪”命令对开口槽轮廓线进行修剪，最终得到轴承支座等轴测图，如图217-1所示。

17 执行“保存”命令，保存文件。

练习217 绘制轴承支座等轴测图

实战位置	DVD>练习文件>第8章>练习217.dwg
难易指数	★★★☆☆
技术掌握	巩固等轴测图的规定画法

操作指南

参照“实战217”案例进行操作。

新建文件，使用绘图工具绘制如图217-18所示的图形。

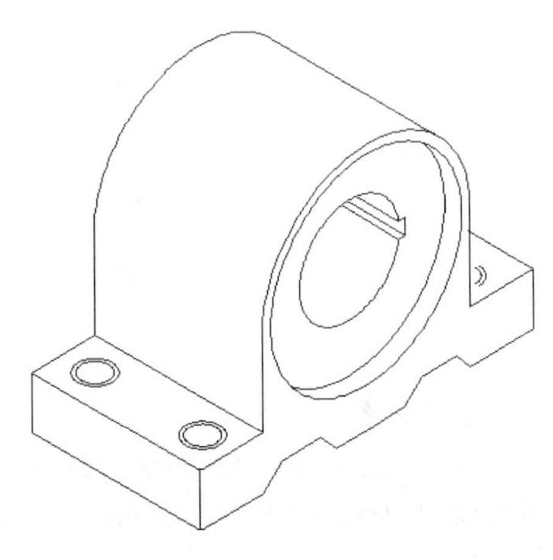

图217-18　绘制轴承支座等轴测图

实战218 绘制圆销钉轴测图

实战位置	DVD>实战文件>第8章>实战218.dwg
视频位置	DVD>多媒体教学>第8章>实战218.avi
难易指数	★★★☆☆
技术掌握	掌握绘制圆销钉轴测图的方法

实战介绍

在生产实践中，使用最多的是正等轴测图和斜二等轴测图。本例中讲介绍绘制斜二等轴测图的方法。案例效果如图218-1所示。

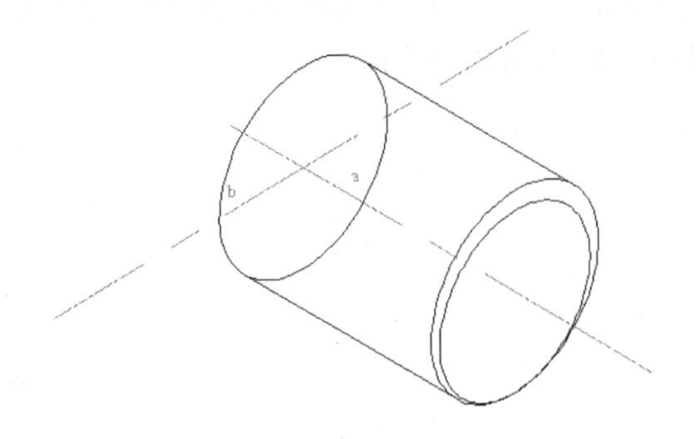

图218-1　最终效果

制作思路

• 在新建文件中，开启等轴测模式，使用直线、等轴测圆等绘图工具及修剪等修改工具，绘制得到如图218-1所示的图形。

制作流程

01 执行“文件>新建”命令，工作环境设置为“AutoCAD经典”，新建一个CAD文件；执行“图层—图层特性”命令，新建一个“中心线”图层，设置其“线型”为CENTER，“颜色”为洋红；执行“工具>绘图设置”命令，弹出“草图设置”对话框，勾选“启用捕捉”复选框和“等轴测捕捉”；按F8键开启正交模式，按F5键调节等轴测平面为“俯视”，执行“绘图>直线”命令，在绘图区指定一点，绘制一条水平线a，再绘制一条垂直于该线的直线，如图218-2所示。

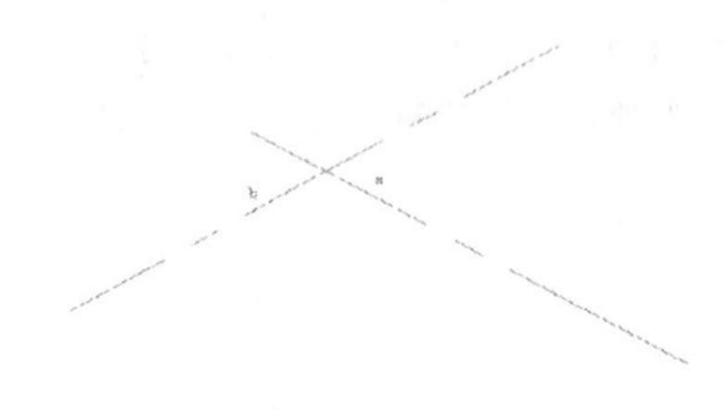

图218-2　绘制直线

02 按F5键调节等轴测平面为“右视”，执行“绘图>椭圆”命令，输入I，回车确认，以直线a与直线b的交点为圆心，分别绘制半径为18、20的等轴测同心圆，如图218-3所示。

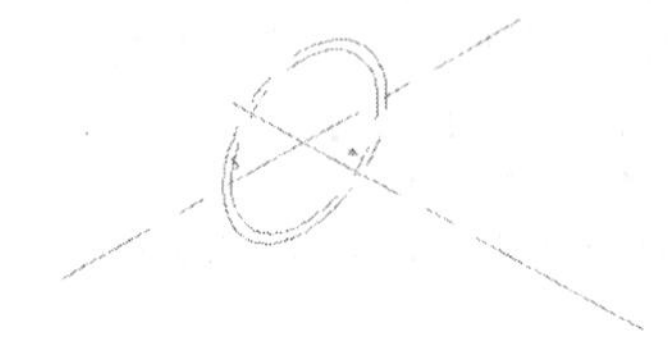

图218-3　绘制同心圆

03 按F5键调节等轴测平面为“俯视”，执行“修改>复制”命令，点击绘图区域中的任意位置，引导光标向下，复制绘制的等轴测同心圆，输入数值50，如图218-4所示。

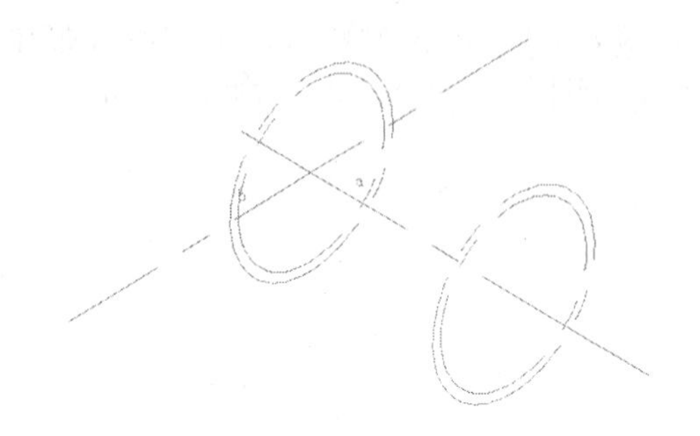

图218-4　复制处理

04 执行“修改>移动”命令，引导光标向上，输入数值1，移动上侧半径为18的等轴测圆，重复“移动”命令，引导光标向下，输入数值1，移动下侧半径为18的等轴测圆，如图218-5所示。

图218-5　移动处理

05 执行“绘图>直线”命令，绘制两条直线，分别连接两个半径为20的圆的象限点，如图218-6所示。

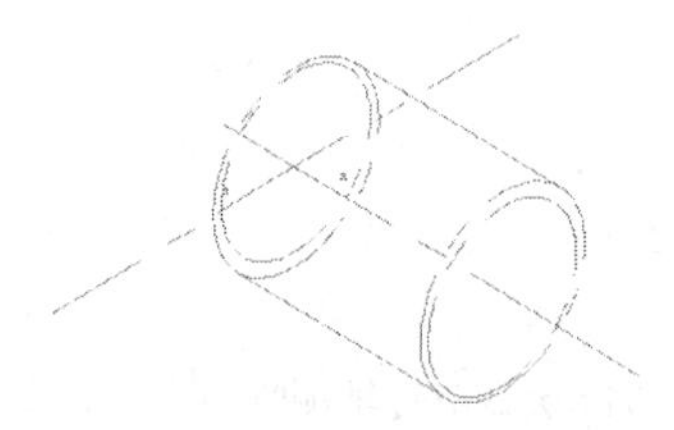

图218-6　绘制直线

06 执行“修改>修剪”命令，对图形进行修剪，除a、b直线外，其余线移至0图层。结果如图218-1所示。

07 执行“另存为”命令，将图形另存为“实战218.dwg”。

在本例中通过介绍绘制圆销钉轴测图，介绍了绘制等轴测图的方法。

练习218　绘制等轴测图

练习位置　DVD>练习文件>第8章>练习218.dwg
难易指数　★★★☆☆
技术掌握　掌握巩固各种绘图命令

操作指南

参照“实战218”案例进行制作。

新建文件，开启等轴测模式，在绘图区域使用直线、等轴测圆等绘图工具及修改工具，绘制如图218-7所示的图形。

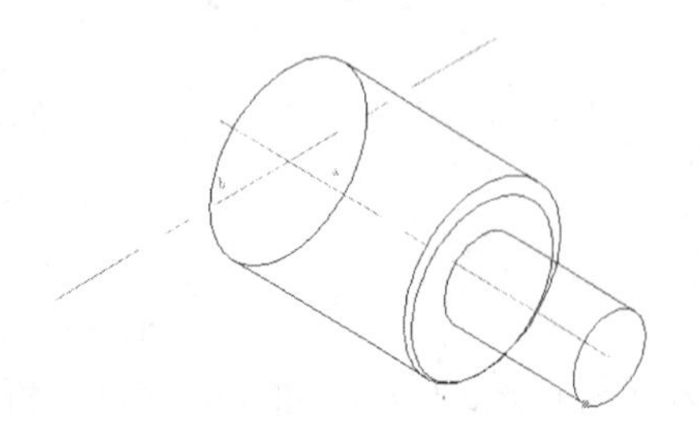

图218-7　绘制等轴测图

实战219　绘制套筒轴测图

实战位置　DVD>实战文件>第8章>实战219.dwg
视频位置　DVD>多媒体教学>第8章>实战219.avi
难易指数　★★★☆☆
技术掌握　掌握绘制套筒等轴测图的方法

实战介绍

在生产实践中，使用最多的是正等轴测图和斜二等轴测图。本例中讲介绍绘制斜二等轴测图的方法。案例效果如图219-1所示。

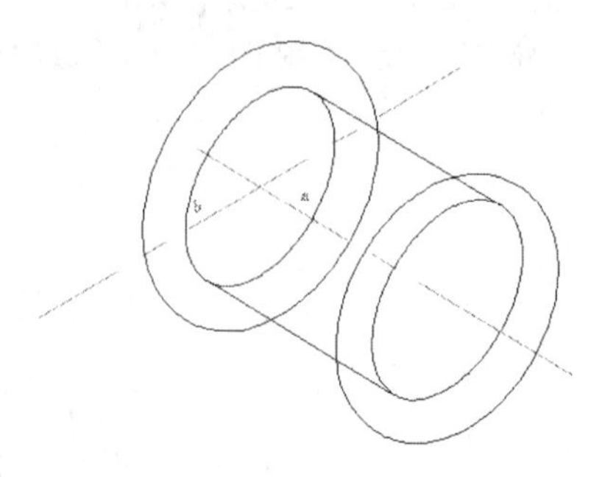

图219-1　最终效果

制作思路

• 首先打开AutoCAD 2013，然后进入操作环境，使用直线、圆及复制操作命令，做出如图219-1所示的图形。

制作流程

01 执行“文件>新建”命令，工作环境设置为“AutoCAD经典”，新建一个CAD文件；执行“图层—图层特性”命令，新建一个“中心线”图层，设置其“线型”为CENTER，“颜色”为洋红；执行“工具>绘图设置”命令，弹出“草图设置”对话框，选中“启用捕捉”复选框和“等轴测捕捉”；按F8键开启正交模式，按F5键调节等轴测平面为“俯视”，执行“绘图>直线”命令，在绘图区指定一点，绘制一条水平线a，再绘制一条垂直于该线的直线，如图219-2所示。

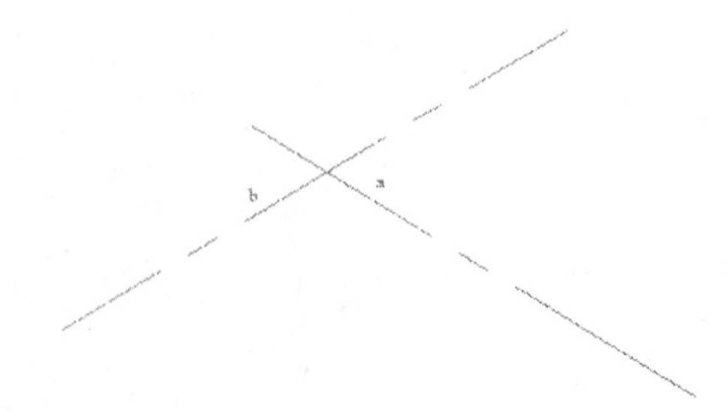

图219-2　绘制直线

02 按F5键调节等轴测平面为“右视”，执行“绘图>椭圆”命令，输入I，按Enter键确认，以直线a与直线b的交点为圆心，分别绘制半径为18、20的等轴测同心圆，如图219-3所示。

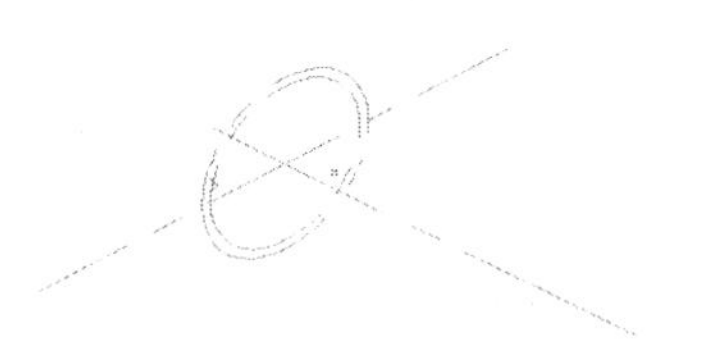

图219-3　绘制同心圆

03 按F5键调节等轴测平面为“俯视”，执行“修改>复制”命令，点击绘图区域中的任意位置，引导光标向下，复制绘制的等轴测同心圆，输入数值50，如图219-4所示。

图219-4　复制处理

04 执行“修改>移动”命令，引导光标向上，输入数值1，移动上侧半径为18的等轴测圆，重复移动命令，引导光标向下，输入数值1，移动下侧半径为18的等轴测圆，如图219-5所示。

图219-5　移动处理

05 执行“绘图>直线”命令，绘制两条直线，分别连接两个半径为20的圆的象限点，如图219-6所示。

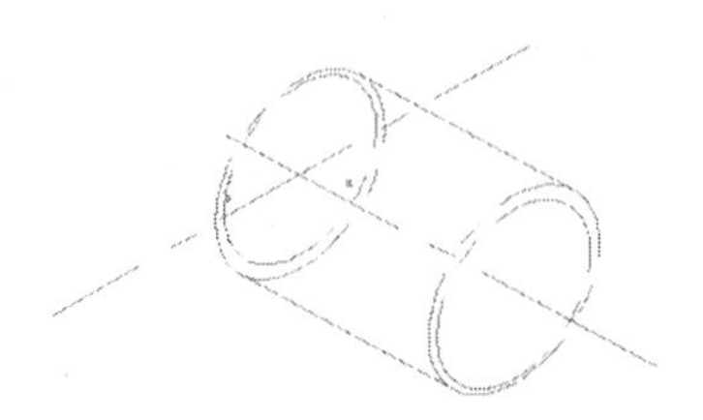

图219-6　绘制直线

06 执行“修改>修剪”命令，对图形进行修剪，除a、b直线外，其余线移至0图层。结果如图219-1所示。

07 执行“另存为”命令，将图形另存为“实战219.dwg”。

技巧与提示

在本例中通过介绍绘制套筒轴测图，介绍了绘制等轴测图的方法。

练习219　绘制等轴测图

练习位置　DVD>练习文件>第8章>练习219.dwg
难易指数　★★★☆☆
技术掌握　掌握巩固各种绘图命令

操作指南

参照“实战219”案例进行制作。

等轴测模式下，使用直线、等轴测圆等工具绘制如图219-7所示的图形。

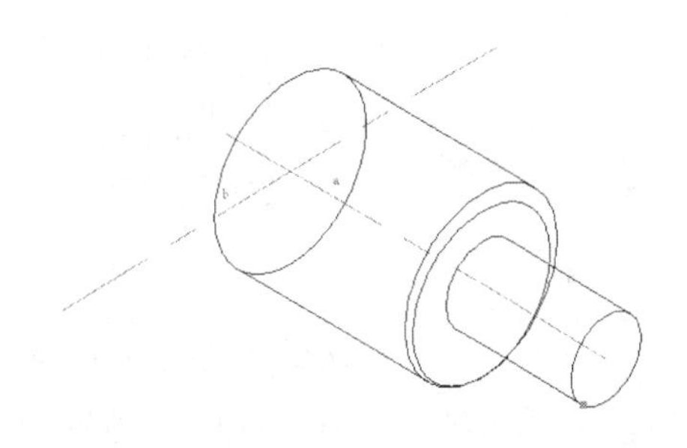

图219-7　绘制等轴测图

实战220　绘制后盖板轴测图

实战位置　DVD>实战文件>第8章>实战220.dwg
视频位置　DVD>多媒体教学>第8章>实战220.avi
难易指数　★★★☆☆
技术掌握　掌握轴底座实体模型的规定画法

实战介绍

后盖板是机器中加紧固件用的，本例中绘制的轴测图可使读者方便清晰地了解其结构，以及加深对轴测图的理解，更方便地使用二维平面工具命令绘制处三维效果。案例效果如图220-1所示。

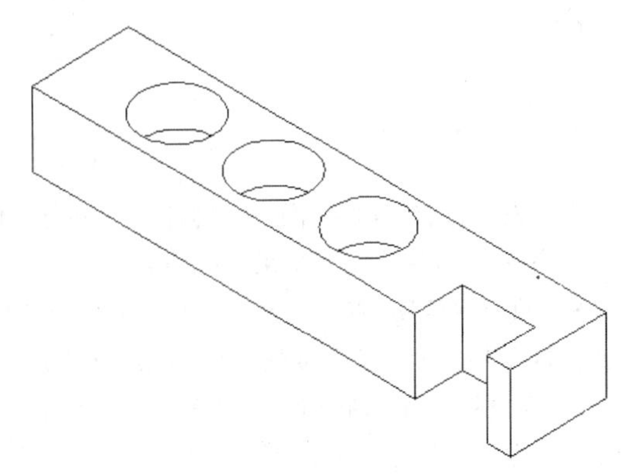

图220-1　最终效果

制作思路

• 简单使用直线和等轴测圆绘图工具，绘制得到如图220-1所示的图形。

制作流程

01 打开AutoCAD 2013，创建一个新的AutoCAD文件，文件名默认为“Drawing1.dwg”。

02 执行“工具>绘图设置”命令，弹出“草图设置”对话框，在“捕捉和栅格”窗口下勾选“启动捕捉”和“等轴测捕捉”，关闭对话框。效果如图220-2所示。

图220-2 启动捕捉和等轴测捕捉

03 按F8键启动正交模式，按F5键调节等轴测平面为“俯视”。执行“绘图>直线”命令，在绘图区任意位置向左绘制一条长为20的直线。以直线右端点为起点向下绘制一条垂直于该直线的长100的直线；按F5键调节等轴测平面为“右视”，仍以该点为起点向上绘制长度为15的直线，效果如图220-3所示。

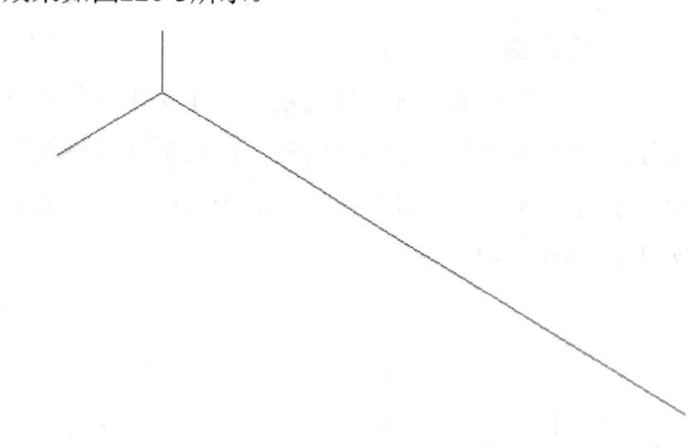

图220-3 绘制直线

04 按F5键调节等轴测平面为“俯视”。执行“修改>复制”命令，将直线复制，效果如图220-4所示。

05 执行“绘图>直线”命令，绘制3条直线连接各顶点；执行“修改>修剪”命令，效果如图220-5所示。

06 按F5键调节等轴测平面为“左视”。执行“修改>复制”命令，将左侧长20的直线向右复制20，效果如图220-6所示。

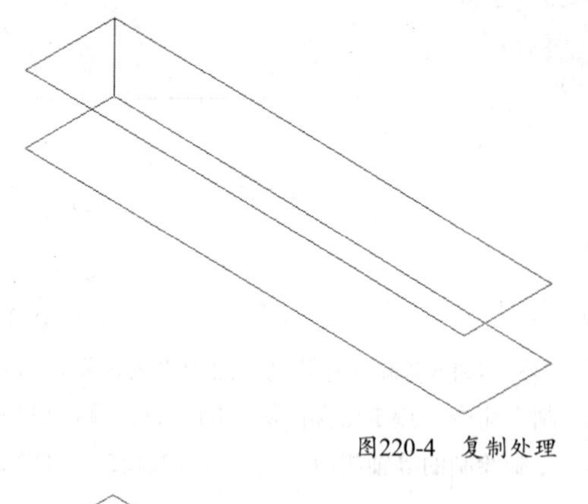

图220-4 复制处理

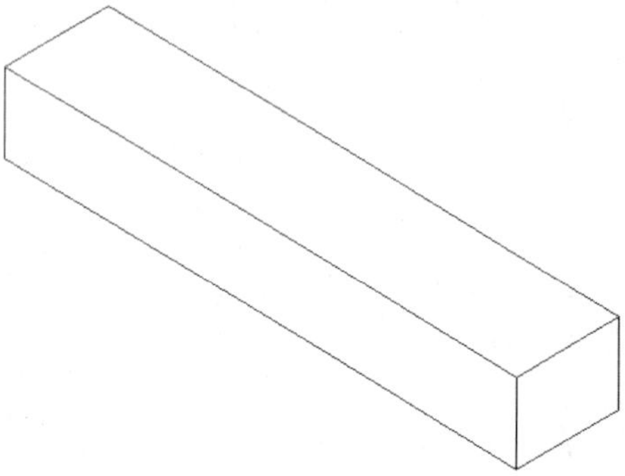

图220-5 绘制和修剪直线

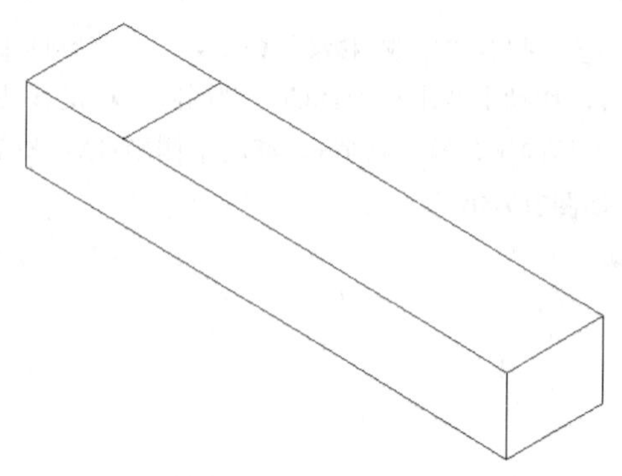

图220-6 复制处理

07 按F5键调节等轴测平面为“俯视”。以复制得到的长20的直线中点为圆心，绘制半径7.5的等轴测圆；执行“修改>复制”命令，将圆向右分别复制20、40，效果如图220-7所示。

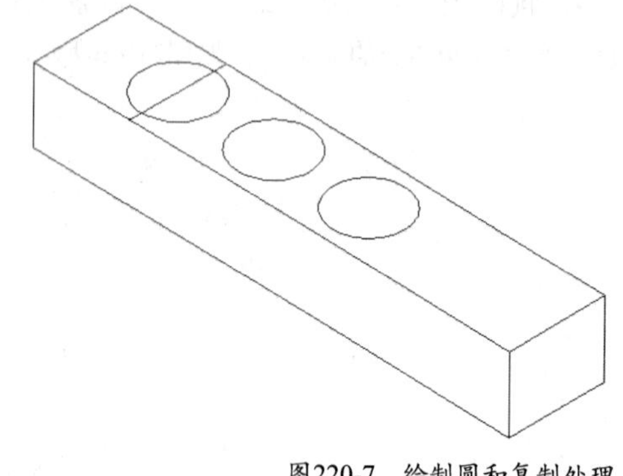

图220-7 绘制圆和复制处理

08 按F5键调节等轴测平面为“左视”。执行“修改>复制”命令，分别将3个圆向下复制8，效果如图220-8所示。

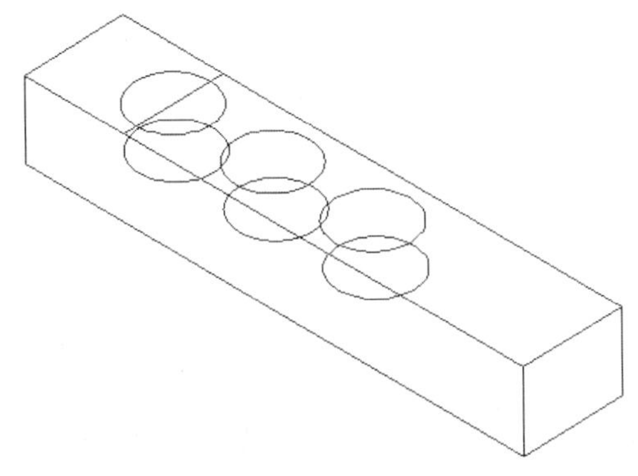

图220-8　复制处理

09 执行“修改>修剪”命令，对图形进行修剪，效果如图220-9所示。

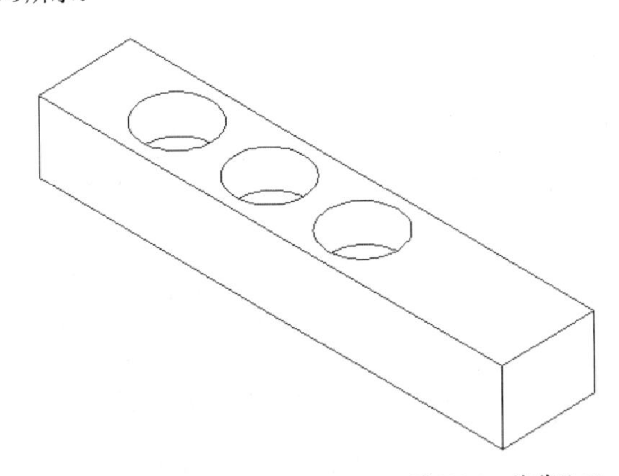

图220-9　修剪处理

10 按F5键调节等轴测平面为“俯视”。执行“修改>复制”命令，将左侧长20的直线向右复制80、95。按F5键调节等轴测平面为“右视”。再将复制得到的直线分别向下复制15；将左侧2条长100的直线向上复制10。执行“绘图>直线”命令，连接各点，效果如图220-10所示。

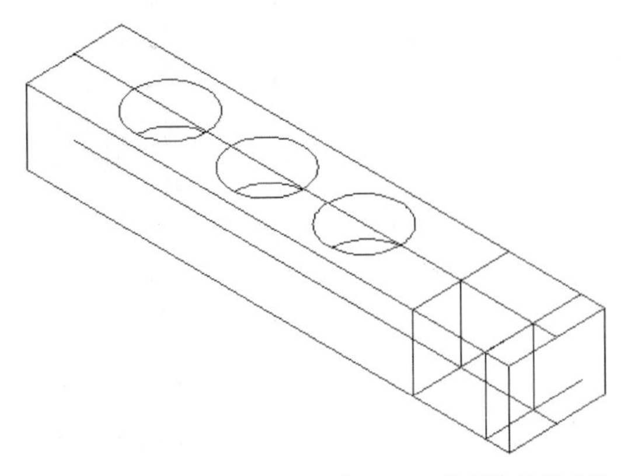

图220-10　复制和绘制直线

11 执行“修改>修剪”命令，对图形进行修剪，效果如图220-11所示。

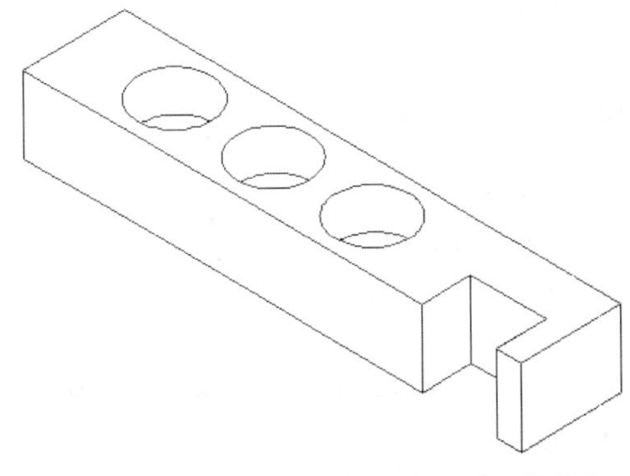

图220-11　修剪处理

练习220　绘制后盖板轴测图

练习位置	DVD>练习文件>第8章>练习220.dwg
难易指数	★★★☆☆
技术掌握	掌握巩固各种绘图命令

操作指南

参照“实战220”案例进行制作。

根据本例所学知识，在等轴测模式下绘制如图220-12所示的图形。

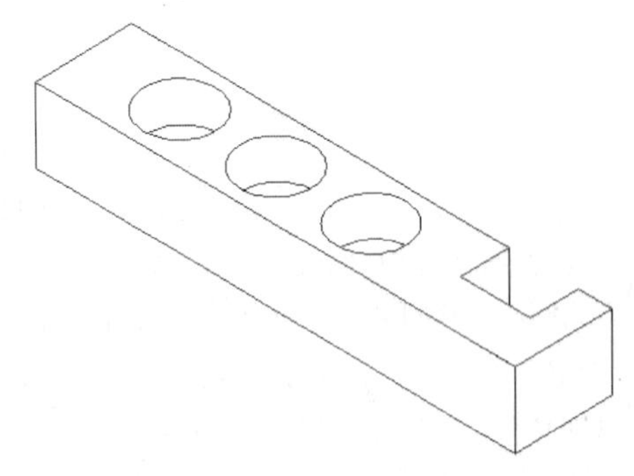

图220-12　绘制后盖板轴测图

实战221　绘制垫铁轴测图

实战位置	DVD>实战文件>第8章>实战221.dwg
视频位置	DVD>多媒体教学>第8章>实战221.avi
难易指数	★★★☆☆
技术掌握	掌握轴底座实体模型的规定画法

实战介绍

本实战运用基础的绘图工具来介绍剖面图。案例最终效果如图221-1所示。

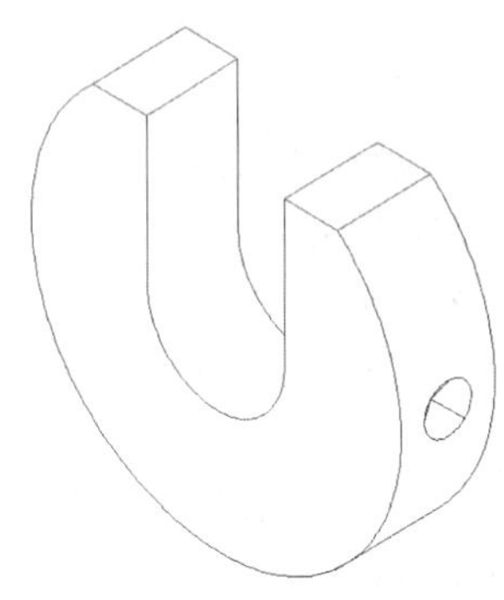

图221-1　最终效果

制作思路

• 使用直线和等轴测圆绘图工具绘制其轮廓线，再使用修剪复制等命令修改，即得到如图221-1所示的图形。

制作流程

01 打开AutoCAD 2013，创建一个新的AutoCAD文件，文件名默认为“Drawing1.dwg”。

02 执行“工具>绘图设置”命令，弹出“草图设置”对话框，选中“启用捕捉”复制框和“等轴侧捕捉”，关闭对话框。

03 按F8键开启正交模式，按F5键调节等轴测平面为“左视”，执行“绘图>直线”命令，在绘图区指定起点，绘制一条水平直线a，再绘制一条垂直于该直线的直线b，效果如图221-2所示。

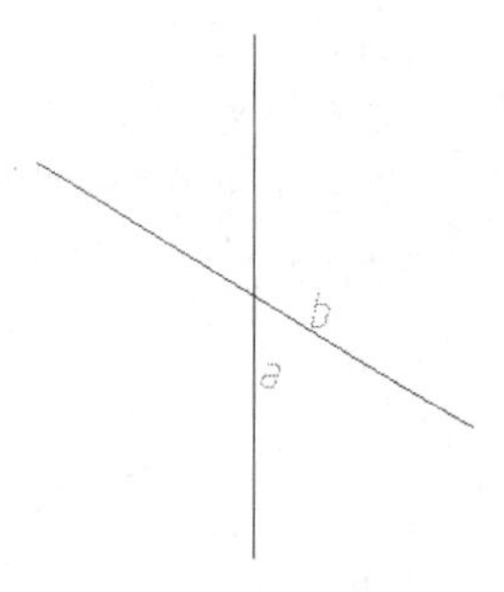

图221-2 绘制直线

04 执行“绘图>椭圆”命令，输入I，以直线a、b的交点为圆心，绘制半径分别为15、40的同心圆；执行“修改>复制”命令，将直线b向上复制30，将直线a向左和向右分别复制15，效果如图221-3所示。

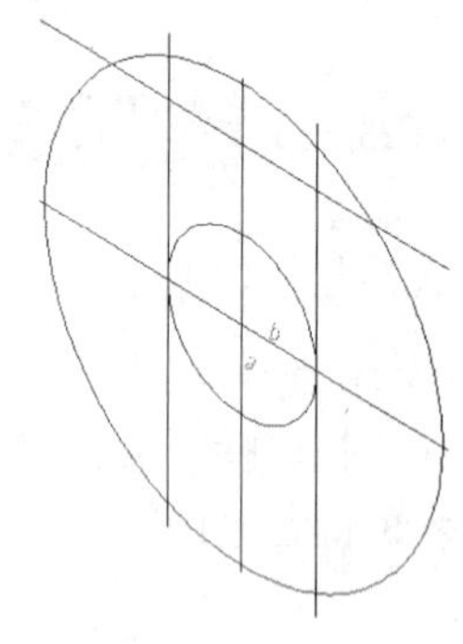

图221-3 绘制同心圆

05 执行“修改>修剪”命令，对图形进行修剪，效果如图221-4所示。

06 执行“修改>复制”命令，按F5键调节等轴测平面为“俯视”，将修剪的图形向左复制20，效果如图221-5所示。

07 执行“绘图>直线”命令，绘制连接象限点A和A1的直线，绘制直线连接端点B和B1、C和C1、E和E1的直线，效果如图221-6所示。

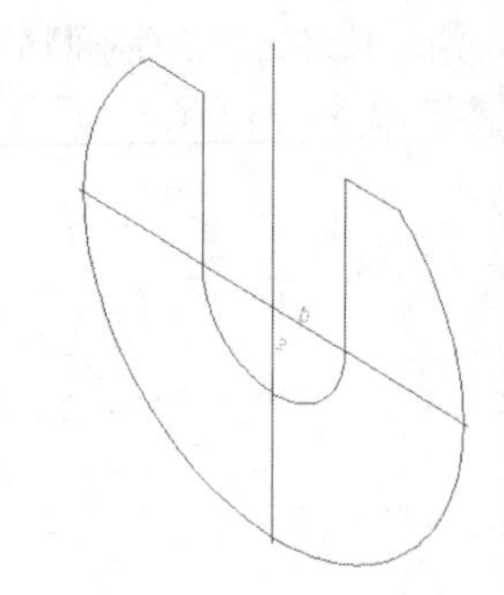

图221-4 修剪处理

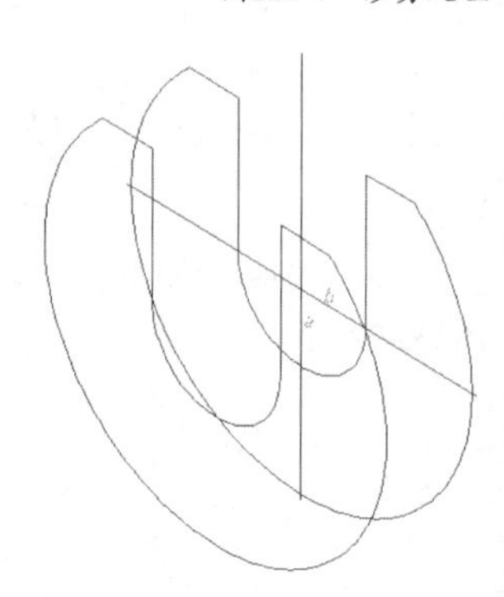

图221-5 复制处理

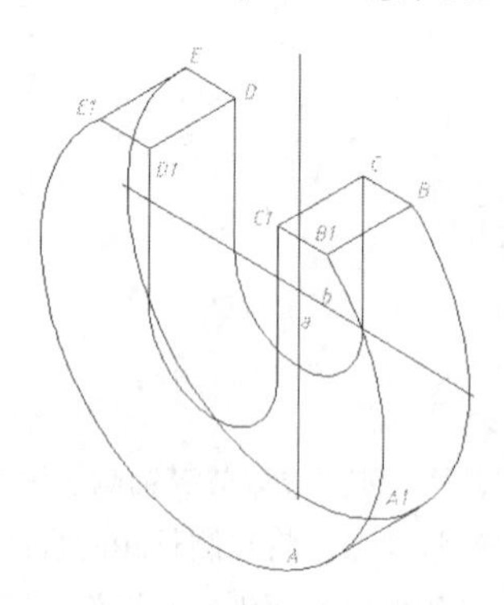

图221-6 绘制直线

08 执行“修改>修剪”命令，对图形进行修剪和删除，效果如图221-7所示。

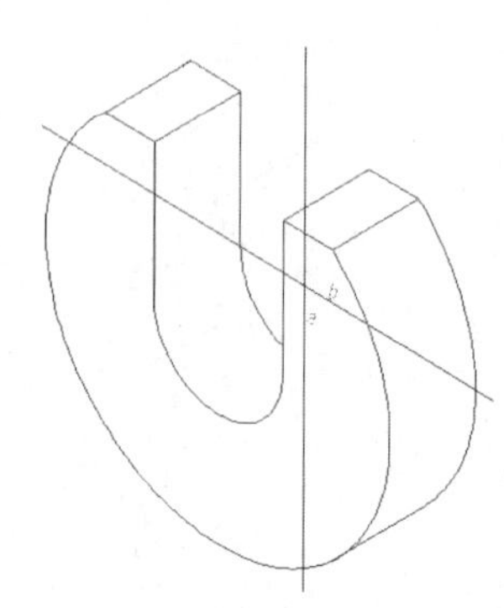

图221-7 修剪、删除处理

09 执行“绘图>直线”命令，以直线a、b的交点为起点向左绘制一条任意长度的直线c；执行“修改>复制”命令，将直线b向左复制10，将直线c向下分别复制35、40，效果如图221-8所示。

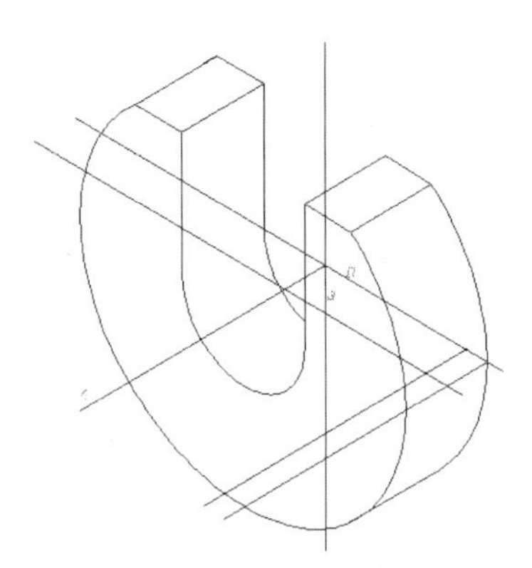

图221-8　绘制直线、复制处理

10 执行“绘图>椭圆”命令，输入I，按F5键调节等轴测平面为“右视”，以交点O为圆心，绘制半径为5的圆，效果如图221-9所示。

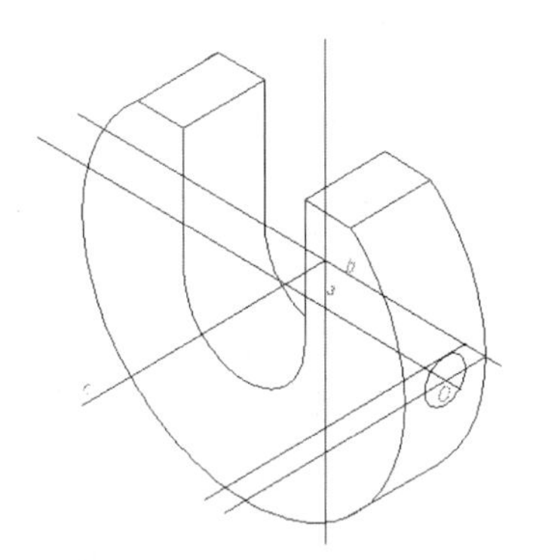

图221-9　绘制圆

11 执行“绘图>直线”命令，分别捕捉圆O的3个切点，绘制3条直线连接切点与圆O，效果如图221-10所示。

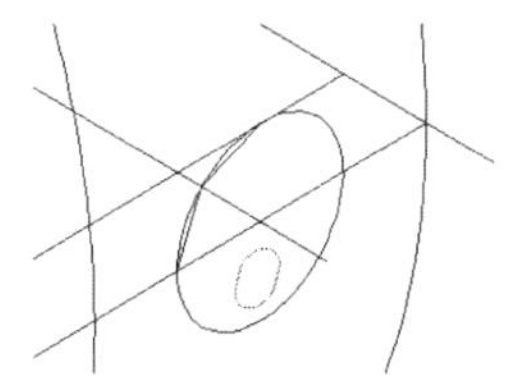

图221-10　绘制直线

12 执行“修改>修剪”命令，对图形进行修剪和删除，效果如图221-1所示。

13 执行“另存为”命令，将图形另存为“实战221.dwg”。

练习221　绘制垫铁轴测图

练习位置	DVD>练习文件>第8章>练习221.dwg
难易指数	★★★☆☆
技术掌握	掌握巩固各种绘图命令

操作指南

参照“实战221”案例进行制作。

新建文件，使用等轴测圆和直线工具绘制如图221-11所示的图形。

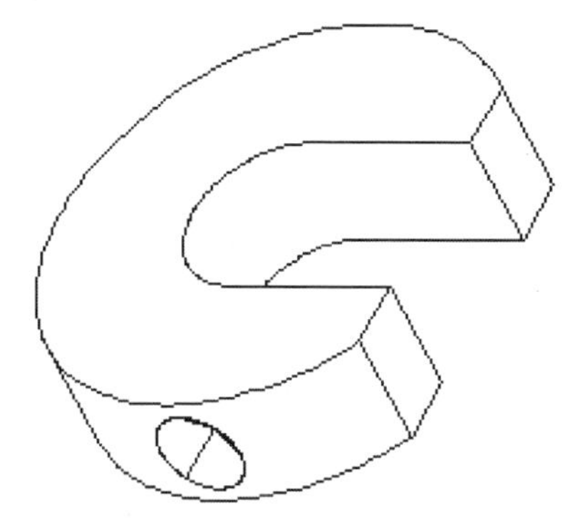

图221-11　绘制垫铁轴测图

实战222　绘制联轴器轴轴测图

实战位置	DVD>实战文件>第9章>实战222.dwg
视频位置	DVD>多媒体教学>第9章>实战222.avi
难易指数	★★★☆☆
技术掌握	掌握轴底座实体模型的规定画法

实战介绍

在本例中将讲解绘制联轴器轴轴测图的方法。最终效果如图222-1所示。

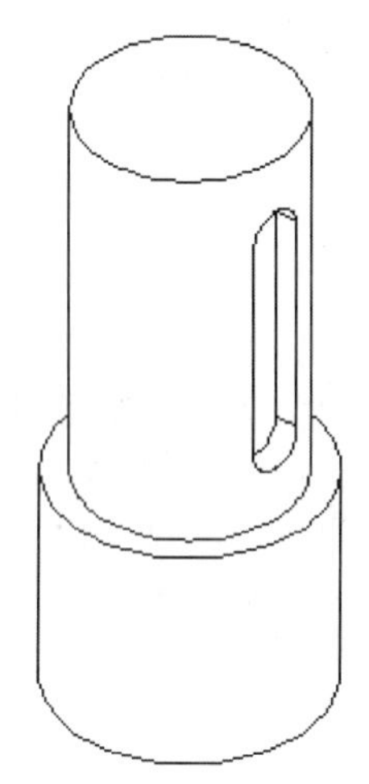

图222-1　最终效果

制作思路

• 使用直线和等轴测圆绘图工具绘制其初步轮廓线，再使用修剪、复制等命令修改，即得到如图222-1所示的图形。

制作流程

01 执行“文件>新建”命令，新建一个CAD文件。然后执行“工具>绘图设置”命令，弹出“草图设置”对话框，选中“启用捕捉”复选框和“等轴测捕捉”，关闭对话框。

02 按F8键开启正交模式，按F5键调节等轴测平面为“左视”，执行“绘图>直线”命令，在绘图区指定起点，绘制一条长度为100的水平直线b，以该直线的中点为起点，绘制一条长为110并垂直于该直线的直线a，效果如图222-2所示。

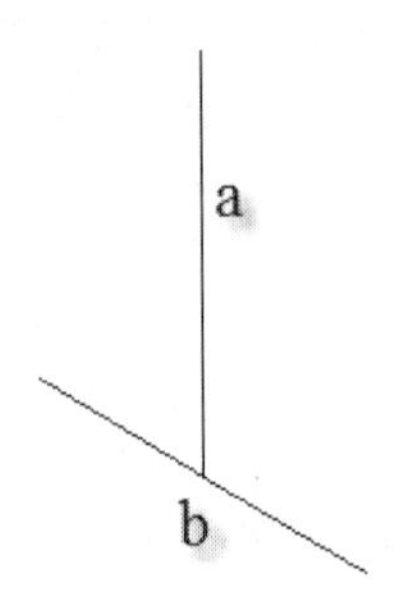

图222-2　绘制直线

03 执行“修改>复制”命令，按F5键调节等轴测平面为“右视”，将直线b向上分别复制40、110，效果如图222-3所示。

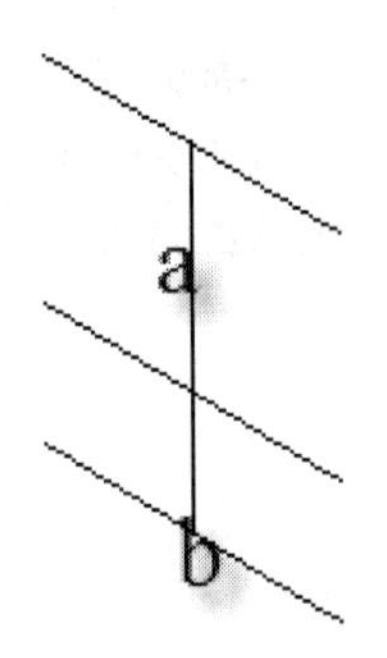

图222-3　复制处理

04 执行“绘图>椭圆”命令，输入I，以交点o1为圆心，绘制半径为25的圆；以交点o2为圆心，绘制半径分别为20、25的同心圆；以o3为圆心，绘制半径为20的圆，效果如图222-4所示。

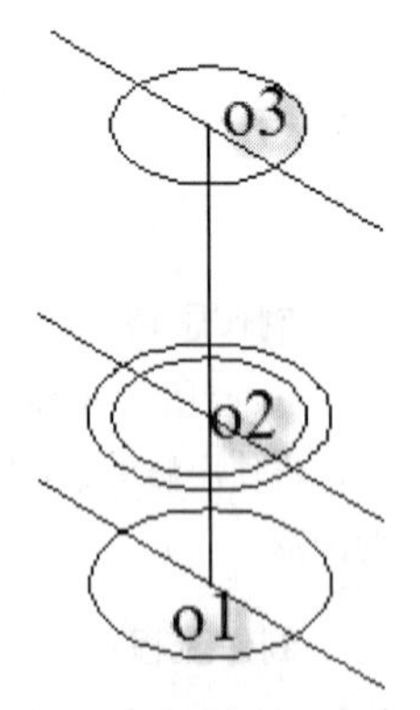

图222-4　绘制圆

05 执行“绘图>直线”命令，绘制分别连接象限A和A1、B和B1、C和C1、D和D1的直线，效果如图222-5所示。

06 执行“修改>修剪”命令,对图形进行修剪，效果如图222-6所示。

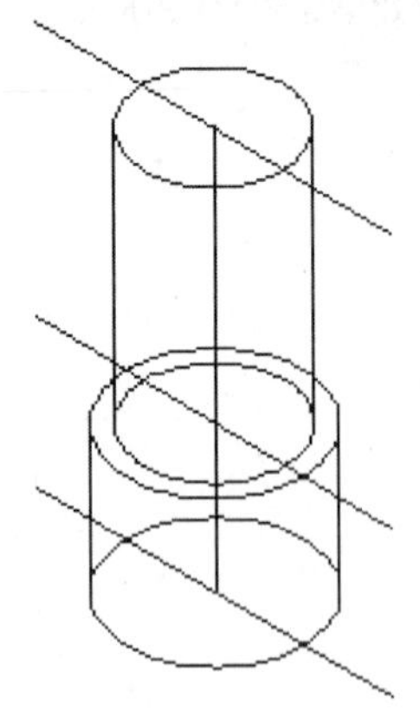

图222-5　绘制直线

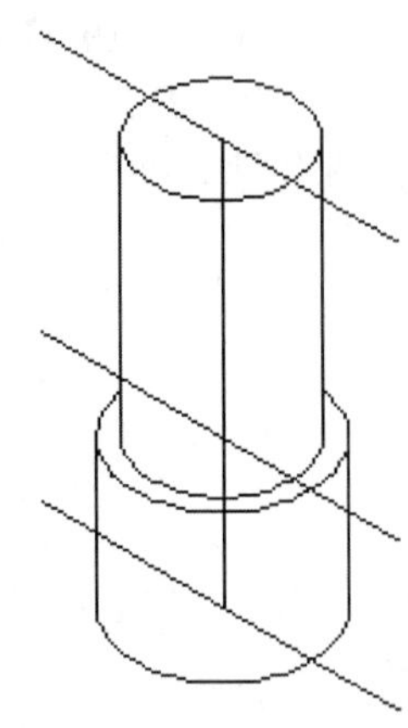

图222-6　绘制直线、圆

07 执行“修改>复制”命令，按F5键调节等轴测平面为“左视”，将圆o3向下分别复制15、55，将直线a向右复制20，效果如图222-7所示。

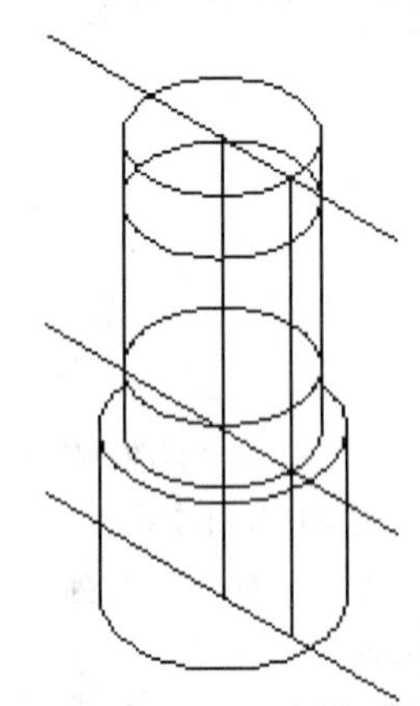

图222-7　复制处理

08 执行“绘图>椭圆”命令，输入I，分别以如图所指的交点为圆心，绘制2个半径为5的圆，效果如图222-8所示。

09 执行“修改>复制”命令，按F5键调节等轴测平面为“俯视”，将箭头所指的直线向左和向右分别复制5；将绘制的圆和复制的直线向上复制5，效果如图222-9所示。

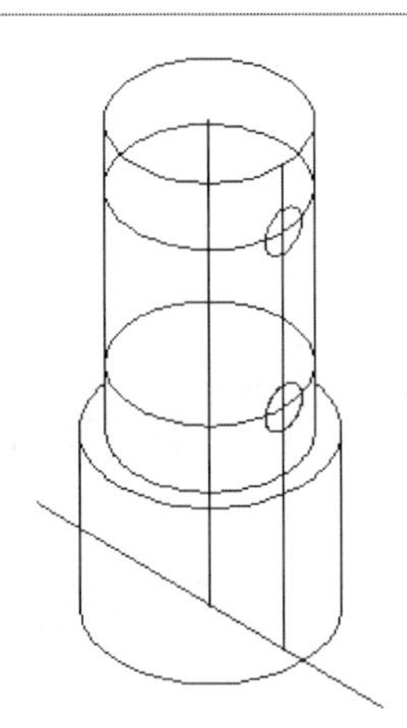

图222-8　绘制圆

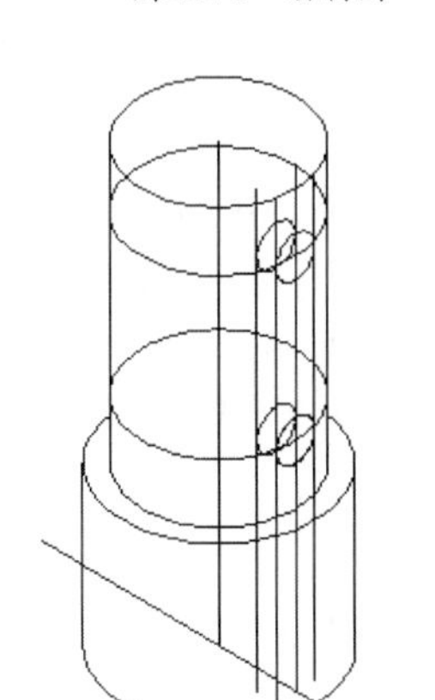

图222-9　修剪、删除、移动、复制处理

10 执行“绘图>直线”命令，绘制连接交点D和D1、E和E1的直线，效果如图222-10所示。

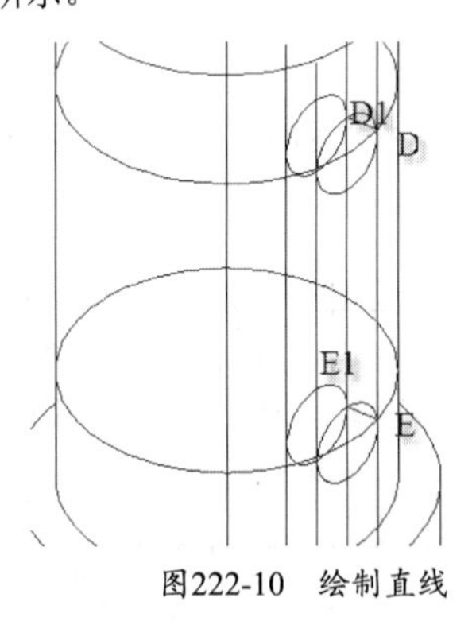

图222-10　绘制直线

11 执行“修改>修剪”命令，对图形进行修剪和删除，效果如图222-1所示。

12 执行“另存为”命令，将文件另存为“实战222.dwg”。

技巧与提示

本例中介绍了绘制联轴器轴测图的方法，读者应主要掌握对于联轴器轴测图的规定画法。

练习222　绘制联轴器轴轴测图

练习位置	DVD>练习文件>第8章>练习222.dwg
难易指数	★★★☆☆
技术掌握	掌握巩固轴的轴测图的画法

操作指南

参照“实战222”案例进行制作。

使用等轴测圆绘制图形，并更改其半径比例，绘制得到如图222-11所示的图形。

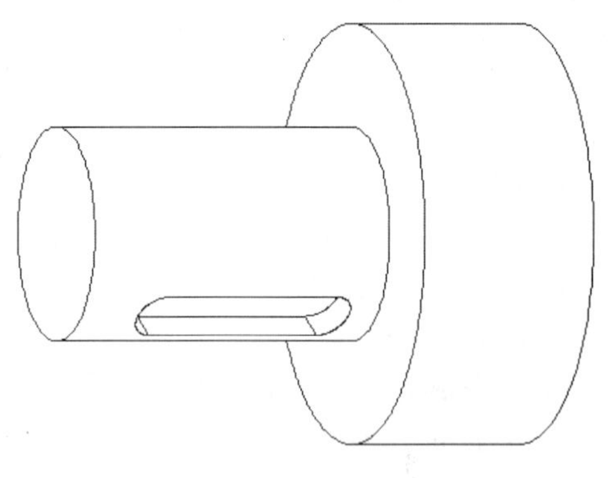

图222-11　绘制联轴器轴轴测图

第9章 三维绘图基础和简单图形绘制

本章学习要点：

UCS坐标系的建立及修改

视点预设及三维视图的选择

简单三维绘图工具的使用

三维修改工具的使用

三维实体的编辑及操作

利用二维绘图工具绘制三维模型

绘制简单的三维模型

实战223 建立用户坐标系

实战位置	DVD>实战文件>第9章>实战223.dwg
视频位置	DVD>多媒体教学>第9章>实战223.avi
难易指数	★★★☆☆
技术掌握	掌握建立用户坐标系的方法

实战介绍

在三维建模中也有世界坐标系（通用坐标系）和用户坐标系两种。在三维绘图中经常会用到用户坐标系。用户在通用坐标系中，按照需要定义的任意坐标系称为用户坐标系，简称UCS。用户可将UCS的原点放在任何位置，也可以指定任何方向为x轴的正方向。该坐标系方向符合右手法则。在用户坐标系中，坐标的输入方式与世界坐标系相同，但坐标值不是相对于世界坐标系，而是相对于当前用户坐标系。效果如图223-1所示。

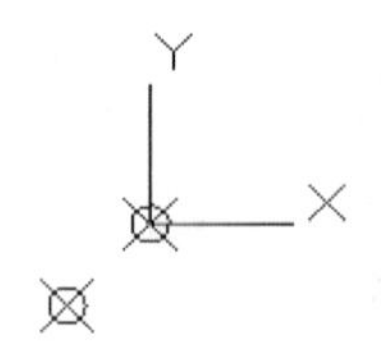

图223-1 最终效果

制作思路

- 通过调用UCS命令和UCS的设置建立新的如图223-1所示的坐标系。

制作流程

01 打开AutoCAD 2013，创建一个新的AutoCAD文件，文件名默认为“Drawing1.dwg”，此时的工作空间一般为“AutoCAD经典”。执行“工具>工作空间>三维建模”菜单命令，将工作空间转换为三维空间，此时将在工作空间的常用面板显示“功能区”选项板，如图223-2所示。在该选项板中显示了大部分三维绘图与编辑命令。

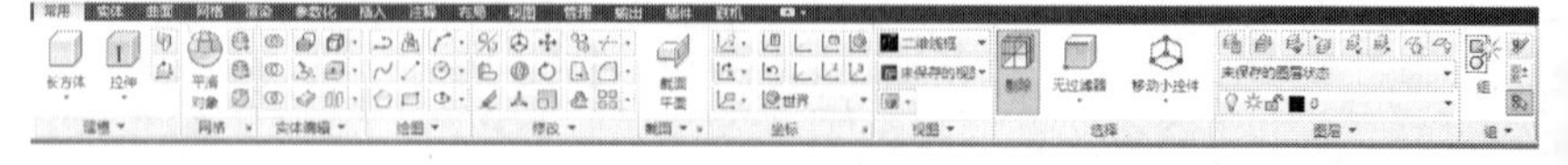

图223-2 “面板”选项板

02 在绘图区的左下角显示当前系统的坐标系，如图223-3所示。

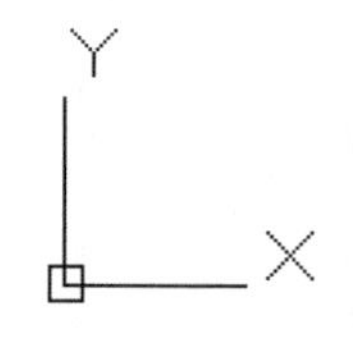

图223-3 当前坐标系样式

03 执行“工具>新建UCS>原点”菜单命令，重新定义用户坐标系的坐标原点为（100,100,100）。

04 执行“工具>命名UCS”菜单命令，弹出“UCS”对话框，如图223-4所示。

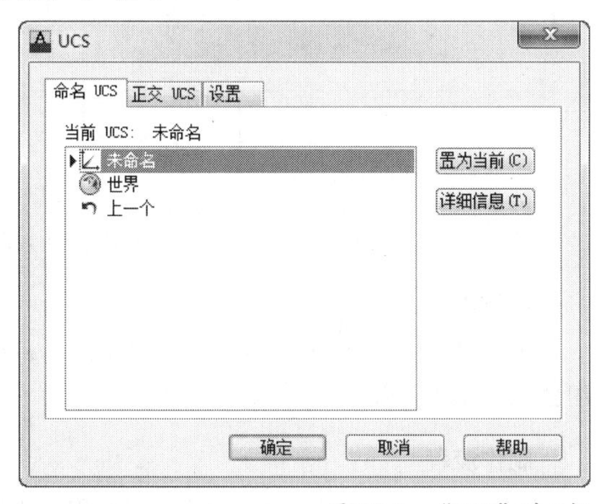

图223-4　“UCS”对话框

05 在“未命名”坐标系选项上右击，在弹出的快捷菜单中选择“重命名”选项，则该坐标系名称处于可编辑状态，修改其名称为“新坐标系”，修改完成后按回车键结束编辑，如图223-5所示。

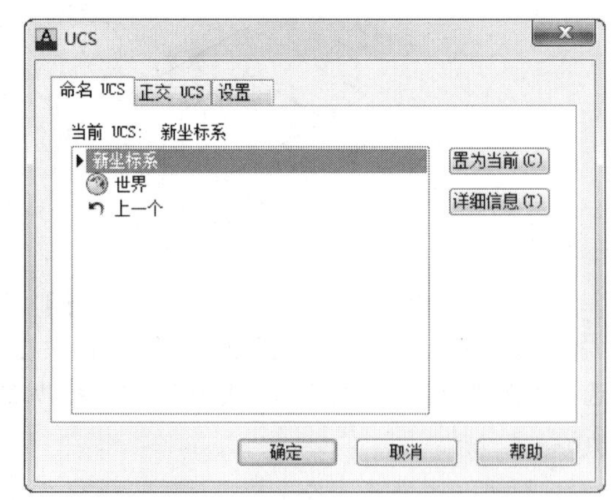

图223-5　修改坐标系名称

06 执行“格式>点样式”菜单命令，弹出“点样式”对话框，选择点样式为第二排第四个，如图223-6所示，完成设置。

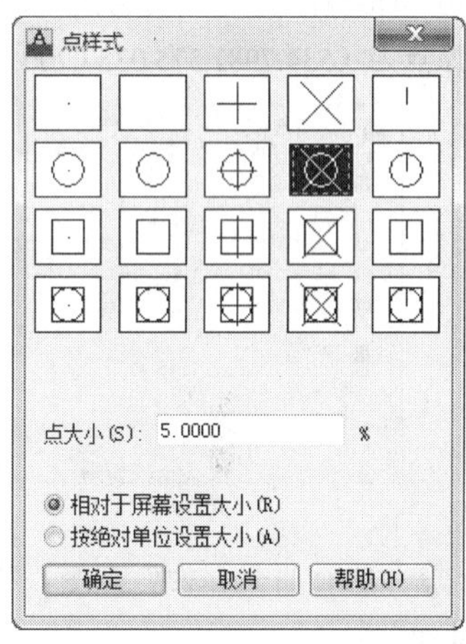

图223-6　选择点样式

07 执行“绘图>点”命令，结果如图223-7所示。

```
命令：_point
当前点模式：  PDMODE=35  PDSIZE=0.0000
指定点：0,0,0
命令：_point
当前点模式：  PDMODE=35  PDSIZE=0.0000
指定点：100,100,100
命令：_point
当前点模式：  PDMODE=35  PDSIZE=0.0000
指定点：*取消*   //按Esc键结束绘制
```

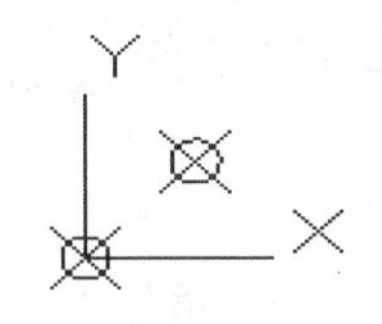

图223-7　绘制点

08 在命令行输入UCS，重新定义用户坐标系，结果如图223-8所示。命令行提示如下：

```
命令：ucs
当前UCS名称：新坐标系
指定UCS的原点或[面(F)/命名(NA)/对象(OB)/上一个(P)/视图(V)/世界(W)/X/Y/Z/Z轴(ZA)] <世界>:
100,100,100
```

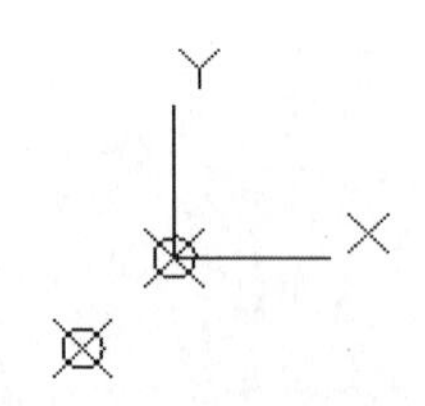

图223-8　世界坐标系下点的位置关系

09 执行“工具>命名UCS”菜单命令，弹出“UCS”对话框，当前坐标系为“未命名”，点击“详细信息”，弹出“UCS详细信息”对话框，如图223-9所示。当前坐标系原点为（534.7982,575.0337,200）。

UCS 详细信息

名称：未命名

原点	X 轴	Y 轴	Z 轴
X: 534.7982	X: 1.0000	X: 0.0000	X: 0.0000
Y: 575.0337	Y: 0.0000	Y: 1.0000	Y: 0.0000
Z: 200.0000	Z: 0.0000	Z: 0.0000	Z: 1.0000

相对于：世界

确定

图223-9　当前坐标系信息

10 执行“另存为”命令，将文件另存为“实战223.dwg”。

技巧与提示

用户可将UCS的原点放在任何位置，也可以指定任何方向为x轴的正方向。该坐标系方向符合右手法则。在用户坐标系中，坐标的输入方式与世界坐标系相同，但坐标值不是相对于世界坐标系，而是相对于当前用户坐标系。（右手法则：①要标注z轴的正轴方向，就将右手背对着屏幕放置，拇指指向x轴的正方向，伸出食指和中指，食指指向y轴的正方向，中指所指示的方向即是z轴的正方向。②要确定坐标轴的正旋转方向，用右手的大拇指指向轴的正方向，弯曲手指，那么手指所指示的方向即是轴的正旋转方向。）

在本例中通过在三维建模空间中绘制最基本的三位点，介绍了用户坐标系的建立与修改方法。

练习223　设置UCS坐标系

练习位置	DVD>练习文件>第9章>练习223.dwg
难易指数	★★★☆☆
技术掌握	巩固用户坐标系建立的方法

操作指南

参照“实战223”案例进行制作

通过“UCS”命令，调整UCS坐标，最终要求得到如图223-10所示的图形。

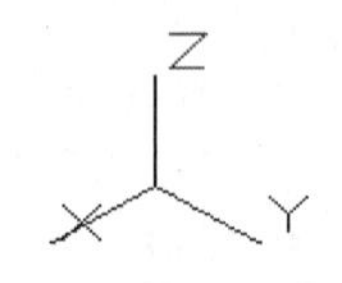

图223-10　设置UCS坐标系

实战224　利用视口显示图形

实战位置	DVD>实战文件>第9章>实战224.dwg
视频位置	DVD>多媒体教学>第9章>实战224.avi
难易指数	★★★☆☆
技术掌握	掌握多视口观察图形

实战介绍

通常三维模型建立后，因为通过屏幕只能看到某个侧面的模型信息，所以用户希望从多个角度对其进行观察，此时就需要用户对模型的观察方向进行定义。在AutoCAD中用户可以采用系统提供的观察方向对模型进行观察，也可以自定义观察方向。另外，在AutoCAD中用户还可以进行多视口观察。本例介绍各种系统提供的方向观察显示同一图形。案例效果如图224-1所示。

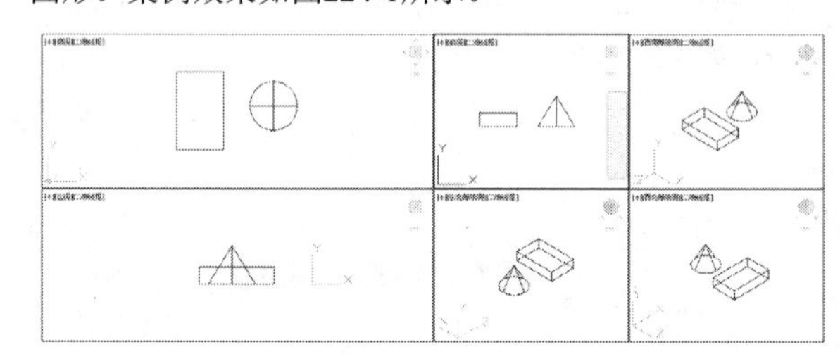

图224-1　最终效果

制作思路

- 在视图中添加多个不同角度的视口，即得到如图224-1所示的图形。

制作流程

01 执行“文件>打开”菜单命令，系统弹出“选择文件”对话框。打开“实战224原始图形.dwg”文件，如图224-2所示。

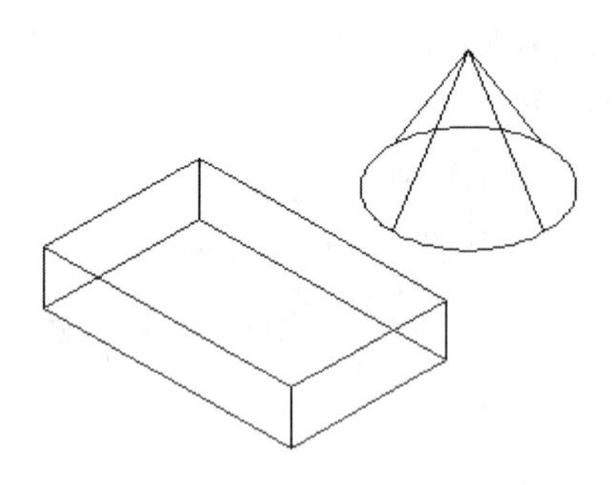

图224-2　原始图形

02 在“标准”工具栏上右击，在弹出的快捷菜单中选择“视图”选项，则弹出“视图”工具栏，如图224-3所示。

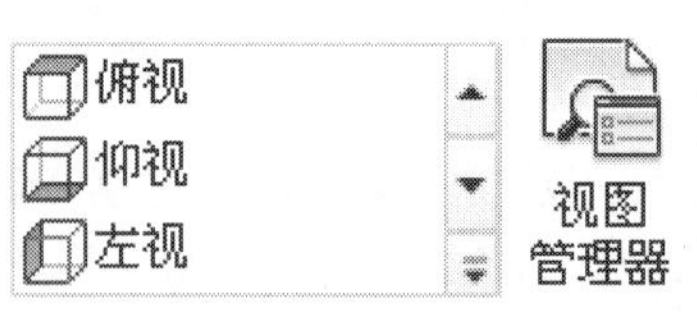

图224-3　“视图”工具栏

技巧与提示

在“视图”工具栏中提供了最基本的十种视图方向，选择任一按钮即得到该方向上的视图。执行“视图>三维视图”菜单命令，在其级联菜单中也列举了这十种视图方向。

03 执行“视图>三维视图>左视”命令，得到图形如图224-4所示。

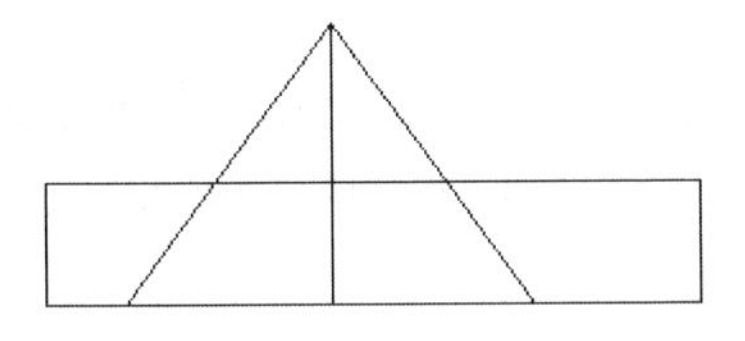

图224-4　左视图

04 执行“视图>三维视图>东北等轴测”菜单命令，得到视图结果如图224-5所示。

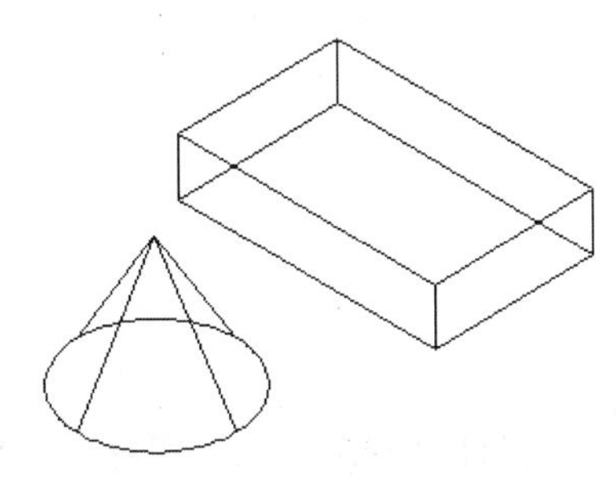

图224-5　东北等轴测视图

05 执行“视图>视口配置>三个视口：右”菜单命令，则三个视口显示如图224-6所示。

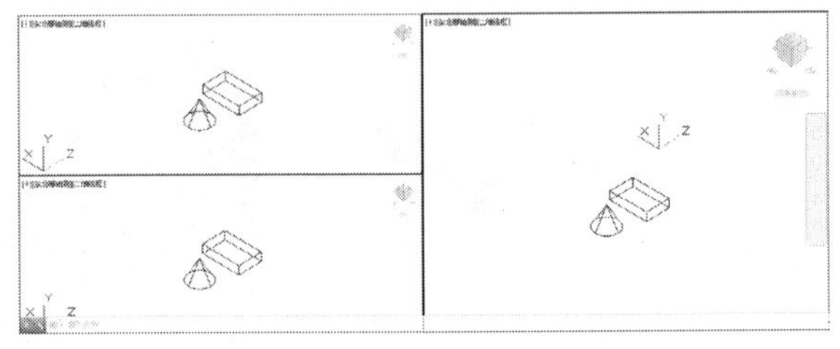

图224-6　用三视口显示图形

06 选择左上方视口，然后执行“视图>三维视图>俯视图”命令，则在该视图中显示图形的俯视图。同样修改左下方视口为“左视图”。结果如图224-7所示。

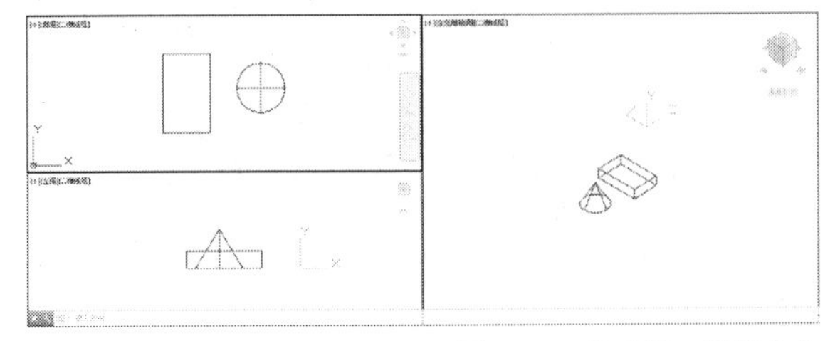

图224-7　修改视口视图方向

07 选择右侧视口，执行“视图>视口>四个视口”菜单命令，则将右侧视口分为大小相等的四个更小的视口，如图224-8所示。

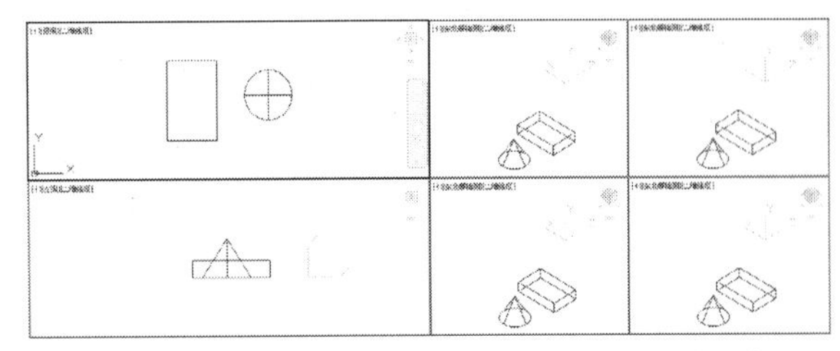

图224-8　将右侧视口分为四个视口

08 利用“视图”工具栏修改刚得到的四个小视口中的视图方向，得到结果如图224-9所示。

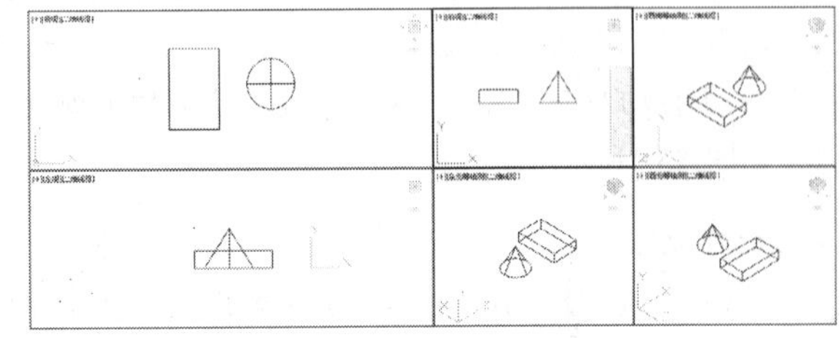

图224-9　修改视口的视图方向

09 执行“另存为”命令，将文件另存为“实战224.dwg”。

技巧与提示

在本例中利用各种系统提供的视图方向观察视图的方法。

练习224　建立视口

练习位置	DVD>练习文件>第9章>练习224.dwg
难易指数	★★★☆☆
技术掌握	掌握巩固多视口观察图形

操作指南

参照“实战224”案例进行制作。

在新的绘图环境中，设置视口，创建4个视口并绘制如图224-10所示的图形。

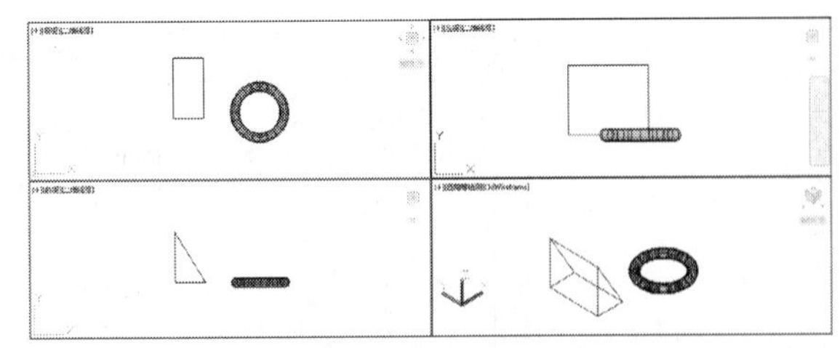

图224-10　建立视口

实战225　图形的视点观察与动态观察

原始文件位置	DVD>原始文件>第9章>实战225原始文件
实战位置	DVD>实战文件>第9章>实战225.dwg
视频位置	DVD>多媒体教学>第9章>实战225.avi
难易指数	★★★☆☆
技术掌握	动态观察和视点观察图形的画法

实战介绍

在本例中介绍视点观察图形和动态观察图形的方法。

效果如图225-1所示。

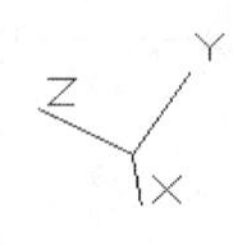

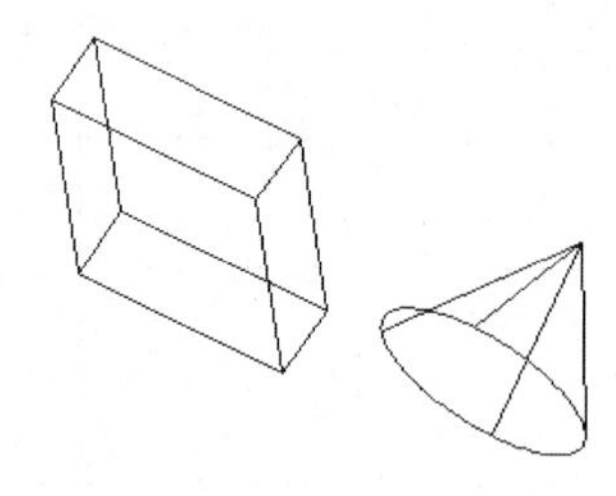

图225-1　最终效果

制作思路

• 打开源文件，进行视点预置，确定视点位置和角度，从而进行不同角度的观察。

• 进行动态观察时，可从各个角度全方位地观察图形，如图225-1所示。

制作流程

01 执行“文件>打开”命令，系统弹出“选择文件”对话框。打开“实战225原始文件.dwg”图形文件，如图225-2所示。

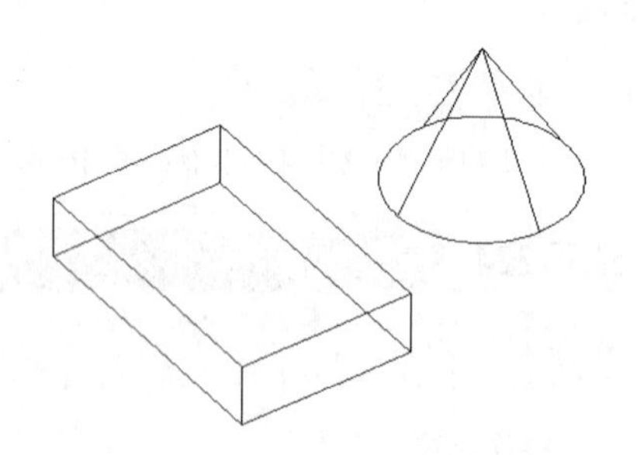

图225-2　原始图形

02 执行“视图>三维视图>视点预置”命令，弹出“视点预置”对话框，如图225-3所示。

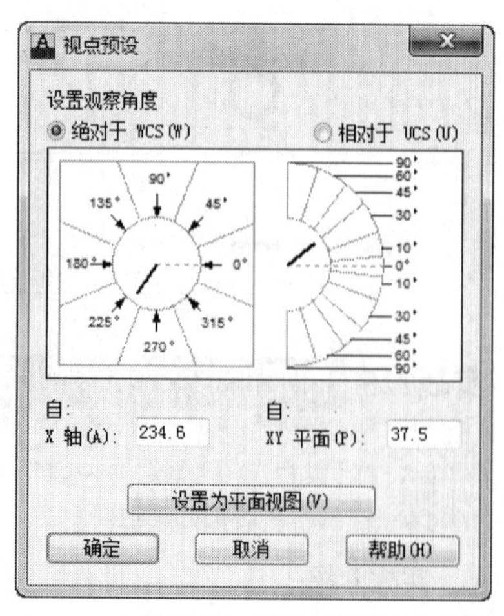

图225-3　“视点预置”对话框

技巧与提示

在“视点预置”对话框中，左侧的图形用于确定视点和原点的连线在xy平面的投影与x轴正方向的夹角；右侧的图形用于确定视点和原点的连线与其在xy平面的投影的夹角。用户也可以在自x轴和自xy平面两个编辑框内输入相应的角度。“设置为平面视图”按钮用于将三维视图设置为平面视图。用户设置好视点的角度后，关闭对话框，AutoCAD 2013则按该点显示图形。

03 修改观察角度为自x轴135和自xy平面60作为新视点得到的图形，得到结果如图225-4所示。

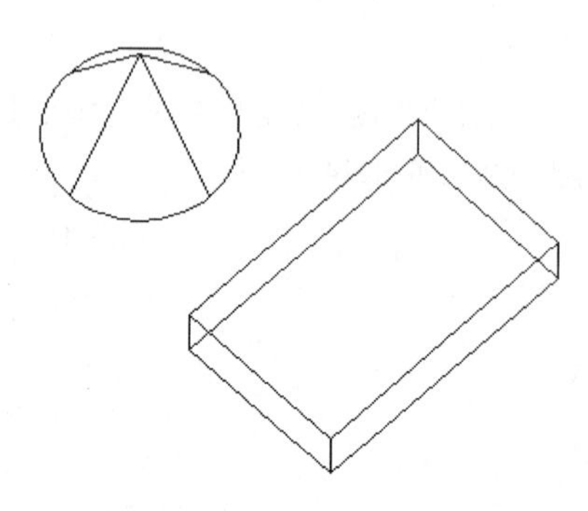

图225-4　修改视点角度

04 执行“视图>三维视图>视点”菜单命令，弹出“视点预置”对话框，用户可以通过罗盘和三轴架（如图225-5所示）确定视点。结果如图225-6所示。

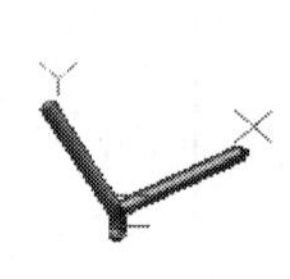
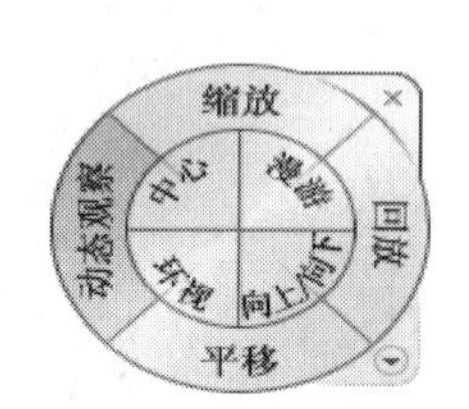

图225-5　罗盘和三轴架

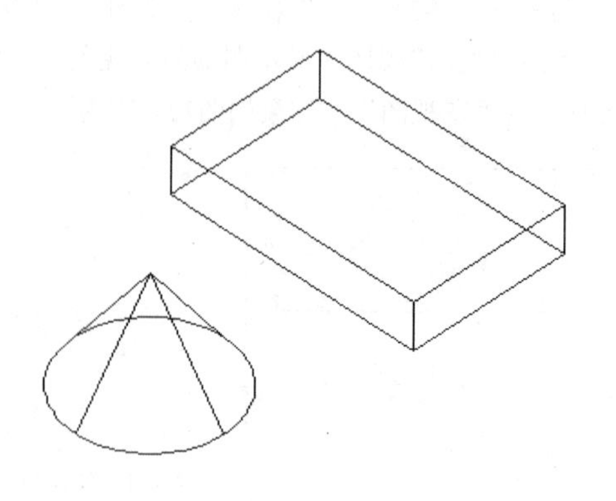

图225-6　修改视点后效果

技巧与提示

罗盘是以二维显示的地球仪，它的中心是北极（0,0,1），相当于视点位于z轴的正方向；内部的圆环为赤道（n,n,0）；外部的圆环为南极（0,0,-1），相当于视点位于z轴的负方向。罗盘相当于球体的俯视图，十字光标表示视点的位置。确定视点时，拖动鼠标使光标在坐标球移动时，三轴架的x、y轴也会绕z轴转动。三轴架转动的角度与光标在坐标使光标在坐标球移动时，三轴架的球上的位置相对应，光标位于坐标球的不同位置，对应的视点也不相同。当光标位于内环内部时，相当于视点在球体的上半球；当光标位于内环与外环之间时，相当于视点在球体的下半球。用户可根据需要确定好视点的位置后按回车键，系统可按该视点显示三维模型。

05 执行“视图>动态观察>自由动态观察”菜单命令，在当前视图出现一个绿色的大圆，在大圆上有四个绿色的小圆，如图225-7所示。此时通过拖动鼠标就可以对视图进行旋转观测。

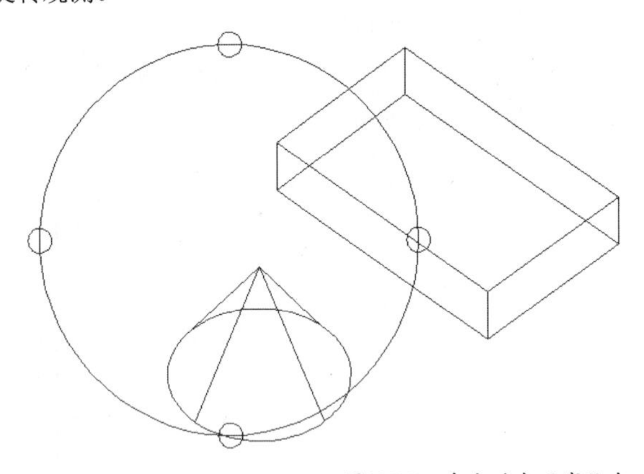

图225-7　自由动态观察状态

技巧与提示

在三维动态观测器中，查看目标的点被固定，用户可以利用鼠标来控制相机位置绕观察对象得到动态的观测效果。当鼠标在绿色大圆的不同位置进行拖动时，鼠标的表现形式是不同的，视图的旋转方向也不同。视图的旋转是由光标的表现形式和其位置决定的。鼠标在不同位置的有不同的表现形式，拖动这些图标，可以分别对对象进行不同形式的旋转。也可以选择“动态观察”工具栏中的其他选项进行动态观察设置。

06 利用自由动态观察器可以从任意方向观察视图，修改观察方向，按回车键结束观察状态，结果如图225-8所示。

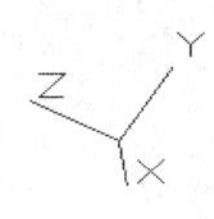

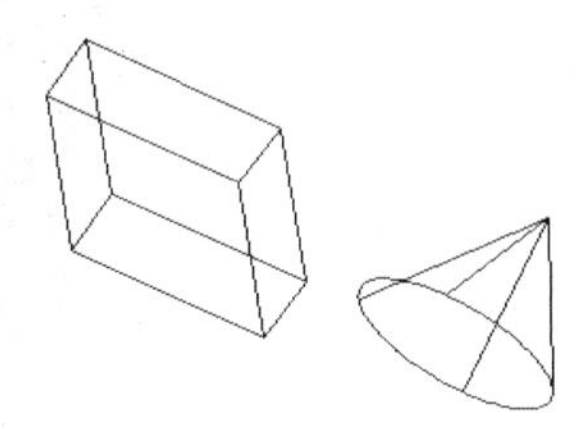

图225-8　自由动态观察修改视图方向

07 执行“另存为”命令，将文件另存为“实战225.dwg”文件。

技巧与提示

在本例中通过介绍观察如图225-2所示的图形，简单介绍了用户自定义视点方向观察图形的方法。

练习225　视点观察动态观察图形

实战位置	DVD>练习文件>第9章>练习225.dwg
难易指数	★★★☆☆
技术掌握	巩固动态观察和视点观察图形的画法

操作指南

参照“实战225”进行操作。

将实战231中所绘制的正方体线框模型进行“视点观察”和“动态观察”操作，如图225-9所示。

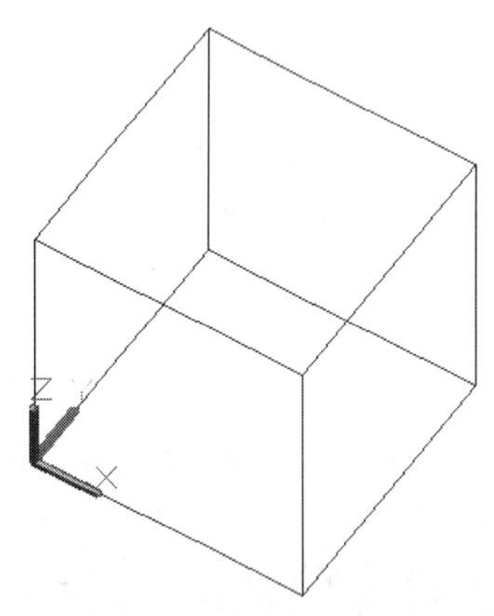

图225-9　视点观察和动态观察图形

实战226　利用透视图显示图形

原始文件位置	DVD>原始文件>第9章>实战226原始文件
实战位置	DVD>实战文件>第9章>实战226.dwg
视频位置	DVD>多媒体教学>第9章>实战226.avi
难易指数	★★★☆☆
技术掌握	掌握利用透视图显示图形

实战介绍

透视图是显示图形的一种方法，日常生活中见到的照片就是透视图。AutoCAD采用照相机的原理来建立透视图，用透视图来表达三维模型，会使其更真实。效果如图226-1所示。

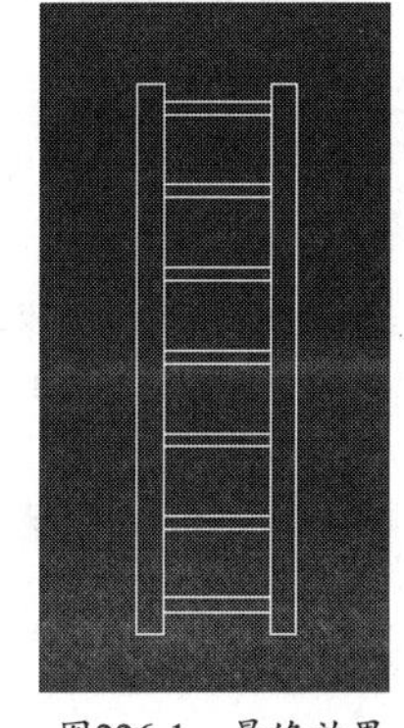

图226-1　最终效果

制作思路

• 打开源文件，启动透视图命令，并进行设置，即得到如图226-1所示的图形

制作流程

01 执行“文件>打开”命令，系统弹出“选择文件”对话框。打开“实战226原始文件.dwg”图形文件，如图226-2所示。

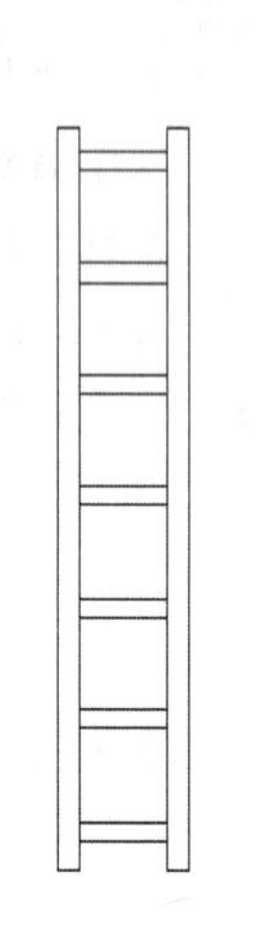

图226-2　原始图形

02 启动透视图命令。命令：DVIEW。命令行提示和操作内容如下：

```
命令：DVIEW
选择对象或 <使用DVIEWBLOCK>：找到1个//选择显示对象
选择对象或 <使用DVIEWBLOCK>://回车，结束选择
输入选项[相机(CA)/目标(TA)/距离(D)/点(PO)/平移(PA)/缩放(Z)/扭曲(TW)/剪裁(CL)/隐藏(H)/关(O)/放弃(U)]：D//选择距离D打开透视图模式
指定新的相机目标距离 <1.7321>：1200//输入相机与目标点之间的距离
输入选项[相机(CA)/目标(TA)/距离(D)/点(PO)/平移(PA)/缩放(Z)/扭曲(TW)/剪裁(CL)/隐藏(H)/关(O)/放弃(U)]：U///回车，结束命令
```

结果如图226-1所示。

技巧与提示

对于参数[距离（D）]选项，可以使用户沿观察方向将相机移近目标或远离目标。实际上，该选项还提供了另外一种功能，即打开透视图模式。选取此项后，绘图窗口顶部会出现一个滑动条，滑动条上有0x到16x的标记，如图226-3所示。标记的数字表示相机与目标间的距离的放大倍数，调整放大倍数可以改变相机与目标点之间的距离，距离的绝对值显示在状态栏上。

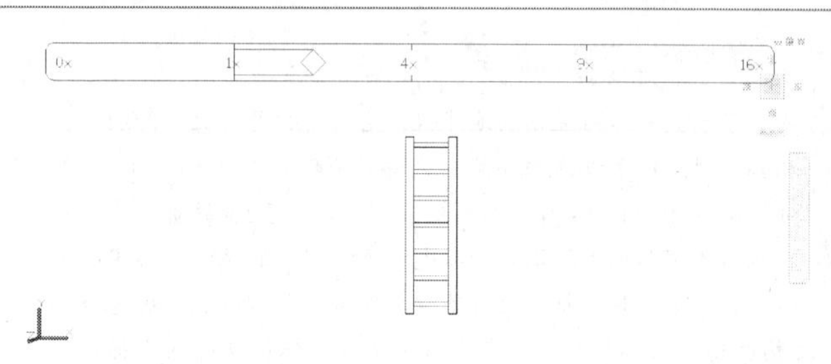

图226-3　调整距离

技巧与提示

在本例中通过介绍观察如图226-2所示的图形，简单介绍了利用透视图观察图形的方法。

练习226　利用透视图显示图形

实战位置	DVD>练习文件>第9章>练习226.dwg
难易指数	★★★☆☆
技术掌握	巩固透视图显示图形的的方法

操作指南

参照“实战226”进行操作。

绘制图226-4中所示的图形，利用透视图原理观察显示图形，结果如图226-5所示。

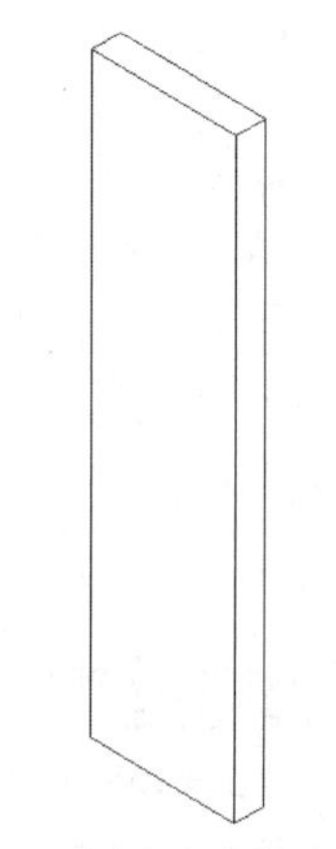

图226-4　图形原件

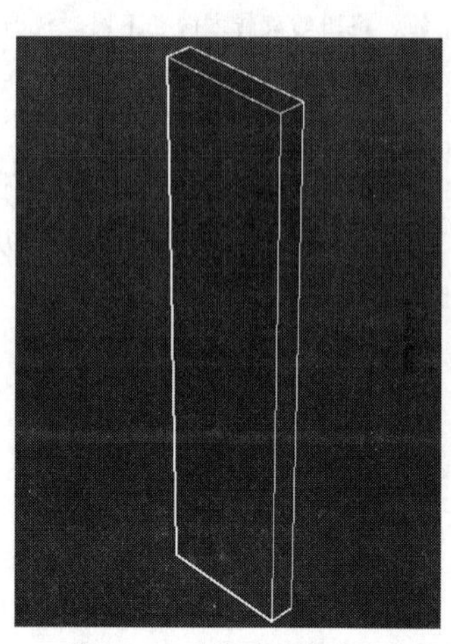

图226-5　透视图观察后的结果

实战227　绘制长方体线框模型

实战位置　DVD>实战文件>第9章>实战227.dwg
视频位置　DVD>多媒体教学>第9章>实战227.avi
难易指数　★★★☆☆
技术掌握　掌握绘制长方体线框模型方法

实战介绍

线框模型是使用直线和曲线的真实三维对象的边缘或骨架来表示三维对象。线框模型没有面和体的特征，既不能对其进行面积、体积、重心、转动惯量和惯性矩等的计算，也不能进行消隐、渲染等操作。本例中将绘制最简单的线框模型——长方体，本例最终效果如图227-1所示。

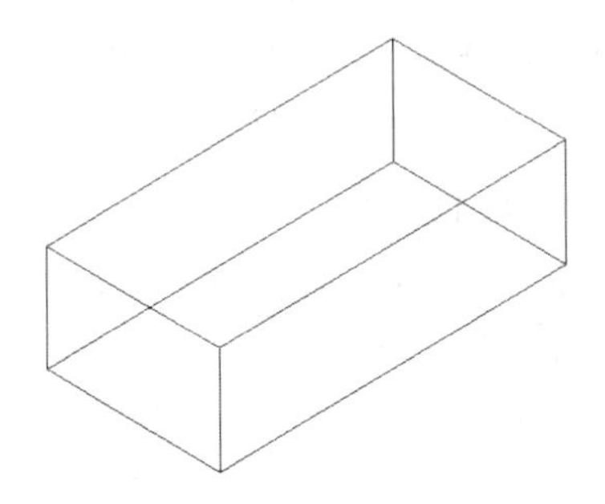

图227-1　最终效果

制作思路

• 首先打开AutoCAD 2013，然后进入操作环境，执行“直线”命令，做出如图227-1所示的图形。

制作流程

01 打开AutoCAD 2013，创建一个新的AutoCAD文件，文件名默认为“Drawing1.dwg”。

02 执行“视图>三维视图>俯视”命令，视图方向改为俯视图，坐标轴变为如图227-2所示样式。

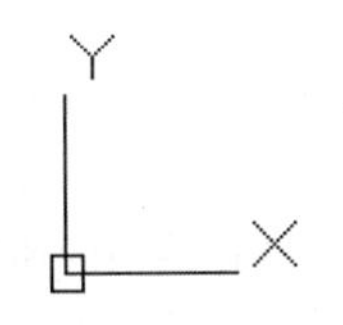

图227-2　俯视图方向的坐标轴

03 执行“绘图>直线”命令，绘制长为100，宽为50的矩形框，如图227-3所示。

图227-3　绘制矩形框

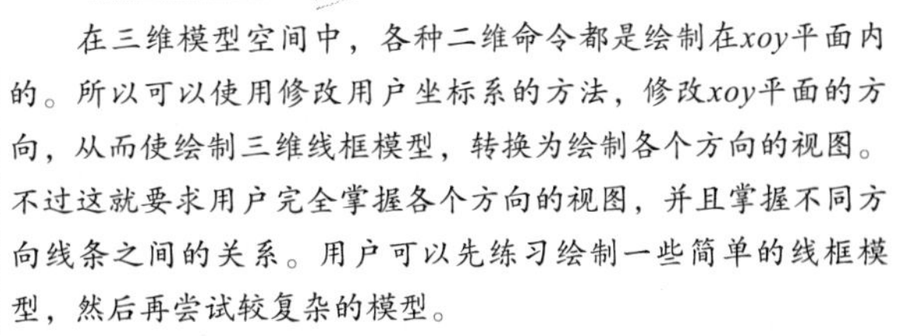

技巧与提示

在三维模型空间中，各种二维命令都是绘制在xoy平面内的。所以可以使用修改用户坐标系的方法，修改xoy平面的方向，从而使绘制三维线框模型，转换为绘制各个方向的视图。不过这就要求用户完全掌握各个方向的视图，并且掌握不同方向线条之间的关系。用户可以先练习绘制一些简单的线框模型，然后再尝试较复杂的模型。

04 执行“视图>三维视图>西南等轴测”命令，视图方向改为西南等轴测方向，矩形框变为如图227-4所示样式。

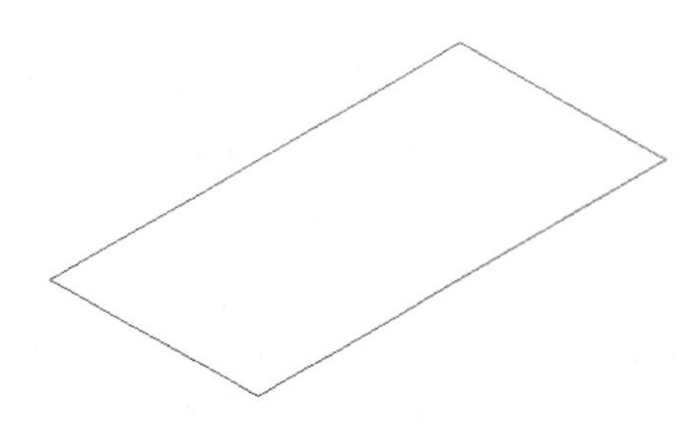

图227-4　西南等轴测方向的矩形框

05 执行“绘图>直线”命令，按F8开启正交模式，捕捉矩形左上方点，绘制竖直向下的长为30的直线，如图227-5所示。

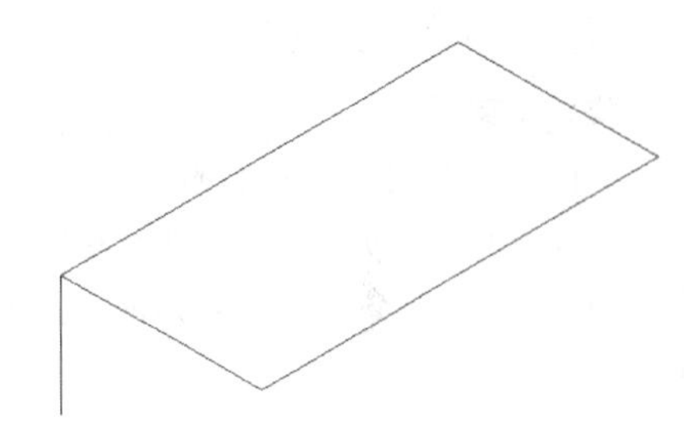

图227-5　绘制长方体的高

06 再次执行“绘图>直线”命令，向右下方移动鼠标，并捕捉矩形框左下方角点，向下延伸，如图227-6所示。点击左键，得到长方体的一条边。向上移动鼠标，捕捉指定直线下一端点为矩形框左下方角点，得到长方体的左侧面，如图227-7所示。

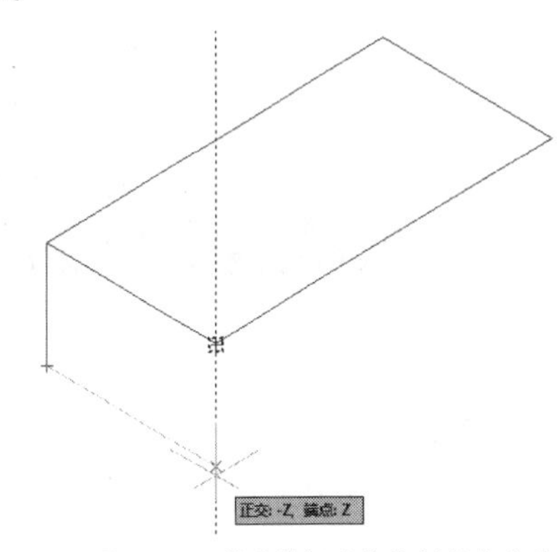

图227-6　利用捕捉延伸绘制长方体边

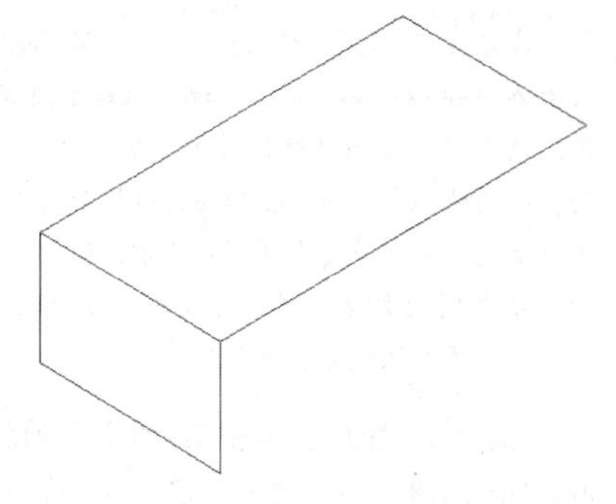

图227-7　长方体的左侧面

07 再次执行“绘图>直线”命令，利用捕捉追踪功能，绘制长方体的其余面，得到结果如图227-1所示。

技巧与提示

在三维模型空间中对象捕捉和追踪功能并不是如二维空间中方便，要特别小心，保证图形的精确性。在本例中因知道各边的尺寸，在绘制时可以只在正交模式，确定方向后，给定尺寸即可，不是必须使用对象捕捉追踪功能。

08 执行“保存”命令，将文件另存为“实战227.dwg”。

练习227　正方体线框模型

实战位置	DVD>练习文件>第9章>练习227.dwg
难易指数	★★★★☆
技术掌握	巩固绘制长方体线框模型方法

操作指南

参照“实战227”案例进行制作。

首先打开场景文件，然后进入操作环境，利用本例所学的方法，绘制如图227-8所示的正方体，长、宽和高都为50。

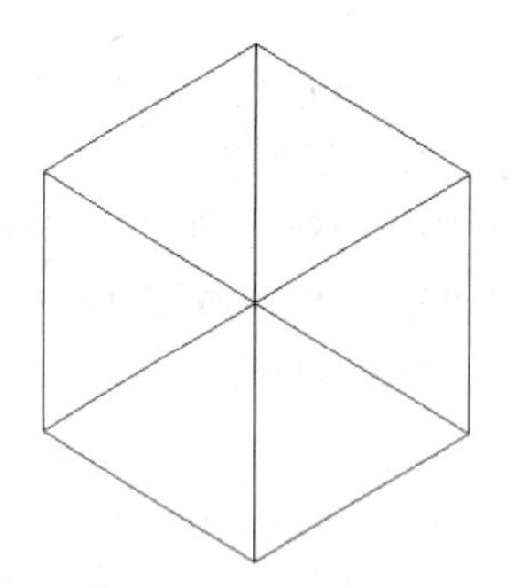

图227-8　绘制正方体线框模型

实战228　绘制长方体的两种方法

实战位置	DVD>实战文件>第9章>实战228.dwg
视频位置	DVD>多媒体教学>第9章>实战228.avi
难易指数	★★☆☆☆
技术掌握	掌握三为基础建模的规定画法

实战介绍

长方体是最基本的几何构型，在本例中将讲解绘制。案例效果如图228-1所示。

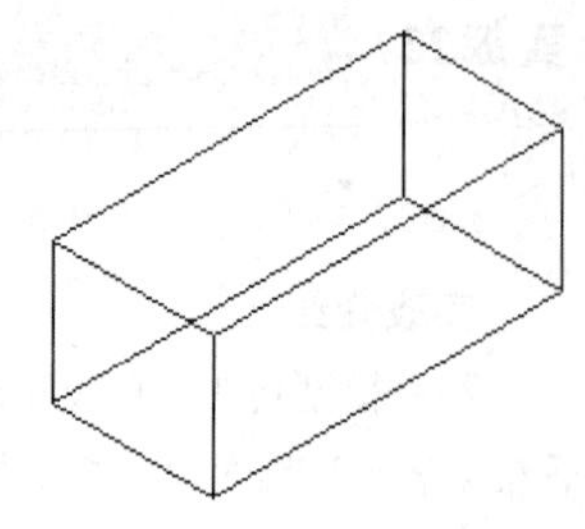

图228-1　最终效果

制作思路

• 绘制长方体，可直接使用建模中的长方体及按模绘制，还可以通过拉伸命令将一个矩形拉伸为长方体，得到如图228-1所示的图形。

制作流程

01 打开AutoCAD 2013，创建一个新的AutoCAD文件，文件名默认为“Drawing1.dwg”。执行“三维工具>建模>长方体”命令，效果如图228-2所示。

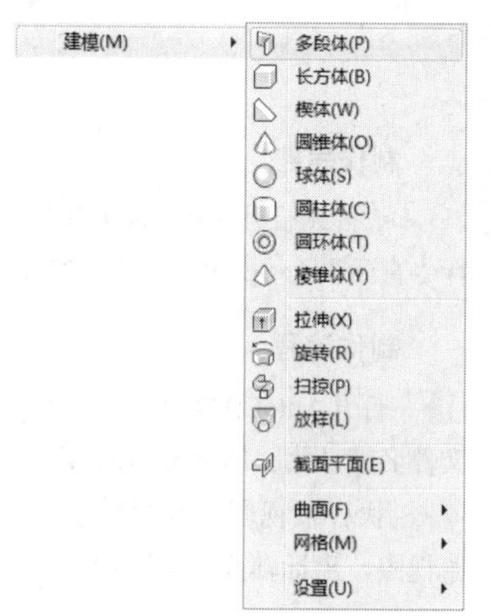

图228-2　选择长方体绘图工具

02 在绘图区域指定任意一点为第一角点，在适当位置指定第二角点，绘制完成，得到一个矩形。

03 在绘图区通过输入值或移动光标，指定长方体的高度，从而创建出一个长方体，效果如图228-3所示。

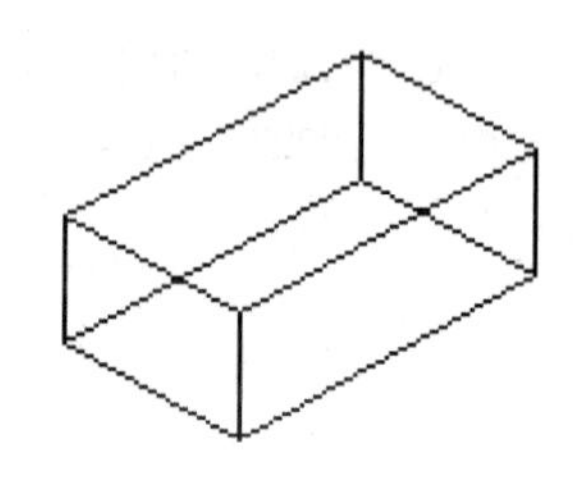

图228-3　绘制长方体

04 执行“绘图>直线”命令，按F8键开启正交模式，在绘图区指定起点，绘制一个矩形，合并为多段线，效果如图228-4所示。

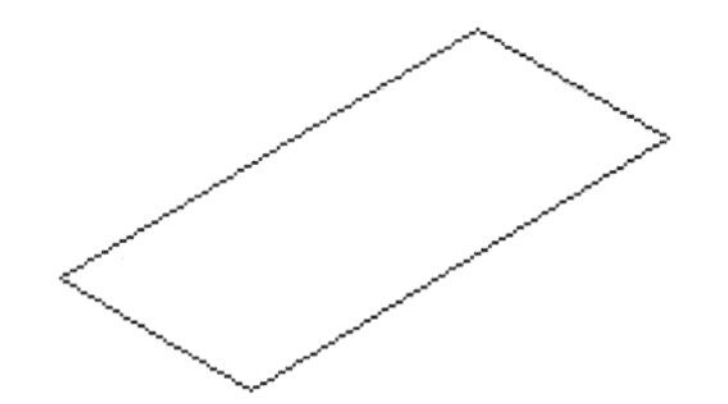

图228-4　绘制矩形

05 执行“三维工具>建模>拉伸”菜单命令，按命令行提示操作，向上拉伸，效果如图228-5所示。

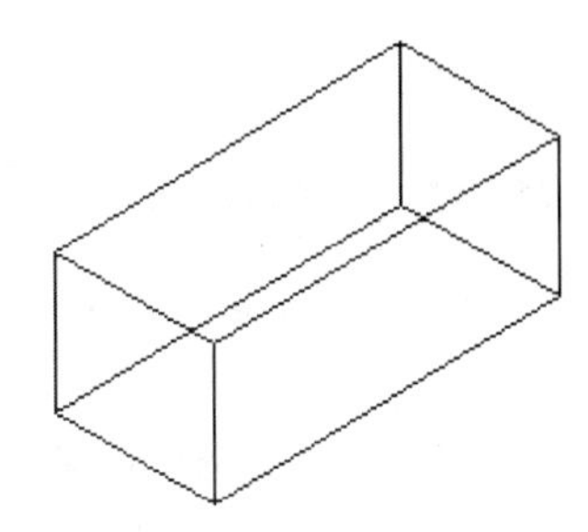

图228-5　通过拉伸绘制长方体

06 执行“保存”命令，将文件保存为“实战228.dwg”。

技巧与提示

本例中介绍了绘制长方体的方法，读者应主要掌握对于长方体的规定画法。

练习228　绘制圆柱体

实战位置	DVD>练习文件>第9章>练习228.dwg
难易指数	★★☆☆☆
技术掌握	巩固三维基础建模的规定画法

操作指南

参照“实战228”案例进行操作。

新建文件，选择绘图工具栏中的“建模”工具，按照如图228-6所示绘制一个圆柱体。

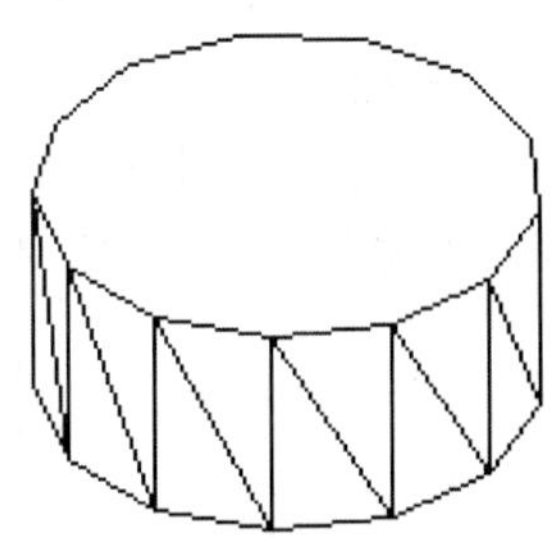

图228-6　绘制圆柱体

实战229　绘制六角螺母线框模型

实战位置	DVD>实战文件>第9章>实战229.dwg
视频位置	DVD>多媒体教学>第9章>实战229.avi
难易指数	★★★☆☆
技术掌握	掌握绘制六角螺母的方法

实战介绍

本例将利用基本绘图工具绘制六角螺母的简单线框模型，最终效果如图229-1所示。

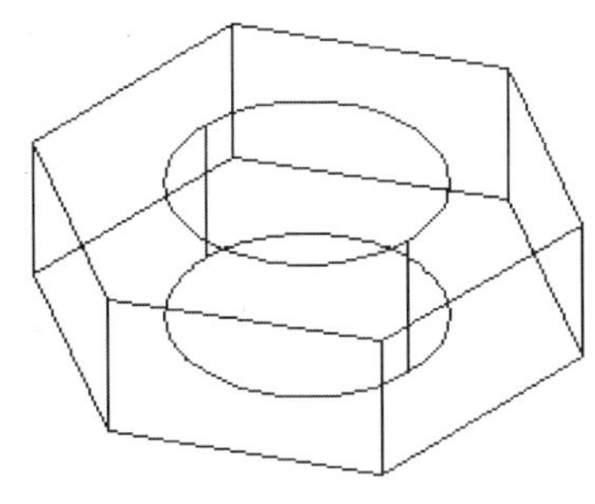

图229-1　最终效果

制作思路

- 进入操作环境后，使用“直线”、“圆”、“多边形”等绘图工具，做出如图229-1所示的图形。

制作流程

01 打开AutoCAD 2013，创建一个新的AutoCAD文件，文件名默认为“Drawing1.dwg”。

02 执行“视图>三维视图>俯视”命令，视图方向改为俯视图方向。执行“绘图>圆”命令，绘制半径为7的圆，如图229-2所示。

图229-2　绘制半径为7的圆

03 执行“绘图>正多边形”命令，以刚绘制的圆的圆心为中心，绘制内接圆半径为14的正六边形，如图229-3所示。

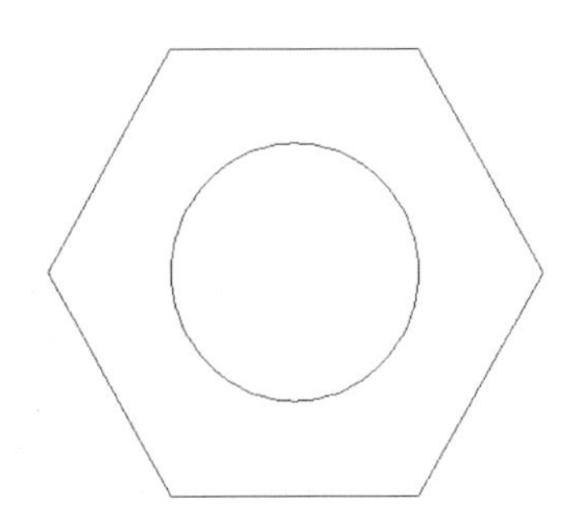

图229-3　绘制正六边形

04 执行“视图>三维视图>西南等轴测”命令，视图方向改为西南等轴测方向，图形变为如图229-4所示样式。

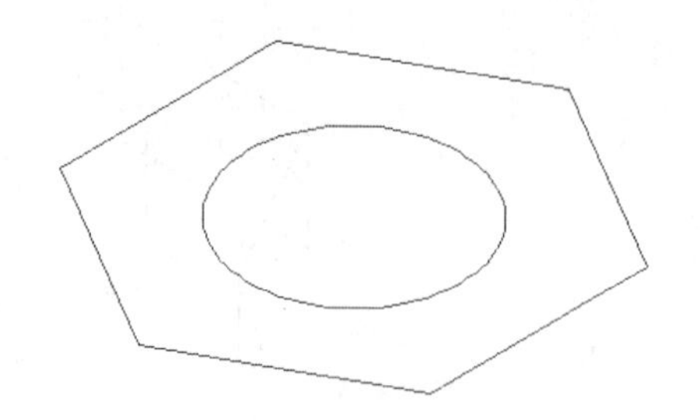

图229-4　西南等轴测方向的图形

05 执行“修改>复制”命令，将圆和正六边形复制。如图229-5所示。复制过程中命令行提示和操作内容如下：

```
命令：_COPY
选择对象：找到1个
选择对象：找到1个，总计2个
选择对象：
当前设置：  复制模式 = 多个
指定基点或[位移(D)/模式(O)] <位移>:   //捕捉正六边形的一个角点
指定第二个点或 <使用第一个点作为位移>: 8  //利用正交功能向上移动光标，并输入螺母高度值
指定第二个点或[退出(E)/放弃(U)] <退出>:
```

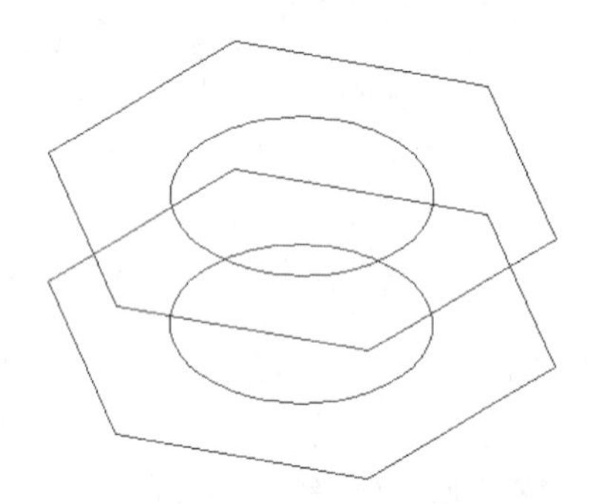

图229-5　复制圆和正多边形

06 执行“绘图>直线”命令，连接上下正多边形的对应角点，如图229-6所示。

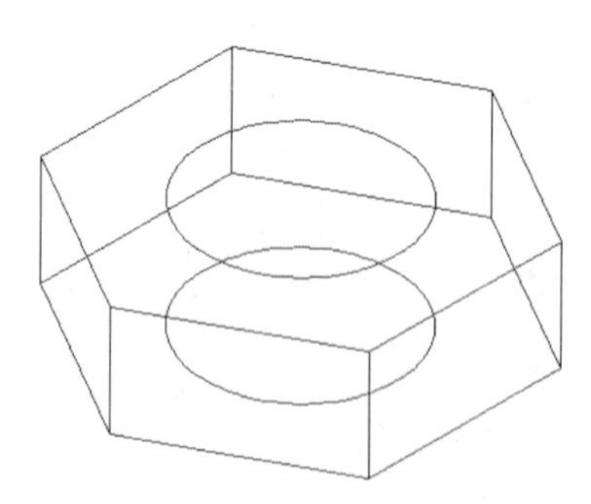

图229-6　连接角点

07 执行“绘图>直线”命令，利用切点捕捉功能，绘制两个圆的切线，如图229-7所示。至此六角螺母的线框模型绘制完成了。

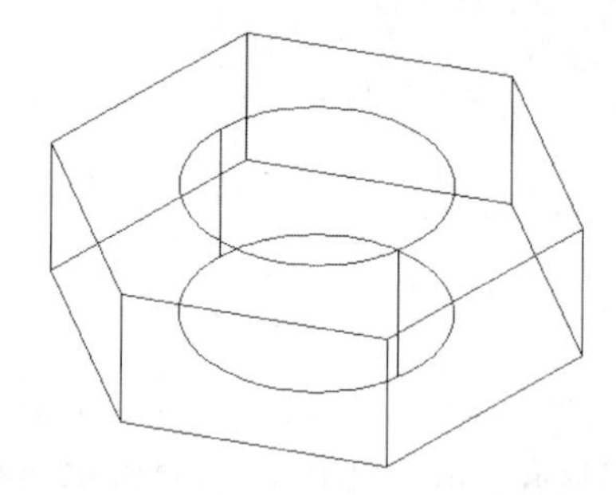

图229-7　绘制切线

08 执行“另存为”命令，将文件另存为“实战229.dwg”。

练习229　绘制正八边形螺母线框模型

实战位置　DVD>练习文件>第9章>练习229.dwg
难易指数　★★☆☆☆
技术掌握　巩固绘制螺母线框模型方法

操作指南

参照“实战229”案例进行制作。

首先打开场景文件，然后进入操作环境，做出如图229-8所示的图形。

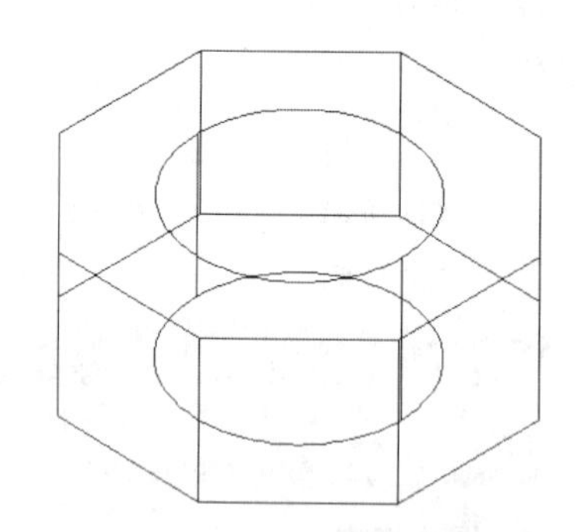

图229-8　绘制正八边形螺母线框模型

实战230　绘制三维螺旋线

实战位置　DVD>实战文件>第9章>实战230.dwg
视频位置　DVD>多媒体教学>第9章>实战230.avi
难易指数　★★☆☆☆
技术掌握　掌握绘制三维螺旋线的方法

实战介绍

在本例中通过绘制三维螺旋线，简单介绍了“特性”对话框修改对象的特性。本例最终效果如图230-1所示。

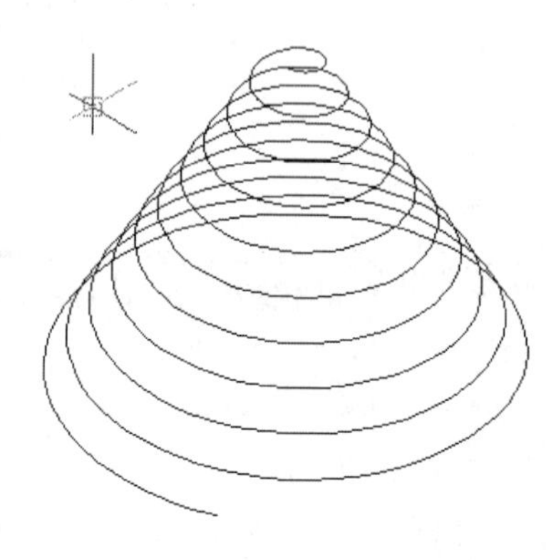

图230-1　最终效果

制作思路

• 首先打开AutoCAD 2013，然后进入操作环境，执行“东南等轴测>螺旋线>特性”等命令，做出如图230-1所示的图形。

制作流程

01 打开AutoCAD 2013，创建一个新的AutoCAD文件，文件名默认为“Drawing1.dwg”，默认的视图方向为俯视图。

02 执行“视图>三维视图>东南等轴测”命令，视图方向改为东南等轴测方向。此时坐标轴样式变为如图230-2所示。

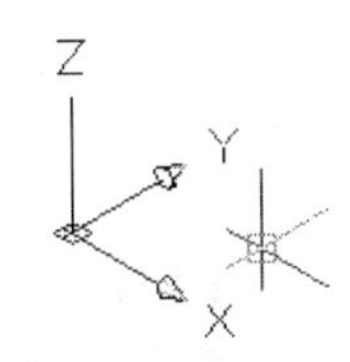

图230-2 东南等轴测视图

03 执行“绘图>螺旋”命令，如图230-3所示。

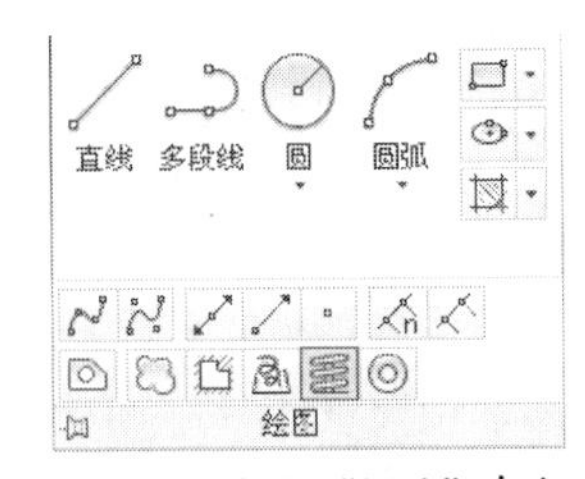

图230-3 执行“螺旋”命令

04 根据命令行提示绘制螺旋线，如图230-4所示。命令行提示和操作内容如下：

```
命令: _Helix
圈数 = 3.0000        扭曲=CCW
指定底面的中心点: 200,200
指定底面半径或[直径(D)] <100.0000>: 100
指定顶面半径或[直径(D)] <100.0000>: 10
指定螺旋高度或[轴端点(A)/圈数(T)/圈高(H)/扭曲(W)] <100.0000>: t  //选择圈数选项
输入圈数 <3.0000>: 10
指定螺旋高度或[轴端点(A)/圈数(T)/圈高(H)/扭曲(W)] <100.0000>: 150
```

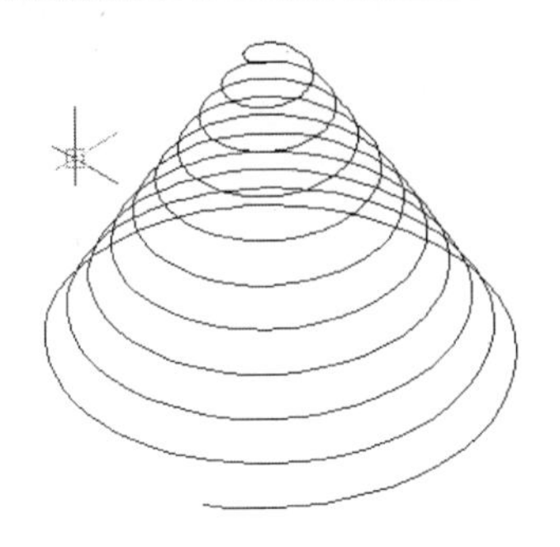

图230-4 绘制螺旋线

05 选中刚绘制的螺旋线，在右击弹出的快捷菜单中选择“特性”选项，如图230-5所示。

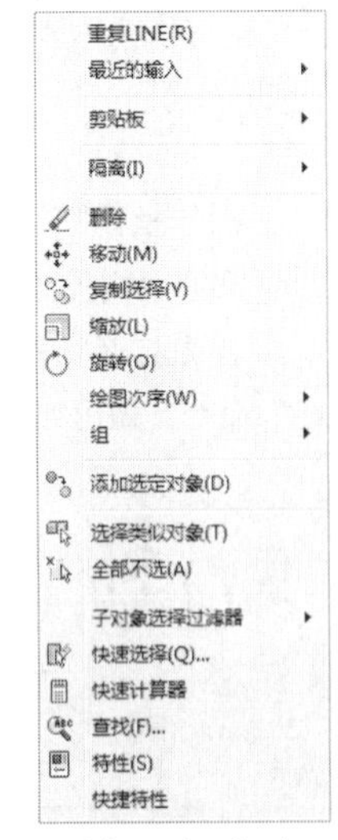

图230-5 选择“特性”选项

06 弹出“特性”对话框，在“几何图形”组中设置“扭曲”方向为“顺时针”，如图230-6所示。

图230-6 修改扭曲方向

07 关闭“特性”对话框，螺旋线扭曲方向改变，效果如图230-7所示。

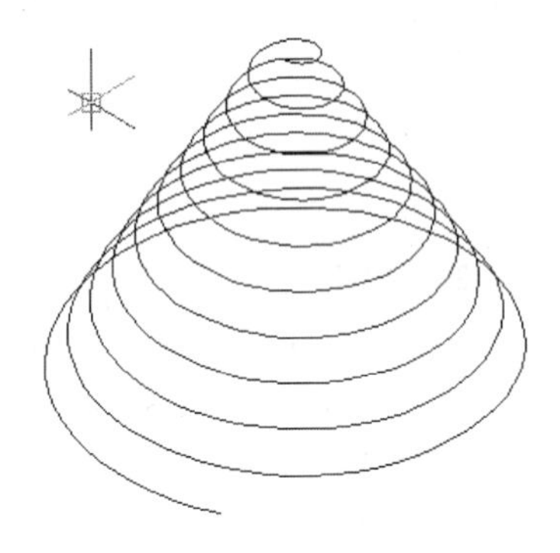

图230-7 修改扭曲方向

08 执行“另存为”命令，将图形另存为“实战230.dwg”。

练习230 绘制三维螺旋线

实战位置	DVD>练习文件>第9章>练习230.dwg
难易指数	★★★☆☆
技术掌握	巩固绘制三维螺旋线方法

操作指南

参照“实战230”案例进行制作。

首先打开场景文件，然后进入操作环境，执行“直线”命令，做出如图230-8所示的图形。

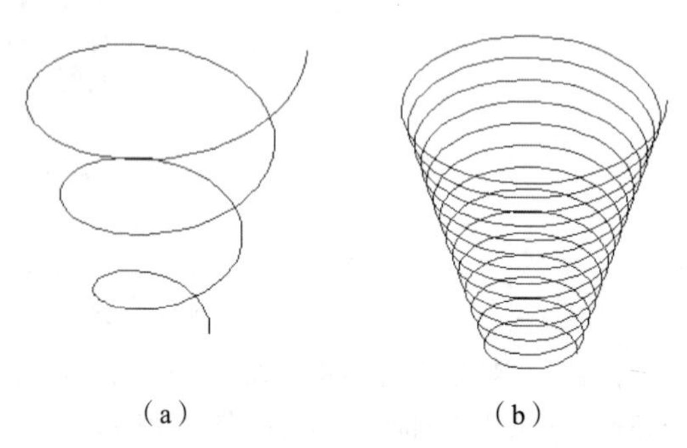

（a）　（b）

图230-8　绘制三维螺旋线

实战231 绘制正方体线框模型

实战位置	DVD>实战文件>第9章>实战231.dwg
视频位置	DVD>多媒体教学>第9章>实战231.avi
难易指数	★★☆☆☆
技术掌握	掌握绘制正方体线框模型的方法

实战介绍

本例中通过介绍绘制正方体线框模型的方法，向读者展示了在三维绘图中二维绘图命令的使用方法。其实大部分二维绘图命令在三维绘图时，仍然可用，且使用方法相同，本例最终效果如图231-1所示。

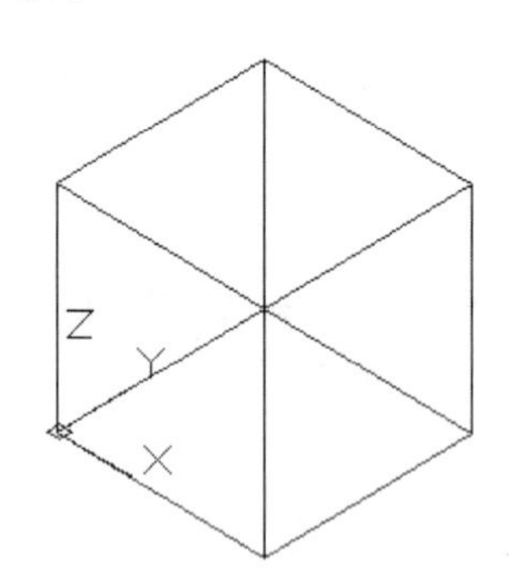

图231-1　最终效果

制作思路

• 首先打开AutoCAD 2013，然后进入操作环境，执行“东南等轴测>直线>复制>阵列”等命令，做出如图231-1所示的图形。

制作流程

01 打开AutoCAD 2013，创建一个新的AutoCAD文件，文件名默认为“Drawing1.dwg，默认的视图方向为俯视图。

02 执行“视图>三维视图>东南等轴测”命令，视图方向改为东南等轴测方向。此时坐标轴样式变为如图231-2所示。

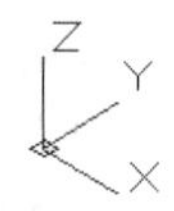

图231-2　东南等轴测视图

03 执行“绘图>直线”命令，绘制正方形线框，如图231-3所示。命令行提示和操作步骤如下：

```
命令：_line指定第一点：0,0,0
指定下一点或[放弃(U)]：@0,200,0
指定下一点或[放弃(U)]：200,200,0
指定下一点或[闭合(C)/放弃(U)]：200,0,0
指定下一点或[闭合(C)/放弃(U)]：c
```

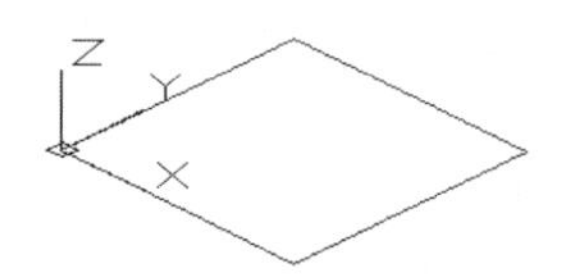

图231-3　绘制正方体底面

04 执行“修改>复制”命令，复制刚绘制的正方形线框底面，如图231-4所示。命令行提示和操作内容如下：

```
命令：_copy
选择对象：指定对角点：找到4个
选择对象：
当前设置：　复制模式 = 多个
指定基点或[位移(D)/模式(O)] <位移>:　　//指定基点为(0,0,0)
指定第二个点或 <使用第一个点作为位移>：@0,0,200
指定第二个点或[退出(E)/放弃(U)] <退出>:
```

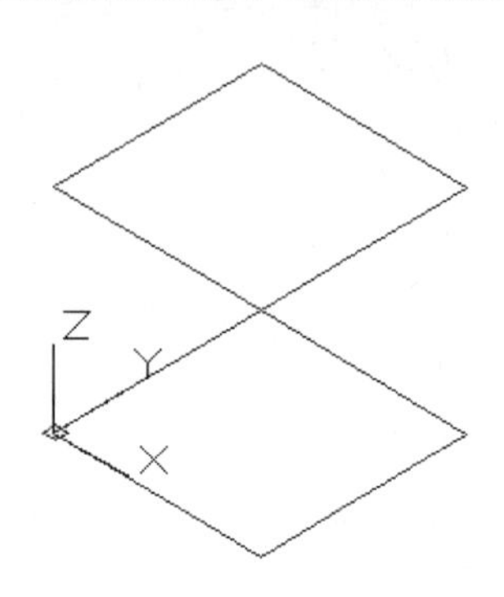

图231-4　复制生成顶面

05 执行“绘图>直线”命令，绘制正方体的四条垂直边，如图231-5所示。

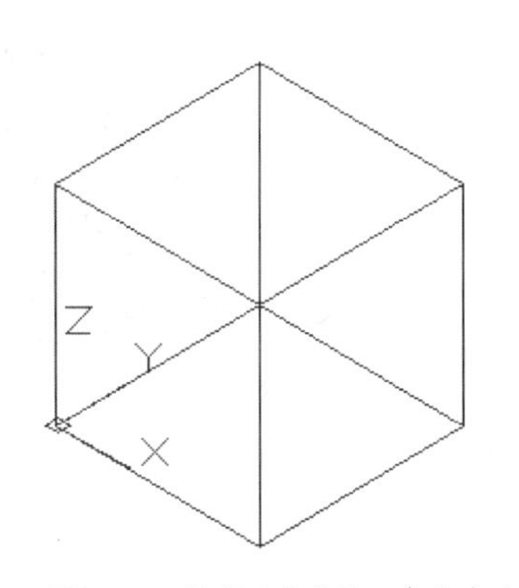

图231-5　绘制正方体的一条垂直边

06 执行“保存”命令，将文件另存为“实战231.dwg”。

练习231 绘制正方体线框模型

实战位置	DVD>练习文件>第9章>练习231.dwg
难易指数	★★★☆☆
技术掌握	巩固绘制正方体线框模型

操作指南

参照“实战231”案例进行制作。

首先打开场景文件，然后进入操作环境，利用本例所学的知识，绘制一个150×150×150的正方体线框模型。最终效果如图231-6所示。

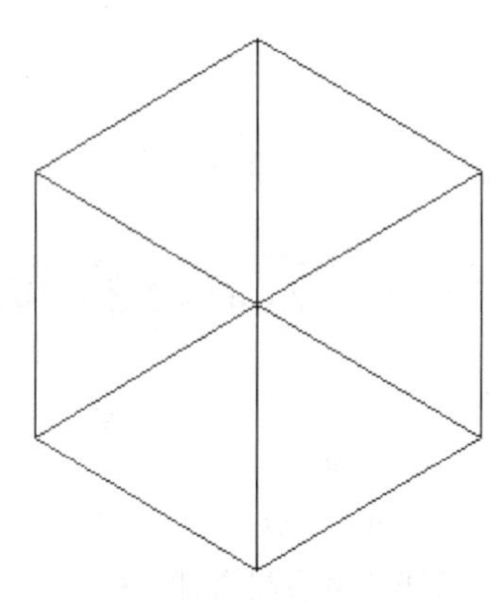

图231-6　正方体线框模型

实战232 预设三维视点

实战位置	DVD>实战文件>第9章>实战232.dwg
视频位置	DVD>多媒体教学>第9章>实战232.avi
难易指数	★★★☆☆
技术掌握	掌握预设三维视点的方法

实战介绍

本实战预设三维视点可以大大方便我们的操作，本例通过一个简单三维模型视点的变换来说明，读者注意视图中UCS及光标的变化情况，最终效果如图232-1所示。

制作思路

• 打开场景文件，绘制一个棱锥体，执行“视点预设”命令，修改视图角度，即得到如图232-1所示的图形。

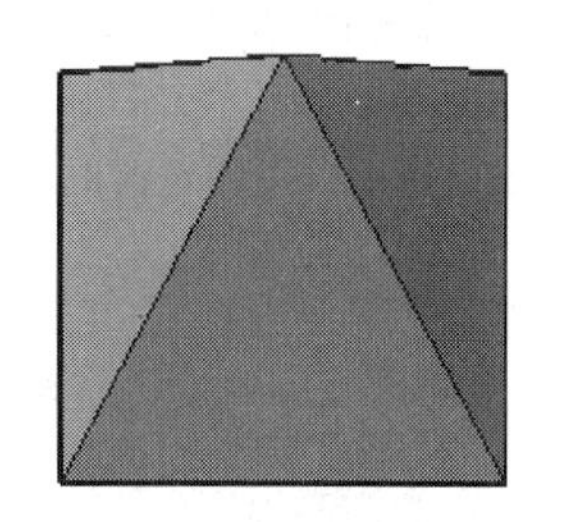

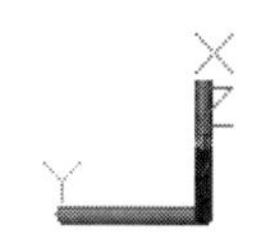

图232-1　最终效果

制作流程

01 打开AutoCAD 2013，创建一个新的AutoCAD文件，文件名默认为“Drawing1.dwg”。

02 执行“三维工具>建模>棱锥体”命令，以（100,100）为起点，底面半径为80，高度为150绘制一个棱锥体，效果如图232-2所示。

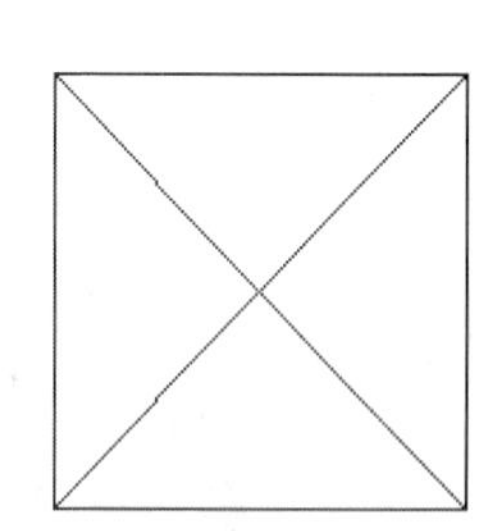

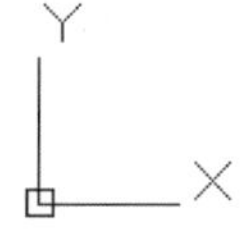

图232-2　绘制棱锥体

03 执行“视图>视觉样式>概念”命令，效果如图232-3所示。

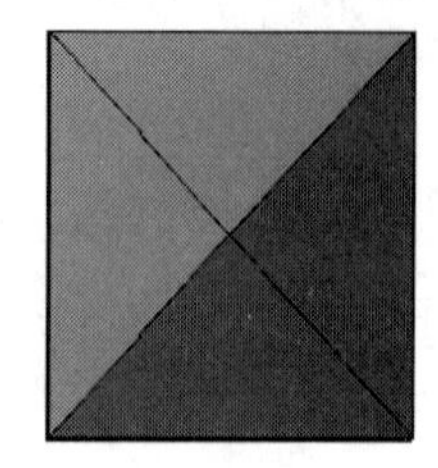

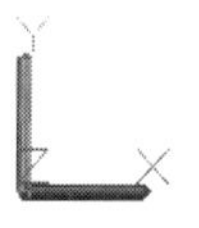

图232-3　概念视图

04 执行“视图>三维视图>视点预设”命令，弹出“视点预设”对话框，设置“*x*轴”为270.0，“*xy*平面”为90，对话框如图232-4所示，关闭对话框，效果如图232-5所示。

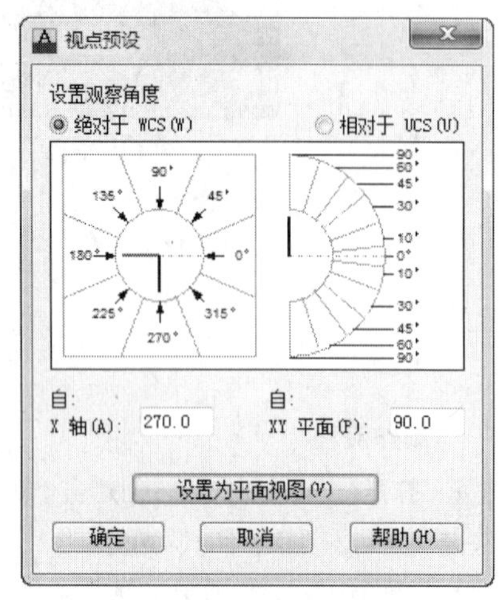

图232-4　视点预设

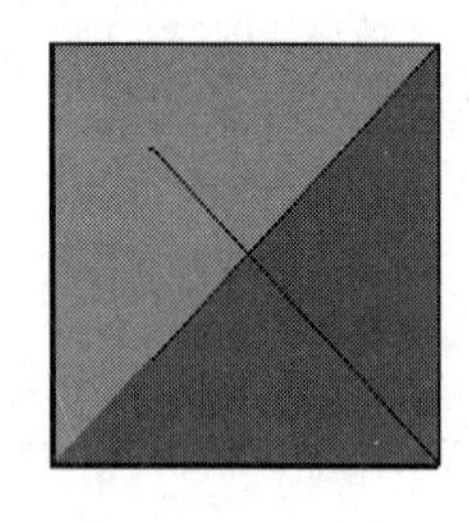

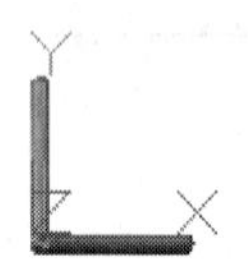

图232-5　预设视点1

05 重复执行“视图>三维视图>视点预设”命令，分别设置“*x*轴”为270.0，“*xy*平面”为45；“*x*轴”为180.0，“*xy*平面”为45；“*x*轴”为180.0，“*xy*平面”为60，效果如图232-6、图232-7和图232-8所示。

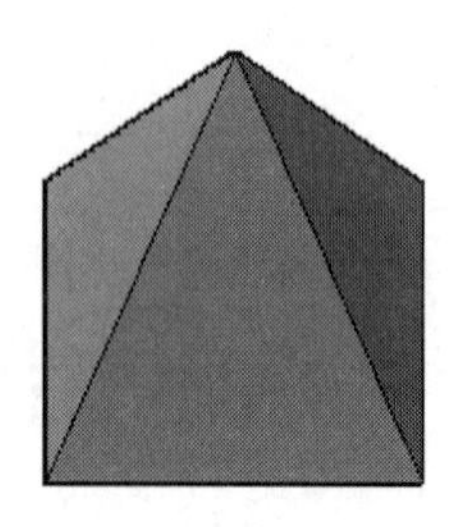

图232-6　预设视点2

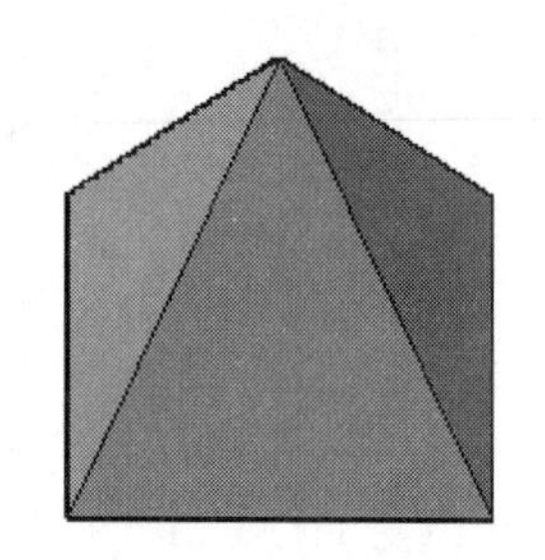

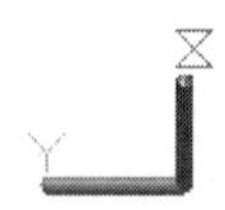

图232-7　预设视点3

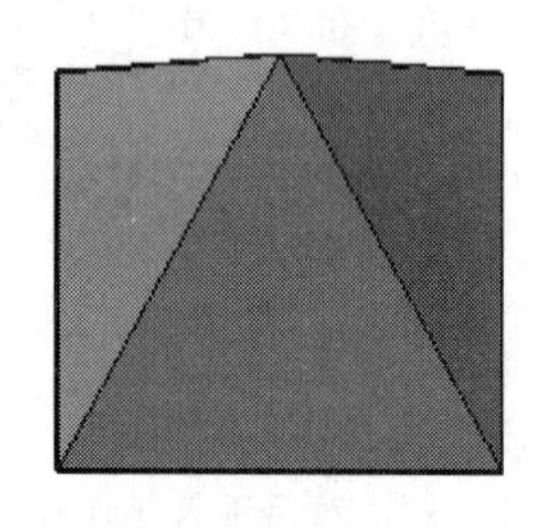

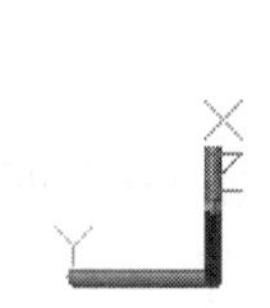

图232-8　预设视点4

06 执行“另存为”命令，将文件另存为为“实战232.dwg”。

练习232　预设三维视点

实战位置	DVD>练习文件>第9章>练习232.dwg
难易指数	★★★☆☆
技术掌握	巩固预设三维视点的方法

操作指南

参照“实战232”案例进行操作。

打开本实战文件，修改视点预设设置，得到如图232-9所示的图形。

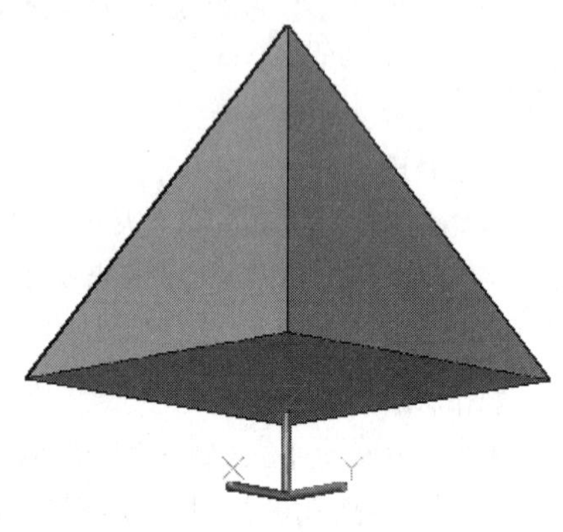

图232-9　预设三维视点

实战233 选择三维视图

原始文件位置	DVD>原始文件>第9章>实战233原始文件
实战位置	DVD>实战文件>第9章>实战233.dwg
视频位置	DVD>多媒体教学>第9章>实战233.avi
难易指数	★★★☆☆
技术掌握	掌握选择三维视图的方法

实战介绍

本案例通过介绍各个角度视图的创建，以便读者今后对三维视图的运用。

制作思路

- 打开所需文件，选择不同的三维视图方式查看图形。

制作流程

01 执行“文件>打开”命令，打开“实战233原始文件.dwg”图形文件，如图233-1所示。

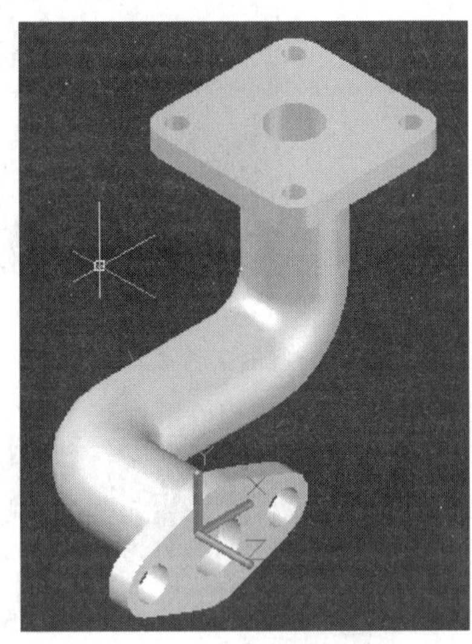

图233-1　最终效果

02 执行“视图>三维视图>俯视”命令，效果如图233-2所示。

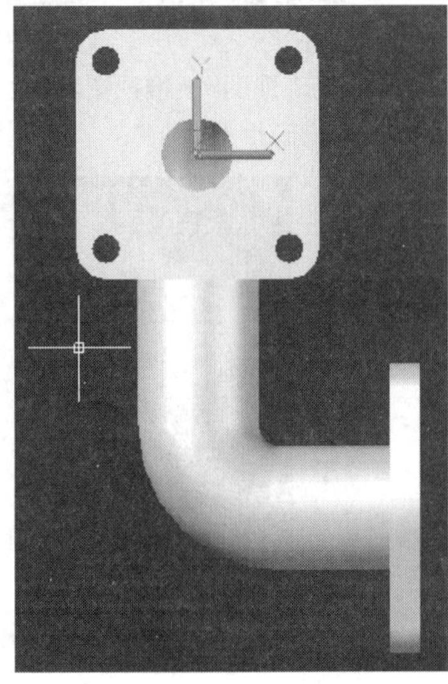

图233-2　俯视效果

03 执行“视图>三维视图>仰视”命令，效果如图233-3所示。

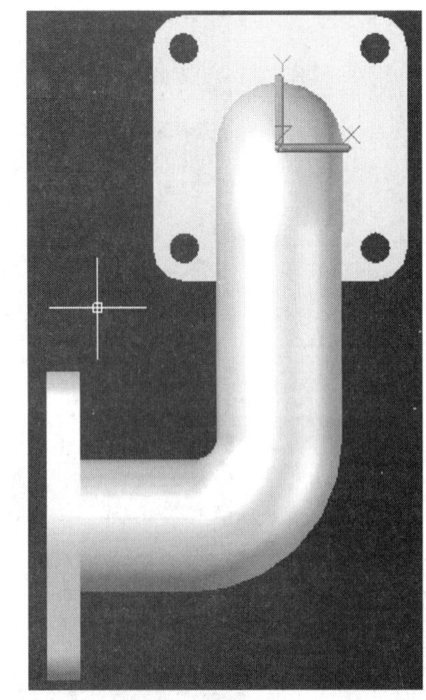

图233-3　仰视效果

04 执行“视图>三维视图>左视”命令，效果如图233-4所示。

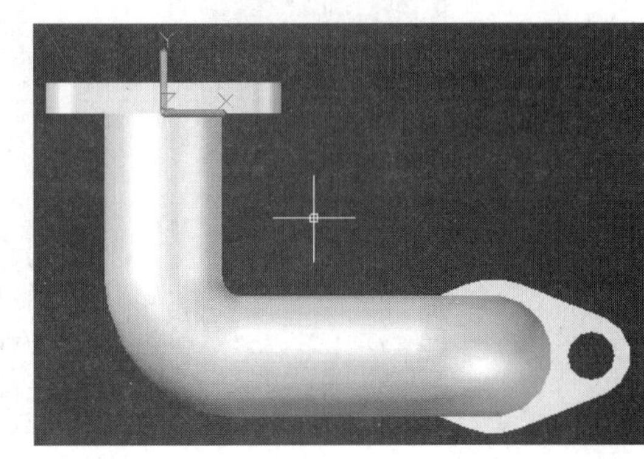

图233-4　左视效果

05 执行“视图>三维视图>右视”命令，效果如图233-5所示。

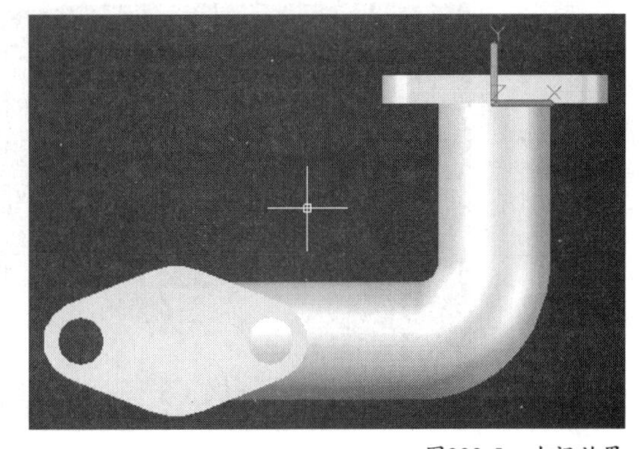

图233-5　右视效果

06 执行“视图>三维视图>前视”命令，效果如图233-6所示。

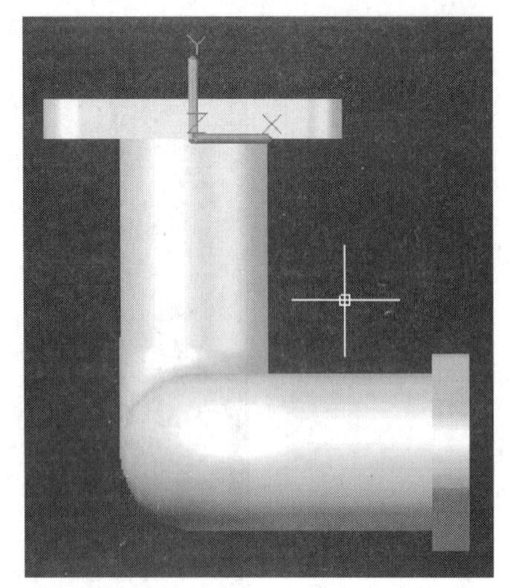

图233-6　前视效果

07 执行“视图>三维视图>后视”命令，效果如图233-7所示。

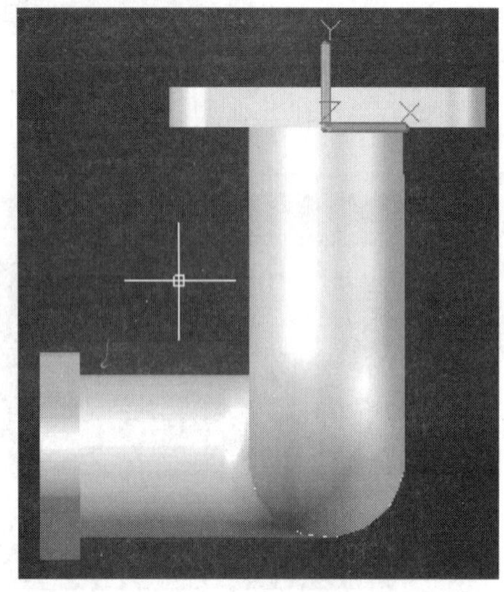

图233-7　后视效果

08 执行“视图>三维视图>西南等轴测”命令，效果如图233-8所示。

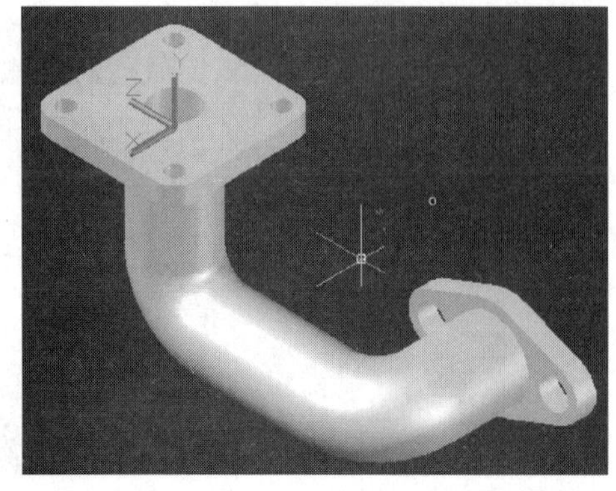

图233-8　西南等轴侧效果

09 执行“视图>三维视图>东南等轴测”命令，效果如图233-9所示。

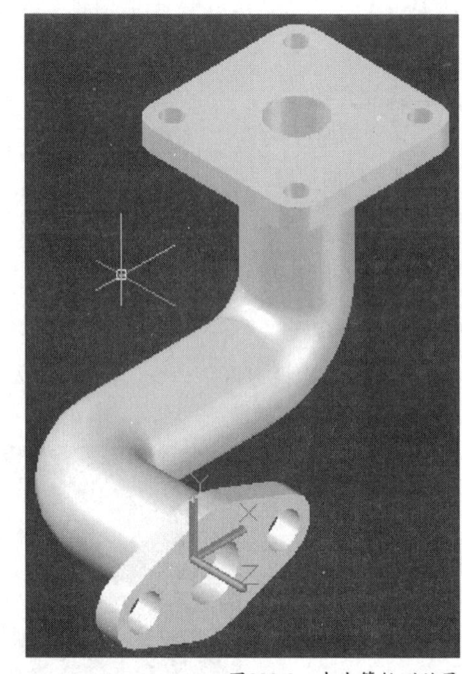

图233-9　东南等轴测效果

10 执行“视图>三维视图>东北等轴测”命令，效果如图233-10所示。

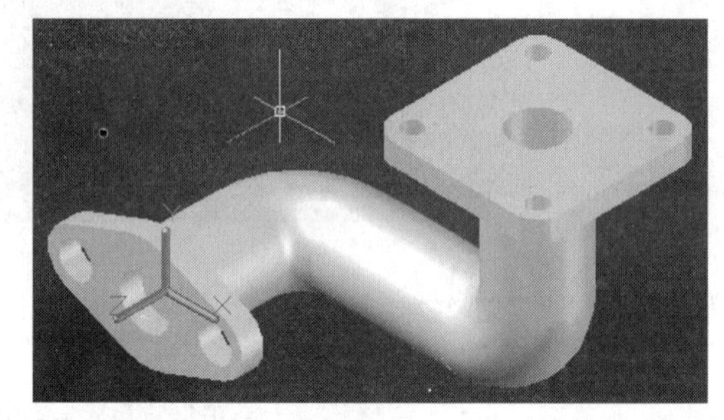

图233-10　东北等轴测效果

11 执行“视图>三维视图>西北等轴测”命令，效果如图233-11所示。

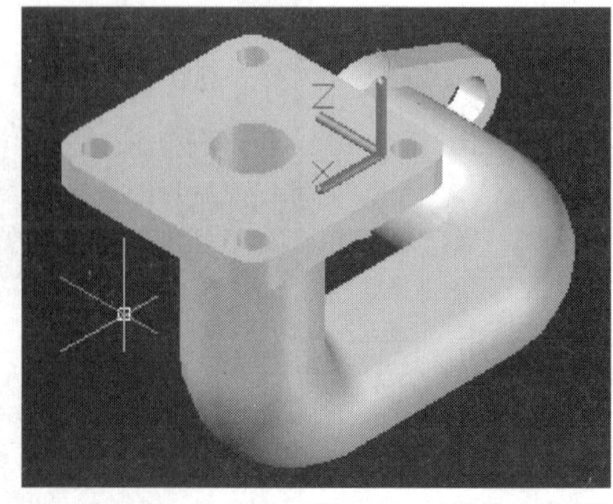

图233-11　西北等轴测效果

12 执行“另存为”命令，保存文件为“实战233.dwg”。

本例利用视图命令观察三维图形各个视角。

练习233　选择三维视图

实战位置　DVD>练习文件>第9章>练习233.dwg
难易指数　★★★☆☆
技术掌握　巩固选择三维视图的方法

操作指南

参照“实战233”案例进行操作

打开本实战文件，通过移动UCS，再选择三维视图，查看三维模型，如图233-12所示。

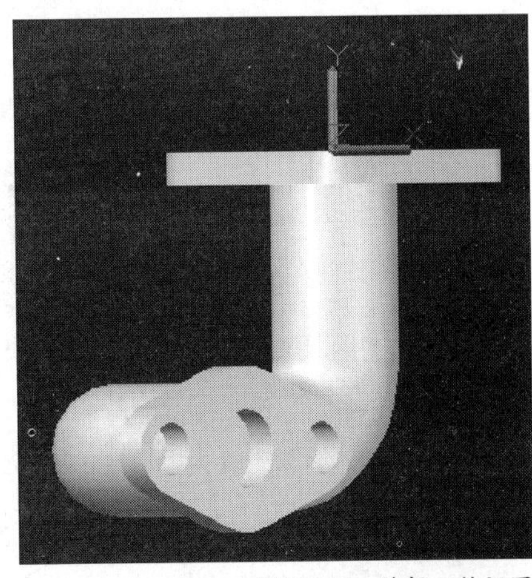

图233-12　选择三维视图

实战234　三维模型的移动

原始文件位置　DVD>原始文件>第9章>实战234原始文件
实战位置　DVD>实战文件>第9章>实战234.dwg
视频位置　DVD>多媒体教学>第9章>实战234.avi
难易指数　★★★☆☆
技术掌握　掌握三维模型的移动方法

实战介绍

三维模型的移动是指将三维空间中的对象按指定的方向移动，其操作方法与二维空间中移动对象的方法类似，区别在于前者是在三维空间中操作，而后者则是在二维空间中进行操作。在本例中介绍三维模型的移动方法。案例效果如图234-1所示。

图234-1　最终效果

制作思路

• 打开文件后，使用移动工具，移动三维图形，得到如图234-1所示的图形效果。

制作流程

01 打开文件“实战234原始文件”素材，如图234-2所示。

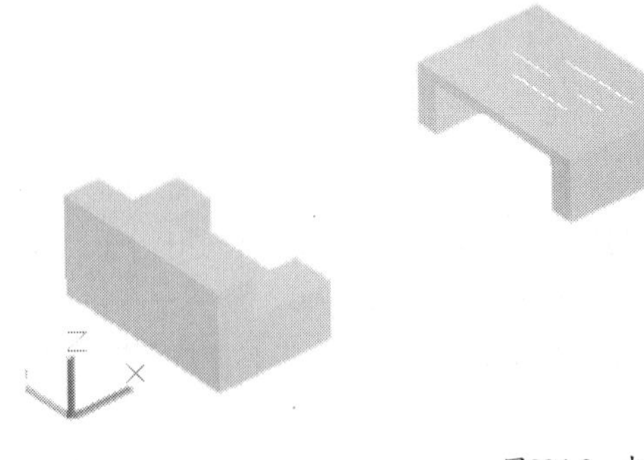

图234-2　打开素材

02 在命令行中执行“3DMOVE”命令，按Enter键确认，如图234-3所示。

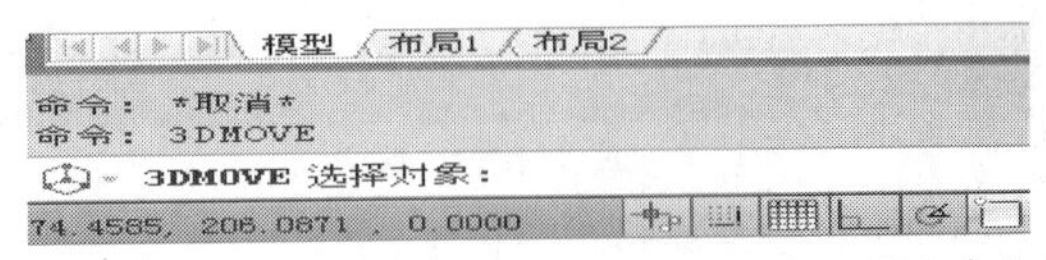

图234-3　输入命令

03 在命令行提示下，选择右上方的所有图形对象移动，如图234-4所示。

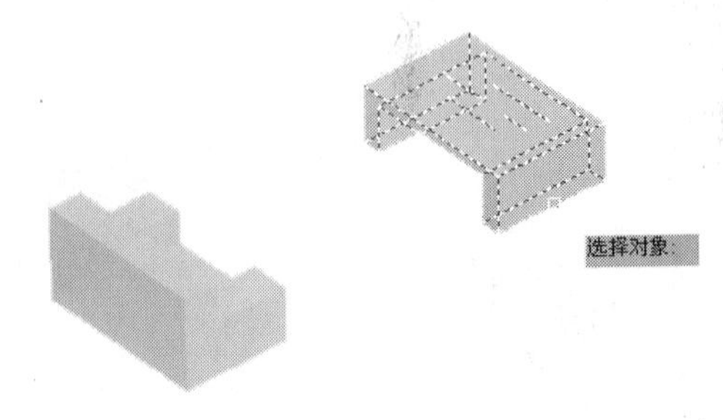

图234-4　选择对象

04 按Enter键确认，在绘图区中将显示移动夹点工具，如图234-5所示。

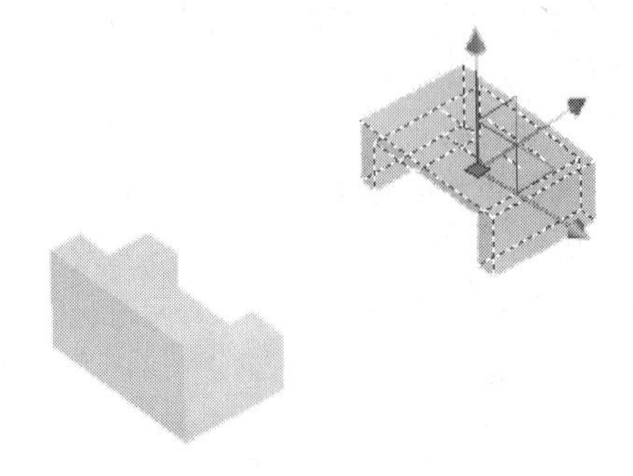

图234-5　移动夹点工具

05 捕捉移动夹点工具中心点，向左下方引导光标，然后输入200，如图234-6所示。

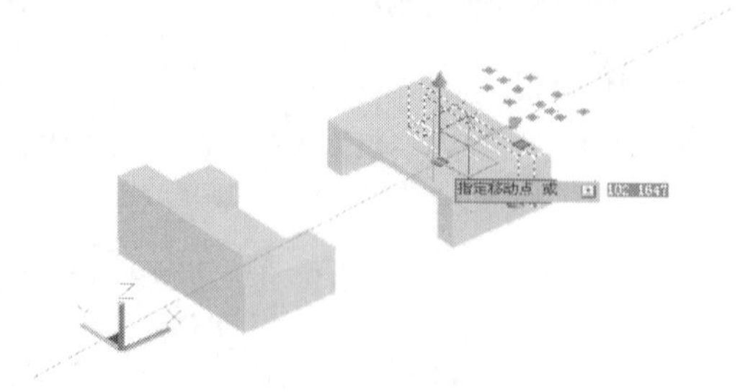

图234-6 指定源基点

06 按Enter键确认，即可移动三维实体对象，结果如图234-1所示。

07 执行“另存为”命令，将文件另存为“实战234.dwg”。

技巧与提示

在本例中通过介绍三维模型移动，介绍了三维模型移动的方法。

练习234 移动图形

练习位置 DVD>练习文件>第9章>练习234.dwg
难易指数 ★★★☆☆
技术掌握 掌握三维模型移动的方法和应用

操作指南

参照“实战234”案例进行制作。

根据本例所学的知识，移动如图234-7所示的图形。

图234-7 移动新图形

实战235 三维模型的旋转

原始文件位置 DVD>原始文件>第9章>实战235原始文件
实战位置 DVD>实战文件>第9章>实战235.dwg
视频位置 DVD>多媒体教学>第9章>实战235.avi
难易指数 ★★★☆☆
技术掌握 掌握轴底座实体模型的规定画法

实战介绍

三维模型的旋转是指将三维对象绕三维空间中任意轴、视图、对象或两点旋转。旋转三维对象需要确定的参数有旋转基点，旋转轴及旋转角度。案例效果如图235-1所示。

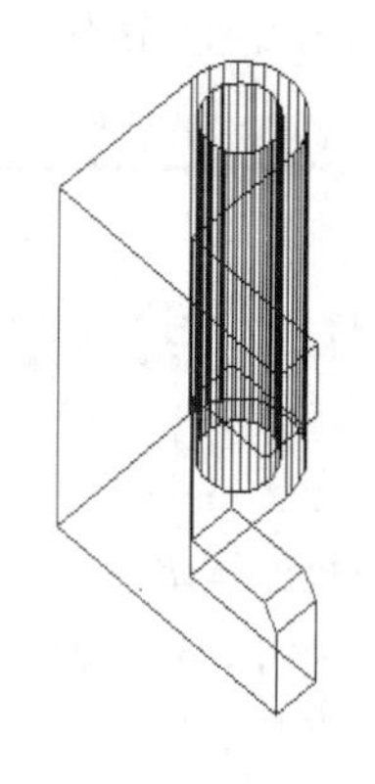

图235-1 最终效果

制作思路

• 打开文件后，使用旋转工具，移动三维图形，得到如图235-1所示的图形效果。

制作流程

01 打开“实战235原始文件”文件，如图235-2所示。

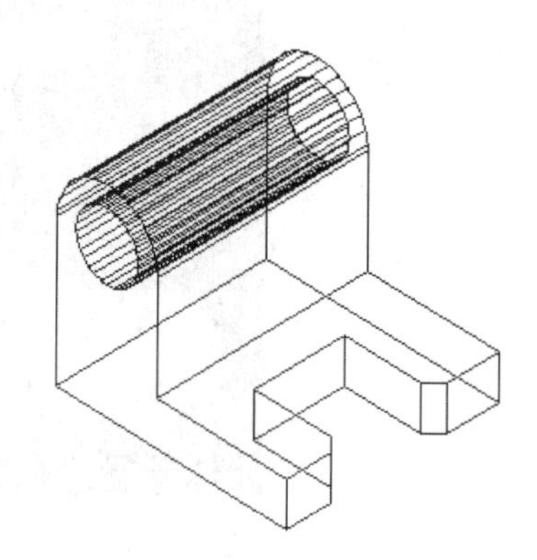

图235-2 原始图形

02 进入三维模型空间，执行“修改>三维操作>三维旋转”命令，选择要旋转的对象，按Enter键，AutoCAD显示旋转控件，如图235-3所示，该控件包含表示旋转方向的3个辅助圆。

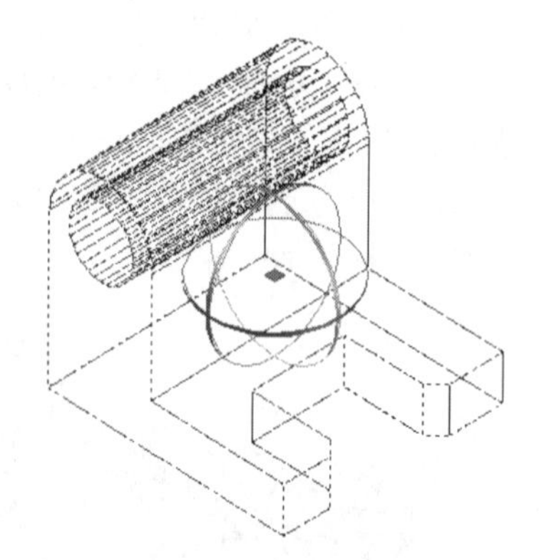

图235-3 “三维旋转”按钮

03 移动鼠标光标到A点处，并捕捉该点，旋转控件就被放置在此点，然后拾取旋转轴，如图235-4所示。

04 输入旋转角度：“-90°”，结果如图235-1所示。角度正方向按右手螺旋法则确定，也可以指定旋转起点，然后再指定旋转终点。

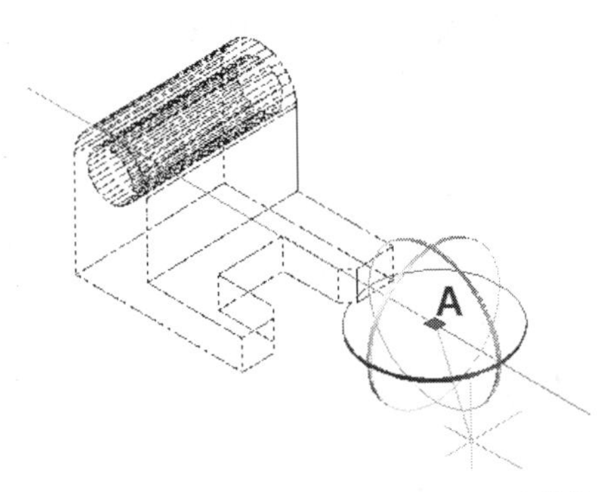

图235-4　旋转轴

技巧与提示

3DROTATE命令是ROTATE的3D版本，该命令能使对象绕3D空间任意旋转。此外，ROTATE3D命令还能旋转实体的表面（按住Ctrl键选择实体表面）。

练习235　三维模型的旋转

实战位置	DVD>练习文件>第9章>练习235.dwg
难易指数	★★★☆☆
技术掌握	巩固选择三维视图的方法

操作指南

参照"实战235"案例进行操作。

打开文件"实战235"，进入操作环境，选择旋转轴，旋转180°，即得到如图235所示的图形。

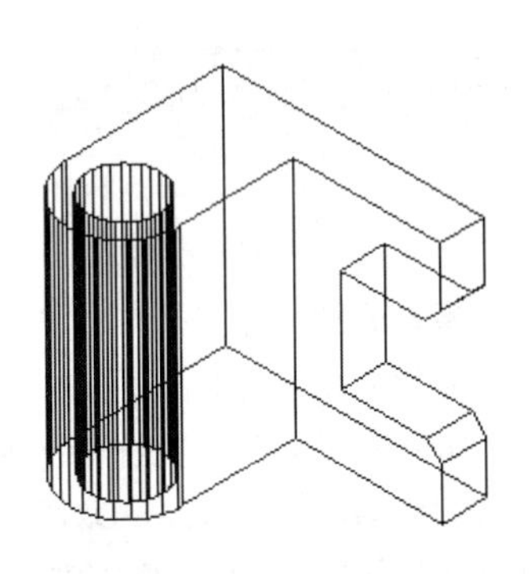

图235-5　三维模型的旋转

实战236　三维模型的对齐

原始文件位置	DVD>原始文件>第9章>实战236原始文件
实战位置	DVD>实战文件>第9章>实战236.dwg
视频位置	DVD>多媒体教学>第9章>实战236.avi
难易指数	★★★☆☆
技术掌握	掌握三维模型对齐方法

实战介绍

三维模型的对齐是指将三维空间中的两个对象按指定的方式对齐。在本例中介绍三维模型的对齐方法。案例效果如图236-1所示。

制作思路

• 打开文件后，使用对齐工具，移动三维图形，得到如图236-1所示的图形效果。

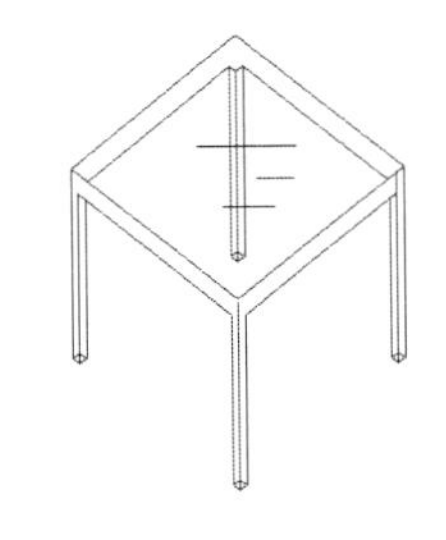

图236-1　最终效果

制作流程

01 打开文件"实战236原始文件"素材，如图236-2所示。

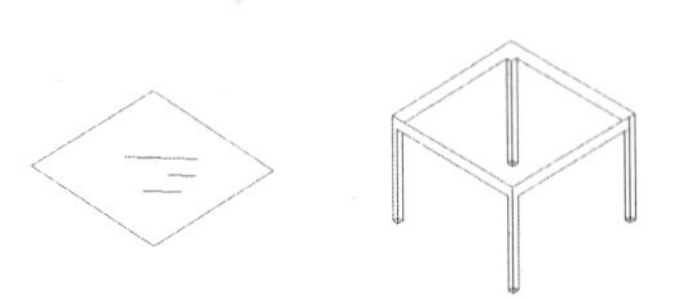

图236-2　素材图形

02 在命令行中执行"3DALIGN"命令，对其桌面，命令如下：

```
命令：3DALIGN
选择对象：   //选择桌面
指定对角点：找到1个
选择对象：   //按Enter键，确认选择
指定源平面和方向…
指定基点或[复制（c）]：  //指定桌面如图236-3所示。
```

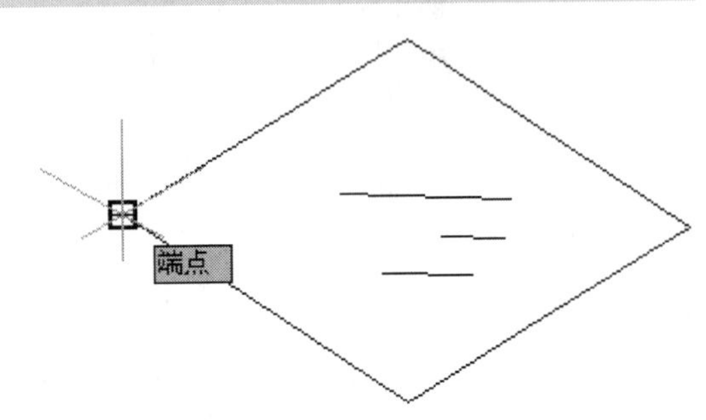

图236-3　指定源基点

```
指定第二点或[继续(c)]<c>：//指定桌面如图236-4所示。
```

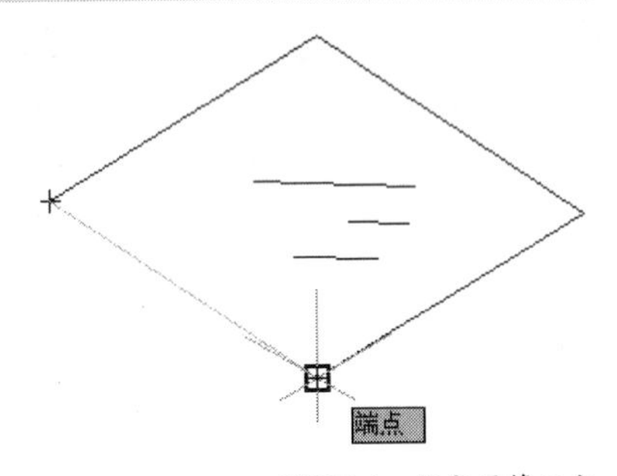

图236-4　指定源第二点

指定第三点或[继续(C)]<C>://指定桌面如图236-5所示。

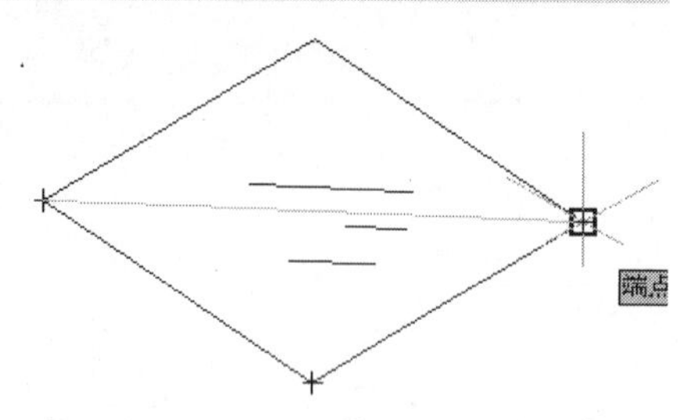

图236-5 指定源第三点

指定目标平面和方向…

指定第一个目标点： //指定桌子如图236-6所示。

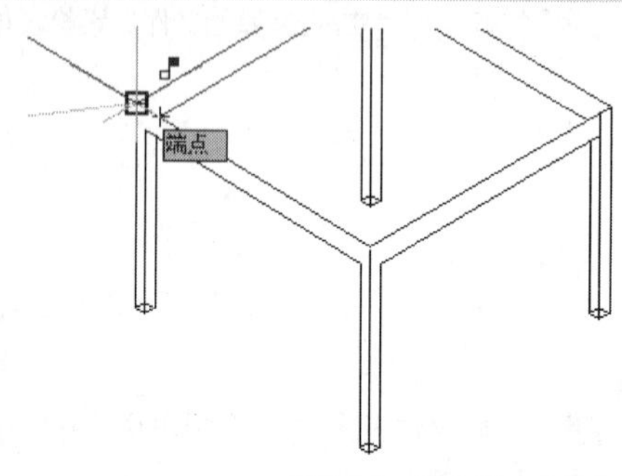

图236-6 指定第一个目标

指定第二个目标点或[退出(X)]<X>: //指定桌子如图236-7所示。

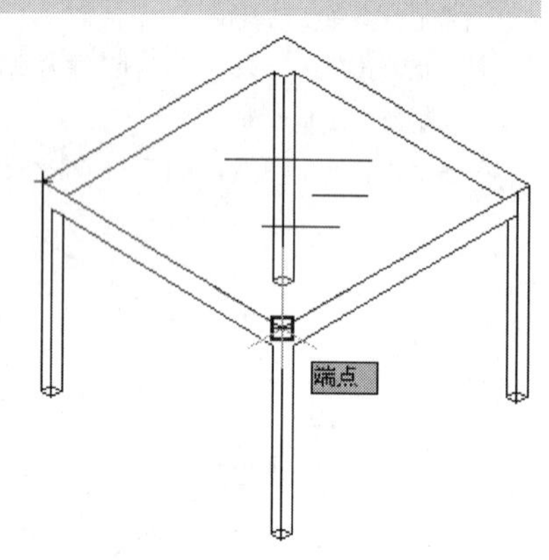

图236-7 指定第二个目标

指定第三个目标点或[退出(X)]<X>: //指定桌子如图236-8所示。

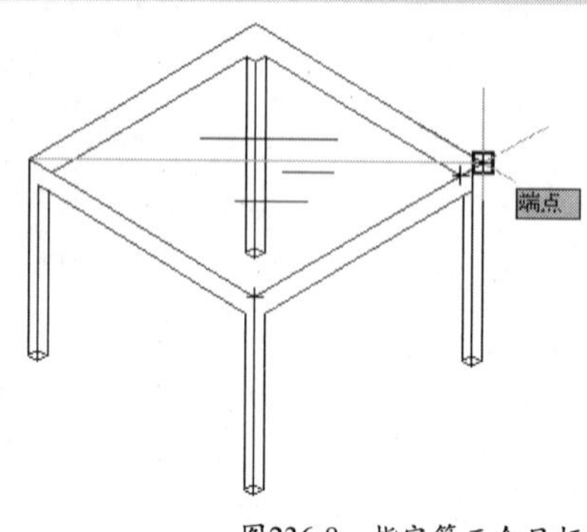

图236-8 指定第三个目标

03 对齐结果如图236-1所示。

04 执行"另存为"命令，将图形另存为"实战236.dwg"。

技巧与提示

在本例中通过介绍三维模型对齐，介绍了三维模型对齐的方法。

练习236 三维模型的对齐

练习位置 DVD>练习文件>第9章>练习236.dwg
难易指数 ★★★☆☆
技术掌握 巩固三维模型对齐的方法

操作指南

参照"实战236"案例进行制作。

根据本案例所学的知识，绘制如图236-9所示的图形。

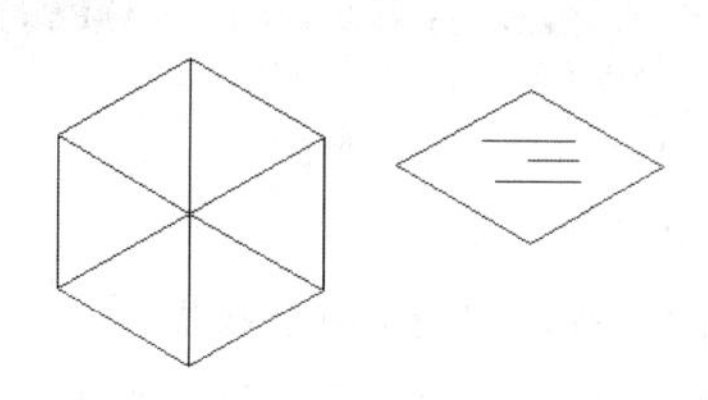

图236-9 三维模型的对齐

实战237 三维模型的镜像

原始文件位置 DVD>原始文件>第9章>实战237原始文件
实战位置 DVD>实战文件>第9章>实战237.dwg
视频位置 DVD>多媒体教学>第9章>实战237.avi
难易指数 ★★★☆☆
技术掌握 掌握三维模型的镜像方法

实战介绍

本实战介绍三维模型的镜像，最终效果如图237-1所示。如果镜像线是当前坐标系*xy*平面内的直线，则使用常见的MIRROR命令就可对3D对象进行镜像复制。但若想以某个平面作为镜像平面来创建3D对象的镜像复制，就必须使用MIRROR3D命令。

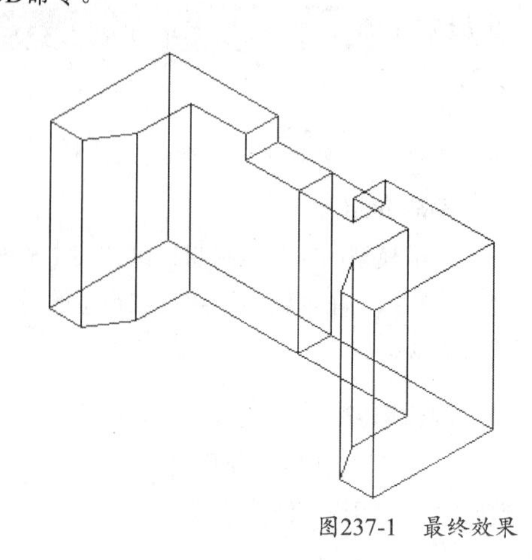

图237-1 最终效果

制作思路

• 打开文件后，使用“镜像”工具，移动三维图形，得到如图237-1所示的图形效果。

制作流程

01 打开文件“实战237原始文件.dwg”，如图237-2所示。

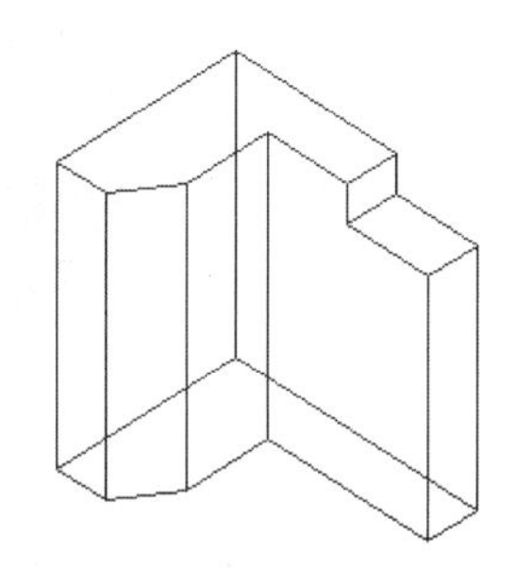

图237-2　原始图形

02 利用MIRROR3D命令创建对象的三维镜像，执行“修改>三维操作>三维镜像”，启动MIRROR3D命令。命令行提示如下：

```
命令：_mirror3d
选择对象：找到1个　//选择要镜像的对象
选择对象：　//按Enter键
指定镜像平面　（三点）　的第一个点或[对象(O)/最近的(L)/Z轴(Z)/视图(V)/XY平面(XY)/YZ平面(YZ)/ZX平面(ZX)/三点(3)]　<三点>：　//利用三点指定镜像平面，捕捉第一点A
在镜像平面上指定第二点：　//捕捉第二点B
在镜像平面上指定第三点：　//捕捉第三点C，如图237-3所示
是否删除源对象？[是(Y)/否(N)]　<否>：　//按Enter键不删除源对象
```

结果如图237-1所示。

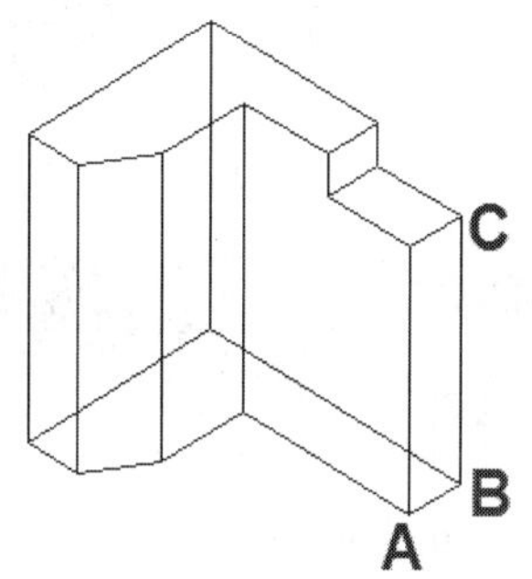

图237-3　三点指定镜像平面

03 执行“另存为”命令，选择要保存的文件路径，并修改文件名为“实战237.dwg”。

练习237　三维模型的镜像

练习位置　DVD>练习文件>第9章>练习237.dwg
难易指数　★★★☆☆
技术掌握　巩固三维模型镜像的方法

操作指南

参照“实战237”案例进行制作。

打开文件“实战237”，继续进行镜像操作，得到如图237-4所示的图形。

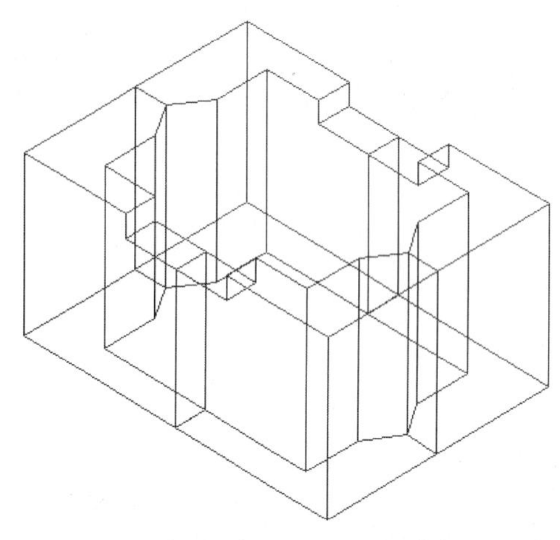

图237-4　三维模型的镜像

实战238　三维模型的阵列

实战位置　DVD>实战文件>第9章>实战238.dwg
视频位置　DVD>多媒体教学>第9章>实战238.avi
难易指数　★★★☆☆
技术掌握　掌握三维模型的阵列方法

实战介绍

三维阵列可以在矩形或环形（圆形）阵列中创建对象的副本。三维阵列与二维阵列一样都分为矩形阵列和环形阵列。案例效果如图238-1所示。

图238-1　最终效果

制作思路

• 打开文件后，使用“阵列”工具，移动三维图形，得到如图238-1所示的图形效果。

制作流程

01 打开AutoCAD 2013，创建一个新的AutoCAD文件，文件名默认为“Drawing1.dwg”。

02 执行“三维工具>建模>长方体”菜单命令。在绘图区利用命令行提示绘制长方体，西南等轴测结果如图238-2所示。命令行提示和操作内容如下：

```
命令_box
指定第一个角点或[中心(C)]:0,0,0
指定其他焦点或[立方体(C)长度(L)]:50,50,0
指定高度或[两点(2P)]:50   //按Enter键退出
```

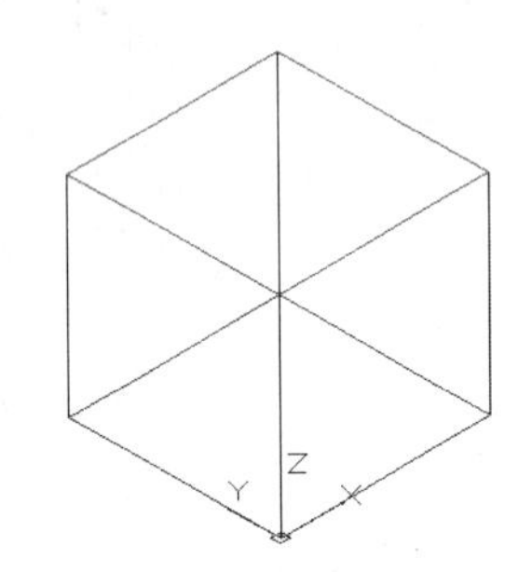

图238-2 绘制长方体

03 执行“修改>三维操作>三维阵列”命令，将长方体三维阵列，效果如图238-3所示。命令行提示和操作内容如下：

```
命令:_3darray
选择对象:找到1个
输入阵列类型[矩形(R)环形(P)]<矩形>:  R
输入行数(...)<1>: 3
输入列数(|||)<1>: 3
输入层数(...)<1>: 3
指定行间距(...): 50
指定列间距(|||): 50
指定层间距(...): 50   //按Enter键退出
```

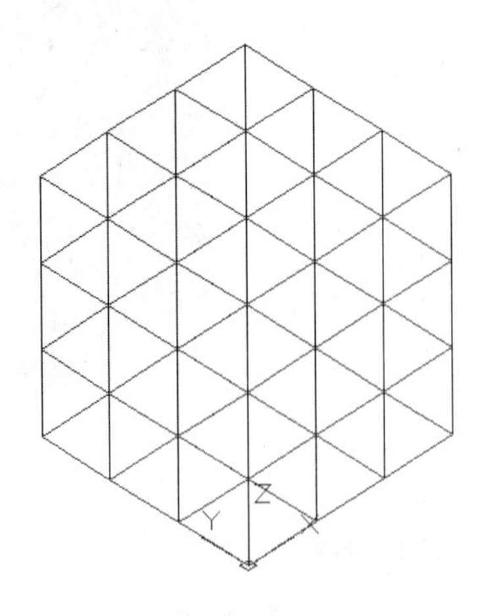

图238-3 阵列处理

04 执行“视图>视觉样式>概念”命令，效果如图238-4所示。

图238-4 概念视图

05 执行“保存”命令，将文件另存为“实战238.dwg”。

技巧与提示

在本例中学到的三维阵列知识在以后的绘图中会经常用到，读者应该完全掌握。

练习238 三维模型的阵列

练习位置 DVD>练习文件>第9章>练习238.dwg
难易指数 ★★★☆☆
技术掌握 巩固三维模型阵列的方法

操作指南

参照“实战238”案例进行制作。

新建文件，绘制一个圆柱体，进行环形阵列，得到如图238-5所示的图形。

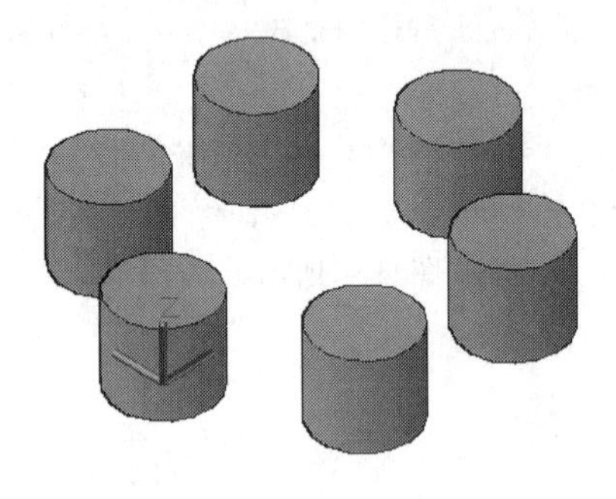

图238-5 环形阵列

实战239 利用二维命令绘制三维模型

实战位置 DVD>实战文件>第9章>实战239.dwg
视频位置 DVD>多媒体教学>第9章>实战239.avi
难易指数 ★★★☆☆
技术掌握 掌握使用二维命令绘制三维模型的方法

实战介绍

在本例中介绍使用二维命令绘制三维模型的方法。这种方法得到的图形具有面的特征，属于表面模型。表面模型不仅定义了三位对象的边界，而且还定义了表面，即其具有面的特征，可以对其进行面积、消隐、着色、渲染和求两表面交线等操作。案例效果如图239-1所示。

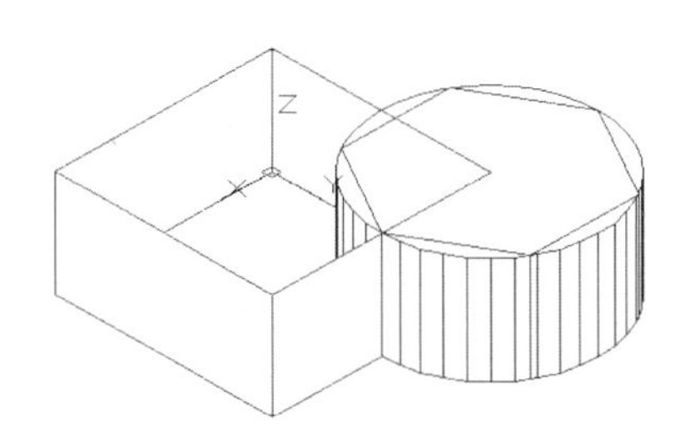

图239-1　最终效果

制作思路

• 打开文件后，使用二维绘图工具，绘制三维图形，得到如图239-1所示的三维图形

制作流程

01 打开AutoCAD 2013，创建一个新的AutoCAD文件，文件名默认为“Drawing1.dwg”，默认的视图方向为俯视图。

02 执行“视图>三维视图>东北等轴测”命令，视图方向改为东北等轴测方向。此时坐标轴样式变为如图239-2所示。

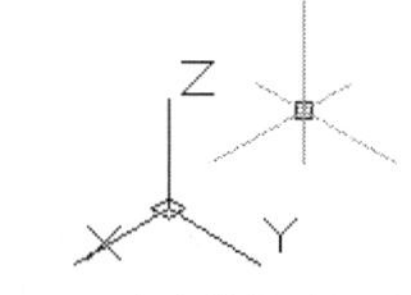

图239-2　东北等轴测视图

03 在命令行输入“Thickness”，设置当前三维厚度，命令行提示和操作步骤如下：

```
命令: thickness
输入THICKNESS的新值 <20.0000>: 50
```

04 执行“绘图>直线”命令，绘制直线效果如图239-3所示。命令行提示和操作内容如下：

```
命令: _line指定第一点: 0,0,0
指定下一点或[放弃(U)]: 0,100,0
```

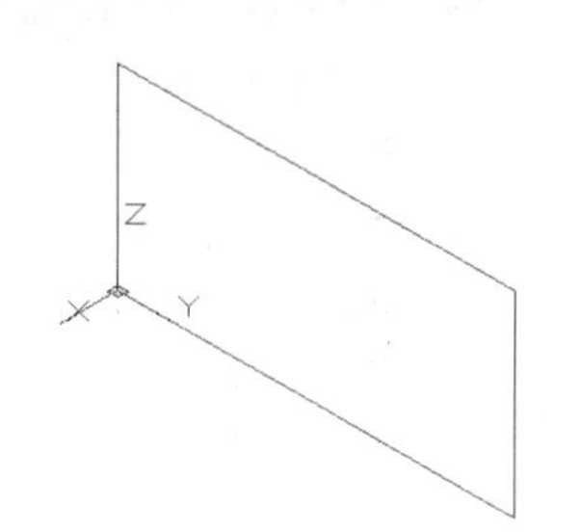

图239-3　绘制带有厚度的直线

05 执行“绘图>直线”命令，与刚绘制的直线组成正方形，如图239-4所示，形成了以正方形为底边的长方体。

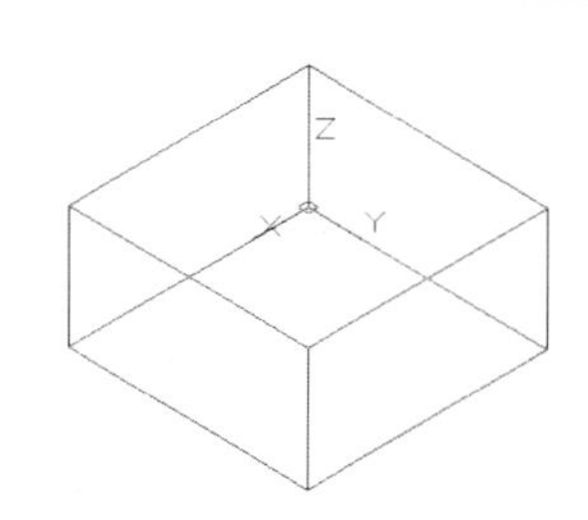

图239-4　绘制直线形成长方体

06 执行“绘图>正多边形”命令，绘制正六边形，效果如图239-5所示。

```
命令: _polygon输入边的数目 <4>: 6
指定正多边形的中心点或[边(E)]: 0,100,0
输入选项[内接于圆(I)/外切于圆(C)] <I>: I
指定圆的半径: 50
```

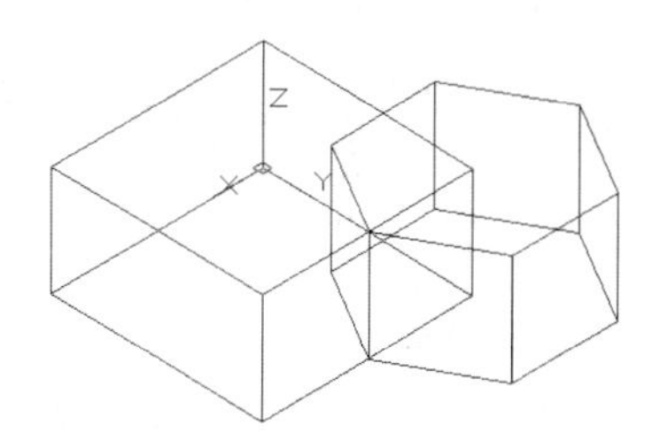

图239-5　修改扭曲方向

07 执行“绘图>圆”命令，绘制有厚度的圆，效果如图239-6所示。

```
命令: _circle
指定圆的圆心或[三点(3P)/两点(2P)/相切、相切、半径(T)]: 0,100,0
指定圆的半径或[直径(D)] <60.0000>: 50
```

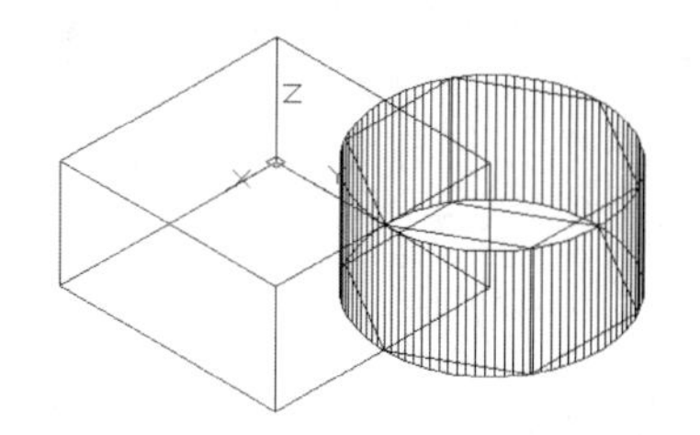

图239-6　修改扭曲方向

08 执行“视图>视觉样式>隐藏”菜单命令，将该图形在观察角度不可见的线条隐藏，效果如图239-7所示。

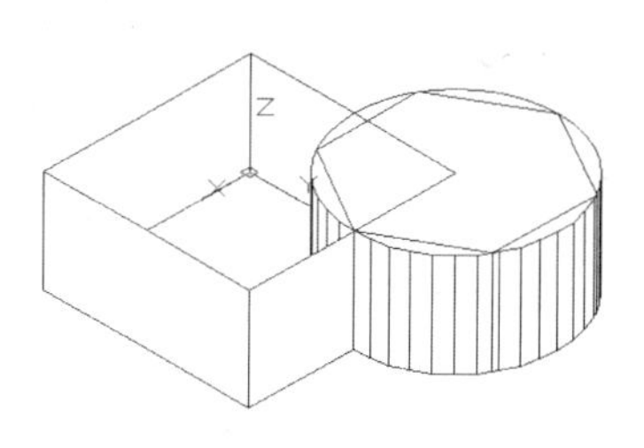

图239-7　消隐图形效果

技巧与提示

在三维模型空间中，使用消隐命令可以将图形按实际观察图形的方式显示三维对象，即将图形在该观察角度不可见的线条隐藏。对于单个图形，删除不可见的轮廓线；对于多个三维图形，自动删除被前面对象遮挡的线段。对于执行消隐命令的对象，若想要取消消隐，可以执行“视图>显示—光源”菜单命令，将图形重新生成，即可恢复消隐前的效果。

09 执行“保存”命令，将图形另存为“实战239.dwg”。

技巧与提示

在本例中利用Thickness命令增加了图形对象的厚度，从而使利用二维命令绘制二维图形对象具有厚度，形成三维图形对象。所有绘制的图形都具有相同的厚度，也就是具有相同的高度即z轴的值。读者应注意并不是任何一个二维绘图命令都可以通过增加厚度而得到三维对象。

练习239 利用二维命令绘制三维模型

练习位置 DVD>练习文件>第9章>练习239.dwg
难易指数 ★★★☆☆
技术掌握 巩固二维命令绘制三维模型的方法

操作指南

参照“实战239”案例进行制作。

利用本例所学的知识点，在东南等轴测图中，绘制如图239-8所示的图形。

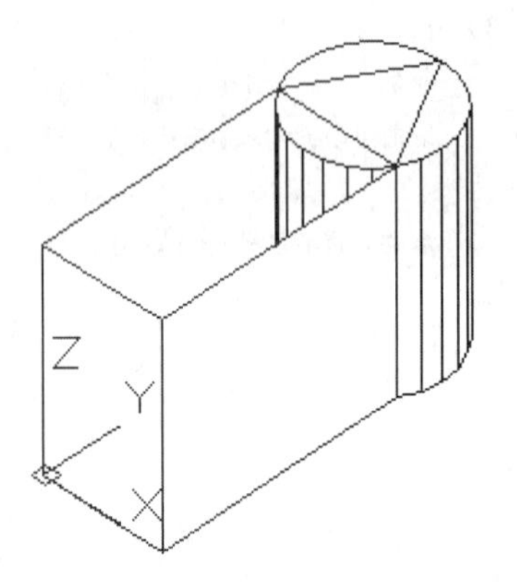

图239-8 利用二维命令绘制三维模型

实战240 绘制带孔零件的线框模型

实战位置 DVD>实战文件>第9章>实战240.dwg
视频位置 DVD>多媒体教学>第9章>实战240.avi
难易指数 ★★★☆☆
技术掌握 掌握二维绘图基本命令、视图切换及UCS坐标命令

实战介绍

在本例中介绍绘制带孔线框模型的绘制方法。效果如图240-1所示。

制作思路

• 打开文件后，使用二维绘图工具，绘制三维图形，得到如图240-1所示的图形。

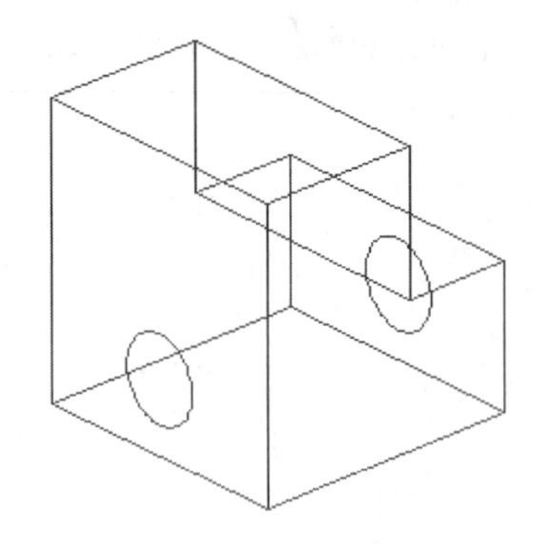

图240-1 最终效果

制作流程

01 打开AutoCAD 2013，创建一个新的AutoCAD文件，文件名默认为“Drawing1.dwg”。

02 执行“视图>三维视图>东南等轴测”命令，视图方向改为东南等轴测方向。此时坐标轴样式变为如图240-2所示。

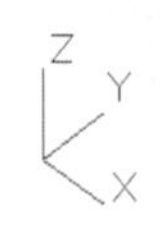

图240-2 东南等轴测视图

03 执行“绘图>矩形”命令。命令行提示和操作内容如下：

```
命令：_rectang
指定第一个角点或[倒角(C)/标高(E)/圆角(F)/厚度(T)/宽度(W)]：30,20//输入绝对坐标指定第一个点
指定另一个角点或[面积(A)/尺寸(D)/旋转(R)]：@50,70//输入相对坐标指定第二个点
```

04 执行“绘图>直线”命令。命令行提示和操作内容如下：

```
命令：_line指定第一点：//捕捉A点，如图240-3所示
指定下一点或[放弃(U)]：@0,0,40//输入相对坐标
指定下一点或[放弃(U)]：<正交 开> 50//打开正交模式，光标移动方向指向x轴负方向，下同。按回车键确认
指定下一点或[闭合(C)/放弃(U)]：30//正交模式下，y轴负方向30
指定下一点或[闭合(C)/放弃(U)]：50//正交模式下，x轴正方向50
指定下一点或[闭合(C)/放弃(U)]：30//捕捉B点
指定下一点或[闭合(C)/放弃(U)]：//按回车键结束
```

结果如图240-3所示。

图240-3　绘制矩形与线框

05 执行“绘图>直线”菜单命令。命令行提示和操作内容如下：

命令：_line指定第一点：//捕捉C点，如图240-4所示

指定下一点或[放弃(U)]：60//正交模式下，z轴正方向60

指定下一点或[放弃(U)]：50//正交模式下，x轴正方向50

指定下一点或[闭合(C)/放弃(U)]：40//正交模式下，y轴正方向40

指定下一点或[闭合(C)/放弃(U)]：50//正交模式下，x轴负方向50

指定下一点或[闭合(C)/放弃(U)]：//捕捉D点

指定下一点或[闭合(C)/放弃(U)]：//按回车键结束

结果如图240-4所示。

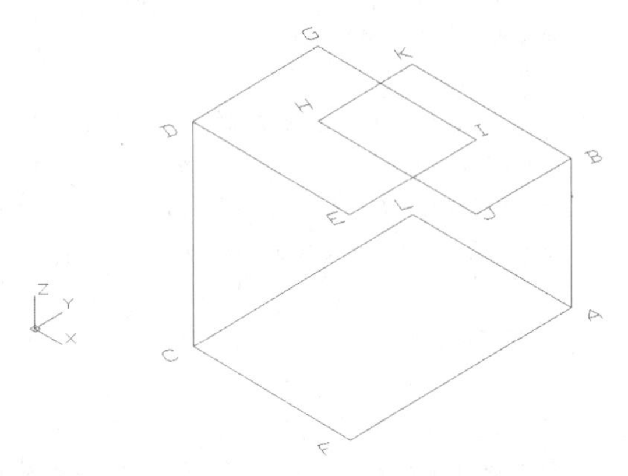

图240-4　绘制线段

06 执行“绘图>直线”命令。命令行提示和操作内容如下：

命令：_line指定第一点：

指定下一点或[放弃(U)]：//捕捉E点

指定下一点或[放弃(U)]：//捕捉F点

命令：//按回车键结束命令

LINE指定第一点：//按回车键重复命令

指定下一点或[放弃(U)]：//捕捉G点

指定下一点或[放弃(U)]：//捕捉H点

命令：//按回车键结束命令

LINE指定第一点：//按回车键重复命令

指定下一点或[放弃(U)]：//捕捉I点

指定下一点或[放弃(U)]：//捕捉J点

命令：//按回车键结束命令

LINE指定第一点：//按回车键重复命令

指定下一点或[放弃(U)]：// 捕捉K点

指定下一点或[放弃(U)]：//捕捉L点

结果如图240-5所示。

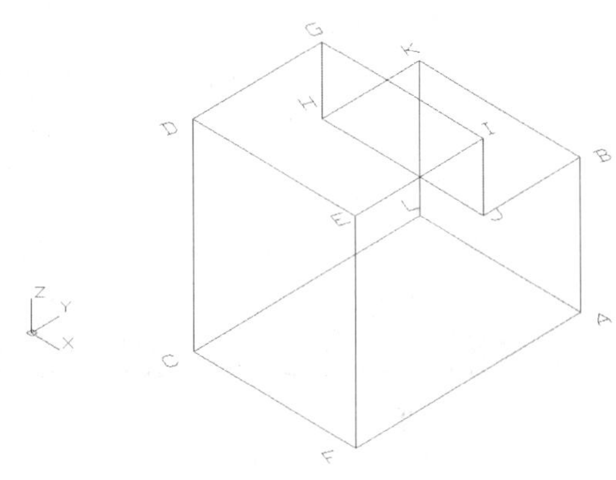

图240-5　连接顶点

07 执行“工具>新建UCS>X”菜单命令，命令行提示和操作内容如下：

命令：_ucs

当前UCS名称：*世界*

指定UCS的原点或[面(F)/命名(NA)/对象(OB)/上一个(P)/视图(V)/世界(W)/X/Y/Z/Z轴(ZA)] <世界>：_x

指定绕X轴的旋转角度 <90>://按回车键变换UCS

08 执行“绘图>圆”菜单命令。命令行提示和操作内容如下：

命令：_circle指定圆的圆心或[三点(3P)/两点(2P)/相切、相切、半径(T)]：FROM//利用偏移捕捉确定圆心

基点：//捕捉CF中点

<偏移>：@0,20,0//输入相对坐标，指定圆心

指定圆的半径或[直径(D)] <8.0000>://指定圆半径

结果如图240-6所示。

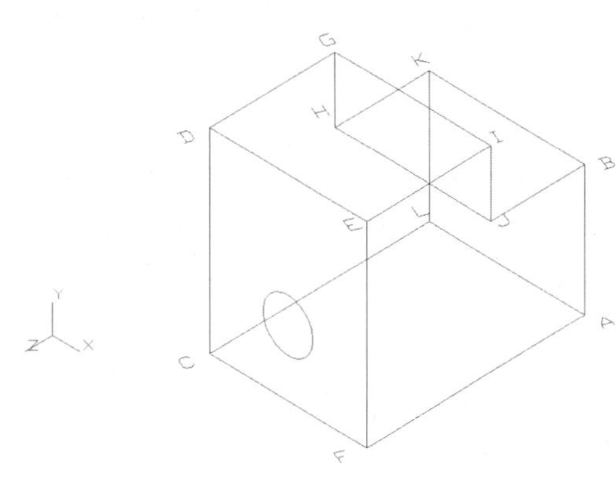

图240-6　绘制圆

09 执行“修改>复制”菜单命令。命令行提示和操作内容如下：

```
命令：COPY
选择对象：找到1个//选择圆
选择对象：//按回车键
当前设置：  复制模式 = 多个//按回车键
指定基点或[位移(D)/模式(O)] <位移>：指定第二个点或 <使用第一个点作为位移>：//捕捉L点
指定第二个点或[退出(E)/放弃(U)] <退出>：
```

10 执行“保存”命令，将图形另存为“实战240.dwg”。

技巧与提示

本例是利用简单二维基本命令来绘制三维线框模型的典型案例，其中还应用到了视图的切换和UCS坐标的转变。

练习240 绘制新的带孔零件模型

练习位置 DVD>练习文件>第9章>练习240.dwg
难易指数 ★★★☆☆
技术掌握 巩固二维绘图命令、视图切换及UCS坐标命令

操作指南

参照“实战240”案例进行制作。

使用二维绘图命令及UCS坐标系的移动，绘制如图240-7所示的图形。

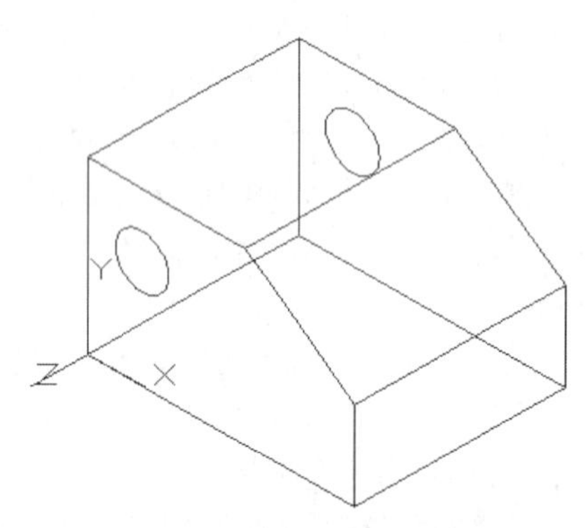

图240-7 绘制新的带孔零件模型

实战241 绘制圆形纸篓

实战位置 DVD>实战文件>第9章>实战241.dwg
视频位置 DVD>多媒体教学>第9章>实战241.avi
难易指数 ★★★☆☆
技术掌握 掌握拉伸机布尔运算的绘制方法

实战介绍

利用“圆”命令绘制纸篓的底部轮廓，利用“拉伸”命令拉伸出纸篓的面，最后绘制纸篓的上侧边沿。案例效果如图241-1所示。

制作思路

• 首先打开AutoCAD 2013，进入操作环境，使用二维绘图工具及拉伸命令，做出如图241-1所示的图形。

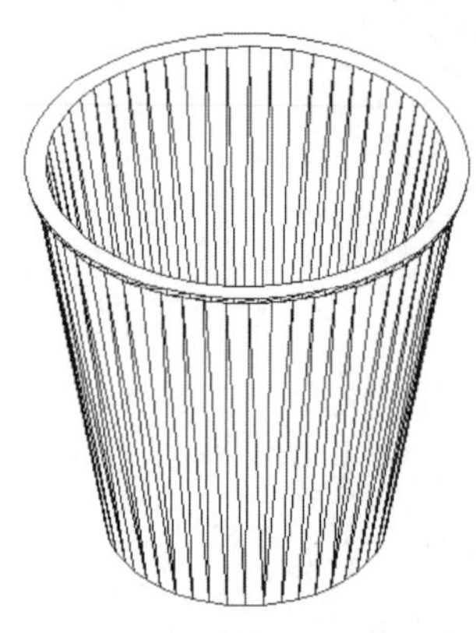

图241-1 最终效果

制作流程

01 打开AutoCAD 2013，创建一个新的AutoCAD文件，文件名默认为“Drawing1.dwg”，执行“视图>三维视图>西南等轴测”菜单命令。

02 执行“绘图>圆”命令，绘制一个半径为100的圆，然后执行“修改>偏移”命令，分别向内偏移5、10个单位，如图241-2所示。

```
命令：_CIRCLE
指定圆的圆心或[三点(3P)/两点(2P)/相切、相切、半径(T)]：
指定圆的半径或[直径(D)]：100
命令：_OFFSET
当前设置：删除源=否  图层=源  OFFSETGAPTYPE=0
指定偏移距离或[通过(T)/删除(E)/图层(L)] <通过>：10
选择要偏移的对象，或[退出(E)/放弃(U)] <退出>：
指定要偏移的那一侧上的点，或[退出(E)/多个(M)/放弃(U)] <退出>：
选择要偏移的对象，或[退出(E)/放弃(U)] <退出>：
命令：_OFFSET
当前设置：删除源=否  图层=源  OFFSETGAPTYPE=0
指定偏移距离或[通过(T)/删除(E)/图层(L)] <10.0000>：5
选择要偏移的对象，或[退出(E)/放弃(U)] <退出>：
指定要偏移的那一侧上的点，或[退出(E)/多个(M)/放弃(U)] <退出>：
选择要偏移的对象，或[退出(E)/放弃(U)] <退出>：
```

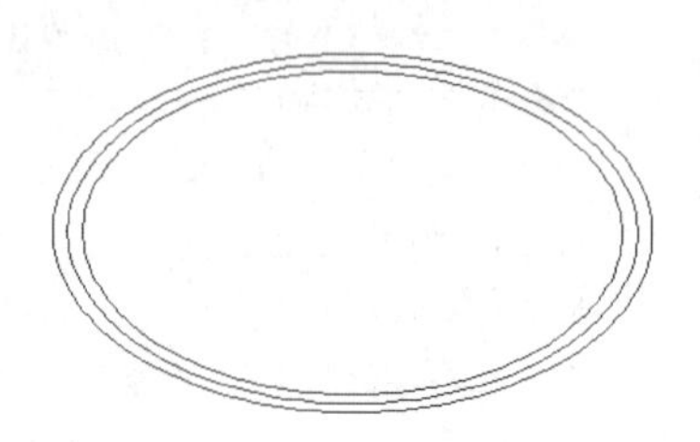

图241-2 绘制同心圆

03 执行“三维工具>建模>拉伸”命令，将外面的三个圆分别拉伸300、10、300个单位，结果如图241-3所示。

命令行提示如下：

```
    命令：_extrude
    当前线框密度：  ISOLINES=20
    选择要拉伸的对象：找到1个
    选择要拉伸的对象：
    指定拉伸的高度或[方向(D)/路径(P)/倾斜角(T)]
<146.9049>: T
    指定拉伸的倾斜角度 <350>: -10
    指定拉伸的高度或[方向(D)/路径(P)/倾斜角(T)]
<146.9049>: 300
    命令：_extrude
    当前线框密度：  ISOLINES=20
    选择要拉伸的对象：找到1个
    选择要拉伸的对象：
    指定拉伸的高度或[方向(D)/路径(P)/倾斜角(T)]
<300.0000>: T
    指定拉伸的倾斜角度 <350>: -10
    指定拉伸的高度或[方向(D)/路径(P)/倾斜角(T)]
<300.0000>:
    命令：_extrude
    当前线框密度：  ISOLINES=20
    选择要拉伸的对象：找到1个
    选择要拉伸的对象：
    指定拉伸的高度或[方向(D)/路径(P)/倾斜角(T)]
<300.0000>: T
    指定拉伸的倾斜角度 <350>: -10
    指定拉伸的高度或[方向(D)/路径(P)/倾斜角(T)]
<300.0000>:10
```

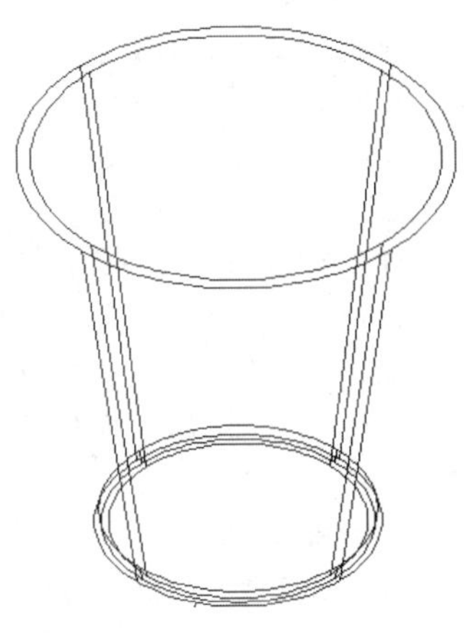

图241-3　拉伸

04 执行“三维工具>实体编辑>差集”菜单命令，对内外两个拉伸实体进行差集处理，减去中间部分，得到纸篓中间空出部分，执行“视图>视觉样式>隐藏”菜单命令，结果如图241-4所示。

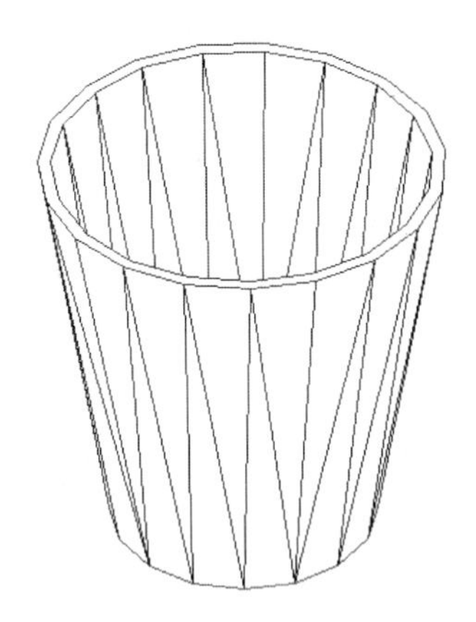

图241-4　消隐效果

05 再次执行“圆”及“拉伸”命令，绘制出纸篓的圆形外沿，如图241-5所示。

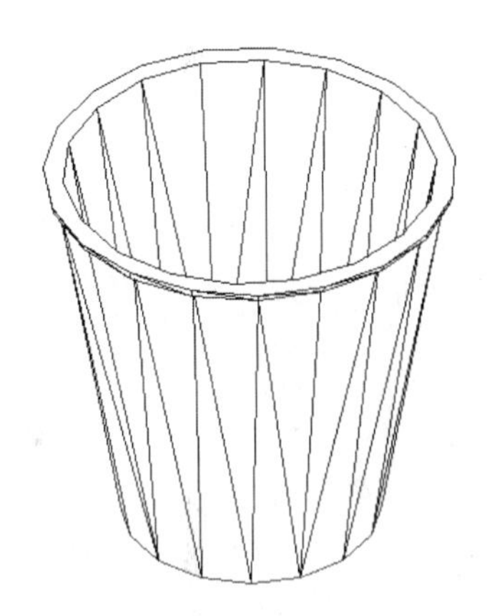

图241-5　绘制外沿

06 在命令行输入“FACETRES”命令，输入值为5，以改变纸篓的圆弧度，执行“视图>视觉样式>隐藏”命令后结果如图241-6所示。

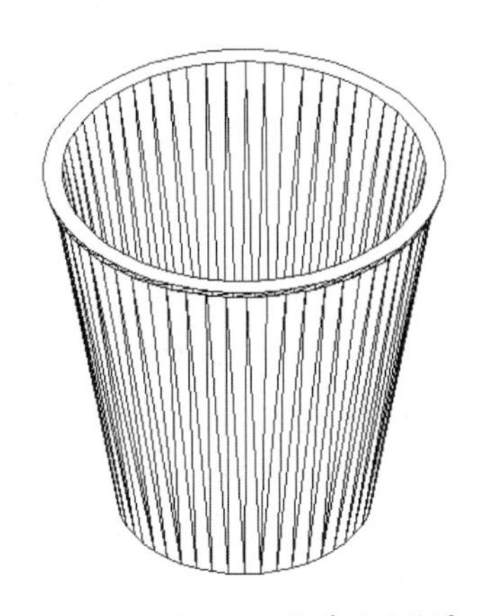

图241-6　使其显示平滑

07 执行“保存”菜单命令，将文件保存为“实战241.dwg”。

技巧与提示

本例主要学习了“建模”工具栏中的“拉伸”命令，以及“实体编辑”工具栏中的“差集”布尔运算。

练习241 绘制砚台

练习位置 DVD>练习文件>第9章>练习241.dwg
难易指数 ★★★☆☆
技术掌握 巩固拉伸和布尔运算的绘制方法

操作指南

参照“实战241”案例进行制作。

新建文件，绘制一个正方形和圆，进行拉伸和差集处理，绘制如图241-7所示的图形。

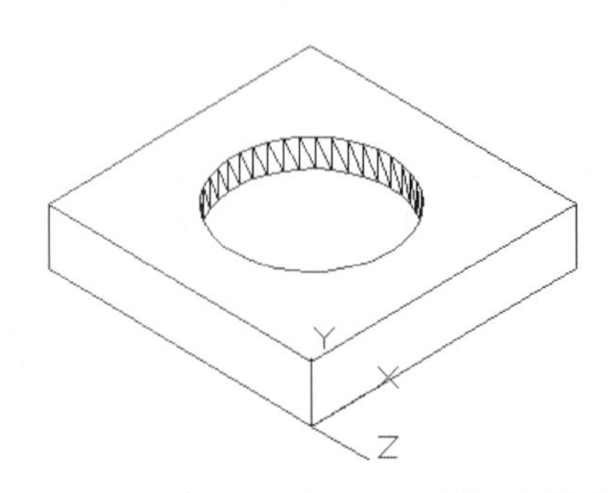

图241-7 绘制砚台模型

实战242 绘制方形结构

实战位置 DVD>实战文件>第9章>实战242.dwg
视频位置 DVD>多媒体教学>第9章>实战242.avi
难易指数 ★★★☆☆
技术掌握 掌握“拉伸”、“正多边形”命令的使用方法

实战介绍

利用“正多边形”命令绘制机构的底部轮廓，使用拉伸工具作出机构的面，最后绘制机构的上侧边沿。案例效果如图242-1所示。

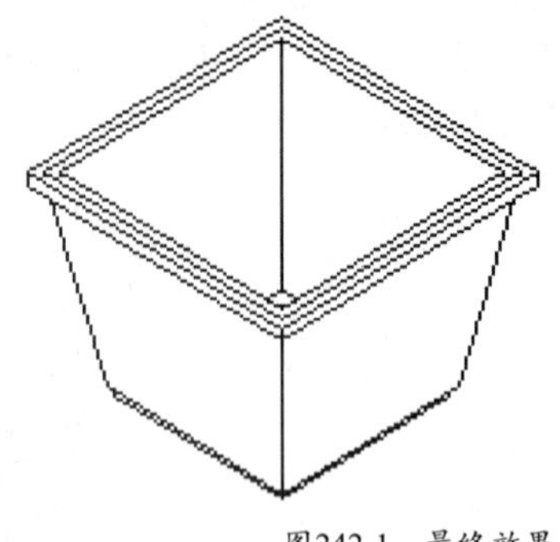

图242-1 最终效果

制作思路

• 首先打开AutoCAD 2013，绘制一个正方形，并偏移处理，再进行拉伸，得到如图242-1所示的图形。

制作流程

01 打开AutoCAD 2013，创建一个新的AutoCAD文件，文件名默认为“Drawing1.dwg”，执行“视图>三维视图>西南等轴测”菜单命令。

02 执行“绘图>正多边形”命令，绘制如图242-2所示的正多边形。命令行提示机器操作步骤如下：

```
命令：_polygon
输入边的数目 <4>:4
指定正多边形的中心点或[边(E)]： //在绘图区指定任意一点
输入选项[内接于圆(I)/外切于圆(C)] <C>: C
指定圆的半径：100
```

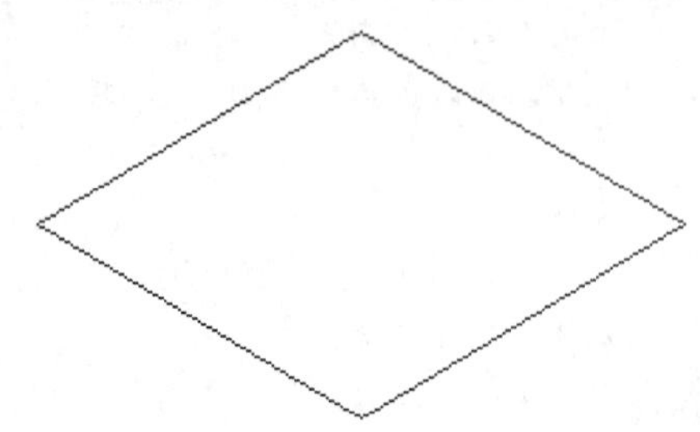

图242-2 绘制正方形

03 执行“修改>偏移”命令，将正方形分别向内偏移5、10个单位，如图242-3所示。

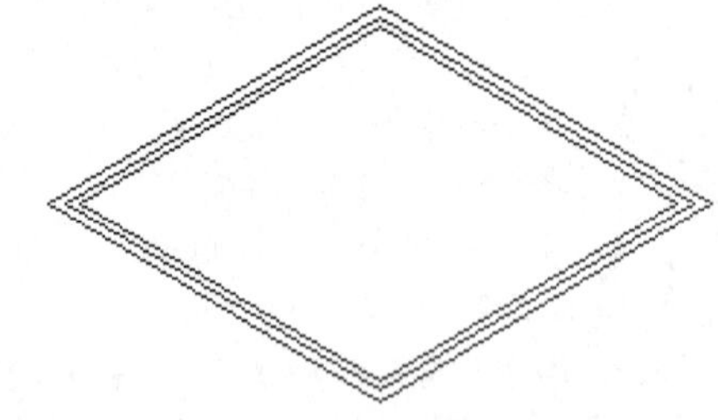

图242-3 偏移正方形

04 执行“三维工具>建模>拉伸”菜单命令，将三个正方形从里到外分别拉伸200、10、200个单位，如图242-4所示。

命令行提示如下：

```
命令：_extrude
当前线框密度： ISOLINES=4
选择要拉伸的对象：找到1个
选择要拉伸的对象：
指定拉伸的高度或[方向(D)/路径(P)/倾斜角(T)] <200.0000>: t
指定拉伸的倾斜角度 <350>: -10
指定拉伸的高度或[方向(D)/路径(P)/倾斜角(T)] <200.0000>: 200
命令:EXTRUDE
当前线框密度： ISOLINES=4
选择要拉伸的对象：找到1个
选择要拉伸的对象：
指定拉伸的高度或[方向(D)/路径(P)/倾斜角(T)] <200.0000>: t
```

```
    指定拉伸的倾斜角度 <350>: -10
    指定拉伸的高度或[方向(D)/路径(P)/倾斜角(T)]
<200.0000>:
    命令:EXTRUDE
    当前线框密度:  ISOLINES=4
    选择要拉伸的对象: 找到1个
    选择要拉伸的对象:
    指定拉伸的高度或[方向(D)/路径(P)/倾斜角(T)]
<200.0000>: 10
```

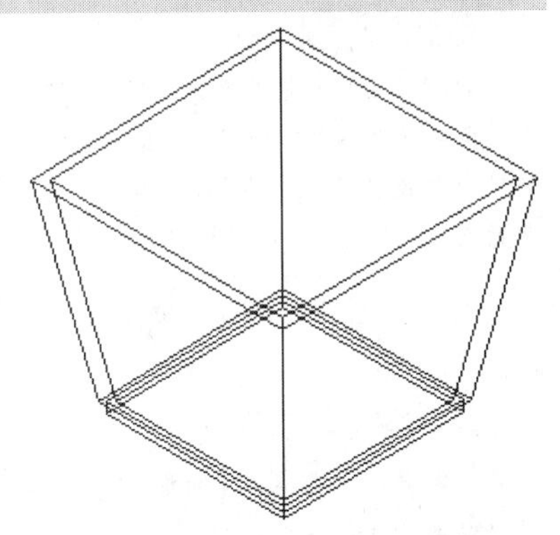

图242-4　拉伸

05 执行“修改>实体操作>差集”命令，对图形进行布尔运算，执行“视图>视觉样式>隐藏”菜单命令，结果如图242-5所示。

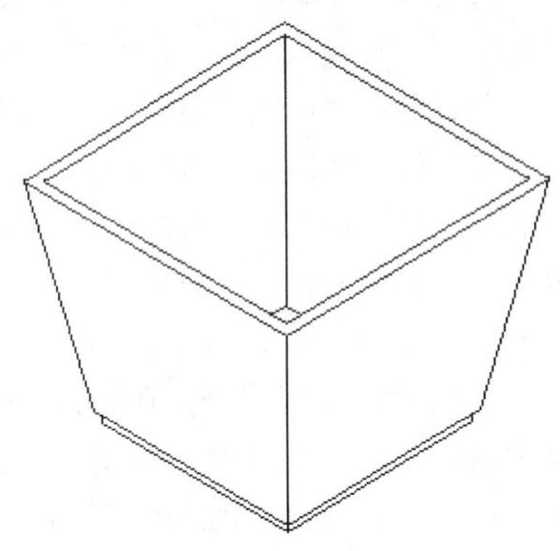

图242-5　布尔运算

06 执行“绘图>正多边形”命令，绘制出如图242-6所示的图形。

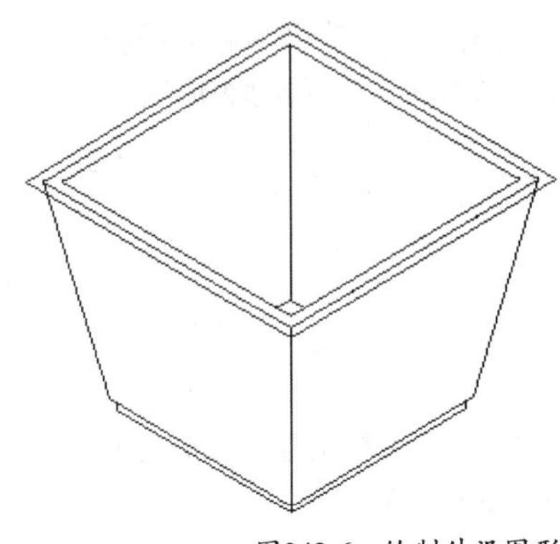

图242-6　绘制外沿图形

技巧与提示

绘制上图的正方形时，可先绘制一条辅助直线，正多边形的中点选择直线中点即可，如图242-7所示。

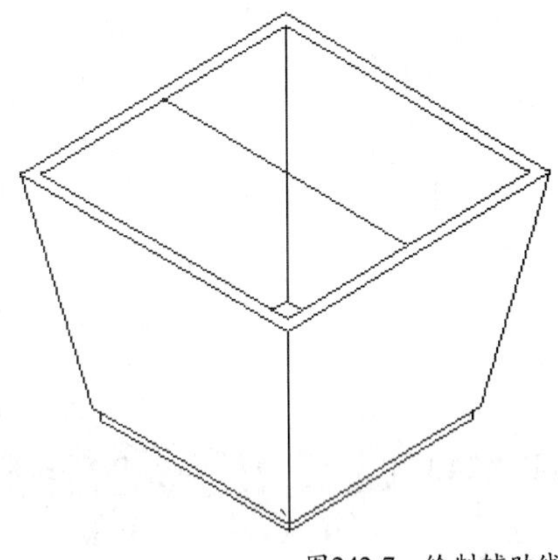

图242-7　绘制辅助线

07 再次使用拉伸和差集工具做出外沿图形，结果如图242-8所示。

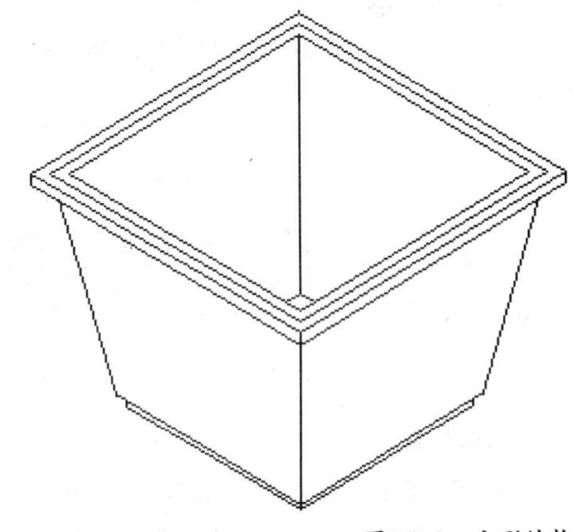

图242-8　方形结构

技巧与提示

注意在拉伸外沿图形时水平向下拉伸。

08 执行“另存为”命令，将文件保存为“实战242.dwg”。

技巧与提示

本例主要学习了“建模”工具栏中的“拉伸”命令及消隐视图方式，读者还应掌握“实体编辑”工具栏中的“差集”布尔运算。

练习242. 绘制三维轴测图

练习位置	DVD>练习文件>第9章>练习242.dwg
难易指数	★★★☆☆
技术掌握	掌握巩固“拉伸”、“正多边形”命令的使用方法

操作指南

参照“实战242”案例进行制作。

新建文件，使用绘图工具绘图及布尔运算处理，绘制如图242-9所示的图形。

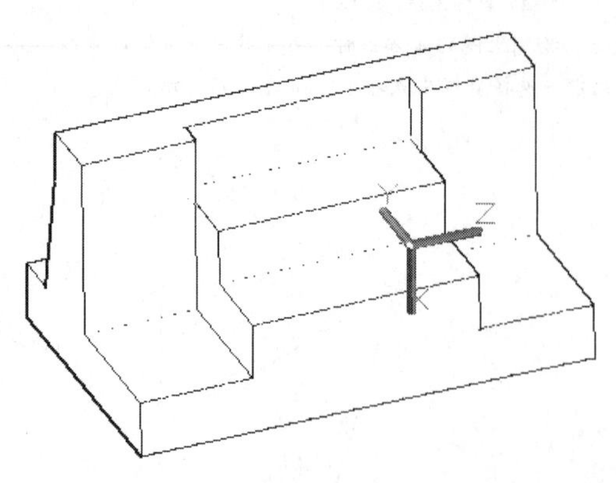

图242-9 绘制三维轴测图

实战243 绘制计算机机箱三维造型

实战位置 DVD>实战文件>第9章>实战243.dwg
视频位置 DVD>多媒体教学>第9章>实战243.avi
难易指数 ★★★☆☆
技术掌握 掌握三维建模、"正多边形"定位及UCS命令的方法

实战介绍

本例将通过创建一个计算机机箱的三维造型来学习AutoCAD中三维实体模型的创建与编辑。案例最终效果如图243-1所示。

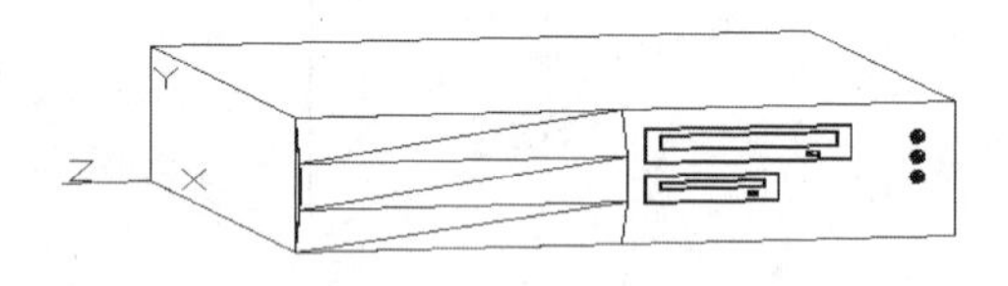

图243-1 最终效果

制作思路

• 首先打开AutoCAD 2013，进入操作环境，通过建模命令，创建基本实体，使用绘图工具加以修改，做出如图243-1所示的图形。

制作流程

01 打开AutoCAD 2013，创建一个新的AutoCAD文件，文件名默认为"Drawing1.dwg"。执行"三维工具>建模>长方体"菜单命令，创建一个尺寸为450×400×100的长方体实体。命令行提示和操作内容如下：

```
命令: _box
指定第一个角点或[中心(C)]: 0,0,0
指定其他角点或[立方体(C)/长度(L)]: l
指定长度: 450
指定宽度: 400
指定高度或[两点(2P)]: 100
```

02 使用UCS命令的F（面）选项，以前视图平面为xy平面建立新的坐标系。执行"三维工具>建模>球体"菜单命令，命令行提示和操作内容如下：

```
命令: _sphere
指定中心点或[三点(3P)/两点(2P)/切点、切点、半径(T)]: 425,75
指定半径或[直径(D)] <5.0000>:
```

重复上述过程，再建立两个半径为5的球体，其圆心坐标分别为（425,60）和（425,45）。这样就在机箱面板上创建了三个开关按键。

03 绘制若干矩形来模拟光驱和软驱。

在创建复杂三维图形时，会经常遇到这种情况，即对于三维对象的某些细部可使用二维图形来模拟，这样可以在保证良好的视觉效果下使绘图更简洁有效，也避免由于太多的细节而导致整个文件过大、操作困难。

执行"绘图>矩形"命令，命令行提示和操作内容如下：

```
命令: RECTANG
指定第一个角点或[倒角(C)/标高(E)/圆角(F)/厚度(T)/宽度(W)]: w
指定矩形的线宽 <0.0000>: 1
指定第一个角点或[倒角(C)/标高(E)/圆角(F)/厚度(T)/宽度(W)]: 240,85
指定另一个角点或[面积(A)/尺寸(D)/旋转(R)]: 380,60
```

继续执行"绘图>矩形"命令绘制线宽为1的矩形，其角点坐标分别为：（250, 80）、（370, 70）；（350, 66）、（358, 63）；（362, 66）、（370, 63）；（240, 50）、（330, 30）；（250, 45）、（320, 40）；（315, 37）、（310, 34）。

完成后将这些矩形向z轴正方向移动0.1个单位，以保证在创建消隐、着色和渲染视图时，这些矩形能得到较好的显示。此时，机箱的绘制已基本完成。

执行"视图>三维视图>视点预设"命令，弹出"视点预设"对话框，将视点的水平角度和垂直角度分别改为265和5。

执行"视图>视觉样式>隐藏"命令，创建计算机机箱的消隐视图，如图243-2所示。

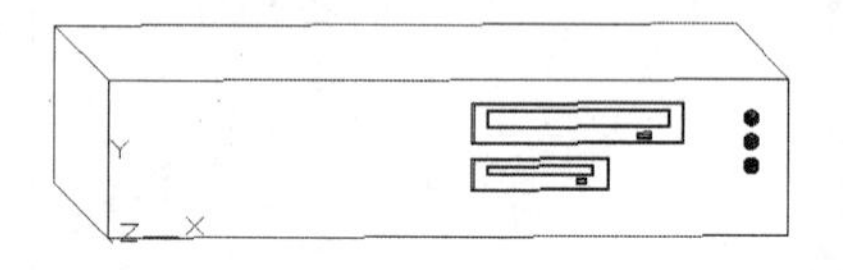

图243-2 绘制题注和按钮

04 为了使机箱看起来更美观，在机箱前面左半部绘制一个弧形面板。

1. 绘制弧形面板的侧面

在当前视图中，使用UCS命令的“3Point”选项，以机箱的左侧面为*xy*平面建立新的坐标系，然后转换到左视图。然后用多段线命令绘制弧形面板的侧面，如图243-3所示。

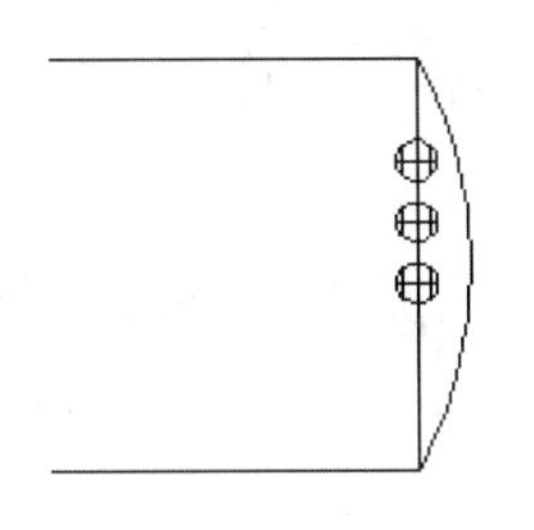

图243-3　绘制弧形面板

2. 创建拉伸实体

执行“三维工具>建模>拉伸”菜单命令，并进行如下操作：

```
命令: _extrude
当前线框密度: ISOLINES=4，闭合轮廓创建模式 = 实体
选择要拉伸的对象或[模式(MO)]: _MO闭合轮廓创建模式[实体(SO)/曲面(SU)] <实体>: _SO (选择多段线)
选择要拉伸的对象或[模式(MO)]: 找到1个
选择要拉伸的对象或[模式(MO)]:(按回车键确定)
指定拉伸的高度或[方向(D)/路径(P)/倾斜角(T)/表达式(E)] <100.0000>: -225
```

执行“视图>视觉样式>隐藏”命令，查看绘制的成果，如图243-1所示。

执行“另存为”命令，将文件保存为“实战243.dwg”。

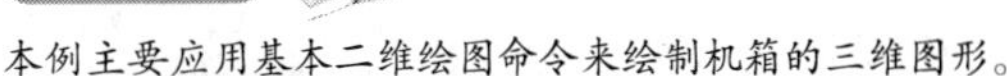

技巧与提示

本例主要应用基本二维绘图命令来绘制机箱的三维图形。

练习243　绘制显示器

练习位置　DVD>练习文件>第9章>练习243.dwg
难易指数　★★★☆☆
技术掌握　巩固三维建模、“正多边形”及UCS定位命令的方法

操作指南

参照“实战243”案例进行制作。

根据本例所学的知识，通过创建实体、简单绘图工具及UCS定位等命令，绘制如图243-4所示电视显示器。

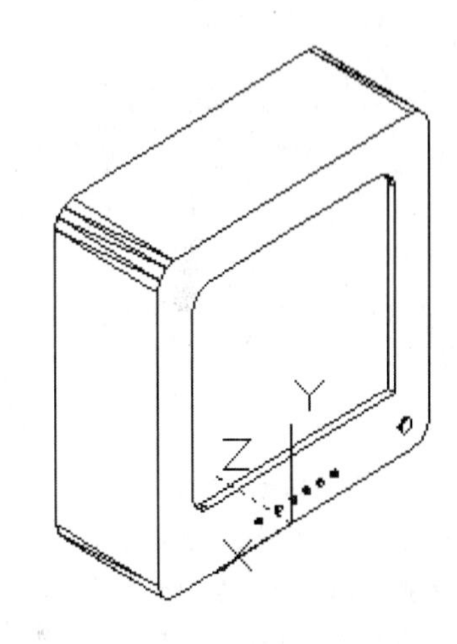

图243-4　绘制显示器

第10章 绘制三维表面模型

本章学习要点：

掌握三维表面模型的特点

掌握三维表面模型的创建方法

掌握“部分折痕边/顶点工具”与“取消折痕边/顶点工具”的使用方法

掌握绘制基础三维表面图形的方法

了解三维曲面的分类

实战244 绘制系统定义的三维表面

实战位置	DVD>实战文件>第10章>实战244.dwg
视频位置	DVD>多媒体教学>第10章>实战244.avi
难易指数	★★☆☆☆
技术掌握	掌握绘制简单三维表面方法

实战介绍

在AutoCAD 2013中，系统定义了若干种三维表面，可以直接引用来绘制简单的三维模型，包括长方体、棱锥面、楔体、上半球面、球体、圆锥体、圆环体、下半球面和网格。本例中介绍根据已定义好的三维表面对象来绘制三维表面模型。案例效果如图244-1所示。

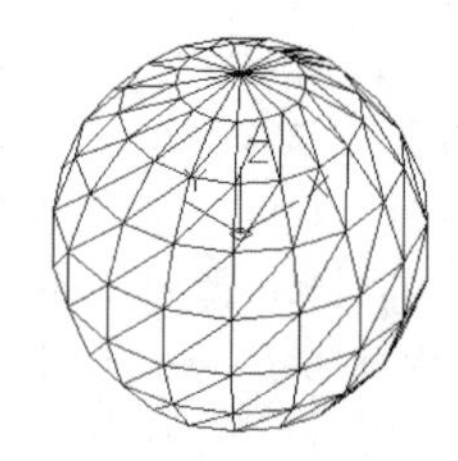

图244-1 最终效果

制作思路

- 使用球体和圆锥体建模工具，创建如图244-1所示的模型。

制作流程

01 打开AutoCAD 2013，创建一个新的AutoCAD文件，文件名默认为“Drawing1.dwg”。

02 执行“三维工具>建模>球体”命令。在绘图区利用命令行提示绘制球体，结果如图244-2所示。命令行提示和操作内容如下：

```
命令：-sphere
指定中心点或[三点(3P)两点(2P)切点、切点、半径(T)]:0,0,0
指定半径或[直径(D)]<0.0000>:100
按Enter键退出
```

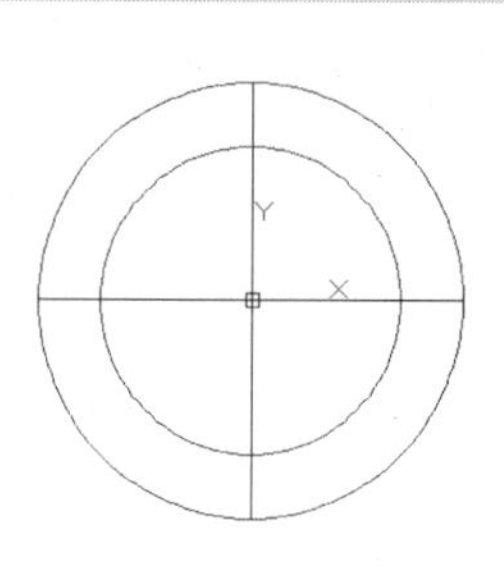

图244-2 绘制上半球面

03 执行“视图>三维视图>西南等轴测”命令，视图方向改为西南等轴测方向，图形变为如图244-3所示样式。

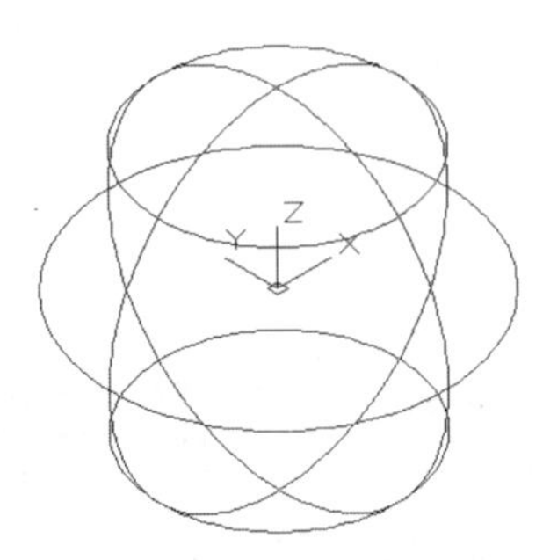

图244-3　西南等轴测方向视图

04 执行“三维工具>建模>圆锥体”选项，绘制圆台，如图244-4所示。命令行提示和操作内容如下：

```
命令：_cone
指定底面的中心点：
指定底面的半径或[直径(D)]：50
指定高度或[两点(2P)轴端点(A)顶面半径(T)]:T
指定顶面半径<0.0000>:20
指定高度或[两点(2P)轴端点(A)]<20.0000>：100
```

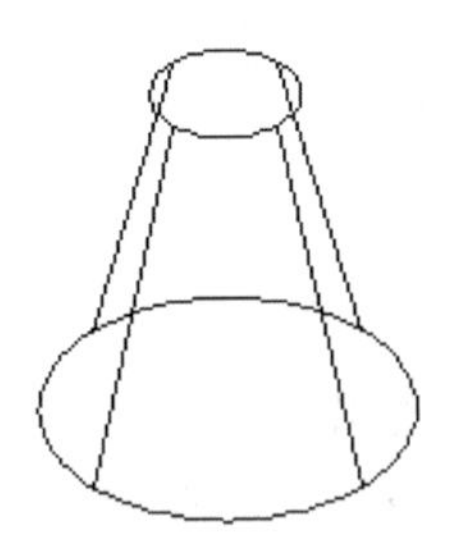

图244-4　绘制圆台结果

技巧与提示

可以看到利用系统定义的“圆锥体”选项，如果设置圆锥面的顶面半径为0，则绘制得到的为“圆锥体”；若设置的圆锥面的顶面半径大于0，则绘制得到的为圆台。类似的，使用“棱锥面”选项，即可以绘制棱锥面，也可以绘制棱台面。

05 执行“视图>视觉样式>隐藏”命令，将绘图区的所有图形均进行消隐，结果如图244-5所示。

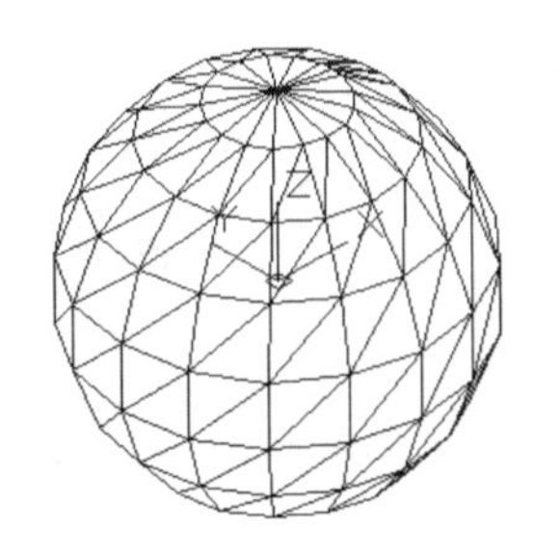

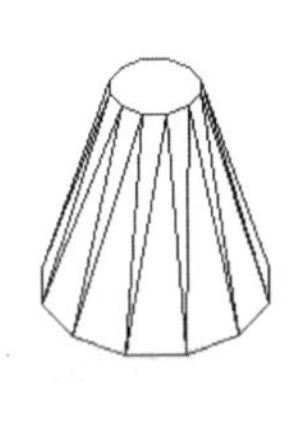

图244-5　选择点样式

06 执行“另存为”命令，将文件另存为“实战244.dwg”。

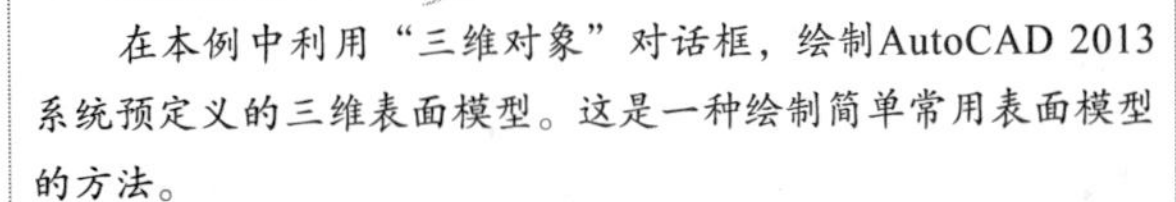

技巧与提示

在本例中利用“三维对象”对话框，绘制AutoCAD 2013系统预定义的三维表面模型。这是一种绘制简单常用表面模型的方法。

练习244　绘制圆柱体和圆锥体

实战位置	DVD>练习文件>第10章>练习244.dwg
难易指数	★★★☆☆
技术掌握	巩固绘制简单三维表面方法

操作指南

参照“实战244”案例进行操作。

新建文件，进入场景环境，使用“圆锥体”和“圆环体”工具建模，绘制如图244-6所示的图形。

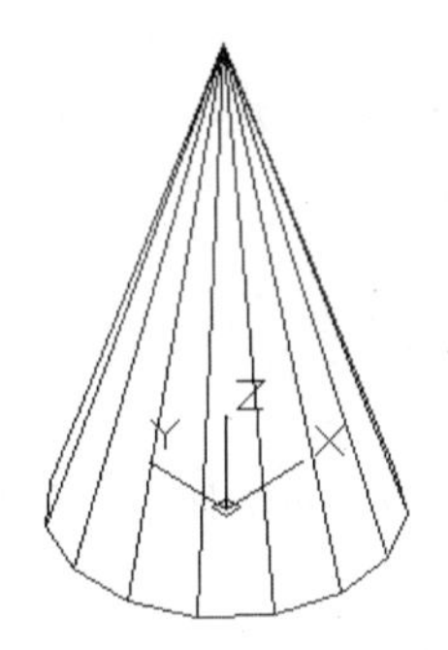

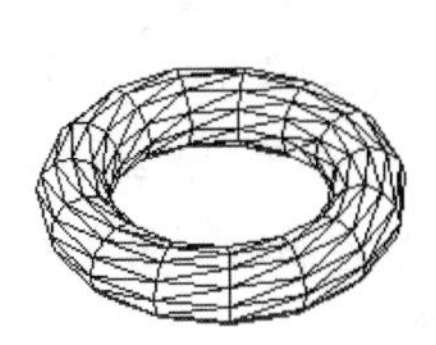

图244-6　绘制圆锥体和圆环体

实战245　创建楔体表面

实战位置	DVD>实战文件>第10章>实战245.dwg
视频位置	DVD>多媒体教学>第10章>实战245.avi
难易指数	★★☆☆☆
技术掌握	掌握楔体建模的方法

实战介绍

本例通过利用三维面命令创建楔体表面，进一步强化绘制三维面的方法。案例效果如图245-1所示。

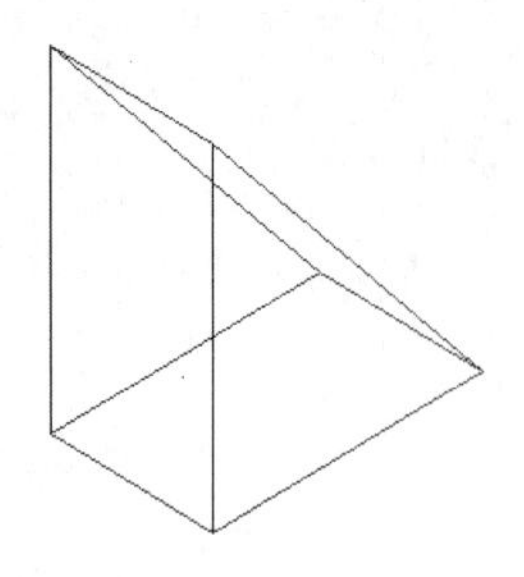

图245- 1　最终效果

制作思路

• 使用楔体建模工具，创建如图245-1所示的模型。

制作流程

01 打开AutoCAD 2013，创建一个新的AutoCAD文件，文件名默认为“Drawing1.dwg”。

02 执行“视图>三维视图>西南等轴测”命令，视图方向改为西南等轴测方向。此时坐标轴样式变为如图245-2所示。

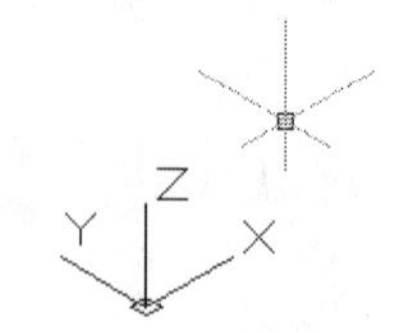

图245-2　西南等轴测视图

03 执行“三维工具>建模>楔体”命令，绘制楔体表面。命令行提示和操作步骤如下：

```
命令: _wedge
指定第一个角点或[中心(C)]://用鼠标点击适当位置，确定角点给楔体表面
指定其他角点或[立方体(C)/长度(L)]: L
指定长度 <100.0000>: 500
指定宽度 <10.0000>: 300
指定高度或[两点(2P)] <-50.0000>: 600
```

结果如图245-1所示。

04 执行“另存为”命令，将文件另存为“实战245.dwg”。

技巧与提示

楔体的长、宽、高分别沿着当前的UCS的x轴、y轴、z轴的正方向，且不能为负值。绕z轴的转角可正可负，其转向符合右手定责。在本例中通过介绍绘制建楔体表面，进一步强化绘制三维面的方法。

练习245　创建楔体

实战位置	DVD>练习文件>第10章>练习245.dwg
难易指数	★★☆☆☆
技术掌握	巩固楔体建模的方法

操作指南

参照“实战245”案例进行操作。

在西南等轴测视图中使用楔体建模，如图245-3所示。

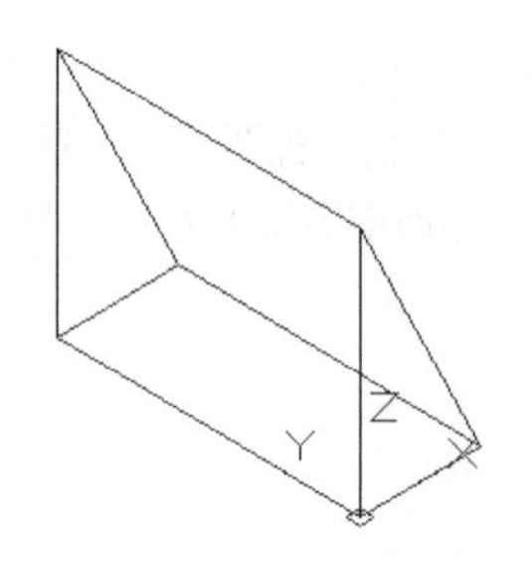

图245-3　楔体建模

实战246　创建球面

实战位置	DVD>实战文件>第10章>实战246.dwg
视频位置	DVD>多媒体教学>第10章>实战246.avi
难易指数	★★☆☆☆
技术掌握	掌握如何创建球面

实战介绍

球面是生活中常见的曲面，在本例中将讲解创建球面的方法。案例效果如图246-1所示。

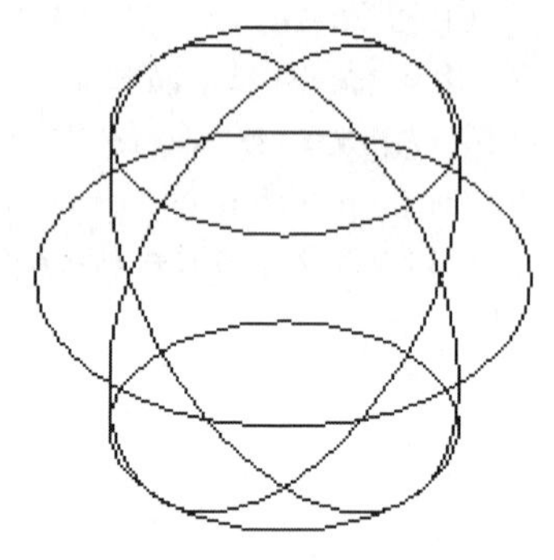

图246-1　最终效果

制作思路

• 使用球体建模工具，创建如图246-1所示的模型。

制作流程

01 执行“三维工具>建模>球体”命令，效果如图246-2所示。

02 执行“另存为”命令，将文件保存为“实战246.dwg”。

技巧与提示

本例中介绍了创建球面，读者应主要掌握创建球面的方法。

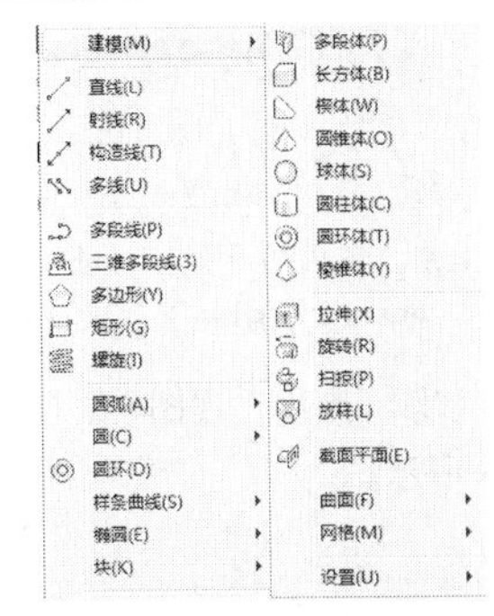

图246-2　选择球体绘图工具

练习246　创建圆锥面

实战位置	DVD>练习文件>第10章>练习246.dwg
难易指数	★★★☆☆
技术掌握	掌握创建圆锥面的方法

操作指南

参照“实战209”案例进行操作。

使用圆锥体工具建模，按照如图246-3所示，绘制一个圆锥面。

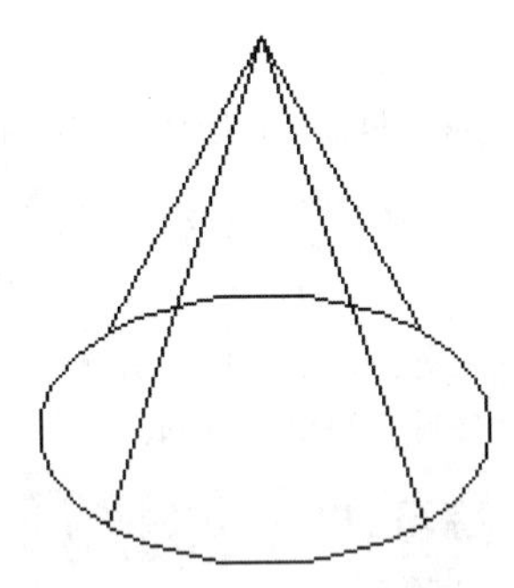

图246-3　绘制圆锥面

实战247　绘制直纹曲面

实战位置	DVD>实战文件>第10章>实战247.dwg
视频位置	DVD>多媒体教学>第10章>实战247.avi
难易指数	★★☆☆☆
技术掌握	掌握如何绘制直纹曲面

实战介绍

利用三维建模命令，可以绘制各种网格、曲面，本例中介绍绘制直纹网格曲面的方法。案例效果如图247-1所示。

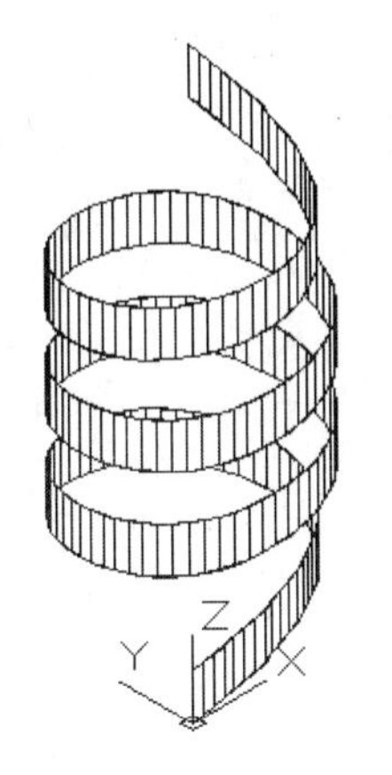

图247-1　最终效果

制作思路

• 使用三维多段线工具绘制直线并拟合，复制后创建如图247-1所示的直纹网面。

制作流程

01 打开AutoCAD 2013，创建一个新的AutoCAD文件。执行“视图>三维视图>西南等轴测”命令，视图方向改为西南等轴测方向。此时坐标轴样式变为如图247-2所示。

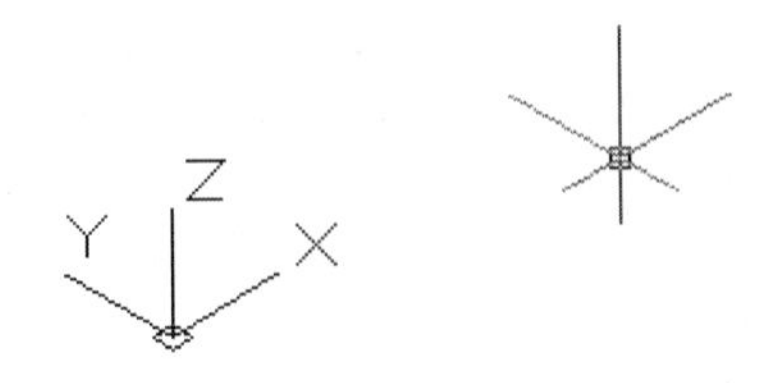

图247-2　西南等轴测视图

02 执行“绘图>三维多段线”命令，通过给定三维相对坐标直接创建三维多段线。结果如图247-3所示。各指定点坐标依次为（0,0,0）、（100,0,10）、（0,100,10）、（-100,0,10）、（0,-100,10）、（100,0,10）、（0,100,10）、（-100,0,10）、（0,-100,10）、（100,0,10）、（0,100,10）、（-100,0,10）、（0,-100,10）、（100,0,10）、（0,100,10）。

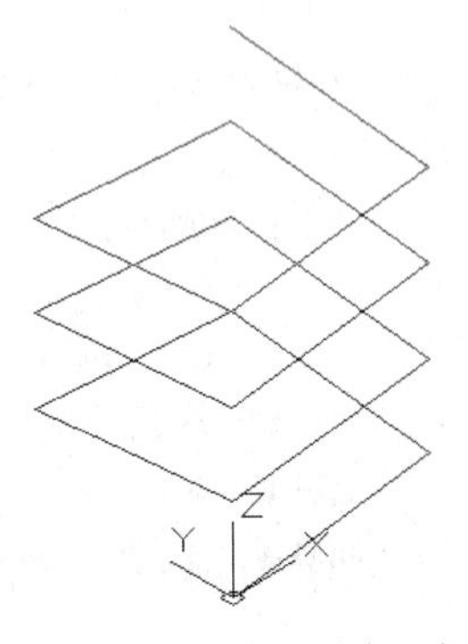

图247-3　三维多段线

03 执行“修改>对象>多段线”命令，拟合多段线，结果如图247-4所示。

```
命令: _pedit选择多段线或[多条(M)]:   //选择刚绘制的多段线
输入选项[闭合(C)/编辑顶点(E)/样条曲线(S)/非曲线化(D)/放弃(U)]: S
输入选项[闭合(C)/编辑顶点(E)/样条曲线(S)/非曲线化(D)/放弃(U)]: *取消*   //按Esc键结束命令
```

04 执行“修改>复制”命令，将多段线复制，第二点相对于第一点的坐标为（0,0,20），结果如图247-5所示。

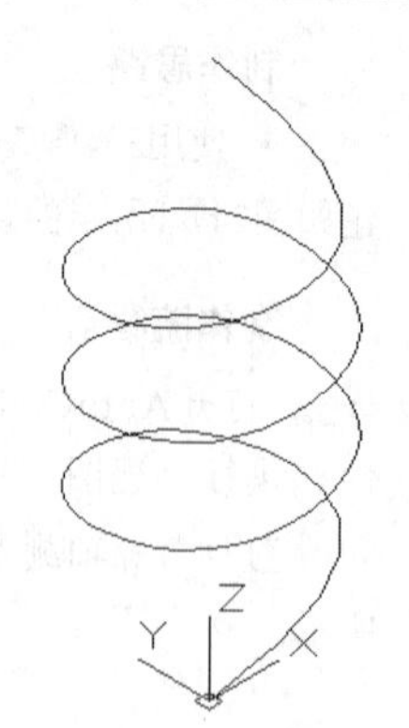

图247-4　拟合多段线

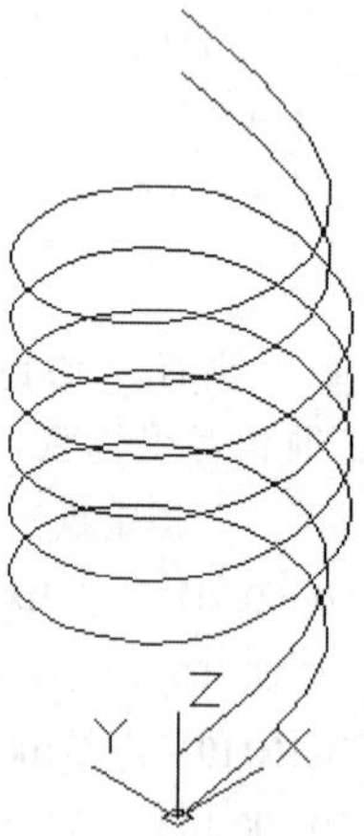

图247-5　复制结果

05 修改线框密度，然后执行“三维工具>建模>网格>直纹网面”命令，绘制直纹网面，效果如图247-6所示。

```
命令: SURFTAB1
输入SURFTAB1的新值 <6>: 200   //修改线框密度
命令: _RULESURF
当前线框密度: SURFTAB1=200
选择第一条定义曲线:  //选择拟合的多段线
选择第二条定义曲线:  //选择复制得到的多段线
```

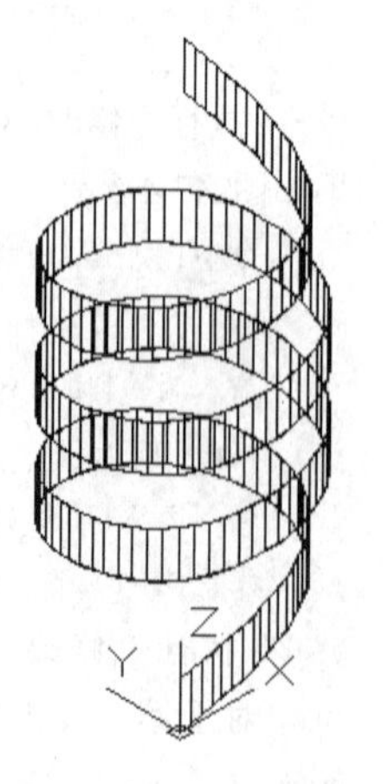

图247-6　绘制直纹网面

技巧与提示

在绘制直纹曲面时，必须先绘制出确定直纹曲面的两条边，它们只能是线、点、弧线、圆、样条曲线或多段线等对象。不同的类型可以进行组合使用。直纹曲面的分段数目由变量SURFTAB1确定，可根据绘图需要对其进行重新设置。

06 执行“视图>视觉样式>隐藏”命令，结果如图247-7所示。

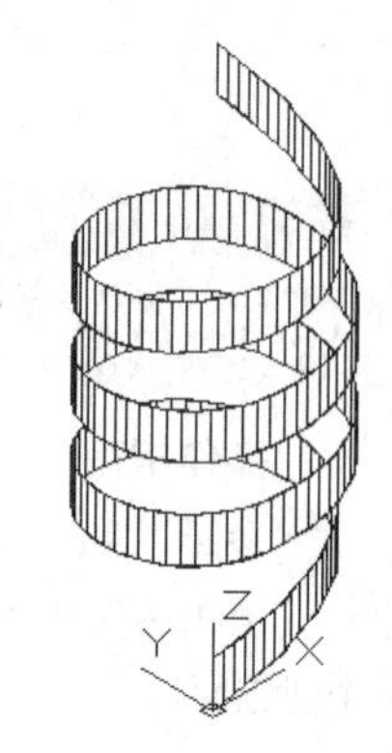

图247-7　消隐结果

07 执行“另存为”命令，将文件另存为“实战247.dwg”。

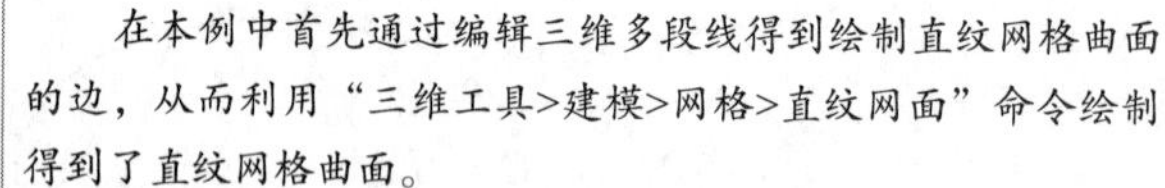

技巧与提示

在本例中首先通过编辑三维多段线得到绘制直纹网格曲面的边，从而利用“三维工具>建模>网格>直纹网面”命令绘制得到了直纹网格曲面。

练习247　绘制直纹曲面

实战位置	DVD>练习文件>第10章>练习247.dwg
难易指数	★★★☆☆
技术掌握	初步掌握直纹曲面的绘制方法

操作指南

参照“实战247”案例进行制作。

通过绘制三维多段线及复制处理，创建直纹曲面，得到如图247-8所示的图形。

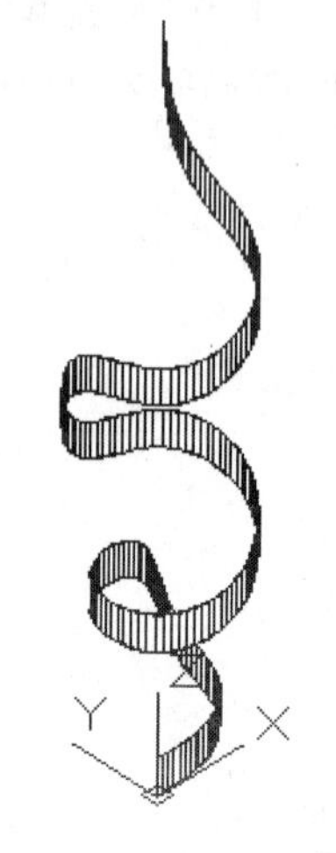

图247-8　绘制直纹曲面

实战248 绘制一般的网格表面

实战位置　DVD>实战文件>第10章>实战248.dwg
视频位置　DVD>多媒体教学>第10章>实战248.avi
难易指数　★★★☆☆
技术掌握　掌握一般的网格表面坐标绘制方法

实战介绍

对于一般的网格表面需要用M行N列即M×N个网格来进行表示，其中M和N的值为2～256之间的整数。本例中将直接输入定义网格表面。最终案例效果如图248-1所示。

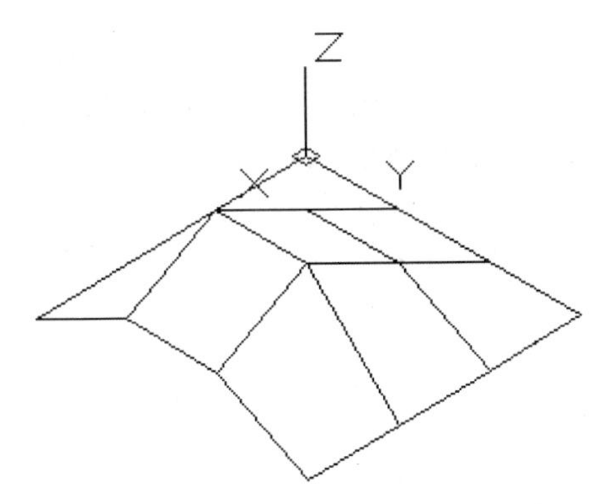

图248-1　最终效果

制作思路

• 使用网格工具以坐标法建模，即得到如图248-1所示的图形。

制作流程

01 打开AutoCAD 2013，创建一个新的AutoCAD文件。

02 执行“视图>三维视图>东北等轴测”命令，视图方向改为东北等轴测方向。此时坐标轴样式变为如图248-2所示。

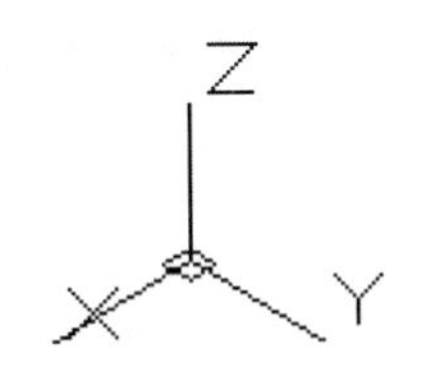

图248-2　东北等轴测视图坐标轴

03 命令行输入命令“3DMESH”，效果如图248-3所示。命令行提示和操作内容如下：

```
命令：_3dmesh
输入M方向上的网格数量：4
输入N方向上的网格数量：4
指定顶点 (0, 0) 的位置：0,0,0
指定顶点 (0, 1) 的位置：10,0,0
指定顶点 (0, 2) 的位置：20,0,0
指定顶点 (0, 3) 的位置：30,0,0
指定顶点 (1, 0) 的位置：0,10,0
指定顶点 (1, 1) 的位置：10,10,5
指定顶点 (1, 2) 的位置：20,10,10
指定顶点 (1, 3) 的位置：30,10,5
指定顶点 (2, 0) 的位置：0,20,0
指定顶点 (2, 1) 的位置：10,20,5
指定顶点 (2, 2) 的位置：20,20,10
指定顶点 (2, 3) 的位置：30,20,5
指定顶点 (3, 0) 的位置：0,30,0
指定顶点 (3, 1) 的位置：10,30,0
指定顶点 (3, 2) 的位置：20,30,0
指定顶点 (3, 3) 的位置：30,30,0
```

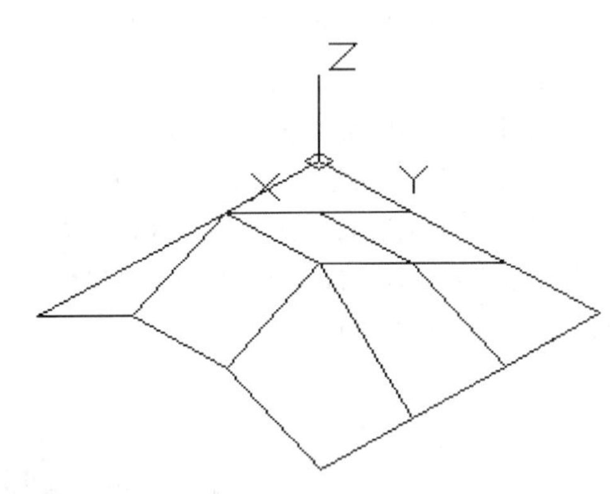

图248-3　绘制三维网格表面

技巧与提示

三维多边形网格顶点的行、列都是从0开始的。从两个方向上AutoCAD所允许的最大网格面的顶点数是256个。

04 执行“另存为”命令，将文件另存为“实战248.dwg”。

技巧与提示

在本例中通过介绍绘制如图248-1所示的网格表面，介绍了绘制一般网格表面的方法。这种方法绘制的网格表面要求具体知道网格上每个点的坐标位置。

练习248 绘制一般的网格表面

实战位置　DVD>练习文件>第10章>练习248.dwg
难易指数　★★★☆☆
技术掌握　巩固坐标绘制网纹表面的方法

操作指南

参照“实战248”案例进行制作。

利用本例所学的知识，绘制在M方向的网格数量为4，N方向上的网格数量为4的三维网络表面，如图248-4所示。

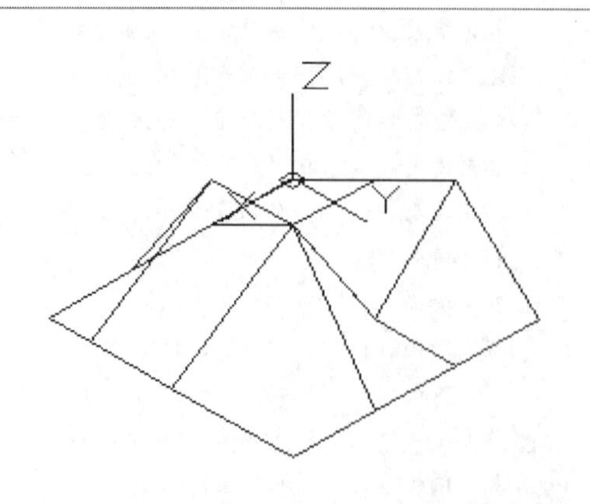

图248-4　绘制一般的网格表面

实战249　绘制平移曲面

实战位置	DVD>实战文件>第10章>实战249.dwg
视频位置	DVD>多媒体教学>第10章>实战249.avi
难易指数	★★☆☆☆
技术掌握	掌握平移曲面的绘制方法

实战介绍

在本例中介绍绘制平移曲面的方法。平移曲面是由一条轨迹线沿着一条指定方向的矢量伸展而成，用三维多边形网格表示的曲面。在平移网面的任一位置，平行于初始轨迹线所在平面的截面都是与原轨迹线相同的曲线或直线。案例效果如图249-1所示。

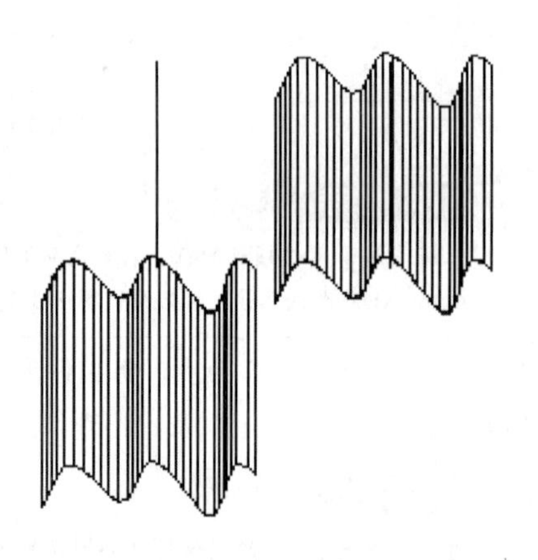

图249-1　最终效果

制作思路

• 首先打开AutoCAD 2013，然后进入操作环境，使用样条曲线、平移网格等工具作出如图249-1所示的图形。

制作流程

01 打开AutoCAD 2013，创建一个新的AutoCAD文件。

02 执行“绘图>直线”命令，绘制一条竖直直线。命令行提示和操作内容如下：

```
命令：_line指定第一点：200,0
指定下一点或[放弃(U)]：200,100,0
指定下一点或[放弃(U)]：
```

03 执行“绘图>样条曲线”命令，绘制样条曲线，效果如图249-2所示。

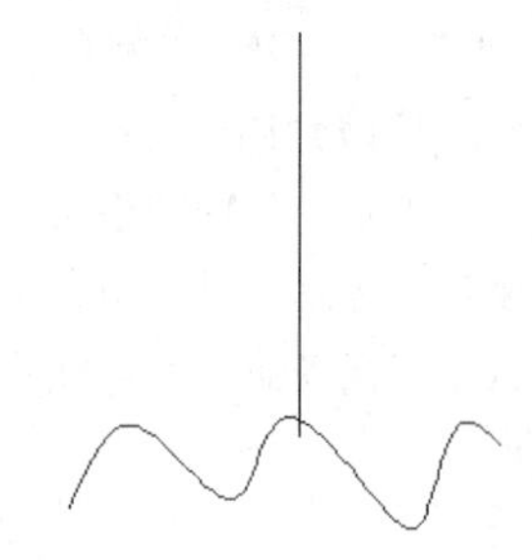

图249-2　直线与样条曲线

04 执行“修改>复制”命令，将直线与样条曲线，进行复制，结果如图249-3所示。

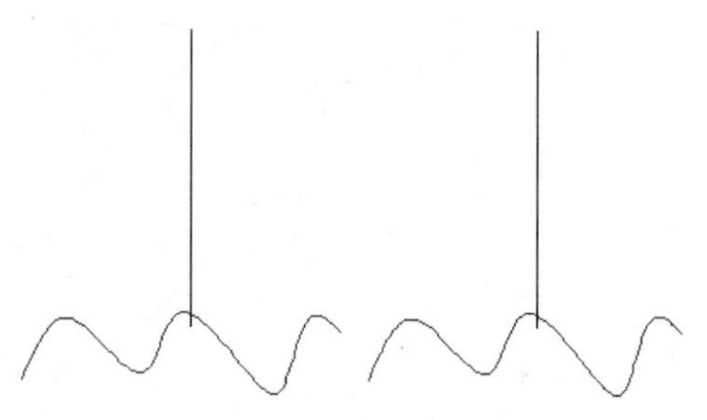

图249-3　复制结果

05 首先定义线框密度，然后执行“三维工具>建模>网格>平移网格”命令，绘制平移曲面，效果如图249-4所示。命令行提示和操作内容如下：

```
命令：surftab1
输入SURFTAB1的新值 <6>：30
命令：_tabsurf
当前线框密度：SURFTAB1=30
选择用作轮廓曲线的对象：  //选择左侧样条曲线
选择用作方向矢量的对象：  //选择左侧直线上半部分任意位置
```

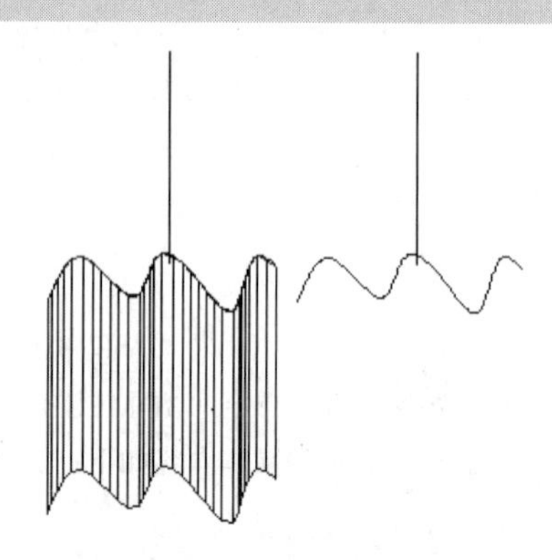

图249-4　绘制平移网面

06 再次执行“三维工具>建模>网格>平移网格”命令，在复制的直线与样条曲线上绘制平移曲面，效果如图249-5所示。命令行提示和操作内容如下：

```
命令：_tabsurf
当前线框密度：SURFTAB1=30
选择用作轮廓曲线的对象：  //选择右侧样条曲线
选择用作方向矢量的对象：  //选择右侧直线的下半部分任意位置
```

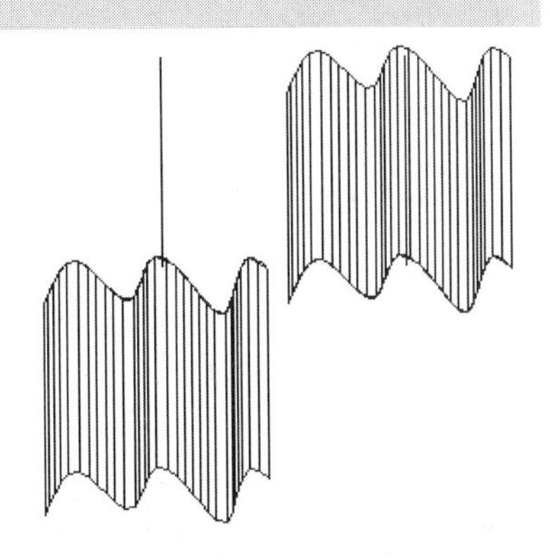

图249-5　绘制平移网面结果

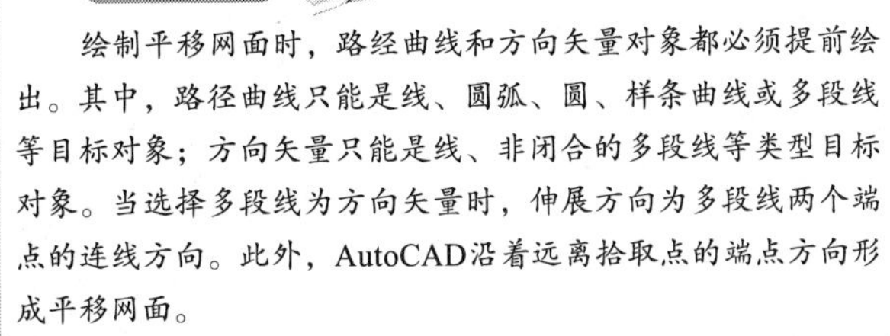

技巧与提示

绘制平移网面时，路经曲线和方向矢量对象都必须提前绘出。其中，路径曲线只能是线、圆弧、圆、样条曲线或多段线等目标对象；方向矢量只能是线、非闭合的多段线等类型目标对象。当选择多段线为方向矢量时，伸展方向为多段线两个端点的连线方向。此外，AutoCAD沿着远离拾取点的端点方向形成平移网面。

07 执行“另存为”命令，将文件另存为“实战249.dwg”。

技巧与提示

在本例中首先绘制了样条曲线作为轮廓曲线，直线作为方向矢量，然后利用“平移网格”命令，绘制得到了平移网格。

练习249　绘制平移曲面

实战位置	DVD>练习文件>第10章>练习249.dwg
难易指数	★★★☆☆
技术掌握	巩固绘制平移曲面的方法

操作指南

参照“实战249”案例进行操作。

利用本例所学的知识，绘制如图249-6所示的图形。

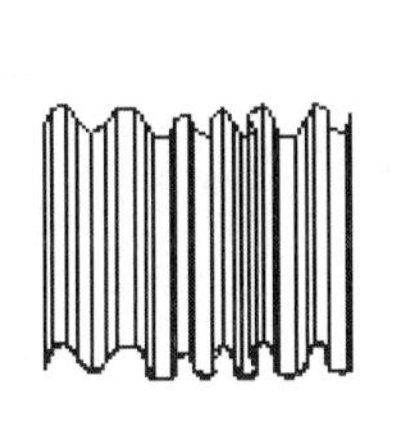

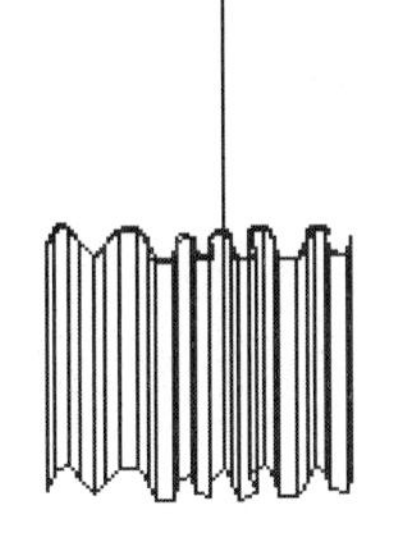

图249-6　绘制平移曲面

实战250　绘制弹簧旋转曲面

实战位置	DVD>实战文件>第10章>实战250.dwg
视频位置	DVD>多媒体教学>第10章>实战250.avi
难易指数	★☆☆☆☆
技术掌握	掌握绘制弹簧旋转曲面的绘制方法

实战介绍

旋转曲面是指由一条轨迹线绕一条指定轴旋转而成，用三维多边形网格表示的曲面。在本例中将介绍利用旋转曲面命令绘制弹簧的方法。案例效果如图250-1所示。

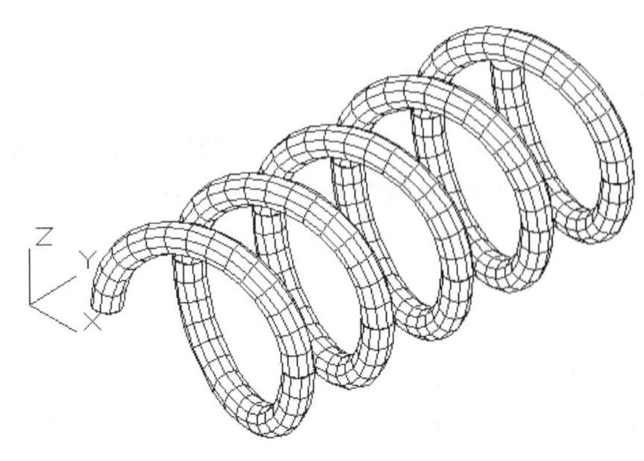

图250-1　最终效果

制作思路

• 首先打开AutoCAD 2013，利用“旋转网格”命令，做出如图250-1所示的图形。

制作流程

01 打开AutoCAD 2013，创建一个新的AutoCAD文件，文件名默认为“Drawing1.dwg”。

02 执行“绘图>多段线”命令，绘制多段线，结果如图250-2所示。命令行提示和操作内容如下：

```
命令：_pline
指定起点：0,0,0
当前线宽为0.0000
指定下一个点或[圆弧(A)/半宽(H)/长度(L)/放弃(U)/宽度(W)]：200<15
指定下一点或[圆弧(A)/闭合(C)/半宽(H)/长度(L)/放弃(U)/宽度(W)]：200<165
指定下一点或[圆弧(A)/闭合(C)/半宽(H)/长度(L)/放弃(U)/宽度(W)]：
```

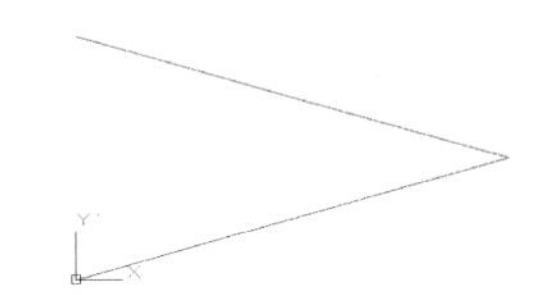

图250-2　绘制多段线

03 执行“修改>复制”命令，利用对象捕捉功能将多段线复制，结果如图250-3所示。

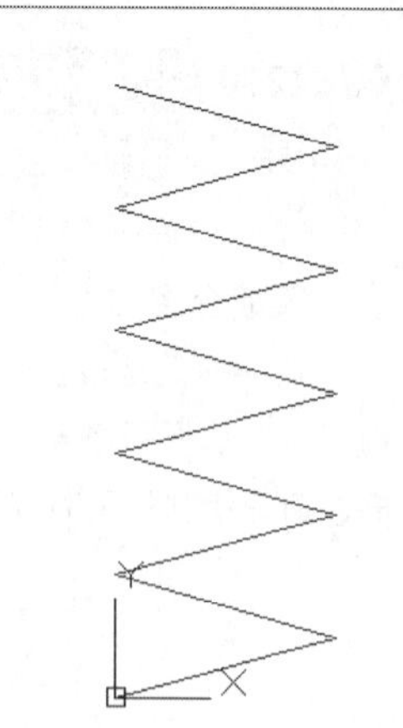

图250-3　复制多段线结果

04 执行“绘图>圆”命令，在原点处绘制半径为15的圆，结果如图250-4所示。

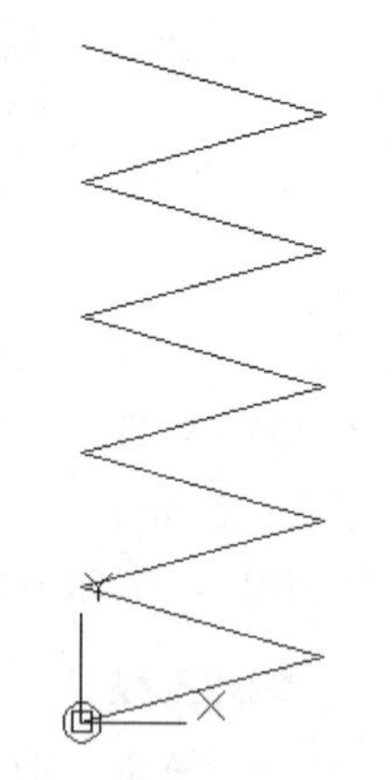

图250-4　绘制R15圆

05 在命令行中输入“UCS”命令，自定义用户坐标系，改变原点位置，效果如图250-5所示。

```
命令: ucs
当前UCS名称: *世界*
指定UCS的原点或[面(F)/命名(NA)/对象(OB)/上一个(P)/视图(V)/世界(W)/X/Y/Z/Z轴(ZA)] <世界>:-50,-50,0
指定X轴上的点或 <接受>:
```

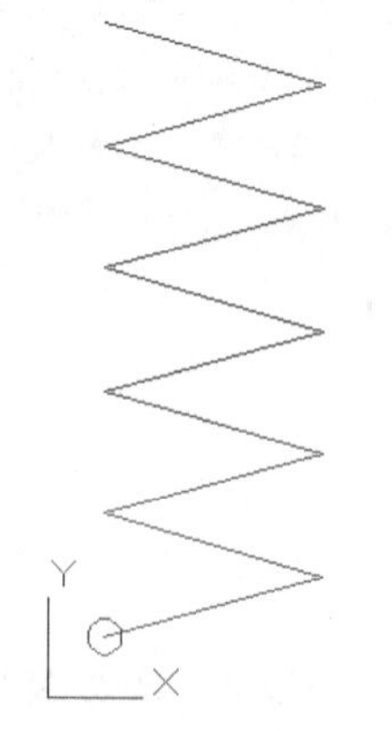

图250-5　自定义用户坐标系

06 执行“修改>复制”命令，利用对象捕捉功能将R15圆复制，结果如图250-6所示。

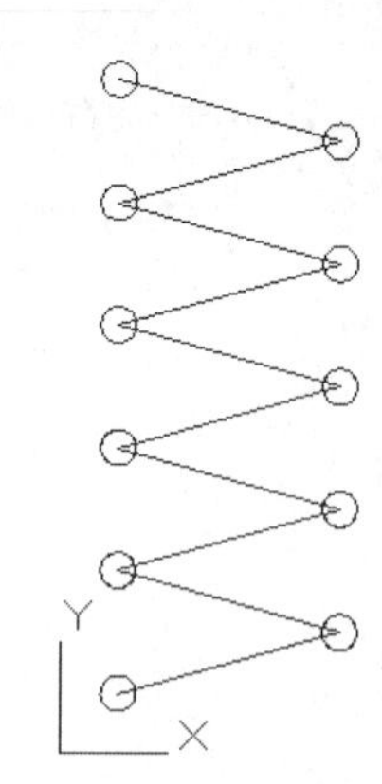

图250-6　复制R15圆结果

07 执行“绘图>直线”命令，第一点为最底部多段线的中点，第二点相对第一点的相对极坐标为（50<105），类似地绘制其余直线，结果如图250-7所示。

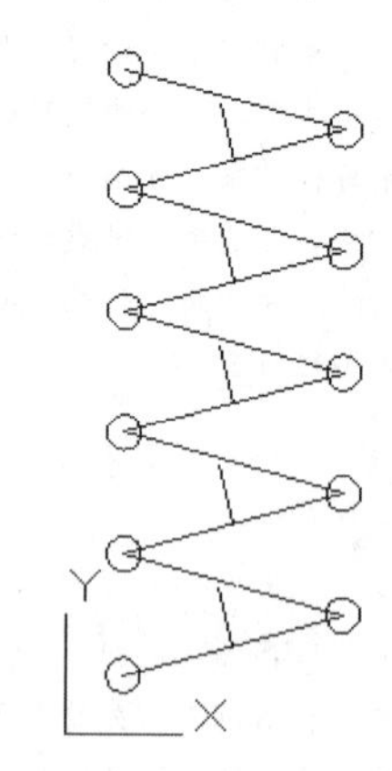

图250-7　绘制左斜直线

08 执行“绘图>直线”命令，第一点为最顶部多段线的中点，第二点相对第一点的相对极坐标为（50<75），类似地绘制其余直线，结果如图250-8所示。

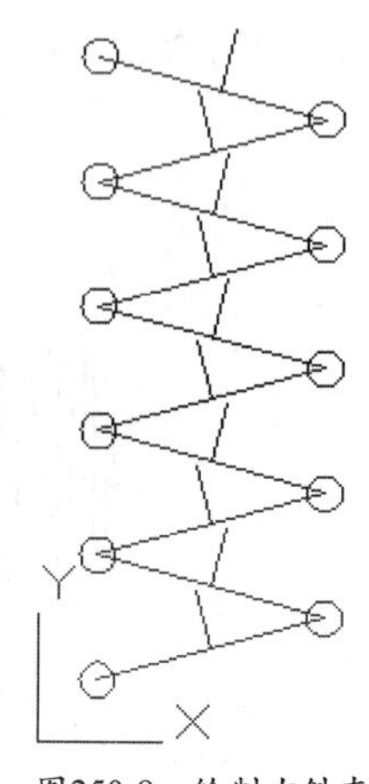

图250-8　绘制右斜直线

09 输入并修改SURFTAB1和SURFTAB2的值，修改线条密度，命令行提示操作如下：

```
命令：SURFTAB1
输入SURFTAB1的新值 <6>: 15
命令：SURFTAB2
输入SURFTAB2的新值 <6>: 10
```

10 执行“三维工具>建模>网格>旋转网格”命令，绘制旋转网格表面，转换视图方向为东南等轴测，效果如图250-9所示。命令行提示和操作内容如下：

```
命令：_revsurf
当前线框密度：SURFTAB1=15  SURFTAB2=10
选择要旋转的对象：  //选择第一个圆
选择定义旋转轴的对象：  //选择左斜直线
指定起点角度 <0>:
指定包含角 (+=逆时针，-=顺时针) <360>: -180
```

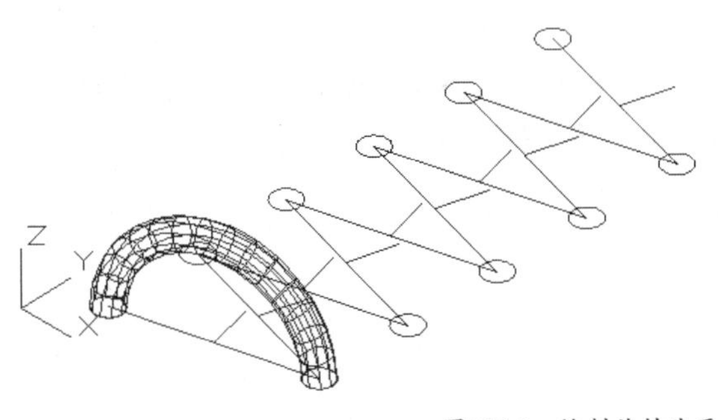

图250-9 绘制旋转曲面

11 再次执行“三维工具>建模>网格>旋转网格”命令，绘制旋转网格表面，效果如图250-10所示。命令行提示和操作内容如下：

```
命令：_revsurf
当前线框密度：SURFTAB1=15  SURFTAB2=10
选择要旋转的对象：  //选择第二个圆
选择定义旋转轴的对象：  //选择右斜直线
指定起点角度 <0>:
指定包含角 (+=逆时针，-=顺时针) <360>: 180
```

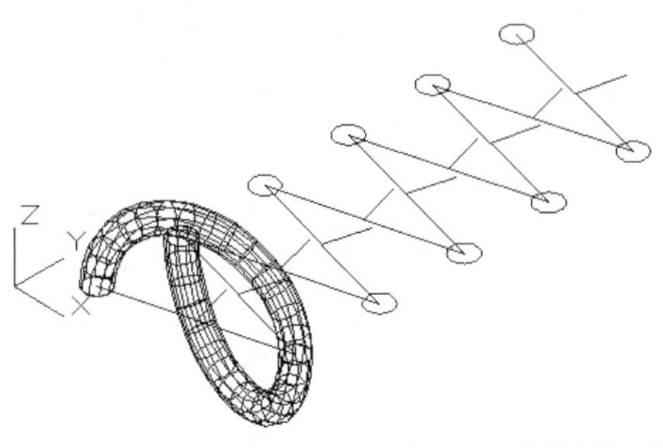

图250-10 绘制旋转曲面

12 类似地得到其余的旋转曲面，结果如图250-11所示。

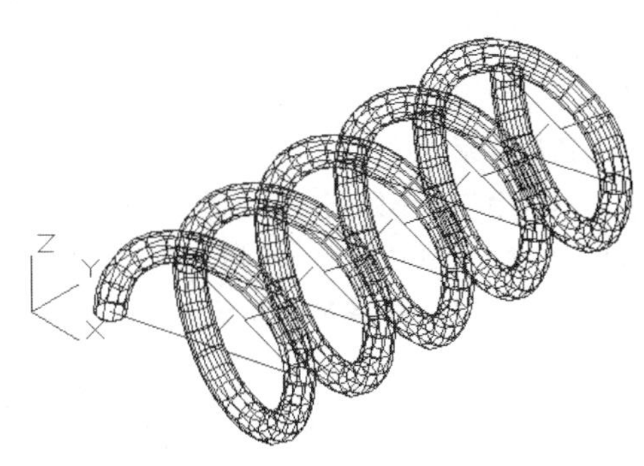

图250-11 绘制右斜直线

13 删除多余线条，并执行“视图>视觉样式>隐藏”命令，得到消隐结果如图250-12所示。

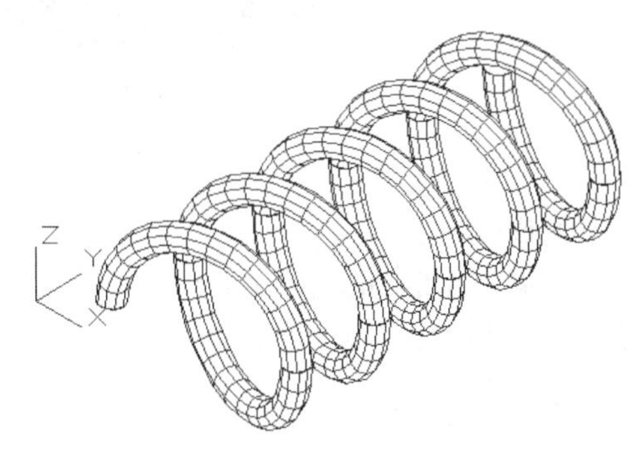

图250-12 消隐结果

14 执行“另存为”命令，将文件另存为“实战250.dwg”。

技巧与提示

在本例中通过介绍绘制弹簧的方法，介绍了旋转曲面的绘制方法。

练习250 绘制新弹簧

实战位置	DVD>练习文件>第10章>练习250.dwg
难易指数	★☆☆☆☆
技术掌握	巩固绘制弹簧旋转曲面的绘制方法

操作指南

参照“实战250”案例进行制作。

首先打开场景文件，然后进入操作环境，做出如图250-13所示的图形，利用本例所学的知识，绘制跟本例类似的图形效果。

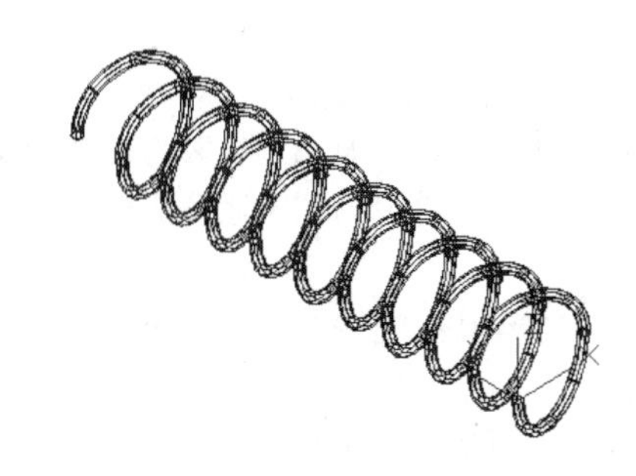

图250-13 新弹簧

实战251 绘制边界曲面

实战位置　DVD>实战文件>第10章>实战251.dwg
视频位置　DVD>多媒体教学>第10章>实战251.avi
难易指数　★☆☆☆☆
技术掌握　掌握绘制边界曲面的方法

实战介绍

本例中将介绍绘制边界曲面的方法。边界曲面是指由4条首尾相连的边构造一个用三维多边形网格表示的曲面。本例最终效果如图251-1所示。

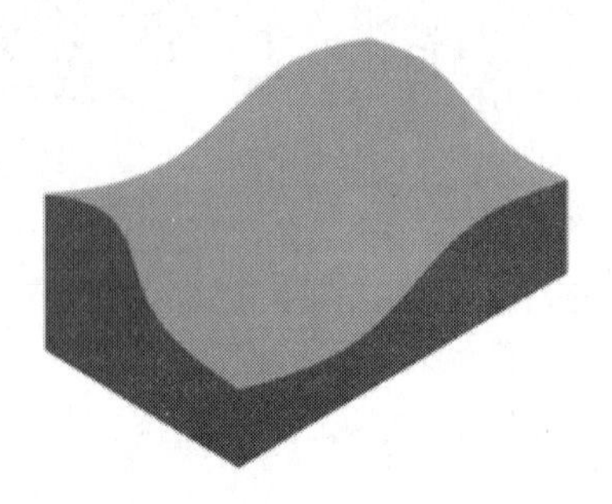

图251-1　最终效果

制作思路

• 首先打开AutoCAD 2013，利用“直纹网格”命令，做出如图251-1所示的图形。

制作流程

01 打开AutoCAD 2013，创建一个新的AutoCAD文件，文件名默认为“Drawing1.dwg”。执行“绘图>矩形”命令，绘制矩形，如图251-2所示。

```
命令: _rectang
指定第一个角点或[倒角(C)/标高(E)/圆角(F)/厚度(T)/宽度(W)]: 0,0
指定另一个角点或[面积(A)/尺寸(D)/旋转(R)]: @500,300
```

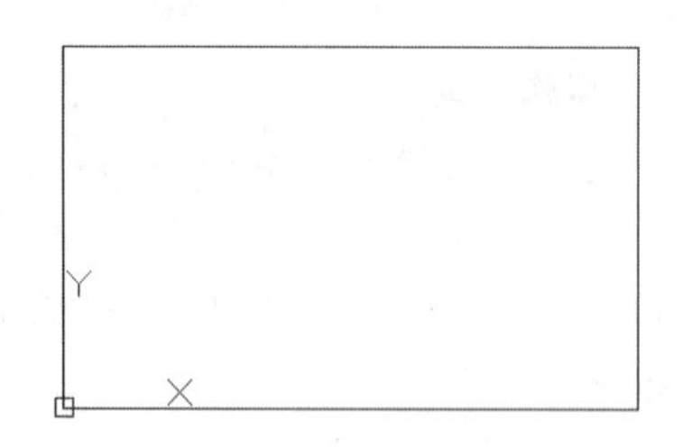

图251-2　绘制矩形

02 执行“绘图>直线”命令，绘制矩形四个角点分别绘制直线，将视图切换至东北等轴测方向，结果如图251-3所示。

```
命令:LINE指定第一点:  //捕捉原点
指定下一点或[放弃(U)]: @0,0,150
指定下一点或[放弃(U)]:
命令:LINE指定第一点:  //捕捉矩形右下角点
指定下一点或[放弃(U)]: @0,0,200
指定下一点或[放弃(U)]:
命令:LINE指定第一点:  //捕捉矩形右上角点
指定下一点或[放弃(U)]: @0,0,100
指定下一点或[放弃(U)]:
命令:LINE指定第一点:  //捕捉矩形左上角点
指定下一点或[放弃(U)]: @0,0,120
指定下一点或[放弃(U)]:
```

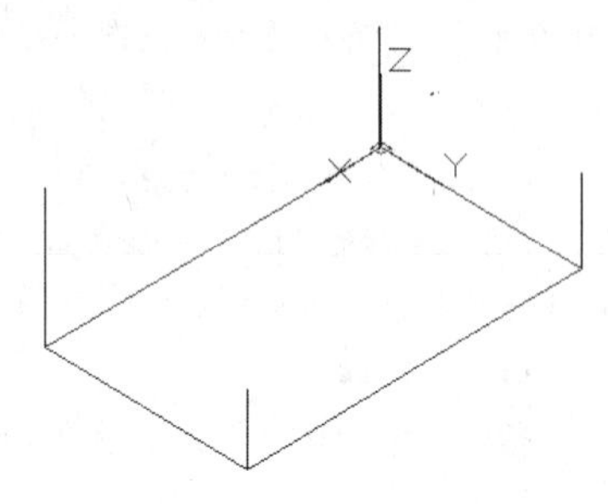

图251-3　绘制直线

03 执行“绘图>样条曲线控制点”命令，绘制4条样条曲线，结果如图251-4所示。

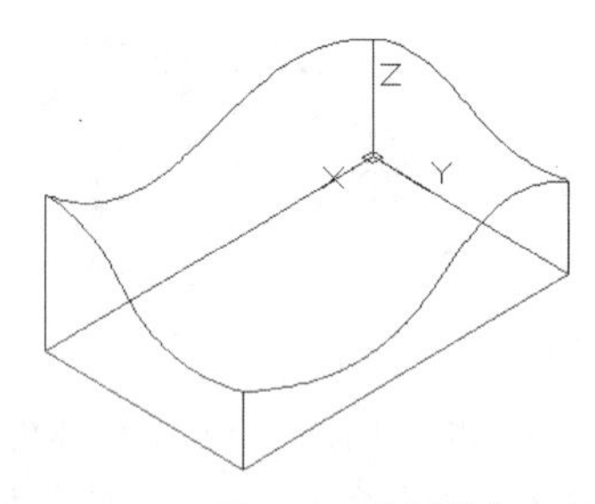

图251-4　绘制样条曲线

绘制样条曲线应在曲线所在面绘制。

04 执行“图层>图层特性”命令，弹出“图层特性管理器”对话框，创建图层，如图251-5所示，图层创建完成。

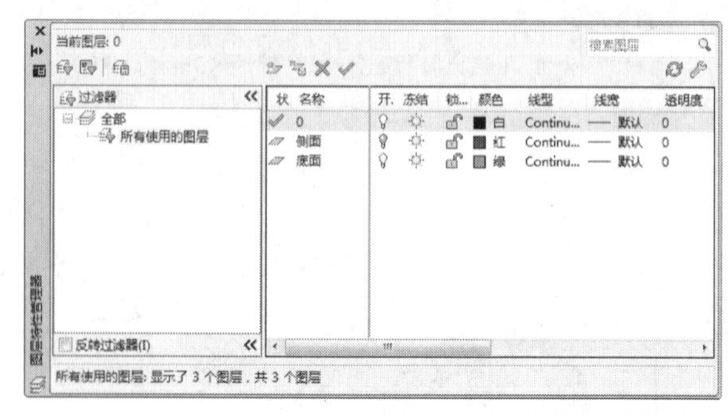

图251-5　创建图层

05 将“底面”图层置为当前层。执行“三维工具>建模>网格>边界网格”命令，利用4条样条曲线创建边界网格，如图251-6所示。命令行提示如下：

```
命令: SURFTAB1
输入SURFTAB1的新值 <6>:30
命令: SURFTAB2
输入SURFTAB2的新值 <6>: 20
命令: _edgesurf
当前线框密度: SURFTAB1=30  SURFTAB2=20
选择用作曲面边界的对象1:
选择用作曲面边界的对象2:
选择用作曲面边界的对象3:
选择用作曲面边界的对象4:
```

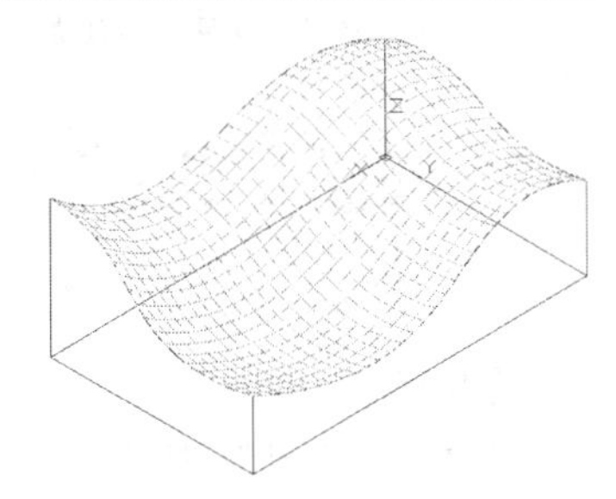

图251-6　绘制边界网格表面

06 执行“修改>分解”命令，将底面矩形进行分解。

07 再次执行“三维工具>建模>网格>边界网格”命令，利用4条矩形边创建边界网格，如图251-7所示。

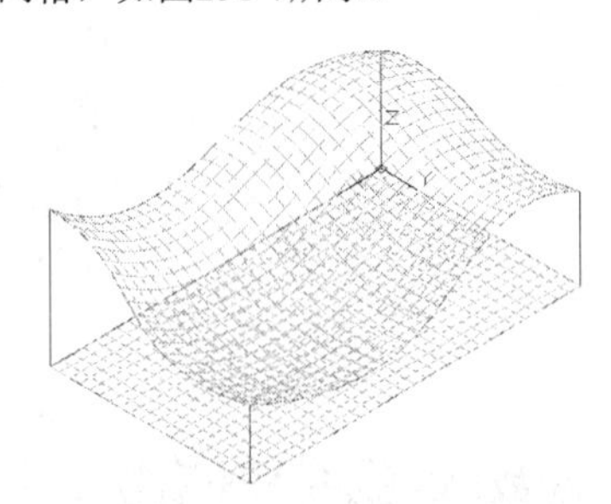

图251-7　绘制边界网格底面

08 在显示的图层列表中，将“底面”图层隐藏，并将“侧面”图层置为当前层，如图251-8所示。

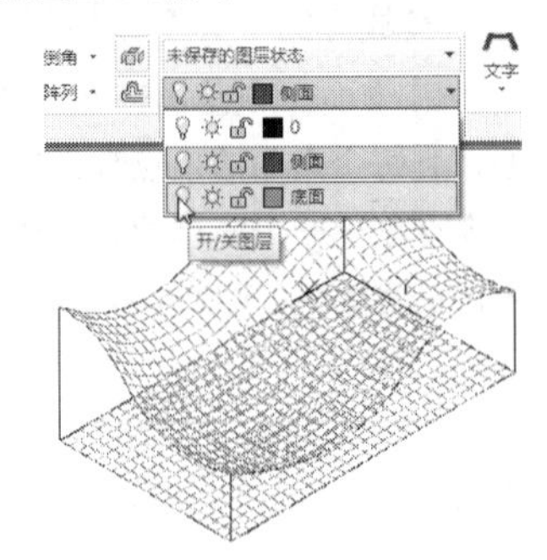

图251-8　修改图层设置

09 执行“三维工具>建模>网格>直纹网格”命令，通过样条曲线与矩形边，创建直纹网格表面，如图251-9所示。

10 在显示的图层列表中，将“底面”图层重新显示，结果如图251-10所示。

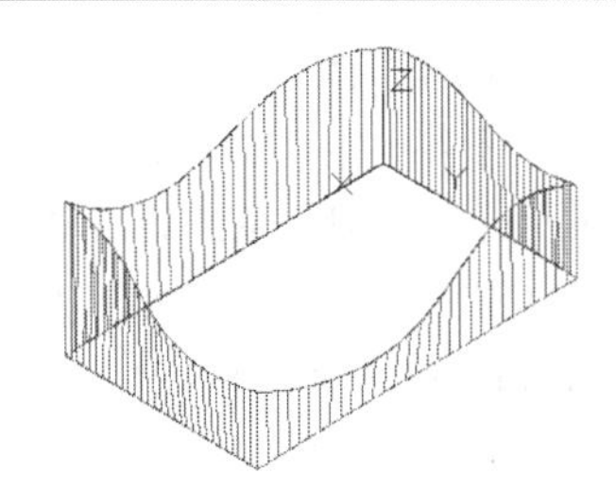

图251-9　绘制直纹网格侧面

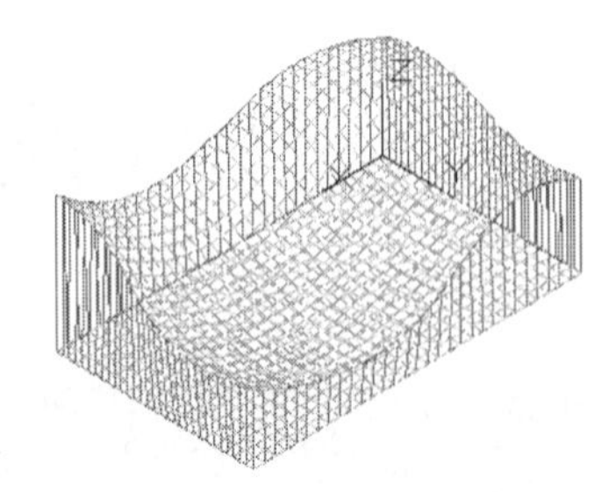

图251-10　显示结果

11 执行“视图>视觉样式>隐藏”命令，结果如图251-11所示。

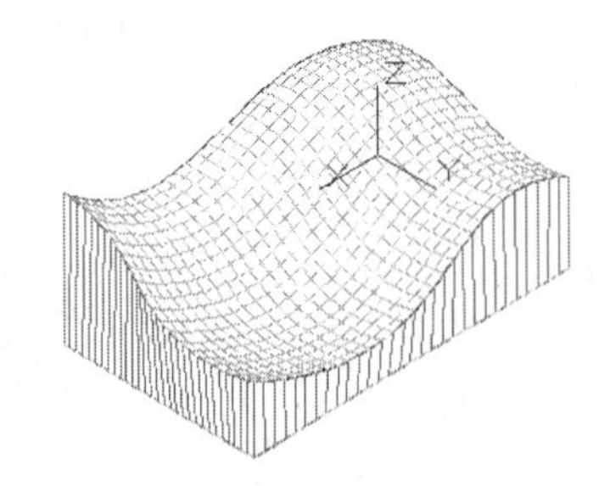

图251-11　消隐结果

12 执行“渲染>渲染”命令，将图形进行渲染，结果如图251-12所示。

图251-12　渲染结果

13 执行“另存为”命令，将文件另存为“实战251.dwg”。

技巧与提示

在本例中利用边界网格命令以及直纹网格命令，绘制得到了如图251-10所示的网格面。并利用消隐和渲染命令，查看了图形的真实效果。

练习251　绘制边界曲面

实战位置	DVD>练习文件>第10章>练习251.dwg
难易指数	★☆☆☆☆
技术掌握	巩固绘制边界曲面的方法

操作指南

参照“实战251”案例进行操作。

新建文件，创建新图层，并绘制图形，创建边界网格，进而渲染，曲面为洋红色，侧面为蓝色，最终得到如图251-13所示的图形。

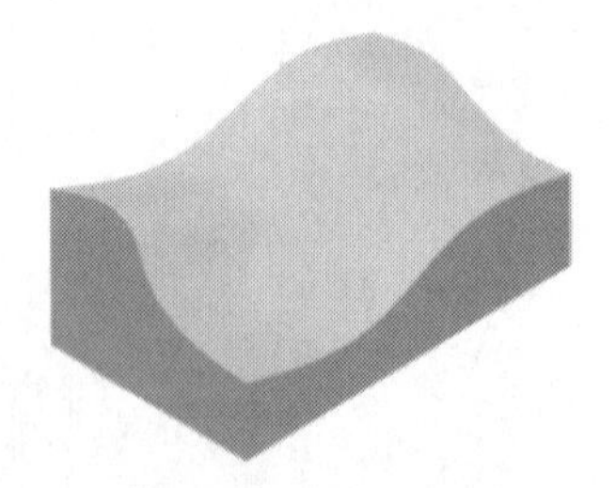

图251-13 绘制新的边界曲面

实战252 绘制平面网面

实战位置	DVD>实战文件>第10章>实战252.dwg
视频位置	DVD>多媒体教学>第10章>实战252.avi
难易指数	★☆☆☆☆
技术掌握	掌握绘制平面网面的方法

实战介绍

在本例中将讲解平面网面的绘制方法。案例效果如图252-1所示。

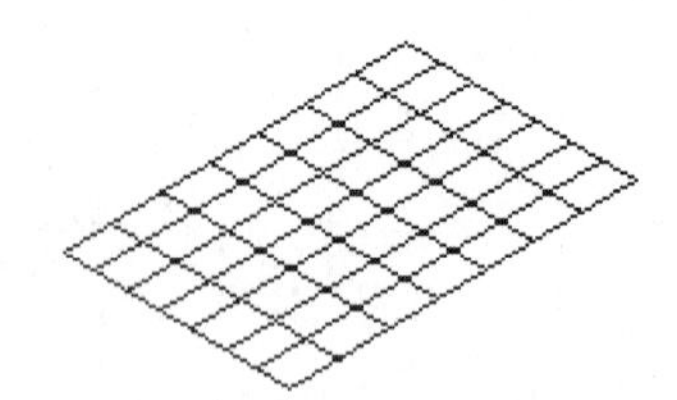

图252-1 最终效果

制作思路

• 首先打开AutoCAD 2013，执行“三维工具>建模>网格>直纹网格”命令，做出如图252-1所示的图形。

制作流程

01 执行“三维工具>建模>曲面>平面”命令，效果如图252-2所示。

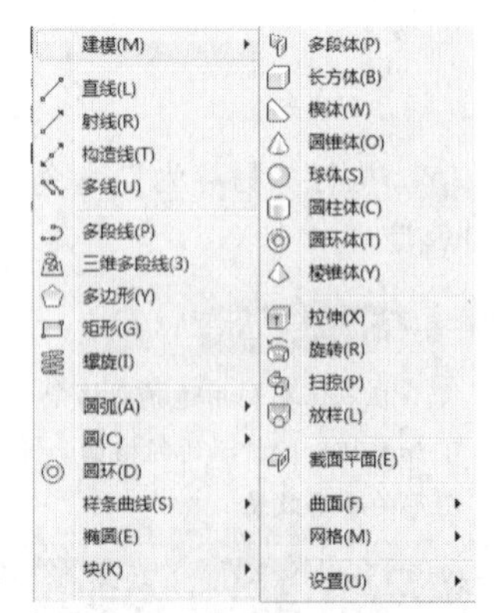

图252-2 选择平面绘图工具

02 在绘图区通过输入值或移动光标，指定起点，从而创建出一个平面网面，效果如图252-3所示。

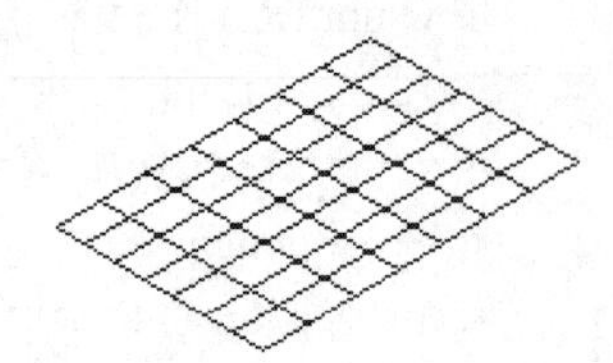

图252-3 绘制平面

03 执行“另存为”命令，将文件保存为“实战252.dwg”。

> **技巧与提示**
>
> 本例中介绍了平面网面，读者应主要掌握平面网面的绘制方法。

练习252 绘制一个长方体网格

实战位置	DVD>练习文件>第10章>练习252.dwg
难易指数	★☆☆☆☆
技术掌握	巩固绘制平面网面的方法

操作指南

参照“实战252”案例进行操作。

通过规定起点按照如图252-4所示，绘制一个长方体网格。

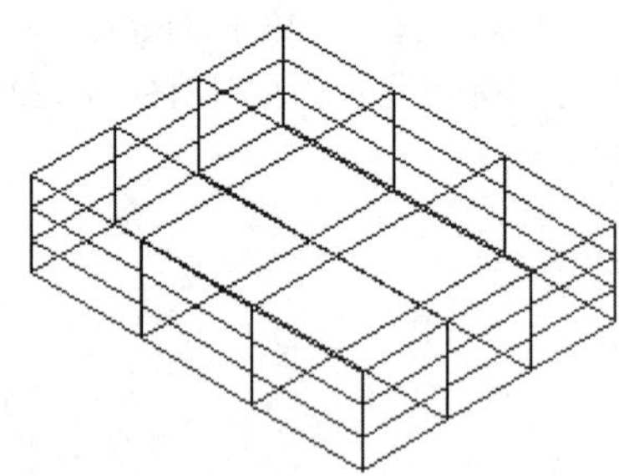

图252-4 绘制一个长方体网格

实战253 绘制任意位置的三维面

实战位置	DVD>实战文件>第10章>实战253.dwg
视频位置	DVD>多媒体教学>第10章>实战253.avi
难易指数	★☆☆☆☆
技术掌握	掌握绘制任意位置的三维面的方法

实战介绍

三维面命令是用来在三维空间中的任意位置创建平面，且每个平面的顶点数为3个或4个。在本例中利用三维面命令创建一个简单的长方体，介绍绘制三维面的方法。本例最终效果如图253-1所示。

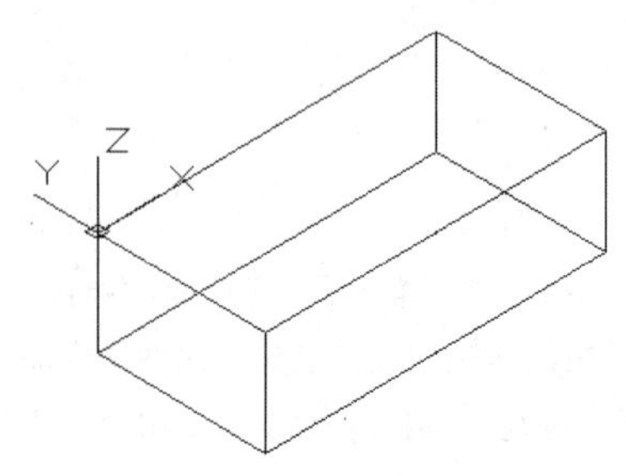

图253-1 最终效果

制作思路

• 首先打开AutoCAD 2013，执行“三维工具>建模>网格>直纹网格”命令，做出如图253-1所示的图形。

制作流程

01 打开AutoCAD 2013，创建一个新的AutoCAD文件。

02 执行“视图>三维视图>西南等轴测”命令，视图方向改为西南等轴测方向。此时坐标轴样式变为如图253-2所示。

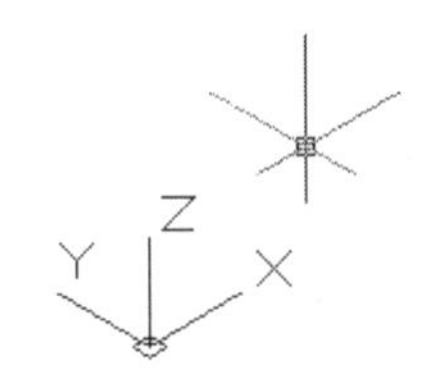

图253-2　西南等轴测视图

03 执行“三维工具>建模>网格>三维面”命令，按F8键启动正交模式，绘制矩形三维面，如图253-3所示。命令行提示和操作步骤如下：

命令:3DFACE指定第一点或[不可见(I)]: 0,0,0

指定第二点或[不可见(I)]: 100　//将光标向右上角移动，输入第二点距第一点的x轴距离

指定第三点或[不可见(I)] <退出>: 50　//将光标向右下角移动，输入第三点距第二点的Y轴距离

指定第四点或[不可见(I)] <创建三侧面>: 100　//将光标向右下角移动，输入第四点距第三点的y轴距离，此时自动在第1点和第4点之间添加一条直线，如图253-3所示

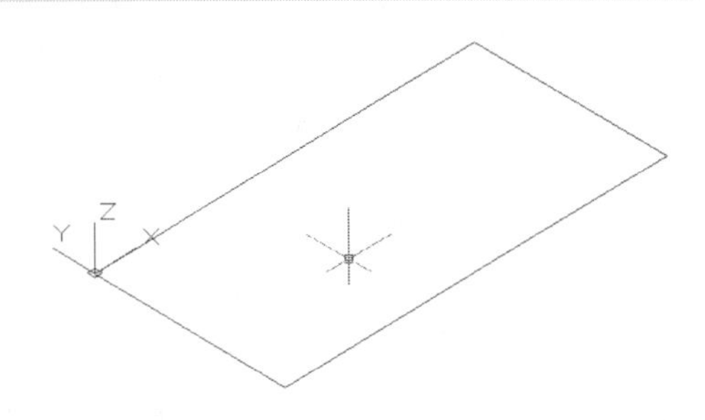

图253-3　生成第一个三维面

04 命令行继续提示输入第三点位置，根据提示指定两个点的位置，得到第二个三维面，如图253-4所示。命令行提示和操作内容如下：

指定第三点或[不可见(I)] <退出>: 30　//竖直向下移动光标，输入距上一点的距离

指定第四点或[不可见(I)] <创建三侧面>: 100　//向右上角移动光标，输入距上一点的距离，此时自动在刚指定的点与相对于此点的第一点之间绘制直线，如图253-4所示，形成长方体的一个侧面

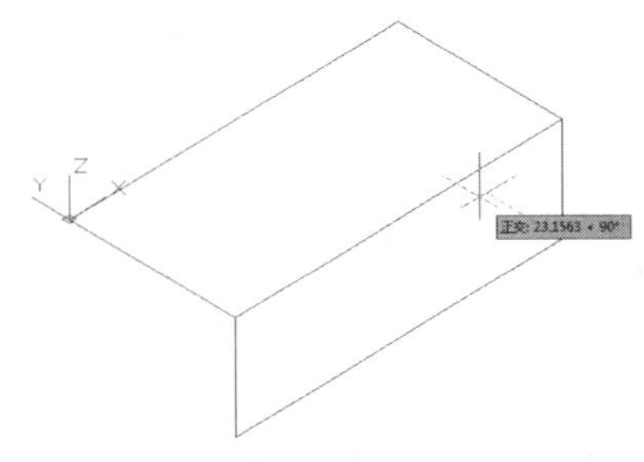

图253-4　生成第二个三维面

05 继续指定三、四点的位置，得到第三个三维面，如图253-5所示。

指定第三点或[不可见(I)] <退出>: 50　//将光标向左上角移动，输入此点距上一点的距离

指定第四点或[不可见(I)] <创建三侧面>: 100　//向左下角移动光标，输入距上一点的距离，此时自动在刚指定的点与相对于此点的第一点之间绘制直线，如图253-5所示，形成长方体的底面

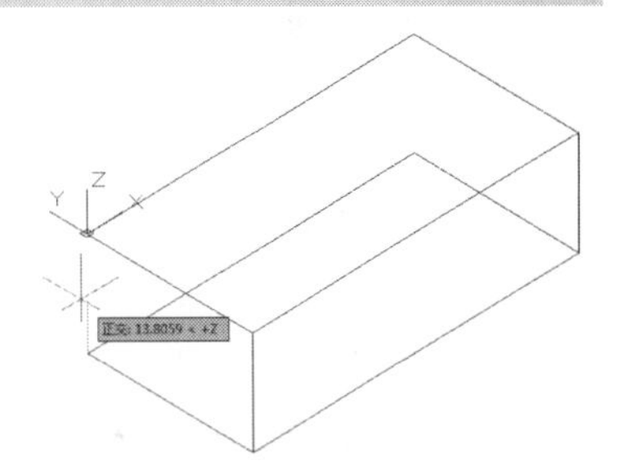

图253-5　生成第三个三维面

06 继续指定下一面的三、四点位置，得到第四个三维面，如图253-6所示。

指定第三点或[不可见(I)] <退出>: i　//选择不可见选项

指定第三点或[不可见(I)] <退出>:　//捕捉第一个三维面的第一点

指定第四点或[不可见(I)] <创建三侧面>:　//捕捉第一个三维面的第二点，形成第四个三维面，如图253-6所示

指定第三点或[不可见(I)] <退出>:　//按回车键结束三维面绘制

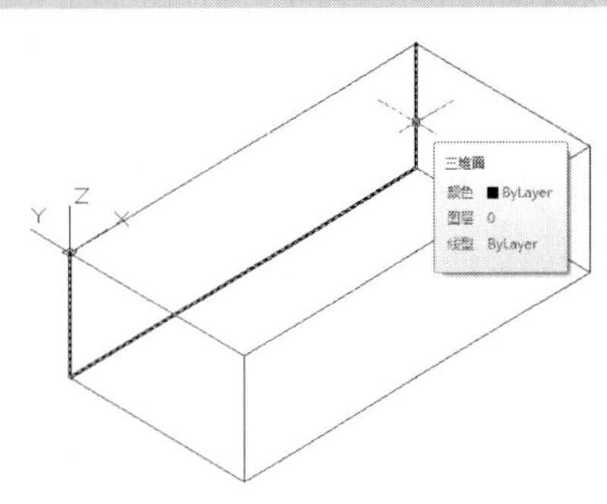

图253-6　生成第四面

技巧与提示

在绘制三维面时，使用不可见选项，可以设置三维面的某些边不可见，如果在指定某点之前设置了不可见，则以该点为起点的直线将不显示出来，如图253-6所示。但是它是存在的。并且可以创建所有边都不可见的三维面。这样的面是虚幻面，它不显示在线框图中，但在线框图形中会遮挡形体。三维面确实显示在着色的渲染中。

07 执行“视图>视觉样式>隐藏”命令，得到结果如图253-7所示。形成的三维面在消隐时不透明，但是并不是三维面的位置是透明的，消隐对其不起作用。

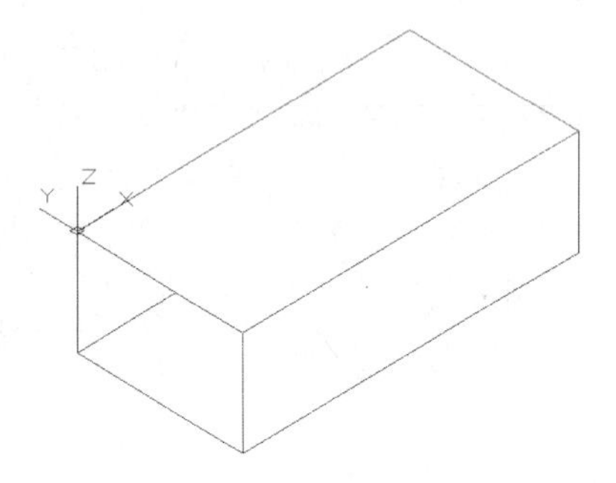

图253-7 消隐效果

08 执行“另存为”命令，将图形另存为“实战253.dwg”。

技巧与提示

在本例中通过介绍绘制四个三维面得到了一个长方体，介绍了使用3DFACE命令的方法。

练习253 绘制任意的三维面组成的图形

实战位置	DVD>练习文件>第10章>练习253.dwg
难易指数	★★★☆☆
技术掌握	巩固任意位置三维面的绘制方法

操作指南

参照“实战253”案例进行制作。

通过创建几个任意位置的三维面组成一个三维图形，然后进行消隐，即得到图253-8的图形。

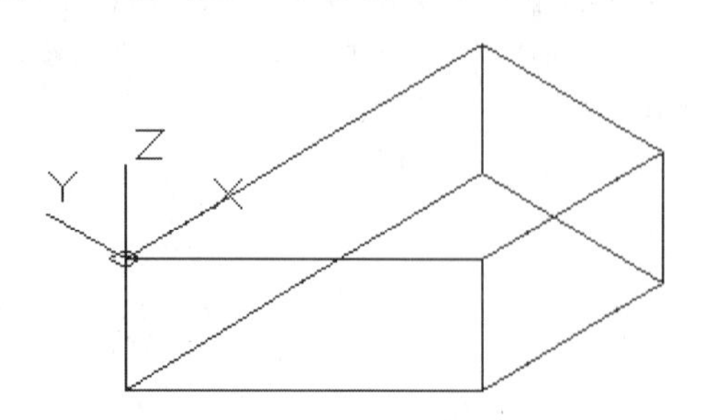

图253-8 绘制任意的三维面组成的图形

实战254 绘制酒杯旋转曲面

实战位置	DVD>实战文件>第10章>实战254.dwg
视频位置	DVD>多媒体教学>第10章>实战254.avi
难易指数	★☆☆☆☆
技术掌握	掌握绘制酒杯旋转曲面的方法

实战介绍

除了可以使用旋转网格命令得到旋转网面外，还可以使用三维旋转命令，旋转非闭合平面曲线，得到旋转网面。本例最终效果如图254-1所示。

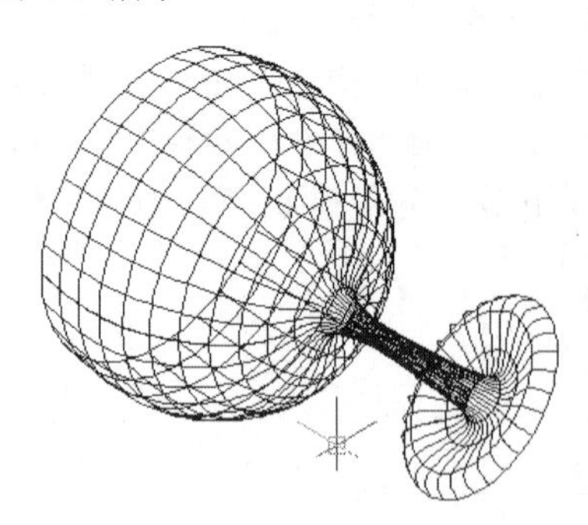

图254-1 最终效果

制作思路

• 首先使用样条曲线和直线工具绘制二维图形，然后使用绘图建模中的旋转命令进行旋转，再更改特性中U、V的值就得到如图254-1所示的效果图形。

制作流程

01 打开AutoCAD 2013，创建一个新的AutoCAD文件，文件名默认为“Drawing1.dwg”。

02 执行“绘图>样条曲线”命令，绘制样条曲线，如图254-2所示。

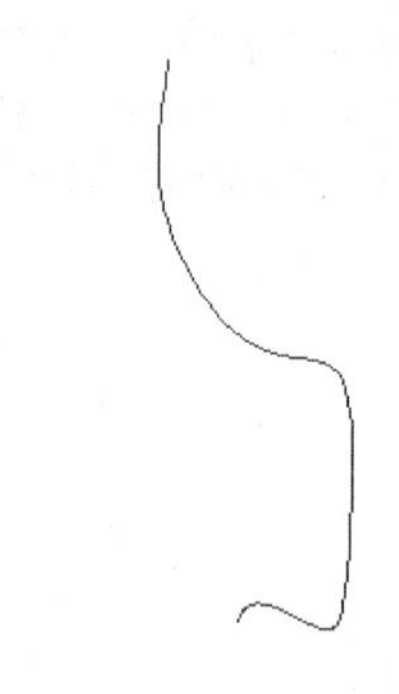

图254-2 绘制样条曲线

03 执行“绘图>直线”命令，绘制直线效果如图254-3所示。

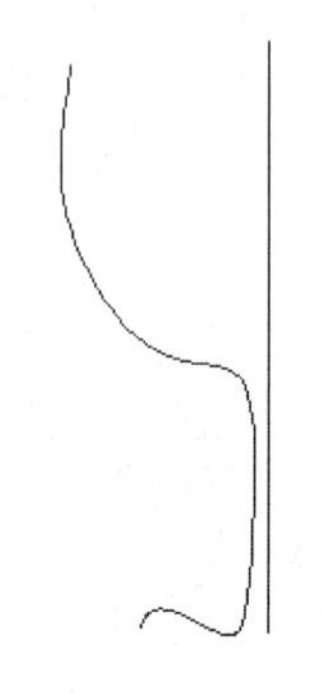

图254-3 绘制直线

04 执行“视图>三维视图>西南等轴测”命令，将视图方向改变，效果如图254-4所示。

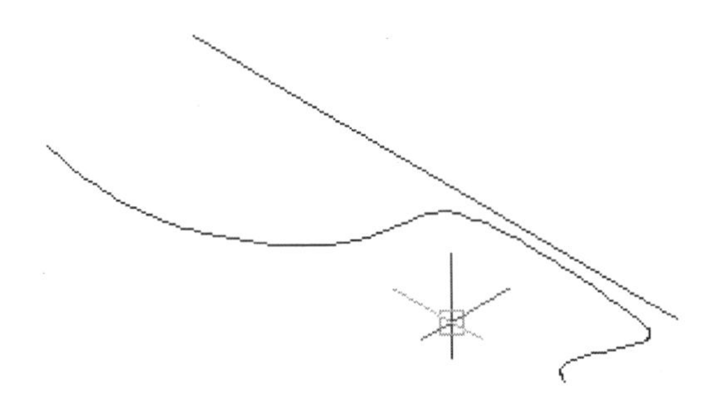

图254-4　改变视图方向

05 执行“修改>三维操作>三维旋转”菜单命令，如图254-5所示。

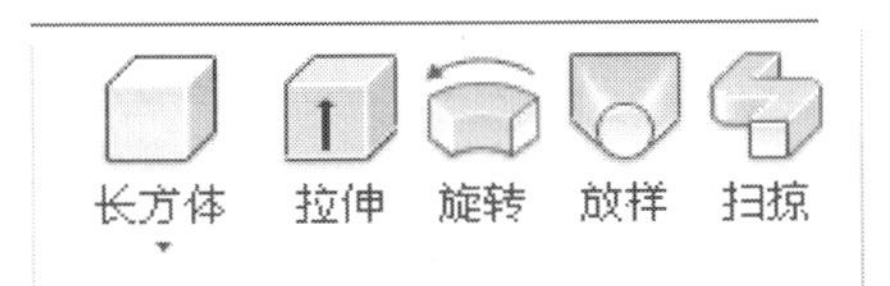

图254-5　选择“旋转”按钮

06 在命令行的提示下得到旋转网面，如图254-6所示。命令行提示和操作内容如下：

```
    命令：_revolve
    当前线框密度：  ISOLINES=4
    选择要旋转的对象：  找到1个    //选择样条曲线作为旋转对象
    选择要旋转的对象：  //按回车键结束选择
    指定轴起点或根据以下选项之一定义轴[对象(O)/X/Y/Z]<对象—：o  //选择对象选项
    选择对象：  //选择直线作为轴
    指定旋转角度或[起点角度(ST)] <360>:    //按回车键使用默认角度360
```

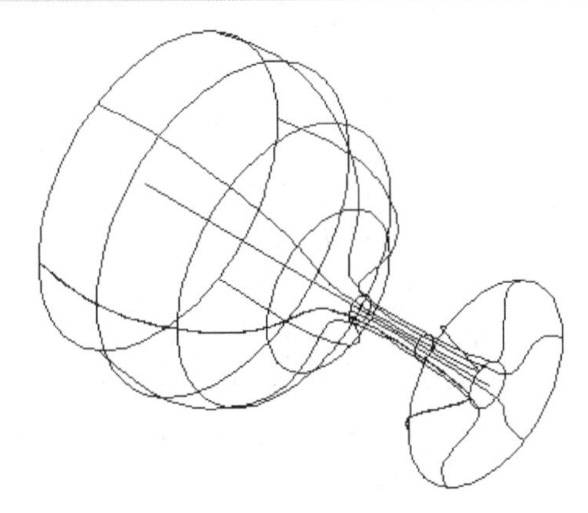

图254-6　旋转结果

07 双击旋转结果，弹出“特性”选项板，在“几何图形”组中修改U素线值为30，V素线值为20，如图254-7所示。关闭“特性”选项板，完成特性修改，结果如图254-8所示。

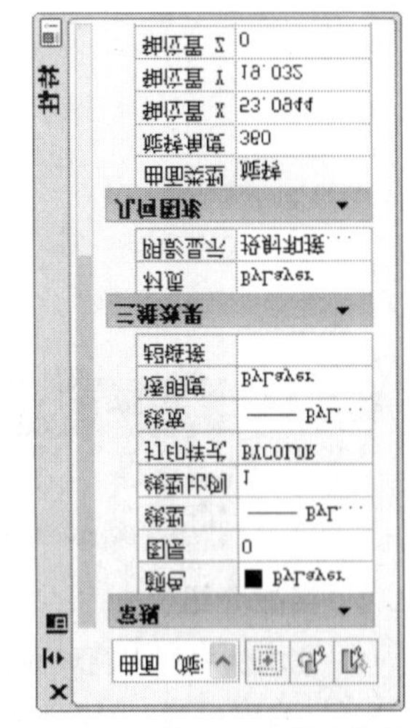

图254-7　修改特性

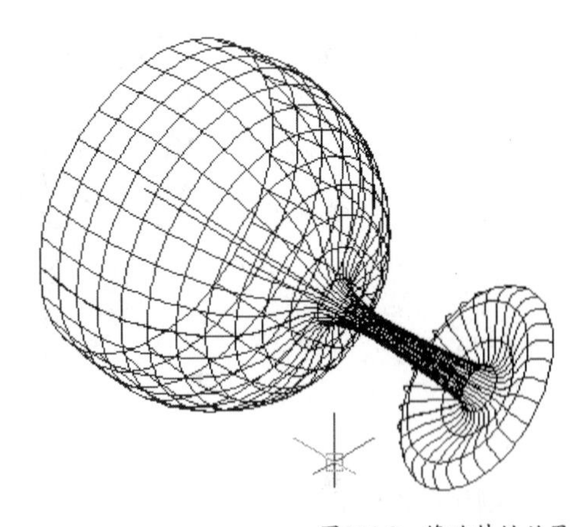

图254-8　修改特性效果

08 删除直线轴，结果如图254-1所示。执行“另存为”命令，将图形另存为“实战254.dwg”。

技巧与提示

在本例中使用样条曲先绘制酒杯的轮廓线，然后利用REVOLVE命令围绕直线轴旋转360°，得到了一个酒杯的旋转网面。该命令在使用时应注意如果旋转对象为非封闭的平面线条，则旋转得到的为曲面，如果旋转对象为封闭的平面对象，则旋转结果为实体。还可以执行“三维工具>建模>旋转”命令执行旋转命令。

练习254　绘制酒杯旋转曲面

实战位置	DVD>练习文件>第10章>练习254.dwg
难易指数	★☆☆☆☆
技术掌握	掌握巩固样条曲线和旋转命令的使用方法。

操作指南

参照“实战254”案例进行制作。

首先使用样条曲线工具绘制二维图形，然后进行旋转处理，更改特性U、V的素线值即得到如图254-9所示的图形。

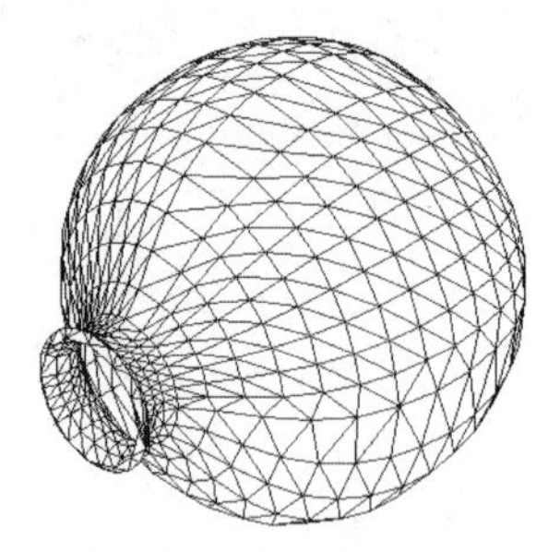

图254-9　绘制短颈瓶

实战255　绘制车轮曲面模型

实战位置	DVD>实战文件>第10章>实战255.dwg
视频位置	DVD>多媒体教学>第10章>实战255.avi
难易指数	★☆☆☆☆
技术掌握	掌握绘制车轮曲面模型的方法

实战介绍

在本例中使用圆环面、球面、圆锥面和阵列编辑操作完成实战的绘制。本例最终效果如图255-1所示。

图255-1　最终效果

制作思路

- 首先绘制圆环体和小球体，再移动UCS坐标系绘制圆锥体，进行阵列处理，更改视图样式即得到如图255-1所示的图形。

制作流程

01 打开AutoCAD 2013，创建一个新的AutoCAD文件，文件名默认为“Drawing1.dwg”。

02 执行“三维工具>建模>圆环体”命令，如图255-2所示。

03 绘制圆环面，如图255-3所示。命令行提示和操作内容如下：

```
命令: _ai_torus
正在初始化...  已加载三维对象。
指定圆环面的中心点: 0,0,0
指定圆环面的半径或[直径(D)]: 180
指定圆管的半径或[直径(D)]:
需要数值距离、第二点或选项关键字。
指定圆管的半径或[直径(D)]: 15
```

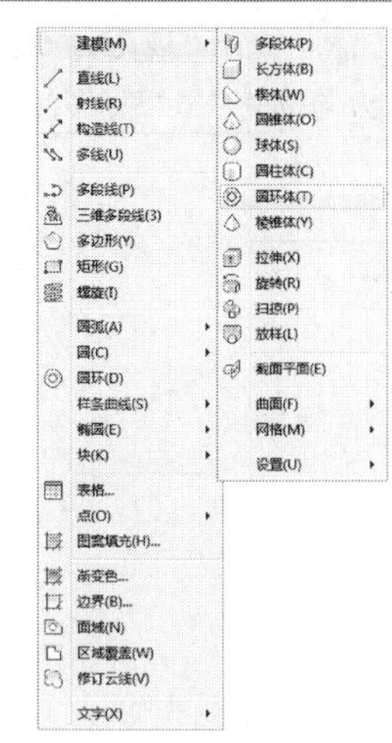

图255-2　“建模”对话框

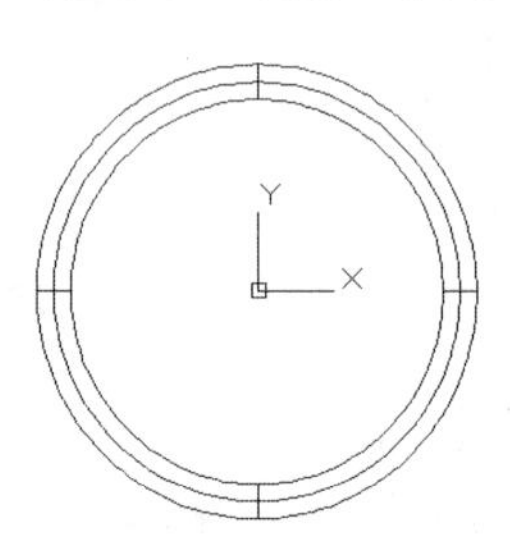

图255-3　绘制圆环面

04 执行“三维工具>建模>球体”菜单命令，绘制半径为20的球面，如图255-4所示。命令行提示和操作内容如下：

```
命令: _ai_sphere
指定中心点给球面: 0,0,0
指定球面的半径或[直径(D)]: 20
```

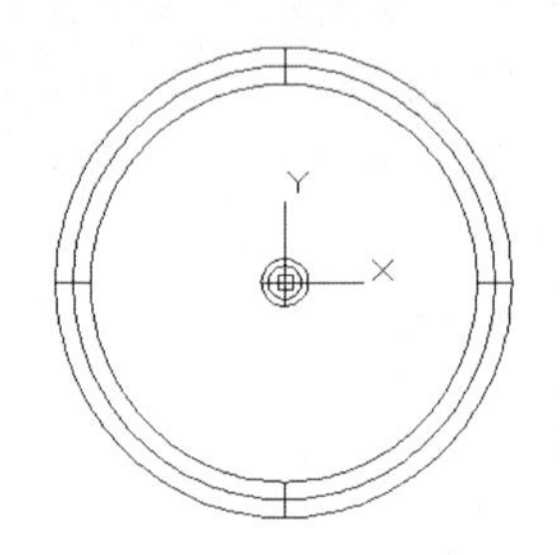

图255-4　绘制球面

05 输入UCS命令，定义用户自定义坐标系，结果如图255-5所示。命令行提示如下：

```
命令: ucs
当前UCS名称: *世界*
指定UCS的原点或[面(F)/命名(NA)/对象(OB)/上一个(P)/视图(V)/世界(W)/X/Y/Z/Z轴(ZA)] <世界>: 0,-165,0
指定X轴上的点或 <接受>:
命令:UCS
当前UCS名称: *没有名称*
指定UCS的原点或[面(F)/命名(NA)/对象(OB)/上一个(P)/视图(V)/世界(W)/X/Y/Z/Z轴(ZA)] <世界>: x
```

```
指定绕X轴的旋转角度 <90>:-90
```

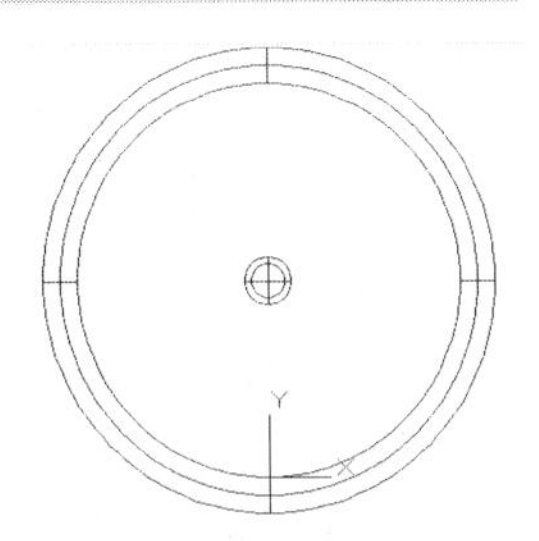

图255-5　用户自定义坐标系

06 执行“三维工具>建模>圆锥体”菜单命令，绘制圆锥面，结果如图255-6所示。命令行提示和操作内容如下：

```
命令：_ai_cone
指定圆锥面底面的中心点：0,0,0
指定圆锥面底面的半径或[直径(D)]：8
指定圆锥面顶面的半径或[直径(D)] <0>：8
指定圆锥面的高度：150
输入圆锥面曲面的线段数目 <16>：20
```

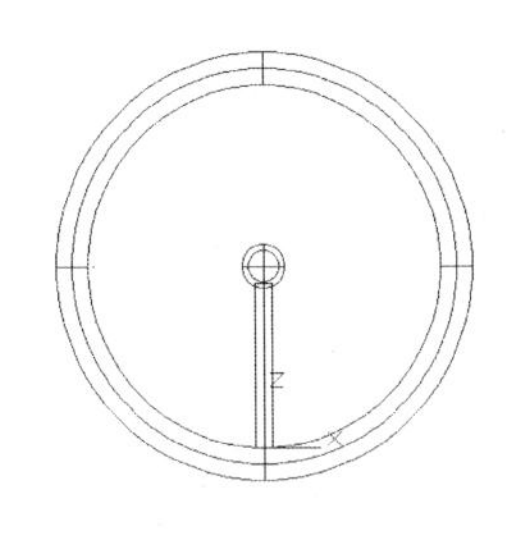

图255-6　绘制圆柱面

07 执行“修改>环形阵列”命令，将圆柱面进行环形阵列，阵列数为10，将圆柱面进行阵列效果如图255-7所示。

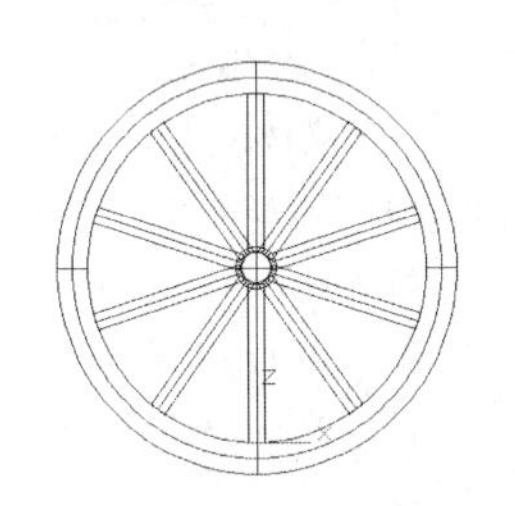

图255-7　阵列效果

08 执行“视图>视觉样式—概念”命令，得到效果如图255-8所示。

图255-8　修改视觉样式效果

09 执行“另存为”命令，将图形另存为“实战255.dwg”。

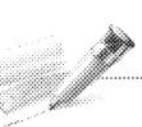

技巧与提示

在本例中通过使用三维曲面命令，结合UCS命令和阵列命令得到了车轮曲面。

练习255　绘制方向盘

实战位置	DVD>练习文件>第10章>练习255.dwg
难易指数	★☆☆☆☆
技术掌握	巩固绘制曲面模型的方法

操作指南

参照“实战255”案例进行操作。

首先绘制圆环体，在移动UCS坐标系绘制圆锥体，再进行环形阵列，渲染即得到如图255-9所示的图形。

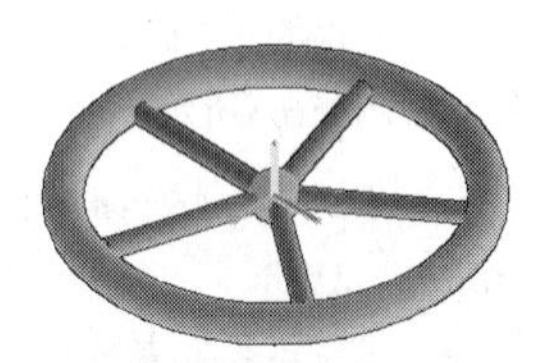

图255-9　绘制方向盘

实战256　蒙面

原始文件位置	DVD>原始文件>第10章>实战256原始文件
实战位置	DVD>实战文件>第10章>实战256.dwg
视频位置	DVD>多媒体教学>第10章>实战256.avi
难易指数	★★☆☆☆
技术掌握	掌握蒙面的一般方法

实战介绍

一般的讲，表面建模的基本步骤如下：①分析对象组成；②对各部分创建对象的三维线框模型；③在线框模型骨架上进行蒙面处理。而本例主要介绍蒙面的处理方法。案例效果如图256-1所示。

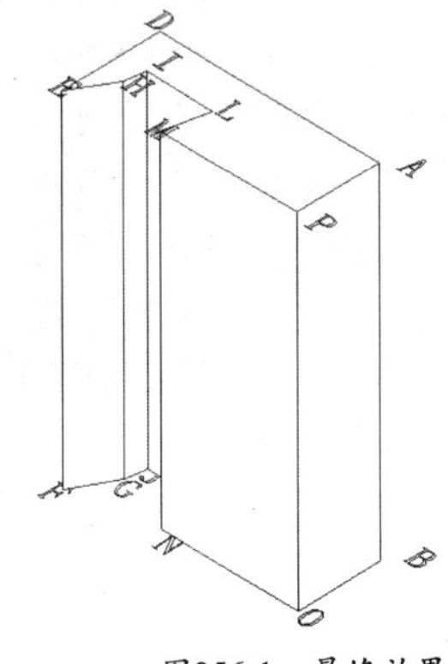

图256-1　最终效果

制作思路

• 打开源文件，通过指定四个点来进行蒙面，进而创建如图256-1所示的图形效果。

制作流程

01 打开“实战256原始文件.dwg”文件，如图256-2所示。

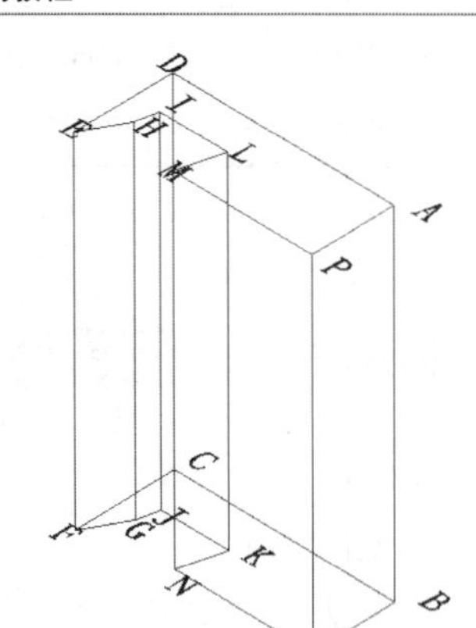

图256-2　原始图形

02 蒙面侧面。执行“三维工具>建模>网格>三维面”命令。如图256-3所示。命令行提示和操作内容如下：

```
命令： _3dface指定第一点或[不可见(I)]://捕捉A点，如图256-2所示
指定第二点或[不可见(I)]： //捕捉B点
指定第三点或[不可见(I)] <退出>://捕捉C点
指定第四点或[不可见(I)] <创建三侧面>://捕捉D点
指定第三点或[不可见(I)] <退出>://捕捉E点
指定第四点或[不可见(I)] <创建三侧面>://捕捉F点
指定第三点或[不可见(I)] <退出>://捕捉G点
指定第四点或[不可见(I)] <创建三侧面>://捕捉H点
指定第三点或[不可见(I)] <退出>://捕捉I点
指定第四点或[不可见(I)] <创建三侧面>://捕捉J点
指定第三点或[不可见(I)] <退出>://捕捉K点
指定第四点或[不可见(I)] <创建三侧面>://捕捉L点
指定第三点或[不可见(I)] <退出>://捕捉M点
指定第四点或[不可见(I)] <创建三侧面>://捕捉N点
指定第三点或[不可见(I)] <退出>://捕捉O点
指定第四点或[不可见(I)] <创建三侧面>://捕捉P点
指定第三点或[不可见(I)] <退出>://捕捉A点
指定第四点或[不可见(I)] <创建三侧面>://捕捉B点
指定第三点或[不可见(I)] <退出>://回车，退出
```

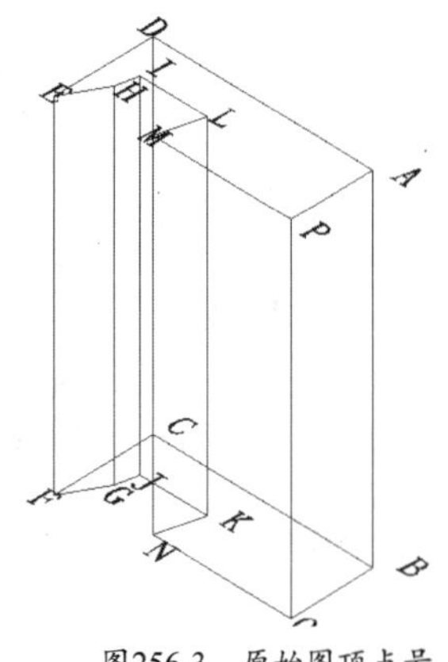

图256-3　原始图顶点号

03 蒙面顶面。按Enter键重复执行命令。命令行提示和操作内容如下：

```
命令： _3dface指定第一点或[不可见(I)]： //捕捉H点
指定第二点或[不可见(I)]： //捕捉D点
指定第三点或[不可见(I)] <退出>://捕捉A点
指定第四点或[不可见(I)] <创建三侧面>://捕捉I点
指定第三点或[不可见(I)] <退出>://捕捉L点
指定第四点或[不可见(I)] <创建三侧面>://捕捉P点
指定第三点或[不可见(I)] <退出>://捕捉M点
指定第四点或[不可见(I)] <创建三侧面>://捕捉L点
指定第三点或[不可见(I)] <退出>://按Enter键退出
```

如图256-4所示。

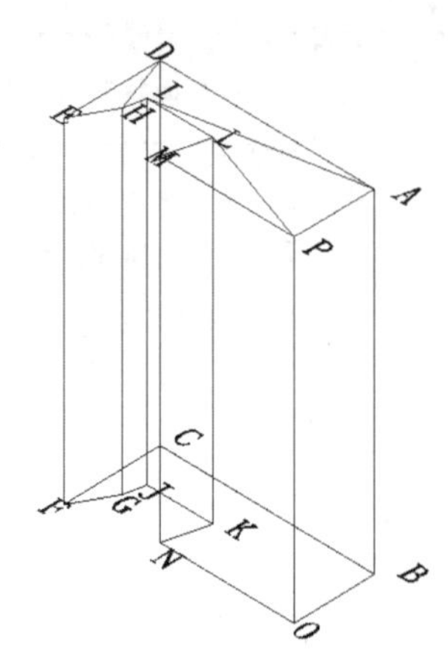

图256-4　蒙面顶面

04 隐藏边。执行“三维工具>建模>网格>边”命令。命令行提示和操作内容如下：

```
命令： _edge
正在初始化...
指定要切换可见性的三维表面的边或[显示(D)]://依次选择顶面的三条可见边
指定要切换可见性的三维表面的边或[显示(D)]：
指定要切换可见性的三维表面的边或[显示(D)]：
指定要切换可见性的三维表面的边或[显示(D)]://回车，结束命令
```

05 执行“视图>视觉样式>隐藏”命令，结果如图256-1所示。

06 执行“另存为”命令，将文件另存为“实战256.dwg”。

技巧与提示

本例主要运用“网格”命令对三维线框图的各面进行蒙面处理，这是表面建模的基本步骤之一。

练习256　蒙面三维线框图

实战位置	DVD>练习文件>第10章>练习256.dwg
难易指数	★★★☆☆
技术掌握	巩固一般的蒙面方法。

操作指南

参照“实战256”案例进行操作。

应用本例中涉及到的命令，对如图256-5所示三维线框图进行蒙面处理。

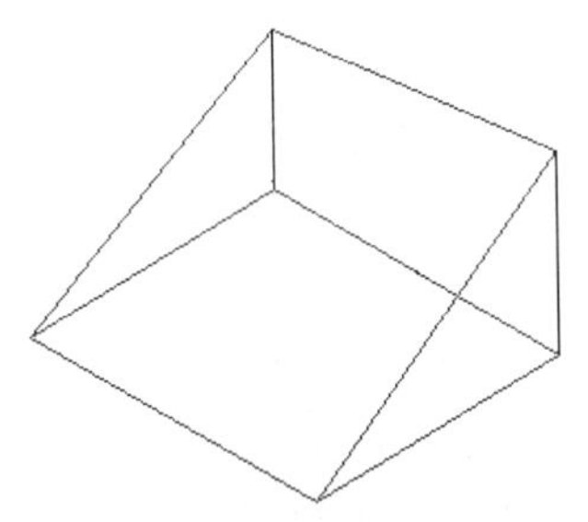

图256-5　蒙面三维线框图

实战257　表面建模

实战位置	DVD>实战文件>第10章>实战257表面建模
视频位置	DVD>多媒体教学>第10章>实战257表面建模
难易指数	★★☆☆☆
技术掌握	掌握表面建模的一般方法

实战介绍

绘制立体三维线框图并蒙面。案例最终效果如图257-1所示。

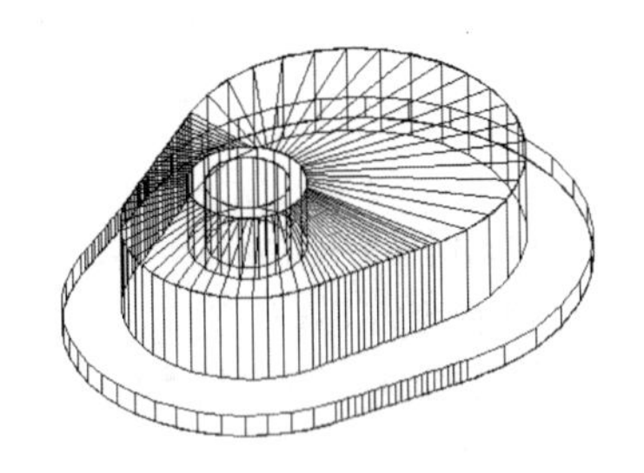

图257-1　最终效果

制作思路

• 绘制二维图形，然后进行蒙面、创建面域等及相关位置的移动来得到如图257-1所示的建模图形。

制作流程

01 绘制中心线、线段。执行“绘图>直线”命令，命令行提示和操作内容如下：

```
命令：_line指定第一点://在图中适当位置指定一点
指定下一点或[放弃(U)]：//利用极轴追踪在图中适当位置指定下一点
指定下一点或[放弃(U)]：//回车，结束命令
命令：//回车，重复命令
LINE指定第一点：
指定下一点或[放弃(U)]：//利用极轴追踪在图中适当位置指定下一点
指定下一点或[放弃(U)]：//回车，结束命令
```

偏移线段。执行“修改>偏移”命令，命令行提示和操作内容如下：

```
命令：_offset
当前设置：删除源=否　图层=源　OFFSETGAPTYPE=0
指定偏移距离或[通过(T)/删除(E)/图层(L)]<1.0000>:26//输入偏移距离
选择要偏移的对象，或[退出(E)/放弃(U)]<退出>://选择与x轴平行线段
指定要偏移的那一侧上的点，或[退出(E)/多个(M)/放弃(U)]<退出>:
选择要偏移的对象，或[退出(E)/放弃(U)]<退出>:
```

结果如图257-2所示。

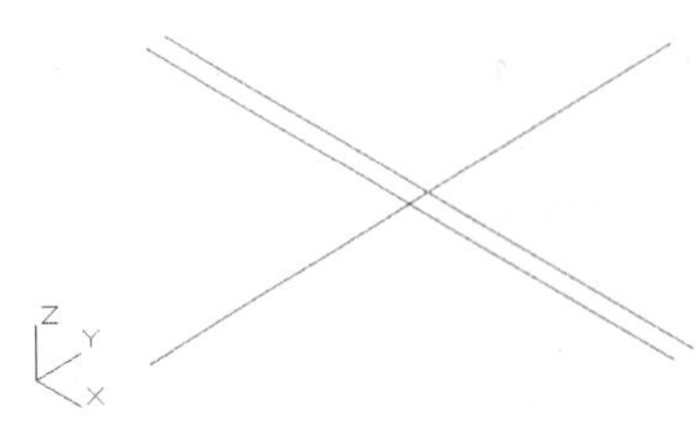

图257-2　绘制中心线

02 绘制底面线框、绘制圆。执行“绘图>圆”命令，命令行提示和操作内容如下：

```
命令：_circle指定圆的圆心或[三点(3P)/两点(2P)/相切、相切、半径(T)]：<对象捕捉 开> >>//捕捉左边线段交点作为圆心
指定圆的半径或[直径(D)]<31.0000>://输入圆半径
命令：//按回车键重复命令
CIRCLE指定圆的圆心或[三点(3P)/两点(2P)/相切、相切、半径(T)]：//捕捉右边线段交点作为圆心
指定圆的半径或[直径(D)]<31.0000>: 39//输入圆半径
```

绘制切线。执行“绘图>直线”命令，命令行提示和操作内容如下：

```
命令：_line指定第一点：tan//输入tan捕捉切点
到 >>//选择小圆靠近y轴一侧
指定下一点或[放弃(U)]:tan//输入tan捕捉切点
到//选择小圆远离y轴一侧
指定下一点或[放弃(U)]:tan //输入tan捕捉切点
命令：//按回车键重复命令
LINE指定第一点：tan//输入tan捕捉切点
到//选择大圆靠近y轴一侧
指定下一点或[放弃(U)]:tan //输入tan捕捉切点
到//选择大圆远离y轴一侧
指定下一点或[放弃(U)]：///按回车键结束命令
```

修剪图形。执行“修改>修剪”命令，命令行提示和操作内容如下：

```
命令：_trim
视图与UCS不平行。命令的结果可能不明显。
```

```
当前设置:投影=UCS, 边=无
选择剪切边...
选择对象或 <全部选择>:  找到1个//依次选择两条切线
选择对象: 找到1个, 总计2个
选择对象: //按回车键结束选择
选择要修剪的对象, 或按住Shift键选择要延伸的对象, 或
[栏选(F)/窗交(C)/投影(P)/边(E)/删除(R)/放弃(U)]: //
依次选择两圆相交部分
选择要修剪的对象, 或按住Shift键选择要延伸的对象, 或
[栏选(F)/窗交(C)/投影(P)/边(E)/删除(R)/放弃(U)]:
选择要修剪的对象, 或按住Shift键选择要延伸的对象, 或
[栏选(F)/窗交(C)/投影(P)/边(E)/删除(R)/放弃(U)]: //
按回车键结束命令
```

结果如图257-3所示。

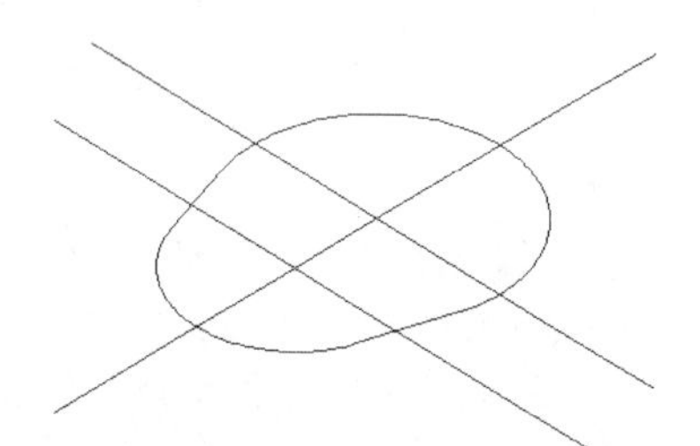

图257-3　绘制底面线框

03 复制底面并蒙面。复制底面。命令行提示和操作内容如下：

```
命令: co
COPY //依次选择底面4条边
选择对象: 找到1个
选择对象: 找到1个, 总计2个
选择对象: 找到1个, 总计3个
选择对象: 找到1个, 总计4个
选择对象:
当前设置:  复制模式 = 多个
指定基点或[位移(D)/模式(O)] <位移>: //指定基点
指定第二个点或 <使用第一个点作为位移>:   <极轴 开>
@0,0,4//输入相对坐标指定第二点
指定第二个点或[退出(E)/放弃(U)] <退出>://按回车键
结束命令
```

结果如图257-4所示。

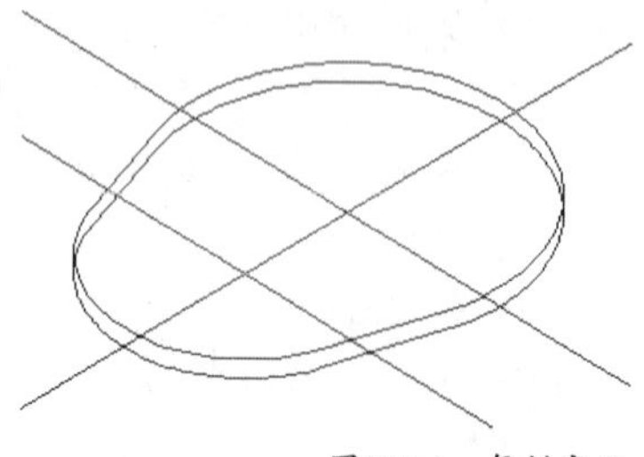

图257-4　复制底面

设置系统参数。命令行提示和操作内容如下：

```
命令: surftab1
输入SURFTAB1的新值 <6>: 20//输入surftab1值
```

技巧与提示

三维网络曲面的光滑程度取决于网格的密度参数（SURFTAB1和SURFTAB2），要根据要求设定他们，以满足对曲面造型的质量要求。

蒙面侧面。执行“三维工具>建模>网格>直纹网格”命令，命令行提示和操作内容如下：

```
命令: _rulesurf
当前线框密度: SURFTAB1=20
选择第一条定义曲线://选择弧线上部一条边线
选择第二条定义曲线: //选择弧线对应底部一条边线
```

以同样的方式蒙面其他侧面，结果如图257-5所示。

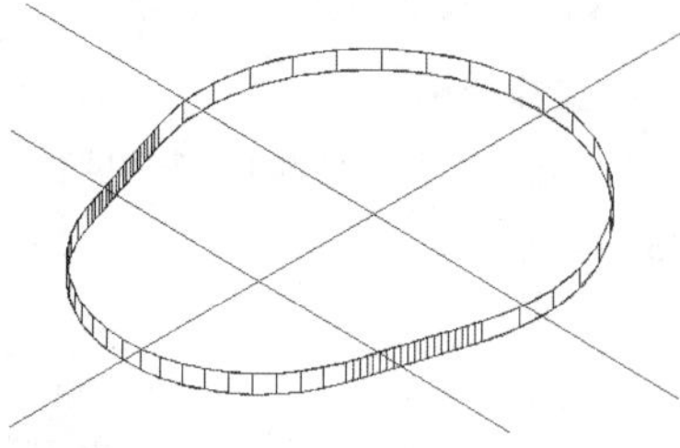

图257-5　蒙面侧面

04 移动侧面蒙面。执行“修改>移动”命令，命令行提示和操作内容如下：

```
命令: MOVE
选择对象: 找到1个//依次选择4个侧面蒙面
选择对象: 找到1个, 总计2个
选择对象: 找到1个, 总计3个
选择对象: 找到1个, 总计4个
选择对象:
指定基点或[位移(D)] <位移>: //指定第一点
指定第二个点或 <使用第一个点作为位移>:@160, 0,
0//输入相对坐标指定第二点
```

05 创建并移动面域。创建面域。执行“绘图>面域”命令，命令行提示和操作内容如下：

```
命令: _region
选择对象: 找到1个//选择弧线AB
选择对象: 找到1个, 总计2个//选择弧线BF
选择对象: 找到1个, 总计3个//选择弧线FE
选择对象: 找到1个, 总计4个//选择弧线EA
选择对象: //案回车键结束选择
已提取1个环。
已创建1个面域。
```

移动面域。命令行提示和操作内容如下：

```
命令：_move
选择对象：找到1个//选择创建面域
选择对象：//按回车键结束选择
指定基点或[位移(D)] <位移>:160，0，0//输入坐标指定基点
指定第二个点或 <使用第一个点作为位移>://按回车键
```

结果如图257-6所示。

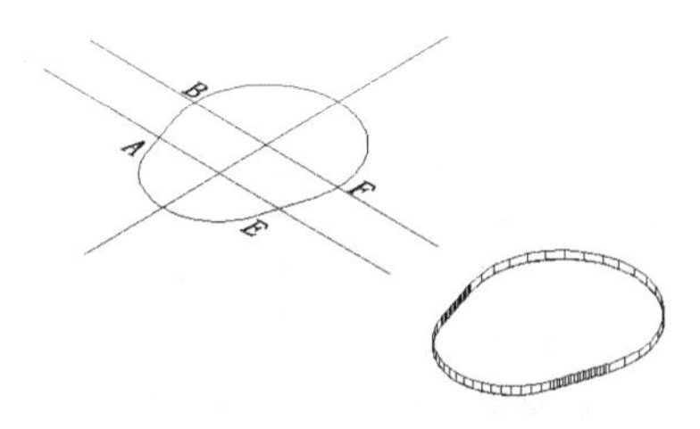

图257-6　创建并移动面域

06 偏移底面。执行“修改>偏移”命令，命令行提示和操作内容如下：

```
命令:OFFSET
当前设置：删除源=否　图层=源　OFFSETGAPTYPE=0
指定偏移距离或[通过(T)/删除(E)/图层(L)]<通过>:10//输入偏移距离
选择要偏移的对象，或[退出(E)/放弃(U)] <退出>：//依次选择底面弧线和线段
指定要偏移的那一侧上的点，或[退出(E)/多个(M)/放弃(U)] <退出>:
选择要偏移的对象，或[退出(E)/放弃(U)] <退出>:
指定要偏移的那一侧上的点，或[退出(E)/多个(M)/放弃(U)] <退出>:
选择要偏移的对象，或[退出(E)/放弃(U)] <退出>:
指定要偏移的那一侧上的点，或[退出(E)/多个(M)/放弃(U)] <退出>:
选择要偏移的对象，或[退出(E)/放弃(U)] <退出>:
指定要偏移的那一侧上的点，或[退出(E)/多个(M)/放弃(U)] <退出>:
选择要偏移的对象，或[退出(E)/放弃(U)] <退出>:
```

结果如图257-7所示。

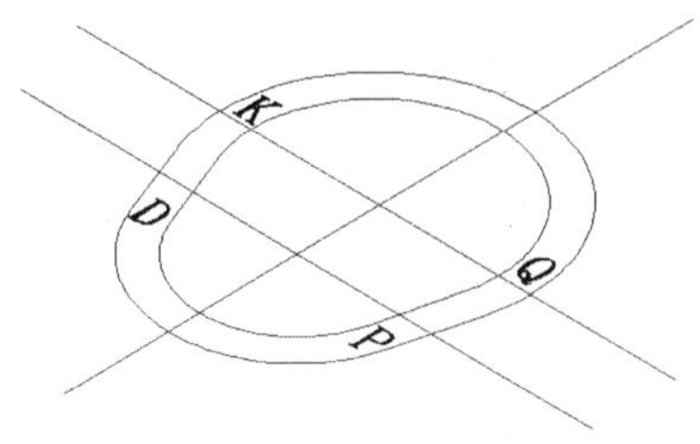

图257-7　偏移底面

07 复制偏移生成的图形。执行“修改>复制”命令，命令行提示和操作内容如下：

```
命令:COPY
选择对象：找到1个//依次选择弧线KQ、OP和线段KO、PQ
选择对象：找到1个，总计2个
选择对象：找到1个，总计3个
选择对象：找到1个，总计4个
选择对象：
当前设置：　复制模式 = 多个
指定基点或[位移(D)/模式(O)] <位移>：0,0,16//输入坐标指定基点
指定第二个点或 <使用第一个点作为位移>://按回车键结束
```

结果如图257-8所示。

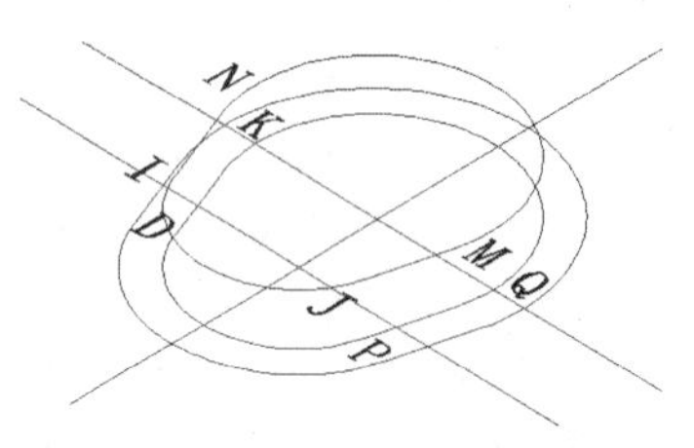

图257-8　复制图形

08 蒙面侧面。执行“三维工具>建模>网格>直纹网格”命令，命令行提示和操作内容如下：

```
命令：_rulesurf
当前线框密度：SURFTAB1=20
选择第一条定义曲线://选择弧线MN
选择第二条定义曲线：//选择弧线QK
```

以相同的方式蒙面其他侧面。

09 移动蒙面和顶面线框。移动蒙面。执行“修改>移动”命令，命令行提示和操作内容如下：

```
命令：MOVE
选择对象：找到1个//依次选择4个蒙面
选择对象：找到1个，总计2个
选择对象：找到1个，总计3个
选择对象：找到1个，总计4个
选择对象：//回车键结束选择
指定基点或[位移(D)] <位移>：160,0,4//输入坐标指定基点
指定第二个点或 <使用第一个点作为位移>://按回车键
```

移动顶面线框。命令行提示和操作内容如下：

```
命令：MOVE
选择对象：找到1个//依次选择顶面线框和弧线
选择对象：找到1个，总计2个
选择对象：找到1个，总计3个
选择对象：找到1个，总计4个
选择对象：
指定基点或[位移(D)] <位移>：160,0,4
指定第二个点或 <使用第一个点作为位移>:
```

结果如图257-9所示。

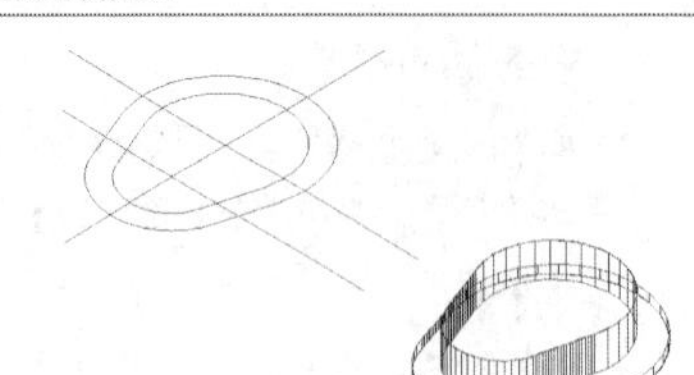

图257-9　移动蒙面和顶面曲线

10 绘制孔，绘制圆。执行“绘图>圆”命令，命令行提示和操作内容如下：

```
命令: CIRCLE
指定圆的圆心或[三点(3P)/两点(2P)/相切、相切、半径(T)]: <对象捕捉 开> >>//捕捉小端指定圆心
正在恢复执行CIRCLE命令。
指定圆的圆心或[三点(3P)/两点(2P)/相切、相切、半径(T)]:
指定圆的半径或[直径(D)] <39.0000>: 7//输入半径
命令: //回车重复命令
CIRCLE指定圆的圆心或[三点(3P)/两点(2P)/相切、相切、半径(T)]: //捕捉小端指定圆心
指定圆的半径或[直径(D)] <7.0000>: 10//输入半径
```

复制圆。执行“修改>复制”命令，命令行提示和操作内容如下：

```
命令: COPY
选择对象: 找到1个//依次选择两个圆
选择对象: 找到1个，总计2个
选择对象:
当前设置:  复制模式 = 多个
指定基点或[位移(D)/模式(O)] <位移>:  0,0,12//输入坐标指定基点
指定第二个点或 <使用第一个点作为位移>://按回车键
```

蒙面并移动蒙面。命令行提示和操作内容如下：

```
命令: _rulesurf
当前线框密度: SURFTAB1=20
选择第一条定义曲线: //依次选择两个外圆
选择第二条定义曲线:
命令:
RULESURF
当前线框密度: SURFTAB1=20
选择第一条定义曲线: //依次选择两个内圆
选择第二条定义曲线:
命令: M
MOVE
选择对象: 找到1个
选择对象: 找到1个，总计2个//依次选择两个蒙面
选择对象:
指定基点或[位移(D)] <位移>:  160,0,16//输入坐标
指定第二个点或 <使用第一个点作为位移>://按回车键
```

结果如图257-10所示。

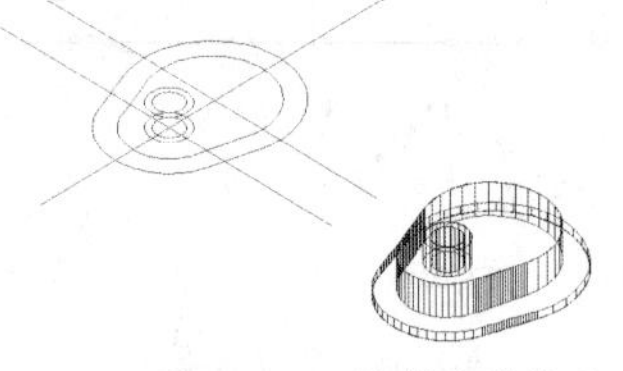

图257-10　绘制孔并蒙面

创建面域并形成孔。执行“绘图>面域”命令，命令行提示和操作内容如下：

```
命令: _region
选择对象: 找到1个//选择上面的外圆
选择对象: 找到1个，总计2个
选择对象: //按回车键结束选择
已提取2个环。
已创建2个面域。
命令:
命令:
命令: _subtract选择要从中减去的实体或面域...
选择对象: 找到1个//选择上面的外圆
选择对象: //按回车键结束选择
选择要减去的实体或面域 ..
选择对象: 找到1个//选择上面的内圆
选择对象: //按回车键结束选择
命令: M
MOVE
选择对象: 找到1个//选择上面形成的带孔面域
选择对象: //按回车键结束选择
指定基点或[位移(D)] <位移>:   160,0,16//输入坐标指定基点
指定第二个点或 <使用第一个点作为位移>://按回车键
```

结果如图257-11所示。

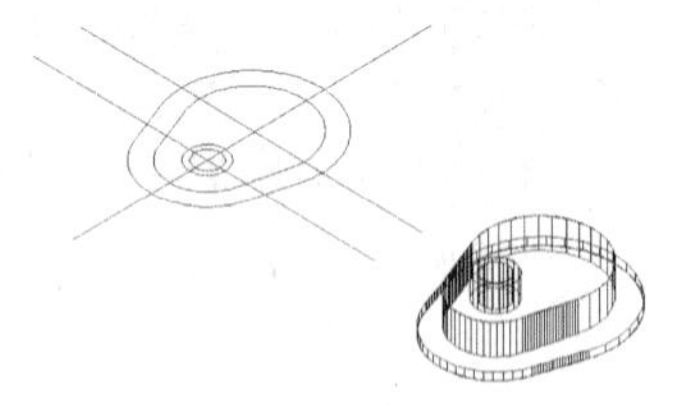

图257-11　创建面域并形成孔

11 形成顶面蒙面，绘制线段。结果如图257-12所示。

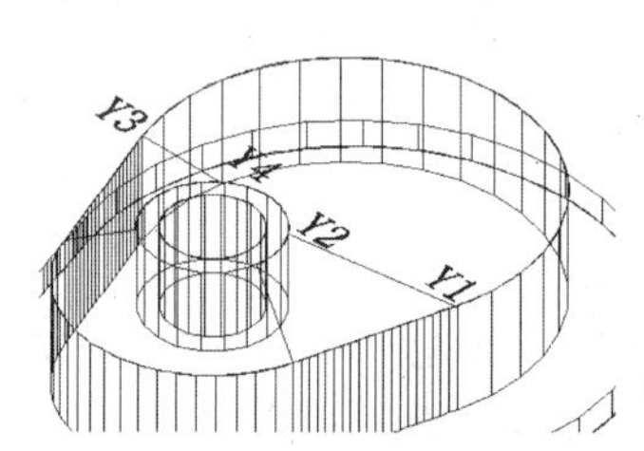

图257-12　绘制线段

复制图257-11中的线框PMKD并绘制弧线。执行“绘图>复制”和“绘图>圆弧—三点”命令。命令行提示和操作内容如下：

```
命令：CO
COPY
选择对象：找到1个//依次选择线框PMKD
选择对象：找到1个，总计2个
选择对象：找到1个，总计3个
选择对象：找到1个，总计4个
选择对象：//按回车键结束选择
当前设置：　复制模式 = 多个
指定基点或[位移(D)/模式(O)]　<位移>：//捕捉W点
指定第二个点或 <使用第一个点作为位移>://捕捉Y1点
指定第二个点或[推出（E）/放弃（U）]://按回车键结束命令
命令“_arc制定圆弧的起点或[圆心（c）]：//捕捉Y2点
指定圆弧的第二点或[圆心（c）/端点（e）]：//捕捉弧线Y2、Y7中的一点
指定圆弧的端点：　//捕捉Y7，以同样的方式绘制其他圆弧蒙面。执行“三维工具>建模>网格>直纹网格”命令，命令行提示和操作内容如下：
命令：_rulesurf
当前线框密度：SURFTAB1=20
选择第一条定义曲线://选择弧线 Y1、Y3
选择第二条定义曲线：//选择弧线Y2、Y4
```

结果如图257-13所示。

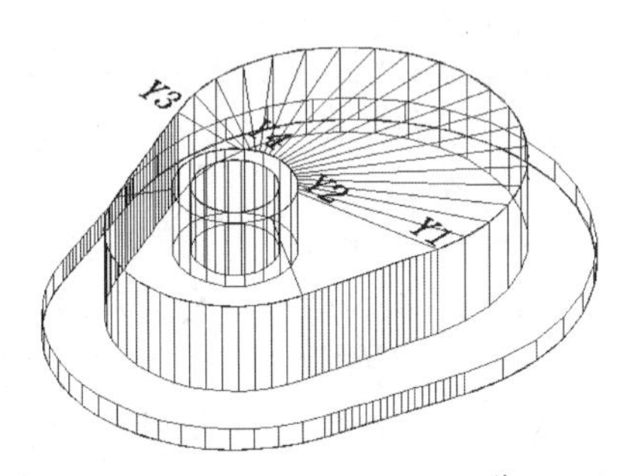

图257-13　蒙面顶面

以同样的方式蒙其他顶面，最终结果如图257-1所示。

12 执行“另存为”命令，将文件另存为“实战257.dwg”。

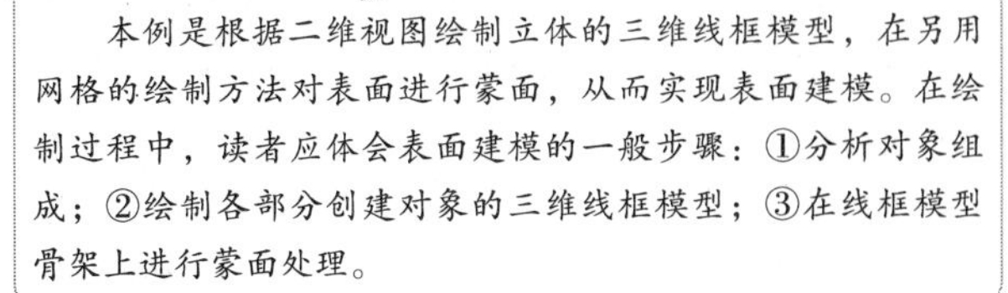

技巧与提示

本例是根据二维视图绘制立体的三维线框模型，在另用网格的绘制方法对表面进行蒙面，从而实现表面建模。在绘制过程中，读者应体会表面建模的一般步骤：①分析对象组成；②绘制各部分创建对象的三维线框模型；③在线框模型骨架上进行蒙面处理。

练习257　绘制三维立体线框并蒙面

实战位置	DVD>练习文件>第10章>练习257.dwg
难易指数	★★★☆☆
技术掌握	巩固蒙面的一般方法

操作指南

参照“实战257”案例进行操作

绘制如图257-14所示平面立体的三维线框，再进行蒙面处理。

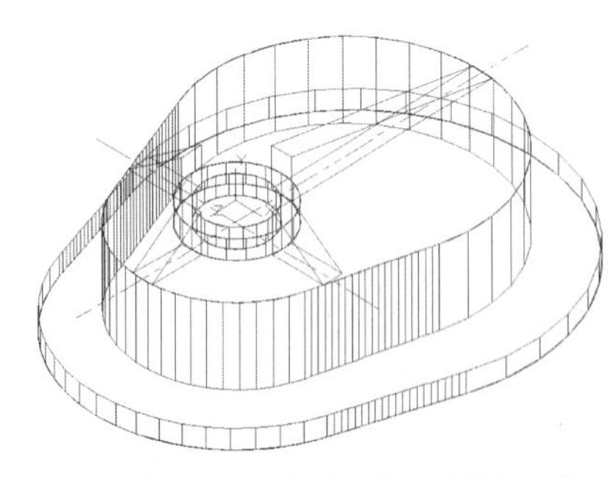

图257-14　绘制立体三维线框并蒙面

实战258　绘制哑铃

实战位置	DVD>实战文件>第10章>实战258.dwg
视频位置	DVD>多媒体教学>第10章>实战258.avi
难易指数	★★☆☆☆
技术掌握	掌握三维命令拉伸和拉伸面的用法和区别

实战介绍

本例中我们用拉伸面命令来绘制三维哑铃，主要介绍CAD的三维命令拉伸和拉伸面的用法和区别。效果如图258-1所示。

制作思路

- 首先拉伸六边形，然后着色面，再两次拉伸进行镜像，最后进行圆角处理即得到如图258-1所示的图形。

制作流程

01 打开AutoCAD 2013，创建一个新的AutoCAD文件，将当前视图置为主视图，设置图形界限为4200，2970。

图258-1　最终效果

02 按F5键将视图转换到右视图，绘制六边形。执行“绘图>多边形”命令，命令行提示和操作内容如下：

```
命令：_polygon输入边的数目 <4>：6
指定正多边形的中心点或[边(E)]：0,0
输入选项[内接于圆(I)/外切于圆(C)] <I>:回车
指定圆的半径：10
```

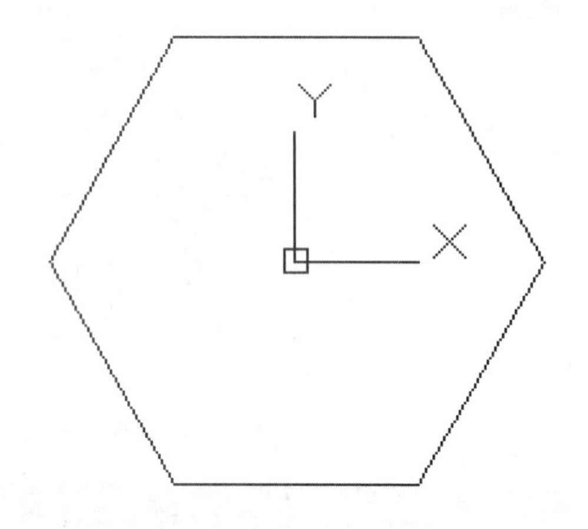

图258-2 绘制正六边形

命令行输入Z回车，在输入E回车，将图形布满窗口。按F5键转到西南等轴测图，执行“三维工具>建模>拉伸”命令，选择六边形回车，角度-60回车，输入拉伸高度8，回车。命令行提示和操作内容如下：

```
命令：Z
ZOOM
指定窗口的角点，输入比例因子 (nX或nXP)，或者
[全部(A)/中心(C)/动态(D)/范围(E)/上一个(P)/比例(S)/窗口(W)/对象(O)] <实时>：E
命令：_-view输入选项[?/删除(D)/正交(O)/恢复(R)/保存(S)/设置(E)/窗口(W)]：_swiso正在重生成模型。
命令：_extrude
当前线框密度：ISOLINES=4
选择要拉伸的对象：找到1个
指定拉伸的高度或[方向(D)/路径(P)/倾斜角(T)] <8.0000>：T
指定拉伸的倾斜角度 <0>：-60
指定拉伸的高度或[方向(D)/路径(P)/倾斜角(T)] <8.0000>:
```

得到如图258-3所示的图形。

03 按F5键转到东南等轴测图，执行“三维工具>实体编辑>着色面”命令，如图258-4所示。

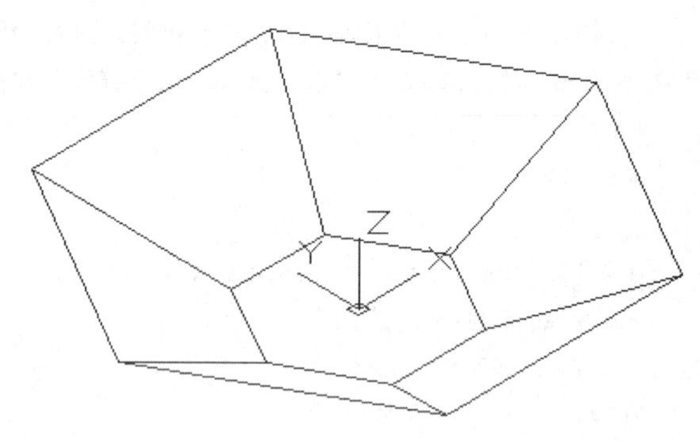

图258-3 拉伸六边形

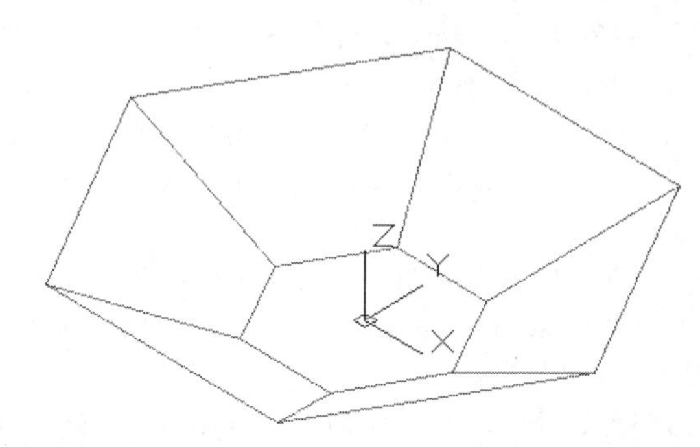

图258-4 着色面

04 执行“三维工具>实体编辑>拉伸面”命令，命令行提示和操作内容如下：

```
命令：_extrude
选择面或[放弃(U)/删除(R)]：找到一个面。//选择看到的六边形面，回车
选择面或[放弃(U)/删除(R)/全部(ALL)]：
指定拉伸高度或[路径(P)]：18//指定拉伸高度18，回车
指定拉伸的倾斜角度 <0>：//角度0回车
已开始实体校验。
输入面编辑选项
[拉伸(E)/移动(M)/旋转(R)/偏移(O)/倾斜(T)/删除(D)/复制(C)/颜色(L)/材质(A)/放弃(U)/退出(X)] <退出>：e//命令行直接输入E回车
选择面或[放弃(U)/删除(R)]：找到一个面。//选择拉伸后的六边形面回车
选择面或[放弃(U)/删除(R)/全部(ALL)]：
指定拉伸高度或[路径(P)]：8//输入高度8回车
指定拉伸的倾斜角度 <0>：60//角度60回车
已开始实体校验。
已完成实体校验。
输入面编辑选项
[拉伸(E)/移动(M)/旋转(R)/偏移(O)/倾斜(T)/删除(D)/复制(C)/颜色(L)/材质(A)/放弃(U)/退出(X)] <退出>：e//命令行直接输入E回车
选择面或[放弃(U)/删除(R)]：找到一个面。//选择拉伸后的六边形面回车
```

```
选择面或[放弃(U)/删除(R)/全部(ALL)]:
指定拉伸高度或[路径(P)]: 40//输入高度40回车
指定拉伸的倾斜角度 <60>: -3//角度-3回车
已开始实体校验。
已完成实体校验。
输入面编辑选项
[拉伸(E)/移动(M)/旋转(R)/偏移(O)/倾斜(T)/删除(D)/复制(C)/颜色(L)/材质(A)/放弃(U)/退出(X)] <退出>: *取消*
```

效果如图258-5所示。

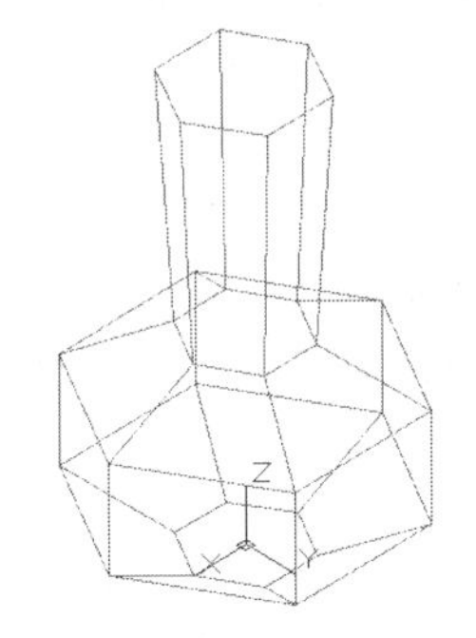

图258-5　绘制半个哑铃

05 执行“修改>镜像”命令，将图258-5镜像一个，如图258-6所示。

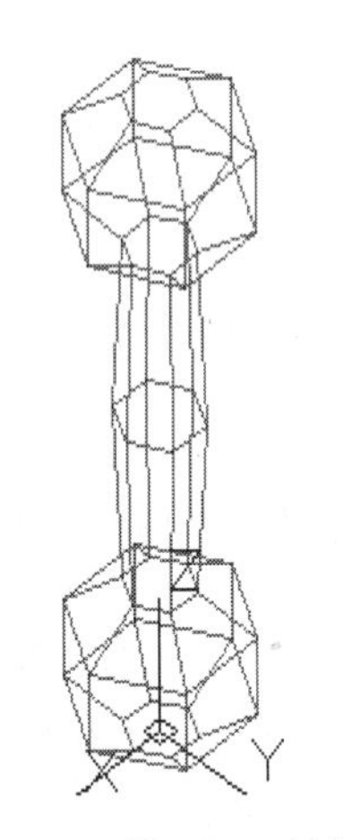

图258-6　镜像

06 执行“三维工具>实体编辑>并集”菜单命令，将两部分合并。命令行提示和操作内容如下：

```
命令:UNION
选择对象: 找到1个
选择对象: 找到1个, 总计2个
选择对象://按回车键结束命令
```

07 执行“修改>圆角”命令，选择手柄处棱线，圆角半径8，选择其他边，回车。重复圆角命令，选择中间环线，圆角值20，全部选中回车。得到效果如图258-7所示。

图258-7　圆角

08 执行“渲染>渲染”命令，得到最终效果。

09 执行“保存”命令，将图形文件另存为“实战258.dwg”。

技巧与提示 

通过本例的介绍，读者应该分清拉伸和拉伸面的用法和区别，并会应用三维镜像。

练习258　绘制飞碟模型

实战位置	DVD>练习文件>第10章>练习258.dwg
难易指数	★☆☆☆☆
技术掌握	掌握巩固拉伸和拉伸面的用法和区别

操作指南

参照“实战258”案例进行制作。

利用“拉伸”、“拉伸面”、“三维镜像”和“着色面”等命令绘制如图258-8所示的飞碟模型。

图258-8　绘制飞碟

第11章 绘制三维实体模型

本章学习要点：

基础建模

布尔运算

三维图形的修改操作

三维实体边的编辑

三维实体面的编辑

实战259 绘制平键实体模型

实战位置	DVD>实战文件>第11章>实战259.dwg
视频位置	DVD>多媒体教学>第11章>实战259.avi
难易指数	★★★☆☆
技术掌握	掌握“拉伸”命令的使用方法

实战介绍

可以使用三维编辑命令通过二维图形对象得到三维实体，在本例中介绍使用拉伸工具从二维矩形得到三维实体的方法。案例效果如图259-1所示。

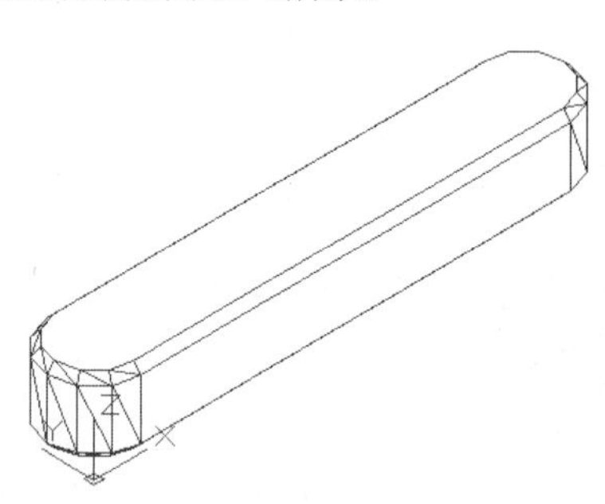

图259-1 最终效果

制作思路

- 首先绘制平面，再使用拉伸工具，完成立体绘制，最后进行修改。

制作流程

01 打开AutoCAD 2013，创建一个新的AutoCAD文件，文件名默认为“Drawing1.dwg”。

02 执行“绘图>矩形”命令，绘制矩形表示平键的俯视图中的基本形状，结果如图259-2所示。命令行提示和操作内容如下：

```
命令: _RECTANG
指定第一个角点或[倒角(C)/标高(E)/圆角(F)/厚度(T)/宽度(W)]: 0,0,0
指定另一个角点或[面积(A)/尺寸(D)/旋转(R)]: 100,18
```

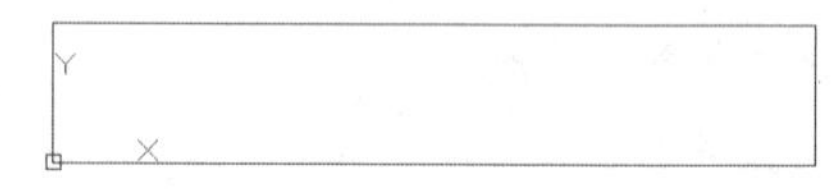

图259-2 绘制矩形

03 执行“修改>圆角”命令，绘制半径为9的圆角，结果如图259-3所示。

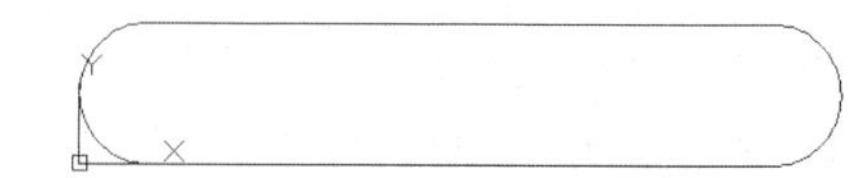

图259-3 倒圆角结果

04 执行“视图>三维视图>西南等轴测”命令，改变视图方向，结果如图259-4所示。

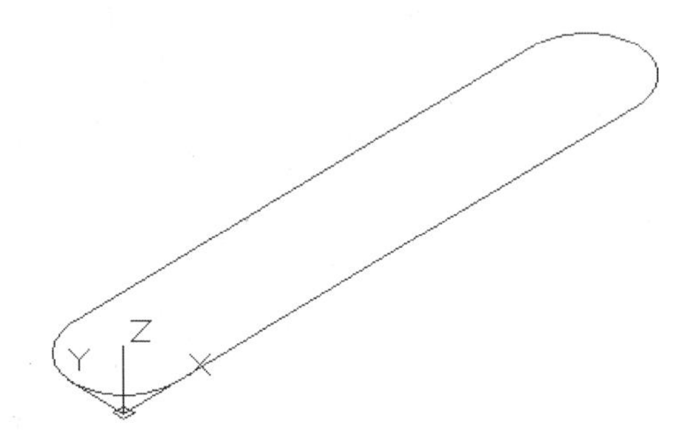

图259-4　改变视图方向

05 执行“三维工具>建模>拉伸”命令，将圆角矩形向上拉伸14个单位，效果如图259-5所示。命令行提示和操作内容如下：

```
命令：_EXTRUDE
当前线框密度： ISOLINES=4
选择要拉伸的对象或[模式(MO)]：选择当前圆角矩形
选择要拉伸的对象：
指定拉伸的高度或[方向(D) 路径(P) 倾斜角(T)]表达式(E)<0.0000>: 14
```

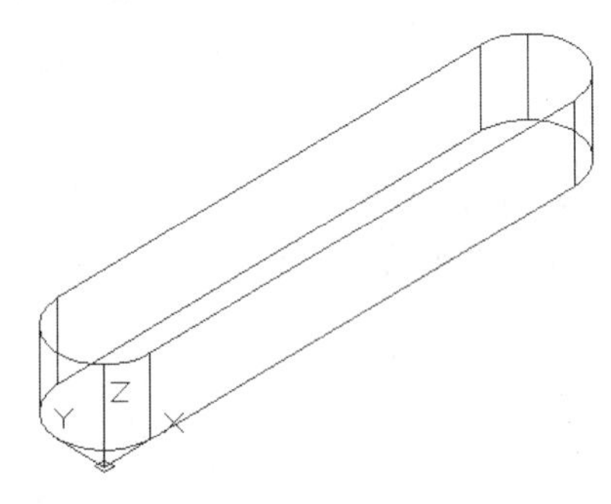

图259-5　拉伸效果

06 执行“修改>圆角”命令，在平键的顶面绘制半径为1.5的倒角，结果如图259-6所示。命令行提示和操作内容如下：

```
命令：_CHAMFER
("修剪"模式) 当前倒角距离1 = 0.0000，距离2 = 0.0000
选择第一条直线或[放弃(U)/多段线(P)/距离(D)/角度(A)/修剪(T)/方式(E)/多个(M)]:M  //选择顶面的一条边
基面选择...
输入曲面选择选项[下一个(N)/当前(OK)] <当前(OK)>: N  //按N键在包含这个边的面中切换
输入曲面选择选项[下一个(N)/当前(OK)] <当前(OK)>: //选中平键的顶面
指定基面的倒角距离或[表达式(E)]: 1.5
指定其他曲面的倒角距离 <1.5000>:
选择边或[环(L)]: 选择边或[环(L)]: l
选择边环或[边(E)]: 选择边环或[边(E)]:  //选中顶面的圆角矩形框
```

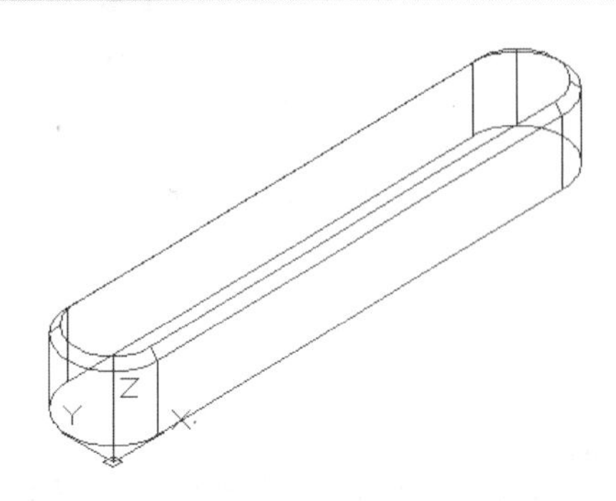

图259-6　顶面倒角效果

07 再次执行“修改>圆角”命令，对底面同样进行半径为1.5的倒角，如图259-7所示。

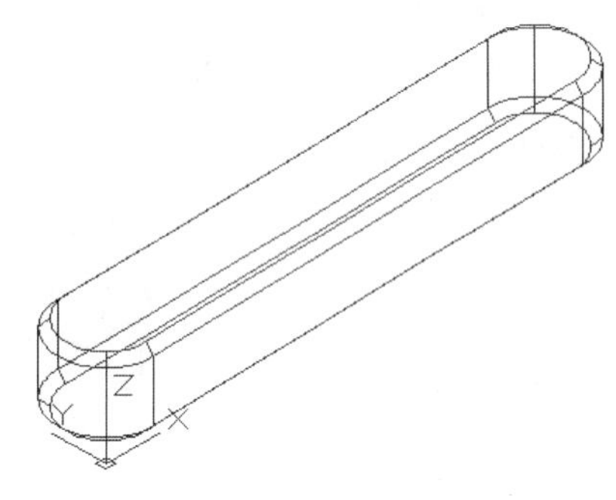

图259-7　绘制底面倒角

08 执行“视图>视觉样式>隐藏”命令，效果如图259-8所示。

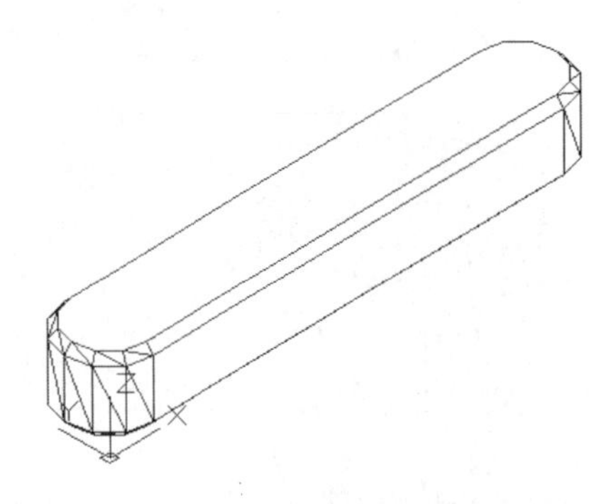
图259-8　平键的隐藏结果

09 执行“另存为”命令，将文件另存为“实战259.dwg”。

练习259　长方体

实战位置　DVD>练习文件>第11章>练习259.dwg
难易指数　★★★☆☆
技术掌握　巩固“拉伸”命令的使用方法

操作指南

参照“实战259”案例进行制作。

新建文件，绘制长方体，并用倒圆角命令修改，绘制如图259-9所示的图形。

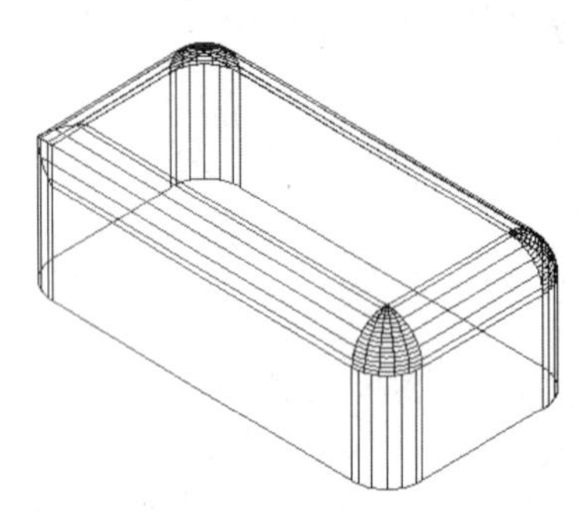
图259-9　绘制长方体

实战260　绘制半圆键实体模型

实战位置　DVD>实战文件>第11章>实战260.dwg
视频位置　DVD>多媒体教学>第11章>实战260.avi
难易指数　★★★☆☆
技术掌握　掌握“倒角”命令的使用方法

实战介绍

本例中使用三维命令绘制标准件半圆键的实体模型。案例效果如图260-1所示。

图260-1　最终效果

制作思路

• 首先绘制圆柱体，然后执行“截面”命令，进行图形的剖切，最后进行修改得到如图260-1所示的图形。

制作流程

01 打开AutoCAD 2013，创建一个新的AutoCAD文件，文件名默认为“Drawing1.dwg”。

02 执行“三维工具>建模>圆柱体”菜单命令，绘制底面半径为25，高度为6的圆柱体，如图260-2所示。命令行提示和操作内容如下：

```
命令: isolines  //修改线框密度
输入ISOLINES的新值 <4>: 16
命令: _cylinder
指定底面的中心点或[三点(3P)/两点(2P)/相切、相切、半径(T)/椭圆(E)]: 200,200
指定底面半径或[直径(D)]: 25
指定高度或[两点(2P)/轴端点(A)] <-12.0000>: 6
```

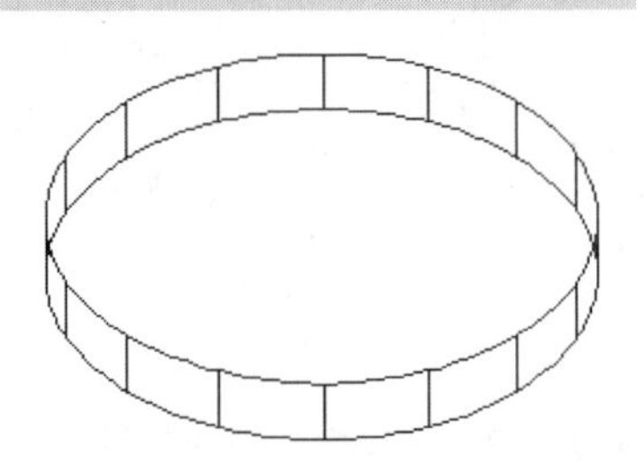
图260-2　绘制圆柱体

03 执行“绘图>直线”命令，利用象限捕捉功能，绘制上下底面的直径，如图260-3所示。

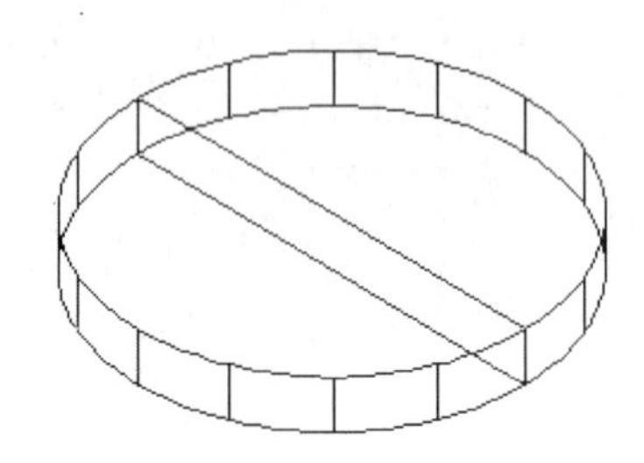
图260-3　绘制直线

04 执行“修改>偏移”命令，将直径直线向左下方偏移2.5，结果如图260-4所示。

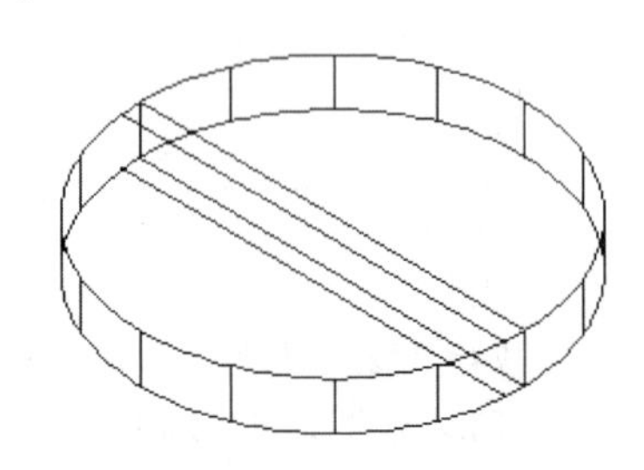
图260-4　偏移直线

05 执行“修改>三维操作>剖切”命令，将圆柱体以偏移直线组成的面为界，进行剖切，结果如图260-5所示。命令行提示和操作内容如下：

```
命令：_slice
选择要剖切的对象：找到1个　//选择圆柱体
选择要剖切的对象：
指定 切面 的起点或[平面对象(O)/曲面(S)/Z轴(Z)/视图(V)/XY(XY)/YZ(YZ)/ZX(ZX)/三点(3)] <三点>: >>//捕捉偏移直线的一个端点
指定平面上的第二个点：　//捕捉偏移直线的另一个端点
在所需的侧面上指定点或[保留两个侧面(B)] <保留两个侧面>:
```

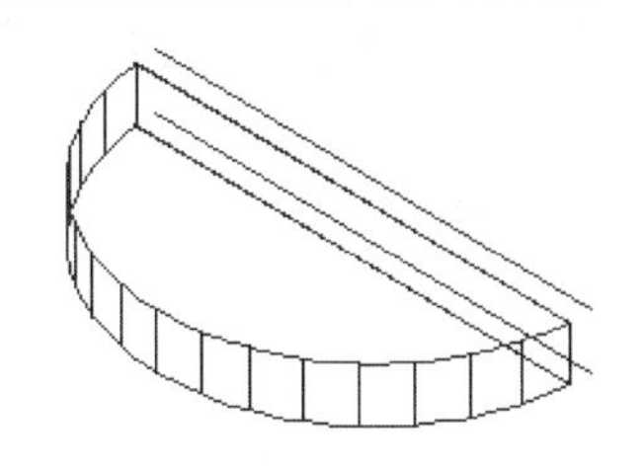

图260-5　剖切实体结果

06 删除辅助直线，执行"修改>圆角"命令，在半圆键的顶面绘制半径为0.5的倒角，结果如图260-6所示。命令行提示和操作内容如下：

```
命令：_chamfer
("修剪"模式) 当前倒角距离1 = 0.0000，距离2 = 0.0000
选择第一条直线或[放弃(U)/多段线(P)/距离(D)/角度(A)/修剪(T)/方式(E)/多个(M)]:
基面选择...
输入曲面选择选项[下一个(N)/当前(OK)] <当前(OK)>: OK
指定基面的倒角距离：0.5
指定其他曲面的倒角距离 <0.5000>:
选择边或[环(L)]：选择边或[环(L)]：选择边或[环(L)]:
```

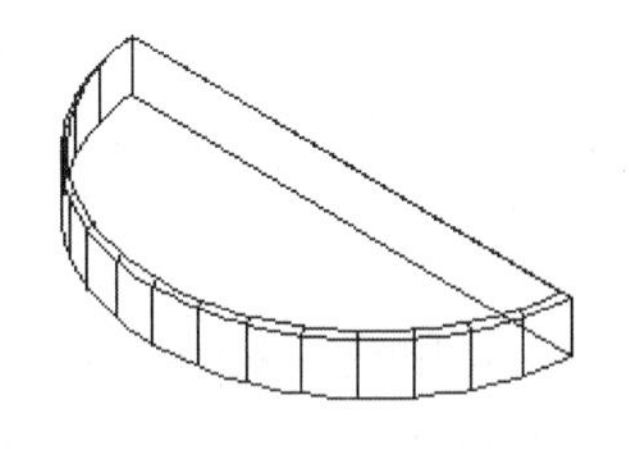

图260-6　顶面倒角效果

07 再次执行"修改>圆角"命令，对底面同样进行半径为0.5的倒角，如图260-7所示。

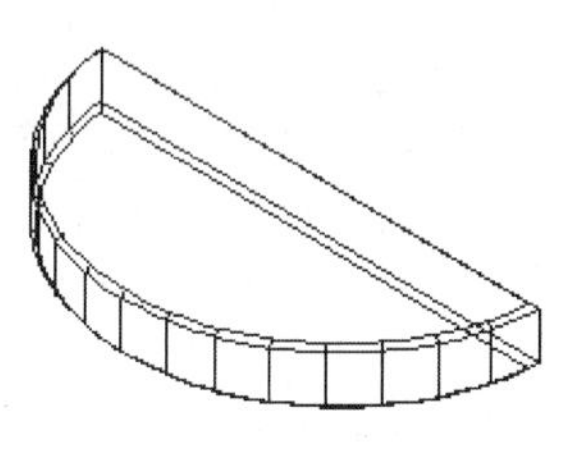

图260-7　绘制底面倒角

08 执行"视图>视觉样式—概念"命令，效果如图260-8所示。

图260-8　半圆键的概念视觉样式效果

09 执行"另存为"命令，将文件另存为"实战260.dwg"。

练习260　六角螺钉

实战位置　DVD>练习文件>第11章>练习260.dwg
难易指数　★★★☆☆
技术掌握　巩固"截面"命令的使用方法

操作指南

参照"实战260"案例进行制作。

绘制完成六角螺钉后，使用剖切工具处理图形，得到如图260-9所示的图形。

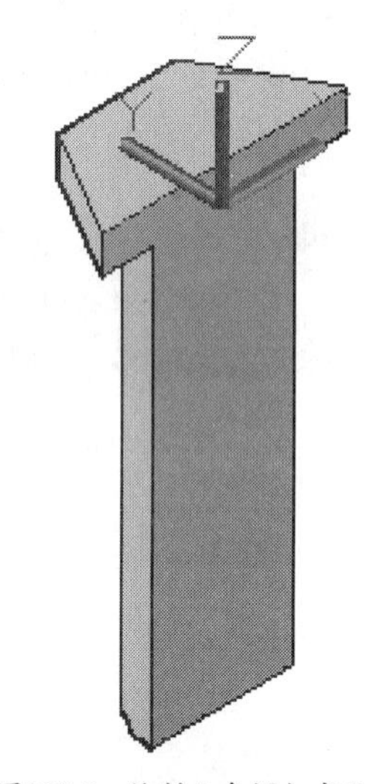

图260-9　绘制六角螺钉半面

实战261　绘制圆柱销实体模型

实战位置　DVD>实战文件>第11章>实战261.dwg
视频位置　DVD>多媒体教学>第11章>实战261.avi
难易指数　★★★☆☆
技术掌握　掌握常用三维命令的使用方法

实战介绍

本例中将介绍标准件中的圆柱销实体的绘制方法，主要介绍圆柱体、球体、倒角、圆角、布尔运算等三维命令。案例效果如图261-1所示。

制作思路

- 首先绘制圆柱体，然后进行倒角、差、并集运算；
- 最后进行修改，完成图形的绘制。

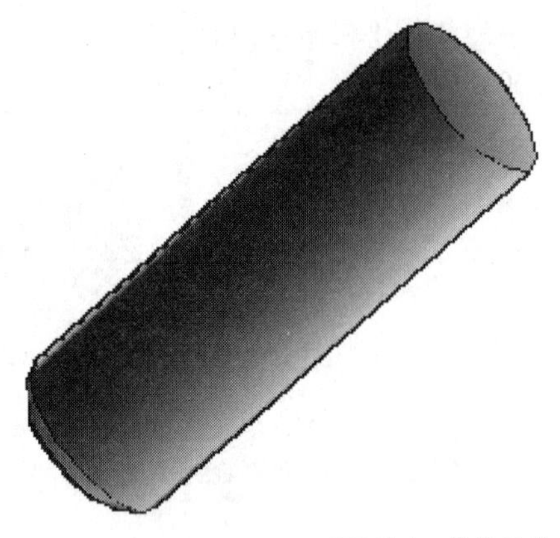

图261-1　最终效果

制作流程

01 打开AutoCAD 2013，创建一个新的AutoCAD文件，文件名默认为“Drawing1.dwg”。

02 执行“三维工具>建模>圆柱体”菜单命令，绘制底面半径为6、高度为40的圆柱体，西南等轴测方向圆柱体如图261-2所示。命令行提示和操作内容如下：

```
命令：isolines
输入ISOLINES的新值 <4>：20
命令：_cylinder
指定底面的中心点或[三点(3P)/两点(2P)/相切、相切、半径(T)/椭圆(E)]：200,200
指定底面半径或[直径(D)] <12.0000>：6
指定高度或[两点(2P)/轴端点(A)] <40.0000>：40
```

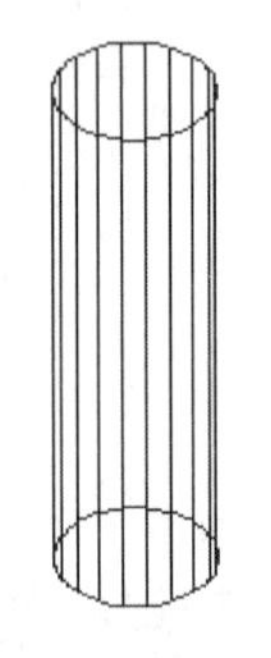

图261-2　绘制圆柱体

03 执行“视图>动态观察—自由动态观察”命令，修改视图方向，结果如图261-3所示。

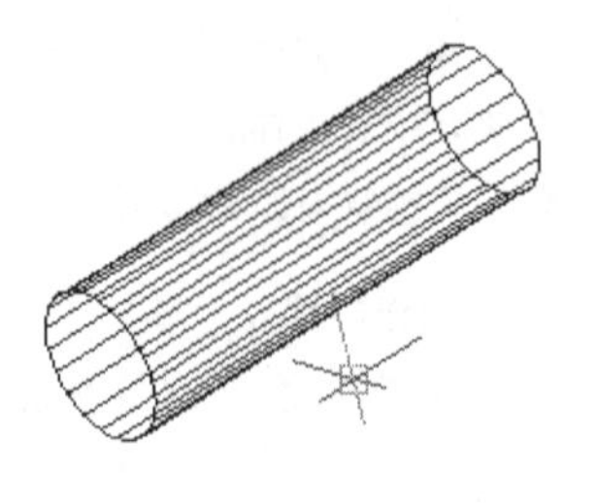

图261-3　视图方向

04 执行“修改>圆角”命令，绘制半径为1.5的倒角，结果如图261-4所示。命令行提示和操作内容如下：

```
命令：_chamfer
(“修剪”模式) 当前倒角距离1 = 0.0000，距离2 = 0.0000
选择第一条直线或[放弃(U)/多段线(P)/距离(D)/角度(A)/修剪(T)/方式(E)/多个(M)]：
基面选择...
输入曲面选择选项[下一个(N)/当前(OK)] <当前(OK)>：OK
指定基面的倒角距离：1.5
指定其他曲面的倒角距离 <1.5000>：
选择边或[环(L)]：选择边或[环(L)]：
```

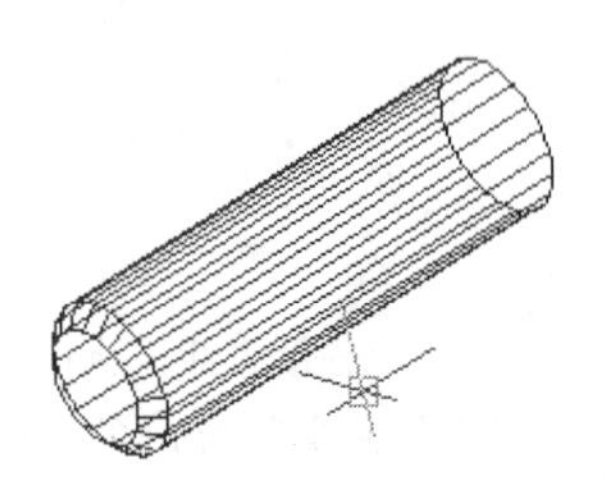

图261-4　倒角操作

05 执行“绘图>圆”命令，绘制半径为7的圆，如图261-5所示。命令行提示和操作内容如下：

```
命令：_circle
指定圆的圆心或[三点(3P)/两点(2P)/相切、相切、半径(T)]：_cen于 @0,0,-2 //指定距右侧底面圆心距离为2的点
指定圆的半径或[直径(D)]：7
```

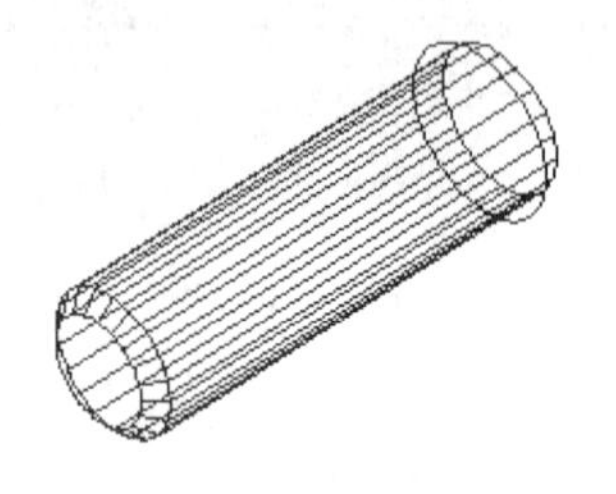

图261-5　绘制圆

06 执行“修改>三维操作>剖切”命令，将圆柱体沿刚绘制的圆面为切面进行剖切，结果如图261-6所示。命令行提示和操作内容如下：

```
命令：_slice
选择要剖切的对象：找到1个
选择要剖切的对象：
指定切面的起点或[平面对象(O)/曲面(S)/Z轴(Z)/视图(V)/XY(XY)/YZ(YZ)/ZX(ZX)/三点(3)] <三点>：3
指定平面上的第一个点：>>
正在恢复执行SLICE命令。
指定平面上的第一个点：
```

指定平面上的第二个点：

指定平面上的第三个点：

在所需的侧面上指定点或[保留两个侧面(B)]　<保留两个侧面>：

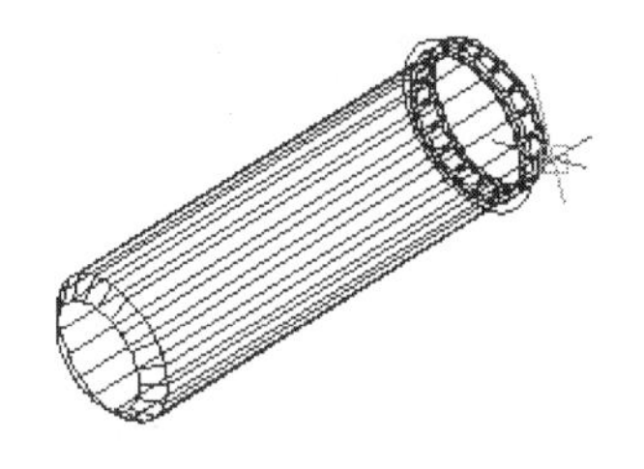

图261-6　剖切圆柱体

07 执行“三维工具>建模>球体”菜单命令，以距剖切面圆心距离为（@0,0,-11.8）的点为圆心，绘制半径为13.8的球，如图261-7所示。

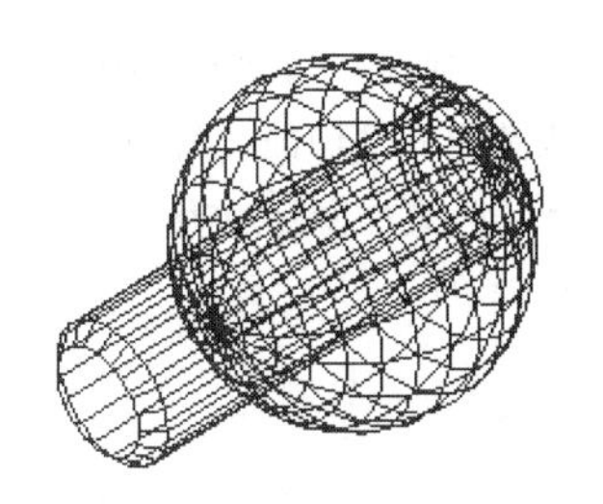

图261-7　绘制球体

08 执行“三维工具>实体编辑>交集”命令，计算剖切得到的短圆柱体与球体的交集，结果如图261-8所示。

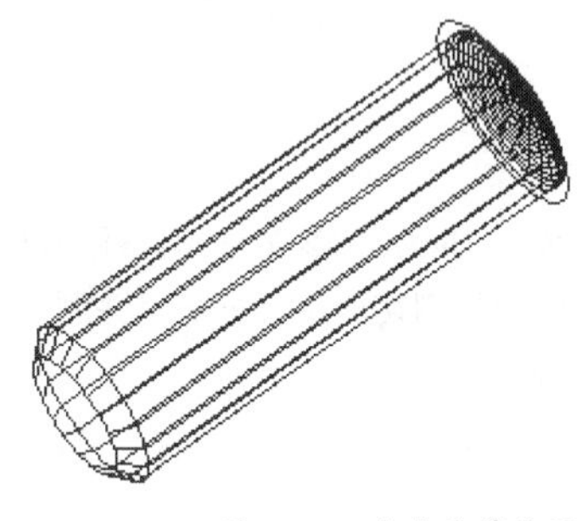

图261-8　交集计算结果

09 执行“三维工具>实体编辑>并集”命令，计算所有实体的并集，结果如图261-9所示。

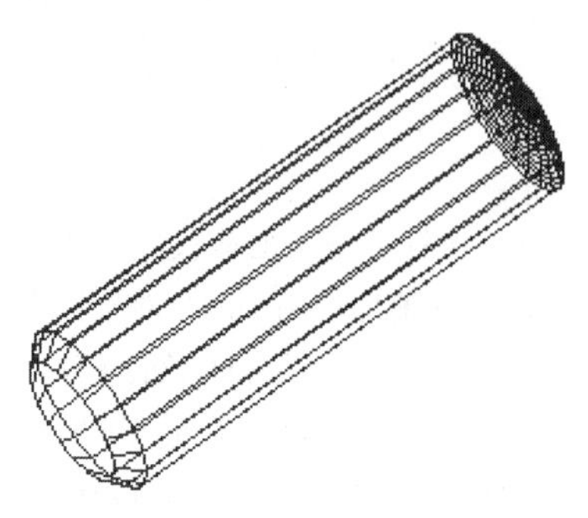

图261-9　并集计算结果

10 执行“视图>视觉样式—概念”命令，效果如图261-10所示。

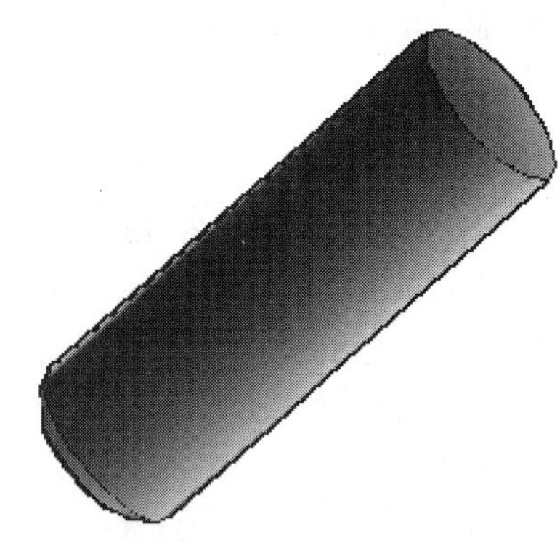

图261-10　概念视觉样式

11 执行“另存为”命令，将文件另存为“实战261.dwg”。

练习261　绘制零件轴

实战位置	DVD>练习文件>第11章>练习261.dwg
难易指数	★★★☆☆
技术掌握	巩固常用三维命令的使用方法

操作指南

参照“实战261”案例进行制作。

绘制二维图形，进行旋转以及三维实体编辑处理，得到如图261-11所示的图形。

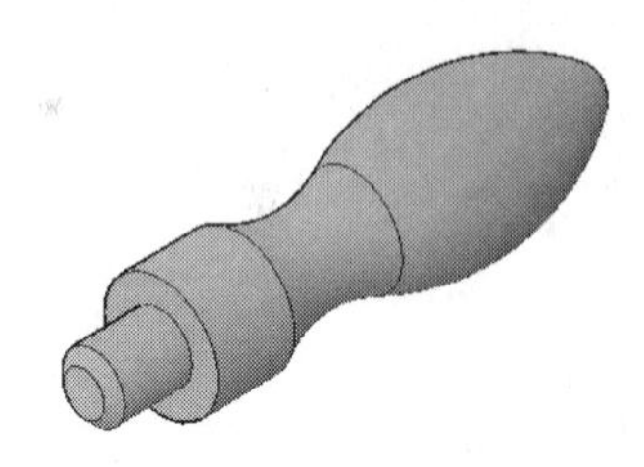

图261-11　绘制零件轴

实战262　绘制圆锥销实体模型

实战位置	DVD>实战文件>第11章>实战262.dwg
视频位置	DVD>多媒体教学>第11章>实战262.avi
难易指数	★★☆☆☆
技术掌握	掌握“圆台体”命令的使用方法

实战介绍

本例中介绍标准件中的圆锥销实体模型的绘制方法。主要介绍圆台体、球体和布尔运算等命令的使用方法。案例效果如图262-1所示。

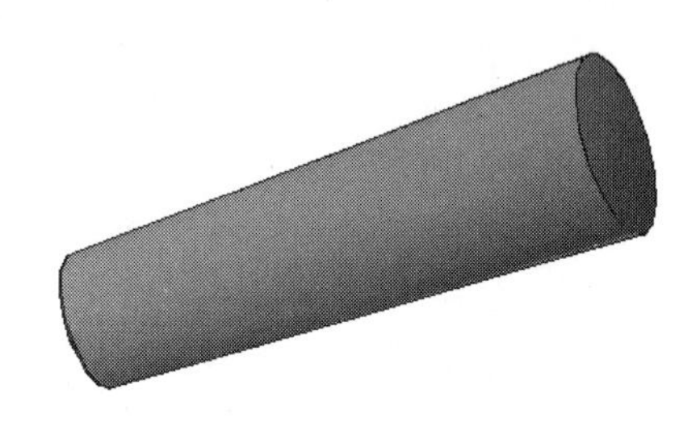

图262-1　最终效果

制作思路

• 首先绘制圆锥体，然后进行剖切处理，将图形剖切；最后执行“并集”命令，结合修改工具，完成图形的绘制。

制作流程

01 打开AutoCAD 2013，创建一个新的AutoCAD文件，文件名默认为“Drawing1.dwg”。

02 执行“三维工具>建模>圆锥体”菜单命令，绘制圆台体，西南等轴测视图结果如图262-2所示。命令行提示和操作内容如下：

```
命令: _cone
指定底面的中心点或[三点(3P)/两点(2P)/相切、相切、半径(T)/椭圆(E)]:左键单击指定任意一点
指定底面半径或[直径(D)] <5.0000>: 7
指定高度或[两点(2P)/轴端点(A)/顶面半径(T)] <-60.0000>: T
指定顶面半径 <5.0000>: 5
指定高度或[两点(2P)/轴端点(A)] <-60.0000>: 50
```

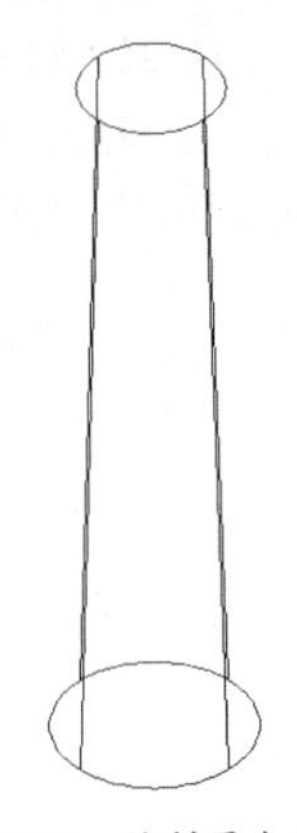
图262-2 绘制圆台体

03 执行“绘图>圆”命令，分别在两端距底面圆心距离为1.2的位置为圆心，绘制两个半径为8的圆，结果如图262-3所示。

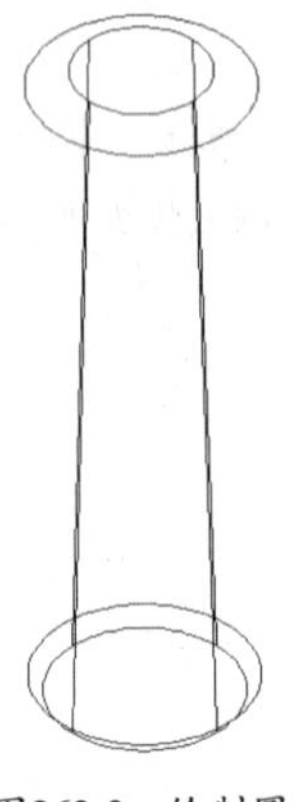
图262-3 绘制圆

04 执行“视图>动态观察—自由动态观察”命令，改变视图方向，结果如图262-4所示。

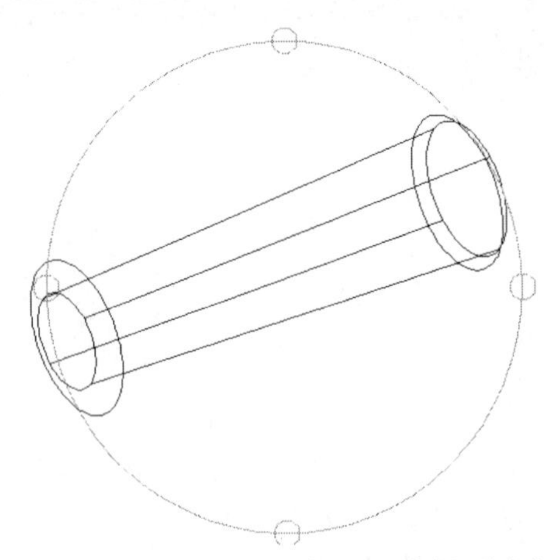
图262-4 改变视图方向

05 执行“修改>三维操作>剖切”命令，将圆台体以左侧圆面为剖切面，将圆台分割为大小两部分，并删除辅助圆，效果如图262-5所示。

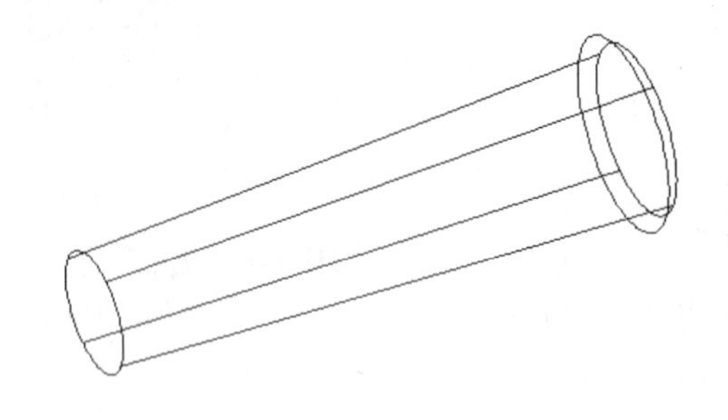
图262-5 剖切效果

06 执行“修改>三维操作>剖切”命令，将圆台以右侧圆面为剖切面进行分割，并删除辅助圆，效果如图262-6所示。

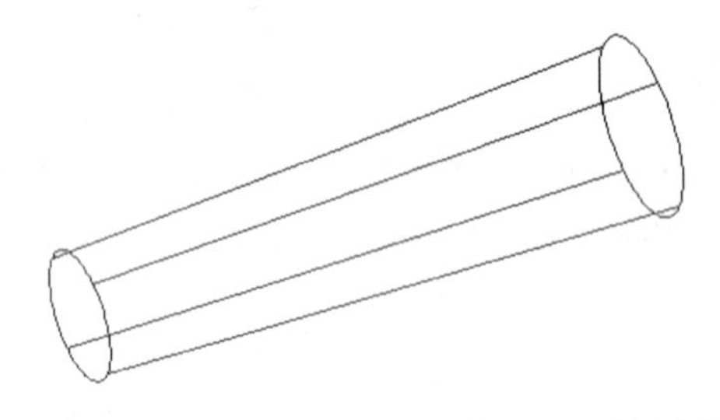
图262-6 剖切效果

07 执行“三维工具>建模>球体”菜单命令，以相对于圆台最左侧底面圆心的相对坐标为（0,0,-11.02）的点为圆心，绘制一个半径为11.02的球体，如图262-7所示。

08 执行“三维工具>建模>球体”菜单命令，以相对于圆台最右侧底面圆心的相对坐标为（0,0,-21.02）的点为圆心，绘制一个半径为21.02的球体，如图262-8所示。

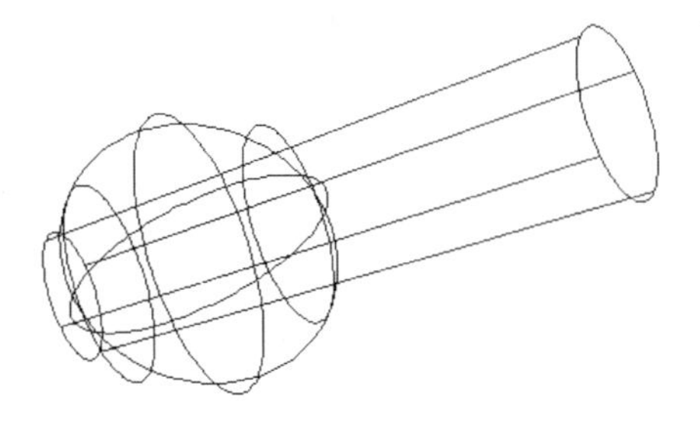

图262-7　绘制球体

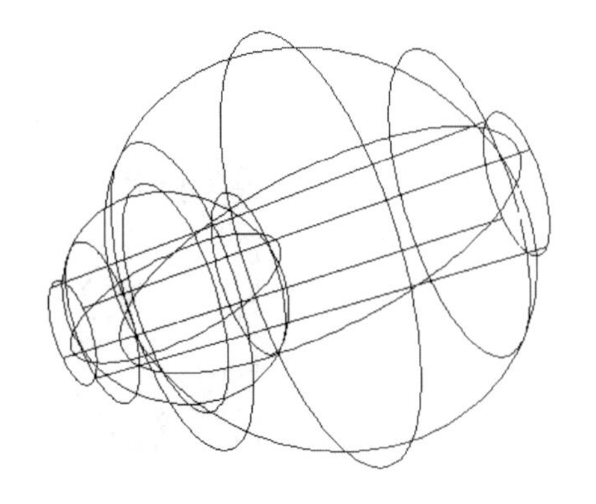

图262-8　绘制R21.02的球体

09 执行“三维工具>实体编辑>并集”命令，计算两个球体的并集，结果如图262-9所示。

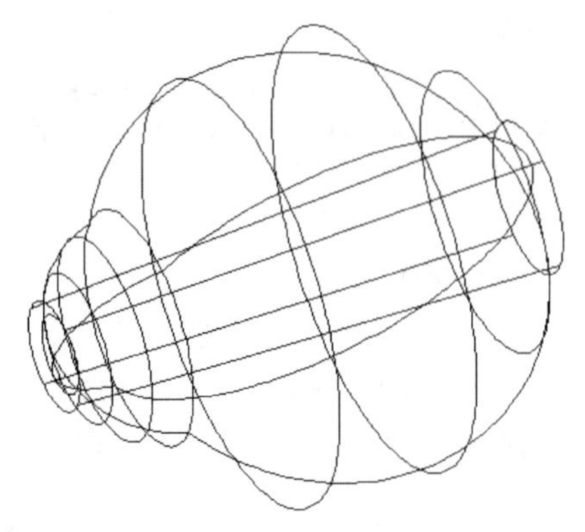

图262-9　计算并集结果

10 执行“三维工具>实体编辑>交集”命令，计算两个实体的交集，结果如图262-10所示。

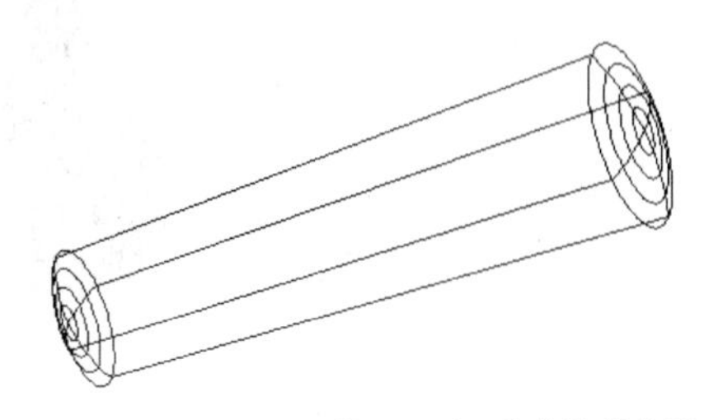

图262-10　并集计算结果

11 执行“视图>视觉样式—概念”命令，效果如图262-11所示。

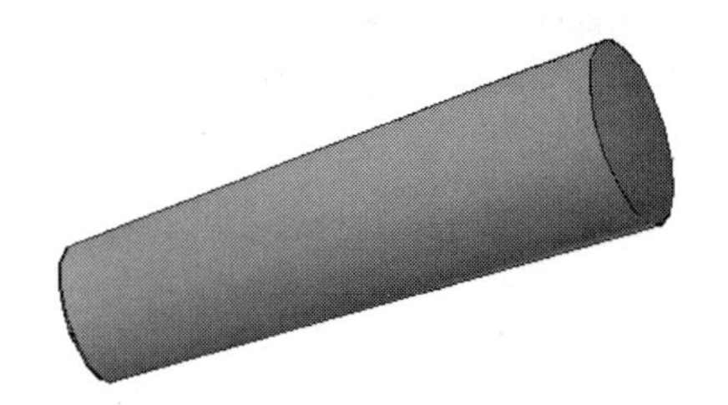

图262-11　概念视觉样式

12 执行“另存为”命令，将文件另存为“实战262.dwg”。

练习262　绘制圆锥销实体模型

实战位置	DVD>练习文件>第11章>练习262.dwg
难易指数	★★☆☆☆
技术掌握	巩固“圆台体”命令的使用方法

操作指南

参照“实战262”案例进行制作。

利用本例所学的知识点，绘制如图262-12所示的图形。

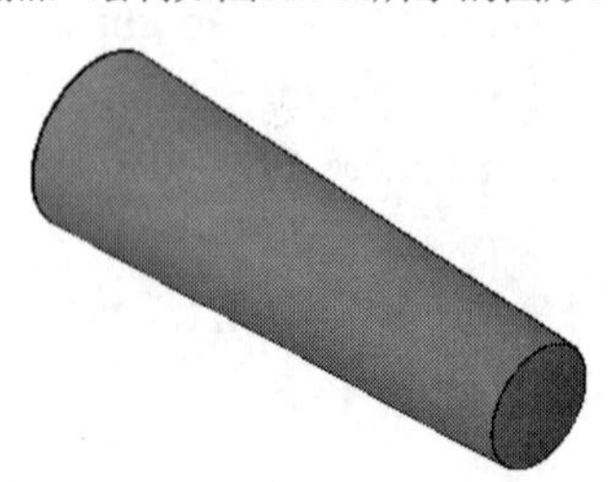

图262-12　绘制新的圆锥销实体模型

实战263　绘制垫圈实体模型

实战位置	DVD>实战文件>第11章>实战263.dwg
视频位置	DVD>多媒体教学>第11章>实战263.avi
难易指数	★☆☆☆☆
技术掌握	掌握绘制垫圈实体模型的方法

实战介绍

可以通过三维编辑命令通过二维图形对象得到三维实体，在本例中介绍使用拉伸命令从二维矩形得到三维实体的方法，案例效果如图263-1所示。

图263-1　最终效果

制作思路

• 首先打开AutoCAD 2013，然后进入操作环境，利用圆、面域、布尔运算、拉伸等命令，做出如图263-1所示的图形。

制作流程

01 打开AutoCAD 2013，创建一个新的AutoCAD文件，

文件名默认为“Drawing1.dwg”。

02 执行“绘图>圆”命令，绘制半径为16.5和32的同心圆，结果如图263-2所示。

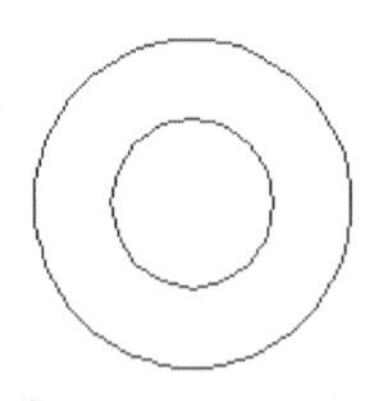

图263-2 绘制同心圆

03 执行“三维工具>建模>拉伸”菜单命令，将同心圆均拉伸3.5，西南等轴测方向观察结果如图263-3所示。

```
命令: isolines
输入ISOLINES的新值 <4>: 32
命令: _extrude
当前线框密度:  ISOLINES=32
选择要拉伸的对象: 找到1个
选择要拉伸的对象: 找到1个，总计2个
选择要拉伸的对象:
指定拉伸的高度或[方向(D)/路径(P)/倾斜角(T)]
<0.0000>: 3.5
```

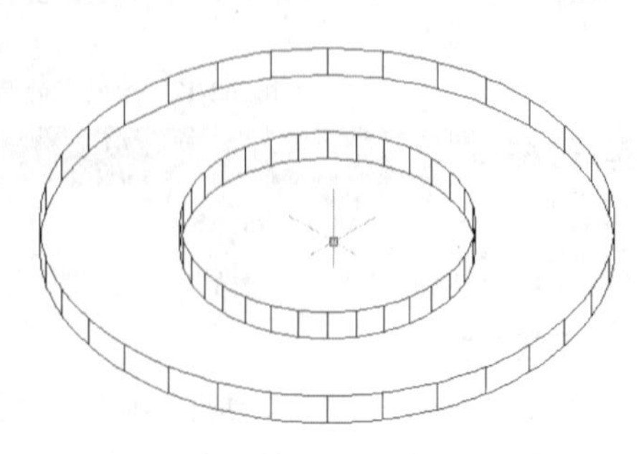

图263-3 拉伸效果

04 执行“三维工具>实体编辑>差集”菜单命令，计算两个圆柱体的差集，结果如图263-4所示。命令行提示和操作内容如下：

```
命令: _subtract选择要从中减去的实体或面域...
选择对象: 找到1个  //选择半径为32的圆柱体
选择对象:
选择要减去的实体或面域 ..
选择对象: 找到1个  //选择半径为16.5的圆柱体
```

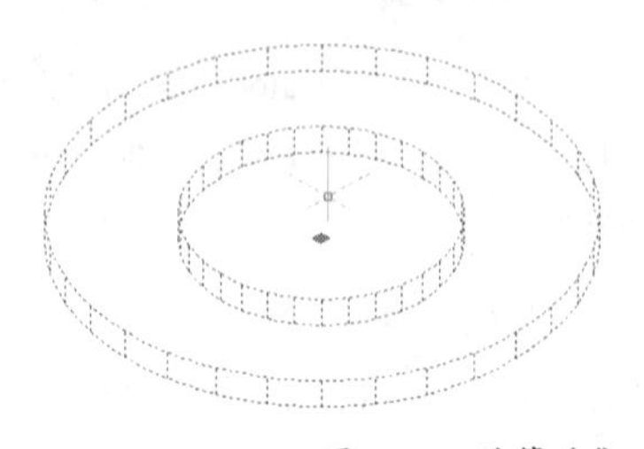

图263-4 计算差集

05 执行“视图>视觉样式>隐藏”命令，效果如图263-5所示。

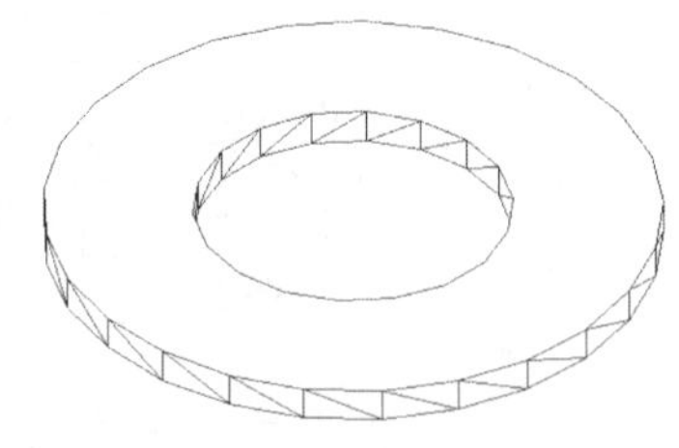

图263-5 隐藏效果

06 执行“视图>视觉样式—真实”命令，显示视觉样式如图263-6所示。

图263-6 真实视觉样式

07 执行“另存为”命令，将文件另存为“实战263.dwg”。

技巧与提示

在本例中通过介绍绘制垫圈的方法，介绍了拉伸、差集、材质等命令的使用方法。

练习263 绘制零件图

实战位置	DVD>练习文件>第11章>练习263.dwg
难易指数	★☆☆☆☆
技术掌握	巩固创建实体模型的方法

操作指南

参照“实战263”案例进行制作。

首先打开场景文件，然后进入操作环境，使用圆、面域、拉伸、差集等工具，做出如图263-7所示的三维实体。

图263-7 绘制零件图

实战264 绘制螺母实体模型

实战位置	DVD>实战文件>第11章>实战264.dwg
视频位置	DVD>多媒体教学>第11章>实战264.avi
难易指数	★☆☆☆☆
技术掌握	掌握绘制螺母实体模型的方法

实战介绍

本例中将使用圆柱体、正多边形、拉伸、圆角、布尔运算、面域、三维矩形阵列和旋转等工具绘制得到螺母实体模型，案例效果如图264-1所示。

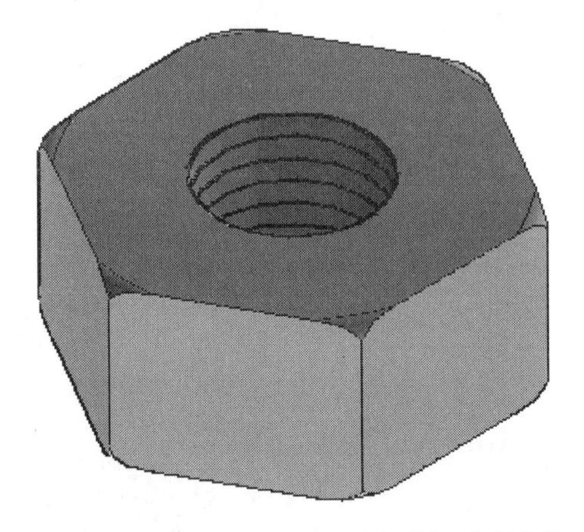

图264-1　最终效果

制作思路

• 首先打开AutoCAD 2013，然后进入操作环境，使用圆柱体、正多边形、拉伸、圆角、布尔运算、面域、三维矩形阵列和旋转等工具，做出如图264-1所示的图形。

制作流程

01 打开AutoCAD 2013，创建一个新的AutoCAD文件，文件名默认为“Drawing1.dwg”。执行“视图>三维视图>西南等轴测”命令，改变视图方向。

02 执行“三维工具>建模>圆柱体”菜单命令，绘制底面半径为20，高度为16的圆柱体，如图264-2所示。

```
命令: isolines
输入ISOLINES的新值 <4>: 16
命令: _cylinder
指定底面的中心点或[三点(3P)/两点(2P)/相切、相切、半径(T)/椭圆(E)]: 200,200
指定底面半径或[直径(D)]: 20
指定高度或[两点(2P)/轴端点(A)] <14.0000>: 16
```

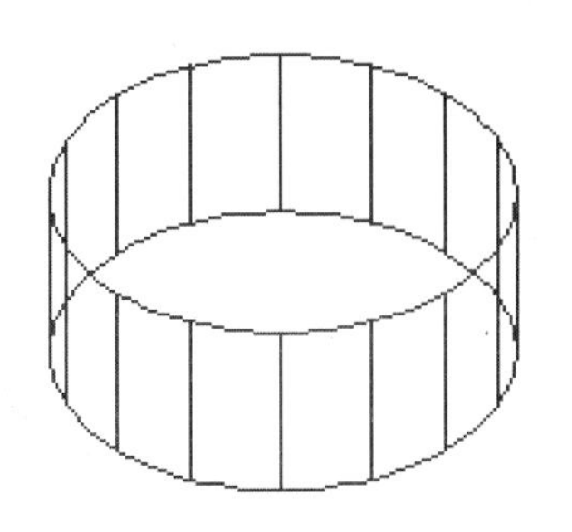

图264-2　绘制圆柱体

03 执行“修改>圆角”命令，对圆柱体上下底面进行半径为1.5的倒圆角，效果如图264-3所示。

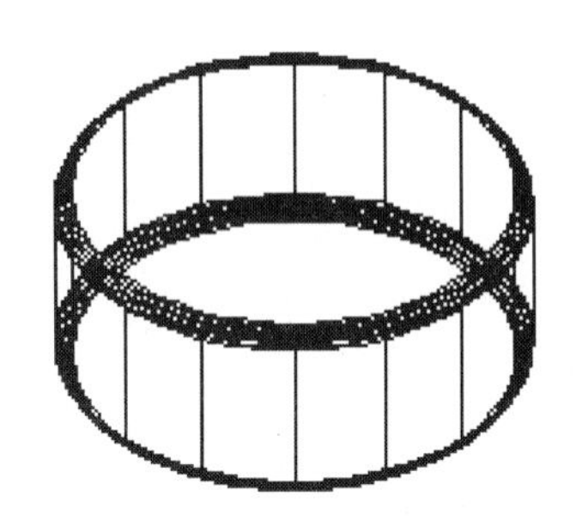

图264-3　绘制倒圆角

04 执行“绘图>正多边形”命令，绘制正六边形，如图264-4所示。

图264-4　绘制正六边形

05 执行“三维工具>建模>拉伸”菜单命令，将正六边形向上拉伸16，如图264-5所示。

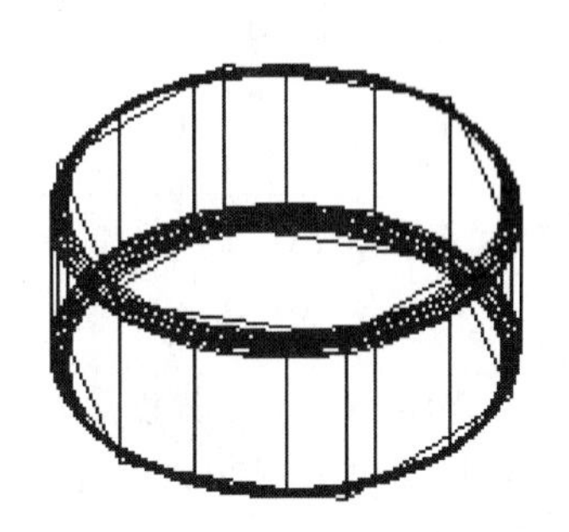

图264-5　拉伸正六边形

06 执行“三维工具>实体编辑>并集”菜单命令，求圆柱体和正六棱柱体的交集，如图264-6所示。

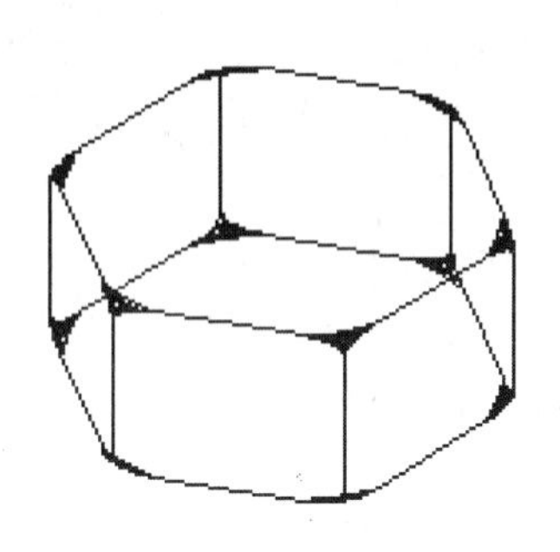

图264-6　计算交集

07 执行“视图>三维视图>前视”命令，将图形的视图方向改变，效果如图264-7所示。

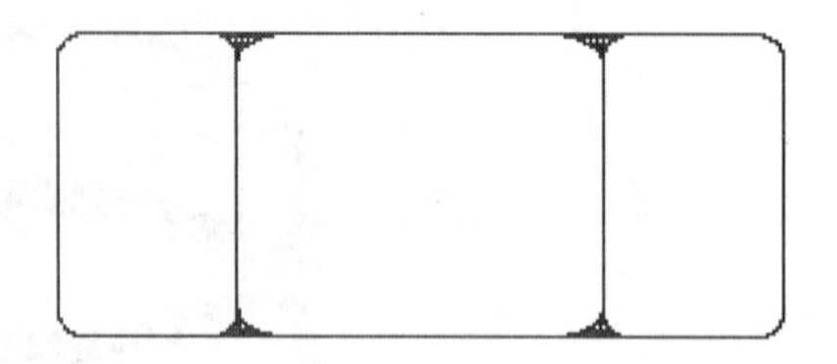

图264-7　前视图方向视图

08 执行“绘图>多段线”命令，绘制多段线表示螺纹，如图264-8所示。

```
命令: _pline
指定起点:
当前线宽为0.0000
指定下一个点或[圆弧(A)/半宽(H)/长度(L)/放弃(U)/宽度(W)]: @2<-30
指定下一点或[圆弧(A)/闭合(C)/半宽(H)/长度(L)/放弃(U)/宽度(W)]: @2<-150
指定下一点或[圆弧(A)/闭合(C)/半宽(H)/长度(L)/放弃(U)/宽度(W)]:
```

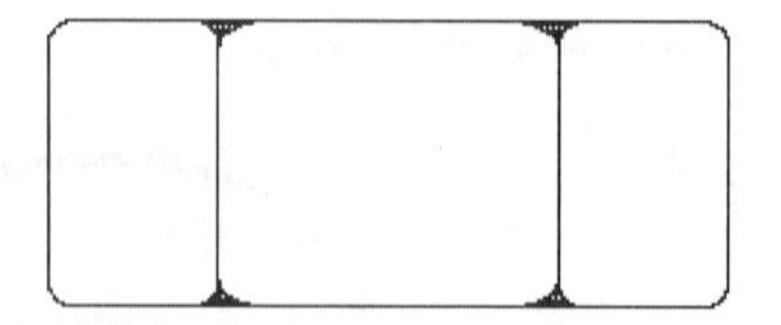

图264-8　绘制多段线螺纹

09 执行“修改>三维操作>三维阵列”命令，将多段线阵列，结果如图264-9所示。命令行提示和操作内容如下：

```
命令: _3darray
正在初始化...  已加载3DARRAY。
选择对象: 找到1个
选择对象:
输入阵列类型[矩形(R)/环形(P)] <矩形>:R
输入行数 (---) <1>: 15
输入列数 (|||) <1>:
输入层数 (...) <1>:
指定行间距 (---): 0
值必须为 非零。
指定行间距 (---): 2
```

图264-9　三维阵列效果

10 执行“绘图>多段线”命令，绘制多段线，结果如图264-10所示。命令行提示如下：

```
命令: _pline
指定起点:
正在恢复执行PLINE命令。
指定起点:  //捕捉上端点
当前线宽为0.0000
指定下一个点或[圆弧(A)/半宽(H)/长度(L)/放弃(U)/宽度(W)]: 8  //指定向左的水平距离
指定下一点或[圆弧(A)/闭合(C)/半宽(H)/长度(L)/放弃(U)/宽度(W)]:  <正交 开> 30  //指定向下的垂直距离
指定下一点或[圆弧(A)/闭合(C)/半宽(H)/长度(L)/放弃(U)/宽度(W)]:  //捕捉下端点
指定下一点或[圆弧(A)/闭合(C)/半宽(H)/长度(L)/放弃(U)/宽度(W)]:
```

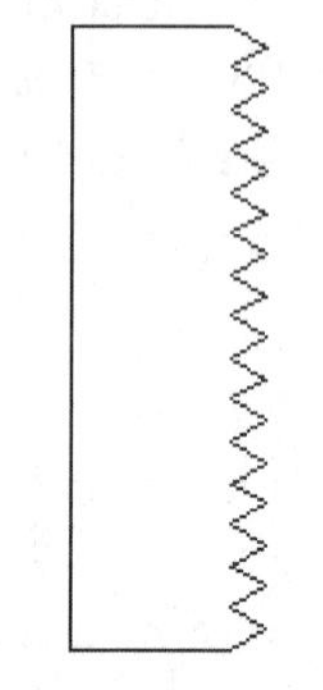

图264-10　绘制多段线

11 执行“绘图>面域”命令，将刚绘制的多段线转换为一个面域，结果如图264-11所示。

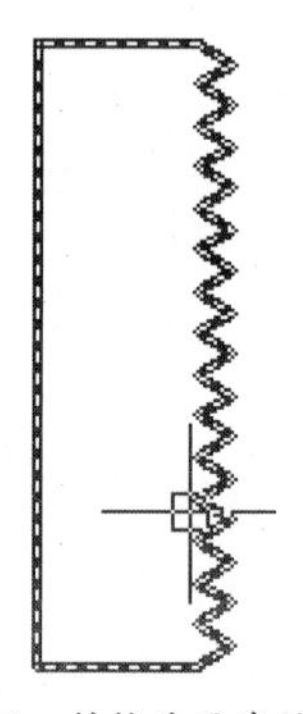

图264-11　转换为面域效果

12 执行“三维工具>建模>旋转”命令，将图形进行360°旋转，结果如图264-12所示。

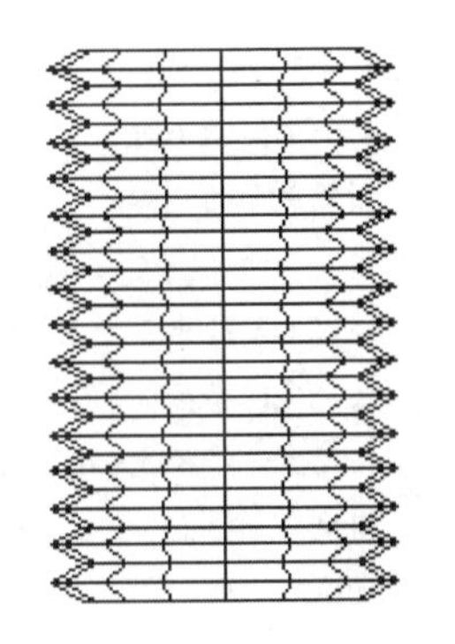

图264-12　旋转结果

13 执行“修改>移动”命令，将旋转螺纹移动到圆柱交集的中心位置，结果如图264-13所示。

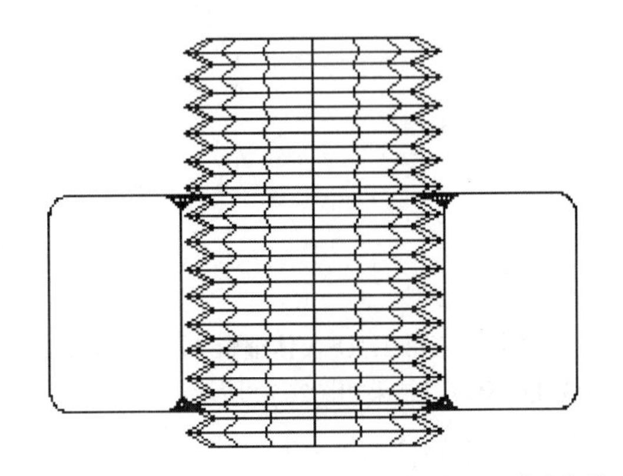

图264-13　移动结果

14 执行“三维工具>实体编辑>差集”菜单命令，计算圆柱体与旋转螺纹的差集，结果如图264-14所示。

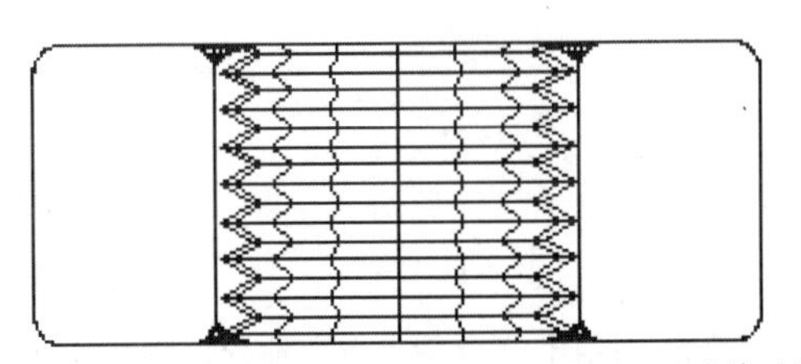

图264-14　计算差集

15 执行“视图>三维视图>西南等轴测”命令，将视图方向仍然修改为西南等轴测图，结果如图264-15所示。

16 执行“视图>视觉样式—灰度”命令，改变视图样式，结果如图264-16所示。

17 执行“另存为”命令，将文件另存为“实战264.dwg”。

技巧与提示

在本例中利用圆柱体、正多边形、拉伸、圆角、布尔运算、面域、三维阵列和旋转等命令绘制得到了如图264-16所示的螺母实体模型。在这里主要学习使用面域、三维阵列和布尔运算命令的使用方法。

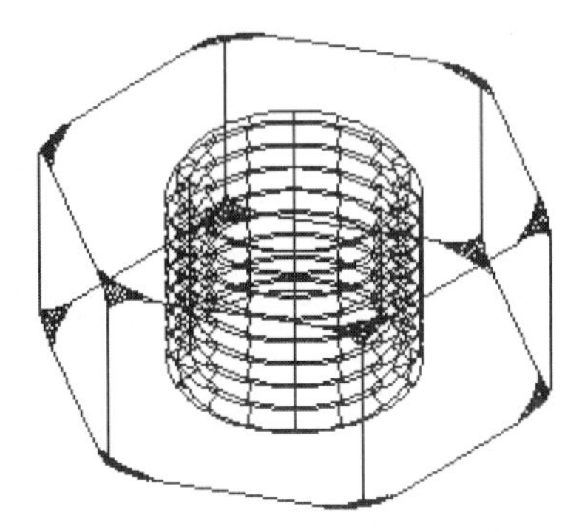

图264-15　西南等轴测视图

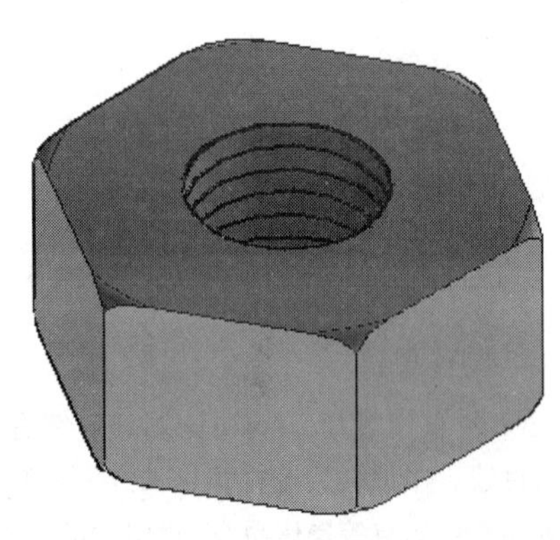

图264-16　灰度视觉效果

练习264　绘制零件图

实战位置	DVD>练习文件>第11章>练习264.dwg
难易指数	★☆☆☆☆
技术掌握	巩固建模方法

操作指南

参照“实战264”案例进行制作。

首先打开场景文件，然后进入操作环境，利用圆柱体、正多边形、拉伸、圆角、布尔运算、面域、和旋转等命令，做出如图264-17所示的三维实体。

图264-17　绘制零件图2

实战265　绘制六角头螺栓实体模型

实战位置	DVD>实战文件>第11章>实战265.dwg
视频位置	DVD>多媒体教学>第11章>实战265.avi
难易指数	★☆☆☆☆
技术掌握	掌握绘制六角头螺栓实体模型的方法

实战介绍

本例中介绍标准件六角头螺栓的实体模型的绘制方

法，主要是六棱柱和螺纹杆的绘制方法，案例效果如图265-1所示。

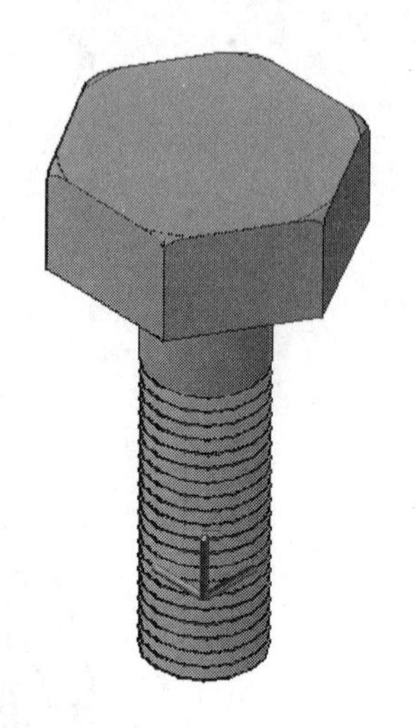

图265-1　最终效果

制作思路

• 首先打开AutoCAD 2013，然后进入操作环境，利用直线、多段线、圆柱体、长方体、偏移、旋转、三维阵列和布尔运算等操作命令，做出如图265-1所示的图形。

制作流程

01 打开AutoCAD 2013，创建一个新的AutoCAD文件，文件名默认为“Drawing1.dwg”。

02 执行“三维工具>建模>圆柱体”菜单命令，绘制底面半径为20，高度为14的圆柱体，结果如图265-2所示。

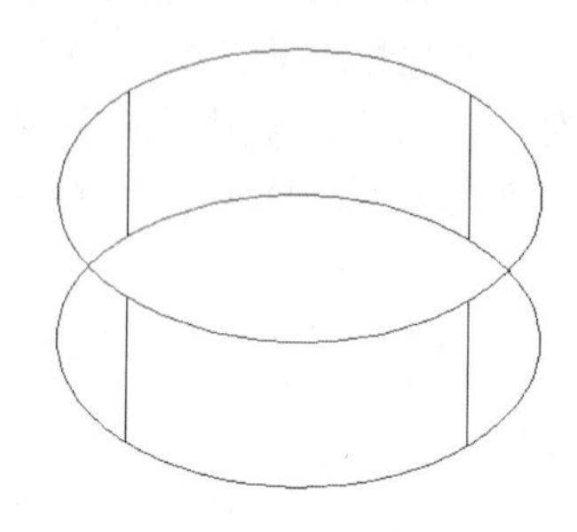

图265-2　绘制圆柱体

03 执行“修改>圆角”菜单命令，绘制半径为1.5的圆角，结果如图265-3所示。

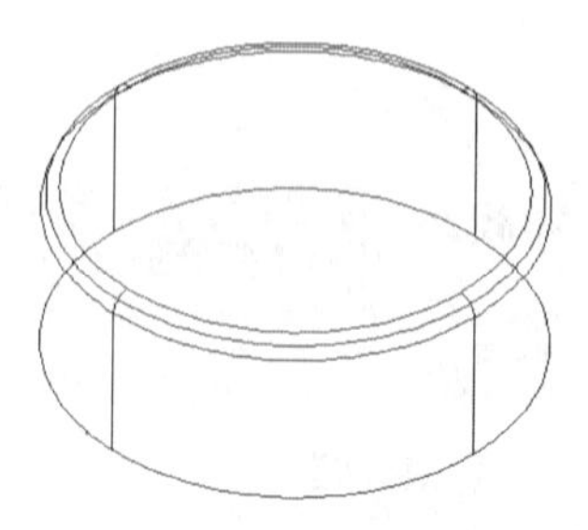

图265-3　倒圆角结果

04 执行“三维工具>建模>棱锥体”菜单命令，绘制六棱柱，结果如图265-4所示。命令行提示和操作内容如下：

```
命令：_PYRAMID
4个侧面　外切
指定底面的中心点或[边(E)/侧面(S)]: S
输入侧面数 <4>: 6
指定底面的中心点或[边(E)/侧面(S)]:
指定底面半径或[内接(I)] <20.0000>: I
指定底面半径或[外切(C)] <20.0000>:
指定高度或[两点(2P)/轴端点(A)/顶面半径(T)] <14.0000>: T
指定顶面半径 <0.0000>:  <正交 开> 20
指定高度或[两点(2P)/轴端点(A)] <14.0000>:
```

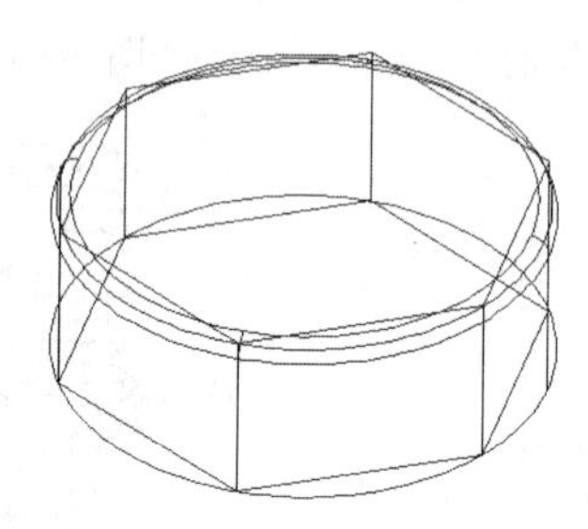

图265-4　绘制六棱柱

05 执行“三维工具>实体编辑>交集”命令，计算圆柱与棱柱的交集，结果如图265-5所示。

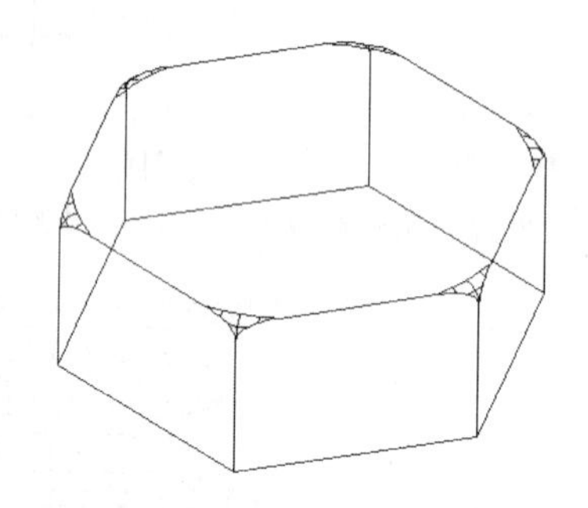

图265-5　计算交集

06 执行“绘图>多段线”菜单命令，绘制多段线表示螺纹，如图265-6所示。命令行提示和操作内容如下：

```
命令：_3DPOLY
3DPOLY指定多段线的起点： 指定一个任意起点
3DPOLY指定直线的端点或[放弃(U)]: 1,0,1
3DPOLY指定直线的端点或[放弃(U)]:  -1,0,1
```

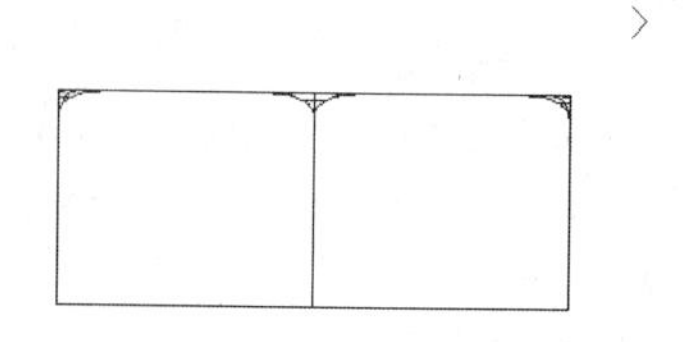

图265-6　绘制多段线

07 执行“修改>合并”菜单命令，将多段线合并。执行“修改>三维操作>三维阵列”命令，将多段线阵列，结果如图265-7所示。命令行提示和操作内容如下：

```
命令： _3darray
正在初始化...  已加载3DARRAY。
选择对象： 找到1个
输入阵列类型[矩形(R)/环形(P)] <矩形>:R
输入行数 (---) <1>: 1
输入列数 (|||) <1>:1
输入层数 (...) <1>:20
指定行间距 (---): 2
```

图265-7　三维阵列效果

08 执行“绘图>直线”菜单命令，绘制直线，如图265-8所示。

```
命令： _LINE指定第一点：
指定下一点或[放弃(U)]： 8,0,0
指定下一点或[放弃(U)]： 0,0,70
指定下一点或[放弃(U)]： -8,0,0
指定下一点或[闭合(C)/放弃(U)]：   单击选择螺纹的上端点
```

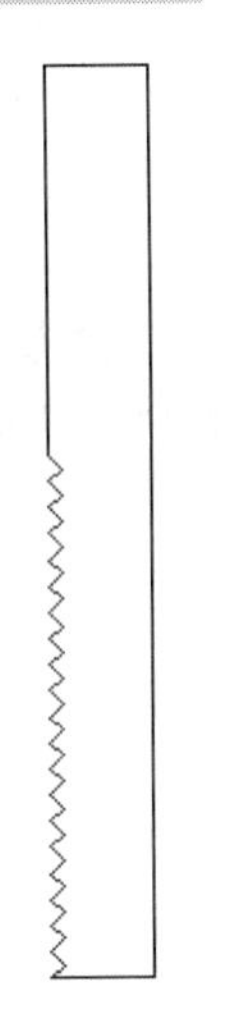

图265-8　绘制直线

09 执行“绘图>面域”菜单命令，将刚绘制的多段线转换为一个面域，结果如图265-9所示。

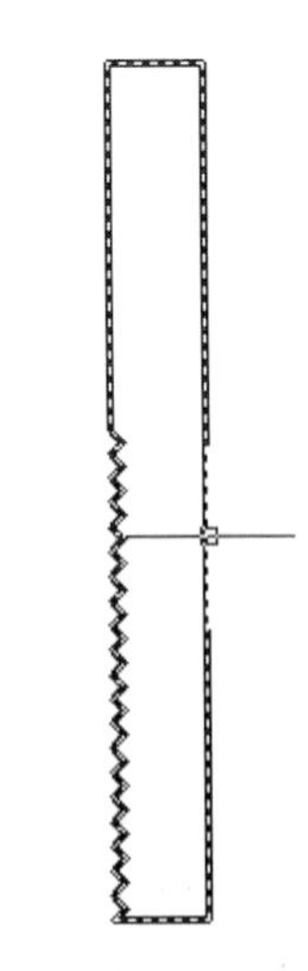

图265-9　形成面域

10 执行“三维工具>建模>旋转”命令，将图形进行360°旋转，结果如图265-10所示。

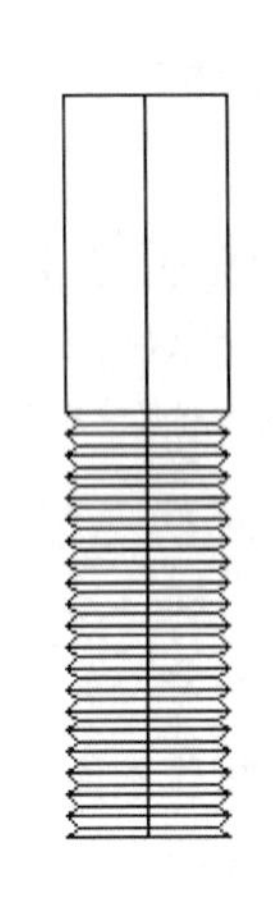

图265-10　旋转结果

11 执行“修改>移动”命令，将旋转得到的螺杆移动到螺栓头的下方适当位置，如图265-11所示。

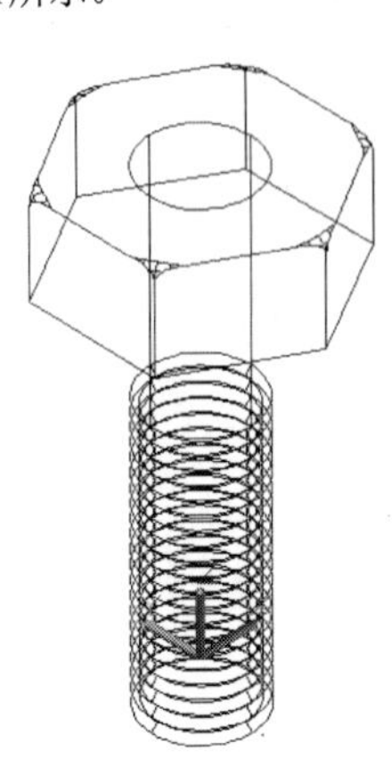

图265-11　移动位置

12 执行“三维工具>实体编辑>并集”菜单命令，计算两个实体的并集，并对其进行隐藏，结果如图265-12所示。

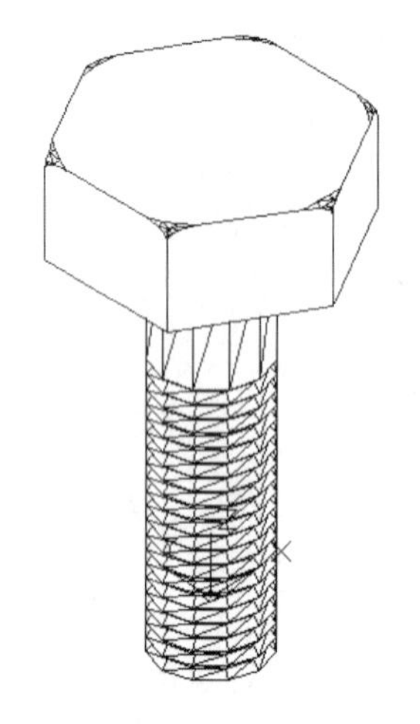

图265-12 隐藏结果

13 执行“视图>视觉样式—概念”命令，效果如图265-1所示。

14 执行“另存为”命令，将文件另存为“实战265.dwg”。

技巧与提示 

在本例中通过圆柱体、棱锥面、圆角、面域、旋转、三维阵列、移动和布尔运算等命令得到了六角头螺栓的实体模型。

练习265 绘制六角头螺栓实体模型

实战位置	DVD>练习文件>第11章>练习265.dwg
难易指数	★☆☆☆☆
技术掌握	巩固建模方法

操作指南

参照“实战265”案例进行制作。

首先打开场景文件，然后进入操作环境，利用直线、多段线、圆柱体、长方体、偏移、旋转、三维阵列和布尔运算等操作命令，作出如图265-13所示的三维实体。

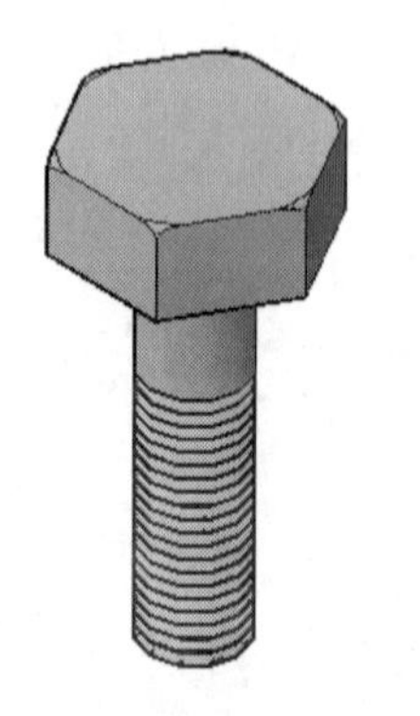

图265-13 绘制六角头螺栓实体模型

实战266 绘制开槽圆柱头螺钉实体模型

实战位置	DVD>实战文件>第11章>实战266.dwg
视频位置	DVD>多媒体教学>第11章>实战266.avi
难易指数	★☆☆☆☆
技术掌握	掌握绘制开槽圆柱头螺钉实体模型的方法

实战介绍

本例介绍标准件中的开槽圆柱头螺钉的实体模型的绘制方法，案例效果如图266-1所示。

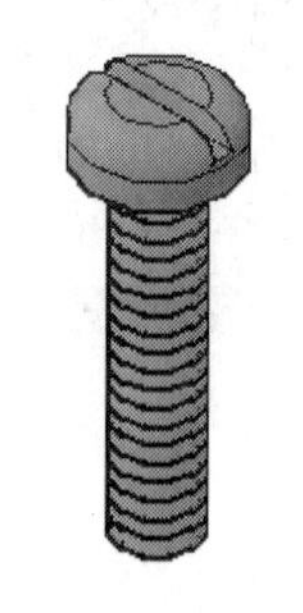

图266-1 最终效果

制作思路

• 首先打开AutoCAD 2013，然后进入操作环境，绘制长方体，利用多段线、三维阵列、直线和面域命令绘制螺纹的基本线条，更改视图样式，做出如图266-1所示的图形。

制作流程

01 打开AutoCAD 2013，创建一个新的AutoCAD文件，文件名默认为“Drawing1.dwg”。

02 执行“三维工具>建模>圆柱体”菜单命令，绘制底面直径为8.5，高度为3.3的圆柱体，结果如图266-2所示。

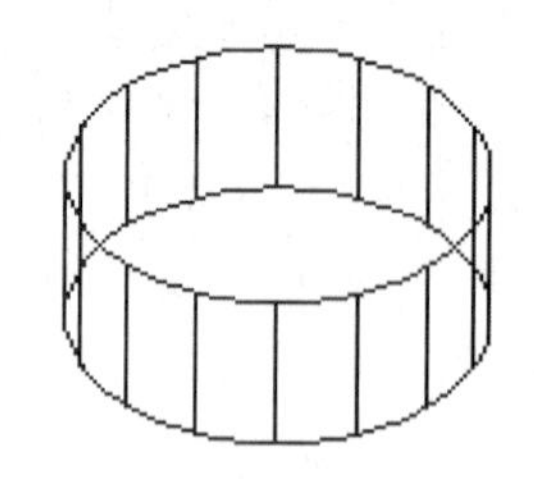

图266-2 绘制圆柱体

03 执行“绘图>直线”命令，利用象限点捕捉，绘制圆柱顶面的直径线，如图266-3所示。

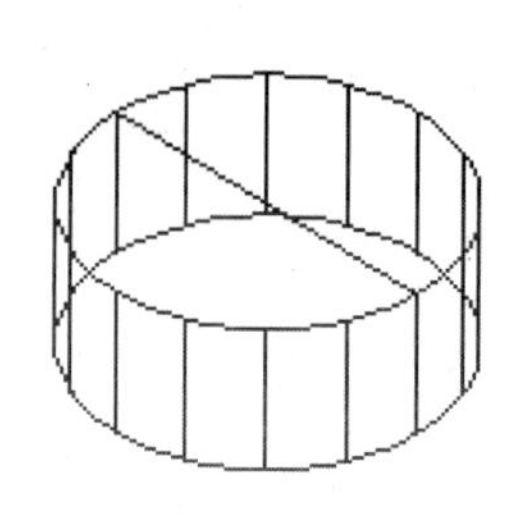

图266-3 绘制直线

04 执行“修改>偏移”命令，将刚绘制的直线进行偏移，结果如图266-4所示。

```
命令: _offset
当前设置: 删除源=否  图层=源  OFFSETGAPTYPE=0
指定偏移距离或[通过(T)/删除(E)/图层(L)] <通过>:
0.6
选择要偏移的对象，或[退出(E)/放弃(U)] <退出>:
//选中刚绘制的直线
指定要偏移的那一侧上的点，或[退出(E)/多个(M)/放弃
(U)] <退出>: //单击直线的左侧位置
选择要偏移的对象，或[退出(E)/放弃(U)] <退出>:
//选中绘制的直线
指定要偏移的那一侧上的点，或[退出(E)/多个(M)/放弃
(U)] <退出>: //单击直线的右侧位置
选择要偏移的对象，或[退出(E)/放弃(U)] <退出>:
```

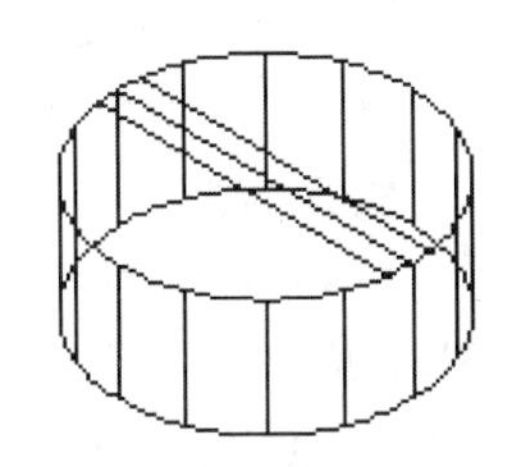

图266-4　偏移直线效果

05 执行“修改>圆角”命令，对圆柱体顶面进行半径为1.5的倒圆角操作，结果如图266-5所示。

图266-5　倒圆角操作

06 执行“三维工具>建模>长方体”菜单命令，以偏移直线的端点为长方体的角点，绘制高度为-1.3的长方体，结果如图266-6所示。

图266-6　绘制长方体

07 执行“三维工具>实体编辑>差集”命令，计算圆柱体与长方体的差集，结果如图266-7所示。

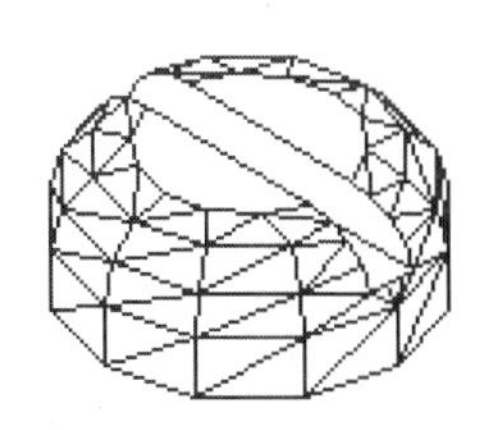

图266-7　计算差集

08 利用多段线、三维阵列、直线和面域命令，得到螺纹的基本线条，如图266-8所示。命令行提示如下：

```
命令: _pline
指定起点:
当前线宽为0.0000
指定下一个点或[圆弧(A)/半宽(H)/长度(L)/放弃(U)/
宽度(W)]: <正交 关> @1<-30
指定下一点或[圆弧(A)/闭合(C)/半宽(H)/长度(L)/放
弃(U)/宽度(W)]: @1<-150
指定下一点或[圆弧(A)/闭合(C)/半宽(H)/长度(L)/放
弃(U)/宽度(W)]:
命令: _3darray
选择对象: 找到1个
选择对象:
输入阵列类型[矩形(R)/环形(P)] <矩形>:R
输入行数 (---) <1>: 20
输入列数 (|||) <1>:
输入层数 (...) <1>:
指定行间距 (---): 1
命令: _line指定第一点:
指定下一点或[放弃(U)]: 2.3
指定下一点或[放弃(U)]: 20
指定下一点或[闭合(C)/放弃(U)]:
指定下一点或[闭合(C)/放弃(U)]:
命令: _region
选择对象: 指定对角点: 找到23个
选择对象:
已提取1个环。
已创建1个面域。
```

图266-8　螺纹基本线条

09 执行“三维工具>建模>旋转”命令，将上部得到的面域旋转，结果如图266-9所示。

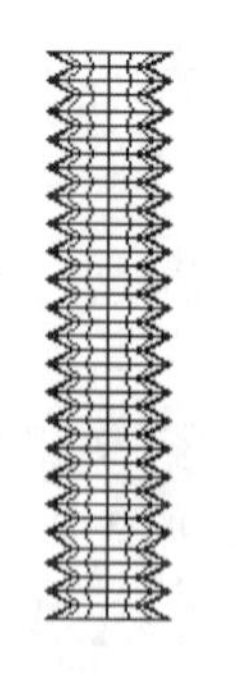

图266-9　旋转结果

10 将旋转螺纹移动到适当位置，执行“三维工具>实体编辑>并集”命令，隐藏结果如图266-10所示。

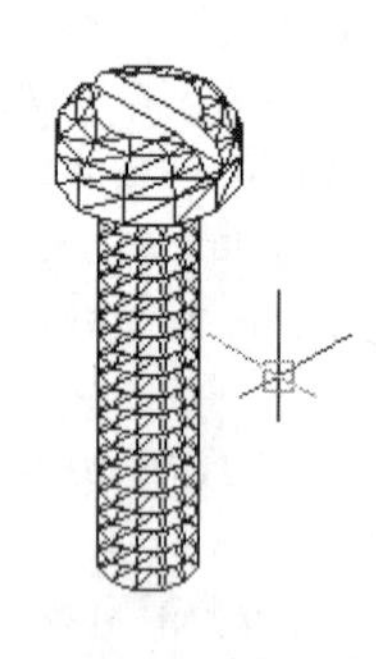

图266-10　并集运算

11 执行“视图>视觉样式—概念”命令，效果如图266-11所示。

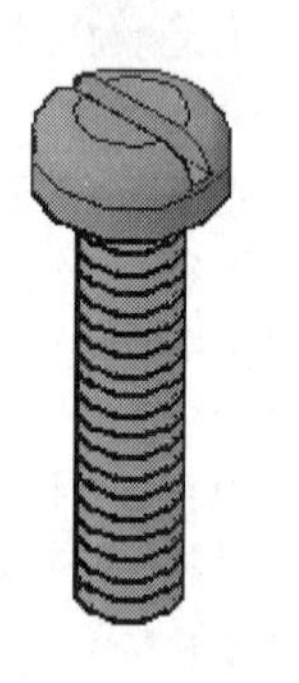

图266-11　改变视觉样式

12 执行“另存为”命令，将文件另存为“实战238.dwg”。

技巧与提示

在本例中使用直线、多段线、圆柱体、长方体、偏移、旋转、三维阵列和布尔运算等操作命令，得到了开槽圆柱头螺钉的实体模型。

练习266　绘制十字圆柱头螺钉实体

实战位置　DVD>练习文件>第11章>练习266.dwg
难易指数　★☆☆☆☆
技术掌握　巩固建模方法

操作指南

参照“实战266”案例进行制作。

首先打开场景文件，然后进入操作环境，利用直线、多段线、圆柱体、长方体、偏移、旋转、三维阵列和布尔运算等操作命令，做出如图266-12所示的三维实体。

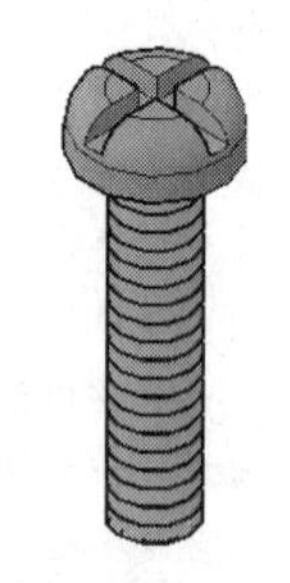

图266-12　绘制十字圆柱头螺钉实体

实战267　绘制珠环实体模型

实战位置　DVD>实战文件>第11章>实战267.dwg
视频位置　DVD>多媒体教学>第11章>实战267.avi
难易指数　★☆☆☆☆
技术掌握　掌握绘制珠环实体模型的方法

实战介绍

在AutoCAD 2013中，系统定义了若干种三维实体，可以直接引用来绘制简单的三维实体模型，包括多段体、长方体、楔体、圆锥体、球体、圆柱体、圆环体和棱锥面。本例中介绍根据已定义好的实体来绘制三维实体模型，案例效果如图267-1所示。

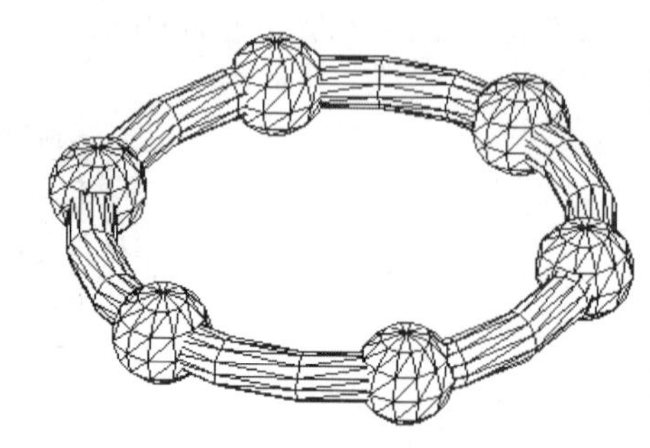

图267-1　最终效果

制作思路

• 首先打开AutoCAD 2013，然后进入操作环境，利用建模>圆环体>球体>阵列等命令编辑出如图267-1所示的图形。

制作流程

01 打开AutoCAD 2013，创建一个新的AutoCAD文件，文件名默认为“Drawing1.dwg”。

02 输入ISOLINES命令，修改线框密度为16，命令行提示如下：

```
命令: isolines
输入ISOLINES的新值 <4>: 16
```

03 执行“三维工具>建模>圆环体”命令，绘制圆环体，结果如图267-2所示。命令行提示和操作内容如下：

```
命令：_torus
指定中心点或[三点(3P)/两点(2P)/相切、相切、半径(T)]: 500,500
指定半径或[直径(D)] <100.0000>: 150
指定圆管半径或[两点(2P)/直径(D)] <50.0000>: 15
```

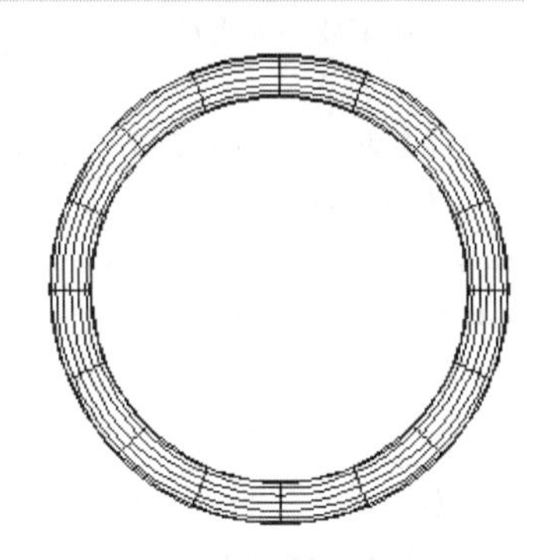

图267-2　绘制圆环体

04 执行“三维工具>建模>球体”菜单命令，绘制半径为30的球体，如图267-3所示。

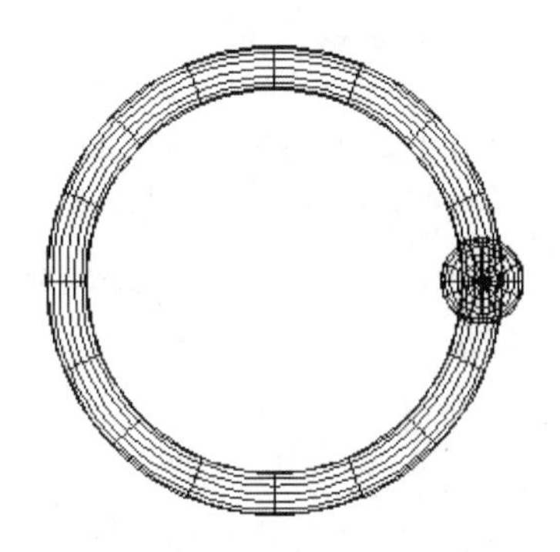

图267-3　绘制球体

05 执行“修改>环形阵列”命令，将球体进行环形阵列，设置环列数目为6，按命令行进行操作，按钮进行阵列，结果如图267-4所示。

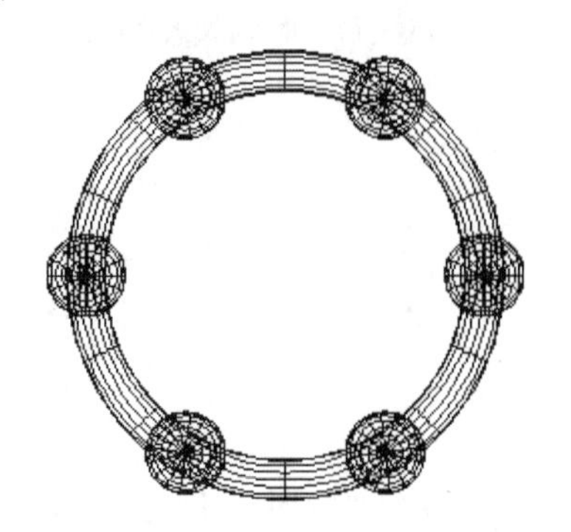

图267-4　环形阵列结果

06 执行“视图>三维视图>西南等轴测”命令，视图方向改变结果如图267-5所示。

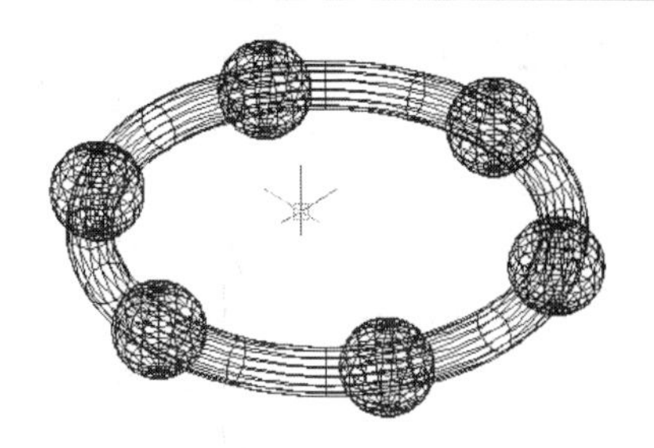

图267-5　改变视图方向

07 执行“视图>视觉样式>隐藏”命令，将珠环消隐，如图267-6所示。

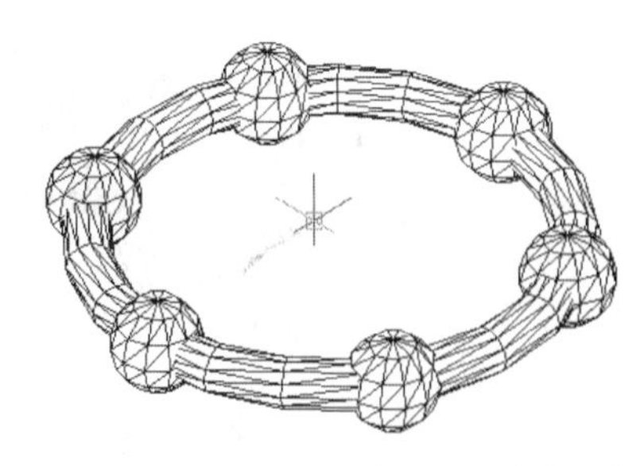

图267-6　消隐效果

08 执行“另存为”命令，将文件另存为“实战267.dwg”。

技巧与提示

在本例中利用AutoCAD 2013系统预定义的三维实体模型，通过实体的组合得到实体的模型。这是绘制简单实体模型的常用方法。

练习267　绘制齿轮

实战位置	DVD>练习文件>第11章>练习267.dwg
难易指数	★☆☆☆☆
技术掌握	巩固建模方法

操作指南

参照“实战267”案例进行制作。

首先打开场景文件，然后进入操作环境，利用建模、圆环体、阵列命令，做出如图267-7所示的三维实体。

图267-7　绘制齿轮

实战268 绘制手柄实体

实战位置 DVD>实战文件>第11章>实战268.dwg
视频位置 DVD>多媒体教学>第11章>实战268.avi
难易指数 ★☆☆☆☆
技术掌握 掌握绘制手柄实体的方法

实战介绍

本例中利用旋转命令，由二维闭合图形旋转得到实体，案例效果如图268-1所示。

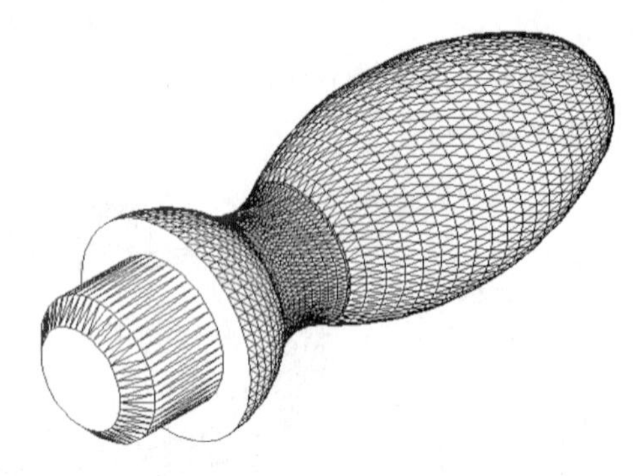

图268-1 最终效果

制作思路

• 首先打开AutoCAD 2013，然后进入操作环境，利用多段线绘制基本形，再用旋转命令编辑出如图268-1所示的图形。

制作流程

01 打开AutoCAD 2013，创建一个新的AutoCAD文件，文件名默认为“Drawing1.dwg”。执行“文件>打开”命令，打开“实战268原始图形.dwg”。如图268-2所示，为一个手柄的零件图。

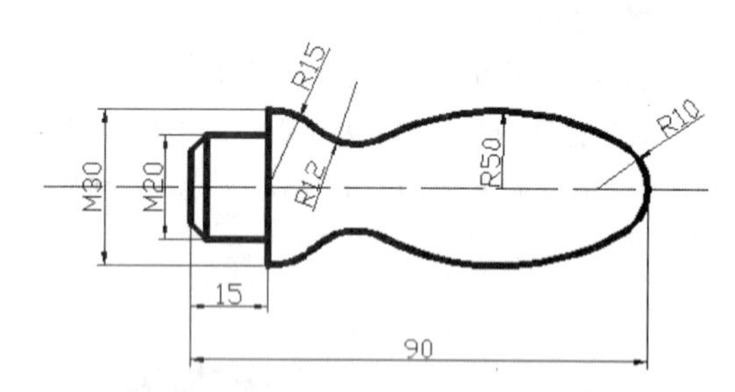

图268-2 原始图形

02 使用删除工具删除图形标注，并删除图形的下半图形，并绘制简单图线，取消线宽显示，得到结果如图268-3所示。

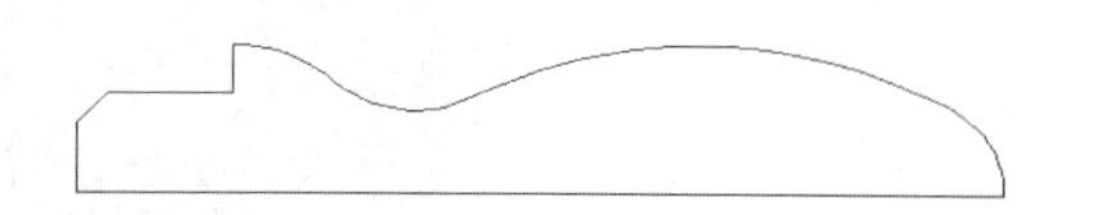

图268-3 手柄上半轮廓图

03 执行“修改>对象>多段线”命令，合并多段线，结果如图268-4所示。

```
命令: _pedit选择多段线或[多条(M)]:  //选择轮廓图中的任意一条线段
选定的对象不是多段线
是否将其转换为多段线? <Y>
输入选项[闭合(C)/合并(J)/宽度(W)/编辑顶点(E)/拟合(F)/样条曲线(S)/非曲线化(D)/线型生成(L)/放弃(U)]: J
选择对象: 指定对角点: 找到9个  //选择全部图形
选择对象:
8条线段已添加到多段线
输入选项[打开(O)/合并(J)/宽度(W)/编辑顶点(E)/拟合(F)/样条曲线(S)/非曲线化(D)/线型生成(L)/放弃(U)]:
//按回车键结束命令
```

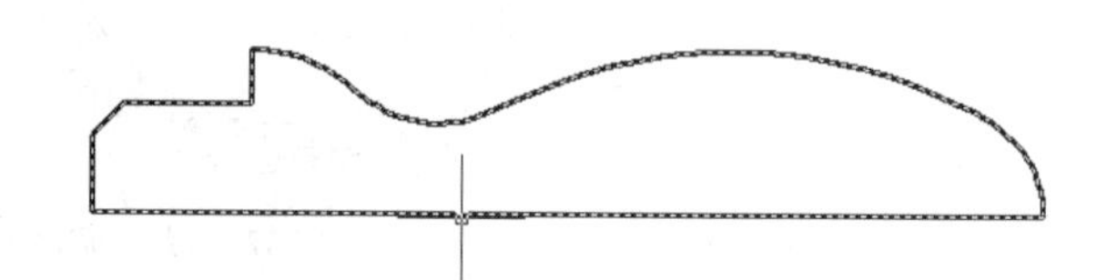

图268-4 合并多段线

技巧与提示

在利用旋转命令创建实体时，要求被旋转的对象是一条封闭的对象，但是手柄图中的图线都是一些直线段，所以需要首先将其合并为封闭的多段线，再进行旋转操作。

04 执行“三维工具>建模>旋转”命令，旋转多段线轮廓图，结果如图268-5所示。

```
命令: _revolve
当前线框密度: ISOLINES=4
选择要旋转的对象: 找到1个  //选择多段线轮廓图
选择要旋转的对象:
指定轴起点或根据以下选项之一定义轴[对象(O)/X/Y/Z]
<对象>: //捕捉轮廓图左下角点
指定轴端点: //捕捉轮廓图右下角点
指定旋转角度或[起点角度(ST)] <360>:
```

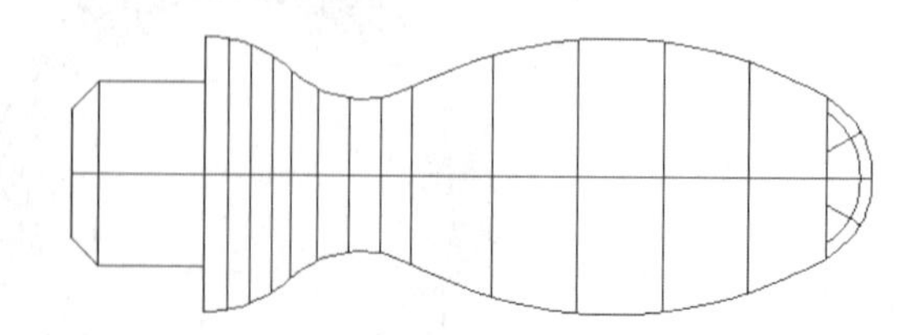

图268-5 旋转结果

05 执行“视图>三维视图>东北等轴测”命令，改变视图方向，结果如图268-6所示。

06 执行“视图>视觉样式>隐藏”命令，结果如图268-7所示。

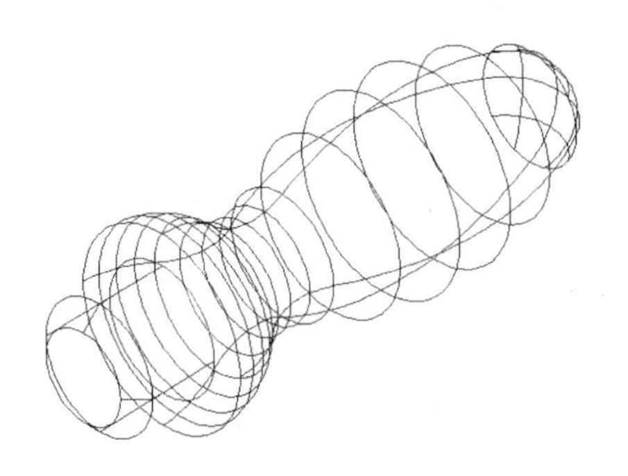

图268-6　东北等轴测视图

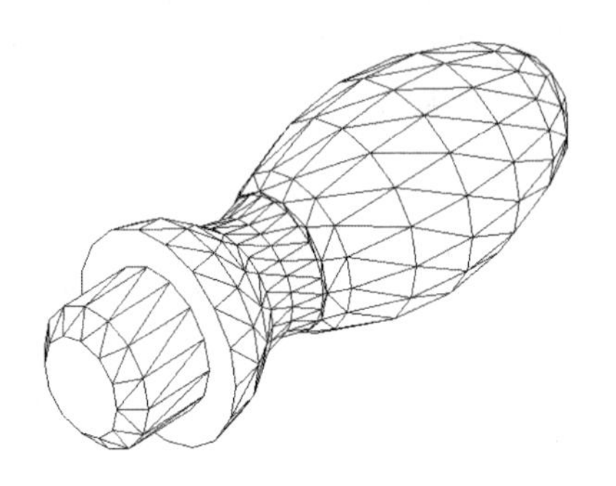

图268-7　消隐结果

07 修改对象的平滑度参数FACETRES为8，再次消隐，结果如图268-1所示。

08 执行“另存为”命令，将文件另存为“实战268.dwg”。

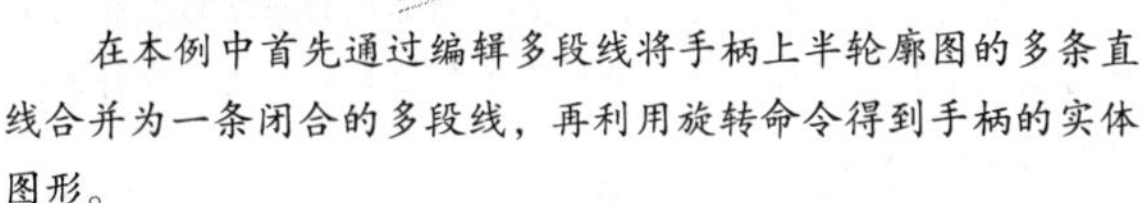

技巧与提示

在本例中首先通过编辑多段线将手柄上半轮廓图的多条直线合并为一条闭合的多段线，再利用旋转命令得到手柄的实体图形。

练习268　绘制壶实体

实战位置	DVD>练习文件>第11章>练习268.dwg
难易指数	★☆☆☆☆
技术掌握	掌握创建壶实体模型的方法

操作指南

参照“实战268”案例进行制作。

首先打开场景文件，然后进入操作环境，利用多段线、旋转等命令，做出如图268-8所示的三维实体。

图268-8　绘制壶实体

实战269　绘制模板实体

实战位置	DVD>实战文件>第11章>实战269.dwg
视频位置	DVD>多媒体教学>第11章>实战269.avi
难易指数	★☆☆☆☆
技术掌握	掌握绘制模板实体的方法

实战介绍

本例中主要使用圆柱体命令和复制编辑命令得到实体，案例效果如图269-1所示。

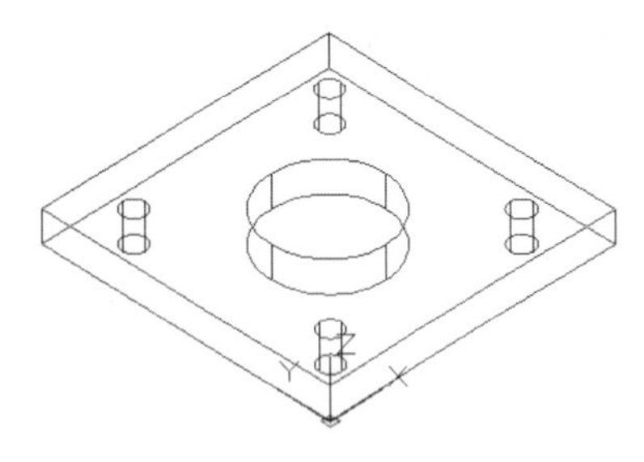

图269-1　最终效果

制作思路

• 首先打开AutoCAD 2013，然后进入操作环境，利用圆柱体命令、复制编辑和三维阵列命令编辑出如图269-1所示的图形。

制作流程

01 打开AutoCAD 2013，创建一个新的AutoCAD文件，文件名默认为“Drawing1.dwg”。执行“视图>三维视图>西南等轴测”命令，视图方向改为西南等轴测。此时坐标轴样式变为如图269-2所示。

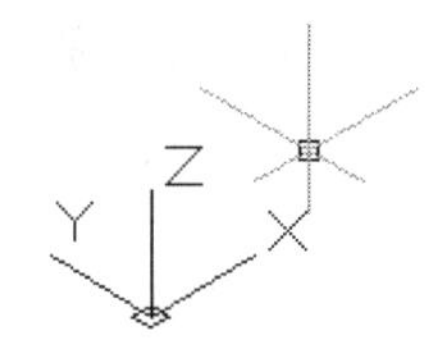

图269-2　西南等轴测视图坐标轴样式

02 执行“三维工具>建模>长方体”菜单命令，绘制长方体，如图269-3所示。命令行提示和操作内容如下：

```
命令: _box
指定第一个角点或[中心(C)]: 0,0,0
指定其他角点或[立方体(C)/长度(L)]: @500,500
指定高度或[两点(2P)] <-30.0000>: 50
```

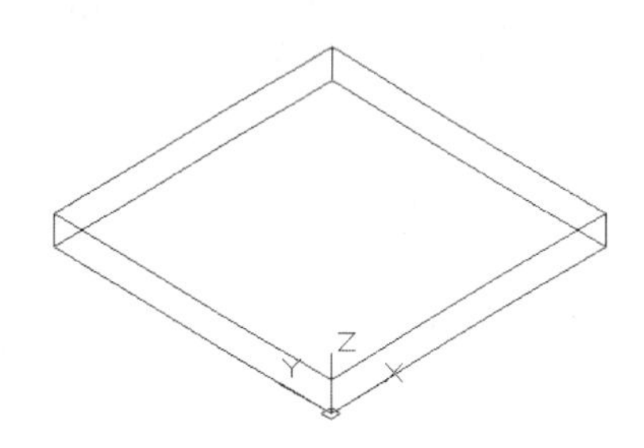

图269-3　绘制长方体

03 执行“三维工具>建模>圆柱体”菜单命令，在长方体的中心位置圆柱体，如图269-4所示。命令行提示和操作内容如下：

```
    命令：_cylinder
    指定底面的中心点或[三点(3P)/两点(2P)/相切、相切、半径(T)/椭圆(E)]：250,250,0
    指定底面半径或[直径(D)] <10.0000>：100
    指定高度或[两点(2P)/轴端点(A)] <50.0000>：50
```

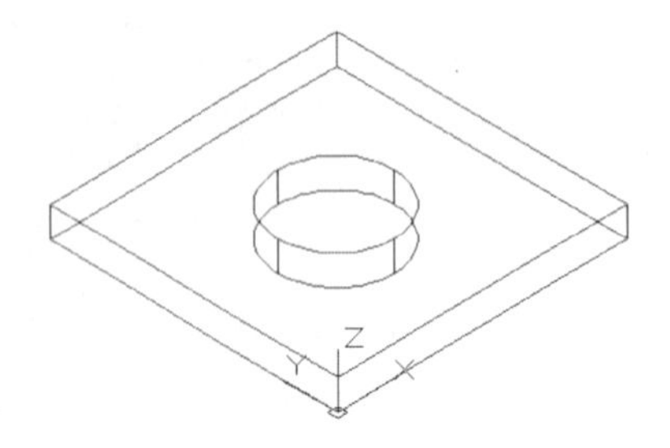

图269-4　绘制圆柱体

04 执行“三维工具>建模>圆柱体”菜单命令，在长方体的角点位置小圆柱体，如图269-5所示。命令行提示和操作内容如下：

```
    命令：_cylinder
    指定底面的中心点或[三点(3P)/两点(2P)/相切、相切、半径(T)/椭圆(E)]：80,80,0
    指定底面半径或[直径(D)] <100.0000>：20
    指定高度或[两点(2P)/轴端点(A)] <50.0000>：50
```

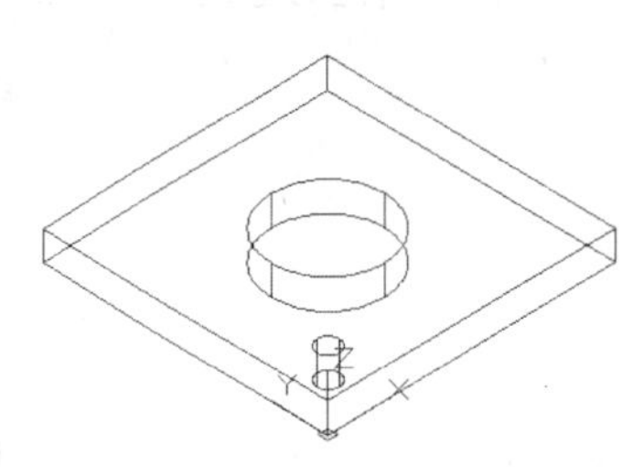

图269-5　绘制小圆柱体

05 执行“修改>阵列”命令，设置阵列参数，如图269-6所示，阵列结果如图269-7所示。

图269-6　设置“阵列”对话框

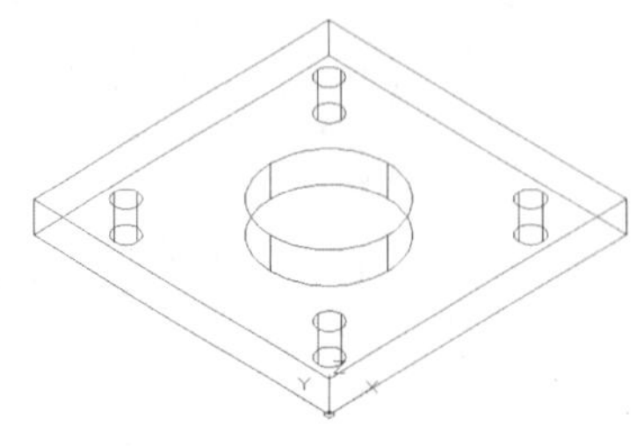

图269-7　阵列效果

06 执行“三维工具>实体编辑>差集”命令，将各个圆柱体从长方体中减去。结果如图269-8所示。

```
    命令：_subtract选择要从中减去的实体或面域...
    选择对象：找到1个    //选择长方体
    选择对象：
    选择要减去的实体或面域 ..
    选择对象：找到1个
    选择对象：找到1个，总计2个
    选择对象：找到1个，总计3个
    选择对象：找到1个，总计4个
    选择对象：找到1个，总计5个    //选择五个圆柱体
    选择对象：
```

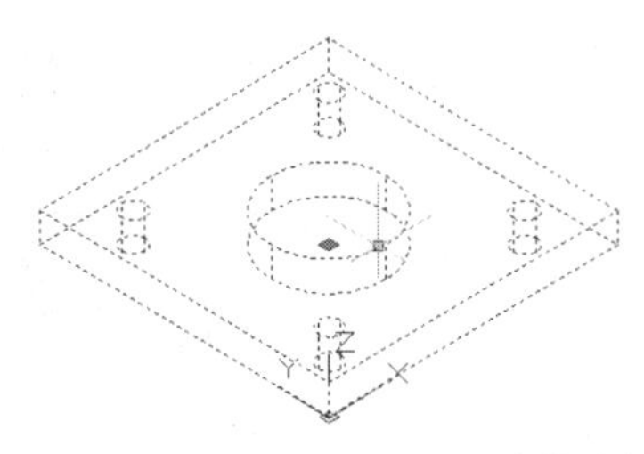

图269-8　计算差集

07 执行“另存为”命令，将文件另存为“实战269.dwg”。

技巧与提示

在本例中通过介绍绘制如图269-1所示的模板实体，介绍了绘制长方体和圆柱体方法，并使用布尔运算的差集命令得到了模板实体。

练习269　绘制零件三维造型

实战位置　DVD>练习文件>第11章>练习269.dwg
难易指数　★☆☆☆☆
技术掌握　掌握三维建模的方法

操作指南

参照“实战269”案例进行制作。

首先打开场景文件，然后进入操作环境，利用圆命令CIRCLE，三维阵列和拉伸命令，做出如图269-9所示的三维实体。

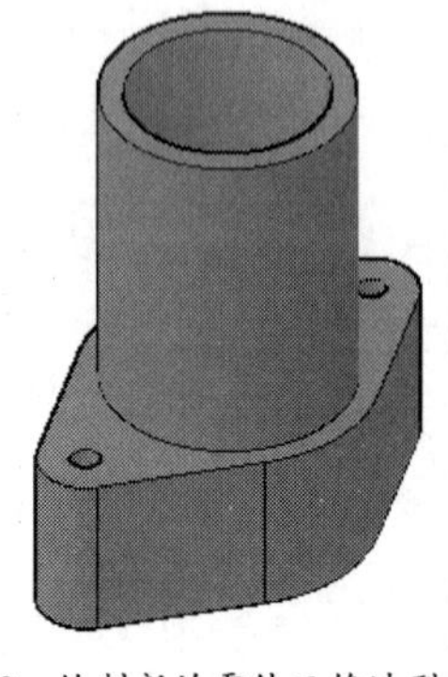

图269-9　绘制新的零件三维造型

实战270　绘制哑铃实体

实战位置　DVD>实战文件>第11章>实战270.dwg
视频位置　DVD>多媒体教学>第11章>实战270.avi
难易指数　★☆☆☆☆
技术掌握　掌握绘制哑铃实体的方法

实战介绍

本利主要是通过绘制花键轴实体，加深对旋转、材质、渲染操作的方法理解掌握，并介绍三维环形阵列的方法，案例效果如图270-1所示。

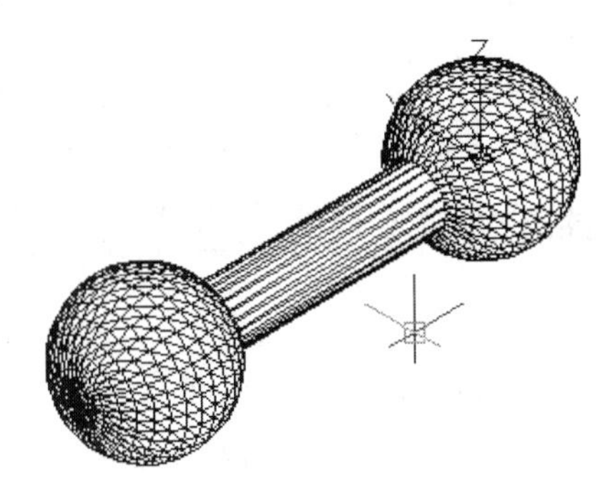

图270-1　最终效果

制作思路

• 首先打开AutoCAD 2013，然后进入操作环境，利用旋转、材质、渲染和布尔元算编辑出如图270-1所示的图形。

制作流程

01 打开AutoCAD 2013，创建一个新的AutoCAD文件，文件名默认为“Drawing1.dwg”。

02 在命令行执行ISOLINES命令，修改线框密度。命令行提示如下：

```
命令: isolines
输入ISOLINES的新值 <4>: 16
```

03 执行“三维工具>建模>球体”菜单命令，绘制半径为25的球体，效果如图270-2所示。命令行提示如下：

```
命令: _sphere
指定中心点或[三点(3P)/两点(2P)/相切、相切、半径(T)]: 0,0,0
指定半径或[直径(D)] <25.0000>: 25
```

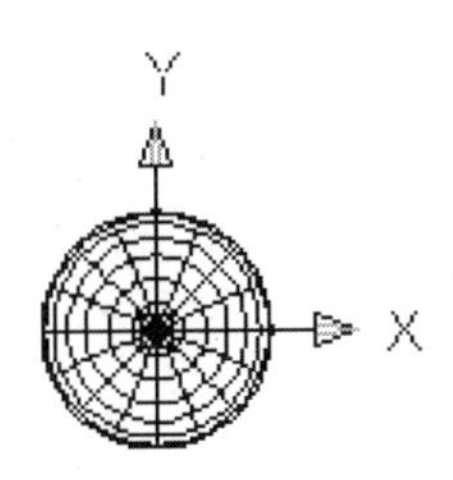

图270-2　绘制球体

04 执行“视图>三维视图>西南等轴测”命令，改变视图方向，如图270-3所示。

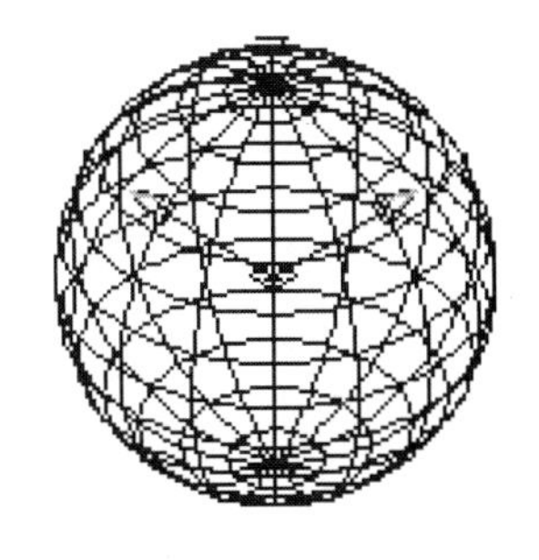

图270-3　改变视图方向

05 执行“三维工具>建模>圆柱体”菜单命令，绘制圆柱体，如图270-4所示。命令行提示和操作内容如下：

```
命令: surftab1
输入SURFTAB1的新值 <6>: 30
命令: _tabsurf
当前线框密度: SURFTAB1=30
选择用作轮廓曲线的对象:  //选择左侧样条曲线
选择用作方向矢量的对象:  //选择左侧直线上半部分任意位置
```

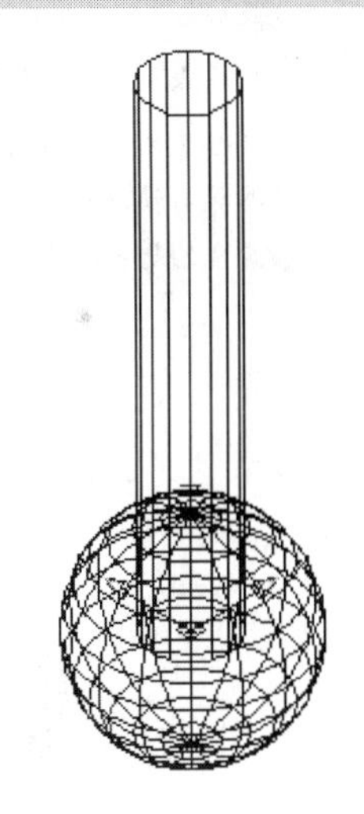

图270-4　绘制圆柱体

06 执行“修改>镜像”命令，复制球体，结果如图270-5所示。命令行提示和操作内容如下：

```
命令: _copy
选择对象: 找到1个  //选择球体
选择对象:
当前设置:  复制模式 = 多个
指定基点或[位移(D)/模式(O)] <位移>:  //捕捉球体的
指定第二个点或 <使用第一个点作为位移>:  //捕捉圆柱体的上顶面的圆心
指定第二个点或[退出(E)/放弃(U)] <退出>:
```

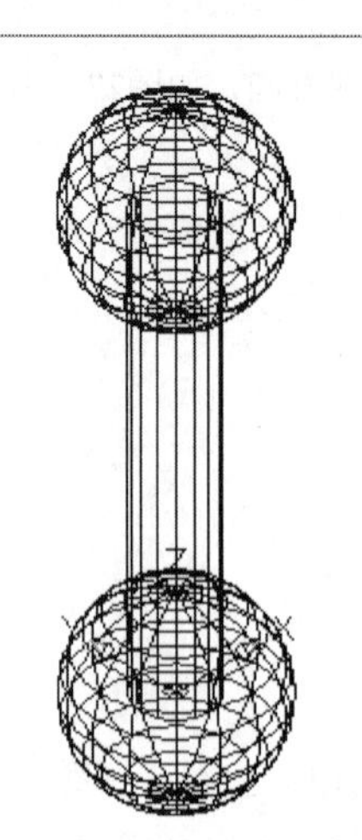

图270-5　复制球体

07 执行“修改>三维操作>三维旋转”命令，将图形旋转90°，结果如图270-6所示。命令行提示和操作内容如下：

```
命令：_3drotate
UCS当前的正角方向：　ANGDIR=逆时针　ANGBASE=0
选择对象：指定对角点：找到3个　//选择所有图形
选择对象：
指定基点：　//捕捉下球体的球心
正在检查861个交点...
拾取旋转轴：
指定角的起点或键入角度：90
```

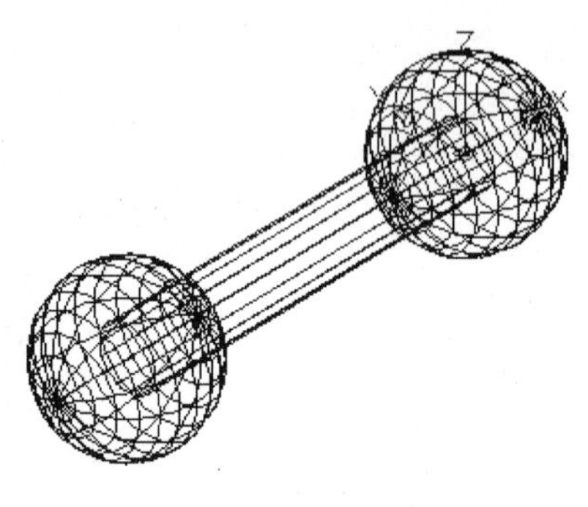

图270-6　三维旋转效果

08 执行“视图>视觉样式>隐藏”命令，将图形消隐，效果如图270-7所示。

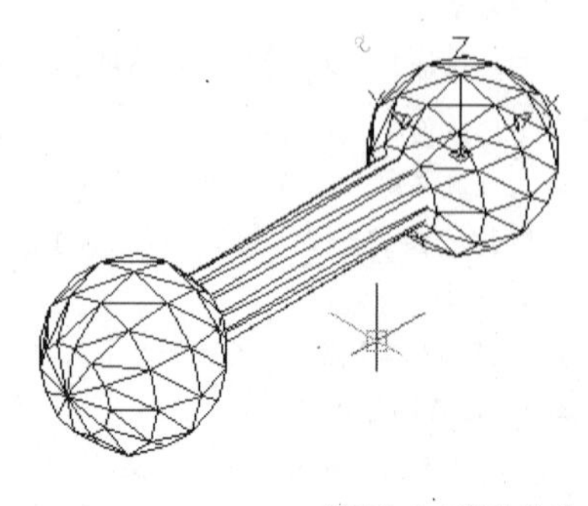

图270-7　消隐效果

09 输入FACETERS命令，修改值，再进行消隐，效果如图270-1所示。命令行提示和操作内容如下：

```
命令：FACETRES
输入FACETRES的新值 <0.5000>：5
```

10 执行“另存为”命令，将文件另存为“实战270.dwg”。

技巧与提示 

在本例中首先利用球体命令绘制了哑铃一端，然后利用圆柱体绘制了哑铃的中间手握部分，再使用复制命令将球体复制得到哑铃另一端，为了视觉方便使用三维旋转命令将哑铃旋转了90°，最后使用消隐命令使图形观察力起来更直观真实。

练习270　绘制花键轴实体模型

实战位置	DVD>练习文件>第11章>练习270.dwg
难易指数	★☆☆☆☆
技术掌握	巩固花键轴建模方法

操作指南

参照“实战270”案例进行制作。

首先打开场景文件，然后进入操作环境，利用圆命令CIRCLE、三维阵列和拉伸命令，做出如图270-8所示的三维实体。

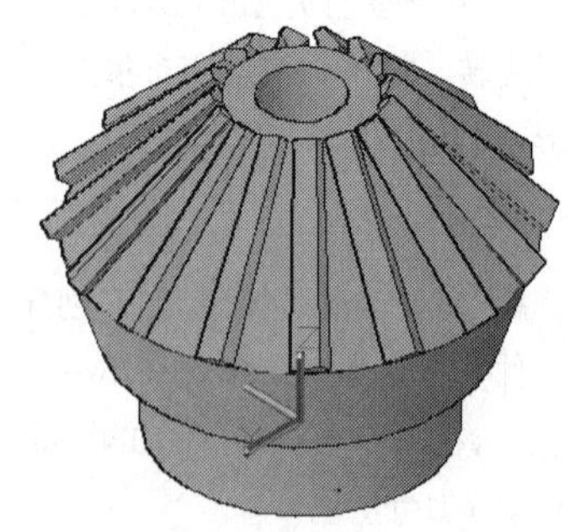

图270-8　绘制花键轴实体模型

实战271　绘制固定支座实体模型

实战位置	DVD>实战文件>第11章>实战271.dwg
视频位置	DVD>多媒体教学>第11章>实战271.avi
难易指数	★☆☆☆☆
技术掌握	掌握绘制固定支座实体模型的方法

实战介绍

在本例中主要介绍在三维模型绘制过程中使用镜像命令和拉伸命令的方法，案例效果如图271-1所示。

图271-1　最终效果

制作思路

• 首先打开AutoCAD 2013，然后进入操作环境，利用圆、多段线、拉伸和布尔元算操作命令绘制得到了固定支座的实体，编辑出如图271-1所示的图形。

制作流程

01 打开AutoCAD 2013，创建一个新的AutoCAD文件，文件名默认为“Drawing1.dwg”。

02 执行“绘图>圆”命令，在原点处绘制半径为25和50的同心圆，并以（200,0,0）点为圆心绘制半径为40、60和100的同心圆，结果如图271-2所示。

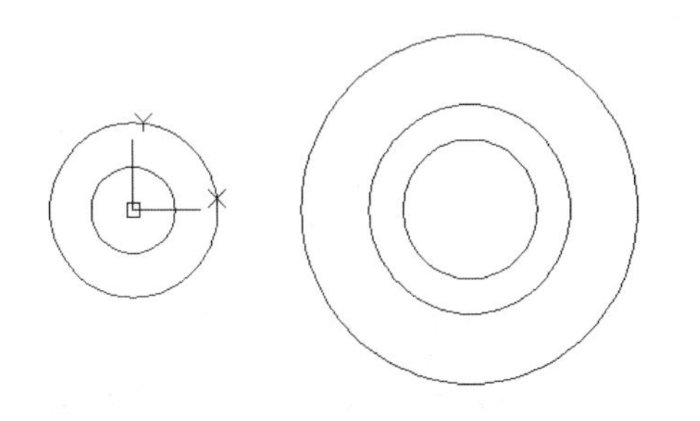

图271-2　绘制同心圆

03 执行“绘图>多段线”命令，通过圆心捕捉和交点捕捉功能，绘制闭合多段线，如图271-3所示。

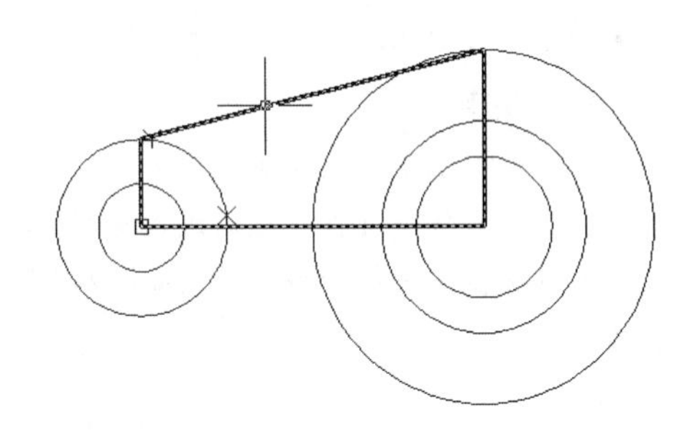

图271-3　绘制多段线

04 执行“绘图>面域”命令，将所有图形均创建为面域，命令行提示如下：

```
命令：_REGION
选择对象：指定对角点：找到6个
选择对象：
已提取6个环。
已创建6个面域。
```

05 执行“三维工具>建模>拉伸”菜单命令，将部分面域进行拉伸，如图271-4所示。命令行提示和操作内容如下：

```
命令：_extrude
当前线框密度： ISOLINES=4
选择要拉伸的对象：找到1个
选择要拉伸的对象：找到1个，总计2个
选择要拉伸的对象：找到1个，总计3个
选择要拉伸的对象： 找到1个，总计4个    //选中半径为25、50和100的圆，以及中间的多段线面域
选择要拉伸的对象：
指定拉伸的高度或[方向(D)/路径(P)/倾斜角(T)]<16.0000>: 55
```

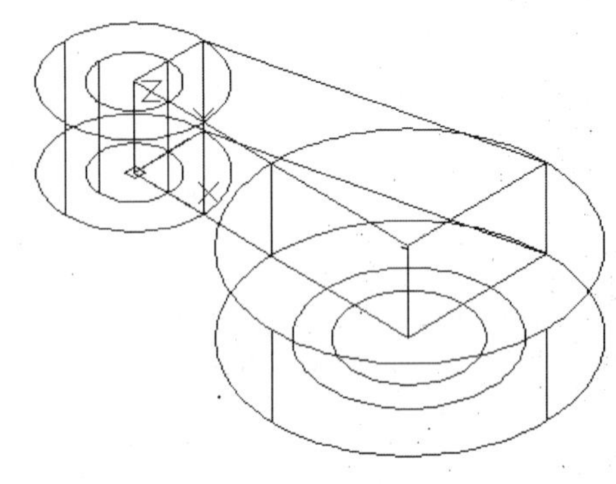

图271-4　拉伸得到实体

06 执行“修改>镜像”命令，将多段体拉伸实体镜像，如图271-5所示。

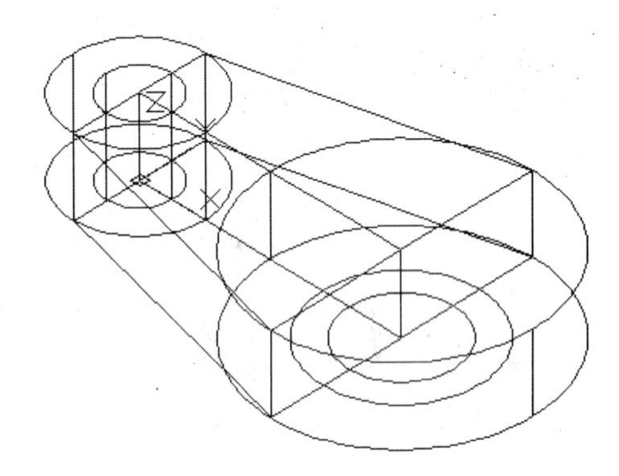

图271-5　镜像实体

07 再次执行“修改>镜像”命令，将左侧实体镜像，消隐效果如图271-6所示。

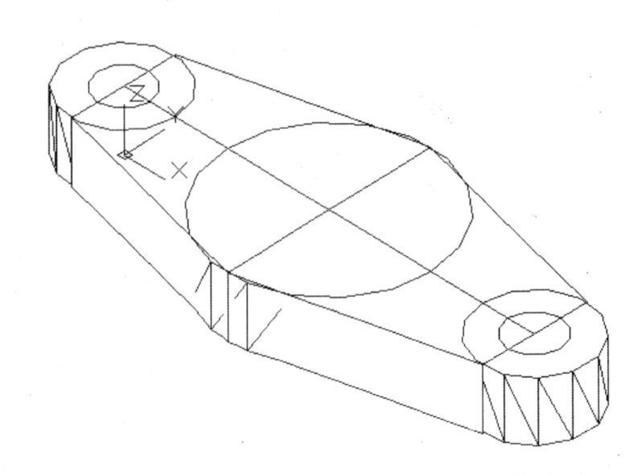

图271-6　镜像结果

08 执行“三维工具>建模>拉伸”菜单命令，将半径为40和60的圆拉伸，高度为170，消隐结果如图271-7所示。

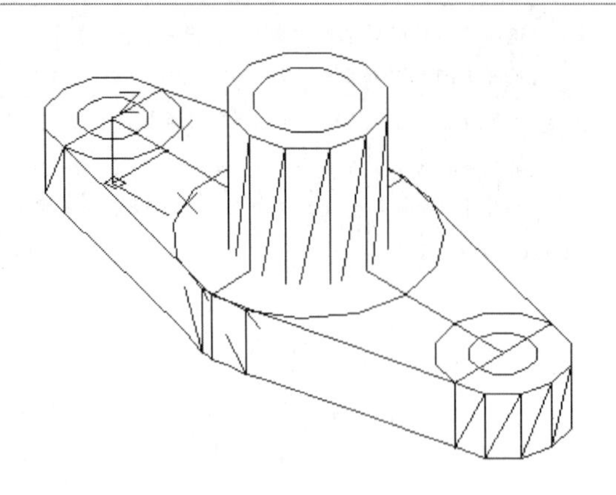

图271-7　拉伸结果

09 执行“三维工具>实体编辑>差集”菜单命令，对实体计算差集，结果如图271-8所示。

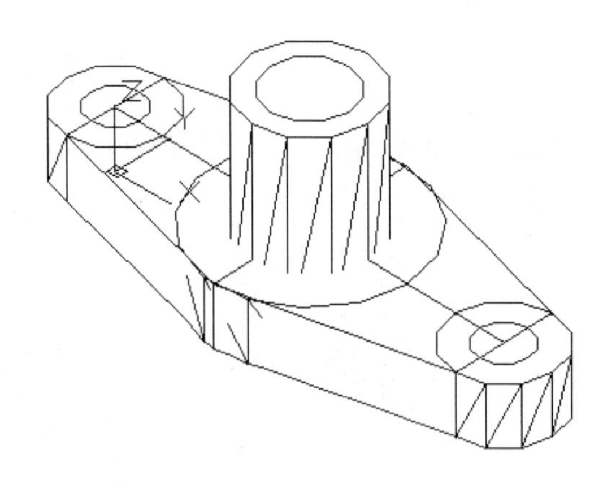

图271-8　差集结果

10 执行“三维工具>实体编辑>并集”命令，计算实体并集，结果如图271-9所示。

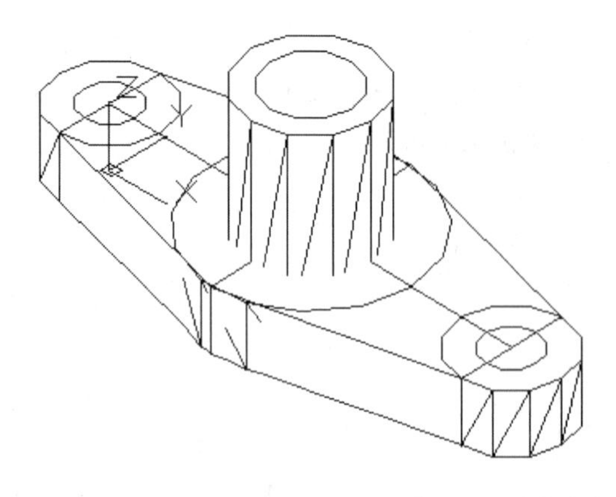

图271-9　并集结果

11 执行“工具>选项板>材质浏览器”命令，打开“材质浏览器”选项板，如图271-10所示。将“喷漆油漆-黑色”材质附着到图形对象中。

12 执行“渲染”命令，将图形渲染，结果如图271-1所示。

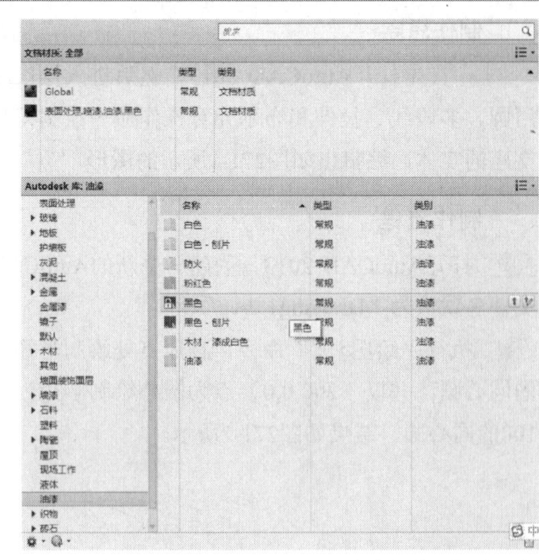

图271-10　“材质浏览器”选项板

13 执行“另存为”命令，将文件另存为“实战271.dwg”。

技巧与提示

在本例中利用圆、多段线、拉伸和布尔元算绘制得到了固定支座的实体，再使用材质渲染使实体看起来更加真实美观。

练习271　绘制齿轮零件

实战位置　DVD>练习文件>第11章>练习271.dwg
难易指数　★☆☆☆☆
技术掌握　巩固建模方法

操作指南

参照“实战271”案例进行制作。

首先打开场景文件，然后进入操作环境，利用圆、三维阵列和拉伸操作命令，做出如图271-11所示的三维实体。

图271-11　齿轮零件

实战272　绘制花键轴实体模型

实战位置　DVD>实战文件>第11章>实战272.dwg
视频位置　DVD>多媒体教学>第11章>实战272.avi
难易指数　★☆☆☆☆
技术掌握　掌握绘制花键轴实体模型的方法

实战介绍

本利主要是通过绘制花键轴实体，加深对旋转、材质、渲染操作的方法理解掌握，并介绍三维环形阵列的方法，案例效果如图272-1所示。

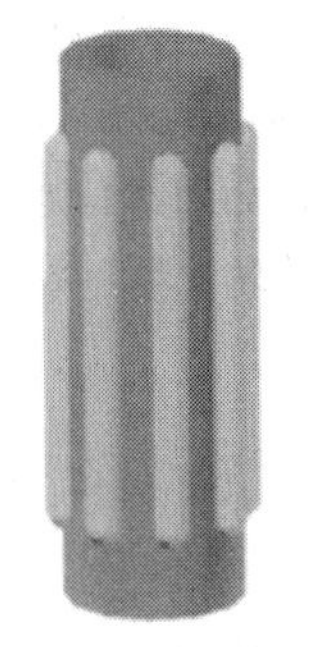

图272-1　最终效果

制作思路

• 首先打开AutoCAD 2013，然后进入操作环境，利用圆、旋转、材质、渲染和布尔运算等命令，编辑出如图272-1所示的图形。

制作流程

01 打开AutoCAD 2013，创建一个新的AutoCAD文件，文件名默认为“Drawing1.dwg”。

02 执行“绘图>直线”命令，绘制垂直相交的直线，长度分别为150和320，如图272-2所示。

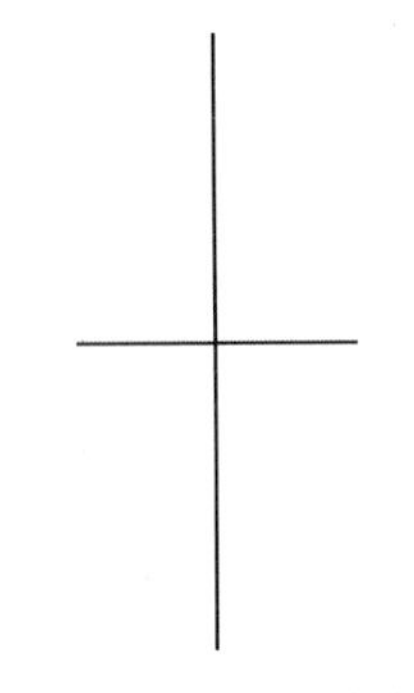

图272-2　绘制垂直相交直线

03 执行“绘图>多段线”命令，绘制矩形框，如图272-3所示。

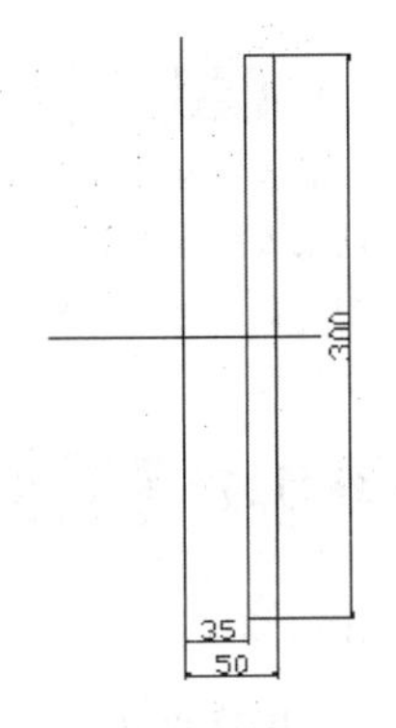

图272-3　绘制矩形框

04 执行“绘图>圆”命令，圆心距离矩形框上角点的距离为50，半径为10，在下方同样位置绘制一个。利用LINE命令，绘制两个圆的右切线，如图272-4所示。

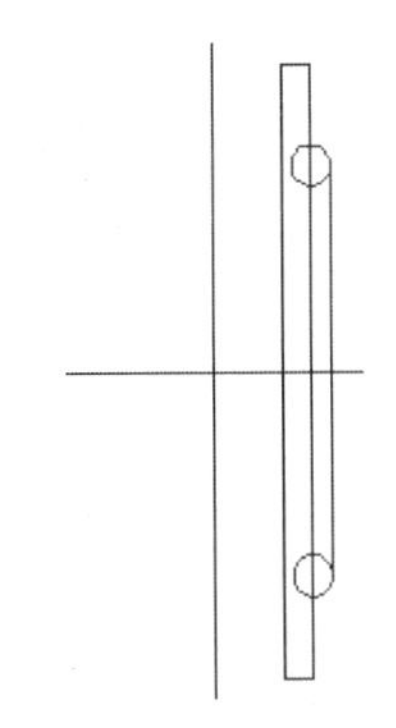

图272-4　绘制圆及切线

05 执行“修改>修剪”命令，结果如图272-5所示。

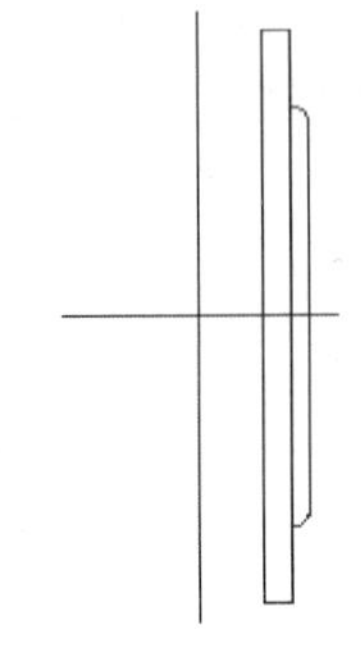

图272-5　修剪结果

06 执行“绘图>直线”命令，在两端圆弧之间使用直线连接，执行“修改>对象>多段线”命令，将圆弧线与直线构成闭合多段线，如图272-6所示。

```
命令： _pedit选择多段线或[多条(M)]：  //选择一段圆弧
选定的对象不是多段线
是否将其转换为多段线？<Y>
输入选项[闭合(C)/合并(J)/宽度(W)/编辑顶点(E)/拟合(F)/样条曲线(S)/非曲线化(D)/线型生成(L)/放弃(U)]： J
选择对象： 找到1个
选择对象： 找到1个，总计2个
选择对象： 找到1个，总计3个
选择对象： 找到1个，总计4个
选择对象：
3条线段已添加到多段线
```

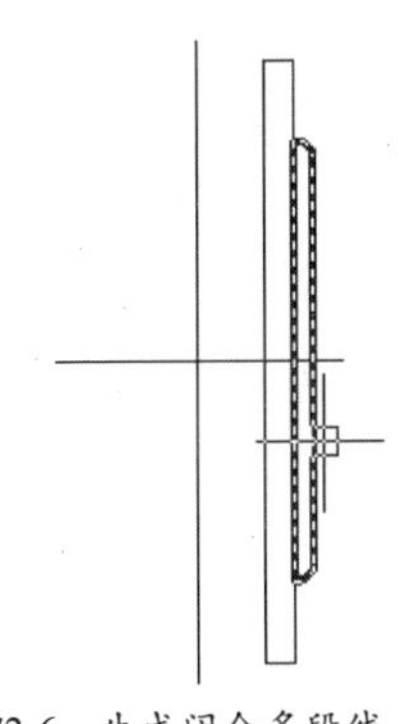

图272-6　生成闭合多段线

07 执行“三维工具>建模>旋转”命令，将多段线以矩形框右侧边为轴进行360°旋转，结果如图272-7所示。

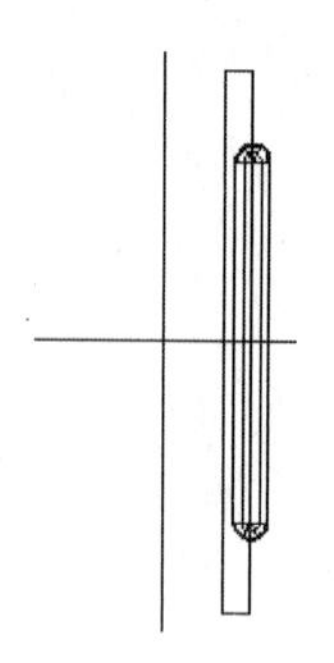

图272-7 旋转效果

08 执行“三维工具>建模>拉伸”菜单命令，将矩形框以竖直辅助线为轴，进行360°旋转，结果如图272-8所示。

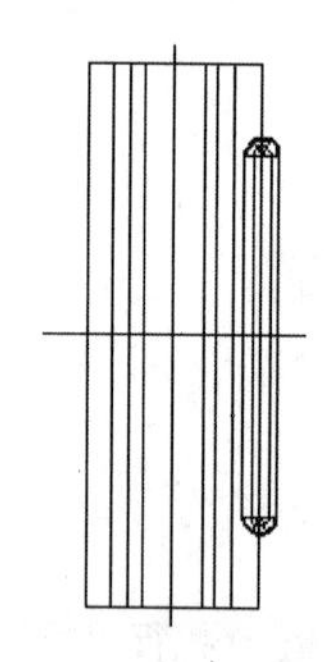

图272-8 旋转矩形效果

09 执行“修改>三维操作>三维阵列”命令，将步骤07得到的旋转体进行环形阵列，如图272-9所示。命令行提示和操作内容如下：

```
命令: _3darray
选择对象: 找到1个
选择对象:
输入阵列类型[矩形(R)/环形(P)] <矩形>:P
输入阵列中的项目数目: 8
指定要填充的角度 (+=逆时针, -=顺时针) <360>:
旋转阵列对象? [是(Y)/否(N)] <Y>: Y
指定阵列的中心点:
指定旋转轴上的第二点:
```

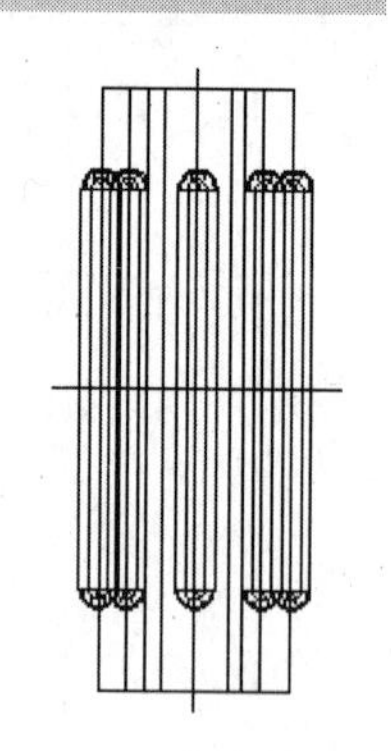

图272-9 三维阵列效果

10 执行“视图>动态观察>自由动态观察”命令，在当前视图出现一个绿色的大圆，在大圆上有四个绿色的小圆，如图272-10所示，此时通过拖动鼠标就可以对视图进行旋转观测。按回车键退出观察。

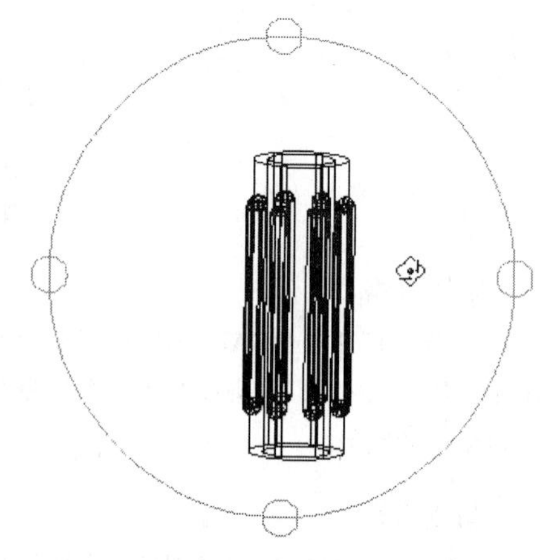

图272-10 自由动态观察

11 对实体赋予材质，并进行渲染，结果如图272-11所示。

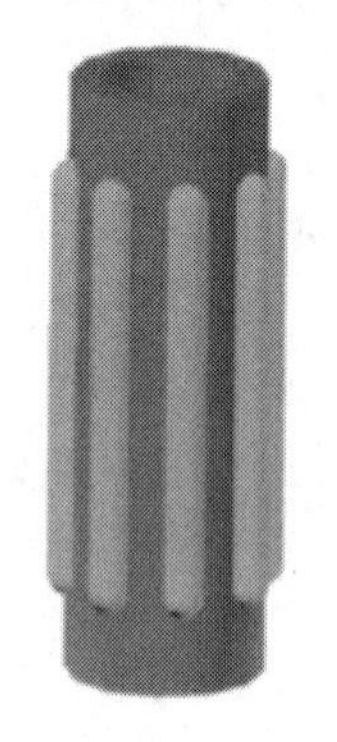

图272-11 渲染效果

12 执行“另存为”命令，将图形另存为“实战272.dwg”。

技巧与提示

在本例中首先使用二维的绘图和编辑命令，得到花键轴的基本组成元素，然后利用旋转和三维环形阵列，得到实体模型，最后为了使图形更加逼真有立体感，对其赋予材质并进行了渲染。

练习272 绘制实体

实战位置	DVD>练习文件>第11章>练习272.dwg
难易指数	★☆☆☆☆
技术掌握	巩固创建实体模型方法

操作指南

参照“实战272”案例进行制作。

首先打开场景文件，然后进入操作环境，利用圆、三维阵列和拉伸命令，做出如图272-12所示的三维实体。

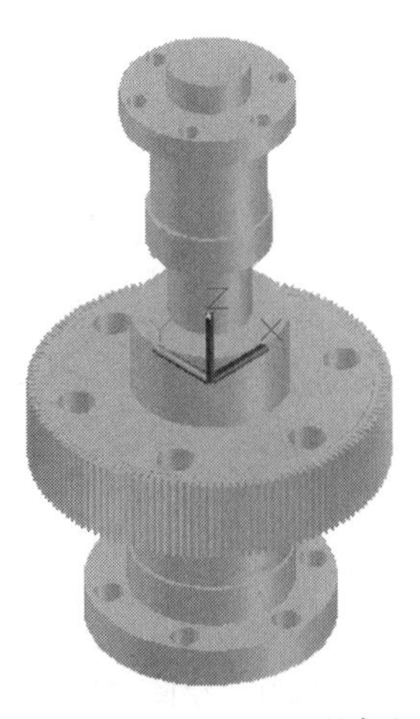

图272-12　绘制实体

实战273 绘制阶梯轴实体模型

实战位置	DVD>实战文件>第11章>实战273.dwg
视频位置	DVD>多媒体教学>第11章>实战273.avi
难易指数	★☆☆☆☆
技术掌握	掌握绘制阶梯轴实体模型的方法

实战介绍

本例中将通过旋转、倒角、圆角和布尔运算等命令的使用绘制阶梯轴实体模型，案例效果如图273-1所示。

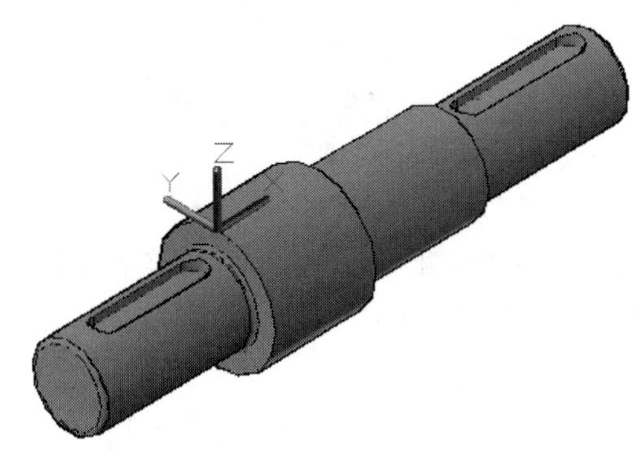

图273-1　最终效果

制作思路

• 首先打开AutoCAD 2013，然后进入操作环境，利用旋转、倒角、圆角和布尔运算等操作命令，编辑出如图273-1所示的图形。

制作流程

01 打开AutoCAD 2013，创建一个新的AutoCAD文件，文件名默认为“Drawing1.dwg”，默认的视图方向为俯视图。

02 执行“绘图>多段线”命令，绘制多段线，如图273-2所示。

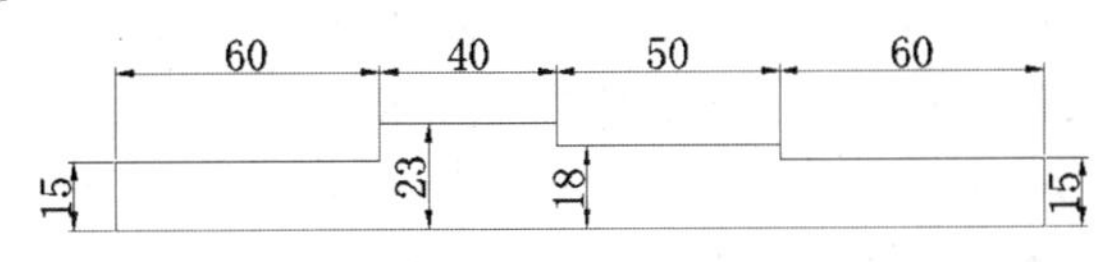

图273-2　绘制多段线

03 执行“绘图>面域”命令，将多段线形成一个面域，并删除标注，如图273-3所示。命令行提示和操作内容如下：

```
命令：_region
选择对象：指定对角点：找到10个
选择对象：
已提取1个环。
已创建1个面域。
```

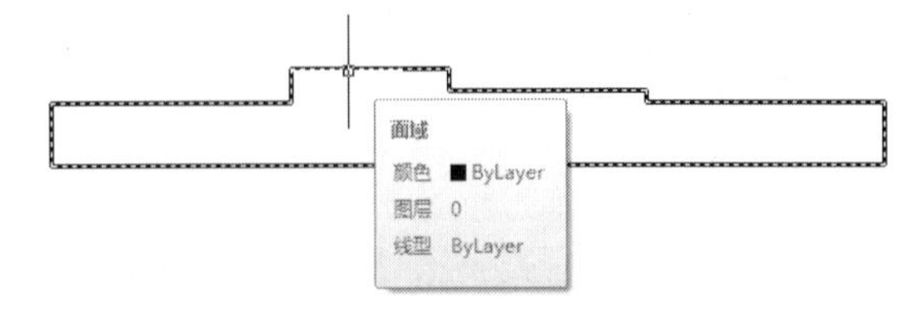

图273-3　形成面域

04 执行“三维工具>建模>旋转”菜单命令，将面域旋转360°，效果如图273-4所示。

```
命令：_revolve
当前线框密度：ISOLINES=16
选择要旋转的对象：找到1个
选择要旋转的对象：
指定轴起点或根据以下选项之一定义轴[对象(O)/X/Y/Z]
<对象>： //捕捉多段线左下角点
指定轴端点： //捕捉多段线右下角点
指定旋转角度或[起点角度(ST)] <360>:
```

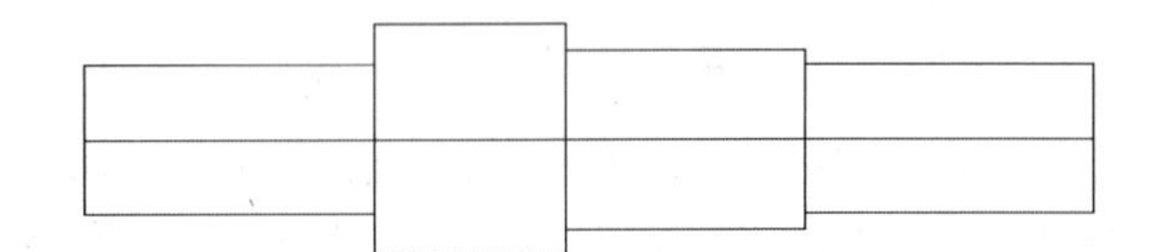

图273-4　旋转面域

05 执行“视图>三维视图>西南等轴测”命令，将视图方向改变为西南等轴测方向，并进行消隐，效果如图273-5所示。

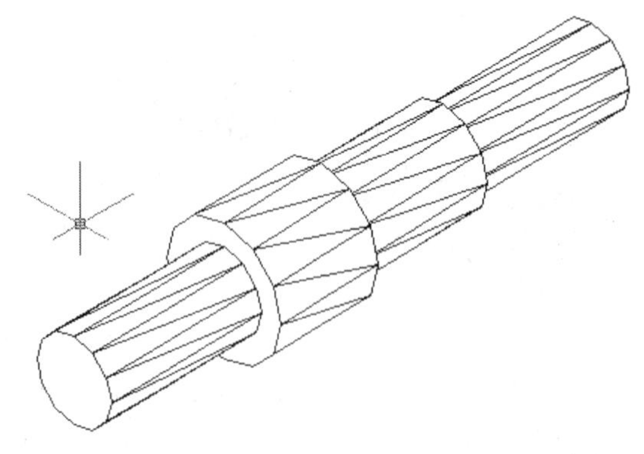

图273-5　消隐效果

06 执行“修改>倒角”命令，对轴的两端均进行半径为1.5的倒角操作，效果如图273-6所示。

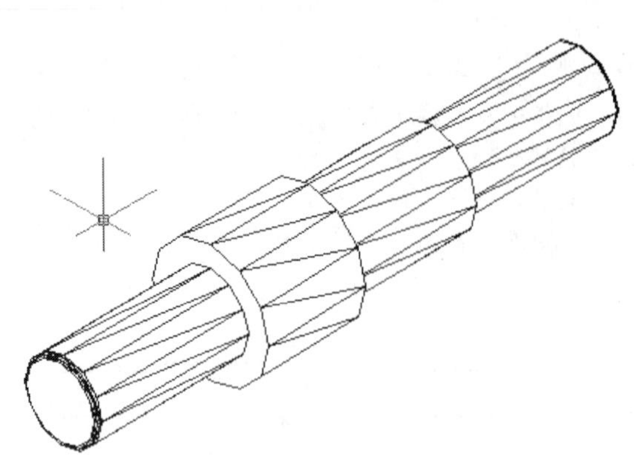

图273-6　倒角效果

07 执行“修改>圆角”菜单命令，将轴进行半径为1.5的倒圆角操作，结果如图273-7所示。

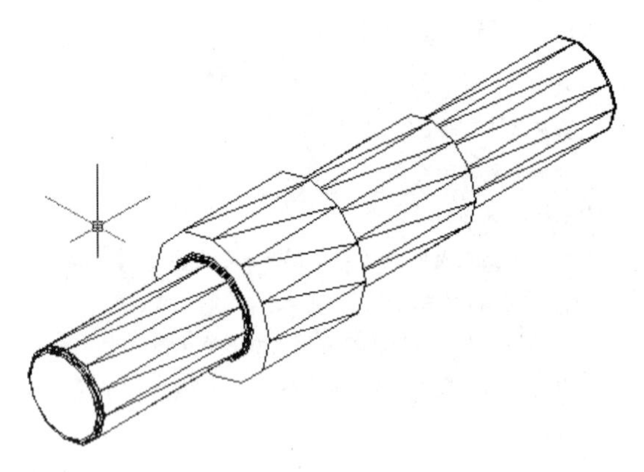

图273-7　倒圆角效果

08 执行“视图>三维视图>东北等轴测”命令，将视图方向转换为“东北等轴测”，在轴间进行半径为1.5的倒圆角。效果如图273-8所示。

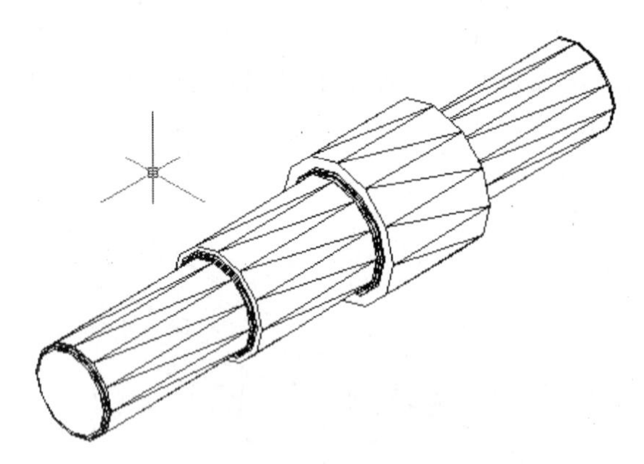

图273-8　倒圆角

09 执行“视图>三维视图>西南等轴测”命令，将视图方向转换为“西南等轴测”，键入“UCS”命令，将用户坐标系的圆点改变位置，如图273-9所示。

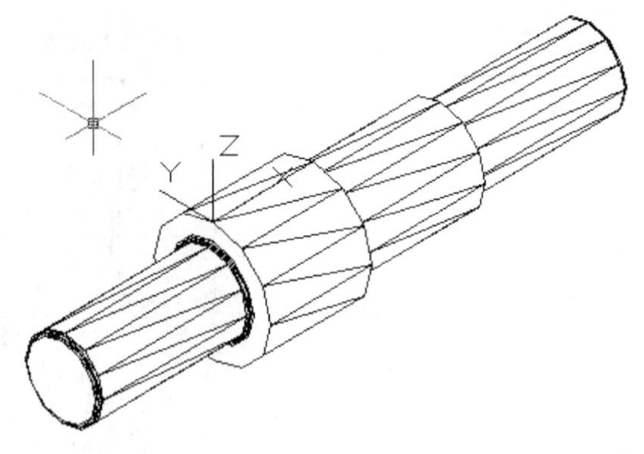

图273-9　自定义坐标系

10 执行“绘图>多段线”命令，绘制如图273-10所示的线条。

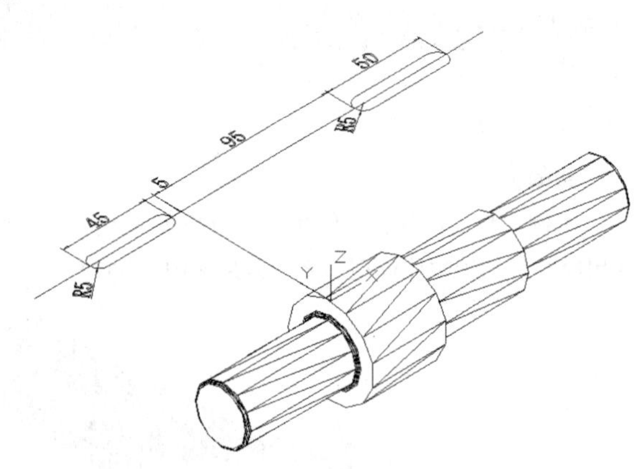

图273-10　绘制多段线

11 执行“绘图>面域”命令，将两个闭合多段线形成面域，如图273-11所示。

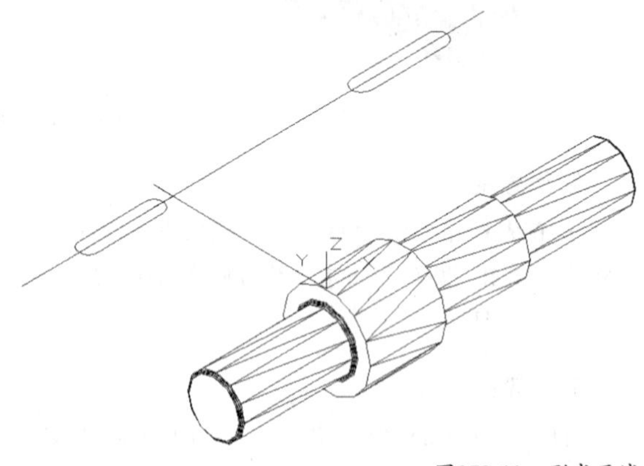

图273-11　形成面域

12 执行“修改>移动”命令，将面域移动到适当位置，如图273-12所示。

13 执行“三维工具>建模>拉伸”菜单命令，将两个面域向下拉伸12，效果如图273-13所示。

14 执行“三维工具>实体编辑>差集”菜单命令，计算旋转轴与拉伸实体的差集，结果如图273-14所示。

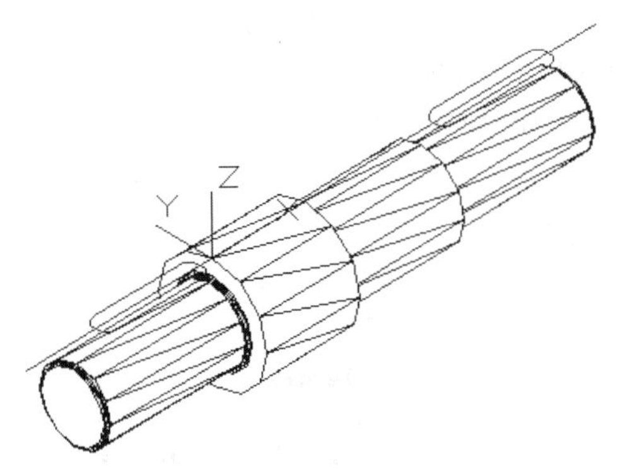

图273-12　移动面域效果

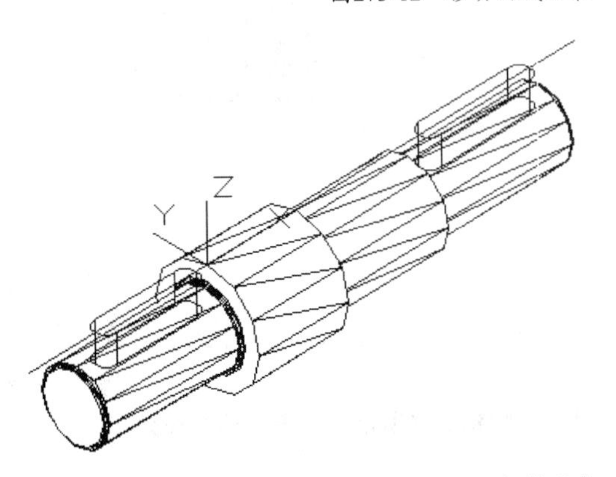

图273-13　拉伸面域

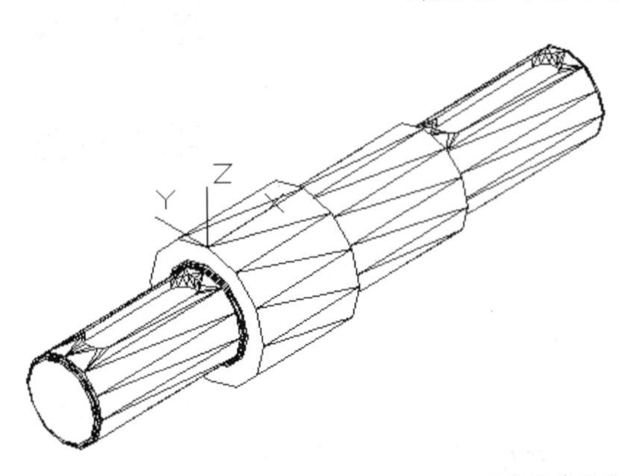

图273-14　差集计算结果

15 执行“视图>视觉样式>概念”命令，效果如图273-15所示。

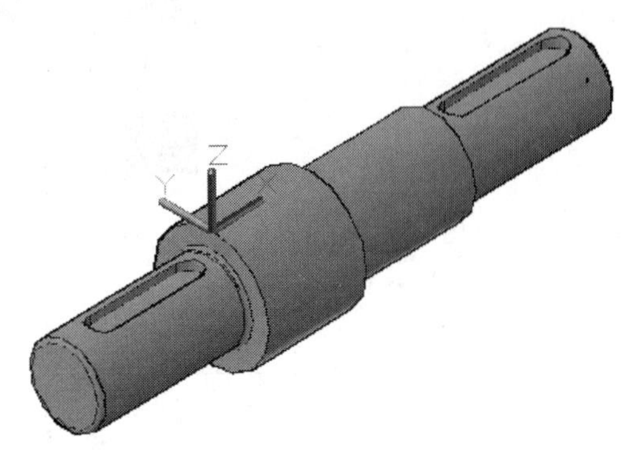

图273-15　修改视觉样式

16 执行“另存为”命令，将图形另存为“实战273.dwg”。

技巧与提示

本例中首先使用多段线命令绘制得到轴的二维半个轮廓线，通过旋转得到实体，然后使用倒角和圆角命令对阶梯轴进行修饰，再使用布尔运算中的差集，得到轴上方的槽。

练习273　绘制法兰盘造型

实战位置　DVD>练习文件>第11章>练习273.dwg
难易指数　★☆☆☆☆
技术掌握　巩固建模方法

操作指南

参照“实战273”案例进行制作。

首先打开场景文件，然后进入操作环境，利用基本绘图工具及三维阵列和拉伸等操作命令，做出如图273-16所示的三维实体。

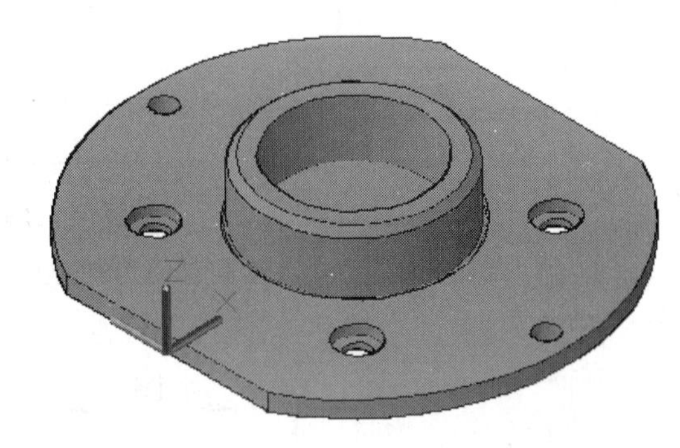

图273-16　绘制法兰盘造型

实战274　绘制深沟球轴承实体模型

实战位置　DVD>实战文件>第11章>实战274.dwg
视频位置　DVD>多媒体教学>第11章>实战274.avi
难易指数　★☆☆☆☆
技术掌握　掌握绘制深沟球轴承实体模型的方法

实战介绍

在本例中使用旋转网面、边界网面、三维旋转和三维镜像操作完成实战的绘制，介绍曲面物体的绘制方法，案例效果如图274-1所示。

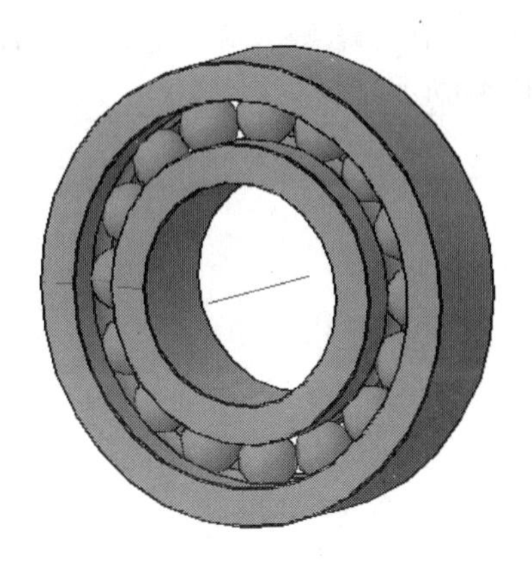

图274-1　最终效果

制作思路

• 首先打开AutoCAD 2013，然后进入操作环境，利用圆命令CIRCLE，旋转网面、边界网面、三维旋转和三维镜像等，编辑出如图274-1所示的图形。

制作流程

01 打开AutoCAD 2013，创建一个新的AutoCAD文件，文件名默认为“Drawing1.dwg”。执行“视图>三维视图>西南等轴测”命令，视图方向改为西南等轴测方向。

02 执行“绘图>直线”命令，绘制如图274-2所示的图形。

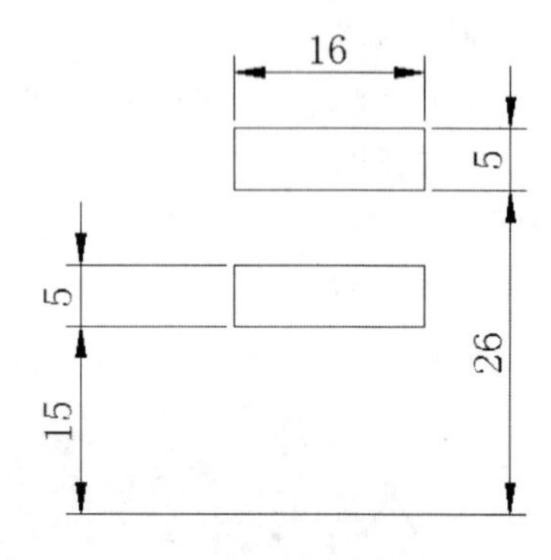

图274-2　绘制线条

03 执行“绘图>圆”命令，绘制直径为8的圆，如图274-3所示。

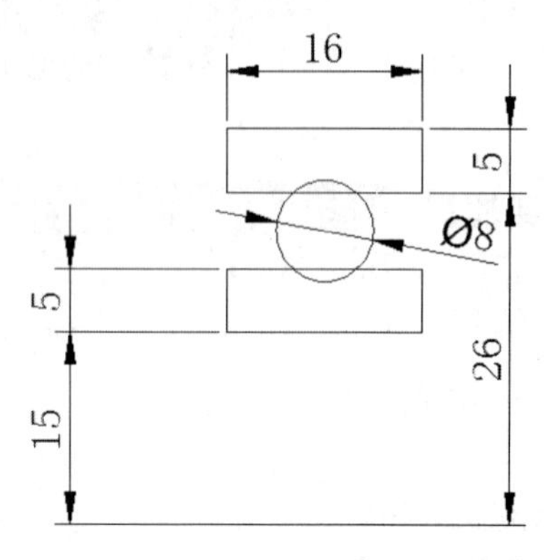

图274-3　绘制圆

04 执行“修改>修剪”命令，修剪圆弧与直线，如图274-4所示。

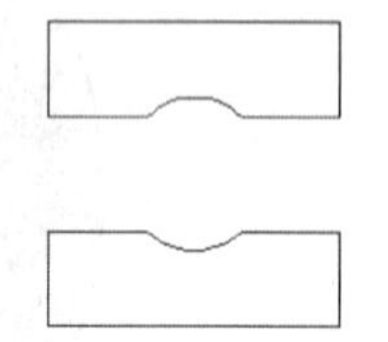

图274-4　修剪图线

05 执行“绘图>面域”命令，将两个修剪得到的闭合线图形创建为面域。

06 为了观察方便将面域填充渐变色，执行“绘图>图案填充”命令，弹出如图274-5所示的“渐变色”对话框，设置渐变色。

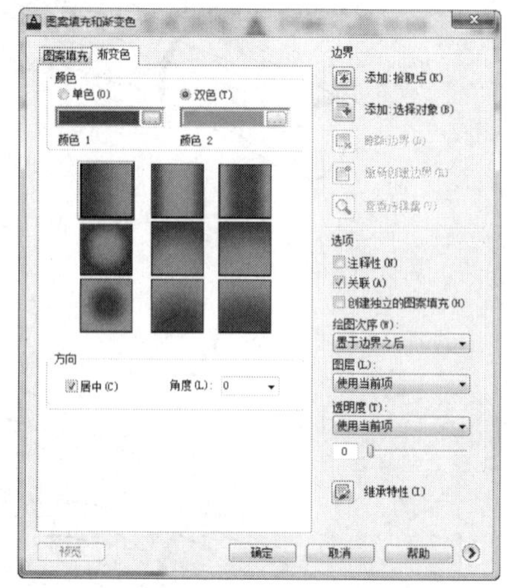

图274-5　设置渐变色

07 如图274-6所示，为渐变色填充效果。

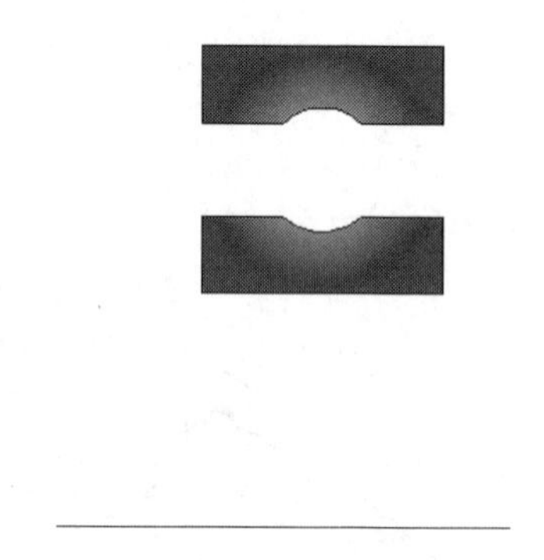

图274-6　填充渐变色效果

08 执行“绘图>多段线”命令，绘制半圆，如图274-7所示。

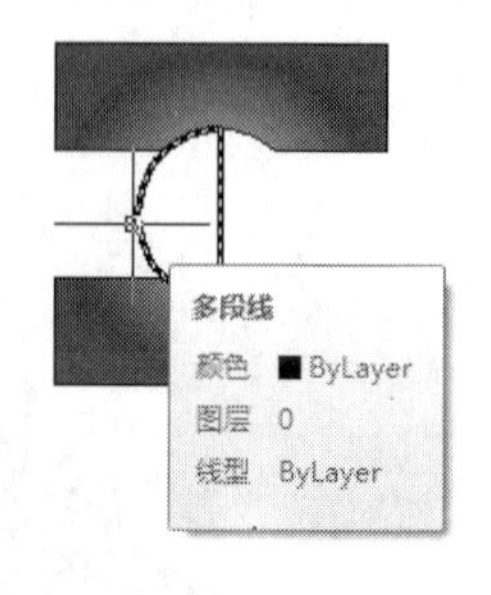

图274-7　绘制半圆

09 执行“绘图>面域”命令，将绘制的半圆转换为面域，并进行渐变色填充，如图274-8所示。

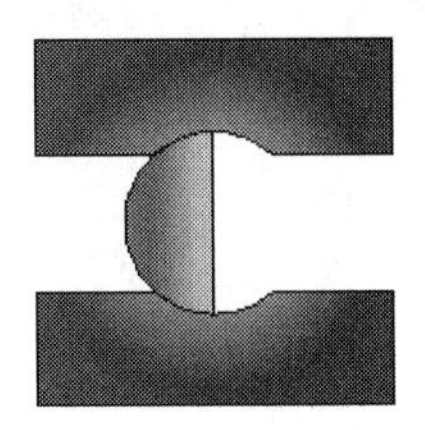

图274-8　面域渐变色填充效果

10 执行“修改>旋转”命令，将刚形成的半圆面域进行360°旋转，西南等轴测视图方向效果如图274-9所示。

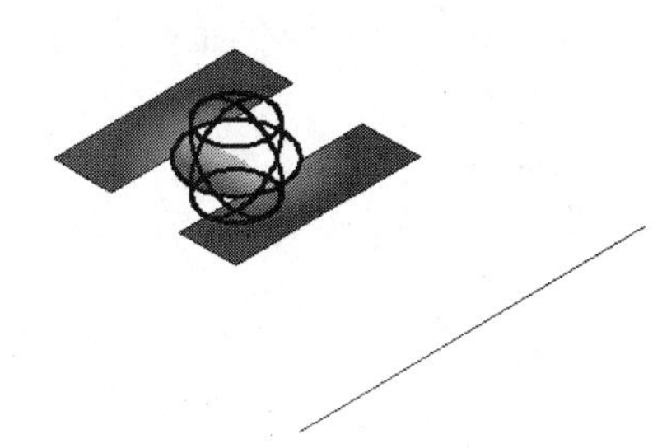

图274-9　旋转面域

11 执行“修改>三维操作>三维旋转”命令，将开始形成的两个面域，绕右下方的直线进行360°旋转，消隐效果如图274-10所示。

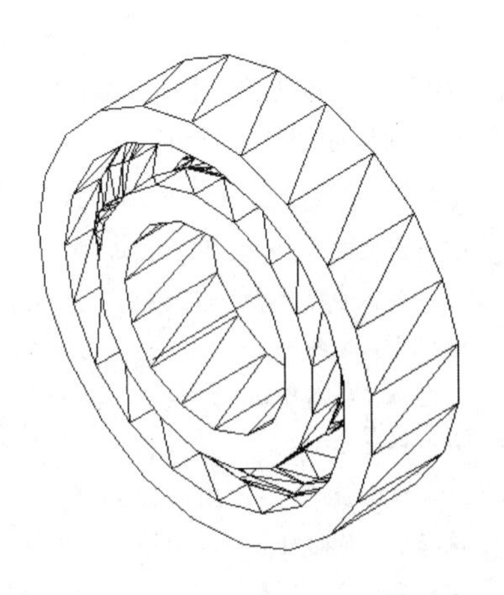

图274-10　旋转面域效果

12 执行“修改>三维操作>三维阵列”命令，将球体旋转360°，项目数为16个，消隐效果如图274-11所示。

13 执行“视图>视觉样式>概念”命令，并适当调整视图方向，效果如图274-1所示。

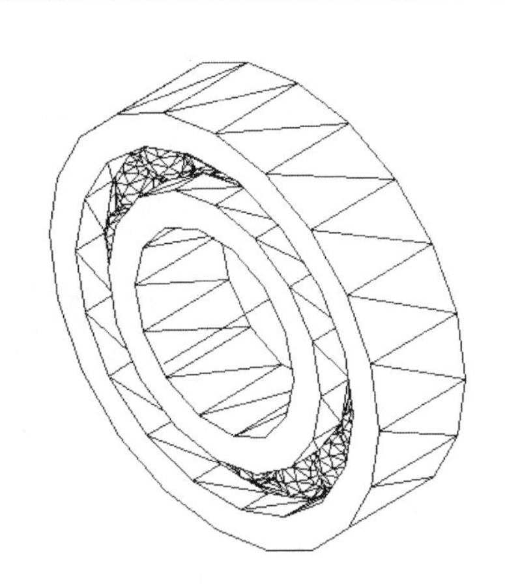

图274-11　旋转球体

14 执行“另存为”命令，将图形另存为“实战274.dwg”。

技巧与提示

在本例中利用基本二维绘图编辑命令、面域和旋转等命令得到了深沟球轴承的实体模型。

练习274 绘制零件三维造型

实战位置	DVD>练习文件>第11章>练习274.dwg
难易指数	★☆☆☆☆
技术掌握	巩固绘制三维模型的方法

操作指南

参照“实战274”案例进行制作。

首先打开场景文件，然后进入操作环境，利用二维绘图工具及三维镜像、三维旋转、旋转网面、边界网面等操作命令，做出如图274-12所示的三维实体。

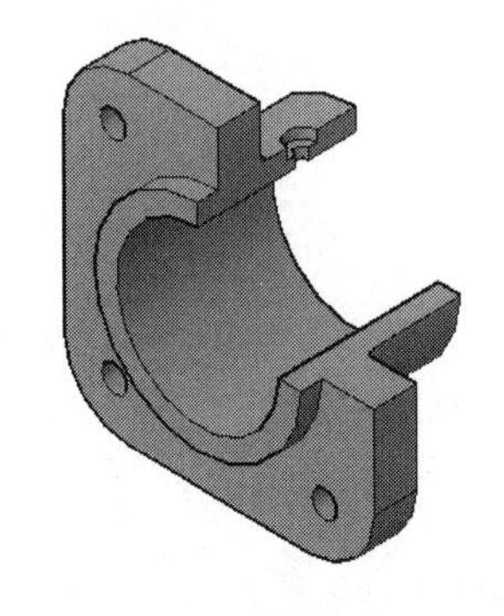

图274-12　绘制零件三维造型

实战275 绘制叉拔架实体模型

实战位置	DVD>实战文件>第11章>实战275.dwg
视频位置	DVD>多媒体教学>第11章>实战275.avi
难易指数	★☆☆☆☆
技术掌握	掌握绘制叉拔架实体模型的方法

实战介绍

本例中将介绍叉拔架实体模型的绘制方法，使用矩形、圆、拉伸和布尔运算等命令绘制得到实体模型，案例效果如图275-1所示。

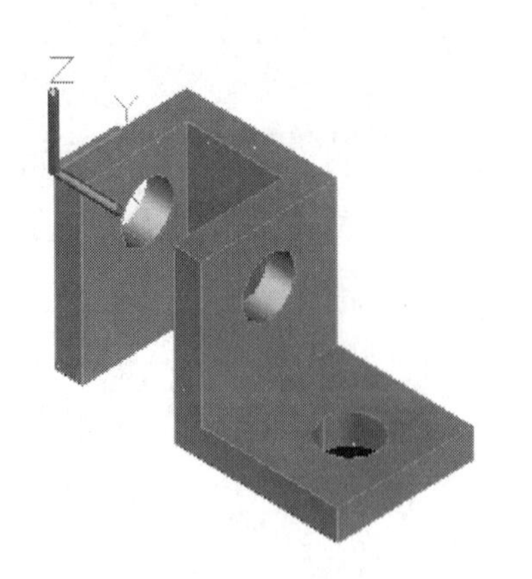

图275-1 最终效果

制作思路

• 首先打开AutoCAD 2013，然后进入操作环境，利用圆命令CIRCLE，拉伸命令EXTRUDE，布尔运算的差集命令SUBTRACT和并集命令UNION等，编辑出如图275-1所示的图形。

制作流程

01 打开AutoCAD 2013，创建一个新的AutoCAD文件，文件名默认为“Drawing1.dwg”。执行“视图>视觉样式>线框”命令，修改视觉样式为“线框”。

02 执行“绘图>多段线”命令，绘制多段线，如图275-2所示。

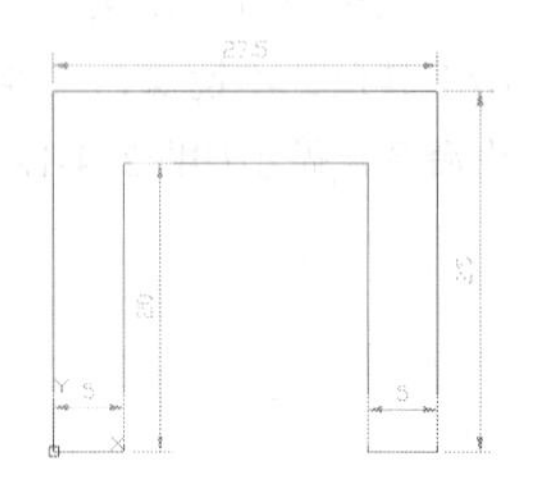

图275-2 绘制多段线

03 执行“绘图>矩形”命令，绘制边长为25的正方形，如图275-3所示。

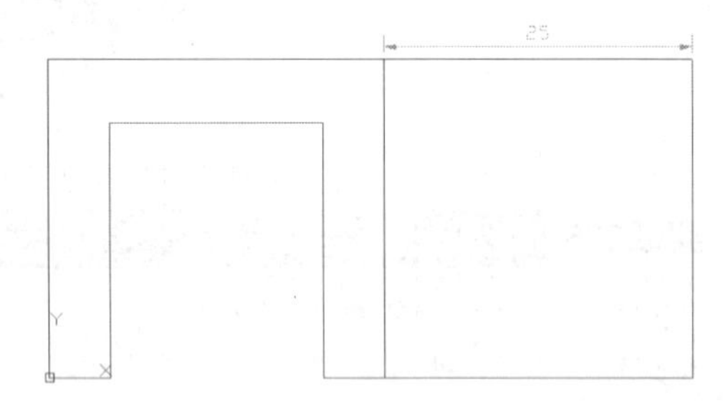

图275-3 绘制正方形

04 执行“绘图>圆”命令，以相对于正方形右上焦点位置的相对坐标为（@-10,-12.5,0）的点为圆心，绘制半径为5的圆，如图275-4所示。命令行提示和操作内容如下：

```
命令： _circle指定圆的圆心或[三点(3P)/两点(2P)/相切、相切、半径(T)]： _from基点： <偏移>： @-10,-12.5 //使用“捕捉自”动能捕捉正方形右上角点，并输入相对坐标
指定圆的半径或[直径(D)]： 5:
```

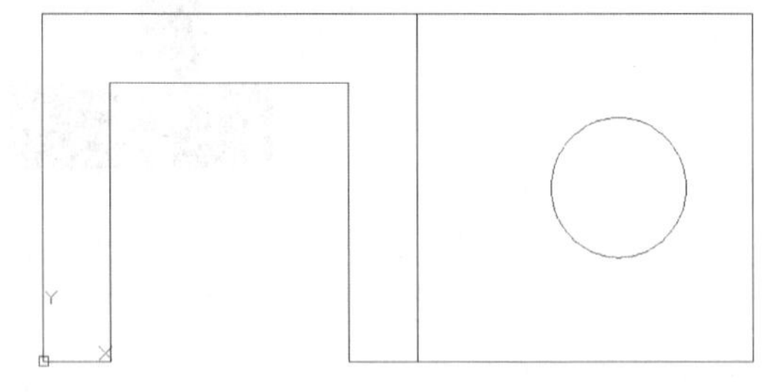

图275-4 绘制圆

05 执行“绘图>面域”命令，将多段线、正方形和圆分别进行面域，改变视图方向为东南等轴测方向，如图275-5所示。

```
命令： _region
选择对象： 指定对角点： 找到3个
选择对象：
已提取3个环。
已创建3个面域。
```

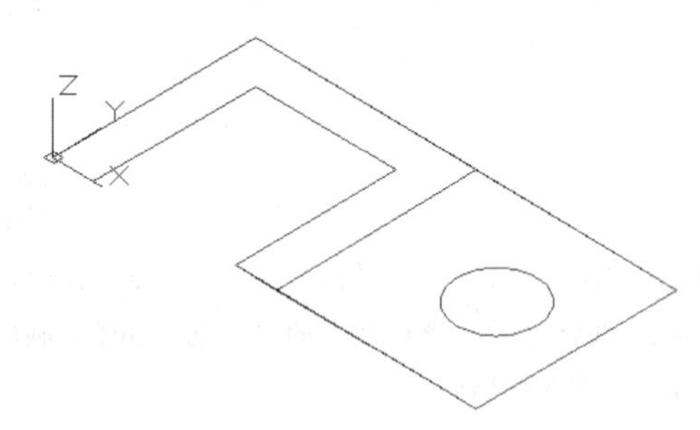

图275-5 西南等轴测方向

06 执行“三维工具>建模>拉伸”菜单命令，将面域进行拉伸，效果如图275-6所示。

```
命令： _extrude
当前线框密度： ISOLINES=4
选择要拉伸的对象： 找到1个  //选中左侧多段线面域
选择要拉伸的对象：
指定拉伸的高度或[方向(D)/路径(P)/倾斜角(T)]： 30
命令:EXTRUDE
当前线框密度： ISOLINES=4
选择要拉伸的对象： 找到1个
选择要拉伸的对象： 找到1个，总计2个  //选中右侧正方形和圆形面域
选择要拉伸的对象：
指定拉伸的高度或[方向(D)/路径(P)/倾斜角(T)]<30.0000>： 5
```

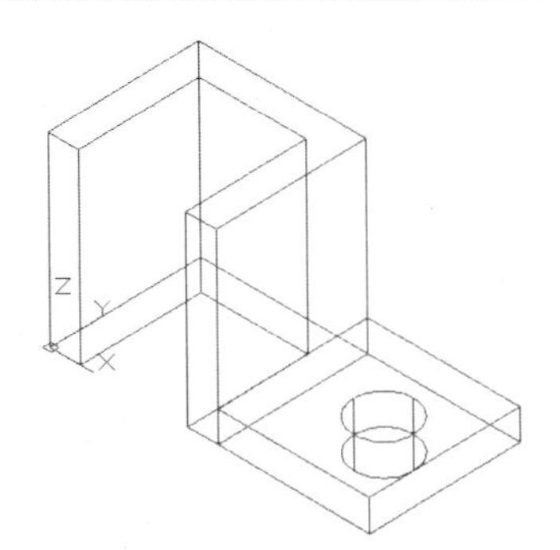

图275-6　拉伸效果

07 输入UCS命令，改变用户坐标系，结果如图275-7所示。

```
命令：ucs
当前UCS名称：*俯视*
指定UCS的原点或[面(F)/命名(NA)/对象(OB)/上一个(P)/视图(V)/世界(W)/X/Y/Z/Z轴(ZA)] <世界>：  //捕捉实体左上角点作为圆点
指定X轴上的点或 <接受>：  //捕捉实体左下角点
指定XY平面上的点或 <接受>：
```

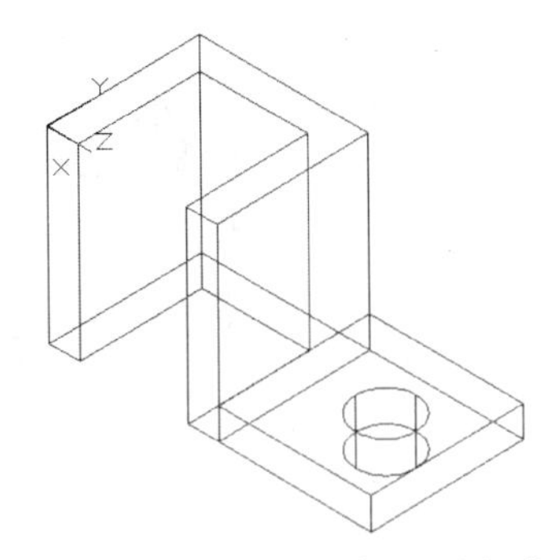

图275-7　修改用户自定义坐标系

08 执行“三维工具>建模>圆柱体”菜单命令，在左侧拉伸实体上绘制圆柱体，效果如图275-8所示。

```
命令：_cylinder
指定底面的中心点或[三点(3P)/两点(2P)/相切、相切、半径(T)/椭圆(E)]：_from基点：<偏移>：@10,12.5, 0  //捕捉自定义用户坐标系原点。再指定相对坐标（@10,12.5,0）
指定底面半径或[直径(D)]：5
指定高度或[两点(2P)/轴端点(A)] <5.0000>：27.5
```

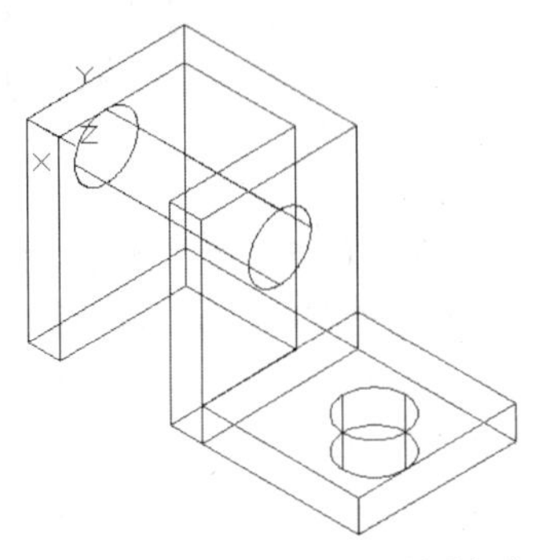

图275-8　绘制圆柱体

09 执行“三维工具>实体编辑>并集”菜单命令，计算多段体与矩形面域拉伸实体的并集，在计算并集实体与圆柱体的差集。执行“视图>视觉样式>隐藏”命令，改变视觉样式，效果如图275-9所示。

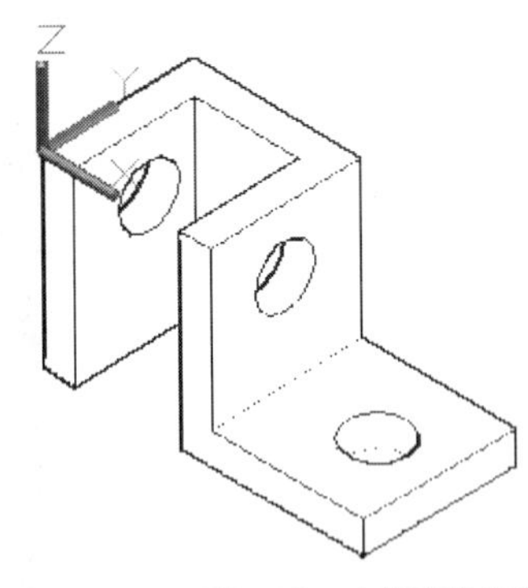

图275-9　三维隐藏效果

10 执行“视图>视觉样式>真实”命令，将视觉样式修改为“真实”，并赋予材质“金属-青铜-抛光”，效果如图275-1所示。

11 执行“另存为”命令，将图形另存为“实战275.dwg”。

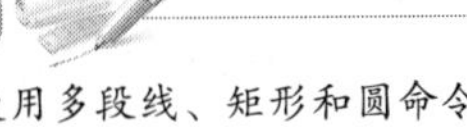

技巧与提示

本例中首先使用多段线、矩形和圆命令绘制出了基本图形，然后通过形成面域，拉伸得到实体，并改变用户坐标系，绘制圆柱体，再通过布尔运算得到最终实体。

练习275　绘制零件实体

实战位置	DVD>练习文件>第11章>练习275.dwg
难易指数	★☆☆☆☆
技术掌握	巩固零件实体模型方法

操作指南

参照“实战275”案例进行制作。

首先打开场景文件，然后进入操作环境，利用及三维镜像和三维旋转，拉伸命令EXTRUDE，布尔运算的差集命令SUBTRACT和并集命令UNION等，做出如图275-10所示的三维实体。

图275-10　绘制零件实体

实战276 绘制轴承外圈实体模型

实战位置	DVD>实战文件>第11章>实战276.dwg
视频位置	DVD>多媒体教学>第11章>实战276.avi
难易指数	★☆☆☆☆
技术掌握	掌握绘制轴承外圈实体模型的方法

实战介绍

在本例中使用圆柱体、圆环和布尔运算等命令绘制得到实体模型，案例效果如图276-1所示。

图276-1 最终效果

制作思路

• 首先打开AutoCAD 2013，然后进入操作环境，利用圆命令CIRCLE，拉伸命令EXTRUDE，布尔运算的差集命令SUBTRACT和并集命令UNION等，编辑出如图276-1所示的图形。

制作流程

01 打开AutoCAD 2013，创建一个新的AutoCAD文件，文件名默认为“Drawing1.dwg”。执行“视图>三维视图>西南等轴测”命令，视图方向改为西南等轴测方向。

02 执行“三维工具>建模>圆柱体”菜单命令，绘制如图276-2所示的图形。命令行提示和操作内容如下：

```
命令: isolines
输入ISOLINES的新值 <4>: 16
命令: _cylinder
指定底面的中心点或[三点(3P)/两点(2P)/相切、相切、半径(T)/椭圆(E)]:
指定底面半径或[直径(D)] <5.0000>: 31
指定高度或[两点(2P)/轴端点(A)] <27.5000>: 16
```

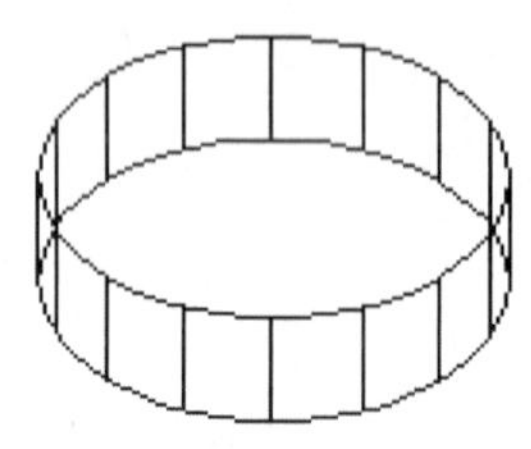

图276-2 绘制圆柱体

03 执行“三维工具>建模>圆柱体”菜单命令，以刚绘制的圆柱体圆心为圆心，绘制半径为26，高为16的圆柱体，如图276-3所示。

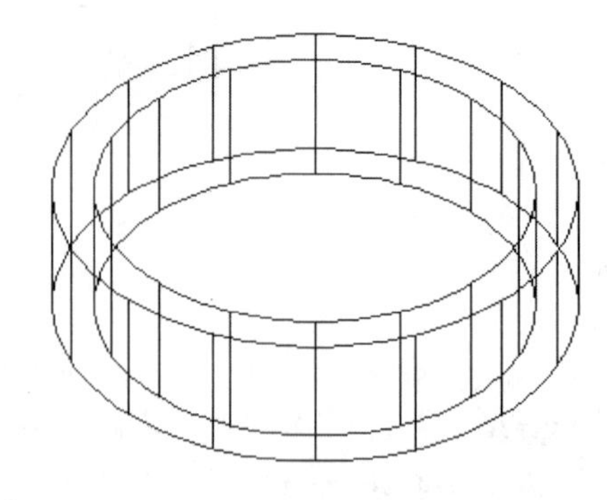

图276-3 绘制同心圆柱体

04 执行“三维工具>实体编辑>差集”菜单命令，在大圆柱体内减去小圆柱体，形成一个圆筒，消隐后效果如图276-4所示。

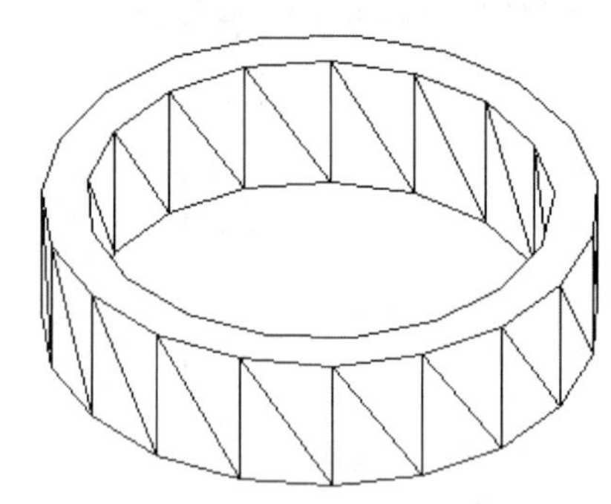

图276-4 并集计算结果

05 执行“绘图>直线”命令，绘制圆柱上下圆心的连线，如图276-5所示。

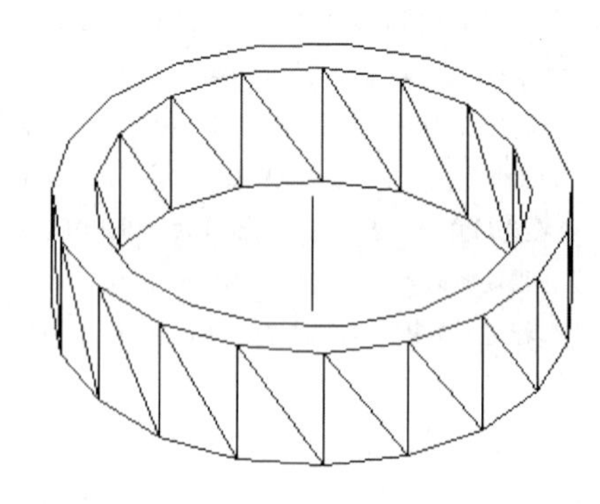

图276-5 绘制直线

06 输入UCS命令，自定义用户坐标系的原点该为刚绘制直线的中点。如图276-6所示。

07 执行“三维工具>建模>圆环体”菜单命令，绘制圆环体，如图276-7所示。

08 执行“三维工具>实体编辑>差集”菜单命令，计算圆筒与圆环的差集，如图276-8所示。

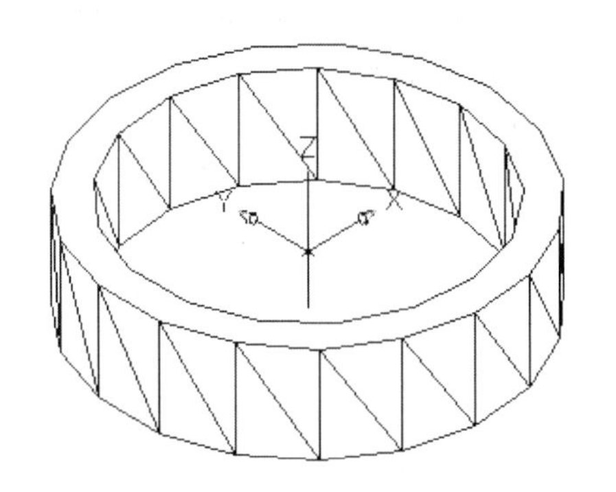

图276-6　自定义用户坐标系

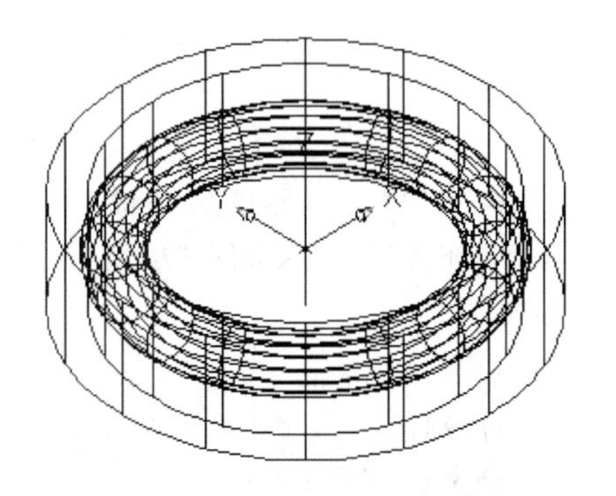

图276-7　绘制圆环体

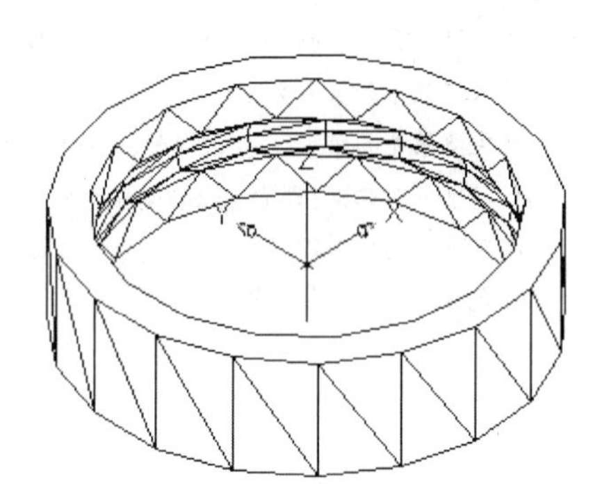

图276-8　计算差集

09 执行“视图>视觉样式>真实”命令，将视觉样式修改为“真实”，并赋予适当材质，利用自由动态观察命令修改视觉方向，结果如图276-1所示。

10 执行“另存为”命令，将图形另存为“实战276.dwg”。

技巧与提示

在本例中利用圆柱体、圆环体和差集命令得到了轴承外圈的实体模型。

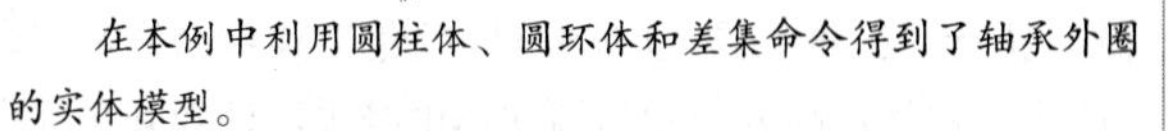

练习276　绘制连接轴套实体

实战位置	DVD>练习文件>第11章>练习276.dwg
难易指数	★☆☆☆☆
技术掌握	巩固建模方法

操作指南

参照“实战276”案例进行制作。

首先打开场景文件，然后进入操作环境，利用基本绘图工具及三维镜像、三维旋转、拉伸命令EXTRUDE，布尔运算的差集命令SUBTRACT和并集命令UNION等，做出如图276-9所示的三维实体。

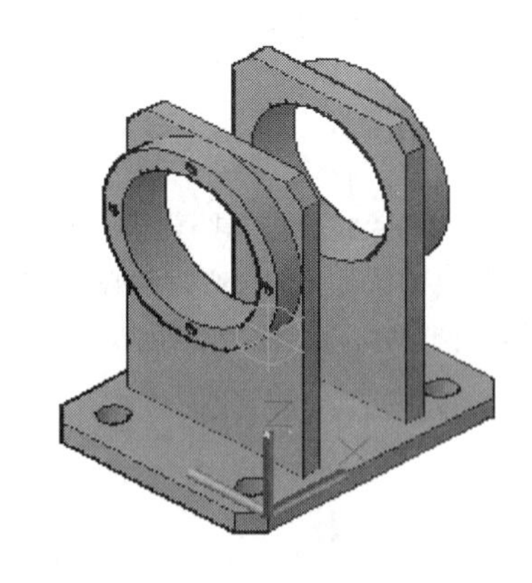

图276-9　绘制连接轴套实体

实战277　绘制连接轴套实体

实战位置	DVD>实战文件>第11章>实战277.dwg
视频位置	DVD>多媒体教学>第11章>实战277.avi
难易指数	★☆☆☆☆
技术掌握	掌握绘制连接轴套实体的方法

实战介绍

本例中将通过圆柱体之间的布尔运算，得到连接轴套的实体图，案例效果如图277-1所示。

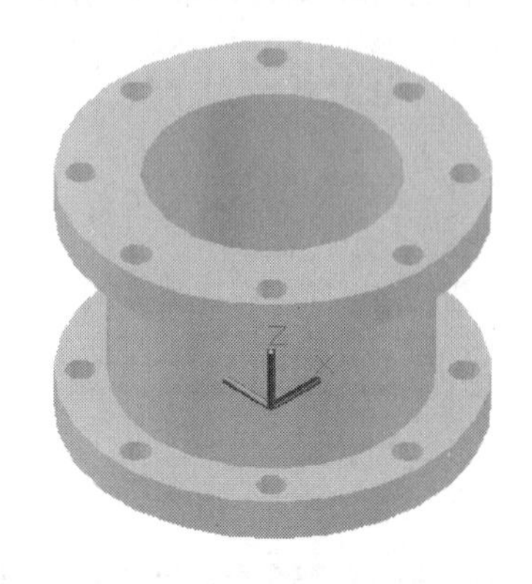

图277-1　最终效果

制作思路

• 首先打开AutoCAD 2013，然后进入操作环境，利用圆、拉伸、差集SUBTRACT和并集UNION等操作命令，编辑出如图277-1所示的图形。

制作流程

01 打开AutoCAD 2013，创建一个新的AutoCAD文件，文件名默认为“Drawing1.dwg”。执行“视图>三维视图>西南等轴测”命令，视图方向改为西南等轴测方向。

02 执行“三维工具>建模>圆柱体”菜单命令，绘制半径为200、高为40的圆柱，如图277-2所示。

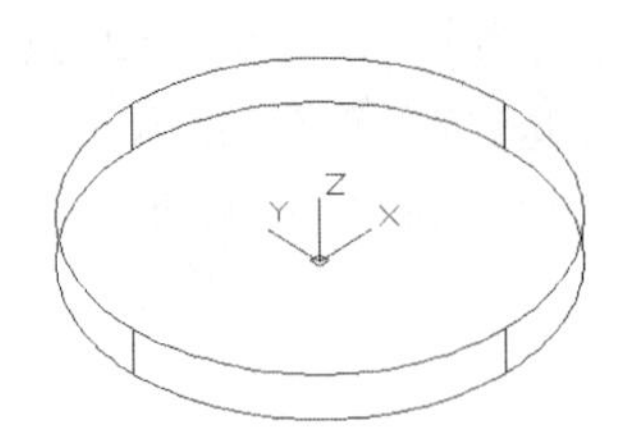

图277-2 绘制第一个圆柱体

03 执行“三维工具>建模>圆柱体”菜单命令，绘制以刚绘制的圆柱体的圆心为圆心，半径为150，高度为250的两个圆柱体，如图277-3所示。

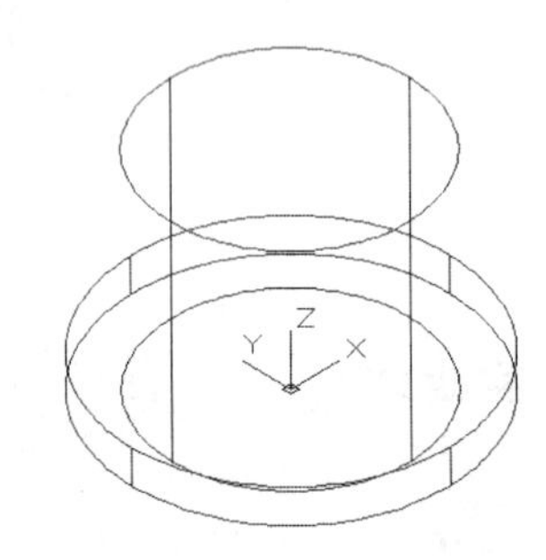

图277-3 绘制第二个圆柱体

04 执行“三维工具>建模>圆柱体”菜单命令，绘制以刚绘制的圆柱体的圆心为圆心，半径为120，高度为250的两个圆柱体，效果如图277-4所示。

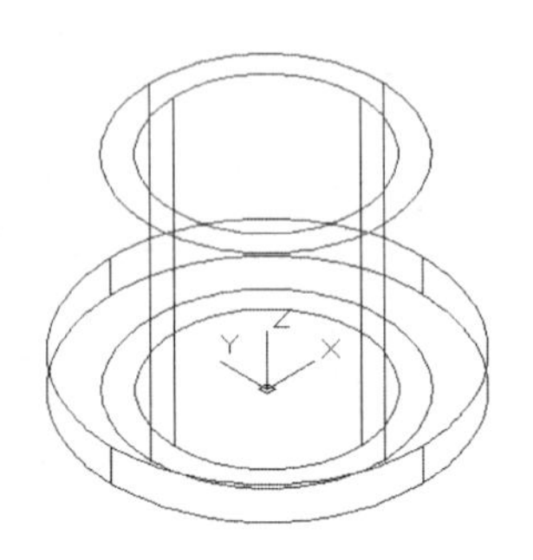

图277-4 绘制第三个圆柱体

05 输入UCS命令，定义用户坐标系的原点为圆柱体的底面圆心，如图277-5所示。

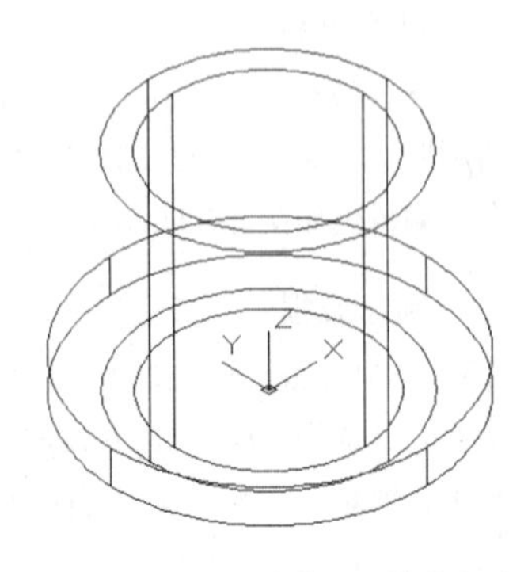

图277-5 自定义用户坐标系

06 执行“三维工具>建模>圆柱体”菜单命令，以点（-175,0,0）为圆心，绘制半径为15，高为40的圆柱，如图277-6所示。

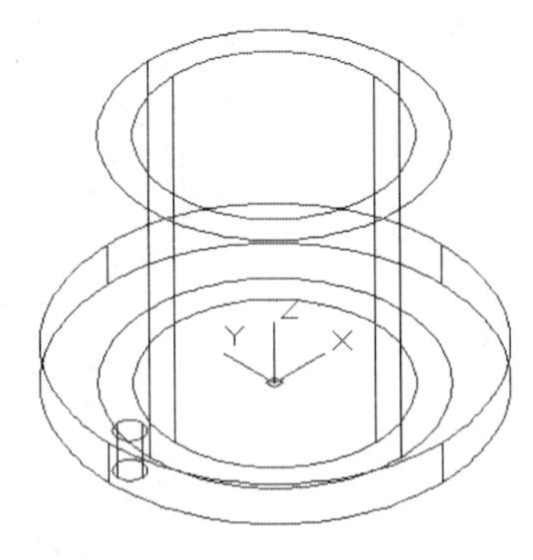

图277-6 绘制小圆柱体

07 执行“修改>三维操作>三维阵列”命令，将小圆柱体进行环形阵列，效果如图277-7所示。命令行提示和操作内容如下：

```
命令: _3darray
正在初始化...  已加载3DARRAY。
选择对象: 找到1个
选择对象:
输入阵列类型[矩形(R)/环形(P)] <矩形>:P
输入阵列中的项目数目: 8
指定要填充的角度 (+=逆时针, -=顺时针) <360>:
旋转阵列对象? [是(Y)/否(N)] <Y>: Y
指定阵列的中心点:
指定旋转轴上的第二点:
```

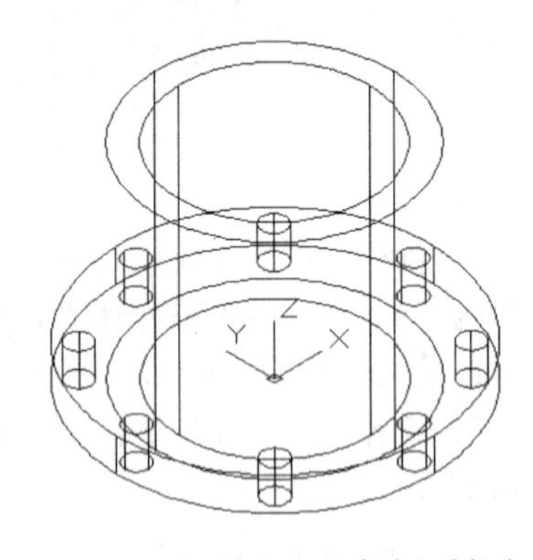

图277-7 阵列小圆柱体

08 执行“三维工具>实体编辑>差集”菜单命令，将阵列的小圆柱体从高度为40的圆柱体中减去，消隐效果如图277-8所示。

09 执行“修改>复制”命令，将轴套底部复制到顶部，效果如图277-9所示。

10 执行“三维工具>实体编辑>并集”菜单命令，对轴套两端和半径为150的圆柱体计算并集，再从中计算其与半径为120的圆柱体的差集，效果如图277-10所示。

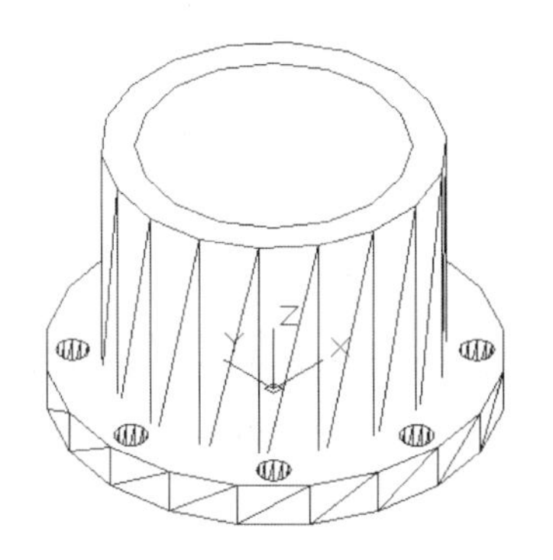

图277-8　计算差集

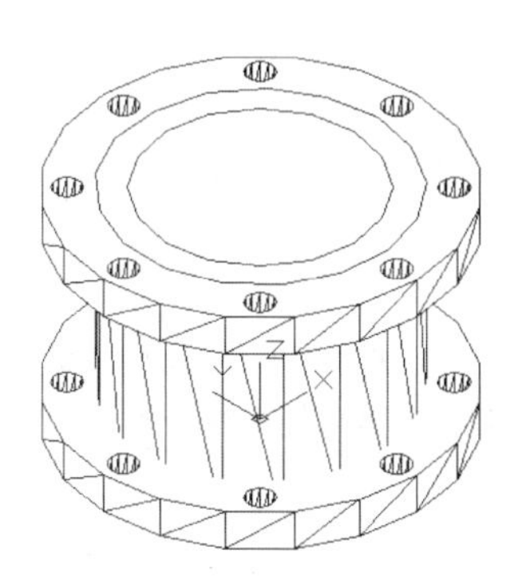

图277-9　复制效果

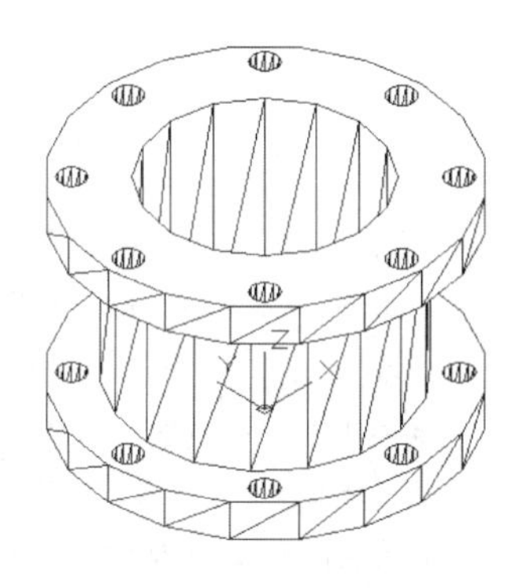

图277-10　布尔运算

11 执行"视图>视图样式>概念"命令，并赋予适当材质，效果如图277-11所示。

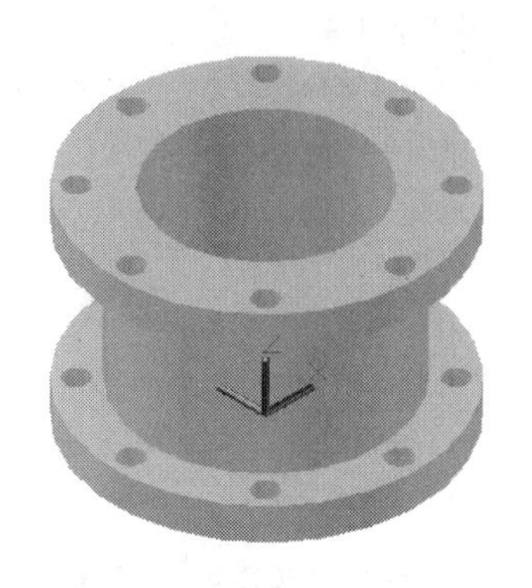

图277-11　赋予材质

12 执行"另存为"命令，将图形另存为"实战277.dwg"。

技巧与提示

本例中使用圆柱体绘制基本实体，再利用布尔运算计算得到实体模型。

练习277　绘制连接轴套实体

实战位置　DVD>练习文件>第11章>练习277.dwg
难易指数　★☆☆☆☆
技术掌握　巩固绘制连接轴套实体模型的方法

操作指南

参照"实战277绘制连接轴套实体"案例进行制作。

首先打开场景文件，然后进入操作环境，利用圆命令CIRCLE，三维镜像和三维旋转，拉伸命令EXTRUDE，布尔运算的差集命令SUBTRACT和并集命令UNION等，做出如图277-12所示的三维实体。

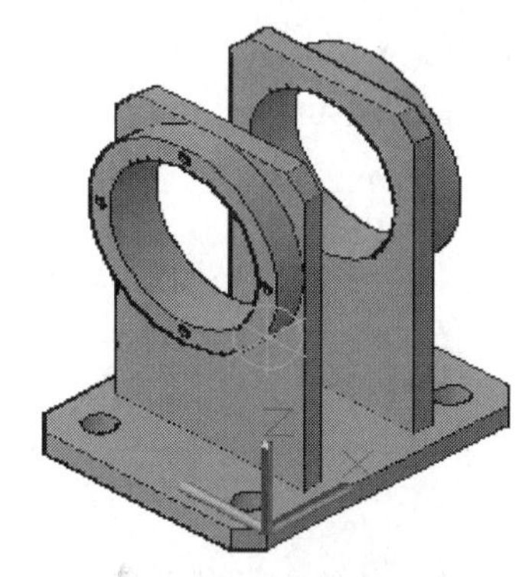

图277-12　绘制连接轴套实体

实战278　绘制支架实体

实战位置　DVD>实战文件>第11章>实战278.dwg
视频位置　DVD>多媒体教学>第11章>实战278.avi
难易指数　★☆☆☆☆
技术掌握　掌握绘制支架实体的方法

实战介绍

在本例中介绍绘制支架实体模型的方法，主要介绍使用楔体、三维镜像和三维旋转等命令的使用方法，案例效果如图278-1所示。

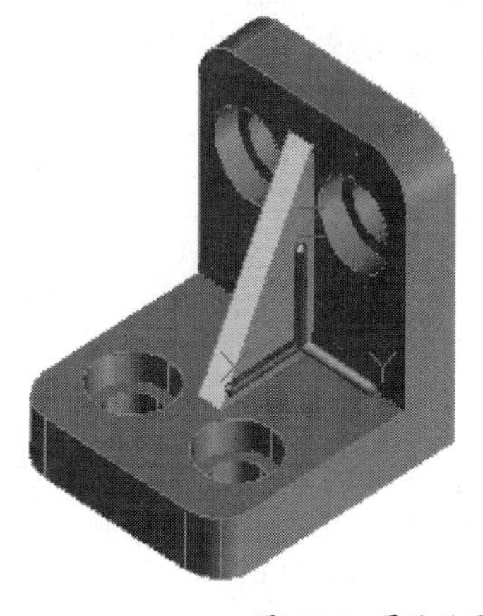

图278-1　最终效果

制作思路

• 首先打开AutoCAD 2013，然后进入操作环境，利用圆、楔体建模、拉伸、差集SUBTRACT和并集UNION等操作命令，编辑出如图278-1所示的图形。

制作流程

01 打开AutoCAD 2013，创建一个新的AutoCAD文件，文件名默认为“Drawing1.dwg”。执行“视图>三维视图>西南等轴测”命令，视图方向改为西南等轴测方向。

02 执行“三维工具>建模>长方体”菜单命令，绘制如图278-2所示的长方体。命令行提示如下：

```
命令: _box
指定第一个角点或[中心(C)]:  //任意指定一点
指定其他角点或[立方体(C)/长度(L)]: l
指定长度: 200
指定宽度: 180
指定高度或[两点(2P)] <40.0000>:
```

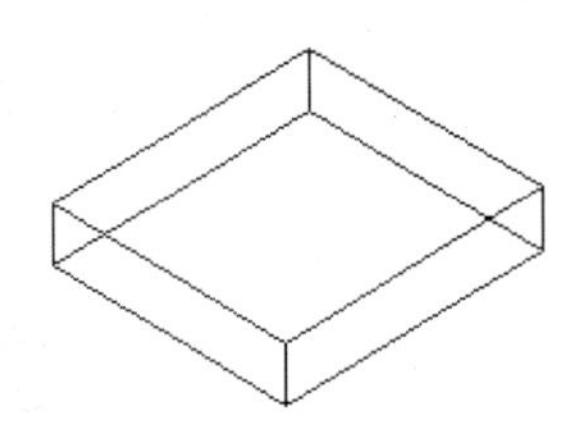

图278-2　绘制长方体

03 执行“绘图>直线”命令，利用中点捕捉功能绘制两条相交直线，如图278-3所示。

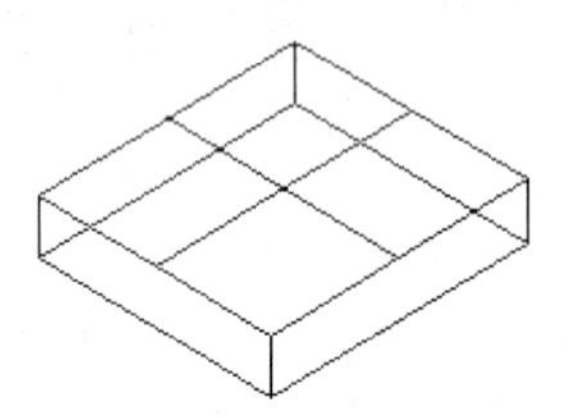

图278-3　绘制直线

04 执行“修改>偏移”命令，将x轴方向的直线向右偏移45，y方向的直线向左偏移40，如图278-4所示。

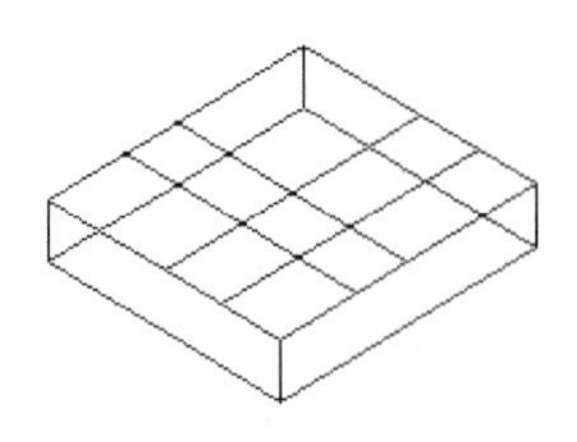

图278-4　偏移直线

05 执行“三维工具>建模>圆柱体”菜单命令，以偏移直线交点为底面圆心，绘制半径为30，高度为-20的圆柱体，如图278-5所示。

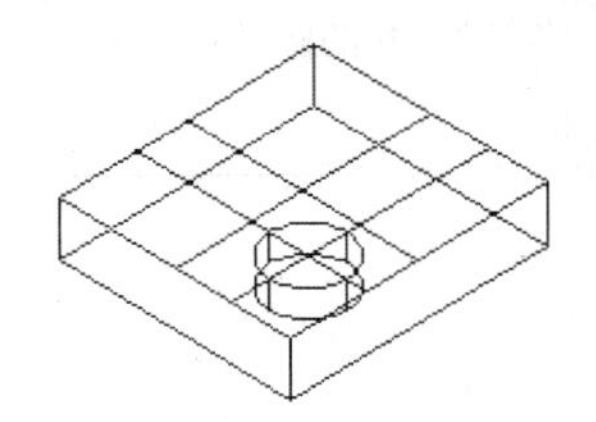

图278-5　绘制圆柱体

06 按回车键再次执行圆柱体命令，在同样的圆心位置，绘制半径为20，高度为-50的圆柱体，如图278-6所示。

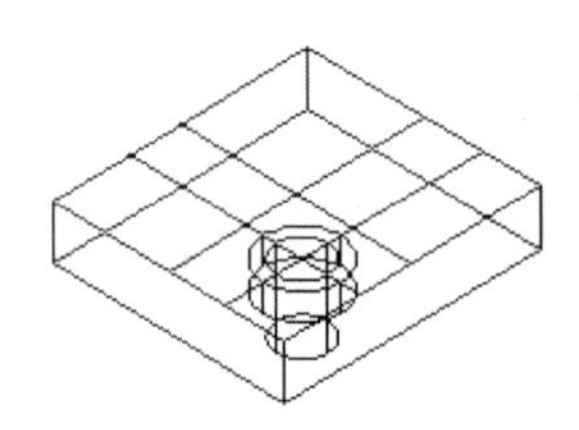

图278-6　绘制细圆柱体

07 执行“实体编辑>并集”命令，对两个圆柱体计算并集，并删除辅助线，如图278-7所示。

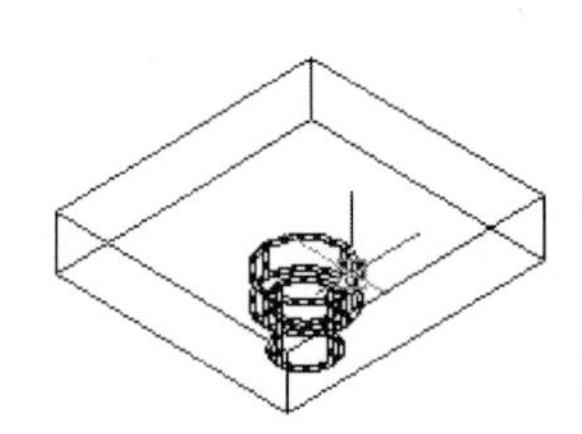

图278-7　计算并集

08 执行“修改>三维镜像”命令，将并集实体进行三维镜像，如图278-8所示。命令行提示和操作内容如下：

```
命令: _mirror3d
选择对象: 找到1个  //选择刚通过并集计算得到的实体
选择对象:
指定镜像平面 (三点) 的第一个点或[对象(O)/最近的(L)/Z轴(Z)/视图(V)/XY平面(XY)/YZ平面(YZ)/ZX平面(ZX)/三点(3)] <三点>: zx
指定ZX平面上的点 <0,0,0>:  //利用中点捕捉，捕捉上表面边框中点
是否删除源对象? [是(Y)/否(N)] <否>: N
```

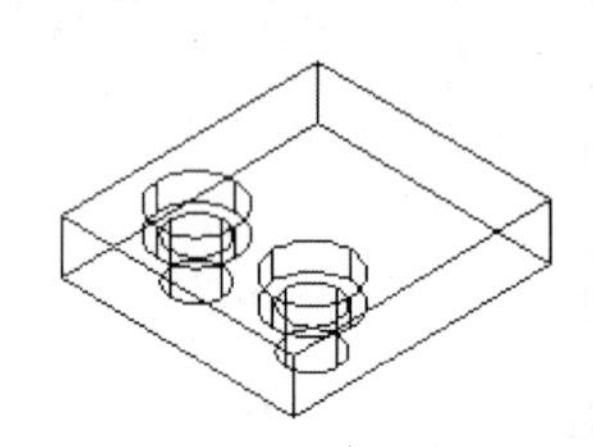

图278-8　镜像效果

09 执行“实体编辑>差集”命令，从长方体中减去两个圆柱，消隐效果如图278-9所示。

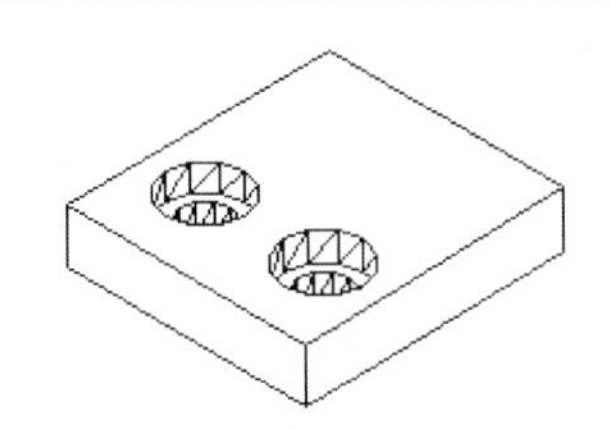

图278-9　差集计算结果

10 执行“修改>三维镜像”命令，将差集得到实体进行三维镜像，如图278-10所示。命令行提示和操作内容如下：命令: _mirror3d

```
选择对象：找到1个
选择对象：
指定镜像平面 (三点) 的第一个点或
[对象(O)/最近的(L)/Z轴(Z)/视图(V)/XY平面(XY)/YZ平面(YZ)/ZX平面(ZX)/三点(3)] <三点>: yz
指定YZ平面上的点 <0,0,0>:
是否删除源对象？[是(Y)/否(N)] <否>: N
```

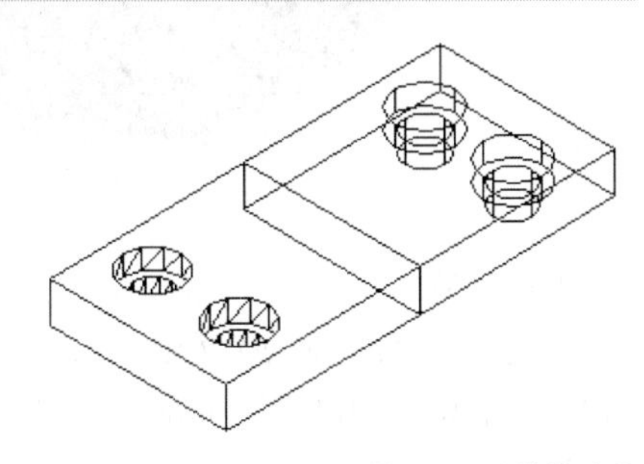

图278-10　镜像效果

11 执行“修改>三维旋转”命令，将三维镜像得到的实体进行90°旋转，如图278-11所示。命令行提示和操作内容如下：

```
命令: _3drotate
UCS当前的正角方向:  ANGDIR=逆时针   ANGBASE=0
选择对象：找到1个
选择对象：
指定基点：
拾取旋转轴：
指定角的起点或键入角度: 90
```

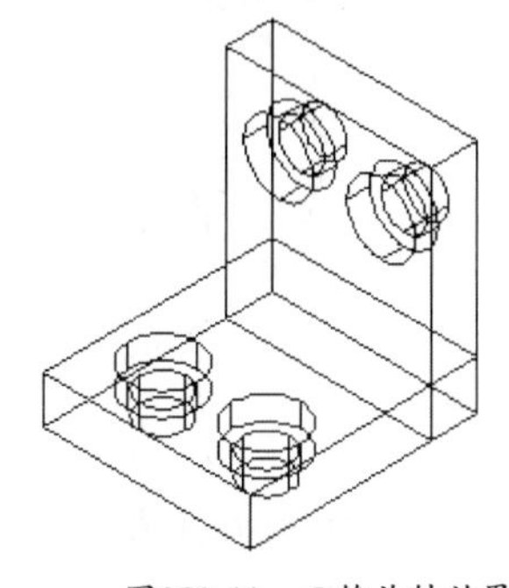

图278-11　三维旋转效果

12 执行“绘图>直线”命令，利用中点捕捉功能，绘制直线，并自定义用户坐标系，如图278-12所示。

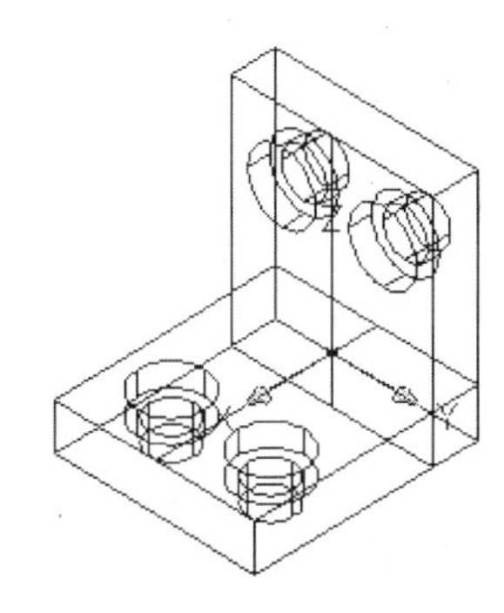

图278-12　自定义用户坐标系

13 执行“三维工具>建模>楔体”菜单命令，绘制楔体，如图278-13所示。命令行提示如下：

```
命令: _wedge
指定第一个角点或[中心(C)]:  //捕捉坐标系原点
指定其他角点或[立方体(C)/长度(L)]: l
指定长度 <0.0000>:80
指定宽度 <0.0000>:20
指定高度或[两点(2P)] <0.0000>:135
```

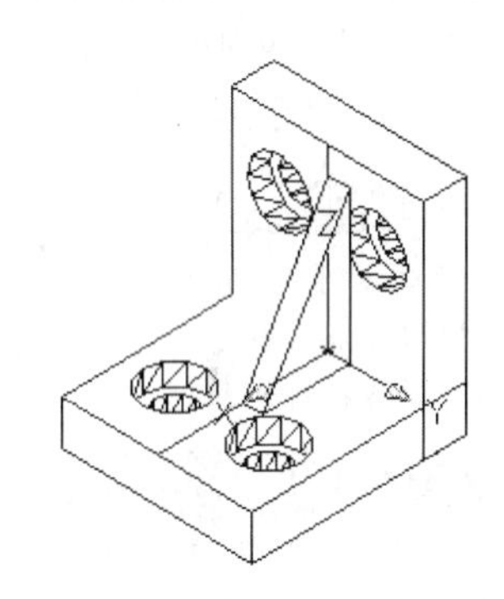

图278-13　绘制楔体

14 执行“修改>移动”命令，将楔体向y轴负方向移动10个单位，结果如图278-14所示。

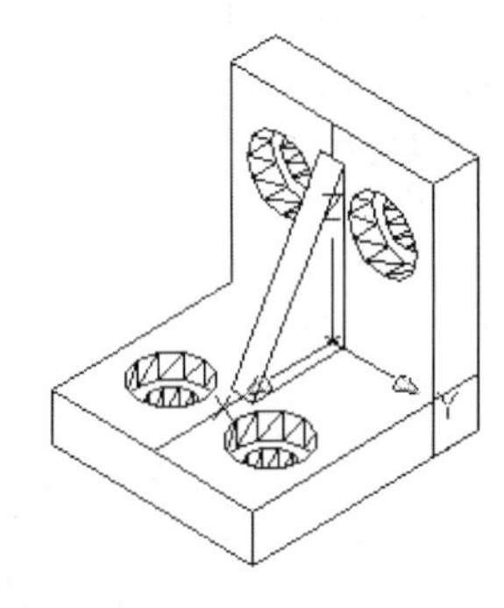

图278-14　移动结果

15 执行“修改>圆角”命令，对实体的四个角进行半径为30的圆角处理，效果如图278-15所示。

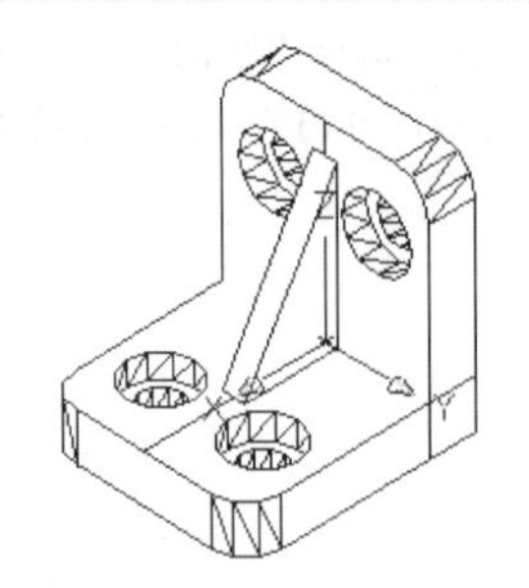

图278-15 倒圆角处理

16 执行“修改>修剪”命令，修剪多余辅助线，并对实体计算并集，效果如图278-16所示。

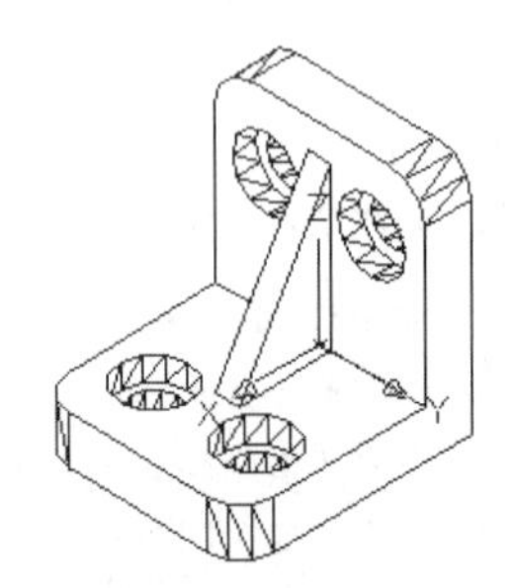

图278-16 并集计算结果

17 执行“视图>视觉样式>真实”命令，将视觉样式修改为“真实”，并对实体赋予适当材质，效果如图278-1所示。

18 执行“另存为”命令，将图形另存为“实战278.dwg”。

在本例中利用长方体、圆柱体和楔体基本实体样式绘制得到基本形状，再利用三维旋转、三维镜像、布尔运算和圆角等编辑命令得到最终的支架实体。

练习278 绘制底座零件实体

实战位置 DVD>练习文件>第11章>练习278.dwg
难易指数 ★☆☆☆☆
技术掌握 巩固建模方法

操作指南

参照“实战278”案例进行制作。

首先打开场景文件，然后进入操作环境，利用用楔体、三维镜像和三维旋转等操作命令作出如图278-17所示的三维实体。

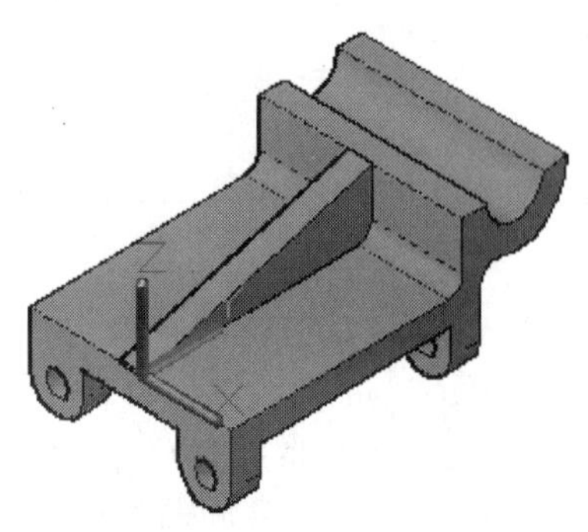

图278-17 绘制底座零件实体

实战279 绘制法兰盘实体模型

实战位置 DVD>实战文件>第11章>实战279.dwg
视频位置 DVD>多媒体教学>第11章>实战279.avi
难易指数 ★☆☆☆☆
技术掌握 掌握绘制法兰盘实体模型的方法

实战介绍

本例中将介绍绘制法兰盘的实体模型的方法。主要用到圆柱体和布尔运算命令，案例效果如图279-1所示。

图279-1 最终效果

制作思路

• 首先打开AutoCAD 2013，然后进入操作环境，利用圆柱体建模、三维阵列、布尔运算等操作命令，编辑出如图279-1所示的图形。

制作流程

01 打开AutoCAD 2013，创建一个新的AutoCAD文件，文件名默认为“Drawing1.dwg”。执行“视图>三维视图>西南等轴测”命令，视图方向改为西南等轴测方向。

02 执行“三维工具>建模>圆柱体”命令，绘制半径为80、高度为30的圆柱体，如图279-2所示。

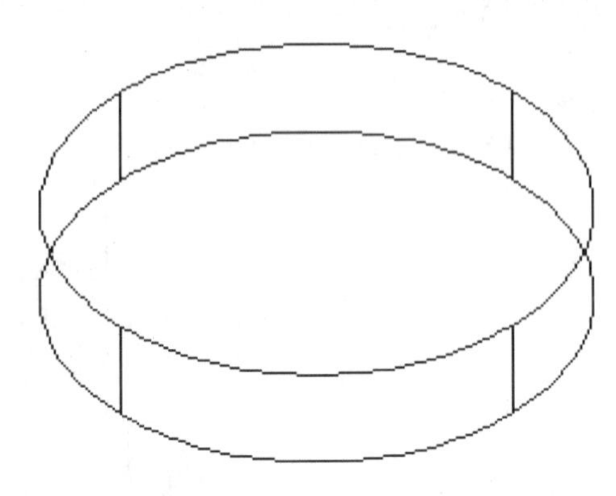

图279-2 绘制圆柱体

03 重复绘制圆柱体，以刚绘制的圆柱体的底面圆心为圆心，分别绘制半径为40和20，高为84的两个圆柱体，如

图279-3所示。

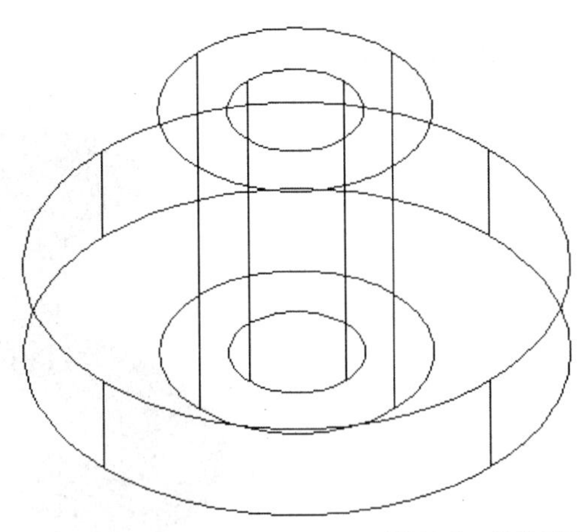

图279-3 形成面域

04 执行“三维工具>实体编辑>差集”菜单命令，从半径为80和40的圆柱体中减去半径为20的圆柱体，效果如图279-4所示。

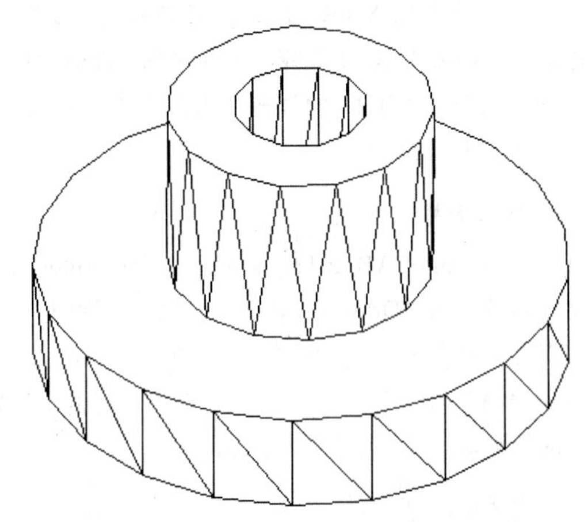

图279-4 差集计算

05 执行“三维工具>建模>圆柱体”命令，以相对于原圆柱体的底面圆心位置的相对坐标为（@60,0,0）的点为圆心，半径为4，高度为30的圆柱体，如图279-5所示。

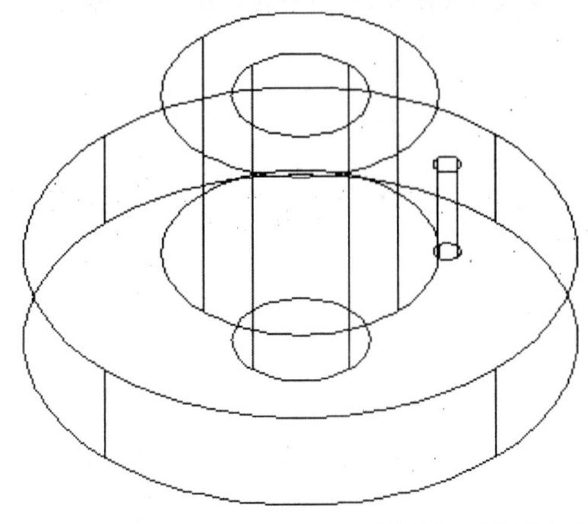

图279-5 绘制圆柱体

06 执行“三维工具>建模>圆柱体”命令，以刚绘制的圆柱体的顶面圆心位置为圆心，半径为6，高度为-10的圆柱体，如图279-6所示。

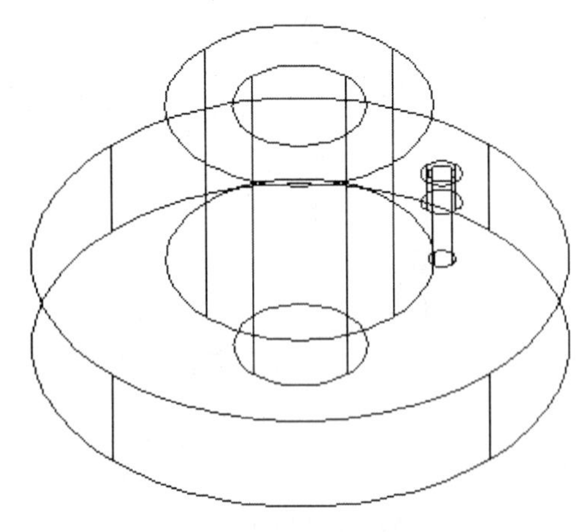

图279-6 绘制圆柱体

07 执行“修改>三维操作>三维阵列”命令，将刚绘制的两个圆柱体进行三维环形阵列，效果如图279-7所示。

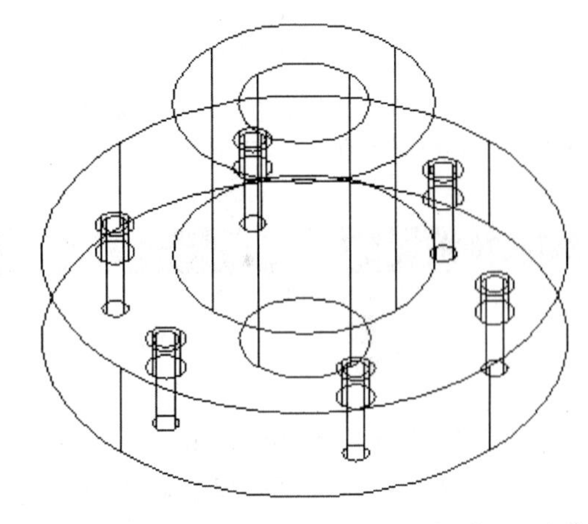

图279-7 三维环形阵列

08 执行“三维工具>实体编辑>差集”菜单命令，从大圆柱体中减去刚得到的阵列圆柱体，效果如图279-8所示。

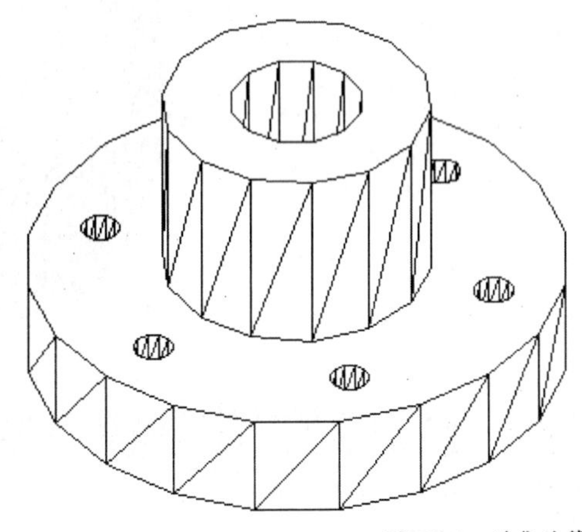

图279-8 差集计算

09 执行“修改>倒角”命令，对实体进行半径为4的倒圆角操作，如图279-9所示。

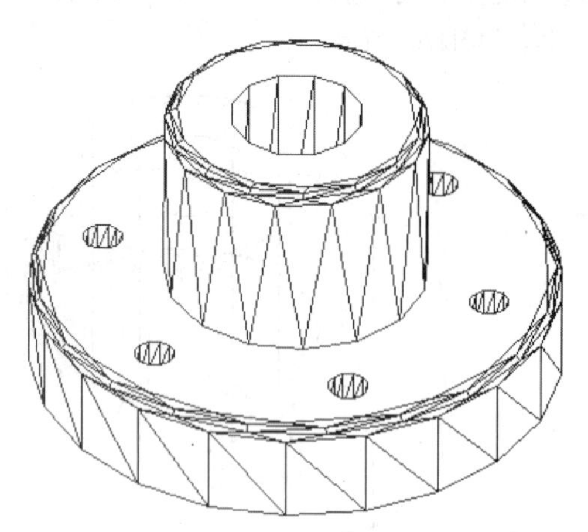

图279-9 绘制倒角效果

10 执行“视图>视觉样式>真实”命令，修改视图方向，效果如图279-1所示。

11 执行“另存为”命令，将图形另存为“实战279.dwg”。

技巧与提示

本例中使用圆柱体的布尔运算得到基本实体，并通过倒角操作对实体进行编辑，再通过赋予材质，使实体外观更加真实。

练习279 绘制法兰盘实体

实战位置	DVD>练习文件>第11章>练习279.dwg
难易指数	★☆☆☆☆
技术掌握	巩固建模方法

操作指南

参照“实战279”案例进行制作。

首先打开场景文件，然后进入操作环境，利用圆柱体建模、三维阵列、拉伸、差集和并集等操作命令，做出如图279-10所示的三维实体。

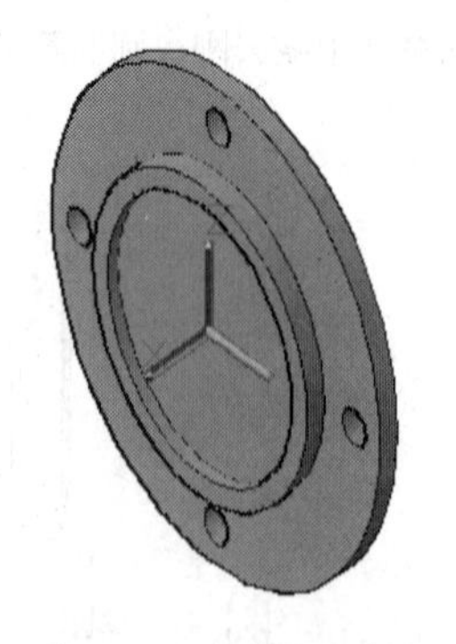

图279-10 绘制法兰盘实体

实战280 绘制弯管实体模型

实战位置	DVD>实战文件>第11章>实战280.dwg
视频位置	DVD>多媒体教学>第11章>实战280.avi
难易指数	★☆☆☆☆
技术掌握	掌握绘制弯管实体模型的方法

实战介绍

在本例中主要介绍三维多段线和自定义用户坐标系的方法，案例效果如图280-1所示。

图280-1 最终效果

制作思路

• 首先打开AutoCAD 2013，然后进入操作环境，利用圆命令CIRCLE，多段线，拉伸命令EXTRUDE，布尔运算的差集命令SUBTRACT和并集命令UNION等，编辑出如图280-1所示的图形。

制作流程

01 打开AutoCAD 2013，创建一个新的AutoCAD文件，文件名默认为“Drawing1.dwg”。执行“视图>三维视图>东南等轴测”命令，视图方向改为东南等轴测方向。

02 执行“绘图>三维多段线”命令，绘制如图280-2所示的三维多段线。命令行提示如下：

```
命令: _3dpoly
指定多段线的起点::0,0,0
指定直线的端点或[放弃(U)]:0,0,-120
指定直线的端点或[放弃(U)]: 0,-170,0
指定直线的端点或[闭合(C)/放弃(U)]: 95,0,0
指定直线的端点或[闭合(C)/放弃(U)]:U
```

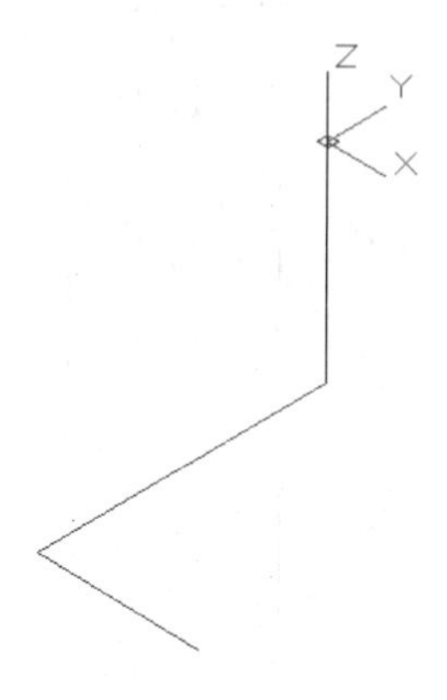

图280-2 绘制三维多段线

03 执行“修改>分解”命令，将三维多段线分解，如图280-3所示。

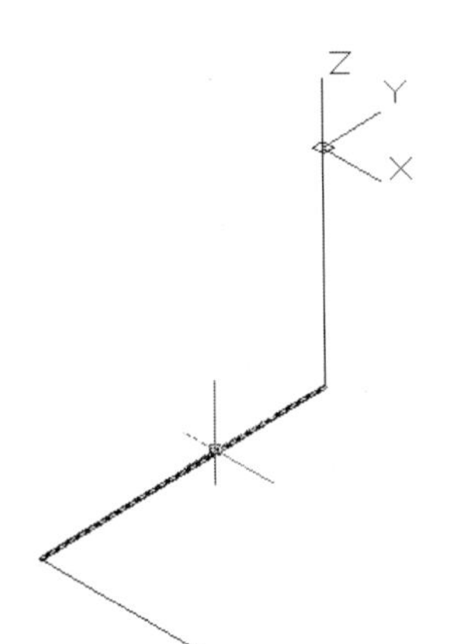

图280-3　分解多段线

04 执行“修改>圆角”菜单命令，在分解多段线之间倒圆角，半径为40，如图280-4所示。

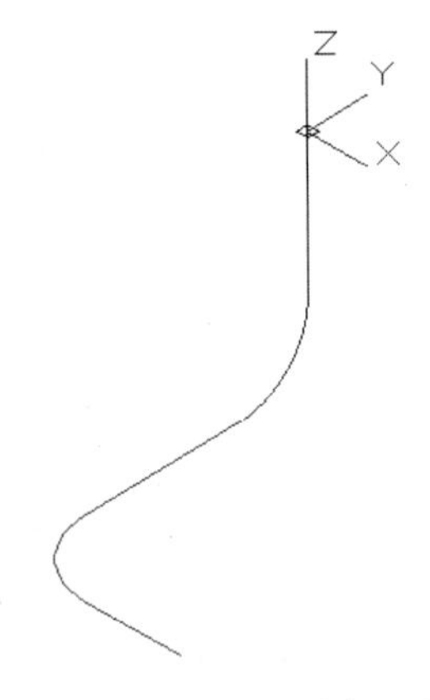

图280-4　倒圆角效果

05 执行“修改>对象>多段线”，将图线合并为两条多段线，如图280-5所示。

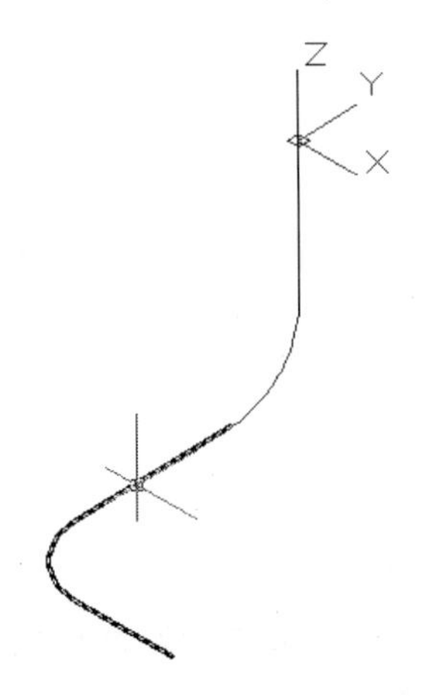

图280-5　合并多段线

06 执行“绘图>圆”命令，以多段线上端点为圆心，绘制半径为18和30的同心圆，如图280-6所示。

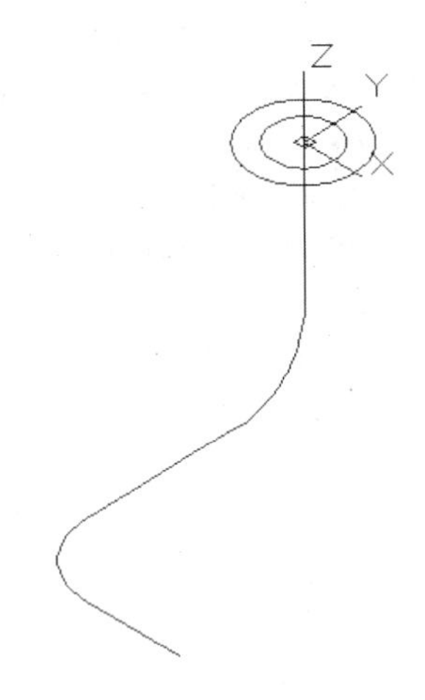

图280-6　绘制同心圆

07 执行“绘图>面域”命令，将两个圆创建为面域，命令行提示如下：

```
命令: _region
选择对象: 找到1个
选择对象: 找到1个, 总计2个
选择对象:
已提取2个环。
已创建2个面域。
```

08 执行“绘图>正多边形”命令，绘制正四边形，如图280-7所示。命令行提示如下：

```
命令: _polygon输入边的数目 <4>:
指定正多边形的中心点或[边(E)]:
输入选项[内接于圆(I)/外切于圆(C)] <I>: c
指定圆的半径: 60
```

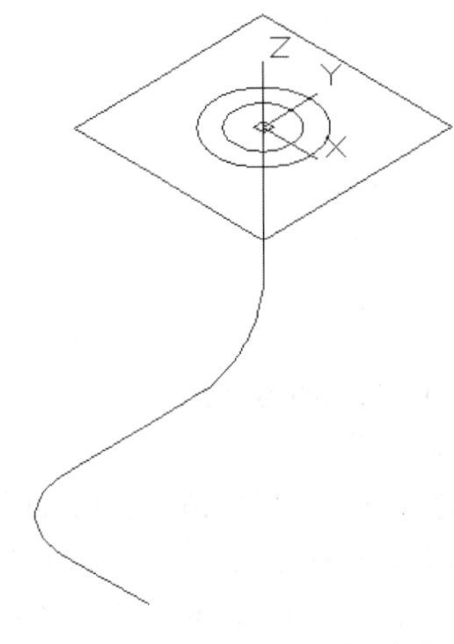

图280-7　绘制正多边形

09 执行“修改>圆角”菜单命令，绘制圆角，如图280-8所示。命令行提示如下：

```
命令: _fillet
当前设置: 模式 = 修剪, 半径 = 40.0000
选择第一个对象或[放弃(U)/多段线(P)/半径(R)/修剪(T)/多个(M)]: r
指定圆角半径 <40.0000>: 15
选择第一个对象或[放弃(U)/多段线(P)/半径(R)/修剪(T)/多个(M)]: p
选择二维多段线:
4条直线已被圆角
```

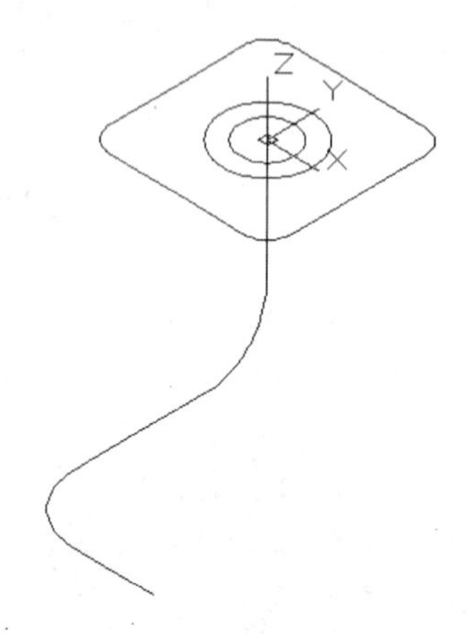

图280-8　倒圆角效果

10 执行“绘图>圆”命令，以各圆角的圆心为圆心，绘制四个半径为7的小圆，如图280-9所示。

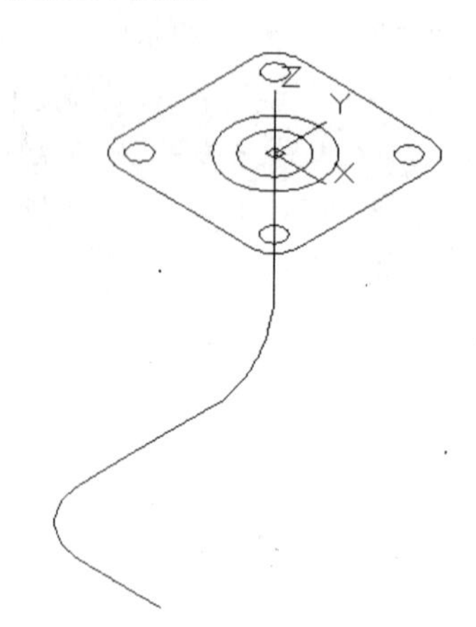

图280-9　绘制小圆

11 输入UCS命令，修改自定义用户坐标系，效果如图280-10所示。

12 执行“绘图>圆”命令，以坐标系原点为圆心绘制半径为18和38的圆，以（50,0,0）点为圆心绘制半径为12和20的圆，以（-50,0,0）点为圆心绘制半径为12和20的圆，如图280-11所示。

13 执行“绘图>直线”菜单命令，利用切点捕捉功能，绘制切线，如图280-12所示。

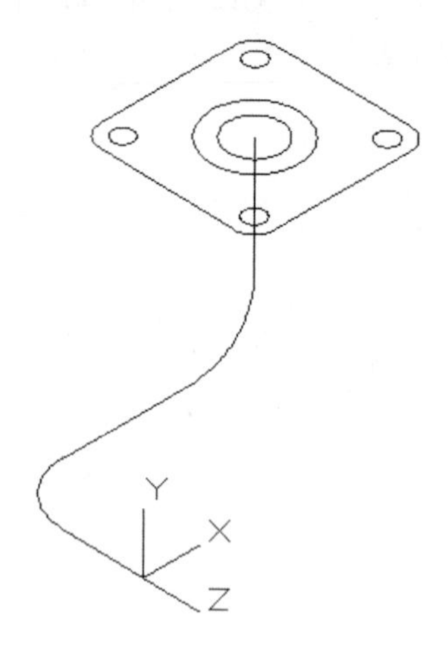

图280-10　修改自定义用户坐标

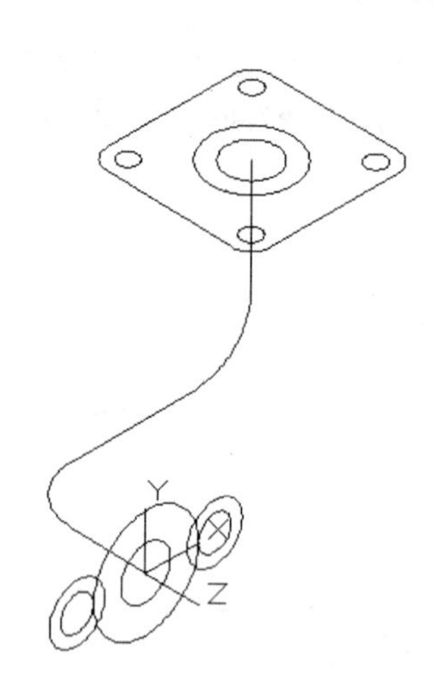

图280-11　绘制圆

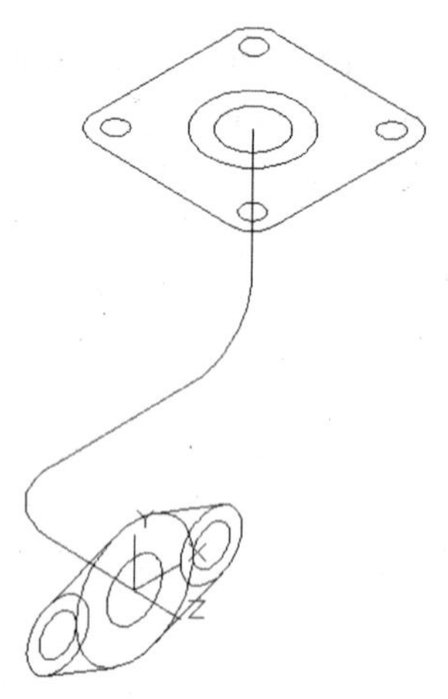

图280-12　绘制切线

14 执行“修改>修剪”命令，修剪圆，效果如图280-13所示。

15 执行“修改>对象>多段线”，将图线合并为闭合多段线，如图280-14所示。

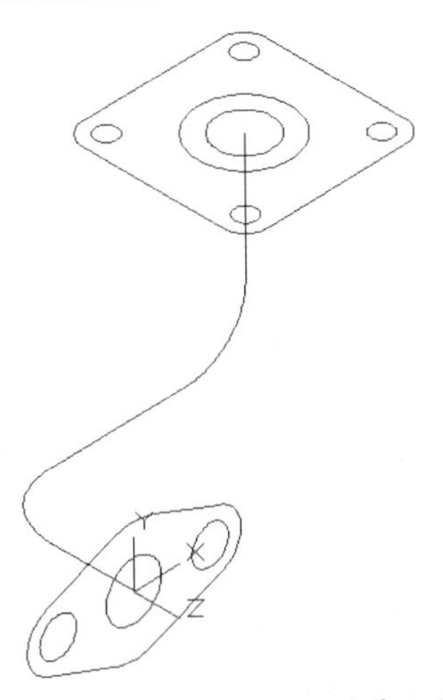

图280-13　修剪效果

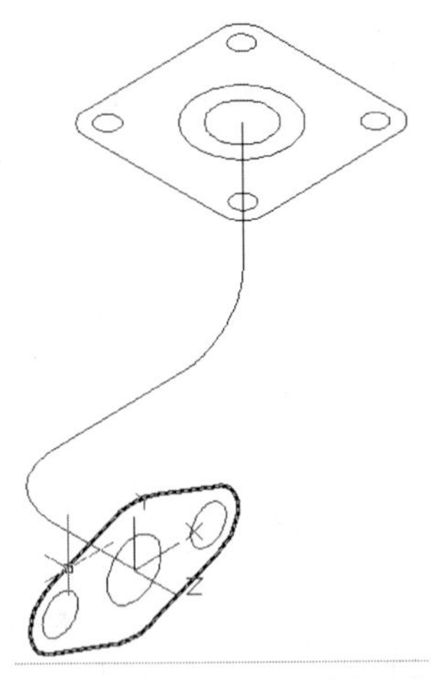

图280-14　合并多段线

16 执行“三维工具>建模>拉伸”菜单命令，将图形拉伸15个单位，效果如图280-15所示。

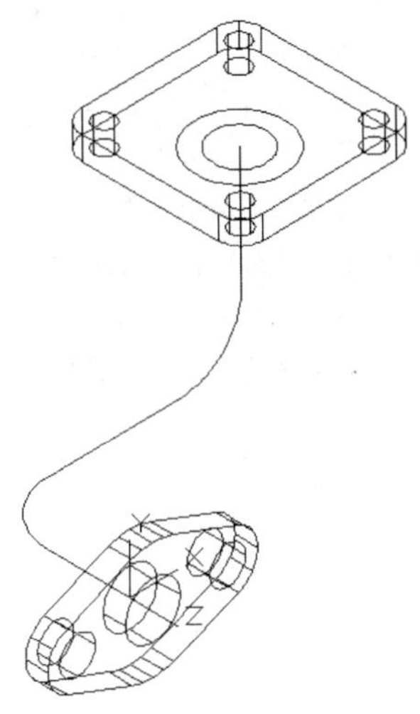

图280-15　拉伸效果

17 执行“三维工具>建模>拉伸”菜单命令，上方的两个面域沿合并多段线为路径拉伸，效果如图280-16所示。

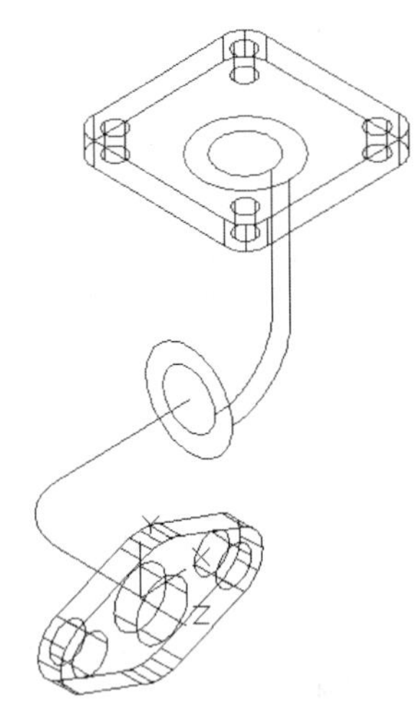

图280-16　沿路径拉伸

18 执行“三维工具>建模>拉伸”菜单命令，沿下方多段线路径拉伸，效果如图280-17所示。

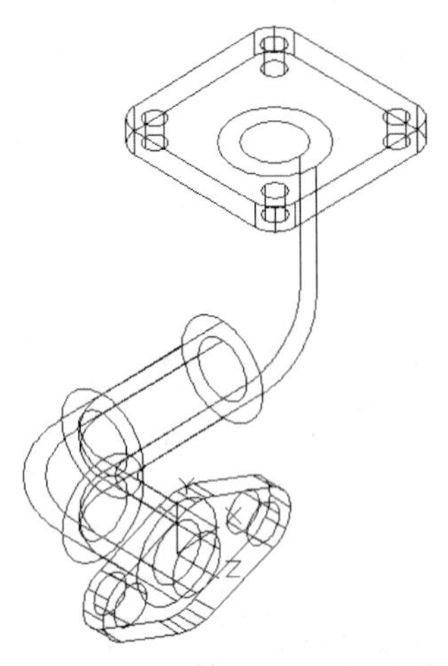

图280-17　路径拉伸

19 执行“三维工具>实体编辑>差集”菜单命令，将实体进行差集计算，消隐结果如图280-18所示。

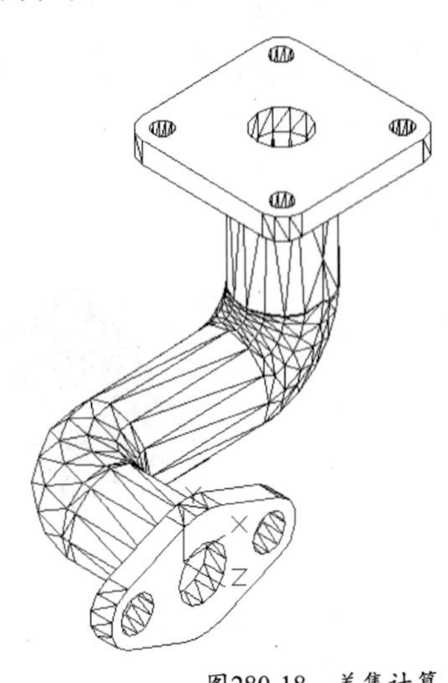

图280-18　差集计算

20 执行“视图>视觉样式>真实”命令，修改视觉样式为“真实”，并赋予合适材质，修改视图方向效果如图280-1所示。

21 执行“另存为”命令，将图形另存为“实战280.dwg”

技巧与提示

在本例中使用三维多段线、正多边形、面域、分解、圆角、修剪、拉伸、差集和UCS等命令绘制得到了弯管的实体模型。

练习280 绘制弯管实体

实战位置	DVD>练习文件>第11章>练习280.dwg
难易指数	★☆☆☆☆
技术掌握	巩固建模方法

操作指南

参照“实战280”案例进行制作。

首先打开场景文件，然后进入操作环境，利用三维多段线、正多边形、面域、分解、圆角、修剪、拉伸、差集和UCS等命令，做出如图280-19所示的三维实体。

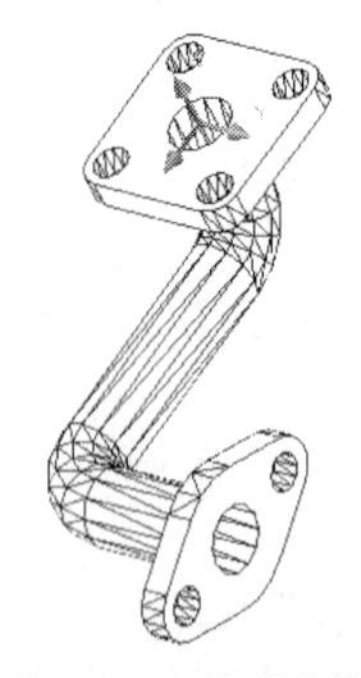

图280-19 绘制弯管实体

实战281 绘制轴支架实体模型

实战位置	DVD>实战文件>第11章>实战281.dwg
视频位置	DVD>多媒体教学>第11章>实战281.avi
难易指数	★☆☆☆☆
技术掌握	掌握绘制轴支架实体模型的方法

实战介绍

本例中将通过长方体、圆柱体、布尔运算、三维镜像等命令的使用绘制支架实体模型，案例效果如图281-1所示。

图281-1 最终效果

制作思路

• 首先打开AutoCAD 2013，然后进入操作环境，利用圆、拉伸、三维镜像、三维阵列及布尔运算的差集和并集等操作命令，编辑出如图281-1所示的图形。

制作流程

01 打开AutoCAD 2013，创建一个新的AutoCAD文件，文件名默认为“Drawing1.dwg”。执行“视图>三维视图>西南等轴测”命令，修改视图方向为西南等轴测视图。

02 执行“三维工具>建模>长方体”菜单命令，绘制长方体，如图281-2所示。命令行提示如下：

```
命令: _box
指定第一个角点或[中心(C)]: 0,0,0
指定其他角点或[立方体(C)/长度(L)]: l
指定长度:100
指定宽度:200
指定高度或[两点(2P)]:15
```

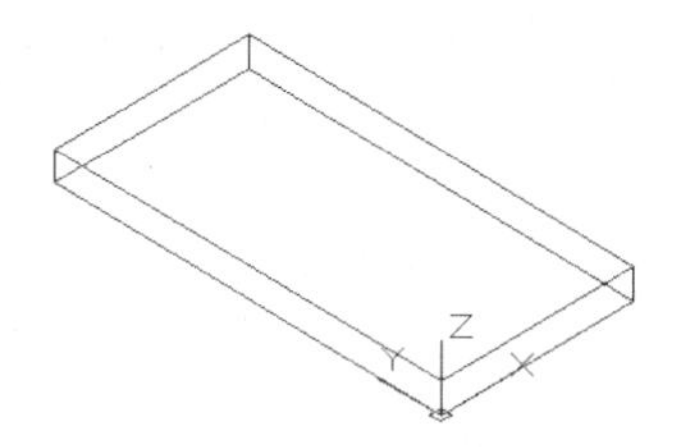

图281-2 绘制长方体

03 执行“三维工具>建模>圆柱体”菜单命令，绘制两个圆柱体，如图281-3所示。命令行提示和操作内容如下：

```
命令: _cylinder
指定底面的中心点或[三点(3P)/两点(2P)/相切、相切、半径(T)/椭圆(E)]: 50,35,0
指定底面半径或[直径(D)]: 15
指定高度或[两点(2P)/轴端点(A)] <15.0000>: 15
命令:CYLINDER
指定底面的中心点或[三点(3P)/两点(2P)/相切、相切、半径(T)/椭圆(E)]: 50,165,0
指定底面半径或[直径(D)] <15.0000>:
指定高度或[两点(2P)/轴端点(A)] <15.0000>:
```

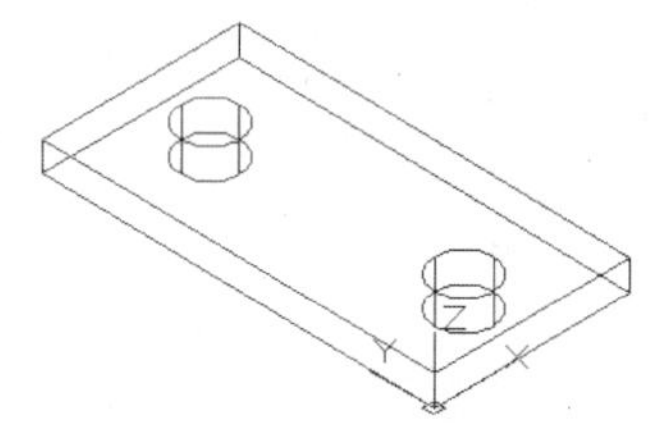

图281-3 绘制两个圆柱体

04 输入UCS命令，自定义用户坐标系，结果如图281-4

所示。命令行提示如下：

```
命令：ucs
当前UCS名称：*世界*
指定UCS的原点或[面(F)/命名(NA)/对象(OB)/上一个(P)/视图(V)/世界(W)/X/Y/Z/Z轴(ZA)] <世界>:
指定X轴上的点或 <接受>:
指定XY平面上的点或 <接受>:
```

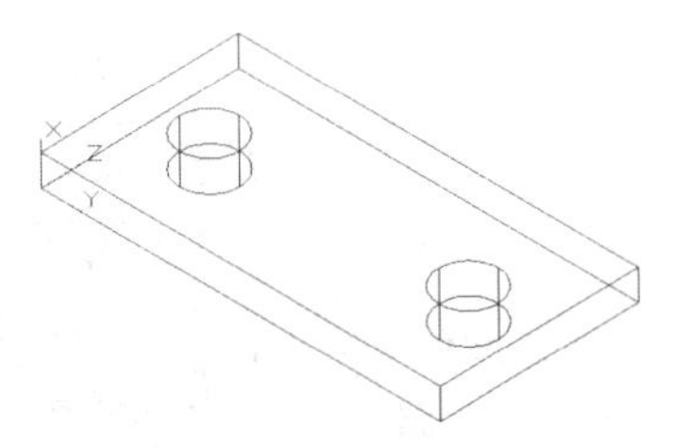

图281-4　重新定义坐标系

05 执行“三维工具>建模>长方体”菜单命令，绘制长方体，如图281-5所示。命令行提示如下：

```
命令：_box
指定第一个角点或[中心(C)]:
指定其他角点或[立方体(C)/长度(L)]: l
指定长度 <100.0000>:120
指定宽度 <200.0000>:50
指定高度或[两点(2P)] <15.0000>: 16
```

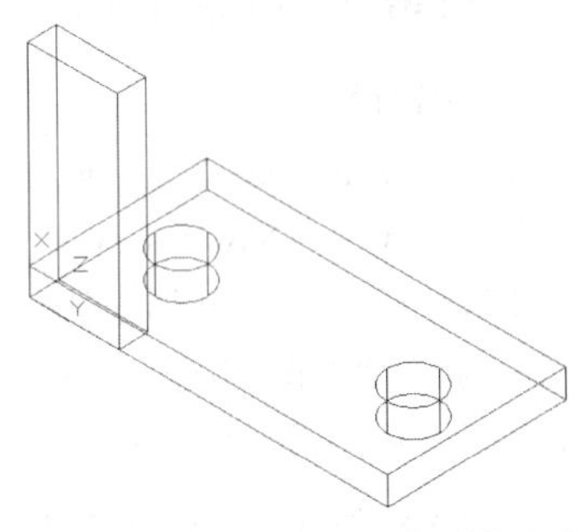

图281-5　绘制长方体

06 执行“三维工具>建模>圆柱体”菜单命令，绘制两个圆柱体，如图281-6所示。命令行提示和操作内容如下：

```
命令：_cylinder
指定底面的中心点或[三点(3P)/两点(2P)/相切、相切、半径(T)/椭圆(E)]: 120,25
指定底面半径或[直径(D)] <15.0000>: 25
指定高度或[两点(2P)/轴端点(A)] <16.0000>:
命令:CYLINDER
指定底面的中心点或[三点(3P)/两点(2P)/相切、相切、半径(T)/椭圆(E)]: 120,25
指定底面半径或[直径(D)] <25.0000>: 15
指定高度或[两点(2P)/轴端点(A)] <16.0000>:
```

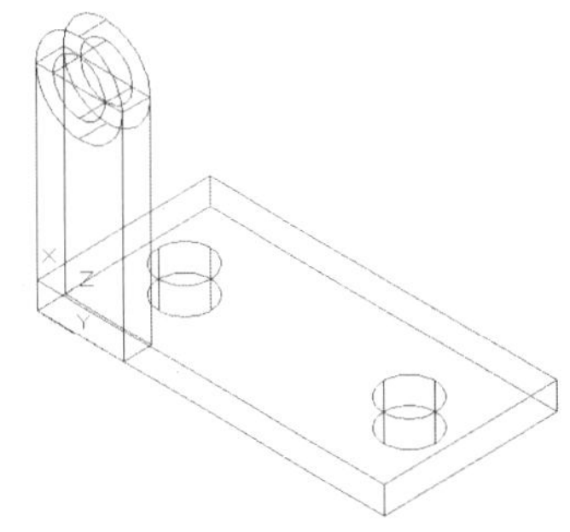

图281-6　绘制圆柱体

07 执行“修改>移动”命令，将刚绘制的长方体和两个圆柱进行移动，结果如图281-7所示。命令行提示如下：

```
命令：_move
选择对象：指定对角点：找到2个
选择对象：找到1个，总计3个
选择对象：
指定基点或[位移(D)] <位移>:  指定第二个点或 <使用第一个点作为位移>: @0,75,0
```

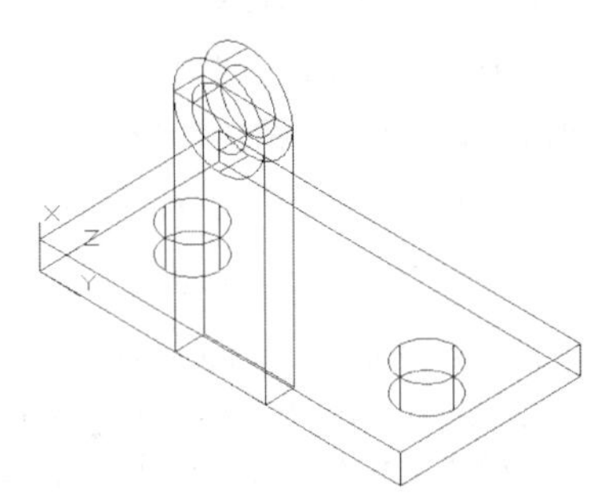

图281-7　移动效果

08 执行“修改>三维操作>三维镜像”命令，将移动对象进行三维镜像。效果如图281-8所示。命令行提示如下：

```
命令：_mirror3d
选择对象：指定对角点：找到2个
选择对象：找到1个 (1个重复)，总计2个
选择对象：找到1个，总计3个
选择对象：
指定镜像平面 (三点) 的第一个点或[对象(O)/最近的(L)/Z轴(Z)/视图(V)/XY平面(XY)/YZ平面(YZ)/ZX平面(ZX)/三点(3)] <三点>: 3
在镜像平面上指定第一点：_mid于
在镜像平面上指定第二点：_mid于
在镜像平面上指定第三点：_mid于
是否删除源对象？[是(Y)/否(N)] <否>: N
```

09 执行“三维工具>实体编辑>差集”菜单命令，从三个长方体和两个底面半径为25的圆柱体中减去半径为15的四个圆柱体，并将图形合并，如图281-9所示。

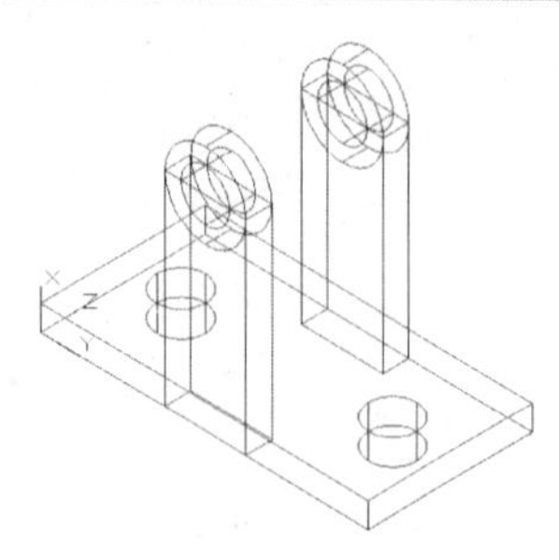

图281-8　镜像结果

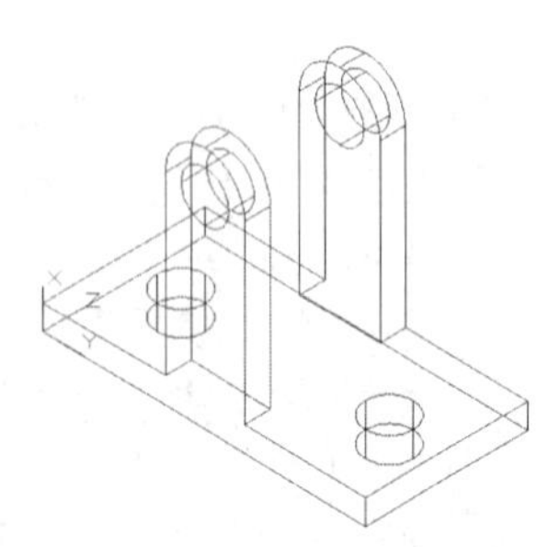

图281-9　差集并集计算

10 执行“视图>视觉样式>真实”命令，修改视图样式为“真实”，并赋予材质，使用自由动态观察器适当调整视图方向，结果如图281-1所示。

11 执行“另存为”命令，将图形另存为“实战281.dwg”

技巧与提示

本例中首先使用多段线命令绘制得到轴的二维半个轮廓线，通圆柱体和长方体命令绘制基本组成实体，并使用UCS和移动命令辅助操作。然后使用三维镜像和差集运算，得到最终实体，并使用材质等处理得到最终效果。

练习281　绘制实体

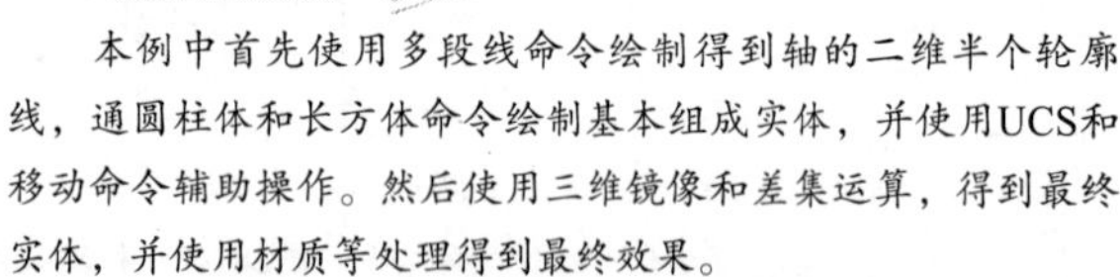

实战位置	DVD>练习文件>第11章>练习281.dwg
难易指数	★☆☆☆☆
技术掌握	巩固绘制实体模型方法

操作指南

参照“实战281”案例进行制作。

首先打开场景文件，然后进入操作环境，利用圆、拉伸、三维镜像、三维阵列及布尔运算的差集和并集等操作命令，做出如图281-10所示的三维实体。

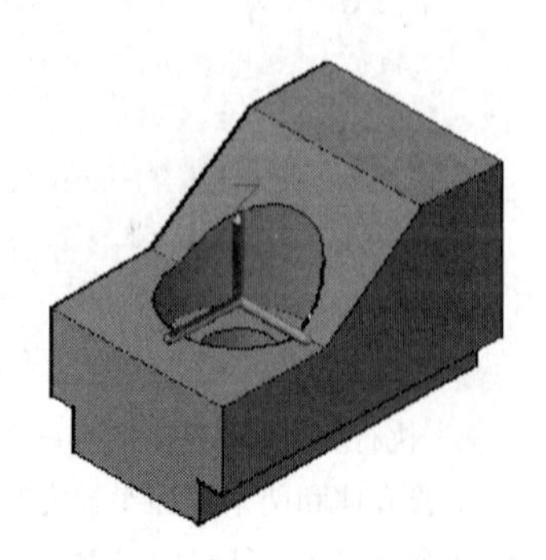

图281-10　绘制实体

实战282　绘制轴底座实体模型

实战位置	DVD>实战文件>第11章>实战282.dwg
视频位置	DVD>多媒体教学>第11章>实战282.avi
难易指数	★☆☆☆☆
技术掌握	掌握绘制轴底座实体模型的方法

实战介绍

在本例中使用旋转网面、边界网面、三维旋转和三维镜像操作完成实战的绘制，介绍曲面物体的绘制方法，案例效果如图282-1所示。

图282-1　最终效果

制作思路

• 首先打开AutoCAD 2013，然后进入操作环境，利用圆、拉伸、三维镜像、三维阵列及布尔运算的差集和并集等操作命令，编辑出如图282-1所示的图形。

制作流程

01 打开AutoCAD 2013，创建一个新的AutoCAD文件，文件名默认为“Drawing1.dwg”。执行“视图>三维视图>西南等轴测”命令，视图方向改为西南等轴测方向。

02 执行“绘图>多边形”命令，绘制如图282-2所示的正方形。命令行提示如下：

```
命令：_polygon输入边的数目 <4>:
指定正多边形的中心点或[边(E)]: 0,0,0
输入选项[内接于圆(I)/外切于圆(C)] <I>: c
指定圆的半径: 90
```

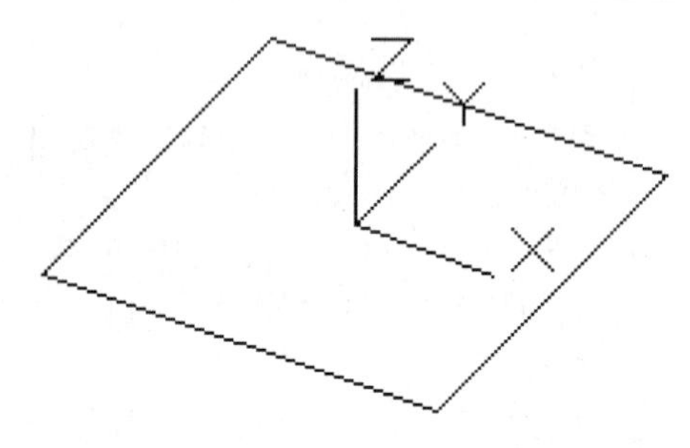

图282-2　绘制正方形

03 执行“修改>圆角”菜单命令，绘制半径为20的圆角，如图282-3所示。命令行提示如下：

```
命令：_fillet
当前设置：模式 = 修剪，半径 = 0.0000
选择第一个对象或[放弃(U)/多段线(P)/半径(R)/修剪(T)/多个(M)]：r
指定圆角半径 <0.0000>：20
选择第一个对象或[放弃(U)/多段线(P)/半径(R)/修剪(T)/多个(M)]：p
选择二维多段线：
4条直线已被圆角
```

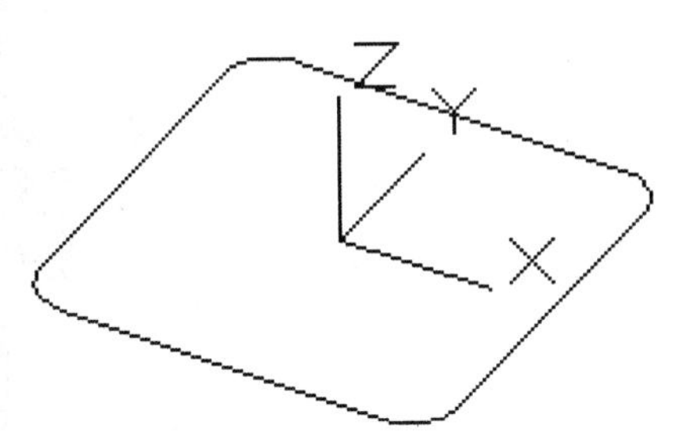

图282-3 绘制圆角

04 执行“绘图>圆”命令，以圆角的圆心为圆心，绘制四个半径为5的小圆，如图282-4所示。

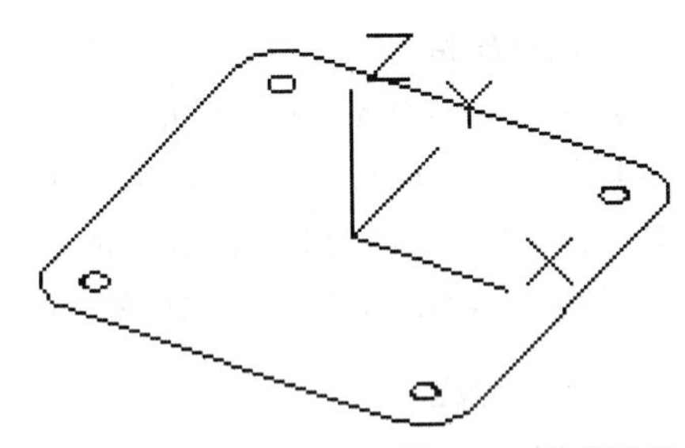

图282-4 修剪图线

05 执行“三维工具>建模>拉伸”菜单命令钮，将圆角正方形和四个圆向z轴正方向拉伸15个单位，如图282-5所示。

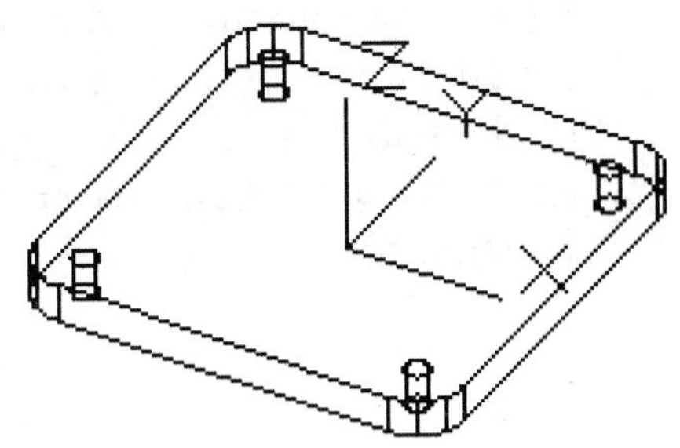

图282-5 拉伸实体

06 执行“三维工具>建模>圆柱体”菜单命令，在原点处绘制半径为10和20，高度均为50的两个圆柱体，如图282-6所示。

07 执行“三维工具>实体编辑>差集”菜单命令，从圆角正方体和半径为20的圆柱体中减去5个小圆柱体，消隐结果如图282-7所示。

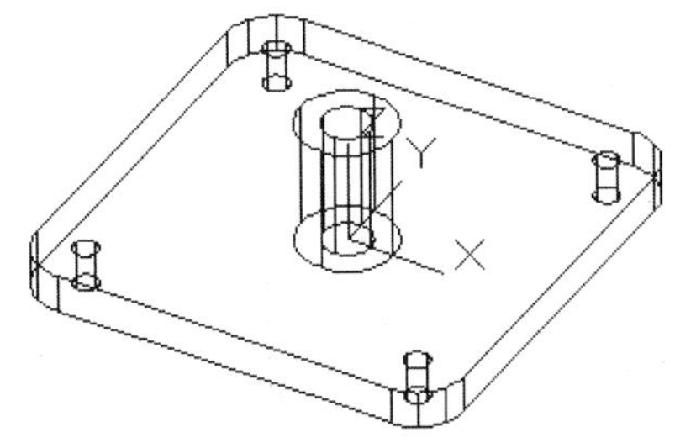

图282-6 绘制圆柱体

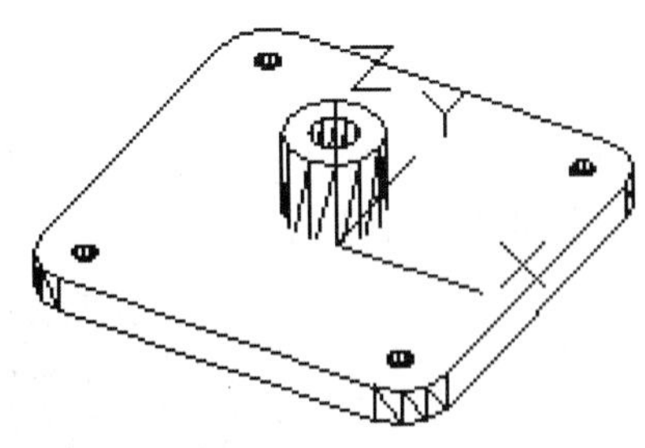

图282-7 差集计算结果

08 执行“三维工具>建模>长方体”菜单命令，绘制长方体，如图282-8所示。命令行提示如下：

```
命令：_box
指定第一个角点或[中心(C)]：c
指定中心：(捕捉圆柱体的柱心)
指定角点或[立方体(C)/长度(L)]：l
指定长度 <100.0000>:
指定宽度 <10.0000>：10
指定高度或[两点(2P)] <-50.0000>：50
```

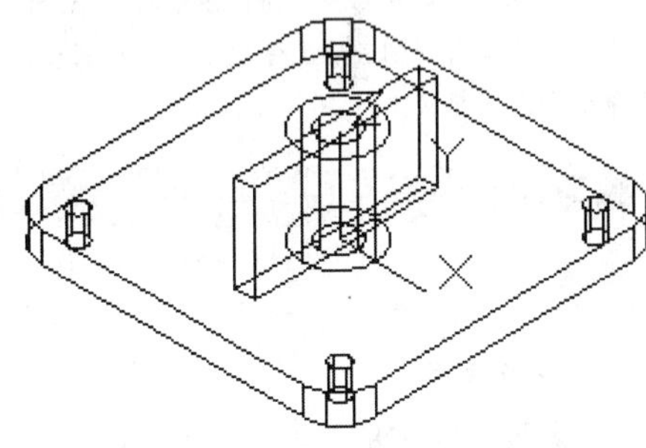

图282-8 绘制长方体

09 执行“三维工具>实体编辑>差集”菜单命令，从原实体中减去刚绘制的长方体，效果如图282-9所示。

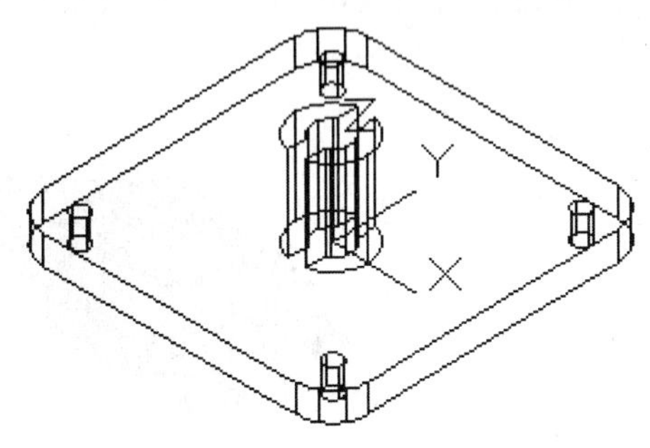

图282-9 差集计算结果

10 执行“视图>视觉样式>隐藏”命令，消隐结果如图282-10所示。

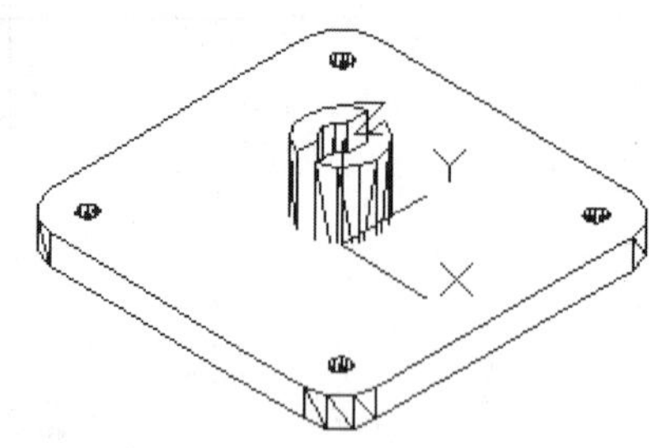

图282-10 消隐结果

11 执行“视图>视觉样式>灰度”命令，改变视图样式结果如图282-11所示。

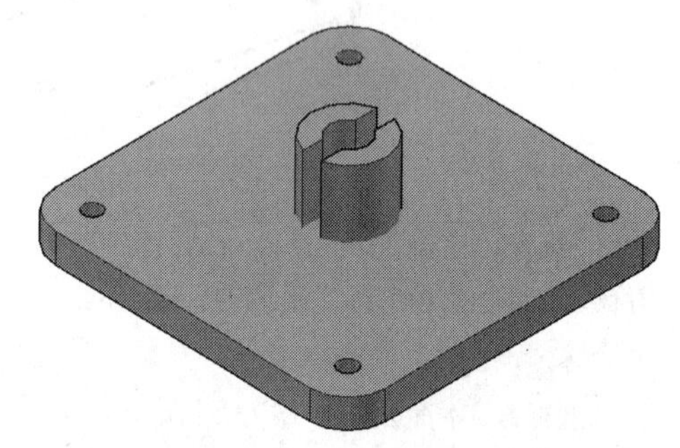

图282-11 灰度视觉样式

12 执行“另存为”命令，将图形另存为“实战282.dwg”。

技巧与提示

在本例中利用基本二维绘图编辑命令绘制基本图线，再利用拉伸命令得到轴底座主体模型，利用圆柱体和长方体的差集命令得到顶部切口。

练习282 绘制传动齿轮实体

实战位置	DVD>练习文件>第11章>练习282.dwg
难易指数	★☆☆☆☆
技术掌握	巩固建模方法

操作指南

参照“实战282”案例进行制作。

首先打开场景文件，然后进入操作环境，利用圆、复制、拉伸、三维镜像、三维阵列及布尔运算的差集和并集等操作命令，做出三维实体。最终效果如图282-12所示。

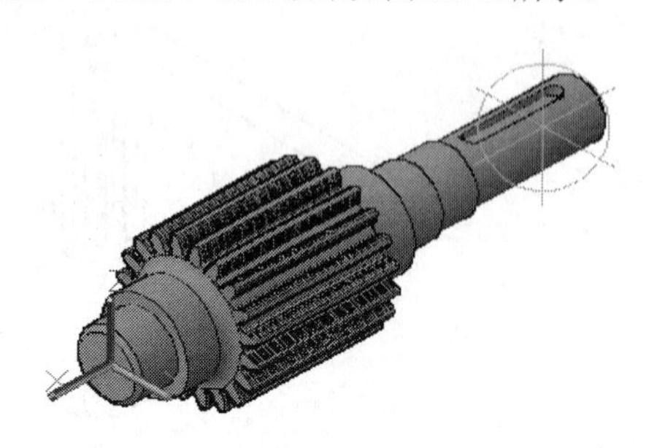

图282-12 传动齿轮实体

实战283 绘制传动齿轮实体模型

实战位置	DVD>实战文件>第11章>实战283.dwg
视频位置	DVD>多媒体教学>第11章>实战283.avi
难易指数	★☆☆☆☆
技术掌握	掌握绘制传动齿轮实体模型的方法

实战介绍

本例中将通过拉伸、移动、旋转、三维镜像、三维阵列等命令的绘制传动齿轮实体模型，案例效果如图283-1所示。

图283-1 最终效果

制作思路

• 首先打开AutoCAD 2013，然后进入操作环境，利用圆命令CIRCLE、倒角命令FILLET、拉伸命令EXTRUDE、三维阵列、布尔运算的差集命令SUBTRACT和并集命令UNION等，编辑出如图283-1所示的图形。

制作流程

01 打开AutoCAD 2013，创建一个新的AutoCAD文件，文件名默认为“Drawing1.dwg”。默认的视图方向为俯视图。

02 执行“绘图>圆弧”命令钮，绘制圆弧，如图283-2所示。命令行提示如下：

```
命令: _arc指定圆弧的起点或[圆心(C)]: 10,0
指定圆弧的第二个点或[圆心(C)/端点(E)]: E
指定圆弧的端点: -5,25
指定圆弧的圆心或[角度(A)/方向(D)/半径(R)]: R
指定圆弧的半径: 45
```

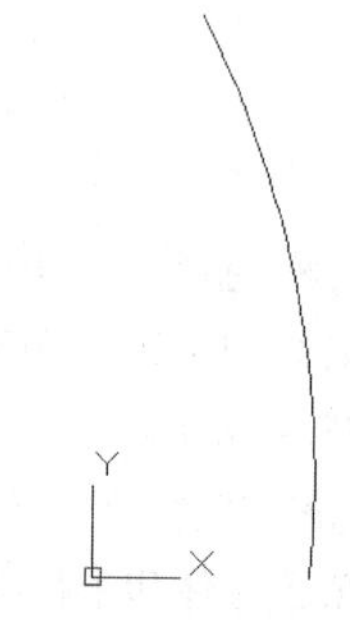

图283-2 绘制圆弧

03 使用直线和镜像工具，绘制直线，并镜像圆弧，如图283-3所示。命令行提示如下：

命令：_LINE指定第一点：
指定下一点或[放弃(U)]：10
指定下一点或[放弃(U)]：
命令：_MIRROR
选择对象：找到1个
选择对象：
指定镜像线的第一点：
指定镜像线的第二点：
要删除源对象吗？[是(Y)/否(N)] <N>：

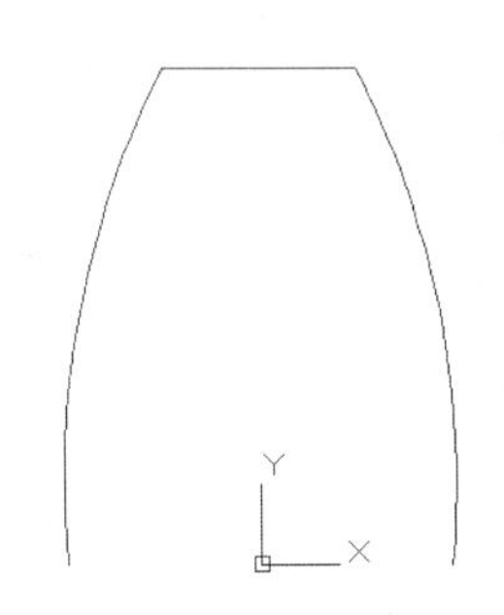

图283-3　绘制直线镜像圆弧

04 执行“绘图>圆弧”命令钮，绘制圆弧，如图283-4所示。命令行提示如下：

命令：_ARC指定圆弧的起点或[圆心(C)]：　//捕捉左侧圆弧下侧点
指定圆弧的第二个点或[圆心(C)/端点(E)]：E
指定圆弧的端点：　//捕捉右侧圆弧下侧点
指定圆弧的圆心或[角度(A)/方向(D)/半径(R)]：R
指定圆弧的半径：150

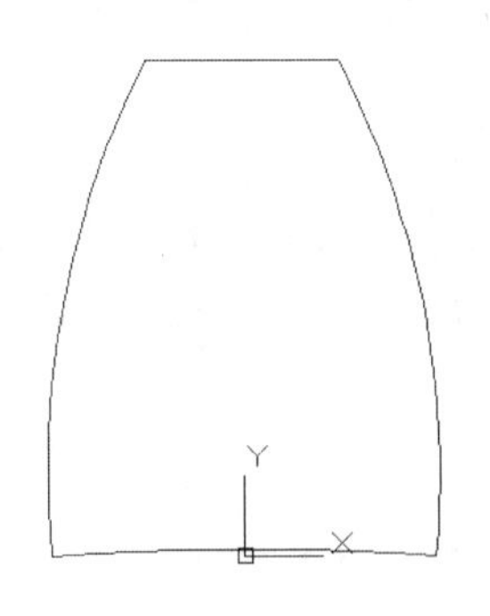

图283-4　绘制圆弧

05 执行“修改>对象>多段线”命令，合并刚绘制的圆弧和直线，效果如图283-5所示。

命令：_PEDIT选择多段线或[多条(M)]：
选定的对象不是多段线
是否将其转换为多段线？<Y>
输入选项[闭合(C)/合并(J)/宽度(W)/编辑顶点(E)/拟合(F)/样条曲线(S)/非曲线化(D)/线型生成(L)/放弃(U)]：J
选择对象：找到1个
选择对象：找到1个，总计2个
选择对象：找到1个，总计3个
选择对象：
3条线段已添加到多段线
输入选项[打开(O)/合并(J)/宽度(W)/编辑顶点(E)/拟合(F)/样条曲线(S)/非曲线化(D)/线型生成(L)/放弃(U)]:J

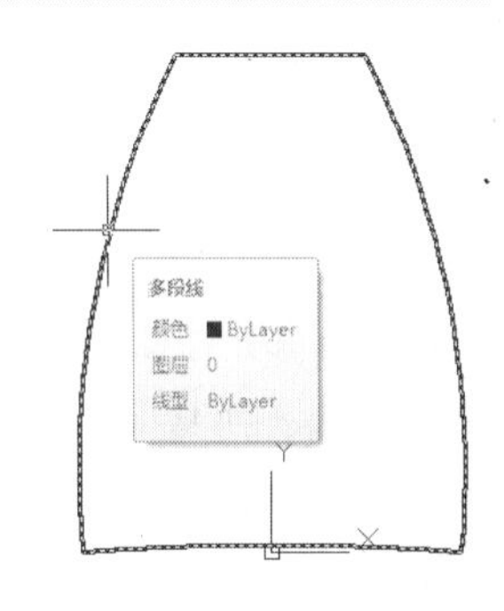

图283-5　合并多段线

06 执行“绘图>圆”命令，以原点为圆心，绘制半径为100和150的圆，效果如图283-6所示。

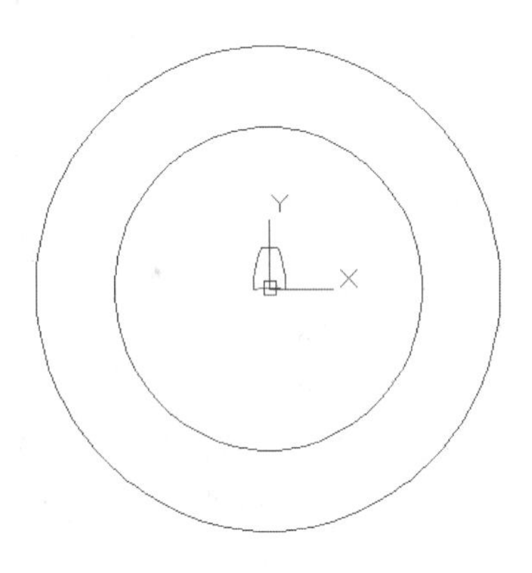

图283-6　绘制两个圆

07 使用直线和旋转工具，将合并的多段线移动到半径为150的圆外侧，结果如图283-7所示。命令行提示如下：

命令：_move
选择对象：找到1个
选择对象：
指定基点或[位移(D)] <位移>：
指定第二个点或 <使用第一个点作为位移>：150,0
命令：_rotate
UCS当前的正角方向：　ANGDIR=逆时针　ANGBASE=0
选择对象：找到1个
选择对象：
指定基点：
指定旋转角度，或[复制(C)/参照(R)] <0>：　-90

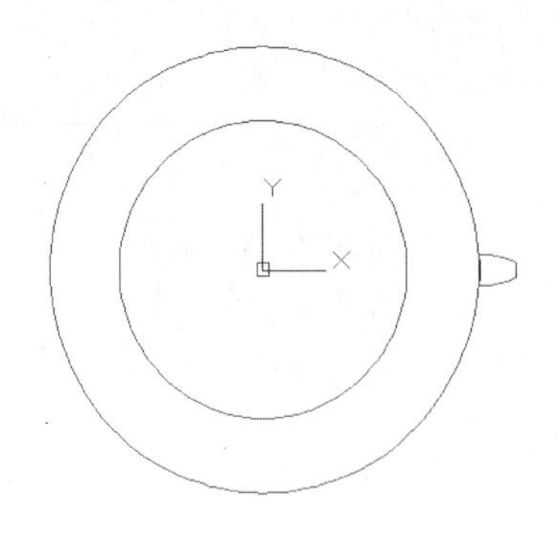

图283-7　移动多段线位置

08 执行“三维工具>建模>拉伸”菜单命令，将半径为150的圆和合并的多段线向z轴正方县拉伸50个单位，将半径为100的圆向z轴正方向拉伸350个单位，效果如图283-8所示。

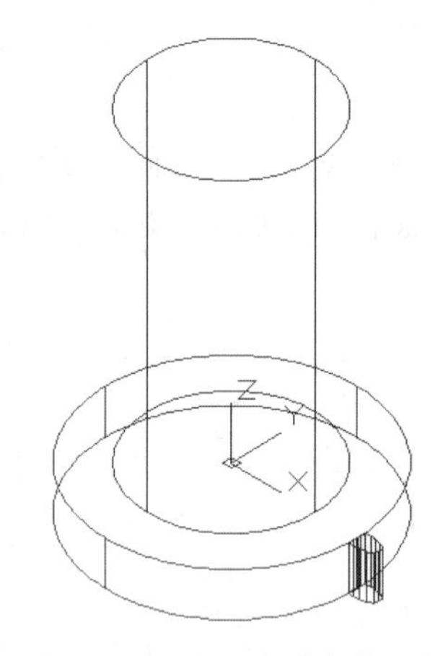

图283-8　拉伸实体效果

09 执行“修改>三维操作>三维阵列”命令，将多段线拉伸实体进行三维环形阵列，如图283-9所示。命令行提示如下：

```
命令：_3darray
选择对象：找到1个
选择对象：
输入阵列类型[矩形(R)/环形(P)] <矩形>:P
输入阵列中的项目数目：25
指定要填充的角度 (+=逆时针, -=顺时针) <360>:
旋转阵列对象？[是(Y)/否(N)] <Y>: Y
指定阵列的中心点： //捕捉拉伸圆柱的底面圆心
指定旋转轴上的第二点： //捕捉拉伸圆柱的顶面圆心
```

10 执行“修改>三维操作>三维镜像”命令，将所有实体进行三维镜像，如图283-10所示。命令行提示如下：

```
命令：_mirror3d
选择对象：找到1个
选择对象：指定对角点：找到30个 (1个重复)，总计30个
选择对象：
指定镜像平面 (三点) 的第一个点或[对象(O)/最近的(L)/Z轴(Z)/视图(V)/XY平面(XY)/YZ平面(YZ)/ZX平面(ZX)/三点(3)] <三点>: XY
指定XY平面上的点 <0,0,0>:
是否删除源对象？[是(Y)/否(N)] <否>: N
```

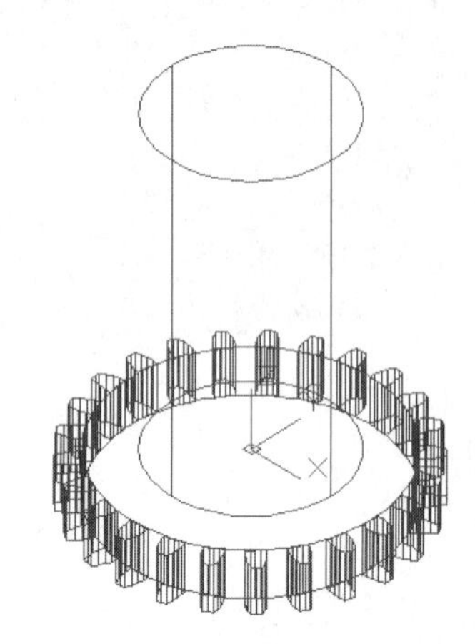

图283-9　三维阵列效果

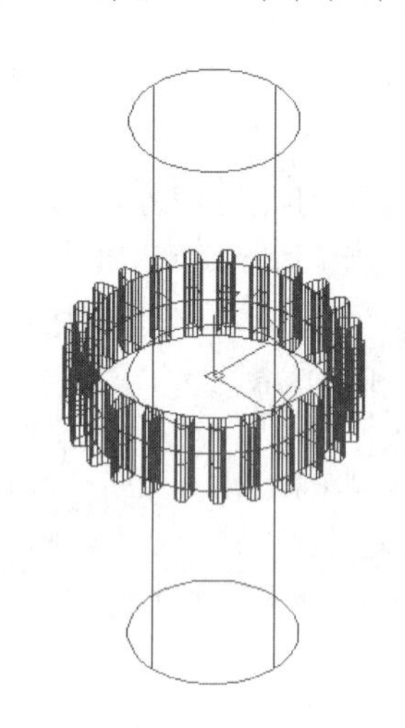

图283-10　绘制多段线

11 执行“三维工具>实体编辑>并集”命令，将所有实体计算并集，并进行消隐，如图283-11所示。

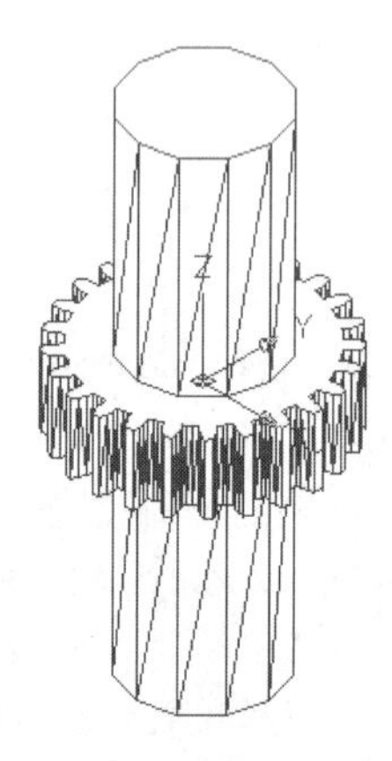

图283-11　合并计算结果

12 执行“视图>视觉样式>真实”命令，修改视图样式为“真实”，并赋予材质，结果如图283-12所示。

图283-12　赋予材质

13 执行“另存为”命令，将图形另存为“实战283.dwg”。

本例中使用圆弧、直线、圆绘图工具，以及移动、旋转、多段线修改工具，得到基本线条，通过拉伸得到基本实体，在通过三维阵列、三位镜像得到最终结果。

练习283　绘制传动齿轮实体

实战位置	DVD>练习文件>第11章>练习283.dwg
难易指数	★☆☆☆☆
技术掌握	巩固建模方法

操作指南

参照“实战283”案例进行制作。

首先打开场景文件，然后进入操作环境，利用圆、拉伸、三维镜像、三维阵列及布尔运算的差集和并集等操作命令，作出三维实体。最终效果如图283-13所示。

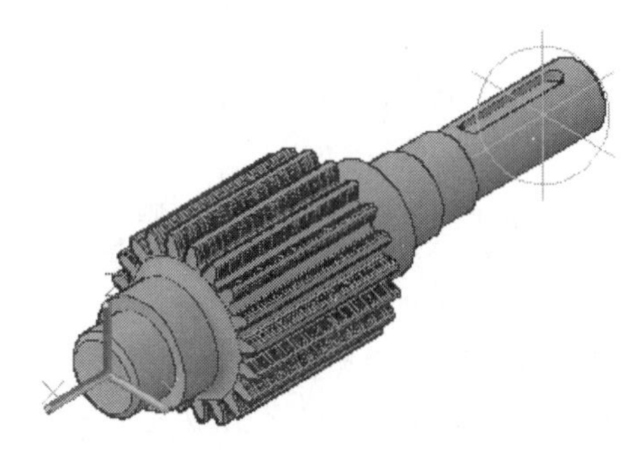

图283-13　绘制传动齿轮实体

实战284　绘制飞轮实体模型

实战位置	DVD>实战文件>第11章>实战284.dwg
视频位置	DVD>多媒体教学>第11章>实战284.avi
难易指数	★☆☆☆☆
技术掌握	掌握绘制飞轮实体模型的方法

实战介绍

在本例中介绍飞轮实体模型的绘制方法，案例效果如图284-1所示。

图284-1　最终效果

制作思路

• 首先打开AutoCAD 2013，然后进入操作环境，利用圆命令CIRCLE、倒角命令FILLET、拉伸命令EXTRUDE、三维阵列、布尔运算的差集和并集等操作命令，编辑出如图284-1所示的图形。

制作流程

01 打开AutoCAD 2013，创建一个新的AutoCAD文件，文件名默认为“Drawing1.dwg”。

02 执行“绘图>圆”命令，绘制如图284-2所示的同心圆。

```
命令: _circle
指定圆的圆心或[三点(3P)/两点(2P)/相切、相切、半径(T)]:
指定圆的半径或[直径(D)]: 130
命令:CIRCLE指定圆的圆心或[三点(3P)/两点(2P)/相切、相切、半径(T)]:
指定圆的半径或[直径(D)] <130.0000>: 152
命令:CIRCLE指定圆的圆心或[三点(3P)/两点(2P)/相切、相切、半径(T)]:
指定圆的半径或[直径(D)] <152.0000>: 160
```

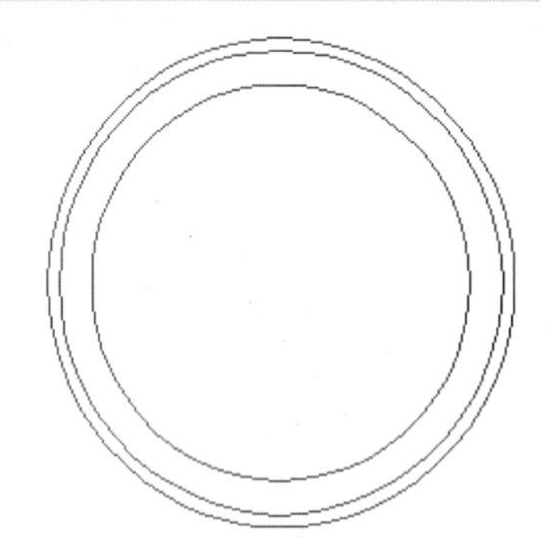

图284-2　绘制同心圆

03 执行“工具>绘图设置”命令，打开“草图设置”对话框中的“极轴追踪”选项卡，设置极轴追踪角为15°，如图284-3所示。

04 执行“绘图>直线”命令，利用极轴追踪功能，绘制如图284-4所示的直线。

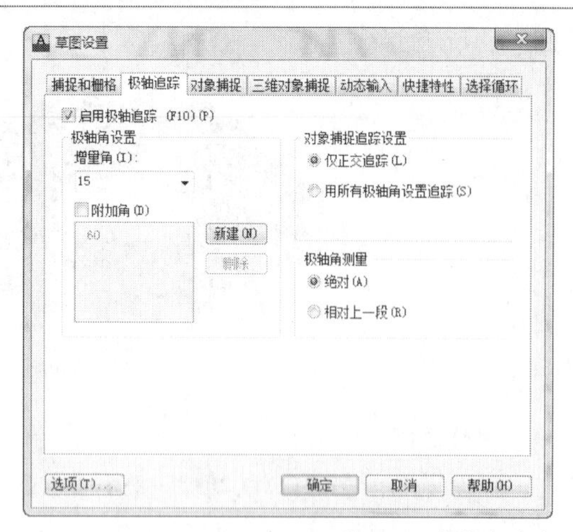

图284-3　极轴角追踪

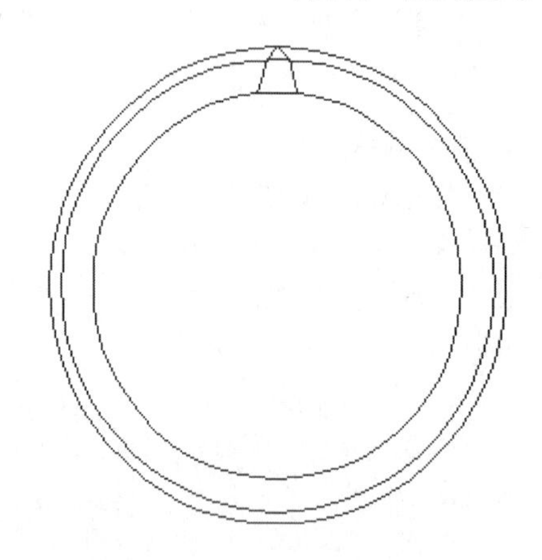

图284-4　绘制直线

05 执行“修改>环形阵列”命令，将刚绘制的直线进行阵列，项目数为20，阵列中心点为圆心，图284-5所示为阵列效果。

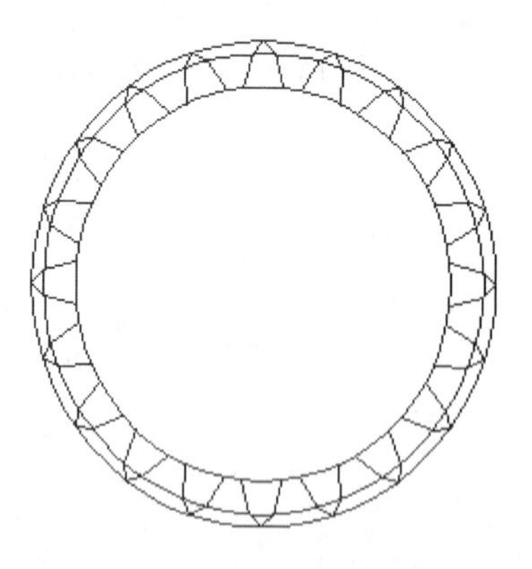

图284-5　环形阵列效果

06 执行“修改>修剪”命令，修剪圆弧，并删除两个大圆，结果如图284-6所示。

07 执行“修改>对象>多段线”命令，将所有图线合并为闭合多段线，修改视图方向为“西南等轴测”，如图284-7所示。

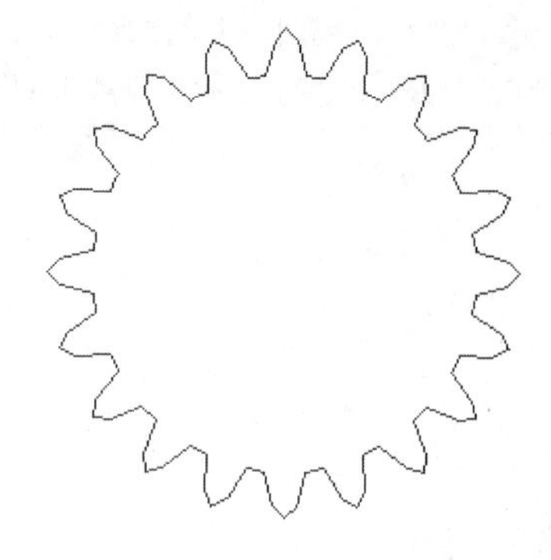

图284-6　修剪图形结果

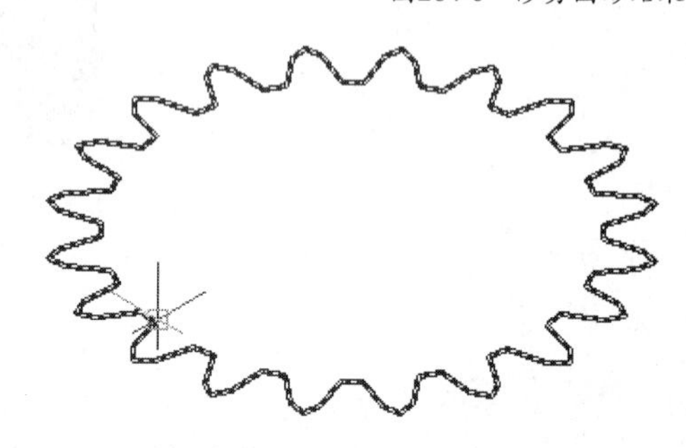

图284-7　合并多段线

08 执行“三维工具>建模>拉伸”菜单命令，将多段线向z轴正方向拉伸10个单位，如图284-8所示。

```
命令: _extrude
当前线框密度: ISOLINES=4
选择要拉伸的对象: 找到1个
选择要拉伸的对象:
指定拉伸的高度或[方向(D)/路径(P)/倾斜角(T)]
<50.0000>: 10
```

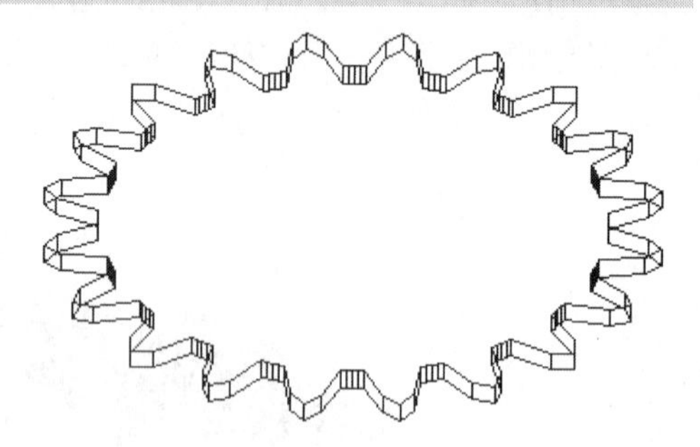

图284-8　拉伸实体

09 执行“修改>复制”命令，将实体复制，结果如图284-9所示。

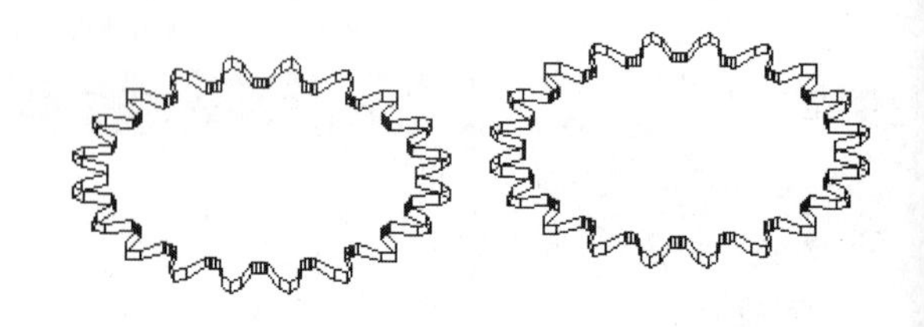

图284-9　复制实体

10 执行“三维工具>建模>圆锥体”菜单命令，在右侧复制实体的底面圆心位置绘制半径为160，高度为32的圆锥，如图284-10所示。命令行提示如下：

```
命令: _cone
指定底面的中心点或[三点(3P)/两点(2P)/相切、相切、半径(T)/椭圆(E)]:
指定底面半径或[直径(D)] <160.0000>: 160
指定高度或[两点(2P)/轴端点(A)/顶面半径(T)] <30.0000>: 32
```

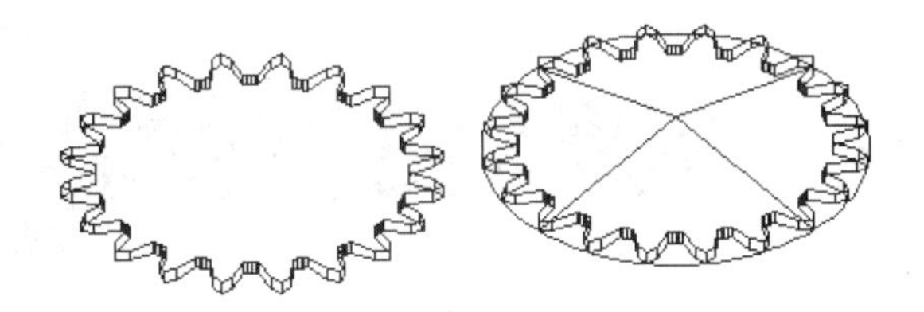

图284-10 绘制圆锥体

11 执行“三维工具>实体编辑>交集”菜单命令，计算右侧复制实体与圆锥体的交集，结果如图284-11所示。

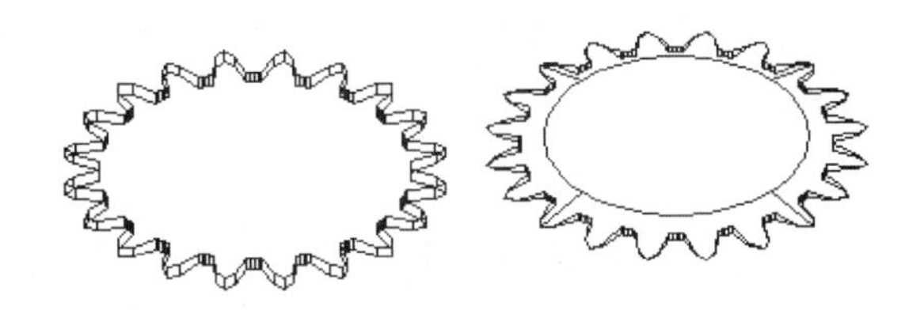

图284-11 交集计算结果

12 执行“修改>三维镜像”命令，将刚得到的布尔运算结果进行镜像，结果如图284-12所示。

```
命令: _mirror3d
选择对象: 找到1个
选择对象:
指定镜像平面 (三点) 的第一个点或[对象(O)/最近的(L)/Z轴(Z)/视图(V)/XY平面(XY)/YZ平面(YZ)/ZX平面(ZX)/三点(3)] <三点>: xy
指定XY平面上的点 <0,0,0>:
是否删除源对象? [是(Y)/否(N)] <否>: N
```

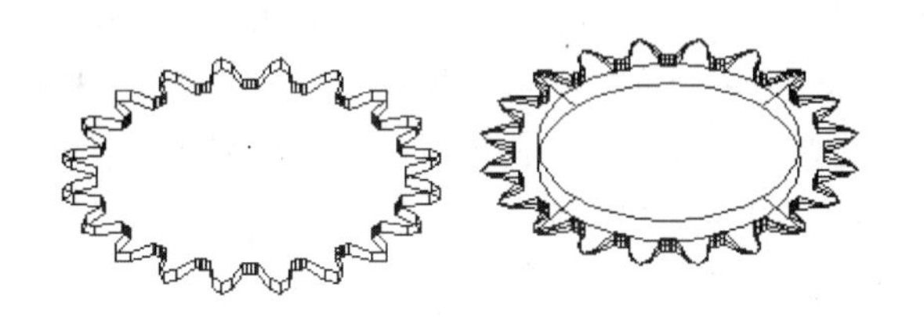

图284-12 三维镜像结果

13 执行“修改>移动”命令，将镜像得到的实体向下移动10个单位，效果如图284-13所示。命令行提示和操作内容如下：

```
命令: _move
选择对象: 找到1个
选择对象:
指定基点或[位移(D)] <位移>: 指定第二个点或 <使用第一个点作为位移>: 10
```

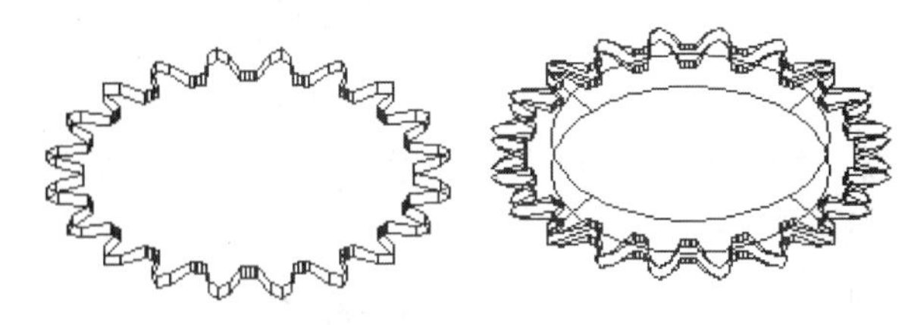

图284-13 移动实体

14 执行“修改>三维操作>三维对齐”命令，将三个实体对齐，效果如图284-14所示。命令行提示如下：

```
命令: _align
选择对象: 找到1个    //选择左侧实体
选择对象:
指定第一个源点:  //选择左侧实体顶面圆心
指定第一个目标点:  //选择右侧上部实体的底面圆心
指定第二个源点:  //选择左侧实体底面圆心
指定第二个目标点:  //选择右侧下部实体的顶面圆心
指定第三个源点或 <继续>:
是否基于对齐点缩放对象? [是(Y)/否(N)] <否>: N
```

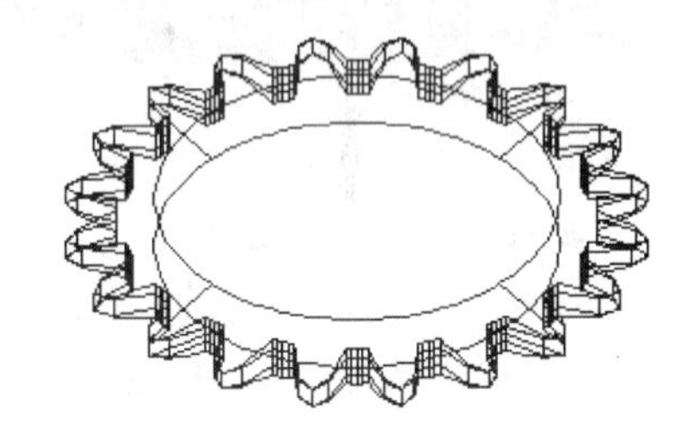

图284-14 对齐效果

15 执行“三维工具>建模>圆柱体”命令，以下侧实体的底面圆心为圆心，绘制半径为65，高度为40的圆柱体，如图284-15所示。

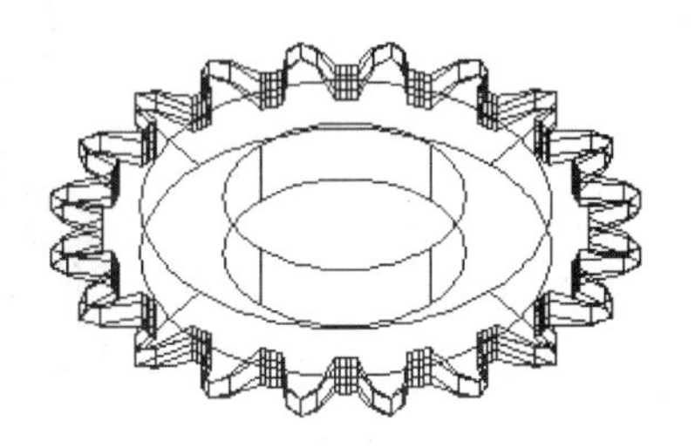

图284-15 绘制圆柱体

16 执行“修改>三维操作>差集”命令，计算原实体与圆柱体的差集，结果如图284-17所示。

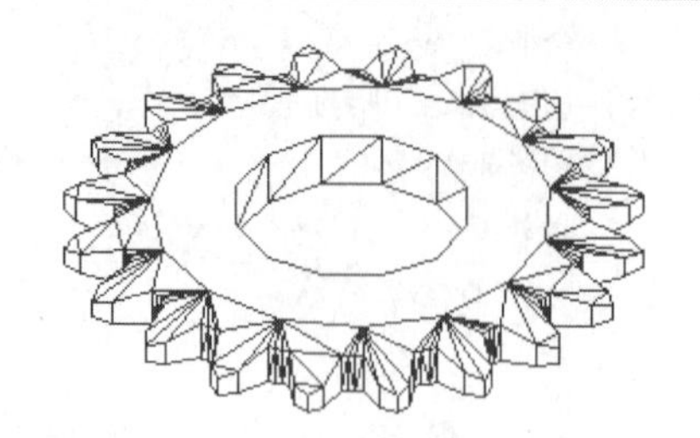

图284-16　差集计算结果

17 执行“视图>视觉样式>真实”命令，修改视图样式为“真实”，并赋予材质，结果如图284-17所示。

图284-17　赋予材质

18 执行“另存为”命令，将图形另存为“实战284.dwg”。

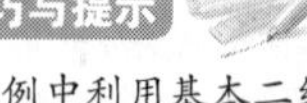

技巧与提示

在本例中利用基本二维绘图编辑命令、圆锥体、圆柱体、三维镜像、差集和多段线编辑等命令得到了飞轮的实体模型。

练习284　绘制带轮实体

实战位置	DVD>练习文件>第11章>练习284.dwg
难易指数	★☆☆☆☆
技术掌握	巩固建模方法

操作指南

参照“实战284”案例进行制作。

首先打开场景文件，然后进入操作环境，利用圆命令CIRCLE、复制命令COPY、倒圆角命令FILLET、拉伸命令EXTRUDE、布尔运算的差集和并集等操作命令，作出图285-18的三维实体。

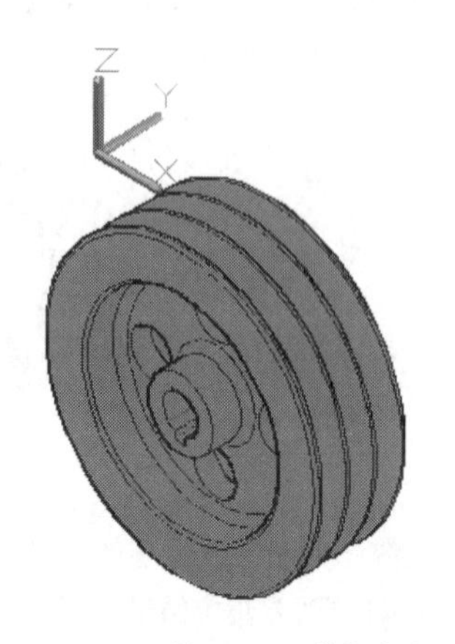

图284-18　带轮实体

实战285　根据二维图纸绘制三维视图模型

原始文件位置	DVD>原始文件>第11章>实战285原始文件
实战位置	DVD>实战文件>第11章>实战285.dwg
视频位置	DVD>多媒体教学>第11章>实战285.avi
难易指数	★☆☆☆☆
技术掌握	掌握根据二维图纸绘制三维视图模型的方法

实战介绍

在实际工程当中，有时需要根据绘制的图纸来绘制工件的三维模型，已达到预览的目的。本例主要介绍如何通过半个齿轮轴的平面图来绘制整个齿轮轴的三维模型，案例效果如图285-1所示。

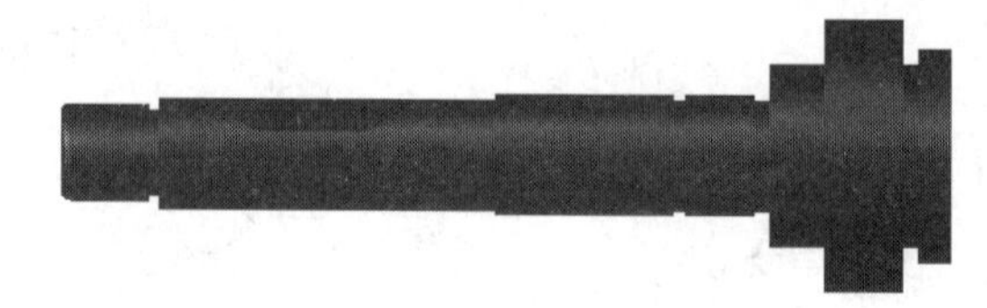

图285-1　最终效果

制作思路

• 首先打开AutoCAD 2013，然后进入操作环境，利用圆命令CIRCLE、倒角命令FILLET、拉伸命令EXTRUDE、布尔运算的差集和并集等操作命令，编辑出如图285-1所示的图形。

制作流程

01 执行“文件>打开”命令，打开“实战285原始文件.dwg”文件。如图285-2所示。

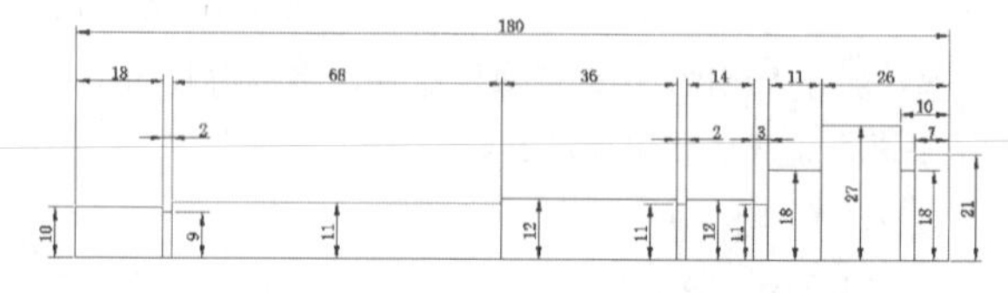

图285-2　原始文件

02 执行“修改>修剪”命令，将多余线段清除，如图285-3所示。

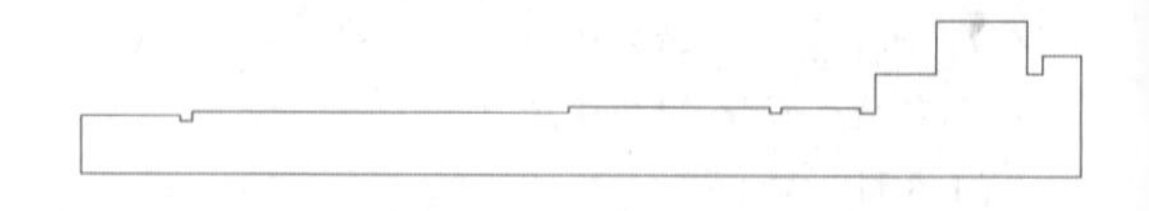

图285-3　修改原始文件

03 执行“修改>合并”命令，将各线段合并成整体。执行“三维工具>建模>旋转”命令，绕边轴旋转生成轴的主体，如图285-4所示。

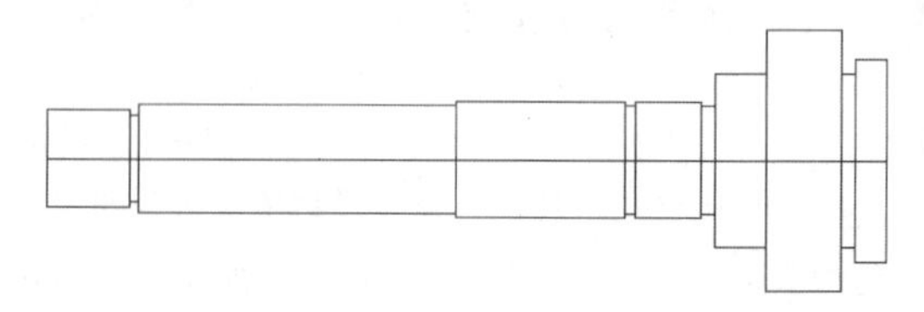

图285-4　旋转建模

04 在xy平面内绘制出键槽形状，如图285-45所示，执行“修改>合并”命令。在三维空间内移动该多段线至合适位置。

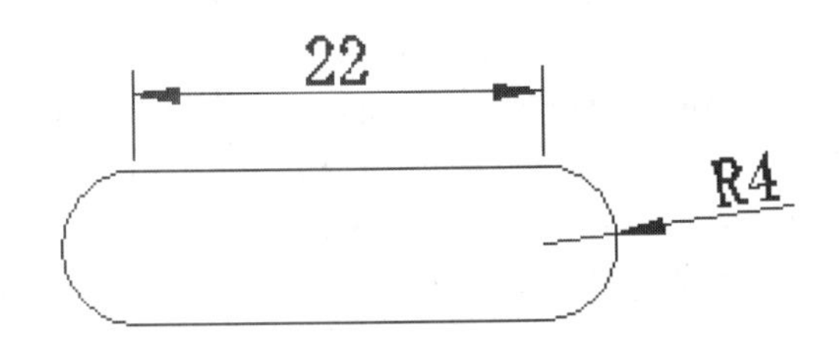

图285-5　键槽尺寸

05 执行“三维工具>建模>拉伸”命令向下拉伸4。执行“三维工具>实体编辑>差集”命令切制出键槽，消隐效果如图285-6所示。

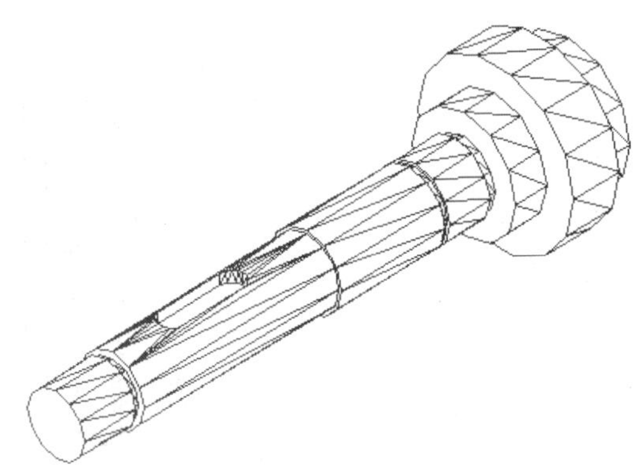

图285-6　切制键槽

06 执行“修改>倒角”命令，设置圆角半径为2，在左侧细端面操作，执行“视图>视觉样式—真实”命令，效果如图285-7所示。

图285-7　齿轮轴的三维模型

技巧与提示

本例通过介绍有二维图纸生成三维齿轮轴模型，综合运用了三位绘图的多种命令，读者应予以掌握。

练习285　支撑座实体建模

实战位置	DVD>练习文件>第11章>练习285.dwg
难易指数	★☆☆☆☆
技术掌握	巩固支撑座实体建模的方法

操作指南

参照“实战285”案例进行制作。

首先打开场景文件，然后进入操作环境，利用圆命令CIRCLE，复制命令COPY，倒圆角命令FILLET，拉伸命令EXTRUDE，布尔运算的差集和并集等操作命令，做出三维实体。最终效果如图285-8所示。

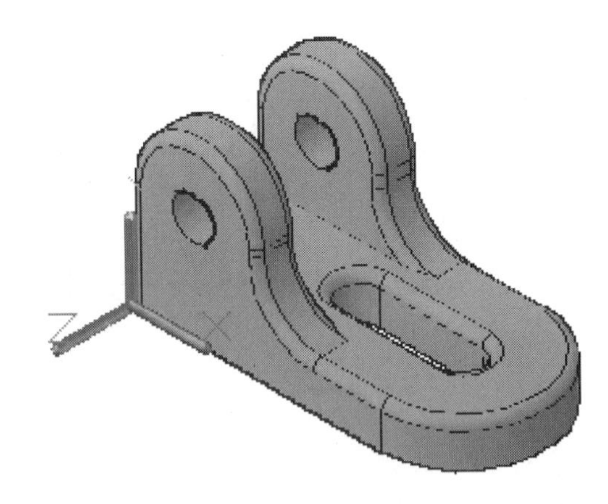

图285-8　支撑座实体

实战286　绘制轴承盖三维实体

原始文件位置	DVD>原始文件>第11章>实战286原始文件
实战位置	DVD>实战文件>第11章>实战286.dwg
视频位置	DVD>多媒体教学>第11章>实战286.avi
难易指数	★☆☆☆☆
技术掌握	掌握绘制轴承盖三维实体的方法

实战介绍

轴承盖是工程中常见的零件实体，案例效果如图286-1所示。

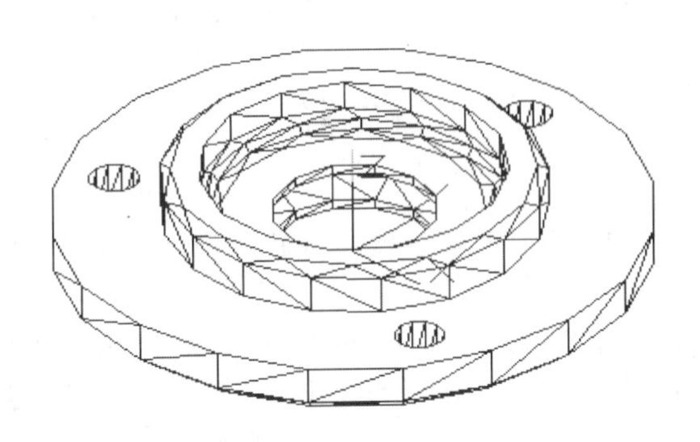

图286-1　最终效果

制作思路

• 首先打开AutoCAD 2013，然后进入操作环境，利用圆命令CIRCLE、倒角命令FILLET、拉伸命令EXTRUDE、三维阵列，以及布尔运算的差集和并集等操作命令，编辑出如图286-1所示的图形。

制作流程

01 执行“文件>打开”命令，打开文件“实战286原始文件.dwg”，如图286-2所示。

02 绘制如图286-3所示二维图形。

03 执行“绘图>面域”命令，将绘制的二维图形创建成面域。

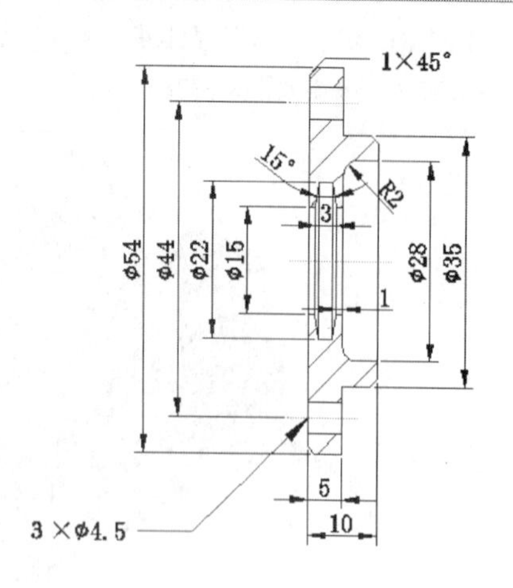

图286-2 原始图片

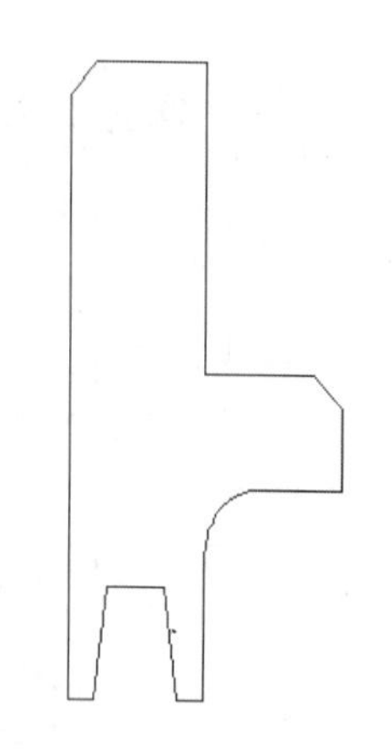

图286-3 绘制二维图形

04 执行“三维工具>建模>旋转”菜单命令，将面域绕轴线旋转360°。

05 将坐标轴绕y轴旋转90°，移动原点至左端面的圆心。执行“三维工具>建模>圆柱体”菜单命令，创建要挖去的圆柱体。命令行提示和操作内容如下：

```
命令: _cylinder
指定底面的中心点或[三点(3P)/两点(2P)/相切、相切、半径(T)/椭圆(E)]: _tt//启动“临时追踪点捕捉”功能
指定临时对象追踪点: //捕捉原点为临时追踪点
指定底面的中心点或[三点(3P)/两点(2P)/相切、相切、半径(T)/椭圆(E)]: 22//向上移动光标，出现追踪轨迹，输入追踪距离22，回车
指定底面半径或[直径(D)]: 2.25//圆柱体地面半径为2.25
指定高度或[两点(2P)/轴端点(A)]: 5//圆柱体高度为5，回车
```

06 执行“修改>三维操作>三维阵列”命令，将要挖去的圆柱体作三维环形阵列。命令行提示和操作内容如下：

```
命令: _3darray
选择对象: 找到1个//单击要挖去的圆柱体为阵列对象
选择对象: //回车
输入阵列类型[矩形(R)/环形(P)] <环形>:p
输入阵列中的项目数目: 3
指定要填充的角度 (+=逆时针, -=顺时针) <360>://回车
旋转阵列对象? [是(Y)/否(N)] <Y>://回车
指定阵列的中心点: //捕捉轴盖端线的端点
指定旋转轴上的第二点: //捕捉轴盖端线的另一端点
得到环形阵列如图286-4所示。
```

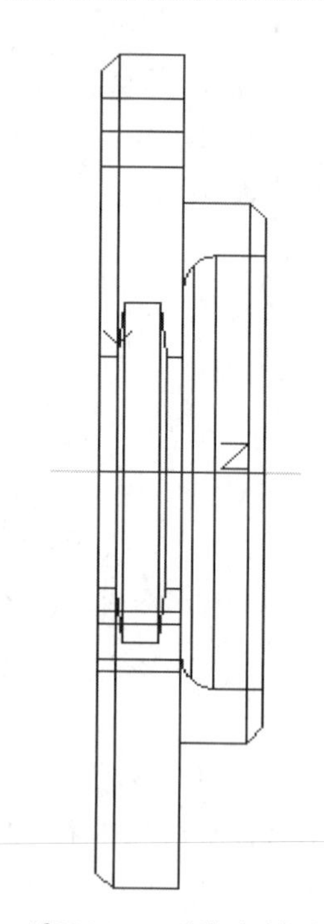

图286-4 环形阵列圆柱体

07 执行“三维工具>实体编辑>差集”菜单命令，将旋转得到的实体与阵列的到的三个圆柱体作“差”运算，并进行消隐，效果如图286-5所示。

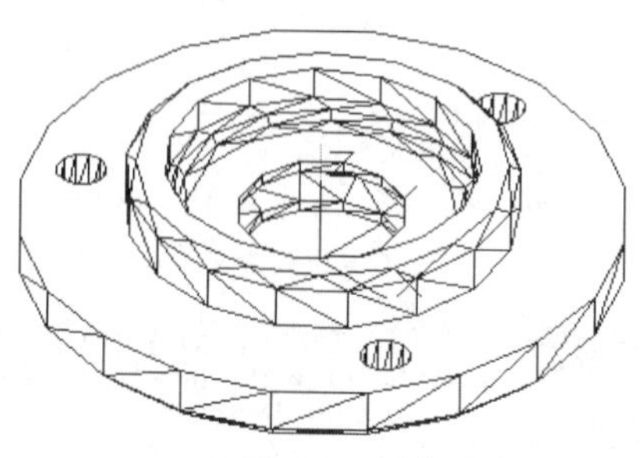

图286-5 差集并消隐后的图形

技巧与提示

本例中绘制轴承盖三维实体模型，主要用到了旋转、三维阵列等操作命令。

练习286 实体建模

实战位置　DVD>练习文件>第11章>练习286.dwg
难易指数　★☆☆☆☆
技术掌握　巩固实体建模的方法

操作指南

参照“实战286”案例进行制作。

首先打开场景文件，然后进入操作环境，根据图286-6所示的二维图形，利用圆命令CIRCLE、复制命令COPY、倒角命令FILLET等操作命令，作出三维实体。

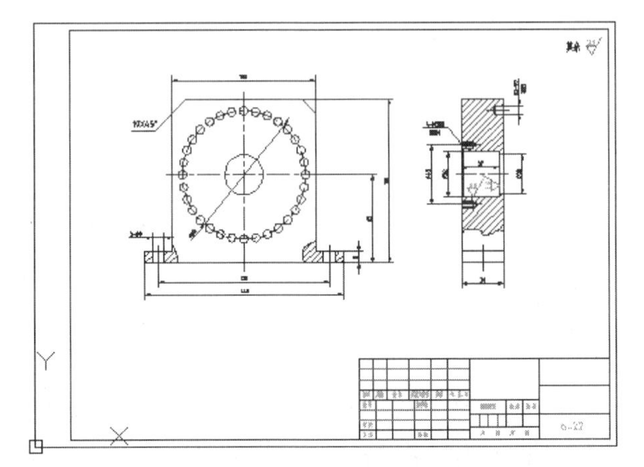

图286-6　二维图形

实战287 绘制方形座机件

实战位置　DVD>实战文件>第11章>实战287.dwg
视频位置　DVD>多媒体教学>第11章>实战287.avi
难易指数　★☆☆☆☆
技术掌握　掌握绘制支座三维效果图的方法

实战介绍

本例将通过拉伸、差集、旋转面、三维阵列等命令绘制方形座机件。案例效果如图287-1所示。

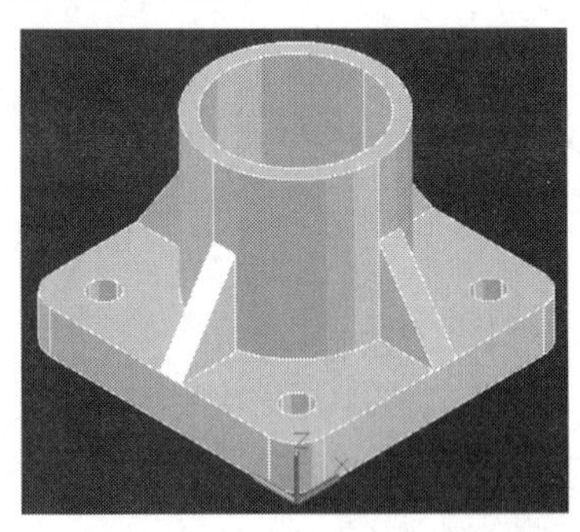

图287-1　最终效果

制作思路

• 首先打开AutoCAD 2013，然后进入操作环境，利用圆命令CIRCLE、倒圆角命令FILLET、拉伸命令EXTRUDE、旋转面、三维阵列，以及布尔运算的差集和并集等，编辑出如图287-1所示的图形。

制作流程

01 打开AutoCAD 2013，创建一个新的AutoCAD文件，文件名默认为“Drawing1.dwg”。

02 执行“视图>三维视图>西南等轴测”命令，将视图转换为西南等轴侧视图。执行“绘图>矩形”命令，绘制圆角矩形。

命令行提示和操作内容如下：

```
命令: _rectang
指定第一个角点或[倒角(C)/标高(E)/圆角(F)/厚度(T)/宽度(W)]: f//选择圆角命令
指定矩形的圆角半径 <0.0000>: 10//输入圆角半径为10
指定第一个角点或[倒角(C)/标高(E)/圆角(F)/厚度(T)/宽度(W)]: //单击原点，以原点为第一角点
指定另一个角点或[面积(A)/尺寸(D)/旋转(R)]: d
指定矩形的长度 <10.0000>: 100//输入矩形长
指定矩形的宽度 <10.0000>: 100//输入矩形宽
指定另一个角点或[面积(A)/尺寸(D)/旋转(R)]: //回车
```

如图287-2所示。

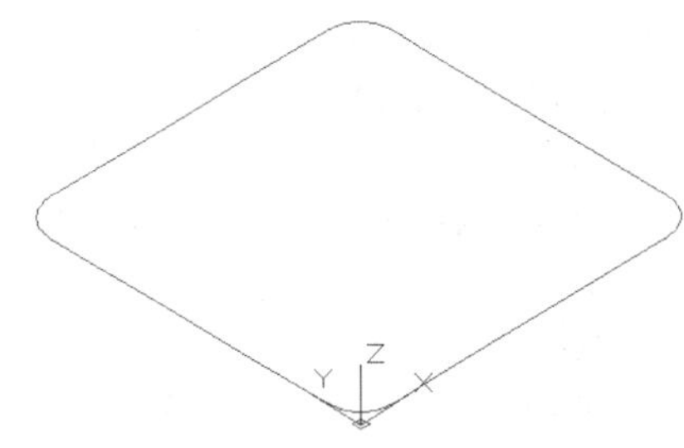

图287-2　绘制圆角矩形

03 执行“绘图>圆”命令，以点（15，85，0）、（85，85,0）、（15，15,0）、（85，15，0）为圆心，绘制4个半径为5的圆。如图287-3所示。

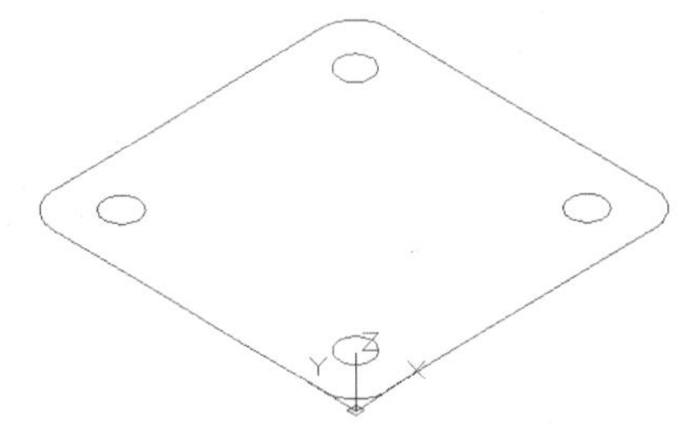

图287-3　绘制圆

04 执行“三维工具>建模>拉伸”菜单命令，将绘制的所有图形拉伸。命令行提示和操作内容如下：

```
命令: _extrude
当前线框密度: ISOLINES=4
选择要拉伸的对象: 找到1个//选择所有要拉伸的对象，如图287-4所示
选择要拉伸的对象: 找到1个，总计2个
选择要拉伸的对象: 找到1个，总计3个
选择要拉伸的对象: 找到1个，总计4个
```

```
选择要拉伸的对象：找到1个，总计5个
选择要拉伸的对象：
指定拉伸的高度或[方向(D)/路径(P)/倾斜角(T)]<5.0000>：15//指定拉伸高度，回车确定
```

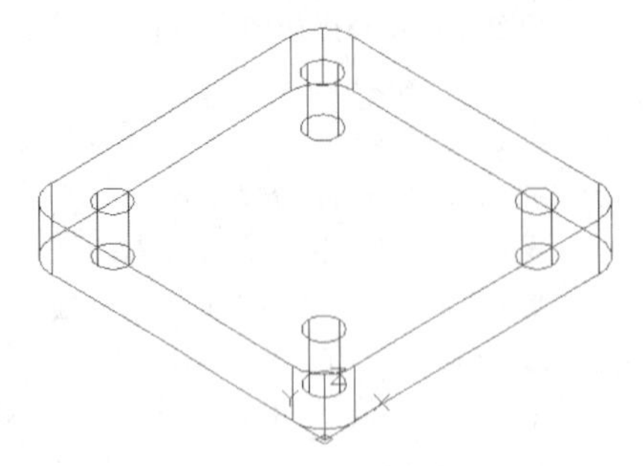

图287-4 拉伸对象

05 执行“三维工具>实体编辑>差集”命令，将4个小圆柱体从长方体中减去，命令行提示和操作内容如下：

```
命令：_subtract选择要从中减去的实体或面域...//单击长方体
选择对象：找到1个
选择对象：
选择要减去的实体或面域 .. //选择4个小圆柱体
选择对象：找到1个
选择对象：找到1个，总计2个
选择对象：找到1个，总计3个
选择对象：找到1个，总计4个
选择对象：//回车结束命令
```

06 执行“三维工具>建模>圆柱体”菜单命令，以点（50，50，15）为底面圆心，绘制两个同心圆柱，半径分别为30和25，高为55。效果如图287-5所示。

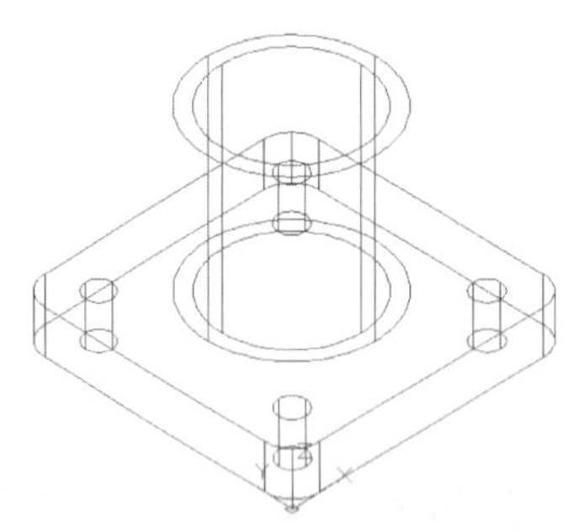

图287-5 绘制圆柱

07 重复执行“三维工具>实体编辑>差集”命令，将小圆柱体从大圆柱体中减去。

08 执行“三维工具>建模>楔体”菜单命令，以（50，0，0）为起点，绘制一个长为20，宽为8，高为30的楔体，如图287-6所示。

09 执行“三维工具>实体编辑>旋转面”菜单命令，将楔体沿x轴旋转-90°，然后再利用移动命令，将楔体移动到如图287-7所示位置。

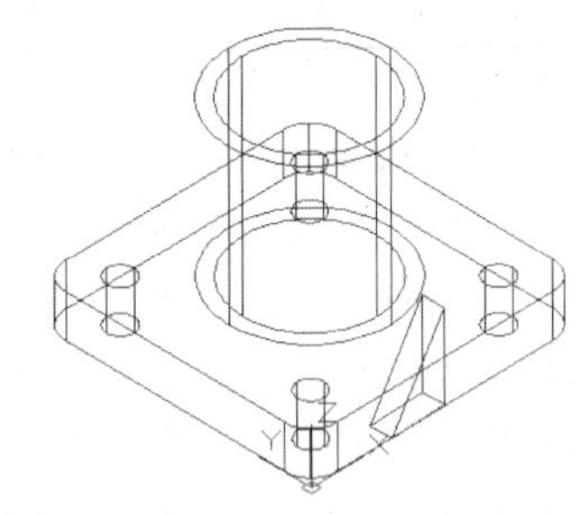

图287-6 绘制楔体

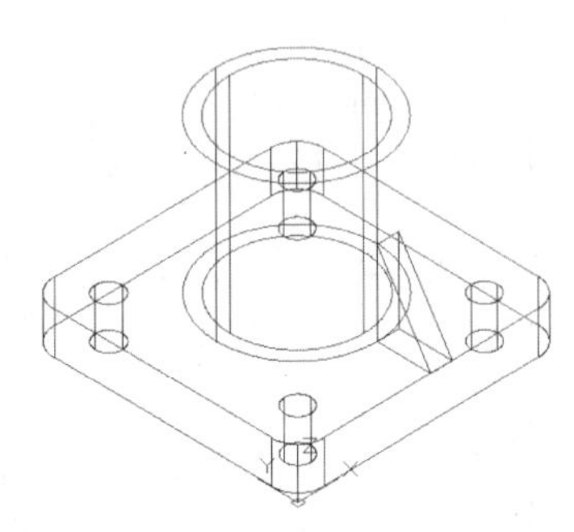

图287-7 旋转、移动楔体

10 执行“修改>三维操作>三维阵列”命令，将绘制的楔体进行环形阵列，阵列数目为4，阵列中心为绘制圆主体的底面圆心。

11 执行“三维工具>实体编辑>并集”命令，将所有图形进行并集运算。

12 执行“视图>视觉样式>隐藏”命令，得到消隐后的效果如图287-8所示。

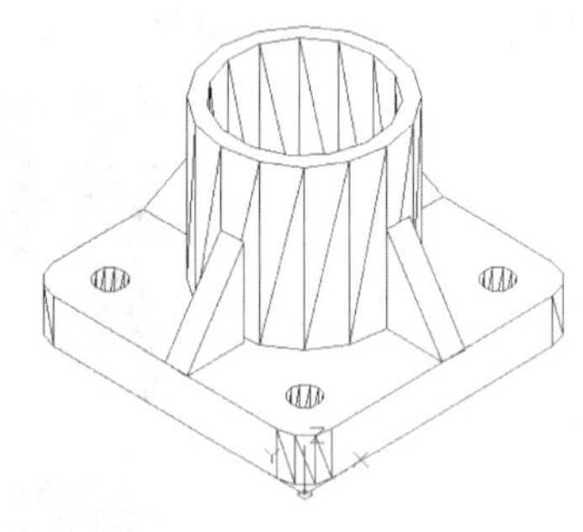

图287-8 消隐后图形

13 在命令行里输入“ SHADE”命令，得到着色后的效果图。

14 执行“另存为”命令，将图形另存为“实战287.dwg”。

练习287 机座建模

实战位置	DVD>练习文件>第11章>练习287.dwg
难易指数	★☆☆☆☆
技术掌握	巩固建模方法

操作指南

参照“实战287”案例进行制作。

首先打开场景文件，然后进入操作环境，利用圆命令CIRCLE，复制命令COPY，倒圆角命令FILLET，拉伸命令EXTRUDE，布尔运算的差集命令SUBTRACT和并集命令UNION等操作命令，作出如图287-9所示的图形。

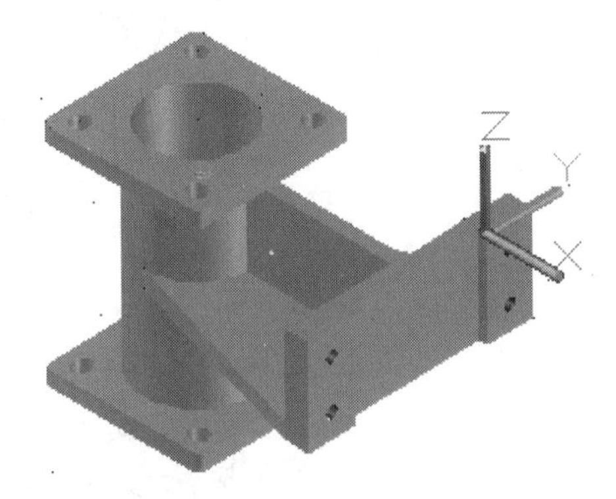

图287-9 连杆建模

实战288 绘制支座三维效果图

实战位置	DVD>实战文件>第11章>实战288.dwg
视频位置	DVD>多媒体教学>第11章>实战288.avi
难易指数	★☆☆☆☆
技术掌握	掌握绘制支座三维效果图的方法

实战介绍

下面将以支座三维效果图的绘制流程为例，巩固之前所学的切点捕捉模式、“镜像”命令，布尔运算、“拉伸”命令、添加材质及渲染效果灯操作知识。案例效果如图288-1所示。

图288-1 最终效果

制作思路

• 首先打开AutoCAD 2013，然后进入操作环境，利用圆命令CIRCLE，复制命令COPY，倒圆角命令FILLET，拉伸命令EXTRUDE，编辑多段线命令PEDIT，移动命令MOVE以及布尔运算的差集命令SUBTRACT和并集命令UNION等，编辑出如图288-1所示的图形。

制作流程

01 打开AutoCAD 2013，创建一个新的AutoCAD文件，文件名默认为“Drawing1.dwg”。

02 执行“绘图>圆”命令，分别绘制半径为5和10的两个同心圆，结果如图288-2所示。

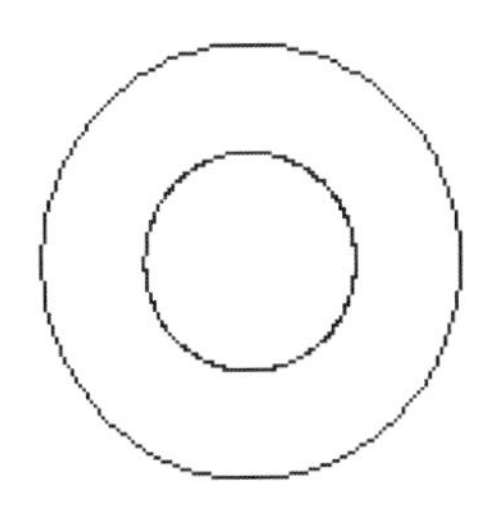

图288-2 绘制同心圆

03 执行“修改>复制”命令，选择小圆作为复制对象。指定圆心作为基点，水平偏移40，结果如图288-3所示。

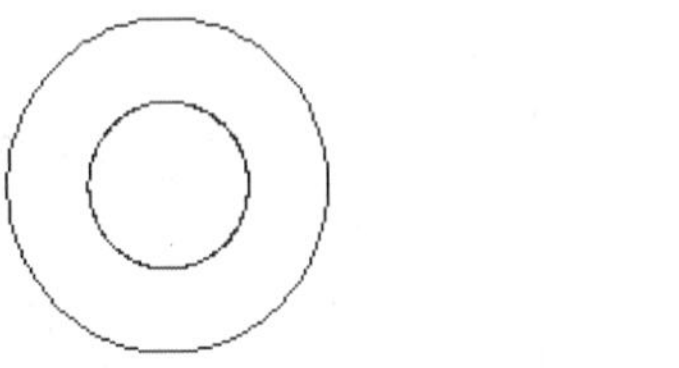

图288-3 复制小圆

04 双击复制的小圆，通过“特性”面板将其半径更改为8，然后执行“绘图>圆”命令，绘制半径为12和20的同心圆，结果如图288-4所示。

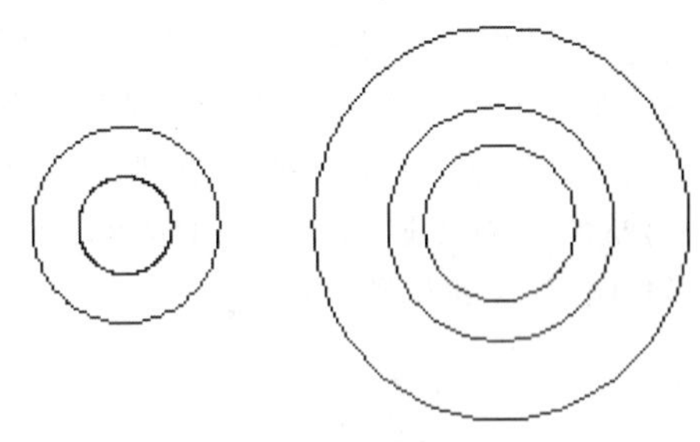

图288-4 更改特性及绘制同心圆

05 执行“工具>绘图设置”命令，选择“对象捕捉”选项卡，勾选“全部清除”，然后选中“切点”复选框，效果如图288-5所示，关闭对话框。

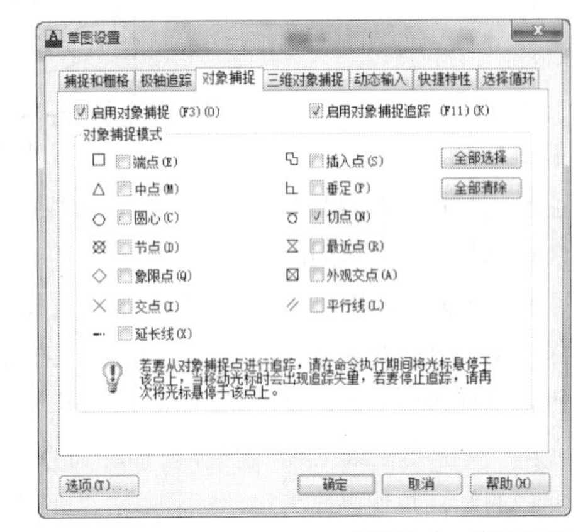

图288-5 草图设置

06 执行“直线”命令，在左侧圆上指定一个切点，然后再右侧指定另一个切点，绘制两圆公切线，结果如图288-6所示。

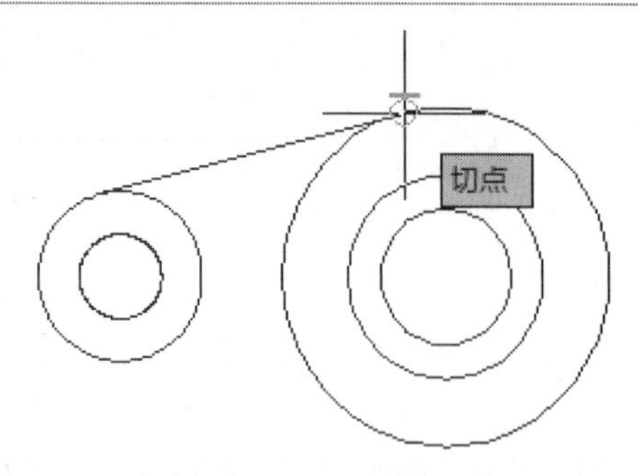

图288-6　绘制切线

07 执行“绘图>直线”命令，捕捉同心圆的圆心，绘制一条直线，然后将其连接两个切点，如图288-7所示。

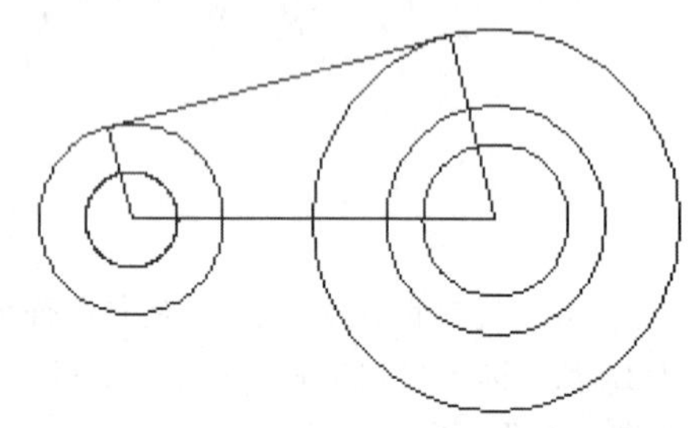

图288-7　绘制直线

08 执行“绘图>面域”命令，将已绘制的图形转化为面域，然后执行“三维工具>建模>拉伸”命令，选择半径为5、10的同心圆，以及半径为20的圆和刚绘制的直线作为拉伸对象。对其进行高度为11的拉伸，执行“视图>东南等轴测”，效果如图288-8所示。

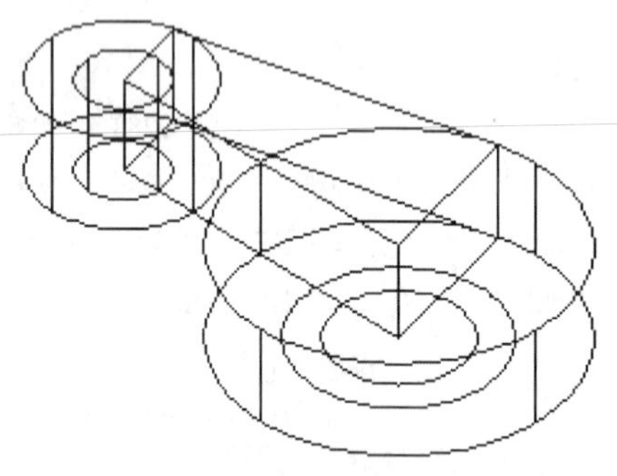

图288-8　拉伸处理

09 执行“修改>镜像”命令，将由直线拉伸成的三维实体镜像复制，效果如图288-9所示。

10 再次执行“修改>镜像”命令，选择全部对象为镜像对象，然后分别指定大圆的两个象限点作为镜像线的两点，进行镜像处理，效果如图288-10所示。

11 执行“三维工具>建模>拉伸”命令，拉伸半径为8和12的圆，拉伸高度为34，然后单击“视图>视觉样式>隐藏”，效果如图288-11所示。

12 执行“三维工具>实体编辑>并集”菜单命令，对除三个圆柱体外的其他三维实体进行并集运算，效果如图288-12所示。

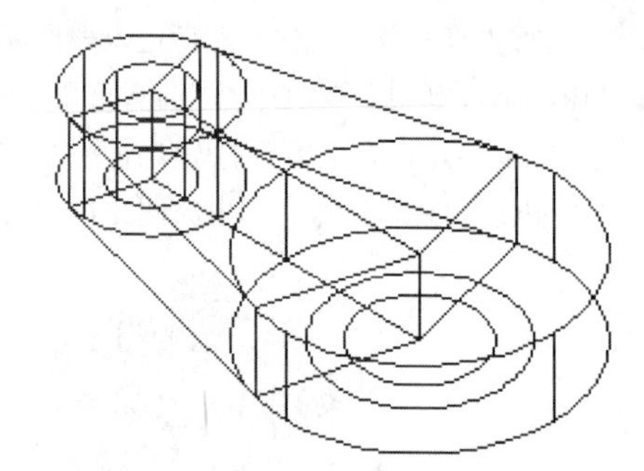

图288-9　镜像处理

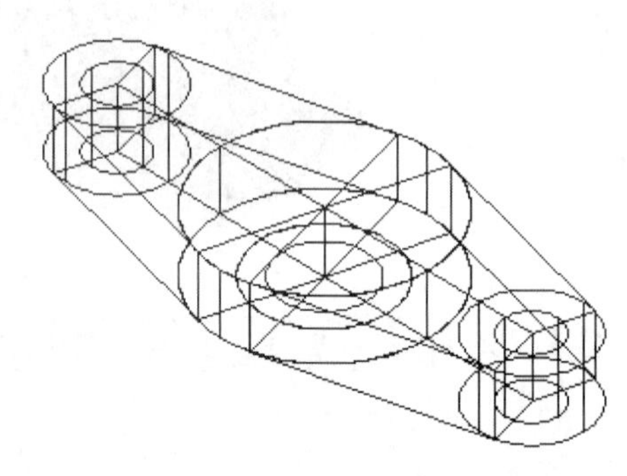

图288-10　镜像处理

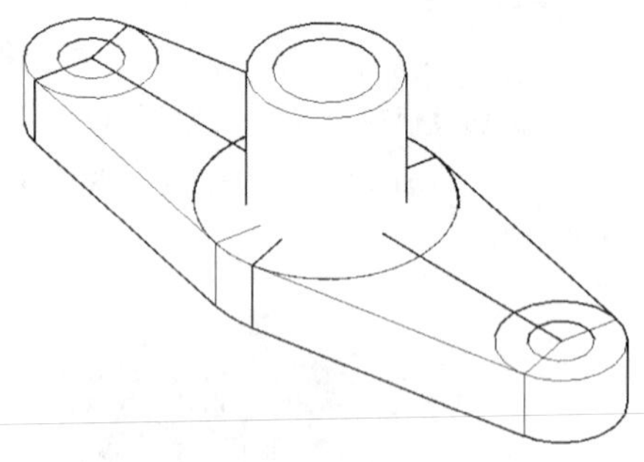

图288-11　拉伸和隐藏

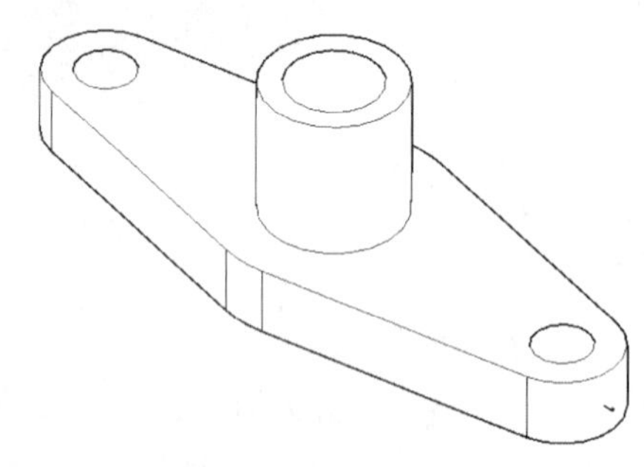

图288-12　并集运算

13 执行“三维工具>实体编辑>差集”菜单命令，剪去之前保留的三个圆柱体，然后执行“视图>视觉样式>概念”，效果如图288-13所示。

14 执行“三维工具>曲面>平面”命令，如图288-14所示。

15 执行“渲染>材质>材质浏览器”命令，选择“地板>地毯”选项，将其拖动到支座上，执行“渲染”命令，效果如图288-1所示。

16 执行“另存为”命令，将图形另存为“实战288.dwg”。

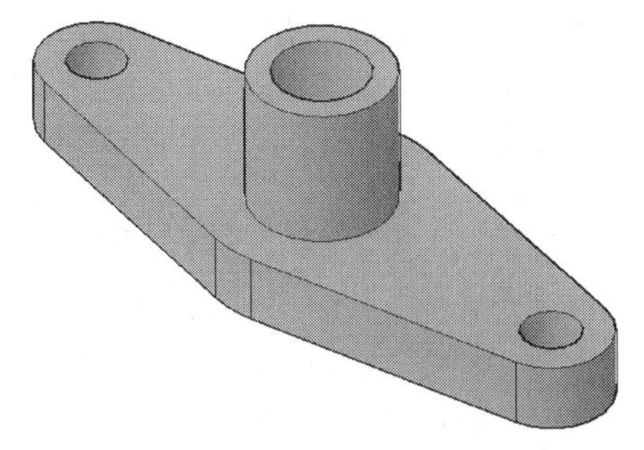

图288-13　概念样式效果图

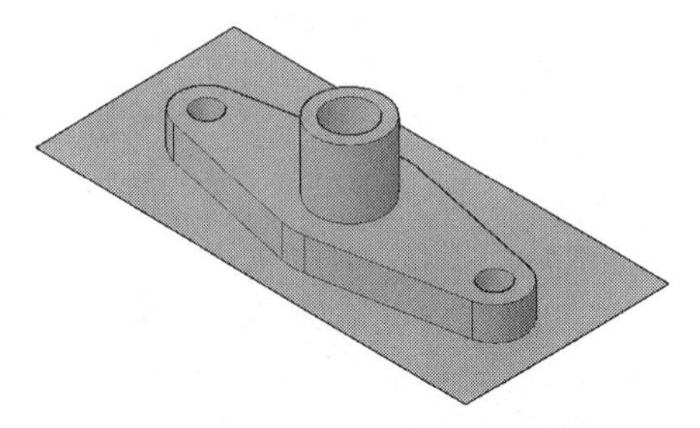

图288-14　支座加上平面后效果图

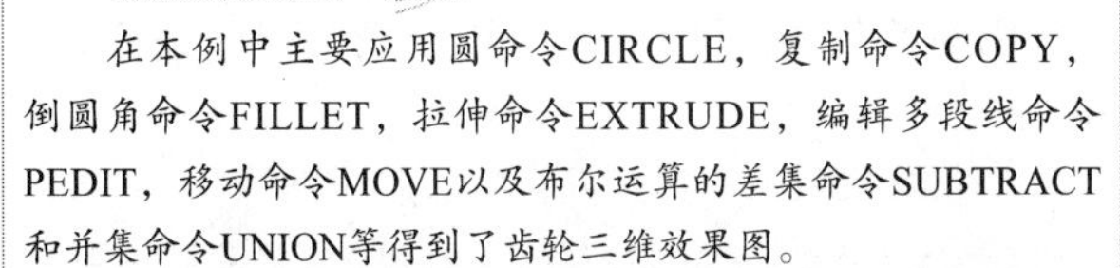

技巧与提示

在本例中主要应用圆命令CIRCLE，复制命令COPY，倒圆角命令FILLET，拉伸命令EXTRUDE，编辑多段线命令PEDIT，移动命令MOVE以及布尔运算的差集命令SUBTRACT和并集命令UNION等得到了齿轮三维效果图。

练习288　支座建模

实战位置	DVD>练习文件>第11章>练习288.dwg
难易指数	★☆☆☆☆
技术掌握	掌握支座建模方法

操作指南

参照“实战288”案例进行制作。

首先打开场景文件，然后进入操作环境，利用圆命令CIRCLE，复制命令COPY，倒圆角命令FILLET，拉伸命令EXTRUDE，编辑多段线命令PEDIT，移动命令MOVE以及布尔运算的差集命令SUBTRACT和并集命令UNION等操作命令，做出如图288-15所示的图形。

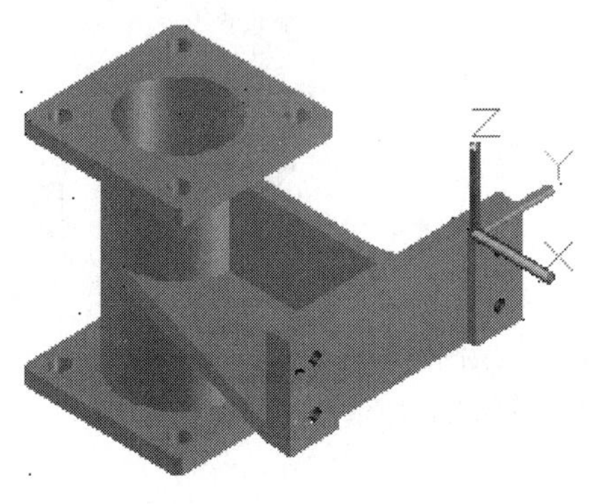

图288-15　支座建模

实战289　绘制齿轮三维效果图

实战位置	DVD>实战文件>第11章>实战289.dwg
视频位置	DVD>多媒体教学>第11章>实战289.avi
难易指数	★☆☆☆☆
技术掌握	掌握绘制齿轮三维效果图的方法

实战介绍

本例绘制的齿轮，最终效果如图289-1所示。主要应用圆命令CIRCLE，倒圆角命令FILLET，拉伸命令EXTRUDE，编辑多段线命令PEDIT，移动命令MOVE以及布尔运算的差集命令SUBTRACT和并集命令UNION等，来完成图形的绘制。案例效果如图289-1所示。

图289-1　最终效果

制作思路

• 首先打开AutoCAD 2013，然后进入操作环境，利用圆命令CIRCLE，复制命令COPY，倒圆角命令FILLET，拉伸命令EXTRUDE，编辑多段线命令PEDIT，移动命令MOVE以及布尔运算的差集命令SUBTRACT和并集命令UNION等，编辑出如图289-1所示的图形。

制作流程

01 打开AutoCAD 2013，创建一个新的AutoCAD文件，文件名默认为“Drawing1.dwg”。

02 设置线框密度。

```
命令：ISOLINES
输入ISOLINES的新值 <4>：10
```

03 绘制圆。执行“绘图>圆”命令，以（0,0）为圆心依次绘制直径为240、260和214的圆。

04 绘制直线。执行“绘图>直线”命令，使用绘制直线命令LINE，绘制直线段，以下为绘制直线段的命令序列：

```
命令：LINE
指定第一个点：0,0
指定下一点或[放弃(U)]：@130,0
指定下一点或[放弃(U)]：
同样方法，绘制另外两条连续线段，端点坐标分别为{(0,0)、(@130<3.75)、(@40<176.25)}{(0,0)、(@130<-3.75)、(@40<183.75)}。结果如图289-2所示。
```

05 执行“修改>修剪”命令，修剪图形，结果如图289-3所示。

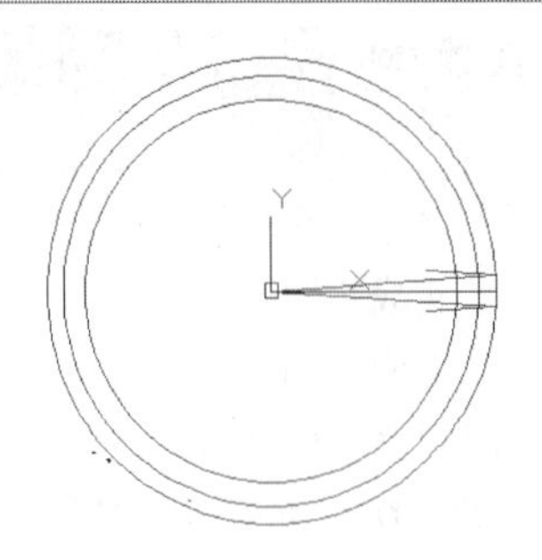

图289-2 绘制边界线

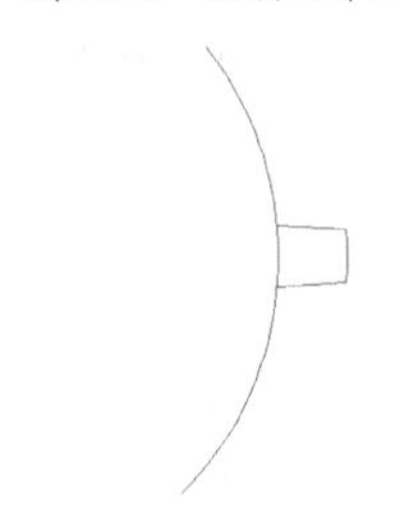

图289-3 修剪出的齿廓

06 阵列齿廓。使用阵列工具阵列齿廓，阵列对象为修剪出的齿廓。结果如图289-4所示。

07 圆角处理。执行“修改>圆角”命令，以下是阵列的命令序列：

```
命令: FILLET
当前设置: 模式 = 修剪, 半径 = 2.0000
选择第一个对象或[放弃(U)/多段线(P)/半径(R)/修剪(T)/多个(M)]:
选择第二个对象，或按住Shift键选择对象以应用角点或[半径(R)]:
```

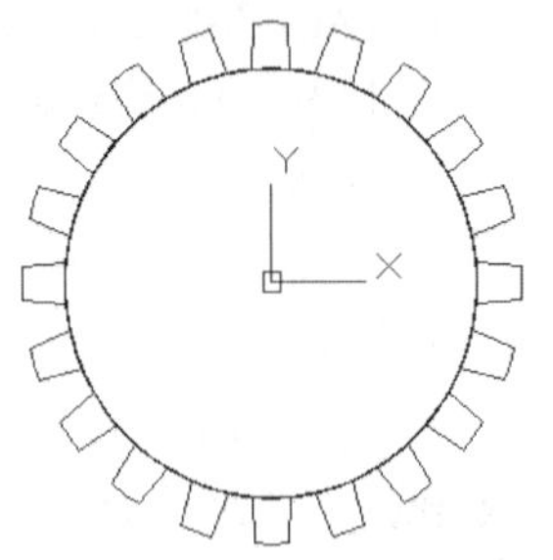

图289-4 阵列后的齿轮图

08 修剪齿根。执行“修改>修剪”命令，将齿根修剪完整，结果如图289-5所示。

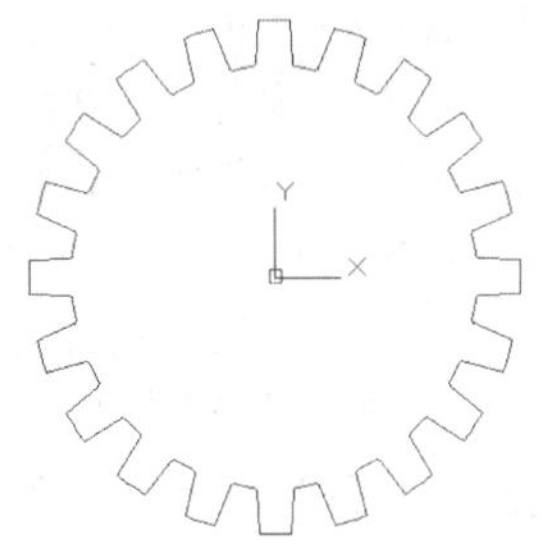

图289-5 修剪后的齿轮

09 合并拉多段线。执行“修改>合并”命令，以下为合并的命令序列：

```
命令: PEDIT
选择多段线或[多条(M)]:(任选一条线段)
选定的对象不是多段线
是否将其转换为多段线? <Y> Y
输入选项[闭合(C)/合并(J)/宽度(W)/编辑顶点(E)/拟合(F)/样条曲线(S)/非曲线化(D)/线型生成(L)/反转(R)/放弃(U)]: J
选择对象: //用鼠标拉出一个矩形框将整个图形都包括在内
找到120个
选择对象:
多段线已增加119条线段
输入选项[打开(O)/合并(J)/宽度(W)/编辑顶点(E)/拟合(F)/样条曲线(S)/非曲线化(D)/线型生成(L)/反转(R)/放弃(U)]: L
输入多段线线型生成选项[开(ON)/关(OFF)] <关>: ON
输入选项[打开(O)/合并(J)/宽度(W)/编辑顶点(E)/拟合(F)/样条曲线(S)/非曲线化(D)/线型生成(L)/反转(R)/放弃(U)]: U
```

10 拉伸多段线。使用拉伸工具，选择图形，命令行提示如下：

```
命令: EXTRUDE
当前线框密度:  ISOLINES=4, 闭合轮廓创建模式 = 实体
选择要拉伸的对象或[模式(MO)]: _MO
闭合轮廓创建模式[实体(SO)/曲面(SU)] <实体>: _SO
选择要拉伸的对象或[模式(MO)]: 找到1个
选择要拉伸的对象或[模式(MO)]:
指定拉伸的高度或[方向(D)/路径(P)/倾斜角(T)/表达式(E)]: 30
```

11 设置视图方向。执行“视图>三维视图>西南等轴测”命令，将当前视图设置为西南等轴测方向。此时结果如图289-6所示。

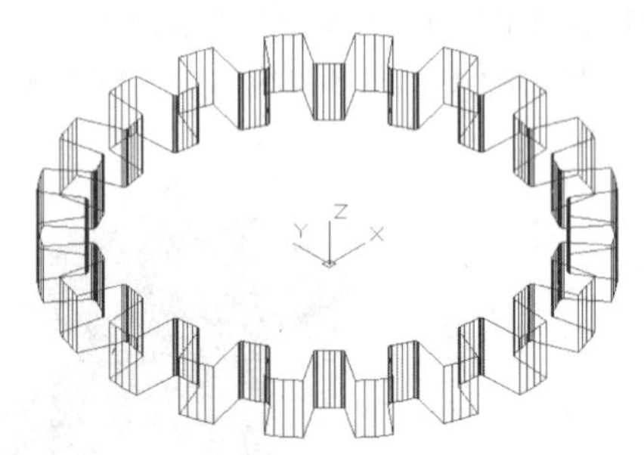

图289-6 拉伸后的图形

12 绘制圆。方法同前，使用圆工具依次画3个圆，3个圆的圆心都在（0,0,-7.5)点，半径分别为R1=30、R2=50、R3=96。

13 复制圆3。使用复制工具对半径为96的圆3进行复制

得到圆4，并将它放在相对于原来的圆沿z轴上移15mm的位置。

14 拉伸命令。方法同前，拉伸圆1和圆2，拉伸高度是45mm，倾斜角度是0；拉伸圆3，拉伸高度是-10mm，倾斜角度是0；拉伸命令EXTRUDE拉伸圆4，拉伸高度是10mm，倾斜角度是0。此时结果如图289-7所示。

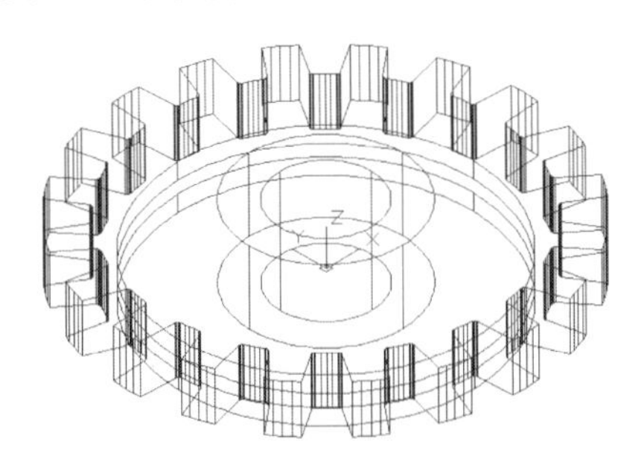

图289-7 拉伸后的实体

15 差集处理。方法同前，从齿轮主体中减去由圆3和圆4拉伸成的实体。

16 并集处理。方法同前，将齿轮主体和圆2拉伸后所得实体合并。

17 差集处理。方法同前，从齿轮主体中减去由半径为30的圆拉伸成的实体。

18 渲染处理。执行“渲染>渲染”，选择适当的材质，渲染后的效果如图289-8所示。

图289-8 着色后的齿轮图

19 设置视图方向。执行“视图>三维视图>平面视图>世界UCS”，将当前视图设置为世界UCS。

20 绘制矩形。

```
命令: RECTANG
指定第一个角点或[倒角(C)/标高(E)/圆角(F)/厚度(T)/宽度(W)]: F
指定矩形的圆角半径 <0.0000>: 0.45
指定第一个角点或[倒角(C)/标高(E)/圆角(F)/厚度(T)/宽度(W)]: 0,-8
指定另一个角点或[面积(A)/尺寸(D)/旋转(R)]: 36.6,8
```

21 拉伸绘制的矩形。方法同前，拉伸绘制好的矩形，拉伸高度是45，倾斜角度是0。

22 差集处理。方法同前，从齿轮主体减去拉伸好的长方体。

23 圆角处理。方法同前，对轮毂根部倒R4的圆角。对轴孔端面倒R2的圆角。结果如图289-1所示。

24 执行“另存为”命令，将文件另存为“实战289.dwg”。

技巧与提示

在本例中主要应用圆命令CIRCLE，复制命令COPY，倒圆角命令FILLET，拉伸命令EXTRUDE，编辑多段线命令PEDIT，移动命令MOVE以及布尔运算的差集命令SUBTRACT和并集命令UNION等得到了齿轮三维效果图。

练习289 连杆建模

实战位置 DVD>练习文件>第11章>练习289.dwg
难易指数 ★☆☆☆☆
技术掌握 巩固连杆实体建模的方法

操作指南

参照“实战289连杆建模”案例进行制作。

首先打开场景文件，然后进入操作环境，使用圆、直线、修剪、建模、拉伸等操作命令，做出如图289-9所示的图形。

图289-9 连杆建模

实战290 连杆建模

实战位置 DVD>实战文件>第11章>实战290.dwg
视频位置 DVD>多媒体教学>第11章>实战290.avi
难易指数 ★☆☆☆☆
技术掌握 掌握连杆建模的方法

实战介绍

在本例中介绍连杆实体模型的绘制方法。案例效果如图290-1所示。

图290-1 最终效果

制作思路

• 首先打开AutoCAD 2013，然后进入操作环境，使用圆、直线、修剪、建模、拉伸等操作命令，编辑出如图290-1所示的图形。

制作流程

01 打开AutoCAD 2013，创建一个新的AutoCAD文件，文件名默认为“Drawing1.dwg”。

02 执行“视图>三维视图>前视”命令，按F8键开启正交模式，执行“绘图>直线”菜单命令，在绘图区指定起点，绘制一条长度为100的水平直线；执行“绘图>圆”菜单命令，以直线左端点为圆心，绘制半径为45的圆；重复执行“绘图>圆”菜单命令，以直线右端点为圆心，绘制半径为20的圆；执行“绘图>直线”菜单命令，分别绘制连接两个圆的切点的直线，如图290-2所示。

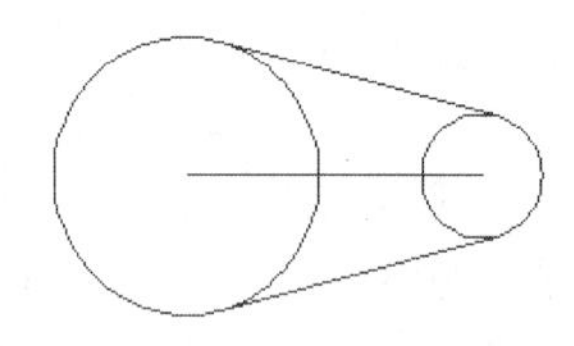

图290-2　绘制圆与直线

03 执行“修改>移动”菜单命令，将水平直线向下移动100；执行“修改>修剪”菜单命令，对图形进行修剪；执行“修改>合并”菜单命令，合并绘制的直线和圆弧，如图290-3所示。

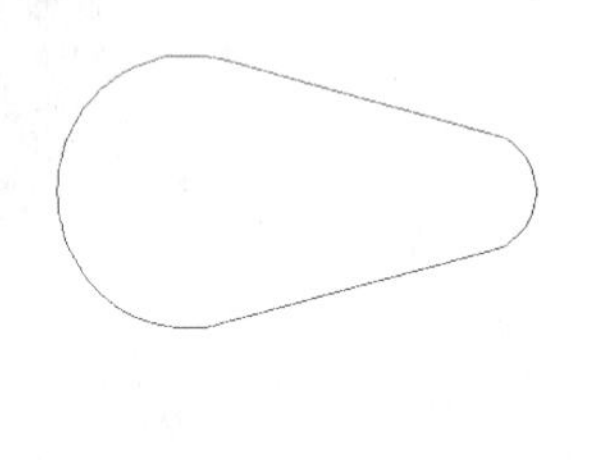

图290-3　修剪处理

04 执行“绘图>圆”命令，以直线左端点为圆心，绘制半径分别为30、45的同心圆；以直线右端点为圆心，绘制半径分别为12、20的同心圆，如图290-4所示。

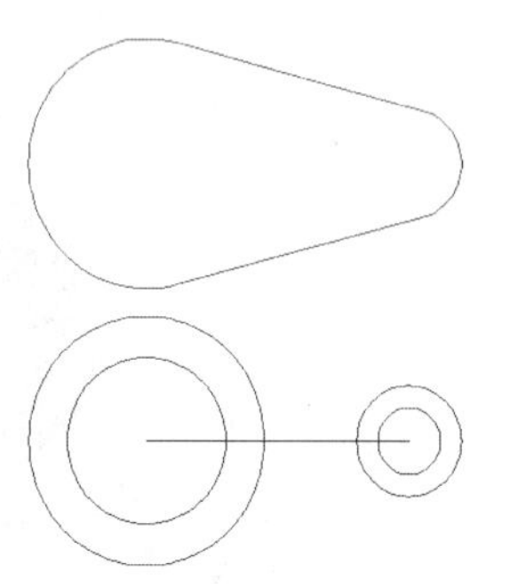

图290-4　绘制同心圆

05 执行“视图>三维视图>西南等轴测”命令；执行“三维工具>建模>拉伸”菜单命令，选择合并的图形，沿z轴拉伸10；重复此操作，选择绘制的同心圆，沿z轴拉伸20，如图290-5所示。

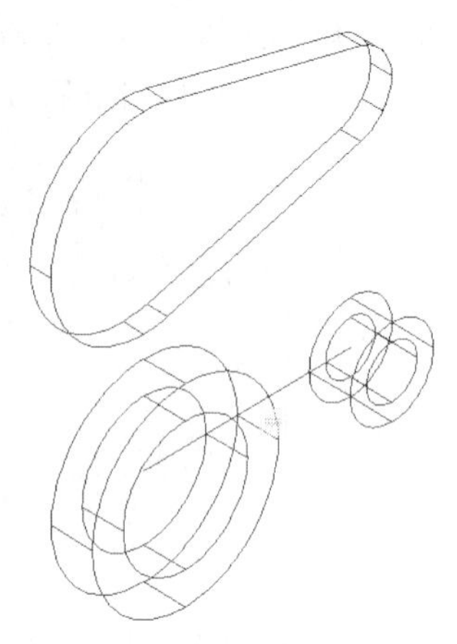

图290-5　拉伸处理

06 执行“修改>移动”菜单命令，捕捉半径为45的圆柱体的底面圆心为基点，然后选择拉伸实体底面半径为45的圆的圆心为第二点，对拉伸的同心圆进行移动；执行“修改>删除”菜单命令，删除水平线，如图290-6所示。

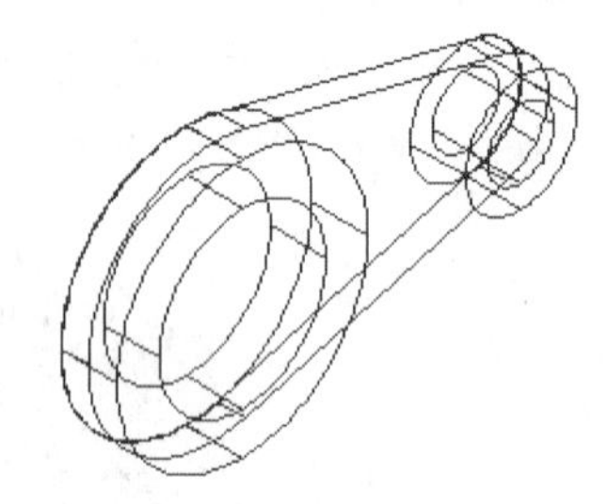

图290-6　移动处理

07 执行“三维工具>实体编辑>并集”菜单命令，选择实体与拉伸体半径分别为20、45的圆柱体，对其进行并集操作；执行“三维工具>实体编辑>差集”菜单命令，选择合并的实体，选择拉伸的半径分别为12、35的圆，进行差集操作，如图290-7所示。

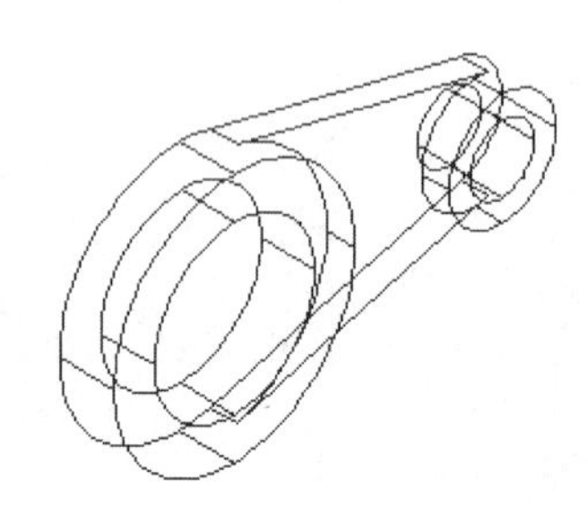

图290-7　并集、差集处理

08 执行“视图>视觉样式>真实”命令，执行“渲染>渲染”命令，结果如图290-1所示。

09 执行“另存为”命令，将图形另存为“实战290.dwg”。

在本例中利用基本二维绘图编辑命令、差集和多段线编辑等命令得到了连杆的实体模型。

练习290 连杆建模

实战位置　DVD>练习文件>第11章>练习290.dwg
难易指数　★☆☆☆☆
技术掌握　巩固连杆建模的方法

操作指南

参照“实战290”案例进行制作。

首先打开场景文件，然后进入操作环境，使用圆、直线、修剪、建模、拉伸等操作命令，做出如图290-8所示的图形。

图290-8　连杆建模

实战291 凸轮从动杆建模

实战位置　DVD>实战文件>第11章>实战291.dwg
视频位置　DVD>多媒体教学>第11章>实战291.avi
难易指数　★☆☆☆☆
技术掌握　掌握凸轮从动杆建模的方法

实战介绍

本实战绘制凸形从动杆，主要应用了拉伸、倒角、绘制正多边形等命令，实用又简单。案例效果如图291-1所示。

图291-1　最终效果

制作思路

• 首先打开AutoCAD 2013，然后进入操作环境，执行“正多边形>直线>修剪>视图>建模>拉伸”命令，编辑出如图291-1所示的图形。

制作流程

01 打开AutoCAD 2013，创建一个新的AutoCAD文件，文件名默认为“Drawing1.dwg”。执行“视图>三维视图>西南等轴测”命令，视图方向改为西南等轴测方向。

02 执行“三维工具>建模>长方体”命令，绘制长200、宽50、高30的长方体，效果如图291-2所示。

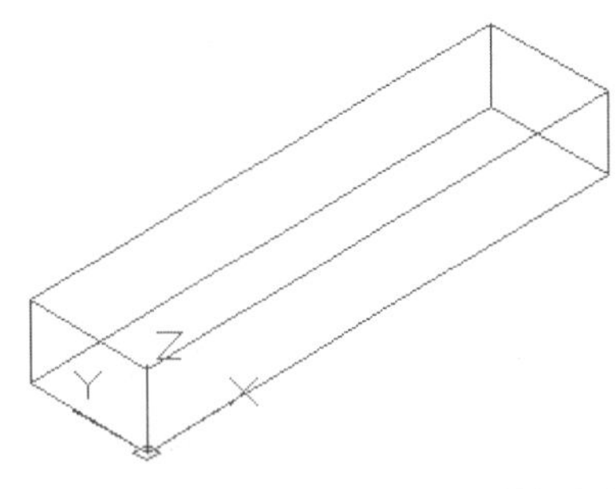

图291-2　绘制长方体

03 执行“绘图>圆”命令，在长方体上表面中心位置，绘制内切圆半径为20的正六边形，效果如图291-3所示。

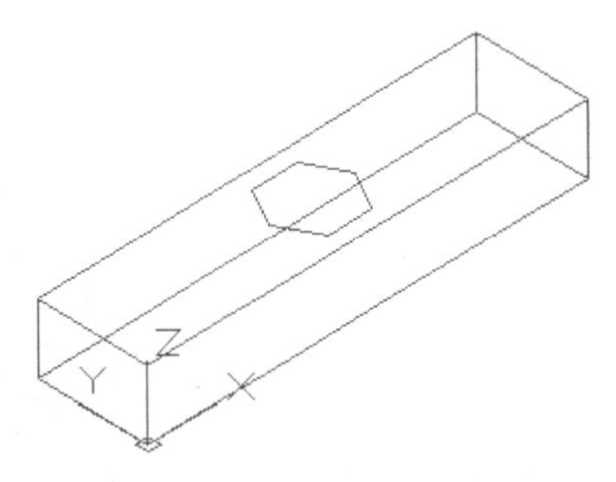

图291-3　绘制正六边形

04 执行“三维工具>建模>拉伸”命令，沿z轴拉伸200，效果如图291-4所示。

05 执行“修改>倒角”命令，设置距离为10，对长方体两边进行操作；执行“修改>圆角”命令，设置圆角半径为5，对六棱柱上端面进行操作，效果如图291-5所示。

06 执行“三维工具>实体编辑>并集”命令，将所有图形进行操作；执行“视图>视觉样式>概念”命令，将视觉样式修改为概念视图，效果如图291-6所示。

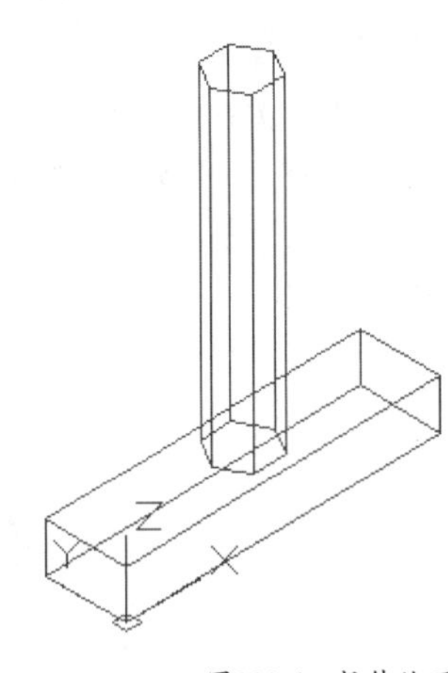

图291-4　拉伸处理

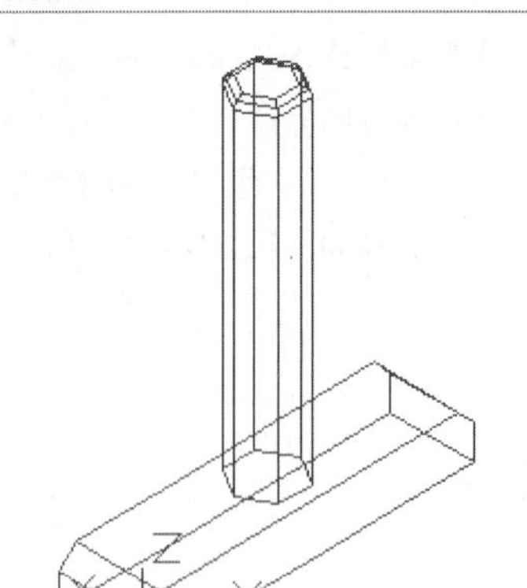

图291-5　倒角与圆角处理

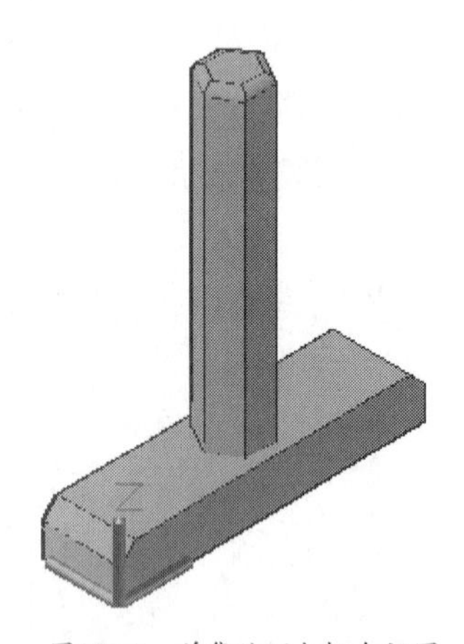

图291-6　并集处理与概念视图

07 执行“另存为”命令，将文件另存为“实战291.dwg”文件。

技巧与提示

圆柱、长方体及任意的柱类实体零件都可通过建模命令“拉伸”来创建实体。

练习291　传动轮建模

实战位置	DVD>练习文件>第11章>练习291.dwg
难易指数	★☆☆☆☆
技术掌握	掌握传动轮建模的方法

操作指南

参照“实战291”案例进行制作。

首先打开场景文件，然后进入操作环境，使用圆、直线、修剪、建模、拉伸等操作命令，做出如图291-7所示的图形。

图291-7　传动轮建模

实战292　凸形传动轮建模

实战位置	DVD>实战文件>第11章>实战292.dwg
视频位置	DVD>多媒体教学>第11章>实战292.avi
难易指数	★☆☆☆☆
技术掌握	掌握凸形传动轮建模的方法

实战介绍

本例设计凸形传动轮建模。案例效果如图292-1所示。

图292-1　最终效果

制作思路

• 首先打开AutoCAD 2013，然后进入操作环境，使用圆、直线、修剪、建模、拉伸等操作命令，编辑出如图292-1所示的图形。

制作流程

01 执行“文件>新建”命令，新建一个CAD文件。

02 按F8键开启正交模式，执行“绘图>直线”菜单命令，在绘图区指定起点，绘制一条长度80的水平线；执行“绘图>圆”命令，以该直线左端点为圆心，绘制半径分别为10、15、20、30的同心圆，以该直线右端点为圆心，绘制半径为15的圆，效果如图292-2所示。

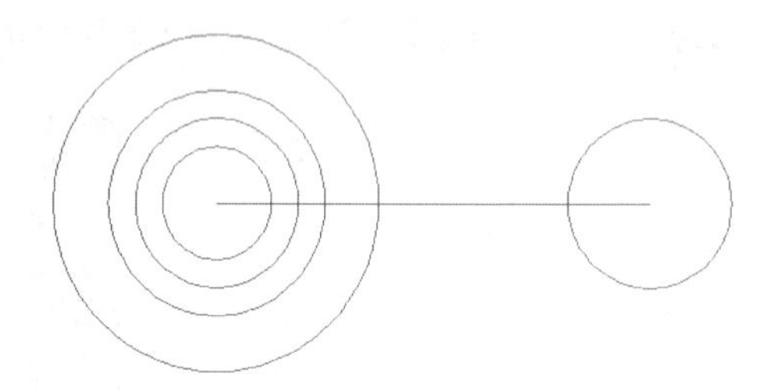

图292-2　绘制直线、圆

03 执行“绘图>直线”命令，绘制2条直线。分别连接左侧半径为30与右侧半径为15的圆的切点；执行XLINE命令，通过水平线左端点，绘制2条角度值分别为-45、30的构造线，效果如图292-3所示。

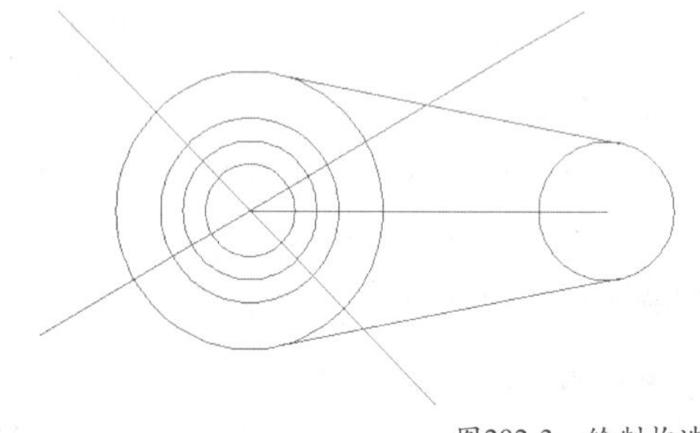

图292-3　绘制构造线

04 执行“绘图>圆”命令，以构造线与半径为15的圆的2个交点为圆心，分别绘制2个半径为5的圆，效果如图292-4所示。

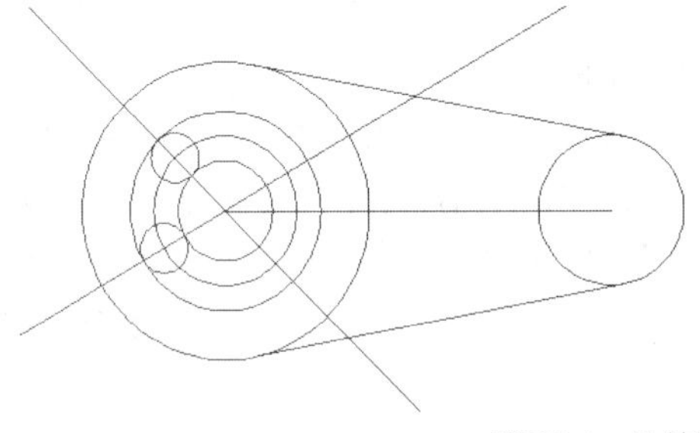

图292-4　绘制圆

05 执行“修改>修剪”命令，对图形进行修剪；执行XLINE命令，通过水平线右端点分别绘制2条相互垂直的构造线；执行“绘图>圆”命令，以2条构造线的交点为圆心，绘制半径分别为7.5、15的同心圆；执行“修改>偏移”命令，将垂直构造线向左和向右分别偏移2，将水平构造线向上偏移10，效果如图292-5所示。

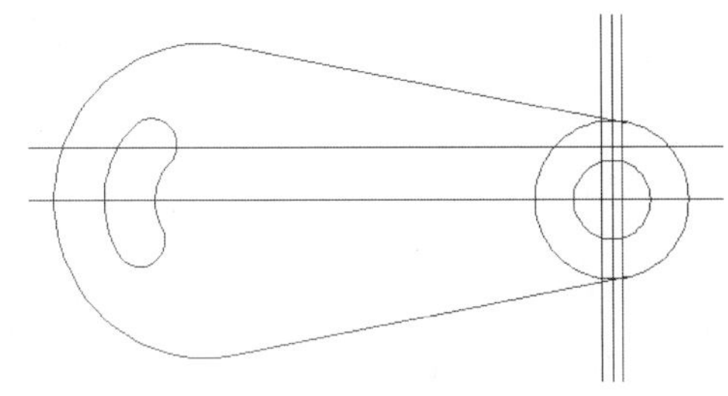

图292-5　修剪、偏移处理

06 执行“修改>修剪”命令，对图形进行修剪；执行“修改>合并”命令，合并修剪的图形，效果如图292-6所示。

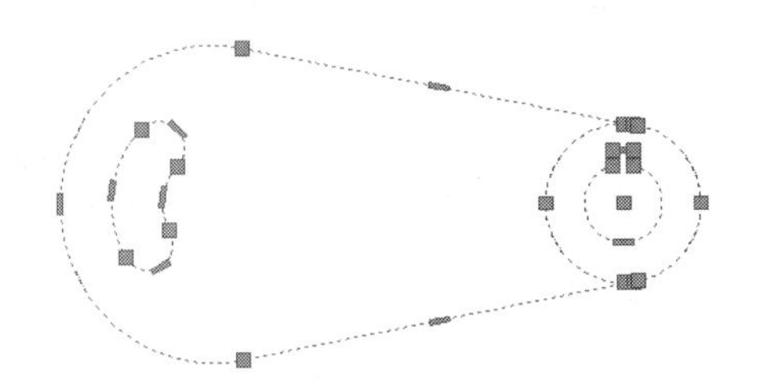

图292-6　修剪、合并处理

07 执行“视图>三维视图>西南等轴测”命令；执行“三维工具>建模>拉伸”菜单命令，分别选择外侧合并的图形与左侧合并的图形，沿z轴拉伸10；重复此操作，分别选择半径为15的圆与内测的图形，沿z轴拉伸15，消隐后效果如图292-7所示。

08 执行“三维工具>实体编辑>并集”菜单命令，选择外测实体与圆半径为15的拉伸体，对其进行并集操作；执行“三维工具>实体编辑>差集”菜单命令，选择合并后的实体，然后分别选择左侧与右侧拉伸的实体，进行差集操作，消隐后效果如图292-8所示。

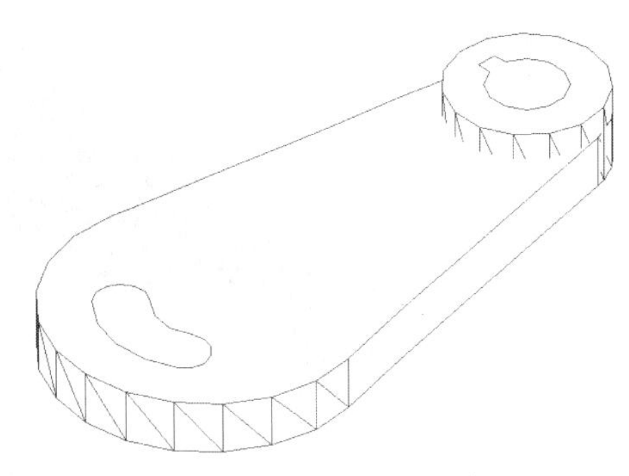

图292-7　拉伸处理

09 执行“渲染>渲染”命令，效果如图292-9所示。

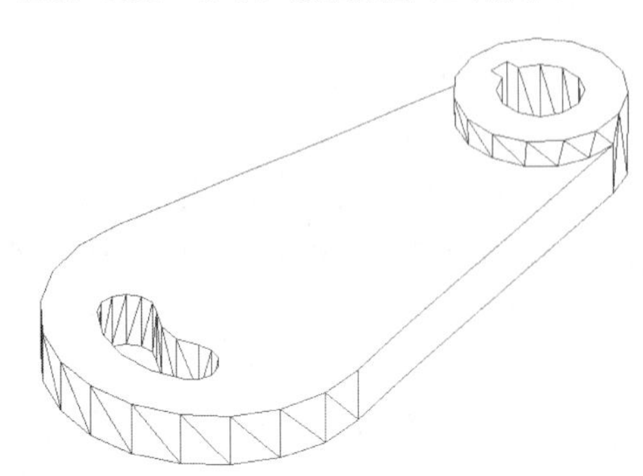

图292-8　并集、差集处理

图292-9　渲染效果

10 执行“另存为”命令，将文件另存为“实战292.dwg”。

技巧与提示

圆柱体、长方体及任意的柱类实体零件都可通过建模命令“拉伸”来创建。

练习292　轴建模

实战位置	DVD>练习文件>第11章>练习292.dwg
难易指数	★☆☆☆☆
技术掌握	巩固轴建模方法

操作指南

参照“实战292”案例进行制作。

首先打开场景文件，然后进入操作环境，使用圆、直线、修剪、建模、拉伸等操作命令，做出如图292-10所示的图形。

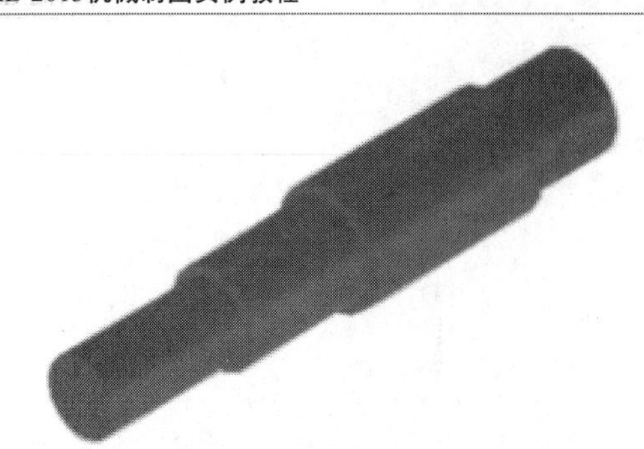

图292-10　轴建模

实战293　通过拉伸创建实体

实战位置	DVD>实战文件>第11章>实战293.dwg
视频位置	DVD>多媒体教学>第11章>实战293.avi
难易指数	★☆☆☆☆
技术掌握	掌握通过拉伸创建实体的方法

实战介绍

本例通过建模命令“拉伸”来创建实体，如圆柱、长方体及任意的柱类实体零件。案例效果如图293-1所示。

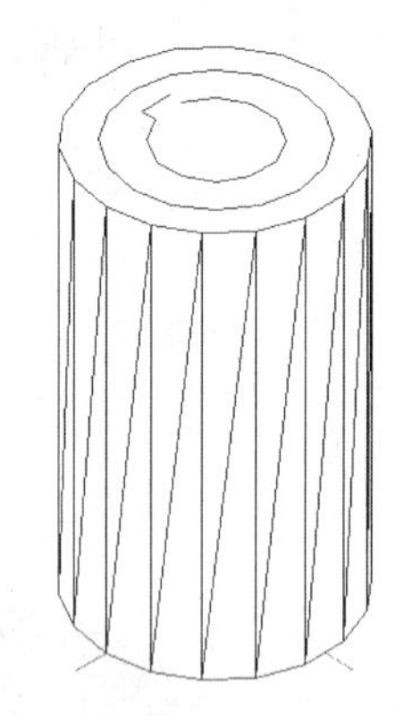

图293-1　最终效果

制作思路

• 首先打开AutoCAD 2013，然后进入操作环境，执行“视图>三维视图>圆>拉伸”，编辑出如图293-1所示的图形。

制作流程

01 打开AutoCAD 2013，创建一个新的AutoCAD文件，文件名默认为“Drawing1.dwg”。

02 执行“常用>图层>图层特性>新建图层”命令，新建一个“中心线”图层，设置其“线型”为CENTER，颜色为红色，如图293-2所示。

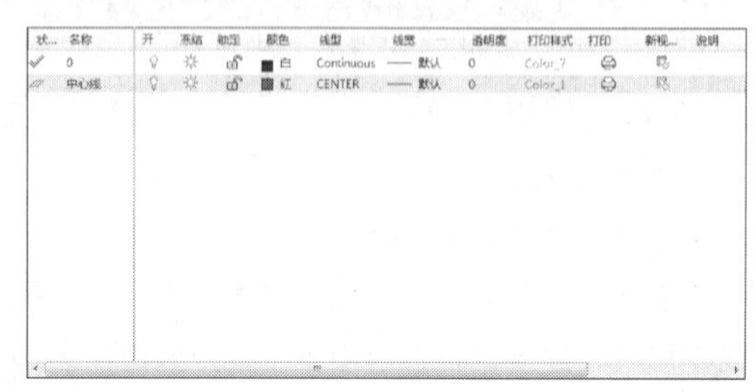

图293-2　新建图层

03 将“中心线”置为当前，执行“绘图>直线”命令，绘制两条相互垂直的中心线，效果如图293-3所示。

04 将0图层置为当前，执行|“绘图>圆”命令，以交点为圆心绘制半径分别为18、30、40的同心圆，效果如图293-4所示。

05 执行“修改>偏移”命令，设置偏移距离为5，将竖直中心线向左向右偏移；重复执行“修改>偏移”命令，设置偏移距离22，将水平中心线向上偏移，并将所有偏移得到的中心线移至“0”图层，效果如图293-5所示。

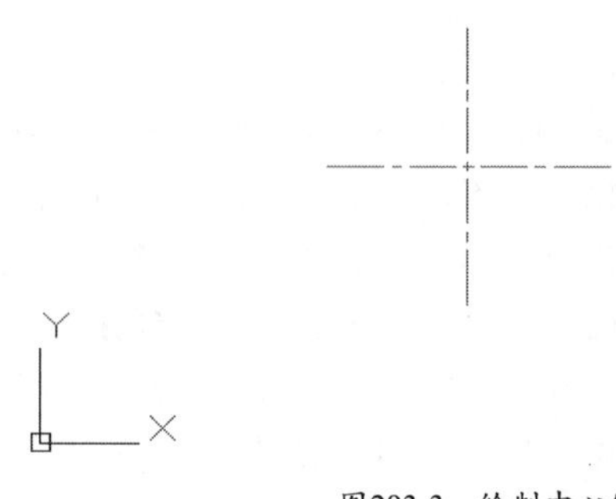

图293-3　绘制中心线

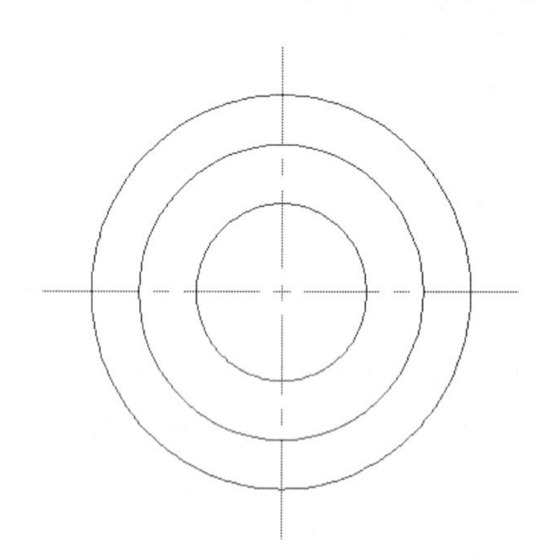

图293-4　绘制同心圆

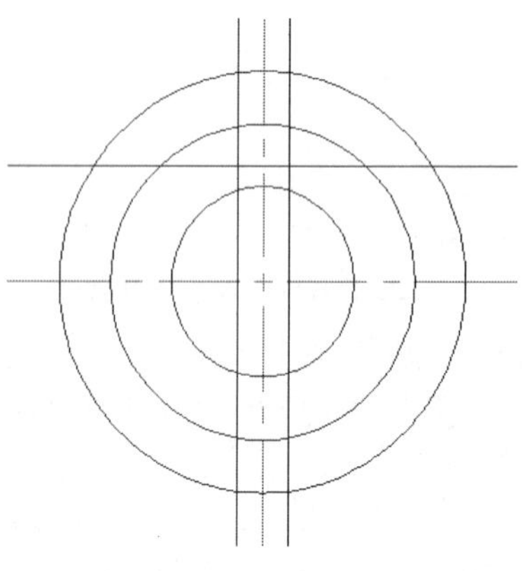

图293-5　偏移处理

06 执行“修改>修剪”命令，对图形进行修剪，效果如图293-6所示。

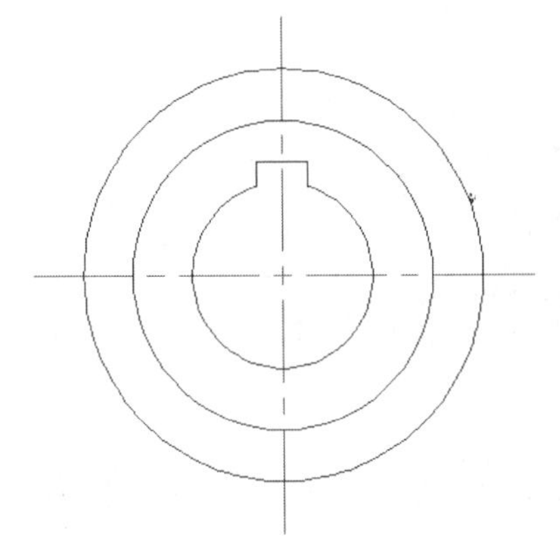

图293-6　修剪处理

07 执行“视图>三维视图>西南等轴测”命令，切换视图角度。执行“三维工具>建模>拉伸”命令，选中所有图形，按回车键继续，在命令行中设置拉伸高度为135，效果如图293-7所示。

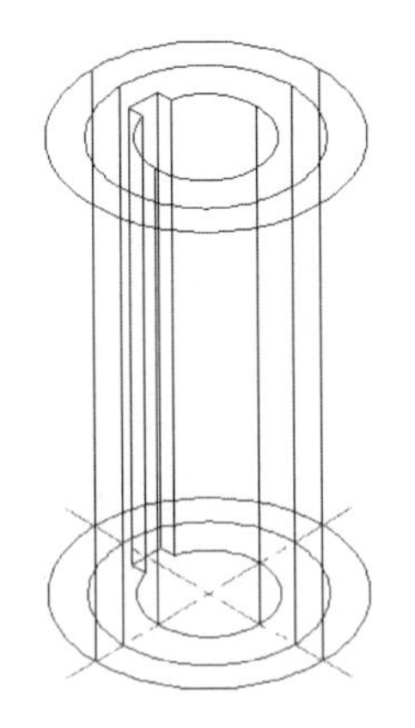

图293-7　拉伸图形

08 执行“视图>视觉样式>隐藏”命令，效果如图293-8所示。

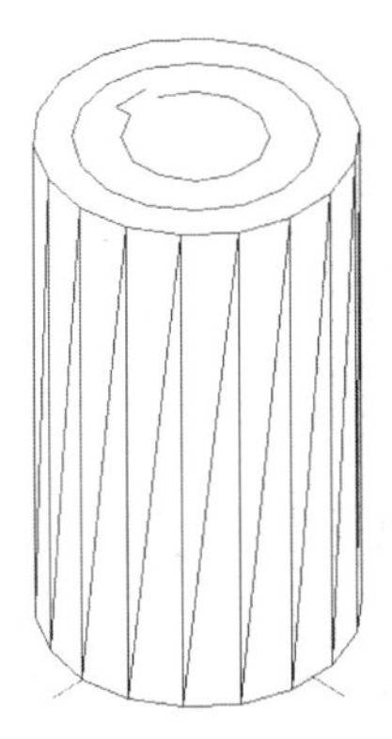

图293-8　隐藏处理

09 执行“另存为”命令，将文件另存为“实战293.dwg”。

技巧与提示

圆柱、长方体及任意的柱类实体零件都可通过拉伸建模来创建实体。

练习293　通过拉伸创建实体

实战位置	DVD>练习文件>第11章>练习293.dwg
难易指数	★☆☆☆☆
技术掌握	巩固建模方法

操作指南

参照“实战293”案例进行制作。

绘制二维图形，然后通过拉伸命令创建如图293-9所示的实体。

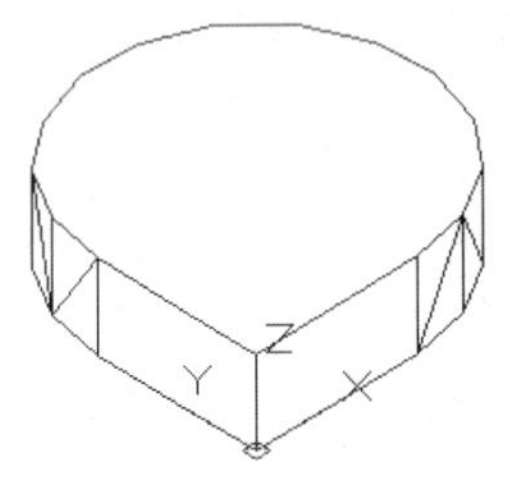

图293-9　通过拉伸创建实体

第12章 机械零件的真实化处理

本章学习要点：

新建点、平行、聚光源

渲染环境和高级渲染设置

重新定位UCS坐标系

实战294 双孔轴零件的真实化处理

原始文件位置	DVD>原始文件>第12章>实战294原始文件
实战位置	DVD>实战文件>第12章>实战294.dwg
视频位置	DVD>多媒体教学>第12章>实战294.avi
难易指数	★☆☆☆☆
技术掌握	掌握零件真实化处理的方法

实战介绍

本例主要通过讲解对双孔轴零件渲染过程中点光源的设置，介绍了如何为模型渲染设置光照。案例效果如图294-1所示。

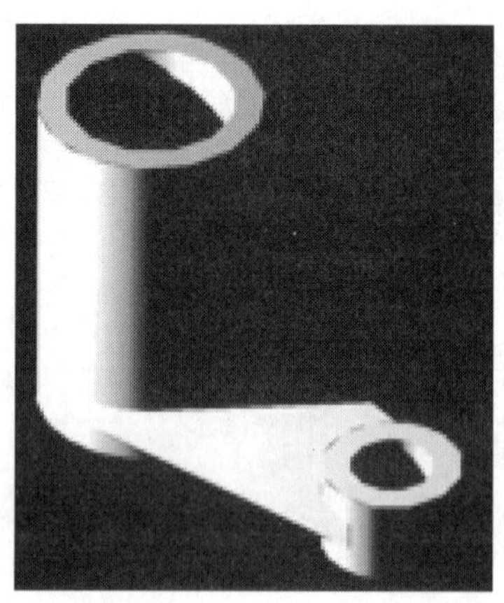

图294-1 最终效果

制作思路

· 首先打开AutoCAD 2013，然后进入操作环境，执行“渲染>材质>材质编辑器”，编辑出如图294-1所示的图形。

制作流程

01 执行“打开”命令，打开文件“实战294原始文件.dwg”，如图294-2所示。

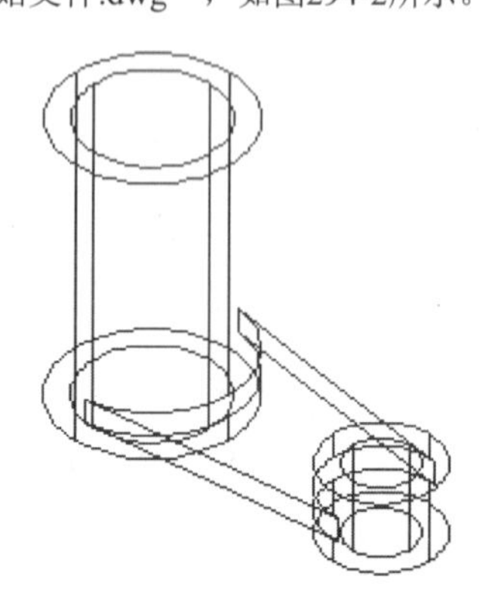

图294-2 渲染原始模型

02 执行“渲染>光源>新建点光源”命令，选取“不在显示此消息”，点击“是”按钮。命令行提示如下：

```
命令：_pointlight
指定源位置 <0,0,0>: from  //利用偏移捕捉指定电光源位置
基点：<对象捕捉追踪 开> mid  //打开对象捕捉追踪，捕捉中点
基点：<偏移>: 10  //输入偏移距离
输入要更改的选项[名称(N)/强度(I)/状态(S)/阴影(W)/衰减(A)/颜色(C)/退出(X)] <退出>: n
输入光源名称 <点光源2>: spot1
输入要更改的选项[名称(N)/强度(I)/状态(S)/阴影(W)/衰减(A)/颜色(C)/退出(X)] <退出>: i
输入强度 (0.00 - 最大浮点数) <1>: 2
输入要更改的选项[名称(N)/强度(I)/状态(S)/阴影(W)/衰减(A)/颜色(C)/退出(X)] <退出>: w
输入[关(O)/锐化(S)/已映射柔和(F)/已采样柔和(A)] <锐化>: f
输入贴图尺寸[64/128/256/512/1024/2048/4096] <256>: 256
输入柔和度 (1-10) <1>: 5
输入要更改的选项[名称(N)/强度(I)/状态(S)/阴影(W)/衰减(A)/颜色(C)/退出(X)] <退出>
```

03 新建点光源完成后，效果如图294-3所示。

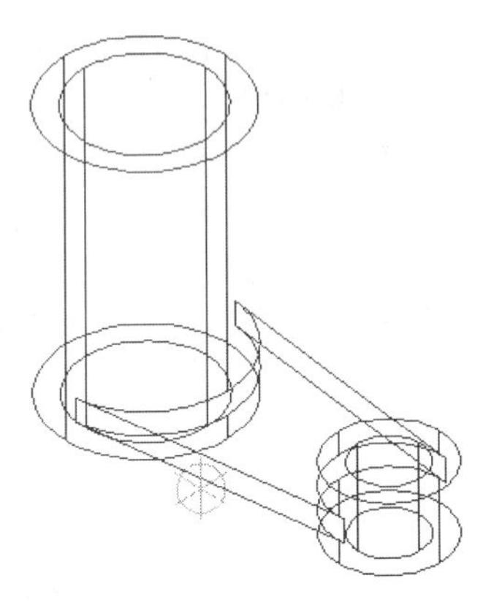

图294-3　新建点光源

04 执行“渲染>渲染”命令，对图形进行渲染，得到效果如图294-1所示。

技巧与提示 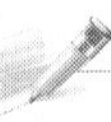

AutoCAD 2013提供了3种光源，分别为模拟电灯泡的点光源、模拟探照灯的聚光灯和模拟太阳光的平行光源。

练习294　双孔轴零件的真实化处理

实战位置	DVD>练习文件>第12章>练习294.dwg
难易指数	★★★☆☆
技术掌握	掌握新建聚光灯的方法

操作指南

参照“实战294”进行操作。

打开实战294的文件后，删除点光源，并在适当位置添加聚光灯，效果如图294-4所示。

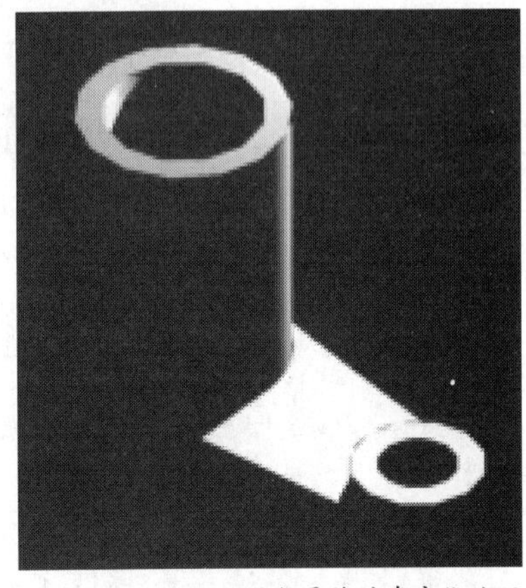

图294-4　双孔轴零件的真实化处理

实战295　安装座的真实化处理

原始文件位置	DVD>原始文件>第12章>实战295原始文件
实战位置	DVD>实战文件>第12章>实战295.dwg
视频位置	DVD>多媒体教学>第12章>实战295.avi
难易指数	★☆☆☆☆
技术掌握	掌握安装座的真实化处理的方法

实战介绍

本例在对安装座进行渲染前进行了光照、材质的设置，并对环境进行了渲染。案例效果如图295-1所示。

制作思路

• 首先打开AutoCAD 2013，然后进入操作环境，执行“渲染>材质>材质编辑器”，编辑出如图295-1所示的图形。

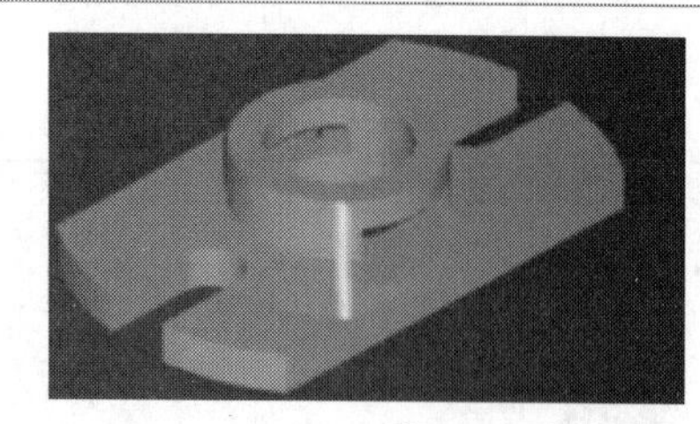

图295-1　最终效果

制作流程

01 打开“实战295原始文件”文件，如图295-2所示。

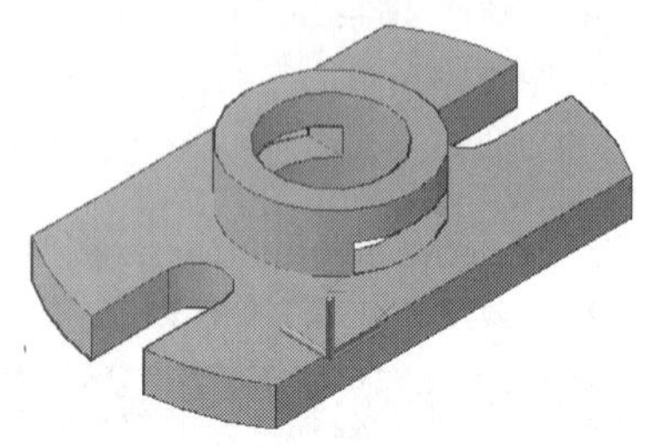

图295-2　原始图形

02 按执行“工具>新建>UCS>原点”命令，将原点移至安装座处，具体位置如图295-3所示。

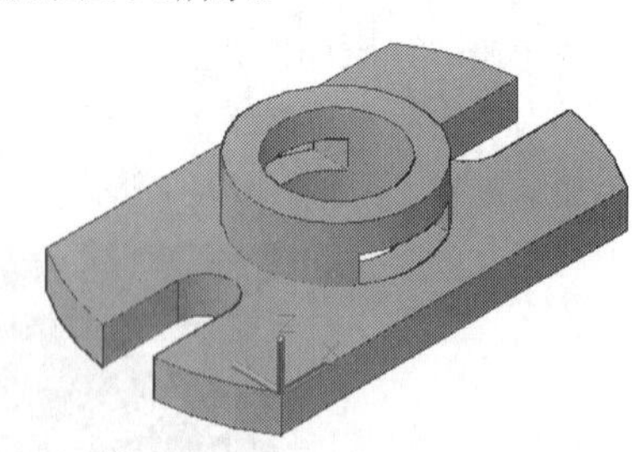

图295-3　新坐标系位置

03 执行“渲染>光源>新建平行光”命令，对模型进行光源设置，命令行提示和操作内容如下：

```
命令: _LIGHT
输入光源类型[点光源(P)/聚光灯(S)/光域网(W)/目标点光源(T)/自由聚光灯(F)/自由光域(B)/平行光(D)] <自由聚光灯>: D //选择平行光
指定光源来向 <0,0,0> 或[矢量(V)]:-1, -1, 50
指定光源去向 <1,1,1>:0, 0, 49
输入要更改的选项[名称(N)/强度因子(I)/状态(S)/光度(P)/阴影(W)/过滤颜色(C)/退出(X)] <退出>: W
输入[关(O)/锐化(S)/已映射柔和(F)] <锐化>: F
输入贴图尺寸[64/128/256/512/1024/2048/4096] <256>:回车
输入柔和度 (1-10) <1>: 3
输入要更改的选项[名称(N)/强度因子(I)/状态(S)/光度(P)/阴影(W)/过滤颜色(C)/退出(X)] <退出>: s
输入状态[开(N)/关(F)] <开>:回车
输入要更改的选项[名称(N)/强度因子(I)/状态(S)/光度(P)/阴影(W)/过滤颜色(C)/退出(X)]X回车
```

04 执行“渲染>材质编辑器”命令，系统弹出如图295-4所示“材质编辑器”选项板。

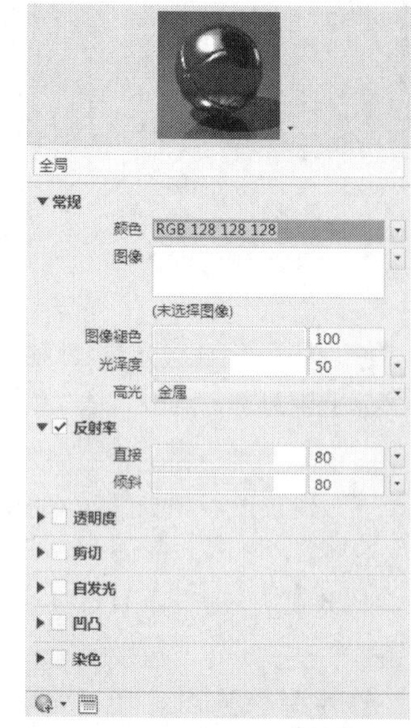

图295-4　材质编辑器选项板

05 选择该选项卡的“高光”选项，默认中的“金属”选项，并双击以使材质添加到文档中。

06 双击该窗口上部新添加的材质“金属”，在弹出的材质编辑器窗口中勾选“染色”选卡上RGB中数值，系统弹出如图295-5所示“选择颜色”对话框。

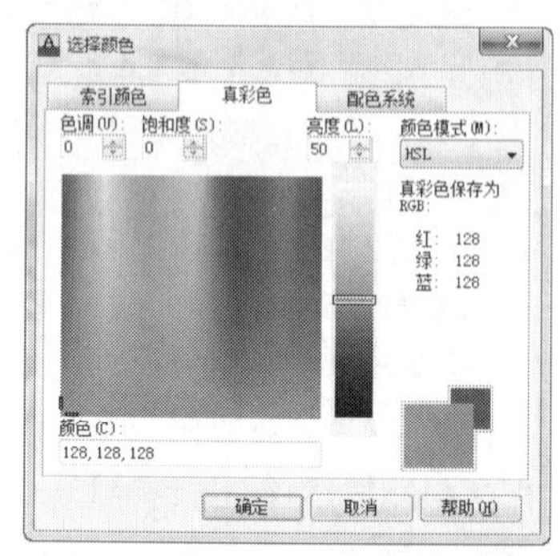

图295-5　选择颜色对话框

07 在“反射率”滑块框中均“直接”、“倾斜”设置为80，按Enter键确认。

08 执行“渲染>渲染环境”命令，系统弹出如图295-6所示对话框。

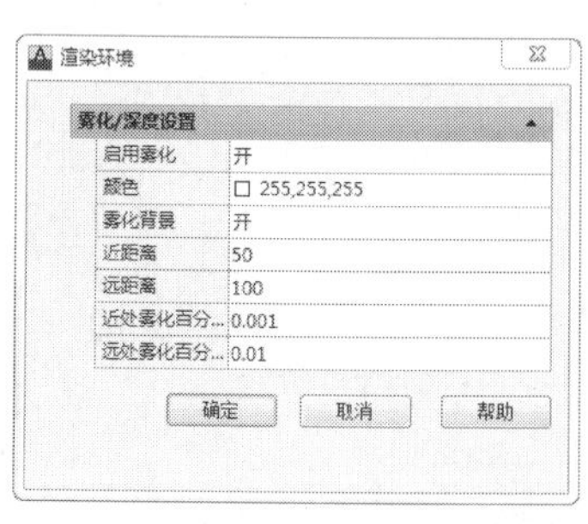

图295-6　环境渲染对话框

09 设置对话框参数如图295-6所示，执行“渲染>渲染”命令，既可生成设置渲染后效果图。

10 执行“另存为”命令，将文件另存为“实战295.dwg”。

技巧与提示

本例通过介绍安装作真是化处理的方法，介绍了在模型渲染之前，对于模型材质和环境渲染的方法。

练习295 安装座的真实化处理

实战位置　DVD>练习文件>第12章>练习295.dwg
难易指数　★★★☆☆
技术掌握　掌握平行光的使用方法

操作指南

参照“实战295”进行操作。

打开实战295后，全选对象，修改“明”特性平行光方向，渲染后效果如图295-7所示。

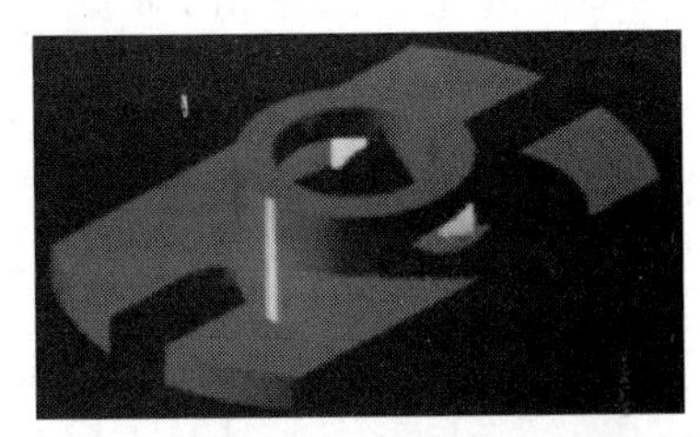

图295-7　安装座的真实化处理

实战296 给零件模型添加阴影并渲染模型

原始文件位置　DVD>原始文件>第12章>实战296原始文件
实战位置　DVD>实战文件>第12章>实战296.dwg
视频位置　DVD>多媒体教学>第12章>实战296.avi
难易指数　★☆☆☆☆
技术掌握　掌握给零件模型添加阴影并渲染模型的方法

实战介绍

利用高级渲染设置给模型添加阴影并渲染模型。本例最终效果会在工程启动部分的各部中相应给出，读者应详细比较不同参数设置的不同渲染效果。案例效果如图296-1所示。

图296-1　最终效果

制作思路

• 首先打开AutoCAD 2013，然后进入操作环境，利用高级渲染设置给模型添加阴影并渲染模型，编辑出如图296-1所示的图形。

制作流程

01 执行“打开”命令，打开“实战296原始文件”文件，如图296-2所示。

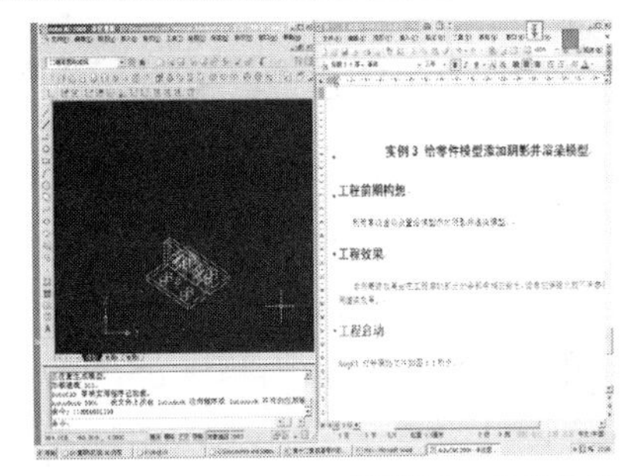

图296-2　原始图形

02 执行“渲染>高级渲染设置”命令，弹出“高级渲染设置”对话框，具体设置如图296-3所示。

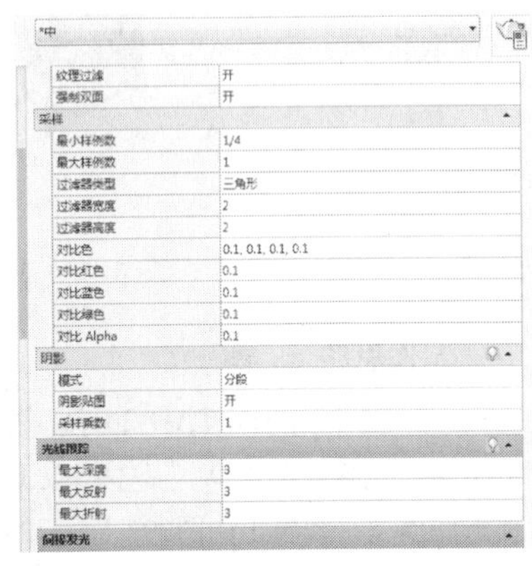

图296-3　高级渲染设置对话框

03 执行“渲染>渲染”命令，对图形进行渲染。结果如图296-1所示。

04 执行“另存为”命令，将文件另存为“实战296.dwg”。

技巧与提示

本例最终效果会在工程启动部分的各部中相应给出，读者应详细比较不同参数设置的不同渲染效果。

练习296 给零件模型添加阴影并渲染模型

实战位置　DVD>练习文件>第12章>练习296.dwg
难易指数　★★★☆☆
技术掌握　掌握高级渲染的设置

操作指南

参照“实战296”进行操作。

打开实战296文件后，修改高级渲染设置，渲染后效果如图296-4所示。

图296-4　给零件模型添加阴影并渲染模型

实战297 创建工件模型

实战位置 DVD>实战文件>第12章>实战297.dwg
视频位置 DVD>多媒体教学>第12章>实战297.avi
难易指数 ★☆☆☆☆
技术掌握 掌握创建工件模型的方法

实战介绍

本例主要应用UCS、二维绘图工具、基本修改工具、视图工具等来绘制工件模型。案例效果如图297-1所示。

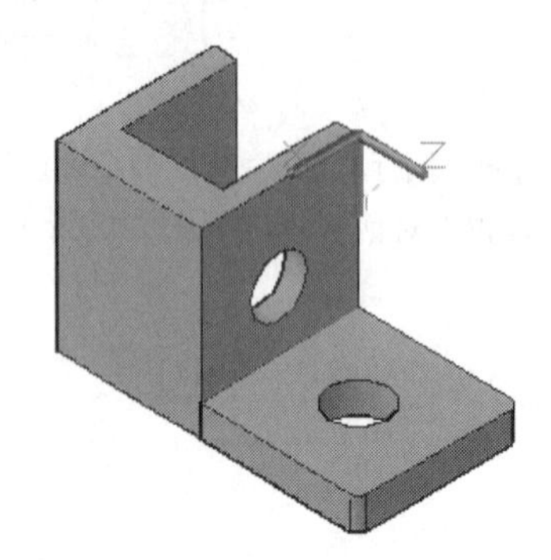

图297-1 最终效果

制作思路

• 首先打开AutoCAD 2013，然后进入操作环境，应用UCS、二维绘图工具、基本修改工具、视图工具等来绘制工件模型，编辑出如图297-1所示的图形。

制作流程

01 打开AutoCAD 2013，创建一个新的AutoCAD文件，文件名默认为“Drawing1.dwg”。

02 执行“视图>三维视图>东南等轴测”命令，在视图中画出两个矩形，其参数分别为100、110；70、80。绘图结果如图297-2所示。

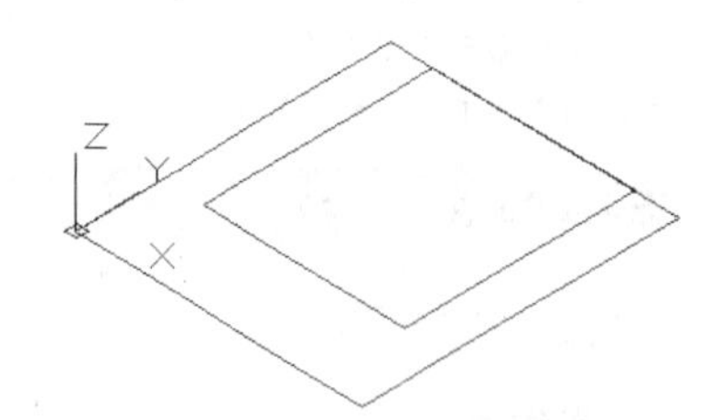

图297-2 绘制平面矩形

03 执行“工具>新建UCS”命令，将新坐标系的坐标原点位置移动至适当位置，效果如图297-3所示。

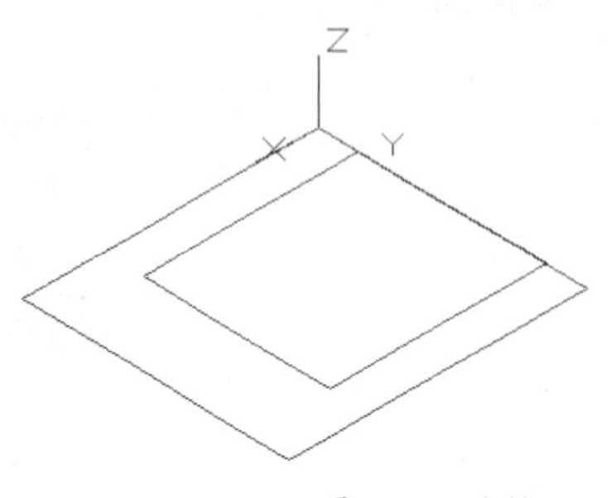

图297-3 绘制矩形

04 执行“绘图>面域”命令，将两个矩形转换为面域；执行“三维工具>实体编辑>差集”命令，对两个矩形进行操作，效果如图297-4所示。

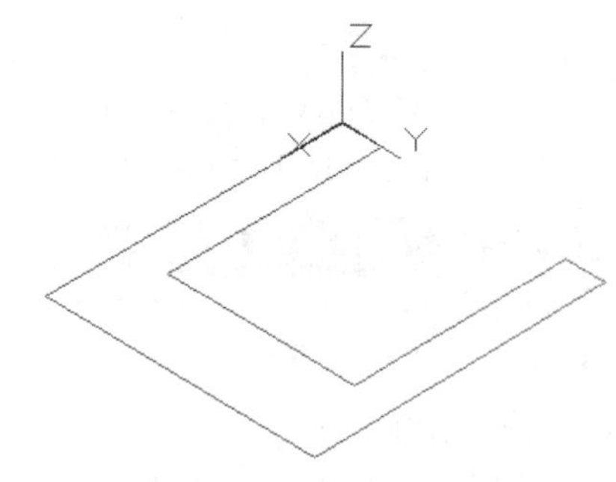

图297-4 面域与差集处理

05 执行“三维工具>建模>拉伸”命令，将图形向上拉伸120，效果如图297-5所示。

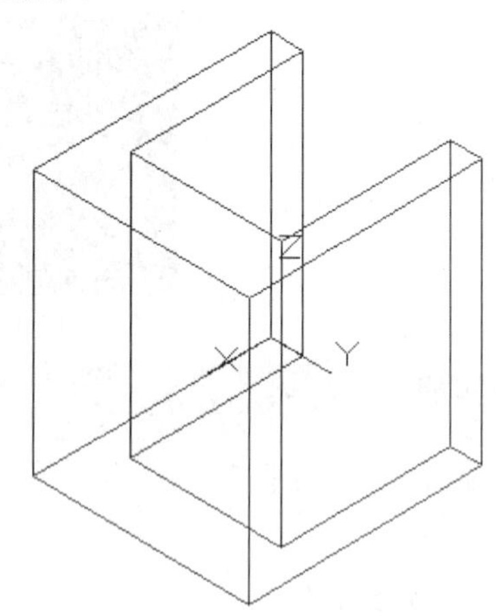

图297-5 拉伸面

06 执行“绘图>直线”和“绘图>圆”命令，在绘图区域适当位置，绘制边长为110的正方形和半径为20的圆，效果如图297-6所示。

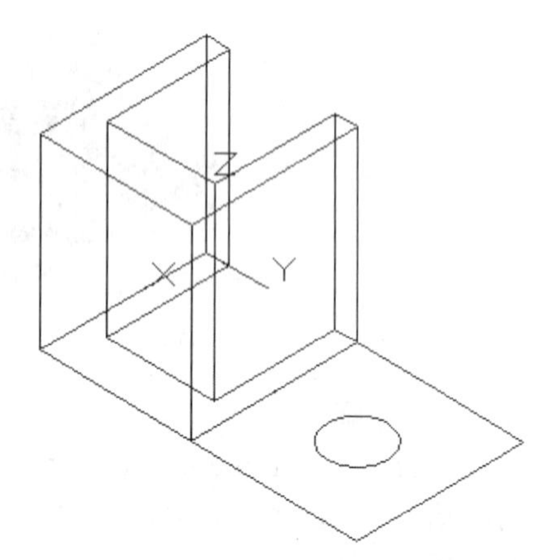

图297-6 绘制矩形、圆和导角

07 执行“绘图>面域”和“三维工具>实体编辑>差集”命令，对新绘制的正方向和圆进行操作；执行“三维工具>建模>拉伸”菜单命令，将面拉伸为20。效果如图297-7所示。

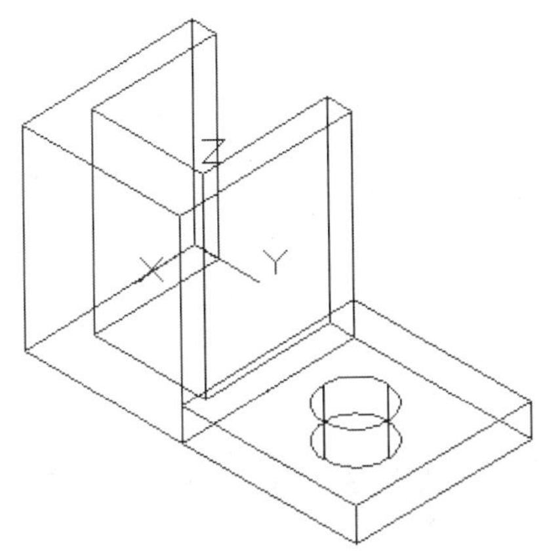

图297-7　面域、差集、拉伸处理

08 执行“修改>圆角”命令，设置圆角半径为5，对图形进行操作，效果如图297-8所示。

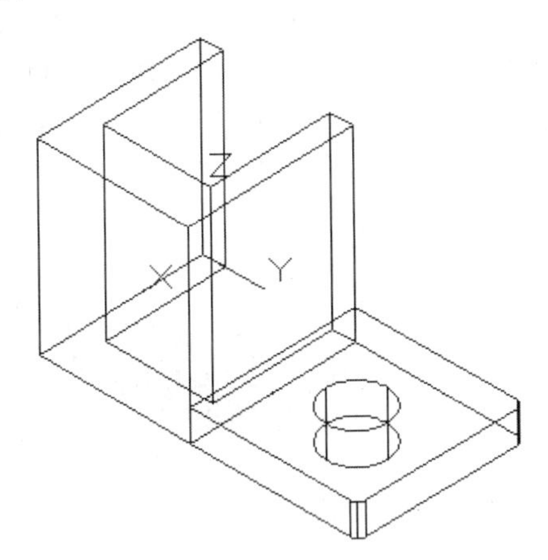

图297-8　倒角处理

09 执行“工具>新建UCS>原点”命令，将坐标原点移至适当位置，在图中指定位置画出半径为20的圆，效果如图297-9所示。

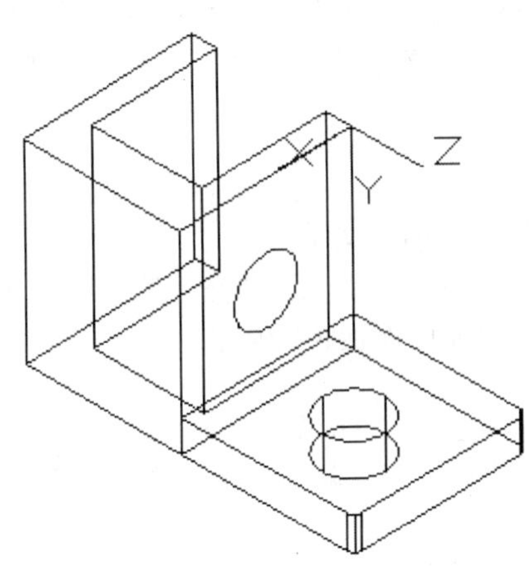

图297-9　在侧壁画圆

10 执行“三维工具>建模>拉伸”菜单命令，将刚刚画好的圆拉伸成实体，长度为100，效果如图297-10所示。

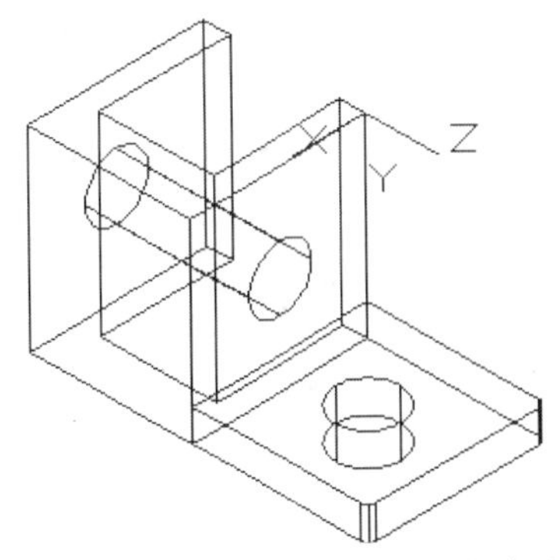

图297-10　拉伸圆

11 执行“三维工具>实体编辑>差集”命令，将圆柱体从U形体中减去，效果如图297-11所示。

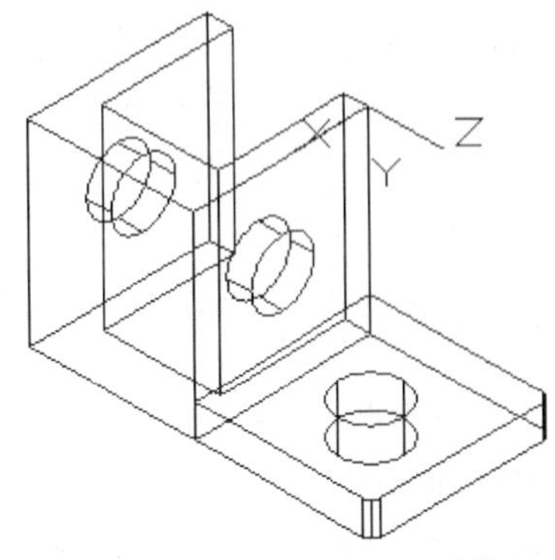

图297-11　差集处理

12 执行“视图>视觉样式>隐藏”命令和“视图>视觉样式>概念”命令，用“概念”模式观察，效果如图297-1所示。

13 执行“另存为”命令，将文件另存为“实战297.dwg”。

技巧与提示

本例应用到了一些二维和三维绘图中的基本命令。读者在在进行本例操作时，要注意坐标系的转化。

练习297 创建工件模型

实战位置	DVD>练习文件>第12章>练习297.dwg
难易指数	★★★☆☆
技术掌握	掌握机械工件模型的创建

操作指南

参照“实战297”进行操作。

使用三维绘图工具及三维修改工具创建如图297-12所示的工件模型。

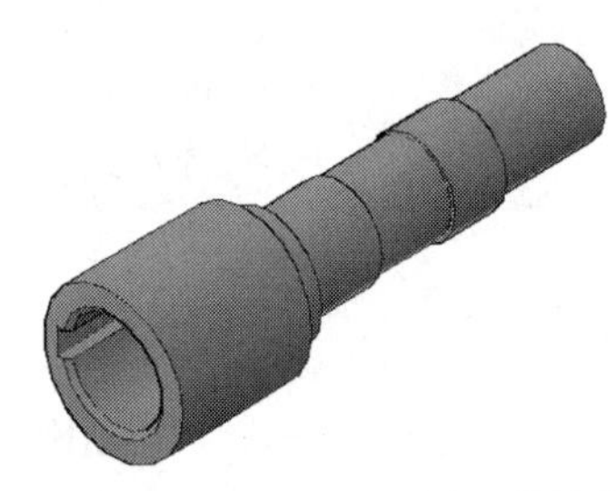

图297-12　创建工件模型

第13章
打印输出

本章学习要点：

打印三维图纸

打印输出装配图

打印布局的建立

实战298 打印三维图纸

原始文件位置	DVD>原始文件>第13章>实战298原始文件
实战位置	DVD>实战文件>第13章>实战298.dwg
视频位置	DVD>多媒体教学>第13章>实战298.avi
难易指数	★☆☆☆☆
技术掌握	掌握打印三维图纸的方法

实战介绍

在图纸上绘图要先考虑一下比例和布局，而在CAD中绘图没有必要先考虑比例和布局，只需在模型空间中按1：1的比例绘图，打印比例和如何布置图纸交由最后的布局设置完成。本例主要介绍如何进行布局设置。案例效果如图298-1所示。

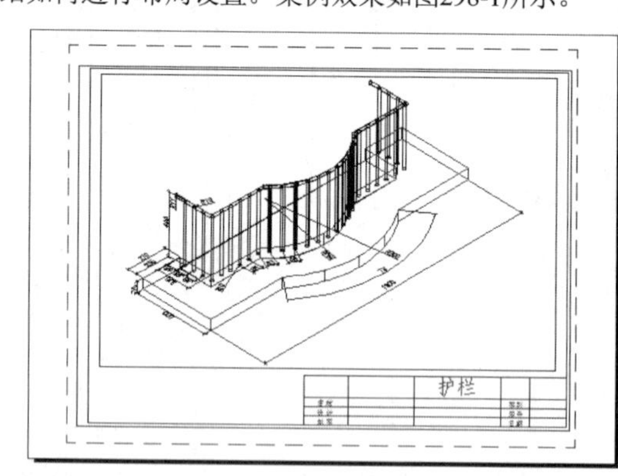

图298-1 最终效果

制作思路

• 在AutoCAD中完成绘图后，可以通过绘图仪或打印机将其打印输出。首先打开AutoCAD 2013，然后进入操作环境，执行“文件>页面设置管理器”命令，编辑出如图298-1所示的图形。

制作流程

01 打开“实战298原始文件.dwg”文件。

02 执行“常用>图层>图层特性”命令，打开“图层特性管理器”对话框，将“视口界限”图层设定为不打印。如图298-2所示。

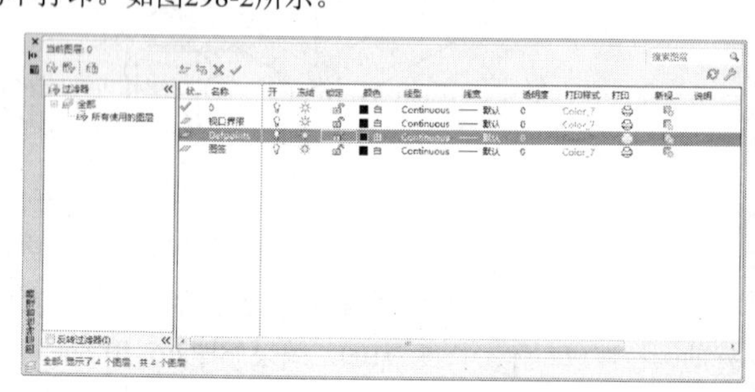

图298-2 图层设置

执行“打印”命令，打开“打印-模型”对话框。如图298-3所示。

图298-3　打印-模型对话框

03 在“打印偏移”分组框的“新建”下拉菜单中指定已添加的设备名称。

04 在“打印偏移”分组框中指定打印原点为（10，7）。

05 预览打印效果，若满意，则可退出预览，直接选择“打印”选项即可输出图形。

技巧与提示

本例主要介绍了CAD图纸的基本打印方法，与打印其他文档类似。

练习298 打印图形

实战位置	DVD>练习文件>第13章>练习298.dwg
难易指数	★☆☆☆☆
技术掌握	巩固打印图形的方法

操作指南

参照“实战298”案例进行制作。

首先打开场景文件，然后进入操作环境，执行“文件>打印”命令，打印预览效果如图298-4所示的图形。

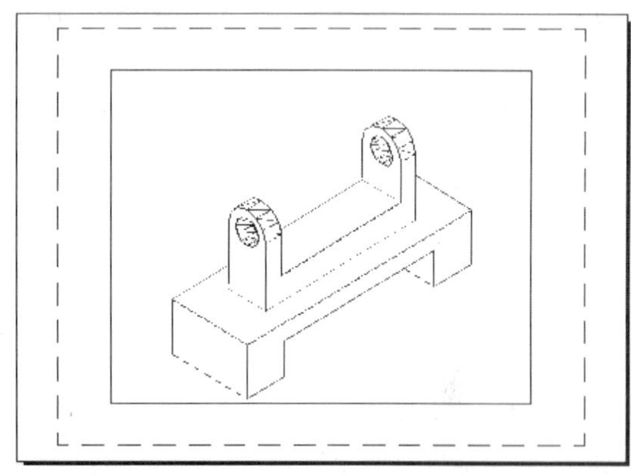

图298-4　打印图形

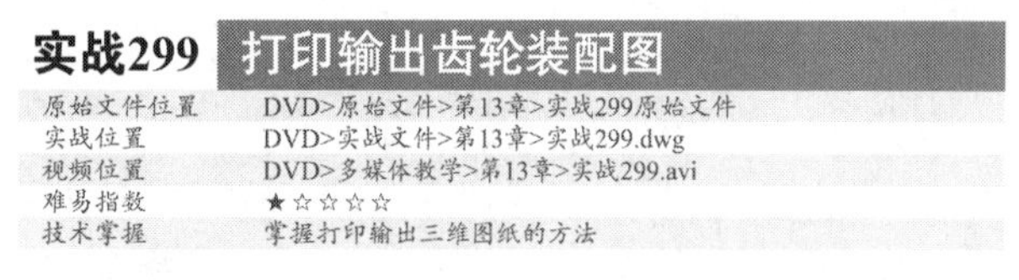

实战299 打印输出齿轮装配图

原始文件位置	DVD>原始文件>第13章>实战299原始文件
实战位置	DVD>实战文件>第13章>实战299.dwg
视频位置	DVD>多媒体教学>第13章>实战299.avi
难易指数	★☆☆☆☆
技术掌握	掌握打印输出三维图纸的方法

实战介绍

将齿轮装配图打印输出，本例最终打印效果如图299-1所示。

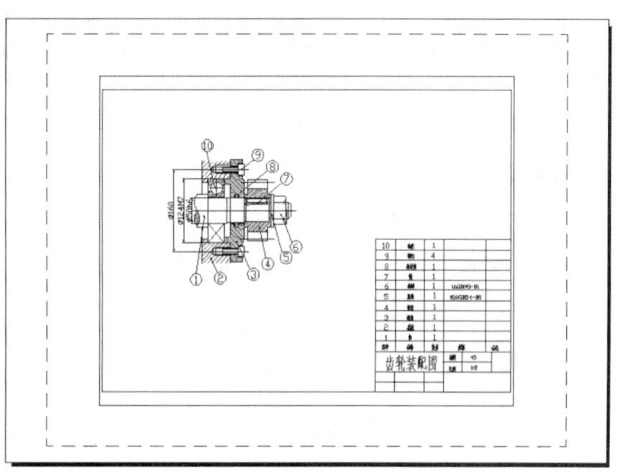

图299-1　最终效果

制作思路

• 打开文件，在“布局”中执行打印即可。

制作流程

01 执行“打开”命令，打开“实战299原始文件.dwg”，然后单击绘图窗口左下方的“布局1”按钮，将工作空间切换到图纸空间。

02 在“布局1”按钮处右击，在弹出的快捷菜单中选择“重命名”选项，输入新页面名称“齿轮装配图”，如图299-2所示。

图299-2　改变视图名称

03 执行“打印”命令，弹出“打印-齿轮装配图”对话框，设置对话框中的参数，进行打印预览。如图299-3所示。

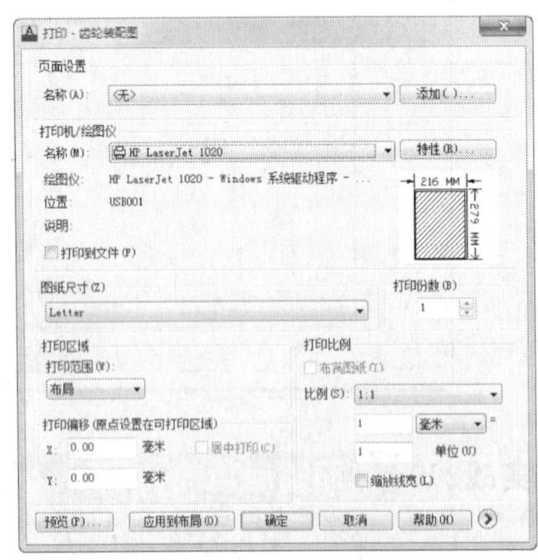

图299-3　打印-齿轮装配图对话框

04 执行“打印”命令，即可将齿轮装配图打印输出。

本例主要介绍了装配图的输出打印方法。

练习299　打印装配图

实战位置　DVD>练习文件>第13章>练习299.dwg
难易指数　★★★☆☆
技术掌握　掌握打印输出装配图的方法

操作指南

参照“实战299”案例进行制作。

打开文件，打印如图299-4所示的图形图纸。

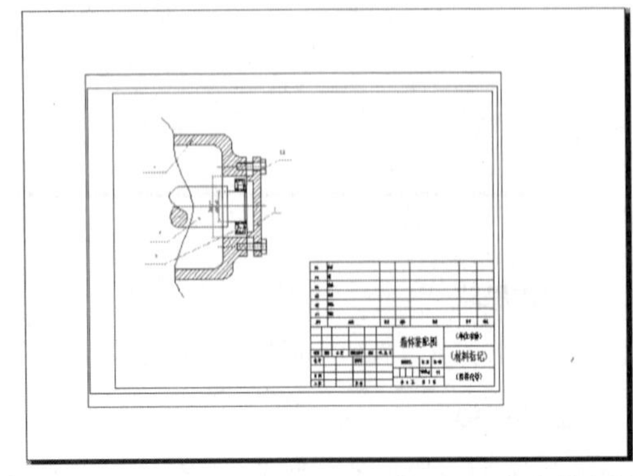

图299-4　打印装配图

实战300　打印前布局的建立

原始文件位置　DVD>原始文件>第13章>实战300原始文件
实战位置　DVD>实战文件>第13章>实战300.dwg
视频位置　DVD>多媒体教学>第13章>实战300.avi
难易指数　★☆☆☆☆
技术掌握　掌握打印前布局的建立方法

实战介绍

在图纸上绘图要先考虑一下比例和布局，而在CAD中绘图没有必要先考虑比例和布局，只需在模型空间中按1∶1的比例绘图，打印比例和如何布置图纸交由最后的布局设置完成。本例主要介绍如何进行布局设置。案例效果如图300-1所示。

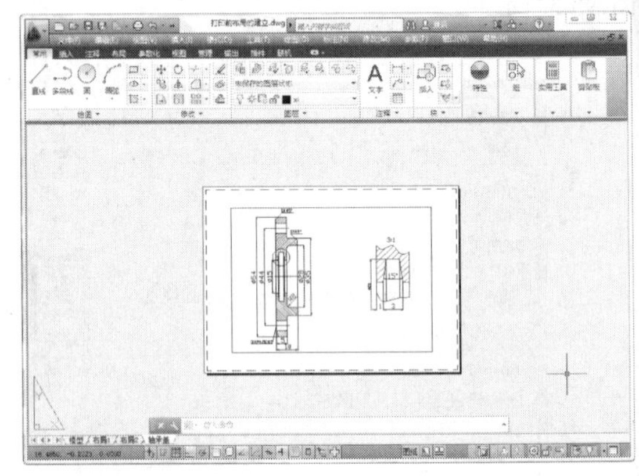

图300-1　最终效果

制作思路

• 首先打开AutoCAD 2013，然后进入操作环境，执行“文件>页面设置管理器”命令，编辑出如图300-1所示的图形。

制作流程

01 执行“打开”命令，打开“实战300”文件，然后执行“应用程序>打印>页面设置”，弹出页面设置管理器，设置需要的打印机和纸张，打印比例设置为1∶1，之后确定即自动生成一个视口，视口应单独设置一个图层以便以后打印时可以隐藏视口线，如图300-2所示。

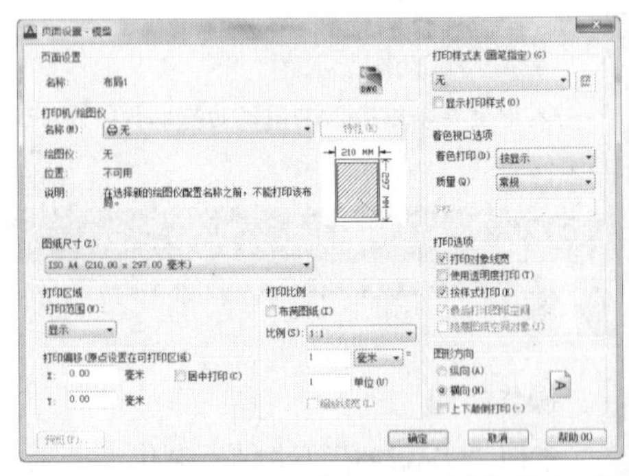

图300-2　页面设置对话框

02 用夹点编辑调整视口的大小，放到合适的位置，如图300-3所示。

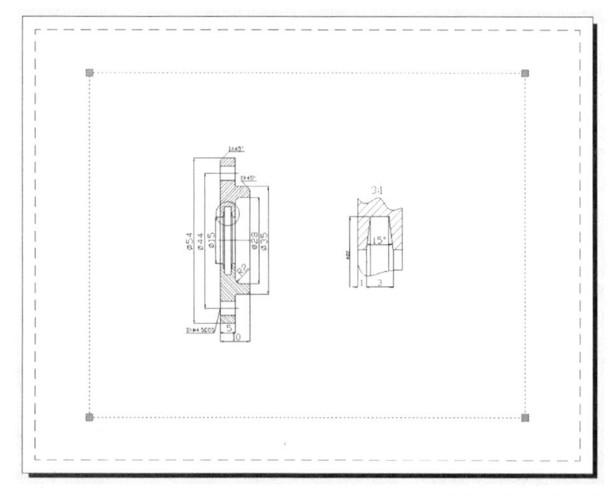

图300-3　用夹点调整视图位置

03 点击最下边的状态栏上的图纸/模型来切换，在命令行里输入Z，回车，输入比例因子，此图的比例为1/1xp回车，然后可以用移动工具移动到合适的位置。如图300-4所示。命令行提实际操作如下：

```
命令：z
ZOOM
指定窗口的角点，输入比例因子 (nX或nXP)，或者
[全部(A)/中心(C)/动态(D)/范围(E)/上一个(P)/比例(S)/窗口(W)/对象(O)] <实时>: 1/1xp
```

技巧与提示

一定要在输入比例的后边加上xp才是要打印的比例。

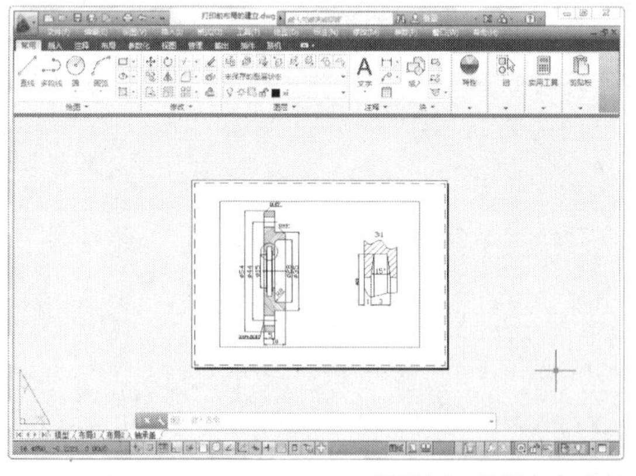

图300-4　设置打印比例

04 视口调整完之后，开始使用打印样式，编辑打印样式表。打印样式表编辑器，如图300-5所示。一般用颜色来区分线的粗细和打印颜色，并不需要在图层中设置线的宽度，保存自己的打印样式表以备以后继续使用。

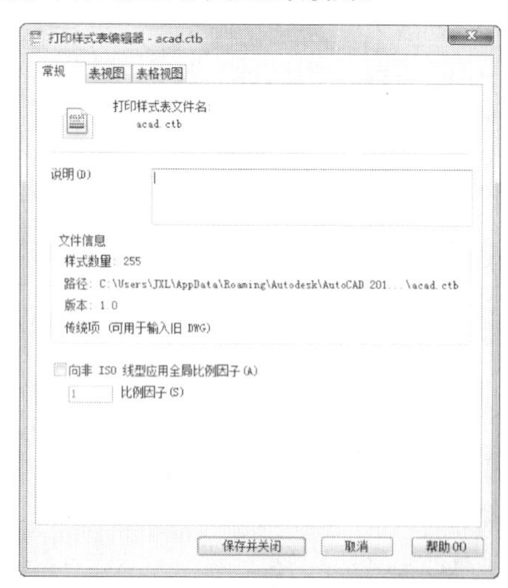

图300-5　打印样式表编辑器

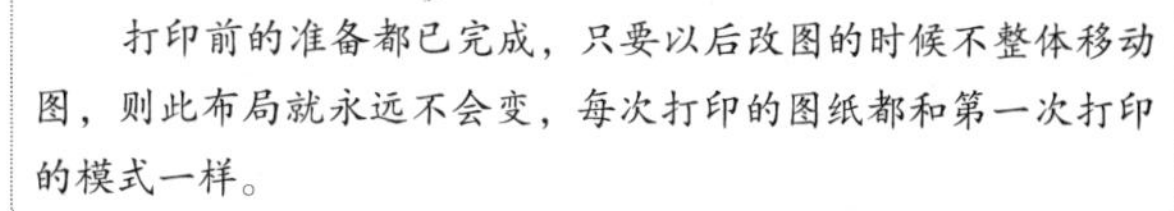

打印前的准备都已完成，只要以后改图的时候不整体移动图，则此布局就永远不会变，每次打印的图纸都和第一次打印的模式一样。